Handbook of Hydropower Engineering Geology

Handbook of Hydropower Engineering Geology

Handbook of Hydropower Engineering Geology

国家“十二五”重点出版图书

水力发电工程
地质手册

主　编　彭土标
副主编　袁建新　王惠明

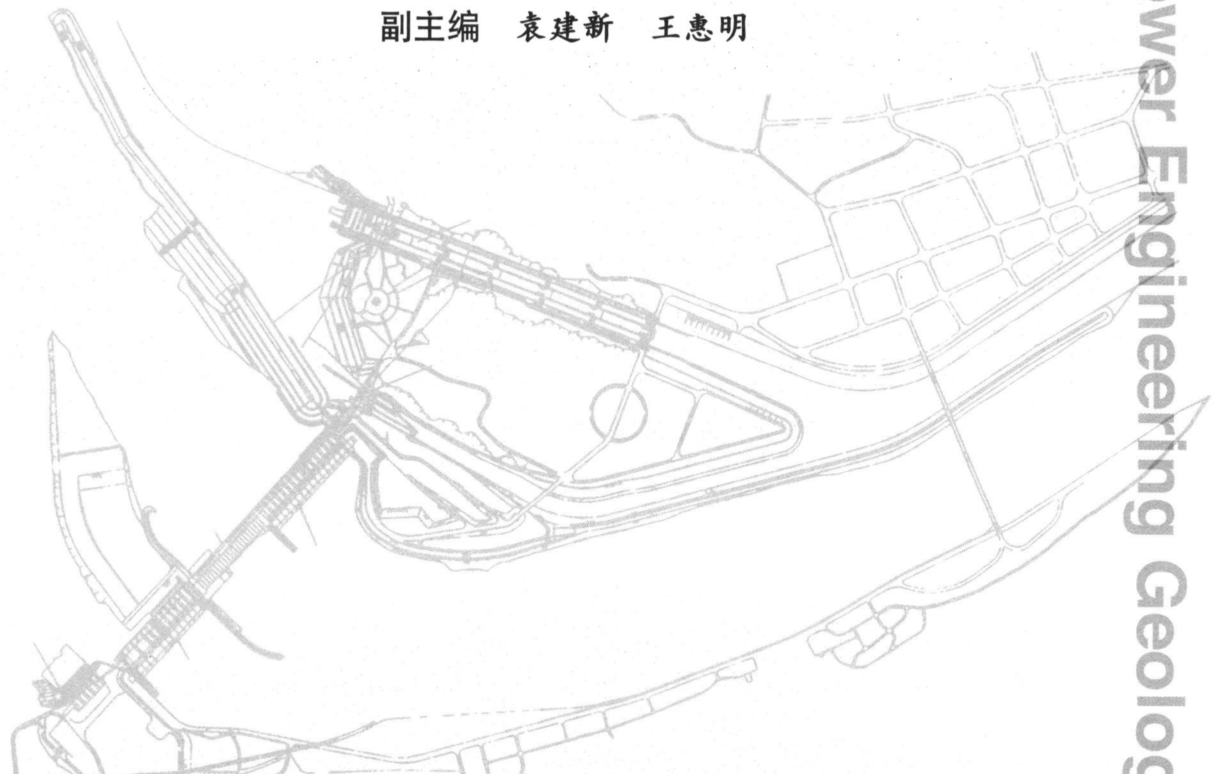

中国水利水电出版社
www.waterpub.com.cn

内容提要

本手册由12篇77章组成，内容包括有关工程地质的基础地质理论和基本概念，水电工程地质勘察的各种方法及其使用条件，岩土体物理力学参数及其测试方法，以及水电工程建设中主要工程地质问题的勘察与评价方法等。着重论述了大中型水电工程的区域构造稳定性评价，库区各主要工程地质问题的勘察与评价，大坝的覆盖层地基和岩石地基的工程地质勘察与评价，地下洞室和边坡的工程地质勘察与评价，岩溶水文地质和工程地质的勘察与评价，抽水蓄能电站的工程地质勘察与评价，天然建筑材料的工程地质勘察与评价，以及针对有关工程地质问题所需采取的工程处理措施等内容。不仅对水电工程所涉及的主要工程地质问题的勘察和研究作了全面系统的总结和阐述，还附有一定数量的工程实例，是一部全面、系统而又实用的水电工程地质专业工具书。

主要供从事一线工作的水电工程地质专业技术人员和有关院校相关专业的师生参考；对水利行业的工程地质人员也有参考作用。

图书在版编目（CIP）数据

水力发电工程地质手册 / 彭土标主编. -- 北京 : 中国水利水电出版社, 2011.12
ISBN 978-7-5084-9219-3

Ⅰ. ①水… Ⅱ. ①彭… Ⅲ. ①水力发电工程－工程地质－手册 Ⅳ. ①P642-62

中国版本图书馆CIP数据核字(2011)第253003号

审图号：GS（2011）1005号

书　　名	**水力发电工程地质手册**
作　　者	主编　彭土标　　副主编　袁建新　王惠明
出版发行	中国水利水电出版社 （北京市海淀区玉渊潭南路1号D座　100038） 网址：www.waterpub.com.cn E-mail：sales@waterpub.com.cn 电话：（010）68367658（发行部）
经　　售	北京科水图书销售中心（零售） 电话：（010）88383994、63202643、68545874 全国各地新华书店和相关出版物销售网点
排　　版	中国水利水电出版社微机排版中心
印　　刷	北京佳信达欣艺术印刷有限公司
规　　格	210mm×285mm　16开本　39.75印张　1923千字
版　　次	2011年12月第1版　2012年7月第2次印刷
印　　数	3001—5000册
定　　价	**230.00**元

《水力发电工程地质手册》
编 纂 委 员 会

主　任　王　斌

副主任（以姓氏笔画为序）

付　胜　何　伟　吕保定　宋胜武　张春生
封云亚　高　明

委　员（以姓氏笔画为序）

万宗礼　王元生　王惠明　王文远　米应中
杨　建　杨益才　张东升　单治钢　周志芳
胡大可　袁建新　彭土标

主　编　彭土标

副主编　袁建新　王惠明

各篇编写及统稿人员

篇 序	编 写 人	统稿人
第一篇	周志芳 王锦国 张发明 黄 勇	彭土标
第二篇	单治钢 石安池 叶志平 孟永旭 周会信 周光辉 张明林 黄世强 金忠良 王恕林 王敬勇 宋肖冰 王国光 田华兵 王 刚 刘仕勇	袁建新
第三篇	李文纲 廖明亮 贺如平 崔长武 邓忠文 李小泉 曾纪全 王建洪 张伯骥 杨静熙 费大军	张东升
第四篇	张东升 范俊喜 郭义华	彭土标
第五篇	胡大可 邹文志 王良太 曾如意 李尚高 刘谢伶 夏宏良 陈卫红 熊建平 金云弼	王元生
第六篇	杨 建 张世殊 彭仕雄 汪荣大 余学明 张伯骥 沙 椿 李文慧 徐 键 王蓉川 胡建忠 蔡德文 陈绪高 丁陈奉 陈 波 裴 琳 张光西	张东升
第七篇	王文远 王 昆 张 瑞 陈卫东 汤献良 李开德 张世殊 魏植生	王惠明
第八篇	李学政 单治钢 李 跃 段伟锋 胡梦蛟 周春宏 曾祥喜 李孙权 杨建宏 侯 靖 冯建明	袁建新
第九篇	杨益才 肖万春 郭维祥 余 波 张国富 邹 林	王元生
第十篇	万宗礼 王志硕 胡向阳 钟建平 赵 成 刘 军	王惠明
第十一篇	米应中 贾煜星 宫海灵 王少川 高茂华	张东升
第十二篇	王文远 徐柏林 王 昆 李开德	王元生
附录一	王锦国 黄 勇	彭土标
附录二	王自高 王 昆	彭土标

序

改革开放以来，我国的水电建设事业蓬勃发展，三峡、二滩、龙滩、小湾、拉西瓦、瀑布沟、天荒坪、十三陵等大型、特大型水电站和抽水蓄能电站相继建成发电。正在建设的溪洛渡、向家坝、观音岩、鲁地拉、锦屏一级和二级、官地、糯扎渡、大岗山、长河坝等一批水电站，使我国在21世纪初迅速成为水电开发的大国和强国。目前，我国水电站总装机容量超过2亿kW，居世界第一。

伴随着水电工程建设所取得的成就，我国水电行业的工程地质勘察手段和方法、水库和枢纽工程地质条件的评价和问题分析水平等也得到了很大的提高。在工程地质勘察手段和方法方面，MS植物胶冲洗液技术广泛应用于复杂地层钻进后，大幅度提高了原状岩芯的采取率，地震波和电磁波层析成像（CT）等物探技术、遥感和数码摄影技术以及计算机技术和信息技术等的广泛应用，大幅度提高了水电工程地质的勘察精度和工作效率。在工程地质条件评价和问题分析方面，从大岗山水电站的区域构造稳定性研究，到东风、索风营水电站的水库岩溶渗漏评价，以及岩滩水电站库区岩溶内涝评价和处理；从龙羊峡、李家峡等水电站的库岸边坡稳定性评价，到龙滩、小湾等水电站水库地震的预测；从二滩、溪洛渡、锦屏一级等水电站高拱坝坝基岩体质量分类，到混凝土坝坝基利用弱风化岩体以及软岩的研究；从三峡、龙滩、溪洛渡等水电站大跨度地下厂房洞室群围岩稳定性研究，到高地应力条件下的小湾坝基和锦屏一级地下厂房围岩稳定性评价；从锦屏二级水电站深埋长隧洞的高地应力岩爆、高压和大流量岩溶涌水，到锦屏一级坝址左岸深卸荷以及龙滩、小湾、大岗山水电站坝肩边坡的稳定性评价和处理；从大渡河流域瀑布沟等电站深厚覆盖层上建坝所进行的工程地质和水文地质特征研究，到自一里等电站气垫式调压井的勘察评价，以及高拱坝、高心墙堆石坝对筑坝材料的研究评价等。对上述问题的勘察研究和分析评价代表了我国水电行业工程地质的最新水平，表明我国水电行业工程地质界已跻身于世界前沿。

为系统总结我国改革开放30多年来水电工程地质专业所取得的成就、经验和教训，推广和应用工程地质领域的一些新理论、新技术和新方法，中国水电工程顾问集团公司组织一批具有丰富工程实践经验的工程技术人员对原《水利水电工程地质手册》进行了修编，以指导今后的水电工程地质工作，确是必要和适时之举。

本手册内容丰富而全面。除系统总结了近年来我国水电工程地质工作所遇到的重要问题外，还根据水电行业现行规程规范的要求，对不同的设计阶段、不同的坝型、不同的建筑物、不同的地基条件以及工程地质勘察中所遇到的不同地质问题，从勘察方法的选择、勘察工作的布置原则、基础资料的收集，到对工程地质条件和问题的分析评价以及处理措施建议等内容，具有很强的指导性和操作性。同时，在各章节中还针对不同的工程地质问题附有相关工程实例进行深度的剖析，便于相关工程技术人员参考使用，对广大一线的工程地质人员更具有现实的指导意义。

我国水能资源丰富，虽然我国的水电装机容量已位居世界第一，但与西欧等发达国家相比，我国水电开发的程度还较低。随着我国节能减排、保护生态环境以及国家清洁和可再生能源战略的实施，我国的水电开发面临着新的发展机遇和严峻挑战，工程地质工作还大有可为。相信本手册的出版将更有利于广大水电工程地质工作者今后的工作，将为我国的水电建设事业和能源安全作出新的贡献。同时，她的问世也将充实工程地质学的文献宝库，对我国工程地质工作整体水平的提高起到积极的推动作用。

欣然作序，向广大读者推荐。

中国工程院院士
原国际工程地质与环境学会理事长 王思敬
2011年11月

前言

原水利电力部水利水电规划设计院于1978年组织编写了《水利水电工程地质手册》，并由水利电力出版社于1985年正式出版。该书初步总结了1949年以后近30年我国水利水电工程地质工作的经验及教训，是一本很实用的工具书，对广大水利水电工程地质工作者，特别是对青年技术人员的成长和进步起到了十分重要的作用。改革开放30多年来，我国的水电开发事业发展迅猛，一大批大型、特大型水电站和抽水蓄能电站相继建成，使我国在21世纪初迅速成为水电开发的大国，水电装机容量超过2亿kW，稳居世界第一。在这一过程中，通过我国水电工程地质勘察界的不懈努力，不断吸取世界各国工程地质勘探的先进技术和经验，在水电工程勘探技术和工程地质评价等方面均取得了长足的进步，积累了丰富的经验。同时，为适应我国水电建设形势的要求，水电前期勘测设计阶段也作了必要的调整，相继颁布了一大批新的工程地质勘察、设计方面的规程和规范，工程设计、施工、水库等相关专业也对工程地质勘察提出了新的要求。为此，在原《水利水电工程地质手册》的基础上，我们策划组织编写了《水力发电工程地质手册》。

本手册共计12篇77章。第一篇为工程地质基础，概述了基础地质理论和相关基本概念；第二篇为工程地质勘察方法，介绍了水电工程勘察设计的阶段划分、勘察任务及内容和勘探工作布置，具体对工程地质测绘、钻探、坑探、物探、遥感及计算机技术等勘探手段的使用和适用条件作了阐述；第三篇为岩土体物理力学性质和测试，介绍了岩土体的物理力学性质的基本概念、测试方法，并对参数整理和最终取值做了全面的论述；第四至第十二篇为水电工程主要工程地质问题的勘察与评价方法，分别从区域构造稳定性研究、水库工程地质勘察与评价、覆盖层地基工程地质勘察与评价、岩石地基工程地质勘察与评价、地下洞室工程地质勘察与评价、岩溶工程地质勘察与评价、边坡工程地质勘察与评价、抽水蓄能电站工程地质勘察与评价、天然建筑材料工程地质勘察与评价等方面，对水电工程所涉及到的主要工程地质问题的勘察与研究做了全面系统的总结和阐述，并附有一些工程实例供参考。

最后将工程地质常用数值方法及水电工程地质灾害危险性评估技术要求作为本书的附录。

中国水力资源丰富，目前虽然我国的水电装机容量为世界第一，但仅开发了我国水电技术可开发量的1/3左右，且待开发的水力资源大多集中于我国的西南、西北、西藏等地区，其工程地质条件异常复杂，新问题、新难题将不断出现。本书所介绍的勘探手段、研究方法、评价技术不免有其局限性，希望读者在工作中参考本书时，应结合具体工程的地质条件，不断创新工作方法、更新知识结构、提高技术水平，也为我们将来对手册的修编提供依据。

本书由中国水电工程顾问集团公司组织策划，历经3年编写完成。参加本书编写工作的单位有：中国水电顾问集团北京勘测设计研究院，华东勘测设计研究院，西北勘测设计研究院，中南勘测设计研究院，成都勘测设计研究院，贵阳勘测设计研究院，昆明勘测设计研究院，河海大学，广西电力工业勘察设计研究院等。

在本书编写过程中，参考、引用了许多单位的技术文献和资料，除部分主要文献列于书末外，大量未经刊印出版的资料均未一一列出，敬请鉴谅。

衷心感谢王思敬院士在百忙中为本书作序。感谢郭义华、杜佰辉、蒋作范、谢树庸、汪泽斌、富宝鑫等老专家对本书的修改提出了许多宝贵的意见。在稿件的汇总、编排、图纸整理等过程中，范俊喜博士、杨健博士、郭德存高工、王晓岚女士等也多有贡献，在此一并表示感谢。

由于我们的水平有限，时间仓促，手册不妥或错误之处在所难免，恳请读者批评指正，以便修编时更正。

编　者

2011年11月

目　录

第五篇 水库工程地质勘察与评价

第六篇　覆盖层地基工程地质勘察与评价

第七篇　岩石地基工程地质勘察与评价

第十二篇 天然建筑材料工程地质勘察与评价

第一篇 工程地质基础

第一章 地形地貌

第一节 地　　形

一、地形的分类

地形是地貌和地物的统称。地貌是地表面高低起伏的自然形态，地物是地表面自然形成和人工建造的固定性物体。不同地貌和地物的结合，就会形成不同的地形，如山地、高原、盆地、平原、丘陵等。

地表形态按高程和起伏特征定义为海拔500m以上，相对高差200m以上称为山地。山由山顶、山坡和山麓三个部分组成。它们以较小的峰顶面积区别于高原，又以较大的高度区别于丘陵。按山的成因可分为褶皱山、断层山、褶皱—断层山、火山、侵蚀山等。山脉是沿一定方向延伸，包括若干条山岭和山谷组成的山体，因像脉状而称之为山脉。

高原是指海拔超过500m，面积较大，顶面起伏较小，周围形成陡坡的高地。高原是在长期连续的大面积的地壳抬升运动中形成的，它以较大的高度区别于平原，又以较大的平缓地面和较小的起伏区别于山地。

四周高（山地或高原）、中部低（平原或丘陵）的盆状地形称为盆地。盆地主要有两种类型。一种是地壳构造运动形成的盆地，称为构造盆地，如我国新疆的吐鲁番盆地、江汉平原盆地。另一种是由冰川、流水、风和岩溶侵蚀形成的盆地，称为侵蚀盆地，如我国云南西双版纳的景洪盆地，主要由澜沧江及其支流侵蚀扩展而成。

平原是陆地上最平坦的地域，海拔一般在200m以下。平原地貌宽广平坦，起伏很小，它以较小的起伏区别于丘陵，以较小的高度区别于高原。平原的类型较多，按其成因一般可分为构造平原、侵蚀平原和堆积平原。

丘陵一般海拔在200m以上，500m以下，相对高度一般不超过200m，高低起伏，坡度较缓，由连绵不断的低矮山丘组成的地形。丘陵一般没有明显的脉络，顶部浑圆，是山地久经侵蚀的产物。

七大洲的地形各具特色，欧洲、非洲、南极洲地形较为单一。欧洲地形以平原为主，地势较低平，平均海拔300m左右，是世界上海拔最低的一个洲；非洲大陆地形以高原为主，被称为“高原大陆”；南极洲地面多被冰雪覆盖，平均海拔超过了2000m，是世界上海拔最高的洲。南北美洲和大洋洲澳大利亚大陆的地形，大体上可以分为西部、中部、东部三大地形区，所不同的是南北美洲地形组合为西部山地、中部平原、东部高原，澳大利亚大陆的地形组合为西部高原、中部平原、东部山地。亚洲地形最为复杂，其中部高，四周低，中部高原、山地面积广大，平原分布在大陆周围。海底地形大体分为大陆架、大陆坡和洋底三部分。海底地貌类型复杂，有很深的海沟，面积广大的洋盆，以及绵延的海岭等。世界最深海沟是位于太平洋的马里亚那海沟，最高的山是喜马拉雅山。

二、中国地形的主要特征

（一）地形多种多样

在中国辽阔的大地上，有雄伟的高原、起伏的山地、广阔的平原、低缓的丘陵，还有四周群山环抱、中间低平的大小盆地。陆地上的五种基本地形类型，中国均有分布。

（二）山区面积广大

通常把山地、丘陵和比较崎岖的高原称为山区。中国山区面积占全国总面积的2/3，这是中国地形的又一显著特征。

（三）地势西高东低

地势的第一级阶梯是青藏高原，平均海拔在4000m以上。其北部与东部边缘分布有昆仑山脉、祁连山脉、横断山脉，是地势一级、二级阶梯的分界线。

地势的第二级阶梯上分布着大型的盆地和高原，平均海拔在1000～2000m之间，其东面的大兴安岭、太行山脉、巫山、雪峰山是地势二、三级阶梯的分界线。

地势的第三级阶梯上分布着广阔的平原，间有丘陵和低山，海拔多在500m以下。

如果通过北纬32°线，自西向东作一幅中国地形剖面图，从西部的大高原，到中部的盆地，再到东部平原，西高东低，呈阶梯状逐级下降的地势特点十分明显。

从中国陆地的第三级阶梯继续向海面以下延伸，就是浅海大陆架，这是大陆向海洋自然延伸的部分，一般深度不大，坡度较缓。

三、中国的地形种类

（一）山地

山地是大陆的基本地形，分布十分广泛。尤其是亚欧大陆和南北美洲大陆分布最多。我国的山地大多分布在西部，喜马拉雅山、昆仑山、唐古拉山、天山、阿尔泰山都是著名的大山。山脉构成中国地形的骨架，常常是不同地形区的分界，山脉延伸的方向称作走向，中国山脉的分布按其走向可分为五种情况。

东西走向的山脉主要有三列（主要包括五条山脉）：北列为天山—阴山；中列为昆仑山—秦岭；南列为南岭。

东北—西南走向的山脉多分布在中国东部，主要也有三列（主要包括七条山脉）：西列为大兴安岭—太行山—巫山—雪峰山；中列为长白山—武夷山；东列为台湾山脉。

西北—东南走向的山脉主要分布在中国西部，著名山脉有两条：阿尔泰山和祁连山。

南北走向的山脉主要有两条，分布在西南和西北，分别是横断山脉和贺兰山脉。

弧形山系由几条并列的山脉组成，由基本上东西走向转为南北走向而与横断山脉相接，其中最著名的山脉为喜马拉雅山，分布在中国与印度、尼泊尔等国边界上，绵延2400多千米，平均海拔6000m，其主峰珠穆朗玛峰，海拔8844.43m，是世界最高峰。

（二）高原

中国有四大高原：青藏高原、内蒙古高原、黄土高原、云贵高原。它们集中分布在地势第一、二级阶梯上。由于高度、位置、成因和受外力侵蚀作用不同，高原的外貌特征各异。

（三）盆地

中国有四大盆地：准噶尔盆地、塔里木盆地、柴达木盆地、四川盆地。它们多分布在地势的第二级阶梯上，由于所在位置不同，其特点也不相同。此外，著名的吐鲁番盆地也分布在地势第二级阶梯上，它是中国地势最低的盆地（－155m）。

（四）平原

中国有三大平原：东北平原、华北平原、长江中下游平原。它们分布在中国东部地势第三级阶梯上。由于位置、成因、气候条件等各不相同，在地形上也各具特色。以上三大平原南北相连，土壤肥沃，是中国最重要的农耕区。除此以外，中国还有成都平原、汾渭平原、珠江三角洲、台湾西部平原等，它们也都是重要的农耕区。

（五）丘陵

中国丘陵地形主要分布在东部地区，自北向南主要有：辽东丘陵、山东丘陵、东南丘陵。此外，东北长白山周边，四川盆地，长江三峡以东的淮阳地区亦分布有低山丘陵。

中国东南地区是丘陵分布最广、最集中的地区，这一地区统称为东南丘陵。其中长江以南，南岭以北的地区称为江南丘陵；南岭以南的广东、广西境内的为两广丘陵；武夷山以东，浙江、福建两省境内的为浙闽丘陵。辽东丘陵主要分布在辽东半岛上，山东丘陵主要分布在山东半岛上。

第二节　地貌类型的划分

地貌类型按地势划分见表1.1.2－1。陆地地貌类型见表1.1.2－2，中国陆地地貌主要类型见表1.1.2－3。

表1.1.2－1　按地势划分的地貌类型表

类型	名称			绝对高度（m）	相对高度（m）	坡度（°）	备注
陆地地貌	山地	最高山		＞5000	＞1000	＞25	其界线大致与现代冰川和雪线相等
		高山	高山	3500～5000	＞1000	＞25	高山与中山的界线（3500m），主要考虑到剥蚀作用的性质差别。在此线以上寒冻风化作用强烈，因此形成陡峭的山坡和粗大的堆积物。此外，在我国西北地区，此线也为森林的上限
			中高山		500～1000		
			低高山		200～500		
		中山	高中山	1000～3500	＞1000	10～25	
			中山		500～1000		
			低中山		200～500		
		低山	中低山	500～1000	500～1000	5～10	低山与中山的界线（1000m），主要考虑我国东部的山地多在1000m上下，受强烈的流水侵蚀剧烈切割，地表零乱破碎
			低山		200～500		
	丘陵			＜500	＜200		丘陵与低山的差别不在于绝对高度的大小，而在于相对高度和形态上的不同
	高原			＞500			
	平原	高平原		200～500			
		平原		0～200			
	洼地			海面以下			
海底地貌	大陆边缘	大陆架		0～－200		＜0.1	分布在大陆边缘浅海区海底平原
		大陆坡		－1400～－3200		4.3	分布在大陆架外缘，宽20～90km不等，最大坡度有达20°以上者
		大陆基		－2000～－5000		1/(700～100)	分布在大陆坡与大洋盆地之间，为大陆坡麓堆积物所覆盖
		岛弧		海面以上			如太平洋西部边缘所见的呈弧形分布的岛屿群
		海沟		－6000以下			一般分布在岛弧靠大洋一侧，为长条状的巨型洋底洼地
海底地貌	大洋盆地	深海盆地		－4000～－5000			山形开阔，其中最平坦部分称深海平原
		海山，海峰、平顶山和海底高地		海面以下			分布于深海盆地或深海平原中的高地，其中孤立的锥形海山称海峰，部分海山顶部被波浪削平、称海底平顶山（盖约特），比较开阔隆起区称海底高地
	洋中脊	洋中脊			高出海底2000～4000		大洋底部巨大线状的隆起，连锦数万千米，宽1000km以上
		中央裂谷					洋中脊中间的裂谷深1000～2000m

表 1.1.2-2　　陆地地貌的综合分类

一级地貌类型	二级地貌类型	三级地貌类型	四级地貌类型
冲积平原	大面积升降式冲积平原 山前冲击扇平原 山间河谷冲积平原	迂回型（河流）冲积平原 直线型（河流）冲积平原 游荡型（河流）冲积平原	不同时期（不同级别）的阶地；不同时期的冲积扇；河漫滩、鬃岗、河床、牛轭湖、废弃河曲、心滩、沙洲、冲沟、宽谷、峪谷等
	山间盆地冲积平原	断陷盆地冲积平原 岩溶盆地冲积平原 复合型盆地冲积平原	
	三角洲平原	河口三角洲平原 近河口三角洲平原	
洪积平原	山麓带状洪积平原 串珠状洪积平原	砂砾质洪积平原 粉砂—黏土质洪积平原	不同时期的洪积扇；干谷
冰水—冰碛平原	山谷冰碛平原 山前冰碛平原	平坦冰碛平原 陇岗冰状冰碛平原 砂砾质冰水平原 粉砂—黏土质冰水平原 冰水扇形平原	各次冰期的终碛垄，中碛垄、冰碛阶地、冰碛阜、鼓丘、羊背石
	冰水平原		
湖积平原	封闭型湖积平原 外溢型湖积平原	沼泽化湖积平原 平坦的湖积平原 波状的湖积平原	不同时期的湖滨阶地、龟裂地、湖泊、沼泽、古湖堤
风成平原	沙漠	新月型沙丘平原 陇岗状沙堆平原	移动沙丘、固定沙丘、半固定沙丘、龟裂地
	泥漠	龟裂地泥漠平原 盐沼地泥漠平原	
	风蚀平原	戈壁平原 风蚀残丘平原	“风城”、石格子窗、雅丹地形
黄土平原	黄土塬	较完整的黄土塬 破碎的黄土塬	冲沟、巷沟、崾岭、坳沟、悬沟、黄土柱、黄土陷穴、黄土桥
	黄土丘陵	黄土梁　平梁	
		斜梁	
		峁梁	
		黄土峁　不同时期的黄土坪	
海成平原	海蚀平原	平坦的海积平原 波状的海积平原 淤泥质平原 红树林海滩平原 砂质海积平原	海蚀台地、海滨阶地、海蚀崖、海滩沙堤、离岸沙堤、沙嘴、泻湖沉溺谷
	海积平原		
剥蚀平原与高原	准平原、剥蚀高原	平坦的，波状的	
构造平原与高原	构造平原、构造高原	平坦的，波状的	
强烈上升的幼年山地	发育有现代冰川的极高山、山原；寒冻风化强烈的高山、高中山；强烈剥蚀的高山、高中山、中山	褶皱山地，断块山，不同时期的夷平面	方山、单面山、猪背山；不同时期的冰斗、角峰、鳍脊、悬谷、倒石堆、岩屑流（石河）、滑坡，各种成因的陡崖、坡积堆坡积裙、冲沟
断块上升的再生山地	急剧上升的地堑式极高山、高山，具断陷盆地的高山、中山；山麓褶皱低山，丘陵		
拱形上升的再生山地	具古代夷平面的高原，台原高山，高中山，中山； 强烈侵蚀切割的高原、高山、高中山、中山		
侵蚀剥蚀残余山地	强烈或微弱切割的高中山、中山、低中山、低山、丘陵；中度切割的岗岭状中山、低山；浑圆—梁状低山丘陵；剥蚀残余丘陵		
熔岩山地	熔岩中低山；熔岩高原、台原，熔岩蚀余残山；熔岩丘陵		锥形、盾形、层状、火山、火山汇、塞湖
岩溶平原和山地	覆盖型岩溶平原 埋藏型岩溶平原	岩溶洼地平原 孤峰洼地平原	石芽、溶沟、孤峰石林、峰林、峰丛、溶洞、落水洞、漏斗、地下河、岩溶洼地、盲谷、坡立谷
	裸露型岩溶山地	峰丛高原；强烈隆起的峰丛高中山、中山；峰林洼地丘陵，低山；岩溶洼地丘陵；岩溶波状丘陵	

表 1.1.2-3　　中国陆地地貌的主要类型

类型		成因	特征	主要分布地区
堆积平原	冲积平原	河流沉积	地势开阔平坦，通常是由很厚的淤积层组成，有个别的丘陵突出在平原之上	华北平原、东北平原、渭河平原、汾河平原、河套平原
	湖积平原	湖泊淤积	位于现代湖泊边缘或古代湖泊遗址。常与冲积平原混杂而形成湖积冲积平原或冲积湖积平原，如江汉平原鄱阳湖滨平原	兴凯湖北峰平原，罗布泊附近
	洪积平原	间歇性暂时水流搬运沉积	地面倾斜，组成物质比较粗，与冲积平原常组成混合类型的洪积冲积平原或冲积洪积平原	天山山麓、太行山麓
	海成平原	海底上升	见于海边狭窄地带，面积不大，地表多为滨海相沉积物	
剥蚀地貌	平原	各种外营力将风化疏松物质运走而形成	地表有起伏，覆盖层薄，颗粒粗，可见残丘突露	山东低山外围
	高平原	剥蚀平原隆起形成		呼伦贝尔高平原
	高原	地势强烈隆起形成		黔西高原
黄土地貌	黄土塬	古地形控制或洪积成因	地表平坦，周围有深沟	陕西、陇东、山西的黄土高原
	黄土丘陵	古地形控制及黄土堆积后的侵蚀作用	为黄土覆盖的波状起伏的地形	六盘山以西、甘肃中部
侵蚀山地	高山 中山 低山	河流侵蚀作用为主	分布于轻微上升地区	大、小兴安岭，东北东部，秦岭，大巴山、南岭、横断山南部
岩溶山地	中山 低山	碳酸盐类岩石溶蚀和侵蚀作用	主要发育于轻微隆起地区，形成峰林、漏斗、落水洞等岩溶地貌	广西、贵州、滇东
冰川、寒冻、泥流作用高山		冰川、寒冻、泥流作用	分布在强烈隆起地区，山顶、山谷有常年积雪和冰川，古代冰川遗迹分布很广	喜马拉雅山，喀喇昆仑山、西藏高原（指具有山脉的高原）
干燥剥蚀作用山地（中山、低山）		干燥剥蚀作用	受极端大陆气候影响，山地物理风化作用强烈、山坡有很厚的岩屑和乱石堆，坡度陡，地表分割不强烈	河西走廊北山地区
火山地貌		第三纪和第四纪火山喷发	现在地表仍很少被破坏，多成为熔岩台地，高原和具有波状起伏的分割轻微的高原，即台原地形	长白山区、张家口、坝上一带

第三节　常见地貌类型

一、河流地貌

（一）河谷的基本类型

河谷的基本类型见表 1.1.3-1。

表 1.1.3-1　　河谷地貌类型

分类原则	河谷类型		基本特征
按发育阶段	未成型河谷	隘谷	具垂直或陡峭的崖壁，河谷上部宽度和谷底大致相同，谷底极窄，且全被水所淹没
		嶂谷	两侧谷坡较隘谷分得开，但仍为陡壁，谷底较隘谷为宽，坡麓具有陡壁或缓坡，谷底部分被水淹没
		峡谷	横剖面呈 V 字形，两壁较陡峭，常有阶梯状陡坎，谷底有洪积冲积物，大多数峡谷的谷底被水淹没
	河漫滩河谷		横剖面成浅 U 字形或槽形，河床只占谷底一小部分，河曲显著
	成型河谷		河谷宽阔，结构复杂，有阶地、蛇曲、牛轭湖，两岸谷坡常不对称，堆积作用特别显著
按地质构造	横向谷（横谷）		河谷延伸方向与岩层走向正交（60°～90°）
	斜向谷（斜谷）		河谷延伸方向与岩层走向斜交（30°～60°）
	纵向谷（河谷与岩层走向一致）	背斜谷	沿着背斜褶皱轴的方向延伸的河谷
		向斜谷	沿着向斜褶皱轴的方向延伸的河谷
		单斜谷	沿着单斜构造的地层走向发育的河谷

续表

分类原则	河谷类型	基本特征
按地质构造	断层谷	沿断层发育的河谷
	地堑谷	沿地堑构造发育的河谷
按基准面变化	复活谷（河）	由于地壳上升，侵蚀基面下降等原因，使河流侵蚀作用加强，呈现谷中谷，深切河曲
	沉溺谷（河）	大陆下降或海面上升，河流下游被海水淹没，成为漏斗形的三角港

（二）河谷的组成部分及其类型

河谷的组成部分及其类型见表 1.1.3-2。

表 1.1.3-2　　河谷地貌组成

类型			特征
河漫滩	弓形河漫滩	河曲河漫滩	分布在河曲的凸岸，呈扇形，由弧形鬃岗高地和洼地组成波状起伏的滩地
		歧流型河漫滩	多分汊河流上，部分汊道淤塞，顺河流轴线延伸
		混合型河漫滩	当河流中曲流和分汊现象同时并存时、两者时间上的更替变化而形成
	堰堤式河漫滩		较平直河段在河岸两侧连成的是堤坝似的特长沙坝
	平行鬃岗河漫滩		平直的河床侧向侵蚀时，河床沙坝也随之移动，产生平行鬃岗滩地，鬃岗常呈串珠状、有时是连续的

续表

类型			特征
阶地	侵蚀阶地		全由基岩组成，仅阶地面上有时有极少的冲积物覆盖，常分布在山区及新构造上升剧烈地区的河流两岸
	基座阶地（侵蚀堆积阶地）		常见于山区及新构造上升较剧烈的河流，下部为基岩侵蚀平台，上面覆盖着河流堆积物
	上叠阶地		河流的侵蚀能力和堆积作用的规模逐渐变小，新的阶地堆积物质叠置在较老的阶地冲积物之上
	堆积阶地	内叠阶地	河流切割的深度达到基岩谷底而新堆积的阶地范围和厚度一次比一次小
		嵌入阶地	后期河床比前一期河床下切要深，各级阶地具有不同高度的底座，阶地上为冲积物，阶地斜坡无基岩出露
		埋藏阶地	地壳下降，早期阶地被新的冲击物或新的阶地所掩埋，阶地的结构复杂

二、暂时性流水地貌

暂时性流水地貌是指由降雨融雪之后，在暂时性片流及洪流作用下所产生的各种地貌类型见表1.1.3-3。

表1.1.3-3　暂时性流水地貌类型

分类		基本特征
侵蚀地貌	纹沟	由斜坡上片状水流汇聚成的细流对坡面侵蚀而造成，纹沟相互穿插，呈网状
	细沟	规模不大，宽度<0.5m，深度0.1～0.4m，长度数米至数十米，坡度平缓，在平面上呈大致平行的线状，纵剖面与所在坡地表面的坡度一致
	切沟	宽度、深度可达1.2m，有明显的谷缘，横剖面在上游呈V字形，下游呈U字形，纵剖面多呈阶梯状，有明显的跌水陡坎、纵坡已与所在坡面不一致
	冲沟	沟谷加深，向源侵蚀作用明显。沟头出现陡坎，同时，面旁蚀作用加强，使沟谷两侧发生崩塌，沟谷加宽、沟坡较陡
	坳沟	纵剖面上陡坎被展平，至上凹形曲线，向源侵蚀和下蚀作用逐渐减弱，仅侧向侵蚀使沟谷继续加宽，沟底平坦，甚至生长植物，又称干沟
堆积地貌	坡积裙	位于山坡坡麓的堆积物，组成物质决定于山坡上岩石的成分，以砂土夹碎石为主，分选性较差，磨圆度极差，略具层理，倾向谷地
	洪积扇	体积较大，表面弯曲不显著，曲率半径大，组成圆锥体的角度小，沉积物扇顶较粗，至扇缘变细，磨圆度及分选性大部分较好，孔隙大，透水强
	冲积锥	体积不太大，表面弯曲相当大、曲率半径小，组成圆锥体的角度大；沉积物顶部由角砾、砾石、砂等粗碎屑组成，分选性差，下部和边缘由砂壤土和壤土等组成。小冲积锥有时大小混杂无分选性。一般透水性较弱。地下水面高，有泉水出露
	山前洪积平原	山麓地带由于山区地壳不断上升，许多洪积扇、冲积锥逐渐发展扩大，彼此相连汇合而成

三、冰川地貌

冰川地貌的分类见表1.1.3-4。

表1.1.3-4　冰川地貌类型表

类型		基本特征
冰蚀地貌	冰斗	三面为陡崖包围的簸箕状盛雪洼地、由冰斗底、冰斗肩、冰斗壁和冰斗坎几部分组成，多发育在雪线附近
	围谷（粒雪盆）	是由数个冰斗汇合而成的规模巨大的洼地，呈半圆形，三面为陡坡，坡上有时发育着冰斗。底部平坦或略倾斜，出口和幽谷相连，常残留有湖泊，又名冰窖
	鳍脊	两个冰斗或冰谷间所夹的山岭，被侵蚀而成的尖锐陡峻的山脊，又叫刃脊
	角峰	三个或三个以上的冰斗之间所夹的山峰，呈金字塔状，孤立而尖锐
	冰川谷	横剖面一般为U字形，谷底宽平，谷坡陡峭，壁上有冰蚀擦痕和磨光面。纵剖面常成台阶状，在平面上较平直
	悬谷	冰川谷的两侧支谷高悬于主谷底之上，高差常达数十米，甚至数百米
	羊背石	冰川谷底，冰蚀后残留的石质小丘，呈椭圆形，其长轴的方向就是冰川流动方向。两坡不对称，迎冰面为缓坡，较圆滑，有冰川擦痕或磨光面。背冰面为陡坡，坎坷不平
	冰川溢口	冰川达到一定厚度时，从幽谷或其他存冰洼地向侧面溢流而形成的口子
	盘谷	多条山谷冰川，汇集于山前地带，掘蚀而成的洼地。盘谷淤填后是有利于地下水汇集、储存的地方
冰碛地貌	基碛丘陵（冰碛丘陵）	冰体消融时，将所挟带的物质沉落在底碛之上，构成低矮、坡缓、波状起伏的丘陵。组成物质为冰砾土，颗粒较粗，大小不一，磨圆度不同，略具层理，有冰水沉积物的黏性土夹层
	冰碛阶地	冰川后退后，河流切入有基碛覆盖的冰川谷底而成
	侧碛堤	冰川两侧的堆积物、常沿冰川谷的边缘，形成连续或断续分布的长堤
	终碛堤	冰川的末端，堆积而成的与冰川流动方向垂直的弧形堤状高地。后期流水侵蚀可成孤丘，其组成物质有漂砾至砂层夹黏性土，具明显的粗层理
	冰砾扇（冰碛扇）	由冰川漂砾堆积成的扇形地，有的是大片冰流直接一次造成，更多的是由于多次冰川作用形成
	鼓丘	分布在终碛堤的内侧，椭圆形和狭长形的小丘，其长轴和冰流方向一致，尖端指向下游，大小不等，富含黏土，无层理，有时夹有层次的沉积物，有的鼓丘的核心是基岩
冰水地貌	冰水扇	冰融水在终碛堤上冲开缺口，由冰水沉积物构成的扇形地，由砾石、砂和黏土组成，有一定的分选性和层理，含有大漂砾
	冰水平原	在冰水扇外，冰水沉积物大量沉积形成的宽广平原
	冰湖三角洲	冰川融化汇成冰前河流，注入静水的冰湖时形成的三角洲，多由砾石、砂粒夹黏土组成。在湖盆中则为冰湖沉积，因气候变化多形成粗细相间、层理显著的湖泥（纹泥、季候泥）
	冰砾阜	平顶圆形或不规则形状的土丘，边坡陡直，直径0.1～2km，高度5～70m，靠近终碛堤成群分布，由有层次，分选好的细砂、亚黏土和卵石组成，上部常有漂砾和砂黏土盖层，冰碛物里透镜体分布于冰砾阜内部
	锅穴	圆形凹地，直径几米至几十米，个别达千米，深约数米，个别的深达50多米，由冰水沉积物中埋藏的冰块融化沉积物坍陷而成，常成群串列，与冰阜小丘同时出现，称为阜丘锅穴
	冰砾阜阶地	冰川两侧融化较快，堆积着有层次的冰水沉积物。冰川融化以后，突出于冰川谷的两侧，似阶地。顶部平坦、略向下游倾斜
	蛇形丘	顺冰水流动方向的狭长而曲折的岗地，如蛇形，两坡对称，坡度较大（30°～40°），丘脊狭窄，丘顶平缓，高达15～30m，甚至70m，长度几十米至几十千米，组成物质为成层的砂砾，偶夹冰碛层透镜体

四、岩溶地貌

岩溶的类型见表 1.1.3－5。岩溶地貌主要形态类型见表 1.1.3－6。

表 1.1.3－5　　岩溶类型表

划分依据	岩溶类型	特征
按可溶岩出露条件	裸露型	出露于地表，仅洼地中有零星小片覆盖。各溶形态均发育
	覆盖型	可溶岩上部大面积覆盖有较厚的（小于 50m）第四系松散堆积物。覆盖较薄时，地表常出露石芽、石针；覆盖较厚时，在覆盖层中常形成土洞，在地表形成漏斗、洼地
	埋藏型	可溶岩大面积埋藏于非可溶岩基岩以下，岩溶发育在地下深处。岩溶形态以溶孔、溶隙为主
按气候带划分	南部热带岩溶	形成于气温高、雨量充沛、植被茂盛的湿热气候条件下，以云南的石林、贵州、广西的峰丛、峰林等岩溶地貌为其特征
	中部亚热带岩溶	形成于气温较高、雨量中等、植被较好，碳酸岩分布较零星的条件下，岩溶地貌以丘陵洼地为其特征
	北部温带岩溶	气温较低，雨量较小，因碳酸岩中裂隙发育，岩溶常在深部发育，在断裂带附近形成较大溶洞，以干谷和岩溶泉为其特征
	干旱地区岩溶	雨量小，植被稀少，气温变化大，岩溶发育微弱。仅有溶隙和窄小的溶沟、溶斗
	海岸岩溶	受海岸带气候制约，不同水质、水温的水混合溶蚀作用使岩溶作用增强，并受海水面升降的控制
按水文地质条件	包气带岩溶	多为垂直的溶隙、漏斗、竖井
	浅饱水带岩溶	发育于地下水面附近，多为水平的岩溶通道
	深部岩溶	发育于深饱水带中

表 1.1.3－6　　岩溶地貌的主要形态类型

成因类型	名称	成因	类型	特征	
侵蚀型	溶沟、溶槽	地表水对可溶性岩石表面裂隙溶蚀和冲蚀而成的小型石质沟槽	溶沟	长度小于 5 倍宽度	深度由几厘米到数米、数十米，宽度十余厘米到 2m
			溶槽	长度大于 5 倍宽度	
	石芽	溶沟之间残留的“石脊”和“笋状”的石柱	山脊式	状如尖刀、深为 1～2m，沟很窄	
			棋盘格式	溶沟沿两组裂隙发育，所留的石脊交叉排列，沟深约数米到 10m 左右	
			石林式	石柱非常高大、陡峭、沟深达数十米	
	漏斗	地表为圆形或椭圆形、上大下小、形如漏斗的洼地，为地表水沿垂直裂隙溶蚀或由溶洞顶崩塌而成	碟状漏斗	深度较浅，约为斗口直径的 1/3 或更小	
			漏斗状漏斗	形如漏斗，深度和宽度相差不大	
			井状漏斗	形如井，深度比宽度大得多，斗壁陡峭底部常有落水洞	
	落水洞	地表洼地底部通向地下暗河或溶洞的通道，宽度小、深度大	缝隙状落水洞	形态很狭长	有垂直的，倾斜的，曲折的；大小不一，形态不同
			井状落水洞	形态如井	
			竖井状落水洞（天然井）	宽度和深度均较井状落水洞为大、深度可达百米	
	溶蚀洼地	由大规模的盲谷发展而成，或是由相邻的漏斗逐渐扩大加宽合并而成		狭长形，四周为低山丘陵或峰林包围，相对高度不超过 30m，长度大于宽度 1～5 倍，可达千米，洼地四周陡峭，底部平坦，分布有小湖、小溪、漏斗、落水洞等	
	坡立谷	规模较大的椭圆形溶蚀洼地，面积数平方米到数百平方千米	溶蚀坡立谷	岩溶洼地的扩大、合并，溶洞暗河顶部的崩塌；盲谷的加深、扩大而成	底部平坦、有厚薄不一的冲积物和岩溶残积物，四周斜坡陡峭高达百米以上
			构造陷落坡立谷	在构造陷落谷的基础上，岩溶继续发育而成，四周为断层崖	
	岩溶准平原	坡立谷再经长期岩溶作用发育而成		地形平坦，有很厚的冲积层，石灰岩风化残积层等，地下河转变为地表河，四周山地为残丘或孤峰形	
	峰林	可溶岩侵蚀成柱形和锥形的陡峭山峰，高可达百米以上，内部发育其他岩溶地貌	孤峰 群峰 丛峰 残林	孤立分布 成群分布 根部相连的峰林 矮小、分散、孤立的石峰，进一步发育即成残丘	
	天生桥	跨越于溶洞顶或峡谷上的天然岩桥		两相邻的漏斗或落水洞扩大时，于洞顶残留下的部分	
	溶洞	由地下水的溶蚀、冲蚀及崩塌所形成的地下洞穴	水平溶洞 阶梯式溶洞 倾斜溶洞 盲洞 穿洞	洞身延伸近于水平 水平溶洞与落水洞相连接而成 近河谷地段及顺倾斜岩层面发育 溶洞只有一个出口 溶洞有两个出口	
	盲谷	当地表河流流入落水洞时，下游断流的河谷		水流的末端被相当大的台阶所阻挡，台阶下有落水洞	
	干谷	河水沿岩溶通道流入地下，使地表河流干涸成干谷	干谷	全年无水	
			半干谷	谷底岩溶发育程度不高，在暴雨季节或地下水排泄不畅时，干谷有水	
			悬谷	原有的干谷，因近期地壳上升而高悬于现代深切峡谷之上	

续表

成因类型	名称	成因	类型	特征
侵蚀型	暗河	溶洞中有经常性的水流，且流量较大		位于地下水位以下，常与干谷相伴生
	岩溶湖	岩溶区与岩溶作用有成因联系的湖泊	地表岩溶湖	由漏斗、坡立谷等被黏土充填后积水成湖或岩溶上升泉出口处的洼地积水成湖
			地下岩溶湖	位于地下水面以下的深潭。枯水季节积水成湖或位于饱气带的水平溶洞洞底被黏土充填而积水成湖
	溶孔	可溶岩中的蜂窝状小孔		直径为几毫米至十余厘米，小孔可被次生方解石充填，主要发育在深循环带及构造破碎带中
堆积型	石灰华	岩溶泉出口处的钙质沉淀物		常呈多孔状
	石钟乳	含钙水从洞顶下滴时，钙质沉淀物自上而下沉积而成		常挂于洞顶
	石笋	含钙水滴到洞底，钙质沉淀物自下而上堆积形成		分布于洞底
	石柱	石钟乳和石笋相连成接		
	残余堆积物	由不被水溶解的残余物质堆积而成		如 Fe_2O_3、Al_2O_3 及高岭土的混合物，呈砖红色的黏土质物质，常积如山堆积于坡立谷漏斗的底部及裂隙中
	洞穴堆积物	地下水运动缓慢产生的沉积，分选差，磨圆度不好，包括碎屑、黏土及古人类化石、石膏、铝矾土等矿床		

五、黄土地貌

黄土地貌类型见表 1.1.3－7。

表 1.1.3－7　　黄土地貌类型表

类型		基本特征	
黄土梁	平梁	脉状的黄土丘陵。两侧为平行的沟谷，地下水埋藏深，在基岩和黄土接触处有时可见到地下水流出	顶部平坦，倾斜度 1°～3°，仍具黄土平台特征，宽度数十米至几百米，长度可达几千米
	斜梁		顶部倾斜度比平石梁大，宽度比平梁小，从梁顶以下坡度由缓转急，横剖面呈弧形
	峁梁		在长条状高地上，有明显的峁和鞍
黄土峁	连续峁	单个独立的黄土丘陵，常分布在切割的河流下游或河流交汇处，地下水埋藏深，冲沟发育	黄土梁切割而成，圆形或椭圆形、峁顶呈穹形，两峁之间有地势较低的鞍部
	孤立峁		孤立的馒头形黄土丘陵
黄土坪（黄土阶地）		分布在河谷或大沟中的黄土平台，由老谷地经黄土堆积后又经河谷下切而形成。表面平坦、向谷地缓倾	
黄土潜蚀地貌	黄土碟	圆形或椭圆形的小洼地，深度一般为 2～3m，直径约 10m	
	漏斗状陷穴 竖井状陷穴 念珠状陷穴	陷穴呈漏斗状，口径约 2m，深度小于 10m，底部有小孔，可漏水，又称落水洞 呈井状、口径较小、但深度较大 多个陷穴连续分布，呈串珠状，陷穴底部有孔道相通	
	黄土桥	数个陷穴间下部由地下水流串通，陷穴崩塌后的残余洞顶成桥形	
	黄土柱	流水沿着黄土垂直节理侵蚀及崩塌作用，使残留的黄土呈柱形、尖锥形，高度几米到十几米	

六、风成地貌

风成地貌的主要类型见表 1.1.3－8。

表 1.1.3－8　　风成地貌主要类型表

类型		基本特征
侵蚀地貌	风蚀洼地	椭圆形或巨大的马蹄形洼地，沿主要风向伸展。洼地内积水并含盐，可成为盐湖。如风蚀作用达到了地下水面附近，则可形成水草丰盛的“绿洲”
	风蚀残丘及风成地形	长期风蚀后留下的岛状残丘，高约 10～30m，有桌状平顶形或尖峰状。似片断城堡者，又称风城地形
	雅丹（陡壁小丘）或风蚀垄槽	泥质岩层区，尤其在龟裂地区，风吹蚀作用使平坦的地表形成许多垄脊和沟槽，高度为半米至数米，宽一般为 2～5m，长达 50m 以上
	风蚀壁龛（风蚀洞）	在岩石悬崖和陡壁表面形成的大小不等，形态各异的风蚀坑，大的凹坑称壁龛，小的称石格子窗，形如屋檐者，叫石檐
	蘑菇石	岩石长期吹蚀而成孤立柱状，上部大，下部小，形似蘑菇。后期因顶部失去稳定而坠落。如顶部虽脱离，但维持不倒者，称摇摆石
堆积地貌	新月形砂丘	砂丘的走向与风向的交角约 60°～90°，垂直于风向延伸，外形像一钩新月，有明显的两翼，迎风坡约 8°～12°，背风坡约 25°～30°，分布在地面不平，有草灌丛、常年风向较固定的地区，每年可移动 50～60m，有的达数百米
	新月形砂链	由多个新月形砂丘相连，垂直于风向延伸，比较稳定，迎风坡 12°～15°，背风坡 32°～35°
	横向砂梁	风砂遇到障碍时，形成与障碍物平行，与风成正交的长梁，一般在山前几百米至几千米的地方出现
	复合新月形砂丘及砂丘链	在巨大的砂丘体的迎风面上，分布着层层叠置的砂丘链，以顶部最密，背风坡高大陡峭
	新月形砂垄	砂丘的走向与风向的交角约 0°～30°，由新月形砂丘一翼萎缩，一翼向前移动和增长而成，为流动型砂丘
	砂垄	沿主导风向延伸，呈直线状，断面微不对称，可由两个以上的草灌丛砂堆同时顺主导的风向堆积，相互衔接而成，较固定
	格状砂垄	由于风向变化，纵砂垄间产生小砂堤，与主风向近于直交，纵砂垄与横向砂堤相连，形如网格
风积地貌	复合型砂垄	砂垄延伸很长，在巨大的垄体表面覆盖着许多叠置的新月形砂丘
	蜂巢形砂丘	龙卷风形成的砂丘，外形为盾形、圆形，高几米到十几米，有的可达百米，砂丘间为碟状低地，此类砂丘是固定的
	金字塔形砂丘	砂丘排列方向不与任何一种风向相平行或垂直，砂丘形体高大，具有不同方向的脊线和斜面，外形如塔

续表

类型		基　本　特　征
风积地貌	流动砂丘	砂丘的疏松的砂，地面裸露，缺少植被，风力大时，移动快
	半固定砂丘	疏松砂丘上有喜湿而抗风性强的植物阻挡，（覆盖度在15%～30%）使流砂移动缓慢，成半固定状态的砂丘
	固定砂丘	表面有密集的植物覆盖，覆盖度在30%以上，砂丘两坡都生长植物，砂丘停止移动，流砂已不多

七、海岸地貌

由海水的侵蚀和堆积作用，在海洋与大陆的交界地带所形成的地貌，叫海岸地貌。海岸地貌可分为在波浪和强烈海水冲蚀磨蚀作用下形成的海蚀地貌和海岸带的松散砂砾物质在波浪、潮汐等动力作用下，重新堆积下来形成的海积地貌（表1.1.3-9），中国海岸地貌分类见表1.1.3-10。

表1.1.3-9　海岸地貌类型

名称		基　本　特　征
海蚀地貌	海蚀崖	海浪冲蚀坚硬岩石而形成的高而险峻的陡壁
	海蚀穴（海蚀壁龛）	海蚀崖底部，由于击浪和巨砾冲蚀磨蚀而形成的凹槽或洞穴
	海蚀窗	海蚀洞（穴）后端，上部的岩石裂隙崩塌，形成与海崖上部沟通的窗
	海蚀拱桥	两个方向相反的海蚀穴，被蚀穿相连，成为拱桥状地形
	海蚀柱	海蚀拱桥继续受冲蚀，其拱顶受重力而崩塌，残留下的柱状地形，海蚀崖后退过程中遗留下来的蚀余岩石，再受侵蚀亦可形成
	海蚀平台	海蚀崖后退，其底面受磨蚀的平台。平台面微向海面倾斜，其上可以覆盖部分砂砾石，当海岸上升，平台高出于海面时，则成为海蚀阶地
海积地貌	海滩	平行于海岸线伸展的平缓堆积地形、微微倾向大海、可分为砾质海滩、砂质海滩、淤泥质海滩
	沿岸堤	海滩上条带状垄岗地形，与海岸线平行。砾石的岸堤高度大、宽度小、坡度大；砂质岸堤高度小、坡度小、宽度大
	水下沙堤	砂在水下堆积而成方向不规则的长条形砂堤
	离岸坝	水下砂堤向岸移动，堆积体加大，逐渐露出水面而成。当远离海岸成岛状者，则称为岛状坝（堆积沙岛）
	泻湖	部分海面因海岸堆积地形发展而与大海相隔离，封闭而成。当泻湖被水草填满时，就成为海滨沼泽

续表

名称		基　本　特　征
海蚀地貌	砂嘴	在海岸拐角处，岸流流速降低，携带的泥砂堆积成一端连接陆地，另一端伸入海中的堆积地形
	拦湾砂坝	在海湾地段，砂嘴继续发展，最后可伸展到对岸而形成的封闭地形
	连岛砂坝	岛屿靠海岸一方，泥沙堆积成的，可使海岛同海岸连接起来的堆积地形
	海积阶地	由海水的堆积作用和海岸边的上升而形成的海边平坦宽阔台阶状堆积地形

表1.1.3-10　中国海岸地貌分类

类　型		主要分布地区
类　型	亚　类	
以磨蚀作用为主的海岸	磨蚀的悬崖海岸	辽东半岛南端，山东北端东部
	对置的岛链海岸	浙江、福建海岸
	削平的低丘海岸	山海关至葫芦岛一带
	磨蚀的低平原海岸	山东半岛东南，青岛以北
以堆积作用为主的海岸	浅滩泻湖沼泽海岸	辽东半岛东南岸、三沙湾
	三角洲海岸	黄河三角洲、长江三角洲
	被沙洲包围的低平的堆积海岸	苏北
	具有高峰的浅沙滩海岸	雷州半岛西岸
	削平的低山沙滩海岸	辽东半岛东南部
综合海岸及火山海岸	削平的对置的堆积海岸	山东半岛东南，青岛以北，广州以西
	具有堆积浅滩的峡湾式海岸	闽南海岸
	地岬内海湾沙滩海岸	雷州半岛以西广东沿海
	溺谷海岸	钱塘江口、广州湾
	断层悬崖海岸	台湾东海岸
	火山低丘海岸	台北

第二章 地层及岩性

第一节 地质年代

一、相对地质年代

（一）地层层序律

地层层序律是指年代较老的地层在下，年代较新的地层叠覆在上，又称地层叠覆律。

地层层序律是确定同一地区地层相对地质年代的基本方法，是对沉积物单纯纵向堆积作用而言。但实际上还存在侧向堆积作用，而绝大部分沉积岩层是侧向进积和纵向加积两种作用的结果。因此，地层层序律对局部或单个地层剖面是适宜的，而对较大范围的区域就不一定适宜了。

（二）岩层相对年龄确定方法

岩层的相对年龄是指不同时代岩层间相对的新老关系或形成先后次序。确定岩层相对年龄的方法见表1.2.1-1。

表1.2.1-1 岩层相对年龄确定方法

名称	方法要点		
古生物法	根据所研究地层中含有的标准化石确定其时代		
岩性和岩相对比法	按同一时代同一沉积环境下所形成的岩石性质大致相似的原则研究地层与已经建立了标准地层剖面的相应地层，从地区岩石的颜色、成分、结构、岩性和岩相特点确定其层位		
层位接触关系分析法	岩浆岩与沉积岩接触	侵入接触	若沉积岩形成后，岩浆岩体穿插在沉积岩中，则沉积岩的时代比岩浆岩老
		沉积接触	岩浆岩形成后，经风化剥蚀上部又为沉积岩所覆盖，则沉积岩比岩浆岩新
	岩浆岩与岩浆岩接触	岩浆岩相互穿插时，被穿插的岩体时代较老	
	沉积岩与沉积岩接触	整合接触	下部岩层老，上部岩层新，顺序堆积
		平行不整合接触	下部岩层老，上部岩层新。由于地壳升降运动影响，中间有沉积间断缺失部分时代地层，但上下岩层产状一致
		角度不整合	岩层上新下老。由于地壳褶皱运动影响，中间缺失部分时代地层，上下两套地层的产状不一致

第四纪地层相对年龄测定与地层的关系分为四类：①被测定事件和对象与第四纪沉积物之间的时间关系，例如，被测定事件和对象，（如沉积物中所含的化石）可以与沉积物是同时的，也可以先于或晚于沉积物；②含有和反映被测定的对象和事件的第四纪沉积物，与局部第四纪地层顺序之间的关系；③局部地层顺序与更广泛的第四纪地层顺序之间的对比关系；④各种被测定第四纪地质事件和对象本身之间的顺序。

1. 动物群和植物群年龄的测定

用第四纪中广泛产出的孢子、花粉来测定第四纪地层的相对年代，是一种重要的方法。控制孢粉带顺序的一些因素（例如气候变化）在广大地区内具有同样的作用，孢粉带在一定程度上可以认为是同步的。

2. 氟法

氟法运用于产生砂和砾石层中的动物骨骸残骸的相对年龄测定。动物骨骸和牙齿，含有磷灰石（钙的磷酸盐）的成分。在动物骨骸和牙齿沉积于第四纪堆积物中后，吸收地下水中的氟以形成稳定的氟磷灰石，时间越长，骨骸和牙齿中的氟磷灰石的含量越大。所以，骨骼和牙齿中的氟磷酸盐的比例，可以被用来测定它们吸收氟的时间长度，即它们出现于堆积物中的时间长度。

3. 火山灰年代学法

一次火山喷发在广大地区内产生火山灰沉积。被保留在一个沉积顺序中（大陆或海洋沉积顺序）的火山灰层，常常可被用来作为标志层以进行大区域的第四纪地层的对比。

4. 古地磁年代学法

地磁场的参数，如极性、偏斜和倾斜等，在时间过程中是变化的。许多岩石和矿物，包括岩浆岩和沉积岩中可被磁化的矿物，在其形成时或在其形成以后的短时期内，被地磁场所磁化获得的磁性，被保留在岩石中，叫做剩磁。在岩石中的这种自然剩磁是可以测定的。古地磁分析的结果，可以形成一个岩石顺序的古地磁顺序，而这种顺序又是可以用放射法测定其年龄的。

二、绝对地质年代

绝对地质年代是以绝对的天文单位“年”来表达地质时间的方法，绝对地质年代学可以用来确定地质事件发生、延续和结束的时间。目前较常见也较准确的测年方法是放射性同位素法。其中主要有铀—铅（U-Pb）法、钾—氩（K-Ar）法、氩—氩（Ar-Ar）法、铷—锶（Rb-Sr）法、钐—钕（Sm-Nd）法、碳（C）法、裂变径迹法等，根据所测定地质体的情况和放射性同位素的不同半衰期选用合适的方法可以获得比较理想的结果。

岩石中有放射性元素，若某种元素原来有 N_0 个原子，经 t 时间后衰变为 N 个原子（$N=N_0e^{-\lambda T}$），并产生了 D 个新原子（$D=N_0-N$），在测定了岩石中所含有的放射性元素含量 N、D 后，应用放射性元素恒定的蜕变速度，可用下式计算出岩层的绝对年龄：

$$t=\frac{1}{\lambda}\ln\left(1+\frac{D}{N}\right)$$

式中：λ 为衰变常数，见表 1.2.1-2；$\frac{D}{N}$为岩石中两种元素含量的原子数之比。

表 1.2.1-2　常用放射性元素衰变常数（λ）值

衰变元素	衰变常数 λ（10^{-10}/年）	衰减期 T（10^9 年）
$^{238}U\rightarrow^{206}Pb$	1.54	4.5
$^{235}U\rightarrow^{207}Pb$	9.72	0.71
$^{232}Th\rightarrow^{208}Pb$	0.499	13.9
$^{87}Rb\rightarrow^{87}Sr$	0.139	49.8
$^{40}K\rightarrow^{40}Ar$	0.585	11.8
$^{40}K\rightarrow^{40}Ca$	4.72	1.47

第四纪绝对年龄测定方法如下。

1. ^{14}C 法

根据^{14}C的β衰变产生的自然衰减建立的计时方法。又称放射性碳法。地球上天然^{14}C主要是在大气圈上层（12～16km）高空中以近于恒定的速率产生，此后通过大气循环、水圈循环、植物光合作用、生物体新陈代谢和海洋交换等过程，以大致恒定的数量均匀地分布于大气圈、水圈、生物圈中所有参与交换的含碳物质中，含碳物质一旦停止了与外界的交换，^{14}C就因放射性衰变而呈指数减少。^{14}C年龄测定基于下列前提：①^{14}C在所有交换储集库中分布均匀，现代碳的放射性比活度是一常数，不随地理位置和物质种类而变化。②若干万年以来，大气 CO_2 的放射性比活度不随时间而变化。③样品在停止了^{14}C交换以后保持封闭。^{14}C法测定的年龄一般为 5 万年左右，最大限度不超过 7 万年。^{14}C法主要应用于第四纪地质史、古地理、古气候、海洋和考古研究等方面。

2. 热发（释）光法

石英、长石、碳酸盐类物质，加热至赤热温度时的发光强度与其产生后所接受的总辐射量呈正比，而辐射量又与时间呈正比，所以，发光强度也就与被测定物质的形成时间呈正比。这种方法可以测定第四纪各个时期一些地质事件的年龄。

3. 电子自旋共振法

根据含有铝、铁、锰等杂质的有缺陷的石英晶体，在放射线作用下容易形成电离损伤，用顺磁共振波谱仪测出其在某一特定磁场下贮能电子从高频磁场吸收能量后从低能级向高能级跃迁时产生的共振吸收效应，即所检测到的样品的 ESR 信号累积强度。从样品所测 ERS 信号强度可求得样品的总吸收剂量，通过在采样地点埋藏剂量片或分析采样地点周围沉积物中放射性元素（U、Th、K 等）含量，可算出样品的年剂量，进而求出样品的年龄。

4. 裂变径迹测定年龄法

U 核产生一种可检示的踪迹，在一种矿物中的裂变产生的碎屑。这些踪迹可用化学腐蚀加以检得，并且可以计算。样品用已知中子冲击，而踪迹的数目再加以计算。这两种踪迹密度的比值，可以计算年龄。角闪石、磷灰石和自然玻璃被认为最适用于第四纪岩浆岩测定年龄的成分。

5. 地球化学年代学法

在时间过程中，一些具有放射性的地球化学元素，形成放射物质，或由于放射分裂而形成新的元素，即同位素。测定某些已知分裂速度的元素的量，可以计算该元素自开始分裂以至现时的时距。

6. 古地磁学方法

利用岩石天然剩余磁性的极性正反方向变化，与标准极性年表对比，间接测量岩石年龄的方法。地磁要素（磁倾角、磁偏角）和磁极位置都随时间而变化。如距今两千多万年来（中新世以来）的火山岩剩磁的磁极位置总是绕地理极变化，中国第四纪以来的磁极位置都集中在北纬 80°～90°范围内绕地轴游移，而地磁极性方向变化周期则为 0.01 兆～1 兆年，所以极性变化更适合于第四纪沉积物年龄测量。古地磁学方法在第四纪测定年龄中应用广泛，主要用于沉积较连续、厚度较大的剖面或钻孔岩芯。

7. 天文学法

天文学法认为地球气候变化是由于地球绕日旋转的地球轨道诸因素的变化所决定的，并且因为这些变化可以计算过去年龄，所以就可以计算过去气候变化年龄、频度和性质。

8. 纹泥及其他具纹层的沉积物年代学法

具有纹层的沉积物或显示出沉积韵律的沉积物，代表着两个沉积类型（快速沉积和缓慢沉积）规则地和反复地互相交替，即形成了“沉积类型偶”或“沉积类型对”。每一“偶”或“对”反映着一个沉积环境变化周期。纹层沉积物在第四纪堆积物中是比较常见的。

9. 年轮年代学法

年轮年代学研究和计算树木的年轮，可以测定与树木相关的沉积物的年龄。在一些地区内，年轮学测定年龄的范围，已经可以回溯至距今 8000 年。用年轮法测定的年表与放射碳法测定的年龄互相对照，可以获得精确的测定结果。在年轮学中，用途最广的树木是针叶树，特别是松科。

三、地层单位及地质年代表

（一）地层单位

目前国际上多以生物演化的不同阶段作为划分地层单位的依据，每一地层单位都严格与地质时代单位相对应，见表 1.2.1-3。

表 1.2.1-3　地层单位和地质时代单位对照

使用范围	地层划分单位	地质时代划分单位
国际性的	宇 界 系 统	宙 代 纪 世
全国性的或大区域性的	（统） 阶 带	（世） 期
地方性的	群 组 段 层	时（时代、时期）

（二）地质年代表

在 2008 年 8 月奥斯陆第三十三届国际地质大会上推出了“国际地层地质年代表”（2008 版），见表 1.2.1-4。由于以往的许多资料尚沿用原地质年代表，为了方便对比使用，表 1.2.1-5 列出了我国和国际通用的地质年代表。

表 1.2.1-4　　国际地层地质年代表（2008 版）

地质时代、地层单位及其代号				同位素年龄（兆年）		构造阶段		生物演化阶段			中国主要地质、生物现象
宙（宇）	代（界）	纪（系）	世（统）	时间间距	距今年龄	大阶段	阶段	动物		植物	
显生宙（PH）	新生代（K_z）	第四纪（Q）	全新世（Q_4 或 Q_h）	0.0117	0.0117	联合古陆解体	喜马拉雅阶段（新阿尔卑斯阶段）	人类出现	无脊椎动物继续演化发展	被子植物繁盛	
			更新世（Q_p）晚更新世（Q_3）	2.5763	2.588						冰川广布，黄土生成
			更新世（Q_p）中更新世（Q_2）								
			更新世（Q_p）早更新世（Q_1）								
		新近纪（N）	上新世（N_2）	2.744	5.332			哺乳动物繁盛			西部造山运动，东部低平，湖泊广布
			中新世（N_1）	17.698	23.03						
		古近纪（E）	渐新世（E_3）	10.87	33.9±0.1		燕山阶段（老阿尔卑斯阶段）				哺乳类分化
			始新世（E_2）	21.9	55.8±0.2						蔬果繁盛，哺乳类急速发展
			古新世（E_1）	9.7	65.5±0.3						（我国尚无古新世地层发现）
	中生代（M_z）	白垩纪（K）	晚白垩世（K_2）	34.1	99.6±0.9			爬行动物繁盛		裸子植物繁盛	造山作用强烈，岩浆岩活动矿产生成
			早白垩世（K_1）	45.9	145.5±4.0						
		侏罗纪（J）	晚侏罗世（J_3）	15.7	161.2±4.0						恐龙极盛，中国南山俱成，大陆煤田生成
			中侏罗世（J_2）	14.4	175.6±2.0						
			早侏罗世（J_1）	24	199.6±0.6						
		三叠纪（T）	晚三叠世（T_3）	29.1	228.7						中国南部最后一次海侵，恐龙哺乳类发育
			中三叠世（T_2）	17.2	245.9	联合古陆形成	印支—海西阶段；印支阶段				
			早三叠世（T_1）	5.1	251.0±0.4						
	古生代（P_z）	晚古生代（Pz_2） 二叠纪（P）	晚二叠世（P_3）	9.4	260.4±0.7		海西阶段	两栖动物繁盛			世界冰川广布，新南最大海侵，造山作用强烈
			中二叠世（P_2）	10.2	270.6±0.7					蕨类植物繁盛	
			早二叠世（P_1）	28.4	299.0±0.8						
		石炭纪（C）	宾夕法尼亚亚世 晚	8.2	307.2±1.0						气候温热，煤田生成，爬行类昆虫发生，地形低平，珊瑚礁发育
			宾夕法尼亚亚世 中	4.5	311.7±1.1						
			宾夕法尼亚亚世 早	6.4	318.1±1.3						
			密西西比亚世 晚	10.2	328.3±1.6						
			密西西比亚世 中	17.0	345.3±2.1						
			密西西比亚世 早	13.9	359.2±2.5						
		泥盆纪（D）	晚泥盆世（D_3）	26.1	385.3±2.6			鱼类繁盛		裸蕨植物繁盛	森林发育，腕足类鱼类极盛，两栖类发育
			中泥盆世（D_2）	12.2	397.5±2.7						
			早泥盆世（D_1）	18.5	416.0±2.8						
		早古生代（Pz_1） 志留纪（S）	晚志留世（S_3）	6.9	422.9±2.5		加里东阶段	海生无脊椎动物繁盛			珊瑚礁发育，气候局部干燥，造山运动强烈
			中志留世（S_2）	5.3	428.2±2.3					藻类及菌类繁盛	
			早志留世（S_1）	15.5	443.7±1.5						
		奥陶纪（O）	晚奥陶世（O_3）	17.2	460.9±1.6						地热低平，海水广布，无脊椎动物极繁，末期华北升起
			中奥陶世（O_2）	10.9	471.8±1.6						
			早奥陶世（O_1）	16.5	488.3±1.7						
		寒武纪（∈）	晚寒武世（$\in_3$）	53.7	542.0±1.0			硬壳动物繁盛			浅海广布，生物开始大量发展
			中寒武世（$\in_2$）								
			早寒武世（$\in_1$）								
元古宙（PT）	元古代（Pt）	新元古代（Pt_3） 震旦纪（Z/Sn）		258	800			裸露动物繁盛		真核生物出现	地形不平，冰川广布，晚期海侵加广
		青白口纪		200	1000	地台形成	晋宁阶段				沉积深厚造山变质强烈，岩浆岩活动矿产生成
		中元古代（Pt_2） 蓟县纪		400	1400						
		长城纪		200	1600						
		古元古代（Pt_1）		800	2500		吕梁阶段			（绿藻）	
太古宙（AR）	太古代（Ar）	新太古代（Ar_3）		500	3000					原核生物出现	早期基性喷发，继以造山作用，变质强烈，花岗岩侵入
		古太古代（Ar_2）		600	3600	2800 陆核形成		生命现象开始出现			
		始太古代（Ar_1）		400	4000						
冥古宙（HD）				600	4600						地壳局部变动，大陆开始形成

表 1.2.1-5 **地质年代表（2000版）**

宙（宇）	代（界）	纪（系）	世（统）	时间间距（兆年）	距今年龄（兆年）	构造阶段：大阶段	构造阶段：阶段	生物演化阶段：动物	生物演化阶段：植物	中国主要地质、生物现象
显生宙（PH）	新生代（K_z）	第四纪（Q）	全新世（Q_4或Q_h）	约2～3	0.012	联合古陆解体	喜马拉雅阶段（新阿尔卑斯阶段）	人类出现；无脊椎动物继续演化发展	被子植物繁盛	
			更新世（Q_p）晚更新世（Q_3）		2.48（1.64）					冰川广布，黄土生成
			更新世（Q_p）中更新世（Q_2）							
			更新世（Q_p）早更新世（Q_1）							
		新近纪（N）	上新世（N_2）	2.82	5.3			哺乳动物繁盛		西部造山运动，东部低平，湖泊广布
			中新世（N_1）	18	23.3					
		古近纪（E）	渐新世（E_3）	13.2	36.5					哺乳类分化
			始新世（E_2）	16.5	53					蔬果繁盛，哺乳类急速发展
			古新世（E_1）	12	65					（我国尚无古新世地层发现）
	中生代（M_z）	白垩纪（K）	晚白垩世（K_2）	70	135（140）		燕山阶段（老阿尔卑斯阶段）	爬行动物繁盛	裸子植物繁盛	造山作用强烈，岩浆岩活动矿产生成
			早白垩世（K_1）							
		侏罗纪（J）	晚侏罗世（J_3）	73	208					恐龙极盛，中国南山俱成，大陆煤田生成
			中侏罗世（J_2）							
			早侏罗世（J_1）							
		三叠纪（T）	晚三叠世（T_3）	42	250	联合古陆形成	印支阶段			中国南部最后一次海侵，恐龙哺乳类发育
			中三叠世（T_2）							
			早三叠世（T_1）							
	古生代（P_z）	晚古生代（Pz_2）二叠纪（P）	晚二叠世（P_3）	40	290		印支—海西阶段；海西阶段	两栖动物繁盛	蕨类植物繁盛	世界冰川广布，新南最大海侵，造山作用强烈
			中二叠世（P_2）							
			早二叠世（P_1）							
		石炭纪（C）	晚石炭世（C_3）	72	362（355）					气候温热，煤田生成，爬行类昆虫发生，地形低平，珊瑚礁发育
			中石炭世（C_2）							
			早石炭世（C_1）							
		泥盆纪（D）	晚泥盆世（D_3）	47	409			鱼类繁盛	裸蕨植物繁盛	森林发育，腕足类鱼类极盛，两栖类发育
			中泥盆世（D_2）							
			早泥盆世（D_1）							
		早古生代（Pz_1）志留纪（S）	晚志留世（S_3）	30	439		加里东阶段	海生无脊椎动物繁盛	藻类及菌类繁盛	珊瑚礁发育，气候局部干燥，造山运动强烈
			中志留世（S_2）							
			早志留世（S_1）							
		奥陶纪（O）	晚奥陶世（O_3）	71	510					地热低平，海水广布，无脊椎动物极繁，末期华北升起
			中奥陶世（O_2）							
			早奥陶世（O_1）							
		寒武纪（∈）	晚寒武世（$\in_3$）	60	570（600）			硬壳动物繁盛		浅海广布，生物开始大量发展
			中寒武世（$\in_2$）							
			早寒武世（$\in_1$）							
元古宙（PT）	元古代（Pt）	新元古代（Pt_3）震旦纪（Z/Sn）		230	800			裸露动物繁盛	真核生物出现	地形不平，冰川广布，晚期海侵加广
		青白口纪		200	1000					
		中元古代（Pt_2）蓟县纪		400	1400	地台形成	晋宁阶段			沉积深厚造山变质强烈，岩浆岩活动矿产生成
		长城纪		400	1800					
		古元古代（Pt_1）		700	2500		吕梁阶段		（绿藻）	早期基性喷发，继以造山作用，变质强烈，花岗岩侵入
太古宙（AR）	太古代（Ar）	新太古代（Ar_2）		500	3000				原核生物出现	
		古太古代（Ar_1）		800	3800	2800陆核形成		生命现象开始出现		
冥古宙（HD）					4600					地壳局部变动，大陆开始形成

四、地质作用及地壳运动

（一）地质作用

地质作用可分为内动力地质作用和外动力地质作用。

内动力地质作用是指由于地球自转、重力和放射性元素蜕变等能量在地壳深处产生的动力对地球内部及地表的作用。它一般起源和发生于地球内部，但常常可以影响到地球的表层，包括构造运动、地震作用、岩浆作用、变质作用等。

外动力地质作用是指大气、水和生物在太阳能、重力能的影响下产生的动力对地球表层所进行的各种作用。根据作用过程和结果可将外动力地质作用的类型划分为风化作用、剥蚀作用、搬运作用、沉积作用和沉积成岩作用。

内动力地质作用导致地壳的变形，使地球表面复杂化；外动力地质作用则主要对地球表面进行夷平作用，使地球表面简单化。

（二）地壳运动

由内营力引起地壳结构改变、地壳内部物质变位的构造运动叫地壳运动。通常所说的地壳运动，实际上是指岩石圈相对于软流圈以下的地球内部的运动。

1. 地壳运动的分类

按运动方向可分为水平运动和垂直运动。水平运动指组成地壳的岩层，沿平行于地球表面方向的运动。也称造山运动或褶皱运动。该种运动常常可以形成巨大的褶皱山系，以及巨型凹陷、岛弧、海沟等。垂直运动，又称升降运动、造陆运动，它使岩层表现为隆起和相邻区的下降，可形成高原、断块山、盆地和平原，还可引起海侵和海退，使海陆变迁。地壳运动也称构造运动。按运动规律来讲，地壳运动以水平运动为主，有些升降运动是水平运动派生出来的一种现象。

地壳运动按运动的速度可分为两类：①长期缓慢的构造运动。例如大陆和海洋的形成，古大陆的分裂和漂移，形成山脉和盆地的造山运动，以及地球自转速率和地球扁率的长期变化等，它们经历的时间尺度以百万年计。另如冰期消失、地面冰块融化引起的地面升降，也属以万年计的缓慢运动。②较快速的运动。这种运动以年或小时为计算单位，如地极的张德勒摆动，能引起地壳的微小变形；日、月引潮力不但造成海水涨落，也使固体地球部分形成固体潮，一昼夜地面最大可有几十厘米的起伏；较大的地震可引起地球自由振荡，它既有径向的振动，也有切向的扭转振动。

2. 地壳运动的学说

（1）收缩说。

核心思想：地球最初是熔融体，逐渐冷却。冷却是从外表开始的。地壳最先冷却形成，而后地球内部逐渐冷却收缩后，体积变小，这时地壳就显得过大而发生褶皱。

存在问题：按这种理论，地壳上的褶皱分布应是随机的，但事实上褶皱的分布有一定的规律。尤其是放射性元素的发现，说明地球并非由热变冷却。

（2）膨胀说。

核心思想：地球曾有很高温的时期，同时在地壳下部有一个膨胀层，由于膨胀层受热膨胀，使地壳裂开，解释了一些深大断裂、洋脊、裂谷的成因。

存在问题：无法解释大规模挤压褶皱，逆掩断层的形成。而且膨胀性应具有宇宙性，其他星球尚无发现。

（3）脉动说。

核心思想：由于地球内部冷热交替，导致地壳周期性的振荡运动（脉动）受热隆起，冷却地区坳陷。

存在问题：忽视了水平运动。同时没有冷、热交替的证据。

（4）地球自转速度变化说。

李四光提出：地球自转速度的变化是导致地壳运动的重要原因。核心思想：地质构造可分为走向东西向的纬向构造带。走向南北向的经向构造带。当地球自转加快时，由于离心力作用，地壳物质向赤道集中，相当于受到南北向的挤压，形成纬（东西向）构造带。相反地球自转减慢时，地壳物质从赤道向两极扩散，形成经向（南北向）构造带。

（5）地幔对流说。

核心思想：地幔物质热对流，带动驮在其上的岩石圈水平运动。最早由英国的霍尔姆斯提出。

存在问题：地幔物质能否热对流？对流的范围和规模有多大？

3. 地壳运动测量

对缓慢的地壳运动，可根据地质学（地层学、古生物学、构造地质学等）、地貌学和古地磁学的考察，参考古天文学、古气候学的资料，进行综合分析判定。例如，大陆漂移学说是从古生物学、古气候学找到迹象，又通过古磁极的迁移得以确立的。现在根据同位素年龄的测定和岩石磁化反向的分析，可以进一步认识地壳运动的演化。

对于现代地壳运动，一般采用重复大地测量的方法，如用重复水准测量来研究垂直运动；用三角测量或三边测量的复测来研究水平运动；用安放在活动断层上的蠕变计、倾斜仪和伸长仪等做定点连续观测来监视断层的运动。20 世纪 70 年代后期，进而利用空间测量技术（激光测月、人造卫星激光测距和甚长基线干涉测量等）监测不同板块上相距上千公里的两点间的相对位移（精度可达 2～3cm），用以测定板块之间的运动。近年来，全球定位系统（GPS）InSAR 空间测地技术也广泛应用于地壳运动的测量。除此以外，还可以利用海岸线的变迁，验潮站关于海水涨落的记录等，推断现代地面的升降运动。

五、中国侵入岩分期

中国的侵入岩分期见表 1.2.1－6。

表 1.2.1－6　　中国侵入岩分期表

时代			年龄（亿年）	主要分布地区	侵入岩类别
中新生代	喜马拉雅期		0.40～0.60	喜马拉雅、台湾、帕米尔、秦岭、东南沿海	伟晶岩、花岗岩、浅成岩类、超基性岩
	燕山	晚期	0.60～1.50	东部地区、滇西、西藏、喀喇昆仑山	黑云母花岗岩、花岗闪长岩、碱性岩类及浅成岩类
		早期	1.50～1.95	东部地区、滇西、西藏	黑云母花岗岩、花岗闪长岩、基性岩、超基性岩
	印支期		1.95～2.30	青藏高原东部、南岭、海南岛、秦岭	黑云母花岗岩、石英闪长岩、辉长岩、部分地区有超基性碱性岩
古生代	海西	晚	2.30～2.80	东北北部、内蒙古、祁连山、滇西、台湾	花岗岩、白岗质花岗岩、基性岩、超基性岩
		中	2.80～3.50	天山、阿尔泰山、北山、大小兴安岭、川滇地区	黑云母花岗岩、花岗闪长岩、基性岩、超基性岩
		早	3.50～4.10	天山、滇西、川滇地区	基性岩、超基性岩、花岗岩、花岗闪长岩
	加里东	晚	4.10～4.40	东南地区、祁连山、天山、内蒙古北部、秦岭	黑云母花岗岩、花岗闪长岩、混合花岗
		中	4.40～5.00	祁连山、北山、贺兰山、大兴安岭、秦岭	花岗岩、基性岩、超基性岩、伟晶岩
		早	5.00～6.00		

续表

时代		年龄（亿年）	主要分布地区	侵入岩类别
晚元古代	第三期（澄江期）	7.00±	鄂西、雪峰山、九岭山、怀玉山、大巴山、龙门山	花岗岩、花岗闪长岩
	第二期（晋宁期）	8.00～10.00	川滇地区、滇西、东北东部	花岗岩、闪长岩、伟晶岩、辉绿岩、超基性岩
	第一期（四堡期）	14.00±5.0	北京密云、五台山、吕梁山、辽吉地区、桂北	奥长环斑花岗岩、斑状花岗岩、伟晶岩、闪长岩、基性岩、超基性岩
早元古代	第三期（吕梁）	17.00～25.00	五台山、太行山、大青山、燕山、辽吉地区、祁连山	伟晶岩、花岗岩、混合花岗岩
太古代	第二期（五台）	25.00～35.00	阴山、五台山、吕梁山、辽东、鲁中	花岗岩、花岗闪长岩、闪长岩、伟晶岩、基性岩
	第一期（阜平）	25.00～35.00	鲁中、燕山、辽东、嵩山、太行山	花岗岩、伟晶岩、混合花岗岩、基性岩、超基性岩

第二节　矿　　物

一、矿物分类

矿物是指由地质作用所形成的天然单质或化合物，它们具有相对固定的化学组成，呈固态者还具有确定的内部结构；它们在一定的物理化学条件范围内稳定，是组成岩石和矿石的基本单元。来自地球以外其他天体的天然单质或化合物，称为宇宙矿物。由人工方法所获得的某些与天然矿物相同或类同的单质或化合物，则称为合成矿物。自然界中已发现的矿物虽有3300多种，但主要的和常见的造岩矿物仅有几十种，根据它们的化学成分可以分为五大类，见表1.2.2-1。

表1.2.2-1　　矿物分类表

序号	分类		摩氏硬度 1～2	2～3	3～4	4～5	5～9	6～7	7～8	8～9	9～10
Ⅰ	自然元素		石墨、硫	金、铜、银		铂					金刚石
Ⅱ	硫化物	硫化物	辉钼矿、雄黄、雌黄	方铅矿、辉铜矿、辰砂	闪锌矿、斑铜矿	磁黄铁矿、黄铜矿	毒砂、白铁矿	黄铁矿			
		含硫盐		硫砷银、黝铜矿、硫锑铅矿	镍黄铁矿	磁黄铁矿					
Ⅲ	卤化物	氟化物		冰晶石	萤石						
		氯化物		钾盐	岩盐、光卤石						
Ⅳ	氧化物和氢氧化物	氧化物		软锰矿、沥青铀矿			钛铁矿、蛋白石、晶质铀矿、铬铁矿	磁铁矿、赤铁矿、金红石、锡石	石英、石髓、燧石、碧玉、玛瑙	刚玉、尖晶石	
		氢氧化物	铝土矿	氢氧镁石、三水铝石		水锰矿	针铁矿				
			褐铁矿			硬锰矿					
Ⅴ	含氧盐	碳酸盐		方解石	白云石、文石、孔雀石、菱锰矿、蓝铜矿	菱镁矿、菱铁矿					
		硫酸盐	石膏、芒硝	无水芒硝	硬石膏、重晶石、明矾石						
		硅酸盐	滑石、叶蜡石、蒙脱石、蛭石、高岭石、石棉	绿泥石、海绿石、黑云母、白云母、金云母、蛇纹石	钠闪石	硅灰石、沸石、蓝晶石	斜方辉石、普通辉石、顽火辉石、透辉石、透闪石、角闪石、阳起石、白榴石	钾微斜长石、蓝闪石、透长石、正长石、斜长石、绿帘石、符山石、硅线石、橄榄岩	锆石、绿柱石、石榴子石、电气石、红柱石、堇青石、十字石	黄玉	
		铬酸盐		铬铅矿							
		硼酸盐		硼砂							
		磷酸盐		铀云母		磷灰石	独居石				
		硝酸盐	钠硝石、钾硝石								
		钨酸盐				白钨矿、黑钨矿					

二、常见造岩矿物的特征

各种矿物都具有其固定的外表形态和特有的物理性质，如结晶、颜色、条痕、光泽、硬度、解理、断口，以及磁性、嗅味、弹性、挠性。野外，根据矿物的这些外表形态和物理性质可对矿物进行初步鉴定。常见矿物特征见表1.2.2-2。

黏土矿物是黏土岩的主要组成部分，绝大部分黏土矿物都属于层状构造的硅酸盐，只有一部分为链状构造的硅酸盐或为非晶质。黏土矿物通常按照晶体构造和晶体化学特征分类。由于黏土矿物颗粒极其细小，肉眼难以分辨，需要利用染色分析、差热分析、电子显微镜等室内试验方法进行鉴定，主要黏土矿物特征见表1.2.2-3。

表 1.2.2-2 常见造岩矿物特征表

序号	矿物名称	化学式	硬度	比重	晶体及集合体形状	颜色	条痕	光泽	解理	断口	其他特征	分布岩类及伴生矿物
1	滑石	$Mg_3(Si_4O_{10})(OH)_2$	1	2.58～2.83	单斜晶系，常呈片状、块状集合体	白、灰、淡绿、淡黄等	白	玻璃或珍珠	沿[001]一组完全	贝壳状	极软，具滑腻感，有柔性	蛇纹岩等超基性岩、白云岩和富镁结晶片岩
2	叶蜡石	$Al_2(Si_4O_{10})(OH)_2$	1～1.5	2.65～2.9	单斜和三斜晶系，一般为片状、放射状致密块状集合体	白、淡绿、浅黄		玻璃、油脂或珍珠	沿[001]一组完全	贝壳状	具滑腻感，性柔，薄片具挠性	酸性火山岩、凝灰岩和某些富铝的结晶片岩
3	蒙脱石	$(Na, Ca)_{0.3}(H_2O)_n \cdot \{(Al,Mg)_2[(Si,Al)_4O_{10}](OH)_2\}$	2～2.5	2～2.7	单斜晶系，肉眼不见，通常为土状隐晶质块状	白、浅灰、粉红、浅绿	无	土状或蜡状	鳞片状[001]完全		手摸有滑腻感，浸水后显著膨胀	也称微晶高岭石或胶岭石，由基性火山岩及凝灰岩等在碱性介质条件下风化而成的黏土矿物
4	蛭石	$(Mg, Ca)_{0.3\sim0.45}(H_2O)_n \cdot \{(Mg_3Fe^{3+},Al)_3(Si_3Al)_4O_{10}](OH)_2\}$	1～1.5	2.4～2.7	单斜晶系，晶体呈假六方板状、片状，集合体常呈黑云母或金云母的假象	褐、黄褐、金黄等		油脂状	一组完全		薄片具挠性，被灼热时，体积可剧烈膨胀	黑云母、金云母风化或蚀变产物，常与绿泥石、绢云母和碳酸盐等共生
5	高岭石	$Al_4(Si_4O_{10})(OH)_4$	2～3.5	2.6～2.63	三斜晶系或单斜晶系，肉眼不易看清，一般为块状、土状、鳞片状	白、黄、浅褐、浅蓝等	白	土状光泽或蜡状光泽	平行[001]一组完全	土状	有滑感，干时易吸水；湿时具可塑性、黏性	为长石等铝硅酸盐矿物在低温、低压及酸性介质中的风化产物
6	水云母（伊利石）	$K_{0.65}\{Al_2(Al_{0.65}Si_{3.35}O_{10})(OH)_2\}$	2～3	2.5～2.8	单斜晶系，晶体呈细小鳞片状，肉眼不易分辨，集合体呈土块状	白		油脂	平行[001]一组完全		有油脂感，弹性较白云母弱	白云母风化成黏土矿物的中间过渡产物，是组成黏土和黏土岩的主要矿物成分
7	石墨	C	1～2	2.21～2.26	六方晶系，有时呈叶片状，六方薄板状、鳞片状或土状集合体	铁灰～黑	灰黑	半金属	平行[0001]一组		重量轻，有滑感，可在纸上书写，薄片具挠性，良导电性	煤层或含沥青质、碳质的沉积岩，经区域变质或接触变质作用而成的变质岩以及岩浆岩与灰岩接触带
8	硫	S	1～2	2.05～2.08	斜方晶系，较少见，偶见双锥状、厚板状，集合体常为粉末状、块状	各种黄色	白至微黄	金刚、油脂	不完全	贝壳状	性脆，易熔，易燃，燃烧时发蓝色火焰，并发生 SO_2 臭味	（1）火山喷发型：多分布于火山口附近，由火山喷发气体直接升华而成。（2）沉积型：常与石膏方解石、天青石等伴生。（3）风化型：由金属硫化物或硫酸盐分解而成
9	钾盐	KCl	1.5～2	2	等轴晶系，晶形呈立方体，或立方体与八面体的聚形，集合体呈粒状或块状	白、红、淡红	白	玻璃	三组完全		味咸、苦涩，火焰呈紫色	干涸盐湖中，常与岩盐、石膏共生，且位于盐层的上部
10	褐铁矿	$Fe_2O_3 \cdot nH_2O$	1～4	3.4～4.0	土状、块状、结核状、钟乳状、肾状	黄褐、黑褐	黄褐色	半金属	无		是以 RO（OH）型的针铁矿、纤铁矿、水针铁矿、水纤铁矿为主并有含水氧化硅、黏土等杂质的混合物	沉积岩、含铁化合物的风化带
11	石膏	$CaSO_4 \cdot 2H_2O$	1.5～2	2.2～2.4	单斜晶系，晶体常呈板状、条状或纤维状、粒状、块状，常见燕尾双晶	白、黄褐、红	白	玻璃或丝绢	平行[010]一组极完全[100]和[011]中等，互相斜交		有时透明，可溶于盐酸和略溶于水，遇盐酸不起泡	黏土岩、石灰岩或泥灰岩与黏土相伴生的沉积矿床中，也见于金属硫化物矿床的氧化带中
12	绿泥石	$(Mg,Fe^{2+},Fe^{3+},Al)_6[(Al,Si)_4O_{10})(OH)_8$	2～2.5	2.68～3.40	单斜晶系，晶体呈假六方板状、片状，常见为鳞片状集合体	浅绿～深绿	白、绿	珍珠、玻璃	平行[001]一组极完全		有滑腻感，薄片具挠性	产于结晶片岩（如绿泥石片岩）及各种中低温热液蚀变岩中与滑石、蛇纹石等共生

续表

序号	矿物名称	化学式	硬度	比重	晶体及集合体形状	颜色	条痕	光泽	解理	断口	其他特征	分布岩类及伴生矿物
13	岩盐	$NaCl$	2～2.5	2.1～2.2	等轴晶系，常呈立方体。晶面上常见有漏斗状的阶梯凹陷，集合体呈致密块状、散粒状	无，因含杂质而带浅蓝、黄褐、红、黑等	白	玻璃	三组完全		味咸，易溶于水，烧之火焰呈黄色	盐湖沉积
14	海绿石	$(Fe,Al,Mg)_2[Si_3(Si,Al)O_{10}](OH)_2 \cdot nH_2O$	2～3	2.2～2.8	单斜晶系，少见，常呈粒状或土状	蓝绿、暗绿至绿黑	绿	玻璃或无光泽	无		一般为直径一至数毫米的粒状浸染体	浅海相沉积产物，见于砂岩、碳酸盐岩、黏土岩、磷块岩及绿色淤泥和砂中
15	黑云母	$K(Mg,Fe)_3(OH)_2(AlSi_3O_{10})$	2～3	3.02～3.12	单斜晶系，晶体常呈六方板状、柱状，集合体为片状或鳞片状	黑、绿、深褐	白、淡绿	珍珠、玻璃	平行［001］一组极完全		薄片半透明，有弹性、不良导体	酸、中性岩浆岩及片麻岩、结晶片岩中
16	白云母	$KAl_2(AlSi_3O_{10})(OH)_2$	2～3	2.76～3	单斜晶系，晶体呈假六方形的板状和柱状，集合体呈片状或鳞片状	无、银白、淡黄	白	珍珠、玻璃	平行［001］一组极完全		绝缘、薄片半透明具弹性	多产于中酸性侵入岩及变质岩中，其碎片也常出现在碎屑岩中
17	金云母	$KMg_3[AlSl_3O_{10}](OH)_2$	2～3	2.7～2.85	单斜晶系，晶体呈六方板状或柱状，集合体呈片状、板状、鳞片状	无色透明或黄褐、红棕、绿、深褐		玻璃	平行［001］一组极完全		浅色金云母与白云母区别须利用光性资料	超基性岩及其接触变质带
18	方铅矿	PbS	2～3	7.4～7.6	等轴晶体，晶体多呈立方体或立方体与八面体的聚形，集合体常呈粒状或致密块状	铅灰	黑	金属	三组完全		性脆具弱导电性和良好的检波性	金属矿脉与闪锌矿共生或见于碳酸盐类与岩浆岩接触带
19	自然铜	Cu	2.5～3	8.5～8.9	等轴晶系，但少见，常呈不规则树枝状、致密块状	铜红	铜红	金属	无	锯齿状	为电和热的良导体，表面常带有一层黑色氧化膜	热液矿床，还原条件下的沉积岩
20	软锰矿	MnO_2	5～6.5 隐晶质及粉末状者硬度低 1～2	4.7～5	四方晶系，晶体呈细柱状或针状，但少见，通常呈块状粉末状和烟灰状集合体	钢灰、黑	黑	半金属至土状光泽	平行［110］完全		易染手，性脆	浅海沉积及风化铁帽
21	铝土矿	$Al_2O_3 \cdot nH_2O$	3 左右视成分而定	2.5～3.5	鲕状、豆状、致密块状等胶体状态	灰白、灰褐、黑灰、砖红		土状		半贝壳状到不平坦状	手摸有粗糙感，加 HCl，无反应或稍有反应，在野外较难鉴定	岩浆岩风化带及部分沉积岩
22	蛇纹石	$Mg_3(Si_2O_5)(OH)_4$	2.5～4	2.2～3.6	单斜晶系，通常呈块状、纤维状或页片状	绿～绿黑	白	油脂、丝绢	一组完全	参差状、贝壳状	有滑感，常具条纹	超基性岩浆岩和变质岩
23	自然金	Au	2.5～3	15.6～19.3	等轴晶系，晶形呈八面体，但少见，常呈分散的粒状、树枝状集合体	金黄	金黄	金属	无		良导体、熔点 1062℃，化学性稳定，不氧化	热液矿床，石英脉内
24	方解石	$CaCO_3$	3	2.6～2.9	三方晶系，晶形常为菱面体及复三方偏三角面体等，具双晶，集合体常呈晶簇、粒状、钟乳状、结核状、鲕状等	白、无色，因含杂质可具多种颜色	白	玻璃	三组菱面解理完全		遇冷稀盐酸剧烈起泡，性脆	为石灰岩和大理岩的主要造岩矿物，或为中、低温热液矿床的脉石填物及岩溶区洞穴堆积（石灰华、钟乳石）
25	硬石膏	$CaSO_4$	3～3.5	2.9～3.0	斜方晶系，完好者少见，集合体常呈柱状，块状、厚板状、纤维状	白、灰、蓝灰	白	玻璃、珍珠	互相垂直		与水作用可变成石膏，遇酸不起泡	泻湖或盐湖沉积，常与石膏、岩盐伴生

续表

序号	矿物名称	化学式	硬度	比重	晶体及集合体形状	颜色	条痕	光泽	解理	断口	其他特征	分布岩类及伴生矿物
26	重晶石	$BaSO_4$	3～3.5	4.3～4.7	斜方晶系，晶体呈板状或板柱状集合体呈晶簇、粒状、结核状和钟乳状	无色、白、红、褐、天蓝等	白	玻璃、珍珠	平行［001］一组完全，平行［210］一组中等，平行［010］一组不完全，交角近90°			存在浅海沉积岩及低、中温热液矿脉（方铅矿、闪锌矿、辰砂、黄铜矿等）中
27	白云石	$CaMg(CO_3)_2$	3.5～4	2.8～3.0	三方晶系，晶形常作菱面体，有时发育成柱状或板状，晶面常弯曲呈马鞍形，具双晶、集合体常呈粒状或块状	灰白、淡黄、淡红	白	玻璃	三组菱面解理完全		遇热盐酸有反应，具条纹	为白云岩的主要造岩矿物，为盐度较高的原生海湖沉积，但大量的系由石灰岩被含镁溶液置换形成，也有作为金属矿脉的脉石矿物出现
28	黄铜矿	$CuFeS_2$	3～4	4.1～4.3	四方晶系，晶形呈四方四面体，但少见，一般为块状、粒状	黄铜	绿黑	金属	不完全	参差状	风化面常盖有鲜艳的蓝色、紫褐、性脆	金属矿脉及基性岩浆岩和矽卡岩
29	闪锌矿	ZnS	3.5～4	3.9～4.2	等轴晶系，晶形为四面体，菱形十二面体，晶面上常见三角形花纹通常呈粒状和块状的集合体	浅黄、棕褐、黑	白、褐	金刚、半金属	六向完全（平行菱形十二面体）		性脆，晶面上常有三角形的花纹，不导电	产于热液，交代矿床及岩浆岩与沉积岩的接触带，常与方铅矿共生
30	文石	$CaCO_3$	3.5～4.5	2.9～3.3	斜方晶系，晶体呈柱状或尖锥状，具双晶，并往往成轮式双晶而呈假六方核状。集合体多呈柱状或纤维状的晶簇、或呈珊瑚状、钟乳状、鲕状等	黄白或白色或浅绿、灰白		玻璃、油脂	不完全	贝壳状	加 HCl 起泡剧烈，不稳定，可转变为方解石	见于近海底沉积的石膏和黏土层内，金属、矿床氧化带富钙质的基性岩浆岩空隙中，溶洞中，及含碳酸钙的矿泉中沉淀而成
31	孔雀石	$Cu_2CO_3(OH)_2$	3.5～4	4.0～4.5	单斜晶系、链状结构，肾状，葡萄，放射纤维状	孔雀绿翠绿～暗绿		玻璃至金刚丝绢	解理［201］［001］完全		遇 HCl 起泡	含铜氧化带
32	菱镁矿	$MgCO_3$	3.5～4.5	2.98～3.48	三方晶系，晶体呈菱面体，集合体通常呈粒状、块状、土状	白、黄褐、淡红	白、淡黄	玻璃	三组菱面［1011］解理完全		粉末与热盐酸反应	主要由含 Mg 热液交代白云石及超基性岩而成
33	菱铁矿	$FeCO_3$	3.5～4.5	3～3.9	三方晶系，晶体常呈［1011］的菱面体，晶面常弯曲成马鞍形，集合体呈致密块状、粒状、结核状及鲕状、土状	灰、褐、豆黄	白、淡黄	玻璃	三向［1011］菱面体解理完全		与冷盐酸有缓慢作用，并由于生成 $FeCl_3$ 而呈黄绿色；遇热浓盐酸则起泡	在还原条件下沉积而成或为热液成因，前者产于页岩、黏土或煤层中；后者常作为铁、铜、铅、锌金属矿床的脉石矿物产出
34	萤石	CaF_2	4	3～3.2	等轴晶系，晶体呈立方体，八面体、常见有穿插双晶，集合体呈致密粒状、块状	无色透明，少见绿、紫、黄，白玫瑰红	白	玻璃	四向完全		粉末加硫酸能溶解，显荧光，熔点1360℃	中低温热液矿脉、石灰岩、白云岩
35	硅灰石	$Ca_3(Si_3O_9)$	4.5～5.5	2.75～3.1	三斜晶系，晶体呈针状、粒状、板状，一般为纤维状，片状或放射状集合体	白色，可带灰红色调	白	玻璃、珍珠	解理［100］完全［001］和［102］中等		易溶于盐酸中析出 SiO_2	变质矿物，见于中酸性岩浆岩与石灰岩接触带及大理岩及钙质结晶片岩中，常与透闪石、钙铁石榴子石、符山石透辉石及其他矽卡岩矿物共生
36	磷灰石	$Ca_5(Cl,F,OH)(PO_4)_3$	5	2.9～3.2	六方晶系，晶体呈六方柱状，集合体为粒状、块状、结核状	白、浅蓝、绿、紫、肉红、淡黄	白	油脂	一组不完全	参差状	性脆，柱面上有平行条纹	常见于高温热液矿脉和岩浆岩中，也有沉积形成的

续表

序号	矿物名称	化学式	硬度	比重	晶体及集合体形状	颜色	条痕	光泽	解理	断口	其他特征	分布岩类及伴生矿物
37	蓝晶石	Al_2SiO_5	5.5～7	3.53～3.65	三斜晶系，扁平柱状，双晶常见，集合体有时呈放射状	白、蓝、灰黑、暗黄	白	玻璃	平行［100］一组，完全平行［010］一组、中等			系富铝岩石（如黏土矿物）在高压中温条件下变质而成，常见于结晶片岩、片麻岩、石英脉中，与云母、十字石、刚玉、电气石、金红石等矿物共生
38	普通角闪石	$NaCa_2(Mg,Fe^{2+})(Al,Fe^{3+})[(Si,Al)_4O_{11}]_2(OH)_2$	5～6	3.1～3.6	单斜晶系，晶体呈六边形（近似菱形）的长柱状常依［100］而成简单双晶或聚片双晶，集合体呈柱状、纤维状、粒状等	黑绿～黑	灰白、淡绿	玻璃	二组中等，解理成124°或56°角斜交			酸性岩浆岩及深变质岩中
39	普通辉石	$(Ca,Mg,Fe,Al)_2[(Si,Al)_2O_6]$	5～6	3.2～3.6	单斜晶系，晶体呈八边形短柱状常依［100］成接触双晶或聚片双晶，集合体一般为粒状	黑绿、褐黑	白褐	玻璃	二组中等，解理近于正交87°			基性岩浆岩，少数见于中性岩浆岩中，与斜长石，橄榄石，角闪石等共生
40	斜方辉石	顽火辉石 $Mg_2[Si_2O_6]$ 紫苏辉石 $(Mg,Fe)_2[Si_2O_6]$	5～6	顽火辉石3.15；紫苏辉石3.3～3.6	斜方晶系，晶体八面形（或假正方形）短柱状，通常成不规则粒状	灰白、浅褐、绿、绿黑		玻璃或珍珠	二组完全解理近于正交	参差状	包括紫苏辉石、顽火辉石等斜方晶系辉石，但肉眼难于准确鉴定	基性岩浆岩
41	透辉石	$CaMg(Si_2O_6)$	5～6	2.27～3.38	单斜晶系，晶体呈假正方形的短柱状，常以［100］呈接触双晶，集合体呈粒状、棒状、放射状、块状	浅绿、浅灰		玻璃	二组中等解理近于正交			矽卡岩、基性岩浆岩常与石榴子石、符山石、阳起石等矿共生
42	榍石	$CaTiSiO_5$	5～6	3.3～3.6	单斜晶系，晶体常呈扁平信封状、柱状，断面呈菱形，有时［001］面特发育成板状，常依［100］成接触双晶	黄、褐、灰、浅绿	白	晶面为金刚光泽，断口为松脂光泽	［110］一组中等	贝壳状	晶体截面成棱形、楔形	是各种岩浆岩中最常见的副矿物之一，变质岩和砂矿中也可见
43	蛋白石	$SiO_2 \cdot nH_2O$	5～6	1.9～2.3	非晶质无一定外形，通常呈块状、钟乳状、肾状、多乳状	无色透明蛋白色，常因含杂质而呈现各种颜色	白	玻璃、油脂		贝壳状	加热脱水后，可变为石英，化学成分不固定，含水量亦有变化	各种沉积岩石孔隙裂隙及风化带中，主要由 SiO_2 胶体沉淀而成
44	钛铁矿	$FeTiO_3$	5～6	4.72	三方晶系，晶体呈厚板状，但少见，常呈粒状、致密块状	钢灰～铁黑	黑褐	半金属	一组极不完全		具弱磁性	基性和碱性岩浆岩，常与磁铁矿共生
45	霞石	$(Na,K)(AlSiO_4)$	5.5～6	2.6～2.7	六方晶体，晶体呈六方短柱状，通常呈不规则粒状，致密块状集合体	无色、灰白、肉红、绿	白	晶面为玻璃光泽，断口呈油脂光泽	二组平行［1010］和［0001］，不完全	贝壳状	在 HCl 中，分解析出胶状 SiO_2	碱性岩浆岩，如霞石正长岩常与正长石、钠长石、碱性辉石、角闪石、钻石、榍石、磷灰石等共生，不与原生石英共生
46	透闪石	$Ca_2Mg_5(Si_4O_{11})_2(OH)$	5.5～6	2.9～3.0	单斜晶系，晶体呈长柱状、针状，集合体成纤维状、放射状	淡灰、白、浅绿	白	玻璃	二组完全交角为124°和56°			结晶片岩中及岩浆岩与碳酸岩接触带
47	阳起石	$Ca_2(MgFe)_5(Si_4O_{11})_2(OH)_2$	5.6～6	3.1～3.3	单斜晶系，晶体呈长柱状、针状，集合体多呈纤维状和放射状	浅绿、深绿	白	玻璃	二组完全			矽卡岩、结晶片岩和热液蚀变基性岩浆岩中，常与透闪石、绿帘石、滑石、绿泥石共生
48	白榴石	$K(AlSi_2O_6)$	5.5～6	2.4～2.5	等轴晶系或四方晶系，晶体多为四角八面体，集体呈粒状块体	白、淡灰	白	玻璃	无	贝壳状		一般产于碱性喷出岩或浅成岩中，与碱性辉石、霞石共生，而不与原生石英共生
49	磁铁矿	Fe_3O_4	5.5～6.5	4.9～5.2	等轴晶系，晶体呈八面体或菱形十二面体［110］面状常有平行于长对角线的条纹，集合体呈粒状、块状	黑、深灰	黑	半金属	无		具强磁性，可影响罗盘指针	各种岩类

续表

序号	矿物名称	化学式	硬度	比重	晶体及集合体形状	颜色	条痕	光泽	解理	断口	其他特征	分布岩类及伴生矿物
50	赤铁矿	Fe_2O_3	5～6.5	4.8～5.3	三方晶系，晶体呈片状、板状、菱面体状，依［1011］成聚片双晶，集合体多为块状、鲕状、肾状、板状、土状等	晶体呈钢灰或铁黑色，隐晶或粉末状者为赭红色	桃红、红褐	半金属	无		风化土状者硬度很低，可染手	存在于各种不同成因的矿床和岩石中，在岩浆岩热液型矿床或区域变质岩中，常与磁铁矿、石英等矿物共生，由胶体溶液沉积而成的呈鲕状、肾状或豆状风化型常依磁铁矿成假象
51	透长石	$K(AlSi_3O_8)$	6	2.5～2.6	单斜晶系，晶体常呈板状	无色透明，因含杂质可呈各种浅色		玻璃	［001］和［010］二组完全互相正交		与正长石较难区别，须利用其光性特点	酸性和碱性喷出岩
52	正长石	$K(AlSi_3O_8)$	6	2.57	单斜晶系，晶体呈短板状、厚板状，常具卡氏双晶，岩石中常呈晶形不完全的短柱状颗粒	肉红、灰白、浅黄、半透明	白	玻璃	［001］和［010］二组解理完全成90°角相交	平整		酸、中性或碱性岩浆岩、变质岩、沉积岩
53	钾微斜长石	$K(AlSi_3O_8)$	6	2.56	三斜晶系，晶形呈短柱状或厚板状，具卡氏双晶，显微镜下还可见格子双晶，在岩石中常呈粒状	肉红、灰白、浅黄、浅绿		玻璃	二组完全解理，交角为89°40′（故称微斜长石）	平整	与正长石仅能在显微镜下以其具有格子构造区别	花岗伟晶岩，酸、碱性岩浆岩，片麻岩、混合岩等变质岩
54	斜长石	$Ca(Al_2Si_2O_8)NaAlSi_3O_8$	6～6.5	2.6～2.8	三斜晶系，晶体常呈板状，柱状和粒状聚片双晶极发育	灰白、深灰、黄	白	玻璃	二组完全交角约86°30′	平整	性脆，解理面上可见红蓝、绿等各色条纹	分布极广，各类岩浆岩、片岩、片麻岩和混合岩等变质岩以及沉积岩（如长石砂岩）中都有分布
55	黄铁矿	FeS_2	6～6.5	4.9～5.2	等轴晶系，常见晶形为立方体，五角十二面体相邻晶面，见相互垂直的条纹，集合体呈粒状、块状、结核状或浸染状	淡黄、铜黄	黑	金属	无	参差状	晶面上常有三组正交条纹，风化褐色，燃烧时有臭味	矿脉及接触带中，各岩类均可见
56	绿帘石	$Ca_2(Al,Fe)_3HSi_3O_{13}$	6～7	3.3～3.5	单斜晶系，晶体呈长柱状、针状，柱面有明显纵纹，集合体成粒状、块状、放射柱状等	黄绿、绿黑	白	玻璃	［001］完全解理			产于变质带及接触矿床中，是典型的接触变质和热液蚀变矿物，与石榴子石、阳起石、绿泥石、钠长石、石英等伴生
57	符山石	$Ca_{10}(Mg,Fe)_2Al_4(SiO_4)_5(Si_2O_7)_2(OH,F)_4$	6～7	3.3～3.4	四方晶系，晶体呈四方柱状，柱面上有断续纵纹，集合体呈柱状、粒状或放射状	各种绿、褐	白	玻璃	［110］一组不完全	贝壳状或参差状	柱面上常有条纹	是典型的接触交代变质矿物，见于酸性侵入岩与石灰岩，白云岩的接触变质带与钙铝榴石、透辉石、绿帘石、方解石、硅灰石共生
58	红柱石	Al_2SiO_5	6.5～7.5	3.15～3.16	斜方晶系，晶体呈长柱状、针状，集合体呈纤维状、放射状	白、灰、浅绿、黄褐	白	玻璃、丝绢	［010］一组中等			是典型的高温变质矿物，常见于岩浆岩与泥质岩石接触带，结晶片岩，片麻岩也可出现。常与堇青石、黑云母、石榴子石、钾长石共生
59	橄榄石	$(Mg,Fe)_2SiO_4$	6.5～7	3.27～3.47	斜方晶系，晶体为短柱状、厚板状，通常为粒状集合体	橄榄绿、浅黄绿	无	玻璃、油脂	一组［010］不完全	贝壳状、参差状	性脆，在绿色矿物中是硬度较大的	基性、超基性岩浆岩中，也可见于变质岩及岩浆岩与灰岩、白云岩的接触带中，常与辉石、角闪石、基性斜长石、铬铁矿、磁铁矿共生、不与石英共生

续表

序号	矿物名称	化学式	硬度	比重	晶体及集合体形状	颜色	条痕	光泽	解理	断口	其他特征	分布岩类及伴生矿物
60	石榴子石	$(Ca, Mg)_3Fe^{2+}$，Mn $(Fe^{3+}, Al, Cr)_2(SiO_4)_3$	6～8.1	3.5～4.3	等轴晶系，晶体呈菱形十二面体四角三十八面体，或两者的聚形晶面上有平行菱形面长对角线的条纹，集合体呈散粒状或致密块状	红、褐、浅绿、棕黑等	无	玻璃、油脂	无	参差状或贝壳状	化学组成变化较大，其中的铁铝为镁、锰等置换	片岩、片麻岩、矽卡岩和岩浆岩中，主要为变质矿物
61	石英	SiO_2	7	2.67	三方（α石英）或六方（β石英）晶系。晶体呈六方柱和菱面体的聚形、柱面有横纹，或呈六方双锥（β石英），具双晶集合体呈晶簇状、梳状、粒状、致密块状隐晶质集合体呈肾状、结核状或钟乳状、具彩色同心带状构造的石髓称玛瑙		无	玻璃光泽，断口呈油脂光泽，隐晶质者蜡状或无光泽	无	贝壳状	性坚硬而脆，抗风化能力强、具压电性	普遍
62	锆石	$Zr(SiO_4)$	7～8	4.7	四方针系，晶体常呈四方柱及四方双锥的聚形，有时可见膝状双晶	黄、橙、红色或无色		金刚、油脂	不完全	参差状		为深成岩浆岩，尤其是花岗岩和碱性岩的一种常见的副矿物
63	电气石	$Na(Mg,Fe,Mn,Li,Al)_3$ $Al(Si_6O_{18})$ $(BO_3)_3(OH,F)_4$	7～7.5	3.03～3.25	三方晶体，晶体呈长柱状，横断面呈球面三角形，柱面具纵纹，集合体常呈放射状、柱状、针状或粒状	黑、蓝、绿、褐、玫瑰等色	无	玻璃	无	参差状	具电热性，加热时一端带正电，另一端带负电	为高温热液，并含（B，H_2，O）等挥发组分的条件下形成的矿物，存在于伟晶岩脉，石英岩及云英岩中，常与石英长石、云母绿柱石、黄玉、萤石等共生
64	红柱石	Al_2SiO_5	6.5～7.5	3.15～3.16	斜方晶系，晶体呈柱状，断面近于正方形，集合体呈棱柱状、粒状、块状、放射状	灰、淡红、蓝、褐，新鲜面呈玫瑰红	无	玻璃	一组完全，一组中等		耐火，晶体中心沿柱体方向常有碳质填充，横断面中呈十字形，故又称空晶石	花岗岩与泥质岩接触变质带，在区域变质的结晶片岩及片麻岩中亦有产出
65	堇青石	$(Mg,Fe)_2Al_3[AlSi_5O_{18}]$	7～7.5	3.74～3.83	斜方晶系，晶体呈假六方柱状、粒状或块状，双晶常见，呈以［110］为双晶面的三连晶或六连晶	无色、浅蓝、浅黄	无	玻璃	［010］一组中等	贝壳状		由富含铝、镁的岩石变质而成，主要出现于角岩、结晶片岩、片麻岩中，常与红柱石硅线石、石英、黑云母、尖晶石等共生
66	十字石	$Fe_2Al_9[SiO_4]_4O_7(OH)_2$	7～7.5	3.74～3.83	单斜晶系，短柱状常呈十字穿插双晶，十字石即由此得名	红褐、褐黑、淡黄褐	无	玻璃	［010］一组中等			区域变质岩或接触变质带与蓝晶石、石榴子石共生
67	绿柱石	$Be_3Al_2(Si_6O_{18})$	7.5～8	2.6～2.9	六方晶系，晶体呈六方柱状，晶面有纵纹，集合体一般为柱状、针状、放射状、粒状、块状等	各种绿色、或白、浅蓝、玫瑰色、无色透明		玻璃	一组不完全	参差状或贝壳状		花岗伟晶岩和高温热液矿脉两侧蚀变带，常与黄玉电气石、萤石、黑钨矿等共生
68	黄玉	$Al_2[(SiO_4)](F,OH)_2$	8	3.52～3.57	斜方晶系，晶体呈菱柱状，晶面有纵纹，集合体呈柱状、粒状和致密块状	无色透明、浅蓝、绿暗黄玫瑰色，久受日光曝晒色调可减退	无	玻璃	［001］一组完全	非解理方向呈贝壳状		为在高温并有挥发组分条件下形成的矿物。主要产于花岗伟晶岩、云英岩及高温热液矿脉中，常与石英、绿柱石、微斜长石、电气石、萤石、白云母、锡石等共生
69	刚玉	Al_2O_3	9	3.95～4.1	三方晶系，榴状、纫粒状致密块状	蓝灰、黄灰、含杂质时鲜艳	无	玻璃	无		晶面上常有斜条纹，红宝石是激光材料	岩浆岩及与灰岩接触处
70	金刚石	C	10	3.5～3.6	等轴晶系，常见八面体菱形十二面体、立方体、六四面体	无色透明或带黄、褐、红、蓝、淡紫等色	无	金刚	完全解理		性脆，晶面、晶棱常弯曲呈浑圆状	见于超基性的金伯利岩及砂矿中

表 1.2.2-3 **几种常见的黏土矿物的特性**

名称	化学式	晶体构造	在电子显微镜下形状	加热脱水失重性质	差热性质	同族矿物	B_2O_3/SiO_2	比表面积(m^2/g)	亲水性	离子交换量(毫克当量/100g)	成因及产状	染色分析反应						
												二氨基偶氮苯		亚甲基蓝		亚甲基蓝+氯化钾		盐酸苯联胺
												沉淀	溶液	沉淀	溶液	沉淀	溶液	
高岭石	$Al_4(Si_4O_{10})(OH)_8$	晶质、两层构造的硅酸盐，一个四面体层，一个八面体层	至六边形鳞片状晶体，或不规则状片状晶体	结构水(OH)在400～525℃脱水	在500～600℃有四热谷，在950～1000℃有放热峰，在1200℃有一个弱放热峰	地开石，珍球陶土，富硅高岭石	<2	7～30	<0.71	5～15 阳 (3～15)	热液作用、风化作用、沉积作用均可生成高岭石	黄	浅黄	致密	浅蓝、紫	致密	浅蓝、紫	不染色
埃洛石	$Al_2O_3 \cdot 2SiO_2 \cdot 4H_2O$	同高岭石	呈管状，系晶体卷曲的结果	主要脱水在400～500℃	在100℃有吸热谷，在600℃有一不对称的吸热谷，在980℃有一放热峰	变埃洛石												
蒙脱石	$(Al,Mg)_2[Si_4O_{10}](OH)_2 \cdot nH_2O$	晶质，三层构造的硅酸盐，两个四面体层，一个八面体层	不规则的细粒状、鳞片状或鹅毛状	有两个脱水阶梯，第一个在100～350℃之间；第二个从500～400℃开始，400～600℃变化剧烈	在100～300℃有吸热谷，谷底在170℃左右；在700℃有另一吸热谷；在900℃也有吸热谷并紧跟一个放热峰	拜来石[$Al_2(Si_4O_{10})(OH)_2 \cdot nH_2O$]	>4	50～84	>1.25	80～150 阳 (70～80)	形成中性与碱性介质中，溶液中要有足够的碱土族元素和Fe^{2+}、Fe^{3+}离子，在岩石的风化过程中，碱土族元素保留的愈多，愈易生成蒙脱石族矿物。故火山玻璃岩、凝灰岩、基性岩浆岩，风化后易形成蒙脱石	砖红	浅砖红	凝胶状	紫蓝、蓝	凝胶状	浅天蓝、绿天蓝	浅蓝灰
伊利石	$K<1,Al_2[(Si,Al)_4O_{10}](OH)_2 \cdot nH_2O$	同蒙脱石	六边形或不规则的鳞片状结晶，直径0.1～0.3μm	脱水在550～660℃，晶格最后破坏在900℃	在200℃和800℃附近有吸热谷	海绿石	2～4	60～100	0.75～1.15	150～400 阳 (10～40)	风化作用，沉积作用，成岩作用中生成，在热液蚀变的产物中，也有伊利石生成	浅红	浅红	致密	紫蓝、蓝	致密	紫蓝、蓝	蓝、蓝灰
海绿石	$K<1(Fe^{3+},Fe^{2+},Al,Mg)_{2-3}[(SiAl)_4O_{10}](OH)_2 \cdot nH_2O$		一般为圆球状，偶有鳞片状，直径1mm至几毫米，通常呈绿色到带绿的黑色	主要脱水在600℃，晶格最后破坏，约在900℃以上							主要是海洋沉积。生成于弱氧化至弱还原介质，是沉积环境的氧化还原条件的标志矿物之一							

第三节　岩　浆　岩

一、岩浆岩的一般特征

岩浆岩是由地壳内的岩浆冷凝固化而成的岩石，它们在地壳中以各种各样的形态（图1.2.3-1）占有一定的空间位置，构成简单或复杂的岩浆岩体。根据岩浆岩产状的特点，可以分为侵入岩（包括深成岩、浅成岩）和喷出岩（又称火山岩，包括熔岩、火山碎屑岩）两大类。

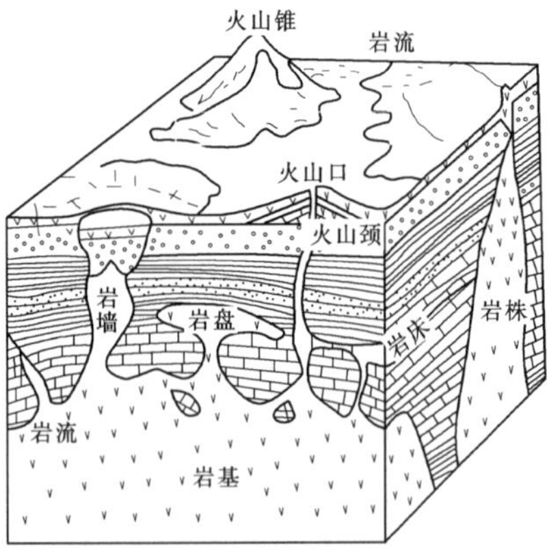

图1.2.3-1　岩浆岩产状示意图

（一）岩浆岩的物质成分

岩浆岩主要是由硅酸物质组成，SiO_2 的平均含量在60%以上（其中酸性岩在70%以上，超基性岩约为40%），矿物成分中长石类约占60%，石英的平均含量为12.4%。

（二）岩浆岩的结构

岩浆岩大部分为块状的结晶质岩石，部分为玻璃质结构，按其晶形的完全程度、晶粒大小和形状以及这些物质彼此间的相互组合关系等，其结构类型常见的见表1.2.3-1。

表1.2.3-1　常见的岩浆岩结构类型表

划分依据	结构类型			特　征	
岩石结晶颗粒大小	全晶质岩石全部为矿物晶体所组成	显晶质结构	巨粒	矿物颗粒肉眼可以辨认	平均粒径大于10mm
			粗粒		平均粒径为10～5mm
			中粒		平均粒径为5～2mm
			细粒		平均粒径为2～0.2mm
			微粒		平均粒径小于0.2mm
		隐晶质结构		岩石中矿物晶粒很细，肉眼无法分辨，但在显微镜下可以看出	
	玻璃质结构			岩石全部由不结晶的玻璃质所组成，如黑曜岩	
	半晶质结构			岩石中有矿物晶体，又有玻璃质物质，如流纹岩	
岩石结晶颗粒相对大小	等粒结构			岩石中同种矿物颗粒大致相等，又称花岗状结构	
	不等粒结构			岩石中同种矿物颗粒大小不等	
	斑状结构			岩石中所有颗粒或晶体分属于大小截然不同的两群，即在较细的物质（基质）间散布有较大的晶体（斑晶）的结构	
岩石中矿物颗粒形状	自形晶结构			矿物晶形完整，具自己特有的晶形，在薄片中呈完整的多边形	
	半自形晶结构			矿物晶体发育不完整，有部分完整晶面，如花岗结构、辉绿结构、辉长结构等	
	他形晶结构			矿物晶体无一完整的晶面，外形呈不规则状或充填在其他颗粒之间	

续表

划分依据	结构类型	特　征
晶体互相结合关系	交生结构	矿物颗粒彼此嵌布在一起，如文象结构、条纹结构、蠕虫结构、嵌晶结构、含长结构等
	反应结构	早期结晶的矿物与残余岩浆反应而形成的一些结构，如反应边结构、暗化边结构、熔蚀港湾结构、现代结构等

（三）岩浆岩的构造

岩浆岩大部分为块状构造，但也有其他类型的构造。常见的岩浆岩构造类型见表1.2.3-2。

表1.2.3-2　常见的岩浆岩构造类型

构造名称	基　本　特　征	岩石举例
块状构造	组成岩石的矿物颗粒无一定排列次序，矿物分布及岩石的颜色和结构都是均一的	花岗岩、闪长岩
斑杂构造	岩石的不同组成部分在结构和矿物成分上的差别，使整个岩石呈不均一状，多为暗色斑晶分布在浅色岩石中	斑杂辉石、玢岩
球状构造	矿物围绕一定的中心，呈同心层状分布，每层矿物成分不同，且每层矿物晶体呈放射状分布	球状花岗岩、球状辉长岩
带状构造	由于岩石的矿物成分不同，形成颜色深浅相间的不同条形构造	条带状辉长岩
原生片麻状构造	有些矿物呈定向排列，和片麻状构造相似，是半凝固的侵入体受到较强烈的机械力作用的结果	侵入岩多见于侵入岩边缘
晶洞和晶腺构造	深成岩中出现的孔洞，称为晶洞构造，如孔洞壁生成着排列很好的晶体，称晶腺构造	
气孔构造	喷出地表的熔岩，因气体逸出，而在岩石中形成大小不一的近于圆形或椭圆形的空洞	浮岩
杏仁状构造	具气孔状构造的岩石，气孔中为次生物质（如石英、方解石等）充填	玄武岩
流纹构造	某些黏度较大的岩浆在流动过程中，由不同颜色的条纹和拉长的气孔呈定向排列等所形成的构造	流纹岩
枕状构造	是水下熔岩的特征构造，枕状体为椭球形及长柱状，顶面上凸，底面较平，块体大小由几十厘米至几米不等，外部为玻璃壳，内部结晶程度较好，有的具同心层构造及放射状裂纹	细碧岩、枕状安山岩
石泡构造	几层同心层状的空心球互相套在一起，球间为近似球形的空腔，且常被次生石英充填，而将每层球分割开来	石泡菲细岩
珍珠构造	玻璃质冷凝收缩时形成一系列圆形和椭圆形的不规则裂隙，形状如珍珠	珍珠岩
流面流线构造	岩浆岩中片状、板状矿物，以及扁平的析离体、捕虏体的平行排列，形成流面。网状矿物和析离体的延长方向平行排列，形成流线	安山岩
冷缩节理	岩浆岩体由于冷却，致使体积收缩并产生张应力，使岩体破裂形成一些冷凝节理	玄武质熔岩，辉绿岩

二、岩浆岩的分类和定名

岩浆岩通常按其成因、产状和岩石的化学与矿物成分进行分类和定名。通用的岩浆岩的分类见表1.2.3-3。

三、常见岩浆岩的鉴定特征

常见的岩浆岩的鉴定特征见表1.2.3-4。

表 1.2.3-3 **岩浆岩分类表**

岩石类型				超基性岩	基性岩			中性岩	酸性岩		碱性岩
				橄榄岩—苦橄玢岩类	辉长岩—玄武岩类			闪长岩—安山岩类	正长岩—粗面岩类	花岗岩—流纹岩类	霞石正长岩—响岩类
颜色				黑、绿黑	黑、黑灰			黑灰、灰	灰、肉红	肉红、浅灰、灰	浅灰、肉红
SiO_2 含量（%）				<45	45~52			52~65		>65	52~65
矿物成分	石英含量（%）			76	76			5~10	无或含少量	>15	无
	长石的种类			无	基性斜长石为主			中性斜长石为主，少量钾长石	钾长石为主，少量斜长石	钾长石和斜长石含量不等	碱性长石和似长石
	铁、镁暗色矿物的种类及含量（%）			橄榄石>95	橄榄石75~95，辉石5~25	辉石>95	辉石、橄榄石、角闪石等总含量为55~60	角闪石为主，黑云母、辉石次之，总含量为20~40	角闪石为主，黑云母辉石次之，总含量<20	黑云母为主，角闪石和辉石次之，总含量<20	碱性角闪石、黑云母和辉石，总含量<20
岩石的产物及结构构造	深成岩	岩基 岩株 岩盆	粗、中、细粒结构块状条带状构造	纯橄榄岩	橄榄岩	辉石岩	辉长岩	闪长岩	正长岩	花岗岩（钾长石含量大于斜长石）、花岗闪长岩（钾长石含量小于斜长石）	霞石正长岩
	浅成岩	岩墙 岩脉 岩床 岩盖	中、细粒隐晶结构	金伯利岩			微晶辉长岩、辉绿岩	微晶闪长岩	微晶正长岩	微晶花岗岩	
			斑状结构				辉绿玢岩	闪长玢岩	正长斑岩	花岗斑岩、花岗闪长斑岩	霞石正长斑岩
		岩脉	斑状结构、微晶、细晶、煌斑、伟晶结构	煌斑岩					细晶岩、伟晶岩		
	超浅成岩（次火山岩）	产状同侵入岩	结构特征介于喷出岩和浅成岩之间	次辉绿岩、次玄武岩				次闪长玢岩、次安山岩	次正长斑岩、次粗面岩	次花岗闪长斑岩、次花岗斑岩、次流岩、次英安岩	次响岩
	喷出岩	熔岩流、熔岩被、熔岩锥	斑状结构（基质为隐晶质或玻璃质）气孔状、杏仁状、流纹状构造	苦橄玢岩	玄武岩、辉绿岩			安山岩	粗面岩	流纹岩、英安岩	响岩
			玻璃—隐晶质结构	火山玻璃岩（黑曜岩、松脂岩、珍珠岩、浮岩）							

表 1.2.3-4 **常见岩浆岩鉴定特征表**

岩石名称		颜色	所含矿物	结构	构造	产状	其他特征
超基性岩类	橄榄岩	黑绿、深绿	橄榄石、辉石、角闪石、黑云母	全晶质，自形—半自形，中粗粒	块状	深成	易蚀变为蛇纹石
	金伯利（角砾云母橄榄岩）	黑~暗绿	橄榄石、蛇纹石、金云母镁铝榴石等	斑状	角砾	喷出脉状	偏碱性，含金刚石，岩石名称因矿物成分而异，种类繁多
基性岩类	辉长岩	黑~黑灰	辉石、基性斜长石、橄榄石、角闪石	他形，辉长	块状、条带眼球	深成	常呈小侵入体或岩盘、岩床、岩墙
	碱性辉长岩	暗	碱性长石、碱性辉石、普通辉石	半自形粒状，辉长结构	块状	深成侵入	与霞石正长岩、基性岩共生
	辉绿岩	暗绿和黑色	辉石、基性斜长石，少量橄榄石和角闪石	辉绿		岩床、岩墙	基性斜长石结晶程度比辉石好、易变为绿泥石
	玄武岩	黑、黑灰、暗褐色	基性斜长石、橄榄石、辉石	斑状或隐晶、交织、玻璃	块状、气孔、杏仁状	喷出岩流、岩被、岩床	柱状节理发育
	碱性玄武岩	暗	斜长石、钾长石、辉石	斑状、粗面玻晶、交织		喷出	
中性岩类	闪长岩	浅灰~灰绿	中性斜长石、普通角闪石、黑云母	中粒、等粒、半自形	块状	岩株、岩床或岩墙	和花岗岩、辉长岩呈过渡关系
	闪长玢岩	灰~灰绿	中性斜长石、普通角闪石	斑状	块状	岩床、岩墙	
	安山岩	红褐、浅紫灰、灰绿	斜长石、角闪石、黑云母、辉石	斑状交织	块状、气孔、杏仁状	喷出岩流	斑晶为中—基性斜长石，多定向排列

续表

岩石名称		颜色	所含矿物	结构	构造	产状	其他特征
酸性岩类	花岗岩	灰白～肉红	钾长石、酸性斜长石和石英，少量黑云母、角闪石	等粒、半自形、花岗、似片麻状	块状	岩基、岩株	在我国约占所有侵入岩面积的80%
	流纹岩	灰白、粉红、浅紫、浅绿	石英、正长石斑晶、偶夹黑云母或角闪石	斑状、菲细	流纹、气孔	熔岩流、岩钟	
半碱性岩和碱性岩类	正长岩	灰、玫瑰红	正长石、普通角闪石，少量斜长石、角闪石、黑云母	中粗等粒或似斑状，似片麻状	块状、条带状	岩基、岩株	酸性、基性岩边缘小岩株
	粗面岩	浅灰、浅黄、粉红	透长石、正长石、中长石、角闪石、黑云母少量	粗面、斑状、球粒	块状、多孔状	熔岩流、岩钟	基质细粒、致密，多孔，断口粗糙不平
	霞石、正长岩	浅灰	碱性长石、霞石、碱性辉石、碱性角闪石	半自形、粒状、似粗面似斑状		深成侵入呈小型岩株、岩盖	与正长岩之区别绝不含石英
	霓霞岩	浅～暗	霞石、碱性辉石	半自形、粒状、嵌晶结构		深成侵入	不含长石
	响岩	浅绿、灰褐、灰白	霞石、碱性长石、少量辉石	斑状隐晶		喷出、岩钟、岩流	略具脂肪光泽、沿节理击碎时，发出响声
脉岩类	伟晶岩	浅～暗	富含挥发组分的硅酸盐残余岩浆	伟晶		深成脉岩	酸性和碱性的脉岩
	细晶岩（长英岩）	灰白、浅黄、肉红	石英、酸性长石、钾长石、白云母	他形、粒状		深成脉岩	根据矿物不同，有基性、碱性多种
	煌斑岩	暗	角闪石、黑云母、辉石	全晶质、斑状		深成脉岩	暗色脉岩的总称，种类较多
火山玻璃石类	黑曜岩	黑、褐	同花岗岩	全玻璃质		喷出	玻璃光泽、贝壳断口
	浮岩	白、浅灰		全玻璃质	多孔	喷出	质软，无光泽，比重轻（0.3～0.4），能浮于水

四、火山碎屑岩

火山碎屑岩是火山剧烈爆发中产出的火山碎屑堆积物经压实、固结以后形成的岩石。同一般岩浆岩比较起来，火山碎屑岩的形成过程有以下三个特点：①其中的碎屑物质是由火山爆发的机械作用产生的岩石碎块、晶体或玻璃质的碎块构成，而非岩浆冷凝的产物。②火山碎屑物质有些是喷射至大气中后经过空气介质而沉落于陆地，有些可能是降落在水中再经一定的搬运作用而在异地沉积的。而岩浆岩无这一沉积过程。③火山碎屑岩是由松散的火山碎屑堆积物经过压实、胶结作用后形成的岩石；而岩浆岩却是岩浆直接的冷凝结晶产物。由于火山碎屑岩形成过程（机械破碎、沉积、压实、胶结等）和沉积岩相似，因而，也形成了许多和沉积岩相似的特征（如碎屑结构、层理等）。由于火山碎屑岩中的碎屑物质来源是火山活动这种内动力地质作用的产物，但其沉积—成岩过程中却又有外动力地质作用的因素，即它在成因上具内、外动力地质作用的二重性；在岩性上也显示岩浆岩和沉积岩的双重特征，因而它是岩浆岩—沉积岩之间的过渡类型。据此，有些人也把它归到沉积岩的分类体系中。火山碎屑岩分类见表1.2.3-5。

表1.2.3-5　　火山碎屑岩分类表

类		火山碎屑熔岩类	正常火山碎屑岩类			火山—沉积碎屑岩类	
亚类		火山碎屑熔岩	熔结火山碎屑岩	火山碎屑岩		沉积火山碎屑岩类	火山碎屑沉积岩类
火山碎屑含量（%）		10～75	>75			75～50	<50～25
胶结类型		熔浆胶结为主	熔结为主	以压紧胶结为主		压结和水化学胶结	
结构构造		一般无定向结构	具明显的似流动构造	层状构造不明显		一般层状构造明显	
				火山碎屑物具有一定外形和内部构造	无一定外形及内部构造		
含量大于50%的碎屑粒度（mm）	>64	集块熔岩	熔结集块岩	火山集块岩	集块岩	沉集块岩	凝灰质砾岩（或角砾岩）
	2～64	角砾熔岩	熔结角砾岩	火山角砾岩	火山角砾岩	沉火山角砾岩	
	2～0.05	凝灰熔岩	熔结凝灰岩	凝灰岩	凝灰岩	沉凝灰岩	凝灰质砂岩
	0.05～0.005						凝灰质粉砂岩
	<0.005						凝灰质泥岩 凝灰质页岩

第四节　沉　积　岩

沉积岩是指在地壳的发展过程中，地表或接近地表的常温、常压条件下，各类先成母岩的风化产物，以及某些生物、化学和火山作用的产物，在原地或经搬运、沉积或成岩等作用而形成的岩石。

一、沉积岩的一般特征

（一）沉积的物质成分

沉积岩的平均化学成分与岩浆岩相似，但平均矿物成分中，石英含量大于长石类矿物的含量；其次，沉积岩中往往包括沉积岩所特有的盐类，碳酸盐和黏土矿物等沉积阶段新生矿物及大量生物组分。

（二）沉积岩的结构

沉积岩由于经过各种地质营力的破坏和磨蚀，所以一般为碎屑结构，但也有具结晶结构（化学岩）和生物结构（生物岩）的。常见的沉积岩的结构类型见表1.2.4-1。

表1.2.4-1　　常见的沉积岩结构类型

结构类型			主要特征
碎屑结构		砾状或角砾状 砂状 粉砂	粒径>2mm 粒径为2～0.05mm 粒径为0.05～0.005mm
泥质结构		砂（粉砂）泥质 泥质 鲕状或豆状、砾状或角砾状	含粉砂或砂质，手捻搓有粉砂（或砂）感 粒径<0.005mm，岩石质地均匀细腻 黏土矿物集合体呈鱼子状（直径<2mm）或豆状（直径>2mm）
化学岩和生物化学岩结构	晶粒结构	粗粒 中粒 细粒 微粒 隐晶质	晶粒直径>2mm 晶粒直径为2～0.5mm 晶粒直径为0.5～0.1mm 晶粒直径为0.01～0.1mm 晶粒<0.01mm
		残余结构	如白云岩化灰岩，具有石灰岩结构残余
		生物结构	未经搬运的生物遗体或原生生物活动遗迹组成的岩石结构，如礁灰岩介壳灰岩、藻白云岩、硅藻土等
		内碎屑结构	沉积盆地内部，弱固结岩石经岸流，波浪等机械作用破坏或剥蚀能产生的碎屑在盆地内再沉积而成的岩石
		生物碎屑结构	如生物碎屑灰岩
		鲕状结构	粒径<2mm
		豆状结构	粒径>2mm
		砾状角砾状或竹叶状	
		团粒或团块状	
		含陆源碎屑结构	混入来自沉积盆地以外的陆原碎屑的化学岩或生物化学岩，如砂质石灰岩

（三）沉积岩的构造

层状构造是沉积岩的主要构造特征，表1.2.4-2列出常见的沉积岩构造。

表1.2.4-2　　常见的沉积岩构造类型

类别	主要类别	主要特征	形成环境
层理构造	层理	层理与层面互相平行	泻湖相、深水湖、海相等介质平静的环境中流动性大的浅水
	斜层理	层理与层面单向斜交	
	交错层理	两种层理与层面斜交	水流运动方向变化频繁的滨海湖沉积和风成浅水波浪带
	波状层理	层理波状起伏，总的方向平行层面，由波浪作用引起	
	变形层理	沉积过程中，由于滑陷滚动，沉积物原有层理发生挠曲，倒转破碎，变形如包卷层理、枕状构造等	
层面构造	波痕	表面波状起伏，可指示风向、水流向，鉴别层位关系	风、水流、波浪作用下砂粒移动形成
	干(泥)裂	黏土岩的网格状干缩裂缝，深度不一，尖端向下	沉积物露出水面，收缩开裂形成
	印痕	泥质、粉质沉积表面，由雨水冰雹造成的形状不规则凹坑	沉积物曾露出水面的滨湖（海）相沉积
	印模	印痕底面复印下来的凸模	
碳酸盐类岩石构造	结核	成岩过程的自生析离体	溶液的某些成分积聚
	缝合线	碳酸盐类岩石中，在垂直层面的切面上的锯齿状裂纹	岩石在受压条件下，产生不均匀溶解而成
	示底鸟眼	石灰岩中，平行层面排列的似鸟眼状孔隙，充填有石膏或方解石	多产于潮上带或潮间带

二、沉积岩的分类与定名

沉积岩的分类与定名根据不同岩性有不同方法，见表1.2.4-3，具体细分见表1.2.4-4～表1.2.4-8。

表1.2.4-3　　沉积岩分类表

岩类		物质来源	沉积作用	结构特征	岩石分类名称
碎屑岩类	沉积碎屑岩类	母岩机械破坏碎屑	机械沉积作用为主	沉积碎屑结构	（1）砾岩及角砾岩（d>2mm）。 （2）砂岩（d=2～0.05mm）。 （3）粉砂岩（d=0.05～0.005mm）
	火山碎屑岩类	火山喷发碎屑		火山碎屑结构	（1）集块岩（d>100mm）。 （2）火山角砾岩（d=100～2mm）。 （3）凝灰岩（d=2～0.005mm）
黏土岩类		母岩化学分解过程中形成的新生矿物——黏土矿物	机械沉积作用和胶体沉积作用	泥质结构	（1）黏土岩（d<0.005mm）。 （2）泥岩（d<0.005mm）。 （3）页岩（d<0.005mm）
化学和生物化学岩类		母岩化学分解过程中形成的可溶物质和胶体物质，生物作用产生	化学沉积作用和生物沉积作用为主	结晶结构生物结构	（1）铝、铁、锰质岩。 （2）硅、磷质岩。 （3）碳酸岩。 （4）盐类岩

表1.2.4-4　　按碎屑的颗粒成分分类表

分类级配（mm）	碎屑名称	岩石名称
>1000	块石	岩块（角）砾岩
1000～100	巨砾	巨砾（角）砾岩
100～10	中砾	中砾（角）砾岩
10～2	细砾	细砾（角）砾岩
2～0.5	粗砂	粗粒砂岩
0.5～0.25	中砂	中粒砂岩
0.25～0.1	细砂	细粒砂岩
0.1～0.05	极细砂	
0.05～0.01		粉砂岩
0.01～0.005	粉砂	
<0.005	黏土	黏土岩（泥岩）、页岩

注　碎屑岩分类时，通常把含量>50%的粒级作为岩石基本名称。

表1.2.4-5　　砂岩（按碎屑矿物成分）分类表

岩石名称		碎屑矿物成分		
		石英（%）	长石（%）	岩屑（%）
石英砂岩	石英砂岩	>90	0～10	
	长石英砂岩	60～90	长石>岩屑	
	石英长石砂岩	60～90	长石<岩屑	
长石砂岩			>25	
岩屑砂岩（杂砂岩、硬砂岩）				>25

表 1.2.4－6　　化学岩、生物化学岩分类

岩石类型		形成特点		岩石种类
碳酸盐岩	石灰岩白云岩	生物沉积		礁灰岩、介壳灰岩
		化学沉积		隐晶质石灰岩、石灰华、钟乳石、石笋
		内碎屑沉积	碎屑直径＞2mm	砾状灰岩、竹叶状灰岩
			碎屑直径为2～0.1mm	砂状灰岩、鲕状灰岩、生物砂状灰岩
			碎屑直径＜0.1mm	粉砂状灰岩
		沉积型		生物白云岩、化学（结晶）白云岩、内碎屑白云岩
		白云石交代方解石		成岩白云岩
		石灰岩经白云石化作用		后生白云岩
	混杂型			泥灰岩、灰岩—白云岩类、砂泥质—碳酸盐泥杂岩等
硅质岩		SiO_2 经化学或生物化学沉积作用生成		硅藻土（岩）、碧玉岩、蛋白石（岩）、板状硅藻土（岩）、海绵岩、燧石岩、硅华
铁质岩		含铁的化学或生物化学在地表或海底沉积生成		氧化铁岩、层状磷灰岩、菱铁矿岩、鲕绿泥石炭、硫化铁质岩
磷质岩		P_2O_5 含量在5%～8%的沉积岩，海洋生物化学作用沉积生成		结核状磷块岩、层状磷灰岩、洞穴型磷块岩、岛生磷灰岩、生物残体磷灰岩
铝质岩		氧化铝残积层或风化壳物质搬运至海、湖沉积生成		红土、红黏土、铝土矿
锰质岩		海洋、湖盆沉积生成		硬锰矿、软锰矿岩等
盐岩（硫酸盐岩、卤化物岩）		干燥条件下，滨海及盐湖蒸发结晶而成		石膏、硬石膏、岩盐、钾镁盐岩

表 1.2.4－7　　石灰岩、白云岩过渡类型岩石分类

岩石名称		含量（%）	
		方解石	白云石
灰岩	石灰岩	＞95	＜5
	含白云质灰岩	75～95	5～25
	白云质灰岩	50～75	25～50
白云岩	灰质白云岩	25～50	50～75
	含灰质白云岩	5～25	75～95
	白云岩	＜5	＞95

表 1.2.4－8　　灰岩或白云岩与泥岩过渡类型岩石分类

岩石名称		含量（%）	
		碳酸钙（或镁）	泥质物
灰岩	灰岩（白云岩）	＞95	＜5
	含泥质灰岩（白云岩）	75～95	5～25
	泥质灰岩（白云岩）	50～75	25～50
泥岩	钙质（白云质）泥岩	25～50	50～75
	含钙质（白云质）泥岩	5～25	75～95
	泥岩	＜5	＞95

第五节　变　质　岩

变质岩系指各种先成岩石，由于物理化学条件的改变，其矿物成分和结构、构造部分或全部发生变化，从而生成与原岩完全不同的岩石。

一、变质岩的一般特征

（一）变质岩的矿物成分

变质岩的矿物成分除原岩中所有者外，尚有一些新的变质矿物，如红柱石、石榴子石、符山石、十字石、硅线石、董青石、蓝晶石、硅灰石、滑石、阳起石、黄玉、绿泥石、绢云母、蛇纹石、石墨等，这些矿物可作为鉴定变质岩的重要标志。

（二）变质岩的结构

常见的结构类型见表 1.2.5－1。

表 1.2.5－1　　变质岩的结构类型

结构类型		成因	特　征
变余结构	变余砾状	重结晶作用，原岩为沉积岩变质	重结晶作用不完全，原岩的矿物成分和结构被部分保留下来
	变余砂状		
	变余泥状		
	变余斑状	重结晶作用，原岩为岩浆岩	
	变余粒状		
变晶结构	变晶结构	重结晶	全晶质，晶形一般为他形或半自形，按变质矿物颗粒的形状和相互关系分为等粒（花岗）变晶结构、斑状变晶结构、磷片变晶结构、纤维变晶结构、包含变晶结构，筛状变晶结构和残缕结构等
碎裂结构	碎裂	动力作用	矿物颗粒发生破裂，仅在颗粒接触处被挫碎成碎粒（也称碎边）
	碎斑（压碎胶结）		在粉碎了的矿物颗粒（碎基），残留有部分较大的矿物碎粒，很像斑晶碎斑
	糜棱		矿物颗粒几乎全部破碎成微粒状（细粒至隐晶质）
交代结构	交代假象	交代作用	原有矿物溶解消失，并产生新矿物，使原岩的成分、结构构造产生变化而形成的新结构。发育在气热变质，接触交代变质和混合岩中
	交代蚕食及残留		
	交代穿孔及蠕虫状		
	交代条纹		
	交代斑状		

（三）变质岩的构造

变质岩的构造分变余构造和变质构造两大类。变余构造的变质程度轻微，仍保留原岩特征，如变余层理构造、变余波痕构造、变余流纹构造、变余气孔构造等。变质构造改变了原岩的构造形态，其类型见表 1.2.5－2。

表 1.2.5－2　　变质岩构造类型

构造类型	特　征	成因
片状构造	岩石主要由云母、角闪石等片状、柱状矿物组成。且互相平行，定向排列。薄层片理清晰连续，沿片理面常可裂开	原岩由于温度升高，重结晶或受定向压力而转动变形
片麻状构造	粒状矿物为主，片状、柱状矿物平行排列，被粒状矿物分隔，形成不同色泽矿物相间的断续带状。岩石多呈块状，不能分割成片	各种变质作用
板状构造	页岩或泥岩等岩石受应力作用后，出现一组平行的破裂面，沿该面极易分裂成厚薄均一的薄板，破裂面整齐而光滑	轻微变质，应力强，温度低，岩石组分未重结晶
千枚状构造	泥质、粉砂质或凝灰质岩石变质后形成的一种极细的薄片状构造，沿片理面不易裂开，表面光滑，且有强烈的丝绢光泽	轻微变质下，岩石中矿物已初具定向排列，但重结晶不强烈，颗粒不能辨认
块状构造	岩石中矿物成分和结构都很均匀，没有定向排列	

续表

构造类型	特　征	成因
条带（纹）构造	岩石中矿物分布不均，浅色粒状矿物和片状、柱状矿物相间出现构成条带（纹）	
眼球状构造	斑晶较大，呈眼球状或透镜体团块，断续分布于具良好片理的基质中，晶体大小不一，大者可达几厘米至十几厘米	混合岩化作用中常见，一般片麻岩等变质岩中也常见

（四）变质程度（变质级）

变质作用过程中原岩受到改造的程度。由于在变质作用过程中，温度往往起主导作用，一般是温度愈高，原岩被改造愈强烈。按温度的高低，可将变质程度分为四个等级：很低级、低级、中级和高级（表 1.2.5－3）。变质程度不同，形成的矿物组合及岩石类型亦不同。例如，黏土质岩石在低级变质时形成板岩、千枚岩，中级变质时形成云母片岩，高级变质时则形成片麻岩。

表 1.2.5－3　　变 质 程 度 表

变质程度	主　要　特　征
很低级变质	其低限以基性岩中浊沸石开始出现为标志，其温度界限在 200℃左右，它与低级变质之间的界限是基性岩中绿纤石或葡萄石和绿泥石的反应形成黝帘石和阳起石，临界温度在 350℃左右或稍高
低级变质	温度范围在 350～550℃左右，和中级变质的界限是泥质岩石中十字石的出现或黑云母存在时，堇青石的形成
中级变质	温度在 550～650℃左右，和高级变质的界限是白云母和石英反应形成矽线石＋钾长石的组合
高级变质	温度＞650℃时，属于高级变质，上限可达 800℃左右

（五）变质相

反映多种原岩成分，在一定的压力、温度条件下，与变质矿物组合之间的对应关系。变质相分类见表 1.2.5－4。

表 1.2.5－4　　变 质 相 分 类 表

区域变质相	热接触变质相
沸石相 葡萄石—绿纤石变质硬砂岩相 绿片岩相 蓝片岩相 角闪岩相 麻粒岩相 榴辉岩相	钠长石—绿帘石角岩相（斑点角岩相） 角闪石角岩相 辉石角岩相（钾长石—堇青石角岩相） 透长岩相

二、变质岩的分类与定名

变质岩一般根据岩石的结构、构造、矿物成分和变质作用及其程度进行分类和定名，根据变质作用类型不同，分类见表 1.2.5－5。动力变质岩分类见表 1.2.5－6，热接触变质岩分类见表 1.2.5－7，区域变质岩分类见表 1.2.5－8，混合岩分类见表 1.2.5－9。

表 1.2.5－5　　变 质 岩 分 类 表

变质作用	变质岩类型	基本特征与成因	分布或影响范围
动力变质	动力变质岩类	由于构造应力作用，岩石破碎，矿物晶体内部结构发生改变，有时有新矿物产生	断裂带和强烈褶皱带
接触变质	热接触变质岩类	由于岩浆侵入，围岩接触带受热力作用，矿物重结晶，没有物质成分加入或带出	侵入体附近一定范围
区域变质	区域变质岩类	高温高压作用下，岩石重结晶或变形，伴随有新化学成分加入，矿物成分和结构构造完全改变	区域性的，分布范围广
混合岩化	混合岩类	在区域变质作用的基础上，深部热液和重熔熔浆，渗透、扩散，注入岩体中发生交代重结晶和流动变形等作用而成的岩石。常见残留基体和脉体以不同数量和形式混合为基本特点	区域变质强烈地区
交代变质	交代变质岩类	在气态或液态溶液影响下，由于交代作用使原岩发生蚀变	分布于裂隙矿脉附近

表 1.2.5－6　　动力变质岩分类表

变形性质	结构特征				岩石类型
脆性变形	碎裂的	具破碎角砾结构			构造角砾岩
		具碎裂结构或碎斑结构	碎基含量＜50％ 碎基含量＞50％		碎裂××岩碎裂岩
塑性变形	糜棱的	糜棱结构，有或无少量碎斑	重结晶物质的含量（％）	＜10	糜棱岩和超糜棱岩
				10～50	千枚糜棱岩（千糜岩）
				50～90	糜棱千枚岩
				＞90	糜棱片岩或片岩
	次显微颗粒或玻璃				假玄武玻璃

表 1.2.5－7　　热接触变质岩分类表

变质相		原岩成分：泥质岩类	长英质变质岩类	碳酸盐岩类：钙质类	碳酸盐岩类：镁质类	基性岩类和镁质岩类
钠长石—绿帘石角岩相	矿物组合	石英—白云母—黑云母（—绿泥石） 石英—白云母—黑云母—红柱石	石英—白云母—黑云母—钠长石	方解石—石英 方解石—透闪石—石英 方解石—透闪石—绿帘石	透闪石—白云母—方解石 滑石—白云母—方解石 白云母—石英	钠长石—绿帘石—阳起石（—绿泥石，—石英，—黑云母）
	岩石类型	斑点板岩 角岩	变质××岩 长英角岩 石英岩	大理岩	大理岩	角岩
角闪石角岩相	矿物组合	白云母—黑云母—石英—红柱石 白云母—黑云母—石英—堇青石	白云母—黑云母—微斜长石—石英（—斜长石）	方解石—石英 方解石—透辉石—钙铝榴石（—符山石）	方解石—水镁石—镁橄榄石 方解石—镁橄榄石—透辉石	斜长石—普通角闪石—透辉石 堇青石—直闪石
	岩石类型	角岩 片麻岩	角岩 石英岩	大理岩 钙硅角岩	大理岩 钙硅角岩	角岩

续表

变质相 \ 原岩成分		泥质岩类	长英质变质岩类	碳酸盐岩类		基性岩类和镁质岩类
				钙质类	镁质类	
辉石角岩相	矿物组合	石英—正长石—黑云母—红柱石—堇青石（铁铝榴石） 石英—正长石—黑云母—矽线石	石英—正长石—斜长石—黑云母	方解石—硅灰石（—钙铝榴石） 硅灰石—钙铝榴石—符山石—石英（—斜长石—方柱石）	方解石—方镁石（—水镁石） 方解石—镁橄榄石—透辉石	斜长石—透辉石—紫苏辉石 堇青石—紫苏辉石
	岩石类型	角岩 片麻岩	角岩 石英岩	大理岩 钙硅角岩	大理岩 钙硅角岩	角岩
透长岩相	矿物组合	堇青石—尖晶石—多铝红柱石 钙长石—刚玉—尖晶石	鳞石英—钙长石—玻璃	方解石—灰硅钙石 石英—硅灰石	黄长石—钙镁橄榄石—透辉石 方解石—镁橄榄石	
	岩石类型	角岩	角岩	大理岩	大理岩 角岩	

表 1.2.5-8　　区域变质岩分类表

变质相	主要矿物组合				
	泥质岩类	长英质岩类	碳酸盐岩类	基性岩类	镁质岩类
沸石相	浊沸石—石英—钠长石—绿泥石 浊沸石—葡萄石—方解石—绿泥石—石英—钠长石				
变质硬砂岩相 葡萄石—绿纤石	绿纤石—葡萄石—绿泥石—钠长石—石英 绿泥石—绿纤石—葡萄石—绿帘石—钠长石—石英				
绿片岩相	白云母—绿泥石—黑云母—石英—钠长石 硬绿泥石—白云母—石英（—黑云母或绿泥石） 白云母—黑云母—石榴子石—钠长石—石英	石英—钠长石—绿帘石（—白云母） 石英—钠长石—绿帘石—微斜长石（—白云母）（有时有黑云母）	方解石—白云石—石英 方解石—透闪石—绿帘石—石英 方解石—透闪石	钠长石—绿泥石—绿帘石—方解石（—黑硬绿泥石） 钠长石—阳起石—绿泥石—绿帘石（—石英—黑云母）	滑石—阳起石 蛇纹石（—滑石） 阳起石—绿泥石 滑石—绿泥石
蓝片岩相	白云母—绿泥石—石英（蓝闪石） 蓝闪石—绿帘石—白云母 镁铝榴石—绿帘石—白云母	石英—硬玉—硬柱石—蓝闪石 石英—白云母—黑硬绿泥石—蓝闪石	方解石（文石）—硬柱石—绿纤石—蓝闪石	钠长石—绿帘石—绿泥石—白云母（—蓝闪石） 铁铝榴石—硬柱石—蓝闪石—白云母 蓝闪石—硬柱石—硬玉质辉石—石榴石—钠长石	蓝闪石—辉石—石榴子石
角闪岩相	石榴子石—黑云母—白云母—石英（硬长石，—十字石） 蓝晶石（红柱石，矽线石）—石榴子石—白云母—黑云母—石英 黑云母—白云母—微斜长石—石英	石英—微斜长石—斜长石—黑云母—白云母	方解石—透闪石—石英（—符山石） 方解石—透辉石—钙铝榴石（—斜长石） 方解石—透辉石—方柱石—金云母	角闪石—斜长石—绿帘石—榍石（—石英—黑云母） 角闪石—斜长石—石榴子石—榍石（—绿帘石，—透辉石）	镁橄榄石—直闪石（—镁铁闪石）—透闪石 镁橄榄石—辉石
麻粒岩相	矽线石（蓝晶石）—石榴子石—正长石—斜长石—石英 正长石—刚玉—磁铁矿—矽线石 红柱石—正长石—斜长石	石英—正长石—斜长石—矽线石（蓝晶石）—石榴子石 石英—正长石—斜长石—紫苏辉石—石榴子石	方解石—斜长石（方柱石）—透辉石—石英 方解石—斜长石—透辉石—方柱石—正长石—榍石（—石英）	斜长石—透辉石—紫苏辉石—石榴子石 普通辉石—斜长石—方柱石 辉石—铁铝榴石—石英	橄榄石—顽火辉石（—紫苏辉石）
榴辉岩相				绿辉石—镁铝榴石（—蓝晶石—金红石） 暗绿辉石—镁铝榴石（—金红石）	
岩石类型	板岩、千枚岩、片岩、片麻岩、变粒岩	变质砂砾岩、石英岩、石英片岩、片麻岩、长石石英岩、变粒岩、长英质麻粒岩	大理岩、钙质千枚岩、钙质云母片岩、钙质硅酸盐片麻岩	变质火山岩、变质火山碎屑岩、绿色片岩、斜长角闪岩、角闪片岩、榴辉岩、辉石麻粒岩	片岩、角闪片岩、辉石岩、榴辉岩

表 1.2.5-9　　混合岩分类表

岩石类型	混合岩化程度	主要类型
混合岩化变质岩	混合岩化作用较轻微，脉体数量＜15%，交代结构不太发育	
混合岩	混合岩化作用较强烈，脉体数量15%～50%，交代作用不太强烈	角砾状混合岩 网状混合岩 条带状混合岩 眼球状混合岩 肠状混合岩
混合片麻岩	混合岩化作用很强烈，脉体数量＞50%，交代结构普遍发育	条带状混合片麻岩 眼球状混合片麻岩 条痕状混合片麻岩 阴影状混合片麻岩
混合花岗岩	混合岩化作用极强烈，基体消失	

三、常见变质岩的鉴定特征

常见变质岩的鉴定特征见表 1.2.5-10。

表 1.2.5-10　　常见变质岩的鉴定特征

岩石名称	构造	矿物成分	一般特征	产状及分布
片麻岩	片麻状	长石、石英、云母、角闪石为主，含石榴子石、绿帘石、硅线石、电气石等	颜色视矿物成分而定，颗粒大小不一，肉眼不能辨认	分布广，变质较深
片岩	片状	云母、绿泥石、石墨、阳起石、长石、石英、滑石、角闪石等	易沿片理面劈开，表面有绢丝光泽或珍珠光泽，矿物颗粒常呈粗结晶状	大面积分布，中等变质
千枚岩	千枚状	绢云母、绿泥石、石英等，肉眼较难辨认	外表以黄、绿、灰黑、青褐、红色为多，岩性致密，具丝线光泽	浅变质
板岩	板状	肉眼难辨认，含变质矿物绢云母、绿泥石	外表多为深灰色到黑色，大部为隐晶质，致密结构，可分裂成薄层的石板。击之，有清脆的石板声、板石具光泽	浅变质，重结晶作用不明显，未出现新矿物
大理岩	块状	方解石、白云石，有时含石墨、蛇纹石、橄榄石、石英、云母等	外表多为白色，因含杂质而呈各种不同的颜色和花纹，遇冷稀盐酸起泡，硬度3～3.5	由接触热液变质及区域变质而成
石英岩	块状	石英	纯者为白色，含杂质而呈灰、黄、红等各色，具油脂光泽，坚硬，抗风化力强	多为沉积石英砂岩，石英岩接触变质或区域变质而成
角页岩	块状	黏土矿物	为黑色至暗灰色，根据变质程度的深浅，含有堇青石、石榴石、红柱石等变质矿物，致密	常见于泥质岩石与酸性岩浆岩的接触带
矽卡岩	块状或斑杂状	石榴子石、辉石、或绿帘石、符山石等	表面常为暗绿、暗棕色，晶形完整，粗大，常疏松多孔，有时为细粒或致密状，比重较大	中酸性侵入岩与碳酸盐类岩石或中基性火山岩接触变质而成
蛇纹岩	块状	蛇纹石为主，含磁铁矿、橄榄石、辉石、滑石等	暗灰绿色至黄绿色，质地较软，略具滑润感，常见片理及其他碎裂构造，蜡状光泽	为超基性岩浆岩，经自变质作用而生成，如橄榄岩、蛇纹石化形成

续表

岩石名称	构造	矿物成分	一般特征	产状及分布
云英岩	块状	石英、白云母为主，含黄玉、电气石、萤石、绿柱石、金红石等	外表灰黄、灰绿或粉红色，有时疏松多孔	分布在花岗岩侵入体边缘、接触带或矿脉两侧
混合岩	条带状、眼球状	变化大，成分复杂	变质程度不同，岩浆岩与变质岩相互混合，经交代重结晶而成，成为角砾状、条带状、眼球状混合岩，变质岩基体少时，称混合片麻岩	
千糜岩	千枚状	绢云母、绿泥石	重结晶显著，多组片理，矿物定向排列石英重结晶	深变质带
玻化岩	块状	玻璃质	颜色与原岩性质有关，由剧烈错动产生高温熔融后快速冷凝而成	脉状，剧烈错动带内分布

第六节　第四纪地层

第四纪地层的划分，可以根据古气候、古生物、古人类与考古及地貌发育阶段（即地文期）等标志，作为依据来进行，见表 1.2.6-1。

表 1.2.6-1　　第四纪划分综合对比表

<table>
<tr><th rowspan="2">地质时代</th><th rowspan="2" colspan="2">古气候</th><th colspan="2">哺乳动物群</th><th rowspan="2">华北地文期</th><th rowspan="2">人类文化</th><th rowspan="2" colspan="2">考古期</th><th rowspan="2">距今年代（万年）</th></tr>
<tr><th>华北</th><th>华南</th></tr>
<tr><td>全新世</td><td colspan="2"></td><td>四不像鹿动物群</td><td></td><td rowspan="10">皋兰期
板桥期
马兰期
清水期
周口店期
湟水期
泥河湾期
汾河期</td><td>现代人</td><td colspan="2">铁器时代
铜器时代
新石器时代
中石器时代</td><td rowspan="10">—1.2—
—15—
—20—
—40—
—60—
—100—
—200—</td></tr>
<tr><td rowspan="3">上（晚）更新世</td><td colspan="2">雨期</td><td rowspan="3">山顶洞动物群，萨拉乌莱动物群（纳骤——晚期鬣狗）</td><td rowspan="3">贵阳动物群（新人，猛骤动物群）</td><td rowspan="3">山顶洞人
资阳人
长阳人
马坝人
河套人
丁村人</td><td rowspan="2">晚旧石器时代</td><td rowspan="2">山顶洞文化</td></tr>
<tr><td colspan="2">Ⅲ间雨期</td></tr>
<tr><td colspan="2">Ⅲ雨期</td><td>晚旧石器时代</td><td>河套文化、丁村文化</td></tr>
<tr><td rowspan="4">中更新世</td><td rowspan="2">Ⅱ间雨期</td><td>Ⅱ$'_2$间雨期</td><td rowspan="4">周口店动物群（北京猿人——肿骨鹿动物群）</td><td rowspan="4">万县动物群（大熊猫——剑齿动物群）</td><td rowspan="4">北京猿人
蓝田猿人</td><td rowspan="6">早旧石器时代</td><td rowspan="6">周口店第十五地点中国猿人文化，周口店第十三地点</td></tr>
<tr><td>Ⅱ$_2$雨期</td></tr>
<tr><td rowspan="2">Ⅱ雨期</td><td>Ⅱ$'_1$间雨期</td></tr>
<tr><td>Ⅱ$_1$雨期</td></tr>
<tr><td rowspan="2">下（早）更新世</td><td colspan="2">Ⅰ'间雨期</td><td rowspan="2">泥河湾动物群（长鼻三趾马，真马动物群）</td><td rowspan="2">柳成动物群（巨猿动物群）</td><td rowspan="2"></td></tr>
<tr><td colspan="2">Ⅰ雨期</td></tr>
</table>

第四纪的气候变化剧烈，出现了全国性的冰期和间冰期的多次交替，使古地理环境和生物界发生了一系列的变化，因而冰期和间冰期也是划分第四纪地层的一个主要的依据。中国几个不同地区，冰期与间冰期对比，见表 1.2.6-2。

表 1.2.6－2

中国第四纪冰期对比表

地区	欧洲	庐山	北京（西山）	大别山	太行山东麓	秦岭	西北山地	川西	西昌	渡口	黔东南	滇东黔西	贵阳洛湾	玉龙山	元谋
上（晚）更新世	伏尔姆	大理冰期	大理		北冶冰期	太白冰期	天池冰期	螺髻山	螺髻			大海子	洛湾	大理	大理
		庐山—大理间冰期	潭柘寺		井陉—北冶间冰期	骊山—太白间冰期	天山—天池间冰期		西溪	老鹰岩	保家庄冰期	大龙潭			东山
	理士	庐山冰期			井陉冰期	骊山冰期	天山冰期	大箐梁子							
中更新世		大姑—庐山间冰期		第二冰期—第三冰期	赞皇—井陉间冰期	公主岭—骊山间冰期	天台—天山间冰期		石灰窑	席草坪	高汐—保家庄间冰期		关口	丽江	
	明德尔	大姑冰期	赵家台	第二冰期	赞皇冰期	公主岭冰期	天台冰期	席草坪			高汐冰期	海子头			中山
下（早）更新世		鄱阳—大姑冰期		第一冰期—第二冰期	临城—赞皇间冰期	郭家岭—公主岭间冰期			大向坪		龙井泉—高汐间冰期				
	贡兹	鄱阳冰期	管坨岭	第一冰期	临城冰期	郭家岭冰期		把关河		赖把山	龙井泉冰期	梨园村			马头山
	多瑙								安宁	金沙		龙津村			龙川

表 1.2.6－3

第四纪地层对比表

时代	吉林	松辽平原	华北	华北	黄河中游	河西走廊	滇东北	川西	粤西	粤西	江西	长江三角洲
全新世	冲积层	近代冲积物湖积	冲积层		次生黄土和砂砾层，北部有风成砂	河床冲积层风成砂丘山前坡积沉积层	冲积层：厚28～45m	冲积层：含砂金，厚数米至10余米	冲积层		河流沉积黏性土，砂砾	残积、坡积、洪积及冲积物等
		温泉河组										
晚更新世	顾乡屯组：新黄土	诺敏河组	马兰组		马兰黄土，厚20～40m	黄土状土：厚度小于10m，具垂直节理和大孔隙 湖沼相及化学沉积，厚80m 戈壁砾石层	龙街粉砂层：底部具砂砾，厚35m	成都黏土：具胶结性含钙质结核	田洋组	石壁组	庐山冰期堆积：松散的泥砾	下蜀黄土：黏性土 中部：富含钙质结核 下部：有铁质胶膜与锈斑，有石灰结核，呈棱柱状，块状结核，底部常夹砾石，厚13～18m
							棕黄色土，黏砂土，砂黏土互层厚5～10m					
							湖积层					
	吉舒冰碛层	哈尔滨组五大连池玄武岩组					黑座江胶结砾石层：胶结物为泥灰质或黏土质，下部具厚1.5m的泥炭层	江北砾石层：卵石与砂粒组成，无层次，胶结坚固				
中更新世	上老黄土	荒山组	周口店、洞穴堆积	陕县组：土及砂砾17～50m	离石黄土：红色土、下部厚90～100m	酒泉砾石层：钙质胶结、松散、有时夹条带状黏土和砂层，厚5～105m	石灰华：河上洞组：钙华盖层，角砾岩、棕色黏土，黄色砂类土，厚2m	石灰华：厚2～20m。雅安砾石层：松散砂黏土与胶结的砾岩，厚20～50m	湖光岩组：砾石层夹砂及黏土	火山岩	大姑冰期堆积	网纹红土：上部：铁锰结核富集，无网纹；<3m 中部：白条网纹红土，厚30m 下部：泥砾，厚1～2m
	小丰满玄武岩											
	东富冰碛层											
	下老黄土				陕县组：砂和砾石互层厚10～20m		红土及砾石层：质松散底部常有砂砾层					
	朝阳冰碛层											
早更新世	青杨木沟组	罗家窝棚组	泥河湾：砂、泥灰岩玄武岩、砾石125m	三门组：砾、砂夹土30m	午城黄土：厚15～20m	玉门砾石层：夹有透镜状砂层，厚度100～650m	元谋组：黏土、砂岩及砾石层57～156m		北海组		鄱阳冰期堆积：泥砾、网纹状黏土	雨花台组：砾石磨圆度好，成分为石英砂岩、斑岩、玉髓、玛瑙、碧石厚20～40m
					三门组：黏砂土、砂层，泥土夹透镜状砂砾，厚60～80m							
	白土山组											

第三章 构造地质与大地构造学派

第一节 构造地质

一、水平构造与倾斜构造

（一）水平构造

岩层层面保持近水平状态的地质构造称为水平构造。水平岩层的厚度通常可以用岩层顶、底面的标高来确定，一般发育于地壳运动影响轻微、大面积均匀隆起或凹陷的地区。

（二）倾斜构造

经构造变动，水平状态的岩层与水平面成一定角度的倾斜岩层，称为倾斜构造。是最简单的一种构造变动，在一定范围内，岩层倾斜方向和倾斜角度大体一致的单斜岩层，称为单斜构造。

（三）岩层产状

1. 岩层产状要素

岩层产状是指岩层在地壳中的空间方位和产出状态（图1.3.1-1）。岩层产状以岩层面在空间的延伸方向和倾斜程度来确定，用走向、倾向和倾角表示，这三者称为岩层产状要素。

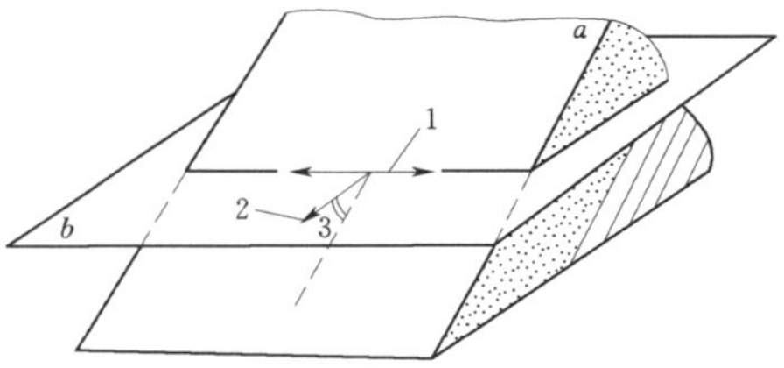

图1.3.1-1　岩层的产状要素

1—走向；2—倾向；3—倾角；

a—岩层层面；*b*—水平面

（1）走向。岩层层面与水平面交线的延伸方向，称为岩层的走向。

（2）倾向。垂直于走向线沿岩层面向下所引的线在水平面上的投影所指的方向称为岩层的倾向。

（3）倾角。倾斜的层面与水平面之间最大的夹角（锐角），称为岩层的倾角。通常在野外直接观察到的不是真倾向和真倾角，而是视倾向和视倾角。但可以利用野外观察到的岩层的视倾角来推求实际岩层的真倾角。真倾角和视倾角之间的换算公式如式（1.3.1-1）。

$$\tan\alpha=\frac{\tan\beta}{\sin\theta} \qquad (1.3.1-1)$$

式中：α 为真倾角；β 为视倾角；θ 为视倾向线与走向线的夹角。

2. 岩层产状表示方法

（1）象限角表示法。以正北或正南方向为准，一般记走向、倾向、倾角，是目前工程地质界通用的产状表示法。如一岩层走向北偏西45°、向北东倾斜、倾角53°，则表示为：N45°W，NE∠53°。

（2）方位角表示法。采用自正北为起始角的方位角表示岩层产状的方法，通常只记录岩层的倾向和倾角。如135°∠80°，前者是倾向的方位角，后面是倾角，即倾向135°，倾角80°。依据走向与倾向的关系，已知倾向和倾角后，可用加或减90°的方法计算出走向。岩层产状三要素在地质图上可用符号⊢25°来表示，其中长线表示走向，短线表示倾向，数字代表倾角。

二、褶皱构造

褶皱是地壳中最常见的地质构造之一，将岩层在构造运动中受力形成连续弯曲的永久变形称为褶皱。褶皱的形成大多数是源于水平挤压力作用，也有在垂直作用力下形成的；另外在力偶的作用下也可以成褶皱，如发育在夹于两个坚硬岩层间的较弱岩层中或断层带附近的一些褶皱。

（一）褶皱的基本类型

褶皱的基本类型有向斜和背斜两种。其基本特征与判别方法见表1.3.1-1。

表1.3.1-1　褶皱的基本类型及特征

基本类型		岩层宏观形态	野外判别方法
褶皱	背斜	岩层向上弯曲	核部地层老，外侧地层较新，两翼岩层对称出现
	向斜	岩层向下弯曲	核部地层新，外侧地层较老，两翼岩层对称出现

（二）褶皱要素

褶皱的基本单位为褶曲，是岩层的一个弯曲。两个或两个以上褶曲的组合叫褶皱。褶皱的各个组成部分称为褶曲要素，任何褶曲都可以用以下基本要素来描述（图1.3.1-2）。

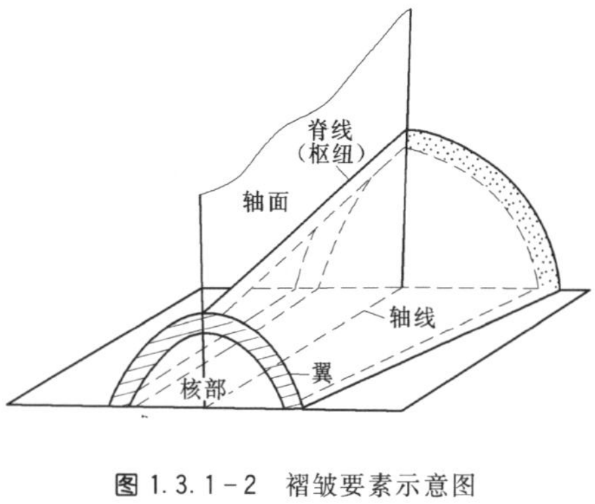

图1.3.1-2　褶皱要素示意图

核部：褶皱的中心部位。

翼：褶皱核部两侧的对称出露的岩层。

轴面：近似平分褶皱两翼的假想平面。

轴线：轴面与水平面的交线。

枢纽：褶皱中同一岩层层面与轴面的交线。

（三）褶皱几何形态

褶皱按其剖面或平面形态可分为下列各种类型。

1. 根据褶皱轴面产状和两翼产状划分

（1）直立褶皱。轴面近直立，两翼倾向相反，倾角近相等［图 1.3.1-3（a）］，也叫对称褶皱。

（2）倾斜褶皱。轴面倾斜，两翼岩层的倾向相反，倾角不等［图 1.3.1-3（b）］。

（3）倒转褶皱。轴面倾斜，两翼向同一方向倾斜，一翼地层倒转［图 1.3.1-3（c）］。

（4）平卧褶皱。轴面近于水平，一翼地层正常，另一翼地层倒转［图 1.3.1-3（d）］。

（5）翻卷褶皱。轴面弯曲的平卧褶皱［图 1.3.1-3（e）］。

另外，根据横剖面上褶皱顶部和两翼的形态，又可分为：

（1）扇形褶皱。两翼岩层均为倒转层位，轴部转折部宽展，横剖面呈扇形的褶皱［图 1.3.1-3（f）］。

（2）箱形及屉形褶皱。两翼岩层陡倾，轴部转折部分的岩层产状宽缓，横剖面呈箱（屉）状的背斜（或向斜）［图 1.3.1-3（g）］。

（3）锯齿状褶皱。转折端为一点，横剖面呈锯齿形［图 1.3.1-3（h）］。

（4）膝状褶皱或挠曲。多见于水平岩层，横剖面呈膝状弯曲，又称挠曲［图 1.3.1-3（i）］。

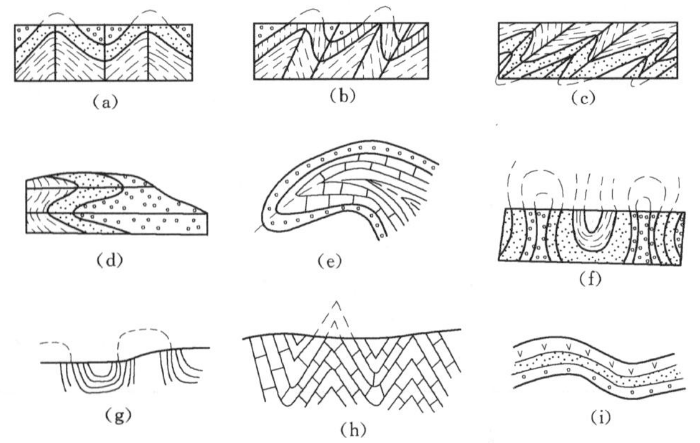

图 1.3.1-3　褶皱的类型（按横剖面形状划分）

（a）直立褶皱；（b）倾斜褶皱；（c）倒转褶皱；（d）平卧褶皱；（e）翻卷褶皱；（f）扇形褶皱；（g）箱形及屉形褶皱；（h）锯齿状褶皱；（i）挠曲

2. 根据褶皱纵剖面和脊线产状划分

（1）水平褶皱。脊线（枢纽）为一水平线［图 1.3.1-4（a）］；

（2）倾伏褶皱。脊线（枢纽）是倾伏的［图 1.3.1-4（b）］；

（3）倾竖褶皱。脊线（枢纽）、轴面和两翼岩层都近乎直立［图 1.3.1-4（c）］。

3. 根据褶皱的对称性划分

（1）对称褶皱。褶皱的轴面与褶皱的包络面垂直，两翼的长度与厚度基本相等。

（2）不对称褶皱。褶皱的轴面与褶皱的包络面斜交，两翼的长度与厚度不相等。

4. 按褶皱在平面上出露形态划分

（1）线形褶皱。长度与宽度比大于 5∶1，呈狭长形的褶皱［图 1.3.1-5（a）］；

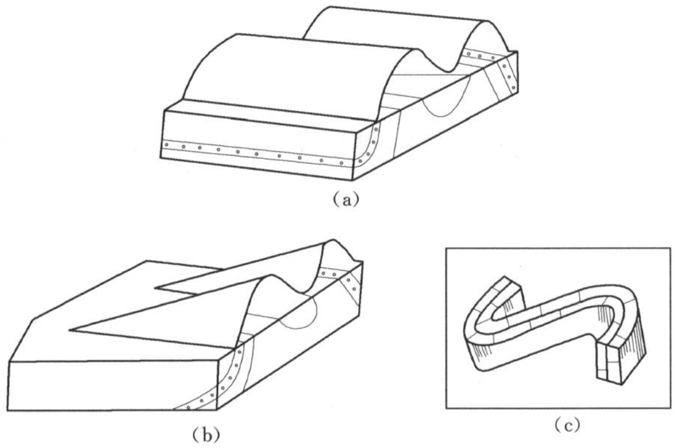

图 1.3.1-4　褶皱的类型（按纵剖面形状划分）

（a）水平褶皱；（b）倾伏褶皱；（c）倾竖褶皱

（2）短轴褶皱。长度与宽度比在 5∶1～3∶1 之间［图 1.3.1-5（b）］；

（3）穹窿构造。长度与宽度比小于 3∶1 的背斜构造［图 1.3.1-5（c）］；

（4）盆地构造。长度与宽度比小于 3∶1 的向斜构造［图 1.3.1-5（d）］。

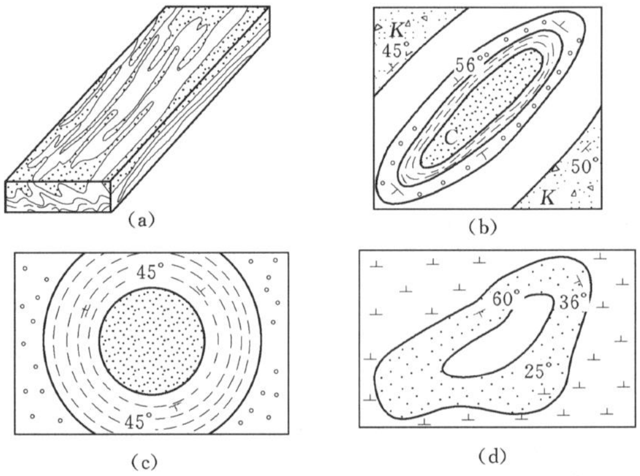

图 1.3.1-5　褶皱的类型（按平面形状分类）

（a）线形褶皱；（b）短轴褶皱；（c）穹窿；（d）盆地构造

三、断裂构造

断裂是指岩体在构造应力作用下所产生的破裂。根据断裂两侧岩层沿破裂面有无明显的相对位移，可分为节理、劈理和断层三类。

（一）结构面规模分级

岩体中具有一定方向、力学强度相对较低、两向延伸（或具有一定厚度）的地质界面（或带）称为结构面。如岩层层面、软弱夹层、各种成因的断裂、裂隙等。由于这种界面中断了岩体的连续性，故又称不连续面。岩体结构面按规模可以分为五级，见表 1.3.1-2。

表 1.3.1-2　　岩体结构面规模分级（GB 50287—2006）

级别	规模	
	破碎带宽度（m）	破碎带延伸长度（m）
Ⅰ	＞10.0	区域性断裂
Ⅱ	1.0～10.0	＞1000
Ⅲ	0.1～1.0	100～1000
Ⅳ	＜1.0	＜100
Ⅴ	节理裂隙	

（二）节理

1. 节理分类

节理是岩石中的裂隙，指有一定成因、形态和分布规律的裂隙。也是岩体中未发生位移的（包括实际的或潜在的）破裂面，破裂面两侧岩层无明显的相对位移。

裂隙是指岩体中的破裂面或裂纹。由构造应力作用形成的裂隙叫做构造裂隙或节理。另外，岩浆岩岩体中，在岩浆冷凝过程中，由于温度应力也可产生节理，通常把这一类节理叫原生节理，如玄武岩的柱状节理。按照成因可以分为：原生节理、次生节理、构造节理三种基本类型。次生节理因产状无序、杂乱无章，通常只称为裂隙而不称为节理。

节理按其力学属性分为张节理和剪切节理两类，其特征见表 1.3.1-3。

表 1.3.1-3　　节理力学分类及特征表

类型	作用力	裂面张开或填充情况	裂隙面特征	裂隙间距	延伸情况	发育情况
张节理	张应力	裂缝张开，常为石英脉、方解石脉或其他矿脉填充	弯曲、粗糙、不平、呈锯齿状无擦痕	较大	走向变化大，延伸不远，常绕过岩石中的硬石或颗粒	褶皱轴部成组出现，平行或垂直褶皱轴
剪切节理（扭节理）	剪切应力	裂缝紧闭或稍张开	平直、光滑、有擦痕及镜面两侧岩层有相对位移	较小	走向稳定，延伸较远，常切断岩石中的硬石或颗粒	一般同时出现两组，呈X形，较密集

节理密度是指垂直于节理走向方向上单位长度内的节理条数（条/m），也称为节理的线密度。据线密度可划分岩体节理发育程度或岩体完整程度，具体划分见表 1.3.1-4。

表 1.3.1-4　　节理发育程度划分表

节理发育程度	不发育	轻度发育	中等发育	较发育	发育	很发育	
平均间距（m）	>1.0	1.0～0.5	0.5～0.3	0.3～0.1	<0.1	<0.1	
节理组数	1～2	1～2	2～3	2～3	2～3	>3	无序
岩体完整性	完整	较完整		完整性差		较破碎	

面积裂隙率（K_J）是指在被统计的岩体面积（A）上，裂隙面积与被统计面积之比，用百分数表示。

$$K_J=\frac{\sum L_i b_i}{A}\times 100\% \qquad (1.3.1-2)$$

式中：L、b 分别为任一条节理的长度和宽度，m。

结构面连通率：岩体沿某一剪切方向发生剪切破坏所形成的破坏路径中结构面所占的比例，用公式表示如式（1.3.1-3）。

$$k=\frac{\sum JL}{\sum JL+\sum RBR} \qquad (1.3.1-3)$$

式中：$\sum JL$、$\sum RBR$ 分别为剪切路径上结构面和岩桥的总长度。

2. 节理的调查方法

（1）测线法。测线法是在野外选定的露头上，用一根一定长度的皮尺（或测绳）固定于露头面上，根据节理与测线（测绳）相交出露的位置，描述和记录节理产状、迹长、隙宽等几何参数的方法。测线法具有较好的测量精度及简单易行的优点，是目前国内外最常采用的节理调查方法。

（2）统计窗法。统计窗法是在野外平面露头中，选取一定宽度 W、一定高度的矩形区域，作为调查节理分布及几何特征的方法，所有节理的调查内容均在此窗口中进行。与测线法相比，统计窗法的困难是准确确定每一组节理中各条节理与统计窗的关系。

（三）劈理

劈理是指在构造应力作用下，岩体沿一定方向分裂成大致平行排列的密集（间距在几厘米以下）的细微破裂面称劈理，它是比节理更次一级的构造。劈理的发育多见于受构造变动强烈的褶皱和断层带附近及某些变质岩中。

劈理按其力学成因可分流劈理、破劈理和滑劈理三类，它们的主要特征见表 1.3.1-5。

表 1.3.1-5　　劈理的力学成因分类表

名称	成因	主要特征	图示
流劈理	压应力作用下，性质上属塑性变形中的流变构造	矿物颗粒沿垂直压应力方向平行排列，沿劈理面易于裂开，主要发育在泥质软弱岩石中，如板岩中的板状劈理。也有把变质岩的片理视为流劈理的	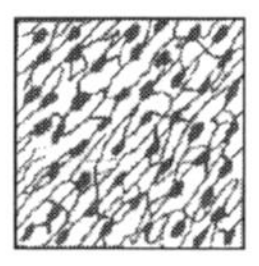
破劈理	剪切应力造成，性质上属断裂构造	间距几毫米至几厘米的密集剪裂隙，裂面间矿物颗粒无定向排列，多发育在脆性岩石	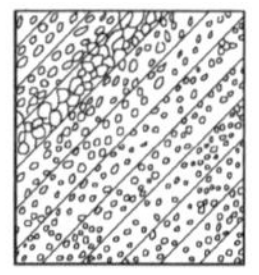
滑劈理	剪裂属流劈理和破劈理的中间类型	劈理面附近矿物呈平行排列，在两劈理面中间则无定向，多见于细粒层状泥岩，有微小位移	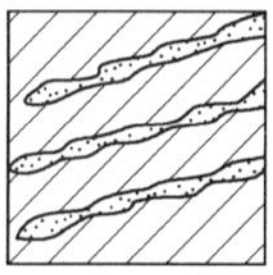

劈理常和褶皱或断裂相伴生，根据其与褶皱或断裂的关系所做的分类见表 1.3.1-6。

表 1.3.1-6　　劈 理 的 分 类

劈理类型		产状	成因和特征
与褶皱有关的类型	层间劈理	一组平行层面，另一组与层面斜交	层间滑动所产生的力偶作用下形成，性质上属破劈理
	轴面劈理	与褶皱轴面（近于）平行	褶皱变形强烈阶段形成，性质上多属流劈理
	顺层劈理	与层面一致	为等斜褶皱中层间劈理或轴面劈理，或系塑性岩石受区域隆起作用引起的物质顺层流动而形成，可以是破劈理，也可以是流劈理
与断层有关的劈理类型		与断层平行	在断层形成以前产生，多见于压性或压扭性断层中
		与断层斜交	在断层形成过程中，由于断层的剪切滑动而形成。与断层成夹角的锐角方向指向断层对盘移动方向

（四）断层

岩层或岩体在构造应力作用下发生破裂，沿破裂面两侧有明显相对位移的构造现象称为断层。由于构造应力大小和性质的不同，断层规模差别很大，小的可见于一块小的手标本上，大的可延伸数百甚至上千公里。

1. 断层要素

断层的几何要素包括断层的基本组成部分以及与阐明其错动性质有关的几何要素，它包括断层面、断层线、断层带、断盘、断距等，如图 1.3.1-6 所示。

（1）断层面。岩层断裂错开，其中发生相对位移的破裂面，称为断层面。断层面可以是直立的或倾斜的平面，也可以

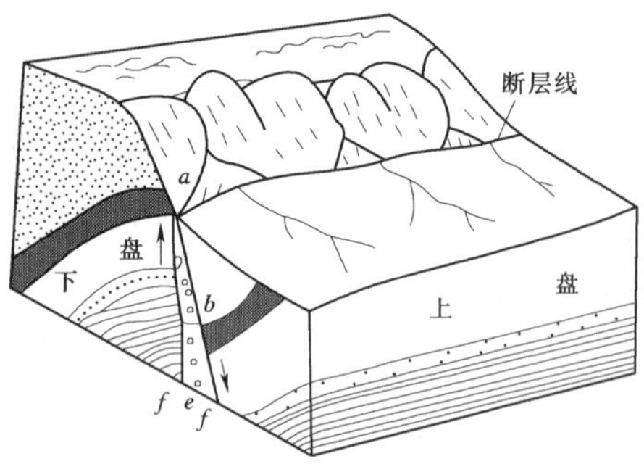

图 1.3.1-6　断层要素图

a、b—总断距；e—断层破碎带；f—断层影响带

是波状起伏的曲面。断层面的空间位置用产状要素来表示。

(2) 断层线。断层面与地面的交线，称为断层线。断层线表示断层延伸的方向，其形状取决于断层面及地表形态，可以是直线，也可以是各种曲线。

(3) 断层带。断层带包括断层破碎带和断层影响带，是指断层面之间的岩石发生错动破坏后，形成的破碎部分，以及受断层影响使岩层裂隙发育或产生牵引弯曲的部分。

(4) 断盘。断层面两侧岩体，称为断盘。当断层面倾斜时，位于断层面以上的岩体，叫上盘；位于断层面以下的岩体，叫下盘。断层面直立时，则按方向可称为东盘、西盘或南盘、北盘。

(5) 断距。断层两盘岩体沿断层面相对移动的距离，称为断距。断距可分为总断距、铅直断距、水平断距、走向断距、倾向断距等。

2. 断层的基本类型

(1) 按断层两盘相对位移分类。

按断层两盘相对位移的情况，可将断层分为正断层、逆断层和平移断层等（图 1.3.1-7）。

1) 正断层。上盘沿断层面相对下降、下盘相对上升的断层，称为正断层。断层破碎带较宽时，常为断层角砾。

2) 逆断层。逆断层的上盘沿断层面上升，下盘相对下降。逆断层断裂带较紧密，断层面呈舒缓波状，常出现擦痕和断层泥。

逆断层按断层面倾角的不同又可分为以下三类：

冲断层。断层面倾角大于 45°的高度角逆断层，称为冲断层。

逆掩断层。断层面的倾角在 45°～25°之间，往往是由倒转褶皱发展形成，它的走向与褶皱轴大致平行，逆掩断层的规模一般都较大。

辗掩断层。倾角小于 25°的逆断层，常是区域性的巨型断层，断层上盘较老的地层沿着平缓的断层面推覆在另一盘较新岩层之上，断距可达数公里，破碎带的宽度也可达几十米。

叠瓦式构造。一系列冲断层或逆掩断层，使岩层依次向上冲掩，形成叠瓦式构造。

地堑。两侧被高角度断层围限，中间下降的槽形断块构造称为地堑，大多发育在地壳受拉伸地区。多指大、中型的构造。地堑常成长条形的断陷盆地。

地垒。两侧被断层围限，中间上升的断块构造。其边界断层一般也是高角度正断层。地堑与地垒常伴生，相间排列，形成盆岭构造。

3) 平移断层。两盘沿断层面走向的水平方向发生相对位移的断层，称为平移断层。

(2) 按断层的力学性质分类：

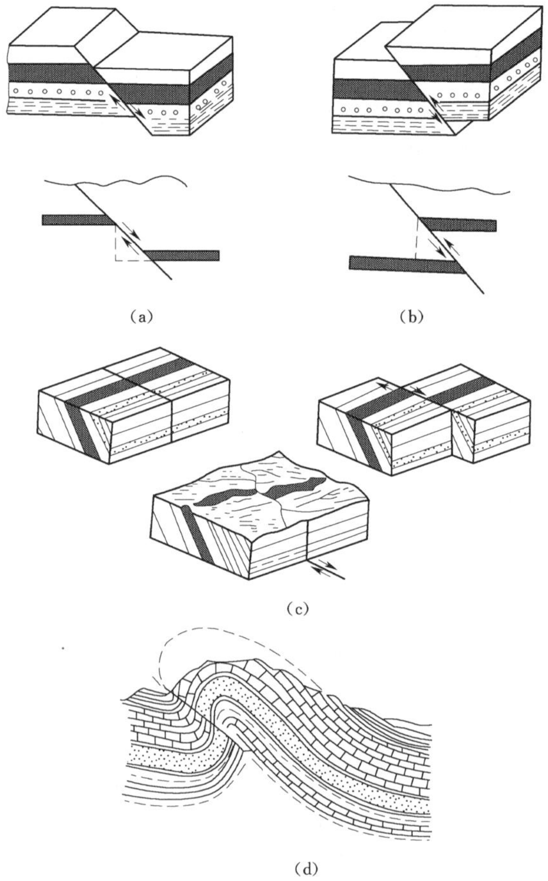

图 1.3.1-7　断层的类型

(a) 正断层；(b) 逆断层；(c) 平移断层；(d) 逆掩断层

1) 压性断层。由压应力派生的剪力作用形成，也称压性结构面，多呈逆断层形式，断层面为舒缓波状，断裂带宽大，常有断层角砾岩。

2) 张性断层。由张（拉）应力派生的剪力作用形成，也称张性结构面，多呈正断层形式，断层面粗糙，多呈锯齿状。

3) 扭性断层。由扭（剪）应力作用形成，也称扭性结构面，并常成对出现，断层平直光滑，常出现大量擦痕。

4) 压扭性断层。压扭性断层具有压性断层兼扭性断层的力学特征，如部分平移逆断层。

5) 张扭性断层。张扭性断层具有张性断层兼扭性断层的力学特征，如部分平移正断层。

(3) 按断层面产状与地层产状的关系分类：

1) 走向断层。断层走向与地层走向基本平行。

2) 倾向断层。断层走向与地层走向基本垂直。

3) 斜向断层。断层走向与地层走向斜交。

4) 顺向断层。断层面与岩层面大致平行。

(五) 韧性剪切带（韧性断层）

韧性剪切带，又称韧性断层，基本含义是：形成于地壳一定深度的线性高应变带，由于高应变带内岩石的塑性流动，导致两侧岩块之间发生显著位移而不具有明显可见的断层面。韧性断层的特点是剪切带分别沿无数细微滑动面做微小滑移，从而引起韧性断层两侧岩块的错位，不存在不连续界面。根据两盘的错动关系，可分为正断层式韧性断层、逆断层式韧性断层、平移式韧性断层和顺层式韧性断层。韧性断层主要产出于变质岩中。

（六）构造岩分类及构造糜棱岩

1. 构造岩的分类

由于变形作用使岩石的结构和构造，甚至矿物成分发生变化，形成一种组构、矿物成分与原岩不同的新类型岩石，称之为构造岩。构造岩按固结程度可分为以下几类：

（1）未固结的断层角砾岩、断层泥。

断层角砾岩是由仍保持原岩特点的岩石碎块组成。角砾胶结物为磨碎的岩屑、岩粉以及岩石压溶物质和外源物质。这类角砾岩中的角砾形状多不规则，大小不一，杂乱无定向。胶结物为磨碎的岩屑和岩粉，可见角砾含量大于30％。

断层泥是指在强烈的构造应力作用下，原岩被碾磨成松散破碎的泥质物。断层泥中含有数量不等的碎块、碎屑和岩粉，可见角砾含量小于30％。

（2）固结的脆性碎裂岩系列。

脆性碎裂岩系列无新生重结晶作用，按碎裂程度从弱到强可分为初角砾岩、角砾岩、碎斑岩、碎粒岩、碎粉岩。

（3）韧性剪切糜棱岩系列。

基质中普遍发生新生重结晶作用，按剪切作用的强度从弱到强可以细分为初糜棱岩、眼球状糜棱岩、糜棱岩、超糜棱岩等。

2. 构造糜棱岩及其特征

构造糜棱岩是指发育在韧性剪切带中具有糜棱结构的高温高剪切应变条件下产生的岩石。往往分布在断裂带两侧。常由花岗质岩石和砂岩类岩石形成，所以主要矿物成分是石英和长石。

糜棱岩常具条带状和纹层状构造，条带和纹层的形成系由矿物成分、颜色、颗粒大小等差别造成的。糜棱岩也常见一部分新生矿物出现，如绿泥石、绢云母、多硅白云母、绿帘石、滑石、蛇纹石等。这些矿物常作定向排列，致使条带构造更趋明显。

构造糜棱岩基本特征有：

（1）粒径较原岩减小；

（2）产生在一个相当狭窄的面状地带中；

（3）出现强化面理（流动构造）和线理，主要由应变集中形成。

构造糜棱岩系列的岩石分两类：

（1）糜棱岩。细粒韧性剪切变形的岩石，根据其韧性基质含量划分为初糜棱岩、糜棱岩和超糜棱岩，基质各占10％～50％、50％～90％、90％～100％。主要由层状硅酸盐矿物，如云母、绿泥石等组成的糜棱岩称千枚状糜棱岩，简称千糜岩。

（2）变余糜棱岩，以颗粒生长为特征的粗粒韧性变形的岩石，其晶粒韧性变形构造已全部或几乎全部由重结晶的晶粒所取代，粒内应变效应因重结晶而消除。不对称的较粗大的眼球状变斑晶或残碎斑晶嵌入呈花岗变晶结构的韧性基质之中。变余糜棱岩带常伴有交代作用、混合岩化甚至花岗岩化作用。

（七）逆冲推覆构造

逆冲推覆构造是由逆冲断层及其上盘推覆体或逆冲岩席组合而成的构造，是指由沿着倾角十分低缓的冲断层面，上盘岩块水平位移距离在数公里以上的构造。逆冲断层是指岩石沿可观察到的或可推断出的低角（＜30°）位移面产生大于5km水平位移的断层。断层的上盘为主动盘的，称仰冲断层。覆盖在逆冲断层面上被推移距离在5km以上的外来体称之为推覆体或逆冲岩席。推覆构造多发育于造山带及其前陆地区，是挤压或压缩作用的结果。

一个大的推覆体，沿其逆冲方向可分为根带、中带和前锋带。根带是推覆体的源区，岩石变形强烈，中带为推覆体的主体，岩石常发育有剪切褶皱、劈理及次一级叠瓦状的冲断层。前锋带常形成断裂和等厚褶皱。如经后来的剥蚀作用，在前锋带和中带可形成被原地岩块包围的外来岩块孤丘，称飞来峰，以及在外来岩块中暴露出原地岩块天窗，称为构造窗。逆冲推覆构造自根带至锋带的变形特征见表1.3.1－7。

表1.3.1－7　逆冲推覆构造各带变形特征表

特征类型＼部位	后缘带	根带	中带	锋带	外缘带
应力状态	拉伸为主	挤压为主	单剪为主	挤压	挤压，渐变弱
次级断裂	地堑式等正断层；张结理带	平行或发辫状高角度逆断层	叠瓦式和双重逆冲构造，近水平菱块网结状构造	叠瓦扇、反冲断层、顶板反冲双重构造、逆冲断层变形复杂	中高角度逆断层和少数正断层；反冲断层
次级褶皱	不发育	两翼紧闭、轴面直立的复杂多级次级褶皱	斜歪一到转折轴、拉长的背斜对、膝折式褶皱、常有冲起构造和三角带伴生的隔档式褶皱	两翼紧闭、轴面陡立轴面产状常不稳定	由紧闭褶皱渐变为开阔褶皱、单斜和挠曲
构造定向性	不明显	显示定向性	定向性明显	较明显	由定向明显渐变为不明显
劈（节）理发育状况		板劈理活滑劈理发育	劈理发育程度降低→		节理
变形性状	脆性	塑性—弹塑性	塑性降低→		脆性

推覆构造由三个部分组成：①上盘是经远距离位移的基本连续的大的平板状岩席组成的外来系统，称为推覆体或纳布；②下盘岩石通常与基底相连，被看做是未经位移的原地系统；③位于两者间由冲断层带或韧性剪切带组成的滑移系统。由于推覆体的远距离位移，所以它和原地系统中的同一时代的地层，其岩相常可有很大的差别。推覆构造典型实例见图1.3.1－8。

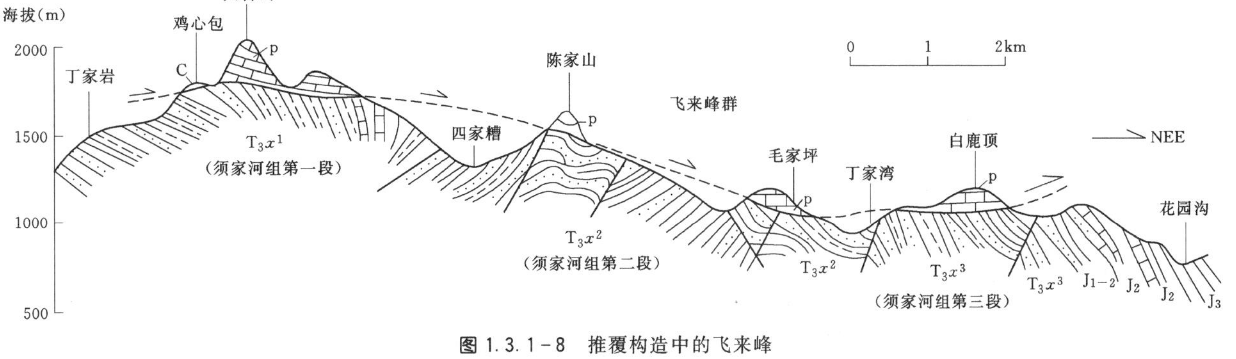

图1.3.1－8　推覆构造中的飞来峰

按推覆体的形成方式可分为：①冲断推覆体，由外来的构造岩席沿冲断层面大规模位移而形成；②褶皱推覆体，外来构造岩席呈大规模的倒转层位，可能是在大的平卧褶皱基础上，其下部的一翼被拉薄并发育成剪切带而形成的。

推覆构造可发育于不同的构造单元中，以造山带及其前陆地区最为典型。造山带前陆以发育由造山带向前陆逆冲的冲断推覆构造为特征，如中国的龙门山逆冲推覆构造，阿尔卑斯造山带北侧的海尔维第推覆体群。造山带内常发育较深层次的褶皱推覆体，如阿尔卑斯的平宁推覆体群。在两大构造单元间的巨型推覆构造，可以涉及到整个山脉，如美国阿巴拉契亚山脉主体蓝岭之下，是一条巨大的近水平的冲断滑脱带，使蓝岭的前寒武系结晶岩系推覆于下古生界的沉积盖层之上，外来岩席厚5～15km，从南东向北西的逆冲距离达260km。在地台的盖层中，也可发育规模不大的推覆构造，一般位移距离较小，变形较弱。

逆冲推覆构造的主要组合型式为：叠瓦式（状）、背冲式、对冲式、楔冲式等。

第二节　地槽地台学说

地槽地台理论是传统的大地构造学说，它在19世纪中期以来研究大陆型地壳构造而逐渐建立起来，是板块构造学说诞生前占主导地位的地壳运动学说。该学说把地壳分为地槽、地台和过渡区等单元。称长条形的凹陷为地槽，地壳中的稳定地区为地台。

(1) 地槽。是地壳上强烈活动的一级构造单元，多呈狭长（上千公里长，几百公里宽）带状，构造变动和岩浆活动频繁而强烈，沉积巨厚。地槽区表现为：①巨厚的沉积建造；②强烈的构造变动；③频繁的岩浆活动；④显著的区域变质作用形成；⑤丰富多样的矿产资源等特征。

(2) 地台。是地壳上相对稳定的构造单元，多呈较平坦的巨大地块，以大面积的缓慢升降运动为主。由地槽旋回转化形成的，地台一般都有双层结构，下层为褶皱基底，由强烈褶皱和广泛变质的复杂岩系组成；上层为沉积盖层，由平缓的沉积岩层组成。寒武纪以前形成褶皱基底的地台称为古地台；寒武纪以后形成褶皱基底的地台称为褶皱带。

地台的基本特征为：①厚度较小的沉积建造；②不太强烈的构造变动；③微弱的岩浆活动；④不太显著的变质作用；⑤丰富的沉积矿产。

第三节　板块构造学说

板块构造学说是在大陆漂移、海底扩张学说的基础上，综合了大洋和大陆的地质研究资料于20世纪60年代末兴起的学说，是当今最盛行的大地构造学说。

一、大陆漂移学说

大陆漂移学说魏格纳（A. Wegener）于1912年提出。认为在石炭纪后期，地球上所有的大陆曾经联结在一起，构成一个统一的大陆（称为泛大陆），围绕它的是一片广阔的海洋（称为泛大洋）。此后，受地球自转离心力和潮汐力的作用，从中生代开始，泛大陆逐渐破裂、分离，由硅铝层组成的、较轻的陆壳在较重的硅镁层洋壳之上漂移，直至形成今天的海陆分布格局。

二、海底扩张学说

赫斯（H. H. Hess，1962）和迪茨（R. Dietz，1961）提出海底扩张观点。海底扩张有两种情况，一种是太平洋型，从大洋中脊新产生的大洋岩石圈，把老的大洋岩石圈向两侧推挤到大陆边缘的海沟处，并沿消减带分别俯冲到两侧陆壳板块之下，消失于上地幔软流圈中。另一种是大西洋型，洋中脊新生的大洋岩石圈向两侧推挤时，只是推动美洲大陆和非洲大陆向东西两侧移动，其间并没有发生俯冲消减作用。

三、板块构造学说

板块构造学说认为地球岩石圈是由几个固定的大陆和洋盆组成的刚性块体，镶嵌在岩石圈中的大陆随着运动着的板块漂移。岩石圈并非是整体一块，它具有侧向的不均一性，被许多活动带如大洋中脊、海沟、转换断层、地缝合线、大陆裂谷等分割成大大小小的块体，这些块体就是所说的板块。

板块边界是指两个板块之间的接触带，而板块边缘则是指一个板块的边缘。板块边界是构造活动带，可分为三类：①分离型板块边界，以浅源地震、火山活动、高热流和引张作用为特征。②汇聚型板块边界，以产生深源地震，形成褶皱山系（海岸山脉增生楔），引起玄武质和安山质火山活动（火山弧、弧前盆地和弧后盆地）为特征。③转换型板块边界，沿这种边界，通常既没有板块的生长，也没有板块的破坏，但伴有频繁地震活动，可发生构造形变与动力变质作用。

1. *岩石圈板块的划分*

1968年，法国地质学家勒比雄将全球岩石圈划分为六大板块，即太平洋板块、欧亚板块、印度洋板块（包括澳大利亚）、非洲板块、美洲板块和南极洲板块（图1.3.3-1）。板块通常以海岭、转换断层、海沟和地缝合线为分界。

2. *威尔逊旋回*

威尔逊（J. T. Wilson，1973）从板块构造观点出发，将岩石圈从大陆破裂、裂谷出现到洋盆形成，再从洋盆俯冲、缩小到闭合的完整过程归纳为大陆裂谷→红海型海洋→大西洋型海洋→太平洋型海洋→地中海型海洋→地缝合线。这一过程在1974年被称为威尔逊旋回。威尔逊旋回包括以下六个阶段。

(1) 胚胎期。地幔的活化最初引起稳定大陆壳的破裂，形成大陆裂谷，如东非裂谷的形成。

(2) 幼年期。地幔的活化使其热熔物质喷流或上涌对流，岩石圈进一步破裂并开始出现洋中脊和狭窄的洋壳盆地，可以红海、亚丁湾为代表。

(3) 成年期。随着三叉裂谷内洋中脊系统的延伸和扩张作用的加强，如大西洋等新的大型成熟洋盆出现。洋盆两侧未发生俯冲作用，与相邻大陆间不存在海沟和火山弧，称为被动大陆边缘。

(4) 衰退期。在洋脊系统扩张的同时，洋盆一侧或两侧与相邻大陆之间开始了俯冲消减作用，称为主动大陆边缘。洋盆面积开始收缩，太平洋西侧洋壳板块沿着亚洲东部大陆边缘的千岛海沟、日本海沟、琉球海沟和菲律宾海沟，向欧亚板块下面俯冲，形成（海）沟—(火山岛）弧—(边缘海）盆型的汇聚带，组成现今亚洲东缘花彩列岛式的地理面貌。

(5) 残余期。伴随洋脊扩张作用的减弱，两侧陆壳地块相互逼近，其间仅存残留海盆。

(6) 消亡期。两侧大陆直接碰撞拼合，海域完全消失，转化为高峻山系。当两个大陆碰撞时，先前的大型古洋盆因俯冲消亡而在地表只保留一些残迹——由受到强烈构造变形、变位的蛇绿岩、基性火山岩、深海放射虫硅质岩和浅水成因的外来岩块组成混杂岩，称为板块缝合带。碰撞的板块边缘发生造山运动，并伴随有岩浆侵入、喷发和区域变质作用。

上述岩石圈板块构造演化模型，比较好地解释了当今洋底和大陆边缘的主要特征，反映了海底热流、火山链和地震带的分布规律。

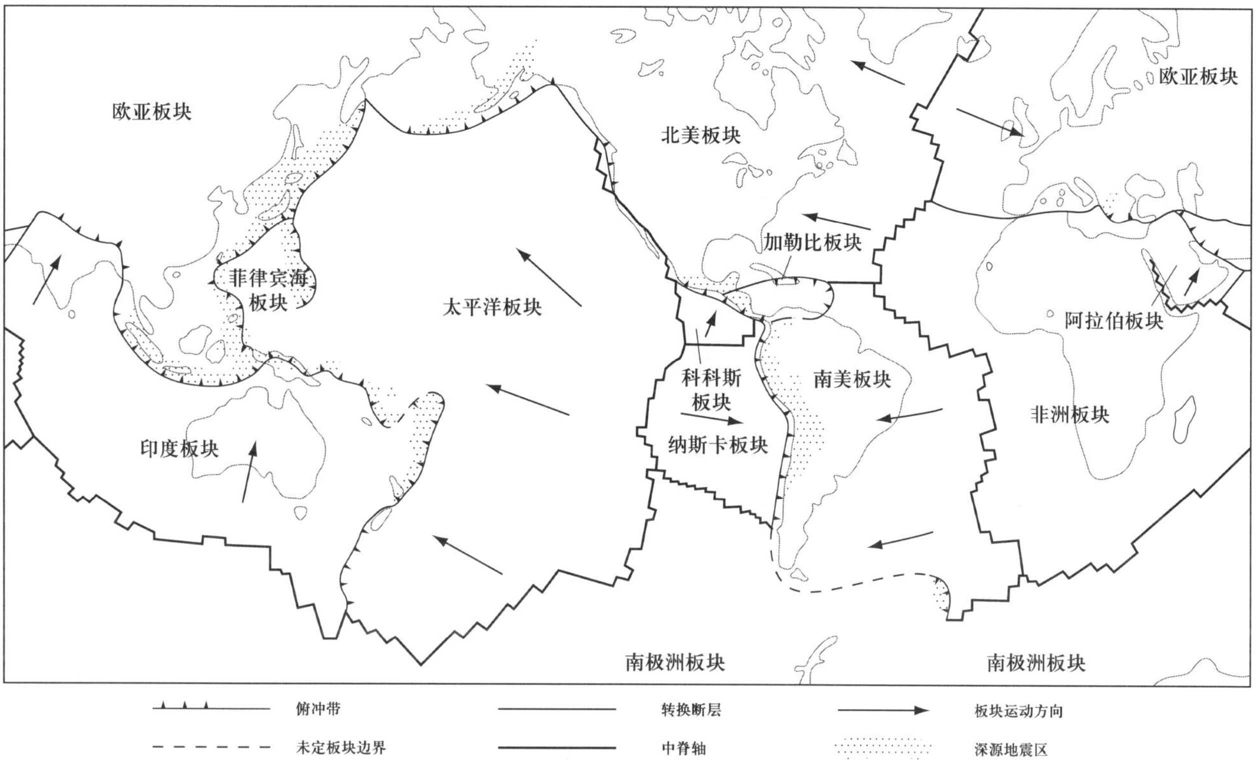

图 1.3.3-1　地球岩石圈板块分布图

第四节　中国几个大地构造学说

一、地质力学学说

地质力学是运用力学原理研究地壳运动与其有关的地质构造现象的科学，由著名地质学家李四光创立。

地质力学方法，可以具体列为七个步骤：

(1) 鉴定每一种构造形迹或构造单元的力学性质，将结构面按其力学性质分为压性、张性、扭性、张扭性和压扭性五大类。

(2) 辨别构造形迹的序次，按照序次查明同一断裂面力学性质可能转变的过程。

(3) 确定构造体系的存在和它们的范围。

(4) 划分巨型构造带，鉴定构造形式。

(5) 分析联合和复合的构造体系。

(6) 探讨岩石力学性质和各种类型构造体系中应力活动方式。

(7) 模拟实验。

二、多旋回构造学说

多旋回构造运动学说，简称多旋回说，认为一个地槽系从发生、发展到结束，不止经历一个，而是若干个构造旋回。每个旋回都可以出现沉积、变质、变形、岩浆活动和成矿作用。每个旋回都使地槽系的一部分转化成褶皱带，最后一个旋回才使地槽全部转化成褶皱系。同时，在地槽形成褶皱系后，地壳仍由剧烈活动，产生新的沉积和岩浆活动等，这就是多旋回学说的原始概念。根据地槽前后及其多旋回发展的先后关系，将多旋回分为：前期旋回、早期旋回、主旋回和后期旋回。将全球每隔 8 亿～10 亿年出现一次的构造事件和岩浆活动高峰所分割的历史阶段，称为巨旋回；将旋回中的次级旋回，称为亚旋回。巨旋回或亚旋回都是全球性的，即全球大体具同时性，而亚旋回则是区域性的。该学说由黄汲清于 1945 年提出。

三、断块构造学说

断块构造学说（又称断块学说、断裂体系与断块大地构造学说），是研究地球岩石圈断块结构及其运动的假说。着重研究地球上部岩石圈的断块结构，并认为岩石圈是被断裂分割成大小不等、深浅不一、厚薄不同和发展历史不同的断块，由此构成岩石圈的多层、多级和多期发展的断块构造。该学说将地质力学与地质历史分析相结合，建立地质构造的建造与改造、形成与形变的关系，阐明中国及世界大地构造的生成演化规律，同时在指导找矿和改善人类生活环境中有重大作用。由张文佑先生创立。

断块的规模可分为四个等级：①岩石圈断块，是地球表面即地壳和上地幔顶部、软流圈以上被岩石圈断裂所切割和围限的最大一级断块，它可以沿软流圈滑动，相当于板块学说的岩石圈板块。②地壳断块，是地球地表层中的第 2 级断块，也是岩石圈断块内部的次一级断块，比岩石圈断块薄，它被地壳断裂切割和围限，可沿莫霍面滑动。③基底断块，是地壳断块内部次一级的，被基底断裂切割和围限的断块称为基底断块，它可沿康腊面滑动。④盖层断块，它是被盖层断裂切割的断块。断块边界断裂按其深度、规模和地球物理特征，又可分为 5 个等级：岩石圈断裂、地壳断裂、基底断裂、盖层断裂和层间滑动断裂。

四、地洼学说

地洼学说又称地洼构造学说，也称活化构造学说，由陈国达提出。最初以阐明大陆地壳演化过程中继地槽区→地台区之后形成的第 3 构造单元这样的简单理论出现，其后形成从洋壳到陆壳、包括岩石圈的演化和运动及其规律和力源机制在内的、具有全球性的一个新型综合大地构造及成矿学理论体系。

五、波浪镶嵌构造学说

波浪状镶嵌构造学说认为整个地壳的构造是由大小不同的地壳块体和大小不同的活动带镶嵌而成的复杂构造图案，这就是地壳的镶嵌构造；同一级别的活动带与地块带相间分布，在构造地貌上显示峰——谷起伏及疏—密相间，并具有近等间距性，这样的构造就是波浪状构造；全球地壳表现为几个系统的一级套一级的活动带与地块带的定向排列，因而在几个方向上表现出一级套一级的波浪状构造；地壳几个系统的、从宏观到微观级级相套的地壳波浪状构造的交织与叠加，形成十分复杂、但却有一定规律的镶嵌构造图案，这就是地壳的波浪状镶嵌构造。该学说由张伯声提出。

表 1.3.4－1　中国大地构造学五大学说的提出时间及代表人

学说名称	地质力学学说	多旋回构造学说	地洼学说	断块学说	波浪镶嵌构造学说
代表人物	李四光	黄汲清	陈国达	张文佑	张伯声
提出时间	1945 年	1945 年	1956 年	1958 年	1962 年

第五节　中国大地构造基本特征

一、地质构造的单元划分

大地构造单元又称构造单元，是根据一定的大地构造观点来划分地壳构造区域的单位。一个区域尺度的地域，其中的地壳物质组成、构造组合，以及地球物理和地球化学场明显不同于相邻地域，表明它具有自己的地壳演化历史而有别于周缘地区，这样的一个地域就是一个大地构造单元。地槽学说基于地壳活动和稳定性的差别，地壳的一级构造单元划分为地槽（褶皱系）和地台，地槽又可按其相对拗陷和隆起部分分为地向斜和地背斜两个二级构造单元等；而板块构造则将六大板块作为全球的一级构造单元，并将分隔它们的边界也作为构造带看待。事实上，每一种一级单元内部还可以进一步划分出次一级，乃至更小的构造单元。

（一）陆块

中国板块构造划分为扬子、华夏、塔里木、华北及西伯利亚古板块的一部分，共 5 个古板块。构成中国各古板块稳定核心的有 4 个陆块（表 1.3.5－1），规模均较小，活动性较大，其生长、发育与固结时期先后不同。最早的陆壳出现于中国北部，逐渐向南增生。

表 1.3.5－1　中国古陆块特征

序号	陆块名称	基本特征	形成时期	固结时期
1	华北陆块	中国最古老的陆块	陆核部分孕育于始太古—早太古时期，形成于中太古代阜平运动	历经约 2000Ma 的发展演化至早元古代末吕梁运动时基本固结
2	塔里木陆块	基底深 8～15km。大部分与华北长城系、蓟县系相似，属浅水稳定型沉积，形成过渡型盖层		中元古代
3	扬子陆块	结晶基底主要由新太古界—古元古界中深变质岩系组成。南华系为第一盖层，扬子板块西南缘的羌北—昌都、羌南微陆块，拥有中新元古界变质基底	于青白口纪晚世四堡运动时基本成陆	青白口纪中晚世，陆块周边裂陷，绝大部分于晋宁运动时最终固结
4	华夏陆块	在浙西、闽西北、闽西南、赣东、赣南、琼中等地加里东造山带的根部，均有华夏陆块的结晶基底，主要为一套古元古界低角闪岩相和中元古界高绿片岩相的变质岩系，残留的地块散见于琼南、西沙等南海诸岛及东海海域	自青白口纪晚世以来迭遭裂解	固结于四堡运动

（二）造山带

造山带主要形成于陆缘地带，围绕陆块发育，往往有较多的微板块或地块嵌布其中或垫铺其下（如华南），有的块体则是从深层被推移至浅表（如大别山），所以结构十分复杂。中国的四大造山系多数是复合造山系（表 1.3.5－2）。

表 1.3.5－2　中国主要造山系及其特征

序号	造山系（带）名称	基本特征
1	天山—兴蒙造山系	由西伯利亚板块和塔里木、华北板块的陆缘造山带组成，为加里东、华力西期复合造山系
2	阿尔金造山带	塔里木板块与华北板块的结合带，也是塔里木板块与祁连、柴达木微板块间的转换地带
3	中央造山系	塔里木、华北、扬子等 3 个古板块之间的一条复合造山系
4	青藏造山系	扬子板块与冈底斯—印度板块之间的一个巨型造山系。塔里木—扬子陆缘有松潘—甘孜、金沙江等造山带和羌北—昌都、羌南等微板块。班公错—怒江带南侧为冈底斯微板块、雅鲁藏布江微板块结合带和喜马拉雅造山带，并以喜马拉雅主边界断裂与印度陆块相接
5	华南造山系	即扬子东南陆缘与华夏陆缘之间的造山系。北界在浏阳—景德镇—歙县—苏州一线，南界为萍乡—绍兴断裂带
6	台湾造山带	属于中新生代造山带。欧亚板块陆缘日本—菲律宾岛弧造山带的一环，以台东纵谷结合带与菲律宾海板块相连

二、中国地质构造的基本格局

中国地质构造格局主要是板块间相互作用与陆内构造活动的综合反映，而板块活动与陆内块体再活动总是有一定的方向、方式和涉及一定地域，从而形成一定的构造体系域。中国的地质构造格局主要是板块间相互作用与陆内构造活动的综合反映，根据构造形变的综合形态、主体构造带展向、复合关系及其动力体系角度，将全国划分为古亚洲、特提斯、华夏—滨西太平洋、贺兰—康滇等四个主要的构造体系域（表 1.3.5－3）。四大构造体系域各具特点，同时又互相迁就、互相改造、互相干涉、互相叠加，形成我国复杂而有规律的构造面貌，中国地质构造的显著特点是断裂构造十分发育。

表 1.3.5－3　主要的构造体系域及其特征

序号	构造体系域名称	发育位置	基本特征	包含的巨大断裂体系
1	古亚洲构造体系域	发育于我国中北部，包括发育于晚元古代以来，定型于华力西期的天山—兴蒙造山系和定型于印支期的中央造山带以及其间的塔里木、华北陆块	以隆起—花岗岩带为特征，是陆内造山的产物	构造形体总体循近东西向展布，中部约略向南弯曲或形成规模不等向南凸出的弧形弯滑构造，如淮阳弧、广西弧等，并相伴有 NEE、NWW 向一对 X 形剪切构造
2	特提斯构造体系域	主要在中央造山带之南，扬子陆块以西的青藏高原地区，NW 向的右江造山带也属该域组成部分	主体为 NW 向、中段为近 EW 向、东南段约略向南东撒开的反 S 状弧形挤压地带。由一系列造山带间夹羌北—昌都、羌南、冈底斯等长条状弧形微陆块组成，其中有一系列巨大的断裂带，亦呈反 S 状，长达 1000～3000km 余，一般具有拉张、逆冲挤压等复合特征。东段兼有左行走滑和旋转，南段显示右行，其间的块体有向 SE 挤出的趋势。多数断裂活动性较强，为地震多发带	（1）金沙江—红河断裂带；（2）纳木错—澜沧江断裂带；（3）班公错—怒江断裂带；（4）雅鲁藏布江断裂带；（5）道孚—康定断裂带，也称鲜水河断裂带；（6）在喜马拉雅造山带有定日—洛扎断裂、喜马拉雅主中央断裂和主边界断裂

续表

序号	构造体系域名称	发育位置	基本特征	包含的巨大断裂体系
3	华夏—滨西太平洋构造体系域	中国东南部地区，滨西太平洋构造域则扩及整个东亚地区	主要由南向北和由东向西以及由南东向北西的挤压碰撞，自四堡运动至加里东运动完成拼合。总体为NE向、中段为EW向的反S状的江南地块和反S状钦—杭结合带以及反S状罗霄—北武夷—会稽山加里东期前缘褶冲带。燕山运动以来，形成了东亚滨西太平洋构造体系域，主要包括辽阔的中国东部陆缘活化带、完达山造山带和台湾造山带以及东南海域，在东部陆区叠加改造中国东部的华夏构造体系域与古亚洲构造体系域，形成一系列NNE向的隆起—岩浆带和松辽、华北等大型盆地，其间发育一系列的NNE向巨大的断裂带，包括大兴安岭—太行山、嫩江—青龙河、济宁—团风、镇江—广州、丽水—海丰、长乐—南澳、台东纵谷、台湾中央山脉、台西山麓等断裂带	以郯庐断裂带为主干，南北均有一些分支，形成一个具有成生联系纵贯中国东部的郯庐断裂系，东南陆缘还发育一组NW向张裂带

续表

序号	构造体系域名称	发育位置	基本特征	包含的巨大断裂体系
4	贺兰—康滇构造体系	纵贯我国中部，包括贺兰山、康滇、黔中一带的褶皱带和断裂带，以及近SN向的鄂尔多斯盆地，松潘—甘孜造山带东部以及四川盆地	居我国地质构造的中轴，而上扬子古陆块（现四川盆地），则是多体系聚合施压的稳定核心，构成中国的中心构造结	（1）北端的鄂尔多斯断裂带；（2）中南段有著名的龙门山、箐河和小金河逆冲推覆断裂带；（3）南段于康滇地块发育3条近SN向断裂带，长度均为500～600km，自西向东依次为绿汁江、安宁河以及小江断裂带，同为左行逆冲推覆断裂带

三、中国地质构造的发展演化史

中国自始太古代开始孕育陆核以来，大致可划分为古陆壳生长发展时期、古板块早期活动与中国古陆块形成时期、古板块主要活动与中国古大陆镶合时期、中生代板块活动与陆内构造时期等四个大地构造发展演化时期。随着陆块的形成，中晚元古代开始板块活动，出现了一系列重大的地质构造事件（表1.3.5－4）。

表1.3.5－4　中国地质构造演化及重大地质构造事件一览

地质构造发展阶段	大地构造发展演化时期		分布区域	地质构造发展特征	地质构造演化结果
太古代—早元古代古陆壳生长时期	始太古代华北原始陆核已开始生长，塔里木陆核也在稍晚进入孕育时期		至早元古代末经吕梁运动中国早前寒武纪克拉通基本形成	晚太古代五台期和早古元古代滹沱纪时已开始有大规模裂陷作用发生	华北陆块已基本固结，塔里木陆块也已初步成型
古板块早期活动与中国古陆块形成时期	四堡—晋宁期	中元古代早期裂谷期	华北、塔里木、扬子等早前寒武纪古克拉通离散	各克拉通内部或边缘广泛发生裂陷	华北陆块北部形成渣尔泰—白云鄂博裂谷带，中部太行—燕山裂谷带，南缘汉高—熊耳裂谷带
		青白口纪晚期中国古陆块的聚合与裂解	四堡（晋宁Ⅰ）运动使扬子陆块固结并与塔里木、华北陆块相连，扬子陆块东南缘与华夏陆块碰撞，中国古大陆基本形成	中国古陆块分解成大大小小的碎块，并使陆块边缘复杂化	青白口纪末的晋宁运动（Ⅱ），导致扬子陆块增生和进一步固化
南华纪—三叠纪古板块主要活动与中国古大陆镶合时期	兴凯—泛非期	南华—震旦纪裂谷期	由于古亚洲洋扩张，从塔里木、华北陆块中分离出准噶尔—伊犁、佳木斯—松嫩微陆块群	华北、扬子陆块间也为海盆所隔，北秦岭—北祁连山、阿尔金一带由于强裂离散形成枝杈状小洋盆	阿尔金小洋盆北通古亚洲洋，使塔里木、华北陆块分离
		兴凯—泛非运动	主要见于阿尔泰和蒙、吉、黑地区	额尔古纳微板块与松嫩、佳木斯微板块可能于这一时期在新林与呼玛一带对接	形成额尔古纳断裂带震旦纪末的上库力蓝片岩带和震旦纪末或寒武纪初的新林蛇绿岩带
	加里东期		天山—兴蒙造山系西东两端聚合造山作用相当明显。西部活动地带主要在阿尔泰至北天山一带	西伯利亚板块、华北板块与其间隔的佳木斯、松嫩等微陆块、地块群连为一体	经加里东运动阿尔金、祁连—西秦岭洋已封闭，塔里木、华北、扬子板块相联
	华力西—印支期	泥盆纪—中二叠世华力西期	早期表现为古亚洲洋中西部和中国西南部古特提斯洋的强烈扩张	约在石炭—二叠纪时昆南、金沙江、澜沧江洋盆打开，扬子陆块西南缘大范围裂解，包括与冈瓦纳古大陆间的班公错—怒江洋，中国西南部出现4个中小型洋盆	古特提斯洋约在中晚二叠世时已开始萎缩，昆南洋盆于中二叠世末先行消亡。冈底斯—印度板块与扬子陆块靠拢
晚中生代以来现代板块活动与陆内构造活动时期		晚二叠世—三叠纪印支期	早三叠世末—中三叠世安尼期表现为盆地沉降幅度显著增大形成川南—黔北出现盆缘隆起；从安尼—拉丁末期，盆地沉降中心由广西移入黔南，而盆缘隆起中心却从川南移到黔中；中三叠世末，扬子陆块碳酸盐岩台地南缘下沉	中二叠世晚期扩张加剧，三叠纪时印支运动开始活动，松潘—甘孜、右江一带转变为汇聚边缘，印支陆块由SW而NE的聚合作用	我国大部地区海水基本退去，盖层广泛褶皱，完成了与欧亚大陆板块的镶合。陆内造山作用有所增强，中央造山带又一次形成高压、超高压变质带。中国南方各板块或地块主要朝上扬子方向聚合。西南古特提斯洋渐次萎缩，金沙江洋盆消亡
	燕山期	侏罗纪—早白垩世燕山运动	主要发生在包括中国东部在内的东亚地区	天山—兴蒙、中央造山系强烈陆内造山，同时有南岭陆内造山带形成	形成了陆域广阔的构造活化带和包括台湾在内的陆缘岛弧造山带
	喜马拉雅期	晚白垩世以来喜马拉雅期	中国西部造山、东部强烈向沿海伸展，形成陆缘沟弧盆和陆内盆岭景观	西部由于印度陆块向北作陆内俯冲，青藏高原开始隆升。华夏陆块南部裂解，形成了南海海盆	是奠定我国现今陆、海、盆、山构造格局和岩石圈结构的重要时期。进入第四纪以来青藏高原快速隆升，高原大湖群逐渐萎缩消亡，中国西部开始沙漠、半沙漠化。整个中国地壳活动比较活跃，是地震频度较高的国家

第四章 水文地质

第一节 地下水分类

一、地下水的主要类型

地下水的主要类型见表 1.4.1－1。

二、泉的主要类型

地下水的天然露头称之为泉，根据出露条件，泉的类型划分见表 1.4.1－2。

表 1.4.1－1　　地下水的主要类型

类型		分布	水力特点	补给区	动态特征	含水层状态	水量	受污染情况	图示
包气带水	孔隙水	松散层	无压	与分布区一致	随季节变化	层状	不大	易受污染	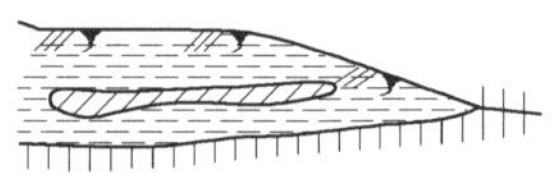
	裂隙水	裂隙黏土、基岩裂隙风化带				脉状，带状			
	岩溶水	可溶岩垂直渗入带				局部含水			
	多年冻结区水	融冻层				不规则			
	火山活动区水	火山口				不规则			
潜水	孔隙水	松散层	无压，局部低压	与分布区一致	受气象因素影响而变化	层状	受颗粒级配影响	较易受污染	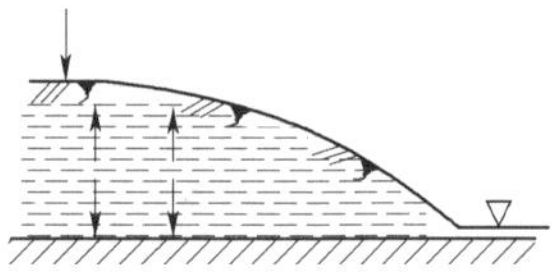
	裂隙水	基岩裂隙、破碎带				带状、层状	一般较小		
	岩溶水	碳酸盐岩层中溶蚀带				层状、脉状	大		
	多年冻结区水	冻层上或层间					不大		
	火山活动区水	含气温热水					不大		
承压水	孔隙水	松散层	承压	与分布地区不一致	受当地气象因素影响不显著	层状	受颗粒级配影响	不易受污染	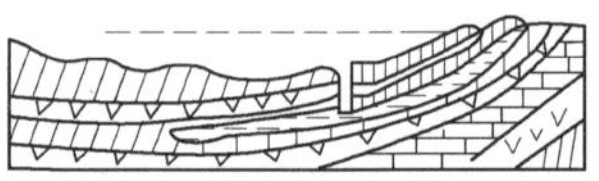
	裂隙水	基岩构造盆地向斜、单斜、断裂				脉状、带状	一般不大		
	岩溶水	向斜、单斜岩溶层				层状、脉状	大		
	多年冻结区水	冻层下				层状	不大		
	热矿水	深断裂或侵入体接触带				带状、层状			

表 1.4.1－2　　泉的主要类型

类型		图示	出露条件	动态特点	类型		图示	出露条件	动态特点
下降泉	悬挂泉	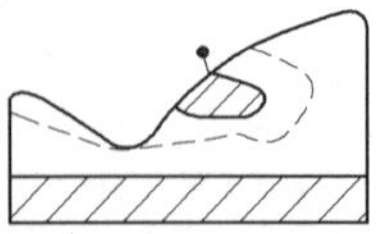	上层滞水受切割出露	随季节变化很大，旱季有时消失	上升泉	自流斜地泉	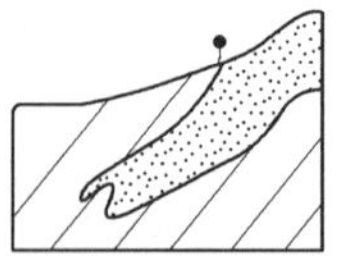	常见于山前地区，这里常发育有单斜构造，或者由于相变，含水层向前方向尖灭，因此，在山麓不透水覆盖的边缘部分出露	较稳定，随季节变化较小
	侵蚀泉	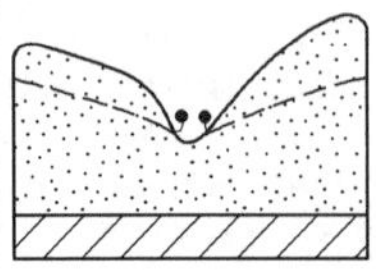	受侵蚀作用，潜水面出露地表而成，多分布在沟坡或坡脚处	受气象、水文因素影响较大，随季节而异		自流盆地泉	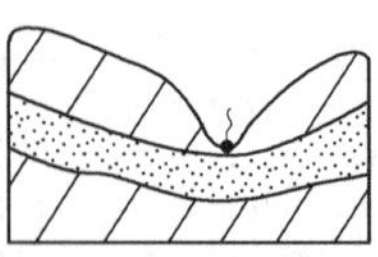	承压盆地中的承压含水层被切割，使承压水涌出地表	
	接触泉	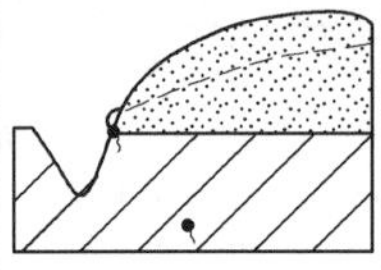	隔水底板被切割而成，多分布在不同透水性岩层的接触带上			断层泉	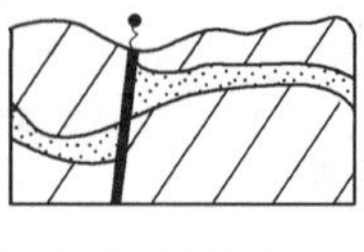	承压含水层被断层所切，地下水沿断层带上升涌出地表而成，多呈线状出露于断裂带上	
	溢泉	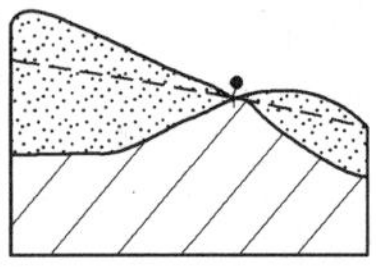	隔水底板隆起，或相对隔水岩层的阻挡，使潜水面抬高出露地表而成			接触上升泉	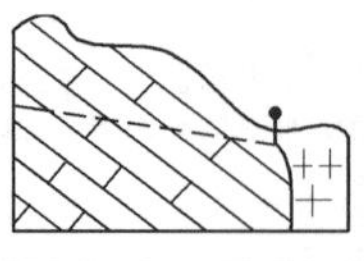	承压水受岩脉或侵入体的阻挡，沿接触带的裂隙上升涌出地表，呈线状出露于接触带	

第二节 渗流基本理论

一、层流和紊流

液体的流束（流层）互不混杂的流动称层流运动。液体的流束（流层）相互混杂的无规则的运动则称紊流运动。

地下水在绝大多数情况下都是呈层流运动状态，只有在卵石层的大孔隙中，当水力坡度很大以及在大的裂隙和洞穴中，才会出现紊流运动状态。

二、弹性释（贮）水和重力排水

当含水层水头降低（升高）时，由于含水层体积压缩（增加）和地下水体积增大（减小）会瞬时释水（贮水），该过程为弹性释（贮）水。弹性释（贮）水过程与整个含水层的弹性性质有关。用贮水系数或贮水率表示，一般贮水系数在 10^{-3}～10^{-5}之间。

当潜水含水层被疏干时，大部分水是在重力作用下排出的，称为重力排水。重力排水仅与潜水面以上的岩性有关。用给水度表示，潜水含水层的给水度值一般为 0.05～0.25。

三、渗透率、渗透系数和渗透系数张量

渗透率为表征岩层渗透性能的参数，仅取决于岩石的性质，与液体的性质无关。

渗透系数也称水力传导系数，是反映多孔介质透水性的一个重要的水文地质参数。渗透系数的大小不仅取决于多孔介质的性质（如粒度、成分、颗粒排列、充填状况、裂隙性质及其发育程度等），而且与渗透液体的物理性质（密度、黏滞性等）有关。在各向同性介质中，渗透系数值和渗流方向无关，是一个标量。

在各向异性介质中，渗透系数值和渗流方向有关。由于水力坡度和渗流方向一般是不一致的，因此渗流速度和水力坡度之间关系不能用矢量来表示，此时渗透系数为张量，在三维空间中有九个分量。

四、渗流基本定律

地下水在多孔介质或裂隙介质中的实际运动称为渗透。为了研究方便，根据“典型单元体”理论，将介质等效连续化，提出渗流的概念。渗流是一种假想的水流，该水流充满整个研究区域，每一点的水头、压力与实际水流相同，通过每个断面的流量也与实际水流相同，每一点受到的阻力也与实际水流相同。

渗流基本定律是达西（Darcy）定律。达西定律可用下式表示：

$$v=KJ \tag{1.4.2-1}$$

式中：J 为水力坡降$\left(J=\dfrac{\Delta H}{L}\right)$；$K$ 为渗透系数，m/d；v 为渗流速度，m/d。

因为在实际的地下水流中，水力坡度往往是各处不同的，所以可把达西定律写成一般的表达式如下：

$$v=-K\frac{\mathrm{d}H}{\mathrm{d}s} \tag{1.4.2-2}$$

式中：$-\dfrac{\mathrm{d}H}{\mathrm{d}s}$为水力坡降。

在绝大多数情况下，地下水运动服从达西定律，当流动加快后，惯性力亦逐渐增大，当惯性力接近阻力的数量级时，便不服从达西定律，这时服从非线性渗透定律。即

$$v=K_m\sqrt{J} \tag{1.4.2-3}$$

式中：K_m 为紊流运动时的渗透系数。

五、地下水流

（一）稳定流

所有地下水运动的基本要素（如压力 p、速度 v 等）不随时间而变化的流动，称为稳定流。当地下水运动要素随时间变化不大时，也可以近似看做稳定流。写成数学表达式则为

$$p=f_1(x,y,z)\quad v=f_2(x,y,z) \tag{1.4.2-4}$$

或

$$\frac{\partial p}{\partial t}=0\quad \frac{\partial v}{\partial t}=0 \tag{1.4.2-5}$$

（二）非稳定流

自然界的地下水位由于天然或人为因素的影响，总是在不断变化，地下水运动的基本要素中的任一个或者全部要素随时间变化的流动称为非稳定流。其数学表达式为

$$p=f_1(x,y,z,t)\quad 或\quad \frac{\partial p}{\partial t}\neq 0 \tag{1.4.2-6}$$

$$v=f_2(x,y,z,t)\quad 或\quad \frac{\partial v}{\partial t}\neq 0 \tag{1.4.2-7}$$

六、地下水井流模型

（一）裘布衣（Dupuit）模型

1. 地下水向潜水完整井流动公式

$$Q=\pi K\frac{(2H-s)s}{\ln\dfrac{R}{r_w}} \tag{1.4.2-8}$$

式中：H 为抽水前的含水层厚度，m；s 为抽水降深，m；R 为影响半径，m；r_w 为井的半径，m。

2. 地下水向承压完整井流动公式

$$Q=\frac{\pi KMs}{\ln\dfrac{R}{r_w}} \tag{1.4.2-9}$$

式中：M 为承压含水层厚度，m。

3. 地下水向承压—无压完整井的流动公式

$$Q=\frac{1.37K(2HM-M^2-h_w^2)}{\ln\dfrac{R}{r_w}} \tag{1.4.2-10}$$

式中：h_w 为抽水稳定后抽水井中的水位，称动水位，m。

（二）泰斯（Theis）模型

承压水单井非稳定流的数学模型（泰斯公式）。

$$S=\frac{Q}{4\pi T}W(u) \tag{1.4.2-11}$$

$$u=\frac{r}{4Tt}=\frac{r^2}{4at} \tag{1.4.2-12}$$

式中：$W(u)$ 为泰斯井函数；r 为观测点离水井的距离；t 为抽水开始后的时间；T 为导水系数；a 为压力传导系数，等于$\dfrac{T}{\mu^*}$；μ^* 为含水层的贮水系数。

（三）博尔顿（Boulton）模型

潜水单井非稳定流数学模型（Boulton 公式）

$$s=\frac{Q}{4\pi T}W\left(u_a,y,\frac{r}{D}\right) \tag{1.4.2-13}$$

$$u_a=\frac{r^2\mu^*}{4Tt}\quad 适用于小的\ t\ 值 \tag{1.4.2-14}$$

$$u_y=\frac{r^2u}{4Tt}\quad 适用于大的\ t\ 值 \tag{1.4.2-15}$$

式中：$W\left(u_a,y,\dfrac{r}{D}\right)$为潜水含水层的井函数。

（四）纽曼（Neuman）模型

考虑迟后重力排水的 Boulton 潜水完整井非稳定流公式。

抽水早期　　$s=\dfrac{Q}{4\pi T}W\left(u_a,\dfrac{r}{D}\right)$　　(1.4.2-16)

抽水中期　　$s=\dfrac{Q}{2\pi T}K_0\left(\dfrac{r}{D}\right)$　　(1.4.2-17)

抽水晚期　　$s=\dfrac{Q}{4\pi T}W\left(u_y,\dfrac{r}{D}\right)$　　(1.4.2-18)

$$u_a=\frac{r^2\mu^*}{4Tt}\qquad(1.4.2-19)$$

$$u_y=\frac{r^2\mu}{4Tt}\qquad(1.4.2-20)$$

以上式中：$W\left(u_a,\dfrac{r}{D}\right)$为无压含水层中完整井流 A 组井函数；$W\left(u_y,\dfrac{r}{D}\right)$为无压含水层中完整井流 B 组井函数；μ^* 为贮水系数；$D=\sqrt{\dfrac{T}{\alpha\mu}}$为疏干因素；$\mu$ 为给水度；$\dfrac{1}{\alpha}$为延迟指数；$K_0\left(\dfrac{r}{D}\right)$为虚宗量第二类 Bessel 函数。

（五）裂隙介质井流模型

1. 轴向各向异性裂隙介质

假定在各向异性含水层中，有一完整井，且满足 Theis 假定。若取水平坐标轴方向与主渗透系数方向一致，则岩体地下水运动方程为

$$\frac{\partial}{\partial x}\left(K_xM\frac{\partial s}{\partial x}\right)+\frac{\partial}{\partial y}\left(K_xM\frac{\partial s}{\partial y}\right)=\mu^*\frac{\partial s}{\partial t}\quad(t>0)\qquad(1.4.2-21)$$

其解为

$$s=\frac{Q}{4\pi M\sqrt{K_xK_y}}\ln\frac{2.25Mt}{\left(\dfrac{x^2}{K_x}+\dfrac{y^2}{K_y}\right)\mu^*}\qquad(1.4.2-22)$$

式中：s 为含水层任一点地下水的降深；K_x、K_y 为主渗透系数，与 x、y 轴方向一致；Q 为抽水井的流量；M 为含水层厚度；μ^* 为贮水系数。

2. 非轴向各向异性裂隙介质

任意各向异性裂隙介质中完整井非稳定流解：

$$s=\frac{Q}{4\pi M\sqrt{K_xK_y}}\ln\frac{2.25Mt}{\left[\dfrac{(x\cos\theta-y\sin\theta)^2}{K_x}+\dfrac{(x\sin\theta+y\cos\theta)^2}{K_y}\right]\mu^*}\qquad(1.4.2-23)$$

式中：θ 为主渗透方向与坐标轴的夹角。

第三节　水文地质现场试验及参数确定

一、抽（注）水试验

（一）稳定流抽（注）水试验

根据抽水试验资料，利用稳定流理论求渗透系数，完整井单孔见表 1.4.3-1，非完整井单孔见表 1.4.3-2，非完整井多孔抽水见表 1.4.3-3。

（二）非稳定流抽（注）水试验

用非稳定流理论计算渗透系数公式表（表 1.4.3-5）。

表 1.4.3-1　　完整井单孔抽水

示意图	计算公式	适用条件	公式提出者
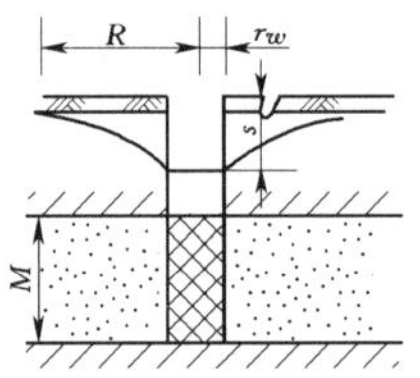	$K=\dfrac{0.366Q}{Ms}\lg\dfrac{R}{r_w}$	承压水	裘布衣
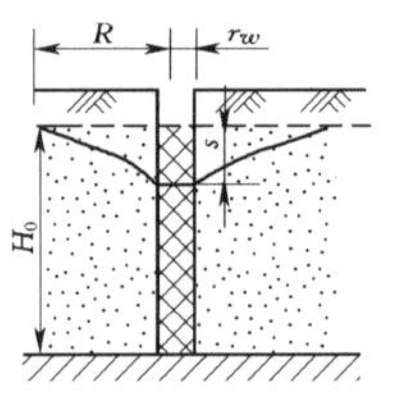	$K=\dfrac{0.732Q}{(2H_0-s)s}\lg\dfrac{R}{r_w}$	潜水	裘布衣
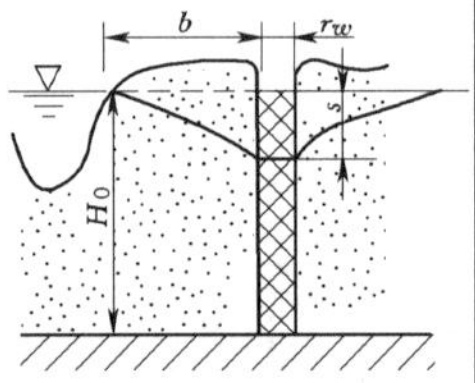	$K=\dfrac{0.732Q}{(2H_0-s)s}\lg\dfrac{2b}{r_w}$	1. 潜水。 2. 靠近河流。 3. $b<(2\sim3)H$	弗尔格伊米尔

表 1.4.3-2　　完整井多孔抽水

示　意　图	计　算　公　式	适用条件	公式提出者
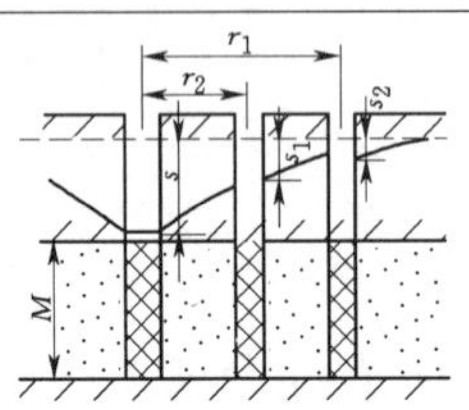	$K=\dfrac{0.366Q}{(s_1-s_2)M}\lg\dfrac{r_2}{r_1}$	承压水	裘布衣
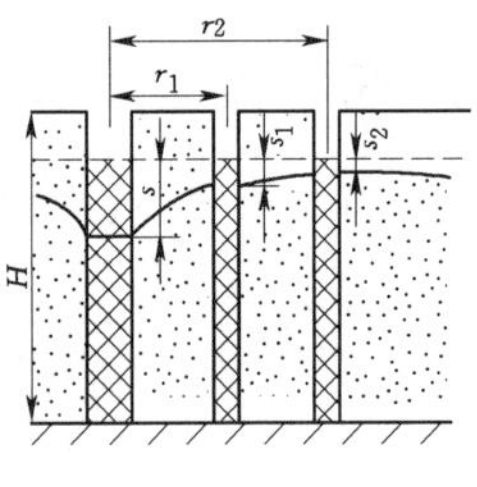	$K=\dfrac{0.732Q}{(2H-s_1-s_2)(s_1-s_2)}\lg\dfrac{r_2}{r_1}$	潜水	裘布衣
	$K=\dfrac{0.732Q}{(2H-s_1)s_1}\lg\sqrt{\dfrac{4b^2+r_1^2}{r_1^2}}$	(1) 潜水。 (2) 靠近河流。 (3) 观测线平行岸边。 (4) 一个观测孔	裘布衣 弗尔格伊米尔
	$K=\dfrac{0.732Q}{(2H-s_1-s_2)(s_1-s_2)}\times\left(\dfrac{1}{2}\lg\dfrac{4b^2+r_1^2}{4b^2+r_2^2}+\lg\dfrac{r_2}{r_1}\right)$	(1) 潜水。 (2) 靠近河流。 (3) 观测线平行岸边。 (4) 两个观测孔	裘布衣 弗尔格伊米尔

续表

示　意　图	计　算　公　式	适用条件	公式提出者
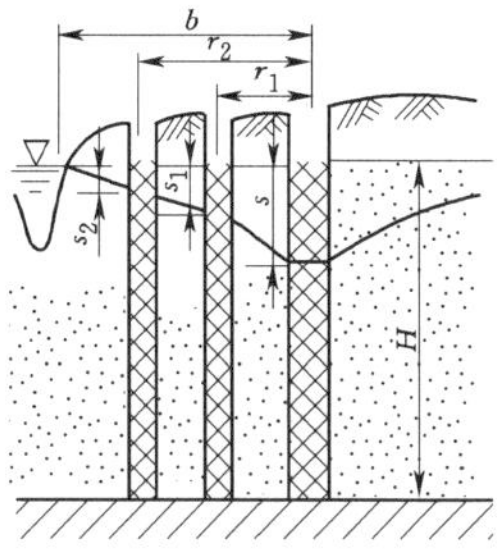	$K=\frac{0.732Q}{(2H-s_1)s_1}\lg\frac{2b-r_1}{r_1}$	(1) 潜水。 (2) 靠近河流。 (3) 观测线垂直于岸边，观测孔位于近河一边。 (4) 一个观测孔	裘布衣 弗尔格伊米尔
	$K=\frac{0.732Q}{(2H-s_1-s_2)(s_1-s_2)}\times\lg\frac{r_2(2b-r_1)}{r_1(2b-r_2)}$	(1) 潜水。 (2) 靠近河流。 (3) 观测线垂直于岸边，观测孔位于近河一边。 (4) 两个观测孔	裘布衣 弗尔格伊米尔

表 1.4.3-3　　非完整井单孔抽水

示　意　图	计　算　公　式	适用条件	公式提出者
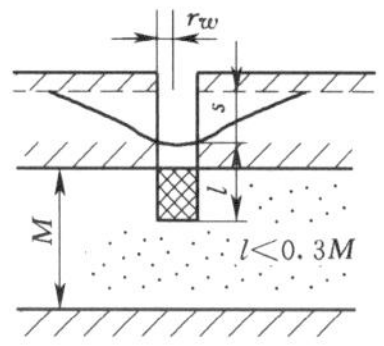	$K=\frac{0.366Q}{ls}\lg\frac{al}{r_w}$ $a=1.6$ 吉林斯基 $a=1.32$ 巴布什金	(1) 承压水、潜水。 (2) 过滤器紧接含水层顶板或底板。 (3) $l<0.3M$ $l<0.3H$	吉林斯基 巴布什金
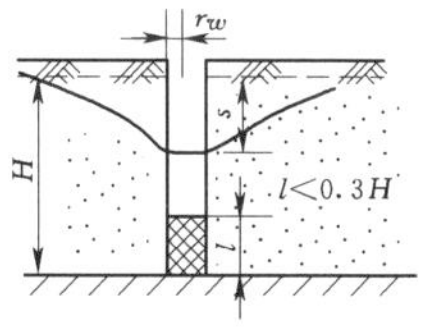	$K=\frac{Q}{2\pi r_w s}$	(1) 承压水。 (2) 过滤器紧接含水层顶板。 (3) 仅有井底进水时	
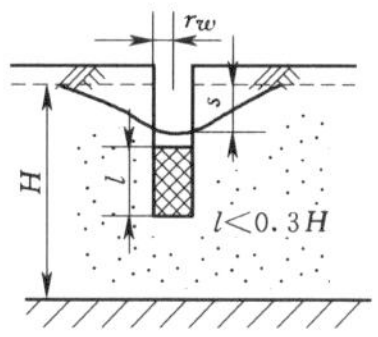 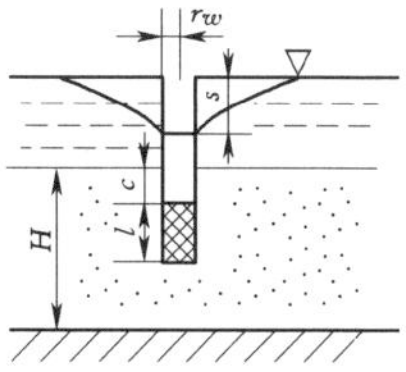	$K=\frac{0.366Q}{ls}\lg\frac{0.66l}{r_w}$	(1) 承压水、潜水。 (2) 过滤器置于含水层中部。 (3) 应用于河床抽水，c 值不应小于 3m。 (4) $l<0.3M$ 或 $l<0.3H$	巴布什金
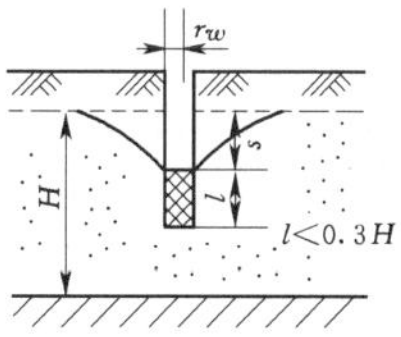	$K=\frac{0.732Q}{s\left(\frac{l+s}{\lg\frac{R}{r_w}}+\frac{l}{\lg\frac{0.66l}{r_w}}\right)}$	(1) 潜水。 (2) 非淹没式过滤器。 (3) $l<0.3H$	巴布什金
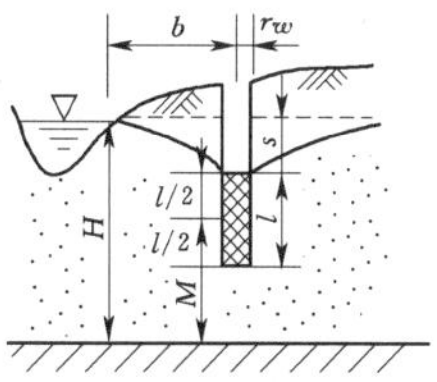	$K=\frac{0.732Q}{s\left(\frac{l+s}{\lg\frac{2b}{r_w}}+\frac{l}{\lg\frac{0.66l}{r_w}+0.25\frac{l}{m}\lg\frac{b^2}{m^2+0.14}}\right)}$ 式中：m 为由含水层底板到过滤器有效工作部分中点的长度	(1) 潜水。 (2) 非淹没式过滤器。 (3) 靠近河流。 (4) 含水层厚度有限。 (5) $b>\frac{m}{2}$	巴布什金
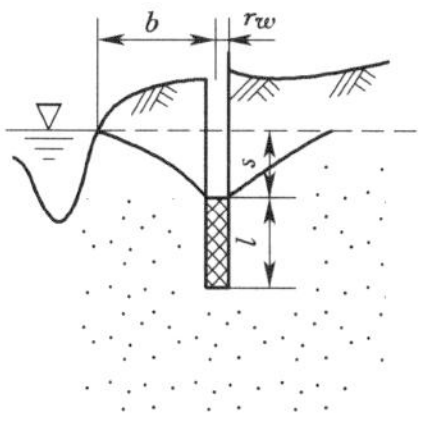	$K=\frac{0.732Q}{s\left(\frac{l+s}{\lg\frac{2b}{r_w}}+\frac{l}{\lg\frac{0.66l}{r_w}-0.22\text{arsh}\frac{0.44l}{b}}\right)}$ $K=\frac{0.732Q}{s\left(\frac{l+s}{\lg\frac{2b}{r_w}}+\frac{l}{\lg\frac{0.66l}{r_w}-0.11\frac{l}{b}}\right)}$	(1) 潜水。 (2) 非淹没式过滤器。 (3) 靠近河流。 (4) 含水层厚度很大。 (5) $b>l$	巴布什金

续表

示　意　图	计　算　公　式	适用条件	公式提出者
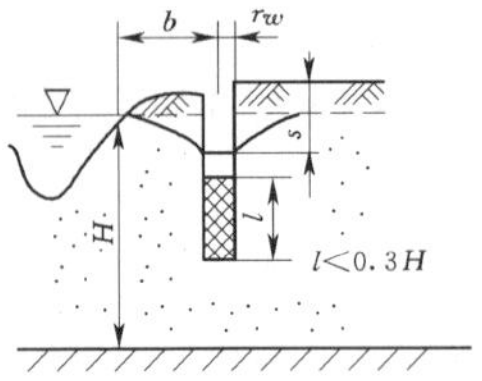	$K=\frac{0.16Q}{ls}\left(2.3\lg\frac{0.66l}{r_w}-\text{arsh}\frac{0.45l}{b}\right)$	(1) 潜水。 (2) 靠近河流。 (3) 过滤器在含水层中部。 (4) $l<0.3H$	巴布什金
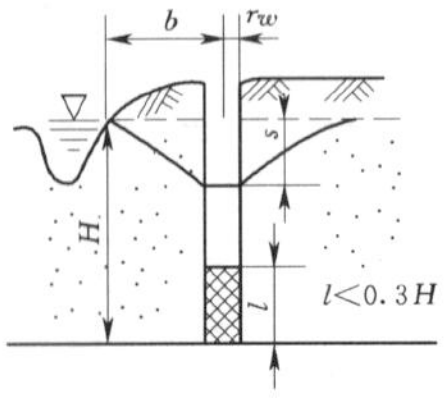	$K=\frac{0.16Q}{ls}\left(2.3\lg\frac{1.32l}{r_w}-\text{arsh}\frac{0.9l}{b}\right)$	(1) 潜水。 (2) 靠近河流。 (3) 过滤器紧接含水层底板。 (4) $l<0.3H$	巴布什金
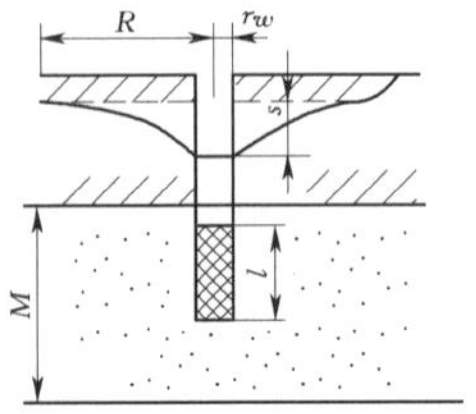	$K=\frac{Q}{2\pi sM}\left(\ln\frac{R}{r_w}+\frac{M-l}{l}\ln\frac{1.12M}{\pi r_w}\right)$	(1) 承压水、潜水。用于潜水时将 M 换成 H 或 $\frac{H+n}{2}$。 (2) $l>0.2M$	《全国供水水文地质勘察规范》
	$K=\frac{Q}{2\pi sM}\left[\ln\frac{R}{r_w}+\frac{M-l}{l}\ln\left(1+0.2\frac{M}{l}\right)\right]$	(1) 承压水、潜水。用于潜水时将 M 换成 H。 (2) $l>0.2M$	陈济生
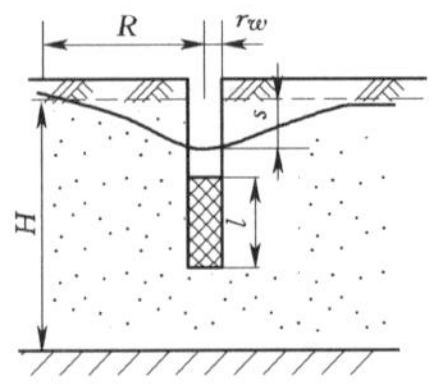	$K=\frac{0.366Q}{(s+l)s}\lg\frac{R}{r_w}$	(1) 潜水。 (2) 过滤器在含水层中部	斯卡巴拉诺维奇
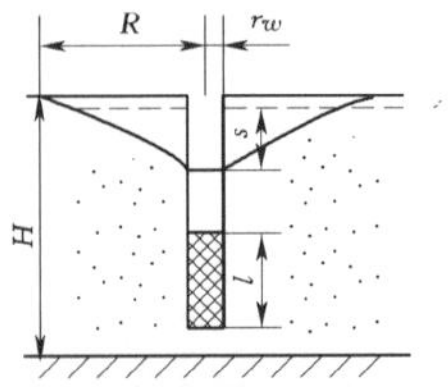	$K=\frac{0.366Q}{(H+l)s}\lg\frac{R}{r_w}$	(1) 潜水。 (2) 过滤器在含水层下部	多布诺沃里斯基

表 1.4.3-4　　非完整井多孔抽水

示　意　图	计　算　公　式	适用条件	公式提出者
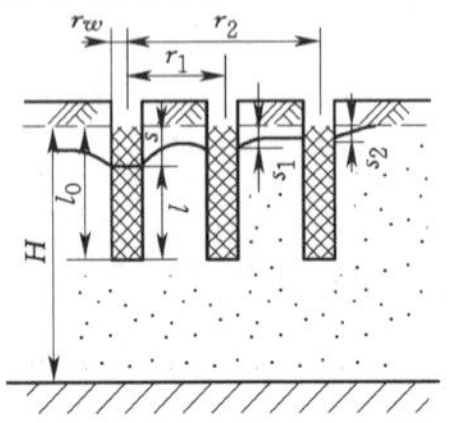	$K=\frac{0.16Q}{l''(s_1-s_2)}\left(\text{arsh}\frac{l''}{r_1}-\text{arsh}\frac{l''}{r_2}\right)$ 式中 $l''=l_0-0.5(s_1+s_2)$	(1) 潜水。 (2) 抽水孔为非淹没式过滤器。 (3) $l<0.3H$。 (4) $S<0.3l$。 (5) $r_1=0.3r_2$ $r_2\leqslant0.3H$	吉林斯基
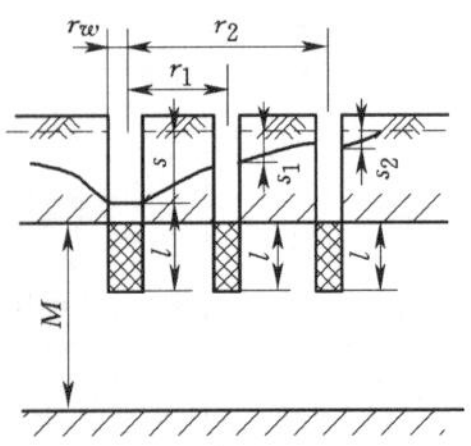	$K=\frac{0.16Q}{l(s_1-s_2)}\left(\text{arsh}\frac{l}{r_1}-\text{arsh}\frac{l}{r_2}\right)$	(1) 承压水。 (2) 过滤器紧接含水层顶板。 (3) $l<0.3M$。 (4) $r_2\leqslant0.3M$ $r_1=0.3r_2$。 (5) $t=l$	吉林斯基
	$K=\frac{0.16Q}{l(s_1-s_2)}\left[\text{arsh}\frac{l}{r_1}-\text{arsh}\frac{l}{r_2}-\frac{l}{M}\left(\text{arsh}\frac{M}{r_1}-\text{arsh}\frac{M}{r_2}-\ln\frac{r_2}{r_1}\right)\right]$	(1) 承压水。 (2) $l>0.3M$	纳斯别尔格

续表

示意图	计算公式	适用条件	公式提出者
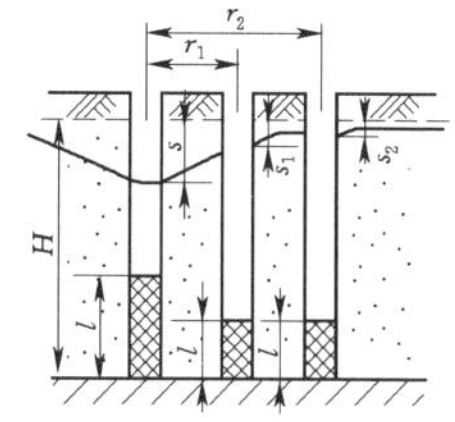	$K=\frac{0.16Q}{l(s_1-s_2)}\left(\mathrm{arsh}\frac{l}{r_1}-\mathrm{arsh}\frac{l}{r_2}\right)$	(1) 潜水。(2) 过滤器位于含水层底部。(3) $l<0.3H$。(4) $r_2<0.3H$。(5) $t\leqslant 0.5l$	巴布什金
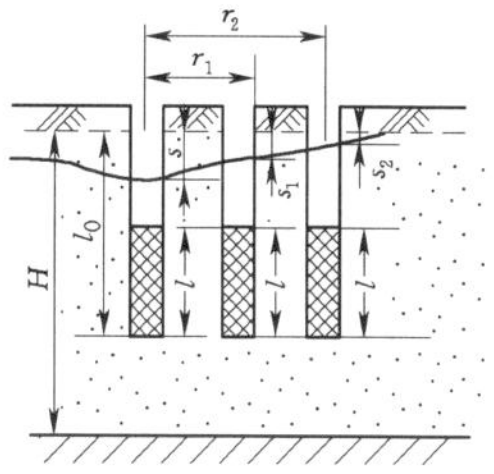	$K=\frac{0.08Q}{l''(s_1-s_2)}\left[\left(\mathrm{arsh}\frac{0.4l''}{r_1}+\mathrm{arsh}\frac{1.6l''}{r_1}\right)-\left(\mathrm{arsh}\frac{0.4l''}{r_2}+\mathrm{arsh}\frac{1.6l''}{r_2}\right)\right]$ $l''=l_0-0.5(s_1+s_2)$	(1) 潜水。(2) 过滤器位于含水层中部。(3) $l<0.3H$。(4) $r_2<0.3H$。(5) $t=l$	吉林斯基
	$K=\frac{Q}{2\pi l''(s_1-s_2)}\left[\left(\mathrm{arsh}\frac{l''}{r_1}-\mathrm{arsh}\frac{l''}{r_2}\right)-\frac{l''}{H}\left(\mathrm{arsh}\frac{H}{r_1}-\mathrm{arsh}\frac{H}{r_2}-\ln\frac{r_2}{r_1}\right)\right]$	(1) 潜水。(2) $l>0.5H$	纳斯别尔格
	$K=\frac{0.366Q}{(2s-s_1-s_2+l)(s_1-s_2)}\lg\frac{r_2}{r_1}$	(1) 潜水。(2) 过滤器位于含水层中部	斯卡巴拉诺维奇
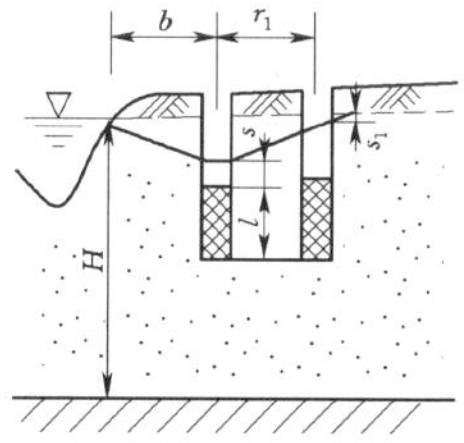	$K=\frac{0.16Q}{ls_1}\left(\mathrm{arsh}\frac{l}{r_1}-\mathrm{arsh}\frac{l}{2b\pm r_1}\right)$	(1) 潜水。(2) 过滤器位于含水层中部。(3) 靠近河流。(4) 观测线垂直岸边且在远河一侧 $(2b+r_1)$ 或近河一侧 $(2b-r_1)$。(5) $l<0.3H$	巴布什金
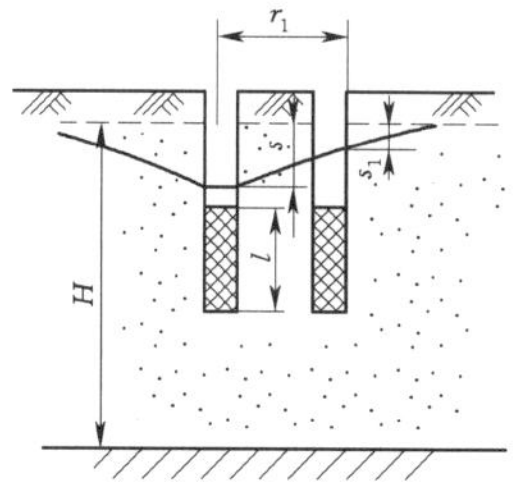	$K=\frac{0.16Q}{ls_1}\left(\mathrm{arsh}\frac{l}{r_1}-\mathrm{arsh}\frac{l}{\sqrt{4b^2+r_1^2}}\right)$	(1) 潜水。(2) 过滤器位于含水层中部。(3) 靠近河流。(4) 观测线平行岸边。(5) $l<0.3H$	巴布什金

表 1.4.3-5　非稳定流抽水试验确定渗透系数

计算示意图	公式	适用条件	确定参数的工作步骤
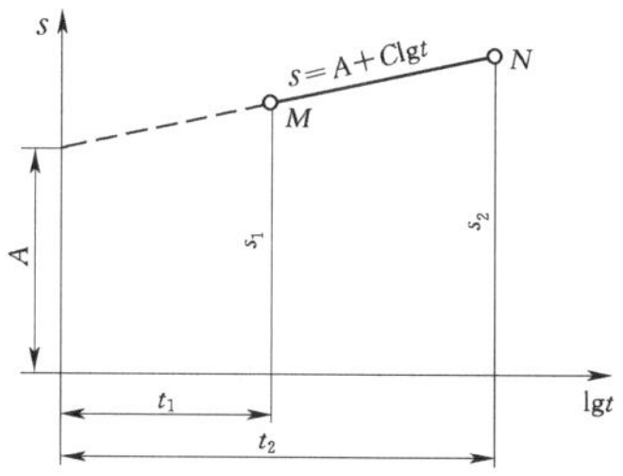	$K=\frac{0.183Q}{M(s_2-s_1)}\lg\frac{t_2}{t_1}$ $a=0.445\frac{r_w}{t_1}e^{\frac{4\pi KMs_1}{Q}}$ $\mu^*=\frac{KM}{a}$	承压水，无越流，平面分布为无限含水层中，单孔固定流量抽水，并且 $\frac{r_w^2}{4at}\leqslant 0.05$	
	$K=\frac{0.183Q}{MC}$ $C=\frac{s_2-s_1}{\lg t_2-\lg t_1}$ $\lg a=2\lg r_1-0.35+\frac{A}{C}$ $\mu^*=\frac{KM}{a}$	承压水，无越流，平面分布为无限含水层中，有一个观测孔，单孔固定流量抽水，并且 $\frac{r_w^2}{4at}\leqslant 0.05$	(1) 根据抽水开始后不同时刻的降深绘出 $s\sim\lg t$ 图。(2) 在 $s\sim\lg t$ 图的直线段上任取两点 M、N。(3) 根据点 M、N 的坐标值，求 C 值。(4) 延长 $s\sim\lg t$ 曲线上之直线段，使之与 s 轴相交，从图上直接量定截距 A 值。(5) 计算 K、μ^*

续表

计算示意图	公　式	适用条件	确定参数的工作步骤
	$K=\frac{0.366Q}{M(s_2-s_1)}\lg\frac{r_2}{r_1}$ $a=\frac{5.46Ts_1}{Q}-\lg\frac{2.25t}{r_1^2}$ 或 $a=\frac{5.46Ts_2}{Q}-\lg\frac{2.25t}{r_2^2}$ $\mu^*=\frac{KM}{a}$	无越流，平面分布无限承压含水层，有两个观测孔，单孔定流量抽水，观测孔与抽水孔位于同一直线上，并且 $\frac{r_w^2}{4at}\leqslant 0.05$	
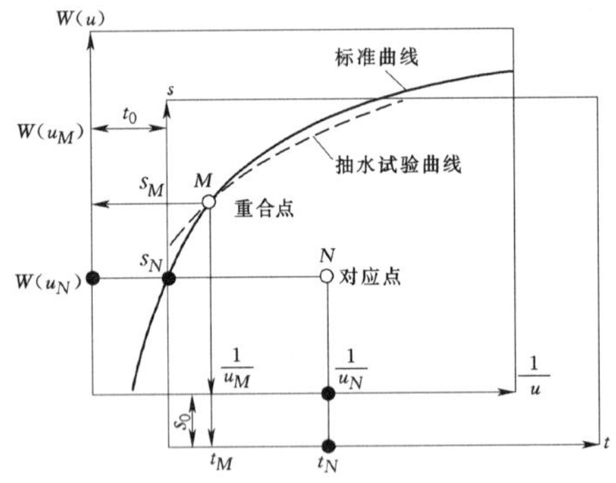	$K=\frac{Q}{4\pi M[s]}[W(u)]$ $\mu^*=\frac{4T[t]}{r_1^2[\frac{1}{u}]}$	无越流，承压完整孔，有一个观测孔，单孔定流量抽水（时间～降深配线法）	（1）选取同标准曲线 $W(u)\sim\frac{1}{u}$ 模数相同的双对数坐标纸，绘出一个观测孔 $s\sim t$ 关系曲线。 （2）保持两图坐标轴平行：s 平行 $W(u)$，t 平行 $\frac{1}{u}$ 情况下，移动 $s\sim t$ 曲线，直到野外测试点与图中标准曲线全部或大部分重合为止。 （3）在重合曲线上任取一点，读出相应的坐标值，$[s]$，$[t]$，$[W(u)]$，$[\frac{1}{u}]$。 （4）将重合点坐标代入公式计算出 K，μ^*
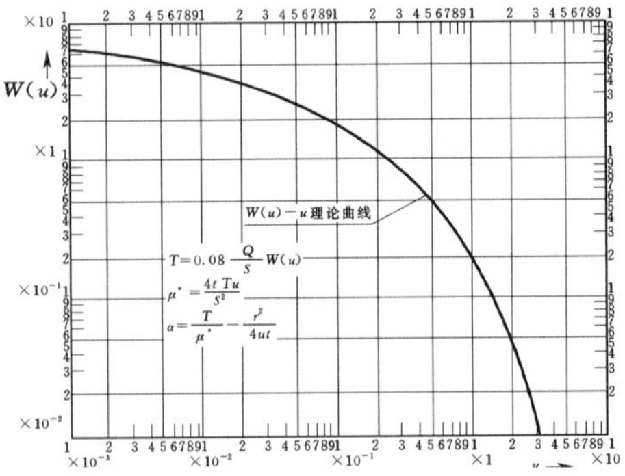	$K=\frac{Q}{4\pi M[s]}[W(u)]$ $\mu^*=\frac{4Tt[u]}{[r_1^2]}$	无越流，承压完整孔，有若干个观测孔，单孔定流量抽水（距离～降深配线法）	（1）将各观测孔在同一时间观测到的降深及其各孔至抽水孔距离的平方画在双对数纸上（比例尺与标准曲线相同）。 （2）将抽水试验的 $r^2\sim s$ 双对数曲线重叠在标准曲线 $W(u)\sim u$ 图上，保持两图坐标轴平行，使测试点与标准曲线完全重合。 （3）在重合曲线上任取一点，读出相应的坐标值，$[s]$，$[r^2]$，$[W(u)]$，$[u]$。 （4）将重合点坐标代入公式计算出 K，μ^*
	$K=\frac{Q}{4\pi M[s]}[W(u)]$ $\mu^*=\frac{4T}{[\frac{1}{u}]}[\frac{t}{r_1^2}]$	无越流，承压完整孔，单孔定流量抽水，有若干个观测孔（时间距离～降深配线法）	（1）将各观测孔在不同时间、不同观测孔观测到的降深及其对应的 $\frac{t}{r_1^2}$ 值画在双对数纸上（比例尺与标准曲线相同）。 （2）将抽水试验的 $\frac{t}{r_1^2}\sim s$ 双对数曲线重叠在标准曲线 $W(u)\sim\frac{1}{u}$ 图上，保持两图坐标轴平行，使测试点与标准曲线完全重合。 （3）在重合曲线上任取一点，读出相应的坐标值，$[s]$，$[\frac{t}{r^2}]$，$[W(u)]$，$[\frac{1}{u}]$。 （4）将重合点坐标代入公式计算出 K，μ^*
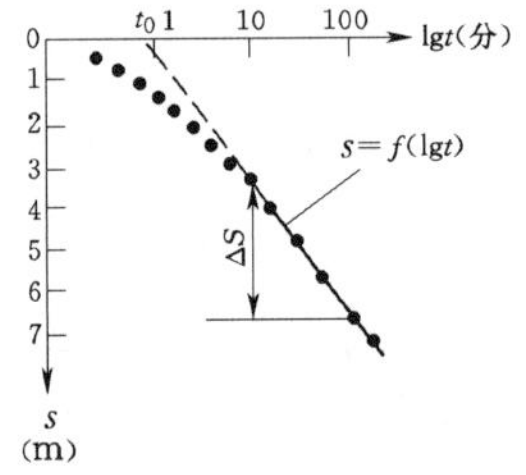	$T=\frac{0.183Q}{i}$ $\mu^*=\frac{2.25Tt_0}{r_1^2}$	无越流，承压完整孔，定流量抽水，有一个观测孔并且 $\frac{r_w^2}{4at}\leqslant 0.05$（时间～降深直线图解法）	（1）根据观测孔在抽水开始后不同时间观测到的水位降深资料绘制 $s\sim\lg t$ 直线。 （2）求直线的斜率 i 和直线在 $s=0$ 轴上的截距 t_0。 （3）计算 T、μ^*

续表

计算示意图	公　　式	适用条件	确定参数的工作步骤
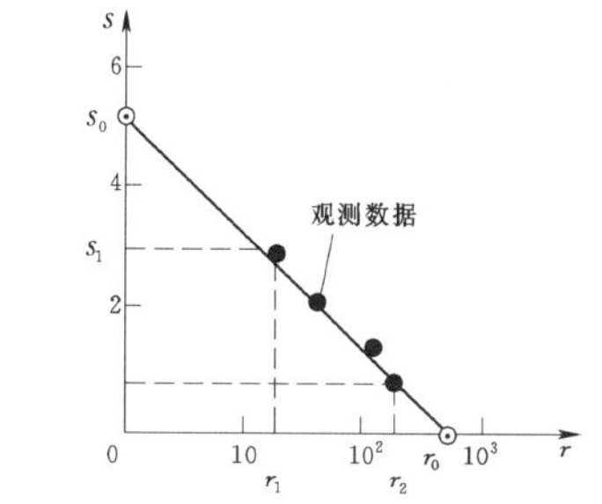	$T=\frac{0.366Q}{i}$ $\mu^*=\frac{2.25Tt}{r_0^2}$	无越流，承压完整孔，定流量抽水，有三个或更多观测孔，并且 $\frac{r_w^2}{4at}\leqslant 0.05$ 时（距离～降深直线图解法）	(1) 作任意一时间各观测孔的降深及相对各孔至抽水孔之距离的半对数直线 $s\sim\lg r$。 (2) 求出直线 $s\sim\lg r$ 的斜率和 i 直线在 $s=0$轴上的截距 r_0。 (3) 计算 T、μ^*
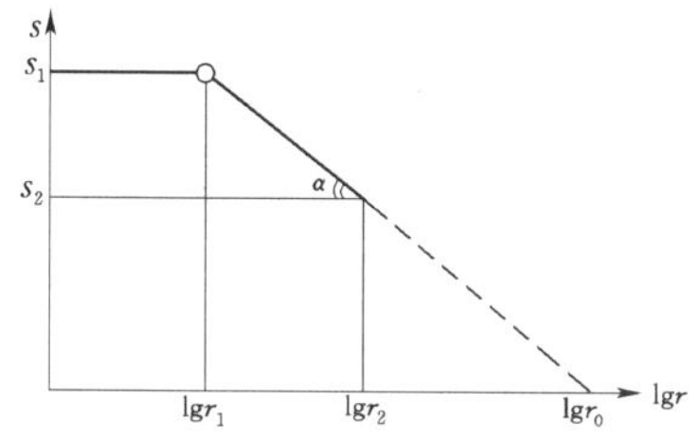	$B=0.89r_0$ $T=\frac{0.366Q\ (\lg r_2-\lg r_1)}{s_1-s_2}$	有越流，无限含水层，承压完整孔定流量抽水，有两个观测孔，抽水时间很长，达到稳定状态，且 $\frac{r}{B}\leqslant 0.05$	(1) 根据观测孔最大水位降深资料绘出 $s\sim\lg r$ 直线。 (2) 延长直线交于横轴得到截距 r_0。 (3) 求出越流因素 B，导水系数 T

二、压水试验

（一）常规压水试验

用栓塞将钻孔隔离出一定长度的孔段，并向该孔段压水，根据一定时间内压入水量和施加压力大小的关系来确定岩体渗透性的一种原位试验。试段长度一般为5m。压水试验一般按三级压力五个阶段进行，三级压力分别为0.3MPa、0.6MPa和1.0MPa。

当试段位于地下水位以下。透水性较小（<10Lu）、$P\sim Q$曲线为A（层流）型时，按式（1.4.3-1）计算渗透系数。

$$K=\frac{Q}{2\pi Hl}\ln\frac{l}{r_0}\qquad(1.4.3-1)$$

式中：K 为岩体渗透系数，m/d；Q 为压入流量，m^3/d；H 为试验水头，m；l 为试段长度，m；r_0 为钻孔半径，m。

（二）高压压水试验

为了测定岩体在高压水头下的渗透特性、渗透稳定性及其结构面张开压力，应进行钻孔高压压水试验。钻孔高压压水试验适用于高坝、高水头电站、抽水蓄能电站及其他各种高水头建筑物的工程地质勘察。压水试验段长度一般为5m。

（三）交叉孔压水试验

交叉孔压水试验是在裂隙岩体中钻若干个孔，在某一孔中分段压水，在相邻孔中分段观测水头。基于各向异性渗透域中点源产生水头场的理论公式，根据观测水头求得裂隙岩体的渗透系数张量。试验装置如图1.4.3-1所示。压水配备有不同直径的圆柱水箱，用压缩空气进行压水。图1.4.3-2交叉孔压水段与观测段示意图。箭头方向表示由压水段至观测段，虚线表示该测段在邻孔压水时无响应。

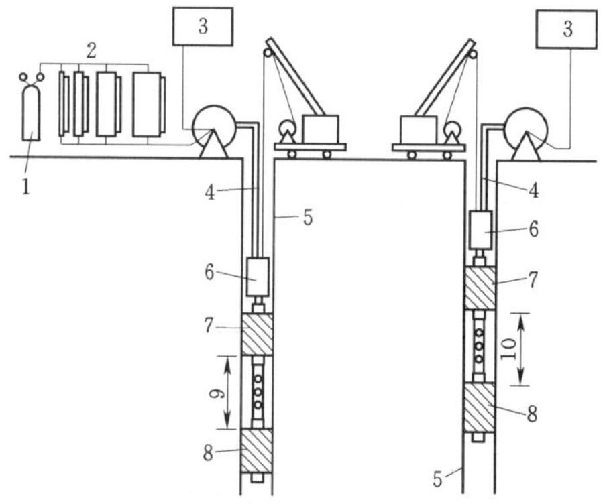

图1.4.3-1　交叉孔压水试验装置

1—压缩空气；2—压水箱；3—数据存储；4—管子；5—钻孔；6—工具箱；7—上塞；8—下塞；9—压水段；10—观测段

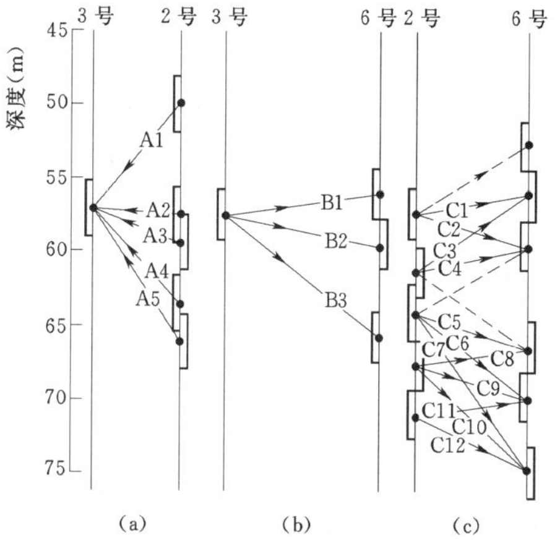

图1.4.3-2　交叉孔压水段与观测段示意图

(a) 试验系列A；(b) 试验系列B；(c) 试验系列C

（四）三段压水试验

三段压水试验是现场试验确定裂隙渗透系数的方法，可以分别测出各组裂隙的渗透系数。设有3组正交裂隙，与单孔压水试验方法一样，钻孔方向与其中一组垂直而与另两组平行（图1.4.3-3），通过压水试验求得这组裂隙的渗透系数。

设所测的裂隙面倾角为 α，见图1.4.3-4，钻孔半径为 r_0，试验段长度为 l，压力水头为 H_0，流量为 Q。由径向流和重力作用下沿 xoy 面均匀流的合成，半径 r 处的水头增量为

$$\Delta H=H_0-H=\frac{Q/l}{2\pi K_f}\frac{r}{r_0}+x\sin\alpha\qquad(1.4.3-2)$$

显然，测得 r 点的水力势 H，即可由式（1.4.3-2）求得裂隙渗透系数 K_f，如裂隙面内为各向异性渗透，则布置4个测压点即可求得沿裂隙面的渗透张量。

式（1.4.3-2）是按平行裂隙面的二维水流推导的。为了保证这一点，设计一套专门的压水装置。在钻孔中插入两个

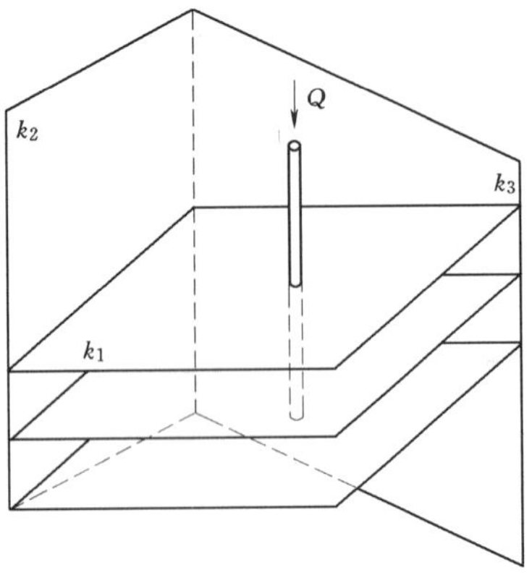

图 1.4.3-3　三段压水试验法钻孔布置示意图（据 Louis，1974）

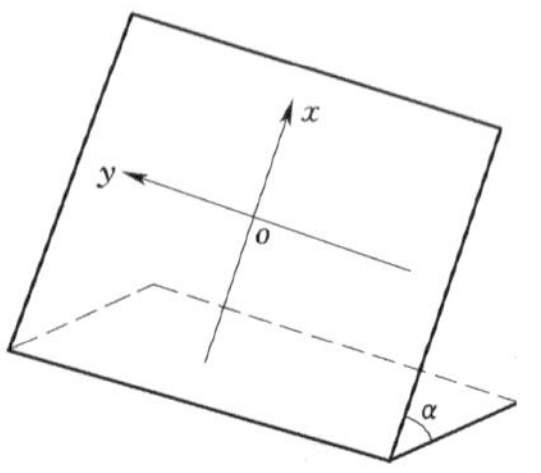

图 1.4.3-4　倾斜裂隙面压水试验（据 Louis，1974）

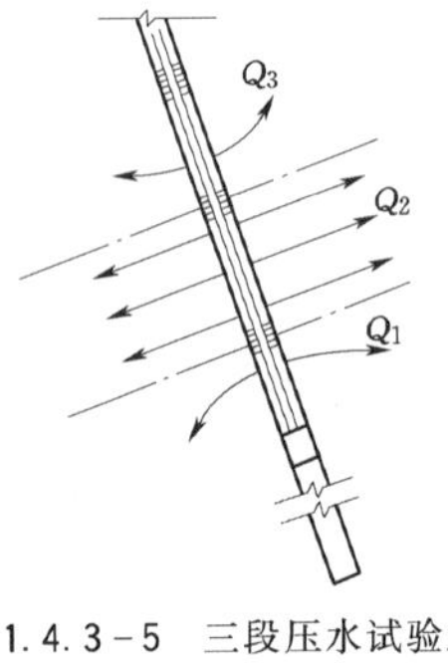

图 1.4.3-5　三段压水试验水流状态示意图（据 Louis，1974）

压水管，一个管的流量为 Q_1+Q_3，另一个管的流量为 Q_2，Q_1 及 Q_3 在两侧，水流是三维状态，Q_2 在中部，为平面水流状态（图 1.4.3-5）。在压水管附近布置测压管，以便能观测到裂隙面那一点的压力。

分别对各组裂隙面进行三段压水试验，即可测得各组裂隙渗透系数或隙宽。

三、微水试验

微水试验是通过瞬间井孔内微小水量的增加（或减少）而引起井水位随时间的变化规律确定含水层水文地质参数的一种简易方法。其中有多种方式可以实现瞬间井孔内微小水量的增加（或减少），如瞬间抽水、瞬间注水、固体棒瞬间落入井水中或从井水中取出、密闭井孔中冲（吸）气（气压式）等，而气压式能真正意义上实现井孔内微小水量“瞬时”变化。因此，根据实现瞬间井孔内微小水量增加（或减少）的方式不同，微水试验可分为抽水微水试验、注水微水试验、气压式微水试验等。同一次微水试验得到的水位随时间的变化资料可以基于不同的水流运动模型的解确定含水层的水文地质参数，水流运动模型的控制方程有两类，一类是水流运动的传导方程，另一类是水流运动的振荡方程。因此，基于振荡方程确定含水层参数的方法又称为振荡试验法，而基于传导方程确定含水层参数的方法就是狭义的微水试验法。

四、示踪试验

（一）天然梯度下示踪剂试验

在天然梯度下的示踪剂试验中，示踪剂被注入到地下水系统中且随地下水的自然流动运移。示踪剂浓度的空间分布能通过井点取样观测，这些井位于示踪剂投入点的下游。天然梯度示踪剂试验是研究天然条件下溶质运移的最理想方法之一。

1. 散流示踪剂试验

在散流示踪剂试验中，水流以恒定速率注入到回灌井中，在流场稳定后，示踪剂以脉冲方式加入到回灌井中，在回灌井周边的多个观测井中取样观测。试验需要提供大量水来注入到回灌井中，试验结束时，示踪剂会残留在岩土体中。

2. 汇流示踪剂试验

在汇流示踪剂试验中，现在抽水井中抽水直到形成稳定流场为止，然后在抽水井附近的另一井（孔）中以脉冲方式注入示踪剂。在抽水井中，通过取抽水井中水样来监测示踪剂。

3. 双井示踪剂试验

双井示踪剂试验包括一个抽水井和一个回灌井。保持抽水速率和回灌速率相等。在稳定流场形成后，示踪剂以脉冲方式注入到回灌水中，通过抽水取样监测示踪剂。

（二）地下水流向流速的测定

（1）地下水流向的测定地下水流向可利用三点法测定，并可根据等水位线图或等压线图来判断。

三点法是利用三个钻孔或井组成一个三角形（孔距可根据地形的陡缓确定），测量钻孔的水位标高，绘制等水位线图，由高水位向低水位作垂线的方向，即为含水层内地下水流向，如图 1.4.3-6 所示。

（2）地下水流速测定。地下流速一般用指示剂法测定。在已知地下水流向上布置两个钻孔，在上游孔内投入食盐（或荧光红等无毒染色剂、示踪剂），从下游孔内取样测定氯离子含量（或着色程度，示踪剂含量）。

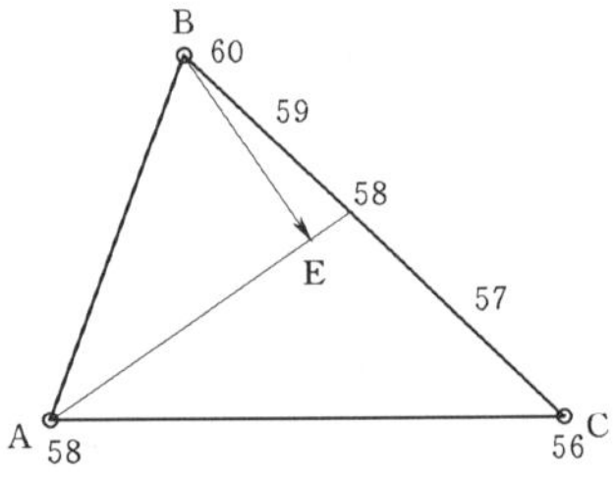

图 1.4.3-6　三点法示流向示意图

A、B、C—钻孔编号；56、57、58、59、60—水位标高；BE—地下水流向

地下水实际流速（u）按下式计算

$$u=\frac{l}{t} \tag{1.4.3-3}$$

式中：l 为试验孔至观测孔距离，m；t 为指示剂从试验孔至观测孔所需时间，h。

五、渗透变形试验

（一）渗透变形的类型

按照渗透水流所引起的局部破坏的特征，渗透变形可分为流土和管涌两种基本形式。

流土是指在渗流作用下局部土体表面隆起，或土粒群同时起动而流失的现象。它主要发生在地基或土坝下游渗流逸出处。基坑或渠道开挖时所出现的流砂现象是流土的一种常见形式。

管涌是指在渗流作用下土体中的细土粒在粗土粒形成的孔隙通道中发生移动并被带出的现象。主要发生在砂砾土中。

可以将土细分为：①管涌型土；②过渡型土；③流土型土三种类型。关于渗透变形的形式，就一般黏性土来说，只有流土而无管涌，但分散性土例外。而对于无黏性土来说，其渗透变形的形式则与土的颗粒组成、级配和密度等因素相关。对过渡型土，其渗透变形的形式因密度的不同而不同，在较大密度下可能会出现流土，而在小密度下又可能变为管涌。中国水利水电科学研究院根据试验资料和一些学者的研究成果加以综合分析后认为，无黏性土的渗透变形形式可以根据土的不均匀系数、级配的连续性、级配中细料的含量以及土孔隙的平均直径等因素，按下列图示的标准进行判别：

- 天然无黏性土
  - 较均匀的土（$C_u\leqslant5$）——流土型
  - 不均匀的土（$C_u>5$）
    - 级配不连续
      - $P>35\%$
      - $P>25\%$
      - $P=(25\sim35)\%$
    - 级配连续
      - 孔隙直径法（mm）
        - $D_0<d_3$——流土型
        - $D_0>d_5$——管涌型
        - $D_0=d_3\sim d_5$——过渡型
      - 细料含量法（%）
        - $P\geqslant1.1P_{op}$——流土型
        - $P<0.9P_{op}$
        - $P=(0.9\sim1.1)P_{op}$——过渡型

其中：P 为细料含量，对于级配不连续的土，是指小于粒组频率曲线中谷点对应粒径的土料含量；对于级配连续的土，是指小于几何平均粒径 $d=\sqrt{d_{70}d_{10}}$ 的土粒含量，d_{70}、d_{10} 为小于该粒径的土粒含量分别为 70%和 10%；d_3、d_5 为小于该粒径的土粒含量分别为 3%和 5%；D_0 为土孔隙的平均直径，按 $D_0=0.63nd_{20}$ 估算，n 为土的孔隙率，d_{20} 为土的等效粒径，是指小于该粒径的土粒含量为 20%；P_{op} 为最优细料含量，$P_{op}=(0.3-n+3n^2)/(1-n)$，$n$ 为土的孔隙率。

（二）渗透变形判别

土体抵抗渗透破坏的能力，称为抗渗强度。通常以濒临渗透破坏时的水力梯度表示，一般称为临界水力梯度或抗渗梯度。

1. 流土型土的临界水力梯度

当竖向渗流力等于土体的有效重量时，土体就处于流土的临界状态。若设这时的水力梯度为 i_{cr}，则根据上述条件可得

$$i_{cr}=(G_s-1)(1-n)\qquad(1.4.3-4)$$

式中：G_s 为土粒比重；n 为孔隙度。

此即流土的临界水力梯度。

流土临界水力梯度决定于土的物理性质。当土粒比重 d_s 和孔隙率 n 已知时，则土的临界水力梯度是一定值，一般在 0.8～1.2 之间。

式（1.4.3-4）是根据竖向渗流且不考虑周围土体的约束作用情况下推得的，因此，按此式求得的临界水力梯度偏小，一般比试验值要小 15%～20%。黏性土由于粒间黏结力的存在，其临界水力梯度较大，特别是渗流逸出面有保护层时，将使临界水力梯度大大提高。此外，黏性土发生流土破坏的机理与无黏性土不完全相同，因为前者不仅仅是由于渗流力作用的结果，而且还与土体表面的水化崩解程度（即水稳性）以及渗流出口临空面的孔径等因素有关。而土体水稳性又直接与土中所含黏土矿物的成分和含量有关。中国水利水电科学研究院综合大量试验资料，对黏性土的临界水力梯度建议按下式估算：

$$i_{cr}=\frac{24(1-n)}{[(1-n_L)-0.79(1-n)](1+CD_0^2)}\qquad(1.4.3-5)$$

式中：n 为土的孔隙率；n_L 为土处于液限时的孔隙率；D_0 为黏性土渗流出口临空面的平均孔径，可按 $D_0=0.63nd_{20}$ 估算（mm）；C 为反映土体水化能力及水化程度的系数，其值变化在 0.06～0.15 之间，以含蒙脱石为主的黏性土取大值，以含高岭石为主的南方红黏土取小值。

流土一般发生在渗流的逸出处。因此，只要我们将渗流逸出处的水力梯度，即逸出梯度 i_e 求出，就可判别流土的可能性：

当 $i_e<i_{cr}$，则土处于稳定状态

当 $i_e=i_{cr}$，则土处于临界状态

当 $i_e>i_{cr}$，则土处于流土状态

在设计时，为保证建筑物安全，通常要求将逸出梯度 i_e 限制在容许梯度 $[i]$ 之内，即

$$i_e\leqslant[i]=\frac{i_{cr}}{F_s}\qquad(1.4.3-6)$$

式中：F_s 为安全系数，按式（1.4.3-4）确定 i_{cr} 时取 2.0～2.5；按式（1.4.3-5）确定 i_{cr} 时取 2.5～3.5。

2. 管涌型土的临界水力梯度

流土是土的整体遭受破坏，而管涌则是单个土粒在土体中移动和带出。中国水利水电科学研究院根据渗流场中单个土粒受到渗流力、浮力以及自重作用时的极限平衡条件，并结合试验资料分析的结果，提出了管涌土临界水力梯度的计算公式为

$$i_{cr}=2.2(G_s-1)(1-n)^2\frac{d_5}{d_{20}}\qquad(1.4.3-7)$$

式中符号意义同前。

管涌土的临界水力梯度，除按式（1.4.3-7）确定外，通常还可按图 1.4.3-7 所示的类似装置通过试验来测定。试验时除了根据肉眼观察细土粒的移动来判断管涌外，还可借助于水力梯度 i 与流速 v 之间的变化来判断管涌是否出现。如图 1.4.3-8 所示，当水力梯度增加到某一值后如图中的 a 点，$i\sim v$ 曲线明显向右偏离，这说明细土粒已被带出，孔隙增大。根据 a 点对应的水力梯度和肉眼观察到细土粒移动时的水力梯度，取两者中的数值较小者作为管涌的临界水力梯度。

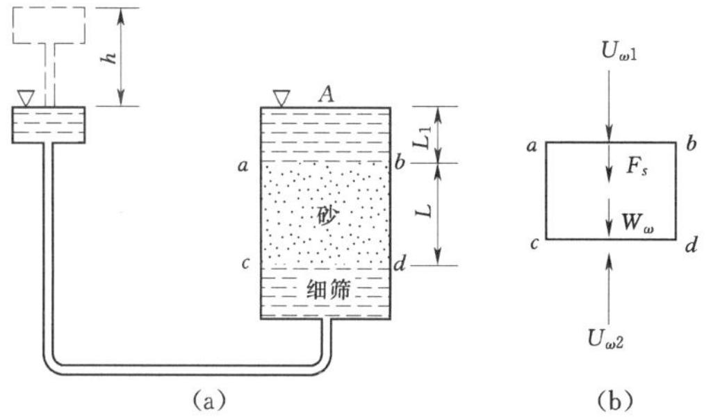

图 1.4.3-7　流土试验示意图

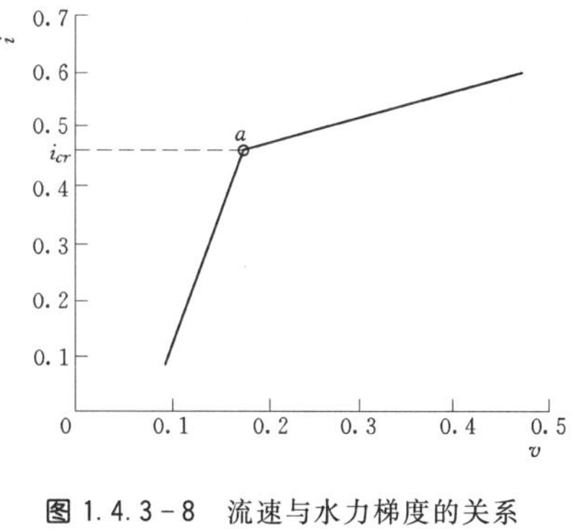

图 1.4.3-8　流速与水力梯度的关系

3. 临界水力梯度的试验资料

（1）临界水力梯度与不均匀系数的关系。

伊斯托美娜根据理论分析并结合一定数量的试验资料，曾给出了无黏性土的临界水力梯度与不均匀系数的关系曲线，并按不均匀系数把土划分为流土型、过渡型和管涌型三类，如图 1.4.3-9 所示。由图可见，土的不均匀系数愈大，临界水力梯度愈小。

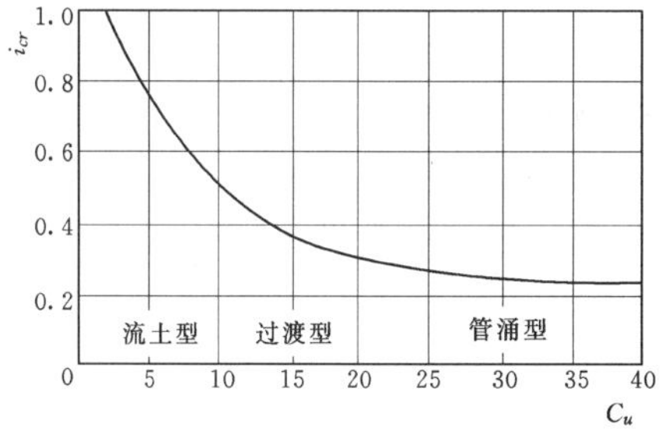

图 1.4.3-9　临界水力梯度与不均匀系数的关系

（2）临界水力梯度与细料含量的关系。

级配不连续的土为粗料和细料两部分，其渗透变形特性主要取决于细料的含量，或者说取决于细料充填粗料孔隙的程度。当细料填不满粗料的孔隙时，细料容易被渗透水流带走，这种土属管涌型土，当细料含量增加并足以填满粗料孔隙时，粗细料组成一整体，共同抵抗渗透变形，因此，其抗渗能力加强，这种土就属流土型土。粒径小于 0.1mm 的细土粒含量小于 50%砂砾石时，其临界水力梯度与细料含量的关系表示在图 1.4.3－10 中。

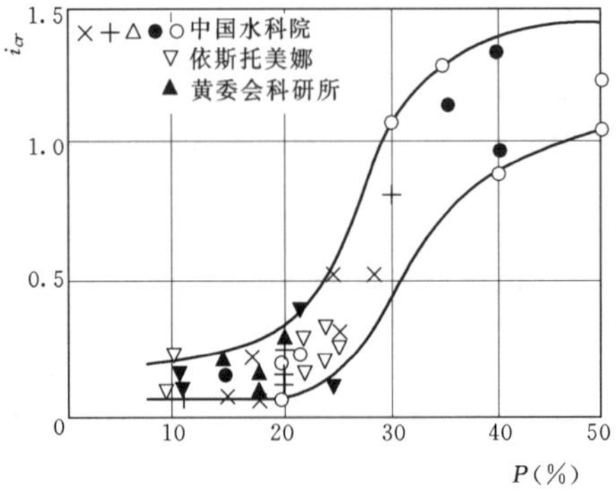

图 1.4.3－10　临界水力梯度与细料含量的关系

（3）临界水力梯度与渗透系数的关系。

试验研究表明，无黏性土的渗透性与渗透变形特性有着直接的关系。对于不均匀的土，如果透水性强，抵抗渗透变形的能力就差；如果透水性弱，抵抗渗透变形的能力则强。然而，土的透水性的强弱是用它的渗透系数来衡量的。因此，渗透系数的大小在一定程度上反映了土的渗透变形特性的差异。

临界水力梯度与渗透系数的试验关系如图 1.4.3－11 所示。图中资料试验关系主要来源于缺乏中间粒径的土，但对其他类型的土料，临界水力梯度也具有同样的规律，只是数值偏于上限而已。

综合上述结果，无黏土的临界水力梯度及其容许值归纳于表 1.4.3－6 中。

（三）渗透变形试验

土层在水的渗透作用下发生的变形和破坏现象叫渗透变形和渗透破坏，其发生和发展与地质情况、颗粒级配、水力条件及工程运用等情况有关。

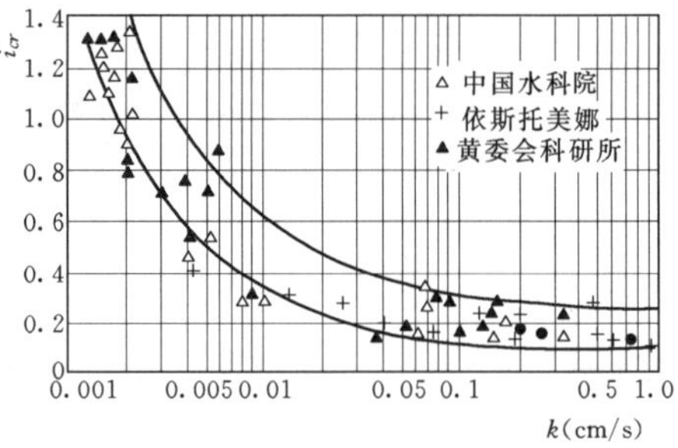

图 1.4.3－11　临界水力梯度与渗透系数的关系

表 1.4.3－6　各类土的临界水力梯度及其容许值的变化范围

水力梯度	土类：流土型土 $C_u\leqslant5$	流土型土 $C_u>5$	过渡型土	管涌型土：级配连续	管涌型土：级配不连续
临界水力梯度	0.8～1.0	1.0～1.5	0.4～0.8	0.2～0.4	0.1～0.3
容许水力梯度	0.4～0.5	0.5～0.8	0.25～0.40	0.15～0.25	0.1～0.2

（1）松散堆积层的渗透变形试验，试验方法有水平渗透试验与垂直渗透试验。

（2）软弱夹层渗透变形试验。现场试验，一般是用钻孔压水的方法（或在探洞中加工试件进行试验）求软弱夹层的临界比降和破坏比降。按试验中的水流性质可分为：

1）辐射流法。从一个钻孔中将水压入，水流在夹层中成辐射状扩散，在压水孔四周布置数个观测孔（或观测坑）；亦可利用平硐或基矿山中开挖断面观测。

2）平行流法。从一排孔中将水压入，形成供水幕，水流在夹层中平行流动，观测坑平行供水幕。

六、渗透系数张量计算

在各向异性含水层中进行完整井定流量非稳定流抽水试验，结合观测孔降深与时间的关系，可以确定渗透系数张量，见表 1.4.3－7。

表 1.4.3－7　非稳定流抽水试验确定渗透系数张量

计算示意图	公　式	适用条件	确定参数的工作步骤
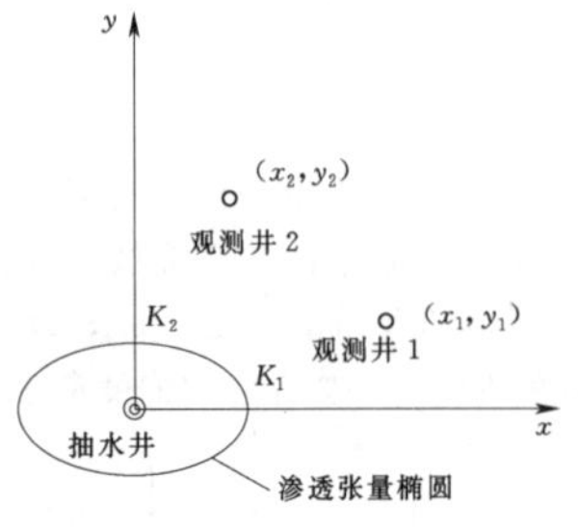 图 1　井孔布置示意图 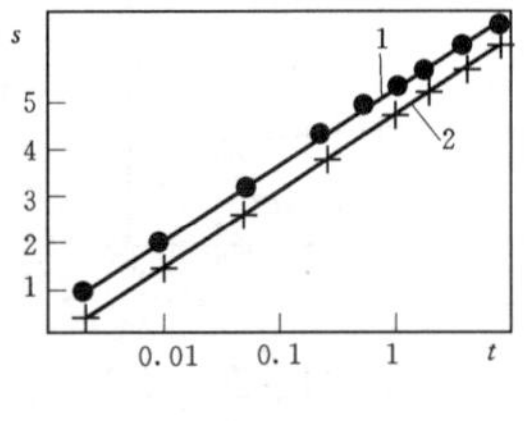 图 2　$s\sim\ln t$ 关系曲线图	$K=\sqrt{K_xK_y}=\frac{1}{2}\frac{Q}{4\pi M}\left(\frac{1}{i_1}+\frac{1}{i_2}\right)$ $\alpha=\frac{x_1^2[t_2]-x_2^2[t_1]}{y_2^2[t_1]-y_1^2[t_2]}$ $K_x=\sqrt{\alpha}K$；$K_y=K/\sqrt{\alpha}$	轴向各向异性含水层中完整孔定流量非稳定流抽水，设坐标原点位于抽水孔上，取坐标轴方向与主渗透方向一致，有两个观测孔 1 和孔 2 在全局坐标系中两点的坐标分别为（x_1，y_1）和（x_2，y_2）	（1）分别作观测孔 1 和孔 2 的 $s\sim\ln t$ 关系曲线（图 2）；（2）由 $s\sim\ln t$ 关系曲线图求出两直线的斜率 i_1，i_2 及 $s=0$ 时的截距为 $[t_1]$，$[t_2]$；（3）计算平均渗透系数 K 和主渗透系数 K_x、K_y

续表

计算示意图	公　　式	适用条件	确定参数的工作步骤
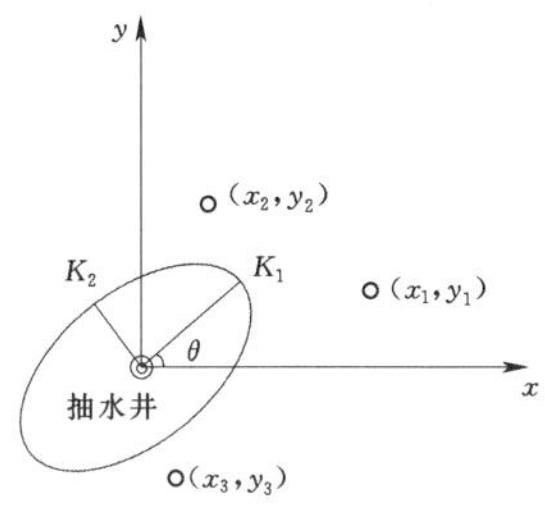 图 1　井孔布置示意图 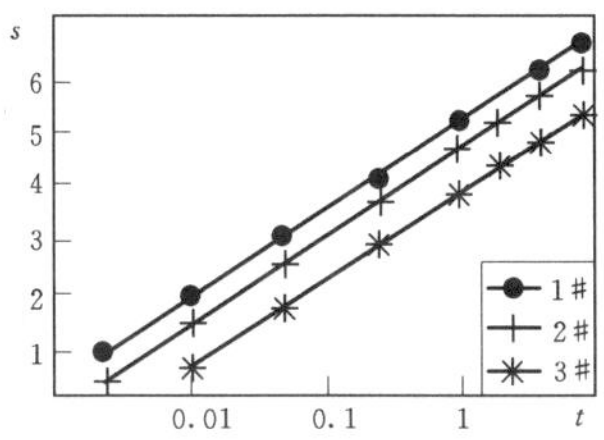 图 2　$s\sim\ln t$ 关系曲线图 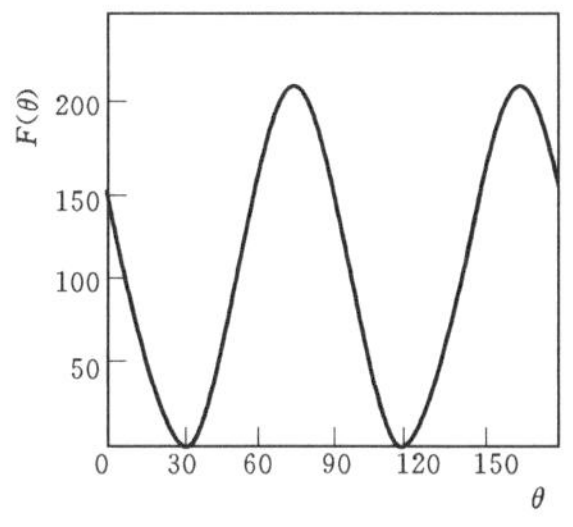 图 3　$F(\theta)\sim\theta$ 关系曲线	$K=\sqrt{K_xK_y}=\frac{1}{3}\frac{Q}{4\pi M}\left(\frac{1}{i_1}+\frac{1}{i_2}+\frac{1}{i_3}\right)$ $f(\theta)=[t_1]^2(P_{y2}P_{x3}-P_{y3}P_{x2})$ $+[t_1][t_2](P_{y3}P_{x1}-P_{y1}P_{x3})$ $+[t_1][t_3](P_{y1}P_{x2}-P_{y2}P_{x1})$ 其中 $P_{yk}=(-x_k\sin\theta+y_k\cos\theta)^2$ $P_{xk}=(x_k\cos\theta+y_k\sin\theta)^2$ $\begin{cases}\left[\frac{(x_1\cos\theta+y_1\sin\theta)^2}{K_x}+\frac{(-x_1\sin\theta+y_1\cos\theta)^2}{K_y}\right]\mu^*=2.25M[t_1]\\\left[\frac{(x_2\cos\theta+y_2\sin\theta)^2}{K_x}+\frac{(-x_2\sin\theta+y_2\cos\theta)^2}{K_y}\right]\mu^*=2.25M[t_2]\\\left[\frac{(x_3\cos\theta+y_3\sin\theta)^2}{K_x}+\frac{(-x_3\sin\theta+y_3\cos\theta)^2}{K_y}\right]\mu^*=2.25M[t_3]\end{cases}$	非轴向各向异性含水层中完整孔定流量非稳定流抽水，设坐标原点位于抽水孔上，假定主渗透方向与坐标轴夹角为 θ，有 3 个观测孔在全局坐标系中的坐标分别为（x_1，y_1）、（x_2，y_2）和（x_3，y_3）	（1）分别作 3 个观测孔的 $s\sim\ln t$ 关系曲线； （2）由 $s\sim\ln t$ 关系曲线图（图 2）求出直线的斜率 i_1，i_2，i_3 及 $s=0$ 时的截距为 $[t_1]$，$[t_2]$，$[t_3]$； （3）作 $F(\theta)\sim\theta$ 关系曲线（如图 2），从图中找出令 $F(\theta)=[f(\theta)]^2$ 取最小值的点，所对应的 θ 值即为主渗透方向与坐标轴夹角； （4）解方程组求得 K_x、K_y 和 μ^*

七、给水度

从单位体积饱和的岩土中所能排出的重力水的体积称给水度，其值等于排出水的体积和含水介质的总体积之比，不同的岩土给水度的经验值见表 1.4.3－8。

八、影响半径计算

影响半径是指进行抽水试验时，抽水孔至降落漏斗外部边缘的距离。计算影响半径的公式，如表 1.4.3－9 所列，也可以用经验数值进行估算，如表 1.4.3－10 和表 1.4.3－11 所列。

表 1.4.3－8　　给水度经验数值

岩石名称	给水度	岩石名称	给水度
卵砾石	0.35～0.30	强裂隙岩石	0.01～0.002
粗砂	0.30～0.25	裂隙岩石	0.002～0.0002
中砂	0.25～0.20	强岩溶化	0.15～0.05
细砂	0.20～0.15	岩溶化	0.05～0.01
极细砂	0.15～0.10	弱岩溶化	0.01～0.005

表 1.4.3－9　　计算影响半径公式

计算公式	适用条件	公式提出者	备注
$\lg R=\frac{s_1\lg r_2-s_2\lg r_1}{s_1-s_2}$	（1）承压水。 （2）两个观测孔	裘布衣	R—影响半径，m； s_1、s_2—观测孔降深，m； r_1、r_2—观测孔至抽水孔距离，m； H—潜水含水层厚度，m； K—渗透系数，m/d； s—抽水孔降深，m； t—时间，d； μ—以小数表示的给水度； Q—抽水孔涌水量，m^3/d； J—地下水水力坡度
$\lg R=\frac{s_1(2H-s_1)\lg r_2-s_2(2H-s_2)\lg r_1}{(s_1-s_2)(2H-s_1-s_2)}$	（1）潜水。 （2）两个观测孔	裘布衣	
$R=10s\sqrt{K}$	（1）承压水。 （2）概略计算	吉哈尔特	
$R=10s\sqrt{HK}$	（1）潜水。 （2）概略计算	库萨金	
$R=\sqrt{\frac{12t}{\mu}\sqrt{\frac{QK}{\pi}}}$	（1）潜水。 （2）完整井	柯泽尼	
$R=3\sqrt{\frac{KHt}{\mu}}$	潜水	威伯	
$R=\frac{Q}{2KHJ}$	（1）承压水。 （2）概略计算	凯尔盖	

表 1.4.3-10 单位涌水量与影响半径经验关系

单位涌水量 [L/(s·m)]	影响半径 (m)	降深 (m)
>2.0	300~500	<0.5
2.0~1.0	100~300	1~0.5
1.0~0.5	50~100	2~1
0.5~0.33	25~50	3~2
0.33~0.2	10~25	5~3
<0.2	<10	>5

表 1.4.3-11 松散岩石影响半径经验数值表

名称	粒径 (mm)	影响半径 (m)
粉砂	0.05~0.1	20~50
细砂	0.1~0.25	50~75
中砂	0.25~0.5	75~100
粗砂	0.5~2.0	100~150

第四节 地下水水质

一、地下水的物理性质

(一) 颜色

一般地下水是无色的，但当水中含有某些物质时，会使地下水带有颜色，见表 1.4.4-1。

表 1.4.4-1 地下水的颜色与水中存在物质的关系

水中存在的物质	硬水	低铁	高铁	硫化氢	锰的化合物	腐殖酸盐
颜色	浅蓝	淡灰	锈色	翠绿	暗红	暗黄或灰黑

(二) 气味

地下水一般是没有气味的，但当水中含有某些杂质时，也会有特殊气味，例如水中含有硫化氢时，有臭蛋味；当水中含有某些腐蚀性的细菌时，会使水带有特殊的鱼腥臭及霉臭气味等。气味的强弱与温度有关，一般在低温下不易判别，而温度在 40℃左右时气味最显著。

(三) 口味

地下水的口味由水中的化学成分决定。纯水是无味的，地下水因溶解一些盐类或气体而具味感，且在 20~30℃时最为显著。部分地下水口味见表 1.4.4-2。

表 1.4.4-2 地下水口味与所含物质的关系

存在物质	氯化钠	硫酸钠	氯化镁及硫酸镁	大量有机质	铁盐	腐殖质	硫化氢与碳酸气同时存在	二氧化碳及适量重碳酸钙和重碳酸镁
口味	咸味	涩味	苦味	甜味	墨水味	沼泽味	酸味	可口

(四) 透明度

地下水的透明度取决于水中固体与胶体悬浮物的含量，分级见表 1.4.4-3。

表 1.4.4-3 地下水透明度分级

分级	野外鉴别特征
透明的	无悬浮物及胶体，60cm 水深可见 3mm 的粗线
微浊的	有大量浮物，30~60cm 水深可见 3mm 的粗线
混浊的	有较多的悬浮物，半透明状、小于 30cm 水深可见 3mm 的粗线
极浊的	有大量悬浮物或胶体，似乳状，水深很浅，也不能清楚看见 3mm 的粗线

(五) 水温

地下水温度分类见表 1.4.4-4。

表 1.4.4-4 地下水温度分类

类别	非常冷的水	极冷的水	冷水	温水	热水	极热水	沸腾水
温度 (℃)	<0	0~4	4~20	20~37	37~42	42~100	>100

二、地下水的化学成分

地下水是一种复杂的天然溶液，存在于地壳中的 87 种稳定元素，在地下水中已发现 70 多种。地下水化学成分包括多种气体成分，各种离子，有机化合物，有机和无机络合物，微生物，胶体及放射性元素、同位素等，详见表 1.4.4-5。

表 1.4.4-5 地下水化学成分

组	化学元素
气体成分	HCl，HF，H_2S，S，SO_2，SO_3，NH_3，Cl 等 CH_4，CO_2，重碳氢化合物，N_2，O_2，H_2，CO，B $(OH)_3$ 惰性气体，Ar，Ne，He，Kr，N_2O，O_3，Xe，Rn，Th
主要离子和分子成分微量元素 (含量<10^{-3}%，即 10mg/L)	Cl^-，SO_4^{2-}，HCO_3^-，NO_3^{2-}，NO_3^-，Na^+，K^+，Cu^+，Mg^+，H^+，NH^{4+}，H_3SiO_4，Fe^{2+}，Fe^{3+}，Al^{3+} 及有机物质等
	Li，Be，B，F，Ti，V，Cr，Mn，Co，No，Cu，Zn，Ge，As，Se，Br，Rb，Sr，Zr，Nb，Mo，Ag，Cd，Sn，Sb，I，Ba，W，Au，Hg，Pb，Bi，Tb，U，Ra 等
胶体成分	$Fe(OH)_3$，$Al(OH)_3$，$Cd(OH)_3$，$Cr(OH)_3$，$Ti(OH)_4$，$Zr(OH)_4$，Ce(OH)
	黏性胶体，腐殖质，SiO_2，MnO_2，SnO_2，V_2O_5，Sb_2S_3，PbS，As_2S_3 等硫化物胶体
有机质成分 (细菌)	高分子有机化合物，腐殖酸 (雷酸 C：44%；H：53%；O：40%；N：15%)，藻类介质，细菌，腐殖物质，地沥青，酚，酞，脂肪酸，环烷酸

地下水中的化学元素，按其组分分组，可分为常量 (宏) 元素、微量元素、超微量元素及放射性元素。见表 1.4.4-6。

表 1.4.4-6 地下水化学元素按组分分类

元素组分名称	元素含量 (质量%)	举例元素
常 (宏) 量元素	>10^{-2}	Na，Ca，Mg，Cl^-，SO_4^{2-}，HCO_3^-
微量元素	10^{-2}~10^{-5}	Br，Sr，B，F，Li，As，Rb
超微量元素	<10^{-5}	Cu，Au，Bi，Te，Cd，Se
放射性元素	—	U，Th，Ra，Rn

三、水质分析

(一) 水质分析内容

地下水水质分析可分为简分析、全分析、专门分析及评价混凝土侵蚀性的分析等，各种类的水质分析项目见表 1.4.4-7。

表 1.4.4-7 地下水水质分析项目表

水质分析种类	水质分析项目
简分析	色、水温、气味、口味、浑浊度或透明度、pH、游离二氧化碳、总矿化度、总碱度、总硬度、钙、镁、钠、钾、氯离子、硫酸根、重碳酸根
全分析	色、水温、气味、口味、浑浊度或透明度、pH、游离二氧化碳、总矿化度、总碱度、总硬度、暂时硬度、永久硬度、负硬度、可溶性二氧化硅、耗氧量、氯离子、硫酸根、硝酸根、亚硝酸根及重碳酸根、铵、钙、镁、三价铁、二价铁、钾、钠、硅酸、硼等

续表

水质分析种类		水质分析项目
专门分析	为水文地球化学目的	铜、铅、锌、铁、锰、镍、钴等微量金属组分，^{1}H、^{3}H、^{18}O、^{14}C等同位素及溶解和逸出的氧、氮、一氧化碳、二氧化碳、甲烷、硫化氢、氩、氦等气体或稀有气体成分
	为毒理学目的	汞、镉、铬、砷、硒、氰化物、挥发酚类、苯并（α）芘、三氯甲烷、四氯化碳、有机氯、有机磷、总α及总β
	为细菌学目的	总大肠菌群、细菌总数
混凝土侵蚀性评价		氢离子浓度（pH值）、游离碳酸含量、侵蚀性二氧化碳含量、重碳酸盐碱度（HCO_3^- 离子）、氯离子含量、硫酸根离子含量、钙离子含量、镁离子含量、溶解固形物、钠离子和钾离子含量、硫化氢含量、氧化能力

（二）水质分析方表示法

水质分析结果用各种形式的指标值及化学表达式来表示。具体方法如下。

1. 离子含量指标

溶解于地下水中的盐类，以各种形式的阴、阳离子存在，其含量一般以单位 mmol/L（毫摩尔/升），mg/L（毫克/升），me/L（毫克当量/升）表示。超微量元素的离子，其单位以 μg/L（微克/升）表示。

2. 分子含量指标

溶解于地下水的气体和胶体物质，如 CO_2，SiO_2，其含量一般用单位 mmol/L，mg/L 表示。

3. 综合指标

表示地下水化学性质的综合指标主要有 pH 值、酸碱度、硬度和矿化度。

（1）pH 值。

pH 值用以表示水中氢离子浓度，地下水按 pH 值的分类见表 1.4.4-8。

表 1.4.4-8　地下水按 pH 值分类表

水的类别	pH 值
强酸性水	<4.0
酸性水	4.0～5.0
弱酸性水	5.0～6.0
中性水	6.0～7.5
弱碱性水	7.5～9.0
碱性水	9.0～10.0
强碱性水	>10.0

（2）酸度和碱度。

酸度是指强碱滴定水样中的酸至一定 pH 值的碱量。用指示剂酚酞滴定当量终点，测得的酸度称为酚酞酸度（总酸度）；用指示剂甲基橙滴定当量终点，测定的酸度称为甲基橙酸度。

碱度是指强酸滴定水样中的碱至一定 pH 值的酸量。用指示剂甲基橙滴定当量终点，测得的碱度称为甲基橙碱度（总酸度）；用指示剂酚酞滴定当量终点，测定的酸度称为酚酞碱度。

碱度一般以 mmol/L、me/L 表示。

（3）硬度。

地下水的硬度可分为总硬度、暂时硬度和永久硬度。总硬度是指水中所台钙和镁的盐类的总含量，如：$Ca(HCO_3)_2$、$Mg(HCO_3)_2$、$CaSO_4$、$MgSO_4$、$CaCl_2$、$MgCl_2$ 等。暂时硬度是指当水煮沸时，重碳酸盐分解破坏而析出的 $CaCO_3$ 或 $MgCO_3$ 的含量。而当水煮沸时，仍旧存在于水中的钙盐和镁盐（主要是硫酸盐和氯化物）的含量，称永久硬度。

总硬度为暂时硬度和永久硬度之和，一般是用 mmol/L、me/L、mg/L、H°（德国度）来表示。一个德国度相当于在 1L 水中含有 10mg 的 CaO 或者含 7.2mg 的 MgO。1me 硬度等于 2.8H°，或是等于 20.04mg/L 的 Ca^{2+} 或 12.16mg/L 的 Mg^{2+}。

地下水按硬度的分类见表 1.4.4-9。

表 1.4.4-9　地下水按硬度分类表

水的类别	极软水	软水	微硬水	硬水	极硬水
H°	<4.2	4.2～8.4	8.4～16.8	16.8～25.2	>25.2
me/L	<1.5	1.5～3.0	3.0～6.0	6.0～9.0	>9.0
mg/L	<42	42～84	84～168	168～252	>252

注　mg/L 是以 CaO 计。1H°=0.35663me/L 或 1me/L=2.804H°。

硬度单位换算系数表见表 1.4.4-10。

表 1.4.4-10　硬度单位换算系数

硬度值	mg/L	H°	me/L
mg/L	1	2.8/E	1/E
H°	E/2.8	1	1/2.8
me/L	E	2.8	1

注　E 表示欲换算物质的当量。

（4）矿化度。地下水含离子、分子与化合物的总量称为矿化度，或称总矿化度。通常是用 110℃的温度将水烘干，所得干固残余物的数量。矿化度单位一般以 g/L、mg/L 表示。地下水按矿化度的分类见表 1.4.4-11。

表 1.4.4-11　地下水按矿化度分类表

类别	淡水	低矿化水（微咸水）	中等矿化水（咸水）	高矿化水（盐水）	卤水
矿化度（g/L）	<1	1～3	3～10	10～50	>50

（三）水质分析审核

为了保证分析成果的正确性，可依据水化学原理进行下列审核和校正。

1. 阴、阳离子毫克当量总数的审核

按照水中的阴、阳离子的毫克当量总数相等的原理，鉴别分析的正确性。若相等，则分析结果准确；否则，有误差。误差（δ）按下式计算：

$$\delta=\frac{\sum A-\sum K}{\sum A+\sum K}\times 100\% \quad (1.4.4-1)$$

$$\sum K=\frac{K^+}{39.09}+\frac{Na^+}{23}+\frac{Ca^{2+}}{20.04}+\frac{Mg^{2+}}{12.16}+\frac{NH_4^+}{18.04}+\cdots(me/L) \quad (1.4.4-2)$$

$$\sum A=\frac{OH^-}{17.01}+\frac{NO_3^-}{62}+\frac{Cl^-}{35.46}+\frac{HCO_3^-}{61.02}+\frac{CO_3^{2-}}{30.01}+\frac{SO_4^{2-}}{48.03}+\frac{SiO_3}{36.03}+\frac{PO_4}{31.6}+\cdots \quad (1.4.4-3)$$

一般全分析，δ 不应超过±12%；而简分析时，δ 不得大于±5%；超出此范围，则说明分析项目不够全面或分析成果有错误。K^++Na^+ 是根据阴离子和阳离子总数按减差法求得时，则不能应用阴阳离子的毫克当量总数来校正。

K^++Na^+ 按阴阳离子减差法计算时，阴离子毫克当量总数小于（不包括 K^++Na^+）阳离子毫克当量总数时，则分析有误差。

2. 总盐含量与溶解固体的校正

$$总盐含量=\sum A+\sum K \quad (me/L) \qquad (1.4.4-4)$$

总含盐量可以用溶解固体的含量表示，但数值并不相等，可概略地表示为

$$溶解固体\approx\sum K+\sum A-\frac{1}{2}HCO_3^- \quad (me/L) \qquad (1.4.4-5)$$

溶解固体的计算值与实测值通常相差5%，对含盐量很小的水来说，其误差可能还要大一些，如含盐量小于100mg/L时，允许相差10%。

一般固体总量常常大于阴阳离子的总和，在简分析的情况下，当矿化度小于500mg/L时，固体总量与阴阳离子总和之差不应大于30～35mg/L；若矿化度大于500mg/L，其差不应大于6%～7%。

3. 重碳酸根、碳酸根、游离二氧化碳的含量与pH值关系的校正

$$pH=6.37+\lg c_1-\lg c_2 \qquad (1.4.4-6)$$

$$pH=10.31-\lg c_1+\lg c_3 \qquad (1.4.4-7)$$

式中：c_1 为 HCO_3^- 的含量，mg/L；c_2 为游离二氧化碳的含量，mg/L；c_3 为 CO_3^{2-} 的含量，mg/L。

由计算式算出的pH值与实测值的差数，一般不应大于0.1，最大误差不得超过0.2。

4. HCO_3^-、$Ca^{2+}+Mg^{2+}$、$HCO_3^-+SO_4^{2-}$ 关系的校正

三组离子的毫克当量间的关系是决定天然水类型的标准之一，对于大多数含盐量小于1000mg/L的水，最普遍的关系是：

$$[HCO_3^-]<[Ca^{2+}+Mg^{2+}]<[HCO_3^-+SO_4^{2-}] \quad (me/L) \qquad (1.4.4-8)$$

如果在分析淡水时，不符合上述关系式，则应将分析结果与该种水质的其他分析结果相比较，如有不同或得到另外的关系如 $[Ca^{2+}+Mg^{2+}]>[HCO_3^-+SO_4^{2-}]$ 或 $[HCO_3^-]>[Ca^{2+}+Mg^{2+}]$ 时，即属可疑。

5. 总硬度、碱度、离子间关系的校正

总硬度（H_0）应为非碳酸盐硬度（H_y）与碳酸盐硬度（H_z）之和。即

$$H_0=H_y+H_z \qquad (1.4.4-9)$$

(1) 当有非碳酸盐硬度存在时，应没有负硬度存在。此时：

$$总硬度>总碱度$$

碳酸盐硬度等于重碳酸根离子的含量

$$[Cl^-+SO_4^{2-}]>[K^++Na^+] \quad (me/L)$$

(2) 当有负硬度存在时，应没有非碳酸盐硬度存在。此时：

$$总硬度\approx碳酸盐硬度$$

总硬度小于总碱度

$$负硬度\approx总碱度-总硬度<[K^++Na^+] \quad (me/L)$$

(3) 钙、镁离子的总和，应近于总硬度。即

$$H_0\approx\left[\frac{Ca^{2+}}{20.04}+\frac{Mg^{2+}}{12.16}\right] \quad (me/L) \qquad (1.4.4-10)$$

由于试验方法不一，上述计算值和实测值不完全相等，当硬度小于98.14（me/L）时，相差应在±2.804（me/L）以内；大于98.14（me/L）（德国度35°）时，应在±8.41（me/L）以内。

如上述有误，一般可认为总硬度与 Ca^{2+} 值分析是正确的，而据此分析修正 Mg^{2+} 值。在淡水中，一般 Ca^{2+} 含量大于 Mg^{2+} 的含量，甚至会大几倍。

6. 耗氧量、透明度、色度关系的检查

耗氧量的大小一般与透明度、色度相应，透明度愈小，色度愈大，耗氧量愈大，可以对照检查。

（四）水化学成分表示方法——库尔洛夫表示式

水化学成分的表示方法很多，其中较通用也较简便的表示方法之一是库尔洛夫表示式。该表示式将水中毫克当量百分数大于10%的各主要离子，按其相对含量大小，按递减顺序以分式表示，并注明各离子的毫克当量百分数，分子为阴离子，分母为阳离子。水的总矿化度（M）和特殊元素（Br、I等），则以g/L为单位，依次排列于分式之前，水温（T℃）附于分式之后。如：

$$Br_{0.008}M_{0.84}=\frac{HCO^3_{95.5}}{Ca_{44.9}Mg_{32.9}Na_{18.5}}T_{20℃} \qquad (1.4.4-11)$$

四、水质评价

（一）环境水对混凝土侵蚀性判定及标准

1.《水力发电工程地质勘察规范》（GB 50287—2006）

环境水对混凝土的腐蚀程度分级见表1.4.4-12。环境水对混凝土的腐蚀的判别标准见表1.4.4-13。

表1.4.4-12　腐蚀程度分级

腐蚀程度	一年内腐蚀区混凝土的强度降低 F（%）	腐蚀的表面特征
无腐蚀	0	
弱腐蚀	$F<5$	材料表面略有损坏
中等腐蚀	$5\leqslant F<20$	侧壁表面有明显隆起、剥落
强腐蚀	$F\geqslant20$	材料有明显的破坏（严重开裂、掉小块）

表1.4.4-13　环境水腐蚀判别标准

腐蚀类型		腐蚀特征判定依据	腐蚀程度	界限指标	
分解类	溶出型	HCO_3^- 含量（mmol/L）	无腐蚀	$HCO_3^->1.07$	
			弱腐蚀	$6.5\geqslant HCO_3^->0.70$	
			中等腐蚀	$HCO_3^-\leqslant0.70$	
			强腐蚀	—	
	一般酸性型	pH值	无腐蚀	$pH>6.5$	
			弱腐蚀	$1.07\geqslant pH>6.0$	
			中等腐蚀	$6.0\geqslant pH>5.5$	
			强腐蚀	$pH\leqslant5.5$	
	碳酸型	侵蚀性 CO_2 含量（mg/L）	无腐蚀	$CO_2<15$	
			弱腐蚀	$15\leqslant CO_2<30$	
			中等腐蚀	$30\leqslant CO_2<60$	
			强腐蚀	$60\leqslant CO_2$	
分解结晶复合类	硫酸镁型	Mg^{2+} 含量（mg/L）	无腐蚀	$Mg^{2+}<1000$	
			弱腐蚀	$1000\leqslant Mg^{2+}<1500$	
			中等腐蚀	$1500\leqslant Mg^{2+}<2000$	
			强腐蚀	$2000\leqslant Mg^{2+}<3000$	
结晶类	硫酸盐型	SO_4^{2-} 含量（mg/L）		普通水泥	抗硫酸盐水泥
			无腐蚀	$SO_4^{2-}<250$	$SO_4^{2-}<3000$
			弱腐蚀	$250\leqslant SO_4^{2-}<400$	$3000\leqslant SO_4^{2-}<4000$
			中等腐蚀	$400\leqslant SO_4^{2-}<500$	$4000\leqslant SO_4^{2-}<5000$
			强腐蚀	$500\leqslant SO_4^{2-}<1000$	$5000\leqslant SO_4^{2-}<10000$

2.《岩土工程勘察规范》（GB 50021—2009）

受环境类型影响，水和土对混凝土结构的腐蚀性评价，按表1.4.4-14进行。受地层渗透性影响，水和土对混凝土结构的腐蚀性评价，应符合表1.4.4-15的规定。

表 1.4.4-14　按环境类型水和土对混凝土结构的腐蚀性评价

腐蚀等级	腐蚀介质	环境类型		
		Ⅰ	Ⅱ	Ⅲ
微弱中强	硫酸盐含量 SO_4^{2-} (mg/L)	<200 200～500 500～1500 >1500	<300 300～1500 1500～3000 >3000	<500 500～3000 3000～6000 >6000
微弱中强	镁盐含量 Mg^{2+} (mg/L)	<1000 1000～2000 2000～3000 >3000	<2000 2000～3000 3000～4000 >4000	<3000 3000～4000 4000～5000 >5000
微弱中强	铵盐含量 NH_4^+ (mg/L)	<100 100～500 500～800 >800	<500 500～800 800～1000 >1000	<800 800～1000 1000～1500 >1500
微弱中强	苛性碱含量 OH^- (mg/L)	<35000 35000～43000 43000～57000 >57000	<43000 43000～57000 57000～70000 >70000	<57000 57000～70000 70000～100000 >100000
微弱中强	总矿化度 (mg/L)	<10000 10000～20000 20000～50000 >50000	<20000 20000～50000 50000～60000 >60000	<50000 50000～60000 60000～70000 >70000

注　1. 表中数值适用于有干湿交替作用的情况，Ⅰ、Ⅱ类腐蚀环境无干湿交替作用时，表中数值应乘以 1.3 的系数。
2. 表中数值适用于水的腐蚀性评价，对土的腐蚀性评价，应乘以 1.5 的系数，单位以 mg/kg 表示。
3. 表中苛性碱（OH^-）含量（mg/L）应为 NaOH 和 KOH 中的 OH^- 含量（mg/L）。

表 1.4.4-15　按地层渗透性水和土对混凝土结构的腐蚀性评价

腐蚀等级	pH 值		侵蚀性 CO_2 (mg/L)		HCO_3^- (mmol/L)
	A	B	A	B	A
微弱中强	>6.5 5.0～6.5 4.0～5.0 <4.0	>5.0 4.0～5.0 3.5～4.0 <3.5	>30 15～30 30～60 >60	>60 30～60 60～100 —	>1.0 1.0～0.5 <0.5 —

注　1. 表中 A 是指直接临水或强透水层中的地下水；B 是指弱透水层中的地下水；强透水层是指碎石土和砂土，弱透水层是指粉土和黏性土。
2. HCO_3^- 含量是指水的矿化度低于 0.1g/L 的软水时该类水质 HCO_3^- 的腐蚀性。
3. 土的腐蚀性评价只考虑 pH 值指标，评价其腐蚀性时，A 是指强透水土层，B 是指弱透水土层。

（二）饮用水水质标准

饮用水的水质标准应符合《生活饮用水卫生规程》（GB 5749—2006）中的规定，见表 1.4.4-16。

表 1.4.4-16　生活饮用水卫生标准

指　标	限　值
1. 微生物指标[a]	
总大肠杆菌/(MPN/100mL，或 CFU/100mL)	不得检出
耐热大肠杆菌/(MPN/100mL，或 CFU/100mL)	不得检出
大肠埃氏菌/(MPN/100mL，或 CFU/100mL)	不得检出
菌落总数/(CFU/100mL)	100
2. 毒理指标	
砷(mg/L)	0.01
镉(mg/L)	0.005
铬（六价）(mg/L)	0.05
铅(mg/L)	0.01
汞(mg/L)	0.001
硒(mg/L)	0.01
氟化物(mg/L)	0.05
氰化物(mg/L)	1.0
硝酸盐（以 N 计）(mg/L)	10，地下水源限制为 20
三氯甲烷(mg/L)	0.06
四氯化碳(mg/L)	0.002
溴酸盐（使用溴氧时）(mg/L)	0.01
甲醛（使用溴氧时）(mg/L)	0.9
亚氯酸盐（使用二氧化氯消毒时）(mg/L)	0.7
氯酸盐（使用复合二氧化氯消毒时）(mg/L)	0.7
3. 感官性状和一般化学指标	
色度（铂钴色度单位）	15
混浊（散射浑浊度单位)NTU	1，水源与净水技术条件限制时为 3
嗅和味	无异臭、异味
肉眼可见物	无
pH	6.5～8.5
铝(mg/L)	0.2
铁(mg/L)	0.3
锰(mg/L)	0.1
铜(mg/L)	1.0
锌(mg/L)	1.0
氯化物(mg/L)	250
硫酸盐(mg/L)	250
溶解性总固体(mg/L)	1000
总硬度（以 $CaCO_3$ 计)(mg/L)	450
耗氧量（COD_{Mn} 法，以 O_2 计）(mg/L)	3，水源限制，原水耗氧量>6mg/L 时为 5
挥发酚类（以苯酚计)(mg/L)	0.002
阳离子合成洗涤剂(mg/L)	0.3
4. 放射性指标[b]	指导值
总 α 放射性(Bq/L)	0.5
总 β 放射性(Bq/L)	1

a　MPN 表示最可能数；CFU 表示菌落形成单位；当水样检出总大肠杆菌群时，应进一步检验大肠埃氏菌或耐热大肠菌群；水样未检出总大肠菌群，不必检验大肠埃氏菌或耐热大肠菌群。

b　放射性指标超过指导值，应进行核素分析和评价，判定能否饮用。

（三）《地下水质量标准》(GB 14848—1993)

依据我国地下水水质现状、人体健康基准值及地下水质量保护目标，并参照生活饮用水、工业、农业用水水质最低要求，将地下水质量划分为五类。Ⅰ类主要反映地下水化学组分的天然低背景含量。适用于各种用途。Ⅱ类主要反映地下水化学组分的天然背景含量。适用于各种用途。Ⅲ类以人体健康基准值为依据。主要适用于集中式生活饮用水水源及工农业用水。Ⅳ类以农业和工业用水要求为依据。除适用于农业和部分工业用水外，适当处理后可作生活饮用水。Ⅴ类不宜饮用，其他用水可根据使用目的选用。地下水质量分类指标见表 1.4.4-17。

表 1.4.4-17　　地下水质量分类指标

项目序号	类别标准值 项目	Ⅰ类	Ⅱ类	Ⅲ类	Ⅳ类	Ⅴ类
1	色>(度>)	≤5	≤5	≤15	≤25	>25
2	嗅和味	无	无	无	无	有
3	浑浊度>(度>)	≤3	≤3	≤3	≤10	>10
4	肉眼可见物	无	无	无	无	有
5	pH		6.5～>8.5		5.5～>6.5 8.5～>9	<5.5,>>9
6	总硬度>(以>C_zCO_3，计>)(mg/L)	≤150	≤300	≤450	≤550	>550
7	溶解性总固体>(mg/L)	≤300	≤500	≤1000	≤2000	>2000
8	硫酸盐>(mg/L)	≤50	≤150	≤250	≤350	>350
9	氯化物>(mg/L)	≤50	≤150	≤250	≤350	>350
10	铁>(Fe)(mg/L)	≤0.1	≤0.2	≤0.3	≤1.5	>1.5
11	锰>(Mn)(mg/L)	≤0.05	≤0.05	≤0.1	≤1.0	>1.0
12	铜>(Cu)(mg/L)	≤0.01	≤0.05	≤1.0	≤1.5	>1.5
13	锌>(Zn)(mg/L)	≤0.05	≤0.5	≤1.0	≤5.0	>5.0
14	钼>(Mo)(mg/L)	≤0.001	≤0.01	≤0.1	≤0.5	>0.5
15	钴>(Co)(mg/L)	≤0.005	≤0.05	≤0.05	≤1.0	>1.0
16	挥发性酚类>(以苯酚计>)(mg/L)	≤0.001	≤0.001	≤0.002	≤0.01	>0.01
17	阴离子合成洗涤剂>(mg/L)	不得检出	≤0.1	≤0.3	≤0.3	>0.3
18	高锰酸盐指数>(mg/L)	≤1.0	≤2.0	≤3.0	≤10	>10
19	硝酸盐>(以>N计>)(mg/L)	≤2.0	≤5.0	≤20	≤30	>30
20	亚硝酸盐>(以>N计>)(mg/L)	≤0.001	≤0.01	≤0.02	≤0.1	>0.1
21	氨氮>(NH_4)(mg/L)	≤0.02	≤0.02	≤0.2	≤0.5	>0.5
22	氟化物>(mg/L)	≤1.0	≤1.0	≤1.0	≤2.0	>2.0
23	碘化物>(mg/L)	≤0.1	≤0.1	≤0.2	≤1.0	>1.0
24	氰化物>(mg/L)	≤0.001	≤0.01	≤0.05	≤0.1	>0.1
25	汞>(Hg)(mg/L)	≤0.00005	≤0.0005	≤0.001	≤0.001	>0.001
26	砷>(As)(mg/L)	≤0.005	≤0.01	≤0.05	≤0.05	>0.05
27	硒>(Se)(mg/L)	≤0.01	≤0.01	≤0.01	≤0.1	>0.1
28	镉>(Cd)(mg/L)	≤0.0001	≤0.001	≤0.01	≤0.01	>0.01
29	铬>(六价>)(Cr^{6+})(mg/L)	≤0.005	≤0.01	≤0.05	≤0.1	>0.1
30	铅>(Pb)(mg/L)	≤0.005	≤0.01	≤0.05	≤0.1	>0.1
31	铍>(Be)(mg/L)	≤0.00002	≤0.0001	≤0.0002	≤0.001	>0.001
32	钡>(Ba)(mg/L)	≤0.01	≤0.1	≤1.0	≤4.0	>4.0
33	镍>(Ni)(mg/L)	≤0.005	≤0.05	≤0.05	≤0.1	>0.1
34	滴滴滴>(μg/L)	不得检出	≤0.005	≤1.0	≤1.0	>1.0
35	六六六>(μg/L)	≤0.005	≤0.05	≤5.0	≤5.0	>5.0
36	总大肠菌群>(个>/L)	≤3.0	≤3.0	≤3.0	≤100	>100
37	细菌总数>(个>/L)	≤100	≤100	≤100	≤1000	>1000
38	总>σ放射性>(Bq/L)	≤0.1	≤0.1	≤0.1	>0.1	>0.1
39	总>β放射性>(Bq/L)	≤0.1	≤1.0	≤1.0	>1.0	>1.0

第五节　同位素水文地质

一、基本概念

（一）同位素分类

1. 稳定同位素与放射性同位素

原子核不稳定能自发进行放射性衰变或核裂变而转变成其他类核素的同位素称为放射性同位素。原子核稳定，迄今尚未发现存在放射性衰变现象的同位素称为稳定同位素。目前已知的天然核素中，稳定核素有 270 多种，放射性核素有 60 多种。

2. 天然同位素与人工同位素

自然界中天然存在的同位素称为天然同位素。它包括地球形成时原始合成的稳定同位素、长寿命（半衰期大于 108a）放射性同位素及其子体、天然核反应生成的同位素等。人工同位素是指通过人工方法（如核爆炸、核反应堆和粒子加速器等）制造出来的同位素。目前由人工方法制造出的放射性同位素已达 1600 余种。

3. 环境同位素与人工施放同位素

从同位素示踪观点可分为环境同位素和人工施放同位素两种。前者指遍布于整个自然环境中的同位素，主要是一些天然同位素，也包括人工核反应进入到自然环境中的人工同位素。后者指为了某种研究目的作为示踪剂人为投放到某局部范围的人工同位素。

（二）同位素组成及表示方法

同位素组成是指物质中某一元素的各种同位素的相对含量。在同位素地球化学中通常用来表示同位素组成的方法有：同位素丰度、同位素比值（R值）和千分偏差值（δ值）等几种。天然条件下某些元素同位素比值的变化见表1.4.5-1。

表1.4.5-1　天然条件下某些元素同位素比值的变化范围

元素	同位素比值（R）	变化范围	变化量（%）
H	D/H	0.000079～0.0000195	147
Li	$\frac{^{6}Li}{^{7}Li}$	0.079～0.084	6.3
Be	$\frac{^{10}Be}{^{11}Be}$	0.226～0.234	3.5
C	$\frac{^{13}C}{^{12}C}$	0.0107～0.0115	7.5
O	$\frac{^{18}O}{^{16}O}$	0.001887～0.002083	10.4
Si	$\frac{^{30}Si}{^{28}Si}$	0.0332～0.0342	3
S	$\frac{^{34}S}{^{32}S}$	0.0432～0.0472	9.2

二、氢氧稳定同位素

（一）主要地球化学性质

在地壳中，氧的丰度为46.6%，氢的丰度（0.14%）虽然很小，但以OH^-的形式常常出现在各种硅酸盐石矿物中。氢有两种稳定同位素：^{1}H和$^{2}H(D)$，它们的天然平均丰度分别为99.9844%和0.0156%。氧有三种主要的稳定同位素：^{18}O、^{17}O、^{16}O，它们的平均丰度为：$^{16}O=99.762\%$，$^{17}O=0.038\%$，$^{18}O=0.200\%$。氢和氧的某些地球化学参数见表1.4.5-2。

表1.4.5-2　氢和氧的某些地球化学基本参数

性质	氢（H）	氧（O）
原子序数	1	8
原子量	1.008	16.000
原子半径（Å）	0.46	0.60
离子半径（Å）	1.54	1.32（O^{2-}）
最常见离子	H^+	O^{2-}
负电性	2.1	3.5
地壳中平均含量（重量%）	1.00	49.13
岩石圈中平均含量（重量%）	—	～50
水圈中平均含量（重量%）	～10.8	～85.7
大气圈中平均含量（体积%）	0.00005（H_2）	20.95
生物圈中平均含量（重量%）	10.5	70

（二）天然水的氢氧同位素组成及分布特征

海洋水的氢氧同位素组成较稳定。同位素随深度和纬度的变化δD值约为4‰，$\delta^{18}O$值为0.3‰。不同海洋区的δ值的变化很小，见表1.4.5-3和表1.4.5-4。

表1.4.5-3　深层海水氢同位素组成的区域分布

海洋	δD‰	观察站数	样品数
北冰洋	+2.2±1.0	6	22
挪威海	+2.2±0.7	6	22
北大西洋	+1.2±0.8	15	14
南大西洋	−1.3±0.6	7	11
太平洋	−1.1±0.4	5	8
南极海中部	−0.9±0.8	10	19
南极极圈	−1.7±0.8	6	16

表1.4.5-4　深层海水氧同位素组成的区域性分布

海洋		$\delta^{18}O$‰	盐度‰
北大西洋		+0.12	34.93
南极洋底层水		−0.45	34.65
印度洋		−0.18	34.71
太平洋	南极盆地	−0.21	34.700
	南区	−0.17	34.707
	赤道盆地	−0.17	34.692
	北区	−0.17	34.700
两极极圈		−0.3～0.2	34.69

大气降水的氢氧同位素组成有三个重要特征：①$\delta D\sim\delta^{18}O$值之间呈线性变化；②大多数地区大气降水的δD和$\delta^{18}O$为负值；③δ值与所处地理位置有关，并随离蒸汽源的距离的增加而变负。氢氧同位素组成线性相关规律用数学式表示为

$$\delta D=8\delta^{18}O+10 \qquad (1.4.5-1)$$

这就是降水方程，又称之为Craig方程。岛屿滨海和内陆，世界及我国部分地区的降水方程见表1.4.5-5和表1.4.5-6。

表1.4.5-5　岛屿、滨海和内陆的降水方程

地点	样品数	相关方程	γ	σ（‰）
岛屿观测点	25	$\delta D=(8.47\pm0.52)\delta^{18}O+(11.11\pm1.24)$	0.990	3.0
		$\delta D=(8.51\pm0.24)\delta^{18}O+(10.21\pm1.04)$①	0.991	2.91
滨海观测点	29	$\delta D=(8.07\pm0.12)\delta^{18}O+(10.44\pm1.07)$	0.997	3.13
		$\delta D=(8.903\pm0.11)\delta^{18}O+(9.59\pm0.95)$①	0.997	3.3
内陆观测点	15	$\delta D=(8.14\pm0.61)\delta^{18}O+(9.17\pm1.64)$	0.998	3.08
		$\delta D=(8.01\pm0.15)\delta^{18}O+(6.49\pm1.70)$①	0.998	3.69

①　加权平均相关方程。

表1.4.5-6　世界及我国部分地区的降水方程

地点	降水方程	资料来源
北京	$\delta D=7.3\delta^{18}O+9.7$	北京市水文地质公司
郑州	$\delta D=8.07\delta^{18}O+10.75$	*
太原	$\delta D=7.61\delta^{18}O+9.25$	中国科学院（1987）
成都	$\delta D=8.94\delta^{18}O+13.65$	
昆明	$\delta D=7.87\delta^{18}O+11.09$	
乌鲁木齐	$\delta D=7.96\delta^{18}O+9.57$	
兰州	$\delta D=6.89\delta^{18}O+7.67$	
山西临汾	$\delta D=7.89\delta^{18}O+12.7$	中国地质大学（1986）
西藏东部	$\delta D=8.22\delta^{18}O+18.99$	
上海	$\delta D=8.2\delta^{18}O+15.8$	卫克勤等（1983）
台湾	$\delta D=8\delta^{18}O+16.5$	谢越宁等（1984）
广州	$\delta D=6.97\delta^{18}O+2.59$	
福州	$\delta D=7.2\delta^{18}O+3.79$	
日本	$\delta D=8\delta^{18}O+17.5$	谢越宁（1984）
非洲干旱区	$\delta D=8\delta^{18}O+22$	
南美洲	$\delta D=(7.9\pm1.7)\delta^{18}O+(8\pm2.7)$	
澳大利亚、新西兰	$\delta D=(8\pm1.3)\delta^{18}O+(16\pm2.3)$	
埃塞俄比亚	$\delta D=8\delta^{18}O+15$	李桂如（1978）

三、碳硫稳定同位素

（一）主要地球化学性质

碳元素在地壳中的丰度为2000nm，属微量元素，但分布广泛。碳的稳定同位素有两种：^{13}C和^{12}C，它们的同位素相对丰度分别为1.108%和98.892%。

碳在地下水中以游离CO_2、溶解$CO_2+H_2CO_3$、HCO^-、CO_3^{2-}等形式存在，它们的总和称为溶解无机碳总量（C）。地下水碳同位素组成系指总溶解无机碳的同位素组成。

硫有四种稳定同位素，其相对丰度为：^{32}S—95.02%；^{33}S—0.75%；^{34}S—4.21%；^{36}S—0.02%。在这四种稳定同位素中，以^{32}S和^{34}S最为丰富，在同位素地球化学的研究中，一般采用$^{34}S/^{32}S$的比值。硫在地下水中的存在形式有：SO_4^{2-}、HSO_4^-、H_2S、HS^-等。对多数地下水来说，以$SO_4{}^{2-}$和H_2S为主。

（二）天然水中碳硫同位素组成及分布特征

1. 碳稳定同位素

海洋水中溶解无机碳的碳同位素组成的分布具有以下一些特征：表层海水的$\delta^{13}C$值变化大，最表层水的$\delta^{13}C$值最高，往下随深度加大而变小，直至深1km处为$\delta^{13}C$的最低点；1km处以下的深部海水，以现$\delta^{13}C$值随深度缓慢增长的趋势，但增长幅度很小。海洋水中溶解的有机碳的$\delta^{13}C$值比较稳定，平均值为−21.8‰。在寒冷的北极水中，溶解有机质与微粒有机质的$\delta^{13}C$值相差5‰。微粒有机质的$\delta^{13}C$值在−27‰左右，接近于现代浮游生物。

湖泊水中溶解碳的同位素组成反映当地的大陆和周围岩石含碳物质的碳同位素组成的特征。湖水中溶解碳的同位素组成受湖水和湖泊沉积物内生物活动产生的CO_2的影响以及受地下水带入的无机碳与大气CO_2的同位素交换的影响，造成^{13}C含量成层分布。

地下水碳同位素组成受制于地下水本身形成、迁移及赋存的环境。地下水中碳的来源主要有：①大气CO_2，在通常条件下$\delta^{13}C$值为−7‰左右；②土壤CO_2和现代生物碳，其$\delta^{13}C$值一般为−25‰左右；③海相石灰岩，其$\delta^{13}C$值为0+1‰；④淡水灰岩，其$\delta^{13}C$为负值，变化范围大。

2. 硫同位素

海洋水中硫主要以溶解硫酸盐的形式存在。海水硫酸盐的浓度相当均一，且恒定在0.2648%。海洋水中硫的总量约为1.23×10^{15}t。现代各大洋中硫的同位素组成相当一致，其$\delta^{34}S$值为20.1±0.8‰。

大气中的硫主要以SO_2、SO_4^{2-}和H_2S等形式存在。不同地区雨水中的$\delta^{34}S$变化很大。在靠近海洋的地区，大气降水的$\delta^{34}S$值接近于正常海水硫酸盐。在非工业区$\delta^{34}S$值在3.2‰～8.2‰范围内变化；在工业区其值高达15.6‰。

河流水系中，水溶硫的同位素组成基本上取决于河流盆地的物理化学背景和硫的来源。湖泊中水溶硫的$\delta^{34}S$值变化很大，一般在−5.5‰～+27‰之间。

地下水中的硫化合物主要以SO_4^{2-}、H_2S和HS^-的形式存在，它们的同位素组成的变化主要取决于硫的来源以及地下水赋存环境条件所引起同位素分馏的程度。根据统计，SO_4^{2-}的$\delta^{34}S$值变化范围为−13‰～+41‰，H_2S的$\delta^{34}S$值为−38‰～+21‰。

四、氚和碳^{14}C放射性同位素

（一）氚和^{14}C的起源

天然水中的氚主要有两种起源：天然氚和人工核爆氚。天然氚生成于大气层上部10～20km高空。自然界中的天然氚在长期积累和衰变过程已达到了自然平衡状态，其总重约为5～20kg。人工氚主要由大气层核试验产生。氚原子生成以后即同大气中的氧原子化合生成HTO水分子，成为天然水的一部分。并随普通水分子一起，参加水循环。^{14}C天然相对丰度为1.2×10^{-10}。天然^{14}C是在平流层和对流层之间的过渡地带；人工^{14}C来源于人工核反应，如空中核爆炸、核反应堆和加速器等。

（二）天然水中氚的分布特征

大气降水中的氚浓度具有以下分布特征：纬度越低、氚浓度也低，且随纬度增高而增高，赤道的氚浓度最低，极地最高。在同一纬度带上，大气降水的氚浓度随远离海岸线而逐步增高，称之为大陆效应。大气降水氚含量高处大于低处称为高度效应。采样地点越高，雪中含上部大气层（富氚）的水蒸气的比例也越大。大气降水中氚浓度具有明显的季节变化特征，最大浓度一般出现在6～7月，最小浓度出现在11～12月。在同纬度的地区，大气降水的氚浓度随降雨量总量的增加而减少。

湖泊水的氚浓度具有两个主要特征：主要由大气降水补给的湖泊水，氚浓度存在季节性变化。这种变化在水滞留时间短和小的湖泊中最大，较大的湖泊中变化最小。湖泊水氚浓度具有垂直分带性。特别是在大而深的湖泊中，由于缺乏混合，水中的氚浓度常常呈季节性或永久性的垂直成层分布，湖泊的表层水氚浓度高，而向深部氚浓度逐渐降低，甚至不含氚。

河水中的氚浓度主要取决于其补给来源。大气降水补给的河水氚浓度较高，而地下水补给的河水氚浓度较低。高纬度区或地形高的山区相对于低纬度区或平原区河水的氚浓度都要高些。在我国，发源于近海山地、丘陵区的河流，如松花江、辽河、海河、钱塘江、闽江和珠江等，河水氚浓度特点是：

（1）自南向北氚浓度逐渐增高，这是纬度效应的反映。

（2）河水中氚浓度低于流域内同期大气降水的氚浓度，这可能与径流的滞后和地下水的补给有关。

发源于内陆高原的河流，如长江、黄河其特点为：

（1）自东向西河水氚浓度逐渐增加，这是大陆效应和高度效应的综合反应。

（2）河水中氚浓度大于当地的大气降水。表明从大陆内部和高山区流来的水所占的比例较大。

地下水的氚浓度及其变化主要取决于补给来源，含水层结构，埋藏条件及水交替强度等。潜水和浅层承压水属于现代循环水，一般都含有一定数量的氚，而深层承压水属于古的停滞水，一般不含或含极少量氚（<1TU）。地下水的氚浓度及其变化与补给来源密切相关。当地下水直接由大气降水补给时，其氚浓度反映大气降水的氚浓度变化特征。当地下水由河水（或湖水）补给时，则其氚浓度与河水（或湖水）的氚浓度变化相类似。

（三）地下水中溶解无机碳的来源及其^{14}C浓度

在含水层的饱和带，地下水中溶解无机碳（HCO_3^-）与围岩中碳酸盐（不含^{14}C）发生碳同位素交换，由于部分^{14}C进入碳酸盐中会使地下水溶解无机碳的^{14}C浓度减小。在非饱和带中，如果地下水处于开放系统，地下水溶解无机碳（HCO_3^-）与气体CO_2的碳同位素交换将向着同位素交换平衡移动，当达到平衡状态时，地下水中HCO_3^-可较气体CO_2略富^{14}C。

五、同位素测定地下水年龄

（一）氚法测定地下水年龄

氚的半衰期为12.43a，可以被利用来研究水圈各个环节

中水的运移的时间特性。实际工作中应用天然氚的最重要的条件是氚从同温层（平流层）通过对流层参与水循环的范围比较固定。在同温层中由于宇宙粒子与大气层中氮、氧原子的核反应不断产生氚，各类型天然水中天然氚浓度的变化范围十分宽广（从0到200TU）。

人工氚氧化后形成氚水，同样以大气降雨形式降落到地表或形成地表径流或渗入地下。人工氚的浓度在某个时期是很高的，有时可超过天然氚浓度的几个数量级，因此可利用它来研究和追踪地下水的运动状况。

（二）^{14}C 法测定地下水年龄

地下水中的含碳物质是溶解于水中的无机碳（DIC），通过测定水中溶解无机碳的年龄并认为溶解无机碳在水中的动力行为与地下水相同。在一般情况下，可以认为地下水中溶解无机碳与土壤 CO_2（或大气 CO_2）隔绝之后便停止了与外界的 ^{14}C交换。所以地下水^{14}C 年龄是指地下水土壤 CO_2 隔绝后"距今"的年代。^{14}C 法测定地下水年龄的上限为5万～6万年，超灵敏计数器有可能向上延至10万年。

六、地下水活动环境同位素分析

（一）利用氢氧同位素组成研究地下水成因

利用区域不同年代地层水与油田水中氢和氧同位素组成的研究结果，可以解释区域地下水起源与形成机制，确定补给区和局部补给源的水文学模式，溯源地下水化学组分的变异历史等。在已经具备了比较丰富的地质与水文地质资料的基础上，地下水中稳定氧同位素可以提供确凿的证据，深入阐明上述问题的某些细节。而且还可以利用氢氧同位素作为示踪物质追索地下水的活动图像，验证地质数据判断的可信程度。

（二）利用氢氧同位素确定含水层补给带（区）或补给高度

大气降水的氢氧同位素组成具有高度效应，据此可以确定含水层补给区以及补给高程。

$$H=\frac{\delta_G-\delta_P}{K}+h \qquad (1.4.5-2)$$

式中：H 为同位素入渗高度，m；h 为地下水高程，m；δ_G 为地下水的 $\delta^{18}O$（或者 δD）值；δ_P 为取样点附近大气降水的 $\delta^{18}O$（或者 δD）值；K 为大气降水 $\delta^{18}O$（或者 δD）值的高度梯度。

（三）应用氚测定地下水补给

氚的半衰期为12.43年，可以被利用来研究水圈各个环节中水的运移的时间特性。实际工作中应用天然氚的最重要的条件是氚从同温层（平流层）通过对流层参与水循环的范围比较固定。在同温层中由于宇宙粒子与大气层中氮、氧原子的核反应不断产生氚，各类型天然水中天然氚浓度的变化范围十分宽广（从0到200TU）。

如同天然氚一样，人工氚氧化后形成氚水，同样以大气降雨形式降落到地表或形成地表径流或渗入地下。人工氚的浓度在某个时期是很高的，有时可超过天然氚浓度的几个数量级，因此可利用它来研究和追踪地下水的运动状况。

（四）利用氢氧稳定同位素计算地下水在含水层中的滞留时间

$$\delta_W=K+\frac{A}{1+4\pi^2T^2}(2\pi T\sin 2\pi t+\cos 2\pi t)+\left(\delta_{W0}-K-\frac{A}{1+4\pi^2T^2}\right)e^{-\frac{t}{T}} \qquad (1.4.5-3)$$

式中：δ_W 为 t 时刻含水层中水的^{18}O 含量；δ_{W0} 为 $t=0$ 时刻含水层中水的^{18}O 含量；K 为大气降水的同位素年平均含量；A 为与年平均同位素含量相比偏差的最大幅度；T 为水在含水层中的停留时间。

只要测出出入口处大气降水信号和在一个井内或一个泉上产生的信号（即出口信号）那么就可以估算出水在含水层中停留的时间。

第五章 物理地质现象

第一节 风化作用

岩石在太阳热能、大气、水分和生物等各种风化应力作用下，不断发生物理和化学变化的过程，称为岩石风化。这种促使岩石破碎甚至分解的地质作用，称为风化作用。

一、风化作用的类型

（一）物理风化作用

由于温度变化以及岩石孔隙、裂隙中水的冻融或盐类物质的结晶膨胀，使岩石发生的机械破碎作用，称为物理风化作用。

（二）化学风化作用

岩石在水溶液、氧及二氧化碳气体等的作用下，产生溶解、水解、水化及氧化等化学反应，不仅使岩石的形态发生变化，导致岩体破碎，而且能改变岩石的化学成分，形成新的矿物。

（三）生物风化作用

生物风化作用是指生物在其生命过程中，直接或间接地对岩石所起的物理的和化学的风化作用。

二、岩石风化带的划分

岩石风化的程度和深度各地不一。风化作用在地表最明显，随着深度的增加，其影响就逐渐减弱以至消失。一般是根据岩石风化后的颜色、结构、矿物成分及物理力学性质等方面的变化，将风化岩石划分为全风化、强风化、弱风化（中等风化）、微风化和新鲜（未风化），见表1.5.1-1岩石的风化带划分（垂直分带）。

表1.5.1-1　岩体风化带划分（GB 50287—2006）

风化带	主要地质特征	风化岩与新鲜岩纵波速之比
全风化	全部变色，光泽消失； 岩石的组织结构完全破坏，已崩解和分解成松散的土状或砂状，有很大的体积变化，但未移动，仍残留有原始结构痕迹； 除石英颗粒外，其余矿物大部分风化蚀变为次生矿物； 锤击有松软感，出现凹坑，矿物手可捏碎，用锹可以挖动	<0.4
强风化	大部分变色，只有局部岩块保持原有颜色； 岩石的组织结构大部分已破坏；小部分岩石已分解或崩解成土，大部分岩石呈不连续的骨架或心石，风化裂隙发育，有时含大量次生夹泥； 除石英外，长石、云母和铁镁矿物已风化蚀变； 锤击哑声，岩石大部分变酥，易碎，用镐撬可以挖动，坚硬部分需爆破	0.4～0.6
弱风化（中等风化）	岩石表面或裂隙面大部分变色，断口色泽较新鲜； 岩石原始组织结构清楚完整，但风化裂隙发育，裂隙壁风化剧烈； 沿裂隙铁镁矿物氧化锈蚀，长石变得浑浊、模糊不清； 锤击发音较清脆，开挖需用爆破	0.6～0.8
微风化	岩石表面或裂隙面有轻微褪色； 岩石组织结构无变化，保持原始完整结构； 大部分裂隙闭合或为钙质薄膜充填，仅沿大裂隙有风化蚀变现象，或有锈膜浸染； 锤击发音清脆，开挖需用爆破	0.8～1.0
新鲜	保持新鲜色泽，仅大的裂隙面偶见褪色； 裂隙面紧密，完整或焊接状充填，仅个别裂隙面有锈膜浸染或轻微蚀变； 锤击发音清脆，开挖需用爆破	

三、古风化壳

（一）古风化壳的定义

已形成的风化壳由于种种原因被后来的堆积物所掩盖，避免了强烈的剥蚀作用，其被保留下来的部分称古风化壳。

（二）古风化壳的特征

（1）古风化壳中的元素成分与含量同其上下地层中的元素成分、含量有差别。在古风化壳中有可能具有矿物结核、分布有少量具有一定磨圆度的卵砾石颗粒，以及一些抗风化能力强的岩石角砾。

（2）古风化壳土层的密实度好。

（3）古风化壳上下地层可以是角度不整合，也可以是平行不整合接触关系。在一些比较新的古风化壳上往往还保留有软土。

（4）在沉积岩与火成岩接触带、碳酸盐岩地层内均可以有古风化壳分布。

（三）古风化壳的形成条件

（1）气候、古地理位置条件：决定古风化作用的类型。

（2）地形条件：在地形高处。

（3）地质构造条件：地壳稳定易保存聚集古风化壳物质，如果地壳活动、地震频繁，虽然气候、地理位置、地形条件都很好，容易产生风化壳物质，但由于地壳不稳定，这些风化壳物质不易保存聚集而散失，这些地区很难找到较多古风化壳物质。

（4）基岩化学性质条件：基岩化学性质取决于组成基岩的造岩矿物的化学组分，对古风化壳的物质组成由重要影响。

（四）古风化壳的形成阶段

古风化壳的形成可分为以下四个阶段：

（1）风化作用形成风化壳物质阶段。

（2）风化物质迁移阶段。

（3）风化壳深埋且经历上覆地层压实与成岩形成原始古风化壳阶段。

（4）原始风化壳随地壳抬升至地壳浅表层阶段。

第二节　卸荷作用

一、岩体卸荷作用的机制

斜坡岩体卸荷是由于河谷侵蚀下切或人工开挖形成新的临空面，破坏了岩体原有应力状态的平衡，岩体应力发生重分布，使浅表部岩体因应力释放而向临空面方向发生回弹、松弛的现象。卸荷带的工程地质特征主要表现在卸荷裂隙的产生、岩体结构的松弛，以及由此而产生的物理力学性质的变化。

二、岩体卸荷裂隙的分布特征

河谷岸坡卸荷裂隙的分布与斜坡地应力的分布有密切关系。伴随河谷下切过程，岸坡一定深度范围内形成二次应力场分布。边坡二次应力场（图 1.5.2-1）包括应力降低区（$\sigma<\sigma_0$）、应力增高区（$\sigma>\sigma_0$）和原始应力区（$\sigma=\sigma_0$，实际为不受卸荷影响的区域）。

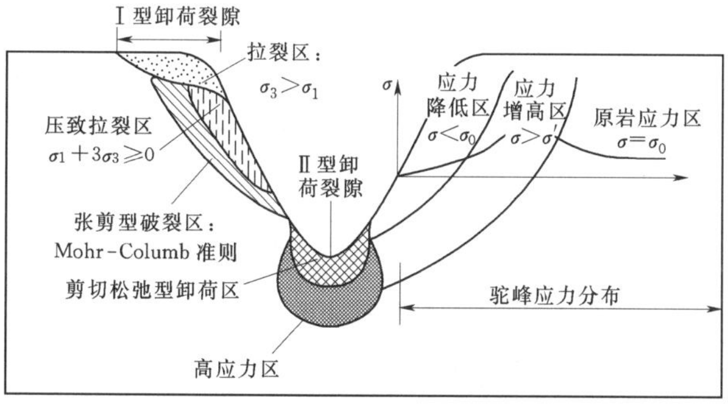

图 1.5.2-1　边坡应力场分布及卸荷裂隙机理模型示意图（据黄润秋等）

（1）应力降低区（或应力松弛带）。指靠近河谷岸坡部位，由于谷坡应力释放（松弛）而使河谷应力（主要指σ_1）小于原始地应力的区域。这个区的范围一般深度（水平距岸坡表面）一般在 0～50m 之间，实测的最大主应力一般在 0～5.0MPa 之间。应力降低区由于边坡发生了卸荷松弛，是岩体工程地质特性产生变异最为显著的区域。

（2）应力增高区。指由于河谷应力场的调整，而使岸坡一定深度范围内出现的河谷应力高于原始地应力的区域。这个区域一般在水平距岸坡表面 150～300m 之间范围，应力量级在 10～25MPa 之间。

（3）原始应力区。指河谷岸坡较大深度以内，应力场基本不受河谷下切卸荷影响而保持了原始状态的区域。在西南地区的深切峡谷中，该带的范围一般是在 250～300m 深度以内。

三、岩体卸荷带的划分

按卸荷发育程度，卸荷岩体一般分为强卸荷和弱卸荷两个带。卸荷带划分依据主要可考虑卸荷裂隙的规模、密集程度、次生充填及岩体松弛特性等，也可辅助参照一些测试数据，如声波测试、地应力测试、点荷载试验、氡气测试等。岩体卸荷带的划分见表 1.5.2-2。

表 1.5.2-2　岩体卸荷带划分（DL/T 5414—2009）

卸荷带	主要地质特征
强卸荷	卸荷裂隙发育较密集，普遍张开，一般开度为几厘米至几十厘米，多充填次生泥及岩屑、岩块，有架空现象，部分可见松动或变形；卸荷裂隙多沿原有结构面张开。岩体多呈整体松弛
弱卸荷	卸荷裂隙发育较稀疏，开度一般为几毫米至几厘米，部分充填次生泥，卸荷裂隙分布不均匀，常呈间隔带状发育，卸荷裂隙多沿原有结构面张开。岩体部分松弛
深卸荷	深部裂缝松弛段与相对完整段相间出现，呈带发育，张开宽度几毫米至几十厘米不等，一般无充填，少数夹泥，岩体弹性波纵波速变化较大

深卸荷：深部裂缝松弛段与相对完整段相间出现，呈带发育，张开宽度几毫米至几十厘米不等，一般无充填，少数夹泥，岩体弹性波纵波速变化较大。一般出现在河谷岸坡正常卸荷带深度范围以里完整岩体中，发育水平深度大、分布范围广，离岸坡 100～300m，发育集中、且一般无次生泥充填。锦屏一级水电站坝址左岸高高程砂板岩中最大水平卸荷深度可达 340 余米。

第三节　崩　　塌

一、崩塌及其类型

崩塌是指较陡坡上的岩土体在重力作用下突然脱离母体崩落、滚动、堆积在坡脚的动力地貌现象（图 1.5.3-1）。

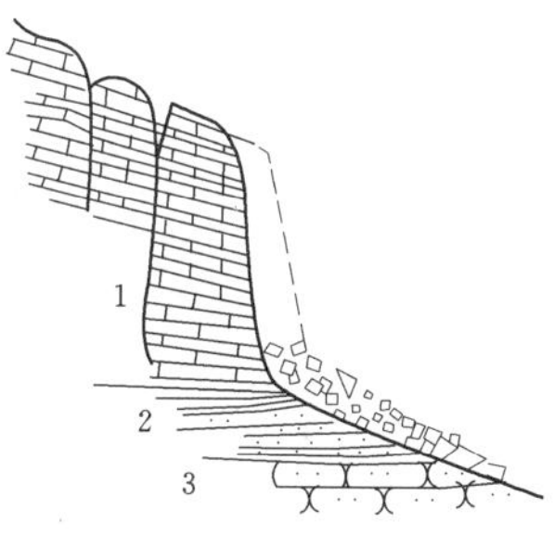

图 1.5.3-1　崩塌示意图

1—灰岩；2—砂页岩；3—石英岩

依据崩塌体的物质成分，崩塌可分为两大类：土崩和岩崩。

按照崩塌体的规模，崩塌可以分为剥落（小块岩石的崩塌）、坠落和崩落（又称山崩，巨大岩体的崩塌）三种类型。

二、发生崩塌的地质条件

（1）地形条件：崩塌一般发生在坡度大于 60°～70°的陡坡或陡崖处。地形切割强烈、高差大的地形条件是发生崩塌破坏的严重区域。

（2）岩体结构条件：一般而言，反向坡一般有利于崩塌产生。

（3）岩土介质类型：崩塌一般发生在厚层坚硬脆性岩体中。当边坡由软硬相间的岩层组成时，因抗风化能力不同，软层受风化剥蚀而凹进，上覆硬层便悬空断裂而坠落；另外，还可因边坡底座岩石软弱，产生沉陷或蠕动变形，引起上覆岩体拉裂错动而造成崩塌。

（4）地质构造条件：节理、断裂发育部位，斜坡岩体易形成分离岩体发生崩塌。大规模的崩塌经常发生在新构造运动强烈、地震频发的高山地区。高陡边坡被平行坡面的裂隙深切，在重力作用下向外倾倒拉裂、折断而崩落。

除以上地质条件外，风化作用、降雨、震动、采矿挖空等诱发崩塌的外界因素，均可造成或触发高陡边坡的崩塌。

第四节　滑　　坡

滑坡是指斜坡上的岩土体在重力作用下沿一定的软弱面整体下滑的动力地质现象。

一、滑坡要素及滑坡形态特征

滑坡发生后常形成一些特有的地质地貌形态，根据这些形态特征可以识别是否有滑坡体存在及其成因和稳定情况。形态完整的典型滑坡要素及滑坡形态特征如图 1.5.4-1 所示。

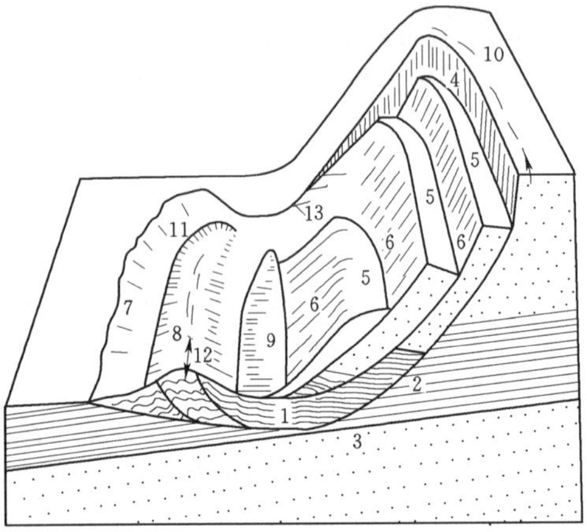

图 1.5.4-1　滑坡形态要素示意图

1—滑坡体；2—滑坡面；3—滑坡基座（滑坡床）；4—滑坡壁；5—滑坡平台；6—滑坡台坎；7—滑坡舌；8—滑坡鼓丘；9—滑坡凹地内的湖泊；10—后缘引张裂隙；11—扇形引张裂隙；12—鼓张裂隙；13—扭裂隙

1. 滑坡要素

滑坡一般具有以下几个要素：

(1) 滑坡体。指所有与原岩分离并向下滑动的岩土体。

(2) 滑动面与滑动带。滑坡体沿稳定不动的岩体下滑的分界面称滑动面，常由软弱面构成。当滑动面由一定厚度的软弱蹭组成时，称为滑动带。

(3) 滑坡床。在滑动面之下未发生滑动的稳定岩体称滑坡床。

2. 滑坡的形态特征

滑坡的形态特征是认识滑坡的重要依据，它包括以下几种类型：

(1) 滑坡台阶。由于滑坡体上下各段滑动速度不同或几个滑动面滑动时间不同，在滑坡体上形成的阶梯状地面，称滑坡台阶。

(2) 滑坡壁。滑坡体滑动后，与斜坡上方未滑动岩土体之间的分界面，称滑坡陡壁（坡角通常在 60°～80°之间），常有擦痕出现。

(3) 滑坡洼地。滑坡体与滑坡陡壁之间构成的月牙形洼地称为滑坡洼地。

(4) 滑坡舌和滑动鼓丘。滑坡体前缘形如舌状的伸出部分称为滑坡舌；滑坡体前缘受阻而隆起的小丘称为滑坡鼓丘。

此外，滑坡体滑动过程中，由于受力状况不同会产生不同性质的裂隙。

二、滑坡主要类型

(1) 按滑坡体的组成物质，滑坡可分为黄土滑坡、黏土滑坡、堆积层滑坡和岩层滑坡。

(2) 按滑动面与岩层层面的关系，滑坡可分为均质滑坡、顺层滑坡和切层滑坡。

(3) 按滑坡力学特征，滑坡可分为推动式滑坡、牵引式滑坡和平移式滑坡。

(4) 按滑坡厚度，滑坡可分为浅层滑坡、中层滑坡和深层滑坡。

(5) 按滑坡体的规模，滑坡可分为小型滑坡、中型滑坡、大型滑坡和巨型滑坡。

此外，按滑动年代滑坡还可分为古滑坡、老滑坡（可复活重新滑动）、新滑坡、正在发展中的滑坡；按力学条件可分为牵引式滑坡和推移式滑坡。

第五节　蠕　　变

一、蠕变概念

蠕变是指斜坡岩体的蠕动变形现象，它是在上部岩体的重力作用下，使表部岩层发生长期而缓慢的变形及松动的现象，以层状岩体中最为发育。

蠕变的力学含义是指在应力不变的条件下，应变随时间延长而增加的现象。应力越大，蠕变的总时间越短；应力越小，蠕变的总时间越长。它与塑性变形不同，塑性变形通常在应力超过弹性极限之后才出现，而蠕变只要应力的作用时间相当长，它在应力小于弹性极限时也能出现。

二、蠕变发育阶段及其特征

蠕变随时间的变化大致分三个阶段（图 1.5.5-1）：

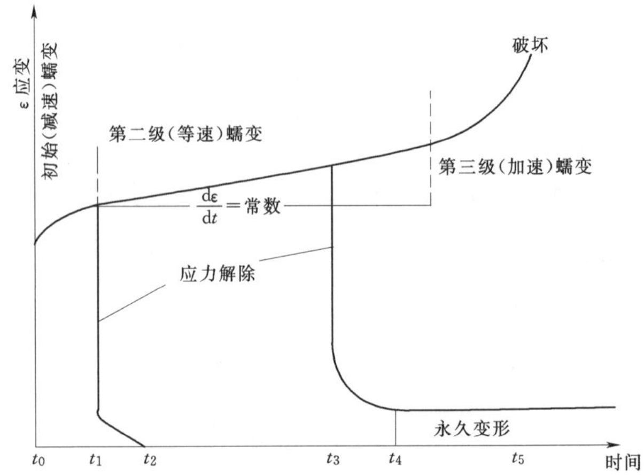

图 1.5.5-1　蠕变随时间的变化阶段划分

(1) 初始蠕变或过渡蠕变阶段，该阶段应变随时间增加而增加，但增加的速度逐渐变慢。

(2) 稳态蠕变或等速蠕变阶段，应变随时间增加而匀速增加，这个阶段持续时间较长。

(3) 加速蠕变阶段，该阶段应变随时间增加而加速增加，直达破裂点。

但是每种材料都有一个最小应力值，应力低于该值时不论经历多长时间也不破裂，或者说蠕变时间无限长，这个应力值称为该材料的长期强度。岩石的长期强度约为其极限强度的 2/3。

三、岩体蠕变基本类型

岩体发生蠕变破坏的基本类型包括：

(1) 倾倒。指反倾向或陡倾层状结构的边坡，岩层逐渐向外弯曲、倾倒的现象。

(2) 溃屈。指顺倾向层状结构的边坡，岩层倾角与坡角大致相似，边坡下部岩层逐渐向上鼓起，产生层面拉裂和脱开的现象。

(3) 张裂。指双层结构的边坡，下部软岩产生塑性变形或流动，使上部岩层发生扩展、移动张裂和下沉的现象。

四、岩体蠕变破坏模式

(1) 岩体挠曲变形。岩层无明显拉张破坏迹象，主要表现为连续的轻微挠曲变形，变形岩体与正常岩体无明显差别；弯曲蠕变体内，愈靠近地表，岩体的弯曲蠕变程度愈严重。

(2) 岩层张裂、架空和错位。挠曲变形超过一定值时，岩层被折断，在脆性岩层中形成架空结构或错位。

(3) 连续折断或阶梯状正断型错位。张裂错位进一步发展，强持力层被折断，在重力作用下，产生向下位移，构成锯齿状或阶梯状错位，在宏观上形成比较连续的潜在折断滑动面。

（4）倾倒变形。在泥板岩厚度大且集中的地段，由于岩层中的塑性较大而张裂错位相对少见，主要表现为逐步弯曲直至倾倒的变形过程。

（5）滑坡。倾倒变形和折断错滑面进一步发展，在条件成熟时形成滑坡。

岩体弯曲蠕变的内因是岩性和岩体结构，如层状结构岩体、厚薄不等、软硬相间、反坡向展布，层理面发育，是边坡岩体弯曲蠕变赖以进行的物质基础。外因是要具备弯曲变形空间和使岩层弯曲变形的力矩，形成弯曲变形空间和岩层弯曲变形的力矩是要有外因参与作用的，包括构造作用、地下水、地表水、坡脚下切、地表形态和风化作用。

第六节　泥　石　流

泥石流是持续时间很短，突然发生的挟带有大量泥沙和石块等固体物质的一种特殊水流。多见于新构造运动强烈，岩体结构疏松软弱或易于风化的地区。

一、泥石流的形成条件

形成泥石流的基本条件是：

（1）汇水区内有丰富的固体松散物质的补给。

（2）有陡峻的地形和较大的沟床纵坡。

（3）有强大的暴雨，急剧的冰雪消融或湖泊，水库的突然溃决。典型的泥石流流域可分为形成区、流通区和堆积区，见表 1.5.6-1 及图 1.5.6-1。

表 1.5.6-1　　典型泥石流流域分区

分区	位置	地形坡度	特　征
形成区	流域上游	地面坡度较大	多为高山环抱的山间凹地，呈漏斗状，汇水面积大，植被覆盖少，山坡裸露，疏松固体物质储量丰富，山坡极不稳定，滑坡崩塌，岩堆等不良地质作用很发育
流通区	位于泥石流沟谷的中游地段	沟谷纵坡较大	多为峡谷地形，谷坡急陡，沟谷较顺直，其长度较形成区为短
堆积区	下游河流出口处	纵坡平缓	地形开阔，泥石流至此扩散，流速减弱，大小石块混杂堆积成扇形和锥形及坎坷不平的垄岗地形

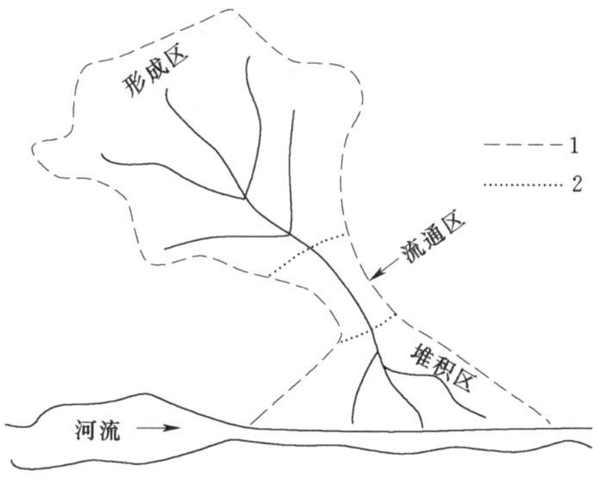

图 1.5.6-1　泥石流流域分区示意图

1—流域界线；2—分区界线

二、泥石流的分类

1. 泥石流按流体分类

泥石流按流体性质分类见表 1.5.6-2。

2. 泥石流按工程分类

泥石流按暴发频率可分为高频率泥石流沟谷和低频率泥石流沟谷两类，每类又可根据严重程度分为三个亚类，详见表 1.5.6-3。

表 1.5.6-2　　泥石流按流体性质分类（DL/T 5414—2009）

流体性质	一般特征	形成的洪流类型	形成的堆积物	
			山谷内	堆积扇上
黏性泥石流	由黏性浆体与砂砾漂、碎块孤石等组成。含固体物占总体积 40%～80%，黏度大于 0.3Pa·s，密度＞1.5t/m³，介质为黏稠性泥浆	面状洪流、河道洪流	泥石流残留层	泥流型洪积物，无分选性，孔隙小，或具反粒序堆积
稀性泥石流	由黏性浆体与砂砾、碎块石等组成。含固体物占总体积 10%～40%，黏度小于 0.3Pa·s，密度 1.3～1.5t/m³，介质为混浊泥浆状水流	面状洪流、河道洪流	在宽缓处形成泥石流残留层，有时形成冲、洪积物	泥流型洪积物或过渡洪积物，略具分选性，孔隙小
水石流	由洪水与砂砾、碎块石组成，含固体物小于 10%，密度小于 1.3t/m³，介质为水流	短暂的面状洪流，主要为网状洪流	冲、洪积物	水石流型洪积物，具分选性

表 1.5.6-3　　泥石流按工程分类［《岩土工程勘察规范》（GB 50021—2009）附录 C］

类别	泥石流特征	流域特征	亚类	严重程度	流域面积（km²）	固体物质一次冲出量（万 m³）	流量（m³/s）	堆积区面积（km²）
高频率泥石流沟谷	基本上每年都有泥石流发生。固体物质主要来源于沟谷的崩塌、滑坡，泥石流暴发雨强 2mm/10min～4mm/10min。除岩性因素外，滑坡、崩塌严重的沟谷多发生黏性泥石流，规模大，反之，多发生稀性泥石流，规模小	多位于强烈抬升区，岩层破碎，风化强烈。山体稳定性差。泥石流堆积新鲜。无植被或仅有稀疏草丛。黏性泥石流沟中，下游沟床坡度大于 4%	I_1	严重	＞5	＞5	＞100	＞1
			I_2	中等	1～5	1～5	30～100	＜1
			I_3	轻微	＜1	＜1	＜30	—
低频率泥石流沟谷	泥石流暴发周期一般在 10 年以上，固体物质主要来源于沟床，泥石流发生时“揭床”现象明显。暴雨时坡面产生的浅层滑坡往往是激发泥石流形成的重要因素。泥石流暴发雨强一般大于 4mm/10min。泥石流规模一般较大，性质有黏有稀	山体稳定性相对较好，无大型活动性滑坡、崩塌。沟床和扇形地上巨砾遍布。植被较好，沟床内灌木丛密布。扇形地多已辟为农田。黏性泥石流沟中、下游沟床坡度小于 4%	II_1	严重	＞10	＞5	＞100	＞1
			II_2	中等	1～10	1～5	30～100	＜1
			II_3	轻微	＜1	＜1	＜30	—

注　1. 表中流量对高频泥石流沟指 100 年一遇流量，对低频泥石流沟指历史最大流量。
　　2. 泥石流的工程分类宜采用野外特征与定量指标相结合的原则，定量指标满足一项即可。

第七节　冰 川 作 用

一、冰川及其作用

冰川冰在压力和重力作用下顺山坡或谷地向下运动即称为冰川。冰川流速很慢，仅 3～300m/a。据冰川形态、规模和发生区域，冰川可分为山岳冰川、大陆（平原）冰川、高原冰川和山麓冰川等，以前两种最为常见。冰川作用包括成冰作用、冰川侵蚀和冰川沉积三个方面。冰川侵蚀包括冰川刨蚀（磨蚀）和挖掘。冰川沉积作用指冰川停滞或后退时冰碛物的堆积过程。大陆性冰川的沉积作用较弱，冰碛地貌的规模较小。

二、山岳冰川及其堆积物

（一）山岳冰川

发育于高山上的冰川称为山岳冰川。主要分布在中、低纬度高山区。特征为雪线高，规模相对较小。如滇西北玉龙雪山的现代冰川。

（二）山岳冰川的类型

据形态和发生部位将山岳冰川分为以下三种类型。

1. 冰斗冰川

位于雪线附近或雪线以上规模较小的冰川。有一短小冰舌从三面为陡壁、形似围椅的冰斗中流出，无明显的积累区和消融区。其内常发生雪崩。

2. 悬谷冰川

发育在陡坡上的一种短小冰川。或当冰斗冰川的补给量增大，冰雪向冰斗以外的山坡溢出，形成短小的冰舌悬挂在山坡上，称悬谷冰川。

3. 山谷冰川

当有大量冰雪补给时，大量冰体从冰斗溢出，进入山谷形成缓慢流动的冰河。山谷冰川长可达数十公里，厚可达数百米。

（三）山岳冰川的侵蚀作用

冰川有很强的侵蚀力，大部分为机械的侵蚀作用，其侵蚀方式可分为几种山岳冰川侵蚀作用特点：强烈，仅次于河流。侵蚀作用分为：

（1）拔蚀作用。冰床底部或冰斗后背基岩，沿裂隙反复融冻而松动，当这些松动基岩再与冰川冻结时，冰川向前运动就把岩块拔起带走。

（2）磨蚀作用。冰川运动时，冻结在冰川底部的碎、块石突出冰外，像锉刀一样，不断地对冰川底床进行削磨和刻蚀，使冰床底部基岩上形成带有擦痕的磨光面。

（四）山岳冰川堆积物特征

山岳冰川堆积物最重要的是底碛，它是冰川形成前先成堆积物以及冰川运动过程中，对基岩研磨或挤压而被破碎的岩块的堆积物，叫做底碛或叫做泥砾。底碛主要特征如下：

（1）没有层理与分层，粗、细物质混杂在一起，通过大量统计可以获得砾石长轴方向有一个优势方位，这一优势方位与冰川流向一致。

（2）基本上无磨圆，但可以混有先成河流相的圆砾。

（3）堆积物中含异源的巨大漂砾。

（4）粗粒物质上保存有光面和“钉”字形擦痕。

（5）岩块和砾石中具有压弯、压坑（压痕）或压裂现象，这样的砾石叫做冰川变形砾石。

（6）一个完整的冰碛剖面上大致可以分为上下两层，上层颗粒粗，透水性好，下部细粒为主，透水性差。

（7）冰碛物中所含的孢粉和植物化石均为寒冷型的。

三、大陆冰川及其特征

大陆冰川分布于高纬度区，规模和厚度比山岳冰川大得多，面积达数百平方千米，厚数百至数千千米，不受下伏地形影响。规模最大，表面起伏的巨大冰体叫冰盖，规模较小，表面中心凸起似盾形的叫冰盾。

（一）冰蚀地貌

（1）冰蚀地貌。为大陆冰川主体塑造的平缓地貌形态。平原内常见磨光面、冰蚀凹陷（石盆）和丘陵、羊背石等微地貌。冰蚀凹陷在冰后期常积水成湖。

（2）槽谷（峡湾）。深入海洋的大陆冰川，在海岸边侵蚀一些深的槽谷，冰退后，海水侵入，形成峡湾。

（二）冰碛地貌

（1）鼓丘。冰水砾石组成的小丘，平面呈椭圆形，长轴与冰流方向一致，纵剖面呈不对称的上凸形，迎冰面坡缓，背冰面坡陡，高度可达数十米。

（2）冰碛垅（堤）。大陆冰川在冰川前端往往形成大规模冰碛堤，呈弧形展布。

（三）冰水堆积

（1）冰川内的冰水沉积。是沿冰面或沿着冰内孔道或冰川底部“隧洞”流动的冰所形成的沉积物。冰水沉积物由砾石、砂及黏土等组成，具有很好的层理，有蛇形丘，鼓丘等。

（2）冰川外的冰川堆积。冰川融化水流的堆积物。

（3）冰川湖沉积。依靠冰的融化水供给的洼地中的堆积物。最典型的冰川湖沉积是纹泥，其特点是黏土和砂子互成薄层，夏季冰川融化较多，堆积浅色的砂子，冬季堆积暗色的。

大陆冰川的冰水堆积有冰湖堆积、冰砾阜和蛇形丘。前两者与山岳冰川相似，只是规模通常要大得多。

蛇形丘是一种狭长且呈蛇曲形的垄岗地形。它长数千米至数十千米，高 10～30m，有时可达 70～80m，底宽几十至几百米，顶宽数米。蛇形丘的延伸方向与冰川流向基本一致。内部全由分选好的成层砂砾组成，偶见冰碛物透镜体。

第二篇　工程地质勘察方法

第一章　工程地质勘察基本要求

第一节　工程地质勘察阶段划分及勘察任务

《水力发电工程地质勘察规范》（GB 50287—2006）将水电工程地质勘察阶段分为规划、预可行性研究、可行性研究、招标设计和施工详图设计五个阶段。各阶段任务见表2.1.1-1。

表 2.1.1-1　　水电水利工程勘察阶段划分及各阶段任务

勘察阶段	勘　察　任　务
规划阶段	了解和分析河流各梯级开发方案的工程地质条件，对近期开发工程的选择和控制性工程进行地质论证，并提供工程地质资料
预可行性研究阶段	在江河流域综合利用规划或河流（河段）水电规划确定的梯级基础上，初选代表性坝（闸）址，并对代表性坝（闸）址和代表性枢纽布置方案进行工程地质初步评价，提供有关工程地质资料
可行性研究阶段	在预可行性研究阶段工作的基础上，查明水库区、坝址区的工程地质条件，为选定坝址、坝型、坝线及枢纽布置提供地质依据，并对选定坝址各建筑物的工程地质条件、主要工程地质问题进行论证和评价，提供建筑物设计所需的工程地质资料
招标设计阶段	是在审查批准的可行性研究报告基础上，复核可行性研究阶段的地质资料与结论，补充查明遗留的工程地质问题，为完善和优化设计以及编制招标设计文件提供地质资料
施工详图设计阶段	在招标设计阶段工作基础上，检验、核定前期勘察的地质资料与结论，补充论证专门性工程地质问题，开展施工地质工作，为施工详图设计和工程竣工验收提供工程地质资料

第二节　工程地质勘察内容及要求

各阶段工程地质勘察内容及要求见表2.1.2-1。

表 2.1.2-1　　各阶段工程地质勘察内容及要求

勘察阶段	工程地质勘察的主要内容	工程地质勘察要求
规划阶段	了解如下内容： （1）规划河流或河段的区域地质和地震概况。 （2）各梯级水库的地质条件和主要工程地质问题，分析成库条件。 （3）各梯级坝址的工程地质条件和主要工程地质问题，分析建坝条件。 （4）长引水线路及厂址的工程地质条件。 （5）各梯级坝址附近的天然建筑材料的赋存情况	1. 区域地质和地震勘察要求 （1）了解区域地貌、地层岩性、地质构造、物理地质现象和区域水文地质特征。 （2）在收集和分析已有的各类最新区域地质资料或进行卫片照片或航空照片解译和路线地质调查的基础上，编绘规划河流或河段的区域综合地质图。 （3）应收集国家地震区划资料、相关省区地震研究资料和邻近区工程地震安全性评价成果，编绘区域构造与地震震中分布图，按现行国家标准《中国地震动参数区划图》GB18306确定地震动参数。 （4）在区域地质、地震和重大物理地质现象勘察研究的基础上，应根据工程地质条件对规划河流或河段进行地段划分。工程场址宜选在有利地段，避开不利地段和危险地段。 2. 水库工程地质勘察要求 了解水库地形地貌、地质和水文地质条件，重大物理地质现象和可溶岩地区的岩溶发育情况。 3. 各梯级坝址的工程地质勘察要求 了解各坝址的工程地质及水文地质条件。对近期开发工程和控制性工程坝址的勘察，应重点了解坝基中主要软弱夹层的层位、天然性状和分布情况；坝基中主要断层特别是缓倾角断层的性状及其延伸情况；坝基岩体的稳定条件；建筑在第四纪沉积物上的坝（闸）应了解地基土层的层次、厚度、性状、渗透性及物理力学特性。 4. 长引水线路及厂址的工程地质勘察要求 了解沿线的地形地貌、地层岩性、地质构造，沟谷、浅埋段、进出口地段的覆盖层厚度、风化卸荷特征和山坡的稳定状况，了解其水文地质条件和厂址的工程地质条件。 5. 天然建材勘察要求 各梯级坝址天然建筑材料勘察应达到普查精度

续表

勘察阶段	工程地质勘察的主要内容	工程地质勘察要求
预可行性研究阶段	（1）进行区域构造稳定性研究，并对工程场地构造稳定性和地震安全性做出评价。 （2）初步查明水库区的主要工程地质条件，并对影响方案成立的主要工程地质问题作出初步评价。 （3）初步查明坝（闸）址、引水线路、厂址和溢洪设施等建筑物场地的主要工程地质条件，并对影响方案成立的重大工程地质问题和代表性坝址枢纽布置方案的主要工程地质条件作出初步评价。 （4）对代表性坝型所需主要天然建筑材料进行初查	1. 区域构造稳定性勘察要求 进行区域构造背景研究、断层活动性鉴定、地震安全性评价。 2. 水库区工程地质勘察要求 （1）初步查明水库区的水文地质条件，对可能的严重渗漏地段和渗漏类型进行初步评价。 （2）初步查明库岸稳定条件，初步评价对工程的影响以及对重要城镇、居民区的可能影响。 （3）初步查明可能产生浸没严重地段的工程地质及水文地质条件，并进行初判。 （4）水库诱发地震的潜在危险性初步预测。 （5）初步查明移民集中安置区和专项复建工程场地的工程地质条件，评价场地的稳定性和适宜性。 3. 坝（闸）址工程地质勘察要求 （1）初步查明河床和两岸第四纪沉积物及特殊土的厚度、成因类型、组成物质及其分层和分布。 （2）初步查明基岩岩性岩相特征，进行工程地质岩组划分。 （3）初步查明坝址区内主要断层、挤压破碎带的产状、性质、规模、延伸情况、充填和胶结情况以及晚更新世以来的活动性，应特别注意对顺河断层和中、缓倾角断层的调查；进行节理裂隙统计和结构面分级；分析各类结构面及其组合对坝基、边坡岩体稳定和渗漏的影响。 （4）初步查明岩体的风化、卸荷深度和程度。 （5）初步查明对代表性坝址选择和枢纽建筑物布置有影响的滑坡、倾倒体、松散堆积体、潜在不稳定岩体及卸荷岩体的分布，初步评价其稳定性。 （6）初步查明泥石流的规模、发生条件及其对工程的影响。 （7）初步查明坝址区的岩土的渗透性、相对隔水层的埋深、厚度和连续性，地下水位、补排关系等水文地质条件，以及地表水和地下水对混凝土的腐蚀性。 （8）可溶岩区应初步查明岩溶的分布状况、发育规律和水文地质条件，提出处理措施建议。 （9）进行岩土物理力学性质试验。 4. 引水线路工程地质勘察要求 （1）初步查明隧洞沿线的地形地貌和物理地质现象及其分布。 （2）初步查明隧洞沿线地层岩性，应重点调查松散、软弱、膨胀、可溶以及含放射性矿物与有害气体等岩层的分布。 （3）初步查明隧洞沿线的褶皱、主要断层破碎带等各种类型结构面的产状、规模、延伸情况，初步评价其对进出口边坡和地下洞室围岩稳定的影响。 （4）初步查明主要的含水层、汇水构造和地下水溢出点的位置和高程，补排条件，对隧洞掘进时突然涌水的可能性及对围岩稳定和环境水文地质条件的可能影响作出初步评价。 （5）初步查明隧洞进出口段、过沟段、傍山洞段和浅埋洞段、压力管道等的覆盖层厚度、基岩的风化深度和卸荷发育深度等，并对其通过的山体及进出口边坡的稳定性作出初步评价。 （6）进行岩石物理力学性质试验，并进行隧洞工程地质分段围岩初步分类。 5. 渠道线路工程地质勘察要求 （1）初步查明渠道沿线的地形地貌、岩溶塌陷区、滑坡、崩塌堆积、泥石流、古河道、移动沙丘以及采空区等的分布。 （2）初步查明渠道沿线的覆盖层厚度、地层岩性，应特别注意岩盐、石膏、岩溶化岩层、膨胀岩、泥炭、软土、粉细砂、分散性土、冻土层以及湿陷性黄土等工程地质性质不良岩土层的分布。 （3）初步查明地质构造、软弱夹层及主要结构面的分布组合情况。 （4）初步查明傍山渠道沿线基岩风化情况、卸荷带深度。 （5）初步查明渠道沿线的地下水位、水质、强透水层和隔水层分布，地表水和地下水的补排关系，以及土壤盐渍化和沼泽化的情况。 （6）进行渠道工程地质初步分段，对可能发生的严重渗漏、浸没、黄土湿陷和边坡稳定性等工程地质问题作出初步评价。 6. 厂房工程地质勘察要求 地面厂房的工程地质勘察要求： （1）初步查明厂址区的地形地貌、岩体风化情况、卸荷深度以及滑坡、崩塌堆积体、蠕变体、泥石流、岩溶、采空区等的分布及其稳定或活动情况。 （2）初步查明厂址区的地层岩性，软弱和易溶岩层、软土、粉细砂、湿陷性黄土、膨胀土和分散性土的分布与埋藏条件，并对岩土的物理力学性质和承载能力作出初步评价。 （3）初步查明厂址区的地质构造，断层、挤压破碎带、节理裂隙等的性质、产状、规模和展布情况，初步分析评价对厂址和边坡稳定的影响。 （4）初步查明厂址区的水文地质条件，对水电站压力前池的渗漏和渗透稳定条件以及基坑开挖中发生涌水、涌砂的可能性作出初步评价。 地下厂房的勘察要求除应符合引水线路勘察要求外，还应符合下列要求： （1）初步查明地下厂房和洞群布置地段的岩性组成和岩体结构、各类结构面的产状、规模、挤压破碎情况、填充、延伸范围、空间展布以及相互切割组合情况，初步分析其对围岩稳定性的影响。 （2）了解地下厂房地段的地应力、地温、有害气体和放射性矿物等情况，并初步分析其对洞室围岩稳定、施工及运行的可能影响。 7. 泄洪建筑物工程地质勘察要求 溢洪道的勘察要求： （1）初步查明溢洪道区的地形地貌、地层岩性、地质构造、物理地质现象和水文地质条件，应重点调查覆盖层分布范围、厚度，岩体风化、卸荷深度以及断层、挤压破碎带、软弱夹层、滑坡、崩塌堆积体等的分布及规模。 （2）初步评价边坡岩体稳定、泄洪闸地基抗滑和变形及渗透稳定条件，下游消能区岩体的抗冲条件以及冲刷坑岸坡和雾化区的稳定条件。 泄洪洞的勘察要求参照引水线路，并应初步分析泄洪隧洞出口冲刷雾化区岸坡的稳定条件。 8. 天然建筑材料勘察要求 应达到初查精度要求，初查储量宜达到设计需要量的 2.5～3.0 倍

续表

勘察阶段	工程地质勘察的主要内容	工程地质勘察要求
可行性研究阶段	（1）根据需要补充区域构造稳定性评价。 （2）查明水库区水文地质工程地质条件，分析工程地质问题，预测蓄水后的变化。 （3）查明影响坝址比选的主要工程问题，为选定坝址进行地质论证。 （4）查明选定坝址建筑物区的工程地质条件并进行评价，为选定坝型和各建筑物的轴线及地基、边坡与洞室围岩处理方案设计提供地质资料和建议。 （5）查明导流工程及缆机平台等主要临时建筑物场地的工程地质条件。 （6）进行天然建筑材料详查。 （7）进行地下水动态观测和岩土体位移监测。 （8）查明水库移民集中安置区和专项复建工程的地质条件，评价拟建场地建筑物地段的稳定性。 （9）进行建设用地地质灾害危险性评估	1. 水库工程地质勘察要求 （1）查明水库区的水文地质条件，对水库渗漏问题进行评价。 （2）查明潜在不稳定库岸的工程地质条件并进行评价，确定影响区范围。 （3）查明覆盖层库岸的工程地质条件，对其塌岸影响范围进行预测。 （4）查明可能浸没地段的水文地质工程地质条件，并进行复判，确定浸没影响范围。 （5）分析水库诱发地震的可能性，预测诱发地震位置、最大震级及其对工程的影响。 （6）对水库移民集中安置区和专项复建工程进行地质勘察与评价。 2. 土石坝坝址工程地质勘察要求 （1）查明坝基基岩面起伏变化情况，重点查明河床深槽、古河道、埋藏谷的具体范围、深度及形态。 （2）查明坝基河床及两岸覆盖层的层次、厚度，重点查明软土层、粉细砂、湿陷性黄土、架空层、矿洞、漂孤石层等的分布情况。 （3）查明影响坝基、坝肩稳定的断层、破碎带、软弱岩体、石膏夹层、夹泥层的分布、规模、产状、性状和渗透变形特性。 （4）查明坝基水文地质结构，地下水埋深，含水层或透水层和相对隔水层的岩性、厚度变化和空间分布，岩土渗透性，重点查明可能导致强烈漏水和坝基、坝肩渗透变形的集中渗漏带的具体位置，提出坝基防渗处理的建议。 （5）查明地下水、地表水对混凝土的腐蚀性。 （6）查明岸坡岩体风化带、卸荷带的分布、深度和边坡特别是趾板上游边坡的稳定条件，重点查明防渗体地基，包括心墙、斜墙、面板趾板及反滤层、垫层、过渡层地基和岸坡连接地段有无断层破碎带、软弱岩带、风化岩及其变形和渗透特性。 （7）查明坝区岩溶发育规律，主要岩溶洞穴和通道的分布与规模，岩溶泉的位置和补给、径流、排泄特征，相对隔水层的埋藏条件，提出防渗处理建议。 （8）提出坝基岩土体的渗透系数、允许渗透水力比降和承载力、变形模量、强度等各种物理力学性质参数，对地基的沉陷、湿陷、抗滑稳定、渗漏、渗透变形、液化等问题作出评价，并提出坝基处理的建议。 3. 建在岩基上的混凝土重力坝坝址工程地质勘察要求 （1）查明覆盖层的分布、厚度、层次及其组成物质，河床深槽的分布范围和深度。 （2）查明地层岩性，查明易溶岩层、软弱岩层、软弱夹层、蚀变带及矿层采空区等的分布、性状、延续性、物理力学参数以及与上、下岩层的接触情况。 （3）查明坝基、坝肩岩体的完整性，断层特别是顺河断层和缓倾角断层的分布和特征，节理裂隙的产状、延伸长度、连通率及其组合关系；确定坝基、坝肩稳定分析的边界条件。 （4）查明坝基、坝肩岩体风化带、卸荷带的厚度及其特征。 （5）查明坝基、坝肩岩溶洞穴及通道的分布、规模、充填状况及连通性，岩溶泉的分布、流量及其补给、径流、排泄特征。 （6）查明两岸岸坡的稳定条件。 （7）查明坝址的水文地质条件，两岸地下水位埋深，岩体渗透特性，相对隔水层埋藏深度，提出防渗处理的建议。在水文地质条件复杂的地区，应分析建坝前后渗流场的变化，为渗控工程处理设计提供依据。 （8）查明地表水和地下水对混凝土的腐蚀性。 （9）查明泄流冲刷地段的工程地质条件，评价泄流冲刷及泄流雨雾对坝基及岸坡稳定的影响。 （10）查明峡谷坝址的岩体地应力情况。 （11）根据坝基岩层和构造情况，进行坝基岩体结构分类。 （12）在分析坝基岩石性质，地质构造，岩体结构，岩体地应力，风化、卸荷特征，岩体强度和变形性质等的基础上进行坝基岩体工程地质分类，提出各类岩体的物理力学性质参数建议值和大坝可利用建基岩体，并对坝基工程地质条件作出评价。 4. 建在覆盖层上的混凝土重力坝（闸）址工程地质勘察要求 除满足土石坝坝址的勘察要求外，尚应着重查明以下内容： （1）查明坝（闸）基覆盖层分布、厚度、层次结构及其物质组成，查明膨胀土、黏性土、淤泥类土和粉细砂土的埋深、厚度、分布和性状，研究其产生变形和不均匀沉陷、坝基抗滑稳定、液化的可能性。 （2）查明覆盖层各层次的渗透性、相对隔水层分布，评价其渗漏和渗透稳定性，为防渗处理提出建议。 （3）查明河床两岸覆盖层的成因类型、层次结构、分布规律、渗透特性等，评价产生绕坝渗漏的可能性并提出处理措施建议。 （4）查明下游消能防冲区的覆盖层分层、厚度变化及其性状，为消力池及防冲设计提供地质资料。 5. 混凝土拱坝坝址工程地质勘察要求 除按建在岩基上的重力坝坝址勘察要求外，尚应着重查明以下内容： （1）查明河谷形态、宽高比、两岸地形完整程度。 （2）查明拱肩受力岩体内垂直或近于垂直拱推力方向的断层、挤压破碎带、节理密集带、蚀变岩带、软弱岩带及岩溶溶洞等的分布和性状，评价坝基（肩）岩体的抗变形性能，提出河床可利用岩体的高程、两岸拱座嵌深及坝基处理建议。 （3）查明两岸拱座及抗力岩体内的潜在底滑面、侧滑（裂）面及其连通率，特别是缓倾角结构面与中、陡倾角断层，长大裂隙，蚀变岩脉等软弱结构面组合滑移块体的分布和性状，评价坝肩岩体的抗滑稳定条件，提出坝肩处理建议。 （4）查明两岸边坡包括坝顶以上一定范围边坡的地貌形态、岩石性质、地质构造、风化、卸荷、水文地质条件以及天然边坡的变形和破坏现象，并对其稳定性作出评价，提出工程边坡开挖坡形、坡比和防护措施的建议。 （5）查明水垫塘及二道坝的工程地质条件，评价水垫塘及泄洪雨雾对坝基及下游岸坡稳定性的影响，提出处理建议。 （6）查明坝址区岩体地应力量级、方向和空间分布规律，评价高应力状态对岩体力学特性的影响。 6. 隧洞工程地质勘察要求 （1）查明隧洞沿线的地形地貌、物理地质现象。 （2）查明隧洞沿线的地层岩性，重点查明松散、软弱、膨胀、易溶和喀斯化岩层的分布。还应查明岩层中有害气体或放射性矿物的赋存情况。 （3）查明隧洞沿线岩层的产状、褶皱（褶曲）、主要断层破碎带的分布位置、产状、规模、性状及其组合关系。当洞线穿越活动断层时，应作专门研究

续表

勘察阶段	工程地质勘察的主要内容	工程地质勘察要求
可行性研究阶段	(1) 根据需要补充区域构造稳定性评价。 (2) 查明水库区水文地质工程地质条件，分析工程地质问题，预测蓄水后的变化。 (3) 查明影响坝址比选的主要工程问题，为选定坝址进行地质论证。 (4) 查明选定坝址建筑物区的工程地质条件并进行评价，为选定坝型和各建筑物的轴线及地基、边坡与洞室围岩处理方案设计提供地质资料和建议。 (5) 查明导流工程及缆机平台等主要临时建筑物场地的工程地质条件。 (6) 进行天然建筑材料详查。 (7) 进行地下水动态观测和岩土体位移监测。 (8) 查明水库移民集中安置区和专项复建工程的地质条件，评价拟建场地建筑物地段的稳定性。 (9) 进行建设用地地质灾害危险性评估	(4) 查明隧洞沿线的地下水位（水压）、水温和水化学成分，特别要查明涌水量丰富的含水层、汇水构造、强透水带以及与地表溪沟连通的断层破碎带、节理密集带和岩溶通道，预测掘进时突水、突泥的可能性，估算最大涌水量和稳定涌水量。 (5) 可溶岩区应查明隧洞沿线岩溶发育规律，主要洞穴的发育高程、层位、规模、充填情况和富水性。 (6) 查明傍山浅埋洞段、过沟段上覆及傍山侧覆盖层和岩体的厚度，岩体风化、卸荷深度和岩体的完整性。 (7) 查明隧洞进出口边坡的稳定条件。 (8) 分析深埋隧洞的岩体地应力情况，预测岩爆发生的可能性、强度和位置以及较软岩塑性变形的可能性，分析深埋隧洞地温情况，预测高地温出现的可能性。 (9) 进行隧洞围岩工程地质分类，确定各类围岩的物理力学性质参数，提出围岩支护及排水等处理措施建议。 7. 渠道工程地质勘察要求 (1) 查明渠道沿线和建筑物场地的地层岩性、地质构造，基岩和覆盖层的分布，重点查明强透水、易崩解、易溶的岩土层、湿陷性黄土、膨胀土、软土、粉细砂和岩溶的分布及其对渗漏、稳定和液化的影响。 (2) 傍山渠道沿线应查明冲洪积扇、滑坡、崩塌、变形体、泥石流、采空区和其他不稳定岸坡的类型、范围、规模和稳定条件。 (3) 查明渠道沿线岩土体的透水性、地下水埋深，对渠道的渗漏和渗透稳定作出评价。 (4) 查明高填方与半挖半填渠段地基和边坡岩土体的性质及其稳定条件。 (5) 应进行渠道工程地质分段，提出各分段岩土体的物理力学性质参数和开挖坡比建议值，并进行工程地质评价。 8. 地下厂房系统工程地质勘察要求 (1) 查明厂址区的地形地貌条件，岩体风化、卸荷、滑坡、崩塌、变形体及泥石流等不良物理地质现象。 (2) 查明厂址区地层岩性，特别是松散、软弱、膨胀、易溶和岩溶化岩层的分布，以及岩层中的有害气体或放射性元素的赋存情况，提出防范措施的建议。 (3) 查明岩层的产状，蚀变岩带、断层破碎带和节理密集带的位置、产状、规模、性状及其组合关系，评价洞室围岩的稳定性。 (4) 查明厂址区的水文地质条件，特别要查明涌水量大的含水层、强透水带以及与地表连通的断层破碎带、节理密集带和岩溶通道，预测掘进时发生突水、突泥的可能性，估算最大涌水量和稳定涌水量。 (5) 可溶岩地区应查明岩溶的发育规律，主要岩溶洞穴的发育位置、规模、充填情况和富水性。 (6) 调查平洞中发生的围岩岩爆、劈裂和钻孔岩芯饼裂等现象，进行现场应力测试，分析岩体地应力状态，研究地应力对围岩稳定的影响，预测发生岩爆的可能性和强度，提出处理措施建议。 (7) 进行围岩工程地质详细分类，提出各类围岩的物理力学参数建议值，评价围岩的整体稳定性，提出支护设计建议。 (8) 大跨度地下洞室还应查明主要软弱结构面的分布和组合情况，并结合岩体地应力状态评价顶拱、边墙、端墙、岩锚梁和洞室交叉段围岩的局部稳定性，提出处理建议。 (9) 确定外水压力值。 (10) 查明调压井布置区的覆盖层分布，基岩岩性，地质构造，风化、卸荷深度以及不良物理地质现象，进行井壁及穹顶的围岩分类；当井口为开敞式布置时，还应查明井口以上边坡的地质条件，评价边坡的稳定性，提出处理措施建议。 (11) 查明压力管道及岔管布置区上覆岩体的厚度，岩性，风化、卸荷深度，岩体完整性和物理力学特性；高水头压力管道尚应调查上覆山体的稳定性、岩体结构特征、高压渗透特性和岩体应力状态。 (12) 查明气垫式调压室布置地段上覆岩体厚度，岩性，风化、卸荷深度，构造发育情况，岩体完整性，围岩类别及物理力学特性，岩体地应力状态和高压渗透特性。 9. 地面厂房系统工程地质勘察要求 (1) 查明压力前池或调压井（塔）、压力明管、厂房、尾水渠和地面开关站布置地段的地层岩性，重点查明软弱夹层、石膏、粉细砂、架空层、膨胀土、软土、冻土和湿陷性黄土等的分布和物理力学性质。 (2) 查明厂址区的地质构造和岩体结构，主要建筑物布置地段的断层破碎带和节理裂隙发育规律及其组合关系。 (3) 查明厂址区滑坡、崩塌堆积物、变形体以及泥石流等物理地质现象。 (4) 查明厂址区的水文地质条件和岩土体的透水性。 (5) 查明开挖边坡特别是厂房后坡的坡体结构及其稳定条件。 (6) 评价建筑物地基和边坡的稳定性及压力前池的渗漏和渗透稳定性。 10. 溢洪道工程地质勘察要求 (1) 查明溢洪道布置地段的地层岩性，断层、节理密集带、主要软弱夹层的分布和岩体的风化、卸荷深度。 (2) 查明岩土体的透水性和地下水位。 (3) 查明溢洪道两侧，特别是内侧边坡的坡体结构及其稳定性。 (4) 查明堰基、泄槽段、挑流鼻坎等建筑物地基岩体的分布、完整程度及稳定性。 (5) 查明下游消能冲刷区和泄洪雨雾区边坡的岩体结构及稳定性。 (6) 进行溢洪道区的工程地质分段，提出各类岩土体的物理力学性质参数，评价引渠、泄洪闸、泄槽、消能建筑物地基、沿线边坡和下游消能冲刷区及防淘墙的稳定性，提出处理建议。 11. 通航建筑物工程地质勘察要求 应查明引航道、升船机、船闸上下闸首、闸室、上下游码头的地基和边坡的工程地质条件，查明断层、主要裂隙及其组合与地基、洞室和边坡的关系，提出岩土体的物理力学性质参数，评价地基、洞室和开挖边坡的稳定性，提出处理措施建议。 12. 主要临时建筑物工程地质勘察要求 (1) 土基上的土石围堰勘察参照土石坝的要求，可适当简化。 (2) 土基上的混凝土围堰参照闸坝的要求，可适当简化。 (3) 导流明渠应查明外导墙覆盖层结构、厚度及性状，基岩岩性，岩体完整性、风化、卸荷深度，断层破碎带和节理密集带的位置、产状、规模、性状及组合关系。特别要查明覆盖层的渗透性和岩基中倾向基坑的中缓倾角结构面发育情况。评价外导墙覆盖层地基的渗透稳定性和基岩地基的抗滑稳定性，提出处理建议；查明内侧边坡的坡体结构，评价沿线边坡的稳定性，提出处理建议；查明导流明渠出口边坡的抗冲刷稳定性。 (4) 导流隧洞勘察参照隧洞的要求，可适当简化。 (5) 缆机平台的勘察应查明缆机平台地基及边坡的覆盖层厚度、岩性、岩体结构和完整性，结构面的产状、性状、规模及其组合关系，评价地基及边坡的稳定性，提出地基和边坡处理的建议。 13. 天然建筑材料工程地质勘察要求 应在预可行性研究勘察基础上进行天然建筑材料详查，需要时，应进行混凝土天然掺合料的详查；配合施工组织设计对拟利用的开挖料质量作出评价；详查储量应达到设计需要量的 1.5～2.0 倍

续表

勘察阶段	工程地质勘察的主要内容	工程地质勘察要求
招标设计阶段	（1）复核可行性研究阶段的主要勘察成果。 （2）补充查明可行性研究阶段遗留的工程地质问题。 （3）论证可行性研究报告审批中提出的专门性工程地质问题。 （4）提供与优化设计有关工程地质资料。 （5）初步查明枢纽区临时（辅助）建筑物的工程地质条件，并作出初步评价。 （6）复核或补充查明水库移民集中安置区与专项复建工程的工程地质条件	1. 工程地质复核 应对水库、枢纽建筑物（包括挡水、泄洪、输水、厂房、通航建筑物）主要临时（辅助）建筑物的工程地质条件和天然建筑材料工程地质勘察成果进行复核。 2. 专门性工程地质问题勘察 （1）应对可行性研究阶段遗留的工程地质问题、可行性研究报告审批提出的专门性工程地质问题、可行性研究阶段完成后新发现的重大工程地质问题和优化、变更设计需进一步查明的工程地质问题进行专门性勘察。 （2）当预测可能发生水库诱发地震时，应复核水库诱发地震库段位置和震级，提出建立或完善地震监测台、网的建议。 （3）对水库区可能存在的水库渗漏、库岸稳定、水库浸没、塌岸、泥石流等有关工程地质问题，应根据具体情况进行专门性勘察。 （4）对挡水建筑物存在的坝基可利用岩土体、坝基（肩）抗滑稳定、坝基变形、坝基渗漏和渗透变形稳定、边坡（包括坝肩、坝基开挖边坡）稳定等，应根据具体情况进行专门性工程地质勘察。 （5）对泄水、输水、厂区、通航建筑物存在的地基稳定（包括抗滑稳定、抗冲稳定、渗透稳定）、围岩稳定、高压渗透稳定、基坑或洞室涌水等，应根据具体情况进行专门性工程地质勘察。 （6）应对枢纽区场地内规划的主要施工交通干道、桥梁、弃（堆）渣场、砂石料加工系统工程、混凝土拌合系统、供水工程等临时（辅助）建筑物的工程地质条件进行勘察，为场地选择、方案布置进行地质论证和提供设计所需的地质资料。 （7）应对水库移民集中安置区与专项复建工程的工程地质条件进行复核，并根据移民安置规划实施和设计变更情况，开展必要的补充勘察工作。 （8）当可行性研究报告审批要求补充论证、料场条件发生较大变化或设计方案改变要求开辟新的料场时，需要对天然建筑材料进行复查或补充勘察
施工详图设计阶段	（1）对招标设计评审中要求补充论证的和枢纽建筑物施工期、水库蓄水过程中出现的专门性工程地质问题进行勘察。 （2）进行施工地质工作，检验、核定前期勘察成果。 （3）提出工程地质问题处理措施的建议。 （4）分析施工期地质监测和检测资料，提出完善施工期和运行期的工程地质监测和检测内容、布置方案和技术要求的建议。 （5）为工程安全鉴定提供地质资料	1. 专门性工程地质问题勘察 （1）施工期和水库蓄水过程中库区的监测台、网监测的震情有明显变化时，或当不稳定或潜在不稳定库岸边坡出现变形迹象、影响枢纽建筑物、水库运行、集中居民点生命财产和重要公用设施安全时，或当浸没和塌岸区位置、范围发生重大变化时，应进行专门性工程地质问题勘察，提出工程处理建议。 （2）根据施工开挖揭露的地质情况和监测、检测资料，枢纽建筑物布置区发生危害工程安全的潜在不稳定天然边坡和工程边坡出现破坏变形迹象时，或当建筑物地基、抗力体或地下建筑物围岩发现新的工程地质问题，导致建筑物设计条件发生变化时，应进行专门性工程地质问题勘察，提出工程处理建议。 （3）可溶岩地区，当施工过程中发现有大的溶洞和岩溶管道系统，并可能危害工程边坡、建筑物地基和围岩稳定，以及渗漏问题时，应进行专门性岩溶水文地质工程地质补充勘察，提出工程处理建议。 （4）在采料过程中发现天然建筑材料产地的储量、质量等发生较大变化时，应根据具体情况补充专门性勘察。 2. 施工地质 （1）水库：水库蓄水过程中，应定期进行地质巡视，收集、分析发生的地质现象，检验和修正前期地质勘察资料，对影响水库正常运行、居民生命财产安全，以及因蓄水诱发的不良环境地质问题，提出地质建议，根据需要进行专门性工程地质问题勘察；提出运行期水库区的地质观测项目及其技术要求的建议。 （2）枢纽建筑物场地布置区：①应分析枢纽建筑物场地布置区在施工过程中揭露的地质现象，检验和修正前期勘察资料；②编录和测绘建筑物地基、围岩、工程边坡的地质现象，分析与地质有关的工程监测和检测资料，预测、预报可能出现的地质问题；核实建筑物地基、围岩、工程边坡岩土体的工程地质条件；③提出优化地基、围岩、工程边坡的设计和施工方案的地质建议，及时对工程地质问题进行分析，提出处理建议，参与优化设计和工程处理措施的研究；④参与有关的检测和专门性试验工作；⑤参与建筑物地基、围岩、工程边坡及其不良地质体开挖的评价验收；⑥提出完善建筑物地基、围岩、边坡在施工期和运行期的水文地质工程地质监测和检测项目及其技术要求的建议。 （3）复核开采料场的天然建筑材料储量、质量，及其开挖边坡稳定性。 （4）施工地质工作应随工程施工进度，全过程进行动态的地质分析，及时反馈经修正或核定的地质资料。施工地质方法应采用地质巡视、观察、素描、实测、摄影和录像等手段，编录和测绘枢纽建筑物布置区施工揭露的地质现象，以及水库蓄水过程中发生的地质现象。 （5）施工地质工作期间，应建立“施工地质日志”，及时整编施工地质原始资料、编写单项工程（标）验收地质说明书，工程度汛、工程截流、蓄水、机组启动验收以及施工期工程安全鉴定时，应提出相应的地质资料和意见；施工地质结束后，应编写工程竣工地质报告

第三节　工程地质勘察程序

一、一般程序

1. 编制勘察任务书

各阶段的工程地质勘察工作应根据勘察任务书或勘察合同的要求确定。勘察任务书或勘察合同应明确勘察阶段、工程特性指标、设计意图和勘察工作要求，并应附工程枢纽布置图。

2. 资料收集和准备

勘察单位在开展野外工作之前，应收集和分析工程场区已有的地质资料，并进行现场踏勘，了解工程场区的自然条件和工作条件。

3. 编制工程地质勘察大纲

工程地质勘察大纲应包括下列内容：

（1）勘察阶段、勘察目的、任务。

（2）工程概况、工程场区地形地质情况和工作条件。

（3）前阶段工程地质勘察的主要结论及审查主要意见。

（4）勘察重点、技术路线和工作思路。

（5）勘察内容、工作方法和技术要求。

（6）计划工作量及进度。

（7）提交成果内容及数量。

（8）项目管理和质量保证措施。

（9）环境与职业健康安全要求。

（10）勘探工作布置图。

勘察工作过程中，宜根据具体情况的变化，适时对工程地质勘察大纲进行调整。

4. 工程地质测绘

工程地质测绘是水电工程地质勘察的基础工作。其任务是调查与水电工程建设有关的各种地质现象，分析其性质和规律，为评价工程建筑物区工程地质条件提供基本资料，并为坑探（钻探、洞探、井探、坑槽探）、物探、试验和专门性勘察工作提供依据。

5. 勘探与试验

勘探工作包括钻探、洞探、井探、坑槽探、物探等。试验工作包括室内试验和现场试验，室内试验主要是岩石和土的物理力学性质试验，现场试验主要是岩体或土的变形试验，强度试验，水文地质试验，应力测试，地温、放射性、有害气体测试及地质观测等。

6. 资料整理与分析

勘察过程中，要对工程地质测绘、钻探、平洞、坑槽探、水文地质试验等原始资料及时进行整理与分析。

7. 成果编制

工程地质勘察外业结束后要进行地质报告和图件等成果编制。

二、基本要求

（1）水电工程地质勘察应按勘察程序进行并保证勘察工作量和勘察周期。同时应根据工程地质问题的性质、水工建筑物的类型和规模以及各阶段勘察任务的要求，布置地质勘察工作，综合运用各种勘察手段和方法。

（2）应重视基础地质勘察资料的收集，各项资料应真实、准确、完整，并及时整理和分析。

（3）各阶段工程地质勘察应先进行工程地质测绘，并根据勘察阶段、工程特点和工程区地质条件选定工程地质测绘比例尺。工程地质测绘内容和精度要求应符合现行标准《水电水利工程地质测绘规程》（DL/T 5185）的要求。

（4）应根据工程场区的地形、岩土物性条件、探测目的等选择物探方法，并结合地质分析与其他勘探资料进行物探成果的解释。物探工作应符合现行标准《水电水利工程物探规程》（DL/T 5010）的要求。

（5）孔、坑、洞井等勘探工程应综合利用。应根据地形地质条件、水工建筑物特点和勘察任务选择勘探工程。应做好勘探工程的方案设计或施工技术计划，采取措施，确保勘探工程的成果质量和施工安全。钻探和坑探的技术要求应符合国家现行标准《水电水利工程钻探规程》（DL/T 5013）和《水利水电工程坑探规程》（DL/T 5050）的规定。

（6）岩土试验应采用室内试验和原位测试相结合的原则。土工试验应以室内试验为主、原位测试为辅；岩石试验应室内试验和原位测试并重。试验项目、数量和方法应结合地质条件、勘察阶段和工程特点确定。室内试验的试样和原位测试的试点应具有代表性。应做好试样和试点的地质描述。土工试验的技术要求应符合国家现行标准《水电水利工程土工试验规程》（DL/T 5355）的规定，岩石试验的技术要求应符合国家现行标准《水电水利工程岩石试验规程》（DL/T 5368）的规定。

（7）应根据自然条件、工程条件、观测目的、勘察阶段等做好原位观测设计和实施，并及时整理和分析原位观测资料。

（8）应紧密结合水工建筑物的设计以及施工过程中揭露的地质情况，对各种勘察资料和工程地质问题进行综合分析。

（9）工程地质勘察工作结束后，应编制工程地质勘察报告。工程地质勘察报告应由正文、附图、附件组成。正文应文字简练、结论有据，附图应清晰实用。

第四节　工程地质勘察成果

一、成果形式

工程地质勘察成果包括各种图件、照片、影像、录相、文字报告、三维地质模型等。

二、主要图件的编制内容及要求

工程地质主要图件的编制内容及要求见表 2.1.4－1～表 2.1.4－4。

表 2.1.4－1　　工程地质基本图件编制内容

地质图件	编　制　内　容
钻孔柱状图	（1）包括地层单位、层底高程、层底深度、层厚、柱状图及钻孔结构、岩芯采取率、RQD、裂隙密度、风化程度、地质描述、透水率与渗透系数、不同含水层的地下水位及观测日期、承压水的初见水位和稳定水位及其观测日期、取样点深度及编号、测试点深度及编号、电阻率、纵波波速、钻孔电视、摄影位置及文字说明等栏目。 （2）柱状图栏中宜表明地层岩性、断层、破碎带、岩脉、蚀变带、岩层接触关系、钻孔各段的孔径、套管下入深度、止水位置等，对软弱夹层、岩溶洞穴等应突出表示。 （3）地质描述栏中宜说明岩石名称、颜色、成分、结构、构造，软弱夹层的性状，岩石风化和完整程度，断层、破碎带和节理裂隙密集带的宽度、充填物质、胶结情况，岩溶洞穴的规模和充填情况等；土层名称、颜色、物质成分、结构特征、物理性质、状态、胶结物成分和胶结情况。对土层中的粉细砂、软土和架空结构等应着重描述。 （4）文字说明中宜记录钻进方法、钻进情况、回水颜色及水量的突变情况，不良地质因素引起的卡钻、掉钻、塌孔、漏砂等现象和位置等。 （5）土基钻孔柱状图应反映各种原位测试成果
坑探展示图	坑探包括探洞、探井、探坑、探槽，其展示图绘制应包括以下内容： （1）平洞展示图宜绘制洞顶和两壁，采用以洞顶为基准、两壁掀起俯视的展示方式。应标明坐标、高程、方向，洞深以洞顶中心线为准。洞口明挖部分和掌子面应进行描绘。 （2）探井展示图宜绘制相邻两壁，平列展开，并注明井壁方向。圆井以 90°等分线剖开，取相邻两壁平列展开。应标明井的坐标、高程，井深以井口某一壁固定桩为准。斜井应注明其斜度。 （3）地层年代，岩土体名称、颜色、成分、结构、构造，岩体完整性，软弱夹层的性状，土层的胶结情况等。 （4）断层及破碎带、挤压带的产状、性质、规模、充填物性质及胶结程度，蚀变带、岩脉的穿插情况。 （5）主要节理裂隙的产状、性质、性状（包括长度、宽度、充填物、壁面的起伏状况、粗糙度等），节理裂隙发育程度分段统计描述并绘制统计图。 （6）岩体风化程度及风化分带、卸荷裂隙的发育深度及充填情况、岩溶洞穴等。 （7）地下水出露位置、形式、类型、流量、水温。 （8）岩体工程地质分段或围岩工程地质分类。 （9）取样点、测试点、拍摄点等的位置及编号，岩体的测试数值或曲线。 （10）施工开挖过程中有关情况，包括开挖方法、掉块、坍方、涌水、片帮、岩爆发生位置、有害气体、放射性等
基坑开挖地质图	应反映建基面形成后，基坑揭露的实际地质现象和地基加固处理的实际情况
洞室开挖地质图	包括洞室各壁的地质图（展示图或素描图）和地质平切图，应反映洞室断面形成后围岩的工程地质条件和施工开挖过程中有关情况，以及支护处理情况
边坡开挖地质图	包括地质平面图和边坡展示图，应反映边坡开挖形成后的地质现象和边坡加固处理的实际情况

表 2.1.4-2 工程地质区域综合性图件编制内容

地质图件	编制内容
综合地层柱状图	(1) 分地层、代号、柱状图、厚度、地层描述和主要地质特征等栏目。 (2) 地质栏中地层单位的划分应根据勘察阶段、绘图比例尺和具体要求而定，自上而下地层从新到老编排。 (3) 柱状图栏中应以花纹填充反映各地层单位的岩性、厚度、接触关系、岩浆岩侵入情况和花石等，并以反映的清晰程度选定柱状图比例尺。 (4) 厚度栏绘图高度应根据地层厚度和比例尺确定，栏内标注地层厚度的变化范围值。 (5) 地层描述栏中，可按如下顺序进行描述： ①地层名称、颜色、结构和构造、矿物成分。 ②沉积岩的成层状态、胶结状态、胶结物性质、胶结程度、相变情况和花石名称等。对第四纪地层，还应说明成因类型和物质成分；岩浆岩的生成顺序、产出形式及与围岩的接触关系；变质岩的岩性、变质程度、变质类型及变质相带。 ③软弱岩层、软弱夹层、岩溶化岩层等工程地质性质不良岩层。 ④水文地质特征、分层标志等
区域地质图	(1) 区域地貌形态类型、地貌单元，水系变迁情况，与现代构造有关的洪积扇、阶地。 (2) 区域内的地层岩性分布、地质构造与水文地质情况。 (3) 工程场地位置等
区域构造纲要图	(1) 区域构造格架展布、区域性大断裂、活断层、发震断裂及其产状和性质，地热（温泉、热海及其温度）。 (2) 已经发生的中、强震震中分布等
水库区综合地质图	(1) 地貌形态：河流阶地、阶级，古河道、埋藏谷、洼地等。 (2) 地层岩性：地层、年代、岩性、岩相及接触关系。 (3) 地质构造：岩层产状，褶皱形态，断层和破碎带及其产状、性质、延伸情况。 (4) 岩溶和物理地质现象：岩溶形态的分布与规模，滑坡体、崩塌体、坍滑体、采空区、塌陷区、潜在不稳定岩土体等。 (5) 水文与工程地质：井、泉及其类型、高程、流量或水位（注明观测日期）；渗漏或可能的渗漏地段和渗漏方向；塌岸和浸没的预测范围，以及库岸稳定分段。 (6) 其他：勘探点，岩土体位移监测点，地下水动态观测点、地质剖面线，坝轴线，正常蓄水位线及高程，与水库工程有关的城镇、厂矿以及交通线路等

表 2.1.4-3 天然建筑材料料场综合性图件编制内容

地质图件	编制内容
天然建筑材料产地分布图	(1) 料场名称、编号、种类（砂砾料、土料、石料、掺合料）、范围。 (2) 主要建筑物、交通线、居民点。 (3) 各产地概况一览表，内容包括材料种类、料场名称、分布高程、勘察级别、料场面积、无用层与有用层平均厚度、无用层体积、有用层储量及质量，以及距坝址（或主要建筑物）距离、开采与运输条件等
天然建筑材料料场综合地质图	(1) 地形地貌、河流阶地，以及耕地、林场范围和其他标志。 (2) 土层成因类型，岩层岩性、产状。 (3) 主要断层、节理裂隙密集带的分布及产状。 (4) 储量计算范围线及储量计算汇总表，以及各料场试验成果汇总表。 (5) 质量分区界线。 (6) 勘探点（线）位置及编号、孔坑深度、取样点位置及编号、地质剖面线等
料场纵横地质剖面图	地形、勘探点、地质构造、剖面穿越的不良地质体、储量计算开挖线等

表 2.1.4-4 坝址及建筑物区工程地质综合性图件编制内容

地质图件	编制内容
实际材料图	(1) 不同比例尺工程地质测绘的范围、地质点、地质剖面线及其编号。 (2) 物探点、物探剖面线及其编号。 (3) 钻孔、平洞、竖井、坑、槽及其编号、高程。 (4) 取样点、测试点、标本和化石采集点及其编号。 (5) 岩土体位移监测点、地下水动态观测点、摄影或录像点及其编号。 (6) 主要建筑物轴线或轮廓线。 (7) 钻孔、平洞等勘探点情况汇总表，以及勘察工作量统计表
坝址及其他建筑物区工程地质图	(1) 地形地貌、地层岩性、地质构造、水文地质等一般地质现象。 (2) 岩基中的软弱岩层、软弱夹层、易风化岩层、石膏夹层、岩溶化岩层、岩脉等；土基中的软土、膨胀土、湿陷性黄土、冻土、有机质土、粉细砂和架空结构等。 (3) 活断层、顺河断层、缓倾角断层及其他缓倾角结构面、节理裂隙密集带、蚀变带、卸荷带，以及褶皱和叠瓦式构造等。 (4) 滑坡体、崩塌体、坐落体、蠕变体、潜在不稳定岩土体或不稳定岸坡、泥石流、古河道和河床深潭等。 (5) 岩土体工程地质分类或分区。 (6) 地质点（含泉水点）、试验点、观测点、取样点、摄像点、勘探点线、物探点线、地质剖面线、建筑物轴线或轮廓线、正常蓄水位线等
岩溶区水文地质图	(1) 地貌形态：与岩溶发育有关的地形地貌要素，如河谷裂点、阶地、侵蚀面、古河道、地形分水岭、低邻谷等。 (2) 地层岩性：可溶岩非可溶岩界线，突出表示强岩溶化岩层。 (3) 地质构造：岩层产状、褶皱形态、断裂构造的产状、性质、延伸情况等。 (4) 岩溶现象：各种岩溶形态的分布、高程、规模、延伸连通情况，地下洞穴和暗河应投影表示。 (5) 物理地质现象：滑坡体、崩塌体、坍滑体、潜在不稳定岩土体、蠕变体、泥石流等。 (6) 水文地质：含水层或透水层，相对隔水层，地下水露头点及其性质、高程、流量，地下水流向，地下水分水岭及其高程，渗透通道等。 (7) 岩溶渗透程度分区（段），并附岩溶水文地质剖面图
坝址及其他建筑物区工程地质剖面图	(1) 坝址及其他建筑物工程地质图中的有关内容（绘制成剖面形式）。 (2) 地下水位，岩体风化、卸荷分带，岩体工程地质分类（级）。 (3) 岩溶形态及充填物。 (4) 坝址轴线剖面图应有岩体渗透性分级界线和建议防渗帷幕范围线
坝（闸）址渗透剖面图	除反映一般地质现象外，尚应包括下列内容： (1) 强透水层和相对隔水层的分布、地下水和河水的补排关系、岩土体渗透性分级。 (2) 潜水位、承压含水层顶板及其稳定水位、河水位（注明观测日期和高程）、正常蓄水位线。 (3) 可能产生的管涌、潜蚀、软化、液化等现象，应用特殊符号表示。 (4) 水文地质说明，必要时附渗漏计算表和计算公式
专门性工程地质图	除反映常规地质图内容外，尚需反映专门性工程地质问题的相关内容

三、各阶段工程地质勘察报告的内容及要求

(一) 规划阶段

(1) 规划阶段工程地质勘察报告正文应包括绪言、区域地质和地震、规划河流（河段）工程地质分段、各梯级方案的工程地质条件和结论等。

(2) 绪言应包括规划方案、规划河流或河段的地理概况，以往地质研究程度和本阶段勘察完成的工作量。

(3) 区域地质概况应包括流域或河段的地形地貌、区域地

质和区域水文地质条件，区域构造格架和地震活动性等。

（4）规划河流（河段）分段应包括分段的依据、地段划分及对各地段断层活动性、地震、地形地貌、地层岩性、河谷地质结构及重大物理地质现象的论述。

（5）各规划梯级方案的工程地质条件应按梯级次序编写，各章可按建筑物布置分为水库、坝址，以及长引水线路及厂址等节编写，并应包括下列内容：

1）水库的工程地质条件应包括水库区地质条件的描述和有关渗漏、库岸稳定、浸没等问题的初步分析。

2）坝址的工程地质条件应包括场址区基本构造格架、地震动参数及相应地震基本烈度，坝址区地形地貌、地层岩性、地质构造、物理地质现象和水文地质条件，坝址工程地质条件的初步分析和天然建筑材料的概况。

3）长引水线路的工程地质条件应包括沿线地形地貌、地层岩性、地质构造、物理地质现象和水文地质条件，对引水线路和厂址等工程地质条件做初步分析。

（6）结论应包括对规划方案和近期开发工程选择以及控制性工程的地质分析论证意见和对预可行性研究阶段工程地质勘察工作的建议。

（二）预可行性研究阶段

（1）预可行性研究阶段工程地质勘察报告正文应包括：概述、区域地质及构造稳定性、水库区工程地质条件、枢纽工程区工程地质条件、天然建筑材料以及结论和建议。

（2）概述应包括工程概况、勘察地区的自然地理条件，历次所进行的勘察工作情况和研究深度，本阶段进行的工作项目和完成工作量等。

（3）区域地质及构造稳定性应包括区域地形地貌、地层岩性、地质构造、物理地质现象和水文地质条件等。可溶岩地区应说明区域岩溶发育情况以及岩溶区地下水的补排条件。在论述地质构造时，应说明区域性断裂、活断层性和地震活动性。应对区域构造稳定性和地震安全性作出评价。

（4）水库区工程地质条件应包括库区的地质概况，水库渗漏、浸没、库岸稳定及水库诱发地震的可能性等工程地质问题及初步评价；同时对大型城镇、集镇初拟新址的基本地质条件及场地稳定性和建设适宜性也应作出初步评价。

（5）枢纽工程区的工程地质条件，应根据工程不同开发方式的建筑物布置，分坝址、引水发电系统、溢洪建筑物、临时性建筑物等节编写。各节应包括下列内容：

1）坝址工程地质条件应包括：坝段基本地质条件；对代表性坝址的选择意见以及推荐代表性坝址的各主要建筑物的工程地质条件和主要工程地质问题的初步评价，对代表性坝型和枢纽布置方案的建议；提出建议的岩土物理力学性质参数。

2）引水发电系统的工程地质条件应包括：引水发电系统的基本地质条件，各比较线路和厂址的工程地质条件与代表性方案的选择，推荐代表性方案的工程地质条件和主要工程地质问题的初步评价。

3）溢洪建筑物及其他建筑物的工程地质条件的内容，应根据建筑物的特点和地质条件确定。

（6）天然建筑材料应包括勘察任务；各料场的位置、地形地质条件、勘探和取样、储量和质量；开采和运输条件等。

（7）结论和建议应包括区域构造稳定性评价、水库主要工程地质问题初步评价、坝段及各比较坝址工程地质特点概述及初步评价、代表性坝址选择的工程地质意见、代表性坝址枢纽布置方案各主要建筑物的主要工程地质条件和工程地质问题的初步评价、主要天然建筑材料的储量和质量的初步评价；对可行性研究阶段工程地质勘察的建议。

（8）报告正文的内容，尚应符合现行标准《水电工程预可行性研究报告编制规程》（DL/T 5206）的规定。

（三）可行性研究阶段

（1）可行性研究阶段工程地质勘察报告正文应包括：绪言、区域地质概况、水库工程地质条件、坝址比较与选择，选定坝址坝型、坝线比较，各建筑物工程地质条件，天然建筑材料，结论和建议等。

（2）绪言应包括下列内容：

1）工程概况。

2）预可行性研究阶段提出的主要工程地质问题和结论。

3）预可行性研究报告审查的主要意见。

4）本阶段工程地质勘察完成的主要工作项目和工作量。

（3）区域地质概况应包括下列内容：

1）区域地形地貌、地层岩性、地质构造、物理地质现象、水文地质条件及地震地质等概况。

2）近场区地质构造及主要断层的活动性分析。

3）场地地震安全性和区域构造稳定性评价的主要结论。

（4）水库工程地质条件应包括下列内容：

1）水库的基本地质条件。

2）水库渗漏评价。

3）库岸稳定性评价与覆盖层塌岸预测。

4）水库浸没预测。

5）库区泥石流等固体径流物质来源评价。

6）水库诱发地震的类型，库段及最大震级预测。

7）地质灾害危险性评估的主要结论意见。

8）水库移民集中安置区及专项复建工程地质条件评价的主要结论意见。

（5）坝址比较与选择应包括下列内容：

1）各坝址工程地质条件，相应坝型与枢纽布置方案的工程地质评价。

2）各坝址工程地质条件比较和坝址选择的地质意见。

（6）选定坝址各建筑物的工程地质条件应包括下列内容：

1）坝址工程地质条件，坝基岩体工程地质分类及物理力学性质参数，坝型、坝轴线和枢纽布置选择的地质意见，坝址工程地质问题评价和处理建议。

2）隧洞基本地质条件，工程地质条件分段说明，围岩工程地质分类，进出口边坡和洞室围岩稳定性的地质评价及处理建议。

3）渠道基本地质条件，工程地质条件分段说明，边坡和地基稳定性以及渗漏评价及处理建议。

4）厂址区基本地质条件，地基或围岩工程地质分类，厂址区各建筑物地基、边坡和围岩稳定性的工程地质评价及处理建议。

5）泄水建筑物（溢洪道）、通航建筑物等的工程地质条件。各建筑物地基、边坡和围岩的工程地质问题评价及处理建议，泄流冲刷区及雨雾区的边坡稳定条件和处理措施建议。

6）主要临时建筑物的工程地质条件。

（7）天然建筑材料应包括各类材料的设计需用量，各料场地形地质条件、勘探和取样情况、储量和质量评价，开采和运输条件等。

（8）结论和建议应包括区域地质，水库地质，坝址、坝线比较，选定坝址枢纽布置各建筑物工程地质评价，各类天然建筑材料储量、质量评价，以及对招标设计阶段勘察工作的建议。

（9）报告正文的内容，尚应符合现行标准《水电工程可行性研究报告编制规程》（DL/T 5020）的规定。

（四）招标设计阶段

（1）招标设计阶段工程地质勘察报告正文应包括：概述、水库工程地质、水工建筑物工程地质、临时建筑物工程地质、水库规划移民安置区与专项复建工程工程地质、天然建筑材料及结论。

（2）概述应包括可行性研究阶段工程地质勘察的结论，可行性研究报告审批和项目评估中要求补充论证的工程地质问题，本阶段工程地质勘察完成的项目、主要研究内容、勘察成果、工作量及本工程累计工作量等。

（3）水库区工程地质应简述水库渗漏的水文地质条件，说明可能发生浸没地段的基本情况、水文地质条件和评价意见，说明可能塌岸地段的基本情况、工程地质水文地质条件和评价意见，简述库岸稳定的工程地质条件和泥石流的基本情况。

（4）水工建筑物工程地质，各节应包括下列内容：

1）挡水建筑物：简述一般工程地质条件；说明坝基（肩）的抗滑稳定、变形、渗透稳定的工程地质条件并进行评价，提出加固处理建议；说明坝段基本地质条件；说明坝基可利用岩土体的工程地质条件，提出可利用建基面和预留保护层的意见；说明影响基坑边坡稳定的工程地质条件及水文地质条件，提出开挖边坡坡形、坡比以及处理措施建议。

2）泄水建筑物：简述一般工程地质条件；说明影响泄水建筑物地基稳定（包括抗滑稳定、抗冲刷稳定、渗透稳定）的工程地质条件，复核岩体工程地质分类及物理力学性质参数，评价地基的稳定性，提出加固处理措施建议；说明围岩稳定的工程地质及水文地质条件，评价围岩稳定性，提出加固处理措施建议；说明岸边式溢洪道边坡和泄洪洞、放空洞进出口边坡的工程地质及地质条件，以及泄洪冲刷、泄洪水雾对边坡稳定的影响，评价其稳定性，提出开挖边坡坡形、坡比以及处理措施建议。

3）输水建筑物：简述一般工程地质条件；说明影响输水建筑物地基稳定和渗漏的工程地质及水文地质条件，评价地基的稳定性；说明围岩稳定的工程地质及水文地质条件和围岩稳定性评价意见；说明影响隧洞进出口、调压井、渠道等建筑物边坡稳定的工程地质及水文地质条件，评价其稳定性；说明围岩在高水头作用下的渗透特性，复核围岩水力坡降、破裂压力、外水压力和山体稳定性的评价意见。

4）厂房：简述一般工程地质条件；说明影响地基稳定的工程地质及水文地质条件，复核岩体工程地质分类、岩土体物理力学性质参数，评价地基稳定性；说明围岩稳定的工程地质及水文地质条件和围岩稳定性评价意见；说明影响厂区边坡稳定性的工程地质及水文地质条件，评价其稳定性。

（5）临时建筑物工程地质，分别说明影响围堰工程、导流工程、缆机平台和混凝土供料平台工程的地基、围岩、边坡稳定的工程地质水文地质条件，评价其稳定性；分别简述影响场内主要施工交通干道、砂石料加工系统工程、混凝土拌和系统工程的地基、边坡稳定的工程地质条件，初步评价其稳定性；对施工和生活用水的水质和水量等进行评价。

（6）水库规划移民安置区与专项复建工程工程地质，简述规划移民安置区的工程地质条件及水文地质条件、地质灾害的类型及分布，初步评价规划移民安置区的场地适宜性和稳定性条件；简述专项工程的基本地质条件，初步评价各专项工程的工程地质条件。

（7）天然建筑材料应包括复查或补充勘察工作成果，包括目的、工作内容、完成的勘察工作、试验成果汇总、储量计算汇总、质量评价、开采运输条件及结论等。

（8）报告正文的内容，尚应符合现行标准《水电工程招标设计报告编制规程》（DL/T 5212）的有关规定。

（五）施工详图设计阶段

（1）专门性工程地质问题勘察报告内容应根据实际存在的地质问题确定。报告正文可包括绪言、地质概况、工程地质条件、分析与评价、工程处理建议和结论。

（2）施工地质结束后，应编写工程竣工地质报告。报告正文应包括绪言，区域地质，水库工程地质条件评价，枢纽布置区基本地形地质条件，枢纽各建筑物场地施工开挖揭露的实际地质情况，地基、边坡、围岩的加固处理措施和工程地质条件评价，天然建筑材料评价意见，结论和建议。

四、主要工程地质问题的专题研究报告及要求

在勘察的各个阶段，对影响方案成立的、重大的工程地质问题，应列专题进行研究，提出专题研究报告，作为各阶段勘察报告的附件。如水库诱发地震研究报告、高边坡稳定性研究报告、地下洞室围岩稳定性研究报告、近坝滑坡稳定性研究报告等。

主要工程地质问题专题研究报告正文可包括绪言、地质概况、工程地质条件、工程地质问题研究、分析计算与评价、工程处理建议和结论等。

五、各阶段工程地质勘察报告的附件附图要求

各勘察阶段工程地质勘察报告的附件应符合表 2.1.4－5 的规定。

表 2.2.4－5　工程地质勘察报告的附图、附件

序号	附图、附件名称	规划	预可行性研究	可行性研究	招标设计	施工详图设计
1	区域综合地质图（附综合地层柱状图和典型地质剖面）	√	√	－	－	－
2	区域构造纲要图及地质震中分布图	＋	√	＋	－	－
3	水库区综合地质图（附综合地层柱状图和典型地质剖面）	＋	√	√	＋	－
4	坝址及其他建筑物区工程地质图（附综合地层柱状图）	√	√	√	√	－
5	地貌及第四纪地质图	－	＋	＋	－	－
6	水文地质图	－	＋	＋	＋	－
7	坝址基岩地质图（包括基岩面等高线）	－	－	＋	＋	＋
8	专门性问题地质图	－	＋	＋	√	√
9	施工地质编录图	－	－	－	－	＋
10	天然建筑材料产地分布图	√	√	√	＋	＋
11	各料场综合成果图（含平面图、勘探剖面图、试验和储量计算成果表）	＋	√	√	＋	＋
12	实际材料图	－	＋	＋	＋	－
13	各比较坝址、引水线路或其他建筑物纵横剖面图	＋	√	√	－	－
14	选定坝址、引水线路或其他建筑物地质纵横剖面图	－	√	√	√	＋
15	坝基（防渗线）渗透剖面图	－	＋	√	√	＋
16	专门性问题地质剖面图或平切面图	－	＋	＋	√	√
17	钻孔柱状图	＋	＋	＋	＋	＋
18	试槽、平洞、竖井展示图	＋	＋	＋	＋	＋
19	岩矿鉴定报告	＋	＋	＋	－	－
20	地震安全性评价报告	－	√	√	－	－
21	物探报告	＋	√	√	＋	＋
22	岩土试验报告	－	√	√	√	＋
23	水质分析报告	－	＋	＋	＋	＋
24	专门性工程地质问题研究报告	－	＋	＋	√	√

注　1.“√”表示应提交；“＋”表示视需要而定；“－”表示不要求提交。
2. 专门性工程地质问题研究报告，是指各阶段为针对某一工程地质问题开展的专项勘察而编制的专题报告。

第二章 工程地质测绘

第一节 一般要求

一、工程地质测绘范围及测绘比例尺

（一）工程地质测绘范围

规划、预可行性研究及可行性研究阶段不同建筑物的测绘范围如表 2.2.1-1。招标及施工图设计阶段测绘范围，根据专门性工程地质问题的勘察需要确定。

表 2.2.1-1　　工程地质测绘范围

测绘地区	勘察阶段		
	规划	预可行性研究	可行性研究
区域地质	区域综合地质图的范围应满足规划方案的要求	满足编制区域综合地质图、构造纲要图的需要	
水库区	整个库盆，水库渗漏的工程地质测绘范围应扩大至分水岭及邻谷	（1）整个库盆。 （2）可能存在渗漏通道的河间地块、邻谷和坝的下游地段。 （3）可能浸没区所在阶地后缘或相邻地貌单元的前缘以及两岸及坝址下游附近的塌滑体、泥石流沟和潜在不稳定岸坡分布地段	可能渗漏段：可能渗漏通道及其进出口地段和低邻谷，凡能追索的岩溶洞穴均应进行测绘 浸没区：所在阶地的后缘或可能内涝的影响范围 塌岸区：根据需要确定 不稳定岸坡：不稳定或潜在不稳定岸坡及其影响区
建筑物区	包括比较坝址、绕坝渗漏的岸坡地段，以及坝址附近低于水库水位的垭口、古河道等；当比较坝址相距大于 2km 时，可分别进行工程地质测绘	（1）坝址：①各比较坝址，包括主副坝、溢洪道、厂房和导流工程等有关枢纽建筑布置地段；②邻近以及与阐明各比较坝址工程地质条件有关的地段，包括坝下游危及工程安全运行的可能失稳岸坡。 （2）厂房：各比较方案的调压井、高压管道、厂房、主变开关站（室）、尾水建筑物等地段以及与阐明各比较厂址工程地质条件有关的地段，包括厂房下游危及工程安全运行的可能失稳岸坡。 （3）泄洪建筑物：各比较方案的泄洪建筑物布置地段及所毗邻地段，当与坝相距较近时，工程地质测绘应与坝址合并进行	坝区：坝址水工建筑物场地和对工程有影响的地段 混凝土坝：坝址水工建筑物场地和对工程有影响的地段 地面厂房：自压力前池或调压塔至尾水渠、地面开关站等所有建筑物地段。 地下厂房：自调压井至尾水出口地段 溢洪道：自引渠、泄洪闸至下游消能地段，以及论证下游冲刷区与水雾区边坡稳定所涉及的地段 渠道：包括渠道建筑物场地和填方渠段 通航建筑物：通航建筑物及对工程有影响的地段

续表

测绘地区	勘察阶段		
	规划	预可行性研究	可行性研究
引水线路区	包括线路两侧各 1km 地带，可岩溶地区可适当加宽	隧洞或渠道各比较线路及其两侧各 300～1000m 地带。岩溶地区可根据实际情况增加测绘宽度	同预可阶段，隧洞进出口、傍山浅埋段、过沟段等，当地质条件复杂时应进行专门性工程地质测绘
天然建筑材料	普查规划工程场地 40km 范围	勘探范围和料场开采及可能的影响区	

（二）工程地质测绘比例尺

（1）水电水利工程工程地质测绘比例尺分为如下三级：

1）小比例尺，包括：小于 1∶1000000、1∶100000、1∶50000。

2）中比例尺，包括：1∶25000、1∶10000。

3）大比例尺，包括：1∶5000、1∶2000、1∶1000 和大于 1∶1000。

（2）水电水利工程各设计阶段不同建筑物区工程地质测绘比例尺规定见表 2.2.1-2。

（3）天然建筑材料的勘察级别划分为普查、初查和详查，料场各个勘察级别均应开展地质测绘和调查工作，地质测绘比例尺见表 2.2.1-3。

表 2.2.1-2　　工程地质测绘比例尺选择

测绘地区	勘察阶段			
	规划	预可行性研究	可行性研究	招标设计
区域地质	1∶500000～1∶100000	区域性综合地质测绘：1∶1000000～1∶500000，近场区地质测绘：1∶250000～1∶100000 专门性构造地质测绘：1∶100000～1∶25000		
水库区	1∶100000～1∶50000 可溶岩地区：1∶50000～1∶25000	1∶50000～1∶10000	可能渗漏段 1∶1000～1∶2000 浸没 城镇 1∶2000～1∶1000 浸没 农业区 1∶10000～1∶5000 塌岸 城镇 1∶2000～1∶1000 塌岸 农业区 1∶10000～1∶5000 不稳定岸坡 1∶5000～1∶1000	

续表

测绘地区	勘察阶段			
	规划	预可行性研究	可行性研究	招标设计
建筑物区	峡谷区：1：10000～1：5000 丘陵平原区：1：25000～1：10000	1：5000～1：2000	土石坝 1：5000～1：1000	1：1000～1：500
			混凝土坝 1：2000～1：1000	
			厂房 1：2000～1：1000	
			溢洪道 1：2000～1：1000	
			引水建筑物 1：2000～1：1000	
			通航建筑物 1：2000～1：1000	
长引水线路区	1：50000～1：10000	1：25000～1：10000	1：25000～1：5000	

表 2.2.1-3　天然建筑材料各勘察级别地质测绘比例尺

勘察级别	测绘比例尺	
	平面图	剖面图
普查	1：10000～1：5000	
初查	1：5000～1：2000	1：2000～1：1000
详查	1：2000～1：1000	1：1000～1：500

二、工程地质测绘精度要求

（1）工程地质测绘使用的地形图，必须是符合精度要求的同等或略大于地质测绘比例尺的地形图。当采用大于地质测绘比例尺的地形图时，须在图上注明实际的地质测绘比例尺。

（2）工程地质测绘中，对相当于测绘比例尺图上宽度大于2mm的地质现象，均应进行测绘并标绘在地质图上。对于评价工程地质条件或水文地质条件有重要意义的地质现象，即使图上宽度不足2mm，也应在图上扩大比例表示，并注明实际数据。

（3）为了保证工程地质测绘中对地质现象观察描述得详细程度，通常也采用单位面积上地质点的数量和观察线的长度来控制测绘精度。一般要求图上每4cm^2范围内有一个地质点，地质点间距宜为相应比例尺图上2～3cm。地质点的分布不一定是均匀的，工程地质条件复杂的部位应多一些，而简单的地段可相对稀疏一些。中、小比例尺工程地质测绘每km^2地质点、观察线控制数量一般要求见表2.2.1-4。

表 2.2.1-4　中、小比例尺工程地质测绘地质点、观察线一般要求

比例尺	地质条件复杂程度					
	简单		中等		复杂	
	观察点数	观察线长（km）	观察点数	观察线长（km）	观察点数	观察线长（km）
1：100000	1～2	1.00	1～2	1～1.50	2～3	1～1.50
1：50000	2～3	2.00	3～4	2～2.50	5～6	2.5～3.00
1：25000	4～5	4.00	7～8	4～5.00	8～12	5～6.00
1：10000	10～15	6.00	20～30	6～8.00	30～40	8～10.00

为了保证精度，在任何比例尺地质图上，界线误差不得超过2mm，因此，在工程地质测绘过程中，应注意对地质点及地质现象的精确定位。

三、工程地质测绘填图单位

不同比例尺的工程地质测绘填图单位要求见表2.2.1-5。

表 2.2.1-5　工程地质测绘填图单位划分

比例尺	分层单位	
	必须的	争取的
1：100000～1：50000	统（或群）	阶（或组）
1：25000～1：10000	阶（或组）	带（或段）
1：5000	带或层（或按岩性、工程地质岩组划分）	
1：2000～1：1000	岩性或工程地质岩组	

四、野外记录要求

（1）野外记录包括地质点描述、照片（素描）及原始图件，要求资料真实、准确、完整，相互印证、配套。

（2）凡图上表示的地质现象，都应有记录可查。

（3）地质点的描述应在现场进行，并注意点间描述和分析，内容全面，重点突出，对重要地质现象辅以照片、素描进行说明。

（4）地质点应统一编号，并采用专用卡片或电子记录。

第二节　工程地质测绘准备工作

一、资料搜集

为了解工作区研究深度，工程地质测绘开始前，要尽可能全面地收集工作区有关的资料，并进行分类和综合分析，研究其可利用的程度和存在的问题，编制有关图表和说明。

资料收集的内容主要包括：

（1）规划、设计资料。当地已有工程建设的相关资料。

（2）地形资料。各类比例尺地形图，各类卫片、航片及陆摄照片等。

（3）区域地质、地震地质及地质灾害治理的相关成果，工程区前期勘察成果等。

（4）工作区水文气象资料。

（5）工作区交通、行政区划、民风民俗等资料。

二、现场踏勘

在进行中、大比例尺工程地质测绘前，应进行现场踏勘并编制工程地质测绘计划。踏勘线路可选择在代表工作区地层、地质构造特征以及有疑问的地段。踏勘的主要内容包括：

（1）了解测区基本地质条件，对已有成果进行现场验证，初步了解测区地质条件的复杂程度，初步确定具有代表性的实测剖面位置。

（2）了解现场工作条件，对相关的环境、安全条件进行评估，选择合适的工程地质测绘方法。

（3）根据现场地质情况和工作条件，明确测绘工作中需注意的问题等。

小比例尺工程地质测绘，可不进行踏勘。

三、工程地质测绘计划编制

各种比例尺工程地质测绘工作，都应根据勘察任务书和规范要求，编制工程地质测绘计划。工程地质测绘计划应包括以下内容：

（1）任务要求、设计阶段与设计意图。

（2）工作区地质概况、可能存在的主要工程地质问题。

（3）工作方法及工作量。

（4）计划线路、进度及完成日期。

（5）人员组织、装备投入、安全措施及质量保证措施。

（6）工作条件及经费预算。

（7）提交的成果。

第三节　工程地质测绘方法

一、工程地质测绘基本方法

工程地质测绘的基本方法有遥感影像解译法和地质点法。

（一）遥感影像解译法

遥感影像解译法主要用于中小比例尺工程地质测绘，其野外工作内容包括：

（1）检查解译标志。

（2）补充调查遥感影像难以获得的资料。

（3）验证并修改解译成果。

（二）地质点法

地质点法是工程地质测绘的主要方法，通过对地质点的观察、分析，了解各点的地质现象，由不同地质点形成观察线，由不同观察线形成测绘面，根据测绘面的分析形成对地质体的全面认识。

在不同比例尺测绘中，地质点法观察线路可根据需要采用横穿越法、界线追索法、全面查勘法。各种方法特点及适用条件如下：

（1）横穿越法。观察线路横切岩层走向，适用于大中小比例尺地质测绘，尤其是小比例尺测绘。横切岩层走向的观察线路，可以最多地穿越测区不同地层，定出各类地质界线的位置，查清测绘地区地层分布情况及地质构造发育特点。在横穿线路与地质界线的交点部位，可以沿界线进行适当追索，以便对界线进行准确定位。

（2）界线追索法。观察线路沿地质界线追索的方法，在中、小比例尺地质测绘中较为适用，对主要地质界线逐条追索，并将结果反映在地质图上。

（3）全面查勘法。全面观察测区内已有露头，把各种地质现象全部画在地质图上。适用于大比例尺地质测绘。

地质点法的主要工作是野外地质点的布置、定位和观察。

地质点定位方法有两种，即估测与仪器测量。估测指用目测或简单地质罗盘交汇定位，仪器测量指采用满足精度要求的测量仪器进行定位。地质点定位方法选择，与工程地质测绘精度密切相关，一般规定，在进行中、小比例尺工程地质测绘时，地质点定位可采用估测，但对于反映重要地质现象的地质点应采用测量仪器定位；1∶10000 工程地质测绘时，控制主要地质界线和地质现象的地质点应采用仪器测量定位；大比例尺工程地质测绘的地质点应采用仪器测量定位。

在合适的条件下，仪器测量可以选择满足精度要求的手持 GPS 进行现场定位。

二、实测地质剖面

（一）实测剖面的目的及剖面位置的选择

实测剖面的主要目的是通过对工作区内地层时代、层序、岩性特征、厚度、古生物演化特征、接触关系及地质构造等进行综合研究，划分地层，明确分层标志，编制工作区综合地层柱状图。实测剖面线选择应遵循以下原则：

（1）剖面线应尽量穿过测区内所有地层。

（2）剖面线应选择露头良好地段。

（3）合理确定剖面比例尺。根据测绘精度要求，选择合适的剖面实测比例尺。一般要求实测剖面比例尺应为地质测绘比例尺的 5～10 倍，岩性简单地区可以适当缩小。

（二）野外工作步骤

实测剖面野外工作步骤有：

（1）地形及导线测量。

（2）观察、描述及分层。

（3）标本和样品的采集。

（4）填写记录表格。实测剖面需要在野外填记专用的记录表格（表 2.2.3－1）。

（5）绘制草图。包括野外平面图和剖面草图。

表 2.2.3－1　实测剖面记录表示例

剖面编号：　　　　剖面名称：

1	2	3	4	5	6	7		8	9	
导线号	导线长 L	导线方位 B	地形坡角 β	分层号	分层斜距 l	产状		岩性描述	标本、样品	
						倾向 A	倾角 α		编号	位置
	m	(°)	(°)		m	(°)	(°)			m
0－1 …				①② …				（颜色、厚度、岩石定名……）		

校核人：＿＿＿＿　　记录人：＿＿＿＿　　日期：＿＿＿＿

（三）实测剖面的室内整理

实测剖面的室内整理包括野外所取得资料、数据及标本的系统整理；清绘平面图及剖面图；计算分层厚度；并且在以上整理的基础上编绘地层柱状图。

（1）野外原始资料的整理。核对野外记录、实测草图、岩石标本、岩性描述记录等。根据野外实测数据，计算并填写专用表格（表 2.2.3－2）。视倾角待确定剖面图的方位之后再行换算。

（2）岩层厚度计算。岩层厚度是指岩层顶、底面之间的垂直距离，即岩层的真厚度。利用岩层的出露宽度（分层斜距）、地形坡度、岩层产状等数据求出岩层的真厚度。倾斜岩层厚度计算方法有下列七种情况：

1）地面水平（$\beta \approx 0$），导线方位垂直于岩层走向，则

$H_i = L\sin\alpha$；H_i 为真厚度，L 为分层斜距，α 为岩层倾角。

2）地面倾斜，地形坡向与岩层倾向相反，导线方向垂直于岩层走向，则

$H_i = L\sin(\alpha+\beta)$；$\beta$ 为地面坡度角。

3）地面倾斜，坡向与倾向一致，而 $\alpha<\beta$，导线垂直岩层走向，则

$$H_i = L\sin(\beta-\alpha)$$

4）地面倾斜，坡向与倾向一致，而 $\alpha>\beta$ 导线方位垂直于岩层走向，则

$$H_i = L\sin(\alpha-\beta)$$

5）地面倾斜，坡向与倾向相反，导线方位斜交岩层走向，则

$H_i = L(\sin\alpha\cos\beta\sin\gamma + \sin\beta\cos\alpha)$；$\gamma$ 为导线方位与岩层走向之间的夹角。

6）地面倾斜，坡向与倾向一致，而 $\alpha>\beta$ 时，方位斜交岩层走向，则

$$H_i = L(\sin\beta\cos\alpha\sin\gamma - \sin\beta\cos\alpha)$$

7）地面倾斜，坡向与倾向一致，而 $\alpha<\beta$ 时，导线方位斜交岩层走，则

$$H_i = L(\sin\beta\cos\alpha - \sin\alpha\cos\beta\sin\gamma)$$

（3）清绘平面图和剖面图。根据野外草图和记录，最终清绘出正规的平面图和剖面图。其平面图绘法和内容同野外草

表 2.2.3-2　　**地层实测剖面计算总表**

剖面代号：　　剖面名称：　　剖面总方向：　　起点高程：　　终点高程：

1	10	11	12	13	14	15	16	17	18	19	20	21	22	23	24	25
导线号	导线方向与岩层倾向夹角(°)	厚度①d(m)	分层厚度(m)	组段厚度(m)	累计厚度(m)	总方向与导线方位夹角(°)	斜平距(m)	分层平距(m)	视平距(m)	分层视平距(m)	累计视平距(m)	视坡角④(°)	高差(m)	累计高差(m)	总方向与倾向夹角(°)	视倾角③(°)
0-1 …	$\gamma=A-B$					$\varepsilon=B-C$	$L'=L\times\cos\beta$	$l'=l\times\cos\beta$	$L''=L'\times\cos\varepsilon$	$l''=l'\times\cos\varepsilon$	$\sum L''$	β'	$H=l''\times\tan\beta'$	$\sum H$	$\varepsilon'=A-C$	α'

校核人：　　计算人：　　日期：

图。绘制剖面图的方法与野外草图不同，首先确定合理的剖面线方位，野外所测导线曲折，最终要绘制在一个方向的剖面上，一般采用投影法，选择一个对于每条导线的地质内容和地形都歪曲不大的一个方向进行投影。

投影法的具体方法为：

1）将剖面的起点和终点的连线方位作为剖面的方位；使剖面线尽量垂直于岩层走向，如果所有导线都在起、终点连线的一侧则可根据岩层产状进行整理，或者分段选择方位使剖面线方位尽量成为各导线的平均方位（图 2.2.3-1）。

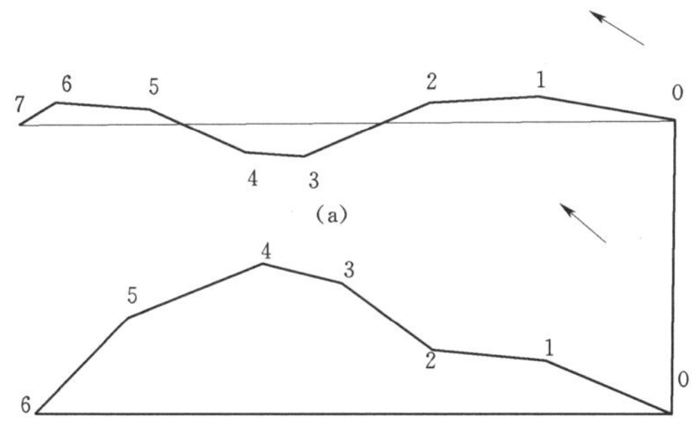

图 2.2.3-1　平面图与剖面图关系示意图
(a) 平面图；(b) 剖面图

2）剖面图可由已经画好的平面图向下投影（图 2.2.3-2），剖面的起点要一致，每根导线的起、终点都按照图纸的竖线向下投好位置。需要注意的是，画地形线不用地形坡度角，而是在导线间的连接位置用累积高差确定该点地形的高度，然后与前点地形线相连。

3）岩层的分层界线点，由平面图上相应的点直接投影到地形线上，根据岩层的产状及规定的岩性花纹符号画出岩层层面线，在下方标出一定数量的产状要素及地层时代。

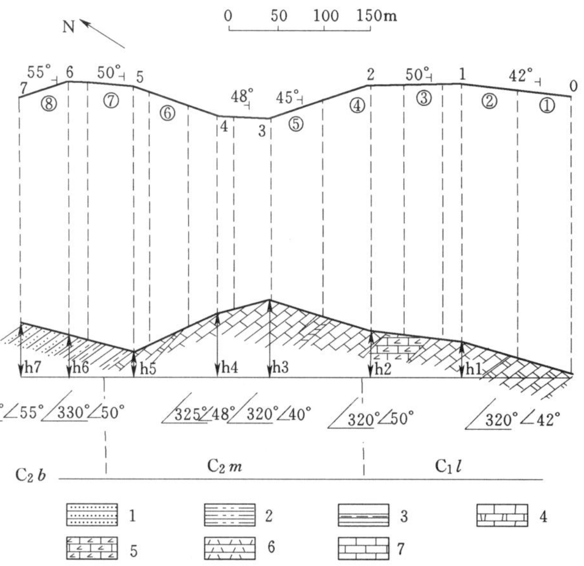

图 2.2.3-2　平剖面投影示意图
1—砂岩；2—页岩；3—煤层；4—白云岩；5—条带灰岩；6—疑灰质页岩；7—灰岩

三、地质界线在地质图上表示特征

（一）水平地质界线在地质图上的特征

水平地质界线在地质图上出露的特征是：

（1）地质界线与地形等高线平行或重合。

（2）老岩层出露在地形低处，新岩层分布在高处。

（3）岩层出露宽度取决于岩层厚度和地面坡度。

（4）岩层的厚度是其顶、底面间的高差。

（二）倾斜地质界线在地质图上的特征（V 字形法则）

倾斜地质界线在大比例尺地质图上表现为地质界线在沟谷和山脊处成 V 字形态。

（1）当地质界面倾向与坡向相反，沟谷处形成尖端指向上游的 V 字形，山脊处形成指向下游的 V 字形。

（2）当地质界面倾向与坡向一致，但倾角大于坡角，沟谷中形成尖端指向下游的 V 字形，山脊上形成尖端指向上游的 V 字形。

（3）当地质界面倾向与坡向一致，但界面倾角小于坡角，河谷中形成尖端指向上游的 V 字形，但界线弯曲的紧闭度大于等高线弯曲的紧闭度。

（三）不整合界线在地质图上的特征

（1）平行不整合。不整合面上下两套地质界线一致，倾向、倾角相同。

（2）角度不整合。上覆较新地层的底面界线截切下伏较老地层的不同层位的地质界线。

四、综合地层柱状图编制

综合地层柱状图直接反映该区的地层时代、岩性发育特征、接触关系、岩浆活动、古生物化石等情况。综合地层柱状图是在分析了整个图幅内的所有实测剖面的基础上编制的，必要时可参考区域或邻区已有资料。

综合地层柱状图的编制内容详见表 2.1.4-2。

第四节 工程地质测绘内容

一、地貌调查

调查地貌形态特征和成因类型，分析地貌与地层岩性、地质构造、第四纪地质等的内在联系；调查河谷地貌发育史；调查地表水和地下水的运动、赋存与地貌条件的关系。研究微地貌特点，确定工程建筑物区所属地貌类型或地貌单元。

(1) 河谷地貌。调查河谷断面形态（对称谷、不对称谷、阶梯形谷，或V形谷、U形谷)、河谷与地质构造关系（纵向谷、横向谷、斜向谷或背斜谷、向斜谷、单斜谷、断裂谷等)、河谷切割程度（嶂谷、峡谷、宽河谷、复式河谷等)。

(2) 河谷纵剖面。调查谷底和河床纵向坡度及形状变化情况；有无急流险滩、瀑布、跌水、深槽深潭等突变现象；结合水流条件、岩性、构造及物理地质作用等，分析河谷纵向突变的成因。

(3) 河谷横剖面。调查河谷横剖面的形态、峡谷与宽谷交替情况；谷坡的形状（凸坡、凹坡、直坡、阶梯坡）坡度和高度、向分水岭过渡的特征，两岸山体的厚度、完整程度和差异性；谷坡的地质结构、植被情况及切割程度、滑坡、泥石流、崩塌等的存在及其分布；谷底和河床宽度、河漫滩的分布及其特征；古河床、古冲沟、牛轭湖、天然堤、决口口门等的分布和埋藏情况。

(4) 河流阶地。调查阶地级数及其分布高程、各级阶地形态特征（阶面的相对高度、长、宽、坡向、坡度、阶面起伏情况及切割程度等)、阶地的地质结构（组成物质、岩性、厚度等)、阶地类型（侵蚀的、基座的、堆积的等）与组合情况（上叠、内叠、埋藏等)、分析河谷地貌发育史、河流阶地与各类台地的区别、阶地水文地质条件。

(5) 河网特征。调查水网的分布与发育特征，分析与岩性、地质构造的关系，注意干流和支流的交汇形态，河流袭夺、变迁以及古河床、冰川埋藏谷等的分布情况。

(6) 河间（河湾）地块。调查河间地块的地形特征（相对高度、宽度、对称性、切割程度及纵、横剖面上的变形特征)；地质结构（组成物质及其分布、性质、厚度、渗透性和构造条件)；剥蚀面或夷平面的分级、高程、各级形态，变形或破坏情况，成因及年代，有无古河床、古冲沟、古风化壳、古冰川、喀斯特等现象；河间地块地表水和地下水的分布、埋藏、补给、径流和排泄条件等。

(7) 冲沟。调查冲沟分布、密度、规模及形态特征（纵、横剖面及平面上的特征)；岩性、构造、厚度、发展及其组合情况（上叠、内叠、串珠排列等)；沟内水量、水质、固体径流来源和产生坍塌、滑坡、泥石流的可能性，并分析其对工程建筑物的影响。

(8) 冰川河谷。调查区分冰川河谷与水流侵蚀河谷的特点。

二、地层岩性调查

地层岩性调查内容包括地层年代、分布变化规律、层序与接触关系，以及各地层岩性、岩相、厚度及变化特征。各类岩石的观察内容包括名称、颜色、矿物成分、结构和构造、坚硬程度、成因类型、厚度、标志特征、产状和接触关系等。

（一）沉积岩地区

调查沉积岩沉积环境、沉积韵律、层理特征、层面构造、化石以及岩层或层组特征。

(1) 碎屑岩类。调查碎屑矿物成分、颗粒大小、形状、分选情况、胶结情况（胶结类型、程度、物质)、层理、层面构造等。

(2) 黏土岩类。调查矿物成分、结构、层面构造、胶结情况、泥化、崩解和失水干裂特征等。

(3) 化学和生物岩类。调查矿物成分、结晶情况、特殊的结构和构造（如鲕状、竹叶状、瘤状及虎斑构造等)、层面特征、缝合线及岩溶现象等。

(4) 在建筑区，应着重调查软弱岩层或夹层的数量、厚度、层位、性状、分布情况及接触关系等。含煤地层应调查其层位及采空范围。

（二）岩浆岩地区

调查岩浆岩成因类型、产出状态、规模、次序、与围岩的接触关系。

(1) 侵入岩。深成或浅成，所处构造部位，与围岩穿插情况，流线、流层及蚀变情况等；建筑物区应重点研究侵入岩岩相，边缘接触面产状，岩墙、岩脉及其围岩风化破碎情况，蚀变带、软弱矿物富集带分布情况。

(2) 喷出岩。岩性、岩相，分异变化情况，原生、次生构造，捕虏体，韵律与旋回层序，喷发与溢流形式，喷溢次数，间歇情况，喷溢环境等。建筑物区应重点研究喷出岩的喷发间断情况（蚀变带、风化壳、黏土层、松散的砂砾石层等)，层间接触关系以及熔渣、气洞和凝灰岩的泥化、软化、崩解等情况。

（三）变质岩地区

调查变质岩的成因、变质类型、变质程度和划分变质带，岩石的矿物成分、结构、构造、矿物的共生组合和交代关系等。

(1) 片麻岩类。片麻理构造，软硬矿物含量及风化特性，岩石的均一性和变化规律，岩体结构特点。

(2) 片岩类。片理、原岩层理的产状及其发育程度，软、硬矿物及片状矿物富集情况。

(3) 千枚岩、板岩类。原岩层理及产状、千枚状、片状或板状构造及劈开情况。

(4) 块状变质岩类。岩石完整性及裂隙性，块状构造与片麻理构造的关系，大理岩的溶蚀情况等。

(5) 混合岩类。混合岩化程度，混合岩的类型，残留体的岩性及构造。必要时进行混合岩带的划分。

(6) 建筑物区应重点关注软弱变质岩带或软弱变质岩夹层的分布情况，岩脉的特性，千枚岩、片岩、板岩的软化、泥化和失水干裂现象。

（四）第四纪地层地区

第四纪地层调查内容包括成因类型、形成年代、土层名称、组成物质和性质、结构特征、厚度、均一性及变化情况等。第四纪地层与工程建设关系密切，在建筑物区，应着重研究软土，分散性土，膨胀土，湿陷性黄土，粉细砂和架空的松散堆积层的性质、厚度、分布及其埋藏情况。

三、地质构造调查

地质构造调查内容包括各构造形迹的分布、形态、规模、结构面的性质、级别和组合方式以及所属的构造体系，分析构造形迹的形成年代、相互关系和发展过程。各类构造的发育程度、分布规律、结构面的形态特征和构造岩的性质。

地质构造调查的主要构造类型有褶皱、断层、节理裂隙、劈理等。

（一）褶皱

(1) 褶皱类型、形态，两翼倾角。褶皱轴的位置、走向变化和倾伏方向、倾角。

(2) 组成褶皱的岩层年代、岩性、相变和两翼岩层厚度变化情况，褶皱内部小构造特征。

（3）褶皱的规模和组成形式。

（4）褶皱的形成时期。

（5）对建筑物区发育的褶皱构造，应重点调查褶皱轴部岩层的破碎情况及两翼岩层层间错动情况，以及工程地质水文地质特性。

（二）结构面

1. 断层

（1）断层的位置、规模、性质、产状、空间分布和组合形式。

（2）断层带破碎带、影响带的宽度及充填和胶结情况。

（3）断层带破碎带的岩石破碎程度和物质结构情况，并进行构造岩分类或分带，可分断层泥、碎粉岩、碎裂岩、碎块岩、角砾岩、片状岩。

（4）断层两侧岩层层位，旁侧构造特征和断层面痕迹，判定两盘的相对错移方向和活动次数，并测定其断距。

（5）断层切割的地层或岩脉以及断裂间的相互关系和性质的转化情况，分析断层的形成时期和发展过程。

（6）在建筑物区，应着重调查区域性断层、活断层、顺河向大断层、缓倾角断层和断层交汇带的情况，并重点研究断层破碎带及影响带的宽度和构造岩的工程地质水文地质特性。

2. 节理裂隙

（1）调查节理裂隙的产状、延伸长度、宽度、充填物质、节理裂隙间距和在不同岩性、不同构造部位中的变化情况及其发育程度。

（2）节理裂隙面的形态特征，包括壁面粗糙、起伏、风化、蚀变等。可划分为明显台阶状、起伏粗糙、起伏光滑、平面粗糙和平面光滑五类。

（3）主要节理裂隙组数和各组节理裂隙相互切割关系，以及节理裂隙密集带的分布情况。绘制玫瑰图、极点图。

（4）缓倾角节理裂隙的分布位置、产状、连续性、宽度、节理裂隙的形态特征和充填物性质，与其他结构面的组合形式。

（5）小比例尺工程地质测绘中，可结合区域构造调查，了解主要节理裂隙、劈理、片理的产状、性质和组数；中、大比例尺工程地质测绘，应结合工程建筑物的位置，选择代表性地段及适当的范围，进行节理裂隙的详细调查。

3. 劈理和片理调查

调查劈理、片理内所处构造部位、成因、产状、性质、规模、发育程度和与其他结构面的组合关系，以及劈理、片理的分布位置。

四、水文地质调查

调查地下水类型、埋藏条件和运动规律；相对隔水层、透水层、含水层的分布及特征；水的物理性质、化学性质及动态变化；以及水文地质条件和作用对岩土体特性、建筑物和环境的影响。

（1）调查泉水的位置、高程、出流方向，出露处的地质条件，类型、性质，流量和动态，水的物理性质、化学成分和泉水沉积物情况，温泉的水温变化、成因及对工程的影响。

（2）了解水井的位置、井深、井口高程、井壁和井底的岩性和地质结构，井水位埋深、水位变幅、涌水量、水的物理性质和化学成分。

（3）调查地表水位置、分布范围、变化情况和所在层位。河、湖及溪沟等的流量、水位、性质。

（4）分析水的物理性质、化学类型及其补排关系和变化规律、对各种建筑材料的腐蚀性；研究含水层、透水层和相对隔水层的数目、层位、岩性、埋藏条件、分布情况、地下水分水岭位置及高程，分析透水层的透水性和相对隔水层的阻水可靠性，以及对建筑物的影响。

（5）建筑物区，应研究因水文地质条件的改变引起软弱岩层或软弱结构面性状的变化，及其对工程建筑物的影响。

五、岩溶调查

调查可溶岩的分布、岩性、厚度、产状、结构、化学成分；岩溶地貌特征、类型；各种岩溶形态的分布位置、高程、规模；岩溶类型、组成形式、发育程度和发育规律；岩溶水文地质条件；分析岩溶对工程地段的渗漏条件和稳定性的影响。

（1）调查岩溶洼地、漏斗、落水洞的分布位置、形状、规模、层位、岩性、构造条件及地貌部位，落水洞地表水发育情况与下潜流量及其季节变化，各种形态的数量、密度及其空间分布规律，分析其与岩溶地下通道的关系。

（2）调查岩溶洞穴的位置、洞口、洞底高程、所在层位、岩性、构造情况，洞穴形态，洞内地下水、沉积物、堆积物性质和洞体的完整性、稳定性，洞穴数量、密度、分布规律和连通情况；对溶蚀裂隙应调查其空间分布、规模、特征、延伸方向、充填情况以及与洞穴等的发育关系；判定岩溶洞穴的形成时期。

（3）调查各种岩溶泉的出露位置、高程、层位、岩性、构造条件及出水口的变迁情况。通过水温、流量测定、水质分析及连通试验或访问，了解其水位动态（特别是反复泉、多潮泉、涌泉等）和水力联系等，分析地下水的埋藏、补给、径流和排泄条件。对地下河还应测定其流量和流速。必要时，应对其以育方向、途径及水源区等进行专门调查。

（4）分析岩溶发育与地形地貌、岩性和岩组、地质构造、地文期和新构造运动、水文网的关系。

（5）在水库区，当可溶岩分布至邻谷或下游时，应扩大调查范围，了解其渗漏情况。

六、物理地质现象调查

调查滑坡、崩塌、蠕变、泥石流、岩体风化、冻土等的分布位置、形态特征、规律、类型和发育程度，分析产生的原因、发展趋势和对工程建设可能产生的影响。

（一）滑坡

（1）调查滑坡所处的地貌部位、滑坡体的分布位置、高程、范围、体积和形态特征。

（2）滑坡体所在层位、岩性、构造部位、滑坡体的物质组成、原岩结构的破坏情况。

（3）滑坡体的滑动面（带）位置、形态、滑动带物质组成、厚度、颗粒级配、矿物成分、含水状态等。

（4）滑坡体的边界条件及稳定性。

（5）滑坡地区地震和水文地质条件，地表径流和地下水状况，以及人为因素的影响。

（6）滑坡成因类型、形成时期及演化历史。

（7）滑坡后缘山体的稳定性。

（8）建筑物区和近坝库岸的滑坡体，应分析其稳定性、发展趋势及对工程的危害。

（二）崩塌

（1）调查崩塌体的位置、分布高程、范围和体积。

（2）崩塌体的物质成分、结构和块体大小。

（3）崩塌区的地层、岩性、地质构造、地貌和水文气象条件。

（4）崩塌类型、成因和形成时期。

（5）建筑物区，应着重分析崩塌区岩体和崩塌休的稳定性、发展对工程的影响。

（三）蠕动变形

（1）调查蠕变体的位置、范围、高程、体积和形态特征。

（2）调查蠕变体所在的地层、岩性、地质构造和岩体结构。

（3）调查蠕变体的类型和成因。

（4）着重调查建筑物区的蠕动变形现象，对蠕变岩体进行分带，分析蠕变岩体的稳定性、发展趋势及对工程影响。

（四）泥石流

（1）调查泥石流的位置、规模、物质组成和状态，以及泥石流发生的次数。

（2）调查流域的地貌形态、地质结构及植被发育情况。形成区、流通区和堆积区的范围、规模，形成区可能启动物质的性质。

（3）了解泥石流类型、流体性质、形成条件和形成时期。

（4）分析对建筑物有影响的泥石流发展趋势、重新活动的可能性和对工程建设的影响。

（五）岩体风化卸荷

（1）调查岩体风化层的分布、形态特征，风化岩体的颜色、结构构造变化、破坏程度、风化裂隙发育情况、充填物及其性质、风化蚀变的次生矿物等，进行岩体风化程度分带。

（2）分析岩体风化与岩性、构造、水文地质条、地形地貌和气候等因素的关系，及其对工程建筑物的影响。

（3）调查对建筑物有影响的卸荷岩体或卸荷裂隙的分布位置、产状、规模、发育深度和充填物性质。

（六）冻土

调查冻土的类型、埋深、冻融层厚度，多年冻土的分布、成分和厚度、低温结构和温度动态，冻土的物理力学特性及融解时的变化，冻胀和热融滑塌、沉陷情况，冻土区的水文地质条件和物理地质现象。分析冻土对建筑物的影响。

（七）其他物理地质现象

调查对建筑物有影响的错落体、潜在不稳定体、塌陷区、采空区等的位置、规模和对建筑物的影响。

第五节 工程地质测绘资料整理

一、原始资料的检查和整理

（1）检查各种原始资料及其内容是否齐全。

（2）整理野外测绘的资料和成果，包括野外原始记录、收集的资料、遥感技术资料、勘探试验成果、标本、照片和摄像资料等；编绘各种综合分析图表，如镶嵌图、汇总表、分析图、素描图等。

（3）当测绘的资料与收集的资料出现矛盾，或存在疑难的、有争议的重大地质问题时，应进行野外复查和现场讨论，合理加以解决。

二、工程地质测绘的成果

工程地质测绘成果包括图件和文字说明书（报告）。

（1）工程地质测绘图件包括实际材料图、综合地层柱状图、各类地质图、工程地质图、工程地质剖面图及其他需要编制的专门图件。

（2）工程地质测绘完成后，应根据需要编制工程地质测绘说明书或工程地质测绘报告。内容包括任务要求、测绘工作完成情况、测绘初步成果分析、存在问题及对地质勘察工作的建议。

三、工程地质测绘成果的验收

工程地质测绘对后续勘察工作具有重要的影响，应对工程地质测绘成果进行验收。成果验收的主要内容有：

（1）地质测绘采用的地形图精度是否满足要求。

（2）观察线路及地质点布置的合理性，包括线路和地质点位置选择的合理性、数量是否满足测绘精度控制要求、定点是否满足规定要求。

（3）野外描述内容的真实性和全面性，主要通过原始资料反映，对重要地质点、勘探点要进行现场复核、检查。

（4）图件内容的准确性、合理性，检查图件是否全面反映测绘工作内容，是否符合图件编制规定和要求等。

（5）文字报告的分析结论是否合理。

第三章 工程地质勘探工作布置原则

第一节　勘测布置基本原则

一、勘探工作内容

水电水利工程勘探主要包含物探、钻探、坑探三大类，其中坑探包含剥除表皮、探槽、平洞、浅井（或探坑）、竖井等。

二、勘探工作布置基本原则

（一）勘探总体布置型式

水电水利工程地质勘探工作常用的布置型式有勘探点、勘探线、勘探网、结合建筑物基础轮廓等几种类型。

（1）勘探点。单一的勘探点控制的勘察范围较小，用于初步了解勘察区的基本地质条件或特殊地质现象。规划阶段非主要建筑物地段多采用这种布置型式。

（2）勘探线。按需要的方向沿线布置勘探点（等间距、或不等间距），用于了解沿线工程地质条件，初步初判地质体线状的变化特征。主要适用于规划阶段枢纽区勘探、长线路勘探。

（3）勘探网。勘探网点布在相互交叉的勘探线及其交叉点上，形成网状，以了解工程区平面及立体的工程地质条件。主要用于预可行性研究阶段、可行性研究阶段的地质勘察。

（4）沿建筑物基础轮廓线布置勘探点。勘探工作按建筑物基础类型、型式、轮廓布置，是在勘探网布置的基础上，为进一步查明选定建筑物地基地质条件的一种布置型式。主要适用于可行性研究阶段、招标设计阶段、施工详图设计阶段的地质勘察。

（二）布置基本原则

（1）勘探布置应在工程地质测绘基础上进行，遵循由“面到点”、“点面结合”的原则。

（2）考虑综合利用和适时调整的原则。无论是勘探的总体布置还是单个勘探点的布置，都要考虑综合利用，既要突出重点，又要兼顾全面，使各勘探点发挥最大的效用。在勘探过程中，与设计密切配合，根据新发现的地质问题，或设计意图的修改与变更，相应地调整勘探布置方案。

（3）勘探布置与建筑物类型和规模相适应的原则。不同类型的建筑物，勘探布置应有所区别。道路、隧道、引水管线等线型工程，多采用勘探线的形式，主勘探线多沿建筑物轴线布置，且沿线隔一定距离布置一垂直于它的勘探剖面。水工建筑物可按建筑物类型进行勘探布置，一般情况下，拱坝可按拱形最大外荷载线布置勘探点；土石坝应结合坝轴线、心墙、斜墙、趾板或消能建筑物布置勘探点；重力坝应结合各坝段布置勘探点；隧洞应按进出口、傍山和跨沟段、进水闸、调压井、闸压井等布置勘探点。

（4）勘探布置应与地质条件相适应的原则。一般勘探线应沿着地质条件等变化最大的方向布置。地貌单元及其衔接地段勘探线应垂直地貌单元界限，每个地貌单元应有控制点，二个地貌单元之间过渡地带应有勘探点。对断层的勘探应在上盘布置坑孔，并穿过断层面。沿滑坡纵横轴线布孔、坑或井，其深度应穿过滑带到稳定岩土体。河谷部位勘探孔应垂直河流布置勘探线。查明陡倾地质界面，可采用用斜孔或斜井，并使相邻两孔深度所揭露的地层相互衔接防止漏层。勘探点的密度应视工程地质条件的复杂程度而定。

（5）勘探布置密度与勘察阶段相适应的原则。不同的勘察阶段，勘探的总体布置、勘探点的密度、勘探手段的选择及要求均有所不同。一般而言，从初期到后期的勘察阶段，勘探总体布置由线状到网状，范围由大到小，勘探点、线距离由稀到密；勘探布置的依据，由以工程地质条件为主过渡到以建筑物的轮廓为主。

（6）勘探孔、坑的深度满足地质评价需要的原则。勘探孔、坑的深度应根据建筑物类型、勘探阶段、特殊工程地质问题、建筑物有效附加应力影响范围、与工程建筑物稳定性有关的工程地质问题（如坝基滑移面深度、相对隔水层底板深度等）以及工程设计的特殊要求等综合考虑。对查明覆盖层的钻孔，孔深应穿过覆盖层并深入基岩应大于最大孤石直径，防止误把漂石当作基岩。

（7）勘探布置选取合理勘探手段的原则。在勘探线、网中的各勘探点，应视具体条件选择物探、钻探、洞探、坑槽探等不同的勘探手段，互相配合，取长补短。一般情况下，枢纽建筑勘探中，以钻探、洞探为主，坑探、井探、物探为辅；料场勘探中，砂砾料、土料以坑探、钻探为主，物探为辅，石料以洞探、钻探为主，坑探、物探或井探为辅；陡立岩层内应以斜孔或平洞为主，缓倾地层中应以钻孔、竖井为主等。

（8）勘探工作应以尽量减少对环境、安全生产的不利影响为原则。

第二节　各阶段勘探布置原则

一、规划阶段勘探布置原则

（一）梯级水库

（1）水库区勘探工作可结合区域地质勘察工作进行。

（2）对可能存在影响梯级成立的水库渗漏（岩溶、大断层等）时，一般以综合物探工作为主，必要时布置适量坑探或钻探。勘探剖面沿垂直渗漏通道方向布置。

（3）对可能影响梯级方案成立的滑坡体、松散堆积体等，应布置物探工作，勘探剖面沿潜在滑动方向或堆积层厚度变化较大的方向布置。

（二）梯级坝址

（1）各梯级坝址一般布置1条勘探剖面，近期开发的工程或控制性工程根据需要布置2条或2条以上勘探剖面。勘探方法以物探、钻探为主，少量洞探。物探应采用地面物探方法，横河物探剖面不应少于3条，近期开发工程和控制性工程坝址的物探剖面宜为4～5条。大江、大河应布置勘探平洞。

(2) 梯级坝址位于狭谷河段时，勘探剖面上布置2～3个钻孔，近期开发工程和控制性工程坝址勘探剖面线上不应少于3个钻孔，其中河床部位不应少于1个钻孔，两岸各不应少于1个钻孔或平洞；梯级坝址位于宽谷河段时，勘探剖面上布置4～5个钻孔，其中河床布置2个钻孔，两岸各不应少于1个钻孔或平洞。

(3) 钻孔深度根据规划初拟坝高及坝址的覆盖层厚度、岩体风化深度、基岩的完整性、透水性等工程地质条件而定，一般为进入基岩深度的0.5～1倍坝高。当覆盖层深厚或地下水位较深时，可根据需要加深。平洞深度应揭穿基岩弱风化岩或弱卸荷带深度。

(4) 基岩钻孔应进行压水试验；主要岩、土、地表水和地下水应进行鉴定性试验。近期开发工程和控制性工程可根据需要进行现场简易试验。

（三）长引水线路

(1) 长引水线路以地质测绘为主，可根据引水线路地形和岩土物性条件，选用适宜的物探方法布置纵横物探剖面。一般在引水隧洞进出口、线路上的厂址、冲沟、深厚覆盖层分布地段，布置物探纵横剖面。

(2) 近期开发工程的厂址或冲沟地段，根据需要布置少量勘探钻孔。

（四）天然建筑材料

天然建筑材料按普查精度进行勘探试验工作量布置，以地质测绘为主，根据地形和岩土物性条件可布置少量物探剖面，进行少量岩石抗压强度、碱活性等必要的试验。

规划阶段天然建筑材料勘探试验工作布置原则见表2.3.2-1。各类料场的场地类别划分见表2.3.2-2。

表2.3.2-1　规划阶段天然建筑材料（普查）勘探试验工作布置一览表

料场及勘探＼场地类别			Ⅰ	Ⅱ	Ⅲ
砂砾料		勘探剖面及勘探点	物探剖面2～3条；每个料场布置3～5个勘探点；勘探方法采用坑槽探、井探		
砂砾料		取样组数（最小组数）	料场储量<10万m^3：3组；(10～50)万m^3：6组；>50万m^3：9组		
土料	一般土料、特殊土料（膨胀土和红黏土）	勘探剖面及勘探点	每个料场随机布置3～5个勘探点；勘探方法采用坑探、井探		
土料	一般土料、特殊土料（膨胀土和红黏土）	取样组数	3～6组		
土料	碎（砾）石类土料、风化土料	勘探剖面及勘探点	每个料场随机布置3～5个勘探点；勘探方法采用坑探、井探		—
土料	碎（砾）石类土料、风化土料	取样组数	3～6组		—
石料	堆石料、砌石料、人工骨料	勘探剖面及勘探点	利用天然露头，必要时每个料场随机布置3～5个勘探点；勘探方法采用坑探、钻探		
石料	堆石料、砌石料、人工骨料	取样组数	—		
石料	混凝土天然掺合料	勘探剖面及勘探点	利用天然露头，必要时布置1～3个勘探点；勘探方法采用坑探、钻探		—
石料	混凝土天然掺合料	取样组数	1～3组		—

表2.3.2-2　天然建筑材料场地类别划分表

料场＼场地类别	Ⅰ	Ⅱ	Ⅲ
砂砾料料场	分布面积广阔，有用层厚度大且稳定，上覆无用层微薄或零星分布	多呈带状分布，有用层变化不大，普遍分布有上覆无用层。或者是分布广阔，有用层厚度也大，但其中细微的相变却十分频繁，甚至层间尚有明显的无用夹层出现	面积狭小，岩性层次结构复杂，相变大的料场
一般土料料场	场地面积大；地形平缓完整；有用层厚度大且稳定，土层成因类型、结构单一；下伏层埋深大；剥离层薄	料场面积较大；地形起伏较完整；土层成因类型较复杂；有用层层次较多，结构及厚度较稳定或呈有规律变化；开采范围内下伏层表面较平整；剥离层较薄	料场面积小；地形不完整；有用层层次多，土层成因类型、岩性、结构复杂，厚度变化大，夹有无用层；开采范围内下伏层表面起伏大；剥离层较厚
碎（砾）石类土料料场	料场面积大，地形较平缓，有用层厚度大且较稳定，土的成因类型单一，成分、结构较简单	料场面积较小，地形起伏，土的成因类型较复杂，有用层厚度、成分和结构变化较大	—
风化土料料场	地形基本完整；母岩岩性和全风化层较均一；全风化土层岩性、结构简单；厚度大、分布稳定或呈有规律变化；无用夹层较少；水文地质条件简单	料场面积小；地形起伏；母岩岩性、结构复杂或虽岩性单一，但风化不均一；全风化土层岩性、结构和厚度变化大；无用夹层较多；水文地质条件较复杂	—
堆石料、砌石料、人工骨料料场	地形完整，沟谷不发育，岩性单一，岩相稳定，没有无用夹层，断裂、岩溶不发育，风化层及剥离层较薄	地形不完整，沟谷较发育，岩性岩相较稳定，没有或少有无用夹层，断裂、岩溶较发育，风化层及剥离层较厚	地形陡峻，沟谷发育，岩性岩相变化较大，夹无用层，断裂、岩溶发育，风化层及剥离层厚
混凝土天然掺合料料场	料场面积较大；地形较完整；岩性、结构和厚度基本稳定或有规律变化；地质构造不发育；剥离层较薄	料场面积小；地形起伏；岩性、结构和厚度不稳定或相变大；夹无用层；剥离层较厚	—

二、预可行性研究阶段勘探布置原则

（一）区域构造稳定性

(1) 区域构造稳定性地质勘察结合地震安全性评价工作进行。

(2) 场址区对工程可能有影响的活动性断层可布置勘探平洞或钻孔，并取样进行试验。

(3) 根据地震安全性评价需要，场址区布置适量的钻孔。

（二）水库区

(1) 渗漏地段应平行地下水流向或垂直渗漏地段布置1条水文地质勘探剖面。勘探剖面线上至少布置1～2个钻孔，孔深应进入可靠的相对隔水层或枯水期水位以下5～10m；岩溶地区钻孔深度应穿过岩溶强烈发育带，钻进过程中应观测地下水位。利用已有钻孔和水井在勘察时段进行地下水位动态观测，重点地段宜埋设长期观测设施，时间不应少于一个水文年。

(2) 浸没区应垂直库岸或平行地下水流向布置勘探剖面。勘探剖面间距农业地区为2500～5000m，城镇地区500～1000m，勘探剖面之间可采用物探方法加密；勘探点间距300～500m，勘探剖面所在的每个地貌单元（主要为各级阶地）不应少于1个钻孔或探坑，探坑宜挖到地下水位，钻孔应进入相对隔水层。初判可能产生浸没区，应利用孔或坑进行地下水位动态观测，时间不应少于一个水文年。

（3）覆盖层塌岸区预测剖面应垂直库岸布置，剖面线间距农业地区为2000～6000m，城镇地区300～1500m，勘探剖面之间可采用物探方法加密；勘探剖面上应布置不少于2个探坑或钻孔，正常蓄水位附近至少应有1个坑或孔布置，坑孔深度进入死水位或相当陡坡脚高程以下。

（4）不稳定岸坡区的勘探应达到能进行初步评价稳定性的要求，按不稳定岸坡体可能滑动方向布置纵横剖面：

1）对水工建筑物、水库运行、城镇、居民点及主要交通线的安全有影响的不稳定或潜在不稳定岸坡至少布置1条主勘探线，主勘探线之外可采用物探方法加密；主勘探线上至少有3个钻孔（或平洞、竖井）控制，钻孔应记录冲洗液渗漏情况并视需要进行水文地质试验，钻孔深度应深入可能变形失稳边界以下10～20m。

2）平洞、竖井勘探应根据具体地质条件布置。当软弱结构面或滑动面（带）为中、高倾角时宜采用平洞，缓倾角时宜采用竖井，其深度应穿过可能失稳边界。

3）布置钻孔、平洞、竖井时，宜结合测试和监测网的布设一并考虑。近坝库岸的不稳定岸坡宜设置简易的岩土体位移监测和地下水观测设施。

4）对水工建筑物或水库运行影响不大的不稳定岸坡，宜采用资料收集、地质调查和物探的勘探方法。

（5）泥石流区用航空照片资料解译泥石流的分布和形成条件，解译草图应进行野外检验和核实。以地质调查为主，对建筑物影响较大的泥石流沟可布置物探、坑探和钻探，为查明泥石流堆积厚度的钻孔，进入基岩的深度应超过沟内最大块石直径的3～5m。

（6）集中移民安置区及专项复建工程的勘探应结合区域地质和水库区地质勘察工作进行：

1）集中移民安置区应达到符合场址方案选择（岩土工程的可行性研究）的要求，对拟建场地的稳定性（滑坡、崩塌、泥石流等）和适宜性作出评价。以收集已有资料、现场调查为主，当拟建场地工程地质条件复杂时，应进行工程地质测绘和布置必要的勘探。

2）专项复建工程应按工程类型和规模按相关技术标准布置勘探。

（7）水库防护工程按如下原则布置勘探：

1）堤防勘探纵剖面沿堤防中心线、防渗轴线或减压井轴线布置，钻孔或探坑间距一般500～1000m，地质条件复杂或防洪墙段适当加密钻孔。

2）横剖面间距宜为纵剖面上钻孔间距的2～4倍，此外，在渊、潭、塘、沟、渠等微地貌地段，堤防险情多发段、历史溃口段、地质条件复杂段需加密横剖面，每一个工程地质地质单元至少有一条横剖面。

3）每条横剖面上一般布置3个钻孔，与纵剖面相交的堤防中心线、堤内外各1个孔，孔距不大于200m。

4）钻孔深度一般为堤身高度的1.5～2.0倍，当相对透水层或软土层较深时，孔深应适当加深并能满足渗流与稳定分析的要求；基岩出露或浅埋段，钻孔应揭穿强风化层。

（8）岩土试验应根据需要，结合勘探工程布置。有关岩土物理力学参数，可根据试验成果或工程地质类比法选用。

（三）坝址

1．物探

坝址物探方法应根据坝址区的地形、地质条件等确定。物探剖面线结合勘探剖面布置，并应充分利用勘探钻孔进行综合测井、钻孔电视（钻孔全景图像）。坝址两岸应利用勘探平洞进行岩体弹性波、声波波速测试。

2．勘探剖面、钻孔、坑探

（1）各比较坝址应有一条主要勘探剖面，坝高70m及以上的代表性坝址和工程地质条件复杂的坝址，宜在主要勘探剖面线的上、下游增加辅助勘探剖面，辅助勘探剖面的条数和间距应以能控制坝址的工程地质条件为原则。

（2）主要勘探剖面线上的勘探点间距不应大于100m，辅助剖面勘探点间距100～200m。河床部位不应少于2个钻孔，两岸坝肩部位、设计正常蓄水位以上，也宜布置钻孔。

（3）存在缓倾角软弱夹层的坝址，可布置竖井或大口径钻孔。

（4）两岸坝肩部位应布置勘探平洞，当坝高在70m及以上时，可根据需要分高程增加勘探平洞。

（5）当可能存在影响代表性坝址选择的顺河向断层、缓倾角软弱结构面时应布置倾斜钻孔（或平洞），一岸斜孔孔深应穿过河床至对岸基岩出露段，两岸对穿的斜孔应相互交叉，如图2.3.2-1。当存在河床深槽、潜在不稳定岸坡等不良地质现象时，应布置钻孔或平洞。

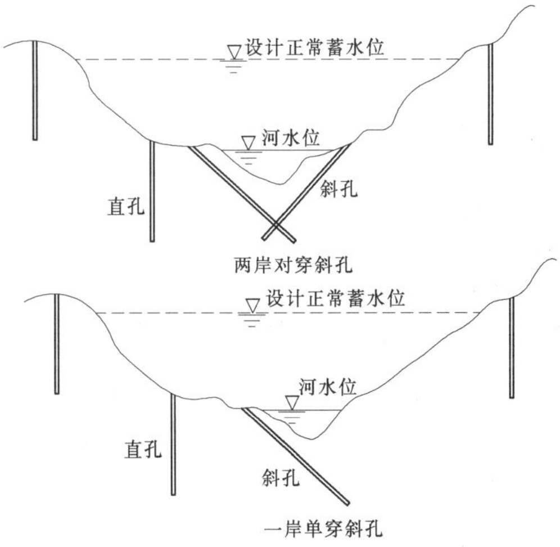

图2.3.2-1　河床倾斜钻孔布置示意图

（6）可溶岩地区坝址两岸应根据需要布置水文地质专门性钻孔。

（7）河床钻孔深度。当坝高大于等于70m时，钻孔进入基岩的深度为50%～100%坝高，当坝高小于70m时，钻孔进入基岩的深度不应小于1.0倍坝高；两岸岸坡上的钻孔宜达到河水位或地下水位高程以下，并应进入相对隔水层；控制性钻孔或专门性钻孔的深度应按实际需要确定。

（8）深厚覆盖层河流上的坝、闸址的勘探剖面和勘探点应结合建筑物布置。主要勘探剖面线上的钻孔间距宜控制在50～100m之间。河床钻孔的深度应符合表2.3.2-3的规定，当在此深度内遇有泥炭、软土、粉细砂及强透水层等不良土层时，钻孔应进入下伏的承载力较高的土层或相对隔水层；可溶岩地区可视具体情况适当加深。

表2.3.2-3　深厚覆盖层河床钻孔进入基岩深度

覆盖层厚度 h	孔深	
	坝高 $H\geq70$m	坝高 $H<70$m
$h\geq40$，且 $h<H$	>50	30～50
$h\geq40$，且 $h>H$	10～20	

3. 水文地质测试

（1）基岩钻孔应进行压水试验，并应收集钻进过程中的水文地质资料。

（2）第四纪地层中的钻孔，应在钻进过程中观测地下水位，并应划分含水层和相对隔水层，主要含水层宜布置抽水试验，测定渗透系数。

（3）岩溶发育区应在钻进过程中观测地下水位，并应划分含水层、相对隔水层和隔水层；根据实际情况应进行连通试验。

（4）应取水样进行水质分析。

4. 岩土试验

（1）每一主要岩土层的室内试验累计组数不应少于6组。

（2）土基勘探应根据土的类型进行标准贯入试验、动力触探、静力触探和十字板剪切试验等钻孔原位测试。

（3）控制混凝土坝坝基稳定和变形的岩土层可进行原位抗剪和变形试验。

5. 地下水动态观测

勘察期间应对推荐的代表性坝址进行地下水动态长期观测，观测时间不应小于一个水文年。

6. 岸坡位移监测

对影响代表性坝址选择的潜在不稳定岸坡宜进行岸坡位移监测。

（四）引水路线

1. 物探

可采用综合物探方法探测覆盖层厚度、地下水位、古河道、隐伏断层、岩溶洞穴等，并可利用钻孔和平洞进行综合测井、弹性波波速等岩体动力参数测试。

2. 勘探剖面、钻探及坑探

（1）隧洞沿线的勘探钻孔可布置在隧洞进出口、傍山和跨沟等地段；其他存在重大工程地质问题的地段可布置专门性勘探钻孔。

（2）渠道上的探坑、钻孔应结合沿线的地貌和工程地质分段布置，不同地段应有代表性勘探剖面，傍山渠道上探坑、钻孔的布置，可根据需要确定。

（3）引水线路沿线进水闸、调压井、闸门井等建筑物处，宜布置勘探剖面和钻孔。

（4）隧洞钻孔深度宜进入洞底高程以下10～30m，但不应小于1倍洞径；渠道钻孔宜进入设计渠底高程以下5～10m，或到达地下水位以下，或进入下伏的相对隔水层。

（5）钻孔钻进过程中应收集水文地质资料，并应根据需要进行抽水试验、压水试验和地下水动态观测。

（6）隧洞进出口宜布置勘探平洞。

3. 岩土试验

岩土物理力学性质试验应以室内试验和简易原位测试为主，第四纪土可进行标准贯入试验、动力触探、静力触探、十字板剪切试验等钻孔原位测试。

（五）厂址

1. 物探

应采用综合物探方法探测覆盖层厚度、地下水位、古河道、隐伏断层、岩溶洞穴等，并应利用钻孔和平洞进行岩体弹性波波速等测试。

2. 勘探剖面、钻探及坑探

（1）厂房区宜布置至少1条勘探剖面。

（2）地面厂房区的钻孔应深入建基面以下20～30m，地下厂房区的钻孔宜进入设计洞底高程以下10～30m。

（3）钻孔在钻进过程中应收集水文地质资料，并应进行抽水试验或压水试验及地下水动态观测。

（4）地下厂房区或地面厂房区后边坡应布置勘探平洞。

3. 岩土试验

岩土物理力学性质试验应以室内试验和简易原位测试为主，地下厂房可利用勘探平洞或钻孔进行岩体变形、岩体剪切、地应力、地温等原位测试；第四纪土可进行标准贯入、动力触探、静力触探、十字板剪切试验等钻孔原位测试。

（六）泄洪建筑物

（1）泄洪隧洞勘探工作布置同引水隧洞。

（2）对泄洪闸、溢洪道等主要建筑物沿轴线布置布置勘探线，对溢洪道高边坡地段应布置勘探横剖面，横剖面上可布置勘探平洞或钻孔；钻孔深度宜进入设计建基面以下20～30m，或控制对边坡稳定的顺坡向结构面，基岩钻孔应进行压水试验。勘探平洞深度至弱风化下段较完整岩体或打穿弱卸荷带。

（3）影响建筑物稳定的主要岩土层应分层取样，进行岩土物理力学性质试验。

（七）天然建材

对初选代表性坝型所需的主要料源（土料、石料、砂砾料）以及对方案比选有重大影响的料源进行初查精度勘探，初查储量宜达到设计需要量的2.5～3.0倍。

预可行性研究阶段天然建筑材料（初查）勘探试验工作布置原则见表2.3.2-4。

表2.3.2-4　预可行性研究阶段天然建筑材料（初查）勘探试验工作布置一览表

料场及勘探 \ 场地类别			Ⅰ	Ⅱ	Ⅲ	备注
砂砾料		勘探网点间距（m）	220～300	100～150	<100	水上宜采用坑槽探、井探、钻探及物探；水下以钻探为主，可布置少量沉井式井探
		取样组数（最小组数）	料场储量<10万m^3：6组；10万～50万m^3：10组；50万～100万m^3：15组；>100万m^3：30组			单层厚度2～10m：2～3m取一组；单层厚度大于10m：3～5m取一组。>50万m^3的Ⅱ类冲积砂料及风化砂，组数增加30%
土料	一般土料、特殊土料（膨胀土和红黏土）	勘探网点间距（m）	200～400	100～200	<100	坑探、井探为主，槽探为辅，必要时采用钻探、洞探
		取样组数	料场规模<0.10km^2：3～5组；0.10～0.30km^2：5～7组；0.30～0.50km^2：7～9组；0.50～0.80km^2：9～11组；>0.80km^2：>12组			分区、单层（分层混合）取样
	碎（砾）石类土料	勘探网点间距（m）	100～200	<100	—	坑探、井探及钻探为主，槽探、洞探为辅
		取样组数	料场储量<50万m^3：15组；>50万m^3：20组		—	层厚小于5m，1～2m取一组；层厚大于5m，2～4m取一组
	风化土料	勘探网点间距（m）	100～200	<100	—	坑探、井探及钻探为主，槽探、洞探为辅
		取样组数	同一般土料		—	同一般土料

续表

料场及勘探 \ 场地类别			Ⅰ	Ⅱ	Ⅲ	备　注
石料	堆石料、砌石料	勘探网点间距（m）	250～350	150～250	<150	平洞、钻探为主，物探、坑探、竖井为辅。每条勘探线剖面不少于2个钻孔。控制性钻孔或平洞揭穿有用层或拟开采底板线以下5～10m
		取样组数	各类代表性岩性试样不少于3组			
	人工骨料	勘探网点间距（m）	200～300	150～200	100～150	钻探、平洞为主，坑槽探、物探为辅。每条勘探线剖面不少于2个钻孔。控制性钻孔或平洞揭穿有用层或拟开采底板线以下5～10m
		取样组数	各类代表性岩性试样不少于3组			代表性岩石碱活性试验不少于2组
	混凝土天然掺合料	勘探网点间距（m）	100～200	<100	—	钻探、平洞为主，坑槽探为辅。各勘探点揭穿有用层1.0m。当有用层厚度较大时，其勘探深度应超过最大开采深度。对厚度大的有用层，应布置部分控制孔
		取样组数	料场规模<0.10km^2：3～5组；0.10～0.20km^2：5～7组；>0.20～0.30km^2：7～9组。			分区、分层取样
	开挖石料（渣料）	勘探网点间距（m）	勘探网点间距符合相应种类料源的精度要求			结合工程建筑物勘察进行，按材料相应用途进行补充勘探
		取样组数	取样数量符合相应种类料源的精度要求			在工程建筑物勘察取样试验的基础上，根据材料实际用途进行补充

三、可行性研究阶段勘探布置原则

（一）区域构造稳定性

复核区域构造稳定性，复核预可阶段确定的场址区活动性断层，可根据需要布置勘探平洞或钻孔，取样测龄等。

（二）水库区

1. *可能渗漏地段*

（1）在前阶段勘探工作的基础上进行补充勘探，宜采用综合物探方法探测岩溶的空间分布和强透水带的位置；勘探剖面应根据水文地质结构和地下水分布情况，并结合可能的防渗处理方案布置。在多层含水层结构区，各可能渗漏岩组内不应少于2个钻孔，钻孔应深入隔水层、相对隔水层或枯水期水位以下以下5～10m。

（2）岩溶渗漏地段：

1）钻孔深度应穿过岩溶强烈发育带，钻进过程中应观测地下水位；查明地下水位以上的岩溶洞穴和通道时，宜布置平洞。

2）岩溶区应进行连通试验，查明岩溶洞穴间的连通情况和地下水的实际流速；需要了解大面积的连通情况时，可采用堵洞法测量其周围地下水位变化。

3）当研究岩溶水的年龄和来源时，宜进行地下水同位素分析，取水样时要求含水层隔离良好、取样可靠，并应复测。

4）在岩溶发育复杂地区，可对地下水的渗流场、水化学场、水温度场及水同位素场进行勘察研究。

（3）应进行地下水动态观测，并初步形成长期观测网，各可能渗漏岩组内不应少于2个观测孔。观测基本内容除常规项目外，还应观测降雨前后的洞穴涌水和流量变化情况。

2. *不稳定岸坡和潜在不稳定岸坡*

不稳定岸坡和潜在不稳定岸坡区的勘探应达到查明其边界、成因、岩土结构和参数，评价其稳定性的要求。

（1）在前阶段勘探工作的基础上补充勘探线、钻孔、平洞或竖井。对水工建筑物、水库运行、城镇、居民点及主要交通线的安全有影响的不稳定或潜在不稳定岸坡不宜少于2条主勘探线，勘探线之间可采用物探方法加密；主勘探线上至少有3个钻孔（或平洞、竖井）控制，钻孔应记录冲洗液渗漏情况并视需要进行水文地质试验，钻孔深度应深入可能变形失稳边界以下10～20m。

（2）控制性结构面或滑坡滑带土应进行室内黏土矿物分析和物理力学性质试验，试验组数累计不应少于6组。根据需要进行滑带土的原位抗剪试验、地质力学模型和涌浪试验等。

（3）根据需要，对不稳定和潜在不稳定岩土体逐步建立和完善监测网，监测网应由观测剖面线和观测点组成。钻孔倾斜计宜平行滑动方向布置，视准线宜垂直滑动方向布置。

（4）应进行地下水动态观测，并应逐步建立和完善地下水动态观测网。

（5）对工程建筑物有影响的各类危岩、崩塌，以地质调查、三维激光扫描等勘察方法为主，对危害较大的危岩体，宜对张裂缝进行监测。

3. *覆盖层塌岸区*

（1）塌岸区预测剖面应垂直库岸布置，剖面线间距农业地区为1000～5000m，城镇地区200～1000m，勘探剖面之间可采用物探方法加密；勘探剖面上应布置不少于3个探坑或钻孔，正常蓄水位附近至少应有1个坑或孔布置，坑孔深度进入死水位或相当于陡坡脚高程以下。

（2）各土层应进行物理力学性质试验，其中颗粒分析、自然休止角和水下休止角试验组数累计不应少于6组。

4. *浸没区*

（1）勘探剖面应实测，并垂直库岸或平行地下水流向布置勘探剖面。勘探剖面间距，农业地区为1000～3000m，城镇地区200～500m，勘探剖面之间采用物探方法加密；钻孔间距100～300m，可能浸没区所在地貌单元不应少于2个控制性钻孔，其中一个在正常蓄水位边线处。一般钻孔深度应进入稳定地下水位以下3～5m，控制性钻孔应进入相对隔水层。

（2）每一浸没区主要土层的物理性质和化学成分试验组数累计不应少于6组。

（3）浸没区可根据需要建立长期观测网。观测内容包括地下水位、水化学成分、土壤含盐量等。

5. *泥石流区*

（1）在前期初步评价的基础上，根据需要在泥石流沟谷的物源区、堆积区布置勘探线，勘探线上可布置物探、坑探和钻探。为查明泥石流堆积厚度的钻孔，进入基岩的深度应超过沟内最大块石直径的3～5m。

（2）取泥石流堆积物的代表性样品进行物理力学性质试验。

6. 集中移民安置区及专项复建工程

集中移民安置区的勘察布置和方法按《岩土工程勘察规范》(GB 50021)和《城市规划工程地质勘察规范》(CJJ 57)的要求进行。专项复建工程的勘察布置和方法根据工程类型和规模按相关技术标准布置勘探。

(三)大坝

1. 土石坝

(1)物探:

1)可采用综合测井探测覆盖层层次,测定土层的密度。

2)可采用跨孔法测定岩体弹性波纵波、横波波速,确定动剪切模量等参数。

3)物探剖面线结合勘探剖面布置,并充分利用勘探钻孔进行综合测井。坝址两岸应利用勘探平洞进行岩体弹性波波速测试。

(2)勘探:

1)勘探剖面应结合坝轴线、心墙、斜墙或趾板防渗线、排水减压井、消能建筑物等布置。勘探点间距宜采用50~100m。

2)基岩地基钻孔深度宜为坝高的1/3~1/2,防渗线上河床的控制性钻孔深度不应小于坝高,两岸钻孔应深入地下水位以下或相对隔水层。

3)覆盖层地基钻孔深度,当下伏基岩埋深小于坝高时,钻孔深度宜进入基岩面以下10~70m,防渗线上钻孔深度可根据需要确定;当下伏基岩埋深大于坝高时,钻孔深度宜根据透水层与相对隔水层分布及下伏岩土层的力学强度等具体情况确定。专门性钻孔的孔距和孔深应根据具体需要确定。

4)应布置平洞、钻孔或探槽,查明两岸岩体风化带、卸荷带,以及对坝肩岩体稳定和绕坝渗漏有影响的断层破碎带、岩溶通道、废旧矿洞等。

(3)岩土试验:

1)覆盖层每一主要土层的物理力学性质试验组数累计不应少于11组。土层抗剪强度宜采用三轴试验,土层应连续取原状样和进行触探试验,粉细砂应进行标准贯入试验。

2)根据需要进行可能液化土的室内三轴振动试验、现场渗透变形试验和载荷试验等专门性试验。

3)主要岩石的室内物理力学性质试验组数累计不应少于6组;影响坝基岩体变形、岩层或滑动面的原位抗剪和抗剪断试验不少于5组。

(4)水文地质试验:

1)根据覆盖层的成层特性和水文地质结构进行单孔或多孔抽水试验,坝基主要透水层的抽水试验不应少于3段。

2)强透水的大断层破碎带应做专门的水文地质试验。

3)防渗线上的基岩孔段应做压水试验,其他部位可根据需要确定。

(5)观测与监测:

1)根据需要,对不稳定和潜在不稳定岩土体逐步建立和完善监测网,监测网应由观测剖面线和观测点组成。钻孔倾斜计宜平行滑动方向布置,视准线宜垂直滑动方向布置。

2)应进行地下水动态观测,并应逐步建立和完善地下水动态观测网。

2. 混凝土重力坝

(1)物探:

1)宜采用综合测井和井下电视等方法调查对坝基(肩)岩体稳定有影响的结构面、软弱带、低波速松弛岩带等的产状、分布,含水层和渗漏带的位置等。

2)可采用单孔法、跨孔法、跨洞法测定各类岩体弹性波纵波速度或横波速度,进行岩体动弹性模量或纵波波速的分区。

3)岩溶区可采用孔间或洞间测试以及层析成像技术、地质雷达等调查岩溶洞穴的分布。

(2)勘探:

1)勘探剖面应根据具体地质条件结合建筑物特点布置,选定的坝线应布置坝轴线勘探剖面和上下游辅助勘探剖面,剖面线的间距根据坝高和地质条件,可采用50~200m;溢流坝段、非溢流坝段、厂房坝段、通航坝段等均应有代表性勘探纵剖面。

2)坝轴线勘探剖面线上的勘探点间距可采用20~50m,其他勘探剖面线上的勘探点间距可视具体需要确定。

3)钻孔深度应进入拟定建基面高程以下1/3~1/2坝高的深度,帷幕线上的钻孔深度可采用1倍坝高或进入相对隔水层不应小于10m。专门性钻孔的孔距、孔深可根据具体需要确定。当需要查明河床坝基顺河断层、缓倾角软弱结构面时可布置倾斜钻孔。

4)平洞、竖井、大口径钻孔和河底平洞应结合建筑物位置、两岸地形、地质条件和岩体原位测试工作的需要布置。高陡岸坡宜布置平洞;地形、地层平缓时宜布置竖井或大口径钻孔;当存在影响坝基稳定的断层、破碎带和软弱夹层,用常规勘探手段难以查清时,可布置河底斜井、河底平洞或两者结合,或竖井加平洞。见图2.3.2-2。

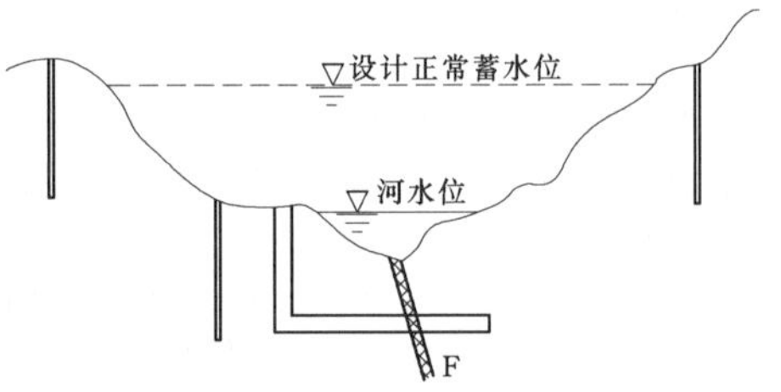

河底竖井+平洞

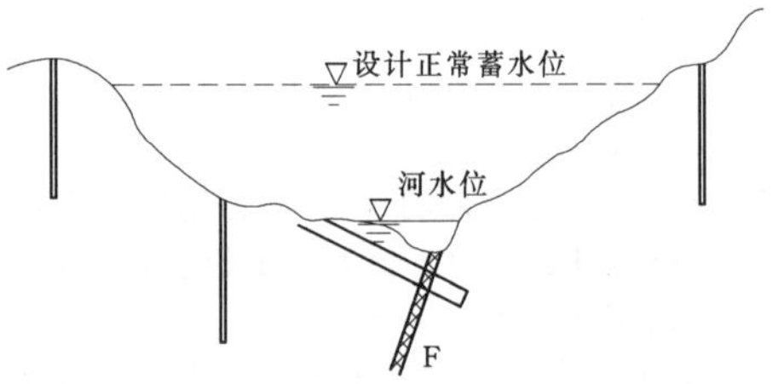

河底斜井

图2.3.2-2 河床底部洞探布置示意图

5)当钻孔或平洞遇到溶洞或大量漏水时,应继续追索或采用其他手段查明。

(3)岩土试验:

1)主要岩石的室内物理力学性质试验组数累计不应少于11组;影响坝基变形的岩类,其原位变形试验不应少于6点;控制抗滑稳定的岩层或滑动面的原位抗剪和抗剪断试验组数不应少于6组。

2)根据需要进行岩体地应力测试和现场载荷等专门试验。

(4)水文地质试验:

1)坝基、坝肩及帷幕线上的基岩钻孔应进行压水试验,其他部位的钻孔可根据需要确定。坝高大于200m时,宜进行大于设计水头的高压压水试验及为查明岩体渗透性各向异性的定向渗透试验。

2）岩溶区及为查明坝基集中渗漏带的渗流特征、实际流速和连通情况，可根据需要进行地下水连通试验。

3）强透水的大断层破碎带应做专门的渗透及渗透变形试验。

4）在水文地质条件复杂的坝址区，宜进行数值模拟等专题研究。

5）取样进行地下水和地表水水质分析。

（5）地下水动态观测：

1）观测内容应包括水位、水温、水化学、流量或涌水量等。

2）观测时间应延续一个水文年以上，并逐步完善观测网。

（6）岩土体监测。根据需要，对不稳定和潜在不稳定岩土体逐步建立和完善监测网，监测网应由观测剖面线和观测点组成。钻孔倾斜计宜平行滑动方向布置，视准线宜垂直滑动方向布置。

3. *建在覆盖层上的混凝土坝（闸）*

建在覆盖层上的混凝土闸坝，除按土石坝要求布置勘探工作外，还需符合如下勘探布置规定：

（1）坝（闸）基的钻孔应结合闸墩和防渗、防冲建筑物布置，钻孔深度宜根据覆盖层厚度及建基面高程确定；当覆盖层厚度小于闸底宽时，钻孔深度应进入基岩5～10m；当覆盖层厚度大于闸底宽时，钻孔深度宜为闸底宽的1～2倍，并应进入下伏承载力较高的土层或相对隔水层；控制性钻孔应进入基岩10～30m。

（2）坝（闸）基持力层范围内每一土层均应取原状样，并进行室内物理力学性质试验，试验组数累计不少于11组。细粒土及粉土、粉细砂层应结合钻探进行标准贯入及静力触探试验，粗粒土层应进行动力触探试验，软土层应进行十字板抗剪试验。

（3）根据需要进行现场载荷试验、旁压试验、原位抗剪试验、现场渗透与渗透变形试验，以及室内原状土的渗透与渗透变形试验、大三轴剪切试验和可能液化土的三轴振动试验等专门性试验。

（4）根据覆盖层的成层特性和水文地质结构进行单孔或多孔抽水试验，分层或综合抽水试验，坝基主要透水层的抽水试验应不少于3段。

4. *混凝土拱坝*

混凝土拱坝坝址勘探试验工作布置除混凝土重力坝要求布置勘探工作外，还需符合如下勘探布置规定：

（1）高拱坝两岸坝肩应采用以洞探为主、钻探为辅的方法，坝肩每隔30～50m高差应布置一层平洞。坝高150m以上的高拱坝坝址平洞深度不宜小于200m。

（2）抗力体部位应布置专门勘探工程，沿抗力体最大受力方向分层布置平洞。对平洞揭露的断层、破碎带、卸荷节理、成组节理、缓倾角节理、长大节理、夹泥结构面等，根据需要打支洞或浅井追踪。

（3）在水垫塘部应适当布置钻孔，孔深至预测冲刷最低高程以下10～20m；泄洪水雾区两侧边坡根据需要布置适量钻孔或平洞；沿二道坝轴线布置钻孔，钻孔布置原则同混凝土重力坝。

（4）岩土试验：

1）坝基各类岩体及影响坝基（肩）变形的软弱结构面均应布置原位变形试验，累计试验级数不应少于6点，高拱坝主要持力岩类累计试验组数不应少于11点，并应在试验点上采用风钻孔测定试点岩体的弹性波波速，建立波速与变形模量的相关关系。

2）原位抗剪和抗剪断试验累计试验级数不应少于6组，高拱坝主要持力岩类和控制坝肩（基）岩体抗滑稳定结构面的累计试验组数不应少于11组。

3）对影响坝肩变形和稳定的主要软弱岩体（带）宜进行流变试验。

4）高拱坝坝址宜在不同高程、不同深度进行岩体地应力测试。

5）根据需要，配合设计开展高拱坝整体地质力学模型试验。

（5）监测。深切峡谷坝址区，宜逐步建立和完善两岸山坡不稳定和潜在不稳定岩土体的监测网，监测网应由观测剖面线和观测点组成。钻孔倾斜计宜平行滑动方向布置，视准线宜垂直滑动方向布置。

（四）隧洞

1. *物探*

（1）可采用综合物探方法探测覆盖层厚度、地下水位、古河道、覆盖的断层、岩溶洞穴等，并可利用钻孔和平洞进行综合测井、弹性波波速等岩体动力参数测试。

（2）利用孔、洞开展有害气体和放射性成分含量测试。

（3）必要时，利用勘探孔洞测试地温。

2. *勘探*

（1）隧洞进出口及各建筑物地段、长引水隧洞的过沟段以及其他有重大地质问题的地段应布置勘探剖面。

（2）隧洞钻孔深度宜进入洞底高程以下10～30m，但不应小于1倍洞径；渠道钻孔宜进入设计渠底高程以下5～10m，或到达地下水位以下，或进入下伏的相对隔水层。

（3）钻孔钻进过程中应收集水文地质资料，并应根据需要进行抽水试验、压水试验和地下水动态观测。

（4）隧洞进出口地段应布置平洞。

（5）深埋隧洞可根据具体条件布置钻孔和平洞。如锦屏二级水电站布置长勘探平洞深达4168m，钻孔深450m。

3. *岩石试验及观测、监测*

（1）岩石试验应以室内试验和简易原位测试为主，各类岩石室内物理力学性质试验累计不应少于6组；深埋隧洞应视需要进行岩体地应力测试。

（2）隧洞沿线的钻孔应进行地下水动态观测，观测时间不得少于一个水文年。

（3）对建筑物安全有影响的不稳定岩土体应布置位移监测。

（五）渠道

（1）沿渠道中心线及各工程地质分段均应布置代表性勘探剖面，勘探剖面线上的坑、孔等的间距与深度可根据需要确定。一般勘探点间距200～500m；横剖面间距为勘探点间距的2～3倍，横剖面长不宜小于渠顶开口宽度的2～3倍，每条横剖面上的勘探点不少于3个。钻孔深度宜进入渠道底板以下5～10m。

（2）应进行岩土试验，影响渠道稳定的岩土层的试验组数累计不应少于6组。各土层应结合钻探选择适宜的原位试验方法；特殊性岩土应取样进行特殊性试验。

（六）地下厂房系统

（1）应采用综合物探方法探测覆盖层厚度、地下水位、古河道、隐伏断层、岩溶洞穴等，并应利用钻孔和平洞进行岩体弹性波波速等测试。

（2）各建筑物地段均应布置勘探剖面。根据地质复杂程度和地下厂房的规模在平洞内布置不同方向的钻孔。其中垂直向下的钻孔深度应进入设计洞底高程以下10～30m，但不应小于厂房跨度。

(3) 大型地下洞室群宜在拟建洞室的纵横方向布置平洞。平洞深度宜穿过拟建洞室后1倍边墙高度的距离。平洞内可布置钻孔或竖井。

(4) 高压管道及其岔管的勘探深度应以埋置最深、水头最大的岔管为控制；需要时，平洞应延伸到气垫式调压室可能布置的地段。

(5) 各类岩土室内物理力学试验组数累计不应少于6组。大跨度深埋地下洞室、高压管道岔管段和气垫调压室应进行岩体现场变形试验、抗剪及抗剪断试验、岩体地应力测试；当存在软岩时，宜进行流变试验；对大跨度地下洞室，可根据工程的具体情况，进行模型洞试验。

(6) 基岩钻孔应根据需要进行压水试验。高压管道及气垫式调压室布置地段宜进行高压压水试验，试验压力应超过内水水头或气垫压力。视需要可进行地下水连通试验、渗流场模拟试验。

(7) 地下厂址区钻孔应进行地下水动态观测，观测时间不得少于一个水文年。

(8) 对建筑物安全有影响的不稳定岩土体应布置位移监测。

（七）地面厂房系统

(1) 勘探剖面线应结合建筑物轴线布置，对地面厂房系统各建筑物安全有影响的边坡应布置勘探平洞。

(2) 当厂房、压力前池和压力明管地基为基岩时，钻孔深度宜进入建基面以下10～15m；当地基为覆盖层时，钻孔深度应根据持力层的情况确定。压力前池钻孔深度宜为1～2倍水深，黄土地区宜为2～3倍水深。

(3) 岩土物理力学性质试验应按地面厂房系统工程地质分段进行；主要岩土的室内物理力学性质试验组数累计不得少于6组；当主要持力层为覆盖层时，除采取原状样进行室内物理力学性质试验外，尚应进行原位标准贯入和动力触探测试，并可采用物探方法测定土体动力参数；根据需要进行现场载荷试验。

(4) 压力前池和厂房地段的钻孔应进行压水或抽水试验。

(5) 厂址区的钻孔应进行地下水动态观测，观测时间不应少于一个水文年。对厂房系统建筑物安全有影响的不稳定或潜在不稳定岩土体应进行位移监测。

（八）溢洪道

(1) 勘探剖面线应结合引渠、泄洪闸、泄槽和消能建筑物等轴线布置纵剖面，不同工程地质分段应有代表性横剖面。高边坡、泄流冲刷区以及有复杂地质问题的地段，应布置勘探剖面。

(2) 溢洪道边坡勘察宜采取以平洞勘探为主、钻孔为辅的方法。

(3) 泄洪闸钻孔深度应进入设计建基面以下20～30m，其他地段钻孔深度根据需要确定。

(4) 控制泄洪闸基、挑流鼻坎地基和边坡稳定的岩土体与软弱夹层的室内物理力学性质试验组数，累计不少于6组。

(5) 泄洪闸基及两侧帷幕区的钻孔应进行压水或注水试验。

(6) 进行地下水动态观测应和不稳定岩土体位移监测。

（九）通航建筑物

(1) 可用综合物探方法探测覆盖层厚度、岩土体的弹性波波速、岩溶的分布与规模。

(2) 勘探剖面应结合建筑物布置，基岩地基钻孔深度应进入闸地板以下10～30m，基岩地基钻孔深度宜结合建筑物规模确定。

(3) 对通航建筑物安全有影响的边坡应布置勘探剖面，平洞、钻孔深度可根据需要确定。

(4) 岩土物理力学性质试验应根据建筑物或工程地质分段进行，主要岩土层室内试验组数累计不少于6组。土层应进行标准贯入试验或动力触探试验，并根据需要进行其他原位测试。

(5) 建筑物基坑的钻孔应进行抽水试验或压水试验。

(6) 建筑物区钻孔应进行地下水动态观测，观测内容应包括水位、水温、水化学、流量或涌水量，观测时间应延续一个水文年以上，并逐步完善观测网。

(7) 对通航建筑物安全有影响的不稳定或潜在不稳定岩土体应进行位移监测。

（十）主要临时建筑物（围堰、导流洞、导流明渠、缆机平台）

沿围堰、导流洞、导流明渠及缆机平台轴线布置勘探纵剖面及相应的横剖面。围堰上、下游根据需要布置辅助勘探剖面。

1. 围堰

(1) 土基上的土石围堰勘探点间距50～100m，当下伏基岩埋深小于堰高时，钻孔深度宜进入基岩面以下10～20m；当下伏基岩埋深大于堰高时，钻孔深度宜进入相对隔水层或基岩面以下5m；防渗线上的钻孔深度宜进入相对隔水层以下5m。

(2) 土基上的混凝土围堰勘探点间距50～100m，当覆盖层厚度小于闸底宽时，钻孔深度应进入基岩5～10m；当覆盖层厚度大于闸底宽时，钻孔深度宜为闸底宽的1～2倍，并应进入下伏承载力较高的土层或相对隔水层；控制性钻孔应进入基岩10～30m。

(3) 根据需要进行钻孔抽水试验。

(4) 堰基持力层范围内每一土层室内物理力学性质试验组数累计不少于6组。细粒土及粉土、粉细砂层应结合钻探进行标准贯入及静力触探试验，粗粒土层应进行动力触探试验，软土层应进行十字板抗剪试验。当地质条件简单时，可采用工程地质类比法确定工程地质参数。

(5) 围堰两岸存在不稳定岩土体时，应布置位移监测。

2. 导流明渠

(1) 沿导流明渠中心线及各工程地质分段均应布置代表性勘探剖面，勘探剖面线上的坑、孔等的间距与深度可根据需要确定。一般勘探点间距200～500m；横剖面间距为勘探点间距的2～3倍，横剖面长不宜小于渠顶开口宽度的2～3倍，每条横剖面上的勘探点不少于3个。钻孔深度宜进入渠道底板以下5～10m。

(2) 导流明渠外导墙地基、内侧边坡和出口边坡应有勘探点控制。

(3) 影响导流明渠稳定的每一岩土层的试验组数累计不应少于6组。各土层应结合钻探选择适宜的原位试验方法；特殊性岩土应取样进行特殊性试验。

3. 导流洞

(1) 导流洞进出口以平洞勘探为主，钻孔、物探为辅。闸门井、明渠导墙、冲刷坑等建筑物部位布置钻孔，并布置横向勘探剖面，横剖面上钻孔不少于2个。洞身段根据地质条件，视需要布置钻孔或平洞，钻孔深度进入洞底板以下10～20m。

(2) 根据需要，进行钻孔水文地质试验、岩土试验、有害气体和放射性成分含量测试。

(3) 进出口边坡存在不稳定岩土体时，应布置位移监测。

4. 缆机平台

(1) 沿缆机平台轴线布置钻孔，钻孔间距 30～50m，孔深根据缆机受力大小而定，一般至完整的弱风化下段至微风化岩体内。

(2) 深峡谷区的缆机平台以上自然与人工边坡需布置勘探平洞。

(十一) 天然建材

对选定坝型和其他建筑物所需的主要料源进行详查精度勘探，详查储量宜达到设计需要量的 1.5～2.0 倍。应重视混凝土骨料的碱活性试验工作，并对料场的高边坡开展必要的勘探工作。

可行性研究阶段天然建筑材料（详查）勘探试验工作布置见表 2.3.2－5。

表 2.3.2－5　可行性研究阶段天然建筑材料（详查）勘探试验工作布置一览表

料场及勘探		场地类别	Ⅰ	Ⅱ	Ⅲ	备注
砂砾料		勘探网点间距（m）	100～200	50～100	<50	水上宜采用坑槽探、井探、钻探及物探；水下以钻探为主，可布置少量沉井式井探
		取样组数（最小组数）	料场储量<10 万 m^3：10 组；10 万～50 万 m^3：15 组；50 万～100 万 m^3：25 组；>100 万 m^3：40 组			单层厚度 2～10m：2～3m 取一组；单层厚度大于 10m：3～5m 取一组。>50 万 m^3 的Ⅱ类冲积砂料及风化砂，组数增加 30%
土料	一般土料、特殊土料（膨胀土和红黏土）	勘探网点间距（m）	100～200	50～100	<50	坑探、井探为主，槽探为辅，必要时采用钻探、洞探
		取样组数	料场规模<0.10km^2：5～7 组；0.10～0.30km^2：7～9 组；0.30～0.50km^2：9～11 组；0.50～0.80km^2：11～13 组；>0.80km^2：>14 组。			分区、单层（分层混合）取样
	碎（砾）石类土料	勘探网点间距（m）	50～100	<50	—	坑探、井探及钻探为主，槽探、洞探为辅
		取样组数	料场储量<50 万 m^3：20 组；>50 万 m^3：30 组		—	层厚小于 5m，1～2m 取一组；层厚大于 5m，2～4m 取一组
	风化土料	勘探网点间距（m）	50～100	<50	—	坑探、井探及钻探为主，槽探、洞探为辅
		取样组数	同一般土料		—	同一般土料
石料	堆石料、砌石料	勘探网点间距（m）	150～250	100～150	<100	平洞、钻探为主，物探、坑探、竖井为辅。每条勘探线剖面不少于 3 个钻孔或平洞。控制性钻孔或平洞揭穿有用层或拟开采底版线以下 5～10m。人工开挖边坡需布置勘探平洞
		取样组数	在 1～3 个剖面上的有用层按不同岩性、风化层分别取样，各类代表性岩性试样不少于 5 组			
	人工骨料	勘探网点间距（m）	150～200	100～150	50～100	钻探、平洞为主，坑槽探、物探为辅。每条勘探线剖面不少于 3 个钻孔。控制性钻孔或平洞揭穿有用层或拟开采底版线以下 5～10m。人工开挖边坡需布置勘探平洞
		取样组数	在 2～3 个剖面上的有用层按不同岩性、风化层分别取样，各类代表性岩性试样不少于 5 组			每层碱活性试验不少于 2 组
	混凝土天然掺合料	勘探网点间距（m）	50～100	<50	—	钻探、平洞为主，坑槽探为辅。各勘探点揭穿有用层 1.0m。当有用层厚度较大时，其勘探深度应超过最大开采深度。对厚度大的有用层，应布置部分控制孔
		取样组数	料场规模<0.10km^2：5～7 组；0.10～0.20km^2：7～9 组；>0.20～0.30km^2：9～11 组			分区、分层取样
	开挖石料（渣料）	勘探网点间距（m）	勘探网点间距符合相应种类料源的精度要求			结合工程建筑物勘察进行，按材料相应用途进行补充勘探
		取样组数	取样数量符合相应种类料源的精度要求			在工程建筑物勘察取样试验的基础上，根据材料实际用途进行补充

四、招标设计阶段勘探布置原则

(一) 工程地质复核

(1) 复核可行性研究阶段水库、枢纽建筑物、主要临时（辅助）建筑物、天然建筑材料勘察成果后，根据需要，有针对性地补充必要的勘探、试验工作，勘探、试验布置达到相关建筑物可行性研究阶段的精度要求。

(2) 分析可行性研究阶段后的有关地震、岩土体位移、地下水动态等的观（监）测成果，根据需要进行观（监）测方案的补充或调整。

(二) 专门性工程地质问题

(1) 对可行性研究阶段遗留的工程地质问题、可行性研究审批提出的专门性工程地质问题、可行性研究阶段完成后新发现的重大工程地质问题，应在原有勘察工作的基础上补充布置勘探、试验工作，布置原则应达到相关建筑物可行性研究阶段的精度要求。

(2) 设计优化、变更需要查明的工程地质问题，应结合工程具体部位，在原有勘察工作的基础上适当加密勘探和增加试验工作。

(三) 临时（辅助）建筑物

根据《水力发电工程地质勘察规范》（GB 50287—2006）的规定，枢纽区场地内规划的施工交通干道、桥涵、弃（堆）渣场、砂石料加工系统、混凝土拌和系统、供水系统等临时（辅助）建筑物的工程地质条件需在招标设计阶段进行勘察。

(1) 临时（辅助）建筑物的勘察应全面收集、利用可行性研究阶段的地质图件和勘探资料，结合设计方案布置勘探与试验工作。

（2）施工交通干道、桥涵的勘探布置符合《公路工程地质勘察规范》（JTJ 064—98）详勘的要求。

（3）弃渣场拦挡和排水工程可参照土石坝和导流洞可研阶段的勘探布置，并适当简化。

（4）石料加工系统、混凝土拌和系统勘探钻孔主要沿建筑物轮廓轴线布置，勘探线、点间距可参照集中移民安置区初勘精度的要求。开挖边坡需布置适量钻孔或平洞。

（5）供水系统根据具体情况布置勘探试验工作。

五、施工详图阶段勘探布置原则

在工程施工或蓄水过程中，发生地质变化或发现存在前期未查明的工程地质问题时，需进行专门性勘探，勘探布置应根据具体的工程地质问题及其相应的要求进行。

第四章 工程地质钻探

第一节 主要钻探机具及适用范围

一、钻机

水电工程勘察常用钻机主要技术性能及适用范围见表2.4.1-1。

二、水泵

水电工程勘察常用的水泵见表2.4.1-2。

表2.4.1-1　　水电工程勘察常用钻机性能及适用范围表

钻机类型		适用性	钻进深度（m）	孔径		钻孔倾角（°）	主机质量（kg）	转速（r/min）	制造厂家
				开孔（mm）	终孔（mm）				
转盘式	DPP·100型汽车钻	动力及泵均装在解放牌汽车上，搬迁灵便	70～100	200～150		90	6500（包括汽车）	55，102，176	北京探矿机械厂
转盘式	SPJ—300	适用于第四纪地层、坚硬基岩、水文地质勘探、下地水开采钻探	300	500			2300	正反转（40，70，128）	济南探矿机械厂
转盘式	SPC—300H	适用性强，黏土、砂层、卵砾石层及基岩等多种地层	200～300				15000（包括汽车）	正转（52，76，123） 反转（40）	天津探矿机械厂
油压式	SGZ—Ⅰ	适应水电工程地质钻探	150	110	76	360	960	150，250，600，1000	杭州钻机厂
油压式	SGZ—Ⅲ	适应水电工程地质钻探	300	150	91	360	920	128，200，300，514，800，1200	杭州钻机厂
油压式	XY—4	适用于各种地层，钻进效率较高	100			360	1500	正转八速135～1588 反转两速110、338	无锡探矿机械厂
油压式	XY—2	适用于各种地层，钻进效率较高	530			65～90	950	正转（65、114，180、248，310、538、849。1172） 反转（51、242）	重庆探矿机械厂
油压式	XY—2B	适用于各种地层，钻进效率较高	530			65～90		正转（57、99，157、217，270、470，742，1024） 反转（45、212）	重庆探矿机械厂
钻石—300全液压钻机		主要适用于：地下或地表岩芯钻探	300			0～360	800	正反转285～1500	
GM—20工程钻机		适用于第四纪地层、水文、下地水开采等钻探	80	2000				12～88	
长年多功能钻机		地基、岩芯、水文水井、探矿	DB520 DB525			360	长年多功能钻机		（美）长年公司

表2.4.1-2　　常用水泵类型及技术参数

型号	类型	流量级数	泵量（L/min）	泵压（MPa）	功率（kW）	缸径（mm）	活塞行程（mm）	吸排水管直径（mm）		泵质量（kg）	产地
								吸	排		
BW—120	单缸	1	120	1.3	4.5	85	85	32	25.4	140	无锡
BW—200	双缸	2	200；150		15	80；65	85	65	37	300	无锡
BW—150	三缸	8	32；38；47；58；72；90；125；150	7；7；6；4.8；4 3.2；2.3；1.8	7.5	70	70	51	32	516（电） 630（柴）	衡阳
BW—250	三缸	4	102；125；164；200	8；7；6；5	24	70	100	76	51	520	衡阳
SGB—Ⅰ	双缸	2	90，50	5，8	11	65，50	60	50	25	400	杭州
SGB6—10	三缸	1	100	10	18	60	85	50	48		杭州
HBW—150/10	三缸	4	152，101，75，50	3.3，5.0，6.7，10	11	60	100	51	32		衡阳
BWF—400/10	三缸	4	85，140，242，400	10，6.2，3.6，2.2	22	85	110	92	38	1080	衡阳
BWT—450	三缸	2	450，350	1.2，2.0	18.5	100	85	90	50	540	衡阳
SBW—600	三缸	4	600，370，245，150	1.5，2.0，3.0，3.0	22	105	100	105	65	750	衡阳

三、钻具

（一）合金钻具

合金钻进适用于中软岩石，钻具可选用单管和双管，钻具的直径可按不同的钻探目的及要求进行加工。常用钻具系列标准见表 2.4.1－3。

表 2.4.1－3　　合金钻具标准系列

钻孔直径（mm）	套管（mm）			套管与钻头之间隙（mm）	岩芯管（mm）			合金钻头（mm）		
	外径	内径	壁厚		外径	内径	壁厚	外径	内径	壁厚
150	146	137	4.5	3.5	146	137	4.5	150	135	7.5
130	127	118	4.5	4	127	118	4.5	130	116	7
110	108	99.5	4.25	4.25	108	99.5	4.25	110	96	7
91	89	81	4	3	89	81	4	91	77	7
75	73	66.5	3.75	3.5	73	65.5	3.75	75	61	7

（二）金刚石钻具

金刚石钻探按结构分为单管金刚石钻具、单动双管钻具（单动双层半合管钻具）、单动三管钻具（单动三层半合管钻具）、液动冲击回转金刚石钻具、孔底反循环金刚石钻具等。常用的金刚石单动双管钻具系列见表 2.4.1－4。

表 2.4.1－4　　金刚石单动双管钻具标准系列

规格 ϕ（mm）	钻头（mm）		外管（mm）		内管（mm）		扩孔器（mm）
	外径	内径	外径	内径	外径	内径	
46	46.5	45±0.1	45	38	35	31	$47^{+0.30}$
59	59.5	58±0.1	58	51	47.5	43.5	$60^{+0.30}$
75	75	73±0.1	73	65.5	62	56.5	$75.5^{+0.30}$
91	91	89±0.1	89	81	77	70	$91.5^{+0.40}$

（三）大口径钻具

普通大口径钻具规格标准可参照表 2.4.1－5。

表 2.4.1－5　　大口径钻具标准系列　　单位：mm

钻具规格	铸钢钻头			岩芯管			套管		备注
	外径	内径	长度	外径	内径	长度	外径	内径	开孔用
1280	1300						1220	1200	
1160	1160	1080	800	1140	1100	3500	1130	1110	
1050	1050	970	800	1030	990	3500	1030	1010	
950	950	870	800	930	890	3500	920	900	
850	850	770	800	830	790	3500			备用

（四）绳索取心钻具

常用取芯钻具标准见表 2.4.1－6。

表 2.4.1－6　　普通绳索取心钻具标准系列

规格	钻头外径（mm）	钻头内径（mm）	外管外径（mm）	外管内径（mm）	内管外径（mm）	内管内径（mm）	钻杆外径（mm）	钻杆内径（mm）	打捞器（mm）
S－56	56	35	54	45	41	37			40
S－59－S	59.5	35.4	58	49	43	38	55.5	46	43
S－75－ZJ－S	75	46	73	59	54	48	71	58	74
S－75－S	75	49	73	63	56	51	71	61	74
S－96－S	95.5	63	89	79	73	67	89	79	74
S－96－ZG－S	95.5	61	96	75.5	71	65	89	77	74

四、取样器

（一）取芯钻具的选择

水电工程常用取芯钻具技术参数见表 2.4.1－7。

表 2.4.1－7　　取芯钻具技术参数

取芯工具	参数			适用岩性	可钻性（岩级）	岩芯完整率（%）	备注
	钻压（kPa）	转速（r/min）	泵量（L/min）				
普通单管	正常钻进			一般完整岩石	4～12		
投球单管	400	120	60～80	软岩\胶结良好岩层	1～3	70～90	卡芯后，投入钢球，堵住水路，避免因水柱压力而脱落岩芯
无泵反循环	150～300	100～150		软岩或松散硬岩	1～4	70～80	不能开泵冲洗
喷射反循环	正常	150～170	100	硬脆碎	4～7		由于射流反底，反循环，岩芯有分选
隔水双动双管	600～800	140～180	100	松散、破碎、易冲刷岩层	1～5	70～80	岩芯搅动，易造成堵塞
隔水活塞式单动双管（三层岩芯管）	700～1000	90～150	70～150	易溶，易污染，易冲刷岩层	4～5	70～80	内管装半合管，具有岩芯不污染，保持原始构造的优点
单动双管（卡簧式）	正常钻进			一般硬岩，较完整岩层	4～12		卡簧直径变化范围较小
单动双管（爪簧式）	400～600	120～150	60～100	脆碎，酥碎软硬岩层	4～6	80～90	爪簧富有弹性，直径变化范围较大
阿氏双管（三层岩芯管）	400～800	120～200	60～80	软层、松散、易冲毁岩层	1～3	80～90	内管装半合管，能保持岩芯原状结构
压卡式单动双管	600～800	120～180	60～80	软硬互层，脆碎，酥碎易散失层	4～6	70～90	

（二）取土器选择

1. 技术参数

取土器示意图见图 2.4.1－1，其技术参数及适用范围可见表 2.4.1－8。

表 2.4.1－8　　取土器技术参数

技术参数	厚壁取土器	中壁取土器	薄壁取土器
面积比 A_r（%）	≤30	10～20	≤10
内间隙比 C_i（%）	1.0	0.5～1.5	0.5～1.0
外间隙比 C_o（%）	0.5～1.0	0～2.0	0

续表

技术参数	厚壁取土器	中壁取土器	薄壁取土器
刃口角度 α (°)	5～10	5～10	5～10
长度 L (mm)	450～500	450～500	砂土 5～10D_e，黏性土 10～15D_e
内径 D_e (mm)	75～100	75～100	75～100
衬管	整圆或半合管，塑管，酚醛层压纸或镀锌铁皮制	整圆或半合管，塑管，酚醛层压纸或镀锌铁皮制	无衬管，束节式取土器衬管，整圆或半合管，塑管，酚醛层压纸或镀锌铁皮制

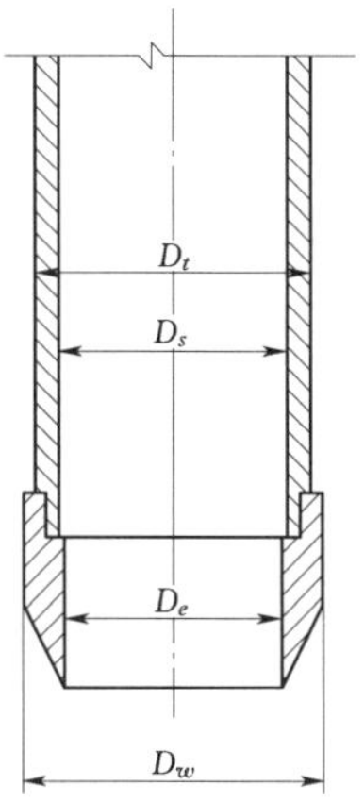

图 2.4.1－1　取土器示意图

D_t—取土管外径；D_s—取土管内径；D_e—管靴切刃口内径；D_w—取土器管靴切刃外径

2. 取土器适用范围及取土方法

取土器适用范围及取土方法见表 2.4.1－9。

表 2.4.1－9　　取土器适用范围及取土方法

土样质量等级	取土工具和方法		适用土类										
			黏性土					粉土	砂土				砾砂、碎石土、软岩
			流塑	软塑	可塑	硬塑	坚硬		粉砂	细砂	中砂	粗砂	
Ⅰ	薄壁取土器	固定活塞	＋＋	＋＋	＋	－	－	＋	＋	－	－	－	－
		水压固定活塞	＋＋	＋＋	＋	－	－	＋	＋	－	－	－	－
		自由活塞	－	＋	＋＋	－	－	＋	＋	－	－	－	－
		敞口	＋	＋	＋	－	－	＋	＋	－	－	－	－
	回转取土器	单动三重管	－	＋	＋＋	＋＋	＋	＋＋	＋＋	＋＋	－	－	－
		双动三重管	－	－	－	＋	＋＋	－	－	－	＋＋	＋＋	＋
	探井（槽）中刻取块状土样		＋＋	＋＋	＋＋	＋＋	＋＋	＋＋	＋＋	＋＋	＋＋	＋＋	＋＋
Ⅱ	薄壁取土器	水压固定活塞	＋＋	＋＋	＋	－	－	＋	＋	－	－	－	－
		自由活塞	＋	＋＋	＋＋	－	－	＋	＋	－	－	－	－
		敞口	＋＋	＋＋	＋＋	－	－	＋	＋	－	－	－	－
	回转取土器	单动三重管	－	＋	＋＋	＋＋	＋	＋＋	＋＋	＋＋	－	－	－
		双动三重管	－	－	－	＋	＋＋	－	－	－	＋＋	＋＋	＋＋
	厚壁敞口取土器		＋	＋＋	＋＋	＋＋	＋＋	＋	＋	＋	＋	＋	－
Ⅲ	厚壁敞口取土器		＋＋	＋＋	＋＋	＋＋	＋＋	＋＋	＋＋	＋＋	＋＋	＋	－
	标准贯入器		＋＋	＋＋	＋＋	＋＋	＋＋	＋＋	＋＋	＋＋	＋＋	＋＋	－
	螺纹钻头		＋＋	＋＋	＋＋	＋＋	＋＋	＋	－	－	－	－	－
	岩芯钻头		＋＋	＋＋	＋＋	＋＋	＋＋	＋＋	＋	＋	＋	＋	＋
Ⅳ	标准贯入器		＋＋	＋＋	＋＋	＋＋	＋＋	＋＋	＋＋	＋＋	＋＋	＋＋	－
	螺纹钻头		＋＋	＋＋	＋＋	＋＋	＋＋	＋	－	－	－	－	－
	岩芯钻头		＋＋	＋＋	＋＋	＋＋	＋＋	＋＋	＋＋	＋＋	＋＋	＋＋	＋＋

注　＋＋：适用；＋：部分适用；－：不适用。

第二节　工程地质钻探方法及技术要求

一、岩芯钻探岩石可钻性分级

岩石的可钻性是地质和工艺技术因素的综合反映。表 2.4.2－1 为《水电水利工程钻探规程》（DL/T 5013—2005）岩石可钻性分级表。

表 2.4.2－1　　岩芯钻探岩石可钻性分级表

级别	硬度	代表性岩石	普氏坚固系数	可钻性（m/h）	
				金刚石	硬质合金
1	松软疏散的	次生黄土、次生红土、泥质土壤，松软的砂质土壤（不含石子及角砾）、冲积砂土层；湿的软泥、硅藻土、泥炭质腐殖层（不含植物根）	0.3～1.0		

续表

级别	硬度	代表性岩石	普氏坚固系数	可钻性（m/h）	
				金刚石	硬质合金
2	较松软疏散的	黄土层、红土层、松软的泥灰层；含有10%～20%砾石的黏土质及砂质土层、砂质黄土层、松软的高岭土类（包括矿层中的黏土夹层）、泥炭及腐殖层（带有植物根）	1～2		
3	软的	全部风化变质的页岩、板岩、千枚岩、片岩；轻微胶结的砂层；含有20%砾石（大于3cm）的砂质土壤及超过20%的砂质黄土层；泥灰岩；石膏质土层、滑石片岩、软白垩；贝壳石灰岩；褐煤；烟煤；较软的锰矿	2～4		

续表

级别	硬度	代表性岩石	普氏坚固系数	可钻性（m/h）	
				金刚石	硬质合金
4	较软的	砂质页岩、油页岩、含锰页岩、钙质页岩及砂页岩互层；较致密的泥灰岩；泥质砂岩；块状石灰岩、白云岩；风化剧烈的橄榄岩、纯橄榄岩、蛇纹岩；铝矾土菱镁矿、滑石化蛇纹岩、磷块岩（磷灰岩）；中等硬度煤层；岩土；钾土、结晶石膏，无水石膏；高岭土层；褐铁矿（包括疏松的铁帽），冻结的含水砂层；火山凝灰岩	4～6		＞3.90
5	稍硬的	卵石、碎石及砾石层；泥质板岩；绢云母绿泥石板岩、千枚岩、片岩；细粒结晶的石灰岩、大理岩；较松软的砂岩；蛇纹岩、纯橄榄岩、蛇纹岩化的火山凝灰岩；风化的角闪石斑岩、粗面岩；硬烟煤、无烟煤；松散砂质的磷灰石矿；冻结的粗粒砂层、砾层、泥层、砂土层、萤石带	6～7	2.90～3.60	2.50
6	中等硬度的	石英、绿泥石、云母、绢云母板岩、千枚岩、片岩，轻微硅化的石灰岩；方解石及绿帘石硅卡岩；含黄铁矿斑点的千枚岩、板岩、片岩、铁帽；钙质胶结砾岩、长石砂岩、石英砂岩；微风化含矿的橄榄岩及纯橄榄岩；石英粗面岩；角闪石斑岩、透辉石岩、辉长岩、阳起石、辉石岩；冻结的砾石层；较纯的明矾石	7～8	2.30～3.10	2.00
7	中等硬度的	角闪石、云母、石英、磁铁矿、赤铁矿化的板岩、千枚岩、片岩（如含铁镁矿物的鞍山式贫矿）；微硅化的板岩、千枚岩、片岩；含石英粒的石灰岩，含长石石英砂岩；石英二长岩，微片岩化的钠长石斑岩、粗面岩、角闪石斑岩、辉绿凝灰岩；方解石化的辉岩、石榴子石硅卡岩；硅质叶蜡石；有硅质的海绵状铁帽；铬铁矿、硫化矿物、菱铁赤铁矿；含角闪石磁铁矿；含矿的辉石岩类、含矿的角闪石岩类；砾石（50%砾石，系水成岩组成；钙质和硅质结构的）；砾石层；碎石层；轻微风化的粗粒花岗岩、正长石、斑岩、玢岩、辉长岩及其他火成岩；硅质石灰、燧石石灰岩；极松散的磷灰石矿	8～10	1.90～2.60	1.40
8	硬的	硅化绢云母板岩、千枚岩、片岩；片麻岩；绿帘石岩，明矾岩；含石英的碳酸土岩石；含石英重晶石岩石；含磁铁矿及赤铁矿的石英石；粗粒及中粒的辉岩、石榴子石硅卡岩；钙质胶结构的砾岩；轻微风化的花岗岩、花岗片麻岩、伟晶岩、闪长岩、辉长岩；石英电气石岩类；玄武岩、钙钠斜长石岩、辉石岩、安山岩、石英安山斑岩；含矿的橄榄岩、纯橄榄岩等；中粒结晶钠长斑岩、角闪石斑岩；水成赤铁矿层、层状黄铁矿、磁铁矿层；细粒硅质胶结的石英砂岩、长石砂岩；含大块燧石石灰岩；粗粒宽条带状的磁铁矿、赤铁矿、石英岩	11～14	1.50～2.00	0.80

续表

级别	硬度	代表性岩石	普氏坚固系数	可钻性（m/h）	
				金刚石	硬质合金
9	硬的	高硅化板岩、千枚岩、石灰岩及砂岩等；粗粒的花岗岩、花岗闪长岩、花岗片麻岩、正长岩、辉长岩、粗面岩等；伟晶岩；微风化的石英粗面岩、微晶花岗岩、带有溶解空洞的石灰岩；硅化磷灰岩、角页化凝灰岩、绢云母化角页岩；细晶质的辉石、绿绿帘石、石榴子石硅卡岩；硅钙硼石、石榴石、铁钙辉石、微晶硅卡岩；细粒细纹状的磁铁矿、赤铁矿、石英岩、层状重晶石；含石英的黄铁矿、事有相当多的黄铁矿的石英；含石英质的磷灰岩层	14～16	1.10～1.70	
10	坚硬的	细粒的花岗岩、花岗闪长岩、花岗片麻岩；流纹岩、微晶花岗岩、石英钠长斑岩、石英粗面岩；坚硬的石英伟晶岩；粗纹结晶的层状硅卡岩、角页岩；带有微晶硫化矿物的角页岩；层状磷铁矿层夹有角页岩薄层；致密的石英铁帽；含碧玉玛瑙的铝矾土	16～18	0.80～1.20	
11	坚硬的	刚玉岩、石英岩、碧玉岩；块状石英、最硬的铁质角页岩；含赤铁矿、磷铁矿的碧玉岩；碧玉质的硅化板岩；燧石岩	18～20	0.50～0.90	
12	最坚硬的	完全没有风化的极致密的石英岩、碧玉岩、角页岩、纯钠辉石刚玉岩、石英、燧石、碧玉		＜0.60	

二、钻进方法选择

根据所钻进地层结构特点、岩石可钻性等级和钻孔目的等要求，按表 2.4.2-2 合理选择钻进方法。

表 2.4.2-2　钻进方法选择表

钻进方法	钻进特点	适用条件（岩石可钻性等级及特点）
表镶金刚石回转钻进	孔径小，钻进功效高，岩芯采取率高，钻孔弯曲度小，孔内事故少	6～8 级较完整均一岩层
孕镶金刚石回转钻进	在软及中硬岩石中钻进效率高、钻进质量好、材料消耗少、成本低	6～12 级岩层
金刚石冲击回转钻进	钻进效率高、工程质量好、材料消耗少、孔内事故少、钻探成本低	8～12 级坚硬弱研磨性致密岩层
硬质合金钻进	在软及中硬岩石中钻进效率高、钻进质量好、材料消耗少、成本低。	1～7 级软、中硬岩层
金刚石复合片回转钻进	适用于中等硬度岩层的常规成孔（59～150mm），各工效类似于孕镶金刚石回转钻进	4～7 级中、弱研磨性岩层
冲击管钻及冲抓锥	适用于地下水位较高的松散地层，孔径较大，一般孔径大于 500mm 以上	松散地层
气动潜孔锤钻进	对坚硬地层，钻进效率高，材料消耗少、成本低	5～12 级坚硬基岩及松散破碎地层
钻粒钻进	用 2.5～4mm 钻粒，并在钻具回转力及钻压作用下，孔底钻出环状间隙。台班进尺低，对岩芯磨损严重，适用于直径大于 75mm 钻孔	坚硬及最坚硬大口径钻孔地层

三、常规地层钻探技术

（一）覆盖层钻进

1. 土层钻进

土层钻进中可选择加大内刃3mm的肋骨钻头钻进，以解决钻孔的缩径问题。对质量要求不高的土层可采用单管快速钻进，此时泵量要大，退芯应采用水压法。

2. 砂卵砾石层钻进

（1）跟管钻进。选择钻具长度以2.0m为宜，钻孔用小一级钻具取样后用大一级钻具扩孔，然后跟进护壁套管，套管管脚距孔底不宜大于0.5m，需及时处理孔壁塌落物，保持孔内清洁，回次取样进尺不得超过0.5m。

（2）植物胶钻进。采用S系列植物钻井液护孔，匹配SD型金刚石单动双管钻具进行钻进。其钻进参数可按表2.4.2-3选择。

表2.4.2-3　SM胶金刚石钻进参数表

钻头直径（mm）	钻压（kN）	转速（r/min）	泵量（L/min）	泵压（MPa）
94	6～10	400～700	47～52	>0.5
77	4～6	500～800	32～47	>0.5

（3）孔内爆破。对于钻孔内粒径超过套管内径的漂砾和孤石，采用孔内爆破技术将其炸碎以使套管通过。炸药采用乳化炸药，雷管采用电雷管，爆破线可用胶质广播电线，用药量可按表2.4.2-4选用。

表2.4.2-4　孤石爆破用药量选择表

孤石直径（m）	药包顶部距管靴底端距离（m）	炸药量（kg）
0.25～0.4	0.5	0.1～0.2
0.4～0.6	0.5～0.7	0.2～0.4
0.6～0.8	0.7	0.4～0.7
0.8～1.2	0.7～1.0	0.7～1.0

（4）冲击管钻取样。适宜于卵石粒径小于130mm的松散地层中。抽筒长度不得小于1.60m，冲程控制在150～300mm范围，应先跟管后取样。

管钻外径与套管内径间隙应保持5～10mm，并且管钻取样以不超过1/2抽筒长度为宜，管内水位应高于管钻。遇到大直径卵石应选用一字钻头冲击或孔内爆破的方法破碎。

（二）基岩钻进

1. 常规基岩钻进技术参数的选择

基岩钻进根据钻头材质不同，可分为硬质合金片及金刚石复合片钻头钻进、表（孕）镶金刚石钻进、钢粒钻进。常用钻进参数可按表2.4.2-5选择。

表2.4.2-5　常用钻进参数选择

钻头类型	钻压（kN）	转速（r/min）	泵量（L/min）	备注
普通合金片钻头(每片)	0.3～0.6	200～300	>60	适合1～4级岩石
普通针状合金片钻头(每片)	1.5～2.0	150～200	>60	适合5～7级部分8级岩石
ϕ75金刚石复合片钻头(每片)	4.8～12.0	200～300	150～200	
ϕ95金刚石复合片钻头(每片)	6.4～16	150～250	>200	
ϕ113金刚石复合片钻头(每片)	8.8～22.0	120～200	>200	

续表

钻头类型	钻压（kN）	转速（r/min）	泵量（L/min）	备注
ϕ59表镶金刚石钻头	4～7.5	300～650	35～55	
ϕ59孕镶金刚石钻头	4.5～8.5	500～1000		
ϕ75表镶金刚石钻头	6～11	200～500	46～70	
ϕ75孕镶金刚石钻头	8～12	400～800		
ϕ91表镶金刚石钻头	8～15	170～450	50～80	
ϕ91孕镶金刚石钻头	9～15	350～700		
ϕ59表镶绳取金刚石钻头	6～11	400～700	35～60	
ϕ59孕镶绳取金刚石钻头	7～12	600～1100		
ϕ75表镶绳取金刚石钻头	8～13	300～600	40～80	
ϕ75孕镶绳取金刚石钻头	12～15	500～900		
ϕ91表镶绳取金刚石钻头	12～16	200～500	60～90	
ϕ91孕镶绳取金刚石钻头	14～18	400～800		
ϕ59液动冲击回转钻头	4～8	400～800	50～80	
ϕ75液动冲击回转钻头	10～12	400～600	70～110	
ϕ91液动冲击回转钻头	12～15	0～500	>150	

2. 绳索取芯钻进

绳索取芯钻进主要用于深孔或孔壁不稳定的地层。钻进技术参数与普通金刚石钻进参数基本相同，但钻压应增大，可按表2.4.2-6的规定确定，泵量可按普通金刚石泵量增大10%～30%。

表2.4.2-6　绳索取芯钻进推荐钻压表　　单位：kN

钻头直径（mm）		59	75	91
钻头种类	表镶	6～11	8～13	12～16
	孕镶	7～12	12～15	14～18

3. 液动冲击回转钻进

液动冲击回转钻进通常用于坚硬、破碎、易斜及打滑地层。水泵额定泵压应大于3MPa；胶管耐压应大于5MPa；稳压罐耐压应大于10MPa，容积不小于60L。9级～12级打滑地层，宜采用JR4优质金刚石钻头，胎体硬度HRC40，并应减少钻头底唇面的厚度。液动冲击回转钻进常用技术参数应符合表2.4.2-7的规定。

表2.4.2-7　液动冲击回转钻进常用技术参数表

钻头直径（mm）	钻压（kN）	转速（r/min）	泵量（L/min）
59	4～8	400～800	50～80
75	10～12	400～600	70～110
91	12～15	00～500	>150

4. 气动潜孔锤钻进

气动冲击锤跟管取芯钻进已开始用于砂、卵砾石层及松散地层地质勘探工程中。供风量要保证潜孔锤性能所需要的耗风量和15m/s以上的上返风速；排风过程所需风压应根据孔深、孔内地下水柱高度等因素决定，低压潜孔锤风压为0.5～0.7MPa，中、高压潜孔锤风压为0.9～2.4MPa；钻头的转速主要根据岩石性质、冲击频率来确定，一般采用转速25～50r/min。

四、冲洗液和护壁堵漏

（一）冲洗液的选择

（1）钻孔冲洗液要根据地质要求、岩层特点、钻进方法、设备条件等因素通常按表 2.4.2－8 选择。

表 2.4.2－8　　冲洗液种类选择表

岩层特点	钻进方法	冲洗液种类	备　注
完整、较完整地层	合金	清水	金刚石钻进浅孔也可以使用清水钻进
完整性较差地层	金刚石	乳化冲洗液	
	各种	低固相、无固相、泡沫液	泡沫液用于漏失地层或缺水地层
覆盖层	合金	普通泥浆、低固相泥浆	
	金刚石	无固相泥浆	

（2）不分散低固相泥浆常用化学处理剂按表 2.4.2－9 选定。

表 2.4.2－9　不分散低固相泥浆常用化学处理剂

分类	处理剂品种
选择性絮凝剂	水解度 30%聚丙烯酰胺、醋酸乙烯酯与顺丁烯酸酐共聚物
增黏剂	Na－CMC、SM 胶、水解聚丙烯酰胺
絮凝剂	水泥、石灰、石膏、氯化钙、水玻璃
降黏剂、稀释剂	单宁酸钠、栲胶碱液、煤碱剂、木质素磺酸钠、腐殖酸钾
降失水剂	Na－CMC、单宁酸钠、煤碱剂、聚丙烯酸钠、水解聚丙烯酰胺、植物胶（钻进粉、瓜尔胶、香叶粉、海藻粉、SM 胶）
水敏抑制剂	石灰、石膏、氯化钙
pH 值控制剂	烧碱、纯碱、石灰
润滑剂	皂化溶解油、太古油

（3）不同地层对低固相泥浆主要性能的要求见表 2.4.2－10。

表 2.4.2－10　不同地层对低固相泥浆主要性能的要求

性能指标	坍塌掉块地层	水敏地层	漏失地层	涌水地层	卵砾石层
漏斗黏度（s）	23～30	18～25	30～60	＞30	＞40
比重	1.03～1.08	1.03～1.05	1.03～1.05	根据水头计算	1.03～1.08
失水量（mL/30min）	15	＜10	15	15	＜15
静切力（10^{-5}N/cm^2）	25～50	0～5	30～80	25～50	30～50
含砂量（%）	＜0.5	＜0.5	＜0.5	＜0.5	＜1
动塑比（τ_0/η_0）	＞3	＞3	＞3	＞3	＞3
pH 值	8～12	8～12	8～12	8～12	8～12

（二）冲洗液的配制

1. 黏土泥浆配制

泥浆的基本材料应选择优质膨润土或优质黏土，并应加入适量的化学处理剂。先加入粉和少量水进行搅拌，待搅拌一定时间后，再用碱水配对所需的泥浆，直至泥浆性能符合预定要求为止。

2. SM 植物胶的配制

（1）SM 植物胶普通配方为：SM1%～2%＋N_2CO35%（SM 干粉的 5%）；

（2）SM 胶无固相加 CMC 具有一定的降失水作用，但降失水幅度不大，且有一定限度，加 CMC 防塌效果有明显提高。其浆液配合比：SM1%：纯碱 5%（SM 干粉的 5%）：CMC0.2%；

（3）SM 胶可作为泥浆处理剂与膨润土配方，具有提黏、降失水、保护岩芯，黏弹性减缓和润滑减阻等多种功能，它比 SM 胶无固相冲洗液的成本低，且具有更好的护壁效果。其浆液配合比：SM1%：纯碱 5%（植物胶＋膨润土总重量的 5%～8%）：膨润土 3%～5%。

3. 覆盖层钻进 S 系列植物胶浆液配制

（1）配制无固相冲洗液，SH：水＝2：100（质量比）加入烧碱（氢氧化钠），加量为 SH 干粉重量的 8%。

（2）配制低固相泥浆，SH：水：钠土＝1：100：（5～6）（质量比）加入烧碱（氢氧化钠），加量为 SH 干粉重量的 8%。

（3）SH－1 胶配方，SH－1 与水的比例为 1.5%，（质量比）加入烧碱（氢氧化钠）。

（4）配制无固相冲洗液，ST－1：水＝(0.8－1)：100（质量比）加入烧碱（氢氧化钠），加量为 SH 干粉重量的 8%。

（5）配制低固相泥浆，ST－1：水：钠土＝(0.4～0.5)：100：(5～6)（质量比）加入烧碱（氢氧化钠），加量为 ST－1 干粉质量的 8%。

以上各种配方，水温在 15℃以上，SH 和 ST－1 可以不加碱，直接与水搅拌后使用。

4. 深厚覆盖层钻进 KL 胶的配制

KL 胶是一种良好的钻探用冲洗液，通过处理的 KL 胶液其黏度、防塌性能、润滑性能、减震性能等均与 SM 植物胶相近，可以应用于砂卵砾石层中金刚石钻进。KL 植物胶由 KL、H－PHP 和 NaOH 三种原料组成，所配制冲洗液的稠度因三种原料加入顺序以及搅拌方法的不同而不同，通过试验采用如下两种制浆工艺方法，可以得到最佳的钻进冲洗液效果。

KL 植物胶配制方法一。配制 1m^3 冲洗液加料顺序为：8‰KL 加入水中搅拌 30min 形成纯胶液，然后加入 400ppmH－PHP，继续搅拌 30min，最后加入 4‰NaOH，再搅拌 15min 即可。

KL 植物胶配制方法二。配制 1m^3 冲洗液加料顺序为：8‰KL 和 400ppm 的 H－PHP 两种原料同时加入水中混合搅拌，搅拌时间为 30min，再加入 4‰NaOH，搅拌 15min 即可。

按上述两种加料顺序配制的 KL 浆液，其主要性能指标见表 2.4.2－11。

表 2.4.2－11　　KL 胶液主要性能指标

配　方	胶液性能					pH
	漏斗黏度（s）	表观黏度（mPa·s）	塑性黏度（mPa·s）	动切力（Pa）	动塑比	
8‰KL 加入水中形成纯胶液，400ppmH－PHP 和 4‰NaOH 经机器搅拌后溶于纯胶液	330	60	35	25.6	0.73	11
8‰KL 和 400ppmH－PHP 混合后机器搅拌，溶于水中，最后加入 4‰NaOH	340	55	20	35.8	1.79	

（三）护壁堵漏

1. 堵漏材料及适用范围

护壁堵漏材料根据岩层、地下水等进行选择，常用护壁堵漏材料所对应的岩层情况见表 2.4.2－12。

表 2.4.2-12　　常用护壁堵漏材料要求及适用条件

材料名称	材　料　要　求	适　用　条　件
泥浆或无固相冲洗液	根据地层特性，配制不同性能的泥浆或无固相冲洗液	(1) 一般漏失地层； (2) 水敏性地层； (3) 覆盖层
黏土	(1) 用黏性大的黏土； (2) 黏土中加纤维物； (3) 制成黏土球	浅部一般漏失、裂隙地层
水泥	(1) 高标号普通硅酸盐水泥加速凝型减水剂（如 NNO、FDN、SM 等）； (2) 硅酸盐水泥加速凝早强剂＋高效减水剂（如 $CaCl_2$＋NNO 或 FDN、或 SM 等）； (3) 铝酸盐型水泥加高效减水剂	(1) 严重坍塌破碎带； (2) 严重漏失破碎裂隙地层； (3) 覆盖层
化学浆液	(1) 有效固结岩石； (2) 可控制固化时间	(1) 漏失严重的裂隙地层； (2) 破碎坍塌地层； (3) 漏失严重的覆盖层
套管	符合标准	(1) 松散覆盖层； (2) 严重坍塌漏式地层； (3) 较大的洞穴

2. 水泥护壁堵漏

护壁堵漏用水泥浆液水灰比一般控制在 0.45～0.60，并酌情添加减水剂。灌注水泥浆液时，可选用泵入法、灌注器输送法、导管法，在非干孔中不得从孔口直接倒入，导管距孔底应小于 1.0m。

3. 套管护壁堵漏

大裂隙、溶洞、空洞及承压水、漏水、坍塌的松散堆积层，漂卵石架空层及水文地质试验孔，宜采用套管护壁。

第三节　钻孔测试技术

一、钻孔测斜仪类型及技术参数

钻孔弯曲度常用测量仪器及技术参数见表 2.4.3-1。

二、钻孔水位观测

（一）地下水位测量常用工具

地下水位测量常用工具见表 2.4.3-2。

（二）地下水位观测方法

地下水位观测可分为简易观测地下水位和长观孔观测地下水位。

表 2.4.3-1　　钻孔弯曲度常用测量仪器一览表

仪器名称	常用型号	工　作　原　理	主要技术指标	优　缺　点
顶角测量仪	氢氟酸测斜仪	根据液面水平原理，利用 HF 酸对玻璃的侵蚀作用所造成的印痕位置，用量角器量出	(1) 精度为 0.5°，若印痕不清楚时，测量精度为±1°～2°。 (2) 酸的浓度：孔深 25m，25%；50m 时，22%；75～125m，20%。 (3) 定影时间为 20～30min	简便，误差较大，不能测方位角
单点全测仪	JXY－2（罗盘重锤式测斜仪，用于无性干扰的孔段）	利用重锤的悬重作用测量钻孔顶角；利用罗盘磁针定向测量方位角；利用机械定时的方法将在钻孔中指针所表示的顶角和方位角位置加以固定	(1) 方位角刻度每分格为 2°，在顶角 4°以上时，测量误差不大于 4°。 (2) 顶角刻度每分格为 2°，测量为 0°～60°测量误差：在 0°～30°之间时，不超过±1°；在 30°以上时不超过±2°	无磁性干扰，直径 80mm 以上的钻孔，只能点测，不能在孔内作连续测量。优点是结构简单，操作方便
多点全测仪	JJX－3（电量转换式测斜仪，用于无磁性干扰的孔段）	方位角用磁针定向，顶角测量用重锤原理，利用电桥平衡原理，从在地面的仪器盘上直接读数	(1) 方位角刻度每分格为 5°，在顶角 2°时即能测量方位角，其测量误差不大于±4°。在顶角大于 5°时，方位角测量误差不大于±3°。 (2) 顶角测程为在 0°～50°，每分格为 30′，其测量误差不大于±30′。 (3) 电源为 90 伏直流电	无磁性干扰，直径 65mm 以上的钻孔均可测量，直接读数，效率高，精度也较高
	JJX－3Ⅱ型测斜仪	JJX－3Ⅱ型高精度测斜仪可分为地面仪和井下仪两大部分。地面仪部分又可分为电源、井下供电、仪器标定、信号解调、数据处理显示五部分；井下仪则由倾角传感器、方位传感器、信号放大转换、数据预处理、调制发射器五部分组成。顶角规定为：钻孔轴线与垂线之间的锐夹角为钻孔顶角（钻孔倾斜度）；方位角规定为：钻孔轴线在水平面上的投影与自磁北极顺时针计量的夹角为钻孔方位角，并规定北为 0°、东为 90°、南为 180°、西为 270°	(1) 顶角测量范围：0°～15°测量精度：6′分辨率：0.6′。 (2) 方位测量范围：0°～360°测量精度：≤±4°（顶角 1～15°）。 (3) 测量方式：点测，直读。 (4) 测量点数：任意。 (5) 工作电源：交流 220V±10%频率 50Hz±10%。 (6) 地面仪器工作环境：温度－10～＋50℃；湿度≤85%外型尺寸：280mm×310mm×115mm；重量 2.5kg。 (7) 井下仪器工作环境：温度 0～85℃；耐压≤25MPa；外型尺寸：ϕ50mm×1350mm；重量 15kg。 加长管尺寸：ϕ50mm×560mm	
	JDL－1（陀螺测斜仪，可用于有磁性干扰的孔段）	用高速旋转的陀螺仪的惯性定向原理来测量钻孔的方位角，用重锤原理测量钻孔顶角		可以用于有磁性干扰和非磁性干扰的钻孔中测斜

表 2.4.3-2　地下水位测量常用工具

序号	量测设备名称和型号	技术参数或适用范围
1	测钟、测绳	因测绳变形产生误差，精度为 1～2cm，操作简单，适用于任何孔深水位测量
2	电阻式双线钻孔水位计	精度为 1cm，操作方便，适用在地下水位较深的钻孔中，可在钻杆中测量地下水位
3	ZS－1000A 型钻孔水文地质综合测试仪	精度高，可在钻杆内测量地下水位和水柱高度，深度传感器范围为 0～999m，传感器分辨率 1%
4	半导体灯显示式水位仪	灵敏度高，操作简便

简易地下水观测一般包括钻孔初见水位、钻进过程水位、终孔水位和稳定水位的观测。在无冲洗液钻孔时发现水位后，应立即进行初见水位的测量。钻探过程中的地下水位，应在钻探交接班时提钻后、下钻前各观测一次。终孔水位应在封孔前提出孔内残存水后进行观测，每 30min 观测一次，直到两次连续观测的水位差值不大于 2cm 时，方可停止观测，最后一次的观测值即为终孔水位。稳定水位观测每 30min 观测一次，连续观测应达到四次以上，直到后四次连续观测的水位变幅均不大于 2cm 时才可认为稳定。

长观孔地下水位观测应根据地质要求和具体情况布设长观孔，利用长观孔观测地下水动态观测地区的地下水位、水质、水温等的变化情况。长观孔地下水观测每次观测应重复两次，两次观测值之差不得大于 2cm。

三、钻孔漏失量及涌水量测量

（一）钻孔漏失量的测定

复杂地层钻进时，测定冲洗液漏失量的方法见表 2.4.3-3。

表 2.4.3-3　测定冲洗液漏失量方法一览表

序号	测定方法		适用条件
1	水表法	在进水管路和出水管路处安装两个水表来测得其差数变化	清水钻进
2	量桶法	将回水流入量桶，记录回水量。一套量桶装置有三个桶，两侧为量桶，每桶容积为 500～1000L。两个桶循环使用以记录回水量。利用水量表记录给水量	峡谷两岸边坡上钻孔
3	直线测量容积法	利用给水池记录间隔时间的水位差，计算该段时间的漏失量	钻孔近旁能挖水池

（二）钻孔涌水量的测定

（1）当涌水量不大时，直接用量筒法测量；当水头超出孔口不多时，可将孔口套管接长，控制水位高低，按几个不同的水头高度测定涌水量；当承压水头很高，可在套管上接一短套管，上装压力表和截门测量。用截门开关调节压力表压力，用几个不同的压力值测定涌水量。

（2）当涌水量较大时，水由钻孔中喷出，应测出水头的喷出高度 h，换算成涌水量，计算公式为

$$Q=11d^2\sqrt{h}\quad (\text{L/s，适于 } h<500\text{cm})$$

或

$$Q=11d^2\sqrt{h(1+0.0013)}\quad (\text{L/s，适于 } h>500\text{cm})$$

式中：d 为喷水套管的内径，dm；h 为喷出高度，dm。也可用 d、h 值查表 2.4.3-4 而得。

四、钻孔压水试验

（一）压水试验常用止水栓塞

常用的止水栓塞参见表 2.4.3-5。

表 2.4.3-4　用测定喷出高度估计承压涌水量表　单位：L/s

喷出高度 (cm)	套管内径 (mm)						
	81 (89 套管)	99.5 (108 套管)	118 (127 套管)	137 (146 套管)	154 (168 套管)	203 (8″套管)	255 (10″套管)
1	2.28	3.44	4.84	6.52	8.25	14.82	22.60
2	3.23	4.87	6.84	9.23	11.66	20.26	31.98
3	3.95	5.97	8.39	11.31	14.30	24.84	39.20
4	4.57	6.89	9.69	13.07	16.52	28.69	45.28
5	5.10	7.77	10.83	14.60	18.45	32.05	50.57
6	5.59	8.44	11.87	16.00	20.22	35.13	55.44
7	6.04	9.11	12.82	17.28	21.84	37.94	59.87
8	6.45	9.74	13.69	18.46	23.33	40.53	63.95
9	6.85	10.33	14.53	19.59	24.76	43.02	47.88
10	7.22	10.89	15.31	20.65	26.09	45.33	71.53
15	8.84	13.34	18.76	25.29	31.96	55.53	89.63
20	10.20	15.40	21.65	29.19	36.89	64.10	101.15
25	11.41	17.22	24.21	32.64	41.25	71.67	113.09
30	12.50	18.86	26.52	35.76	45.19	78.51	123.90
35	13.50	20.38	28.65	38.63	48.82	84.81	133.84
40	14.43	21.78	30.62	41.29	52.18	90.66	143.07
45	15.31	23.10	32.48	43.79	55.34	96.15	151.72
50	16.13	24.35	34.24	46.17	58.34	101.36	159.95
55	16.93	25.54	35.91	48.42	61.19	106.30	167.74
60	17.67	26.67	37.50	50.56	63.90	111.02	175.18
65	18.40	27.77	39.05	52.65	66.53	115.59	182.41
70	19.09	28.81	40.52	54.63	69.04	119.15	189.28

续表

喷出高度(cm)	套管内径(mm)						
	81（89套管）	99.5（108套管）	118（127套管）	137（146套管）	154（168套管）	203（8″套管）	255（10″套管）
75	19.76	29.83	41.94	56.55	71.47	124.16	195.93
80	20.41	30.80	43.30	58.39	73.79	128.20	202.30
85	21.03	31.74	44.63	60.19	76.06	132.14	208.52
90	21.65	32.67	45.94	61.94	78.28	135.99	214.60
95	22.24	33.56	47.19	63.63	80.42	139.71	220.46
100	22.82	34.43	48.42	65.29	82.50	143.34	226.19
110	23.94	36.12	50.79	68.49	86.55	150.36	237.27
120	25.00	37.72	53.04	71.52	90.38	157.03	247.79
130	26.02	39.27	55.22	74.45	94.09	163.46	257.95
140	27.00	40.75	57.30	77.26	97.64	169.63	267.68
150	27.95	42.18	59.30	79.97	101.05	175.57	277.05

表 2.4.3-5　　常用止水栓塞

序号	止水栓塞类别	适用条件
1	XSQ75 绳索取心气压封隔器	孔深 300m 内绳索取心钻进不提钻压水试验
2	XS75 型水压封隔器	孔深 300m 内自上而下逐段压水试验
3	S75 气压式绳索压水试验封隔器	孔深 300m 内自上而下逐段压水试验
4	ZYF－1 型水压单双封隔器	适用孔径 59～150mm
5	油压封隔器	适用于高压压水试验

（二）常规钻孔压水试验

钻孔压水试验一般随钻孔的加深自上而下地用单栓塞分段隔离进行。对于岩体完整、孔壁稳定的孔段，可在连续钻进一定深度（不宜超过 40m）后，用双栓塞分段进行压水试验。试段长度一般为 5m，同一试段不应跨越透水性相差悬殊的两种岩层。压水试验的钻孔孔径一般采用 59～150mm 之间。钻孔压水试验宜按三级压力五个阶段进行，三级压力宜分别为 0.3MPa、0.6MPa 和 1.0MPa。

（三）高压压水试验

当试验压力超过 1.0MPa 时，进行钻孔高压压水试验。高压压水试验压力可分为 5～10 级（按最大试验压力等分）。根据试验目的不同分循环和非循环加压。对确定结构面张开压力的可进行非循环试验，压力可分 10 级施加；对确定岩体渗透稳定性和临界压力的，可进行多循环试验，一般为 4 循环，第 1 循环加压段和第 4 循环卸压段，压力可分 10 级，第 2、3、4 循环的加压可分 5 级，按最大试验压力值等分，第 1、2、3 循环的卸压可分 1～5 级。

（四）常规钻孔压水试验资料整理

试验资料整理包括校核原始记录，绘制 $P\sim Q$ 曲线，确定 $P\sim Q$ 曲线类型和计算试段透水率等内容。$P\sim Q$ 曲线分为五种类型，即：A 型（层流型）、B 型（紊流型）、C 型（扩张型）、D 型（冲蚀型）和 E 型（充填型）。$P\sim Q$ 曲线的类型及曲线特点见表 2.4.3-6。

表 2.4.3-6　　$P\sim Q$ 曲线类型及曲线特点表

类型名称	A 型（层流）	B 型（紊流）	C 型（扩张）	D 型（冲蚀）	E 型（充填）
$P\sim Q$ 曲线	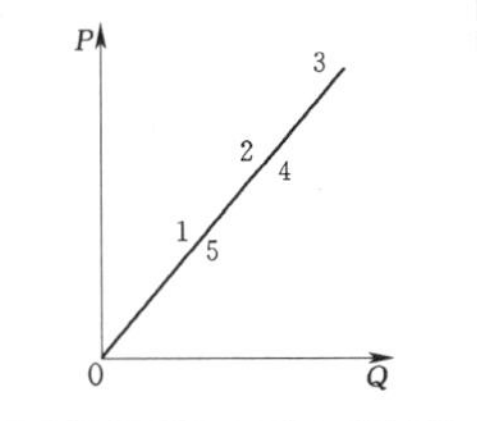	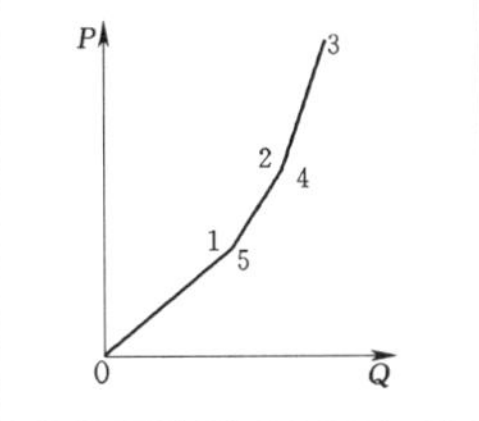	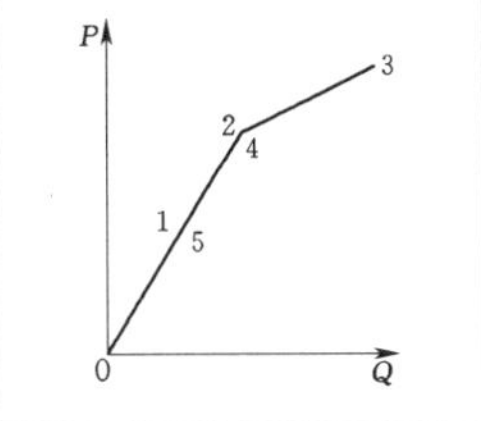	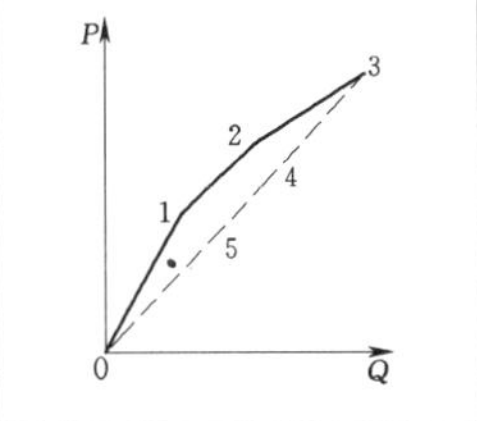	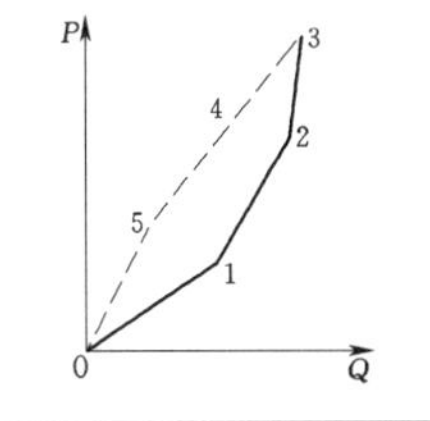
曲线特点	升压曲线为通过原点的直线，降压曲线与升压曲线基本重合	升压曲线凸向 Q 轴，降压曲线与升压曲线基本重合	升压曲线凸向 P 轴，降压曲线与升压曲线基本重合	升压曲线凸向 P 轴，降压曲线与升压曲线不重合，呈顺时针环状	升压曲线凸向 Q 轴，降压曲线与升压曲线不重合，呈逆时针环状

五、注水试验

（一）试坑注水试验

试坑注水试验方法分为单环和双环法两种，对于毛细力作用不大的砂层、砂卵砾石层等，可采用单环注水法；对于毛细力作用较大的黏性土，宜采用双环注水法。图 2.4.3-1 是单环、双环注水法示意图。

（二）钻孔注水试验

钻孔注水试验可分为常水头注水试验、饱和带钻孔降水头注水试验、包气带内钻孔降水头注水试验。以下简要介绍常水头条件下的注水试验。

常水头钻孔注水试验在试验过程中水头保持不变，一般适用于渗透性比较大的粉土、砂土和砂卵砾石层。

（1）造孔与试段隔离。用钻机造孔，钻到预定深度后采用栓塞和套管进行试段隔离。

（2）流量观测与结束标准。向试管内注入清水，使水位高出地下水位一定高度（或至孔口）并保持固定，测定试验水头值。保持试验水头不变，观测注入流量。开始按 1min 间隔观

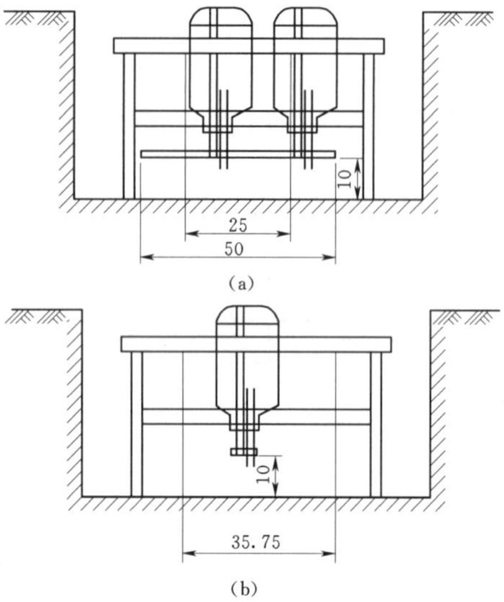

图 2.4.3-1 单、双环注水法示意图（单位：cm）

(a) 双环注水法安装示意图；(b) 单环注水法安装示意图

测 5 次，5min 间隔观测 5 次，以后每隔 30min 观测一次，并绘制 $Q \sim t$ 曲线（见图 2.4.3-2），直到最终流量与最后两小时的平均流量之差不大于 10% 时，即可结束试验。

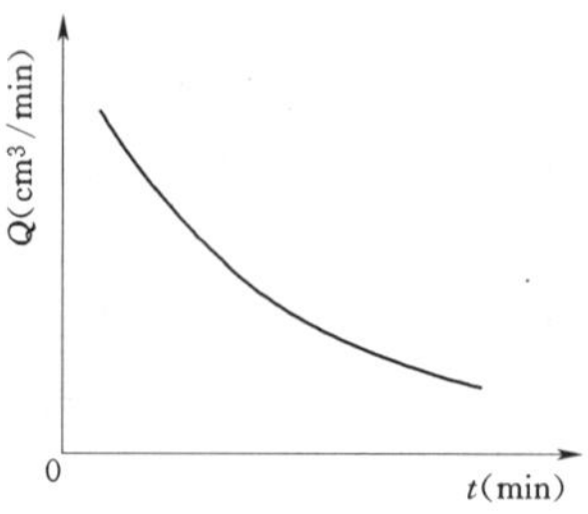

图 2.4.3-2 $Q \sim t$ 曲线图

(3) 资料整理。按第一篇第四章第三节的方法计算渗透系数。

六、钻孔抽水试验

(一) 抽水试验器具

抽水试验常用的过滤器有骨架过滤器、包网过滤器、缠丝过滤器和填砾过滤等，可根据不同含水层的性质和孔壁稳定情况按表 2.4.3-7 选用。

表 2.4.3-7 过滤器类型选择

含水层的性质和孔壁稳定情况	抽水孔过滤器类型
软岩，半坚硬不稳定岩层，构造破碎带，裂隙密集带，岩溶强烈发育带	骨架过滤器
卵（碎）石，圆（角）砾，粗砂、中砂	包网过滤器或缠丝过滤器
细砂、细粉砂	填砾过滤器

抽水试验的观测孔，宜采用包网过滤器。包网过滤器、缠丝过滤器的网眼和缝隙尺寸按表 2.4.3-8 的规定确定。

表 2.4.3-8 包网过滤器、缠丝过滤器的网眼、缝隙尺寸

过滤器类型	网眼及缝隙尺寸（mm）	
	颗粒均匀的含水层	颗粒不均匀的含水层
包网过滤器	$(1.5 \sim 2.0)d_{50}$	$(2.0 \sim 2.5)d_{50}$
缠丝过滤器	$(1.25 \sim 1.5)d_{50}$	$(1.5 \sim 2.0)d_{50}$

注 含水层为细砂时，过滤器的网眼及缝隙尺寸取小值，粗砂取大值。

(二) 抽水设备

应根据含水层的水量、水位、钻孔直径、孔深及动力条件选择抽水设备。常用抽水设备的选择可参见表 2.4.3-9。

表 2.4.3-9 常用抽水设备选择表

设备名称	吸水管直径(mm)	吸水深度(m)	涌水量(L/s)	优缺点	适用条件	备注
提筒	桶径比孔径小 20～40mm	由提筒速度决定		设备简单，抽水时水位跳动大。出水不连续，资料准确性差	透水性小、水量不大，精确度要求不高的孔（井）	桶长 2～3m，含水层厚时可加长至 5～6m，可卷扬设备提水
手压泵	40～60	6～7	0.5～3.0	构造简单，安装方便。水量不易保持均衡，精度较差	水位浅，水量不大的孔（井）	人力汲水
往复式水泵	吸水管直径不限	4.5～6.5	1～3	调整落程及测量水位方便，但出水量不如离心泵均匀，笨重	水位浅、水量小、口径小的钻孔	可用与钻机配套的水泵
离心式水泵	40～200	<7	5～77（视型号而定）	体积小、重量轻、装卸方便，调节水量及落程方便，试验资料可靠，能抽带砂浑水，启动时需充水	水位浅（<7m）、水量大、降深小的孔（井）	水位超过吸水能力时，可将水泵下座
深井泵	>100		2.77～100（视型号而定）	可在深水区做大降深、长时间的抽水，出水均匀，资料可靠。但安装复杂	水位埋深 70～80m 甚至 150m，水量与口径较大的孔（井），清水，进水口滤网距孔底不小于 2m	要求孔（井）垂直，井管安装不能歪斜，第一级叶轮应进入动水位 0.5m 以下
空气压缩机		60～70（双级 60～180）	1～100（与出水管断面有关）	抽水降深较大，不受井管弯曲、水中含砂的限制，需要下 2～3 套井管，操作复杂，涌水量小出水量不均匀，成本高	水位深，水量大小皆可的小孔径钻孔	可在洗孔基础上做抽水试验

空压机抽水时，可按下列步骤进行：

(1) 根据孔井直径、水位降深和涌水量来选择相应容量的空压机，可参见表 2.4.3-10，在同一次抽水试验过程中，尽量不调换空压机。

(2) 空压机抽水试验主要由风管、混合器、出水管和水气分离器组成。风管和出水管的配合方式，有同心式和并列式两种（图 2.4.3-3）。风管、出水管的口径，可参照表 2.4.3-11 进行选择。

表 2.4.3-10 各种孔（井）适用的空压机容量表

含水层的种类	孔（井）的直径（mm）	孔（井）的预计出水量（m^3/h）	适用的空压机容量（m^3/min）
细、中砂	200～250	1500～2000	6
粗砂	200～300	2000～3000	6
砂砾	250～350	3000～5000	9
卵石	300～400	5000～8000	9～12

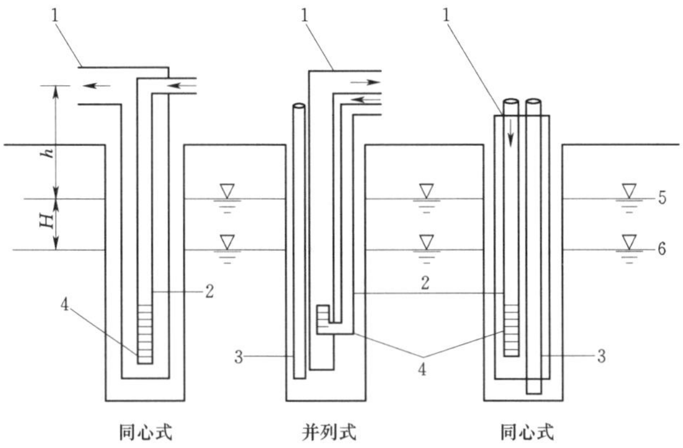

图 2.4.3-3 空气压缩机抽水孔内安装型式示意图

1—排液管；2—供气管；3—测水管；4—气液混合器；5—静水位；6—动水位

表 2.4.3-11 风管与出水管选择表

钻孔涌水量（L/s）	孔 径（mm）					
	并 列 式			同 心 式		
	出水管	风管	钻孔直径	出水管	风管	钻孔直径
3～4				73	20～25.4	91～100
4～7				89	25.4	110～130
7～12	89	25～30	200	108	25～30	130～150
12～18	108	30～38	200	127	30～38	150～170
18～30	127	38～50	250	146	50～63	200
30～45	146	50～63	300	168	75	250
45～60	168	50～63	350			

（3）混合器的长度一般为 1.5～2.0m，喷气一端钻有直径 4～6mm 的小孔，横断面圆孔喷气孔数为 6 个。喷气孔呈上疏下密。混合器的下置深度，由风管的沉没比来计算，一般控制在 40%～60%较为适宜，风管在动水位以下的深度不宜小于 10m，混合器应比过滤器顶端高 3～5m。

（4）为测得孔（井）内动水位，需下入测压管，下入深度应比混合器深 5m 以上。

（5）混合器没入率 α，按下式计算：

$$\alpha=\frac{H}{H-h}\times100\%$$

式中：α 为没入率，%；H 为气液混合器没入动水位以下的深度，m；h 为气液混合器上升的高度，m。

（6）空气压缩机的风压可按下式计算：

$$P=\rho_w H+\Delta P$$

式中：P 为压缩空气的风压，MPa；ρ_w 为水的密度，t/m^3；ΔP 为压缩空气在供风管中的压力损失，一般取值小于 0.05MPa。

（7）空气压缩机抽水时，抽水孔内设备的安装应符合：供气管、排液管和井管（或钻孔）的直径与孔内涌水量及空气压缩机容量均应匹配合理。孔内涌水量与排液管、供气管、井管（或钻孔）的直径的匹配关系见表 2.4.3-12。

表 2.4.3-12 涌水量与排液管、供气管、井管（或钻孔）直径配合关系

涌水量（L/s）	管（孔）口外径（mm）					
	并 列 式			同 心 式		
	排液管	供气管	井管（钻孔）	排液管	供气管	井管（钻孔）
1～2	42	12	100			
2～3	48	12～20	100	48	12	75
3～4.5	60	20～25	150	60	20	100
4.5～6				73	20	100
6～9	73	25～30	150	89	25	125
9～12	89	25～30	200	108	30	150
12～183	108	30～38	200	127	38	175

（三）抽水试验方法

1. 稳定流抽水试验

（1）抽水试验过程中，应同步观测、记录抽水孔的涌水量和抽水孔及观测孔的动水位。涌水量和动水位的观测时间宜在抽水开始后的第 1、2、3、4、5、10、15、20、30、40、50、60min 各测一次，出现稳定趋势以后每隔 30min 观测一次，直至结束。

（2）在抽水稳定延续时间内，涌水量的稳定标准为：实测涌水量最大值与最小值之差应小于平均涌水量 5%；涌水量应无持续增大或变小的趋势。

（3）在抽水稳定延续时间内，动水位稳定标准应符合：采用离心泵、深井泵、同一时间内观测孔的水位波动值不应大于 1cm；采用空压机抽水过程中，抽水孔测压管的水位波动值不应大于 10cm；动水位应无持续上升或下降的趋势。

（4）试验过程中应详细记录所发生的有关情况，随时检查各种观测记录，并现场绘制 $Q\sim s$ 或 $Q\sim\Delta h^2$ 曲线和 $s\sim t$ 与$Q\sim t$ 曲线。当 $Q\sim s$ 曲线反常时，应分析和查明原因，必要时重做。

（5）抽水试验结束后，应同步观测抽水孔和观测孔的恢复水位；测量孔深和复测各孔（管）高程。

2. 非稳定流抽水试验

（1）抽水试验过程中，抽水孔的涌水量应保持常量。

（2）抽水试验时每个阶段（每种流量状况），涌水量和动水位的观测时间宜在抽水试验后的第 1、2、3、4、6、8、10、15、20、30、40、50、60、80、100、120min 各观测一次，直至结束。

（四）微水试验

1. 试验设备

试验测试系统包括水头激发系统、传感器系统和数据采集系统。

2. 现场试验

现场试验包括现场准备、仪器设备安装、试验操作等过程。试验操作步骤为：关闭放气，打开充气筏，接通气压泵电源，向井孔内充气；观察压力表读数和屏幕上显示，判断井孔内水头是否已达到预设要求；待压力表读数或屏幕显示水头曲线相对稳定后迅速打开放气阀。观察压力表读数和屏幕显示的水头曲线变化，用充足的时间使水面恢复到静态水位。

3. 注意事项

当水面恢复到静态水位并适当延长 1～2min 后即可结束试验。对于激发方式为注水（抽水）或振荡器激发时，同样可以用数据采集系统记录水头随时间的变化过程。同一钻孔内分段试验时，试验段上下必须用栓塞止水，非试验段用套管封闭，保证只有试验段与含水层有水力联系。试验段必须是在地下水位以下。

（五）三角堰流量计算

三角堰堰板的设置见图 2.4.3-4，流量 Q(L/s) 的计算公

式为

$$Q=0.014H^2\sqrt{H}$$

式中：H 为堰口零点以上水位高，cm。

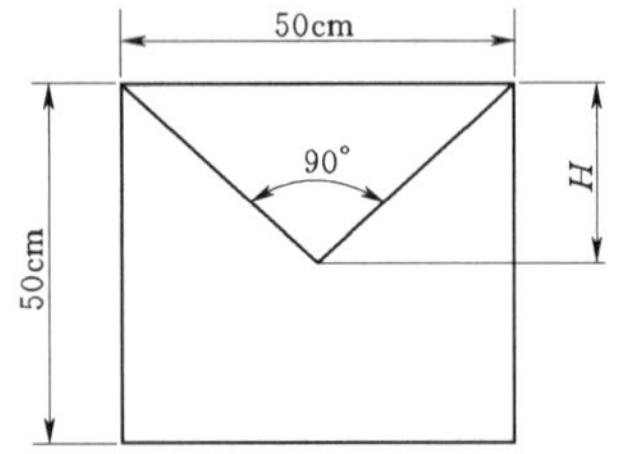

图 2.4.3-4　三角堰堰板设置图

七、动力触探试验

（一）常用动力触探试验类型

常用的动力触探测试见表 2.4.3-13 所列。

（二）标准贯入试验

标准贯入试验（SPT）是用质量为 63.5kg 的重锤按照规定的落距（76cm）自由下落，将标准规格的贯入器打入地层，根据贯入器在贯入一定深度得到的锤击数来判定土层的性质。这种测试方法适用于砂土、粉土和一般黏性土。

1. 试验设备

标准贯入试验设备由标准贯入器（图 2.4.3-5）、触探杆及穿心锤（即落锤）组成，规格见表 2.4.3-14。

表 2.4.3-13　　常用动力触探类型和规格表

类型		锤重 (kg)	落距 (cm)	探头（圆锥头）规格 锥角 (°)	底面积 (cm²)	探杆外径 (mm)	触探指标（贯入一定深度的锤击数）	适用地层	备　注
圆锥动力触探	轻型	10 10	50 30	60 45	12.6 4.9	25 12	贯入 30cm 锤击数 N_{10} 贯入 10cm 锤击数 N_{10}	黏性土、粉土、粉砂、细砂	建筑地基基础设计规范、英国 BS 规程推荐
	重型	63.5	76	60	43	42	贯入 10cm 锤击数 $N_{63.5}$	中、粗、砾砂、无胶结碎石土	岩土工程勘察规范推荐
	超重型	120	100	60	43	60	贯入 10cm 锤击数 N_{120}	砾、卵石、碎石	岩土工程勘察规范推荐
标准贯入		63.5	76	对开管式贯入器，外径为 51mm，内径为 35mm，长 760mm，刃角为 18°～20°		42	贯入 30cm 锤击数 N	砂土、黏性土、粉土、风化岩及冰碛土	国际通用，简称 SPT

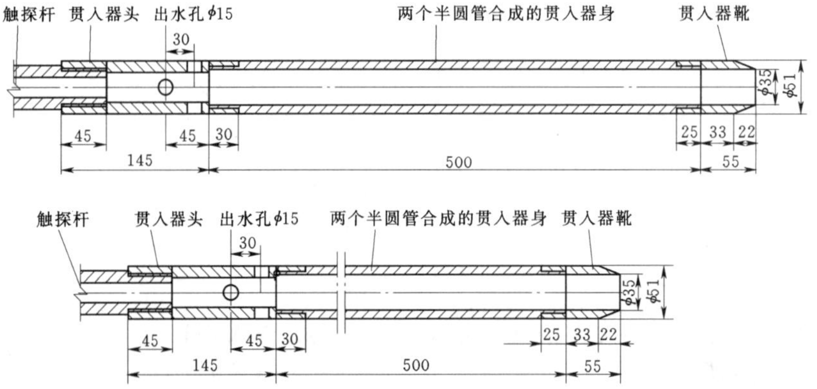

图 2.4.3-5　标准贯入器示意图（单位：mm）

表 2.4.3-14　　标准贯入度试验设备规格

落锤		锤的质量（kg）	63.5
		落距（cm）	76
贯入器	对开管	长度（mm）	＞500
		外径（mm）	51
		内径（mm）	35
	管靴	长度（mm）	50～70
		刃口角度（°）	18～20
		刃口单刃厚度（mm）	2.5
钻杆		直径（mm）	42
		相对弯度	＜1/1000

2. 试验方法

（1）与钻探配合进行，先钻进到需要进行试验的土层标高以上约 15cm，清孔后换用标准贯入器，并量得深度尺寸。

（2）以每分钟 15～30 击的贯入速度将贯入器打入试验土层中，先打入 15cm 不计击数，继续贯入土中 30cm，记录锤击数 N。若地层比较密实，贯入击数较大时，也可以记录贯入深度小于 30cm 的锤击数，这时需用下式换算成深度为 30cm 的锤击数 N。

$$N=\frac{30n}{\Delta s}$$

式中：n 为所选取的任意贯入度的锤击数；Δs 为对应锤击数 n 击的贯入量，cm。

3. 试验成果应用

标贯锤击数主要应用于：确定砂土的密实度、黏性土的状态和无侧限抗压强度、土的承载力、土的抗压强度、土的变形参数、估算单桩承载力、计算剪切波速及评价砂土液化等。

（三）圆锥动力触探试验

1. 试验设备

圆锥动力触探试验设备主要由触探头、触探杆、穿心锤三部分组成。部件磨损或发生变形超过表 2.4.3-15 的规定应及时更换和修复。

表 2.4.3-15　　探头磨损量及探杆偏斜度要求

类型	探头（mm）		探杆偏斜度
	直径磨损量	锥尖高度磨损量	
轻型	<2	<5	<2%
重型	<2	<5	<2%
超重型	<2	<5	<2%

2. 试验要点

（1）轻型动力触探试验。先用轻便钻具钻至试验标高，然后对土层连续进行触探，使穿心锤自由落下将触探杆竖直打入土层中，记录每打入土层 30cm 的锤击数 N_{10}。

（2）重型和超重型动力触探试验。贯入时，穿心锤应自动脱钩，自由下落。地面上触探杆的高度不宜超过 1.50m，以免倾斜和摆动过大。贯入过程应尽量连续进行。锤击速率每分钟宜为 15～30 击。每贯入 10cm 记录其相应的锤击数 $N'_{63.5}$ 或 N'_{120}。

3. 试验成果应用

圆锥动力触探试验指标主要用于：评定砂土的孔隙比或相对密度、粉土及黏性土的状态；估算土的强度和变形模量；评定场地地基的均匀性及承载力；确定桩基持力层和承载力；检验地基加固与改良的质量效果；探查土洞、滑动面、软硬土层界面等。

八、十字板剪切试验（VST）

十字板剪切试验（VST）是用插入土中的标准十字板探头，以一定速率扭转，量测土破坏时的抵抗力矩，测定土的不排水剪的抗剪强度和残余抗剪强度。十字板剪切试验可用于测定饱和软黏性土的不排水抗剪强度和灵敏度。

（一）试验设备

十字板剪切试验设备由十字板头、试验仪器、试验用探杆、贯入主机等组成。一般分为机械式和电测试两种形式。十字板头的规格见表 2.4.3-16 所列。

表 2.4.3-16　　十字板头规格

型号	板高 H（mm）	板宽 D（mm）	板厚 t（mm）	板下端刃角 α（°）	轴杆 直径 ϕ（mm）	轴杆 长度 s（mm）	高宽比 H/D	厚宽比 t/D	面积比 Ar（%）
Ⅰ	100	50	2	60	13	50	2	0.04	≤14
Ⅱ	150	70	3	60	16	50	2	0.04	≤13

注　对于淤泥，宜使用Ⅱ型板头试验。

（二）试验方法

1. 开口钢环式十字板剪切试验

开口钢环式十字板剪切试验是利用涡轮旋转插入土中的十字板头，借开口钢环测出土的抵抗力矩，从而计算出土的抗剪强度。试验方法及步骤如下：

（1）用回转钻开孔，并用旋转法（不宜用击入法）下套管至预定试验深度以下 3～5 倍套管直径处，再用提土器清孔，在钻孔内允许有少量虚土残存，但不宜超过 15cm。在软土中钻进时，应在孔中保持足够水位，以防止软土在孔底涌起。

（2）将十字板头、离合器、轴杆与试验钻杆逐节接好下入孔内，使十字板头与孔底接触，接上导杆，先用专用摇把套在导杆上向右旋转，使十字板头离合器咬合，再将十字板头徐徐压入土中的预定试验深度。如压入有困难，可用锤轻轻击入。

（3）装上底座和测力装置，并将底座与套管、底座与固定套之间用制紧轴制紧。装上量测钢环变形的百分表，并调整百分表至零。

（4）试验开始即开动秒表，以约每 10s 一转的速率旋转转盘，使最大扭力值在 3～10min 内达到。每转一圈，测记钢环变形读数一次，直到土体剪损（即读取最大读数），仍继续读数 1min，此时施加于钢环的作用力，即是使原状土剪损时的总作用力 R_y 值。

（5）在完成上述原状土试验后，拔下连接导杆与测力装置的特制键，套上摇把连续转动导杆、轴杆数转，使土体完全破坏，再插上特制键，按步骤（4）以每 10s 一转的速率进行试验，即可获得扰动土的总作用力 R_c 值。

（6）拔掉特制键将十字板轴杆向上提起 3～5cm，使连接轴杆与十字板头的离合器分离，再插上特制键，仍按步骤（4）测得轴杆和设备的机械阻力 R_g 值。至此一个试验点的试验工作全部结束。

2. 电阻应变式十字板剪切试验

电阻应变式十字板剪切试验方法及步骤如下：

（1）选择十字板尺寸。对浅层软黏土可用 75mm×150mm 的十字板；对稍硬的黏土层可用 75mm×150mm 的十字板。

（2）将十字板安装在电阻应变式板头上，并与轴杆电缆、应变式接通。

（3）按静力触探的方法，把电阻应变式十字板贯入到预定试验深度处。

（4）使用回转部分的卡盘卡住轴杆。

（5）用摇把慢慢匀速地回转蜗杆、蜗轮。在 3～5min 内达到最大应变值。摇把每转一圈读数一次，直到剪损（即读取最大微应变值）后。仍继续读数 1min。

（6）完成上述试验后，用摇把将轴杆连续转 6 圈。然后重复步骤（5）的操作，即得重塑土剪损时的最大微应变值。

（7）完成一次试验后，松开卡盘，用静力触探的方法继续下压到下一试验深度，重复上述（3）～（6）步骤继续进行试验。

（三）成果的应用

十字板剪切试验用于原位测定饱和软黏土的不排水总强度和估算软黏土的灵敏度。一般情况下由十字板测得的不排水抗剪强度峰值强度，其值偏高，因此，十字板测得的强度 S_u 需进行修正后才能用于设计计算。其成果可应用于计算地基承载力、估算单桩极限承载力、确定软土路基临界高度、判定软土的固结性质、检验地基加固改良的效果等方面。

九、旁压试验

旁压试验可分为预钻式旁压试验和自钻式旁压试验。本章节主要介绍较为常用的预钻式旁压试验（PMT）。预钻式旁压试验适用于孔壁能保持稳定的黏性土、粉土、砂土、碎石土、残积土、风化岩和软岩，它是通过旁压器在预先打好的钻孔中对孔壁施加横向压力，使土体产生径向变形，利用仪器量测压力与变形的关系，测求地基土的力学参数。

（一）仪器设备

预钻式旁压仪由旁压器、加压稳压装置和量测及控制装置等部分组成。国内目前常用的旁压器规格见表 2.4.3-17。

表 2.4.3-17　　旁压器规格表

型号	规格				
	总长度（mm）	中腔长度（mm）	外径（mm）	中腔体积（cm^3）	量管截面积（cm^2）
PY_1-A	450	250	50	491	15.28
PY_1-2	680	200	60	565	13.20
GA、GA_M AX	800	350	44	532	15.30

（二）试验方法

1. 仪器标定

仪器标定包括弹性膜约束力标定和仪器综合变形的标定。由于弹性膜具有一定厚度，在试验时施加的压力并未完全传递给土体，因而弹性膜本身产生的侧限作用使压力受到损失。这种压力损失值称为弹性膜的约束力。一般规定在每个工程试验前、新装或更新弹性膜、放置时间较长、膨胀次数超过一定值时、或温差超过4℃时需进行弹性膜约束力标定。仪器综合变形的标定是由于旁压仪的调压阀、量管、导管、压力计等在加压过程中均会产生变形，造成水位下降或体积损失，这种水位下降值或体积损失称为仪器综合变形。

2. 成孔要求

旁压试验钻孔要保证成孔质量，钻孔要直，孔壁要光滑，防止孔壁坍塌。钻孔直径宜比旁压器略大（一般大2～8mm），孔深应比预定最终试验深度略深（一般深20～40cm），以保证旁压器下腔在受压膨胀时有足够的空间，使其和上腔同步。钻孔成孔后宜立即进行试验，以免缩孔和塌孔。对易坍塌的钻孔，宜采用泥浆护壁。

3. 试验点布置

试验点应布置在有代表性的位置和深度，旁压器的量测腔应在同一土层内，满足两试验点间的竖向距离不小于1.0m或不小于旁压器膨胀段长度的1.5倍距离；试验孔与已有钻孔的水平距离不宜小于1.0m。场地同一试验土层内的试验点总个数应满足统计数据的要求（一般不宜少于6个点）。

（三）成果应用

旁压试验可用于测定土层水平初始压力、临塑压力、极限压力和旁压模量，并通过分析计算，用于测求土层的原位水平应力、抗剪强度、变形参数、水平固结系数和水平基床系数等。结果可用于浅基础地基承载力、桩基承载力、基础沉降等分析计算。

十、岩体应力测试

岩体应力测试一般是先测出岩体的应变值，再根据应变与应力的关系计算出应力值。测试方法通常有应力解除法、应力恢复法和水压致裂法等。应力解除法中常用的有孔壁应变法、孔径变形法和孔底变形法三种。具体测试方法见第三篇第六章第四节相关内容。

第四节　特殊工程地质钻探技术

一、水上钻探

1. 钻场的选择

水上作业的钻场的型式可按表2.4.4-1选择。

表2.4.4-1　　水上钻场类型选择表

水上钻场类型		钻探期间水文情况			安全系数	安全距离（m）	
		最小水深（m）	流速（m/s）	浪高（m）			
漂浮钻场	专用铁驳船	2.0	＜4.0	＜0.4	5.0～10.0	全载时吃水线与甲板面距离	＞0.5
	木船	1.0	＜3.0	＜0.2	5.0～8.0		＞0.4
	竹木筏	0.5	＜1.0	＜0.1	3.0		0.2～0.3
	油桶	0.8	＜1.0	＜0.1	＞4.0		0.2～0.3
	舟桥	1.0～2.0	＜4.0	＜0.4	5.0～8.0		＞0.4
架空钻场	桁架	＜3.0	＜4.0	＜1.0	5.0	钻场平面与水面距离	＞1.0
	近海平台	＜10.0	＜3.0	＜2.0	5.0～8.0		＞3.0
	索桥	不限	＜5.0	不限	6.0～8.0		＞3.0

2. 水上钻探导向套管的安装

在覆盖层河床，可采用筒状或齿状管靴；在无覆盖层的河床，采用带钉管靴。

套管在水中的部分，应根据水深和流速的情况，在丝扣连接部位要设置保护箍，并且至少用2根钢丝绳拉向上游固定套管。

3. 钻船的定位

钻船一般采用一个主锚及四个边锚并配辅助锚来进行定位。主锚钢丝绳直径和长度应根据河床特点，流速、流量等水文情况和钻船总吨位等因素进行选择，并满足下列要求：

（1）主锚钢丝绳直径应为ϕ15～25mm，长度为100～200m。

（2）锚绳的安全系数取5～8。特殊情况下应设保险绳。

（3）抛锚后钢丝绳与水面夹角应为10°左右。

（4）主锚钢丝绳与前边锚夹角应为35°～45°。主锚的固定必须牢固可靠，并应设锚漂。

二、大口径钻探

（一）大口径钢粒钻进

大口径钢粒钻进适用于坚硬岩石，硬质合金滚刀全断面反循环钻进适用于中硬以下岩层，覆盖层可采用旋挖钻进。钻孔规格可按实际确定。

（二）大口径金刚石钻进

（1）大口径金刚石取芯钻进，适用于中硬、坚硬的岩层。宜采用单管钻具，其规格见表2.4.4-2。

表2.4.4-2　　大口径金刚石钻具规格表

钻具规格（mm）	钻头					岩芯管			备注
	外径（mm）	外出刃（mm）	内径（mm）	内出刃（mm）	胎块数量（块）	外径（mm）	内径（mm）	长度（mm）	
635	630	2.5	604	2.5	8～10	630	604	1000	钻具总长1.5～2.0m，单位质量168.31kg/m
720	720	3.0	692	3.0	10～12	720	692	1000	单位质量244.25kg/m

注　特制的孕镶复合体金刚石胎块尺寸为12mm×16mm×19mm（长×宽×高），镶嵌数量应根据岩石性质、钻头直径等因素决定

（2）钻进时钻头线速度应控制在2.5～3.0m/s；钻进压力应根据单位压力和孕镶复合体金刚石胎块工作面积确定；泵量以保持冲洗液在粗径钻具与孔壁环状间隙的上返速度大于0.5m/s为原则。

（3）断取岩芯宜采用楔断法、液压顶断法和微量炸药炸断法。岩芯断开后，可采用绳套或专用工具提出地面。

三、定向取心钻探

定向取心钻探主要钻探设备有钻机（水泵）、测斜仪、造斜仪（定向器、定向仪及造斜钻头）等。

造斜仪是定向钻探的关键设备。造斜仪又有造斜器、定向仪及造斜钻头等。其中造斜器根据结构可分为：偏心楔弯曲工具、无楔机械式连续造斜人工弯曲工具、液动螺杆钻的人工弯曲工具。定向仪是安装造斜工具是否到位的检验工具。国内的定向仪有：SDQ—91型定向仪、KDJ—1型磁性定向仪、BD—14摆锤定向仪、ZS—1型随钻定向仪等；国外有美国科学钻井公司的EYE、法国石油学院研制的AZINBEE、德国伊斯曼仪器公司的DIGI COURSE1、美国帕福尼特公司的BFC

定向仪等。造斜钻头是人工弯曲造斜的重要配套器具之一，分两类：一类是用于下偏心楔后沿楔面钻进用的钻头；一类是用于机械连续造斜和螺杆钻造斜钻进用的钻头。

四、滑坡体钻探

滑坡体由于地质条件复杂以及山体边坡稳定性等因素，钻探应控制好冲洗液的流量及回水的排出，若用泥浆钻探进，孔口应有返水，以免过多的冲洗液向滑坡体的渗透，引发渗透稳定问题。为提高滑坡体钻孔取心质量，宜采用跟管加泥浆护壁的办法，并优先选择植物胶钻进技术。

五、岩溶地层钻探

岩溶钻探一般可采用合金、金刚石等单双层岩芯管钻具，在溶隙、溶孔为主时，可以采用黏土球、泥浆、水泥、S系列植物胶等护壁方法。当岩溶发育强烈，分布广泛，深度较大时，可采用绳索取芯钻进工艺，若同时又有大型溶洞及地下暗河存在时，先加长钻具超过洞径1.0米以上，在溶洞底面钻进深0.5m深的钻孔，下入与孔径一致的护孔套管，再改用小一级钻具进行成孔。

六、深厚覆盖层钻探

深厚覆盖层常用的钻探方法有：清水跟管钻；泥浆跟管钻；泥浆金刚石钻；SM胶金刚石钻及已研制成功的“潜孔锤取心跟管钻”工艺。覆盖（砂卵石）层钻进若采用S系列植物胶及跟管钻进，按要求进行冲洗液的选择及其配制。钻进技术要点为：

（1）应选择尽量大的口径开孔，下入孔口管时，用吊锤继续打入套管。然后用单管钻具或双管钻具开低速扫孔到底。当孔内出现孔壁不稳定以及孔底重复层堆积时，则应继续跟套管，但套管深度不要超过孔深，以免影响取芯质量。

（2）钻进遇到较大孤石时，应准确计算出孤石的具体深度和孤石的厚度。当孤石厚度超过套管直径时，一般采用孔内爆破的办法处理。需要进行爆破时，套管不要跟到孔底，一般距孔底0.5m左右，确保下部需要继续爆破时有安全距离。然后，再爆破，后跟管。

（3）对孔内爆破钻孔，在跟管前先用打捞钻头（单管钻头在水口上部铣凿钻眼后，横穿钢绳制得），将孔底打捞干净以后，再下入双管钻具钻进取心，否则将影响取心效果和回次进尺。如果孔底沉积不超过0.5m，可以直接下入双管钻具扫孔后进行。

七、破碎地层钻探

岩石破碎对钻探的影响是岩芯采取率低与岩芯质量差，从而影响对破碎带岩性的分析、破碎地层的构造分析等。对此类地层宜采用单动双管钻具，SM胶冲洗液钻进，适当缩短回次进尺。如果破碎带比较厚，则穿过破碎带后，宜下套管隔离，以保证钻孔顺利终孔。

若采用植物胶钻进，钻进参数与砂卵砾石层一样，要一高两低，即高转速，小泵量，小压力，特别要注意控制好泵量，以确保钻孔取芯的质量。

在钻进过程中，根据钻孔深度，及时加长内外管的长度，内管长度选择在2.5～3.0m之间为宜。钻具下钻时，速度要慢，防止钻具破碎孔壁；起钻以后要及时向孔内回灌浆液，防止孔内坍塌。

第五节　钻孔编录、验收与质量评定

一、钻孔编录

（1）钻探原始记录表必须按规定格式，由记录员在现场及时用蓝黑、黑色水笔或铅笔在现场随钻探施工逐项填写，应做到及时、准确、真实、齐全，并保持清洁。如有误记时，应以横线划去错字后在旁边重写，不得涂改、挖补撕毁或重新抄写。

（2）从岩芯管退出的岩芯，应按先后顺序排列在岩芯箱内，每一回次用岩芯牌隔开，按岩芯牌上的要求用蓝黑、黑色水笔或铅笔填写。岩芯在岩芯箱内的排放次序应自上而下由左向右排放。基岩岩芯长度超过50mm的，应按序用红油漆编号。编号应同一方向，书写清晰。岩芯箱侧面应用红油漆标明“工程名称、孔号、第几箱、孔深从几米至几米”字样。

（3）岩土定名执行规范，岩芯应按不同地层的要求详细描述。

（4）标贯、动探试验需按规定表格单列记录。

二、钻孔竣工验收

应以钻孔任务书和技术要求以及相应的标准、规范作为地质勘探质量检验和验收的基本依据。验收项目主要有：岩芯采取率、压（注）水试验、稳定水位观测、岩芯编录、钻探记录、终孔孔深、孔径、孔斜偏差、试样采取、封孔。如果任务书已明确主要项目和次要项目，则按任务书要求评定质量等级。

岩石钻孔质量验收分：优、良、合格、不合格四个等级。

三、钻孔质量评定

按表2.4.5-1钻孔质量评定表的要求进行钻孔质量评定，按表2.4.5-2岩石钻孔钻探质量等级划分表的规定进行等级划分。岩石钻孔质量等级依岩石钻孔主要项目及次要项目共同达到的等级确定。如有一项不合格，降低全孔质量综合等级一级，两项不合格降两级。

表2.4.5-1　　钻孔质量评定表

单位：

工程名称			钻孔号		施工日期			验收日期		机长签字	
计划孔深			终孔深度		覆盖层厚度			基岩进尺		勘探负责人签字	
难度系数			初评总分		初评等级			水文地质负责人签字		地质负责人签字	
1岩芯采取率	规定满分40分		加权平均分	分		2岩芯品质	规定满分10分		计分	分	
	岩层种类						说明				
	累计厚度										
	采取率					3水文地质观测	规定满分10分		计分	分	
	计分						说明				
	说明										

续表

<table>
<tr><td rowspan="8">4 水文地质试验及其他试验</td><td colspan="2">规定满分 30 分</td><td>合计分</td><td colspan="2">分</td><td rowspan="2">5 原始记录</td><td colspan="2">规定满分 10 分</td><td>计分</td><td>分</td></tr>
<tr><td>试验内容</td><td></td><td></td><td></td><td></td><td>说明</td><td colspan="3"></td></tr>
<tr><td>试验次数</td><td></td><td></td><td></td><td></td><td rowspan="2">6 孔斜</td><td>扣分</td><td colspan="3"></td></tr>
<tr><td>比分</td><td></td><td></td><td></td><td></td><td>说明</td><td colspan="3"></td></tr>
<tr><td>计分</td><td></td><td></td><td></td><td></td><td rowspan="2">7 孔深误差</td><td>扣分</td><td colspan="3"></td></tr>
<tr><td rowspan="3">说明</td><td rowspan="3"></td><td rowspan="3"></td><td rowspan="3"></td><td rowspan="3"></td><td>说明</td><td colspan="3"></td></tr>
<tr><td rowspan="2">8 终孔处理</td><td>扣分</td><td colspan="3"></td></tr>
<tr><td>说明</td><td colspan="3"></td></tr>
<tr><td colspan="2" rowspan="2">专门性目的钻孔</td><td colspan="8">目的：</td><td>计分</td></tr>
<tr><td colspan="8">完成情况：</td><td></td></tr>
<tr><td colspan="11">勘察项目部
评审意见：</td></tr>
<tr><td colspan="2">总分</td><td colspan="2"></td><td>等级</td><td></td><td>项目经理签字</td><td colspan="2"></td><td>评审日期</td><td></td></tr>
</table>

表 2.4.5－2　　岩石钻孔钻探质量等级划分表

<table>
<tr><td>类型等级</td><td>主要项目</td><td>次要项目</td><td>一般项目</td><td>类型等级</td><td>主要项目</td><td>次要项目</td><td>一般项目</td></tr>
<tr><td>优</td><td>全部为优</td><td>全部为优或有一项为良</td><td>全部合格</td><td rowspan="3">合格</td><td>全部合格以上</td><td>全部合格</td><td>全部合格</td></tr>
<tr><td rowspan="2">良</td><td>全部良级以上</td><td>全部良级或有一项为合格</td><td>全部合格</td><td>全部为优</td><td>全为优或有一项为良</td><td>有两项不合格</td></tr>
<tr><td>全部为优</td><td>全部为优或有一项为良</td><td>有一项不合格</td><td>全部良级以上</td><td>全部为良以上或有一项为合格</td><td>有一项不合格</td></tr>
</table>

第五章 工程地质坑探

第一节 工程地质坑探种类及用途

水电水利工程地质勘察常用的坑探工程有：探槽、探坑、浅井、平洞、竖井、斜井等，有时也会为了查明坝基河床底部地质结构而开挖河底平洞。探槽、探坑、浅井为轻型坑探工程，其他均为重型坑探工程。各种工程地质坑探用途见表2.5.1-1。

表2.5.1-1　各种工程地质坑探用途

名称	用　途
探槽	剥除地表覆土，揭露基岩，划分地层岩性，研究断层破碎带；探查残坡积层的厚度和物质、结构
探坑	局部剥除覆土，揭露基岩；做载荷试验、渗水试验，采集原状土样和天然建材试样等
浅井	确定覆盖层及风化层的岩性及厚度；做载荷试验、取原状土样等
平洞	调查斜坡地质条件；做原位岩体力学试验及取样等；布置在地形较陡的山坡地段
竖井	了解覆盖层的厚度和性质、风化壳的厚度和岩性、软弱夹层分布、断层破碎带及岩溶发育情况、滑坡体结构及滑动面等；布置在地形较平缓、岩层又较缓倾的地段
斜井	同竖井适用条件，与竖井相比，从有利于了解地质结构或方便施工作业等方面合理选择
河底平洞	了解河床底部地质结构，做试验等；一般布置在坝基地段河床底部

第二节 坑探技术要求

一、平洞施工

（一）平洞断面与洞口选择

平洞断面形状一般为方形或拱形。平洞断面的规格应根据勘探目的、掘进长度、地质条件、施工方法等因素综合决定。通常按照不小于表2.5.2-1中的净断面规格选择控制。

表2.5.2-1　平洞断面规格表

平洞长度（m）	净断面规格（高×宽，m^2）	通常选用的施工方法
≤50	1.8×1.8=3.24	人工或风钻凿岩、人工装岩、胶轮手推车运输
≤200	2.2×2.2=4.84	风钻凿岩、人工装岩、矿车运输
≤400	2.5×2.5=6.25	风钻、台车凿岩、装岩机装岩、机车运输
>400	3.0×3.0=9.0	风钻、台车凿岩、装岩机装岩、机车运输

（二）凿岩

（1）炮孔布置。为满足平洞断面尺寸和洞壁完好平整，应根据围岩类别、平洞断面尺寸、掏槽方式和装岩条件等因素确定炮孔的位置、深度及角度。炮孔布置尽可能地利用岩石结构面的弱点，力求与层面、节理等结构面垂直或斜交，以充分提高炮孔利用率。

（2）凿岩施工。平洞凿岩施工要根据设计断面尺寸、自然环境、工作条件等因素，合理选用设备和施工方法。机械凿岩时，宜采用直径小于45mm的钎头凿孔，一字钎头适用于坚硬完整的岩层，十字钎头适用于破碎的节理发育的岩层，球齿钎头适用于中硬和坚硬的岩层。

（三）爆破

根据岩土体结构及含水状况正确选择爆破器材，根据岩层条件、炸药性能、坑道断面形状及规格合理选择爆破参数，按照爆破设计进行凿岩、装药及起爆作业，尤其是软弱破碎岩带应严格控制装药量，以尽量降低因爆炸震动，造成的围岩失稳与坍塌。经爆破后，要求开挖线内的岩石没有残留，尺寸在要求范围内，开挖线以外的岩石不因爆破产生破坏和失稳，岩渣块度集中于工作面利于装岩，洞内的支护、轨道和其他设施不受损坏，没有残存的炸药和雷管。

（四）出渣

在平洞掘进过程中，出渣主要包括装岩、运输两个环节。装岩常采用人工装岩和机械装岩两种方式。平洞出渣运输宜采用无轨和有轨运输方式。

（五）支护

勘探平洞一般为临时性工程，需要根据平洞用途、使用年限、断面规格形状、围岩类别、开挖方法、围岩暴露时间及经济条件等因素进行支护。支护与掘进的间隔时间、施工顺序及相间距离，应根据地质条件、爆破参数、支护类型等因素确定，一般应在围岩出现有害松动变形之前完成支护。

（六）通风、防尘、排水及清洗

（1）通风。在平洞施工过程中，洞内氧气按体积计算不应少于20%，有害气体和粉尘含量最高容许含量见表2.5.2-2。

表2.5.2-2　空气中有害物质的最高容许含量

<table>
<tr><th rowspan="2">名　称</th><th colspan="2">最高容许含量</th><th colspan="2" rowspan="2">附　注</th></tr>
<tr><th>按体积（%）</th><th>按质量（mg/m³）</th></tr>
<tr><td>二氧化碳 CO_2</td><td>0.5</td><td></td><td colspan="2">一氧化碳的最高容许量及作业时间</td></tr>
<tr><td>甲烷 CH_4</td><td>0.5</td><td></td><td>作业时间</td><td>最高容许含量（mg/m³）</td></tr>
<tr><td>一氧化碳 CO</td><td>0.00240</td><td>30</td><td>1h</td><td>50</td></tr>
<tr><td>氮氧化合物换算成二氧化氮 NO_2</td><td>0.00025</td><td>5</td><td>0.5h以内</td><td>100</td></tr>
<tr><td>二氧化硫 SO_2</td><td>0.00050</td><td>15</td><td>15～20min</td><td>200</td></tr>
<tr><td>硫化氢 H_2S</td><td>0.00066</td><td>10</td><td colspan="2" rowspan="2">反复作业间隔时间应在2h以上</td></tr>
<tr><td>醛类（丙烯醛）</td><td></td><td>0.3</td></tr>
<tr><td>含有10%以上游离 SiO_2 的粉尘</td><td></td><td>2</td><td colspan="2" rowspan="3">含有80%以上游离 SiO_2 不宜超过1mg/m³</td></tr>
<tr><td>含有10%以下游离 SiO_2 水泥粉尘</td><td></td><td>6</td></tr>
<tr><td>含有10%以下游离 SiO_2 其他粉尘</td><td></td><td>10</td></tr>
</table>

（2）防尘。平洞开挖过程时，除了通风降尘、个体防护（防尘口罩、头盔等）外，还应采取以下防尘措施。机械凿岩必须采用湿式凿岩，要求用清洁水，水压为 0.25～0.30MPa，水量为 2～3L/min；在爆破后、装岩前应采取洒水降尘，以降低空气中的粉尘量；喷混凝土支护宜采取湿喷工艺，如干喷则应有喷雾、洒水等防尘措施。

（3）排水。一般平洞掘进设计都有一定仰角，所以在洞内设排水沟就可以满足排水要求。没有仰角或水量特别大的平洞，可在适当位置设置集水井或集水箱，并用水泵排水。

（4）清洗。在平洞掘进过程中，为满足地质及时编录的需要，在爆破后、支护前应定期对洞壁、洞顶以及工作面进行除尘清洗，在平洞施工结束后，需要对整个平洞进行冲洗，确保围岩体清爽干净、结构面清晰明了，便于地质观察和描述。

二、竖井、斜井、河底平洞施工

（一）竖井

（1）竖井断面形状一般为矩形或圆形。常见断面规格见表 2.5.2-3。

表 2.5.2-3　　竖井断面规格表

竖井深度（m）	净断面规格（长×宽，m²）	挖掘方法
≤30	3.0×2.0=6.0	吊罐提升，水泵排水，设梯子
≤50	3.5×2.0=7.0	吊罐提升，水泵排水，设梯子
≤100	4.0×2.0=8.0	吊罐提升，水泵排水，设梯子

注　圆形竖井直径选择可等同表内净断面面积。

（2）竖井凿岩爆破及支护。竖井的凿岩爆破一般采用角锥掏槽或楔形掏槽；勘探竖井支护应根据不同地层作业的技术要求，采用相应的支护型式。

（3）竖井提升作业。竖井的提升作业是一项重要的工序。提升用卷扬机应有足够的起重能力和卷筒数量，要有两速以上的变速范围，提升钢绳安全系数应大于 8，提升速度小于 1m/s，升降人员时应减速 50%；提升机构应根据需要加设导向滑轮，并设深度指示及限位装置，吊罐装渣不超过吊罐体积的 4/5；井下应设置安全护板，护板厚度宜为 50～100mm，护板位置距井底不超过 2.5m，升降作业时井下人员应位于护板下方。

（4）沉井施工。沉井是竖井开挖施工中的一种特殊形式。即在松散地层开挖竖井，遇到地下水丰富而排水困难、砂砾石地层出现大量涌砂而难易超前支护和工程需要长期保留、用于监测等情况时，可用沉井代替。沉井适应深度宜为 10～30m，沉井断面形状一般是圆形，内径宜为 1.5～3.0m。

（二）斜井

（1）斜井断面。水电水利工程地质坑探中，斜井泛指通常意义上的斜井、上山（上斜井）、下山（下斜井）等倾斜坑道，一般按表 2.5.2-4 选择确定。

表 2.5.2-4　　斜井断面规格表

斜井深度（m）	净断面规格（高×宽，m²）	施工方法
≤30	2.0×2.0=4.0	人工或机械掘进、人力绞车提升出渣
≤100	2.0×2.5=5.0	机械掘进、机械出渣
≤200	2.0×3.0=6.0	机械掘进、有轨机械出渣

斜井井口选择应力求地形开阔，有足够的使用面积，满足井场布置的需要并避免干扰。在基岩地层开口掘进时，应平整井口；松散地层开口时，应按地层休止角确定边坡，明挖后进行可靠支护，再继续掘进；雨季施工应防止地表水倾入。

（2）斜井出渣运输。斜井施工通常采用卷扬机出渣。

（3）斜井支护。斜井支护除了满足平洞支护有关要求外，还应注意一些特殊的要求：支护时，倾斜每增加 6°，立柱迎山角增加 1°；坡度小于 12°时，与平洞支护相同；坡度为 12°～20°时，顶梁加撑柱，设基础支架；坡度为 20°～30°时，顶梁和柱角应加支撑，并设基础支架；坡度为 30°～45°时，应增加底梁，采用四角加撑柱，并设基础支架，基础支架深入岩石不少于 300mm。

（三）河底平洞

河底平洞也称过河平洞。河底平洞施工前，应搜集河床横断面、水深、流量、流速、最高洪水位线等有关河流水文资料和河底平洞有关的地质剖面图、河床剖面上的钻孔柱状图及钻孔水文地质试验资料等工程地质、水文地质资料，作为编制施工组织设计的依据，尤其要注意有钻孔穿过的平洞段，应防施工中因钻孔贯通河水酿成恶性涌水事故。

（1）施工导井。河底平洞一般以斜井或竖井作为施工导井，施工导井井位应在洪水位以上。

（2）排（防）水与提升。根据涌水量、导井类型（竖井或斜井）、导井断面尺寸等因素，选定排水、提升设备的类型和数量。

三、探坑、浅井、探槽施工

（一）探坑、浅井

探坑深度小于 3m，断面呈倒梯型，浅井深度大于 3m 小于 10m，断面一般呈方形或圆形。

探坑、浅井的开挖方法一般采用人工开挖。

由于浅井一般布置于较厚的覆盖层上，地层松散，稳定性差，应进行必要的支护，可采用间隔支护（紧密支护）、吊框支护、插板支护等支护方法。

（二）探槽

探槽深度一般小于 3m，采用人工开挖的施工方法。探槽一般不进行支护。

第三节　坑探常用设备

一、小型凿岩设备

小型凿岩设备常用凿岩机型号见表 2.5.3-1。

表 2.5.3-1　　常用凿岩机型号表

类型	型号	特征	孔径（mm）	孔深（m）	方向	适用范围
风动	YT23（7655）	气腿式	38～42	5		坚硬
	YT30	气腿式	34～38	5		f=8～18
电动	YD30	手持式	39	5	任意	f=8
	YDT30	气腿式	38～42	4	任意	中硬
内燃	YN23	手持式	34～40	6	0°～45°	f=10～14
	YN30	手持式	26～46	6	0°～45°	f=10～14
液压	YYTZ26	支腿式	32～50	6		f=10～14

二、小型装运设备

小型装运设备主要有装岩机械（装岩机）、运岩设备（梭式矿车、内燃牵引机车、电瓶牵引机车等）、装运机械（内燃装运机）等。

三、支护设备

目前多采用锚喷支护和注浆加固的工艺技术方法，主要为泵送和喷射设备。

四、提升设备

浅井掘进时使用简易绞车和浅井提升机；竖井掘进用提升机及其相应的井架结构物、提升吊桶、罐笼、箕斗；斜井提升用串车、斜井罐笼、斜井箕斗及斜井人车等。

五、通风、供风、供水、排水设备及供电系统

通风设备主要是通风机和风筒。通风机有轴流式和离心式两种，风筒主要有金属、帆布、胶质、塑料等几种。

供风设备主要是空气压缩机（简称空压机）。

供排水设备主要是水泵。水泵的规格型号及数量的选择主要根据设计供水量的变化、水压要求、水泵的效率等因素综合考虑。

在无高压电的情况下，供电设备主要是柴油发电机组，可根据洞内不同的用电量选用不同的型号，如120G型柴油发电机组。

第四节　坑探工程编录、验收与质量评定

一、地质编录

（一）坑探工程观察与描述

坑探观察、描述的主要内容有。

（1）坑探工程部位所处地貌单元及周边地形特征。

（2）岩性。包括第四系和基岩的岩性、成分、结构特征，各岩性分层及厚度、产状及接触关系。岩石的风化、卸荷特征及分带。

（3）地质构造。坑探揭露的断层、破碎带、软弱夹层、节理裂隙进行详细描述，包括断层、破碎带的位置、产状、厚度、破碎带特征、相互切割关系、延伸情况，以及节理裂隙的产状、性质、延伸情况及分组特征等。

（4）水文地质。坑探工程揭露的地下水性质、渗水点位置、涌水量及与地层、构造的关系等。

（5）不良地质现象。坑探工程所揭露的坍塌、掉快、溶洞、涌水、岩爆等不良地质现象的观察、描述。

（二）坑探工程展视图

展视图是坑探工程编录的主要内容，也是坑探工程所需提交的主要成果资料，其比例尺应视坑探工程的规模、形状及地质条件的复杂程度而定，一般采用1∶25～1∶100，且水平比例尺与垂直比例尺一致，对一些规模较小的特殊地质现象，比例尺放大。

坑探工程展视图包括平洞展视图，浅井、竖井、斜井、探坑展视图，探槽展视图。

二、坑探验收与质量评定

（一）质量标准

（1）坑探断面尺寸不小于设计要求，也不大于设计尺寸的0.2m。

（2）坑探掘进方向符合任务书要求，任何一段中线的偏离误差不大于0.3m；平洞和斜井底板平整度允许误差为±0.1m；竖井掘进方向应与水平面垂直，任何一段中心线偏离误差不大于0.1m；井洞壁平整度允许误差为±0.2m；局部井、洞段的井洞壁与设计角线的偏离误差不超过±0.1m。

（3）机掘平洞坡度为0.3%～0.8%；手掘平洞坡度不大于1%；斜井的方位与倾角应符合设计要求；斜井底板与设计腰线的偏离为±0.1m，局部段不超过±0.15m。

（4）探坑、探井、探槽深度应符合任务书的要求。

（5）对平洞中需作原位试验地段的破碎和软弱岩层，应采取下列防震措施：试件应预留200mm作为保护层，并依此作为试件切割边界线；在试件切割边界线上打一排防震钻孔，其中心距一般为100～200mm；在试件预留保护层外的爆破中，应采用松动爆破，其装药量应严格控制。

（6）对有特殊试验或取样项目的坑探工程，应按专门技术要求施工。

（7）在地质编录前，对坑探工程的壁、底面清洗必须及时、干净，地质结构面清晰明了。

（二）质量检查、验收及评定

在施工过程中，应经常进行质量检查、复核，作业班组每天需检查井洞中线、腰线、角线等影响质量的关键要素，不合要求的应及时纠正。坑探工程竣工后，应清洗顶帮，清理底板，由工程项目负责人组织地质、试验、测量、施工等专业有关人员依据任务书及有关规范、规程等要求进行检查验收、质量评价，填写竣工验收与质量评定单，凡不符合质量要求的应予返工。

第六章 工程地质物探

第一节 常用物探方法及应用范围

常用工程物探方法的应用范围及适用条件见表 2.6.1-1。

表 2.6.1-1 常用工程物探方法的应用范围及适用条件

方法名称			物性参数	应用范围	适用条件
电法勘探	电阻率法	电剖面法	电阻率	探测地层在水平方向的电性变化，解决与平面位置有关的地质问题，如探测隐伏构造破碎带、断层、岩层接触界面位置及岩溶等	目标地质体具有一定的规模，倾角大于30°，与周围介质电性差异显著；地形平缓
电法勘探	电阻率法	电测深法	电阻率	探测地层在垂直方向的电性变化，适宜于层状和似层状介质，解决与深度有关的地质问题，如覆盖层厚度、基岩面起伏形态、地下水位，以及测定岩（土）体电阻率	目标地层有足够厚度，地层倾角小于20°；相邻地层电性差异显著，水平方向电性稳定；地形平缓
电法勘探	电阻率法	高密度电法	电阻率	电测深法自动测量的特殊形式，适用于详细探测浅部不均匀地质体的空间分布，如洞穴、裂隙、墓穴、堤坝隐患等	目标地质体与周围介质电性差异显著，其上方无极高阻或极低阻的屏蔽层；地形平缓
电法勘探	充电法		电位	用于钻孔或井中测定地下水流向、流速，以及了解低阻地质体的分布范围和形态	含水层埋深小于50m，地下水流速大于1m/d；地下水矿化度小，覆盖层电阻率均匀
电法勘探	自然电场法		电位	用于探测地下水的活动情况，也可用于探查地下金属管道、桥梁、输电线路铁塔的腐蚀情况	地下水埋藏较浅，流速足够大，矿化度较高
电法勘探	激发极化法		极化率	探测地下水，测定含水层的埋深和分布范围，评价含水层的富水程度	测区地层存在激电效应差异，无游散电流干扰
电磁法勘探	频率测深法		电阻率	探测断层、破碎带、岩溶及地层界面	目标地质体与周围介质电性差异显著，覆盖层电阻率不能太低
电磁法勘探	瞬变电磁法		电阻率	探测断层、破碎带、岩溶及地层界面，调查地下水和地热水源，圈定和监测地下水污染，探查堤坝隐患和水库渗漏	目标地质体具有一定的规模，且相对呈低阻，无极低阻屏蔽层；测区电磁干扰小
电磁法勘探	可控音频大地电磁测深法		电阻率和阻抗相位	探测中浅部断层、破碎带、岩溶等隐伏构造和地层界面	目标地质体具有一定的规模，与周围介质电性差异显著；测区地形平缓，测区电磁干扰小
电磁法勘探	探地雷达		介电常数和电导率	适用于探测浅部断层、构造破碎带、岩溶、地质灾害（滑坡、塌陷等）、堤坝隐患和覆盖层分层，以及隧道施工地质超前预报等	目标地质体与周围介质的介电常数差异显著
电磁法勘探	电磁波CT		吸收系数	适用于探测由钻孔、平洞、地面等包围的断层、破碎带、岩溶等不良地质体	目标地质体具有一定的规模，与周围介质的电性差异显著
地震勘探	直达波法		波速	测定岩土体的纵、横波速度，计算岩土层的动力学参数	适用于表层或钻孔、平洞、探坑、探槽等岩土体
地震勘探	反射波法		波速	探测覆盖层厚度及不同深度的地层界面	地层之间具有一定的波阻抗差异
地震勘探	折射波法		波速	探测覆盖层厚度及下伏基岩波速	下伏地层波速大于上覆地层波速
地震勘探	瑞雷波法		波速	探测覆盖层厚度及不良地质体，覆盖层分层	目标地层或地质体与围岩之间存在明显波速和波阻抗差异
地震勘探	地震CT		波速	划分风化和破碎岩体，探测断层、破碎带、风化带、岩溶等不良地质体的位置与规模	目标地层或地质体与围岩之间存在显著的波速差异
声波探测	声波测试		声速	测定岩体或混凝土的声波波速，计算动力学参数，测定岩体松弛厚度，评价岩体的完整性和岩体灌浆效果	适用于表层或钻孔、平洞、探坑、探槽等裸露的岩体或混凝土
声波探测	声波CT		声速	划分风化和破碎岩体，检查建基岩体质量和灌浆效果，检测混凝土构件及坝体内部的缺陷	目标体与围岩之间存在显著的声速差异
放射性探测	α射线测量		α射线	探测隐伏构造破碎带和地下水	适用于探测具有较好透气性和渗水性的构造破碎带
放射性探测	自然γ测量		γ射线	探测隐伏构造破碎带和地下水	适用于探测具有较好透气性和渗水性的构造破碎带
放射性探测	$\gamma-\gamma$测量		γ射线	测试岩（土）层的原状密度和孔隙度	适用于钻孔内测量

续表

方法名称		物性参数	应用范围	适用条件
综合测井	电测井	电阻率或电位	划分地层，区分岩性，确定软弱夹层、裂隙破碎带的位置及厚度；确定含水层的位置、厚度，划分咸、淡水分界面；测定地层电阻率	无套管，有井液孔段
	声波测井	声速	区分岩性，判断岩体完整性，确定软弱夹层、裂隙破碎带的位置及厚度；测定地层的声波速度，估算岩体动弹性参数	无套管孔段
	钻孔电视	图像	区分岩性，确定断层、软弱夹层、裂隙破碎带的位置及厚度，了解岩溶发育情况；测定结构面产状	无套管，干孔或清水孔段
	放射线测井	γ射线	划分地层，区分岩性，鉴别软弱夹层、裂隙破碎带；测定岩层密实度和孔隙度	全孔段
	井中雷达	介电常数和电导率	探测钻孔周边断层、岩溶、破碎带及岩层界面的位置及规模，判断含水带位置	无金属套管
	井径测量	直径	测量钻孔直径，辅助划分地层	全孔段
	井斜测量	方位与倾角	测量钻孔的方位角和倾角	无磁性套管

第二节　电法勘探

电法勘探是以地壳中岩石、矿物的电学性质为基础，研究天然的或人工形成的电场分布规律和岩土体电性差异，查明地层结构和地质构造，解决某些地质问题的物探方法。电法勘探根据其电场性质的不同分为电阻率法、充电法、自然电场法和激发极化法等。

一、电阻率法

（一）基本原理

不同地层或介质具有不同的电阻率，通过接地电极将直流电供入地下，建立稳定的人工电场，在地表观测某点垂直方向或某剖面水平方向的电阻率变化（图 2.6.2-1），从而了解地层结构、岩土介质性质或地质构造特点。

在均质各向同性地层中，直流供电电场的分布如图 2.6.2-1 所示，图中 AB 为供电电极，MN 为测量电极。当 AB 供电时，用仪器测量 AB 电极供电电流 I 和 MN 电极的电位差 ΔV，则地层的电阻率按下式计算：

$$\rho=K\frac{\Delta V}{I}$$

式中：ρ 为地层的电阻率，Ω·m；ΔV 为测量电极间的电位

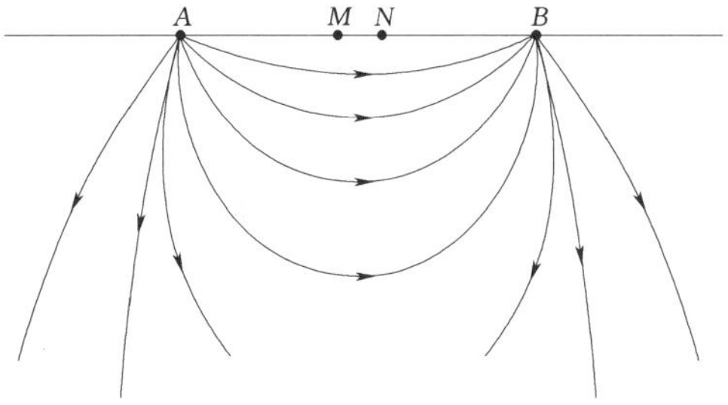

图 2.6.2-1　均匀介质中电流线分布示意图

差，mV；I 为供电回路的电流强度，mA；K 为电极装置系数，m，与供电和测量电极排列与间距有关。

从理论上分析，在各向同性地层中测量电阻率与所采用的测量装置无关，即为地层的真电阻率；但实际上，由于地层的不均质性，所测得的电阻率值为视电阻率，为不均质体的综合反映，因此与所采用的测量装置有关。部分介质的电阻率参考值见表 2.6.2-1。

表 2.6.2-1　　常见岩土介质及水的电阻率

类别	名　称	电　阻　率 ρ（Ω·m）
松散土	黏土	$1\sim2\times10^2$
	含水黏土	$0.2\sim10$
	亚黏土	$10\sim10^2$
	砾石加黏土	$2.2\times10\sim7\times10^3$
	亚黏土含砾石	$80\sim240$
	卵石	$3\times10^2\sim6\times10^3$
	含水卵石	$10^2\sim8\times10^2$
沉积岩	泥质页岩	$60\sim10^3$
	砂岩	$10\sim10^3$
	泥岩	$10\sim10^2$
	砾岩	$10\sim10^4$
	石灰岩	$6\times10^2\sim6\times10^3$
	泥灰岩	$1\sim10^2$
	白云岩	$50\sim6\times10^3$
	破碎含水白云岩	$170\sim600$
	硬石膏	$10^4\sim10^6$
	岩盐	$10^4\sim10^6$
变质岩	片麻岩	$6\times10^2\sim10^4$
	大理岩	$10^2\sim10^5$
	石英岩	$2\times10^2\sim10^5$
	片岩	$2\times10^2\sim5\times10^4$
	板岩	$10\sim10^2$
岩浆岩	花岗岩	$6\times10^2\sim10^5$
	正长岩	$10^2\sim10^5$
	闪长岩	$10^4\sim10^5$
	辉绿岩	$10^2\sim10^5$
	辉长岩	$10^2\sim10^5$
	玄武岩	$10^2\sim10^5$
其他	地下水	$<10^2$
	河水	$10^{-1}\sim10^2$
	冰	$10^4\sim10^8$
	岩溶水	$15\sim30$
	海水	$10^{-1}\sim10$

（二）电阻率法分类

为解决不同的地质问题，常采用不同的电极装置和观测方

式。根据装置的不同形式和观测方式将电阻率法分为电剖面法、电测深法和高密度电法。

1. 电剖面法

电剖面法是测量电极和供电的装置不变，而测点沿测线移动，以探测某深度范围内地层电阻率沿水平方向变化的方法，解决与平面位置有关的地质问题，如探测隐伏构造破碎带、断层、岩层接触界面及岩溶等。电剖面主要装置类型见表 2.6.2-2。

表 2.6.2-2　　电剖面装置及系数 K 值计算公式一览表

装置名称	电极排列形式	装置系数 K
四极对称装置	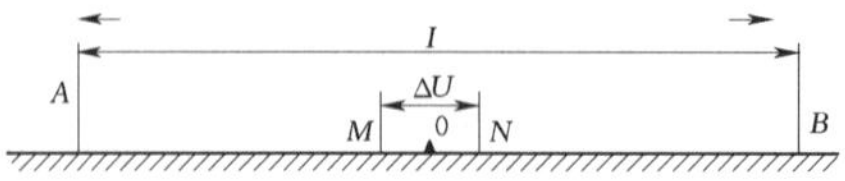	$K=\pi\dfrac{\overline{AM}\cdot\overline{AN}}{\overline{MN}}$
复合四极对称电剖面	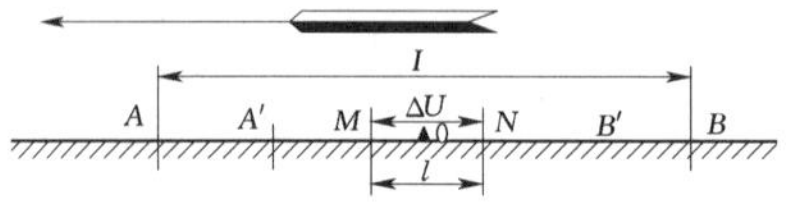	$K=\pi\dfrac{\overline{AM}\cdot\overline{AN}}{\overline{MN}}$
三极剖面、联合剖面	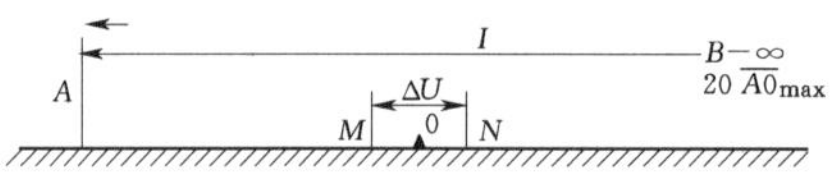	$K=2\pi\dfrac{\overline{AM}\cdot\overline{AN}}{\overline{MN}}$
复合三极剖面	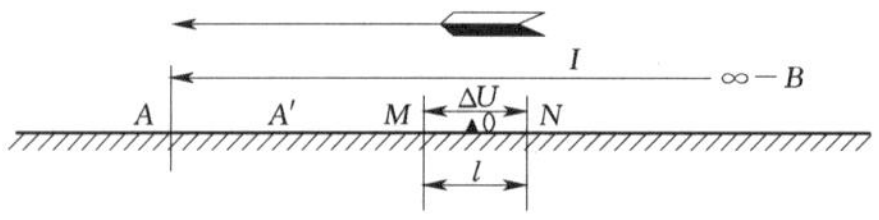	$K=2\pi\dfrac{\overline{AM}\cdot\overline{AN}}{\overline{MN}}$
偶极轴向剖面	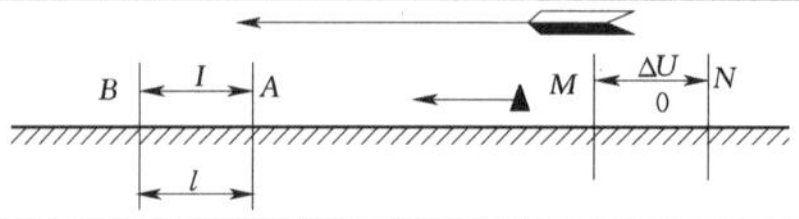	$k_1=\dfrac{2\pi\,\overline{A_1M}\cdot\overline{A_1N}\cdot\overline{BM}\cdot\overline{BN}}{\overline{MN}\;(\overline{A_1M}\cdot\overline{A_1N}-\overline{BM}\cdot\overline{BN})}$
中间梯度剖面	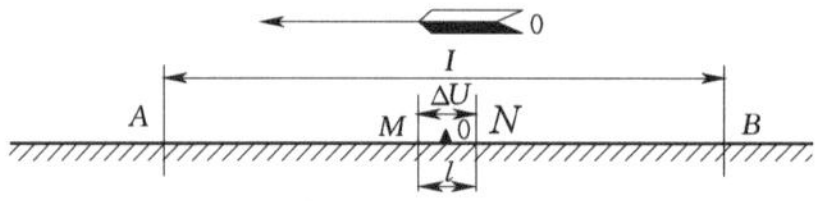	$k=\dfrac{2\pi}{\dfrac{1}{\overline{AM}}-\dfrac{1}{\overline{AN}}-\dfrac{1}{\overline{BM}}+\dfrac{1}{\overline{BN}}}$

2. 电测深法

电测深法是在地表以某一点（即测深点）为中心，依次扩大供电电极距，观测测点处在不同深度的地层视电阻率变化，以探测地下地层地电结构的一种电阻率勘探方法。电测深法适用于探测层状和似层状地层，常用于探测地层岩性在垂直方向的电性变化，解决与深度有关的地质问题，如覆盖层厚度、基岩面起伏形态、地层层面、地下水位、风化带埋藏深度以及测定岩（土）体电阻率。电测深主要装置类型见表 2.6.2-3。

表 2.6.2-3　　电测深装置及系数 K 值计算公式一览表

装置名称	电极排列形式	装置系数 K
四极等距测深（温纳尔）	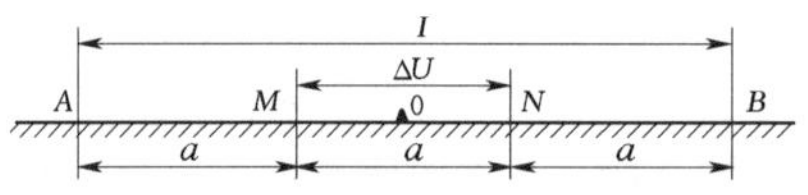	$K=2\pi a$ $\overline{AM}=\overline{MN}=\overline{NB}=a$
四极对称梯度测深（施伦贝尔热）	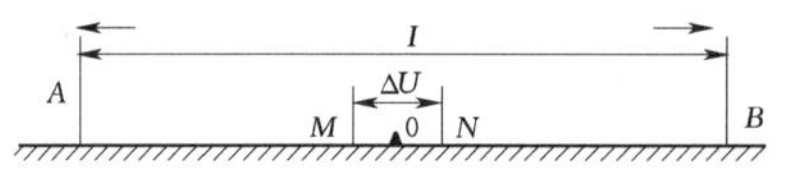	$K=\pi\dfrac{\overline{AM}\cdot\overline{AN}}{\overline{MN}}$
三极等距测深	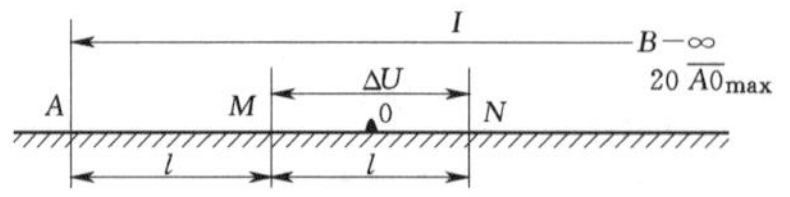	$K=4\pi\,\overline{AM}$
三极梯度测深	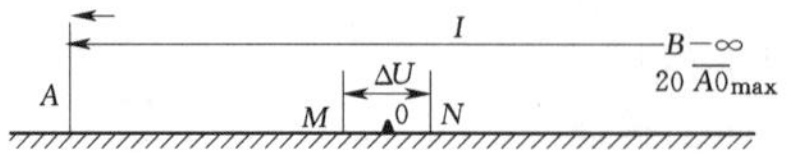	$K=2\pi\dfrac{\overline{AM}\cdot\overline{AN}}{\overline{MN}}$
偶极轴向测深	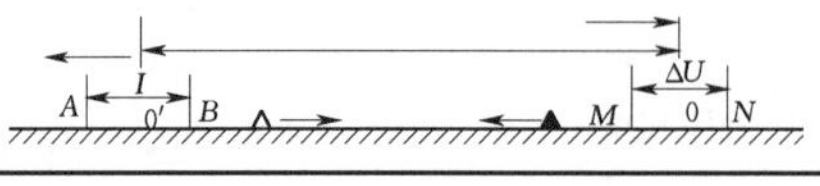	$K=\dfrac{2\pi\cdot\overline{AM}\cdot\overline{AN}\cdot\overline{BM}\cdot\overline{BN}}{\overline{MN}\;(\overline{AM}\cdot\overline{AN}-\overline{BM}\cdot\overline{BN})}$

3. 高密度电法

高密度电法的基本原理与电阻率法相同，实际上是一种阵列式电阻率测量方法，集电剖面和电测深于一体，采用高密度布极（图 2.6.2-2、图 2.6.2-3），利用程控电极转换开关实现数据的快速和自动采集。高密度电法采集的数据量大，信息量多，实现二维地电断面测量，不仅可揭示地下某一深度范围内水平横向地电特性的变化，又提供垂向电性的变化情况。高密度电法主要用于浅部详细探测不均匀地质体的空间分布，如洞穴、裂隙、墓穴、堤坝隐患等。

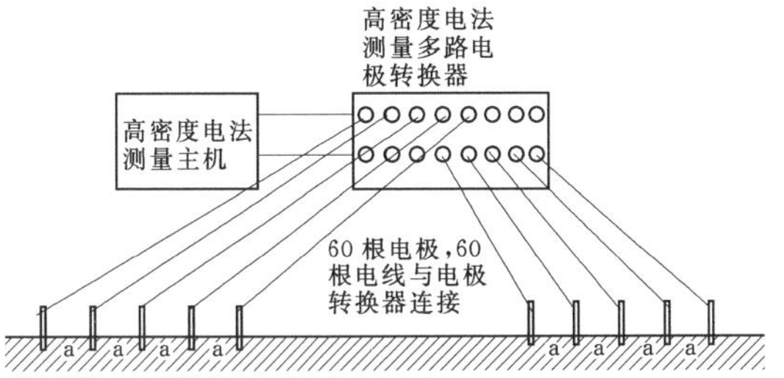

图 2.6.2-2　一次布极方式高密度电法测量系统示意图

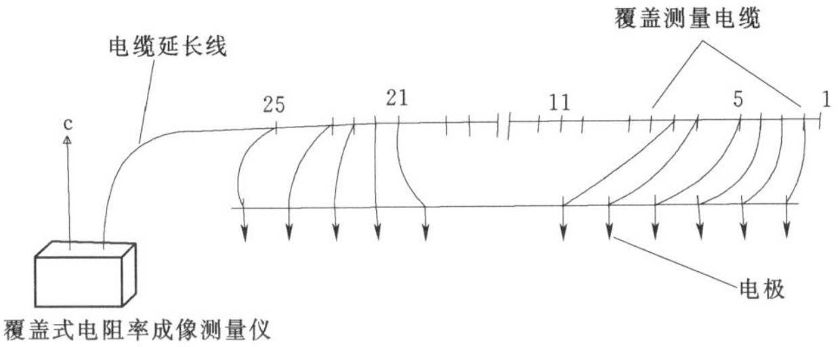

图 2.6.2-3　覆盖式高密度电法测量装置示意图

（三）工程应用

（1）电剖面法主要用于探测地下某一深度范围内地层电阻率沿水平方向的变化，解决与平面位置有关的地质问题，如探测隐伏构造破碎带、断层、岩层接触界面及岩溶等。

（2）电测深法用于探测不同深度的地层视电阻率及变化，以探测地下地层的地电结构，主要适用于探测层状和似层状地层，常用于探测地层岩性在垂直方向的电性变化，解决与深度有关的地质问题，如覆盖层厚度、基岩面起伏形态、地层层面、地下水位、风化带埋藏深度以及测定岩（土）体电阻率。

（3）高密度电法用于探测地下某一深度范围内水平横向和垂向的地层地电特性及变化，主要用于浅部详细探测不均匀地质体的空间分布，如洞穴、裂隙、墓穴、堤坝隐患等。

二、充电法

（一）基本原理

充电法是将一供电电极接于良导体上，另一极置于足够远处接地，通过人工供电形成充电效应，然后通过观测地面的电场分布形态，达到探测的目的。

充电法用于探测良导体时，将供电电极 A 极直接接到导电地质体上，而将供电电极 B 极置于“无限远”处，良导地质体便成为带有积累电荷的充电体（近似等位体），带电等位体的电场与其本身的形状、大小和埋藏深度有关。通过研究充电体在地表形成的电场分布，进而推断充电体的形状、规模和位置。

充电法用于钻孔中测定地下水流向和流速时，将供电电极 A 极放到孔内含水层位置，B 极放到距孔口“无限远”处，供电后通过地下水充电，在含水地层及周围形成电场分布，在孔口附近地表的等位线大致为圆形。然后向孔中注入食盐水，再测量孔口地表等电位线，则等电位线在水流方向由原来的圆形变为椭圆形，等电位线的移动方向即为地下水流向，中心点的移动速度为地下水流速之半。

（二）工程应用

1. 应用条件

（1）探测目标应为良导电体，目标体的导电率宜大于围岩的 10 倍；目标地质体尺寸大小应与埋深相当，埋深宜在 25m 以内。

（2）采用充电法单孔测定地下水流向、流速时，含水层埋藏深度应小于 50m，地下水流速应大于 1m/d，围岩电阻率应大于水的电阻率 3 倍以上，钻孔中金属套管在地下水位以上。

2. 应用范围

充电法主要用于钻孔或井中测定地下水流向和流速，了解低阻地质体的分布范围和形态。

三、自然电位法

（一）基本原理

在地层中产生积聚电荷现象的各种过程均可形成自然电场，自然电场法是通过观测研究自然电场的分布规律，来解决地质问题的一种物探方法。由于自然电场观测量值小，容易受极化影响，故测量电极应使用不极化电极。当地下水埋藏较浅、流速足够大，并有一定矿化度时可获得较好的效果。

当地下水透过岩土介质时，由于介质的过滤活动性而产生过滤电位，过滤活动性与亥姆雷兹电位 ζ 呈正相关性，随着过滤压力、ζ 及过滤液体的电阻率、介电常数的增大而增强，而与过滤液体的黏滞性成反比。当地下水在岩土介质中渗透时，将产生自然电场 E_H。

$$E_H=\frac{\varepsilon\zeta\rho_0}{4\pi\mu}p$$

式中：ε、ρ_0、μ 分别为过滤液体的介电常数，电阻率和黏滞性；p 为发生过滤时的压力；ζ 为亥姆雷兹电位或称动电位，即在液体的不活动吸附层与活动层之间的电位差。

（二）工程应用

1. 应用条件

自然电场法一般适应于地下水埋藏较浅、流速较大，且矿化度较高的地下水探测。由于自然电场观测量值小，容易受极化影响，故测量电极应使用不极化电极。

2. 应用范围

自然电场法主要用于探测地下水的活动情况，可探查地下水渗流通道和堤坝渗水、管涌等隐患，也可用于探查地下金属管道、桥梁、输电线路铁塔的腐蚀情况。

四、激发极化法

（一）基本原理

激发极化法是以不同地质体激电效应差异为基础，根据岩石、矿石的激发极化效应来寻找金属矿床和解决水文地质、工程地质等问题的一种电法勘探方法。它又分为直流激发极化法（时间域法）和交流激发极化法（频率域法）。激发极化法主要用于寻找地下水，它与电阻率法配合可圈定含水古河道、古洪积扇、断层破碎带的分布范围，确定含水层的埋藏深度，评价含水层的富水程度。

时间域激发极化法是研究地质体在稳定电流（或直流脉冲）激发作用下电场随时间变化的激电效应。频率域激发极化法是研究地质体在不同频率交变电场作用下的激电效应。地质体在直流电场或交变电场作用下而产生的二次电位称激发极化电位，也称为岩石的激发极化效应。时间域激发极化场、二次场与时间的关系如图 2.6.2-4 所示。

（二）工程应用

1. 应用条件

激发极化法一般适应于测区地层存在激电效应差异，无游散电流干扰地下水探测。

2. 应用范围

激发极化法主要用于寻找地下水，测定含水层的埋深和分

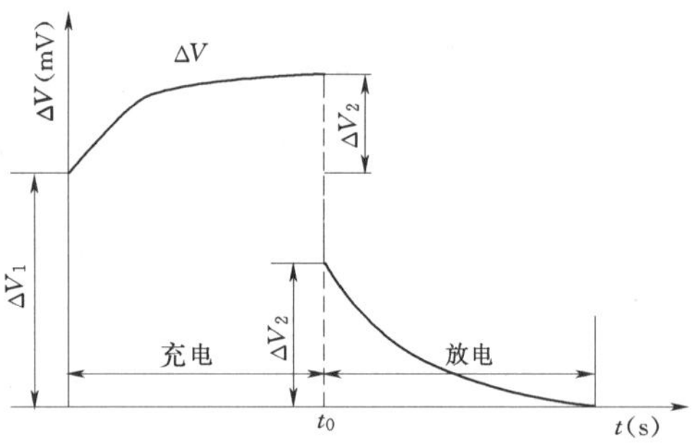

图 2.6.2-4　激发极化场、二次场与时间的关系

布范围，它与电阻率法配合可圈定含水古河道、古洪积扇、断层破碎带的分布范围，确定含水层的埋藏深度，评价含水层的富水程度。

第三节　地 震 勘 探

地震勘探是通过研究人工激发的地震波在地层中的传播规律，以探测地下的地质构造、划分地层或测定岩土力学参数的一种地球物理方法。根据地震波的传播方式及探测原理，可将地震勘探分为直达波法、折射波法、反射波法和瑞雷波法。

地震波的传播实际上是介质中弹性应变的传播，包括两种基本应变——体变和切变。与体变相对应的波称为纵波（以符号 P 表示），与切变相对应的波称为横波（以符号 S 表示），瑞雷波的传播速度与横波的传播速度具有相关性。根据广义胡克定律及牛顿第二定律建立的波动方程可推导出：

$$v_P=\sqrt{\frac{\lambda+2G}{\rho}}=\sqrt{\frac{K+\frac{4}{3}G}{\rho}}=\sqrt{\frac{E(1-\mu)}{\rho(1+\mu)(1-2\mu)}}$$

$$v_S=\sqrt{\frac{G}{\rho}}=\sqrt{\frac{E}{2\rho(1+\mu)}}$$

$$v_R=\frac{0.87+1.12\mu}{1+\mu}v_S$$

式中：E 为杨氏弹性模量；G 为剪切模量；K 为压缩模量；μ 为泊松比；λ 为拉梅系数；ρ 为密度；v_P 为纵波速度；v_S 为横波速度，v_R 为瑞雷波速度。

常见岩土介质的密度及波速见表 2.6.3-1。

表 2.6.3-1　常见岩土介质的密度及波速一览表

类别	名称	密度 ρ (g/cm³)	纵波速度 v_P (km/s)	横波速度 v_S (km/s)
松散层	黏土	1.60～2.04	1.2～2.5	
	湿砂		0.6～0.8	
	砂质黏土		0.3～0.9	
	干砂、砾石		0.2～0.8	
沉积岩	砾岩	2.42～2.70	1.6～2.2	0.9～1.5
	泥质灰岩	2.45～2.65	2.0～4.4	1.2～2.4
	硅质石灰岩	2.80～2.90	4.4～4.8	2.6～3.0
	致密石灰岩	2.60～2.77	2.5～6.1	1.4～3.5
	页岩	2.30～2.70	1.3～4.0	0.8～2.3
	砂岩	2.42～2.77	1.3～4.0	0.9～2.4
	致密白云岩	2.80～3.00	2.5～5.0	1.5～3.0
	石膏	2.41～2.58	3.5～4.5	1.8～2.3
变质岩	片麻岩	2.65～2.79	6.0～6.7	3.5～4.0
	大理岩	2.70	5.8～7.3	3.5～4.7
	石英岩	2.65～2.75	3.0～6.6	2.8～3.2
	片岩	2.68～2.92	5.8～6.1	3.5～3.8
	板岩	2.31～2.75	3.6～4.5	2.1～2.8
	千枚岩	2.71～2.86	2.8～5.2	1.8～3.2
岩浆岩	花岗岩	2.30～2.80	4.5～6.5	2.3～3.8
	花岗闪长岩	2.65	5.7～6.4	2.8～3.8
	玄武岩	2.53～3.10	4.5～8.0	3.0～4.5
	安山岩	2.30～2.75	4.1～5.6	2.5～3.3
	辉长岩	2.55～2.98	5.3～6.5	3.2～4.0
	辉绿岩	2.53～2.97	5.2～5.8	3.4～3.5
	橄榄岩	2.90～3.40	6.5～8.0	4.0～4.8
	凝灰岩	1.60～1.95	2.6～4.3	1.6～2.6
其他	混凝土	2.40～2.70	2.0～4.5	1.2～2.7
	水		1.4～1.6	
	冰		3.1～3.6	

一、地震波直达波法

（一）基本原理

直达波是一种从震源出发不经过界面的反射、折射而直接传播到接收点的地震波。地震波测试是利用地震直达波测试岩土体的纵、横波速度，进而计算岩土体的泊松比、动弹性模量、动剪切模量、岩体完整性系数、单位抗力系数、各向异性系数和孔隙度等参数。直达波时距曲线为过坐标原点的直线，直线的斜率 $k=1/v$，它的倒数为地震波沿测线传播的速度，即为直达波速度，如图 2.6.3-1 所示。

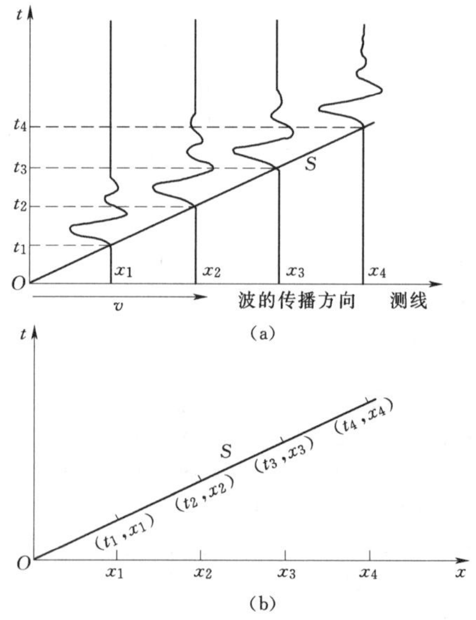

图 2.6.3-1　直达波时距曲线

（a）直达波振动记录及波至时间；（b）直达波时距曲线图

（二）工程应用

1. 应用范围

（1）表面地震波测试适用于在地表、洞室、基岩露头、探槽、竖井等部位测试岩土体的纵波和横波速度。

（2）单孔或跨孔地震波测试可用于测试钻孔孔壁或两孔间地层的纵波和横波速度。

2. 岩土参数计算

（1）计算纵横波速度。地震波测试可使用单支时距曲线或相遇差数时距曲线[$\theta(x)$]求取岩土体的纵横波速度。

（2）根据岩土体纵、横波速计算岩土体物理力学参数：

1）泊松比：

$$\mu=\frac{v_P^2-2v_S^2}{2(v_P^2-v_S^2)}$$

2）动弹性模量：

$$E_d=v_P^2\gamma\frac{(1+\mu)(1-2\mu)}{(1-\mu)}$$

3）动剪切模量：

$$G_d=v_S^2\gamma$$

4）完整性系数：

$$k_v=\left(\frac{v_P}{v_{PR}}\right)^2$$

5）风化波速比：

$$k_w=\frac{v_P}{v_{PR}}$$

6）土层的等效剪切波速度：

$$v_{SE}=d_0/t$$

7）场地卓越周期：

$$T=\sum_{i=1}^{n}\frac{4h_i}{v_{SI}}$$

上列诸式中：v_P 为纵波速度，v_S 为横波速度，γ 为重度；d_0 为计算深度，取覆盖层厚度和 20m 两者的较小值；t 为横波在地面至计算深度之间的传播时间。

3. 岩土体评价

地震波直达波法成果可用于：

(1) 岩体完整程度评价、岩体风化带划分。

(2) 场地土分类。根据土层等效剪切波速度和场地覆盖层厚度将场地土划分为四类，各类建筑场地的分类标准见表 2.6.3-2。

表 2.6.3-2　各类建筑场地的分类标准表

等效剪切波速度 (m/s)	场地类别			
	Ⅰ	Ⅱ	Ⅲ	Ⅳ
$v_{SE}>500$	0			
$500\geqslant v_{SE}>250$	<5	≥5		
$250\geqslant v_{SE}>140$	<3	3～50	>50	
$v_{SE}\leqslant140$	<3	3～15	>15～80	>80

(3) 场地砂土液化判别。当土层的剪切波速度大于上限剪切波速度 v_{st} 时，可判为不液化。上限剪切波速度：

$$v_{st}=219(K_H Z\gamma_d)^{1/2}$$

式中：K_H 为地面最大水平地震加速度系数，按地震设防烈度 7 度、8 度、9 度分别为 0.1、0.2 和 0.4；Z 为土层深度，m；γ_d 为深度折减系数：$Z=0\sim10$m，$\gamma_d=1.0\sim0.01Z$；$Z=10\sim20$m，$\gamma_d=1.1\sim0.02Z$；$Z=20\sim30$m，$\gamma_d=0.9\sim0.01Z$。

二、地震反射波法

地震反射波法是利用地震波的反射原理，在地面沿测线的不同测点上观测由不同波阻抗界面的反射波返回地面的旅行时，根据旅行时与地面各接收点间的位置关系（时距曲线），确定波在介质中的传播速度，计算反射界面的埋深和形态，解决与构造有关的地质问题。

（一）方法原理

地震波向地下传播时，在存在波阻抗差异的地层界面上将产生反射波，并遵循反射定律。反射波返回地面的旅行时间与接收点位置、反射界面埋深和地层波速有关。根据反射波的旅行时间与接收点的关系，可绘制反射波时距曲线，进而计算目标地层的埋深及波在地层中的传播速度。典型倾斜界面的反射波路径及时距曲线如图 2.6.3-2，反射波时距方程如下：

$$t=\frac{1}{v}\sqrt{4h^2+x^2+4hx\sin\varphi}$$

式中：t 为反射波传播时间；h 为激发点的法线深度；φ 为界面倾角；v 为界面以上介质的波速；x 为检波点至激发点距离。

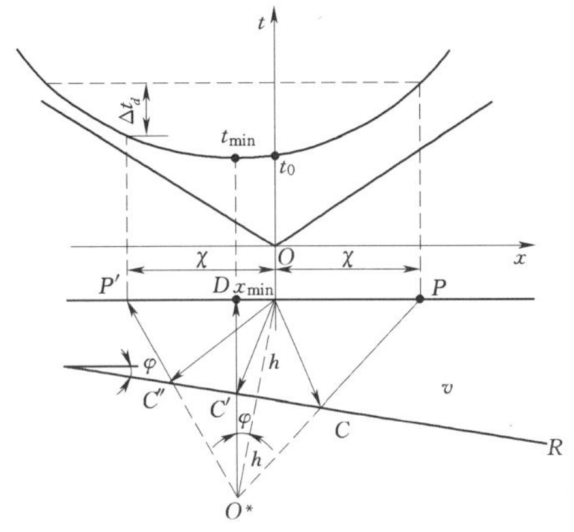

图 2.6.3-2　倾斜界面的反射波路径及时距曲线图

（二）工程应用

1. 应用条件

(1) 所探测地层应是层状和似层状介质，目标地层与其相邻层之间应存在明显的波阻抗差异。

(2) 目标地层应具有一定的厚度，且应大于有效波长的 1/4。

(3) 目标地层界面较平坦，入射波能在界面上产生较规则的反射波，无漫反射现象。

(4) 所探测的断层应有明显的断距。

2. 应用范围

(1) 探测第四纪覆盖层厚度及其分层或探测基岩面的埋藏深度及其起伏形态。

(2) 划分沉积地层层位，探测风化带厚度（全风化、强风化）。

(3) 探测有明显断距的隐伏断层构造。

(4) 探测滑坡体厚度和岩溶溶洞。

(5) 探测松散层中的地下水位和确定含水层厚度。

(6) 测试岩土体纵、横波速度。

(7) 检测防渗墙质量（垂直反射法）。

三、地震折射波法

地震折射波法是利用地震波的折射原理，在地面沿测线的不同测点上观测折射波的旅行时，根据旅行时与地面各接收点间的位置关系（时距曲线），确定波在介质中的传播速度，探测折射界面的埋深和形态，解决与构造有关的地质问题。地震折射波法主要用于探测覆盖层厚度，确定隐伏构造破碎带的位置。

（一）基本原理

当地表激发的地震波在地下传播过程中，遇到性质不同（波速不同）的地层界面时，在界面上将产生透射现象。当入射角增大至某一临界角 i_C 时，将使透射角 $\gamma=90°$，于是透射波变成了沿界面滑行的滑行波，在地震勘探中称为折射波（或称为首波）。典型多层倾斜界面的折射波传播路径及时距曲线如图 2.6.3-3 所示。

（二）工程应用

1. 应用条件

(1) 适用于层状和似层状介质的勘探。

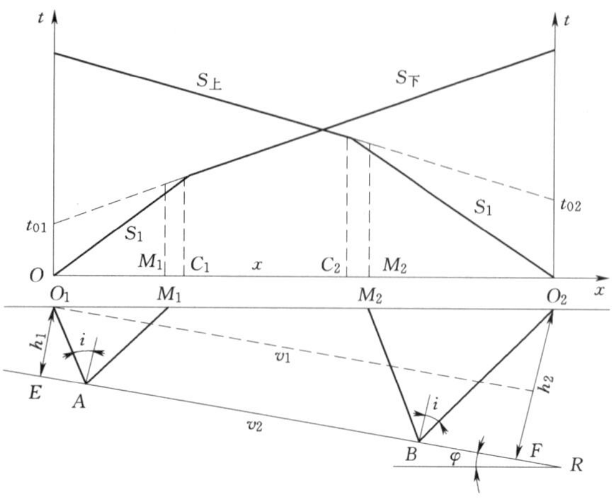

图 2.6.3-3　二层倾斜界面折射波的传播路径及时距曲线图

(2) 所探测目标地层的速度应大于上覆各层的速度，即 $v_1<v_2<v_3<\cdots<v_n$，且各层之间存在明显的波速差异。

(3) 目标地层应具有一定的厚度，中间层厚度宜大于其上覆层厚度。

(4) 沿测线方向目标地层的视倾角与折射波临界角之和应小于 90°。

(5) 目标地层界面起伏不大，折射波沿界面滑行时无穿透现象。

(6) 所探测的目标体与周边介质之间存在明显的波速差异，并具有一定的规模。

2. 应用范围

(1) 探测第四纪覆盖层厚度及其分层或探测基岩面埋藏深度及其起伏形态、追索埋藏深槽及古河床。

(2) 探测风化带厚度和塌滑体厚度。

(3) 探测隐伏构造（断层、裂隙带、破碎带）。

(4) 探测松散层中的地下水位和确定含水层厚度。

(5) 测试岩土体纵波速度，检测建基岩体质量。

四、瑞雷波法

瑞雷波法是通过研究瑞雷波速度变化（频散现象）规律了解地层的瑞雷波速度和厚度分布情况的一种物探方法。按激振方式不同，瑞雷波法分为稳态瑞雷波法和瞬态瑞雷波法，目前使用瞬态瑞雷波法居多。

（一）基本原理

在半空间介质中，当在地面做竖直向激振时，地下介质中一般产生三种波的传播，即纵波、横波和表面波，表面波即为瑞雷波。瑞雷波沿地表传播时，其穿透深度相当于它的波长。在均匀介质中，瑞雷波的传播速度与频率无关；在非均匀介质中，传播速度随频率的改变而变化，称为频散现象。当采用不同振动频率的震源产生不同波长的瑞雷波时，可以得到不同穿透深度的瑞雷波速度值。

按激振方式不同，瑞雷波法分稳态瑞雷波法和瞬态瑞雷波法。根据不同频率（波长）的瑞雷波速度绘制深度～波速曲线，根据深度～波速曲线使用下列公式计算各地层瑞雷波速度：

(1) 当地层的平均速度随深度增加而增大时：

$$v_{Rn}=\frac{H_n\,\overline{v_{Rn}}-H_{n-1}\,\overline{v_{Rn-1}}}{H_n-H_{n-1}}$$

式中：H_n、H_{n-1} 为第 n、$n-1$ 点的深度；$\overline{v}_{Rn}$、$\overline{v}_{Rn-1}$ 为第 n、$n-1$ 点的平均速度，m/s；v_{Rn} 为 H_n 至 H_{n-1} 深度间隔的层速度，m/s。

(2) 当地层的平均速度随深度增加而减小时：

$$v_{Rn}=\frac{H_n-H_{n-1}}{\dfrac{H_n}{\overline{v}_n}-\dfrac{H_{n-1}}{\overline{v}_{n-1}}}$$

(3) 不考虑地层平均速度随深度变化时：

$$v_{Rn}^2=\frac{H_n\,\overline{v}_{Rn}^2-H_{n-1}\,\overline{v}_{Rn-1}^2}{H_n-H_{n-1}}$$

瑞雷波速度 v_R 和横波速度 v_S 具有很好的相关性，略小于横波速度，近似公式如下：

$$v_R=\frac{0.87+1.12\mu}{1+\mu}v_S$$

（二）工程应用

1. 应用条件

(1) 目标地层与其相邻层之间、不良地质体与围岩之间存在明显的波速差异。

(2) 目标地层应为横向均匀的层状介质，被追踪的不良地质体应具有一定规模。

(3) 地面应相对平坦，地层界面起伏不大，并避开沟、坎等复杂地形的影响。

2. 应用范围

瑞雷波法常用于浅部覆盖层厚度探测及其分层和不良地质体的探测，也可进行人工地基分层和力学参数测试及评价。如软弱夹层、地下岩溶洞穴、掩埋物等探测，饱和砂土液化判定，地基加固效果评价等。

五、地震波 CT

地震波层析成像（CT）是通过对观测到的地震波各种震相的运动学（走时、射线路径）和动力学（波形、振幅、相位、频率）特征的分析，进而反演重构由大量射线覆盖的地下介质的结构、速度分布及其弹性参数等重要信息的一种地球物理方法。地震波 CT 和声波 CT 同属于弹性波层析成像技术，两者方法相同，但声波频率高，能量小且衰减快，穿透距离短，适于小范围检测；地震波频率低，能量大且衰减慢，穿透距离长，适于较大范围探测。地震波 CT 成像可利用钻孔、平洞、隧道、边坡、山体、地面等各种观测条件，进行二维或三维地质成像，其中以两平行布置的钻孔或平洞间的地震波 CT 最为简单。

（一）基本原理

地震波 CT 的理论基础是地震波传播的 Fermat 原理和 Radon 变换。地震波 CT 属于离散图像重建技术，首先通过扇形观测系统在钻孔或平洞间进行观测，获取地震透射波或直达波首波旅行时间。依据每条地震波射线的起止点空间坐标和地震波旅行时间，遵循 Fermat 原理及 Hyngens 原理追踪最小走时最短路径的射线，采用 Radon 变换反演拟合重构模型每个单元的地震波速度，获取断面速度剖面图像。波速剖面图可以直观地判定地层结构形式及不良地质体形态。

地震波 CT 观测系统布置在两钻孔或两平洞内（或边坡、地面等），两钻孔或平洞应共面。在一钻孔或平洞内以适当间距激发地震波，在另一钻孔或平洞内接收地震波。要求钻孔深度或平洞长度不小于两孔间距或两洞间距，且地震 CT 剖面宜垂直或大角度斜交于地层或地质构造走向。在两观测钻孔或平洞间，采用一发多收的扇形观测系统并应充分利用被测区域周边的激发与接收条件，保持射线分布均匀，并形成一个射线网络。见图 2.6.3-4。

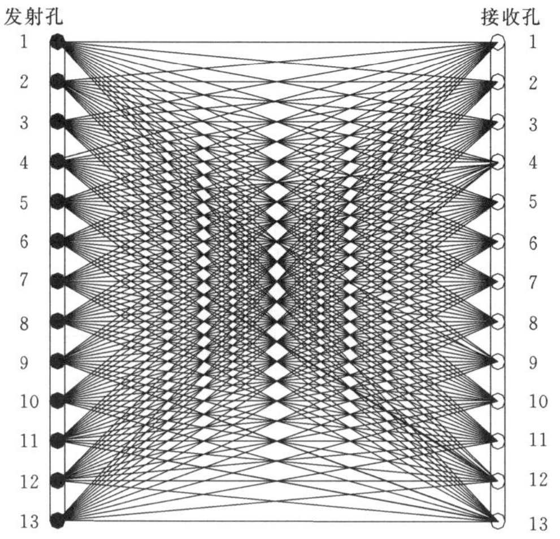

图 2.6.3-4 地震波 CT 射线网络示意图

（二）工程应用

1. 应用条件

（1）目标体与周边介质存在波速差异。

（2）成像区域周边至少两侧应具备钻孔、探洞及临空面等探测条件。

（3）目标体应相对于位于扫描断面的中部，其规模大小与扫描范围具有可比性。

（4）钻孔深度或平洞有效测试长度不小于两孔或两洞间距。

2. 应用范围

地震波 CT 可用于探测地下精细结构和目标体，如断层、破碎带、裂隙密集带、岩溶等不良地质体。

第四节 电磁法勘探

电磁法是以地下岩土体的导电性和导磁性差异为基础，观测与研究由于电磁感应而形成的电磁场的时空分布规律，从而解决有关工程地质问题的一种物探方法。电磁法的种类较多，主要有频率测深法、瞬变电磁法、可控音频大地电磁测深、探地雷达和电磁波 CT 等方法。

一、频率电磁测深法

（一）基本原理

频率电磁测深法假设天然电磁场（由太阳风、雷电及电力、电台、通信等引起）以平面波形式垂直入射地表面，在地表观测相互垂直的电场和磁场分量，分别计算不同频率电磁场的波阻抗和卡尼亚（Cagniard）电阻率。由于不同频率电磁场的趋肤（穿透）深度不同，通过分析不同深度的波阻抗和卡尼亚电阻率，从而可以研究地下不同深度的地电结构，查明岩层电阻率随深度的变化情况，分析地层分布与地质构造。

当地下电磁波振幅衰减至地表的 $1/e$ 时的深度称为“趋肤深度 δ”。在频率测深中，当采用频率为 0.1～100kHz 的长波、超长波时，则“趋肤深度 δ”：

$$\delta=\sqrt{2/\omega\mu\sigma}=\lambda/2\pi$$

式中：λ 为大地中电磁波波长，m；μ、σ 为磁导率和电导率。

（二）工程应用

1. 应用条件

频率电磁测深法适用于目标地质体与周围介质电性差异显著、覆盖层电阻率较大的区域。

2. 应用范围

频率电磁测深法主要用于探测不同深度的地层视电阻率和地下地层的地电结构，解决与深度有关的地质问题，如覆盖层厚度、基岩面起伏形态、地层层面、地下隐伏构造、地下水埋深及岩溶等。

二、瞬变电磁法

（一）基本原理

瞬变电磁法（TEM）为时间域电磁法，是利用不接地回线通以脉冲电流向地下发射一次脉冲磁场，使地下低阻介质在此脉冲磁场激励下产生感应涡流，感应涡流产生二次磁场。利用接收仪器及接收线圈观测断电后的二次磁场，通过研究二次场的特征及分布，可获得地下地质体的分布特征。瞬变电磁法常用装置有：重叠回线装置、中心回线装置、偶极装置和大定回线装置。

利用原始观测数据计算地层不同深度的视电阻率值，其视电阻率的计算公式为

$$\rho_s=\frac{\mu_0}{4\pi t}\left[\frac{2\mu_0 M}{5t(\mathrm{d}B_z/\mathrm{d}t)}\right]^{2/3}$$

$$\frac{\mathrm{d}B_Z}{\mathrm{d}t}=\frac{V_2(t)}{S_R N_R}$$

式中：$M=S_T I N_T$；S_R、S_T 为接收线圈和发射线圈的有效面积；N_R、N_T 为接收线圈和发射线圈的匝数。

（二）工程应用

1. 应用条件

瞬变电磁法适用于目标地质体具有一定的规模，且相对呈低阻，无极低阻屏蔽，电磁干扰小的区域。

2. 应用范围

瞬变电磁法主要用于探测不同深度的地层视电阻率和地下地层的地电结构，解决与深度有关的地质问题，如探测覆盖层厚度、地层层面、断层破碎带、岩溶和地下水等，可探测地下水和地热水源，监测地下水污染，探查堤坝隐患和水库渗漏等。

三、可控音频大地电磁测深法

（一）基本原理

可控音频大地电磁测深法（CSAMT）是在大地电磁法（MT）和音频大地电磁法（AMT）的基础上发展起来的一种人工源频率域测深方法。根据电磁场的集肤效应原理，不同频率电磁波具有不同的穿透深度，利用人工可控源产生音频电磁信号，通过测定地表电磁场的频率响应而获得不同深度介质的电阻率分布信息，以达到探测地质构造的目的。根据场源不同，可分为人工磁性源和电性源两种，一般采用磁性源，即在不接地的回线或线框中，供以音频电流，产生响应频率的电磁场。

CSAMT 法常采用电偶源和旁侧观测装置，测量方式有标量测量、矢量测量和张量测量。CSAMT 成果的解释分为定性解释和定量解释，定性解释应研究剖面视电阻率和相位断面与钻孔揭示地层和不良地质体的对应关系，进而对剖面内的异常进行定性解释。定量解释应以二维解释为主，异常深度宜通过已知钻孔的目标层深度校正。

CSAMT 法通过改变发射源的发射频率，测量相互正交的电场和磁场分量，计算卡尼亚视电阻率和阻抗相位：

$$\rho_s=\frac{1}{5f}\left|\frac{E_x}{E_y}\right|^2$$

$$\phi_z=\phi_{E_x}-\phi_{H_y}$$

式中：f 为频率；E_x 为电场分量振幅；H_y 为水平磁场分量振幅；ϕ_{E_x} 为电场分量相位；ϕ_{H_y} 为水平磁场分量相位。

（二）工程应用

1. 应用条件

可控音频大地电磁测深法适用于目标地质体具有一定的规模，与周围介质电性差异显著，地形平缓，电磁干扰小的区域。

2. 应用范围

可控音频大地电磁测深法通过研究剖面视电阻率和阻抗相位分布，了解不同深度的地层视电阻率和地下地层的地电结构，用于探测覆盖层厚度、基岩面起伏形态、地层层面、地下隐伏构造和地下水埋深等。

四、探地雷达

探地雷达方法（Ground Penetrating Radar，简称 GPR）是一种用于探测地下（或周围）介质分布的广谱（1MHz～1GHz）电磁技术，利用宽带的电磁波以脉冲形式来探测地表之下或确定不可视的物体或结构的一种地球物理方法。探地雷达是利用高频电磁脉冲波以宽频带短脉冲形式，由地面通过发射天线 T 送入地下，经地下地层或目标体反射后返回地面，被接收天线 R 所接收，根据接收到的反射波来分析判断反射界面或目标体。

（一）基本原理

在均匀无限介质中，电磁波在介质中传播可近似为均匀平面波，考虑低耗介质极限情况：

$\frac{\sigma}{\omega\epsilon}\ll 1$ 时，$\alpha\approx\omega\sqrt{\mu\epsilon}$，则介质中电磁波速度为

$$v=\frac{1}{\sqrt{\mu_0\varepsilon_r\varepsilon_0}}=\frac{c}{\sqrt{\varepsilon_r}}$$

式中：c 为真空中的电磁波传播速度。

电磁波在传播过程中，遇到不同的波阻抗界面时将产生反射波和透射波。在非磁性介质，电磁波垂直入射情况下，电磁波反射系数：

$$R=\frac{\sqrt{\varepsilon_{r1}}-\sqrt{\varepsilon_{r2}}}{\sqrt{\varepsilon_{r1}}+\sqrt{\varepsilon_{r2}}}$$

式中：ε_{r1} 和 ε_{r2} 分别表示反射界面两侧的相对介电常数。由于探地雷达一般采用窄角反射法，其发射天线与接收天线的间距较小，基本满足垂直入射与垂直反射条件。

（二）岩石的电磁常数

岩石是由各种不同成分组成的复杂体系。它的介电常数与构成岩石的固体、液体、气体的成分和相对百分比有关。常见介质的电磁参数见表 2.6.4-1。

表 2.6.4-1　　常见介质电磁参数一览表

介质	电导率（s/m）	相对介电常数	电磁波速度（m/ns）	衰减系数（dB/m）
花岗岩（干）	10^{-8}	5	0.15	0.01～1
花岗岩（湿）	10^{-3}	7	0.10	0.01～1
灰岩（干）	10^{-9}	7	0.11	0.4～1
灰岩（湿）	2.5×10^{-2}	8		0.4～1
砂（干）	10^{-7}～10^{-3}	4～6	0.15	0.01
砂（湿）	10^{-4}～10^{-2}	30	0.06	0.03～3
黏土（湿）	10^{-1}～100	8～12	0.06	1～300
土壤	1.4×10^{-1}～5×10^{-2}	2.6～15		20～30
混凝土		6.4		
沥青		3～5	0.12	
冰		3.2	0.12～0.18	0.01
纯水	10^{-4}～3×10^{-2}	81	0.033	0.1
海水	4	81	0.01	1000
空气	0	1	0.3	0

（三）工程应用

1. 应用条件

（1）目标体与围岩之间应存在明显电性差异，且电性稳定。

（2）目标体与埋深相比应具有一定规模，埋深不宜过深。探测目的体的厚度应大于探测时所用电磁波在围岩状态中有效波长的 1/4；当区分两个水平相邻的目标体，目标体的最小水平距离应大于第一菲涅尔带直径。

（3）不能探测极高电导屏蔽层（如淤泥、湿性黏土、钢筋网等）下的目标体或地层。

（4）测区内不能有大范围的金属构件或无线电射频源等较强的人工电磁干扰。

（5）孔内或孔间探测时，钻孔应无金属套管。

2. 探测深度及分辨率

（1）探测深度。探地雷达的有效探测深度主要受介质吸收所造成的能量衰减的影响，介质的电导性越好，天线中心频率越高，信号衰减越快，有效探测深度越小。一般情况下，天线中心频率与探测深度对应关系见表 2.6.4-2。

表 2.6.4-2　　中心频率与探测深度对应表

序号	中心频率（MHz）	探测深度（m）
1	1000	0.5～1.0
2	500	1.0～2.0
3	200	2.0～4.0
4	100	7.0～15.0
5	50	10.0～30.0
6	25	30.0～50.0
7	10	50.0～80.0

（2）探测分辨率：

1）探地雷达垂向分辨率通常取探测深度的 1/10 或波长的 1 倍。

2）雷达探测的横向分辨率通常可用第一菲涅尔带半径表示：$r_f=\sqrt{\lambda h/2}$（λ 为雷达子波的波长；h 为异常体的埋藏深度）。

3. 应用范围

适用于浅层覆盖层分层，探测岩溶、构造破碎带、地质灾害（滑坡、塌陷等）、堤坝隐患和地下管线，以及隧道地质超前预报等；也可用于公路混凝土路面、隧道混凝土衬砌及混凝土构件内部缺陷检查。

五、电磁波 CT

电磁波 CT 是利用电磁波在有耗介质中传播时，能量被介质吸收、走时发生变化，通过重建电磁波吸收系数或速度而达到探测目的的一种物探方法。因介质对电磁波的吸收特性差异

而导致电磁波振幅的改变，由此衍生的电磁波CT方法称为电磁波吸收CT。通常电磁波CT一般指电磁波吸收CT。

（一）基本原理

假设在一井中放置发射天线，在另一钻孔中放置接收天线，则接收天线处的场强为

$$E'=E_0\frac{e^{-\beta r}}{r}f(\theta)$$

式中：E_0 为偶极天线的初始辐射常数。

实际上，由于测量数据不可避免地受到电磁波在介质中的散射、多次反射及可能存在的衍射的影响，因此，用观测数据进行反演所得到的只是介质电磁波剖面内的吸收系数的视平均效果，简称视吸收系数。吸收系数 β：

$$\beta=\frac{1}{r}\ln\frac{E_0 f(\theta) l_e \sin\theta}{rE}$$

式中：E_0 为发射天线的初始辐射常数；E 为接收天线处的电场强度；$f(\theta)$ 为方向分布函数；l_e 为射线路径长度；θ 为辐射角度。

（二）工程应用

1. 应用条件

（1）目标体与周边介质之间存在电性差异。

（2）成像区域周边至少两侧应具备钻孔、探洞及临空面等探测条件。

（3）目标体相对位于扫描断面的中部，其规模大小与扫描范围具有可比性。

（4）外界电磁波噪声干扰较小，不足以影响观测质量。

2. 应用范围

电磁波CT适用于圈定构造破碎带、风化带、岩溶等具有一定电性差异的地质体。电磁波CT的探测距离取决于使用的电磁波频率和所穿透介质对电磁波的吸收能力，一般而言，频率越高或介质的电磁波吸收系数越高，穿透距离越短；反之，穿透距离越长。但电磁波频率较低，会影响到对较小地质异常体的分辨能力。

第五节　声 波 探 测

弹性波是震源所产生的应变在介质中的传播，按照频率特征不同而分为地震波和声波两大类。声波频率在20Hz到20000Hz。频率低于20Hz的声波为次声波，频率高于20000Hz的声波为超声波。

一、基本原理

声波在不同类型的介质中具有不同的传播特征。声波探测是测定声波在岩体中的传播速度、振幅和频率等声学参数及变化，根据声波在岩土介质中的声速、声幅及频谱，推断被测岩土介质的结构和致密完整程度，从而对其作出评价。

二、方法分类

声波探测是测定声波在岩体或混凝土中的传播速度、振幅和频率等声学参数及其变化。根据测试方式不同，分为表面声波探测和钻孔声波探测；其中表面声波探测分为平测法和对测法，钻孔声波探测分为单孔声波和对穿声波。

（一）表面声波法

表面声波法多用于裸露基岩、地下洞室岩体、岩样或混凝土构件的声速测试。当岩体或混凝土只有一个测试面时，可采用平面测试法；当岩体或混凝土有多个测试面时，可采用对测法。

在岩体或混凝土表面某一点激发（发射）声波，在表面另一点接收声波测量声波自发射点至接收点的传播时间，已知发射点到接收点的距离，按下式计算声速：

$$v_P=\frac{l}{t_P}$$

$$v_S=\frac{l}{t_S}$$

式中：v_P、v_S 为声波纵波、横波速度；t_p、t_s 为声波纵波、横波传播时间；l 为发射点到接收点的距离。

（二）钻孔声波法

钻孔声波法有单孔声波和对穿声波两种测试方式。单孔声波测试是利用一发双收换能器在同一钻孔中测试孔壁的声速，测试方法与声波测井相同；对穿声波测试是在一个钻孔中发射声波，在相邻的另一个钻孔中接收声波，测试两孔间岩体或混凝土的声速。

单孔声波测试声速计算公式如下：

$$v_P=\frac{\Delta l}{\Delta t_P}$$

$$v_S=\frac{\Delta l}{\Delta t_S}$$

式中：v_P、v_S 为声波纵波、横波速度；Δt_P、Δt_S 为声波纵波、横波到达两接收换能器的时间差；Δl 为两接收换能器的间距。

（三）声波CT法

声波CT探测原理与地震波CT相同，其主要差异在于波的频率。一般地震波CT探测的弹性波频率在数十至数百赫兹，而声波CT探测的弹性波频率在 $n\times10^3\sim n\times10^4$ Hz，因此声波CT的探测分辨率更高，但有效探测距离要小，适宜于小范围的精细结构的探测。

三、工程应用

声波探测主要用于测定岩体或混凝土的声波纵波速度和声波横波速度，利用声波纵、横波速度计算岩体或混凝土的物理力学参数，评价岩体完整性、风化程度、混凝土质量，确定洞室岩体松弛厚度，检查岩体灌浆效果等。

（一）应用条件

声波探测适用于日标地质体与围岩之间存在显著的声波差异的区域，可用于表层和钻孔、平洞、探坑、探槽等裸露岩体或混凝土的探测。

（二）应用范围

1. 测定岩体的动弹性系数

根据岩体或混凝土的声波纵、横波速度，可利用以下公式计算岩体或混凝土的动弹性模量 E_d、动剪切模量 G_d 及泊松比 σ 等物理力学参数，对岩体或混凝土的动力学特征做出评价。

$$E_d=\frac{\rho v_S^2(3v_P^2-4v_S^2)}{v_P^2-v_S^2}$$

$$G_d=\rho v_S^2$$

$$\sigma=\frac{v_P^2-2v_S^2}{2(v_P^2-v_S^2)}$$

式中：v_P、v_S 为声波纵波、横波速度；ρ 为介质的质量密度。

2. 评价岩体的完整性和风化程度

根据岩体声波纵波速度和岩块声波纵波速度，计算岩体的完整性系数 k_v，用于评价岩体的完整性和风化程度。

3. 测定洞室围岩松弛厚度

由于洞室或坝基开挖后，围岩应力发生调整，在洞室周围

或建基面形成应力松弛带，导致岩体声速降低。在洞室围岩的不同位置，测得岩体声速沿孔深的变化曲线，根据声速～深度曲线形态及变化趋势，判定各钻孔位置的围岩应力松弛深度，确定洞室围岩或建基面岩体的松弛厚度。

4. 检查岩体灌浆效果

在岩体灌浆前后，对岩体进行声波测试，通过对比灌浆后与灌浆前的声速提高幅度，判断岩体灌浆效果。

$$k=\frac{v_{p后}-v_{p前}}{v_{p前}}\times100\%$$

式中：k 为声速提高幅度；$v_{p前}$ 为灌浆前岩体声波纵波速度，$v_{p后}$ 为灌浆后岩体声波纵波速度。

利用声波 CT 检查岩体灌浆效果，可以圈定灌浆的位置与范围，详细评价两孔之间岩体灌浆效果。

5. 岩体或混凝土质量检测

利用声波 CT 对岩体或混凝土进行检测，查明断面岩体或混凝土的声速分布规律与特征，圈定破碎岩体或缺陷混凝土的位置与范围，对岩体质量或混凝土进行全面、详细的评价。

第六节　放射性探测

一、基本原理

地壳内的天然放射性元素蜕变时将放射出 α、β、γ 射线，这些射线穿过介质便会产生游离、荧光等特殊的物理现象。放射性勘探就是借助研究这些现象来寻找放射性元素矿床和解决有关地质问题的一种物探方法。

二、探测方法

放射性勘探方法按所测量的射线及测试方式不同可分为伽玛测量、α 射线测量、伽玛—伽玛测量、同位素示踪法和放射性气体测量等。

（一）伽玛测量

γ 测量使用辐射仪或能谱仪，可测量射线的强度和射线的能谱。通过测量伽玛场的分布，寻找隐伏断层破碎带和地下贮水构造。

（二）α 测量

α 测量采用静电 α 卡法和瞬时测氡方法，测量氡的放射性同位素及其短寿衰变子体产生的 α 粒子。其中射气测量是瞬时测氡方法，静电 α 卡法是累积测氡方法。由于岩层中裂隙带或构造破碎带的放射性气体作用比周围致密岩石放射性气体逸散能力强；同时，氡气在运移过程中要自行衰变，其衰变产物 RaA、RaB、RaC 等一系列子体以固体物的形态存在于放射性气体的行迹之中，寄存于地表土壤的空隙中。通过 α 测量发现氡的富集带，进而找寻隐伏断层构造带和断层裂隙水。

（三）γ—γ 测量

γ—γ 测量主要用于测量岩土的密度，计算其孔隙度。根据测量方式不同分为钻孔内测量、钻孔间测量和岩（土）表层测量，钻孔内 γ—γ 测量和岩（土）表层 γ—γ 测量是采用散射 γ 射线法，记录人工 γ 射线源放射的 γ 射线与周围岩土层作用后散射的 γ 射线强度；钻孔间 γ—γ 测量是采用宽束 γ 射线吸收法，记录人工 γ 射线源放射的 γ 射线通过岩土层后的 γ 射线强度。

（四）放射性气体测量

放射性气体氡浓度测量是利用静电场收集氡衰变的第一代子体 RaA 作为测量对象，而 RaA 的 α 射线放射性强度与氡浓度成正比，利用下式可计算土壤和空气中的氡浓度。

氡浓度计算公式：

$$C_{Rn}=J_{\pm}N_{aRaA}$$

式中：C_{Rn} 为氡浓度，Bq/m^3；N_{aRaA} 为 RaA 的 α 计数；$J_{\pm}$ 为土壤氡气的换算系数，Bq/m^3，由标定确定。

（五）同位素示踪法

放射性同位素示踪法是利用放射性同位素作指示剂，来研究与探测地下水的流速、流向、流量及渗透系数等水文参数。

同位素方法的实质就是把具有放射性同位素的物质（如溶有放射性物质的泥浆、水以及其他物质）放入井内（投放井），当它与地下水一起流动时，在邻近的钻井中（检测井）测量 γ 射线强度，或在投放井本身测量放射性浓度随时间的变化情况。根据测量结果即可确定地下水的流动特性。

在钻孔中或井间进行同位素示踪测量时，可按下式计算各测点的渗透系数。同位素示踪测井计算渗透系数公式：

$$K=\frac{\pi(\gamma^2-\gamma_0^2)}{2I\alpha\gamma t[\ln(N_0-N_B/N_t-N_b)]}$$

式中：K 为渗透系数，m/d；I 为测试孔附近的地下水水力坡度；γ 为测试孔滤水管内半径，m；γ_0 为探头半径，m；t 为示踪剂浓度从 N_0 变化到 N_t 所需的时间，d；N_0 为同位素在孔中的初始计数率；N_t 为同位素 t 时刻的计数率；N_b 为放射性本底计数率；α 为流场畸变校正系数。

三、工程应用

（一）应用条件

放射性勘探方法适用于探测具有较好透气性和渗水性的构造破碎带。

（二）应用范围

（1）根据测量地表 γ 场的分布寻找隐伏断层破碎带和地下贮水构造（地下热水效果更好），也可用于环境放射性检测等。

（2）根据测量覆盖层中 α 射线（氡及其衰变子体 α 粒子）的总量探测地下隐伏构造和地下水。

（3）根据测量坑道、钻孔和地表岩（土）层的原状密度，用于探查土坝、堤防、河床沉积及其他土建工程中的土基密度。

（4）根据放射性气体测量划分地层岩性、寻找隐伏断层破碎带和地下贮水构造，也可对地下建筑物和室内外的空气实施监测，评价放射性气体对环境的影响。

（5）根据同位素示踪参数测定地下水流向、渗透系数和实际流速等参数，了解地下水流场的形态及变化规律。

第七节　综合测井

通过测量与研究钻孔中地层的电化学特性、导电特性、声学特性、放射性、磁性以及密度、孔隙度、渗透性等地球物理特性，解决钻孔中地质或工程问题的物探方法，简称为测井。因测量方法与参数众多，故称为综合测井。目前常用的测井方法有：电测井、声波测井、放射性测井及其他测井方法（如温度测井、钻孔电视观察、井径测井、井斜测井等）。合理运用测井方法可以解决如下一些工程地质和水文地质问题：

（1）划分钻井地质剖面、区分岩性。

（2）确定含水层的位置、厚度，划分咸淡水分界面。

（3）研究含水层的有关水文地质参数，如：孔隙度，渗透系数，地下水矿化度，流速、流向、涌水量以及相互补给关系等。

（4）确定岩石的物理参数，如电阻率、弹性波速度、密度、磁性等。

（5）研究并了解井壁以及钻井技术情况，其中包括探测裂隙、溶洞，测量井径、井斜、井温、套管接箍等钻井工艺问题。

一、电测井

电测井是以研究钻孔地质剖面上地层的电性和电化学活动性为基础的一类测井方法，包括视电阻率测井、侧向测井、自然电位测井等。

（一）视电阻率测井

视电阻率测井原理与地面电阻率法相似，并是以研究岩石电阻率的差异为基础。由于电阻率测井的影响因素较多，测得的电阻率一般为视电阻率 ρ_s，故称为视电阻率法测井。视电阻率测井主要用于：

（1）划分钻孔地质剖面。

（2）确定含水层的位置和厚度。

（3）确定岩石电阻率参数。

（4）确定孔隙度。

（二）侧向测井

侧向测井也称聚焦测井，是在普通电阻率测井的供电电极上、下各增加一个屏蔽电极，接通与供电电流极性相同的屏蔽电流，致使供电电流几乎呈圆盘状，沿垂直井轴方向全部流入地层，从而实现对地层电阻率的测量。根据电极装置的不同，侧向测井可分为：三电极侧向测井、七电极侧向测井和六电极侧向测井等。

侧向测井主要用于划分薄层和研究地层结构，确定岩层的真电阻率。

（三）自然电位测井

利用孔内岩层本身自然电场的特征来研究孔内地质情况的测井称为自然电位测井法。将一测量电极 M 置于钻孔中，另一测量电极 N 置于地面，通过不断移动 M 电极，连续测得 M 和 N 电极间的电位差，可得到一个与孔壁岩体和井液有关的自然电位测井曲线。自然电位测井主要用于：

（1）区分岩性，划分渗透层、确定咸淡水界面。

（2）确定地层水的矿化度。

（3）估算砂层的泥质含量。

二、声波测井

声波测井是以声波在岩石中传播的速度、岩石对声波能量的吸收以及岩石对声波的折射和反射等性质为基础，来评价地层，划分岩性，计算孔隙度的一种测井方法。由于声波测井仪器所使用的声波频率一般大于 20kHz，故工程上又称之为超声波测井。常用的声波测井方法有声速测井和声幅测井。

（一）声速测井

声速的大小主要与岩石的密度、表面破碎程度、裂隙或节理发育程度以及岩石的孔隙度、胶结程度、风化程度等因素有关。目前在声速测井中主要是利用纵波，所以声速一般是指岩石的纵波传播速度。

声速测井的应用：①划分岩性；②评价岩体完整性，方法同声波探测；③评价岩体风化程度，方法同声波探测；④确定岩层孔隙度。

（二）声幅测井

声幅测井是以研究声波幅度的衰减特性为基础。声幅在岩石中的衰减性质主要与岩石的结构、空隙中液体的性质有关，在裂隙，破碎带和孔隙地层中声波发生强烈的衰减，借此可以根据声幅曲线的低值异常来划分含水裂隙带或破碎带以及解决其他某些地质和工程问题。

由于声幅测井的影响因素较多，应用尚不广泛，目前主要用于固井质量检查。钻孔中沿套管滑行的波称为套管波，测量套管波的首波幅度可以判断固井水泥的胶结质量。

通常用相对幅度的大小作为判断标准。设完全无水泥井段的声幅为 A，有水泥井段的声幅为 B，当相对声幅 $B/A>30\%$（或 40%），水泥胶结不好；当相对声幅 $B/A<20\%$，水泥胶结良好；当相对声幅 $B/A=20\%\sim30\%$（或 40%），水泥胶结中等。

三、放射性测井

放射性测井是测量地层及孔内介质核物理性质的一类测井方法。根据测量方法的不同，可分为天然放射性测井和人工放射性测井两类。天然放射性测井可分为自然伽玛测井和自然伽玛能谱测井；人工放射性测井可分为伽玛—伽玛测井、井中伽玛测井和中子—中子测井以及放射性同位素等方法。常用的有自然伽玛能谱测井和伽玛—伽玛测井。

（一）自然伽玛测井

当地层中放射性元素放射出的伽玛射线经过井液穿过井下探管外壳进入探测元件时，即产生一电脉冲信号，经放大电路放大后变成电位差，然后由仪器记录下来。当探管沿钻孔移动测量，即可得到一条自然伽玛测井曲线。测量自然伽玛射线强度的测井称为自然伽玛测井（GR），测量自然伽玛射线能谱的测井称为自然伽玛能谱测井（NGS）。

自然伽玛测井方法主要应用于：①划分地层和地层对比；②确定岩石泥质含量。

（二）伽玛—伽玛测井

将带有伽玛源的放射性测井仪放入孔内，伽玛源放射出的伽玛射线与钻孔周围的地层发生相互作用，将产生光电效应、康普顿—吴有训效应等。由于 γ—γ 测井读数反映了介质的密度情况，所以通常将伽玛—伽玛测井称为密度测井。其中只有康普顿效应才与地层的密度成正比关系。因此在密度测井时，首先要保证被测的散射伽马射线的强度主要反映光子在地层中的康普顿散射过程。

目前，在伽玛—伽玛测井中使用的 γ 源主要有 $^{137}C_S$ 和 $^{60}C_O$ 两种。根据测量方法的不同，通过康普顿—吴有训效应散射测量地层的密度（即密度测井），通过光电效应测量地层岩性和密度（即岩性—密度测井），确定地层的孔隙度。可用于：①划分岩性；②判断气层。

四、其他测井

（一）温度测井

温度测井又叫井温测井，主要用于裸眼井中研究地热分布和确定产层以及在固井之后确定水泥面上返高度等。井内的温度测量可以解决一系列地质和工程技术问题。如在地热勘探中测量岩层的温度，地温梯度，井内温度，确定井内出水位置以及管外液体流动情况等。

常用的井温测量有梯度井温测量和梯度微差井温测量，梯度井温测量主要反映井内温度梯度变化情况，微差井温测量是钻孔内一定间距两点间温度变化情况。

温度测井主要用于：①测量钻孔内地温梯度，确定地层的温度；②确定钻孔进水（漏水）位置。

（二）钻孔电视观察

钻孔电视观察利用摄像探头、罗盘、深度计数装置将钻孔岩壁的全断面图像、方位及深度摄录下来。

钻孔全孔壁数字成像是在探头前端安装一个高清晰度、高分辨率的光学摄像头，摄录通过锥形镜或曲面镜反射回来的钻孔孔壁图像，随着探头在钻孔中的不断移动，形成连续的孔壁扫描图像及影像。通过对实时摄录的圆环图像按照一定的方位顺序进行展开，并根据记录的深度进行连续拼接，形成展开式钻孔孔壁图像或连续的虚拟岩芯。钻孔全孔壁数字成像工作原理见图 2.6.7-1。

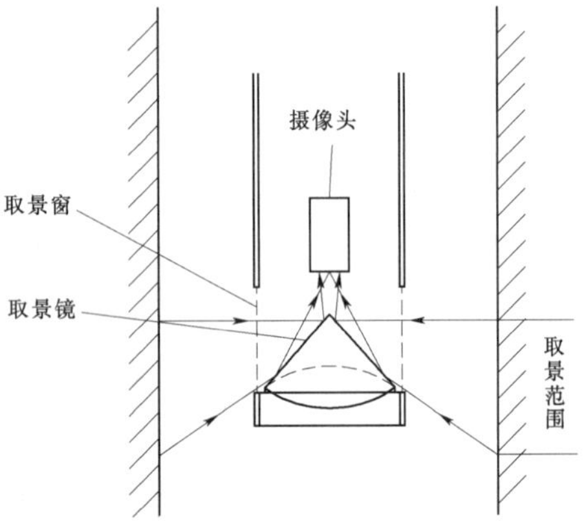

图 2.6.7-1　钻孔全孔壁数字成像工作原理图

钻孔电视观察主要应用于划分地层、区分岩性，确定岩层节理、裂隙、断层、破碎带和软弱夹层的位置、厚度和产状，观察钻孔揭露的岩溶洞穴的情况；也可用于检查灌浆质量，混凝土浇筑质量，井下物体观察等。

（三）井径测量

井径测量是测量钻孔孔径及变化的一种测井方法。常用的井径仪有四臂井径仪和多臂井径仪，前者测量钻孔的平均孔径，后者测量不同方位的孔径。通常，为了提高测井效率，井径的测量往往与其他测井一起同时进行。

井径测量主要用于了解钻孔岩性的变化情况和为解释其他测井资料提供孔径参数值。

（四）井斜测量

钻孔内某深度点的倾斜由倾角和方位角来表示。倾角又叫顶角，即井轴偏离垂直方向的角度 δ。方位角即井轴（沿深度增加方向）在水平面上的投影与磁北方向的夹角 φ。测量井的倾角和方位角的仪器称为井斜仪。

目前国内普遍使用电阻式井斜仪，其基本原理是将倾角和方位角的变化转变为电位器可变电阻值的变化，然后利用校验的方法将电阻值（或电位差值）换算成角度的大小。井斜的测量方式根据仪器的性能不同，井斜可以逐点测量或连续测量。

井斜测量主要用于检查钻孔的偏斜，并为测井资料解释和指导定向钻井提供依据。

第八节　物探方法的综合应用

工程物探应根据探测对象的埋深、规模及其与周围介质的物性差异，选择有效的物探方法。在水电工程勘察中，根据不同勘察阶段的技术要求和物探工作条件，可综合应用多种物探方法来解决某些工程地质问题。通常采用综合物探方法查明的主要工程地质问题见表 2.6.8-1。

表 2.6.8-1　　工程地质物探方法的综合应用

探测对象	探测内容	探测方法	技术要求	成果图件与探测精度
覆盖层	覆盖层厚度，覆盖层分层，古河道或基岩面起伏形态，覆盖层物性参数，天然建筑材料分层与评价，覆盖层地下水位	主要方法有：地震折射法、地震反射法、电测深、高密度电法、可控源音频大地电磁测深、瞬变电磁法、地震波 CT、电磁波 CT 等。 配合方法有：瑞雷波法、电剖面、探地雷达等	（1）一般使用地震折射波法或地震反射波法，使用地震反射波法时宜配合一定量的其他物探方法或钻探作对比分析。 （2）当覆盖层厚度较小且（小于 20m）要求详细分层时，宜使用瑞雷波法、横波反射法或探地雷达法，且同时布置一定量的其他物探方法或钻探作对比分析。 （3）在水域，可使用水声探测、地震折射波法或地震反射波法。 （4）当覆盖层似层状分布时，可使用电测深法或高密度电法。 （5）当覆盖层厚度较大，或无法使用炸药震源时，可使用可控源音频大地电磁测深法。 （6）当可利用钻孔探测时，可使用地震 CT 或电磁波 CT 法。 （7）在地形开阔、起伏相对平缓的测区，可选用一种地面物探方法；在主要测线和地质条件较复杂的地段可选用作综合物探方法	主要成果图件有： 物探剖面成果解释图，覆盖层等厚度图，基岩面等高线图。 探测精度要求： 当测区具有勘探有利条件，又有少量钻孔可被利用的情况下，探测厚度大于 10m 的覆盖层时，深度误差应小于 15%；物探地质条件复杂测区，探测误差不宜大于 20%
隐伏构造破碎带	隐伏构造破碎带的位置、规模、分布及延伸情况，测试断层破碎带的物性参数	主要方法有：地震折射法、地震反射法、电剖面、高密度电法、可控源音频大地电磁测深、地震波 CT、综合测井等。 配合方法有：电测深、瞬变电磁法、探地雷达、自然电场法、激发激化法、电磁波 CT、瑞雷波法、放射性探测等	（1）地震折射波法宜探测具有一定宽度（大于 3m）的构造破碎带。 （2）当隐伏构造破碎带为低阻异常时，宜采用适当极距的联合剖面法、电测深剖面或高密度电法探测。 （3）当构造破碎带中富集地下水时，可使用激发极化法和电阻率法综合探测。 （4）当构造破碎带埋深较大时，宜使用可控源音频大地电磁法。 （5）当构造破碎带已被钻孔揭露且呈低阻时，可采用充电法测定构造破碎带的走向。 （6）当有钻孔可利用且隐伏构造破碎带位于两孔之间时，可使用地震波 CT 法。 （7）当构造破碎带有地下水活动产生过滤电场时，可采用自然电场法。 （8）地震反射波法适宜于探测具有垂直断距，上、下盘岩面有一定高差的断层。 （9）当构造破碎带具有较好的透气性和渗水性，有放射性气体沿断裂带上升至地表时，可使用放射性法。 （10）当钻孔揭露构造破碎带时，可采用综合测井确定位置及物性参数。 （11）当洞室揭露构造破碎带时，可用地震波法测试动力学参数	主要成果图件有： 物探剖面成果图，物探平面地质成果图。 探测精度要求： 在测区内存在有利条件的情况下，当覆盖层厚度小于 10m 时，应能查明 2～3m 宽度的构造破碎带；当覆盖层厚度小于 10～20m 时，应能查明 3～5m 宽度的构造破碎带；当覆盖层厚度大于 30m 时，应能查明宽度为覆盖层厚度 1/4 的构造破碎带。用地震波 CT 方法应能查明孔距宽度 1/10 的构造破碎带

续表

探测对象	探测内容	探测方法	技术要求	成果图件与探测精度
软弱夹层	软弱夹层的位置、厚度和特性	主要方法有：地震波CT、声波CT、综合测井等	(1) 当有钻孔可利用且软弱夹层位于两孔之间时，可使用地震波CT法或声波CT法。 (2) 当钻孔揭露软弱夹层时，可使用综合测井确定位置及物性参数。 (3) 当洞室揭露软弱夹层时，可用地震波法或声波法测定其动力学参数	主要成果图件有： 钻孔综合测井成果图，软弱夹层深度、厚度及物性参数统计表。 探测精度要求： 当基岩中的钻孔直径小于100mm、孔壁较完整，且夹层倾角小于30°时，探测精度应满足下列要求： (1) 钻孔电视探测软弱夹层应不遗漏厚度大于1mm的夹层，当夹层厚度在20mm之内时，测定夹层厚度的误差应小于3mm。 (2) 电阻率测井应探测软弱夹层的厚度不小于5cm，在浅部应不遗漏3cm以上的夹层；测定厚度的误差应小于软弱夹层厚度的15%。 (3) 放射性测井应不遗漏厚度大于20cm的软弱夹层，测定厚度的误差应小于软弱夹层厚度的15%。 (4) 深度相对误差应小于5‰。 (5) 钻孔电视测定软弱夹层的产状、倾角误差应小于5°，倾向误差应小于20°
滑坡体	滑坡体的分布范围和厚度，测定滑动面（滑带）特性，确定滑坡区含水层、富水带的分布和埋藏深度	主要方法有：地震折射法、地震反射法、瑞雷波法、电测深、高密度电法、可控源音频大地电磁测深、地震波CT、综合测井等。 配合方法有：瞬变电磁法、探地雷达、电磁波CT等	(1) 一般情况下，应同时开展地震折射波法和地震反射波法：地震折射波法用于确定滑坡体及下伏岩土体的波速、滑坡体厚度，地震反射波法用于追踪滑带和滑坡体内分层等。 (2) 滑坡体厚度似层状分布时，可使用电测深或高密度电法。 (3) 当滑坡体厚度较大时，宜使用音频大地电磁测深法。 (4) 当钻孔揭露滑坡体时，可用综合测井方法辅助确定滑动面	主要成果图件有： 物探测试成果剖面图、平面图、滑坡体等厚度图和滑床顶板等高线图。 探测精度要求： 在有利条件下，滑坡体厚度或深度探测误差应小于15%；不利条件下，厚度或深度误差应小于20%
岩溶	岩溶的形态、分布和规模，确定其连通性、延伸走向和充填情况	主要方法有：电测深、高密度电法、瞬变电磁法、探地雷达、地震波CT、电磁波CT、地震反射法、可控源音频大地电磁测深、综合测井等 配合方法有：电剖面、充电法、激发激化法、地震折射法、瑞雷波法、放射性探测等	(1) 一般情况下，可选用电测深法、高密度电法、音频大地电磁法、地震反射法。 (2) 当有钻孔可利用且岩溶位于两孔之间时，可使用地震波CT法或电磁波CT法。 (3) 当基岩裸露时，可选用探地雷达法、瞬变电磁法。 (4) 当地表覆盖层较薄时，可选用电剖面法、高密度电法、地震折射法、地震反射法和瑞雷波法。 (5) 当地表覆盖层较厚时，可选用音频大地电磁测深法。 (6) 当岩溶富地下水时，可使用激发极化法、自然电位法。 (7) 当钻孔揭露岩溶时，可使用综合测井确定出水点的位置、观察钻孔揭示的岩溶洞穴的发育延伸方向和规模	主要成果图件有： 物探剖面成果图、平面或剖面成果地质解释图，CT色谱图像、地震波CT波速等值线图。 探测精度要求： (1) 地震波CT或电磁波CT法探测岩溶洞穴（尺寸大于孔距的1/10）的有效率不低于90%，确定异常范围的精度不低于60%。 (2) 高密度电法、电磁法探测岩溶洞穴（尺寸大于埋深的1/20）的有效率不低于80%，确定异常范围的精度不低于50%。 (3) 探地雷达探测岩溶洞穴（尺寸大于埋深的1/20）的有效率不低于90%，确定岩溶洞穴顶板埋深及水平范围的精度不低于85%。 (4) 地震反射波法和瑞雷波法探测岩溶洞穴（尺寸大于埋深的1/10）的有效率不低于90%，确定岩溶洞穴范围的精度不低于60%
风化卸荷分带	岩体风化程度和风化厚度，划分风化带；确定风化卸荷带的宽度及影响范围	主要方法有：地震波测试、地震折射法、声波探测法、声波CT、地震波CT、可控源音频大地电磁测深、瑞雷波法、声波测井等。 配合方法有：电测深、高密度电法、探地雷达法等	(1) 一般情况下，宜使用地震波法、地震折射法、瑞雷波法、探地雷达法、电测深法和高密度电法等。 (2) 当有钻孔可利用时，可使用声波测试、声波CT、地震波CT、和声波测井。 (3) 当覆盖层厚度较大时，可选用可控源音频大地电磁测深法	主要成果图件有： 物探剖面成果图、岩体风化带等高线图或等厚度图、卸荷裂隙带影响范围图。 探测精度要求 (1) 当有少量的钻孔、探洞、探坑的弹性波资料可以利用时，地表下岩体风化带分层、深度和厚度的探测误差应小于20%；当无钻孔资料可利用时，深度误差一般应小于30%。 (2) 利用钻孔、平洞探测岩体风化分层和卸荷宽度误差一般应小于2m

续表

探测对象	探测内容	探测方法	技术要求	成果图件与探测精度
地下水	含水层位置及地下水位；地下水补径排关系及咸淡水界线；地下水流向、流速及流量	主要方法有：电测深、高密度电法、充电法、激发激化法、可控源音频大地电磁测深等。 配合方法有：地震折射法、地震反射法、瞬变电磁法、探地雷达、放射性探测、综合测井等	(1) 探测第四纪砂砾石层中的含水层，宜选用电测深法、高密度电法和地震反射波法。 (2) 探测基岩中地下水，可选用地震折射波法、地震反射波法、激发极化法、放射性探测，埋藏较深时可使用音频大地电磁测深法。 (3) 探测充水渗漏带应使用自然电场法。 (4) 探测第四纪地下水的咸淡水平面分界，圈定地下水污染范围，可采用电测深、电剖面和瞬变电磁法。 (5) 划分多层地下含水层中咸水、淡水界线，可采用综合测井、自然电位法。 (6) 探查堤坝隐患和水库渗漏途径，可使用自然电场法、充电法	主要成果图件有： 地质—物性剖面图、水文地质平面图；标出物探推断的富水地带、渗漏带和地下水流向，咸、淡水分界线，地下水污染范围。 水文地质参数测定应提交水文测井曲线解释成果图及测定地下水流速、流向、渗透速度和渗透系数的计算成果图表。 探测精度要求： (1) 在地面探测地下水条件有利时，测定含水层、隔水层深度和地下水位的深度误差一般应小于20%； (2) 在钻孔中用测井方法测定的深度误差应小于1%。 (3) 测定的水文地质参数与常规水文地质试验值一般相差不大于30%
岩体松弛带	洞室围岩松弛厚度和应力集中区范围	主要方法有：钻孔单孔声波和穿透声波。 配合方法有：地震折射法、瑞雷波法、钻孔电视等	(1) 一般采用单孔声波测试，也可同时采用穿透声波、钻孔电视。 (2) 当洞壁松弛岩体与原位岩体具有明显的波速差异时，也可采用小排列相遇地震折射波法或瑞雷波法	主要成果图件： 钻孔声波成果图、断面内钻孔波速成果图、断面成果解释图，还可以有地震剖面成果图、面波频散曲线图、探地雷达剖面成果图等辅助图件。 探测精度要求： 松弛层厚度的相对误差应不大于10%
岩（土）体动力参数测试	纵波速度、横波速度、泊松比、动弹性模量、动剪切模量、单位抗力系数、各向异性系数、孔隙度和岩体完整性系数等	主要方法有：地震波法、声波探测法、钻孔声波、跨孔剪切波法、瑞雷波法、地震折射波法、声波测井等	(1) 洞壁、基岩露头一般使用地震波法和声波探测法。 (2) 洞壁或基岩有风钻孔，一般单孔声波法、穿透声波法。 (3) 钻孔一般采用声波测井、跨孔剪切波法。 (4) 有覆盖层时，宜采用地震折射波法、瑞雷波法	
岩（土）体电性参数测定	电阻率、接地电阻	主要方法有：电测深、电阻率测井等	(1) 一般采用电测深法和电阻率测井等方法。 (2) 在有钻孔可利用时，可综合应用电测深法和电阻率测井法。 (3) 基岩露头或平洞内可采用小极距电测深法。 (4) 水的电阻率可采用微极距电测深法	
建基岩体质量	测定建基面岩体的动力学参数，圈定低速体范围和松弛岩体厚度，评价建基岩体的质量	主要方法有：声波探测法、声波CT、地震波法、声波测井、钻孔静弹模、钻孔电视等。 配合方法有：地震折射法、瑞雷波法、地震波CT等	(1) 有钻孔可利用时，一般采用钻孔声波测井、声波CT、钻孔电视、钻孔静弹模和地震波CT。 (2) 当有覆盖层且无钻孔时，宜采用地震折射波法、瑞雷波法。 (3) 当建基面裸露或开挖后，一般采用地震波法、声波探测法、声波测井、声波CT、钻孔静弹模。 (4) 在可溶岩地区，可使用探地雷达探查建基面以下的不良地质体	主要成果图件： (1) 钻孔声波检测应提交单孔和对穿声波速度曲线图，各坝块或坝段声速概率分布图，按地质单元和岩体质量分类的声速概率分布图及统计表。 (2) 钻孔原位静动对比试验所建立的声波速度与变形模量关系曲线图。 (3) 建基岩体平面和剖面地震波CT、声波CT图像及相应的变形模量分区图。 (4) 地震连续波速测试的时距曲线及速度剖面图
土石坝及堤防隐患	探测洞穴、动植物腐质、松散层等渗漏隐患的规模、位置与埋深，查找渗漏入水口	主要方法有：电剖面法、高密度电法、地震反射法、瑞雷波法、可控源音频大地电磁测深、地震波CT等。 配合方法有：电测深、瞬变电磁法、探地雷达、自然电场法、激发激化法、电磁波CT、瑞雷波法、放射性探测等	(1) 土石坝及堤防中的洞穴、松软层、裂隙等隐患一般采用电剖面法、高密度电法、瞬变电磁法、地震反射法、瑞雷波法、音频大地电磁法和探地雷达法。 (2) 深部隐患宜选用音频大地电磁测深法。 (3) 浸润线以下的渗漏隐患、渗漏入水口探查宜选用自然电场法	主要成果图件： 物探物性剖面图、钻孔综合测试成果图、平面或剖面成果解释图。 探测精度要求： (1) 地震波CT法探测堤防上洞穴、其他渗漏隐患（尺寸大于孔距的1/30）的有效率不低于90%，确定异常范围的精度不低于60%。 (2) 高密度电法探测堤防上洞穴、其他渗漏隐患（尺寸大于埋深的1/20）的有效率不低于80%，确定异常范围的精度不低于50%。 (3) 探地雷达探测堤防上洞穴、其他渗漏隐患（尺寸大于埋深的1/20）的有效率不低于90%，确定异常顶板埋深及水平范围的精度不低于85%。 (4) 地震反射和瑞雷波法探测堤防上洞穴、其他渗漏隐患（尺寸大于埋深的1/10）的有效率不低于90%，确定异常范围的精度不低于60%

续表

探测对象	探测内容	探测方法	技术要求	成果图件与探测精度
灌浆效果	检查灌浆效果，测定灌浆前后岩体的动力学参数	主要方法有：声波探测法、声波CT、钻孔静弹模。 配合方法有：地震波法、钻孔电视	（1）一般利用钻孔或风钻孔进行声波单孔法测试，也可同时进行声波穿透法或声波CT测试；必要时采用钻孔静弹模测试。 （2）没有钻孔可利用时，可采用地震波法。 （3）可辅助采用钻孔电视观察水泥浆固结情况	主要成果图件： 钻孔分布图、单孔声速曲线、跨孔声速曲线、声波CT声速色谱图及等值线图、参数统计图、灌浆前后比对图。 探测精度要求： 单孔声速和跨孔声速测试的相对误差应小于10%，动静弹模相对误差应小于20%
超前预报	预报掌子面前方的结构面、不良地质体和地下水富集区	主要方法有：地震负视速度法（TSP等）、探地雷达法、超前钻孔法等。 配合方法有：孔内雷达、地震小偏移距单点反射法、红外测温法、瞬变电磁法、Beam法等	（1）一般采用地震负视速度法（如TSP）和探地雷达法。 （2）发现掌子面前方有重大不良地质体或地下水富集时，可采用超前钻孔法和孔内雷达法。 （3）地下水与围岩有明显的温差时，可采用红外测温法。 （4）TBM施工时，宜采用Beam法。 （5）隧洞内金属干扰较少时，可采用瞬变电磁法。 （6）一般宜采用两种或两种以上综合探测方法，以提高预报的准确性和可靠性	主要成果图件： （1）TSP预报：掌子面素描图、TSP波形图、反射层图、深度偏移图、地质渲染图、结构面视图和物理力学参数表。 （2）探地雷达预报：掌子面素描图、雷达探测图像、物探～地质解释图。 探测精度要求： 在物性条件有利、干扰小的情况下，采用综合物探方法预报精度应不低于80%
无损检测	灌浆效果检测、结构混凝土检测、金属结构检测、锚杆锚固质量检测、钢筋检测、质点振动检测	主要方法有：超声波探测法、超声回弹法、冲击回波法、地质雷达法、钻孔电视法、超声波探伤法、X射线法、磁粉探伤法、锚杆声反射法、电磁感应法、振动监测法、γ测量法、氡浓度测量法	（1）灌浆效果检测一般采用超声波探测法和钻孔电视法。 （2）结构混凝土质量检测一般采用超声波探测法、冲击回波法、钻孔电视法和地质雷达法。 （3）金属结构检测一般采用超声波探伤法、X射线法和磁粉探伤法。 （4）锚杆锚固质量检测一般采用锚杆声反射法。 （5）钢筋检测一般采用电磁感应法和地质雷达法。 （6）质点振动参数检测一般采用振动监测法。 （7）环境放射性检测一般采用γ测量法和氡浓度测量法	无损检测项目一般要求所检测参数通过计量认证，符合相关规程规范及计量认证程序要求

第七章 遥感技术应用

第一节　遥感类型及适用范围

一、基本概念

（一）遥感

遥感（remote sensing）从广义上说，泛指一切无接触的远距离探测，包括对电磁场、力场、机械波（声波、地震波）等的探测。实际工作中，重力、磁力、声波、地震波等的探测被划为物理探测的范畴，只有电磁波的探测属于遥感的范畴。从狭义上说，遥感是借助对电磁波敏感的仪器，从远处（不与探测目标相接触）记录目标物对电磁波的辐射、反射、散射等信息，通过处理、分析，识别目标物、揭示出目标物的几何形状大小、相互关系等特征性质及其变化规律的综合性探测技术。

（二）遥感系统

遥感系统由遥感平台、遥感器、信息传输接收装置以及数字或图像处理设备等及其技术组成。遥感平台（remote sensing platform）是安放遥感仪器的装置，如气球、飞机、人造卫星、航天飞机以及高架车等。遥感器/传感器（remote sensor）装在遥感平台上，是接收和记录目标物辐射、反射、散射信息的装置，常见的有可见光照相机、红外照相机、红外扫描仪、多波段扫描仪、微波辐射仪、真实孔径雷达和合成孔径侧视雷达等多种。信息传输设备用于将遥感信息从远距离平台（如卫星）传回地面站。信息处理设备包括彩色合成仪、图像判读仪和数字图像处理机等。图像处理设备对地面接收到的遥感图像信息进行处理（几何校正、滤波等）以获取反映地物性质和状态的信息。图像处理设备可分为模拟图像处理设备和数字图像处理设备两类，现代常用的是后一类。判读和成图设备是把经过处理的图像信息提供给判释人员直接判释，或进一步用光学仪器或计算机进行分析，找出特征，与典型地物特征进行比较，以识别目标。地面目标特征测试设备测试典型地物的波谱特征，为判释目标提供依据。

二、遥感技术原理与特点

（一）遥感技术原理

任何物体都具有光谱特性，具体地说，它们都具有不同的吸收、反射、辐射光谱的性能。在同一光谱区各种物体反映的情况不同，同一物体对不同光谱的反映也有明显差别。即使是同一物体，在不同的时间和地点，由于太阳光照射角度不同，它们反射和吸收的光谱也各不相同。遥感技术就是根据这些原理，对物体作出判断。

（二）遥感技术特点

（1）视域广阔，监测范围最大可覆盖整个地球。

（2）遥感影像形象逼真，信息丰富，可进行定性、定量分析和量测。

（3）可瞬时成像、实时传输、快速处理，有助于迅速获取信息和实施动态监测。

（4）可利用不同目标物对不同波段电磁波的穿透或反射特性来认识目标物，可获取地面以下一定深度内的地质信息。

（5）不受被探测场地的空间和交通限制。

（6）数字化的信息可在室内进行反复研究和分析。

三、遥感分类及应用

（一）根据遥感平台的高度分类

按照遥感平台的工作高度，遥感可分为航天遥感、航空遥感和地面遥感，详细分类的特点及应用情况见表 2.7.1-1。

表 2.7.1-1　　遥感按工作平台高度分类表

分类	定义	遥感平台	特点及应用
航天遥感（太空遥感）	从人造卫星轨道高度上对地球表面的遥感	地球人造卫星、航天飞机、宇宙飞船、航天空间站等	覆盖范围大、不受领空限制、可进行定期重复的轨道观测等。卫片在判明区域地质条件，特别是对活断层分布特征的分析能发挥出独特的作用
航空遥感（机载遥感）	在航空飞行器的飞行高度上对地球表面的遥感	空中的飞机、飞艇、气球等	机动性强，可以根据研究主题选用适当的遥感器、飞行高度和飞行区域。航片可作为大、中比例尺工程地质测绘底图，用于直观、准确地判明测绘区的基本地质条件，对研究库区的崩塌、滑坡、泥石流等物理地质现象非常有效，多时相航片可用于某些地质现象的对比监测
地面遥感	遥感平台位于地球表面的遥感	高塔、车、船、三脚架等	可进行各种地物波谱测量。数码摄影地质编录技术和地面三维激光扫描技术是近几年新发展起来的地面遥感技术，目前在水电水利工程上应用日益广泛，适用于边坡、洞室、开挖基坑等小范围、大比例尺地质测绘，量测地物的产状、点坐标、迹线长、坡面积和挖填方量

（二）根据电磁波的波谱段分类

按工作波谱段范围，遥感可分为紫外遥感、可见光遥感、红外遥感、微波遥感以及多谱段遥感和高光谱遥感，详细分类特点及应用情况见表 2.7.1-2。

表 2.7.1-2　　遥感按电磁波波谱段分类表

分类	主要利用波谱段	特点及应用
紫外遥感	0.3～0.4μm	多采用摄影方式，可探测的高度大致在 2000m 以下，不宜用于高空遥感。目前主要用于探测荧矿石、碳酸盐岩和地下石油的分布，还可用于水面石油污染监测、地下水资源勘测等

续表

分类		主要利用波谱段	特点及应用
可见光遥感		0.4～0.76μm	一般采用感光胶片或光电探测器作为感测元件，以摄影或扫描方式成像，具有较高的地面分辨率，但只能在晴朗的白昼使用。可见光遥感是目前应用最普遍的遥感技术，数码摄影地质编录技术属于可见光遥感
红外遥感	近红外	0.76～1.3μm	近红外遥感又称为摄影红外遥感，采用摄影或扫描方式接收和记录地物对太阳辐射的红外反射，可用感光胶片直接感测，是常用的遥感技术。地面三维激光扫描技术所采用的电磁波波段属于近红外范畴。中红外和远红外遥感采用热感应方式探测地物本身的辐射，具有昼夜工作的能力。红外遥感在研究城市热场、探测地热和地下水资源、调查河流与湖泊的分布、进行地震的短临期预报、监测森林火灾和火山活动、监测植物病虫害、环境污染和军事侦察等方面都有重要应用
	中红外	3.0～5.0μm	
	远红外	8～14μm	
微波遥感		1～1000mm	对云层、地表植被、松散沙层和干燥冰雪具有一定的穿透能力，能够夜以继日地全天候工作，但空间分辨率低。雷达是典型的主动微波系统，常采用合成孔径雷达作为微波遥感器。微波遥感在地质、水文、大气、考古、农林和全球环境探测中都有重要应用
多谱段遥感		0.4～1000μm	利用多通道遥感器，同步获取地面同一区域的分波段图像数据的技术。通常用的多光谱扫描仪将可见光和红外波段分割成几个到十几个波段，在需要的时候可以按照特定的合成方案合成为彩色图像，可获取更多的有关物体的信息，有利于判释和识别
高光谱遥感		0.4～1000μm	是一种新型成像的遥感技术，可以将可见光和红外波段分割成多达数百个非常窄的、相对更连续的光谱段。使用这种技术的光谱成像仪，可以收集200个以上波段的数据，使图像中的每个像元都得到相对更连续的反射率曲线，而不像一般传统的多光谱扫描仪在波段之间存在间隔

注 因受大气窗口和感光胶片灵敏度的限制，遥感技术利用的主要波谱段并不连续。

（三）按电磁波来源分类

按电磁波来源，遥感可分为主动遥感和被动遥感，详细分类特点及应用情况见表 2.7.1-3。

表 2.7.1-3 遥感按电磁波来源分类表

分类	定 义	特点及应用
主动遥感	又称有源遥感，指从遥感平台上的人工辐射源向目标发射一定形式的电磁波，再由遥感器记录其反射波的遥感系统	不依赖太阳辐射，可以昼夜工作；可以根据探测目的，选择波段和发射方式。使用微波辐射源的侧视雷达和使用激光辐射源的激光雷达等都属于主动遥感系统
被动遥感	又叫无源遥感，指用传感器从远距离接受和记录目标物自身发射的或反射自然物（太阳）辐射的电磁波，继而获取该目标物波谱特征的技术	普通航空摄影、多光谱扫描、热红外扫描以及辐射测量等是常用的被动遥感手段

（四）其他分类

按研究专题或应用领域，遥感可分为资源遥感、环境遥感以及地质遥感、大气遥感、海洋遥感、农业遥感、林业遥感等。按应用的空间尺度，遥感可分为全球遥感、区域遥感和城市遥感等。

四、遥感技术在工程地质中的应用

（一）区域地形地貌调查

当前遥感已经成为地形地貌调查的主要方法，通过遥感获取数字正射影像，建立影像叠加的数字高程模型，可对区域地貌特征从几何形态、物质组成、空间分布等方面进行刻画，然后进行地貌成因分类和制图。

（二）区域地层岩性调查

由于各种岩石对电磁波具有不同的反射率特征，遥感图像能真实地显示地面各种岩石的色彩与形态特征，可解译岩石的物性与类型、产出状况、不同岩性的分界，以及各种岩性的展布状况、变化及其相互关系。

（三）区域地质构造调查

遥感图像提供了大量宏观的线状构造信息，可解译出各种构造形迹的形态特征和尺度，判别各种构造形迹的性质和类型，量测构造要素的产状。通过编制构造解译图，可分析各种构造形迹的空间展布及组合规律，然后总结区域构造特征等。航天、航空遥感能够判识浅表和隐伏的断裂构造、活动断层、地层褶皱、环状构造等地质构造。

（四）水库区崩塌、滑坡、泥石流调查

采用遥感技术获取航卫片或彩红外片进行地质解译，再结合野外的现场观察、复查和检查，可以初步了解许多影响库岸稳定性评价的大型或较大型塌滑体的数量、分布及其稳定状态，确定泥石流沟的分布及其形成范围和形成条件。

（五）岩溶地质调查

利用遥感影像，特别是彩红外影像进行岩溶及岩溶水文地质调查具有特殊的优势，相片解译不仅能很好地判读各种岩溶地貌现象，而且还可以充分利用水质和其他介质红外光谱的差异，判断地下水的分布和泉水分布等。

（六）水文地质调查

地下水的存在会引起土壤表面及植被的温度或辐射强度两种变化。一般利用夜航成像的热红外遥感图像，可分析地下水补给、径流、排泄等区域的水文地质条件，探测泉水或浅层地下水的分布。温度是地下水运动的天然示踪剂，利用热红外遥感探测技术，可查寻溶洞、地下暗河、断裂破碎带、古河道、渗透性较大的风化岩体等水库和大坝的可能渗漏通道。

（七）地质灾害的遥感监测

地质灾害包括火山、地震、滑坡、泥石流、地面沉降、水土流失、沙漠化、盐碱化等。多波段多时相的遥感资料尤其卫星图像能大面积、周期性细致入微地把地面实况记录下来，为地质灾害的定时定位监测、预报研究提供极为宝贵的资料。

（八）中小比例尺地质测绘填图

中小比例尺地质图通常在遥感成图基础上，经野外现场校核后成图，可克服地面观察的局限性，减少盲目性。

（九）地质编录

在岩质边坡、地下洞室以及开挖基坑的地质编录中，采用地面可见光遥感获取岩体数码图像，经过专业软件的处理可得到坐标匹配的连续彩色影像图或三维影像模型，再经过系列人机交互操作，通过目视解译方法提取地质对象的空间信息和属性数据，最后由这些数据编绘地质编录图和其他有关的成果附图和附表。

此外，在水利水电工程中，遥感还可用于水土保持、防洪与移民安置容量的研究。

第二节　遥感影像工程地质解译

一、遥感影像解译的概念和解译标志

（一）遥感图像解译

利用地质学、工程地质学等知识来识别与工程建设有关的地形地貌、地层岩性、地质构造、物理和化学地质现象、水文地质条件等地质作用和地质现象的过程，称为遥感图像的工程地质解译。

（二）遥感图像解译标志

遥感解译标志，是指在遥感图像上能反映和判别目标物属性的图像特征，包括目标物的形状、大小、阴影、色调、纹理、图案、位置和布局等。遥感解译标志分为直接标志和间接标志。

1. 直接标志

凡是能直接反映地质体和地质现象的影像特征，称为直接解译标志。遥感图像的直接解译标志详见表 2.7.2－1。

表 2.7.2－1　　遥感图像的直接解译标志

直接解译标志	反映的地质体或地质现象
形状	指目标物的外部轮廓，地面的物体均具有一定的几何形状，在相片上都能得到相应的形象，比例尺越大形状越清楚。遥感图像所反映的常是物体的顶部形状
大小	指地物的表面积和体积，地物的大小取决于遥感图像的比例尺。解译前首先要确定图像的比例尺，根据地物尺寸来判明地物
阴影	地面上凸出或凹下的地物，在阳光照射下都会产生阴影。地物的阴影分本影和射影两种。 本影：被摄地物未被阳光直接照射到的阴暗部分，多呈不同的灰色色调，有助于获得立体感。射影：是地物落在地面上的投影，亦称落影。射影可以帮助量测物体的高度
色调	指相片黑白深浅的程度。色调的深浅与地物背景的反光能力和光线照明的强弱有关，背景的反光能力越强，阴影片色调就越浅。影响色调变化的主要因素有摄影材料、相纸质量、滤光片类型和洗印技术等。一般将色调划分为 1～10 级，分别是白色、灰白色、淡灰色、浅灰色、灰色、暗灰色、深灰色、淡黑色、浅黑色和黑色
反射差	指物体对光线反射强弱的不同程度。一般反光强的地物具有浅色调，反光弱的地物具有深色调
图案	指由个体较小的地物影像所构成的花纹和图案。根据花纹和图案可以帮助区分岩性和辨认构造、分水岭和微地貌类型。花纹和图案有斑、点、线、条、波、格、栅、垅和链等

2. 间接标志

通过研究、分析、推理、判断，能够辅助识别地物的一些现象，称为遥感图像的间接解译标志（表 2.7.2－2）。水系的类型及其地质解译见表 2.7.2－3。

表 2.7.2－2　　遥感图像的间接解译标志

间接解译标志	反映的地质体或地质现象
水系标志	（1）水系的密度：水系由主流、支流、支沟等多级组成水文网。各地区水文网的密度不一； （2）沟谷的形态：沟谷形态与岩性有关，黏性土地区沟谷的横断面多呈 U 形，黄土地区沟谷的横断面多呈“箱”形，较坚硬岩石地区沟谷的横断面多呈 V 形； （3）水系分布的均匀性：水系分布均匀，反映了地层岩性均一稳定，地质构造简单； （4）水系的类型：水系类型与地层岩性、地质构造、岩层产状、气候条件和侵蚀基准面等有关。水系类型所反映的地质体或地质现象，详见表 2.7.2－3
地貌形态标志	地貌形态通常反映了岩性与构造的差异，一些地貌界线往往也是地质界线
植物标志	植物的密度变化和选择性生长以及植物的缺失或排斥都可用来分析地质现象。例如泥岩和页岩上的植物较砂岩和灰岩上的要密。又如植物呈线性排列常表现为节理和断裂的方向等
水文标志	主要包括小溪、河流、湖泊、沼泽、地下水溢出区，土及岩石的渗透性、含水性，温泉以及水化学异常等，对遥感图像解译具有一定的指示意义，在干旱和半干旱地区这种依附关系更为明显
土壤标志	根据土壤类别、分布、颜色、含水性、纹影特征、附生植物、农林垦植活动等对解译都有一定的指示意义
环境地质与人工标志	人类在自然界中的长期活动，留下了大量的痕迹，如采矿冶炼、地质勘探、道路、建筑、水利、农垦活动和因抽水引起的地面沉降，都可作为地质解译的间接标志
景观标志	地质体在复杂的自然因素长期作用下，构成了独特的外貌。往往由几项易辨认的特征组合起来构成异常景观。如花岗岩地区的地貌：一次侵入的花岗岩常表现为和缓低山丘陵的外貌，具有球状风化的“馒头”山景观，而多次侵入的花岗岩体，由后期侵入伟晶花岗岩构成骨架，却可形成陡峻的山形，如千山、华山、泰山等

表 2.7.2－3　　水系的类型及其地质解译

序号	水系类型	示意图	地质解译
1	树枝状水系		所有支流以锐角流入主流，并向下游发展。多出现在平缓倾斜、地质结构简单、岩层分布比较均匀的地区。在页岩、砂岩和花岗岩地区比较常见
2	格状水系		支流与小支流彼此平行而成直角相交。格状水系受垂直交叉的断裂、裂隙所控制，在平面上形成方格状。在板岩、片岩和砂岩地区最常见
3	羽毛状水系		支流短而密，主流、支流长而稀，支流与支流的交汇角较大，近似于直角相交
4	平行状水系	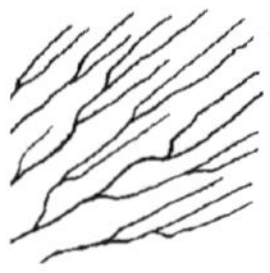	主流与支流大致平行，在单斜山一侧最为常见。主要的河流常存在大断裂或破碎带
5	放射状水系	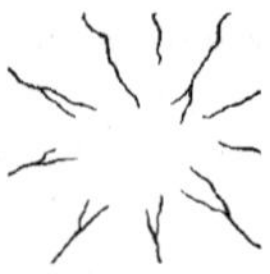	河流围绕隆起区的四周分布，呈反射状由中心向外扩散。一般分布在火山、孤山和穹隆构造地区
6	环状水系	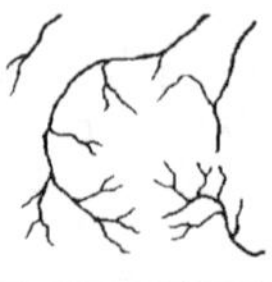	形成条件与放射状水系基本相同，但其主要集水河流环绕隆起区的坡底通过，故在穹窿构造区较为发育
7	向心状水系	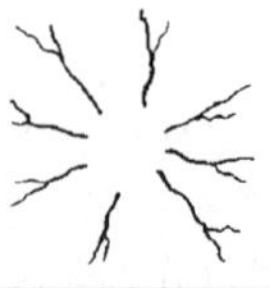	发育于盆地或局部沉陷地区，水流由四周流向中心，是反射状水系的变种

续表

序号	水系类型	示意图	地质解译
8	倒钩状水系	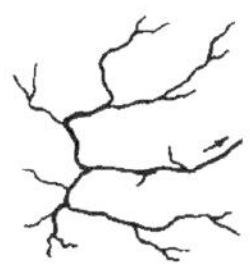	由于构造运动影响，产生河流袭夺现象。水流流向多呈反向，成为倒钩状水系
9	扇状水系	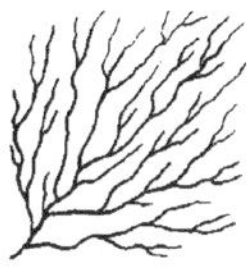	发育在三角洲和洪积扇地区，呈反射状，具有扇状形态
10	菱格状水系	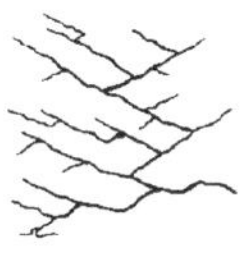	是格状水系的变种。菱形格状水系受两组互相平行的断裂、裂隙所控制，在平面上呈菱形
11	钳状沟头树枝状水系		在上游沟头多呈钳状，为树枝状水系的变种。在花岗岩或基性侵入岩等块状岩石分布地区最为常见
12	紊乱水系		在河流下游平原地区，水系纵横交错，河流蜿蜒曲折，并有废弃河道、牛轭湖、支流交织而成的水系

二、遥感影像解译的工作内容和方法

工程地质遥感工作一般分为准备工作、遥感图像处理、初步解译、外业调查验证与复核解译、最终解译与成果编制等内容。

（一）准备工作

准备工作包括资料搜集，遥感图像的质量检查和编录、整理等内容。

资料搜集应包括下列内容：

（1）按照勘察阶段不同，搜集所需比例尺的地形图。

（2）各种陆地卫星图像或图像数字磁带。

（3）各种航空遥感图像（包括黑白航空相片和其他航空遥感图像），热红外扫描图像（注意成像时间、气象条件、扫描角度、温度灵敏度、地面测温等资料）。

（4）工程区的典型地物波谱特性资料。

（5）拟建工程场址和线路位置等相关资料。

航空遥感图像的质量检查的内容应包括：范围、重叠度、成像时间、比例、影像清晰度、反差、物理损伤、色调和云量等。

（二）遥感图像处理

遥感图像处理的目的是对初始遥感信息进行技术加工，突出工程所需要的地质现象和信息，以满足地质解译、信息融合、专题制图等工程技术的要求。遥感图像处理分光学图像处理和数字图像处理。

遥感图像处理的要求如下：

（1）遥感图像应进行几何纠正、色彩匹配、信息融合、镶嵌配准等处理，使之满足工程遥感勘察的精度要求。

（2）应依据遥感图像的波谱特征、空间特性和时相特性以及阶段任务要求，选择相应的数学模型，采用相应的处理方法和方法组合。

（三）初步解译

初步解译前应根据工程需要、地质条件、遥感图像的种类及其可解释程度等，确定解译范围和解译工作量，制定解译原则和技术要求，建立区域解译标志。

1. 遥感图像的可解译程度划分

遥感图像的可解译程度划分详见表2.7.2-4。

表2.7.2-4　　基岩和地质构造的可解译程度划分

可解译程度	测 区 条 件
良好	植被和乔木很少，基岩出露良好，解译标志明显而稳定，能分出岩类和勾绘出构造轮廓，能辨别绝大部分的地貌、地质、水文地质细节
较好	虽有良好的基岩露头，但解译标志不稳定，或地质构造较复杂，乔木植被和第四纪地层覆盖率小于50%，基岩和地质构造线一般能勾绘出来
较差	森林（植被）和第四纪地层覆盖率达50%以上，只有少量基岩露头，岩性和构造较复杂，解译标志不稳定，只能判别大致轮廓和个别细节
困难	大部分面积被森林（植被）和第四纪地层覆盖，或大片分布湖泊、沼泽、冰雪、耕地、城市等，只能解译一些地貌要素和地质构造的大体轮廓，一般分辨不出细节

2. 遥感图像的调绘面积确定

遥感图像解译成果需用航测仪器成图时，应按规定划定调绘面积。调绘范围在相片调绘面积内或压平线范围内进行。当相片上无压平线时，距相片边缘不应小于1.5cm。

3. 遥感图像解译的方法和技术要求

（1）详细研究各种资料，选择各类地物或地质现象中有代表性的影像特征，建立解译标志，并在解译中不断补充、修改、完善解译标志。

（2）对立体像对的图像，应利用立体解译仪器进行观察。

（3）遥感图像在解译过程中，应按“先主后次，先大后小，从易到难”的顺序，反复解译和辨认；重点工程应仔细解译和研究。

（4）应按规定的图例、符号和颜色，在航片上进行地质界线勾绘和符号注记。

4. 遥感图像调绘和解译内容

遥感图像调绘和解译内容详见表2.7.2-5。

表2.7.2-5　　遥感图像的调绘和解译内容

遥感目标物	调 绘 和 解 译 内 容
地形地物	（1）交通线位置和道路类型； （2）居民点、耕地、植被、水系等的范围界线； （3）地形划分出平原、丘陵和山区等地势范围
地貌	（1）各种地貌形态、类型以及地貌分区界线； （2）地貌与地层（岩性）、地质构造之间的关系； （3）地貌的个体特征、组合关系和分布规律
水系	（1）水系形态的分类、水系密度和方向性的统计，冲沟形态及其成因； （2）河流袭夺现象，阶地分布情况及特点； （3）水系发育与岩性、地质构造的关系； （4）岩溶地区的水系应标出地表分水岭的位置
地层岩性	（1）根据已有的地质图，确定地层、岩性（岩组）的类型，并进行地层、岩性（岩组）划分，估测岩层产状； （2）对工程地质条件有直接影响的单层岩石应单独勾绘出来； （3）确定第四纪地层的成因类型和时代； （4）不同地层、岩性（岩组）的富水性和工程地质条件等的评价

续表

遥感目标物	调绘和解译内容
地质构造	（1）褶皱的类型、褶皱轴的位置、长度和倾伏方向； （2）断层的位置、长度和延伸方向，断层破碎带的宽度； （3）节理延伸方向和交接关系，节理密集带分布范围； （4）隐伏断层和活动断层的展布情况
水文地质	（1）大型泉水点或泉群出露的位置和范围； （2）湿地的位置和范围； （3）潜水分布与第四纪地层的关系
不良地质作用及特殊性岩土	（1）各种不良地质作用的类型及其分布范围； （2）不良地质作用的分布规律、产生原因、危害程度和发展趋势； （3）特殊岩土的类型及其分布范围

初步解译后，应编制遥感地质初步解译图，其内容应包括各种地质解译成果、调查路线和拟验证的地质观测点等。

（四）外业调查验证与复核解译

1. 外业调查验证与复核解译的工作内容

（1）对工程有影响或有疑问的地质现象或地质体。

（2）对工程有影响的重大不良地质作用和特殊性岩土。

（3）尚未确定的地层、岩性（岩组）界线，地质构造线等。

（4）解译结果和现有资料不一致的地质问题。

2. 外业调查验证与复核解译的一般规定

（1）在遥感图像上，每条地质界线应布设1个验证点，当地质界线显示不清晰时应增设验证点。

（2）航空遥感工程地质外业验证点平均密度可按表2.7.2-6确定。

（3）外业验证调查中应搜集和验证遥感图像的地质样片。

表2.7.2-6　航空遥感工程地质外业验证点平均密度　单位：个/km^2

测图比例	验证点数	
	第四纪覆盖地区	基岩裸露区
1∶50000	0.1～0.3	0.1～0.3
1∶25000	0.2～1.0	0.1～0.3
1∶10000	0.5～2.0	1.5～4.5
1∶2000～1∶5000	2.0～5.0	6.0～15.0

（五）最终解译与成果编制

外业验证调查结束后，应进行遥感图像的最终解译，全面检查遥感解译成果，并应做到各种地层、岩性（岩组）、地质构造、不良地质作用等的定名和接边准确。遥感图像和遥感工程地质图的比例关系应符合有关规定。

第三节　数码摄影地质编录技术

一、基本概念

数码摄影地质编录（测绘）技术是将遥感、摄影测量、三维虚拟仿真和计算机辅助绘图技术同工程地质理论与实践相结合，进行工程各类场地的地质编录（测绘）的综合应用技术。其以普通数码相机作为遥感器，以三脚架上架设数码相机方位控制装置作为平台，采用可见光摄影方式，在地面站点拍摄目标场地的数码图像，依据摄影测量原理，经过一系列人机交互操作，获得工程场地的立体影像模型，经图像地质解译和三维地质素描，提取地形地质空间属性数据，最终按照地质编录要求输出有关图表等成果。

二、技术原理

数码摄影地质编录（测绘）主要运用了摄影测量技术，该技术的基本工作原理可以用人眼的功能来理解。人的左右眼同时睁开时，获取到目标物的左右两幅图像，并在大脑内形成立体像对，就可感知物体的大小和距离。数码摄影地质编录系统则是通过数码相机，分左右摄站点拍摄目标场地的左右两幅图像，在电脑中形成立体像对，并经电脑计算处理形成可量测大小的三维影像模型。

在使用数码相机进行摄影测量时，通常需要进行检校，采用空间后方交会的方法。该方法主要用来检定或测定数码相机的物镜畸变差系数、外方位元素和内方位元素等系统误差参数。在畸变系数、内方位元素及外方位元素均解出的情况下，可以建立像素点坐标（X，Y）与物方（对象方）三维坐标（X，Y，Z）的线性关系，见图2.7.3-1（a）。为了确定物方三维坐标点，需要增加拍摄站点拍摄同一物体，然后利用像对的同名光线共面且对对相交的原理，建立共面条件方程式来求解物方空间三维坐标，见图2.7.3-1（b）。

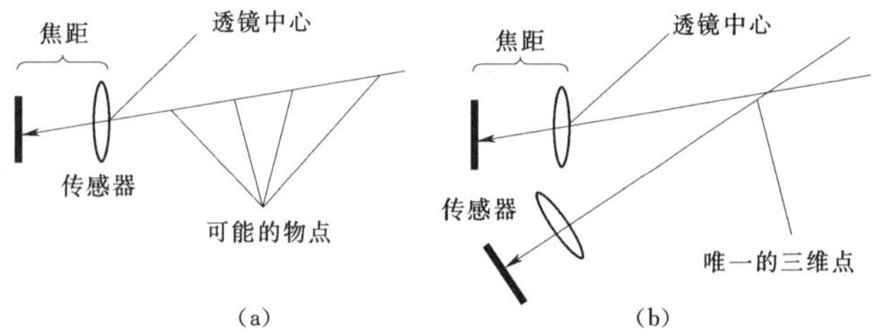

图2.7.3-1　摄影测量原理

（a）共线条件；（b）共面条件

三、仪器设备

数码摄影地质编录系统一般由三脚架、操作控制台、普通数码相机、计算机等硬件设备和专门的摄影测量与地质编录软件组成。

图像拍摄时，数码相机是固定在数码相机操作台上，并且镜头中心大致处于数码相机操作台的两个转轴线的交点。根据被拍摄场地情况的不同，高陡（岩质）边坡、开挖基坑、地下洞室适宜选定的镜头焦距分别是100mm、50mm、20mm，因此数码相机也应配备这三种规格的可换定焦镜头，或者单个可变焦镜头。

数码相机操作台用于控制数码相机镜头拍摄时的方位，其具有两个方面的功效：①水平和垂直两个方向的等角旋转控制，能使数码相机在同一个摄站点拍摄的图像范围连续重叠；②在数码相机操作台转动的过程中，数码相机镜头中心空间位置几乎不发生位移。

四、操作步骤

数码摄影地质编录系统一般按照五个主要步骤进行，分别是拍摄模式优选、数码图像拍摄、三维影像模型建立、空间属性数据提取、空间属性数据利用，各步骤使用的软硬件和输出的成果见表2.7.3-1。

表2.7.3-1　数码摄影地质编录系统工作步骤说明

工作步骤	使用硬件	使用软件	获得成果
（1）拍摄模式优选	计算机	图像编辑	拍摄方案
（2）数码图像拍摄	三脚架（可选）、操作台（可选）、数码相机	数码相机内置程序	数码图像
（3）三维影像模型建立	计算机	摄影测量、三维建模	三维影像模型

续表

工作步骤	使用硬件	使用软件	获得成果
（4）空间属性数据提取	计算机	三维绘图、GIS	地形地质数据
（5）空间属性数据利用	计算机	二维绘图、数据统计	地质编录图表

五、工程地质应用

（一）基本应用

（1）点坐标测量。点坐标测量可用于勘探点的布置和放样，以及地质变形体上的监控点位移值计算等方面。

（2）产状量测。根据地质结构面产状特征点的获取方式，产状量测可分为全自动搜索、半自动计算和手工拾取三种方法，原理上都是依据地质结构面出露迹线或面上的三个或三个以上的点坐标，求算地质结构面平均产状和产状变化范围。

（3）长度测量。长度量测可用于获取地质结构面延伸长度、地质体（例如滑坡、泥石流、崩塌体）的分布规模、地下洞室塌方的大小等信息。

（4）面积测量。面积测量可应用于计算沟谷的汇水面积、边坡滑裂面面积、堆积体面积等。

（5）体积测量。依据三维影像模型，以及判别的多组地质结构面，可分析计算边坡地质结构面与临空面形成的潜在不稳定块体的体积。在施工地质工作中，可将施工后的实际挖填地形与自然地形或设计坡面进行比对，可计算工程挖填方量、超欠挖方量和工程塌方方量等。体积测量可以选择实体三维建模和断面法两种方式计算。

（二）综合应用

（1）地下洞室地质编录。如图 2.7.3－2 所示。利用多站点拍摄的数码图像，通过系列人机交互操作，建立地下洞室三维影像模型，然后基于该模型判识并绘制地质结构面出露迹线，依据迹线的多点分布特征量测产状，最终将三维迹线转绘成地下洞室的二维展示图。

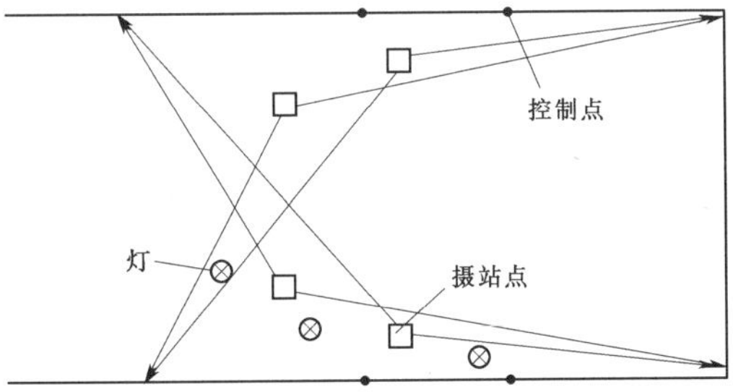

图 2.7.3－2 地下洞室图像拍摄

（2）岩质边坡地质测绘。根据工程边坡的测绘范围大小、形状以及适合拍摄的位置和距离，图像拍摄可选择基本拍摄模式、扩展拍摄模式和条带拍摄模式，摄站点宜选择在能够近垂直角度拍摄边坡的位置。利用边坡的三维影像模型，不仅可以快速生成地形等高线，还可以直观地描绘地质结构面的出露迹线。在这些地形地质线的基础上，增加文字标注、图名、图例等，便可高效完成边坡地质测绘所要求的大部分内外业地质工作。

（3）开挖基坑地质编录。图像拍摄采用条带拍摄模式，分左右岸、河床三个部分来完成，且摄站点选择在两岸的高位，即在坝肩槽的上游和下游各选定一个摄站点拍摄基坑在对岸或河床的部位。基于开挖基坑的三维影像模型，可以提取地质结构面出露迹线数据，完成基坑地质编录，绘制二维平面图和展示图。也可以为基坑开挖前后分别建立三维影像模型，将原始地形、开挖后地形和基坑设计开挖面三者作对比，则可以求算基坑实际开挖的方量和基坑局部的超欠挖方量。

（4）其他工程地质应用。包括潜在不稳定体地质调查和监测、天然建筑材料储量调查、溶洞地质调查等。

六、技术应用特点

（一）技术优点

（1）瞬间获取目标的大量几何信息和物理信息，适合对复杂工程目标的整体监测和分析，还能适应动态目标的测定。

（2）非接触式的空间信息获取手段，更适合于人员难以直接到达或存在安全隐患的工程场地，可以部分替代传统作业任务。

（3）现场工作量少，设备轻便，操作简单，作业速度快。

（4）全数字化的内业数据整理，快速高效。

（5）普通定焦单反数码相机容易购置，价格相对较低，适合在多个作业面同时配置。

（二）技术缺点

（1）采用被动式方法获取目标物的电磁波信息，必然受地表植被的影响而无法测得准确的地形数据。

（2）采用可见光波段作业，数据采集能力受现场照明条件影响较大，在地下洞室的黑暗环境中需要配置辅助照明设备。

（3）在空气温度非常不均匀或高温的环境中，数码相机拍摄的图像会发生变形而不能使用。

（4）技术测量精度受多种因素影响，一般仅能达到厘米级，工程适用范围有限，不适合应用于岩土体或建筑物的微小变形观测。

第四节 三维激光扫描技术

一、基本概念

三维激光扫描技术主要是根据激光测距原理（包括脉冲激光和相位激光），瞬时测得空间三维坐标值的测量技术。目前应用的三维激光扫描系统从操作的空间位置可以划分为三类：一是机载型激光扫描系统；二是地面型激光扫描系统，根据测量方式细分为移动式激光扫描系统和固定式激光扫描系统；三是手持型激光扫描系统。

二、技术原理与特点

（一）技术原理

激光扫描仪主机中包含一部激光测距仪和一组可以引导激光以等角速度扫描的反射棱镜。激光测距仪主动发射激光，接收目标反射信号进行测距，即测站到扫描点的斜距，然后根据扫描点的水平和垂直方向角可求算以测站为基点的三维空间相对坐标，若测站的三维坐标已知，则可求算扫描点的真实三维坐标。

三维激光扫描仪是将空间按照极坐标系划分成指定的水平和垂直角间隔网，然后连续快速测量网格交点处扫描点到测站的斜距，再通过角度计算得到点位空间坐标，从而实现面域测量。三维激光扫描仪扫描得到的初步资料是一群密布的具有三维坐标的空间点云，这些点云通过后处理软件处理得到三角形网格或四边形网格曲面。

三维激光扫描仪和配套的专业数码相机融合了激光扫描及遥感等技术，可以同时获取空间三维点云（point cloud）和彩色数字图像（color imagery）两种数据，甚至能够记录反映物体特性的电磁波反射率，扫描点空间定位精度达到 5～10mm 的扫描精度。

（二）技术特点

三维激光扫描仪是三维激光扫描系统的核心硬件，它较常规的测量仪器主要优势有：

（1）不接触被测物、扫描速度快，可在十几分钟内获得上百万个数据点。

（2）坐标点高密度、高精度。

（3）配合后处理软件可以生成三维向量的空间表面或实体图形。

（4）激光扫描不需要光源，因此能够在黑暗的环境如隧洞中进行扫描。

三、仪器设备

三维激光扫描系统通常由扫描仪主机、数码相机、外接电源、三角架等硬件和在电脑中运行的后处理软件组成，还可以包括确定测站位置的差分 GPS。

面向工程地质测绘应用的地面三维激光扫描系统主要由地面三维激光扫描仪、数码相机、旋转平台、电源以及其他附属设备和安装有后处理软件的便携式电脑构成。地面三维激光扫描系统采用非接触式高速激光测量方式获取地形的几何图形数据和影像数据，通过后处理软件对采集的点云数据和影像数据进行处理，使之转换成绝对坐标系中的空间位置坐标或模型，然后采用多种不同的格式输出以满足空间信息数据在不同应用方面的需要。

四、工程地质应用

三维激光扫描系统主要应用于：

（1）地形变化监测。

（2）工程地质测绘（编录）及地下洞室和开挖基坑的编录。

（3）水库坝体测量、对裂缝的安全监测、对隧洞断面测量、对建筑物的三维建模和对工程竣工的检查验收等。

五、技术应用特点

（一）技术优点

（1）能够在虚拟环境中反映工程场地表面的全部细节。

（2）实现远距离非接触测量，在人员难以到达或十分危险的地段替代传统地面测绘方法具有明显优势。

（3）突破了传统测量方式，从点测量发展为面测量，具有测量速度快、精度高的特点。

（4）后期处理软件功能强大，能满足大部分测量工作需求，同时提供二次开发功能，扫描数据格式转换方便，输出简单、快捷，与常用软件兼容性好。

（二）技术缺点

（1）受到安全激光功率的限制，扫描距离和范围有限（一般 1～2km）。

（2）特定材料对激光光源反射不够敏感，造成扫描范围内出现盲区，如潮湿的地表和绿色植被对扫描结果都有较大的影响。

（3）坐标系统校正方法不够成熟，坐标转换容易产生误差并难以避免。

（4）扫描激光光斑随距离的增加而变大，造成扫描结果中物体边缘细节难以识别。

（5）在有较多粉尘的环境中，激光扫描工作镜表面容易被污染，影响激光的发射和接受，并且激光遇到空气中悬浮的颗粒后反射，量测的距离非目标物体表面的。

（6）现场设备较多，后续数据处理较复杂，需要专业的人员操作。

第八章 计算机及信息技术应用

第一节 概 述

一、工程地质计算机技术应用的发展过程

工程地质计算机技术应用的发展是与计算机硬件、操作系统和应用软件的发展密不可分的，目前应用较为成熟有如下几个方面。

（一）数值计算

数值计算，是用计算机近似求解科学与工程技术中的数学计算问题，如数值微积分、数值代数、计算概率统计等，是伴随计算机的诞生而最先发展起来的计算机应用方向，现已广泛应用于多学科领域。20 世纪 80 年代末到 90 年代初，部分地质工程师在微机上开发了一批工程地质数值计算程序，这些成果反映出工程地质计算机应用逐渐进入了实用阶段。

（二）计算机制图

20 世纪 90 年代初，国内基于 AUTO CAD 平台二次开发的工程地质绘图软件首次面世，其绘图功能从最简单的钻孔柱状图开始，逐步扩充了地质剖面图、平切图、平洞展示图、地质平面图等功能，经历了十多年的开发和完善过程。进入 21 世纪，国内勘察设计企业基本都实现了从使用图板到计算机辅助绘图的技术跨越，国内自主研发的各种 CAD 平台和 GIS 系统相继出现，例如中望 CAD、中地 MAPGIS、理正勘察系列等。

（三）办公自动化

办公自动化是指在传统的办公室中采用各种新技术、新设备从事办公业务。随着网络和数据库技术的发展成熟，工程地质办公自动化技术应用正经历着三个层次的演进：一是在单机或简单的小型局域网上处理工程地质图件、报告、电子数据表格、汇报演示文档等，以及管理这些办公文档，属于事务型办公自动化应用；二是把一般事务型办公和勘察项目综合信息（数据库）管理紧密结合，建成一体化的勘察信息管理办公系统；三是基于综合信息管理系统的决策支持型系统。

（四）数据库

20 世纪 90 年代，国内工程地质数据库的开发研究开始兴起，而且都是以关系数据模型为基础，最初多采用小型数据库管理系统（例如 Foxpro、ACCESS 等），2000 年以后为适应大型工程项目的需要多采用大型数据库管理系统（例如 ORACLE、SQL SERVER 等）。

（五）三维可视化

在我国水电水利工程地质领域，计算机三维可视化技术是在 2000 年以后才进入初步应用阶段。近几年，国内有多家单位从事工程地质三维可视化技术的研发，大致采用了三种不同的技术路线：一是直接采用国外成熟的三维地质建模软件 GOCAD；二是引进国外成熟的 CAD 平台，例如 AUTO CAD、RHINO、CATIA 等，再进行专业二次开发；三是基于自主研发的三维可视化平台，二次开发工程地质三维建模软件，例如水利水电工程三维地质信息系统（GeoEngine）。

（六）数值模拟

数值模拟技术始于 19 世纪 50 年代，随着计算机技术的迅猛发展和数值分析方法的不断创新和完善，逐渐从求解一维和二维问题发展到求解三维问题和四维问题，从求解线性问题发展到求解非线性问题，从结构力学问题发展到求解物理场问题，并且发展到与 CAD 技术无缝集成。数值模拟技术在工程地质上的应用，主要包括不连续面的模拟、卸荷加载模拟、断裂扩展模拟、损伤模拟、反演分析、渗流场模拟、地应力场模拟和固液两相耦合分析等。

二、工程地质计算机技术应用的发展方向

（一）三维可视化

三维可视化的内容包括：科学计算三维可视化、三维可视化表达、三维可视化显示和三维可视化分析等。根据显示对象的不同，工程地质三维可视化包括：原始数据三维可视化、数据处理过程三维可视化、地质体三维可视化、空间分析三维可视化和地质过程模拟三维可视化等。2000 年以后，工程地质三维可视化应用正逐渐发展起来，但是整体应用水平至今还不够成熟，统一的技术方法、标准以及三维勘察设计流程有待逐步建立。

（二）网络协同化

网络协同工作是指基于网络化的环境，通过协同应用软件，实现多人或多组织交互完成某项管理与生产设计事务。基于网络的协同勘察和协同设计是未来计算机技术应用的发展趋势之一，正受到国内外众多研究单位的重视。

（三）专家智能化

专家系统（Expert System），就是一种在特定领域内具有专家水平解决问题能力的程序系统。它能够有效地运用专家多年积累的有效经验和专门知识，通过模拟专家的思维过程，解决需要专家才能解决的问题。专家系统属于人工智能的一个发展分支，自 1968 年费根鲍姆等人研制成功第一个专家系统 DENDEL 以来，专家系统获得了飞速的发展，产生了巨大的经济效益和社会效益。目前，专家系统已成为人工智能领域中最活跃、最受重视的领域，已初步运用于地质勘探、地质分析、地质预测与工程决策等方面。

（四）集成化

工程地质信息系统集成的内容包括：系统技术集成、系统网络集成、系统数据集成和系统应用集成。其中，技术集成涉及多项高新技术及其系统，其中包括数据库系统（DBS）、地理信息系统（GIS）、计算机辅助设计系统（CADS）、全球卫星定位系统（GPS）、遥感信息处理系统（RS）、专家系统（ES）、通信网络系统（CNS）等。所谓“多 S”集成就是指这些技术和系统的集成和应用。从系统应用集成的角度来看，工

程地质集成信息系统大致可分为三大部分：通信网络子系统、数据库子系统和各种应用子系统，如图 2.8.1-1 所示。网络通信子系统利用通信设备和线路，将地理位置不同、功能独立的多个计算机系统互联起来，通过功能完善的网络软件，实现数据库子系统和各种应用子系统之间的资源共享和信息传递。各种应用子系统大致包括工程地质数据采集子系统、三维模拟子系统、辅助绘图子系统、辅助计算子系统，以及项目管理、专家决策等其他应用子系统。

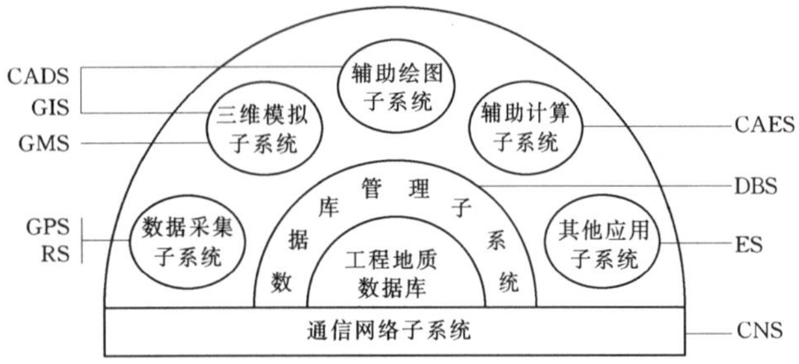

图 2.8.1-1　工程地质集成信息系统的组成

第二节　地理信息系统（GIS）及应用

一、基本概念

地理信息系统（Geographic Information System，缩写 GIS），又称为“地学信息系统”或“资源与环境信息系统”，是指在计算机软硬件支持下，把各种地理信息按照空间分布及属性以一定的格式输入、存储、检索、更新、显示、制图、综合分析和应用的技术系统。地理信息系统中的“地理”是指描述和研究的对象实体存在于地理坐标参照系统中，而不是指地理学。

地理信息系统是随着地理科学、计算机技术、遥感技术和信息科学的发展而发展起来的一个学科，自 20 世纪 70 年代兴起，至 20 世纪末随着 UNIX 工作站和个人计算机的飞速发展逐渐得到巩固和规范。GIS 最早应用在资源环境管理中，目前已经广泛应用于资源环境（如森林、矿产、水利、农业、牧业等）的管理，自然资源（如林业、地质矿产、水资源等）的调查，自然灾害（如水灾、旱灾、火灾、虫灾、震灾等）的监测、预报、评估，环境保护（如水土流失、荒漠化等的治理），城市规划和管理等方面。

二、地理信息系统（GIS）的发展趋势

（一）向综合性应用发展

地理信息系统（GIS）、遥感（RS）和全球定位系统（GPS）即所谓 3S 集成技术的发展在世界各国引起了普遍重视。RS 主要侧重于信息获取和动态监测；GIS 主要是空间信息的管理与分析；GPS 是空间定位与导航。GIS 的综合性发展趋势还体现在与 OA、Internet、多媒体、虚拟现实等技术的集成。

（二）向社会化应用发展

GIS 数据共享和交互式操作促进 GIS 社会化发展。开放式 GIS 协会（OGC）打破当前 GIS 业各地区、各单位、各企业各自为营的局面，促进 GIS 社会化发展。

（三）GIS 软件向组件式发展

采用面向对象技术开发组件式 GIS 是 GIS 软件发展的必然趋势，GIS 软件的可配置性、可扩展性和开放性将更强，进行二次开发将更方便。

（四）向网络化发展

WEB GIS 是一个交互式、分布式、动态的地理信息系统，是由多个主机、多个数据库的无线终端，并由客户机与服务器（HTTP 服务器及应用服务器）相连所组成的。GIS 通过 WWW 功能得以扩展，真正成为一种大众使用的工具。

三、地理信息系统（GIS）的组成

地理信息系统主要由四部分组成：计算机硬件系统、计算机软件系统、空间数据、系统的组建和使用维护人员（用户），如图 2.8.2-1（a）。

（1）计算机硬件系统是计算机系统中实际物理设备的总称，主要包括计算机主机，输入设备、存储设备和输出设备，例如打印机、绘图仪、数字化仪和扫描仪等。

（2）计算机软件系统是地理信息系统运行时所必需的各种程序。包括计算机操作系统软件、地理信息系统软件及其支撑软件和应用程序。

（3）空间数据是地理信息系统的重要组成部分，是系统分析加工的对象和地理信息系统表达现实世界的经过抽象的实质性内容。它一般包括空间位置坐标数据、地理实体之间空间拓扑关系以及相应于空间位置的属性数据。

（4）地理信息系统是一个复杂的系统，仅有计算机硬件、软件及数据还不能构成一个完整的系统，必须要有系统的使用管理人员。其中包括具有地理信息系统知识和专业知识的高级应用人才；具有计算机知识和专业知识的软件应用人才以及具有较强实际操作能力的硬软件维护人才。

从数据处理的角度，地理信息系统又被分为数据采集子系统、数据管理子系统、数据处理与分析子系统、图像处理子系统、数据产品输出子系统［图 2.8.2-1（b）］：

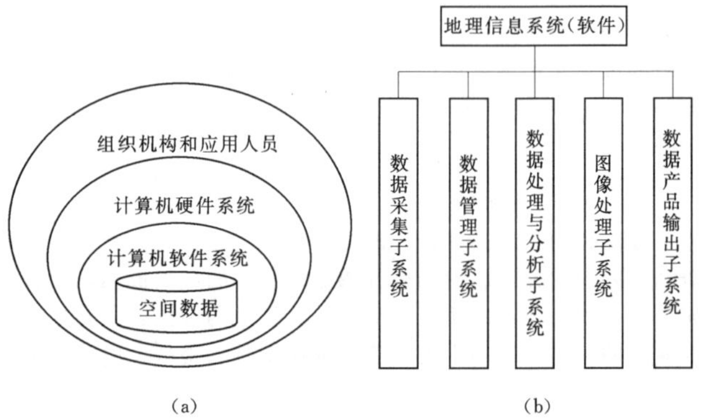

图 2.8.2-1　地理信息系统（GIS）组成

（1）数据采集子系统。负责数据的采集、预处理和数据的转换。

（2）数据管理子系统。负责组织和管理数据库中的数据，以便于数据查询、更新与编辑处理。

（3）数据分析与处理子系统。负责对数据库中的数据进行计算和分析、处理。

（4）数据产品输出子系统。以表格、图形、图像方式将数据库中的内容和计算、分析结果输出到显示器、绘图纸或透明胶片上。

四、地理信息系统（GIS）的特点

（1）GIS 的物理外壳是计算机化的技术系统，它由相互关联的若干子系统构成，这些子系统的优劣，结构直接影响着 GIS 的硬件平台、功能、效率、数据处理的方式和产品输出的类型。

（2）GIS 的操作对象是空间数据和属性数据，即点、线、

面、体这类有三维要素的地理实体。空间数据的最大特点是每一个数据都按统一的地理坐标进行编码，实现对其定位、定性和定量的描述，这是 GIS 区别于其他类型信息系统的根本标志，也是其技术难点所在。

（3）GIS 的技术优势在于它的数据综合、模拟与分析评价能力，可以得到常规方法或普通信息系统难以得到的重要信息，实现地理空间过程演化的模拟和预测。

（4）GIS 与测绘学和地理学有着密切的关系。大地测量、工程测量、矿山测量、地籍测量、航空摄影测量和遥感技术为 GIS 中的空间实体提供各种不同比例尺和精度的定位数据；电子速测仪、GPS 全球定位技术、解析或数字摄影测量工作站、遥感图像处理系统等现代测绘技术的使用，可直接、快速和自动地获取空间目标的数字信息产品，为 GIS 提供丰富和更为实时的信息源，并促使 GIS 向更高层次发展。

五、地理信息系统软件

地理信息系统软件分为平台软件和应用软件。

GIS 平台软件是依据 GIS 数据模型，提供采集、模拟、处理、检索、分析和表达地理空间数据等完备功能的通用型工具软件，它不面向具体的专业应用，而是提供足够的灵活性和开发手段，来满足各种应用需求，即 GIS 平台软件具有通用性、完备性、灵活性和可开发性。例如 Mapinfo、Arcinfo、Supermap、MAPGIS 等，是成型的商品软件，这些软件具有强大的通用的 GIS 功能，可以在其上用开发工具（.NET、JAVA、Delphi 等）二次开发出各种 GIS 应用软件。

GIS 应用软件一般是基于 GIS 平台软件并结合用户的业务需求开发而成，应用时必须要先安装 GIS 平台软件再安装 GIS 应用软件。

开发 GIS 应用软件时，应综合考虑应用需求、数据特点、人员素质、经济能力等因素，选择合适的 GIS 平台功能、数据模型、软硬件配置、网络配置和二次开发手段。

六、地理信息系统（GIS）在工程地质中的应用

地理信息系统（GIS）技术在水电工程地质中的应用起步较晚，20 世纪 80 年代末至 21 世纪初，由北京勘测设计研究院开发的水利水电工程地质 CAD 绘图系统广泛应用于国内多家水利水电工程勘察设计单位，该软件是以 Auto CAD 为平台设计开发，具有完善的地质数据管理、数据分析和图表输出功能，是 GIS 技术在水电工程地质中的初步应用；2008 年，华东勘测设计研究院与中国地质大学联合开发完成的水电水利工程地质三维系统（GeoEngine），由工程地质数据库、数据库管理子系统、三维建模与分析子系统、二维图件编绘子系统、网络数据查询子系统和外部工程软件数据接口组成（图 2.8.2-2），是面向工程地质综合业务的较全面的 GIS 系统。该系统主要由如下几部分组成。

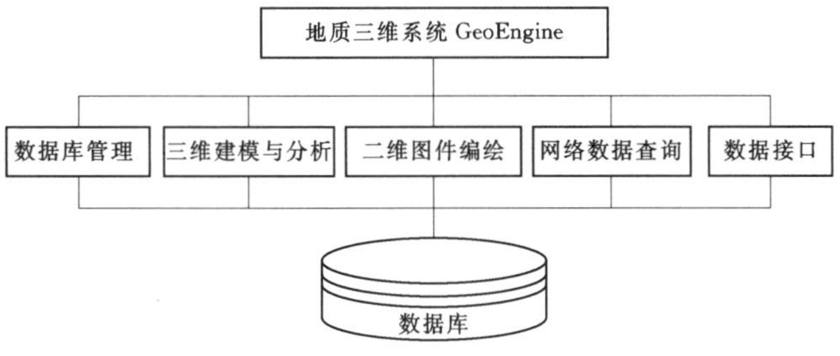

图 2.8.2-2　GeoEngine 系统组成结构

（一）工程地质数据库

GeoEngine 工程地质数据库基于 SQL Server 数据库管理平台开发，已经为地质相关对象实体建立了 200 多个数据表和视图，能全面支持数据库管理、三维建模分析、二维图件编绘和网络数据查询子系统的远程数据管理、检索和利用。

（二）数据库管理子系统

数据库管理子系统以工程地质点源数据库为基础，实现了工程地质数据的采集、传输、管理、维护、加工和利用。在计算机硬软件和网络的支撑下，还实现了多用户远程访问与协同管理。

（三）三维建模与分析子系统

三维建模与分析子系统以工程地质数据库为基础，将地质分析过程、三维地质建模过程和产品校审过程紧密结合，实现了从地质图和原始数据两种途径的地质三维建模。

（四）二维图件编绘子系统

二维图件编绘子系统以工程地质数据库和三维地质模型为基础，实现了地质平面图、剖面图、等值线图、柱状图和展示图等专题图件的实时自动化绘制，能按照水电制图规范的要求自动标注地质编号、符号、图例、图签、图框等，大大减少了传统计算机辅助绘图过程中的人工量。

（五）网络数据查询子系统

网络数据查询子系统通过 WEB 技术远程访问架设在计算机服务器中的工程地质数据库，用户可在不安装客户端软件的情况下，实现工程地质数据的实时查询、统计，以图表的形式输出结果，并根据用户权限下载到本地。

（六）数据接口

数据接口主要支持地质三维模型和二维图件对常用 CAD 软件的导入、导出，解决地质成果的多专业共享与利用问题。

第三节　工程地质数据库系统

一、基本概念

（一）概念模型

人们把客观存在的事物以数据的形式存储到计算机中，经历了对现实生活中事物特性的认识、概念化到计算机数据库里的具体表示的逐级抽象过程，即现实世界一概念世界一机器世界三个领域。

相对于现实世界中存在的事物，概念模型是现实事物在人们头脑中的反映，是对客观事物及其联系的一种抽象描述。概念模型是客观事物从现实世界到机器世界必然经过的中间状态，用“实体、实体集、联系”加以表述。

（1）实体。我们把客观存在并且可以相互区别的事物称为实体。实体可以是实际事物，也可以是抽象事件，如钻孔、钻孔布置等。

（2）实体集。同一类实体的集合称为实体集，如全部钻孔。

（3）联系。实体集之间的对应关系称为联系，它反映现实世界事物之间的相互关联。联系分为两种：一种是实体内部各属性之间的联系，如钻孔 RQD 与岩芯完整程度；另一种是实体之间的联系，如钻孔与被揭露的地层。

（二）数据模型

在数据库中，数据模型由三部分组成，即模型结构、数据操作和完整性规则。目前，数据库管理系统（例如 ORACLE、SQL Server 等软件）所支持的数据模型分为四种类型，分别是层次模型、网状模型、关系模型、面向对象模型，其中面向对象模型目前还未成熟应用。

1. 层次模型

层次模型是用树形结构表示实体及实体间联系的数据模型，适用于表示一对多的联系。

2. 网状模型

网状模型是用网状结构表示实体及实体间联系的数据模型，适用于表示多对多的联系。网状模型和层次模型是早期的数据模型，常统称为格式化模型。

3. 关系模型

关系模型是用二维表结构来表示实体及实体间联系的数据模型。关系模型比层次模型和网状模型更为简单灵活，因此在数据库领域占据了统治地位，用“关系、元组、属性、关键字”表达：

（1）关系。满足一定规范要求的二维表，由关系的框架和若干元组构成。

（2）元组。二维表格中的一行，简称为记录。

（3）属性。描述实体的特性称为属性，即二维关系表格中的一列，也称为字段，包括属性名、属性值和属性类型。

（4）关键字。能够唯一标识实体集中的每一个实体（即元组）的某个属性或属性组合，也称为码。

（三）数据库

数据库是被长期存放在计算机内、有组织的、可以表现为多种形式的可共享的数据集合。数据库由数据、关系、约束和模式组成，数据是所存储的逻辑实体在计算机中的二进制表示；关系表示数据项之间的某种对应；约束是定义正确数据状态的机制；模式描述数据库中数据的组织和联系。

（四）数据库系统

数据库系统（DBS）是一个由硬件、软件（操作系统、数据库管理系统和编译系统等）、数据库和用户构成的完整计算机应用系统。数据库是数据库系统的核心和管理对象。数据库管理系统是数据库系统的核心软件，用于指挥计算机进行有效的组织和存储数据、管理和处理数据，主要功能包括数据定义、数据操作、数据库运行管理、数据库建立和维护、数据字典和数据通信功能。

二、工程地质数据库系统组成

工程地质数据库系统是按照数据库方式，存储、维护工程地质数据，且向工程地质应用系统提供数据支持的数据库系统。工程地质数据库系统主要由计算机硬件与软件（含数据库管理系统）、工程地质数据库、工程地质应用系统和用户组成，如图 2.8.3-1 所示。

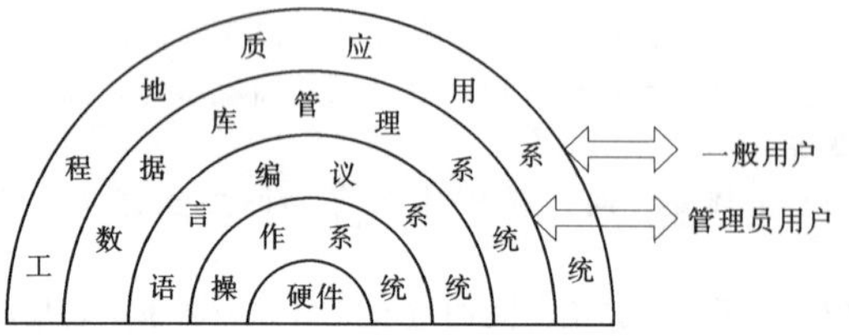

图 2.8.3-1　工程地质数据库系统组成

三、工程地质数据库设计

工程地质数据库是工程地质数据库系统的核心和管理对象。工程地质数据具有多源、多类、多量、多时态和多主题等特点，这给工程勘察信息化带来巨大困难，设计和开发满足全方位应用的工程地质数据库是化解这一问题的最佳途径。目前，已有的工程地质数据库都是采用关系模型的数据结构建立起来的，这里也以关系模型来说明工程地质数据库的设计过程和要求。

（一）工程地质概念模型设计

工程地质概念模型设计可分三步完成，分别是局部概念模型设计、全局概念模型设计和概念模型评审。

1. 局部概念模型设计

局部概念模型设计的步骤是，首先确定工程地质局部概念模型的范围，然后定义实体集、属性及联系，最后逐一画出所有的局部 ER（实体一联系）图，并赋以相应的说明文件。

2. 全局概念模型设计

用 ER 图表示工程地质全局概念模型的步骤为：①确定公共实体类型；②合并局部 ER 图；③消除不一致因素；④优化全局 ER 图；⑤画出全局 ER 图，并附以相应的说明文件。

3. 概念模型的评审

概念模型的评审分两部分进行：第一部分是用户评审；第二部分是开发人员评审。

（二）工程地质数据模型设计

工程地质数据模型设计，既要顾及具体数据库管理系统的数据组织方式，又要考虑数据的存储和访问效率，具体设计方法和步骤为：

（1）选择描述实体集的全部属性，确定索引关键字。

（2）分析实体集内各属性的依赖关系，进行数据规范化处理。

（3）定义数据完整性约束。

（4）数据字典设计。

四、工程地质数据库系统的主要功能及操作要求

从工程地质数据处理的角度，数据库功能大致可概括为数据采集、数据传输、数据管理、数据维护、数据加工和数据利用等数据处理过程。

（一）数据采集

数据采集环节承担着地质数据的收集、录入工作，应遵循及时性、完整性和准确性的原则。

（二）数据传输

数据传输是指在工程地质各个应用子系统和数据库系统之间，以网络通信子系统为平台，进行地质数据的发送和接收工作。数据传输工作可以由电脑自动控制和人工两种方式完成。

（三）数据管理

1. 数据安全管理

数据安全管理的内容包括数据访问的身份验证、权限管理、数据的加密与保密、日志管理、网络安全等。

2. 数据的存储、备份和恢复管理

数据库管理员应定期对存储和备份的数据进行优化，以提高系统运行和数据处理的效率。当工程勘察项目某阶段的工作完成后，应根据工程地质数据库的更新频率、数据量、重要程度、保存时间，制定相应备份、恢复策略和操作规范。数据备份文件应定期进行恢复测试，以确保所备份的数据能够及时、准确、完整地恢复。

3. 数据导入导出管理

数据导入导出管理，是通过数据库管理软件或空间数据管理软件（GIS 系统）的相关功能，实现专业系统与外部系统之间的数据交换与共享，通常将 EXCEL 和文本作为中间数据交换格式。

（四）数据维护

数据维护包括对电子数据中错误数据的修正、不完整数据

的补充、垃圾数据的清理及历史数据的迁移等。工程地质数据维护的一般原则是：已经进入应用系统的数据不得擅自修改、删除；数据维护前应做好相应备份工作；对影响面较广的数据进行维护，应由数据库管理员评价数据维护的可行性，再请示专业主管审核批准。数据维护工作应严格备案，对每项数据维护的内容、时间、维护原因、责任人等进行详细记录，涉及的书面材料必须登记存档。

（五）数据加工

数据加工是指根据工作需要，对工程勘察数据进行抽取、集中、归类、比对、统计、挖掘，并以报表、图形、文字等形式展现工程地质对象的空间数据和属性数据处理的结果，为工程设计和有关决策提供依据和参考。工程地质数据加工可分为两个层次：一是原始数据在小范围内进行的基本应用加工，例如钻孔采取率、RQD、裂隙率、透水率等数据的计算和分类；二是某类型数据在全范围内进行的专题应用加工，例如工程岩体质量分类、分层岩体透水率统计等。

（六）数据利用

基于工程地质数据库的各个专业应用系统，应充分利用工程勘察数据集中的优势，加强数据的利用，以提高工程勘察信息化管理和决策水平，并减轻地质人员内业工作量，优质高效完成数据统计、二维出图、三维建模、多媒体制作和数据远程服务等数据利用任务。

第四节　工程地质计算机制图

一、计算机制图基本要求

（一）电脑硬件配置要求

用于工程地质绘图的计算机，其硬件配置应考虑如下几个方面的要求：

（1）良好的计算机整体配置，满足主流计算机操作系统和计算机绘图软件的安装运行。

（2）配置足够大的内存，以适应比较大的电子图件在计算机绘图软件中的浏览和编辑。

（3）配置较高分辨率的屏幕和较好的图形显卡，以适合图形的显示和刷新速度。

（4）基于数据库服务器的工程地质绘图系统，必须建立计算机网络。

（5）根据工程需要和出图量的大小，选配扫描仪和绘图仪，尺寸不宜小于 A0 图幅。

（二）电脑软件配置要求

（1）宜选择主流的操作系统和绘图软件，如 WINDOWS XP/NT/2000/VISTA、UNIX、LINUX 等操作系统和 Auto CAD、MICROSTATION 等 CAD 软件，以方便电子图件的交流与共享。

（2）支撑绘图软件的工程图形信息数据库管理软件宜选择支持关系模型的大型网络数据库管理系统，例如 ORACLE、SQL Server。

（3）引进或自主开发工程地质计算机制图软件，必须从绘图功能、用户习惯、数据接口、推广应用和使用成本等方面进行比选。

（三）绘图软件设置要求

为适应工程地质计算机制图，绘图软件应作如下设置。

1. 绘图软件的基本设置

绘图软件的基本设置应符合国内用户的操作习惯，例如中文菜单设置、常用工具栏设置、快捷键设置等；还应符合工程地质绘图环境的要求，例如专业模块的自动加载设置、图形单位设置和图形模型坐标系设置等。

2. 地质符号设置

工程地质绘图时常用的地质符号，应制作成可反复调用的图块文件，按照“符号—分类—亚类—顺序”的编码规则定义图块文件的名称。地质符号使用时作为图块插入图件，并根据图件比例尺自动调整图块插入的比例。图块文件可存储在绘图软件的支持文件路径下，或以大字段形式存储在工程地质数据库中。

3. 地质线型设置

绘图软件具备常规的线型，而工程地质线型需要用户自定义。在 Auto CAD 中，已经具备一些 ISO 标准的线型，而地质常用线型需要在文本格式的 LIN 文件中定义，定义规则可参见软件帮助文档。用户自定义的 LIN 线型文件应指定为绘图软件的支持文件，在工程地质制图时，根据线型编号或名称逐个加载。

4. 地质花纹设置

绘图软件具备纯色和简单花纹的填充图案，工程地质专业花纹则需要用户自定义。在 Auto CAD 中，新建文档已预定义了一些 ISO 标准的花纹，用户自定义的花纹是在文本格式的 PAT 文件中描述，描述规则可参见帮助文档。绘图软件应指定所有地质花纹支持文件的路径，供用户在绘图过程中随时调用。

5. 绘图字体设置

文字样式中记录了单个文字的字体、高度、宽度比例、旋转角度、翻转方向、排列方向等。为了达到理想的图件出图效果，在工程地质制图中，一般将图名、图面标注和图签的文字设置不同的文字样式和字体。在 Auto CAD 中，绘图文字设置的方法是，在工具菜单中指定 SHX 格式的字体支持文件路径，然后新建多个需要的文字样式。

（四）计算机制图的其他要求

（1）应以绘图软件中设定的图形单位，按原型尺寸 1：1 的比例建立工程地质图形模型。

（2）平面图以绘图视口的正上方作为正北方向，当内容不易布置时，可将模型空间绕 Z 轴旋转一定角度。

（3）图形对象应根据地质类型分图层绘制，以“专业代码—图层代码”的格式定义图层名，并设置图层的默认颜色、线型、线宽和打印样式等。

（4）纯色或地质花纹填充的图案应置于绘图顺序的底层，以保证其他图形对象可见。

（5）以标准图幅的纸面打印图纸时，图框的尺寸应小于等于选定图幅的尺寸。当使用卷筒纸打印时，图框的长度不受标准图幅尺寸的限制。

（6）电子图件保存时，应将图框范围以外的垃圾数据清理干净，且以图号作为文件名保存。

（7）计算机制图应建立电子文档管理机制，加强图件存储安全和版本更新的控制，例如为重要的图件做好备份，为每一个图件建立增量更新日志。

二、工程地质主要图件编制原则

（1）各类图件的内容应符合勘察阶段的工作深度和精度要求，并真实反映全部勘察工作。

（2）各类图件的内容不相互矛盾，并应与工程地质勘察报告正文相互印证。正文中提及的建筑物都应用轴线或轮廓线在图件中标出。

（3）各类图件的内容应主题突出，图面布置紧凑、协调，线条主次分明，文字清晰有序。

（4）各类图件的图幅、图框、图签、图名、文字样式、线条粗细及图纸折叠形式等应符合相关规范标准的要求。

（5）工程地质平面图宜以图面正上方为北方向，必须标明指北针符号、经纬度和坐标网。

（6）地质剖面图的绘制方向应根据水流方向来确定：当剖面线顺水流方向时，剖面图应自上游向下游绘制；当剖面线跨水流时，剖面图应面向下游自左向右绘制；当剖面线与水流无关或剖面图作为平面图上的附图时，剖面图绘制方向应与平面图协调。

（7）地质剖面图的纵横比例尺宜一致，确需放大纵向比例尺时，不宜大于横向比例尺的5倍。

（8）各类图件上的地质与勘探对象的点、线条、分区都应统一编号，且必须保证编号的唯一性，应尽量从编码上区分各种图形对象的类型、级别、归属、位置等。

（9）图名宜置于图框内部正上方中间位置，图例宜放在图框内右侧或下侧，比例尺应绘制在图名的正下方，图签固定在图框的右下角。

（10）各类图件中的图例编排，应按地层（从新到老）、岩性、构造、地貌、岩溶、水文地质、物理地质现象和各种勘察符号的顺序，自上到下、自左到右依次排列。

（11）各类图件应使用计算机辅助绘图系统进行编制，且主要地质图件应在电子底图上描绘，不可在蓝图上套描。

第五节 工程地质三维建模及分析

水电水利工程地质三维建模有华东勘测设计研究院研发的GeoEngine系统和成都勘测设计研究院研发的GoCAD三维地质建模。另外，北京勘测设计研究院基于Auto CAD开发的三维地质建模系统也具有使用价值。

一、GeoEngine工程地质三维建模

（一）GeoEngine模型分类及特点

GeoEngine系统工程地质三维模型从专业上划分为勘探对象模型、地质对象模型和开挖对象模型，其中地质对象模型从几何上又分为四个相互关联的子模型，分别是地质点符模型、地质线框模型、地质表面模型和地质实体模型。

1. 勘探对象模型

勘探对象模型是由点符、线条、表面和实体等几何元素来表示的地质勘探对象，如测绘点、钻孔、平洞、物探和试验等。

2. 地质对象模型

（1）地质点符模型是以符号化的点来表示地质对象揭露点，它能准确地表达地质点的地质类型、空间位置，在模型中易被识别、捕捉和利用。

（2）地质线框模型一般是以三维空间中带有地质线型的多段线来表示地质对象在勘探线垂面、高程平面上的剖面线和地形、地质界面上的投影迹线。这些剖面线和迹线是以地质点符模型为依据，借助软件工具进行人工分析和解译，通过一定的生产设计流程逐步绘制而成。地质线框模型是地质对象模型在重点勘察部位的细致体现，代表了整个地质对象模型的准确性和精度。

（3）地质表面模型是以几何面来表示地质对象的分界面，例如地层分界面、相对隔水层顶面、风化带底面等。地质表面模型以地质点符模型和地质线框模型为依据，通过数学的或专业的曲面拟合算法得到，在生成的过程中需要控制表面的精度，并保持一定的曲面光滑效果，常常采用TIN、GRID、NURBS图形格式来表示。

（4）地质实体模型是以几何实体来表示地质分区单元，例如地层、岩性层、风化带、岩体质量分级、工程地质分区等，部分实体表面可以填充地质花纹。地质实体模型是将地形面以下一定深度范围的空间按照地质对象分布范围，利用地质表面模型中的界面进行拓扑剪切处理后得到。地质实体模型一般用于渲染显示、剖切分析、开挖模拟和有限元计算等。

3. 开挖对象模型

开挖对象模型是从地质分析的角度提出的，其以几何面或封闭实体来表示地下洞室、构筑物基础、工程边坡等的开挖面，再利用地质对象实体模型进行拓扑剪切得到。开挖对象模型可用于演示分析开挖岩体和开挖面的地质状况，分层统计开挖岩体方量，进行三维分析计算和动态漫游等。

（二）GeoEngine工程地质三维建模内容与步骤

工程地质三维模型中的每个图形对象都不是孤立存在的，而是受到其他一些图形对象的约束，这种约束表述了地质对象之间客观存在的地质联系，正因为如此，工程地质三维模型必须按照一定的规则去创建，如图2.8.5-1所示。

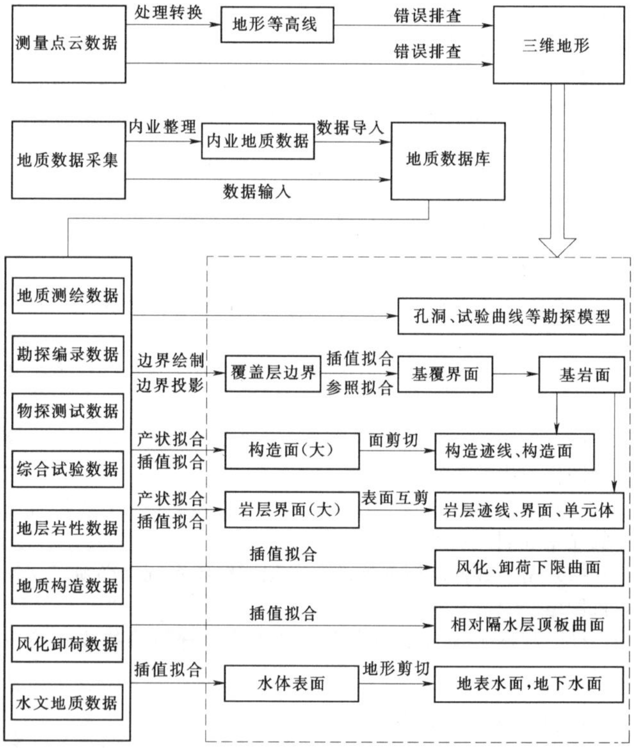

图2.8.5-1 工程地质三维建模步骤

工程地质三维模型的内容包括：

（1）地形面建模。三维地形表面是三维地质建模和三维枢纽布置设计的基础，依据各种测量方法提供的点云数据或经过插值处理的高程等值线数据生成。三维地形面常采用TIN、GRID和NURBS三种曲面格式来表达，需要根据实际情况选择。

（2）基覆界面建模。首先由地质测绘和少量的坑探确定覆盖层的分布范围，然后绘制投影到地形表面的边界，再根据勘探资料所揭示的覆盖层深度，生成具有封闭边界的基覆界面。基覆界面可采用线性或非线性插值拟合以及地形趋势面参照拟合的方法生成。

（3）基岩面建模。基岩面是由地形面和基覆界面复合而成，是将基覆界面上的数据点替换地形面上对应平面范围内的

数据点生成的新表面。

（4）岩层界面建模。岩层界面通常具有较稳定的产状，既可通过岩层在地表的出露迹线和空间剖面线联立创建，也可以根据岩层界面在一个或多个揭露点上的空间坐标和层面产状数据拟合生成。为保证岩层界面与地形体能够相互交切，初始生成的岩层界面应比工程地质建模范围要大。

（5）构造面建模。构造面建模与岩层界面建模的方法类似。构造面在工程模型中都有一定的延伸长度和断裂深度，在构造面生成的前后都可以加以控制。

（6）水体表面建模。受雨季和旱季的季节因素影响，水体表面的分布高程变化较大，三维地质建模时宜选择同一时段的水文数据，或建立多个时段的水体表面模型。

（7）地质曲面建模。地质曲面泛指空间上起伏变化较大的地质界面，例如风化面、卸荷面、水体表面、相对隔水层顶板、岩体质量分区界面等。这些地质曲面的建模，必须采用非线性拟合的方法创建空间曲面。

（8）透镜体建模。地质透镜体可以是岩性透镜体、风化透镜体等，代表的是地质空间中的一个封闭区域。根据地质透镜体的构成和揭露数据情况，其建模方法有多种，包括单剖面单线建模、单剖面双线建模和多剖面双线建模。

（9）地层单元建模。地层单元是三维地质模型中由地层界面分割的封闭空间，既可以由具有拓扑关系的多个围合面构成逻辑体来表示，也可以用几何实体来表示，前者模型容量较小，易于计算界面面积、单元体积，快速切制地质剖面，切制二维剖面图；后者易于显示浏览、体积精确计算和有限元剖分等。

（10）其他地质建模。这包括：

1）褶皱。建模的重点是生成符合地质形态和工程精度要求的地层界面。

2）溶洞。建模采用断面生成方法。

3）岩脉。稳定产状的岩脉建模与一般地质结构面的建模相同，不规则发育的岩脉建模可采用地质曲面或溶洞方法。

4）倾倒结构面。采用褶皱地层界面相同的建模方法。

5）地质块体。采用两种方式建模：一是建立空间围合的拓扑面，通过面面剪切完成；二是建立块体的几何实体，通过面剪切体完成。

（11）勘探对象建模。这包括测绘点、实测剖面、钻孔、坑探、物探、试验等，一般是利用地质数据库中存储的点源数据，通过专业软件工具自动化创建。

（12）开挖对象建模。这包括地下洞室、建筑物基础、工程边坡等的开挖面及开挖面附近的岩体，以地质对象实体模型为基础，利用开挖面拓扑剪切，得到开挖面内外两个部分的地质实体模型，挖除部分常用于开挖方量统计，其余部分用于稳定分析计算、三维动态漫游等。

（三）GeoEngine 工程地质表面建模方法

地质表面模型是工程地质三维建模的标志，也是水电水利工程三维协同设计的基础，要求其对工程地质情况表达准确、合理，满足工程设计的精度要求。

1. 地质曲面主要插值方法

地质曲面主要插值方法有：①曲面函数插值法；②剖面插值法；③等值线插值法；④趋势面插值法。

2. 地质曲面常用生成方法

（1）TIN。这由不规则分布的数据点连成的三角网组成，三角面的形状和大小取决于不规则分布的观测点或称节点的密度和位置。TIN 表面的优点是表面节点精度高，节点分布密度可根据表面模型的凹凸变化调整，在计算机中的运算效率较高。

（2）GRID。这由横纵两个方向上排列的且在某平面投影成等间距的数据点连接组成，平面投影间距控制网格的密度和点位置。在采样点不足的情况下，通过空间插值的方法生成 GRID 格网，几种常用的插值方法有反距离权重法、双线性内插法、趋势面插值、样条插值、克里金插值等。

（3）NURBS。这是一种完美、通用的曲面表达方法，既能精确描述自由曲面，又能精确表达规则曲面，所有参数化的曲面都可以统一在 NURBS 的标准形式之中。

（四）GeoEngine 工程地质三维模型的应用

1. 工程地质空间分析和查询

（1）数据的统计分析和查询。进行原始数据的统计分析和查询，并可通过网络查询。

（2）剖切分析。可以选用折线、单面、多面和体对象进行，按照分析的结果可分为剖切体分析、剖切面分析和剖切线分析，按照剖切的方向可以分为垂直剖面分析、水平剖面分析和任意剖面分析。

（3）等值线分析。根据计算的内容分为等高线分析、等深线分析和等厚线分析，其中等高线分析和等深线分析是针对地质曲面的面对象进行的空间分析，等厚线分析是针对地层单元的体对象进行的空间分析。

（4）挖洞分析。是以封闭或半封闭的三维表面剖切三维地质模型，将模型分割成内外两个部分，继而分析工程地质情况的过程。根据挖洞分析的应用，可开发不同的三维地质模型空间分析工具，包括虚拟孔洞分析、基坑开挖分析和地下洞室开挖分析。

（5）块体稳定分析计算。

2. 设计应用

通过数据接口的导入，供其他专业使用，可进行三维协同设计。

3. 其他应用

GeoEngine 工程地质三维模型还可应用于三维动态漫游等方面。

二、GoCAD 工程地质三维建模

GoCAD 是一个建模过程与地质分析紧密关联的软件，其基本流程是在对原始资料的分析、判断的同时建立三维地质模型，模型的建立又为进一步的工程分析研究提供基础。

GoCAD 的核心是 DSI 插值技术，它把多种来源的地质已知信息（如勘探点、厚度变化、产状变化等）作为约束条件引入空间对象的变形编辑过程，控制空间对象各个部分的调整方向、程度和目标。通过 DSI，GoCAD 在确保控制点部位“零”误差的同时，可以对空间对象进行可控的（约束条件下）任意的变形，使其在趋势上满足约束条件。因此，GoCAD 可以模拟复杂的地质体几何形态（如褶皱、褶曲、逆掩断层、透镜体等）。

（一）GoCAD 工程地质三维建模方式

GoCAD 采用各种原始资料及分析认识信息转化为三维空间约束条件，直接用于地质界面的建立和修改的建模方式，这种方式中三维地质资料解译完成，地质界面也就修改完成，建模效率高，见图 2.8.5-2。建模过程见图 2.8.5-3。

（二）GoCAD 常用对象及一般用途

GoCAD 提供了十多种基本建模对象，这些对象通过约束联系起来，成为模型建立过程中的有机的组成元素。

（1）点集（pointSet）。描述没有关联的离散数据，可以带

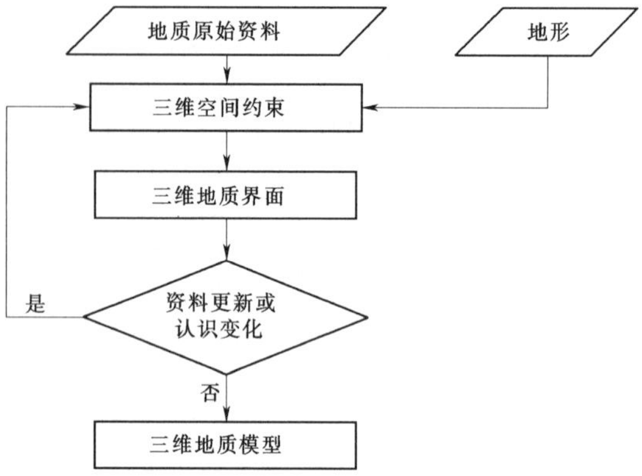

图 2.8.5-2　利用三维空间约束的建模方式

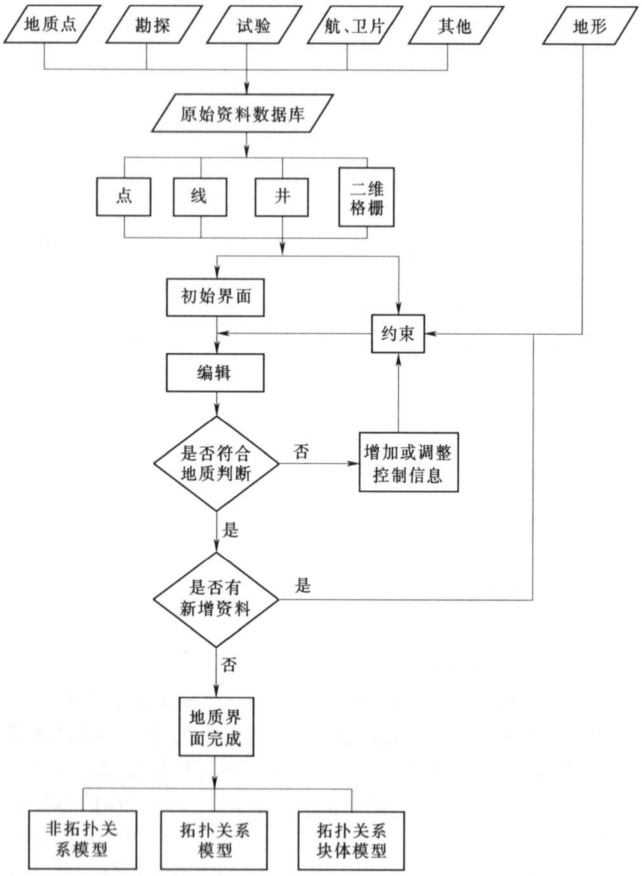

图 2.8.5-3　GoCAD 建模流程

各种标量属性或矢量约束。点集一般用于地质点等其他点状地质信息的导入、点状约束的生成。

(2) 线（curve)。线是由多段连续的或不连续的部分组成的；每一部分连接两个节点单元，自由节点单元也能成为曲线的一部分。

(3) 面（surface)。通过三角形相互连接的点集，可以由多个部分（Part）组成，可以封闭或断开。用于地质体的表达。

(3) 井（well)。主要是用于表达钻孔数据，通常也用于表达平洞、坑槽、地质点等地质信息。

(4) 规则栅格（voxet)。由规则排列六面体栅格单元组成，形成栅格的三个轴不一定相互垂直，但栅格边界不能随意变形。规则栅格模型一般用于地质体属性分析，比如岩体质量分析、岩体透水性分析等，也可以用于有限元计算网格剖分等。其中二维 voxet 可以用于描述物探剖面数据，卫、航片资料等。

(5) 不规则栅格（sgrid)。组成形式与规则栅格相似，但不规则栅格的边界可以随意变形。不规则栅格除了能够表达地质体的不均匀性外，还能表达地质体的各向异性。

(6) 剖面（x－section)。主要用于二维剖切分析。利用线、面、钻孔集创建任意方向的剖面，GoCAD 剖面除了用于二维输出外更重要的是可以通过调整剖面上线的趋势实时调整面的形态。

（三）数据输入

(1) 数据整理。地质资料数据量大、表达形式多样，且含有大量定性的描述性的资料，不能直接用于三维模型的建立。地质资料须按以下原则进行整理：①将所有资料分类并纳入数据库统一管理；②数据分类时要注意数据的三维表达可能性，对于可以在三维模型中表达的数据需要在数据库设计时专门处理，保证数据输出的结构性和完整性。

(2) 数据输入。GoCAD 提供了内部各个对象的交换格式，数据库输出时直接将地质数据写成 GoCAD 的点、线、井、二维规则网格、二维不规则网格等对象格式，直接导到 GoCAD 中。

(3) 数据使用。一方面实现原始资料的可视化查询，另一方面在模型的生成和编辑过程中可作为确定性的约束使用。

（四）地质界面生成与编辑

1. 初始面的生成

初始面是利用部分或全部初始已知条件建立一个粗略的面，作为后期编辑的对象。GoCAD 中面一旦形成便处于待编辑状态，当已知条件的增加或地质认识发生变化时，不需要用所有已知条件来重构地质界面，仅需要将新增已知条件转化为约束条件或调整相关约束条件，然后重新插值拟合即可。

2. 约束编辑

约束分为两大类，即硬约束（control nodes)，要求对象的变形强制通过该约束，比如勘探、地表实测、开挖揭示等必须吻合的资料；软约束（control points）要求对象的变形尽可能逼近该约束，比如地质推测等，这类约束还具有方向、距离等更进一步的属性用以控制对象的形状。GoCAD 中每个对象的几何或地质属性均可作为其他对象生成或编辑的约束。对于新增资料，仅需要将新增资料导入为 GoCAD 对象，然后利用这些对象的各种属性对面的变形趋势进行控制。比如新增钻孔，则增加硬约束，强制面变形时必须通过钻孔控制点；比如参照另一个面的厚度或法向调整面，则利用参照面添加厚度或法向属性的软约束；比如当前面某个区域的变形趋势需调整，则添加辅助线，根据辅助线添加线型软约束等。

对于已有约束则可以根据需要将其关闭、激活或删除，也可以对其属性进行调节，比如约束的方向、厚度约束的厚度值等。

3. 确定插值变形区域

当地质资料新增，地质认识更新时，地质界面的形态必然需要调整，但这种调整可能是局部的也可能是整体的，对于局部的调整 GoCAD 有两种手段实现变形区域的确定：

(1) 部件（part)。在空间上割裂开的一个对象的各个部分。

(2) 域（region)。人为指定的一个对象的某个区域，可以是部件的一部分，也可以包含多个部件。

在面的编辑过程中可以随时、任意指定影响区域，将变形控制在指定区域内，当然也可以对整个对象进行变形。

4. 离散光滑插值（DSI）

当约束及变形范围确定后就需要对面进行插值变形，让地质界面既满足约束条件又平顺光滑。插值运算的方法有很多，GoCAD采用的是自身特有的DSI技术，在面插值变形过程中充分考虑了约束多样性和复杂性又能尽可能地保证面的平顺光滑。

DSI插值变形是一个渐进式光滑插值变形过程，通过调整迭代次数来调整面的变形程度。

面的编辑过程中主要是灵活应用约束和插值调整地质界面的形状，直至地质界面的空间几何形态符合地质人员的判断。

（五）模型的最终形成

根据建模要求和用途的不同，模型的最终处理有以下三种不同方式：

（1）非拓扑关系建模。由于所建的地质界面在GoCAD中没有预先定义面的类型及面之间的拓扑关系，所以需要人工处理面的穿越、切割、限制等关系，然后通过手工布尔运算或在三维模型（Model3d）中批量化布尔运算完成模型的构建。

（2）拓扑关系建模。在建模之初就已经确定了面的类型，面之间的接触关系，因此在模型完成时仅需要对断层之间、断层与层面之间的接触关系，层面之间的交叉关系进行适当调整即可，然后通过手工布尔运算或在三维模型中批量化布尔运算完成模型的构建，模型的最终表现形式与非拓扑关系建模的模型相同，均为表面模型。

（3）具备拓扑关系的块体建模。在拓扑关系建模基础上将表面模型转化为块体模型，以规则栅格（voxet）、不规则栅格（sgrid）的形式表达，这种模型包含有更多的地质信息，能够表达地质体的不均匀性、各向异性等特性，适用于后期各种分析处理，比如有限元分析等。

（六）GoCAD三维地质模型应用

三维地质模型作为地质分析成果，可以直观地描述地下地质条件，形象地表达地质体的形态特征和各要素的空间关系，可应用于设计、地质分析、数值计算等多个方面。完整的应用见图2.8.5-4。

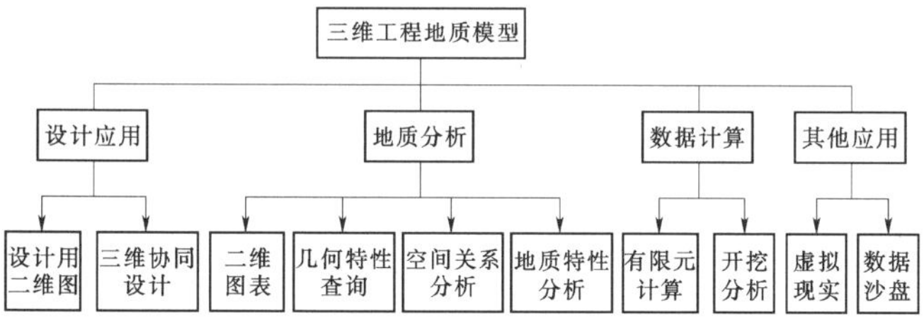

图2.8.5-4　GoCAD三维模型应用

三、Auto CAD工程地质三维建模

北京勘测设计研究院在20世纪80年代、90年代曾自主开发了基于Auto CAD系统的水电水利工程地质二维绘图软件，对水电系统在20世纪末最终"甩掉图板"中起到很好的促进作用。随着Auto CAD R2004/5的出现，其三维功能较以前版本功能更为强大，提供了丰富的三维实体建模命令，各种剖切剖视命令，可以动态显示三维图形，生成真实感强的三维视觉图，同时二次开发手段更加增强。Auto desk公司推出的R2007版本，又增强了三维实体建模和渲染等功能。考虑到Auto CAD软件具有强大的三维建模功能，且该软件具有广大的用户群，水电勘测设计行业在二维制图工作中大量使用该软件，选用它作为开发平台具有成本低、易掌握等特点。同时由于Auto desk公司的3Dmax和bentley公司的microstation v8都是功能非常强大的三维软件，并且都和Auto CAD具有很好的接口，可以任意读取Auto CAD的DWG图形文件，也可以存储为DWG图形文件，因而可以使用这两个软件，制作三维场景动画和渲染效果图，生成三维PDF文件。北京院原二维绘图系统的开发者基于以上情况，并充分利用原有二维绘图软件的资源，对Auto CAD软件进行二次开发，形成了独具特色的三维地质建模系统。

在本系统中，建立三维地质模型综合使用了四种方法：即直接生成法、直接点面法、等值线法和剖面法。一般来讲，三维地质模型的建立使用上述方法都可以解决，但应用起来，难易复杂程度不同，使用者可以根据自己的需要选择使用。

（1）直接生成法。根据二维制图时输入的数据和图形，直接生成三维数据和模型。在二维制图时，所研究的是三维空间的对象，只不过是采用了标高投影的方法，在二维制图中来解决，因此在数据和图形中都保留了大量的三维信息，直接使用这些信息来生成三维模型，是最简单和最快捷的方法，例如钻孔和平洞的数据，可以直接生成三维钻孔和三维平洞。在建立地质平面图时，图面上的地质界线都输入了相应的属性，根据这些属性和地形等高线图，就可以建立三维地质模型。

（2）直接点面法。通过离散点数据生成三维网格数据文件，进而生成三维面和三维实体模型。这一方法适用于离散点数据足够多，而且分布相对均匀的情况。当达不到这一要求时，可以借助等值线法和剖面法来增加离散点。

（3）等值线法。这也可称为等高线法，根据若干离散点编制等高线图，是工程地质人员的一项基本技能，编制出的等高线图，能形象地表现出一个曲面的三维形态，可以借助等高线图生成三维曲面。除去根据离散点编制等高线图以外，对于地质结构面，本系统还提供了一些根据已知数据自动生成等高线图的功能，例如：根据一点及产状自动绘制等高线图，根据结构面在地表的出露线及产状自动绘制等高线图，根据平切图地质结构面线，自动绘制等高线图。等高线图绘制好以后，用户可根据其他勘探资料，加上自己的工作经验和想象力，编辑修改等高线，使其改变成为一个符合实际情况的曲面形态，然后再根据等高线图生成结构面的bsn数据文件，绘制成三维面。

（4）剖面法。由于钻孔数量的不足，只依靠钻孔的数据作为离散点还不够，需要借助剖面的数据生成离散点。工程地质剖面图是各类工程勘察试验成果的综合体现，也是地质工程师专家经验解释结果的综合反映，能够较好地反映工程区典型和特殊的地质现象，直观的表达地层的分布与构造特征。将工程地质剖面图的信息加入到三维地质模型中，或者在建模过程中根据相邻钻孔数据绘制一系列剖面，再将这些剖面与钻孔数据结合在一起建模，会大大提高三维地层模型精度与表现能力。以剖面法生成三维地质界面时，要求系统具备很好的二维制图工作环境，因为需要解决地质平面图上快速的布置剖面线、快速的切制剖面图，方便地对剖面图进行编辑，以及由剖面图向三维模型的转换，很难想象没有一个很好的二维制图软件作为基础，三维软件也是不容易搞成功的。剖面法可以应用在制作地表覆盖层、河道覆盖层、各风化界面、地下水位面、地层界面和地质结构面。还可以应用在料场贮量计算，滑坡体的体积计算等。也可以利用剖面作为三维模型的骨架剖面，来生成三维地质模型，但这要求剖面之间的距离要保持在一定的精度。

该系统已经在北京勘测设计研究院的多个工程中获得成功的使用，取得可喜的、明显的效益，充分实现剖面任意剖切和地质体可视化展示，对提高勘察工作效率和质量发挥了较大的作用。同时该系统也具有开挖体建模、建筑物建模、工程量计算等多项功能，除了给设计工程师等提供方便直观的地形、地质条件和拟建建筑物的观察效果，也可以作为分析、比较设计方案的工具，已初具三维协同设计的雏形。

目前该系统已经根据 Auto DESK 公司最新推出的、适用于土木工程专业的 Auto CAD Civil 3D 进行了全面升级，提供了更为强大的三维曲面创建、编辑、分析、各类剖切等功能。Civil 3D 提供了强大的专业协同工具——Autodesk Vault。它是用于图形、项目对象和项目相关文件的完整的文档管理系统，它为所有项目图形提供访问控制和版本控制。采用其提供的专业协同工具，地质专业可能不再需要给水工专业提供相关的地质剖面图或平切图，只需要提供地质三维 CAD 成果并进行及时修改和更新。水工专业在三维设计过程中，可以根据自己的需要从三维地质模型中获得即时的地质成果，从而实现各专业成果结构的统一，设计工作的高度协同。

最新的 Auto CAD Civil 3D（2011 版），可以运行在 Windows XP、Vista、Win7（64 位或 32 位）操作系统下。其硬件环境需要具有大量的图形数据处理能力和三维图形分析能力，推荐配置为 Pentium IV 2.4G＋1GB 内存＋真彩色显示卡（31）加速功能，80G 硬盘或者更高配置。

第六节 常用专业软件

表 2.8.6－1 列出了 14 个常用专业软件的主要功能和在水电工程地质中的主要应用。

表 2.8.6－1　常用专业软件主要功能及在水电工程地质中的应用一览表

序号	软件名称	主要功能	水电工程地质中的应用
1	RocData	岩体参数分析	评估和确定岩土体力学参数，该软件内置了大量可靠的基于技术文献的各类岩土体的典型强度参数
2	Dips	地质向量分析	分析统计结构面的产状信息，包括绘制等密度图、玫瑰花图及方位分组等功能
3	Unwedge	洞室块体极限平衡分析	采用刚体极限平衡法分析计算洞室围岩中块体的稳定性
4	Swedge	边坡楔形体稳定性计算	采用刚体极限平衡法分析计算边坡表部楔形块体的稳定性
5	Slide	边坡稳定性分析	二维边坡稳定性分析程序，用来评价土质或岩质边坡中圆弧或非圆弧滑动面的稳定性
6	Slope/W	边坡稳定性分析	二维边坡稳定性分析程序，主要采用极限平衡理论计算土质和岩质边坡的安全性，也可使用有限元应力分析法来对大部分边坡稳定性问题进行有效计算和分析
7	FLAC	二维有限差分法数值计算	模拟土、岩或其他材料的力学行为，其特点是可以解决众多有限元程序难以模拟的复杂工程问题，例如大变形、大应变、非线性及非稳定系统
8	FLAC3D	三维有限差分法数值计算	FLAC 的三维版本
9	UDEC	二维离散单元法数值计算	模拟岩体中的节理和块体在静力或动力荷载条件下的力学行为
10	3DEC	三维离散单元法数值计算	UDEC 的三维版本
11	ANSYS	有限单元法数值计算	大型通用有限元程序，在水电工程地质或岩土工程数值计算中多利用其强大的前处理模块建模，然后通过接口程序转化成其他专业软件能识别的数据形式进行计算
12	ABQUS	有限单元法数值计算	大型通用有限元程序，可进行一般的岩土力学分析
13	MODFLOW	地下水三维有限差分法数值模拟	模拟孔隙介质中与渗流场有关的各类工程地质问题，如绕坝渗漏、地下洞室渗流分析、边坡渗流场和各类工程治理措施中的排水效果分析等
14	FEFLOW	地下水三维有限单元法数值模拟	同 MODFLOW

第三篇　岩土体物理力学性质和测试

第三篇

第一章　岩土力学的基本概念

第一节　岩石力学概述

岩石（rock）是天然形成的具有一定结构构造的、由一种或多种矿物组成的集合体。岩体（rock mass）是指包括各种结构面（structural plane）和结构体（structural block）的原位岩石的综合体。岩石力学系指研究岩石（体）的力学性态的理论和应用的科学，是探讨岩石（体）对其周围物理环境中的力场反应的学科，研究内容包括岩石（体）在荷载作用下的应力、变形和破坏规律以及工程岩体稳定性等问题。由于岩石力学中的许多研究对象是岩体，所以岩石力学也称为岩体力学。

一、研究内容

（一）理论研究

1. 基本性质

（1）岩石的强度。岩石抵抗外力破坏的能力称为岩石的强度，包括抗压强度、抗拉强度和抗剪强度。

1）岩石（体）的破坏主要表现为下列三种形式。

①脆性破坏：岩石（体）在荷载作用下没有显著变形就突然破坏，大多数坚硬完整岩石（体）多表现出脆性破坏的性质。

②塑性破坏：岩石（体）在破坏之前的变形很大，表现出显著的塑性变形、流动或挤出，在一些软弱岩石（体）中这种破坏较为明显。

③弹塑性破坏：由于岩石（体）中存在节理、裂隙、层理、软弱夹层等结构面，在荷载作用下，该类岩石（体）表现为弹塑性破坏。

2）岩石的抗压强度是岩石试件在单轴轴向压力下抵抗破坏的极限能力，或极限强度，它在数值上等于破坏时的最大压应力。

3）岩石的抗拉强度是岩石试件在单轴拉力作用下抵抗破坏的极限能力，或极限强度，它在数值上等于破坏时的最大拉应力。

4）岩石的抗剪强度是岩石抵抗剪切破坏的能力，可用黏聚力 c 和内摩擦角 φ 来表示。岩石在直接剪切时的应力～应变关系见图 3.1.1-1 和表 3.1.1-1。

（2）岩石的变形。

1）岩石的变形特性是指岩石在荷载作用下形状和大小的变化。岩石的变形特性常用弹性模量 E 和泊松比 μ 表示。

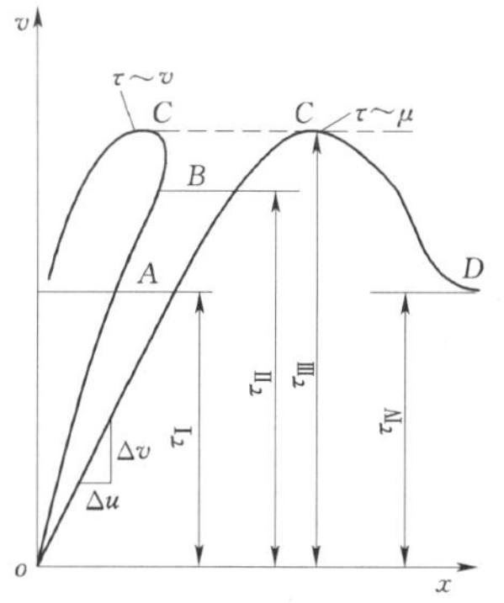

图 3.1.1-1　岩石在直接剪切时的应力～应变关系图

x—水平剪切位移 μ；y—抗剪强度 τ

表 3.1.1-1　岩石剪切时应力～应变曲线及各变形阶段的特征

变形阶段		主　要　特　征	备　　注
$\tau_{Ⅰ}$	比例极限（弹性阶段）	岩石所受剪切力与相应的剪切变形，和垂直变形基本上呈直线关系即处于弹性变形阶段	软弱岩石的 $\tau\sim\mu$ 曲线 $\tau_{Ⅰ}$ 段斜率较坚硬岩石缓，半坚硬岩石介于两者中间
$\tau_{Ⅱ}$	屈服极限（屈服点）	剪切力继续增加，曲线 $A\sim B$ 段逐渐变缓下弯，$\Delta\tau/\Delta\mu$ 和 $\Delta\tau/\Delta v$ 减小，至 B 点时变形有个较大变化。在 $\tau\sim v$ 曲线上，B 点有时是拐点	一般情况 $\tau_{Ⅱ}$ 介于 $\tau_{Ⅰ}$ 和 $\tau_{Ⅲ}$ 之间，对于坚硬岩石或一般脆性材料，$\tau_{Ⅱ}$ 与 $\tau_{Ⅰ}$ 或与 $\tau_{Ⅲ}$ 重合
$\tau_{Ⅲ}$	强度极限（峰值强度）	剪切力达到破坏值（c）时，岩石即被剪断，这时 $\Delta\tau/\Delta\mu=0$，$\Delta\tau/\Delta v$ 或为零（坚硬岩）或显著增加（软弱破碎岩）	
$\tau_{Ⅳ}$	残余强度	岩石破坏后残余强度，$\tau_{Ⅲ}$ 与 $\tau_{Ⅳ}$ 之差值近似于黏聚力 c 值，$\tau_{Ⅳ}$ 一般低于 $\tau_{Ⅲ}$，有时与 $\tau_{Ⅲ}$ 相等，$\Delta\tau/\Delta\mu$ 为零或为较小的负值	

2）岩石压缩时的应力～应变曲线分成 6 种类型，如图 3.1.1-2 所示。

类型Ⅰ：表示应力与应变的关系是一直线或者近似直线，

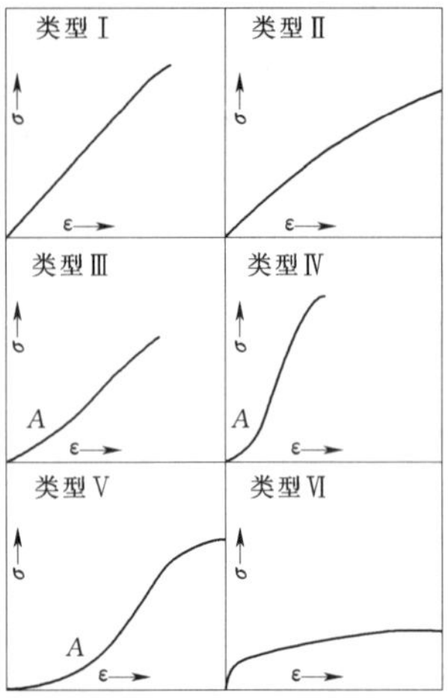

图 3.1.1-2　岩石的典型的应力～应变曲线

直到试样发生突然破坏为止，这些材料具有弹性性质。

类型Ⅱ：在应力较低时，应力～应变关系近似于直线。当应力增加到一定数值后，应力～应变曲线向下弯曲变化，且随着应力逐渐增加，曲线斜率也愈来愈小，直至破坏。这些材料具有弹—塑性性质。

类型Ⅲ：在应力较低时，应力～应变曲线略向上弯曲。当应力增加到一定数值后（如曲线上的 A 点），应力～应变曲线就逐渐变为直线，直至试样发生破坏。具有这种变形性质的代表性岩石有砂岩、花岗岩、片理平行于压力方向的片岩以及某些辉绿岩等。这种变形性质属于塑—弹性。

类型Ⅳ：压力较低时，曲线向上弯曲。当压力增加到一定值后，变形曲线就成为直线。最后，曲线向下弯曲，似 S 形。这种材料具有塑—弹—塑性质。

类型Ⅴ：基本上与类型Ⅳ相同，也呈 S 形，不过曲线的斜率较平缓，一般发生在压缩性较高的岩石中。

类型Ⅵ：应力～应变曲线开始先有很小一段直线部分，然后有非弹性的曲线部分，并继续不断地蠕变。某些软弱岩石也具有类似特性。属弹—塑—蠕变性质。

3）当水工有压隧洞受到洞内水压力作用时，衬砌向岩石方向变形，岩石对衬砌产生一定的反力，这个反力称弹性抗力。

岩石弹性抗力的大小用岩石弹性抗力系数 k 来表示。工程上多采用单位弹性抗力系数 k_0，即隧洞半径等于 1m 时的岩石弹性抗力系数。

（3）岩石的流变理论。

1）岩石变形过程中具有时间效应的现象称为流变现象。岩石的流变力学特性一般包括以下几个方面。

①蠕变：在常应力作用下，变形随时间增大的过程。岩石的蠕变可以分为初期蠕变、稳定蠕变和加速蠕变三个阶段。

②应力松弛：在恒应变水平下，应力随时间衰减直至某一限值的过程。岩石的应力松弛可划分三种类型：立即松弛、完全松弛和不完全松弛。

③滞后效应和弹性后效：加载过程中弹性变形随时间的增长称为滞后效应，它也包括在蠕变中；卸载后弹性变形随时间的逐渐恢复称为弹性后效。也可将弹性后效和滞后效应统称为弹性后效。

④流动：随时间延续而发生的塑性变形，反映应变速率随应力的变化。流动分为黏性流动和塑性流动，黏性流动是指微小外力作用下发生的流动，塑性流动是指外力达到某一极限值后才开始的流动。

岩石长期强度的确定方法有多种，可以在岩石蠕变试验中将稳定蠕变速度为零时的最大荷载值定为岩石的长期强度；或者在蠕变曲线族中选取各曲线上骤然上升的拐点作为流动极限，相应地找到经历各时间后的流动极限值，从而得到流动极限的衰减曲线。当流动极限不再随时间的增长而降低时，即为岩石的长期强度。

2）岩石的流变力学模型目前常采用简单的机械模型来模拟岩石的流变性状，再将这些简单的机械模型进行不同的组合，就可求得岩石的不同蠕变方程式，以模拟不同的岩石蠕变。常用的简单模型有弹性模型和黏性模型两种。

弹性模型：或称弹性单元。这种模型是线性弹性的，完全服从胡克定律。在应力作用下应变瞬时发生，应力与应变成正比关系，剪应力 τ 与剪应变 γ，的关系为

$$\tau=G\gamma \tag{3.1.1-1}$$

这种模型可用刚度为 G 的弹簧来表示，见图 3.1.1-3（a）。

黏性模型：或称黏性单元。这种模型完全服从牛顿黏性定律，它表示应力与应变速率成比例，剪应力 τ 与剪应变速率 γ 的关系为

$$\tau=\eta\gamma \tag{3.1.1-2}$$

它可用充满黏性液体的圆筒形容器内的有孔活塞（缓冲壶）来表示，见图 3.1.1-3（b）。

大多数岩石都表现出瞬时变形（弹性变形）和随着时间而增长的变形（黏性变形）。因此岩石是黏弹性的。

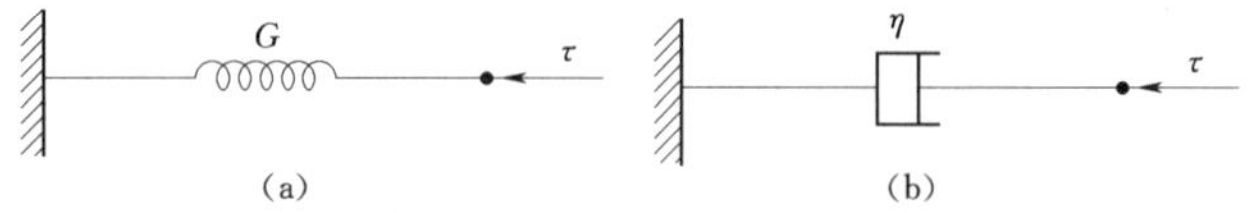

图 3.1.1-3　线性黏弹性模型单元

（a）线性弹簧（弹性单元 G）；（b）线性缓冲壶（黏性单元 η）

将这两种简单的机械模型用各种不同方式加以组合，就可得到以下不同介质的蠕变模型。

①马克斯威尔（Maxwell）模型：是弹性单元和黏性单元串联而成。当剪应力骤然施加并保持为常量时，变形以常速率不断发展。这个模型用两个常数 G 和 η 来描述。

②伏埃特（Vojgt）模型：它由弹性单元和黏性单元并联而成。当骤然施加剪应力时，剪应变速率随着时间逐渐递减，在 t 增长到一定值时，剪应变就趋于零。这个模型用两个常数 G 和 η 来描述。

③广义马克斯威尔模型：该模型由伏埃特模型与黏性单元串联而成。用三个常数 G、η_1 和 η_2 描述。剪应变开始以指数速率增长，逐渐趋近于常速率。

④广义伏埃特模型：模型由伏埃特模型与弹性单元串联而成，用三个常数 G_1、G_2 和 η_1 来描述。开始时产生瞬时应变，随后剪应变以指数递减速率增长，最终应变速率趋于零，应变不再增长。

⑤鲍格斯（Burgers）模型：这种模型由伏埃特模型与马克斯威尔模型串联而组成。模型用 4 个常数 G_1、G_2、η_1 和 η_2 来描述。蠕变曲线上开始有瞬时变形，然后剪应变以指数递减的速率增长，最后趋于不变速率增长。从形成一般的蠕变曲线的观点来看，这种模型是用来描述第三期蠕变以前的蠕变曲线的较好而最简单的模型。该模型已获得较广泛的应用。

(4) 岩体的应力。岩体应力按成因划分为：天然应力（初始应力）和二次应力两类。岩体天然应力包括自重应力、构造应力（活动的和残余的）及变异应力（岩体物理、化学变化及岩浆侵入所形成的）。岩体二次应力是人类工程活动所引起的应力。在工程开挖前岩体中已经存在的地应力场，称为初始应力场。在工程开挖后，初始地应力场受严重影响，产生应力重分布，形成围岩的应力状态，称为二次应力场。

(5) 岩石的渗透性。是指在水压力作用下，岩石的孔隙和裂隙透水的能力。

当渗流服从达西（Darcy）定律时（层流）。渗流速度 v 与水力比降 i 成正比，即

$$v=Ki \tag{3.1.1-3}$$

式中：v 为渗流速度，cm/s；K 为渗透系数，cm/s。

(6) 岩石的动力特性。这是指岩石（体）在各种动荷载作用下的力学性质及其工程效应。动荷载主要包括：爆炸、冲击或撞击、地震或瞬时构造应力、潮汐或风等随时间而快速变化的力。

2. 基本理论

(1) 莫尔（Mohr）理论及莫尔—库仑准则。该理论假设，材料内某一点破坏主要决定于它的大主应力和小主应力，即 σ_1 和 σ_3，而与中间主应力无关。在 $\tau\sim\sigma$ 的坐标平面上，绘制一系列的极限应力圆，称为莫尔应力圆。作出一系列极限应力圆的包络线，称为莫尔包络线，在包络线上的所有各点都反映材料破坏时的剪应力（即抗剪强度）τ_f 与正应力 σ 的关系，即

$$\tau_f=f(\sigma) \tag{3.1.1-4}$$

在岩石力学研究中大都采用直线形式的包络线。因此，岩石的强度准则可用莫尔—库仑方程式来表示：

$$\tau_f=c+\sigma\tan\varphi \tag{3.1.1-5}$$

式中：c 为岩石黏聚力，MPa；φ 为岩石内摩擦角，(°)。

(2) 格里菲斯（Griffith）理论。格里菲斯认为：材料内部存在着许多细微裂隙，在力的作用下，这些细微裂隙的周围，特别是缝端，可以产生拉应力集中现象。材料的破坏往往从缝端开始，裂缝扩展，最后导致材料的完全破坏。

格里菲斯强度理论的破坏准则：

$$\left.\begin{array}{l}\sigma_1+3\sigma_3>0\text{ 时},(\sigma_1-\sigma_3)^2-8\sigma_t(\sigma_1+\sigma_3)=0\\ \text{裂隙方位角 }\beta=\dfrac{1}{2}\arccos\dfrac{\sigma_1-\sigma_3}{2(\sigma_1+\sigma_3)}\end{array}\right\} \tag{3.1.1-6}$$

$$\left.\begin{array}{l}\text{当 }\sigma_1+3\sigma_3<0\text{ 时},\sigma_3=-\sigma_t\\ \text{裂隙方位角 }\beta=0\end{array}\right\} \tag{3.1.1-7}$$

(3) 修正的格里菲斯理论。格里菲思理论是以张开椭圆裂隙为前提的。如果在压应力占优势的情况下，则在受压过程中材料的裂隙往往会发生闭合。这样，压应力就可以从一边的缝壁传递到另一边的缝壁，从而缝壁间产生摩擦。在裂隙面上既能承受正应力，又能承受剪应力。因此，麦克林托克（MeClintock）等考虑了这一影响（主要是裂隙间的摩擦条件），对格里菲思理论作了修正，修正后的理论通常称为修正格里菲思理论：

$$\sigma_1[(f^2+1)^{\frac{1}{2}}-f]-\sigma_3[(f^2+1)^{\frac{1}{2}}+f]=4\sigma_t\left(1+\frac{\sigma_c}{R_t}\right)^{\frac{1}{2}}-2f\sigma_c \tag{3.1.1-8}$$

式中：σ_c 为裂隙闭合所需的压应力，由实验决定；f 为裂隙面间摩擦系数。

勃雷斯（Bmce）认为使裂隙闭合所需的压应力 σ_c 甚小，一般可以忽略不计。因此，式（3.1.1-8）简化为

$$\sigma_1[(f^2+1)^{\frac{1}{2}}-f]-\sigma_3[(f^2+1)^{\frac{1}{2}}+f]=4\sigma_t \tag{3.1.1-9}$$

目前岩石力学理论除上述理论外，还有最大正应力理论、最大正应变理论、最大剪应力理论和八面体剪应力理论等。

(二) 应用研究

岩石（体）物理力学性质的研究成果，应用于评价岩基的承载与变形、坝基（肩）抗滑稳定、坝基渗漏与渗透稳定、地下洞室围岩稳定、岩质边坡稳定等问题，也是建筑石料原岩质量评价的依据。岩石（体）的物理力学性质指标的应用见表 3.1.1-2。

表 3.1.1-2　岩石（体）常用物理力学性质指标的应用

指　　标	符号	应　　用
天然密度 干密度 饱和密度	ρ_0 ρ_d ρ	(1) 计算岩石其他物理性质指标； (2) 计算岩石块体质量，分析其稳定性； (3) 计算岩体的应力
含水率	w	计算岩石其他物理性质指标
孔隙比 孔隙率	e n	(1) 计算岩石的饱和系数； (2) 计算岩石的水下重量
天然抗压强度 烘干抗压强度 饱和抗压强度	R_0 R_d R_b	(1) 计算岩石的软化系数和围岩强度应力比等； (2) 评价岩石的坚硬程度； (3) 评价岩基承载性能； (4) 评价岩基、边坡、洞室围岩质量； (5) 评价建筑石料原岩质量； (6) 结合地应力成果用于岩爆预测
天然抗拉强度 烘干抗拉强度 饱和抗拉强度	σ_{t0} σ_{td} σ_{tb}	评价岩石（体）的抗拉能力
变形模量 弹性模量	E_0 E	(1) 计算单位弹性抗力系数、地应力、坝（地）基变形等； (2) 评价坝（地）基的抗变形能力； (3) 评价岩基、边坡、洞室围岩质量
摩擦角 黏聚力	φ c	(1) 分析计算坝（地）基承载性能； (2) 分析计算坝基、抗力体抗滑稳定性； (3) 分析计算岩质边坡稳定性； (4) 分析计算洞室围岩稳定性
侧压力系数 泊松比	λ、N μ	(1) 计算单位弹性抗力系数、岩石（体）变形模量及弹性模量； (2) 分析岩体应力、应变
坚固系数 单位弹性抗力系数 弹性抗力系数	f_k K_0 K	(1) 评价围岩的质量及抗变形能力； (2) 计算围岩支护结构
地应力	σ	(1) 计算围岩强度应力比； (2) 地应力分级及岩爆预测； (3) 评价地应力对岩基、边坡、洞室围岩开挖的影响
透水率 渗透系数	q K	(1) 评价岩体渗透性能，为渗控工程设计提供依据； (2) 计算基坑的涌水量、基坑抽排水设计； (3) 指导灌浆参数选择及灌浆质量检测
纵波波速 横波波速	v_p v_s	(1) 计算岩体完整性系数、动泊松比、动弹性模量、动剪切模量等； (2) 评价岩体质量； (3) 固结灌浆质量检测

二、研究方法

(一) 试验研究

1. 室内试验

室内试验包括两大类：一类为研究岩石的基本物理力学性

质；另一类为研究工程力学状态的地质力学模型试验。

岩石的基本物理力学性质试验是现场采集样品，实验室进行加工、试验的方法。

地质力学物理模型是配制力学性质与岩体相似的材料，按一定比例制作工程岩体和相关建筑物的模型，遵照相似律的要求，进行开挖和加、卸载试验，以研究工程岩体的性状变化。

2. 现场原位试验

(1) 洞、井原位试验。主要包括岩体变形、承载、强度、地应力及波速测试，它们是研究岩体和结构面力学性质的基本方法，是岩石工程稳定性分析评价和加固设计的基础。

(2) 地表原位试验。在建基面、边坡上进行的岩体变形、承载和强度试验。该方法包括承台堆载法和成都勘测设计研究院研制的岩体变形测试仪（YBKC—70）。后者采用在受力岩体之外的锚固方式，已成功应用于锦屏一级水电站、官地水电站的建基面岩体工程质量检测中。

3. 原型观测

对工程岩体观测是认识工程岩体性状及其变化最直接的途径，包括：应力、应变、渗流等。观测对象主要是大坝岩基、地下洞室围岩、岩石边坡和库岸滑坡等。

(二) 理论分析

1. 主要理论

(1) 固体力学理论：

1) 弹性力学。又称为弹性理论，研究弹性体由于受外力作用、边界约束或温度改变等原因而发生的应力、形变和位移。

2) 塑性力学。研究固体塑性变形特性（如弹塑性本构关系、极限分析理论、塑性破坏准则等）。

(2) 流体力学理论。研究流体本身的静止状态和运动状态，以及流体和固体界壁间有相对运动时的相互作用和流动的规律。

(3) 断裂力学理论。研究裂纹扩展规律及其强度。它不再把介质看成均质的连续体，而是将其视为存在许多缺陷和裂纹的复合结构体。

(4) 损伤力学理论。研究岩体在一定荷载与环境条件下，损伤随变形发展最后导致破坏的规律。

2. 分析方法

在岩体工程问题分析中，最常用的数值方法包括：有限单元方法、离散单元方法和边界单元法，这些方法都有各自的长处及适用条件。应当根据具体工程问题的特点及其边界条件加以选用。近些年来，随着工程岩体复杂问题的不断出现，模拟岩体变形及稳定的数值分析方法得到进一步发展，出现了一些新的数值方法，如块体理论、不连续变形分析、快速拉格朗日分析法、块体弹簧元法和数值流形元法等。

第二节　土力学概述

土力学是研究土的强度、变形、渗透及其工程稳定性的一门学科。它的研究对象为由土的矿物颗粒所组成的松散颗粒集合体，其力学性质与刚体、弹性体及流体等均有所不同。因此，一般连续体力学的规律在土力学中应结合土的特殊性质和土工试验研究成果予以具体运用。

一、研究内容

(一) 理论研究

1. 基本性质

土一般由固体颗粒、水和空气三种不同状态（相）的物质组成，三者之间的相互作用及它们之间的比例关系，反映出土的物理性质和物理状态，且与土的力学性质有着密切的关系。

(1) 土的物理水理性质有：

1) 土的密度是指土体单位体积的质量。当土中孔隙不存在水时，或孔隙完全充满水时的密度，或土完全被水淹没时土的有效密度，分别被称为干密度、饱和密度及浮密度。

2) 相同体积的土粒与4℃水的质量之比称为土粒的比重。

3) 土中水的质量与土粒的质量之比称为土的含水率，用百分数表示。

4) 土的孔隙比和孔隙率是反映土的松密程度的指标。土中孔隙的体积与土粒体积之比称为孔隙比；土体中孔隙体积占土体总体积的百分数称孔隙率。

5) 饱和度即为土中所含水分的体积与土体中孔隙体积之比，以百分数计。

6) 无黏性土的松密程度还可用相对密度来表述。它通过测定土的最大、最小干密度计算而得。

7) 黏性土含水率变化时，使土颗粒间的距离增加或减少，也会使土的结构几何排列、联结强度发生变化，从而使黏性土具有不同的软硬或稀稠状态。常用如下几个指标表述：

塑限：可塑态与半固态的界限含水率称塑限含水率，简称塑限。

液限：可塑态与液态的界限含水率称液限含水率，简称液限。

塑性指数：液限和塑限的差值，用以表述土的可塑性的大小。

液性指数：土的天然含水率与塑限含水率之差除以塑性指数，用以表征土的稠度。

(2) 土的矿物成分。土中的无机矿物是岩石风化后的产物，按其成因和性质不同可将土中的矿物分为原生矿物、次生矿物、水溶盐和有机质四大类。

(3) 土的变形性质。土的压缩性使地基产生变形，导致建筑物发生沉降。

1) 土的压缩性一般由压缩系数和压缩模量来表达，它是通过室内有侧限压缩试验测定的。土的变形特性用变形模量来表达，它是通过现场载荷试验（土体无侧限）测定的。

2) 土体在自身重量及外部压力下，压缩量随时间增长的过程称为土的固结。依赖于孔隙水压力变化而产生的固结称为主固结。不依赖于孔隙水压力变化，即在有效应力不变时，由于颗粒间位置变动引起的固结称为次固结。地基固结的程度称为固结度。它是地基在一定压力下，经某段时间产生的变形量与地基最终变形量的比值，它反映了地基固结或超静水压力消散的程度。反映地基固结速率大小的参数是固结系数，它可以根据地基土体的渗透系数、孔隙比和压缩系数来进行计算，也可根据实验室固结试验的曲线来确定。

(4) 土的强度性质。指土在力系作用下抵抗剪应力破损的极限强度，其强度值与正应力呈直线关系，通常用内摩擦角和黏聚力来表达。

土的抗剪强度有两种表示方法：第一种是用总应力表示剪切破坏面上的法向应力，称为总应力法，相应的抗剪强度指标为总应力强度指标；第二种为以有效应力表示剪切破坏面上的法向应力，称为有效应力法，相应的抗剪强度指标称为有效应力强度指标。

(5) 土的渗透及渗透稳定性质。水在重力作用下穿过土的孔隙发生运动，这一现象称为渗透。土体被渗流水穿透的性能称为土的渗透性。土的渗透性能用渗透系数 k 来表达。

渗透破坏是土体在渗流作用下发生破坏的现象，包括流土、接触流失、管涌和接触冲刷四种形式。

（6）土的动力性质。土在各种动荷载作用下的力学性质称为土的动力性质。动荷载包括地震、爆破、机械振动、冲（撞）击等。

2. 基本理论

（1）土的有效应力原理。1925 年太沙基在大量试验的基础上提出了饱和土的有效应力原理：饱和土是由土骨架和水组成的两相体，作用在土体上的总应力等于有效应力和孔隙水压力之和：

$$\sigma'=\sigma-u \tag{3.1.2-1}$$

式中：σ'为有效应力；σ为总应力；u为孔隙水压力。

（2）达西定律。1956 年法国学者达西通过对饱和砂土试验研究发现，在层流状态时水在砂土中的渗透流量与水头差成正比，并与渗径成反比，可表达为如下关系式：

$$Q=K\frac{h_1-h_2}{L}A \tag{3.1.2-2}$$

$$i=\frac{h_1-h_2}{L},v=Ki \tag{3.1.2-3}$$

式中：Q为渗透流量，cm^3/s；A为垂直于渗流方向试样的截面积，cm^2；K为土的渗透系数，cm/s。

（3）太沙基渗压模型。太沙基提出通过建立一维渗压微分方程而得到孔隙水压力的解析解：

$$C_v\frac{\partial^2 u}{\partial z^2}=\frac{\partial u}{\partial t} \tag{3.1.2-4}$$

式中：$C_v=\dfrac{(1+e)k}{\gamma_w a}$为土的固结系数。

（4）莫尔一库仑强度理论。库仑通过对砂土和黏土的剪切试验发现，抗剪强度与正应力之间呈直线关系：

$$\tau_f=\sigma\tan\varphi+c \tag{3.1.2-5}$$

式中：τ_f为土的抗剪强度，kPa；σ为作用于剪切面的法向应力，kPa；φ为土的内摩擦角，(°)；c为土的黏聚力，kPa。

（5）朗肯土压力理论。朗肯土压力假定：①墙是刚性的，墙背铅直；②墙后填土表面水平；③墙背光滑，墙背与填土之间没有摩擦力。

主动土压力表达式为

$$p_a=\gamma zK_a-2c\sqrt{K_a} \tag{3.1.2-6}$$

式中：$K_a=\tan^2\left(45°-\dfrac{\varphi}{2}\right)$，主动土压力系数，无因次；$p_a$为地面下深度为$z$处的主动土压力，kPa；$\gamma$为墙后土的重度，$kN/m^3$；$c$为墙后土的黏聚力，kPa。对于无黏性土其值为 0。

被动土压力表达式为

$$p_p=\gamma zK_p+2c\sqrt{K_p} \tag{3.1.2-7}$$

式中：$K_p=\tan^2\left(45°+\dfrac{\varphi}{2}\right)$，被动土压力系数，无因次；$p_p$为地面下深度为$z$处的被动土压力，kPa；$\gamma$为墙后土的重度，$kN/m^3$；$c$为墙后土的黏聚力，kPa，对于无黏性土其值为 0。

（6）库仑土压力理论。库仑理论假定挡土墙是刚性的，墙背填土是无黏性的。主动土压力的表达式为

$$p_a=\frac{1}{2}\gamma H^2K_a \tag{3.1.2-8}$$

式中：γ为填土的重度；H为挡土墙的高度；K_a为主动土压力系数，为φ、ε、β、δ之函数，无因次。

被动土压力表达式为

$$p_p=\frac{1}{2}\gamma H^2K_p \tag{3.1.2-9}$$

式中：γ为填土的重度；H为挡土墙的高度；K_p为被动土压力系数，为φ、ε、β、δ之函数，无因次。

（二）应用研究

土体物理力学性质的研究成果，应用于评价土基的承载与变形、坝基抗滑稳定、坝基渗漏与渗透稳定、坝基饱和砂土液化与软土震陷等问题及土质边坡稳定性，也是建筑土料质量评价的依据。土常用物理力学性质指标的应用见表 3.1.2-1。

表 3.1.2-1　土常用物理力学性质指标的应用

指　标	符号	应　用
密度 重度 水下浮重度	ρ γ γ'	(1) 计算干密度； (2) 计算土的自重压力； (3) 计算地基的稳定性和地基土的承载力； (4) 计算斜坡的稳定性； (5) 计算挡土墙的土压力
比重	G_s	计算其他物理性质指标
含水率	w	(1) 计算其他物理性质指标； (2) 评价土的承载力； (3) 评价土的冻胀性
干密度	ρ_d	(1) 计算其他物理性质指标； (2) 评价土的密实度； (3) 控制填土的质量
孔隙比 孔隙率	e n	(1) 评价土的密实度； (2) 计算土的水下重度； (3) 计算压缩系数和压缩模量； (4) 评价土的承载力
有效粒径 平均粒径 不均匀系数 曲率系数	d_{10} d_{50} C_u C_c	(1) 砂土的级配及分类； (2) 大致估计土的渗透性； (3) 计算过滤器孔径或计算反滤层； (4) 评价砂土和粉土液化的可能性
液限 塑限 塑性指数 液性指数	w_L w_p I_p I_L	(1) 黏性土分类； (2) 划分黏性土的状态； (3) 评价土的承载力； (4) 估计土的最优含水率； (5) 估计土的力学性质； (6) 评价少黏性土液化的可能性
相对含水率	w_u	(1) 评价老黏性土和红黏土的承载力； (2) 评价少黏性土液化的可能性
饱和度	S_r	(1) 划分砂土的湿度； (2) 研究与土的力学性质的关系
活动度	A	评价黏性土的活动性
自由膨胀率 膨胀率 膨胀力	δ_{ef} δ_{ep} P_e	(1) 评价黏性土的膨胀性； (2) 设计基底压力
崩解量	A_t	评价黏性土的崩解性
最大孔隙比 最小孔隙比 相对密度	e_{max} e_{min} D_r	(1) 评价砂土密实度； (2) 评价砂土体积的变化； (3) 评价砂土液化的可能性
渗透系数	k	(1) 计算基坑的涌水量； (2) 设计排水构筑物； (3) 计算沉降所需时间； (4) 人工降低水位的计算
最大干密度 最优含水率	ρ_{dmax} w_{op}	控制填土质量
压缩系数 压缩模量 压缩指数 体积压缩系数	a_{1-2} E_s C_c m_v	(1) 计算地基变形； (2) 评价土的承载力
固结系数	C_v	计算沉降时间及固结度

续表

指 标	符号	应 用
先期固结压力 超固结比	p_c OCR	判断土的应力状态和压密状态
内摩擦角 黏聚力	φ c	(1) 评价地基的稳定性、计算承载力； (2) 计算斜坡的稳定性； (3) 计算挡土墙的土压力
侧压力系数 泊松比	ξ u	(1) 研究土中应力与应变的关系； (2) 计算变形模量
孔隙水压力系数	A B	研究土应力与孔隙水压力的关系
无侧限抗压强度	q_u	(1) 估计土的承载力； (2) 估计土的抗剪强度； (3) 评价软土震陷的可能性
灵敏度	S_t	(1) 评价土的结构性； (2) 评价软土震陷的可能性

二、研究方法

(一) 试验研究

1. 室内试验

室内试验包括两大类：一类为研究土的基本物理力学性质试验；另一类为研究工程力学状态的模型试验（如离心机模型试验）。

2. 现场原位试验

原位试验包括土基荷载、抗剪强度、渗透及渗透变形、钻孔试验（十字板剪切、静力触探、动力触探、标准贯入、旁压、钻孔弹模及波速）等。

3. 原型观测

原型观测主要包括表面变形观测、内部沉降观测、内部水平位移观测、孔隙水压力观测和土压力观测等。一般分为五个步骤：观测设计，观测仪器的采购、检验与率定，观测仪器的安装和埋设，仪器的现场观测，观测资料的整理分析。

(二) 理论分析

1. 土力学中常见的本构关系

(1) 线弹性模型。假定土是弹性材料，弹性参数不随应力状态而变化，应力应变关系符合广义胡克定律。通过简单的试验可得出弹性模量 E 和泊松比 μ。

剪切模量 G 为剪应力与相应的剪应变之比，弹性体积模量 k 为球应力与体积应变之比，它们与 E 和 μ 的关系为

$$G=\frac{E}{2(1+\mu)} \tag{3.1.2-10}$$

$$K=\frac{E}{3(1-2\mu)} \tag{3.1.2-11}$$

(2) 非线性弹性模型。假定弹性参数随应力状态而变化，当采用三轴试验资料时，切线弹性模量为

$$E_t=\frac{d(\sigma_1-\sigma_3)}{d\varepsilon_a} \tag{3.1.2-12}$$

切线泊松比为

$$\nu_t=\frac{-d\varepsilon_r}{d\varepsilon_a} \tag{3.1.2-13}$$

切线体积模量为

$$K=\frac{\mathrm{d}p}{\mathrm{d}\varepsilon_a} \tag{3.1.2-14}$$

切线剪切模量为

$$G=\frac{q}{3\varepsilon_s} \tag{3.1.2-15}$$

式中：q 为偏应力；ε_s 为广义剪应变。

(3) 邓肯—张模型。邓肯—张依据三轴应力应变试验结果提出了双曲线模型。在围压不变条件下施加偏应力，并测出轴向应变和体积应变，点绘成关系曲线，可以确定弹性模量、泊松比和体积模量。表达式为

$$\sigma_1-\sigma_3=\frac{\varepsilon_a}{a+b\varepsilon_a} \tag{3.1.2-16}$$

式中：a、b 为试验常数。

根据假定的不同，分为 $E\sim\mu$ 和 $E\sim B$ 两种模型。$E\sim\mu$ 模型假定侧向应变与轴向应变呈双曲线关系，求得 φ、c、K、n、R_f、G、F、D 共八个参数；$E\sim B$ 模型假定体积应变与轴向应变之间呈双曲线关系，求得 φ、c、K、n、R_f、K_b、m 共七个参数。两种双曲线模型参数详见表 3.3.3-2、表 3.3.3-3。

(4) 弹塑性模型。弹塑性模型把在荷载作用下发生的变形分成两部分：一是弹性变形；二是塑性变形。

为了建立塑性变形的关系式，需假定：破坏准则和屈服准则、硬化规律、流动法则。采用不同的假定，形成了剑桥模型、拉德模型和空间滑动面（SMP）模型等。

2. 分析方法

最常用的数值分析方法包括：线性有限元法、非线性有限元法（迭代法、增量法和增量迭代法）等。

第二章 岩石和岩体的工程性质

第一节　岩石的物理性质

岩石的物理性质是指岩石固有的物质组成和结构特征所决定的基本物理属性，其指标名称、定义、公式等见表3.2.1-1。

表 3.2.1-1　　岩石的物理性质指标

名　称		符号	定　义	单位	公　式	说　明
比重		G_s	岩石在105～110℃温度下烘至恒量时的质量与同体积4℃时水质量的比值	—	$G_s=\frac{m_s}{m_1+m_s-m_2}G_{WT}$	m_s—干岩粉质量（g）； m_1—瓶、试液总质量（g）； m_2—瓶、试液、岩粉总质量（g）； G_{WT}—与试验温度同温度的试液比重
					$G_s=\frac{m_d}{m_d-m_w}G_w$	m_d—烘干试件质量（g）； m_w—强制饱和试件在水中的称量（g）； G_w—水的比重
密度	干密度	ρ_d	岩石质量与岩石体积之比。根据岩石含水状态，岩石块体密度可分为干密度、天然密度和饱和密度（湿密度）	g/cm³	$\rho_d=\frac{m_s}{AH}$	m_s—烘干试件质量（g）； A—试件截面积（cm^2）； H—试件高度（cm）
					$\rho_d=\frac{m_s}{m_p-m_w}\rho_w$	m_s—烘干试件质量（g）； m_p—试件经强制饱和后的质量（g）； m_w—强制饱和试件在水中的称量（g）； ρ_w—水的密度（g/cm^3）
	天然密度	ρ_0		g/cm³	$\rho_0=\frac{m_0}{AH}$	m_0—天然试件质量（g）； A—试件截面积（cm^2）； H—试件高度（cm）
					$\rho_0=\frac{m_0}{m_p-m_w}\rho_w$	m_0—天然试件质量（g）； m_p—试件经强制饱和后的质量（g）； m_w—强制饱和试件在水中的称量（g）； ρ_w—水的密度（g/cm^3）
	饱和密度（湿密度）	ρ		g/cm³	$\rho=\frac{m_p}{AH}$	m_p—试件经强制饱和后的质量（g）； A—试件截面积（cm^2）； H—试件高度（cm）
					$\rho=\frac{m_p}{m_p-m_w}\rho_w$	m_p—试件经强制饱和后的质量（g）； m_w—强制饱和试件在水中的称量（g）； ρ_w—水的密度（g/cm^3）
孔隙率		n	岩石中孔隙的体积与岩石的体积之比	%	$n=\frac{V_n}{V}\times100$	V_n—岩石中孔隙的体积（cm^3）； V—岩石的体积（cm^3）
					$n=\left(1-\frac{\rho}{G_s}\right)\times100$	ρ—岩石的密度（g/cm^3）； G_s—岩石的比重
含水率		w	试件在105～110℃下烘至恒量时所失去的水的质量与试件干质量的比值	%	$w=\frac{m_0-m_s}{m_s}\times100$	m_0—试件烘干前的质量（g）； m_s—试件烘干后的质量（g）
吸水性	吸水率	ω_a	岩石在大气压力和室温条件下吸入水的质量与岩石固体质量的比值	%	$\omega_a=\frac{m_0-m_s}{m_s}\times100$	m_0—试件浸水48h的质量（g）； m_s—烘干试件质量（g）
	饱和吸水率	ω_{sa}	岩石在强制饱和状态下的最大吸水量与岩石固体质量的比值	%	$\omega_{sa}=\frac{m_p-m_s}{m_s}\times100$	m_p—试件经强制饱和后的质量（g）； m_s—烘干试件质量（g）
	饱和系数	K_w	岩石的吸水率与饱和吸水率的比值		$K_w=\frac{\omega_a}{\omega_{sa}}$	ω_a—岩石吸水率（%）； ω_{sa}—岩石饱和吸水率（%）
	饱和度	S_r	岩石中孔隙被水占据的体积与总孔隙体积之比	%	$S_r=\frac{V_w}{V_v}\times100$	V_w—孔隙被水占据的体积； V_v—总孔隙体积

续表

名称		符号	定义	单位	公式	说明
透水性	渗透系数	K	在层流条件下，渗透速度与水力比降的比值	cm/s	$K=\frac{q}{i}$	q—水在岩石中的渗透速度（cm/s）；i—水力比降
	水力比降	i	两点间的水位差与两点间的流线长度的比值	—	$i=\frac{\Delta h}{\Delta l}$	Δh—两点间的平均水位差（cm）；Δl—两点间的距离（cm）
膨胀性	自由膨胀率	V_H V_D	岩石试件在浸水后产生的径向和轴向变形分别与试件原直径和高度之比	%	$V_H=\frac{\Delta H}{H}\times100$ $V_D=\frac{\Delta D}{D}\times100$	V_H—岩石轴向自由膨胀率（%）；V_D—岩石径向自由膨胀率（%）；ΔH—试件轴向变形值（mm）；H—试件高度（mm）；ΔD—试件径向平均变形值（mm）；D—试件直径或边长（mm）；V_{HP}—岩石侧向约束膨胀率（%）；ΔH_1—有侧向约束试件的轴向变形值（mm）；p_e—体积不变条件下的岩石膨胀压力（MPa）；F—轴向载荷（N）；A—试件截面积（mm^2）
	侧向约束膨胀率	V_{HP}	岩石试件在有侧限条件下，轴向受有限荷载时，浸水后产生的轴向变形与试件原高度之比	%	$V_{HP}=\frac{\Delta H_1}{H}\times100$	
	膨胀压力	p_e	岩石试件浸水后保持原形体积不变所需的压力	MPa	$p_e=\frac{F}{A}$	
耐崩解性指数		I_{d2}	岩石试件在经过干燥和浸水两个标准循环后，试件残留的质量与其原质量之比	%	$I_{d2}=\frac{m_r}{m_s}\times100$	I_{d2}—岩石二次循环耐崩解性指数（%）；m_s—试验前烘干试件质量（g）；m_r—残留试件烘干质量（g）
冻融质量损失率		M	岩石试件在经过多次冻融循环后，试件损失的质量与其原质量之比	%	$M=\frac{m_p-m_{fm}}{m_s}\times100$	m_p—冻融前饱和试件质量（g）；m_{fm}—冻融后饱和试件质量（g）；m_s—试验前烘干试件质量（g）
可溶性	溶解度	S	在一定温度下，可溶岩石在100g水溶剂中达到饱和状态时所溶解的质量	g/100g	$S=\frac{m_{rz}}{m_{rj}}\times100$	m_{rz}—溶质的质量（g）；m_{rj}—溶剂的质量（g）；溶液的质量，$m_{ry}=m_{rz}+m_{rj}$（g）
	相对溶解速度	v	单位时间内可溶岩溶解量与标准试样（大理石粉）溶解量之比	g/s	$v=\frac{m_{rzk}}{m_{rzb}t}$	m_{rzk}—可溶岩溶解量（g）；m_{rzb}—标准试样溶解量（g）；t—时间（s）

第二节　岩石和岩体的力学性质

一、岩石（体）的变形性质

岩石（体）的变形性质指标见表3.2.2-1。

二、岩石（体）的强度性质

岩石（体）的强度性质指标见表3.2.2-2。

三、岩石（体）的流变性质

岩石（体）的流变性质指标包括：蠕变、应力松弛、弹

表3.2.2-1　岩石（体）的变形性质指标

名称		符号	定义	单位	公式	说明
变形参数	变形模量	E_0	岩石受压变形时，应力与全变形之比值	GPa	$E_0=\sigma/\varepsilon_0$	σ—应力；ε_0—总变形量
	弹性模量	E	岩石受压变形时，应力与弹性变形之比值	GPa	$E=\sigma/\varepsilon$	σ—应力；ε—弹性变形量
	泊松比	μ	岩石在单向荷载作用下横（径）向应变与纵（轴）向应变之比值	—	$\mu=\frac{\varepsilon_d}{\varepsilon_l}$	ε_d—横（径）向应变值；ε_l—纵（轴）向应变值
	剪切弹性模量	G	在比例极限范围内，岩石受剪切荷载作用时，剪应力与剪切位移的比值	MPa	$G=\frac{\tau}{u_h}$	τ—剪应力（MPa）；u_h—剪切位移（cm）
	法向刚度系数	K_n	岩石在一定的法向应力和剪应力作用下，相应的法向应力与法向位移的比值	MPa/cm	$K_n=\frac{P}{u_v}$	P—法向应力（MPa）；u_v—法向位移（cm）
	剪切刚度系数	K_s	岩石在一定的法向应力和剪应力作用下，相应的剪应力与剪切位移的比值	MPa/cm	$K_s=\frac{\tau}{u_h}$	τ—剪应力（MPa）；u_h—剪切位移（cm）
	弹性抗力系数	K	使洞室围岩沿径向产生一个单位长度变形时所需施加的压力	MPa/cm	$K=\frac{E}{(1+\mu)r}$	E—弹性模量或变形模量（GPa）；μ—泊松比；r—隧洞半径（cm）
	单位弹性抗力系数	K_0	洞室半径为100cm时的弹性抗力系数	MPa/cm	$K_0=\frac{E}{1+\mu}$	E—弹性模量或变形模量（GPa）；μ—泊松比

性后效、长期变形与长期强度参数等。其定义、分析方法见表 3.2.2-3。

表 3.2.2-2　　岩石（体）的强度性质指标

名称		符号	定义	单位	公式	说明
单轴抗压强度	天然抗压强度	R_0	岩石抵抗单轴压缩破坏的能力，数值上等于岩石试件破坏时的最大压应力。 根据试件不同含水状态，分为天然抗压强度、烘干抗压强度及饱和抗压强度	MPa	$R=\frac{P}{A}$	P—破坏荷载（N）； A—试件截面积（mm^2）
	烘干抗压强度	R_d				
	饱和抗压强度	R_w				
	软化系数	K_R	岩石饱和抗压强度与烘干抗压强度的比值	—	$K_R=\frac{R_w}{R_d}$	R_w—饱和抗压强度（MPa）； R_d—烘干抗压强度（MPa）
	冻融系数	K_{fm}	岩石冻融试验后饱和单轴抗压强度平均值与冻融试验前饱和单轴抗压强度平均值的比值	—	$K_{fm}=\frac{\overline{R}_{fm}}{\overline{R}_w}$	$\overline{R}_{fm}$—冻融后单轴抗压强度平均值（MPa）； $\overline{R}_w$—饱和单轴抗压强度平均值（MPa）
抗拉强度	天然抗拉强度	σ_{t0}	在瞬时载荷作用下导致岩石黏性破坏的极限压力。 根据试件不同含水状态，分为天然抗拉强度、烘干抗拉强度及饱和抗拉强度	MPa	$\sigma_t=\frac{2P}{\pi Dh}$（劈裂法） $\sigma_t=\frac{P}{A}$（轴向拉伸法）	P—破坏荷载（N）； D—试件直径（mm）； h—试件厚度（mm） P—破坏载荷（N）； A—试件截面积（mm^2）
	烘干抗拉强度	σ_{td}				
	饱和抗拉强度	σ_{tw}				
点荷载强度		I_s	岩石受点荷载力达到破坏时的抗拉或抗压强度	MPa	$I_s=\frac{P}{D_e^2}$	P—破坏载荷（N）； D_e—等价岩心直径（mm）
抗剪强度	抗剪断强度	τ'	在法向压应力作用下，岩石抵抗剪断破坏的最大能力	MPa	$\tau'=\sigma\tan\varphi'+c'$	σ—作用于剪切面上的法向应力（MPa）； $\tan\varphi'$—剪切面上的摩擦系数，即 f'； c'—剪切面上的黏聚力（MPa）
	抗剪强度	τ	在法向压应力作用下，岩石抵抗剪切破坏的最大能力	MPa	$\tau=\sigma\tan\varphi+c$	σ—作用于剪切面上的法向应力（MPa）； $\tan\varphi$—剪切面上的摩擦系数，即 f； c—剪切面上的黏聚力（MPa）
	抗切强度	τ	没有法向压应力作用下，岩石抵抗剪断破坏的最大能力	MPa	$\tau=c$	c—剪切面上的黏聚力（MPa）
三轴强度	三轴抗压强度	σ_1	在三向压力作用下，岩石抵抗压缩破坏的最大轴向应力	MPa	$\sigma_1=\frac{P}{A}$	P—不同侧压条件下的试件轴向破坏载荷（N）； A—试件截面积（mm^2）
	三轴抗剪强度	f c	根据计算的最大主应力 σ_1 及相应施加的侧向压力 σ_3，在 $\tau\sim\sigma$ 坐标图上绘制莫尔应力圆，根据库伦—莫尔强度准则确定岩石在三向应力状态下的抗剪强度参数 f、c 值	— MPa	$f=\frac{F-1}{2\sqrt{F}}$ $c=\frac{R}{2\sqrt{F}}$	F—$\sigma_1\sim\sigma_3$ 关系曲线的斜率； R—$\sigma_1\sim\sigma_3$ 关系曲线在 σ_1 轴上的截距，等同于试件的单轴抗压强度（MPa）

表 3.2.2-3　　岩石（体）的流变性质指标

名称	符号	定义	分析方法	说明
压缩蠕变（长期变形模量）	$E_{0\infty}$	当应力不变时，压缩变形随时间增加而增长的现象	（1）利用试验数据拟合得出流变经验方程及曲线； （2）在对试验曲线进行分析的基础上进行模型识别，确定适合于相应工程的最佳流变模型； （3）进行流变参数的理论反演； （4）进行流变参数的数值反演； （5）数值反演与理论反演结果比较，选取反演计算分析方法； （6）建立适合于相应工程的流变参数计算公式，求取相应的流变参数	模量损失率为模量损失与瞬时模量之比（%）
剪切蠕变（长期剪切强度）	f_∞ c_∞	当应力不变时，剪切变形随时间增加而增长的现象		强度损失率为强度（f、c）损失与瞬时强度之比（%）
应力松弛		当应变不变时，应力随时间增加而减小的现象		
弹性后效		加载或卸载时，弹性应变滞后于应力的现象		

第三节　岩石（体）的弹性波速

岩石（体）弹性波波速值是岩石（体）坚硬程度、完整程度及嵌合紧密程度等工程地质性质的综合指标。弹性波速值的获得采用动力法测试技术，根据工作频率的高低和测试对象，分为超声波法、声波法和地震波法。超声波法（脉冲超声法和共振法）主要应用于岩块试件的测试，声波法（穿透法和平透法）应用于范围较小的工程岩体，地震波法则应用于范围较大的岩体。岩块波速与岩体波速的定义、表达式见表 3.2.3-1。

表 3.2.3-1　　岩块波速与岩体波速

名　称	符号	定　义	单位	公　式	说　明
岩块声波速度	v_P v_S	岩块声波速度测试是测定声波的纵、横波在试件中传播的时间或共振频率，据此计算声波在岩块中的传播速度及岩块的动弹性参数	m/s	$v_P=\frac{L}{t_P-t_0}$ $v_S=\frac{L}{t_s-t_0}$ $E_d=\rho v_P^2\frac{(1+\mu)(1-2\mu)}{1-\mu}\times10^{-3}$ $E_d=2\rho v_S^2(1+\mu)\times10^{-3}$ $\mu=\frac{\left(\frac{v_P}{v_S}\right)^2-2}{2\left[\left(\frac{v_P}{v_S}\right)^2-1\right]}$ $G_d=\rho v_S^2\times10^{-3}$ $K_d=\rho\frac{3v_P^2-4v_S^2}{3}\times10^{-3}$ $K_V=\left(\frac{v_{pm}}{v_{pr}}\right)^2$	v_P—纵波速度（m/s）； v_S—横波速度（m/s）； L—发、收换能器中心间的距离（m）； t_P—直透法纵波的传播时间（s）； t_S—直透法横波的传播时间（s）； t_0—仪器系统的零延时（s）； E_d—动弹性模量（MPa）； G_d—动刚性模量或动剪切模量（MPa）； K_d—动体积模量（MPa）； μ—动泊松比； ρ—岩石密度（g/cm^3）； K_v—岩体完整性系数，精确至 0.01； v_{pm}—岩体纵波速度（m/s）； v_{pr}—岩块纵波速度（m/s）
岩体声波速度	v_P v_S	岩体声波速度测试是利用换能器、电脉冲、电火花、锤击等方式激发声波，测试声波在岩体中的传播时间，据此计算声波在岩体中的传播速度及岩体的动弹性参数	m/s		
岩体地震波速度	v_P v_S	通常采用人工爆破或锤击的方法，在岩体中激发一定频率的弹性波，在不同的地点用拾震器进行测量，这种方法适用于测试较大范围岩体的平均物性	m/s		

第三章 土的工程性质

第一节 土的工程分类

一、国家标准对土的分类（GB 50021—2001，2009 年版）

（一）按沉积年代分类

（1）老沉积土。晚更新世（Q_3）及其以前沉积的土。

（2）新近沉积土。第四纪全新世中近期沉积的土。

（二）按地质成因分类

可划分分为残积土、坡积土、洪积土、冲积土、淤积土、冰积土和风积土等。

（三）按土中的有机含量分类

根据表 3.3.1-1 分为无机土、有机质土、泥炭质土和泥炭。

表 3.3.1-1　　土按有机含量分类

分类名称	有机质含量 W_u	现场鉴别特征	说　明
无机土	$W_u<5\%$		
有机质土	$5\%\leqslant W_u\leqslant10\%$	深灰色、有光泽、味臭，除腐殖质外尚含少量未完全分解的动植物体，浸水后水面出现气泡，干燥后体积收缩	（1）如现场能鉴别或有地区经验时，可不做有机质含量测定；（2）当 $w>w_l$，$1.0\leqslant e<1.5$ 时，称淤泥质土；（3）当 $w>w_l$，$e\geqslant1.5$ 时称淤泥土
泥炭质土	$10\%<W_u\leqslant60\%$	深灰或黑色，有腥臭味，能看到未完全分解的植物结构，浸水体胀，易崩解，有植物残渣浮于水中，干缩现象明显	可根据地区特点和需要按 W_u 细分为：弱泥炭质土（$10\%<W_u\leqslant25\%$）；中泥炭质土（$25\%<W_u\leqslant40\%$）；强泥炭质土（$40\%<W_u\leqslant60\%$）
泥炭	$W_u>60\%$	除有泥炭质土特征外，结构松散，土质很轻，暗无光泽，干缩现象极为明显	

注　有机质含量 W_u 按灼失量试验确定。

（四）按颗粒级配或塑性指数分类

1. 碎石土

粒径大于 2mm 的颗粒质量超过总质量 50%的土，并按表 3.3.1-2 进一步分类。

表 3.3.1-2　　碎石土的分类

土的名称	颗粒形状	颗粒级配
漂石	圆形及亚圆形为主	粒径大于 200mm 的颗粒质量超过总质量 50%
块石	棱角形为主	
卵石	圆形及亚圆形为主	粒径大于 20mm 的颗粒质量超过总质量 50%
碎石	棱角形为主	
圆砾	圆形及亚圆形为主	粒径大于 2mm 的颗粒质量超过总质量 50%
角砾	棱角形为主	

注　定名时，应根据颗粒级配由大到小以最先符合者确定。

2. 砂土

粒径大于 2mm 的颗粒质量不超过总质量的 50%，粒径大于 0.075mm 的颗粒质量超过总质量 50%的土，并按表 3.3.1-3 进一步分类。

表 3.3.1-3　　砂土的分类

土的名称	颗粒级配
砾砂	粒径大于 2mm 的颗粒质量占总质量 25%～50%
粗砂	粒径大于 0.5mm 的颗粒质量超过总质量 50%
中砂	粒径大于 0.25mm 的颗粒质量超过总质量 50%
细砂	粒径大于 0.075mm 的颗粒质量超过总质量 85%
粉砂	粒径大于 0.075mm 的颗粒质量超过总质量 50%

注　定名时，应根据颗粒级配由大到小以最先符合者确定。

3. 粉土

粒径大于 0.075mm 的颗粒质量不超过总质量 50%，且塑性指数等于或小于 10 的土。

4. 黏性土

塑性指数大于 10 的土。黏性土应根据塑性指数分为粉质黏土和黏土。塑性指数大于 10 且小于或等于 17 的土，应定名为粉质黏土；塑性指数大于 17 的土，应定名为黏土。

二、电力行业标准对土的分类（DL/T 5355—2006）

（一）粒组划分、基本名称及代号

1. 土的粒组划分与名称

土的粒组划分与名称见表 3.3.1-4。

表 3.3.1-4　　粒组划分与名称

粒组划分与名称			粒径 d 的范围（mm）
巨粒	漂石（块石）		>200
	卵石（碎石）		60～200
粗粒	砾（圆砾、角砾）	粗砾	20～60
		中砾	5～20
		细砾	2～5
	砂	粗砂	0.5～2
		中砂	0.25～0.5
		细砂	0.075～0.25
细粒	粉粒		0.005～0.075
	黏粒		≤0.005

2. 土类的基本名称和代号

漂石（块石）	B（Ba）	黏土	C
卵石（碎石）	Cb（Cba）	细粒土（粉土、黏土合称）	F
砾（圆砾、角砾）	G	混合土（粗、细粒土合称）	Sl
含砾	g	级配良好	W
砂	S	级配不良	P
含砂	s	高液限	H
粉土	M	低液限	L

3. 土的分类指标

（1）土的颗粒组成及级配。

（2）土的塑性指标，包括液限、塑限、塑性指数。

4. 土的级配特征

（1）按下列公式计算不均匀系数和曲率系数：

$$C_u=\frac{d_{60}}{d_{10}} \qquad (3.3.1-1)$$

$$C_c=\frac{(d_{30})^2}{d_{10}d_{60}} \qquad (3.3.1-2)$$

式中：C_u 为不均匀系数；C_c 为曲率系数；d_{10}为有效粒径，颗粒大小分布曲线上小于该粒径的土颗粒含量为 10%的粒径，mm；d_{30}为颗粒大小分布曲线上小于该粒径的土颗粒含量为 30%的粒径，mm；d_{60}为限制粒径，颗粒大小分布曲线上小于该粒径的土颗粒含量为 60%的粒径，mm。

（2）土的级配特征划分。级配良好：$C_u \geqslant 5$，$C_c=1\sim3$。级配不良：不能同时满足上述要求。

（二）细粒土的基本分类和定名

依据塑性分类图（图 3.3.1-1），按土的塑性指标在塑性分类图中的位置确定细粒土的基本分类和定名，见表 3.3.1-5。

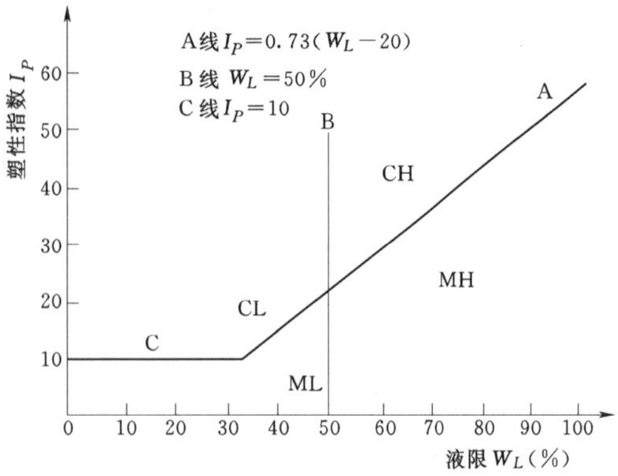

图 3.3.1-1　塑性分类图

表 3.3.1-5　细粒土的基本分类和定名

土的塑性指标在塑性图中的位置		土 名 称	土 代 号
塑性指数 I_P	液限 W_L		
$I_P \geqslant 0.73\ (W_L-20)$ 和 $I_P \geqslant 10$	$W_L \geqslant 50\%$	高液限黏土	CH
	$W_L < 50\%$	低液限黏土	CL
$I_P < 0.73\ (W_L-20)$ 和 $I_P < 10$	$W_L \geqslant 50\%$	高液限粉土	MH
	$W_L < 50\%$	低液限粉土	ML

（三）粗粒土的分类和定名

1. 粗粒类土的分类

（1）试样中粗粒组含量大于 50%的土为粗粒类土。

（2）粗粒类土中：砾粒组含量大于砂粒组含量的土为砾类土，砂粒组含量大于或等于砾粒组含量的土为砂类土。

2. 砾类土的分类和定名

（1）砾类土根据试样中的细粒组含量及类别、试样的级配特征进行分类和定名。

（2）砾类土的分类和定名见表 3.3.1-6。

表 3.3.1-6　砾类土的分类和定名

土类	细粒组含量及名称		级 配 特 征	土名称	土代号
砾	≤5%		$C_u>5$，$C_c=1\sim3$	级配良好砾	GW
			不同时满足上述要求	级配不良砾	GP
含细粒土砾	>5%，≤15%		—	含细粒土砾	GF
细粒土质砾	>15%，<50%	黏土	—	黏土质砾	GC
		粉土	—	粉土质砾	GM

3. 砂类土的分类和定名

（1）砂类土根据试样中的细粒组含量及类别、试样的级配特征进行分类和定名。

（2）砂类土的分类和定名见表 3.3.1-7。

表 3.3.1-7　砂类土的分类和定名

土类	细粒组含量及名称		级 配 特 征	土名称	土代号
砂	≤5%		$C_u>5$，$C_c=1\sim3$	级配良好砂	SW
			不同时满足上述要求	级配不良砂	SP
含细粒土砂	>5%，≤15%		—	含细粒土砂	SF
细粒土质砂	>15%，<50%	黏土	—	黏土质砂	SC
		粉土	—	粉土质砂	SM

4. 细粒类土的分类和定名

（1）试样中细粒组含量等于或大于 50%的土为细粒类土。

（2）试样中粗粒组含量小于或等于 15%时为细粒土，其分类和定名见表 3.3.1-2。

（3）试样中粗粒组含量大于 15%、小于或等于 30%时称含粗粒细粒类土。粗粒组中砾粒组含量大于砂粒组含量时称含砾细粒土，在细粒类土代号后加 g；粗粒组中砂粒组含量大于或等于砾粒组含量时称含砂细粒类土，在细粒类土代号后加 S。

（4）试样中粗粒组含量大于 30%、小于或等于 50%时称粗粒质细粒类土。粗粒组中砾粒组含量大于砂粒组含量时称砾质细粒类土，在细粒类土代号后加 G；粗粒组中砂粒组含量大于或等于砾粒组含量时称砂质细粒类土，在细粒类土代号后加 S。

（四）巨粒土的分类和定名

（1）试样中巨粒组含量大于 75%的土为巨粒土。

（2）试样中巨粒组含量大于 50%、小于或等于 75%的土为混合巨粒土。

（3）试样中巨粒组含量大于 15%、小于或等于 50%的土为巨粒混合土。

（4）巨粒组中：漂石（块石）含量大于卵石（碎石）含量的土为漂石（块石），卵石（碎石）含量大于或等于漂石（块石）含量的土为卵石（碎石）。

（5）试样中巨粒组含量小于或等于 15%时，可剔除巨粒组后，按粗粒类土或细粒类土的规定进行分类和定名。

（6）巨粒类土的分类和定名见表 3.3.1-8。

表 3.3.1-8　巨粒类土的分类和定名

土类	粒 组 含 量		土 名 称	土代号
巨粒土	巨粒含量>75%	漂石（块石）>卵石（碎石）	漂石（块石）	$B(B_a)$
		漂石（块石）≤卵石（碎石）	卵石（碎石）	$Cb(Cb_a)$
混合巨粒土	巨粒含量>50%，≤75%	漂石（块石）>卵石（碎石）	混合土漂石（块石）	$B(B_a)Sl$
		漂石（块石）≤卵石（碎石）	混合土卵石（碎石）	$Cb(Cb_a)Sl$
巨粒混合土	巨粒含量>15%，≤50%	漂石（块石）>卵石（碎石）	漂石（块石）混合土	$SlB(B_a)$
		漂石（块石）≤卵石（碎石）	卵石（碎石）混合土	$SlCb(Cb_a)$

（7）当细粒土含量对巨粒类土的性质产生影响时，巨粒类土应作进一步细分。细粒组含量等于或大于 5%、小于 15%时称为含细粒巨粒类土，在其代号后加 F；细粒组含量等于或大于 15%、小于 50%时称为细粒质巨粒类土，在其代号后加细

粒组的基本代号 C 或 M。

三、北京市标准对细粒土的分类（DBJ 11—501—2009）

1. 粉土

粒径大于 0.075mm 颗粒的质量不超过总质量 50%，且塑性指数 I_P 小于或等于 10 的土，并按表 3.3.1－9 进一步分类。

2. 黏性土

塑性指数 I_P 大于 10 的土，并按表 3.3.1－10 进一步分类。

表 3.3.1－9　粉土的分类

土的名称	塑性指数 I_P
砂质粉土	$3<I_P\leqslant 7$
黏质粉土	$7<I_P\leqslant 10$

注　塑性指数由相应于 76g 圆锥体沉入土样中深度为 10mm 时测定的液限计算而得。

表 3.3.1－10　黏土的分类

土的名称	塑性指数 I_P
粉质黏土	$10<I_P\leqslant 14$
重粉质黏土	$14<I_P\leqslant 17$
黏土	$I_P>17$

注　塑性指数由相应于 76g 圆锥体沉入土样中深度为 10mm 时测定的液限计算而得。

第二节　土的物理水理性质

一、土的基本物理性质

表示土的物理性质指标主要有两类：即颗粒级配组成和土所处的基本物理状态指标，包括密度、含水率、比重、孔隙比和饱和度等（见表 3.3.2－1）。

工程中对土进行振动液化判别时常需划分少黏性土和无黏性土。

少黏性土：黏粒含量大于 3%，但不大于 25%；塑性指数大于 3，但不大于 15 的土。

无黏性土：黏粒含量不大于 3%，塑性指数不大于 3 的土。

二、黏性土的水理性质

（一）土的界限含水率—液限和塑限

黏性土由于所含水分的多少而表现为不同的状态，土由一种状态转入另一种状态时的分界含水率，称为土的界限含水率，包括液限、塑限、缩限等，均需由直接试验测定，其关系如图 3.3.2－1 所示。

表 3.3.2－1　土的基本物理性质指标

名称	符号	单位	定　义	公　式	测试或计算方法	说　明
比重	G_S	—	土粒质量与同体积4℃水质量之比值	$G_S=\frac{m_S}{V_S\rho_w}$ （$\rho_w=1$）	直接试验测定	m_S—土的固体颗粒质量（g）； V_S—土中固体颗粒的体积（cm^3）； ρ_w—蒸馏水的密度（g/cm^3），一般取 1（g/cm^3）
密度	ρ	g/cm^3	土在天然状态下单位体积质量	$\rho=\frac{m}{V}$	直接试验测定	m—土的总质量（g）； V—土的总体积（cm^3）
干密度	ρ_d	g/cm^3	孔隙中完全没有水时土单位体积质量	$\rho_d=\frac{m_S}{V}$	$\rho_d=\frac{\rho}{(1+0.01W)}$	V—土的总体积（cm^3）； m_S—土的固体颗粒质量（g）； W—土的含水率（%）
饱和密度	ρ_{sr}	g/cm^3	孔隙中完全充满水时土单位体积质量	$\rho_{sr}=\frac{m_S+V_V\rho_W}{V}$	$\rho_{sr}=\frac{G_S+e}{1+e}$	m_S—土的固体颗粒质量（g）； V—土的总体积（cm^3）； ρ_w—水的密度（g/cm^3）； V_V—土中空隙体积（cm^3）
浮密度	ρ'	g/cm^3	土在水中的单位体积质量	$\rho'=\rho_f-\rho_W=\rho_f-1$	$\rho'=\frac{G_S-1}{1+e}\rho_W=\frac{G_S-1}{1+e}$	ρ_f—土的饱和密度（g/cm^3）； ρ_w—蒸馏水的密度（g/cm^3），一般取 1（g/cm^3）； G_S—土的比重
含水率	w	%	表示土的湿度，其值为水的质量与土粒质量之比	$w=\frac{m_W}{m_S}\times 100$	直接试验测定	m_S—土的固体颗粒质量（g）； m_W—土中水的质量（g）
孔隙比	e	—	土中孔隙所占体积与土粒所占体积的比例	$e=\frac{V_V}{V_S}$	$e=\frac{G_S}{\rho_d}-1$	V_V—土中空隙体积（cm^3）； V_S—土中固体颗粒的体积（cm^3）； ρ_d—土的干密度（g/cm^3）
孔隙率	n	%	土中孔隙体积占土总体积的百分数	$n=\frac{V_V}{V}\times 100$	$n=\frac{e}{1+e}\times 100$ $n=\left(1-\frac{\rho_d}{G_S}\right)\times 100$	V_V—土中空隙体积（cm^3）； V—土的总体积（cm^3）； G_S—土的比重； ρ_d—土的干密度（g/cm^3）； e—土的孔隙比
饱和度	S_r	%	表示土孔隙中充满水的程度	$S_r=\frac{V_W}{V_V}\times 100$	$S_r=\frac{WG_S}{e}=\frac{W\rho_d}{n}$	V_W—土中水所占的体积（cm^3）； V_V—土中空隙体积（cm^3）； G_S—土的比重； ρ_d—土的干密度（g/cm^3）； e—土的孔隙比

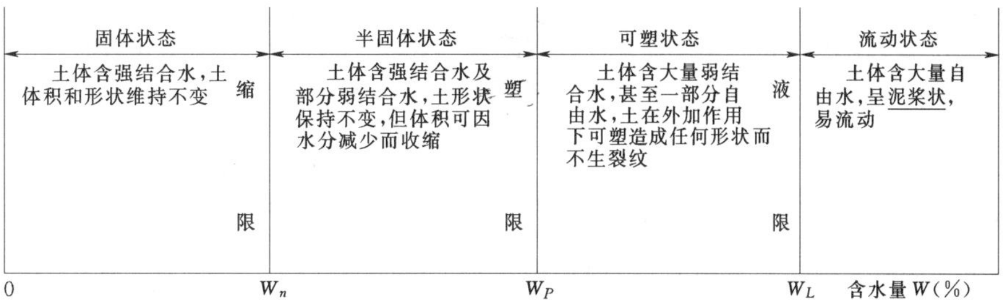

图 3.3.2－1　含水率变化与黏土的状态

（二）塑性指数和液性指数

塑性指数　　$I_P = W_L - W_P$　　(3.3.2-1)

塑性指数愈大，表示土中黏粒的相对含量愈多，可塑性范围愈大，土与水间的作用愈强。

液性指数 I_L 又称稠度，用下式表示：

$$I_L = \frac{W - W_P}{I_P} \tag{3.3.2-2}$$

（三）黏性土的收缩性

黏土的收缩是湿土变干时含水率减少所引起。收缩性指标有缩限、线缩率、体缩率和收缩系数。

缩限：半固体状态与固体状态间的分界含水率，称为缩限 W_n。

线缩率：土样竖向收缩变形量与土样原始高度之比，用百分数表示，即

$$\delta_{st} = \frac{h_0 - h_t}{h_0} \times 100\% \tag{3.3.2-3}$$

式中：h_0 为试样开始时的高度，mm；h_t 为试验过程中某时刻测得的土样收缩后的高度，mm。

收缩系数：原状土样在收缩阶段含水率每减少 1%时的竖向线缩率，即

$$\lambda_n = \frac{\Delta\delta_{st}}{\Delta W} \tag{3.3.2-4}$$

式中：ΔW 为收缩过程中直线变化段两点含水率之差，%；$\Delta\delta_{st}$ 为收缩过程中与两点含水率相对应的竖向线缩率之差，%。

收缩系数 λ_n 是膨胀土地基变形计算中的重要指标，其值通常为 0.2～0.6。

体缩率：试样烘干后体积变化与土样原始体积之比，用百分数表示，即

$$\delta_n = \frac{V_0 - V_d}{V_0} \times 100\% \tag{3.3.2-5}$$

式中：δ_n 为土的体缩率，%；V_0 为土样原始体积，cm^3；V_d 为试样烘干体积，cm^3。

（四）黏性土的活动度

塑性指数 I_P 与土中粒径小于 0.002mm 颗粒含量百分数的比值，称为土的活动度（A）。

$$A = \frac{I_P}{p_{<0.002}} \tag{3.3.2-6}$$

活动度高的土，从液限变到缩限时，体积变化一般较大。正常情况下：$A = 0.75 \sim 1.5$；$A < 0.75$ 的土是比较不活动的；$A > 1.5$ 的土是活动性黏土。

（五）相对含水率

土的饱和含水率与液限含水率之比，用 W_u 表示：

$$W_u = \frac{W_s}{W_L} \tag{3.3.2-7}$$

式中：W_s 为黏性土的饱和含水率，%；W_L 为黏性土的液限含水率，%。

（六）黏性土的崩解性

土的崩解性是指土在膨胀过程中，相邻土粒的距离超过土粒间的引力作用范围，或粒间结构联结受到破坏。黏性土的崩解性常用湿化试验测定其崩解量。

崩解量按下式计算：

$$A_t = \frac{R_t - R_0}{100 - R_0} \times 100\% \tag{3.3.2-8}$$

式中：A_t 为土在时间 t 时的崩解量，%；R_t 为时间 t 时的刻度读数；R_0 为试验开始时的刻度读数。

（七）黏性土的击实性

土的击实是指用重复性的冲击动荷载将土压密。研究土的击实性的目的在于揭示击实作用下土的干密度、含水率和击实功三者之间的关系和基本规律，从而选定适合工程需要的最小击实功。击实试验是把某一含水率的土料填入击实筒内，用击锤按规定落距对土打击一定的次数，即用一定的击实攻击实土，测其含水率和干密度的关系曲线，即为击实曲线（图 3.3.2-2）。在击实曲线上可找到某一峰值，称为最大干密度 $\rho_{d\max}$，与之相对应的含水率，称为最优含水率 W_{op}。它表示在一定击实功作用下，达到最大干密度的含水率。即：当击实土料为最佳含水率时，压实效果最好。该图右上侧的一根曲线称为饱和曲线，它表示当土在饱和状态时的含水率与干密度之间的关系。根据土中各项的相对含量关系可以推得饱和曲线的表达式为

$$W_{sat}(\%) = \left(\frac{\rho_w}{\rho_d} - \frac{1}{G_S}\right) \times 100\% \tag{3.3.2-9}$$

式中：W_{sat} 为土的饱和含水率，%；G_S 为土粒比重；ρ_w 为水的密度，g/cm^3；ρ_d 为土的干密度，g/cm^3。

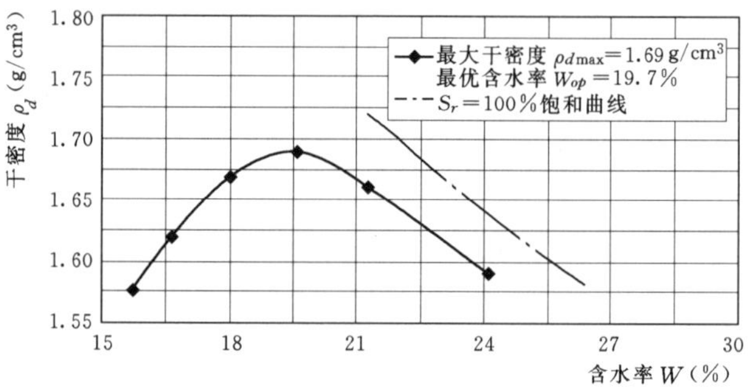

图 3.3.2-2　干密度 ρ_d～W 含水率关系曲线

从图中可以看出，饱和线位于击实曲线上方，这是因为在任何含水率下，土都不会被击实到完全饱和状态，土内总留存一定量的封闭气体。实践证明，土被击实到最佳情况时，饱和度一般在 80%左右。

影响土压实性的因素除含水率外，还与击实功能、土质情况（矿物成分和粒度成分）、所处状态、击实条件以及土的种类和级配等有关。

1. 击实功能的影响

击实功能是指压实每单位体积土所消耗的能量，根据工程需要选择。击实试验中的击实功能用下式表示：

$$N = \frac{Wdnm}{V} \tag{3.3.2-10}$$

式中：W 为击锤质量，kg；d 为落距，m；n 为每层土的击实次数；m 为铺土层数；V 为击实筒的体积，m^3。

同一种土，用不同的功能击实，得到的击实曲线，有一定的差异。

（1）土的最大干密度和最优含水率不是常量；$\rho_{d\max}$ 随击数的增加而逐渐增大，而 W_{op} 则随击数的增加而逐渐减小。

（2）当含水率较低时，击数的影响较明显；当含水率较高时，含水率与干密度关系曲线趋近于饱和线，也就是说，这时提高击实功能是无效的。

2. 粒度和成分的影响

最优含水率 W_{op} 约与 W_P 相近。填土中所含的细粒越多（即黏土矿物越多），则最优含水率越大，最大干密度越小。

有机质对土的击实效果有不利的影响。因为有机质亲水性强，不易将土击实到较大的干密度，且能使土质恶化。

在同类土中，土的颗粒级配对土的压实效果影响很大，颗粒级配不均匀的容易压实，均匀的不易压实。这是因为级配均匀的土中较粗颗粒形成的孔隙很少有细颗粒去充填。

三、无黏性土的相对密度

无黏性土在天然条件下的紧密程度，用相对密度 D_r 表示。相对密度的计算公式如下：

$$D_r=\frac{e_{\max}-e_0}{e_{\max}-e_{\min}} \quad (3.3.2-11)$$

式中：$e_{\max}$ 为土在最松散状态时的孔隙比；$e_{\min}$ 为土在最密实状态时的孔隙比；e_0 为土的天然孔隙比。

四、毛细管水的上升高度

土毛细管水上升高度是水在土孔隙中因受水毛细管作用而上升的最大高度。不同类型土毛细管水上升高度有所差异。对中砂、粗砂一般采用直接观测法，对细砂、细粒类土采用土样管法等试验确定土的毛细管水上升高度，经验值参见表3.3.2-2。

表3.3.2-2　不同类型土毛细管水上升高度参考值

土　名	毛细管水上升高度 H_K(cm)
中砂	15～35
粉、细砂	35～100
粉土	100～150
粉质黏土	150～400
黏土	400～500

第三节　土的力学性质

一、土的压缩性质

（一）压缩系数和压缩模量

压缩系数（a）是指压缩曲线上某压力段的斜率，单位为 MPa^{-1}，公式如下：

$$a=\tan\alpha=\frac{e_1-e_2}{p_2-p_1}=\frac{\Delta e}{\Delta p} \quad (3.3.3-1)$$

土的压缩系数随压力取值范围的不同而异。水电水利工程一般取0.1～0.3MPa压力段，求得的压缩系数记为 a_{1-3}，建筑工程取0.1～0.2MPa压力段，求得的压缩系数记为 a_{1-2}。

压缩模量（E_S）是指在有侧限条件下，受压方向上的应力与应变的比值，表示为

$$E_S=\frac{p_2-p_1}{e_1-e_2}(1+e)=\frac{1+e_2}{a} \quad (3.3.3-2)$$

土的压缩模量随压力取值范围的不同而异。土的压缩性指标范围见表3.3.3-1。

表3.3.3-1　土的压缩性指标

压缩性	高压缩性	中压缩性	低压缩性
a_{1-3}(MPa^{-1})	≥1	$0.1\leqslant a_{1-3}<1$	<0.1
a_{1-2}(MPa^{-1})	≥0.5	$0.1\leqslant a_{1-2}<0.5$	<0.1
E_S(MPa)	<4	$4\leqslant E_S\leqslant 15$	>15

注　表中 E_S 是压力在0.1～0.2MPa时的数值。

（二）侧压力系数和泊松比

侧压力系数 λ 为水平方向应力（σ_x）与竖向应力（σ_y）的比值。

$$\lambda=\frac{\sigma_x}{\sigma_y} \quad (3.3.3-3)$$

泊松比 μ（又称侧向变形系数），为水平向应变 ε_x 与竖向应变 ε_y 的比值，即

$$\mu=\frac{\varepsilon_x}{\varepsilon_y} \quad (3.3.3-4)$$

侧压力系数与泊松比之间的关系如下式：

$$\lambda=\frac{\mu}{1-\mu} \quad (3.3.3-5)$$

或

$$\mu=\frac{\lambda}{1+\lambda} \quad (3.3.3-6)$$

（三）土的固结和固结系数

饱和土承受外加压力，开始时压力全部由孔隙水承担，随着孔隙水逐渐被挤出，土产生压缩，压力也逐渐转移到土粒上，当压力全部由土粒承担时，由于排水而引起的压缩也就停止。这一过程就是饱和土的固结过程。

饱和土固结过程的快慢取决于孔隙中自由水挤出的速度，与固结土层的厚度，排水条件及固结系数等有关。固结系数（C_V）由下式确定：

$$C_V=\frac{K(1+e)}{a\rho_W} \quad (3.3.3-7)$$

式中：K 为渗透系数；e 为孔隙比；a 为压缩系数；ρ_W 为水的密度。

（四）先期固结压力

土层在过去历史上曾经受过的最大固结压力称为先期固结压力，常用 P_c 表示。固结比：

$$OCR=P_c/P_o \quad (3.3.3-8)$$

土层目前所承受的上覆土的自重压力 P_o 与先期固结压力 P_c 进行比较，将天然土层分三种不同的固结状态：$P_c=P_o$，称正常固结土；$P_c>P_o$，称超固结土；$P_c<P_o$，称欠固结土。

二、土的强度性质

（一）抗剪强度

土的抗剪强度是土在力系作用下抵抗剪应力破损的极限强度，见图3.3.3-1。

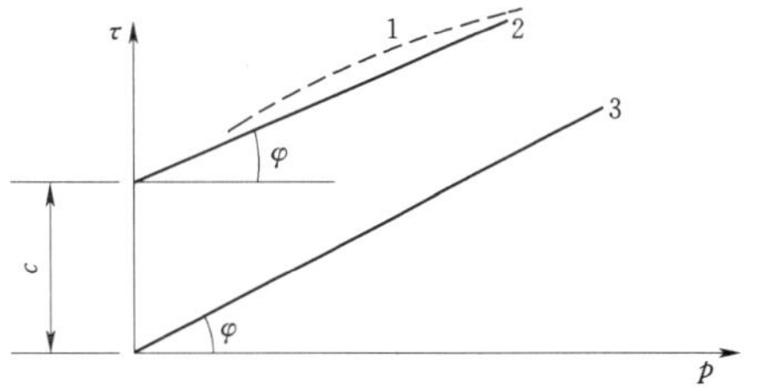

图3.3.3-1　抗剪强度 τ 与法向压力 p 关系曲线

1—黏土；2—黏土近似线；3—砂土

直接剪切曲线近似一直线，常用库仑公式表示：

$$\tau=\sigma\tan\varphi+c \quad (3.3.3-9)$$

式中：τ 为土的抗剪强度，kPa；σ 为滑动面上的法向压力，kPa；φ 为内摩擦角；c 为黏聚力，kPa，砂土 $c=0$。

当考虑孔隙压力时，土的抗剪强度主要取决于有效应力，式（3.3.3-9）可写成：

$$\tau=c'+\sigma'\tan\varphi' \quad (3.3.3-10)$$

式中：c' 为有效黏聚力，kPa；σ' 为有效正应力，kPa；φ' 为有效内摩擦角，(°)。

三轴试验的抗剪强度指标可以根据破坏时的最大主应力 σ_1 和最小主应力 σ_3 绘制的莫尔圆及其包络线求得（图3.3.3-2）。

$$\sigma=\frac{\sigma_1+\sigma_3}{2}+\frac{\sigma_1-\sigma_3}{2}\cos2\alpha \quad (3.3.3-11)$$

$$\tau=(\sigma_1-\sigma_3)\sin2\alpha \quad (3.3.3-12)$$

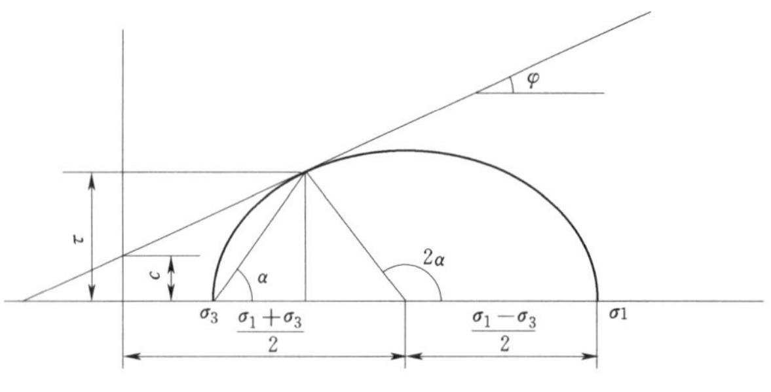

图 3.3.3-2　根据莫尔圆求抗剪强度

$$\alpha=45°+\frac{\varphi}{2} \qquad (3.3.3-13)$$

根据三轴试验成果，运用 $E-\mu$ 模型确定的八个参数见表 3.3.3-2，运用 $E-B$ 模型确定的七个参数见表 3.3.3-3。

表 3.3.3-2　$E-\mu$ 模型八个参数及简要说明

参数	简　要　说　明	数值范围
c	有效黏聚力，软土较低，砂土中等，堆石较高	0～0.5MPa
φ	有效内摩擦角	20°～55°
K	模量数，表示 $\sigma_3=P_a$ 时的初始切线模量，软土较低，砂土中等，堆石较高	50～2500
n	模量指数，反映了初始切线模量随 σ_3 增加而增加的急剧程度	0～1.0
R_f	破坏比，试样破坏时的偏应力 $(\sigma_1-\sigma_3)_f$ 与 $\xi_a\to\infty$ 时的偏应力 $(\sigma_1-\sigma_3)$ 的比值，即 $R_f=\frac{(\sigma_1-\sigma_3)_f}{(\sigma_1-\sigma_3)_u}$	0.5～0.95
G	表示 $\sigma_3=P_a$ 时的初始切线泊松比	0.2～0.6
F	表示初始切线泊松比随 σ_3 增加而减小的急剧程度	0.01～0.2
D	反映了 $\xi_a\sim(-\xi_a)$ 关系曲线的形态，D 值高，表示 $\xi_a\sim(-\xi_a)$ 关系曲线在高应力水平下较平缓，也就是说较小的偏应力增量会引起较大的侧向膨胀应变增量。高 D 值的图，往往是剪胀的	1～20.0

表 3.3.3-3　$E-B$ 模型七个参数及简要说明

参数	简　要　说　明	数值范围
c	有效黏聚力，软土较低，砂土中等，堆石较高	0～0.5MPa
φ	有效内摩擦角	20°～55°
K	模量数，表示 $\sigma_3=P_a$ 时的初始切线模量，软土较低，砂土中等，堆石较高	50～2500
n	模量指数，反映了初始切线模量随 σ_3 增加而增加的急剧程度	0～1.0
R_f	破坏比，试样破坏时的偏应力 $(\sigma_1-\sigma_3)_f$ 与 $\xi_a\to\infty$ 时的偏应力 $(\sigma_1-\sigma_3)$ 的比值，即 $R_f=\frac{(\sigma_1-\sigma_3)_f}{(\sigma_1-\sigma_3)_u}$	0.5～0.95
K_b		(0.3～3.0)K
m		0～1.0

（二）无侧限抗压强度及灵敏度

土在无侧向压力条件下抵抗轴向压力的极限强度称无侧限抗压强度。黏性土的结构受扰动而使力学性能改变的特征，通常用灵敏度（S_t）表示：

$$S_t=\frac{q_\mu}{q_0} \qquad (3.3.3-14)$$

式中：q_μ 为原状土的无侧限抗压强度，MPa；q_0 为重塑土的无侧限抗压强度，MPa。

土的灵敏度愈高，受扰动后土的强度降低愈大。黏性土可按灵敏度分三类，见表 3.3.3-4。

表 3.3.3-4　黏性土灵敏度分类

灵敏度类型	低灵敏度	中灵敏度	高灵敏度
S_t 值	1～2	2～4	>4

三、土的渗透性质

（一）渗透力

渗透水流作用于单位土体内土粒上的拖曳力称为渗透力（j）：

$$j=\frac{J}{Al}=\frac{\gamma_w hA}{Al}=\gamma_w i \qquad (3.3.3-15)$$

式中：J 为渗流作用于试样的总渗透力，kN/m³；A 为试样截面积，cm²；l 为试样厚度，cm；h 为两侧压管的水面高差，cm；γ_w 为水的重度，kN/m³；i 为表示沿渗流方向单位长度上的水头差，无量纲。

（二）土的临界水力比降

使土体开始发生渗透变形的水力比降称为临界水力比降（i_{cr}）。

1. 流土型土的临界水力比降

$$i_{cr}=(G_s-1)(1-n)\text{或}\ i_{cr}=\frac{G_s-1}{1+e} \qquad (3.3.3-16)$$

式中：G_s 为土粒比重；e 为土体孔隙比；n 为孔隙率。

渗流溢出处水力比降为 i_e。当 $i_e<i_{cr}$，则土体处于稳定状态；当 $i_e=i_{cr}$，则土体处于临界状态；当 $i_e>i_{cr}$，则土体处于流土状态。

2. 管涌型土的临界水力比降

根据试验时肉眼观察细颗粒的移动现象和借助于水力比降与流速之间的变化来判断管涌是否出现。当水力比降增加到某一数值后，流速明显增大，说明细颗粒已被带出，根据该点对应的水力比降和肉眼观察到细颗粒移动时的水力比降，取两者中的数值较小者作为管涌的临界水力比降 i_{cr}。

（三）土的破坏水力比降与允许水力比降

土的破坏水力比降是指土体内部结构全部破坏后的比降。

土的临界水力比降除以 1.5～2.0 的安全系数就可得到允许水力比降，对水工建筑物的危害较大时，取 2.0 的安全系数，对于特别重要的工程也可用 2.5 的安全系数。

四、土的膨胀性质

（一）自由膨胀率

将通过 0.5mm 筛的烘干土浸泡于水中，经过充分吸水膨胀后所增加的体积与原干土体积之比称为自由膨胀率（δ_{ef}），用百分数表示，即

$$\delta_{ef}=\frac{V_w-V_0}{V_0}\times100\% \qquad (3.3.3-17)$$

式中：V_w 为试样在水中膨胀稳定后的体积；V_0 为试样原始体积。

自由膨胀率反映了干土在无结构力及压力作用下的膨胀特性，当自由膨胀率小于 40%时，应视为非膨胀土。

（二）膨胀率

在一定压力作用下，处于侧限条件下的原状土样浸水后，试样增加的高度与原高度之比称为膨胀率（δ_{ep}），用百分数表示，即

$$\delta_{ep}=\frac{h_w-h_0}{h_0}\times100\% \qquad (3.3.3-18)$$

式中：h_w 为土样浸水膨胀稳定后的高度，mm；h_0 为土样的原始高度，mm。

（三）膨胀力

膨胀力系指原状土样在体积不变时，由于浸水膨胀产生的最大应力。

第四节　特殊土的工程性质

一、黄土

（一）黄土的定义

黄土是在干燥气候条件下形成的第四纪陆相沉积物，一般呈黄色或褐黄色粉状土。未经次生扰动不具层理的称为原生黄土。原生黄土经过流水侵蚀、搬运重新沉积形成的黄土称为次生黄土或黄土状土。

在一定压力下受水浸湿，水溶盐类被溶解或软化，土体结构迅速破坏，并发生显著附加下沉的黄土，称为湿陷性黄土。第四纪各时期都有黄土沉积，可分为老黄土（午城黄土 Q_1、离石黄土 Q_2）、新黄土（马兰黄土 Q_3、黄土状土 Q_4^1）和新近堆积黄土 Q_4^2 等。

（二）黄土湿陷性的判别

1. 黄土湿陷性的初判

（1）早更新世 Q_1 黄土应判为无湿陷性；中更新世 Q_2 黄土宜判为无湿陷性；无大孔隙、致密坚硬、呈块状结构、浅棕红色的黄土，宜判为无湿陷性。

（2）在完整的黄土地层剖面中，自地表向下依次第一层黄土，宜判为中等湿陷；第二层宜判为轻微湿陷性；第三层及以下各层黄土可判为无湿陷性。自地表向下第一层、第二层所夹的古土壤层宜判为轻微湿陷性，其余层次黄土所夹的土壤宜判为无湿陷性。

（3）凡潜水位以下的饱和黄土，宜判为无湿陷性。黄土的天然含水率超过塑限时，宜判为轻微湿陷性或无湿陷性黄土。

（4）较新的风积黄土和坡积黄土，宜判为中等或严重湿陷性，且湿陷量很大。年代较新的冲积黄土，且下伏有厚层砂卵石层的宜判为严重湿陷性。

2. 黄土湿陷性的复判

室内压缩试验在 0.2MPa 压力下湿陷系数等于或大于 0.015 的土，应定为湿陷性黄土；在 0.2MPa 压力下，现场试验的附加湿陷量与承压板宽度之比等于或大于 0.023 的土应定为湿陷性黄土。

（1）湿陷程度分类见表 3.3.4－1。

表 3.3.4－1　　黄土湿陷程度分类表

分类名称		分类等级	分类标准 δ_s	
			水工建筑物地基	工业与民用建筑物地基
非湿陷性黄土		Ⅰ	0	<0.015
湿陷性黄土	轻微湿陷性黄土	Ⅱ	0～0.02	0.015～0.03
	中等湿陷性黄土	Ⅲ	0.02～0.07	0.03～0.07
	强烈湿陷性黄土	Ⅳ	>0.07	>0.07

注　1. 湿陷系数 δ_s 为单位厚度的土样所产生的湿陷变形。
2. 引自《水利水电工程地质手册》（1985 年）表 1－7－41，综合《岩土工程勘察规范》（GB 50021—2001）（2009 年版）/条文说明/表 6.1 及《湿陷性黄土地区建筑规范》（GB 50025—2004）4.4.2 条。

（2）场地湿陷类型。当自重湿陷量实测值 Δ'_{zs} 或计算值 Δ_{zs} 小于或等于 70mm 时，应定为非自重湿陷性黄土场地；当自重湿陷量实测值 Δ'_{zs} 或计算值 Δ_{zs} 大于 70mm 时，应定为自重湿陷性黄土场地。

（3）地基湿陷等级见表 3.3.4－2。

表 3.3.4－2　　湿陷性黄土地基的湿陷等级表

湿陷类型 / Δ_{zs}(mm) / Δ_s(mm)	非自重湿陷性场地	自重湿陷性场地	
	$\Delta_{zs}\leqslant 70$	$70<\Delta_{zs}\leqslant 350$	$\Delta_{zs}>350$
$\Delta_s\leqslant 300$	Ⅰ（轻微）	Ⅱ（中等）	—
$300<\Delta_s\leqslant 700$	Ⅱ（中等）	Ⅱ（中等）或Ⅲ（严重）	Ⅲ（严重）
$\Delta_s>700$		Ⅲ（严重）	Ⅳ（很严重）

注　1. 当湿陷量的计算值 $\Delta_s>600$mm，自重湿陷量的计算值 $\Delta_{zs}>300$mm 时，可判定为Ⅲ级，其他情况可判定为Ⅱ级。
2. 引自《湿陷性黄土地区建筑规范》（GB 50025—2004）表 4.4.7，《工程地质手册（第四版）》（2007 年）表 5－1－11。

（三）湿陷性黄土的物理力学性质

湿陷性黄土的颗粒组成以粉粒为主，塑性较弱，具有欠压密性。含水率及饱和度愈小，湿陷性愈大。在结构强度未被破坏或软化的压力范围内，表现出压缩性较低、强度较高等特性，但当水溶盐类被溶解、结构遭受破坏时，其力学性质将呈现屈服、软化、湿陷等性状。

二、软土

（一）软土的定义和判别

软土是指在静水或水流缓慢的环境中沉积、天然孔隙比大于或等于 1.0、且天然含水率大于或等于液限的细粒土。软土的分类见表 3.3.4－3。

表 3.3.4－3　　软土的分类表

类型	天然孔隙比 e	天然含水率 W（%）	有机质含量 W_u（%）	渗透系数 k（cm/s）	压缩系数 $a_{0.1\sim0.2}$（MPa^{-1}）	不排水抗剪强度 CU（kPa）	静力触探比贯入阻力 Ps（kPa）	标准贯入试验锤击数 N
软黏性土	$e\geqslant 1.0$	$W\geqslant W_L$	$W_u<3.0$	$<10^{-6}$	$\geqslant 0.5$	<30	<800	<4
淤泥质土	$1.0\leqslant e\leqslant 1.5$							
淤泥	$e>1.5$		$3.0\leqslant W_u<10$					<2
泥炭质土	$e>3.0$	$W\geqslant W_L$	$10\leqslant W_u\leqslant 60$	$<10^{-3}$		<10		
泥炭	$e>10$	$W\geqslant W_L$	$W_u>60$	$<10^{-2}$				

注　引自《水电水利工程坝址工程地质勘察技术规程》（DL/T 5414—2009）表 V.1。

（二）软土的成因类型和分布

软土成因类型和分布见表 3.3.4－4。

表 3.3.4－4　　软土成因分类与特征表

成因类型	主要分布区域	地层特征
滨海沉积软土	天津塘沽、连云港、上海、舟山、杭州、宁波、温州、福州、厦门、泉州、漳州、广州	表层常有黄褐色黏性土的硬壳，下部为淤泥或淤泥夹粉、细砂透镜体，常含贝壳等生物残骸。三角洲相有明显交错层

续表

成因类型	主要分布区域	地层特征
湖泊沉积软土	洞庭湖、洪泽湖、太湖、鄱阳湖四周、古云梦湖、仁宗海	具明显层理，时而有泥炭透镜体
河滩沉积软土	长江中下游、珠江下游、淮河平原、松辽平原	成分不均匀，常呈带状或透镜状
沼泽沉积软土	昆明滇池周边、贵州水城、盘县	多伴以泥炭

注　引自《水利水电工程地质手册》（1985 年）表 1－7－37，综合《工程地质手册（第四版）》（2007 年）表 5－3－2。

（三）软土的物理力学性质

软土多由黏土矿物组成，粉粒和黏粒为主，具典型的蜂窝状和海绵状结构，层理发育，天然状态下含水率高，密度低，孔隙比大，透水性弱，强度低，压缩性高，承载力低，具有一定的触变性和蠕变性。

三、膨胀土（岩）

（一）膨胀土（岩）的定义和判别

膨胀土（岩）是指含有大量亲水性黏土矿物、吸水膨胀、失水收缩，具有明显胀缩变形且变形受约束时产生较大应力的黏土（岩）。膨胀土的主要特征是：

（1）粒度组成中小于 0.002mm 的颗粒含量大于 30%。

（2）黏土矿物中，伊利石、蒙脱石等强亲水性矿物占主导地位。

（3）土体湿度增高时，体积膨胀并形成膨胀压力；土体干燥失水时，体积收缩并形成收缩裂缝。

（4）膨胀、收缩变形可随环境变化反复发生，导致土的强度衰减。

（5）属液限大于 40%的高塑性土。

具有上述（2）、（3）、（4）项特征的黏土类岩石称为膨胀岩。

1. 膨胀土的判别

（1）初判标准见表 3.3.4-5。

表 3.3.4-5　膨胀土初判标准表

地貌	具垄岗式地貌景观，常呈垄岗与沟谷相间；地形平缓开阔，无自然陡坎，坡面沟槽发育
颜色	多呈棕、黄、褐色，间夹灰白、灰绿色条带或薄膜；灰白、灰绿色多呈透镜体或夹层出现
结构	具多裂隙结构，方向不规则。裂面光滑，可见擦痕。裂隙中常充填灰白、灰绿色黏土条带或薄膜
土质情况	土质细腻、具滑感，土中常含有钙质或铁锰质结核或豆石，局部可富集成层
自然地质现象	坡面常见浅层溜坍、滑坡、地面裂缝。当坡面有数层土时，其中膨胀土层往往形成凹形坡。新开挖的坑壁易发生坍塌
自由膨胀率	≥40%

注　引自《水电水利工程坝址工程地质勘察技术规程》（DL/T 5414—2009）表 w.1。

（2）复判指标见表 3.3.4-6。

表 3.3.4-6　膨胀土复判指标表

名　称	判　定　指　标
自由膨胀率 F_s(%)	$F_s \geqslant 40$
蒙脱石含量 M(%)	$M \geqslant 7$
阳离子交换量 CEC(NH_4^+)(mmol/kg)	CEC(NH_4^+)≥170

注　1. 当符合表中两项指标时，应判定为膨胀土。
2. 表中 CEC 表示 1kg 干土的阳离子交换量。
3. 引自《水电水利工程坝址工程地质勘察技术规程（DL/T 5414—2009）》表 w.2。

2. 膨胀岩的判别

膨胀岩多见于泥岩、泥质粉砂岩、页岩，风化的泥灰岩，风化的基性岩浆岩，蒙脱石化的凝灰岩以及含硬石膏、芒硝的岩石等（表 3.3.4-7）。膨胀岩按其膨胀特性可划分为弱、中、强膨胀岩等（表 3.3.4-8）。

表 3.3.4-7　膨胀岩的野外地质特征判别

地貌	一般形成波状起伏的低缓丘陵，相对高度 20～30m，丘顶多浑圆，坡面圆顺，山坡坡度缓于 40°，岗丘之间为宽阔的 U 形谷地，当具有砂岩夹层时，常形成一些陡坎
岩性	主要为灰白、灰绿、灰黄、紫红和灰色的泥岩、泥质粉砂岩、页岩，风化的泥灰岩，风化的基性岩浆岩，蒙脱石化的凝灰岩以及含硬石膏、芒硝的岩石等。岩石由细颗粒组成，遇水时多有滑腻感。泥质膨胀岩的分布地层以石炭系、二叠系、三叠系、侏罗系、白垩系、第三系为主
结构构造	岩层多为薄层和中、厚层状，裂隙发育，裂隙多被灰白、灰绿色等富含蒙脱石物质充填
风化	风化裂隙多沿构造面、层理面进一步发展，使已被结构面切割的岩块更加破碎；地表岩石碎块风化为鸡粪土，剥落现象明显；天然含水的岩石在暴晒时多沿层理方向产生微裂隙；干燥的岩块泡水后易崩解成碎块、碎片和土状

注　引自《水电水利工程坝址工程地质勘察技术规程》（DL/T 5414—2009）表 w.4。

表 3.3.4-8　膨胀岩的分类

类别	崩解特征及重量变化	膨胀率 F（%）	膨胀力 P_p（kPa）	饱和吸水率 w_m（%）	自由膨胀率 F_s（%）
非膨胀岩	泡水 24h 岩块完整、不崩解，重量增加小于 10%	<3	<100	<10	<30
弱膨胀岩	泡水后，有少量岩屑下落，几小时后岩块开裂成 0.5～1.0cm 碎片或大片，手可捏碎，重量可增加 10%左右	3～15	100～300	10～30	30～50
中膨胀岩	泡水后，1～2h 崩解为碎片，部分下落，碎片尚不能捏成土饼，重量可增加 30%～50%	15～30	300～500	30～50	50～70
强膨胀岩	泡水后，即刻剧烈崩解，成土状撒落，水浑浊，10min 可崩解 50%，20～30min 崩解完毕	>30	>500	>50	>70

注　引自《水电水利工程坝址工程地质勘察技术规程》（DL/T 5414—2009）表 w.5。

（二）膨胀土的成因类型和分布

膨胀土成因类型和分布见表 3.3.4-9。

表 3.3.4-9　膨胀土的成因类型表

<table>
<tr><th colspan="2">成因类型</th><th>岩　性</th><th>分　布　地　区</th></tr>
<tr><td colspan="2" rowspan="3">湖积</td><td>黏土、黏土岩，灰白、灰绿色为主，灰黄、褐色次之</td><td rowspan="2">平顶山、邯郸、宁明、个旧、鸡街、襄樊、蒙自、曲靖、昭通</td></tr>
<tr><td>黏土，灰色及灰黄色</td></tr>
<tr><td>粉质黏土、泥质粉细砂、泥灰岩，灰黄色</td><td rowspan="3">郧县、荆门、枝江、安康、汉中、临沂、成都、合肥、南宁</td></tr>
<tr><td colspan="2" rowspan="2">冲积</td><td>黏土，褐黄、灰褐色</td></tr>
<tr><td>粉质黏土，褐黄、灰白色</td></tr>
<tr><td colspan="2" rowspan="2">滨海沉积</td><td>黏土，灰白、灰黄色，层理发育，有垂向裂隙，含砂</td><td rowspan="2">湛江、海口</td></tr>
<tr><td>粉质黏土，灰色、灰白色</td></tr>
<tr><td rowspan="5">残积</td><td rowspan="2">碳酸盐岩地区</td><td>下部黏土，褐黄、棕黄色</td><td>贵县、柳州、来宾</td></tr>
<tr><td>上部黏土，棕红、褐色等色</td><td>昆明、砚山</td></tr>
<tr><td rowspan="2">老第三系地区</td><td>黏土、黏土岩、页岩、泥岩，灰、棕红、褐色</td><td rowspan="2">开远、广州、中宁盐池、哈密</td></tr>
<tr><td>粉质黏土、泥质砂岩及粉质页岩等</td></tr>
<tr><td>火山灰地区</td><td>黏土，褐红夹黄、灰黑色</td><td>儋县</td></tr>
</table>

注　引自《工程地质手册（第四版）》（2007 年）表 5-5-4。

（三）膨胀土的物理力学性质

膨胀土的液限、塑限和塑性指数均较大，饱和度一般较大，天然含水率较小，常处于硬塑或坚硬状态，强度较高，压缩性一般中等偏低，但在含水率增加或结构扰动时，力学性质向不良方向转化较明显。

四、红黏土

（一）红黏土的定义和判别

红黏土是指碳酸盐类岩石在湿热气候条件下，经溶蚀和风化淋滤作用，氧化铝和氧化铁相对富集的高塑性黏土。

红黏土的颜色为棕红或褐黄色，覆盖于碳酸盐岩上，其液限大于或等于50%的高塑性黏土，应判定为原生残积红黏土。原生红黏土经搬运沉积后，仍保持原有基本特征、且其液限大于45%的黏土，可判定为次生红黏土。

红黏土具明显收缩性，裂隙发育，其基本特征见表3.3.4-10。

表3.3.4-10　　红黏土的基本特征表

项　目	一　般　特　征
地貌	分布在盆地、洼地、山麓、山坡、谷地或丘陵等地区，形成缓坡、陡坎、坡积裙等地貌，有时因塌陷形成土坑、碟形洼地
含水状态	由地表向下，上部呈坚硬或硬塑状态，占红土层的大部分。软塑、流塑状态的土，多埋藏在溶沟或溶槽底部
厚度	由于受基岩顶面起伏的影响，土层厚度变化很大，在同一地点相距1m，厚度可有4～5m之差
裂隙	裂隙很发育，常具网状裂隙，一般可延伸到地下3～4m，深达6m，常有裂隙水活动，易形成崩塌或滑坡
土洞	土层中可能有地下水或由于地表水活动形成的土洞

注　引自《水利水电工程地质手册》（1985年）表1-7-44。

（二）红黏土的成因类型和分布

红黏土是在气候湿热、雨量充沛的条件下，年降水量大于蒸发量，形成酸性介质环境，碳酸盐类岩石经强烈的化学风化成土作用，形成残积、坡积或残—坡积土层，多属上新世及早、中更新世沉积物。红黏土在我国的西部主要分布于溶蚀夷平面及洼地、谷地内；中部主要分布于峰林谷地、孤峰准平原及丘陵洼地；东部主要分布于高阶地以上的丘陵区。

（三）红黏土的物理力学性质

红黏土矿物成分以高岭石和伊利石为主，其次为蒙脱石、绿泥石等黏土矿物，颗粒组成以黏粒、胶粒为主，土层具失水干硬、龟裂、遇水软化的特点，常有铁锰质结核和土洞分布，天然含水率和孔隙比均较高，干密度低，可塑性强，强度和抗压缩性较低，抗渗性能好，但收缩量和膨胀量大，压实性差。红黏土的状态、结构、复浸水特性分类见表3.3.4-11、表3.3.4-12、表3.3.4-13。

表3.3.4-11　　红黏土的状态分类表

状　态	相对含水率 W_u	液性指数 I_L
坚硬	$W_u\leqslant0.55$	$I_L\leqslant0$
硬塑	$0.55<W_u\leqslant0.70$	$0<I_L\leqslant0.33$
可塑	$0.70<W_u\leqslant0.85$	$0.33<I_L\leqslant0.67$
软塑	$0.85<W_u\leqslant1.00$	$0.67<I_L\leqslant1.00$
流塑	$W_u>1.00$	$I_L>1.00$

注　引自《岩土工程勘察规范》（GB 50021—2001）（2009年版）表6.2.2-1，《工程地质手册（第四版）》（2007年）表5-2-4，略改。

表3.3.4-12　　红黏土的结构分类表

土　体　结　构	裂隙发育特征	裂隙密度（条/m）
致密状	裂隙不发育	<1
巨块状	裂隙较发育	1～2
碎块状	裂隙发育	>5

注　引自《岩土工程勘察规范》（GB 50021—2001）（2009年版）表6.2.2-2，《工程地质手册（第四版）》（2007年）表5-2-5，略改。

表3.3.4-13　　红黏土的复浸水特性分类表

类　　别	I_r与I_r'关系	复　浸　水　特　性
Ⅰ	$I_r\geqslant I_r'$	收缩后复浸水膨胀，能恢复到原位
Ⅱ	$I_r<I_r'$	收缩后复浸水膨胀，不能恢复到原位

注　1. $I_r=w_L/w_p$，称为液限比，I_r'为界限液限比，$I_r'=1.4+0.0066w_L$。
2. 引自《岩土工程勘察规范》（GB 50021—2001）（2009年版）表6.2.2-3，《工程地质手册（第四版）》（2007年）表5-2-6。

五、冻土

（一）冻土的定义和判别

冻土是指具有负温或零温度并含有冰的土。按冻结状态持续时间，冻土可分为多年冻土、隔年冻土和季节冻土。含有固态水、且冻结状态持续二年或二年以上的土，应判定为多年冻土；冬季冻结而翌年夏季并不融化的土，应判定为隔年冻土；在一年之内出现一次或多次融化的土，应判定为季节性冻土。

（二）冻土的物理力学性质

冻土由固体颗粒（包括冰）、液态水和气体三部分组成。冻土中冰多以结晶颗粒形式存在，并起胶结联结作用。土层在冻结时体积膨胀、孔隙率增大、强度提高；融化时体积缩小、土粒间的联结削弱、力学性能降低、压缩变形较大。当自然条件改变时，冻土将产生冻胀、融陷、热融滑塌等特殊不良地质现象。

1. 多年冻土的融沉性分级

土的融沉系数（δ_0）分为五级见表3.3.4-14。

表3.3.4-14　　多年冻土的融沉性分级表

土　的　名　称	总含水率 w_0（%）	平均融沉系数 δ_0	融沉等级	融沉类别	冻土类型
碎石土，砾、粗、中砂（粒径<0.075mm）的颗粒含量不大于15%	$w_0<10$	$\delta_0\leqslant1$	Ⅰ	不融沉	少冰冻土
	$w_0\geqslant10$	$1<\delta_0\leqslant3$	Ⅱ	弱融沉	多冰冻土
碎石土，砾、粗、中砂（粒径<0.075mm）的颗粒含量大于15%	$w_0<12$	$\delta_0\leqslant1$	Ⅰ	不融沉	少冰冻土
	$12\leqslant w_0<15$	$1<\delta_0\leqslant3$	Ⅱ	弱融沉	多冰冻土
	$15\leqslant w_0<25$	$3<\delta_0\leqslant10$	Ⅲ	融沉	富冰冻土
	$w_0\geqslant25$	$10<\delta_0\leqslant25$	Ⅳ	强融沉	饱冰冻土
粉砂、细砂	$w_0<14$	$\delta_0\leqslant1$	Ⅰ	不融沉	少冰冻土
	$14\leqslant w_0<18$	$1<\delta_0\leqslant3$	Ⅱ	弱融沉	多冰冻土
	$18\leqslant w_0<28$	$3<\delta_0\leqslant10$	Ⅲ	融沉	富冰冻土
	$w_0\geqslant28$	$10<\delta_0\leqslant25$	Ⅳ	强融沉	饱冰冻土
粉土	$w_0<17$	$\delta_0\leqslant1$	Ⅰ	不融沉	少冰冻土
	$17\leqslant w_0<21$	$1<\delta_0\leqslant3$	Ⅱ	弱融沉	多冰冻土
	$21\leqslant w_0<32$	$3<\delta_0\leqslant10$	Ⅲ	融沉	富冰冻土
	$w_0\geqslant32$	$10<\delta_0\leqslant25$	Ⅳ	强融沉	饱冰冻土
黏性土	$w_0<w_p$	$\delta_0\leqslant1$	Ⅰ	不融沉	少冰冻土
	$w_p\leqslant w_0<w_p+4$	$1<\delta_0\leqslant3$	Ⅱ	弱融沉	多冰冻土
	$w_p+4\leqslant w_0<w_p+15$	$3<\delta_0\leqslant10$	Ⅲ	融沉	富冰冻土
	$w_p+15\leqslant w_0<w_p+35$	$10<\delta_0\leqslant25$	Ⅳ	强融沉	饱冰冻土
含土冰层	$w_0\geqslant w_p+35$	$\delta_0>25$	Ⅴ	融陷	含土冰层

注　1. 总含水率w_0包括冰和未冻水。
2. 本表不包括盐渍化冻土、冻结泥炭化土、腐殖土、高塑性黏土。
3. 引自《岩土工程勘察规范》（GB 50021—2001）（2009年版）表6.6.2，《工程地质手册（第四版）》（2007年）表5-6-5。

冻土层的融沉系数（δ_0）按下式计算：

$$\delta_0=\frac{h_1-h_2}{h_1}=\frac{e_1-e_2}{1+e_1}\times100(\%)\qquad(3.3.4-1)$$

式中：h_1、e_1 分别为冻土试样融化前的高度（mm）和孔隙比；h_2、e_2 分别为冻土试样融化后的高度（mm）和孔隙比。

2. 季节冻土和季节融化层土的冻胀性分级

根据土冻胀率（η）可划分为五级，见表 3.3.4－15。

表 3.3.4－15　季节冻土和季节融化层土的冻胀性分级表

土的名称	冻前天然含水率 w(%)	冻结期间地下水位距冻结面的最小距离 h_w(m)	平均冻胀率 η（%）	冻胀等级	冻胀类别
碎（卵）石，砾、粗、中砂（粒径<0.075mm 含量≤15%），细砂（粒径<0.075mm 含量≤10%）	不考虑	不考虑	$\eta\leqslant1$	Ⅰ	不冻胀
碎（卵）石，砾、粗、中砂（粒径<0.075mm 含量>15%），细砂（粒径<0.075mm 含量>10%）	$w\leqslant12$	>1.0	$\eta\leqslant1$	Ⅰ	不冻胀
		≤1.0	$1<\eta\leqslant3.5$	Ⅱ	弱冻胀
	$12<w\leqslant18$	>1.0			
		≤1.0	$3.5<\eta\leqslant6$	Ⅲ	冻胀
	$w>18$	>0.5			
		≤0.5	$6<\eta\leqslant12$	Ⅳ	强冻胀
粉砂	$w\leqslant14$	>1.0	$\eta\leqslant1$	Ⅰ	不冻胀
		≤1.0	$1<\eta\leqslant3.5$	Ⅱ	弱冻胀
	$14<w\leqslant19$	>1.0			
		≤1.0	$3.5<\eta\leqslant6$	Ⅲ	冻胀
	$19<w\leqslant23$	>1.0			
		≤1.0	$6<\eta\leqslant12$	Ⅳ	强冻胀
	$w>23$	不考虑	$\eta>12$	Ⅴ	特强冻胀
粉土	$w\leqslant19$	>1.5	$\eta\leqslant1$	Ⅰ	不冻胀
		≤1.5	$1<\eta\leqslant3.5$	Ⅱ	弱冻胀
	$19<w\leqslant22$	>1.5			
		≤1.5	$3.5<\eta\leqslant6$	Ⅲ	冻胀
	$22<w\leqslant26$	>1.5			
		≤1.5	$6<\eta\leqslant12$	Ⅳ	强冻胀
	$26<w\leqslant30$	>1.5			
		≤1.5	$\eta>12$	Ⅴ	特强冻胀
	$w>30$	不考虑			
黏性土	$w\leqslant w_p+2$	>2.0	$\eta\leqslant1$	Ⅰ	不冻胀
		≤2.0	$1<\eta\leqslant3.5$	Ⅱ	弱冻胀
	$w_p+2<w\leqslant w_p+5$	>2.0			
		≤2.0	$3.5<\eta\leqslant6$	Ⅲ	冻胀
	$w_p+5<w\leqslant w_p+9$	>2.0			
		≤2.0	$6<\eta\leqslant12$	Ⅳ	强冻胀
	$wp+9<w\leqslant w_p+15$	>2.0			
		≤2.0	$\eta>12$	Ⅴ	特强冻胀
	$w>w_p+15$	不考虑			

注　1. w_p 为塑限含水率，%；w 为在冻层内冻前天然含水率的平均值。
2. 盐渍化冻土不在表列。
3. 塑性指数大于 22 时，冻胀性降低一级。
4. 小于 0.005mm 粒径含量大于 60%时，为不冻胀土。
5. 碎石土当充填物大于全部质量的 40%时，其冻胀性按填充物土的类别判定。
6. 引自《工程地质手册（第四版）》（2007 年）表 5－6－4。

冻土层的冻胀率（η）按下式计算：

$$\eta=\frac{\Delta_z}{Z_d}\times100(\%) \qquad (3.3.4-2)$$

式中：Δ_z 为地表冻胀量，mm；Z_d 为设计冻深，mm，$Z_d=h-\Delta_z$；h 为冻土层厚度，mm。

六、盐渍土（岩）

（一）盐渍土（岩）的定义与判别

盐渍土（岩）指含有较多易溶的石膏、芒硝、岩盐等硫酸盐或氯化物的土（岩）。

易溶盐含量大于 0.3%，并具有溶蚀、溶陷、盐胀、腐蚀等特性的土（岩）应判为盐渍土（岩）。

（二）盐渍土（岩）的成因类型和分布

1. 盐渍土的成因类型和分布

盐渍土是当地下水沿土层的毛细管升高至地表或接近地表，经蒸发作用水中盐分被析出并聚集于地表或地下土层中形成的。一般形成于干旱半干旱气候的内陆盆地、农田、渠道地区。

按分布区域，盐渍土可划分为滨海盐渍土、内陆盐渍土、冲积平原盐渍土。滨海盐渍土主要分布在渤海沿岸、江苏北部等地区。内陆盐渍土分布于甘肃、青海、宁夏、新疆、内蒙古等地区。冲积平原盐渍土分布于东北的松辽平原和山西、河南等地区。盐渍土按含盐化学成分分类见表 3.3.4－16；按含盐量分类见表 3.3.4－17；按粒度组成可分为细粒盐渍土、粗粒盐渍土。

表 3.3.4－16　盐渍土按含盐化学成分分类表

盐渍土名称	$c(Cl^-)/2c(SO_4^{2-})$	$[2c(CO_3^{2-})+c(HCO_3^-)]/[c(Cl^-)+2c(SO_4^{2-})]$
氯盐渍土	>2	—
亚氯盐渍土	2～1	—
亚硫酸盐渍土	1～0.3	—
硫酸盐渍土	<0.3	—
碱性盐渍土	—	>0.3

注　1. 表中 $c(Cl^-)$ 为氯离子在 100g 土中所含毫摩数，其他离子同。
2. 引自《岩土工程勘察规范》（GB 50021—2001）（2009 年版）表 6.8.2－1。

表 3.3.4－17　盐渍土按含盐量分类表

盐渍土名称	平均含盐量（%）		
	氯及亚氯盐	硫酸及亚硫酸盐	碱性盐
弱盐渍土	0.3～1.0	—	
中盐渍土	1～5	0.3～2.0	0.3～1.0
强盐渍土	5～8	2～5	1～2
超盐渍土	>8	>5	>2

注　引自《岩土工程勘察规范》（GB 50021—2001）（2009 年版）表 6.8.2－2。

2. 盐渍岩的成因类型和分布

盐渍岩是由含盐度较高的天然水体（如泻湖、盐湖、盐海等）通过蒸发作用产生的化学沉积所形成的岩石，具有较大的溶解特性。盐渍岩按主要含盐矿物成分可分为石膏盐渍岩、芒硝盐渍岩等，主要分布在四川盆地、湘西、鄂西地区（中三叠统），云南、江西（白垩系），江汉盆地、衡阳盆地、南阳盆地、东濮盆地、洛阳盆地（老第三系）和山西（中奥陶统）。

（三）盐渍土（岩）的物理力学性质

1. 盐渍土的物理力学性质

盐渍土在干燥状态时，强度较高，承载力较大；但在浸水后，强度和承载力迅速降低，压缩性增大。土的含盐量越高，水对强度和承载力的影响越大。氯盐类的溶解度随温度变化甚微，吸湿保水性强，使土体软化；硫酸盐类则随温度的变化而胀缩，使土体变软；碳酸盐类的水溶液有强碱性反应，使黏土胶体颗粒分散，引起土体膨胀。

当溶陷系数 δ 值小于 0.01 时，称为非溶陷性土；当溶陷系数 δ 值大于或等于 0.01 时，称为溶陷性土。溶陷系数可由室内压缩试验或现场浸水载荷试验测定。溶陷等级划分见表 3.3.4-18。

表 3.3.4-18　　盐渍土地基的溶陷等级表

地基的溶陷等级	分级溶陷量 Δ (cm)
Ⅰ	7<Δ≤15
Ⅱ	15<Δ≤40
Ⅲ	Δ>40

注　1. 当 Δ 值小于 7cm 时，按非溶陷土考虑。
　　2. 引自《工程地质手册（第四版）》（2007 年）表 5-7-6。

地基分级溶陷量 Δ 可按下式计算：

$$\Delta = \sum_{i=1}^{n} \delta_i h_i \qquad (3.3.4-3)$$

式中：δ_i 为第 i 层土的溶陷系数；h_i 为第 i 层土的厚度，cm；n 为基础底面（初勘自地面 1.5m 算起）以下至 10m 深度范围内全部溶陷性盐渍土的层数，其中 δ 值小于 0.01 的非溶陷性土层不计入。

2. 盐渍岩的物理力学性质

盐渍岩埋藏在地下深处时呈整体结构，一般具有强可溶性、腐蚀性。硫酸盐类盐渍岩吸水后具有不同程度的结晶膨胀性，尤其无水芒硝吸收结晶水后形成水芒硝（$Na_2SO_4 \cdot 10H_2O$），体积增大 10 倍，膨胀压力可达 10MPa，岩石的膨胀将导致岩石强度和弹性模量降低。

第四章 常用的岩(土)体物理力学试验方法及其适用范围

第一节 常用的岩石和岩体试验方法及其适用范围

一、岩石试验

常用岩石室内试验见表 3.4.1－1。

表 3.4.1－1 常用岩石室内试验简介表

项目	方　法	目　的	适　用　范　围
比重试验	比重瓶法	测定岩石的比重 G_S	各类岩石
密度试验	量积法	测定岩石的密度 ρ	能制备成规则试件的各类岩石
	水中称量法		除遇水崩解、溶解和干缩湿胀的岩石
	密封法		不能用量积法或水中称量法进行测定的岩石
含水率试验	烘干法	测定岩石的含水率 w	各类岩石
吸水性试验	自由浸水法	测定岩石自由吸水率 ω_a	遇水不崩解、不溶解和不干缩膨胀的岩石
	煮沸法或真空抽气法	测定岩石饱和吸水率 ω_{sa}	
膨胀性试验	自由吸水法	测定岩石自由膨胀率 V_H	遇水不易崩解的岩石
	侧向约束吸水法	测定岩石侧向约束膨胀率 V_D	各类岩石
	体积不变吸水法	测定岩石体积不变条件下的膨胀压力 V_{HP}	
耐崩解性试验	烘干、浸水反复循环法	测定岩石耐崩解性指数 I_{d2}	遇水易崩解岩石
单轴抗压强度试验	无侧向约束加压法	测定岩块的烘干、饱和及天然抗压强度 R	能制成规则试件的各类岩石；对软岩宜采用天然状态并配合物性进行
冻融试验	直接冻融法	测定岩石冻融系数 K_{fm}	能制成规则试件的各类岩石
单轴压缩变形试验	电阻应变片法或千分表法	测定岩石弹性模量 E 和泊松比 μ	能制成规则试件的各类岩石
三轴试验	等侧向压力轴向加压法	测定岩石抗剪强度参数 f、c 值	能制成圆柱形试件的各类岩石
抗拉强度试验	劈裂法	测定岩石抗拉强度 σ_t	能制成规则试件的各类岩石
	轴向拉伸法		
直剪试验	平推法	测定岩石、结构面以及混凝土与岩石接触面抗剪强度参数 f、c 值	各类岩石
点荷载强度试验	无侧向约束加压法	测定岩石点荷载强度指数 I_s	各类岩石

续表

项目	方　法	目　的	适　用　范　围
岩石磨片鉴定	偏光显微镜下鉴定法	进行岩石定名	各类岩石
岩块超声波测试	脉冲超声法和共振法	岩块纵波速度 v_{pr}	能制成规则试件的各类岩石

二、岩体试验

常用岩体现场试验见表 3.4.1－2。

表 3.4.1－2 常用岩体现场试验简介表

项目	方　法	目　的	适　用　范　围
岩体变形试验	洞、井承压板法	测定岩体变形参数（弹性模量 E、变形模量 E_0）	刚性承压板适用于各类岩体，柔性承压板适用于完整、较完整岩体
	地表原位刚性承压板法		无专门勘探的开阔建基面、边坡内的各类岩体
	大面积中心孔承压板法		刚性承压板适用于各类岩体，柔性承压板适用于完整、较完整岩体
	狭缝法		完整、较完整岩体
	双（单）轴压缩法		完整和较完整岩体
	钻孔径向加压法		钻孔膨胀计和钻孔压力计适用于完整和较完整的中硬岩和软质岩，钻孔千斤顶适用于完整和较完整的硬质岩
	径向液压枕法		有自稳能力的岩体
	水压法	测定围岩的弹性抗力系数 K 和岩体单位抗力系数 K_0	有自稳能力的岩体
岩体强度试验	平推法或斜推法	测定岩体、结构面、混凝土与岩体接触面抗剪强度参数	各类岩体、结构面
	平推法	测定岩体软弱结构面蠕变参数	岩体中的各类软弱结构面，试验应在恒温、恒湿的条件下进行
	等侧压加压法	测定岩体抗剪强度参数	各类岩体
岩体载荷试验	刚性承压板法	测定岩体变形模量 E_0 和比例界限压力 P_0、极限压力 P_{KP}	各类岩体
岩体弹性波测试	声波（穿透法或平透法）	测定岩体波速	各类岩体
	地震波		

第二节 常用的土工试验方法及其适用范围

一、室内土工试验

常用室内土工试验见表 3.4.2－1。

表 3.4.2-1　　常用室内土工试验简介表

项目	方　法	目　的	适　用　范　围
颗粒分析试验	筛分法	测定各粒组含量、小于某粒径的试样质量占试样总质量的百分数，绘制土的颗粒大小分布曲线；确定土的特征粒径如 d_{10}、d_{60} 等；计算土的不均匀系数 C_u 和曲率系数 C_c；对土进行分类定名	粒径大于 0.075mm 且不大于 60mm 的各类土
	密度计法		粒径不大于 0.075mm 的细粒类土
比重试验	比重瓶法	测定土颗粒的比重值 G_s，计算孔隙比 e 等指标	粒径不大于 5mm 的各类土
	浮称法		粒径不小于 5mm、但大于 20mm 颗粒质量小于总质量 10%的砾类土
	虹吸筒法		粒径为 5～60mm 的砾类土
密度试验	环刀法	测定土的天然密度 ρ。计算干密度 ρ_d、孔隙比 e 等指标	易切削的砂类土和细粒类土的原状样和击实样
	蜡封法		易碎裂、含粗粒土或不规则的坚硬土
含水率试验	烘干法	测定土的含水率 w。计算土的干密度 ρ_d、饱和度 S_r 等指标	各类土，是测定含水率的标准方法
	酒精燃烧法		细粒类土和砂类土
	炒干法		各类土，在现场无烘箱时使用
界限含水率试验	联合测定法	测定土的液限和塑限含水率 w_L、w_p 计算土的塑性指数	细粒类土。试验时需将土样中大于 0.5mm 粒径的颗粒筛除
	碟式仪法	测定土的液限含水率 w_L	
	搓条法	测定土的塑限含水率 w_p	
相对密度试验	相对密度仪法	测定试样的最小干密度 ρ_{dmin} 和最大干密度 ρ_{dmax}。计算无黏性土在天然状态下的相对密度 D_r	砂类土
	振动台法		分为干法和湿法，适用于最大粒径为 60mm 且能自由排水的无黏性粗粒土
击实试验		绘制试样的干密度与含水率关系曲线。确定土的最大干密度 ρ_{dmax} 和最优含水率 w_{op}	击实试验分为轻型击实和重型击实，击实功能分别为 592.2kJ/m³ 和 2687.9kJ/m³。击实仪分为小型和大型两种。小型击实仪适用于粒径不大于 5mm 的黏性细粒土，作重型击实时可用于粒径不大于 20mm 的黏性土。大型击实仪适用于最大粒径为 60mm 的黏性粗粒土
毛细管水上升高度试验	直接观测法	测定土中毛细管水的上升高度	粗砂和中砂土
	土样管法		细砂和细粒类土
渗透试验	常水头法	测定土的渗透系数 K	主要用于无黏性土
	变水头法		主要用于黏性土
渗透变形试验	常水头法	测定土的渗透系数 K、临界坡降 i_k、破坏坡降 i_f	各种土类。当将设计的反滤料装填在土样下游面并视需要施加反压力后进行试验时，即为反滤试验

续表

项目	方　法	目　的	适　用　范　围
固结试验	标准法	测定土的压力与变形、变形与时间等关系，计算压缩系数 a_v、压缩模量 E_s、体积压缩系数 m_v、压缩或回弹指数 C_c 或 C_s、固结系数 C_v 先期固结压力 p_c	各种饱和土类。当只进行压缩试验时，可用于非饱和土类
	应变控制法		
	快速法	测定土的压力与变形关系，计算压缩系数 a_v、压缩模量 E_s	
黄土湿陷性试验		测定湿陷性黄土的湿陷系数 δ_s、自重湿陷系数 δ_{zs}、溶滤变形系数 δ_{wt} 等	湿陷性黄土
直接剪切试验	快剪（Q）	测定土在不固结不排水状态下的强度参数 φ、c	各类土
	固结快剪（CQ）	测定土在固结不排水状态下的强度参数 φ、c	
	慢剪（S）	测定土在固结排水状态下的强度参数 φ、c	
	反复剪（R）（残余剪）	测定土在多次剪切后趋于稳定的强度参数 φ、c	
三轴剪切试验	不固结不排水剪（UU）	测定土在不固结不排水状态下的总强度参数 φ、c	各类土
	固结不排水剪（CU、$\overline{CU}$）	测定土在固结不排水状态下的总强度参数 φ、c；测定孔隙水压力，计算土的有效强度参数 φ'、c'	
	固结排水剪（CD）	测定土在固结排水状态下的有效强度参数 φ'、c'	
应力应变参数试验		计算确定土的应力应变关系 $E\sim B$、$E\sim\mu$、$K\sim G$ 等数学模型的参数	各类土
孔隙压力消散试验		测定土的孔隙压力系数 B、某时刻孔隙压力消散百分数 D_c、孔隙压力消散系数 C_v'	饱和度大于 85%的原状细粒土和含水率大于最优含水率的扰动细粒土
无侧限抗压强度试验		测定土的无侧限抗压强度 q_u 和土的灵敏度 S_t	原状饱和细粒类土。需测定土的灵敏度时，应再测定其扰动土无侧限抗压强度
静止侧压力系数试验		测定土在不同压力下的侧向压力，确定土的静止侧压力系数	粒径小于 0.5mm 原状土或击实土
膨胀试验	自由膨胀率试验	测定土的自由膨胀率 δ_{ef}	粒径小于 0.5mm 无结构状况下的黏性土
	膨胀率试验	测定土在有侧限条件下无荷载和有荷载时的膨胀率 δ_e、δ_{ep}	原状土和击实土
	膨胀压力试验	测定土在浸水后产生的膨胀压力 p_e	

续表

项目	方　法	目　的	适 用 范 围
抗拉强度试验		测定土的单轴抗拉强度 R_t	最大粒径小于5mm黏质土
动力特性试验	振动三轴试验	测定土的动强度 c_d、液化应力比 τ_d/σ'_0、动弹性模量 E_d、动剪切模量 G_d、阻尼比 λ_d	砂类土和细粒类土
	共振柱试验	测定土的动弹性模量 E_d、动剪切模量 G_d、阻尼比 λ_d	

二、现场土工试验

常用现场土工试验见表3.4.2-2。

表3.4.2-2　　常用现场土工试验简介表

项目	方　法	目　的	适 用 范 围
密度试验	灌砂法	测定土的天然密度 ρ	各类土
	灌水法		
渗透试验	试坑注水法	测定土的渗透系数 K	渗透系数较小的土类
渗透变形试验	常水头法	测定土在原位或原状条件下的渗透系数、临界坡降、破坏坡降	具有一定黏结力的各类土或岩石软弱夹层
直接剪切试验	平推法	测定土的抗剪强度参数 φ、c	主要适用于粗粒土在尽可能保持土的原状结构不被扰动条件下测定其抗剪强度，也可用于地基土对混凝土板的抗滑试验
载荷试验	承压板法	测定土的承载力和变形模量	各类土。承压板为采用圆形或正方形钢质板，承压板直径或边长与土中最大颗粒粒径之比不宜小于5，面积不宜小于1000cm^2

三、钻孔土工试验

常用钻孔土工试验见表3.4.2-3。

表3.4.2-3　　常用钻孔土工试验简介表

项目	方　法	目　的	适 用 范 围
十字板剪切试验		测定饱和软黏土的不排水抗剪强度、残余强度和灵敏度	饱和软黏土。不宜用于较硬的黏土、砂土及粉土
标准贯入试验		根据标准贯入击数判别土层变化，确定土的承载力	细粒土和砂类土
静力触探试验		测定探头贯入阻力和孔隙水压力等指标，计算得出贯入阻力、锥头阻力、侧壁摩阻力、摩阻比以及孔隙水压力、固结系数、消散度和静探孔压系数等指标。确定土的承载力	细粒土和砂类土

续表

项目	方　法	目　的	适 用 范 围
动力触探试验	轻型	测定圆锥探头用锤击的方式贯入土中时的击数，计算动贯入阻力。确定土的承载力	细粒土
	重型		砂类土和砾类土
	超重型		砾类土和巨粒类土，以及软岩、风化岩
旁压试验	自钻式	测定土体的承载力、旁压模量、不排水抗剪强度等指标	各类土
	预钻式		
波速试验	单孔法	测定波速，计算土的动剪切模量、动弹性模量、动泊松比等动力特性参数	各类土
	跨孔法		
	面波法		

第三节　岩土化学分析试验及其适用范围

常用岩土化学分析试验见表3.4.3-1。

表3.4.3-1　　常用岩土化学分析试验简介表

项目	方　法	目　的	适 用 范 围
酸碱度试验	电测法	评定岩土的酸碱性	各类岩石和土
易溶盐试验	易溶盐总量测定	测定土中氯化盐类、易溶的硫酸盐和碳酸盐类等易溶盐总的含量	含易溶盐土
	不同易溶盐类测定	分别测定土中不同易溶盐的含量。包含碳酸根和重碳酸根的测定；氯根的测定；硫酸根的测定；钙、镁离子的测定；钾、钠离子的测定	
中溶盐试验		测定岩土中石膏的含量。评价其受水溶滤性和对混凝土的侵蚀性等	含石膏岩土
难溶盐试验		测土中的碳酸钙含量	含钙、镁的碳酸盐土
有机质试验		测定土中有机质的含量	含有机质土
化学成分试验		对岩石、土及黏土矿物中的硅、铁、铝、钙、镁、钾、钠的氧化物含量及烧失量含量进行测定	各类岩石和土作全样分析
黏土矿物组成试验	阳离子交换量法	通过对小于2μm粒组的阳离子交换量的测定，可大致的反映土中黏粒含量和黏土矿物成分	黏土
	比表面积法	测定小于2μm粒组的比表面积，并按其大小和特点来确定主要的黏土矿物类型	粒径小于2μm粒组试样的各类岩石和土
	X射线；差热分析；电镜扫描	测定小于2μm粒组的黏土矿物进行鉴定，定性或半定量判断土的矿物组成	

第五章 常用岩土体的物理力学参数

第一节 岩石和岩体物理力学参数

一、岩体工程地质特性

岩体的工程地质特性主要包括：岩体的坚硬程度、完整程度、风化程度、紧密程度、结构类型、围压效应和含（透）水性。根据岩体的工程地质特性和结构面的性状，进行岩体和结构面的分类。针对各类岩体和结构面，开展相应的室内和原位物理力学性质试验。

二、岩石（体）物理力学参数取值原则与方法

（一）岩石（体）物理力学参数取值原则

（1）岩石（体）物理力学参数取值应以试验成果为依据。试验成果的整理应按相关岩石试验规程进行。分析试验成果的代表性及可信程度，经论证舍去不合理的离散值。按岩石（体）及结构面的层位、岩性、类别，对试验成果进行统计整理。整理方法一般采用算术平均法（平均值、小值平均值、大值平均值）。抗剪（断）强度试验成果的整理，还需研究试件的破坏机理，分析确定破坏类型（脆性、塑性、弹塑性），在剪应力～位移曲线上根据破坏类型选取相应的剪应力值（峰值、比例极限值、屈服值、残余强度值、长期强度值），并点绘在剪应力～正应力关系图上，确定各单组试验的 c、φ，采用算术平均法对同一类别的岩体试验成果进行整理；或将同一类别岩体试验的剪应力、正应力试验成果点绘在关系图上，采用最小二乘法（点群中心法）、优定斜率法进行整理。

（2）岩石（体）物理力学参数取值通常分为三个步骤：①根据试验成果分析整理得到试验标准值；②根据试验条件、试件的地质代表性、尺寸效应等，结合地质类比和工程类比，对标准值进行调整，提出地质建议值；③在地质建议值的基础上，结合建筑物工作条件及其他已建工程的经验确定设计采用值。在岩体地质条件相对简单的情况下，②、③两步骤可合并进行。

（3）规划、预可行性研究阶段，或当岩体力学参数试验资料不足时，可根据表 3.5.1-4～表 3.5.1-7 结合地质条件进行折减，选用地质建议值。

（二）岩石的物理力学参数取值方法

（1）对均质岩石的密度、单轴抗压强度、抗拉强度、波速等物理力学性质参数，采用试验成果的算术平均值（可采用大值平均值、小值平均值作为范围值）作为标准值，进而提出地质建议值。

（2）对非均质的各向异性的岩体，可划分成若干小的均质体或按不同岩性分别试验取值；对层状结构岩体，应按建筑物荷载方向与结构面的不同交角进行试验，以取得相应条件下岩石的单轴抗压强度、弹性波速度等试验值的算术平均值（可采用大值平均值、小值平均值作为范围值），进而提出地质建议值。

（三）岩体的力学参数取值方法

1. 岩体变形参数取值方法

岩体变形参数宜根据现场原位岩体变形试验成果作为坝基岩体变形参数取值的依据。对试验成果可按岩体类别、工程地质单元、区段或层位归类进行整理（应舍去不合理的离散值），采用试验成果的算术平均值作为标准值。

鉴于岩体变形具有尺寸效应及时间效应，因此，可考虑选取试验成果的小值平均值——平均值的幅度值作为地质建议值。国内几个工程岩体流变试验成果见表 3.5.1-1。

表 3.5.1-1　工程岩体流变试验成果表

工程名称	岩性	岩类	压缩蠕变				剪切流变				
			$R_{w\infty}$	$R_{w\infty}/R_w$	$E_{0\infty}$	$E_{0\infty}/E_0$	f	f_∞/f	c	c_∞/c	$E_{g\infty}$
			MPa	%	GPa	%		%	MPa	%	GPa
二滩	纤闪石化玄武岩，微风化～新鲜，碎裂～镶嵌结构	E-1(Ⅳ)			0.8～1.5	83.0					
溪洛渡	弱风化上段含屑角砾型错动带（Lc-8层间错动带）				0.22	61.6					
大岗山	弱风化下段，弱卸荷，辉绿岩脉	Ⅳ			0.54～0.89	88.3					
	辉绿岩脉	Ⅴ			0.21～0.29	88.3					
锦屏一级	层间挤压错动带，平均厚度20～22cm，风化蚀变，挤压较紧密。带内夹片状碎屑及泥质物质，厚度3～20mm				2.93	71.9					
					3.82	78.0					
	钙质绿泥石片岩，新鲜，片理发育良好						0.38	88.6	0.10	20.0	
	钙质绿泥石片岩，微新，片理发育程度相对较差						0.85		0.70		
构皮滩	紫红色粉砂质黏土岩		13.0	72.0	2.30	46.0					
	灰绿色黏土岩		4.94	65.0	0.32	44.0	0.56	82.0	0.29	76.0	0.15

2. 岩体抗剪（断）强度参数取值方法

（1）混凝土坝基础底面与基岩间的抗剪（断）强度取值：

1）抗剪断强度应取峰值强度，抗剪强度应取比例极限强度与残余强度二者的小值或取二次剪（摩擦试验）峰值强度。当采用各单组试验成果整理时，应取算术平均值作为标准值；当采用同一类别岩体试验成果整理时，应取最小二乘法或优定斜率法的下限值作为标准值。

2）应根据基础底面和基岩接触面剪切破坏性状、工程地质条件和岩体应力对标准值进行调整，提出地质建议值。

3）对新鲜、坚硬的岩浆岩，在岩性、起伏差和试件尺寸相同的情况下，也可采用坝基混凝土强度等级的6.5%～7.0%估算黏聚力。

（2）岩体抗剪（断）强度取值：

1）岩体试件呈脆性破坏时，抗剪断强度及抗剪强度取值同混凝土坝基础底面与基岩间的抗剪（断）强度取值。

2）岩体试件呈塑性破坏或弹塑性破坏时，抗剪断强度应取峰值强度，抗剪强度应取屈服强度或取二次剪峰值强度，整理方法同上。

3）应根据裂隙充填情况、试验时剪切变形量和岩体地应力等因素对标准值进行调整，提出地质建议值。

（3）刚性结构面抗剪（断）强度取值：

1）抗剪断强度应取峰值强度，抗剪强度应取残余强度或取二次剪（摩擦试验）峰值强度。当采用各单组试验成果整理时，应取算术平均值作为标准值；当采用同一类别结构面试验成果整理时，应取最小二乘法或优定斜率法的下限值作为标准值。

2）应根据结构面的粗糙度、起伏差、张开度、结构面壁强度等因素对标准值进行调整，提出地质建议值。

（4）软弱结构面抗剪（断）强度取值：

1）软弱结构面应根据岩块岩屑型、岩屑夹泥型、泥夹岩屑型和泥型四类分别取值。

2）抗剪断强度应取峰值强度，当试件黏粒含量大于30%或有泥化镜面或黏土矿物以蒙脱石为主时，抗剪断强度应取流变强度；抗剪强度应取屈服强度或残余强度。整理方法同刚性结构面。

3）当软弱结构面有一定厚度时，应考虑充填度的影响。当厚度大于起伏差时，软弱结构面应采用充填物的抗剪（断）强度作为标准值；当厚度小于起伏差时，还应采用起伏差的最小爬坡角，提高充填物抗剪（断）强度试验值作为标准值。

4）根据软弱结构面的类型和厚度的总体地质特征进行调整，提出地质建议值。

三、岩石（体）物理力学参数经验值

（一）岩石物理力学参数经验值

常见岩石物理力学性质参数的经验值见表3.5.1-2。

表3.5.1-2　　常见岩石物理力学性质参数经验值表

岩石名称		物理性质：密度 ρ (g/cm³)	比重 G_S	孔隙率 n (%)	吸水率 ω_a (%)	饱和抗压强度 R_b (MPa)	软化系数 η	力学性质：纵波波速 v_p (m/s)	抗拉强度 σ_t (MPa)	弹性模量 E_e (GPa)	变形模量 E_o (GPa)	泊松比 μ	抗剪断强度 f'	抗剪断强度 c' (MPa)	抗剪强度 f	抗剪强度 c (MPa)
岩浆岩类	花岗岩	2.40～2.85	2.50～3.00	0.18～2.54	0.47～1.94	75～200	0.69～0.90	4500～6500	3.1～10.0	14～65	9～38	0.18～0.33	1.05～1.50	>20	0.80～1.25	0.1～1.3
	正长岩	2.42～2.85	2.54～3.00	0.68～2.50	0.10～1.7	80～230	0.70～0.90	4500～6800	3.5～10.5	30～60	25～54	0.18～0.30	1.10～1.80	3.0～7.0	0.84～1.25	0.15～1.25
	闪长岩	2.52～2.99	2.60～3.10	0.25～3.19	0.18～1.00	110～240	0.70～0.92	>5000	4.0～12.0	47～100	16～38	0.14～0.33	1.23～1.70	1.6～3.18	0.73～1.18	0.23～1.07
	辉长岩	2.55～3.09	2.70～3.20	0.29～3.13	0.5～1.1	60～114	0.50～0.90	4500～6500	4.5～7.1	8～27	4～14	0.16～0.23	0.90～1.31	1.1～1.5	0.78～1.10	<0.3
	玢岩	2.40～2.84	2.60～2.90	0.27～4.35	0.07～0.65	100～160	0.78～0.91	4500～6000	>4.6	25～40	14～29	0.18～0.25	0.95～1.37	1.4～2.7	0.85～1.08	<0.3
	斑岩	2.60～2.89	2.70～2.90	0.29～2.75	<1.0	110～180	0.75～0.95	>4000	>4.0	9～23	6～15	0.22～0.27	1.00～1.64	1.8～2.8	0.82～1.21	<0.3
	花岗闪长岩	2.60～2.75	2.65～2.84	1.5～2.34	0.25～0.80	120左右	0.66～0.90	>4500	5.0～7.3	24～38	14～26	0.18～0.22	0.95～1.70	1.1～3.3	0.90～1.30	0.1～0.4
	辉绿岩	2.53～2.97	2.60～3.10	0.29～6.38	0.2～1.0	60～114	0.50～0.90	4500～6800	4.5～7.1	17～37	14～24	0.18～0.26	0.94～1.31	1.1～2.5	0.78～1.10	<0.3
	流纹岩	2.49～2.65	2.62～2.72	1.1～3.4	0.14～1.65	100～180	0.70～0.90	4200～6500	5.0～8.5	18～60	10～26	0.16～0.20	1.17～1.38	>1.0	0.79～1.09	<0.3
	安山岩	2.30～2.80	2.40～2.90	0.29～4.35	0.4～1.0	90～170	0.70～0.85	4000～6500	4.5～6.5	23～48	12～24	0.20～0.26	0.93～1.24	1.5～2.4	0.75～1.10	0.2～0.3
	玄武岩	2.50～3.10	2.65～3.30	0.3～4.3	0.2～1.0	125～190	0.80～0.95	4500～6800	5.0～9.6	34～100	28～46	0.22～0.28	1.19～1.57	1.8～3.5	0.84～1.00	0.1～0.5

续表

岩石名称		物理性质						力学性质								
		密度 ρ (g/cm^3)	比重 G_S	孔隙率 n (%)	吸水率 ω_a (%)	饱和抗压强度 R_b (MPa)	软化系数 η	纵波波速 v_p (m/s)	抗拉强度 σ_t (MPa)	弹性模量 E_e (GPa)	变形模量 E_o (GPa)	泊松比 μ	抗剪断强度 f'	抗剪断强度 c' (MPa)	抗剪强度 f	抗剪强度 c (MPa)
火山碎屑岩	火山角砾岩	2.20～2.90	2.50～3.00	0.9～7.54	0.34～2.12	60～100	0.57～0.90	4000～6000	3.0～5.6	1.8～5.6	1.1～3.9	0.28～0.30	0.84～1.27	0.3～0.9	0.78～1.04	＜1.0
	安山凝灰岩	2.58左右	2.68左右	1.58～4.59	0.18～1.55	31～56	0.52～0.75	3000～4500	1.5～2.5	1.3～3.2	0.9～1.9	0.30～0.35	0.76～0.94	0.1～0.5	0.65～0.80	＜0.05
	凝灰质熔岩	2.60～2.65	2.80～2.90	5.05～5.10	3.30～3.40	30～35	0.46～0.70	3400～3600	1.8～2.2	1.5～1.7	7～11	0.30～0.35	0.70～0.83	0.1～0.5	0.58～0.75	＜0.05
碎屑沉积岩类	硅质砾岩	2.62～2.70	2.70～2.77	0.4～4.0	0.16～1.40	80～150	0.65～0.97	4500～6500	3.1～7.5	14～36	9～18	0.16～0.30	0.88～1.34	1.1～2.8	0.75～0.90	＜0.1
	钙质胶结砾岩	2.60～2.70	2.68～2.77	0.5～5.0	0.2～1.0	40～100	0.70～0.90	4000～5500	2.2～5.4	12～28	7～15	0.25～0.30	0.85～1.10	0.5～1.8	0.70～0.85	＜0.08
	泥质胶结砾岩	2.55～2.64	2.66～2.74	1.5～6.5	0.62～5.1	17～32	0.58～0.75	2500～3500	1.2～1.8	2.4～4	1.2～2.6	0.25～0.35	0.7～0.85	0.3～1.2	0.60～0.75	＜0.05
	混合胶结砾岩（钙、泥、铁质）	2.58～2.66	2.68～2.76	3.5～6.75	1.05～2.85	28～45	0.68～0.80	3000～4000	1.5～2.0	3.9～6	2.8～3.8	0.28～0.35	0.82～1.02	0.5～1.5	0.65～0.80	＜0.05
	石英（硅质）砂岩	2.46～2.75	2.66～2.79	1.04～9.30	0.14～4.10	60～110	0.65～0.79	4000～5500	2.5～4.0	6500～16500	4～12.4	0.2～0.28	0.92～1.46	1.8～3.5	0.78～1.13	0.05～0.50
	钙质胶结的砂岩	2.55～2.70	2.64～2.78	0.5～6.7	0.2～5.4	60～90	0.70～0.85	3500～5000	2.0～3.0	6～14.8	3.5～11.5	0.25～0.30	0.90～1.28	0.8～2.5	0.65～0.85	0.03～0.1
	泥质砂岩或泥质粉砂岩	2.35～2.65	2.68～2.75	1.2～12.0	0.6～5.6	20～45	0.55～0.80	2000～3800	1.0～2.4	1.5～4.5	0.9～3.2	0.27～0.37	0.63～0.85	0.3～0.9	0.50～0.75	＜0.03
	钙质胶结粉细砂岩	2.55～2.67	2.70～2.75	1.0～8.6	0.4～4.8	40～85	0.66～0.86	3500～4800	1.8～3.5	6.5～12.4	3.7～11	0.25～0.30	0.65～0.94	0.5～2.0	0.55～0.80	0.01～0.05
	砂质泥（黏土）岩	2.50～2.65	2.66～2.75	1.5～6.7	1.1～5.8	10～26	0.4～0.68	1000～2500	0.7～1.2	1～4.2	0.5～1.9	0.35～0.40	0.48～0.60	0.1～0.5	0.45～0.55	＜0.03
	泥（黏土）岩	2.49～2.65	2.68～2.75	1.28～8.5	0.68～5.3	＜15	0.35～0.65	800～1500	0.5～0.8	0.5～1	0.25～0.6	0.35～0.45	0.45～0.55	＜0.30	0.40～0.48	＜0.03
	砂质、钙质页岩	2.47～2.70	2.65～2.78	0.6～6.8	1.6～2.4	11～30	0.5～0.65	1500～3000	1.0～1.8	1.2～5.6	0.8～3.4	0.35～0.4	0.5～0.65	0.1～0.5	0.45～0.56	＜0.05
	页岩	2.53～2.67	2.63～2.76	1.0～7.8	0.8～3.0	＜20	0.45～0.60	1000～2000	0.8～1.5	0.8～1.5	0.3～1	0.35～0.45	0.45～0.58	＜0.30	0.42～0.52	＜0.03
	炭质页岩	2.46～2.68	2.63～2.72	1.8～4.0	0.5～2.9	10～25	0.60～0.65	1200～2500	0.8～1.6	0.3～0.8	0.2～0.46	0.33～0.40	0.45～0.56	＜0.30	0.42～0.48	＜0.01
化学沉积岩类	石灰岩	2.61～2.73	2.70～2.82	0.8～2.0	0.2～1.0	60～110	0.75～0.90	4500～6500	4.0～6.0	14～30	10～20	0.18～0.30	0.80～1.35		0.65～0.85	0.05～0.35
	薄层石灰岩	2.5～2.67	2.70～2.78	1.0～3.5	0.4～2.0	30～60	0.70～0.90	2500～4000	1.5～2.5	5～15	3.5～10	0.22～0.30	0.65～0.85		0.55～0.75	＜0.3
	白云质灰岩	2.6～2.75	2.75～2.81	1.20～3.2	0.5～1.60	55～90	0.68～0.95	3800～6000	2.8～5.5	11～25	8～13.5	0.2～0.3	0.72～1.07		0.60～0.80	＜0.2
	白云岩	2.64～2.76	2.78～2.90	0.3～2.5	＜1.0	55～90	0.66～0.92	3800～6000	3.0～5.5	11～26	8～14	0.2～0.3	0.75～1.15		0.65～0.87	＜0.2
	泥灰岩	2.35～2.65	2.70～2.75	2.2～8.5	2.0～6.0	10～40	0.46～0.80	1800～3000	1.0～2.5	2～9	1～6.5	0.29～0.40	0.55～0.75		0.45～0.60	＜0.05

续表

岩石名称		物理性质						力学性质								
		密度 ρ (g/cm³)	比重 G_S	孔隙率 n (%)	吸水率 ω_a (%)	饱和抗压强度 R_b (MPa)	软化系数 η	纵波波速 v_p (m/s)	抗拉强度 σ_t (MPa)	弹性模量 E_e (GPa)	变形模量 E_o (GPa)	泊松比 μ	抗剪断强度 f'	抗剪断强度 c' (MPa)	抗剪强度 f	抗剪强度 c (MPa)
变质岩类	片麻岩	2.65~2.79	2.69~2.82	0.7~2.0	0.1~0.7	70~150	0.75~0.97	4000~6500	3.5~5.5	11~35	6~21	0.20~0.33	0.92~1.27	1.5~4.1	0.70~0.94	0.05~0.50
	石英、角闪石片岩	2.64~2.92	2.72~3.02	0.7~2.0	0.1~0.3	60~110	0.70~0.93	3800~6000	3.0~5.0	10~20	5.5~17	0.22~0.30	0.75~1.15	1.2~3.5	0.65~0.85	<0.3
	云母绿泥石片岩	2.66~2.76	2.75~2.83	0.8~2.5	0.1~0.6	30~60	0.53~0.90	2500~4500	1.5~2.8	5~14	2.5~8.5	0.25~0.35	0.75~0.92	0.8~2.0	0.55~0.78	<0.1
	片岩	2.50~2.68	2.64~2.90	0.5~1.8	0.3~1.0	30~100	0.55~0.89	2500~5000	1.5~4.0	8~18	5~12	0.25~0.30	0.75~1.10	1.0~3.0	0.6~0.85	<0.3
	石英岩 硅化灰岩	2.65~2.75	2.70~2.82	0.5~2.8	0.1~0.4	100~180	0.94~0.96	4000~6500	3.5~6.0	12~36	10~24	0.2~0.3	0.93~1.32	1.8~4.5	0.82~0.93	<0.3
	大理岩	2.69~2.78	2.75~2.87	0.1~2.6	<1.0	50~90	0.80~0.95	4000~6500	4.0~7.0	10~34	7.5~18	0.16~0.3	0.81~1.35	1.5~4.0	0.73~0.91	<0.5
	硅质板岩	2.70~2.72	2.74~2.81	0.3~3.8	0.2~1.0	60~100	0.70~0.85	3500~6000	2.0~3.5	8~16	5~12	0.25~0.33	0.75~0.93	1.5~2.8	0.60~0.81	<0.1
	泥质板岩	2.42~2.70	2.68~2.77	2.5~8.5	0.7~4.6	20~50	0.39~0.52	2500~4500	0.8~2.5	2~5.5	1.2~2.5	0.25~0.35	0.60~0.85	0.5~1.5	0.48~0.68	<0.1
	砂质板岩	2.40~2.65	2.68~2.72	2.5~7.4	0.5~3.0	45~75	0.75~0.90	3000~5000	1.5~3.0	6~15	4.5~12	0.22~0.35	0.75~1.00	1.2~2.5	0.65~0.80	<0.3
	千枚岩	2.71~2.86	2.81~2.96	1.1~3.6	0.54~3.13	16~40	0.53~0.87	2000~4000	0.7~1.8	1.2~4.3	0.8~1.8	0.25~0.40	0.58~0.69	0.3~0.85	0.48~0.60	<0.1
	绢云母千枚岩	2.68~2.76	2.76~2.80	0.24~1.8		16~42	0.60~0.72	2000~3600	0.7~1.5	1~3.6	0.6~1.2	0.28~0.35	0.55~0.65	0.2~0.70	0.45~0.55	<0.1
	变质砂岩	2.68~2.72	2.72~2.76		0.29~0.54	56~172	0.75~0.82	4818~6034	5.5~16	33~53		0.2~0.24	1.70~2.09	1.68~2.38	1.28~1.31	1.28~1.33

（二）岩体和结构面力学参数经验值

1. 坝基岩体工程地质分类及力学参数经验值

(1) 坝基岩体工程地质分类。根据《水电水利工程坝址工程地质勘察技术规程》(DL/T 5454—2009)的规定，坝基岩体工程地质分类见表3.5.1-3。

(2)《水力发电工程地质勘察规范》(GB 50287—2006) 提出了坝基岩体力学参数经验值（表 3.5.1-4)。

表 3.5.1-3　　坝基岩体工程地质分类

类别	A 坚硬岩 (R_b>60MPa)		B 中硬岩 (R_b=60~30MPa)		C 软质岩 (R_b<30MPa)	
	岩体特征	岩体工程性质评价	岩体特征	岩体工程性质评价	岩体特征	岩体工程性质评价
Ⅰ	Ⅰ$_A$：岩体新鲜~微风化，完整，紧密，整体状或巨厚层状结构，结构面不发育，延展性差，多闭合，具各向同性力学特性	岩体强度高，抗滑、抗变形状能强，不需作专门性地基处理。属优良高混凝土坝地基				
Ⅱ	Ⅱ$_A$：岩体新鲜~微风化，较完整，较紧密，呈块状或次块状、厚层结构，结构面轻度~中等发育，软弱结构面分布不多，或不存在影响坝基或坝肩稳定的楔体或棱体	岩体强度高，抗滑、抗变形性能较高，专门性地基处理工作量不大，属良好高混凝土坝地基	Ⅱ$_B$：岩体新鲜，完整，紧密，整体状或巨厚层状结构，结构特征同Ⅰ$_A$，具各向同性力学特性	岩体强度高，抗滑、抗变形性能较强，专门性地基处理工作量不大，属良好高混凝土坝地基		

续表

类别	A坚硬岩（R_b>60MPa）		B中硬岩（R_b=60～30MPa）		C软质岩（R_b<30MPa）	
	岩体特征	岩体工程性质评价	岩体特征	岩体工程性质评价	岩体特征	岩体工程性质评价
Ⅲ	Ⅲ$_{1A}$：岩体弱风化下带，较完整～局部完整性差，较紧密，次块状或中厚层状结构，结构面中等～较发育，岩体中分布有缓倾角或陡倾角（坝肩）的软弱结构面或存在影响坝基（肩）稳定的楔体或棱体	岩体强度较高，抗滑、抗变形性能在一定程度上受结构面控制。对影响岩体变形和稳定的结构面应作专门处理	Ⅲ$_{1B}$：岩体微风化，较完整，较紧密，岩体呈块状或次块状或厚层状结构，结构面轻度发育，结构特征基本同Ⅱ$_A$	岩体有一定强度，抗滑、抗变形性能受岩石强度控制	Ⅲ$_C$：岩体新鲜～微风化，完整，紧密，强度大于15MPa，岩体呈整体状或巨厚层状结构，结构面不发育～中等发育，岩体具备向同性力学特性	岩体抗滑、抗变形性能受岩石强度控制
Ⅲ	Ⅲ$_{2A}$：岩体弱风化下带～上带，完整性差，中等紧密～较紧密，呈互层状或镶嵌状或中厚层状结构，结构面发育，但贯穿结构面不多见，结构面延展差，多闭合，岩块间嵌合力较好	岩体强度仍较高，抗滑、抗变形性能受结构面和岩块间嵌合能力以及结构面抗剪强度特性控制，对结构面应做专门处理	Ⅲ$_{2B}$：岩体微风化，较完整，较紧密，呈次块或中厚层或互层状结构，结构面中等发育，多闭合，岩块间嵌合力较好，贯穿性结构面不多见	岩体抗滑抗变形性能在一定程度上受结构面和岩石强度控制		
Ⅳ	Ⅳ$_{1A}$：岩体弱风化上带～强风化，完整性差～较破碎，较松弛，呈互层状或薄层状结构或块裂结构，结构面较发育～发育，明显存在不利于坝基及坝肩稳定的软弱结构面、楔体或棱体	岩体抗滑、抗变形性能明显受结构面和岩块间嵌合能力控制。能否作为高混凝土坝地基，视处理效果而定	Ⅳ$_{1B}$：岩体弱风化，完整性差，较松弛，呈互层状或薄层状或块裂结构、存在不利于坝基（肩）稳定的软弱结构面、楔体或棱体	评价同Ⅳ$_{1A}$	Ⅳ$_C$：岩体新鲜～微风化～弱风化，完整～较完整，紧密～较紧密，厚层或中厚层状，互层状或薄层状结构，强度大于15MPa、结构面发育或岩体强度小于15MPa、结构面中等发育	岩体强度低，抗滑、抗变形性能差，不宜作为高混凝土坝地基，当局部存在该类岩体，需专门处理
Ⅳ	Ⅳ$_{2A}$：岩体强风化，较破碎，松弛，呈碎裂或块裂结构，结构面很发育，且多张开，夹碎屑和泥，岩块间嵌合力弱	岩体抗滑、抗变形性能差，不宜作高混凝土坝地基。当局部存在该类岩体，需作专门性处理	Ⅳ$_{2B}$：岩体弱风化，完整性差～较破碎，较松弛～松弛，呈碎裂状或块裂状或薄层状结构，结构面发育～很发育，多张开，岩块间嵌合力差	评价同Ⅳ$_{2A}$		
Ⅴ	Ⅴ$_A$：岩体强风化，破碎，松弛，呈散体结构，由岩块夹泥或泥包岩块组成，具松散连续介质特征	岩体不能作为高混凝土坝地基。当坝基局部地段分布该类岩体，需作专门性处理	岩体强风化，破碎，松弛，散体结构，岩体结构特征同Ⅴ$_A$	评价同Ⅴ$_A$	岩体强风化，较破碎，松弛，薄层状，块裂或碎裂结构或散体状结构，岩体结构特征同Ⅴ$_A$	评价同Ⅴ$_A$

表3.5.1-4　坝基岩体抗剪断强度及变形模量（GB 50287—2006）

岩体分类	混凝土与岩体				岩体				变形模量
	f'	c'（MPa）	f	c（MPa）	f'	c'（MPa）	f	c（MPa）	E_0（GPa）
Ⅰ	1.50～1.30	1.50～1.30	0.90～0.75	0	1.60～1.40	2.50～2.00	0.95～0.80	0	>20.0
Ⅱ	1.30～1.10	1.30～1.10	0.75～0.65	0	1.40～1.20	2.00～1.50	0.80～0.70	0	20.0～10.0
Ⅲ	1.10～0.90	1.10～0.70	0.65～0.55	0	1.20～0.80	1.50～0.70	0.70～0.60	0	10.0～5.0
Ⅳ	0.90～0.70	0.70～0.30	0.55～0.40	0	0.80～0.55	0.70～0.30	0.60～0.45	0	5.0～2.0
Ⅴ	0.70～0.40	0.30～0.05	0.40～0.30	0	0.55～0.40	0.30～0.05	0.45～0.33	0	2.0～0.2

注　1. f'、c'为抗剪断强度；f、c为抗剪强度。
2. 表中参数限于硬质岩，软质岩应根据软化系数进行折减。

2. 刚性结构面、软弱结构面的力学参数经验值

《水力发电工程地质勘察规范》（GB 50287—2006）提出了结构面抗剪断强度和抗剪强度经验参数，见表3.5.1-5。

3. 岩体允许承载力经验值

岩体允许承载力宜根据岩石饱和单轴抗压强度，结合岩体结构、裂隙发育程度及其完整性，做相应折减后确定地质建议值。当软岩的天然饱和度接近100%时，其天然状态下的抗压强度可视为软岩的饱和单轴抗压强度。岩体的允许承载力可根据表3.5.1-6确定；也可根据坝基岩体抗压强度确定（岩体完整性系数折减岩石饱和抗压强度或采用Hoek-Brow强度准则求取岩体强度）；对软岩宜采用现场载荷试验（取比例极限）、超重型动力触探试验或三轴压缩试验确定其允许承载力。

表3.5.1-5　结构面的抗剪断和抗剪强度

类型		抗剪断强度		抗剪强度	
		f'	c'（MPa）	f	c（MPa）
刚性结构面	胶结的结构面	0.80～0.70	0.25～0.10	0.80～0.60	0
刚性结构面	无胶结的结构面	0.70～0.55	0.15～0.05	0.70～0.50	0
软弱结构面	岩块岩屑型	0.55～0.45	0.25～0.10	0.50～0.40	0
软弱结构面	岩屑夹泥型	0.45～0.35	0.10～0.05	0.40～0.30	0
软弱结构面	泥夹岩屑型	0.35～0.25	0.05～0.01	0.30～0.25	0
软弱结构面	泥型	0.25～0.18	0.001～0.002	0.25～0.15	0

注　1. 表中参数限于硬质岩中胶结或无充填的结构面。
2. 软质岩中的结构面应进行折减。
3. 胶结或无充填的结构面抗剪断强度，应根据结构面的粗糙程度选取大值或小值。
4. 表中的岩块岩屑型、岩屑夹泥型、泥夹岩屑型、泥，其黏粒（粒径小于0.005mm）的百分含量分别为少或无、小于10%、10%～30%、大于30%。

表3.5.1-6　坝基岩体允许承载力经验值（GB 50287—2006）

岩石单轴饱和抗压强度R_b（MPa）	允许承载力R(MPa)			
	岩体完整，节理间距>1.0m	岩体较完整，节理间距1.0～0.3m	岩体完整性较差，节理间距0.3～0.1m	岩体破碎，节理间距<0.1m
坚硬岩、中硬岩，R_b>30	(1/7)R_b	(1/8～1/10)R_b	(1/11～1/16)R_b	(1/17～1/20)R_b
软岩，R_b<30	(1/5)R_b	(1/6～1/7)R_b	(1/8～1/10)R_b	(1/11～1/16)R_b

4. 围岩物理力学参数经验值

（1）围岩物理力学参数经验值。《水电水利工程地下建筑

物工程地质勘察技术规程》（DL 5415—2009）提出了各类围岩的物理力学经验参数，见表 3.5.1-7。

表 3.5.1-7　　各类围岩物理力学经验参数

围岩类别	密度 ρ（g/cm³）	内摩擦角 φ（°）	黏聚力 c（MPa）	变形模量 E_0（GPa）	泊松比 μ	坚固系数 f_k	单位弹性抗力系数 K_0（MPa/cm）
Ⅰ	＞2.7	＞45	＞3.5	＞20	＜0.17	＞7	＞70
Ⅱ	2.5～2.7	40～45	1.7～3.5	10～20	0.17～0.23	5～7	50～70
Ⅲ	2.3～2.5	35～40	0.4～1.7	5～10	0.23～0.29	3～5	30～50
Ⅳ	2.1～2.3	25～35	0.1～0.4	0.5～5	0.29～0.35	1～3	10～30
Ⅴ	＜2.1	＜25	＜0.1	＜0.5	＞0.35	＜1	＜10

（2）围岩坚固系数、围岩单位弹性抗力系数估算。对于各向同性的弹性介质体，可用下式估算 f_k 及 K_0 值，根据围岩的强度、岩体结构及完整性等对估算值进行适当折减后确定围岩的地质建议值。

1）围岩坚固系数可按下式估算：

$$f_k = a\frac{R_b}{10} \tag{3.5.1-1}$$

式中：f_k 为围岩坚固系数；R_b 为岩石饱和单轴抗压强度，MPa；a 为小于 1 的修正系数，与岩类有关。

2）围岩单位弹性抗力系数可按下式估算：

$$K_0 = \frac{E}{(1+\mu)100} \tag{3.5.1-2}$$

式中：K_0 为围岩的单位弹性抗力系数，MPa/cm；E 为围岩的弹性模量，MPa；μ 为围岩泊松比。

四、工程实例

（一）部分工程岩体力学性质指标

根据各工程的特点，按拱坝、重力坝、心墙堆石坝、面板堆石坝整理了部分工程的岩体物理力学参数建议值，见表 3.5.1-8～表 3.5.1-11。

表 3.5.1-8　　部分拱坝工程岩体力学性质指标

工程名称	岩　性	岩类	变形模量（GPa）		声波纵波速度（m/s）	岩体抗剪（断）强度				混凝土与岩体接触面抗剪（断）强度			
			水平	铅直		f'	c'（MPa）	f	c（MPa）	f'	c'（MPa）	f	c（MPa）
二滩	正长岩、变质玄武岩、辉长岩，微风化～新鲜，整体块状结构	A	35		5500～6600	1.73	5.00						
	玄武岩，微风化～新鲜，整体块状结构	B	25		5500～6500	1.73	4.00			0.96～1.56	0.20～0.70	0.67～1.04	0.20～0.70
	正长岩，弱偏微风化为主，块状结构	C_1	15		4100～5300	1.43	3.20			1.22～1.42	＞0.50	1.14～1.15	0.40
	各类玄武岩，弱偏微风化为主，块状～镶嵌结构	C_2	10		4700～5000	1.20	2.00			1.50～1.55	0.45～0.80	1.24～1.48	0.30
	正长岩，弱偏强风化下段为主，镶嵌或块状结构	D_1	4～5		3700～5000	0.84	1.20						
	玄武岩，弱偏强风化下段为主，镶嵌～碎裂结构	D_2	4		3700～4800	0.84	1.00						
	纤闪石化玄武岩，微风化～新鲜，碎裂～镶嵌结构	E_1	0.8～1.5（深部为 2.5）		3000～3700	0.58	0.60						
	裂面绿泥石化玄武岩，微风化～新鲜，镶嵌～碎裂结构	E_2	2.5		2000～3000	0.58	0.80						
	正长岩及各类玄武岩，微偏强风化上段为主，碎裂结构	E_3	1.5		2000～3000	0.70	0.50						
	正长岩及各类玄武岩，全、强风化为主，散体结构	F	0.5～1.0		＜2000	0.50	0.1～0.2						
	断层带片状块状岩屑		1.0			0.50	0.20						
	断层带岩屑		0.3			0.36	0.05						
溪洛渡	玄武岩，整体块状结构，坚硬完整，新鲜	Ⅰ	24～36	24～36	5500～6000	1.64	2.8	1.0	0	1.35	1.35	1.00	
	玄武岩、角砾熔岩，块状结构，坚硬完整，微新	Ⅱ	17～26	12～16	4800～5500	1.35	2.5	0.99	0	1.26	1.23	0.96	0
	玄武岩、角砾熔岩，块状～次块状结构，微新～弱风化下段	$Ⅲ_1$	11～16	10～12	4000～5200	1.22	2.2	0.92	0	1.10	1.00	0.88	0
	玄武岩、角砾熔岩，镶嵌结构，弱风化下段～上段，弱卸荷	$Ⅲ_2$	5～7	4～6	3500～4500	1.20	1.4	0.84	0	1.00	0.95	0.80	0
	玄武岩、角砾熔岩，块裂～碎裂结构，弱风化上段，强卸荷	$Ⅳ_1$	3～4	2.5～3.5	2700～4000	1.02	1.0	0.70	0	0.90	0.70	0.70	0
	碎裂～镶嵌结构，$P_2\beta_n$ 内的伊利石黏土岩、碳质页岩	$Ⅳ_2$	0.9～2.0	0.5～1.0	2500～4000	0.70	0.50	0.56	0	0.70	0.50	0.56	0
	散体结构，强风化夹层破碎带	Ⅴ	0.5～0.8	0.3～0.4	＜2500	0.35	0.05	0.30	0	0.35	0.05	0.30	

续表

工程名称	岩性	岩类	变形模量（GPa）		声波纵波速度（m/s）	岩体抗剪（断）强度				混凝土与岩体接触面抗剪（断）强度			
			水平	铅直		f'	c'（MPa）	f	c（MPa）	f'	c'（MPa）	f	c（MPa）
锦屏一级	大理岩、变质砂岩，厚层块状结构，微新，无卸荷	Ⅱ	21～32	21～30	＞5500	1.35	2.0	0.95	0				
锦屏一级	大理岩、变质砂岩、粉砂质板岩，中厚层～薄层次块状结构，微新，无卸荷～弱卸荷	Ⅲ$_1$	10～14	9～13	4500～5500	1.07	1.50	0.85	0				
锦屏一级	大理岩、变质砂岩、粉砂质板岩、煌斑岩脉，中厚层～薄层次块～镶嵌状结构，微新～弱风化，无卸荷～弱卸荷	Ⅲ$_2$	6～10	3～7	3800～4800	1.02	0.90	0.68	0				
锦屏一级	大理岩、绿片岩、变质砂岩、粉砂质板岩，块裂～碎裂结构，弱风化，强卸荷	Ⅳ$_1$	3～4	2～3	＜3800	0.70	0.60	0.58	0				
锦屏一级	大理岩、绿片岩、变质砂岩、粉砂质板岩、煌斑岩脉，板裂～碎裂结构，弱～强风化	Ⅳ$_2$	2～3	1～2	＜3500	0.60	0.40	0.45	0				
大岗山	微新，中粒花岗岩，块状～次块状	Ⅱ	18～25	15～22	＞4500	1.3	2.0	0.9	0	1.2	1.3		
大岗山	微新，辉绿岩脉，块状												
大岗山	弱风化下段，中粒花岗岩，次块状	Ⅲ$_1$	9～11	6～8	4000～4500	1.2	1.5	0.75	0	1.0	1.0		
大岗山	微新，辉绿岩脉，次块状												
大岗山	弱风化下段，弱卸荷，中粒花岗岩	Ⅲ$_2$	6～9	4～6	3500～4000	1.0	1.0	0.65	0	0.9	0.8		
大岗山	弱风化下段，辉绿岩脉，镶炭				＞4000								
大岗山	弱风化上段、卸荷中粒花岗岩，块裂～碎裂	Ⅳ	2.5～3.5	1.0～1.5	1500～3500	0.8	0.7	0.6	0	0.85	0.7		
大岗山	弱风化～微新，辉绿岩脉，块裂				＞3000								
大岗山	全强风化的花岗岩、碎裂～散体结构	Ⅴ	0.25～0.5	0.2～0.3	＜1500	0.4	0.1	0.35	0	0.50	0.1		
拉西瓦	花岗岩，微新，整体块状	Ⅰ	20～25		5000～6000	1.2～1.4	3～4			1.2～1.1	1.0～1.1		
拉西瓦	花岗岩，微风化，块状～次块状	Ⅱ	15～20		4000～5000	1.2～1.1	2～3			1.0～1.1	0.8～1.0		
拉西瓦	花岗岩，弱风化下部，次块状	Ⅲ$_2$	10～15		4000	1.0～1.1	1～2			1.0～0.8	0.7～0.8		
拉西瓦	花岗岩，弱风化上部，镶嵌～碎裂	Ⅲ$_1$	5～10		3000	0.8～1.0	0.8～1.0			0.7～0.8	0.6～0.7		
拉西瓦	花岗岩，强风化下部，镶嵌～碎裂	Ⅳ$_2$	3～5		2000～3000	0.6～0.8	0.5～0.8			0.55～0.7	0.4～0.6		
拉西瓦	花岗岩，强风化上部，碎裂	Ⅳ$_1$	1～3		2000	0.5～0.6	0.3～0.5			0.5～0.55	0.3～0.4		
拉西瓦	花岗岩，强风化～全风化，散体	Ⅴ			＜2000								
小湾	微新，片麻岩，少量片岩，整体块状结构	Ⅰ	22～28		≥5000	1.3～1.6	2.0～2.5			1.25～1.40	1.20～1.40		
小湾	微新，片麻岩，少量片岩，块状结构	Ⅱ	16～22		≥4500	1.3～1.5	1.5～2.0			1.25～1.40	1.20～1.40		
小湾	弱风化中、下段及完整性较差的片麻岩和片岩，次块状结构	Ⅲ$_a$	12～16		4000～4500	1.1～1.3	1.1～1.5			1.10～1.25	0.90～1.20		
小湾	卸荷的弱风化中、下段及完整性较差的岩体，次块状结构	Ⅲ$_b$	7.0～12		3500～4000	1.1～1.3	0.7～1.1						

续表

工程名称	岩性	岩类	变形模量（GPa）		声波纵波速度（m/s）	岩体抗剪（断）强度				混凝土与岩体接触面抗剪（断）强度			
			水平	铅直		f′	c′（MPa）	f	c（MPa）	f′	c′（MPa）	f	c（MPa）
小湾	弱风化上段、完整性较差及卸荷的弱风化中、下段岩体，裂隙块状结构	Ⅳ$_a$	4.0～7.0		2500～3500	1.0～1.1	0.5～0.7			0.70～1.00	0.30～0.60		
	断层影响带、节理密集带及蚀变岩带，镶嵌结构	Ⅳ$_b$	2.0～4.0		2500～3500	0.9～1.0	0.4～0.5						
	断层带中的碎裂岩带及部分性状较差的蚀变岩带和劈理带，碎裂结构	Ⅳ$_c$	1.0～2.0		2500～3500	0.8～0.9	0.3～0.4						

表 3.5.1-9　部分重力坝工程岩体力学性质指标

工程名称	岩性	岩类	变形模量（GPa）	声波纵波速度（m/s）	岩体抗剪（断）强度				混凝土与岩体接触面抗剪（断）强度			
					f′	c′（MPa）	f	c（MPa）	f′	c′（MPa）	f	c（MPa）
龙滩	新鲜、厚～巨厚层砂岩夹极少量泥板岩	Ⅱ$_1$		≥5500	1.5	2.45	1.3	1.48				
	新鲜～微风化、厚～中厚层砂岩，夹泥板岩	Ⅱ$_2$		5000～5500	1.2	2.06	1.1	1.28				
	新鲜～微风化砂岩、泥板岩互层、层凝灰岩	Ⅲ$_1$		4500～5000	1.1	1.67	1.0	0.98				
	新鲜～微风化泥板岩夹砂岩或灰岩，薄～互层状结构	Ⅲ$_2$		4000～5000	1.0	1.28	0.9	0.83				
	弱风化砂岩夹泥板岩，或砂岩、泥板岩互层、层凝灰岩，镶炭碎裂结构	Ⅳ		3500～4500	0.8～0.9	0.6～0.8	0.75～0.8	0.4～0.5				
	强风化岩体、断层破碎带	Ⅴ		<3500	0.4～0.6	0.08～0.4	0.36～0.5	0.05～0.25				
向家坝	坝区各类岩体（砂岩、粉砂岩、泥质粉砂岩、粉砂质泥岩、泥岩等）	Ⅰ		>5000	1.40(1.16)	1.80(1.26)			1.3(1.1)	1.3(0.9)		
		Ⅱ	10～15	4000～5000	1.20(1.05)	1.40(0.98)	0.72		1.2(1.02)	1.1(0.81)	0.7	
		Ⅲ$_1$	6.5～8	3500～4000	0.93～1.05(0.76～0.86)	0.9～1.1(0.61～0.74)	0.56～0.63		1.0～1.1(0.8～0.85)	0.9～1.1(0.6～0.7)	0.6～0.65	
		Ⅲ$_2$	4～6	3000～3500	0.8～0.93(0.65～0.76)	0.7～0.9(0.47～0.61)	0.5～0.56		0.9～1.0(0.75～0.8)	0.7～0.9(0.5～0.6)	0.55～0.6	
		Ⅳ	<1	2000～3000	0.55～0.75(0.45～0.6)	0.3～0.6(0.2～0.4)	0.35～0.45		0.7～0.8(0.55～0.63)	0.5～0.6(0.32～0.39)	0.4～0.5	
		Ⅴ	0.5～1.0	<2000	0.4～0.5	0.05～0.30						
官地	微新，玄武岩、角砾熔岩整体～块状结构	Ⅰ	>20	>6000	1.4～1.6	2.0～2.5		1.3～1.5	1.3～1.5			
	微新，玄武岩、角砾熔岩，块状、次块状结构	Ⅱ	15～20	5500～6000	1.2～1.4	1.5～2.0	1.0～1.1	1.1～1.3	1.1～1.3	0.85～0.95		
	弱风化下段，未卸荷；或微新，弱卸荷玄武岩、角砾熔岩，次块～镶嵌状结构	Ⅲ$_1$	8～10	4000～5500	1.1～1.2	1.1～1.5	0.85～1.0	1.0～1.1	1.0～1.1	0.8～0.85		
	微新，弱卸荷玄武岩、角砾熔岩，次块～裂块状结构	Ⅲ$_2$	7～8		0.9～1.1	0.8～1.1	0.75～0.85	0.9～1.0	0.8～1.0	0.7～0.8		
	弱风化下段，弱卸荷玄武岩、角砾熔岩，裂块～块裂状结构	Ⅲ$_3$	5～7		0.8～0.9	0.5～0.8	0.6～0.75	0.8～0.9	0.5～0.8	0.6～0.7		
	弱风化上段，弱卸荷玄武岩、角砾熔岩，块裂～裂块状结构	Ⅳ	2～5	2500～3500	0.7～0.8	0.3～0.5	0.5～0.6	0.7～0.8	0.3～0.5	0.5～0.6		
	全、强风化～弱风化上段，强卸荷玄武岩、角砾熔岩，块裂、碎裂～散体状结构	Ⅴ	<2	<2500	0.45～0.55	0.05～0.1	0.4～0.5	0.45～0.6	0.05～0.1	0.4～0.5		
三峡	闪云斜长花岗岩，微新	A	30～40	5100～5800	1.7	2.0～2.2			1.2～1.3	1.4～1.5		
	闪云斜长花岗岩，弱风化下段	B	20～30	4300～5600	1.5	1.6～1.8			1.0～1.2	1.0～1.2		
	闪云斜长花岗岩	C	10～20	4500～5200	1.0～1.2	0.9～1.2			0.9～1.1	0.8～1.0		
		C-D	1～5	2600～5100	1.0	0.5						
		D	0.5～1.0	3200～4200	1.0	0.3～0.5						
		E	0.5～1.0	<3000	0.25～0.4	0.05～0.1						

表 3.5.1-10　　部分心墙堆石坝工程岩体力学性质指标

工程名称	岩　性	岩类	变形模量（GPa）	纵波速度（m/s）	岩体抗剪（断）强度		混凝土与岩体抗剪断强度	
					f'	c'（MPa）	f'	c'（MPa）
糯扎渡	微风化～新鲜细粒、中细粒花岗岩，整体块状结构	Ⅰ	25～30	4800～5500	1.4～1.6	2.0	1.3	1.3
	微风化～新鲜的细粒、中细粒花岗岩，块状、次块状结构	Ⅱ	15～25	4200～5200	1.25～1.4	1.5～2.0	1.15～1.3	1.1～1.3
	微风化～新鲜、弱风化下部中细粒花岗岩及微新粉细砂岩，次块状结构	Ⅲ$_a$	10～15	3800～4800	1.1～1.25	1.0～1.5	1.05～1.2	0.8～1.0
	弱风化下部及少量弱风化上部中细粒花岗岩、粉细砂岩和微新粉砂质泥岩，镶嵌碎裂、次块状结构	Ⅲ$_b$	4～8	2600～3600	1.0～1.1	0.8～1.0	0.9～1.05	0.6～0.8
	弱风化上部中细粒花岗岩、粉细砂岩及微风化花岗岩中的构造蚀变带，碎裂、镶嵌碎裂结构	Ⅳ$_a$	2～4	1900～2800	0.7～0.9	0.4～0.7	0.7～0.9	0.4～0.7
	强风化花岗岩、粉细砂岩等，碎裂结构	Ⅳ$_b$	1～1.5	1500～2300	0.5～0.7	0.2～0.4	0.5～0.7	0.2～0.4
	强风化泥岩、粉砂质泥岩，全风化带、断层带等，散体结构	Ⅴ	0.1～0.4	<1500	0.3～0.6	0.05～0.1	0.3～0.6	0.05～0.1
瀑布沟	新鲜、整体块状结构花岗岩	Ⅰ	27～30	>5500	1.6	2.5	1.4	1.2
	新鲜～微风化块状结构花岗岩、流纹斑岩	Ⅱ	15～20	4500～5500	1.35	2.0	1.2	1.0
	新鲜～微风化次块状结构玄武岩	Ⅱ	12～18	4700～5500	1.35	2.0	1.2	1.0
	弱风化次块状结构花岗岩、流纹斑岩	Ⅲ	8～13	3500～4500	1.0	1.2	1.0	0.8
	弱风化镶嵌结构玄武岩	Ⅲ	6～9	3300～5000	0.9	1.2	0.9	0.7
	新鲜～微风化镶嵌结构凝灰岩	Ⅳ	3～5	3200～4200	0.8	0.6	0.75	0.5
	弱卸荷带花岗岩、流纹斑岩、玄武岩	Ⅳ	1～3	<3000	0.75	0.5	0.7	
	碎裂结构凝灰岩，强风化带、强卸荷带、断层破碎带	Ⅴ	<1	<2000				

表 3.5.1-11　　部分面板堆石坝工程岩体力学性质指标

工程名称	岩　性	岩类	变形模量（GPa）		声波纵波速度（m/s）	岩体抗剪（断）强度				混凝土与岩体抗剪断强度	
			水平	铅直		f'	c'(MPa)	f	c(MPa)	f'	c'(MPa)
洪家渡	厚、中厚层灰岩、白云质灰岩	Ⅱ	20～25	15～20		1.3～1.4	1.5～1.6	0.65～0.7	0	1.1	1.1
	中厚层夹薄层灰岩、泥质灰岩	Ⅲ$_1$	10～18	6～12		0.8～1.2	0.7～1.3	0.55～0.65	0	1.0	1.0
	薄层泥质灰岩夹泥灰岩	Ⅲ$_2$	15	10		1.0	1.0	0.6	0	0.8	0.7
	薄层泥岩、泥灰岩、页岩等	Ⅳ	8～10	3～6		0.6～0.8	0.3～0.7	0.35～0.55	0	0.4～0.7	0.2～0.5
紫坪铺	新鲜完整中细砂岩	Ⅱ	10～15	>4000	1.1～1.3	1.0～1.2		0	1.0～1.2	0.8～1.0	
	弱风化下段（弱卸荷）中细砂岩；新鲜完整粉砂岩	Ⅲ	5～6.5	3000～4000	0.8～1.0	0.4～0.6		0	0.6～0.8	0.4	
	弱风化上段（强卸荷）中细砂岩；弱卸荷粉砂岩；泥质粉砂岩	Ⅳ	0.3～0.5	2400～3000	0.45～0.5	0.30～0.35		0	0.4～0.45	0.3	
	各类风化岩体	Ⅴ	0.1～0.3	<2400	0.3～0.4	0.08～0.1		0	0.35～0.4	0.08～0.1	

（二）部分工程结构面力学性质指标

结构面力学性质指标见表 3.5.1-12～表 3.5.1-14。

表 3.5.1-12　　部分拱坝工程结构面力学性质指标

工程名称	性　状	抗剪断强度		抗剪强度	
		f'	c'(MPa)	f	c(MPa)
溪洛渡	微新刚性结构面	0.98	0.20	0.83	0
	弱风化刚性结构面	0.75	0.15	0.64	0
	弱～微风化，裂隙岩块型（A）	0.55	0.25	0.47	0
	微风化，含屑角砾型（B_1）	0.51	0.20	0.43	0
	弱风化，含屑角砾型（B_2）	0.44	0.10	0.37	0
	强风化，含屑角砾型（B_3）	0.43	0.08	0.37	0
	弱风化，岩屑角砾型（C_1）	0.40	0.07	0.34	0
	强风化，岩屑角砾型（C_2）	0.35	0.05	0.30	0
锦屏一级	新鲜硬接触节理裂隙（A_1）	0.70	0.20	0.58	0
	弱卸荷，无充填硬接触节理裂隙（A_2）	0.60	0.10	0.49	0
	弱卸荷，局部夹泥裂隙面（B_1）	0.51	0.15	0.43	0
	松弛溶蚀裂隙面（B_2）	0.45	0.10	0.35	0
	绿泥石片岩片理面（B_3）	0.42	0.07	0.34	0
	断层主错带及层间挤压错动带（B_4）	0.30	0.02	0.25	0

续表

工程名称	性状			抗剪断强度 f'	抗剪断强度 c'(MPa)	抗剪强度 f	抗剪强度 c(MPa)
大岗山	微新岩体内无蚀变的硬质节理裂隙（A_1）			0.7	0.2	0.6	0
	微新岩体内蚀变的距离裂隙（A_2）			0.6	0.1	0.5	0
	弱风化下段岩体中较松弛的硬质节理裂隙			0.5	0	0.4	0
	岩块岩屑型软弱结构面（B_1）			0.5	0.1	0.4	0
	岩屑夹泥型软弱结构面（B_2）			0.35	0.05	0.3	0
	泥夹岩屑型软弱结构面（B_3）			0.3	0.02	0.25	0
拉西瓦	连续夹泥，厚度大于 2cm，面平直，起伏小			0.25～0.30	0.02～0.05	0.20～0.25	
				0.35～0.40	0.05	0.30～0.35	
	连续夹泥，厚度 1～2cm，含粗碎屑少，面平直，起伏小			0.35～0.40	0.05	0.30～0.35	
	断续夹泥或连续夹泥，厚度 0.5～1cm，含潮湿状粗碎屑较多，面微起伏			0.40～0.45	0.05～0.10	0.30～0.40	
	断续夹泥，厚度 0.5～1.0cm，面粗糙起伏，含大量粗碎屑			0.45～0.50	0.10	0.40	
	局部夹泥及方解石充填裂隙，两侧有风化蚀变带			0.50～0.55	0.10～0.15	0.45	
	充填方解石类裂隙，两侧无风化蚀变带			0.60～0.65	0.15	0.55	
	裂隙闭合无充填，两侧无风化蚀变带			0.65～0.70	0.15～0.20	0.60	
小湾	无充填裂隙			0.65～0.70	0.08～0.13	0.55～0.60	
	有少量泥、绿泥石、高岭土膜充填节理			0.45～0.55	0.045～0.06	0.38～0.47	
	岩屑夹泥断层			0.35～0.50	0.04～0.055		
	泥夹岩屑断层			0.25～0.40	0.03～0.04		
构皮滩	断层	连续溶蚀，充填泥，且厚度较大		0.25～0.3	0.02～0.05		
		局部溶蚀或断续钙泥质薄膜粘附		0.5～0.6	0.4～0.7		
		未溶蚀，胶结紧密		1.0	0.7～0.9		
	裂隙	全部溶蚀，充填泥		0.3～0.4	0.02～0.05		
		局部溶蚀或风化		0.5～0.6	0.4～0.7		
		新鲜方解石充填		1.0	1.1		
	层间错动	坚硬灰岩中的层间错动	全部溶蚀，充填泥	0.25～0.3	0.02～0.05		
			局部溶蚀或断续钙泥质薄膜粘附	0.5～0.6	0.4～0.7		
			未溶蚀，胶结紧密	1.0	0.7～0.9		
		含碳泥质生物碎屑灰岩中的层间错动	全部风化	0.25～0.3	0.02～0.05		
			局部风化	0.5～0.6	0.4～0.7		
			新鲜	1.0	0.7～0.9		
	层面	坚硬灰岩中的层面	全部溶蚀	0.25～0.3	0.02～0.05		
			局部溶蚀	0.6～0.7	0.4～0.7		
			新鲜	1.0	0.7～0.9		
		坚硬灰岩与含碳泥质生物碎屑灰岩接触面	全部风化	0.25～0.3	0.02～0.05		
			局部风化、溶蚀	0.5～0.6	0.4～0.7		
			新鲜	1.0	0.7～0.9		

表 3.5.1-13　　部分重力坝工程结构面力学性质指标

工程名称	性状	抗剪断强度 f'	抗剪断强度 c'(MPa)	抗剪强度 f	抗剪强度 c(MPa)
三峡	平直光滑的小断层	0.55～0.65	0.05～0.15		
	平直稍粗的小断层，宏观起伏差数毫米到 1cm	0.65～0.70	0.15～0.20		
	平直稍粗的裂隙面，宏观起伏差数毫米	0.70～0.80	0.20～0.30		
	起伏粗糙的裂隙面，宏观起伏差 1～2cm	0.80～0.90	0.30～0.50		
	极粗糙的卸荷裂隙面，宏观起伏差大于 2cm	0.90～1.0	0.50～0.70		
	破碎结构面—弱风化上带的疏松～半疏松夹层	0.60～0.70	0.07～0.10		
	糜棱岩及胶结不良的构造岩	0.50～0.60	0.05～0.07		
	软弱构造岩，风化强烈，松软	0.25～0.40	0.05～0.10		
	较大断层主断面的泥化面及其他含泥的结构面	0.25～0.32	0.03～0.05		
葛洲坝	Ⅰ类夹层			0.17～0.20	0.005
	Ⅱ$_1$ 类黏土岩夹层，泥化			0.25～0.28	0.005
	Ⅱ$_2$ 类黏土岩夹层			0.30	0.02
	Ⅱ$_2$ 类黏土岩夹层，泥化			0.25～0.28	0.02
	Ⅲ类砾状黏土岩夹层			0.35	0.05
	Ⅳ类含炭质条带粉砂岩夹层			0.35	0.03
	断层破碎带			0.30	0.01
	黏土岩层面			0.35	0.03
	砂岩、粉砂岩层面			0.45～0.55	0.03

续表

工程名称	性状		抗剪断强度		抗剪强度	
			f'	c'(MPa)	f	c(MPa)
向家坝	软弱结构面	泥岩、炭质泥岩、粉砂质泥岩	0.6～0.8（0.5～0.65）	0.3～0.7（0.2～0.4）		
		破碎夹层	0.5（0.41）	0.20（0.12）	0.45	
		破碎夹泥层	0.35（0.28）	0.10（0.06）	0.32	
		泥化夹层	0.24（0.20）	0.05（0.03）	0.23	
	硬性结构面	无充填节理	0.56（0.44）	0.14（0.10）		
		胶结层面（沉积层理面）	0.6～0.8（0.50～0.65）	0.3～0.5（0.2～0.3）	0.3	
	断层		0.35（0.32）	0.10（0.06）		
	挤压带		0.35～0.45（0.32～0.40）	0.1～0.15（0.05～0.1）		
官地	新鲜硬接触型		0.70～0.80	0.10～0.20	0.65～0.75	0
	风化晕硬接触型		0.65～0.70	0.10～0.15	0.60～0.65	0
	岩块岩屑型		0.50～0.60	0.05～0.10	0.45～0.55	0
	岩屑夹泥型		0.40～0.50	0.03～0.05	0.40～0.45	0
	泥夹岩屑型		0.30～0.40	0.02～0.03	0.25～0.35	0
	夹泥型		0.25～0.30	0.01～0.02	0.20～0.25	0

表 3.5.1-14　部分堆石坝工程结构面力学性质指标

工程名称	性状	抗剪断强度		抗剪强度	
		f'	c'(MPa)	f	c(MPa)
糯扎渡	刚性结构面	0.6～0.7	0.15～0.25		
	岩屑型	0.35～0.5	0.05～0.15		
	岩屑夹泥型	0.25～0.35	0.01～0.02		
	泥夹岩屑型	0.2～0.3	0.005～0.015		
	纯泥型	0.15～0.2	0.005～0		
洪家渡	T_1yn 中的一般层面	0.6	0.05	0.5～0.6	0
	不连续的泥炭质夹层	0.5	0.10	0.4	0
	T_1yn^{1-2} 的岩屑夹泥型夹层	0.35	0.03	0.3	0
	NEE、NWW 组剪性裂隙	0.7	0.2	0.6	0
	F_3 断层面	0.5	0.04		0
	F_8 断层面	0.35	0.03	0.3	0
紫坪铺	微新～弱风化下段硬性结构面，平直、粗糙、钙膜充填	0.7～0.8	0.1～0.3		
	弱风化下段～微新硬性结构面，顺走向，绿帘石石英错动带	0.7～0.75	0.15～0.2		
	弱风化下段～微新硬性结构面，顺倾向，绿帘石石英错动带	0.35～0.45	0.02～0.03		
	弱风化上段岩屑夹泥型结构面，夹次生泥及岩屑	0.35～0.45	0.015～0.03		
	断层，主要为角砾岩、糜棱岩及断层泥	0.30～0.35	0.015～0.03		

第二节　土体物理力学参数

一、土体的工程地质特性

（一）一般土的工程地质特性

一般土按粒度成分和联结特征可分为砾类土、砂类土和黏性土三类，前两类常统称为无黏性土。无黏性土的工程地质性质主要取决于粒度成分和紧密程度，黏性土的性质主要取决于其联结情况（稠度状态）和密实度。

砾石类土密实程度可按表 3.5.2-1 进行野外鉴定，砂类土的野外鉴别见表 3.5.2-2。

表 3.5.2-1　砾石类土密实度野外鉴别

密实度	骨架颗粒及充填物状态	开挖情况	钻探情况
密实	骨架颗粒含量较多，呈交错排列接触；或虽只有部分骨架颗粒连续接触，但充填物呈密实状态	锹镐挖掘困难，用撬棍方能松动，井壁一般较稳定	钻进极困难，冲击钻探时，钻杆、吊锤跳动剧烈。孔壁较稳定
中密	骨架颗粒交错排列，部分连续接触，充填物包裹骨架颗粒，且呈中密状态	锹镐可挖掘，井壁有掉块现象，从井壁取出大颗粒时，能保持颗粒凹面形状	钻进较困难，冲击钻探时，钻杆、吊锤跳动不剧烈。孔壁有坍埋现象
稍密	骨架颗粒含量较少，排列混乱，大部分不接触，充填物包裹大部分骨架颗粒，且呈疏松状态或未填满	锹可以挖掘，井壁易坍塌。从井壁取出大颗粒后，砂性土立即塌落	钻进较容易，冲击钻探时，钻杆稍有跳动。孔壁易坍塌

表 3.5.2-2　砂类土野外鉴别

砂土种类 鉴别方法	砾砂	粗砂	中砂	细砂	粉砂
干燥时状态	土粒完全分散	土粒完全分散，仅个别有胶结	土粒基本分散，部分胶结，但一触即分散	大部分分散，少量胶结，稍碰撞后即分散	土粒少部分分散，大部分胶结稍加压后分散
湿润用手拍后状态	表面无变化	表面无变化	表面偶有水印	表面有水印	表面有显著翻浆现象
黏着状态	无黏着感	无黏着感	无黏着感	偶有轻微黏着感	有轻微黏着感

细粒土可采用手捻、搓条和摇震反应等简易鉴别方法，见表 3.5.2-3；黏性土的野外鉴别方法见表 3.5.2-4。

表 3.5.2-3 细粒土的简易分类

半固态时的干强度	硬塑～可塑态时的手捻感和光滑度	土在可塑时		软塑～流动态的摇震反应	土类代号
		土条可搓成的最小直径(mm)	韧性		
低～中	粉粒为主，有砂感，稍有黏性，捻面较粗糙，无光泽	>3 或 3～2	低～中	快～中	ML
中～高	含砂粒，有黏性，稍有滑腻感，捻面较光滑，稍有光泽	2～1	中	慢～无	CL
中～高	粉粒较多，有黏性，稍有滑腻感，捻面较光滑，稍有光泽	2～1	中～高	慢～无	MH
高～很高	无砂感，黏性大，滑腻感强，捻面光滑，有光泽	<1	高	无	CH
备注：凡呈黑灰色有臭味的土，应在相应土类代号后加代号"O"，如MLO、CLO、MHO、CHO					

注 引自《水电水利工程坝址工程地质勘察技术规程》(DL/T 5414—2009) 表 T.6。

表 3.5.2-4 黏性土野外鉴别方法

鉴别方法 \ 土名	粉土	粉质黏土	黏土
湿润时用刀切	无光滑面，切面比较粗糙	稍有光滑面，切面比较规则	切面非常光滑，刀刃有黏腻的阻力
用手捻摸的感觉		仔细捻摸感觉到有少量细颗粒，稍有滑腻感，有黏滞感	湿土用手捻摸有滑腻感，当水分较大时极为黏手，感觉不到有颗粒的存在
黏着程度	一般不黏着物体，干燥后一碰就掉	能黏着物体，干燥后较易剥掉	湿土极易黏着物体(包括金属与玻璃)，干燥后不易剥去，用水反复洗才能去掉
泥土搓条情况	能搓成 2～3mm 的土条	能搓成 0.5～23mm 的土条	能搓成小于 0.5mm 的土条(长度不短于手掌)，手持一端不致断裂

(二) 几种特殊土的工程地质特性

湿陷性黄土、软土、膨胀土(岩)、红黏土、冻土、盐渍土(岩)的主要工程地质特性见表 3.5.2-5。

表 3.5.2-5 特殊土的主要工程地质特性表

土名	主要特性	指标
湿陷性黄土	塑性较弱	液限一般为 26%～34%，塑限常在 16%～20%之间，塑性指数多在 8～14 之间
	含水率较低	天然含水率一般在 10%～25%之间
	压实程度很差	孔隙率常为 45%～55%(孔隙比 0.8～1.1)，干密度常仅 1.3～1.5g/cm³
	透水性较强	渗透系数超过 1m/d，具有明显的各向异性，垂直方向渗透系数为水平方向的数倍甚至数十倍
	强度	压缩系数一般 a_{1-2}=0.2～0.6MPa^{-1}，抗剪强度一般 φ=15°～25°，c=0.03～0.06MPa；新近堆积黄土(Q_4^2)土质松软，强度低，压缩性高
软土	触变性	灵敏度一般在 3～4 之间，最大可达 8～9，故软土属于高灵敏度或极灵敏土
	低透水性	垂直向渗透系数一般在 $i\times(10^{-6}\sim10^{-8})$ cm/s 之间，属微透水或不透水层
	高压缩性、低强度	压缩系数大，承载力、不排水抗剪强度低
	流变性	软土在长期荷载作用下，除产生排水固结引起的变形外，还会发生缓慢而长期的剪切变形
	不均匀性	由于沉积环境的变化，土质均匀性差
膨胀土(岩)	膨胀性	由于含有大量蒙脱石和水云母等亲水性黏土矿物，吸水膨胀、失水收缩
	收缩性	
红黏土	高塑性和分散性	黏粒含量一般在 50%～70%之间，最大达 80%以上；液限一般为 50%～70%，有的高达 110%，塑限一般为 30%～60%，有的高达 90%。塑性指数为 20～50
	高含水率，低密度	天然含水率一般为 30%～60%，最高可达 90%；饱和度在 85%以上；密实度低，孔隙比一般为 1.1～1.7，甚至有超过 2.0；天然密度一般只有 1.65～1.85g/cm³；土粒比重一般为 2.76～2.90；液性指数一般小于 0.4
	强度、抗压缩性较低	固结快剪 φ=8°～18°，c 值可达 $(4\sim9)\times10^{-5}$ MPa；压缩模量 E_s=6～16MPa
	不具湿陷性，但收缩性明显	原状土体缩率可达 25%，扰动土可达 40%～50%。浸水后多数膨胀性轻微，膨胀率常为 2%
冻土	冻胀性	平均冻胀率
	融沉性	平均融沉系数
盐渍土(岩)	溶陷性	溶陷系数和分级溶陷量
	盐胀性	盐胀作用是由于昼夜温差大引起的，当温度变化超越硫酸盐盐胀临界温度时，将发生硫酸盐体积的胀与缩
	腐蚀性	腐蚀性的程度与地下水或土中的含盐量、盐类的成分有关外，还与建筑结构所处的环境条件有关

(三) 不同成因类型土的工程地质特性

主要不同成因类型土的工程地质特征见表 3.5.2-6。

表 3.5.2-6 主要成因类型土的特征

成因类型	堆积方式及条件	堆积物特征
残积堆积(Q^{el})	岩石经风化作用而残留在原地的碎屑堆积物	碎屑物从地表向深处由细变粗，其成分与母岩相关，一般不具层理，碎块呈棱角状，土质不均，具有较大孔隙，厚度在山丘顶部较薄，低洼处增大

续表

成因类型	堆积方式及条件	堆积物特征
崩塌堆积(Q^{col})	受重力作用沿斜坡搬运，堆积在斜坡上或坡麓地带	多呈倒石锥形，碎屑物成分与母岩相关，碎块呈棱角状，厚度变化较大
坡积堆积(Q^{dl})	由雨水或雪水沿斜坡搬运及由本身力作用堆积在斜坡上或坡脚处	碎屑物从坡上往下逐渐变细，分选性差，层理不明显，厚度，在斜坡陡处厚度较薄，波脚地段较厚

续表

成因类型	堆积方式及条件	堆积物特征
洪积堆积（Q^{pl}）	由暂时性洪流将山区或高地的大量风化碎屑物质挟带至沟口或平缓地带堆积而成	颗粒具有一定的分选性，但往往在大颗粒间充填小颗粒，碎块多呈棱角状，洪积扇顶部颗粒较粗，层理紊乱，呈交错状，透竟体及夹层较多，边缘处颗粒细，层理清楚
冲积堆积（Q^{al}）	由长期的地表水流搬运，在河流的谷地、冲积平原，三角洲地带堆积而成	颗粒在河流上游较粗，向下游逐渐变细，分选性和磨圆度均好，层理清楚，厚度较稳定
湖积堆积（Q^{l}）、沼泽堆积（Q^{f}）	在静水或缓慢的水流中沉积，并伴有生物化学作用	沉积物以粉粒—黏粒为主。且含有多量的有机质或盐类，一般土质松软，有时粉砂和黏性土交互，具清晰的层理
冰川堆积（Q^{gl}）、冰水堆积（Q^{fgl}）、冰缘堆积（Q^{prgl}）	由冰川或冰川融化后的冰水进行搬运堆积而成	以巨大块石、碎石、砂、黏性土混合组成，一般分选性差，无层理，但为冰水沉积时，常具斜层理。颗粒一般具棱角，巨大块石上常有冰川擦痕
风积堆积（Q^{eol}）	在干燥气候条件下，碎屑物被风吹扬，降落堆积而成	主要由尘土或砂组成，一般颗粒较均匀，质纯，孔隙大，结构松散

二、土体的物理力学参数取值原则与方法

（一）土体物理力学参数取值原则

（1）土的物理力学性质参数选取应以试验成果为依据。当土体具有明显的各向异性或工程设计有特殊要求时，应以原位测试成果为依据。

（2）收集土体试验样品的原始结构、天然含水率，以及试验时的加载方式和具体试验方法等控制试验质量的因素，分析成果的可信程度。

（3）试验成果可按土体类别、工程地质单元、区段或层位分类，并舍去不合理的离散值，分别用算术平均法、最小二乘法、图解法等进行整理。

（4）试验成果经过统计整理并考虑保证率、强度破坏准则后确定土体物理力学参数标准值。根据水工建筑物地基的工程地质条件，在试验标准值基础上提出土体物理力学参数地质建议值。根据水工建筑物荷载、分析计算工况等特点确定土体物理力学参数设计采用值。

（二）土体物理力学参数取值方法

1. 土体的物理水理性质参数取值方法

土体的物理水理性质参数应以试验的算术平均值作为标准值。

2. 土体的渗透性参数取值方法

土体的渗透性参数取值见表 3.5.2-7。

表 3.5.2-7　土体的渗透性参数取值方法

渗透性参数	取值方法
渗透系数	（1）可根据土体结构、渗流状态，采用室内试验或抽水试验的大值平均值作为标准值； （2）用于水位降落和排水计算的渗透系数，应采用试验的小值平均值作为标准值； （3）用于供水工程计算的渗透系数，应采用抽水试验的平均值作为标准值
允许比降值	（1）允许比降值应以土的临界水力比降为基础，除以安全系数确定。安全系数的取值，一般情况下取 1.5～2.0，即流土型通常取 2.0，对特别重要的工程也可取 2.5；管涌型一般可取 1.5。临界比降值等于或小于 0.1 的土体，安全系数可取 1.0； （2）允许比降值也可参照现场及室内渗透变形试验过程中，细颗粒移动逸出时的前 1～2 级比降值选取其允许比降值，不再考虑安全系数； （3）当渗流出口有反滤层保护时，应考虑反滤层的作用，这时土体的水力比降值应是反滤层的允许比降值

3. 土体的承载及变形参数取值方法

有关地基土体承载力的定义见表 3.5.2-8，土体的承载及变形参数试验标准值选取方法见表 3.5.2-9。

表 3.5.2-8　地基土体承载力定义表

名称	定义	备注
地基极限荷载	整个地基处于极限平衡状态时所承受的荷载	《地质辞典》
地基容许承载力	在保证地基稳定的条件下，建筑物的沉降量不超过容许值的地基承载能力	
地基承载力特征值 f_{ak}	由载荷试验测定的地基土压力变形曲线线性变形段内规定的变形所对应的压力值，其最大值为比例界限值。可由载荷试验或其他原位测试、公式计算、并结合工程实践经验等综合确定	《建筑地基基础设计规范》（GB 50007—2002）
修正后的地基承载力特征值 f_a	从载荷试验或其他原位测试、经验值等方法确定的地基承载力特征值经深宽修正后的地基承载力值。按理论公式计算得来的地基承载力特征值不需修正	

表 3.5.2-9　土体承载及变形参数试验标准值取值方法

承载及变形参数	取值方法
承载力	（1）根据载荷试验成果之比例极限确定特征值； （2）根据钻孔动力触探、标准贯入试验、静力触探试验、旁压试验等测试成果确定，以试验成果的算术平均值作为标准值
压缩模量 E_s	从压缩试验的压力～变形曲线上，以建筑物最大荷载下相应的变形关系选取试验值或按压缩试验的压缩性能，根据其固结程度选定试验值；以试验成果值的算术平均值作为标准值；对于高压缩性软土，宜以试验的压缩模量的大值平均值作为标准值
变形模量 E_0	从有侧胀条件下土的压力～变形曲线上，以建筑物最大荷载下相应的变形关系表示。以试验成果值的算术平均值作为标准值

（1）动力触探、标准贯入及静力触探试验值的修正：

1）动力触探试验成果可用于力学分层，评定土的均匀性和物理性质（状态、密实度）、土的强度、变形参数、地基承载力、单桩承载力，查明土洞、滑动面、软硬土层界面，检验地基处理效果。应用试验成果是否修正或如何修正，应根据建立统计关系时的具体情况确定（见表 3.5.2-10、表 3.5.2-11）。

对于砂土和松散—中密的卵、砾石层，触探深度在 1～15m 范围内时，一般不考虑侧壁摩擦的影响。对于地下水位以下的中、粗砂和卵、砾石，锤击数可按式（3.5.2-1）修正。

$$N_{63.5}=1.1N'_{63.5}+1.0 \qquad (3.5.2-1)$$

表 3.5.2-10　重型圆锥动力触探锤击数试验探杆长度修正系数 α_1 表

杆长 L(m) \ $N'_{63.5}$	5	10	15	20	25	30	35	40	≥50
2	1.00	1.00	1.00	1.00	1.00	1.00	1.00	1.00	—
4	0.96	0.95	0.93	0.92	0.90	0.89	0.87	0.86	0.84
6	0.93	0.90	0.88	0.85	0.83	0.81	0.79	0.78	0.75
8	0.90	0.86	0.83	0.80	0.77	0.75	0.73	0.71	0.67
10	0.88	0.83	0.79	0.75	0.72	0.69	0.67	0.64	0.61
12	0.85	0.79	0.75	0.70	0.67	0.64	0.61	0.59	0.55
14	0.82	0.76	0.71	0.66	0.62	0.58	0.56	0.53	0.50
16	0.79	0.73	0.67	0.62	0.57	0.54	0.51	0.48	0.45
18	0.77	0.70	0.63	0.57	0.53	0.49	0.46	0.43	0.40
20	0.75	0.67	0.59	0.53	0.48	0.44	0.41	0.39	0.36

注　1. $N_{63.5}=\alpha_1 N'_{63.5}$。
2. 引自《岩土工程勘察规范》（GB 50021—2001）（2009 年版）表 B.0.1。

表 3.5.2-11　超重型圆锥动力触探锤击数试验探杆长度修正系数 α_2 表

杆长 L(m) \ N'_{120}	1	3	5	7	9	10	15	20	25	30	35	40
1	1.00	1.00	1.00	1.00	1.00	1.00	1.00	1.00	1.00	1.00	1.00	1.00
2	0.96	0.92	0.91	0.90	0.90	0.90	0.90	0.89	0.89	0.88	0.88	0.88
3	0.94	0.88	0.86	0.85	0.84	0.84	0.84	0.83	0.82	0.82	0.81	0.81
5	0.92	0.82	0.79	0.78	0.77	0.77	0.76	0.75	0.74	0.73	0.72	0.72
7	0.90	0.78	0.75	0.74	0.73	0.72	0.71	0.70	0.68	0.68	0.67	0.66
9	0.88	0.75	0.72	0.70	0.69	0.68	0.67	0.66	0.64	0.63	0.62	0.62
11	0.87	0.73	0.69	0.67	0.66	0.66	0.64	0.62	0.61	0.60	0.59	0.58
13	0.86	0.71	0.67	0.65	0.64	0.63	0.61	0.60	0.58	0.57	0.56	0.55
15	0.86	0.69	0.65	0.63	0.62	0.61	0.59	0.58	0.56	0.55	0.54	0.53
17	0.85	0.68	0.63	0.61	0.60	0.60	0.57	0.56	0.54	0.53	0.52	0.50
19	0.84	0.66	0.62	0.60	0.58	0.58	0.56	0.54	0.52	0.51	0.50	0.48

注　1. $N_{120}=\alpha_2 N'_{120}$；
2. 引自《岩土工程勘察规范》(GB 50021—2001)(2009 年版) 表 B.0.2。

2) 标准贯入试验成果，根据《岩土工程勘察规范》(GB 50021—2001) 规定，应按具体工程地质问题考虑是否作杆长修正或其他修正，勘察报告应提供不作修正的 N 值，应用再根据具体情况考虑是否修正或如何修正。

3) 静力触探试验适用于软土、一般黏性土、粉土、砂土和含少量碎石的土。静力触探试验可测定土的比贯入阻力 (p_s) 和贯入时的孔隙水压力 (u) 等。

4) 标准贯入试验锤击数 N 或动力触探锤击数 $N_{63.5}$、N_{120}，静力触探比贯入阻力 p_s 的标准值，应按下式计算：

$$N(\text{或}\ N_{63.5}、N_{120}、p_s)=\gamma_s\mu \qquad (3.5.2-2)$$

$$\gamma_s=1\pm\left(\frac{1.704}{\sqrt{n}}+\frac{4.678}{n^2}\right)\delta=1\pm\left(\frac{1.704}{\sqrt{n}}+\frac{4.678}{n^2}\right)\frac{S}{x}$$

式中：μ 为标准贯入自由落锤锤击数 N (或单孔同一土层的动力触探锤击数 $N_{63.5}$、N_{120}，静力触探比贯入阻力 p_s) 的平均值；γ_s 为统计修正系数，其中 δ 为变异系数，S 为数据的样本空间。

(2) 动力触探、标准贯入及静力触探试验土的允许承载力的确定：

1) 根据标准贯入、动力触探锤击数、静力触探比贯入阻力的标准值确定地基承载力特征值时，可查表 3.5.2-12～表 3.5.2-21，表中 N 为未经杆长修正的标准贯入锤击数。

2)《建筑地基基础设计规范》(GB 50007—2002) 规定：当基础宽度大于 3m 或埋深大于 0.5m 时，从原位测试、经验值等方法确定的地基承载力应进行修正，基础宽度和埋深的承载力修正系数见表 3.5.2-22。修正计算时，基础宽度小于 3m，按 3m 考虑；大于 6m，按 6m 考虑；埋置深度小于 0.5m，按 0.5m 考虑。计算公式如下：

$$f_a=f_{ak}+\eta_b\rho g(b-3)+\eta_d\rho_m g(d-0.5) \qquad (3.5.2-3)$$

式中：f_a 为修正后的地基承载力特征值，MPa，即修正后地基土的允许承载力，R；f_{ak} 为地基承载力特征值，MPa，即地基土的允许承载力 ([R])；η_b、η_d 为基础宽度和埋深的承载力修正系数；ρ 为基础底面以下土的天然密度，g/cm^3，地下水位以下取浮密度；b 为基础底面宽度，m；ρ_m 为基础底面以上土的加权平均密度，g/cm^3，地下水位以下取浮密度；d 为基础埋置深度，m；一般基础自室外地面标高算起；在填方整平区，可自填土地面标高算起；但填土在上部结构施工后完成时，应从天然地面标高算起；对地下室，如采用箱形基础或筏基时自室外地面标高算起，当采用独立基础或条形基础时应从室内地面标高算起。

表 3.5.2-12　碎石土承载力特征值 f_{ak}

N_{120}	3	4	5	6	7	8	9	10	11	12	14	15
f_{ak}(MPa)	0.24	0.32	0.40	0.48	0.56	0.64	0.72	0.80	0.85	0.90	0.95	1.00

注　1. 表中 N_{120} 系经杆长修正后的锤击数标准值。
2. 引自《工程地质手册(第四版)》(2007 年) 表 4-5-67。

表 3.5.2-13　碎石土承载力特征值 f_{ak}

$N_{63.5}$	3	4	5	6	7	8	9	10	11	12	13	14	16	18
f_{ak}(MPa)	0.14	0.17	0.20	0.24	0.28	0.32	0.36	0.40	0.44	0.48	0.51	0.54	0.60	0.66

注　1. 本表一般适用于冲积和洪积的碎石土，其 d_{50} 不大于 30mm 表，不均匀系数不大于 120，密实度以稍密—中密为主。
2. 表中 $N_{63.5}$ 系经杆长修正后的锤击数标准值。
3. 引自《工程地质手册(第四版)》(2007 年) 表 4-5-68。

表 3.5.2-14　中、粗、砾砂承载力特征值 f_{ak}

$N_{63.5}$	3	4	5	6	7	8	9	10
f_{ak}(MPa)	0.12	0.15	0.20	0.24	0.28	0.32	0.36	0.40

注　1. 本表一般适用于冲积和洪积的砂土，且中、粗砂的不均匀系数不大于 6，砾砂的不均匀系数不大于 20。
2. 表中 $N_{63.5}$ 系经杆长修正后的锤击数标准值。
3. 引自《工程地质手册(第四版)》(2007 年) 表 4-5-69。

表 3.5.2-15　砂土承载力特征值 f_{ak}

土类 \ N	10	15	20	25	30	35	40	45	50
中、粗砂 f_{ak}(MPa)	0.18	0.25	0.28	0.31	0.34	0.38	0.42	0.46	0.50
粉、细砂 f_{ak}(MPa)	0.14	0.18	0.20	0.23	0.25	0.27	0.29	0.31	0.34

注　引自《工程地质手册(第四版)》(2007 年) 表 4-5-70。

表 3.5.2-16　砂土承载力特征值 f_{ak}

土类 \ p_s(MPa)	3.0	4.0	5.0	6.0	7.0	8.0	9.0	10.0	11.0	12.0	13.0	14.0	15.0
粉、细砂 f_{ak}(MPa)	0.11	0.13	0.15	0.17	0.19	0.21	0.23	0.25	0.27	0.29	0.31	0.33	0.35
中、粗砂 f_{ak}(MPa)	0.14	0.18	0.22	0.26	0.29	0.32	0.35	0.38	0.41	0.44	0.47	0.50	0.53

注　1. 以粉砂为主的粉砂与粉土、粉质黏土互层的 f_{ak} 值，应按下式取值：$f_{ak}=\frac{f_{ak(max)}+f_{ak(avg)}}{2}$；$p_s$ 为静力触探比贯入阻力。
2. 引自《工程地质手册(第四版)》(2007 年) 表 4-5-71。

表 3.5.2-17　粉土承载力特征值 f_{ak}

p_s(MPa)	1.0	1.5	2.0	2.5	3.0
f_{ak}(MPa)	0.09	0.10	0.11	0.13	0.15

注　1. 以粉土为主的粉土与粉砂、粉质黏土互层的 f_{ak} 值，应取三者的平均值。
2. 引自《工程地质手册(第四版)》(2007 年) 表 4-5-72。

表 3.5.2-18　一般黏性土承载力特征值 f_{ak}

N	3	4	5	6	7	8	9	10	11	12
f_{ak}(MPa)	0.085	0.10	0.12	0.14	0.16	0.18	0.20	0.23	0.26	0.29

注　引自《工程地质手册(第四版)》(2007 年) 表 4-5-73。

表 3.5.2-19　淤泥质土、一般黏性土承载力特征值 f_{ak}

p_s(MPa)	0.3	0.5	0.7	0.9	1.2	1.5	1.8	2.1	2.4	2.7	2.9
f_{ak}(MPa)	0.04	0.06	0.08	0.10	0.12	0.15	0.18	0.21	0.24	0.27	0.29

注　1. 以粉质黏土为主的粉质黏土与粉土、粉砂互层的 f_{ak} 值，应按下式取值：$f_{ak}=\frac{f_{ak(max)}+f_{ak(avg)}}{2}$。
2. 引自《工程地质手册(第四版)》(2007 年) 表 4-5-74。

表 3.5.2-20　老黏性土承载力特征值 f_{ak}

N	13	14	15	16	17	18	19	20	21	22
f_{ak}(MPa)	0.33	0.36	0.39	0.42	0.45	0.48	0.51	0.54	0.57	0.61

注　引自《工程地质手册(第四版)》(2007 年) 表 4-5-75。

表 3.5.2-21　　老黏性土承载力特征值 f_{ak}

p_s(MPa)	3.0	3.3	3.6	3.9	4.2	4.5	4.8	5.1
f_{ak}(MPa)	0.32	0.36	0.40	0.45	0.50	0.56	0.61	0.66

注　引自《工程地质手册（第四版）》(2007 年) 表 4-5-76。

表 3.5.2-22　　承载力修正系数表

地基土类型		η_b	η_d
淤泥和淤泥质土		0	1.0
e 及 I_L 均大于 0.85 的黏性土		0	1.0
红黏土	含水比 $\alpha_w>8$	0	1.2
	含水比 $\alpha_w\leqslant8$	0.15	1.4
大面积压实填土	压实系数大于 0.95、粘粒含量 $\rho_c\geqslant10\%$的粉土	0	1.5
	最大干密度大于 2.1g/cm³ 的级配砂石	0	2.0
粉土	黏粒含量 $\rho_c\geqslant10\%$的粉土	0.3	1.5
	黏粒含量 $\rho_c<10\%$的粉土	0.5	2.0
e 及 I_L 均小于 0.85 的黏性土		0.3	1.6
粉砂、细砂（不包括很湿与饱和时的稍密状态）		2.0	3.0
中砂、粗砂、砾砂和碎石土		3.0	4.4

注　1. 地基承载力特征值按深层平板载荷试验确定时 η_d 取 0。
2. 引自《建筑地基基础设计规范》(GB 50007—2002) 表 5.2.4，略改。

4. 坝（闸）基土体抗剪参数取值方法

(1) 混凝土坝、闸基础底面与地基土间的抗剪强度，对黏性土地基，内摩擦角标准值可采用室内饱和固结快剪试验内摩擦角值的 90%，黏聚力标准值可采用室内饱和固结快剪试验黏聚力值的 20%～30%；对砂性土地基，内摩擦角标准值可采用内摩擦角试验值的 85%～90%，不计黏聚力值；规划和预可行性研究阶段，试验组数较少时，坝闸基础底面与地基土之间的摩擦系数可结合地质条件选用经验值作为地质建议值。

(2) 土的抗剪强度宜采用试验峰值的小值平均值作为标准值；当采用有效应力进行稳定分析时，对三轴压缩试验成果，采用试验的平均值作为标准值。

(3) 当采用总应力进行稳定分析时的标准值，应符合以下要求：

1) 当地基为黏性土层且排水条件差时，宜采用饱和快剪强度或三轴压缩试验不固结不排水剪切强度；对软土可采用原位十字板剪切强度。

2) 当地基黏性土层薄而其上下土层透水性较好或采取了排水措施，宜采用饱和固结快剪强度或三轴压缩试验固结不排水剪切强度。

3) 当地基土层能自由排水，透水性能良好，不容易产生孔隙水压力，宜采用慢剪强度或三轴压缩试验固结排水剪切强度。

4) 当地基土采用拟静力法进行总应力动力分析时，宜采用振动三轴压缩试验测定的总应力强度。

(4) 当采用有效应力进行稳定分析时的标准值，应符合以下要求：

1) 对于黏性土类地基，应测定或估算孔隙水压力，以取得有效应力强度。

2) 当需要进行有效应力动力分析时，地震有效应力强度可采用静力有效应力强度作为标准值。

3) 对于液化性砂土，应测定饱和砂土的地震附加孔隙水压力，并以专门试验的强度作为标准值。

(5) 对于无动力试验的黏性土和紧密砂砾等非液化土的强度，宜采用三轴压缩试验饱和固结不排水剪测定的总强度和有效应力强度中的最小值作为标准值。

(6) 具有超固结性、多裂隙性和胀缩性的膨胀土，承受荷载时呈渐进破坏，宜根据所含黏土矿物的性状、微裂隙的密度和建筑物地段在施工期、运行期的干湿效应等综合分析后选取标准值。具有流变特性的强、中等膨胀土，宜取流变强度值作为标准值；弱膨胀土、含钙铁结核的膨胀土或坚硬黏土，可以峰值强度的小值平均值作为标准值。

(7) 软土宜采用流变强度值作为标准值。对高灵敏度软土，应采用专门试验的强度值作为标准值。

5. 边坡土体的抗剪参数取值方法

(1) 边坡土体的抗剪强度，直剪试验宜采用峰值强度的小值平均值。

(2) 砂性土质边坡，宜采用有效应力法进行稳定分析，抗剪强度参数可采用三轴固结排水剪强度（CD）的最小值作为标准值，或慢剪强度（S）的小值平均值作为标准值。

(3) 黏性土质边坡，宜采用有效应力法进行稳定分析，抗剪强度参数可采用三轴固结排水剪强度（CD）、三轴固结不排水剪强度（CU）的最小值作为标准值，或慢剪强度（S）的小值平均值作为标准值。当采用总应力法计算时，抗剪强度参数可采用三轴固结不排水剪强度（CU）的最小值作为标准值，或固结快剪强度（CQ）的小值平均值作为标准值。

(4) 具有流变特性的特殊土边坡，抗剪强度参数应采用流变强度。

(5) 滑坡和大变形土体边坡的滑带土，抗剪强度参数可采用扰动土样的残余强度的小值平均值作为标准值，应注意含水量变化对土体强度的影响，采用天然或饱和含水量。

(6) 按边坡稳定状态采用相应的抗剪强度参数，稳定边坡和变形边坡以峰值强度作为标准值，已失稳边坡以残余强度作为标准值。

(7) 可根据边坡的临界稳定状态反算推求滑面的综合抗剪强度参数。一般来说，变形边坡抗滑稳定安全系数取 1.00～1.05，失稳边坡抗滑稳定安全系数取 0.95～0.99。

三、土体的物理力学参数经验值

(一) 土体的物理性质参数经验值

各类土体的物理性质参数经验值见表 3.5.2-23～表 3.5.2-29。

表 3.5.2-23　　碎石土（砾类土）的密实度与动力触探击数关系表

密实度	松散	稍密	中密	密实	很密
重型动力触探击数 $N_{63.5}$	$N_{63.5}\leqslant5$	$5<N_{63.5}\leqslant10$	$10<N_{63.5}\leqslant20$	$N_{63.5}>20$	
超重型动力触探击数 N_{120}	$N_{120}\leqslant3$	$3<N_{120}\leqslant6$	$6<N_{120}\leqslant11$	$11<N_{120}\leqslant14$	$N_{120}>14$

注　1. $N_{63.5}$、N_{120} 为综合修正后的锤击数平均值。
2. 引自《岩土工程勘察规范》(GB 50021—2001)（2009 年版）表 3.3.8-1、表 3.3.8-2。

表 3.5.2-24　　砂土（无黏性土、砂类土）的紧密程度划分表

紧密程度	松散	稍密	中密	密实
标准贯入击数 N	$N\leqslant10$	$10<N\leqslant15$	$15<N\leqslant30$	$N>30$
相对密度 D_r	$D_r<0.2$	$0.2\leqslant D_r\leqslant0.33$	$0.33<D_r\leqslant0.67$	$D_r>0.67$

注　引自《岩土工程勘察规范》(GB 50021—2001)（2009 年版）表 3.3.9。

表 3.5.2-25　砂土（无黏性土、砂类土）密度按孔隙比 e 分类表

砂土类别 \ 密度	密实	中密	稍密	松散
砾砂、粗砂、中砂	$e<0.60$	$0.60\leqslant e\leqslant0.75$	$0.75<e\leqslant0.85$	$e>0.85$
细砂、粉砂	$e<0.70$	$0.70\leqslant e\leqslant0.85$	$0.85<e\leqslant0.95$	$e>0.95$

表 3.5.2-26　　粉土的密实度与孔隙比、湿度与含水率关系表

孔隙比 e	密实度	含水率 w(%)	湿度
e<0.75	密实	w<20	稍湿
0.75≤e≤0.90	中密	20≤w≤30	湿
e>0.90	稍密	w>30	很湿

注　引自《岩土工程勘察规范》(GB 50021—2001)(2009 年版)表 3.3.10-1、表 3.3.10-2。

表 3.5.2-27　　黏土密度、含水率与标准贯入击数 (N) 关系表

标准贯入击数 N	1	2	3	4	5	6	7	8	9	10
ρ(g/m³)	1.60~1.75	1.70~1.80	1.75~1.85	1.80~1.87	1.84~1.89	1.86~1.90	1.88~1.95	1.90~1.95	1.90~2.00	1.95~2.04
w(%)	60~40	55~37	45~35	40~32	38~30	36~29	34~28	32~27	30~25	<25

注　引自《水利水电工程地质手册》(1985 年)表 1-7-24。

表 3.5.2-28　　各类膨胀土的物理水理性质参数表

地质特征			物理力学性质									
时代	成因	岩性	含水率(%)		密度 ρ(g/cm³)		孔隙比		液限 w_L(%)		自由膨胀率 δ_{ef}(%)	
			范围值	平均值	范围值	平均值	范围值	平均值	范围值	平均值	范围值	平均值
N	湖积	以灰黄、灰白色黏土为主，其中夹有粉质黏土、粉土夹层或透镜体，裂隙很发育，且有滑动擦痕	15.0~28.0	11.0	1.92~2.16	2.06	0.42~0.85	0.62	31.0~51.0	45.0	49~76	59
Q_1	与冰川有关的湖积	以杏黄、棕红、灰绿、灰白等杂色黏土为主，其中含砂量不同，夹有不连续的砂、砾的薄层，裂隙很发育，且有擦痕	13.4~24.5	18.3	1.98~2.17	2.07	0.41~0.69	0.54	32.1~62.6	44.6	41~125	77
Q_2	湖积	以黄夹灰、棕黄色黏土为主，其中夹有较多的铁锰结核，有时富集成层或透镜体，裂隙发育，裂隙面上有灰白色黏土	30.0~42.0	37.0	1.76~1.90	1.82	0.96~1.25	1.11	67.0~88.0	79.0	54~124	85
Q_3	冲洪积	以褐黄、棕黄色黏土为主，其中含有较多的铁锰结核和少量的钙质结核，裂隙较发育，裂隙面上有时灰白色黏土	19.3~29.3	24.1	1.71~2.08	1.96	0.51~0.83	0.65	37.4~60.8	47.6	45~105	68
Q	坡残积	以棕红色黏土为主，上部裂隙少，下部裂隙多，在上部有时有小的岩石碎片	19.7~40.5	29.0	1.82~2.00	1.92	0.79~0.93	0.87	37.0~83.6	62.0	38~65	47

注　引自《工程地质手册(第四版)》(2007 年)表 5-5-13。

表 3.5.2-29　　红黏土的物理水理性质参数表

指标	粒组含量(%) 粒径(mm) 0.005~0.002	粒组含量(%) 粒径(mm) <0.002	天然含水率 w(%)	最优含水率 w_{op}(%)	密度 ρ(g/cm³)	最大干密度 ρ_{dmax}(g/cm³)	比重 G_s	饱和度 S_r(%)	孔隙比 e	液限 w_L(%)	塑限 w_p(%)	塑性指数 I_P	液性指数 I_L
一般值	10~20	40~70	30~60	27~40	1.65~1.85	1.38~1.49	2.76~2.90	88~96	1.1~1.7	50~100	25~55	25~50	0.1~0.6

指标	相对含水率 w_u	渗透系数 k(cm/s)	三轴剪切 内摩擦角 φ(°)	三轴剪切 黏聚力 c(MPa)	无侧限抗压强度 q_u(MPa)	比例界限 p_o(MPa)	压缩系数 a_{1-2}(MPa⁻¹)	压缩模量 E_s(MPa)	变形模量 E_o(MPa)	自由膨胀率 δ_{ef}(%)	膨胀率 δ_{ep}(%)	膨胀压力 p_e(kPa)	体缩率 δ_v(%)	线缩率 δ_s(%)
一般值	0.50~0.80	<10^{-6}	0~3	0.05~0.16	0.2~0.4	0.16~0.3	0.1~0.4	6~16	10~30	25~69	0.1~2.1	14~31	7~22	2.5~8

注　引自《工程地质手册(第四版)》(2007 年)表 5-2-1。

(二) 土体的力学性质参数经验值

1. 土体的承载与变形参数

(1) 土体的承载与变形参数经验值见表 3.5.2-30~表 3.5.2-44。

表 3.5.2-30　　砂土压缩模量经验值表

密实程度	粗砂	中细	细砂		粉砂			粉土		
			稍湿	饱和	稍湿	很湿	饱和	稍湿	很湿	饱和
密实 (D_r≥0.67)	48	42	36	31	21	17	14	16	12	9
中密 (0.33<D_r<0.67)	36	31	25	19	17	14	9	12	9	5

注　引自《水利水电工程地质手册》(1985 年)表 1-7-32，压缩模量单位 MPa。

表 3.5.2-31　　黏土、粉质黏土压缩模量经验值表

土的状态	坚硬	硬塑	可塑	软塑	流塑
液性指数 I_L	I_L≤0	0<I_L≤0.25	0.25<I_L≤0.75	0.75<I_L≤1	I_L>1
压缩模量 (MPa)	16~59	5~16			1~5

注　引自《水利水电工程地质手册》(1985 年)表 1-7-33。

表 3.5.2-32　　砂土的变形模量经验值表

土类	泊松比 μ	变形模量 E(MPa) 0.41~0.50	0.51~0.60	0.60~0.70
粗砂	0.15	45.2	39.3	32.4
中砂	0.20	45.2	39.3	32.4
细砂	0.25	36.6	27.6	23.5
粉土	0.30~0.35	13.8	11.7	10.0

注　引自《土工原理与计算(第二版)》表 9-22。

表 3.5.2－33　　粗粒土允许承载力（R）经验值表

土 的 名 称		密 实 度		
		稍密	中密	密实
卵石		0.3～0.4	0.5～0.8	0.8～1.0
碎石		0.2～0.3	0.4～0.7	0.7～0.9
圆砾		0.2～0.3	0.3～0.5	0.5～0.7
角砾		0.15～0.2	0.2～0.4	0.4～0.6
砾砂、粗砂、中砂		0.16～0.22	0.24～0.34	0.7～0.9
细砂、粉砂	稍湿	0.12～0.16	0.16～0.22	0.3
	很湿		0.12～0.16	0.2

注　1. 本表适用于当基础宽度≤3m、埋深≤0.5m 时的地基土，R 单位为 MPa。
　　2. 引自《水利水电工程地质手册》（1985 年）表 3－1－3、表 3－1－4。

表 3.5.2－34　　砂土的允许承载力（R）与标准贯入击数（N）关系表

标准贯入击数 N	10～15	15～30	30～50
允许承载力 R(MPa)	0.14～0.18	0.18～0.34	0.34～0.50

注　1. 本表适用于当基础宽度≤3m、埋深≤0.5m 时的地基土。
　　2. 引自《水利水电工程地质手册》（1985 年）表 3－1－12。

表 3.5.2－35　　黏性土的允许承载力（R）与孔隙比（e）关系表

孔隙比 e	塑 性 指 数 I_P								
	<10			≥10					
	液 性 指 数 I_L								
	0	0.50	1.00	0	0.25	0.50	0.75	1.00	1.20
	允许承载力 R(MPa)								
0.5	0.35	0.31	0.28	0.45	0.41	0.37	(0.34)		
0.6	0.30	0.26	0.23	0.38	0.34	0.31	0.28	(0.25)	
0.7	0.25	0.21	0.19	0.31	0.28	0.25	0.23	0.20	0.16
0.8	0.20	0.17	0.15	0.26	0.23	0.21	0.19	0.16	0.13
0.9	0.16	0.14	0.12	0.22	0.20	0.18	0.16	0.13	0.10

续表

孔隙比 e	塑 性 指 数 I_P								
	<10			≥10					
	液 性 指 数 I_L								
	0	0.50	1.00	0	0.25	0.50	0.75	1.00	1.20
	允许承载力 R（MPa）								
1.0		0.12	0.10	0.19	0.17	0.15	0.13	0.11	
1.1					0.15	0.13	0.11	0.10	

注　1. 本表适用于当基础宽度≤3m、埋深≤0.5m 时的地基土。
　　2. 表中有括号者仅供插值使用。
　　3. 引自《水利水电工程地质手册》（1985 年）表 3－1－6。

表 3.5.2－36　　黏性土的允许承载力（R）与标准贯入击数（N）关系表

标准贯入击数 N	3	5	7	9	11	13	15	17	19	21	23
允许承载力 R(MPa)	0.12	0.18	0.20	0.24	0.28	0.32	0.36	0.42	0.50	0.58	0.66

注　1. 本表适用于当基础宽度≤3m、埋深≤0.5m 时的地基土。
　　2. 引自《水利水电工程地质手册》（1985 年）表 3－1－13。

表 3.5.2－37　　细粒土无侧限抗压强度（q_u）与孔隙比（e）关系表

e		0.5～0.6	0.6～0.7	0.7～0.8	0.8～0.9	0.9～1.0	1.0～1.1	1.1～1.2	1.2～1.3	1.3～1.4	1.4～1.5	1.8
q_u (MPa)	黏土	>0.3	0.3～0.18	0.18～0.12	0.12～0.085	0.085～0.065	0.065～0.052	0.052～0.043	0.043～0.038	0.038～0.033	0.033～0.03	0.028
	粉质黏土	0.25～0.15	0.15～0.1	0.1～0.065	0.065～0.042	0.042～0.027	—	—	—	—	—	—

注　引自《水利水电工程地质手册》（1985 年）表 1－7－27。

表 3.5.2－38　　细粒土无侧限抗压强度（q_u）与标准贯入击数（N）关系表

标准贯入击数 N		1	2	4	6	8	10	12	14	16	18	20	22	24	26	28	30
q_u (MPa)	黏土	0.025	0.035	0.06	0.04	0.12	0.14	0.17	0.2	0.23	0.25	0.28	0.31	0.33	0.36	0.39	0.42
	粉质黏土	0.02	0.03	0.05	0.08	0.11	0.13	0.16	0.19	0.22	0.24	0.27	0.3	0.32	0.35	0.38	0.41

注　引自《水利水电工程地质手册》（1985 年）表 1－7－28。

表 3.5.2－39　　湿陷性黄土的允许承载力 R 经验值表

液限	S_r=0.3		S_r=0.4			S_r=0.5			S_r=0.6			S_r=0.7	
	0.9<e≤1.1	1.1<e≤1.3	0.8<e≤1.0	1.0<e≤1.1	1.1<e≤1.3	0.8<e≤1.0	1.0<e≤1.1	1.1<e≤1.3	0.8<e≤1.0	1.0<e≤1.1	1.1<e≤1.3	0.8<e≤1.0	1.0<e≤1.2
22	0.190		0.175	0.170		0.160	0.150		0.140			0.120	
23	0.195		0.181	0.175		0.168	0.155		0.148			0.128	
24	0.200		0.188	0.180		0.175	0.160		0.155			0.135	
25	0.205		0.194	0.185		0.183	0.165		0.163			0.143	
26	0.210	0.190	0.200	0.190	0.170	0.190	0.170	0.150	0.170	0.150	0.135	0.150	0.120
27	0.215	0.193	0.205	0.195	0.174	0.195	0.175	0.155	0.175	0.154	0.138	0.155	0.125
28	0.220	0.195	0.210	0.200	0.177	0.200	0.180	0.160	0.180	0.158	0.143	0.160	0.130
29	0.225	0.198	0.215	0.205	0.181	0.205	0.185	0.165	0.185	0.163	0.148	0.165	0.135
30	0.230	0.200	0.220	0.210	0.185	0.210	0.190	0.170	0.190	0.167	0.153	0.170	0.140
31	0.235	0.205	0.226	0.216	0.190	0.218	0.198	0.175	0.198	0.173	0.158	0.178	0.145
32	0.240	0.210	0.233	0.223	0.195	0.225	0.205	0.180	0.205	0.180	0.163	0.185	0.150
33	0.245	0.215	0.239	0.229	0.200	0.233	0.213	0.185	0.213	0.187	0.168	0.193	0.155
34	0.250	0.220	0.246	0.235	0.205	0.240	0.220	0.190	0.220	0.193	0.173	0.200	0.160

注　1. 当饱和度（S_r）和液限为中间值时，[R]（MPa）按直线插入求得；当 S_r<0.3 时，仍按 S_r=0.3 采用；当 S_r>0.7 且土仍具有湿陷性时，可根据 S_r=0.7 得 [R] 值乘 0.8 采用。
　　2. 本表不适用于下述土层：各种成因类型得新近堆积黄土，浸湿或由于地下水上升已被饱和且已无湿陷性得黄土，经过处理后得人工地基。
　　3. 本表适用于当基础宽度≤3m、埋深≤0.5m 时的地基土。
　　4. 引自《水利水电工程地质手册》（1985 年）表 3－1－11。

表 3.5.2-40　　各类软土的物理力学参数经验值表

成因类型	天然含水率 w(%)	密度 ρ(g/cm³)	天然孔隙比 e	抗剪强度		压缩系数 a_{1-2} (MPa⁻¹)	灵敏度 S_t
				φ(°)	c(kPa)		
滨海沉积软土	40～100	1.5～1.8	1.0～2.3	1～7	2～20	1.2～2.5	2～7
湖泊沉积软土	30～60	1.5～1.9	0.8～1.8	0～10	5～30	0.8～3.0	4～8
河滩沉积软土	35～70	1.5～1.9	0.9～1.8	0～11	5～25	0.8～3.0	4～8
沼泽沉积软土	40～120	1.4～1.9	0.52～1.5	0	5～19	>0.5	2～10

注　引自《工程地质手册（第四版）》（2007 年）表 5-3-3。

表 3.5.2-41　　滨海沉积软土的允许承载力（R）与天然含水率关系表

天然含水率 w(%)	36	40	45	50	55	65	75
允许承载力 R(MPa)	0.10	0.09	0.08	0.07	0.06	0.05	0.04

注　1. 本表适用于当基础宽度≤3m、埋深≤0.5m 时的地基土。
　　2. 引自《水利水电工程地质手册》（1985 年）表 3-1-7。

表 3.5.2-42　　红黏土的允许承载力（R）与相对含水率（w_u）关系表

相对含水率 w_u	0.50	0.55	0.60	0.65	0.70	0.75	0.80	0.85	0.90	0.95	1.00
允许承载力 R(MPa)	0.35	0.3	0.26	0.23	0.21	0.19	0.17	0.15	0.13	0.12	0.11

注　引自《水利水电工程地质手册》（1985 年）表 3-1-8。

表 3.5.2-43　　冻土的允许承载力经验值表

地温（℃）/ 土类	−0.5	−1.0	−1.5	−2.0	−2.5	−3.0
碎石土	0.80	1.00	1.20	1.40	1.60	1.80
砾砂、粗砂	0.65	0.80	0.95	1.10	1.25	1.40
中砂、细砂、粉砂	0.50	0.65	0.80	0.95	1.10	1.25
黏土、粉质黏土、粉砂	0.40	0.50	0.60	0.70	0.80	0.90
含土冰层	0.10	0.15	0.20	0.25	0.30	0.35

注　1. 冻土"极限承载力"按表中数据乘 2 取值。
　　2. 表中数据单位：MPa，适用于多年冻土的融沉性分级表 3.3.4-29 中Ⅰ、Ⅱ、Ⅲ类土。
　　3. 冻土含水率属于表 3.3.4-14 中Ⅳ类时，黏性土取值乘以 0.8～0.6，碎石土和砂土取值乘以 0.6～0.4。
　　4. 含土冰层指包裹冰含量为 0.4～0.6。
　　5. 当含水率小于或等于未冻水量时，按不冻土取值。
　　6. 表中温度指使用期间基础底面下的最高地温。
　　7. 本表不适用于盐渍化冻土、泥炭化冻土。
　　8. 引自《工程地质手册（第四版）》（2007 年）表 5-6-6。

表 3.5.2-44　　盐渍土的承载力与静力触探贯入阻力 p_s 的关系表　　单位：MPa

土　类	关　系														
粉土和粉质黏土	p_s	0.4	0.7	1.0	1.5	2.0	2.5	3.0	3.5	4.0	4.5	5.0	5.5	6.0	6.5
	[R]	0.05	0.07	0.09	0.11	0.13	0.15	0.16	0.18	0.19	0.20	0.22	0.23	0.24	0.25
粉细砂	p_s	3.0	3.5	4.0	4.5	5.0	6.0	6.5	7.0	8.0	9.0	10.0	11.0	12.0	14.0
	[R]	0.16	0.17	0.18	0.19	0.20	0.21	0.22	0.23	0.24	0.25	0.26	0.27	0.28	0.30
饱和粉细砂	p_s	0.5	1.0	1.5	2.0	2.5	3.0	3.5	4.0	4.5	5.0	6.0	6.5	7.0	8.0
	[R]	0.05	0.07	0.09	0.10	0.11	0.12	0.13	0.14	0.15	0.16	0.17	0.18	0.19	0.20

注　引自《工程地质手册(第四版)》(2007 年)表 5-7-8。

（2）标准贯入试验计算承载力和变形参数的公式。标准贯入试验成果与砂土、黏性土承载力的经验关系见表 3.5.2-45。

表 3.5.2-45　　标准贯入锤击数与地基承载力的关系表

序　号	回　归　式	适　用　范　围	公　式　来　源	备　　注
1	$p_0=23.3N$	黏性土、粉土	江苏省水利工程总队	不作杆长修正
2	$p_0=56N-558$	老堆积土	冶金部成都勘察公司	
	$p_0=19N-74$	一般黏性土、粉土		
3	$N=3\sim23$，$p_0=4.9+35.8N_{机}$	第四纪冲、洪积黏土、粉质黏土、粉土	冶金部武汉勘察公司	
	$N=23\sim41$，$p_0=31.6+33N_{手}$			
	$N=23\sim41$，$p_0=20.5+30.9N_{手}$			
4	$N=3\sim18$，$f_k=80+20.2N$	黏性土、粉土	武汉市规划设计院 湖北勘察院 湖北水利电力勘察设计院	
5	$f_k=72+9.4N^{1.2}$	粉土	铁道部第三勘察设计院	
	$f_k=-212+222N^{0.3}$	粉细砂		
	$f_k=-803+850N^{0.1}$	中、粗砂		
6	$f_k=\dfrac{N}{0.00308N+0.01504}$	粉土	纺织工业部设计院	
	$f_k=105+10N$	细、中砂		

续表

序　号	回　归　式	适　用　范　围	公　式　来　源	备　注
7	$N=8\sim37$，$p_0=33.4N+360$	红土	冶金部长沙勘察公司	
	$N=8\sim37$，$f_k=5.3N+387$	老堆积土		
8	$f_k=12N$	黏性土、粉土	Terzaghi	条形基础 $F_s=3$
	$f_k=15N$			独立基础 $F_s=3$
9	$f_k=8.0N$		日本住宅公团	

注　1. p_0 为载荷试验比例界限。
2. f_k 为地基承载力，kPa。
3. 标准贯入锤击 $N_手$ 是用手拉绳方法测得的，其值比机械化自动落锤方法所得 $N_机$ 略高，换算关系：$N_手=0.74+1.12N_机$，适用范围：$2<N_机<23$。
4. 引自《工程地质手册（第四版）》（2007 年）表 3-3-8。

利用标准贯入试验成果确定土的变形参数见表 3.5.2-46。

表 3.5.2-46　标准贯入击数 N 与 E_0、E_s(MPa) 经验关系表

序号	关系式	适用范围	公式来源
1	$E_0=2.2N$	$4<N<30$，花岗岩残积土	广东省 DBJ15-3—91
2	$E_s=4.6+0.21N$	$3\leqslant N\leqslant15$，一般黏性土	天津市 DB29-20—2000
3	$E_0=7.4306+1.0658N$	黏性土，粉土	湖北省水利电力勘测设计院
4	$E_0=2.6156+1.4135N$	武汉地区黏性土，粉土	武汉城市规划设计院
5	$E_s=10.22+0.276N$	唐山新市区粉、细砂，地下水位 $-3\sim-4$m	西南综合勘察院
6	$E_s=7.1+0.49N$	地下水位以下细砂	E. Schultze& H. Menzenhach

注　引自《工程地质手册（第四版）》（2007 年）表 3-3-17，略改，E_0 为变形模量，E_s 为压缩模量。

(3) 静力触探试验计算承载力和变形参数的公式。通过静力触探试验成果的数据相关分析得到用于特定地区或特定土体的经验公式（表 3.5.2-47～表 3.5.2-49）。粉土可用式 (3.5.2-4) 计算。

$$f_s=0.036p_s+0.0446 \qquad (3.5.2-4)$$

表 3.5.2-47　黏性土静力触探承载力经验公式表

序号	回　归　式	适用范围	公式来源
1	$f_0=0.104p_s+0.0269$	$0.3\leqslant p_s\leqslant6$	勘察规范 TJ 21—77
2	$f_0=0.1834\sqrt{p_s}-0.046$	$0\leqslant p_s\leqslant5$	铁道部三院
3	$f_0=0.0173p_s+0.159$	北京地区老黏性土	原北京市勘察处
	$f_0=0.1148\lg p_s+0.1246$	北京地区新近代土	
4	$p_{0.026}=0.0914p_s+0.044$	$1\leqslant p_s\leqslant3.5$	湖北综合勘察院
5	$f_0=0.249\lg p_s+0.1578$	$0.6\leqslant p_s\leqslant4$	四川综合勘察院
6	$f_0=0.086p_s+0.0453$	无锡地区 $p_s=0.3\sim3.5$	无锡市建筑设计院
7	$f_0=1.167p_s^{0.387}$	$0.24\leqslant p_s\leqslant2.53$	天津市建筑设计院
8	$f_0=0.0878p_s+0.02436$	湿陷性黄土	陕西综合勘察院
9	$f_0=0.08p_s+0.0318$		机械工业勘察设计研究院
	$f_0=0.098q_c+0.01924$	黄土地基	
	$f_0=0.044p_s+0.0447$	平川型新近堆积黄土	
10	$f_0=0.09p_s+0.09$	贵州地区红黏土	贵州省建筑设计院
11	$f_0=0.112p_s+0.005$	软土，$0.24<p_s<0.9$	铁道部（1988）

注　1. p_s 为单桥探头的比贯入阻力（MPa），q_c 为双桥探头的锥尖阻力（MPa），f_0 为承载力（kPa）。
2. 引自《工程地质手册（第四版）》（2007 年）表 3-4-5。

表 3.5.2-48　砂土静力触探承载力经验公式表

序号	回　归　式	适用范围	公式来源
1	$f_0=0.02p_s+0.0595$	粉细砂，$1<p_s<15$	用静探测定砂土承载力
2	$f_0=0.036p_s+0.0766$	中粗砂，$1<p_s<10$	联合试验小组报告
3	$f_0=0.0917\sqrt{p_s}-0.023$	水下砂土	铁道部三院
4	$f_0=(0.025\sim0.033)\,p_s$	砂土	国外

注　1. p_0 为单桥探头的比贯入阻力（MPa），q_c 为双桥探头的锥尖阻力（MPa），f_0 为承载力（kPa）。
2. 引自《工程地质手册（第四版）》（2007 年）表 3-4-6。

表 3.5.2-49　静力触探试验比贯入阻力 p_s 与 E_0、E_s 经验关系表

序号	回　归　式	适　用　范　围	公式来源
1	$E_s=3.72p_s+1.26$	$0.3\leqslant p_s<5$	勘察规范 TJ 21—77
2	$E_0=9.79p_s-2.63$	$0.3\leqslant p_s<3$	
	$E_0=11.77p_s-4.69$	$3\leqslant p_s<6$	
3	$E_s=3.63\,(p_s+0.33)$	$p_s<5$	交通部一航局设计院
4	$E_s=2.17p_s+1.62$	$0.7<p_s<4$，北京近代土	北京市勘察处
	$E_s=2.12p_s+3.85$	$1<p_s<9$，北京老土	
5	$E_s=1.9p_s+3.23$	$0.4\leqslant p_s<3$	四川综合勘察院
	$E_s=2.94p_s+1.34$	$0.24<p_s<3.33$	天津市建筑设计院
	$E_s=3.47p_s+1.01$	无锡地区 $p_s=0.3\sim3.5$	无锡市建筑设计院
6	$E_s=6.3p_s+0.85$	贵州地区红黏土	贵州省建筑设计院

注　引自《工程地质手册（第四版）》（2007 年）表 3-4-9。

2. 土体的抗剪参数

土体的抗剪参数经验值见表 3.5.2-50～表 3.5.2-55。

表 3.5.2-50　坝、闸基础底面与地基土之间摩擦系数表

地基土类型		摩擦系数 f
卵石、砾石		0.50～0.55
砂		0.40～0.50
粉土		0.25～0.40
黏土	坚硬	0.35～0.45
	中等坚硬	0.25～0.35
	软弱	0.20～0.25

注　引自《水力发电工程地质勘察规范》(GB 50287—2006) 表 D.0.2。

表 3.5.2-51　砂土的内摩擦角与矿物成分和粒径关系表

矿物成分	具有下列粒径（mm）时的内摩擦角 φ (°)				
	2～1	1～0.5	0.5～0.25	0.25～0.1	0.06～0.01
云母	28	26	17.5	19	27
长石			39		17
棱角石英	66	56	46	27	15
浑圆石英	61		27	28	18.5

表 3.5.2-52　砂土内摩擦角与孔隙比关系表

孔隙比 e	内摩擦角 φ			
	砾砂、粗砂	中砂	细砂	粉砂、黏质粉土
0.8	—	—	26	22
0.7	36	33	28	24
0.6	38	36	32	28
0.5	41	38	34	30

注　引自《水利水电工程地质手册》(1985 年) 表 1-7-30。

表 3.5.2-53　砂土内摩擦角与标准贯入击数关系表

$N_{63.5}$（击数）	内摩擦角 φ	
	细砂	粉砂、黏质粉土
4	20	16
5	22	18
6	24	20
7	26	22
8	28	24

注　引自《水利水电工程地质手册》(1985 年) 表 1-7-29。

表 3.5.2-54　黏性土和粉土抗剪强度与液性指数关系表

土类 / 液性指数	黏土		粉质黏土		粉土	
	φ (°)	c MPa	φ (°)	c MPa	φ (°)	c MPa
<0	22	0.10	25	0.06	28	0.02
0～0.25	20	0.07	23	0.04	26	0.015
0.25～0.50	18	0.04	21	0.025	24	0.01
0.50～0.75	14	0.02	17	0.015	20	0.005
0.75～1.00	8	0.01	13	0.01	18	0.002
>1.00	≤6	≤0.005	≤10	≤0.005	≤14	0

注　引自孔德坊《工程岩土学》(2007 年) 表 3-3。

表 3.5.2-55　打入式灌注桩和预制桩周土的容许摩擦力表

土的名称	土的状态	容许摩擦力 f
淤泥		0.7～1.2
黏土	软塑 ($0.75<I_L\leqslant 1$)	1.5～2.0
	可塑 ($0.25<I_L\leqslant 0.75$)	2.0～3.5
	硬塑 ($0<I_L\leqslant 0.25$)	3.5～4.0
粉质黏土	软塑 ($0.75<I_L\leqslant 1$)	1.5～2.5
	可塑 ($0.25<I_L\leqslant 0.75$)	2.5～3.5
	硬塑 ($0<I_L\leqslant 0.25$)	3.5～4.0
粉砂、细砂	饱和、中密	2.0～3.0
	稍湿、中密	3.0～4.0
中砂	中密	3.0～3.5
	密实	3.5～4.5
粗砂	中密	3.5～4.0
	密实	4.0～5.0

注　引自《水利水电工程地质手册》(1985 年) 表 1-7-36。

3. 土体的渗透性参数

土体渗透性分级见表 3.5.2-56，几种土的渗透性参数经验取值见表 3.5.2-57。

表 3.5.2-56　土的渗透性分级表

渗透性等级	渗透系数 K (cm/s)	土类
极微透水	$K<10^{-6}$	黏土
微透水	$10^{-6}\leqslant K<10^{-5}$	黏土～粉土
弱透水	$10^{-5}\leqslant K<10^{-4}$	粉土～细粒土质砂
中等透水	$10^{-4}\leqslant K<10^{-2}$	砂～砂砾
强透水	$10^{-2}\leqslant K<10^{0}$	砂砾～砾石、卵石
极强透水	$K\geqslant 10^{0}$	粒径均匀的巨砾

注　引自《水力发电工程地质勘察规范》(GB 50287—2006) 表 K.0.1。

表 3.5.2-57　几种土的渗透系数表

土类	渗透系数 K (cm/s)	土类	渗透系数 K (cm/s)
黏土	$<1.2\times10^{-6}$	细砂	$1.2\times10^{-3}\sim6.0\times10^{-3}$
粉质黏土	$1.2\times10^{-6}\sim6.0\times10^{-5}$	中砂	$6.0\times10^{-3}\sim2.4\times10^{-2}$
黏质粉土	$6.0\times10^{-5}\sim6.0\times10^{-4}$	粗砂	$2.4\times10^{-2}\sim6.0\times10^{-2}$
黄土	$3.0\times10^{-4}\sim6.0\times10^{-4}$	砾砂	$6.0\times10^{-2}\sim1.8\times10^{-1}$
粉砂	$6.0\times10^{-4}\sim1.2\times10^{-3}$		

注　引自《工程地质手册（第四版）》(2007 年) 表 3-1-23。

（三）土体物理力学参数经验关系

1. 砂土的渗透系数与有效粒径的经验关系

$$K=Cd_{10}^{2}(0.7+0.03t) \qquad (3.5.2-5)$$

式中：K 为渗透系数，m/d；d_{10} 为颗粒的有效粒径，mm；t 为渗透水的温度，℃；C 为常数，黏土质砂取 500～700，纯砂取 700～1000。

2. 黏性土的压缩系数与孔隙比的经验关系

$$a_{1-2}=0.384e^{2.7} \qquad (3.5.2-6)$$

式中：土样数大于 500，相关系数等于 0.96。统计范围：孔隙比 0.56～1.80，压缩系数 0.06～1.52MPa^{-1}。

3. 液限、塑性指数相互间的经验关系

$$I_P=0.59(w_L-9.66)\text{（原建工部建研院）} \qquad (3.5.2-7)$$

$$I_P=0.7(w_L-13.7)\text{（冶金系统）} \qquad (3.5.2-8)$$

4. 黏性填料土各项指标间相互间的经验关系

下列黏性填料土各项指标间相互关系的经验公式或数据只适用南式击实仪，击数为 10～15 击。

(1) 最大干密度 $\rho_{d\max}$ (g/cm^3)、最优含水率 w_{op} (%) 与流塑限的关系。

黏土：
$$\rho_{d\max}=3.06-1.41\lg w_p \qquad (3.5.2-9)$$
$$w_{op}=5+0.46w_L \qquad (3.5.2-10)$$

粉质壤土：
$$\rho_{d\max}=2.78-0.9\lg w_p \qquad (3.5.2-11)$$
$$w_{op}=7+0.53w_L \qquad (3.5.2-12)$$

(2) 最大干密度 $\rho_{d\max}$ (g/cm^3) 与最优含水率 w_{op} (%) 的关系：

$$\rho_{d\max}=3.33-1.3\lg w_{op} \qquad (3.5.2-13)$$

(3) 最优含水率 w_{op} (%) 与最优饱和度 S_{op} 的关系：

$$w_{op}=\frac{\rho_s-\rho_d}{\rho_d\rho_s}S_{op} \qquad (3.5.2-14)$$

最优饱和度采取下列经验值：

黏土：$S_{op}=0.85\pm0.05$　　(3.5.2-15)

壤土：$S_{op}=0.82\pm0.05$　　(3.5.2-16)

(4) 干密度 ρ_d 与黏聚力 c、内摩擦角 φ 的关系

黏土：
$$c=0.66\rho_d-0.70 \qquad (3.5.2-17)$$

$\varphi=8.30\rho_d+11.80$　　(3.5.2-18)

粉质壤土：　$c=0.53\rho_d-0.61$　　(3.5.2-19)

$\varphi=7.10\rho_d+3.4$　　(3.5.2-20)

式中：ρ_d 为扰动土制备试样时所控制的干密度。

四、工程实例

国内部分水电工程覆盖层物理力学参数见表 3.5.2-58～表 3.5.2-61。

表 3.5.2-58　　雅砻江流域水电站坝址区覆盖层物理力学参数建议值表

工程名称	分层及土名	干密度 ρ_d	允许承载力 R	变形模量 E_0	抗剪强度 黏聚力 c	抗剪强度 内摩擦角 φ	允许比降 J	渗透系数 K	备注
		g/cm³	MPa	MPa	MPa	(°)	—	cm/s	
锦屏二级水电站（在建）	Ⅳ（col+alQ_4）：块（碎）石	1.90～2.00	0.40～0.42	28～30	0	25～28	<0.10		河床覆盖层厚约40m。装机容量4800MW，最大闸高34m。闸基持力层为Ⅲ层
	Ⅲ-2（col+alQ_4）：块碎石夹砾卵石层	1.90～2.00	0.40～0.45	40～43	0	27～29	0.10～0.15	1.5×10^{-2}～1.2×10^{-1}	
	Ⅲ-2（col+alQ_4）：中细砂透镜体	1.60～1.70	0.22～0.26	25～28	0	24～25	0.30～0.40	$(1.2～1.7)\times10^{-2}$	
	Ⅲ-1（alQ_4）：含孤块石卵砾石层	2.10～2.15	0.55～0.60	42～46	0	29～30	<0.10	$(1.2～8.1)\times10^{-2}$	
	Ⅲ-1（alQ_4）：中细砂透镜体	1.60～1.70	0.22～0.25	28～32	0	26～28	0.40～0.50	$(1.0～1.4)\times10^{-2}$	
	Ⅱ（pl+alQ_3）：含砂壤土碎砾石层	2.00～2.10	0.50～0.55	40～50	0	28～29	0.10～0.15	$(4.6～6.9)\times10^{-2}$	
	Ⅱ（pl+alQ_3）：含碎砾石砂壤土透镜体	1.84～1.85	0.20～0.25	20～25	0	22～24	0.40～0.60	5.8×10^{-4}～2.3×10^{-3}	
	Ⅰ（alQ_3）：含漂石卵砾石层	2.20～2.30	0.60～0.65	52～56	0	30～31	0.15～0.20	$(1.2～4.6)\times10^{-2}$	
	Ⅰ（alQ_3）：砂层透镜体	1.60～1.65	0.20～0.25	20～25	0	23～25	0.30～0.50	$(1.6～3.2)\times10^{-2}$	
桐子林水电站（在建）	alQ_4^3-③：含漂砂卵砾石	2.24	0.50～0.60	50～60	0	27～29	0.10～0.15	$(2.9～5.7)\times10^{-2}$	河床覆盖层厚约37m。装机容量600MW，混凝土重力坝最大坝高71.3m。坝基全部挖除覆盖层
	alQ_{3t}^3-②：青灰色砂质黏土	1.46	0.20～0.30	15～20	0	18～22	>5.00	$(2.7～6.8)\times10^{-6}$	
	alQ_3-①：砂卵砾石	2.26	0.50～0.60	50～60	0	27～29	0.10～0.15	$(1.2～3.2)\times10^{-2}$	

表 3.5.2-59　　大渡河流域水电站坝址区覆盖层物理力学参数建议值表

工程名称	分层及土名	干密度 ρ_d	允许承载力 R	变形模量 E_0	抗剪强度 黏聚力 c	抗剪强度 内摩擦角 φ	允许比降 J	渗透系数 K	备注
		g/cm³	MPa	MPa	MPa	(°)	—	cm/s	
双江口水电站（前期）	③、①：漂卵砾石	2.14～2.22	0.50～0.60	50～55	0	30～32	0.10～0.15	$(4.5～8.6)\times10^{-2}$	河床覆盖层厚50～70m。装机容量2000MW，碎石土心墙堆石坝最大坝高314m。碎石土心墙地基挖除覆盖层
	②：砂卵砾石	2.00～2.10	0.40～0.45	30～35	0	26～28	0.17～0.22	5.0×10^{-3}～3.0×10^{-2}	
	中、细砂层透镜体	1.60～1.80	0.15～0.25	15～25	0	18～23	0.25～0.3	$(2.0～5.0)\times10^{-3}$	
金川水电站（前期）	③、①：含漂砂卵砾石	2.20～2.30	0.50～0.55	40～50	0	30～32	0.12～0.15	2.0×10^{-3}～5.0×10^{-2}	河床覆盖层厚约60m。装机容量860MW，面板堆石坝最大坝高112m。坝基为覆盖层
	②：砂卵砾石	2.00～2.10	0.35～0.40	30～35	0	28～30	0.12～0.15	5.0×10^{-3}～3.0×10^{-2}	
	中细砂层透镜体	1.60～1.80	0.18～0.20	15～20	0	20～23	0.20～0.25	$(2.0～5.0)\times10^{-3}$	
猴子岩水电站（前期）	④：孤漂（块）砂卵（碎）砾石层	2.02～2.04	0.45～0.55	35～45	0	26～28	0.10～0.12	$(1.9～6.6)\times10^{-2}$	河床覆盖层厚40～85m。装机容量1700MW，混凝土面板堆石坝最大坝高223.50m。趾板区挖除覆盖层
	③：含泥漂（块）卵（碎）砂砾石层	2.10～2.15	0.40～0.50	30～40	0	24～26	0.15～0.18	1.6×10^{-2}～7.6×10^{-3}	
	③-a：含砾粉细砂（透镜状）	1.60～1.65	0.17～0.18	16～18	0	18～19			
	②：黏质粉土	1.55～1.60	0.15～0.17	14～16	0	16～18	0.50～0.60	2.3×10^{-5}～1.4×10^{-6}	
	①：含漂（块）卵（碎）砂砾石层	2.10～2.15	0.50～0.60	40～50	0	28～30	0.15～0.18	3.7×10^{-2}～2.7×10^{-3}	
	①-a：卵砾石中粗砂（透镜状）	1.66～1.68	0.18～0.20	16～18	0	18～20			

续表

工程名称	分层及土名	干密度 ρ_d	允许承载力 R	变形模量 E_0	抗剪强度 黏聚力 c	抗剪强度 内摩擦角 φ	允许比降 J	渗透系数 K	备注
		g/cm^3	MPa	MPa	MPa	(°)	—	cm/s	
长河坝水电站（前期）	③：漂（块）卵砾石	2.10～2.18	0.50～0.60	35～40	0	30～32	0.10～0.12	$5.0\times10^{-2}\sim2.0\times10^{-1}$	河床覆盖层厚 60～80m。装机容量 2600MW，心墙堆石坝最大坝高 240m。坝基为覆盖层
	②-C 砂层	1.50～1.60	0.15～0.20	10～15	0	21～23	0.20～0.25	6.9×10^{-3}	
	②：含泥漂（块）卵（碎）砂砾石	2.10～2.20	0.45～0.50	35～40	0	28～30	0.12～0.15	$(6.5\sim2.0)\times10^{-2}$	
	①漂（块）卵（碎）砾石	2.14～2.22	0.55～0.65	50～60	0	30～32	0.12～0.15	$(2.0\sim8.0)\times10^{-2}$	
黄金坪水电站（前期）	③ alQ_4^2：漂（块）砂卵砾石层	2.10～2.18	0.50～0.55	40～45	0	30～32	0.10～0.12	$5.3\times10^{-2}\sim2.0\times10^{-1}$	河床覆盖层厚 56～134m。装机容量 850MW，沥青混凝土心墙堆石坝最大坝高 95.5m。坝基为覆盖层
	③、②：砂层	1.50～1.60	0.12～0.15	10～15	0	18～20	0.20～0.25	6.9×10^{-3}	
	②alQ_4^1：漂（块）砂卵（碎）砾石层	2.10～2.20	0.50～0.55	40～45	0	30～32	0.12～0.15	$(4.4\sim7.4)\times10^{-2}$	
	①$fglQ_3$：漂（块）卵（碎）砾石夹砂土	2.14～2.22	0.55～0.60	45～50	0	32～35	0.12～0.15	$(2.2\sim9.8)\times10^{-2}$	
泸定水电站（在建）	④（alQ_4）：漂卵砾石	2.00～2.10	0.50～0.55	50～60	0	28～30	0.10～0.12	$1.0\times10^{-1}\sim1.0\times10^{-2}$	河床覆盖层厚 60～149m。装机容量 920MW，心墙堆石坝最大坝高 84m。坝基为覆盖层
	③-2、②-3 粉（$al+plQ_4$、$prgl+alQ_3$）：细砂及粉土	1.40～1.60	0.12～0.16	18～22	0	15～18	0.25～0.36	$1.0\times10^{-3}\sim1.0\times10^{-4}$	
	③-1（$al+plQ_4$）：含漂（块）卵（碎）砾石土	2.05～2.10	0.40～0.50	45～55	0	29～31	0.15～0.18	$1.0\times10^{-2}\sim5.0\times10^{-3}$	
	③-1 层透镜体：含泥角砾中粗砂	1.60～1.80	0.16～0.20	24～28	0	18～22	0.22～0.32	$1.0\times10^{-3}\sim1.0\times10^{-4}$	
	②-2（$prgl+alQ_3$）：碎（卵）砾石土	2.0～2.05	0.35～0.45	40～50	0	26～28	0.20～0.25	$(1.0\sim5.0)\times10^{-3}$	
	①、②-1（$fglQ_3$）：漂（块）卵（碎）砾石	2.05～2.15	0.55～0.65	55～65	0	30～32	0.12～0.15	$(2.0\sim4.0)\times10^{-2}$	
龙头石水电站（已建）	Ⅲ层：漂（块）卵（碎）石层	2.10～2.20	0.55～0.60	50～60	0	29～31	0.10～0.15	$(5.0\sim8.0)\times10^{-2}$	河床覆盖层厚 60～77m。装机容量 700MW，沥青混凝土心墙堆石坝最大坝高 74m。坝基为覆盖层
	Ⅰ、Ⅲ砂层透镜体，Ⅱ层含砾中粗砂层	1.40～1.60	0.15～0.18	10～15	0	15～18	0.18～0.25	$5.0\times10^{-3}\sim2.0\times10^{-2}$	
	Ⅰ层：含砂卵砾石层	2.10～2.20	0.55～0.60	50～60	0	28～30	0.12～0.18	$(2.0\sim5.0)\times10^{-2}$	
瀑布沟水电站（在建）	④：漂（块）卵石层	2.28	0.70～0.80	60～70	0	35～38	0.10～0.13	$7.0\times10^{-2}\sim1.0\times10^{-1}$	河床覆盖层厚 40～75m。装机容量 3600MW，心墙堆石坝最大坝高 186m。坝基为覆盖层
	③：含漂卵石层	2.17	0.60～0.70	60	0	35～37			
	③：上游砂层透镜体	1.69	0.20～0.25	20～25	0	29～31	0.30～0.40		
	③：下游砂层透镜体	1.65	0.15	15～20	0	24～26	0.3～0.4		
	②：卵砾石层	2.03	0.60	50～60	0	32～35	0.10～0.15	$(4.6\sim8.1)\times10^{-2}$	
	①：漂卵石层	2.14	0.70～0.80	60～65	0	36～38		$9.2\times10^{-2}\sim1.0$	
瓦斯河小天都水电站（已建）	⑧$colQ$：块碎石		0.40		0	28～31			河床覆盖层厚约 70m。装机容量 240MW，最大闸高 39m。闸（坝）基为覆盖层
	⑦$col+dlQ$：块碎石土	2.03～2.07	0.30～0.35	20～30	0	24～26	0.12～0.17	1.5×10^{-2}	
	⑥alQ_4：漂卵石夹砂	2.07～2.31	0.45～0.54	40～50	0	26～29	0.12～0.13	4.1×10^{-2}	
	⑤$fglQ_3$：漂（块）卵（碎）石夹砂土	2.06～2.14	0.50～0.60	50～60	0	29～31	0.30～0.35	$3.8\times10^{-3}\sim4.2\times10^{-2}$	
	④-2lQ_{3-2}：粉土质砂	1.56～1.78	0.10～0.15	7～14	0	18～19	0.30～0.40	$(3.5\sim3.8)\times10^{-4}$	
	④-1lQ_{3-1}：粉土	1.49～1.70	0.10～0.12	5～7	0.010	11～14		$7.6\times10^{-4}\sim1.1\times10^{-6}$	
南桠河冶勒水电站（已建）	冲积层：漂卵石层	2.13	0.60～0.80	60～70	0	33	0.10～0.15	$(4.6\sim8.1)\times10^{-2}$	河床覆盖层大于 420m。装机容量 240MW，沥青混凝土心墙堆石坝最大坝高 125.5m。坝基为覆盖层
	坡积层：碎石土	1.94	0.50～0.60	50～55	0.02	30	0.30～0.50	1.2×10^{-4}	
	第五岩组：粉质壤土（超固结土）	1.67	0.60～0.80	45～50	0.06	32	4.00～5.00	$15\times10^{-5}\sim3.0\times10^{-6}$	
	第四岩组：卵砾石	2.11	1.00～1.20	120～130	0.06	37	1.00～1.10	$5.8\times10^{-3}\sim1.2\times10^{-2}$	
	第三岩组：卵砾石	2.20	1.30～1.50	130～140	0.07	38	1.10～1.60	$(3.5\sim9.2)\times10^{-3}$	
	第三岩组：粉质壤土（超固结土）	1.78	0.80～1.00	65～70	0.12	34	6.10～7.10	$(1.2\sim6.9)\times10^{-6}$	
	第二岩组：碎石土	2.24	1.00～1.20	90～100	0.06	36	3.80～4.80	$(2.3\sim3.5)\times10^{-5}$	
	第二岩组：粉质壤土（超固结土）	1.88	0.70～0.90	55～65	0.12	33	10.40	$15\times10^{-6}\sim1.2\times10^{-7}$	
	第一岩组：卵砾石		1.30～1.50	130～140	0.07	38	1.10～1.60	$(1.15\sim5.75)\times10^{-3}$	

表 3.5.2-60　　岷江流域水电站坝址区覆盖层物理力学参数建议值表

工程名称	分层及土名	干密度 ρ_d	允许承载力 R	变形模量 E_0	抗剪强度		允许比降 J	渗透系数 K	备注
					黏聚力 c	内摩擦角 φ			
		g/cm³	MPa	MPa	MPa	(°)	—	cm/s	
福堂水电站（已建）	⑥：块碎石土 col+dlQ_4		0.30～0.40	30～40	0	23～25	0.10～0.12	$(5.8\sim8.1)\times10^{-2}$	河床覆盖层厚 34～93m。装机容量 360MW，最大闸高 31m。闸基为覆盖层
	⑤：漂卵石层 alQ_4	2.20	0.5～0.6	55～65	0	30～31	0.10～0.12	$(3.5\sim9.3)\times10^{-2}$	
	④：微含粉质土砂、含砂粉质土 lQ_4	1.45	0.12～0.15	10～13	0	18～20	0.20～0.25	$(1.12\sim2.3)\times10^{-3}$	
	③：漂卵石层 alQ_4	2.20	0.50～0.60	55～65	0	30～31	0.12～0.15		
	②：粉质砂土粉质土 lQ_4	1.70	0.12～0.15	10～13	0	18～20	0.25～0.30	$1.2\times10^{-3}\sim3.4\times10^{-5}$	
	②：含卵砾石中细砂 lQ_4		0.15～0.20	13～15	0	20～22	0.12～0.15	$4.1\times10^{-3}\sim2.3\times10^{-2}$	
	①：含块（漂）碎（卵）石层 al+plQ_3		0.35～0.45	40～50	0	27～29	0.12～0.15	$(2.9\sim5.8)\times10^{-2}$	
太平驿水电站（已建）	Ⅴ：漂卵石夹块碎石层	2.06	0.49～0.69	49～59	0	27～29	0.15	$1.2\times10^{-2}\sim2.3\times10^{-3}$	河床覆盖层厚 50～86m。装机容量 260MW，最大闸高 29.10m。闸基为覆盖层
	Ⅳ：含巨漂的漂卵石夹碎石层	2.06	0.49～0.69	49～59	0	27～29	0.30～0.35	$5.8\times10^{-3}\sim1.0\times10^{-2}$	
	Ⅳ：砂层透镜体	1.36～1.48	0.15～0.20	10～13	0	22～23	0.20～0.30	$(1.2\sim2.3)\times10^{-3}$	
	Ⅲ：块碎石、砂层及漂卵石夹砂互层	2.16～2.26	0.39	29	0	27～28	1.10～1.30	$3.5\times10^{-4}\sim4.6\times10^{-3}$	
	Ⅲ：砂层透镜体	1.31～1.46	0.15～0.20	10～13	0	22～23	0.30	$(1.2\sim2.3)\times10^{-3}$	
	Ⅱ：块碎石层		0.49	29～39	0	29	0.07	$(1.2\sim2.3)\times10^{-1}$	
	Ⅰ：漂卵石夹块碎石层		0.49～0.69	49～59	0	29～31	0.10～0.20	$5.8\times10^{-2}\sim1.2\times10^{-1}$	
	dl+plQ：块碎石	2.10～2.13	0.29～0.39	29	0	27			

表 3.5.2-61　　涪江流域水电站坝址区覆盖层物理力学参数建议值表

工程名称	分层及土名	允许承载力 R	变形模量 E_0	抗剪强度		允许比降 J	渗透系数 K	备注
				黏聚力 c	内摩擦角 φ			
		MPa	MPa	MPa	(°)	—	cm/s	
阴坪水电站（已建）	⑧：褐黄色粉砂质壤土	0.15～0.20	8～10	0.002	13～15	0.50～1.00	$1.0\times10^{-5}\sim1.0\times10^{-4}$	河床覆盖层厚 80～100m。装机容量 100MW，最大闸高 35m。软基建闸，上部砂层采用振冲碎石桩处理
	⑦：砂卵砾石	0.40～0.50	40～50	0	30～32	0.10～0.12	$1.0\times10^{-2}\sim1.0\times10^{-1}$	
	⑥：深灰色粉砂质壤土	0.18～0.20	8～10	0.003	16～18	1.00～2.00	$1.0\times10^{-5}\sim1.0\times10^{-4}$	
	⑤：砂层	0.14～0.18	14～16	0	19～21	0.20～0.25	$1.0\times10^{-3}\sim1.0\times10^{-2}$	
	④：深灰色粉砂质壤土	0.20～0.25	8～12	0.006	16～18	1.00～2.00	$1.0\times10^{-5}\sim1.0\times10^{-4}$	
	③：块碎石土	0.35～0.40	40～50	0	28～30	0.10～0.12	$1.0\times10^{-2}\sim1.0\times10^{-1}$	
	②：深灰色粉砂质壤土	0.25～0.30	8～12	0.006	17～19	1.00～2.00	$1.0\times10^{-5}\sim1.0\times10^{-4}$	
	①：含漂砂卵砾石	0.50～0.60	50～60	0	30～35	0.10～0.12	$1.0\times10^{-2}\sim1.0\times10^{-1}$	

第六章 地应力及测试

第一节　地应力的组成与分布

岩体地应力或称初始应力、天然应力，处于三维应力状态，一般为压应力。岩体地应力的大小主要取决于构造作用的强度和上覆岩层的厚度等。

一、地应力的基本组成

岩体中任何一点都受到力的作用，处于受力状态中，在工程开挖之前岩体中已经存在着的地应力，称为初始应力。

在工程开挖后，初始地应力场受到影响，产生应力重分布，形成次生（二次）应力场。

地应力主要由自重应力、构造应力、变异应力及二次应力等组成。

1. 自重应力

岩体中任一点上覆厚度的岩石产生重力作用，引起该点的应力状态，称为自重应力。

假定岩体简化为均质半无限弹性体，自重应力引起的应力场随深度的变化如图 3.6.1－1 所示，其量值为

$$\sigma_z'=\gamma H，\sigma_y'=\lambda\gamma H \qquad (3.6.1-1)$$

式中：σ_z'为垂直向自重应力；σ_y'为水平向自重应力；γ 为岩石密度；λ 为侧压力系数，可根据半无限体侧向变形为零的条件求得，即 $\lambda=\mu/(1-\mu)$；μ 为岩石泊松比。

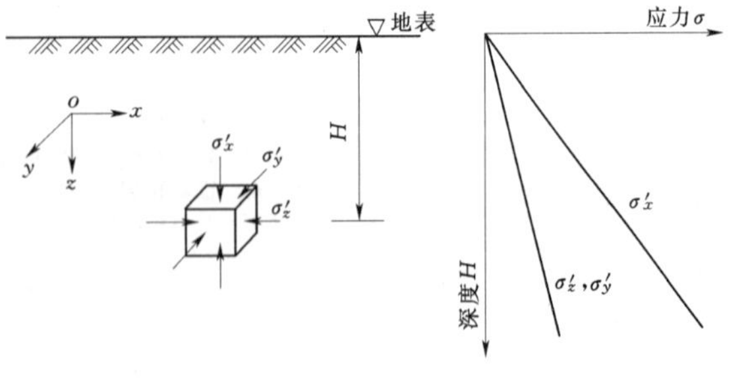

图 3.6.1－1　自重应力场变化规律

2. 构造应力

地壳运动在岩体内造成的应力为构造应力，可分为活动的和残余的两类。由于地壳中现今仍存在着构造应力，驱动着地壳的构造形变和构造断裂。

活动的构造应力，是地壳内现代正在累积的、能够导致岩体变形和破裂的应力；残余的构造应力是构造运动残留下来的应力。地震的产生就是构造应力的强烈反映。

按照板块运动（大陆漂移）学说，一般认为构造应力是水平向作用力。假定构造应力 S 为沿水平轴 x 方向作用，即坐标轴 x、y、z 都与应力场的主方向一致，它随深度的变化如图 3.6.1－2 所示。

地应力场中最大主应力（σ_1）往往并不与假定的 σ_x 平行，因此，三向平面上存在剪应力，需要通过坐标换算，求出三向平面上剪应力为零时的最大主应力（σ_1）、中间主应力（σ_2）及最小主应力（σ_3）。

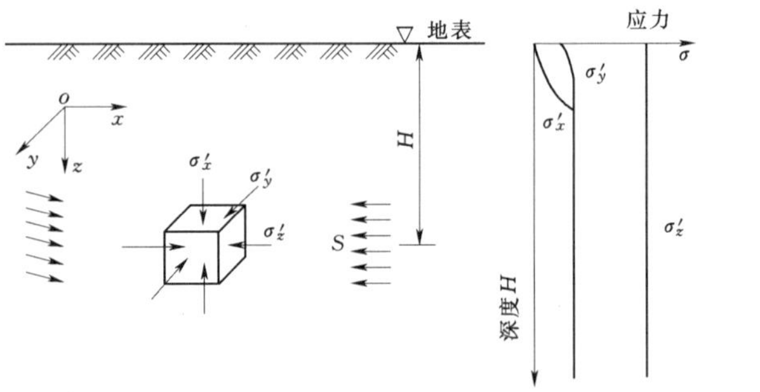

图 3.6.1－2　构造应力场变化规律

3. 变异应力

变异应力是由岩体的物理状态、化学性质或赋存条件变化引起的，通常只具有局部意义。

4. 二次应力

人类从事工程活动时，在岩体天然应力场内，因挖除部分岩体或增加结构物而引起的应力，称为二次应力。

总之，地应力系一系列自然因素作用所产生的综合效应，即包括各种自然应力相叠加的总和应力。从水电水利工程实践看，坝基及边坡工程处于岩体表浅部，初始地应力以自重应力为主；地下工程一般埋深不大，其初始地应力的组成多以构造应力为主，并叠加自重应力。

二、影响地应力状态的自然因素

1. 区域地质构造条件

区域地质构造条件是控制地应力场基本类型、量级、方向和分布规律的最根本的因素。晚近期褶皱带地应力的量级相对较大，且不均匀，而未经褶皱变动的沉积岩盖层的地应力量级相对较小，且较均匀。一般情况下，在水平面上最大主应力方向垂直构造线，而在垂直面上主应力方向与岩层倾向一致或呈小角度相交，水平地应力大于垂直地应力等。

但必须指出，建筑物地段的地应力场状态，除一般受区域地质构造条件控制外，局部地质条件影响较大，因此，它不一定与区域地应力场状态相一致，甚至恰恰相反。工程地质勘察必须注意这个问题。

2. 地层岩性条件

地应力场状态是随岩体内应变能积累和释放而变化的，这种变化与岩体性质有密切关系。一般而言，坚硬完整的岩体具有较好的贮能条件，往往地应力量级较高。

3. 地形地貌条件

地形地貌条件往往使地应力状态重分布而复杂化。例如：一般负地形底部地应力呈集中状态，而正地形的地应力则呈分散状态等。

三、地应力场的分布和变化规律

地应力是在地壳发生和发展历史中逐步形成的，它是时间和空间的函数，应属于一个非稳定场。但是，对于人类工程活

动及其所涉及的最大深度仅千余米，延续的时间仅数十年至几百年，因此除少数现代活动构造带外，均可认为它仅是空间位置的函数，而不随时间变化的相对稳定场。

地应力基本特征与其分布规律，至今还远未被人们所了解。兹就地壳浅层地应力的一些测试成果归纳几点认识。

（1）地应力是一种三个主应力不相等的空间应力场，其强度随深度的增加而增大（图 3.6.1－3）。三个主应力中近垂直向的主应力并非真正垂直地表平面，近水平向的两个主应力也非真正水平，后者与水平面呈锐角相交，一般不超过 30°。

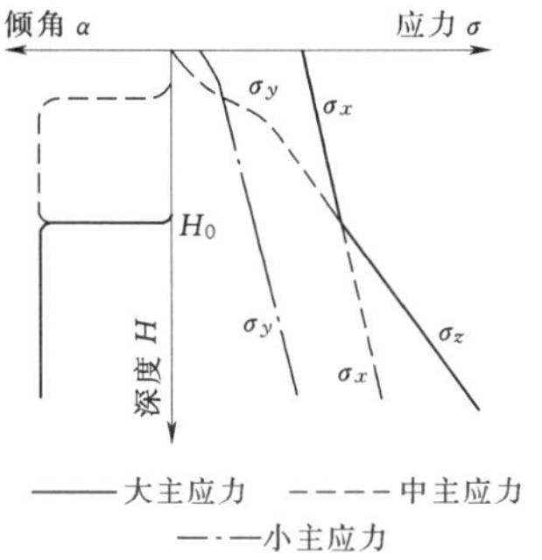

图 3.6.1－3　初始应力场变化规律

（2）岩体初始应力场各应力分量，除靠近地表以外，沿深度的变化均可用线性方程来概化，即随深度呈直线变化。

（3）在岩体初始应力场中，主应力量值随深度呈折线变化，最大主应力在浅层为水平向，到达较大深度后转变为铅垂向；中间主应力或最小主应力在浅层为铅垂向，到达较大深度后转变为水平向。它们由两个直线段组成，其转折点深度为临界深度。

（4）在临界深度以上，岩体初始应力场是以构造应力为主导，最大主应力为水平向，其量值随深度增加的幅度较小。在临界深度以下，就转变以自重应力场为主导，即最大主应力为铅垂向，其量值随深度增加的幅度较大。临界深度附近，存在一个主应力方向逐渐调整变化的过渡带。

（5）地应力状态可分为下列三种典型类型：

1）潜在走滑型：应力场的中间主应力轴 σ_2 近于垂直，最大主应力 σ_1 和最大主应力轴 σ_3 近于水平。我国的大多数地区，如西南、西北高山峡谷区，以及邢台、新丰江、丹江口等地区均属这种情况，在这种应力状态下，如果发生破坏（或再活动）必然是沿走向与最大主应力成 30°～40°左右夹角的陡面产生走向滑动型的断裂活动。

2）潜在逆断型：应力场的最小主应力轴 σ_3 近于垂直，最大主应力轴 σ_1 与中间主应力轴 σ_2 近于水平。我国喜马拉雅山脉的前缘地区、台湾及四川龙门山区等属于这种情况。在此种应力状态下发生的破坏，必然是逆断型的，即沿走向与最大主应力垂直的剖面 X 裂面产生逆断活动。

3）潜在正断型：应力场的最大主应力轴 σ_1 近于垂直，而其余两主应力水平分布。青藏高原的局部地区属于这种情况，此型应力状态下发生的破坏，必然是沿走向与最小主应力垂直的面，发生正断性质的活动。

（6）最小与最大两个水平地应力的比值，也是表征地应力场特征的一个指标，据国内外的一些测试成果统计，一般在 0.3～0.8 之间。

（7）大量工程地应力测试成果表明，河谷下切致使河谷临空面附近岩体地应力重分布和地应力集中，初始地应力状态发生明显变化。在坡脚及谷底，重分布后的最大主应力方向与谷底或河床走向近于平行；在岸坡上，最大主应力方向一般平行坡面，最小应力方向则与之近于垂直。最大主应力值亦随之由内向外逐渐增高，至河谷临空面达到最大值，形成地应力集中，最小主应力的变化则与之相反。当河谷临空面附近（特别是坡脚和谷底处）岩体受到的集中地应力超过其强度，一旦发生破裂变形时，在围绕河谷临空面附近形成一地应力降低带，高地应力集中区则向岩体内部转移。在河谷断面上，岩体地应力从外向里可划分为地应力释放低值带（地应力释放区），地应力集中高值带（地应力集中区），地应力正常带（原始地应力区），如图 3.6.1－4 所示。

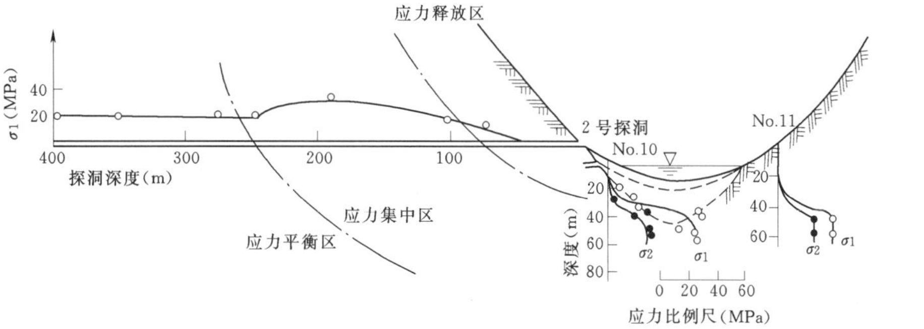

图 3.6.1－4　二滩水电站 2 号探洞和深孔应力解除法实测主应力分布图
（据白世伟　李光煜）

地应力释放低值带（地应力释放区），分布在河谷周边浅表部位，一般与两岸卸荷松弛风化带相对应。地应力集中高值带（地应力集中区），分布于河谷底部及坡脚部位，高地应力常引起岩心饼裂、岩爆（劈裂松弛、松脱、爆裂弹射等）等变形破坏现象。地应力正常带（原始地应力区），岩体处于高围压状态，高地应力常引起隧洞开挖环状劈裂破坏现象。

四、岩体初始地应力的分级

岩体初始地应力可分为极高地应力、高地应力、中等地应力、低地应力等 4 级（表 3.6.1－1）。岩体初始应力的分级除考虑最大主应力量级外，尚需考虑岩石性质，采用岩石强度应力比 R_b/σ_m 作为评价应力条件的定量指标之一。一般情况下，岩石强度应力比应与最大主应力量级同时满足才属于该等级的应力区，不同时满足时，从安全考虑，应以先满足高等级应力区的指标作为判别指标。

工程岩体的应力状态，是评价岩体工程地质条件的基本资料，也是水电水利工程设计和施工的基本技术参数。因此，对大型工程或特殊工程，应现场实测岩体初始地应力，以获得其定量数据。对中小型工程，有实测岩体初始地应力成果，应采用实测值；无实测资料时，可根据自重应力估算。

表 3.6.1-1　　岩体初始地应力的分级

应力分级	最大主应力量级 σ_m（MPa）	岩石强度应力比 R_b/σ_m	主要现象
极高地应力	$\sigma_m \geqslant 40$	<2	硬质岩：开挖过程中时有岩爆发生，有岩块弹出，洞壁岩体发生剥离，新生裂缝多；基坑有剥离现象，成形性差；钻孔岩心多有饼化现象。 软质岩：钻孔岩心有饼化现象，开挖过程中洞壁岩体有剥离，位移极为显著，甚至发生大位移，持续时间长，不易成洞；基坑岩体发生卸荷回弹，出现显著隆起或剥离，不易成形
高地应力	$20 \leqslant \sigma_m < 40$	2～4	硬质岩：开挖过程中可能出现岩爆，洞壁岩体有剥离和掉块现象，新生裂缝较多；基坑时有剥离现象，成形性一般尚好；钻孔岩心时有饼化现象。 软质岩：钻孔岩心有饼化现象，开挖过程中洞壁岩体位移显著，持续时间较长，成洞性差；基坑发生有隆起现象，成形性较差
中等地应力	$10 \leqslant \sigma_m < 20$	4～7	硬质岩：开挖过程洞壁岩体局部有剥离和掉块现象，成洞性尚好；基坑局部有剥离现象，成形性尚好。 软质岩：开挖过程中洞壁岩体局部有位移，成洞性尚好；基坑局部有隆起现象，成形性一般尚好
低地应力	$\sigma_m < 10$	>7	无上述现象

注　1. 表中 R_b 为岩石饱和单轴抗压强度（MPa）。
2. 引自《水力发电工程地质勘察规范》（GB 50287—2006）。

高地应力对岩体力学性质的影响是复杂的，在勘察设计中应充分认识和研究，以避弊就利。高地应力常引起坚硬岩体岩爆劈裂和坝基开挖中产生岩体卸荷回弹破裂；对较软弱岩体则可能产生较大变形。完整—较完整的中硬、坚硬岩体，无地下水活动地段由于中、高初始应力引起的岩爆现象，可分为轻微、中等、强烈、极强岩爆四级，可利用岩石强度应力比 R_b/σ_m 的大小进行岩爆等级的判别（表 3.6.1-2）。实测资料表明，岩爆和岩心饼化的发生部位，大多数最大主应力值在 20～25MPa 以上；在中等地应力范围（10～20MPa）也有局部发生岩爆或岩心饼化的现象；低地应力区（小于 10MPa）未见岩爆或岩心饼化的现象。

表 3.6.1-2　　岩爆烈度分级

岩爆分级	主要现象	岩爆判别：临界埋深（m）	岩爆判别：岩石强度应力比 R_b/σ_m
轻微岩爆	围岩表层有爆裂脱落、剥离现象，内部有噼啪、撕裂声，人耳偶然可听到，无弹射现象；主要表现为洞顶的劈裂～松脱破坏和侧壁的劈裂～松胀、隆起等。岩爆零星间断发生，影响深度小于 0.5m；对施工影响较小	$H \geqslant H_{cr}$	4～7
中等岩爆	围岩爆裂脱落、剥离现象较严重，有少量弹射，破坏范围明显。有似雷管爆破的清脆爆裂声，人耳常可听到围岩内的岩石的撕裂声；有一定持续时间，影响深度 0.5～1m；对施工有一定影响		2～4
强烈岩爆	围岩大片爆裂脱落，出现强烈弹射，发生岩块的抛射及岩粉喷射现象；有似爆破的爆裂声，声响强烈；持续时间长，并向围岩深度发展，破坏范围和块度大，影响深度 1～3m；对施工影响大		1～2
极强岩爆	围岩大片严重爆裂，大块岩片出现剧烈弹射，震动强烈，有似炮弹、闷雷声，声响剧烈；迅速向围岩深部发展，破坏范围和块度大，影响深度大于 3m；严重影响工程施工		<1

高地应力区如保持天然围压状态下，可增强岩体连续性和降低线性结构面效应。地应力对围岩形成的围压越大，围岩稳定程度越高，即使软弱结构面也能提高其密实度和固结程度，使含水量降低，围岩的强度和抗变形性能提高。

在高地应力地区，应结合最大主应力的方向和岩体结构，研究确定适宜的洞轴方向和洞型；同时，综合考虑利用围压效应和回避洞周应力的过大集中，而采取超前释放地应力、合适的开挖方法、适宜的支护措施与最佳的支护时间，以维持围岩的稳定性。

第二节　围岩二次应力

由于在岩体内开挖洞室，改变了其初始边界条件，使岩体内能量得到释放，从而在围岩的一定范围内引起地应力的重分布，形成新的应力状态，该应力可称为二次应力或围岩应力，见图 3.6.2-1。

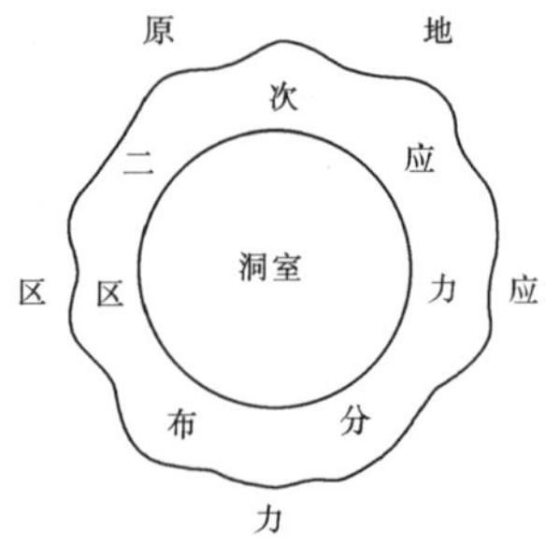

图 3.6.2-1　围岩应力分布示意图

一、围岩二次应力的确定方法

直接影响围岩稳定的正是二次应力，其确定方法比较复杂。现场测定虽比较可靠，但因工作条件所限，只能求得局部点的二次应力；一般情况下，可采取数值分析方法。

1. 数值分析法

数值分析法包括应用弹性力学、弹塑性力学、塑性力学、断裂力学及损伤力学等理论的计算方法，目前已进展到研究三维非线性课题。弹性理论假定条件为：

（1）围岩为弹性介质，即符合各向同性与均匀连续条件。

（2）洞室呈水平，纵向无限长，属弹性力学的平面课题。

一些学者曾相继提出过圆形断面、椭圆形断面、矩形和正方形断面洞室围岩二次应力状态的弹性力学解。兹以圆形洞室为例说明如下：

当地应力系数 $\lambda = Q/P = 1$（静水式）时，则围岩二次应力的理论计算公式为（图 3.6.2-2、图 3.6.2-3）。

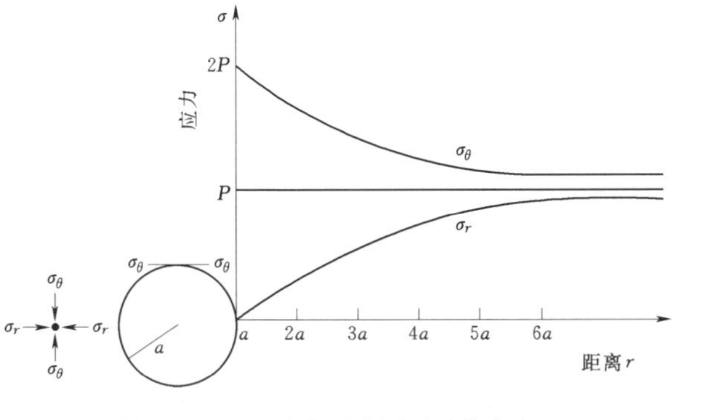

图 3.6.2-2　圆形洞室周边应力分布之一

$$\sigma_r=\left(1-\frac{a^2}{r^2}\right)P$$

$$\sigma_\theta=\left(1+\frac{a^2}{r^2}\right)P$$

式中：σ_r 为径向应力，kg/cm²；σ_θ 为切向应力，kg/cm²；a 为洞室半径，m；r 为某点距洞壁的距离，m；P 为地应力（$P=Q$），kg/cm²。

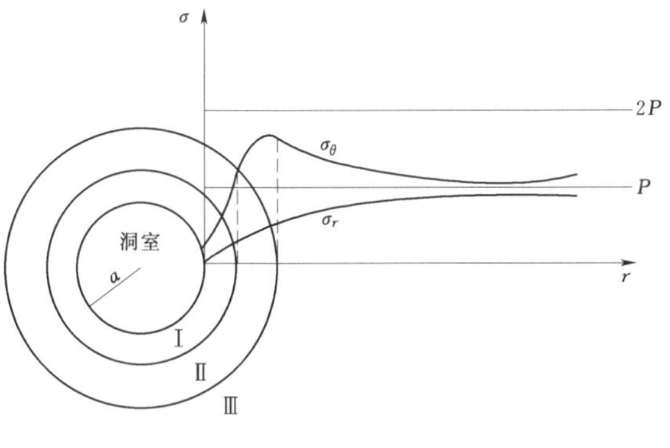

图 3.6.2-3　圆形洞室周边应力分布之二

从上述公式可知：当 $r=a$ 时（即洞壁上），则 $\sigma_r=0$，$\sigma_\theta=2P$，即洞壁上的径向应力为零，切向应力等于两倍地应力，当 r 等于 3 倍洞径时，围岩二次应力将过渡为原地应力区，即在该位置上就没有二次应力。因此，围岩二次应力在洞壁表面为最大，它是评价围岩稳定的主要因素之一。

应该指出，上述围岩应力集中增高状态的表现，只有在洞室开挖后，围岩仍十分坚硬完整，并呈弹性变形状态时才有可能。但客观上洞室开挖后，围岩在一定范围内总是发生塑性变形或破坏，则二次应力状态就更加复杂化了。一般认为其表现形式可分三区，即应力释放降低区，应力集中增高区以及原始地应力区。

数值分析的前提是地质模型的建立和地应力及岩体力学参数的选取必须可靠，否则，计算成果就没有实际意义。

2. 模型试验法

尽管数值分析法在确定洞室围岩二次应力状态方面，其效果比较明显，但由于地质条件的复杂性，必要时仍可采用模型试验，并结合计算分析的方法。模型试验包括光弹、地质力学模型试验等。

3. 现场测试法

现场测试法一般是先测出岩体的应变值，再根据应变与应力的关系计算出应力值。测试方法通常有应力解除法、应力恢复法等，详见本篇第四节。

二、影响围岩二次应力的因素

1. 初始地应力的量级及性质

围岩二次应力状态，首先取决于初始应力场特征，主要表现在两个方面：

（1）初始地应力量级大，围岩二次应力也相应增大。

（2）围岩二次应力状态，受地应力侧压力系数 λ 所制约。据对单一洞室的理论计算，光弹试验和有限元分析，围岩二次应力状态与不同 λ 值初始应力场的关系一般如下：

1）在 $\lambda=0$ 的地应力场中，即水平应力为 0，出现在围岩中发育张性断裂带及洞室处于岸边卸荷带内，对于任何断面形状和高跨比的洞室，其顶板均出现最大拉应力集中，而边墙为压应力集中。

2）在 $0<\lambda<1$ 的地应力场中，洞室顶板拉应力集中程度随 λ 值的增大呈反比，并逐渐转化为压应力集中，而边墙一般为压应力集中，且随 λ 值增大而减小。为消除顶板围岩的拉应力集中，可改善断面形状，加大高跨比。当 $\lambda=0.25\sim0.43$ 时，为比较典型的自重应力场，一般出现在未受构造扰动和挤压的坚硬岩层内，其水平应力由垂直自重应力导出，大致为垂直应力的 0.25～0.43 倍。当 $0<\lambda<0.25$ 时，比较接近第一种的应力状态。当 $0.43<\lambda<1$ 时，为自重应力与构造应力叠加的应力场。

3）在 $\lambda=1$ 的静水式地应力场中，即各方向水平应力均与垂直应力相等的静水式应力场，出现在洞室位于近期未受明显构造挤压的深部塑性变形区，以及具有高塑性的沉积岩层中，或者洞室横断面上水平应力与垂直应力相等的构造应力和自重应力叠加的应力状态下。对于任何断面形状和高跨比的洞室，都不出现拉应力集中区。

4）在 $\lambda>1$ 的地应力场中，水平应力大于垂直应力，为构造应力与自重应力叠加的应力场。洞室顶板不出现拉应力，而为压应力集中，但边墙随 λ 值的增大，由压应力转化为拉应力集中。为改善边墙围岩不利的二次应力状态，可减小高跨比。

从以上分析表明，在经常遇到的以构造应力为主、水平应力大于垂直应力的地区，要充分利用 λ 值的异向性，洞线选择尽可能照顾到横断面上 λ 值接近 1，或者优化断面形状，以改善洞周二次应力状态，消除或减少拉应力区。

2. 围岩地质条件

围岩地质条件主要指岩性、结构、强度及其力学属性等。邻近洞壁的岩体受到集中应力的作用，当岩体中的应力差达到某一极限值时，就产生塑性变形。当应力足够大时，有可能形成一个圈，称为塑性松动圈；在塑性松动圈外侧，径向应力逐步增大，在塑性松动圈以里，应力仍保持天然状态，应力状态不受洞室开挖的影响。因此，洞室开挖的结果是在围岩中形成三个应力分布区，即应力降低区，应力升高区和天然应力区。

关于塑性圈的范围，一般认为与岩体的强度、天然应力的高低有密切关系。在岩体强度比较低或天然应力比较高的岩体中，塑性圈的范围比较大；反之，则范围很小，甚至不发生塑性变形。此外，塑性圈的范围还与支护（衬砌）的反力大小有关，支护早或反力大，围岩的塑性变形受限制，因而塑性开展的范围就小。

围岩中的岩体结构特征也对围岩应力起控制作用。节理的存在使岩体成为不连续介质，不能承受和传递较大的剪应力和拉应力。节理面的产状与洞体受力方向的不同，将产生三种不同的结果：

（1）节理面与洞体受力方向的夹角大于 60°或垂直时，洞壁与节理面垂直相交的部位产生最大切向应力。

(2) 节理面与洞体受力方向的夹角小于30°或平行时，洞壁与节理面相切的部位产生最大切向应力；当节理面的走向与洞体受力方向平行时，洞顶（底）的切向应力成为最大主应力而径向应力变得弯斜。

(3) 节理面与洞体受力方向斜交成45°角时，洞壁与节理面相切及垂直的部位产生相等的最大切向应力。

3. 洞室断面形状

在同一地应力场作用下，洞室断面形状，即边界条件，将是影响围岩二次应力状态主要因素。例如，圆形洞室围岩稳定性较好，而方形洞室的锐角部位就易产生高度应力集中。但对具体工程来说，又将因客观条件的不同而有所区别，需通过数值计算、模型试验等予以确定。

4. 相邻洞室对围岩应力的影响

由于围岩内某一点的总应力等于两个或多个洞室在该点引起的应力之和，故相邻洞室的存在通常使围岩应力（主要为压应力）的集中程度增高，对洞室围岩的稳定不利。因此，一般认为，无压隧洞相邻洞室最小安全间距为1.0～3.0倍洞跨，高压隧洞之间的最小间距为0.15～0.6倍水头。此外，洞室的相互交叉也会使围岩的应力集中程度增高，一般在垂直应力为最大主应力的应力场中，对于理想的弹性岩层，洞室交叉的拐角两侧的应力集中将等于单个洞室应力集中的平方；对于非理想的弹性岩层，应力集中情况将较为复杂。

第三节　地应力研究的工程意义

地应力的大小、方向和变化规律除与地震和断裂活动密切相关，影响工程场地的区域稳定性外，还对工程建筑物的设计和施工有直接的影响。初始地应力的存在，在基坑、边坡或地下工程的开挖施工时，常引起与卸荷回弹和应力释放相联系的变形和破坏现象，给工程造成不利影响或增加施工困难，但有时亦对工程建设有利，关键在于充分认识和分析研究地应力的分布、变化规律。现结合实例说明地应力对工程设计、施工的影响。

(1) 基坑底部的隆起、破坏。美国大古力混凝土重力坝，高168m，1942年建成。坝基为花岗岩，在基坑开挖过程中发现花岗岩呈水平层状裂开，剥了一层又一层，一直挖到较大深度，这种水平开裂现象是由于岩体中残余应力释放造成的，后来决定坝基停止开挖，迅速浇筑坝体，以恢复坝基的荷载，并用高压灌浆固结裂开的岩体。我国白河青石岭坝基及小湾坝基开挖时，由于应力释放，新鲜花岗岩及花岗片麻岩亦产生层层剥离现象。

(2) 基坑边坡的剪切滑移。葛洲坝水利枢纽二江电站厂房地基为白垩系黏土质粉砂岩夹砂岩及软弱夹层，岩层倾角6°～8°。当厂房基坑开挖深至50m左右时，发现上、下游边坡均沿主要软弱夹层向临空面滑移，最大位移量达8.0cm，移动方向与区域最大主应力方向一致。经实测，初始应力为2～3MPa。针对这个问题，在上游岩壁设置适应变形的厚10cm缓冲软垫层（以木屑、沥青混合物填实），以削减初始应力对建筑物的影响。

(3) 边坡倾倒变形。碧口水电站位于破碎的千枚岩中，岩性以绢云母千枚岩为主。有一段长50m的溢洪道轴线与陡倾岩层走向平行，施工中不断出现倾倒现象。新鲜开挖面一般在3～5d内即出现倾倒现象，涉及深度达1～2m。据实测，坝址区初始水平应力为5.5～17MPa，由于施工开挖地应力的释放，从而导致板裂结构岩体倾倒变形的发生。

(4) 引起岩爆。在高地应力地区的脆性岩石中开挖地下工程或边坡时，常易产生岩爆现象，这是岩体内储存的应变能以动能方式释放的结果。如映秀湾、渔子溪水电站的地下厂房及锦屏二级引水隧洞等开挖过程中，都曾发生岩爆。有名的意大利瓦依昂水库，河谷深切300m以上，岩体中初始应力很大，开挖边坡时，由于应力解除，使很大一部分岩体与岩壁分离，分离出的岩板，厚约10cm，并发出炮轰似的响声，开挖到底部时，在深9～18m处发生岩爆现象。

(5) 对坝型选择的影响。美国鲍尔德重力拱坝坝高222m，1936年建成。坝基为安山凝灰质角砾岩，美国垦务局考虑到大坝蓄水后传给两岸拱座的推力很大，可能引起谷壁移动。因此，对拱座及坝基的可能变形问题，进行了三维分析，计算结果表明，由于谷坡发生位移，坝底基岩将开裂1.036cm，这对拱坝的稳定不利。当时设想，如果岩体内的初始水平压应力，其值足以抵消引起谷壁移动的张应力，就可满足稳定要求。在排水隧洞中用应力解除法实测得知，初始水平应力约为上覆岩层自重的3倍，于是设计了此坝，多年运行证明是成功的。

(6) 对地下工程的影响。根据岩石力学理论，地下洞室围岩初始垂直应力与水平应力的比值，对洞室周边应力的分布，拱顶和边墙的稳定和支护衬砌的设计有密切的关系。要使地下洞室稳定，最重要的因素是要有一坚固的拱顶。当水平压应力占优势时，对拱顶的建筑是有利的，当围岩中垂直压应力占主导，而且岩体松软或节理裂隙发育时，就很难形成坚固的拱顶。因此，地下洞室设计中，实测岩体初始应力的大小和方向，是特别重要的。在拟定地下洞室的轴线时，一般认为轴线应尽量平行于最大主压应力方向，或成小角度斜交，这样不致因应力释放而影响边墙的稳定。但还必须考虑到拱顶和边墙岩体的工程地质特性和构造条件，作出既有利于拱顶又保证边墙稳定的布置方案。

第四节　地应力的研究与测试方法

一、地应力的研究方法

地应力场的研究方法见表3.6.4－1。

表3.6.4－1　地应力场的研究方法

方法	说　明
地质力学分析法	根据各种构造形迹的地质力学分析，掌握地区历次构造断裂活动的构造应力场特征，然后根据各次构造变动所涉及的构造层的时代和各构造形迹间的交切、改造关系，判定应力场的演变史及最新构造应力场的特征
震源机制解法	利用表源周围足够多的地震台站记录到的P波初动符号求解出建立在双力偶点源模型基础上的地表震源机制解，即地表震源释放应力场，通过对区域大量地震的震源应力场的统计平均，再现区域构造应力场
数值解析法	是根据现场地应力实测值对应力场进行回归分析。其方法主要有有限元分析法、非线性反演法、反演回归分析法等

二、常用岩体地应力测试方法

地应力的测试方法繁多，但不论采用何种方法，其理论假定均认为岩体呈连续的各向同性体，依据弹性理论广义虎克定理求算地应力。

根据《水电水利工程岩体应力测试规程》（DL/T 5367—2007），将其中推荐的岩体应力测试方法列于表3.6.4－2。常用地应力测试方法的岩体应力参数计算公式见表3.6.4－3。

表 3.6.4-2 **岩体应力测试方法**

测试方法			说明
钻孔应力解除法	孔壁应变法（三孔交汇）	浅孔孔壁应变计测试	采用孔壁应变计，即在钻孔孔壁粘贴电阻应变片，量测套钻解除后钻孔孔壁的岩石应变，按弹性理论建立的应变与应力之间的关系式，求出岩体内该点的空间应力参数。为防止应变计引出电缆在钻杆内被绞断，要求测试深度不大于 30m
		深孔孔壁应变计测试	由于测试技术和水下粘贴技术的进步，本测试可用于测试水下深孔岩体的应力状态。由于受测试设备的限制，本测试只适用于铅垂向的钻孔内进行，目前尚不能应用于任意向钻孔。测试深度大于 30m
	孔底应变法（单孔）		采用孔底应变计，即在钻孔孔底平面粘贴电阻应变片，量测套钻解除后钻孔孔底的岩石平面应变，按弹性理论建立的应变与应力之间的关系式，求出岩体内该点的平面应力参数
	孔径应变法（三孔交汇）		采用孔径变形计，即在钻孔内埋设孔径变形计，量测套钻解除后钻孔孔径的变形，经换算成孔径应变后，按弹性理论建立的应变和应力之间的关系式，求出岩体内该点的平面应力参数
水压致裂法			采用两个长约 1m 串接起来可膨胀的橡胶封隔器阻塞钻孔，形成一封闭的加压段（长约 1m），对加压段加压直致孔壁岩体产生张拉破坏，根据破坏压力按弹性理论公式计算岩体应力参数
表面应变法	表面解除法测试		通过量测岩体表面的应变，计算岩体或地下洞室围岩受扰动后应力重分布后的岩体表面应力状态。岩体表面应力测试是一种简单有效的方法，可以求得沿长度方向的应力状态变化规律
	表面恢复法测试		
声发射法测试			承受过应力作用的岩石，当再次加载时，如果这一荷载没有超过以前的应力状态，此时没有（或很少）发生声发射（AE）现象。所以 AE 现象明显增加的起始点就可认为岩石的先存应力

表 3.6.4-3 **岩体应力参数**

项目		计算公式	说明
钻孔应力解除法	空间主应力	$\sigma_1=2\cos\frac{\omega}{3}\sqrt{-\frac{P}{3}}+\frac{1}{3}J_1$ $\sigma_2=2\cos\frac{\omega+2\pi}{3}\sqrt{-\frac{P}{3}}+\frac{1}{3}J_1$ $\sigma_3=2\cos\frac{\omega+4\pi}{3}\sqrt{-\frac{P}{3}}+\frac{1}{3}J_1$ $\alpha_i=\arcsin n_i$ $\beta_i=\beta_0-\arcsin\frac{m_i}{\sqrt{1-n_i^2}}$	σ_1、σ_2、σ_3—岩体空间主应力（MPa）； α_i—主应力 σ_i 的倾角（°）； β_0—大地坐标系 x 轴方位角（°）； β_i—主应力 σ_i 在水平面上投影线的方位角（°）； J_1—计算中应力替代量； m_i、n_i—序号 i 测试钻孔坐标系各轴对于大地坐标系的方向余弦
	平面主应力	$\sigma_1=\frac{1}{2}\left[(\sigma_x+\sigma_y)+\sqrt{(\sigma_x-\sigma_y)^2+4\tau_{xy}^2}\right]$ $\sigma_2=\frac{1}{2}\left[(\sigma_x+\sigma_y)-\sqrt{(\sigma_x-\sigma_y)^2+4\tau_{xy}^2}\right]$ $\alpha=\frac{1}{2}\arctan\frac{2\tau_{xy}}{\sigma_x-\sigma_y}$	α—σ_1 与 x 轴夹角（°）
水压致裂法		$S_h=p_s$ $S_H=3p_s-p_r-p_0$ $\sigma_t=p_b-p_r$	S_h—钻孔横截面上岩体平面最小主应力（MPa）； S_H—钻孔横截面上岩体平面最大主应力（MPa）； σ_t—岩体抗拉强度（MPa）； p_s—瞬时关闭压力（MPa）； p_r—重张压力（MPa）； p_b—破裂压力（MPa）； p_0—岩体孔隙压力（MPa）
表面应变法	表面解除法	$\sigma_1=\frac{E}{1-\mu^2}(\varepsilon_1+\mu\varepsilon_3)$	σ_1—最大主应力（MPa）； σ_3—最小主应力（MPa）； E—岩石弹性模量； μ—岩石泊松比
	表面恢复法	$\sigma_3=\frac{E}{1-\mu^2}(\varepsilon_3+\mu\varepsilon_1)$	

三、地应力测试研究工程实例

国内部分水电站工程地应力测试成果统计见表 3.6.4-4。

表 3.6.4-4 **国内部分水电站工程地应力测试成果统计表**

工程名称	岩性	测试深度（m）	σ_1			σ_2			σ_3		
			量值	方向 α	倾角 β	量值	方向 α	倾角 β	量值	方向 α	倾角 β
			MPa	（°）		MPa	（°）		MPa	（°）	
三峡	花岗岩	42～130	2.8～12	33～340	3～64	−1.5～5.8	238～349	1～53	−4.1～3.3	54～336	23～81
溪洛渡	玄武岩	200～625	15～21	257～344	0.5～25	5～17	22～338	14～83	4～13	2～376	1～35
锦屏一级	大理岩	200～400	20～40	100～357	3～64	10～37	15～351	20～81	6～13	8～352	1～34
锦屏二级	大理岩	463～1843	32～47	120～260	5～75	20～35	18～120	15～80	12～19	30～169	1～30

续表

工程名称	岩性	测试深度(m)	σ_1			σ_2			σ_3		
			量值	方向 α	倾角 β	量值	方向 α	倾角 β	量值	方向 α	倾角 β
			MPa	(°)		MPa	(°)		MPa	(°)	
官地	玄武岩	150～500	20～39	280～340	1～42	10～15	11～60	30～70	4～11	6～72	6～60
二滩	正长岩 玄武岩	＞200	17～38	13～35	—	7～23	52～160	—	3～19	123～277	—
双江口	花岗岩	200～570	15～38	31～332	1～48	6～24	50～335	7～58	2～16	11～300	11～65
猴子岩	变灰岩	250～570	15～33	250～316	4～54	8～23	9～353	5～68	6～16	11～209	4～47
大岗山	花岗岩	240～500	11～22	18～61	1～39	10～16	53～168	51～88	2～10	279～324	2～22
小湾	片麻岩	＞200	16～28	188～311	1～53	11～20	220～276	0～60	6～10	130～278	30～40
拉西瓦	花岗岩	60～364	8.8～30	9～350	19～55	6～20.6	60～336	6～55	0.8～13	9～330	12～69

第四篇　区域构造稳定性研究

第一章　概述

第一节　区域构造稳定性及研究范围

区域构造稳定是指建筑物所在地区一定范围、一定地质历史时期内，断层和地震的活动性。区域构造稳定性研究是水电工程地质主要工作之一。我国是一个多地震的国家，西南及西北又是地质构造较为活跃的地区，而这些地区又是我国水能资源最丰富的地区，做好区域构造稳定性勘察研究显得非常重要。区域构造稳定性的正确评价是影响水电水利工程经济合理、安全可靠的重要因素之一。在一定条件下，区域构造稳定性是关系到水电水利工程是否可行的根本地质问题。因此在河流规划、工程地质勘察、水工建筑物抗震等规程规范中均对区域构造稳定研究有明确要求。

在水电站的河流规划阶段，区域构造稳定就是关注的重点。根据规划河段区域构造稳定条件，合理确定河流的开发方式，梯级布局等，并且对影响工程开发的区域构造稳定条件还要进行专题研究。

根据水电开发的阶段划分，预可行性研究阶段要初选代表性坝址、坝型和枢纽布置及主要建筑物型式，区域构造稳定性评价是确定工程能否建设和合理选择坝址的决定性因素之一，也是科学研究大坝等建筑物抗震设计的基础资料之一。因此，区域构造稳定性分析与评价应在预可行性研究阶段完成。

区域构造稳定性勘察研究范围可分为三个层次：坝址周围不小于150km为工程研究区；坝址周围25km为工程近场区；坝址周围5km为工程场址区。不同范围内区域构造稳定性的研究内容、侧重点和精度有所不同，通过对不同范围内的区域地质构造、主要断裂活动性，地震活动性等进行调查研究，确定潜在震源区及其参数，利用地震危险性概率分析方法，得出工程场地地震动参数。特别要关注近场区特别是场址区断层的活动性，以及场地可能遭受的地震地质灾害特点，综合评价工程的区域构造稳定性。

第二节　区域构造稳定性研究的基本要求和工作程序

一、国家和地方法规的要求

《中华人民共和国防震减灾法》、《地震安全性评价管理条例》，以及各省、市和自治区防震减灾条例等法律法规，一般根据工程的规模和产生地震地质灾害和次生灾害的危害程度，规定了需在建设前进行专门的地震安全性评价的工程，所确定的场地基本烈度和地震动参数，应由地震行业主管部门进行批复。

二、水电水利勘察设计规范和规程的要求

我国水电工程建设始终非常重视区域构造稳定和地震对工程的影响研究。在国家和地方法律法规要求基础上，在水电前期不同工作阶段对区域构造稳定和地震均有相应且明确研究内容和研究深度的要求。

在河流规划阶段，应收集国家地震区划资料、相关省区地震研究资料和邻近区工程地震安全性评价成果，编绘区域构造与地震震中分布图，按国家现行标准《中国地震动参数区划图》（GB 18306）确定各梯级地震动参数。对影响梯级成立的应该专题研究。

在预可行性研究阶段应该委托具有地震安评资质的单位完成工程地震安全性评价工作，并结合区域构造研究、活动断层识别等工作完成工程的区域构造稳定性评价工作。

在可行性研究阶段，对区域构造稳定条件复杂的工程，还要对区域构造稳定性进行深入的专题研究，如近场及坝址区断层活动性的进一步鉴定等工作，进一步明确区域构造稳定性对工程的影响，并提出应对和处理措施的建议。

第二章 区域构造稳定性研究的主要内容和方法

第一节 地　　震

一、地震成因与分类

（一）地震成因的各种学说

（1）断层说（弹性回跳学说）。地壳岩层中积累应力引起变形，当应力超过岩石强度时，就会发生破裂，造成地震。这种假说认为地震是由断层面两侧的岩石发生整体弹性跳动产生的，这就是所谓的“弹性回跳说”。

（2）黏滑说。高压下脆性物质的破坏沿断裂面的滑动为黏滑形式，黏结和滑动交替进行，断面发生断续的急跳现象，把积累的应变能释放出来，一般在3.5～20km深度范围内发生。

（3）岩浆冲击说。地下岩浆冲击，产生热应力，形成地震，称为深部地震或火山地震。

（4）相变说。数百公里地下，压力很大，物质呈塑性，由物质体积突然改变引起地震。

（5）地幔对流说。地幔是固体、液体、气体及等离子体的四态复合态，这些复合态的对流和破裂引起地震，地震的原始机制是地幔中切变的塑性破裂。

（6）温度应力说。地下放射性元素的变化产生热源，地震的应力状态与热能有关。

（二）地震分类

根据《地震学教程》（傅淑芳等，1980），地震按震动性质，分为天然地震、人工地震及脉动三类。

对于天然地震，有下述分类。

1. 按成因分

（1）构造地震。由于地下岩层错动而破裂所造成的地震称为构造地震。全球90%以上的天然地震都是构造地震。

（2）火山地震。由于火山作用（喷发、气体爆炸等）引起的地震称为火山地震。占全球发生地震数的7%。

（3）陷落地震。由于地层陷落（如岩溶地形，矿坑下塌等）引起的地震称为陷落地震。占总数的3%。

2. 按震源深度分

（1）浅源地震。震源深度小于60km的天然地震称为浅震；也称正常深度地震。大多数地震都为浅源地震。

（2）中源地震。震源深度在60～300km之间的地震称为中源地震。

（3）深源地震。震源深度大于300km的地震称为深震。已记录到的最深地震的震源深度约700km。有时也将中源地震和深源地震统称为深震。

3. 按震中距分

（1）地方震。震中距小于100km的地震。

（2）近震。震中距小于1000km的地震。

（3）远震。震中距大于1000km的地震。

4. 按震级分

（1）弱震。$M<3$的地震。

（2）有感地震。$3\leqslant M\leqslant 4.5$的地震。

（3）中强震。$4.5<M<6$的地震。

（4）强震。$M\geqslant 6$的地震。其中$M\geqslant 8$的地震又称为巨大地震。

二、地震波

地震所引起的振动是以波的形式自震源向四周传播的，这就是地震波（图4.2.1-1）。地震波是一种弹性波，它包括在地球内部传播的体波和沿地表传播的面波两种。体波又包括纵波和横波两种，面波又有瑞利波和勒夫波之分。各类地震波的特性见表4.2.1-1。

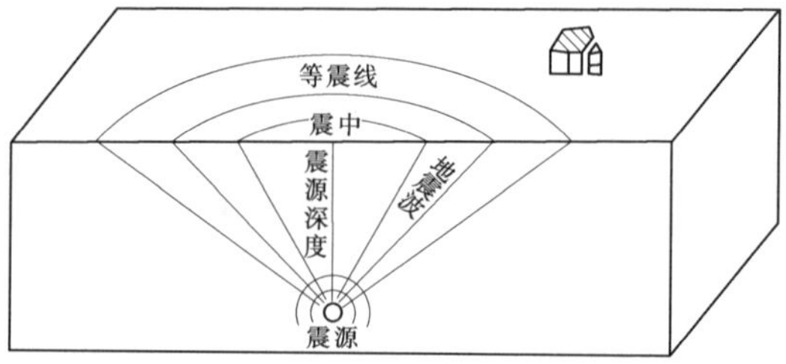

图4.2.1-1　震源、震中和等震线示意图

表4.2.1-1　地震波类型

类型		振动型式	震波传播速度（km/s）	特点
体波	纵波（P波）	质点的振动方向与波的传播方向一致	8～10	周期短，振幅小，在固体、液体内均能传播
	横波（S波）	质点的振动方向与波的传播方向垂直	4～5	周期长，振幅大，只能在固体里传播
面波	瑞利波（R波）	质点在波的传播方向和地表面法向组成的平面内作椭圆运动，似在地面滚动	0.6～3.5	传播慢，但振动破坏性最大
	勒夫波（Q波）	仅在地面上呈蛇形运动，质点振动方向与波的传播方向相垂直		

三、地震震级

（一）地震震级

震级是表示地震本身的强度的尺度，它取决于一次地震所释放的总能量，其数值是根据地震记录和地震波图来确定的。震级的原始定义是1935年李希特（Richter）在研究美国南加利福尼亚地震时所得的式（4.2.1-1）而给出的：

$$M=\lg A \qquad (4.2.1-1)$$

式中：M为震级；A为用周期为0.8s、阻尼为0.8、放大倍数为2800倍的标准地震仪（Wood-Ander-son地震仪），在距震中100km处记录到的以微米为单位的最大水平地动位移（单振幅）。

实际上，地震记录的地点的震中距不可能正好是100km。因此利用震中距（Δ）不是100km的地震记录计算震级时，要做修订。根据我国现用仪器的特性，计算地方震和近震（震中距Δ<1000km）震级都用下列公式：

$$M_L=\lg A_U+R(\Delta) \quad (4.2.1-2)$$

式中：M_L 为根据体波求得的震级；A_U 为记录到的水平地动位移（单振幅），以微米为单位；$R(\Delta)$ 为起算函数，随震中距Δ和仪器性能而定。

对远震（Δ>1000km），一般用面波计算其震级，并用下列经验公式：

$$M_S=\lg\left(\frac{A_U}{T}\right)_{最大}+\sigma(\Delta) \quad (4.2.1-3)$$

式中：M_S 为根据面波求得的震级；T 为相应于 A_U 的周期；$\sigma(\Delta)$为面波震级的起算函数。

对于深源地震，面波不发育或几乎不见面波，必须利用体波测定震级。

我国地震部门统一规定用面波所定的震级 M_S 上报，根据我国资料，M_L 与 M_S 间可建立下列经验关系式：

$$M_S=1.13M_L-1.08 \quad (4.2.1-4)$$

震级直接与震源释放的能量大小有关，震级 M 与地震释放能量 E（尔格）的关系见式（4.2.1-5）及表4.2.1-2。

$$\lg E=11.8+1.5M \quad (4.2.1-5)$$

表 4.2.1-2　不同震级地震所释放的能量

震　级	能量（尔格）	震　级	能量（尔格）
0	6.3×10^{11}	5	2×10^{19}
1	2×10^{13}	6	6.3×10^{20}
2	6.3×10^{14}	7	2×10^{22}
2.5	3.55×10^{15}	8	6.3×10^{23}
3	2×10^{16}	8.5	3.55×10^{24}
4	6.3×10^{17}	8.9	1.4×10^{25}

（二）地震震级现行规定

《地震震级的规定》（GB 17740—1999）规定地震震级 M，用地震面波质点运动最大值 $(A/T)_{max}$测定。计算公式为

$$M=\lg(A/T)_{max}+\sigma(\Delta) \quad (4.2.1-6)$$

式中：A 为地震面波最大地动位移，取两水平分向地动位移的矢量和，μm；T 为相应周期，s；Δ 为震中距，度。

测量最大地动位移的两水平分量时，要取同一时刻或周期相差在1/8周之内的震动。若两分量周期不一致时，则取加权和［见式（4.2.1-7）］：

$$T=(T_NA_N+T_EA_E)/(A_N+A_E) \quad (4.2.1-7)$$

式中：A_N 为南北分量地动位移；A_E 为东西分量地动位移；T_N 为 A_N 的相应周期，s；T_E 为 A_E 的相应周期，s。

量规函数 $\sigma(\Delta)$ 为式（4.2.1-8）：

$$\sigma(\Delta)=1.66\lg\Delta+3.5 \quad (4.2.1-8)$$

不能使用与表4.2.1-3中给出的值相差很大的周期来测定地震震级 M。

地震震级 M 应根据多台的平均值确定。

表 4.2.1-3　不同震中距（Δ）选用地震面波周期（T）值

Δ(°)	T(s)	Δ(°)	T(s)	Δ(°)	T(s)
2	3～6	20	9～14	70	14～22
4	4～7	25	9～16	80	16～22
6	5～8	30	10～16	90	16～22
8	6～9	40	12～18	100	16～25
10	7～10	50	12～20	110	17～25
15	8～12	60	14～20	130	18～25

四、地震烈度

（一）地震烈度

地震烈度是指地震引起的地面震动及其影响的强弱程度，这种影响是通过人的感觉、物体反应、人工结构物的损坏、自然现象的变化等四大方面的宏观等级描述来标定的，通常用字母 I 表示。将地面上等烈度的点连成线，称为等震线。对一般的浅源地震，震中烈度（I_0）与震级（M）的关系如式（4.2.1-9），震中烈度与震级和震源深度的关系见表4.2.1-4。

$$M=0.66I_0+0.98 \quad (4.2.1-9)$$

表 4.2.1-4　震中烈度与震级和震源深度关系表

震级 M	震源深度（km）				
	5	10	15	20	25
	震中烈度				
2	3.5	2.5	2	1.5	1
3	5	4	3.5	3	2.5
4	6.5	5.5	5	4.5	4
5	8	7	6.5	6	5.5
6	9.5	8.5	8	7.5	7
7	11	10	9.5	9	8.5
8	12	11.5	11	10.5	10

（二）中国地震烈度表

我国采用12等级的地震烈度划分，《中国地震烈度表》（GB/T 17742—2008）（表4.2.1-5）。本标准规定了地震烈度的评定指标，包括人的感觉、房屋震害程度、其他震害现象、水平向地震动参数。本标准适用于地震烈度评定。

表 4.2.1-5　中国地震烈度表

地震烈度	人的感觉	房屋震害			其他震害现象	水平向地震动参数	
		类型	震害程度	平均震害指数		峰值加速度 (m/s²)	峰值速度 (m/s)
Ⅰ	无感						
Ⅱ	室内个别静止中的人有感觉						
Ⅲ	室内少数静止中的人有感觉		门、窗轻微作响		悬挂物微动		
Ⅳ	室内多数人、室外少数人有感觉，少数人梦中惊醒		门、窗作响		悬挂物明显摆动，器皿作响		

续表

地震烈度	人的感觉	房屋震害			其他震害现象	水平向地震动参数	
		类型	震害程度	平均震害指数		峰值加速度 (m/s^2)	峰值速度 (m/s)
Ⅴ	室内绝大多数、室外多数人有感觉，多数人梦中惊醒		门窗、屋顶、屋架颤动作响，灰土掉落，个别房屋墙体抹灰出现微细裂缝，个别屋顶烟囱掉砖		悬挂物大幅度晃动，不稳定器物摇动或翻倒	0.31 (0.22～0.44)	0.03 (0.02～0.04)
Ⅵ	多数人站立不稳，少数人惊逃户外	A	少数中等破坏，多数轻微破坏和/或基本完好	0.00～0.10	家具和物品移动；河岸和松软土出现裂缝，饱和砂层出现喷砂冒水；个别独立砖烟囱轻度裂缝	0.63 (0.45～0.89)	0.06 (0.05～0.09)
		B	个别中等破坏，少数轻微破坏，多数基本完好				
		C	个别轻微破坏，大多数基本完好	0.00～0.08			
Ⅶ	大多数人惊逃户外，骑自行车的人有感觉，行驶中的汽车驾乘人员有感觉	A	少数毁坏和/或严重破坏，多数中等和/轻微破坏	0.09～0.31	物体从架子上掉落；河岸出现塌方，饱和砂层常见喷水冒砂，松软土地上地裂缝较多；大多数独立砖烟囱中等破坏	1.25 (0.90～1.77)	0.13 (0.10～0.18)
		B	少数中等破坏，多数轻微破坏和/或基本完好				
		C	少数中等和/或轻微破坏，多数基本完好	0.07～0.22			
Ⅷ	多数人摇晃颠簸，行走困难	A	少数毁坏，多数严重和/或中等破坏	0.29～0.51	干硬土上出现裂缝；饱和砂层绝大多数喷砂冒水；大多数独立砖烟囱严重破坏	2.50 (1.78～3.53)	0.25 (0.19～0.35)
		B	个别毁坏，少数严重破坏，多数中等和/或轻微破坏				
		C	少数严重和/或中等破坏，多数轻微破坏	0.20～0.40			
Ⅸ	行动的人摔倒	A	多数严重破坏或/和毁坏	0.49～0.71	干硬土上多处出现裂缝，可见基岩裂缝、错动，滑坡、坍方常见；独立砖烟囱多数倒塌	5.00 (3.54～7.07)	0.50 (0.36～0.71)
		B	少数毁坏，多数严重和/中等破坏				
		C	少数毁坏和/或严重破坏，多数中等和/或轻微破坏	0.38～0.60			
Ⅹ	骑自行车的人会摔倒，处不稳状态的人会摔离原地，有抛起感	A	绝大多数毁坏	0.69～0.91	山崩和地震断裂出现，基岩上拱桥破坏；大多数独立砖烟囱从根部破坏或倒毁	10.00 (7.08～14.14)	1.00 (0.72～1.41)
		B	大多数毁坏				
		C	多数毁坏和/或严重破坏	0.58～0.80			
Ⅺ		A	绝大多数毁坏	0.89～1.00	地震断裂延续很长，大量山崩滑坡		
		B					
		C		0.78～1.00			
Ⅻ		A	几乎全部毁坏	1.00	地面剧烈变化，山河改观		
		B					
		C					

注 表中给出的“峰值加速度”和“峰值速度”是参考值，括弧内给出的是变动范围。

使用说明：

(1) 震害指数。房屋震害程度的定量指标，以0.00～1.00之间的数字表示由轻到重的震害程度。平均震害指数：同类房屋震害指数的加权平均值，即各级震害的房屋所占比率与其相应的震害指数的乘积之和。

(2) 数量词采用个别、少数、多数、大多数和绝大多数，其范围界定如下：“个别”为10%以下；“少数”为10%～45%；“多数”为40%～70%；“大多数”为60%～90%；“绝大多数”为80%以上。

(3) 用于评定烈度的房屋，包括以下三种类型：A类，木构架和土、石、砖墙建造的旧式房屋；B类，未经抗震设防的单层或多层砖砌体房屋；C类，按照Ⅶ抗震设防的单层或多层砖砌体房屋。

(4) 房屋破坏等级及其对应的震害指数：房屋破坏等级分为基本完好、轻微破坏、中等破坏、严重破坏和毁坏五类，其定义和对应的震害指数 d 如下：

1) 基本完好：承重和非承重构件完好，或个别非承重构件轻微损坏，不加修理可继续使用。对应的震害指数范围为 $0.00 \leqslant d < 0.10$；

2) 轻微破坏：个别承重构件出现可见裂缝，非承重构件有明显裂缝，不需要修理或稍加修理即可继续使用，对应的震害指数范围为 $0.10 \leqslant d < 0.30$；

3) 中等破坏：多数承重构件出现轻微裂缝，部分有明显裂缝，个别非承重构件破坏严重，需要一般修理后可使用。对应的震害指数范围为 $0.30 \leqslant d < 0.55$；

4) 严重破坏：多数承重构件破坏较严重，非承重构件局部倒塌，房屋修复困难。对应的震害指数范围为 $0.55 \leqslant d < 0.85$；

5) 毁坏：多数承重构件严重破坏，房屋结构濒于崩溃或已倒毁，已无修复可能。对应的震害指数范围为 $0.85 \leqslant d < 1.00$。

(5) 评定地震烈度时，Ⅰ～Ⅴ度应以地面上以及底层房屋中的人的感觉和其他震害现象为主；Ⅵ～Ⅹ度以房屋震害为主，参照其他震害现象，当用房屋震害程度与平均震害指数评定结果不同时，应以震害程度评定结果为主，并综合考虑不同类型房屋的平均震害指数；Ⅺ度和Ⅻ度应综合房屋震害和地表震害现象。

(6) 以下三种情况的地震烈度评定结果，应作适当调整：

1) 当采用高楼上人的感觉和器物反应评定地震烈度时，适当降低评定值；

2) 当采用低于或高于Ⅶ度抗震设计房屋的震害程度和平均震害指数评定地震烈度时，适当降低或提高评定值；

3) 当采用建筑质量特别差或特别好房屋的震害程度和平均震害指数评定地震烈度时，适当降低或提高评定值。

(7) 当计算的平均震害指数值位于表4.2.1-5中地震烈度对应的平均震害指数重叠搭接区间时，可参照其他判别指标和震害现象综合判定地震烈度。

(8) 各类房屋平均震害指数 D 可按式(4.2.1-10)计算：

$$D=\sum d_i \lambda_i \tag{4.2.1-10}$$

式中：d_i 为房屋破坏等级为 i 的震害指数；λ_i 为破坏等级为 i 的房屋破坏比，用破坏面积与总面积之比或破坏栋数与总栋数之比表示。

(9) 在农村可按自然村，城镇可按街区为单位进行地震烈度评定，面积以 $1km^2$ 左右为宜。

(10) 当有自由场地强震动记录时，水平向地震峰值加速度和峰值速度可作为综合评定地震烈度的参考指标。

（三）烈度衰减

由于随震中距离的增加，地震波的能量逐渐被吸收，因而地震烈度随震中距离的增大而衰减。根据《水电水利工程区域构造稳定性勘察技术规程》（DL/T 5335—2006），地震烈度与地震加速度峰值衰减关系可由下列方法确定。

1. 地震烈度衰减关系

（1）可采用椭圆模型，确定地震烈度衰减关系：

$$I_a = C_{a0} + C_{a1}M - C_{a2}\ln(R_a + R_{a0}) + \varepsilon_a \quad (4.2.1-11)$$

$$I_b = C_{b0} + C_{b1}M - C_{b2}\ln(R_b + R_{b0}) + \varepsilon_b \quad (4.2.1-12)$$

式中：I 为地震烈度；a、b 代表长、短轴方向；C_i（$i=0$，1，2）为回归常数；R 为震中距；R_0 为近场距离饱和因子；M 为震级；ε 为随机误差。

（2）根据收集到的地震烈度资料，按上述模型拟合出地震烈度衰减关系。但衰减关系的确定应满足：当 $R_a=R_b=0$ 时，$I_a=I_b$；当 M 很小或 R_a 与 R_b 很大时，$I_a=I_b$。

2. 地震加速度峰值衰减关系

（1）在有足够多强震（加速度）记录资料的地区，采用下列通式拟合地震动峰值衰减关系：

$$\ln A = C_1 + C_2M + C_3M^2 + C_4\ln[R + R_0(M)] + C_7R + \varepsilon \quad (4.2.1-13)$$

$$R_0 = C_5\exp(C_6M) \quad (4.2.1-14)$$

式中：A 为地震动加速度峰值；R 为震中距；M 为震级；$C_i=(i=1,\cdots,7)$ 为回归常数；$R_0(M)$ 为近场距离饱和因子。

（2）对于缺少强震观测资料的地区，应根据工程研究区地震烈度衰减关系以及参考区的地震烈度和加速度衰减关系，采用椭圆衰减模型转换得到工程研究区地震加速度衰减关系。

3. 地震烈度和加速度衰减规律

研究表明，地震烈度和加速度衰减有如下规律：

（1）随地区不同而有差异，一般是山区大，即衰减快，平原区小，衰减慢。

（2）随震级的增大而略有增大，即震级越大，烈度衰减越快。

（3）对于浅源地震，随震源深度的变化不明显。

（四）地震基本烈度概念及其演变

1. 地震烈度区划图

以地震烈度为指标，按照某一原则，对全国进行地震烈度区划，编制成地震烈度区划图，并作为建设工程抗震设防依据。区划图的标志烈度被称之为“地震基本烈度”。我国从 20 世纪 50 年代开始至 90 年代，相继编制了三次地震烈度区划图。

2. 地震动参数区划图

21 世纪初以地震动参数（地震动峰值加速度和地震动反应谱特征周期）为指标编制了《中国地震动参数区划图》（GB 18306—2001），不再采用地震基本烈度。现行有关技术标准中涉及地震基本烈度概念的，应逐步修正。在技术标准等尚未修订（包括局部修订）之前，可以参照下述方法确定：

（1）抗震设计验算直接采用本标准提供的地震动参数。

（2）当涉及地基处理、构造措施或其他防震减灾措施时，地震基本烈度数值可由本标准查取地震动峰值加速度并按表 4.2.1-6 确定，也可根据需要做更细致的划分。

表 4.2.1-6　地震动峰值加速度分区与地震基本烈度对照表

地震动峰值加速度分区 g	<0.05	0.05	0.1	0.15	0.2	0.3	≥0.4
地震基本烈度值	<Ⅵ	Ⅵ	Ⅶ	Ⅶ	Ⅷ	Ⅷ	≥Ⅸ

第二节　地震活动研究

一、中国地震活动特征

除台湾和西藏部分地区外，中国的地震活动都位于板块内部，具有板内地震的特点，表现为地震分布广，大震相对集中成带，地震强度高、震源浅，危害性大。中国又是历史地震资料最丰富的国家，其中有记录可查的 8 级以上的强震有 19 次，见图 4.2.2-1 与表 4.2.2-1。

表 4.2.2-1　中国 8 级以上地震记录

时间（年-月-日）	震中位置			震级
	北纬（°）	东经（°）	参考地点	
1303-09-07	36.3	111.7	山西：洪洞、赵城	8
1556-01-23	34.5	109.7	陕西：华县	8
1604-12-29	25	119.5	福建：泉州海外	8
1668-07-25	35.3	118.6	山东：莒县、郯城	8.5
1679-09-02	40	117	河北：三河、平谷	8
1695-05-18	36	111.5	山西：临汾、襄陵	8
1739-01-03	38.9	106.5	宁夏：平罗、银川	8
1883-09-06	25.2	103	云南：嵩明	8
1902-08-22	39.5	76	新疆：阿图化	$8\frac{1}{4}$
1906-12-23	44	85.8	新疆：玛纳斯	8
1920-06-05	23.5	122	台湾海中	8
1920-12-16	36.5	105.7	宁夏：海原	8.5
1927-05-23	37.6	102.6	甘肃：古浪	8
1931-08-11	47.1	89.8	新疆：富蕴	8
1950-08-15	28.4	96.7	西藏：察隅	8.5
1951-11-18	31.1	91.4	西藏：当雄	8
1972-01-25	23	122.3	台湾	8
2001-11-14	35.9	90.5	青海：昆仑山	8.1
2008-05-12	31	103.4	四川：汶川	8

（一）中国地震活动的地区分布特征

从中国地震震中分布上可以看出，大地震相对集中成带。根据构造环境和地震活动特点将中国境内划分为不同的地震带。地震带具有相对一致、统一的构造单元，具有相对一致、统一的地震活动性。环文林等（1999）以地震活动性、震源深度、震源机制、地质构造等方面的区域特征为依据，将中国及邻区分为 7 个强震活动区，4 个地震亚区，23 个地震带（图 4.2.2-2），各区带地震活动情况见表 4.2.2-2。

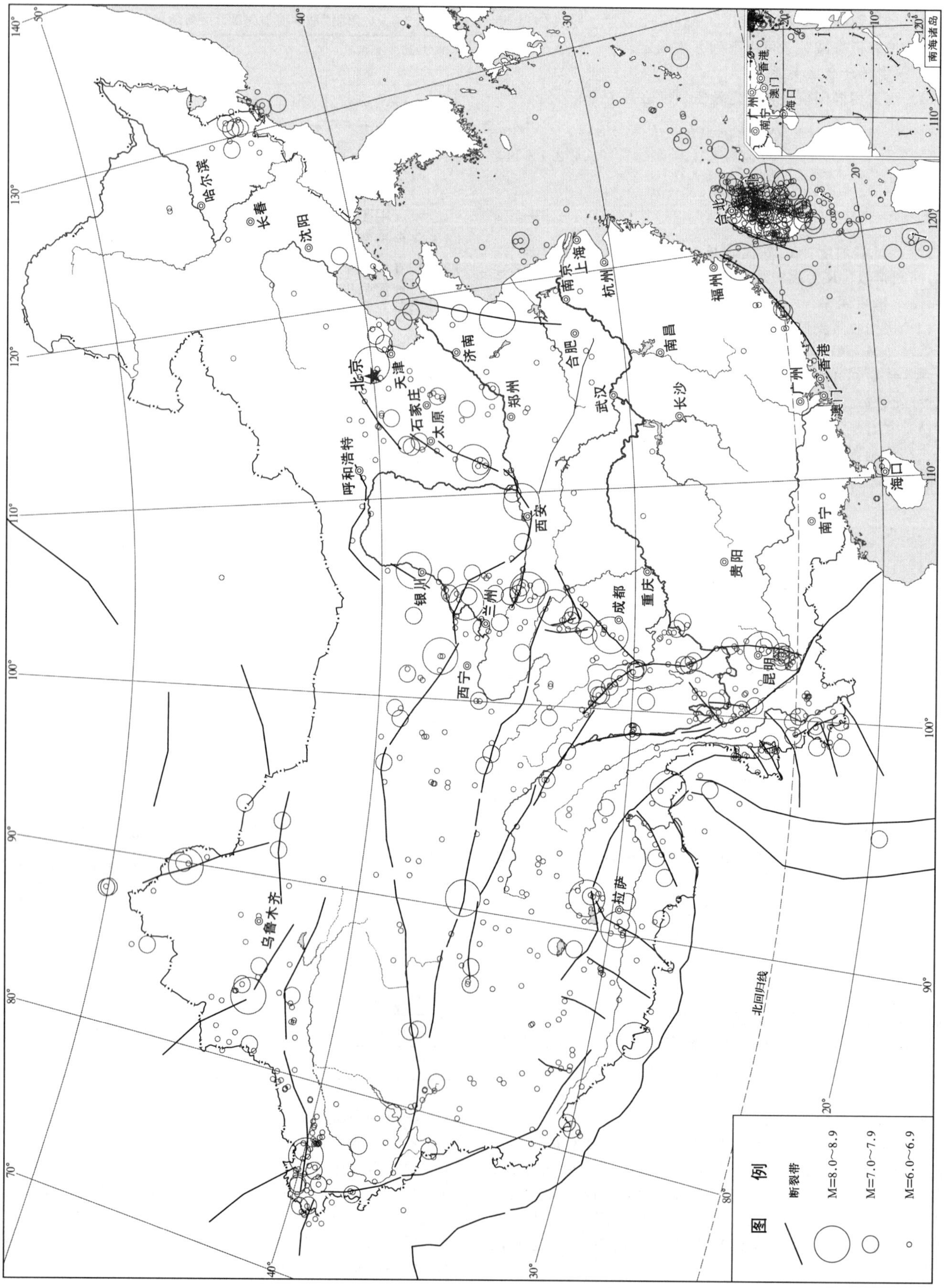

图 4.2.2-1　中国强震活动分布图

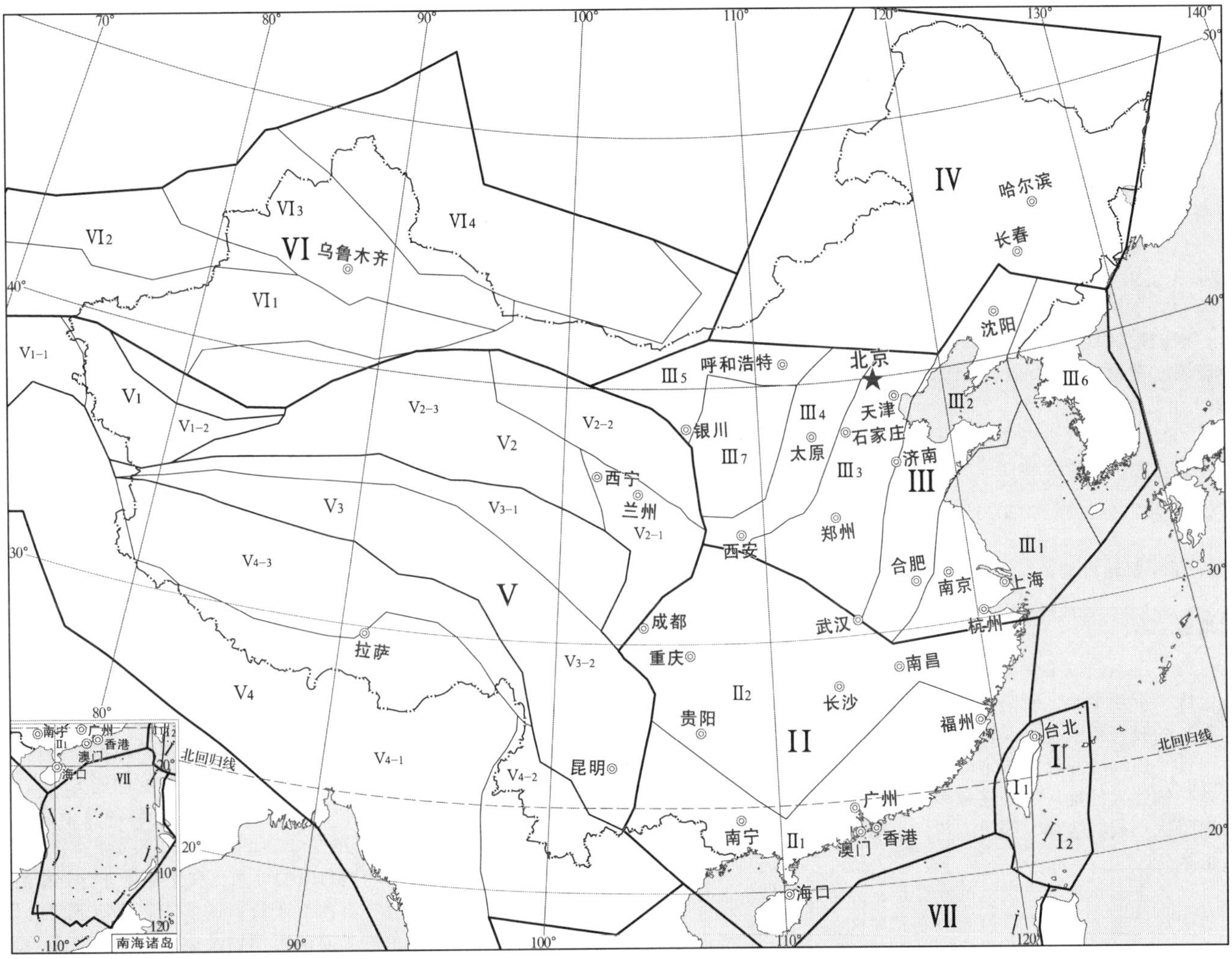

图 4.2.2-2　中国及邻区地震区带划分图（环文林，1999）

表 4.2.2-2　中国及邻区地震区、带划分表

地震区、带名称	地震区、带代号	区内各级地震个数			
		$M \geqslant 8$	M7～7.9	M6～6.9	M5～5.9
天山地震区	Ⅵ	7	20	114	522
南天山地震带	Ⅵ1	1	5	58	255
中天山地震带	Ⅵ2	3	4	18	58
北天山地震带	Ⅵ3	0	4	11	66
阿尔泰山地震带	Ⅵ4	3	7	27	143
青藏地震区	Ⅴ	19	131	605	2016
西昆仑—帕米尔地震亚区	Ⅴ1	2	39	171	585
青藏高原北部地震亚区	Ⅴ2	5	21	73	287
龙门山地震带	Ⅴ2-1	3	10	30	131
六盘山—祁连山地震带	Ⅴ2-2	2	10	23	69
柴达木—阿尔金地震带	Ⅴ2-3	0	1	20	87
青藏高原中部地震亚区	Ⅴ3	2	33	132	481
巴颜喀拉山地震带	Ⅴ3-1	1	3	12	56
鲜水河—滇东地震带	Ⅴ3-2	1	30	120	425
青藏高原南部地震亚区	Ⅴ4	10	38	229	663
喜马拉雅地震带	Ⅴ4-1	5	16	95	225
滇西南地震带	Ⅴ4-2	2	15	65	186
藏中地震带	Ⅴ4-3	3	7	69	252
东北地震区	Ⅳ	0	3	12	41
华北地震区	Ⅲ	5	21	120	356
长江下游—黄海地震带	Ⅲ1	0	1	37	53
郯庐地震带	Ⅲ2	1	6	13	63
华北平原地震带	Ⅲ3	1	5	29	106
汾渭地震带	Ⅲ4	2	7	20	100

续表

地震区、带名称	地震区、带代号	区内各级地震个数			
		$M \geqslant 8$	M7～7.9	M6～6.9	M5～5.9
银川—河套地震带	Ⅲ5	1	1	7	22
朝鲜半岛地震带	Ⅲ6		1	14	
鄂尔多斯地震带	Ⅲ7	0	0	0	12
华南地震区	Ⅱ	0	5	28	142
长江中游地震带	Ⅱ1	0	0	2	48
华南沿海地震带	Ⅱ2	0	5	26	94
台湾地震区	Ⅰ	2	42	288	1069
台湾西部地震带	Ⅰ1	0	10	64	189
台湾东部地震带	Ⅰ2	2	32	224	880
南海地震区	Ⅶ		2	9	30

注　表中1970年以前的地震目录来源于《中国地震简目》，1970年以后的地震目录来源于中国地震台网中心网站，地震统计时间截止于2010年4月30日。

（二）中国地震活动的时间分布特征

中国地震活动在时间分布上存在显著的活跃期和相对平静期交替出现的现象，这和各地震带的应变积累—释放过程是一致的。根据历史地震统计资料，各地震带的每一地震活动期都可分应变积累、应变释放加速、应变大释放和剩余释放四阶段。在平静期内，一般没有或很少发生7级以上的地震，而每一次活跃期中都发生过8级以上的强烈地震。同一地震区内，每一地震活动期的历时大致相近，而不同地震区的活动期历时各不相同，如华北、华南、青藏高原北部为300～400年，新疆中部及青藏高原中部为100年左右，而台湾东部、青藏高原南部则仅几十年。

（三）中国地震活动与构造的关系特征

研究和分析中国中、强地震的发生均与活动性构造体系的主干断裂、活动的深大断裂带，以及由其所控制的断陷盆地有着密切的关系，并且主要发生在以下一些特殊部位：

（1）大部分发生在中国大陆活动块体的边界带上（如2008年汶川地震，$M=8.0$），部分发生块体内部活动带上。

（2）不同方向的活动性构造带、活动性断裂的交汇复合部位，活动层的拐点、端部、转折段、闭锁段等部位（如1931年新疆富蕴地震，$M=8.0$；1927年甘肃古浪地震，$M=8.0$；1969年的渤海地震，$M=7.4$）。

（3）活动性深大断裂或主干断裂带的强烈活动（滑动速率高）地段和活动性质转变段（如1923年和1973年两次炉霍地震，M为$7\frac{1}{4}$和7.9；2010年玉树地震，$M=7.1$）、端部（如1949年新疆轮台地震，$M=7\frac{1}{4}$）和拐弯地段（如1920年海源地震，$M=8\frac{1}{2}$）。

（4）第四纪以来发生在断陷盆地内，主要集中于断陷盆地的边缘、沉积中心、断陷盆地内的次级构造（如断裂、横向隆起等）的分布范围，以及多角形盆地的端部。

（5）现代地壳形变异常区，各构造区的现代地壳运动强烈且差异幅度大的地区，尤其是形变梯度带和形变带中局部上升或下降区，或其边缘、等值线转折、畸变部位、两组等值线的交汇区。

（6）重磁异常的梯级带的变缓带、异常带的转折区和交汇带等地球物理场（重力、航磁）变异地区。

（7）地壳陡变带的斜坡区、等值线变缓和拐弯区，地壳深部低阻层内和低速层与高速层的过渡带等深部构造变异地区。

二、水电工程地震活动研究

（一）工程区域地震活动研究

在工程场地的区域构造稳定性研究中，区域范围取对工程场地地震安全性评价有影响的范围，应不小于工程场地处延150km。研究工程场地所在区域范围内的地震活动规律，预测在工程使用年限内（通常取50～100年或更长时间）工程场地周围可能发生地震的地点、强度以及可能对工程场地的影响。图件比例尺不应小于1∶250万，所有图件应标明工程场地位置。

1. 区域地震目录与震中分布图

（1）地震目录。地震资料收集与目录编制，应符合要求：根据地震部门正式公布的地震目录和地震报告，收集相关的地震资料；历史地震资料应包括区域内自有地震记载以来的全部破坏性地震事件；区域性地震台网地震资料应包括区域内自有区域性地震台网观测以来可定震中参数的全部地震事件；编制区域破坏性地震目录，包括发震时间、地点、震级、震源深度及定位精度等。编制区域性地震台网地震目录时，其震级下限可视工程研究区地震活动性强度和台网监测能力而定。一般来说，强震区（如中国西部地区），震级下限取$M\geqslant3.0$；弱震区（如华中地区），震级限取$M_{min}\leqslant M<3.0$，M_{min}为台网在研究区内能确定出震中位置的最小震级。

在地震目录编制中需注意的问题：①地震目录应包括本区域自有地震记载以来，直至当前为止全部$M\geqslant4\frac{3}{4}$的地震事件。公开出版的地震目录之后的地震需工作者自己编辑；②一些地震事件的参数，几个目录有较大差别时，需工作者分析研究，并最终确定；③工作区的一些疑难地震可能有些没列入正目，当这些地震影响工程地震评价时，需进一步研究考证，并有明确结论；④作出区域内全部收集到的地震等震线图。

（2）地震震中分布图。震中分布图的编制，应符合以下要求：分别编制破坏性地震震中分布图、区域性地震台网记录的地震震中分布图；注明资料起止年代；注明主要地震的震级和发震日期；区分出浅源、中源和深源地震。

2. 地震活动特征分析

（1）关于历史地震记载的完整性问题。历史地震记载的完整性主要是指由于不同地域在不同历史时期政治、经济、文化的发展程度不同，对地震记载的详简程度和完整程度有很大差别。地震资料的完整性分析要将地域分布和时间进程结合起来考虑，资料的可信程度也和地震震级大小有关。在进行地震活动性研究时，应根据所统计的地域内不同时段，具体情况具体分析。例如，华北地区6级以上地震1484年以后，不致有较大遗漏，5级以上地震直到1900年后才可望有较完整的记录。

对于历史地震资料，可用震级～时间（$M\sim T$）图分析各时段地震资料的完整性，用震级～频度关系（$\lg N=a-bM$）的线性分布检验各时段地震震级分布的完整情况，由此得出地震资料的“可信时间域”和“可信震级域”。

对于地震台网记录资料，应当收集区域地震台网的观测历史、台站数目、位置、装备仪器的型号等资料，根据台网中各台站位置及仪器的灵敏程度分析本台网的空间控制能力，从而了解台网内及附近不同部位、不同震级地震资料的可信程度，并确定可信地震下限（M_{min}）。

对历史地震目录和台网目录的可靠性和完整性进行分析后，才能根据各种统计、分析方法对于资料的要求，决定统计、研究工作所适用的空间范围和时间范围以及震级范围，以便合理地进行统计，分析研究工作。否则，所得到的结果就可能被资料的不完整性所歪曲，也就难以得到科学、合理的结果。

（2）区域地震活动的空间分布。地震活动空间分布特征一般用不同时期的震中分布图来表示，图中应标出地震发生时间、地点和强度。用统计方法来研究地震强度和频度在空间分布的特征时，一般用地震活动度。地震活动度是指单位面积单位时间内发生的地震折合成某震级地震的次数，点（x，y）处的活动度A_{m_0}（x，y）定义为

$$A_{m_0}(x,y)=\frac{1}{ST}\sum_{i=1}^{n}10^{b(m_i-m_0)} \qquad (4.2.2-1)$$

式中：b为统计区大小地震比例关系的常数；m_i为第i个地震的震级；m_0为折合震级；S为统计单元面积；T为选取资料的时间长度。

由统计区内各点的地震活动度经平滑处理可得到区内的活动度图，由此也可派生出能流密度图等图件，借以分析地震活动的空间分布特征。

研究中也应收集工程研究区可靠的地震震源深度资料，绘制震源深度剖面或编制各深度层地震的频次表，来分析地震与深部构造的关系。

在分析地震空间分布特征时，要注意其所具有的条带、网络、空区、空段、集中、迁移或整体转移等图像，为地震活动空间预测提供基础资料。

（3）区域地震活动的时间分布。区域地震活动时间分布特征的研究一般是在一定统计单元内（工程研究区，一般是地震带或地震区内）进行的，主要是描述在时间进程中不同时间段的地震活动特征，其目的是评估未来较长时间（如100年）内

地震活动的趋势。以下是常用的几种分析方法。

$M \sim T$（震级～时间分布）图是描述地震活动时间进程的最简单直观的方法，根据 $M \sim T$ 图上发生地震的疏密（包括大小）来划分地震活动的相对平静期和活跃期。

$\sum\sqrt{E} \sim T$（应变释放曲线）图，由已经发生的地震震级，从震级能量公式 $\lg E = 4.8 + 1.5M$ 求得。该方法应用应变能积累和释放过程来描述各个地震带随时间进程的地震活动的演化过程。

周期图分析法主要是将地震震级和频度作时间序列的傅里叶变换分析，以提取可用的周期、相位和振幅，描述地震活动的高潮期和低潮期，预测未来较长时间地震活动的可能趋势。

最大熵谱分析主要对地震频数作功率谱估计，来描述地震活动的周期性。

（4）区域地震活动的水平估计。可用极值理论、应变释放曲线的震级可预测模型等方法来预测一定区域范围内（如地震带）、一定时间（如 100 年）内地震活动的水平。

（5）区域地震震源机制解分析。应收集、补充和统计本区域内单个地震的震源机制解结果，编制震源机制解分布图，同时可利用小震 P 波初动符号或小震的震源机制解作出研究区的综合断层面解，并结合地质构造、地形变测量和地应力测试等资料，综合分析工程研究区现代构造应力场和震源错动性质。

3. *历史地震对工程场址的影响*

收集工程研究区中、强地震等震线图，以及对工程场址区的影响烈度等资料，编制工程场址历史地震影响烈度目录，编制综合地震等震线图。

历史地震对场址的影响烈度可从其等震线资料中直接读取；若没有等震线资料时，可利用本地区的烈度衰减公式来估算工程场址遭受的影响烈度。

4. *区域地震活动特征的综合评价*

综合评价区域地震活动特征及其对工程的影响。

（二）工程近场区地震活动研究

近场区范围应不小于工程场地及其外延 25km。近场地震活动性研究的主要目的是判断近场区可能发生强震的地点，并进行发生强震的危险性分析。近场区地震工作主要包括重新确认近场区所有已知破坏性地震的震中位置和强度，调查确定近场区内参数依据不充分或有怀疑的破坏性地震的震中位置和强度，说明各破坏性地震对工程场地的影响。

1. *近场地震震中分布图的编制*

编制工程近场区中、强地震目录和近期小震目录，小震目录应包括地震台网观测以来全部可定震中参数的地震事件，并绘制出相应的震中分布图。近场区震中分布图比例尺应不小于 1∶25 万，重大水电工程项目不应小于 1∶10 万。在整理工程近场区地震目录和绘制地震震中分布图时，应对工程近场区所有已知的破坏性地震，重新确认其震中位置、强度和地震地质灾害。凡破坏性地震的证据不充分或有怀疑者，应重新查阅有关资料和进行现场调查。

2. *近场地震活动性分析*

（1）近场强震分析。可依据该地区地震活动环境采用不同的地震复发模型，如更新过程模型、特征时间过程模型、时间可预测模型、滑移量可预测模型以及韦尔分布模型等研究同一潜在震源区的强震复发间隔，据此评估其未来时间段内的地震危险性。近场区内若有 $M \geqslant 7$ 历史大地震时，则应分析是否可能有大地震的减震作用，为确定相应潜在震源区各震级档的地震年平均发生率提供依据。同时应分析近场强震活动与地质构造的关系。

（2）近场小震分析。利用专门编制的近场震级 $M < 4\frac{3}{4}$ 的小震目录及其震中分布图，分析说明近场区小震分布处于区域性分布中的地位，分析其与地质构造的关系。当场址处于区域小震密集分布区的空区或空段，或区域小震密集带两端或小网络结点等地震活动特征图像的不利部位时，具有一定的地震危险性。同时近场小震分析也为不同潜在震源区地震年平均发生率的取值、地震空间分布函数的赋值提供依据。

3. *近场地震精确定位*

对于重大水电工程，应对近场区范围内震级小于 4.7 级的仪器记录地震重新定位。1970 年各省地震台网建立以后，跨省的地震需要使用有关省的地震资料联合测定，各台网以内的地震可通过试验各种地震速度模型和使用多种定位方法来提高定位精度。对有些疑难地震可用改变初值或多种定位方法定位，如可以采用射线追踪或相对定位法以消除横向速度变化引起的定位误差。

4. *近场地震震源机制*

对大量震源机制结果的研究表明，由许多强震震源机制解得到的震源处等效应力场的统计结果，可以被认为代表了该区域的现代构造应力场；但在具有区域规律性构造应力场中，也存在着不同主应力方向的局部构造应力场。

通过近场区内单个强震的震源机制解和小震综合断层面解，结合区内的现代构造变形特征，分析近场区内局部构造应力场，判断哪些方向和产状的断层易于活动，揭示发震断层性质，预测地震的最大震级，同时也为划分地震构造区和确定发震构造提供依据。

5. *近场地震活动的综合评价*

综合评价近场地震活动特征及其对工程的影响。

第三节　地震构造研究

一、中国新构造运动的特征

（一）中国新构造分区特征

中国新构造特点之一是不同区域的差异性，存在明显的分区现象。根据《中国岩石圈动力学地图集》有关资料，各区新构造特征简述如下（李志义等，1989）。

中国西部在印度和欧亚板块直接碰撞和影响下，主压应力方向以北北东—北东为主，新构造运动表现为大幅度上升和块体间的明显水平位移，并形成特有的地壳结构和断裂系统。在地质地貌上还可分为三个不同的新构造区：即板块碰撞强烈隆起区（喜马拉雅山）、雅鲁藏布江以北的面状强烈隆起区以及昆仑—阿尔金以北的相对稳定地块与新生代造山带相间分布的大幅度断隆、断陷区（新疆大部及甘肃东北部）。

中国东部总的特点表现为幅度不等的断块差异运动。这种差异既表现在东西方向上，也表现在南北方向上。东西向的差异表现为明显的地貌台阶以及地球物理和地质发展史等方面的不同，例如沿大兴安岭、太行山及武陵山东侧即为一明显的地形台阶，并且表现为显著的重力梯度带。南北向的差异又使中国东部明显地分成华南、华北和东北三个大区。华南地区以幅度不大的整体抬升为主，主压应力方向为北西向，主要构造线方向以北北东—北东向为主。华北地区在第三纪早期形成大量北东方向的裂谷构造（如渤海、汾渭地堑等），到晚第三纪及新构造时期在北东—北东东区域应力场作用下仍保持一定的活动性；在平面格局上主要表现为大范围的断块升降，同时又在广泛的沉降和抬升构造单元中形成次一级的雁行排列的深断陷。东北地区主要由大、小兴安岭、东部山地隆起及松嫩平原组成，差异运动幅度大大小于华北地区；但这里的岩浆喷发强烈，显示出不同的新构造运动表现方式。

中国的新构造特征是在印度板块、欧亚板块及太平洋板块的相互运动过程塑造出来的。中国西部主要受印度板块向与欧亚板块碰撞的影响，中国东部主要受太平洋板块向欧亚板块俯冲作用的影响，新构造应力场以水平应力为主，水平变形量与垂直变形量之比大约为2～8。中国西部的上升和东部的下降均同巨大的挤压、走滑和张性运动断裂构造带相伴生，主要的新构造分区界线也由活动断裂构造带控制。喜马拉雅、青藏、川滇高原及其周围主要为规模巨大的挤压和走滑断层，而华北平原地区则广泛发育了张性铲状断层。中国大陆在东西两个不同性质的板块碰撞和俯冲机制作用下，形成了特有的、相互联系的和有规律的新构造特征。

（二）中国主要的活动构造带、活动断裂及其特性

中国新构造应力场和构造变形场分布见图4.2.3－1。

中国主要的活动构造带、活动断裂带及其特性见表4.2.3－1。

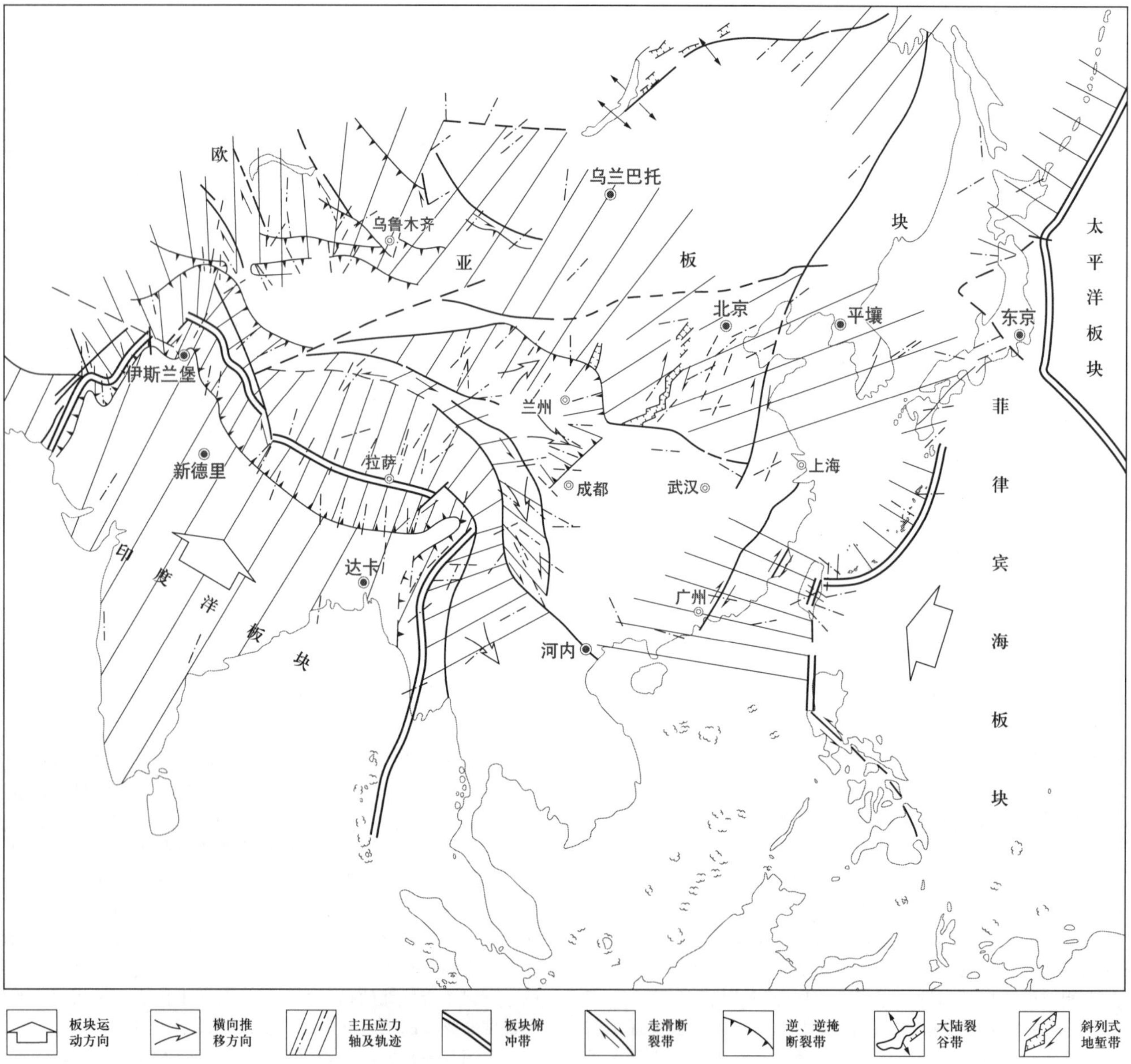

图4.2.3－1　中国及邻区构造应力场和构造变形场分布图（时振梁、环文林，1982）

二、水电工程地震构造的研究

研究区域地震构造的主要目的是找出区域内构造活动与地震活动的相互关系，为确定发震构造及划分潜在震源区和地震构造区提供依据。区域地震构造的研究方式以资料收集、分析和编制各种图件为主，必要时进行野外勘察和复核工作。

主要研究工作有：收集区域地形地貌、地层岩性、地质构造、地球物理场、地壳结构与深部地质构造、现代构造应力场和现代构造变形等资料，特别是区域性活动断裂带的资料，分析其与地震活动的关系，研究地震发生的大地构造和新构造背景，确定不同震级地震的发震条件和构造标志，并从宏观上分析判断工程研究区区域构造总体稳定程度。

编制区域大地构造单元划分图、区域地质图、地质构造纲要图和新构造及其单元划分图，编制区域布格重力异常图、航磁异常图和地壳结构图等，重点是编制区域地震构造图。区域地震构造图的比例尺采用1：100万，其他图的比例尺不小于1：250万，所有图件应标明工程场地位置。

表 4.2.3-1　　中国主要的活动构造带、活动断裂带及其特性

区域	构造带（区）或断裂名称		新构造活动性质	主压应力轴方向	主要地震活动
西部	喜马拉雅弧形带		为欧亚板块与印度洋板块缝合线，南坡以逆掩—辗掩断层为主，由北向南推复；北坡以逆断层为主	NNE－NE 但弧内侧震源深度在 20km 以上为 NW－EW	
	唐古拉—川滇弧形带	西段：喀拉昆仑大断裂	右旋平移逆断层	NE	
		中段：唐古拉	逆断层		
		东南段：川滇带	高角度逆断层走向 NW－SN，沿断裂发育一系列串珠状挤压性盆地，如：鲜水河断层（左旋）、安宁河断裂带（SN）	一般为 NE	嵩明地震（$M=8.0$，1833 年） 沪霍地震（$M=7.9$，1973 年） 昭通地震（$M=7.1$，1974 年） 玉树地震（$M=7.1$，2010 年）
	昆仑—川西弧形带。昆仑北缘深断裂。 龙门山构造带		逆断层，具右旋性质，长 1100 余 km，走向 EW。 逆掩断层，具有旋性质，走向 NE40°	NNE－NE，NWW	迭溪地震（$M=7.5$，1933 年） 松潘地震（$M=7.2$，1976 年） 汶川地震（$M=8.0$，2008 年）
	祁连构造带		NW 向逆断层发育，并有同样走向的新褶皱	NE	昌马地震（1932 年）
	祁连山北缘断裂		平移逆断层，北侧河西走廊第四系沉积厚度达 1000m 以上，1932 年昌马地震时，产生 116km 长的地震断层		
	阿尔金断裂		左旋平移断层，长 1500km，走向 NE50°		
	新疆断块、可可托海二台断裂		右旋平移逆断层	NE－NNE	富蕴地震（$M=8$，1932 年）
	天山北缘断裂		右旋平移逆断层		
	南天山—兴都库什 西昆仑北缘深断层		逆断层 NE50°	SN	
东部	华北区	银山地堑兰（州）—宝（鸡）断层	新生界沉积厚度＞3500m，有一条断层已切穿长城，走向 NW		平罗银川地震（$M=8$，1738 年）；海原地震（$M=7$，1920 年）；华县地震（$M=8$，1556 年）；临汾地震（$M=8$，1695 年）
		渭河地堑 汾河雁行地堑系	新生界沉积厚度＞5000m 新生界沉积厚度 400～600m		
	华北平原	NE－NEE 向断裂系	华北平原新生界沉积厚度＞8500m，断块由一系列 NE－NNE 向的张性或张扭性断裂组成	NE－NNE	
		营口—郯城—庐江断裂	右旋平移逆断层		郯城—营口地震（$M=8\frac{1}{2}$，1668 年） 渤海地震（$M=7.4$，1976 年） 海城地震（$M=7.3$，1976 年）
		太行山山前断裂 近东西向断裂	张性或张扭性		邢台地震（$M=7.2$，1966 年，发生在束鹿地堑）；河间地震磁县地震（$M=7.5$，1830 年）
		阴山燕山构造带	正断层，走向 EW		唐山地震（$M=7.8$，1976 发生在昌黎宁河地堑）

（一）区域地质构造背景研究

1. 区域地质研究

（1）地形地貌。区域地形地貌研究目的主要是通过区域地貌、河谷地貌调查，分析确定新构造活动的性质及基本型式。区域地形地貌研究主要内容包括：

1）调查工程区地貌形态特征及其分布，划分地貌类型、地貌单元和不同级序地貌面，调查各级地貌面物质组成、成因类型，并结合地层和相关沉积对比，分析其形成时代。

2）调查工程区河谷形态、河流阶地，划分河谷类型和阶地类型，分析研究阶地物质成分和成因；测定阶地物质形成年代，结合区域对比资料，划分和确定阶地级序，进行阶地等位相分析。

3）根据区域地貌、河谷地貌发育特征以及水系变迁，分析研究区域地貌发展演化过程、河谷发育史及与新构造活动的相互关系。

4）重点研究有区域性断裂通过地带的各种地貌的特征，为分析新构造活动的强度、断裂新活动性提供依据。

（2）地层岩性。区域地层岩性研究主要研究内容包括：地层岩性及组合关系，分析研究基底分布特征和盖层沉积建造以及相互接触关系，确定构造层和构造运动期次；岩浆岩分布形态和特征，分析火山活动、岩浆活动的强弱和期次以及与构造的关系；变质岩的分布、类型、变质程度，划分变质岩带，分析变质类型和变质期及其与构造运动的关系；重点是第四纪地层的分布、规模及与地貌、新构造活动等的相关关系。编制区域地层柱状图。

（3）地质构造。区域地质构造研究主要包括：

1）调查区域构造格架特征、构造和变形特征、断裂系统及活动状态。结合沉积建造、火山活动、岩浆活动与变质作用分析地壳运动特征、构造发展史及构造变形发展演化过程。确定大地构造单元及所处大地构造环境，划分区域内次级构造单元。

2）根据区域地质资料，分析各时期构造变动形成的褶皱变形类型及组合特征，阐明构造应力作用方式和变形强度。

3）调查区域断裂带展布、规模、性状、力学性质以及组合切割关系，结合有关地质资料，划分断裂类型。

4）调查坳陷、断陷槽地和盆地规模、分布状态、下陷深度、沉积环境和特征，分析现今地壳运动作用和影响。

5）编制区域构造纲要图、区域大地构造单元划分图。图内应表示以下内容：一级、二级大地构造单元的边界线；一级、二级大地构造单元代号和名称。文字说明宜放进区域大地构造单元的发育简史，其中对工程所在的大地构造单元应论述得稍详细一些，主要是大地构造单元的主要构造及其方向、类型和性质等。

2. 地球物理场及深部构造研究

应收集重力、航磁资料，研究深部构造。必要时开展地震测深、电测深、天然地震转换波分析。根据各种地球物理异常，分析判断地质演变和现代地壳运动的深层背景，推测地表断裂切割深度及深部构造特征。

（1）区域重力场分析研究主要包括：重力异常特征与地表及深部断裂的关系；均衡异常特征及地壳均衡状态；区域性大断裂深部反映特征。

（2）航磁异常主要反映地质体的磁性特征，航磁异常的分析研究主要包括：磁场结构特征和基底构造基本特征；深部磁场结构特征以及断裂深部反映特征；基底构造特征及与断裂的关系。

（3）搜集地震测深或电测深资料，必要时应根据断裂构造展布特征专门实测，分析波速界面及电阻层结构特征，较准确地划分壳内层圈结构，推断地表断裂切割深度以及深部断裂信息，验证重力异常梯度带、航磁异常梯度带性状特征及与断裂构造的关系。

（4）搜集大地热流值和地温梯度值资料，分析研究区域大地热流值大小和分布状态及地温梯度情况。

（5）搜集深部构造和地壳结构资料，分析研究不同深度构造特征及与地壳厚度变化和深断裂的关系。

（6）编制各种地球物理场图件，分析总结各种地球物理异常及深部构造等各自特征及其与地震活动的关系，为分析区域地震构造条件提供基础资料。

3. 区域构造应力场研究

应研究区域构造应力的作用方式和强度，分析不同地质历史时期构造应力场的发展变化规律。重点研究现今构造应力场。

区域构造应力场勘察研究宜采用下列方法：利用构造形迹（褶皱、断裂）、共轭节理、断层擦痕、岩组分析、压溶构造、水系网络等，分析古主压应力方位；利用大地或断层水平形变位移和应变，分析现今主压应力方位，应力作用方式和强度；采用单震震源机制解和小震综合平均节面解，分析判定不同地带现今主压应力方位；收集区域地应力实测资料，并结合坝址区地应力实测成果，分析现今区域构造应力场，研究全区现今应力分布状态和主要断裂带内应力特征及所处应力条件，研究在现代构造应力场作用下，哪些构造易于发生破坏性地震。

4. 区域现代构造变形研究

收集现代地壳形变资料，特别要关注全球定位系统（GPS）、星载合成孔径雷达（SAR）等最新对地观测技术的有关成果，研究地壳运动速度变化和形变特征与强震活动的关系。必要时建立区域地球动力学模型。

（二）区域地震构造研究

1. 区域新构造活动

（1）新构造活动研究的主要内容。

1）地貌面和阶地分布及变形、水系分布及变迁、线状地貌特征、洪积扇分布状态，判定原生构造地貌、后生构造地貌。

2）新沉积物变形变位、相变及厚度变化，新生代盆地槽地沉积环境及火山活动，泉水特别是温泉的分布。

3）确定活断层。

4）地壳形变量及趋势。

5）现今构造应力场。

6）现代地壳运动的性质、方式和特征，现今构造应作用方式、强度，断裂活动强度和地震活动水平；评价现代地壳活动特征，进行现代地壳活动强度分级；新构造活动分区。

（2）新构造活动及变形勘察的研究方法。

1）以地质地貌调查为基础，结合遥感图像解译。

2）地形变、地震、断层位移监测。

3）地应力及断层活动年龄测试。

（3）编制区域新构造图及其单元划分图。

区域新构造图宜表示以下内容：新构造时期不同活动期的断裂及其性质，并尽可能表示其位移速率；不同时期发育的盆地性质及其等深线；尽可能表示多级夷平面和阶地发育状况；不同新构造时期的岩浆岩分布；温泉分布；地震分布；新构造分区（或另图表示）。文中应重点论述的内容：区域新构造运动特点，如垂直运动和水平运动强烈程度；新构造运动的阶段性、间歇性、继承性特点；区域断裂的规模、产状、活动时代等，也可列表表示；新构造分区及其主要特点。

2. 区域活动构造评价

区域活动构造主要是指区域活动断裂带，个别地区包括有活动褶皱，也有的活动构造一定时期内没有地震（黏滑）发生，以蠕滑为主。

（1）在区域地质背景、新构造活动和地震活动等研究的基础上，对区域内主要断裂带的展布位置、内部结构、活动性质、运动速率、分段性、最新强烈活动时代、地震活动等特征进行勘察研究，重点对晚第四纪以来活动的断裂带及其与强震活动的关系进行研究，确定发震构造。

对工程场地地震安全性评价结果可能产生较大影响的断层，资料不充分时，应补充下列工作：查明断层最新活动时代、性质和运动特性；进行断层活动性分段；分析重点地段古地震的强度及活动期次。

（2）应根据实地调查和已有资料分析，编制地震构造图，地震构造图应包括以下内容：第四纪以来活动的主要断层活动时代、性质和运动特性；特别是晚第四纪以来活动断层的活动特征；第四纪以来活动盆地展布范围、沉积物性质和厚度分布等特征；现代构造应力场特征，主要表示区域应力场的总体作用方向和块体运动方向；破坏性地震震中分布位置。

3. 地震构造条件的综合评价

根据区域地震构造图、新构造图、地壳结构图和地球物理场等图件，结合区内及其邻近地区具典型意义的历史强震发震构造，分震级档研究各震级档地震孕育、发生和地质构造标志和地球物理场标志，评价区域总体地震构造环境，分析不同震级档地震的构造条件，确定各震级档地震构造标志和各断裂带上的最大潜在地震。

（三）近场活动构造调查

近场区范围应不小于工程场及其外延 25km。近场活动构造调查是指与发生破坏性地震有关的地震活动断层、第四纪地质地貌和深浅部地质构造环境的调查，包括现场勘察和资料收集等工作，特别是对确定场址的地震动参数有重要贡献的活动断层做详细的实地调查。近场活动构造调查的目的是查明近场范围内地质构造，特别是发震构造的特征，其中关键工作是断裂活动性的鉴定。

近场区地震构造图比例尺应不小于1：25万，重大水电工程项目不应小于1：10万。活动构造细节图件，根据需要选定比例尺。探槽剖面图比例尺宜取1：10～1：50，地质和地貌平面图和剖面图比例尺宜取1：100～1：1000。

1. 近场区地震构造的研究

应收集第四纪地质和地貌资料，分析第四纪构造活动特点。重大水电工程项目还应编制第四纪地质构造面图和平面图。

近场第四纪地质和地貌调查是近场活动构造调查的重要组成部分，包括以下内容：第四系的划分和分布特征，建立第四系分层柱状图，根据工作需要编制第四纪地质图和剖面图；在有第四纪岩浆岩和火山出露的地方要简要论述它们的活动期次、分布特征、产出部位等，注意它们与断层活动和地震活动的关系；注意调查第四纪地貌面（夷平面、阶地）的分布和变形情况，收集与断层活动有关的地貌特征资料；调查第四纪盆地的分布、厚度和活动特征等；近场范围内第四纪构造活动分区可依据第四纪构造运动的方式（主要指隆起和拗陷）、幅度或速率以及构造地貌特点进行。

应对近场区内主要断层进行详细的活动性鉴定，包括活动时代、性质、运动特性和分段等，并判定其最大潜在地震的震级。在覆盖区，已有资料不能确定已知主要断层的活动时代时，应选用地球物理、地球化学、地质钻探和测年等手段进行勘查，查明断层位置和活动时代。重大水电工程还应在工程场地及其外延5km的范围内进行能动断层鉴定。断层活动性评价以及活动性鉴定等内容见下节。

宜收集地壳形变（包括跨断层形变测量、GPS资料等）以及地质、地貌、海平面变化、考古等方面的资料，以获得对近场区现代地壳运动状况的认识，并分析现代构造活动特点，及其与地震活动的关系。

2. 近场区地震构造图的编制

应编制近场区地震构造图，近场区地震构造图应包括以下内容：前第四纪构造层划分；岩浆岩分布；第四纪以来有活动的主要断层及其活动时代；活动断层的性质及其分段特征；第四系分布及其厚度；第四纪盆地的范围及其活动性质；破坏性地震震中位置。

3. 近场区地震构造的综合评价

综合评价近场区地质构造特征，是否存在发震构造，以及地震构造对工程的可能影响等。

第四节 断裂活动性评价

活动断层是指晚第四纪以来有活动的断层。断裂活动性评价包括活动断裂判别、断裂活动性特征和断裂活动性对区域和近场构造稳定性影响等内容。

一、活动断层的判别标志

断裂活动判别标志分为直接标志和间接标志两种，其中直接标志可以明确为因为断层活动而出现的各种现象和证据，可以根据勘察确定的直接标志来判断断层活动性；间接标志也是断层活动的一种产物，但是这类现象也可以是其他地质活动的表现，因此可以作为断层活动的佐证，结合其他地质现象判别断层活动性。

（一）直接标志

（1）使晚更新世以来的地层产生错位，并存在断层面的断层。

（2）经可靠年龄测定，断层中构造岩或被错动脉体最后一次错动的年代距今小于等于10万年。

（3）根据仪器连续的地形变观测，显示其位移量大于0.1mm/年的断层。

（4）根据历史记载或仪器记录地震，有下列特征之一者，属活断层：

1）发生过大于本底地震的断层；

2）沿断层已发生多次中等强度（$M>4.0$）以上地震的断层；

3）沿断层有密集而频繁的近期微震活动。

（5）在地质构造上，证实与已知活断层有共生或同生关系的断层。

（6）错移古文化层及古代、近代建筑物的断层。

（二）间接标志

（1）沿断层，山脊、冲沟或多条河流同步弯转。

（2）沿断层有串珠状或线状分布的盆地、沼泽和泉水点。

（3）沿断层存在断层崖、平直新鲜的断层三角面、山前洪积扇的叠置或错动、分布连续的大规模崩塌滑坡。

（4）沿断层，河道错动或河谷遗弃，或河谷横剖面不对称，或河谷纵剖面出现裂点以及河流阶地的变位。

（5）具有下列异常带的断层：

1）沿断层地球物理场（重力、航磁、地热）线性异常；

2）沿断层地球化学（水化学或同位素）线性异常；

3）沿断层遥感图像线性异常，包括线性影像醒目；

4）沿断层的地质体分界线呈特定的几何图形，或晚更新世以来，新地层沉积相的突变带以及新老地层的线性接触带。

（6）断层线上晚更新世以来新地层厚度的突变带。

二、活动断裂的研究方法

（一）地质法

地质法主要就是根据断层的错断地层时代，断层上覆未错断变形地层时代，来限定断层活动年代，即断层活动时代位于未变形地层时代与错断变形地层时代之间。

地质法鉴定断层活动时代也是地质学中研究断层活动的基本和得到广泛认可的方法。一般包括室内和野外鉴定两部分。室内鉴定是通过收集断层带有关的区域构造、遥感影像资料、地球物理和地震资料，特别是和地层有关的年龄样品测试等；野外鉴定是断层沿线地质地貌考察，查明断层和所涉及地层的变形及其相互关系，地层和断层构造岩采样等。

（二）年代测试法

当利用各种标志综合分析，确定工程近场区有活断层时，或者可能为活断层时，应对活断层最新一次活动年龄进行鉴定。

年代测试在地质法中已经得到应用，地质法中地层年代的鉴定，除了一般地层研究方法，如区域地层对比，孢粉等古生物方法，在新构造研究中，直接的地层年代测试也很重要和直接，通过年龄测试确定地层年代，完成地质法的鉴定工作。

断层活动的年代测试法是指通过对断层内部物质年龄测定来确定断层活动时代的方法。

断层内部物质反映了断层活动的时代和强度，断层角砾岩、糜棱岩和玻璃岩都是前第四纪断层活动的产物。断层泥和断层碎屑物质（未胶结的细粒和粗颗粒）则常为第四纪断层的产物，在没有上覆未错断地层或者上覆地层时代不能准确判断时，可以采用断层内部物质测龄技术。断层充填物的年龄测试，所测矿物质形成于断层之后，其形成年龄可表示断层在充填物形成前的最新活动年龄的界线值；断层形成物的年龄测试，被测矿物存在于断层带中并受构造破裂作用，根据其物理、化学指标、放射性元素辐射剂量，计算出受构造作用的年龄，以此确定断层最后一次强烈活动的近似地质年龄。

1. 年代测试工作布置的原则

(1) 首先应对错断地层进行年代测试，同时应对断层带上覆有被错断的新地层进行年代测试，并与根据断层物质年龄值得出的最新活动年龄相互验证。

(2) 断层带上无新地层时，只能采用测定断层物质年龄值，但应兼用两种测年方法，或以一种方法为主，另一种方法校核，同时结合断层的组成、性状和结构综合分析对比判定。

(3) 断层活动年龄测定样品的采集，应符合下列要求：

1) 采样位置宜在平洞内取风化程度较低的样品；在地表上采样应剥土 0.5m 或更深；

2) 断层采样应采于断层破碎最强烈、有明显断错面、能显示断层新位错影响的部位；

3) 断层带中石英脉、方解石脉和其他碳酸钙类及石膏等样品，应进行野外观察和室内显微结构鉴定，以判断其形成后是否受过构造作用或应力影响；做 TL 法测试的断层带脉内矿物，不能采为岩样；

4) 测年样品应在同一断层的同一剖面采 2～3 个；测年方法与校核方法也应是同一样品。

2. 年代测试方法选择

断层活动年龄的测试，应根据地质条件和测试对象，参照表 4.2.4-1、表 4.2.4-2 选取适宜的测试方法。

表 4.2.4-1　常用年轻地质体年代测试方法

方法名称	测定对象（矿物、岩石）	可测年限（万 a）	地质条件	年龄分析和应用
放射性碳（^{14}C）	含碳淤泥、方解石、骨骼、碳化木、贝壳等	0～6	地层、断层带充填物、崩积物、钙华	断层活动年龄区间
热发(释)光(TL)	石英、方解石、碳酸钙沉淀物、烘烤层、陶瓷	0.1～300	地层、断层带充填物、断层破碎物、钙华	断层活动年龄区间、断层最晚一次强烈活动近似年龄
铀系法（U 系）	方解石、火山岩、碳酸钙沉淀物	1～60	地层、断层带充填物、钙华	断层活动年龄区间
电子自旋共振（ESR）	碳酸钙类、贝壳、石英、长石、磷灰石、火山灰、石膏	0.1～150	地层、断层带充填物、断层破碎物	断层活动年龄区间、断层最晚一次强烈活动近似年龄
石英表面显微结构	石英颗粒	中新世—全新世	断层带破碎物、地层	断层最晚一次强烈活动近似年龄

表 4.2.4-2　各种测试方法适用条件

方法名称	技术本身误差率（%）	适用条件	应用和解释	可信度
^{14}C	1.5～2.5	沉积物、沉淀结晶物、断层充填物	断层活动年龄区间，适合松散土（^{14}C）和有 $CaCO_3$ 地带（^{14}C，U 系）	可信度高，接近真实年龄
U 系	±5			可信度较高
TL	10～20	沉积或沉淀结晶物，断层带物质	断层活动年龄区间，断层显著（最新）活动地质年龄	可信，其他方法结合
ESR	25～30			可信，其他方法校核

3. 测试结果分析

断层活动年龄测定结果的分析与应用，应遵守下列原则：

(1) 当断层带上覆有未变形和未错位的新地层或断层内充填物未经构造作用时，覆盖物或充填物形成年龄代表断层活动年龄下限。

(2) 所测年龄值分散性大（包括 TL 和 ESR 法），应选取比较集中的年龄值，一般舍去小值和大值，但还要结合样品的结构特点分析判断。

(3) 当同一样品同时采用 TL、ESR 和 U 系三种方法测年时，宜选取两种方法所得比较接近的年龄平均值，舍去其中偏离大的年龄值，或者选择 TL 或 U 系法所测年龄值为主要结果。

(4) 当长度为上百公里或更长的断层带上的不同采样点年龄值相差很大时，应结合断层宏观和微观结构、地震、地形变、地貌等特征，对其活动年龄分段评价。

(5) 同一断层或同一采样点，既有断层泥样品年龄值又有脉岩样品年龄值，若脉岩有构造变形，应采用脉岩年龄值，断层泥年龄值相差很大应舍去；若断层中脉岩未变形，则断层泥年龄不能舍去，两者代表不同的地质意义，同一采样点断层泥年龄应大于未变形脉岩形成年龄。

(6) 方解石脉样品若后期受热液活动或外动力地质作用的影响，测年结果往往偏差很大，其年龄值不能使用。

(7) 同一地区、同一地段相邻不远的两条或几条断层，其中一条断层现今活动明显，所测年龄有大值小值；另一条或几条断层现今活动不明显，所测年龄均为大值，则活动反应明显的断层年龄应取小值，舍去大值。

(三) 放射性与地球物理和地球化学法

活断层研究时，在资料不充分时候，也应采用下列方法作为研究活断层特性的辅助手段。

(1) 利用重力航磁测量、人工地震测探，了解活断层的展布、规模和性质。

(2) 在断层带及其两侧一定距离的岩土中测定全汞、氮汞、吸附汞及岩石中挥发性元素 As、Hg、Sb、Bi 等的背景值和异常值，以断定断层的活动状态。

(3) 以活断层的各项参数（长度、宽度、切割深度、活动性质、地应力、位移量等）进行断层活动特征的数值模拟，可判断活断层的活动方式、位移矢量、断层内应力特征、应力相对集中大小、弹性应变能相对量级、最大剪切应力方向等项指标。

三、断裂活动形式及其活动强度

(一) 断裂活动形式

1. 黏滑

具有下列特征之一的活断层，可确定为黏滑活断层：

(1) 具有周期性中强以上地震发生的活断层。

(2) 地形变量具周期突变并与地震相对应的活断层。

(3) 断层带上从变形形迹的切错关系判断有多次活动，且各次变形量不一的活断层。

(4) 断层带的结构表现为破裂、碎裂化，长石石英矿物较多，破裂面较集中的活断层。

(5) 据断层带物质显微结构分析，断层泥中有切砾微断裂、直线擦痕或平行状擦痕。

石英碎砾具有撞击坑、撞击锥等各种撞击楔入现象、直线状擦痕、摩擦糙面等现象的活断层。

2. 蠕滑

具有下列特征之一的活断层，可确定为蠕滑活断层：

(1) 具匀速变形，其累计变形与时间关系曲线呈正弦状上升的活断层。

(2) 断层横剖面表现为连续变形的活断层。

(3) 断层带内有矿物双晶化、错位、重结晶等现象，黏土矿物含量达 30%以上，并具膨胀性矿物的活断层。

(4) 据断层带物质微观结构分析，断层泥中有不切砾追踪微断裂、弧形或勺状擦痕；石英碎砾中见有追踪破裂、裂而不破和酥裂、研磨面、研磨坑以及擦面平滑的弧形、丁状、勺状擦痕等现象的活断层。

(二) 断裂位移量的测定

可以通过被错动的地质体、水系、地貌等直接测量，配合年代的判定，确定一定时段的综合值。

(1) 从历史地震、古地震和现今地震及被错移古建筑的实地调查，或断层性质、活动性近似的有关资料对比，判断活断层每次活动的位移和年平均位移量。

(2) 通过断层位移测量（如短基线、短水准、三角网、GPS，连通管、伸缩仪、倾斜仪等手段），确定活断层位移量。

四、能动断层

能动断层主要是在核电站选址研究中，针对断层活动性提出的一概念，来源于 1973 年美国核规范委员会报告。1973 年 AFC 在《核动力厂地震地质选址准则》中正式提出了“能动断层”这一概念，作为选址安全评价和最终安全审查合格性的标准之一。在（HAF0101）中，被定义为：在地表或接近地表处有可能引起明显错动的断层。能动断层概念的含义在各个规范中有所差别，但目前能动断层评价已经成为国际上共同遵守的一个准则，我国的地震部门和核安全局也采纳了这个概念，并纳入相应的规范中。

能动断层与活动断层有很大的共性，但也是有区别的，能动断层是活动断层，但活动断层不一定是能动断层。能动断层更多的要强调在近场 5km 范围内，地表或近地表可能引起错动，在断层最近活动时间上更为明确，3.5 万年以来活动的，或 50 万年以来重复活动的，或晚更新世（或 10 万年）以来活动过的断层。

能动断层鉴定方法，对已确认的，任何部分位于场址 5km 范围内的断层，应采用地质和地球物理技术做详尽调查，以确定多个位错最新活动的年代。一般按 1：25000 地质测绘要求，不遗漏大于 250m 的断层，在研究方法类似于活动断层的研究，需要采用探槽、物探、化探和钻探等，并对地貌上的线状构造等作出标注。采取不同活动时期的年龄样本，对每条断层都要有最后一次活动期的年龄样品证据。

五、断层活动监测

在地震活动区，应对工程场址区的活断层进行监测。活断层的监测方式，包括地震监测和形变监测。

(1) 地震监测。布设能覆盖区内地震活动的观测台网。

(2) 形变监测。在条件允许的情况下，布设横跨活断层的高精度短水准、短基线和三维网。

活断层的监测，宜在工程的可行性研究阶段开始进行。

六、断层活动性综合评价

断层活动性的综合分析评价是根据地貌地质特征、活动年龄、地形变、地震强度、构造岩性质、断层与地应力的关系、地球物理等多种因素，综合分析评价断层的活动性。其中地貌特征、断层活动速率、断层活动的叠加关系、地震强度等是主要的评价指标。

按地貌地质特征，进行断层活动性的评价：

(1) 沿断层地貌形态明显，地貌突变点（段）反差大，可宏观说明断层现今活动强烈。

(2) 跨断层的第四纪地层年代越新、变形越明显，说明断层活动越强烈；断层所控制的断陷盆地规模大、盆地内第四系沉积厚度大、相邻断块山上升幅度大，则可能发震的震级就大。

(3) 断层带垂直剖面差异活动量大的地带，往往是断层深度大并为地应力容易积累和释放的地方，多组断层的交汇点、弧形顶点、拐点、断层带端点、断层带内的岩桥区、汇而不交的闭锁区等处活动强烈且易发生强震。

(4) 断层延伸越长，可能发生的地震强度就越大。

第三章 地震安全性评价

专门的地震安全性评价方法又可分为确定性方法和概率分析方法。其中确定性方法有两种：即地震构造法和最大历史地震法。

第一节 确定性方法

一、地震构造法

地震构造法主要用“地震构造模型”来表述。地震构造模型可分为发震构造和弥散地震两种形式。

（一）发震构造

发震构造定义为：显示地震活动性的，或有历史地表破裂，或古地震活动影响的，在现代构造条件下曾发生或可能发生地震的地质构造。

1．鉴定发震构造的依据

鉴定发震构造，主要是查明发震构造的位置、延伸方向和长度，确定该构造的最大地震潜势，目的是为了分析场址地震动水平和评价地震地表断裂对场址的影响。

鉴定发震构造的主要依据有潜在相对位移的地震地表断层，历史地震或仪器测定的地震资料、古地震地质遗迹、有关构造应力场、深浅部地壳结构和地球物理资料等。对于隐伏断层可根据物探、遥感地质、地表地质、沉积地层分析、微地貌分析、化探、钻探、槽探等多种方法中择要使用，并相互综合对比，查明隐伏断层的位置及其空间展布，确定断层的活动性质及活动年代，以及断层的分段特征，以确定隐伏发震构造。

发震构造的识别标志主要有：

（1）地震断层。地震断层是大地震发生时，在地表产生的断层破裂带，不言而喻，它直接指示了发震构造的位置、延展方向、长度、错距和性质等信息。

（2）古地震断层。古地震遗迹识别的标志多样，它是史前地震遗留下的直接证据，对发震构造的鉴定要追踪直接引发地震的古地震断层。

（3）晚更新世以来有活动的断层。我国核工程的地震安全性评价中把约10万年以来有过活动断层，即晚更新世活动断层，确定为能动断层，也可作为发震断层。以上三类断层可作为直接的发震构造。

（4）有确切的破坏性地震震中的活动构造。与破坏性地震密切相关的活动构造，此活动构造可能由深部地球物理场反映的深部构造变异带，或在地表表现为第四纪以来活动的断层，它们是在现代构造应力作用下易发生强震标志。

（5）微震活动呈明显线性排列的活动构造。由仪器记录到的小震密集分布带，有资料证明与当地的活动构造密切相关，该活动构造应具有深部构造依据或第四纪活动断层证据，并有符合当地易发生强震的区域构造应力场。

2．发震构造最大潜在地震的统计分析

当发震构造确定以后，发震构造最大潜在地震的确定应包括下列两方面的资料。

（1）地震地质学方面的资料。发震构造应力环境及断层的活动类型（性质）、方向，发震断层的变形和位移的大小，断层的结构特征，发震构造的规模等，对发震构造的最大潜在地震都有明显的影响。

1）发震断层活动性质对最大潜在地震具有控制作用。正断层和走滑兼正断层上发生地震的最大震级一般小于7.0级；纯逆断层和逆兼走滑断层上发生地震的最大震级为8.0级；纯走滑断层和走滑兼逆断层上发生地震的最大震级达8.6级。

2）发震断层长度与最大潜在地震的震级具有明显的关系。统计表明中国大陆板内发震断层长度 L 与该发震断层上发生地震的最大震级 M 的关系式（时振梁，2004）如下：

$$M=3.539+2.012\lg L,\sigma_m=0.180,r=0.980 \tag{4.3.1-1}$$

式中：σ_m 为数据拟合得到的震级 M 的标准差；r 为相关系数。

3）地震构造带总的破裂规模对最大潜在地震的宏观控制作用。

地震构造带是指与地震孕充和发生有关的一条连续的地质构造带，它是多个发震构造的集合体。在缺乏断层分段资料时，可根据地震构造带总长度估计构造带上最大潜在地震最大震级（环文林，1994）。

$$M_{max}=0.63+2.60\lg L_{min} \tag{4.3.1-2}$$

式中：M_{max} 为地震构造带上发生过地震的最大震级；L_{min} 为地震构造带上的最小总长度，km。

4）发震断层发生地震的最大震级与位错量的关系。

邓起东（1992）系统地收集了东亚地区的地震地表破裂资料，回归得到了大陆板内地震震级 M 与地震地表破裂位错量 D 之间的关系：

$$M=7.43+0.52\lg D \tag{4.3.1-3}$$

5）断层最晚活动时间与最大震级的关系。我国的活动断层研究结果表明，我国绝大多数 $M\geqslant 6.0$ 级的地震都发生在第四纪晚期以来活动的活断层上；大多数 $4\frac{3}{4}\leqslant M\leqslant 5.5$ 级的地震也都发生在第四纪晚期活动的活断层上，但也有少数发生在第四纪早期活动，而晚期活动不明显的断层上。

（2）地震学方面的资料。发震构造所在地震区、带的历史地震活动水平对发震构造上发生地震的最大强度起着宏观控制作用，各发震构造上最大地震强度应小于或等于地震区、带内的最大地震强度。在历史地震资料比较完整的地区，该发震构造上历史地震的最大震级可作为其最大潜在地震。在历史地震资料不完整的地区，要与历史地震资料比较完整的地区的发震构造进行构造类比，确定最大地震；不能进行构造类比时，可考虑在历史地震最大震级上加半级或1级作为最大潜在地震。

3．发震构造上最大潜在地震对工程场地的影响评价

沿着发震构造，将发震构造上最大潜在地震移至距离工程场地最近的地方，来考虑对场地的影响。

（二）弥散地震

弥散地震是指那些不是由特定的构造引起的地震（一般由中、小地震构成），其分布带有一定的随机性，呈弥散分布特征；在目前条件下，还找不出它们与特定构造的联系。弥散地震可划分为两种类型：一种是与已确认的发震构造关系不明确的中、小地震，可称为“弥散型地震”；另一种是历史地震的震中位置和震级没有查清，而且又与区内已确认的发震构造不相关的那些疑难历史地震，可将这类地震称为“特殊类型弥散地震”。

弥散地震的确定，主要采用圈定同等地震活动性质，包括地震（指中小地震）的强度、频度和空间展布特点的区域，确定弥散地震区内的最大弥散地震。可用“地震构造区”描述弥散地震活动，地震构造区定义为“具有同样地质构造和地震活动性的地理区域”。地震构造区的划分直接关系到最大弥散地震的确定。

1. 划分地震构造区的原则和方法

（1）在地震构造区划分中应充分利用大地构造、新构造和第四纪构造分区的资料作为分区的基本单元，主要应以新构造和第四纪构造分区为依据，一般不应跨越不同的Ⅰ、Ⅱ大地构造单元，也可在依据充分的调查资料作适当调整。

（2）地震构造区内的地质特征，包括地质构造、新构造运动、第四纪特别是晚第四纪发育史以及现代构造应力场等特征应具有一致性。

（3）地震构造区内的地震活动性特征，包括地震活动的强度和频度，应具有一致性。

（4）地震构造区内地壳结构和地球物理场应显示一致。

（5）应侧重工程场址所在的地震构造区划分，并通过详细的调查与分析说明划分依据。

（6）在地震活动水平较高，资料丰富和研究程度较高的地区，地震构造区划分宜细致一些；反之，地震构造区划分宜粗略些。

（7）区域研究范围内的地震构造区应独立封闭。

2. 最大弥散地震确定的原则和方法

弥散地震应以地震构造区为单元进行评价，应以场址所在地震构造区内详细的地震和地质资料调查与分析为依据进行综合评价，不应片面强调某些单一因素来确定最大弥散地震。除了考虑地震活动与构造不相关性以外，还要考虑确定的最大弥散地震是否具有弥散活动的特性，是否在所划定的地震构造区内都有可能发生等情况。确定的最大弥散地震不得低于所在地震构造区内历史上已经发生的弥散地震。缺乏地震记录的地震构造区内弥散地震可通过类比的方法，借助具有相似特征地震构造区的构造和地震活动性资料或参考更大范围内的资料来合理确定最大弥散地震。

3. 弥散地震对抗震设计基准影响的评价

估计弥散地震活动工程场地影响时，应考虑：

（1）可将弥散地震放置于场址之下，考虑一定的震源深度来估计它对场址抗震设防基准的影响。对于“特殊弥散地震”，可在详细的地震地质调查分析基础上，在确认某一范围内不存在发震构造的情况下，将该地震移到这一范围的边界处来评价其对工程场地的影响。

（2）与每一个相邻地震构造区的特定发震构造无关的最大潜在地震，应假定发生在最靠近场址的地震构造区边界上。

（3）应考虑局部场址条件，使用适当的衰减关系确定每个能够对场址产生影响的地震的地震动水平，包括对发震构造和弥散地震的影响。

（三）发震构造和弥散地震的地震危险性评定

将最大潜在地震置于其可能发生范围内距工程场地最近处，考虑衰减关系的不确定性，分别计算工程场地的地震动参数，计算结果中的最大值为地震构造法（包括发震构造和弥散地震）所确定的地震动参数。

二、历史地震法

历史地震法主要是指用历史地震对场地最大影响来确定场地烈度或地震动参数的方法。

根据各次历史地震破坏情况的记载与调查资料，或根据已确定的等震线图，确定工程场址的烈度值，由此转换得到工程场地地震动参数值。同时按适合于工程研究区的衰减关系，计算各次历史地震对工程场地的地震动参数值。

将上述转换得值和计算结果中最大值作为历史地震法所确定的地震动参数。

在用历史地震法确定工程场地烈度地震动参数时应注意以下问题。

（1）烈度异常。有些历史地震存在一些超越正常的衰减规律而出现的高烈度异常区，且具有重复性，在不同的强震作用下都会出现高烈度异常现象。造成烈度异常的原因是多种多样的，主要包括地震力的大小（这里指地震波波动引起的破坏力），地质构造的影响（如同一构造系或性状、活动性相同的断层等），地基条件（包括土质、地下水、地形等），建筑物的结构型式等；也可能是由这些条件（或原因）的综合引起的。

因此，如果工程场地处于历史地震的高烈度异常区内，该场点的烈度值应当采用历史地震的最大烈度，相应的地震动加速度值也由此烈度值换算得到。

（2）衰减关系。一些历史上发生的巨大地震，其衰减规律都有其特殊性。使用统计衰减公式计算得出的烈度与实际烈度相差较大，无论在综合概率法还是在地震构造法中，都不可能反映这巨大历史地震的实际影响。因此，工程场地附近历史上发生过巨大地震时，该场点的烈度应取历史地震的最大烈度，并由此烈度转换成地震动加速度。当该地震动加速度值大于综合概率法或地震构造法结果时，应当采用历史地震法结果。

（3）历史地震资料分析。在采用最大历史地震法时，对历史地震资料整理，除所述一般性要求外，还应注意下列内容：

1）收集区域范围内全部等震线资料和该地震各地点的烈度值（尤其是对 $M\geqslant7.0$ 地震），分析该地震有无烈度异常或衰减特殊问题以及和场址的关系，对影响较大而参数等资料有疑问的地震应进一步考证确定。

2）收集场址区范围全部历史地震破坏情况的记载和调查资料，确定场址和邻近地区的地震烈度。考察场址和邻近地区的烈度分布有无异常情况。

3）如有上述异常情况或类似情况出现，应对其震中位置和震级考虑不确定性影响，取其范围内的最大值，由烈度和加速度的换算关系得到地震动加速度值。

三、地震动参数综合评定

由地震构造法利用已确定的适合本区域的地震动衰减关系计算，可以直接得到工程场地地震水平峰值加速度值。最大历史地震法则需要拟合相应特殊地震（异常衰减状况）的地震峰值加速度衰减关系，才能由烈度异常转换成加速度值。最后，取地震构造法和最大历史地震法得到的两个加速度值中的最大者为由确定性方法得到的工程场地的地震峰值加速度。也就是说，取地震构造法和历史地震法结果中较大者作为地震危险性确定性分析的结果。

四、最大可信地震（MCE）

最大可信地震是指在现代构造格架下，沿已知活动断层或在一个地震构造区内可能发生的最大震级的地震。水电工程地震设防标准，一般取基准期 50 年超越概率 10% 的地震动参数作为设计地震；大型水电工程中，1 级挡水建筑物取基准期 100 年超越概率 2% 的地震动参数作为设计地震，校核地震在设计地震基础上提高动参数。1级挡水建筑物可取基准期100年超越概率1%或最大可信地震（MCE）动参数进行校核。

第二节　概率分析法

地震危险性概率分析法主要是指对特定区域确定其在未来一定设计基准期内地震动参数超过某一给定概率的方法，其主要过程包括潜在震源区的划分及其地震活动性参数的确定，地震烈度或地震动（峰值、反应谱）衰减规律的确定，地震危险性分析计算，不确定校正和危险性分析结果的表述等步骤。

一、地震区、带划分与活动性参数

地震区是指大区域范围（数十万、几百万平方公里）内地震活动和大地构造活动的特点具有明显的相关的地区。同一地震区的地震活动在时、空、强上具有共同特征和相互联系。

地震带是指同一地震区内地震活动性和地质构造条件密切相关的地带。带内地震活动在时间、空间和强度上的相关性更为密切。

地震区、带，特别是地震带常常作为发震构造条件和震级上限确定的构造类比范围。地震区常常作为地震波衰减的统计单元，地震带可作为地震活动趋势和地震活动性参数的统计单元。我国地震区、带的具体划分见第二章中相应内容。

地震带参数主要包括地震带震级上限 M_{uz}、起算震级 M_0、震级～频度关系式中的 b 值和地震年平均发生率 v_0 等。

（1）地震带震级上限 M_{uz} 是指在地震带震级～频度关系中，累积频度趋于零的震级极限值。确定震级上限的依据主要有两个：历史地震判断，在历史资料足够长的地震带，并确认该带已经历了几个活动周期，则可认为该带的最大地震已经显露，可以按该带已发生过的最大的地震强度确定；构造类比，在同一大地震活动区，按已知的大地震发生的构造条件进行类比外推。认为具有相似构造环境的地带，可能发生同样强度的地震，在有古地震鉴定结果的地区，可根据古地震遗迹所显示的规模来衡量。

（2）起算震级 M_0 是指对工程场点可能有影响的最小震级。各地震带的 M_0 均取 $M_s=4.0$。

（3）震级—频度关系式中的 b 值，代表着一个区域内不同大小地震频数的比例关系，它和该区应力状态与地壳破裂强度有关，不同的地震区或地震带有相应的 b 值分布。在地震危险性分析中，b 值规定了统计区范围内各震级地震的密度分布函数和各震级地震的年平均发生率。当地震带内某一可信时间域和可信震级域内地震资料相对完整时，b 值可直接按震级～频度关系得到；对于历史地震资料记载时间较短，而近期小震记录较丰富的地区，可采用历史地震和近期小震相结合的方法求 b 值；或直接引用地质特征、地震活动相类似大区的 b 值。

（4）地震年平均发生率 v_0 是指在一定区域范围内（如地震带）平均每年发生等于和大于震级为 M_0（通常用 $M=4.0$）的地震数。在地震危险性分析中，是以地震带为 v_0 值的统计单元，v_0 应能代表该地震带未来百年内的地震活动水平。

（5）本底地震是指一定地区内没有明显构造标志的最大地震。地震带本底地震的震级上限应取地震带内潜在震源区最低档震级上限小0.5的值，并根据震级—频度关系确定出单位面积上本底地震的年平均发生率。

二、潜在震源区划分及其地震活动性参数评定

潜在震源区是指未来可能发生破坏性地震的地区。潜在震源区的划分原则有地震活动重复原则和地震构造类比原则。根据地震区、带内地震活动空间分布特点和各级地震的发震构造条件，在地震带内划分出具有不同震级上限的潜在震源区。

（1）潜在震源区的震级上限是指在该潜在震源区内可能发生的最大地震的震级，预期未来发生超过该震级地震的概率趋近于0。潜在震源区震级上限一般根据潜在震源区内已发生的最大地震震级、构造类比结果和地震活动图像判定的结果来确定。潜在震源区震级上限按0.5级分档。

（2）各震级档空间分布函数。为了如实地反映地震活动的时、空不均匀性，需要将地震带内的地震年平均发生率，按预测结果合理地分配到相应的各潜在震源区中去。地震危险性分析方法应用震级分档的方法来分配地震年平均发生率，该方法不仅充分反映了地震活动时空不均匀性，而且可以避免低估大地震的危险程度。按地震危险性分析的思路，地震带内 M_j 档震级的地震年平均发生率可以表示为

$$v_{M_j}=\frac{2v\exp[-\beta(M_i-M_0)]\sinh\left(\frac{1}{2}\beta\Delta M\right)}{1-\exp[-\beta(M_{uz}-M_0)]} \tag{4.3.2-1}$$

式中：$\beta=b\times\ln10$，b 为该地震带震级频度关系式中的 b 值；$\sinh\left(\frac{1}{2}\beta\Delta M\right)$ 为以 $\frac{1}{2}\beta\Delta M$ 为变量的正弦双曲函数；M_{uz} 为地震带的震级上限；ΔM 为震级分档间隔，$\Delta M=0.5$；M_j 为分档间隔中心对应的震级值。

地震空间分布函数 f_{l,M_j}，即潜在震源区各震级档地震年平均发生率的权系数。它是震级档 M_j 的条件概率，可以反映地震带内地震强度空间分布的非均匀性，对指定震级档的 f_{l,M_j} 在整个地震带内是归一化的，即

$$\sum_{l=1}^{N_s} f_{l,M_j}=1 \tag{4.3.2-2}$$

式中：N_s 为地震带内潜在震源区总数；f_{l,M_j} 可以用统计方法综合判断确定。

（3）应考虑各个潜在震源区主破裂取向，确定其方向性函数。等震线长轴取向分布函数 $f(\theta)$，是与当地区域活动构造走向有关的函数。单一走向断层 $f(\theta)=\delta(\theta)$，对共轭断层 $f(\theta)=0.5\delta(\theta_1)+0.5\delta(\theta_2)$，两断层有主次之分时 $f(\theta)=0.7\delta(\theta_1)+0.3\delta(\theta_2)$，断层方向不明时，按椭圆长轴方向在180°范围内概率均匀分布计算。

三、地震危险性分析计算

利用潜在震源区和地震活动性参数，以及椭圆衰减关系模型对工程场地的地震烈度或地震动参数进行危险性概率计算。具体过程如下：

设有 N 个地震带对场点的地震危险性有贡献。若第 n 个地震带对场点地震动年超越概率为 $P_n(\ )>i)$，则场点总的地震动年超越概率表示为

$$P(I\geqslant i)=1-\prod_{n}^{N}[1-P_n(I\geqslant i)] \tag{4.3.2-3}$$

对于某一地震带，其地震时间过程符合分段的泊松过程。在 t 年内，年平均发生率为 v，则

$$P_{ki}=\frac{(vt)^k}{k!}e^{-vt} \tag{4.3.2-4}$$

式中：P_{ki} 为统计区内未来 t 年内发生 k 次地震的概率。

地震带内大小地震的比例遵从修正的震级～频度关系，相应的震级概率密度分布函数为

$$f_M(M)=\frac{\beta\exp[-\beta(M-M_0)]}{1-\exp[-\beta(M_{uz}-M_0)]} \tag{4.3.2-5}$$

式中：$\beta=b\times\ln10$；M_{uz} 为地震带的震级上限。

在地震带内，可划分出若干潜在震源区。潜在震源区的地震空间分布函数是一个与震级有关的常数，记作 f_{l,M_j}，其物

理含意是一次震级为 $M_j \pm \frac{1}{2\Delta M}$ 的地震落在第 l 个潜在震源区内的概率。ΔM 为震级分档步长，M_j 的定义是从起算震级 M_0 到潜在震源区的震级上 M_u 的若干档中第 j 档的中心震级。

根据分段泊松分布模型和全概率定理，地震带内所发生的地震，影响场点的地震烈度值（I）超越给定值（i）的超越概率为

$$P(I \geqslant i) = 1 - \exp\left[-v \sum_{i=1}^{N_s} \iiint \sum_{i=1}^{N_M} P(M_j) \times \frac{f_{l,M_j}}{S_l} P(Ii \mid E) f_l(\theta) \mathrm{d}x\mathrm{d}y\mathrm{d}\theta\right] \tag{4.3.2-6}$$

式中：$P(M_j)$ 为地震带内地震落在 j 震级档 $M_j \pm \frac{1}{2}\Delta M$ 内的概率；N_M 为震级分档挡数；S_l 为 l 潜在震源区的面积：

$$P(M_j) = \frac{2}{\beta} f_M(M_j) \sinh\left(\frac{1}{2}\beta\Delta M\right) \tag{4.3.2-7}$$

由以上两式可得：

$$P_n(I \geqslant i) = 1 - \exp\left(-\frac{2v}{\beta} \sum_{i=1}^{N_s} \sum_{i=1}^{N_M} \iiint \times P(I \geqslant i \mid E) f_M(M_j) \sinh\left(\frac{1}{2}\beta\Delta M\right) \times f(\theta) f_{l,M_j} / S_l \mathrm{d}x\mathrm{d}y\mathrm{d}\theta\right) \tag{4.3.2-8}$$

式中：$P(I \geqslant i \mid E)$ 是其中第 l 个潜在震源区内发生特定事件（震级为 $M_j \pm \frac{1}{2}\Delta M$，特定的椭圆长轴取向）时场点处地震烈度值超过 i 的概率。

四、结果表述

根据水电工程抗震设计的需要，地震危险性分析结果要提出不同超越概率水平的地震烈度值或基岩地震峰值加速度及其反应谱。水电工程不同的建筑物有着不同的抗震设防标准，在进行工程场地的地震安全性评价时，应给出地震动参数超越概率曲线，应以图和表格的形式给出不同年限、不同超越概率的地震动参数。设计人员可根据工程的实际需要，选择相应使用年限和超越概率水平的地震动参数值。同时应以表格形式给出对工程场地地震危险性起主要作用的各潜在震源区的贡献。

根据工程需要，在地震危险性分析时，同时采用反应谱的衰减关系计算工程场地相应超越概率水平的场地相关基岩反应谱曲线，并用表列出各周期点的反应谱值。

应考虑地震动衰减关系不确定性校正，宜分析潜在震源区及地震活动参数不确定性对结果的影响。

第四章 地震地质灾害

第一节 地震地质灾害类型及影响因素

一、地震地质灾害的类型

地震地质灾害是指在地震力作用下地质体的变形或破坏，以及水体运动而引起的灾害。在不同的地质地貌单元上，所出现的地震地质灾害类型也是不同的。地震地质灾害类型主要有地震断层、崩塌、滑坡、泥石流、地裂缝、砂土液化、软土震陷、堰塞湖和海（湖）啸等。另外地震引起的地质灾害还有震前、震后引起地面大幅度升降、褶皱、挠曲等构造变形，地震引起的局部陷穴、地裂缝、地下洞室涌水等。其中崩塌、滑坡、泥石流、砂土液化和软土震陷等见其他有关章节的内容，以下只简述地震断层的地震地质灾害。

地震断层是大地震造成的具有一定规模和连续分布的地表破裂带，主要是指由于地震活动而产生的新断裂或者断裂复活。地震断层显示的地表破裂不同于一般地裂缝，它是构造力破坏地表的直接现象，其延伸较远，方向稳定，不受地形、地貌与岩性控制。其破坏力强，在强震区能可见其切穿不同的地质地貌单元，并有一定的组合规律。

在纵向上，沿地震断层带分布的明显的地质地貌标志有地震断层陡坎（断层崖）、槽沟、鼓包、水塘、堰塞湖、山脊及水系（冲沟）错开、滑坡、崖崩、古树错开及倾斜，以及构筑物的错开等。

在垂向上，沿地震断层剖面或开挖的探槽，可揭示出多次地震断层活动的叠置现象，即古地震事件记录。最常见的现象是崩积楔，即当地震断层形成后，断层陡坎上部破碎岩块受重力作用快速堆积在断层陡坎之下，形成的楔形碎屑岩块堆积。再次或多次地震断层活动的结果，常造成一系列崩积楔叠压在断层面之下（逆断层），或沿断层一侧形成与沉积物交错叠置的崩积楔（正断层）。

地震断层通常具有如下特点：①一般7级以上地震都伴有明显的地震断层，个别6级以上（或震源较浅）的地震也出现有地震断层；②一般沿控制地震的先存断层上产生错动，其展布、产状和位移性质与活动断裂带相一致，成为活动断裂带的直接表现；③其长度与错动量（水平和垂直分量），除与震级大小有关外，并与震源深度、活动断裂带活动性质和规模，以及区域构造背景相关；④位于地震断层上的建筑物在地震瞬间均遭受严重破坏，其破坏力之强是现有条件难以抵御的。

当震中烈度大于Ⅸ度时，一次地震的最大位移量可达10m左右。一些地区地震断层位错情况见表4.4.1-1。

表4.4.1-1 国内外一些地震断层破裂资料

断裂	时间（年-月-日）	震级	断距（m）		性质
			水平	垂直	
阿生特雷（新西兰）	1848-10-19		6.10	0.30	右旋
阿拉拉帕（新西兰）	1855-01-23		12.20	2.75	右旋
阿萨密（印度）	1897-06-12	8.5		10.50	
圣安德烈斯（美）	1906-09-18	$8\frac{1}{4}$	6.4	0.9	右旋
丹那（日本）	1930-11-26	7	3	2	左旋
北安纳托利亚（土耳其）	1839	8	3.7	1.5	右旋
英比利尔（美）	1940-05-18	7.1	5.8	1.2	右旋
鹿野（日本）	1943-09-10	7.3	1.5	0.8	右旋
博格多（蒙古）	1957	8.3	8.85	3	左旋
罗托科胡（新西兰）	1968		2	0.9	右旋
宁夏银川	1739-07-03		1.45	0.95	
新疆喀什	1902-08-22	8.2	2.1	1.8	右旋
台湾嘉义	1906-03-17	7.1	3.1		
甘肃海原	1920-12-16	8.6	10	4.7	左旋
甘肃昌马	1932-12-25	7.5	3		
台湾	1935-04-20	7.0	3		
台湾	1946		2		
台湾	1951-10-21	7.1	2.3		
台湾	1951-11-24	7.3	2.1		
云南	1955-09-23	6.8	0.1		
河北邢台	1966-03-8	6.7	1		
河北邢台	1966-03-22	7.2	0.7	0.45	
云南中甸	1966-09-28	6.5	0.2	0.025	左旋
四川通海	1970-01-05	7.8	2.2	0.45	
四川炉霍	1973-02-06	7.9	3.6		左旋
辽宁海城	1975-02-04	7.3	0.4	0.1	
河北唐山	1976-07-28	7.8	1.64	1	
台湾地震	1999-09-21	7.6	9.7	11	逆冲左旋
青海昆仑	2001-11-14	8.1	6.4	4	左旋
四川汶川	2008-05-12	8.0	10	6	右旋逆冲
青海玉树	2010-01-14	7.1	2.2	0.35	左旋

二、影响地震地质灾害的主要因素

（一）地震影响烈度的大小与震害的关系

有关地震资料表明，并非所有地震活动都会引起地质灾害，只有达到一定震级的地震才会诱发次生地质灾害，而且随着震级的加大，次生地质灾害活动愈加强烈。地震次生地质灾害活动强度还与地震烈度密切相关，距离地震震中愈近，地震烈度愈高，地震次生地质灾害活动也愈强烈。

据统计分析，地震次生地质灾害与地震强度及地震烈度的大致关系是：震级小于5级、地震烈度小于Ⅵ度，地震次生地质灾害很少发生，即使发生次生地质灾害，其数量和规模也都很小；震级5～6级、地震烈度Ⅵ～Ⅶ度，地震次生地质灾害普遍发生，其数量较多，规模较大；震级大于6级、地震烈度大于Ⅶ度，地震次生地质灾害活动强烈，不但数量多，而且规模大。

（二）地形地貌条件与震害的关系

1. 不同地形地貌条件的震害特征

（1）山区、丘陵区。震害类型以地面裂缝、岩土崩塌、滚石、滑坡为主，地震烈度衰减快。

（2）冲积、洪积、海积平原区。常见的震害有大面积出现地裂缝、喷水冒砂、土体滑移、砂土液化、地基失效等，地震烈度衰减较慢。

2. 微地形地貌与震害的关系

（1）孤突地表。孤立山丘和山脊的顶部震害加重，主要是因为突出地形在波动场内有聚能作用，其结果有可能使振动增幅，亦可能使地震加速度增大。

（2）斜坡地形。由于具有临空面，在强烈地震作用下，土体受到动荷载作用后向临空面闪出，而造成斜坡滑移、陷落；或由于斜坡土体的抗剪强度降低，可能产生滑坡或引起古滑坡的复活，使斜坡地段的建（构）筑物遭到破坏。

（3）古河道。一般是喷水冒砂的严重地段。

（4）溶洞或采空区。可能产生地面陷落、地裂缝等震害。

（三）地下水与震害的关系

（1）地下水埋藏较浅的平原、海滨、河谷地带，由于各类松散沉积物中富含地下水，特别是粉、细砂和粉土层，在地震作用下喷水冒砂现象十分普遍，而在地下水埋藏较深地区（大于5m），一般就见不到喷水冒砂现象。

（2）在一定土质条件下，地下水埋深对震害影响总的趋势是水位越浅，震害越重。地下水埋深在1～5m时，对震害的影响最明显。在不同的地基土中，地下水位的影响程度也有差别，对软弱黏性土层的影响大，密实黏性土层次之，对碎石土影响较小。

（四）断层类型与震害关系

走滑断层向两侧地震烈度衰减较快，沿走向衰减较慢。逆断层和正断层向上盘方向地震烈度衰减较慢，相应的地震地质灾害也较重。

第二节 水电工程区地震地质灾害评价

水电工程的地震地质灾害评价主要是指综合工程区地震地质、地形地貌、活动断裂和场地地质条件等资料，通过勘察试验和分析计算，来预测库区和坝区范围内，特别是坝址周边上、下游地区，在地震作用下可能引起的地面和近地表的地质灾害，确定工程场地地震地质灾害类型、规模、活动性质等特征，评价其对工程的可能影响，并提出相应的应对对策和处理措施建议。

对水电工程库区、坝区的崩塌、滑坡、泥石流、潜在不稳定体、地震液化砂层、软土震陷层等不良地质体，以及自然边坡、工程边坡等的工程地质条件一般都有详细勘察，分析其在地震作用下的稳定性，考虑其是否会带来地震地质灾害，一般是在分析计算工况中考虑地震作用力，具体分析评价内容参见其他章节。

在地震地质灾害评价中要重视断层活动性的调查研究，根据断层活动性调查资料，判断断层是否为活动断层；若是活动断层，要分析其活动是否会造成地表错动；若可能产生地表破裂，还应分析预测错动量可能有多大，从而评价其对工程场地的可能影响。

第五章 区域构造稳定性评价

第一节 区域构造稳定条件

区域构造稳定性是工程环境的重要因素。一个地区构造稳定性主要取决于该地区的地质作用和地震作用。这两个作用控制着地壳的近代活动性，它们表现出的现象是相互联系制约的。因此，判定一个地区的构造稳定性要综合两种作用所表现出的相应现象，比用单一的地震指标更为科学合理和有预测性。所以，区域构造稳定性评价要在地质构造调查、深部构造、地应力研究、地形变测量、断层活动性和地震活动等分析基础上，综合分析确定工程近场区和工程场址区的构造稳定程度。

第二节 区域稳定性分级评价

关于影响区域构造稳定性评价的因子，《水电水利工程区域构造稳定性勘察技术规程》在制定区域构造稳定性分析标准时，考虑了四项因子，即地震动峰值加速度及相应的地震基本烈度，活断层、地震活动情况、区域重磁异常。这个方案有两个特点：一是突出了现代构造运动对工程可能造成危险的两大问题；二是所需资料是常规区域构造稳定性勘察研究中所规定工作能取得的。

利用上述四指标，存在划分为稳定性好、稳定性较差和稳定性差的三分体系（表 4.5.2－1），和划分为稳定性好、较好、较差和差的四分体系（表 4.5.2－2），这两种体系划分都有自己的意义。目前规程选用的是三分的评价体系。但对西部地区，地震地质背景总体较为复杂，本底地震一般为 5～6 级，基本烈度多为Ⅶ度及其以上，在三分体系中就不能细致的反应区域构造稳定性的差别。因此，按地震基本烈度和强震活动规律等进一步细化三分体系是有必要的。本手册采用四分体系。

表 4.5.2－1　区域构造稳定性分级表（三分体系）

参量	稳定性好	稳定性较差	稳定性差
地震峰值加速度	≤0.05g	0.1g～0.3g	≥0.4g
地震基本烈度	≤Ⅵ	Ⅶ～Ⅷ	≥Ⅸ
活断层	5km 内无活断层	5km 内有长度小于 10km 的活断层，M<5 级的发震构造	5km 内有长度>10km 活断层，M≥5 级的发震构造
地震与震级	$M<4\frac{3}{4}$级的地震活动	有 $4\frac{3}{4}\leqslant M<6\frac{3}{4}$的地震活动，或不多于一次 M≥7 地震活动	有多次 $M\geqslant6\frac{3}{4}$强地震活动
区域性重磁异常	无	不明显	明显

表 4.5.2－2　区域构造稳定性分级表（四分体系）

参量	稳定性好	稳定性较好	稳定性较差	稳定性差
地震峰值加速度 $a(g)$	a<0.09	0.09≤a<0.19	0.19≤a<0.38	≥0.38
地震基本烈度	≤Ⅵ	Ⅶ	Ⅷ	≥Ⅸ
活断层	近场区 25km 无活断层	5km 内无活断层	5km 内有长度<10km 的活断层，M<5 级发震构造	5km 内有长度大于 10km 的活断层，M≥5 级的发震构造
地震与震级	$M<4\frac{3}{4}$级的地震活动	有 $4\frac{3}{4}\leqslant M<6$ 的地震活动	有 $6\leqslant M<6\frac{3}{4}$地震活动或不多于一次 M≥7 地震活动	有多次 $M\geqslant6\frac{3}{4}$强地震活动
区域性重磁异常	无	不明显	较明显	明显

第三节 区域构造稳定性综合评价

一、区域构造稳定研究成果

通过区域构造稳定性研究，应该查明近场区、场址区断层活动性，区域地震活动特点，潜在震源区的划分及其对工程的影响，最终确定场地地震基本烈度和地震动参数，并结合场地工程地质条件，对工程区地震地质灾害作出评价。

二、区域构造稳定与水电建设的关系

根据水电前期勘察的不同阶段得到的不同深度的研究成果，在场地区域构造稳定评价的基础上，对工程区水电开发提出相应的建议。其中，工程场址宜选在有利地段，避开不利地段和危险地段。坝址不宜选在震级为 $6\frac{3}{4}$级及其以上地震的震中区或地震基本烈度为Ⅸ度以上的强震区。大坝等主体工程不宜建在已知的活动断层上，对确实涉及活断层的建筑物，应该做专门论证。

第五篇

第五篇　水库工程地质勘察与评价

第一章　概述

第一节　水库工程地质问题

水库工程是江河防治和水力资源开发的重要组成部分。到目前为止，全国已建成水库约8.6万座，其中大中型水库3000多座，水库数量居世界之首。这些水库在防洪、灌溉、供水、发电及综合利用等方面发挥了巨大的经济效益和社会效益。

按水库地形地貌不同，可分为山谷型水库、丘陵型水库和平原型水库。由于水库蓄水，库区的水文地质条件发生较大的改变，使得库周地带的地质环境也随之发生变化，因此产生了各种水库工程地质问题，如水库渗漏、库岸稳定、水库浸没、水库淤积以及水库诱发地震等问题。这些问题并不一定同时存在于一个水库工程中，并且问题的严重性也各不相同，一般情况下，山谷型、丘陵型水库的库岸稳定、水库诱发地震等问题比较突出，而平原型水库的浸没、塌岸问题较多。当水库有可溶岩分布、存在河湾（河间）地块时，水库渗漏的可能性较大；库区内有活断层通过时，水库蓄水诱发地震的几率较大。水库工程地质问题及其造成的次生地质灾害，威胁到建筑物以及人们生命财产安全的事件越来越突出，水库工程地质勘察工作越来越引起重视。

水库的主要工程地质问题见表5.1.1-1。

表5.1.1-1　　水库主要工程地质问题

主要工程地质问题		典型工程实例
水库渗漏	岩溶渗漏	琅琊山抽蓄、猫跳河四级、猫跳河六级、东风
	沿裂隙、断层渗漏	玄庙观
	砂砾石层渗漏	十三陵水库
库岸稳定	滑坡、崩塌	硗碛、龙羊峡、李家峡、光照、洪家渡、索风营、小湾
	塌岸	公伯峡、小湾
水库浸没	古迹、建筑物	刘家峡
	矿区	白龙江流域梯级电站
	农田	苏只、官厅水库
水库淤积	泥石流	龙羊峡、功果桥
	黄土流	三门峡
水库诱发地震		新丰江、丹江口、龙羊峡、东风、鲁布革、天生桥一级、珊溪

第二节　水库工程地质勘察

水库渗漏、库岸稳定、水库浸没、水库淤积以及水库诱发地震等工程地质问题影响着水电水利工程经济效益和社会效益。《水力发电工程地质勘察规范》（GB 50287）中，对上述工程地质问题的勘察内容及方法作了一般规定。《水电水利工程水库区工程地质勘察技术规程》（DL/T 5336）、《水电水利工程喀斯特工程地质勘察技术规程》（DL/T 5338）、《水电水利工程区域构造稳定性勘察技术规程》（DL/T 5335）、《水电水利工程边坡工程地质勘察技术规程》（DL/T 5337），就水库各类工程地质问题的勘察内容、技术方法以及评价原则作了具体的规定。

水库工程地质勘察分为综合性勘察和专门性勘察。综合性勘察要求对水库区工程地质条件进行全面的调查和分析，判断水库区存在的工程地质问题及其危害程度。专门性勘察要求查明水库工程地质问题的边界条件和有关参数，预测水库蓄水和运行后的变化，作出定性和定量的评价，并提出防治措施的建议。

综合性勘察在规划阶段或预可行性研究阶段进行，根据区域地质、航（卫）片解译等资料分析，初步判断是否存在水库渗漏、库岸稳定、浸没等工程地质问题，当可能存在某些问题时，除进行工程地质测绘外，为了解问题的严重性和危害程度，应根据具体的地质条件，布置适当的勘探工作，并作出初步预测和评价。专门性勘察在可行性研究或招标设计阶段进行，是在综合勘察的问题基础上，针对具体问题布置的勘察工作，应查明具体问题产生的地质和边界条件及影响因素，预测其变化、严重性和危害程度，作出定性和定量评价，并提出防治和处理措施的建议。

水库主要工程地质问题的勘察（研究）内容、勘察（研究）方法及分析评价内容见表5.1.2-1。

水库区工程地质勘察，还包括移民安置区和防护工程的地质勘察工作。

移民安置区主要是指库区内就地后靠或异地选择移民安置的新址，在工程地质勘察中应重点解决移民城镇选址与地质环境的关系，分析评价新城镇建设与运行中可能出现的环境地质问题，使其具备较好生活、生存和发展的地形地质环境，重点是对场地的稳定性和建筑的适宜性进行评价。

防护工程主要是指为了保护库岸稳定以及为了防止浸没或淹没影响而设置的工程设施，如防护堤、坝等。防护工程的地

表 5.1.2-1　　水库主要工程地质问题勘察一览表

项目	勘察（研究）内容	勘察（研究）方法	分析与评价
水库渗漏	（1）地形地貌特征。 （2）地层岩性分布及特性。 （3）地质构造条件。 （4）水文地质条件。 （5）水库渗漏可能性	（1）资料收集：收集分析相关资料。 （2）工程地质测绘：综合性勘察比例尺 1∶50000～1∶10000，专门性勘察比例尺 1∶10000～1∶1000。 （3）物探：探测地下水情况、隔水层及透水带空间分布、隐伏大断裂等。 （4）钻探：对可能渗漏地段进行钻探，勘探剖面垂直可能渗透带布置，分层、分段进行水文地质试验，查明可渗漏岩土层组的透水性和渗漏边界条件。 （5）地下水动态观测：利用钻孔和水井等进行地下水动态观测，建立并完善地下水动态观测网。 （6）在岩溶发育地区，可进行连通试验、地下水的渗流场、水化学场、水温度场及水同位素场研究	（1）分析判断水库渗漏可能性。 （2）估算渗漏量。 （3）评价渗漏对工程的影响。 （4）提出防渗处理的型式、范围和深度的建议
库岸稳定	（1）地貌、河谷、阶地特征。 （2）库岸物质组成及其特征。 （3）岸坡结构类型。 （4）构造（断层、节理裂隙、卸荷带等）分布情况及其特征。 （5）水文地质条件。 （6）物理地质现象。 （7）潜在不稳定库岸及变形破坏体情况	（1）资料收集：收集分析气候、风浪等资料。 （2）工程地质测绘：综合性勘察比例尺 1∶50000～1∶10000，专门性勘察比例尺 1∶5000～1∶1000。 （3）物探：地震波反射法、综合测井或孔内电视等方法，探测覆盖层、潜在不稳定体厚度、滑动面或软弱夹层的分布、厚度等。 （4）勘探：利用钻探、平洞或竖井，查明潜在不稳定体边界条件和滑动面特征。 （5）试验：对主要岩土体、滑动面或软弱夹层进行黏土矿物和物理力学试验，并根据需要进行原位直剪试验等。 （6）监（观）测：建立岩土体位移监测网和地下水动态观测网	（1）进行库岸工程地质分段。 （2）分析评价库岸、潜在不稳定体的稳定现状。 （3）对潜在不稳定体进行稳定性分析计算，预测可能失稳机制、规模、滑速和涌浪高度及其影响范围等。 （4）对潜在不稳定体的危害性进行评价。 （5）对潜在不稳定体提出防治措施和长期监测建议
水库塌岸	（1）岸坡、阶地、河漫滩、冲沟等特征。 （2）库岸物质组成及特征。 （3）构造分布及其特征。 （4）水文地质条件。 （5）库岸不良地质体现状及其发展趋势	（1）资料收集：收集分析遥感及区域资料。 （2）工程地质测绘：城镇区比例尺 1∶2000～1∶1000，农业区比例尺 1∶10000～1∶5000。 （3）钻（坑）探：勘探剖面垂直岸坡布置。 （4）试验：进行颗粒分析、自然休止角、水下休止角等试验。 （5）观测：重点塌岸地段进行塌岸观测	（1）进行库岸分区、分段，选择塌岸预测剖面。 （2）塌岸预测，可用工程地质类比法、图解法或计算法。 （3）确定塌岸范围，评价其对工程、建筑物等设施的影响和危害。 （4）提出防护措施建议
水库浸没	（1）地貌特征。 （2）洼地、沟谷及地表水系情况。 （3）周边矿井、建筑物及农作物情况。 （4）第四纪地层（土层）特征。 （5）含水层、隔水层、地下水等水文地质条件。 （6）建立渗流数学模型	（1）资料收集：收集分析水文、气象及周边建筑物、农作物等资料。 （2）工程地质测绘：综合性勘察比例尺 1∶50000～1∶10000，专门性勘察城镇区比例尺 1∶2000～1∶1000，农业区比例尺 1∶10000～1∶5000。 （3）钻（坑）探：勘探剖面垂直岸坡或平行地下水流向布置。 （4）物探：勘探剖面之间可采用物探方法，了解地下水位、相对隔水层和基岩埋深情况。 （5）试验：进行土的物理力学试验以及渗透系数、饱和度、毛细管水上升高度、含盐量和地下水化学成分等试验。 （6）观测：建立并完善地下水动态观测网，观测地下水位、水化学成分、土壤含盐量等	（1）预测潜水回水位。 （2）确定临界地下水埋深。 （3）预测浸没区范围。 （4）预测浸没类型。 （5）评价浸没危害，提出防护措施建议
水库诱发地震	（1）水库区地层岩性。 （2）库区高陡倾角区域性或地区性断层带。 （3）库区构造应力现状。 （4）库区岩溶发育条件。 （5）库区岸坡岩体卸荷。 （6）库区地震活动规律与深部地质结构和断层带的关系	水库诱发地震危险性主要评价方法： （1）确定性方法。 （2）概率法。 （3）综合评判法	（1）水库诱发地震危险区划分。 （2）确定可能诱发地震地段最大震级及其震中烈度。 （3）评价水库诱发地震对大坝的影响。 （4）评价水库诱发地震对库区地质环境、重要居民点、厂矿和古文化遗址的影响。
泥石流	（1）地形地貌条件。 （2）泥石流发生的范围、固体物质来源、物质组成。 （3）沟谷形态特征、沟坡稳定性、沟口堆积。 （4）断层带特征、新构造活动与地震情况。 （5）泥石流沟的汇水面积及水文条件。 （6）历史泥石流活动情况。 （7）人类活动情况	（1）资料收集：收集水文、气象资料。 （2）航片解译比例尺：1∶34000～1∶8000。 （3）工程地质测绘比例尺：1∶500000～1∶10000。 （4）勘探：根据需要进行物探、坑探和钻探，查明泥石流堆积厚度。 （5）试验：进行代表性堆积物物理力学试验	（1）泥石流性质分类。 （2）分析泥石流形态、松散堆积物的积累和聚集程度、水源补给情况和启动条件。 （3）预测泥石流爆发的可能性、规模及其频率。 （4）分析评价其对工程建筑物、水库淤积、周边设施以及居民点的影响和危害程度。 （5）提出治理措施建议

质勘察，应在水库区有关工程地质问题勘察基础上，根据防护工程的性质、布局、结构型式、规模和重要性等确定，并满足相应勘察阶段的堤或坝的工程地质勘察要求。

此外，水库区矿产资源的调查也属于水库工作的一部分。水库区特别是淹没、塌岸、浸没范围内的矿产资源，应委托有资质的单位进行调查工作。调查内容应包括：①矿产类型的矿种分类及矿床规模；②各矿种的产地、矿区名称、矿床分布范围及高程、埋藏深度、勘探等级、地质储量及开采储量、开采规模、已开采年限和远景规划等；③水库蓄水对矿产资源影响程度和评价，并提出防护措施的建议。调查报告需交政府主管部门审批。

第二章 水库渗漏

第一节 水库渗漏类型与特点

水库渗漏特征因地形地貌、构造条件、岩性分布不同而有差异，无论是平缓地形区水库，还是高山峡谷区水库都可能存在渗漏。产生渗漏条件包括：

（1）地形条件。如存在地形上垭口，库盆封闭条件不够。

（2）构造条件。由于断层等构造发育，使本来透水性弱的完整岩体受到破坏，形成了构造型渗漏通道。

（3）岩体条件。库周与库底为松散的地层时，由于透水性强，可能产生大面积或带状渗漏，存在可溶岩地层时，可能产生岩溶渗漏。

（4）水文地质条件。库盆无隔水层或相对隔水层封闭，且地下水位低于正常蓄水位时，可能存在水库渗漏。

从渗漏途径分析，水库渗漏主要有以下几种类型：

（1）沿松散地层，如砂卵砾石等产生的孔隙型渗漏。

（2）沿基岩裂隙、构造破碎带等产生的裂隙型渗漏。

（3）沿溶洞、溶蚀裂隙产生的溶隙—管道型渗漏。

渗漏方向可能是沿坝基（肩）渗漏或河湾绕坝渗漏；也可通过地形垭口（低凹处、河间地块）或单薄分水岭、构造带、岩溶通道等向低邻谷产生河间渗漏。常见的水库渗漏类型与特点见表 5.2.1－1。

表 5.2.1－1　水库渗漏类型与特点

渗漏类型	渗漏部位	水库地形	产生渗漏基本条件	工程实例
松散地层、砂卵砾石等渗漏	坝基 河间地块 低邻谷	平缓地形区、第四系堆积物深厚的峡谷区	（1）砂卵砾层深厚、透水性强。 （2）强透水层贯通上下游或通向邻谷。 （3）强透水层分布高程低于水库蓄水位	冶勒水电站河床及岸坡卵砾石渗漏；岳城水库砂砾石层渗透
基岩裂隙渗漏	单薄分水岭、河间地块	峡谷区	（1）地下水分水岭低于水库蓄水位。 （2）岩体裂隙发育强烈、透水性强、渗径短	一般水库常见
断层破碎带、褶皱带渗漏	坝基 低邻谷 河间地块	峡谷区	（1）破碎带规模大。 （2）透水性强。 （3）贯穿水库上下游或低邻谷。 （4）地下分水岭低于水库蓄水位	西河玄庙观水库沿背斜核部溶蚀渗漏
岩溶渗漏	坝基 低邻谷 河间地块	峡谷区	（1）库水位以下岩溶发育。 （2）相对隔水层不连续。 （3）地下水分水岭低于水库蓄水位	大宁河中梁一级库盆沿地下暗河向下游渗漏；五里冲岩溶盲谷渗漏

第二节 水库渗漏工程地质勘察

一、水库渗漏一般性工程地质勘察

（一）基础资料的收集

收集水库区地形、地质资料，包括地形图、区域地质图、区域水文地质图、航片及卫片等。

（二）地形地貌勘察

了解河谷形态、地貌类型，河流季节性特征；水库与邻谷间地形分水岭、单薄分水岭及低矮垭口的形态、宽度与延伸情况；水库下游毗邻的河湾及支流、沟谷的形态、高程、宽度；河道变迁与古河道分布特征；地形地貌特征与岩性、构造、新构造活动及水文、气象等因素的关系等。

（三）地层岩性勘察

查明水库区地层建造类型、层序、接触关系及其分布特点；各地层的厚度、岩性特征、岩相变化；第四系地层厚度、成因类型、组成物质、岩相变化、分布特征与下伏基岩的特性。

可溶岩地层区需查明地层岩性、岩相变化，以及层组类型、岩溶发育强度；查明可溶岩地层与非可溶岩地层分布与组合，透水层中是否存在隔水层或强岩溶化岩层中是否存在弱岩溶化岩层，以及对岩溶特征及岩溶水文地质条件影响。其中应特别查明隔水层或相对隔水层的岩性、厚度、分布与连续性；库盆内是否存在掩埋隐伏的天窗状渗漏通道。

（四）地质构造勘察

了解水库所处构造单元与基本构造格架；查明主要构造带（褶皱和断层）的规模、形态、产状、性质与延伸情况、破碎带特征等，以及节理裂隙的主要发育方向、组数、性状及分布规律。重点查明切穿地形分水岭延至邻谷或延至坝址下游的褶皱、断层等构造发育特征、分布延伸情况。

（五）水文地质条件勘察

查明主要透水层、隔水层岩性及分布；分析断层对透水层与隔水层的切错破坏与沟通情况，以及沿断层破碎带特别是延伸至库外的断层破碎带阻水、导水情况，对岩体透水性的影响；调查地下水类型、赋存条件、出露情况及分布规律，分水岭至河谷间各地貌单元地下水埋藏条件与出露情况，地下水的补给、流向、渗流方式、水力坡降与排泄条件，地下水与河（库）水的补排关系，重要泉（井）的分布高程、水量及动态变化，地下水分水岭位置与高程。岩溶地层区应进行岩溶发育特征与发育规律勘察。

二、水库渗漏工程地质专门性勘察

（一）渗漏专门性勘察主要内容

根据一般性勘察的成果，分析水库的渗漏条件，对可能产生渗漏的地段进行专门性勘察。勘察范围包括与水库渗漏相关区域，如延伸至邻谷或下游河道，并对渗漏方式与渗漏量作出估计。

水库渗漏专门性勘察在一般性勘察的基础上尚应包括以下方面。

（1）查明透水层与隔水层厚度、分布规律及组合特征，透水分带特征和边界条件，多透水层组合关系与水力联系情况，断层及其影响带的透水性。

（2）可能渗漏地段沿途及两侧地下水位埋藏条件、水动力特征和渗流特征，泉水出露部位、高程、类型、水量及动态变化，并预测蓄水后的变化，估算水库渗漏量。

（3）提出防渗处理范围和深度的建议。

（二）岩溶水库渗漏专门性勘察内容

1. 岩溶发育形态、特征与发育规律勘察

岩溶发育形态、特征与发育规律勘察应满足下列要求：

（1）查明岩溶形态特征与类型、位置、高程、规模、成因等，重点是与地下水径流密切的岩溶现象。

（2）查明岩溶管道系统发育位置、高程与方向，沿分水岭方向与坝下游方向延伸情况，不同系统是否连通；查明岩溶泉的位置、高程，进行泉水的动态观测，包括流量、水化学成分与水温。确定主要泉水补给源，对重要泉水、暗河进行地下水连通试验。

（3）查明岩溶发育规律，包括其与地层岩性、地质构造、地表与地下径流条件的关系等。

2. 岩溶水动力条件与渗漏勘察

岩溶水动力条件与渗漏勘察应满足下列要求：

（1）区分岩溶含水层与隔水层，查明隔水层分布、可靠性，含水层或隔水层连续性，是否被断层破坏。

（2）查明岩溶含水层是否延伸到低邻谷或坝下游河段，隔水层是否阻隔了水库与低邻谷或坝下游河段间的水力联系，隔水层能否阻断水库渗漏。

（3）查明河床及两岸段岩溶地层的地下水位，根据河水与地下水间的补给排泄关系，确定河谷水动力条件类型；查明河谷岸坡及分水岭地区地下水位，地下水补给、排泄方向，是否存在地下水低槽及位置，是否存在地下水分水岭及位置、方向。预测水库蓄水后地下水分水岭水位变化情况。

（4）对可能渗漏的水库，通过勘探、水文地质试验，查明渗漏通道的位置、规模，渗漏地段岩体渗透系数、岩溶发育带下限埋深、弱透水层顶板埋深等。

（5）收集岩溶盆地、洼地、槽谷地区的降雨资料，调查岩溶盆地、洼地、槽谷在历史上产生内涝淹没情况、淹没水位、天数及相应的河水位。

（6）通过地下水动态观测，掌握与渗漏有关的水文地质条件随季节变化情况，特别是枯季地下水分水岭、地下水低槽及库岸岩溶盆地、洼地、槽谷底部地下水位等。

三、水库渗漏勘察主要方法

（一）水库渗漏一般性勘察

水库渗漏一般性勘察的主要方法如下。

（1）搜集并分析区域地质、水文地质资料，遥感图像、相片等；水库周边开采地下水与矿洞情况，有关勘探、试验与观测资料，水文、气象资料。

（2）利用遥感资料进行地质解译工作，以航空遥感相片解译为主，比例尺1：30000～1：20000，并进行野外校核，编制相关的解译图件。

（3）在分析区域地质、水文地质与遥感解译成果的基础上，进行水库区工程地质测绘。比例尺可根据地质复杂程度选用1：50000～1：10000，抽水蓄能电站上、下水库工程地质测绘比例尺可根据上、下水库范围大小、地质条件的复杂程度选用1：5000～1：2000。测绘范围包括水库区与可能存在渗漏地段的河间地块、邻谷与库外下游地区。

（4）在分析工程地质测绘与物探成果的基础上，对可能存在渗漏的地段布置钻探工作。

（5）利用物探方法了解地下水位、流速流向，隔水层的埋深，古河道与隐伏断层破碎带的埋藏与延伸情况。

（6）在可能发生渗漏的地段，利用已有钻孔、水井进行地下水动态观测。

（二）水库渗漏专门性勘察

水库渗漏专门性勘察要求如下。

（1）工程地质测绘可选用比例尺1：10000～1：2000，范围包括可能渗漏途径或地区。

（2）可用物探方法探测透水带的位置与分布，为布置钻探提供依据。

（3）结合防渗处理方案布置勘探剖面（钻探、洞探），在可能渗漏地段布置钻孔，孔距视可能渗漏地层延伸情况确定。钻孔应深入隔水层或枯水期地下水位以下5～10m，分层、分段进行水文地质试验，查明渗漏地层透水性与渗漏边界条件。

（4）进行地下水动态观测，根据需要设立地下水动态观测网，当存在多层含水层时，应分层进行地下水动态观测，观测时间应不少于一个水文年。

（三）岩溶水库渗漏专门性勘察

岩溶水库渗漏专门性勘察除需要满足以上要求外，一般还需要开展以下勘察工作。

（1）采用钻孔CT、电磁波（如EH－4法）、电法、地质雷达、示踪试验等多种方法进行岩溶探测，以相互验证成果的可靠性。

（2）进行水渗流场、水温度场、水化学场、同位素场测定等，并进行综合性研判，查明水库渗漏条件与渗漏特征，确定适合的防渗方式。

第三节　水库渗漏分析与评价

一、水库渗漏条件分析

水库渗漏分析与评价，应在综合分析地形、地貌、岩层层组、地质构造、地质结构、岩溶发育特征、相对隔水层的分布、水动力条件等的基础上进行。根据渗漏条件对水库进行分区、分段，分别评价水库是否渗漏、渗漏途径，渗漏型式（裂隙性或管道型）、渗漏量及渗漏影响等。

（一）水库存在渗漏基本条件

具备下列条件之一的水库，可判别为不存在渗漏问题：

（1）水库外围一定范围内不存在低邻谷，且水库蓄水后仍然是区域地下水的排泄基准面。

（2）水库周边分布有连续的隔水岩土层，构造封闭条件良好。

（3）水库周边地下水位高于水库正常蓄水位，水文地质封闭条件良好。

具备以下条件之一的水库，可初步判别为可能存在渗漏问题，需进行专门性工程地质勘察：

（1）水库与低邻谷之间没有隔水层，不存在地下水分水岭或地下水分水岭低于水库蓄水位。

（2）水库与邻谷之间虽有隔水层，但隔水岩层被断层破坏，且地下水位低于水库蓄水位的单薄分水岭或河湾地段。

（3）具有通向库外的断层破碎带、裂隙密集带等，形成低于水库蓄水位的地下水低槽。库水补给地下水，并向邻谷或下游河道排泄。

（4）具有贯通库内外的渗漏通道，如古河道砂卵砾石层、古风化壳或古侵蚀面、矿洞，并低于水库正常蓄水位。

（二）渗漏途径

水库渗漏途径一般可从以下几个方面进行分析：

（1）渗漏水沿含水层运动时，含水层在低邻谷或坝下游出露地段为漏水的排泄区。

（2）当断层破碎带、褶皱核部及地下水低槽等发育方向与渗漏水排泄方向一致时，将形成主要的渗漏途径。

（3）当水库与低邻谷或坝下游河段之间的岩溶管道系统沟通时，则该岩溶管道系统是主要的渗漏通道。

（4）当水库至低邻谷或坝下游河段之间，有大流量的泉或泉群出露时，应分析该地段地质条件和地下水出露情况，采用水文网分析法、水均衡法及地下水连通试验等，确定泉水是否由水库所在河段地表、地下水补给，判断是否为主要渗漏方向。

二、水库渗漏量估算

（一）渗漏估算条件

水库渗漏量大小因渗漏方式、渗漏介质与水动力特征不同差异很大，渗漏量的计算精度取决于合理选取边界条件、计算参数与计算方法。对于松散地层或裂隙岩体渗流，可采用以达西定律为基础的计算公式，如巴甫洛夫斯基公式、卡明斯基公式等；管道渗漏渗透系数难以确定，用达西定律公式进行计算偏差较大，应按管道流进行估算，有时可用水均衡法、汇流理论等方法。

依据渗漏地段的水文地质结构、渗流特性，分析渗漏边界条件，确定渗漏地层（带）位置、厚度与宽度，并根据压水试验或抽水试验等水文地质试验获得渗透参数进行渗漏（流）量估算。多个透水层或具有明显渗透分带的透水层，可取各透水层（带）渗透系数加权平均值估算渗漏量。

（二）渗漏量估算方法

不同边界条件渗漏量的计算公式都有一定局限性与偏差，下列为常用基本公式。

1. 邻谷渗漏

（1）均一岩（土）体介质向邻谷渗漏量的计算（图 5.2.3-1）：

$$Q=BK\frac{h_1+h_2}{2}\times\frac{H_1-H_2}{L} \qquad (5.2.3-1)$$

式中：Q 为渗漏量，m^3/d；K 为渗透系数，m/d；H_1 为水库水位，m；H_2 为邻谷水位，m；L 为过水部分的平均距离，m；B 为漏水段总长度，m；h_1 为库边含水层厚度，m；h_2 为邻谷含水层厚度，m。

（2）非单一透水介质岩层的渗漏量计算（图 5.2.3-2）：

$$Q=B\frac{H_1-H_2}{L}\left(K_1\frac{M_1+M_2}{2}+K_2\frac{h_1+h_2}{2}\right) \qquad (5.2.3-2)$$

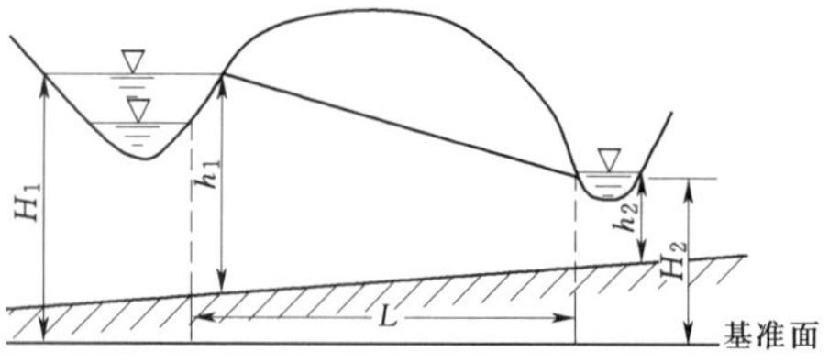

图 5.2.3-1　向邻谷渗漏计算示意图

式中：M_1 为左河下层透水层的厚度，m；M_2 为右河下层透水层过水部分厚度，m；其他符号意义同前。

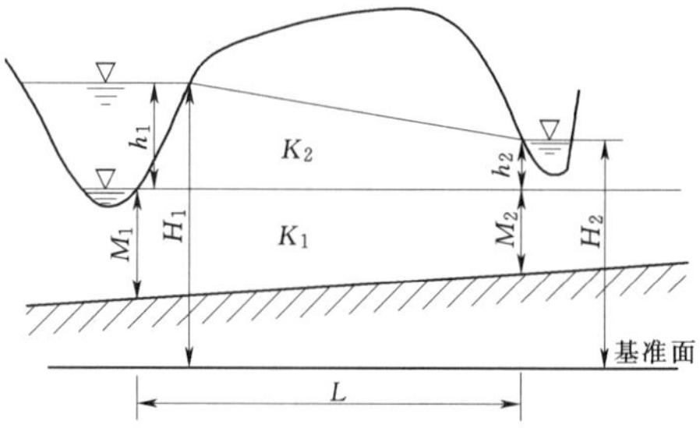

图 5.2.3-2　非单一透水层邻谷渗漏示意图

（3）倾斜的承压水层渗漏计算（图 5.2.3-3）：

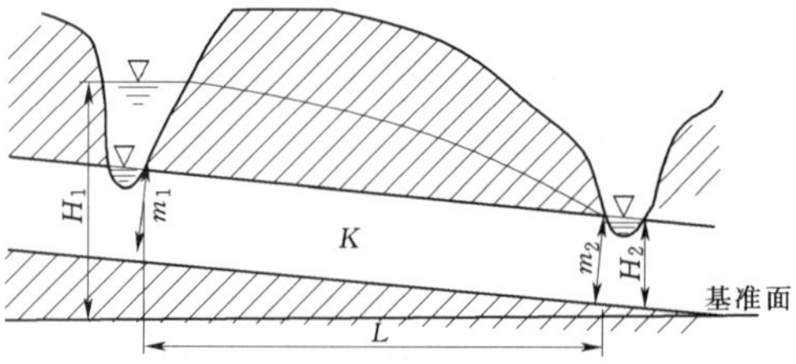

图 5.2.3-3　承压型渗漏计算示意图

$$Q=BK\frac{m_1+m_2}{2}\times\frac{H_1-H_2}{L} \qquad (5.2.3-3)$$

式中：m_1 为库岸含水层厚度；m_2 为邻谷（排泄处）含水层厚度；其他符号意义同前。

（4）岩土体透水性沿渗流途径变化较大时渗漏计算（图 5.2.3-4）。当岩土体透水性沿渗流途径变化较大时，需计算平均渗透系数。例如，河谷上、下游山坡有透水性弱的坡积层覆盖时将起到铺盖作用，减少渗漏量。单宽剖面渗漏量计算公式为

$$q=\frac{H_1^2-H_2^2}{2\left(\frac{L_1}{K_1}+\frac{L_2}{K_2}+\frac{L_3}{K_3}\right)} \qquad (5.2.3-4)$$

式中：H_1 为上游水深（上游透水层厚度），m；H_2 为下游水深（下游透水层厚度），m；L_1、K_1 为坝肩上游坡积层渗流长度，m，及渗透系数，m/d；L_2、K_2 为坝肩主体岩层渗流长度，m；及渗透系数，m/d；L_3、K_3 为坝肩下游坡积层渗流长度，m，及渗透系数，m/d。

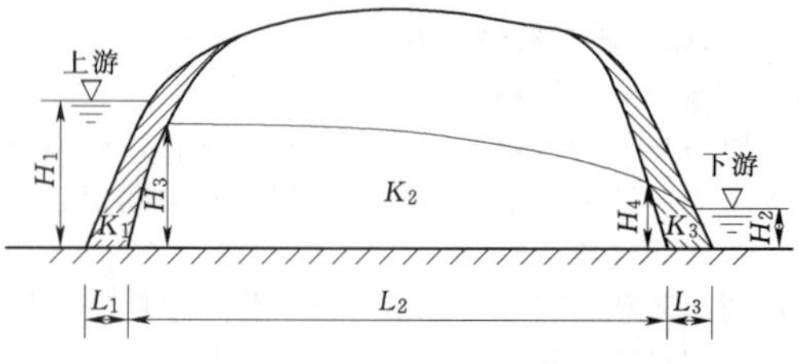

图 5.2.3-4　沿流线绕坝渗流示意图

2. 绕坝渗漏（无压流、承压流）

分别用简化的裘布衣公式估算：

$$Q=0.336KB(H_1+H_2)(H_1-H_2)\frac{\lg B}{r_1} \quad (5.2.3-5)$$

$$Q=0.733KM(H_1-H_2)\frac{\lg B}{r_1} \quad (5.2.3-6)$$

式中：K 为渗漏段渗透系数，m/d；B 为绕渗带长度，m；H_1 为坝前水位，m；H_2 为坝下游水位，m；r_1 为坝间接头半径，m；M 为承压含水层厚度，m。

3. 集中管道渗漏公式

$$Q=AV \quad (5.2.3-7)$$

式中：A 为过流断面面积；V 为流速。

4. 其他方法

此外，常用估算渗流量方法还有水均衡法、数值法、汇流理论、实测等。

第四节 水库防渗处理

一、防渗处理原则

（一）水库渗漏的危害

水库渗漏的危害主要表现为以下几个方面：

（1）水库渗漏量大，超过允许渗漏量，对工程效益影响明显，如减少发电、供水与灌溉等效益。

（2）水库渗漏恶化有关地段地质条件、导致边坡的稳定性变差，甚至可能产生渗透变形破坏，对工程安全产生损害，影响建筑物的安全。

（3）渗漏使周边建筑物、田地产生浸没影响，盐渍化，或对水库周边及下游产生其他不利影响。

（二）防渗处理原则

水库渗漏处理的原则是：

（1）查明水库水文地质条件，明确水库存在的渗漏条件与渗漏途径，并进行渗漏量估（计）算，确定是否需要进行防渗处理。

（2）防渗处理应通过方案比较论证，选择合适的防渗处理方案和处理方法。对不同的渗漏区，不同的渗漏型式，应采取不同的方法来处理，力求技术上可行、经济上合理，具可实施性。

（3）防渗工程应尽可能利用库区的隔水层、相对隔水层或相对弱透水层，使处理工程在河床及两岸能形成封闭状态，保证水库的安全、正常运行。如中梁水库防渗设计依托于库岸存在的大隆组隔水层，防渗线路端点与志留系徐家坝群砂页岩地层衔接，起到防堵二叠系地层渗漏通道的作用。

（4）防渗处理设计应由总体到具体，由面到点。如防渗帷幕，先要进行防渗轮廓设计，再进行防渗结构设计，防渗帷幕线的方向、长度和帷幕深度力求合理，将水库渗漏量控制在合理程度。

（5）防渗处理的材料，既要考虑其防渗性能、耐久性，还需因地制宜。对于堵洞体或铺盖体，应尽量选择当地材料，如块石、黏土等。对于防渗帷幕的灌浆材料，除水泥外，尽量掺加黏土或膨润土的混合浆液。在处理大型溶洞时，可先回填当地的碎块石等，再进行灌浆。

对于一些复杂的防渗工程，如岩溶渗漏处理等，有时可分期实施，必要时进行后期专门补强处理。

二、防渗处理措施与方法

水库防渗（堵）漏处理因渗漏条件不同而有差异。有在地表部直接进行防渗施工的，如在地表黏土铺盖、混凝土盖板、土工膜覆盖，还有在较低垭口设置挡水坝（墙）或隔离措施。常用的防渗处理是地下防渗方式，如灌浆帷幕（水泥灌浆与化学复合灌浆、高压喷射注浆）、混凝土防渗墙等直接防堵渗漏通道或综合方法等。

（一）灌浆

灌浆水电水利工程中最常用的防渗处理方式。松散地层一般采用高压喷射注浆（旋喷、摆喷、定喷）进行充填与胶结，达到防渗效果；基岩则用帷幕灌浆封闭产生渗漏的裂隙、构造破碎带、管道或洞穴等。规模较大的集中渗漏通道，先采用集中防堵，再进行灌浆综合处理。常用的灌浆材料主要为水泥，黏土及化学复合材料等也广泛使用。如贵州乌江东风水电站，右岸坡地下分水岭低于水库蓄水位，存在岩溶渗漏通道，防渗帷幕延伸线路总长 3650m，防渗帷幕量超过 32 万 m，自水库下闸蓄水运行后，未发现异常渗漏。刘家峡水库右岸垭口存在绕渗，地面设副坝挡水，下部黄土层与砂砾石则采用灌浆帷幕防渗。

大宁河中梁水库右岸存在严重的岩溶渗漏通道，其中库盆集中渗漏点位于坝址上游 6km 的星溪沟二叠系地层段，顺层渗漏带宽度约 380m。岩溶发育深度低至高程 370m（库水位 625m，防渗深度 255m，低于当地河水位近 200m）。防渗线路充分利用了隔水层，北端搭接库岸大隆组页岩地层，南端衔接天元背斜核部志留系砂页岩。防渗堵漏主要采用帷幕灌浆，集中通道与空洞（防渗线上揭露的单个溶洞高 30m，宽约 5m，顺水流方向长 10m）先用混凝土或砂浆回填，再用水泥及特殊材料（如化学材料等）进行灌浆封闭。如在灌浆试验时，仅 5 号孔段回填一级配混凝土达 6000m^3，多个钻孔在灌浆过程中进行混凝土回填或注入大量砂浆。遇到动水区封堵中采用了模袋法与双液化学法，也大量使用了化学灌浆等特殊材料。仅该段防渗帷幕量就超过 12 万 m。

（二）铺盖

在地表用铺盖体防止库水沿松散地层、基岩裂隙产生渗漏。对于集中渗漏的构造带、管道、洞穴等漏水点，应先进行点状防堵，后进行面状铺盖。铺盖广泛用于低水头水库防渗或坝前辅助防渗、抽水蓄能电站水库盆与库底防渗。铺盖材料一般为黏土、混凝土、塑料薄膜或土工织物等。如江苏溧阳抽水蓄能电站上水库库盆与库底全部采用铺盖进行防渗，惠州抽水蓄能电站上水库也采用铺盖进行防渗。

中梁二级电站水库为纵向河谷，坝区右岸为三叠系大冶组薄层灰岩，左岸大部被第四系堆积物覆盖，坝基为 30m 厚砂砾石地层，砂砾石层渗透系数 K 值在 30～90m/d，坝址左岸下游有季节性泉水出露，坝基未作专门防渗处理，只在坝前设置了黏土铺盖防渗。

（三）防渗墙及截水墙

混凝土防渗墙多用于松散的砂砾石或堆积体防渗；截水墙也常用于截断引起集中渗漏的暗河、管道。截水墙的材料，一般为混凝土或沥青混凝土。如四川冶勒水电站坝基与岸坡存在深厚覆盖层，采用上部防渗墙结合下部帷幕灌浆进行防渗，防渗深度超过 200m。湖南黑麋峰蓄能电站上水库在库周低矮垭口处设置 3 处混凝土面板堆石坝挡水。云南五里冲岩溶盲谷水库采用地下防渗墙结合帷幕灌浆起到良好防渗（漏）效果。

（四）封堵与围护（隔）

封堵主要堵塞引起集中渗漏的管道、洞穴、构造带，封堵材料一般为混凝土。围护是用围坝或围井将水库中的集中渗水点、漏水洞穴包围起来，也有建坝将水库渗漏部位隔断。重庆孔梁水库直接用混凝土围堵（体）封闭地下渗漏通道形成水库。玄庙观水电站库中黑沟区段渗漏通道采用封堵与铺盖相结合处理方式。

（五）堵塞与喷护

对于库边分散渗漏的溶蚀裂隙，可用水泥砂浆进行喷护阻水，渗漏的较宽大的裂隙，先用混凝土塞填实，再辅以喷浆处理，使用材料一般为黏土或混凝土。

第三章 库岸稳定

第一节　水库岸坡变形及破坏类型

水库蓄水后，被淹没的斜坡岩土体因为饱水而强度降低，水库水位陡降会在斜坡岩土体内产生地下水渗透压力，库水波浪对岸坡产生冲刷作用等，这些因素都可能导致水库岸坡变形破坏。根据水库岸坡变形的破坏型式与物质组成，大致分为塌岸、崩塌、滑坡及其他变形等四种类型。

一、塌岸

水库塌岸是指水库周边岸坡土体在水位升降、洪水冲刷及风浪冲蚀下不断发生塌落的现象。塌岸一般发生在地形坡度较陡的土质岸坡及软岩岸坡的残积层和强风化带，具有渐进发展的特点。

水库塌岸过程如图 5.3.1－1 所示。水库蓄水后，随着库水位上升，抬高了岸边地下水位，浸润原先处于干燥状态的岩土，减小土体或软弱夹层的抗剪强度，使库岸岩土体的物理力学性质发生改变。由风力引起的水面波浪是改变库岸形态的动力因素之一，库岸岩土遭受浸湿和波浪的冲蚀，逐渐形成岸壁的初期塌落［图 5.3.1－1（a）］破坏的快慢取决于岩土的强度及波浪的能量大小，如果原岸坡较高，则岸壁上形成与库水位，在同一高度的浪蚀龛［图 5.3.1－1（b）］，波浪不断对被湿化的库岸冲击、磨蚀，自然崩落和冲击下来的岩土碎屑成为悬移质和推移质被波浪回流带离破脚淤积在岸边，于是库岸边线后移，水下浅滩开始生成［图 5.3.1－1（c）］，波浪重复的作用，库岸不断塌落，后退，浅滩逐渐加宽，直至宽到足以消耗全部波能，库岸后退与浅滩的发展渐趋稳定，形成最终的平衡剖面［图 5.3.1－1（d）］。

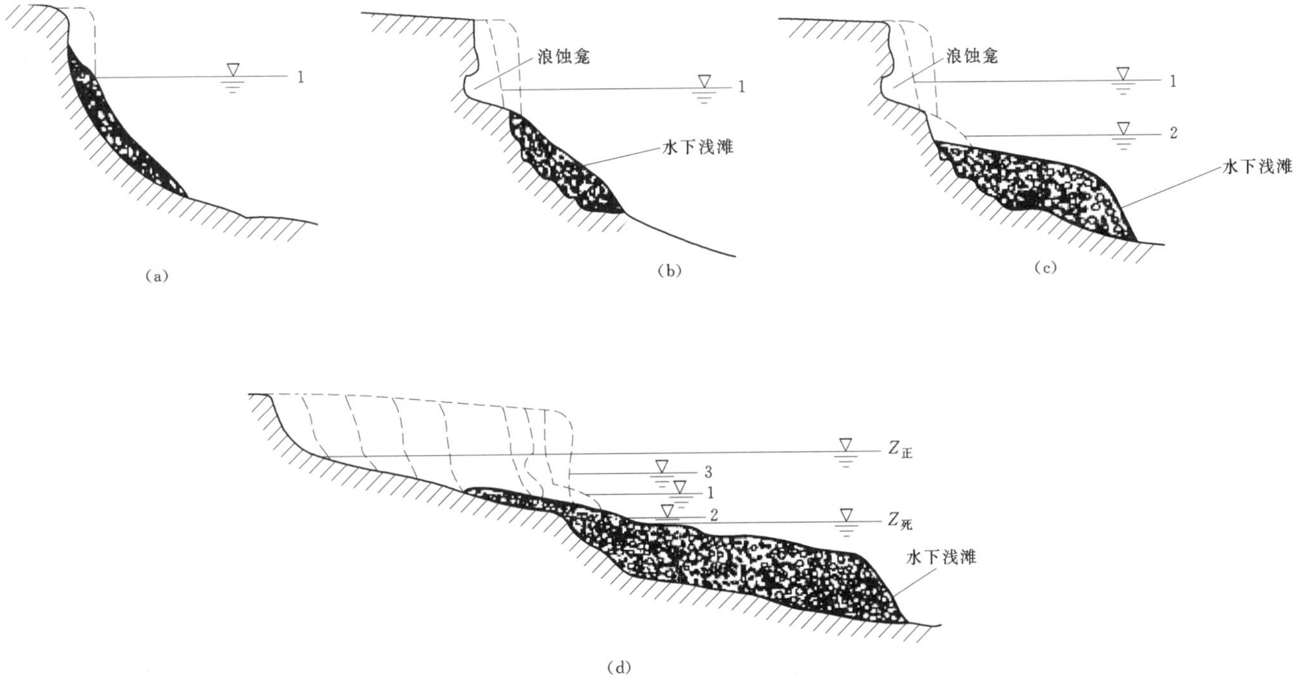

图 5.3.1－1　水库塌岸示意图

（a）水库岸壁的初期破坏；（b）、（c）浪蚀龛及水下浅滩的形成；（d）最终平衡剖面的形成

1～3—不同时期水库水位；$Z_{正}$—水库正常蓄水位；$Z_{死}$—水库死水位（摘自张咸恭《工程地质学》地质出版社，1983）

二、崩塌

崩塌是指在地形较陡的岩质岸坡中，在库水、风浪冲刷、地表水和其他外部营力作用下，发生失稳的现象。崩塌一般发生在岩质岸坡的强风化或强卸荷带内，规模不等，具有突发性。

（一）块状崩塌

当岩质岸坡中发育有不利于岩体稳定的节理裂隙时，在外部营力的作用下，岩体沿节理裂隙面发生块状崩塌或崩落现象。

（二）软弱基座崩塌

是指岩层倾向坡内或略缓倾坡外的上硬下软结构岸坡，在库水长期作用下，由于下部软岩软化崩解、冲蚀带走，在重力作用下，岸坡产生压缩或压致拉裂变形，导致上部岩体失稳的现象。

三、滑坡

水库滑坡是指在库水、降雨及其他因素的影响下，岸坡岩土体沿软弱结构面（带）或已有的滑动面向发生变形失稳的现象。常见的水库滑坡有以下几种类型。

（一）老滑坡复活

蓄水前，处于稳定或者基本稳定的滑坡，在水库蓄水后，由于库水作用，整体或者局部复活而产生滑移变形。

（二）深厚堆积层浅层滑坡

发育于各种堆积体中，水库蓄水后由于外界条件的改变，导致岸坡沿浅层滑动面发生圆弧形失稳。

（三）沿基岩一覆盖层界面滑坡

基岩上的覆盖层堆积体，在外部营力作用下，沿着基岩与覆盖层界面发生整体滑动的变形破坏型式。一般需具备几个方面的条件：①有明显的基岩与覆盖层界面，可形成滑动面；②在库水或地下水的作用下，基岩与覆盖层界面较易软化；③前缘临空或被淘蚀，坡体下滑力大于抗滑力。

（四）基岩顺层滑坡

基岩顺层滑移常发育于岩层走向与坡面近平行，倾向坡外，中等或中缓倾角的基岩岸坡中，且岩层中存在软弱夹层或软弱结构面。在水库蓄水后，软弱夹层或软弱结构面在水的作用下发生软化，抗剪强度降低，同时，滑坡体的下滑力增加，孔隙水压力上升导致摩擦力的降低，使岸沿软弱夹层产生整体滑动。

四、其他变形

水库库岸变形还包括岩体蠕变和流动变形（碎屑流）等。

水库岸坡变形的分类及变形特征见表5.3.1－1。

表5.3.1－1　水库岸坡变形与破坏类型及实例

类型		变形特征	规模及方式	工程实例
塌岸	黄土塌岸	黄土浸水湿陷，坡脚失去稳定	层层塌落范围较大	三门峡
	崩坡积层塌岸	基岸界面倾向河床，上有松软带，水浸后各层透水性不一，孔隙压力增大，排水慢，坡脚冲淘，基岩面以上或黏土夹层以上能维持稳定	范围较大	风滩 硗碛 紫兰坝 洪家渡
	湖相沉积	库岸陡峻，岩层松散，平缓层面有细颗粒夹层	范围较大	龙羊峡
	河流冲洪积	河流阶地细粒堆积物，在库水的浪蚀或淘蚀作用下，向库中移动，使库岸稳定线向岸坡边移动	范围较大	公伯峡 三峡
崩塌	块状崩塌			
	软弱基座崩塌			
滑坡	老滑坡复活	水库水渗入滑动面后，已稳定的老滑坡复活，也可产生新的滑动面，使老滑坡产生部分滑动	规模较大或大，突发性	李家峡 宝珠寺 黄龙滩 龙滩
	顺层滑坡	千枚岩、页岩、泥板岩、泥岩层面倾向河床15°～35°，有易滑动的软弱夹层	规模较大或大	柘溪 刘家峡 龙滩
	深厚堆积层浅部滑移			狮子坪 硗碛 索风营 光照
	基岩一覆盖层界面滑移	坡积土或强风化以上的碎石土沿下部相对完整的强风化岩体界面滑动		水泊峡 功果桥
其他变形	流动			
	蠕动带	卸荷带软弱岩体裂隙张开，岩层变位，蓄水后不能维持原来稳定	变形缓慢规模小	西蔺河口

第二节　勘察内容与方法

一、地质勘察深度要求

地质勘察深度不仅要满足各设计阶段勘察要求，还应与岸坡失稳后对水库运行、人民生命财产、建筑物安全造成的危害相对应。

《水力发电工程地质勘察规范》（GB 50287）对各个勘察设计阶段库岸稳定勘察的要求为：

（1）规划阶段，要求了解对水库有重大影响的滑坡、潜在不稳定岸坡、可能发生的塌岸分布范围。

（2）预可行性研究阶段，应初步查明库岸稳定条件，初步评价库岸稳定对工程的影响，以及对重要城镇、居民的可能影响。

（3）可行性研究阶段，查明潜在不稳定库岸的工程地质条件并进行评价，确定影响区范围，查明覆盖层库岸的工程地质条件，对其塌岸影响范围进行预测。

招标设计阶段和施工详图阶段，主要是复核前阶段勘察成果和对前阶段遗留问题补充勘察。

由于水库规模相差较大，水库区的地质条件千差万别，水库蓄水对岸坡稳定影响也不尽相同，因而，对库岸稳定勘察工作的要求也有较大差别。近坝库区的大、中型滑坡对大坝安全危害较大，是可行性研究和预可行性研究阶段勘察工作重点，勘察工作的深度宜比其他库区的高。近坝库区具体范围的确定，与水库蓄水深度、坝型、不良地质体规模以及发生破坏时产生的危害程度与对象有关。一般情况下，土石坝、下游有重要建筑物或水库区存在规模较大的滑坡等不良地质体时，近坝库区的范围较大。另外，对于水库区人口居住多，以及有重要建筑物地段，也是勘察工作的重点，其勘察工作深度应比其他地段高。

二、库岸稳定地质勘察内容

《水力发电工程地质勘察规范》（GB 50287）中对库岸稳定地质勘察的内容有明确规定。

（一）规划阶段

了解对水库有重大影响的滑坡、潜在不稳定岸坡、可能发生的塌岸分布范围。

（二）预可行性研究阶段

岸坡稳定勘察应包括以下内容：

（1）初步查明水库区对工程建筑物、重要城镇和居民环境有影响的滑坡、崩塌和其他潜在不稳定岸坡的分布、范围和体积；初步评价其在水库蓄水前和蓄水后的稳定性及其危害程度。

（2）第四纪沉积物组成的库岸，应初步预测水库塌岸带的范围。

（三）可行性研究阶段

岸坡稳定地质勘察可分为不稳定岸坡、潜在不稳定岸坡以及覆盖层塌岸勘察。

1．不稳岸坡和潜在不稳定岸坡

不稳定和潜在不稳定岸坡勘察内容如下：

（1）查明库区特别是近坝库区、城镇地段的滑坡、崩塌堆积体和潜在不稳定岸坡以及库区的巨型滑坡的分布范围、体积、地质结构、边界条件和地下水动态。

（2）分析不稳定和潜在不稳定岸坡在自然状态下的稳定性，预测施工期和水库运行期不稳定和潜在不稳定岸坡失稳的可能性，并应对水工建筑物、城镇、居民点及主要交通线路的可能影响作出评价，圈定影响区的范围。

（3）提出防治措施和长期监测方案的建议。

（4）高陡峡谷岸坡应调查卸荷和变形岩体分布状况。

2. 塌岸

对塌岸勘察的内容要求如下：

（1）查明土的分层、级配和物理力学性质，确定岸坡天然稳定坡角，浪击带稳定坡角和浅滩稳定坡角。

（2）预测不同库水位的塌岸影响范围，并对提出长期监测建议；预测中应考虑水库运行方式、风向和塌岸物质中的粗颗粒含量及其对坡脚再沉积的影响；预测计算中，各段的稳定坡角，应根据试验成果，结合调查资料选用。

（3）调查临近地区已建水库库岸和相似地质条件的河湖岸的天然稳定坡角和浪击带稳定坡角。

（4）查明防护工程的地质条件。

（四）招标设计阶段

招标设计阶段，需要针对前期遗留问题进行勘察，勘察的内容由遗留问题的具体情况确定。

（五）施工详图阶段

施工详图阶段主要是对前期勘察成果的复核，进行水库施工地质工作及水库库岸巡视工作。《水力发电工程地质勘察规范》（GB 50287）规定：当不稳定和潜在不稳定库岸边坡出现变形迹象，影响枢纽建筑物、水库运行、集中居民点生命财产和公用设施时，应复核影响库岸边坡稳定的水文地质、工程地质条件，评价失稳的可能性，提出工程治理与防护措施的建议；塌岸区位置、范围发生重大变化时应复核塌岸影响区的水文地质结构、水文地质条件，提出防护工程措施建议。

三、库岸稳定地质勘察主要方法

各设计阶段勘察的内容和勘察的精度不同，因此其勘察方法也有所不同。

（一）规划阶段

本阶段应以收集、分析、利用相关的地形、地质资料（如区域地质图和水文地质图、航卫片等遥感资料、1∶10000 地形图）为主；辅以少量的实地查勘。

（二）预可行性研究阶段

在详细分析、研究区域地质和水文地质资料、航卫片等遥感资料基础上，一般需要进行 1∶50000～1∶10000 的线路工程地质调查或测绘。调查或测绘时，应收集岸坡稳定性评价所需的地质资料；对于平原型水库或可能存在严重水库塌岸的地段，需要初步预测水库塌岸范围的，应在典型的土层结构单元处布置勘探剖面，靠近岸边的坑探、钻探应进入水库死水位或相当于陡坡脚高程以下；对于宏观判断稳定性差，其失稳可能威胁附近的居民点的岸坡段宜采用比例尺 1∶5000 或更大的地质测绘精度；对于交通条件差，水库岸坡失稳对工程危害不大，又没有大于 1∶10000 地形图的水库，可采用 1∶50000 的测绘精度，但对于可疑地段应按 1∶10000 精度加密调查线路。

地质调查或测绘的主要内容：

（1）调查岸坡的地形地貌特征、地层岩性、岩体结构、岩土体的物理力学性能、水文地质条件（地表沟谷径流条件，地下水类型、埋藏条件、地下水位变化幅度和规律，岩土体水文地质特征，水上、水下的天然稳定坡角，天然水位涨落带的坍塌和发展程度等）可溶岩岸坡段，还应注意岩溶洞穴发育规律以及其上部岩土体结构特征，将调查成果绘制成地质图、并进行库岸稳定性分类。

（2）有人居住或有重要建筑物分布的岸坡段，还应详细调查了解地基岩土层（包括特殊性岩土）的性质、分布及其物理力学性质、土的最大冻结深度，以及不良地质现象的成因、类型、性质分布范围、发生和诱发条件等，对居民点或各建筑地段稳定性的影响程度及其发展趋势。

（3）水库库岸稳定的测绘与调查可与其他水库地质测绘工作一并进行。

根据线路工程地质调查或测绘成果，确定需要重点或详细勘察的范围，详细勘察工作一般在可行性研究阶段或施工阶段进行。重点或详细地质勘察的范围主要是岸坡稳定差和很差的地段、潜在不稳定地段、可能产生严重塌岸地段，勘察方法参照可行性研究阶段中的不稳定和潜在不稳定岸坡、覆盖层塌岸区的勘察方法进行。

（三）可行性研究阶段

可行性研究阶段的勘察方法，《水力发电工程地质勘察规范》（GB 50287）中作了明确规定。

1. 不稳定和潜在不稳定岸坡勘察方法

（1）工程地质测绘比例尺可选用 1∶5000～1∶1000。

（2）工程地质测绘范围应包括不稳定和潜在不稳定岸坡及其影响区。

（3）在前期勘探的基础上补充钻孔、平洞和竖井。

（4）对水工建筑物、城镇、居民点及主要交通线路安全有影响的不稳定和潜在不稳定岸坡的控制性结构面或滑坡滑带土应进行室内黏土矿物分析和物理力学性试验，试验组数累计不小于 6 组；根据需要进行滑带土的原位抗剪试验、地质力学模型和涌浪试验等。

（5）根据需要对不稳定和潜在不稳定岸坡建立监测网，监测网应由监测剖面线和监测点组成，钻孔倾斜计宜平行滑动方向布置，视准线宜垂直滑动方向布置。

（6）应进行地下水动态观测，建立地下水动态观测网。

2. 塌岸勘察方法

（1）工程地质测绘比例尺，城镇地区可选用 1∶2000～1∶1000，农业地区可选用 1∶5000～1∶10000。

（2）工程地质范围可根据需要确定。

（3）勘探剖面线应实测，勘探剖面线间距，农业地区 1000～5000m，城镇 200～1000m。

（4）各土层应进行物理力学性质试验，其中颗粒分析、自然休止角和水下休止角累计试验组数不少于 6 组。

（四）招标设计阶段

招标设计阶段的勘察方法要根据可行性阶段遗留问题难易程度，包括地质条件的复杂程度，针对性地选择勘察方法，即可采取线路工程地质测绘的方法，又可以采用钻孔和平洞勘探、试验或补充分析的方法。

（五）施工详图阶段

施工详图阶段主要是对前期勘察成果进行复核，进行水库施工地质工作及水库库岸巡视工作。因此，应收集水库库岸变形与破坏资料，复核前期勘察成果与结论；在围堰挡水、水库运行初期，应开展水库库岸巡视，库岸巡视可根据需要采用全面巡视或采用重点巡视。重点巡视地段主要包括前期判断为不稳定和潜在不稳定岸坡、可能产生严重塌岸、工程施工期新出现的不良地质现象（滑坡、大型崩塌体等，塌岸范围超过预测值）、重要建筑物、集中居民点等库岸。交通条件好的库岸宜采用全面巡视的方法，交通条件不好、人烟稀少的高山峡谷库岸可采用重点巡视方法。对于可能导致严重地质灾害、危及人民生命财产及重要建筑物安全的不良地质现象都应进行详细的工程地质勘察，并提出处理建议。

四、水库岸坡变形观测主要内容

(一) 水位动态观测

进行水库水位观测，了解水位升降过程，以分析其对岸坡稳定的影响。在有库岸稳定问题的地段及其附近地区，应进行地下水动态观测，观测剖面宜垂直岸坡布置。

(二) 库岸变形过程观测

(1) 观测内容。坍滑带宽度、变形速率和坍滑后岸坡形态特征。

(2) 观测方法。用仪器测量不同时间的平面地形和剖面地形，裂隙发展情况，定点定期摄影或地面遥感，分析塌岸的发展状态和坍滑后的岸坡形态特征等。规模巨大的滑坡体也可采用航空遥感手段进行定期观测。

(3) 观测时间。根据水库运行方式及降水前后等而定，如汛期最高水位、最低库水位、风浪最大季节、降雨、冰冻和解冻季节等，均宜进行观测。

(4) 观测次数。根据塌岸发展速度而定，蓄水初期和变形发展变化大时，观测次数增多；变形稳定后，观测次数可减少。

(5) 观测断面间距。根据库岸岩体结构特征及岸壁形态选定。岩性均质、地形平直的岸壁，间距可大些；反之，则可加密。

第三节　水库塌岸预测方法

一、水库塌岸影响因素

影响塌岸宽度和发展速度的因素包括内在因素和外在因素。

(一) 内在因素

内在因素有地形地貌、斜坡岩土体性质、岸坡结构、地下水类型、库岸植被覆盖程度和岸边人工建筑物的分布等。库岸愈高陡、库岸线弯曲愈大、切割愈破碎，愈容易产生塌岸。

1. 地形地貌

地形地貌对水库塌岸具有重要的影响。与其有关的岸坡特征主要包括坡度、坡高、坡形与植被发育状况等四个方面的因素。一般岸高坡陡、水下岸形陡直、凸岸或被冲沟切割成半岛地形的塌岸较为严重。

2. 地层岩性和岸坡结构

地层岩性和岸坡结构是控制塌岸的主要因素。不同地层、岩性塌岸的发育频度和规模存在很大差异。对于土质岸坡，土体类型、成因、固结和密实程度等是影响塌岸的主要因素。例如黄土的孔隙率高，常有垂直节理，浸水后土的胶体联结被破坏，以致崩解快，易发生强烈、快速的坍塌；粉砂、细砂的抗冲刷能力弱，易形成大量坍塌和宽缓的浅滩；砂砾石的抗剪强度大、抗冲刷性较强，只有少量坍塌，形成窄而陡的浅滩。

对于岩质岸坡，岩性、岩层产状及其与岸坡坡度相对关系是影响塌岸的主要因素，塌岸一般发生在强度低、遇水易崩解、抗风化能力较弱的软岩岸坡中。

(二) 外在因素

1. 水的作用

一是原来的水上岸坡一部分成为水下岸坡，改变了岩土体的物理、水理、力学性质。降低岩土体抗剪强度；二是在库水位反复变化下，地下水位也随之升降，尤其是骤降产生的动水压力降低了岸坡土体的稳定性。

2. 波浪作用

水库蓄水后，水面变得开阔，波浪作用进一步增强，对岸坡的侵蚀与淘刷作用也就越强。

3. 其他作用

如冰的冻胀，浮冰撞击岸坡，大气湿热变化引起的风化作用，泥沙淤积等。

二、塌岸预测方法

水库塌岸预测是岸坡治理的重要依据。由于岸坡物质组成、结构特征、地下水位等复杂性，难以精确地定量分析。目前国内外大多数研究都是基于已建成的水库，通过对塌岸的观测和分析，进行塌岸预测。

预测方法根据预测的时间长短可分为短期预测和长期预测。长期预测中，又包括类比法、动力法、统计法和模拟试验法等。

(一) 短期预报

短期预报以水库初次蓄水后的 2～3 年内为限。

1. 均质黄土塌岸

起点可从原河道最高洪水位起算。取蓄水初期的最高水位，依下式计算蓄水初期塌岸宽度，见图 5.3.3-1。

$$S_0 = A\cot\alpha + H_0\cot\beta - P\cot\alpha \qquad (5.3.3-1)$$

式中：S_0 为蓄水初期塌岸宽度；A 为蓄水初期最高水位与原河道最高洪水位的差值；P 为正常高水位与原河道最高洪水位的差值；H_0 为蓄水初期最高水位以上的岸高；α 为动水位作用下的水下岸坡角（可查表 5.3.3-1）；β 为预测岸坡水上部分的稳定坡角（可查表 5.3.3-1）；图 5.3.3-1 中 γ 为原始岸坡坡角。

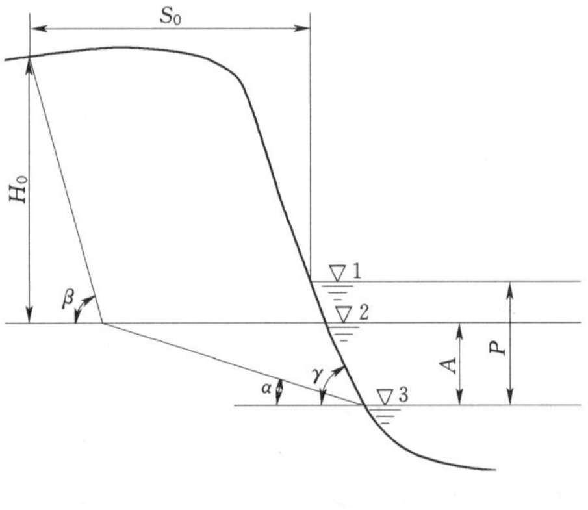

图 5.3.3-1　前坡较陡岸坡塌岸短期预测图

1—正常高水位；2—蓄水初期高水位；3—原河道最高洪水位

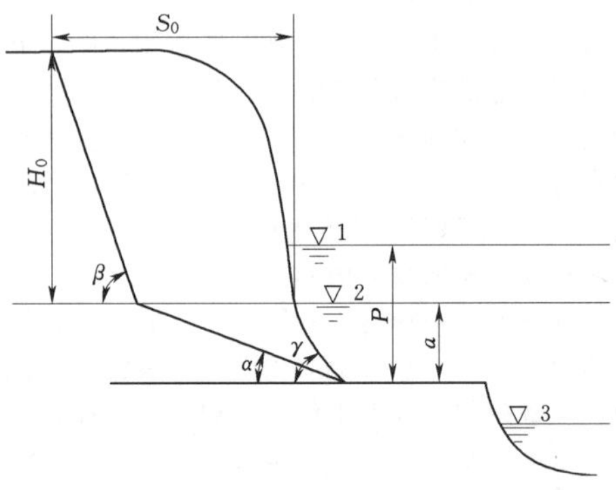

图 5.3.3-2　一级阶地或河漫滩岸坡塌岸短期预报图

1—正常高水位；2—蓄水初期高水位；3—原河道最高洪水位

如果岸前有一级阶地或河漫滩，且阶地或河漫滩高于原河道最高洪水位而低于水库蓄水初期最高洪水位时，则以阶地或河漫滩的后缘高程代替原河道最高洪水位值，作为塌岸起算点。塌岸宽度可依下式计算，见图 5.3.3－2。

$$S_0 = a\cot\alpha + H_0\cot\beta - P\cot\gamma \qquad (5.3.3-2)$$

式中：a 为一级阶地或河漫滩后缘高程至蓄水初期最高水位的差值；P 为一级阶地或河漫滩后缘高程至正常高水位的差值；其余符号意义同前。

表 5.3.3－1　　不同岩性坡角参考值

岩　性	α (°)	β (°)
坚硬黏土、壤土	60～80	
黄土状壤土	8～22	50～70
黄土状砂壤土	8～22	45～50
砂土	6～20	38～45
砂砾土	14～26	45～60
胶结的砂、砂砾	60～80	60～80

2. 非均质松散层塌岸

岩性为非均质，河谷阶地前缘较陡，塌岸起点在原河边最高洪水位及蓄水初期最高水位变化幅度内的松软岩层上，塌岸预测见图 5.3.3－3。

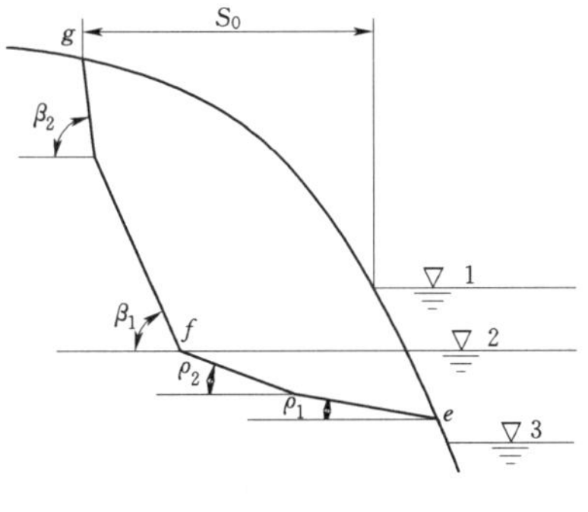

图 5.3.3－3　非均质松散层塌岸短期预测

1—正常高水位；2—蓄水初期高水位；3—原河道最高洪水位

首先绘出塌岸预测的地质剖面，并注明其原河边最高洪水位、蓄水初期最高水位及正常高水位；其次在原河道最高洪水位及蓄水初期最高水位变化幅度内，根据岩层的物理力学指标及水理性质，找出可能产生塌岸的岩层作为塌岸起点 e，由 e 点绘出各层在动水作用下的水下坡角 ρ_1、ρ_2、…、ρ_n，最后交于 f；由 f 点按不同岩性绘出水上坡角 β_1、β_2、…、β_n，最后交地面于 g 点，则蓄水初期塌岸宽度 S_0 即可求得。

（二）长期预测

1. 类比图解法

调查不同岩土体水下稳定边坡、水位变幅带坡角和水上稳定边坡，与水库蓄水后不同库水条件下的岸坡进行类比，从而进行塌岸预测。

（1）类比图解法原理。由于天然河道的平均枯水位、河水涨幅带、平均洪水位分别与水库运行期低水位、调节水位（即水位变动带）、最高设计水位存在可类比性。因此，可通过地质调查，并统计现天然河道的平均枯水位以下、河水涨幅带以及平均洪水位以上三带岩土体的稳态坡角。以此类比图解水库蓄水运行时的塌岸范围。根据实测剖面，自现河水枯水位起，首尾相连依次绘出在不同库水位条件下相应岩土层的稳定坡角，并以各段稳定坡脚连线代表最终库岸再造边界线，进而量取库岸再造的最终宽度与高程。

（2）图解参数的获取。岩土体在不同库水位条件下稳定坡角的取值应切合实际，具有代表性。应结合地质测绘与勘探，现场调查统计不同岩土体在天然河道的平均枯水位以下、河水涨幅带以及平均洪水位以上三带内岩土体的稳定坡角。

采用调查统计的数据，按下列公式计算各类岩土层在不同库水条件下的平均稳定坡角。

$$\alpha = \sum \alpha_i L_i / \sum_{L_i} \qquad (5.3.3-3)$$

式中：α 为一个统计范围内岩土层的平均稳定坡角；α_i 为统计点岩土层的坡角；L_i 为统计点之间的水平距离。

由于枯水位以下岩土层稳态坡角难以取得，可将河水涨幅带稳态坡角按 0.8 的系数折减而得。

2. 计算图解法

（1）卡丘金预测法。卡丘金法适用于松散沉积层，如黄土、砂土、砂壤土、黏性土岸坡，并且波浪较小的水库。如图 5.3.3－4，计算公式为

$$S_t = N[(A + h_p + h_B)\csc\alpha + (H - h_b)\csc\beta - (B + h_p)\csc\gamma] \qquad (5.3.3-4)$$

式中：S_t 为塌岸带最终宽度，m；N 为与土颗粒大小有关的系数，黏土取 1.0，壤土取 0.8，黄土取 0.6，砂土取 0.5，砂卵石取 0.4，多种土质岸坡应取加权平均；A 为库水位变化幅度，m；h_p 为波浪冲刷深度，m，一般情况 $h_p = (1.5 \sim 2)h$（波高）；h_b 为波击高度或浪爬高，m；H 为正常蓄水位以上岸坡高度，m；α 为水下浅滩冲刷后稳定坡角，(°)，可从图 5.3.3－5 查得；β 为岸坡水上稳定坡角，(°)，可查表 5.3.3－2；γ 为原始岸坡坡角，(°)。

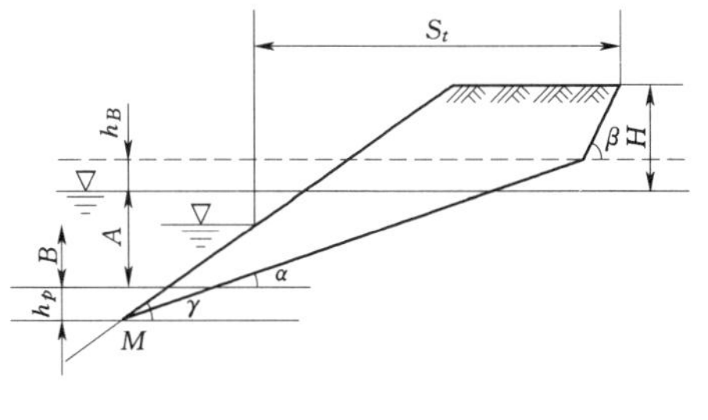

图 5.3.3－4　卡丘金预测法示意图

表 5.3.3－2　　β 值 表

岸坡岩层	β (°)	岸坡岩层	β (°)
黏土	5～30	含漂砾的壤土	35～45
黄土	20～38	粗砂	38～45
壤土	25～48	砾石	>45
细砂	30～35	卵石	>45
中砂	30～40		

（2）佐洛塔廖夫预测法。该方法为前苏联学者于 1955 年提出的，认为波浪对塌岸起主要作用，塌岸后的岸坡可分为浅滩外台阶、堆积浅滩、浅滩冲蚀坡、浪击带和水上稳定岸坡 5 部分（图 5.3.3－6）。该方法较适用于具有非均一地层结构的岸坡，主要由黏土质的、较坚硬和半坚硬岩土组成的高岸水库边坡。

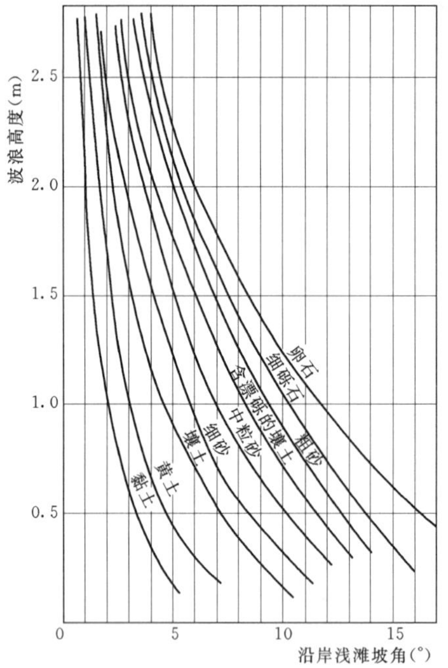

图 5.3.3-5 不同波高情况下几种松软土的 α 角

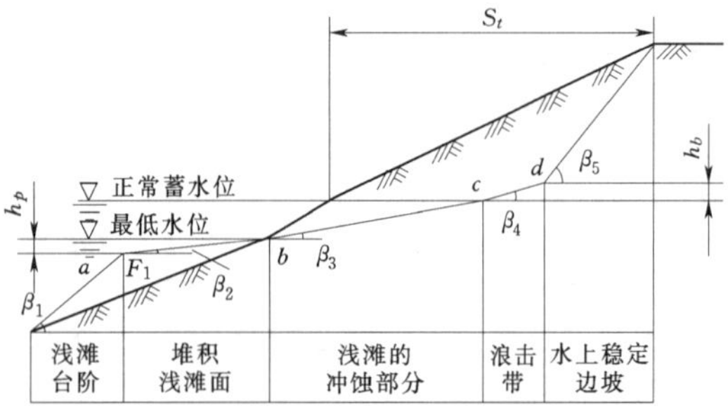

图 5.3.3-6 佐洛塔廖夫预测法示意图

具体预测步骤如下：

1）绘制预测岸坡的地质剖面。

2）标出水库正常高水位线与水库最低水位线。

3）从正常蓄水位向上标出波浪爬升高度线，高度（h_b）之值取为一个波高。

4）由最低水位向下，标出波浪影响深度线，影响深度（h_p）黏性土取 1/3 浪波长，砂土取 1/4 波浪长。

5）波浪影响深度线上选取 a 点，使其堆积系数（k_a）达到预定值。堆积系数 $k_a=F_1/F_2$（F_1 为堆积浅滩体积，F_2 为水上边坡被冲去部分的体积）。

6）由 a 点向下，根据浅滩堆积物绘出外陡坡线使之与原斜坡相交，其稳定坡度 β_1 粉细砂土和黏土采用 10°～20°，卵石层和粗砂采用 18°～20°；由 a 点向上绘出堆积浅滩坡的坡面线，与原斜坡线相交于 b 点；其稳定坡度 β_2，细粒砂土为 1°～1.5°，粗砂小砾石为 3°～5°。

7）以 b 点作为冲蚀浅滩的坡面线，与正常高水位线相交于 c 点，坡角为 β_3。

8）由 c 点作冲蚀爬升带的坡面线，与波浪爬升高度水位线相交于 d 点。其稳定坡脚 β_4。β_3、β_4 及 k_a 可按表 5.3.3-3 确定。

9）绘制水上稳定坡，依自然坡角确定。

10）检验堆积系数与预定值是否相符，如不相符，则向左或右移动 a 点并按上述步骤重新作图，直至合适为止。

表 5.3.3-3　　β_3、β_4、k_a 值表

岩层名称	β_3	β_4	k_a	岩层泡软速度
粉砂、细砂、砂壤土、淤泥质壤土	40′～1°	3°	5%～20% 根据颗粒组成而定	快，几分钟内
小卵石类粗砂，碎石土	6°～8°	16°～18°	30%以下	
黄土质壤土	1°～1°30′	4°	冲蚀的	相当快，10～30min 内
松散的壤土	1°～2°	4°	冲蚀的	1～2h 内，水中分解
下白垩纪黏土	2°～3°	6°	10%～20%	不能泡软，在土样棱角上膨胀破坏
上白垩纪泥灰岩，蛋白岩（极软岩），有裂缝	3°～5°	10°	10%～30%	不能泡软
黏土，质极密，含钙质	2°～3°	5°	冲蚀的	一个月内不能泡软，部分分化淋蚀
黏土、黑色，深灰色，质密成层	2°	6°	冲蚀的	一个月内不能泡软，部分分化淋蚀
有节理的泥灰岩。石灰质黏土，密实的砂，松散砂岩	2°～4°	10°	10%～15%	一个月内不能泡软，部分分化淋蚀
黄土和黄土质土	1°～1°30′	—	—	很快，全部分解

注　表列 β_3、β_4 值符合于波浪高为 2m 的情况，在库尾区因波浪高较小，可按表列数值增加 1.5 倍。

（3）两段法。经过 10 年数十处水库塌岸的调查、研究，王跃敏等（2000）提出了适用于我国南方山区峡谷型水库塌岸的预测法——“两段法”。具体原理为：预测塌岸线由水下稳定岸坡线和水上稳定岸坡线的连线组成时，水下稳定岸坡线由原河道多年最高洪水位 h 及水下稳定坡脚 α 确定；水上稳定岸坡线由设计洪水位和毛细水上升高度 H' 及水上稳定坡脚 β 确定（图 5.3.3-7）。

两段法的具体图解为：以原河道多年最高洪水位与岸坡交点 A 为起点，以 α 为倾角绘出水下稳定岸坡线，该线延伸至设计洪水位加毛细水上升高度的高程点 B，再过 B 点以 β 为倾角绘出水上稳定岸坡线，与原岸坡的交于 C 点，即为水上稳定岸坡的终点。水上稳定岸坡线的起点 B 的高程所对应的原岸坡的 D，与该线终点 C 之间的水平距离，即为预测的塌岸宽度 S_k（图 5.3.3-7）。

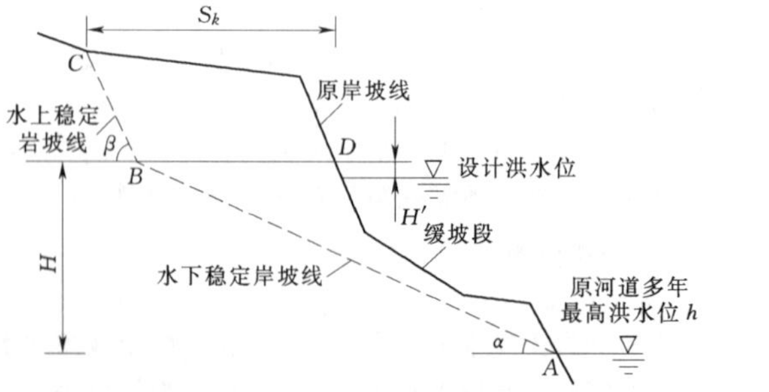

图 5.3.3-7 两段法塌岸预测示意图

采用两段法进行塌岸预测，水下稳定岸坡的起点高程相当于原河道的历史最高洪水位，或蓄水后第一年的淤积高程，采用两者较高值，其数据可从当地水文部门或实地调查获得。

水下稳定岸坡角 α 的确定方法有两种。一种是工程地质调查法，该方法的作者通过数十处水库的调查，给出了不同岩土层组成的水下稳定岸坡角见表 5.3.3-4。

表 5.3.3-4　水下稳定岸坡角 α（地质调查法）

岩土体名称	颗粒组成及性质	α（°）
粉细砂（Q_4^{al}）	密实 $e<0.6$（e 为孔隙比）	18～21
	中密 $e=0.6\sim0.75$	15～18
	稍松 $e>0.75$	12～15
中粗砂夹角砾（Q_4^{al}）	密实 $e<0.6$	24～27
	中密 $e=0.6\sim0.9$	21～24
	稍松 $e>0.9$	18～21
黏土、砂黏土、夹碎（卵）石、角（圆）砾（$Q_4^{dl+pl+al}$）	密实石质含量>35%	27～30
	中密石质含量 20%～35%	24～27
	稍松石质含量<20%	21～24
碎（卵）石土（$Q_4^{dl+pl+col}$）	密实石质含量>70%	33～36
	中密石质含量 60%～70%	30～33
	稍松石质含量<60%	27～30
漂（块）石、卵（碎）石土（Q_4^{al+col}）	全胶结	45～50
	半胶结	40～45
石渣	粒径 3～30cm，含量>90%	34～36

另一种为综合计算法，是在地质调查法的基础上总结出来的，对于砂性土及碎石类土，取 $\alpha=\varphi$（内摩擦角）；对于黏性土，则用增大内摩擦角的方法来考虑黏聚力 c 的影响，使 $\alpha=\varphi_0$（综合内摩擦角），用剪切力公式计算 φ_0，即

$$\varphi_0=\arctan[\tan\varphi+c/(\gamma_s H)] \tag{5.3.3-5}$$

式中：γ_s 为水下岩土体的饱和容重；H 为水下岸坡起点至岸坡终点的高度。

φ、c、γ_s 由试验获得。综合计算法与地质调查法所得结果基本吻合。

作者对水上稳定岸坡角的调查结果见表 5.3.3-5。

表 5.3.3-5　水上稳定岸坡角（β）

岩土体名称	颗 粒 组 成	β实测值（°）	β终止值（天然）（°）
黏土	粒径≤0.002mm 占 8%以上	58～80	60
砂黏土	粒径≥0.02mm 占 60%以上	55～70	55
砂夹卵石	含砂量≥70%卵石含量≤30%	40～62	40
石渣	粒径 3～30cm 占 90%以上	45	45～42

毛细水上升高度 H' 一般通过试验与现场调查相结合来确定，其值与岸坡岩（土）体的颗粒组成有关，粗颗粒毛细水上升高度小，细颗粒相对较高。

“两段法”适用于我国南方山区的峡谷型水库，库面较窄，风浪作用较小，岸坡地层为黏性土、砂性土、碎石类土、弃渣及岩石的全风化地层可用两段法与卡丘金法同时进行塌岸预测，以提高预测的可靠性。

（4）库岸结构法。针对三峡库区冲（磨）蚀型和坍塌型库岸，提出适合三峡库区山区型水库塌岸预测的岸坡结构法。其主要原理是根据岸坡上各种不同物质的水下堆积坡角、冲磨蚀角、水上稳定坡角和水库的设计低水位、设计高水位来进行预测，也是一种图解法和类比法。

图 5.3.3-8 中，θ_1 与 θ_n 代表不同物质水下堆积坡角；α_1 与 α_n 代表不同物质的冲磨蚀坡角；β_1 与 β_n 代表不同物质的水上稳定坡角；A、B、C 为水位线与塌岸线的交点；D 为塌岸再与地形线之间的交点；E 为设计高水位与地形线之间的交点；L、M、N 为物质分界线与塌岸线的交点；b 即为塌岸宽度。

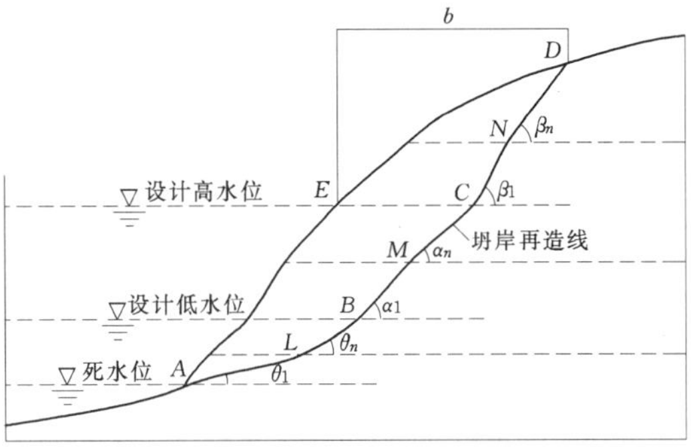

图 5.3.3-8　“库岸结构法”预测塌岸图解

特征角的确定：针对待预测库岸段各种不同物质的水下堆积坡角、冲磨蚀角和水上稳定坡角，进行统计，求其加权平均值。

具体图解法：以死水位与岸坡交点 A 为起点，以不同物质的水下堆积坡角 θ_1、$\theta_2\cdots\theta_n$ 为倾角依次作线，该线延伸至与设计低水位相交于 B 点；再以 B 点为起点以不同物质的冲磨蚀角 α_1、$\alpha_2\cdots\alpha_n$ 为倾角依次作线，该线延伸至与设计高水位线相交于点 C；又以 C 点为起点以不同物质的水上稳定坡角 β_1、$\beta_2\cdots\beta_n$ 为倾角依次作线，该线延伸至与岸坡地形线相交于点 D，则 D 与 E 两点之间的水平距离即为预测塌岸宽度 b。

3. 动力法

依据塌岸量与波能和岩石抗冲刷强度之间的关系方程：

$$Q=Ek_p t^b \tag{5.3.3-6}$$

式中：Q 为库岸单位宽度内被冲刷的岩土体体积，m^3/m；E 为波浪作用于单位库宽的动能，t·m；k_p 为岩土体的抗冲刷系数，m^3/t；t 为水库运营年限；b 为经验常数，取决于滨岸浅滩中堆积部分宽度，变幅为 0.45～0.95。

该方法有一定的依据，但需要一定量的观测样本。

第四节　库岸稳定性评价

库岸稳定性评价可分为定性与定量评价。

一、定性评价

水库岸坡地质调查与评价时，宜将岸坡进行工程地质分段。对于山区或丘陵区岩质或岩土质混合岸坡宜进行定性的稳定性分类与评价，并对蓄水后的稳定性进行预测；对于平原区岸坡或第四纪沉积物组成的库岸，应预测水库塌岸的范围，水库塌岸预测方法见本章第三节。

在三峡、龙滩、向家坝等水库库岸稳定性评价中，特别是库区后靠移民工程岸坡稳定性评价时，利用地质十因素综合评判法（评分标准见表 5.3.4-1），对岸坡稳定性进行了定性评价。

表 5.3.4-1　水库岸坡稳定性十因素评分标准

单因素分值	1～3 分	4～5 分	7～10 分
地形坡度	地形坡度≤20°，地形整齐，无不利切割面	20°<地形坡度≤30°，地形较整齐，无明显不利切割面	地形坡度>30°，地形零乱，有不利地形切割面
岩层产状	反向坡	斜向坡	顺向坡（夹角≤25°）

续表

单因素分值	1～3分	4～5分	7～10分
松散堆积厚度	<5m	5～10m	>10m
全、强风化层厚度	<20m	20～50m	>50m
岩性及完整程度	岩性均一，坚硬或中等坚硬岩石，较完整，*RQD*>50	岩性不均一，互层软弱夹层不明显，*RQD*为25～50	岩性不均一，有明显软弱夹层，岩石破碎，*RQD*<25
软弱结构面组合	无	不明显	有
水文地质条件	简单	一般	复杂
水库蓄水影响程度	无浸泡、软化影响	有浸泡、无软化等严重不利影响	有浸泡、有软化等严重不利影响
历史和近期变位迹象	无	不明显	有
植被	发育正常	基本正常	不正常（醉林等）
备注	以上评分标准仅适用于水库岸坡调查和场地地基周围一般边坡的地质测绘，对复杂边坡应进行详细的工程地质勘察后再作出稳定性综合评价		

利用水库岸坡稳定性十因素评分标准定性评价库岸稳定性时，可参照表5.3.4-2

表5.3.4-2　地质十因素法岸坡稳定性评价标准

岸坡稳定性类别		分　值	稳定性评价
Ⅰ		≤30	稳定
Ⅱ		31～45	基本稳定
Ⅲ	$Ⅲ_1$	46～55	稳定较差
	$Ⅲ_2$	56～70	稳定性差
Ⅳ		≥71	稳定性很差

在野外地质调查时，应充分观察或收集岸坡地形坡度、岩层产状、松散体厚度、全强风化岩体厚度、岩性及岩体完整性、软弱结构面组合、水文地质条件（特征）、水库蓄水影响程度、历史和近期变位迹象、植被发育情况等十项基本地形地质条件，并根据相近的地质条件进行分段，再利用表5.3.4-1进行综合评分。

二、定量评价

对于失稳后可能造成严重危害的岸坡，应在详细的地质勘察基础上，进行定量分析与评价，评价方法见第十篇。

第四章 水库浸没

第一节 浸没及其分类

一、浸没及其成因

水库蓄水使水库周边地下水位壅高，引起土壤盐渍化和沼泽化、建筑物地基沉陷或破坏、居住环境恶化、地下工程和矿井充水或涌水量增加等现象，统称为浸没。

水库蓄水后，水库周边地带地下水位壅高，加上毛管水抬升，当其上升高度达到建筑物地基或农作物和树木的根系，且持续时间较长时，将产生浸没问题。当降雨量大于蒸发量时，水库浸没一般表现为沼泽化；当多年蒸发量大于降雨量时，水库浸没一般表现为盐渍化。

浸没对滨库地区的工农业生产和居民危害甚大。可使农田沼泽化或盐渍化，农田作物减产；使建筑物地基条件恶化，影响其稳定和正常使用；可造成附近矿坑充水，采矿条件恶化；浸没问题较严重时，可能影响到水库正常蓄水位的选择，甚至影响到坝址的选择。

二、浸没的分类

浸没可按水库类型、浸没区组成物质及其结构、浸没后果、浸没影响对象、浸没影响程度进行分类（表 5.4.1-1）。

表 5.4.1-1　　浸没分类一览表

序号	分类依据	类　型	备　注
1	水库类型	平原型水库浸没	易发生浸没，且其影响范围较大
		盆地型水库浸没	
		峡谷型水库浸没	不易发生浸没，且其影响范围小
2	浸没区物质组成及结构	冲积型浸没	浸没区土壤组成物质以冲积物为主
		洪积型浸没	浸没区土壤组成物质以洪积物为主
		残坡积型浸没	浸没区土壤组成物质以残积物、坡积物或残坡积物为主
3	浸没后果	沼泽化浸没	一般发生在潮湿气候地区，即多年平均降雨量大于蒸发量的地区
		盐渍化浸没	一般发生在干旱、半干旱气候地区，即年平均蒸发量大于降雨量的地区
4	浸没影响对象	农作物浸没	浸没影响对象主要为农作物、果木等，又可分为农田浸没、旱地浸没、果园浸没等
		林地浸没	浸没影响对象主要为林木
		建筑浸没	浸没影响对象包括工业与民用建筑、古迹、道路等
		矿山浸没	浸没影响对象为矿山
5	浸没影响程度	严重浸没	土壤重度盐渍化或沼泽化，建筑物地基重度沉陷或破坏，地下工程和矿井充水或涌水量显著增加
		中等浸没	土壤中度盐渍化或沼泽化，建筑物地基中度沉陷，地下工程和矿井涌水量较明显增加
		轻微浸没	土壤轻度盐渍化或沼泽化，建筑物地基轻微沉陷，地下工程和矿井涌水量有所增加

此外，根据浸没的影响范围可分为大范围浸没、中范围浸没、小范围浸没等。

第二节 浸没勘察内容与方法

一、勘察内容

（一）综合性勘察

水库浸没综合性勘察应包括下列内容：

（1）调查水库周边的地貌特征，平原及河谷阶地的分布情况、成因类型、范围、地表高程及地形坡度的变化；山前洪积扇、洪积裙的分布及其形态特征。

（2）调查与地下水有密切关系的集水洼地、湿地的形成条件、分布特点及其发展概况；封闭和半封闭洼地的分布情况；沟谷及地表水系（或渠系）的分布、水位及其补给、径流和排泄条件。

（3）调查水库周边矿井、地下建筑物的分布、高程及其形态特征。

（4）调查水库周边第四纪地层的成因类型、结构、组成物质、厚度、分布范围及其岩相性的变化。在黄土地区，还应调查其湿陷性和耐崩解性。

（5）调查水库周边含水层的颗粒组成、易溶盐含量、渗透性、给水度和饱和度。

（6）调查水库周边的水文地质条件、地下水类型、水化学特性、埋藏条件、出露情况及其补给、径流和排泄条件。相对隔水层或基岩的埋藏深度。

（7）潜水位的动态变化。

（8）搜集和调查水库区水文、气象资料；水库周边城镇和居民区建筑物的基础类型和砌置深度；主要农作物的种类、根须层厚度；土壤盐渍化和沼泽化的历史和现状。

（二）专门性勘察

根据综合勘察成果的分析，对初判可能产生浸没的地区，应在综合性勘察工作的基础上进行专门性勘察，以查明其地质条件，为确定浸没范围和有关参数提供依据。勘察内容主要如下：

（1）查明土层的层次、厚度、物理力学性质、渗透系数、给水度和饱和度。

（2）查明潜水含水层的边界条件、相对隔水层或基岩的埋藏分布条件。

（3）通过试验和长期观测，确定土的毛细管水上升带高度和产生浸没的临界地下水埋深。

（4）建立渗流数学模型，进行潜水回水预测计算。给出水库回水位情况下，水库周边的潜水等水位线预测图，预测不同库水位时的浸没范围。

（5）当判定的浸没区面积较大时，浸没的影响程度可能不尽相同，宜按浸没影响程度划分亚区，即严重浸没区、中等浸没区、轻微浸没区，并应根据浸没区的具体情况和勘察结果，确定其临界地下水埋深值。

二、勘察方法

（一）综合性勘察

水库浸没综合性勘察主要是收集和分析已有的资料，初步分析库周可能产生浸没的地区，确定工程地质测绘的范围，并在此基础上，采用钻探或物探与钻探相结合的方法进行勘察，一般结合水库区工程地质勘察进行。勘察方法如下：

（1）搜集并分析有关区域地质资料和遥感图像资料。

（2）工程地质测绘的比例尺可选用1∶50000～1∶10000。测绘范围应包括水库回水位以上可能浸没区所在的阶地后缘、盆地边缘坡麓或相邻地貌单元的前缘。在黄土地区，测绘范围应适当扩大。

（3）可布置适量的物探、坑探和钻孔，以了解可能浸没区的岩土性质和水文地质条件。勘探剖面应垂直岸坡或平行地下水流向布置。剖面间距及钻孔间距参照表5.4.2-1确定，钻孔应进入相对隔水层。

（4）根据需要进行水文地质参数测试和土的室内试验。

（5）在初判可能产生浸没的地区，应利用已有钻孔和水井进行地下水动态观测，观测时间应不少于一个水文年。

表5.4.2-1　水库浸没勘探剖面间距、钻孔间距参照表

项　目	综合性勘察		专门性勘察	
	城镇区	农业区	城镇区	农业区
勘探剖面间距（m）	500～1000	2500～5000	200～500	1000～3000
钻孔间距（m）	300～500		100～300	

（二）专门性勘察

（1）工程地质测绘比例尺，城镇区可选用1∶2000～1∶1000，农业区可选用1∶10000～1∶5000。测绘范围应包括可能浸没区所在地貌单元的后缘。

（2）垂直岸坡或平行地下水流向布置实测勘探剖面，剖面间距及钻孔间距参照表5.4.2-1确定。一般钻孔应进入稳定地下水位以下3～5m，控制性钻孔应进入相对隔水层，可能浸没区所在地貌单元至少布置2个控制性钻孔，其中一个控制性钻孔布置在靠近水库正常蓄水位的边线上。

（3）勘探剖面之间可采用物探方法了解地下水位、相对隔水层或基岩埋深的变化情况。

（4）应通过室内试验和野外试验测定土的渗透系数、饱和度、毛细管水上升带高度、含盐量和地下水化学成分等。每一可能浸没区主要土层的物理性质和化学成分试验组数累计不少于5组。

（5）防护工程地段应进行土的物理力学性质试验和水文地质试验，主要土层的试验组数累计不少于5组。

（6）建立并完善地下水动态观测网，观测内容应包括地下水位、水化学成分和土壤含盐量等。

第三节　浸没分析与评价

一、浸没分析与评价的内容

水库浸没分析与评价主要包括下列内容：

（1）根据试验和观测资料，或通过计算，确定产生浸没的临界地下水埋深。

（2）根据水文地质条件，预测潜水回水埋深值。

（3）根据土层的性质和水库运用水位情况，预测浸没区的范围。

（4）根据气候和水文地质条件，预测浸没的类型。

二、浸没初判与复判

水库浸没分析与评价可分为初判和复判两个阶段。初判与预可行性研究阶段勘察相对应，复判对应于可行性研究阶段和可行性研究后的勘察。

（一）浸没初判

浸没初判是在调查水库区的地质与水文地质条件的基础上，排除不会发生浸没的地区，对可能浸没的地区，可进行稳定态潜水回水预测计算，初步圈定浸没范围。本阶段可只进行设计正常蓄水位条件下的最终浸没范围的初步预测。

1. 浸没地区的判定

具有下列情况之一的地区，可判定为不易浸没地区：

（1）库岸由不透水或相对不透水的岩土体组成的地段。

（2）调查地区与库水之间有隔水层或相对隔水层分布，且其空间状态能阻隔库水入渗的地段。

（3）调查地区与库岸间有常年流水的溪沟或泉水，且其水位等于或高于水库设计正常蓄水位。

（4）水库蓄水前，调查地区地下水位高于水库设计正常蓄水位，且地下水排泄通畅。

具有下列情况之一的地区，可判为易浸没地区：

（1）库岸周边由透水的松散土体组成的河谷阶地或平原。

（2）地形平缓、地表水和地下水排泄不畅、地面高程低于或等于水库回水位的封闭洼地或盆地。

（3）库岸周边原有的常年或季节性水池、涝池、沼泽地和盐渍化地带等的边缘地带。

（4）地下水补给量大于排泄量的库岸地区。

（5）土层毛细管水上升作用强，地下水含盐量较高、蒸发量较大的地区。

（6）与水库渗漏通道相连的邻谷或下游地区。

（7）与库岸相连的山前洪积扇、洪积裙或超河漫滩阶地。

（8）水库蓄水后，库尾淤积使库水位翘高引起地下水壅高的地带。

2. 潜水回水预测

初判的潜水回水预测可用稳定态潜水回水计算方法，根据可能浸没区的地形、地貌、地质和水文地质条件，选定若干个垂直于水库库岸或垂直与渠道或平行地下水流向的计算剖面进行；在河湾地段地下水流向呈辐射状时，需考虑水流单宽流量变化所带来的影响。

3. 浸没范围初步预测

浸没范围可在各剖面潜水稳定态回水计算的基础上，绘制水库蓄水后或渠道过水后可能浸没区潜水等水位线预测图或埋深分区预测图，结合实际调查确定的各类地区的地下水临界深度，初步圈出涝渍、沼泽化、次生盐渍化和城镇浸没区等的范围。

（二）浸没复判

浸没复判是对初判圈定的浸没范围进行复判，并对其危害性作出评价。

（1）核实和查明初判圈定的浸没地区的水文地质条件，获得比较详细的水文地质参数及潜水动态观测资料。

（2）宜建立潜水渗流数学模型，进行非稳定态潜水回水预测计算，绘制设计正常蓄水位情况下库区周边的潜水等水位线预测图或潜水埋深分区预测图，结合当地气候条件和临界地下水埋深，对水库设计正常蓄水位条件下次生盐渍化、沼泽化和危害建筑物基础等不同类型浸没区范围进行复判，并根据需要计算预测水库运行规划中其他代表性运用水位下的浸没情况。

（3）对浸没作出危害性评价，并提出防护措施建议。

三、浸没指标及其确定

(一) 浸没临界地下水埋深

浸没的临界地下水埋深（H_{cr}）是指地下水对工业与民用建筑、古迹、道路和各种农作物、林木等的安全埋藏深度。该浸没指标与当地土的类型、水文地质结构、地下水的矿化度、气候条件、农作物的种类与生长期、耕作方法、地区的排灌条件，以及建筑物特性、基础类型和砌置深度等因素有关，应根据调查区具体水文地质条件、农业科研单位的田间实验观测资料和当地生产实践经验因地制宜地确定，也可按下式计算：

$$H_{cr}=H_K+\Delta H \qquad (5.4.3-1)$$

式中：H_{cr}为浸没的临界地下水埋深，m；H_K 为地下水位以上土壤毛细管水上升带的高度，m；ΔH 为安全超高值，m。

我国幅员广阔，各地区自然条件差异较大，影响浸没临界地下水埋深的因素很多，因此浸没临界地下水埋深的确定应视具体地区、具体对象而异。

1. 农作物区浸没临界地下水埋深

对不可能发生盐渍化的地区，应根据现有农作物种类确定适宜于作物生长的临界地下水埋深值，以使土壤中的水分和空气状况适宜于作物根系的生长。不同作物种类所要求的临界地下水埋深不尽相同，复判时应对当地农业管理部门、农业科研部门和当地农民进行调研，收集相关资料，根据需要开挖试坑验证，在此基础上，针对实际的农作物类型因地制宜地确定。

对可能发生盐渍化的地区，应根据土壤性质和地下水矿化度确定防止土壤发生盐渍化的临界地下水埋深值。各地区的防止土壤发生盐渍化的临界地下水埋深值各不相同，复判时应根据实际调查和观测试验资料确定。总体而言，防止土壤发生盐渍化所要求的临界地下水埋深值要大于作物适宜生长的临界地下水埋深值。无资料地区，防止土壤发生盐渍化的临界地下水埋深值及盐渍化程度分级可参考表 5.4.3-1 和表 5.4.3-2。

土壤性质和地下水矿化度是影响盐渍化的主要因素，砂性土的毛细管水上升高度虽比黏性土低，但其输水速度却大于黏性土，上升的水量多，更易于发生盐渍化；地下水矿化度低，土壤积盐作用小；反之，地下水矿化度高，土壤积盐作用大。

表 5.4.3-1　几种土在不同矿化度下防止次生盐渍化的临界地下水位埋深值

地下水矿化度 (g/L)	临界地下水位埋深 (m)			
	砂土	砂壤土	黏壤土	黏土
1~3	1.4~1.6	1.8~2.1	1.5~1.8	1.2~1.9
3~5	1.6~1.8	2.1~2.2	1.8~2.0	1.2~2.1
5~8	1.8~1.9	2.2~2.4	2.0~2.2	1.4~2.3

表 5.4.3-2　土壤盐渍化程度分级　%

成　分	轻度盐渍化	中度盐渍化	重度盐渍化	盐土
苏打（$CO_3^{2-}+HCO_3^-$）	0.1~0.3	0.3~0.5	0.5~0.7	>0.7
氯化物（Cl^-）	0.2~0.4	0.4~0.6	0.6~1.0	>1.0
硫酸盐（SO_4^{2-}）	0.3~0.5	0.5~0.7	0.7~1.2	>1.2

国内外多数资料认为，作物所要求的最小地下水埋深，一般砂质土为 0.6~0.9m，黏性土为 1.0~1.5m，盐渍化地区中等质地土壤为 1.8~2.2m 以下，表 5.4.3-3~表 5.4.3-6 为我国部分地区几种作物的实验和实测资料。

表 5.4.3-3　我国部分地区农作物要求的地下水位埋深临界值　单位：m

地区	小麦	棉花	马铃薯	苎麻	蔬菜	甘蔗
长江中下游	0.5~0.6	1.0~1.4	0.8~0.9	1.0~1.4	0.8~1.0	0.8~1.4
华北	0.6~0.7	1.0~1.4	0.9~1.1	—	0.9~1.1	—

表 5.4.3-4　上海及江苏地区麦田适宜地下水位埋深和土壤水分（一）

小麦生育阶段	播种出苗	分蘖前期	越冬	返青至成熟
适宜地下水埋深（m）	0.5 左右	0.6~0.8	0.5 左右	1.0~1.2
适宜土壤水分（田间持水率，%）	75~90	70~90	70~90	70~90

表 5.4.3-5　上海及江苏地区棉田适宜地下水位埋深和土壤水分（二）

棉花生育阶段	苗期	蕾期	花铃期	吐絮期
适宜地下水埋深（m）	0.5~0.8	1.2~1.5	1.5 左右	1.5 左右
适宜土壤水分（田间持水率，%）	75~90	70~90	70~90	70~90

表 5.4.3-6　河南胜利渠灌区地下水临界埋深与地下水矿化度关系

地下水矿化度 (g/L)	临界地下水位埋深 (m)	分蘖前期	越　冬
	砂壤土、轻壤土	中壤土	黏质土（包括土层中夹厚黏土层的情况）
<2	1.6~1.9	1.4~1.7	1.0~1.2
2~5	1.9~2.2	1.7~2.0	1.2~1.4

2. 建筑物区浸没临界地下水埋深

建筑物区浸没引起的环境恶化主要表现为生态环境恶化和建筑物开裂、沉陷、倒塌破坏等，其浸没的临界地下水埋深值应根据表层土的毛细管水上升高度、地基持力层情况、冻结层深度以及当地现有建筑物的类型、层数、基础型式和深度等确定，并根据需要开挖验证。

(1) 居住环境标准。浸没的临界地下水埋深值等于表层土的毛细管水上升带高度。

(2) 建筑物安全标准。当勘探、试验成果表明现有建筑物地基持力层在饱和状态下的强度显著下降导致承载力不足，或沉陷值显著增大超出建筑物的允许值时，浸没的临界地下水埋深值等于该类建筑物的基础砌置深度加土的毛细管水上升高度，且黄土湿陷性地区的临界地下水埋深，应在建筑物地基土有效持力层（不允许发生湿陷的地基土持力层）以下。

(3) 值得注意的是建筑物浸没的临界地下水埋深值不能简单地采用建筑物基础砌置深度加土的毛细管水上升高度值，并非地基土的含水量达到饱和，就必然引起承载力不足或产生过量沉陷，而应针对具体情况进行相应调查、勘察和试验研究工作，在掌握充分资料后才可进行建筑物浸没的可能性评判。

(二) 土壤毛细管水上升带高度

地下水位以上，土壤毛细管水上升带的高度是指野外条件下的毛细管水上升高度，与试验室测定的毛细管水上升高度有较大差别。土壤毛细管水上升带的高度，可根据作物在不同生长期土壤适宜含水量和野外实测的土壤含水量随深度变化的曲线选取：

(1) 在非盐渍化地区，可取毛细管水饱和带，即土的饱和度（S_r）等于或大于 80%的土层的顶部距地下水位的高度，因为饱和度等于或大于 80%的土壤层已不利于作物根系呼吸和生长。也可根据适宜于作物生长的土壤水分确定。

（2）在盐渍化地区，应根据地下水位以上土壤含水量随深度变化曲线上毛细管水断裂点的位置和土壤含盐量分布及其动态变化，以及调查区的排水条件等情况确定。

（3）居民区可通过对地下水位以上土的含水量随深度变化曲线与水库蓄水前持力层土的天然含水量的对比确定。重要大型建筑物的浸没问题应进行专题研究。

（三）安全超高值

农业区，安全超高值即作物根系层的厚度（m）；城镇和居民区，安全超高值取决于建筑物荷载、基础型式和砌置深度（m）。

四、库岸潜水回水的计算

（一）计算原则与要求

（1）潜水回水计算剖面应垂直于库岸或平行地下水流向。

（2）选取潜水回水计算的库水位，应取水库回水位或运行时段的代表性库水位。

（3）选取潜水回水计算的地下水位，应取浸没预测时段库水位同期的平均地下水位。

（4）根据浸没区含水层的性质、厚度、渗透系数、下伏相对隔水层的分布情况、地下水与库水的补排特征等确定计算参数，并需注意地下水的扩散型辐射流或收敛型辐射流对壅高水位的影响。

（5）重点地段土层的渗透系数（k）、饱和差或给水度（u）、渗入补给量（W）等水文地质参数，宜布置地下水动态长期观测网，并按地下水均衡理论公式求得，或直接采用土层的水位传导系数（k/u）、含水层水位传导系统（kh/u）等复合水文地质系数。

（6）初判的潜水回水预测可用稳定流潜水回水计算方法；复判时宜建立潜水渗流模型，进行非稳定流潜水回水计算。

（二）计算公式

（1）含水层均一，隔水层水平时，壅高计算公式（图 5.4.3-1）。

$$y_n=\sqrt{h_n^2+y_1^2-h_1^2} \qquad (5.4.3-2)$$

或

$$y_{n+1}=\sqrt{h_{n+1}^2+y_n^2-h_n^2} \qquad (5.4.3-3)$$

式中：y_1 为水库正常蓄水位，m；h_1、h_n、h_{n+1} 为水库蓄水前在断面 1、n、$n+1$ 处的地下水水层的厚度，m；y_1、y_n、y_{n+1} 为地下水壅高后在各断面处的含水层厚度，m。

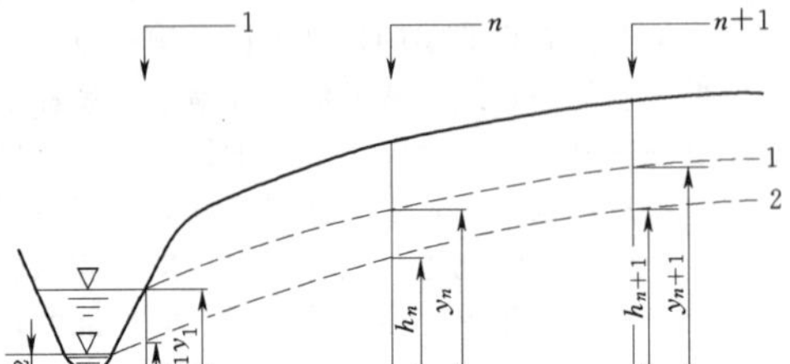

图 5.4.3-1　计算示意图一

1—壅高水位；2—原水位

x_n、x_{n+1} 为水库水边缘至断面 n、$n+1$ 处的距离（m）。

（2）含水层均一，隔水层水平，有邻谷的固定壅高计算公式（图 5.4.3-2）。

$$y_n=\sqrt{h_n^2+(y_1^2-h_1^2)\frac{L-x_n}{L}} \qquad (5.4.3-4)$$

或

$$y_{n+1}=\sqrt{h_{n+1}^2+(y_n^2-h_n^2)\frac{L-x_{n+1}}{L-x_n}} \qquad (5.4.3-5)$$

式中：L 为水库水边缘至邻谷水边线的距离，m；其余符号意义同前。

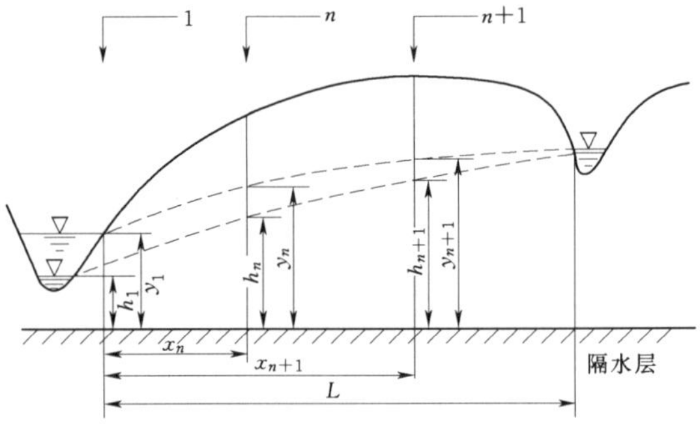

图 5.4.3-2　计算示意图二

（3）含水层均一、隔水层倾斜壅高计算公式（图 5.4.3-3）。

1）隔水层向河床倾斜时：

$$y=\sqrt{\frac{d^2}{4}+y_1^2+h^2-h_1^2+d(h+h_1-y_1)}-\frac{d}{2} \qquad (5.4.3-6)$$

2）隔水层向岸内倾斜时：

$$y=\sqrt{\frac{d^2}{4}+y_1^2+h^2-h_1^2-d(h+h_1-y_1)}+\frac{d}{2} \qquad (5.4.3-7)$$

式中：d 为开始断面与设计断面隔水层高差，m；其余符号意义同前。

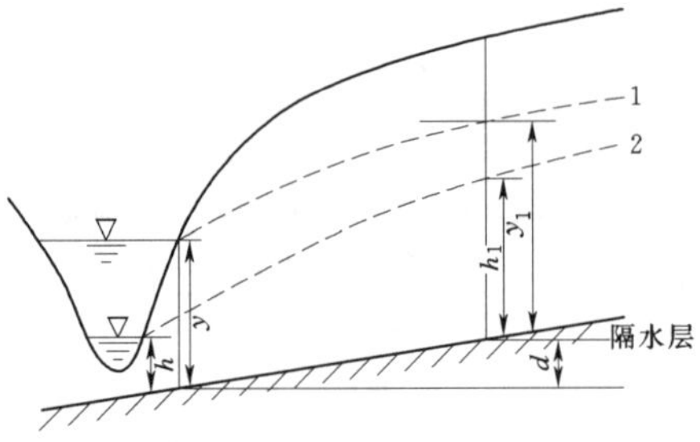

图 5.4.3-3　计算示意图三

1—壅高水位；2—原水位

（4）含水层由两层渗透性不相同的岩层组成，隔水层为水平时，壅高计算公式（图 5.4.3-4）。

$$K_1m(h-h_1)+\frac{1}{2}K_2(h^2-h_1^2)$$
$$=K_1m(y-y_1)+\frac{1}{2}K_2(y^2-y_1^2) \qquad (5.4.3-8)$$

式中：m 为下部不含水层厚度，m；K_1 为下部含水层的渗透系数，cm/s；K_2 为上部含水层的渗透系数，cm/s；其余符号意义同前。

（5）含水层均一，隔水层向河床双向倾斜，壅高可按下列公式计算（图 5.4.3-4）。

1）计算断面位于临库侧时：

$$(h_1+y)\frac{h_1-y-i_1x}{x}$$

$$=(y+h_2)\frac{y-h_2-i_1(L_1-x)+i_2L_2}{L-x} \qquad (5.4.3-9)$$

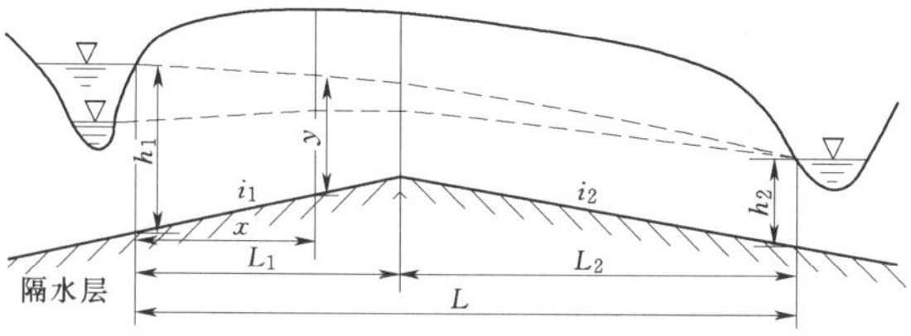

图 5.4.3-4　计算示意图四

2）计算断面位于背库侧时：

$$(h_1+y)\frac{h_1-y-i_1L_1+i_2(x-L_1)}{x}$$

$$=(y+h_2)\frac{y-h_2+i_2(L-x)}{L-x} \qquad (5.4.3-10)$$

式中：h_1 为水库正常蓄水位，m；h_2 为临谷河水位，m；x 为计算断面与起始断面的距离，m；y 为计算断面处壅高后的含水层厚度，m；i_1 为临库侧隔水层顶板坡降；i_2 为背库侧隔水层顶板坡降。

五、具有双层水文地质结构且上部为黏土层的浸没影响分析

一些可能发生水库浸没问题的地区具有双层水文地质结构，表层黏土层较厚，水库蓄水后，水通过黏土层以下的各类透水层产生径流，由于两者透水性相差悬殊，含水层处于承压状态，计算所得的地下水位（测压水位或承压水位）与黏土层内真实地下水位（含水带）差异较大，而且室内试验所得的毛细上升高度与实际黏土毛管水上升高度亦有较大差异。因此，评价所得的浸没范围和程度往往出入较大。

金云弼等提出以结合水动力学理论为基础，研究水在黏土层中的渗流规律，确定黏土层内渗流带、含水带、毛细带和包气带的分布以及厚度的方法。

结合水的重要特征之一，是具有一定的抗剪强度。当渗流比降小于土的起始比降（I_0）时，黏土不产生渗流或微量渗流（称为隐渗阶段），而当比降大于 I_0 值时，才显示出实际渗流（即显渗阶段）。

（1）黏土中的含水带。在黏土层上勘探过程中，出现如图 5.4.3-5 所示的现象，即坑孔深达 a 点时见到稳定地下水位，当把坑孔分别加深 L_1、L_2 至 b、c 点时，水位分别上升了 ΔH_1、ΔH_2，当最终至 d 点钻穿黏土层，地下水位上升 ΔH_3，距黏土层底板高度为 H_0，显然，测压水位 H_0 是黏土层承受的静水压力，而含水带 T 则是在该静水压力下实际出现的黏土层地下水位。经验证明：

$$(\Delta H_1+\Delta H_2+\Delta H_3)/(L_1+L_2+L_3)=(H_0-T)/T=I \qquad (5.4.3-11)$$

由于各点水位是稳定的、静止的，故 $v=0$，由此得出 $I=I_0$。故得黏土中含水带厚度 T 的表达式为

$$T=H_0/(I_0+1) \qquad (5.4.3-12)$$

当黏土层厚度 L 相对于 H_0 较小时应采用：

$$T=H_0-I_0L \qquad (5.4.3-13)$$

式中：T 为含水带厚度；H_0 为测压水位高度；L 为黏土层厚度；I_0 为黏土起始比降。

（2）黏土中的毛管水上升高度。在一般的黏性土的孔隙中发生毛细现象时，并没有毛细水参加，只有结合水参加着弯液

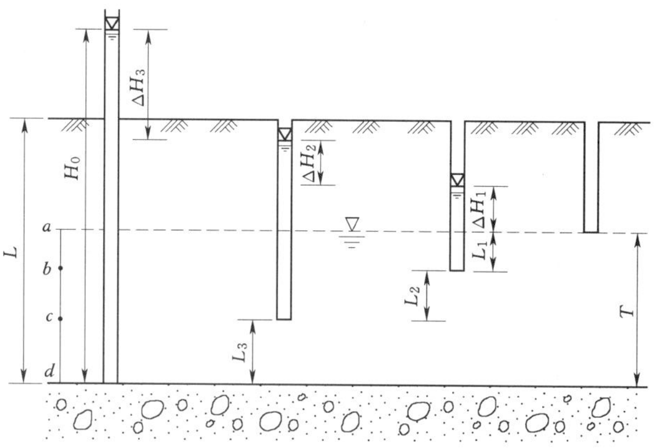

图 5.4.3-5　计算示意图五

面的形成。土的孔隙系统实际上是一个形状和大小复杂多变的管道体系。试验室内进行的黏性土毛管水上升高度试验，并非直接测定上升高度，而是测定毛管水弯液面所能支持的水柱重力，即弯液面力或毛细力（P_k）。毛细力不等于毛细水上升高度（H_k），两者之间的关系应为

$$H_k=P_k/(I_0+1) \qquad (5.4.3-14)$$

式中：H_k 为毛管水上升高度，m；P_k 为弯液面力（毛细力），以水柱高度计；I_0 为黏土起始比降。

因此，在实际进行双层水文地质结构（上细下粗）的浸没评价时，首先必须确定地下水壅高水位与黏土含水带水位、毛细力与毛管水上升之间的关系。关键是研究黏土的渗流特性，确定起始比降 I_0。

《水电水利土工试验规程》（DL/T 5355—2006）对黏性土的起始比降试验作了说明。野外实际调查黏土层中含水带与测压水头关系也可以推算 I_0 值。勘探点宜布置在黏土层厚度适中，测压水位高于黏土层，能取得完整的野外毛管水上升高度 H_k、起始比降 I_0 和黏土含水带厚度 T 值的地段。

在野外布置一定数量的试坑开挖至黏土层中出现地下水位，测定稳定的地下水埋深（含水带埋深），可采用以下两种方法野外确定毛管水上升高度：一是观测法，即肉眼观测坑壁土的干、湿界限，确定毛管水上升高度；二是试验法：取含水带水位以上坑壁土样测定其含水量并计算饱和度，取样间距20cm左右，画土壤含水量随深度变化曲线，以饱和度大于0.85～0.90作为毛管水上升带的标准。挖穿或钻穿黏土层至透水层，量测黏土层底板埋深，测定稳定测压水位。用野外测得的含水带厚度 T 和测压水位 H_0，计算起始比降 I_0。另外，取样进行室内渗透试验，室内多级渗透试验所得的 $v\sim I$ 曲线通常为微凸向 I 轴的曲线，其在 I 轴截距即为起始比降 I_0。室内所测的毛管水上升高度实际为毛细力，两者之间关系应为 H_k（毛管水上升高度）$=P_k$（毛细力）/（I_0+1）。经验表明室内试验成果易受到偶然的、微观的因素影响，而野外调查结果相对而言更能反映黏土层的宏观特性。根据野外确定毛管水上升高度以及室内试验成果，确定不同水文地质单元的浸没的临界地下水位埋深。

根据各点黏土含水带埋深计算成果和毛管水上升高度，对照不同水文地质单元的浸没的临界地下水位埋深，可确定浸没范围以及地下水溢出范围。

第四节　浸没防治

一、防治原则

（1）因害设防，因势利导，尽量恢复原有耕地条件或改变土地耕种条件，控制区域临界地下水位不影响农作物生长、库

周建筑物安全和群众生活。

(2) 浸没防治应与防洪安全、工程建筑物安全（如渗透稳定）相结合考虑。

(3) 应结合浸没区的工程地质特点选取和布设浸没防治措施。

二、防治措施

(1) 降低地下水位。结合地区水文地质条件和地下水壅水预测结果，对浸没区布设排渗、减压或疏干工程。对于潜水型浸没一般采取排渗或疏干工程，对于承压水型浸没一般布设减压与排渗相结合的防治措施。如河北官厅水库，主要在浸没区内布设排水沟和渠系，形成浸没区排渗网络；山东聊城发电厂新厂引黄调蓄水库，在出现浸没坝段的坝址下游设置减压井，导出承压水，解决已出现的库外浸没现象，防止库外农田出现沼泽化和盐碱化。

(2) 采取工程措施与浸没区可持续开发式移民安置工程、农业措施相结合的综合防治方法，包括降低正常蓄水位，改变作物种类和耕作方法，垫高复垦和建筑物基础加固处理措施等方法。

第五节　岩溶浸没性内涝

岩溶峰丛洼地或峰林谷地及岩溶盆地地区，发育众多的地下河系，每年汛期，由于岩溶管道断面所限使排泄受阻，淹没洼地或谷地中的耕地，一般称为“内涝”。当在河流上兴建水库抬高水位，淹没了地下河出口，使地下河水力坡降减小、地下水流速减缓、排泄能力降低，同时水库回水倒灌占用部分地下库容而降低了洞穴的蓄洪能力，还可能存在岩溶管道的局部淤塞而减小过流断面，从而壅高地下水位，导致本不产生内涝的洼地或谷地及岩溶盆地发生内涝或延长原有内涝时间，这种不同于土壤类松散介质的浸没现象称为“岩溶浸没性内涝”。如广西的岩滩水电站板文地下河、百龙滩水电站地苏地下河等均不同程度产生了这种浸没现象。

一、岩溶浸没性内涝分类

水库岩溶浸没性内涝主要由地下径流排泄条件所决定，通常可分为直接浸没性内涝和间接浸没性内涝两类。

（一）直接浸没性内涝

水库近岸地带的一些高程低于水库正常蓄水位的岩溶洼地和岩溶盆地，由于四周被高山封闭不受水库直接淹没，但洼地底部管道发育，库水可以通过地下管道回灌，使洼地成为库外库，而产生长期内涝。如岩滩水电站水库的板华、长乐洼地和沿河一级阶地的洼地带浸没都属于直接浸没性内涝。

（二）间接浸没性内涝

间接浸没是指某些底部高程高于水库正常蓄水位的岩溶洼地和谷地，水库蓄水后，导致本不产生内涝的洼地或谷地发生内涝或延长原有内涝时间。如岩滩水电站水库巴纳片岩溶洼地内涝就属于此类，其岩溶洼地地面高程为290～300m，距库区岸边约12km，其周边为高程800～1000m的峰丛山地所环绕，板文地下河是其唯一的排向库区的通道。每年汛期暴雨，地下河排泄不畅，岩溶洼地产生内涝7～10d，内涝时间较短。岩滩水电站库区蓄水到正常高水位223m后，板文地下河出口淹没于库水位以下约46m，库水循地下河发生倒灌顶托，使地下河产生回水，其水力坡降减缓，板文地下河的排泄能力被显著减弱，使巴纳片洼地内涝时间加长到88～124d。

二、岩溶浸没性内涝工程勘察

（一）勘察内容

水库岩溶浸没性内涝勘察内容主要包括搜集和分析下列资料：

(1) 岩溶盆地、洼地和谷地至河床及水库的距离、高差及地下水坡降、岩溶地下河系统的分布、平面和剖面形态特征、规模及发育史、地下河进口消水洞及出口位置及高程。

(2) 岩溶盆地、洼地和谷地的地下水位、天然内涝水位与河水位变化及降雨量之间的关系，包括降雨分配、雨型特征及历史暴雨强度，历史上产生的内涝淹没情况，包括淹没水位、天数以及相应的河水位。

(3) 岩溶盆地、洼地和谷地的地下水位、天然内涝水位的涨落过程与地下河出口流量的关系。

(4) 水库蓄水淹没地下河出口对其泄流的影响。

(5) 水库蓄水淹没地下河出口后，库岸地下河回水壅高的范围。

(6) 水库蓄水后地下回水对岩溶盆地、洼地和谷地泄水的影响。

(7) 水库蓄水淹没地下河出口后，引起的地下河岩溶管道局部淤塞对岩溶盆地、洼地和谷地排水的影响。

（二）勘察方法

库区岩溶浸没性内涝工程地质勘察，与一般浸没区勘察不同之处在于，它不仅要查明各种基础地质条件，更重要的是对岩溶发育和岩溶水文地质条件进行勘察。研究库区岩溶浸没性内涝问题，通常情况下需要包括一个完整的岩溶水文地质单元，不能以地形分水岭所包围的范围为限。由于岩溶发育在空间上的不均一性、岩溶水文地质条件的复杂性及岩溶浸没性内涝的特殊性，岩溶浸没性内涝勘察必须利用多种勘察手段和方法进行综合研究。常用的勘察手段和方法主要有：

(1) 岩溶地质调查与洞穴、地下河探测。调查岩溶洞穴的分布规律、地下河的发育与演变历史，并结合深部物探等方法查明地下河的轨迹途径和集水范围。

(2) 建立地下水动态观测网。应充分利用地下河天窗、消水洞等作为观测点，必要时可在地下河轨迹线上钻孔进行地下水观测，以获得地下水多年历时过程线。

(3) 进行地下水化学、同位素和水动力场分析。主要是分析研究地下水与地面水化学成分的差异以及地下水的补排系统（高程）。

(4) 调查并收集库区雨量站观测资料，必要时在重点地区宜设立雨量站，研究降雨分配、雨型特征并据此计算频率雨量与起涝雨量。

(5) 调查并收集库区岩溶洼地和谷地历史内涝情况及其与河水位的关系，设立内涝区及河水位观测站，观测水库蓄水前后内涝期间地面水位动态，掌握内涝的延时及过程。

(6) 进行室内物理模拟试验。以相似理论为基础，将原型的物理量换算成模型的物理量，通过一定的装置和监控系统进行放水排水试验，然后又转换到原型中去，以得到需要求解的物理量。

三、岩溶浸没性内涝可能性判定

可按下列情况判定发生岩溶浸没性内涝问题的可能性：

(1) 水库蓄水不淹没暗河出口，其相应岩溶盆地、洼地、槽谷的内涝将不会产生影响。

(2) 当所研究的岩溶盆地、谷地、槽谷与水库之间有一级或多级剥夷面存在时，新发生或明显加剧原有浸没性内涝的可能性较小。

(3) 当所研究的岩溶盆地、洼地、槽谷的暗河，除被水库淹没的排水出口外，尚有其他高于水库的泄水口存在时，新发生或明显加剧原有浸没性内涝的可能性较小。

(4) 暗河出口被淹没后，由于水库蓄水，地下回水占据地下水库容量的份额较大，或造成暗河管道淤塞严重时，可能导致或明显加剧原有的浸没性内涝。

(5) 水库库岸存在低于或接近水库正常蓄水位的岩溶盆地、洼地和槽谷时，发生浸没性内涝的可能性较大。

四、岩溶浸没性内涝的预测

岩溶浸没性内涝可用相关分析法、地面水文学法、物理模拟实验法等方法进行分析预测。

(一) 相关分析法

相关分析就是对河水、地下水、当地降雨量三者之间的关系进行协调分析或类比分析，以降雨量、地下水位和河水位三参数进行回归，寻找其内在的联系和规律性。根据建库前的内涝规律比拟建库后的内涝影响，这种类比方法未考虑岩溶管道在水库蓄水后的变化，但作为初步预测及低水头水库的预测是一种简单可行的方法。

(二) 地面水文学法

地面水文学法就是在已知集雨面积的条件下依据降雨和水位的关系，用水量平衡观点计算岩溶洼地或谷地来水量和地下河排泄量。岩溶内涝区的水量平衡方程式为

$$Q_{入}=q_{出}\pm(V_2-V_1)/\Delta t \qquad (5.4.5-1)$$

式中：$Q_{入}$ 为 Δt 时段内涝区平均入流流量；$q_{出}$ 为 Δt 时段内地下河管道排泄量；V_1、V_2 为相应 Δt 时段始末的涝区容积。

由式可见，在求得内涝区建成库前后的地下河泄流曲线及其入库洪水过程线后，结合内涝区容积曲线，通过调洪计算法即可求得每一雨量等级在建库前后的不同内涝时间和范围，从而对岩溶浸没性内涝作出定量的分析预测。

(三) 物理模拟实验法

物理模拟试验可采用水箱与管道相结合的方法进行模拟。以水箱水位模拟洼地或谷地水位和水库水位，用大管道模拟地下河岩溶管道，以阻力元件等效岩溶管道阻力，运用计算机进行监控。通过模拟试验可获得降雨补给参数、管道阻力参数、水位与流量关系数据、内涝延时数据以及不同频率降雨量的预报数据等。

五、岩溶浸没性内涝的治理措施

库区岩溶浸没性内涝的治理措施，应在综合分析研究其产生原因、范围大小以及对工农业影响程度等因素的前提下，可采用补偿、移民搬迁、汛期限制水库蓄水位、工程排涝等措施。工程排涝又可分为四种基本型式：①扩大消水洞，拓宽地下河过水断面；②开挖明渠疏导；③抽水排涝；④开挖排涝隧洞。如岩滩水电站库区巴纳片排涝工程设计进行了多方案比选，最终采用开挖长达 11km 多的隧洞排涝，经多年的运行，情况良好，成效显著。

第五章 水库诱发地震

第一节 概 述

由于水库蓄水或水位变化而引发的地震称为水库诱发地震。据目前统计，全世界因蓄水诱发地震的水库有130多座，其中有些震例有争议，认识比较一致的有111座，占世界大坝会议已登记的3.5万座水库的2‰～3‰。不容忽视的是，随着大坝坝高的增加，发生水库诱发地震的比例也相应增加，坝高超过200m的水库，发生诱发地震的实际比例为34%。在已经发生的水库诱发地震中，震级大于6.0级有4例，它们是中国的新丰江（1962年，6.1级）、赞比亚—津巴布韦的卡里巴（Kariba，1963年，6.1级）、希腊的克瑞马斯塔（Kremasta，1966年，6.3级）和印度的柯依纳（Koyna，1967年，6.5级），6.0级至5.0级的有15例，4.9级至3.0级的为49例，小于3.0级的有43例。

我国是发生水库诱发地震较多的国家之一，已知有20多例，见表5.5.1-1，最大震级是新丰江水库地震6.1级，葠窝、丹江口和大化的水库地震分别是4.8、4.7和4.5级，其他水库地震小于4.0级。我国已建坝高100m以上的水库49座，有10座发震；库容大于20.0亿m^3的水库37座，有9座发震。部分国外水库地震实例见表5.5.1-2。

表5.5.1-1 国内水库诱发地震震例

序号	水库名称	位置	坝高(m)	库容(亿m^3)	蓄水日期(年-月-日)	发震日期(年-月-日)	最大震级M_S	震中烈度	最大地震日期(年-月-日)	发震区岩性
1	新丰江	广东	105	115	1959-10	1960-04	6.1	Ⅷ	1962-03-18	花岗岩
2	丹江口	湖北	97	160	1967-11	1970-01	4.7	Ⅶ	1973-11-29	碳酸盐岩
3	南冲	湖南	45	0.2	1969	1969	2.8	Ⅵ	1974-07-25	碳酸盐岩
4	南水	广东	81.5	12.2	1969-02	1970-01	2.3	Ⅴ	1970-02-26	碳酸盐岩
5	黄石	湖南	40	6.1	1970	1973-05	2.6	Ⅴ	1974-09-21	碳酸盐岩
6	前进	湖北	50	0.2	1970-05	1971-10	3.0	Ⅵ	1971-10-20	碳酸盐岩
7	柘林	江西	62	71.7	1972-01	1972-02	3.2	Ⅴ	1972-10-14	碳酸盐岩
8	葠窝	辽宁	50	5.4	1972-10	1973-02	4.8	Ⅵ	1974-12-22	碳酸盐岩
9	湖南镇	浙江	129	20	1979-01	1979-06	2.8	Ⅴ	1979-10-07	花岗岩
10	乌江渡	贵州	165	21	1979-11	1980-04	3.5	Ⅵ	1992-05-20	碳酸盐岩
11	邓家桥	湖北	12	0.004	1979-12	1980-08	2.2	Ⅴ	1983-10-30	碳酸盐岩
12	盛家峡	青海	35	0.045	1980-10	1981	3.6	Ⅵ	1984-03-07	花岗岩
13	大化	广西	74.5	4.2	1982-05-27	1982-06-04	4.5	Ⅶ	1993-02-10	碳酸盐岩
14	东江	湖南	157	81	1986-07	1987-11	2.5	Ⅴ	1989-07-24	碳酸盐岩
15	鲁布革	云南	103	1.1	1988-11-21	1988-11-25	2.4	Ⅵ	1988-12-17	碳酸盐岩
16	岩滩	广西	110	33.5	1992-03-19	1992-03-29	2.6	Ⅴ	1994-02-10	碳酸盐岩
17	铜街子	四川	82	2	1992-04-05	1992-04-06	2.9	Ⅴ	1992-07-17	碳酸盐岩
18	水口	福建	101	23	1993-04-02	1993-05-23	3.2	Ⅵ	1994-01-12	花岗岩
19	隔河岩	湖北	151	34	1993-04-10	1993-04-21	2.6	Ⅴ	1993-05-30	碳酸盐岩
20	东风	贵州	162	10.25	1994-04-06	1995-03-31	1.8	Ⅴ	1995-03-31	碳酸盐岩
21	渔洞	云南	87	3.64	1997-06-01	1997-07-01	2.5	Ⅴ	1999-10-30	碳酸盐岩
22	龙滩	广西	192	162.1	2006-10-01	2007-03-17	4.5		2007-07-17	灰岩，泥岩、砂岩
23	三板溪	贵州	185.5	37.48	2006-01-07		3.9		2007-07-14	砂、板岩

表 5.5.1-2　　部分国外水库地震实例

国名	坝名	坝高(m)	坝型	库容(亿 m^3)	设计烈度	地层及岩性	构　造	蓄水年份	地震情况	震中	震级	烈度	说　明
意大利	瓦依昂	262	拱坝	1.7	7～8	白云质灰岩		1960	1960～1963 年发生小震				通过蓄水与降低水位表明地震与水位有关，1963 年 10 月 14 日滑坡，水库失效
瑞士	莫瓦桑	237	拱坝	1.8	6～7	硅质灰岩		1957	蓄水后轻微地震				
美国	渥洛维尔	236	土石坝	42	7～8	角闪花岗岩	表层无大断层，深部可能有隐伏断层，震后地裂缝	1969	蓄水后发生		6.1		库满后地震显著加强
瑞士	康脱拉	233	拱坝	0.86	6～7	页岩、云母岩		1965	蓄水后发生				几百次，震源仅 0.6km 深
印度	巴克拉	225	重力坝	91	8～9	砂页岩		1965	小震	北 50km			
美国	鲍尔德	222	重力拱坝	385	5	灰岩、安山岩、页岩	库区为断陷盆地，几条 NE 向断层横切库区	1936	1936 年 9 月起震，1936 年 5 月 4 日最大	水库中，深 10km	5	Ⅵ	与水位有关，小震有 200 次
日本	黑部川第四	186	拱坝	1.99	10～11	花岗岩	节理发育，有破碎带，温泉沿支流出露	1963	1963 年 5 月地震		5.6		1963～1970 年共 1882 次，震源深 20km
美国	夏斯塔	184	重力坝	55.2	8～9	花岗片麻岩		1945	蓄水后起轻震				
希腊	克瑞马斯塔	163	土石坝	47.3		砂砾岩、灰岩、有岩浆活动	坝址上游 11km 有二条扭性断层，坝址附近有温泉	1965	1965 年 8 月起震，1966 年 2 月大震	坝上游 25km	6.3	Ⅷ	漏水、滑坡、裂隙，震源深 20km
法国	蒙台拉尔	155	拱坝	2.4	6	石灰岩 泥灰岩	水沿河谷一系列 SN 向断层大量渗漏	1962	1963 年 4 月 25 日起震，1966 年 8 月 24 日大震	坝基附近	5	Ⅶ～Ⅷ	40km 内轻微损坏，蓄水后地震大大增加，震源很浅
西班牙	卡奈勒	150	拱坝	6.78	5～6	花岗岩		1960	1962 年、1969 年起震	坝下		Ⅴ	大坝损坏，等震线与水库相应
澳大利亚	瓦腊根巴	137	重力坝	19.5		砂砾页岩		1961					蓄水后有地震活动
巴基斯坦	曼格拉	113	土石坝	91	8～9	砂页岩互层		1967	1967 年 9 月 10 日起震	北 60km 南 15km	3.8		21 个月，34 次
赞比亚	卡里巴	128	拱坝	1604	6	片麻岩、片岩	库区为断陷盆地，有几条 NE 向张扭性断层平行库区	1960	1963 年 7 月蓄满初震，1963 年 9 月、1967 年 4 月大震	15～20km 外	6.1	Ⅷ	2000 次，无损害，震源深 20km
南斯拉夫	格兰卡赖窝	123	拱坝	12.77		灰岩		1967	地震活动显著		4		震源很浅
澳大利亚	安库班	116	土石坝	47.6	5～6	砂页岩、灰岩		1958	有地震活动		5		
加纳	阿柯苏波	113	堆石坝	1480					1966 年发震较大有三次			Ⅷ	
意大利	皮伏第卡多尔	112	拱坝	0.7		白云质灰岩		1950	1951 年一年发生 1 万次地震	库区			小震 2 万次
印度	柯依那	104	重力坝	27.8	8	玄武岩 夹凝灰岩	下伏前震旦纪变质岩，有 SN 向断层，温泉沿线分布	1962	1963 年开始，1965 年 5 月水深 100m 有强震	距下游 3km	6.4	Ⅷ～Ⅸ	距大断层 1.8～2km，大坝损坏，震源深 8～10km，小震 2000 多次
阿尔及利亚	乌福达	89	重力坝	22.5		灰岩	背斜轴部断裂发育库水的深部循环	1932	1933 年 1～5 月地震，1934 年 9 月 9 日大地震	距坝 30km		Ⅶ～Ⅺ	未造成损害，与能量释放有关
法国	格兰德瓦勒	88	连拱坝	2.9		云母片岩		1959	1960 年 3 月发生地震，1963 年 8 月 5 日大震	库下		Ⅴ	
希腊	马拉松	63	重力坝	0.4				1929	1953 年发生地震		1～3		1966 年 13 次与地壳有关
美国	平头（克尔）	60	拱坝	15		黏板岩		1937					1969～1970 年共 100 多次
苏联	卡普那盖斯克	50	土石坝	281.4	7	石英斑岩 花岗斑岩		1971	1967 年 12 月地震活跃				蓄水后地震增加

发生在坝址附近的强震和中强震，有可能对大坝和其他建筑物造成损害。迄今为止，有两例水库诱发地震对大坝造成损害，分别是我国的新丰江水库和印度的柯依纳水库。新丰江水库诱发的6.1级地震，震中烈度为Ⅷ度，使右岸坝段顶部出现了长达82m的水平裂缝，左坝段同一高程也有规模小一些的不连续裂缝，经加固后，至今安全运行。世界上尚未发生因水库诱发地震使大坝失事的实例。

水库诱发地震对库区及邻近地区居民点的影响较为常见，强震和中强震会给库区造成人员伤亡和物质损失。即使一般的弱震、微震，也会对震中区造成一定危害，影响当地居民的正常生产和生活。由于水库诱发地震的特点和危险性，水库诱发地震的分析预测已成为大型水电工程的主要工程地质问题之一，在兴建高坝大库时，如库区地质构造复杂、有活动断裂分布时，应研究诱发地震的可能性。对可能诱发地震的水库，应设水库诱发地震监测台网进行监测。

第二节　水库诱发地震分类与特征

根据已有的震例资料，水库诱发地震分为内成因水库诱发地震和外成因水库诱发地震，前者指构造破裂型水库诱发地震，后者包括岩溶型、地壳表层卸荷型、冻裂型、洞穴塌陷型、滑坡崩塌型水库诱发地震等。常见的水库诱发地震多为构造破裂型和岩溶型，其他类型的水库诱发地震震级很小，一般不会对大坝和周围环境造成严重危害。

构造破裂型水库诱发地震是由于岩体积累了较高的应变能，当库水沿断裂带向深部集中渗透，促使破裂面强度降低，造成能量急剧释放而诱发地震，我国的新丰江水库和印度的柯依纳水库的诱发地震属于这种类型。

岩溶型水库地震是由于库水位上升，迅速淹没某些岩溶管道系统，造成被围堵的水和气体在其中冲击振荡，而库水下降时引起局部岩溶塌陷和气爆活动，并伴生地震。这种类型的水库诱发地震在岩溶地区最常见，多为弱震或中强震。

按照水库诱发地震与水库蓄水的关系，还可以分为快速响应和滞后响应两种类型。快速响应型水库诱发地震与水库水位变化密切相关，水库蓄水后很快发生地震，如岩溶塌陷或气爆型，水库荷载引发的地震也属快速响应型；滞后响应型水库诱发地震则在水库蓄水相当长一段时间后才发生，滞后时间长短不一，一般为数月到数年不等，滞后响应型水库诱发地震释放构造能，它的发生与库水沿断层渗透，断层面摩擦系数和岩石抗剪强度降低有关，强度与水库水位的变化、蓄水时间的长短的关系不明显，主要取决于发生地震的构造贮能，破坏性大的水库诱发地震多为滞后型地震。

水库诱发地震与一般天然地震相比，具有如下特点。

(1) 震中主要集中在距水库水域几公里的范围内，如新丰江1961～1981年间的诱发地震都分布在距库岸6km范围内，多数地震集中在0～1km区域。乌江渡水库地震集中在岸边100m范围内。湖南镇水库地震分布范围在1km以内，大多数在300m内。诱发地震震源深度浅，一般都在10km之内。震源深度与水库库容有一定的相关性，一般库容愈大，震源愈深。

(2) 主震发震时间一般与水库蓄水密切相关，较强地震活动高潮大多出现在第一、第二个蓄水期的高水位季节。

(3) 水库地震发生的时间与库水位关系密切，地震活动的高潮多出现在水位的急剧升降过程中，主震往往发生在满库水位之后的几年之内。地震频度和强度随时间的延长明显下降。

(4) 水库诱发地震以弱震和小震为主，较强的水库诱发地震震源机制主要为走滑和正断层，如震级大于或等于5.5级的新丰江、柯依纳、埃及的阿斯旺、泰国的斯林那卡林等为倾角较陡的走滑断层错动；在赞比亚和津巴布韦交界的卡里巴、希腊的克里玛斯塔和美国的奥罗维尔是正断层错动。而湖南镇及加拿大的马尼克3和美国的蒙蒂赛洛等震群型的地震序列震源机制以逆断层为主。

由于水库诱发地震的震源深度较浅，与一般地震比较，其地面运动有峰值加速度高、衰减快、频率高、持续时间短、烈度衰减较快等特点。因水库诱发地震震源浅，尽管震级较低，烈度往往偏高，有些3级地震的震中烈度也能达到Ⅵ度。如1971年10月20日前进水库3级地震，1988年12月17日鲁布革3.1级地震和1992年5月20日乌江渡3.5级地震震中烈度都是Ⅵ度。现有的130多个震级在4级以下的震例中，已知的震中烈度还没有高于Ⅵ度的。有相当数量2级的诱发地震震中烈度达Ⅴ度。震中烈度达Ⅶ度的诱发地震最低震级为4.5级的大化水库。震中烈度达Ⅷ度的诱发地震最低震级为5.6级的阿斯旺水库。由此可以看出水库诱发地震烈度在低震级段明显偏高，基本以Ⅵ度为限。

第三节　水库诱发地震分析预测

一、水库诱发地震分析预测的任务和要求

水电工程水库诱发地震分析预测的任务是：查明水库和坝址区诱发地震地质条件，在此基础上预测诱发地震的可能性以及可能造成的危害。各勘察设计阶段对水库诱发地震分析预测的要求为：预可行性研究阶段，根据区域构造背景研究成果，研究库坝区诱震环境，初步评价产生水库诱发地震的可能性；当初步评价认为有可能产生水库诱发地震时，在可行性研究阶段应对可能诱发地震的地段进行工程地质和地震地质论证，分析诱震条件，进一步判定发震地段和发震强度；工程施工和运行初期，应监测和分析水库蓄水前后地震活动的变化，验证前期评价意见，如水库蓄水后地震出现明显变化，应开展补充研究，并预测诱发地震发震趋势。

二、水库诱发地震的地质环境条件分析

水库诱发地震的震源机制很复杂，目前在理论上还没有比较统一的认识。根据目前的研究资料，可能产生水库诱发地震，并被引用的判据有：库区岩体节理裂隙发育很深，或岩溶强烈发育，岩体透水性强；库区有新构造断层通过，其力学性质为张性或扭性；库区中新生代断陷盆地或其边缘，差异性构造活动迹象明显的地带；库区虽未发现新构造断裂带，但深部存在重力梯级异常或磁异常；库区有历史地震记载；库区或其邻区有温泉出露；库区存在剪应力集中部位。

《水电水利工程区域构造稳定性勘察技术规程》规定，应从以下几个方面开展水库诱发地震地质环境研究。

(1) 组成水库区的地层岩性、分布及其组合关类型。

(2) 库区高陡倾角的区域性或地区性断层带的产状、规模、力学性质和渗透特征，研究其活动性、孕震发震条件。

(3) 库区现今构造应力场状态。

(4) 库区岩溶发育程度，规模较大的岩溶管道型导水通道的发育情况，分析库水渗漏条件。

(5) 库区岸坡岩体卸荷条件。

(6) 分析水库区地震活动规律与深部地质结构和断层带的关系。

(7) 根据区域、库盆地质构造、地震条件进行全库区的诱发地震地质环境分区。

水库库盆地层岩性及组合特征研究，包括岩石类型、性

质、结构及均一程度，分析储能条件。一般认为，水库诱发地震与岩石存在下列关系：质地坚脆的岩石，有利于应力集中，当节理裂隙发育，透水性强，有利于库水渗透，较易发生水库诱发地震；质地软弱、塑性较大的岩石，一般不利于应力集中，且透水性弱，不利于库水渗透，不易发生水库诱发地震；质地较纯的碳酸盐岩，岩溶较发育，存在库水渗透的通道，有利于库水渗透，较易发生水库诱发地震。

根据已有的水库诱发地震的资料，构造破裂型水库诱发地震有可能达到较大的强度，对库坝区环境可能造成较大影响。因此，要重点研究库坝区地质构造，特别是断裂构造条件：断裂的结构特征、力学性质、空间展布及组合关系；断裂的活动性、活动方式及强度；断裂的地球化学特征；断裂的水文地质特征。一般认为，库区断裂构造具有下列特征者，有利于产生水库诱发地震；大小不等的断裂网络发育，有利于水库渗透，易于产生水库诱发地震；直立或近于直立的断裂有利于水库诱发地震发生，平行于库岸或斜穿库区的活断层是诱发强震的重要条件；走滑断层利于滑动，是易于产生较强诱发地震的构造，逆断层、逆掩断层一般不易诱发水库地震。

水库诱发地震与库水的渗漏条件和储积条件有关。因此，应在查明库区透水层和通往深处的水文地质结构面、隔水层的分布和地下水储积构造的基础上，分析水库的透水性和封闭性。重点应研究水库库盆存在的强透水岩体和可渗透的垂直裂隙、高倾角活断层；基岩裸露的岸坡库段和库周不存在饱和岩体及强烈下切的峡谷库段；渗水通道周围具有良好的封闭环境，库水不致外渗而使孔隙水压力增高的库段。

水库诱发地震的产生与现今构造应力场有密切关系，一般认为，水库区特别是水库边缘存在与现代区域最大剪应力方向近于平行的活断层，易于诱发地震；多组断层交汇或汇而不交部位往往是现今构造应力集中区，易诱发地震。因此，应研究与水库有关的现今构造应力状态及其与活断层的关系。根据震例资料，中等强度水库诱发地震的水库区都有强烈的地热异常，说明水库诱发地震与地热之间存在一定关系，故应研究库区地热场的形状、分布，尤其要注意温泉与地热梯度较大的地热异常库段。

大型水库常常跨越不同的构造单元，在岩性、构造和水文地质条件等方面存在很大差别，其诱震环境不同，因此，应在区域构造稳定性研究和水库工程地质调查的基础上，根据水库实际存在的诱震环境和诱震条件进行水库诱震环境分区，选择重点库段进行工作，有利于水库诱发地震的研究和预测。诱发地震地质环境分区范围宜限于距库岸 3～5km，最远超过 10km，深度上重点考虑 5km 以内的地质体。特殊部位如区域性大断裂，若与库水有水力联系，可适当扩大范围。

三、水库诱发地震的预测与评价

水库诱发地震的预测与评价，要求在研究地震地质环境的基础上，进行水库诱发地震危险区的划分，确定可能诱发地震的部位、最大震级及其震中烈度，选择适宜的地震衰减公式，估算水库诱发地震对大坝的影响，评价水库诱发地震对库区地质环境、重要居民点、厂矿和古文化遗址的影响。

目前预测水库诱发地震的类型、发震部位、最大震级等时，常用的方法是经验判断法和统计预测法。

（一）经验判断法

要求系统收集并查明库坝区与水库诱发地震相关的各种地质环境因素，类比已发震水库的地震地质环境和条件，分析水库发震的可能性、发震库段、地震类型、震级大小等。该方法首先是要总结已发震水库的地质条件和易于发震的地震地质条件之间的关系，便于与需要预测水库进行对比，其次要建立不同类型水库诱发地震的判别标志。

具有下列情况时，可能发生构造破坏型水库诱发地震：

（1）区域性断裂或地区性断裂通过库坝区。

（2）断层有晚更新世以来活动的直接地质证据。

（3）断层沿线有可靠的历史地震记载或仪器记录的地震。

（4）断层带和破碎带有一定规模的导水能力，有可能成为通往地质体深处的水文地质结构面。

（5）断裂带或通过次级旁侧断层、横断层与库水保持一定的水力联系。

（6）断裂发育、有利应力集中和具有较强渗水性的坚硬性脆岩体，如花岗岩、致密火山岩、大理岩、片麻岩等。

具有下列条件时，可能发生岩溶型水库诱发地震：

（1）库区有大面积碳酸盐岩分布，其中包括某些地层厚度较大且质纯的厚层块状灰岩。

（2）现代岩溶作用强烈，可见明显的岩溶管道系统，水库蓄水前已存在天然岩溶塌陷或岩溶地震的记载。

（3）合适的岩溶水文地质结构条件。

（二）统计预测法

统计预测是将库水深度、库容、区域构造应力场、断层活动性、岩性和地震活动背景等因素作为预报因子，参照已有震例分析成果，采用聚类分析、概率统计检验等方法预测水库诱发地震的类型、最大震级和发震地段。

（三）最大震级预测

预测水库诱发地震最大震级时，除库区特定的地质构造环境之外，还应考虑下列因素：库坝区地震基本烈度、库坝区地震危险性分析成果、可能诱震类型、水库规模等。可采用以下方法预测水库诱发地震的震级上限：

（1）构造破裂型水库诱发地震一般情况可用水库区最大地震强度作为诱发地震上限。实际工作中，可采用工程地质类比法、构造类比法、断层破裂长度法、地震应变能积累与释放曲线法和统计模型法确定最大震级。

（2）岩溶型水库诱发地震震级可用岩溶塌陷地震的最大震级，一般情况下岩溶塌陷型水库诱发地震实际发生的最大震级在 3 级上下，从安全考虑可取 4 级。

（3）根据与水库诱发地震关系密切的因素和已发生水库地震震例建立的震级上限和不同震级发震概率统计预测模型，结合需预测水库的具体条件，作出诱震震级上限和发震概率的预测。

（4）根据水库地震诱发因素，确定其权重向量和隶属度准则，采用模糊综合评判法对水库诱发地震的强度进行预测。

（5）通过水库蓄水后库底的应力分析，采用数值分析方法计算库底地壳应变能的积累，推算出水库诱发地震的震级。

水库诱发地震的最大震级可划分为：微震，震级小于 3 级；弱震，震级大于等于 3 级且小于 4.5 级；中等震，震级大于等于 4.5 级且小于 6 级；强震，震级大于等于 6 级。

（四）水库诱发地震评价方法

1. 根据断裂长度计算水库诱发地震震级的方法

构造型水库诱发地震可按下式计算震级：

$$M = A\lg L + B \qquad (5.5.3-1)$$

式中：M 为震级；L 为断层长度，km；A、B 为待定系数。

待定系数 A、B 可通过该地区一定数量的地震及引起地震断层长度间进行拟合得到。若样本数不能满足拟合的需要，可补充一定数量震源深度较浅的天然地震。

2. 概率评价

概率评价是《水库诱发地震危险性评价》（GB 21075—2007）采用的一种水库诱发地震评价方法，该方法是根据所研究水库的各种诱发地震因素及其状态，与已建未发生和已发生诱发地震水库共同组成的样本集中各种诱发地震因素及其状态进行对比分析，预测所研究水库诱发不同震级地震的概率。评价步骤如下：

（1）收集水库诱发地震的震例资料，并随机选取一定数量未发生水库诱发地震的工程实例，共同组成样本集。样本集中水库诱发地震震例与样本总数的比例应不小于 12%。样本总数不得少于 234 个。

（2）确定水库诱发地震的诱震因素。水库诱发地震的诱震因素包括：库深、库容、岩性组合或岩体结构类型、构造应力环境或地应力状态、断层活动性、地震活动背景、水文地质结构面发育情况、水文地质结构面与库水的关系、岩溶发育程度等。其中，库深、岩性组合或岩体结构类型、构造应力环境或地应力状态、断层活动性等是基本因素，必须选取。基本因素之外应再选取若干因素共同组成诱震因素集，因素数量应不少于 5 个。

（3）将诱震因素分为几种状态，诱震因素状态至少分为两种。诱震因素状态的划分方法见表 5.5.3-1。

表 5.5.3-1　水库诱发地震因素状态表

诱震因素	状态 1	状态 2	状态 3	状态 4	状态 5
库水深度 D（m）	D_1：深度大于 140m	D_2：深度 90～140m	D_3：深度小于 90m		
	D_1：深度大于 150m	D_2：深度 92～150m	D_3：深度小于 92m		
库容 V（亿 m^3）	V_1：库容大于等于 100 亿 m^3	V_2：库容 20 亿～100 亿 m^3	V_3：库容小于 20 亿 m^3		
应力状态 S	S_1：挤压	S_2：拉张	S_3：剪切		
	S_1：逆断层环境	S_2：正断层环境	S_3：走滑断层环境		
断层活动性 F	F_1：活动	F_2：不活动			
岩性条件 R	R_1：碳酸岩	R_2：花岗岩	R_3：沉积岩	R_4：火山和火成岩	R_5：变质岩
岩体类型 G	G_1：块状岩体	G_2：层状岩体	G_3：碳酸盐岩体		
地震活动背景 B	B_1：强活动区（烈度大于等于Ⅷ度）	B_2：中等活动区（烈度大于等于Ⅶ且小于Ⅷ度）	B_3：弱震（烈度小于Ⅶ度）		
	B_1：活动区（烈度大于等于Ⅷ度）	B_2：弱震区（烈度大于等于Ⅵ且小于Ⅷ度）	B_3：无震区（烈度小于Ⅵ度）		
水文地质结构面发育情况 FD	FD_1：导水深度大于 2000m	FD_2：导水深度 500～2000m	FD_3：导水深度小于 500m		
水文地质结构面与库水接触关系 FC	FC_1：直接接触	FC_2：不直接接触但有连通	FC_3：不连通		
岩溶发育程度 SK	SK_1：强	SK_2：弱	SK_3：不发育		

（4）确定预测目标，即对预测的水库诱发地震最大震级进行分档（分成若干区间），震级分档既要考虑震级区间，也要考虑样本的数目，档次应不少于两档。

（5）统计样本不同震级档次所属的因素及其状态。以诱震因素集中每一个因素不同状态构成诱发该震级档次的诱震因素组合条件，并统计其发生概率。

（6）分析被评定的水库各诱发地震库段的诱发地震及其状态。以诱震因素集中每一个因素所属的状态构成该水库库段诱震因素的组合条件。

（7）按式（5.5.3-2）分别计算多因素状态下可能诱发地震各库段不同震级的地震概率。

$$P(M_i/A_j)=\frac{P(M_i)/P(A_j/M_i)}{\sum_{i=1}^{n}P(M_i)P(A_j/M_i)} \qquad (5.5.3-2)$$

式中：$P(M_i/A_j)$ 为要预测的某级水库诱发地震的概率；M_i 为水库诱发地震事件震级的类别，$i=0$，1，2，…，n；A_j 为水库各诱发地震库段各诱发因素及其相应的状态，即诱震因素组合条件 $j=0$，1，2，3，…；$P(M_i)$ 为各不同震级地震类别的验前概率；$P(A_j/M_i)$ 为不同震级条件下不同诱震因素组合条件的验前概率。

3. 水库诱发地震震中烈度

水库诱发地震与震中烈度的一般关系见表 5.5.3-2。

表 5.5.3-2　水库诱震震级与震中烈度的一般关系

震　级	烈　度	备　注
3.0～3.9	Ⅴ	常可达Ⅵ度
4.0～4.9	Ⅵ	少数达Ⅶ度
5.0～5.9	Ⅶ	个别达Ⅷ度
6.0～6.5	Ⅷ	或比Ⅷ度强

4. 水库诱发地震烈度的衰减关系

在我国华南和西南地区，水库诱发地震的烈度衰减关系采用椭圆型衰减模型，其式为

$$I=C_1+C_2M+C_3\lg(R+R_0)+\varepsilon \qquad (5.5.3-3)$$

式中：I 为地震烈度；C_i 为回归常数，$i=1$，2，3；M 为震级；R 为震中距，km；R_0 为近场距离饱和因子，km；ε 为随机变量。

采用天然地震烈度的衰减关系，应符合《工程场地地震安全性评价》（GB 17741）的规定，并用震源深度小于 15km 的浅震。

（五）水库诱发地震危害性评价

水库诱发地震的危害性评价应包括其对工程场址区的影响及对库区环境的影响，若水库诱发地震等于或高于场址区地震基本烈度，应进行专门研究。

可将水库蓄水开始直至达到最高水位的一段时间内，发生

Ms 4 级以上水库诱发地震可能性最大的库段，确定为水库诱发地震危险区。

四、水库诱发地震的监测

坝高大于 100m、库容大于 5 亿 m^3 的水库，如可能发生震中烈度大于Ⅵ度的水库诱发地震，应在水库蓄水前开始地震前期监测。水库诱发地震监测应系统记录水库蓄水前后地震的发展和变化过程，判别是否出现了水库诱发地震，分析水库诱发地震的特点和发展趋势。

监测网站的布置，应遵守下列原则：

(1) 台网的布置应能控制可能发震的水库段，尤其是水库诱发地震对工程场址区和城镇居民点可能造成较大影响的库段。

(2) 监测台网至少应由四个地震台组成，尽可能设立遥测台网，要求控制地震级下限 0.5 级。水库诱发地震发生后，还可在发震区域增设临时地震观测站。不具备设台网的条件时，可先设一个观测台站。

(3) 地震监测台网最迟应在水库蓄水前一年设立，水库水位达到设计正常蓄水位 2～3 年后，如无地震活动迹象，可以撤除。

(4) 必要时，应在库坝区主要活断层带布设精密水准测量网和三维网及短基线，以研究活断层的变形与水库诱发地震的关系，并为水库诱发地震发展趋势的预测提供资料。

部分已建水库诱发地震监测台网规模见表 5.5.3-3。

表 5.5.3-3　部分水库地震监测台网规模

水库名	坝高（m）	总库容（亿 m^3）	固定子台数	重点地段监测能力	监测台网建成年份
龙滩	216.5	272.7	10	M_L0.5 级	2005
三峡	175	393.0	24	M_L0.5 级	2001
丹江口	97	162.0	4	M_L1.0 级	
二滩	240	58.0	9	M_L0.5 级	1992
隔河岩	151	34.0	7	M_L0.5 级	1995
小浪底	154	126.5	9	M_L0.5 级	1996
新丰江	105	115.0	8	M_L1.0 级	1980
龙羊峡	178	247.0	5	M_L1.0 级	1986
天生桥一级	178	102.6	6	M_L1.0 级	1997

龙滩水库是典型的高山狭谷河道型水库，库首段 50km 内分布有数条曾经发生中强地震的断裂，库区碳酸盐岩地层区岩溶发育，有利于诱发构造型水库地震和岩溶塌陷型水库地震。据推算，水库蓄水后这些断层上可能发生的最大震级为 5.5 级左右，对大坝的影响烈度最大可达Ⅶ度。为了监测和预测预报水库诱发地震对水库和枢纽工程的危害及影响，设计、建设了水库诱发地震监测台网，其监测区划分为三类：

(1) Ⅰ类重点监控区为坝址上游 20km 至坝址下游 5km，台网对Ⅰ类重点监测区的可定位震级下限优于 0.5 级，震中定位精度为 1km。

(2) Ⅱ类重点监控区为坝址上游 20～50km，监控定位能力为 1.0～1.5 级，震中定位精度为 2km。

(3) Ⅲ类监视区为坝址上游大于 50～100km 的范围，监测定位能力 1.5～2.0 级左右，震中定位精度为 5km。

采用无线遥测地震台网，除了子台的布局和台址选择应满足地震监测能力的需要外，同时还应兼顾无线遥测质量高和建设维护费用省，系统可靠性好等要求。其布设范围应使台网所属的绝大部分子台将可能诱发地震区域包围。具体台网布局如下：

(1) Ⅰ类重点监控范围内子台基本均匀布置，间距 15～20km。

(2) Ⅱ类重点监控区内子台也基本均匀布置，但台间距放宽到 30km 左右。

(3) 将少量的子台布设到其他的Ⅲ类监视区中，结合区域地震台对水库中、上段进行监控。

(4) 子台在重点监视区内的布局密度除能够满足对重点监测区微震监测能力的要求外，尚留有合理的余量。当个别台处于标定或待修状态而停记时，仍能确保必要的监测能力。

(5) 子台的台址条件除了应满足振动干扰背景小，台基的速度干扰背景的有效值争取达到 2×10^{-8} m/s 左右。尽量减少中继站数目和中继次数，并且要求传输路径条件好，具备一定的交通条件，便于安全维护等。

(6) 子台与中继站、中继站与数据记录处理中心之间要求保证信道畅通，并力争达到 30dB 以上的增益储备。

第六章 泥石流

泥石流是由于降雨（暴雨、冰川、积雪融化水）在沟谷或山坡上产生的一种挟带大量泥砂、石块和巨砾等固体物质的特殊洪流。其汇水、汇砂过程十分复杂，是多种自然和（或）人为因素综合作用的产物。多见于地质构造复杂，断层褶皱发育，新构造运动强烈，地震烈度较高，岩体结构疏松软弱或易于风化的地区。它暴发突然，历时短暂，来势凶猛，具有强大的破坏力。

第一节 泥石流的发生条件与分类

一、泥石流发生的条件

泥石流的发育必须具备三个基本条件：一是有利的地形地貌基础；二是丰富的补给物质条件；三是有适当的水源激发条件。前两者属环境条件，即泥石流沟谷所具备的自然环境；后者为区域气候条件。

典型的泥石流流域分为形成区、流通区和堆积区。

二、泥石流发生的模式

泥石流发生的模式可分为固体物质补给模式和水源激发模式。

（一）固体物质补给模式

固体物质补给模式主要包括以下几种类型：

（1）重力侵蚀补给，典型重力侵蚀补给方式是泥石流发生最重要的补给类型，其主要包括滑坡、崩塌、坍塌等。

（2）坡面侵蚀补给。

（3）河床质侵蚀补给，河床质补给类型泥石流是山区的一种特性洪流，其特点是暴发突然，来势凶猛，且历时短，具有很大的破坏力。

（二）泥石流水源激发模式

泥石流水源激发模式可分为以下四个主要类型：

（1）由地下渗水造成的重力侵蚀的滑坡、崩塌补给物质形成泥石流。

（2）由地表径流造成的坡面侵蚀的汇流补给物质形成泥石流。

（3）由洪水造成的揭底侵蚀的河床质起动补给物质形成泥石流。

（4）天然（人工）土石坝溃决，以及洪水强烈的沿程侵蚀形成的泥石流。

三、泥石流的分类

泥石流按其主要特征分类见表 5.6.1-1。

表 5.6.1-1 泥石流分类简表

分类依据	类别	特征
地貌位置	山麓区	堆积扇位于山麓地带，不能充分发育（或缺失），扇面纵坡陡，扇形变幅大，扇面难以全面反映泥石流的发展规模和活动特征
	山前区	堆积扇位于山前地带，能充分发育，扇面纵坡较缓，扇面特征可以全面反映泥石流的规模和活动特征
流域形态	标准型	流域呈扇形，能明显地区分出形成区、流通区和堆积区。沟床下切强烈，滑坡、崩塌等发育，松散物质多、主沟坡度大，地表径流集中。泥石流的规模和破坏力较大
	沟谷型	沟谷明显，沟长坡缓，分形成、流通和堆积区，发生、运动、堆积过程完整，堆积区呈扇形或带状，规模大，一般流域面积大于 1.0km^2，颗粒有一定磨圆
	山坡型	沟浅、坡陡、流程短、规模小，一般流域面积小于 1.0km^2，发生、运动过程沿山坡或在坡面冲沟中进行，堆积在坡脚或冲沟沟口，堆积区呈锥形，堆积物棱角明显
流体性质	黏性	流体密度大于 1600kg/m^3，黏度大于 0.3Pa·s，层流运动，有阵流，浆体浓稠，流体中常有原状土块，承浮和悬托力大，流体直进性强，堆积物无分选性，有铺床作用
	稀性	密度 $1200\sim1600\text{kg/m}^3$，黏度小于 0.3Pa·s，紊流，固、液体呈不等速运动，有股流及散流现象，浆体混浊，悬浮力弱，堆积物松散而渗水性强，堆积物有分选性
物质组成	泥流	由黏粒、粉粒和砂粒组成，很少砾石和卵石颗粒，颗粒级配偏细，密度偏高，有稀性和黏性，分布地域主要集中在西北黄土高原
	泥石流	物质组成杂，颗粒级配域宽，密度幅度域大，有黏性和稀性，分布地域广，几乎散布全国各地山区，并以我国西部为主
	水石流	堆积物分选性强，由砾石、碎块石及砂粒组成，夹少量黏粒和粉粒，颗粒级配偏粗，密度偏低，为稀性，分布地域较零散，主要集中在我国东部
发育阶段	发展期	幼年期地貌，山体较破碎，坡面冲蚀、崩塌、滑坡等重力侵蚀作用日趋严重，发展明显，上冲下淤，淤积速度递增，扇面新鲜，泥石流暴发规模及频度呈渐进扩增趋势，塌方面积率 1%～10%
	旺盛期	壮年期地貌，沟坡极不稳定，松散物质极为丰富，堆积和堵塞现象严重，以滑坡、崩塌等重力侵蚀作用为主，泥石流暴发频繁，泥石流扇发育旺盛，扇面新鲜，规模大，上冲下淤和大冲大淤，塌方面积率＞10%
	衰退期	老年期地貌，崩滑体明显衰减，沟坡趋于稳定，物质以沟槽侵蚀、侧蚀搬运为主，沟槽有冲有淤，冲大于淤，扇面陈旧，已生长植物，植被较好，泥石流暴发频率与规模明显衰减，塌方面积率 1%～10%
	停歇期	有老泥石流地貌而无泥石流活动的沟谷，沟坡稳定，植被恢复，出现清水流沟槽，沟槽固定，全沟下切，以冲为主，多年不见泥石流活动，扇形地常被开发与利用，塌方面积率＜1%
	潜伏期	潜伏期泥石流是指未曾发生过泥石流的沟谷，但有泥石流的潜在能力而无泥石流的具体表征，有泥石流的周边环境，尚未出现有效地激发机遇，有宁静的表面现象，却又潜伏着一定的风险性

续表

分类依据	类别	特　征
发生频率	高频泥石流	泥石流发生从几年一次到一年几十次，规模大小不一。泥石流沟床上涨明显。老泥石流堆积扇可明显辨认，沟内台地延伸不远。形成区崩塌、滑坡发育，活动强烈，植被较差，侵蚀模数大于 2000t/（km^2·a）。泥石流经常性地冲毁和淤埋，使得危险区内土地难以利用，向主河输送大量泥沙
	低频泥石流	泥石流发生数十年一次到上百年一次，暴发规模巨大，沟床稍有上涨，泥石流往往强烈刷深沟槽，老泥石流堆积扇一般发育较好，但不被开垦利用，沟内老台地保存较好，延伸较远。流域内滑坡不活跃、植被好，侵蚀模数多在 2000t/（km^2·a）以下。由于扇形地被充分利用，泥石流活动迹象不明显，而一旦暴发则来势猛，规模大，往往造成巨大灾害
水源	降雨型	泥石流一般在充分的前期降雨和当场暴雨激发作用下形成，激发雨量和雨强因不同沟谷而异
	冰雪消融型	冰雪融水冲蚀沟床，侵蚀岸坡而引发泥石流。有时也有降雨和冰雪融水共同作用的情形，这时可根据两种水流对泥石流形成贡献的大小分别归入降雨类或冰雪消融类
	堤坝溃决型	由于水流冲刷、地震、工程质量和自身的稳定性引起的水库、池塘、水渠、河道、堤坝和由泥石流、滑坡、冰渍等形成的堰塞湖坝体的溃决造成突发性高强度洪水冲蚀而引发泥石流
规模	特大型	泥石流一次堆积总量大于 100 万 m^3，泥石流洪峰量大于 $200m^3/s$
	大型	泥石流一次堆积总量 10 万～100 万 m^3，泥石流洪峰量 100～$200m^3/s$
	中型	泥石流一次堆积总量 1 万～10 万 m^3，泥石流洪峰量 50～$100m^3/s$
	小型	泥石流一次堆积总量小于 1 万 m^3，泥石流洪峰量小于 $50m^3/s$

第二节　泥石流调查和勘察

水电站的规模不同库区面积差异很大，不同库区交通条件差异性也很大。对于面积大、交通条件差的库区，可以通过航片、卫片进行遥感解译，对库区泥石流进行宏观识别。泥石流作为一种不良地质现象，无论是灾害个体，还是由它们组合形成的灾害群体，其在遥感图像上呈现的形态、色调、纹理结构等均与周围背景存在一定的差别。因此，对泥石流的规模、形态特征及孕育特征均能在选取合适遥感影像类型的基础上采取适当的影像处理方法进行直接或间接解译。遥感解译可以大大提高工作效率，一般来说这项工作需要遥感专业人员来完成。在遥感解译成果的基础上，地质工作人员可以有针对性地进行实地调查。对于面积小、交通条件好的库区，可以依据泥石流沟谷形态、物源、堆积区等特征，以及历史泥石流事件，在库区地质调查过程中实地识别。

在宏观识别或实地识别泥石流地质灾害体以后，需对泥石流进行实地详细调查，对其危害性进行评价，对危害性大和工程影响大的泥石流有必要进行专门工程地质勘察，进而根据工程的需要提出防治建议。水电工程库区泥石流地质勘测工作，一般在预可阶段进行宏观识别和地面调查，可研或其后阶段进行专门工程地质勘察。

一、泥石流调查

泥石流调查包括初步查明地质条件、泥石流特征、诱发因素、危害性以及泥石流防治现状和效果，主要内容如下。

（一）地质条件

1. 流域调查

（1）形成区。调查地势高低，流域最高处的高程，山坡稳定性，沟谷发育程度，冲沟切割深度、宽度、形状和密度，流域内植被覆盖程度，植物类别及分布状况，水土流失的情况等。

（2）流通区。调查流通区的长度、宽度、坡度，沟床切割情况、形态、平剖面变化，沟谷冲、淤均衡坡度，阻塞地段石块堆积，以及跌水、急弯、卡口情况等。

（3）堆积区。调查堆积区形态、面积大小，堆积过程、速度、厚度、长度、层次、结构，颗粒级配，坚实程度，磨圆程度，堆积扇的纵横坡度，扇顶、扇腰及扇线位置，以及堆积扇发展趋势等。

2. 地形地貌调查

确定流域内最大地形高差，上、中、下游各沟段沟谷与山脊的平均高差，山坡最大、最小及平均坡度，各种坡度级别所占的面积比率。分析地形地貌与泥石流活动之间的内在联系，确定地貌发育演变历史及泥石流活动的发育阶段。

3. 岩（土）体调查

重点对泥石流形成提供松散固体物质来源的易风化软弱层、构造破碎带，第四系的分布状况和岩性特征进行调查，并分析其主要来源区。

4. 地质构造调查

确定沟域在地质构造图上的位置，重点调查研究新构造对地形地貌、松散固体物质形成和分布的控制作用，阐明与泥石流活动的关系。

5. 地震分析

收集历史资料和未来地震活动趋势资料，分析研究可能对泥石流的触发作用。

6. 相关的气象水文条件

调查气温及蒸发的年际变化、年内变化以及沿垂直带的变化，降水的年内变化及随高度的变化，最大暴雨强度及年降水量等。调查历次泥石流发生时间、次数、规模大小次序，泥石流泥位标高。

7. 植被调查

调查沟域土地类型、植物组成和分布规律，了解主要树、草种及作物的生物学特性，确定各地段植被覆盖程度，圈定出植被严重破坏区。

8. 人类活动调查

主要调查各类工程建设所产生的固体废弃物（矿山尾矿、工程弃渣、弃土、垃圾）的分布、数量、堆放形式、特性，了解可能因暴雨、山洪引发泥石流的地段和参与泥石流的数量及一次性补给的可能数量。

（二）泥石流特征

（1）根据水动力条件，确定泥石流的类型。

（2）调查泥石流形成区的水源类型、汇水条件、山坡坡度、岩层性质及风化程度，断裂、滑坡、崩塌、岩堆等的发育情况及可能形成泥石流固体物质的分布范围、储量。

（3）调查流通区的沟床纵横坡度、跌水、急湾等特征，沟床两侧山坡坡度、稳定程度，沟床的冲淤变化和泥石流的痕迹。

（4）调查堆积区的堆积扇分布范围、表面形态、纵坡、植被、沟道变迁和冲淤情况，堆积物的性质、层次、厚度、一般和最大粒径及分布规律。判定堆积区的形成历史、堆积速度，估算一次最大堆积量。

(5) 调查泥石流沟谷的历史。历次泥石流的发生时间、频数、规模、形成过程、爆发前的降水情况和爆发后产生的灾害情况。

(三) 诱发因素

(1) 调查水的动力类型。包括：暴雨型、冰雪融水型、水体溃决（水库、冰湖）型等。

(2) 降雨型主要收集当地暴雨强度、前期降雨量、一次最大降雨量等诱发因素。

(3) 冰川型主要调查收集冰雪可融化的体积、融化的时间和可产生的最大流量等。

(4) 水体溃决型主要调查因水库、冰湖溃决而外泄的最大流量及地下水活动情况。

(四) 危害性

(1) 调查了解历次泥石流残留在沟道中的各种痕迹和堆积物特征，推断其活动历史、期次、规模，目前所处发育阶段。

(2) 调查了解泥石流危害的对象、危害形式（淤埋和漫流、冲刷和磨蚀、撞击和爬高、堵塞或挤压河道）；初步圈定泥石流可能危害的地区，分析预测今后一定时期内泥石流的发展趋势和可能造成的危害。

(五) 泥石流防治

调查泥石流灾害勘察、监测、工程治理措施等防治现状及效果。

二、泥石流勘察

(一) 勘察内容

泥石流勘察应包括以下内容：

(1) 搜集水文、气象资料，包括年降雨量及其分配、暴雨时间和强度、一次最大降雨量及径流模数、最大流量模数，冰川、积雪的分布与消融期等。

(2) 利用航片资料解译泥石流沟的分布及形成泥石流的地形地貌条件。

(3) 泥石流发生区、通过区、堆积区的范围，形成泥石流的固体物质来源及其物质组成、颗粒级配。

(4) 泥石流沟的平、剖面形态，弯曲程度，宽窄变化，沟床的纵坡变化，支沟发育情况等。沟坡的稳定性，滑坡、崩塌等的分布位置、发育程度和范围等。

(5) 断层带性质、破碎带宽度、节理裂隙发育程度及岩体结构、新构造活动形迹与地震情况。

(6) 第四系松散堆积物的分布、岩性、厚度变化及下伏基岩的岩性特征。

(7) 泥石流沟的汇水面积、水补给类型与条件、地下水露头和流量。

(8) 历史泥石流活动情况、类型、冲淤、危害性及防治情况。

(9) 人类伐木、垦荒、耕植、采石（矿）弃渣、修路等对形成泥石流的影响。

(10) 峡谷河段还应包括沟口泥石流痕迹和主河床（水库）泥石流堆积痕迹，沟口假阶地的物质组成特征及其成因，沟口附近沟床的平面和剖面形态、沟坡稳定性、最高泥痕、沟内最大块石粒径。

(11) 宽谷河段还应包括泥石流扇的形态特征和物质组成、扇面纵坡和淤积坡度，泥石流扇淤积速率、冲淤变化规律，泥石流扇上沟床改道和泥石流漫流的历史情况并分析发展趋势，泥石流排入主河床（水库）的固体物质数量、主河床（水库）淤积地段的淤积速率。

(12) 进行泥石流和泥石流流体性质的分类。泥石流可分为泥流、泥石流、水石流。泥石流流体性质可划分为黏性泥石流和稀性泥石流。

(二) 勘察方法

泥石流勘察方法应符合下列要求：

(1) 航片资料解译草图应进行野外检验和核实。航片比例尺可选用 1：34000～1：8000。

(2) 在航片资料解译的基础上，进行工程地质测绘，比例尺可选用 1：50000～1：10000，测绘范围应包括泥石流的发生区、通过区、堆积区及其对主河床（水库）的影响地区。

(3) 根据需要可布置物探、坑探和钻探。为查明泥石流堆积厚度的钻孔，进入基岩的深度应超过沟内最大块石直径的 3～5m。

(4) 应取泥石流堆积物的代表性样品进行物理力学性质试验。

第三节 泥石流分析与评价

一、泥石流有关指标的测定和计算

(一) 密度测定

1. 称量法

取泥石流物质加水调制，请当时目睹者鉴别，选取与当时泥石流状态相近似的混合物测定其密度。

2. 体积比法

通过调查访问，估算当时泥石流体中固体物质和水的体积比，再按下式计算其密度：

$$\rho_m = \frac{(d_s f + 1)\rho_w}{f + 1} \qquad (5.6.3-1)$$

式中：ρ_m 为泥石流体密度，t/m^3；其值参见表 5.6.3－1；ρ_w 为水的密度，t/m^3；d_s 为固体颗粒相对密度，一般取 2.4～2.7；f 为固体物质体积和水的体积之比，以小数计。

表 5.6.3－1　泥石流体密度经验值表　单位：t/m^3

泥石流稠度	泥石流体密度	泥石流稠度	泥石流体密度
泥沙饱和的液体	1.1～1.2	黏性粥状	1.5～1.6
流动果汁状	1.3～1.4	夹石块黏性大的糨糊状	1.7～1.8

(二) 稀性泥石流流速计算

(1) 西北地区经验公式（据铁道部第一勘测设计院）

$$v_m = \frac{1.53}{\alpha} R_m^{2/3} I^{3/8} \qquad (5.6.3-2)$$

式中：v_m 为泥石流断面平均流速，m/s；R_m 为泥石流流体水力半径，m，可近似取其泥位深度；I 为泥石流流面纵坡降比，%；α 为阻力系数。可直接从表 5.6.3－2 查取。

表 5.6.3－2　α 值与 ρ_m、G_s 值的关系

G_s	ρ_m (t/m^3)													
	1.0	1.1	1.2	1.3	1.4	1.5	1.6	1.7	1.8	1.9	2.0	2.1	2.2	2.3
2.4	1.00	1.09	1.18	1.29	1.40	1.53	1.67	1.84	2.05	2.31	2.64	3.13	3.92	5.68
2.5	1.00	1.08	1.18	1.28	1.38	1.50	1.63	1.79	1.96	2.18	2.45	2.81	3.32	4.15
2.6	1.00	1.08	1.17	1.26	1.37	1.48	1.60	1.74	1.90	2.08	2.31	2.55	2.96	3.50
2.7	1.00	1.08	1.17	1.26	1.35	1.46	1.57	1.70	1.84	2.01	2.21	2.44	2.74	3.13

$$\alpha=\sqrt{\phi d_s+1} \quad (5.6.3-3)$$

$$\phi=(\rho_m-\rho_w)/(\rho_s-\rho_m) \quad (5.6.3-4)$$

$$\rho_s=d_s\rho_w \quad (5.6.3-5)$$

式中：ϕ 为泥石流泥沙修正系数；ρ_m、ρ_s、ρ_w 分别为泥石流体密度、清水密度、泥石流中固体物质密度，t/m^3。

（2）西南地区经验公式（据铁道部第二勘测设计院）

$$v_m=\frac{1}{\alpha}\frac{1}{n}R_m^{2/3}I^{1/2} \quad (5.6.3-6)$$

式中：$\frac{1}{n}$为清水河槽糙率，可按表 5.6.3-3 中的 m_m 取值；其余符号意义同前。

表 5.6.3-3　泥石流粗糙系数 m_m 取值

沟床特征	m_m 值		坡度
	极限值	平均值	
糙率最大的泥石流沟槽，沟槽中堆积有难以滚动的棱石或稍能滚动的大石块。沟槽被树木（树干、树枝及树根）严重阻塞，无水生植物。沟底呈阶梯式急剧降落	3.9～4.9	4.5	0.375～0.174
糙率较大的不平整泥石流沟槽，沟底无急剧突起，沟床内均堆积大小不等的块石，沟槽被树木阻塞，沟槽两侧有草本植物，沟床不平整，有洼坑，沟底呈阶梯式降落	4.5～7.9	5.5	0.199～0.067
较弱的泥石流沟槽，但有大的阻力。沟槽由滚动的砾石和卵石组成，沟槽常因稠密的灌木丛而被严重阻塞，沟槽凹凸不平，表面因大石块而突起	5.4～7.0	6.5	0.187～0.116
流域在山区中、下游的泥石流沟槽，沟槽经过光滑的颜面；有时经过具有大小不一的阶梯跌水的沟床，在开阔河段有树枝、砂石停积阻塞，无水生植物	7.7～10.0	8.8	0.220～0.112
流域在山区或近山区的河槽，河槽阻塞轻微，河岸有草本及木本植物，河底降落较均匀	9.8～17.5	12.9	0.090～0.022

（三）流量计算

1. 泥石流峰值流量计算

（1）形态调查法：

$$Q_m=F_m v_m \quad (5.6.3-7)$$

式中：Q_m 为泥石流断面峰值流量，m^3/s；F_m 为泥石流过流断面面积，m^2；v_m 为泥石流断面平均流速，m/s。

（2）配方法。按泥石流体中水和固体物质的比例，用在一定设计标准下可能出现的洪水流量加上按比例所需的固体物质体积配合而成的泥石流流量，按式（5.6.3-8）、式（5.6.3-11）、式（5.6.3-13）计算，其中式（5.6.3-11）适用于我国西北地区泥石流的流量计算。

$$Q_m=Q_w(1+C) \quad (5.6.3-8)$$

$$C=\frac{1-a}{a-w_m\ (1-a)} \quad (5.6.3-9)$$

$$a=\frac{G_m-\rho_m}{G_m-1} \quad (5.6.3-10)$$

式中：Q_m 为设计泥石流流量，m^3/s；Q_w 为设计清水流量，m^3/s；C 为泥石流修正系数；a 为泥石流体中水的体积含量；w_m 为泥石流补给区中固体物质的含水量，以小数计（可以实测，也可以由土壤含水量分析得到）。

$$Q_m=Q_w(1+P) \quad (5.6.3-11)$$

$$P=\frac{\rho_m-1}{\frac{G_m(1+\omega)}{G_m\omega+1}-\rho} \quad (5.6.3-12)$$

式中：P 为考虑到土壤含水量而引进的泥石流修正系数；ω 为土的天然含水量；其余符号意义同前。

$$Q_m=Q_w(1+\phi) \quad (5.6.3-13)$$

$$\phi=\frac{\rho_m-1}{G_m-\rho_m} \quad (5.6.3-14)$$

式中：ϕ 为泥石流修正系数；其余符号意义同前。

（3）雨洪修正法（云南东川经验公式）：

$$Q_m=Q_w(1+\phi)D_m \quad (5.6.3-15)$$

式中：D_m 为泥石流堵塞系数，根据东川 7 年中 40 个观测资料验证，D_m 值在 1～3 之间，可按表 5.6.3-4 选用；其余符号意义同前。

表 5.6.3-4　泥石流堵塞系数 D_m 值

堵塞程度	最严重堵塞	较严重堵塞	一般堵塞	轻微堵塞
D_m	2.6～3.0	2.0～2.5	1.5～1.9	1.0～1.4

2. 一次泥石流过程总量计算

$$W_m=0.26TQ_m \quad (5.6.3-16)$$

式中：W_m 为通过断面的一次泥石流总量，m^3；Q_m 为泥石流最大流量，m^3/s；T 为泥石流历时，s。

3. 一次泥石流冲出的固体物质总量计算

$$W_s=C_mW_m=(\rho_m-\rho_w)W_m/(\rho_s-\rho_w) \quad (5.6.3-17)$$

式中：W_s 为通过断面的固体物质总量，m^3；其余符号意义同前。

二、泥石流的评价

泥石流常常具有暴发突然、来势凶猛、迅速之特点。并兼有崩塌、滑坡和洪水破坏的双重作用，其危害程度往往比单一的滑坡、崩塌和洪水的危害更为广泛和严重。依据《泥石流灾害防治工程勘查规范》（DZ/T 0220），泥石流的评价通常采用泥石流的危险度和危害度两个方面进行定性评价。危险度（危险程度）是指有遭遇到损害的可能性大小，是一个概率概念；危害度（遭受泥石流损害的程度）为泥石流对危害对象的损害程度。

通常通过泥石流的易发程度、暴雨强度指标、危险性分区和分级等对泥石流进行评价。

（一）泥石流易发程度评价

泥石流易发程度可从表 5.6.3-5 中的 15 个因素评分，通过表 5.6.3-6 评判易发程度等级。

表 5.6.3-5　泥石流沟易发程度数量化评分表

序号	影响因素	量级划分							
		极易发 A	得分	中等易发 B	得分	轻度易发 C	得分	不易发 D	得分
1	崩塌、滑坡及水土流失（自然和人为活动的）严重程度	滑坡等重力侵蚀严重，多层滑坡和大型崩塌，表土疏松，冲沟十分发育	21	崩塌、滑坡发育，多层滑坡和中小型崩塌，有零星植被覆盖，冲沟发育	16	有零星崩塌、滑坡和冲沟存在	12	无崩塌、滑坡、冲沟或发育轻微	1
2	泥沙沿程补给长度比	>60%	16	60%～30%	12	30%～40%	8	<10%	1

续表

序号	影响因素	量级划分							
		极易发 A	得分	中等易发 B	得分	轻度易发 C	得分	不易发 D	得分
3	沟口泥石流堆积活动程度	主河河形成弯曲或堵塞，主流受挤压偏移	14	主河河形无较大变化，仅主流受迫偏移	11	主河河形无变化，主流在高水位时偏，低水位时不偏	7	主河无河形变化，主流不偏	1
4	河沟纵坡	>12° 21.3%	12	12°～6° 21.3%～10.5%	9	6°～3° 10.5%～5.2%	6	<3° 3.2%	1
5	区域构造影响带	强抬升区，6级以上地震区，断层破碎带	9	抬升区，4～6级地震区，有中小支断层	7	相对稳定区，4级以下地震区，有小断层	5	沉降区，构造影响小或无影响	1
6	流域植被覆盖率	<10%	9	10%～30%	7	30%～60%	5	>60%	1
7	河沟近期一次变幅	>2m	8	2～1m	6	1～0.2m	4	0.2m	1
8	岩性影响	软岩、黄土	6	软硬相间	5	风化强烈和节理发育的硬岩	4	硬岩	1
9	沿沟松散物储量（万 m^3/km^2）	>10	6	10～5	5	5～1	4	<1	1
10	沟岸山坡坡度	>32° 62.5%	6	32°～25° 62.5%～46.6%	5	25°～15° 46.6%～26.8%	4	<15° 26.8%	1
11	产砂区沟槽横断面	V形谷、U形谷、谷中谷	5	宽U形谷	4	复式断面	3	平坦型	1
12	产砂区松散物平均厚度	>10m	5	10～5m	4	5～1m	3	<1m	1
13	流域面积	0.2～5km^2	5	5～10km^2	4	10～100km^2	3	>100km^2	1
14	流域相对高差	>500m	4	500～300m	3	300～100m	2	<100m	1
15	河沟堵塞程度	严重	4	中等	3	轻微	2	无	1

表 5.6.3-6　泥石流沟易发程度数量化综合评判等级标准

是与非的判别界限值		划分易发程度等级的界限值	
等级	标准得分 N 的范围	等级	按标准得分 N 的范围自判
是	44～130	极易发	116～130
		易发	87～115
		轻度易发	44～86
非	15～43	不发生	15～43

（二）泥石流暴雨强度指标评价

泥石流的发生主要是由水源激发条件决定的，而发生最多的是由暴雨引起的，因此，暴雨强度指标（R）是泥石流发生的一个重要指标，也是泥石流预测和预报的依据之一。

$$R=K\left(\frac{H_{24}}{H_{24(D)}}+\frac{H_1}{H_{1(D)}}+\frac{H_{1/6}}{H_{1/6(D)}}\right) \quad (5.6.3-18)$$

式中：K 为前期降雨量修正系数，无前期降雨时 $K=1$，有前期降雨时 $K>1$，但目前尚无可信的成果可供应用，现阶段可暂时假定 $K=1.1\sim1.2$；H_{24} 为 24h 最大降雨量，mm；H_1 为 1h 最大降雨量，mm；$H_{1/6}$ 为 10min 最大降雨量，mm。

$H_{24(D)}$、$H_{1(D)}$、$H_{1/6(D)}$ 该地区可能发生泥石流的 24h、1h、10min 的限界雨值见表 5.6.3-7。

表 5.6.3-7　可能发生泥石流的 $H_{24(D)}$、$H_{1(D)}$、$H_{1/6(D)}$ 限界值表

年降雨量分区	$H_{24(D)}$	$H_{1(D)}$	$H_{1/6(D)}$	代表性地区（以当地统计结果为准）
>1200	100	40	12	浙江、福建、台湾、广东、广西、江西、湖南、湖北、安徽及云南西部、西藏东南部等省山区
1200～800	60	20	10	四川、贵州、云南东部和中部、陕西南部、山西东部、辽东、黑龙江、吉林、辽西、冀北部、西部等山区
800～500	30	15	6	陕西北部、甘肃、内蒙古、京郊、宁夏、山西、新疆部分、四川西北部、西藏等山区
<500	25	15	5	青海、新疆、西藏及甘肃、宁夏两省区的黄河以西地区

根据统计综合分析结果：

$R<3.1$，安全雨情；

$R\geqslant3.1$，可能发生泥石流的雨情；

R 为 3.1～4.2，发生几率小于 0.2；

R 为 4.2～10，发生几率 0.2～0.8；

$R>10$，发生几率大于 0.8。

（三）泥石流危险性分区

冲和淤是泥石流的主要危害。冲是以巨大的冲击动力作用于建筑物而造成直接的破坏；淤是构造物被泥石流搬运下来的泥、砂、石所淤埋。根据其危害的程度可分为极危险区、危险区、影响区和安全区（表 5.6.3-8）。

表 5.6.3-8　泥石流活动危险区域划分表

危险分区	判别特征
极危险区	（1）泥石流、洪水能直接到达的地区；历史最高泥位或水位线及泛滥线以下地区。 （2）河沟两岸已知的及预测可能发生崩塌、滑坡的地区；有变形迹象的崩塌、滑坡区域内和滑坡前缘可能到达的区域内。 （3）堆积扇挤压大河或大河被堵塞后诱发的大河上、下游的可能受灾地区
危险区	（1）最高泥位或水位线以上加堵塞后的壅高水位以下的淹没区，溃坝后泥石流可能到达的地区。 （2）河沟两岸崩塌、滑坡后缘裂隙以上 50～100m 范围内，或按实地地形确定。 （3）大河因泥石流堵江后在极危险区以外的周边地区仍可能发生灾害的区域
影响区	高于危险区与危险区相邻的地区，它不会直接与泥石流遭遇，但却有可能间接受到泥石流危害的牵连而发生某些级别灾害的地区
安全区	极危险区、危险区、影响区以外的地区为安全区

（四）泥石流危险性分级

单沟泥石流活动性定性分级，根据泥石流活动特点、灾情预测，其活动性可划分为低、中、高和极高四级（表 5.6.3-9）。

表 5.6.3－9　单沟泥石流活动性分级表

泥石流活动特点	灾情预测	活动性分级
能够发生小规模和低频率泥石流或山洪	致灾轻微，不会造成重大灾情和严重危害	低
能够间歇性发生中等规模的泥石流，较易由工程治理所控制	致灾轻微，较少造成重大灾害和严重危害	中
能够发生大规模的高、中、低频率的泥石流	致灾轻微，可造成大、中型灾害和严重危害	高
能够发生巨大规模的特高、高、中、低频率的泥石流	致灾严重，来势凶猛，冲击破坏力大，可造成特大灾害和严重危害	极高

根据泥石流灾害一次造成的死亡人数或直接经济损失可分为四个灾害等级（表 5.6.3－10）。

表 5.6.3－10　泥石流灾害危害性等级划分

危害性灾度等级	特大型	大型	中型	小型
死亡人数（人）	＞30	30～10	10～3	＜3
直接经济损失（万元）	＞1000	1000～500	500～100	＜100

注　灾度的两项指标不在一个级次时，按从高原则确定灾度等级

对潜在可能发生的泥石流，根据受威胁人数或可能造成的直接损失，可分为四个潜在危险性等级（表 5.6.3－11）。

表 5.6.3－11　泥石流潜在危险性分级表

危害性灾度等级	特大型	大型	中型	小型
直接威胁人数（人）	＞1000	500～1000	100～500	＜100
直接经济损失（万元）	＞10000	10000～5000	5000～1000	＜1000

注　潜在危险性等级的两项指标不在一个级次时，按从高原则确定灾度等级。

第四节　泥石流防治措施

泥石流防治工作应以防为主、避为宜、治为辅，防、避、治与抢险救灾相结合的方针。

一、泥石流防治工作的基本原则

（1）以防为主、防治结合、除害兴利的原则。

（2）因地制宜、综合治理的原则。

（3）全面规划、突出重点的原则。

（4）投资省、效益高、技术可行的原则。

（5）防治工程应遵循泥石流自身的特点和规律的原则。

二、减轻或避防泥石流的主要工程措施

（1）跨越工程，指修建桥梁、渡槽等，从泥石流沟的上方跨越通过，让泥石流在其下方排泄，用以避防泥石流。

（2）穿过工程，指修隧道、涵洞等，从泥石流的下方通过，而让泥石流从其上方排泄。

（3）防护工程，指对泥石流地区的桥梁、隧道、路基及泥石流集中的山区变迁型河流的沿河线路或其他主要工程措施，作一定的防护建筑物，用以抵御或消除泥石流对主体建筑物的冲刷、冲击、侧蚀和淤埋等的危害。防护工程主要有：护坡、挡墙、顺坝和丁坝等。

（4）排导工程，其作用是改善泥石流流势、减小泥石流对建筑物或边坡的破坏作用，增大桥梁等建筑物的排泄能力，使泥石流按设计意图顺利排泄。排导工程包括导流堤、急流槽和束流堤等。

（5）拦挡工程，用以控制泥石流的固体物质和暴雨、洪水径流，削弱泥石流的流量、下泄量和能量，以减少泥石流对下游建筑工程的冲刷、撞击和淤埋等危害的工程措施。拦挡措施有：拦渣坝、拦渣网、储淤场、支挡工程和截洪工程等。

（6）除对泥石流进行治理防护外，必要时需建立泥石流灾害预警措施，进行雨量监测和松散固体物质演变监测，设置泥石流监测网点，并建立泥石流预警体系。

第七章 移民集中安置区和防护区

第一节 综　　述

移民集中安置区主要是指由于水电工程建设需要搬迁的城（集）镇、居民点新址，如库区内就地移民后靠或异地选择的移民新址。搬迁的县城、集镇、村镇和大于100人的集中安置点，其工程地质勘察中应满足如下基本要求：应重点勘察移民城（集）镇选址与地质环境的关系，预测新址建设与运行中可能出现的环境地质问题，使其具备居民正常生活、生存和发展的地形地质环境。

选址的原则是：在节约用地、不占或少占耕地的前提下，选择地理位置和地形地质条件适宜、交通方便、水源充足、水质良好、便于排水的地段，避开山洪、滑坡、泥石流等自然灾害影响的地段和已探明有可供开采的地下资源或重要历史遗迹分布的地段。选址应注意协调与国家重要设施布局的关系，并为远期发展用地留有余地，满足《中华人民共和国城乡规划法》要求。

水库移民集中安置区的工程地质勘察，根据《水电工程移民安置城市集镇迁建规划设计规范》(DL/T 5380)、《水力水电工程地质勘察规范》(GB 50287)、《水电水利工程水库区工程地质勘察技术规程》(DL/T 5336)、《岩土工程勘察规范》(GB 50021) 的有关要求，参照《城市规划工程地质勘察规范》(CJJ 57)，应在水电预可研阶段开展新址初步选择及其初步规划；在水电可研阶段选定城市集镇新址，开展总体规划阶段、其迁建性详细规划阶段和初步勘察的地质勘察工作；水电施工详图设计阶段为移民安置实施阶段，开展详细勘察。

防护区主要是指为了阻隔库水的浸没或淹没、防止库岸失稳而设置的防护工程；如防护堤（坝）、水库区内的抬填区等，是保护防护区内人民生命财产安全、保障人民群众的正常居住生活条件的重要工程设施。应遵守《岩土工程勘察规范》(GB 50021) 和相应规程规范的有关规定和水库区各勘察阶段的要求。

第二节 移民集中安置区和防护区工程地质勘察内容

一、移民集中安置区工程地质勘察的主要内容和精度

（一）预可行性研究阶段

预可行性研究阶段开展新址选择工作，应在综合考虑各个方面意见的基础上，提出2～3个可能的迁建新址供比选。选址应在比例尺不小于1∶10000的地形图上选择整体稳定、易于达到城市集镇防洪标准、便于排水、易于平整的场地，进行稳定性调查，了解新址所在地及其周围的区域稳定情况和地震活动情况，调查洪水淹没范围，初步分析新址地质、地形、水文、气象对新址建设用地的影响，对存在的缺陷提出初步处理措施，并在地形图上标绘可利用建设用地范围。

(1) 调查新址规划区的工程地质及水文地质条件，对位于地震区的建设用地，应调查地震地质背景和地震基本烈度，对地震设防烈度等于或大于Ⅶ度的建设用地还应判断场地和地基的地震效应，进行新址地质灾害危险性初步评价。

(2) 综合分析建设用地各场地工程地质特性及其工程建设的相互关系，按场地特性、稳定性、工程建设适宜性进行工程地质分区，对规划区内各场地稳定性和工程建设适宜性进行评价，为总体规划的城市建设用地布局、功能分区和建设的总体部署、交通体系和专业规划提供工程地质依据。

(3) 在工程地质勘察的基础上，对新址建设用地进行评价，划分新址建设用地类型。

(4) 研究和预测规划实施过程及远景发展中，地质环境影响的变化趋势和可能发生的环境地质问题，并提出初步建议和防治对策。

（二）可行性研究阶段

可行性研究设计阶段在比例尺不小于1∶2000左右地形图上开展城集镇迁建详细规划阶段或修建性详细规划阶段的工程地质勘察（有时总体规划、详细规划和修建性详细规划简化合并进行）；开展初步勘察，应遵守《岩土工程勘察规范》(GB 50021) 的初步勘察有关规定：

(1) 进行新址地质灾害危险性评价。重点查明规划范围内及附近稳定性较差或不稳定地质体的地质条件和可能发生的其他灾害性环境工程地质问题，特别是临水库岸新址，应评价水库蓄水后对新址稳定性的影响，预测其危害程度，并提出预防和处理建议。

(2) 查明新址区的工程地质及水文地质条件，对规划范围内各建筑地段的场地及其地基稳定性作出工程地质评价（包括对各建筑地段的工程地质条件分区作出初步评价），对存在的主要工程地质问题提出处理建议。

(3) 为确定规划范围内各建筑物的总平面布置，以及拟建的重大工程地基基础设计和不良地质现象的防治等提出工程地质依据、建议。

(4) 市政、桥梁等工程地质勘察应满足相应行业初步设计的要求。

（三）施工详图设计阶段

水电施工详图设计阶段，水库移民集中安置区的工程地质勘察，应遵守《岩土工程勘察规范》(GB 50021) 的有关规定开展详细勘察阶段的工作，并应参照水库区相应勘察阶段的要求。

（四）复建专项工程

水库移民集中安置区的工程地质勘察除场地本身的勘察外，还有复建专项工程的勘察，均应按相关规程规范开展工作。

二、防护区工程地质勘察的主要内容和精度

防护工程的地质勘察工作应在水库区有关工程地质问题勘

察基础上，根据防护工程的性质、布局、结构型式、规模和重要性等确定，满足相应勘察阶段的工程地质勘察要求。

（一）防护区工程地质勘察的主要内容

（1）搜集防护区的水文、气象资料。水系的分布，支流数及长度，河槽特性，汇水面积，流速、流量等，历史最高洪水位、淹没深度与历时；降雨量及其频率，气温变化，风向风力等。

（2）地貌类型及其分布、高程、山坡和岸坡形态、坡度与稳定性，波浪冲刷带坡度等。

（3）岩土层的分布、高程和厚度变化；土的性质、颗粒组成、矿物成分、物理力学性质及土的渗透稳定性；岩石性质、风化程度、岩层产状与地形斜坡的关系；断裂发育程度等。

（4）含水层类型、分布范围和厚度变化及其与水库的关系；水库蓄水后的地下水埋深、水位变幅、流向、补给条件和水质等；泉井出露位置及流量；应注意判明隔水层连续性、薄弱地段和可能的天窗口。

（5）当防护区的地面高程低于水库的正常蓄水位时，应研究防护工程地基的渗透稳定性和渗漏量，并提出处理措施的建议。

（6）天然建筑材料的分布位置、范围、储量及质量、开采和运输条件。

（二）防护区工程地质勘察的精度

（1）防护区的工程地质测绘，比例尺可选用1：50000～1：10000，测绘范围应包括全部需要防护地区或邻近地貌单元的前缘。

（2）防护工程部位的工程地质测绘，比例尺可选用1：5000～1：1000，测绘范围可按工程类型确定。

（3）勘探剖面、勘探点的布置和数量，可依据防护工程类型、规模、工程地质水文地质条件确定。

（4）防护工程地段应进行岩（土）的物理力学性质试验和水文地质试验。主要岩（土）层的试验组数应根据防护工程类型、规模、岩（土）层性质等确定。

第三节　移民集中安置区和防护区工程地质勘察方法

预可行性研究阶段，宜以地质测绘为主，辅以物探、坑槽探等轻型勘探；可行性研究及以后阶段，应视场址的地形地质条件，选用不同的勘探方法和手段综合利用。

一、工程地质测绘

测绘的比例尺，预可研阶段勘察可选用1：10000～1：5000；可研阶段勘察可选用1：2000～1：1000；详细勘察可选用1：2000～1：500；条件复杂时以及对工程有重要影响的地质单元体（滑坡、断层、软弱夹层、洞穴等），比例尺可适当放大。工程地质测绘和调查内容参见第二篇。

二、勘探

（1）当地质条件简单时，可采用坑槽进行勘探。

（2）可根据岩土类别和勘察要求布置钻探。

（3）根据地形地质条件布置地球物理勘探。

三、原位测试

原位测试主要有荷载试验、静力触探试验、动力触探试验、标准贯入试验、十字板剪切试验、旁压试验、扁铲侧胀试验、现场直接剪切试验、波速测试、岩体原位应力测试、激振法测试等。

四、取样与室内试验

根据土的类别和试验目的进行分层取样。岩石试样可利用钻探岩芯制作或在井探、坑槽中刻取，试件尺寸和数量应满足试验要求；在特殊情况下，试样形状、尺寸和方向由岩体力学试验设计确定。

试验项目和试验方法，应根据工程要求和岩土的特点确定，注意岩土的非均质性、非等向性和不连续性以及由此产生的岩土体与岩土试样在工程性状上的差别，对特种试验项目，应制定专门的试验方案。岩土工程评价时所选用的参数值，宜与相应的原位测试成果或原型观测反分析成果比较，经修正后确定。

五、水和土的腐蚀性评价

水和土的腐蚀性具体评价详见第三篇。

六、现场检验和监测

现场检验和监测应在工程施工期间进行。对有特殊要求的工程，应根据工程特点，确定必要的检验和监测项目。

第四节　移民集中安置区和防护区工程地质评价

一、场地稳定性评价

移民集中安置区在规划阶段（水电预可行研究阶段）应进行场地稳定性评价。综合分析工程地质条件，结合人类活动的影响，对山丘和岸坡地区应评价其稳定性，并进行稳定程度分区。依照《水电水利工程水库区工程地质勘察技术规程》（DL/T 5336），规划移民区的稳定区划标准见表5.7.4-1。

表5.7.4-1　移民集中安置区稳定性分区原则表

稳定性分区	主要分区特征
稳定地区	地层岩性简单，产状变化不大；构造简单，岩体破坏较轻；岩层倾向山体且反倾向裂隙不发育；岩层倾向坡外但坡脚没有临空；岩层走向与坡面走向夹角大
基本稳定地区	地层岩性比较复杂，产状有明显变化；岩层倾向山体但反倾向裂隙较发育；岩层倾向坡外且坡脚部分地段临空；岩层走向与坡面走向夹角小于30°
稳定性较差区	基本地质条件与基本稳定地区相同，但人类活动恶化了自然条件，如边坡、排水工程设计不合理等
稳定性差区	岩层产状混乱，构造复杂，岩体受构造破坏和风化作用甚为破碎；顺河向张裂隙发育且延伸长；岩层大体上虽倾向山体但反倾向裂隙发育成为控制稳定的界面；岩层倾向坡外且在坡脚临空；陡倾基岩面上冲洪积物或古滑坡与崩塌堆积体发育

在进行稳定性分区时，应考虑特殊地质问题地区，如古代和近代滑坡体，现代有形变迹象的崩坡积层、冲洪积层，崩塌错落体，岩溶塌陷，落水洞，地下暗河，特殊土，采空区，泥石流等，对场地稳定性的影响。

二、场地建设适宜性评价

在稳定程度分区的基础上，结合地貌或地形坡度、交通和给排水工程等的建设条件，进行建筑适宜性的分区。按《水电工程移民安置城市集镇迁建规划设计规范》（DL/T 5380），建筑适宜程度区划标准见表5.7.4-2。

三、移民集中安置区和防护区工程地质评价

移民集中安置区和防护区的工程地质评价应符合相关规程规范的规定，如滑坡塌岸的预测性按本篇第三章进行，边坡稳定性分析按第十篇第三章进行，地基处理按第六篇第五章进行等。

表 5.7.4-2 移民集中安置区建筑适宜程度分区原则表

用地类别	主要工程地质特征	场地工程建设适宜性	用地分类	
			地形坡度	类别
Ⅰ	(1) 场地及其周围不存在危害场地、地基稳定的不良地质体，场地地基稳定。 (2) 场地地形平整。 (3) 岩土体物理力学性状均匀，覆盖层（土层）厚度较薄，或土层承载力大于150kPa，无影响场地稳定的软弱夹层。 (4) 地下水对工程建设无明显不利影响	适宜	<8°	适宜
Ⅱ	(1) 水库蓄水后，场地邻近库岸存在危害环境，但不影响场地及其地基稳定和居民生产及生活安全的较大规模（体积不大于50000m^3，最大垂直厚度不大于5m的浅层不稳定岩土体）的岸坡再造和不良物理地质体，岸坡基本稳定。 (2) 建设用地及其周围存在影响场地或地基稳定的小规模不良地质体，但易于治理且工程量小。 (3) 场地坡度平缓，场平工程量较小。 (4) 岩（土）体物理力学性状较均匀，覆盖层（土层）厚度较厚，土层承载力大于120kPa，地基较稳定，工程治理较简单。 (5) 地下水对工程建设影响较小，排水条件尚可	较适宜	8°～15°	较适宜
Ⅲ	(1) 水库蓄水后，场地临近库岸存在危害环境，失稳后会影响居民生产及生活安全的较大规模（体积不大于50000m^3，最大垂直厚度不大于5m的浅层不稳定岩土体）的岸坡再造和不良物理地质体，治理工程量较大。 (2) 建设用地及其周围存在影响场地或地基稳定的较大规模不良地质体，治理难度及工程量均较大。 (3) 覆盖层（土层）厚度大且极不均匀或土质软弱，地基稳定性较差，土层承载力小于100kPa，地基处理难度和工程量较大。 (4) 地形坡度大，场平工程量大。 (5) 地下水对工程建设有较大影响，排水不畅	适宜性差	15°～25°	不适宜
Ⅳ	(1) 场地及其周围存在影响场地地基稳定的较大规模（体积10000～50000m^3）的不良地质体，较难治理。水库蓄水后，场地临近库岸存在影响场地及其地基稳定和环境的较大规模（体积不小于50000m^3，或体积不大于50000m^3，但失稳后会影响居民生产及生活安全，且较难治理的不稳定岩土体）的岸坡再造和不良物理地质体。 (2) 场地地形复杂，地形坡度大于25°，场平工程量巨大。 (3) 岩（土）体物理力学性状质极差，地基不稳定，地基处理难度大。 (4) 洪水或地下水对工程建设有严重威胁。 (5) 地下埋藏有待开采的矿藏资源或不稳定的地下采空区	不适宜	>25°	极不适宜

注 1. 划分每一类场地工程建设适宜性类别，符合各项划分条件中的一项条件即可。
2. 对于地震烈度不小于Ⅶ度区域，应综合分析地震的危害性及其场地工程建设适应性的影响。

第八章 压覆矿产资源调查与评估

第一节 综　　述

一、压覆矿产资源的含义

矿产资源是指由地质作用形成的、具有利用价值的、呈固态、液态、气态的自然资源。包括能源矿产（如煤、石油、天然气等）、金属矿产（如铁、锰、铜、铅、锌、铂、金、银等）、非金属矿产（如金刚石、石墨、磷、硫铁矿等）、水气矿产（如矿泉水等）四大类。

压覆矿产资源是指因建设项目实施后导致矿产资源不能开发利用。但是建设项目工程范围与矿区范围重叠而不影响矿产资源正常开采的，或者未正式开展矿产资源勘查、也未作矿权设置或经初步工作但尚未查明资源储量的矿产（如砂石、黏土、石灰岩等），不作压覆处理。

压覆矿产资源分为压覆重要矿产资源和压覆非重要矿产资源，其中重要矿产资源是指国家规划矿区、对国民经济具有重要价值的矿区和《矿产资源开采登记管理办法》附录中 34 个矿种，即：石油、油页岩、烃类天然气、二氧化碳气、煤成（层）气、放射性矿产；煤、地热、金、银、铂、锰、铬、钴、铁、铜、铅、锌、铝、镍、钨、锡、锑、钼、稀土、磷、钾、硫、锶、金刚石、铌、钽、石棉、矿泉水的矿床规模在中型以上的矿产资源；非重要矿产资源是上述 34 个矿种的矿床规模在中型以下的矿产资源及其他矿种的矿产资源。

二、水电工程压覆矿产资源的形式

水电工程建设的枢纽区、水库区及其周边范围均有可能压覆矿产资源，水库区压覆矿产资源包括淹没压覆、浸没压覆、岸坡失稳压覆等型式。

淹没压覆是指水库淹没区范围内的矿产资源压覆，一般是对淹没区范围内露天开采矿产资源的压覆。

浸没压覆是指水库可能浸没区范围内的矿产资源压覆，主要是指对库周浸没区矿产资源和水库淹没区地下开采矿产资源的压覆。

岸坡失稳压覆是指水库蓄水引起滑坡、崩塌、塌岸、泥（矿）石流等次生地质灾害，由此而引起的矿产资源压覆。

水库区矿产资料的压覆可能是单一的压覆形式，也可能是两种或两种以上的复合压覆形式。

三、压覆矿产资源调查与评估的相关要求

（1）压覆矿产资源调查与评估工作一般在预可行性研究阶段进行。

（2）压覆矿产资源调查与评估的单位必须具有相应的资质。

（3）压覆矿产资源调查须首先向所在省、自治区、直辖市国土资源主管部门了解拟建电站所在地区的矿产资源分布和开采情况，确定压覆矿产资源的可能性。对可能压覆矿产资源的拟建电站须进行压覆矿产资源调查与评估工作，经评估确认需要压覆矿产资源的拟建电站，须按国土资源主管部门的有关规定进行需压覆的矿产资源储量评审认定。

第二节 压覆矿产资源调查与评估

一、调查与评估的范围

压覆矿产资源调查与评估的范围包括拟建水电工程建设用地范围及其影响区。

二、调查与评估的内容

压覆矿产资源调查与评估的内容包括：

（1）拟建水电工程的基本情况，包括水电工程建设用地范围、水库特征水位、淹没范围、可能的浸没范围、库岸稳定情况等。

（2）拟建水电工程所在区域的基础地质工作，包括建设用地范围及附近地区以往矿产地质工作、区域地质工作等。

（3）拟建水电工程所在区域的矿产资源情况，包括建设用地范围及附近地区矿产资源的分布、种类、矿石类型、规模、品位和资源储量级别与数量，可能压覆的矿产资源储量的经济意义等。

（4）拟建水电工程所在区域矿产资源的勘查与开采情况，包括建设用地范围及附近地区矿业权设置情况，矿产资源开发利用情况，矿业权设置的数量与期限，矿山企业的规模、开采技术条件和生产经营基本情况，以及是否闭矿等。

（5）编制压覆矿产资源评估报告。

三、调查与评估的方法

（1）全部压覆的矿区，评估时可收集原有的矿产资源储量评估报告，必要时对其进行复核，在此基础上进行压覆矿产资源评估。

（2）部分压覆的矿区，评估时需收集原有的矿产资源储量评估报告，必要时对其进行复核，并按压覆面积及资源情况采用分割法进行压覆矿产资源评估。

（3）拟建水电工程建设用地范围及其影响区内不存在矿产资源，可只向国土资源主管部门申请进行相关查询，并由国土资源主管部门出具相关证明材料。

四、压覆矿产资源的审批

（1）需要压覆重要矿产资源的水电工程建设项目，一般在预可行性研究阶段提出压覆重要矿产资源的申请，由省级国土资源主管部门审查，出具是否压覆重要矿床证明材料或压覆重要矿床的评估报告，报国土资源部批准。

（2）需要压覆非重要矿产资源的水电工程建设项目，一般在预可行性研究阶段提出压覆非重要矿产资源申请，由矿产地所在行政区的县级以上地质矿产主管部门审查，出具是否压覆非重要矿床证明材料或压覆非重要矿床的评估报告，报省级国土资源主管部门批准。

（3）经批准可压覆矿产资源的水电工程建设项目，在其范围内有采矿权的，应按国家有关规定，由建设单位与采矿权人签订补偿协议并报批准压覆的部门备案，且采矿权人应及时到

原发证机关办理相应的矿区范围变更手续。

(4) 应按相关要求提交申请压覆矿产资源审查、审批的材料，包括压覆矿产资源审批表、立项批准文件、用地范围图、压覆矿产资源评估报告和评估机构资质证明文件、压覆矿产资源储量的评审意见书和认定书等。

第三节　压覆矿产资源分析与评价

一、淹没压覆

水库区矿产资源的淹没压覆可分为全部淹没压覆和部分淹没压覆两类。全部淹没压覆的矿产资源分布范围即矿区内矿产资源的所有分布范围，部分淹没压覆的矿产资源分布范围为水库淹没线以下矿产资源的分布范围。

矿产资源淹没压覆分析与评价的内容主要为矿产资源的储量分析与评价、矿产资源的经济分析与评价，可在矿区原已有的矿产资源储量评估报告的基础上，结合矿区矿产资源的开采情况，开展必要的矿产资源储量复核，在此基础上，对矿产资源淹没压覆进行分析与评价。

二、浸没压覆

（一）影响因素

矿产资源浸没压覆的主要影响因素有水库可能浸没区的工程地质条件（包括地形地貌、地层岩性、地质构造、岩土体物理力学性质等）和水文地质条件（包括地下水位及其补给、径流、排泄条件和岩土体渗透特性等），水库特征水位，矿区的位置、分布及开采情况等。

（二）压覆引发的主要工程地质问题及分析与评价

矿产资源浸没压覆可能引发的问题主要有：矿井（坑）充水、矿井（坑）突水、矿井（坑）涌水量增加、矿井（巷道）围岩稳定性和矿坑边坡稳定性变差、矿层（体）的潜蚀等。

1. 矿井（坑）充水

具备下列条件时，将会引起矿井（坑）充水：

(1) 露天矿坑位于水库周边，其采矿高程或拟采矿高程低于水库特征水位，且矿坑与水库之间存在低于水库特征水位的过水通道（如低矮垭口、地表运输坑道、运输交通洞等）。

(2) 矿井、巷道的采矿高程或拟采矿高程低于水库特征水位，且分布有与矿井、巷道相通，低于水库特征水位的进出口。

(3) 采矿区采矿高程或拟采矿高程低于水库特征水位，且采矿区与水库之间分布可溶岩，可溶岩内分布连通采矿区与水库的岩溶管道。

采矿区与水库之间分布可溶岩时，可按岩溶区水库渗漏问题进行分析与评价。

2. 矿井（坑）突水

具备下列条件时，可能引起矿井（坑）突水：

(1) 矿坑、矿井、采矿巷道附近或拟采区岩（土）体内存在低于水库正常蓄水位的集水空间（如溶洞、透水性良好的规模较大的断层破碎带等），且集水空间与水库之间存在透水性良好的地下径流通道。

(2) 低于水库正常蓄水位的矿区老矿井、老采矿巷道与拟采区相邻，且水库蓄水引起老矿井、老采矿巷道充水，或老矿井、老采矿巷道与水库之间存在透水性良好的地下径流通道。

(3) 采矿区或拟采矿区低于水库正常蓄水位，且紧邻水库库底。

矿井（坑）突水的分析与评价应考虑可能引起矿井（坑）突水的集水空间的分布与规模，集水空间与水库之间的水力联系，水库蓄水后集水空间的可能最大水压力，集水空间与采矿区或拟采区之间的安全距离，突水的可能危害程度，以及矿产资源的开采方式等。集水空间与采矿区或拟采区之间的安全距离可根据岩土体的容许水力梯度计算确定。

3. 矿井（坑）涌水量增加

具有下列情况时，不可能引起矿井（坑）涌水量增加：

(1) 水库蓄水前，采矿区或拟采区与水库之间存在地下分水岭，且地下分水岭高程高于水库正常蓄水位。

(2) 采矿区或拟采区与水库之间存在隔水层，且隔水层封闭性好，隔水层顶板高程高于水库正常蓄水位。

具有下列情况时，可能引起矿井（坑）涌水量增加：

(1) 地下采矿区或拟采区全部或部分位于水库淹没区。

(2) 水库蓄水前，采矿区或拟采区与水库之间存在地下分水岭，且地下分水岭高程低于水库正常蓄水位。

(3) 水库蓄水前，采矿区或拟采区与水库之间不存在地下分水岭，且地下水位线倾向采矿区或拟采区。

(4) 水库蓄水前，采矿区或拟采区与水库之间不存在地下分水岭，虽地下水位线倾向库区，但采矿区或拟采区的地下水位低于水库正常蓄水位。

(5) 水库蓄水引起采矿区或拟采区地下水位壅高，地下水水头增大。

水库蓄水后，采矿区或拟采区的地下水位可采用地下水壅高计算公式计算确定。库周矿坑规模较小时，涌水量及其增加值可采用基坑涌水量的计算方法与计算公式进行计算；库周矿坑规模较大时，可将矿坑当做临谷，采用水库渗漏量的计算方法与计算公式进行矿坑涌水量及其增加值计算。矿井涌水量及其增加值可采用地下工程涌水量的计算方法与计算公式进行计算。

4. 矿井（巷道）围岩稳定性

水库蓄水可能引起地下采矿区地下水位壅高，导致矿井（巷道）围岩的地下水压力增大，甚至可能降低围岩岩体的力学性能，从而降低矿井（巷道）围岩稳定性。水库蓄水对矿井（巷道）围岩稳定性的影响程度可按地下工程进行分析与评价。

5. 矿坑边坡稳定性

水库蓄水可能引起矿坑边坡地下水位壅高，降低边坡岩体的力学性能，从而降低矿坑边坡的稳定性。水库蓄水对矿坑边坡稳定性的影响程度可按地下边坡工程进行分析与评价。

6. 矿层（体）的潜蚀

开采或拟采矿层（体）呈土状，或具有可溶性，且矿层（体）与水库之间具有较好的水力联系，因水库蓄水引起采矿区地下水位壅高而改变原有的地下水径流条件，从而对受采矿层（体）产生潜蚀作用，甚至产生管涌、流土渗透破坏。水库蓄水对矿层（体）的潜蚀作用可按渗透变形的进行分析与评价。

三、岸坡失稳压覆

（一）影响因素

矿产资源岸坡失稳压覆的主要影响因素有水库库岸不良地质现象的发育情况及其工程地质与水文地质条件，水库特征水位，矿区的位置、分布及开采情况等。

（二）主要工程地质问题及分析与评价

矿产资源岸坡失稳压覆可能引发的问题主要有：矿井掩埋、矿山边坡变形失稳等。

1. 矿井（巷道）掩埋

下列情况时，可能会引起矿井（巷道）掩埋：

(1) 矿井（巷道）分布于水库易塌岸区。

(2) 矿井（巷道）分布于滑坡范围，或有高于矿井（巷道）的滑坡分布。

(3) 矿井（巷道）分布于易产生崩塌的库岸区。

(4) 矿井（巷道）分布区，有高于矿井（巷道）的泥石流沟谷分布。

(5) 矿井（巷道）分布于其他易于失稳的库岸地带。

水库蓄水引起矿井（巷道）掩埋的分析与评价可在库岸稳定性分析与评价、库区泥石流分析与评价的基础上进行，并据此判断矿井（巷道）被掩埋可能性。

2. *矿山边坡变形失稳*

下列情况时，可能会引起矿山边坡变形失稳：

(1) 矿山开采边坡临库，且水库蓄水可能引起边坡地下水位壅高。

(2) 矿山废石、废渣临库堆放，水库蓄水可能引起堆填边坡变形失稳，甚至产生废石（渣）流。

水库蓄水引起的矿山边坡变形失稳可按工程边坡和泥石流进行分析与评价。

第四节　压覆矿产资源防护

一、防护的原则

(1) 因害设防，因势利导，尽量不影响矿产资源的正常开采。

(2) 压覆矿产资源的防护应与矿区防洪安全、矿区工程建筑物安全防护相结合考虑。

(3) 压覆矿产资源的防护措施应适合采矿区或拟采区的工程地质特点，即结合采矿区或拟采区的工程地质特点和可能引发的主要工程问题选取和布设压覆矿产资源的防护措施。

二、防护的措施

压覆矿产资源的防护措施一般针对浸没压覆、岸坡失稳压覆两种形式进行，主要防护措施有拦挡、封堵、防渗、支挡和排水等。

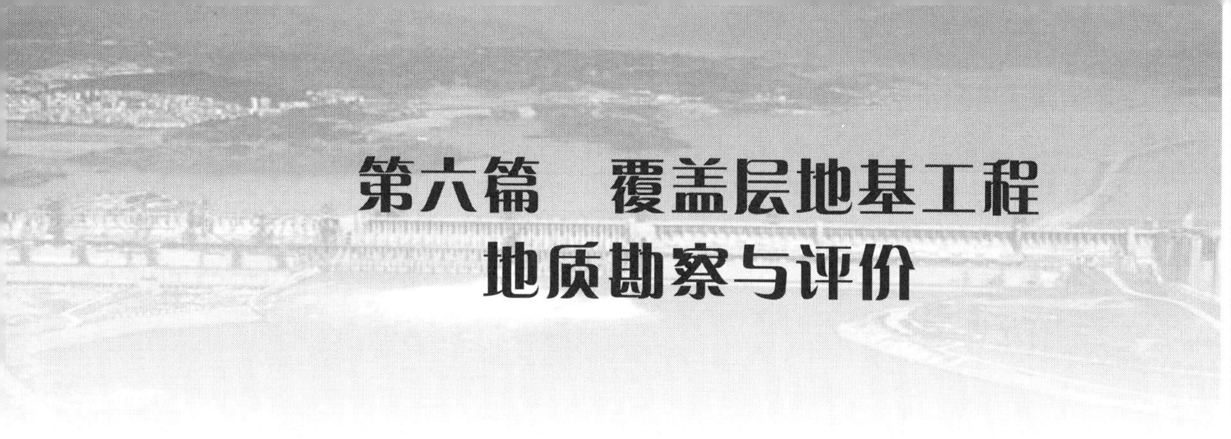

第六篇　覆盖层地基工程地质勘察与评价

第六篇

第一章　概述

第一节　覆盖层概念和分布特征

覆盖层是指经过各种地质作用而堆积在基岩上的盖层（松散堆积物）。深厚覆盖层是指厚度大于40m的覆盖层。

一、覆盖层分布

世界各地河流在河床中广泛分布有覆盖层。中国各主要河流河床覆盖层厚度一般为数十米至百余米（表6.1.1-1），局部地段可达数百米。在西南地区，河床深切，覆盖层深厚。如岷江上游映秀水电站至茂县十里铺水电站地段河床覆盖层厚达60～100m，金沙江下游新市镇至宜宾河段，覆盖层厚度超过100m；大渡河干流20～134m，大渡河支流南桠河冶勒水电站坝址区覆盖层最大厚度更是达420m以上，是中国已建和拟建水电工程中已发现的最深覆盖层；雅砻江河床覆盖层厚度12～50m；雅鲁藏布江中上游河段覆盖层厚度可达120m以上；新疆下坂地覆盖层厚150m；在长江三峡河段，分布有近90个水深约35～40m深槽，累计长度占该河段总长45%左右。在长江下游河段，古深槽更是明显（镇江河段和江阴河段南支古深槽深度为80～90m，南通河段为70～80m）。在黄河下游河段，其沉积物厚度也达到20～80m。大量文献资料表明，河床深厚覆盖层并不仅限于中国各大河流，在全球范围河流中都有分布。如巴基斯坦的德尔贝拉(Tarbela)土石坝坝基砂卵石深度达到了230m；埃及阿斯旺(Aswan)高坝坝基覆盖层深度为170m；法国谢尔邦松（Serreponcon）心墙土石坝坝址区覆盖层厚为115m；加拿大马尼克(Manic) Ⅲ级水电站坝址区覆盖层厚达130m。

二、覆盖层主要特征

河床覆盖层具有成因类型复杂、结构松散、层次不连续、厚度变化较大、物理力学性质不均匀等特点。其厚度具有明显的按流域分布的特征。我国黄河、长江中下游总体上厚度不大。西南地区金沙江、大渡河、岷江等诸河流，在正常的河流沉积厚度基础上，由于地壳抬升、冰川运动、滑坡堵江、泥石流等内外动力地质作用，具有冰水沉积、堰塞沉积、泥石流堆积等典型的加积特征。粗细颗粒混杂、结构复杂、架空明显。

几种不同成因类型覆盖层的特征见表6.1.1-2。

表6.1.1-1　中国部分河流坝址河床覆盖层最大深度汇总表

河流名称	坝址	覆盖层深度(m)
金沙江	拉哇	55
	奔子栏	42
	龙盘	40
	虎跳峡	250
	其宗	120
	两家人	62.8
	梨园	15.5
	阿海	17.34
	金安桥	8
	观音岩	24.02
	龙开口	43.1
	乌东德	72.8
	白鹤滩	54.15
	溪洛渡	40
	向家坝	80
雅砻江	两河口	12.4
	牙根	14.7
	愣古	59.5
	杨房沟	32.1
	卡拉	46.19
	锦屏一级	47
	锦屏二级	51
	官地	35.8
	二滩	38.29
	桐子林	36.74
大渡河	双江口	67.8
	金川	80
	卜寺沟	19.28
	下尔呷	13.22
	巴底	130
	丹巴	127.66
	猴子岩	85.5
	长河坝	79.3
	黄金坪	133.9
	泸定	148.6
	硬梁包	116
	龙头石	70
	老鹰岩	70
	安顺场	73
	冶勒	＞420
	瀑布沟	63
	深溪沟	55
	枕头坝	48
	沙坪二级	38
	龚嘴	70
	铜街子	70
	大岗山	20.9
	达维	30
岷江	十里铺	96
	福堂	92.5
	太平驿	80
	映秀湾	62
	紫坪铺	31.6
	鱼嘴	23.8
白龙江	沙川坝	35
	苗家坝	35
	蒿子店	65
	险崖坝	73
	碧口	37
	都家坝	22
	宝珠寺	31.2
	紫兰坝	30
乌江	洪家渡	8
	东风	17.12
	索风营	25
	乌江渡	21.5
	构皮滩	8
	思林	4.5
	沙沱	4.62
	彭水	10
澜沧江	古水	26.8
	黄登	34
	小湾	30.8
	糯扎渡	31.26
	景洪	28
	橄榄坝	22.5
	苗尾	21.2
	托巴	50
怒江	鹿马登	28.37
	福贡	40.77
	碧江	33
	泸水	27.56
	六库	35.16
	石头寨	22.58
	赛格	44.3
	光坡	12.5
清江	水布垭	21.7
南盘江	糯租	15
	大桥	22.76
	雷打滩	15.09
	云鹏	15.92
	凤凰谷	13.3
	天生桥	25.61
	鲁布革	4

续表

河流名称	坝址	覆盖层深度(m)
红水河	龙滩	15
红河	嘎洒江一级	35
	桥头	15
	罗垤	38
	那兰	24.3
黄河	龙羊峡	2.68
	李家峡	18
	刘家峡	10
	大峡	34.83
	大柳树	10.63
	天桥	33
	甘泽坡	48
	三门峡	10
	任家堆	70
	八里胡同	67.5
	王家滩	110
	小浪底	80

河流名称	坝址	覆盖层深度(m)
永定河	官厅	28
	幽州	32
	珠窝	38
	下苇甸	37.8
潮白河	密云	44
	十三陵	59.5
	黄壁庄	57
	岳城	30
	南各洞	51
汉江	安康	29
	丹江口	22
新安江	新安江	10
汀江	棉花滩	5.13
闽江	水口	29

表 6.1.1-2　覆盖层不同成因类型堆积物特征表

成因类型	堆积方式及条件	堆积物特征
残积	岩石经风化作用而残留在原地的碎屑堆积物	碎屑物自表部向深处逐渐由细变粗，其成分与母岩有关，一般不具层理，碎块多呈棱角状，土质不均，具有较大孔隙，厚度在山丘顶部较薄，低洼处较厚，厚度变化较大
坡积或崩积	风化碎屑物由雨水或融雪水沿斜坡搬运；或由本身的重力作用堆积在斜坡上或坡脚处而成	碎屑物岩性成分复杂，与高处的岩性组成有直接关系，从坡上往下逐渐变细，分选性差，层理不明显，厚度变化较大，厚度在斜坡较陡处较薄，坡脚地段较厚
洪积	由暂时性洪流将山区或高地的大量风化碎屑物携带至沟口或平缓地堆积而成	颗粒具有一定的分选性，但往往大小混杂，碎屑多呈亚棱角状，洪积扇顶部颗粒较粗，层理紊乱呈交错状，透镜体及夹层较多，边缘处颗粒细，层理清楚，其厚度一般高山区或高地处较大，远处较小
冲积	由长期的地表水流搬运，在河流阶地、冲积平原和三角洲地带堆积而成	颗粒在河流上游较粗，向下游逐渐变细，分选性及磨圆度均好，层理清楚，除牛轭湖及某些河床相沉积外，厚度较稳定
冰积	由冰川融化携带的碎屑物堆积或沉积而成	粒度相差较大，无分选性，一般不具层理，因冰川形态和规模的差异，厚度变化大
淤积	在静水或缓慢的流水环境中沉积，并伴有生物、化学作用而成	颗粒以粉粒、黏粒为主，且含有一定数量的有机质或盐类，一般土质松软，有时为淤泥质黏性土、粉土与粉砂互层，具清晰的薄层理
风积	在干旱气候条件下，碎屑物被风吹扬，降落堆积而成	颗粒主要由粉粒或砂粒组成，土质均匀，质纯，孔隙大，结构松散

第二节　覆盖层成因类型

主要的覆盖层成因类型见表 6.1.2-1。其中以冲积、洪积、崩坡积、冰水积、湖积、泥石流堆积等较为常见。

表 6.1.2-1　覆盖层成因类型表

成因	成因类型	代号	主导地质作用
风化残积	残积	Q^{el}	物理、化学风化作用
重力堆积	坠积		较长期的重力作用
	崩塌堆积	Q^{col}	短促间发生的重力破坏作用
	滑坡堆积	Q^{del}	大型斜坡块体重力破坏作用
	土溜		小型斜坡块体表面的重力破坏作用

续表

成因	成因类型	代号	主导地质作用
大陆流水堆积	坡积	Q^{dl}	斜坡上雨水、雪水间由重力的长期搬运、堆积作用
	洪积	Q^{pl}	短期内大量地表水流搬运、堆积作用
	冲积	Q^{al}	长期的地表水流沿河床搬运、堆积作用
	三角洲堆积(河、湖)	Q^{mc}	河水、湖水混合堆积作用
	湖泊堆积	Q^{l}	浅水型的静水堆积作用
	沼泽堆积	Q^{f}	潴水型的静水堆积作用
	泥石流堆积	Q^{sef}	短期内大量地表水石流搬运、堆积作用
海水堆积	滨海堆积	Q^{m}	海浪及岸流的堆积作用
	浅海堆积		浅海相对动荡及静水的混合堆积作用
	深海堆积		深海相静水的堆积作用
	三角洲堆积(河、海)		河水、海水混合堆积作用
地下水堆积	泉水堆积	Q^{ca}	化学堆积作用及部分机械堆积作用
	洞穴堆积		机械堆积作用及部分化学堆积作用
冰川堆积	冰碛堆积	Q^{gl}	固体状态冰川的搬运、堆积作用
	冰水堆积	Q^{fgl}	冰川中冰下水的搬运、堆积作用
	冰碛湖堆积	Q^{lgl}	冰川地区的静水堆积作用
	冰缘堆积	Q^{prgl}	冰川边缘冻融作用
风力堆积	风积	Q^{eol}	风的搬运堆积作用
	风—水堆积		风的搬运堆积作用后，又经流水的搬运堆积作用

我国岷江、大渡河等河床覆盖层表现为越往上游越厚的特点，河床深部颗粒较为粗大，含泥量一般较高，表现出了与一般河流不一样的特点，需要研究深厚覆盖层的成因机制。不同覆盖层形成机制见表 6.1.2-2。

表 6.1.2-2　深厚覆盖层的成因机制表

形成原因	形成过程
构造成因	近代构造的升降变化使得河流跨越不同的构造单元，导致河流在纵剖面上的差异运动，从而影响河流侵蚀和堆积特征，形成"构造型"的加积层
崩塌滑坡泥石流(崩滑流)堆积	大型崩塌、滑坡、泥石流堵江事件在堵江后，可能形成局部地段的河流深厚堆积
气候成因	冰川对高原河床的剧烈刨蚀作用，产生大量的碎屑物质，被流水搬运到河床中堆积，会形成"气候型"加积层
全球气候变化和海平面升降	第四纪以来，曾出现四个大的冰期，造成海平面的大幅度降低和升高，覆盖层的厚度随着发生变化

第四纪以来我国大陆主要经历了 4 次大的冰期，冰期与间冰期时河流表现出了明显的侵蚀与堆积特征(详见第一篇工程地质基础)。末次冰期以来我国西南地区河流演化经历了四个阶段，见表 6.1.2-3。

表 6.1.2-3　末次冰期(玉木)以来我国西南地区河流演化阶段划分表

阶段	时代(kaBP)	河流特征
末次冰期	25～15	河床深切成谷
冰后期早期海侵	15～7.5	河床堆积开始
最大海侵	7.5～6	河床大量堆积形成深厚覆盖层
海面相对稳定期	6～至今	现代河床发展演化

注　kaBP—千年以前。

第三节　覆盖层地基主要工程地质问题和研究内容

一、覆盖层地基的主要工程地质问题

在河床覆盖层深厚，挖除不经济，或初步判断可以利用覆盖层作为坝基时，需要研究其工程地质特性和存在的工程地质问题。

由于覆盖层成因的多样性，组成物质复杂，在覆盖层上建坝，常给水利水电工程建设带来困难。据 Larocque 统计，因坝基问题失事的大坝，约占失事大坝 25%。另据不完全统计，国外建于覆盖层上的水工建筑物，约有一半事故是由于坝基渗透破坏、沉陷太大或滑动等因素导致。

覆盖层上修建水利水电工程时，主要存在以下工程地质问题：

（1）承载和变形稳定问题。

（2）渗漏和渗透稳定问题。

（3）抗滑稳定问题。

（4）砂土液化稳定与软土震陷问题。

二、覆盖层研究的主要内容

覆盖层地基勘察研究应分阶段进行，按《水力发电工程地质勘察规范》（GB 50287—2006）有关规定，勘察研究阶段分为规划、预可行性研究、可行性研究、招标设计、施工详图设计等五个阶段。根据需要可合并阶段进行。其他行业有不同阶段划分，如《水利水电工程地质勘察规范》（GB 50487—2008）将勘察阶段划分为规划、可行性研究、初步设计、招标设计、施工详图设计。可根据投资主体对工程定性引用不同规范，并按其规定开展相关勘察工作。

覆盖层作为水工建筑物地基，要查明土体分布范围、成因类型、厚度、层次结构、物理力学性质、水理性质、水文地质条件等。提出坝基和其他建筑物地基土体渗透系数、容许渗透水力比降和承载力、变形模量、强度等各种物理力学性质参数，对地基沉陷、抗滑稳定、渗漏、渗透变形、液化等问题作出评价。提出坝基和其他水工建筑物覆盖层地基处理和监测建议意见。

第二章 覆盖层地基工程地质勘察和试验

第一节 地基工程地质勘察的内容、原则和方法

根据地面地质调查、地质测绘和勘探，查明土体分布范围、成因类型，厚度、层次结构。结合现场和室内试验查明土体物理力学性质、水理性质、水文地质条件等。

覆盖层地基的勘察试验布置原则及方法见表6.2.1-1。

表6.2.1-1　覆盖层地基的勘察试验布置原则及方法

<table>
<tr><th>阶段
方法</th><th>规　　划</th><th>预可行性</th><th>可　行　性</th><th>招标设计</th><th>施工详图设计</th></tr>
<tr><td>测绘</td><td>大型工程峡谷区：1∶10000～1∶5000；丘陵、平原区：1∶25000～1∶10000；
中、小型工程峡谷区：1∶5000～1∶2000；丘陵、平原区：1∶10000～1∶5000</td><td>大型工程坝址区：1∶10000～1∶2000；厂址区：1∶5000～1∶1000；溢洪道：1∶5000～1∶2000；
中、小型工程坝（闸）址、溢洪道、地下洞室：1∶5000～1∶1000；地面厂房：1∶2000～1∶1000</td><td>大型工程土石坝：1∶5000～1∶1000；地面厂址：1∶2000～1∶1000；溢洪道：1∶1000；
中、小型工程坝（闸）址、溢洪道、地面厂房：1∶1000～1∶500</td><td>1∶1000～1∶200</td><td>1∶1000～1∶200；素描编录比例尺1∶200～1∶50</td></tr>
<tr><td>钻探</td><td>勘察初期阶段，勘探剖面线和勘探点的布置一般以控制性为主；勘探剖面上宜布置2～3个钻孔</td><td>勘探剖面和勘探点应结合水工建筑物布置。主要勘探剖面线上的钻孔间距宜控制在50～100m之间</td><td>随着勘察阶段的深入，勘探线、点应根据具体地质情况结合水工建筑物布置，并逐步有针对性的加密，做到点、面结合，以查明坝址区及其建筑物的工程地质条件和主要工程地质问题；钻孔间距宜控制在50～100m之间</td><td colspan="2">专门性的勘探工程布置及其间距、深度应根据具体需要确定</td></tr>
<tr><td>坑探</td><td>可结合了解地质现象及试验需要少量布置</td><td>可结合建筑物位置和地质条件适量布置，以直观了解土体结构、充分利用坑、井进行各项物理力学性质试验</td><td>可结合地形地质条件和建筑物位置以及试验需要等重点布置</td><td colspan="2">视需要布置</td></tr>
<tr><td>物探</td><td>应采用地面物探方法，横河剖面不应少于3条，近期开发工程和控制性工程坝址的物探剖面宜为4～5条</td><td>物探方法应根据地形地质条件等确定；物探剖面线结合勘探剖面布置，并充分利用钻孔进行综合测井</td><td colspan="3">可采用综合测井探测覆盖层层次，测定土层密度。物探方法应根据地形地质条件等确定；物探剖面线结合勘探剖面布置，并充分利用钻孔进行综合测井</td></tr>
<tr><td>试验</td><td>根据需要确定</td><td>每一主要土层的室内试验累计组数不应少于6组。应根据土的类型进行标准贯入试验、动力触探、静力触探和十字板剪切试验等钻孔原位测试</td><td colspan="3">每一主要土层的室内试验累计组数不应少于11组。土层抗剪强度宜采用三轴试验，土层应连续取原状样和进行触探试验、粉细砂应进行标准贯入试验、软土层应进行十字板抗剪试验，粗粒土层应进行动力触探试验。根据需要进行可能液化土的室内动三轴试验、现场渗透变形试验和荷载试验、深孔旁压试验等专门性试验</td></tr>
</table>

第二节 覆盖层分布范围和成因类型的勘察方法

一、地质测绘和地面调查

坝址区各勘察阶段工程地质测绘，应按GB 50287—2006和DL/T 5185的规定开展工作，重点了解、分析、查明下列内容：

（1）确定填图单元，进行地貌类型划分，圈定覆盖层的范围、平面分区。

（2）土体不同成因类型及其产生条件。

（3）分析不同地貌单元上土的分布、分层、厚度、物质组成、结构特征及其差异，稳定坡角等。

二、河漫滩与阶地的调查

调查主要包括分布、形态特征、堆积物特征、阶地级数、级差、相对高度、绝对高度、阶地成因类型、各级阶地接触关系、形成时代、变形破坏特征或后期叠加与改造情况。并注意区分河流阶地与洪积台地、泥石流台地、滑坡台地、冰川冰水台地等非河流阶地。

三、成因分析

不同成因覆盖层有不同宏观特征、分布位置和工程特性。对覆盖层进行成因分析，对从宏观上把握覆盖层性质具有重要意义。可以参照本篇第一章关于覆盖层成因类型、机制和堆积物特点相关内容进行分析。

四、土体测龄

研究河流阶地类型、覆盖层的成因和工程特性时，常需要测定土体形成时代，常见的年龄测定方法见表6.2.2-1。可根据工程具体情况选用。

表6.2.2-1　覆盖层地质年龄测定主要方法

测定分类	测定方法	成果应用
相对年代法	气候法、沉积法、古生物法、地貌学法、地球物理法、古地磁学法、海水含盐度法	结果受人为因素等影响含有较大的差异，用于对地质年代的估计
绝对年代法	^{14}C法、热释光法、电子自旋共振（ESR）、裂变径迹法、U系子体法	目前较常见的利用放射性同位素测定方法。用于较准确地测定地质年代

第三节　覆盖层厚度、层次结构常用的勘察方法

按规范要求，需要查明基岩面起伏变化情况，河床深槽、古河道、埋藏谷具体范围、深度及形态。重点查明软土层、粉细砂、湿陷性黄土、架空层、矿洞、漂孤石层等的分布情况和性状。

查明覆盖层厚度和层次最主要手段是钻探，同时可结合物探、坑探（包括浅井和竖井）等方法相互校验。

一、钻探

（一）覆盖层地层钻探特征

(1) 钻进中保持孔壁完整稳定是首要条件，往往覆盖层钻进达不到预期深度即是孔壁不断失稳造成的。

(2) 由于地层松散、架空，取芯取样均比岩石困难。

(3) 常常需要进行水文地质试验和岩土物理力学试验，一般要求使用清水钻进。与取芯取样有一定矛盾。

(4) 钻探工作一般在深山峡谷、交通不便、气候条件差的地区，物资供给和岩芯保存和运输十分困难。

（二）覆盖层钻探方法选择

钻探方法选择最重要因素是考虑地质要求。是取芯为主，还是以水文地质试验、物理力学试验为主。同时考虑破岩方式、破岩材料、钻具类型、冲洗介质、作业现场条件等因素。

针对不同地层，可按下列原则选择：

(1) 土层及密实砂砾石层可选择硬质合金回转钻进。冲洗介质可以根据地质要求不同选择使用清水、泥浆、无固相冲洗液、植物胶。

(2) 不含水土层和砂层可以选择无泵单管回转钻进。

(3) 土层和地下水位以上的砂土层，地质要求简单，可以选择勺钻。

(4) 密实砂卵砾石层，对取芯要求很高时，可使用SM植物胶或KL胶金刚石双管或三管钻具回转钻进。单管钻具加工使用简单，操作方便，但取芯质量低，一般不宜采用。

(5) 含漂（块）石砂卵砾石层（具架空结构），可选常规跟管回转钻进、泥浆护壁钻进及空气潜孔锤冲击跟管钻进。

(6) 在土层、砂层和粒径小于100mm的卵砾石地层，可选冲击钻进。

(7) 取芯率要求高的钻孔，可选植物胶回转钻进。有水文地质试验要求，只能选用清水钻进。

（三）覆盖层钻探注意事项

(1) 在水电水利勘探中，受勘探工期的影响为节约勘探经费、缩短勘探周期，一般希望达到“一孔多用”，即在同一钻孔中既要采取岩土样，又要进行水文地质、物理力学试验。限于钻探技术，水文试验与取芯在钻探施工中是有矛盾的。通常做法是明确钻孔主要目的，其他次要目的可适当降低要求。

(2) 编制单孔任务书。内容包括：钻孔附近地质概况、钻孔目的、预测钻孔柱状剖面图、岩芯采取率、取样、试验、观测、止水及编录等要求。终孔处理意见。确定钻进方法、开孔和终孔直径、换径深度、钻进速度和护壁方法等。

(3) 覆盖层钻进中均应考虑固壁措施。常用固壁措施有：植物胶、套管固壁、水泥注浆固壁、泥浆固壁。在需要进行水文地质试验的钻孔中只能选用套管固壁。

(4) 在卵石层中，采用“钻具先钻进取芯、后孔内放炮跟管固壁”的关键是控制孔内爆破与套管跟进的配合及取芯钻具超前套管的距离。

(5) 钻进动态观察和记录要注意换层的深度、回水颜色变化、钻具陷落、孔壁坍塌、卡钻、埋钻和涌沙现象等，结合岩芯以判断孔内情况。

(6) 钻孔水文地质观测。钻进过程中应注意和记录冲洗液消耗量的变化。发现地下水后，应停钻测定其初见水位及稳定水位。如系多层含水层，需分层测定水位时，应检查分层止水情况，并分层采取水样和测定水温。准确记录各含水层顶、底板标高及其厚度。

（四）孔内取原状土样法

在研究土体性质时，要求在钻孔中取出保持自然结构和含水量的原状土样。目前使用的取土器有：普通原状取土器、限制球阀式取土器及上提活塞式取土器。ϕ110mm单动双管自动调节超前靴取样器和TA89－64.8型原状取砂器。

二、物探

在探测覆盖层厚度和层次时，尤其需要在较大范围内了解厚度和层次时，可以布置适量物探工作。

1. *探测覆盖层深度*

选用物探方法探测覆盖层深度应具备以下几个条件：

(1) 被探测对象与周围介质之间有明显的物理性质差异。

(2) 被探测对象具有一定的埋藏深度和规模（厚度）。

(3) 探测场地能够满足探测方法的测线布置需要。

(4) 探测场地无强干扰源，以便能够区分有效信号和干扰信号。

不同覆盖层介质的波速可参见表6.2.3－1。

表6.2.3－1　覆盖层介质波速主要分布表

沉　积　物	纵波速度(m/s)	横波速度(m/s)
干砂/干土层	200～300	80～130
湿砂/致密土层	300～500	130～230
砂、土、块石、砾石组成的松散堆积层	450～600	200～280
砂、土、块石、砾石组成的含水松散堆积层	600～900	280～420
致密的砂卵砾石层	900～1500	420～700
胶结较好的砂卵砾石层	1500～1800	700～850
胶结好的砂卵砾石层	1800～2200	850～1100
饱水的砂卵砾石层	2100～2400	

2. *方法选择*

依据《水电水利工程物探规程》（DL/T 5010—2005）选择覆盖层探测方法和确定技术要求。

在一个测区，可以根据覆盖层探测任务目的、要求和探测对象的埋深、规模及与周围介质的物性差异，结合地形、地质和地球物理条件，合理选用一种或多种物探方法进行全面探测。方法选择可参考表6.2.3－2。

表6.2.3－2　不同探测方法适用条件一览表

探测内容	探　测　方　法	适　用　条　件
覆盖层厚度探测	地震折射、地震反射波、高密度电法、电测深、瑞雷波法、探地雷达法	覆盖层厚度度小于50m
	地震反射波法、地震折射波法、高密度电法、电测深、音频大地电磁法	覆盖层厚度50～200m
	音频大地电磁测深法、地震反射波法、地震折射波法	覆盖层厚度大于200m
	瞬变电磁法	地表干燥、布极条件较差

续表

探测内容	探测方法	适用条件
覆盖层分层	综合测井、钻孔间CT	钻孔中进行测试
	电法、地震反射波法、地震折射、	接地条件好、地面起伏小、场地开阔
	探地雷达法	25m以内覆盖层分层
	瑞雷波法	30m以内覆盖层分层
物性参数测试	综合测井、钻孔间CT	钻孔中进行测试
	钻孔地震纵横波测试	钻孔中进行测试，跨孔测试时孔间距5m左右
	瑞雷波法	场地平坦，测试深度小于30m
地下水探测	电测深法、电剖面法	深度小于100m
	瞬变电磁法、音频大地电磁法	深度大于100m

3. 需要注意的问题

(1) 在地面探测覆盖层时，根据物性特征将地层划分为2～3个大的介质层（如壤土—砂卵砾石—基岩，或水—砂卵砾石—基岩），一般可取得较理想的效果。如将地层根据物性特征划分为四个以上大的层次，探测的复杂性会明显增加。

(2) 使用物探方法探测覆盖层直接得到的是岩土体的物性界面。当岩土体的物性界面与地质界面一致时，使用物性界面划分地质界面的效果较为理想。当被探测岩土体的物性界面与地质界面不同时，物性界面不宜作为地质分层的依据。如覆盖层与强风化基岩波速差异较小时，采用地震勘探方法一般将基岩强风化层包含在覆盖层中。

(3) 可合理利用钻孔、露头物性资料和孔旁电测深、地震剖面资料分析物性层与地质层的关系，提供地面物探定性及定量解释所需的有关资料。

(4) 当地形、地质及地球物理条件复杂时，且没有已知钻孔等资料时，单一物探方法容易出现不确定性或多解性，宜在主要测线或地质条件复杂的地段采用多种物探方法综合探测。

(5) 在窄河床、基岩出露的山坡旁、深厚覆盖层的探测工作中，应注意旁侧基岩对靠近岸边的电测深和地震测线的旁侧影响。当覆盖层下探测界面存在局部深槽时，也会出现旁侧影响。因此对于特殊地表地形或深切河槽，必要时可进行适当的补充探测。

(6) 覆盖层探测的每种方法均有其应用范围和局限性，应通过现场试验，选择合理物探方法。

三、坑探

浅井一般用于了解覆盖层地基浅部的层次结构和地下水埋深。在可行性研究或招标阶段，可以结合现场试验需要，在覆盖层地基中布置少量竖井，以进一步校核覆盖层厚度、层次结构和地下水位等。

第四节 覆盖层土体物理力学性质的研究方法

(1) 为了解土体的密度、天然含水率、颗粒级配、塑限、液限和砂性土的相对密度、黏性土的矿物成分、化学成分、承载力、变形模量、抗剪强度等。一般在现场从钻孔、浅井和竖井坑中取样，以室内试验为主。

必要时，可进行现场原位荷载试验。对深部土体不具备试验条件时，也可采用钻孔超重型触探间接确定承载力。

为评价砂土液化，可在钻孔中利用物探方法测试剪切波速、横波速度。并可取样在室内进行测试动剪应力比和动强度试验。

(2) 在覆盖层进行坑探和现场试验时，应注意以下几方面：

1) 边开挖、边编录、边取样、边试验，防止井壁垮塌。

2) 在覆盖层中开挖竖井，常常是在有地下水的情况下进行，加强施工过程的抽排水工作，同时应有足够的备用设备。施工过程中应加强井壁稳定性观测和必要的变形监测。

3) 施工中应派人员在井口职守，防止井口掉落物危及井下作业人员安全。施工完成后，及时回填或封盖井口。

第五节 覆盖层水文地质勘察的内容和方法

一、覆盖层的水文地质条件研究

(1) 地下水水位、水头（水压）、水量、水温、水质及其动态变化，地下水基本类型、埋藏条件和运动规律；分析地下水出逸点与地貌、岩性、构造的关系。对可能导致坝基（肩）强烈漏水和渗透变形破坏的集中渗漏带应予重点勘察。

(2) 水文地质结构，含水层、透水层与相对隔水层的厚度、埋藏深度和分布特征，划分含水层（透水层）与相对隔水层。

(3) 地下水的补给、径流、排泄条件。

(4) 查明土体的渗透性，进行渗透性分级。

二、覆盖层的水文地质勘察方法

(1) 水文地质地表地质测绘、调查。

(2) 现场钻孔中进行抽水试验。是获取土体渗透系数主要方法。

(3) 必要时也可在现场试坑进行渗透原位试验。

(4) 室内渗透试验。

(5) 水质分析。

(6) 地下水长期观测。包括钻孔地下水位、泉水的水质、水温、流量观测等。

水文地质勘察的具体内容、评价方法等可参考相关专门勘察手册。

第三章 覆盖层地基工程地质特性

覆盖层由于其形成时间相对基岩短，因而结构较为松散，强度低，易于变形，形成了完全不同于岩基的工程地质特性。

第一节 覆盖层物质组成结构

一、厚度特征

（一）正常厚度

在河段地壳稳定前提下，河床覆盖层有一定厚度范围。尽管各条河流或同条河流上不同河段冲积物厚度不尽相同，但它总不同于构造下沉或气候变迁所引起的加积。因此，把地壳稳定状态下覆盖层厚度称正常厚度。正常厚度相当于洪水位与深水区河床底部的高差，一般为10～30m间。造成这种厚度以及在这个厚度内岩相差异的原因，是由于河床侧蚀移动和周期性洪水之共同作用的结果，而不是构造运动。

（二）厚度变化

不同地区河床覆盖层厚度是不同的，造成厚度变化的原因有构造升降、气候变化、崩滑流作用等。我国东部丘陵、平原地区属新构造活动稳定或下降区，河床覆盖层厚度较为稳定。而新构造持续上升强烈的西南高原、高山峡谷区河床覆盖层厚度变化较大。例如，在大渡河流域，大岗山河段覆盖层最薄，仅20.9m，最厚的地段为冶勒电站，覆盖层厚度达到了420m，两个河段的覆盖层厚度相差约20倍。这个特点在西部其他河流内也比较突出，岷江流域漩口河段覆盖层厚度为33m，中坝河段覆盖层厚度为104m；金沙江新庄街河段覆盖层厚度为37.7m，虎跳峡宽谷河段覆盖层厚度为250m。

二、物质组成

物质成分随着搬运介质、距离以及堆积方式不同，差异很大。一般地说，短距离搬运的近源堆积，物质成分与侵蚀点原岩一致，堆积物成分单一，颗粒粗大，棱角鲜明，颜色单调；而远距离搬运的远源堆积，物质成分复杂，颗粒坚硬，粒径较小，磨圆度好，颜色混杂。

覆盖层颗粒组成主要有：①颗粒粗大、磨圆度较好的漂石、卵砾石类；②块、碎石类；③颗粒细小的中粗—中细砂类；④粉土、壤土、淤泥等。各种颗粒组成界线往往不明显，漂石、卵砾石类中常夹有砂类；块石、碎石与壤土类相互充填等。

三、结构特征

由于覆盖层物质成分的复杂性、沉积作用的多期次性、不连续性，覆盖层显示出岩相复杂、分选磨圆变化大、具架空现象等结构特征。

（1）岩相复杂。靠近河床部位主要为河流冲积相，层次较平缓，砂层呈夹层或透镜状分布。两岸覆盖层层次起伏变化大，多有交互沉积、尖灭等现象，可能出现崩坡积、泥石流堆积、滑坡堆积、残积等多种成因的堆积。

（2）分选磨圆变化大。覆盖层的层、层面和层理是表征结构的主要内容，层是在沉积环境基本稳定的条件下形成的一个沉积单位。同一个层中沉积物都属于同一个相。不同的层既可以是不同岩相条件的产物，也可以是同一岩相条件下由于动力条件变化引起。沉积作用动力条件好的，覆盖层分选、磨圆差，如重力作用为主形成的崩坡积，组成物质大小混杂，粗颗粒呈棱角、次棱角状：而动力条件弱的，分选、磨圆好，如在静水环境形成的堰塞湖相沉积基本上为均一的粉黏粒。

（3）具架空现象。由于沉积时间短，特别是全新世沉积的表层冲积层、崩积层等，结构疏松，常有架空现象。架空结构的特征是组成物质以漂卵石、砾石为主，缺失砂粒等细颗粒，卵砾石间有孔隙，级配曲线不连续。架空结构依其产状有：层状架空层、散管状架空层和星点状架空层。架空层在山区河流和山前河流的冲积砂砾石层中几乎普遍存在。架空层是强烈的透水层，渗透系数达500～1000m/d以上，常给地基处理与基坑排水造成很大困难。

此外，山区河流冲积砂砾石有独特的排列方式，即扁平砾石的叠瓦状排列，系砂砾石在流水作用下形成的一种稳定堆积状态，愈是三轴大小悬殊的颗粒，定向排列愈显著。扁平面倾向上游，倾角一般在25°以下。

四、构造特征

一个层与上、下相邻层的界面称层面，层面是一种不连续面。层面是由于相或动力条件的变化，使沉积作用间断停息或沉积物质突变所造成。层理是单层间的界面。它是同一沉积环境下，由于搬运物质的脉动变化造成的，单层厚度为以毫米或厘米计的最小沉积单位。层理的形态很多，在冲积砂砾石与河漫滩内，分别以斜层理和水平层理为主。

沉积作用间断是指在同一岩相条件下，动力作用发生短暂间隔，形成沉积物的不同层位，例如河床周期性洪水，即可以形成不同层的冲积物。

沉积作用停息是指某沉积环境的停止，经过相当长时间才出现新的沉积，在此期间原已堆积的沉积物被风化、侵蚀并与新沉积物间保存着一个明显的侵蚀面。

沉积物质突变是在沉积作用连续的情况下，由于搬运介质能量变化所形成。

五、工程岩组划分

工程岩组是一个工程地质特性相近的覆盖层单元。研究覆盖层物质组成结构的目的是为了进行工程岩组划分，以便对覆盖层进行利用和处理。工程岩组划分需考虑的依据包括覆盖层的厚度、成因类型、结构特征、构造特征和工程特性等。

第二节 覆盖层物理力学特性

一、物理、水理性质

覆盖层物理性质是重要的工程地质性质，它影响着覆盖层的力学性质，主要包括颗粒组成、物理状态和水理状态。

（一）颗粒组成

覆盖层通常由固体颗粒、液体水和气体三个部分组成。固体颗粒构成覆盖层土体的骨架，其大小和形状、矿物成分及其组成情况是决定土的工程性质的重要因素。颗粒组成指按粒径大小分组所占总质量的百分数。

不同类型的覆盖层土体的颗粒组成，采用不同的分析方法测定。对于粒径大于0.075mm的粗粒土采用筛分法测定，粒径小于0.075mm的细粒土采用比重计法或移液管法测定。

根据测定的颗粒组成可以得到颗粒级配曲线。土的颗粒组成曲线是反映土体基本特性的一种主要方式，也是判别渗透变形型式的主要依据。常用累积曲线和分布曲线来表达土的颗粒组成。图6.3.2-1为不同类型土体的典型颗粒级配曲线。

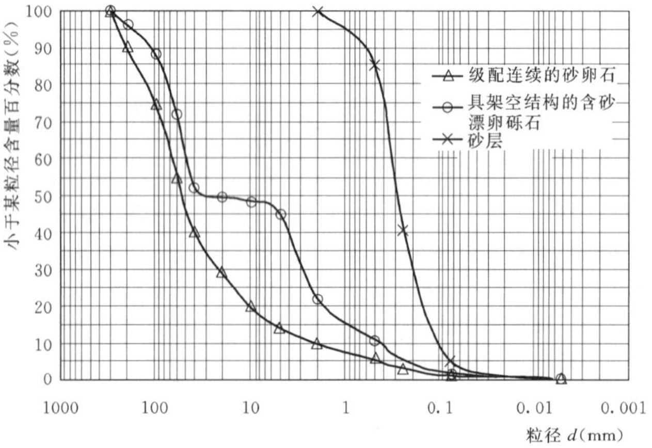

图6.3.2-1　级配累计曲线图

（二）物理性质指标

1. 基本物理性质指标

土体密度（ρ）、比重（G）、含水率（w）这三个物理性质基本指标可直接通过土工试验测定，亦称直接测定指标。

土体密度可用试坑注水法、试坑注砂法、环刀法等测定。天然状态下土的密度变化范围较大，其参考值为：一般黏性土$\rho=1.8\sim2.0g/cm^3$；砂土$\rho=1.6\sim2.0g/cm^3$；腐殖土$\rho=1.5\sim1.7g/cm^3$。

土体比重（G）常用比重瓶法或虹吸筒法测定。由于土体比重值范围较小，故可按经验数值选用：细粒土（黏性土）一般为2.72～2.76；砂类土一般为2.65～2.69；粉性土一般为2.70～2.71。

土体含水率（w）：通常用烘干法测定，亦可以近似采用酒精燃烧法等方法测定。含水率是标志土的湿度的重要物理指标。天然土层含水率变化范围较大，与土体种类、埋藏条件及其所处自然地理环境等有关，砂土类变化幅度可从0（干砂）到40%左右（饱和砂），黏土类变化幅度可从30%以下（坚硬状黏性土）到100%以上（泥炭土）。对于同一类土，含水率越高说明土越湿，一般说来也就越软，强度越低。

2. 计算物理性质指标

土体计算物理性质指标根据三个基本指标计算得到，主要有土体孔隙比（e）、孔隙率（n）、饱和度、不同状态下的密度与重度等。

孔隙比和孔隙率均表示土体中孔隙的含量。孔隙率亦可用来表示同一种土的疏密程度，其值随土形成过程中所受的压力、粒径级配和颗粒排列的状况而变化。一般粗粒土的孔隙率小，细粒土的孔隙率大。例如砂类土的孔隙率一般在28%～35%之间；黏性土的孔隙率有时可高达60%～70%。

饱和度可描述土体中孔隙被水充满的程度。显然，干土饱和度$S_r=0$，当土处于完全饱和状态时$S_r=100\%$。砂土根据饱和度可划分为下列三种湿润状态：$S_r\leqslant50\%$，稍湿；$50\%<S_r\leqslant80\%$，很湿；$80\%<S_r\leqslant100\%$，饱和。

土的密度除了用上述天然密度（ρ）表示以外，工程计算上还常用如下两种密度，即饱和密度（ρ_{sat}）、干密度（ρ_d）。饱和密度为土体中孔隙完全被水充满时的单位体积质量。干密度为单位体积中固体颗粒的质量。工程上常用重度来表示各种含水状态下单位体积的重力，与之对应，饱和重度$\gamma_{sat}=\rho_{sat}g$，干重度$\gamma_d=\rho_d g$。除此之外，对于浮力作用的土体，粒间传递的力应是土粒重力扣除浮力后的数值，故另引入有效重度γ'（又称浮重度）表示扣除浮力后的饱和土体的单位体积的重力。

（三）物理、水理状态

影响砂、卵石等无黏性土工程性质的主要因素是密实度，影响黏性土工程性质的主要因素是软硬程度（即稠度）。

1. 密实度

密实度指土的紧密和填充程度。以细颗粒为主的砂层、粉土密实度由孔隙比（e）、相对密度（D_r）和标准贯入锤击数（N）进行评价，以粗颗粒为主的漂卵砾石层、砂卵砾石层的密实度由孔隙比（e）、相对密度（D_r）或圆锥动力触探试验评价。

（1）用相对密实度（D_r）判断砂土的密实度标准见表6.3.2-1。

表6.3.2-1　相对密实度（D_r）判定砂土密实程度

D_r	$0\leqslant D_r\leqslant1/3$	$1/3<D_r\leqslant2/3$	$2/3<D_r\leqslant1$
密实度	松散	中密	密实

（2）用标准贯入试验锤击数N判定砂土密实程度见表6.3.2-2。

表6.3.2-2　国内外按锤击数（N）判定砂土密实程度

D_r	$N\leqslant10$	$10<N\leqslant15$	$15<N\leqslant30$	$N>30$
密实度	松散	稍密	中密	密实

（3）用孔隙比（e）判断粉土的密实度标准见表6.3.2-3。

表6.3.2-3　孔隙比（e）判定粉土密实程度

e	$e<0.75$	$0.75\leqslant e\leqslant0.90$	$e>0.90$
密实度	密实	中密	稍密

（4）用重型动力触探的锤击数（$N_{63.5}$）评定天然碎石土密实度见表6.3.2-4。

表6.3.2-4　砂土和碎石土密实度评定

密实度	松散	稍密	中密	密实
按$N_{63.5}$评定碎石土的密实度	$N_{63.5}\leqslant5$	$5<N_{63.5}\leqslant10$	$10<N_{63.5}\leqslant20$	$N_{63.5}>20$

注　本表适用于平均粒径小于或等于50mm且最大粒径小于100mm的碎石土。

（5）用超重型圆锥动力触探的锤击数（N_{120}）评定天然碎石土密实度见表6.3.2-5。

（6）用超重型动力触探锤击数（N_{120}）确定砂卵砾石层的

密实度（四川大渡河、岷江地区），见表6.3.2-6。

表6.3.2-5　砂土和碎石土密实度评定

密实度	松散	稍密	中密	密实
按 N_{120} 评定碎石土的密实度	$N_{120}\leqslant 3$	$3<N_{120}\leqslant 6$	$6<N_{120}\leqslant 11$	$11<N_{120}\leqslant 14$

注　本表适用于平均粒径大于50mm或最大粒径大于100mm的碎石土。

表6.3.2-6　砂卵砾石密实度超重型动力触探分类

I_L	$N_{120}\leqslant 4$	$4<N_{120}\leqslant 8$	$8<N_{120}\leqslant 12$	$12<N_{120}\leqslant 16$	$N_{120}>16$
密实度	松散	稍密	中密	很密	密实

注　表6.3.2-1～表6.3.2-6均摘自：《岩土工程勘察规范》（GB 50021—2001）。

2. 稠度

黏性土在含水率发生变化时，稠度也相应变化，有坚硬、硬塑、可塑、软塑和流塑等状态。从一种状态转变为另一种状态，可用某一界限含水率来区分，常用的有液限（w_L）、塑限（w_P）。

液限常用液限仪测定。塑限是采用搓条法测定。目前，也常用液、塑限联合测定法测定液限和塑限。

塑性指数 I_P 是指液限与塑限的差值，表示土处于可塑状态的含水率变化的范围，是衡量土体可塑性大小的重要指标。液性指数（I_L）是指黏性土的天然含水率与塑限含水率的差值与塑性指数之比值，表征天然含水率与界限含水率之间的对应关系。

工程上按液性指数（I_L）的大小，把黏性土分成五种软硬状态，见表6.3.2-7。

表6.3.2-7　黏性土软硬程度的划分

I_L	$I_L\leqslant 0$	$0<I_L\leqslant 0.25$	$0.25<I_L\leqslant 0.75$	$0.25<I_L\leqslant 0.75$	$I_L>1$
状态	坚硬	硬塑	可塑	软塑	流塑

二、强度特性

覆盖层强度特性，即抗剪强度特性，简称抗剪性。

覆盖层的抗剪强度由覆盖层的内摩擦力 $\sigma\tan\varphi$ 和黏聚力 c 两部分组成。

无黏性土的抗剪强度决定于与法向压力成正比的内摩擦力 $\sigma\tan\varphi$，是由土粒之间的表面摩擦阻力和土粒的咬合力形成，故土的内摩擦系数主要取决于土粒表面的粗糙程度和交错排列的咬合情况。土粒表面愈粗糙、棱角愈多和密实度愈大，则土的内摩擦系数大。显然密砂土比松砂土的内摩擦角要大。稍湿的砂土，由于毛细联结的作用，具有微弱的黏聚力，但一般忽略不计。

黏性土的抗剪强度由内摩擦力和黏聚力组成。土的黏聚力主要由土粒间结合水形成的水胶联结，有时由土的胶结联结或毛细水联结组成。由于土粒周围结合水膜的影响，黏性土的内摩擦力较小。随着水量的增多，土粒的抗剪强度降低。

测定土的抗剪强度的设备与方法很多。室内试验常用的有直接剪切试验、三轴剪切试验，野外常用的有十字板剪切试验或者直接剪切试验。

直接剪切试验是最简单的抗剪强度测定方法，可分为原位剪切和室内剪切两种，包括适用于粗粒土的大剪、中剪和适用于细粒土的小剪。直接剪切试验所用仪器按加荷方式不同，分为应变控制式和应力控制式两种。直接剪切试验按固结及剪切速率，分为快剪（Q）、固结快剪（CQ）、慢剪（S）和反复剪（r）四种情况。

三轴剪切试验按固结和排水条件分为不固结不排水（UU）试验、固结不排水（CU）试验和固结排水（CD）试验。

十字板剪切试验是目前国内广泛应用的抗剪强度原位测试方法，适用于饱和软黏土，特别适用于难于取样或土样在自重作用下不能保持原有形状的软黏土。其优点是构造简单，操作方便，试验时对土的结构扰动较小。

三、压缩特性

土的压缩特性是指土在压力作用下体积被压缩变小的性能。土的压缩，实际上是指土中孔隙体积的减少。研究土的压缩特性，就是研究土的压缩变形量和压缩过程，亦即研究土体受荷固结时稳定孔隙比（e）和压力的关系、孔隙比和时间的关系。

土体的压缩性与它的孔隙、结构和先期固结压力有关。无黏性土的压缩性取决于粒度成分和松密程度，颗粒越细，密度越小，则压缩性越强。黏性土的压缩性则主要取决于土的联结和密度，联结越弱孔隙越多，则土的压缩量越大。先期固结压力越小，其压缩量越大。

各种土在不同条件下的压缩特性有很大差别，必须借助室内压缩试验和现场原位测试这两类不同的试验方法进行研究。室内压缩试验有固结试验和三轴压缩试验等。现场原位测试有载荷试验、旁压试验、静力触探试验、圆锥动力触探、标准贯入试验等。

固结试验用于测定压缩系数 a_{1-2} 和压缩模量 E_s 两个指标。压缩系数 a 是指单位压力作用下土的孔隙比的变化值。它是反映土压缩性的一个重要指标，在某压力变化范围内，压缩系数越大，说明土的压缩性越强。地基变形计算多用 E_s，一般讲，E_s 值越大土质越硬，变形性能越小。

现场载荷试验可用于测定承压板下应力主要影响范围内土体的承载力和变形特性，是常用的现场测定地基土压缩性指标和承载力的方法。载荷试验包括浅层平板载荷试验、深层平板载荷试验和螺旋板载荷试验。

旁压试验直接在覆盖层钻孔内进行，具有测试深度大的特点，可以克服现场载荷试验只能在浅表进行的缺点。它是利用可膨胀的圆柱形旁压器在钻孔内对孔壁施加压力，使孔壁产生变形，通过控制装置测出压力和相应的变形，从而得到土体变形和压力的关系曲线，即旁压曲线，根据旁压曲线计算各土层的旁压模量值及极限压力。

动力触探是覆盖层勘察中常用的原位测试方法之一，它是利用一定质量的落锤，以一定高度的自由落距将标准规格的圆锥形探头打入土层中，根据探头贯入的难易程度判定覆盖层的承载力。由于河床覆盖层层次较多，现场荷载试验、室内压缩试验往往只能取在浅表层进行，而动力触探在钻孔内进行，在孔深20m内效果良好，如果孔深超过20m须进行杆长修正。

四川大渡河、岷江流域水电工程利用 N_{120} 评价砂卵砾石的极限承载力标准值，见表6.3.2-8。

表6.3.2-8　大渡河、岷江流域砂卵砾石极限承载力标准值

N_{120}	4	5	6	7	8	9	10	12	14	16	18	20
f_{uk}（kPa）	700	860	1000	1160	1340	1500	1640	1800	1950	2040	2140	2200

标准贯入试验是利用63.5kg重的落锤将贯入器贯入砂层、粉土层等以细颗粒为主组成的覆盖层中，根据贯入30cm深度

的锤击数判断覆盖层的容许承载力。

标准贯入试验在钻孔内进行，对于评价孔深20m内的砂层承载力效果良好。四川大渡河、岷江流域水电工程利用标贯击数N评价砂层的容许承载力，见表6.3.2-9。

表6.3.2-9　大渡河、岷江流域砂层极限承载力标准值

$N_{63.5}$	10～15	15～30	30～50
f_{ak} (kPa)	140～180	180～340	340～500

四、动力特性

覆盖层动力特性是指覆盖层在冲击荷载、波动荷载、振动荷载和不规则荷载这些动荷载作用下表现出的力学特性，包括动力变形特性和动力强度特性。

覆盖层的动力性质试验包括有现场波速测试和室内试验。室内试验是将覆盖层试样按照要求的湿度、密度、结构和应力状态置于一定的试样容器中，然后施加不同形式和不同强度的动荷载，测出在动荷载作用下试样的应力和应变等参数，确定覆盖层的动模量、动阻尼比、动强度等动力性质指标。室内试验主要有动三轴试验、共振柱试验、动单剪试验、动扭剪试验、振动台试验等五种，每种试验方法在动应变大小上都有相应的适用范围，在水电工程应用上常用的是动三轴试验、振动台试验。

现场波速测试应用广泛。为确定与波速有关的岩土参数，进行场地类别划分，为场地地震反应分析和动力机器基础进行动力分析提供地基土动力参数，检验地基处理效果等方面都普遍应用。主要有单孔法、跨孔法和表面波法三种测试方法，在水电工程应用上常用的是跨孔法。跨孔法是在两个以上垂直钻孔内，自上而下（或自下而上），按地层划分，在同一地层的水平方向上一孔激发，另外钻孔中接收，逐渐进行检测地层的直达波。

动三轴试验采用饱和固结不排水剪，适用于砂类土和细粒类土。它是从静三轴试验发展而来的，利用与静三轴试验相似的轴向应力条件，通过对试样施加模拟的动主应力，同时测得试样在承受施加的动荷载作用下所表现的动态反应。这种反应是多方面的，最基本和最主要的是动应力（或动主应力比）与相应的动应变的关系，动应力与相应的孔隙压力的变化关系。根据这几方面的指标相对关系，推求出岩土的各项动弹性参数及黏弹性参数，以及试样在模拟某种实际振动的动应力作用下表现的性状。

振动台试验适用于饱和砂类土和细粒类土，它是专用于土的液化性状研究的室内大型动力试验。它具有下述优点：可以制备模拟现场K_0状态饱和砂的大型均匀试样；在低频和平面应变的条件下，整个土样中将产生均匀的加速度，相当于现场剪切波的传播；可以量出液化时大体积饱和土中实际孔隙水压力的分布；在振动时能用肉眼观察试样。但制备大型试样费用很高，不同的制备方法对试验结果的影响很大。

五、渗透特性

覆盖层土体是固体颗粒的集合体，是一种碎散的多孔介质，其孔隙在空间互相连通。当饱和土体中的两点存在水头差时，水就在土的孔隙中从能量高的点向能量低的点流动。

土的渗透特性研究主要解决三方面问题：①渗流量问题；②渗透破坏问题；③渗流控制问题。因此，土的渗透特性重点研究土的渗透性和渗透变形特性。

（一）渗透性

水在覆盖层土体孔隙中流动的现象称为渗流，土具有被水等液体透过的性质称为土的渗透性。渗透性大小用渗透系数表示。渗透系数用于土坝坝身、坝基及渠道的渗漏水量的估算，基坑开挖时的渗水量及排水量计算，以及水井的供水量计算等。

土体渗透性分级见第三篇表3.5.2-57。

渗透系数可以通过现场试验和室内试验测定。

现场试验有钻孔抽水试验、钻孔注水试验和试坑注水试验等。抽水试验法适用于地下水位以下的均质粗粒土层。注水试验法原理与抽水试验类似，可以测定地下水位以上土层的渗透性。

室内试验有常水头法和变水头法两种，常水头试验适用于无黏性土，变水头试验适用于黏性土。一般应取3～4个试样进行平均试验，以平均值作为试样在该孔隙比下的渗透系数。

（二）渗透变形

流经覆盖层土体的水流会对土颗粒和土体施加作用力，称为渗透力。当渗透力过大时就会引起土颗粒或土体的移动，从而造成地基产生渗透变形，如地面隆起、颗粒被水带走等渗透变形现象。渗透变形可分为管涌、流土、接触冲刷、接触流失四种类型。

覆盖层渗透变形特性可用渗透变形试验测定，其目的是测定粗粒土在垂直和水平方向渗流作用下，发生渗透变形的临界坡降和破坏坡降。渗透变形试验可分为现场试验和室内试验两种，根据渗流作用的方向又分别分为垂直渗透变形试验和水平渗透变形试验。

根据渗透变形试验可以计算层流状态下试样的渗透系数。

（三）覆盖层的抗冲刷特性

覆盖层由于自身土体结构、重量等因素抵抗水流冲刷作用的能力称为抗冲刷特性，一般用抗冲流速表示。

抗冲流速可以根据水力学模型试验取得，也可根据工程经验确定。表6.3.2-10给出了土质渠道抗冲刷流速经验取值。

表6.3.2-10　土质渠道抗冲刷流速　　单位：m/s

渠道土质	一般水深渠道	宽浅渠道
砂土	0.35～0.75	0.3～0.6
砂质粉土	0.4～0.7	0.35～0.6
细砂质粉土	0.55～0.8	0.45～0.7
粉土	0.65～0.9	0.55～0.8
黏质粉土	0.7～1.0	0.6～0.9
黏土	0.65～1.05	0.6～0.95
砾石	0.75～1.3	0.6～1.0
卵石	1.2～2.2	1.0～1.9

第三节　土体力学和渗透参数的选取

首先根据工程场地内的土体结构、水文地质特征等具体工程地质条件的差别进行分区，把工程地质条件相近似的地段或小区，划为一个单元或区段。其次是根据划分的工程地质单元或区段进行选点、试验和整理土的试验标准值，要求能真实地反映试验值的代表性，消除离散性，各类土体物理力学参数取值原则与方法详见第三篇第五章有关内容。在此基础上进行工程类比并考虑工程经验提出地质建议值。

一般讲，山区河床覆盖层具有复杂的成因类型，如冲积、洪积、湖积、冰积、冰水积、崩坡积等，它们直接影响到土体的力学性质，因此选用地质建议值时应考虑已有的土工试验成果并结合土体的成因类型、土体结构等进行综合分析确定。规划与预可行性研究阶段，试验组数较少时，可根据表 6.3.3-1 选用土体参数建议值。

表 6.3.3-1　　**各类土体建议力学参数值表**

土体类别				允许承载力［R］(MPa)	压缩模量 E_s (MPa)	变形模量 E_0 (MPa)	抗剪强度 f	渗透系数 (cm/s)	容许渗透比降
室内土工定名			野外地质定名						
细粒类土		高液限黏土	黏土	0.08～0.12	4～7	3～5	0.20～0.45	$<10^{-5}$	0.35～0.90
		低液限黏土							
		高液限粉土	粉土	0.12～0.18	7～12	5～10	0.25～0.40	10^{-5}～10^{-4}	0.25～0.35
		低液限粉土							
粗粒土	砂类土	细粒土质砂	砂	0.18～0.25	12～18	10～15	0.40～0.50	10^{-4}～10^{-3}	0.22～0.35
		含细粒土砂							
		砂							
	砾类土	细粒土质砾	砾石	0.25～0.40	18～35	15～30	0.50～0.55	10^{-3}～10^{-2}	0.17～0.30
		含细粒土砾							
		砾							
巨粒类土		巨粒混合土	漂石、块石、卵石、碎石	0.40～0.70	35～65	30～60	0.55～0.65	$>10^{-2}$	0.1～0.25
		混合巨粒土							
		巨粒土							

注　1. 当渗流出口处设滤层时，表列容许渗透比降数值可加大 30%。

2. 该表引自《水闸设计规范》(SL 265—2001)。

第四章 覆盖层地基适宜性评价

第一节 不同水工建筑物对地基的要求

当河床覆盖层深厚，全部挖除不经济，或初步判断可以利用覆盖层作为地基时，在查明覆盖层地基厚度、物理力学、渗透性特性参数的基础上，应针对覆盖层地基存在的问题和建坝适宜性进行全面评价。经过工程实践，以下几条原则可以参考：

（1）低混凝土闸坝可置于深厚的覆盖层上。如西南和四川地区有众多低混凝土闸坝就是置于深厚的覆盖层上，四川华能小天都水电站是亚洲在深厚覆盖层上已经建成发电的最高混凝土闸坝（39m）。

（2）碾压式土石坝可置于深厚覆盖层上。

（3）高面板堆石坝趾板一般应置于基岩上，经深入专题论证后可置于覆盖层上。如我国新疆察汗乌苏水电站混凝土面板堆石坝（高 110m）和云南那兰水电站混凝土面板堆石坝（高 109m）趾板均置于河床冲积层上。

（4）尽量避免覆盖层地基中存在厚的粉细砂层、淤泥、软土层、湿陷性黄土等特殊土层。经处理后的覆盖层地基应满足变形、抗滑稳定、抗渗透和抗液化稳定等要求，同时地基不应产生较大的震陷。

如果覆盖层地基不能满足渗流、渗透稳定和变形的相关要求，应对其进行处理。《碾压式土石坝设计规范》（DL/T 5395—2007）中对坝基处理的一般要求是：

（1）坝基处理应满足渗流控制（包括渗透稳定和控制渗流量）、静力和动力稳定、容许沉降量和不均匀沉降等方面要求。处理的标准和要求应根据工程情况在设计中具体明确。竣工后的坝顶沉降量不宜大于坝高的 1%。特殊坝基的总沉降量应视具体情况确定。

（2）地基中遇下列情况时，应慎重研究和处理：①深厚砂砾石层；②软黏土；③湿陷性黄土；④疏松砂土及黏粒（粒径小于 0.005mm）含量（质量）大于 3%不大于 15%的少黏性土；⑤含有大量可溶盐类的土；⑥透水坝基下游坝脚处有连续的透水性较差的覆盖层。

（3）砂砾石坝基主要问题是进行渗流控制，解决的办法是做好防渗和排水。对液化砂层，应尽可能挖除后换填非液化土，当挖除比较困难或很不经济时，可首先考虑采取人工加密措施。

（4）软黏土一般不宜用作坝基，在经过技术论证、采取有效处理措施后，才可修建低均质坝和心墙坝。

（5）有机质土不应作为坝基。如坝基内存在厚度较小且不连续的夹层或透镜体，挖出困难时，应经过论证并采取有效措施处理。

（6）湿陷性黄土可用于低坝坝基。但应论证其沉降、湿陷和溶滤对土石坝的危害，并应做好处理工作。

第二节 地基变形稳定

一、地基稳定条件及破坏类型

（一）地基稳定的基本条件

1. 地基稳定的三个阶段

地基在荷载作用下，随着荷载的增加，将发生三个变形阶段和相应的稳定状态：

（1）第一阶段。地基的压密阶段。在这阶段中，荷载与基础沉降之间近似呈直线关系，地基中无破坏区发生（图 6.4.2-1 中所示Ⅰ），地基处于稳定状态。

（2）第二阶段。地基的局部剪裂破坏阶段。在这阶段中，荷载与基础沉降之间已不成直线关系，地基中局部区域达到极限平衡状态，产生滑动剪裂（图 6.4.2-1 中所示Ⅱ）。此时，地基趋于极限稳定状态。

（3）第三阶段。地基的完全剪裂破坏阶段。在这阶段中，变形为突发性的沉落和侧向位移，土发生剪裂或塑流挤出（图 6.4.2-1 中所示Ⅲ），地基完全破坏。

地基失稳的后果常很严重，有时甚至是灾难性的。

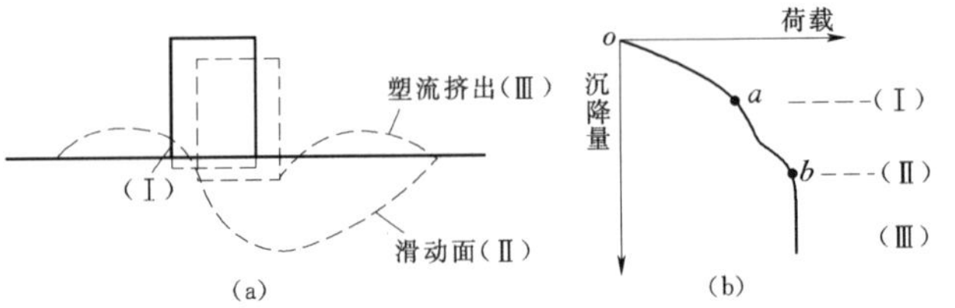

图 6.4.2-1 地基沉降示意图

(a) 地基稳定三阶段；(b) 荷载—沉降关系

2. 土的强度及土的极限平衡

地基稳定与土的强度有密切关系。土的强度破坏，是地基失去稳定的基本原因。

土的强度由摩擦力与黏聚力构成，在法向压力变化范围不大时，不论砂土或黏性土，抗剪强度与法向压力的关系可用库仑直线方程式表示：

砂土 $$\tau_f=\sigma\tan\varphi \quad (6.4.2-1)$$

黏性土 $$\tau_f=\sigma\tan\varphi+c \quad (6.4.2-2)$$

式中：τ_f 为土的抗剪强度；σ 为作用于剪切面上的法向压力；φ 为土的内摩擦角；c 为土的黏聚力。

土的极限平衡条件是指土体在极限平衡状态时，土体中的应力与土的强度之间的一种相互关系，是地基稳定性计算的重要依据。各类土的极限平衡条件表达式为

砂土 $$\sigma_1=\sigma_2\tan^2\left(45°+\frac{\varphi}{2}\right) \quad (6.4.2-3)$$

或 $$\sigma_2=\sigma_1\tan^2\left(45°-\frac{\varphi}{2}\right) \quad (6.4.2-4)$$

黏性土 $$\sigma_1=\sigma_2\tan^2\left(45°+\frac{\varphi}{2}\right)$$

$$+2c\tan\left(45°+\frac{\varphi}{2}\right) \qquad (6.4.2-5)$$

或 $$\sigma_2=\sigma_1\tan^2\left(45°+\frac{\varphi}{2}\right)-2c\tan\left(45°+\frac{\varphi}{2}\right) \qquad (6.4.2-6)$$

式中：σ_1 为最大主应力；σ_2 为最小主应力。

土体处于极限平衡状态时，亦可用莫尔应力圆表示，如图 6.4.2-2 和图 6.4.2-3 所示。

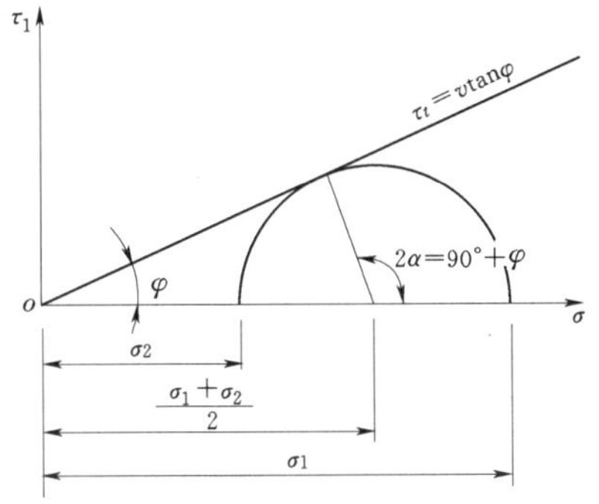

图 6.4.2-2　砂土的极限平衡条件

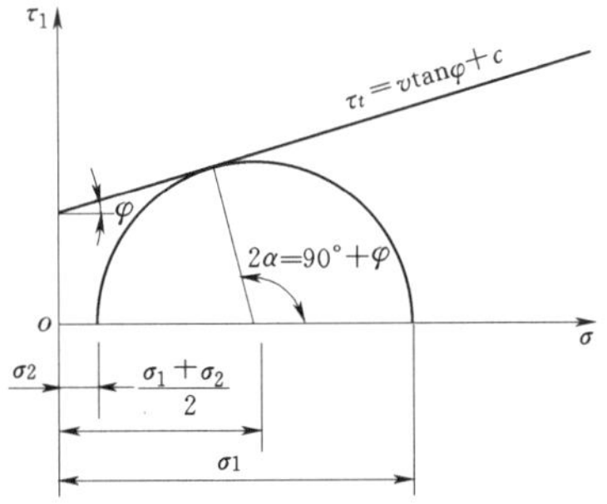

图 6.4.2-3　黏土的极限平衡条件

在极限平衡状态时，土中可出现一对滑动面，与最大主应力 σ_1 的作用方向成 $\pm\left(45°-\frac{\varphi}{2}\right)$ 的交角，与最小主应力 σ_2 的作用方向成 $\pm\left(45°+\frac{\varphi}{2}\right)$ 的交角，表现在地基中则为互相交叉的滑动线网格（图 6.4.2-4）。

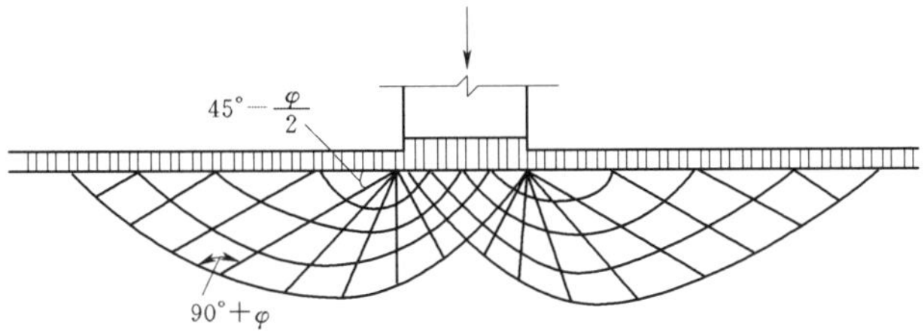

图 6.4.2-4　条形基础地基在极限荷载下的滑动网示意图

3. 地基稳定的主要条件

（1）地基处于构造稳定地区，在地基范围内没有复杂的、不稳定的地质构造现象（包括新构造现象）和动力地质作用。

（2）具有足够的地基强度，而且不易受外界条件的影响改变其固有的强度。地基受压层范围内无不良的、不易处理的软弱土层或软弱夹层存在。

（3）地基地下水力坡降和压力不超过安全极限。地基有较好的抗水性，在地下水作用下不溶解，不软化，不产生显著的体积、密度等物理力学性质的变化。

（4）地基范围内地形平缓、地貌形态单一，无不稳定的斜坡。

（5）地基土受荷条件简单，内荷载产生的附加应力及地基土内各种作用力（渗透压力、孔隙压力及地震作用力等）的组合应力应使所产生的极限平衡区地基土具有的强度，或所产生的极限平衡区小于某一限度。极限平衡区允许发展深度可参考表 6.4.2-1。

表 6.4.2-1　地基极限平衡区允许发展深度

地基类型	受荷条件	极限平衡区允许发展深度	
不承受水平荷载的地基	中心荷载时	$<\frac{1}{4}B$	
	偏心荷载时	$<\frac{1}{3}B$	
承受水平荷载的地基	经常受水压力作用时	$<\frac{1}{6}B$	应作抗滑稳定验算
	经常受土压力作用时	$<\frac{1}{4}B$	
	经常受土压力作用而临时受水压力作用时	$<\frac{1}{5}B$	

注　表中 B 为基础宽度。

（二）地基稳定的影响因素

1. 地质方面

（1）构造运动的影响。新构造运动产生的断裂，将破坏土体的连续性，降低土的强度、易形成软弱面和地下水通道，从而恶化地基条件；新构造运动强烈地带，往往是地震能释放地区，将增加地震对工程的危害程度。

（2）地层产状与结构的影响。土层倾斜，在同一高程平面上可能出现不同强度的土层，对荷载作用的反应不一，易在软弱部位发展剪切破坏区。结构松散的土体，承荷能力较低。

（3）动力地质作用的影响。地表水的冲刷、淘蚀和溶蚀等作用，将使边坡失稳，地基淘空。

2. 地形、地貌方面

（1）地形。地形起伏较大的地区，可能产生下滑和塌落及滑动；河床阶地，土层层次不均，当建筑物跨于数个阶地时，易在软弱处发生剪切破坏和滑动。

（2）古滑坡复活。古滑坡在新的荷载条件下，易引起新的滑动、破坏。

（3）土层岩溶。土中存在岩溶洞穴，易造成上部土层的塌陷。

3. 水文地质方面

（1）地下水位。地下水位上升，易浸湿或软化土层，使土的强度降低，地下水位下降，自重应力增加，水位骤降易产生动水压力，有承压水时，产生顶托。

（2）地下水潜蚀。地下水坡降大于土层容许坡降时，易产生机械管涌和溶蚀作用，破坏土的结构和强度。

4. 土层性质方面

（1）矿物成分与级配。土粒由易风化的或软质的矿物组成时，土的物理、力学性易发生变化。土颗粒较强，土体强度较低，级配不良时，易发生管涌、液化等现象。

（2）含水量和天然密度。土的含水量大，天然密度小，易挠动、变形，且强度下降。

（3）土的结构。土粒结构松散，且接触点为可溶性矿物的，浸水后，易发生湿陷、渗漏等现象。

（4）预加压力的影响。先期压力较小，土体压密程度不足，则土的抗剪强度较低，且易受外界条件的影响而变化。

5. 荷载方面

地基承受多种荷载（包括上部建筑物荷载及地基土内各作用力），当其组合成复杂而多变的荷载条件时，则易增加地基的不稳定性。

（三）地基变形破坏的基本类型

土质地基变形破坏的基本类型包括压密变形和剪切变形两大类。

（1）压密变形。不均匀沉降和变形过大是地基中最常见的两种变形。主要为地基夯实强度不够，地基强度低、压缩量大；膨胀土的膨胀、黄土的湿陷性变形、不均匀土、厚度变化较大等引起。

（2）剪切变形。主要为地基的滑移挤出。是地基强度不够，出现下沉和剪切挤出；有倾斜的软弱夹层，出现滑移和剪切挤出。稳定性破坏的类型见表 6.4.2-2。

表 6.4.2-2　　地基稳定性破坏的类型

破坏类型	图　式	特　征
表层滑动	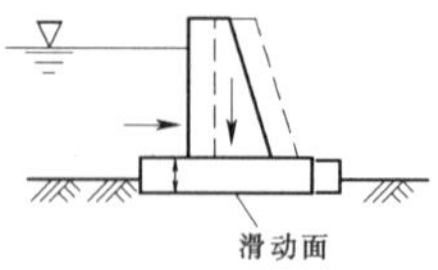	接触面摩阻力小，产生平面滑动
浅层或深层滑动	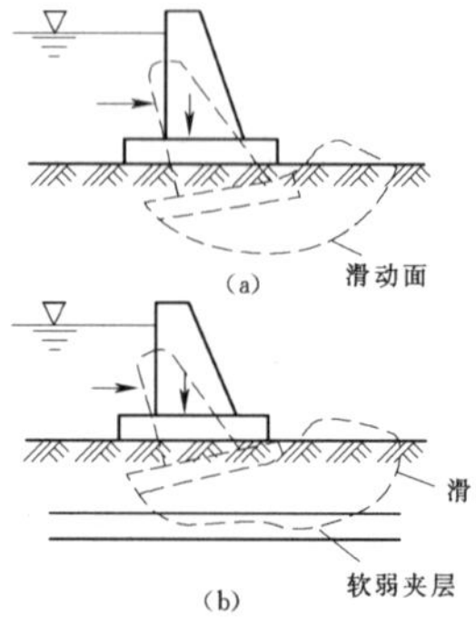	地基内有松散层，滑面呈圆弧形，产生水平位移或倾倒
顺层滑动	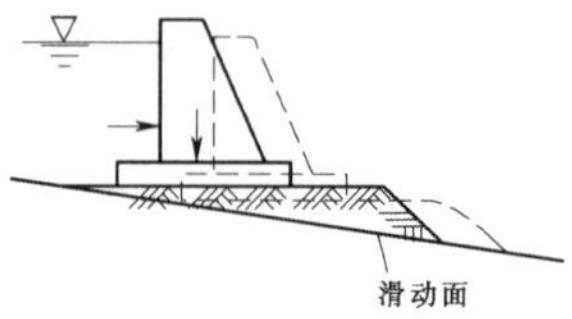	地基内有倾斜的滑动面，下有临空面
塑流破坏	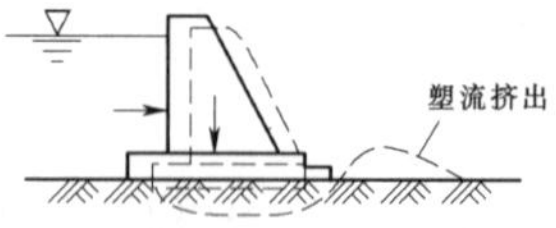	荷载较大，地基土产生塑流挤出，多发生在均质软层中
蠕变	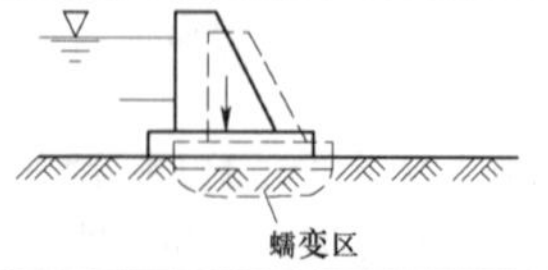	软黏土中，长期强度降低，随时间而使位移速率增大
圆弧滑动	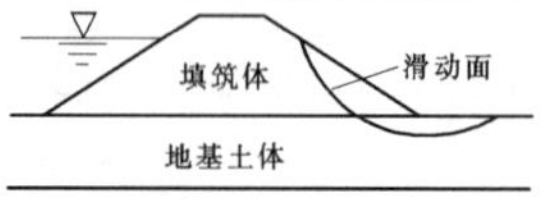	填筑土体与地基土体特性基本一致
非圆弧滑动	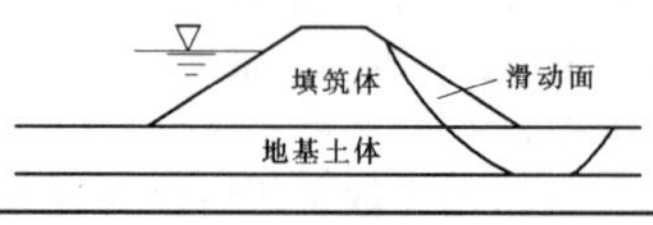	填筑土体与地基土体特性不一致，相差较大或地基中有软弱层分布

二、地基变形稳定评价

（一）变形（压缩）稳定的定性评价

地基变形是在外荷作用下，使地基土压密变形，从而引起基础和上部建筑物的沉降。为此，合理确定地基土的承载能力及变形控制标准，是地基变形问题评价的两个重要方面。运用试验方法确定承载力指标 P_{kp}（比例极限），P_{np}（极限荷载或破坏荷载），E（变形模量）等时，要注意其代表性，即试验点的布置应结合地基土的不均匀性及不同的建筑部位来考虑。

在进行变形稳定评价时，应确定产生变形的土体边界条件、变形失稳模式、各土层的厚度、结构特征、空间分布、变形（压缩）模量和承载力参数、并根据已有经验公式进行计算，综合评价地基变形稳定。

影响土基变形稳定因素的分析研究，应从土体不同层次的成因类型、岩性特征及内部结构的均一性、密实（或固结、胶结）程度、厚度变化及展布状况，承载、变形及强度参数，以及谷底基岩面形态等方面进行。并应注意研究易导致土基不均匀沉陷的下列情况：

（1）地基内部结构均一性差，漂卵石层内的粗、细颗粒分布不均，或局部细颗粒集中，或局部粗颗粒明显架空，且土粒的岩性、风化程度和强度差异较大。

（2）地基固结程度差，结构疏松且不均一，砂砾石层内细粒含量较多，骨架作用不显著，承载力不高，变形模量较低。

（3）地基层次复杂，在地基附加应力所涉及深度范围内，含有较多的厚薄不等、分布不均、易变形的黏性土、淤泥类土和易液化的砂土等特殊土。

（4）谷底基岩面形态起伏强烈，且有深槽、深潭分布，河床覆盖层的层次、厚度变化大。

（二）地基承载力的确定

确定地基土的容许承载力时，应考虑的影响因素：①土的堆积年代；②土的成因类型；③土的物理、力学性质；④地下水的作用程度；⑤建筑物的性质、荷载条件及基础类型。

1. 经验法

各类土的容许承载力可参考第三章第三节确定。

2. 试验方法

可进行载荷试验、室内力学试验、钻孔原位测试（标贯、触探、旁压试验）等方法进行选取。

3.《水闸设计规范》（SL 265—2001）确定地基承载力的方法

在竖向对称荷载作用下，可按限制塑性区开展深度的方法计算土质地基容许承载力：

$$[R]=N_B\gamma_B B+N_D\gamma_D D+N_C c \qquad (6.4.2-7)$$

$$N_B=\frac{\pi}{4(\cot\varphi-\frac{\pi}{2}+\varphi)} \qquad (6.4.2-8)$$

或

$$N_B=\frac{\pi}{3(\cot\varphi-\frac{\pi}{2}+\varphi)} \qquad (6.4.2-9)$$

$$N_D=\frac{\pi}{\cot\varphi-\frac{\pi}{2}+\varphi}+1 \qquad (6.4.2-10)$$

$$N_C=\frac{\pi}{\cot\varphi(\cot\varphi-\frac{\pi}{2}+\varphi)} \qquad (6.4.2-11)$$

式中：$[R]$ 为按限制塑性区开展深度计算的土质地基容许承载力，kPa；γ_B 为基底面以下土的重度，kN/m³，地下水位以下取浮重度；γ_D 为基底面以上土的重度，kN/m³，地下水位以下取浮重度；B 为基底面宽度，m；D 为基底埋置深度，m；c 为地基土的黏聚力，kPa；N_B、N_D、N_C 为承载力系数，可分别按式（6.4.2-8）～式（6.4.2-11）计算求得或查表；φ 为地基土的内摩擦角，(°)；π 为圆周率。

（三）地基整体稳定验算

根据《水闸设计规范》（SL 265—2001），在竖向荷载和水平向荷载共同作用下，可按 c_k 法验算土质地基整体稳定：

$$c_k=\frac{\sqrt{\frac{(\sigma_y-\sigma_x)^2}{2}+\tau_{xy}^2}-\frac{\sigma_y+\sigma_x}{2}\sin\varphi}{\cos\varphi} \quad (6.4.2-12)$$

式中：c_k 为满足极限平衡条件时所需的地基土最小黏聚力，kPa；φ 为地基土的内摩擦角，(°)；σ_y、σ_x、τ_{xy} 为计算点处的地基竖向应力、水平向应力和剪应力，kPa。

当计算 c_k 值小于计算点的黏聚力 c 值时，表示该点处于稳定状态；当 c_k 值等于或大于 c 值时，表示该点处于塑性变形状态，经多点计算后，可绘出塑性变形区的范围。

大型水闸土质地基的容许塑性变形区开展深度（塑性变形区最大深度一般在基础下游边缘下垂线 ab 附近，见图 6.4.2-5）可取 $\frac{B}{4}$，中型水闸可取 $\frac{B}{3}$，B 为闸坝基础底面宽度（m）。

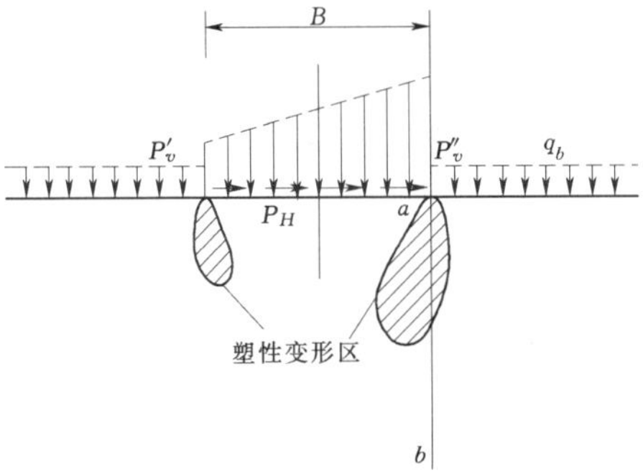

图 6.4.2-5　塑性变形区示意图

P_v'、P_v''—竖向荷载；P_H—水平向荷载；q_b—边荷载

（四）地基强度验算

根据《水闸设计规范》(SL 265—2001)，闸坝基底压力计算应满足下列要求：

(1) 在各种计算情况下，土基上闸坝平均基底压力不大于地基容许承载力，最大基底压力不大于地基容许承载力的 1.2 倍。

(2) 闸坝基底压力的最大值与最小值之比不大于表 6.4.2-3 规定的容许值。

表 6.4.2-3　土基上闸坝基底应力最大值与最小值之比的容许值

地基土质	荷载组合	
	基本组合	偶然组合
松软	1.5	2.0
中等坚实	2.0	2.5
坚实	2.5	3.0

注　1. 对于特别重要的大型水闸，其闸坝基底应力最大值与最小值之比的允许值可按表列数值适当减少。
2. 对于地震区的水闸，闸坝基底应力最大值与最小值之比的容许值可按表列数值适当增大。
3. 对于地基特别坚实或可压缩土层甚薄的水闸，可不受本表的规定限制，但要求闸坝基底不出现拉应力。

（五）基础沉降的计算

1. 变形验算的条件

水工建筑物基础面积大，应力分布影响深，因此地基的设计除计算容许承载力外，大部分都需要验算地基变形。根据地基变形评价建筑物结构型式的适应性，并作为设计建筑物的沉降缝，安排施工的依据。但对中密程度的砂性土地基和坚实的黏性土地基，也可不计算压密变形。对一般水力发电工程是否需进行地基变形的验算可参考表 6.4.2-4。

表 6.4.2-4　水工建筑物可不进行地基变形验算的条件

勘测阶段	工程规模	下列条件下不计变形
规划	大、中型工程	$N>10$ 击的砂性土或 $N>8$ 的黏性土
	小型工程	各类土
预可—可研	大、中型工程	$N>20$ 击的砂性土或 $N>15$ 的黏性土
	小型工程	砂性土或 $N>8$ 的黏性土

注　N 为标准贯入击数。

2. 水工建筑物的容许沉降量

目前尚无统一规定（根据经验，认为一般水闸最大沉降量容许达 10～15cm，最大沉降差容许达 3～5cm），必须根据建筑物的上部结构、基础类型以及某些特殊要求确定。某些水工建筑物在上层结构的配合下，当沉降量高达 30cm 以上时，并不影响使用。对大型抽水站则要求沉降量尽量小。又如对反拱底板则只容许产生数毫米的不均匀沉降和极小的转角。关于土坝，已建工程沉降量有达坝高 3%的，尚未发生危险，关键是未产生不均匀沉降，否则太大的沉降变形将使土坝、土堤发生裂缝。建于覆盖层上的厂房地基容许最大沉降量和沉降差，应以保证厂房结构安全和机组正常运行为原则，其值应根据工程具体情况研究确定。闸坝覆盖层地基容许最大沉降量和最大沉降差，应以保证水闸安全和正常使用为原则，根据工程具体情况研究确定。

3. 地基压缩层厚度的确定

确定压缩层的厚度，常用的方法有：

(1) 按基础宽度估算。水工建筑物常根据经验，按基础的宽度 b 粗略估算压缩层厚。

$$h=ab \quad (6.4.2-13)$$

式中：h 为压缩层厚度，m；b 为基础宽度，m；a 为系数，$a=1.5\sim2.5$。

(2) 按应力分布情况计算。以地基中某一深度处附加应力与自重应力的比例确定压缩层的计算深度，常取附加应力与土自重应力之比等于 0.2～0.25（即 $\sigma_z=\sigma_{oz}=0.2\sim0.25$），如图 6.4.2-6 所示，$h$ 为压缩层厚度。

其中闸室地基除软土地基外 σ_z/σ_{oz} 取 0.2；软土地基 σ_z/σ_{oz} 取 0.1。

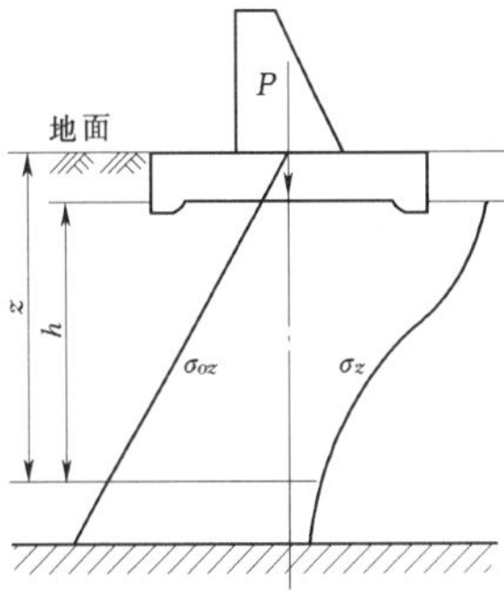

图 6.4.2-6　荷载作用下地基中自重应力与附加应力分布图

4. 基础最终沉降量的计算

(1) 分层总和法。

1) 基本公式。基础最终沉降量计算的基本公式如下：

$$S=\sum_{i=1}^{n}S_i=\sum_{i=1}^{n}\frac{e_{1i}-e_{2i}}{1+e_{1i}}h_i \quad (6.4.2-14)$$

式中：S 为基础最终沉降量，cm；S_i 为第 i 层土的压缩量，cm；e_{1i} 为第 i 层土在平均自重应力作用下压缩稳定时的孔隙比；e_{2i}为第 i 层土在平均自重力和平均附加应力共同作用下压缩稳定时的孔隙比；h_i 为第 i 层土的厚度，cm；n 为压缩层范围内土层的数目。

由于压缩模量 $E=\dfrac{1+e}{a}$，故式（6.4.2-14）可写成：

$$S=\sum_{i=1}^{n}\frac{1}{E_i}\frac{\sigma_{zi}+\sigma_{z(i-1)}}{2}h_i \qquad (6.4.2-15)$$

式中：E_i 为相应于第 i 层土 a_i 压力变化范围内的（即一段压缩曲线上的）压缩模量，MPa；a_i 为相应于第 i 层土压力变化范围内的压缩系数。从平均自重应力到平均自重应力与平均附加应力之和这一段压缩曲线中查得的压缩系数；σ_{zi} 为第 i 层土底部处垂直附加应力，kPa；$\sigma_{z(i-1)}$ 为第 $i-1$ 层底部垂直附加应力，kPa；其余符号意义同前。

2）计算指标的选用。按式（6.4.2-14）或式（6.4.2-15）计算总沉降量时，不同的试验指标将得出不同的结果。

a）对一般地基采用各层代表性压缩曲线（$e\sim p$ 曲线），查得 e_{1i}、e_{2i}用式（6.4.2-14）计算。

b）对深开挖地基（挖深超过 5m），在水利工程中常采用各层代表性回弹再压缩曲线，由曲线的再压缩段（如图 6.4.2-7 中的 cd 段）查得 e_{1i}及 e_{2i}，仍用式（6.4.2-14）计算。

c）当土的压缩曲线近于直线，为简化计算，可粗略地把 a_i 或 z_i 作为一个常数，用式（6.4.2-15）进行计算，水工建筑物多用 a_{1-3}（注：下标数字通常指压力由 100kPa 增大到 300kPa 时所得的压缩系数）。

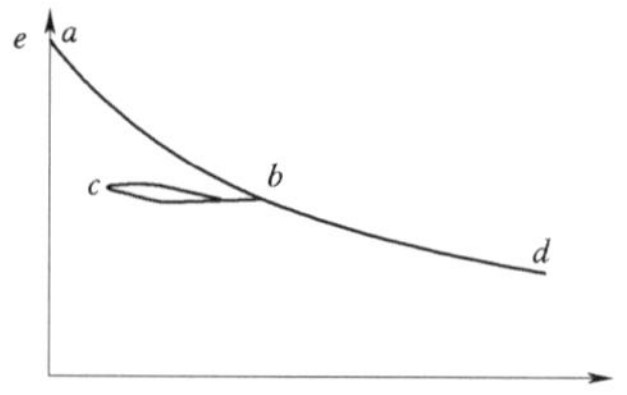

图 6.4.2-7 回弹再压缩曲线图

（2）简单土层的沉降量估算。对压缩层较薄（厚度 $H<0.5b$）的均质土地基，可用下式估算沉降量：

$$S=\frac{ap}{1+e}H \qquad (6.4.2-16)$$

或

$$S=\frac{pH}{E} \qquad (6.4.2-17)$$

式中：H 为压缩层厚度，cm；p 为基础底面平均压力，kN；a 为压缩系数，水工建筑采用 α_{1-3}；e 为土的天然孔隙比；E 为土在侧限条件下的压缩模量，$E=\dfrac{1+e}{\alpha}$，kPa。

如对压缩层较薄的多层土用式（6.4.2-17）或式（6.4.2-18）估算时，E、α、e 采用各层的加权平均值。有时也采用载荷试验得出的变形模量 E_s 代替 E 进行估算。

5. 土石坝地基沉降计算

计算施工期沉降量时，坝体土宜采用非饱和状态的压缩曲线，坝基材料应根据实际的饱和情况，采用非饱和状态下的压缩曲线，计算最终沉降量时，应采用浸水饱和状态下的压缩曲线。每一分层土的计算压缩曲线可取该分层中各土样压缩曲线的平均曲线。有效应力和竖向应力的计算可参照《碾压式土石坝设计规范》（DL 5395—2007）有关规定进行。沉降计算常采用分层总和法。

（1）黏性土坝体和坝基竣工时的沉降量和最终沉降量计算：

$$S_t=\sum_{i=1}^{n}\frac{e_{i0}-e_{it}}{1+e_{i0}}h_i \qquad (6.4.2-18)$$

式中：S_t 为竣工时或最终的坝体和坝基总沉降量；e_{i0} 为第 i 层的起始孔隙比；e_{it} 为第 i 层相应于竣工时或最终的竖向有效应力作用下的孔隙比；h_i 为第 i 层土层厚度；n 为土层分层数。

竣工后的坝顶沉降量应为最终沉降量减去竣工时沉降量的差值。

（2）非黏性土坝体或坝基的最终沉降量可根据变形模量 E_i 按分层总和法用式估算：

$$S_\infty=\sum_{i=1}^{n}\frac{P_i}{E_i}h \qquad (6.4.2-19)$$

式中：S_∞ 为坝体或坝基的总沉降量；P_i 为第 i 计算土层由坝体荷载产生的竖向应力；E_i 为第 i 计算土层的变形模量。

（3）湿陷性黄土和黄土状土、软弱黏性土坝基的沉降量应进行专门研究。当需要计及坝基侧向变形影响时，坝基的沉降量应进行专门研究。

（六）有限元分析地基变形稳定

有限元已广泛应用在坝体（坝基）应力、应变、沉降计算方面。有限元的突出优点是适于处理非线性、非均质和复杂边界等问题，而土体应力应变分析就恰恰存在这些困难问题，因此土体应力、应变、沉降计算很适宜用有限元法。有限元计算是以弹塑性理论为依据，借有限单元法离散化特点，计算复杂的几何与边界条件、施工与加荷过程、土的应力—应变关系的非线性以及应力状态进入塑性阶段等情况，计算要点如下：

（1）将地基离散化为有限个单元代替原来的连续体结构。

（2）利用土的本构关系，对每个单元建立刚度矩阵。

（3）由虚位移原理，将各单元的刚度矩阵结合为整个土体的总刚度矩阵［K］，得到总矢量荷载｛R｝与节点位移矢量｛δ｝之间的关系：$[K]\{\delta\}=\{R\}$。

（4）解上式，求得节点位移。

（5）根据节点位移，计算单元的应力与应变。

最常用的本构关系是线弹性模型，此外还有双线性弹性模型、其他非线性弹性模型、弹塑性模型等。

土石坝应力和变形的有限元计算采用较多的数学模型有非线性弹性和弹塑性两大类，黏弹塑性模型也有采用，线弹模型一般已不采用。我国最常见的是邓肯—张等人提出的非线性弹性模型（包括 $E—\mu$ 和 $E—\beta$ 模型）和南京水利科学研究院沈珠江提出的双屈服面弹性模型，其次是“八五”攻关期间提出的非线性解耦 $K—G$ 模型。

三、厂房、闸门等水工建筑物变形稳定评价

水工建筑物除大坝外，尚包括地面厂房、闸门和尾水渠道等。其基础也可能置于覆盖层上。应采用其他相关行业标准在地质定性分析的基础上，确定地基承载力，进行地基稳定验算和地基沉降计算。

（一）地基承载力

地基承载力的确定方法一般有两种：查表法和按理论公式计算。查表法可参考《建筑地基基础设计规范》（GB 50007—2002）、《公路桥涵地基与基础设计规范》（JTJ 024—85）和《铁路工程地质勘察规范》（TB 10012—2001）、交通部《港口工程地基规范》（JTJ 250—98）相关规定进行。按理论公式计算地基承载力包括按塑性状态计算和按极限状态计算。

按塑性状态计算需要注意以下几点：

（1）临塑压力计算。基础受中心荷载，地基土刚开始出现剪切破坏（即开始由弹性变形进入塑性变形）时的临界压力，可由相关公式计算。

(2) 进入塑性区一定范围内的临界压力计算。即容许地基土有一定的塑性区开展，此一定塑性区一般规定为最大深度不超过基础宽度 1/4。采用此方法确定地基承载力特征值。

(3) 在采用计算地基土的承载力特征值时，基础的宽度不宜过小，以防止塑性区的贯通，使地基发生较大的变形或失去稳定，同时还必须验算变形。

(4) 对于 c、φ 值的可靠程度要求是比较高的，其试验方法必须和地基土的工作状态相适应。

极限荷载是指地基中出现的剪切破坏区刚要贯通成面，而使地基处于极限平衡状态时的地基表面单位面积上所能承受的荷载。极限荷载亦可作为选择地基容许承载力的依据。但必须具有一定的安全系数和进行地基变形验算，使变形控制在要求范围之内。常见的有：太沙基公式、梅耶霍夫（G. G. meyerhoff）公式、汉森（Hansen，J. B.）公式，目前国内外常用的极限承载力公式等。

太沙基极限荷载公式适用于求粗糙基底、中心荷载条件下（或均布垂直荷载条件下）条形基础时的极限荷载，按不同土质，选用不同的计算公式。

梅耶霍夫（G. G. meyerhoff）公式可求解中心或均布垂直荷载条件下条形浅基或深基时的极限荷载；梅耶霍夫极限荷载公式是假设滑动面具有一定的形状，并在这条件下推导出近似计算公式。按基础埋置深度，选用不同公式。

汉森极限荷载公式可求解倾斜荷载或垂直荷载作用下的地基极限承载力。该公式不仅考虑土的性质与基础埋深对地基极限承载力的影响，而且还考虑荷载作用方向与基础形状对极限承载力的影响，因此适用范围较广。

E. E. DeBeer（1967 年）和 A. S. Vesic（1970 年）提出了形状修正系数，形成了目前国内外常用的极限承载力公式。

（二）地基稳定验算

地基稳定验算需要进行地基强度验算和按基底应力计算。

(1) 按地基承载力验算。按地基极限荷载验算地基强度，可按下式计算：

$$P=\frac{1}{K}R' \qquad (6.4.2-20)$$

式中：P 为地基容许承载力；K 为安全系数，按工程级别和地基类型，或有关规定确定；R' 为地基极限荷载。

按极限荷载等计算地基稳定时，一般均应进行地基变形验算。

(2) 地基应力计算。

建基面上的垂直正应力计算可按下式进行，不容许平均基底压力超过整个建筑物地基的容许承载力，最大基底压力不超过地基容许承载力的 1.2 倍。

$$\sigma=\frac{\sum V}{A}\pm\frac{\sum M_x y}{J_x}\pm\frac{\sum M_y x}{J_y} \qquad (6.4.2-21)$$

式中：σ 为建基面上计算点垂直应力；$\sum V$ 为建基面上垂直力总和；$\sum M_x$、$\sum M_y$ 分别为建基面上垂直力对形心轴 x、y 轴的力矩总和；x、y 分别为建基面上计算点至形心轴 x、y 轴的距离；J_x、J_y 分别为建基面对形心轴 x、y 轴的惯性矩；A 为建基面面积。

（三）基础沉降的计算

1. 变形验算条件和容许变形值

(1) 地基变形的类型：

1) 地基中，压缩土层由附加应力的作用而引起的压密变形，这种变形是使建筑物基础发生沉降的重要原因，也是变形研究的主要对象。

2) 对深开挖基础的基坑，因减小自重压力引起基坑底部土层的回弹，当基础加荷载时，即产生压缩变形。这种变形在开挖深度较大的黏性土地基中才比较显著，而在建筑物施工过程中，如合理地安排施工程序，则可以使之减到很小的数值，并在加荷初期就能完成，因此这部分变形量在一般基础的沉降量中可不予考虑，只有在深开挖的情况下才应予考虑。

3) 加荷后因土的塑性挤出而引起基础的沉降变形，这种变形是正常的基础设计所不容许的。

4) 由于地下水流运动使地基土颗粒发生移动（如管涌、流土等）而引起的渗流变形，这种变形多半发生在细砂、极细砂、砂壤土的地基中，水工建筑由于上下游水头差形成的渗透压力，易造成渗流变形，必须特别予以注意。

(2) 基础沉降的特征：

1) 沉降量，指单独基础均匀下沉的绝对值，如图 6.4.2-8 中沉降量为 S，也可指基础不同部位沉降量平均值。

图 6.4.2-8 基础沉降量图

2) 沉降差（或相对沉降），指基础不同部位沉降量之差，如图 6.4.2-9 中 ΔS 为 A 点和 B 点的沉降差。

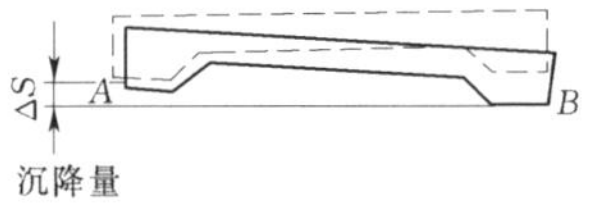

图 6.4.2-9 基础沉降差图

3) 倾斜（或转角），指单独基础两端点的沉降差与其距离的比值，如图 6.4.2-10 中倾斜，如用角度表示则转角为 θ，$\sin\theta=\frac{\Delta S}{L}$。

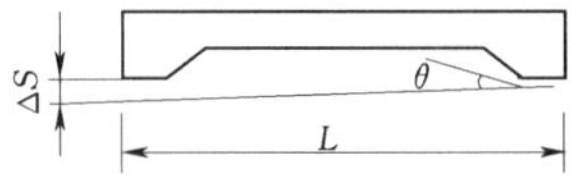

图 6.4.2-10 基础倾斜图

(3) 建筑物的容许沉降量。对水电水利工程中附属建筑，其容许变形值仍统一按《建筑地基基础设计规范》（GB 50007—2002）要求执行。建筑物的地基变形计算值，不应大于地基变形容许值。地基变形特征可分为沉降量、沉降差、倾斜、局部倾斜。在计算地基变形时，应符合下列规定：

由于建筑地基不均匀、荷载差异很大、体型复杂等因素引起的地基变形，对于砌体承重结构应由局部倾斜值控制；对于框架结构和单层排架结构应由相邻柱基的沉降差控制；对于多层或高层建筑和高耸结构应由倾斜值控制；必要时尚应控制平均沉降量。

在必要情况下，需要分别预估建筑物在施工期间和使用期间的地基变形值，以便预留建筑物有关部分之间的净空，选择连接方法和施工顺序。一般多层建筑物在施工期间完成的沉降量，对于砂土可认为其最终沉降量已完成 80%以上，对于其他低压缩性土可认为已完成最终沉降量的 50%～80%，对于中压缩性土可认为已完成 20%～52%，对于高压缩性土可认为已完成 5%～20%。

建筑物的地基变形容许值，按《建筑地基基础设计规范》

(GB 50007—2002) 有关规定采用。对表中未包括的建筑物，其地基变形容许值应根据上部结构对地基变形的适应能力和使用上的要求确定。

2. 地基土内的应力分布

建筑物地基土的压缩变形多数是由于建筑物的荷载在土内所产生的应力引起的，因此研究地基土的变形，必须知道地基土内应力的分布规律。

实践证明，当地基上作用的荷载不大，土中的塑性变形区没有或很小时，荷载与变形之间可近似成直线关系，这对多数工程情况是接近的。严格地说，地基并非一均匀连续的各向同性半无限直线变形体，特别在应力较大时更是明显的偏离直线假定。最好将地基看作弹—塑性体和各向异性体来进行应力分析，但这方面目前尚无简单成熟的计算方法，故一般仍沿用弹性理论的假定。

3. 地基压缩层厚度的确定

确定压缩层的厚度，常用的方法有按基础宽度估算、按应力分布情况计算、按变形值计算等。其中计算地基变形时，应考虑相邻荷载的影响，其值可按应力叠加原理，采用角点法计算。当建筑物地下室基础埋置较深时，需要考虑开挖基坑地基土的回弹。在同一整体大面积基础上建有多栋高层和低层建筑，应该按照上部结构、基础与地基的共同作用进行变形计算。

4. 基础最终沉降量的计算

计算方法有分层总和法、经验系数法、简单土层的沉降量估算、按弹性理论公式计算、三向应力状态下沉降量的计算和有限元分析方法等。

对建筑物地基基础的设计，除计算最终沉降量外，有时还需要知道基础的沉降过程，即沉降与时间的关系。对砂性土而言，压缩性较小，且由外荷载所引起的沉降在竣工期已基本完成，故一般不考虑其变形与时间的关系。饱和黏性土层的变形需要考虑与时间的关系，可按单向渗透固结理论计算或经验法等确定。

第三节 抗滑稳定性评价

一、抗滑稳定性定性评价

水工建筑物除防止基础沉降过大而影响安全使用外，还要避免地基发生滑动破坏。地基土的抗滑能力与其成分、结构及其受力（如挡水建筑物不仅有自身对地基土的附加应力，还有库水的水平推力及泥沙压力）方式有关。当建筑物对地基土的附加应力超过地基土的强度时，地基将产生过量沉降或滑动，建筑物也将发生变形或破坏。

在进行抗滑稳定性评价时应重点研究控制坝基抗滑稳定的多层次粗细粒沉积物相间组合的土基中，尤其是持力层范围内黏性土、砂性土等软弱土层埋深、厚度、分布和性状，确定土体稳定分析的边界条件，分析可能滑移模式，确定计算所需的土体物理力学参数，根据现有公式选择合适的稳定性分析方法进行计算，综合评价抗滑稳定问题，提出地质处理建议。

1. 滑动破坏类型

主要滑动破坏类型有表层滑动、浅层或深层滑动、顺层滑动、塑流破坏、蠕变、圆弧滑动和非圆弧滑动等类型，见表 6.4.2-2。

2. 地基滑动型式的分析

(1) 大坝沿坝基接触面作浅层滑动型式。大坝沿坝基接触面作浅层滑动多由于地质条件未能查清、接触面抗剪强度取值不准或设计不周、施工质量低劣等原因造成。

(2) 大坝深层滑动现象较少，产生深层滑动的条件大多是夹有软弱夹层等不利组合，为此：

1) 应特别注意不同层次（当夹有多层软弱夹层时）的工程地质性质上的差异，软卧层次是深层滑动的主要部位，其埋深、厚度、展布状况、物理力学指标等以及软硬层次交接面处的强度指标，是地质研究的重点。

2) 从闸坝的工作状态引起地基土的应力变化可知，蓄水时，地基的附加应力最大集中区在坝体轴线偏下游部分，剪应力则明显在下游基础角附近最大，因此，对于这些部位的地基性能应予以特别重视。

3) 临空面的出现是影响地基稳定性的重要因素，对大坝下游地基保护的好坏（如冲刷坑的状况）很重要，所以也需要研究各类土性的抗冲性能。

二、地基抗滑稳定验算

(一) 闸坝基底面的抗滑稳定计算

(1) 土基上闸坝抗滑稳定。

据《水闸设计规范》(SL 265—2001) 应按式 (6.4.3-1) 或式 (6.4.3-2) 计算：

$$k_c=\frac{f\sum G}{\sum H} \tag{6.4.3-1}$$

$$K_c=\frac{\tan\varphi_0\sum G+c_0A}{\sum H} \tag{6.4.3-2}$$

式中：K_c 为沿闸坝基底面的抗滑稳定安全系数；f 为闸坝基底面与地基之间的摩擦系数，可根据具体设计的工程试验值取，未作试验时可参照相关规定采用；$\sum H$ 为作用在闸坝上的全部水平向荷载，kN；φ_0 为闸坝基础底面与土质地基之间的摩擦角，(°)，可根据具体设计的工程试验值取，未作试验时可参照相关规定采用；c_0 为闸坝基底面与土质地基之间的黏聚力，kPa，可根据具体设计的工程试验值取，未作试验时可参照相关规定采用。

黏土地基上的大型水闸，沿闸坝基地面的抗滑稳定安全系数宜按式 (6.4.3-2) 计算。

(2) 土基上沿闸坝基底面抗滑稳定安全系数的容许值，见表 6.4.3-1。

表 6.4.3-1 土基上沿闸坝基底面抗滑稳定安全系数的容许值

荷载组合		水闸级别			
		1	2	3	4、5
基本组合		1.35	1.30	1.25	1.20
特殊组合	Ⅰ	1.20	1.15	1.10	1.05
	Ⅱ	1.10	1.05	1.05	1.00

注 1. 特殊组合Ⅰ适用于施工情况、检修情况及校核洪水位情况。
2. 特殊组合Ⅱ适用于地震情况。

(3) 当土质地基持力层内存在有软弱土层时，应对地基的整体稳定进行计算。可采用折线滑动、圆弧滑动或折线与圆弧的组合形式滑动进行计算，整体稳定安全系数容许值见表 6.4.3-2、表 6.4.3-3。

表 6.4.3-2 土基上闸基整体抗滑稳定最小安全系数（一）

工程级别		1	2	3	4、5
基本组合		1.50	1.35	1.30	1.25
特殊组合	Ⅰ	1.30	1.25	1. 20	1.15
	Ⅱ	1.20	1.15	1.15	1.10

注 表中安全系数为计及条块间作用力的容许值。

表 6.4.3-3　土基上闸基整体抗滑稳定最小安全系数（二）

工程级别		1	2	3	4、5
基本组合		1.30	1.25	1.20	1.15
特殊组合	Ⅰ	1.20	1.15	1.10	1.05
	Ⅱ	1.10	1.05	1.05	1.05

注　表中安全系数为不计条块间作用力的瑞典圆弧法计算的容许值。

（二）土石坝坝坡及覆盖层地基抗滑稳定计算

1. 圆弧滑动

计算简图见图 6.4.3-1。

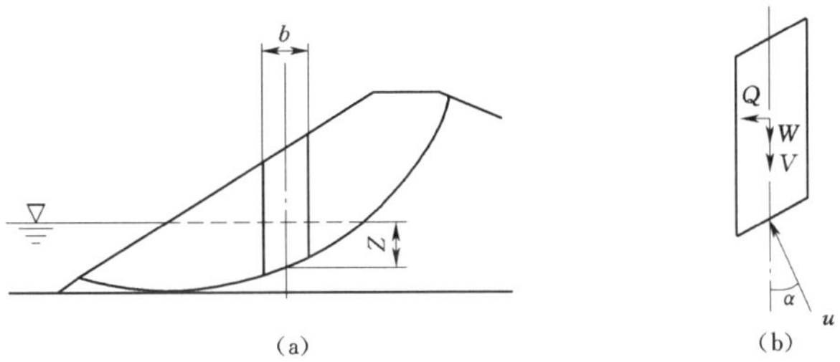

图 6.4.3-1　圆弧滑动条分法示意图

(1) 简化毕肖普法：

$$K=\frac{\sum\{[(W\pm V)\sec\alpha-ub\sec\alpha]\tan\varphi'+c'b\sec\alpha\}[1/(1+\tan\alpha\tan\varphi'/K)]}{\sum[(W\pm V)\sin\alpha+M_C/R]}\tag{6.4.3-3}$$

(2) 瑞典圆弧法：

$$K=\frac{\sum\{[(W\pm V)\cos\alpha-ub\sec\alpha-Q\sin\alpha]\tan\varphi'+c'b\sec\alpha\}}{\sum[(W\pm V)\sin\alpha+M_C/R]}\tag{6.4.3-4}$$

式中：W 为土条质量；Q、V 分别为水平和垂直地震惯性力（向上为负，向下为正）；u 为作用于土条底面的孔隙压力；α 为条块重力线与通过此条块底面中点的半径之间的夹角；b 为土条宽度；c'、φ' 为土条底面的有效应力抗剪强度指标；M_c 为水平地震惯性力对圆心的力矩；R 为圆弧半径。

2. 非圆弧滑动稳定

摩根斯顿—普赖斯法（图 6.4.3-2）

$$\int_a^b p(x)s(x)\mathrm{d}x=0\tag{6.4.3-5}$$

$$\int_a^b p(x)s(x)t(x)\mathrm{d}x-M_e=0\tag{6.4.3-6}$$

$$p(x)=\left(\frac{\mathrm{d}W}{\mathrm{d}x}\pm\frac{\mathrm{d}V}{\mathrm{d}x}+q\right)\sin(\varphi'_e-\alpha)-u\sec\alpha\sin\varphi'_e+c'_e\sec\alpha\cos\varphi'_e-\frac{\mathrm{d}Q}{\mathrm{d}x}\cos(\varphi'_e-\alpha)\tag{6.4.3-7}$$

$$s(x)=\sec(\varphi'_e-\alpha+\beta)\exp\left[-\int_a^x\tan(\varphi'_e-\alpha+\beta)\frac{\mathrm{d}\beta}{\mathrm{d}\zeta}\mathrm{d}\zeta\right]\tag{6.4.3-8}$$

$$M_e=\int_a^b\frac{\mathrm{d}Q}{\mathrm{d}x}h_e\mathrm{d}x\tag{6.4.3-9}$$

$$c_e=\frac{c'}{K}\tag{6.4.3-10}$$

$$\tan\varphi'_e=\frac{\tan\varphi'}{K}\tag{6.4.3-11}$$

式中：$\mathrm{d}x$ 为土条宽度；$\mathrm{d}W$ 为土条重量；q 为坡顶外部的垂直荷载；M_e 为水平地震惯性力对土条底部中点的力矩；$\mathrm{d}Q$、$\mathrm{d}V$ 分别为土条的水平和垂直地震惯性力（向上为向下为正）；α 为条块底面与水平面的夹角；β 为土条侧面的合力与水平方向的夹角；h_e 为水平地震惯性力到土条底面中点的垂直距离。

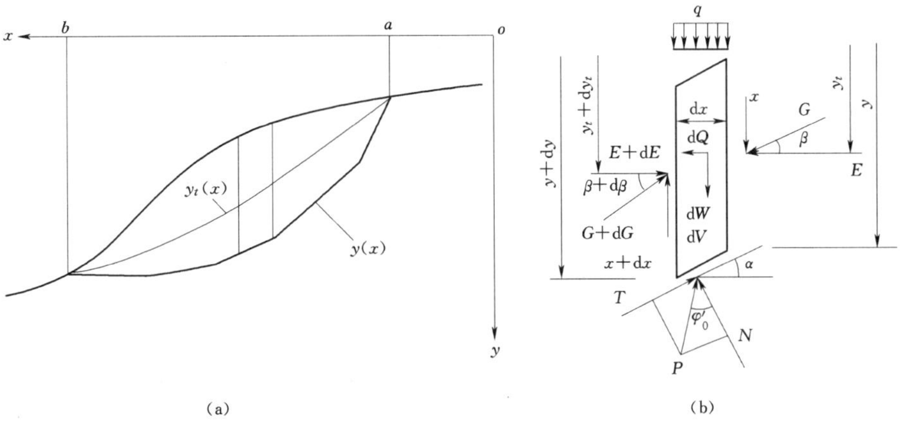

图 6.4.3-2　摩根斯顿—普赖斯法计算简图

（三）覆盖层上其他建筑物稳定性计算

1. 抗滑稳定计算

由于上部建筑物对地基的要求，有的建筑物如进水口地基、闸室、开关站、厂房等可置于覆盖层上，抗滑稳定可按下列抗剪断公式或抗剪公式计算。

(1) 抗剪断强度的计算公式：

$$K'=\frac{f'\sum W+c'A}{\sum P}\tag{6.4.3-12}$$

式中：K'为按抗剪断强度计算的抗滑稳定安全系数；f'、c'为滑动面的抗剪断摩擦系数及黏结力，kPa；A 为基础面受压部分的计算截面积，m^2；$\sum W$ 为全部荷载对滑动面的法向分值，包括扬压力，kN；$\sum P$ 为全部荷载对滑动面的切向分值，包括扬压力，kN。

(2) 抗剪强度的计算公式：

$$K=\frac{f\sum W}{\sum P}\tag{6.4.3-13}$$

式中：K 为按抗剪强度计算的抗滑稳定安全系数；f 为滑动面的抗剪摩擦系数。

2. 抗倾覆稳定计算

计算公式：

$$K_0=\frac{\sum M_s}{\sum M_0}\tag{6.4.3-14}$$

式中：K_0 为抗倾覆稳定安全系数；$\sum M_s$ 为建基面上稳定力矩之和；$\sum M_0$ 为建基面上倾覆力矩之和。

3. 抗浮稳定计算

计算公式：

$$K_f=\frac{\sum V}{\sum U} \qquad (6.4.3-15)$$

式中：K_f 为抗浮稳定安全系数；$\sum V$ 为建基面上垂直力总和（不含设备重量）；$\sum U$ 为建基面上扬压力总和。

4.《建筑地基基础设计规范》（GB 50007—2002）有关抗滑稳定的规定

地基稳定性可采用圆弧滑动面法进行验算。最危险的滑动面上诸力对滑动中心所产生的抗滑力矩与滑动力矩应符合下式要求：

$$M_R/M_S\geqslant 1.2 \qquad (6.4.3-16)$$

式中：M_R 为抗滑力矩；M_S 为滑动力矩。

（1）位于稳定土坡坡顶上的建筑，当垂直于坡顶边缘线的基础底面边长小于或等于 3m 时，其基础底面外边缘线至坡顶的水平距离（图 6.4.3-3）应符合下式要求，但不得小于 2.5m。

条形基础：

$$a\geqslant 3.5b-\frac{d}{\tan\beta} \qquad (6.4.3-17)$$

矩形基础：

$$a\geqslant 2.5b-\frac{d}{\tan\beta} \qquad (6.4.3-18)$$

式中：a 为基础底面外边缘线至坡顶的水平距离；b 为垂直于坡顶边缘线的基础底面边长；d 为基础埋置深度；β 为边坡坡角。

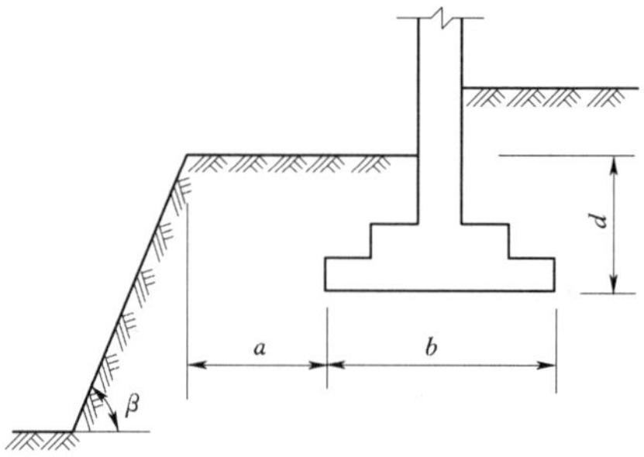

图 6.4.3-3　基础底面外边缘线至坡顶的水平距离示意

（2）当基础底面外边缘线至坡顶的水平距离不满足式（6.4.3-17）、式（6.4.3-18）的要求时，可根据基底平均压力按式（6.4.3-17）确定基础距坡顶边缘的距离和基础埋深。

（3）当边坡坡角大于 45°、坡高大于 8m 时，尚应按式（6.4.3-16）验算边坡稳定性。

常见的地基抗滑稳定验算公式详见表 6.4.3-4。

表 6.4.3-4　　抗滑稳定验算公式

滑动类型	图示	计算条件		计算公式
沿接触面滑动	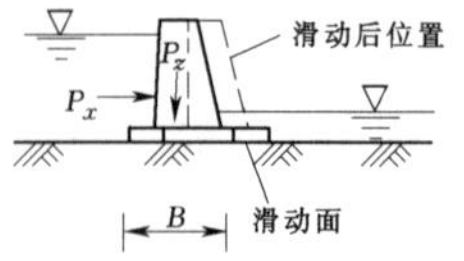	砂性土		$K=\frac{BP_z f+P_b}{BP_x+P_a}$
		黏性土		$K=\frac{B(c+P_z f)+P_b}{BP_x+P_a}$
深层滑动（圆弧法）	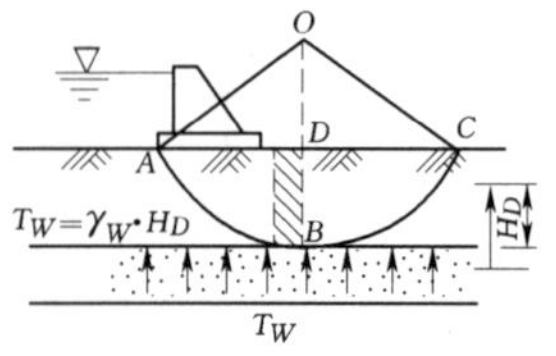	考虑承压水顶托	总应力法	$K=\frac{R\sum_{i-1}^{n}[\tan\varphi'_i(G_i+G_{si}-T_\omega L_i)\cos\alpha_i+G_i L_i]}{G_z+G_x+R\sum_{i-1}^{n}G_i\sin\alpha_i}$
			有效应力法	$K=\frac{R\sum_{i-1}^{n}\{\tan\varphi'_i[G_i+G_{si}-T_\omega L_i)\cos\alpha_i+u_i L_i]+C'_i L_i\}}{G_x a+G_x b+R\sum_{i-1}^{n}G_i\sin\alpha_i}$
	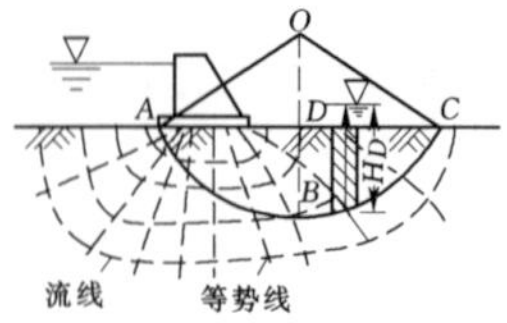	渗透压力作用	总应力法	$K=\frac{R\sum_{i-1}^{n}[\tan\varphi'_i(G_i+G_{si})\cos\alpha_i-H_{0i}L_i]+C'_i L_i}{G_z a+G_x b+R\sum_{i-1}^{n}[(G_i+G_{si})\sin\alpha_i+Fh_i b_i]}$
			有效应力法	$K=\frac{R\sum_{i-1}^{n}\{\tan\varphi'_i[(G_i+G_{si})\cos\alpha_i-(u_1-H_0)L_i]+C'_i L_i\}}{G_z a+G_x b+R\sum_{i-1}^{n}[(G_i+G_{si})\sin\alpha_i+Fh_i b_i]}$
	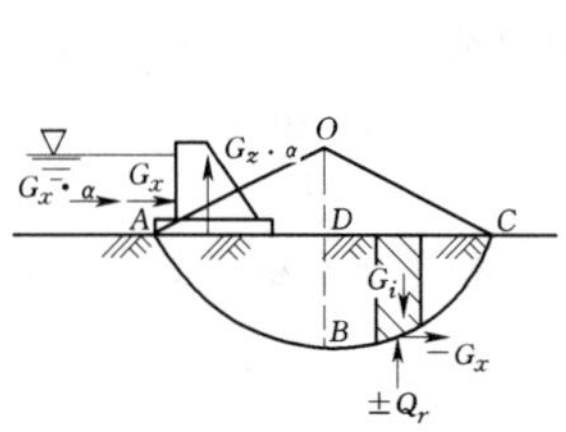	地震作用	总应力法	$K=\frac{R\sum_{i-1}^{n}\{\tan\varphi'_i(G_i+G_{si}\pm Q_y)\cos\alpha_i\sin\alpha_i+C_i L_i\}}{[G_z a+G_x b(1+a)]+R\sum_{i-1}^{n}[(G_i+G_{si}\pm Q_y)\sin\alpha_i\pm Q_y\cos\alpha_i]}$ （动力反应似静力分析简化计算法）
			有效应力法	$K=\frac{R\sum_{i-1}^{n}\{\tan\varphi'_i(G_i+G_{si}\pm Q_y)\cos\alpha_i-Q_x\sin\alpha_i-u_i L_i]+C'_i L_i\}}{[G_z a+G_x b(1+a)]+R\sum_{i-1}^{n}[(G_i+G_{si}\pm Q_y)\sin\alpha_i\pm Q_y\cos\alpha_i]}$ （动力反应似静力分析简化计算法）
	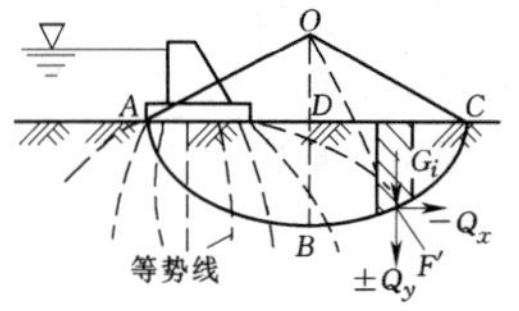	渗透压力孔隙压力地震力作用	有效应力法	$K=\frac{R\sum_{i-1}^{n}\{\tan\varphi'_i[(G_i+G_{si}\pm Q_y)\cos\alpha_i-Q_x\sin\alpha_i-(u_i-H_0)L_i]+C'_i L_i\}}{[G_z a+G_x b(1-a)]+R\sum_{i-1}^{n}[(G_i+G_{si}\pm Q_y)\sin\alpha_i\pm Q_x\cos\alpha_i]}$

续表

滑动类型	图　示	计算条件	计　算　公　式
沿夹层滑动	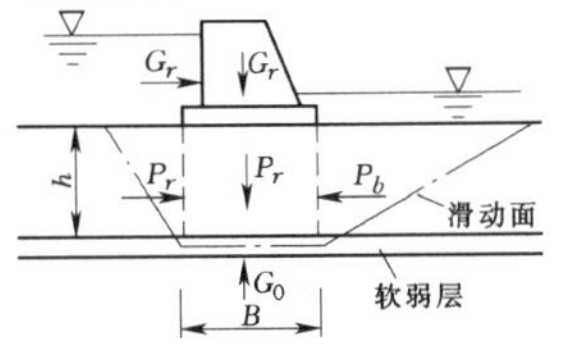	滑面为折线	$K=\frac{G_s+P_r-G_0\tan\varphi\cdot BC+P_b}{G_x+P_a}$
	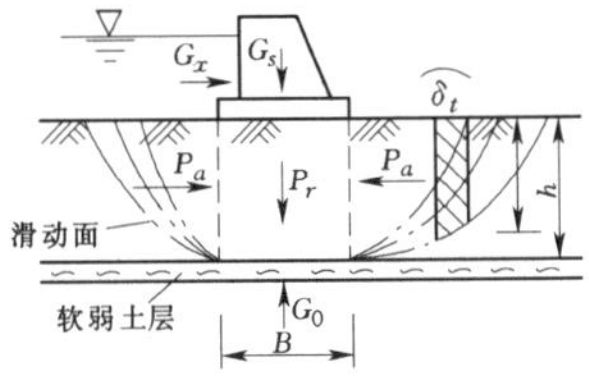	改良圆弧法	$K=\frac{P_n\ (G_s+P_r-G_0)\ \tan\varphi+BC}{G_x+P_m}$
	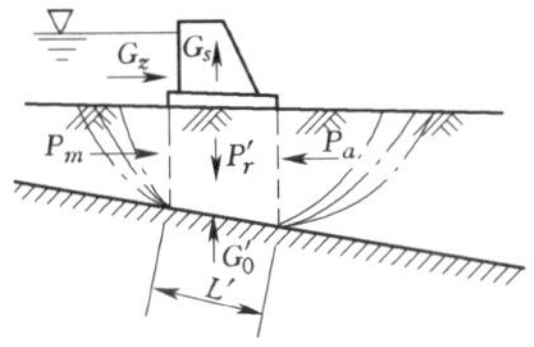	倾斜滑面	$K=\frac{P_n\ (G_s+P'_r-G'_0)\ \cos\alpha'\tan\varphi+c_iL}{G_x+P_m+\ (G_s+P'_r-G'_0)\ \sin\alpha'}$

符号说明：P_z—地基垂直压力；P_x—地基水平力，包括静水压力、动水压力；P_a—基础上游面主动土压力；P_b—基础下游面被动土压力；f—接触面摩擦系数；c—接触面黏聚力；φ—接触面内摩擦角；R—滑弧半径；G_i—土条自重；$G_i=b_ih_ir_i$；b_i—土条宽度；h_i—土条高度；r_i—土的容重；L_i—土条的滑动弧长；G_z—建筑物垂直荷重；G_{zi}—土条有效垂直荷重；G_x—建筑物水平荷重；α—垂直合力点到滑弧中心距；b—水力合力点到滑弧中心距；c_i、φ_i—土条滑动面上的抗剪指标；α_i—滑弧土条垂直力与合力之夹角；c'_i、φ'_i—土条滑面上的有效抗剪指标；u_i—土条孔隙水压力；P_r—软弱夹层上承受的土重；$P_r=\gamma_zhB$；h_i—软弱夹层上土体高度；γ_z—土体平均容重；G_0—浮托力；P_S—上游面总主动土压力；P_n—下游面上的抗滑力；P_m—上游面上的滑动力；h—土条滑动弧面上测压管高度。

第四节　渗漏与渗透稳定性评价

一、渗透变形概念与类型

地基土体在地下水渗流作用下，当渗透力达到一定值时，土体颗粒发生移动或使土的结构、颗粒成分发生变化，从而引起土体的变形和破坏，这种作用或现象称为渗透变形。由此产生的工程地质问题，就是渗透稳定性问题。

引起渗透变形的驱动力是动水压力；动水压力的大小主要取决于地下水的水力梯度。土体抵抗渗透变形的能力叫抗渗强度，其大小取决于土的颗粒组成、排列方式、物理力学性质及地下水流向等。在渗流作用下，土体的渗透稳定性决定于动水压力与抗渗强度之间矛盾的发展演化过程。

渗透变形的类型主要有管涌、流土、接触冲刷和接触流失四种类型。

（一）管涌

管涌是指土体内的细颗粒或可溶成分由于渗流作用而在粗颗粒孔隙通道内移动或被带走的现象。一般又可称为潜蚀作用，可分为机械潜蚀和化学潜蚀。管涌可以发生在坝闸下游渗流逸出处，也可以在砂砾石地基中。此外，穴居动物（如各种田鼠、蚯蚓、蚂蚁等）有时也会破坏土体结构，若在堤内外构成通道，亦可形成管涌，称之“生物潜蚀”。

（二）流土

流土是指在上升的渗流作用下，局部黏性土和其他细粒土体表面隆起、顶穿或不均匀的砂土层中所有颗粒群同时浮动而流失的现象。一般发生于以黏性土为主地带。坝基若为河流沉积的二元结构土层组成，特别是上层为黏性土，下层为砂性土地带，下层渗透水流的动水压力如超过上覆黏性土体的自重，就可能产生流土现象。这种渗透变形常会导致下游坝脚处渗透水流出逸地带出现成片的土体破坏、冒水或翻砂现象。

（三）接触冲刷

接触冲刷是指渗透水流沿着两种渗透系数不同的土层接触面或建筑物与地基的接触流动时，沿接触面带走细颗粒的现象。

（四）接触流失

接触流失是指渗透水流垂直于渗透系数相差悬殊的土层流动时，将渗透系数小的土层中细颗粒带进渗透系数大的粗颗粒土孔隙的现象。

二、渗流计算

（一）坝基渗流计算

1. 单层透水坝基

坝基为单层透水层，其厚度等于或小于坝底宽度时，并假定坝身是不漏水的，则可按达西公式，将边界条件简化（图6.4.4-1）求得：

$$q=k\frac{H}{2b+T}T \qquad (6.4.4-1)$$

式中：q 为坝基单宽剖面渗漏量，$m^3/(d\cdot m)$；k 为透水层渗透系数，m/d；H 为坝上下游水位差，m；$2b$ 为坝底宽，m；T 为透水层厚度，m。

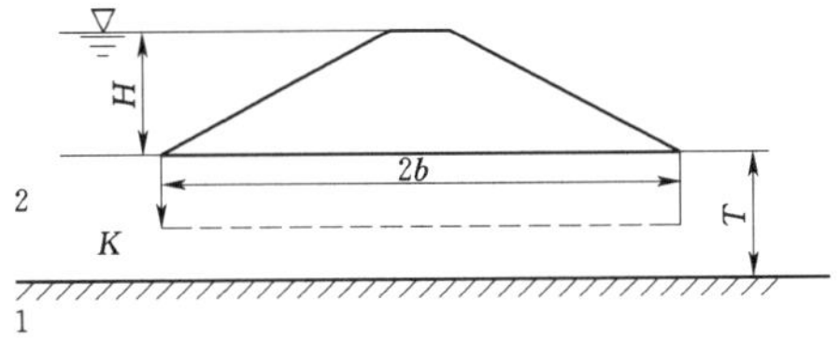

图6.4.4-1　单层透水坝基

1—隔水层；2—透水层

整个坝基渗漏量为

$$Q=qB \tag{6.4.4-2}$$

式中：B 为坝轴线方向整个渗漏带宽度，m。

此式当 $T\leqslant 2b$ 时较准确，当 $T>2b$ 时则稍偏小。

2. 双层透水坝基

坝基两层透水层，上层黏性土，下层砂砾石层，上层和下层的厚度分别为 T_1 和 T_2（图 6.4.4-2），则按下式计算单宽剖面渗漏量：

$$q=\frac{H}{\dfrac{2b}{K_2T_2}+2\sqrt{\dfrac{T_1}{K_1K_2T_2}}} \tag{6.4.4-3}$$

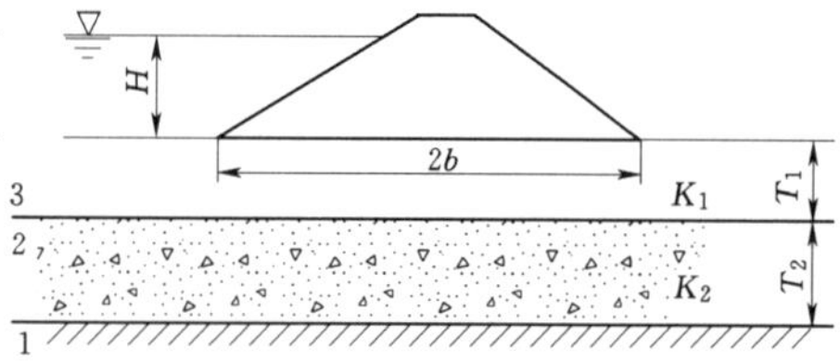

图 6.4.4-2　双层透水坝基

1—隔水层；2—强透水层；3—弱透水层

若上层为砂砾石层，下层为黏性土层，因黏性土透水性较小，则可近似按式（6.4.4-1）计算，计算时把黏性土层当做隔水层处理。

3. 多层透水坝基

当坝基为多层土（水平产状），其渗透系数均不一样，但差值不太大（在 10 倍左右），仍可按式（6.4.4-1）或式（6.4.4-3）计算，其渗透系数可取加权平均值 $K_{平}$ 如下：

$$K_{平}=\frac{K_1T_1+K_2T_2+K_3T_3+\cdots+K_nT_n}{T_1+T_2+T_3+\cdots+T_n} \tag{6.4.4-4}$$

（二）绕坝渗流计算

首先在坝肩岩土体内绘制流线，对于均质的土体可按圆滑线处理（图 6.4.4-3），当裂隙方向性很明显时，则流线应考虑裂隙方向（图 6.4.4-4）。然后在流线方向上取单位宽度，且剖面是紧靠着的，如图 6.4.4-3 取 1～1、2～2、3～3、4～4 等。计算每个单宽剖面的渗漏量 q，最后将它们加起来，即得整个坝肩岩土体渗漏量。

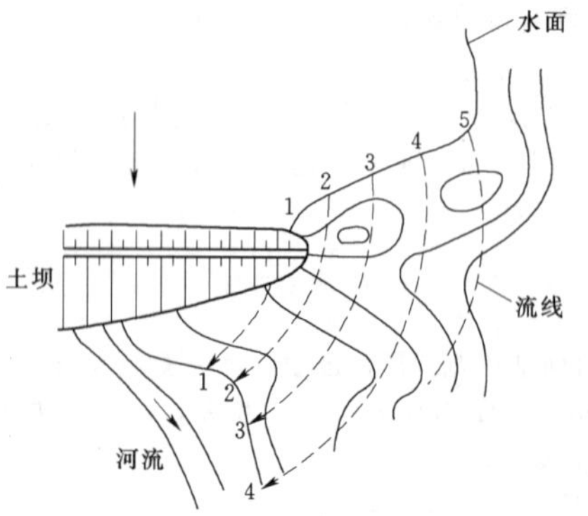

图 6.4.4-3　均质透水土体的流线绘制

单宽剖面的渗漏量可按达西公式求得：

$$q=KIF=K\frac{H}{L}\frac{h_1+h_2}{2} \tag{6.4.4-5}$$

式中：H 为坝上、下游水位差，m；L 为剖面长度，即渗径长度，m；h_1、h_2 为剖面上、下游透水层厚度，m。

显然，每个剖面的渗漏量均有差别，离坝肩越远，剖面越长（即渗径越长）则渗漏量会越小，到一定距离后的剖面渗漏量就可以忽略了，这就是坝肩岩土体的渗漏范围。将此范围内所有剖面的渗漏量 q 乘各剖面宽度加起来，则为此坝的绕坝渗漏总量。

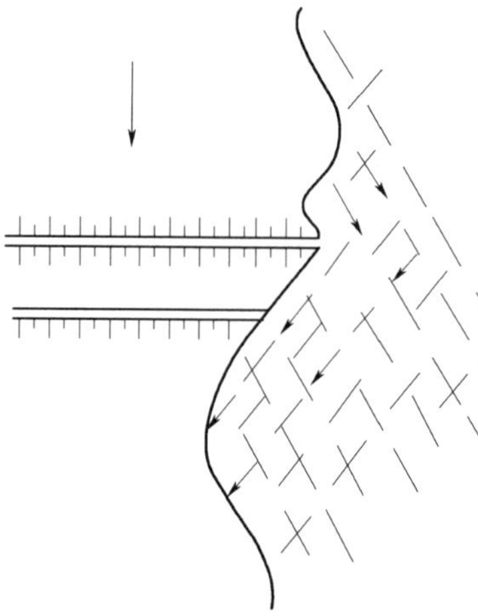

图 6.4.4-4　沿山体基岩裂隙绕坝渗漏示意图

（三）三维数值分析

有限单元法是求解数学物理问题的一种数值解法。它是用有限个单元的集合体代替连续的渗流场，通过选择简单的函数关系近似地表示单元上的水头分布，最后解得渗流场结点处满足一定精度的水头值，用中线法计算过流断面单宽渗量。

符合达西定律的非均质各向异性不可压缩土体的三维空间稳定渗流，其渗流域内任一点水头函数 h 应满足下述基本方程式：

$$\frac{\partial}{\partial x}\left(k_x\frac{\partial h}{\partial x}\right)+\frac{\partial}{\partial y}\left(k_y\frac{\partial h}{\partial y}\right)+\frac{\partial}{\partial z}\left(k_z\frac{\partial h}{\partial z}\right)=0 \tag{6.4.4-6}$$

式中：$h=h(x,y,z)$ 为待求水头函数；k_x、k_y、k_z 分别为 x、y、z 向渗透系数。

与式（6.4.4-5）相对应的定解条件为

水头边界：　$$h|_{\Gamma_1}=h_1(x,y,z) \tag{6.4.4-7}$$

流量边界：　$$-k_n\frac{\partial h}{\partial n}\bigg|_{\Gamma_2,\Gamma_3}=q \tag{6.4.4-8}$$

式中边界面 $\Gamma=\Gamma_1+\Gamma_2+\Gamma_3$。其中 Γ_1 为第一类边界，如上、下游水位边界，自由渗出段边界等已知水头边界；Γ_2 为不透水边界和潜流边界等第二类边界，即已知流量边界；Γ_3 为自由面边界，在其上 $q=0$，自由面上任一点需满足 $h^*=z$。

三、渗透稳定性评价

渗透稳定性评价工作，对于水工建筑物来说尤为重要。在工程兴建以前，必须评价场地或地基的渗透稳定性，以便采取相应的防治措施，保障建筑物安全。渗透稳定性评价主要包括以下三方面的内容：

(1) 根据土体的类型和性质，判别产生渗透变形的型式。

(2) 流土、管涌和接触冲刷临界水力比降的确定。

(3) 土的容许水力比降的确定。

（一）渗透变形类型的判别

流土和管涌主要出现在单一地基中，接触冲刷和接触流失主要出现在双层地基中。对黏性土而言，渗透变形主要为流土和接触流失。

无黏性土渗透变形型式的判别应符合下列要求。

1. 流土和管涌

(1) 不均匀系数不大于5的土，其渗透变形为流土。

土的不均匀系数可采用下式计算：

$$C_u = \frac{d_{60}}{d_{10}} \quad (6.4.4-9)$$

式中：C_u 为土的不均匀系数；d_{60} 为占总土重60%的土粒粒径，mm；d_{10} 为占总土重10%的土粒粒径，mm。

(2) 对于不均匀系数大于5的土，可根据土中的细粒颗粒含量进行判别。

流土：

$$P_c \geqslant 35\% \quad (6.4.4-10)$$

过渡型取决于土的密度、粒级、形状：

$$25\% \leqslant P_c < 35\% \quad (6.4.4-11)$$

管涌：

$$P_c < 25\% \quad (6.4.4-12)$$

式中：P_c 为土的细粒颗粒含量，以质量百分率计，%。

土的细粒含量可按下列方法确定：

级配不连续的土，级配曲线中至少有一个以上的粒径级的颗粒含量小于或等于3%的平缓段，粗细粒的区分粒径 d_f 平缓段粒径级的最大和最小粒径的平均粒径区分，或以最小粒径为区分粒径，相应于此粒径的含量为细颗粒含量。对于天然无黏性土，不连续部分的平均粒径多为2mm。

级配连续的土，区分粗粒和细粒粒径的界限粒径 d_f 按下式计算：

$$d_f = \sqrt{d_{70} d_{10}} \quad (6.4.4-13)$$

式中：d_f 为粗细粒的区分粒径，mm；d_{70} 为小于该粒径的含量占总土重70%的颗粒粒径，mm；d_{10} 为小于该粒径的含量占总土重10%的颗粒粒径，mm。

2. 接触冲刷判别

对双层结构的地基，当两层土的不均匀系数均等于或小于10，且符合下式规定的条件时，不会发生接触冲刷。

$$\frac{D_{10}}{d_{10}} \leqslant 10 \quad (6.4.4-14)$$

式中：D_{10}、d_{10} 分别代表较粗和较细一层土的土粒粒径，mm，小于该粒径的土重占总土重的10%。

3. 接触流失判别

对于渗流向上的情况，符合下列条件将不会发生接触流失。

(1) 不均匀系数等于或小于5的土层：

$$\frac{D_{15}}{d_{85}} \leqslant 5 \quad (6.4.4-15)$$

式中：D_{15} 为较粗一层土的土粒粒径，mm，小于该粒径的土重占总土重的15%；d_{85} 为较粗一层土的土粒粒径，mm，小于该粒径的土重占总土重的85%。

(2) 不均匀系数等于或小于10的土层：

$$\frac{D_{20}}{d_{70}} \leqslant 7 \quad (6.4.4-16)$$

式中：D_{20} 为较粗一层土的土粒粒径，mm，小于该粒径的土重占总土重的20%；d_{70} 为较粗一层土的土粒粒径，mm，小于该粒径的土重占总土重的70%。

（二）渗透变形的临界水力比降确定方法

1. 流土型计算

$$J_{cr} = (G_s - 1)(1 - n) \quad (6.4.4-17)$$

式中：J_{cr} 为土的临界水力比降；G_s 为土粒密度与水的密度之比；n 为土的孔隙率（以小数计）。

2. 管涌型或过渡型计算

$$J_{cr} = 2.2(G_s - 1)(1 - n)^2 \frac{d_5}{d_{20}} \quad (6.4.4-18)$$

式中：d_5、d_{20} 为分别占总土重的5%和20%的土粒粒径，mm。

3. 管涌型计算

$$J_{cr} = \frac{42 d_3}{\sqrt{\frac{k}{n^3}}} \quad (6.4.4-19)$$

式中：d_3 为占总土重3%的土粒粒径，mm；k 为土的渗透系数，cm/s。

土的渗透系数应通过渗透试验测定。若无渗透系数试验资料，《水力发电工程地质勘察规范》(GB 50287—2006) 推荐根据下式计算近似值：

$$K' = 2.34 n^3 d_{20}^2 \quad (6.4.4-20)$$

式中：d_{20} 为占总土重20%的土粒粒径，mm。

《水利水电工程地质勘察规范》(GB 50287—99) 中土的渗透系数近似计算公式为 $k = 6.3 C_u^{-3/8} / d_{20}^2$，是考虑到 C_u 容易获得，公式较实用。但根据近年的有关工程经验，其计算的结果误差较大。因此，《水力发电工程地质勘察规范》(GB 50287—2006) 推荐采用根据孔隙率 n 来计算。当缺少孔隙率试验数据时，也可根据不均匀系数按公式 $k = 6.3 C_u^{-3/8} / d_{20}^2$ 近似计算。

4. 两层土之间的接触冲刷临界水力比降 $J_{k.H.g}$ 计算

如果两层土都是非管涌型土，则

$$J_{k.H.g} = \left(5.0 + 16.5 \frac{d_{10}}{D_{20}}\right) \frac{d_{10}}{D_{20}} \quad (6.4.4-21)$$

式中：d_{10} 为代表细层的粒径，mm，小于该粒径的土重占总土重的10%；D_{20} 为代表粗层的粒径，mm，小于该粒径的土重占总土重的20%。

（三）无黏性土的容许水力比降确定方法

(1) 以土的临界水力比降除以1.5～2.0的安全系数；对水工建筑物的危害较大，取2的安全系数；对于特别重要的工程也可用2.5的安全系数。

通常流土破坏是土体整体破坏，对水工建筑物的危害较大，安全系数取2，对于特别重要的工程也可用2.5。管涌比降是土粒在孔隙中开始移动并被带走时的水力比降，一般情况下，土体在此水力比降下还有一定的承受水力比降的潜力，故取1.5的安全系数。

(2) 无试验资料时，可根据表6.4.4-1选用经验值。

表6.4.4-1 无黏性土容许水力比降

容许水力比降	渗透变形型式					
	流土型			过渡型	管涌型	
	$C_u \leqslant 3$	$3 < C_u \leqslant 5$	$C_u \geqslant 5$		级配连续	级配不连续
$J_{容许}$	0.25～0.35	0.35～0.50	0.50～0.80	0.25～0.40	0.15～0.25	0.10～0.20

注 本表不适用于渗流出口有反滤层情况。若有反滤层作保护，则可提高2～3倍。

四、渗流控制

水工建筑物的渗流控制主要是土石坝的渗流控制。土石坝因修筑于河床地段，河流相堆积物以无黏性土为主。由于建坝后库水位抬高，坝前、后附近水力梯度较大，所以防治渗透变形的意义更大。主要的防治措施有：垂直截渗、水平铺盖、排水减压和反滤盖重等。

（一）垂直截流

常用的方法有黏土截水槽、灌浆帷幕和混凝土防渗墙等。

黏土截水槽常用于透水性很强，抗管涌能力差、隔水层埋藏较浅的砂卵石坝基。其结构视土石坝的结构而定。截水槽一定要作用到下伏的隔水层中，形成一个封闭系统。必须注意隔水层的完整性和渗透性。

灌浆帷幕适用于大多数松散土体坝基。砂卵石坝基采用水泥和黏土混合浆灌注，其中细砂层必须采用化学浆液（如丙凝）灌注。由于灌浆压力较大，故这种方法最好是在冲积层较厚的情况下使用。

混凝土防渗墙适用于砂卵石坝基，其常用的施工方法是槽孔法。

（二）水平铺盖

当透水层很厚，垂直截渗措施难以奏效时，常采用此措施。其方法是在坝上游设置黏性土铺盖，其渗透系数比透水地基小2～3个量级，并与坝体的防渗斜墙搭接。这种措施只是加长渗径而减小水力梯度，并不能完全截断渗流。

当坝前河床中表层有分布稳定且厚度较大的黏性土覆盖时，则可利用它作天然的防渗铺盖。施工时一定要严格禁止破坏该覆盖层。

（三）排水减压

常用的方法有排水沟和减压井，应根据地层结构选择不同的型式。如果坝基为单一透水结构或透水层上覆黏性土较薄的双层结构，可以在下游坝脚附近开挖排水沟，使之与透水层连通，以有效地降低浸润曲线和水头。如果双层结构的上层黏土厚度较大，则应采用排水沟和减压井相结合的方法。减压井的位置在不影响坝坡稳定性的条件下，应尽量靠近坝基脚，并且要平行坝轴线方向布置。

（四）反滤盖重

反滤层是保护渗流出口的有效措施，它既可以保证排水通畅，降低逸出水力梯度，又起到盖重的作用。专门的盖重措施，是在坝后用土和碎石填压，增加荷载，以防止被保护层浮动。

第五节　砂土液化评价

一、砂土液化概念

饱水砂土在地震、动力荷载或其他外力作用下，受到强烈振动而失去抗剪强度，使砂粒处于悬浮状态，致使地基失效的作用或现象称为砂土液化。

砂土液化的危害性主要有地面下沉、地表塌陷、地基土承载力丧失和地面流滑等。

二、砂土液化影响因素

砂土液化的影响因素包括土体的形成年代、土性条件（颗粒组成、松密程度等）、土体埋藏条件（埋深、地下水等）和地震动荷载（地震烈度、地震历时等），见表6.4.5-1。

三、砂土液化初判

砂土液化判定工作可分初判和复判两个阶段。初判主要应用已有的勘察资料或较简单的测试手段对土层进行初步鉴别，以排除不会发生液化的土层。初判的目的在于排除一些不需要再进一步考虑液化问题的土，以减少勘察工作量。《水力发电工程地质勘察规范》（GB 50287—2006）采用年代法、粒径法、地下水位法和剪切波速法进行初判。

表6.4.5-1　砂土液化的影响因素

因素			指标	对液化的影响
地层年代	地质时代		—	形成年代越晚的砂层越易液化
土质条件	颗粒特征	粒径	平均粒径 d_{50}	细颗粒较容易液化，平均粒径在0.1mm左右的粉细砂抗液化性最差
		级配	不均匀系数 C_u	不均匀系数愈小，抗液化性愈差，黏性土含量愈高，愈不容易液化
		形状	—	圆粒形砂比棱角形砂容易液化
	密度		孔隙比 e 相对密实度 D_r	密度愈高，液化可能性愈小
	渗透性		渗透系数 k	渗透性低的砂土容易液化
	结构性	颗粒排列胶结程度均匀性	—	原状土比结构破坏土不易液化，老砂层比新砂层不易液化
	压密状态		超固结比 OCR	超压密砂土比正常压密砂土不易液化
	标贯击数		标贯击数 N	标贯击数越少，砂土越易液化
	剪切波速		剪切波速 V_{st}	剪切波速越大，砂土越不易液化
	水理性		相对含水量 W_u	饱和砂土的相对含水量和液性指数越大，砂土越易液化
			液性指数 I_1	
埋藏条件	上覆土层		上覆土层有效压力 σ'_v	上覆土层愈厚，土的上覆有效压力愈大，就愈不容易液化
			静止土压力系数 K_0	
	排水条件	孔隙水向外排出的渗透路径长度	液化砂层的厚度	排水条件良好有利于孔隙水压力的消散，能减小液化的可能性
		边界土层的渗透性		
	地下水位		—	工程正常运用后，地下水位以上的非饱和土不会液化。
	地震历史		—	遭遇过历史地震的砂土比未遭遇地震的砂土不易液化，但曾发生过液化又重新被压密的砂土，却较易重新液化
动荷条件	地震烈度	振动强度	地面加速度 a_{max}	地震烈度高，地面加速度大，就愈容易液化
		持续时间	等效循环次数 N	振动时间愈长，或振动次数愈多，就愈容易液化

注　根据《工程地质手册》（常士骠，张苏民．建筑工业出版社，2007.）P596表6.6.22略改。

（一）年代法

地层年代为第四纪晚更新世 Q_3 或以前，可判为不液化。

邢台、海城、唐山等地震中没有发现 Q_3 及 Q_3 以前地质年代的土层发生过液化现象。在汶川地震中液化点主要分布在第四系全新统 Q_4，而广大的第四系更新统 Q_3 及更老土层则很少发现液化。

（二）粒径法

土的粒径大于5mm颗粒含量的质量百分率大于或等于70%时，可判为不液化；粒径大于5mm颗粒含量的质量百分率小于70%时，若无其他整体判别方法时，可按粒径小于5mm的这部分判定其液化性能。

对粒径小于5mm颗粒含量的质量百分率大于30%的土，其中粒径小于0.005mm的颗粒含量的质量百分率相应于地震设防烈度7度、8度和9度分别不小于16%、18%、20%时，可判为不液化。

（三）地下水位法

工程正常运用后，地下水位以上的非饱和土，可判为不液化。

（四）剪切波速法

当土层的剪切波速大于式（6.4.5-1）计算的上限剪切波速时，可判为不液化。

$$V_{st}=291(K_H Z\gamma_d)^{1/2} \qquad (6.4.5-1)$$

式中：V_{st}为上限剪切波速度，m/s；K_H为地面最大水平地震加速度系数，可按地震设防烈度7度、8度和9度，分别采用0.1、0.2和0.4；Z为土层深度，m；γ_d为深度折减系数。

深度折减系数可按下列公式计算：

$$Z=0\sim10\text{m},\quad \gamma_d=1.0-0.01Z \qquad (6.4.5-2)$$

$$Z=10\sim20\text{m},\quad \gamma_d=1.1-0.02Z \qquad (6.4.5-3)$$

$$Z=20\sim30\text{m},\quad \gamma_d=0.9-0.01Z \qquad (6.4.5-4)$$

四、砂土液化复判

对于初判为可能液化的土层，应进一步进行复判。对于重要工程，还要做更深入的专门研究。砂土液化复判的方法较多。《水力发电工程地质勘察规范》（GB 50287—2006）列出了四种最常用的方法，即：标准贯入锤击数法、相对密度法、相对含水量法、液性指数法进行复判。《水电水利工程坝址区工程地质勘察技术规程》（DL/T 5414—2009）附录Y（资料性附录）还收录了剪应力对比法、动剪应变幅法、静力触探贯入阻力法等复判方法。

（一）标准贯入锤击数法

（1）符合下式要求的土应判为液化土：

$$N_{63.5}<N_{cr} \qquad (6.4.5-5)$$

式中：$N_{63.5}$为工程运用时，标准贯入点在当时地面以下d_s(m)深度处的标准贯入锤击数；N_{cr}为液化判别标准贯入锤击数临界值。

（2）当标准贯入试验贯入点深度和地下水位在试验地面以下的深度不同于工程正常运用时，实测标准贯入锤击数应按式（6.4.5-6）进行校正，并应以校正后的标准贯入锤击数$N_{63.5}$作为复判依据。

$$N_{63.5}=N'_{63.5}(d_s+0.9d_w+0.7)/(d'_s+0.9d'_w+0.7) \qquad (6.4.5-6)$$

式中：$N'_{63.5}$为实测标准贯入锤击数；d_s为工程正常运用时，标准贯入点在当时地面以下的深度，m；d_w为工程正常运用时，地下水位在当时地面以下的深度，m，当地面淹没于水面以下时，d_w取0；d'_s为标准贯入试验时，标准贯入点在当时地面以下的深度，m；d'_w为标准贯入试验时，地下水位在当时地面以下的深度，m；若当时地面淹没于水面以下时，d'_w取0。

校正后标准贯入锤击数和实测标准贯入锤击数均不进行钻杆长度校正。

（3）液化判别标准贯入锤击数临界值应根据下式计算：

$$N_{cr}=N_0[0.9+0.1(d_s-d_w)]\sqrt{\frac{3\%}{\rho_c}} \qquad (6.4.5-7)$$

式中：ρ_c为土的黏粒含量质量百分率，%，当$\rho_c<3\%$，ρ_c取3%；N_0为液化判别标准贯入锤击数基准值，按表6.4.5-2取值。

表6.4.5-2 液化判别标准贯入锤击数基准值

地震设防烈度	7	8	9
近震	6	10	16
远震	8	12	—

注 当$d_s=3$m，$d_w=2$m，$\rho_c\leqslant3\%$时的标准贯入锤击数称为液化标准贯入锤击数基准值。

（4）注意事项：①根据《水力发电工程地质勘察规范》（GB 50287—2006），式（6.4.5-7）只适用于标准贯入点在地面以下15m以内的深度，大于15m的深度内有饱和砂或饱和少黏性土，需要进行液化判别时，可采用其他方法判定。按照《建筑抗震设计规范》（GB 50011—2001）当深度在15～20m范围内，也可采用此方法进行液化判别。②当标准贯入点在地面以下5m以内的深度时，应采用5m计算。③当建筑物所在地区的地震设防烈度比相应的震中烈度小2度或2度以上时定为远震，否则为近震。④测定土的黏粒含量时应采用六偏磷酸钠作分散剂。

（二）相对密度法

相对密度（D_r）是无黏性土处与最松状态的孔隙比与天然状态孔隙比之差和最松状态孔隙比与最紧密状态的孔隙比之差的比值。当饱和无黏性土（包括砂和粒径大于2mm的砂砾）的相对密度不大于表6.4.5-3中的液化临界相对密度时，可判为可能液化土。

表6.4.5-3 饱和无黏性土的液化临界相对密度 %

地震设防烈度	6	7	8	9
液化临界相对密度$(D_r)_{cr}$	65	70	75	85

（三）相对含水量法

当饱和少黏性土的相对含水量大于或等于0.9时，可判为可能液化土。

相对含水量应按下式计算：

$$W_U=\frac{W_S}{W_L} \qquad (6.4.5-8)$$

式中：W_U为相对含水量，%；W_S为少黏性土的饱和含水量，%；W_L为少黏性土的液限含水量，%。

（四）液性指数法

液性指数大于或等于0.75时，可判为可能液化土。

液性指数应按下式计算：

$$I_L=\frac{W_S-W_P}{W_L-W_P} \qquad (6.4.5-9)$$

式中：I_L为液性指数；W_P为少黏性土的塑限含水量，%。

（五）剪应力对比法

根据水平地面下任一深度饱和无黏性土，由地震所引起的周期剪应力τ_c，与实验室内用同一深度的土样在其原位限制压力作用下测得的初始液化所需的抗液化剪应力τ_s相对比，判别其液化的可能性。

（1）水平地面下任一深度饱和无黏性土的地震剪应力τ_c可按下式估算：

$$\tau_c=0.65\frac{a_{max}}{g}\gamma_c\sum\rho\Delta h \qquad (6.4.5-10)$$

式中：τ_c为地震剪应力，kPa；a_{max}为地面最大水平地震加速度，可根据坝基设计地震动参数确定；也可按地震设防烈度7度、8度和9度分别选取0.1g、0.2g和0.4g；γ_c为水平地震剪应力随深度h折减系数，可由折减系数γ_c与深度h关系曲线按表6.4.5-4选取（深度12～30m为近似值）；ρ为无黏性土上覆土层实际密度（地下水位以下用饱和密度，t/m^3）；Δh 为无黏性土上覆土层分层高度，m。

表 6.4.5－4 地震剪应力随深度折减系数 γ_c 值

深度（m）	0	1	2	3	4	5	6	7	8
γ_c	1.00	0.996	0.990	0.982	0.978	0.968	0.956	0.940	0.930
深度（m）	9	10	12	16	18	20	24	26	30
γ_c	0.917	0.900	0.856	0.74	0.68	0.62	0.55	0.53	0.50

（2）同一深度饱和无黏性土的抗震液化剪应力 τ_S 可按下式估算：

$$\tau_S=\frac{\tau_d}{\sigma_{3c}}C_r\sum\rho'\Delta h \quad (6.4.5-11)$$

式中：τ_S 为抗地震液化剪应力，kPa；τ_d/σ'_{3c} 为在等效应力循环周期作用下室内动三轴试验之动剪应力比；C_r 为应力条件修正系数，可由修正系数 C_r 与相对密度 D_r 关系曲线按表 6.4.5－5 选取；ρ' 为无黏性土上覆土层有效密度（工程运行后处于地下水位以下用浮密度，t/m^3）；Δh 为无黏性土上覆土层分层高度，m。

表 6.4.5－5 应力条件修正系数 C_r 值

相对密度	0.4	0.5	0.6	0.7	0.8	0.9	1.0
C_r	0.55	0.58	0.61	0.64	0.68	0.71	0.74

（3）地震液化可能性可按下式判别：$\tau_S>\tau_c$ 不易液化；$\tau_S\leqslant\tau_c$ 可能或易液化。

（六）动剪应变幅法

根据钻孔跨孔法试验测定的横波（剪切波）速度 v_s，估算距地面以下某深度饱和无黏性土动剪应变幅 γ_e，判别其地震液化的可能性。

（1）地面以下某深度饱和无黏性土动剪应力变幅 γ_e 可按下式估算：

$$\gamma_e(\%)=0.87\frac{a_{\max}Z}{v_s^2(G/G_{\max})}\gamma_c \quad (6.4.5-12)$$

或

$$\gamma_e(\%)=0.65\frac{a_{\max}Z}{v_s^2}\gamma_c \quad (6.4.5-13)$$

式中：γ_e 为地震力作用下地层 Z 深度的动剪应变幅，%；$a_{\max}$ 为地面最大水平地震加速度，可根据坝基设计地震动参数确定；也可按地震设防烈度 7 度、8 度和 9 度分别选取 $0.1g$、$0.2g$ 和 $0.4g$，（$g=9.80665m/s^2$）；Z 为估算点距地面深度，m；v_s 为饱和无黏性土实测横波速度，m/s；$G/G_{\max}$ 为动剪模量比（近似 0.75）；γ_c 为深度折减系数（可参考表 6.4.5－4）。

（2）地震液化可能性可按下式判别：

$\gamma_e(\%)<10^{-2}\%$ （不易液化）

$\gamma_e(\%)\geqslant10^{-2}\%$ （可能或易液化）

（七）静力触探贯入阻力法

根据静力触探试验对饱和无黏性土或少黏性土实测计算比贯入阻力 P_s 与临界静力触探液化比贯入阻力 P_{scr} 相对比，判别其地震液化的可能性。

（1）地面下 15m 深度范围内的饱和无黏性土或少黏性土液化临界静力触探比贯入阻力 P_{scr} 可按下式估算：

$$P_{scr}=P_{s0}\alpha_p[1-0.065(d_w-2)][1-0.05(d_0-2)] \quad (6.4.5-14)$$

式中：P_{scr} 为临界静力触探液化比贯入阻力，MPa；P_{s0} 为当 $d_w=2m$、$d_0=2m$ 时，饱和无黏性土或少黏性土临界贯入阻力，MPa，可按地震设防烈度 7 度、8 度和 9 度分别选取 5.0～6.0MPa、11.5～13.0MPa 和 18.0～20.0MPa；α_p 为土性综合影响系数，可按表 6.4.5－6 选值；d_w 为地下水位埋深（若地面淹没于水面以下 d_w 取 0m）；d_0 为上覆非液化土层厚度，m。

表 6.4.5－6 土性综合影响系数 α_p 值

土性	无黏性土	少黏性土	
塑性指数 I_p	$I_p\leqslant3$	$3<I_p\leqslant7$	$7<I_p\leqslant10$
α_p	1.0	0.6	0.45

（2）地震液化可能性可按下式判别：

$P_s>P_{scr}$ （不易液化）

$P_s\leqslant P_{scr}$ （可能或易液化）

五、液化指数和液化等级划分

《水电水利工程坝址区工程地质勘察技术规程》（DL/T 5414—2009）附录 Y（资料性附录）载明，凡判别为可液化土层的地基，应探明各液化土层的深度和厚度，按下列公式计算每个钻孔的液化指数，并按表 6.4.5－7 综合划分地基的液化等级：

$$I_{lE}=\sum_{i=1}^{n}\left(1-\frac{N_i}{N_{cri}}\right)d_iW_i \quad (6.4.5-15)$$

式中：I_{lE} 为液化指数；n 为在判别深度范围（≤15m）内每一个钻孔标准贯入试验点的总数；N_i、N_{cri} 分别为 i 点标准贯入锤击数的实测值和临界值，当实测值大于临界值时应取临界值的数值；d_i 为 i 点所代表的土层深度，m，可采用与该标准贯入试验点相邻的上、下两标准试验点深度差的一半，但上界不小于地下水位深度，下界不大于液化深度；W_i 为 i 土层单位土层厚度的层位影响权函数值，单位为 m^{-1}。

当该层中点深度不大于 5m 时应采用 10，等于 15m 时应采用零值，5～15m 时应按线性内插法取值。

表 6.4.5－7 液化等级

液化等级	轻微	中等	严重
判别深度为 15m 时的液化指数	$0<I_{lE}\leqslant5$	$5<I_{lE}\leqslant15$	$I_{lE}>15$

六、砂土液化判别时应注意的几个问题

（1）工程实践中一般采用两种以上的方法进行复判，以相互印证。同时要注意不同方法的适用范围。如相对密度法适用于无黏性土，标准贯入试验法适用无黏性土和少黏性土。在标准贯入试验适用范围内（深度≤20m）应用标准贯入锤击数作为主要判别依据，同时可用相对密度法印证。对饱和少黏性土用标准贯入试验进行液化判定，可用相对含水量法或液性指数法进行印证。

（2）不同行业和不同规范对砂土液化判别规定有所不同，在进行液化判别时应注意根据不同建筑物性质采用不同的规范。如《建筑抗震设计规范》（GB 50011—2001）规定粉土的黏粒（粒径小于 0.005mm 的颗粒）含量百分率，7 度、8 度和 9 度分别不小于 10%、13%、16%时，可判为不液化土，与前述的标准略有不同。

（3）如何考虑大坝等水工建筑物建成后对砂土液化判断的影响。目前，各种液化判别方法均没有考虑建筑物压重影响。理论分析，大坝建成后对砂土有压密作用，并增加了砂土上覆盖重，有利于砂土的抗地震液化。但同时，大坝建成后，不利于砂土中孔隙水的排出，对抗液化不利。故从工程安全角度考虑，在砂土液化判断时对大坝等水工建筑物的压重作用不予考虑。不过，如何考虑大坝等水工建筑物建成后对砂土液化判断的影响是一个值得进一步深入研究的问题。

(4) 2008年汶川地震后，中国地震局袁晓铭等人实地考察了汶川地震造成的液化现象，发现汶川地震液化有三个主要特征：①在低烈度的Ⅵ度区内出现显著液化及其导致的震害现象，10处液化点分布在5个不同地区，且有液化直接导致房屋破坏。②深层土液化，液化时喷水高度10m以上，专门的勘察结果表明此次地震20m处液化真实存在。③砂砾层液化，专门的勘察结果验证了其真实性，同时，综合分析此次地震液化喷砂量和喷水时间以及工程地质资料，推断此次地震液化土层中砂砾层应占很大分量。

目前的抗震规范还没能考虑以上液化现象，其机制解释、预测和判别方法目前更是空白，还需要深入研究。

第六节　软 土 震 陷

一、软土与软土震陷的概念

软土是指天然孔隙比大于或等于1.0，且天然含水量大于液限的细粒土。包括淤泥、淤泥质土、泥炭、泥炭质土、软黏性土等。

软土的分类见表6.4.6-1。

表6.4.6-1　　软土的分类

类型	天然孔隙比 e	天然含水率 W（%）	有机质含量 W_u（%）	渗透系数 k（cm/s）	压缩系数 $a_{0.1\sim0.2}$（MPa^{-1}）	不排水抗剪强度 CU（kPa）	静力触探比贯入阻力 P_s（kPa）	标准贯入试验锤击数 N
软黏性土	$e\geqslant1.0$	$W\geqslant W_L$	$W_u<3.0$	$k<10^{-6}$	$\geqslant0.5$	CU<30	$P_s<800$	$N<4$
淤泥质土	$1.0\leqslant e\leqslant1.5$		$3.0\leqslant W_u<10$					
淤泥	$e>1.5$							$N<2$
泥炭质土	$e>3.0$	$W\geqslant W_L$	$10\leqslant W_u\leqslant60$	$k<10^{-3}$		CU<10		
泥炭	$e>10$		$W_u>60$	$k<10^{-2}$				

注　1. 表中 W_L 为土的液限含水率（%）。
2. 有机质含量 W_u（%）按烧失量试验确定。
3. 软土及其类型的划分，应以天然孔隙比、天然含水率及有机质含量为主，并结合其他指标综合判断。外业勘察时，可用 P_s 作为初判标准。
4. 本表引自《铁路工程特殊岩土勘察规程》（TB 10038、J 126）。

软土在我国沿海一带分布很广，如渤海湾、长江三角洲、珠江三角洲以及浙江、福建沿海地区等都存在海相或湖相沉积的软土，它们是在咸水或淡水中沉积形成的细粒土，含有机质和矿物质的综合物。软土具有松软、孔隙比大、天然含水量高、压缩性高、强度低、渗透性小和灵敏度高的特点，使其在受扰动后极易丧失强度。

软土震陷是软土在地震快速而频繁的加荷作用下，土体的结构受到扰动，导致软土层塑性区的扩大或强度的降低，从而使建筑物产生附加沉降。

一般认为震陷发生的直接诱因是地震作用下饱和砂土液化、砂土剪密等机理作用。

最早的震陷研究开始于20世纪60年代后期。H. B. Seed等人就土壤震陷问题做了若干室内研究工作；后来有多人对震陷作了实验研究，建立了预测残余应变的经验公式，残余应变模型及土体应变软化模型等，丰富和发展了震陷理论研究。

二、软土震陷可能性的评价

1. 软土的工程性质

(1) 含水量较高，孔隙比较大。因为软土的成分主要是由黏土粒组成，其中黏土粒的矿物晶粒表面带有负电荷，它与周围介质的水分和阳离子相互作用并吸附形成水膜，在不同的地质环境中沉积形成各种絮状结构。所以这类土的含水量和孔隙比都比较高，一般含水量在35%～80%，孔隙比为1～2。软土的高含水量和大孔隙比不但反映了土中的矿物成分与介质相互作用的性质，同时也反映软土的抗剪强度和压缩性的大小：含水量越大，土的抗剪强度越小，压缩性越大。

(2) 抗剪强度很低。根据土工试验的结果，我国软土的天然不排水抗剪强度一般小于20kPa，其变化范围约在5～25kPa；有效内摩擦角约为20°～35°；固结不排水剪内摩擦角为12°～17°。正常固结的软土层的不排水抗剪强度往往是随距地表深度的增大而增加，每米的增长率约为1～2kPa。在荷载的作用下，如果地基能够排水固结，软土的强度将产生显著的变化，土层的固结速率越快，软土的强度增加越快，加速软土层的固结速率是改善软土强度特性的一项有效途径。

(3) 压缩性高。一般正常固结的软土层的压缩系数约为0.5～1.5MPa^{-1}，最大可以达到4.5MPa^{-1}，压缩指数 C 约为0.35～0.75；它与天然含水量的关系为 $C=0.0147W-0.213$。

天然状态的软土层大多属于正常固结状态，但有部分属于超固结状态和欠固结状态。超固结状态土在应力未超过先期固结压力时，沉降很小；欠固结状态土在荷载作用下会产生较大的沉降。因此，先期的固结压力和超固结比OCR是表示土固结状态的一个重要参数，它会影响土的变形特性和强度变化。

(4) 渗透性很小。软土的渗透系数一般约为 $i\times10^{-6}\sim i\times10^{-8}$cm/s，所以固结速率很慢。当软土层的厚度超过10m，要使土层达到较大的固结度往往需要5～10年或者更久。所以在软土层上的建筑物基础的沉降往往拖延很长时间才能稳定。同样，在荷载作用下地基土的强度增长也是缓慢的。这对于改善地基土的工程特性是十分不利的。软土层的渗透性有明显的各向异性，水平向的渗透系数往往要比垂直向的渗透系数大，特别是含有水平夹砂层的软土层更为显著。这是改善软土层工程特性的一个有利因素。

(5) 具有明显的结构性。软土一般为絮状结构，尤其以海相黏土更为明显。这种土一旦受到扰动，土的强度显著降低，甚至呈流动状态。因此，在软土层中进行地基处理和基坑开挖，若不注意避免扰动土的结构，就会加剧土体的变形，降低地基土的强度，影响地基处理的效果。

(6) 具有明显的流变性。在荷载作用下，软土承受剪应力的作用产生缓慢的剪切变形，并可能导致抗剪强度的衰减，在主固结沉降完毕之后还可能继续产生较大的次固结沉降。

2. 影响软土震陷的因素

(1) 动应力幅值。

(2) 振动次数。

(3) 固结压力。

(4) 土的类型（包括结构特性、湿度、密度等）。

3. 软土震陷可能性判别

在分布有多层软土时，对震害的影响主要取决于接近地表、厚度大的土的性质，也即取决于第一层软土的性质。一般而言，软土层的厚度越大，越接近地表，震害往往越重。因为接近地表的软土往往沉积年代较新，多呈欠固结状态，孔隙比大，含水量高，具高压缩性、低强度的特点。

(1) 唐山地震经验。当地基承载力特征值或剪切波速大于表6.4.6-2中数值时，可不考虑震陷影响。

表6.4.6-2　临界承载力特征值和等效剪切波速

抗震设防烈度	7度	8度	9度
承载力特征值 f_a（kPa）	>80	>100	>120
等效剪切波速 v_{se}（m/s）	>90	>140	>200

(2)《岩土工程勘察规范》(GB 50021—2009) 规定："抗震设防烈度等于或大于7度的厚层软土分布区，宜判别软土震陷的可能性和估算震陷量。"

(3)《构筑物抗震设计规范》(GB 50191—93) 规定：8度、9度地震区土的承载力特征值 f_{ak} 分别大于100kPa及120kPa者，可不考虑软土震陷问题，符合表6.4.6-3要求者，亦可不考虑软土震陷。

表6.4.6-3　基础底面以下非软土层厚度

设防烈度	基础底面以下非软土层厚度 (m)
7	≥0.5b 且≥3
8	≥b 且≥5
9	≥1.5b 且≥8

注　b 为基础底面宽度。

(4)《建筑抗震设计规范》(GB 50011—2008)。该规范纳入了《构筑物抗震设计规范》的有关规定，但指出其不足：缺少系统的震陷试验研究资料；7度地震区是个空白，许多7度地震区的软土其承载力特征值只有40～80kPa，未必不产生震陷；对8度地震区 f_{ak} 分别大于100kPa及120kPa的要求，偏于保守。

在2008年国标建筑抗震设计规范中已提到震陷的可能性，在条文说明4.3.11条叙述如下："关于软土震陷，由于缺乏资料，各国还未列入抗震规范。但从唐山地震中的破坏实例分析，软土震陷确是造成震害的主要原因，实有明确抗御措施之必要"。认为"对7度区 f_{ak}<70kPa"的软土还是应该考虑震陷的可能性，并宜采用室内动三轴试验和H. B. Seed简化方法加以判定。对于8度、9度规定的 f_{ak} 值偏于保守，根据天津实际震陷资料并考虑地震的偶发性及所需的设防费用，暂时规定"软土震陷量小于5cm者可不采取措施，则8度区 f_{ak}>90kPa以及9度区 f_{ak}>100kPa的软土可不考虑震陷的影响"。

三、软土震陷量的估算

强烈地震时发生震陷，不仅被科学实验和理论研究证实，而且在宏观震害调查中，也证明它的存在，但研究成果仍不够充分，较难进行预测和可靠的计算，软土震陷量的估算方法采用分层总和法。

当软土判定有震陷的可能性时，宜进行震陷量估算，可按下式进行：

$$S_E = \sum_{i=1}^{n} \varepsilon_{PNi} h_i \tag{6.4.6-1}$$

式中：S_E 为震陷量；ε_{PNi} 为原状土的震陷系数，即固结压力为 σ_v，动应力 $\sigma_d/2$ 时，作用 N 次后的竖向应变值，N 为与设防烈度相应的等价振动次数，对7度区取10。动三轴试验时，采用的应力按下式计算：

$$\sigma_d/2 = T_d = 0.65 k_d \sigma_v \cdot \sigma_{max}/g \tag{6.4.6-2}$$

式中：T_d 为地震剪应力；σ_{max} 为地面最大加速度；g 为重力加速度；k_d 为折减系数，可取1～0.015h，h 为土层埋深；σ_v 为静固结系数可取该土层范围内自重压力与建筑附应力之和的平均值，由 ε_{PN}～n 曲线上取得。

四、软土的抗震陷措施

软土的抗震陷措施包括碾压及夯实、换土垫层、排水固结、振密挤密、置换及拌入、加筋等。这些措施具体内容可参见本篇第五章。

第五章 水电工程常用地基处理措施

覆盖层地基处理的目的就是选择合理的地基处理方法，对不能满足水电工程各种建筑物要求、不能直接使用的天然地基进行有针对性的处理，以解决不良地基所存在的承载力和抗剪强度不足、沉降失稳、易液化和渗透变形等问题。

覆盖层地基的处理方式包括清基开挖、部分保留和全部挖出等三种类型。对大坝或其他水工建筑物地基经分析研究虽然不能满足基础应力、变形和渗透稳定要求，但全部开挖不经济或施工难度太大，因此只能保留部分覆盖层。此时需要采取工程措施对覆盖层地基进行改良。地质工程师应该了解、掌握覆盖层地基的处理方法和措施。

覆盖层地基处理措施主要分为对软弱地基加固和透水地基防渗两大类。软弱地基加固措施主要有：换土垫层法、振冲法、高压喷射注浆法、固结灌浆、强夯和强夯置换法、预压法、桩基础等。地基防渗处理措施有：混凝土防渗墙、帷幕灌浆、水平铺盖等。

第一节 地基加固处理

一、换土垫层法

当建筑物地基持力层为软黏土、淤泥、粉砂、素填土、杂填土、暗沟及暗塘等地基时，采用挖除地基中不满足设计要求的软土，换填抗剪强度高、压缩性小的土，以提高地基承载力，减小地基沉降量的方法称之为换土垫层法。

置换垫层材料以“就地取材”为原则，常用的材料有砂石、碎石（卵砾石）、黏性土、灰土和工业废渣等。当地基存在排水固结要求时，宜采用透水性的垫层料，但湿陷性黄土地基和遇水软化地基不允许采用排水垫层。当地下水流速较大时，应考虑垫层材料抵抗潜蚀和冲刷的能力。

垫层的厚度应根据需要置换软土的厚度及下卧土层的承载力确定，当软土层较薄时，应予全部挖除置换；当软土层较厚时，应符合有关规定。

当垫层下卧层为淤泥或淤泥质土层，在碎石或卵砾石底部已设置150～400mm厚的砂垫层，以防止淤泥或淤泥质土层的局部破坏。如淤泥或淤泥质土层厚度较小，在碾压荷载下抛石能挤入该层底面时，可采用抛石挤淤处理。

垫层承载力应通过现场检测和试验确定，对于中、小工程，无试验资料时，可查表选用。

垫层施工应根据不同的垫层料选择施工机械。黏性土宜采用平碾、羊足碾和凸块碾，砂石宜采用平碾或振动平碾。垫层施工应分层铺填，分层厚度可视材料性质和碾压、夯击设备的能力及方法而定。重要工程应通过现场碾压试验确定施工机具、施工工艺和铺填厚度。

二、振冲法

按对地基土加密效果，振冲法可分为振冲挤密和振冲置换两类。

振冲挤密是利用振冲器的振动作用使地基振动挤密。

振冲置换是在地基中利用振冲器的振动力和水冲作用形成连续的孔洞，直至设计的加固深度；经过清孔由循环水带出孔中碎石稠泥浆后，再从地面向孔中逐段添加碎石填料，每段填料在振冲器的振动作用下被挤压密实，达到要求的密实度后提升振冲器，直至处理土层的顶面，从而在处理的土层中形成一根具有相当直径的密实碎石桩柱，使被处理土层达到加固的要求。目前采用振冲器功率为30～150kW。

（一）适用土质范围

振冲挤密法适用于处理黏粒含量小于10%的砂土和粉土地基。振冲碎石桩适用于砂土和不排水抗剪强度不小于20kPa的黏性土、粉土、饱和黄土、素填土和杂填土。由于目前振冲器的功率尚未达到穿透较厚的卵砾石地层，需处理的砂土或黏土地层上部覆盖有颗粒较粗、卵砾石含量较高的卵砾石土层时，应采用其他方法挖孔或钻孔穿透上部覆盖层，使振冲器顺利通过上部覆盖层，进入需要处理土层进行振冲处理。

（二）回填碎石料要求

振冲碎石桩所用填料多为碎石、砾石、砂砾石、矿渣等。一般粒径越大，加固效果越好，但最大粒径一般不宜超过100mm，对软黏土地基，目前国内已施工的碎石桩的碎石粒径最大值已达150mm。填料中的细粒含量不宜太多太细。填料应采用颗粒级配连续的碎石，含泥量（<0.075mm）宜小于5%。

（三）碎石桩长度和加固范围

振冲碎石桩的长度应符合下列规定：

（1）在黏性土地基中，应按建筑物的容许沉降量及地基下卧层承载力验算结果确定。

（2）当基础下相对坚硬层埋深不大时，应按相对坚硬层埋藏深度确定。

（3）可液化地基中，桩长应按处理液化层厚度确定，满足抗液化要求。

（4）桩长不宜小于4m，也不宜大于18m。

（四）振冲加固质量检查

振冲处理地基后应进行质量检测，检测点的布置应具有代表性和平面分布的均匀性，在建筑物基础的重要部位及施工中出现异常情况的地段，均应布置检测点。

振冲处理地基质量效果检测，宜采用复合地基载荷试验，单桩和桩间土载荷试验、钻探、静力触探、重型动力触探及跨孔波速试验等方法，对桩身质量和复合地基承载力进行检测。

三、高压喷射注浆法

高压喷射注浆法是将带有特殊喷嘴的注浆管置于土层预定深度，以高压喷射流使水泥浆液与土体混合，凝固硬化加固地基的方法。若在喷射的同时，喷嘴以一定的速度旋转、提升，则形成浆液和土体混合的圆柱状桩体，通常为旋喷桩。高压喷射注浆法可采用单管法、二重管法和三重管法施工。

（一）适用土质范围

高压喷射注浆法适用于淤泥、淤泥质土、黏性土、粉土、黄土、砂土、人工填土和碎石土等地基。当地基中含有较多的大粒径块、卵石、坚硬黏性土、大量植物根茎或过多的有机质时，应慎重适用该法，地基中地下水流速过大时亦不宜使用。

（二）高压喷射注浆法的应用

高压喷射注浆法加固地基常应用于以下几类工程：

（1）在软土地基中形成旋转喷水泥桩柱，以提高复合地基的承载力和抗变形能力。

（2）采用高压旋喷水泥桩柱以提高地基的抗剪强度，增加地基的抗滑稳定性。当旋喷桩柱作为抗滑桩时，应按独立载荷设计。

（三）旋喷桩强度和直径

旋喷桩桩身材料强度和直径，应根据旋喷工艺类型、地质条件、施工参数等因素由现场试验或参照相似地质条件的施工经验确定。

（四）桩体质量检查

高压旋喷水泥桩施工完成后进行桩体质量检查，检查位置应布置在建筑物基础压力最大部位、施工中有异常现象部位、对成桩质量有疑虑的地方，并进行随机抽样检验。

桩体质量检查，可采用开挖检查、钻孔取芯承压试验、静荷载试验等方法。

四、固结灌浆法

为了增强覆盖层地基的承载力，提高土体密实度和增加压缩变形模量，减小地基的透水性，对一些具有可灌性的砂卵石地基常通过水泥浆液固结灌浆达到目的。

（一）灌浆布置

覆盖层地基固结灌浆通常用于建筑物地基的表层，灌浆深度一般不超过10m，灌浆孔、排距应根据地层特性确定，对于重要工程应通过现场灌浆试验确定，一般孔的排距为2～5m。

（二）灌浆材料

灌浆采用的浆液材料可根据砂卵石地层的颗粒级配确定。通常用受灌地层颗粒级配曲线上含量为15%的粒径与灌浆材料颗粒级配曲线上含量为85%的粒径之比即 $M=D_{15}/d_{85}$ 来确定地层的可灌性，若 $M<5$，土质地基不宜采用固结灌浆。当 $M>5$，灌浆材料可采用水泥浆液或水泥砂浆。

（三）灌浆压力

砂卵石地层表层固结灌浆一般在上部有混凝土盖板或其他材料压重情况下方能进行灌浆。灌浆压力与砂卵石地基的密度和孔隙率有关，孔隙率较小、密度较高的地层可采用稍高的灌浆压力，密度低的砂卵石地层不宜采用较高的灌浆压力。砂卵石地层固结灌浆压力一般在0.05～0.5MPa之间。

五、强夯和强夯置换法

强夯法是利用落锤产生的巨大夯击能（一般为600～10000kN·m）在地基中产生冲击波和动应力，对地基土进行挤密，提高地基的承载力，降低其压缩性，提高土的强度和砂土地基的抗液化能力。

强夯法常用来加固碎石土、砂土、低饱和度的黏性土、素填土、杂填土和湿陷性黄土等地基。对于饱和度较高的黏性土等地基，经试验证明有效果的也可以采用强夯法。通常认为强夯挤密法只适用于塑性指数 $I_P\leqslant10$ 的土。淤泥和淤泥质土地基不能采用强夯挤密法加固。

强夯置换法是利用重锤高落差产生的高冲击能将碎石、矿渣等物理力学性能较好的材料强力挤入地基，在地基中形成一个个碎石墩。对墩周土体的作用如同强夯法。在强夯置换过程中，土体结构破坏，产生超孔隙水压力，随着时间发展，土体结构强度逐渐得到恢复。碎石墩一般具有较好的透水性，利于土体中超孔隙水压力的消散，产生固结。强夯置换法主要利用在地基中的碎石墩与墩间土形成碎石墩复合地基，提高地基承载力和减小地基沉降。

强夯法处理地基质量检验可根据地基工程地质情况与地基处理要求选择现场十字板试验、动力触探试验、静力触探试验、旁压仪试验、波速试验、荷载试验等任意两种或两种以上的方法进行。

六、预压法

预压法又称排水固结法，是在拟建建筑物的地基上预先施加荷载（如堆土、堆石），使软土地基产生相应的固结，然后将预压荷载卸掉，再进行建筑物的施工。这样可大大减小地基的沉降，提高软土地基的抗剪强度，增加地基的承载力。

排水固结法适用于处理淤泥质土、淤泥和冲填土等饱和黏性土地基。

当软黏土层较厚（超过5m），为了增加排水途径，缩短排水距离，加速软黏土的固结和抗剪强度的增长、提高预压效果，一般在地基内设置排水砂井或塑料排水带。

预压法可根据采用的排水系统和加压系统进行分类，见表6.5.1-1。

表6.5.1-1　预压法分类表

方法	加压系统	排水系统	备注
堆载法	堆载	无	一般用于渗透系数较小的地基
砂井法	堆载	普通砂井	
袋装砂井法	堆载	袋装砂井	
塑料排水带法	堆载	塑料排水带	
降低地下水位法	降低地下水位，增加自重应力	各种型式竖向排水通道	
超载预压法	堆载荷载超过设计荷载	砂井或袋装排水带或塑料排水带	

改善地基排水条件的其他方法还有：

（1）塑料板排水法。采用塑料板代替砂井。塑料板应具有不腐蚀、不膨胀、耐酸碱和排水性能较好的性能。

（2）袋装砂井法。袋装砂井是把砂预先装在透水袋内放入钻孔中形成的。透水袋的材料要求有足够的抗拉和抗弯强度，透水性好，能起过滤网作用，工程上常用合成纤维布编织袋作为透水袋。

袋装砂井的直径一般为6～7cm，间距为1～1.5m，长度应根据沉降计算或稳定分析而定，一般为10～20m。

排水固结法施工过程中主要通过沉降观测、地基中超孔隙水压力监测来检验其处理效果，也可在加载不同阶段进行不同深度的十字板抗剪强度试验和取土进行室内试验，检验地基处理效果，并且通过上述检验手段验算预压固结过程中地基的稳定性。

预压完成后，可通过沉降观测成果，超孔隙水压力监测成果以及对预压后地基进行十字板抗剪强度试验及室内土工试验来检验处理效果。

七、加筋土法

在地基土体中设置水平向筋体，形成复合土体以提高地基承载力、减小沉降和提高土体抗剪强度的方法为加筋土法。水平向加筋体早期用金属带，现在常用土工格栅和土工布等土工材料。加筋土法的基本原理是通过土体与筋体间摩擦力作用，使筋体承受拉应力，而筋间土承受压应力和剪应力，使加筋土中筋体和土体都能较好发挥自己的潜能，达到提高地基稳定性、减小沉降的目的。

加筋土法对软土地基进行加固，主要用于提高堤坝、堆场地基及罐体地基的承载力，减小地基的沉降。水电工程也可用于增强堤坝坝坡稳定和抗震措施。

土工加筋材料不宜直接铺设在淤泥质软土上，宜在加筋材料与软土之间设置砂垫层，砂垫层宜用中粗砂，含泥量不大于5%。砂垫层厚度不小于200mm。

铺设土工加筋材料时，应平顺、拉紧、铺平。土工材料在存放及施工铺设过程中应避免长时间曝晒或暴露。

八、桩基础法

当天然地基上采用浅基础，其沉降量过大或地基稳定性不能满足设计要求时，或经技术经济比较更合理时，可采用桩基础加固处理，将建筑物荷载传递至深处合适的土层上，或传递给桩周围土体，以保证建筑物稳定性和容许沉降量的要求。软质土层较厚的土质边坡，当边坡稳定不能满足要求时，有时也采用抗滑桩来增强边坡的稳定性。

按桩的传力及作用性质不同，桩分为端承桩和摩擦桩，两者兼而有之的，称为摩擦端承桩。

建筑物荷载由桩传递到桩尖平面的硬土层或基岩上，荷载由桩端反力来支撑的桩称为端承桩。建筑物荷载主要由桩侧摩擦力来承受，同时桩端的土也起一定的承受作用的桩称之为摩擦桩。

桩基持力层宜选择具有一定厚度、层位稳定、层面高程变化不大、埋深适宜、性质较硬、非湿陷性、不液化的土层。

桩端进入持力层的深度为：对于黏性土和粉土不宜小于$2.0d$（d为桩径或桩的宽度）；对于砂类土，不宜小于$1.5d$；对于碎石土，不宜小于$1.0d$。当有强度相对较低的下卧土层时，桩端以下持力层的厚度不宜小于$4d$。嵌岩钻孔灌注桩，桩端宜穿透全风化层和强风化层，进入弱风化层$1.0d$，或进入微风化层0.5m；当岩层表面有较大倾斜时，桩端嵌岩深度应从下坡点记，且桩端岩面以下不应有临空面和滑动面。

桩进入液化层以下稳定土层中的长度（不包括桩尖部分）应按计算确定，对于黏性土、粉土不宜小于$2.0d$，砂土不宜小于$1.5d$，碎石土不宜小于$1.0d$，对其他非岩石类土不应小于$1.5d$。

桩的最小中心距宜符合有关规定。对于大面积桩群，尤其是挤土桩，桩的最小中心距宜大于规范规定值。

当桩端持力层层面有起伏变化时，同一基础下相邻桩长不等，其桩端标高差宜为：对于非嵌岩端承桩，不宜超过相邻桩的中心距；对于摩擦型桩，桩端应位于相同的土层中，且不宜超过短桩长的1/10。

单桩竖向承载力，取决于制桩材料的强度或土对桩的支承能力。一般桩的承载力都是由土的支承力控制。

单桩的承载力宜通过现场单桩荷载试验确定。当无试验资料时，可根据经验公式确定。

打入桩的单桩竖向承载力也可由静力触探资料确定。

（一）灌注桩的型式

1. 钻孔灌注桩

水利水电工程常用的钻孔灌注桩包括回转钻孔灌注桩和冲击钻孔灌注桩。

回转钻孔灌注桩适用于地下水位以下的黏性土、粉土、砂类土及强风化岩。冲击钻孔灌注桩除适合上述地层外，还特别适应于砂卵石和含有大块石或孤石的卵砾石地层。在岩溶发育地区，特别是溶蚀洞穴和裂隙连通性强的地区，应慎重使用。

钻孔灌注桩桩径一般不小于400mm，软土地基不宜小于550mm。地下水位以上浇筑混凝土时，桩身混凝土强度不应低于C15，保护层厚度不应小于35mm；水下浇筑时，混凝土强度等级不应低于C20，保护层厚度不应小于50mm。

2. 人工挖孔桩

人工挖孔桩适用于能够进行局部疏干排水的地层；适用于地下水位埋深较大或者地层透水性较差（渗透系数$k\leqslant10^{-1}$cm/s）、桩基持力层埋藏较浅（一般小于30m）的端承桩或摩擦端承桩。

人工挖孔桩的直径与桩长的比例符合下列原则：

当桩长$L\leqslant10$m时，桩身直径（护壁的内径）不宜小于800mm；当桩长$L>10$m时，桩身直径宜不小于1000mm。桩长一般不宜超过30m。

（二）打入桩

1. 预制钢筋混凝土方桩

预制钢筋混凝土方桩，适用于持力层顶面标高起伏变化不大、持力层以上为较软地层且没有坚硬夹层、打桩挤土效应和噪声对周围环境影响不大的桩基工程。

预制桩的混凝土强度不宜低于C30，桩纵向钢筋的混凝土保护层厚度不宜小于30mm。预制桩的断面尺寸一般宜为$\phi=$250～550mm，桩的长度应根据地层条件、单桩承载力、沉桩机具等因素综合确定。

对1级、2级建筑物，单桩竖向、水平向极限承载力应通过现场静荷载试验确定；对3级、4级建筑物，可用静力触探资料推算单桩的抗压极限承载力。

2. 预应力高强混凝土管桩（PHC桩）和预应力混凝土管桩（PC桩）

预应力高强混凝土管桩，混凝土等级不得低于C80，按抗弯性能或混凝土有效应力值分为A型、AB型、B型和C型，对应的有效预应力值分别为4MPa、6MPa、8MPa、10MPa，常用的PHC桩的直径有300～800mm，管壁最小厚度由60～110mm，桩长7～15m。在选用桩的型号时，应根据工程的实际受力状况来选用PHC和PC桩型号。

1级、2级建筑物PHC和PC桩的单桩竖向、水平向极限承载力应通过现场静荷载试验确定。当采用静力触探资料确定单桩抗压极限承载力时，可由公式计算确定。

3. 钢管桩

钢管桩常用的直径一般有ϕ406.4mm、ϕ609.6mm、ϕ762mm、ϕ914.4mm等几种，壁厚一般为9～20mm，选用规格应根据工程地质条件和技术经济条件确定。

钢管桩的外径与有效壁厚之比不宜大于100。当大于100时，应考虑局部屈服弯曲而降低钢材的容许压应力，当场地地下水对钢桩有腐蚀性时，应进行防腐处理或预留腐蚀厚度2mm。

钢管桩的单桩极限承载力标准值应通过桩的原体试验确定。当采用静力触探资料确定单桩抗压极限承载力值，可用相关公式计算确定。

第二节 地基防渗处理

一、混凝土防渗墙

混凝土防渗墙是20世纪50年代发展起来的、对软土和砂砾（卵）石覆盖层进行垂直防渗的处理技术。随着我国水利水电工程的蓬勃发展，数十年来防渗墙技术得到了迅速的进步。我国已建成并良好运行的混凝土防渗墙工程已有数十个，防渗墙最深的深度已超过100m。

混凝土防渗墙是利用专用机具在大坝、闸坝以及坝肩的透水地基中造孔，以泥浆固壁，采用直升导管法往孔内灌注混凝土而建成的地下防渗建筑物。混凝土防渗墙具有适应各种松散透水地基的水文地质和工程地质条件，具有施工快、简便、成本低、便于机械施工、能承担高水头荷载、容许渗透比降大、防渗效果好等优点，已在各种工程的地基防渗处理中得到广泛的应用。

混凝土防渗墙按墙体材料的物理力学性质，可分为刚性混凝土防渗墙和塑性混凝土防渗墙两种。刚性墙体材料有：掺少量黏土或粉煤灰的混凝土、素混凝土和钢筋混凝土等。其抗压强度在5.0～50MPa之间，变形模量在10～40GPa之间。刚性混凝土防渗墙常用在高水头、抗水力冲刷和渗透比降大、具有承载功能的防渗结构中，故多用于挡水建筑物闸、坝的坝基中。塑性混凝土防渗墙具有较好的柔性，能适应地基的变形，但墙体材料的力学强度不高，故多用于围堰体的防渗。

（一）防渗墙深度

混凝土防渗墙深度应根据覆盖层地基的厚度，土层分布状况及透水性，闸、坝防渗结构布置型式和地基防渗要求等因素综合确定。较薄的透水地层，防渗墙宜穿透透水地层，墙底嵌入下部不透水地层或基岩。

透水地层深厚时，应根据地层的渗透特性（渗透系数和容许渗透比降）和挡水建筑物坝基承受的渗透水头及防渗结构的型式，综合来确定防渗墙的结构型式及深度，如采用几道防渗墙，墙厚，墙与上部坝体的连接型式，以及坝基是采用全封闭防渗还是悬挂式防渗。

对于深厚覆盖层地基，有时防渗墙不可能封闭透水地层，或者水头较小的工程，在技术和经济上无必要采用全封闭的型式，坝基也可采用悬挂式防渗墙，虽然悬挂式防渗墙的防渗效果不如全封闭防渗墙，但对特别深厚的覆盖层地基可采用上墙下幕（灌浆帷幕）对坝基进行全封闭；在水头较小或经坝基渗流计算分析，坝基的渗漏量及渗透比降均在工程容许范围之内，坝基防渗墙也可采用悬挂型式。

全封闭防渗墙，墙底嵌入基岩的深度，一般宜嵌入弱风化或新鲜基岩中0.5～1.0m，中、低水头防渗墙墙底也可嵌入强风化基岩0.8～1.5m。此外，遇到陡坡岩面时，基岩钻进的深度也要增加，否则不能保证垂直岩面方向的入岩深度。施工阶段应进行补充勘探，最好每个槽孔有一个勘探孔，孔深一般不小于3m，有较大孤石时应不小于5m。

墙底嵌入坝基不透水地层的深度应根据不透水地层的性状而定，一般嵌入土层的深度不宜小于0.1H（上、下游水位差）或5m。

为了保证混凝土防渗墙达到预期目的，地质勘探工作应做到足够的深度，施工前，必须确定沿防渗墙轴线的基岩或不透水地层顶面的高程。山区河流河床中孤石较多，应防止将大孤石误判为基岩。因此，防渗墙工程钻孔勘探的深度应超过基岩10m以上（大孤石最大颗粒粒径），也可根据河床中大孤石的最大尺寸确定超过基岩顶面的钻孔深度。

防渗墙嵌入基岩时，由于防渗墙在泥浆中施工，在墙底与岩面之间存在一定厚度的沉渣，沉渣太厚可能成为坝基渗漏的通道。故防渗墙混凝土浇筑前应尽量清孔，减少墙下沉砂的厚度，在对基岩进行帷幕灌浆时应通过埋放在防渗墙墙体内的预埋灌浆管，一并对沉渣进行灌浆，提高沉渣的抗渗性能。

（二）混凝土防渗墙的厚度

混凝土防渗墙的厚度，取决于坝体及坝基防渗结构型式，坝基地层条件和施工条件。中、低水头闸、坝或围堰，墙体厚度多为0.6～0.8m，高水头防渗墙，尤其是全封闭式防渗墙，墙体厚度一般在1.0m以上，目前国内最大厚度已达1.4m。

坝基混凝土防渗墙厚度的确定主要取决于墙体的应力大小和渗透比降值。

（三）墙体应力

坝基混凝土防渗墙的应力与坝的结构型式及坝的高度有关。坝基混凝土防渗墙，尤其是墙底嵌入基岩的全封闭防渗墙，由于混凝土墙体刚度远高于墙两侧土体，在上部坝体荷载作用下，墙两侧土体产生的沉降远大于墙体，故防渗墙墙体除承受顶部坝体传下来的荷载外，还要承受两侧土体沉降而产生的拖曳力，墙体在坝体填筑施工期要产生较大的压应力，而到蓄水运行期，防渗墙又将承受上、下游水位差产生的水平荷载作用，墙体有些部位可能产生拉应力。故防渗墙设计应对在各种工况下防渗墙的复杂应力状况予以重点关注。

（四）墙体渗透比降

蓄水运行期（围堰为施工期），墙体内的渗透比降也是决定防渗墙厚度因素之一。国内防渗墙设计采用的容许最大渗透比降一般为80～100。实际上混凝土防渗墙与两侧泥皮联合抗渗能承受的渗透比降远高于100。故施工质量有保证的高标号混凝土防渗墙的容许渗透比降可大于100。

国内混凝土防渗墙工程统计见表6.5.2－1。

表6.5.2－1　国内混凝土防渗墙工程统计表

工程名称	坝型	坝高(m)	覆盖层厚度(m)	最大墙深(m)	墙厚(m)	水力梯度	嵌入基岩深度(m)	墙体材料
碧口	土心墙堆石坝	101.8	38	68.5	0.8	112.5	1.3	黏土混凝土加钢筋
黄羊河	土心墙堆石坝	52	56.8	64.4	0.8	65.5	0.5～0.8	黏土混凝土
拓林	土心墙堆石坝	62		61.2	0.8	54	3.5～5	黏土混凝土
十三陵	斜墙堆石坝	29	59.5	60	0.8	41.5	0.5～0.85	黏土混凝土
小浪底	斜心墙堆石坝	154	80	85.9	1.2	75～93	1.0	混凝土
硗碛	土心墙堆石坝	124	70	70.5	1.2	100	1.0	混凝土
冶勒	沥青心墙堆石坝	125.5	420	100	1.2	100	嵌入黏土层5m	混凝土
狮子坪	土心墙堆石坝	135	101	102	1.2	105	1.0	混凝土
仁宗海	土工膜堆石坝	56	148	80.5	1.0		悬挂式	混凝土
瀑布沟	土心墙堆石坝	186	78	78	①	70	1.0	混凝土
下坂地	沥青心墙堆砂砾石坝	78	150	85	1.0		墙下接帷幕	混凝土
龙头石	沥青心墙堆石坝	58.5	77	71.8	1.2		1.0	混凝土
泸定	土心墙堆石坝	85.5	148.6	110	1.0	80	悬挂式	混凝土
长河坝	土心墙堆石坝	241	79	64.5	②		1.0	混凝土
毛尔盖	土心墙堆石坝	147	55	52	1.4	90	1.0	混凝土
铜街子	面板堆石坝	48	68	70	1.2		1.5	混凝土

① 上、下游墙均为1.2m。

② 上游墙1.4m，下游墙1.2m。

二、帷幕灌浆

覆盖层进行帷幕灌浆防渗处理，常适用于透水性较强地基，尤其是深厚覆盖层地基，帷幕灌浆形成防渗帷幕或辅助混凝土防渗墙进行防渗处理。

深厚覆盖层地基采用帷幕灌浆防渗处理最成功的实例为埃及的阿斯旺坝，灌浆帷幕深达250m，灌浆共15排，坝基渗透系数由灌前$1\times10^{-1}\sim5\times10^{-3}$cm/s降至灌后$3\times10^{-4}$cm/s。法国谢尔·邦松坝，坝基覆盖层深达115m，帷幕灌浆深115m，共19排，坝基渗透系数由灌前$3\times10^{-1}\sim9\times10^{-2}$cm/s降至灌后$2\times10^{-5}$cm/s。国内、外采用帷幕灌浆的几个工程实例见表6.5.2-2和表6.5.2-3。

表6.5.2-2　国内坝基帷幕灌浆工程统计表

工程名称	坝　型	水头(m)	灌浆深度(m)	每排深度(m)	排数	平均间距(m)		与心墙接触处渗透比降	灌浆压力(MPa)	平均渗透系数(cm/s)	
						排距	孔距			灌浆前	灌浆后
密云	斜墙土石坝	66	44	—	3	3.5	4.0	6.0	0.5～1.5	$(0.36\sim1.2)\times10^{0}$	$6.3\times10^{-4}\sim5.5\times10^{-5}$
岳城	均质坝	—	—	—	3	1.7～3.3	6.0	—	0.3～1.5	0.23×10^{-1}	
下马岭	混凝土溢流坝	33	40	40	3	3.0	3.0	3.6	3.0	$(1\sim6)\times10^{-1}$	$10^{-4}\sim10^{-5}$

表6.5.2-3　国外坝基帷幕灌浆工程统计表

工程名称	国家	水头(m)	最大灌浆深度(m)	排数	平均间距(m)		与心墙接触处渗透比降	灌浆压力(MPa)	平均渗透系数(cm/s)	
					排距	孔距			灌浆前	灌浆后
阿斯旺	埃及	110	250	15	2.5～5	2.5	1.9	3～6	$10^{-1}\sim5\times10^{-3}$	3×10^{-4}
米松·太沙基	加拿大	60	150	5	3	3～4.5	5.0	①	2×10^{-1}	4×10^{-4}
昔勒文勒丹	西班牙	40	120	7	3	2～3	2.2	$(0.03\sim0.06)H$	5×10^{-3}	1.3×10^{-4}
谢尔·邦松	法国	100	115	19	2～2.5	2.5～4	3.4	$0.06H$	$3\times10^{-1}\sim9\times10^{-2}$	2×10^{-5}
马特马克	瑞士	110	110	10	3	3.5	3.3	2.0～2.5	$10^{0}\sim10^{-2}$	6×10^{-3}
杜尔拉斯波登	奥地利	70	75	8	2.5～3	3	3.5	—	3×10^{-4}	8×10^{-5}
科米叶圣母坝	法国	36	70	5	3	3	2.4	$0.05H$	$10^{0}\sim3\times10^{-2}$	2×10^{-4}
回水	英国	45	65	5	3	3	3.7	0.7～1.2	10^{0}	10^{-5}

① $0.05H$ ($H<56$m)，$(0.03\sim0.06)H$ ($H>56$m)。

(一) 地基可灌性

在研究地基进行帷幕灌浆防渗处理时，首先应查明覆盖层的分层、各层颗粒级配及渗透系数，以判断地基的可灌性并设计适宜的灌浆材料。

判断覆盖层地基可灌性的办法，通常有如下几种方法：

1. 按可灌比M

$$M=\frac{D_{15}}{d_{85}} \tag{6.5.2-1}$$

式中：D_{15}为被灌地层颗粒级配曲线上含量为15%的粒径；d_{85}为灌浆材料颗粒级配曲线上含量为85%的粒径。

根据可灌比M值可按表6.5.2-4确定地层的可灌性及能使用的灌浆材料。

表6.5.2-4　可灌比M与可灌材料表

M	>15	>10	>5	<5
适用可灌材料	水泥砂浆	水泥黏土浆	水泥黏土浆	化学浆

2. 按地层渗透系数

根据工程经验，可按表6.5.2-5判别地层的可灌性及灌浆材料。

表6.5.2-5　渗透系数与灌浆材料关系表

渗透系数(m/d)	灌 浆 材 料
800	水泥浆加细砂
>500	水泥浆
100～200	水泥浆加塑化剂

续表

渗透系数(m/d)	灌 浆 材 料
80～100	水泥浆加2～5种活性掺合料
≤80	水泥黏土浆
20～25	水泥黏土浆加化学剂或磨细水泥黏土浆

3. 按颗粒级配

根据土层颗粒级配参照图6.5.2-1判别地层的可灌性及灌浆材料。

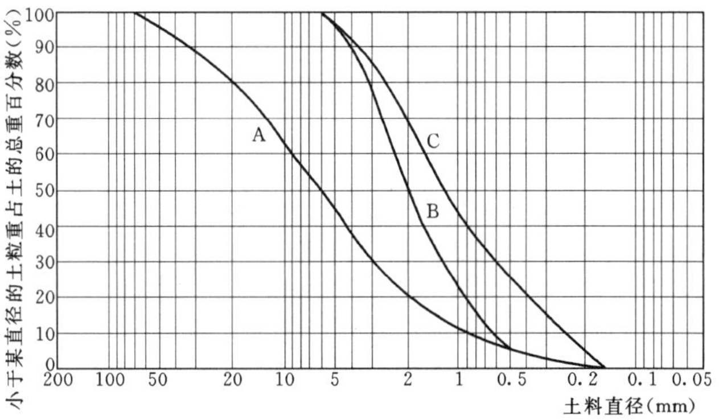

图6.5.2-1　判别土壤可灌性的颗粒级配曲线

A—接受纯水泥浆的土壤分界线；B—接受一般水泥黏土灌浆的土壤分界线；C—接受精细黏土与高细度水泥（或高速搅拌的水泥浆）的混合浆的土壤分界线

（二）灌浆方法

帷幕灌浆常用的方法一般有打管灌浆法、预埋花管法、套管灌浆法和循环钻灌法等。

这四种方法的适用性和优缺点见表6.5.2-6。

表6.5.2-6　　帷幕灌浆方法

灌浆方法	钻孔	灌浆	适用性	优缺点
打管灌浆法	花管直接打入孔底	冲清管内淤沙后灌浆	浅薄覆盖层	仅适用于浅覆盖层，施工方便
预埋花管法	钻到孔底，埋花管，外填水泥黏土浆	填料凝固后，放入花管，压开填料	深厚覆盖层	质量宜保证，耗用管材多
套管灌浆法	钻孔到底，下入套管	自下而上提一段套管灌一段	浅覆盖层	套管拔起困难，灌浆效果不高
循环钻灌法	钻一段（1～5m），灌完再钻下一段	自上而下灌浆	浅覆盖层	适用于浅覆盖层，进度快

（三）灌浆材料

帷幕灌浆材料主要有水泥、黏土或膨润土。在强透水地层中灌浆，可掺入砂子、磨细矿渣、粉煤灰等掺合料。为改善浆液性能，还可加入促凝剂、塑化剂等外加剂。采用的水泥强度等级不低于P·O42.5。对于永久性防渗帷幕，水泥含量应占总干料的30%以上，临时性防渗帷幕可适当降低水泥含量。

（四）灌浆压力

高压喷射注浆法可采用单管法、二重管，一般采用高压灌浆，使灌入浆液扩散范围增大，渗入土层中细小孔隙，增强结合，但压力过高又会产生人为的通道，形成串浆流失，或抬动地层。所以，确定灌浆压力要慎重，在浅表部可用小压力，深部灌浆压力可逐渐增加，同时Ⅰ、Ⅱ序孔应相对低一些，Ⅲ序孔可增加压力。重要工程的灌浆压力应通过现场试验确定。无试验资料时可按公式确定

（五）灌浆帷幕深度、厚度及排数

灌浆帷幕应穿透透水地层，嵌入下埋不透水地层或基岩。有些工程如密云水库、下坂地水电站和泸定水电站，由于坝基覆盖层太深厚，混凝土防渗墙不能全面封闭透水地基，坝基防渗只好采用上部为混凝土防渗墙，下部接灌浆帷幕。

帷幕厚度取决于灌浆帷幕的容许渗透比降，对于水泥黏土灌浆，一般容许比降为2.5～4.0，水泥灌浆帷幕可提高至6～8。重要工程灌浆帷幕的容许渗透比降应通过现场灌浆试验确定。

灌浆排数取决于帷幕的厚度和地层可灌性。由于幕体所受水头上面比下面大，故帷幕厚度也是上面比下面大，灌浆排数上多下少。

（六）帷幕表层和底部

帷幕灌浆时表层易发生冒浆和地层抬动，故表层4～6m范围内的灌浆质量难以保证，应挖除，并回填防渗土与上部防渗土体联结；也可先填一定厚度的防渗土料作为盖重，再通过填土对下面地基进行灌浆，但应严格控制防渗土体的抬动。

防渗帷幕底部应嵌入基岩或不透水地层，嵌入基岩的深度可与基岩帷幕灌浆相接。嵌入不透水地层的深度，不宜小于水头的1/10或5m。

三、水平铺盖

水平铺盖常设于上游坝基表面与坝体防渗体联合组成防渗系统。水平铺盖可延长坝基渗径，减小坝基渗流量和渗透比降，对混凝土闸坝，还可以减小坝基的扬压力。

水平铺盖的防渗效果虽然不如垂直防渗体，但具有施工简便、速度快、工程造价低等优点，在水利水电工程中得到广泛采用。

水平铺盖按材料不同可分为黏土铺盖、混凝土铺盖和土工膜铺盖。

（一）黏土铺盖

黏土铺盖由渗透系数较小（一般小于10^{-5}cm/s）的黏性土筑成。铺盖的厚度与土料的渗透特性和地基性质有关，一般自上游向下游逐渐加厚，上游端厚度一般为0.5～1.0m，下游端厚度d取决于铺盖土料的容许渗透比降j_f和下游端铺盖承受的水头ΔH（ΔH为铺盖下游端上下水头差），要求铺盖内的渗透比降$i=\Delta H/d\leqslant j_f$。黏土铺盖的容许渗透比降，黏土8～15，壤土5～10，粉质壤土4～6，碎石土2～4。铺盖下游端的厚度不宜小于2.5m。铺盖的长度应根据渗流计算分析确定，保证铺盖起到应有的防渗作用。为了黏土铺盖免受波浪、冲刷和冻结等动力作用，铺盖表面应设保护层。当铺盖下卧层为卵砾石地层时，应在铺盖下部铺设砂砾石反滤垫层。反滤垫层的颗粒级配应满足黏土铺盖反滤保护要求。填筑铺盖前应将基础整平压实，不得有起伏突变或卵、漂石集中成堆，以免蓄水后铺盖发生破裂穿孔。因铺盖宜产生沉陷变形，故黏土铺盖施工时应做好分层碾压，铺盖密度应满足规定压实度要求。

土石坝上游若有天然土层，其厚度和渗透特性均能满足铺盖要求，则可利用做水平铺盖，清除表面植物根茎、松土、碎渣和钻地动物洞穴等，再用重碾压实，表面铺以保护层。如天然铺盖厚度不够，可在其上铺填人工铺盖加厚。

在多泥沙河流上，蓄水后库内常有淤泥淤积，有利于铺盖的防渗。因此，应设法将水平铺盖与土石坝的斜墙或心墙连接，增加上游水平铺盖的防渗性能。国内部分黏土铺盖工程实例见表6.5.2-7。

表6.5.2-7　　国内部分黏土铺盖工程统计表

工程名称	坝型	坝高(m)	铺盖长(m)	铺盖厚(m)		土料干密度(t/m^3)	渗透系数(cm/s)	地基渗透系数(m/d)	设计渗透比降	铺盖方式
				前端	后端					
鸭河口	黏土心墙	32	224	0	4	1.65～1.70	5×10^{-7}	—	8	河床段
临城	黏土斜墙	33	130	1	3	1.70	5×10^{-7}	69～191	4～6	—
王快	壤土斜墙	62	200	1	6	1.65	1.5×10^{-5}	15～126	6	—
西大洋	均质坝	54	180	1	5	1.65	3.5×10^{-5}	7～30	6	—
黄壁庄（主坝）	均质坝	30.7	160	1	3	1.5	—	—	6	水中填土法
黄壁庄（副坝）	均质坝	19	160～400	0.9	3	1.6	10^{-5}	250	6	天然铺盖为主
庙宫	均质坝	42	200	1	5	1.65	2.6×10^{-6}	130～150	6	—
邱庄	均质坝	24.5	200	1	3	—	10^{-3}～10^{-4}	16～326	6	天然铺盖为主
龙门	均质坝	39.5	200	1	3	—	10^{-3}～10^{-4}	32～86	6	—

（二）混凝土铺盖

建在深厚覆盖层地基上的中、低水头混凝土闸坝工程，常采用混凝土铺盖与闸坝、护坦及混凝土防渗墙联合组成防渗系统。由于素混凝土铺盖不适应地基不均匀沉降易开裂，混凝土铺盖常采用钢筋混凝土结构。

铺盖长度可根据闸基防渗需要确定，一般采用上、下游最大水位差的3～5倍，铺盖上、下游两端常采用齿槽增加铺盖以确保运行期的稳定。

混凝土或钢筋混凝土铺盖厚度应根据结构强度和构造需要确定，但最小厚度不宜小于0.4m。长水平铺盖应沿水流方向设置沉降缝，沉降缝间距8～20m，靠近翼墙的铺盖缝距宜采用小值。缝距可采用2～3m。

（三）土工膜铺盖

土工膜材料的生产来源于塑料工业，随着塑料工业的发展，近三四十年来土工合成材料在水利水电工程中得到了广泛的应用。目前，土工膜作为坝体或坝基主要防渗材料，仅限于水头不高的中、小水利水电工程，但作为辅助防渗结构已广泛应用于各类挡水建筑物中。

土工膜水平铺盖常用于砂砾石等透水地基，替代黏土铺盖和混凝土铺盖。土工膜厚度应根据作用水头，膜下地基可能产生裂缝宽度，膜的应变和强度等通过计算确定，用作铺盖土工膜的厚度不宜小于0.5mm。土工膜铺盖的长度，应根据坝基防渗结构的渗流计算分析和技术经济比较综合确定。

由于土工膜采用的土工材料有多种，材料性能和施工要求均不相同，采用土工膜用作水平铺盖应根据《水利水电工程土工合成材料应用技术规范》（SL/T 225—98）的规定进行设计。

四、其他方法

（一）齿槽（截水槽）

对于水头不大于60m，深度不大于20m的透水层地基，如施工简便，可开挖明槽，切断透水层，再用与坝体防渗体相同的材料回填压实，形成垂直防渗体齿槽（截水槽）。齿槽常布置于上游坝脚或坝轴线上。国内采用齿槽防渗的工程实例见表6.5.2-8。

表6.5.2-8　国内采用齿槽防渗的土石坝工程统计表

工程名称	设计水头(m)	覆盖层地层	齿槽尺寸				设计渗透比降	槽底处理措施
			深度(m)	底宽(m)	边坡			
					上游	下游		
岗南	63.19	砂砾石	8～16	5～12	1∶2	1∶2	4	嵌入基岩，钢筋混凝土止水墙
陆浑	52.0	砂砾石	10～12	6	—	—	8.3	
小南湾	49.0	砂砾石	3～5	10	—	—	5.5	
岳城	48.1	—	18～20	8	1∶1.5	1∶1.5	6	嵌入第三纪岩层
白沙	47.9	砂砾石	10	10	—	—	4.8	
横山岭	37.3	砂卵石	5.8～10	10	1∶1.5	1∶(0.7～1.1)	3	嵌入基岩
南湾	34.5	砂层5m，砂卵石层3m	8	10	—	—	3.5	
洋河	27.8	砂卵石	10	6～8	1∶1	1∶1.5	<3	
陡河	22	细砂及砂砾石	4	3	—	—	7.0	
窄口	64.0	砂卵石	14	12	1∶1.5	1∶1.5	—	嵌入基岩

土质齿槽底宽应满足回填土料容许渗透比降的要求。土料的容许渗透比降，黏土5～10，中壤土3～5，碎石土2～4，砂壤土小于3。为了满足施工要求，槽宽底部不宜小于3.0m。齿槽上下游坡度取决于地基开挖边坡稳定要求，一般采用1∶1～1∶2.0。

齿槽位置应根据地基地质情况及坝型而定。对于混凝土闸坝，常将混凝土齿槽设置于坝基上游部位，以减少坝基扬压力。土石坝的齿槽位置与土质防渗体同一位置，均质坝齿槽一般设置在坝轴线位置。

（二）高压喷射防渗墙

水头不高的砂砾石和砂土地基，为了节约工程投资，常采用高压喷射防渗墙进行地基防渗。高压喷射防渗墙采用的机具、施工方法可参照本章第一节高压旋喷水泥桩的内容。高压喷射防渗墙根据地层的地质条件和墙体承受水头的大小，可分为高压摆喷防渗墙和高压旋喷防渗墙。

1. 高压摆喷防渗墙

水头小的砂土地基可采用摆喷高压喷射水泥防渗墙。高压喷射管沿防渗轴线利用两侧喷嘴左右摆动喷射而形成的连续墙称之为高压摆喷防渗墙。摆喷防渗墙设计应根据地层地质条件确定高喷管孔的间距及摆喷的角度，应使两孔之间摆喷形成的水泥墙连成一体。砂土地基孔距一般在1.0～1.5m之间，复杂砂砾石地层应通过现场试验确定。摆喷防渗墙的厚度一般为0.2～0.6m。

2. 高压旋喷防渗墙

高压旋喷水泥桩相连形成的连续墙用作防渗称之为高压旋喷防渗墙。旋喷防渗墙的厚度大于摆喷防渗墙，常应用于中小工程和围堰工程的地基防渗。

为确保旋喷防渗墙的防渗性能，必须保证各孔之间桩柱紧密相连。因此，必须根据地基中旋喷形成的水泥桩柱直径确定高压喷射管的孔距。不同的地层形成的水泥桩柱直径往往相差很大，砂土和砾石含量小的砂砾石地层，旋喷能形成较大直径的水泥桩柱，而含有卵、块石的砂卵石地层，旋喷能形成的桩柱直径往往很小，甚至形成不了水泥桩柱。故高压旋喷防渗墙孔距的确定应根据现场试验确定。

高压旋喷防渗墙的防渗性能，还与高喷施工时的水文地质条件有关，若施工地段地下水流速较大，高喷注浆时水泥浆液易随水流流失，使墙体质量不能得到保证。因此，透水地基能否采用高压旋喷防渗墙，应查明施工地基的地质和水文条件，必要时应通过现场试验验证采用高喷的可行性，不能盲目施工，以免造成不良后果。

（三）联合方式

水电工程由于工程规模大，对地基防渗要求高，河床覆盖层深厚、渗透系数大。故防渗处理往往采用两种或两种以上的联合防渗措施。主要联合方式有：铺盖与灌浆帷幕联合、铺盖与齿槽（截水槽）联合、混凝土防渗墙与灌浆帷幕联合。

1. 铺盖与灌浆帷幕联合方式

阿斯旺堆石坝建筑在深约200m的覆盖层上，坝基采用上游黏土铺盖及心墙下部灌浆帷幕联合防渗，并于下游设减压排水井及反滤层。水平铺盖长320m，灌浆帷幕直达基岩，最深处达250m，帷幕厚度由上至下逐渐成阶梯式，上部厚40m，中部厚20m，底部5m。灌浆材料为掺有化学附加剂的黏土水泥浆，灌浆压力一般在$20kg/cm^2$以上，最高时达$60kg/cm^2$。灌浆后地基渗透系数大为降低，平均达3×10^{-4} cm/s。

我国王快水库为一座坝高62m的黏土斜墙堆石坝，坝基为厚11～17m，渗透系数为14～487m/d、颗粒组成比较连续单一的砂砾、砂卵石地层，坝基防渗原设计采用单一的水平黏土铺盖，蓄水后发现黏土铺盖出现渗透破坏，后在斜墙上游水平铺盖下进行帷幕灌浆，处理后防渗效果良好。

2. 铺盖与齿槽（截水槽）联合防渗

国内有多座土石坝工程采用此类防渗型式，如薄山、南湾、均县、东武仕、横山岭等水库工程。官厅水库土坝建筑厚约22m的砂砾石层上，表面为厚2～6m的细砂层，下部为砂卵砾石，厚16m；基岩为石灰岩，节理发育，并有断层、溶洞等，齿槽挖至基岩，槽底与基岩接触面设钢筋混凝土隔水墙，并对基岩进行灌浆处理，工程完成后最大渗水量达0.3m^3/s；以后在上游抛填黏土形成水平铺盖，经处理后防渗效果良好。

3. 混凝土防渗墙与灌浆帷幕联合防渗

对于深厚覆盖层坝基，有时不宜采用单一混凝土防渗墙或灌浆帷幕，两者联合防渗既可发挥各自的优势，又可节省投资。如目前正在施工中的下坂地水电站和泸定水电站，两者坝基覆盖层最厚处均深达150m左右，为了封闭透水地基的渗漏通道，两坝基均采用了上部为混凝土防渗墙，下部接灌浆帷幕的全封闭防渗型式。

已建成并运行多年的毛家村水库和密云水库大坝坝基防渗采用的是混凝土防渗墙和灌浆帷幕联合组成防渗体，灌浆帷幕设在防渗墙上游。

第六章 监测与资料分析

第一节 监测概述

河床覆盖层地质条件一般比较复杂，变形模量小。通过对覆盖层地基的监测，可以了解其变形、渗流、地下水运行和周期性变化规律及其影响因素，以期达到如下主要监测目的。

（1）及时了解覆盖层地基在建筑物自重、水压力作用下产生的变形、渗流及其变化规律，监视建筑物的安全运行，预测其发展趋势，为其上工程建筑物的安全稳定性评判和运行决策提供依据。

（2）及时掌握建筑物地基内防渗系统在施工期和运行期的变形、渗流情况，若有异常，及时发现，采取补救措施，防止事故发生，确保工程建筑物的运行安全。

（3）通过观测成果与设计计算值的对比分析，检验理论计算成果，验证设计边界和参数选取的合理性。

第二节 覆盖层地基变形监测

覆盖层地基包括河床和两岸边坡，在覆盖层地基上修建的水利水电工程，地基防渗系统一般为混凝土防渗墙和灌浆帷幕，相应地基变形监测主要有防渗系统本身的变形和覆盖层地基以及它们之间的相对变形位移。

建基面以下覆盖层地基在建筑物自重作用下受压产生压缩变形，压缩变形范围及其变形量除与覆盖层地基本身有关外，还与其上建筑物类型及其筑坝材料密切相关。

地基变形主要通过对混凝土防渗墙本身以及覆盖层地基相对混凝土防渗墙之间的相对变形监测。从理论上来说，要测覆盖层地基的变形是完全可能的，但由于工作基点的问题和土石坝变形的特点，覆盖层地基要准确测其地基的沉降有一定难度，现就根据不同的坝型及其防渗结构对覆盖层地基沉降监测叙述如下。

一、监测布置及监测手段

覆盖层地基的变形主要是沉降。根据工程规模、结构型式覆盖层地基变形监测主要有如下两种类型。

（1）有基础廊道的混凝土防渗墙地基。覆盖层地基的沉降主要是通过布置在混凝土防渗墙及其上、下游地基内的沉降环和布置在混凝土防渗墙的位错计进行监测，也可在廊道内布置外观变形测点，通过水准法校测廊道的沉降量。相应监测手段及其方法可以采用单点或多点位移计、测斜仪、沉降仪、水准法、位移计监测其水平、沉降和开度变形。

（2）无基础廊道的防渗墙基础。可在混凝土防渗墙上布置沉降议、位错计监测覆盖层地基相对混凝土防渗墙的相对变形，通过与基础三维计算成果比较、结合来分析判断基础的沉降变形。覆盖层地基沉降主要监测手段及其方法可以采用测斜仪、位错计监测其水平位移和开度，采用沉降仪、水准法、位移计监测其沉降变形。

二、监测施工技术

（1）水准法。分别在混凝土闸坝顶部或廊道内埋设安装沉降标点，通过水准仪监测。

（2）沉降仪法。分别在混凝土或帷幕防渗体上下游基础的建基面及其下的基础内钻孔安装埋设沉降环，对基础以上坝体可以预埋测斜管直至坝顶或基础廊道内。

（3）位移计。分别在建基面及其以下基础内钻孔安装位移计锚头及其测杆，并将其测杆向上引至廊道内安装相应位移计；在混凝土防渗墙内预埋或钻孔安装位移计，并将其电缆引至下游坝面。

第三节 渗流监测

覆盖层地基防渗系统一般为混凝土防渗墙和灌浆帷幕，相应地基渗流监测主要有防渗系统本身和防渗体内覆盖层地基以及它们之间的浸润线、地下水位监测。了解坝体浸润线及基础渗压等地基的渗透特性，如渗透速度、渗透压力、渗透坡降和渗透流量等，以便进行地基渗流稳定评价。

工程建成水库蓄水后，会使其渗流场发生变化，通过观测了解区域内的地下水分布及其补给和排泄情况，以及上、下游水位及天然降雨之间的相互关系和变化规律，并与前期天然状态下渗流、地下水位观测成果进行对比分析，较全面了解大坝及其地基的渗流情况，评价其渗流稳定性。

一、监测布置

了解坝基渗流，判断建筑物的防渗状态和排水设施的工作性能，针对不利的渗流状态，采用有效的处理措施，需在选定的监测断面坝基布置埋设渗压计、水位计等渗流监测仪器，结合工程和水文地质条件进行坝基渗透稳定性分析。

渗流监测断面选择除需根据工程规模、所处地形和水文地质条件以及坝型的结构、防渗和排水的措施外，断面应尽量与变形监测结合并与坝体浸润线监测断面保持一致。对于大型和重要的中型工程，观测断面应不少于三个；对坝体较长，断面情况大体相同的情况，断面可以适当增加。以下应是监测断面重点考虑的部位。

（1）河床段的最大坝高部位。

（2）合龙位置。

（3）防渗结构可能产生裂缝的部位。

（4）地形变化显著的部位。

（5）坝基土层变化的分界部位。

（6）施工质量较差和存在疑问的部位。

二、监测施工技术

（一）坝基渗压计

（1）坝基渗压计埋设前应按要求进行检验，并按相关要求使其达到饱和状态。

（2）按位置在测点处钻孔或挖同样尺寸的坑。

（3）在孔内回填细砂，将渗压计埋在细砂中。

（4）孔口用盖板封上，并用水泥砂浆封住，埋设后的渗压计，仪器以上的填方安全覆盖厚度应不小于1m，连接电缆沿坝基开挖沟槽敷设。

（二）测压管

（1）在所需位置钻孔（直径76mm），用压力水将孔内的岩屑和泥沙冲洗干净，并排干孔内的积水。

（2）按相应安装埋设技术要求将加工制作的测压管安装完毕。对压力水需安装压力表及水龙头，测定管口高程。

（3）安装水位计（渗压计）和孔口附件，并将电缆引出自动测量地下水位，也可利用电测水位计进行人工定期观测。注意收集当地降雨和河水资料，用于进行相关分析。

第四节　流量监测及水质分析

一、观测点的布置

流量监测是深厚覆盖层地基上建筑物安全监测的重要组成部分，包括渗漏水的流量及其水质分析监测。结合覆盖层性质、渗漏水的流向、集流和排水设施统筹规划进行渗流量的监测布置和观测。

渗流量的测点布置有以下几种方法：

（1）在大坝左右岸的排水、交通廊道内的排水沟内，设置三角形量水堰，以监测两岸坝肩和绕坝的渗流量。

（2）对于建在覆盖层地基上的大坝，应在坝下游弃渣盖重区踵部基础下沿量水堰断面设置截水墙，用连接基岩的灌浆或高压喷灌阻止和集中坝体渗流水。

（3）在厂房排水洞或排水廊道内设置观测渗流量的量水堰进行观测，当渗水成滴水状时可用量筒加跑表测量。

（4）尽量进行单井流量、井组流量和总汇流量的观测，利用坝段集水井的平均渗流量，设置专用测控装置及配套的水位传感器测量，监测集水井的水位变化获得总渗流量。

（5）对于混凝土坝的河床坝段、两岸边坡坝段、电站坝段及溢流坝段等可用孔口流量仪观测单个排水孔的渗流量，也可用容积法量筒观测单个排水孔的渗流量，然后叠加求各部位的渗流量。

（6）对于覆盖层地基河床部位有渗水量大的泉眼时，可在坝基做隔墙，分区观测；当下游有渗漏水出逸时，有条件时一般在下游坝基中设置排水沟，在排水沟的出口处布置量水堰，用体积法观测总渗流量。

渗流量测量有多种方案，如高精度微压计量水堰水位监测，或采用超声波流量计等。一些不适宜用量水堰测量的渗流量可以采用翻斗式的遥测渗流量计。

二、流量的量测

1. 总渗流量的组成

覆盖层地基总渗流量通常由如下三部分组成：

（1）通过坝体的渗流量。

（2）通过坝基的渗流量。

（3）通过两岸绕渗或两岸地下水补给的渗流量。

2. 测量方法

常用的测量方法有如下几种：

（1）直接量测法。在某个固定的时段内，将流经管道或渠槽的水引入体积经过率定的容器中，用时段终了与起始时刻相应的水量净体积差 ΔV 除以时段 ΔT，即可得到单位时间的流量 Q。当流量较小时这种方法简单易行，但流量较大时则很难测准。

（2）间接量测法。对于恒定流动，通过量测水位、压差及流速等来确定流量。这方面的专用仪器与方法很多，适用于量测明渠、河道与管洞的流量。

3. 量水堰观测流量

将量水堰板装置于水槽（或水箱）中，使水流发生收缩，并在其上游形成壅水现象，量测堰板上游某处的水深 H，利用该堰上水深（或水头）与过堰流量 Q 之间的特定关系来求得流量。薄壁堰适用于小流量并有较高的精度，多用于实验室、灌溉渠道和钻井等处测定流量。宽顶堰和实用剖面堰适用于较大流量的河道。

相应主要有如下几种量水堰：

（1）直角三角形量水堰。适用于流量在1～70L/s之间（堰上水头约50～300mm）。

（2）梯形量水堰。适用于流量在10～300L/s，一般应在0.25～1.5m范围内。

（3）无侧收缩矩形量水堰。适用于流量大于50L/s。堰口 b 应为2～5倍堰上水头 H，一般应在0.25～2mm范围内。其中无侧向收缩的矩形堰，水舌下部两侧壁上应设补气孔。

主要渗流量观测仪器有量水堰计、渗流量仪、超声波明渠流量计、量水堰流量计。

量水堰结构及安装要求详见《混凝土坝安全监测技术规范》等相关技术要求。

三、水质分析

为了寻找渗漏水来源或其他工程需要时，应对地下水进行相应水质分析监测。

（一）水质分析的基本要求

（1）选择有代表性的排水孔、量水堰或绕坝渗流监测孔，定期进行水质分析。在渗漏水水质分析的同时应作库水水质分析。

（2）坝体基础中析出物，应取样作成分分析，检查是否有化学管涌或机械管涌发生。

（3）观测孔内的地下水对混凝土有较大侵蚀性时，可制作水泥砂浆试块放入孔内，隔一定时间后取出，检查试件强度的变化。

（4）在观测孔中取水样时，同时应取水库和附近地表、地下水体，以便对比分析。

（5）不同含水层应分别取样，每个含水层每次取水样不宜少于3个点。

（6）地下水质原始观测资料及记录表格，应随时校对、核实，发现问题及时解决。

（二）地基渗流水质分析内容

（1）每年于洪、枯水期在有代表性的观测点分别取水样进行简分析。

（2）若发现有析出物或有侵蚀性的水流出时，应取样进行全分析。水质全分析可根据环境水文地质条件及工程需要决定取样地点、数量及特殊的试验项目等。

（3）水质分析一般可作简易分析，必要时应进行全分析或专门研究。其中物理分析项目，宜在现场进行。

（4）水质简分析的主要内容包括：色度、水温、气味、浑浊度、pH值、游离二氧化碳、矿化度、总碱度、硫酸根、重碳酸根及钙、镁、钠、钾、氯等离子。

（5）全分析的主要内容包括：

1）水的物理性质：水温、气味、浑浊度、色度。

2）pH值。

3）溶解气体：游离二氧化碳（CO_2），侵蚀性二氧化碳（CO_2），硫化氢（H_2S），溶解氧（O_2）。

4）耗氧量。

5）生物原生质：亚硝酸根（NO_2^-），硝酸根（NO_3^-），磷

(P)，铁离子［高铁（Fe^{3+}及亚铁 Fe^{2+}）］，铵离子（NH_4^+），硅（Si）。

6）总碱度、总硬度及主要离子：碳酸根（CO_3^{2-}），重碳酸根（HCO_3^-），钙离子（Ca^{2+}），镁离子（Mg^{2+}），氯离子（Cl^-），硫酸根（SO_4^{2-}），钾和钠离子（$K^+ + Na^+$）。

7）矿化度。

第五节 观测分析

一、观测

（1）施工期的监测工作按照有关监测规程规范规定的监测项目、频次和时间进行。必要时，还将根据实际情况，如遇强降雨、大洪水、强地震等监测数据发生显著变化或多次测读呈持续递增，以及测值出现异常或为施工提供必要的数据时，相应增加测次适当调整监测频次，以保证监测资料的可靠和连续性。

（2）仪器设备安装前校正，并记录仪器设备在工作状态下的初始读数。

（3）现场监测或采集的数据在现场校对无误，防止差错，并及时进行数据处理、分析和反馈。

（4）在进行日常观测的同时，记录相关的土建施工情况以及水文气象资料，供以后资料分析时参考。

（5）采用化学分析方法定期监测水质时，其采样次数，全年不宜少于四次，并应进行水质化学全分析。动态监测不应少于一个水文年，并宜每三天监测一次；雨天宜每天监测一次。

（6）当孔隙水压力在施工期间发生变化影响建筑物的性能时，应在施工结束或孔隙水压力降到安全值后方可停止观测。对地下水浮托力影响的工程，孔隙水压力的监测应进行至浮托力消除时为止。

（7）及时测取确定各种初始值。

二、资料分析

及时对各类监测资料进行整理、分析，形成资料分析报告等监测成果，包括变形、渗流水位与上下游水位以及降水量的动态变化曲线图，渗流水动态变化曲线图，不同时期的水位深度图，并分析对稳定性的危害因素，选用合理的分析模型进行及时的分析，寻找其间的相互关系，根据低温和大量渗漏存在的关系，可据温度分布图帮助发现渗漏较严重部位，发现渗漏处。

根据其监测成果，掌握其运行规律，为工程需要提出运行措施和相应的建议，确保工程安全运行。

第七篇

第七篇　岩石地基工程地质勘察与评价

第一章　概述

第一节　坝址坝型选择

坝址的选择是一个很重要的原则性决定，它确定了以后勘察设计的总方针。坝址选择不当，对工程地质条件的适应性差，则大坝的稳定性和安全性就难以保证。根据国际大坝失事和事故委员会的统计，由坝基工程地质缺陷而引起的大坝失事占到了失事原因的36%（表7.1.1-1）。

表7.1.1-1　　大坝失事统计表

原因	重力坝	拱坝	支墩坝	土石坝	原因百分率（%）
地质	4	12	10	10	36
水文	1	2	3	15	21
施工	1	1	3	5	10
运行	1	1	1	4	7
水库	1	2	4	3	10
材料	2	2	9	3	16
坝型百分率（%）	10	20	30	40	100

坝址选择主要根据坝址区的工程地质条件及存在的主要工程地质问题、枢纽布置情况、水文气象、施工和运行条件、材料及天然建筑材料等因素，按照"面中求点，逐级比较"的方法，通过详细的技术经济比较论证后选定。

岩石地基坝址选择的基本原则是必须保证坝基和坝肩的岩体具有足够的稳定性和坚固性。坝址选择主要考虑的地质因素有区域构造稳定性、地形地貌、坝址岩石条件、地质构造、水文地质条件、物理地质现象等。

（1）工程场地的区域构造稳定性。根据水工建筑物目前的抗震水平尚难以解决地震引起的地表形变问题及大坝的断错问题，因此，《水力发电工程地质勘察规范》（GB 50287—2006）规定，坝址不宜选在震级为6$\frac{3}{4}$级及以上的震中区或地震基本烈度为Ⅸ度以上的强震区；大坝等主体工程不宜建在已知的活动断层上。

（2）地形地貌。两岸坡地形应有适当的高度，要选择两岸地形完整、冲沟不发育，河流展布有利于水工枢纽及施工导流布置的地段。

（3）岩石性质。坝基岩石性质是决定大坝稳定、造价的主要因素。高坝，特别是混凝土坝，应选择坚硬、均一、完整、且不透水不易被水软化的岩石组成的河段作为坝址。当选择软弱岩石河段作为坝址时，应选择适合于这类工程地质条件的坝型。

（4）地质构造。地质构造确定了各种岩层的空间位置和相互关系，对岩体的完整性有着直接的影响，因此对地质构造而言，选择均一性好的岩层分布部位，受构造影响轻微，岩体完整性好的地段或构造部位作为坝址是一项重要原则，为此应尽量避开褶皱的轴部和大的断层带。对近于水平的岩层，应选择持力层厚度大，软弱夹层的埋藏条件对坝基影响小或易于处理者；对倾斜岩层而言，横向谷一般较纵向谷适宜性更好，从持力层厚度、岸坡稳定、坝基抗滑等方面考虑，陡倾岩层较中缓倾岩层有利。

（5）水文地质条件。在渗漏问题成为坝址选择的重要影响因素时，坝址选择应充分考虑水文地质条件。首先应考虑充分利用相对隔水岩层，使坝址不致产生严重的渗漏或使渗漏问题易于处理，在可溶岩分布区，当无可靠的相对隔水岩层利用时，则应选择岩溶发育微弱的地段做坝址。

（6）物理地质现象。对坝址的选择有重大影响的物理地质现象为滑坡、蠕变、崩塌及泥石流。在坝址选择时应尽量避开大的滑坡、蠕变、崩塌及泥石流等，如不能避开时应充分考虑到处理的难度、经济性和可靠性。此外，还应充分考虑到拟选坝址岸坡开挖的稳定条件及可能的失稳的影响。对风化及卸荷，宜选择风化、卸荷弱、深度浅的地段做坝址。

坝型的选择原则是因地制宜，充分注意到不同的坝型及相应的水工枢纽布置对坝址工程地质条件的适应性。

第二节　岩石坝基主要工程地质问题及评价要求

岩石坝基其主要工程地质问题可归结为坝基岩体的承载强度及变形稳定问题；大坝的坝基抗滑稳定问题；坝基的渗漏及渗透稳定问题；大坝下游的冲刷及雾化问题。

一、坝基承载强度及变形稳定

一般情况下，岩石地基的承载能力均能满足设计要求。但在某些条件下，特别是坝基中分布有软弱岩层或大规模的断层破碎带时，就可能出现岩体承载能力不能满足大坝地基的受力要求。

对于岩石地基而言，大坝特别是刚性坝，坝基变形稳定主要是研究岩石地基的不均匀变形。

对于不均匀变形在坝址选择及坝轴线选择时就应尽量避开。如不能避开则应采取相应的措施，减少或消除地基不均匀变形对坝体安全的影响。

对坝基承载强度及变形稳定性，应查明坝基及其影响范围内的地层岩性，合理划分工程岩组。查明坝基地质构造的规模、空间分布及性状，岩体结构的类型及岩体的完整程度，建立合理的坝基岩体质量分类体系。在试验及工程类比的基础上，合理确定各岩类的岩体承载强度和抗变形参数，分析、评价可能导致不均匀变形的部位。对拱坝，尤其要注意坝基及抗力岩体范围内局部地带抗变形能力的突变对拱坝稳定性的影响。

二、坝基抗滑稳定

坝基的抗滑稳定性是指坝基岩体在建坝后各种工程荷载作用下，抵抗发生剪切滑动破坏的能力。不同坝型的大坝的抗滑稳定要求是各不相同的。

当地材料坝由于是散粒体材料堆砌而成，其水推力转化为坝体及地基的渗透力，大坝的抗滑稳定主要是在渗流作用下坝坡自身的稳定。只有在坝基中存在大规模的、力学强度很低的软弱结构面的非常不利情况下，才可能出现在渗透水及坝体荷载作用下，沿结构面产生失稳并牵动坝体滑移的情况，否则，一般不存在坝基岩体的抗滑稳定问题。

重力坝是依靠自身的重量在某一可能的滑移面上所产生的摩阻力或称为抗滑力来保持坝基或坝基岩体的抗滑稳定。由于坝基中总常存在风化破碎岩体、软弱结构面、地下水等这样那样的地质缺陷，其在不利条件下可造成坝基滑动，使大坝遭受破坏。

拱坝是将坝体所受荷载的大部分经拱的作用传递到两岸岩体，仅小部分经梁向作用传递到河床坝基。因此，两岸抗力岩体的稳定性成为了主要问题。一般情况下支撑拱座的抗力岩体不会是由风化破碎的软弱岩石构成的岩体，坝肩岩体的失稳破坏型式主要是沿结构面的滑移失稳问题。

坝基抗滑稳定性的分析和评价，工程地质勘察的总体要求是力求做到基本地质条件清楚，重点问题明确，基础资料齐全，各类数据可靠，分析论证充分，工程评价准确。

在具体的工程地质勘察工作中，需要在查明有关工程地质条件的基础上建立起坝基岩体工程地质质量分类和结构面工程特性分类体系，分析可能存在的滑移模式及滑移失稳的边界条件。当可能存在重力坝坝基的深层滑动或拱坝抗力岩体的稳定问题时，应根据查明的岩体结构特征，采用赤平投影或实体比例投影的方法判明滑移结构体的形态、规模、可能滑动的方向；确定控制滑移面、切割面及临空面等边界条件；合理确定岩体及结构面的物理力学参数地质建议值。在稳定性验算及工程处理措施选定的基础上，进行多方面的综合分析、评判，最终作出坝基（肩）岩体稳定性的综合评价。

三、坝基渗漏及渗透变形

坝基渗透可分为坝基渗漏和绕坝渗漏两类，对于岩石地基，除岩溶地区外，主要是考虑渗透形成的扬压力对坝体稳定性的影响。

渗透变形分为化学管涌与机械渗透变形两个大类。

对于化学管涌，一般在坝址及坝轴线选择时就应避开，在无法回避的情况下，在查明易溶地层的基础上，应根据埋藏条件、水动力条件、可能的处理措施，进行综合的分析与评价，并提出处理措施建议。

对于坝基岩体中的各类结构面的机械渗透变形，应调查结构面的特征、物质组成、颗粒级配，判明渗透变形的类型，根据理论分析，试验成果及工程类比综合确定临界和容许比降。然后根据实际水力比降进行综合判断和分析。

四、冲刷及雾化问题

坝体或岸边泄水、冲砂建筑物泄水时水流跌入水垫后形成回流，剧烈冲刷建筑物地基导致地基及建筑物失稳；长期冲刷河床，破坏岩体稳定，形成冲坑后溯流发展，危及坝基稳定及大坝安全；冲刷坑不断加深，切断坝基下的软弱夹层、缓倾角断层等结构面，形成临空面，可能引起坝基的深层滑动；淘刷两岸岸坡，诱发产生崩塌、滑坡等地质灾害，危及下游两岸边坡稳定及建筑物安全；抬高电站尾水位，影响电站效益；破坏溢洪设施等。

对冲刷问题的工程地质勘察，主要是调查和分析评价岩石的强度及软硬岩层的组合情况，岸坡结构，岩体的完整性，风化及风化的均一性，岸坡的卸荷特征，断层、构造破碎带、节理的产状及性状，发育程度和相互切割组合的形式。根据岩体结构结合有关试验及通过工程地质类比确定抗冲岩体的抗冲流速或冲刷系数，分析评价岩体的抗冲性能及冲刷时对坝基、建筑物地基和边坡等的影响，提出处理措施建议。

泄洪雾化引起的主要工程地质问题是下游岸坡在雾化雨雾作用下的稳定问题。

第三节　各种坝型对工程地质条件的要求

一、当地材料坝

当地材料坝是由散体材料经碾压堆筑而成，上、下游坝坡平缓，坝底底宽较大，基底压力小，坝体容许产生较大的变形，属柔性结构。与刚性坝相比，它对坝基工程地质条件的要求相对较低，无论是岩石地基还是土质地基，均可修建当地材料坝。

1. 坝址的地形条件

当地材料坝对泄洪的要求较高，一般都需要布置岸边泄洪设施。当地材料坝坝址应具有高程适宜的台地、垭口或弯曲的河段等布置岸边泄洪设施的地形条件。

2. 开挖渣料的利用

当地材料坝岸边泄洪设施等的开挖，一般都会产生大量的石渣，应认真研究开挖渣料的性质及利用的可能性，结合具体坝型及坝体材料分区，因地制宜尽可能地合理利用开挖渣料。

3. 注意对特殊工程地质条件的避让和研究

对岩石地基而言，宜避开强烈岩溶化岩体、大的断层破碎带、强透水带、抗剪强度较低的软弱夹层或泥化夹层，基岩面起伏较大的部位，或者加强处理。

面板堆石坝是近年来选用较多的坝型，一般适用于河床覆盖层较薄，基岩面起伏小的地形地貌条件。面板堆石坝的堆石坝体大部可置放在河床覆盖层上，趾板应置于弱风化岩体上，趾板后一定范围内的堆石坝体应清除覆盖层或全风化岩体及部分强风化岩体而置放在弱或强风化的基岩上。趾板因宽度较小，渗径短，应加强对穿过趾板的破碎带的防渗处理。

我国部分建基于基岩上的已建、在建高当地材料坝工程见表 7.1.3－1。

表 7.1.3－1　　我国部分已建、在建高当地材料坝

工程名称	坝型	最大坝高（m）	坝基岩性	装机容量（MW）
三板溪	混凝土面板堆石坝	185.5	变余凝灰岩、变余凝灰质砂岩、凝灰质板岩	1000

续表

工程名称	坝型	最大坝高(m)	坝基岩性	装机容量(MW)
洪家渡	混凝土面板堆石坝	179.5	石灰岩	600
天生桥一级	混凝土面板堆石坝	178	砂、泥岩	1200
马鹿塘二期	混凝土面板堆石坝	156	混合岩、片麻岩	300
引子渡	混凝土面板堆石坝	129.5	石灰岩	360
公伯峡	混凝土面板堆石坝	132.2	花岗岩、片岩	1500
冶勒	心墙堆石坝	126	花岗岩	240
硗碛	心墙堆石坝	125.5	炭质、粉砂质千枚岩与变质砂岩	240
滩坑	面板堆石坝	162	火山集块岩	660
董箐	面板堆石坝	150	砂岩、泥岩	880
糯扎渡	心墙堆石坝	261.5	花岗岩	5850
猴子岩	面板堆石坝	223.5	变质灰岩	1400
水布垭	面板堆石坝	233	石灰岩、泥灰岩	1840
碧口	心墙堆石坝	101.8	凝灰岩、千枚岩	300
积石峡	面板堆石坝	100	砂岩、砾岩	1000
紫坪铺	混凝土面板堆石坝	156	砂页岩	760
卡基娃	混凝土面板堆石坝	171	砂岩、板岩夹千枚岩	440
双江口	心墙堆石坝	314	花岗岩	2000
白溪	面板堆石坝	124.4	含角砾熔结凝灰岩	18
滩坑	面板堆石坝	162	火山集块岩	600
珊溪	面板堆石坝	132.5	坚硬块状熔凝灰岩	200
巴山	面板堆石坝	155	含砾凝灰质砂岩	140
江坪河	面板堆石坝	219	灰岩、钙质粉砂岩、板岩	450

二、重力坝

重力坝依靠自身重力来维持稳定，根据筑坝材料或施工工艺方法的差异，可分为砌石重力坝、常态或碾压混凝土重力坝。由于重力坝的荷载都直接作用于坝基且主要靠坝身自重与地基间产生足够大的摩阻力来保持稳定，因此对坝基的要求较高。对常态或碾压混凝土重力坝而言，由于后者整体性更强，因此对工程地质条件的适应性要略好于前者。

1. 坝基的抗滑能力

重力坝坝基应具备足够的抗滑能力，能满足大坝各种抗滑稳定的要求。大坝与坝基接触面抗剪强度高，坝基内没有软弱结构面和可能滑动的岩体或其强度能满足大坝抗滑稳定的要求，不致在水推力的作用下产生滑移失稳并有足够的安全储备，否则需采取工程阻滑措施。

2. 坝基的承载能力及均一性

大坝坝基应有足够的承载力，较好的均一性和完整性，与坝体混凝土相适应的变形模量，能承受坝体所传递来的巨大压力，不致产生过大的变形或不均匀变形，致使坝体产生过大的拉应力，使坝体裂开乃至毁坏。一般来说，对于高坝应以Ⅱ、Ⅲ类岩体作为坝基持力层，尤其是坝趾部位，要求相对要高一些。对于局部分布的属Ⅳ、Ⅴ类岩体的断层带、节理密集带、不均匀风化带等不良地质体，应采取专门的工程处理措施。

3. 坝基（肩）的抗渗能力

重力坝坝基及两岸坝肩岩体应有良好的抗渗能力，在库水作用下不会产生大量的渗漏，影响工程的安全性和经济性；也不会出现过大的扬压力、岩体及结构面的软化、泥化、坝基的化学及机械管涌、流土、接触冲刷等危及大坝安全的不良现象。

4. 坝址岸坡的稳定性

重力坝对地形的适应性好，几乎任何地形条件都可修建重力坝。但其坝基开挖深度大，临时边坡高度高；大坝泄洪雾化强烈，影响范围大，因此两岸岸坡，包括下游消能雾化区坡体必须稳定，没有难以处理的滑坡体或潜在的不稳定体。

5. 泄洪消能区岩体的抗冲刷能力

大坝下游泄洪消能区岩体应具有对高速水流相应的抗冲刷的能力，以避免冲刷坑向上游或两岸扩展，威胁、影响大坝和两岸岸坡的安全。

6. 天然建筑材料

枢纽建筑物区附近合适的运距范围内应有满足储量和质量要求的混凝土天然骨料或人工骨料料源。

我国部分已建、在建的高混凝土重力坝工程见表7.1.3-2。

表7.1.3-2 我国部分已建、在建高混凝土重力坝

工程名称	坝 型	最大坝高(m)	坝基岩性	装机容量(MW)
乌江渡	混凝土拱形重力坝	165	石灰岩	1130
刘家峡	混凝土重力坝	147	花岗岩	1225
宝珠寺	混凝土重力坝	132	砂岩	700
安康	混凝土重力坝	128	千枚岩、片岩、板岩	800
索风营	碾压混凝土重力坝	115.8	石灰岩	600
大朝山	碾压混凝土重力坝	111	玄武岩夹少量凝灰岩	1350
景洪	碾压混凝土重力坝	110	闪长岩	1750
新安江	混凝土宽缝重力坝	105	砂岩	815
水口	混凝土重力坝	101	黑云花岗岩	1400
五强溪	混凝土重力坝	85.8	石英岩、砂岩、板岩	1200
龙滩	碾压混凝土重力坝	216.5	砂岩、板岩	6300
光照	碾压混凝土重力坝	200.5	石灰岩	1040
官地	碾压混凝土重力坝	168	玄武岩	2400
向家坝	混凝土重力坝	162	砂岩、粉砂岩	6000
金安桥	碾压混凝土重力坝	160	玄武岩夹少量凝灰岩	2400
鲁地拉	混凝土重力坝	140	砂岩、粉砂岩	2160
阿海	混凝土重力坝	138	砂岩、板岩	2000
思林	碾压混凝土重力坝	117	石灰岩	1000
功果桥	碾压混凝土重力坝	105	砂岩、板岩	900
龙开口	碾压混凝土重力坝	119	玄武岩夹角砾熔岩	1800
棉花滩	碾压混凝土重力坝	115	黑云母花岗岩	600
三峡	混凝土重力坝	185	花岗岩	22500
藏木	混凝土重力坝	116	花岗岩	510
沙沱	混凝土重力坝	101	灰岩	1120

三、拱坝

拱坝主要是通过拱梁分载的形式将水压力等有关荷载传递到拱端两岸和坝基，拱坝的稳定性主要是依靠坝端两岸的抗力岩体维持，拱端岩体内附加应力较大，对坝址区工程地质条件要求高。与重力坝相比，除应满足重力坝的相同要求外，拱坝对两岸岩体条件和地形的完整性要求更高。

1. 两岸拱肩的岩体条件

拱坝对两岸工程地质条件的要求高，要求两岸岸坡稳定，要有雄厚的稳定岩体，拱端岩体须岩质坚硬，风化、卸荷浅，完整性好且均一，透水性小，无较大的断层，特别是顺河向的断层、破碎带和软弱夹层等不利结构面和结构体，以满足两岸拱座抗力岩体的抗滑稳定、变形稳定和渗透稳定的要求，不致因变形或滑动导致坝体的破坏和失稳。对坝基中，特别是两岸抗力岩体范围内存在的断层破碎带等软弱岩体必须要进行慎重的处理，以提高岩体的均一性，防止由于过大的变形、不对称的变形或局部的集中变形造成拱坝的拉裂。

2. 地形条件

拱坝要求两岸地形完整，拱座山体厚实稳定，无大的冲沟切割或地形等高线外撇等不利现象，河谷断面形状应是较为狭窄的，两岸对称的U形谷或V形谷，河谷的宽高比在1.5～2为佳。

我国部分已建、在建的高拱坝工程见表7.1.3-3。

表7.1.3-3　我国部分已建、在建高拱坝

工程名称	坝　型	最大坝高(m)	坝基岩性	装机容量(MW)
锦屏一级	混凝土双曲拱坝	305	大理岩、变质砂岩	3600
小湾	混凝土双曲拱坝	294.5	片麻岩	4200
溪洛渡	混凝土双曲拱坝	285.5	玄武岩夹少量凝灰岩	13860
拉西瓦	混凝土双曲拱坝	250	花岗岩	4200
二滩	混凝土双曲拱坝	240	正长岩、玄武岩	3300
龙羊峡	混凝土重力拱坝	178	花岗闪长岩	1280
东风	混凝土双曲薄拱坝	162	石灰岩	510
东江	混凝土双曲拱坝	157	花岗岩	1025
李家峡	混凝土双曲拱坝	155	混合岩、片麻岩	2000
风滩	混凝土空腹重力拱坝	112.5	砂岩、板岩	800
紧水滩	混凝土双曲拱坝	102	花岗岩	300
龙首	碾压混凝土拱坝	80	含条带硅质板岩	52
普定	碾压混凝土拱坝	75	石灰岩	75
大花水	碾压混凝土拱坝	134.5	石灰岩	200
蔺河口	碾压混凝土拱坝	99	变质凝灰岩	72
大岗山	混凝土双曲拱坝	210	花岗岩	2600
牛头山	混凝土双曲薄拱坝	108	凝灰熔岩	100
周公宅	混凝土双曲薄拱坝	125.5	熔结凝灰岩	12.6

四、支墩坝

平板坝、连拱坝、大头坝都属于支墩坝，它们是由向上游倾斜的挡水盖板和支撑盖板的支墩组成。水压力由盖板经支墩传递给地基，支墩坝支墩部位应力集中，对工程地质条件要求高外，其余部位荷载低，对地基的要求低于同等高度的重力坝，对天然建筑材料的需求也较少。

1. 支墩岩体变形的均一性

支墩坝依靠支墩来承担和传递水压力，支墩部位应力集中，变形量较大，坝体又属薄壁轻型结构。若相邻两支墩间产生过大的不均匀沉陷，则可导致坝体的开裂破坏。

2. 侧向稳定及抗震问题

支墩坝沿坝轴线方向整体性差，稳定条件差，易产生侧向滑移失稳，坝体侧向刚度低，抗震能力低，不宜在高地震烈度地区修建。同时由于上述原因，支墩坝抵抗坝肩岩体的侧向变形的能力也较弱。

3. 渗透稳定问题

支墩坝的挡水盖板薄，与基岩的接触面很窄，盖板上下游两侧的水位差大，坝基水力坡降高，常因渗透变形而使坝体产生破坏。另外尚应注意两岸坝肩岩体在渗透压力作用下的变形对坝体结构的影响。

我国已建的主要支墩坝工程见表7.1.3-4。

表7.1.3-4　我国主要支墩坝简况

工程名称	坝　型	最大坝高(m)	坝基岩性	装机容量(MW)
湖南镇	梯形大头坝	128	流纹斑岩	170
新丰江	大头坝	105	花岗岩	292.5
柘溪	大头坝	104	板岩、细砂岩	447.5
梅山	连拱坝	88.24	花岗岩	40
磨子潭	大头坝	82	粗粒角闪片麻岩	16
桓仁	大头坝	78.5	安山凝灰集块岩	222.5
佛子岭	连拱坝	74.4	石英岩、石英片岩	31
双牌	大头坝	58.8	砂板岩互层	135
涔天河	大头坝	46	细砂岩、页岩	22.5
古田二级	平板坝	43.5	流汶斑岩	130
古田三级	平板坝	43	流汶斑岩	33
麻石	大头坝	31	石英片岩	100
拨贡	平板坝	26.2	石灰岩	40

第一章 坝址工程地质勘察概述

第一节 坝址工程地质勘察的原则和方法

一、坝址工程地质勘察的原则

坝址工程地质勘察应遵循由浅入深，由点到面、由粗到细、由中小比例尺到大比例尺、由定性评价到定量评价的原则。

二、各勘察设计阶段勘察工作的深度要求

规划阶段须了解规划河流或河段各梯级开发方案坝址的工程地质条件，对近期开发工程和控制性工程坝址在满足上述要求的基础上，尚应适当加深工作；预可行性研究阶段应初步查明坝址的主要工程地质条件；可行性研究阶段要查明坝址区的工程地质条件；招标设计阶段复核可行性研究阶段的工程地质资料与结论，补充查明遗留的工程地质问题；施工详图设计阶段主要是检验、核定前期勘察的地质资料与结论，补充论证专门性工程地质问题。

不同勘察设计阶段工程地质勘察的工作深度要求及主要勘察内容详见本手册第二篇第一章。

三、坝址勘察研究的常用方法

（一）坝址工程地质的研究方法

1. 自然历史分析法

自然历史分析法也称地质学方法，为最基本也是最主要的方法。它是运用地貌学、地层学、岩石学、构造地质学和地球动力学的成果和研究方法来研究、描述工程地质的基本地质环境、条件发展演化的过程。由于绝大多数工程地质问题都涉及特定地质环境中地质体的发展演化过程，因此需进行地质过程的机制分析，从自然历史出发分析地质体与周边环境因素相互作用的方式，发展演化的历史及其阶段，从全过程上和内部作用上掌握它的形成、演化、发展现状及发展趋势。自然历史分析法所得结果虽然是定性的，但它往往是区域性或趋势性的规律，对工程活动的战略布局有很重要的指导意义，同时又是进一步定量评价的基础。

2. 试验测试

为定量地获取地质基础材料、地质物理与化学环境的有关参数，实现地质参数和岩体物理力学性参数的定量描述和表达，以满足定量、半定量地评价有关工程地质条件和问题，预测其变化趋势的需要，并保证分析评价和预测的准确性和可靠性，需进行有关的试验测试工作。

3. 工程地质类比法

工程地质类比法和经验判断也是工程地质勘察的基本方法之一，是利用已有的工程经验和教训，结合具体的地质条件、地质演化过程和周边环境因素，对有关工程地质条件和问题，岩体的物理力学性参数，数学物理模型及定量分析的合理性、可靠性进行分析、判别和评价。

4. 模型试验

为研究地质作用和现象的发育、发展规律，形成的物理力学机制和发展过程及未来发展趋势，可应用地质力学模型或其他模型进行试验模拟。

5. 数理统计

在各种参数指标的分析、选择和地质作用的分布、发育规律的预测时常需采用数理统计的方法。

6. 理论分析计算

理论分析计算是在定性分析评价的基础上，将自然历史分析法对各种地质现象、过程的研究与现代岩石力学、计算机技术、数值模拟与测试技术结合进来，对地质体的演变过程、状态及其稳定程度、未来的发展趋势进行理论分析，达到定量、半定量的评价和预测。

（二）坝址工程地质常用勘察方法

（1）工程地质测绘。是最重要、最基本的勘察方法，为坝址其他各项勘察工作的基础。

（2）工程地质勘探。包括钻探和山地工程（坑、槽、井、硐），是调查工程地质条件，查明坝址工程地质问题的直接手段与可靠方法，同时，勘探还为部分物探工作、试验取样、现场试验及原位测试、长期观测与监测创造条件。

（3）工程地质地球物理勘探。与其他方法相配合可解决第四系覆盖层厚度、基岩风化厚度、基岩面起伏状态、顺河断层、隐伏构造、岩溶发育状况、特征、洞穴规模及延伸情况，取得岩体的结构特征参数及定量评价指标等。可为钻探和山地工程的布置提供依据，减少勘探布置的盲目性。

（4）试验与测试。为岩基的分析计算及预测提供地质和力学参数。分为室内与野外现场的试验与测试。

（5）长期观测与监测。是对工程地质问题的预测和定量评价进行校核验证时采用的勘察手段；亦是为了预防发生突然性工程地质灾害而采取的监测手段。坝址工程地质勘察中常见的长期观测与监测主要有地下水长期观测、斜坡与岩土体的变形位移监测等。

（6）岩基工程地质勘察资料的整理分析。包括工程地质图件的编绘、岩土体物理力学性指标的统计分析、工程地质计算分析、工程地质勘察报告的编制等。

第二节 坝址工程地质勘探和试验工作布置

一、勘探、试验布置原则

（一）一般性原则

影响坝址区勘察工作量大小的因素主要有：勘察研究区的地形地质条件的复杂程度；工程规模；比较坝址的数量；坝型及枢纽布置方案的简繁；工程地质人员的工程经验及认识程度等。

各阶段坝址勘探、试验工作布置的一般性原则：

（1）规划阶段。勘探工作要着重于对基本地质条件的了解与控制上。

（2）预可行性研究阶段。初选坝址与坝型，勘察的范围可适当的广一些，勘探剖面间距大一些，应能基本控制坝址基本

构造格架和基本地质条件，对影响方案成立的重大工程地质问题要有针对性的工作。

(3) 可行性研究阶段。需查明坝址区的主要工程地质条件与问题，勘探与试验的布置要循序渐进，对影响坝址与坝型选择的主要工程地质问题应有勘探与试验控制。对选定的枢纽布置方案，勘探与试验工作的布置应做到不遗漏大的工程地质现象与问题，并满足分析评价的需要。

(4) 招标设计阶段与施工详图阶段。主要是补充与完善，勘探与试验的布置针对性要强。

(5) 大型野外试验工作，如现场的大型抗剪试验、变形试验、地应力测验等，其安排、布置应和勘察阶段相适应。应根据勘察设计合同或任务书、水工建筑物的工程特性、工程地质条件、稳定分析核算时的可能的边界条件及可能的敏感性分析要求，确定试验内容与要求。

(二) 勘探布置型式

坝址工程地质勘察中，常用的勘探布置型式有勘探线、勘探网两种。

(1) 勘探线。勘探点布置在一条直线或折线上，便于编制工程地质剖面图。目的是了解剖面线上工程地质条件的变化。一般坝址地段主要按勘探线的型式布置勘探工作。

(2) 勘探网。勘探点布置在相互交叉的勘探线的交点上，即由勘探线交叉构成网格形状。坝址的工程地质勘察中一般不会要求勘探点布置成十分规则的网格形状，一般只有在地形起伏不大，较为平坦的宽谷区或平原河流上采用此种布置型式。

(三) 勘探工程布置的基本原则

勘探工程的布置应在平面工程地质测绘和必要的物探工作的基础上，在对工作区地质条件有了一定的了解、判断的条件下，初步明确要调查的问题，结合设计方案总体布置，统一进行勘探网点设计。在勘探进程中，根据揭露的地质情况，及时进行布置的调整。

勘探工程的布置应与勘察阶段相适应。

坝址勘探工程的布置应考虑到坝型、坝高、坝体轮廓、基础型式及处理措施、坝基持力范围、工作条件等因素。

坝址勘探手段的选择、布置的型式、勘探点的密度和孔、洞的深度应与地质条件相适应。

(四) 勘探间距和勘探点深度

不同勘测设计阶段的勘探间距详见第二篇第三章第二节。

影响钻孔深度的主要因素有：坝高及坝型、勘探对象的埋深及产状、表生地质作用及地下水的作用强度与深度。

钻孔、平洞深度至少要穿过坝体荷载作用影响的岩体，在岩溶地区还要考虑渗漏及渗漏对大坝安全的影响，即坝基勘探点的深度应以满足评价岸坡、坝基稳定，确定坝基、坝肩渗漏范围和防渗边界，并留有一定余地为原则。一般情况下高坝河床钻孔的孔深为0.5～1倍坝高或壅水水头，两岸岸坡上的钻孔宜达到河水位或地下水位高程以下，并应进入相对隔水层，可能布置防渗帷幕地段的钻孔深度一般为1倍坝高或进入相对隔水层不少于10m。平洞原则上应进入新鲜完整基岩并进入建基面一定深度，坝高150m以上的拱坝平洞深度不宜小于200m，岩溶地区钻孔相对要深一些，宜深入弱岩溶化岩体或可靠的隔水、相对隔水岩层。

(五) 现场大型原位测试布置

抗剪、变形、地应力测试等测试点应在分析已知地质条件的基础上，依据勘探编录资料，结合坝型、坝高、作用力大小、方向、影响范围、坝段工程地质条件等在现场选定。测试点应有代表性、针对性。同一组试验或测试点中各试点的地质条件应基本相近。

岩体抗剪、变形应尽可能位于大坝地基岩体之上。结构面抗剪应考虑结构面的宽度、性状、分布、延伸及埋深情况。混凝土与基岩的抗剪应尽可能布置在建基面附近或相似岩体上。变形试验应考虑划分的工程地质单元，岩体的变形破坏型式，注意避开试面以下较弱夹层、张开节理、不均匀风化、岩体蚀变等的影响。

地应力测试点应注意岸坡应力重分布情况，测试点应避开卸荷松弛岩体，岸坡部位在应力正常带内应有测点控制，河床部位测试深度宜穿过河床应力集中区达到应力正常带适当深度。

二、勘探、试验布置

不同勘测设计阶段的勘探、试验布置的具体要求详见第二篇第三章第二节。

我国部分百米以上高坝的钻孔、平洞勘探工作量见表7.2.2-1。

表7.2.2-1　国内百米以上部分高坝勘探工作量简表

工程名称	坝型	坝高(m)	坝顶长(m)	库容(亿m³)	装机容量(MW)	比较坝址数量	坝基岩性	钻探工作量(m)	洞井探工作量(m)	建设状况
龙羊峡	重力拱坝	178	396	247.7	1280	3	花岗闪长斑岩	16110	3946	已建
乌江渡	拱型重力坝	165	394.6	21.4	630+500（扩机）	2	石灰岩	49582	5244	已建
东江	双曲拱坝	157	438（弧长）	81.5	525+500（扩机）	3	花岗岩	6828	859	已建
白山	重力拱坝	149.5		62.9	1500		混合岩	10206	2382	已建
刘家峡	重力坝	147	204	57	1225	2	云母石英片岩	14214	935	已建
湖南镇	支墩坝	128	440	20.6	270	3	流纹斑岩	2768	189	已建
故县	重力坝	121		11.6	60		石英斑岩			已建
安康	重力坝	128		25.85	800		千枚岩	23708	2521	已建
凤滩	空腹重力拱坝	112.5	488（弧长）	17.4	400+400（扩机）	2	砂岩夹板岩	1166	389	已建
潘家口	重力坝	107.5		29.3	43		片麻岩	9023	385	已建
黄龙滩	重力坝	107	371	11.8	150+360（扩机）		片岩	3873	384	已建
三门峡	重力坝	106		159	400		闪长玢岩	11915	340	已建
新安江	重力坝	105	466.5	220	662.5	2	砂岩	19767	2040	已建
新丰江	大头坝	105		139	302.5		花岗岩	8166	978	已建
柘溪	大头坝	104	330	35.7	447.5+500（扩机）	6	板岩、细砂岩	3653	678	已建
碧口	土石坝	101.8		5.21	300		千枚岩、凝灰岩	5893	1419	已建
紧水滩	双曲拱坝	102	350.6	13.93	300	2	花岗岩	3261	960	已建
二滩	双曲拱坝	240	774.56	58	3300		正长岩、玄武岩	36410	10348	已建

续表

工程名称	坝型	坝高（m）	坝顶长（m）	库容（亿 m^3）	装机容量（MW）	比较坝址数量	坝基岩性	钻探工作量（m）	洞井探工作量（m）	建设状况
东风	双曲拱坝	162	254.35	10.26	510		石灰岩	17095	545.6	已建
李家峡	双曲拱坝	155	438.4	16	2000	3	片岩、混合岩	11142	5455	已建
隔河岩	重力拱坝	151		34	120		石灰岩	29349	2644	已建
宝珠寺	重力坝	132	524.48	22.5	700	3	粉砂岩、石灰岩	17440	1722	已建
漫湾	重力坝	132	412	10.8	1250+300	3	流汶岩	17834	5168	已建
岩滩	重力坝	111		26.12	1210		辉绿岩、石灰岩	26557	2505	已建
水口	重力坝	101	783	23.4	1400	3	花岗岩	10064	1164	已建
鲁布革	土石坝	103.8		1.11	600	2	白云岩、石灰岩	35580	4757	已建
天生桥一级	面板堆石坝	178		102.6	1200	2	砂泥岩、石灰岩	9124	1404	已建
三峡	重力坝	175		393	22500	2	花岗岩	131720	2677	已建
小浪底	土石坝	154		126.5	1800		砂岩、黏土岩	43793	2799	已建
大朝山	重力坝	111	481	8.9	1350	3	玄武岩夹少量凝灰岩	13722	4816	已建
小湾	双曲拱坝	294.5	892	149.14	4200	2	片麻岩夹少量片岩	57099.75	20814.37	在建
景洪	重力坝	114	704.6	11.39	1750	3	闪长岩	13601.45	3341.09	在建
糯扎渡	土石坝	261.5	609	237.08	5850	2	花岗岩	40924.02	18496.2	在建
金安桥	重力坝	160	640	9.13	2400	2	玄武岩夹少量凝灰岩	17069	6009	在建
官地	重力坝	168	516	7.6	2400	2	玄武岩	16494.48	11270.05	在建
大岗山	双曲拱坝	210	622.42	7.42	2600	2	花岗岩	18899.98	10030.5	在建
溪洛渡	双曲拱坝	285.5	681.51	126.7	13860	3	峨眉山玄武岩	47478.32	19874.64	在建
龙滩	重力坝	192/216.5	761.2	162.1/272.7	4900/6300	4	砂岩泥板岩	23665.8	9229.5	已建
向家坝	重力坝	162	896.26	51.63	6400	7	砂岩夹少量泥岩	59105（不含建材、临建工程）	8850（不含建材、临建工程）	在建
洪家渡	面板堆石坝	179.5	427.79	49.47	600	2	石灰岩、泥页岩	20285	4489	已建
索风营	碾压混凝土重力坝	115.8	164.58	2.01	600	2	石灰岩	5270	2341	已建
董箐	面板堆石坝	150	678.63	9.55	880	2	砂岩、泥岩	8340.85	1763.9	在建
五强溪	重力坝	85.83	717.73	43.5	1200	4	石英岩、石英砂岩、长石石英岩、砂岩、砂质板岩、千枚状板岩	12284.59	5196.06	已建
公伯峡	面板堆石坝	132.2	429	6.2	1500	2	花岗岩、片岩	19004	7314	已建
拉西瓦	双曲拱坝	250	482	10.56	4200	3	花岗岩	16083	8936	在建
紫坪铺	面板堆石坝	156	663.77	11.12	760	5	砂页岩	22810.15	4857.3	已建
卡基娃	面板堆石坝	171	323	3.583	440	2	砂岩、板岩夹千枚岩	9894.69	2651.5	在建
双江口	土石坝	314		28.97	2000	2	花岗岩	19357.07	6705.72	前期
长河坝	心墙堆石坝	240	502.85	10.75	2600	2	花岗岩	16009.56	4409.77	在建
猴子岩	面板堆石坝	223.5	283	7.06	1400	2	变质灰岩	20956	9171	前期
硗碛	心墙堆石坝	125.5	433.8	2.0	240	2	炭质、粉砂质千枚岩与变质砂岩	5013.49	1985.39	已建
锦屏一级	双曲拱坝	305		77.6	3600	3	大理岩	20225.45	20562.41	在建
卜寺沟	面板堆石坝	130	177	2.26	360	2	变质砂岩夹板岩	4800	2162	前期
毛尔盖	土石坝	147	496	5.35	420	2	砂岩、千枚岩	8019	4007	在建
大华桥	重力坝	106	231.5	2.93	920	3	砂岩与板岩互层	10981.1	2873.5	前期
白溪	面板堆石坝	124.4	398	1.68	18		含角砾熔结凝灰岩	2536.3	428.6	已建
滩坑	面板堆石坝	162	507	41.9	600		火山集块岩	9413.06	2308.4	已建
珊溪	面板堆石坝	132.5	448	18.24	200		坚硬块状熔凝灰岩	9553.87	1526.2	已建
巴山	面板堆石坝	155	477	3.15	140		含砾凝灰质砂岩	9878.79	1199.9	已建
龙开口	重力坝	119	768	5.58	1800	3	玄武岩夹角砾熔岩	26230	5553	在建
棉花滩	重力坝	115	300	20.35	600		黑云母花岗岩	14503	2368.25	已建
牛头山	双曲拱坝	108	297	0.97	100		凝灰熔岩	2296	439.94	已建
周公宅	双曲拱坝	125.5	457.3	1.12	12.6		熔结凝灰岩	2129.97	1033	已建
水布垭	面板堆石坝	233	660	43.12	1840	2	灰岩、泥灰岩	33028.64	7850.91	已建
苗尾	心墙堆石坝	139.8	576.68	6.6	1400	2	变质砂岩、板岩	20276.72	8442.27	前期
江坪河	面板堆石坝	219	414	13.66	450	3	灰岩、钙质粉砂岩、板岩	12841.59	5045.3	在建

第三章 岩基工程地质条件

第一节　岩体的工程地质特征

一、岩体结构基本性质和研究的内容

岩体是非均质的各向异性的和裂隙性的不连续地质体。

岩体由结构面、结构体两种基本单元所构成。而岩体结构是结构面和结构体的自然地质特征，赋存环境及其组合情况。

岩体是一种多介质的不连续体，主要由固相和液相介质组成。其中液相（水）的力学作用，与固相介质的物理化学反应将降低岩体的强度和稳定性。岩体，特别是较为软弱的岩体具有蠕变特性，在应力的长期作用下，微观与宏观结构的滑移、位错、形变随时间而变化。岩体本身赋存在复杂的天然应力场中，不仅存在有自重应力场，还有各种构造运动引起的构造应力场，地球内应力及岩体结晶引起的封闭应力场。各类侵蚀、剥蚀作用所造成的应力的重分布，以及各类应力场间及与液体（水）压力的耦合与联系。

岩体结构及其赋存条件控制着岩体变形和破坏的基本规律或本构关系，影响和决定着岩体的基本物理力学性能和力学作用。岩体结构的研究就是对岩体结构自身特征、地质特征以及赋存环境的研究。

在岩体中，在很大程度上，结构面决定着岩体的结构特征和力学特征。岩体结构研究中重点是岩体的构造特征和结构面的性质。一般情况下，它们是评价岩体稳定性参数研究的基础。

二、影响坝基岩体工程地质特性的因素

坝基岩体的工程地质特性，包括结构特性、强度特性和变形特性，主要取决于岩体内的结构面力学性质及其组合型式。影响坝基岩体的工程地质特性的因素主要有以下几方面。

（一）综合性因素

影响坝基岩体工程地质条件的因素，首先是岩体的成因类型，包括岩石的矿物质组成，结构构造等；其次是地质构造对岩体的破坏作用，以及各种动力地质作用，包括风化、卸荷作用，地下水作用，地震等；然后是岩体的赋存环境与条件，人类活动的影响等。

（二）区域性因素

不同地区由于受到自然地理环境的影响，岩体工程地质性质表现出区域特点。

（三）长期荷载的影响

坝基岩体在建坝以后，就处于长期荷载状态，因而要考虑大坝所受的水平推力及其垂直荷载对坝基岩体的长期作用。

（四）长期渗流影响

水库蓄水后，坝基岩体就处于高水头的长期渗流作用下，水位的反复变化，加荷（蓄水），卸荷（泄水）使得坝基岩体承受渗透压力和软化、泥化，长期强度降低，或者因渗透压力过大而产生渗透变形。

研究坝基岩体工程地质性质需把综合性和区域性结合起来，既要掌握区域一般规律，又要分析影响工程地质性质的各种因素，并注重研究长期荷载和长期渗流对岩体的作用。

三、岩体结构

岩体结构类型的划分方案很多，但可用表 7.3.1－1 加以概括。

表 7.3.1－1　　岩体结构类型分析图解

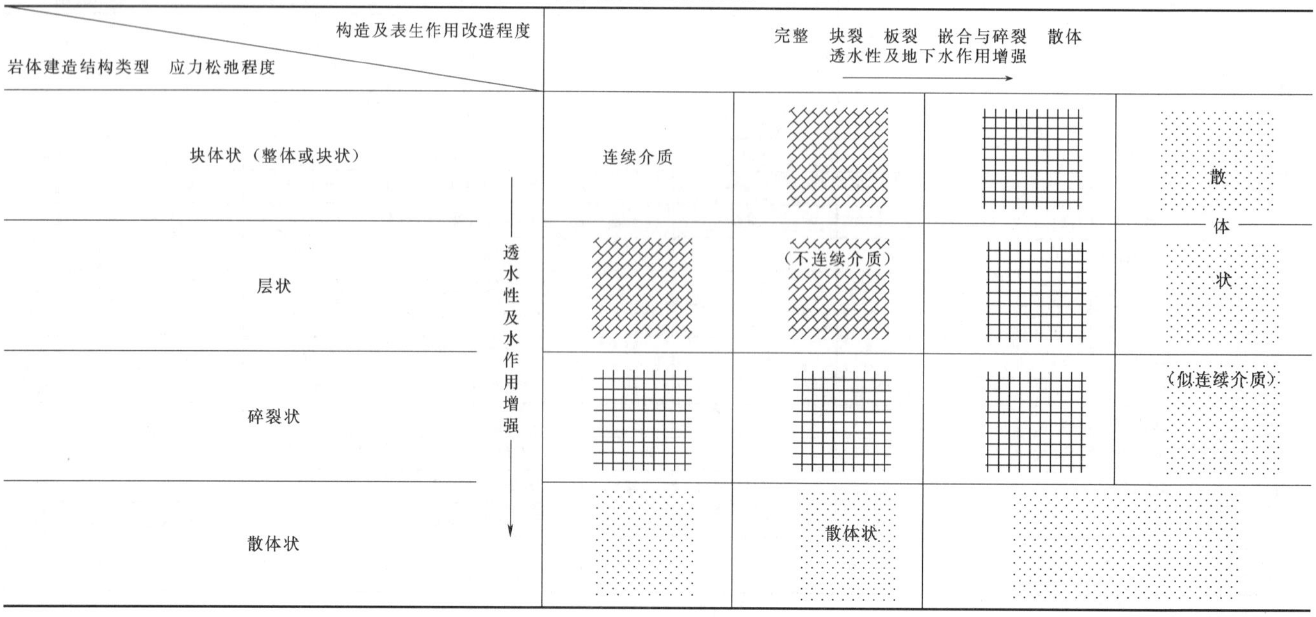

根据岩体的建造特征，岩体的结构可划分为块体状（整体或块状）结构、层状结构、碎裂结构和散体结构等类型。

块体状结构代表岩性均一，各向的物理力学性能差异不大。

层状结构代表岩体中含有一组连续性好、抗剪性能明显较低的结构面的岩体，一般岩体的均一性差，物理力学性具各向异性。

碎裂结构，代表岩体中含有多组密集分布的结构面。岩体被分割为碎块状，常为动力地质作用的产物。

改造包括地质构造作用改造及表生作用改造两类。按改造的程度可划分为完整的、块裂或板裂、嵌合与碎裂、散体。

轻度～中度的改造，使块体状岩体块裂化，形成整体、块状、次块状等结构亚类，而层状岩体的层次特性由于层间挤压、错动及表生的作用而加强，各自异性更明显。

改造强度增加，岩体的完整性随之降低，强烈的改造使岩体碎裂化和散体化。

由于剥蚀、侵蚀以及堆积作用，使岩体所赋存的环境改变，按岩体赋存的应力环境可分为嵌合紧密～较紧密、中等紧密～较松弛、较松弛～松弛、松弛等。

应力环境高，岩块嵌合紧密～较紧密，岩体结构类型为镶嵌结构。随天然应力的降低，岩块的嵌合紧密程度下降，岩体碎裂化、散体化明显。

水力发电工程的岩体结构类型分类考虑了岩体的建造特征和改造程度，其分类见表 7.3.1－2。

表 7.3.1－2　　岩体结构类型

类型	亚　类	岩体结构特征
块状结构	整体状结构	岩体完整，呈巨块状，结构面不发育，间距大于 100cm
	块状结构	岩体较完整，呈块状，结构面轻度发育，间距一般 100～50cm
	次块状结构	岩体较完整，呈次块状，结构面中等发育，间距一般 50～30cm
层状结构	巨厚层状结构	岩体完整，呈巨厚层状，结构面不发育，间距大于 100cm
	厚层状结构	岩体较完整，呈厚层状，结构面轻度发育，间距一般 100～50cm
	中厚层状结构	岩体较完整，呈中厚层状，结构面中等发育，间距一般 50～30cm
	互层状结构	岩体较完整或完整性差，呈互层状，结构面较发育或发育，间距一般 30～10cm
	薄层状结构	岩体完整性差，呈薄层状，结构面发育，间距一般小于 10cm
镶嵌结构	镶嵌结构	岩体完整性差，岩块嵌合紧密～较紧密，结构面发育到很发育，间距一般 30～10cm
碎裂结构	块裂结构	岩体完整性差，岩块间有岩屑和泥质物充填，嵌合中等紧密～较松弛，结构面较发育到很发育，间距一般 30～10cm
	碎裂结构	岩体较破碎，岩块间有岩屑和泥质物充填，嵌合较松弛～松弛，结构面很发育，间距一般小于 10cm
散体结构	碎块状结构	岩体破碎，岩块夹岩屑或泥质物，嵌合松弛
	碎屑状结构	岩体极破碎，岩屑或泥质物夹岩块，嵌合松弛

四、岩体力学特性

岩体力学特性研究需遵循以下原则：

（1）按岩体的工程地质条件进行岩体工程地质分类，将复杂的工程岩体划分成相对均一的地质单元，分别对其进行研究，以减小因自然条件的差异带来岩体力学特性的不确定性，最终形成以岩体工程地质质量体系为基础的岩体力学参数系列。

（2）采用多种手段进行对比研究，综合分析认识岩体的力学特性；同时在充分掌握岩体及其结构条件的基础上，针对不同的特点有的放矢。

（3）由于不同的坝型和坝基岩体稳定分析方法对岩体力学特性的研究有不同的侧重点，因此在研究岩体力学特性时，应考虑到不同的坝型和稳定分析方法。对一些重大工程或重要部位，需采用多种分析方法和手段，针对不同强度准则下的岩体力学参数值进行敏感性分析。对于具有控制意义的岩体或结构面，应根据其破坏机理，分别研究各变形阶段的强度特性。

（一）岩体变形特征

坝基岩体变形特征的研究主要采用现场承压板试验，这是了解岩体变形特性、确定岩体变形模量最重要的手段。岩体的变形特性主要受岩石强度、风化程度、裂隙发育程度、填充情况和围压状态等因素制约。从岩体应力—应变关系曲线的外包络线分析，归纳起来大致有四种变形类型（图 7.3.1－1～图 7.3.1－4）。

（1）上凹形。这种类型的变形曲线主要表现在强度较低的软弱岩体或风化卸荷较强烈的岩体中出现，绝对变形量一般较大，变形表现为硬化（塑—弹）特征。

（2）下凹形。这种类型的变形曲线多出现在强度不均一或裂隙中夹软弱物质的岩体中，或下伏有相对较软弱的岩层。

（3）直线形。岩体在试验荷载作用下变形近似于等比例增加，应力应变关系呈线性变化。完整性较好的岩体或虽岩体完整性差，但裂隙分布均一，岩体近乎于均质，则多表现为此类变形特征。

（4）陡坎形。这种类型的变形曲线主要发生在强度较高的坚硬、完整岩体中，并与高地应力有关。

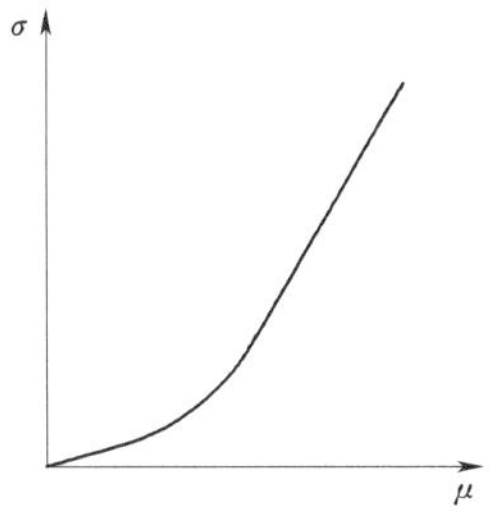

图 7.3.1－1　上凹形曲线

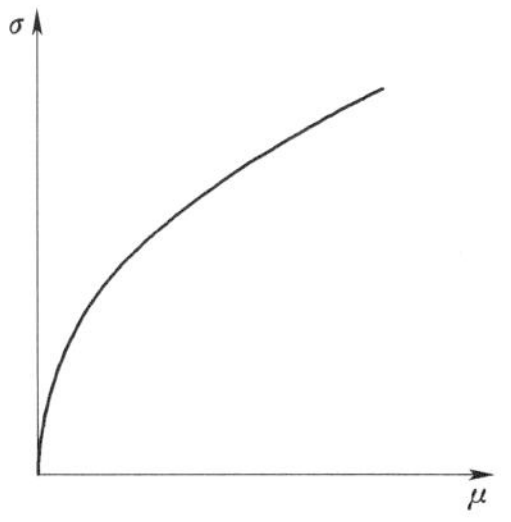

图 7.3.1－2　下凹形曲线

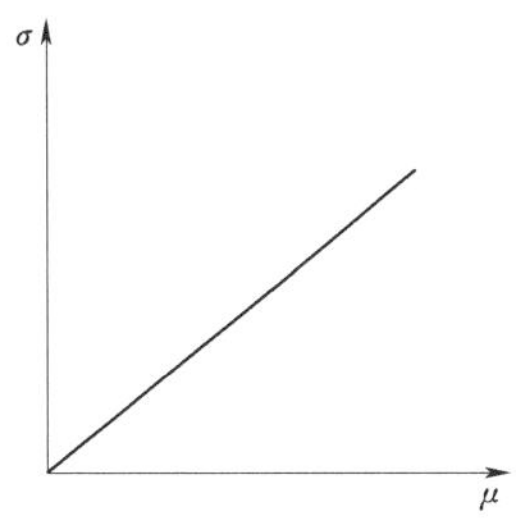

图 7.3.1－3　直线形曲线

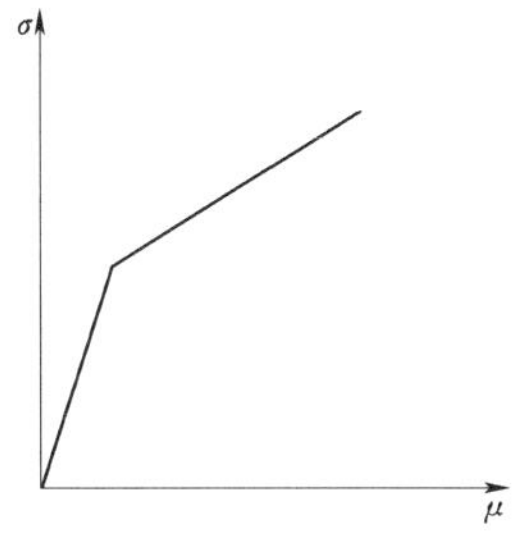

图 7.3.1－4　陡坎形曲线

（二）岩体强度特性

1. 岩体破坏的基本过程与阶段划分

一定荷载作用下的岩体在达到最终破坏之前通常要经过五个阶段，即压密阶段、弹性变形阶段、稳定破裂发展阶段、不稳定破裂发展阶段，强度丧失和完全破坏阶段。与岩体变形各阶段相对应的岩体强度有屈服强度、长期强度、峰值强度和残余强度等四种，可用岩体三轴试验所得的图 7.3.1－5 进行表征。

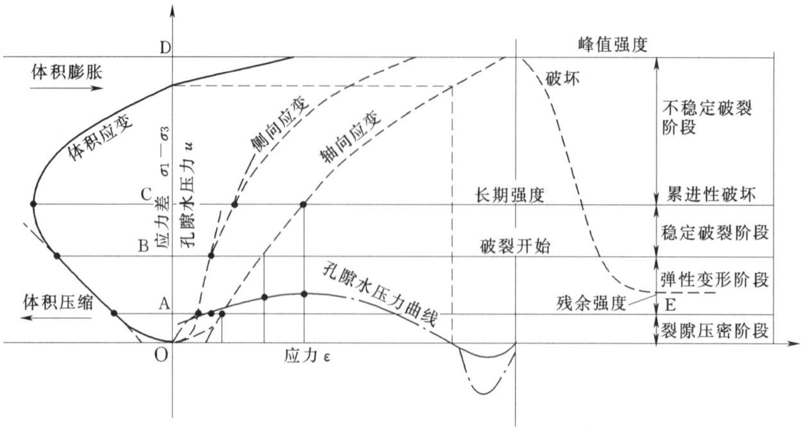

图 7.3.1-5　三轴压应力作用下岩石的变形破坏过程
（据 Lane，Bieniawski 等，1970 年）

（1）压密阶段。岩体中原有张开结构面逐渐闭合，充填物被压密，压缩变形具非线性特征，应力～应变呈下凹形（图 7.3.1-5，OA 段）。

（2）弹性变形阶段。经压密后，岩体不连续介质转化为似连续介质，进入弹性变形阶段，应力～应变呈直线（图 7.3.1-5，AB 段）。

（3）稳定破裂发展阶段。超过弹性极限即屈服点后，岩体进入塑性变形阶段，岩体内开始出现微破裂，且随应力增加而发展，当应力差（应力）保持不变时，破裂也停止发展，体应变变形速率减缓，轴向及侧向变形速率增高。此时，其进入不稳定破裂阶段的临界应力为长期强度，岩体应力达到长期强度后，即使应力不再增加，随时间的推移，岩体可通过累进性破坏而发展到最终破坏（图 7.3.1-5，BC 段）。

（4）不稳定破裂发展阶段。又称累进性破坏阶段。本阶段微破裂的发展出现质的变化，破裂过程中的应力集中效应显著，即使应力差（应力）保持不变，破裂仍累进性地发展，直到岩体整体破坏。体积应变表现为膨胀，轴向及侧向变速加速增加，岩体整体破坏后达到峰值强度（图 7.3.1-5，CD 段）。

（5）强度丧失和完全破坏阶段。岩体内部的微破裂面发展为贯通性破坏面，岩体强度迅速降低，变形继续发展，直到岩体完全破坏达到残余强度（图 7.3.1-5，DE 段）。

2. 岩体破坏的基本型式及强度准则

岩体在经历上述五阶段的变形过程后达到最终的完全破坏，从其破坏过程中所表现的特点可分为脆性破坏与塑性（延性）破坏；从力学机制破坏又可分为拉断破坏与剪切破坏。

（1）脆性破坏。岩体在荷载作用下没有显著的变形就突然破坏。坚硬岩体在常温、常压下一般均表现出脆性破坏的性质。

（2）塑性破坏。岩体在破坏之前变形明显，没有明显的破坏荷载，岩体的峰值强度与残余强度差别不大，破坏的型式为显著的变形、流动或挤出。软弱岩体、柔性结构面、碎裂或散体结构的岩体多表现为塑性破坏、在高围压或高温环境条件下的坚硬岩体也可表现出塑性破坏。

（3）拉断破坏。岩体在低围压或拉应力条件下产生拉断破坏。拉应力作用下岩体的拉断破坏过程十分短暂，一般表现为脆性破坏。根据格里菲斯准则，其产生条件为 $\sigma_1+3\sigma_3\leqslant 0$，破坏准则为

$$[\sigma_3]=S_t \qquad (7.3.1-1)$$

式中：S_t 为岩体抗拉强度。

岩体在压应力状态下也可产生拉断破坏，根据格里菲斯准则，其产生条件为 $\sigma_1+3\sigma_3>0$，此时，岩体可产生脆性的劈裂破坏，也可产生塑性破坏，破坏准则为

$$(\sigma_1-\sigma_3)^2/(\sigma_1+\sigma_3)=8S_t \qquad (7.3.1-2)$$

（4）剪切破坏。按剪切面特征将剪切破坏分为切断岩体的剪断破坏和沿已有结构面的剪切破坏，岩体的具体破坏方式，与其荷载条件、岩性、岩体结构、环境条件及其各因素的相互配合情况有关。

在描述坝基岩体剪断破坏所采用的强度准则方面，仍普遍采用库仑—莫尔准则。即

$$\tau=c+\tan\varphi \qquad (7.3.1-3)$$

对裂隙化岩体，也可采用霍克－布朗经验准则。即

$$\sigma_1=\sigma_3+\sqrt{m\sigma_c\sigma_3+s\sigma_c^2} \qquad (7.3.1-4)$$

式中：σ_1 为岩体破坏时的最大主应力；σ_3 为作用在岩体上的最小主应力；σ_c 为完整岩石的单轴抗压强度；m、s 为岩体材料常数，取决于岩石性质及岩体的完整性。

切断岩体的剪断破坏，其脆性与塑性的强度差别较大。对脆性破坏，有明显的峰值强度与残余强度，且愈坚硬完整的岩体两者间的差值愈大；塑性破坏的峰值强度与残余强度差值较小，且愈软弱破碎的岩体两者间愈接近。

沿已有结构面的剪切破坏有平面摩擦、糙面摩擦及充填物的剪切破坏三类。具体内容可参见本章第二节结构面及软弱夹层的工程地质特性。

（三）岩体变形破坏过程中的时间效应

岩体变形破坏过程中的时间效应表现为两方面：在应力一定时变形随时间而发展，称之为蠕变；反之当变形恒定时岩体内的应力随时间而下降，称之为松弛。

岩体的蠕变有两种不同的型式与结果，对坚硬完整的岩体，蠕变变形较小，在一定的时间内变形就趋于稳定，在工程地质研究时可不予考虑；但对软弱破碎岩体或软弱结构面，蠕变变形达到一定的值后可以一定的速度发展，直到破坏，此时须考虑岩体蠕变对工程的影响。

岩体的蠕变一般分为三个阶段：第一阶段为初期蠕变阶段，本阶段为减速蠕变，应变～时间关系曲线向下弯曲，蠕变量有一渐近值，卸载后无残余变形。第二阶段为稳定蠕变阶段，应变～时间关系曲线近似于直线，属等速蠕变，本阶段出现残余变形。第三阶段为加速蠕变阶段，蠕变速度随时间不断增大并导致最终破坏。

岩体的松弛过程一般分为两个阶段：第一阶段为快速松弛阶段，此时，岩体应力迅速降低；第二阶段减速松弛阶段，此

时应力减小较慢，松弛速率逐渐下降并趋向某一极限值。通常可用下式表示：

$$\sigma=\sigma_0 e^{-t/T}=E\varepsilon_0 e^{-t/T} \quad (7.3.1-5)$$

岩体的松弛与岩石的坚硬程度、完整性及应力环境有关，一般初期松弛较快，然后逐渐趋缓。坚硬完整的岩体松弛期较为短暂，而软弱破碎岩体松弛期较长。

岩体的蠕变与松弛之间有密切的关系，而温度与围压的升高会加快松弛与蠕变。

（四）岩体物理力学参数的取值

由于岩体具有各向异性的非连续结构特征，所处的地形地质环境不同，岩体的物理力学性质差别较大。因此，首先根据岩体物理性质和岩体结构，进行岩体工程地质质量分类，或划分工程地质单元，并按不同级别、不同工程地质单元，布置岩体力学试验和进行试验成果的整理，按第三篇第五章的取值原则和方法分别提出物理力学参数的地质建议值。

第二节　结构面及软弱夹层的工程地质特性

一、结构面的主要类型

按地质成因，结构面分为原生结构面、构造结构面及次生结构面三种。按力学成因可分为张性结构面和剪性结构面。

（一）原生结构面

1. 沉积结构面

沉积结构面包括反映沉积间歇性的层面和层理，也包括显示沉积间断的不整合面和假整合面，还包括由于岩性变化所形成的原生软弱夹层等。

沉积结构面一般延展性很强，其产状随岩层变化而变化，其特性随岩石性质、岩层厚度、水文地质条件以及风化条件而有所不同。

2. 火成结构面

火成结构面是岩浆侵入、喷溢、冷凝过程中所形成的结构面，包括大型岩浆岩体边缘的流动构造面（流层、流线），侵入岩体与围岩的接触界面、软弱的蚀变带、挤压破碎带；也包括岩浆岩体中冷凝的原生节理和岩浆间歇性喷溢所形成的软弱结构面等。

3. 变质结构面

变质结构面可分为变余结构面和变成结构面两大类，变余结构面主要指的是在变质程度较浅的层状岩石中残留下来的原岩的层面，但在层面上往往有片状矿物（如绢云母、绿泥石、滑石等）呈定向排列。变成结构面或称重结晶结构面，主要包括千枚状构造、片理和片麻理，也称之为结晶片理。

（二）构造结构面

在构造应力作用下岩体形成的破裂面或破碎带，称为构造结构面，包括断层、层间错动带、节理、裂隙、劈理及其他小型的构造动力结构面。

1. 断层

一般指位移显著的构造结构面，其规模相差十分悬殊，有的深切岩石圈甚至上地幔；有的仅限于地壳表层甚至地表数十米。断层从地质力学的观点，在工程实际工作中，分为张性（包括张扭）、扭性、压扭性断层三类。

2. 层间错动带

层间错动带是指岩层发生构造变动时，在派生应力作用下使岩层面之间产生相对的位移和滑动的地带。层间错动使层面间形成碎屑状、片状或鳞片状的物质，并在地下水作用下产生泥化现象，构成软弱结构面。

3. 节理

泛指岩体中没有位移或位移很小的构造破裂面。它无论沿走向还是沿倾向其延伸是有限的，大者数十米，小者不过数十厘米，其厚度一般小于数厘米，实际上是一个面或者是一条缝隙。节理在岩体中发育程度及性状的不同，造成了岩体工程地质特性差异的分段性。

4. 劈理

劈理分为流劈理、破劈理及滑劈理等类型，它影响着局部地段岩体的完整性及强度。

（三）次生结构面

由于外营力的作用，在岩体中形成的结构面称为次生结构面，它包括风化裂隙、卸荷裂隙、次生夹泥层等。它们发育的特点呈无序状、不平整、不连续，并构成软弱结构面。

（四）不同力学成因类型结构面的特点

张性结构面是由拉应力形成的，如羽毛状张裂面、纵张及横张破裂面，岩浆岩中的冷凝节理等。特点：张开度大、连续性差、形态不规则、面粗糙，起伏度大及破碎带较宽，易被充填，常含水丰富，导水性强。

剪性结构面是剪应力形成的，破裂面两侧岩体产生相对滑移，如逆断层、平移断层等。特点：连续性好，面较平直，延伸较长并有擦痕镜面等现象发育。

二、结构面的分级

结构面按规模一般可分为五级：

（1）Ⅰ级结构面。延展几公里到几十公里以上，深度至少切穿一个构造层，破碎带宽数十米到数十米以上的大断层或区域性大断裂，对区域构造起控制作用。

（2）Ⅱ级结构面。延展数百米到数千米；延深数百米以上，破碎带宽度数米以上的断层错动带、接触破碎带及风化夹层等，对山体和岩体稳定起控制作用。

（3）Ⅲ级结构面。延展在百米范围以内的断层、挤压和接触破碎带、风化夹层，其宽度在数米以内；也包括宽度在数十厘米以内的原生软弱夹层、层间错动带等。它们直接影响工程具体部位岩体的稳定。

（4）Ⅳ级结构面。延展短，一般在数米至数十米范围内，未错动或错动不大。

（5）Ⅴ级结构面。延展性差，无厚度之别，分布随机，为数甚多的细小结构面，主要包括节理、隐微裂隙、劈理、不发育的片理、线理、微层理等。

三、结构面的自然特征及其定量描述方法

结构面的自然特征主要包括产状、组数、间距、延伸性、粗糙度、隙壁强度、开度、充填物、渗流及切割体的块体尺寸等方面，既是研究岩体工程地质性质的基础，也是确定岩体力学性质及结构面网络模拟的基础。

（一）产状

结构面产状定义为结构面在空间的分布状态，用走向、倾向和倾角或方位角与倾角来表示。结构面产状通常采用极点等密图和节理玫瑰花图对结构面进行统计分析并确定优势产状。

（二）节理组数

节理组数指组成交叉节理系统的节理组数目。根据结构面分布的规律性，可将其划分为系统的和随机的两大类型。原生结构面和某些构造、次生结构面（如构造结构面、卸荷裂隙等）分布规律性较强，都属于前者。按照产状，将其分组进行研究。

按节理（裂隙）的组数，将结构面的发育程度分为四个等级：

(1) 不发育。有一或二组规则节理，一组时间距多大于1m，二组时间距多大于2m；节理延伸长度小于3m，多闭合，无充填。

(2) 较发育。有二或三组规则节理和少数不规则节理，一组时间距多为0.6～1m，二三组时间距多为1～2m；一般延伸长度小于10m，多闭合，无充填或有方解石、长英质细脉充填，个别张开有泥膜或岩粉、碎屑充填。

(3) 发育。一般规则节理多于三组和较多不规则节理，延伸长短不匀，多数延伸长度大于10m；间距一二组时为0.2～0.4m，三组以上时间距多为0.4～0.6m。

(4) 很发育。规则节理多于三组，间距多小于0.2m，并有很多不规则节理，杂乱无章。

（三）间距

间距指相邻结构面之间的垂直距离，通常是指一个节理组的平均的或最常见的间距。结构面间距是反映岩体完整程度和块体大小的重要指标。根据所测得的结构面的平均间距，可将岩体按表7.3.2-1进行描述。

表7.3.2-1　结构面间距

描　述	间　距　(mm)
极窄的	<20
很窄的	20～60
窄的	60～200
中等的	200～600
宽的	600～2000
很宽的	2000～6000
极宽的	>6000

我国水利水电工程依据单组节理间距进行的节理发育程度分级见表7.3.2-2。

表7.3.2-2　单组节理发育分级

分级	Ⅰ	Ⅱ	Ⅲ	Ⅳ	Ⅴ
间距（m）	>2.00	2.00～0.60	0.60～0.20	0.20～0.06	<0.06
描述	极不发育	不发育	较发育	发育	很发育

此外，还可采用表征结构面密集程度的节理密度或体积节理数来表示。

节理密度是指沿测线方向单位长度上结构面或裂隙的条数。其倒数为节理平均间距。

体积节理数是指单位体积的岩体所含的节理条数。在工程实际统计中一般统计出单位面积的节理条数再转换为体积节理数；或统计出各组节理的平均间距，它们及随机节理的平均间距之和即为体积节理数。

（四）延伸性

延伸性表征结构面的展布范围和长度。它是岩体很重要的特性之一。对岩体坝基，要尽力估计从产状上看来对稳定性不利的结构面的延伸性，根据各组结构面所测得的延伸长度作如表7.3.2-3的划分。

表7.3.2-3　结构面延伸性划分

描　述	延续长度（m）
延续性很差的	<1
延续性差的	1～3
中等延续性的	3～10
延续性好的	10～30
延续性很好的	>30

我国水利水电工程一般将结构面延伸性分为三级：延伸长度大于10m，延伸性长；3～10m，延伸性中等；小于3m，延续性短。

在研究结构面的延伸性时，考虑结构面延伸长度与工程规模的相对大小更为重要。

（五）粗糙度

粗糙度指结构面侧壁的粗糙程度，用起伏度和起伏差来表征。结构面的粗糙度对于研究岩体的抗剪强度有重要意义。起伏度常用起伏角 i 来表示；波状起伏的结构面则以波峰与波谷之间的距离表示起伏差 h（单位：cm）。可将结构面分为台阶形的、波浪形的和平直形的三种典型剖面。每种剖面又可分为粗糙的、平坦的和光滑的三种类型，如图7.3.2-1所示。

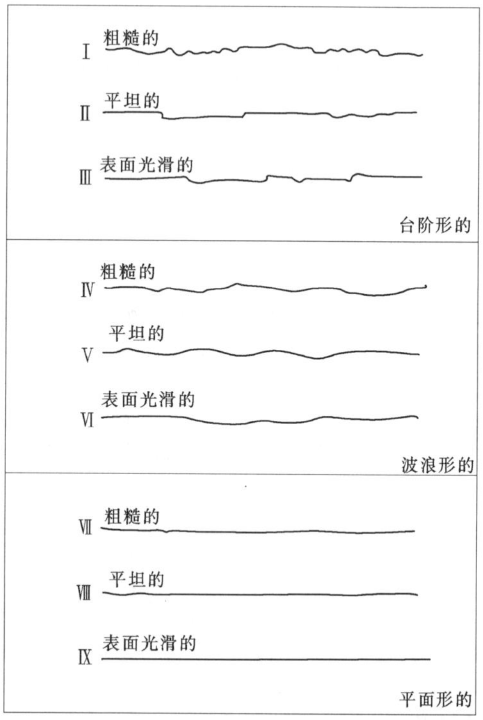

图7.3.2-1　结构面粗糙度的典型剖面及建议术语
(剖面长度1～10m)

我国水利水电工程节理面粗糙状态分类见表7.3.2-4。

表7.3.2-4　节理面粗糙状态分类

类别	Ⅰ	Ⅱ	Ⅲ	Ⅳ	Ⅴ
描述	明显台阶状	起伏粗糙	起伏光滑	平直粗糙	平直光滑

（六）隙壁强度

结构面隙壁强度直接影响到岩体的抗剪强度和变形性质。在研究隙壁强度时，必须同时描述岩石强度类型和结构面的风化或蚀变程度，也可用回弹仪来测定隙壁强度。

（七）开度

节理开度是指结构面相邻岩壁间的垂直距离。如果岩壁间具有黏土或其他充填物则称为充填结构面的宽度。

开度可采用表7.3.2-5所列的分级。

表 7.3.2-5 结构面的开度

描述		张开度 (mm)
闭合结构面	很紧密的	<0.1
	紧密的	0.10~0.25
	不紧密的	0.25~0.50
微张结构面	窄的	0.50~2.50
	宽的	2.50~10
张开结构面	很宽的	10~100
	极宽的	100~1000
	洞穴式的	>1000

我国水利水电工程张开度分级见表 7.3.2-6。

表 7.3.2-6 节理张开度分级

分级	Ⅰ	Ⅱ	Ⅲ	Ⅳ
张开度 (mm)	<0.5	0.5~5.0	5.0~50	>50
描述	闭合	稍张	张开	宽张

(八) 充填物

充填物是指充填于结构面相邻岩壁间的物质。这些物质一般比母岩软弱。典型的充填物有砂、粉土、黏土、角砾、断层泥、糜棱岩和方解石、石英、石膏等化学沉淀物质。

碎屑物质仅起机械填充作用,而充填在裂隙中的方解石脉、石英脉等则对结构面起胶结愈合作用。结构面有时可被外来物质全部填充,有时仅被局部填充。

全充填结构面的力学强度主要取决于充填物的性质,而局部充填结构面,其隙壁特征将起不同程度的作用。在充填物的充填方式上还有一种敷膜式充填,即充填物仅附着在侧壁上呈薄膜状,常见的物质有黏土、方解石或石膏。尽管它们有时很薄,但对侧壁的力学性能有较大影响。对于黏土质充填物,应研究黏土矿物成分、颗粒组成、含水量、渗透系数、固结程度以及结构曾否遭受过剪切破坏等。

在充填物较薄的情况下,还应测量结构面粗糙度的平均幅度(起伏差)和充填物的平均厚度。在泥化软弱夹层的研究中,应求出充填物厚度 t 与起伏差 h 之比,用来评价软弱夹层的抗剪强度和变形性质。$t<h$ 时,结构面力学性质受隙壁特征控制;$t>h$ 时,填充物性质起主导作用。对复杂充填结构面,进行野外素描,把两壁岩体的破裂程度或蚀变状况清楚地表达出来。

(九) 渗流

渗流指在单个结构面或整个岩体中所见到的水流情况。结构面是岩体中地下水流通的主要通道。研究结构面中是否存在渗流和渗流量的多少,对于评价结构面的力学性质,研究岩体中有效应力的改变以及预测岩体的稳定性和施工的困难程度都有重要的意义。渗流分级见表 7.3.2-7。

表 7.3.2-7 结构面渗流状态分级

活动状态	干燥	渗水	滴水	流水	涌水
水量 [L/(min·10m)] 统计段长		<10	10~25	25~125	>125
压力水头 (m)			<10	10~100	>100

(十) 块体尺寸

根据结构体的大小及形状,可将岩体分为下列六种类型进行描述:①巨块状:几乎没有节理或间距极宽;②块状:各个方向尺寸近似相等;③不规则状:岩块大小及形状变化甚大;④板状;⑤柱状;⑥碎裂状:节理发育,碎裂成"糖块状"。

定量表示块体大小的指标,可用体积节理数 J_V 表示,见表 7.3.2-8。

表 7.3.2-8 J_V 块体尺寸划分

J_V (条/m³)	<1	1~3	3~10	10~30	>30
描述	很大块体	大块体	中块体	小块体	很小块体

四、结构面的强度

岩体的力学性质受到岩块材料和结构面力学性质的双重控制。节理岩体的强度,主要取决于结构面的强度,而不取决于岩块材料的强度。根据结构面的充填情况,分两类进行研究。

(一) 无充填结构面的抗剪强度

无充填结构面的抗剪强度主要决定于结构面两壁的起伏形态、粗糙度和凸起体的强度。结构面的剪切破坏有平面摩擦及糙面摩擦两种破坏型式。

平直光滑结构面的剪切破坏一般为平面摩擦,其抗剪强度 τ 比较接近于用金刚砂磨制的岩石磨光面的摩擦强度,可用下式表示:

$$\tau=\sigma\tan\varphi \qquad (7.3.2-1)$$

式中:σ 为结构面上的法向压应力;φ 为结构面的摩擦角。

在工程实践中即使宏观上最光滑的天然结构面,在微观上看来也存在着大大小小的凸起体,其仍具有一部分黏聚力,其摩擦角 φ 一般变化在 20°~40°之间,黏聚力 0~0.1MPa 之间(表 7.3.2-9)。

表 7.3.2-9 一般结构面强度经验值

结构面地质类型	结构面的形状	摩擦角 φ (°)	摩擦系数 f	黏聚力 c (MPa)
滑石片岩片理面 绢云母片岩片理面 云母片岩片理面	平直或微呈波状,光滑	<20	<0.36	<0.05
黏土岩、泥灰岩、页岩层面、千枚岩、绿泥石片岩片理面	平直,表面光滑	20~30	0.36~0.58	0.05~0.10
砂岩、石灰岩及部分页岩层面,平直光滑 X 节理劈理面等	平直,或微呈波状起伏	30~40	0.58~0.84	0.05~0.10
各种坚硬岩体的构造裂隙,部分灰岩层面、砂岩层面	波状起伏,表面较粗糙,有些呈锯齿状(追踪张裂隙)	>40	>0.84	≥0.08~0.10

对于粗糙起伏结构面的抗剪性能,在粗糙起伏结构面的剪切过程中,在发生剪位移的同时,垂向上发生扩张变形剪胀现象,表现出糙面摩擦特征。在较低的压应力作用下,凸起体基本未遭破坏,剪切系滑越,此时抗剪强度用下式表示:

$$\tau=\sigma\tan(\varphi_b+i) \qquad (7.3.2-2)$$

式中:φ_b 为岩石的基本摩擦角,在实践中可认为近似于残余摩擦角 φ_r,此处相当于沿凸起体表面的滑动摩擦角;i 为锯齿状凸起体的起伏角。

当正应力较大时或起伏角很大时,剪切破坏是在凸起体被剪断后,通过锯齿的底面发生,不再产生剪胀,此时结构面的抗剪强度由两壁岩石的抗剪强度来决定,符合于库仑关系式,即

$$\tau=\sigma\tan\varphi+c \qquad (7.3.2-3)$$

式中:φ 为两壁岩石的摩擦角;c 为两壁岩石的黏聚力。

此外,结构面峰值强度也可采用下式表示:

$$\tau=\sigma_n\tan[JRC\cdot\lg(JCS/\sigma_n)+\varphi_b] \qquad (7.3.2-4)$$

式中:σ_n 为法向正应力;JRC 为结构面粗糙度系数,共划分为

10个等级，JRC值在0～20之间；JCS为结构面隙壁强度，可用回弹仪现场测定；φ_b为结构面基本摩擦角，可由光面抗剪试验或大位移结构面的残余强度确定，也可由经验确定。

粗糙结构面的抗剪强度，除包括与剪应力方向一致的摩擦组分外，结构面上的凸起体也起着非常重要的作用，且随着有效正应力的大小而不同。不仅完整的岩体具有弯曲的峰值强度包络线，而且结构面的峰值强度包络线也是弯曲的（近似于双线性关系）。

（二）有充填结构面的抗剪强度

有充填结构面的抗剪强度主要决定于充填物的成分和厚度。充填夹层物质成分对结构面的抗剪强度有很大的影响。如表7.3.2－10所列，结构面的抗剪强度随夹层内黏土含量增加而降低，随碎屑成分增加、颗粒增大而增加。充填不夹泥的薄层角砾结构面，有时结构面强度反较干净结构面强度高。

表7.3.2－10　夹层物质成分对结构面抗剪强度的影响

夹层类型	摩擦系数 f	黏聚力 c(MPa)
泥化夹层	0.15～0.25	0.005～0.02
碎屑夹泥	0.30～0.40	0.02～0.04
碎屑夹层含铁锰质角砾	0.50～0.60	0～0.1
破碎夹层	0.65～0.85	0.03～0.15

结构面的抗剪强度还随着充填物厚度的增加而迅速降低。波状或锯齿状结构面抗剪强度还受充填度影响。充填物质的厚度t与起伏差h之比，称为充填度。随着充填度的增加，其力学强度逐渐降低，当结构面内充填物厚度t大于起伏差h近2倍，即充填度大于200%时，结构面抗剪强度才趋于稳定，结构面强度达到最低点。此时，结构面强度与充填物强度相同。

部分工程结构面的抗剪强度试验成果见表7.3.2－11。

表7.3.2－11　部分工程结构面抗剪强度试验成果

<table>
<tr><th rowspan="2">工程名称</th><th rowspan="2">岩石类型</th><th rowspan="2" colspan="2">结构面性状</th><th colspan="2">抗剪强度参数</th></tr>
<tr><th>f</th><th>c（MPa）</th></tr>
<tr><td rowspan="3">三峡</td><td rowspan="3">闪云斜长花岗岩</td><td colspan="2">无充填，平直光滑</td><td>0.665</td><td>0.158</td></tr>
<tr><td colspan="2">无充填，平直稍粗糙</td><td>0.695</td><td>0.356</td></tr>
<tr><td colspan="2">断层，摩棱岩物质</td><td>0.891</td><td>0.161</td></tr>
<tr><td rowspan="3">天生桥一级</td><td rowspan="3">灰岩夹泥岩</td><td colspan="2">灰岩层面，含薄层砾屑</td><td>1.134</td><td>0.28</td></tr>
<tr><td colspan="2">泥岩层面，含方解石脉</td><td>0.740</td><td>0.17</td></tr>
<tr><td colspan="2">泥化夹层面</td><td>0.364</td><td>0.08</td></tr>
<tr><td rowspan="2">漫湾</td><td rowspan="2">流纹岩</td><td colspan="2">无充填节理面</td><td>1.080</td><td>0.03</td></tr>
<tr><td colspan="2">泥夹层</td><td>0.360</td><td>0.06</td></tr>
<tr><td rowspan="4">小湾</td><td rowspan="4">黑云母花岗片麻岩</td><td colspan="2">密集、陡倾节理面</td><td>0.64</td><td>0.09</td></tr>
<tr><td colspan="2">无充填，片理面</td><td>1.38</td><td>3.45</td></tr>
<tr><td colspan="2">无充填，片麻理面</td><td>1.69</td><td>1.57</td></tr>
<tr><td colspan="2">断裂带</td><td>0.81</td><td>0.07</td></tr>
<tr><td>二滩</td><td>正长岩</td><td colspan="2">中等粗糙，夹泥1～4mm</td><td>0.89</td><td>0.12</td></tr>
<tr><td rowspan="3">拉西瓦</td><td rowspan="3">花岗岩</td><td colspan="2">缓倾硬性结构面</td><td>0.50～0.60</td><td>0.10～0.25</td></tr>
<tr><td colspan="2">缓倾软弱结构面</td><td>0.21～0.45</td><td>0.08～0.12</td></tr>
<tr><td colspan="2">陡倾结构面</td><td>0.35～0.55</td><td>0.05～0.13</td></tr>
<tr><td rowspan="4">官地</td><td rowspan="4">玄武岩</td><td colspan="2">无充填，平直光滑</td><td>1.04</td><td>0.45</td></tr>
<tr><td colspan="2">岩块岩屑型</td><td>0.49</td><td>0.20</td></tr>
<tr><td colspan="2">岩屑夹泥型</td><td>0.43</td><td>0</td></tr>
<tr><td colspan="2">泥夹岩屑型</td><td>0.36</td><td>0.03</td></tr>
<tr><td rowspan="6">双江口</td><td rowspan="6">花岗岩</td><td colspan="2">裂面新鲜</td><td>0.60</td><td>0</td></tr>
<tr><td colspan="2">裂面锈染</td><td>0.50</td><td>0</td></tr>
<tr><td colspan="2">裂隙夹岩屑</td><td>0.40</td><td>0</td></tr>
<tr><td colspan="2">裂隙岩屑夹泥</td><td>0.35</td><td>0</td></tr>
<tr><td colspan="2">裂隙泥夹岩屑</td><td>0.25</td><td>0</td></tr>
<tr><td colspan="2">裂隙夹泥</td><td>0.20</td><td>0</td></tr>
<tr><td rowspan="2">狮子坪</td><td rowspan="2">变质砂岩</td><td colspan="2">缓倾角近水平状剪面基本平整，锈染呈褐色</td><td>0.63</td><td>0.15</td></tr>
<tr><td colspan="2">缓倾角，剪面平整，锈染呈褐色</td><td>0.52～0.73</td><td>0～0.45</td></tr>
<tr><td>溪洛渡</td><td>峨眉山玄武岩</td><td colspan="2">刚性结构面，节理裂隙
（微风化～新鲜）</td><td>0.20</td><td></td></tr>
<tr><td rowspan="8">亚碧罗</td><td rowspan="8">片麻岩</td><td rowspan="2">软弱结构面</td><td>节理裂隙（弱风化）</td><td>0.75</td><td>0.20～1.70</td></tr>
<tr><td>裂隙岩块型</td><td>0.55</td><td>0.15～1.27</td></tr>
<tr><td rowspan="6">软弱
结构面
断层破碎带
硬性（夹泥膜）
结构面</td><td>含屑角砾型（微风化）</td><td>0.51</td><td>0.25～0.57</td></tr>
<tr><td>含屑角砾型（弱风化）</td><td>0.44</td><td>0.20～0.57</td></tr>
<tr><td>含屑角砾型（强风化）</td><td>0.43</td><td>0.10～0.31</td></tr>
<tr><td>岩屑角砾型（弱风化）</td><td>0.40</td><td>0.08～0.26</td></tr>
<tr><td>岩屑角砾型（强风化）</td><td>0.35</td><td>0.07～0.42</td></tr>
<tr><td>0.26～0.30
0.40～0.50</td><td>0</td><td>0.13～0.24</td></tr>
</table>

续表

工程名称	岩石类型	结构面性状	抗剪强度参数	
			f	c（MPa）
马吉	混合片麻岩	挤压带，次硬性	0.54	0.83
		剪切带，次硬性	0.69	0.13
		剪切带，岩块及岩屑	0.49	0.19
		断层，充填泥质	0.13	0.03
		断层，泥夹岩屑	0.24	0.01
大华桥	砂岩与板岩互层	挤压夹泥层、断层	0.22～0.30	0.02～0.05
		无充填层（板）理面	0.45～0.50	0～0.05
		充填岩屑、岩片缓倾角裂隙、节理	0.40～0.45	0.05～0.10
		碎块或岩屑夹泥卸荷裂隙	0.20～0.25	0～0.05
苗尾	变质砂岩、板岩	层内错动带，泥夹岩屑型	0.25	0.08
		缓倾角断层，岩屑夹泥型	0.30	0.09
巴山	含砾凝灰质砂岩	F_{35}断层，断层泥	0.32	0.05
龙开口	玄武岩	无充填、闭合缓倾	0.98	0.16
		岩块岩屑、与凝灰岩接触面	0.63	0.48
		岩屑、层内挤压带	0.52	0.47
		岩屑夹泥、层间错动带	0.41	0.06
天荒坪	流纹质熔凝灰岩	铁锰质，局部泥膜	1.35	0.70
宜兴	岩屑砂岩	岩屑夹泥型，厚0.6～0.24cm	0.33～0.39	0.045～0.063
		泥夹岩屑型，厚1.2～3.2cm，起伏差较大	0.35	0.10
		闭合、铁锰质渲染	0.89	0.31
锦屏二级	大理岩	充填碎裂岩、少量次生黄泥，岩屑夹泥型	0.70	0.07
		面波状，充填碎裂岩、岩屑，岩块岩屑型	0.70	0.29
五强溪	石英岩、砂岩、板岩	反倾向及缓倾角节理，平整，局部密集	0.70	0.20
		泥化板岩或破碎夹泥层（泥夹岩屑）	0.25	0.02
		破碎夹泥层（碎块夹泥）	0.35	0.05
龙滩	层面	有波痕，起伏差3～5cm	0.8	0.64
		平整层面	0.44	0.19
向家坝	层间错动	夹泥、破碎带宽度<5cm	0.4	0.36
		不夹泥、擦痕光面	0.45	0.26
	砂岩、泥岩	破碎夹泥层	0.34	0.10
		泥化夹层	0.26	0.07
		砂岩层面	0.86	0.55
		砂岩无充填节理	0.61	0.14

五、软弱夹层的工程地质研究

软弱夹层在水力发电工程中一般是特指那些颗粒细、层次薄、具片状结构，遇水软化或泥化，力学强度低，有明显的上下两个界面的结构面。软弱夹层中泥化的部分（包括次生充填的泥）称之为泥化夹层。

（一）软弱夹层的成因与分类

1. 原生型

原生型指成岩过程中，在坚硬岩层间所夹的黏粒含量高、胶结程度差、力学强度低的软弱岩层。如碳酸盐建造、碎屑岩建造中夹的页岩、黏土岩薄层；火山岩喷发间歇期沉积的凝灰岩、凝灰质页岩；变质岩中的绢云母、绿泥石富集带等。原生型软弱夹层具有成层条件好，层次多、有韵律、分布广、厚度较大、延伸远、产状稳定且与岩层产状一致的特点。

2. 构造型

构造型指在构造作用下形成的软弱夹层。一种是层间错动带亦称原生构造型软弱夹层，是岩体在构造应力作用下，沿软、硬岩层接触带或软岩内部发生层间剪切错动，剪切错动带受到多期构造变动而发生剪切破坏，形成大量细颗粒物质和裂隙，从而形成软弱夹层；另一种是指构造作用形成的断层破碎带形成的软弱夹层。总体上构造型的软弱夹层具分布广，连续性一般较好，其成层性与工程地质特性与结构面的力学属性关系较为密切的特点。

3. 次生型

次生型指原生软弱夹层、蚀变破碎带、次生矿物充填的结构面等在风化、地下水等外营力作用下，产生泥及碎屑物质而形成的软弱夹层。这类夹层多分布在浅表地层，往往受地形、水文地质条件、岩性分布及构造发育情况所控制，常呈局部软化或泥化，黏粒含量及含水量均较高。具产状不稳定、厚度变化大、成层条件不好的特点。主要分布在风化卸荷带或地下水循环带内；次生型软弱夹层从地表向下逐渐变薄，一般到卸荷带以下则消失。

4. 复合型

在上述成因基础上由两种及以上成因叠加形成。

原生型（包括原生构造型）与构造型软弱夹层的区别在于：①原生型厚度稳定而构造型厚度变化很大；②原生型一般只限定一种岩性内而构造型可通过几种岩性；③原生型大都产状变化小，一般不相交，而构造型倾角相对变化大，有时各层彼此相交。

较弱夹层按工程地质性状一般划分为四类：①泥型；②泥

夹碎屑型；③碎屑夹泥型；④岩块岩屑型。

软弱夹层的分类，一般应先按成因，再按工程地质性状作为划分软弱夹层的根据。

（二）泥化夹层的基本特性

1. 泥化夹层的结构特征

较弱夹层在具有可供其膨胀的空间，并有水分供其吸收的条件下，经软化和泥化可形成泥化夹层。

泥化夹层有明显错动面和分带性，各带的微观结构和工程地质性质有明显的差异。通常可有三种不同的构造影响带，即节理带、劈理带和泥化带。

节理带受构造影响轻微，仍保持原岩的结构特征，力学强度较高，干密度较大，颗粒和微集合体（粒团）的物理化学活动性弱，阳离子交换量较少，表面积和表面电荷密度都较小，具有较弱的亲水性。

劈理带的原岩结构已受到较严重的构造破坏，劈理发育并有揉皱，颗粒和微集合体大多呈松散紊乱排列，在剪切位移较大部位，也可呈定向排列，因而干密度和力学强度都明显变低，分散度和阳离子交换能力都有所提高，物理化学活性有所增强。

泥化错动带受过剧烈的构造错动，错动时大位移使原岩结构被彻底改造而形成新结构。扫描电子显微镜下的观察表明，在较大剪切位移部位可形成颗粒和微集合体呈定向排列的错动定向区和受到位移牵动影响的非定向区。泥化带的黏粒含量高，分散度大，表面电荷密度相应增大，因而使物理化学活性加强，使结构的物理化学联结也比较弱。泥化带含水量高、干密度小、强度低，是易于屈服的弹黏性结构分散系，具有一系列特殊的工程性质。在错动带内，有时还存在糜棱岩带。

2. 泥化夹层的矿物成分和化学成分

泥化夹层是多种矿物组成的复杂的高分散体系，一般采用电子显微镜、X射线衍射和差热分析等手段，进行综合鉴定。主要的黏土矿物是蒙脱石、伊利石（水云母）和高岭石。

蒙脱石是在排水条件不好，周围具有 MgO、CaO 和碱金属氧化物的碱性环境中形成的。它可以交换的离子被吸附在质点表面，矿物格架是活动的，浸水时比表面积增大，有明显的膨胀性。

高岭石是在排水条件良好和发生溶滤作用的酸性条件下形成的，它在水中膨胀微弱，是相对稳定的黏土矿物。

伊利石则介于两者之间，膨胀性较弱。

泥化夹层的矿物成分与母岩性质和后期改造程度有关。有的泥化夹层与母岩矿物成分相同；有的由于后期改造变化，泥化夹层与母岩的矿物成分，在数量和种类上有较大的差别。泥化夹层矿物成分及其相对含量的差异，对泥化夹层的水理性质和物理力学性质有重要的影响。

泥化夹层的主要化学成分为 SiO_2、Al_2O_3、Fe_2O_3，其次为 CaO、MgO、K_2O、Na_2O 等。泥化后 CaO 含量比母岩低，Al_2O_3、Fe_2O_3 的含量比母岩高。

3. 泥化夹层的水理性质

泥化夹层的膨胀量与膨胀力，主要与黏土矿物成分和微结构面的发育程度有关。以伊利石和高岭石为主、微结构面不发育的夹层，膨胀量一般小于1%；而以蒙脱石为主的夹层，膨胀量可达8%，其中钠蒙脱石的膨胀量大于钙蒙脱石。如夹层被扰动后，膨胀量和膨胀力明显增加。

泥化夹层必须在围压作用和未扰动的情况下进行试验，否则试验指标的偏差很大。

泥化夹层具有明显渗流层状分带现象和渗流集中的特点，各带的渗透性差别很大。泥化带渗透系数很小，约为 10^{-5}～10^{-9}cm/s，是不透水的；劈理带的渗透系数约为 10^{-3}～10^{-5}cm/s；节理带（或影响带）渗透系数大于 10^{-3}cm/s，透水性良好。夹层的渗透破坏部位往往发生在泥化带与劈理带和岩石的界面上。据葛洲坝工程对典型夹层（202、308夹层等）进行渗透破坏试验的结果表明，渗透破坏有两种型式：一种是沿裂隙的机械管涌破坏，根据现场试验结果，其渗透破坏比降为3.5～5；室内试验则为4～10；另一种是爆发式挤出破坏，这是在夹层上下岩体较完整，裂隙闭合，透水性弱时产生的，渗透破坏比降高达30以上。

做好夹层上下接触部位及劈理带岩体的防渗和排水设施是改造泥化夹层的渗透性能、提高渗透破坏比降的必要措施。

泥化夹层可用亲水性指标（黏粒含水量与液限含水量之比）来判断夹层性质的好坏。亲水性大于1.25，为较差的夹层；0.75～1.25为中等的夹层；亲水性指标小于0.75，则为较好的夹层。

4. 泥化夹层的物理力学性质

不同地区泥化夹层的物理力学特性和规律不尽相同，主要是由夹层内物质成分、结构特征、上下界面形态决定的。泥化夹层内泥化带与相邻上下部位岩体在物理力学性质上有明显的差异性。泥化带黏粒含量较高，一般大于30%，含量高低随母岩不同而变化。在黏土岩、页岩等黏粒含量较高的夹层中，泥化带的天然含水量常大于塑限。不同矿物成分的泥化夹层，其物理力学性质亦有明显的差别。

表7.3.2-12所列为不同类型泥化错动带的某些特性指标，夹层的母岩分别为粉砂质黏土岩和黏土岩。以伊利石为主的泥化带天然含水量、塑限、流限都比以蒙脱石为主的泥化带为低；而干密度、峰值抗剪强度则相反。

表7.3.2-13列举了国内部分工程泥化夹层的室内土工试验和现场试验抗剪强度值及其相应层位的主要物理性质指标。从表中看出，在夹层上下层面较平直、其厚度较大的情况下，室内与现场试验的峰值摩擦系数比较接近。岩性不均一，夹层中有角砾、岩屑时，室内土工试验值偏高，需要进行现场试验。

根据有关工程的经验，可按充填夹泥的厚度、充填度(t/h)大小采用不同的试验方法，当 $t/h \geqslant 1$，且泥厚大于5cm时，可采取原状土做室内试验；当 $t/h<1$ 时，应进行现场试验。

表7.3.2-12　不同类型泥化错动带的性质（据王幼麟）

泥化夹层编号	黏土矿物组成	$CaCO_3$ 含量（%）	表面积（m^2/g）	阳离子交换量（mg当量/100g）	小于0.002mm粒级含量（%）	天然含水量（%）	天然干密度（g/cm^3）	流限（%）	塑限（%）	室内抗剪强度	
										c（kPa）	φ（°）
Ⅰ	以伊利石为主，其次为绿泥石、蒙脱石	7.33～10.86	90～101	11.32～17.38	32～40	21～25	1.63～1.75	31～33	16～19	21	13.5
Ⅱ	以蒙脱石为主，其次为伊利石、绿泥石	0.73～7.81	261～368	47.84～67.58	34～61	34～49	1.18～1.37	55～72	30～40	13	11.0

(三) 泥化夹层在长期渗水作用下的演变趋势

水库蓄水后，地下水的坡降、渗径和循环条件发生了变化，泥化夹层的受力条件更加复杂。在新的边界条件下，有的夹层可能会有恶化的趋势。

1. 化学成分的变化

泥化夹层在长期渗水作用下，主要的物理化学作用是盐类的溶解、阳离子的交换、碳酸钙的溶蚀、游离氧化物的溶解、胶溶及氧化还原反应等。这些作用必然会导致泥化夹层性状的改变。在一般情况下，泥化夹层内有易溶盐和难溶的钙、镁碳酸盐的成分。这些盐类物质（例如石膏）的溶解，降低了颗粒间的结合力，使分散性增高，对夹层的物理化学和物理力学性质有一定的影响。但多数泥化夹层易溶盐含量很低，一般小于0.5%，不会因它的溶解而影响工程的安全。钙、镁碳酸盐在夹层中含量较高，分布比较普遍，成为主要的溶滤物质。但是，它的溶解度很低，溶解速度缓慢，如果防渗措施好，在工程运行期间，夹层性状不会有显著的变化。

离子交换的速度和发展趋势取决于渗水的类型及泥化物的矿物成分和夹层的透水性。如果渗水是$HCO_3^- Na^+$型水，则钠离子取代泥化夹层中的钙、镁离子，使夹层的工程性质变坏；如果渗水是$HCO_3^- Ca^{2+}$型水，则钙离子交换泥化夹层中的钾、钠离子，使夹层的工程性质有可能变好的趋势。

游离氧化物的析出与地下水的pH值有关，在酸性水环境中，氧化铝或氧化铁被析出；在碱性水环境中，氧化硅被溶出。起胶结作用的游离氧化物和碳酸钙的变化，是影响泥化夹层性状的重要因素。长期渗水作用下的泥化部位的无定形游离氧化物（通常以溶胶和饱水凝胶状态存在）的含量常高。

表 7.3.2-13　国内部分泥化夹层的抗剪强度和物理性质

工程	夹层编号及地质特征	剪切部位	室内试验（峰值）		现场试验（峰值）		天然含水量（%）	干密度（g/cm³）	液限（%）	塑限（%）	塑性指数	粒级含量（%）				备注
			f	c（kPa）	f	c（kPa）						>0.05（mm）	0.05～0.005（mm）	<0.005（mm）	<0.002（mm）	
葛洲坝	202夹层，厚10～30cm，原岩为粉砂质黏土岩，泥化带厚0.2～2cm，上下界面平直	松软黏土岩	0.28	67			9	2.30	26	15	11	18	48	34	16	
		泥化层	0.24	20	0.23	63	23	1.75	32	18	14	12	36	52	36	
	308夹层，黏土质粉砂岩，节理厚30cm，黏土岩节理带厚10～15cm，劈理带泥化层，厚5～7cm	软弱粉砂质黏土岩	0.46	45			10	2.13	34	8	16	16	48	36	20	
		泥化带面	0.19	13			41	1.27	63	36	27	10	30	60	40	
		劈理带	0.22	32												
彭水	303夹层，原岩为泥质页岩，夹薄层灰岩透镜体，厚2～24cm，泥化层厚1～2cm. 夹方解石碎屑	泥化带	0.51	1	0.50	40			29.7	14.5	15.2	27	24	49		（原彭水坝址）据长办四队
岩滩	F_{65}辉绿岩体沿岩脉和蚀变岩形成的风化破碎夹层厚10～35cm	破碎带	0.50	70	0.46	90	17.5	1.74	29	0.6	8.4	66.2	22.8	11		据广西水电勘测设计院
小浪底	黏土岩、页岩与砂岩粉砂岩互层，全泥型（A），厚0.5～6cm；泥夹角砾型（B），厚1～4.5cm；泥夹粉砂型（C），0.1～1.5cm；泥膜型（D），<0.1cm；角砾夹泥型，0.3～1.0cm	全泥型	0.249	13	0.204	15	1.2	1.97	27.3	16.3	11	33.0	34.3	32.7		据黄委会
		泥夹角砾型	0.268	7	0.214	5						32.9	31.2	35.5		
		泥夹粉砂型	0.351	11	0.280	3										
		泥膜型	0.364	12	0.380	8						40.6	39.2	20.2		
		角砾夹泥型	0.352	15												
五强溪	板岩泥化，厚10～30cm，其中泥化带厚2～8cm	f_1夹泥带	0.23	3	0.22	28	13.9	1.94	22.5			72.7	13.7	13.6		
		PN破碎夹泥层	0.32	16	0.36	57	14.9	1.86	24.5			63.8	20.7	15.5		
		P破碎夹层			0.56	152	19	1.68	32	19	13	28	.38	34		
		泥化带			0.31	10	13.4	1.86	29.7			47	29	24		
铜街子	C_5夹层厚20cm，泥化层厚0.1～2.5cm，与围岩接触面较平直	泥化带	0.32	10	0.30	18	19	1.88	29	18	11	46	16	38	27	
天生桥一级	泥岩泥化，厚1～20cm，泥化后为粉质黏土或黏质粉土	泥化夹层	0.19～0.45	13～30	0.23～0.36	10～38	10～20									
双江口	F_1断层，主断带宽1.3～3.9m，主要为糜棱角砾岩，发育厚5～10cm断层泥	面上为一层灰白色断层泥，厚2cm有黏性	0.24～0.30	24～42	0.2	10	22.4～25.9	1.9～1.94	44.0～54.0	18.0～19.0	26.0～35.5			38.50～47.80	29.01～36.10	
龙开口	t_0凝灰岩夹层，厚0.4～5.4m，夹泥厚0.5～6cm	断续分布灰白色夹泥层	0.39	43.4	0.42	70	12.4	2.02	36.0	15.5	20.5	69	15	16		

2. 渗透稳定的变化

泥化夹层在长期渗水作用下，易于发生渗透变形和渗透破坏的部位，大多在泥化错动面附近和裂隙发育的劈理带。首先是泥化带与劈理带或岩石界面部位的裂隙逐渐扩张，有些细小颗粒被带出，透水性逐渐增大，伴随着产生化学反应进而降低夹层的抗渗性能。如以蒙脱石为主的泥化夹层，还有持续膨胀现象，从而降低颗粒或粒团间的联结，这将使夹层的渗透稳定性趋向恶化。但夹层是否产生渗透破坏，除与两侧岩体结构特征有关外，还与渗透比降和渗径有关。当两侧岩体裂隙发育，贯通性强，宽度稍大，透水性良好，而且渗径较短，渗透比降接近夹层的临界比降时，则夹层就会产生渗透破坏。

由板岩、页岩、黏土质粉砂岩等形成的碎屑泥化夹层，主要由较粗的构造碎屑组成，孔隙较大，透水性强，易于产生渗流集中，渗透稳定性比较差，对渗水作用下碎屑泥化夹层的渗透稳定性变化必须引起重视。

3. 抗剪强度的变化

渗水长期作用下夹层抗剪强度总的趋势是降低的，其中以劈理带泥状软化物比较明显。因为劈理带裂隙与微裂隙异常发育，对水作用的反应敏感，发生吸附效应而使强度降低。

黏土岩夹层节理带，在原有结构不被扰动时，长期渗水作用，不会产生泥化、软化。

劈理带具有“潜在泥化”特性，遇水后会产生泥化，抗剪强度明显降低；但泥化后的性状不会差于现存的泥化物。

泥化错动带的性状（包括抗剪强度）受渗压水的化学类型、交换阳离子的成分、碳酸盐的溶蚀和游离氧化物的溶解、胶溶等因素的影响，在漫长的地质历史时期，泥化物的性状已处于相对稳定之中，在水文地质条件不发生急剧变化时，泥化带的性状仍保持现有状态。

如在工程运行期间泥化夹层的结构不被破坏，坝基采取了有效的防渗措施，则泥化夹层的工程地质性质一般不会发生恶化。

（四）特定条件下泥化夹层的抗剪强度

泥化夹层的抗剪强度是控制岩体稳定性的重要因素。而夹层的流变特性和长期强度，则是评价工程长期稳定性的一个重要依据。

1. 泥化夹层的流变特性和长期强度

泥化夹层的长期强度须通过流变试验获得。图 7.3.2-2 为泥化错动带的典型的流变曲线图。当剪应力略小于泥化错动带的流变屈服极限时，随时间增长的流变量很小，并且很快终止（图 7.3.2-2 曲线 1）。当剪应力大于流变屈服极限，存在着一个稳定的黏滞流动阶段（图 7.3.2-2 曲线 2 上的 AB 段），过曲线 2 的 B 点以后，变形速率愈来愈快，进入加速流动阶段，发生不等速的塑性流动，导致结构彻底破坏而被剪断，为泥化夹层的长期强度。显然，为了避免夹层受荷后进入塑流阶段，应考虑到抗剪强度的时间效应，夹层所受的剪应力应控制在长期强度之内。夹层所能承受的极限强度是屈服值。

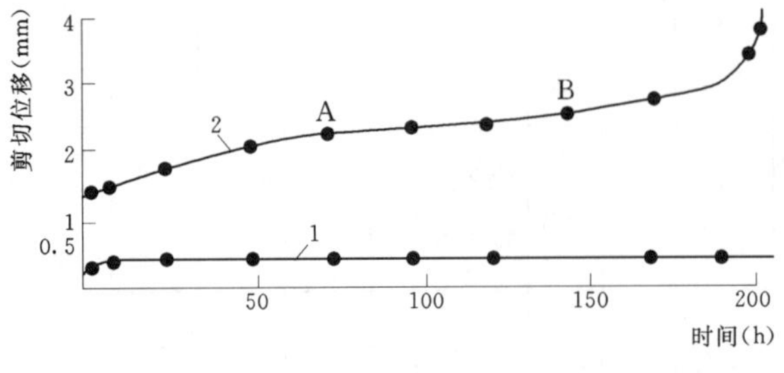

图 7.3.2-2　泥化夹层在不同恒定剪应力下的流变曲线

表 7.3.2-14 是葛洲坝坝基泥化夹层的流变试验结果，它表明长期强度约为峰值强度的 83%。这个数值可作为泥化夹层抗剪强度取值时的参考。

表 7.3.2-14　葛洲坝泥化夹层快剪峰值强度与长期强度关系

夹层编号	f_p（快剪峰值强度）	f_f（长期强度）	f_p/f_f	试验历时（d）
202	0.23	0.19	0.83	10
308（灰白色）	0.19	0.16	0.84	10
308（紫红色）	0.22	0.18	0.82	10

2. 反复荷载作用下的强度

坝基泥化夹层在库水的升降过程中处于反复受力状态，这种受力条件可使夹层抗剪强度降低，并逐渐趋于一极限值，其数值接近于残余强度。根据国内外的一些资料，反复剪切强度约为常规峰值强度的 80%（表 7.2.3-15）。

表 7.3.2-15　反复剪切的残余强度与常规峰值强度的比较

夹层或土层名称	抗剪强度		残余强度（反复剪切）f_r（$c=0$）	f_r/f_p
	f_p（峰值）	c（MPa）		
葛洲坝 202 夹层	0.24	0.021	0.21	0.87
葛洲坝 308 夹层	0.23	0.007	0.19	0.83
伦敦黏土	0.36	0.16	0.29	0.80
杰克菲尔德	0.46	0.11	0.34	0.74

3. 动力强度

振动对泥化夹层强度的影响程度与振动的振幅、频率和夹层的孔隙比有关。当振动力很大时，往往一次振动就使夹层发生破坏；当振动所产生的剪切力小于夹层屈服极限时，在多数情况下，无论多少次振动也不会发生破坏。据有些资料表明，对一般黏土而言，当孔隙比 e 小于 1.2 时，动强度不比静强度低。

研究动力强度可进行动三轴试验。据试验资料，随着振动次数的增加，抗剪强度逐渐降低，最后趋向某一定值。表 7.3.2-16 是葛洲坝 202 泥化夹层的动三轴试验资料。

表 7.3.2-16　葛洲坝工程 202 泥化夹层动力强度

振动次数	摩擦系数	黏聚力（MPa）
1	0.38	0.01
10	0.36	0.01
100	0.32	0.01

（五）软弱夹层抗剪强度的取值

软弱夹层抗剪强度的取值，目前主要是取夹层的现场快剪屈服强度或残余强度。用各种试验方法所得的强度参数，应以限制夹层膨胀的大型现场抗剪试验为准而加以修正。根据泥化夹层的试验资料，长期强度、残余强度、动力强度均不低于现场快剪屈服强度，其数值约等于峰值强度乘 0.8 的折减系数。因而，在现场快剪屈服值难于确定的情况下，建议采用峰值强度乘 0.7～0.8 的折减系数来处理。

要合理选取夹层的抗剪强度指标，首先必须分析泥化夹层的结构、矿物成分、几何形态、泥化带厚度和夹层性状随空间和时间的变化规律，同时要从工程地质条件、试验条件、工程要求等综合考虑。

第三节　岩体表生改造

岩体最常见的表生改造作用为岩体的风化与卸荷。

一、岩体的风化研究

岩体风化的工程地质研究的主要目的是在综合其他影响岩

体质量划分因素的基础上，合理划分岩体质量，从而在保证工程安全的前提下，经济合理地确定基岩的可利用高程，并对地基作出全面的工程地质评价。

（一）影响岩体风化的因素

影响岩体风化的因素有岩石的成分与结构、地质构造、气象条件、地形地貌、地下水等。岩石的成分和结构、构造是影响风化深度和风化壳结构类型的内因，而气象条件、地形地貌及地下水活动是外部条件。

1. 岩石的成分与结构

岩石的矿物成分和化学成分影响着风化速度、程度和风化产物的类型、特性。矿物的生成条件与地表风化条件差异愈大，则矿物的抗风化稳定性愈低；差异愈小，则抗风化稳定性愈高。故最常见的造岩矿物具有不同的抗风化稳定性。石英、白云母最高，而辉石、斜长石、黑云母、橄榄石都较低。总体上火成岩和变质岩的抗风化能力低于沉积岩；而火成岩中深成侵入岩又低于喷出岩。火成岩中超基性、基性岩抗风化能力低于中性和酸性岩。碳酸盐类，风化后常为风化残积棕红色黏土，其下则为新鲜的岩体；碎屑岩类岩石的抗风化能力，则根据胶结物成分不同而不同，硅质胶结的抗风化能力最高，泥质胶结的则最差。

岩石化学成分中不同的元素有不同的化学活动性，对风化的影响也是很显著的。基性岩含有较多的低价铁和钙、镁的硅酸盐矿物，比酸性岩中铝硅酸盐矿物易于风化。原生铝硅酸盐矿物在水解作用和碳酸化作用下易转变为次生黏土矿物，岩体中存在的各种长石、各种云母、角闪石、辉石等铝硅酸盐矿物，在风化过程中都在向次生黏土矿物转变。

就岩石的结构而言，岩石的颗粒愈细，粒度愈均匀，则抗风化能力愈高；斑晶、粗晶结构岩石的风化速度要比细晶、隐晶结构快。

2. 地质构造

断裂构造发育地区，岩体完整性差，增大了岩块与地下水的接触面，促使风化作用沿着各类结构面向岩体内部纵深发展。因而沿断层破碎带、裂隙密集带、层间错动带常形成较深的风化囊和风化槽。具有高应力的深切河谷区，因应力释放而发育卸荷裂隙带，风化作用也较强烈。

3. 气象条件

温度、雨量和湿度对岩体风化有很大影响。在干寒气候带，以物理风化作用为主，风化壳厚度不大，形成岩屑型风化壳或硅铝—硫酸盐和硅铝—碳酸盐型风化壳。在温湿气候带，岩石在化学风化的中期阶段及生物风化作用下，形成硅铝黏土型风化壳，其厚度可达十余米到几十米。在湿热气候带，岩石中硅酸盐矿物经长期的化学风化被彻底地分解，可迁移元素被析出迁走，形成铝土矿、褐铁矿、赤铁矿和蛋白石等稳定矿物为主组成的红土型风化壳。

4. 地形地貌

在坡度较陡的条件下，风化产物易被剥蚀，即使在风化作用非常强烈的地区，也不可能有较厚的风化壳保留下来。在河床和河谷底部，流水急剧冲刷，风化进程和风化产物的积存条件，与陡坡类似。在坡度平缓的微地貌单元上，风化产物则易于积存，因而有较厚的风化壳。但随着上覆风化产物的逐渐加厚，阻碍着风化营力向岩体中深入，使岩体的风化作用达到一定深度后，即处于停滞状态，而已风化的部分则进一步破碎、分解。因而，河谷两岸不同的地貌单元上，风化壳的厚度和发育情况有不同的特点：河床及河漫滩覆盖层之下，风化壳一般很薄，主要是新鲜或微风化岩石；而在一级或高级阶地覆盖层之下，风化常较为严重，总体上高级阶地下风化壳厚度要比低级阶地大，其风化程度也较强烈；在两岸岩石裸露区，风化剧烈并可能具有较完全的分带。两岸岸坡阳坡比阴坡的风化作用要强烈。

5. 地下水

地下水可以促使岩体的溶滤、水化、水解等作用的进行，地下水的化学成分及其循环条件，对风化速度和程度有较大的影响。地下水循环良好的地区，往往形成较厚的风化壳。

（二）风化壳的结构

正常的风化壳，自上而下为残积土、全风化、强风化、弱风化、微风化带，再下即为新鲜岩体。在某些条件下，也常出现风化壳的异常结构和特殊类型：

（1）风化夹层或夹层状风化。沿层状岩体的层间挤压破碎带或软硬相间的软弱岩层形成风化程度高的夹层，称为风化夹层；而沿块状岩体的断层和节理密集带或变质岩的片理、板理等结构面形成风化程度高于两侧岩体的现象，称为夹层状风化。一般情况下，陡倾角风化夹层，一般都在弱、强风化带中发育，少数沿断层、裂隙的风化夹层，亦可进入微风化带；而缓倾角风化夹层，绝大多数只发育于弱风化带上部及以上。

（2）球状风化。一般局限于全、强风化带中分布。是由于岩体被不同方向裂隙切割成块体后，风化营力使岩块四周风化而残留球状硬块的一种现象。

（3）风化程度不同的带在垂直剖面上发生突变。引起这种现象的主要原因是岩性的突变或上部残积土、全风化带对风化营力的屏蔽作用。

（4）风化槽或风化囊。当岩体中存在规模较大、延展较深的断层破碎带或断裂交汇带、不稳定矿物富集带、岩脉与断裂交叉带及地下水循环交替较强的局部裂隙发育带时，常能见到这种现象，风化的底部界线较深。

（三）岩体风化的工程地质研究

岩体风化工程地质研究的主要内容就是对岩体按风化程度进行分带，研究各带岩体的工程地质性质和物理力学性质指标。此外，风化岩体的产状特点和厚度对工程建筑场地选择、地基抗滑稳定的影响，也属于风化岩体工程地质研究的内容。

岩体按风化程度分带，国内外不同部门和不同研究者有不同的分带方法，一般划分为4～6带。我国水利发电工程的风化程度分带见第一篇第五章相关部分。在工程实践中，为合理划分岩体质量类别，经济合理地确定可利用岩体，常将弱风化带分为上、下两个亚带，其亚带划分标准见表7.3.3-1。

表7.3.3-1　弱风化带亚带划分表

弱风化带亚带划分	岩石特征		结构面特征			其他特征	
	颜色光泽	矿物变异及岩石组织结构	岩石组织结构	裂隙发育程度	充填情况	地下水渗流	锤击声及开挖情况
弱风化带上部	岩石表面和裂隙面大部变色，唯断口保持新鲜色泽	矿物蚀变明显，黑云母呈金黄色。失去弹性，大部分长石微高岭石化，角闪石轻度绿泥石化	组织结构完好，但风化裂隙发育，裂隙面风化剧烈	裂隙发育，微张，锈膜呈条状	大部分无充填，少部分为风化碎屑或绿帘石填充	滴水，量较大	锤击不够清脆，但不易击碎，开挖需爆破
弱风化带下部	岩石表面和裂隙面部分变色	矿物蚀变不明显，仅节理裂缝出现次生矿物	组织结构完好，但风化裂隙较少，成块状结构	裂隙不甚发育，微张，锈膜零星分散	大部分无充填，少部分为风化碎屑或绿帘石填充	滴水，量较小	锤击声清脆，开挖需爆破

风化程度划分的方法，主要采用凭肉眼观察和经验判断的定性分析方法。20世纪70年代以来，国内外普遍采用了弹性波测试技术和点荷载仪、回弹仪等简易现场测试技术，室内则开展了风化和新鲜岩体的力学指标的试验，因而提出了在定性基础上进行单指标定量分析的方法。近年来又采用了定性—多指标定量综合分析的方法，多元统计分析方法和模糊数学评价岩体风化程度的方法亦已得到广泛的关注和应用。用概率统计方法研究岩体风化，就是要查明风化岩体测试指标的分布类型、数字特征，研究影响风化过程的各种因素及其相关关系，建立适合于工程应用的数学模型，从而确定岩体风化分带的定量计算方法。现在应用得较多的有聚类分析、判别分析、有序量的最优分割法等。使用多元统计方法存在的问题是需要有足够的样本测试数据。模糊数学通过隶属函数作为桥梁，将不确定性在形式上转化为确定性，将模糊性加以数量化，就可以用传统的数学方法来分析处理。现在用来评价岩体风化的模糊数学方法有模糊综合评判法、模糊模式识别法及模糊聚类分析等。

1. 定性分析方法

这种方法是从风化岩的地质特征和工程性质出发，用经验判断，以定性分析为主。如根据钻探中的岩芯采取率来评价和初步划分岩体风化带等。定性分析主要凭现场勘察人员的经验，因而带有任意性，往往造成不同的结论，特别是处于边缘类型的岩体，因而还必须研究岩体的物理力学性质指标与风化程度之间的变化规律。

2. 定性—定量综合分析方法

这种方法是在定性分析的基础上，用室内或现场测试的岩石力学性质单项或综合指标进行岩体风化程度分带。这是目前国内常用的一种方法。

岩体随风化程度的加深，比重略有减小，密度减小，孔隙率、含水量、吸水量都逐渐增大。风化岩体的透水性取决于裂隙的发育程度及其充填物质，而裂隙的发育程度又与岩性和风化程度有关。

岩体的抗压强度、弹性模量和变形模量都随风化程度的加深而降低，以全、强风化岩体的降低尤为显著。根据国内某些工程实测资料分析，一般微风化岩体强度比新鲜岩体降低5%～20%；弱风化岩体因为风化程度的不均匀性，强度变化范围较大，约降低20%～50%；强风化岩体约降低50%～80%；全风化岩体只能作为松散土看待，强度降低更大。风化岩体的抗剪强度以及混凝土与岩体的抗剪断、摩擦（抗剪）强度，随着岩体风化程度的加深，有上述相同的规律。

由于岩体的物理力学性质、弹性波速及透水率等指标随风化程度而变化，并据此确定分岩体风化程度的定量指标。目前国内外采用的简单易行的定性—定量综合分析方法概述如下。

（1）按岩体风化程度系数来划分风化带。岩体风化程度系数 K_y 定义为

$$K_y=\frac{R_{aD}}{R_{fD}} \qquad (7.3.3-1)$$

式中：R_{aD} 为风化岩石单轴抗压强度；R_{fD} 为新鲜岩石单轴抗压强度。

按岩体风化程度系数进行风化划分见表7.3.3-2。

表7.3.3-2　根据岩体风化程度系数 K_y 划分风化程度

风化程度	全风化的	强风化的	弱风化的	微风化的	新鲜的
岩体风化程度系数 K_y	<0.20	0.20～0.40	0.40～0.75	0.75～0.90	>0.90

（2）岩体风化系数 I。岩体风化系数定义为

$$I=\frac{V_0-V_\omega}{V_0} \qquad (7.3.3-2)$$

式中：V_0 为新鲜岩石的超声波速度值；V_ω 为风化岩石的超声波速度值。

依据岩体风化系数 I，全风化带岩体风化系数为0.6～1.0，强风化带岩体风化系数为0.4～0.6，弱风化带岩体风化系数为0.2～0.4，微风化带岩体风化系数小于0.2。

（3）用点荷载试验研究岩石的风化程度。点荷载试验制备试件简单，略加修整的岩芯或不规则试样即可直接用于试验，对强烈风化的岩石试样的加工也无困难；仪器轻便，很适用于现场测试岩体的强度和研究岩体的风化程度。

表7.3.3-3列出一些研究者根据点荷载强度的风化分带标准。

表7.3.3-3　点荷载强度指标划分岩石风化带的界限值

研究者	岩石名称	指标名称	岩体风化程度				
			全风化	强风化	弱风化	微风化	新鲜
T. Y. 伊凡	花岗岩	I_s (MPa)	<0.1	0.1～0.4	4～6	6～10	>10
崔冠英	花岗岩	点荷载抗拉强度 (MPa)	<1	1～5	5～8	8～10	>10
陆兆溱等	混合花岗岩，混合花岗岩麻岩	$I_{s(50)}$ (MPa)	<1	1～5	5～8	8～12	>12
原水电部华东院	闽浙花岗岩	I_s (MPa)	<1	1～5	5～9	9～11	>11
长委设计院	闪云斜长花岗岩	I_s (MPa)		<1	弱上1～3 弱下3～7	7～9	>9
胡敏慧	结晶片岩	片理 I_s (MPa)	0.08	0.4～2	4.1～6	7.2	

注　1. $I_{s(50)}$ 相当于岩芯等值直径为50mm时的点荷载强度统一换算值；
2. I_s 为未修正的点荷载强度。

（4）根据岩体纵波波速 v_p 和波速衰减系数（波速比）K_v 划分风化带。采用岩体纵波波速 v_p 和波速比 K_v 的风化程度划分标准见表7.3.3-4。波速比用下式计算：

$$K_v=\frac{v_{pw}}{v_{pf}} \qquad (7.3.3-3)$$

式中：v_{pw}、v_{pf} 分别为风化岩体和新鲜岩体的纵波波速。

由于各类岩体的岩性和结构构造的复杂性，各类型风化带的纵波波速变化范围很大，一般统计结果为：全风化带600～2500m/s，强风化带1300～4100m/s，变化范围很大；弱风化和微风化带一般分别是3000～5000m/s和4000～6000m/s，新鲜岩为5000～6500m/s，变化范围比全、强风化带要小，故根据纵波波速来划分全、强风化带有很大的随意性，需进一步积累资料或采用其他方法。

《水力发电工程地质勘察规范》（GB 50287—2006）采用波速比来划分岩体风化程度的标准为：全风化带小于0.4，强风化带0.4～0.6，弱风化带0.6～0.8，微风化带～新鲜0.8～1。

表 7.3.3-4　　岩体风化程度划分标准

岩石类别	风化程度	风化程度划分参数				
		纵波速度 v_p (m/s)	波速比 K_v	风化程度系数 K_y	点荷载强度 $I_{s(50)}$ (MPa)	动弹模 E_d (GPa)
硬质岩石	新鲜	>5000	0.9～1.0	0.9～1.0	>12	>36
	微风化	4000～5000	0.8～0.9	0.8～0.9	8～12	18～36
	弱风化	2000～4000	0.6～0.8	0.4～0.8	5～8	8～18
	强风化	1000～2000	0.4～0.6	<0.4	1～5	2～8
	全风化	500～1000	0.2～0.4	—	<1	<2
	残积土	<500	<0.2	—		
软质岩石	新鲜	>4000	0.9～1.0	0.9～1.0		
	微风化	3000～4000	0.8～0.9	0.8～0.9		
	弱风化	1500～3000	0.5～0.8	0.3～0.8		
	强风化	700～1500	0.3～0.5	<0.3		
	全风化	300～700	0.1～0.3	—		
	残积土	<300	<0.1	—		

注　$I_{s(50)}$ 及 E_d 为参考建议值。

（四）岩体风化速度的工程地质研究

一个完整的风化壳的形成往往需要百万年到千万年，速度是很缓慢的，但某些抗风化能力很低的岩石，其表面风化速度可以很快，在建筑物施工或使用后不长期间内风化作用就会有明显的发展。为了合理确定开挖预留保护层的厚度，需要预测它们的风化速度，研究其风化速度有很重要的意义。

目前，风化速度的研究主要是在不同环境中选择风化观测点，人工剥离已风化部分使新鲜岩体裸露，定期观测风化作用的发展，以确定其风化性质和风化速度。

二、岩体的卸荷研究

（一）影响岩体卸荷的地质因素

影响岩体卸荷的地质因素主要有：岩体的性质、原始应力状态、河谷形态特征、地质构造等。

坚硬完整的岩体蓄能条件好，地应力水平高，易出现脆性的拉张、剪断破坏，卸荷明显；软弱破碎岩体蓄能条件差，地应力水平低，易于以塑性变形方式释放应力；当河谷内分布软弱带时，常表现为软弱带最大主应力降低，剪应力增高，软弱带之上出现拉应力区，造成卸荷深度、程度加深，或出现应力屏蔽，造成软弱带之外岩体卸荷加剧。

原始应力愈高，谷坡应力重分布影响范围愈大，应力松弛带厚度愈大，应力松弛带应力分异愈明显，上部拉张、中下部剪切愈强烈，应力集中带应力更为集中。

河谷岸坡高陡，则应力重分布影响范围愈大，应力松弛带应力分异愈明显，上部拉张、中下部剪切愈强烈；对V形与U形谷而言，谷底的应力分布特点各不相同。V形谷谷底常表现为应力集中，而谷底宽阔的U形谷，河床部分易出现应力松弛，坡脚部位表现为应力集中。

卸荷破裂面常追踪已有结构面形成，结构面的产状、规模、连通程度对卸荷的深度、程度常产生较大的影响。

（二）岩体卸荷的机制与类型

岩体卸荷破坏可由应力分异或差异卸荷回弹所产生。

在应力松弛带内，由于不同应力的集中可产生不同类型的破坏。在上部拉应力集中区可拉裂破坏，形成拉裂面，在平行临空面的压应力集中区可产生压致拉裂面，在岸坡中下部，当最大、最小主应力的差值过大时就会形成中缓倾的剪裂面。

由于岩体力学性能、应力史的不同以及岩体结构的原因，引起差异回弹，出现张性的拉裂面或是剪切破坏形成拉剪破裂面。

（三）高陡谷坡的深卸荷问题

高陡谷坡地区，存在有较高的原始应力状态时，在特殊地质构造条件下，于正常卸荷带以里，河谷形成过程中的水平卸荷所导致的应力释放产生的时效变形可出现岸坡的深卸荷现象，并在谷坡深部或后缘产生深大的拉裂缝及拉陷带。这类拉张变形带以规模大、延伸稳定、发育深度大区别于一般的卸荷裂隙。这类变形现象是晚近期地质历史时期的产物，其发展已经过减速蠕变及相应的应力释放而达到稳定。

（四）开挖卸荷

在高应力或深开挖的近水平层状岩层地区，由于开挖在岩体内可引起一系列的与应力释放和卸荷回弹相关的变形、破坏现象，主要有隆爆现象、岩体或沿已有结构面的回弹拉裂，基坑边坡或边墙的水平位移、岩体或沿已有结构面的剪切错动、边坡或边墙岩体的倾倒等。

第四节　坝基岩体质量工程地质分类

一、坝基岩体质量工程地质分类的意义、目的和原则

（一）坝基岩体质量工程地质分类的意义

坝基岩体质量的工程地质分类是考虑工程地质、力学、工程等多种因素的组合，采用定性与定量相结合的办法来研究作为坝基的岩体的优劣性及工程的适宜性、可利用性和可采取的工程处理措施的一种评价方法。

坝基岩体质量分类是评价坝基岩体质量的重要手段。合理的工程岩体质量分类可客观地反映岩体的固有属性，是坝基岩体稳定分析和评价的基础；可有助于认识岩体的力学特性，合理选取有关参数，也有助于岩体工程的设计和施工，可加强各专业间的有机联系和指导地质勘探和试验工作的布置。

（二）坝基岩体质量工程地质分类的目的

坝基岩体质量分类应能客观地反映岩体本身的工程地质特性，能客观地反映不同类别岩体的物理力学特性，成为坝基岩体稳定性分析和评价的基础，并依据岩体质量类别基本确定坝基可利用岩体、开挖原则及建议开挖深度等。

（三）坝基岩体质量工程地质分类的原则

坝基岩体质量工程地质分类应遵循以下原则：

（1）分类的宏观综合性。应以宏观工程地质调查、定性分析为基础，辅以表征岩体特征的多因素定量指标，既要考虑岩体的强度和变形特性，又要考虑岩体的水动力效应，同时还应考虑不良的工程地质现象与因素。

（2）分类的准确性和客观性。应采取定性和定量相结合的方法，尽可能地用岩石或岩体的具有代表性的物理力学性指标来表征，避免人为因素的影响。

（3）分类的简便适用性。分类的数量应适当，做到粗细适中，简繁得当。

（4）分类的针对性。分类应适合于不同工程规模的各种坝型，应成为评价坝基承载及变形、强度、抗渗性能等坝基岩体稳定性的基础。

二、影响坝基岩体质量的主要工程地质因素

概括地说，影响坝基岩体质量的工程地质因素为：岩性及岩体（石）强度特性、岩体结构与完整性、结构面状态及强度特征、岩体表生改造程度、岩体的渗透特性等。

（一）岩体结构

岩体结构是岩体建造、改造及赋存环境的综合体现。

岩体的建造与改造，具体地体现在岩体的完整性上。表征岩体完整性的主要定量指标有岩石质量指标、体积节理数、岩体块度模数、裂隙组数及平均间距等。岩体的完整性划分详见表7.3.4-1。

表7.3.4-1　岩体完整程度划分表

岩体完整程度	完整	较完整	完整性差	较破碎	破碎
结构面发育组数	1	1～2	2～3	>3	无序
结构面发育间距（cm）	>100	100～30	30～10	<10	—
完整性系数	>0.75	0.75～0.55	0.55～0.35	0.35～0.15	<0.15
体积节理数（条/m^3）	≤4.5	4.5～10	10～20	20～30	>30
岩石质量指标（%）	>90	90～75	75～50	50～25	<25

注　结构面发育组数指规则节理的组数。

岩体的赋存环境主要反映坝基岩体所处的地应力水平。一般按岩体嵌合紧密程度定性的评价，或根据河谷应力分布状态、声波纵波速度综合判断。

岩体结构类型的划分详见本篇第三章第一节表7.3.1-1。

（二）岩体（石）强度特性

岩体（石）强度表现为在外荷载作用下岩体（石）抵抗破坏的能力。

岩石强度一般用岩石的单轴饱和湿抗压强度来表征。岩体强度一般采用岩体的抗剪断强度来表征。

（三）结构面状态及强度特性

结构面状态是指结构面的几何形态及性状特征。主要有结构面的延伸长度、宽度及开度、起伏程度、糙度特征、充填物成分、胶结程度。这些因素是影响结构面抗剪强度的重要因素。

（四）岩体的透水性

岩体的透水性是用钻孔压水试验成果及平洞揭露的渗流状态来评价的。

（五）岩体变形特性

岩体变形特性是指岩体在外荷载作用下抵抗变形的能力。一般采用变形模量作为评价指标。

三、坝基岩体质量的分类方法

（一）国外工程岩体分类

20世纪30～40年代，具有代表性的工程岩体分类（分级）有苏联学者Φ.Μ.萨瓦连斯基分类、И.В.波波夫分类、Н.Н.马斯洛夫分类，美国学者的太沙基分类。50～60年代，有劳弗尔分类、苏联的混凝土重力坝设计规范的坝基岩体分类、迪尔的岩石质量指标分类等。其分类特点基本上是属单指标的定性或定量分类。

20世纪70年代后，工程岩体分类（分级）由定性向定量、单一因素向多因素方向发展，但其分类多为地下工程岩体质量分类。具有代表性的有：南非的比尼威斯基的裂隙化岩体地质力学分类法（RMR法），挪威的巴顿提出的岩体质量分类（Q系统），威克海姆和贾克伯的岩石结构评价分类（RSR）。

20世纪80年代，国际岩石力学协会提出通用岩体地质力学分类（ISRM），美国学者威廉姆斯提出统一岩石分类系统。

目前，具有代表性的坝基岩体质量工程地质分类方案有奥地利学者R.P.米勒提出的以岩块饱和湿抗压强度和岩体模量比作为基础的分类标准，日本学者斋藤提出的坝基岩体分类方案，前南斯拉夫提出的用纵波速度进行岩体质量类别划分的岩体质量分类方案，西班牙学者基库奇提出的不均匀岩体分类系统等。

（二）国内坝基岩体分类

20世纪50年代到70年代中期，主要以岩体的风化程度作为坝基岩体工程地质分类标准和建基面选择依据。70年代中期，中国科学院地质研究所谷德振教授提出了岩体结构通用的分类方案作为定性分析判断之用，70年代末期，又提出了岩体质量系数（Z）分类。西南交通大学杨子文提出了岩体质量指标（M）分类及工程岩体因子组合分类，孙万和、孔令誉分别提出以岩体结构为指导思想的工程岩体质量分类方法。

进入80年代后，我国一大批大型水电工程相继开展了较为深入的勘察研究工作，我国的坝基岩体质量分类及评价研究迅速发展。这些工程都结合各自工程的具体工程地质条件和特点提出了各具特色的坝基岩体质量分类、分级方案，并在工程中得到了具体应用。在此基础上，制定适合水电行业的坝基岩体质量工程地质分类标准。

（三）水电坝基岩体工程地质分类

坝基岩体质量工程地质分类标准详见表7.3.4-2。

表7.3.4-2　坝基岩体工程地质分类

岩体质量分类	A坚硬岩（R_b>60MPa）		B中硬岩（R_b=60～30MPa）		C软质岩（R_b<30MPa）	
	岩体特征	岩体工程性质评价	岩体特征	岩体工程性质评价	岩体特征	岩体工程性质评价
Ⅰ	$Ⅰ_A$：岩体呈整体状或块状、巨厚层状、厚层状结构，结构面不发育—轻度发育，延展性差，多闭合，各向同性力学特征	岩体完整，强度高，抗滑、抗变形性能强，不需作专门性地基处理。属优良高混凝土坝地基				
Ⅱ	$Ⅱ_A$：岩体呈块状或次块状、厚层结构，结构面中等发育，软弱结构面分布不多，或不存在影响坝基或坝肩稳定的楔体或棱体	岩体较完整，强度高，软结构面不控制岩体稳定，抗滑抗变形性能较高，专门性地基处理工作量不大，属良好高混凝土坝地基	$Ⅱ_B$：岩体结构特征同$Ⅰ_A$，具各向同性力学特性	岩体完整，强度较高，抗滑、抗变形性能较强，专门性地基处理工作量不大，属良好高混凝土坝地基		

续表

<table>
<tr><th rowspan="2">岩体质量分类</th><th colspan="2">A 坚硬岩
(R_b＞60MPa)</th><th colspan="2">B 中硬岩
(R_b＝60～30MPa)</th><th colspan="2">C 软质岩
(R_b＜30MPa)</th></tr>
<tr><th>岩体特征</th><th>岩体工程性质评价</th><th>岩体特征</th><th>岩体工程性质评价</th><th>岩体特征</th><th>岩体工程性质评价</th></tr>
<tr><td rowspan="2">Ⅲ</td><td>$Ⅲ_{1A}$：岩体呈次块状或中厚层状结构，结构面中等发育，岩体中分布有缓倾角或陡倾角（坝肩）的软弱结构面或存在影响坝基或坝肩稳定的楔体或棱体</td><td>岩体较完整，局部完整性差，强度较高，抗滑、抗变形性能在一定程度上受结构面控制。对影响岩体变形和稳定的结构面应作专门处理</td><td>$Ⅲ_{1B}$：岩体结构特征基本同$Ⅱ_A$</td><td>岩体较完整，有一定强度，抗滑、抗变形性能受结构面和岩石强度控制</td><td rowspan="2">$Ⅲ_C$：岩石强度大于15MPa，岩体呈整体状或巨厚层状结构，结构面不发育一中等发育，岩体具各向同性力学特性</td><td rowspan="2">岩体完整，抗滑、抗变形性能受岩石强度控制</td></tr>
<tr><td>$Ⅲ_{2A}$：岩体呈互层状、镶嵌碎裂或中厚层状结构，结构面发育，但贯穿性结构面不多见，结构面延展差，多闭合，岩块间嵌合力较好</td><td>岩体完整性差，强度仍较高，抗滑、抗变形性能受结构面和岩块间嵌合能力以及结构面抗剪强度特性控制，对结构面应作专门性处理</td><td>$Ⅲ_{2B}$：岩体呈次块或中厚层状结构，结构面中等发育，多闭合，岩块间嵌合力较好，贯穿性结构面不多见</td><td>岩体较完整，局部完整性差，抗滑抗变形性能在一定程度上受结构面和岩石强度控制</td></tr>
<tr><td rowspan="2">Ⅳ</td><td>$Ⅳ_{1A}$：岩体呈互层状、薄层状或块裂结构，结构面较发育一发育，明显存在不利于坝基及坝肩稳定的软弱结构面、楔体或棱体</td><td>岩体完整性差，抗滑、抗变形性能明显受结构面和岩块间嵌合能力控制。能否作为高混凝土坝地基，视处理效果而定</td><td>$Ⅳ_{1B}$：岩体呈互层状或薄层状、存在不利于坝基（肩）稳定的软弱结构面、楔体或棱体</td><td>同$Ⅳ_{1A}$</td><td rowspan="2">$Ⅳ_C$：岩石强度大于15MPa，结构面发育或岩体强度小于15MPa结构面中等发育</td><td rowspan="2">岩体较完整，强度低，抗滑、抗变形性能差，不宜作为高混凝土坝地基。当局部存在该类岩体，需专门处理</td></tr>
<tr><td>$Ⅳ_{2A}$：岩体呈碎裂、块裂结构，结构面很发育，且多张开，夹碎屑和泥，岩块间嵌合力弱</td><td>岩体较破碎，抗滑、抗变形性能差，不宜作高混凝土坝地基。当局部存在该类岩体，需作专门性处理</td><td>$Ⅳ_{2B}$：岩体呈薄层状或碎裂状，结构面发育一很发育，多张开，岩块间嵌合力差</td><td>同$Ⅳ_{2A}$</td></tr>
<tr><td>Ⅴ</td><td>$Ⅴ_A$：岩体呈散体状结构，由岩块夹泥或泥包岩块组成，具松散连续介质特征</td><td>岩体破碎，不能作为高混凝土坝地基。当坝基局部地段分布该类岩体，需作专门性处理</td><td colspan="4">同$Ⅴ_A$</td></tr>
</table>

注　R_b 为岩石饱和单轴抗压强度。

坝基岩体工程地质分类首先按岩石的饱和单轴湿抗压强度分为 A 坚硬岩（R_b＞60MPa）、B 中硬岩（R_b＝30～60MPa）、C 软质岩（R_b＜30MPa）等三类，然后根据岩体结构、岩体完整性、结构面发育程度及其组合情况、岩体和结构面的抗滑、抗变形能力将岩体划分为五类。

本分类方案主要用于评价坝基岩体的变形和抗滑性能，确定了划分坝基岩体工程地质等别应遵循的基本原则和分类时应考虑的主要因素，各工程可根据具体的工程地质条件，按此原则制定适合于特定工程的坝基岩体工程地质分类方案。

应用中应注意，岩体工程地质分类比岩体质量分类具有更广泛的涵义，一般认为，影响岩体工程地质分类的主要因素除岩体质量外，还包括岩体初始应力场特征、边界条件（软弱结构面的产状、特征）水体动力效应、工程结构与荷载特征以及工程防护与改造措施。

（四）其他常用分类方法

1. RMR 分类

RMR 分类是由比尼威斯基（Bieniawski）提出的，早期主要用于隧洞等地下洞室围岩分类，也可运用于坝基等工程的岩体分类。

RMR 分类采用和差计分法，主要考虑了下列六个参数：岩石的单轴抗压强度、岩石质量指标、结构面间距与方位、结构面状况和地下水条件。该分类依据岩体总的评分将其质量划分为五类，见表 7.3.4－3，其参数取值见表 7.3.4－4。

表 7.3.4－3　RMR 分类表

类 别	岩体的描述	RMR 评分
Ⅰ	很好的岩体	81～100
Ⅱ	好的岩体	61～80
Ⅲ	较好的岩体	41～60
Ⅳ	较差的岩体	21～40
Ⅴ	很差的岩体	0～20

表 7.3.4－4　RMR 分类评分表

<table>
<tr><th colspan="2">参数</th><th colspan="7">数值范围</th></tr>
<tr><td rowspan="2">岩石强度(MPa)</td><td>点荷载</td><td>＞10</td><td>4～10</td><td>2～4</td><td>1～2</td><td colspan="3"></td></tr>
<tr><td>单轴湿抗压强度</td><td>＞200</td><td>100～200</td><td>50～100</td><td>25～50</td><td>10～25</td><td>3～10</td><td>1～3</td></tr>
<tr><td colspan="2">分数</td><td>15</td><td>12</td><td>7</td><td>4</td><td>2</td><td>1</td><td>0</td></tr>
<tr><td colspan="2">岩石质量指标</td><td>90～100</td><td>75～90</td><td>50～75</td><td>25～50</td><td colspan="3">＜25</td></tr>
<tr><td colspan="2">分数</td><td>20</td><td>17</td><td>13</td><td>8</td><td colspan="3">3</td></tr>
<tr><td colspan="2">结构面间距(m)</td><td>＞2</td><td>0.6～2</td><td>0.2～0.6</td><td>0.06～0.2</td><td colspan="3">＜0.06</td></tr>
<tr><td colspan="2">分数</td><td>20</td><td>15</td><td>10</td><td>8</td><td colspan="3">5</td></tr>
<tr><td colspan="2">结构面状态</td><td>粗糙、闭合、新鲜</td><td>稍粗、微张、微风化</td><td>稍粗、微张、弱风化</td><td>面光滑、张开或充填5mm以下泥，面连续</td><td colspan="3">面光滑、宽张或充填5mm以上泥，面连续</td></tr>
<tr><td colspan="2">分数</td><td>30</td><td>25</td><td>20</td><td>10</td><td colspan="3">0</td></tr>
<tr><td rowspan="2">地下水</td><td>状况</td><td>干燥</td><td>润</td><td>湿</td><td>渗水</td><td colspan="3">流水</td></tr>
<tr><td>分数</td><td>15</td><td>10</td><td>7</td><td>4</td><td colspan="3">0</td></tr>
<tr><td colspan="2">结构面方位</td><td>非常有利</td><td>有利</td><td>一般</td><td>不利</td><td colspan="3">非常不利</td></tr>
<tr><td colspan="2">分数</td><td>0</td><td>−2</td><td>−7</td><td>−15</td><td colspan="3">−25</td></tr>
</table>

2. 国标BQ方法

国家标准《工程岩体分级标准》（GB 50218—94）中的BQ工程岩体质量分类方法，依据岩石的坚硬程度和岩体的完整程度两个基本控制要素确定“岩体基本质量”BQ值，对岩体进行初步分级。然后考虑岩体质量的影响因素，如地下水状态、岩体初始应力状态、结构面的方向和组合等，对岩体的基本质量进行修正，进行工程岩体详细定级。

国标BQ法分类采用的是定性和定量的方法将岩体基本质量分为五级（表7.3.4-5），当定性和定量确定的岩体基本质量不一致时，应综合确定的岩体基本质量。定性划分时岩石的坚硬程度划分为坚硬岩、较坚硬岩、较软岩、软岩和极软岩五级，岩体的完整程度划分为完整、较完整、较破碎、破碎和极破碎五级；定量分析采用岩体单轴饱和（湿）抗压强度（R_c）和岩体完整性指标（K_v），两个指标按下式计算岩体的基本质量：

$$BQ=90+3R_c+250K_v \quad (7.3.4-1)$$

在使用上式前，应遵守以下限制条件：

当$R_c>90K_v+30$时，应以$R_c=90K_v+30$代入上式计算BQ值；

当$K_v>0.04R_c+0.4$时，应以$K_v=0.04R_c+0.4$代入上式计算BQ值。

表7.3.4-5　岩体基本质量分级表

基本质量级别	岩体基本质量的定性特征	基本质量指标BQ
Ⅰ	坚硬岩，岩体完整	>550
Ⅱ	坚硬岩，岩土较完整；较坚硬岩，岩体完整	550～451
Ⅲ	坚硬岩，岩体较破碎；软弱岩，岩体完整	451～351
Ⅳ	坚硬岩，岩体破碎；较坚硬岩，岩体较破碎～破碎	350～251
Ⅴ	较软岩，岩体破碎；软岩，岩体较破碎～破碎	<250

对工程岩体进行详细定级时，应在岩体基本质量的基础上，结合不同工程特点，考虑地下水状态、初始应力、工程轴线方位与主要结构面产状的关系等进行必要的修正。修正公式为

$$[BQ]=BQ-100(K_1+K_2+K_3) \quad (7.3.4-2)$$

式中：K_1为地下水影响修正系数；K_2为主要软弱结构面产状影响修正系数；K_3为初始应力状态影响修正系数。

四、各类坝基岩体的建坝适应性

（一）概述

不同工程规模的大型工程均要求地基应具有足够的强度、刚度和抗渗性，安全地承受坝体所施加的各种荷载，并使坝体和地基的应力、变位、渗漏量及渗透力以及渗透流速等都在容许范围内。因此需合理选择大坝建基面，而坝基岩体质量的工程地质合理分类以及不同质量类别的坝基岩体对不同规模和类型的大坝的适应性是坝基建基面选择的基础。

（二）各类岩体建坝的适应性

在水力发电工程坝基岩体工程地质分类方案中，各类岩体对大坝建设的适应性不相同。

（1）Ⅰ类岩体。由坚硬岩组成（$Ⅰ_A$），属优良地基，可适合于任何坝型的高坝建设。

（2）Ⅱ类岩体。由坚硬岩组成的$Ⅱ_A$和中硬岩组成的$Ⅱ_B$岩体，属良好高混凝土坝地基和优良的当地材料坝坝基。

（3）Ⅲ类岩体。$Ⅲ_{1A}$类岩体可基本满足高混凝土坝地基的要求，但对影响岩体变形和稳定的结构面应作专门处理；$Ⅲ_{2A}$类、$Ⅲ_B$类岩体及$Ⅲ_C$岩体抗变形性能受岩石强度控制，能否作为高混凝土坝坝基需视承载力和强度论证情况而定。Ⅲ类岩体作为当地材料坝坝基则属较好的地基。

（4）Ⅳ类岩体。Ⅳ类岩体不宜作为高混凝土坝的地基，即使局部利用，也需专门处理。$Ⅳ_{1A}$岩体和$Ⅳ_{1B}$岩体可作为当地材料坝防渗体地基；$Ⅳ_{1C}$岩体～$Ⅳ_{2C}$岩体作为当地材料坝防渗体地基需进行专门性处理。

（5）Ⅴ类岩体。岩体破碎，不能作为高混凝土坝地基，当坝基局部地段分布该类岩体，需作专门性处理；能否作为当地材料坝防渗体地基则需专门论证并视防渗及防渗透变形的处理效果而定。

第四章 坝基抗滑稳定问题

大坝在库水的推力、波浪压力、扬压力、泥沙压力及地震力等的综合作用下，沿建基面或坝基、坝肩岩体某些软弱结构面滑移的可能性，就是坝基、坝肩岩体抗滑稳定问题。

坝基滑移具备的必要边界条件是：滑移面、切割面、临空面及其力学性质和互相组合关系，且各种结构面、体的抗滑力小于滑动力。

第一节　坝基、坝肩抗力体滑移模式

坝基、坝肩抗力体滑移模式主要与荷载情况、岩体结构面发育情况有关，拱坝主要将有关荷载转化为水平推力施加给两岸坝肩抗力岩体，主要为坝肩抗力岩体滑移失稳。而重力坝坝基主要承受大坝的重力和顺河向的各种水平荷载，主要表现为坝基的滑移失稳。

一、坝基滑移模式

根据坝基岩体特征，按滑动面位置，可以分为接触面滑动、浅层滑动和深层滑动三种滑动类型，滑动方向与水推力方向一致。在两岸岩体中发育顺坡向的中陡、缓倾角结构面时可能存在侧向滑动问题。

（一）接触面滑动

接触面滑动又称表面滑动，是指坝体与基岩接触面发生剪切破坏而产生的滑动。此种滑移模式的条件是坝基岩体坚硬、完整、均一，其强度远大于坝体混凝土强度；坝基中无控制滑移的软弱结构面，混凝土坝体与基岩接触面的抗剪强度成为控制坝基稳定的主要因素。混凝土坝坝基抗滑稳定首先研究的就是这种破坏模式的稳定问题。

（二）浅层滑动

浅层滑动是指沿坝基浅部岩体发生剪切破坏而形成的滑动。剪切破坏面位于坝基浅部岩体之中，其埋深不大。根据产生的不同条件，可概括为以下四种情况：

（1）坝基岩体软弱，岩体本身抗剪强度低于坝体混凝土与基岩接触面的抗剪强度，沿浅表层岩体的内部发生剪切破坏。

（2）由近水平的薄层状岩层，特别是夹有软弱夹层的岩层构成的坝基，在库水推力作用下，表层岩体产生滑移，坝趾下游抗力体部位的岩体因厚度过小，发生隆起变形或被剪断而丧失了抗滑力，使得坝基整体产生滑动。

（3）碎裂结构岩体组成的坝基，在坝体推力作用下，沿不同方位结构面发生渐进的剪切破坏，其发生剪切破坏的深度与坝基剪应力集中位置有关。

（4）应力地区大坝基坑开挖造成坝基岩体卸荷，形成平行河床的开挖卸荷裂隙带，可能构成沿卸荷裂隙的剪切破坏。

（三）深层滑动

深层滑动是指坝体和坝基一部分岩体共同沿坝基深处存在的软弱结构面产生剪切破坏而形成的滑动问题。构成危险滑移体的软弱结构面，可分为滑移控制面和切割面两类，它们与一定的临空面组合构成了深部滑移的边界条件。滑移控制面通常由平缓软弱结构面构成。根据软弱结构面不同的交切、组合关系以及坝基下游是否存在抗力岩体，可以进一步将坝基深层滑动划分为多种模式。

（1）坝基下游无抗力体，可进一步分为单面滑动和双面滑动。根据控制性滑移面的产状，倾向上游或下游又有不同的组合形式。

（2）坝基下游有抗力体。坝基内发育倾向下游的软弱结构面，坝基下游为完整的岩体或倾向上游的结构面不发育，构成阻挡坝基向下游滑出的抗力岩体。

实际工程中，深层滑动还可能有更为复杂的情况出现，尤其是块体的空间形态，可出现楔形体、锥形体、棱柱体、甚至方块体等多种形式。此外，还可能存在部分沿软弱结构面，部分沿坝体与基岩接触面滑动，或剪断部分坝体混凝土滑出的混合型模式。坝基滑动破坏类型见表 7.4.1－1。

表 7.4.1－1　　岩石坝基滑动破坏分类表

抗滑控制类型		滑移破坏型式		基本图示	岩体条件
表面滑动		接触面的剪切破坏		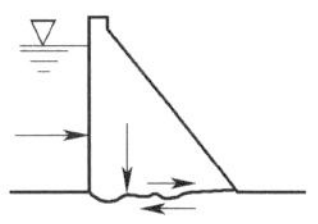	坝基岩体的强度远大于坝体混凝土强度，且岩体完整、无控制滑移的软弱结构面
浅层滑动		浅层岩体的剪切破坏		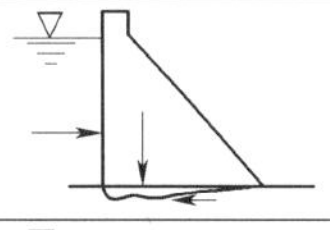	坝基岩体的岩性软弱，岩石本身的抗剪强度低于坝体混凝土与基岩的接触面
		滑移弯曲		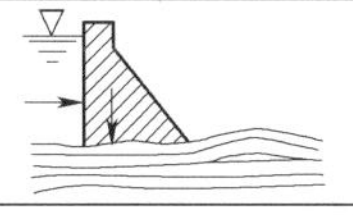	坝基由近水平产出的夹有软弱层的薄层状岩层组成
		剪动滑移		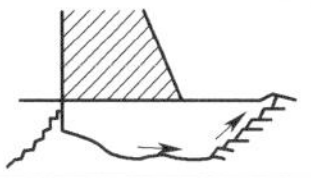	碎裂结构岩体组成的坝基
深层滑动	无抗力体	简单滑移	单滑面	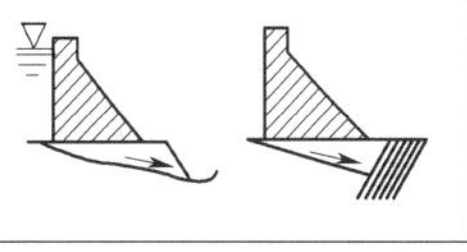	坝基内缓倾下游的软弱结构面与陡的临空面，或强度低、变形大的断裂带或软弱岩层组合成滑移体
			双滑面	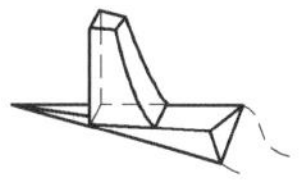	坝基内交线缓倾下游的双滑面与陡立临空面或陡倾的软弱岩层（或断裂带）组合成滑移体
		滑移拉裂	单滑面		坝基内发育有缓倾上游的软弱结构面，横向切割面可以是已有的结构面，也可由上游拉应力区张裂变形发展而形成
			双滑面	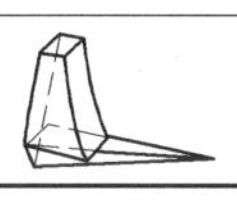	坝基内发育有交线缓倾上游的双滑面

续表

抗滑控制类型		滑移破坏型式	基本图示	岩体条件
深层滑动	无抗力体	双滑面的平面型滑动	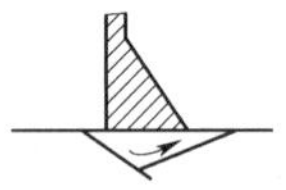	坝基内有由缓倾下游的软弱结构面与缓倾上游的软弱结构面组合而成的滑移体
	有抗力体	剪断滑移	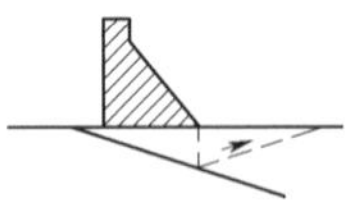	坝基内仅发育有缓倾下游的软弱结构面，滑动受到下游岩体的抵抗，剪断下游岩体后，方能产生滑移

（四）侧向滑动

由于两岸坝基岩体中发育中陡倾角、缓倾角的顺坡向结构面及其组合，在天然状态下，特别是在河床坝基开挖后产生临空，可能出现向河床基坑滑动的侧向滑动问题。

二、坝肩抗力体部位

坝肩抗力体部位滑移模式一般可分为大块体滑移、阶梯状滑移和抽屉状滑移三种模式。

（1）大块体滑移模式。这是按刚体极限平衡法计算坝肩抗滑稳定性的基本分析模式，也是规范要求的拱坝坝肩抗滑稳定性计算模式，即假定抗力体在拱端合力的作用下，抗力体连同坝体具有沿底滑面整体向下游滑出的可能性，以此计算坝肩的抗滑稳定性系数。

（2）阶梯状滑移模式。坝肩破坏过程中，有可能会出现以不同高程性状较差的缓倾角结构面为底滑面，坝肩抗力体作阶梯状滑出的可能性。

（3）抽屉状滑移模式。坝肩抗力体在拱坝推力作用下，挟持于两个近水平的结构面之间的岩体被推挤滑出而破坏的现象，即抗力体产生类似于“拉抽屉”的破坏。

坝肩抗力体滑移模式见表 7.4.1－2。

表 7.4.1－2　坝肩抗力体滑移模式分类表

滑移破坏模式	基本图示	岩体条件
大块体滑移模式	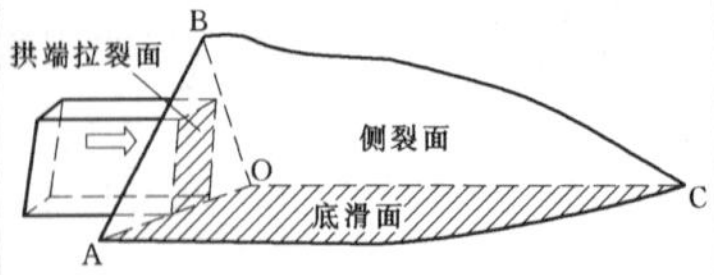	构成拱端大块体的基本条件是底滑面、侧裂面、拱端拉裂面和临空面（地形坡面），通常为四面体的形式。其中，侧裂面位置是从坝顶拱端位置按抗滑稳定最不利方向向下游延伸，同时向下切至底滑面位置，具体延伸方式由可能构成侧裂面的结构面产状确定
阶梯状滑移模式	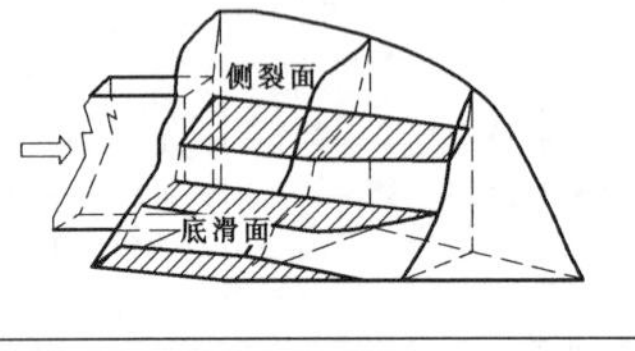	除了最上一个滑块对应的侧裂面位置可由坝顶拱端的位置确定外，其余高程底滑面对应的侧裂面位置可根据不同高程侧裂面发育的具体状况确定
抽屉状滑移模式	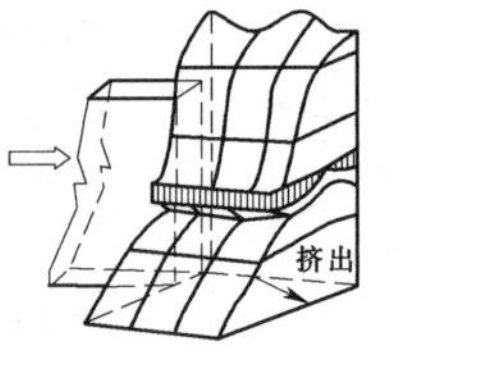	挟持于两个近水平的结构面之间的岩体被推挤滑出而破坏

第二节　坝基、坝肩抗力体滑移边界条件

一、滑移边界组合

（一）坝基滑移边界组合

坝基岩体滑移必须具备的边界条件是：滑动面、切割面、临空面及其相互组合，且各种结构面、体的抗滑力小于滑动力。

1. 滑动面

滑动面指在工程作用力作用下，岩体中产生较大剪应力的结构面，坝基、坝肩抗力体岩体沿此面会发生明显位移而破坏。该面的实际抗滑能力低于坝体混凝土与基岩接触面或岩体本身的抗滑能力，是坝基、坝肩抗力体滑动的控制性结构面。

可能构成滑动面的有缓倾的软弱夹层、层间层内错动带、断层破碎带、裂隙密集带、层面、岩脉、蚀变带、不整合面等。滑动面的展布、工程地质特性及其抗剪强度参数的确定是坝基滑动稳定分析的关键。

2. 切割面

切割面是与滑动面相配合把滑移体与周围岩体分割开的结构面。可分为纵向切割面和横向切割面。

纵向切割面是指顺水流方向延伸的陡立结构面。工程作用力在该面上不产生或产生很小的法向应力，因而不能提供摩擦阻力。当该方向的结构面较发育且连通性较强时，在设计中通常不考虑该面可能提供的抗滑力。在没有特定连续的纵向切割面的情况下，纵向切割面在较完整的裂隙岩体中通过，实际上滑动块体受到比较强的约束，一般情况下将侧向切割面提供的抗滑力作为安全储备，但有些时候，需要考虑侧向约束的作用，才能满足坝基稳定的要求。

横向切割面是近垂直水流延伸，大致平行坝轴线分布于坝基上游的结构面，岩体滑动时在此面上产生拉应力，因此又可称为上游拉裂面。坝基深层抗滑稳定分析中，对上游岩体的抗拉能力一般是不考虑的。

3. 临空面

滑移体向下游滑动时能够滑出的面。临空面也可分为地形临空面及压缩性临空面两类。地形临空面可以是水平临空面，如下游河床水平地面，也可是陡立临空面，如下游河床深潭、深槽，泄流形成的冲刷坑，厂房及其他建筑物开挖形成的基坑、边坡等；第二类为压缩性临空面，为存在于坝下游的规模较大、性状较差、陡立的横河向断层带、节理密集带、软弱岩体带、卸荷拉裂带、风化破碎带、蚀变岩带、溶蚀破碎带等。

（二）侧向滑动滑移边界组合

1. 滑动面

可能构成滑动面的有中陡倾角的软弱夹层、层间层内错动带、断层破碎带、裂隙密集带、层面、岩脉、蚀变带、不整合面等；或陡与缓倾角的组合形成。

2. 切割面

切割面是与滑动面相配合把滑移体与周围岩体分割开的结构面。可分为纵向切割面和横向切割面。纵向切割面是指顺坡方向延伸的陡立结构面。工程作用力在该面上不产生或产生很小的法向应力，因而不能提供摩擦阻力。横向切割面是顺等高线方向延伸的中陡结构面，岩体滑动时在此面上产生拉应力。

3. 临空面

滑移体向河床滑动时能够自由滑出的面。临空面也可分为地形临空面及压缩性临空面两类。

（三）坝肩抗力体滑移边界组合

1. 底滑面

坝肩岩体中的缓倾角结构面可构成潜在的底滑面。可能构成滑动面的有缓倾的软弱夹层、层间层内错动带、断层破碎带、裂隙密集带、层面、岩脉、蚀变带、（平行）不整合面等。

2. 侧裂面

与河流平行或小角度相交的陡倾角、中陡倾角结构面和软弱岩层带可构成侧裂面。

二、结构面连通率

结构面的连通率是反映结构面延伸程度和连通状况的一个重要参数。可分为线连通率和面连通率。

（一）结构面的线连通率

结构面线连通率可通过投影法、统计窗口法以及基于结构面网络模拟等方法确定。

投影法是基于全迹长调查的估算法，是简易的、最具可操作性且工程意义较为明确的计算方法。该方法通过确定一定宽度的测带，将这一带上所有同组的裂隙都向测量基线投影，求出基线上所有投影线段长度的总和，其与测量长度的比值就是裂隙的连通率。计算公式：

$$K=\frac{\sum_{i=1,n}^{D} l_i\cos\theta}{L} \tag{7.4.2-1}$$

式中：L 为测带长度；D 为测带宽度；n 为实测的裂隙条数；θ 为裂隙走向与基线的夹角。

（二）结构面的面连通率

面连通率一般难以直接测定，可根据在结构面的走向上和倾向上分别测得其线连通率相乘之积确定；也可在横河向平洞中和顺河向平洞中根据同组结构面线连通率统计相乘之积确定；还可用线连通率的平方来确定。

三、抗力体

抗力体指抵抗大坝向下游滑动的岩体，一般在拱坝和重力坝抗滑稳定分析中需要进行抗力体分析。研究抗力体，首先应查明是否已遭破坏，能否起到抗力作用。若坝下游岩体中存在有与滑移方向接近正交的软弱岩体及夹层、大断裂带、风化破碎带、张性裂隙密集带、潜伏岩溶带等压缩性临空面，则应认为压缩性临空面下游的抗力体已遭破坏，设计中不应再考虑抗力体作用。

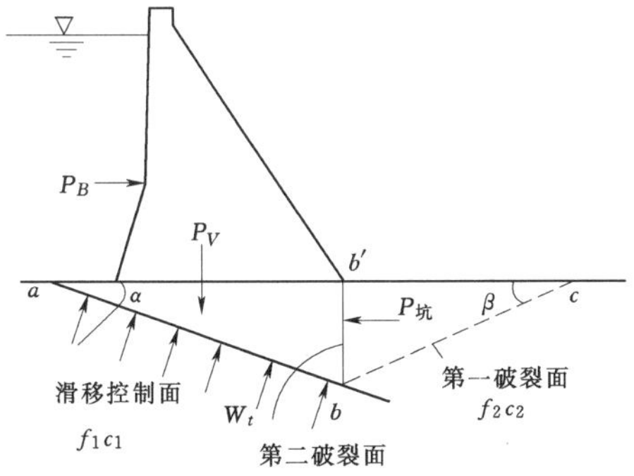

图 7.4.2－1　重力坝抗力体破裂面示意图

重力坝抗力体指坝基滑动面倾向下游而坝体产生滑移时，能起支撑作用的下游岩体。重力坝的深层抗滑稳定一般有两个破裂面，对滑移体起主要抵抗作用的面，称第一破裂面，与主滑体分割开的面称第二破裂面（图 7.4.2－1）。第一破裂面的位置，应根据下游岩体的滑移结构而定。当下游岩体中发育有倾向上游的软弱结构面时，它往往就是第一破裂面。当下游岩体中不存在倾向上游的软弱结构面时，则常假定第一破裂面是一个通过坝趾铅垂面与滑移控制面交点并与水平面成一定夹角的面。由于抗力体的作用，滑移面的埋深在抗滑稳定分析中有很大的实际意义。埋深越大，抗力越大。

拱坝抗力体指拱座下游侧抵抗拱坝向下游滑动的岩体，主要研究抗力体内的潜在底滑面、侧滑（裂）面及连通率。对两岸发育的缓倾角和与河流大致平行的中陡倾角断层带、长大节理密集带、蚀变岩脉、长大卸荷裂隙等结构面需特别重视，应采取有效的勘察方法，查明其位置、性状及其组合构成的滑移块体；当不连续面组成滑移块体边界时，应详细调查控制性节理裂隙组的发育规律、间距、延伸长度、性状和连通率。

坝基的工程地质勘察要通过勘探、试验等手段，查明影响大坝稳定的各类滑动面、切割面（侧裂面）、临空面，分析其力学性质和组合形态，然后加以综合评价。

第三节　坝基、坝肩岩体抗滑稳定分析参数研究

一、抗剪（断）强度试验与抗剪（断）强度试验的成果

（一）混凝土与基岩接触面直剪试验

混凝土与岩体接触面现场直剪试验是研究坝基混凝土与基岩接触面抗剪强度参数的主要方法。主要研究在外力作用下混凝土与基岩接触面所具有的抵抗剪切的能力，以及混凝土与基岩接触面受剪切荷载时的变形破坏规律。试验通常采用平推法或斜推法，试验尺寸一般采用 50cm×50cm～70cm×70cm。影响混凝土与基岩接触面抗剪强度的主要因素有试件尺寸、基岩面起伏差和粗糙度、混凝土抗压强度、岩体风化程度以及岩体结构类型等，试验过程中需要重视和研究这些因素的影响。

（二）软弱结构面直剪试验

软弱结构面直剪试验研究软弱结构面受剪切载荷时的变形特性和破坏规律。鉴于软弱结构面水敏性较强，试验时，根据需要对地下水位以上的试件应进行饱水。在高地震烈度区，必要时还要开展动力条件下的直剪试验，以研究地震情况下的抗剪强度。由于小试件很难取得原状样，且代表性差，通常软弱结构面的抗剪强度都是依靠现场大型试验确定的，中型剪（15cm×15cm～30cm×30cm）的试验成果在取样质量有保证的情况下，其成果也有应用价值。为了研究软弱结构面的长期强度，论证工程岩体的长期稳定性，有时还需要进行软弱结构面剪切流变试验。当软弱结构面较厚时，存在一些复杂的试验技术问题，包括在较高的法向荷载作用下夹层挤出问题，试件制备中对夹层的扰动影响问题，特别是扰动后夹层物质遇水膨胀问题等。

（三）岩体直剪试验

在进行坝基岩体稳定性分析时，不但需要结构面的抗剪强度参数，也需要岩体本身的抗剪强度参数。对于非匀质的和裂隙发育的岩体，为研究岩体本身的抗剪强度，需在现场进行直剪试验。由于试件数量原因，取样应具岩体分类代表性。

二、抗剪（断）强度试验标准值的选取

坝基岩体力学参数取值通常分为三个层次：

（1）根据试验成果分析统计提出试验标准值。

（2）地质和试验专业根据试验条件、试件的地质代表性、尺寸效应等条件，结合地质类比和工程类比，提出坝基岩体力学参数的地质建议值。

（3）设计、地质和试验多方在地质建议值的基础上，再结合建筑物工作条件及其他已建工程的经验确定坝基岩体力学参数设计采用值。

在工程地质条件相对简单的情况下，（2）、（3）两层次的取值过程可合并进行，而在条件复杂时，设计采用的岩体力学参数需专门论证确定。具体可按第三篇第五章的取值原则和方法提出力学参数。

三、抗剪（断）强度设计计算的采用值

坝基抗滑稳定性分析目前一般采用分项系数设计法，但有时也采用安全系数设计法。坝基抗滑稳定性分析的抗剪强度参数取值应根据坝基稳定性分析方法以及与之匹配的安全系数合理选择。

第四节　坝基、坝肩岩体抗滑稳定计算和稳定性评价

坝基、坝肩岩体抗滑稳定计算方法有刚体极限平衡法、数值分析法和地质力学模型试验法等。目前，在抗滑稳定安全分析评价中，一般以刚体极限平衡法为基本方法。对高重力坝、拱坝或地质条件复杂的重力坝、拱坝，尚应采用数值分析法计算或地质力学模型试验，分析大坝与地基在正常作用和超载作用下的坝体应力、变形、开裂、屈服等破坏状态的发展过程以及超载安全度，结合工程类比，综合评价大坝整体安全性。

一、刚体极限平衡法

（一）重力坝抗滑稳定计算

1. 安全系数设计法

（1）表层滑移的抗滑稳定计算，常以下式表述（图 7.4.4-1）：

$$k_c=\frac{f(\sum G-u)}{\sum H} \tag{7.4.4-1}$$

$$k_c'=\frac{f'(\sum G-u)+cA}{\sum H} \tag{7.4.4-2}$$

上两式中：k_c、k_c'为坝基抗滑稳定系数；$\sum G$为作用于滑动面上的各种垂直力的总和；$\sum H$为作用于滑动面上的各种水平力总和；u为作用于滑动面上的扬压力；c为坝体混凝土与坝基岩石接触面的黏聚力；A为坝体底面积；f'、f为坝体混凝土与坝基岩体间的摩擦系数。

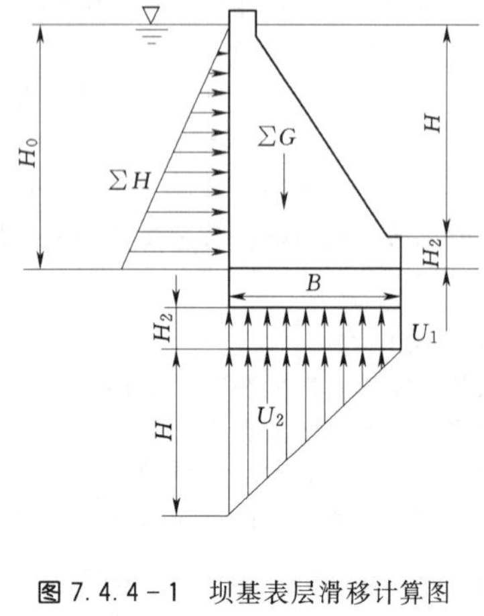

图 7.4.4-1　坝基表层滑移计算图

式（7.4.4-1）为纯摩公式；式（7.4.4-2）为剪摩公式。对重力坝，荷载基本组合时，采用$k_c\geqslant1.05$、$k_c'\geqslant3.00$；特殊荷载组合时，采用$k_c\geqslant1.00$、$k_c'\geqslant2.3\sim2.5$。

（2）浅层滑移的稳定计算。坝基浅层滑移的滑动面位于坝基岩体浅部，其抗滑稳定计算表达式形式同表层滑移，只是滑动面的抗剪指标采用坝体下软弱岩层层面或破碎岩体的抗剪强度指标。

（3）深层滑移的抗滑稳定性计算，随滑移边界条件而异，且主要受滑动面的产状及结构面的组合形式所控制。以楔形滑移体为例，取坝轴线方向上的单宽剖面，不考虑岩体的天然应力、侧向切割面和横向切割面作用，按平面问题，用极限平衡原理，通常有以下三种情况：

1）单滑动面倾向下游，下游存在陡立临空面。如图 7.4.4-2（a）所示。

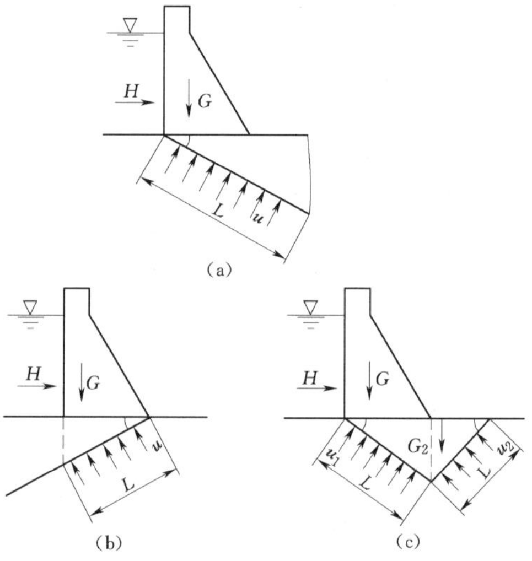

图 7.4.4-2　坝基深层滑移体稳定计算

由 $k_c=\frac{抗滑力}{下滑力}$可得：

$$k_c=\frac{f[(\sum W+G)\cos\alpha-u-\sum H\sin\alpha]}{\sum H\cos\alpha+(\sum W+G)\sin\alpha} \tag{7.4.4-3}$$

式中：G为坝基滑移岩体重量；α为滑动面与水平面的夹角；$\sum W$为坝体重量；其他符号意义同前。

2）单滑动面倾向上游，如图 7.4.4-2（b）所示。

$$k_c=\frac{f[(\sum W+G)\cos\alpha-u+\sum H\sin\alpha]}{\sum H\cos\alpha-(\sum W+G)\sin\alpha} \tag{7.4.4-4}$$

3）双滑动面，如图 7.4.4-2（c）所示。当坝基分布有倾向下游和上游的滑动面时，就构成了形状复杂的滑移体。为简化计算，设坝基下滑动面倾向下游，到坝趾处折转倾向上游。此时，可将坝基岩体分为滑移体和抗力体两部分。具体计算时，按块体静力传递原理，坝基滑移体倾向下游滑动面上的剩余推力R为该段滑动力与抗滑力之差，这样就可以近似地认为是单斜倾向下游情况，即

$$\begin{aligned}R=&[\sum H\cos\alpha+(\sum W+G_1)\sin\alpha]\\&-f_1[(\sum W+G_1\cos\alpha)-u_1-\sum H\sin\alpha]\end{aligned} \tag{7.4.4-5}$$

根据剩余推力R作用于抗力体情况，计算抗力体稳定系数。

$$k_c=\frac{f_2[R\sin(\alpha+\beta)-u_2+G_2\cos\beta]}{R\cos(\alpha+\beta)-G_2\sin\beta} \tag{7.4.4-6}$$

上两式中：G_1、G_2为分别为坝基下滑移体和抗力体重量；α、β为结构面与水平面夹角；f_1、f_2为结构面的抗剪强度指标；u_1、u_2为作用于结构面上扬压力；R为滑移体作用于抗力体上的剩余推力；其他符号意义同前。

上述计算未考虑黏聚力，根据不同的荷载组合，抗滑稳定安全系数要求在 1.0～1.3 之间。

2. 分项系数法

采用极限状态设计表达式：

$$\gamma_0\phi S(\gamma_G G_K,\gamma_Q Q_K,a_K)\leqslant\frac{1}{\gamma_{d1}}R\left(\frac{f_K}{\gamma_m},a_K\right) \qquad (7.4.4-7)$$

式中：γ_0 为结构重要性系数，对应于结构安全级别为Ⅰ、Ⅱ、Ⅲ级的结构及构件，可分别取用 1.1、1.0、0.9；ϕ 为设计状况系数，对应于持久状况、短暂状况、偶然状况，可分别取用 1.0、0.95、0.85；$S(\cdot)$ 为作用效应函数；$R(\cdot)$ 为结构及构件抗力函数；γ_G 为永久作用分项系数；γ_Q 为可变作用分项系数；G_K 为永久作用标准值；Q_K 为可变作用标准值；a_K 为几何参数的标准值（可作为定值处理）；f_K 为材料性能的指标值；γ_m 为材料性能分项系数；γ_{d1} 为基本组合结构系数。

（二）拱坝抗滑稳定性计算

1. 安全系数设计法

（1）按单位高度拱圈的稳定计算。

1）一般采用单位高度的水平拱来计算各个高程的坝肩基岩稳定，并确定各个高程必须的坝肩基岩等高线范围。在计算中不考虑坝体和岩体铅直重量的抗滑作用，是偏于安全的。如各高程水平拱的坝肩稳定都能满足设计要求，就保证了整个坝肩基岩的稳定。

令拱座处轴向力为 H_A，剪力为 V_A，单宽悬臂梁（在坝轴线处，梁宽为 1）底部剪力为 V_C，当按纯拱法计算时，$V_C=0$，作用在滑动面上的扬压力为 u（图 7.4.4-3），滑动面与拱座径向面间的夹角为 θ，则滑动面上的稳定安全系数为

$$K=\left\{f\left[H_A\cos\theta-\left(V_A+V_C\frac{R_a}{r}\tan\varphi\right)\sin\theta-u\right]+cl\right\}$$
$$\div\left[H_A\sin\theta+\left(V_A+V_C\frac{R_a}{r}\tan\varphi\right)\cos\theta\right] \qquad (7.4.4-8)$$

式中：φ 为两岸纵坡与铅直线的交角（图 7.4.4-3）；R_a 为拱坝坝轴线的半径；r 为计算拱圈的中心线半径；l 为滑动面的抗剪断长度；f 为滑动面上的摩擦系数；c 为滑动面上的黏聚力。

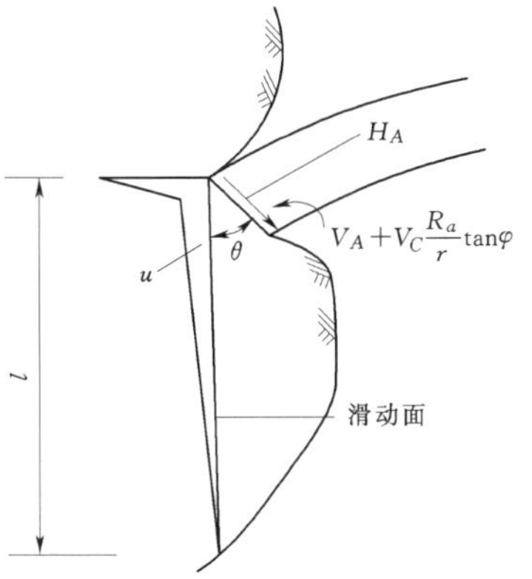

图 7.4.4-3　拱座滑动面示意图

2）若拱座混凝土与基岩接触面结合不好，或者拱座面未开挖成径向时，需核算沿拱座接触面滑动的稳定安全系数。

设拱座基础开挖面与径向间的偏差角为 β（图 7.4.4-4）。单宽悬臂梁的重量为 W。

作用在滑动面上的正交力为

$$N=\left[H_A\cos\beta-\left(V_A+V_C\frac{R_a}{r}\tan\varphi\right)\sin\beta\right]\cos\varphi$$
$$+W_C\frac{R_a}{r}\tan\varphi\sin\varphi-\frac{u}{\cos\varphi} \qquad (7.4.4-9)$$

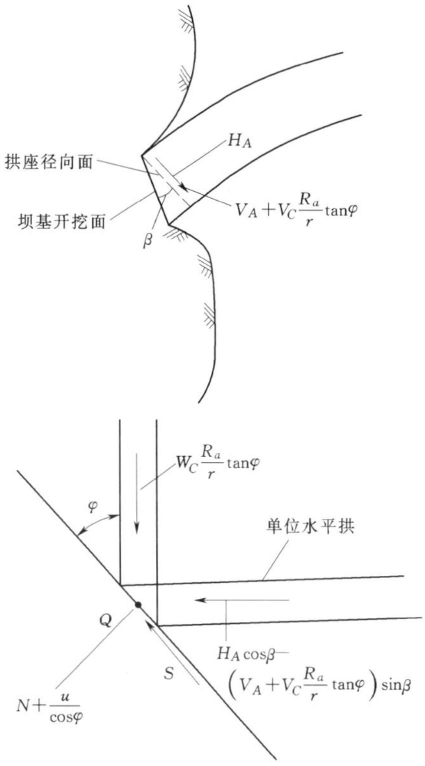

图 7.4.4-4　核算拱座滑动稳定符号

作用在滑动面上的上、下游方向滑动力为

$$Q=H_A\sin\beta+\left(V_A+V_C\frac{R_a}{r}\tan\varphi\right)\cos\beta \qquad (7.4.4-10)$$

作用在滑动面纵坡方向的滑动力为

$$S=W_C\frac{R_a}{r}\tan\varphi\cos\varphi-\left[H_A\cos\beta-\left(V_A+V_C\frac{R_a}{r}\tan\varphi\right)\sin\beta\right]\sin\varphi \qquad (7.4.4-11)$$

稳定安全系数为

$$K=\frac{fN+cl\sec\varphi}{\sqrt{Q^2+S^2}} \qquad (7.4.4-12)$$

（2）拱座与基岩面的稳定复核。对于河床段 BC，取单宽梁 EF，对于岸坡段取对应于单位高拱圈的梁宽 $\tan\varphi'$ 的基础面进行抗滑稳定分析。图 7.4.4-5（b）为局部放大图，$GHH'G'$ 为单高拱圈拱端与坝基的接触面，该面与通过 GG' 或 HH' 的垂直面夹角为 φ'，取一参考正交坐标系，N 为 $GHH'G'$ 的法线，R 为径向线，T 为顺坡切向线［图 7.4.4-5（a）］。将所示力系，全部按参考正交坐标系分解，可求得 F_n、F_r、F_t，后两者可合成 S，该力的作用面是 $GHH'G'$ 基础面，可按下式进行稳定核算：

$$K=\frac{F_nf+cA}{S} \qquad (7.4.4-13)$$

式中：f、c 为基础面上的摩擦系数和黏聚力；A 为单位拱高对应的基础面实际面积。

（3）河床坝段沿坝基滑动的稳定计算。在河床坝段的坝基下，存在着缓倾角的软弱层面或夹泥裂隙，将影响到拱、梁的荷重分配，使拱上荷载加大，降低了两坝肩的稳定安全系数。在拱梁分载法计算中，如未考虑梁底滑移的影响，原则上应核算悬臂梁沿这些层面、裂隙滑动的稳定安全系数。美国垦务局还规定要用剪摩公式核算在各种荷载组合情况下，混凝土与基岩接触面、基础内可能的软弱平面，以及坝体内任一平面上的抗滑稳定性。

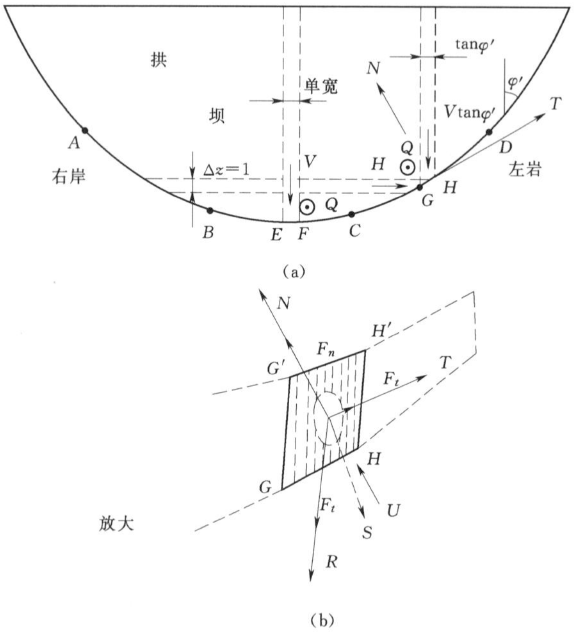

图 7.4.4－5　需复核坝基面抗滑稳定部位示意图

（U 为基础面上的渗浮力）

（a）拱坝展开示意图；（b）GH 段放大图

（4）坝肩三维稳定分析。典型的空间稳定分析计算简图见图 7.4.4－6，图中，$ABGF$ 为拱坝建基面，产状为 $\varphi\ \angle\psi$，$AEJF$ 为拱端上游拉裂面（简称 P_1），产状为 $\varphi_1\ \angle\theta_1$，作用荷载为水压力；$EDIJ$ 为侧滑面（简称 P_2），产状为 $\varphi_2\ \angle\theta_2$；$FGHIJ$ 为底滑面（简称 P_3），产状为 $\varphi_3\ \angle\theta_3$。

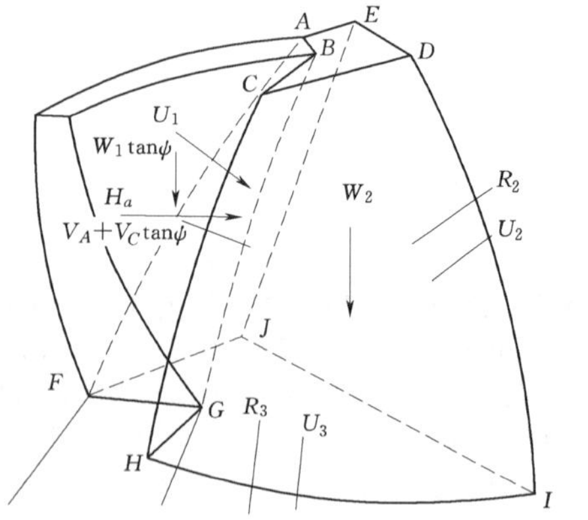

图 7.4.4－6　空间抗滑稳定计算简图

块体上的作用荷载：H_a 为拱端轴向力，位于水平面内；V_A 为径向剪力位于水平面内；$V_{C'}=V_C\tan\psi$ 梁底剪力，位于水平面内；U_1 为垂直作用于 P_1 面的渗透压力；U_2 为垂直作用于 P_2 面的渗透压力；U_3 为垂直作用于 P_3 面的渗透压力；W 为总重量，垂直向下，$W=W_1\tan\psi+W_2$，$\tan\psi W_1$ 为作用在块体上的坝体和水体自重，W_2 为块体自重。

该滑动块体安全系数如下：

$$K=\frac{R_2f_2+R_3f_3+c_2A_2+c_3A_3}{S} \qquad (7.4.4-14)$$

式中：f_2、c_2、A_2 分别为侧滑面 P_1 上的摩擦系数、黏聚力、滑动面积；f_3、c_3、A_3 分别为滑动侧面 P_3 上的摩擦系数、黏聚力、滑动面积；R_2 和 R_3 为侧滑面 P_1 和底滑面 P_3 上的反力，以及沿侧滑面 P_2 和底滑面 P_3 交线方向 $\vec{e}$ 的分力 S。

2. 分项系数法

用刚体极限平衡法分析拱座稳定时，1、2 级拱坝及高拱坝应满足承载力极限状态设计表达式（7.4.4－14），其他则应满足承载能力极限状态设计表达式（7.4.4－15）或式（7.4.4－16）。

$$\gamma_0\psi\sum T\leqslant\frac{1}{\gamma_{d1}}\left(\frac{\sum f_1N}{\gamma_{m1f}}+\frac{\sum c_1A}{\gamma_{m1c}}\right) \qquad (7.4.4-15)$$

$$\gamma_0\psi\sum T\leqslant\frac{1}{\gamma_{d2}}\frac{\sum f_2N}{\gamma_{m2f}} \qquad (7.4.4-16)$$

式中：γ_0 为结构重要性系数，对应于安全级别为Ⅰ、Ⅱ、Ⅲ级的建筑物，分别取 1.1、1.0、0.9；ψ 为设计状况系数，对应于持久状况、短暂状况、偶然状况，分别取 1.00、0.95、0.85；T 为沿滑动方向的滑动力，10^3kN；f_1 为抗剪断摩擦系数；N 为垂直于滑动方向的法向力，10^3kN；c_1 为抗剪断黏聚力，MPa；A 为滑裂面的面积，m^2；f_2 为抗剪摩擦系数；γ_{d1}、γ_{d2} 分别为两种计算情况的结构系数；γ_{m1f}、γ_{m1c}、γ_{m2f} 分别为两种表达式的材料性能分项系数。

式（7.4.4－15）中的抗剪断强度参数，应按材料的峰值强度平均值采用。

式（7.4.4－16）中的抗剪断强度参数，应按下述特性采用：对脆性破坏的材料，采用比例极限；对塑性或脆塑性破坏的材料，采用屈服强度；对已经剪切错断过的材料，采用残余强度。

二、有限元分析法

有限元分析法是用有限个单元将连续体离散化，通过对有限个单元作分片插值求解的一种数值方法。有限元分析方法能够模拟坝体和坝基材料的非线性本构关系和复杂的坝基地质条件，能够考虑施工过程、蓄水、渗流和地震作用等荷载工况，可以得到区域的应力、变形的空间分布和塑性区的发展过程，了解进入破坏状态区的分布、范围，以便找到最危险的部位，可以分析各种加固措施的作用等。

坝基抗滑稳定分析中常用的有限元法是刚体弹簧元法。在刚体弹簧元分析中可以直接给出交界面上的面力，故而可方便地求得总的下滑力及总的阻滑力。滑动体的整体抗滑安全系数定义为总阻滑力和总滑动力之比，即

阻滑力：

$$F_Z=\int_{a_c}(c-\sigma_nf)\mathrm{d}a \qquad (7.4.4-17)$$

二维情况下，滑动力可写为

$$F_H=\int_{a_c}|\tau_s|\mathrm{d}a \qquad (7.4.4-18)$$

三维情况下，滑动力可写为

$$F_H=\int_{a_c}\sqrt{\tau_s^2+\tau_t^2}\mathrm{d}a \qquad (7.4.4-19)$$

式中：c 为黏聚力；$f=\tan\varphi$ 为摩擦系数；a_c 为处于滑动面上的单元交界面，若 a_c 被拉坏，则不计入积分。

抗滑安全系数可表为

$$K_s=\frac{\sum_{i=1}^{n}F_Z}{\sum_{i=1}^{n}F_H}=\frac{\sum_{i=1}^{n}\int_{a_c}[c-\sigma_n\tan\varphi]\mathrm{d}a}{\sum_{i=1}^{n}\left[\left[\int_{a_c}\sqrt{\tau_s^2+\tau_t^2}\mathrm{d}a\cdot(\vec{\tau}/|\vec{\tau}|)\cdot\vec{a}\right]\right]} \qquad (7.4.4-20)$$

式中：n 为滑移面上交界面总数。

三、地质力学模型试验法

地质力学模型试验采用物理模型的方法来研究结构及其地基的问题，相似理论是模型试验的理论基础。相似理论可简述

为：如模型和原型相似，则它们的几何特征和各个对应的物理量——应力、应变、位移、弹性模量、泊松比、体积力、材料密度、材料容重等互相成为一定的比例关系，可以根据试验测定模型的物理量，按比例推求原型对应的物理量。地质力学模型试验属于非线性破坏性试验，它应满足破坏试验四方面的相似要求：几何相似；应力应变关系相似，地质构造面上抗剪断强度相似；荷载相似。

地质力学模型试验能模拟岩体中的断层、破碎带及软弱带，还能模拟一些主要节理裂隙组，并能体现出岩体为非均匀性、非弹性及非连续、多裂隙体的力学特征。

对于坝基抗滑稳定，尤其是深层抗滑稳定问题，地质力学模型可以比较准确地模拟地质构造及其组合，在加载过程中可以直接观测到地质构造的变形及对大坝的影响、坝基破坏的路径和超载安全度，尤其对于地质构造沿坝轴线方向有视倾角的三维问题，用模型试验更有优势。

对于拱坝坝肩抗滑稳定，由于拱坝坝肩稳定问题是典型的三维问题，尤其是存在复杂的地质构造和地形形态时，模型试验有着不可替代的优点，它可以直观地展现出坝肩岩体在拱推力作用下的变形和破坏过程以及大坝超载安全度。

第五章 坝基岩体变形问题

第一节 坝基（肩）岩体变形特性

在对坝基建基面选择、处理和坝体结构设计时，总是尽量使坝基（肩）岩体变形总体属于弹塑性工作范畴，以确保大坝安全、稳定运行。由于坝基（肩）部位岩体结构、赋存条件、工程作用的差异，使坝基（肩）岩体变形具有不连续、各向异性的特征。岩体的变形特征可以通过试验中获得的弹性变形量（ε_1）、塑性变形量（ε_2）在全变形（ε）中所占的比值表征岩体的弹塑性。根据静力法测试成果可将变形类型划分为五类，见表 7.5.1－1。

表 7.5.1－1　岩体变形特性

类型	岩体变形特性	力学属性	表达式（K 是常数）
Ⅰ	均质岩体	弹性体	$\sigma=K\varepsilon^n$　$n=1$ 近似直线型
Ⅱ	结构面后期压缩应力较高时，E 是常数	弹—塑性体	$\sigma=K\varepsilon^n$　$n=0-1$ 屈服型
Ⅲ	结构面开始时压密，应力增高，E 是常数	塑—弹性体	$\sigma=K\varepsilon^n$　$n>1$ 强化型
Ⅳ	坚硬岩体，有初始强度，高应力下，E 是常数	弹—塑性体	$\sigma=\sigma_{\Delta-1}K\varepsilon^n$　$n=0-1$ 结构强化—屈服型
Ⅴ	坚硬岩体，有初始强度，高应力下 E 是常数，超过一定应力后又呈强化	弹—塑—弹性体	由 $\sigma=\sigma_v+K\varepsilon^n\rightarrow\sigma=K\varepsilon^nK_s$ $n=0-1$　$n>1$ 结构强化—屈服～强化型

注　据龙羊峡资料。

坝基（肩）岩体的变形远比岩石的变形复杂。坝基（肩）岩体分布均一，变形特征基本一致；岩体分布不均一，则岩体的变形特征较为复杂，它可能导致产生差异变形（不均匀变形），差异变形引起应力重分布，又引起新的变形，甚至因局部变形过大，导致大坝开裂。对于一些富含黏土矿物的岩石、断层破碎岩体，一般情况下遇水易软化或泥化，暴露后易松弛和风化，在工程作用力下可能产生流变问题。对于一些大型和特大型工程，常常需要关注工程施工、运行等不同时期的应力和变形。工程施工和运行期，工程作用力不同，在坝基（肩）的不同部位产生不同的变形。如在施工开挖期间，产生张拉性质的松弛变形，恶化岩体质量，大坝浇筑期和蓄水初期阶段（刚性坝），坝踵压应力较大，坝趾压应力较小，甚至产生拉应力，而在工程运行期或高水位运行期间，坝踵压应力较小，甚至局部出现拉应力，坝趾部位压应力较大。作用力的差异，导致变形的差异，影响岩体的抗变形能力。另外由于对坝基（肩）加固措施的不同，也会影响岩体的抗变形性能。如某工程，岩性为坚硬的花岗片麻岩，赋存地应力较高，坝基开挖后出现了严重的松弛现象，其时空效应明显，大坝混凝土浇筑至一定高度，才抑制住岩体的松弛变形，变形逐渐转化为压缩变形，岩体质量（抗变形性能）也历经了从天然状态下的好、开挖和混凝土浇筑初期的劣化、坝基加固处理和混凝土压重增加，岩体质量逐渐恢复的过程，见图 7.5.1－1。

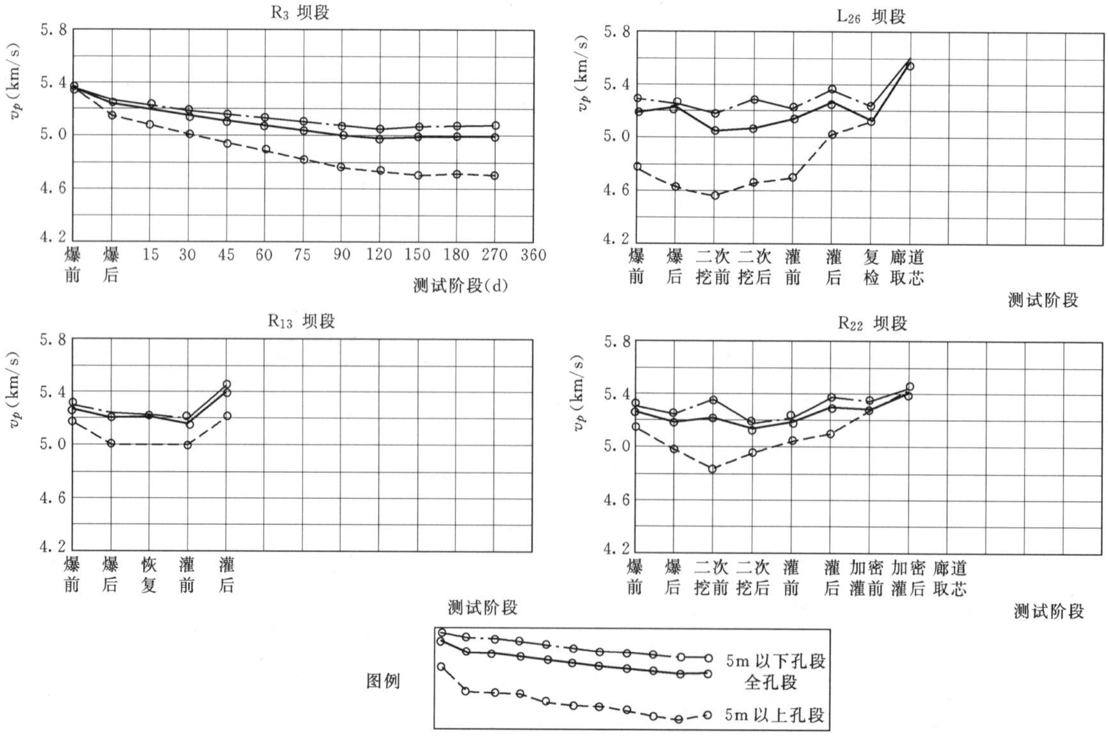

图 7.5.1－1　不同施工阶段波速特征典型曲线图

第二节　坝基（肩）岩体变形影响因素

影响坝基岩体变形的因素，可归纳为岩体结构特征，赋存条件、工程因素、时间效应等。另外试验方法和受力状况对其也有一定的影响。

一、岩体结构特征

（一）岩性条件

岩性均一，岩石坚硬，则具较好的抗变形性能，岩性软弱，则抗变形性能相对较差。岩性分布不均一，如岩性软硬相间、或其间分布有蚀变岩体，则可能导致坝基（肩）产生不均一变形。另外，富含亲水矿物的黏土岩，在工程荷载长期作用下，可能产生流变。

（二）构造条件

节理裂隙不发育的岩体抗变形性能相对较强，而节理裂隙发育的岩体抗变形性能相对较差。软弱夹层是导致坝基产生变形的主要因素之一。具泥化的夹层，变形条件最差，在工程荷载长期作用下，可能产生流变。节理裂隙密集带，或者密集的层间错动破碎带与叠瓦式逆冲断层带对岩体变形的影响较大，由于断层带岩体破碎，宽度大，充填物较松软，变形模量一般仅为完整岩体的1/3～1/10，尤其是当断层产状垂直作用力方向时，则易导致不均匀变形。

（三）岩体风化条件

岩体风化程度越高，抗变形性能越差，变形模量越低。强风化岩体一般只有新鲜岩体的1/10～1/20。岩体风化不均一，如存在夹层、囊状风化现象，可能导致不均匀变形和流变。

（四）岩体卸荷

岩体卸荷后结构松弛，可能形成次生裂隙，抗变形能变差，产生不均匀变形。

（五）岩溶发育情况

可溶岩地区岩溶发育，溶洞（孔）、溶蚀扩大裂隙、空洞、或充填夹泥的溶洞，均可使坝基刚度和稳定性降低。

（六）岩体结构类型

一般情况下，整体状结构岩体抗变形性能最强，随着完整程度的降低，抗变形性能变差。其散体结构岩体强度最低。层状岩体具各向异性特征。岩体结构类型分布不均一时，可能产生差异变形，对于散体结构和碎裂结构岩体可能出现流变现象。

二、赋存条件

赋存条件主要包括地应力和水文地质条件。

（一）地应力

岩体所处部位的地应力状态对岩体变形参数有着重要的影响。岩体周围地应力均为压应力，且具有一定的地应力量级时，岩体结构一般呈紧密状态，抗变形性能相对较好，变形模量较高。岩体周围压应力较低甚至一个方向处于拉应力状态时，岩体结构相对疏松，抗变形性能相对较差，变形模量低，其变形参数具各向异性。由于试验方法和手段的局限性，在较高地应力区，现场目前还很难准确地实测到岩体的变形指标，其实际的变形指标常高于实测值。

（二）水文地质条件

地下水对岩体变形参数的影响主要表现在岩体饱水后的软化作用影响岩体的变形性能，尤其是富含亲水矿物的岩体、断层破碎带、软弱夹层等，吸水或饱水，岩体软化或泥化，抗变形能力显著降低。而部分坚硬的岩石，由于饱水，孔隙被充填，其声波速度会增加。部分软弱类岩石失水裸露后会产生崩解。可溶性岩石或非可溶性岩体中局部含有可溶性成分，在侵蚀性地下水作用下，可溶盐成分被带出，形成空隙，岩体结构变得疏松。

三、受力状态

同一种岩体在不同的受力状态下，岩体变形并不相同。在单轴受压和单轴受拉的情况下，其弹性模量和泊松比为相反关系，即当$\frac{E_t}{E_c}>1$时，$\frac{\mu_t}{\mu_c}<1$。在表7.5.2-1中，列举了岩石在不同受力状态下的变形指标。

表7.5.2-1　某些岩石在不同受力状态下的变形指标

岩石名称	拉伸试验弹性 E_t（GPa）	压缩试验弹模 E（GPa）	E_t/E
白云岩化的软弱泥质灰岩	12.72	10.68	1.19
大理岩类石灰岩	24	26.28	0.91
大理岩	20	17.55	1.14
石英岩	18.65	51	0.36

岩体变形模量不是一个常数，常随压力变化而变化，在不同的附加应力作用下表现出不同的力学属性。

四、加载速率及时间效应

加载速度快时，岩体破坏前的应力与速度呈近乎直线关系；加载速度愈缓慢，应变也就愈大。

在应力不变的情况下，岩体变形随着时间而增长。岩石具有两种典型的蠕变曲线：一种是开始阶段变形增加较快，裂隙被压密，以后则趋于稳定，稳定后的变形量比初始变形量增大20%～30%；另一种是蠕变随着时间而无限增长，直至岩体破坏（即流变），其中比较典型的是黏土类岩石，其长期强度一般为瞬时强度的75%～85%，坚硬完整岩体的长期强度一般为瞬时强度的90%～95%。表7.5.2-2为岩石的剪切模量在长期荷载作用下与瞬时模量的倍比关系。

表7.5.2-2　时间因素影响

岩石名称	G_0/G_∞
砂岩	1.0～1.1
砂质页岩	1.1～1.3
黏土质页岩	1.3～1.5

注　G_0及G_∞分别为时间$t=0$及$t=\infty$时的剪切模量。

五、工程因素

工程因素主要包括工程作用力和工程开挖、加固措施两方面。工程作用力包括坝体自重、水库蓄水的库水压力和渗透压力、泥沙压力、地震作用力等。工程开挖加固措施包括开挖卸载、大坝填筑（浇筑）加载、工程加固措施（排水、主动支护、被动支护、固结灌浆等）等。这些因素的作用，必将导致强度和变形破坏性质的变化。它既包括可能使岩体向好的方面转化因素，也包括使岩体性能恶化的因素。

工程开挖卸载，导致应力场调整，建基面浅表部岩体结构松弛，在高应力区并可形成次生裂隙，并使节理明显张开，抗变形性能恶化，随着坝体浇（填）筑，上抬变形被抑制，由松弛变形转化为压缩变形，岩体强度可得到一定恢复（图7.5.2-1）。固结灌浆一般可以改善岩体的不均一性和提高岩体的抗变形性能。主动支护一般可改善岩体的应力状态，增加岩体的抗变形性能。被动支护，受开挖的影响，一般会恶化岩体的应力状态，岩体松弛，降低岩体的抗变形性能。改善岩体赋存的

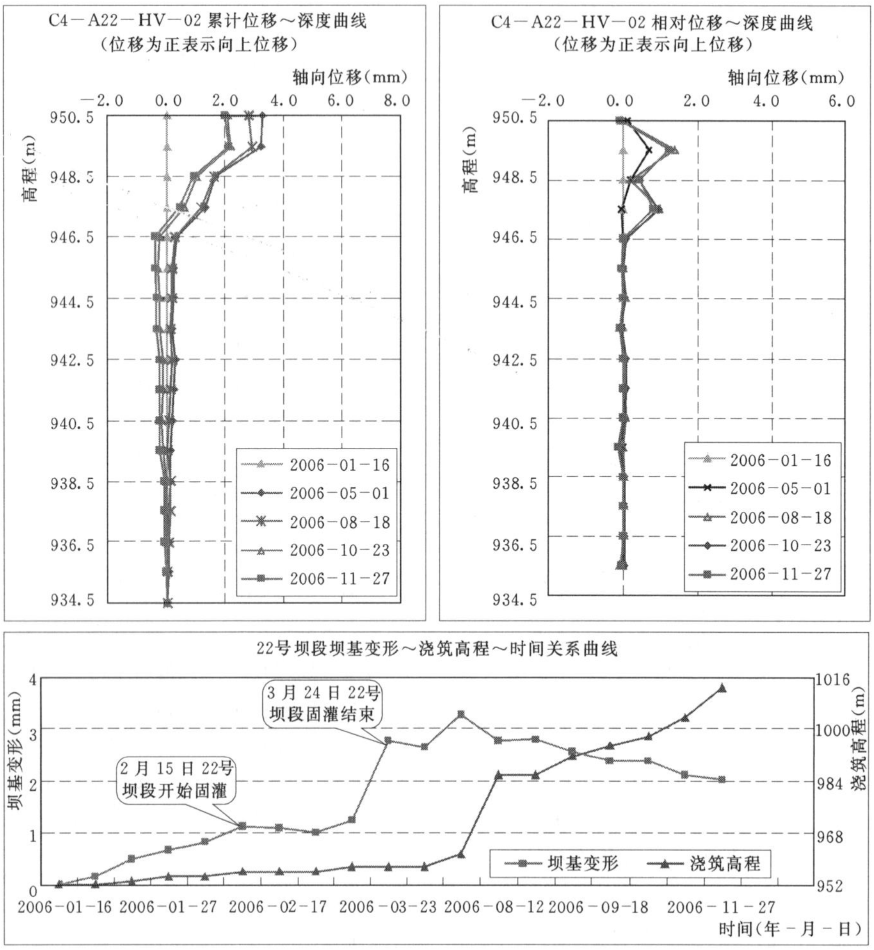

图 7.5.2－1　坝基滑动测微计测孔不同时间～累计（相对）位移～深度曲线

水文地质环境，尤其是对黏土类岩石、易溶盐类岩石岩体抗变形性能有一定的提高。

工程作用力荷载主要体现在作用力的状态和水库蓄水后渗流场的变化对岩体抗变形性能的影响。工程施工和运行过程中坝踵与坝趾部位应力状态和大小的差异，也会影响岩体的变形指标。在大坝浇筑和蓄水初期，坝踵部位压应力大，随蓄水时间的增长，压应力减小甚至局部出现拉应力，变形参数将降低；坝趾部位随着蓄水过程的延长，压应力增大，岩体经压缩变形后，其变形能参数将有可能提高。

第三节　坝基（肩）岩体变形参数研究与选择

表征坝基岩体承载能力一般采用允许承载力、变形模量和泊松比等几个参数。

岩体允许承载力的确定一般是根据岩石的饱和单轴抗压强度确定，只有针对某些特殊岩类或需要才进行现场荷载试验，对于软岩类岩石如黏土岩、断层破碎带岩体也可以开展超重型动力触探试验。

坝基（肩）岩体变形参数一般可以通过下列方法获取：

（1）根据现场试验成果确定。

（2）工程地质类比法。对于一些中小型工程和大型工程的前期规划、预可行性研究阶段，可以根据岩体结构特征情况进行类比确定。

（3）经验估算法。利用一些经验公式，如利用 Barton 的 Q 值和岩体地质力学分类法 RMR 等，估算岩体的变形参数。

（4）换算法。测量岩体的纵波、横波速度，计算岩体的动弹性模量或者建立岩体 $E_0 \sim V_p$ 关系，通过 V_p 值确定变形模量。

一、坝基岩体承载力

坝基荷载超过地基承载能力，将会使坝基岩体压缩而发生超过容许的沉陷或不均匀沉陷，或部分岩体由于应力集中而破坏。

坝基岩体容许承载力宜根据岩石饱和单轴抗压强度，结合岩体结构、裂隙发育程度，进行相应折减后提出地质建议值；对软岩宜采用现场荷载试验或三轴压缩试验确定其容许承载力；坝基岩体承载力经验取值可根据表 7.5.3－1 选取地质建议值。

表 7.5.3－1　　坝基岩体容许承载力经验取值

岩石饱和单轴抗压强度 R_b（MPa）	容许承载力 R（MPa）			
	岩体完整，节理间距 >1.0m	岩体较完整，节理间距 1.0～0.3m	岩体完整性较差，节理间距 0.3～0.1m	岩体破碎，节理间距 <0.1m
坚硬岩、中硬岩，$R_b>30$	(1/7) R_b	(1/8～1/10) R_b	(1/11～1/16) R_b	(1/7～1/20) R_b
软岩，$R_b<30$	(1/5) R_b	(1/6～1/7) R_b	(1/8～1/10) R_b	(1/11～1/16) R_b

对刚性高坝，如地基为黏土岩类软岩或地基内存在软弱夹层、断层破碎带、蚀变岩体、节理密集带等软弱岩带时，应研究岩体的长期强度，开展相应的流变试验，最终确定容许承载力。

对于大型、特大型等重要工程，对软弱岩体或者可以利用的Ⅲ类岩体宜进行现场荷载试验或超重型动力触探试验，根据试验成果选择岩体的承载力。

对于破碎软弱岩体、软岩类地基，可以参考准围岩强度的确定选择岩体承载力，即地基承载力为岩体完整性系数乘以岩石饱和单轴抗压强度：

$$R=k_vR_b \quad (7.5.3-1)$$

$$k_v=V_{p体}^2/V_{p石}^2 \quad (7.5.3-2)$$

二、变形模量

（一）试验方法确定变形模量

通过试验方法合理确定岩体变形参数，一般情况下，应重点研究以下内容：岩体变形特征、岩体变形参数、长期强度及动力参数研究。

（1）岩体变形特征。研究主要包括岩体的变形特性（弹性、塑性、弹塑性、塑弹性）、各向异性特征、应力与变形特征的关系等。

（2）岩体变形参数。根据工程作用力大小、方向，选择试验最大压力和荷载施加方向，选择各类岩体的代表性试验点开展试验研究工作，对参数进行必要的分析整理，剔除不合理的试验值，按不同岩类进行统计。

（3）长期强度。对于软岩类岩体、断层、蚀变岩体、软弱夹层、破碎岩体等视其工程的重要性和对坝基可能的影响程度开展岩体的流变和松弛效应研究，以便确定岩体变形参数的长期强度。

（4）动力参数研究。对于场地地震动参数较高区域或设计地震动条件下地震工况对工程起控制作用时，宜开展岩体动力参数强度研究。

一般情况下岩体变形模量可以通过以下几种方法或它们的组合综合确定。

根据岩体实际承受工程作用力方向和大小进行原位试验，采用压力变形曲线上建筑物预计最大荷载下相应的变形关系选取标准值；可采用概率分布的0.5分位值作为标准值；标准值应结合实测的动、静弹性模量相关关系、岩体结构、岩体地应力进行调整，提出地质建议值。

（二）工程地质类比法

对于一些中小型工程和大型工程的规划、预可行性研究阶段，可以根据岩体结构特征情况进行类比确定。工程地质类比法的前提是工程地质条件相似，主要是岩体结构特征相近，并应根据各个工程的具体特征进行调整，调整应考虑的主要因素包括：工程岩体所处的环境状态、工程作用因素，岩体变形参数可能的演化趋势等。其类比可以与某一个或几个工程进行类比，也可以根据岩体工程地质分级按《水力发电工程地质勘察规范》（GB 50287—2006）附录D提出经验值，详见表7.5.3-2。

表7.5.3-2　坝基岩体变形模量（GB 50287—2006）参考表

岩体分类	Ⅰ	Ⅱ	Ⅲ	Ⅳ	Ⅴ
变形模量 E_0 (GPa)	＞20.0	20～10	10～5	5～2	2～0.2

（三）经验估算法

采用一些经验公式对岩体的变形模量进行估算。常见的为利用Bieniawskir的地质力学分类和NGI分类进行岩体的变形模量估算，其经验估算公式为

$$E_m=2RMR-100 \quad (单位为GPa，适应条件RMR\geqslant 55) \quad (7.5.3-3)$$

$$E_m=10^{(RMR-10)/40} \quad (单位为GPa，适应条件RMR<55) \quad (7.5.3-4)$$

$$E_m=25\lg Q \quad (7.5.3-5)$$

（四）换算法

对岩体开展弹性波速度测试，采用公式计算岩体的动弹性模量或者建立弹性波波速与岩体动、静变形模量的相关关系，然后通过弹性波波速确定岩体变形模量。

1. 岩体动弹性模量

通过动力法测试获得的纵波速度 v_p 和横波速度 v_s 计算岩体的动弹性模量，计算公式为

$$E_d=v_p^2\rho\frac{(1-2\mu)(1+\mu)}{1-\mu} \quad (7.5.3-6)$$

$$E_d=2v_s^2\rho(1+\mu) \quad (7.5.3-7)$$

式中：ρ 为岩体密度；μ 为泊松比。当 v_s 不能测得时，μ 值为经验值。

根据波的激发方式，动力法可分为地震法与声波法，两者所测两种波速有一定的差别，一般情况下，岩体完整、强度高，两者较为接近，岩体完整性差、软弱，差别较大。因此，结果应与典型地段试验成果进行对比分析。

动力法对岩体的湿度反应很敏感，含有水的岩体，波的传播要快，弹性模量偏高，而静力法由于水的存在增加变形量，相应地使变形模量减小。

在单纯统计动、静的不同数值之后，还进一步研究岩石与岩体的动静比值，从而获得岩体的静模量。

用静力法与动力法测出的弹性模量是不同的，完整均一的岩体，静力法和动力法所取得的成果较接近。而有裂隙的岩体，岩体变模受施力方向和结构面产状间的关系影响较大，岩体愈破碎，两者的差别愈大，在选择指标时要注意具体的地质条件，主要是岩体裂隙发育程度及其产状，试验方法以及计算方法等的影响。

2. 静动相关关系确定岩体变形模量

静动对比目的在于将坝基岩体弹性波测试的速度空间分布规律转化为变形模量分区，从而为坝基应力分析和稳定性评价提供定量依据。

静动对比一般可由两种途径实现：

（1）利用弹性波测试的纵波速度 v_p 和横波速度 v_s，计算出泊松比 μ、动弹性模量 E_d、动剪切模量 G_d，再与相应部位的现场变形试验资料进行相关分析，建立 $E_e \sim E_d$ 或 $E_0 \sim E_d$ 关系。

（2）直接利用弹性波纵波速度与变形试验的变形模量 E_0 进行静动对比，建立两者的相关关系。一般情况下是对开展岩体变形试验的点，在其周围布置岩体波速测试点，进行单孔和波速对穿测试，选择适合的波速与变形试验成果，将其绘于同一坐标体系中，形成波速与岩体变模的散点图，结合现场试验条件，剔去明显不合理的点，选择适合的回归方程（如指数方程、对数方程、负指数方程等）进行回归分析，建立相关系数。

三、泊松比

确定泊松比目前仍然采用经验值，见表7.5.3-3。

表7.5.3-3　一般岩体泊松比与波速比的关系

岩体完整性	坚硬完整	较完整	破碎岩体	非常破碎
岩体与岩石波速比	0.9～0.95	0.8～0.85	0.55～0.65	0.3～0.4
纵波与横波波速比	1.7	2～2.4	2.5～3.0	＞3.0
泊松比	＜0.25	0.25～0.35	0.35～0.4	＞0.4

四、岩体纵波速度

岩体纵波速度（v_p）按激发源的波谱频率可分为地震波和声波，其测试获得的波速分别称之为地震波纵波速度和声波纵波速度，一般情况下，地震波速小于声波波速，岩体波速越高，两者越接近；愈低，差别愈大。在大坝岩基评价中常运用于以下几个方面。

(1) 结合工程地质因素对坝区岩体进行工程地质分类。目前国内大部分水电工程，将岩体纵波速度作为一个定量的重要参考指标，结合工程地质因素，对岩体质量进行工程地质分级。

(2) 建立纵波速度与单轴抗压强度的关系，利用大量测试获得的纵波速度进行岩石强度预测和坝基岩体承载力分区。

(3) 利用纵波速度与岩体变形模量的相关关系，进行坝基岩体变形模量预测和坝基岩体变形模量分区。

(4) 评价坝区岩体的整体强度、均一程度、各向异性的程度。采用纵波速度评价岩体各向异性需要测定岩体各个方向的纵波速，评价各向异性程度时，采用垂直于主要结构面与平行主要结构面方向的速度比（各向异性系数）进行评价，各向异性系数越接近于1，表明结构面胶结状态愈好，各向异性愈不明显。其标准可参考表7.5.3-4。

表7.5.3-4　岩体各向异性划分表

围岩分类及结构面状态	良好	好	中等	差	极差
各向异性系数	1.0	0.83～1.0	0.66～0.83	0.50～0.66	<0.50

(5) 用于评价岩体风化程度和卸荷程度。利用风化岩体波速与新鲜完整岩体波速之比进行岩体风化带划分，可参见表7.3.3-4。

(6) 监测坝基岩体质量。坝基岩体质量从天然状态到坝基开挖、大坝混凝土浇筑、工程措施处理（如固结灌浆、锚固等）、工程运行，由于受力条件和应力状态的改变，岩体质量是一个动态变化的过程，可以通过对岩体纵波速度进行监测，了解其动态变化过程。

(7) 进行岩体完整性划分。当岩体完整、地应力较高时，会出现岩体纵波速度大于岩块纵波速度的现象，此时，可在测试段上选取没有结构面的岩体纵波速替代岩石纵波速。

(8) 初判地应力水平。一般情况下，岩石声波纵波速度大于岩体声波纵波速度，对于高或较高地应力区域，则可能出现岩体纵波速度大于岩石纵波速度。

(9) 采用层析成像技术（或称CT技术）进行区间岩体质量划分、确定断层、软弱岩带、张开裂隙、溶洞的空间分布等。

第四节　坝基（肩）岩体变形和承载稳定性评价

坝基变形承载稳定性评价主要包括评价方法和评价安全控制指标。在同一坝基内，不同岩体类型，会造成变形模量的差异。重力坝要求岩体变形均一，而对拱坝要求更高。坝基岩体的弹性模量应与混凝土的弹性模量尽可能接近。

一、评价方法

对大坝变形稳定的评价一般是采用材料力学和数值模拟计算的方法，确定坝基和抗力岩体部位岩体中的附加应力及由附加应力所产生的相对变形量，并与岩体及坝体混凝土的容许承载能力相比较，评价岩体或结构体是否满足承载要求，进一步确定地质缺陷处理、优化和调整建基面和坝体体型。也可以开展地质力学模型试验评价岩体、结构体的承载能力。在工程施工和运行期，通过对坝基岩体和结构体的变形和应力监测，分析评价其稳定性。

二、安全控制指标

对地基强度和变形要求最高的为混凝土拱坝，次为混凝土重力坝，当地材料坝要求相对最低，但其中的面板堆石坝的趾板对地基的变形要求也相对较高。具体来说，它们对地基的要求是：岩体有足够的承载能力，在工程附加应力作用下，岩体不致被压破坏和受拉破坏；不致产生过大的压缩变形和不均匀变形，而导致大坝开裂和变形破坏。因此从安全控制指标来说主要包括两方面内容。

（一）承载力

重点考察以下几个部位：坝趾、坝踵和软弱破碎岩带分布地段。并要考虑施工期和运行期坝基应力的差别。

施工期间：坝踵处压应力，$\sigma_h<[R_0]$；坝趾处的拉应力，$\sigma_t<[R_t]$。

运行期间：坝踵处拉应力，$\sigma_t<[R_t]$；坝趾处的压应力，$\sigma_h<[R_0]$。

或者写为：任意点处的应力满足：$\sigma<[R]$。

$[R_t]$ 是指岩体的容许抗拉强度，由于岩体总体上属于脆性材料，其抗拉强度很低，在没有试验资料时，可考虑取岩体容许承载力的1/10。当坝基岩体中存在近水平或平行建基面的节理裂隙时，其抗拉强度受控于结构面强度，其值更低。

在工程实践中，岩体的变形和破坏常常不是简单的受压和受拉破坏，而是一种压剪或者拉剪变形破坏或者是更加复杂的变形破坏型式，因此，应进行综合分析判断。

（二）变形控制

变形控制主要是控制岩体的总变形量，以及由于坝基岩体质量的不均一而导致坝基岩体产生过大的差异变形。理论上讲，对每一工程应根据具体的坝体结构条件和工程地质条件，确定容许的总变形量和差异（不均匀）变形量，使其 $\delta<[\delta]$；$\delta_{差}<[\delta_{差}]$。

但是，在一般情况下任何一个工程要确定这两个变形控制指标难度极大。故在一般工程设计中是根据坝体结构设计、地基处理设计过程中应力、变形成果，进行综合分析判断，尤其是在施工过程中，通过应力、变形监测成果进行综合治理和分析评价。

第五节　坝基建基面研究

坝基建基面一般重点研究以下几方面的内容：建基面及以下的岩体质量（岩体结构特征、赋存条件）、坝基（肩）稳定条件、工程荷载作用力的分布特点、可能的加固措施和加固效果。

一、坝基建基面选择原则

建基面选择的原则是在确保大坝安全（满足抗滑稳定、变形稳定、渗透稳定的要求）运行的前提下，尽量减少坝基开挖深度、地基处理难度，达到技术合理、投资经济的目的。

因此，从工程地质师的角度出发，坝基建基面研究首先要研究的是大坝承载岩体的质量，同时也要研究大坝及水荷载（工程荷载）作用下附加应力、变形的分布、大小、方向特征，有针对性地开展岩体工程特性研究，并对承载岩体可能采取的加固措施及其作用机理和加固效果进行研究和评价，在此基础上对可能承载的岩体作出适应性评价，确定可利用岩体和建基面开挖深度，并提出对承载岩体加固的建议。

二、建基面岩体质量研究

一般情况下，Ⅰ、Ⅱ类岩体完整、强度高，是良好的天然地基；Ⅳ、Ⅴ类岩体，完整性差，强度低，具各向异性特征，常常有后期次生充填，如进行工程处理，其难度和工程量大，效果差，对于混凝土高坝来说一般不宜作为大坝地基。

Ⅲ类岩体，岩体完整性一般，岩体仍具有一定的强度，岩体经过一定的加固处理后，能满足坝基承载（抗滑、变形、渗透稳定）的要求，对混凝土坝仍为可利用岩体，因此，对建基面的研究在一定意义上说，就是对Ⅲ类岩体的工程适应性研究。其研究的主要内容包括：岩体结构特征、赋存条件、岩体强度及其特性，抗滑、变形、渗透稳定条件及其评价，工程荷载特点及其应力、变形分布特征，工程处理措施及其效果评价。

（一）岩体结构特征

岩体结构特征指岩体的沉积建造、构造改造和表生改造。主要包括岩性、结构、构造，有无原生软弱夹层等，破裂结构面发育程度和性状，岩体的风化卸荷程度、岩体结构类型等。

在岩性方面重点研究含亲水矿物的岩石类型、结构特征，如黏土类岩石，由后期改造作用形成的含亲水矿物的蚀变岩类，对其黏土类矿物的类型、含量、蚀变程度、结构特征、产出状态、延伸性是研究的重点。

破裂结构面研究的主要内容包括产状、性状、发育规律、力学成因机制、后期构造运动改造的力学性质。一般情况下宜按结构面规模（宽度、延伸性）、性状及对工程的影响程度进行分级，对破碎带物质组成、胶结程度进行分类。其研究的重点是对大坝稳定有影响的破裂结构面或组的产出状态、延伸性、结构面性状（包括风化、蚀变程度、张开程度、充填物厚度和物质类型、粗糙度等）。

岩体风化、卸荷作用研究的主要内容包括岩体风化、卸荷程度，风化、卸荷作用对岩体、结构面的改造程度，风化、卸荷裂隙的类型、延伸性。必要时应在规范规定的基础上，对风化、卸荷程度进行进一步的细分。

根据上述因素的组合和岩体完整性，确定岩体结构类型，并进行岩体质量评价。

对上述研究以地质精细调查和测绘为主，并开展适量的岩体物理力学试验工作，如点荷载强度试验、回弹指数测定、岩体（石）波速测量、常规岩石物理力学试验工作等，以达到用定性描述和定量指标来阐明岩体结构特征的目的。

（二）赋存条件

赋存条件主要包括地下水和地应力状态。

对地下水的研究包括地下水的类型、化学成分、补给、排泄条件、水动态特征、侵蚀性，岩体、结构面渗流特性，产生机械管涌、化学管涌的条件等。

地应力的研究应根据勘探过程中揭示的高地应力释放现象，开展地应力的测试工作，并研究地形、岩性、地质构造、风化、卸荷等对地应力分布的可能影响及其影响程度，选择适合的概化模型对地应力场进行回归分析，确定地应力场的分布特征，评价地应力对工程岩体开挖卸载、加载的可能影响程度。

（三）岩体强度及其特性

在坝基岩体质量分类的基础上，结合大坝荷载作用特点，有针对性地开展混凝土与岩体、岩体与岩体、结构面剪切试验和岩体变形试验工作，研究岩体在天然状态下的强度特性和强度指标，预测其在施工和运行期荷载作用下的演化趋势和强度指标，并结合岩体结构特征研究调整优化坝基岩体质量分类，确定各级岩体的基本强度参数和变形指标，为确定岩体的物理力学参数提供基本依据。对一些重要的软弱岩带或夹层宜开展围压状态下岩体强度特性和强度指标试验工作及岩体、结构面的流变试验和现场载荷试验工作。对地震工况起控制作用的工程，尚应开展岩体、结构面动力参数的试验研究工作。

（四）稳定条件及其评价

大坝稳定包括抗滑稳定、变形稳定和渗透稳定。根据岩体结构特征和岩体质量分级、岩体赋存条件，确定控制大坝稳定的边界条件和主要影响因素，确定稳定数值分析和模型试验的概化模型和岩体物理力学参数，初步拟定建基面，对大坝稳定开展分析、计算和模型试验工作，评价大坝的安全稳定性。

（五）工程措施及其效果评价

根据岩体结构特征、坝基岩体质量分级、赋存条件和稳定性初步分析成果，拟定工程加固措施方案，对各加固措施实施的可行性和效果进行分析评价，必要时开展现场试验论证、室内试验和模拟分析研究工作。

（六）可利用岩体的适应性评价

根据坝基岩体质量分级和上述研究成果，结合坝基应力和变形分布特征，对坝基岩体进行适应性评价。其评价可分为适应性较好的岩体、适当处理即可利用的岩体、大量处理尚可利用的岩体和不宜利用的岩体。同时宜根据坝基应力、变形分布特征，对不同的坝基部位提出可利用岩体的原则，并提出加固措施的建议。

三、高混凝土坝建基面选择实例

（一）高混凝土拱坝

1. 小湾水电站

小湾水电站为混凝土双曲拱坝，最大坝高 294.5m，总库容 150 亿 m^3，总装机容量 4200MW。

坝基岩体为坚硬的片麻岩夹少量的片岩，坝基范围内分布多个热液成因的蚀变软弱岩带。坝基构造简单，岩层横河向分布，断裂构造以顺层挤压性质为主，除 F_{11} 规模稍大，属Ⅲ级结构面外，其余规模较小，岩体结构以块状及整体结构为主。坝址区初始应力水平较高，两岸岩体卸荷强烈、深度大，卸荷裂隙以中缓倾河床的岸坡剪切裂隙为主。

小湾水电站在对坝基卸荷带工程地质特征、蚀变岩体工程地质特性、坝基初始应力状态，断裂构造及顺坡中缓发育规律、坝基岩体水文地质特性研究的基础上，进行了坝基岩体结构及岩体质量分类，依据坝基岩体质量确定的建基面选择原则为建基面应以微风化～新鲜的Ⅰ、Ⅱ类岩体为主，对局部存在的Ⅲ类岩体（尤其是$Ⅲ_b$类岩体）和随断层陡倾角分布的$Ⅳ_b$＋$Ⅳ_c$类岩体应加强固结灌浆或置换处理；对高高程部位可适当降低要求。

施工中对建基面上出露的 F_{11}、f_{64-1} 等断层及 E_1、E_4、E_5、E_8、E_9 蚀变岩体等主要地质缺陷，进行槽挖处理，河床坝段出露的 E_{10} 属中等蚀变岩体，在清基过程中加强清挖并加强固结灌浆。对于建基面上出露的其余Ⅳ级结构面一般采取加强清基，布置应力分布筋。另外在左、右岸坝基局部坝趾部位分布有少量弱风化岩体和卸荷岩体，仅右岸高程 1076～1090m 和左岸高程 957～1040m 坝趾部位的卸荷岩体采取固结灌浆处理，其余部位的弱风化和卸荷岩体进行开挖置换处理。对两岸抗力岩体范围内的对稳定有影响的断层、蚀变岩体进行了追踪开挖置换与高压固结灌浆处理，对左岸深卸荷岩体设置了传力洞和抗剪置换洞。

由于小湾水电站坝基初始地应力值较高，尤其是在河谷下部高程存在明显的地应力集中现象。在坝基开挖过程中，建基面岩体出现不同程度的开挖卸荷松弛现象，当开挖至河床底部时，这一现象变得非常明显，开挖卸荷松弛问题异常严重，主要有以下几种表现形式：沿已有裂隙错动、张开和扩展，并形成新的裂隙，出现“葱皮”、“板裂”、差异回弹、蠕滑和岩爆现象等。岩体松弛和原岩应力、岩体完整性、岩石硬脆程度及开挖体型、开挖暴露时间等有关。超前、及时锚固对限制岩体的松弛变形有一定的抑制作用。松弛带主要位于坝基浅表部位，按松弛程度将坝基松弛岩体分为三带：松弛带、过渡带和基本正常带，松弛带深度一般1～4m。松弛岩体较天然状态下结构松弛、节理裂隙张开且延伸长度增长，部分形成了新的裂隙，岩体扩容，岩体的完整性和均一性变差，从而弱化了岩体的抗变形和抗滑稳定条件。为此，在对坝基浅层抗剪问题进行深入分析研究的基础上，对松弛岩体采取了清除并及时覆盖混凝土、高质量的固结灌浆、利用固结灌浆孔布设锚筋桩、铺设应力钢筋等加固处理措施。

2. 锦屏一级水电站

锦屏一级水电站为双曲拱坝，最大坝高305m，总库容77.6亿m^3，总装机容量3600MW。

坝基左岸高程约1800m以上为砂板岩，以下及河床、右岸全部为大理岩。右岸坝基出露f_{13}、f_{14}、$f_{18(x)}$断层，左岸坝基出露f_2、f_5、f_{38-6}等断层。

河床坝基建基面选择中遵循的原则是：①建基面应尽可能利用$T_{2-3}z^{2(3)}$层中较完整的微新无卸荷的Ⅱ类和微风化、弱卸荷的$Ⅲ_1$类岩体，高高程局部利用$Ⅲ_2$类岩体；②鉴于河床应力集中较高，建基面应尽量远离河床谷底应力集中带（高程1550m以下），减小高应力对河床坝基开挖的影响。

开挖后坝基声波检测表明，总体上坝基爆破松弛深度不大，岩体质量分布情况为：左岸高程1730m以上垫座：$Ⅲ_1$类46.6%、$Ⅲ_2$类23.8%、$Ⅳ_2$类21.0%、$Ⅴ_1$类8.6%；高程1730～1580m：Ⅱ类59.4%、$Ⅲ_1$类39.8%、$Ⅴ_1$类0.8%。右岸高程1885～1580m坝基：Ⅱ类74.7%、$Ⅲ_1$类14.8%、$Ⅲ_2$类5.9%、$Ⅳ_1$类2.9%、$Ⅴ_1$类1.7%。河床坝基：Ⅱ类39.3%、$Ⅲ_1$类60.4%、$Ⅴ_1$类0.3%。

建基面上的主要地质缺陷及处理措施有：左岸高程1730m以上由于f_5、f_8断层出露，建基岩体以$Ⅴ_1$、$Ⅵ_2$类岩体为主，对其进行开挖回填混凝土，形成左岸混凝土垫座，同时对抗力体中f_5(f_8)断层、煌斑岩脉、深部裂缝及$Ⅳ_1$、$Ⅲ_2$类岩体等分别采用混凝土网格置换、抗力体固结灌浆、抗剪传力洞等措施；右岸坝基及抗力体主要存在f_{13}、f_{14}断层等地质缺陷，对f_{13}断层在坝基上槽挖置换、帷幕中心线上采用混凝土防渗斜井置换，对f_{14}断层进行了表面混凝土置换和深部混凝土网格置换处理；对于坝基出露的f_{18}、f_{12}等断层及绿片岩带、溶蚀裂隙带等其他地质缺陷均进行了槽挖置换、加强固结灌浆等处理。开挖过程中还采取了预留保护层和系统砂浆锚杆预加固的建基面加固方案，混凝土浇筑前对浅表松弛、变位的岩体进行了清除处理，并在坝体混凝土浇筑后，通过基础加密固结灌浆和接触灌浆对卸荷松弛圈进行了处理。

3. 溪洛渡水电站

溪洛渡水电站大坝为双曲拱坝，最大坝高288.5m，总库容126.7亿m^3，总装机容量13860MW。

坝基岩性主要为坚硬的玄武岩、角砾集块熔岩，属坚硬岩类，岩体完整性较好，以块状～次块状为主。主要结构面为层间、层内错动带和节理裂隙。坝基岩体风化卸荷较弱，无全～强风化带分布，两岸弱风化深度一般30～50m。坝区初始地应力较低，仅河床深部灰岩可见少量岩芯饼化现象。

坝基岩体开挖利用原则为：Ⅱ类岩体可以直接作为大坝建基岩体，$Ⅲ_1$类和高高程部位$Ⅲ_2$类岩体经固结灌浆处理后可直接利用，中低高程$Ⅲ_2$类和Ⅳ类级岩体不能利用，必须置换挖除；对建基面上分布的小规模层间、层内错动带进行切角、掏槽处理；对建基面以下20～30m范围内的软弱岩带通过加强固结灌浆处理。同时也提出了各类岩体的声波波速要求：Ⅱ类岩体：平均波速不小于5000m/s，小于4000m/s的测试段百分比一般小于15%；$Ⅲ_1$类岩体：平均波速不小于4600m/s，小于4000m/s的测试段百分比一般小于20%；$Ⅲ_2$类岩体：平均波速不小于4000m/s。

开挖后两岸坝基岩体质量为：左岸高程560～610m建基面Ⅱ类岩体占19.8%，$Ⅲ_1$类岩体占38.2%，$Ⅲ_2$类岩体占42%；右岸高程560～610m建基面Ⅱ类岩体占20.3%，$Ⅲ_1$类岩体占47.6%，$Ⅲ_2$类岩体占32.1%，两岸高程560m以下以$Ⅲ_1$、Ⅱ类为主；河床坝基通过局部刻槽和系统清基后，建基面均为弱风化下段～微风化的$Ⅲ_1$级岩体，基本满足设计和验收对岩体质量的要求。

对建基面地质缺陷主要采取如下处理措施：

（1）对大面积出露的不满足建基要求的岩体（$Ⅳ_1$级和$Ⅲ_2$级岩体）主要采取挖除置换措施。

（2）对规模较大、性状较差的错动带等采取局部刻槽处理。

（3）对建基面上广泛分布的松动、破碎岩体，在浇筑混凝土之前采取系统的清基处理。

（4）对坝基采取系统的固结灌浆和局部的加密灌浆，固结灌浆深度20～30m。

（5）对建基面以下受错动带和裂隙影响约15%左右局部分布的$Ⅲ_2$级岩体，通过加强固结灌浆和采取结构处理措施，以满足变形和稳定要求。

4. 拉西瓦水电站

拉西瓦水电站大坝为双曲拱坝，最大坝高250m，总库容10.79亿m^3，总装机容量4200MW。

坝基岩性主要为坚硬的花岗岩，呈岩基状产出，岩体完整。地质构造以中陡倾角、缓倾断层以及随机分布的节理为主。坝基初始地应力水平高，两岸卸荷强烈，深度大。

坝基岩体开挖利用原则为：利用风化轻微、无卸荷、块状、次块状结构的Ⅰ～Ⅲ类岩体为建基岩体。

开挖揭示左岸拱肩槽Ⅱ类岩体占92.8%、$Ⅲ_1$类岩体占6.2%、$Ⅲ_2$类岩体占1.0%；右岸拱肩槽Ⅱ类岩体占87%、$Ⅲ_1$类岩体占6.6%、$Ⅲ_2$类岩体占6.4%；Ⅲ类岩体主要分布在两岸高程2400m以上，河床坝基岩体为Ⅱ类或Ⅰ类岩体。坝基岩体质量以Ⅱ类为主，仅两岸高高程及断层破碎带部位分布有少量$Ⅲ_1$、$Ⅲ_2$类岩体，坝基岩体质量总体较好，可以满足高混凝土拱坝的建基要求。

大坝坝基开挖后揭示的缺陷有：①坝基出露的宽度大于0.5m、局部夹泥、有一定延伸长度的断层型结构面；②坝基表层受开挖卸荷回弹影响波速较低、岩体质量较差的部位；③坝基深部受构造影响低波速段部位；④对大坝坝肩和坝后抗力体稳定有影响的断层。

对上述缺陷采取的处理措施有：对坝基出露的断层和低波速带槽挖置换处理，铺设加强钢筋；由对影响坝肩抗滑稳定的Hf_3、Hf_6、Hf_7平缓断层进行抗剪置换洞塞（键）处理；对坝后抗力体范围F_{164}、F_{166}、F_{201}等中陡倾角断层进行高压固结灌浆处理，并利用各层灌浆廊道（灌浆后二次混凝土回填）兼做置换结构。

由于坝址区地应力量级较高，坝基开挖深度较大，开挖后由于岩体卸荷和地应力释放，造成两岸坝肩及河床建基面岩体一定程度的松弛，是影响坝基岩体质量的一个重要现象。

根据岩体松弛宏观特征及声波检测资料将拱肩槽建基岩体分为松弛带（深度0～3m）、过渡带（深度3～10m）及正常岩体带（深度大于10m）。从岩体松弛特征看，松弛带主要表现为原有构造裂隙张开，局部表面岩体轻微剥离、开裂及松动，局部“葱皮”现象，岩体的风化程度和岩体结构并未改变，主要不利影响是岩体的变形模量和抗剪强度下降；过渡带岩体无宏观松弛表现，主要表现为岩体整体卸荷回弹，声波值下降；正常岩体带声波值无明显降低。针对岩体松弛现象，主要采取固结灌浆处理，经处理后表层松弛层岩体0～3m范围除极个别测点波速小于3500m/s外，纵波波速值一般大于3800m/s。同时，对深部低波速段也采用了固结灌浆，以提高岩体的完整性，从而提高其抗变形能力，固结灌浆深度一般为建基面以下20m，总体看来经固结灌浆处理后的低波速岩体波速提高明显，达到了利用岩体标准。河床坝基岩体松弛带厚度绝大部分小于2.2m，最厚4m，岩体松弛宏观特征与两岸坝肩基本相同，岩体风化程度和岩体结构未改变，河床坝基岩体固结灌浆效果良好，灌后声波平均值在4980m/s以上，岩体级别在Ⅱ级及以上。

5. 二滩水电站

二滩水电站为双曲拱坝，最大坝高240m，总库容58亿m^3，总装机容量3300MW。

大坝坝基岩性主要为坚硬玄武岩、正长岩。正长岩岩体完整性好，玄武岩岩体完整性较差。表层风化强烈，玄武岩与正长岩穿插重叠交错，局部母岩强烈蚀变。坝址区初始地应力普遍较高，有钻孔岩芯饼化现象，卸荷较深。

坝基岩体开挖利用原则为：C级以上岩体可以直接作为大坝建基岩体，D级岩体经加固灌浆处理后可适当利用，E级岩体不能直接利用；两岸谷坡充分利用应力过渡区和部分利用应力释放区，河谷以天然基岩面为建基面以避开高地应力区。

开挖后坝基岩体以A～C级为主，约占73%，D级岩体约占17%，E级岩体约占10%。实际施工过程中，对E级岩体进行了开挖置换处理，对A～C级采取了常规固结灌浆处理，D级以下岩体采用了超细水泥的特殊固结灌浆处理。

（二）混凝土重力坝

1. 三峡水利枢纽

三峡水利枢纽为常态混凝土重力坝，最大坝高175m，总库容393m^3，电站装机22500MW。

坝基岩性以坚硬的闪云斜长花岗岩为主。岩体完整，风化卸荷浅，但存在不均匀风化。坝基断层不发育，以陡倾角为主，除少数断层外，一般规模小，坝基缓倾角结构面发育，特别是某些部位存在倾向下游的长大缓倾结构面，长大缓倾结构面均表现为硬性结构面。

对坝基可利用岩体的研究采用岩体质量标准分析法，以工程地质综合判断与量化分析相结合，按岩体质量标准确定坝基岩体可利用岩面岩体的具体部分与相应高程，主体建筑物的建基岩体必须达到良质（B级）岩体以上至优质（A级）岩体。

开挖揭示，左岸非溢流坝18号坝段地基优质岩体占87.7%，良质岩体占12.3%；左厂1～5号坝段建基岩体优质占73.7%，良质占16.8%，中等、中等至差级占9.5%；左厂6～14号坝段建基岩体优、良质分别占34.5%、52.6%，中等质量占10%左右，较差质量岩体，仅占1%；左导墙坝段地基坝身段优质占45.58%，良质占54.08%，中等级质量仅0.43%；泄洪坝段地基岩体优质占77.1%，良质占16.7%、中等质量占5.9%、中等以下较差岩体占0.3%。总体上，坝基可利用岩体主要为微、新的优、良质岩体为主，占90%以上，中等至差以下岩体少于10%，坝基岩体工程地质条件好。

2. 龙滩水电站

龙滩水电站为碾压混凝土重力坝，初期正常蓄水位375m时，最大坝高192m，总库容162.1亿m^3，装机容量4200MW；远景正常蓄水位400m时，坝高216.5m，总库容272.7亿m^3，装机容量5400MW。

大坝坝基主要位于坝址区岩体质量相对较好的微风化或少量弱风化$T_2b^{6\sim17}$层砂岩及少量泥板岩岩体之上，其中$T_2b^{6\sim17}$层砂岩占80%，强度较高。左岸进水口坝段坝基主要$T_2b^{16\sim18}$层微风化砂岩、泥板岩岩体，规模较大的断层有F_1、F_4、F_3、F_6，岩体声波标准值为4600～5200m/s，泥板岩声波标准值大于预测值，岩体质量级别大部分为Ⅱ级；河床溢流坝段坝基主要为$T_2b^{6\sim17}$层微风化砂岩及少量泥板岩岩体，仅发育有少量裂隙性小断层，岩体完整性好，波速标准值大部分为5200m/s，岩体质量级别均为Ⅱ级；船闸坝段坝基主要为$T_2b^{6\sim13}$层微风化砂岩及泥板岩岩体，F_{60}断层从坝趾处通过，岩体完整性较好，波速标准值绝大部分在4800m/s以上，岩体质量级别均为Ⅱ级；其余非溢流坝段坝基主要为弱风化底部或微风化上部岩体，两岸有F_{60}、F_{63}、F_{69}断层通过，岩体质量级别为Ⅱ或Ⅲ级。

3. 景洪水电站

景洪水电站为碾压混凝土重力坝，最大坝高108m，总库容11.39亿m^3，电站装机1750MW。

大坝坝基岩性为坚硬的闪长岩。坝基具有断裂构造发育、岩体完整性相对较差但嵌合紧密、全风化厚度大的特点。

在对坝基风化与卸荷岩体工程地质特性、断裂构造、岩体结构特征等研究的基础上，依据景洪电站坝基具体工程地质条件，确定建基面开挖原则为：全风化岩体已呈“土状”，强风化岩体，岩块强度低，岩体结构松弛，其变形模量一般小于1GPa，节理裂隙极发育，且节理裂隙间均有次生泥充填或呈张开状，处理效果差，全、强风化岩体原则上不应作为坝基。弱风化上段岩体，因岩体强度不均匀，部分岩体卸荷、松弛明显；节理多张开，部分有次生泥充填，特别是平缓倾角卸荷裂隙已相互串通，节理面抗剪强度低，对大坝抗滑稳定不利，因此，不宜作为厂房坝段和溢流坝段的坝基。次块状岩体和镶嵌结构岩体，分布广，有一定强度，建基面应以这两类岩体为主。分布在断层和挤压带中的片状碎裂结构等软弱岩体，因其强度低，对出露在建基面上的这些岩体应进行深挖置换混凝土处理。为减少两岸坝肩的开挖量和降低开挖边坡的高度，需利用弱风化上段或强风化岩体作为坝基时，必须采取有效的地基处理和防渗措施。依据上述原则确定的建基面岩体质量以$Ⅳ_a$、Ⅲ类为主，局部为沿构造破碎带、节理密集带分布的$Ⅳ_b$类、$Ⅳ_c$类岩体及Ⅴ类岩体。

4. 向家坝水电站

向家坝水电站为碾压混凝土重力坝，最大坝高162m，总库容50.6亿m^3，电站装机容量6000MW。

向家坝坝址出露地层主要为三叠系上统须家河组（T_3xj）河湖相砂岩和泥岩，坝基为T_3^2岩组，以厚层～巨厚层状砂岩为主，夹多层泥质岩。

坝址处于NEE向的糖房湾短轴背斜东倾伏段，发育有立煤湾膝状挠曲，左岸挤压带及层间破碎夹泥层。挠曲核部岩体受较强烈挤压，其中岩层陡倾段和陡缓转折部位的层间错动及节理裂隙发育，岩体较破碎，形成与挠曲轴面大体平行的破碎岩带即挠曲核部破碎带。破碎带上游窄、下游宽，沿坝轴线宽度约40m、坝趾线约70m。破碎带内岩体主要呈碎裂结构、碎块结构和碎屑结构。左岸挤压带从左岸向右延伸至主河床部位，与挠曲核部破碎带相交。在厂房坝段的坝轴线部位挤压带顶板埋藏于基岩面以下 0～38m，向下游其埋深逐步增大，一般厚度为 1～4m，最大约 10m。破碎带中心岩体主要呈碎屑结构和碎块结构。两侧影响带厚度不一，一般在 5～10m，岩体呈碎裂结构。坝基规模较大的软弱夹层共 10 条，它们的性状变化较大，包括软弱岩层、破碎夹层、破碎夹泥层以及泥化夹层四类。软弱夹层的分布不稳定，厚度变化大，多呈透镜体状。

挠曲核部破碎带和左岸挤压带及其影响带岩体为Ⅳ～Ⅴ类（$v_p=2.0\sim3.0$km/s），挠曲核部破碎带和左岸挤压带的上、下盘岩体均以Ⅲ$_1$ 类（$v_p=3.5\sim4.0$km/s）为主，有少量Ⅲ$_2$ 类（$v_p=3.0\sim3.5$km/s）和Ⅱ～Ⅲ$_1$ 类（$v_p=3.5\sim4.5$km/s）。

因大部分坝段表部基岩呈中等风化，岩体较完整，岩体质量以Ⅲ$_1$ 类为主，且有相当厚度；下部隐伏挠曲核部破碎带或左岸挤压带，Ⅳ～Ⅴ类岩体厚度较大。大坝建基岩体选择时，在总体满足大坝对地基的要求情况下，尽量利用挠曲核部破碎带和左岸挤压带上盘的较完整岩体，采取浅挖处理。

由于多数坝段地基岩层缓倾下游，坝基分布有挠曲核部破碎带和左岸挤压带及软弱夹层等不良地质体，因此坝基存在深层抗滑稳定、压缩变形及不均匀沉降、渗漏及渗透破坏的地质条件，在采取扩大坝底宽度等结构措施的情况下，坝基处理还采取了对挠曲核部破碎带和左岸挤压带两大主要不良地质体进行深大齿槽（宽 40～70m、深 37m）和洞挖置换混凝土处理，对破碎岩体加密加深固结灌浆，防渗处理部分采用防渗墙，上游主帷幕重点部位进行复合灌浆，排水孔增加反滤等综合工程处理措施。

5. 光照水电站

光照水电站为碾压混凝土重力坝，最大坝高 200.5m，总库容 32.45 亿 m^3，电站装机 1040MW，为国内已建最高重力坝。

大坝建基岩体为永宁镇组第一段中厚层、少量厚层及薄层状灰岩夹少量薄层泥质灰岩和泥页岩，岩石强度坚硬至中等，岩体风化、卸荷作用不明显，岩溶作用不强烈，缓倾角结构面不发育，主要不利地质因素是坝基存在横河陡倾 F_1、F_2 断层及其上、下盘牵引褶曲构造影响带，并有多条小断层出露，沿断层主裂面有溶蚀充泥、孔洞等。

开挖提示，坝基岩体微风化，以层状结构为主，坝基岩体质量主要为 AⅢ$_1$、AⅢ$_2$ 类和 BⅢ$_1$ 类。坝基缓倾角结构面不发育，不存在深层抗滑稳定问题，坝基也未见影响坝基稳定的溶洞发育，岩体较完整，坝基开挖爆破松动影响带厚度为 0.6～3.4m，一般为 2.0～3.0m。坝基岩体声波速度为 2440～6450m/s，一般为 4500～6100m/s。坝基地质缺陷主要为断层带、软弱夹层和局部风化破碎岩体，施工中，对 F_1 断层带进行挖槽处理，对软弱结构面（小断层、夹层等）掏槽，遇缓倾角结构面进行超挖和增设随机锚杆，对溶蚀破碎带清除破碎岩体进行混凝土置换，并对坝基进行系统的固结灌浆，对局部地质缺陷部位采取了加深、加密固结灌浆等特别处理措施。经上述工程处理后坝基满足设计要求。

第六章 坝基渗漏与渗透稳定性问题

第一节 坝基渗漏

对坝基岩体渗漏进行分析评价时，首先应对坝基岩体中结构面的类型、分布特征、连通率等情况进行详细的调查、分析，然后结合水文地质试验分析岩体的渗透特征，在此基础上对坝基渗漏作出定性或定量评价。

一、岩体渗透特性

岩体的渗流有以下一些特征：

（1）渗透性分布的高度非线性：岩体中相近的两个点的渗透性差别有时会很大，这是由于岩体中结构面的随机分布所导致的，在钻孔压水试验中同一钻孔不同孔段的单位透水率之间可能相差数倍乃至数十倍，因此，少数的野外试验往往难以获得有代表性的参数。

（2）渗透性的明显各向异性：节理，尤其是各种层面在岩体中呈定向性很强的平面状分布，在其中流动的水流必然也有明显的定向性，若是等效成多孔介质则具有明显的各向异性特征。

（3）与周围地质环境密切相关：浅表部岩体卸荷松弛裂隙多张开，渗透性强，而深部岩体处于一定围压状态，受应力作用，裂隙张开程度有所减弱，渗透性也随之减弱，且越往深部渗透性越弱。

（4）如果岩体中存在贯穿性很强的裂隙，通常具有一定的承压水头。

（5）节理化岩体的渗流受节理性质的影响较大，一般来说，压性和剪性节理渗透性小，张性裂隙渗透性大；断层上盘渗透性强，下盘弱。

岩体节理裂隙的分布主要有：网状、带状、层状及不规则状，相应分布型式的岩体渗流特点见表7.6.1-1。

表7.6.1-1　岩体中结构面型式及对应的渗流特点

型式	特　点
网状	各方向节理裂隙均较发育，相互贯通，但往往受构造的控制，按结构面力学性质及其组合关系形成含水透水网层，在一定条件下，可导致岩体失稳
带状	沿某个方向岩体破碎且有软弱物质分布或者填充，延伸较长，形成集中渗漏带，如断层破碎带（尤其是张性断层带）、条带状风化带、受构造影响的带状蚀变岩体、单一方向的节理密集带等，通常渗漏量较大，对带内岩体稳定有影响
层状	层状岩体、产状平缓的断层破碎带、透水层与隔水层互层且产状平缓等，渗漏量有时很大，产生较大扬压力
不规则状	发育多组节理裂隙，且连通率差，做压水试验时，一段透水一段不透水，难以查明规律，一旦防渗、排水措施不当，可能造成较大扬压力

二、坝基岩体透水性勘察

坝基岩体的透水性勘察主要是查明岩体的透水率（q）或渗透系数（K）、渗透特性，确定地下水位埋深及相对隔水层顶界埋藏深度等，以此评价岩体的渗漏和需采取的渗控措施。

当坝基存在岩溶管道或断层带、张性裂隙带等集中可疑渗漏通道时，首先应针对性地开展勘探，查明可疑集中渗漏通道的空间分布、规模、性状等，在此基础上进行专门的水文地质试验，确定可疑渗漏通道的连通情况及渗透特性。断层破碎带是地基内可能的渗漏通道，但是断层的力学性质、物质构成、胶结情况各不相同，其渗透系数差异很大，一般断层泥部位渗透性弱，但影响带部位当裂隙密集且无充填时，渗透性急剧增强，常成为渗漏的通道，在勘察过程中需引起重视。

在通常情况下，岩体坝基大多发育不同产状、不同规模和性状的节理裂隙，对于该类节理裂隙岩体可结合坝基勘探采用常规的钻孔压水试验来获得岩体的透水率及渗透特性，对于浅表部岩体由于受风化、卸荷影响，岩体透水性大，也可采用试坑或钻孔注水试验。钻孔压水试验采用国际上较通用的吕荣试验方法。需说明的是，渗透系数（K）一般表示土体的透水性，其单位为cm/s或m/d，岩体透水性一般用透水率（q）表示，单位为Lu，但强透水～极强透水岩体宜采用渗透系数（K）来表示，1Lu大致相当于10^{-5}cm/s。

对于高坝、高水头电站、抽水蓄能电站及其他高水头建筑物，为测定岩体在高水头下的渗透特性、渗透稳定性及结构面扩张压力，常需进行高压压水试验。

近年来，随着渗透理论的发展和有限元分析法的普遍应用，对水文地质参数提出了更高的要求，即不再满足于求得单位长度孔段岩体的平均渗透性，还希望了解岩体渗透的非均质性和方向性。为此，针对具体工程的特点和需要，提出并采用了各种非常规的压水试验方法，主要有：

（1）定向压水试验。测定一组裂隙的渗透性压水试验。根据勘察确定影响岩体渗透性的主要裂隙产状，将试验钻孔与该组裂隙正交布置，使试验段仅包括该组裂隙，试验所得成果即代表该组裂隙的透水性。

（2）多孔压水试验。在压水试验钻孔周围布置一批观测孔，在观测孔内的相应试段高程放置双栓塞，了解压水试验的影响范围，岩体渗透的非均质性和各向异性。

（3）源—汇试验。用三栓塞试验器隔离出两个试段，使所研究的地质体位于两个试段之间，分别对两试段进行压水和抽水试验，据此了解该地质体两侧的水力联系，并计算该地质体的透水性。

（4）自由振荡试验。通过在地下水位以下的钻孔段，采用外力激振方式，使孔中水柱和含水层中渗流系统产生阻尼振荡，测量阻尼振荡水位随时间变化的过程，从而计算出钻孔邻近含水层渗透性参数的试验。该方法可以快速、有效地测定工程地质勘察的水文地质参数。该试验方法已在瀑布沟、紫坪铺工程中应用，取得了良好效果。

三、坝基渗漏评价

坝基渗漏的评价首先应结合地质勘察成果明确坝基渗漏的形式，即属集中的管道型渗漏或是一般裂隙性渗漏。

对于坝基、坝肩存在岩溶、张性断层或张裂隙带等贯穿性的集中渗漏通道，则需结合其空间分布、规模、性状、渗透性以及上、下游水位情况等进行专门研究，必要时开展专门的水文地质试验，并根据试验成果对渗漏的型式和渗漏的可能性以及可能的渗漏量作出评价。

一般情况下，坝基渗漏常常面临的是节理化岩体的渗漏问题，对这类问题通常结合坝址工程地质勘察和钻孔压水试验成果，按相关规范对岩体的渗透性进行分级（表7.6.1-2），根据岩体透水性绘制坝轴线及主要勘探线渗透剖面（或称水文地质剖面）。

在以上工作成果的基础上，可对坝基（肩）裂隙岩体的渗透性作出定性的分析评价，并可提出防渗处理建议。不同坝高对相对隔水层的透水率标准有不同要求：一般坝高大于100m，q值宜为1～3Lu；坝高100～50m，q值宜为3～5Lu；坝高小于50m，q值可为5Lu。因此，根据压水试验资料在渗透剖面上增加一条3Lu或5Lu界线。

表7.6.1-2　　岩体渗透性分级

渗透性等级	透水率 q（Lu）	岩体特征
极微透水	$q<0.1$	完整岩体，含等价开度小于0.025mm裂隙的岩体
微透水	$0.1\leqslant q<1$	含等价开度小于0.025～0.05mm裂隙的岩体
弱透水	$1\leqslant q<10$	含等价开度小于0.05～0.1mm裂隙的岩体
中等透水	$10\leqslant q<100$	含等价开度小于0.1～0.5mm裂隙的岩体
强透水	$q\geqslant 100$	含等价开度小于0.5～2.5mm裂隙的岩体

四、坝基（肩）渗漏量估算

除定性分析评价外，必要时可对渗漏量进行估算。

（一）坝基渗漏量估算

水文地质条件简单、岩层均一，可采用H.巴甫洛夫斯基公式通过计算单位坝长的渗漏量 $q=KHq_r$，再结合坝的长度计算总渗漏量（Q），计算公式为

$$Q=KHBq_r \tag{7.6.1-1}$$

式中：K 为渗透系数，m/d，可通过钻孔压水试验获得的 q 值进行换算；H 为上下游水头差，m；q_r 为"计算渗流量"，可从图7.6.1-1求出；B 为坝的长度，m。

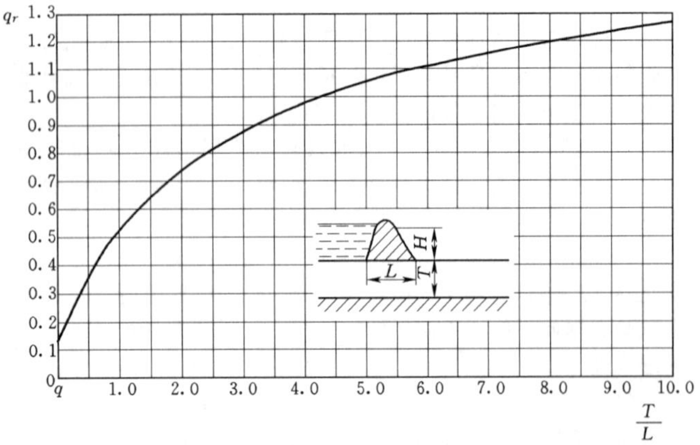

图7.6.1-1　q_r 与 $\frac{T}{L}$ 关系曲线

如果透水岩层厚度不大 $\left(\frac{T}{L}\geqslant 0.4\right)$，则可用下列近似公式求 Q：

$$Q=KH\frac{T}{L+T}B \tag{7.6.1-2}$$

式中：L 为坝的底宽；T 为透水岩层厚度；其余符号意义同前。

坚硬的节理化岩体坝基的单位渗漏量，可概略按下式计算：

$$Q=KH\frac{T}{L}B \tag{7.6.1-3}$$

式中：T 为裂隙带深度；其余符号意义同前。

（二）绕坝渗漏估算

绕坝渗漏是水库形成后渗透水流绕过大坝由坝侧裂隙岩体向下游渗漏。由于两岸坡存在补给河流的地下水流，其方向与渗漏水流近于垂直，因此限制了绕坝渗漏带的宽度，坝肩岩石渗透性愈强，补给河流的地下水坡降愈平缓，则绕坝渗漏带宽度愈大。

坝上游渗漏带的宽度 B（图7.6.1-2），可按 $B=\frac{l}{\pi}$ 计算，其中 l 为未蓄水前地下水面高程与正常蓄水位相等的点距河岸的距离（图7.6.1-3），可按下列式子求出：

无压流　$$l=\frac{H_1{}^2-h_1{}^2}{y^2-h_1{}^2}x \tag{7.6.1-4}$$

有压流　$$l=\frac{H_1}{H_x}x \tag{7.6.1-5}$$

式中：H_x 为距河岸为 x 处的承压水位；其他符号均见图7.6.1-3。

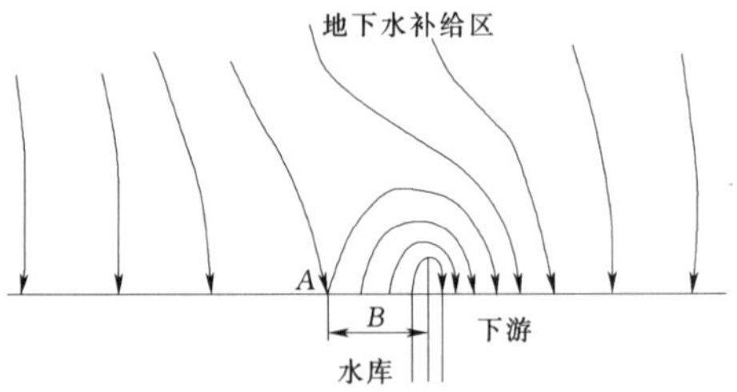

图7.6.1-2　绕坝渗漏流线图解

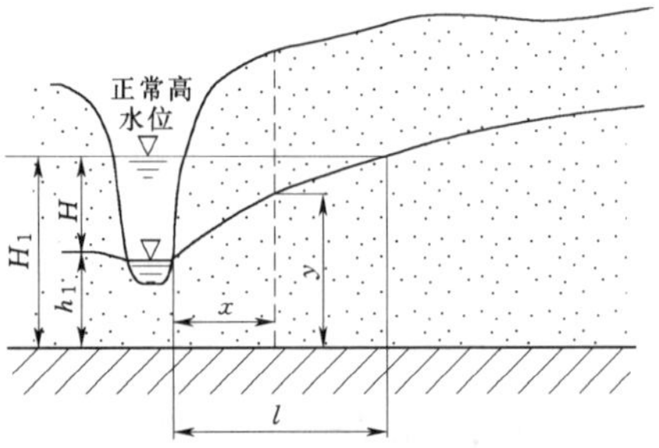

图7.6.1-3　绕坝渗漏带宽度

绕坝渗漏量的概略估算，可按下列方法进行：

（1）当宽度 B 还不能确定时，按下列式子估算：

无压流　$$Q\approx KH(h_1+H_1) \tag{7.6.1-6}$$

有压流　$$Q\approx 2KHm \tag{7.6.1-7}$$

式中：m 为承压含水层厚度。

（2）已经确定，则可按下列公式计算：

无压流　$$Q=0.366KH(h_1+H_1)\lg\frac{B}{r_o} \tag{7.6.1-8}$$

有压流　$$Q=0.732KHm\lg\frac{B}{r_o} \tag{7.6.1-9}$$

式中：r_o 为坝接头处绕渗流线的圆半径，由坝接头轮廓线的周长除以 π 求得；其余符号意义同前。

以上是一般裂隙岩体坝基渗漏和绕坝渗漏的估算，渗漏量的精确计算需结合边界条件、水文地质参数等选择合适的公式或计算程序进行。

对某些大型、特大型水电工程必要时常开展专题研究，通常采用以下几种方法：解析解法、数值解法和试验法等。

（1）解析法就是用数学物理法，诸如分离变量法、积分变

换等解数学问题的方法求得模型的解析解。解析法可以描述渗流的各种物理量间的关系，这样就可以利用数学分析的方法来研究各个量之间的相互联系与相互制约的内在规律，因此，在可能条件下应该尽量应用这种方法来求解数学模型。但由于解析法必须的假设条件常常受到相当大的限制，所以这种方法有很大的局限性，只适用于含水层几何形状规则、方程式简单、边界条件较单一的情况。

(2) 数值分析法为近似解，它是求解大型地下水流问题的主要方法，这种方法的要点是把整个渗流区分割成若干个形状规则的小块（单元）。这些小块可以近似地认为是均质的，因而很容易建立起描述各个单元地下水流动的关系式。把本来形状不规则的非均质问题转化为容易计算的、形状规则的、均质的问题。数值分析法主要有有限元法（FEM）、有限差分法（FDM）、边界元法（BEM）、离散元（DEM）、非连续可变形块体分析法（DDA）、快速 Lagrangian 分析法（FLAC）、无限单元法（UEM）、无单元法（NEM）、数值流形法（NMM）等，其中现在最为普及的是有限差分法和有限单元法。数值分析法的不足之处是计算工作量一般较大。

(3) 试验模拟法是利用渗流和一些物理现象相似的原理，用相似模型再现坝基渗流过程和渗流的流态，得到坝基裂隙岩体的渗流规律，从而得到坝基的渗漏量。

五、坝基防渗处理

坝基防渗处理的目的：一方面是减少坝基渗漏量和绕坝渗漏量；另一方面是有效降低坝基渗透压力。岩基的防渗除有异常情况需采取针对性的措施如防渗墙、铺盖、堵塞等外，灌浆帷幕是最常用的防渗措施。帷幕的防渗标准和范围的确定要综合考虑坝型、坝体规模和建基岩体条件、水文地质条件以及地形等。

水电工程帷幕的防渗标准一般应满足以下要求：

(1) 当地材料坝：坝高 200m 以上的超高坝，宜 $q<1$Lu 为相对隔水岩体；

坝高在 100m 以上（<200m），宜 $q<3$Lu 为相对隔水岩体；

坝高 100m 以下，可以 $q<5$Lu 为相对隔水岩体。

(2) 混凝土重力坝和拱坝：坝高 100m 以上，宜 $q<1$Lu 为相对隔水岩体；

坝高在 100～50m，宜 $q<3$Lu 为相对隔水岩体；

坝高 50m 以下，可以 $q<5$Lu 为相对隔水岩体。

防渗帷幕的深度及范围应满足以下要求：

(1) 对于岩溶地区，防渗帷幕应穿过岩溶暗河、管道或较大规模溶蚀裂隙发育的强烈溶蚀带，深入至岩溶发育微弱的地带。

(2) 对于一般性的裂隙透水岩体，坝基下防渗帷幕垂直深度有两种情况，即：当存在相对隔水层（相对隔水层的控制标准同上）时，帷幕应深入相对隔水层 5～10m；当相对隔水层埋藏较深或分布无规律时，需设置悬挂式帷幕，帷幕深度一般按 0.3～0.7 倍坝高或坝前壅水高度的 $\frac{1}{3}\sim\frac{1}{2}$ 考虑，必要时应结合渗流分析计算和工程规模、地质条件、地基渗透性、排水条件以及工程类比等综合选择。

(3) 两岸防渗帷幕的长度应延伸到相对隔水层，或正常蓄水位与地下水位交汇处，并适当留有余地。

第二节　坝基渗透变形

水库建成蓄水后，在上、下游水位作用下，坝基渗流可产生渗透变形或渗透破坏问题。岩石坝基中由于岩体和结构面受应力作用，常处于一定围压状态，除因高坝工程具有较高的渗透压力或是分布有特定的软弱物质组成的结构面、易溶岩层外，一般情况下不易发生渗透变形或破坏问题。

一、渗透变形类型及判别

岩基的渗透变形包括机械渗透变形和化学管涌，前者是指岩基中的软弱夹层（或夹泥裂隙）、断层或挤压破碎带（尤其是张性破碎带）中的不溶颗粒在渗透水流作用下产生位移和掏空现象，后者是指岩体中存在易溶岩层或夹层，其间的某些易溶组分被渗透水流溶解和搬运。

（一）机械渗透变形类型及判别

机械渗透变形一般有下列几种型式：

(1) 流土。均匀的夹层，较细颗粒在层流渗透力作用下同时起动。

(2) 管涌。夹层和断层带颗粒不均一，有角砾碎块夹细粒物质，在渗透力作用下，小于某一粒级的颗粒，在夹层和断层带碎块孔隙通道中运动。

(3) 接触冲刷。渗流沿夹层顶、底板或断层上、下界面的接触面把细颗粒带走。

(4) 接触管涌。渗流垂直于夹层层面运动，把夹层中的细粒带到上部的节理岩体中去。

对于夹层、断层或挤压破碎带等的渗透变形类型及可能性的初判可参照一般土石体渗透变形的判别方法进行，主要如下：

(1) 根据夹层或破碎带的颗粒分析资料，颗分结果绘成累积曲线和分布曲线（图 7.6.2-1）。根据累积曲线，凡属瀑布式曲线者（Ⅰ）可产生管涌；凡属直线式者（Ⅱ）不产生管涌而是在较高的水力梯度下产生流土；凡属阶梯式者（Ⅲ）渗透变形多为管涌，有时为流土。曲线向细粒方向缓坡延长者产生管涌，较大角度与横坐标相交者为流土。根据分布曲线，呈陡峭单峰的一般不发生管涌，而呈双峰或多峰且缺乏中间粒径者为"危险性管涌土"。

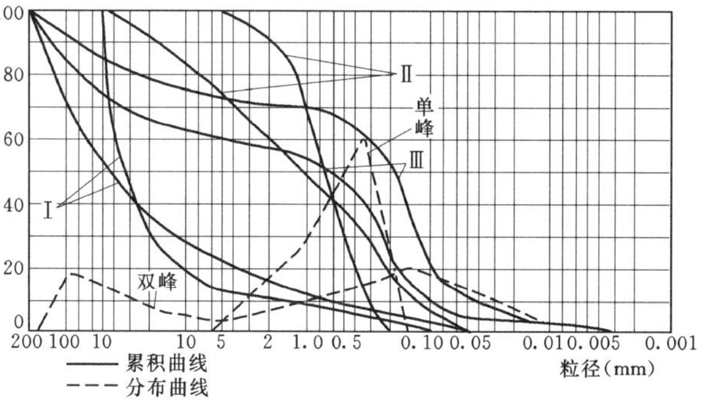

图 7.6.2-1　颗粒分析的曲线形式与渗透变形类型

Ⅰ—管涌；Ⅱ—流土；Ⅲ—管涌或流土

(2) 根据颗粒分析累积曲线可求出不均匀系数 $C_u=d_{60}/d_{10}$，按《水力发电工程地质勘察规范》（GB 50287—2006）中的相关规定和本手册第六篇第四章第四节相关内容判别。

(3) 据 B.C. 伊斯托明娜的研究，渗透变形类型与 C_u 有如下的关系：

1) $C_u\leqslant10$，渗透变形的主要型式是流土，或是出口处土粒全部悬浮，或是一部分土中出现"涌泉"；

2) $C_u\geqslant20$，渗透变形的主要型式为管涌；

3) $10<C_u<20$，渗透变形可能是管涌也可能是流土。

图 7.6.2-2 为不均匀系数与临界梯度（图中的虚线）、容

许梯度的关系。

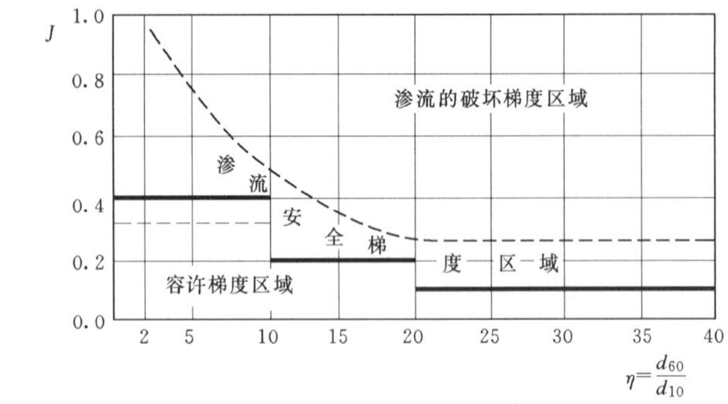

图 7.6.2-2　上升渗流时临界梯度、容许梯度与不等粒系数的关系
（据 B.C. 伊斯托明娜，1957）

软弱夹层和断层带等的渗透变形或破坏，与一般的土石体不同，由于既有泥化或糜棱岩等细粒物质，又有风化碎块、构造岩等，且处于一定围压状态，因此，通常需采用试验的方法判定。

（二）化学管涌

易溶盐类，如岩盐、钾盐、石膏等，以及某些难溶性盐类，如方解石、菱镁矿、白云石等，在流动水的作用下，尤其是在地下水循环比较剧烈的区域，矿物逐渐被溶蚀，引起管涌，称化学管涌。断层带胶结物中如含有石膏和方解石，则其溶蚀速度比整个石灰岩层或石膏岩层更快。化学管涌的发生条件是：

（1）水中 HCO_3^{-1} 在压力流情况下，由于压力降低释放出 CO_2，形成 $CaCO_3$ 和 $MgCO_3$ 沉淀。反应式为

$$2Ca(HCO_3)_2 \longrightarrow 2CaCO_3\downarrow + 2CO_2\uparrow + 2H_2O$$

$$2Mg(HCO_3)_2 \longrightarrow 2MgCO_3\downarrow + 2CO_2\uparrow + 2H_2O$$

（2）在碱性条件下，部分溶于水中的硅在 pH 值降低或脱水时，硅的溶胶可形成乳白色、半透明絮状胶体物并在裂隙出口处淤堵。

（3）水中有侵蚀性 CO_2，使低价铁 Fe^{2+} 变为 $Fe(HCO_3)_2$，在压力降低和温度升高时，亚铁在氧化条件下，其中 CO_2 溶解度变小而分离出来，低价铁变高价铁而沉淀。

二、渗透变形评价

岩石坝基渗透变形的评价，应根据坝基地层岩性分布、构造发育特征、岩溶及水文地质情况等基本地质条件，明确坝基是否存在渗透变形问题，若存在该类问题则需判明是属于机械渗透变形或是化学管涌。对机械渗透变形应进一步判别具体的渗透变形的类型。

通常情况下，岩石坝基渗透变形往往是由软弱夹层、夹泥裂隙、挤压带、断层带和构造软弱岩带或者是岩溶通道等构成的机械管涌问题。对于这类问题，首先应通过各种勘探和物探等手段，查明坝基可能产生集中渗流的结构面或通道的空间分布、规模、物质组成等；在了解可能渗流通道的分布特征和范围的基础上，通过各种现场或者室内的分析、试验、测试手段，获得岩体的渗流参数，主要是临界坡降（J_{cr}）、破坏坡降（J_p）、渗透系数（K）等，同时采用试验或者公式计算的方法获得渗流岩体的必需的物理力学参数；根据分析试验计算得到的基本物理力学参数，通过各种公式和判断依据，分析判断未来坝基可能出现的渗透变形型式；根据渗流条件确定实际水力梯度，对比分析可能的渗流通道处实际水力梯度和容许水力梯度的大小，判断是否可能出现渗透变形破坏，如果实际水力梯度等于或大于该类岩土的容许梯度，必须用试验方法确定临界梯度；根据分析计算结果，如果坝基将会出现渗透变形破坏，则提出相应的工程处理措施的建议。

（一）渗透坡降

水头与渗透距离的比值，即坡降。渗透坡降有：

（1）临界坡降（J_{cr}）。细粒在夹层或破碎带中失去平衡而随着渗流由静止转化为运动状态时的坡降，即相关曲线上的初始拐点。

（2）破坏被降（J_f）。夹层或破碎带内部结构全部破坏后的坡降，即随着水位（或试验压力）不断增高，试样破坏程度加剧，细粒流失量大增，结构发生质的变化，渗透量急剧增大，当水位升不上去或压力基本不变，此时的渗透坡降则为破坏坡降。

临界坡降（J_{cr}）和破坏被降（J_f）一般采用取原状样进行室内试验或进行现场试验，并结合试验成果确定。对于坝基下分布有夹层或破碎带时的破坏坡降可按均匀体渗透计算，如图 7.6.2-3，即 $J_f=\frac{H'}{L'}$，其中 H' 是实际（H 值已损失一部分）承受水头；L'是夹层和裂隙渗透部分的有效长度。

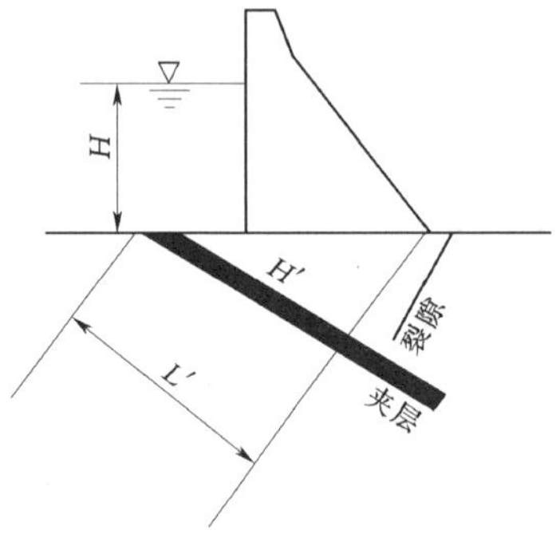

图 7.6.2-3　坝下夹层破坏坡降计算示意图

（3）容许坡降。用上述坡降，除以安全系数（2～3 倍）作为容许坡降。一般用临界坡降时，安全系数取小值，而用破坏坡降时，安全系数取大值，此外，还要考虑试验的代表性和建筑物规模、水头等因素。

（二）渗透破坏判定

1. 根据钻孔压（抽）水试验和相关成果曲线判别

判别夹层、断层带等是否发生渗透破坏，可根据钻孔压（抽）水试验成果绘制坡降（J）与流量（Q）、渗透系数（K）的关系曲线，在 $J\sim Q$ 关系曲线上找出初次切点，然后参考接触边界是否出现掉块、浑水等现象来确定临界坡降，同时结合下列情况一并判别：

（1）根据流量（Q）、压水孔压力（即水头 S）历时曲线［图 7.6.2-4（a）］，当 S 不变，而 Q 逐渐增大时，说明夹层或破碎带中细颗粒逐渐被携出。

（2）根据 $S_{压}=f(Q)_{压}$、$S_{压}=f(Q)_{抽}$ 联合曲线［图 7.6.2-4（b）］，前一曲线拐点，表示压水孔周围岩层的变形；后一曲线，表示抽溢水孔段周围岩石的变形。当两曲线的拐点一致，以及压入流量近于抽（溢）水孔的流出量时，则表明两孔间已发生变形破坏。

（3）根据压力与渗透系数关系，即 $S=f(K)$ 关系曲线［图 7.6.2-4（c）］，当岩体渗透系数（K）明显增大时，说明已产生破坏。

（4）根据压力与流速关系，即 $S=f(v)$ 关系曲线［图 7.6.2-4（d）］，当曲线出现拐点时，岩体夹层或破碎带已变形。

（5）如在出水处细颗粒被大量带出，则说明夹层或破碎带

已变形。

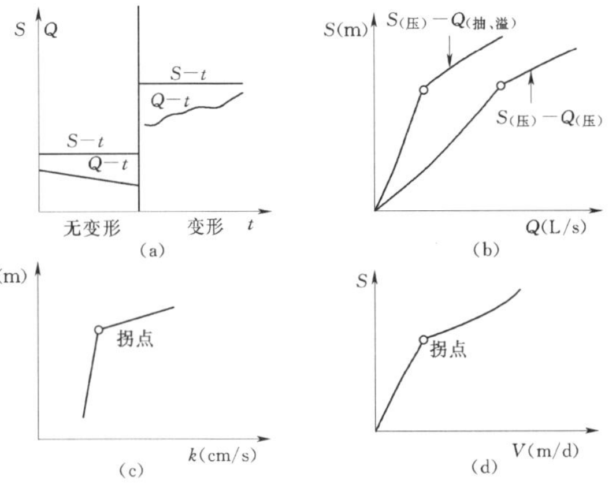

图 7.6.2-4　钻孔压（抽）水试验相关关系曲线

2. 根据渗透坡降进行判别

通过对软弱夹层、断层破碎带等渗透通道进行室内或现场渗透变形试验，获得该类结构面的临界坡降（J_{cr}）和破坏坡降（J_f），同时，根据工程规模、结构面位置及空间分布等边界条件计算或估算结构面的实际渗透坡降（可能承受的最大水头与实际渗透距离的比值）并进行比较，若实际渗透坡降小于 J_{cr}、J_f，一般情况下不致发生渗透破坏，若实际渗透坡大于 J_{cr}、J_f，则发生渗透破坏的可能性较大。

需说明的是，水库形成后，由于水文地质条件的变化，软弱夹层、断层破碎带中的泥质物遭受渗透水流长期作用会产生泥化或软化，使结构面本身及周边岩体的原有结构发生变化，从而影响到结构面及周围岩体的渗透稳定，尤其是断层周边的破碎岩体。此外，产生渗透变形破坏的因素是多方面的，如夹层、断层等延伸方向物质的不均一性以及水动力条件的复杂性等，在工作中应综合分析多重因素，以便能客观评价其渗透变形破坏的形成机制和破坏条件。

三、渗透变形试验

渗透变形试验有室内试验和现场试验两类。

（一）室内试验

室内试验是通过现场取夹层或破碎带原状试样，然后运至室内进行原状样渗透变形试验，即采用逐级提高水头，达到产生渗透变形现象的水头后，再逐渐降低水头至渗透变形停止，再提高水头，如此重复进行数次，以最低的开始发生潜蚀的水头作为临界水头，由之求出临界梯度，试验装置见图7.6.2-5。

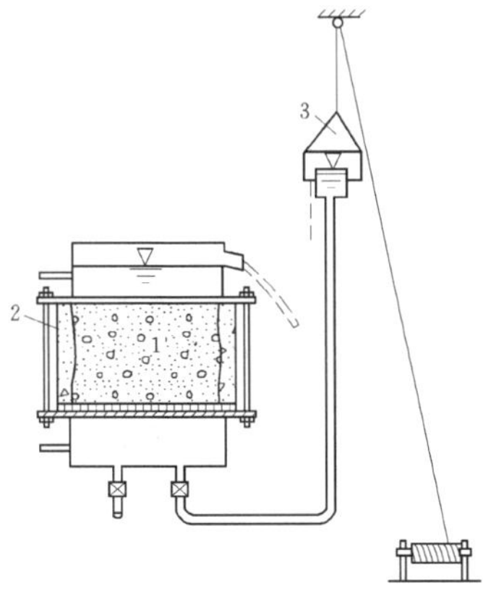

图 7.6.2-5　原状样室内渗透变形试验装置图
（据石金良，1990）
1—试样；2—碎石缓冲层；3—供水装置

室内试验一般因取样困难或是取样过程中难于保持夹层尤其是断层破碎带的原状结构，使试验具一定局限性，或者由于夹层的扰动使所得结果可靠性低，只用于初步估算。

（二）现场试验

现场渗透变形试验通常采用的方法有辐射流法、平行流法和平洞试验法。

1. 辐射流法

在中心钻孔压水（中心孔在要测定的夹层下约 1m 封孔，压水栓塞堵在夹层上 0.5m 左右），使水流沿断层或夹层向外呈辐射状扩散，然后在压水孔四周布观测孔和观测坑观测逸出水经夹层渗透后所产生的变化。主孔压水由低压开始，压力每升高一级，稳定观测 8～24h，记录水位、流量、夹层变形情况。也可以在主孔压水，在副孔抽水，以促使两孔间的岩层发生变化，记录其主、副孔水流量。

2. 平行流法

平行流法是用相距 0.5m 的一排多个供水钻孔（孔内用双管压水阻塞器将上下岩体隔开），使压水时水通过孔内夹层平行渗流，然后在下游（距供水孔约 3m）与供水孔平行成排布置观测孔和平行布置观测坑（坑壁要暴露需测定的夹层），在供水孔与观测坑之间布 6 个观测孔，以便观测水压力的分布。此外，为避免岩体抬动，需在供水孔四周打锚固孔及布置抬动观测孔，同时在供水孔和观测坑周围布置减压排水孔。布置如图 7.6.2-6 所示。

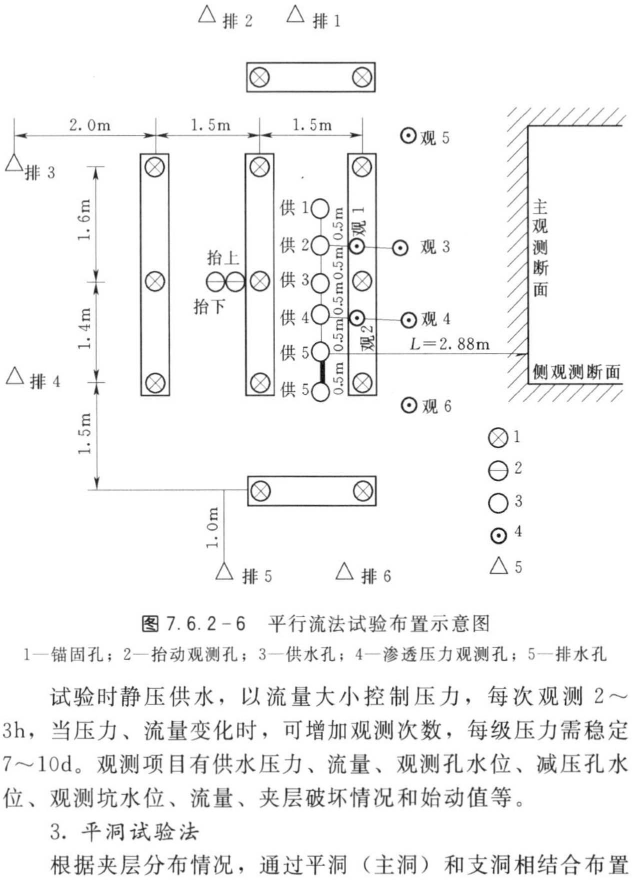

图 7.6.2-6　平行流法试验布置示意图
1—锚固孔；2—抬动观测孔；3—供水孔；4—渗透压力观测孔；5—排水孔

试验时静压供水，以流量大小控制压力，每次观测 2～3h，当压力、流量变化时，可增加观测次数，每级压力需稳定 7～10d。观测项目有供水压力、流量、观测孔水位、减压孔水位、观测坑水位、流量、夹层破坏情况和始动值等。

3. 平洞试验法

根据夹层分布情况，通过平洞（主洞）和支洞相结合布置渗透变形试验，布置如图 7.6.2-7 所示。试验布置时需注意以下几点：

(1) 合理选择支洞位置和方向，确保夹层内试验渗流方向与实际水流方向一致。

(2) 根据实际情况确定试验段尺寸（一般可考虑沿夹层渗透方向试段长 2.2m，宽 1.0m），在夹层以上要留足够岩体厚

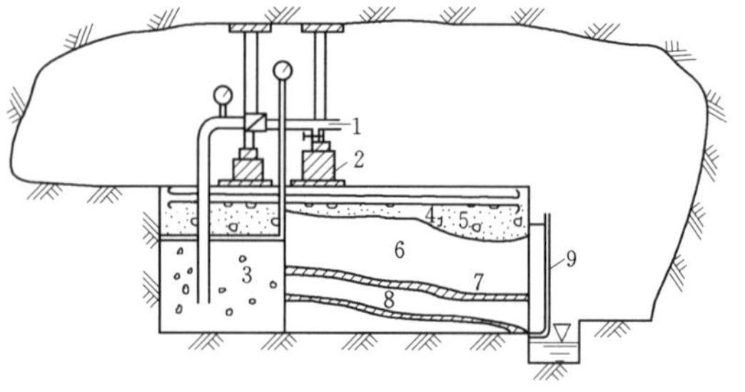

图 7.6.2-7　平洞内夹层渗透变形试验布置

1—进水管；2—千斤顶；3—反滤层；4、5—钢筋混凝土；6—岩体；7、8—夹层；9—测压管

度以防止夹层结构破坏，同时需设置夹层上部岩体抬动设施。

(3) 供水装置高度需考虑能提供足够的水头，在进水面设反滤层以防止泥沙带入试件并使上游水面均匀扩散下渗，不致直接冲刷试件。

(4) 初放水时要排除管道空气，需要在进水管上设置旁通阀流量表和压力表，以观测水位、流量。

进行试验时，先采用 0.05MPa 压力饱和 2～7d，使夹层物质天然含水量接近饱和含水量，然后通过控制坡降采用逐级加压，当 $J<2$ 时每级递升 0.02，$J>2$ 时每级递升 0.04，破坏前后适当加密，每级坡降稳定 24h，每小时测一次流量和水位，同时注意观测断面上渗出水流的浑浊变化，可取渗出水样进行含泥量测定。

平洞试验法尚有其他形式变通，可根据现场条件灵活运用。糯扎渡水电站采用了在主洞（与断层带近垂直）内打试验支洞（近平行于断层带）并通过钻孔对破碎带进行逐级压水（破碎带以外岩体用栓塞隔离）、在主洞破碎带断面设观测槽进行流量以及渗透水流含泥量等测定，同时用自动记录仪记录压水过程中压力、流量变化情况以及渗透水流含泥量测定等，确定各断层带的临界坡降和破坏坡降，试验布置如图 7.6.2-8 所示。

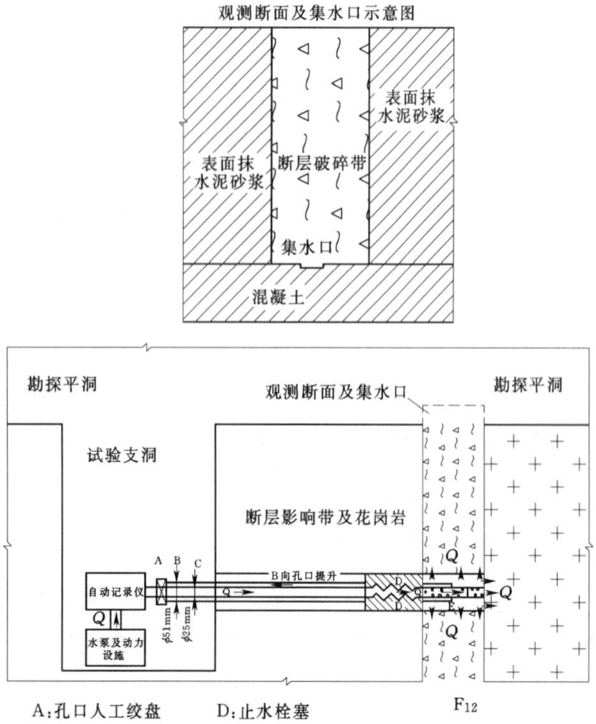

A:孔口人工绞盘　　D:止水栓塞

B:φ51mm 工作管　　E:φ25mm 有眼花管

C:φ25mm 工作管

图 7.6.2-8　平洞内断层破碎带渗透试验布置示意图

表 7.6.2-1 为部分工程遇到的夹层、断层并通过渗透变形试验获得的渗透坡降值。

表 7.6.2-1　部分工程夹层、断层渗透坡降值

工程名称	层　位	试验方法	临界坡降	破坏坡降	破坏类型
葛洲坝	202 夹层	实测	3.5～6.5 (4.5～8)	5～10	冲刷、流土
	308 夹层	实测	>30	地层抬动后坡降很小	
青山	泥化夹层	室内	4～7	12.3	流土
		野外		1.0	接触流土
	F_{A6} 两侧泥化的夹层	室内		9.9～26.1	接触流土
		野外		>12	未破坏
丹江口	f_{688}，F_{16}	钻孔压水	20.9～40	20.4	
万安	F_0 层间破碎鳞片状	现场钻孔	8～12	>40	
丰满	断层		40		未破坏
清河	断层		50		未破坏
五强溪	f_1 破坏夹泥层	现场平洞	2.34	(建议 2.0)	局部流土
	BN511 纯夹泥层	现场平洞	3.12	(建议 3.0)	局部流土
糯扎渡	F_5 断层破碎带	现场平洞	6	18	管涌
	F_{12} 断层破碎带		4	13.3	管涌
	F_{13} 断层破碎带		12	30	管涌

四、渗透变形防治措施

渗透变形的防治通常采取降低水力梯度和采用特殊结构的反滤层结构保护渗流出口。

降低水力梯度又可采用加长渗流途径和排水减压两类措施，有时这两类措施同时采用。加长渗径的办法主要有设防渗铺盖、防渗帷幕及齿槽等。排水减压多采用设排水廊道和排水井等，一般在混凝土坝普遍采用此方法。

需说明的是，一般除较为特殊的渗透变形稳定问题需采取专门的处理措施外，坝基渗透变形的防治应与坝基综合工程处理措施相结合。

第三节　坝基扬压力

扬压力是坝体底面与基岩接触面上某一点的渗透压力（W_1）和浮托力（W_2）之总和，计算参照图 7.6.3-1 (a)。渗透压力指坝基岩层在上下游水头差作用下产生的压力，渗压的大小及其在坝基的分布情况，与基岩中的构造断裂发育程度及各种结构面特性等有关，同时渗透压力随防渗帷幕及排水孔的设置而降低，在上游面处其值为 H_1-H_2，通过帷幕线后降为 $\alpha_1(H_1-H_2)$，再通过排水孔后降为 $\alpha_2(H_1-H_2)$，见图 7.6.3-1 (b)。α_1 和 α_2 分别为帷幕灌浆后的折减系数和排水后的折减系数，其值取决于帷幕灌浆的深度和排水设计的情况，一般情况下可参照表 7.6.3-1 取值，如无特殊排水设施，α_1 和 α_2 值宜适当提高。

表 7.6.3-1　α_1、α_2 取值参照表

坝基条件	α_1	α_2
有帷幕有排水	0.45～0.6	0.2～0.4
有帷幕无排水	0.5～0.7	
有排水无帷幕		0.3～0.5
无排水无帷幕	呈三角形	

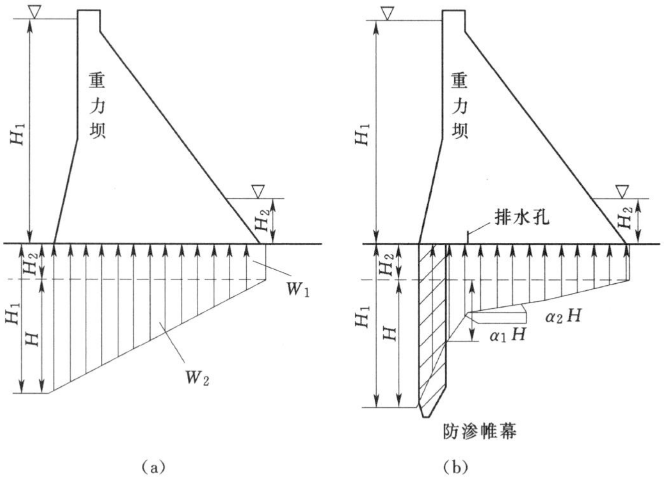

图 7.6.3－1　坝基扬压力分布图

在不考虑帷幕和排水条件下可按岩体的透水率、裂隙发育情况等考虑综合折减系数（α）：不透水岩体 α 取 0.2～0.5，较好岩体 α 取 0.3，裂隙发育岩体 α 取 0.5～0.7。

当坝基有宽大裂隙和断裂破碎带时，特别是当断裂的方向与坝轴线垂直，而延伸长时，扬压力将达到很高的数值。岩体深部滑移面上的孔隙水压力（扬压力），可近似地根据岩石接触面上的扬压力，并考虑滑移面埋深而选用，计算按图 7.6.3－2，即假定上游基岩内的裂隙在水平推力作用下可能张裂到计算的深层面，故该处的孔隙水压力值等于库内水头 H 与该深层面埋深 y 之和。

当坝基有明显渗流通道或较大断层破碎带时，渗透压力图形不规则，计算时应分别考虑，最好进行动态观测。

此外，坝基承压水也会引起扬压力的增大，有两种情况：

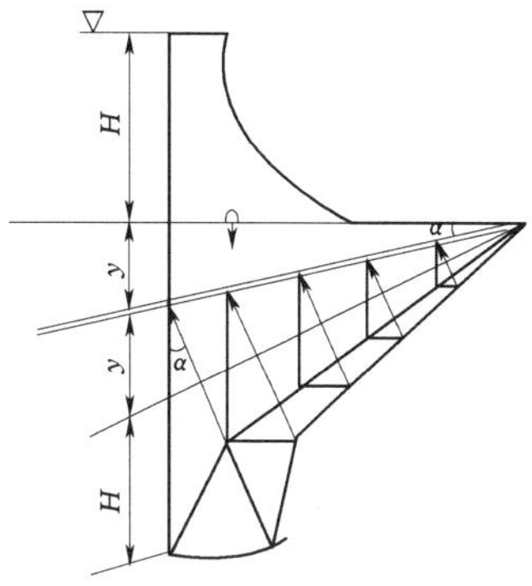

图 7.6.3－2　深部滑移面上孔隙水压力分布图

（1）有相对隔水层存在时，蓄水后承压水头不变；但当补给源低于设计水位时，当水库蓄水过程中，由于水库水位抬升，承压水动态规律受库水位影响，应考虑承压水冲破相对隔水层的可能性，或引起含水层孔隙水压力增加，对隔水层产生一定的顶托作用。如江垭水电站在水库蓄水后出现坝基和两岸山体抬升，和坝基下分布有与库水直接相连的承压含水层有关。

（2）无相对隔水层存在时，由于当地侵蚀基准面以下缓慢交替状态的地下水在一定条件下获得能量的释放，而出现水头压力，例如裂隙脉状承压水等，这种裂隙脉状承压水与裂隙潜水之间保持有一定的水力联系，因此当承压水水位高于正常蓄水位时，应考虑承压水对坝基的顶托作用；当低于正常蓄水位时，应按具体情况而定。

当承压水位高，承压含水层埋藏较浅或其顶部恰巧又存在控制坝基抗滑稳定的软弱夹层时，承压水的存在将增大作用于夹层上的扬压力。

若承压水源并非库水补给时，一般不能用帷幕和排水处理。排水设施不当，可能会引起基岩中软弱夹层的渗透冲刷。

第七章 下游冲刷区勘察与评价

泄水、冲砂建筑物泄水时射流跌入下游河道，破坏河底或岸边岩（土）体，经过一定时间形成冲刷坑。冲坑是影响水电水利工程枢纽建筑物安全及下游岸坡稳定的重要工程地质问题之一。

目前大中型水电工程主要泄水建筑物（如溢流坝、坝身泄水孔、岸边溢洪道、冲砂洞等）下游大都设置了混凝土结构消能设施（如消力池），并对一定范围内的河岸进行保护，避免了严重的基坑冲刷。但为了减少投资，在下游河床岩石较好时，挑流消能是首选，挑流消能时，下游河床在无保护的条件下，一般都可能出现冲坑。同时，泄水及消能建筑物经长期运行，对混凝土衬砌的冲刷、掏蚀及下游岸边岩土体的冲刷问题也应予以重视。

第一节　冲刷产生的主要工程地质问题

高速射流具有较大能量，长期冲刷下游河床及两岸，将破坏河床及岸坡岩体稳定，引起多方面的工程地质问题，主要有：

（1）射流跌入下游河床后，形成冲刷坑，危及大坝等建筑物的安全，主要表现形式有：

1）挑流或底流消能方式，均可能形成较强的回流，冲刷坝脚及岸坡，导致地基及建筑物失稳。

2）当泄水建筑物采用挑流消能方式时，易形成冲刷坑，随着冲坑的加深，有向上游坝脚溯流发展趋势，危及坝基稳定及大坝安全。小流量时水流跌落，经常砸击坝脚，使这个问题更加突出。

3）冲刷坑不断加深，切断坝基下的软弱夹层、缓倾角断层等结构面，形成临空面，可能引起深层滑动。

（2）淘刷两岸岸坡，诱发产生崩塌、滑坡等地质灾害，危及下游两岸边坡稳定及建筑物安全。

（3）冲刷坑下游流速减小，能量大减，造成河床淤高，形成堆丘，使坝后水电站尾水位抬高，减少发电出力。

（4）溢洪道及各类冲沙、泄洪、输水、导流等隧洞，在水流冲刷下，也可能遭到严重破坏。

（5）挑流消能水流必然在下游出现水雾（雾化），形成暴雨，可使下游岸坡岩土体饱水，岩土力学强度降低、地下水渗透压力增加，导致边坡失稳。

（6）水流冲刷可能会使石块弹起，破坏周围的设施和建筑物。

第二节　影响冲刷的地质因素

影响冲刷的因素很复杂，除与水流特性、水舌入射角、下游水深、冲刷时间、水库调度方式、闸门运行情况等有关外，还与复杂的地质情况密切相关。影响冲刷的主要地质因素主要有以下几方面。

一、岩性及岩石强度

坚硬的岩石抗冲刷能力强，软弱岩石则易被冲刷。

二、岩体风化、卸荷程度

岩体遭受风化后，抗冲刷能力也随之变弱。一般情况下，同类岩性不同风化程度的抗冲刷能力依次为：新鲜—微风化—弱风化—强风化—全风化。

强卸荷带岩体，由于卸荷裂隙发育密集，普遍张开，并有架空现象且多呈整体松弛，因此抗冲刷能力弱。弱卸荷带岩体则具一定的抗冲刷能力。

三、岩体完整性

岩体的完整程度对岩体的抗冲刷能力有较大影响。整体状、块状及巨厚层状岩体，当为岩石强度较高的坚硬岩时，其抗冲刷能力较强，一般很难形成较大规模的冲刷坑；完整性较差的碎裂结构、碎块及碎屑状结构的岩体，抗冲刷能力较弱，冲刷过程较快，易形成较大的冲刷坑。

四、结构面特征

岩体中软弱夹层、断层、节理裂隙等结构面的发育规模、频率、特征及产状、切割组合形式等也是影响岩体抗冲刷能力的主要地质因素之一。

岩体中发育有软弱夹层、断层等结构面时，当其产状不利，并相互组合切割形成不利于抗冲刷的块体时，可能产生较大块体的冲刷破坏，形成较深的冲刷坑。若岩体中分布较宽的构造破碎带、节理密集带时，则可产生沿构造带的集中冲刷。

综上，当冲刷区岩石坚硬、岩体完整、风化卸荷作用不强、节理裂隙不发育，且不存在较大的软弱夹层、断层及其不利切割组合时，岩体的抗冲刷能力较强，形成冲刷坑的过程缓慢，冲刷坑形成后，河床岩体也能保持稳定，不致危及建筑物安全；而在岩石软弱，岩体风化、卸荷作用较强，断层及裂隙等结构面发育地区，抗冲刷能力差，不但冲坑很快形成，而且坑深坡缓范围大，位置多变，容易展宽扩大，往往影响到建筑物的稳定与安全。

部分工程基坑冲刷实例见表 7.7.2-1。

表 7.7.2-1　部分工程基坑冲刷实测情况表

工程名称	冲坑地质条件	消能方式	观测时间（年-月）	上、下游水头差 H（m）	单宽流量［$m^3/(s \cdot m)$］	最大冲刷深度（m）	最大水垫深度（m）	坝脚至冲坑最深点距离（m）	冲刷年数（a）
双牌	砂质板岩与石英砂岩互层，岩层倾向下游，左岸倾角 8°～10°，横切河床的断层有 F_{73}，距坝脚 10～55m，倾向上游，倾角 70°～81°；F_{74} 距坝脚 80～100m，倾向下游，倾角 80°～84°。顺河断层主要是 F_{102}	鼻坎挑流，挑射角 25°，反弧半径 13m	1971-02 1971-11 1971-11 1974-01	39.89 35.15 35.15 33.77 （最大为 41m）	53.9 36.5 36.5 49.3	19.3 20.3 20.16 19.34	27.8 31.36 31.52 33.48	88 86 86 87	13

续表

工程名称	冲坑地质条件	消能方式	观测时间（年-月）	上、下游水头差 H (m)	单宽流量 [m³/(s·m)]	最大冲刷深度 (m)	最大水垫深度 (m)	坝脚至冲坑最深点距离 (m)	冲刷年数 (a)
柘溪	细砂岩夹石英砂岩、板岩等。节理裂隙发育，坝下冲坑有4条顺河断层 F_{37}、F_5、F_{5-1}、F_7	梯形差动式鼻坎挑流，高坎挑射角40°，反弧半径11m，低坎挑射角20°，反弧半径15m	1966-09 1969 1970-08	61.89 68.13 66.57 (最大为70m)	41.8 66 84.8	12.8 10.56 18.98	27.52 19.85 28.41	106 123 133	8
盐锅峡	砂岩和砂砾岩为主，岩层走向与坝轴线交角30°，倾向下游偏右岸，倾角15°～18°；第6孔岸坡陡边溢洪道，岩层较薄，岩体比较破碎，并有两层夹泥层，腰三角形遇水崩解即被水带走	第6孔岸坡陡边溢洪道，鼻坎挑流，挑射角23°34′，反弧半径11.66m	1968-11 1970-11 1972-11	36.57 38.41 38.41	59.1 58.4 58.4	6.3 9.6 9.0			
桓仁	岩层为第9、11层安山凝灰集块岩，第10层安山凝灰岩，节理裂隙发育，岩性软弱，易风化，并有夹泥层。中孔（25号坝段）坝下50m有断层。在坝下70～90m处有第10层软弱岩层露头	高孔和中孔鼻坎挑流，13～24号坝段为高孔，挑射角25°，反弧半径16m；25号坝段为中孔，挑射角30°，反弧半径14.93m	1967 1968 1973 1973 1971 1973	50.00 55.86 60.95 58.59 58.32 58.59	56.8 69.5 13 21.0 52.3 21	9.1 13.1 10.5 12.5 10.7 11.5	11.9 16.0 11.0 17.3 15.5 16.3	97 104 94	2
丹江口	辉长辉绿岩，岩性坚硬，断裂发育，有 F_{100}、F_{204}、F_{77}、F_{16} 等断层通过，冲刷坑周边缘还有百余条小断层，绝大多数裂隙为软弱糜棱岩充填，岩体失去了整体性，降低了岩体的抗冲性能	深孔鼻坎挑流，挑射角30°，反弧半径26.788m	1973-02 1973-12 1973-02 1973-12	58.12 64.75 58.12 64.75	59 66.5 59 66.5	29.35 26.6 7.35 5.7			
三门峡	1号洞冲坑区为砂质页岩，砂岩夹灰岩及薄煤层，2号洞冲坑区为沥青质石灰岩夹薄煤层顶部，该层岩性较坚硬，抗冲刷能力较强	左岸泄洪排砂隧洞鼻坎挑流，挑角28°	1971-04 1972-04 1972-04	35.00～41.00	(1200) (1150) (1130)	264.8 262.0 260.4 (均为高程)		45～95	7
欧阳海	黑云母花岗岩，河床覆盖层为人工堆积的碎石和砂卵石，总厚6～7m。左岸为崩塌体的花岗岩块体，右岸有花岗岩残积层及全风化层	深孔鼻坎挑流，挑射角20°，反弧半径14.034m	1970 1971 1972	30.60 37.15 28.13	2300 1200 1096	3.5	17.4		
丰满	变质角砾岩，风化深2～3m，覆盖厚1～2m，断层破碎带 f_1、f_2 分别在14号及16号坝段基础通过，并与坝轴线斜交，f_1、f_2 自左岸伸向河床	差动低鼻坎挑流，高坎挑射角30°，反弧半径12m；低坎反弧半径12m	1957 1960 1960 1964	69.03 63.08 63.08 70.30	42.5 27.0 27.0 40.1	13.0 13.0 13.0 13.1	20.15 17.82 17.82 17.12		
乌江渡	下三叠统玉龙山灰岩，岩溶发育。厂房下游20～115m为9级滩页岩，抗冲能力差	挑流消能	1982-08	101.80 (厂顶98.17)	198.0 237.0 (厂顶164.0)	14.6		234	
五强溪	以新鲜石英岩、砂岩、板岩为主，断层、层间软弱夹层发育，岩体多呈块状结构与互层、间互层状结构	挑流消能	1996-07	52.66	279.0	39.5		75	

第三节　冲刷区工程地质勘察与评价

一、冲刷区的工程地质勘察

冲刷区的工程地质勘察应结合坝址、溢洪道等建筑物的勘察同时进行，重点查明冲刷区的工程地质条件，分析冲刷可能产生的主要工程地质问题，为防冲设计提供地质资料。冲刷区工程地质勘察的内容主要有：

（1）冲刷区覆盖层的分布、厚度、层次及其组成物质，河床深槽的分布范围和深度。

（2）冲刷区地层岩性情况，尤其是软弱岩层、软弱夹层、蚀变带等的分布、性状、延伸性以及与上、下岩层的接触情况。

（3）冲刷区岩体的完整性，断层等较大结构面发育情况，特别是宽度大、胶结差的断层及缓倾角断层等结构面的分布和特征，断层交汇破碎带情况，节理密集带的分布，节理裂隙的产状、延伸长度、连通率及其组合关系等；分析、确定冲刷区岩体稳定性分析的边界条件。

（4）冲刷区岩体风化、卸荷带的厚度及特征。

（5）勘察、研究泄流建筑物下游两岸边坡的工程地质条件，并分析边坡稳定条件。

（6）根据冲刷区岩性及岩层组成、岩体风化及卸荷、构造发育情况、岩体强度及变形性质等，进行岩体结构类型和岩体质量分类。

（7）对冲刷区岩体进行工程地质分区，提出各类岩体的抗冲性能及有关地质参数，可能冲刷岩体的下限界面在冲刷区的最低高程（配合冲坑模拟试验），并对冲刷区作出工程地质评价。

（8）工程运行期出现冲刷坑或产生较大的冲刷破坏，应进行补充勘察，为评价工程的稳定与安全提供地质成果和评价意见。补充勘察应重点查明冲刷坑（区）的规模、型式，与建筑物的关系及临空方式，冲刷坑（区）的工程地质条件，尤其是不利结构面的暴露及组合情况等，分析冲刷坑对大坝、消能工等建筑物的影响。

二、冲刷坑的工程地质评价

根据冲刷坑部位的工程地质条件，冲刷坑的位置、规模、型式及与建筑物的关系，结合分析、计算，评价冲刷坑对大坝、消能工等建筑物及岸坡的影响与危害。评价冲刷坑对坝体等建筑物安全影响的标准可采用冲刷坑上游平均坡度、坝下游不冲稳定段长度等方法作出判定。

当冲刷坑对大坝、消能工的稳定与安全存在影响时，应对大坝等建筑物的变形、抗滑稳定性进行稳定性复核验算，根据验算成果，采取工程加固处理措施。

（一）用冲刷坑上游平均坡作为判定标准

计算公式：

$$i=\frac{t}{L} \quad (7.7.3-1)$$

式中：i 为实际冲刷坑的上游平均坡度；t 为冲刷坑深度，m；L 为坝脚至冲刷坑最深点的距离，m。

显然，i 值越大，对于坝体稳定的安全愈为不利。当 i 值小于允许临界坡度 i_c 时，则坝体是安全的。根据大量室内模型和原位观测成果，一般认为 $i_c=1:3\sim1:4$，部分可取 1：6。但选用时还需结合具体工程地质条件来考虑。

部分工程实测冲刷坑上游坡度见表 7.7.3-1。

表 7.7.3-1　部分工程实测冲刷坑上游坡度评价表

工程名称	冲刷坑最深点至坝脚距离（m）	冲刷坑深度（m）	上游坡度 i		评　价	
			估算	实测	i_c	结论
修文	75	12.15	1：6	1：6	1：3	$i<i_c$，安全
上犹江	80	7.75	1：10	1：4	1：3	$i<i_c$，安全
丰满	100	13	1：7	1：5～1：12	1：3	$i<i_c$，安全
桓仁	75	16.9	1：5	1：2～1：6	1：3	$i<i_c$，安全

冲刷坑的深度可按下式估算：

$$t=Kq^{0.5}H^{0.25}-h \quad (7.7.3-2)$$

式中：t 为冲刷坑深度，m；q 为入水单宽流量，$m^3/(s\cdot m)$；H 为上下游水位差，m；h 为下游水深，m；K 为冲刷系数，一般破碎软弱岩石取 1.20～1.25。

部分工程的 K 值、不同结构类型和岩体质量类别的 K 值经验值见表 7.7.3-2～表 7.7.3-4。

表 7.7.3-2　部分工程基坑冲刷系数（K 值）表

工程名称	冲刷系数 K 值	冲刷坑的地质条件
狮子滩	>2	白垩系红层，岩性软弱，相变大，易风化，裂隙发育、破碎
双牌	1.75	板岩与砂岩互层，倾向下游，倾角 8°～10°，沿断层冲刷最深
石门	1.25～1.5	石英岩、云母石英片岩，无大断裂，裂隙发育，岩块 0.4m×0.6m×0.4m，抗冲力强
修文	1.25	白云岩，层面倾向下游，倾角 8°～9°，断裂发育，风化深 3～5m，有软弱夹层
欧阳海	1.25	黑云母花岗岩，河床覆盖层厚 6～7m
上犹江	0.786～1.26	石英砂岩夹板岩，岩层倾向下游，层间错动强烈
丰满	1.17	变质角砾岩，风化深 2～3m，岩体较完整
桓仁	0.53～1.04，采用 1.2	安山凝灰岩，易风化，裂隙发育，有夹泥层
柘溪	0.76～1.41	砂岩、板岩、石英岩，覆盖层厚 4～16m，4 条顺河断层
三门峡	1.0～1.16	玢岩夹煤层
水府庙	1.53	石英岩、板岩互层，多条断层交汇、切割，岩体破碎
苗尾	1.5～1.6	砂岩夹板岩，弱风化，岩体较破碎
龙滩	1.1～1.2	砂岩、砂岩与泥板岩互层岩体，岩石相对坚硬完整

冲坑深度，一般可根据模型试验成果，结合类似已建工程资料，综合分析确定。冲刷坑最大可能冲刷深度也可按下式估算求得：

$$h_B=h_p+\left[\left(\frac{V_{cp}}{V_{允}}\right)^n-1\right] \quad (7.7.3-3)$$

式中：h_B 为局部冲刷深度，m，从水平起算；h_p 为冲刷处的水深，m，可以近似设计水位最大深度代替；V_{cp} 为平均流速，m/s；$V_{允}$ 为河床面上允许不冲流速，m/s；n 为指数，一般取 $n=0.25$。

表 7.7.3-3　不同结构类型岩体冲刷系数（K）经验值表

编号	岩体特征	冲刷系数 K
1	整体状、巨厚层状结构，岩体完整，结构面不发育，间距大于 100cm，节理裂隙多闭合	<1.0
2	块状、厚层状结构，岩体较完整，结构面轻度发育，间距一般 50～100cm，节理裂隙大多闭合，偶有充填	0.9～1.1
3	次块状、中厚层状，岩体较完整，结构面中等发育，间距一般 30～50cm，节理裂隙一般微张，部分有充填	1.1～1.25
4	镶嵌结构、互层状结构，岩体一般完整性差，部分较完整，结构面较发育或发育，间距一般 10～30cm，节理裂隙一般张开～微张，充填铁、钙，部分充填次生泥	1.25～1.5
5	碎裂结构、薄层状结构，岩体完整性差～破碎，结构面发育或很发育，间距小于 10cm，节理裂隙杂杂乱、张开，充填黏土、岩屑及铁、钙质等	1.5～1.8
备注	本表适用范围为水舌入水角 $\beta=30°\sim70°$	

表 7.7.3-4　冲刷系数 K 与岩体质量关系的经验值

质量分类（按坝基岩体质量分类标准）		Ⅰ	Ⅱ	Ⅲ	Ⅳ	Ⅴ
K 值	范围值	0.8～0.9	0.9～1.2	1.2～1.5	1.5～2.0	>2.0
	平均值	0.85	1.1	1.35	1.8	
冲刷分类		难冲	较难冲	较易冲	易冲	极易冲

冲刷坑最深点至坝脚的距离（L），与鼻坎型式、挑流角度、相对高程（S/E_0）及水流沿程损失等因素有关。

采用连续式鼻坎挑流，出射角 $\theta=20°\sim25°$，当 $1>S/E_0>1/2$（S 为上游水位至鼻坎顶的高差，E_0 为自下游尾水河床算起的总水头）时，用下式计算冲坑距离：

当 $S/E_0<0.5$，

$$\frac{L}{E_0+t}=\left[\frac{1}{0.416}\left(\frac{S}{E_0}-0.025\right)\right]^{0.7} \quad (7.7.3-4)$$

当 $0.5<S/E_0<1.0$，

$$\frac{L}{E_0+t}=\left[\frac{1}{0.355}\left(\frac{S}{E_0}-0.025\right)\right]^{0.404} \quad (7.7.3-5)$$

有抛射体公式近似估算平均射程（即挑距），即《溢洪道设计规范》（DL/T 5166—2002）中，等宽连续挑坎水舌外缘挑距公式：

$$L=\frac{1}{g}\left(V_0{}^2\sin\theta\cos\theta+V_0\cos\theta\sqrt{V_0{}^2\sin^2\theta-2gy}\right) \quad (7.7.3-6)$$

式中：V_0 为坝顶射出流速，m；θ 为鼻坎的挑射角，$\theta=20°$；y 为鼻坎顶水面至下游水面高差，m。

（二）用坝下游不冲稳定段作为判定标准

坝及其他泄水建筑物的下游不冲稳定段指坝脚至冲坑起点的距离。一般情况下，坝下不冲稳定段愈长，对坝体安全愈有利。

根据模型及原型观测，通常冲刷坑上游坡较平缓，上游坡在 1：3～1：6，呈现台阶或变坡状；两侧及下游斜坡较陡，一般为 1：1～1：3。估算冲刷坑最深点至坝脚的距离后，又估算了上游平均坡度，就可以获得不冲稳定段的长度。

用不冲稳定段的长度判定大坝、消能工等建筑物的安全，需针对具体情况确定。根据坝下等建筑物不冲稳定段长度、冲坑深度及该区段的工程地质条件，分析确定滑移边界条件、型式，再经稳定性验算，方可确定下游不冲稳定段的安全长度。

对拱坝，除考虑冲刷坑上游平均坡度和不冲稳定段以外，还应着重考虑冲刷坑形成后对坝肩稳定的影响。

三、岩体的抗冲流速

在评价冲刷对工程安全影响时，可采用基岩抗冲流速等方法来衡量。抗冲流速指基岩在水流冲刷作用下不发生破坏时的最大水流速度，可采用原型观测、模型试验及类似岩性的已建工程类比分析等方法确定。实际工作中常用散粒料模拟岩基的冲刷（模型试验）。同时可采用简化公式进行分析、计算，如参考 E.B. 依兹巴什散料体起动流速公式，作为岩体抗冲流速：

$$V=K\sqrt{2g\frac{\gamma_s-\gamma}{\gamma}D} \qquad (7.7.3-7)$$

式中：K 为石块的抗滑动系数，根据冲刷区岩石条件选取，一般散体、碎裂结构岩体 K 取 0.8～1.2，完整坚硬岩体 K 取 1.2～1.6，即坚硬岩体取高值，软岩及风化岩体取低值；γ_s 为块石的容重，kN/m^3；γ 为水的容重，kN/m^3；D 为块石直径，m，取决于岩体的完整性、节理裂隙发育程度、结构面产状及胶结情况等；V 为石块的起动流速，m/s。

由于岩体的天然性、复杂性和不均一性，理论计算很难得到可靠的、符合实际情况的成果，一般情况下多采用经验值来进行评价。表 7.7.3-5 列出部分工程基岩抗冲流速值（主要凭经验确定）。

表 7.7.3-5　部分工程基岩抗冲流速值（经验值）

工程名称	岩　性	风化程度	抗冲流速(m/s)	备注
曼格拉	砂岩、粉砂岩、黏土岩互层		4.9	
塔贝拉	片岩、灰岩		6.1	
葛洲坝	砾岩、砂岩、粉砂岩、黏土岩		5	
金沙江阿海水电站	表层（冲积层）		0.8～1.2	为不冲刷流速
	Dla1～2、4 砂、板岩	强风化	1.0～2.0	
		弱风化	3.0～4.0	
		微新岩体	5.0～6.0	
	Dla3 硅化岩及辉绿岩	强风化	1.0～2.0	为不冲刷流速
		弱风化	5.0～6.0	
		微新岩体	8.0～9.0	
金安桥水电站	二叠系玄武岩夹软弱凝灰岩夹层	强风化	1.0～2.0	为不冲刷流速
		弱风化	5.0～9.0	
		微新岩体	8.0～15.0	
阿墨江三江口水电站	河床冲积层		0.5～0.8	
	中生代三叠系红层：砂岩、粉砂岩、泥岩	全风化	0.5～1.0	冲积层、全风化层为不冲刷流速；高值为砂岩，低值为泥岩，过渡岩性取中间值
		强风化	0.6～2.0	
		弱风化	1.5～5.0	
		微、新鲜	2.0～6.0	
澜沧江糯扎渡水电站	河床冲积层		0.5～1.3	为不冲刷流速
	坡积层		0.65～0.9	
	花岗岩体（γ_{43}～γ_{51}）及后期侵入的花岗斑岩（$\gamma\pi$）、石英岩（q）、辉绿玢岩（$V\pi$）和隐爆角砾岩等岩脉	全风化岩体	0.7～1.0	
		强风化岩体	1.0～1.3	
		弱风化岩体	3.5～6.5	
		微风化岩体	12～20	
		构造破碎带	0.7～1.3	
老挝南立水电站	英安岩及火山角砾岩	河床冲积层	0.5～1.0	为不冲刷流速
		强风化岩体	1.0～2.5	英安岩取高值、火山角砾岩取低值
		弱风化岩体	4～6	
		微新岩体	6～9	
苗尾	砂岩夹板岩	弱风化	5.0～5.5	
五强溪	石英岩、砂岩、板岩	微新岩体	6～7	

按岩性确定的基岩容许流速经验值见表 7.7.3-6。

表 7.7.3-6　允许流速经验值

岩　性	不同水深的流速（m/s）			
	水深 0.4m	水深 1.0m	水深 2.0m	水深 3.0m
软弱的泥岩、千枚岩、煤系	1.0	1.5	2.0	2.5
松的砾岩、泥灰岩、页岩	2.0	2.5	3.0	3.5
多孔灰岩、紧密砾岩、层状灰岩、白云质灰岩	3.0	3.5	4.0	3.5
不成层的致密灰岩、硅质灰岩、大理岩	4.0	5.0	5.5	6.5
花岗岩、辉绿岩、玄武岩、石英岩、斑岩	15.0	18.0	20.0	22.0
备注	各岩类的容许流速，指相应岩体弱风化带及以下完整岩体，破碎岩体容许流速根据实际情况进行折减			

第四节　雾化区勘察与评价

一、泄洪雾化机理及分区

（一）雾化机理

水流泄洪时，高速水流在空中掺气、扩散、碰撞、冲击，后进入水体中漩滚、摩擦、撞击、激溅引起雾化。水电工程泄水建筑物泄洪时，下泄水流一般呈现急流或挑射状态，水流受建筑物的约束和周围空气的摩擦，水流内部产生紊动，射流水股表面产生波纹，继而掺气、扩散并伴有水滴飞出；水流落入下游河床，同下游水体碰撞，由于下游水垫的压弹效应和表面张力作用，产生喷溅，溅出的水体受到重力、浮力、空气阻力和坝后风速场的影响，在射流入水点附近区域内降落形成降雨，它是雾化的主要来源；在水舌风影响下，水体进一步破碎，小粒径水滴飘浮在空中形成浓雾，水雾随气流飘向空中，把低层水汽向上输送形成对流，也会在射流入水点附近区域形成倾盆大雨。水雾继续向四周扩展逐渐变淡，降雨强度也逐渐减小，形成雾区。

雾化源主要来自水舌落水附近的喷溅，水舌入水喷溅现象可分为三个阶段：撞击阶段，溅水阶段和流动阶段。水舌与下游水垫刚接触时，由于表面张力作用产生类似两种物体相撞现象，这种撞击将引起一个短暂的近似于水中声速辐射出去的高速激波，使水舌落水处周围的水面升高，同时在水舌与水面接触处有较大的撞击力，它将改变水舌的速度并产生喷溅；由于下游水垫的压弹效应和表面张力作用，一部分水体抛向下游及两岸，它们在水舌风的影响下进一步碎裂、抛散形成水滴和云雾。由于水块喷溅是随机的，不会有恒定的喷溅轨迹和喷溅距离，而形成一定的喷溅范围。喷溅距离主要取决于喷溅出射角、初始起抛速度、喷溅水滴的大小、空气阻力以及水舌风的大小；撞击后，下游水体被水舌带入运动状态，流动阶段开始（图 7.7.4－1）。

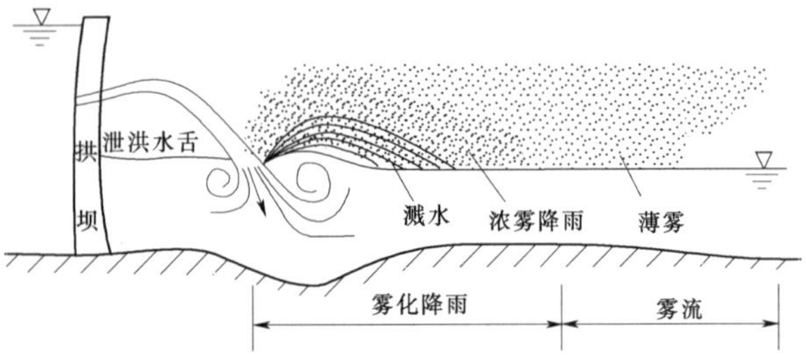

图 7.7.4－1　泄洪雾化示意图（据南京水科院）

（二）雾化范围的分区

对高速水流的泄洪雾化范围的分区，目前尚未达成一致的认识。但是综合各种研究、测量和观测结果可以看出，它们之间的差异并不大，只存在细微的差别，总体上是一致的。

南京水科院柴恭纯、陈惠玲按降水量和形态将雾化影响区分为（图 7.7.4－1 及表 7.7.4－1）。

表 7.7.4－1　　南京水科院泄洪雾化分级表

雨强分级	雨强 (mm/h)	降雨特征及其对环境的影响	分级等级
Ⅰ	<5.8	天然暴雨以下的降雨，对待Ⅰ级雾化降雨可等同自然降雨	参照气象研究
Ⅱ	5.8～11.7	相当于天然降雨的大暴雨，特大暴雨，对待Ⅱ级雾化降雨类同天然大暴雨和特大暴雨	参照气象研究
Ⅲ－1	11.7～50	雨强大于特大暴雨，上限已达到人畜存活极限，区域内人感觉胸闷，呼吸不畅，可见度小于 90m，在该区内需限制人员活动和交通	600mm/h 的界限由原型观测测量和现场观察取得
Ⅲ－2	50～100		
Ⅲ－3	100～300		
Ⅲ－4	300～600		
Ⅳ	>600	雨区内空气稀薄能见度低，人畜在该区内会窒息而死，当雨强大于 1600mm/h 时，可见度小于 4m	雨区可见度与雨强关系由原型观测取得

特大降水区（降雨强度>600mm/h），泄洪雾化过程中，对人畜起窒息作用，对建筑物有破坏能力；

强降水区（140mm/h≤降雨强度≤600mm/h），此区降水量变幅较大，应用时可参照基础护面要求；

一般降水区（降雨强度<140mm/h），此区仅需注意排水设施即可；

雾流区（雾滴飘浮区），指雾滴状态飘浮区。此区有时覆盖面积很大，通常据其可见度或以轻雾、薄雾和浓雾来描述。

长江勘测规划设计研究院罗福海等在水布垭电站泄洪雾化研究中采用 1∶50 的大比例尺物理模型试验方法，根据自然降雨资料分析，结合工程的特点，泄洪雾化雨强（S）分级如下：

（1）Ⅰ级：$S\geqslant600$mm/h；

（2）Ⅱ级：600mm/h$>S\geqslant$200mm/h；

（3）Ⅲ级：200mm/h$>S\geqslant$10mm/h；

（4）Ⅳ级：10mm/h$>S$。

Ⅱ级以上雾化降雨区的边坡需实施护坡保护，开关站和高压线等不能布置在该区域，交通设施需设置防护廊道。

Ⅳ级雾化降雨区的边坡一般不需进行特殊防护，开关站和高压线等不能布置在该区域，交通设施需设置防护廊道，办公区和生活区也不能布置在该区域。

薄雾区和淡雾区可以布置开关站、高压线，两岸交通设施、办公区和生活区等需要设置防雾设施。

原武汉水利电力大学梁在潮教授提出，雾流在气流和地形条件作用下，在局部地区产生一种密集雨雾现象，按其形态可大致分为水舌溅水区、强爆雨区、雾流降雨区和薄雾大风区。

长科院肖兴斌按其雾化浓度和降雨强度把雾化区分为：浓雾暴雨区、薄雾降雨区和淡雾水汽飘散区。

南京水科院周辉认为泄洪雾化的影响区可以直接分为降雨影响区和雾流影响区，其中，降雨影响区包括空中水舌裂散和抛洒降雨、水舌入水喷溅以及浓雾降雨；雾流区则是薄雾或淡雾影响区。

天津大学练继建根据原型观测资料的雨强大小和分布规律以及对工程的危害程度，将泄洪引起的雾化降雨划分为三个区域：

大暴雨区（降雨强度≥50mm/h）：雾化降雨达到此标准，会给山坡和建筑物带来巨大的灾害，可能引起山体滑坡和建筑物的毁坏；

暴雨区（降雨强度≥16mm/h）：雾雨会对电站枢纽造成危害；

毛毛雨区（降雨强度≥0.5mm/h）：此范围内对工程危害较小，一般不造成灾害，该范围外雾化对工程没有影响。

林可冀等人将雾化区也分为三部分：溅水区、雾雨区和水雾飘散区。

溅水区：水舌裂散区域，特点是降雨十分强烈，形成暴雨、大暴雨，为雾源区。

雾雨区：从雾源区下游开始到微雨区末端，其特点是形成降雨。

水雾飘散区：没有降雨，雾流只是悬浮在空中随风飘散并沿山谷爬升，对工程没有影响。

综上所述，结合工程实际角度，可按雾化的影响程度和雾雨强度分为：强降雨区（溅水区）、雾流降雨区（雾雨区）以及淡雾水汽飘散区。淡雾水汽飘散区是没有降雨的区域，对工程基本没有影响。

高坝泄水工程中，雾化现象是不可避免的，雾化问题是一门多学科交叉的边缘问题，雾化问题的研究迄今仍处在研究阶段，对其机理认识有待进一步深化。雾化区域的划分从本质上是一样的，都是结合具体工程考虑的，在应用中，也应该结合实际工程的因素，选择适合该工程的划分标准。

二、雾化区的工程地质勘察

泄洪雾化现象是指在水电工程泄水建筑物泄流过程中，高速挑射水流所产生的降雨和雾流现象。泄洪雾化可能对水电工程枢纽建筑物的正常运行、枢纽下游两岸边坡稳定、交通安全以及周围生态环境（氮化等）等产生严重影响。雾化降雨可能产生淹没电厂、冲毁建筑物、中断交通等危害。

雾化区边坡的工程地质勘察应结合泄洪建筑物、冲刷区等的勘察进行，重点查明雾化区的工程地质条件，分析可能引起的主要工程地质问题，为雾化区边坡防治提供可靠的地质依据。雾化区工程地质勘察的内容主要有：

（1）雾化区的地层岩性，包括覆盖层分布，尤其是软弱岩层、软弱夹层、蚀变带等的分布、性状、延续性、物理力学参数以及与上、下岩层的接触情况。

（2）雾化区岩体的完整性，断层等较大结构面发育情况，特别是缓倾坡外、存在不利切割组合条件结构面的分布和特征，分析雾化区边坡稳定边界条件。

（3）雾化区岩体的风化、卸荷带的厚度及特征，裂隙张开宽度及情况；岩体透水性、地下水、渗流条件等影响边坡稳定的水文地质环境条件。

（4）根据雾化区岩性及岩层组成、岩体风化及卸荷、构造发育情况、岩体强度及变形性质、水文地质特性等，进行边坡岩体结构类型和边坡岩体质量分类。

三、雾化区的工程地质评价

（1）根据勘察成果，分析、确定雾化区边坡稳定的影响因素、边界条件及岩土体物理力学参数。

（2）应结合大比尺模型试验研究、泄洪雾化原型观测成果，确定雾化量级、范围，采用定性和定量方法充分考虑雾化降雨对岩土体渗流场的改变及影响。

（3）依据边坡稳定条件、可能变形失稳机制、雾化程度、发展趋势及稳定性等，进行雾化区边坡稳定性的工程地质分区及评价。

（4）根据雾化区工程地质条件及边坡稳定性的影响因素，结合雾化水流对边坡岩体特性的改变，进行边坡稳定的工程地质分析、计算，提出边坡稳定性的地质评价意见。

（5）工程运行期出现雾化区边坡变形、失稳，应进行补充勘察，重点查明变形、失稳边坡的影响因素、规模、成因及发展趋势，分析对工程的影响与危害。

（6）对雾化区边坡的防治措施及监测方案提出地质建议。

有关雾化区边坡勘察与稳定性分析评价，应重点分析、预测雾化边坡中地下水的影响与评价，防治工作的重点是做好边坡的封闭防水及排水工作。

第八章 其他水工建筑物岩石地基的工程地质勘察与评价

第一节 概 述

一、其他主要建筑物类型

水力发电工程除大坝外，主要的建筑物有引水发电系统、泄洪建筑物以及其他临时建筑物等。

引水发电系统根据布置型式有地下引水发电系统和地面厂房发电系统两种基本类型，而后者有坝后式发电厂房和岸边地面厂房之分，坝后式厂房一般针对混凝土坝型布置；泄洪建筑物根据坝型不同布置型式有所差异，混凝土重力坝和拱坝等坝型大多数采用坝身泄洪或辅以泄洪冲沙隧洞，心墙堆石坝、面板堆石坝等当地材料坝一般设置岸边式溢洪道及泄洪冲沙洞，较特殊的受地形等其他条件限制时设置相应规模的泄洪隧洞；主要临时建筑物包括围堰、导流工程及缆机等。坝后厂房一般应结合大坝坝基一并进行勘察与评价；围堰一般置于覆盖层之上，下部岩基主要是防渗处理。因此，与岩石地基相关且需对地基进行重点勘察与评价的建筑物主要有：

(1) 地面厂房系统，主要包括压力前池或调压塔（井）、压力明管、厂房、尾水渠及地面开关站等。

(2) 溢洪道，主要有引渠、泄洪闸（控制段）、泄槽、挑流鼻坎及消力塘等。

(3) 导流明渠及缆机平台等。

二、各类建筑物岩基主要工程地质问题

（一）地面厂房系统岩基的主要工程地质问题

1. 厂基承载强度及变形稳定

一般情况下，岩石地基的承载能力均能满足厂房、开关站及压力明管等的设计要求。但在某些条件下，如由于风化不均造成地基中存在部分强度较低的全强风化岩体或者分布有软弱岩层、规模较大的断层破碎带等，就可能出现岩体承载能力不能满足要求；同时，由于地基岩石强度的差异及不均一性将可能产生地基的变形稳定问题。以上问题在选择厂址及建基面时就应尽量避开，如不能避开则应采取相应的措施，减少或消除地基承载能力不足及不均匀变形对建筑物安全的影响。

2. 厂房基坑渗漏及涌水

当厂房基础置于可溶岩地层，地基存在岩溶管道或大的溶蚀裂隙等潜在的渗漏通道，或者是厂基岩体节理裂隙发育且张开，透水性较大，地基开挖后，地下水或河水集中向基坑产生渗漏或涌水，甚至出现涌沙、突泥等，尤其是在地下水较为丰富，或者厂房建基面与河水面存在较大高差时，易产生上述问题，给施工及人员设备安全带来不利影响。

此外，有些水力发电工程，尤其是引水式电站，需设置压力前池或调压塔（井），这些建筑物岩基除承载力要求外，需重点关注压力前池的渗漏和渗透稳定问题，避免对压力管道和厂房造成危害。

（二）溢洪道岩基主要工程地质问题

溢洪道岩石地基的工程地质问题主要集中在泄洪闸地基和挑流冲刷区或消力塘，对于其他部位由于地基要求不高，岩石条件一般能满足基础要求。

对于溢洪道泄洪闸，其结构型式及受力状况与闸坝类似，基础要求相对较高，岩基的工程地质问题除建基岩体的承载强度和变形稳定外，尚有抗滑稳定问题和渗漏及渗透变形问题，也就是说，地基岩石需具有足够的强度和均一性以满足承载能力和变形稳定要求，对于部分或局部分布的软弱岩体、夹层或较大规模的构造破碎带等需进行必要的处理，同时，还需对可能产生抗滑稳定问题的结构面或结构面组合以及可能的渗漏或渗透破坏通道进行工程处理，在防渗处理上通常需设置防渗帷幕（一般与坝体防渗一并考虑）防止产生大量的渗漏及出现过大的扬压力，以确保建筑物安全和工程的经济性。

挑流鼻坎主要需重视下泄水流回流对鼻坎地基的淘刷问题，建基面宜置于回流冲刷深度以下相对坚硬完整的基岩上。

（三）导流明渠及缆机平台岩基主要工程地质问题

1. 导流明渠

水电工程多修建于高山峡谷区，受地形、边坡开挖规模等制约通常采用隧洞导流型式。而在某些地区，当河床较宽或两岸地形平缓以及有岸边台地可资利用时多选择明渠导流型式。导流明渠的工程地质问题除内侧边坡、出口岸坡（冲刷）的稳定性和覆盖层地基的渗透稳定外，有关岩基的主要工程地质问题为外导墙基岩地基的抗滑稳定性，特别是当岩基中存在倾向基坑的中缓倾角结构面或者是其他结构面的不利组合时，需进行重点勘察与评价，提出相关处理措施，确保基坑施工安全。

2. 缆机平台

由于重力坝、拱坝等坝型往往需要缆机施工，因此在坝顶以上需开挖缆机平台，一般来说，缆机平台地段的工程地质问题主要集中在边坡，近年来的工程实践表明，坝顶以上及缆机开挖边坡的稳定已成为坝址区主要的边坡稳定问题之一，尤其是在高山峡谷区的高陡岸坡地段，需引起足够重视。相比较边坡稳定，平台地基的工程地质问题除满足必要的承载要求外，主要问题为岩基的抗滑稳定性。缆机的结构及受力状况类似于索桥，在其安装及运行过程中，对两岸平台地基将施加较大的外部荷载，因此要求缆机地基应具备足够的抗滑能力，一方面要求平台与基岩接触面有足够的抗剪强度；另一方面是岩基内没有软弱结构面和可能滑动的岩体或虽存在但其强度能满足抗滑稳定的要求，否则需采取工程阻滑措施，以确保施工运行安全。

第二节 工程地质勘察与评价

对于地面厂房系统、泄洪建筑物的岩基工程地质勘察与评价总体上应结合水力发电工程阶段的划分以及枢纽方案的选择、论证循序渐进进行，并与坝址勘察有序衔接。勘察工作仍然遵循由浅入深、由点到面、由粗到细、由中小比例尺到大比例尺、由定性评价到定量评价的原则，如遇特殊的工程地质问题应进行专门的勘察和研究。地面厂房系统、泄洪建筑物的工程地质勘察主要在预可行性和可行性研究阶段进行，预可行性

研究阶段的勘察任务是初步查明厂址、泄洪设施等建筑物场地的工程地质条件，并对影响方案成立的重大工程地质问题和代表性坝址枢纽布置方案的工程地质条件作出初步评价；可行性研究阶段的勘察任务是查明选定坝址建筑物区的工程地质条件并进行评价，为选定坝型和各建筑物轴线及地基、边坡、洞室等设计与处理方案提供地质资料和建议，同时，查明导流工程及缆机平台等主要临时建筑物场地的工程地质条件；招标和施工图设计阶段主要是针对各建筑物在上阶段遗留的工程地质问题或论证处理措施的可行性和可靠性进行补充性勘察。

一、地面厂房系统

（一）工程地质勘察

地面厂房系统的岩基勘察所包含的建筑物有压力前池或调压塔（井）、压力明管、厂房、主变开关站（室）、尾水渠等，勘察内容、方法以及工作深度和精度的基本要求见表7.8.2－1。

表7.8.2－1　地面厂房系统各阶段勘察内容和勘察方法

要求 设计阶段	勘察内容	勘察方法
预可行性研究	（1）初步查明厂址区的地形地貌、岩体风化、卸荷深度以及滑坡、崩塌、变形体、泥石流、岩溶、采空区等的分布及其稳定状况。 （2）初步查明厂址区的地层岩性，软弱和易溶岩层、覆盖层的分布并对岩土体的物理力学性质和承载能力作出初步评价。 （3）初步查明厂址区地质构造，断层、挤压破碎带、节理裂隙等的性状、规模和展布，初步评价厂址建基条件和边坡稳定性。 （4）初步查明厂址区水文地质条件，初步评价开挖基坑发生涌水、涌沙的可能性	（1）工程地质测绘：比例尺1：5000～1：2000；范围应包括各比较方案的所有建筑物地段以及阐明各比较厂址工程地质条件有关的地段。 （2）钻孔和平洞相结合，以钻孔为主；覆盖层、地下水位、古河道、隐伏断层、岩溶洞穴等应采用综合物探方法。 （3）勘探布置：厂址区宜布置勘探剖面，钻孔应深入建基面以下20～30m；钻探中应收集水文地质资料，并进行压（抽）水试验及地下水动态观测；厂区后边坡应布置勘探平洞。 （4）岩土物理力学性质试验应以室内试验和简易原位测试为主
可行性研究	（1）查明各建筑物布置地段的地层岩性，重点查明软弱夹层、石膏等的分布和物理力学性质。 （2）查明厂址区的地质构造和岩体结构，主要建筑物布置地段的断层破碎带和节理裂隙发育规律及其组合关系。 （3）查明厂址区滑坡、崩塌、变形体以及泥石流等物理地质现象。 （4）查明厂址区水文地质条件和岩体透水性。 （5）查明开挖边坡特别是厂房后坡的坡体结构及其稳定条件。 （6）评价建筑物地基和边坡的稳定性和压力前池的渗漏和渗透稳定性	（1）工程地质测绘：比例尺1：2000～1：1000；范围应涵盖所有建筑物及有关地段。 （2）勘探剖面线应结合建筑物轴线布置，对建筑物安全有影响的边坡应布置勘探平洞。 （3）厂房、压力前池和压力明管，钻孔深度宜至建基面以下10～15m，并进行压（抽）水试验。 （4）岩土物理力学性质试验应按工程地质分段进行，主要岩土试验不少于6组。 （5）厂址区的钻孔应进行地下水动态观测，观测时间不应少于一个水文年。 （6）对厂房系统建筑物安全有影响的不稳定或潜在不稳定岩土体应进行位移监测
招标设计	复核可行性研究阶段的主要勘察成果，补充查明可行性研究阶段遗留的工程地质问题	
施工详图设计	检验、核定前期勘察的地质资料与结论，补充论证专门性工程地质问题。地质勘察工作内容包括施工地质工作和专门性工程地质问题勘察	

厂址的选择是勘察中的一项重要内容，在厂址选择前应加强比选地段和可能影响范围的地质调查和工程地质测绘工作，了解相关地段的基本地质条件，把握可能出现的重大工程地质问题和周围地质环境对厂房等建筑物可能造成的影响。从工程地质角度，厂址选择一般应着重考虑以下几个方面：

（1）厂址应避开滑坡、崩塌、泥石流等地质灾害的影响，尤其是厂址环境岸坡以及布置于冲沟口厂址的远程地质灾害的影响。

（2）尽可能利用有利的地形地貌条件，将厂址置于平缓台地或缓坡地段，在满足基础要求的同时，尽量减少和降低边坡开挖规模。

（3）厂址的选择在满足水工设计的前提下，应遵循尽可能缩短引水线路和避免设置压力前池或调压井（塔）等建筑物，减少施工难度和降低工程造价。

（4）岩溶区的厂址选择应在查明岩溶发育规律的基础上进行，并尽量避免岩溶洞穴及涌水、涌砂等工程地质问题。

（二）工程地质评价

地基工程地质条件的评价主要是对各相关建筑物布置地段的地层岩性、地质构造发育情况、岩体风化及卸荷程度、水文地质条件、岩体物理力学性质等进行评价，并结合建筑物的结构特点和对地基的要求，分析评价建基岩体的承载能力和稳定性（包括变形稳定性和渗透稳定性），提出建基面选择建议和岩体相关物理力学参数。同时，需根据地基地质条件分析评价可能出现的工程地质问题及其对工程的影响，提出相应的工程处理建议。由于各发电建筑物的不同特点和对地基要求的侧重有所不同，因此，针对不同的建筑物，在进行工程地质评价时，应重视以下几点：

（1）地基的变形稳定和基坑渗漏及涌水问题。厂基的变形稳定取决于地基岩体强度的均一性，当建基岩体中存在软弱岩层、规模较大的断层或因风化不均造成岩体强度的差异等，就可能产生地基的不均一变形问题，评价时应结合建基岩体质量和岩体力学特性进行分析判断，并提出基础处理措施建议。厂房基坑渗漏及涌水问题需根据基坑及其周围的地层分布特征、构造发育情况、岩体的透水性等，分析是否存在可疑的渗漏通道或渗漏岩体，并结合工况评价基坑产生渗漏或涌水的可能性，提出相应处理建议。

（2）布置有压力前池或调压塔（井）的，建筑物本身对地基承载力要求不高，但地基的渗漏和渗透变形将对基础稳定性和压力管道、厂房造成影响，因此需根据地基地质条件，主要是软弱夹层、构造破碎带或夹泥裂隙等的分布、产状、性状等，结合工况条件分析判断产生渗漏和渗透变形的可能性，并提出相关处理意见。

（3）对于布置于可溶岩或易溶岩地段的地面厂房系统，需结合岩溶发育情况或易溶岩分布状况、性质等分析评价对各建筑物和施工可能产生的影响。

二、溢洪道

（一）工程地质勘察

溢洪道岩基的勘察范围包括引渠、泄洪闸、泄槽、陡槽和挑流鼻坎或消力塘等建筑物，在岩基勘察的同时，在高山峡谷区往往出现高边坡问题，因此需重视边坡的勘察工作，尤其是下游消能冲刷区、泄洪雨雾影响区工程边坡和天然岸坡的勘察。勘察内容、方法以及工作深度和精度的基本要求见表7.8.2－2。

表 7.8.2-2　　溢洪道各阶段勘察内容和勘察方法

设计阶段＼要求	勘察内容	勘察方法
预可行性研究	（1）初步查明溢洪道布置区的地形地貌、地层岩性、地质构造、物理地质现象和水文地质条件，应重点调查覆盖层分布范围、厚度，岩体风化、卸荷深度以及断层、挤压破碎带、软弱夹层、滑坡、崩塌堆积体等的分布及规模。 （2）初步评价边坡稳定、泄洪闸地基抗滑和变形及渗透稳定条件，下游消能区岩体抗冲条件以及冲刷坑岸坡和雾化区的稳定条件	（1）工程地质测绘：比例尺1∶5000～1∶2000，范围应包括各比较方案的泄洪建筑物布置地段及所毗邻地段，与坝距离近时可与坝址合并进行。 （2）应针对泄洪闸等主要建筑物布置钻孔等勘探工作，对溢洪道高边坡地段可布置勘探平洞或钻孔，钻孔深度宜进入设计建基面以下20～30m，基岩钻孔应进行压水试验。 （3）影响建筑物稳定的主要岩土层应分层取样，进行岩土物理力学性质试验
可行性研究	（1）查明溢洪道布置地段的地层岩性，断层、节理密集带、主要软弱夹层的分布和岩体风化、卸荷深度。 （2）查明岩土体的透水性和地下水位。 （3）查明溢洪道两侧，特别是内侧边坡的坡体结构及其稳定性。 （4）查明堰基、泄槽段、挑流鼻坎等建筑物地基岩体的分布、完整程度及稳定性。 （5）查明下游消能冲刷区和泄洪雨雾区边坡的岩体结构及稳定性。 （6）进行工程地质分段并提出各类岩土体物理力学性质参数，评价引渠、泄洪闸、泄槽、消能建筑物地基、沿线边坡和下游消能冲刷区及防淘墙的稳定性，提出处理建议	（1）工程地质测绘：比例尺1∶2000～1∶1000；测绘范围应包括从引渠至下游消能地段，以及论证下游冲刷、雨雾区边坡稳定所涉及的地段。 （2）应结合各建筑物轴线布置纵剖面，不同工程地质分段应有代表性横剖面；高边坡、泄流冲刷区及复杂地质问题地段应布置勘探剖面。 （3）边坡勘察宜采取平洞为主、钻孔为辅的方法。 （4）泄洪闸钻孔深度应至设计建基面以下20～30m，其他部位钻孔深度根据需要确定。 （5）控制闸基、鼻坎地基和边坡稳定的岩土与软弱结构面的室内物理力学性质试验组数累计不少于6组。 （6）闸基及两侧帷幕区钻孔应进行压（注）水试验。 （7）进行地下水动态观测和对建筑物安全有影响的不稳定岩土体进行位移监测
招标设计	复核可行性研究阶段的主要勘察成果，补充查明可行性研究阶段遗留的工程地质问题	
施工详图设计	检验、核定前期勘察的地质资料与结论，补充论证专门性工程地质问题。地质勘察工作内容包括施工地质工作和专门性工程地质问题勘察	

溢洪道的工程地质勘察在查明地形地貌、地层岩性、地质构造、水文地质条件、物理地质现象及岩体物理力学性质等基本地质条件的基础上，在勘察过程中需重点关注以下几方面的内容：

（1）溢洪道位置的选择及相关建筑物的布置应避开可能的地质灾害影响，同时，合理利用两岸的地形地貌条件，因地制宜，尽量减少和降低边坡开挖规模。

（2）溢洪道轴线的选择应尽可能与岩层走向（层状岩体）或工程区发育的断层、挤压带（面）及主要节理组等结构面走向大角度相交，以利于开挖边坡的稳定。

（3）加强对泄洪闸、挑流鼻坎基础岩体条件的勘察，特别是泄洪闸地基结构面抗滑稳定、渗漏及渗透稳定条件的勘察，在勘探方法上通常以钻孔为主，当基础为近水平的层状岩体且层间结构面发育或存在缓倾角软弱夹层及断层、挤压带（面）等结构面时，可辅以竖井、平洞等勘探手段。

（4）溢洪道的布置通常与面板坝、心墙堆石坝等当地材料坝坝型相关，其工程开挖料的有效、合理利用对工程意义重大，在布置勘探工作时往往需兼顾开挖料的利用加密、加深勘探工作，尤其是在岩性、风化、构造等地质条件较为复杂的地段。

（二）工程地质评价

溢洪道岩基的工程地质评价一方面是对建基岩体质量的评价；另一方面须结合建筑物结构特点和对地基的要求，分析评价可能出现的工程地质问题。

根据溢洪道的布置型式，结合布置地段的岩性、地质构造和岩体风化、岩体结构、岩体物理力学性质等工程地质条件，按引渠段、泄洪闸及控制段、泄槽段、挑流鼻坎段及消能段（消力池）进行分段工程地质评价，分析岩体的建基条件及适宜性，可比照坝基岩体质量分级划分建基岩体质量类型，提出岩体相关力学参数及建基面选择建议，评价建基岩体的承载能力和地基的稳定性。评价过程中需重视以下内容。

1. 泄洪闸基础的稳定性评价

泄洪闸建基岩体需要有足够的强度和均一性，以满足地基承载力和变形稳定的要求，同时需满足抗滑稳定和渗漏及渗透变形稳定的要求。抗滑稳定评价要根据岩基中结构面发育类型、分布位置、产状、性状以及各类结构面的组合关系，尤其是缓倾角结构面的发育情况，分析抗滑稳定的边界条件，分析判断产生滑移的可能性及滑移模式，必要时结合受力工况进行稳定性复核计算，并提出抗滑处理建议。渗透稳定性大多数情况下是属于岩基中软弱夹层、构造破碎带等结构面的机械渗透变形，评价时需结合结构面的分布位置、规模以及性状等，判明渗透变形的类型，并根据渗透坡降进行综合分析和判断，提出可能采取的工程措施。此外，为防止产生大量的渗漏及出现过大的扬压力，通常需设置防渗帷幕，一般与坝体防渗一并考虑，帷幕深度根据钻孔压水试验成果确定。

2. 挑流鼻坎地基的抗冲稳定性

挑流鼻坎对地基承载要求不高，岩石地基一般均能满足其承载力要求，但由于存在下泄水流回流对鼻坎地基的淘刷问题，因此需对建基岩体的抗冲能力及其地基淘刷稳定性进行评价，选择建基面时宜置于回流冲刷深度以下相对坚硬且完整的基岩上，如果岩体条件不理想，则需考虑相关抗冲措施。

3. 下游消能段冲刷及雾化区

根据地段内的岩性及岩石强度、风化及卸荷程度、岩体完整性和结构面特征等对冲刷坑及岩体的抗冲能力进行评价，提出各类岩体的抗冲性能及有关地质参数；结合雾化分区对雾化区岸坡的稳定性进行评价。

三、主要临时建筑物

与岩石地基相关的主要临时建筑物包括导流明渠和缆机平台，其工程地质勘察通常集中在可行性研究阶段进行。

（一）导流明渠的勘察与评价

导流明渠的工程地质勘察与渠道类似，其勘察内容除查明地层岩性、地质构造、物理地质现象、水文地质条件及岩土体物理力学性质等基本地质条件外，根据导流明渠的结构和功能要求，尚需对以下内容进行重点勘察：

（1）查明外导墙地基覆盖层结构、厚度及性状，基岩岩性、完整性、风化、卸荷情况以及各类型结构面的位置、规模、产状、性状及其组合关系等，特别是要查明地基的渗透稳定条件和中缓倾角结构面的发育情况。

（2）查明内侧边坡的坡体结构、稳定性以及出口边坡的抗冲刷稳定性。

勘察方法要求如下：

（1）工程地质测绘比例尺宜选用1：2000～1：1000。

（2）沿明渠中心线（最好是外导墙中心线）应布置勘探纵剖面，并视地质条件的复杂程度及工程地质分段情况布置适当的横剖面。

（3）勘探手段一般以钻孔为主辅以坑探，勘探点间距、深度可根据需要确定。

（4）进行必要的岩土体物理力学性质试验，尤其是渗透特性和潜在滑移结构面的抗剪强度。

导流明渠的工程地质评价除进行常规的工程地质条件评价以及内、外侧边坡的稳定性和出口边坡的抗冲刷稳定性评价外，由于外导墙要承受渠内较大的水头压力，其稳定与否关系到基坑和施工安全，因此对外导墙地基的稳定性需进行重点评价，评价内容包括以下两个方面：

（1）导墙渗透稳定性评价，主要是各类结构面的渗透稳定性评价，并根据评价结果对可能产生的渗漏及渗透稳定问题提出处理建议。

（2）外导墙抗滑稳定性评价。根据地基岩体中结构面发育类型、分布位置、产状、性状以及各类结构面的组合关系，尤其是当岩基中存在倾向基坑的中缓倾角结构面时，需分析抗滑稳定的边界条件，分析判断产生滑移稳定的可能性及滑移模式，结合试验成果或通过工程类比提出结构面相应的参数地质建议值，必要时结合受力工况进行稳定性复核计算，在此基础上提出处理建议。

（二）缆机平台的勘察与评价

缆机平台地基的工程地质勘察内容和方法应符合以下规定：

（1）查明缆机平台地基及边坡的覆盖层分布情况，基岩岩性、风化及卸荷深度、岩体结构和完整性，结构面的产状、性状、规模及其组合关系等。

（2）勘探应结合坝址区坝顶以上边坡稳定性的勘察进行，根据具体地质条件布置钻孔和平洞。

缆机平台建基条件的评价包括地基抗滑稳定性和地基承载能力的分析评价。首先需结合建基面岩体条件分析评价平台混凝土与基岩接触面的抗滑稳定条件，并提出相关的抗剪参数，另一方面应根据主要结构面的发育情况及组合关系，特别是缓倾角结构面的发育情况，分析评价地基是否存在软弱结构面控制的滑移问题和结构面组合产生的滑动岩体，必要时需提出结构面的力学参数和工程措施建议；其次是地基承载强度的评价，应根据岩性、构造、风化及卸荷、岩体结构等特征，分析岩体的承载能力，提出建基岩体的承载力参数和其他力学指标，并提出岩基地质缺陷的处理措施建议。

第九章 岩石地基处理

随着我国水电等工程的不断开发和建设，地基处理技术也在不断完善和发展，新技术、新方法也被大量应用到水电工程的建设中，本章所列的地基处理技术，是目前水电工程建设中较常用的一些方法。地基处理的主要目的，是提高地基岩体的强度、均匀性、抗滑及抗渗稳定性，满足大坝等建筑物对地基的要求。坝基岩体经过处理后，一般要达到下列要求：

（1）有足够的抗压强度，以承受坝体所传递的荷载。

（2）具有一定的整体性、均匀性，以维持坝基稳定和不致产生过大的不均匀沉陷。

（3）增强坝体与基岩面及结构面的抗剪强度，防止坝体滑移。

（4）增强抗渗能力，维持渗透稳定。

（5）增强两岸山体稳定，防止边坡失稳危及坝体安全。

（6）有足够的耐久性，不致在水的长期作用下恶化。

第一节 开　　挖

进行地基开挖的目的有二：一是清除各种不能满足要求的软弱岩（土）体，如覆盖层、风化层、卸荷带、断层破碎带和影响带、软弱夹层等；二是满足各种形式坝体的结构要求或特殊要求。

坝基开挖的一般原则是：在考虑坝基加固处理后并能满足大坝的强度和稳定要求，确保工程安全的基础上，应尽量减少开挖量。

一、开挖深度

开挖深度应根据坝基岩体质量、坝型、坝高及对大坝稳定有影响的中缓倾结构面的空间分布综合确定。

二、开挖坡度

基岩面的上下游高差不宜过大，并尽可能使其向上游倾斜。由于地形、地质条件限制而倾斜下游或高低悬殊时，宜挖成带钝角的大台阶状，台阶的高差应与混凝土浇筑块的尺寸和分缝的位置相协调，并和坝趾处的坝体混凝土厚度相适应。对地形高差悬殊部位的坝体应调整坝段的分缝。

对两岸坝基，开挖坡度应平缓，可开挖成有足够宽度平台组成的台阶，或采取其他结构措施，以确保坝体侧向稳定。

三、表面处理

在建基面和浅表部岩体中存在的某些影响基岩与混凝土结合的地质缺陷，必须予以清除。常见的有：

（1）松动岩块或岩体，包括不当的开挖爆破造成的。

（2）残留风化岩体。

（3）埋藏很浅（<3m）的缓倾角风化夹层或结构面。

（4）影响基岩与混凝土结合的铁锈膜、泥膜。

（5）出露于建基面表部或浅埋的喀斯特洞穴或溶蚀夹泥带。

（6）性状较差的节理密集带。

（7）波速偏低达不到要求的局部浅表岩体等。

此外，对特别光滑的岩面、节理面要凿毛处理；对残留的孤立岩块、尖锐棱角要打掉；有反坡的应尽量修成正坡。对易风化、崩解、泥化的软弱岩体应及时进行封闭处理。

开挖结束后要对基岩面进行全面冲洗及检查。

四、基坑边坡

基坑临时边坡开挖时，应先清除上部不稳定岩体或危石，要遵循自上而下分层开挖的原则，切忌先挖坡脚。对高边坡更要随时注意安全及检查或监测。

五、开挖方法

坝基开挖一般采用梯段预裂爆破等方式，保证坝基岩体不致受到破坏或产生不良后果。对大面积开挖，或软弱易风化、崩解岩体的开挖，要注意预留保护层，并及时覆盖开挖面。

预裂爆破是一项较先进的爆破技术。利用岩体抗拉强度小于抗压强度的特性，采用爆破方法造成预裂缝，这样一方面可以阻隔或减弱其后爆破的震动波；另一方面容易爆破成预想的形状，提前释放部分高地应力。

六、软弱岩带清除

对断层破碎带及影响带、软弱夹层、节理密集带及岩溶充填物等一般均应结合地基开挖予以挖除。当软弱带的倾角较缓时，可以采用洞挖、斜井挖等方法。遇到规模较大，情况复杂的软弱带时，需进行专门处理。

第二节 固 结 灌 浆

固结灌浆的目的是改善岩体的力学性能，提高岩体的整体性和均一性，减少坝基不均匀变形和沉陷，同时还可以补强由开挖引起的基岩损伤，增强坝基防渗能力。

固结灌浆的特点是广、浅、密。

一、固结灌浆范围

坝基固结灌浆的范围，应根据坝型、坝高、坝基工程地质条件和大坝受力状态等确定，对高、中坝高的大坝，一般情况下都应对坝基进行全面的固结灌浆。对裂隙发育、岩体破碎和泥化夹层集中的地区要着重进行固结灌浆。

二、孔深

固结灌浆孔的孔深一般都是浅孔，如基岩节理裂隙不发育，固结灌浆主要作用是补强开挖中张开的裂缝或靠近基岩面的裂隙时，孔深可为3～5m；如基岩中节理裂隙虽有一定程度的发育，但随深度闭合或减少时，灌浆深度可为5～8m；局部地区及坝基应力较大的高坝基础，必要时可适当加深；帷幕上游区宜根据帷幕深度可采用8～15m的灌浆深度。

三、孔距、排距

孔距和排距主要依据岩石的透水性和可灌性来确定，一般是按一定的孔、排距分区均匀布置，孔距多为2～4m，排距2～3m。由于地质条件的差异，还可适当加密或放宽。

进行固结灌浆时，要遵循分片围堵，逐步加密的原则。固结灌浆孔一般都是铅直孔，当岩层倾斜或为了穿过较多高倾角的裂隙时，宜采用斜孔。

四、压力

固结灌浆的压力以不抬动地基岩体为原则，尽量取较大值。有条件的地方要作灌浆试验或专门抬动试验。对缓倾角结构面发育的基岩，其灌浆压力应由试验确定。

灌浆前，对固结灌浆孔应采用压力水进行裂隙冲洗。

第三节　帷幕灌浆

帷幕灌浆是最常采用、效果可靠的岩基防渗处理措施。帷幕灌浆的主要作用是：

(1) 减少坝基和绕坝渗漏，防止其对坝基及两岸边坡稳定产生不利影响。

(2) 在帷幕和坝基排水的共同作用下，使帷幕后坝基面渗透压力降至允许值之内。

(3) 防止在软弱夹层、断层破碎带、岩体裂隙充填物以及抗水性能差的岩体中产生渗透破坏。

帷幕灌浆的特点是：多由线型排列的1～2排灌浆孔组成，钻孔较深，灌浆压力也较大，一般在水库蓄水前完成主帷幕。

一、防渗帷幕的范围

(1) 当坝基下存在明显的相对隔水层时，一般情况下，防渗帷幕应伸入到该岩层内3～5m，不同坝高的相对隔水层的q值标准如下：

1) 坝高在100m以上，吕荣值宜为1～3Lu；

2) 坝高在100～50m之间，吕荣值宜为3～5Lu；

3) 坝高在50m以下，吕荣值可为5Lu。

(2) 当坝基下相对隔水层埋藏较深或分布无规律时，帷幕深度应参照渗流计算和已建工程经验确定，通常可在0.3～0.7倍坝高或坝前壅水高度的$\frac{1}{3}\sim\frac{1}{2}$范围内选择；局部裂隙渗漏严重地区应予加深。两岸与河床帷幕界线应保持连续、渐变过渡，不要有太大起伏。

(3) 对岩溶地区，帷幕应与相对隔水层相接或进入弱岩溶化岩体。

(4) 两岸帷幕延伸进入岸坡内的范围、深度以及帷幕轴线的方向，应根据工程地质、水文地质条件确定，一般情况下应与正常高水位处的相对不透水层或地下水位相接；如无完整的相对隔水层，地下水位较平缓，不能满足上述要求时，可根据渗流计算成果，在渗漏量、水力坡降和扬压力满足设计要求的条件下设计帷幕长度，或按经验公式确定：

$$S=H+C \tag{7.9.3-1}$$

式中：S为自岸边至帷幕终点距离；H为承受水头；C为经验值，当$H<100$m时，$C=8\sim23$m；当$H>100$m时，$C=15\sim45$m。

岩溶发育或其他存在大型渗漏通道的坝基，上述经验公式不宜使用。在岩溶地区帷幕应与相对隔水层相接或进入弱岩溶化岩体，当坝基帷幕轴线上存在连通上、下游的岩溶洞穴或强透水性的溶缝，且埋藏较深不宜明挖时，可采取逐层洞挖，逐个回填混凝土形成连续防渗墙，也可采用槽式洞挖后回填混凝土形成防渗墙。

二、防渗帷幕的厚度

防渗帷幕的排数、排距及孔距，应根据工程地质条件、水文地质条件、作用水头以及灌浆试验资料选定。

在考虑帷幕上游区的固结灌浆对加强基础浅层的防渗作用后，坝高100m以下的帷幕排数可采用一排。对地质条件较差、岩体裂隙特别发育或可能发生渗透变形的地段，可采用两排，但坝高50m以下的，仍可采用一排。在坝高较低，基岩条件较好且为弱透水层（渗透系数$k<0.1$m/d）时，也可不设帷幕而只设排水以降低坝基渗透压力，但应在坝基面的上游部位进行固结灌浆。

当帷幕由两排灌浆孔组成时，可将其中的一排孔钻灌至设计深度，另一排孔深可取设计深度的1/2左右。

单排孔的幕厚约为0.7～0.8倍的孔距，双排孔为孔中心距加0.6～0.7倍的排距。幕厚的设计应通过幕后剩余水头及允许水力坡降确定。一般规定：当幕厚小于1m时，容许坡降为10；幕厚1～2m时，容许坡降为18；幕厚大于2m时，容许坡降为25。

根据岩体透水率的不同，确定允许坡降值见表7.9.3-1，并与实际计算坡降对比，如不安全，再加宽帷幕。

表7.9.3-1　岩体不同透水率的容许坡降值

帷幕透水率（Lu）	<5	<3	<1
允许坡降	10	15	20

施工时，单排帷幕的第一序钻孔应至少有2～3个孔的深度超过帷幕设计深度。

实际上，帷幕厚度并非上下一致，因为坡降随深度加大而减少，所以除第一排主帷幕以外，孔深可逐渐减少（约为第一排的1/2～1/3），纵剖面上形成阶梯式，成为上部厚、下部薄的不等厚幕体。

三、防渗帷幕的孔距

孔距取决于灌浆孔的扩散半径，其确定原则是使各孔的灌浆范围相互搭接。一般根据水头、基岩孔隙率和现场试验确定，约等于单孔灌浆影响半径（R）的1.6～1.8倍。

用经验公式确定灌浆影响半径：

$$R=\sqrt{\frac{2kt\frac{\mu_1}{\mu_2}\sqrt{Hr}}{n}} \tag{7.9.3-2}$$

式中：k为灌浆前岩石的渗透系数，m/min；n为灌浆前岩石的孔隙率；μ_1、μ_2为水和水泥浆的运动黏滞系数；t为灌浆的持续时间，min；H为灌浆压力，以水头m计；r为灌浆孔的半径，m。

一般帷幕孔距为1.5～3m，排距宜比孔距略小。

四、钻孔的方向

钻孔方向应尽可能多地穿过裂隙面和岩层面，但钻孔角度过缓（<75°），施工不便，质量也难以保证，特别是深孔的方向稍有偏离，将会影响到深部帷幕不能形成连续的整体。

五、帷幕灌浆的压力

一般应通过实验来确定。在帷幕表层段不宜小于1～1.5倍坝前静水头，在孔底段不宜小于2～3倍坝前静水头，但以不抬动岩体为原则。帷幕灌浆必须在坝体填筑到一定高度后再施工。

第四节　化学灌浆

化学灌浆是利用压力将能凝胶的化学浆液通过钻孔注入岩土体孔隙、裂隙或建筑物的裂隙中，使其物理力学和抗渗性能得以改善，达到堵漏、防渗、补强等作用的技术措施。其可灌入0.05mm以下的细微裂隙或粒径小于0.1mm的粉砂层，具一定的粘结强度。对坝基断层带、节理密集带及粉细砂层大量渗水的处理以及在动水压力下的堵漏，均有良好效果。但其常具有一定毒性，因而有污染环境之患，同时也存在耐久性问题。

一、化学灌浆的类型

化学灌浆一般分为两大类：①防渗，可对水泥灌浆难以处理好的微细裂隙进行封闭，或对大渗漏量部位进行及时有效封堵；②固结补强，主要是提高坝基的强度和变形模量。

二、常见的化学灌浆材料及用途

(1) 水玻璃类浆液。水玻璃又称硅酸钠（$Na_2O \cdot nSiO_2$），水玻璃类浆液是以水玻璃为主剂，加入固化剂（胶凝剂），反应生成凝胶。其来源广泛，价格便宜，对环境无害，可作为单一浆液灌注，还可用作水泥灌浆的速凝剂使用。一般用于灌浆的水玻璃以模数2.4～3.4、浓度34波美度（°Be′）为宜。水玻璃浆液作为单一浆液灌注时，可以根据工程需要掺加不同的固化剂，其凝胶时间及性能可通过不同的配方来确定。应用较多的几种浆液是水玻璃氯化钠浆液、水玻璃铝酸钠浆液、水玻璃氟硅酸浆液、水玻璃乙二醛浆液等。其浆液的凝胶时间为几秒钟至几十分钟，凝胶体抗压强度小于3MPa。水泥水玻璃浆液是以水泥和水玻璃为主剂，两者按一定的比例采用双液方式注入，必要时加入速凝剂或缓凝剂所组成的灌浆材料。可用于防渗和加固处理，在地下水流速较大的地层中采用这种混合型浆液可达到快速堵漏的目的。水玻璃为强碱性材料，其凝胶体有碱溶出、脱水收缩和腐蚀现象，耐久性较差，作为单一灌浆浆液多用于临时性工程。

(2) 丙烯酸盐浆液。丙烯酸盐浆液是在丙烯酰胺类浆液（丙凝）的基础上改性发展起来的。它基本上克服了丙凝浆液及凝胶体耐久性较差、对神经系统有毒害、对空气和地下水有污染等问题。该种浆液黏度小，亲水，常温标准浓度下为$1.2\times10^{-3}Pa \cdot s$，且在凝胶前保持不变，因此具有良好的可灌性；凝胶时间可准确地控制在几秒至几十分钟之内，且凝胶是在瞬间发生并在几分钟之内就达到其极限强度，聚合体体积基本上为浆液体积的100%；凝胶体抗渗性好，其渗透系数为10^{-9}～10^{-10}cm/s，现广泛地应用于防渗灌浆。

(3) 环氧树脂浆液。环氧树脂是一种高分子材料，具有强度高、粘结力强、收缩性小、化学稳定性好、能在常温下固化等性能。作为灌浆材料则存在浆液黏度大、可注性小、憎水性强、与潮湿裂缝粘结力差的弱点。目前，国内已研制出黏度低、亲水性能好与潮湿裂缝粘结力强的浆液（如CW，中化798等浆液），并已用于坝基加固处理及防渗工程。其黏度为6×10^{-3}～1.2×10^{-2}Pa·s，抗拉强度为70～80MPa，粘结强度为1.2～2.8MPa。

(4) 甲凝浆液。甲凝是以甲基丙烯酸甲酯为主要成分，加入引发剂等组成的一种低黏度的灌浆材料。甲基丙烯酸甲酯是无色透明液体，黏度很低，在25℃时，仅为5.7×10^{-4}Pa·s，渗透力很强，可注入0.05～0.1mm的细微裂隙，在一定的压力下，还可渗入混凝土材料中一定距离。聚合后的强度和粘结力较高。但甲凝是憎水性材料，在液态时，它怕水，也怕氧，同时浆液黏度的增长和聚合速度都较快，在湿度较高的环境中更是如此。所以，在灌浆前，必须用风吹干裂缝和在浆液内加入一定的阻聚剂。

(5) 聚氨酯类浆液。聚氨酯类浆液采用多异氰酸酯和聚醚树脂等作为主要原材料，加入各种外加剂配制而成。浆液注入地层后与水发生反应生成聚氨酯泡沫体，起加固地基和防渗堵水作用。它分为非水溶性聚氨酯浆液（简称PM）和水溶性聚氨酯浆液（简称SPM）。浆液遇水反应，所以受外部水或水蒸气影响较大，在存放或施工时应防止外部水进入浆液中。

非水溶性聚氨酯类浆液的配方变化较大，甲苯二异氰酸酯（TDI）可用二苯基亚甲基二异氰酸酯（MDI）或多苯基多亚甲基多异氰酸酯（PAPI）代替，聚醚也可选用其他型号。灌浆用聚氨酯一般要求异氰酸根过量15%～25%。异氰酸根用量过多，浆液黏度小，与水反应激烈，固砂体强度低；异氰酸根用量过小，则黏度大，固砂体强度高。浆液比重1.036～1.125，遇水反应，不易被水冲释，可用于动水条件下堵漏，封堵各种形式的地下、地面及管道漏水。浆液遇水反应时，放出二氧化碳（CO_2）气体，使浆液产生膨胀，向四周渗透扩散，直到反应结束时止，因而有较大的扩散半径和凝固体积比。浆液黏度低，可注性好，可与水泥灌浆相结合；采用单液系统灌浆，工艺设备简单。固砂体抗压强度高，一般在0.6～1MPa之间，渗透系数可达10^{-6}～10^{-8}cm/s。灌浆后，管道、设备需用丙酮、二甲苯等溶剂清洗。

水溶性聚氨酯类浆液与非水溶性聚氨酯的主要区别在聚醚。PM浆液所用的聚醚是环氧丙烷聚合物，而SPM浆液所用的聚醚是环氧乙烷聚合物，后者具有亲水性。浆液能均匀地分散或溶解在大量水中，凝胶后形成包有大量水的弹性体；浆液比重1.10，黏度10×10^{-3}Pa·s左右；凝胶时间从几秒钟至几十分钟，凝胶体的抗压强度与包水量有关。

第五节　排　　水

在帷幕下游设置排水设施，可以充分降低坝基渗透压力并排除渗水。但对于地质条件较差的坝基，设置排水孔应注意防止渗透变形。

坝基排水设施，一般设置一排主排水孔。对能充分排水的坝基，除设主排水孔外，高坝可设辅助排水孔2～3排；中坝可设辅助排水孔1～2排，必要时可沿横向排水廊道或宽缝设置排水孔。当基础中存在有相对隔水层或缓倾角地层时，应根据其分布情况合理布置排水孔。

主排水孔的位置，一般设在基础灌浆廊道内防渗帷幕的下游，在坝基面上排水孔与帷幕孔的距离不宜小于2m。辅助排水孔常设在基础纵向排水廊道内。

主排水孔孔距一般为2～3m，辅助排水孔则为3～5m。

主排水孔的深度，一般为防渗帷幕深度的0.4～0.6倍，高、中坝的坝基主排水孔的深度不应小于10m。当基础内有裂隙承压水层，较大的深层透水压力以及存在有滑动面时，除加强防渗措施外，排水孔需穿过这些部位。辅助排水孔的深度，一般为6～12m。排水孔孔径不宜小于100mm。主孔应大于110mm，副孔65mm左右，岩溶区应大于150～250mm。

为降低岸坡部位渗透压力，保证岸坡稳定，一般在岸坡坝段的坝体内设横向排水廊道，并向岸坡内钻设排水孔和设置专门排水设施，使渗水尽量靠近基础面排出坝体外，必要时可在岸坡山体内设排水隧洞，并布置排水孔。

当排水孔的孔壁有塌落危险或排水孔穿过软弱夹层、夹泥裂隙时，应采取相应的保护措施，既保证排水效果，又避免恶化地基的工作条件。

排水孔内应有反滤措施，以防止管涌。

第六节　断层破碎带及软弱夹层的专门处理

断层破碎带及软弱夹层（以下简称软弱带）一般都充填有一定厚度的构造破碎产物（即构造岩）。软弱带通常是低强度，易变形，透水性大而抗水性差，与其两侧岩体的物理力学特性有显著的差异，必须进行专门处理。

坝基范围内的断层破碎带或软弱带，应根据其所在部位、埋藏深度、产状、宽度、物质组成、特性以及有关试验资料，研究其对坝体影响程度，结合施工条件进行专门的处理。

在地震设计烈度为8度以上的区域，其处理要求应适当提高。对低坝的断层破碎带处理要求，可适当降低。

一、软弱带处理的基本要求

软弱带处理的基本要求为：

（1）使软弱带具有与两侧坚硬岩石相近似的弹模和足够强度，在坝体承受最大荷载时不致产生过大的应力集中，并使软弱带的绝对沉陷量和相对沉陷量都限制在允许范围内，防止大坝因不均匀沉陷而造成破坏。

（2）增大软弱带的抗剪强度，防止坝基岩体沿软弱带发生剪切破坏。

（3）减小软弱带的透水性和增强其抗水性能，防止在蓄水后沿软弱带渗透产生过大扬压力和软弱带组成物质软化而引起强度进一步降低，以及发生机械管涌和化学管涌。

二、软弱带处理方法

软弱带处理方法有开挖回填、混凝土塞、混凝土支承拱、钢筋混凝土垫层（梁）、连锁混凝土管柱、防沉井与防渗井、锚固及封闭等。

对于坝基出露或埋藏较浅的断层破碎带或软弱夹层，都应当在适当的深度内，将软弱带及其两侧风化岩体挖除或挖至较完整岩体。若无法完全挖除，则应采取可靠的综合处理措施。

混凝土支承拱应使拱承受压力而避免出现拉应力，但在浇筑中和不同蓄水高程下支承拱均受三向应力而产生扭曲应力，加上施工复杂，难以保证质量，容易发生变位，国内外应用的不多。

钢筋混凝土垫层适用于范围不明确且宽度较大的断层带，可以解决因拉应力而开裂问题，但对防止不均匀沉陷作用较小，一般只当成用来改善坝基应力条件的辅助措施。

当软弱夹层埋藏较深，难以挖除，且该处地基应力不大，不致因存在软弱夹层而滑动时，可以采用封闭的方法。

连锁混凝土管柱施工难度较大，且费用昂贵，目前应用尚不广泛。

目前应用最广泛的方法是用混凝土塞加固，辅以相应防渗措施，其次是采用防沉井与防渗井，锚固等方法。而大多数情况下都是几种方法综合应用。

（一）混凝土塞

采用混凝土塞加固是通过塞的作用，将坝体应力传至破碎带两侧的坚硬岩石上。设计时，假定塞子是两端固定的梁，将坝体的垂直应力作为荷载，不考虑坝体刚度的影响。显然，当梁的荷载一定时，梁越深，梁底的沉陷或拉应力愈小。

1. 混凝土塞深度

处理深度：

$$d=KBH+C \qquad (7.9.6-1)$$

式中：K为经验系数；B为断层破碎带或软弱夹层的宽度，m；H为基础面以上坝高，m；C为与坝高、软弱带的破碎影响范围和倾角有关系数，见表7.9.6-1。

在不同的坝身传给混凝土塞荷载情况下，各种宽度的软弱带所需处理深度，可按图7.9.6-1查用，曲线中的开挖深度计算已考虑软弱带的反力作用（$E_坚:E_软=10:1$）。

表7.9.6-1　系数C值表

坝　高	影响范围>2m		影响范围<2m	
	倾角>65°	倾角<50°	倾角>65°	倾角<50°
大于80m	1.1	2.2	0.55	1.1
小于65m	1.7	3.4	0.85	1.7

注　1. 在坝高30～65m、软弱带倾角50°～65°时，可按表中所列值插补。
　　2. 对拱坝的要求应比重力坝高，C值应取大些；当软弱带宽度大于1.5m时、$C=3$，小于1.5m宽时，$C=1.0\sim1.5$。

美国垦务局手册规定如下：

当$H>150$英尺时：

$$d=0.002BH+5（拱坝\ d=0.002BH+10） \qquad (7.9.6-2)$$

当$H\leqslant150$英尺时：

$$d=0.3BH+5 \qquad (7.9.6-3)$$

式中：H为基础面以上坝高，英尺；B为软弱带的宽度，英尺；d为从邻接的坚硬岩面以下软弱带的开挖深度，英尺。在黏土断层泥夹层中，d不得小于$0.1H$。

日本在《坝工设计规范》（第二次修订版）中规定：因断层的存在而使地基岩石内的应力分布紊乱的情况较多，特别是断层在坝的下游端附近倾向上游时，力向断层下游侧基础的传递受阻碍，基础的稳定性显著降低。这样的断层，应置换混凝土。其深度应考虑坝高、断层位置、规模以及大坝混凝土、回填混凝土、基础岩石和断层的各种变形特性来确定。

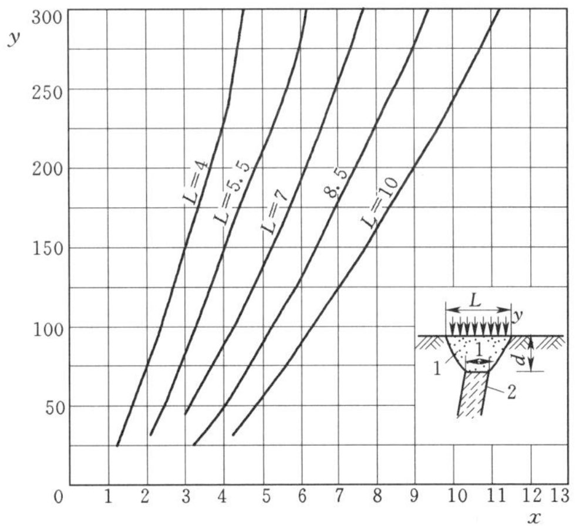

图7.9.6-1　混凝土塞深度与垂直正应力关系

x—混凝土塞深度（m）；y—垂直正应力δ_y（坝身传给混凝土塞的荷载，t/m^2）；1—混凝土塞深度；2—断层破碎带

当断层与坝轴线近于正交，断层上的坝块和基础岩石的接触面因断层而抗剪强度不足时，如图7.9.6-2所示，一般要回填混凝土，以提高其抗剪强度，混凝土的深度d一般按下式计算：

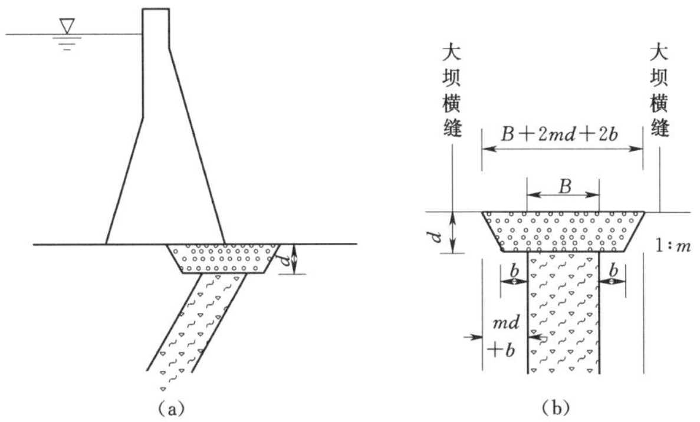

图7.9.6-2　计算图示

$$d=\frac{k_cW-fV}{2\sqrt{1+m^2}\tau_0L} \qquad (7.9.6-4)$$

式中：k_c为抗滑稳定安全系数；W为作用在$(B+2md+2b)$区间的剪切力（包括地震力，t）；V为作用在$(B+2md+2b)$

区间的法向力（包括扬压力与地震力，t）；m 为坡度比值；B 为断层宽度，m；b 为见图 7.9.6－2（b 通常为 0.5～1.0m）；f 为内摩擦系数（包括断层的岩体和混凝土 f 值中的小值）；τ_0 为抗剪强度，t/m^2（岩体和混凝土 τ_0 值中的小值）；L 为混凝土回填长度，m（通常为坝底宽）。

国内外一些工程确定处理深度的公式列于表 7.9.6－2。

表 7.9.6－2　部分工程混凝土塞深度计算公式

分类	工程	应用条件	公　式
用挠度控制	夏斯塔坝（美）	坝高 183m，砂岩中有软弱夹层 坚岩弹模 $E=352600$ 软岩弹模 $E=141060$	$d=0.0066BH+3$（两岸） $d=0.0066BH+9$（河床）
		软弱夹层与坝轴线平行 软弱夹层与坝轴线垂直	$d=0.0066BH+3$ $d=0.0066BH+1.5$
	新安江坝（中）	坝高 110m，砂岩有软弱夹层，断层带。 坚岩弹模 $E=145000$ 软岩弹模 $E=39000$	$d=0.008BH+3.6$（$H>85$m） $d=0.007BH+2.0$（$H=65\sim85$m） $d=0.006BH+1.0$（$H<65$m）
	佛兰特坝（美）	坝高 98m	$d=0.3BH+1.5$（$H>46$m） $d=0.0066BH+1.5$（$H<46$m）
用混凝土弯曲拉应力控制	巴克拉坝（印）	坝高 207m 坚岩弹模 $E=176000$ 软岩弹模 $E=35200\sim49200$	$d=0.0066BH+3$（两岸） $d=0.0066BH+9$（河床）
			$d=0.005BH+\frac{B}{2}$（未采用）
			$d=\frac{BH}{6.0}+\frac{B}{2}$
	丹江口	坝高 110m，闪长玢岩	控制的允许拉应力 1MPa
	青铜峡	坝高 41.9m， 灰岩、砂岩、页岩	控制的允许拉应力 1MPa
经验	白山	坝高 144m，混合岩	$d=0.6B$（$B>3$m） $d=B$（$B<3$m）
	陈村	坝高 75m，石英砂岩、砂质页岩	$d=B+\frac{H}{10}$
	一般采用		$d=(1\sim2)B$

2. 混凝土塞长度

混凝土塞长度主要是指确定坝基外回填混凝土塞的水平延伸长度。假定其工作条件似一水平梁的作用，承受由坝基内传来的水平应力。

确定混凝土塞的长度不能单纯考虑强度，更重要的是保证所需的渗径。所以，通常在软弱带的上、下游开截水墙，用混凝土回填到一定深度，此项深度应达到：

$$渗流因数=\frac{渗流长度}{水头}\begin{matrix}\geqslant4.0(泥质软弱带)\\ \geqslant2.5(其他软弱带)\end{matrix}$$

截水墙的宽度$=B+2$（英尺）（不得小于 5 英尺，即 1.5m）

截水墙顺流向的厚度应为 7.5 英尺即（2.3m）。

上游截水墙的深度应为下游截水墙的 2 倍。这是美国垦务局的设计标准。

也可以按坝基的水力梯度小于软弱带物质的允许值，另加一定的安全系数来确定（图 7.9.6－3）。

$$h=\frac{1}{6}\left(\frac{k_cH}{i_a}\right)-B \qquad (7.9.6-5)$$

式中：h 为下游直槽的深度，m；H 为全水头，为上游最高

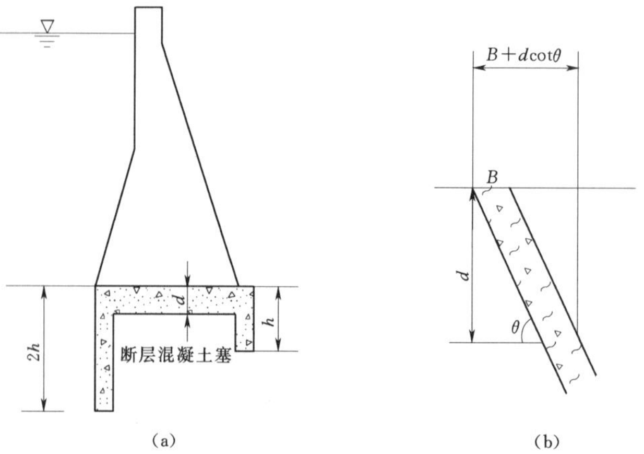

图 7.9.6－3　计算图示

水位和下游基岩与混凝土的接触点的高程差，m；i_a 为软弱带物质容许的水力梯度（深潭破碎带 $i_a=0.865$）；k_c 为安全系数。

$$b_1=B+h\left(\cot\theta+\frac{1}{8}\right)+0.6 \qquad (7.9.6-6)$$

式中：b_1 为直槽平行于轴线的宽度，m；B 为软弱夹层宽度，m；θ 为软弱夹层的倾角；h 为直槽的开挖深度，m。

实际使用时，混凝土塞在上下游方向延伸长度定为（1.5～2.0）d，在软弱带末端设直槽，厚 2.3m 左右，上游的深度为下游深度的 2 倍，或者辅以铺盖。

3. 混凝土塞两侧边坡

按理论计算，因为梁的工作条件主要受剪力传递应力，可将梁的两边做成铅直面，但为了应力分布良好起见，一般做成一定的坡度，一般为 1∶0.5～1∶1。

当软弱带的倾角为 50°～60°时，为保持岩体完整性，可利用其一侧为塞的支座。

4. 混凝土塞的其他要求

混凝土塞在分块时要满足混凝土散热要求，在垂直浇筑层方面尽量不分水平缝。若因浇筑强度不能满足时，则每块之间的缝宜分在垂直于塞中心线的方向上，分缝两端处的岩体要较完整，所有这些要求都是为了能使塞起整体梁的作用。

此外，还经常根据工程实际情况，对混凝土塞顶部高程、坝外混凝土塞的顶端顺接边坡、固结灌浆、接触灌浆、观测仪器的埋设以及浇筑施工技术等都做出具体的规定。

（二）锚固

利用穿过软弱结构面，深入至完整岩体内一定深度的钻孔，插入钢棒、钢索、预应力钢筋及回填混凝土，借以提高岩体的摩阻力、整体性与抗剪强度，这种加固措施就称为锚固。

（三）防沉井与防渗井

当软弱带的倾角较缓时，沿软弱带倾斜方向，每隔一定距离，打斜井回填混凝土用以支撑上盘岩石。这时上盘岩层好似一个大跨度的梁，每个井都是一个支承点，跨度减小，防止沉陷。同时，可以防止沿软弱面产生剪切错动。

由于软弱带中的泥质充填物难以冲洗，灌浆效果不好，因此在软弱带所通过的帷幕部位上，循帷幕线在断层倾斜方向的铅直投影上开挖防渗井，其深度满足渗透压力要求，与帷幕组成一个整体，将防渗井与防沉井结合起来使用，可以取得较好的效果。

三、重力坝深层稳定处理措施

（一）改变坝轴线、结构型式或布置

如果坝址区存在较为不利的地质缺陷，坝基深层抗滑稳定问题较为严重，一般情况下，处理起来有相当的难度，在经济上代价也比较大。此时，首先考虑移动坝轴线或者改变结构型式，以避开最不利的条件。

（二）加深开挖

如果缓倾角软弱破碎带数量较少，埋藏较浅，可考虑将大坝建基面整体或者局部降低，将缓倾角软弱破碎带全部或者部分挖除。

（三）设置深齿槽

设置齿槽实际上是一个局部加深开挖的措施，将齿槽底部的开挖高程降至控制滑动面以下的完整基岩中，用深齿槽切断软弱结构面，以保证坝基的抗滑稳定。它的开挖量较全面开挖量小，施工方便，并有利于坝基防渗处理，特别适用于软弱结构面埋深较浅的情况。齿槽切穿软弱破碎带的宽度根据深层稳定计算确定。

（四）增加坝体断面和降低扬压力

增大坝体断面可以直接增加抗滑阻力，但当软弱面上的 f 值较低，或软弱面倾向下游，依靠增加坝体断面来增加抗滑阻力常常是不经济的。降低扬压力是有效的措施，而且对各种软弱破碎带都适用。设置有效和完善的防渗排水系统，不仅可以降低滑移面上的扬压力，而且还可以防止或减轻渗透水流对软弱破碎带的渗透破坏。其中，封闭式的防渗排水作用更大。

在设置帷幕防渗系统和排水系统时，排水孔穿过软弱破碎带时应注意防止管涌的发生，排水孔内须设置有效的反滤措施，并应有监测和检修条件，否则，不宜过分地考虑降压作用。

（五）充分利用尾部抗力

在许多情况下，坝体下游存在抗力体，可以提供相当大的抗力，成为维持稳定的重要因素之一。增加抗力体抗力作用的措施包括在抗力体上适当增加混凝土以压重和保护，设置钢筋混凝土抗滑桩加固，对抗力体中的缺陷进行处理、补强及固结灌浆等。

（六）设置抗剪洞塞和抗剪桩

当主要滑移面仅为一条控制性缓倾夹层，但又不能挖除时，如果其上、下岩层均较坚硬，可以在地下沿夹层开挖平洞，然后回填混凝土，用以增加软弱结构面的抗剪断能力，保证坝基的抗滑稳定。如果坝基下有数条夹层，可采用钢筋混凝土抗滑桩代替抗剪键槽，以增加坝基的抗滑稳定性。抗滑桩优点是能穿过几层夹层，缺点是每根桩的断面有限，不及抗剪洞塞有效。

（七）利用坝前水重

在坝前设置防渗板，或防渗铺盖，并将帷幕及排水孔上移，就可利用防渗板上的水重增加抗滑力。防渗板和坝体的接触处必须做好可靠的止水，并有检修补强措施。防渗板本身必须不漏水。

（八）预应力锚索

利用预应力锚索加固常有两种方法：

（1）在坝顶钻孔至基岩深部，孔内放置钢索，其下端锚固在夹层以下的完整岩石中，而在坝顶锚索的另一端施加拉力，使坝体受压，既可提高坝体的抗滑稳定性，又可改善坝踵的应力状态。

（2）在坝趾处施加预应力，预应力改变了合力的方向，使铅直向分力增大，从而提高了坝体的抗滑稳定性。

（九）提高软弱破碎带的抗剪强度

对软弱破碎带进行高压固结灌浆或辅以化学灌浆，可以显著提高夹层的压缩模量，也可适量提高其抗剪参数。

四、拱坝抗力岩体处理措施

拱坝坝肩范围存在的地质缺陷，对拱坝应力扩散及抗力岩体的稳定有一定影响时，为改善拱坝坝肩的受力条件，需要对主要受力区域的软弱岩带采取专门处理措施。

（一）传力、置换和抗剪

1. 传力洞

传力洞塞系把拱坝部分应力传递至软弱岩带下游的较好岩体中，以改善坝肩变形稳定条件。一般沿拱坝推力方向布置［图 7.9.6-4（a）］。

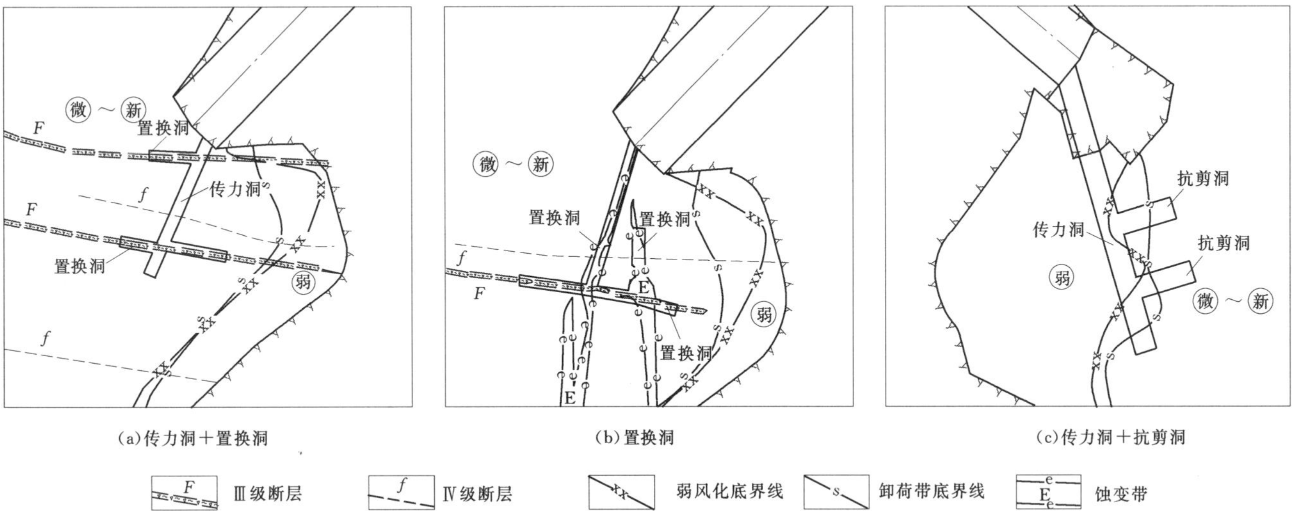

图 7.9.6-4 传力洞、置换洞和抗剪洞示意图

2. 置换洞

针对坝肩岩体中性状较差的软弱岩带进行处理，全部或部分置换软弱岩体，改善坝肩变形及抗滑稳定条件，其一般追踪软弱岩带延伸方向布置［图 7.9.6-4（b）］。

3. 抗剪洞（键）

部分地段由于存在顺河向不利结构面，对坝肩抗滑稳定不

利，可在适当部位设置抗剪洞（键）提高软弱岩带抗剪能力［图 7.9.6-4（c）］。

在实际实施过程中，传力洞、置换洞和抗剪洞可兼顾组合布置，形成加固结构体。

（二）岩体力学性能的改善

坝肩受力区域分布的风化、卸荷岩体、软弱岩带、Ⅳ级结构面、节理裂隙，其具有较好的可灌性时，也可采用固结灌浆处理以达到改善岩体力学性能的目的。

（三）锚固

针对谷坡岩体内顺坡中缓倾角节理裂隙，为改善岸坡岩体的应力状态和抗滑稳定性，在坝趾及其下游一定范围内设置预应力锚索。

第七节　岸坡坝基的专门处理

岸坡坝基除一般处理外，由于坝基（肩）稳定和防渗问题往往牵涉整个坝体安全，特别是拱坝坝肩岩体稳定更为重要，因此，还经常需要作以下专门处理：

（1）锚固。为保证坝肩稳定常进行锚固综合处理。

（2）重力墩。在岸坡设重力墩，依靠建筑物的重量来阻止坝体的滑动，增加坝体的整体抗滑稳定性。

（3）支撑墙。将岸坡上各坝段连接起来，构成整体，防止局部滑动。

（4）混凝土盖面。当岸坡岩体裂隙发育，并有张开、错动现象时，可作混凝土盖面，改善抗渗条件。盖面混凝土厚 1～2m 左右，盖面范围视实际需要而定。此外也可在适当削坡后做喷浆护面处理。

（5）钢筋混凝土包墙。为防止软弱岩石继续恶化，提高固结灌浆压力，增大山体重量，一般在重力墩外围浇筑钢筋混凝土包墙，其高度视实际需要而定。

（6）固结封闭。布置梅花形固结灌浆孔，封闭坝基新老裂缝，减少渗水，降低渗透压力，有的还在拱后或垛墙侧设置排水孔，有的结合锚固。

第十章 岩石地基的监测与检测

第一节 概　　述

岩石地基的工程监测，是水电工程安全监测的重要内容，为优化设计、指导施工并保证大坝等工程安全、避免溃坝事故等具有十分重要的意义，同时监测成果能够丰富和发展岩体破坏机理，有利于设计理念的更新，并为工程建设的主管部门提供决策依据。

近年来，随着水电开发建设迅猛发展，岩基上兴建的高坝越来越多，并对岩石地基的监测内容、方法、数据采集、资料分析与反馈、预测预报等方面进行了探索和总结，进一步丰富、完善和发展了监测的理论、方法，监测技术和仪器也在不断地更新，岩石地基工程监测水平也得以大幅提高。

第二节 岩石地基工程监测设计

一、监测设计的原则

针对岩石坝基的特点，岩基观测与监测布置应分阶段，具有针对性和及时性，对工程的设计和施工具有指导性，一般应遵循以下原则：

(1) 按监测时段，岩基监测可划分为前期、施工期、首次蓄水期和运行期监测，前期又可划分为可行性研究阶段监测和招标设计阶段监测。监测设计应针对不同时期的监测目的和监测内容做全面考虑，使之前后衔接，保持监测资料的连续性和完整性。

(2) 岩石坝基的监测设计应结合上部坝体等建（构）筑物的安全监测设计统一布置，并纳入大坝安全监测系统。

(3) 岩基监测的重点应在地质条件、坝体结构有代表性的部位，对断层带、不利结构面组合块体、软弱带、蚀变岩体、破碎带、软弱夹层、地下水出逸点等不利地质地段及坝踵、坝趾等重要工程部位应重点进行监测。

(4) 岩基监测项目和监测网点布置应能反应岩石地基应力应变动态、加固结构的受力特点，地面与地下监测相结合构成立体监测系统。岩石坝基的监测必须包括巡视、检查及观察、判断，监测项目布置宜少而精，尽可能降低监测成本。同时，监测项目内容及布置应符合相应坝型的安全监测技术规范的有关要求。

(5) 根据工程规模、坝体结构特点及坝基岩体地质条件，确定监测仪器类型、量程和精度，进行仪器选型。监测仪器和监测方法应力求先进，经济合理；仪器、设备应实用、可靠，易于置换。

(6) 根据工程经验和初期动态监测成果，确定监测周期。应及时整理和分析观测成果，并将观测成果及时反馈至设计、施工和监理单位，以便改进设计和对施工方案进行调整和完善，及时发挥监测应有的作用。

(7) 做到监测连续、数据可靠、记录真实、注明齐全、整理及时，一旦发现问题，及时上报。

二、岩石坝基监测的项目

根据岩石地基的监测目的和要求，主要监测项目有位移及变形监测、水文地质及渗流渗压监测、应力监测、岩体质量（主要是岩体弹性波）及岩体性状变化监测、地震及振动监测、基岩温度监测、冲刷及雾化等的环境量监测等。根据工程的具体特点及工程地质条件、存在的工程地质问题，可综合选择多种监测内容和手段。

三、监测设计需要的基本资料

岩石地基的监测设计，需要的基本地质资料主要有：

(1) 坝址区地形图。

(2) 坝址工程地质平面图及主要监测断面工程地质剖面图。

(3) 坝址工程地质条件资料，包括坝基岩性、地质构造、风化、卸荷、水文地质条件等。

(4) 坝基工程地质问题的评价意见与结论，包括软弱夹层、不利结构面组合块体、软弱岩带及破碎带等地质缺陷的位置、规模、工程性状及稳定状态；地下水出露异常情况；坝基岩地应力等。

(5) 坝基岩体结构类型、质量分类等。

(6) 监测点的工程地质展视图及典型工程地质剖面图。

监测设计在考虑上部坝体及建筑物结构时，更需要充分考虑地质条件，使监测方案更具针对性、代表性及可靠性，对工程建设才具有指导意义。

四、监测仪器的选型

监测仪器应根据监测内容和实际地质条件、场地条件及建筑物情况综合进行比较、选择，一般应遵从以下原则：

(1) 良好的可靠性。选择监测仪器时，最重要的是仪器的可靠性。监测仪器必须要求准确、可靠；具有防水、防潮、抗雷电、防磁等性能；能在温差较大的露天环境下工作且零漂小；长期稳定和正常工作；有很好的绝缘度等。

(2) 精度和量程满足要求。具有监测要求的精度、量程及直线性、重复性，在满足量程的前提下，选取精度较高的传感器。

(3) 经济合理。在满足可靠性及精度要求的前提下，监测仪器应力求结构、安装和操作简单，价格较便宜，同时便于维修、更换和牢靠。

(4) 应考虑到自动化监测的需要。应尽可能实现自动化监测，以提高监测的及时性，并在紧急状态下连续完成数据的采集，并实现远程的实时传输。

(5) 综合比较。选择仪器要作综合分析比较，在保证可靠实用和满足其他基本要求的前提下，应进行成本和功能比较，尽量做到功能强、成本低。

第三节 常用岩石地基监测方法

一、巡视检查

巡视检查，也叫目视观察，是仪器监测的补充，在岩石地基的监测中是不可缺少的方法。根据巡视检查频度，可分为日常、年度和专项巡视检查，对重大地质缺陷和存在地质隐患的地段，应加强巡视并及时进行专项检查；建基面开挖及形成后，也需进行专门的巡视和检查、验收。巡视检查的要求主要为：

(1) 从施工期到运行期，均应对坝基及周边地质情况、环境条件进行巡视检查。

(2) 巡视检查的频度，在正常情况下巡视间隔大，施工期、汛期、遇险情或异常情况时，应加密巡视。

(3) 岩石地基巡视检查应有地质、水工、结构、施工、监理等方面的人员参加，参加人员应熟悉工程情况、地质条件和具有一定的专业经验。

(4) 岩石坝基在开挖施工中，应定期进行巡视，对断裂、软弱夹层或结构面、破碎带、特殊岩体（如软岩、膨胀性岩石）等分布地段重点进行观察，分析其随时间的变化情况。建基面形成后，应进行重点检查、验收，并编录建基面地质资料。

(5) 巡视过程中，对发现岩基明显变形、错位，地下水渗流量增加或聚减，节理面扩张，岩体回弹张裂，软岩挤出等异常地质情况时，应及时上报，并分析原因。

(6) 巡视检查要建立制度，认真记录。特殊情况下的巡视检查，巡视完成后，应提交一份简报，提出处理的意见和建议。

施工期间，应根据具体情况，并按专门拟定的观测要求进行下列内容的观测：

(1) 地基岩土体胀缩、回弹、隆起、蠕滑、挤出、开裂等变形现象。

(2) 易风化、易崩解岩土体的风化和崩解速度。

(3) 土基中管涌、流土、流砂等现象。

(4) 地下水动态（流量、水位、水温、水化学），包括围堰及水库水位升降过程中两岸地下水动态变化；新揭露泉水出溢点或入渗点情况及流量变化；地基岩体渗水情况。必要时进行连通试验。

(5) 爆破引起的岩体松动、开裂现象。

(6) 采用预压加固土基时，地基的沉陷、位移、孔隙水压力及地下水动态。

(7) 防渗铺盖的沉陷、位移。

(8) 其他可能出现的异变情况。

二、位移及变形监测

基岩位移及变形监测，主要包括基岩垂直变形、水平变形，夹层或结构面错动变形，地应力释放形成的松弛、回弹及塑性变形等的监测，必要时可进行转动监测和挠度监测。按监测部位，可分为基岩表面位移监测及深部变形监测，一般情况下宜将地表和地下进行同步监测。高山峡谷地区，为监测坝址两岸边坡岩体的变形情况，还可开展谷幅测量。

变形监测是岩石坝基最重要的监测内容之一。按监测程度和精度，可分为简易监测和仪器监测两类。简易监测可在裂缝、滑移面处设置贴片、贴条或垂线等进行量测；仪器监测的精度高，可采用大地测量法（全站仪、水准仪）、GPS全球卫星定位、遥感（RS）和摄影法、激光全息摄影法与激光散斑法、测斜法、测缝法等监测方法。

地表监测主要以大地测量方法为主，一般采用全站仪配水准仪进行监测地表裂缝的张合和位错，监测中也常采用测缝计、收敛计、钢丝位移计和位错计监测；地下监测多以测斜法为主，常采用多点位移计与钻孔倾斜仪进行监测，深部位移监测孔宜与地表变形测点靠近布置，以便相互比较、印证。谷幅测量需要将测量基点布置在完整稳定的基岩中，一般将基点设置于两岸的勘探平洞中。

岩石坝基位移变形监测应遵守以下原则：

(1) 监测点的布置，应根据建筑物的重要性、规模及布置情况，结合坝基地质条件、拟采用的观测方法而定，以能全面掌握建筑物及其基础的变形状态为原则。

(2) 重要建筑物及主要坝段，代表性地质地段，分布断层、软岩、坝基岩性不均一及结构面组合不利块体等存在地质缺陷部位，应布置监测断面。

(3) 一般将水平位移与垂直位移观测标点设在同一观测墩上，特殊情况也可将水平位移标点与垂直位移标点分开设立。

(4) 变形监测基准点应在施工前或施工初期埋设，并应建在稳定地段，一般选择在稳定、完整的岩体上，并不受坝体应力、水库蓄水后水位变化、爆破振动等外部因素的影响。稳定基准点的位置一般距离大坝直线距离约1～5km，为避免工程影响，有的工程基准点设置距大坝施工区以外达10km。

(5) 观测设备应有必要的保护装置，变形观测仪器必须与观测精度要求相适应，并长期稳定、可靠，使用、维护方便。仪器设备还应做好检查、校正工作，每年至少应检校一次，检验方法和要求需按有关规定执行。

(6) 有联系的各观测项目，为便用分析、研究，应尽可能在同一时间观测，如同一部位地表、地下监测等。野外观测应选择有利时间进行，降低观测仪器受气候、气温变化的影响造成的误差。

三、岩石地基应力应变监测

岩石坝基的应力应变监测，主要为岩基的应力应变、坝体与基岩接触面应力变化的监测。监测的布置主要考虑以下因素：

(1) 应根据坝型、坝高、坝体结构特点及实际地质条件，选择重点地段布置监测断面或监测点。

(2) 应力应变监测应与温度监测、变形监测、渗压监测等项目结合布置，以便对监测成果进行对比，综合分析。

(3) 坝基应力应变监测断面及监测点应选择有地质代表性的部位及断层带、地形转折处、坡脚附近等应力易集中、松弛的地段及坝基附加应力较大的部位。

(4) 重力坝的坝踵、坝址是应力应变监测的重点，坝踵处混凝土与基岩接触面，蓄水时应重视对缝面上拉应力的监测，如布置钢筋计或测缝计；拱坝监测的重点应放在两岸拱座抗力体部位，根据坝高、体型、坝体结构及地质条件，可在拱冠的不同高程布置铅直及水平观测断面，全面了解应力分布及变化情况。

(5) 进行岩体应力应变观测时，测点应布置在钻孔内或岩壁；进行岩体与混凝土接触面压力应变观测时，测点应布置在岩体表面。

应根据监测成果，绘制坝基应力分布图及岩体应力应变、接触面应力应变等随时间变化的关系曲线图，并对坝基、监测区及监测点的地质情况进行描述。

四、水文地质及渗流监测

岩石坝基的水文地质及渗流监测，主要包括地下水位、扬压力、渗流量、地下水水质分析、水温等的监测。按监测部位，可分为坝基渗漏及绕坝渗流监测。地下水是影响大坝稳定、安全的主要因素之一，渗流监测的布置、监测项目的选择等应根据坝体布置、规模、型式及坝基地质条件等情况，经综合分析后确定。地下水渗流监测一般应布置在水文地质有代表性的单元和部位，并沿坝基及绕坝渗流方向，纵向布置监测剖面；帷幕部分，应布置地下水渗流监测的纵、横剖面；对特殊地段或地质条件复杂，有大断裂、破碎带及其他透水性强的地段，需加密布置渗流监测点。

（一）地下水位观测

地下水观测应尽量利用地质勘探钻孔，并布置专门性的长期观测孔进行地水水位的实际量测。地下水位观测孔宜沿渗流方向纵向布置观测断面，在横向上满足渗流分析、评价需要，需布置到大坝以外一定范围。钻孔地下水位量测内容包括钻孔初见水位、钻进过程水位、终孔水位、稳定水位及水位的长期监测。

在布置观测钻孔时，根据实际情况，也可采用测压管进行监测。对坝基、坝肩的稳定性有重大影响的地质构造带、破碎带、节理密集带等导水地段，需加密观测点，可布设一排测压管进行观测；也可利用通过构造带等导水地段的平洞或专门开挖的平洞布置测点观测地下水位状况。若有地下水露头时，应布置浅孔观测，以监视表层水的流向和变化。

（二）扬压力监测

岩石坝基扬压力监测应根据建筑物类型、规模及坝基水文、工程地质条件和渗流控制的工程措施等进行设计布置，一般每个坝段均应布置纵、横向的监测断面。若坝基水文地质、工程地质条件复杂或分布大断层、破碎带或其他强透水带时，应增设监测断面或监测点。

坝基扬压力监测可分为坝底扬压力监测、深层滑动不利结构面扬压力监测。坝底扬压力监测孔深应至建基面以下，深层扬压力监测视结构面组合、分布情况而定。为了解扬压力分布情况，对坝后式厂房的厂基建基面，也应布置必要的监测断面或监测点。

扬压力监测孔与排水孔不应互相代用，否则改变了排水孔设计参数，对坝体设计扬压力分布存在影响。坝基扬压力监测仪器一般选用测压管进行监测，必要时也可在管内放置渗压计进行监测。

（三）渗透压力监测

坝基渗透压力监测包括坝基天然岩土层、人工防渗和排水设施等关键部位渗流压力分布情况的监测。

对岩石坝基，当有贯穿上下游的断层、破碎带、溶蚀带、软弱带或节理密集带时，应沿其走向在与坝体的接触面、截渗墙（槽）的上、下游侧或深层所需监测的部位，布置监测断面或监测点。

渗透压力观测仪器，应根据不同的观测目的、岩土透水性、渗流场特征以及埋设条件等，一般采用渗压计、孔隙水压力计或侧压管测量，应根据岩基的水文地质情况选定。测压管水位的观测，宜采用电测水位计，有条件的可采用示数水位计、遥测水位计或自记录水位计等。

（四）渗流量监测

渗流量的监测布置应结合大坝等建筑物、坝基水文工程地质条件，渗漏水的流向、集流和排水设施等的统筹规划，进行渗漏量监测的设计。

坝基渗流量的监测一般采用单孔排水量、量水堰和容积法观测。一般可选择坝基典型排水孔，采用容积法量筒监测排水孔的排水量，或采用孔口流量仪观测单个排水孔的渗流量；在排水洞、交通洞口处一般可设置量水堰观测，量水堰可选用以三角（适用于渗流量1～70L/s）、梯形堰（适用于渗流量10～30L/s）或矩形堰（适用于渗流量大于50L/s）。

渗漏量监测时，应将坝体渗流量与坝基的渗流量分开观测；坝基渗流量应将河床坝段及两岸坝段分开观测；各部位的渗流量，需根据单个孔渗流量叠加后求出，也可利用集水井用体积法观测总渗流量。

岩石坝基地下水渗流情况与坝上、下游水位变化关系较大，河水位的变化也对渗漏量产生重要的影响。因此，河水水位的监测也可为坝基渗流（渗流量、扬压力等）分析、大坝稳定性计算提供监测依据。上、下游水位变化监测一般采取在坝上、下游的坝脚江边处设立水位标尺监测。

（五）地下水水质监测

水质监测的目的主要是检验坝基有无化学管涌、机械管涌，以及地下水对混凝土的腐蚀性评价。根据水质成分的变化，分析、评价对大坝稳定及环境的影响。

应选择有代表性的排水孔、地下水长观孔（坝基及绕坝渗流监测孔）、渗水出逸点等，定期或不定期取水样进行水质变化的监测。若发现有析出物或有侵蚀性的水流时，应取样进行全分析，在渗漏水水质分析的同时，视需要应采取库水、两岸地下水进行水质分析。

水质分析一般作简易分析，必要时进行全分析或专门分析研究。分析内容有水温、气味、浑浊度、色度、pH值、耗氧量、亚硝酸根、硝酸根、铁离子、铵离子、硅、总碱度、总硬度及碳酸根、钙、镁、氯、钾、钠等离子和矿化度。

五、坝基岩体质量监测

岩石坝基质量监测主要对坝基开挖前、后及坝基处理、混凝土浇筑后岩体质量变化情况进行监测，可作为坝基开挖质量、地基处理效果、大坝安全评价的重要参考数据，并检验前期勘察成果。

坝基岩体质量监测项目主要为坝基岩体弹性波检测、变（弹）形模量监测，是目前坝基岩体质量检测的主要手段。根据坝基岩性及特征、岩体结构及质量类别等，也可对岩体松弛变化情况、岩石抗压强度、结构面变化及张合、膨缩性、崩解情况等的监测。

松动范围（低波速带）的监测一般观测坝基开挖过程中应力释放和爆破动力作用两个因素引起的对岩体扰动的范围，为工程处理及稳定性计算提供依据。通常采用声波法和声波仪监测，也可采用地震法和地震仪进行监测。监测的布置方法有双孔测试和单孔测试。

六、基岩温度监测

基岩温度监测不仅在于了解坝体混凝土温度对基岩的影响和温度计算的边界条件，更重要的是了解坝基渗流是否有异常现象。在重点观测坝段的基岩内，宜在靠近上、下游附近设置一排钻孔，在距建基面不同的深度，如深1m、3m、5m、10m处布设温度计。

若坝基有断层、破碎带、节理破碎带、软弱带等透水构造从上游通至下游，宜在软弱破碎带上从上游至下游布置一排温度计。根据温度分布可了解坝基渗流情况。帷幕前、后，排水幕，排水幕至下游之间等应布设测点。基岩温度监测点宜布置于建基面下3m，且温度计应采用高灵敏的温度计。

应根据监测数据，及时绘制坝基岩体温度等温线图或其他温度分布图，并绘制不同部位、不同测点温度随时间的变化关系曲线。

七、振动监测

附近有爆破施工的岩石坝基，或地震基本烈度为Ⅶ度及以上的地区，可进行振动监测。振动监测内容主要为振幅、频率、振动加速度和振动速度、振动位移、动反应、地震动反应等。

爆破是对坝基岩体的松动、破坏造成的重要外部因素。爆破影响监测的目的在于为控制爆破规模、优化爆破工艺、减小爆破动力作用对坝基岩体的影响提供评价依据，并为坝基加固、大坝稳定性复核验算提供相关资料。爆破影响监测常在坝基的施工开挖期进行，监测内容以质点振动速度为主，质点振动加速度为辅。监测设计需布置若干个监测断面，为相互比较印证，有的监测断面可与深部变形、岩体质量监测的断面一致，有的可选择在高坝段、特殊地质条件及存在工程地质问题部位、钻爆作业最频繁的区域等有代表性的部位。测点（传感器）一般应埋设在新鲜岩石上，可布置在靠近建基面的钻孔中或各级坝基（肩）马道、坡脚、坡面上，也可布置于两岸帷幕、排水隧洞中的基岩内。监测中，应对不同爆破方法的起爆药量、爆破工艺和起爆顺序资料进行收集分析，并进行监测。为获取爆破影响规律，可在距爆源不同距离、远离坝址的地段布置测点，系统进行观测。

地震时坝基岩体的振动状况是在运行期进行监测，以观测岩基在地震时的振动状况，监测内容一般以质点振动速度、振动加速度为主，坝基软弱、破碎及局部松散层地段及边坡部位可开展动力反应观测，进行动孔隙水压力、动位移等的观测。地震振动监测宜布置在坝基部位的灌浆、排水隧洞基岩内30～40m处的完整、稳定岩体上。

振动监测多采用拾震器、磁电式位移传感器测振仪、接触式振动仪、振动表及动应变计等仪器进行监测。对振动监测成果及时进行分析、整理，并注意区分地震振动、爆破振动或其他人为活动造成的振动数据，并对振动对坝基的影响进行分析、评价。

地震监测与地震振动观测应分开进行，地震监测需专门的地震台网点相结合进行，统一规划布置，其观测布置原则、方法及要求应参照相关规程、规范和技术要求的规定。

八、环境量监测

从地质角度，重点是大坝下游的冲刷监测，以对坝基及下游岸坡岩体的稳定性与水流冲刷关系进行分析、评价。

在大坝下游冲刷区根据地形、水流特征、建筑物布置情况及冲刷区的工程地质条件，至少布置一个监测断面。监测方法主要以地形测量、断面测量或水下摄影方法进行，并根据监测成果绘制冲坑、冲刷边坡地形变化平、剖面图，结合地质条件，分析岩体的稳定性，并预测发展趋势，为下游冲刷区防护、加固处理方案提供监测数据及地质评价依据。

第四节　监测资料整理与分析

对监测取得的数据和资料应及时进行整理和分析，分析岩石（体）发展变化规律，为工程施工和安全运行提供可靠的监测成果报告，作为反馈设计和工程地质预测的依据之一。

原始观测数据均应现场记录并进行校对，复制、录入计算机等整理过程中不得随意修改。在监测资料整理过程中，一般应进行以下工作：

(1) 在对监测资料进行分析时，应同时收集、分析与观测同步的气象、水文等环境资料，分析其相互关系与对岩基监测数据的影响。

(2) 在监测资料整理分析过程中，首先应对原始观测资料进行可靠性检验和误差分析，评判原始观测资料的可靠性，分析误差的大小、来源和类型，以采取合理的方法对其进行数据处理和修正。

(3) 收集、分析与监测岩基的有关勘察设计资料，如设计图纸、设计参数和计算成果及施工资料、地质勘测报告、前期监测成果等，进行反馈设计。

(4) 通过表格把监测数据分类并系统地组织在一起，便于阅读和比较。

(5) 分析、绘制相关监测资料成果曲线图。应整理各种监测数据沿不同深度、不同方向的分布曲线和观测值随时间而变化的过程曲线，一般有过程线、分布线和相关线三类。它们分别表征监测数值随时间的变化情况、在空间的分布情况以及各类数据之间的相互关系。

(6) 监测数据及分析图表应进行计算机管理，并尽可能建立监测数据库。监测资料整理工作项目繁杂，工作量十分巨大，有时人工整理难以满足监测及时、快速、全面、准确、可靠等的要求。由于计算机软、硬件技术的进步，采用计算机进行监测资料数据库管理、现实监测资料自动化已广泛应用。

监测成果应提交阶段性文字报告和最终成果报告，遇有异常情况，应及时提供监测数据和简要分析成果报告。监测报告应对观测和监测数据进行详细的分析、评价，给出较为明确的分析结论，并提出建议和意见。报告一般应包括以下几方面内容：

(1) 任务来源及观测、监测的内容、目的和要求。

(2) 工程概况及自然环境条件，包括工程的基本情况、施工或运行情况以及工程区水文、气象条件等。

(3) 坝址区的基本地质条件及存在的主要水文地质、工程地质问题。

(2) 测点的布置，仪器型号、用途以及仪器的工作状态，还可以包括人工巡视的情况。

(3) 数据整理、分析及测值变化规律与特征，以图形和表格方式给出对变化过程和趋势的直观描述。对特征值和变化过程中的特殊点、特殊线段作出合理的解释，变化率加快以及发生突变等情况要特别给予分析说明。

(6) 通过观测与监测成果分析，预测岩石地基的变化、发展趋势，作出预测，提出处理的建议和意见。

(7) 根据对监测数据的分析和人工巡视得到的结果，对岩石地基的水文地质、工程地质条件及主要工程地质问题作出监测评价的结论。

第八篇　地下洞室工程地质勘察与评价

第一章　概述

第一节　水电工程地下洞室类型和特点

近20年来，我国水电地下工程的建设迅猛发展。据不完全统计，我国已建、在建的水工隧洞已长达400多km，已建和在建的大、中型地下水电站共100多座，其中常规水电站地下厂房80余座，大型抽水蓄能电站地下厂房超过25座。地下水电站装机规模已远超世界上地下电站数量最多的挪威，列世界第一。已建和在建装机容量超过1000MW的大型地下水电站超过30座。当今世界最大的地下厂房水电站是我国在建的溪洛渡水电站，在金沙江两岸各有一座地下厂房，每座地下厂房的装机容量均为9×770MW，总装机容量达13860MW。我国部分已建、在建的大型水电站地下厂房（开挖跨度大于20m）详见表8.1.1-1。

表8.1.1-1　我国部分已建、在建开挖跨度大于20m的水电站地下厂房统计

序号	水电站名称	机组台数及装机容量（MW）	开挖尺寸（长×宽×高）（m）	建成年份
1	刘家峡	2×225=450	85.1×23.9×60.9	1974
2	龚嘴	3×100=300	106.0×24.5×55.0	1978
3	白山	3×300=900	121.5×25.0×54.3	1986
4	广蓄（一）	4×300=1200	145.0×21.0×45.6	1994
5	十三陵	4×200=800	145.0×23.0×46.4	1995
6	东风	3×170=510	105.5×21.5×52.0	1995
7	太平驿	4×65=260	156.0×21.0×46.0	1995
8	明潭	6×275=1650	149.0×20.7×44.6	1995
9	天荒坪	6×300=1800	200.0×22.4×47.7	1997
10	广蓄（二）	4×300=1200	145.0×21.0×45.6	2000
11	二滩	6×550=3300	280.3×25.5×65.4	2000
12	小浪底	6×300=1800	251.5×26.2×61.4	2001
13	棉花滩	4×150=600	129.5×21.9×52.2	2001
14	大朝山	6×225=1350	233.5×26.4×62.3	2001
15	索风营	3×200=600	135.5×24.0×58.4	2005
16	宜兴	4×250=1000	155.3×22.0×52.4	2006
17	宝泉	4×300=1200	147.0×22.9×47.5	2006
18	张河湾	4×250=1000	150.1×23.4×48.3	2006
19	琅琊山	4×200=800	157.0×21.5×46.2	2006
20	彭水	5×350=1750	145.0×21.0×45.6	2007
21	龙滩	9×700=6300	399.5×30.7×74.5	2008
22	惠州	4×300=1200	145.0×21.0×45.0	2009
23	西龙池	4×300=1200	149.3×23.5×49.0	2009
24	水布垭	4×400=1600	170.0×23.0×63.4	2009
25	白莲河	4×300=1200	146.4×21.9×50.9	2009
26	黑麋峰	4×300=1200	136.0×27.0×52.7	2009
27	拉西瓦	6×700=4200	316.8×30.0×74.9	2009
28	瀑布沟	6×600=3600	294.1×32.4×70.1	2009
29	糯扎渡	9×650=5850	418.0×29.0×77.7	在建
30	小湾	6×700=4200	326.0×29.5×65.5	在建
31	溪洛渡	2×9×770=13860	2×430.3×28.4×75.1	在建
32	向家坝	4×750=3000	255.0×31.0×87.5	在建
33	构皮滩	5×600=3000	228.5×25.3×70.4	在建
34	锦屏一级	6×600=3600	277.0×25.9×68.8	在建
35	锦屏二级	8×600=4800	352.4×28.3×71.2	在建
36	三峡右岸地下厂房	6×700=4200	311.3×32.6×87.24	在建
37	蒲石河	4×300=1200	161.8×22.7×51.1	在建
38	官地	4×600=2400	243.4×31.1×76.8	在建
39	大岗山	4×650=2600	226.6×30.8×73.8	在建
40	溧阳	6×250=1500	219.9×23.5×55.05	在建
41	泰安	4×250=1000	180.0×24.5×52.3	2007
42	桐柏	4×300=1200	182.7×25.9×52.9	2006

一、水电工程地下洞室的类型

按其功能或用途有：地下厂房、主变洞、球阀洞、调压室（又可分为敞开式调压室和气垫式调压室）、闸门井（室）、引水隧洞、尾水隧洞、泄洪洞、导流洞、电缆洞、交通洞、施工支洞、通风洞、排水洞、灌浆洞及皮带运输洞等其他辅助洞室。

按其是否承受内水压力可分为：有压洞、无压洞。其中水头大于100m的压力隧洞（管道）称为高压隧洞（管道）。

按洞室断面形状可分为：圆形洞、城门洞、矩形洞、马蹄形洞、卵形洞，子弹形洞、蘑菇形洞等。

按洞室埋藏深度可分为：超深埋隧洞（埋深超过2000m）、深埋隧洞（埋深300～2000m）、浅埋隧洞（埋深小于300m）（表8.1.1-2）。

按洞室跨度可分为：大跨度洞室（跨度大于20m）、中跨度洞室（跨度5～20m）、小跨度洞室（跨度小于5m）。

按洞室长度可分为：超长隧洞（长度大于20km），长隧洞（长度2～20km），短隧洞（长度小于2km）（表8.1.1-2）。

表8.1.1-2　深埋洞室类型分类表

洞室埋深（m） 单洞长度（km）	<300	300～2000	>2000
<2	浅埋短隧洞	深埋短隧洞	—
2～20	浅埋长隧洞	深埋长隧洞	超深埋长隧洞
>20	浅埋特长隧洞	深埋特长隧洞	超深埋特长隧洞

注　资料来源于中国水电顾问集团华东勘测设计研究院的经验分类。

二、水电工程地下洞室的主要特点

水电工程地下洞室和其他部门、行业的地下工程有着许多共同之处，但也具有其自身的特点：

（1）水电地下工程是个十分庞大的系统工程。输水发电系统地下工程一般形成规模不等的地下洞室群，由规模各异、形态不同、纵横交错、功能齐备的各类洞室在一定的空间组合而成，开挖后洞室相互影响，围岩的应力状态极其复杂。原苏联的罗戈水电站，开挖的隧道、洞室共294个，总长度达62km；我国已建成发电的龙滩水电站地下厂房洞室群主要包括9条引水洞、主厂房、主变洞、9条母线洞、9条尾水支洞、3个调压井、3条尾水主洞、进厂交通洞和其他辅助洞室，大小洞室共计约119条（个），其中主厂房尺寸为399.5m×30.7m×74.5m（长×宽×高），是目前世界上已建成的规模最大的地下厂房之一。

（2）水电工程地下洞室中的引水隧洞、调压室等往往因埋深大、发电水头高，需要承受较大的内、外水压力，高内、外水压力是使水工隧洞支护措施遭受破坏并使围岩劈裂而形成渗漏通道的关键因素。

（3）水电工程地下洞室绝大多数属于永久建筑物，各种支护措施应有较好的耐久性。地下洞室常有防渗和排水要求。

（4）水电工程地下洞室一般只承受静荷载，高压管道水击压力造成的动荷载其比例较小，仍可按静荷载考虑。

（5）水电工程的引水隧洞、尾水隧洞和导流、泄洪洞等均为过水建筑物，常要求洞壁平整光滑，以减小水头损失，一般开挖后需进行光滑平整的衬砌支护。

第二节　地下洞室主要工程地质问题

一、围岩稳定问题

地下岩体在没有进行开挖之前，在自重应力和构造应力作用下，应力状态基本处于平衡。洞室开挖后，随着初始应力平衡状态的打破，应力产生重新分布，岩石向洞室空间变形，直到达到新的平衡，这种变形若超过了围岩本身所能承受的能力，便产生破坏，从而形成掉块、塌落、滑移、冒顶、底鼓等。围岩稳定问题是地下洞室最主要的工程地质问题。

硬质岩体内地下洞室的围岩破坏型式主要是各种结构面组合而成的不利块体的掉块、坍塌、滑落等。

软岩内（包括断层破碎带、蚀变岩体等）的地下洞室围岩，常因遇水软化、泥化、崩解使围岩强度降低，或因膨胀产生附加的围岩压力，从而使围岩产生较大塑性变形甚至破坏。尤其在高地应力作用下，软岩产生大变形和长期流变，成为远比岩爆更难处理的工程地质问题。

二、高地应力与岩爆问题

岩爆是高地应力环境下地下工程开挖过程中容易产生的一种突发性地质灾害。在新鲜、完整、坚硬的岩体深部开挖洞室时，围岩以剥落、弹射方式突然飞出和剧烈破坏，并伴随声响，这种现象称为岩爆。岩爆的发生受到岩性、构造、地下水、围岩类别、岩体结构、洞室跨度等条件的控制，主要发生在岩体完整性好、无地下水、较干燥、岩质坚硬致密的围岩中。岩爆破坏的规模，小则几厘米，大者多达几十吨重，如天池煤矿因岩爆将20多吨煤抛出20多米远。另外，高地应力还能导致围岩因开挖而出现深度较大的松弛圈，局部应力集中造成的围岩压碎、大变形或塌方等。

三、涌水、突泥问题

地下工程围岩涌水、突泥问题是影响施工进度和造成工程事故的主要工程地质问题和常见的工程地质灾害。当地下洞室或隧道穿过地下水富水层、汇水构造、强透水带、与地表溪沟及库塘有水力联系的透水层、断层破碎带、岩溶通道或采空区等部位时，大量地下水突然涌进洞室，大多情况下，地下水的大量涌出，造成断层破碎泥化物质、岩溶洞穴充填的泥及碎石等与地下水一起涌进洞室，给施工带来困难和灾害。尤其是在岩溶地区隧道施工中有80%遇到涌水灾害。涌水、突泥会危及隧道施工安全，造成重大经济损失。

四、高地温问题

对于深埋洞室而言，高地温也是地下洞室的工程地质问题之一，深埋隧洞洞内温度的影响随着埋深的增加而增加。有关资料表明，当地温超过30℃时，常给施工设备造成损害，给施工工艺和施工方法造成困难，施工的效率明显降低。

五、有害气体及辐射问题

在地下洞室开挖掘进中，常会遇到各种易燃、易爆及对人体有害的气体，如甲烷、二氧化碳、硫化氢、氡气等，特别是当洞室通过煤系、含油、含碳或沥青的地层时，遇到有害气体的机会更多。另外，部分岩体中赋存含有放射性矿物成分，对人体造成有害的辐射。因此有毒有害气体和放射性检测也是地下工程勘察的主要内容之一。

第二章 地下洞室工程地质勘察

第一节 地下洞室工程地质勘察的基本要求

水力发电工程地下洞室工程地质勘察的主要任务是：查明地下洞室区的工程地质条件和地质环境条件，提出合适的地下洞室位置和轴线方位意见；对洞室围岩稳定和渗流进行评价，为洞室支护设计、防渗与排水设计提供地质资料和参数；为地下洞室开挖施工方法与施工程序研究提供所需的地质资料。

水力发电工程地下洞室的勘察要求循序渐进、逐步深入，并与相应设计阶段深度相适应。按照《水力发电工程地质勘察规范》(GB 50287)，水电工程设计阶段分为流域规划和河流(或河段）水电规划、预可行性研究、可行性研究、招标设计和施工详图设计等5个阶段。

各设计阶段地下洞室勘察的基本要求见表8.2.1-1。

表8.2.1-1　水力发电工程地下洞室勘察的基本要求

设计阶段	地质勘察基本要求
规划	(1) 引水式水电工程，应了解隧洞沿线的主要工程地质水文地质条件，以便进行技术经济比较，选出经济合理、安全可靠的开发形式。勘察方法以工程地质测绘为主；在地形条件适宜的地方，也可采用地震法作为辅助勘察方法；隧洞穿越冲沟等特殊地段时，可采用物探方法或布置少量的钻孔。勘察内容主要包括沿线的基本地质条件，重点了解：隧洞沿线断层的分布、规模和性状，可溶岩区的岩溶发育特征，沟谷、浅埋和进出口地段的覆盖层厚度、岩体风化、卸荷特征和山坡的稳定状况；分析是否存在影响隧洞稳定的重大工程地质问题。 (2) 坝式开发水电工程，输水发电系统地下洞室勘察一般结合坝址进行。勘察方法以地质测绘为主，可结合坝址布置少量钻孔。勘察内容主要包括地下洞室区的基本地质条件，初步分析评价主要洞室的成洞条件
预可行性研究	(1) 初步查明输水发电系统地下洞室区或隧洞沿线的工程地质和水文地质条件、岩（土）体物理力学特性，进行隧洞工程地质分段和围岩初步分类，初步评价洞室围岩稳定性和输水系统进出口边坡的稳定性，初步分析评价洞室掘进时突水、突泥的可能性。 (2) 引水式水电工程，要求初步查明隧洞沿线的基本地质条件，在地质测绘基础上，隧洞进出口段、傍山和受冲沟切割的隧洞浅埋地段、进水闸、调压井、闸门井等建筑物以及其他有重大地质问题的地段宜布置勘探钻孔；隧洞进出口地段宜布置勘探平洞；岩土试验以室内试验和简易原位测试为主。 (3) 地下厂房系统应初步查明各比较方案的调压井、高压管道、厂房、主变开关站（室)、尾水建筑物等地段的基本地质条件，重点调查：松散、软弱、膨胀、可溶以及含放射性和有害气体等岩层的分布，断层的分布、规模和性状，岩溶洞穴与通道、采空区等的分布；在地质测绘基础上地下厂房区宜布置勘探剖面，输水系统进出口和地下厂房宜布置勘探平洞，勘探工作深度满足初步围岩分类和围岩稳定初步评价的要求
可行性研究	(1) 查明输水发电系统地下洞室区或隧洞沿线的工程地质和水文地质条件、岩（土）体物理力学特性，进行隧洞工程地质分段和围岩详细分类，评价洞室围岩稳定性和输水系统进出口边坡的稳定性，分析评价洞室掘进时突水、突泥的可能性。 (2) 引水式水电工程，应查明隧洞沿线的基本地质条件，在地质测绘基础上，隧洞进出口段、傍山和受冲沟切割的隧洞浅埋地段以及其他有重大地质问题的地段应布置勘探剖面；隧洞进出口地段应布置勘探平洞。 (3) 地下厂房系统应查明调压井、高压管道、厂房、主变开关站（室)、尾水建筑物等的基本地质条件。重点查明：松散、软弱、膨胀、可溶以及含放射性和有害气体等岩层的分布，断层和蚀变带的分布、规模和性状，岩溶洞穴与通道、采空区等的分布；调查平洞中发生的围岩岩爆、劈裂和钻孔岩芯饼裂等现象，进行现场地应力测试；在地质测绘基础上地下厂房区应布置勘探剖面，输水系统进出口和地下厂房应布置勘探平洞，厂房勘探平洞应沿洞轴线布置并穿过左右端墙，勘探工作深度满足详细围岩分类和围岩稳定评价的要求
招标设计	复核可行性研究阶段的主要勘察成果；补充查明可行性研究阶段遗留的工程地质问题；参与编写工程招标文件。
施工详图设计	检验、核定地下洞室前期勘察的地质资料与结论，补充论证专门性工程地质问题。地质勘察工作内容包括施工地质工作和专门性工程地质问题勘察。施工地质工作主要包括：地下洞室编录与测绘、评价与验收、工程监测和检测资料分析及预测与预报等；当发现新的工程地质问题，导致建筑物设计条件发生变化时，应开展专门性勘察，复核其水文地质工程地质条件、岩土体物理力学性质参数，评价其对工程的影响，提出工程处理建议

第二节 地下洞室工程地质勘察的内容

水力发电工程地下洞室可分为隧洞和地下厂房系统两部分。隧洞包含引水、泄洪、冲砂、放空和尾水隧洞等水工隧洞；地下厂房系统包括厂房（含安装间、主副厂房)、主变室、调压室三大洞室以及调压井、压力管道、岔管、出线洞、交通洞等洞室，是在空间构成规模各异、形态不同、纵横交错的洞室群。水电工程引水线路方案的选择往往制约着工程的可行性，对于长度大于2km的长引水隧洞需进行专门勘察。深埋洞室一般具有高地应力、高外水压力和高地温等特点；气垫式调压室受高内气压力和高内水压力作用，对围岩质量、水密性和气密性有更高的要求，在满足围岩稳定的同时，需具备抗抬及抗劈裂稳定性和抗渗稳定性；因此，深埋洞室和气垫式调压室井亦需进行专门勘察。其他隧洞与地下厂房系统距离一般较近、布置较紧凑，一般与地下厂房系统勘察一并进行。

一、地下厂房系统勘察

地下厂房系统勘察在查明场地地形地貌、地层岩性、地质构造、水文地质条件、物理地质现象等基本地质条件基础上，需对以下内容进行重点勘察：

(1) 可溶岩区岩溶的发育不仅影响围岩稳定，其涌水、突泥问题也是洞室施工开挖的重大隐患，是需重点查明的工程地质问题之一。因此，可溶岩地区应进行岩溶工程地质专门勘察，具体勘察内容和要求参见本手册第九篇。

(2) 层状结构的沉积岩和变质岩、似层状结构的喷出岩地区，需重点查明层间和层内软弱结构面的分布、产状、厚度、物理力学性质与渗透特性，分析其对洞室围岩稳定的影响与产生渗透破坏的可能性；块状结构岩体需重点查明断层破碎带、软弱结构面和缓倾角结构面的发育与分布。

（3）当洞室围岩存在软岩、膨胀岩等特殊岩体（层）时，应查明其分布、特征等，评价其对围岩稳定性的影响。

（4）调查勘探平洞中发生的围岩岩爆、劈裂和钻孔岩芯饼裂等现象，进行现场地应力测试，分析岩体地应力状态，研究地应力对围岩稳定的影响；高地应力地区或深埋洞室应调查勘探平洞中发生的岩爆、开裂和钻孔岩芯饼裂等现象，预测发生岩爆的可能性和强度，提出处理措施建议。根据工程经验，地下厂房宜布置在地应力正常带中，以避免围岩应力松弛造成成洞困难或应力过高影响围岩稳定；对于围岩压应力集中的部位，应根据围岩强度应力比评价围岩的稳定性，当围岩强度与最大主应力之比小于4时，会出现应力超限形成塑性区，围岩稳定性差；当比值小于2时，围岩不稳定。《水力发电工程地质勘察规范》(GB 50287) 规定的岩爆烈度分级标准，参见表8.5.4-8。

（5）大跨度地下洞室还应查明主要软弱结构面的分布和组合情况，并结合岩体地应力状态评价顶拱、边墙、端墙、岩锚梁和洞室交叉段围岩的局部稳定性，提出处理建议。

（6）进行围岩工程地质分类，提出各类围岩的物理力学参数建议值，评价围岩的整体稳定性，提出支护设计建议。

（7）查明洞室区的水文地质条件，确定外水压力值。当采用全水头经验折减法时，折减系数可参考表8.5.6-1取值。

（8）查明调压井布置区的覆盖层分布，基岩岩性，地质构造，风化、卸荷深度以及不良物理地质现象，进行井壁及穹顶的围岩分类；当井口为开敞式布置时，还应查明井口以上边坡的地质条件，评价边坡的稳定性，提出处理措施建议。

（9）查明压力管道及岔管布置区上覆岩体的厚度、侧向埋深，风化、卸荷深度，岩体完整性和物理力学特性；高水头压力管道尚应调查上覆山体的稳定性、岩体结构特征、高压渗透特性和岩体地应力状态。

（10）查明各类洞室进出口边坡的稳定性。

（11）查明洞室区放射性、有害气体种类和含量。当地下洞室通过含煤、含油、含气等地层时，应在研究其产出状态和瓦斯生成环境、运移及聚集条件的基础上，利用探洞、钻孔探测瓦斯含量、压力，评价和预测其危害程度，并提出相应的防护措施及建议。

二、长引水隧洞勘察

长引水隧洞工程地质勘察内容与地下厂房系统基本相同，但因其跨越的范围较大，有时难以避开区域性断裂构造（包括活动断裂）、采空区、岩溶和软岩等不良地质体。其勘察的重点是：隧洞跨越沟谷、浅埋及傍山段、隧洞进出口；并对可能跨越的区域性断裂构造（特别是活动断裂）、采空区、岩溶发育地段和软岩等分布地段进行专门勘察，查明断裂构造的活动性（对活动断裂的一次地震可能造成的位移量或断层蠕滑变形的累积位移量要做出估计）以及破碎带的分布、性状、物理力学与水理特性，查明采空区的分布、围岩的变形松弛情况以及巷道的富水情况，查明可溶岩地段岩溶发育规律、主要岩溶洞穴的发育位置、规模、充填情况和富水性，查明软岩等不良地质体的分布、特征等。

三、深埋洞室勘察

深埋隧洞的工程地质问题具有其特殊性，主要有三大类：由高地应力引起的地质问题，包括岩爆、围岩应力型破坏、结构面应力型破坏和软岩变形；由地下水引起的地质问题，包括大涌水、高压突水和高外水压力；由岩体本身的赋存条件引起的地质问题，如高地温。

针对深埋洞室可能存在的工程地质问题，除需查明浅埋隧洞的各项工程地质条件外，需对如下内容进行重点勘察：

（1）调查、预测岩体地应力场情况。高地应力是影响深埋洞室围岩稳定的最主要因素之一，应在前期调查勘探平洞中发生的围岩岩爆、劈裂和钻孔中的岩芯饼裂等现象，有条件时进行现场地应力测试，分析岩体地应力状态，研究地应力对围岩稳定的影响，预测由于高地应力引起的围岩破坏（如岩爆、应力型破坏、结构面应力型破坏）的可能性和强度，并提出处理措施建议；施工期需根据地下洞室开挖所发生的围岩破坏特征，对地应力状态进行复核，评价围岩稳定性，并对可能出现的工程问题进行超前预报、指导洞室施工。

（2）软岩、软弱夹层和破碎带流变试验与收敛试验。一般当围岩强度应力比 $R_b/\sigma_m<4$ 时，洞室就有可能发生较大变形，高应力、深埋洞室开挖后引起的应力重分布易使软岩、软弱夹层和破碎带超过其强度而产生塑性挤出，从而产生大变形。前期勘察中应调查软岩、软弱夹层和破碎带等分布，可通过流变试验确定其流变强度，施工期宜开展收敛试验。

（3）洞室区水文地质勘察。调查洞室区的地下水位、水压、水温、水化学成分以及岩体的透水性，外围泉水分布及流量动态，并结合气象资料和水文地质条件，划分水文地质单元，分析各单元的补给、径流和排泄特征。可岩溶地区尚应调查岩溶发育特征和规律，预测洞室涌水量和外水压力。

（4）调查、预测洞室区的地温情况。深埋洞室往往存在高地温现象，给洞室施工和运行带来危害，工程前期勘察应对深埋洞室的地温情况进行调查、预测，洞室开挖过程应对洞室区的地温进行观测。

第三节　地下洞室工程地质勘察方法

工程场地环境条件千差万别，可能存在的主要工程地质问题各异，地下洞室勘察方法需与场地条件和需要查明的工程地质问题相适应，并与各设计阶段勘察精度要求相适应。工程地质测绘是地下洞室勘察的基础工作，也是选择勘探方法、手段及布置勘探、试验和专门性勘察工作的依据；地下洞室勘察需在工程地质测绘基础上，针对场地条件和工程地质问题布置勘探（钻探、洞探）、物探和试验（变形、强度及天然地应力）等工作。各种勘察方法的适应性参见本手册第二篇。

一、地下洞室勘察常用方法

（一）工程地质测绘

长引水隧洞地质测绘范围应包括隧洞各比较线路及其两侧各300～1000m地带，岩溶地区可根据实际情况增加测绘宽度；地下厂房场址区地质测绘应包括各比较方案的调压井、高压管道、厂房、主变开关站（室）、引水和尾水建筑物等地段以及与阐明各比较厂址工程地质条件有关的地段，包括厂址布置区上下游危及工程安全运行的可能失稳岸坡。

当采用坝式开发方式时，地下洞室区一般采用与坝址工程地质测绘相同的比例尺，并与坝址地质测绘一并进行。当采用引水式开发方式时，长引水隧洞工程地质测绘一般采用比坝址较小的比例尺。各设计阶段地下洞室测绘比例尺见表8.2.3-1。地形平坦，地质条件简单，引水洞线路较长时可选用较小的比例尺；地质条件复杂的山区隧洞宜选用较大的比例尺。

表8.2.3-1　各设计阶段地下洞室工程地质测绘比例尺

设计阶段	长引水隧洞	地下厂房系统	备　注
规划	1：50000～1：10000	1：10000～1：5000	
预可研	1：25000～1：10000	1：5000～1：2000	
可研	1：25000～1：5000	1：2000～1：1000	根据需要，局部地段比例尺可选用1：500

（二）地球物理勘探

地下洞室勘察中常用的地球物理勘探方法主要有：地震勘探、电法勘探、钻孔及洞壁弹性波测试、孔（洞）间弹性波穿透、孔间层析成像（CT）、钻孔电视录像等，各种方法的适用条件参见第二篇第六章。应采用综合物探方法探测覆盖层厚度、地下水位、古河道、隐伏断层、岩溶洞穴等，并应利用钻孔和勘探平洞进行岩体弹性波波速等测试。

（三）重型勘探

地下洞室勘察常用的重型勘探方法主要包括钻探和洞（井）探。

1. 地下厂房系统勘探

地下厂房系统勘探方法宜采用洞探和钻探综合进行。

各建筑物地段均应布置勘探剖面；根据地质复杂程度和地下厂房规模在勘探平洞内布置不同方向的钻孔，其中垂直向下的钻孔深度应进入设计洞底高程以下10～30m，但不应小于厂房跨度；大型地下洞室群宜在拟建洞室的纵横方向布置勘探平洞，深度宜穿过拟建洞室后一倍边墙高度的距离，平洞内可布置钻孔或竖井；高压管道及其岔管的勘探深度应以埋置最深、水头最大的岔管为控制；需要时，平洞应延伸到气垫式调压室可能布置的地段。此外，勘探平洞宜结合施工和水工布置，使之能在施工中或作为永久建筑物加以利用，减少对围岩的扰动和节省投资。

2. 长引水隧洞勘探

长引水隧洞勘探工作一般布置于进出口、过沟及浅埋段、其他有重大地质问题的地段，以及进水闸、调压井、闸门井等建筑物处。其中隧洞进出口宜优先考虑平洞勘探，以便查明边坡岩体与洞室围岩的状况，特别是结构面发育情况、岩体完整性和风化卸荷情况；隧洞沿线勘探一般以钻孔为主，钻孔深度应进入洞底高程以下10～30m，且不小于1倍洞径。对于深埋隧洞进行勘探和测试都比较困难，可根据具体条件布置钻孔或勘探平洞，并开展相应的试验工作。

（四）岩土试验

各类岩土室内物理力学试验组数累计分别不应少于6组；大跨度深埋地下洞室、高压管道岔管段和气垫调压室，应进行岩体现场变形试验、抗剪及抗剪断试验；当存在软岩时，宜进行流变试验；对大跨度地下洞室，可根据工程的具体情况，进行模型洞等试验。

（五）水文地质试验

基岩钻孔应根据需要进行压水试验。在一些高水头和抽水蓄能地下水电站，设计需要研究高压管道衬砌型式或气垫调压室布置方案，为了分析高压渗透水流作用下岩体的透水性和稳定性，高压管道或气垫式调压室布置地段宜进行高压压水试验，试验压力应超过内水水头或气垫压力；视需要可进行地下水连通试验、渗流场模拟试验。

（六）地应力测试

地应力量测通常在钻孔内进行，一般采用应力解除法或水压致裂法，测点主要布置在地下厂房及高压岔管区，避开断层破碎岩体，选定在岩体完整性较好部位。

（七）观测与监测

地下厂址区钻孔应进行地下水动态观测，观测时间不得少于一个水文年。对建筑物安全有影响的不稳定岩土体应布置位移监测，监测网应由观测剖面线和观测点组成，钻孔倾斜仪剖面宜平行滑动方向布置，视准线宜垂直滑动方向布置。

二、深埋洞室工程地质勘察

深埋洞室除靠近岸坡的地下厂房等建筑物外，往往洞线较长、沿线地形起伏大、跨越地质单元多，地质条件复杂，给地质勘察工作带来难度。通常的勘察方法难以适应，应选用适应地形地质条件的多种勘察方法与手段相结合的综合勘察方法。

（一）宏观地质调查

通过遥感技术（航卫片解译）、大面积地质调查、频率测深等勘探手段了解工程区总体地质条件。对深埋洞室而言，遥感技术特别重要，通过遥感技术可克服地形恶劣的条件，为宏观了解工程区的基本地质条件提供手段。在遥感解译成果的基础上，进一步采用频率测深等物探方法和小比例尺（1：25000～1：10000）地面地质调查进行复核验证，起到事半功倍的作用。宏观地质调查适用于规划和预可行性研究阶段，在预可行性研究阶段的地质勘察中，若工程区存在岩溶及地下水、活动断层、严重的高地温和有害气体等重大工程地质问题，对洞线位置的选择会产生颠覆性影响时，需进行专题研究论证。

（二）重型勘探

预可行性研究阶段深埋地下厂房的勘探应以深钻孔为主，在深孔内测试地应力。可行性研究阶段应布置洞探，探洞宜布置于拟建厂房的纵横方向及洞顶上部20～50m，并视地质条件的复杂程度，在洞内布置竖井和不同方向的钻孔。

有地形条件布置支洞和存在相对浅埋沟谷的深埋长引水隧洞，应在隧洞进出口和沿线布置纵横物探剖面，进出口和隧洞离岸坡相对较近的部位布置勘探平洞，并在相对浅埋的沟谷部位布置钻孔，查明隧洞的工程地质和水文地质条件。

无地形条件布置支洞和深埋普遍大于1000m的长引水隧洞，难以在岸坡布置勘探平洞，在隧洞沿线布置钻孔也极为困难。宜在宏观地质调查基础上，在隧洞沿线布置物探、隧洞进出口布置长平洞的勘探方法，综合分析引水隧洞的地质条件。

（三）试验与测试

深埋地下洞室岩体物理力学试验除常规试验外，需体现高应力、高水压的特点，主要通过高应力条件下室内、现场岩体力学试验、基于变形量测的钻孔高压水力试验，结合围岩变形观测资料反演岩体力学参数，取得不同围压下岩体力学参数及其变化规律，将研究成果应用于隧洞开挖，预测围岩变形稳定性，为围岩支护提供依据。

（1）室内试验研究。除进行常规室内岩石试验外，还需根据洞室地质条件的复杂程度和规模，进行高围压三轴试验，典型结构面或软弱夹层的室内剪切试验及考虑结构面强度时间效应的剪切流变试验，岩石在高应力水平下的三轴流变试验。

室内试验需充分考虑高地应力状态对岩石样品的损伤问题，这是因为取样过程的卸荷使岩块出现了新的破裂、岩石强度大幅下降，不是原状岩体质量的反映。因此，深埋地下工程实践中应考虑不同的岩石质量，即考虑损伤破裂的质量和不考虑损伤破裂的分类质量，二者之间的差别反映了深埋隧洞开挖以后的围岩损伤程度。

（2）现场原位试验。深埋地下洞室岩石的现场试验需结合勘探平洞的试验条件进行，应体现高应力、松弛岩体和未松弛岩体、岩体长期变形（岩体流变）和高外水压力的特点。一般应开展地应力测试、松动圈测试、岩体强度和变形试验，必要时进行岩体高压直剪试验、现场岩体高压流变试验、结构面高压剪切试验、岩体高压压水试验，获得结构面剪切强度随法向应力的变化规律、典型结构面在高应力状态下的剪切强度参数、高应力条件下岩体变形参数变化规律和未扰动岩体变形参数、高应力条件下岩体强度参数及相关规律、高应力条件下岩体流变模型和长期强度参数、岩体高压渗透特性。

（四）地温调查与预测

（1）调查收集分析地区地质环境条件，包括地质构造活动性、岩浆作用和温泉、热泉的分布情况，分析该地区是否存在地温梯度和地热异常区。

（2）收集地区地温有关资料和地区的地温增梯度及地面多年平均气温，工程区不同高程的气象资料及附近工程的地温资料。

（3）根据地下建筑物区的钻孔、平洞不同深度实测地温资料，确定地温梯度。

（4）测试主要岩石的热导率，一般由室内试验获得。

（五）高山峡谷岩溶地区深埋地下洞室的勘察

高山峡谷岩溶地区深埋地下洞室用传统的岩溶水文地质勘察方法难以适应，应综合采用大范围的岩溶水文地质调查、岩溶水动态观测、人工法和天然法（水化学、水同位素）岩溶水示踪试验、水均衡和三维渗流场分析研究，配合少量钻孔、长平洞勘探的勘察研究方法，查明研究区的岩溶发育规律及其水文地质系统特征。

三、地下洞室勘察新技术及其应用

地下工程建设的快速发展，对工程勘察工作的要求也不断提高。随着技术装备、新工艺的逐步改善和不断引进、开发和推广，勘察技术手段也越来越趋于多样化，勘察技术水平得到了较大提高，各种新技术在水电工程勘察中得到广泛应用。

（一）工程地质勘探

定向钻探技术是在水平定向钻探的基础上发展起来的，能够适应多个方向，并根据指令水平、上下，蜿蜒前进追踪岩层的变化。数字式全景钻孔摄像通过对钻孔孔壁的拍摄处理，给出了全孔的孔壁展开图和三维虚拟岩芯图，并对深层岩脉、节理、裂隙的产状和宽度进行量化的统计，为地下洞室的布置和岩石质量评价提供翔实可靠的数据。

（二）现场试验与测试技术

现场试验与测试技术近年来发展迅速，如采用水压致裂法、应力解除法、声发射等方法测试地应力方面都有创新的发展。长江科学院引进的深钻孔应力解除测量技术最大测深可达到500多米，在一个钻孔内能测得多点的初始应力。

（三）地球物理勘探

新技术被广泛应用于地质超前预报方面。由于勘察手段和方法的限制，以及地质体的复杂多变，期望在施工前完全查明工程岩体的状态、特性，准确地预测隧洞施工中可能发生地质灾害的位置、性质和规模是十分困难的。因此，世界各国隧洞工程界都十分重视隧洞超前预报工作。TSP隧道地震勘探法、地质雷达法、陆地声纳法、瞬变电磁法（TEM）、激发极化法、水平声波剖面法（HSP）、红外线探测法、TRT真地震反射成像技术等物探方法常被用来配合地质分析进行综合超前地质预报，为隧洞顺利施工提供保证。各种物探新技术均具有各自的特点，据报道，TSP技术能准确预报隧道施工前方150m范围内地质条件和岩石特性的变化；地质雷达有效探测和解译距离为15～30m，最适合探测20m范围内的溶洞、暗河、采空区等；陆地声纳法则对100m范围内探查溶洞、溶槽及破碎岩体较为可靠。

（四）数码技术

"大型地下洞室仪测成像可视化地质编录技术"、"摄影地质数码编录系统"等的开发和应用，大大降低了施工地质人员的劳动强度，提高了地质编录的效率和精度。

（五）地下洞室围岩稳定性数值分析

地下洞室围岩稳定性分析除对围岩进行分类宏观评价和块体组合预测评价外，均采用了目前比较先进的三维弹塑性有限元法分析和三维流形元分析方法，对地下洞室围岩稳定性进行数值分析和模拟评价，为工程施工设计提供了可靠的参考依据。

第三章 地下洞室位置选择

水电站的水工隧洞往往是多种隧洞组成的洞室群。因此，水工隧洞的设计首先就是要根据工程总体布置的要求进行洞室选择，包括洞室位置和轴线方向选择、进出口位置选择、洞室布置方案选择和洞型选择等。在各项选择过程中，除了考虑隧洞的功能和结构要求外，地质条件也是洞室选择必须考虑的重要因素。

第一节 洞室位置及轴向选择

地下洞室位置和轴向选择直接关系到它的运行条件、围岩稳定性、支护型式以及施工安全，也是影响地下厂房工程量及其造价的主要因素，甚至关系到工程的成败。

一、洞室位置选择的一般原则

1. 地形条件

一般要求山体雄厚，洞周都有足够的岩体厚度，但也要尽量避免隧洞埋置过深。深部的高地应力不利于围岩稳定，同时遇地热异常和有毒有害气体（CO_2、CH_4、H_2S等）的可能性大，还会增加施工运输的难度。

2. 岩性条件

洞室应尽量选在岩性均一的坚硬岩石中，特别是大跨度洞室要尽量避开软弱岩石，一般也不能放在软硬岩性分界部位，可溶岩地区应避开岩溶发育地段。

3. 构造条件

洞室位置要尽量选择地质构造简单、岩体完整部位。尽量避开区域性断裂带、褶皱核部、岩浆岩接触带等。

在没有区域性构造地段选择洞室位置时，则应考虑的地质构造条件就是：岩层层面产状、优势节理裂隙的产状及特性等，如遇下面几种情况时，洞室位置选择原则如下：

（1）在水平或缓倾岩层中，尽量使洞室位于厚层均质坚硬的岩体内，若洞室切穿不同岩性时，则应选择坚硬岩石作为隧洞顶板，尽量避免软弱岩层展布在洞顶［图8.3.1-1（a）］。如软弱夹层必须在洞顶局部出露，可以采取超挖，预先清除不利的软弱面，以及超前支护等处理。向家坝水电站的地下厂房围岩为厚层砂岩夹泥岩，对顶拱夹层出露的部位采取及时甚至超前锚固处理，围岩变形控制很好。

（2）在单斜陡倾岩层地段，应避免将洞室置于软弱岩层中，更不能将洞室布置在软硬岩层交界处，这样布置的洞室周边容易产生偏压，对围岩稳定不利［图8.3.1-1（b）］。

（3）将洞室置于直立岩层中一般是不利于围岩稳定的，特别是大跨度、高边墙的厂房洞等更为不利，因此更要尽量避免将洞室摆在薄层软弱岩层内，而应放在厚层较坚硬的岩层中，并且要根据开挖过程中围岩的变形情况对高边墙和洞顶及时甚至超前进行加固处理［图8.3.1-1（c）］。

（4）洞室一般不宜布置在褶皱核部，但相对而言，洞室位于背斜核部比位于向斜核部的围岩稳定条件好。背斜核部虽然张裂隙发育，但裂隙组成倒“八”字形，岩层本身可形成自然拱，岩体仍能维持自身稳定。向斜核部张裂隙呈正“八”字，

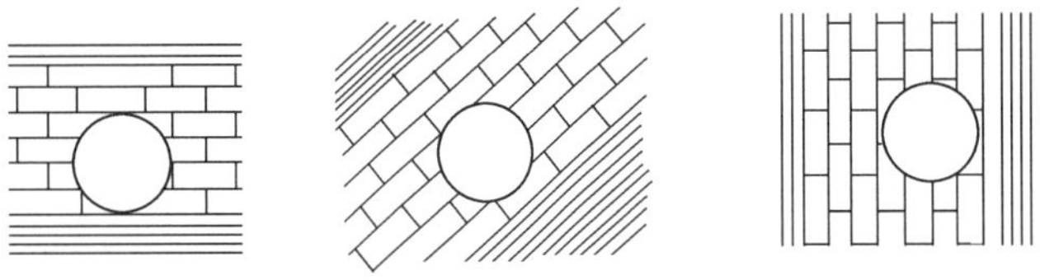

(a)　　(b)　　(c)

图8.3.1-1　岩层产状与洞室稳定示意图

洞顶的块体结构不利于稳定，而且向斜核部常形成汇水区，地下水较丰富，地下水活动容易引起塌方，因此应尽量避免将洞室置于向斜轴部的破碎岩体中。

4. 风化卸荷深度

洞室一般要置于中等风化以下的岩体中，最好处在微新岩体中，尽量避开强全风化岩体和强卸荷岩体。

5. 水文地质条件

洞室位置要尽量选择在地下水位以上或地下水少的地段，尽可能避开向斜核部破碎带、大型正断层破碎带、岩溶管道发育地段，这些部位地下水丰富，渗水量大，地下水活动对岩体起着恶化作用，不利于围岩稳定，容易造成坍方、堵洞等严重事故。如果地下水位高、外水压力大，必须采用排水洞和排水孔相结合的措施做好排水，而且排水孔洞遇破碎带或夹层时应采取反滤，防止产生细颗粒被冲淘等渗透变形。

正确的洞室布置有利于围岩稳定，洞室布置不当容易发生围岩失稳，增加支护，甚至被迫改变洞室的布置。

二、隧洞轴向选择的一般要求

（1）洞轴线一般宜垂直地形等高线，尽量避免穿越山沟的鞍部与沟谷等负地形地带。高山区深埋隧洞也可顺山坡布置，但需保持一定的上覆岩体厚度和必要的水平埋深。

（2）洞室长轴应与断层破碎带、岩浆岩接触带、背斜和向斜轴线等主构造线垂直或大锐角相交（一般应大于30°），这样可以减小洞遇构造破碎带的长度，有利于围岩稳定和施工安全。对于大型地下洞室的长轴方向选择，还要考虑与岩层层面走向、优势节理裂隙的走向垂直或大锐角相交（一般应大于30°），可以减少不稳定块体的数量和规模，相应地可减少支护工程量，也可降低产生塌方掉块的潜在安全风险。另外，构造结构面的生成是有机配套的，而不是孤立的，在注意到主要构造面时，还应防止次要构造面上升为主要控制面。

向家坝水电站右岸地下引水发电系统在布置过程中，充分考虑了地形地质条件，以及地应力等因素。地下厂房区山体雄厚，无深切冲沟发育，厂房洞和主变洞的铅直埋深均在200～300m，水平埋深都大于100m，围岩呈微风化至新鲜。整个洞室群均位于以厚至巨厚层砂岩为主夹泥质岩的地层中，主要洞室的顶拱与T_3^3含煤（洞）地层底板的岩层厚度都大于其跨度的1.5倍。厂房区没有大型断裂构造，选择的主厂房轴线与三组优势节理和层面的走向的夹角均大于40°（图8.3.1-2）。尽管向家坝地下厂房的跨度是目前国内水电洞室之最，但围岩

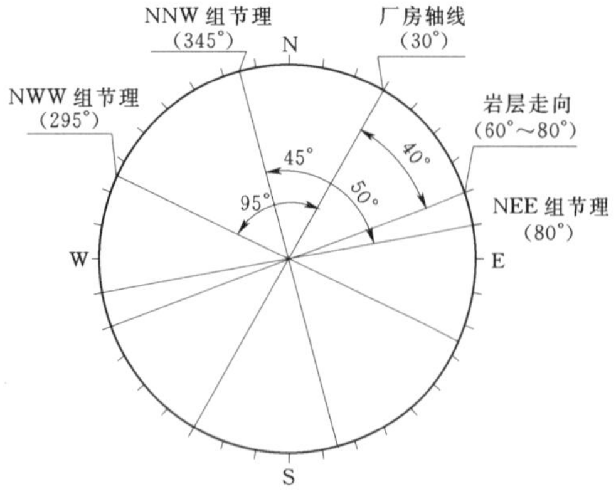

图 8.3.1-2　向家坝地下厂房轴线与结构面关系图

的变形较小，未出现较大规模塌方等事故。而渔子溪一级、映秀湾以及流溪河电站的地下厂房围岩均较完整，但在轴向选择时将轴线与主要的和次要的构造面都近于平行，开挖过程中曾造成较大的塌方事故。

(3) 在洞室轴线选择之前应进行区域地应力场分析和场地地应力测试，根据地质力学分析，垂直褶皱轴线等主构造线方向的应力一般是当地区域构造应力场的最大主应力，在中高地应力地区选择隧洞纵轴方向应尽量与较大水平主应力的方向一致，保证顶拱和边墙在均匀和较低的侧压力下工作，减少围岩变形和失稳。而在低地应力地区，尤其洞室跨度较大、高度不太大时，则宜选择洞室纵轴与较大水平主应力的方向垂直，这样有利于克服拱顶出现拉应力，而不致对侧壁带来严重变形或失稳。

在这方面二滩水电站地下厂房的布置就是成功的实例，而日本高濑川水电站则有失败教训。高濑川水电站在洞室长轴方位的选择时就走了些弯路。图 8.3.1-3 中虚线为原布置方案，长轴与 σ_1 的夹角较大，致使水平方向的最大主应力与接近垂直的中间主应力的比值接近 2，作用于厂房横断面上的侧压比为 1.3。有限元分析表明，主厂房与主变室之间的岩柱完全处于松弛区内，明显影响两个洞室的安全。图中实线为调整后的方案，将厂房轴线反时针转 35°，减少长轴与 σ_1 之间的夹角，从而有效地改善了洞室的稳定性。

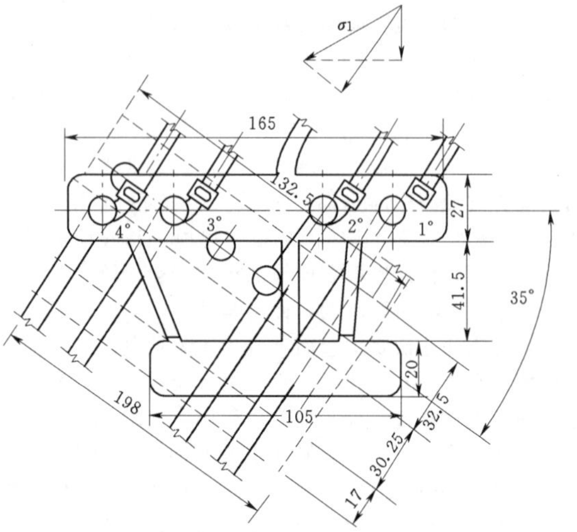

图 8.3.1-3　日本高濑川水电站厂房方位调整图

(4) 在岩溶地区选择隧洞轴线时还应考虑岩溶和地下暗河的不利影响，岩溶一般也是沿断层破碎带、向斜核部、相对隔水层接触带发育，因此洞轴线尽量与主构造线垂直或大角度相交，宜将洞底高程布置在岩溶现代侵蚀排泄基准面以下一定高度，可以减少洞遇溶洞和暗河的几率，能够避免溶洞突水造成施工安全事故。

第二节　隧洞进出口选择

洞口选择的主要影响因素包括地形条件、地质条件、水文条件、施工条件。洞口选择的基本原则或一般要求可作如下考虑。

一、地形条件

(1) 地形整齐，冲沟少且浅。

(2) 地面坡度适当，一般宜大于 30°，但要避开可能产生崩塌的悬崖陡壁。

(3) 进出口洞段方向应尽量垂直地形等高线，一般交角不宜小于 30°，否则可能产生偏压，不利于岩体稳定。

(4) 进出口应避开地表径流汇水区，如洼地和冲沟。

二、地质条件

(1) 应选择基岩裸露或覆盖层较薄的部位，避开覆盖土很厚或大型堆积体。

(2) 洞口岩石应较完整、坚硬，要尽量避开薄层软弱岩石和断层交汇带及裂隙发育的破碎岩石。

(3) 洞口应尽量利用中等风化及其以下的岩体内，不宜放在全强风化岩体内。

(4) 洞口宜选在边坡稳定条件好和较好的地段，如反向坡、横向坡，以及高倾角和平缓的顺向坡，应尽量回避岩层倾角在 20°～75°，并且有软弱夹层在坡脚出露的、容易产生滑动的顺向边坡部位。

(5) 要避开不良地质现象发育的地段，洞口上方不应分布有较大的滑坡、崩塌、危岩、泥石流等，无法回避时必须对不良地质体事先进行勘察和治理。

三、水文条件

进出口不宜选在排水困难的低洼处，交通洞、通风洞和施工支洞的洞口应至少高出最高洪水位 1m 以上，以防止洪水冲刷洞口及洪水倒灌。进厂交通洞进口位置选择时，还应避开泄洪水雾集中的区域。

四、施工条件

洞口最好具有施工设备进出场和出渣的交通运输条件。

为了减少明挖量和减小对边坡的不利影响，很多工程采用"早进迟出"的方法，取得较好效果。

第三节　洞室群布置方案选择

在选定主要洞室的位置和纵轴方向及隧洞进出口位置后，对于引水发电系统的洞室群，在洞室布置方面还有几项很重要的选择内容，如洞室上覆岩体厚度选择、平行洞室之间岩墙厚度选择、交叉段的位置与交角选择等，下面分别就选择方法和原则做些介绍。

一、洞室上覆岩体厚度的选择

洞室上覆岩体最小厚度的确定，主要考虑的因素：①岩石的新鲜完整程度及力学强度；②地质构造发育程度、尤其是有无导致洞顶岩体失稳的结构面或结构体存在；③围岩的受力条件；④地下水活动；⑤施工方法及临时或永久的支护措施。

无压隧洞的上覆岩体的厚度能满足岩体自稳要求即可。对于有压隧洞，应要求上覆岩体有足够的厚度抵抗内水压力的作用。因此无压隧洞和有压隧洞在洞室上覆岩体厚度的选择应区别对待。

（一）无压隧洞

过去按无限弹性介质厚壁圆筒的径向应力和切向应力的拉梅公式计算，认为在3倍洞径以外切向应力已很小，可以忽略不计，所以要求上覆岩体厚度不小于3倍洞径或洞宽。实践证明，如果岩体稳定性好，施工方法得当，即使上覆岩体不到3倍洞径时，围岩也是稳定的。如海南省的大广坝水电工程的地下厂房的最小上覆岩体仅14m，只相当于1倍厂房跨度。水电工程中的交通洞和施工支洞等辅助洞室进口段多数是这种情况。

根据已有工程经验，对于不同的围岩类别，地下洞室的最小上覆岩体厚度与洞室宽度的关系可参照表8.3.3-1确定。如岩体无地下水活动，可用小值；如有地下水，可用大值。

表8.3.3-1　岩体类别与最小上覆岩体厚度关系表

岩体类别	上覆岩体最小厚度
坚硬完整岩体（Ⅰ～Ⅱ类）	（1.0～1.5）B
裂隙较发育的坚硬岩体（Ⅲ类）	（1.5～2.0）B
软岩或破碎岩体（Ⅳ～Ⅴ类）	（2.0～3.0）B

注　B为洞室的开挖宽度。

在水工隧洞设计规范修编过程中，无论水利部门还是水电部门都在这方面都做了调查研究，据19个工程的资料，所有工程的隧洞进出口段和无压隧洞的上覆岩体厚度均不足1倍洞宽，见表8.3.3-2，其中碧口水电站右岸泄洪洞出口段的最小上覆岩体厚度仅洞宽的1/10，它们不仅成功建成，并且正常运行了多年。因此《水工隧洞设计规范》（DL 5195和SL 279）对有压隧洞进出口段和无压隧洞的围岩覆盖厚度不再做具体要求。

表8.3.3-2　国内部分水电站隧洞进出口围岩厚度与洞跨比值实例

序号	工程名称	洞顶围岩厚度/洞跨
1	碧口右岸泄洪洞出口	0.1
2	碧口左岸泄洪洞出口	0.6
3	石头河泄洪洞出口	0.5
4	乌江渡左右岸泄洪洞出口	0.5
5	乌江渡放空洞进口	0.9
6	毛家村泄洪洞进口	0.2
7	绿水河泄洪洞进、出口	0.6
8	陆浑泄洪洞进出口	0.8～0.5
9	新丰江泄洪洞出口	0.7
10	松涛泄洪洞口	0.3
11	花凉亭泄洪洞进、出口	0.5～0.7
12	响洪甸泄洪洞进口	0.8
13	丰满1号泄洪洞出口	0.6
14	丰满2号泄洪洞出口	0.7
15	映秀湾引水洞进口	0.9
16	潭岭引水洞进口	0.8
17	古田溪三级引水洞进口	0.3
18	湖南镇引水洞进口	0.7
19	太平哨引水洞进口	0.9

（二）有压隧洞

一般要求上覆岩体的承载能力大于内水压力，以往一般均以覆盖比（即上覆岩厚度与承受的水头之比）作为衡量的指标。覆盖比的确定，有岩体上抬理论和岩石拉裂理论两种。岩体上抬理论是假定上覆岩体为松散介质，其承载能力就等于岩体的重量，没有考虑构造应力场和岩体强度等因素；而岩石拉裂理论是建立在岩体为连续介质基础上，上覆岩体的承载能力除考虑了岩体的重量之外，还考虑了岩石的物理力学特性和围岩的地应力状态等因素，因此两者差距甚大。

1. 岩体上抬准则

图8.3.3-1为岩体上抬准则的图示，当洞内承受内水压力而产生的径向压力P时，上抬力为：PD，而此时上覆岩柱的重量为γHD（γ为岩石重度）。若上抬力（PD）等于岩柱重量（γHD）则为极限状态。

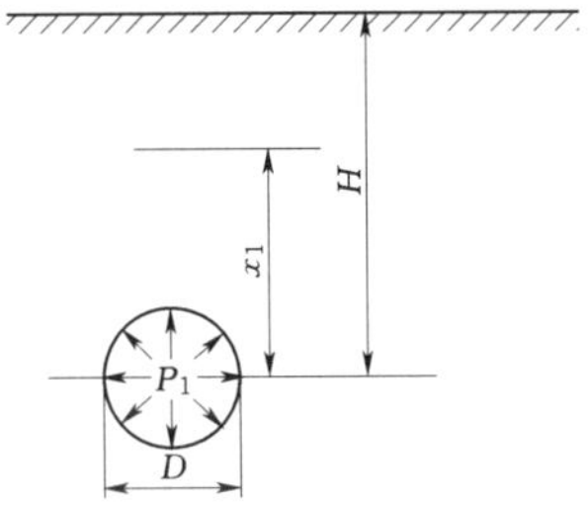

图8.3.3-1　岩体上抬准则图示

即$P\leqslant\gamma H$时就可防止岩石上抬，则

$$H\geqslant P/\gamma \qquad (8.3.3-1)$$

取岩石容重γ为2.0～2.5t/m³，则$H\geqslant 0.5\sim0.4P$，也就是覆盖比要大于等于0.5～0.4，即对于不衬砌或纯混凝土衬砌的压力洞上覆岩体厚度$H>0.4P$。考虑到衬砌可能漏水而造成全部静水头对岩层的顶托力，设计中常取一定的安全系数。

因理论上没有考虑岩体的强度，实践证明，这种准则特别是对于高水头隧洞是不符合客观实际的。如我国云南以礼河三级电站支洞水压实验成果证明：岩体为破碎玄武岩，厚度约45m，内水压力达629m，并未破坏，更未出现上抬现象，同时国内外已建成的一些电站，其覆盖比小于0.4很多，还有不少在0.2以下，故覆盖比应按岩体应力、岩体强度、岩体完整性等通过计算确定。

考虑上覆岩体的抗剪强度时，可按下式对洞室上覆岩体厚度的安全性进行复核计算：

$$H=(KP_1B)/(D\gamma-2c) \qquad (8.3.3-2)$$

式中：H为上覆岩体最小厚度，m；B为洞室开挖跨度，m；P_1为内水压力，t/m²；K为安全系数（$K>1.5$）；γ为岩石重度，t/m³；D为洞室衬砌后的跨度，m；c为ad/bc面上的黏聚力，t/m²，见图8.3.3-2。

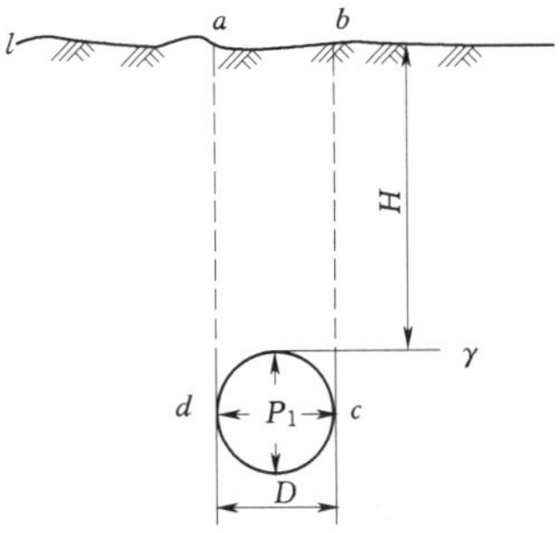

图8.3.3-2　计算图示

2. 岩石拉裂准则

假如在洞室开挖前围岩内不存在构造作用和其他原因而产生的特殊应力状态，那么，可以认为原岩的受力状态主要是由岩体自重产生。隧洞开挖后，岩体内部天然应力分布规律遭到

破坏，孔洞周边的初始应力会重新分布。当隧洞受到均匀的径向压力（内水压力）作用后，洞周及岩层内部将产生环向拉应力。若拉应力小于或等于岩石原有的预压应力，则隧洞围岩仍处于受压状态或平衡状态，而不会发生拉裂；反之则围岩将被拉裂，并将出现破裂区，破裂区发展到一定深度，当岩体中环向拉应力刚好与该处的预压应力平衡时，开裂才终止。此时，内水压力经过破裂区使岩体压缩而传递至弹性区的岩体，即弹性区承受的内水压力小于岩体的劈拉强度，这说明，围岩潜在的承载能力是很大的，必须予以考虑。

按岩石拉裂准则，隧洞周壁岩体的应力为

$$\sigma_i=\gamma H[(1+\lambda)-2(1-\lambda)\cos2\theta] \qquad (8.3.3-3)$$

式中：σ_i 为洞壁岩体应力，t/m^2；γ 为岩石的重度，t/m^3；H 为上覆岩体厚度，m；λ 为侧压力系数。

令 $\lambda=1$ 时，周边应力均为 $2\gamma H$；再取 $\gamma=2.5$ 时，要求上覆岩体厚度 $H\geqslant 0.2P$（即内水压力）。

在能正确求得岩石侧压力系数时，按岩石拉裂准则确定的岩石承载能力较抬动准则合理，但岩体并非均质弹性体，与实际仍有一定距离，因此目前一般多采用地质分析法，根据经验进行确定高压隧洞的上覆岩体最小厚度，参见表 8.3.3-3。

表 8.3.3-3　岩体类别与上覆岩体厚度关系表

岩石类别	上覆岩体厚度	备　注
坚硬完整岩体（Ⅰ～Ⅱ类）	$(0.2\sim0.25)h$	
裂隙较发育的坚硬岩体（Ⅲ类）	$(0.3\sim0.4)h$	
软弱破碎的岩体（Ⅳ～Ⅴ类）	$(0.5\sim0.7)h$	一般不宜修筑高水头洞室

注　h 为内水压力水头（m）。

现行的《水工隧洞设计规范》（DL/T 5195）采用岩体上抬准则，即有压隧洞洞身部位岩体最小覆盖厚度，按洞内静水压力小于洞顶以上岩体重力的要求来确定。以挪威准则为主，计算公式如下：

$$C_{RM}=(h_s\gamma_w F)/\gamma_R\cos\alpha \qquad (8.3.3-4)$$

式中：C_{RM}为岩体最小覆盖厚度（不包括全、强风化厚度），m；h_s 为洞内静水压力水头，m；γ_w 为水的重度，N/m^3；γ_R 为岩体的重度，N/m^3；α 为河谷岸边边坡倾角，(°)，$\alpha>60°$ 时取 $\alpha=60°$；F 为经验系数，一般取 1.3～1.5。

事实上，为保证高压隧洞围岩的稳定性，岩体的透水性是至关重要的指标，围岩渗透水力梯度应满足渗透稳定的要求，高压岔洞还应满足洞内静水压力小于围岩最小地应力的要求。

高压隧洞的安全，除了必须根据实际地质情况确定相应的上覆岩体厚度之外，还与隧洞的衬砌质量密切相关，否则造成内水外渗，将岩体中裂隙劈开，过大的渗透坡降使夹泥产生管涌，岩体丧失了整体性，承载能力大大降低，地下水位升高，工程地质条件恶化，特别是围岩较破碎的更容易发生事故。

二、平行洞室的最小间距

两平行洞室之间的距离或岩体厚度，应根据布置的需要、地形地质条件、围岩的应力和变形情况、隧洞断面形状和尺寸、施工方法和运用条件（一洞有水，邻洞无水）等因素，综合分析确定，不宜小于 2 倍开挖洞径或洞室宽度。确因布置需要，经论证两洞室之间的岩体厚度可适当减小，但不应小于 1 倍开挖洞径或洞宽。当采用较小间距时，应充分研究两洞间岩体的强度、变形和稳定性等问题，并采用加固措施以保证洞室安全。鉴于决定洞室间距的因素较多，一般先根据上述条件凭经验确定，然后再进行有限元分析计算，最小间距一般应不致使两洞室之间的塑性区贯通。

（一）经验公式计算洞间岩墙厚度

1. 无压（或低压）洞室

图 8.3.3-3 为无压或低压隧洞计算洞室中心间距的示意图，经验公式如下：

$$L=2a_1+G \qquad (8.3.3-5)$$

$$a_1=a+h\tan\left(45°-\frac{\varphi}{2}\right)$$

式中：L 为洞室中心间距，m；G 为保留的岩柱安全距离，一般建议取 3～6m；a_1 为松弛区半径，m；a 为洞室跨度之半，m；h 为洞室高度，m；φ 为岩体的内摩擦角，(°)。

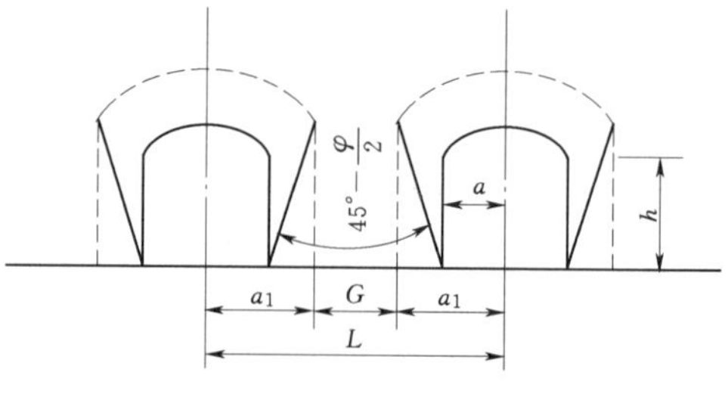

图 8.3.3-3　计算示意图

2. 有压洞室

图 8.3.3-4 为有压隧洞计算洞室中心间距的示意图，经验公式如下：

$$L=KP_1D/(D\gamma-2\tau) \qquad (8.3.3-6)$$

$$\tau=\sigma\tan\varphi+c$$

式中：L 为间壁岩体厚度，m；K 为安全系数；P_1 为内水压力，t/m^2；D 为洞室跨度，m；γ 为岩石重度，t/m^3；τ 为 ac、bd 面上的抗剪强度，t/m；σ 为 ac、bc 面上的岩体自重压力；c 为岩体的黏聚力，t/m；φ 为岩体的内摩擦角，(°)。

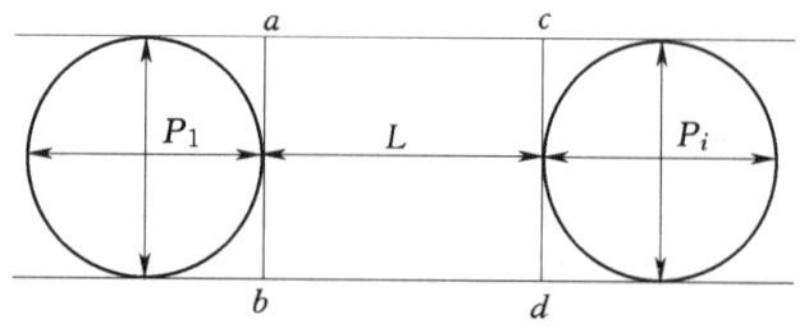

图 8.3.3-4　计算示意图

（二）工程类比法确定洞间岩墙厚度

地下洞室之间岩墙厚度的选择，可以利用工程类比方法初步拟定，当然还应依据岩体强度、完整程度和地应力的大小、安全度的要求，酌情取高值或低值。对于大型工程，数值分析是完全必要的。

对于无压隧洞，也可以参照我国矿山和交通部门的经验，比如《公路隧洞设计规范》（JTGD 70）规定分离式独立双洞的最小净距要满足表 8.3.3-4，不满足要求的采取相应措施。

表 8.3.3-4　分离式独立双洞间最小净距

围岩级别	Ⅰ	Ⅱ	Ⅲ	Ⅳ	Ⅴ	Ⅵ
最小净距（m）	$1.0B$	$1.5B$	$2.0B$	$2.5B$	$3.5B$	$4.0B$

注　B 为隧洞开挖断面的宽度（m）。

表 8.3.3-5 和表 8.3.3-6 分别列出我国部分水电工程高压隧洞（管道）的间距和国内外一些大型地下厂房的相邻洞间岩墙厚度。

从表 8.3.3-5 可以看出，大部分工程的高压隧洞间的岩壁厚度与洞径的比值（L/D）在 1.5～4.5 之间，其中抽水蓄能电站高压引水隧洞或管道的间距较大，L/D 值一般在 4～8 之间。

从表 8.3.3－6 可以看出，大部分工程的 T/B 值在 0.63～1.6 之间，只有 2 个超过 2.0，国内白山地下厂房的岩墙厚度最小，仅 16.5m。为了保证岩柱的稳定，采用了预应力锚索穿过岩柱，施加侧向压力。

表 8.3.3－5　　我国部分水电工程高压隧洞（管道）间岩壁厚度

工程名称	岩性	内水压力 P (m)	直径 D (m)	岩墙厚度 L (m)	L/D
东风	石灰岩	178	6.5	10.5	1.6
龙滩	砂岩夹少量泥板岩	185	10.0	15	1.5
向家坝	砂岩夹少量泥质岩	135	14.4	21.6	1.5
广州蓄能二期	燕山三期花岗岩	610/764.8①	8.0/3.5②	15.5	4.43
惠州抽水蓄能 A	燕山三期花岗岩	624/811.2①	8.5/3.5②	74.5/16③	8.76/4.57
惠州抽水蓄能 B	燕山三期花岗岩		8.5/3.5②		
清远抽水蓄能	燕山三期花岗岩	567/737.1①	8.5/4.0②	18.5	4.63
深圳抽水蓄能	燕山三期花岗岩	530/688①	8.5/4.0②	17.0	4.25
黑麋峰抽水蓄能	二长花岗岩	452	8.5	37.5	4.4
白莲河抽水蓄能	花岗岩	310	9.0	31	3.4
溧阳抽水蓄能	砂岩夹泥质粉砂岩	460	9.2	40.8	4.4
凤滩扩机	长石石英砂岩	118	9.0	16	1.8
乌江渡扩机	石灰岩		7.0		
三板溪	凝灰岩和凝灰质砂岩	200	7.0	15	2.1
拉西瓦	花岗岩	276	10.7～9.5	28	2.62
三峡地下电站	花岗岩	154（含水击）	13.5/15.5④	22.8	1.69/1.47
构皮滩	石灰岩	257.3（含水击）	8.0/9.8④	21.2	2.65/2.16
水布垭	石灰岩	260（含水击）	6.9/8.7④	20.48	2.97/2.35
小湾	花岗片麻岩、斜长片麻岩夹片岩	265	10.3	13.4～22.7	1.3～2.2
糯扎渡	花岗岩	250	11	23	2.1
大朝山	玄武岩	115	9.5	16	1.7
锦屏一级	大理岩	253	9.5	12.23	1.29
锦屏二级	大理岩	415.0	隧洞 13 管道 8.7	47 20.34	3.6 2.3
二滩	正长岩和辉长岩	230	9	19	2.11
十三陵抽水蓄能	复成分砾岩、安山岩	537	5.2～3.8	43～72	8.3～18.9
天荒坪抽水蓄能	熔结凝灰岩	680.00	7.00	52.54	7.51
宜兴抽水蓄能	岩屑砂岩	474.50	5.60	37.70	6.73
洪家渡	石灰岩	230	6	14	2.3

① 610/725 为最大静水头/最大动水头。
② 8.0/3.5 为高岔直径/支管直径。
③ 74.5/16：74.5 为 A、B 厂高岔最小距离，16 为支管间距。
④ 6.9/8.7 为衬砌前后的直径。

表 8.3.3－6　　国内外大型地下厂房相邻洞间岩墙厚度的统计表

序号	工程名称	岩性条件	弹性模量 E (GPa)	抗压强度 R (MPa)	完整性系数 K_v	厂房埋深 H (m)	厂房跨度 B (m)	岩墙厚度 T (m)	T/B
1	鲁布革	石灰岩，白云岩	18	80	0.81	300	18	39.3	2.18
2	白山	混合岩	20	126	0.72	125	25	16.5	0.66
3	东风	石灰岩	18	80～110	0.5	150～250	21	20	0.95
4	龙滩	砂岩夹少量泥板岩	18～30	130	0.42	120～240	30.7	43	1.40
5	向家坝	砂岩夹少量泥质岩	15	100	0.65	105～225	33.4	40	1.20
6	广州抽水蓄能二期	燕山三期花岗岩	25～40	80～120	0.64～0.85	350～380	21.0	35	1.67
7	惠州抽水蓄能 A 厂	燕山三期花岗岩	25～40	90～150	0.76～0.83	255～265	21.5	35	1.63
8	惠州抽水蓄能 B 厂	燕山三期花岗岩				340～360	21.5	35	1.63
9	清远抽水蓄能电站	燕山三期花岗岩	35～40	100～160	0.9～1.0	340～440	25.5	42	1.65
10	深圳抽水蓄能电站	燕山三期花岗岩	25～40	90～120	0.73～0.85	260～280	24.0	38.5	1.60
11	黑麋峰抽水蓄能	二长花岗岩	13～20	60～65	0.82	160～210	27.0	35	1.30

续表

序号	工　程　名　称	岩　性　条　件	弹性模量 E (GPa)	抗压强度 R (MPa)	完整性系数 K_v	厂房埋深 H (m)	厂房跨度 B (m)	岩墙厚度 T (m)	T/B
12	白莲河抽水蓄能	花岗岩	25～30	>100	0.65	155～210	26.2	32	1.22
13	溧阳抽水蓄能	砂岩	5～10	≥40	0.15～0.35	240～290	21.3	45	2.11
14	乌江渡扩机	石灰岩		≥60	0.35～0.75	40～200	26.2	25	0.95
15	三板溪	凝灰岩	30	165	0.87	200～220	25.2	30	1.19
16	溪洛渡	玄武岩	16～30	214～304	0.6～0.8	300～700	28.4	48	1.69
17	拉西瓦	花岗岩	20～28	80～100	0.65～0.8	230～426	30	50	1.7
18	小湾	花岗片麻岩夹片岩	20～28	80～150	0.85～0.95	350～550	31	50	1.61
19	糯扎渡	花岗岩	20～40	95～120	0.54～0.88	184～220	31.0	45.75	1.48
20	大朝山	玄武岩夹凝灰岩	15	60～100	0.85～0.95	70～150	26.4	64.3	2.43
21	二滩	正长岩和辉长岩	25～35 (变模)	123～135.9	0.8～0.94	200～400	25.5	35	1.37
22	锦屏一级	大理岩	3～15	60～75	0.34～0.72	180～420	28.90	45	1.56
23	锦屏二级	大理岩	14～25	62～101	0.40～0.89	231～292	28.3	45	1.59
24	官地	玄武岩	15～20 (变模)	100～150	0.6～0.75	244～420	31.1	49.2	1.58
25	瀑布沟	花岗岩	15～20	110～130	0.81	220～360	32.4	45	1.39
26	索风营	石灰岩	15～20	45～50	0.95～1.0	70～300	24	48	2.0
27	龚嘴	花岗岩					25	16.5	0.66
28	十三陵抽水蓄能	复成分砾岩	15～20	58.5	0.76	280	23	38	1.65
29	天荒坪抽水蓄能	熔结凝灰岩	20～30	125	0.50～0.90	160～200	22.40	33.50	1.50
30	宜兴抽水蓄能	岩屑砂岩	4.5～7.0	76	0.48～0.70	310～370	22.00	40.00	1.82
31	宝泉抽水蓄能	花岗片麻岩	27.0	100	0.52～0.90	430～540	22.90	35.00	1.53
32	丘吉尔瀑布（加拿大）	花岗片麻岩		112	0.91		24.7	17	0.69
33	卡布拉巴萨（莫桑比克）	花岗片麻岩	23～65	120	0.63		28.9	44	1.52
34	Mica（加拿大）	石英片麻岩	7.8～85	150	0.84		24.4	15.3	0.63
35	季马诺（加拿大）	花岗岩，花岗闪长岩		150	0.6		20	12.6	0.63
36	新高濑川（日本）	花岗岩，闪长岩	12～16	150～300	0.4		27	38.5	1.44
37	玉原（日本）	石灰岩，流纹岩，凝灰岩，砾岩	5～11	100	0.35		28.5	39.6	1.39
38	菲奥雷诺（意大利）	石英长石千枚岩	51～53	83	0.72		19	21.5	1.13
39	德利奥瑚（意大利）	片麻岩	9.7	81	0.37		18	20	1.1
40	Elandsblrg（南非）	硬砂岩	10	96	0.34		22	32	1.45
41	Crinsel Oberaor（瑞士）	花岗岩，闪长岩	20	180	0.75		29	20	>0.69
42	拉格朗德Ⅱ（加拿大）	花岗片麻岩					26.4	27.5	1.04
43	莫佛尔米塔（墨西哥）	变质岩					21	15	0.72
44	波太基（加拿大）	砂页岩					20	35.9	1.79
45	新丰根（日本）	花岗岩					22.7	26.4	1.16
46	科普斯（阿根廷）	角闪岩					25.8	24	0.93

三、交叉段的位置选择

水工隧洞常以洞室群的型式布置，且相互之间有功能的密切联系，因此交叉洞多，开挖临空面多，岩壁薄，应力集中度高，往往是容易出现围岩失稳的部位。

(1) 交叉段的位置应尽量选择在岩石坚硬完整的地段，尽量避免在断层破碎带、节理密集带以及岩石松软破碎等地段布置岔洞，特别是高压岔洞。万一高压岔洞段遇断层等破碎岩体，应进行高压渗透试验，必要时应对破碎段进行高压固结灌浆，并且最好采用钢衬。

(2) 两条隧洞相交时，其交角应尽量呈大锐角相交，以保证交叉段洞壁之间有较厚的岩墙。

第四节　隧洞断面形状的选择

水工隧洞的断面形状，一般应根据使用要求、尺寸大小、水力条件、地质条件、地应力情况、围岩加固方式和强度以及施工方法（钻爆法和掘进机法）等因素，通过技术经济分析来选择确定。

水电站的地下厂房的顶部多采用拱形，下部多采用矩形，顶拱矢跨比常采用1/2～1/5，这种城门洞形的断面便于施工。

对于明流隧洞（即无压隧洞），围岩条件较好的，可采用直边墙、平底、圆顶拱或平顶的断面（即城门洞形或方形），隧洞的净高约等于净宽。这样的隧洞，虽然水深与宽度之比不是最佳比例，但围岩应力分布较合理，集中度不会太高，因此稳定性也较好。并且直墙平底便于施工，衬砌工程量也较少；如果围岩较软弱，则洞室断面宜做成马蹄形，甚至圆形，以增强围岩的稳定性，也使衬砌的承载能力增加。但马蹄形和圆形断面在施工时略显麻烦，边墙和顶拱均为曲线，衬砌模板要复杂一些。

对于有压隧洞，宜采用圆形断面，圆形洞室受力条件较好。如洞径和内、外水压力不大，也可采用更便于施工的其他断面形状。

在地应力相对较高的软弱围岩中，马蹄形或椭圆形断面虽然施工比较复杂，但有利于围岩稳定，也是值得考虑的断面型式。

断面的高宽比，可根据地质、地应力和水力条件来选用，一般取1.5。若水平地应力大于垂直地应力，或遇有层间结合差的高倾角薄岩层时，一般宜采用高度小而宽度大的断面；若垂直地应力大于水平地应力，或分布有层间结合差的缓倾角薄岩层时，一般宜采用高度大而宽度小的断面。

从围岩应力考虑，一般来说分两种情况：当边界应力比岩体强度相对低时，应尽量使洞壁各处的切向压应力比较均匀，即尽量使洞顶应力和洞侧应力相等，避免小曲率半径，尤其要避免尖角，以减少应力集中。当原岩应力很高，且不可避免地引起洞周围岩的大量屈服甚至破坏时，Fairhurst 建议选择洞型的原则，应使超应力岩石区即岩体加固区局限在较小的范围内，便于集中加固处理。这两种不同原则的设计概念和适用条件见表 8.3.4-1。

表 8.3.4-1　大主应力方向、洞型与加固部位示意图表

应力水平及设计原则	大主应力方向		
	垂　直	水　平	倾　斜
中等应力水平，应力均匀分布，以避免局部不稳定	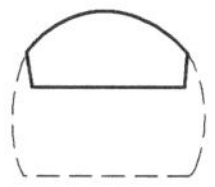 高边墙做成曲线形，以免失稳	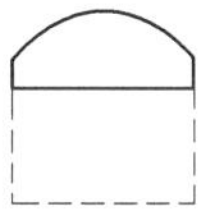 可用直的高边墙	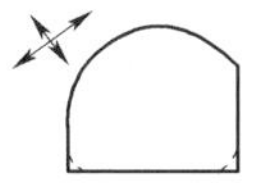 当应力很不等向时，用不对称断面
高应力水平，将不稳定部分集中，以减少支护面积	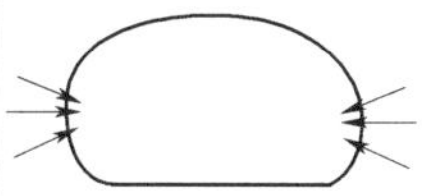 避免高边墙	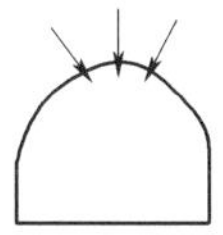 顶拱加固集中在一小范围内	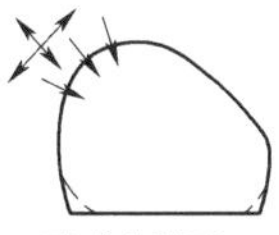 不对称断面，曲墙

中等或较大埋深的地下洞室，带有拱形顶部的简单洞型是较好的。只有岩层层面水平，洞跨小于10m，层厚大于1m，长轴方向合适时，顶拱可沿层面做成平的。若层面间距小于0.5m，层面较光滑时，顶部常设计成高拱。当跨度大于10m，顶拱常须加设锚杆。

例如鲁布格水电站地下厂房，垂直地应力约为水平地应力的两倍，采用半圆形顶拱，矢跨比近1/3，使顶拱压力增大，以提高不连续岩体的抗剪强度；并且不设拱脚，以减少拐角和应力集中；洞型和支护设计见图 8.3.4-1。

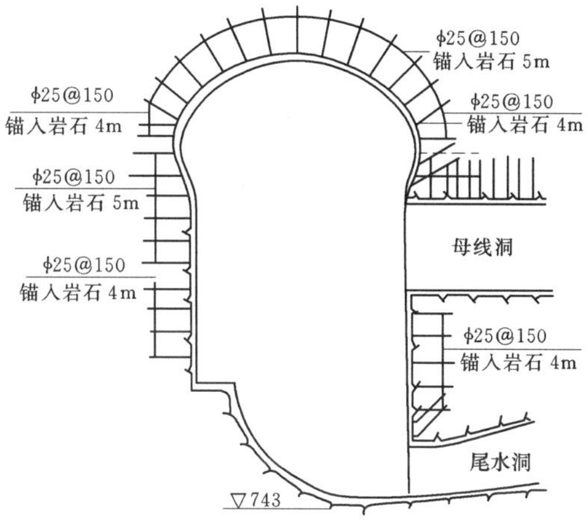

图 8.3.4-1　鲁布革厂房洞型及喷锚支护图

在地质条件不利的情况下，可采用马蹄形断面。例如德国瓦尔德克－Ⅱ地下厂房位于灰色砂岩和板岩岩层中，主要软弱面为层面和断层。设计为马蹄形断面，长、宽、高为106m、33.5m、54m，见图 8.3.4-2，支护为喷混凝土厚17～24cm，内设钢筋网3层。

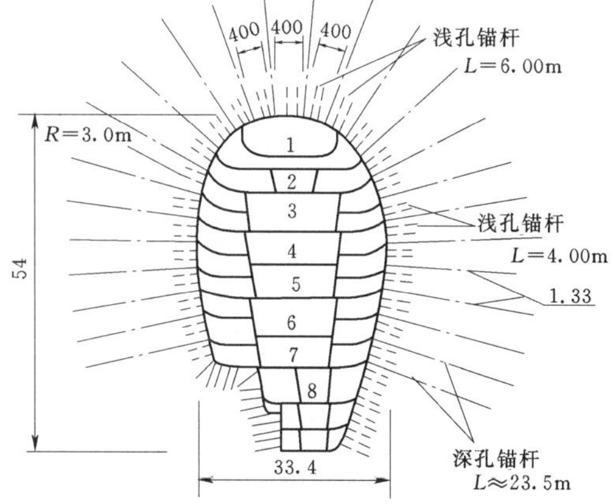

图 8.3.4-2　德国瓦尔德克-Ⅱ地下厂房洞型及支护图

第四章 围岩工程地质分类

第一节 概　　述

围岩分类是对地下工程岩体工程地质特性进行综合分析、概括和评价的方法，是许多地下工程的设计、施工和运行经验的总结，故分类的实质是广义的工程地质类比，其目的就是对围岩的整体稳定程度进行判断，并指导系统支护设计和施工开挖。

一、围岩分类的影响因素

影响围岩质量和稳定性的因素多种多样，各种围岩分类所考虑的因素、选取的定性、定量指标也各有侧重，总体上来说不外乎地质因素和工程因素两大类。

地质因素主要包括岩体的强度、岩体的结构和完整程度、结构面状态、地下水状态、初始地应力状态等。

工程因素主要包括洞室的轴线方向、断面形状及尺寸、洞室间距，以及施工开挖方法、爆破方式等，是围岩类别修正时考虑的主要因素。

二、国内外围岩分类的概况

迄今为止，国内外提出的洞室围岩分类方法达百余种，比较有代表性的分类方法按所选取的分类指标多少及各指标间的相互关系，大致可归纳为7类，见表8.4.1-1。

表8.4.1-1　　国内外代表性的地下洞室围岩分类方法一览表

单一指标	普氏系数分类（俄国沙皇时代，1907年） 岩石准抗拉强度 S_t 分类（前捷克斯洛伐克） 岩石抗压强度 R_c 分类（法国）
一个综合指标	太沙基的荷载分类（美国，1946年） 迪尔的RQD分类（美国，1964年） 弹性波速 V_p 分类（日本，1983年） Rabcewiez自稳时间 T（奥地利，1957年）
少数指标并列	Rabcewicz新奥法围岩分类（奥地利，1964） 公路隧道围岩分类《公路工程地质勘察规范》（JTJ 064—98、中国，1998年） 铁路隧道围岩分级《铁路工程地质勘察规范》（TB 10012—2001、中国，2001年）
多个指标并列	水工隧洞围岩分类《水工隧道设计规范》（SD 134—84、中国，1985年） 围岩分级《锚杆喷射混凝土支护技术规范》（GB 50086—2001、中国，2001年） 《军用物资洞室锚喷支护》中的围岩分类（中国） 总参工程兵围岩分类（中国，邢念信等） 巴顿（N. Barton）岩体质量Q系统（挪威，1974年）
多个指标复合	Bynmyeb稳定性指标S法（苏联，1977年） Palmstrom的RMI系统分类（挪威，1995年） 原水电部成都院的岩体质量指标M法（中国，1978年） 谷德振的岩体质量系数Z法（中国，1979年） 杨子文的岩石质量指数R. M. Q（中国，1978年） 关宝树的围岩质量指标Q和稳定性分级W（中国，1980年） 总参工程兵第四设计研究所的坑道工程围岩分类（中国，1985年） 《水力发电工程地质勘察规范》（GB 50287—2006）围岩工程地质分类（中国，2006年） Wickhamet的岩石构造评价法RSR（美国，1972年） 比尼奥斯基（Bieniawsk）RMR分类（南非，1973年） 科学研究所（Tesaro）QTS岩石分类法（前捷克斯洛伐克，1979年） 陈德基等的块度模数MK法（中国，1978年） 王世春的RMQ法（中国，1981年） 铁道部科学研究院西南分院的铁路隧道工程围岩分级方法（中国，1986年） 原水电部昆明院的大型水电站地下洞室围岩分类（中国，1988年） "三峡．YZP法"（中国，1988年） 中国水电顾问集团华东勘测设计研究院的高地应力、高外水压力条件下地下洞室的JPF分类体系（中国，2006年） 《工程岩体分级标准》（GB 50218—94）（中国，1994年） 国家建委的人工洞室围岩分类（中国，1975年） 原水电部东北勘测设计院的地下洞室围岩分类（中国，1981年）

第二节 水电围岩工程地质分类

一、水电围岩工程地质分类方法

《水力发电工程地质勘察规范》（GB 50287—2006）中的围岩工程地质分类分为围岩初步分类和围岩详细分类。其围岩稳定性评价和支护类型见表8.4.2-1。

（一）围岩初步分类

1. 水电工程围岩初步分类方法

《水力发电工程地质勘察规范》（GB 50287—2006）中的围岩初步分类见表8.4.2-2，其中岩质类型、岩体结构类型及岩体完整程度的确定见表8.4.2-3～表8.4.2-5。

表 8.4.2－1　　**围岩工程地质分类**

围岩类别	围岩稳定性评价	支护类型
Ⅰ	稳定。 围岩可长期稳定，一般无不稳定块体	不支护或局部锚杆或喷薄层混凝土。 大跨度时，喷混凝土，系统锚杆加钢筋网
Ⅱ	基本稳定。 围岩整体稳定，不会产生塑性变形，局部可能产生组合块体失稳	
Ⅲ	局部稳定性差。 围岩强度不足局部会产生塑性变形，不支护可能产生塌方或变形破坏。完整的较软岩，可能短时稳定	喷混凝土，系统锚杆加钢筋网。大跨度时，并加强柔性或刚性支护
Ⅳ	不稳定。 围岩自稳时间很短，规模较大的各种变形和破坏都可能发生	喷混凝土，系统锚杆加钢筋网，并加强柔性或刚性支护，或浇筑混凝土衬砌
Ⅴ	极不稳定。 围岩不能自稳，变形破坏严重	

注　大跨度地下洞室指跨度大于 20m 的地下洞室。

表 8.4.2－2　　**围岩初步分类**

岩质类型	岩体结构类型	岩体完整程度	围岩初步分类	
			类　别	说　明
硬质岩	整体状或巨厚层状结构	完整	Ⅰ、Ⅱ	坚硬岩定Ⅰ类，中硬岩定Ⅱ类
	块状结构	较完整	Ⅱ、Ⅲ	坚硬岩定Ⅱ类，中硬岩定Ⅲ类
	次块状结构		Ⅱ、Ⅲ	坚硬岩定Ⅱ类，中硬岩定Ⅲ类
	厚层状或中厚层状结构		Ⅱ、Ⅲ	坚硬岩定Ⅱ类，中硬岩定Ⅲ类
	互层状结构		Ⅲ、Ⅳ	洞轴线与岩层走向夹角小于 30°时，定Ⅳ类
	薄层状结构	完整性差	Ⅳ、Ⅲ	岩质均一，无软弱夹层时，可定Ⅲ类
	镶嵌结构		Ⅲ	—
	块裂结构		Ⅳ	—
	碎裂结构	较破碎	Ⅳ、Ⅴ	有地下水时，定Ⅴ类
	碎块状或碎屑状结构	破碎	Ⅴ	—
软质岩	整体状或巨厚层状结构	完整	Ⅲ、Ⅳ	较软岩无地下水时定Ⅲ类，有地下水时定Ⅳ类；软岩定Ⅳ类
	块状或次块状结构	较完整	Ⅳ、Ⅴ	无地下水时定Ⅳ类；有地下水时定Ⅴ类
	厚层、中厚层或互层状结构		Ⅳ、Ⅴ	无地下水时定Ⅳ类；有地下水时定Ⅴ类
	薄层状或块裂结构	完整性差	Ⅴ、Ⅳ	较软岩无地下水时定Ⅳ类
	碎裂结构	较破碎	Ⅴ、Ⅳ	较软岩无地下水时定Ⅳ类
	碎块状或碎屑状散体结构	破碎	Ⅴ	—

表 8.4.2－3　　**岩质类型划分**

岩　质　类　型	硬　质　岩		软　质　岩	
	坚硬岩	中硬岩	较软岩	软　岩
岩石饱和单轴抗压强度 R_b(MPa)	$R_b>60$	$60\geqslant R_b>30$	$30\geqslant R_b>15$	$15\geqslant R_b>5$

表 8.4.2－4　　**岩体结构类型**

类　型	亚　类	岩　体　结　构　特　征
块状结构	整体状结构	岩体完整，呈巨块状，结构面不发育，间距大于 100cm
	块状结构	岩体较完整，呈块状，结构面轻度发育，间距一般 100～50cm
	次块状结构	岩体较完整，呈次块状，结构面中等发育，间距一般 50～30cm
层状结构	巨厚层状结构	岩体完整，呈巨厚层状，结构面不发育，间距大于 100cm
	厚层状结构	岩体较完整，呈厚层状，结构面轻度发育，间距一般 100～50cm
	中厚层状结构	岩体较完整，呈中厚层状，结构面中等发育，间距一般 50～30cm
	互层状结构	岩体较完整或完整性差，呈互层状，结构面较发育或发育，间距一般 30～10cm
	薄层状结构	岩体完整性差，呈薄层状，结构面发育，间距一般小于 10cm
镶嵌结构	镶嵌结构	岩体完整性差，岩块嵌合紧密～较紧密，结构面较发育到很发育，间距一般 30～10cm
碎裂结构	块裂结构	岩体完整性差，岩块间有岩屑和泥质物充填，嵌合中等紧密～较松弛，结构面较发育到很发育，间距一般 30～10cm
	碎裂结构	岩体较破碎，岩块间有岩屑和泥质物充填，嵌合较松弛～松弛，结构面很发育，间距一般小于 10cm
散体结构	碎块状结构	岩体破碎，岩块夹岩屑或泥质物，嵌合松弛
	碎屑状结构	岩体极破碎，岩屑或泥质物夹岩块，嵌合松弛

表 8.4.2-5　　岩体完整程度划分

岩体完整程度		完整	较完整		完整性差		较破碎	破碎
岩体完整性系数 K_V		>0.75	0.75～0.55		0.55～0.35		0.35～0.15	≤0.15
岩体构造结构面体积节理数 J_v（条/m³）		<3	3～10		10～20		20～35	>35
主要结构面类型		节理、裂隙、层面	节理、裂隙、层面		节理、裂隙、层面、小断层		各种类型结构面	
结构面发育程度	结构面发育组数	1～2	1～2	2～3	2～3	2～3	>3	无序
	结构面间距（cm）	>100	100～50	50～30	30～10	<10	<10	
	结构面发育程度	不发育	轻度发育	中等发育	较发育	发育	很发育	

注　1. 岩体完整性系数 $K_V=(V_{pm}/V_{pr})^2$，式中：V_{pm} 为岩体纵波速（m/s）；V_{pr} 为岩块纵波速（m/s）；
2. 岩体构造结构面体积节理数 J_v 为各组结构面平均间距倒数的和；
3. 结构面间距指主要结构面间距的平均值。

2.《工程岩体分级标准》（GB 50218）的围岩初步分类详情见表 8.4.2-6。

表 8.4.2-6　　岩体分级（按自稳能力）

岩体级别	自稳能力
Ⅰ	跨度≤20m，可长期稳定，偶有掉块或小塌方
Ⅱ	跨度 10～20m，可基本稳定，局部可发生掉块或小塌方 跨度<10m，可长期稳定，偶有掉块
Ⅲ	跨度 10～20m，可稳定数日至一个月，可发生小～中塌方 跨度 5～10m，可稳定数月，可发生局部块体拉移及小～中塌方 跨度<5m，可基本稳定
Ⅳ	跨度>5m，一般无自稳定能力，数日～数月内可发生松动变形、小塌方，进而发展为中～大塌方。埋深小时，以拱部松动破坏为主，埋深大时，有明显的塑性变形和挤压破坏； 跨度≤5m，可稳定数日至一个月
Ⅴ	无自稳能力

注　1. 小塌方：塌方高度<3m，或塌方体积<30m³；
2. 中塌方：塌方高度 3～6m，或塌方体积 30～100m³；
3. 大塌方：塌方高度>6m，或塌方体积>100m³。

（二）水电工程围岩详细分类

水电工程围岩详细分类是以控制围岩稳定的岩石强度、岩体完整程度、结构面状态、地下水状态和主要结构面产状五大因素评分之和为基本判据，围岩强度应力比为限定判据，最后综合判定围岩的类别，对于大跨度、高边墙地下洞室，洞顶、边墙及端墙应分别评分。水电地下洞室围岩详细分类见表 8.4.2-7～表 8.4.2-12。

表 8.4.2-7　　地下洞室围岩详细分类

围岩类别	围岩总评分 T	围岩强度应力比 S
Ⅰ	$T>85$	>4
Ⅱ	$85\geqslant T>65$	>4
Ⅲ	$65\geqslant T>45$	>2

续表

围岩类别	围岩总评分 T	围岩强度应力比 S
Ⅳ	$45\geqslant T>25$	>2
Ⅴ	$T\leqslant 25$	—

注　1. Ⅰ、Ⅱ、Ⅲ、Ⅳ类围岩，当其强度应力比小于本表规定时，围岩类别宜相应降低一级。
2. 围岩强度应力比 S 可根据下式求得：

$$S=\frac{R_b K_V}{\sigma_m}$$

式中：R_b 为岩石饱和单轴抗压强度，MPa；K_V 为岩体完整性系数，为岩体的纵波波速与相应岩石的纵波波速之比的平方；σ_m 为围岩的最大主应力，MPa，当无实测资料时可以自重应力代替。

表 8.4.2-8　　岩石强度评分

岩质类型	硬质岩		软质岩	
	坚硬岩	中硬岩	较软岩	软岩
饱和单轴抗压强度 R_b（MPa）	$R_b>60$	$60\geqslant R_b>30$	$30\geqslant R_b>15$	$15\geqslant R_b>5$
岩石强度评分 A	30～20	20～10	10～5	5～0

注　1. 岩石饱和单轴抗压强度大于 100MPa 时，岩石强度的评分为 30；
2. 当岩体完整程度与结构面状态评分之和小于 5 时，岩石强度评分大于 20 的，按 20 评分。

表 8.4.2-9　　岩体完整程度评分

岩体完整程度		完整	较完整	完整性差	较破碎	破碎
岩体完整性系数 K_V		$K_V>0.75$	$0.75\geqslant K_V>0.55$	$0.55\geqslant K_V>0.35$	$0.35\geqslant K_V>0.15$	$K_V\leqslant 0.15$
岩体完整性评分 B	硬质岩	40～30	30～22	22～14	14～6	<6
	软质岩	25～19	19～14	14～9	9～4	<4

注　1. 当 $60\text{MPa}\geqslant R_b>30\text{MPa}$，岩体完整性程度与结构面状态评分之和大于 65 时，按 65 评分。
2. 当 $30\text{MPa}\geqslant R_b>15\text{MPa}$，岩体完整性程度与结构面状态评分之和大于 55 时，按 55 评分。
3. 当 $15\text{MPa}\geqslant R_b>5\text{MPa}$，岩体完整性程度与结构面状态评分之和大于 40 时，按 40 评分。
4. 当 $R_b\leqslant 5\text{MPa}$，属极软岩，岩体完整性程度与结构面状态不参加评分。

表 8.4.2-10　　结构面状态评分

结构面状态	张开度 W（mm）	闭合 $W<0.5$		微张 $0.5\leqslant W<5.0$									张开 $W\geqslant 5.0$	
	充填物	—		无充填			岩屑			泥质			岩屑	泥质
	起伏粗糙状况	起伏粗糙	平直光滑	起伏粗糙	起伏光滑或平直粗糙	平直光滑	起伏粗糙	起伏光滑或平直粗糙	平直光滑	起伏粗糙	起伏光滑或平直粗糙	平直光滑	—	—
结构面状态评分 C	硬质岩	27	21	24	21	15	21	17	12	15	12	9	12	6
	较软岩	27	21	24	21	15	21	17	12	15	12	9	12	6
	软岩	18	14	17	14	8	14	11	8	10	8	6	8	4

注　1. 结构面的延伸长度小于 3m 时，硬质岩、较软岩的结构面状态评分另加 3 分，软岩另加 2 分；结构面延伸长度大于 10m 时，硬质岩、较软岩的结构面状态评分减 3 分，软岩减 2 分。
2. 当结构面张开度大于 10mm，无充填时，结构面状态的评分为零。

表 8.4.2－11　　　　**地下水状态评分**

活动状态			渗水滴水	线状流水	涌水
水量 q [L/(min·10m 洞长)] 或压力水头 H (m)			$q\leqslant25$ 或 $H\leqslant10$	$25<q\leqslant125$ 或 $10<H\leqslant100$	$q>125$ 或 $H>100$
基本因素评分 T'	$T'>85$	地下水评分 D	0	0～−2	−2～−6
	$85\geqslant T'>65$		0～−2	−2～−6	−6～−10
	$65\geqslant T'>45$		−2～−6	−6～−10	−10～−14
	$45\geqslant T'>25$		−6～−10	−10～−14	−14～−18
	$T'\leqslant25$		−10～−14	−14～−18	−18～−20

注　基本因素评分 T' 系前述岩石强度评分 A、岩体完整性评分 B 和结构面状态评分 C 的和。

表 8.4.2－12　　　　**主要结构面产状评分**

结构面走向与洞轴线夹角		90°～60°				60°～30°				<30°			
结构面倾角		>70°	70°～45°	45°～20°	<20°	>70°	70°～45°	45°～20°	<20°	>70°	70°～45°	45°～20°	<20°
结构面产状评分 E	洞顶	0	−2	−5	−10	−2	−5	−10	−12	−5	−10	−12	−12
	边墙	−2	−5	−2	0	−5	−10	−2	0	−10	−12	−5	0

注　按岩体完整程度分级为完整性差、较破碎和破碎的围岩不进行主要结构面产状评分的修正。

二、现行水电围岩分类方法的适用范围

《水力发电工程地质勘察规范》(GB 50287—2006) 中围岩工程地质分类的适用范围：

(1) 围岩初步分类属于宏观判断性质的分类，适用于工程地质资料较少的规划和预可行性研究阶段。围岩详细分类主要用于工程地质资料较齐全、地下洞室布置已基本确定的可行性研究、招标和施工详图设计阶段。

(2) 不适用于埋深小于两倍洞径或跨度的地下洞室和膨胀土、黄土等特殊土层，以及岩溶洞穴发育地段的地下洞室。

(3) 不适用于极高应力地区（围岩强度应力比 $S\leqslant2$）和极软岩（$R_b\leqslant5$MPa）中的地下洞室围岩分类。

三、围岩分类的工作方法及分类参数取值原则

（一）工作方法

(1) 根据勘探平洞、钻孔及开挖的地下洞室揭示的地层岩性、构造发育特征、岩体结构类型、风化程度等基本地质条件，进行工程地质分段。

(2) 对各工程地质分段进行详细的地质调查，并开展简易的物理力学性质测试。地质调查内容包括：岩体的风化程度、岩石类型和抗压强度；岩层厚度及组合关系；结构面组数、间距、延伸性；结构面张开度、充填物特征、风化蚀变及起伏粗糙情况；地下水状态。测试内容包括岩石的饱和抗压强度、点荷载强度、地震波、声波波速等。对影响围岩质量和稳定性的因素以列表的形式，按照水电围岩分类要求分别赋值评分，得出各段岩体的质量类别，建立适合本工程地下洞室围岩分类的标准，结合工程因素对围岩的整体稳定性进行判断。

(3) 根据初步围岩分类的结果，结合不同围岩类别开展现场岩体力学性质试验，如岩体抗剪（断）强度、变形模量、弹性模量、收敛变形、地应力等测试，根据测试成果和工程类比，提出各类围岩的地质参数建议值，包括岩石的容重、泊松比、岩体各向变形模量及弹性模量、岩体及结构面的抗剪（断）强度、岩体弹性抗力系数等。

(4) 采用其他围岩分类（如 Q 系统分类、RMR 分类），对各工程地质分段的岩体质量进行分类和稳定性评价，并与水电围岩分类结果进行对比分析和综合评定。

(5) 提出各类围岩的开挖、支护原则建议；当存在特定软弱结构面的不利组合，影响围岩的局部稳定性时，则需要采取特殊的分析方法和加固处理措施。

(6) 施工期间，根据地下洞室开挖揭露的地质条件，对前期的围岩分类进行复核，以进一步评价围岩的整体稳定性和特定结构面不利组合局部稳定性，并对支护设计进行优化。

（二）分类参数取值原则

(1) 饱和抗压强度（R_b）。一般选用岩石的室内试验统计结果；在无岩石试验成果的情况下，也可根据岩石的点荷载强度指数 $I_{s(50)}$ 换算。对有明显各向异性的沉积岩、变质岩及似层状的火山岩等，应考虑开挖后二次应力作用方向上的饱和抗压强度。在无试验成果时，可按表 8.4.2－13 进行初步判断。

表 8.4.2－13　　　　**岩石坚硬程度野外判别一览表**

名称		定性鉴定	代表岩石
硬质岩	坚硬岩 ($R_b>60$MPa)	锤击声清脆，有回弹，震手，难击碎；浸水后，大多无吸水反应	新鲜～微风化的： 花岗岩、正长岩、闪长岩、辉绿岩、玄武岩、安山岩、片麻岩、石英片岩、硅质板岩、石英岩、硅质胶结的砾岩、石英砂岩、硅质石灰岩
	中硬岩 ($30<R_b\leqslant60$MPa)	锤击声清脆，有轻微回弹，稍震手，较难击碎；浸水后，有轻微吸水反应	弱风化的坚硬岩石； 新鲜～微风化的：熔结凝灰岩、大理岩、板岩、白云岩、石灰岩、钙质胶结的砂岩等
软质岩	较软岩 ($15<R_b\leqslant30$MPa)	锤击声不清脆，轻微回弹，较易击碎；浸水后，指甲可刻出印痕	强风化的坚硬岩石； 弱风化的较坚硬岩石； 新鲜～微风化的： 凝灰岩、千枚岩、砂质泥岩、泥灰岩、粉砂岩、页岩等
	软岩 ($5<R_b\leqslant15$MPa)	锤击声哑，无回弹，又凹痕，易击碎；浸水后，手可掰开	弱风化的坚硬岩石； 新鲜～强风化的较坚硬岩石； 弱风化的较软岩石； 未风化的泥岩
	极软岩 ($R_b\leqslant5$MPa)	锤击声哑，无回弹，又较深凹痕，手可捏碎；浸水后，可捏成团	全风化的各种岩石； 各种半成岩

注　R_b 表示岩石单轴抗压强度。

(2) 岩体完整性系数(K_V)。一般按公式 $K_V=(v_{pm}/v_{pr})^2$ 计算，v_{pm} 为岩体的纵波速，v_{pr} 为岩块的纵波速，该值在一定程度上反映了岩体结构面的发育程度和性状。在无实测波速资料的情况下，也可按实测的RQD值、体积节理数、结构面组数及平均间距等指标间接获取。

采用RQD确定完整性系数见表8.4.2-14，采用体积节理数、结构面组数及平均间距指标间接确定完整性系数见表8.4.2-5。

表8.4.2-14　RQD确定完整性系数

岩体完整性系数 K_V	$K_V>0.75$	$0.75\geqslant K_V>0.55$	$0.55\geqslant K_V>0.35$	$0.35\geqslant K_V>0.15$	$K_V\leqslant 0.15$
RQD	>90	90～75	75～50	50～25	<25

(3) 结构面状态。结构面状态对围岩整体稳定性的影响显著，一般选取每个工程地质分段中比较发育的、强度最弱的、且对围岩稳定起控制作用的一组，并按张开度、充填物、起伏粗糙状况及延伸长度等因素，对该组结构面进行定性描述和赋值。

对于断层及破碎带、软弱夹层等特定的结构面，则应单独划段、评分。

(4) 地下水活动状态。一般条件下，都采用对每一工程地质分段结构面的地下水活动状态进行定性描述的方法，并按渗水滴水、线状流水和涌水三种情况进行赋值评分。若有条件测出每一工程地质分段的总出水量，则选用每段的出水量，并转换为L/min·10m进行评分。

(5) 主要结构面产状。结构面走向、倾角对地下洞室洞顶、边墙及端墙的影响程度不同，因此，大型地下洞室的围岩分类，对洞顶、边墙和端墙应进行分别评分，结构面的选取方法同“结构面状态”中的要求一样，并为同一组结构面。

(6) 围岩最大主应力 σ_m。按实测地应力资料取值，无实测地应力成果时，根据地质勘察资料，利用理论计算和经验对初步应力场进行估计，计算围岩强度应力比 S。

第三节　深埋地下洞室围岩工程地质分类

中国水电顾问集团华东勘测设计研究院在锦屏二级水电站深埋长引水隧洞的围岩分类中提出了高地应力、高外水压力条件下JPF围岩分类，是以水电围岩工程地质分类(简称HC分类)为基础，在HC法中引入地应力折减系数 K，并对外水压力1～10MPa条件下的地下水修正系数进行了修正，弥补了常用分类系统对高地应力区及高外水压力区考虑不足和采用单一指标判断岩爆烈度等级不准确的缺陷。

JPF围岩工程地质分类以岩石强度、岩体完整程度、结构面状态、地下水和主要结构面产状五项因素的评分为基本判据，地应力修正系数为修正判据，见表8.4.3-1。

表8.4.3-1　高地应力、高外水压力条件洞室围岩工程地质分类(JPF分类)表

围岩类别	围　岩　稳　定　性	围岩总评分 T_{JP}	支　护　类　型
Ⅰ	稳定。围岩可长期稳定，一般无不稳定体	$T_{JP}>85$	不支护或局部锚杆或局部喷薄层混凝土。大跨度时，喷混凝土、系统锚杆加钢筋网。 $Ⅱ_b$ 支护类型：局部岩爆段初喷硅粉钢纤维混凝土；岩爆频繁段，挂网和胀壳式预应力锚杆或水胀式锚杆
Ⅱ	基本稳定。围岩整体稳定，不会产生塑性变形，局部可能产生掉块轻微岩爆(Ⅰ级、$Ⅱ_b$)，围岩表层有爆裂脱落、剥离现象，内部有噼啪、撕裂声，人耳偶然可听到，无弹射现象；主要表现为洞顶的劈裂—松脱破坏和侧壁的劈裂—松胀、隆重等。岩爆零星间断发生，影响深度小于0.5m	$85\geqslant T_{JP}>65$	
Ⅲ	局部稳定性差。围岩强度不足，局部会产生塑性变形，不支护可能产生塌方或变形破坏。完整的较软岩，可能暂时稳定 中等岩爆(Ⅱ级、$Ⅲ_b$)，围岩爆裂脱落、剥离现象较严重，有少量弹射，破坏范围明显。有似雷管爆破的清脆爆裂声，人耳常可听到围岩内的岩石的撕裂声；有一定持续时间，影响深度0.5～1m	$65\geqslant T_{JP}>45$	喷混凝土，系统锚杆加钢筋网。跨度为20～25m时，并浇筑混凝土衬砌。 $Ⅲ_b$ 支护类型：挂网喷锚支护法，喷硅粉钢纤维混凝土加挂网喷混凝土；系统胀壳式预应力锚杆或水胀式锚杆，间距1.5m×1.5m。随机增设钢筋拱肋
Ⅳ	不稳定。围岩自稳时间很短，规模较大的各种变形和破坏可能发生 强烈岩爆(Ⅲ级、$Ⅳ_b$)，围岩大片爆裂脱落，出现强烈弹射，发生岩块的抛射及岩粉喷射现象；有似爆破的爆裂声，声响强烈；持续时间长，并向围岩深度发展，破坏范围和块度大，影响深度1～3m	$45\geqslant T_{JP}>25$	喷混凝土、系统锚杆加钢筋网，并浇筑混凝土衬砌。 $Ⅳ_b$ 支护类型：挂网锚喷支护法，喷硅粉钢纤维混凝土加挂网喷混凝土；系统胀壳式预应力锚杆或水胀式锚杆，间距1.0m×1.0m。系统布置钢拱架，间距1.0m。全断面钢筋混凝土衬砌。 $Ⅴ_b$ 支护类型：挂网锚喷支护法，喷硅粉钢纤维混凝土加挂网喷混凝土；系统胀壳式预应力锚杆或水胀式锚杆，间距0.6m×0.6m。系统布置钢拱架，间距0.6m。全断面钢筋混凝土衬砌
Ⅴ	极不稳定。围岩不能自稳，变形破坏严重 极强岩爆(Ⅳ级、$Ⅴ_b$)，围岩大片严重爆裂，大块岩片出现剧烈弹射，震动强烈，有似炮弹、闷雷声，声响剧烈；迅速向围岩深部发展，破坏范围和块度大，影响深度大于3m	$T_{JP}\leqslant 25$	

注　表中$Ⅱ_b$、$Ⅲ_b$、$Ⅳ_b$、$Ⅴ_b$分别表示工程地质分类为Ⅱ、Ⅲ、Ⅳ、Ⅴ类的岩爆岩体。

T_{JP} 的计算公式为

$$T_{JP}=T-100k$$

式中：T_{JP} 为JPHC分类的评分值；k 为地应力折减系数；T 根据下式求得：

$$T=T'+T''$$

围岩基本评分 $T'=A+B+C$。A、B、C 分别为岩石强度的评分、岩体完整程度的评分、结构面状态的评分。$T''=D+E$，为修正分，D、E 分别为地下水状态的评分、主要结构面产状的评分。

岩石强度(A)、岩体完整程度(B)、结构面状态(C)及主要结构面产状(E)的评分与常规水电围岩分类的评分相同。地应力折减系数(K)、地下水评分(D)评分分别见表8.4.3-2、表8.4.3-3。

表 8.4.3-2 **地应力折减系数（*K*）取值表**

岩爆分级	无岩爆	Ⅰ级岩爆区	Ⅱ级岩爆区	Ⅲ级岩爆区	Ⅳ级岩爆区
R_b/σ_m	>7	4～7	4～2	1～2	<1
K	0	0.10～0.15	0.15～0.22	0.22～0.3	>0.3

注 1. R_b 为岩石饱和单轴抗压强度（MPa）；σ_m 为围岩最大主应力（MPa）。
2. 岩爆烈度等级的判断宜采用综合判定法，即根据地应力、岩性、岩体完整性等综合判定，表中所给的 R_b/σ_m 只作为参考判据。

表 8.4.3-3 **地 下 水 评 分 表**

活 动 状 态			干燥到渗水滴水	线状流水	涌 水	突 水
水量 q［L/（min·10m 洞长）］或压力水头 H（m）或外水压力 P_w（MPa）、水力劈裂的临界压力 P_c（MPa）			$q\leqslant25$ 或 $H\leqslant10$	$25<q\leqslant125$ 或 $10<H\leqslant100$	$125<q\leqslant250$ 或 $100<H\leqslant200$ 或 $1<P_w<P_c$	$250<q\leqslant300000$ 或 $200<H\leqslant1000$ 或 $P_c<P_w<10$
基本因素评分 T'（$A+B+C$）	$100\geqslant T'>85$	地下水评分 D	0	0～－2	－2～－6	－14～－18
	$85\geqslant T'>65$		0～－2	－2～－6	－6～－10	－18～－22
	$65\geqslant T'>45$		－2～－6	－6～－10	－10～－14	－22～－26
	$45\geqslant T'>25$		－6～－10	－10～－14	－14～－18	－26～－30
	$T'\leqslant25$		－10～－14	－14～－18	－18～－20	－25

在高外水压力作用下，岩体防突层厚度 h 与突水时的极限水头高度 H 之间的关系：

$$h=0.5D(r_wH/\sigma_t)^{1/2}$$

式中：h 为岩体防突层厚度，m；H 为突水时的极限水头高度，m；D 为洞径，m；r_w 为水的容重，kN/m^3；σ_t 为岩石的抗拉强度，kN/m^3。根据此式，可计算出隧洞的 h、P_w 的对应关系。

第四节 软岩洞室围岩工程地质分类

《水力发电工程地质勘察规范》（GB 50287—2006）岩石坚硬程度分类中软质岩为单轴饱和抗压强度 $f_r\leqslant30$MPa 的岩石，其中 30MPa$\geqslant f_r>15$MPa 为较软岩，15MPa$\geqslant f_r>5$MPa 为软岩；《工程岩体分级标准》（GB 50218—94）和《岩土工程勘察规范》（GB 50021—2001）中软质岩也为单轴饱和抗压强度 $f_r\leqslant30$MPa 的岩石，其中 30MPa$\geqslant f_r>15$MPa 为较软岩，15MPa$\geqslant f_r>5$MPa 为软岩，$f_r\leqslant5$MPa 为极软岩。

一、《水力发电工程地质勘察规范》（GB 50287—2006）分类

软岩洞室围岩工程地质初步分类见表 8.4.2-2。

二、总参工程兵四所软岩围岩分类

总参工程兵四所邢念信等人提出的围岩工程地质分类中对软岩进行了分类，见表 8.4.4-1～表 8.4.4-6。

表 8.4.4-1 **软岩初步围岩分类**

岩质类型	岩体结构类型		围岩分类：类别范围	围岩分类：备 注
软质岩（B）（R_b=5～30MPa）	整体结构		Ⅲ～Ⅳ	较软岩一般定为Ⅲ类，推测有地下水时定为Ⅳ类；软岩一般定为Ⅳ类，推测有地下水时定为Ⅴ类
	块状结构		Ⅳ～Ⅴ	一般定为Ⅳ类，推测有地下水时定为Ⅴ类
	层状结构		Ⅳ～Ⅴ	以较软岩为主时一般定为Ⅳ类，以软岩为主且无地下水时可定Ⅳ类，推测有地下水时定为Ⅴ类
	碎裂结构		Ⅳ～Ⅴ	一般定为Ⅴ类，推测无地下水的较软岩可定Ⅳ类
	散体结构		Ⅴ	推测有地下水时应作为特殊岩类
特殊岩类和土（C）	特软岩 R_b<5MPa	无意义	$Ⅴ_c$	Ⅴ类中的特殊岩类
	特殊岩和土	无意义	—	通过试验确定

表 8.4.4-2 **软岩和特殊土详细围岩分类**

岩质类型：定性鉴定	岩质类型：R_b 值	岩体结构类型：定性鉴定	岩体结构类型：K_V 值	R_m 或 R_s	毛洞围岩稳定性	围岩分类：大类	围岩分类：亚类	围岩分类：备注	介质类型
软质岩（B）	5～30 MPa	整体结构	>0.75	>15	基本稳定或一般，应力集中部位可能发生塑性变形	Ⅲ	$Ⅲ_B^1$	S<2 时降为Ⅳ	弹性或弹塑性
				<15	稳定性差应力集中部位可发生较大变形	Ⅳ	$Ⅳ_B^1$	S<1 时降为Ⅴ	
		块状结构		>5	稳定性差。局部有不稳定岩体。应力集中部位可发生挤出变形	Ⅳ	$Ⅳ_B^2$		块裂介质或弹塑性介质
			0.45～0.75	<5	不稳定。不及时支护围岩短时间可能塌方或较大塑性变形，并有明显流变特性	Ⅴ	$Ⅴ_B^2$	—	
		层状结构		>5	同$Ⅳ_B^2$	Ⅳ	$Ⅳ_B^3$	S<1 时降为Ⅴ	松散或黏弹性介质
				<5	同$Ⅴ_B^2$	Ⅴ	$Ⅴ_B^3$		
		碎裂结构	0.20～0.45	>5	不稳定。不及时支护围岩很快松弛，失稳。破坏型式以拱顶侧墙整体塌落为主，侧墙往往有较大的塑性挤出变形	Ⅳ	$Ⅳ_B^4$		
		散体结构	<0.2	<5	不稳定。不支护自稳时间仅数小时更短，破坏型式除整体塌落外侧墙挤出、底鼓均可发生。明显流变，变形大，持续时间长	Ⅴ	$Ⅴ_B^4$	有地下水，视为特殊岩类	
							$Ⅴ_B^5$		

续表

岩质类型			岩体结构类型		R_m 或 R_s	毛洞围岩稳定性	围岩分类			介质类型
定性鉴定	R_b 值		定性鉴定	K_V 值			大类	亚类	备注	
特殊岩类和土（C）	特软岩	<5	无意义		<5	稳定性同上。变形往往以黏塑性为主。变形很大（可达几十厘米），持续时间长	Ⅴ	$Ⅴ_c$	—	黏弹性介质
	特殊岩和土		无意义		通过试验确定					

注　1. K_V 为岩体完整性系数。其值可用两种方法之一确定：①声波速度法，$K_V=(v_{pm}/v_{pr})^2$。式中：v_{pm} 为岩体的声波速度，v_{pr} 为岩石的声波速度；②地质结构面统计法，$K_V=Lf$。式中：L 为各组节理裂隙平均间距，单位以 m 计；f 为节理裂隙性质折减系数，按表 8.4.4-3 取值。

2. R_m 为常规测试岩体质量指标；R_s 为声波参数岩体质量指标；$R_m=R_bK_vK_wK_j$，$R_s=1.53v_{pm}2.26K_wK_j$。式中：R_b 为岩石单轴饱和抗压强度（MPa），坑道无地下水时，可用天然状态的单轴挤压强度。当无条件实测 R_b 时，可用点荷载试验实测的点荷载强度指数 I_s 值估算 R_b 值：长轴加载时 $R_b=2.37I_s$；短轴加载时 $R_b=$（1.8～1.9）I_s；K_w 地下水影响折减系数，见表 8.4.4-4；K_j 为岩层产状折减系数，见表 8.4.4-5（此表适用于一组结构面起控制作用的层状、似层状岩体）。

3. S 为准围岩强度应力比。$S=R_m$（或 R_s）$/\sigma_m$。式中：R_b 为岩石饱和单轴抗压强度（MPa）；σ_m 为围岩最大主应力，有实测时用实测值，无实测时可用自重应力代替。

4. 非层状岩体和无地下水时亦可用岩体声波作为分类定量指标，见表 8.4.4-6。

表 8.4.4-3　节理裂隙性质折减系数 f 值

张开、闭合及粗糙度性质		充填性质					
		石英或方解石	无充填未蚀变	泥膜或水锈	碎屑和岩粉	石膏、硬土、岩粉等	泥质
张开（缝宽>1mm）	平滑	1	0.9	0.8	0.7	0.6	0.2～0.5
	粗糙	1	1	0.9	0.8	0.7	0.3～0.5
闭合（缝宽<1mm）	平滑	1	1	0.8	—	—	—
	粗糙	1	1	0.9	—	—	—

表 8.4.4-4　地下水影响折减系数 K_w 值

毛洞开挖后围岩出水情况	$R_b\cdot K_V$ 值		
	>30	15～30	<15
表面渗水、局部滴水，无水压	1	0.9	0.5～0.8
淋雨状滴水或涌泉状流水，水压<0.1MPa	0.9	0.8	0.4～0.7
淋雨状滴水或涌泉状流水，水压>0.1MPa	0.9	0.7	0.3～0.6

表 8.4.4-5　岩层产状要素折减系数 K_j 值

层面走向与洞轴线夹角（°）	层面倾角（°）	层面间距（m）			
		≥1	0.3～1	0.1～0.3	<0.1
90～60	0～30	1	0.8	0.7	0.6
	30～60	1	0.9	0.9	0.8
	60～90	1	1	1	1
60～30	0～30	1	0.8	0.7	0.6
	30～60	0.9	0.7	0.6	0.5
	60～90	1	0.9	0.8	0.7
30～0	0～30	0.9	0.8	0.7	0.6
	30～60	0.8	0.7	0.6	0.5
	60～90	0.9	0.8	0.7	0.6

表 8.4.4-6　软岩声波波速定量分类

围岩类别	Ⅲ	Ⅳ	Ⅴ
岩体纵波速度（km/s）	2.5～3.5	1.5～2.5	<1.5

三、中国水电顾问集团华东勘测设计研究院软岩围岩分类

中国水电顾问集团华东勘测设计研究院在锦屏二级水电站深埋长引水隧洞绿泥石片岩和丹巴水电站引水隧洞二云片岩的围岩分类研究中，提出了采用岩体峰值强度（c、φ）和最大初始主应力为指标的软岩地下洞室围岩工程地质分类，见表 8.4.4-7。

表 8.4.4-7　软质岩围岩工程地质分类

围岩类别	岩体结构	S 值	围岩稳定性评价
$Ⅲ_1$	整体状、巨厚层状、块状结构	$S\geqslant0.45$	围岩基本稳定，局部有轻微挤压变形
$Ⅲ_2$	次块状、厚层状结构	$0.30\leqslant S<0.45$	稳定性较差。应力集中部位可发生轻微中等挤出变形，不支护可能产生塌方或变形破坏
$Ⅳ_1$	中厚层、互层状结构	$0.20\leqslant S<0.30$	稳定性差，中等挤压变形。围岩自稳时间很短，规模较大的各种变形和破坏都可能发生
$Ⅳ_2$	薄层状、碎裂、块裂结构	$0.15\leqslant S<0.20$	不稳定，严重挤压变形。围岩自稳时间仅数小时或更短，不及时支护围岩很快变形失稳。破坏形式除整体塌落外，侧墙挤出、底鼓均可发生。明显流变，变形大，持续时间长
Ⅴ	碎裂、块裂、碎块状或碎屑状散体结构	$S<0.15$	极不稳定，极严重挤压变形。围岩不能自稳，变形破坏严重。

注　$S=\dfrac{2c\cos\varphi}{\sigma_1(1-\sin\varphi)}$，式中：$c$、$\varphi$ 为岩体峰值强度；σ_1 为断面最大初始主应力，也可采用最大初始主应力值。

第五节　其他常用围岩分类方法

一、Q系统分类

岩体质量分类 Q 系统方法由 1974 年挪威的巴顿（Nick. Barton）等人提出，并多次进行了修订。它主要考虑了岩体完整性，节理特性，地下水和地应力影响等因素，并以六个参数（统称为 Q 参数）确定反映隧洞围岩稳定性的岩体质量指标 Q 值。

Q 值按下式计算：

$$Q=\left(\frac{RQD}{J_n}\right)\times\left(\frac{J_r}{J_a}\right)\times\left(\frac{J_w}{SRF}\right)$$

式中：RQD 为岩石的质量指标；J_n 为节理组数；J_r 为最脆弱的节理的粗糙度系数；J_a 为最脆弱节理面的蚀变程度或充填情况；J_w 为裂隙水折减系数；SRF 为应力折减系数。

该公式中第一项比值（RQD/J_n）代表岩体结构的影响，可作为块度或粒度的粗略量度，粗略的代表岩石的完整程度。第二项比值（J_r/J_a）表示节理壁或节理充填物的粗糙度和摩

擦特性。这个比值代表了嵌合岩块的抗剪强度。第三项比值(J_w/SRF)反映围岩的主动应力，代表一个复杂的经验因数，由两个应力参数组成。

Q的范围为0.001～1000，代表着围岩的质量从极差的挤出性岩石到极好的坚硬完整岩体，分为9个质量等级，见表8.4.5-1。

表8.4.5-1　　Q系统围岩分类等级表

Q值	0.001～0.01	0.01～0.1	0.1～1	1～4	4～10	10～40	40～100	100～400	400～1000
等级	特别差的	极差的	很差的	差的	一般	好的	很好的	极好的	特别好的

Q系统中有六个基本参数RQD、J_n、J_r、J_a、J_w、SRF取值方法见表8.4.5-2～表8.4.5-7。

表8.4.5-2　　岩石质量指标RQD(%)

A. 很差	0～25
B. 差	25～50
C. 一般	50～75
D. 好	75～90
E. 很好	90～100

注　1. 据资料及实测结果，当RQD≤10（包括RQD=0）时，取RQD=10。
2. RQD取值间距为5即可满足精度要求。

表8.4.5-3　　节理组数J_n

A. 块状，没有或很少节理	0.5～1
B. 一组节理	2
C. 一组节理并有随机节理	3
D. 二组节理	4
E. 二组节理并有随机节理	6
F. 三组节理	9
G. 三组节理并有随机节理	12
H. 节理在四组以上，严重节理化，岩石呈碎块状	15
J. 碎裂岩石，似土状。	20

注　隧洞交叉口取$3\times J_n$，入口处取$2\times J_n$。

表8.4.5-4　　节理粗糙度系数J_r

节理特征		J_r
(a) 节理壁直接接触	A. 不连续节理	4
	B. 粗糙或不规则的，波状	3
	C. 平滑的，波状	2
(b) 错动10cm前节理壁直接接触	D. 光滑的，波状	1.5
	E. 粗糙或不规则的，平直的	1.5
	F. 平滑的，平直的	1.0
	G. 光滑的，平直的	0.5
(c) 错动时节理壁不直接接触	H. 含有厚度足以阻碍节理壁接触的黏土带	1.0
	J. 含有厚度足以阻碍节理壁接触的砂质、砾质或碎裂带	1.0

注　1. 该取值适用于小规模及中等规模的节理。
2. 如果相关节理组的平均间距大于3m，则J_r增加1.0。
3. 平直、光滑且具有线理的节理，如果线理方向合适，J_r可取0.5。
4. J_r、J_a适于描述最脆弱节理或不连续介质，这些最脆弱节理或不连续介质无论从方向上还是抗剪强度上都是对稳定性最不利的。其抗剪强度$\tau\approx\sigma_n\tan^{-1}(J_r/J_a)$，其中$\sigma_n$为作用在节理面上的正应力。

表8.4.5-5　　节理风化蚀变系数J_a

节理特征		残余摩擦角(°)	J_a
(a) 节理壁直接接触（无矿物充填，或只有薄膜覆盖）	A. 紧密闭合、坚硬、不软化、不透水的填充物，如石英、绿帘石	—	0.75
	B. 节理壁未变质，仅表面有斑染	25～35	1.0
	C. 节理壁轻微变质，无软化矿物盖层、砂粒、松散黏土等充填	25～30	2.0
	D. 粉质或砂土质薄膜覆盖，有少量黏土成分（无软化）	20～25	3.0
	E. 软化的或低摩擦的黏土矿物覆盖层（如高岭石、云母、亚硝酸盐、滑石、石膏、石墨，少量膨胀性黏土等）	8～16	4.0
(b) 错动10cm前节理壁直接接触（薄层矿物充填）	F. 裂隙含中有砂粒、松散黏土等	25～30	4.0
	G. 强烈超固结的、非软化黏土矿物充填（连续的，但厚度小于5mm）	16～24	6.0
	H. 中等或稍微超固结的、由软化矿物组成的黏土充填（厚度小于5mm）	8～12	8
	J. 膨胀性黏土充填物（连续的，厚度小于5mm）如蒙脱石，高岭石等，J_a取决于膨胀性粘粒的含量和水的进入等	6～12	8～12
(c) 错动时节理壁不直接接触（厚层矿物充填）	K、L、M不完整或破碎岩石与黏土条带区（黏土情况参见G. H. J）	6～24	6、8或8～12
	N. 粉质或砂土质黏土条带区，含少量黏土成分（非软化的）	—	5.0
	O、P、R厚的连续区域或黏土条带（黏土情况见G. H. J）	6～24	10、13或13～20

表8.4.5-6　　裂隙水折减系数J_w

地下水特征	水压力(MPa)	J_w
A. 开挖时干燥，或有局部小水流(<5L/min)	<0.1	1.0
B. 中等水流或具有中等压力，偶有冲出充填物	0.1～0.25	0.66
C. 含未充填节理的坚硬岩石中有大水流或高压	0.25～1	0.5
D. 大水流或高水压，随时间衰减	0.25～1	0.33
E. 特大水流或高水压，随时间衰减	>1	0.2～0.1
F. 特大水流或高水压，不随时间衰减	>1	0.1～0.05

注　1. 参数C～F是粗略估测的，如果没有排水措施，要增大J_w的取值。
2. 因冰冻引起的特殊问题未予考虑。
3. 开挖影响范围为0～5，5～25，25～250，>250m时，其对应的J_w值分别为1，0.66，0.5，0.33，假设RQD/J_n足够小（例如0.5～25），且水力联系好。这有助于调整有效应力、水对岩石的软化效应对Q值的影响。

二、RMR分类

RMR分类是1973年由比尼奥斯基Bieniawski提出，早期主要用于隧洞等地下洞室围岩分类，目前也逐渐广泛地运用于边坡、坝基等工程的岩体分类。

RMR值计算公式：

$$RMR=R_1+R_2+R_3+R_4+R_5+R_6$$

R_1～R_6这六个参数分别为：①岩石的单轴抗压强度；②岩石质量指标；③结构面间距；④结构面状况；⑤地下水状况；⑥结构面方位。RMR分类见表8.4.5-8～表8.4.5-16。

表 8.4.5-7　　应力折减系数 SRF

围岩特征		σ_c/σ_1	σ_θ/σ_c	SRF
（a）与开挖方向交叉的软弱带，当开挖时会导致岩体松动	A. 含黏土或化学风化不完整岩石的软弱带多次出现，围岩很松散（在任何深度上）			10.0
	B. 含黏土或化学风化不完整岩石的单一软弱带（开挖深度≤50m）			5.0
	C. 含黏土或化学风化不完整岩石的单一软弱带（开挖深度>50m）			2.5
	D. 坚硬岩石中多个剪切带（无黏土），围岩松动（在任何深度上）			7.5
	E. 坚硬岩石中单一剪切带（无黏土），围岩松动（开挖深度≤50m）			5.0
	F. 坚实岩石中单一剪切带（无黏土），围岩松动（开挖深度>50m）			2.5
	G. 松动张开的节理，严重节理化或呈小块状等（在任何深度上）			5.0
（b）坚硬岩石，岩石应力问题	H. 低应力、近地表、张开节理	>200	<0.01	2.5
	J. 中等应力，最有利的应力条件	200～10	0.01～0.3	1.0
	K. 高应力、非常紧密结构，一般利于稳定，也可能不适于巷帮稳定	10～5	0.3～0.4	0.5～2.0
	L. 块状岩体中1小时之后产生中等板裂	5～3	0.5～0.65	5～50
	M. 块状岩体中几分钟内产生板裂及岩爆	3～2	0.65～1	50～200
	N. 块状岩体中严重岩爆（应变突然出现以及直接的动力变形）	<2	>1	200～400
（c）挤压岩石：高应力影响下软岩塑性流动	O. 轻度挤压岩石应力		1～5	5～10
	P. 严重挤压岩石应力		>5	10～20
（d）膨胀岩，由于水的存在，岩石化学膨胀活动	R. 轻度膨胀岩石应力			5～10
	S. 严重膨胀岩石应力			10～15

注 1. 当剪切区不位于交叉口处时，SRF 可减少 25%～50%。

2. 对各向异性较强的初始应力区（如果能实测得到）：$5\leqslant\sigma_1/\sigma_3\leqslant10$ 时，σ_c 减少到 $0.75\sigma_c$；$\sigma_1/\sigma_3>10$ 时，σ_c 减少到 $0.5\sigma_c$；这里，σ_c 是无侧限抗压强度。σ_1、σ_3 分别是最大、最小主应力。σ_θ 是最大切向应力（可由弹性理论估测得到）。

3. 顶部覆盖层的厚度小于跨度的情况很少见，对这种情况，建议 SRF 由 2.5 增加到 5.0（参见 H）。

4. L、M、N 通常是针对深埋、坚硬、大块状岩体开挖、支护设计提出的，其 RQD/J_n 值在 50～200 之间。

5. 一般用开挖影响范围描述开挖时岩体的影响，这一影响范围为 0～5，5～25，25～250，>250m 时，其对应的 SRF 值分别为 5，2.5，1.0，0.5。可以参照此值，与 J_w 的取值相对照，以描述有效应力对 Q 值的影响。这一做法也有助于研究静弹性模量、地震波速的变化规律。

6. 根据 Singh [5] 的研究成果，当埋深 $H>350Q^{1/3}$ 时，岩石可能会被挤出，岩石抗压强度 SIGMAcm 可由公式 SIGMAcm$\approx5rQ_c^{1/3}$（MPa）估算，这里 r 为岩石容重，单位 t/m³，$Q_c=Q\times\sigma_c/100$。

表 8.4.5-8　　岩体 RMR 分类表

类别	岩体的描述	RMR
Ⅰ	很好的岩体	81～100
Ⅱ	好的岩体	61～80
Ⅲ	较好的岩体	41～60
Ⅳ	较差的岩体	21～40
Ⅴ	很差的岩体	0～20

表 8.4.5-9　　R_1 评分（岩石抗压强度）表

点荷载指标（MPa）	无侧限抗压强度（MPa）	R_1 评分值
>10	>250	15
4～10	100～250	12
2～4	50～100	7
1～2	25～50	4
<1 不采用	5～25	2
	1～5	1
	<1	0

表 8.4.5-10　　R_2 评分（RQD）表

RQD（%）	90～100	75～90	50～75	25～50	0～25
R_2 评分值	20	17	13	8	3

表 8.4.5-11　　R_3 评分（最有影响的节理组间距）表

节理间距（m）	>2	0.6～2	0.2～0.6	0.06～0.2	<0.06
R_3 评分值	20	15	10	8	5

表 8.4.5-12　　R_4 评分（节理状态）表

结构面状态	很粗糙，不连续，或闭合，未风化	较粗糙，张开<1mm，微风化	较粗糙，张开<1mm，强风化	镜面或夹泥厚<5mm，或张开 1～5mm，连续	夹泥厚>5mm 或张开>5mm，连续
R_4 评分值	30	25	20	10	0

表 8.4.5-13　　结构面状态分类的具体说明列表

结构面长度（延续）	<1m	1～3m	3～10m	10～20m	>20m
评分值	6	4	2	1	0
张开度（裂隙）	未张开	<0.1mm	0.1～1mm	1～5mm	>5mm
评分值	6	5	4	1	0
粗糙度	很粗糙	粗糙	较粗糙	光滑	擦痕、镜面
评分值	6	5	3	1	0
充填物	无	硬<5mm	硬>5mm	软<5mm	软>5mm
评分值	6	4	2	2	0
风化程度	未风化	微风化	弱风化	强风化	全风化
评分值	6	5	3	1	0

表 8.4.5-14　　R_5 评分（地下水）表

每 10m 洞长的流入量（L/min）	节理水压力与最大主应力的比值	总的状态	R_5 评分值
无	0	完全干燥	15
<10	<0.1	潮	10
10～25	0.1～0.2	湿	7
25～125	0.2～0.5	淋水	4
>125	>0.5	涌水	0

表 8.4.5－15 R_6 评分（节理方向修正）表

方向对工程影响的评价	R_6 评分值（对隧洞）	R_6 评分值（对地基）
很有利	0	0
有利	－2	－2
较好	－5	－7
不利	－10	－15
很不利	－12	－25

表 8.4.5－16 结构面方向对工程的影响

结构面走向与洞轴线关系	倾向及倾角（°）		对工程影响的评价
结构面走向与洞轴线相垂直	顺着倾向开挖	倾角 45～90	很有利
		倾角 20～45	有利
	逆着倾向开挖	倾角 45～90	较好
		倾角 20～45	不利
结构面走向与洞轴线相平行	倾角 45～90		很不利
	倾角 20～45		较好
结构面走向与洞轴线无关	倾角 0～20		较好

三、国标 BQ 方法

国标 BQ《工程岩体分级标准》（GB 50218—94）工程岩体质量分级方法分两步进行，第一步为岩体基本质量分级，依据岩石的坚硬程度和岩体的完整程度两个基本控制要素确定“岩体基本质量”BQ 值，对岩体进行初步分级；第二步为工程岩体详细定级，考虑岩体质量的影响因素，如地下水状态、岩体初始应力状态、结构面的方向和组合等，对岩体的基本质量进行修正，得到详细定级。

（一）岩体基本质量的分级因素

1. 岩石坚硬程度的划分

岩石坚硬程度的定性、定量划分见表 8.4.5－17、表 8.4.5－18。

表 8.4.5－17 岩石坚硬程度的定性划分

名称		定性鉴定	代表性岩石
硬质岩	坚硬岩	锤击声清脆，有回弹，震手，难击碎，浸水后大多无吸水反应	未风化～微风化的花岗岩、正长岩、闪长岩、辉绿岩、玄武岩、安山岩、片麻岩、石英片岩、硅质板岩、石英岩、硅质胶结的砾岩、石英砂岩、硅质石灰岩等
	较坚硬岩	锤击声较清脆，有轻微回弹，稍振手，较难击碎，浸水后有轻微吸水反应	1. 弱风化的坚硬岩； 2. 未风化～微风化的熔结凝灰岩、大理岩、板岩、白云岩、石灰岩、钙质胶结的砂页岩等
软质岩	较软岩	锤击声不清脆，无回弹，较易击碎，浸水后指甲可刻出划痕	1. 强风化的坚硬岩； 2. 弱风化的较坚硬岩； 3. 未风化～微风化的凝灰岩、千枚岩、砂质泥岩、泥灰岩、泥质砂岩、粉砂岩、页岩等
	软岩	锤击声哑，无回弹，有凹痕，易击碎；浸水后手可掰开	1. 强风化的坚硬岩； 2. 弱风化～强风化的较坚硬岩； 3. 弱风化的较软岩； 4. 未风化的泥岩等
	极软岩	锤击声哑，无回弹，有较深凹痕，手可捏碎；浸水后手可捏成团	1. 全风化的各种岩石； 2. 各种半成岩

表 8.4.5－18 岩石坚硬程度的定量划分

R_c（MPa）	＞60	60～30	30～15	15～5	＜5
坚硬程度	坚硬岩	较坚硬岩	较软岩	软岩	极软岩

注 R_c 为岩石饱和单轴抗压强度，应采用实测值；无条件取得实测值时，也可采用实测的岩石点荷载强度 $I_{S(50)}$ 的换算值，$R_c=22.82I_{s(50)}^{0.75}$。

2. 岩体完整程度的划分

岩体完整程度的定性、定量划分见表 8.4.5－19～表 8.4.5－22。

表 8.4.5－19 岩体完整程度的定性划分

名称	结构面发育程度		主要结构面的结合程度	主要结构面类型	相应结构类型
	组数	平均间距（m）			
完整	1～2	＞1.0	结合好或结合一般	节理、裂隙、层面	整体状或巨厚层结构
较完整	1～2	＞1.0	结合差	节理、裂隙、层面	块状或厚层状结构
	2～3	1.0～0.4	结合好或结合一般		块状结构
较破碎	2～3	1.0～0.4	结合差	节理、裂隙、层面、小断层	裂隙块状或中厚层结构
	≥3	0.4～0.2	结合好		镶嵌碎裂结构
			结合一般		中、薄层状结构
破碎	≥3	0.4～0.2	结合差	各种类型结构面	裂隙块状结构
		≤0.2	结合一般或结合差		碎裂结构
极破碎			结合很差		散体状结构

注 平均间距指主要结构面（1～2 组）间距的平均值。

岩体结构面结合程度划分见表 8.4.5－20。

表 8.4.5－20 岩体结构面结合程度划分

名称	结构面特征
结合好	张开度小于 1mm，无充填物； 张开度 1～3mm，为硅质或铁质胶结； 张开度大于 3mm，结构面粗糙，为硅质胶结
结合一般	张开度 1～3mm，为钙质或泥质胶结； 张开度大于 3mm，结构面粗糙，为钙质或泥质胶结
结合差	张开度 1～3mm，结构面平直，为泥质或泥质和钙质胶结； 张开度大于 3mm，多为泥质或岩屑充填
结合很差	泥质充填或泥夹岩屑充填，充填物厚度大于起伏差

表 8.4.5－21 岩体完整程度的定量划分

K_V	K_V＞0.75	0.75～0.55	0.55～0.35	0.35～0.15	＜0.15
完整程度	完整	较完整	较破碎	破碎	极破碎

K_v 为岩体完整性指数，应针对不同的工程地质岩组或岩性段，选择有代表性的点、段，测定岩体弹性纵波速度，并应在同一岩体取样测定岩石弹性纵波速度。K_V 应按下式计算：

$$K_V=(v_{pm}/v_{pr})^2$$

式中：v_{pm} 为岩体弹性纵波速度，km/s；v_{pr} 为岩石弹性纵波速度，km/s。无实测值时可用最大速度代替。

若无条件取得实测值时，可用岩体体积节理数 J_v 按表 8.4.5－22 确定对应的 K_V 值。

表 8.4.5－22 J_v 与 K_V 对照表

J_v（条/m^3）	＜3	3～10	10～20	20～35	＞35
K_V	K_V＞0.75	0.75～0.55	0.55～0.35	0.35～0.15	＜0.15

岩体体积节理 [J_v (条/m^3)]，应针对不同的工程地质岩组或岩性段，选择有代表性的露头或开挖壁面进行节理（结构面）统计。除成组节理外，对延伸长度大于 1m 的分散节理亦应予以统计。已为硅质、铁质、钙质充填再胶结的节理不予统计。

每一测点统计面积不应小于 2m×5m。岩体 J_v 值应根据节理统计结果按下式计算：

$$J_v = S_1 + S_2 + S_3 + \cdots + S_n + S_k$$

式中：S_n 为第 n 组节理每米长测线上的条数；S_k 为每立方米岩体非成组节理条数。

（二）岩体基本质量级别的确定

岩体基本质量分级见表 8.4.5-23。

表 8.4.5-23　　岩体基本质量分级表

基本质量级别	岩体基本质量的定性特征	基本质量指标 BQ
Ⅰ	坚硬岩，岩体完整	>550
Ⅱ	坚硬岩，岩体较完整； 较坚硬岩或软硬岩，岩体完整	550～451
Ⅲ	坚硬岩，岩体较破碎； 较坚硬岩或软硬岩互层，岩体较完整； 较软岩，岩体完整	451～351
Ⅳ	坚硬岩，岩体破碎； 较坚硬岩，岩体较破碎～破碎； 较软岩或软硬岩互层，且以软岩为主，岩土较完整～较破碎； 软岩，岩体完整～较完整	350～251
Ⅴ	较软岩，岩体破碎； 软岩，岩体较破碎～破碎； 全部极软岩或全部极破碎岩	<250

基本岩体质量指标 BQ 按下式计算：

$$BQ = 90 + 3R_c + 250K_V$$

在使用上式前，应遵守以下限制条件：

当 $R_c > 90K_V + 30$ 时，应以 $R_c = 90K_V + 30$ 代入上式计算 BQ 值；

当 $K_V > 0.04R_c + 0.4$ 时，应以 $K_V = 0.04R_c + 0.4$ 代入上式计算 BQ 值。

修正的 BQ 值按下式计算：

$$[BQ] = BQ - 100 \times (K_1 + K_2 + K_3)$$

式中：[BQ] 为修正的 BQ 值；K_1 为地下水影响修正系数；K_2 为主要软弱结构面产状影响修正系数；K_3 为初始应力状态影响修正系数。K_1、K_2、K_3 按表 8.4.5-24～表 8.4.5-26 取值。

表 8.4.5-24　　地下水影响修正系数 K_1

K_1 / BQ / 地下水出水状态	>450	450～351	350～251	≤250
潮湿或点滴状出水	0	0.1	0.2～0.3	0.4～0.6
淋雨状或涌流状出水，水压≤0.1MPa 或单位出水量≤10L/(min·m)	0.1	0.2～0.3	0.4～0.6	0.7～0.9
淋雨状或涌流状出水，水压>0.1MPa 或单位出水量>10L/(min·m)	0.2	0.4～0.6	0.7～0.9	1.0

表 8.4.5-25　　主要软弱结构面产状影响修正系数 K_2

结构面产状及其与洞轴线的组合关系	结构面走向与洞轴线夹角<30°，结构面倾角 30°～75°	结构面走向与洞轴线夹角>60°，结构面倾角>75°	其他组合
K_2	0.4～0.6	0～0.2	0.2～0.4

表 8.4.5-26　　初始应力状态影响修正系数 K_3

K_3 / BQ / 初始应力状态	>550	550～451	450～351	350～251	≤250
极高应力区	1.0	1.0	1.0～1.5	1.0～1.5	1.0
高应力区	0.5	0.5	0.5	0.5～1.0	0.5～1.0

注　岩体的初始应力状态按表 8.4.5-27 确定。

表 8.4.5-27　高初始地应力地区围岩开挖过程中出现的主要现象

应力情况	主　要　现　象	R_c/σ_{max}
极高应力	（1）硬质岩：开挖过程中时有岩爆发生，有岩块弹出，洞壁岩体发生剥离，新生裂缝多，成洞性差； （2）软质岩：岩芯常有饼化现象，开挖过程中洞壁岩体有剥离，位移极为显著，甚至发生大位移，持续时间长，不易成洞	<4
高应力	（1）硬质岩：开挖过程中可能出现岩爆，洞壁岩体有剥离和掉块现象，新生裂缝较多，成洞性差； （2）软质岩：岩芯时有饼化现象，开挖过程中洞壁岩体位移显著，持续时间较长，成洞性差	4～7

注　σ_{max} 为垂直洞轴线方向的最大初始应力（MPa）。

四、公路隧道围岩分级

《公路隧道设计规范》(JTG D70—2004) 将隧道围岩划分为Ⅰ～Ⅵ类，见表 8.4.5-28。

表 8.4.5-28　　公路隧道围岩分级

围岩级别	围岩或土体主要特征	围岩基本质量指标 BQ 或修正的围岩基本质量指标 [BQ]
Ⅰ	坚硬岩，岩体完整，整体状或巨厚层状结构	>550
Ⅱ	坚硬岩，岩体较完整，块状或厚层状结构 较坚硬岩，岩体完整，块状整体结构	550～451
Ⅲ	坚硬岩，岩体破碎，巨块（石）碎（石）状镶嵌结构 较坚硬岩或较软硬岩层，岩体较完整，块状或中厚层结构	451～351
Ⅳ	坚硬岩，岩体破碎；碎裂结构； 较坚硬岩，岩体较破碎～破碎；镶嵌碎裂结构 土体：（1）压密或成岩作用的黏性土及砂性土； （2）黄土（Q_1，Q_2）； （3）一般钙质、铁质交接的碎石土、卵石土、大块石土	350～251
Ⅴ	较软岩，岩体破碎； 软岩，岩体较破碎～破碎； 极破碎的各类岩体，碎、裂状，松散结构 一般第四系的半干硬至硬塑黏性土及稍湿至潮湿的碎石土、卵石土、圆砾、角砾土、细角砾土及黄土（Q_3，Q_4）；非黏性土呈松散结构，黏性土及黄土呈松软结构	≤250
Ⅵ	软塑状黏性土及潮湿、饱和粉细砂层、软土等	

注　1. 本表不适用与特殊条件下的围岩分级，如膨胀性围岩，多年冻土等。
2. 当根据岩体基本质量定性划分与 [BQ] 值确定的级别不一致时，应重新审查定性特征和定量指标计算参数的可靠性，并对它们重新观察，测试。
3. 在工程可行研究和初步勘测阶段，可采用定性划分的方法或工程类比的方法进行围岩级别划分。
4. 岩体坚硬程度、完整程度和围岩基本质量指标 BQ 或修正的围岩基本质量指标 [BQ] 的计算与国标 BQ 法相同。

五、铁路隧道围岩分级

《铁路路基设计规范》（TB 10001—2005）将隧道围岩划分为Ⅰ～Ⅵ类，见表 8.4.5-29。

表 8.4.5-29　铁路隧道围岩基本分级

级别	岩体特征	土体特征	围岩弹性纵波速度（km/s）
Ⅰ	极硬岩，岩体完整	—	>4.5
Ⅱ	极硬岩，岩体较完整； 硬岩，岩体完整	—	3.5～4.5
Ⅲ	极硬岩，岩体较破碎； 硬岩或软硬岩互层，岩体较完整； 较软岩，岩体完整	—	2.5～4.0
Ⅳ	极硬岩，岩体破碎； 硬岩，岩体较破碎或破碎； 较软岩或软硬岩夹层，且以软岩为主，岩体较完整或较破碎； 软岩，岩体完整或较完整	具压密或成岩作用的黏性土、粉土及砂类土，一般钙质、铁质胶结的粗角砾土、粗圆砾土、碎石土、卵石土、大块石土、黄土（Q_1、Q_2）	1.5～3.0
Ⅴ	软岩，岩体破碎至极破碎； 全部极软岩及全部极破碎岩（包括受构造影响严重的破碎带）	一般第四系坚硬、硬塑黏性土，稍密及以上、稍湿、潮湿的碎（卵）石土、粗圆砾土、细圆砾土、粗角砾土、细角砾土、粉土及黄土（Q_3、Q_4）	1.0～2.0
Ⅵ	受构造影响很严重呈碎石、角砾及粉末、泥土状的断层带	软塑状黏性土、饱和的粉土、砂类土等	<1.0（饱和状态土<1.5）

注　隧道洞身埋藏较浅，应根据围岩受地表的影响情况进行围岩级别修正。当围岩为风化层时，应按风化层的围岩基本分级考虑；围岩仅受地表影响时，应较相应围岩降低 1～2 级。

岩石坚硬程度和岩体完整程度按表 8.4.5-30、表 8.4.5-31 确定。

围岩级别应在围岩基本分级的基础上，结合隧道工程的特点，考虑地下水状态、初始地应力状态等必要的因素进行修正（表 8.4.5-32～表 8.4.5-35）。

表 8.4.5-30　岩石坚硬程度的划分

岩石类别		单轴饱和抗压强度 R_c（MPa）	代表性岩石
硬质岩	极硬岩	$R_c>60$	未风化或微风化的花岗岩、片麻岩、闪长岩、石英岩、硅质灰岩、钙质胶结的砂岩或砾岩等
	硬岩	$30<R_c\leqslant 60$	弱风化的极硬岩；未风化或微风化的熔结凝灰岩、大理岩、板岩、白云岩、灰岩、钙质胶结的砂岩、结晶颗粒较粗的岩浆岩等
软质岩	较软岩	$15<R_c\leqslant 30$	强风化的极硬岩；弱风化的硬岩；未风化或微风化的云母片岩、千枚岩、砂质泥岩、钙泥质胶结的粉砂岩和砾岩、泥灰岩、泥岩、凝灰岩等
	软岩	$5<R_c\leqslant 15$	强风化的极硬岩；弱风化至强风化的硬岩；弱风化的较软岩和未风化或微风化的泥质岩类；泥岩、煤、泥质胶结的砂岩和砾岩等
	极软岩	$R_c\leqslant 5$	全风化的各类岩石和成岩作用差的岩石

表 8.4.5-31　岩体完整程度的划分

完整程度	结构面特征	结构类型	岩体完整性指数 K_v
完整	结构面 1～2 组，以构造型节理或层面为主，密闭型	巨块状整体结构	$K_v>0.75$
较完整	结构面 2～3 组，以构造型节理、层面为主，裂隙多呈密闭型，部分微张型，少有充填物	块状结构	$0.75\geqslant K_v>0.55$
较破碎	结构面一般为 3 组，以节理及风化裂隙为主，在断层附近受构造影响较大，裂隙以微张型和张开型为主，多有充填物	层状结构，块、石碎石状结构	$0.55\geqslant K_v>0.35$
破碎	结构面大于 3 组，多以风化型裂隙为主，在断层附近受构造作用影响大，裂隙宽度以张开型为主，多有充填物	碎石角砾状结构	$0.35\geqslant K_v>0.15$
极破碎	结构面杂乱无序，在断层附近受断层作用影响大，宽张裂隙全为泥质或泥夹岩屑充填，充填物厚度大	散体状结构	$K_v\leqslant 0.15$

表 8.4.5-32　地下水状态的分级

级别	状态	渗水量［L/(min·10m 洞长)］
Ⅰ	干燥或湿润	<10
Ⅱ	偶有渗水	10～25
Ⅲ	经常渗水	25～125

表 8.4.5-33　地下水影响的修正

地下水状态分级 \ 围岩基本分级	Ⅰ	Ⅱ	Ⅲ	Ⅳ	Ⅴ	Ⅵ
Ⅰ	Ⅰ	Ⅱ	Ⅲ	Ⅳ	Ⅴ	—
Ⅱ	Ⅰ	Ⅱ	Ⅳ	Ⅴ	Ⅵ	—
Ⅲ	Ⅱ	Ⅲ	Ⅳ	Ⅴ	Ⅵ	—

表 8.4.5-34　初始地应力场评估基准

初始地应力状态	主要现象	评估基准 R_c/σ_{max}
极高应力	硬质岩：开挖过程中时有岩爆发生，有岩块弹出，洞壁岩体发生剥离，新生裂缝多，成洞性差； 软质岩：岩芯常有饼化现象，开挖过程中洞壁岩体有剥离，位移极为显著，甚至发生大位移，持续时间长，不易成洞	<4
高应力	硬质岩：开挖过程中可能出现岩爆，洞壁岩体有剥离和掉块现象，新生裂缝较多，成洞性较差； 软质岩：岩芯时有饼化现象，开挖过程中洞壁岩体位移显著，持续时间较长，成洞性差	4～7

注　R_c 为岩石单轴饱和抗压强度（MPa）；σ_{max} 为最大地应力值（MPa）。

表 8.4.5-35　初始地应力影响的修正

初始地应力状态 \ 级别修正 \ 围岩基本分级	Ⅰ	Ⅱ	Ⅲ	Ⅳ	Ⅴ
极高应力	Ⅰ	Ⅱ	Ⅲ或Ⅳ①	Ⅴ	Ⅵ
高应力	Ⅰ	Ⅱ	Ⅲ	Ⅳ或Ⅴ②	Ⅵ

①　围岩岩体为较破碎的极硬岩、较完整的硬岩时定为Ⅲ级；围岩岩体为完整的较软岩、较完整的软硬互层时定为Ⅳ级。

②　围岩岩体为破碎的极硬岩、较破碎及破碎的硬岩时定为Ⅳ级；围岩岩体为完整及较完整软岩、较完整及较破碎的较软岩时定为Ⅴ级。

施工阶段隧道围岩级别按表 8.4.5-36 判定。

六、冶金系统隧道围岩分级

冶金系统《锚杆喷射混凝土支护技术规范》（GB 50086—2001）将隧道围岩分为Ⅰ～Ⅴ级，见表 8.4.5-37。

表 8.4.5-36　　施工阶段围岩级别判定卡

工程名称				位置	里程			评定
					距洞口距离（m）			
岩性指标	岩石类型（名称）				黏聚力 $c=$　　kPa；$\varphi=$			极硬岩 硬岩 较软岩 软岩 极软岩 土
	单轴抗压强度 $R_c=$　　MPa				点荷载极限强度 $I_x=$　　MPa			
	变形模量 $E=$　　GPa				泊松比 $\nu=$			
	天然重度 $\gamma=$　　kN/m³				其他			
岩体完整状态	地质构造影响程度			轻微	较重	严重	极严重	完整
	地质结构面	间距	>1.5	0.6～1.5	0.2～0.6	0.06～0.2	<0.06	较完整
		延伸性	极差	差	中等	好	极好	较破碎
		粗糙度	明显台阶状	粗糙波纹状	平整光滑有擦痕		平整光滑	破碎
		张开性（mm）	密闭 <0.1	部分张开 0.1～0.5	张开 0.5～1.0	无充填张开 >1.0	黏土充填	破碎
	风化程度	未风化	微风化		弱风化	强风化	全风化	极破碎
	简要说明							
地下水状态	渗水量（L/min·10m）			<10 干燥或湿润	10～25 偶有渗水	25～125 经常渗水		干燥或湿润 偶有渗水 经常渗水
初始地应力状态	埋深 $H=$　　m							
	地质构造应力状态				其他			
围岩级别		Ⅰ	Ⅱ	Ⅲ	Ⅳ	Ⅴ		Ⅵ
备　注								
记录者				复核者		日期		

表 8.4.5-37　　围　岩　分　级

围岩类别	主要工程工质特征							
	岩体结构	构造影响程度，结构面发育情况组组合状态	岩石强度指标		岩体声波指标		岩体强度应力比	毛洞稳定情况
			单轴饱和抗压强度（MPa）	点荷载强度（MPa）	岩体纵波速度（km/s）	岩体完整性指标		
Ⅰ	整体状及层间结合良好的厚层状结构	构造影响轻微，偶有小断层。结构面不发育，仅有2～3组，平均间距大于0.8m，以原生和构造节理为主，多数闭合，无泥质充填，不贯通。层间结合良好，一般不出现不稳定块体	>60	>2.5	>5	>0.75	—	毛洞跨度5～10m时，长期稳定，一般无碎块掉落
Ⅱ	同Ⅰ级围岩结构	同Ⅰ级围岩结构	30～60	1.25～2.5	0.7～5.2	>0.75	—	
	块状结构和层间结合较好的中厚层或厚层状结构	构造影响较重，有少量断层。结构面较发育，一般为3组，平均间距0.4～0.8m，以原生和构造节理为主，多数闭合，偶有泥质充填，贯通性较差，有少量软弱结构面。层间结合较好，偶有层间错动和层面张开现象	>605	>2.5	3.7～5.2	>0.50	—	毛洞跨度5～10m时，围岩能较长时间（数月至数年）维持稳定，仅出现局部小块掉落
Ⅲ	同Ⅰ级围岩结构	同Ⅰ级围岩结构	20～60	0.85～1.25	3.0～4.5	>0.75	>2	毛洞跨度5～10m时，围岩能维持一个月以上和稳定，主要出现局部掉块、塌落
	同Ⅱ级围岩块状结构和层间结合较好的中厚层或厚状结构	同Ⅱ级围岩块状结构和层间结合较好的中厚层或厚状结构特征	30～60	1.25～2.50	3.0～4.5	0.50～0.75	>2	
	层间结合良好的薄层和软硬岩互层结构	构造影响较重，结构面较发育，一般为3组，平均间距0.2～0.4m，以构造节理为主，节理面多数闭合，有少量泥质充填，岩层为薄层或以硬岩为主的软硬互层，层间结合良好，少量软弱夹层、层间错动和层面张开现象	>60（软岩，>20）	>2.50	3.0～4.5	0.3～0.5	>2	
	碎裂镶嵌结构	构造影响较重，结构面较发育，一般为3组，平均间距0.2～0.4m，以构造节理为主，节理面多数闭合，少数有泥质充填，块体间牢固咬合	>60	>2.5	3.0～4.5	0.3～0.5	>2	

续表

围岩类别	主要工程工质特征							
	岩体结构	构造影响程度，结构面发育情况组合状态	岩石强度指标		岩体声波指标		岩体强度应力比	毛洞稳定情况
			单轴饱和抗压强度（MPa）	点荷载强度（MPa）	岩体纵波速度（km/s）	岩体完整性指标		
Ⅳ	同Ⅱ级围岩块状结构和层间结合较好的中厚层或厚层结构	同Ⅱ级围岩块状结构和层间结合较好的中厚层或厚层结构特征	10～30	0.42～1.25	2.0～3.5	0.5～0.75	>1	
Ⅳ	散块状结构	构造影响较重，一般为风化卸荷带。结构面发育，一般为3组，平均间距0.4～0.8m，以构造节理、卸荷、风化裂隙为主，贯通性好，多数张开，夹泥、夹泥厚度一般大于结构面的起伏高度，咬合罗弱，构成较多的不稳定块体	>30	>1.25	>2.0	>0.15	>1	毛洞跨度5m时，围岩能维持数日到一个月的稳定，主要失稳形式为冒落或片帮
Ⅳ	层间结合不良的薄层、中厚层和软硬件互层结构	构造影响较重，结构面较发育，一般为3组以上，平均间距0.2～0.4m，以构造、风化节理为主，大部分微张（0.5～1.0mm），部分张开（>1.0mm），有泥质充填，层间结合不良，多数夹泥，层间错动明显	>30（软岩，>10）	>1.25	2.0～3.5	0.2～0.4	>1	
Ⅳ	碎裂状结构	构造影响严重，多数为断层影响带或强风化带。结构面发育，一般为3组以上，平均间距0.2～0.4m，大部分微张（0.5～1.0mm），部分张开（>1.0mm），有泥质充填，形成许多碎块体	>30	>1.25	2.0～3.5	0.2～0.4	>1	毛洞跨度5m时，围岩能维持数日到一个月的稳定，主要失稳形成为冒落或片帮
Ⅴ	散体状结构	构造影响很严重，多数为破碎带、全强风化带、破碎带交汇部位。构造及风化节理密集，节理面及其组合杂乱，形成大量碎块体。块体间多数为泥质充填，甚至呈石夹土状或土夹石状	—	—	<2.0	—	—	毛洞跨度5m时，围岩稳定时间很短，约数小时至数日

注　1. 围岩按定性分类与定量指导标分类有差别时，一般应以低者为准。
2. 本表声波指标以孔测法测试值为准，如果用其他方法测试时，可通过对比试验，进行换算。
3. 层状岩体按单层厚度可划分为：厚层0.5m，中厚层：0.1～0.5m，薄层：小于0.1m。
4. 一般条件下，确定围岩类别时，应以岩单轴饱和抗压强度为准；当洞跨小于5m，服务年限小于10年的工程，确定围岩类别时，可采用点荷载强度指标代替岩块单轴饱和抗压强度指标，可不做岩体声波指标测试。
5. 测定岩石强度，做单轴抗压强度后，可不作点荷强度试验。
6. 对Ⅲ、Ⅳ级围岩，当地下水较发育时，应根据地下水类型、水量大小、软弱结构面多少及其危害程度，适当降级。对Ⅱ、Ⅲ级围岩，当洞轴线与主要断层或软弱夹层的夹角小于30°时，应降一级。

第五章 围岩稳定性分析与评价

第一节　影响围岩稳定性的主要因素

一、岩体完整性

岩体是否完整，岩体中各种节理、片理、断层等结构面的发育程度，对洞室围岩稳定性影响极大。对此，应着重考虑三方面问题：

（1）结构面的组数、密度和规模。

（2）结构面的产状、组合形态及其与洞周壁的关系。

（3）结构面的强度。

二、岩石（体）强度

岩石（体）强度主要取决于岩石的物质成分、组织结构、胶结程度和风化、卸荷程度等。

三、地下水

地下水的长期作用将降低岩石的强度、软弱夹层强度、加速岩石风化，对软弱结构面起软化润滑作用，促使岩块坍塌。如遇软岩的膨胀挤压，膨胀岩的膨胀，增加围岩压力等。地下水位很高，还有静水压力作用、渗流压力对洞室稳定不利。

四、地应力

洞室开挖前，岩体一般处于天然应力平衡状态，称为原岩应力场或初始应力场。而当洞室开挖之后，便破坏了这种天然应力的平衡状态，使岩体内能量得到释放，从而在围岩的一定范围内引起地应力的重新分布，形成新的应力状态，称之为二次应力或围岩应力。地下洞室应考虑地应力的影响。

五、工程因素

洞室的埋深、几何形状、跨度、高度，洞室立体组合关系及间距，开挖爆破方法，围岩暴露时间及衬砌类型等。

第二节　围岩稳定性分析评价方法

一、工程地质分析法

工程地质分析法主要是通过工程地质勘察，在大量实际资料的基础上，与工程地质条件、工程特点、施工方法类似的已建工程进行相比，对其稳定性进行评价，亦称工程地质类比法。主要方法有：围岩分类法、块体分析法、塌方分析法、工程经验判别法。

（一）洞室围岩分类

详见本篇第四章。

（二）块体分析法

1．块体极限平衡分析

当围岩应力小，围岩中存在软弱结构面不利块体组合时，只考虑重力作用，进行块体极限平衡分析和关键块体稳定估算：

通过对岩体结构分析来判别不稳定体边界及其平衡条件，然后按块体平衡理论进行计算，求得围岩压力值。假定洞室顶拱上的围岩压力为塌落在顶拱上的全部岩体重量，即

$$P=2\eta ah\gamma \qquad (8.5.2-1)$$

式中：η为结构体形状因数（塌落体呈三角形取0.5，呈矩形、方块形取1）；a为洞室宽度的一半；h为块体高度；γ为岩体容重。

根据塌落体的产状、重量（P）、滑动面的面积（ΔA）以及滑动界面上的φ、c值，可计算洞室边墙的稳定因数。

（1）塌落体沿单滑面滑动：

$$K_c=\frac{P\cos\alpha\tan\varphi+\Delta A_C}{P\sin\alpha} \qquad (8.5.2-2)$$

（2）塌落体沿两个滑面的交线滑动：

$$K_c=\frac{P\cos\alpha(\sin\alpha_2\tan\varphi_1+\sin\alpha_1\tan\varphi_2)+(\Delta A_1c_1+\Delta A_2c_2)\sin(180°-\alpha_1-\alpha_2)}{P\sin\alpha\sin(180°-\alpha_1-\alpha_2)} \qquad (8.5.2-3)$$

式中：α代表单滑面倾角或双滑面组合交线的倾角；其余符号意义同前。

应用块体极限平衡理论进行计算时，必须注意：当结构面具有足够的抗滑能力时，衬砌所承受的山压并非塌落体的全部重量；如果地应力与地下水的作用比较明显时，还需要考虑这些因素的影响。

确定地下洞室衬砌承受的围岩压力，除了采用理论计算的方法外，目前在一些大型的和重要的水利工程建设中，往往通过埋设压力盒、锚栓测力计、支撑电阻片等方法直接测量围岩的变形，然后再换算围岩压力，根据围压的大小与方向圈出应力重分布范围。此外，还可以用声波仪测量松动圈的范围。如果按散粒体理论计算，允许将松动圈的厚度当作塌落拱高度；如果按弹塑性理论计算，则可当作塑性圈的宽度。

2．赤平投影法

在洞室围岩稳定性分析中，常用各种图解法，赤平投影是最常用的分析方法之一。主要用来表示线、面的方位，及其相互之间的角距关系和运动轨迹，把物体三维空间的几何要素（面、线）投影到平面上来进行研究。它属于定性分析法，其优点是简单、直观、快速；缺点是带有一定的经验性和概念性。

赤平极射投影法（图8.5.2-1），通过球心作一个赤道平面WNES，从极端B发出的射线（BS、BH、BN）与球面上的任何一点的连线都在赤平面上有一投影点，所以球面上的任何点、线、面都可以用投射法作出其赤平极射投影。投射时一般取上半球投影，有时也可以用下半球投影，投影的结构面必须通过圆心。

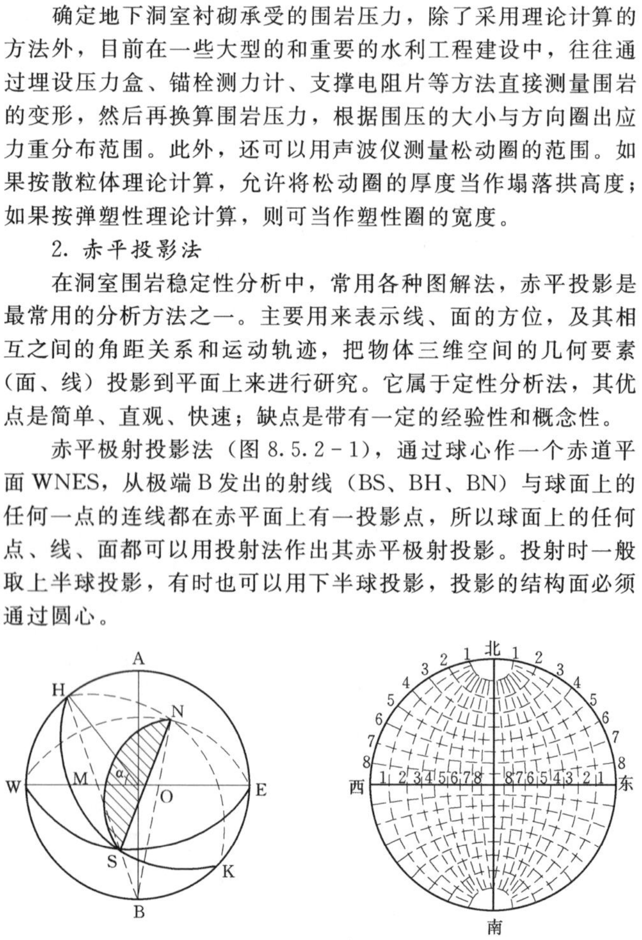

图8.5.2-1　赤平投影法

（1）平面的投影（图 8.5.2-2）：平面（PGF）产状：SN，90°∠40°，投影到赤平面上为 PHF。PF 代表走向，OH 代表倾向，DH 代表倾角。

（2）线的投影（图 8.5.2-3）：直线（OG）产状：90°∠40°，投影到赤平面上为 H 点。OD 为直线的倾伏向，HD 为倾伏角。

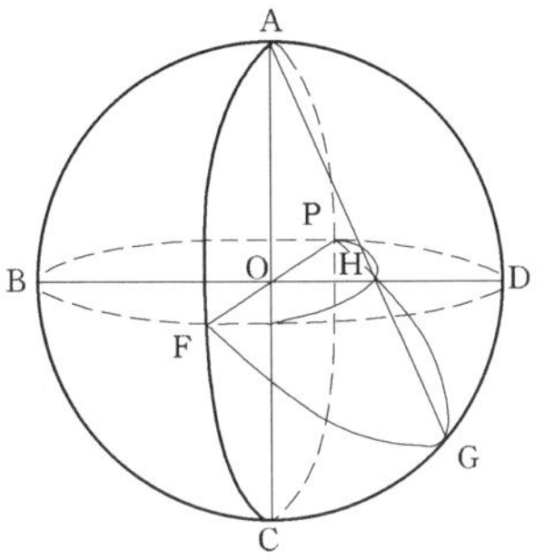

图 8.5.2-2　平面投影

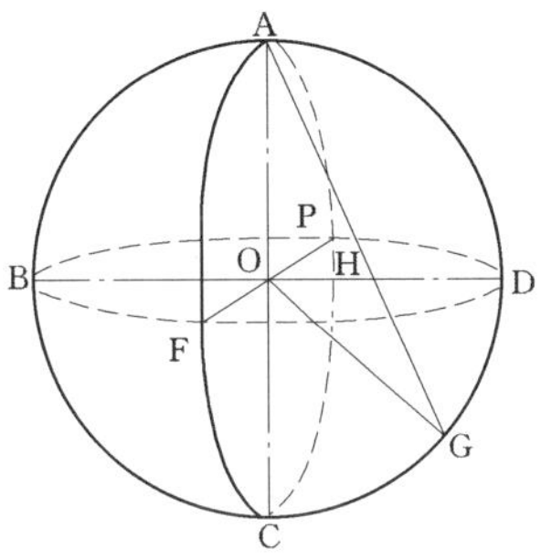

图 8.5.2-3　直线投影

近十几年来在块体理论的实际应用问题上，很多学者有了更进一步的认识，在国内外很多重大工程实例中都取得了成功应用。如块体理论赤平解析法，将矢量法和赤平投影有机结合起来，并进行了拓宽，可将有限块体的结构面作为一个整体来考虑，大大扩展了块体理论的适用范围。目前地下洞室围岩块体稳定分析软件很多，应用广泛的有 UNWEDGE 分析软件。

图 8.5.2-4 为某地下工程结构面典型块体赤平投影以及应用 UNWEDGE 地下洞室块体分析软件作出的块体形态图。

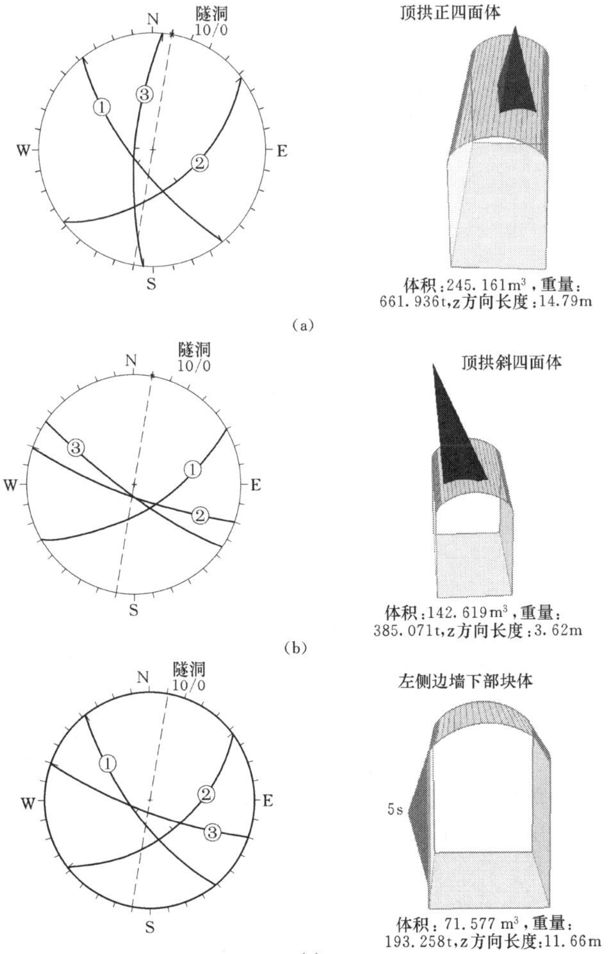

图 8.5.2-4　某地下洞室典型块体赤平投影及块体形态分析图

(a) 结构面产状：①232°∠74°、②142°∠52°、③275°∠72°顶拱正四面体；
(b) 结构面产状：①150°∠61°、②200°∠77°、③215°∠79°顶拱斜四面体；
(c) 结构面产状：①232°∠74°、②142°∠52°、③200°∠77°边墙块体

（三）塌方分析法

塌方是围岩应力不平衡的一种表现，受结构面组合不利等条件影响，隧洞开挖后岩体又不能形成自然平衡。塌方的规模实际上反映围岩压力的大小，它反过来又可以佐证我们所给的围岩压力是否合理。

1. 塌方产生的原因

（1）岩体类型。塌方大多发生在强烈风化带、断层交汇带、极软弱的岩层等碎裂岩体和松散体，围岩强度较低、塌方规模较大，洞室埋深不大时，有的甚至冒顶。

（2）结构面产状及其与洞室组合关系。结构面走向与隧洞轴线近于垂直，倾角小于 30°时，顶拱下沉，边墙变形大；有软弱夹层存在，又有其他方面的结构面组合，结构面无胶结，容易造成顶拱塌方。

结构面走向与隧洞轴向近于平行，则不稳定范围将增长很多。多组结构面的产状组合，在不利于洞室轴线及规模时，是造成塌方的主要原因。特别是存在另一组走向一致，倾向相反的结构面组合时，易产生较长范围的“倒扇”形塌落。塌方量的大小由结构面组合体的规模决定。不同结构面的稳定性见表 8.5.2-1。

表 8.5.2-1　不同结构面的稳定性

分类	结构面类型	型式	倾角	稳定程度
Ⅰ	直立结构面	直立型	≥80°	边墙稳定性视走向线交角而定
		倒扇型	≥80°	顶拱不利
		正扇型	≥80°	顶拱稳定
Ⅱ	水平结构面	薄层型	<15°	顶拱易下坠，拱座受压易变形
		厚层型	<15°	较好
Ⅲ	单斜结构面	缓倾型	15°～45°	好
		陡倾型	45°～75°	较差
Ⅳ	混合结构面	对称型	二组倾角相等	最差
		不对称型	二组倾角不等	中
		正交型	水平与垂直正交	好

（3）地下水活动。在断层裂隙发育或岩体软弱、风化破碎严重的情况下，如果地下水活动，则塌方发生较快；因为洞室开挖后，形成通道，增加地下水活动水力梯度，产生向洞内的动水压力，并把细颗粒带走；当地下水位高于洞室顶拱时，对洞室围岩会产生外压；同时，地下水的活动，对岩体结构面起了软化、泥化作用，降低结构面抗滑能力；所以在地下水活动的地段，容易产生塌方。

（4）岩体风化。强烈风化的岩体，一般已成为松散体，颗粒间无黏聚力。因此当隧洞通过时，易于塌落，开始范围较小，以后逐渐扩大。

（5）施工方法。对洞室围岩不稳定洞段施工时，由于施工方法不当，如爆破控制不好，支撑不及时，开挖跨度过大等，都可以促使塌方形成。

综合上述地质因素，各类岩体塌方情况见表 8.5.2-2。

表 8.5.2-2　各类岩体塌方情况

类别	岩体类型	岩体强度	断裂切割	地下水	塌方情况
Ⅰ	完整	强度大	断裂少，且不连续	干燥	不易发生
Ⅱ	较完整	强度大	少量裂隙切割	无或少量	很少发生
Ⅲ	中等	不坚硬	有几组切割面	少量	局部少量掉块，塌后即可稳定
Ⅳ	破碎	块状、层状	裂隙切割较多	较强烈	较多塌顶
Ⅴ	松散	软弱、松散	大断层或全强风化	活动强烈	常见、延时长、易冒顶

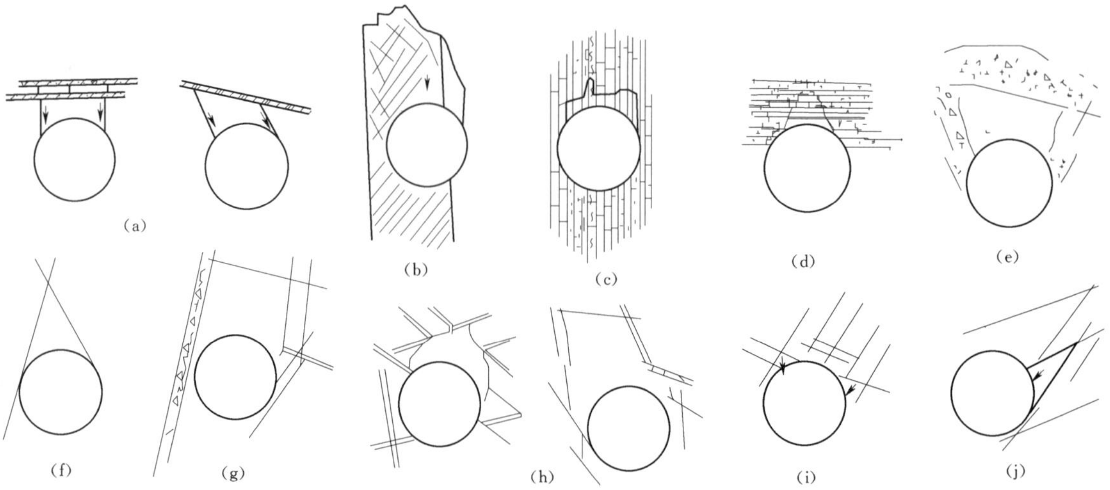

图 8.5.2-5　塌方类型示意图

(a) 平缓岩层与高倾角裂隙组合；(b) 大断层带；(c) 软松相间直立地层；(d) 水平地层；(e) 松散体；
(f) 两组顶拱交汇；(g) 多组断裂组合；(h) 多组结构面组合；(i) 局部掉块；(j) 边墙两组裂隙

按塌方的部位分类有顶拱塌方、边顶拱塌方、局部掉块三种。各种塌方类型如图 8.5.2-5 所示。

2. 典型塌方案例

龙滩水电站某洞室塌方发生之前，正进行进口明渠开挖，洞内上层中导洞开挖至桩号 0+008m，上层扩挖至桩号 0+015m，全断面开挖至桩号 0+021m（图 8.5.2-6），开挖所揭露：洞口桩号 0+000m～高程 0+076m 围岩为砂岩、粉砂岩夹泥板岩以及砂岩、粉砂岩与泥板岩互层，岩层产状为 N10°W，NE∠55°～65°；地质构造发育，主要有 NE、NWW 向（近洞轴向延伸）的断层，层间错动和反倾向的顺洞脸坡断层及节理，主要断层为 F_4，与洞轴线小角度相交，破碎带宽度 0.1～0.5m，影响带宽度 1～1.5m，面扭曲不规则，充填碎裂岩、灰白色断层泥及少量方解石脉，局部断层泥达 0.5m，胶结不良；在桩号高程 0+030m 附近，以 F_4 断层为界，断层下盘（靠河床侧）岩体有沿断层带的楔状强风化（或强、弱风化岩体过渡带），结构面多有次生夹泥，其他洞段围岩为弱风化（已塌方洞段顶拱）。按水电地下工程围岩质量综合分类标准，进口段桩号高程 0+000～高程 0+50m 为 IV_1 类。

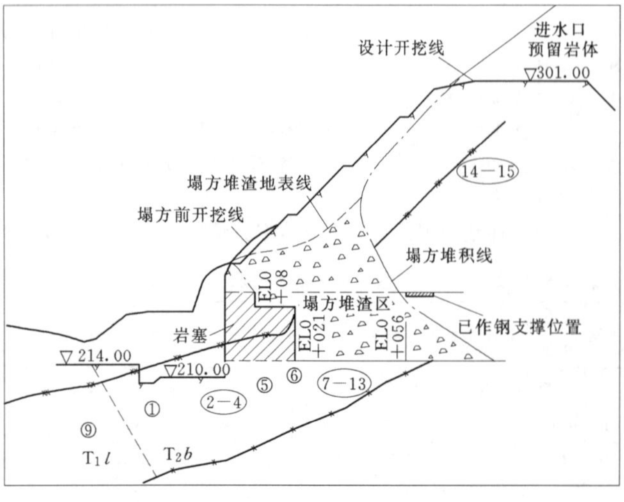

图 8.5.2-6　洞室塌方纵剖面

塌方后塌落区呈明显的漏斗状，环漏斗周边发育有系列裂缝，塌坑边缘最高至高程 301m，中部最大宽度约 32m（图 8.5.2-7），洞内塌落堆积锥体顶部至桩号高程 0－055m，底部堆积至桩号高程 0－076m 附近，洞顶桩号高程 0－056m～高程 0－065m 段已支护的钢支撑远看保留完好，对洞室塌方的进一步扩展起到了较明显的约束作用。

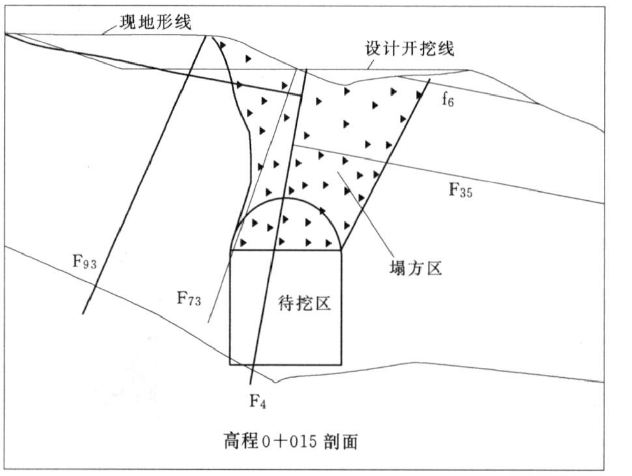

图 8.5.2-7　洞室塌方横剖面

分析其原因，主要是隧洞进口段及其洞脸坡地质条件差，特别是洞室进口段存在走向与洞轴线方向夹角较小的陡倾角断层（如 F_4 断层）及节理，它们与层间错动及层面组合，导致洞室围岩完整性较差，平行洞室沿顶拱延伸的断层破碎带，进一步削弱了顶拱围岩的拱效应，加之洞内支护和洞外边坡锚固均没有及时跟进，受开挖爆破震动影响，洞口顶拱断层破碎带附近稳定性差的块体首先失稳，其后反倾岩体及节理块体在失去约束的情况后相继临空倾倒和塌落，塌落漏斗周边岩体进一步倾倒崩塌，最终形成了洞口及洞脸坡的大规模塌方。

(四) 工程经验判别法

工程经验判别法是评价围岩稳定性的一个十分重要的方法，首先是在地下洞室初步选址阶段，通过对工程区地形、岩性、断裂构造、岩体风化等情况的调查，可以初步确定地下洞室围岩的成洞条件；其次是当建筑物布置区地应力量值较小，工程规模不大，开展岩体物理力学测试难度大时，采用工程经验判别法仍是比较现实和可接受的。工程经验判别法主要从以下三个方面予以分析和判断：

（1）围岩岩性与强度。当围岩具有一定的强度（中硬岩），呈块状或中厚层状，软弱夹层不发育时，可认为围岩稳定性满足成洞要求；否则，围岩的稳定性不可靠。

（2）岩体结构。围岩中结构面形式、产状与物理、力学性质是控制其稳定性的主要因素。当围岩虽有结构面分布，但无不稳定结构面组合体，或虽具有不稳定组合体，但可以通过工程措施加固处理时，可认为围岩稳定性满足成洞要求；否则，围岩的稳定性不可靠。

（3）地下水。地下水对围岩稳定性的影响很大，尤其是对抗水性很低的岩体。当无地下水，或虽有地下水活动，但岩体抗水性强，或渗水量不大，不影响施工开挖者，可认为围岩稳定性满足成洞要求；否则，围岩的稳定性不可靠。

二、数值计算分析法

（一）散粒体理论

由于岩体中存在很多节理裂隙及软弱夹层，破坏了岩体的整体性。由裂隙切割形成的岩块相对很小，可看作散粒体。但岩块间还存在黏聚力，所以岩体可作为具有黏聚力的散粒体。散粒体理论有两种观点：一种是把支护结构上承受的压力，看成是松散地层中应力的传递；另一种是不承认散体中存在应力，而且假定洞顶上有一个有界的破裂区，破裂区全部散体的重量即构成作用于支护结构上的山压。下面是几种应用散粒体理论确定围岩压力的方法。

1. 普氏压力拱理论

普氏压力拱理论又称自然平衡拱理论，是由俄国学者普罗托吉亚科诺夫提出的。普氏认为由于应力重分布，洞顶破碎岩体随时间增长而逐步坍塌，直至形成一个自然拱后围岩才稳定下来。这种自然平衡拱承受了洞顶的山岩压力，才使坍塌不再发展，所以把这个自然平衡拱称为压力拱或卸载拱。围岩压力就等于压力拱与衬砌之间松动岩体的重量。普氏认为，平衡拱呈抛物线形（图 8.5.2－8），因此洞顶围岩压力可按下式计算：

$$P=\frac{4\gamma a_1^2}{3f_k}$$

$$a_1=a+h\tan\left(45°-\frac{\varphi}{2}\right)$$

式中：a 为洞室宽度的一半；h 为洞室的高；γ 为散粒体的重度；f_k 为坚固因数，也称为似摩擦系数，f_k 在数值上定义为 $\tan\varphi_k$；φ_k 称为松散岩体的折算内摩擦角，其值大于岩石的内摩擦角 φ。f_k 值实际上是一个随应力变化而变化的函数，并不一定是介质本身的特性参数，应看作为综合性的围岩压力系数，即普氏定义的 f_k 值乘一修正系数。在实际工作中，也有用百分之一单轴抗压强度来表示 f_k 值的，并乘以一定的修正系数。

计算洞室侧向围岩压力时，可以认为在洞室与压力拱的整个高度［$h+h_1$（压力拱高度）］范围内，侧向围岩压力是按朗肯主动土压力的三角形规律分布的。因此，洞室两侧的围岩压力按梯形分布，洞顶与洞底处的压力 P_1 与 P_2 分别为

$$p_1=\gamma h_1\tan^2\left(45°-\frac{\varphi}{2}\right)$$

$$p_2=\gamma(h+h_1)\tan^2\left(45°-\frac{\varphi}{2}\right)$$

洞室一侧的总围岩压力为

$$P_c=\frac{1}{2}(p_1+p_2)h=\frac{\gamma h}{2}(2h_1+h)\tan^2\left(45°-\frac{\varphi}{2}\right)$$

2. 太沙基理论

太沙基基于散体中亦能产生应力传递的概念，推导出作用于衬砌上的垂直压力。地下洞室开挖后，岩体将沿图 8.5.2－8 中所示的 OAB 曲面滑动。作用在洞顶上的压力等于滑动岩体的重量减去滑移面上摩擦力的垂直分量。为简化起见，太沙基进一步假定岩体沿垂直面滑动，而且滑体中任意水平面上的垂直应力 σ_v 都是均匀分布的。在地面以下深度处取一宽度为 $2a_1$、厚度为 d_z 的单元体，分析微分单元体的平衡条件，便可推导出围岩压力 P 的计算式：

$$P=\frac{\gamma a_1-c}{r\tan\varphi}\left(1-e^{\frac{\gamma H\tan\varphi}{a_1}}+qe^{\frac{\gamma H\tan\varphi}{a_1}}\right)$$

当洞室埋置深度较大时，设 H 为∞，c 为 0 时：

$$P=\frac{\gamma a_1}{\tan\varphi}$$

由此可见，在深埋情况下太沙基理论与普氏理论的计算结果实质上是一致的。不过前者考虑了洞室尺寸、埋深及岩石的黏聚力和内摩擦角对岩体稳定性的影响，一般适用于洞室埋深较浅的情况。

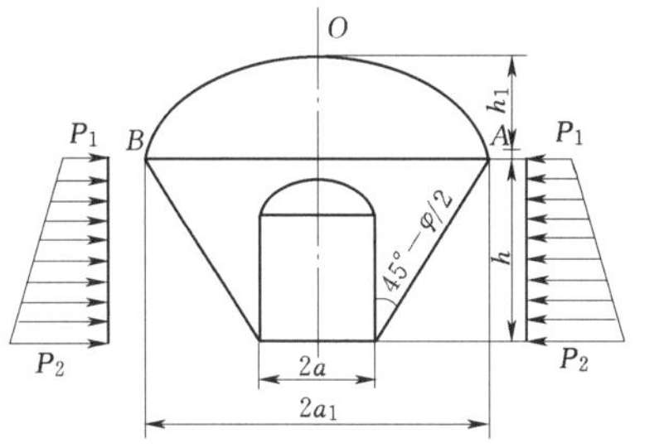

图 8.5.2－8　散粒体中应力传递示意图

3. 围岩压力因数的方法

我国水利水电部门在大量的工程实践基础上，对普氏的压力拱理论作了修改与补充，按照岩石的性质、断裂发育程度以及地下水活动情况，总结出一套反映实际经验的确定围岩压力的方法。

围岩压力系数有垂直方向的压力因数 S_z 与水平的压力因数 S_x 两种，其取值的依据是按岩体中裂隙发育情况和风化程度而定（表 8.5.2－3）。根据表中查取的 S_z 或 S_x 值，再按下列公式分别算出围岩压力值。

铅直围岩压力：

$$P_v=S_z\gamma 2a$$

水平围岩压力：

$$P_H=S_x\gamma h$$

表 8.5.2－3　岩体围岩压力因数表

岩石坚硬程度	代表性岩石	裂隙发育情况及风化程度	围岩压力因数	
坚硬岩石	石英岩、花岗岩、流纹岩、厚层硅质岩等	裂隙少，新鲜	0～0.05	—
		裂隙不太发育，微风化	0.05～0.1	—
		裂隙发育，弱风化	0.1～0.2	—
较坚硬岩石	砂岩、石灰岩、白云岩、砾岩等	裂隙少，新鲜	0.05～0.1	—
		裂隙不太发育，微风化	0.1～0.2	—
		裂隙发育，弱风化	0.2～0.3	0～0.05

续表

岩石坚硬程度	代表性岩石	裂隙发育情况及风化程度	围岩压力因数	
较软弱岩石	砂页岩互层、黏土质岩石、致密泥灰岩等	裂隙少，新鲜 裂隙不太发育，微风化 裂隙发育，弱风化	0.1～0.2 0.2～0.3 0.3～0.5	— 0～0.05 0.05～0.1
软弱岩石	严重风化及十分破碎岩石、断层破碎带		0.3～0.5 或更大	0.05～0.5 或更大

注　表列数据适用于 $H \leqslant 3a$ 的隧洞断面。

（二）弹塑性平衡理论

实践证明，只有断层破碎带和强烈风化岩体才接近于散粒体，而绝大部分岩体是具有多种结构的弹塑性体。20 世纪 30 年代末芬涅尔首先运用弹塑性理论建立了著名的芬涅尔公式，后来又有卡柯、凯利赛尔等人相继作了改进，现在已成为拉勃采维奇总结的新奥隧洞施工方法的理论基础。这种理论的要点是设想在洞室周围由于应力超过岩石的强度而形成塑性区，塑性区岩体的稳定是由外围弹性区中岩体的应力和洞室内衬砌的阻力共同维持的。衬砌承受的塑性山压就是围岩压力。目前国外广泛应用的芬涅尔·塔罗勃公式就是根据衬砌与围岩发生共同变形的假定，通过计算塑性圈内的径向应力或径向位移量来确定围岩压力。假如在 $\lambda=1$ 的岩体中，圆形断面隧洞半径为 r_0，塑性圈半径为 r_1，如果洞壁受衬砌阻力 p_i 的作用，则塑性圈的厚度（r_1-r_0）可按芬涅尔·塔罗勃公式计算：

$$r_1=r_0\left[\frac{(\sigma_0+c\cot\varphi)(1-\sin\varphi)}{p_i-c\cot\varphi}\right]^{(1-\sin\varphi)/2\sin\varphi}$$

衬砌阻力 p_i 在数值上应等于围岩对衬砌的压力。因此，围岩压力可写成：

$$p_i=[(\sigma_0+c\cot\varphi)(1-\sin\varphi)]\left(\frac{r_0}{r_1}\right)^{2\sin\varphi/(1-\sin\varphi)}-c\mathrm{cost}\varphi$$

在使用这一公式时，困难在于塑性圈的半径 r_i 不易确定，因为塑性圈的扩展范围是随着时间而变化的，而且塑性圈的形状并不总是规则的圆环。此外，在公式的推导过程中，把围岩一概看作弹塑性体，并且把侧压力因数 λ 假定为 1，这与实际情况有很大出入。如果用它计算具有镶嵌结构和碎裂结构岩体的围岩压力，却能够获取比较接近实际的结果。

（三）数值分析法

数值分析方法也是评价围岩稳定的方法之一，研究方法主要有：平面弹塑性有限元分析、三维黏弹性有限元分析、单洞与洞群弹塑性稳定分析等，对研究围岩应力、变形和破坏的发展具有一定的优势。平面弹塑性有限元，主要问题在于根据有关的地质资料，将地质模型转化为力学模型，确定模型的边界条件和受力情况，采用线弹性、弹塑性、黏弹性有限元程序研究围岩的稳定性。

边界元数值分析方法比有限元分析方法使用晚，但由于其方法简单，输入参数少，计算速度快等特点，得到普遍的运用。E. Hoke 在其编著的《岩石地下工程》（《Underground Excavication Rock》）和李世辉在其编著的《围岩稳定性分析》中给出了二维有限元程序，采用该程序在确定力学模型后输入有关的参数，可以评价围岩的稳定性。

三、监测数据分析法

地下洞室开挖过程中，各种因素交互作用，洞室间相互影响，围岩稳定性是安全生产的关键技术问题。对复杂变化地质环境下的地下洞室围岩，依据多种测试手段，对开挖后围岩的稳定性和变形进行实时监测，掌握了洞室围岩变形破坏特征，进行各种因素作用下的综合稳定分析，为隧洞的结构设计、施工开挖、支护等提供科学依据。

地下洞室围岩安全监测项目主要有：变形监测、应力监测、渗流监测等。

利用有关软件进行施工期重要监测数据整体变化规律、态势及趋势分析，进行洞室动态的地质结构、施工数据与典型监测数据的整体相关分析，同时，根据监测仪器的原理、实际安装方法，以及安装位置的地质情况与可能的岩体变形破坏模式，对监测数据的可靠性和真实性进行分析判断，对有效反映洞室整体稳定状态与关键控制部位的变形状况进行分析评价，并对洞室围岩变形、稳定状态或加固效果进行评价。

地下洞室围岩稳定监测数据分析要做好如下工作：

（1）对施工期取得的监测资料应进行快速整理、分析，并及时反馈。

（2）监测数据综合时空分析。

（3）位移影响因素分析。

（4）建立施工监测数据库与监测数据资料的月报和年报、施工进度表和降雨等资料。

（5）建立重点监测断面的主要工程地质信息、工程加固处理和监测、环境信息数据库。

四、模型试验分析法

围岩稳定分析模型试验方法主要有地质力学模型、光测模型等。目前，我国水电地下洞室模型试验已由定性分析进入到定量分析，模型试验不仅能模拟地下洞室的几何形态、边界条件、作用荷载等，还可以模拟洞室区的断层、软弱夹层、主要优势节理组等地质结构面，在一定程度上反映了岩体非均质、非弹性、非连续的力学介质特征。模型试验方法已成为围岩稳定性分析评价的重要方法之一。但由于模型试验的花费比较大，往往又难以完全模拟到实际地质条件和岩体赋存的环境因素，一般工程中已很少使用。鲁布革、白山、二滩、龙滩、溪洛渡等工程曾开展过模型试验工作。

地质力学模型试验的特点，其一要收集现场地质资料以及岩石（体）物理力学试验资料，并对地质条件进行简化，使模型基本上与现场地质条件相似；其二是选择相似材料，模拟岩体、结构面等。例如鲁布革水电站地下洞室群分布在 150m×150m×80m 范围内，存在 F_{203}、F_{313} 断层，其延伸至底板以下 40～50m 深度，故模拟范围定为 300m×300m×300m，模型尺寸定为 1.3m×1.3m×1.25m。按照初始三维地应力场向模型施加三向荷载，并用内部埋点和洞壁贴片方式共布置 29 个空间测点和 52 个表面测点，以观测围岩的应力应变状况。该模型为我国第一个整体地质力学模型。

光测模型试验的特点，是借助光测技术，对洞室围岩的应力及变形状态进行分析研究，其关键技术在于光测手段的准确可靠和光弹性材料的合理选用。光测方法是一种精确的、无接触的、全场的测试技术，可考虑地应力场以及地质构造对洞室开挖后围岩的应力分布的影响。

第三节　深埋地下洞室围岩稳定性分析与评价

一、深埋地下洞室岩体研究概述

（一）国内外深埋地下洞室研究的发展历史

我国水电水利行业对深埋地下工程岩体的研究主要开

始于20世纪70年代后期，在此之前，隧洞的长度多为几百米至2～3km，埋深多在200m以内。近30年来，随着我国水电水利建设事业的蓬勃发展，深埋隧洞的勘测设计研究工作得到了迅速发展，并取得了举世瞩目的成就。近30年来我国水利水电引水隧洞勘测设计研究的发展阶段见表8.5.3-1。

表8.5.3-1　我国水电水利深埋引水隧洞勘测设计研究的发展阶段

发展阶段	隧洞埋深（m）	单条隧洞长度（km）	代表性工程
第1阶段（20世纪70年代后期至80年代）	小于650m	小于10km	四川岷江渔子溪一期引水发电隧洞：全长8.429km，埋深200～650m
			天津市引滦入津输水隧洞：总长9.669km，埋深为10～160m；15个施工支洞，“新奥法”施工，1.5年贯通
第2阶段（20世纪80年代末至90年代末）	1000m左右	数十公里	天生桥二级（坝索）引水发电隧洞：长9.58km（3条），最大埋深810m，部分采用TBM施工
			引大入秦输水工程：隧洞总长75km。其中38号隧洞（长4.95km）和30号隧洞（长11.65km），采用TBM施工，平均月进尺1100m
			万家寨引黄入晋输水工程：隧洞总长约191km，在20多条隧洞中有6条长度超过10km，最长42.5km；隧洞埋深100～400m，采用TBM与钻爆混合施工方法，IBM施工平均月进尺748～998m
			辽宁大伙房输水隧洞：主洞长85.31km，设计洞径8.0m，最大埋深约600m。隧洞前段长24.58km，采用“长洞短打”的钻爆法施工，后60.72km采用3台开敞式TBM施工
第3阶段（21世纪以来）	1000m以上，最深2525m	数十公里	雅砻江锦屏二级水电站引水发电隧洞洞室群：7条隧洞总长120余km，单洞长17.5km，一般埋深1500～2000m，最大埋深约2525m；排水洞和1号、3号引水隧洞采用TBM施工，其余隧洞采用钻爆法施工
			青海引大济湟输水隧洞：线长24.3km，最大埋深1100m，采用TBM施工
			甘肃引洮（一期）工程。隧洞总长约93.52km，最大单洞长18.24km的7号隧洞和17.24km长的9号隧洞采用TBM施工，隧洞最大埋深为1100m
			南水北调西线工程：一期输水线路总长260.3km，其中隧洞总长244.1km；二期输水线路总长304km，其中隧洞总长287.8km，单洞最长73km，最大埋深1150m

（二）深埋地下洞室的类型分类

深埋洞室的类型划分见表8.1.1-2。深埋隧洞的复杂程度分级见表8.5.3-2。

表8.5.3-2　深埋隧洞复杂程度分级表

分级因素 \ 复杂程度分级	Ⅰ（一般）	Ⅱ（较复杂）	Ⅲ（复杂）	Ⅳ（极复杂）
区域构造稳定性	稳定性好	稳定性相对较好	稳定性较差	稳定性差
最大地应力等级	低	中等	高	极高
Ⅳ～Ⅴ类围岩比例（%）	≤10	10～20	20～30	≥30
最大岩爆等级	轻微	中等	强烈	极强
岩溶发育程度	不发育	弱发育	发育	极发育
地下水状态［流量 q：L/(min·10m)］	干～渗滴水（$q\leqslant 25$）	线状流水（$25<q\leqslant 125$）	涌水（$125<q\leqslant 250$）	突水（$q>250$）
外水压力水头 H（m）	$H\leqslant 50$	$50<H\leqslant 200$	$200<H\leqslant 1000$	$H>1000$
地温 Q（℃）	$Q\leqslant 30$	$30<Q\leqslant 35$	$35<Q\leqslant 45$	$Q>45$
放射性及有害气体	未超标	轻微超标	超标	严重超标
勘察难度	较容易	较困难	困难	极困难

注　1. Ⅰ级分类中，本身条项不少于6项，不能出现Ⅲ、Ⅳ级中的条项。
2. Ⅱ级分类中，本身条项不少于6项，Ⅲ级条项最多2项，不能出现Ⅳ级中的条项。
3. Ⅲ级分类中，本身条项不少于6项，Ⅳ级条项最多2项。

二、深埋地下洞室工程地质问题预测评价

在预可行性研究之前的勘察论证中，工程地质专业需宏观提出深埋地下洞室大规模断层破碎带和活断层的分布，高地应力等级、大致方向及其可能分布洞段，岩溶洞穴发育带和地下水汇集区，围岩高地温、有害气体、放射性等，为隧洞洞线选择和地下厂房枢纽区选址提供地质依据。

可行性研究阶段，隧洞洞线和地下厂房枢纽区选定之后，应对地下洞室围岩如下主要工程地质问题作出评价：①深埋岩体的工程地质特性；②围岩工程地质分类；③高地应力特征；④高地应力引起的围岩破坏（岩爆、应力型破坏、结构面应力型破坏、软岩大变形）；⑤涌水、涌泥；⑥高水头压力隧洞围岩稳定性评价；⑦高水头压力；⑧地温、有害气体及放射性；⑨涌水对环境水文地质的影响；⑩地质超前预报的方法选择建议。本节主要介绍上述问题中的①、②、③、④、⑥，其余问题可参考相应章节中的详细论述。

（一）深埋岩体的工程地质特性

深埋岩体的工程地质特性与浅埋岩体相比，有显著的不同，主要表现是在高地应力条件下，隧洞围岩将呈现非常复杂的力学特性，导致围岩具有复杂的变形、破坏特征。其最大特点是在高应力作用及开挖卸荷条件下，隧洞围岩随时间有持续变形，岩体流变产生的松弛对隧洞围岩及衬砌结构稳定有显著影响。

评价深埋岩体工程地质特性主要为：①岩体开挖后松弛程度和深度；②岩体峰值强度和残余强度。

岩体开挖后松弛程度和深度可根据勘探平洞内的收敛变形

检测和松弛圈测试，考虑洞室尺寸效应获得。宜对松弛带进行分级，可分为强（张开宽度普遍大于 1cm）、中（张开宽度大于 0.5cm，小于 1cm）、弱（张开宽度大于 0.01cm，小于 0.5cm）、微松弛（张开宽度小于 0.01cm）。各松弛带与相应的岩体工程地质分类和参数配套。

1. 采用莫尔—库仑强度准则

莫尔—库仑强度准则不论是在 $\sigma_n \sim \tau$ 坐标系还是在 $\sigma_1 \sim \sigma_3$ 坐标系中它都是一条直线，这两种坐标系下莫尔—库仑强度准则的数学表达式分别为

$$\tau = c + \sigma_n \tan\varphi$$

$$\sigma_1 = \frac{2c\cos\varphi}{1-\sin\varphi} + \sigma_3 \frac{1+\sin\varphi}{1-\sin\varphi}$$

式中：σ_n 和 τ 分别为岩体发生破坏时作用在破坏面上的正应力和剪应力，采用 $\sigma_1 \sim \sigma_3$ 坐标系时 σ_1 和 σ_3 表示破坏发生时的最大和最小主应力；c 和 φ 为莫尔—库仑强度参数，分别为黏聚力和内摩擦角。

2. Hoek - Brown 强度准则

Hoek - Brown 强度准则采用了曲线方程来描述岩体的强度特征，考虑了开挖扰动对岩体力学性质的影响，其主应力平面内表达形式为

$$\sigma_1 = \sigma_3 + \sigma_{ci}\left(m_b \frac{\sigma_3}{\sigma_{ci}} + s\right)^a$$

相关参数如下：

$$\begin{cases} m_b = m_i \exp\left(\dfrac{GSI-100}{28-14D}\right) \\ s = \exp\left(\dfrac{GSI-100}{9-3D}\right) \\ a = \dfrac{1}{2} + \dfrac{1}{6}\left(e^{-GSI/15} - e^{-20/3}\right) \end{cases}$$

式中：σ_{ci} 是岩石的单轴抗压强度；D 介于 0～1 之间，反映了爆破等外在因素和应力释放等内在因素对岩体性质的影响，爆破质量越好 D 值越小；m_b 是岩体常数，通过岩石常数 m_i 折减获得；σ_{ci} 和 m_i 一般通过 5 组左右不同围压的三轴试验获得。在缺乏试验的条件下，Hoek 给出现场估计（表 8.5.3-3、表 8.5.3-4）；GSI 为地质强度指标，可按表 8.5.3-5 进行估计。扰动因子 D 按表 8.5.3-6 取值。在深埋岩体中需考虑开挖卸荷后的残余强度，m_i 不能按表 8.5.3-4 确定，其值为 40 左右。

表 8.5.3-3　　单轴抗压强度的现场估计

等级	描述	单轴抗压强度（MPa）	点荷载指数（MPa）	强度的现场估计	举例说明
R_6	极强	＞250	＞10	敲击试样，只能打下小块	新鲜的玄武岩、燧石、辉绿岩、片麻岩、花岗岩、石英岩
R_5	很强	100～250	4～10	试样经地质锤锤击多次，才致其断裂	角闪岩、砂岩、玄武岩、辉长岩、片麻岩、花岗闪长岩、石灰岩、大理岩、流纹岩、凝灰岩
R_4	强	50～100	2～4	试样经地质锤锤击一次以上，才致其断裂	石灰岩、大理岩、千枚岩、砂岩、片岩、页岩
R_3	中强	25～50	1～2	用小刀刮削不动，用地质锤只一次锤击可致试样断裂	黏土岩、煤、混凝土、片岩、页岩、粉砂岩
R_2	弱	5～25	*	用小刀刻有困难，但用地质锤用力锤击，可留下浅坑	白垩、岩盐、碳酸钾
R_1	很弱	1～5	*	用地质锤用力锤击，可致其粉碎，用小刀能刻得动	高度风化或变质得岩石
R_0	极弱	0.25～1	*	可用指甲可出缺口	坚硬的断层泥

*　在单轴抗压强度低于 25MPa 的岩石上进行点荷载试验，有可能出现极其不明确的结果

表 8.5.3-4　　按岩组划分的完整岩石的常数 m_i

岩石类型	分类	分组	结构			
			粗粒	中粒	细粒	很细粒
沉积岩	碎屑状		砾岩（22）	砂岩 9	粉砂岩 9	黏土岩 4
			——杂砂岩——（18）			
	非碎屑状	有机岩	——白垩—— 7 ——煤——（8～21）			
		碳酸盐岩	角砾岩（20）	斑状灰岩（10）	微晶灰岩 8	
		化学岩		石膏 16	硬石膏 13	
变质岩	不具片理构造	大理岩 9	角页岩（19）	石灰岩 24		
	片理发育轻微	混合岩（30）	闪岩 25～31	糜棱岩（6）		
	片理发育	片麻岩 33	片岩 4～8	千枚岩（10）	板岩 9	

续表

岩石类型	分　类	分　组	结　　构			
岩浆岩	浅色 深色		花岗岩 33		流纹岩（16）	黑曜岩（19）
			花岗闪长岩（30）		英安岩（17）	
			闪长岩（28）		安山岩 19	
			辉长岩 27	辉绿岩（19）	玄武岩（17）	
			苏长岩 22			
	火山碎屑型	集块岩（20）	角砾岩（18）	凝灰岩（15）		

注　1. 这些值为完整岩样按与层面或片层面垂直的方向试验所得。如果破坏是沿软弱面发生，m_i 值会有很大不同。

2. 括号中的数为粗估值。

表 8.5.3－5　　**GSI 评分表（2000 版）**

地质强度指标 根据岩性、岩体结构、表面条件，估计平均的 GSI 值。不要试图太精确。使用一个范围值如 33～37 要比 35 更符合实际。注意，该表格不能用于结构面控制型的岩体破坏，这种破坏类型中结构面的走向和倾角非常不利于开挖面的稳定，结构面本身的性质对岩体的破坏起控制作用。岩石表面的抗剪强度是随湿度而变化的，当有地下水存在时，抗剪强度下降。当评价的岩体属于一般到非常差的类别时，岩体潮湿时 GSI 评分还需要右移。水压力的问题通过有效应力原理分析		表面条件	非常好 粗糙、新鲜、未风化表面	好 粗糙、微风化、表面铁质渲染	一般 光滑、中等风化、蚀变表面	差 镜面擦痕、强风化、有密实的膜覆盖	非常差 镜面擦痕、强风化、有软黏土膜或黏土充填
岩体结构			表面质量递减 ⇒				
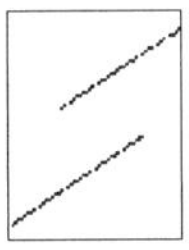	完整岩体——非常完整的岩体，仅有数条大间距的结构面	岩块镶嵌程度降低 ⇓				N/A	N/A
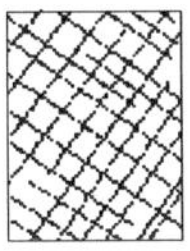	块状——镶嵌程度高的未扰动岩体，方糖状岩块由 3 组节理切割而成						
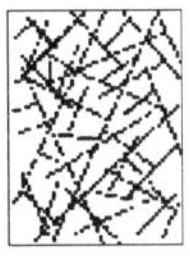	碎块状——镶嵌结构，部分扰动岩体，由 4 组或更多结构面切割而成的多面体						
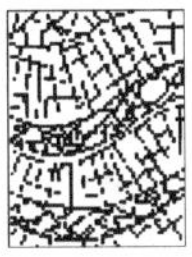	块状/扰动/咬合——多组节理切割成的棱状岩体所形成的褶皱，有连续的层面或片理。						
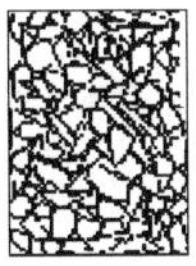	碎裂体——镶嵌程度差，岩体破碎程度高，有棱角状和浑圆状岩块混合而成						
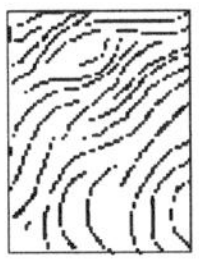	纹泥状/经受过剪切——弱片理面或剪切面间距很小，岩体缺乏块度		N/A	N/A			

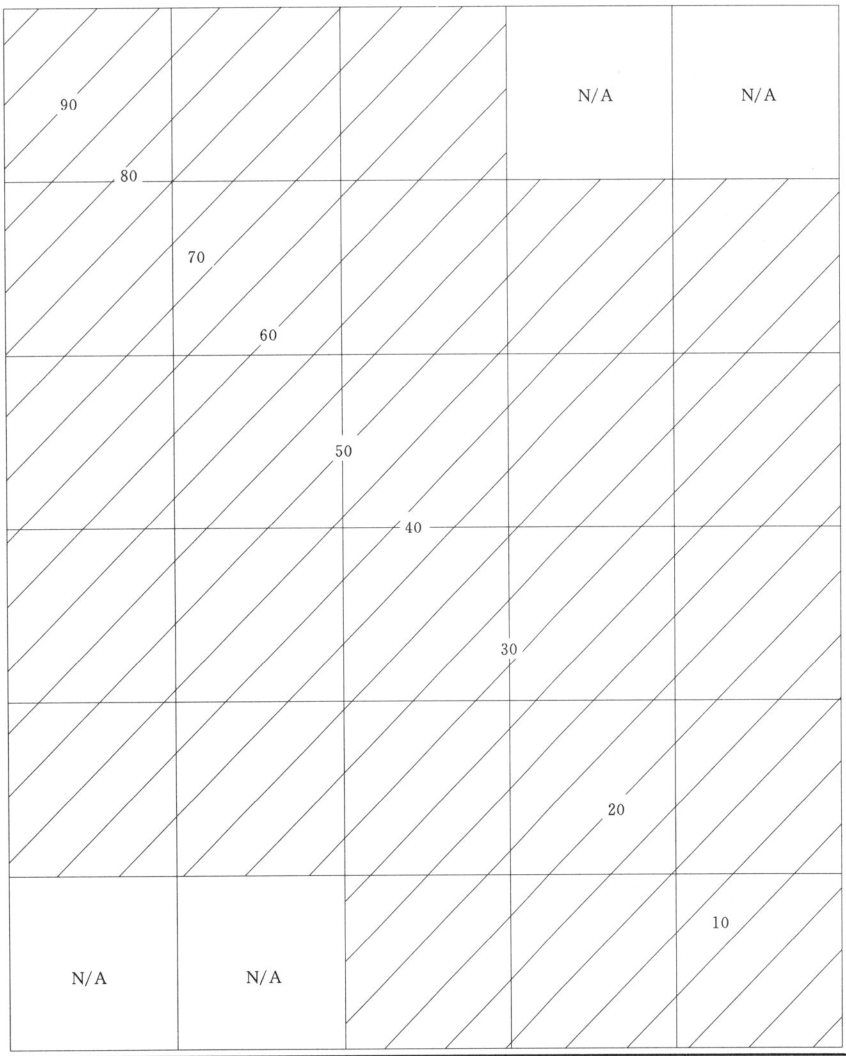

表 8.5.3-6　岩体受扰动因子 D 的取值建议表

岩体外观	岩体描述	D 的建议值
	TBM 挖掘或质量极高的控制性爆破，围岩受扰动程度最小	$D=0$
	在软弱岩体中，采用机器挖掘或手工挖掘，围岩受扰动程度很小 在挤压岩性岩体中，高应力引起的塑性流动可能导致底板显著凸起，若不采用反拱，岩体将遭受剧烈的扰动	$D=0$ $D=0$ 不设反拱
	在硬岩中，很差的爆破质量将导致围岩受到剧烈的损伤，此时松动圈深度有 2～3m	$D=0.8$
	对于岩石边坡，小尺度的爆破也可能导致中等程度的损伤。左图的照片中，尽管实施了质量较高的控制性爆破，但卸荷仍导致岩体一定程度的损伤	$D=0.7$ 爆破质量好 $D=1.0$ 爆破质量差
	由于重型爆破和岩体卸荷，大尺度的露天矿井边坡往往遭受过剧烈的扰动 对于软弱岩体，清撬或挖土机开挖，边坡所受的扰动程度比爆破施工要小	$D=1.0$ 重型爆破 $D=0.7$ 机器挖掘

当 GSI>25 时（相当于水电分类中的中等Ⅳ类以上的岩体），Hoek 建议：

$$s=\exp\left(\frac{GSI-100}{9}\right),和\ a=0$$

对于 GSI<25 的Ⅳ类偏差和Ⅴ类岩体，则

$$s=0,和\ a=0.65-\frac{GSI}{200}$$

根据 Hoek-Brown 准则可确定岩体抗拉、抗压强度、弹性模量、黏聚力和摩擦角等参数。

(1) 岩体抗拉、抗压强度的确定。在 Hoek-Brown 方程中，令 $\sigma_3=0$ 可解出岩体的单轴抗压强度 σ_c；令 $\sigma_1=\sigma_3=\sigma_t$ 可求出岩体抗拉强度 σ_t（Hoek 认为岩体这类脆性材料，单轴拉伸强度和双轴拉伸强度近似相等）：

$$\begin{cases}\sigma_c=\sigma_{ci}s^a\\ \sigma_t=-\dfrac{s\sigma_{ci}}{m_b}\end{cases}$$

(2) 岩体弹性模量的确定。GSI 体系所建议的岩体弹性模量的经验公式：

$$\begin{cases}E_m=\left(1-\dfrac{D}{2}\right)\sqrt{\dfrac{\sigma_{ci}}{100}}\times10^{(GSI-10)/40} & \sigma_{ci}<100\text{MPa}\\ E_m=\left(1-\dfrac{D}{2}\right)\times10^{(GSI-10)/40} & \sigma_{ci}>100\text{MPa}\end{cases}$$

(3) 岩体黏聚力和摩擦角的确定：

$$\begin{cases}\varphi=\sin^{-1}\left[\dfrac{6am_b(s+m_b\sigma_{3n})^{a-1}}{2(1+a)(2+a)+6am_b(s+m_b\sigma_{3n})^{a-1}}\right]\\ c=\dfrac{\sigma_{ci}[(1+2a)s+(1-a)m_b\sigma_{3n}](s+m_b\sigma_{3n})^{a-1}}{(1+a)(2+a)\sqrt{1+[6am_b(s+m_b\sigma_{3n})^{a-1}]/[(1+a)(2+a)]}}\end{cases}$$

其中 $\sigma_{3n}=\sigma_{3\max}/\sigma_{ci}$，$\sigma_{3\max}=0.47\sigma_{cm}\left(\dfrac{\gamma H}{\sigma_{cm}}\right)^{0.94}$

式中：γ 是岩体自重，MN/m^3；H 是隧洞埋深，m；黏聚力 c 和摩擦角 φ 为峰值强度。其他符号同前。

（二）围岩工程地质分类

深埋地下洞室岩体的围岩工程地质分类宜考虑高地应力、高外水压力的影响，如本篇第四章第三节介绍的 JPF 围岩分类。

在前期勘察阶段，应对勘探平洞进行详细围岩分类；对未开挖的洞段根据岩质类型、岩体结构和强度应力比等因素进行围岩类别的预测评价。施工期则可根据类似 JPF 围岩分类体系进行详细围岩分类，为支护设计提供地质依据。

（三）高地应力特征评价

深埋地下洞室岩体中赋存的高地应力是围岩开挖后产生破坏的主要因素之一，因此，在勘察阶段就需要充分论证工程枢纽区的地应力量级、方向和分布状况。调查方法主要包括地质分析、地应力测量、围岩变形破坏的经验（反）分析等，地应力状态的划分见表 8.5.3-7。

表 8.5.3-7　岩体初始地应力的分级

应力分级	最大主应力量级 σ_m（MPa）	岩石强度应力比 R_b/σ_m	主要现象
极高地应力	$\sigma_m\geqslant40$	<2	硬质岩：开挖过程中时有岩爆发生，有岩块弹出，洞壁岩体发生剥离，新生裂缝多；基坑有剥离现象，成形性差；钻孔岩芯多有饼化现象。 软质岩：钻孔岩芯有饼化现象，开挖过程中洞壁岩体有剥离，位移极为显著，甚至发生大位移，持续时间长，不易成洞；基坑岩体发生卸荷回弹，出现显著隆起或剥离，不易成形
高地应力	$20\leqslant\sigma_m<40$	2～4	硬质岩：开挖过程中可能出现岩爆，洞壁岩体有剥离和掉块现象，新生裂缝较多；基坑时有剥离现象，成形性一般尚好；钻孔岩芯时有饼化现象。 软质岩：钻孔岩芯有饼化现象，开挖过程中洞壁岩体位移显著，持续时间较长，成洞性差；基坑发生有隆起现象，成形性较差
中等地应力	$10\leqslant\sigma_m<20$	4～7	硬质岩：开挖过程洞壁岩体局部有剥离和掉块现象，成洞性尚好；基坑局部有剥离现象，成形性尚好。 软质岩：开挖过程中洞壁岩体局部有位移，成洞性尚好；基坑局部有隆起现象，成形性一般尚好
低地应力	$\sigma_m<10$	>7	无上述现象

注　R_b 为岩石饱和单轴抗压强度（MPa）；σ_m 为最大主应力（MPa）。

需要注意的是，深埋隧洞室中往往存在三种典型地应力带，即隧洞进、出水口区域的河谷地应力带；隧洞中段的重力应力带和在断层（或节理）穿越区域的断层应力带。三种应力带的分布特征和对围岩破坏的作用有显著差异。

（四）高地应力引起的围岩破坏预测评价

具有脆性特征的深埋岩体开挖以后的主要问题是脆性破坏，在现场表现为岩爆、应力型破坏和结构面应力型破坏等型式。在勘察前期应首先根据工程区的地应力场特征判别是否存在高地应力区，若存在高地应力区，则需依据岩质类型、岩体结构、围岩强度应力比、结构面的统计规律等因素，对高地应力引起的围岩破坏作出预测评价。

1. 岩爆

根据《水力发电工程地质勘察规范》（GB 50287—2006），岩爆分为轻微、中等、强烈和极强四级（表 8.5.3-8），在勘察前期可采用临界埋深和围岩强度应力比 R_b/σ_m 进行预测。此外，尚可采用其他应力判据、能量判据和岩性判据进行复核。在施工期则需依据洞室开挖中出现的围岩破坏现象或声发射和微震系统监测成果进行岩爆等级的划分，并与围岩类别进行配套。

表 8.5.3-8　岩爆烈度分级

<table>
<tr><th rowspan="2">岩爆分级</th><th rowspan="2">主要现象</th><th colspan="2">岩爆判别</th><th rowspan="2">支护类型</th></tr>
<tr><th>临界埋深（m）</th><th>围岩强度应力比 R_b/σ_m</th></tr>
<tr><td>轻微岩爆（Ⅰ级）</td><td>围岩表层有爆裂脱落、剥离现象，内部有噼啪、撕裂声，人耳偶然可听到，无弹射现象；主要表现为洞顶的劈裂～松脱破坏和侧壁的劈裂～松胀、隆重等。岩爆零星间断发生，影响深度小于 0.5m；对施工影响较小</td><td rowspan="4">$H \geqslant H_{cr}$</td><td>4～7</td><td>不支护或局部锚杆或喷混凝土。大跨度时，喷混凝土、系统锚杆加钢筋网</td></tr>
<tr><td>中等岩爆（Ⅱ级）</td><td>围岩爆裂脱落、剥离现象较严重，有少量弹射，破坏范围明显。有似雷管爆破的清脆爆裂声，人耳常可听到围岩内的岩石的撕裂声；有一定持续时间，影响深度 0.5～1m；对施工有一定影响</td><td>2～4</td><td>喷混凝土、加密锚杆加钢筋网，局部格栅钢架支撑。跨度大于 20m 时，并浇混凝土衬砌</td></tr>
<tr><td>强烈岩爆（Ⅲ级）</td><td>围岩大片爆裂脱落，出现强烈弹射，发生岩块的抛射及岩粉喷射现象；有似爆破的爆裂声，声响强烈；持续时间长，并向围岩深度发展，破坏范围和块度大，影响深度 1～3m；对施工影响大</td><td>1～2</td><td rowspan="2">应力解除爆破，喷混凝土、加密锚杆加钢筋网，并浇混凝土衬砌或格栅钢架支撑</td></tr>
<tr><td>极强岩爆（Ⅳ级）</td><td>围岩大片严重爆裂，大块岩片出现剧烈弹射，震动强烈，有似炮弹、闷雷声，声响剧烈；迅速向围岩深部发展，破坏范围和块度大，影响深度大于 3m；严重影响甚至摧毁工程</td><td><1</td></tr>
</table>

岩爆的力学机制主要为张性和张剪性两种基本方式。变形破坏地质力学模式有以下六种基本模式：张裂—剥落、张裂—倾倒、张裂—滑移、张裂—剪断、弯曲鼓折以及穹状爆裂［见图 8.5.3-1（a）～（f）］。

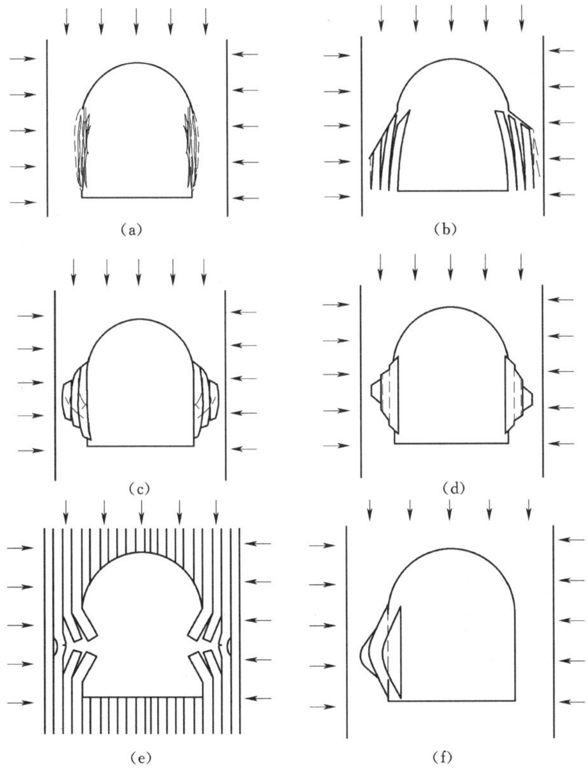

图 8.5.3-1　高地应力引起围岩变形破坏地质力学模式

（a）张裂—剥落机制模式；（b）张裂—倾倒机制模式；（c）张裂—滑移机制模式；（d）张裂—剪断机制模式；（e）弯曲鼓折机制模式；（f）穹状爆裂机制模式

在岩爆的预测评价中，应考虑洞室的尺寸效应。根据锦屏二级水电站引水隧洞的研究，引水隧洞（开挖洞径 13m）和辅助洞（开挖洞径 6m×7m）在相同的施工方法和相似的地应力和地质条件洞段，其岩爆发生的强烈程度比辅助洞增强 1.08～1.71 倍。

2. 应力型破坏

应力型破坏与岩爆的区别在于，岩爆具有爆裂和弹射现象，而应力型破坏则是在高地应力作用下岩体被压碎或松弛而产生垮塌，未产生爆裂和弹射。

高地应力区地下洞室的应力型破坏非常普遍，围岩的松弛、压碎特征与浅埋洞室有显著差异，主要是围岩的松弛岩体结构松散，强度降低很多，深度较深。如锦屏二级水电站引水隧洞的最大松弛岩体厚度达 6m。

3. 结构面应力型破坏

高地应力区存在结构面会使围岩变形和稳定的影响方式和表现形式更加复杂多样化，围岩稳定性不仅仅取决于结构面自身性质、临空状况、交切程度等，还与其受力条件密切相关。在深埋地下洞室中应对结构面应力型破坏作出分析评价。

高地应力区结构面应力型破坏主要有三种情况：

（1）洞室顶拱、边墙、端墙存在结构面的不利组合，在高地应力作用下出现垮塌。

（2）当深埋岩体中结构面相对发育，但胶结良好时，高应力常常导致结构面胶结物发生破坏，使得围岩强度和应力水平之间的矛盾恶化，出现结构面应力型坍塌。

（3）单一结构面对围岩稳定性的影响与结构面性质及其与洞周围岩中应力分布密切相关，当结构面出现在应力松弛区、且受力状态不良时，往往表现为松弛张开；当结构面出现在应力集中区时，视结构面的状态和受力条件可以产生如下情况：

1）具有张性特征或相对软弱的结构面与断面上最大主应力近于垂直时，结构面受压趋势明显，往往有利于减小结构面应力型破坏的风险；

2）相对软弱的结构面与最大主应力交角较小具有剪切趋势时，若临空相对较好，则可能产生沿结构面剪断岩体的破坏，此时的围岩破坏与浅埋条件下的块体破坏显著不同，即使不存在两条或更多结构面的切割形成独立块体，也可产生较大范围的围岩破坏；

3）软弱结构面端部为完整脆性岩体时，开挖面逼近这一区域时可能导致强烈的破坏；

4）坚硬刚性结构面、特别是刚性剪切带出现在应力集中区附近时可能影响岩体应力集中区的受力状态，并反过来影响到结构面的受力状态，可能导致强烈破坏。

4. 软岩大变形

洞室软岩大变形一般有挤出和膨胀两大类。软岩挤出是洞室开挖后引起的应力重分布超过围岩强度，围岩因塑性化而产生大变形；膨胀则是围岩中存在某些矿物和水反应，而发生膨胀导致大变形。

一般而言，当软岩的围岩强度应力比 $R_b/\sigma_m<4$ 时，洞室就有可能发生较大变形，成洞性差。在工程地质勘察中，应根据试验成果提供岩石单轴抗压强度（R_b）、岩体变形模量（E）、泊松比（μ）、峰值强度（c、φ）、残余强度（c_r、φ_r）、黏滞系数（μ）。根据锦屏二级水电站引水隧洞绿泥石片岩和丹巴水电站引水隧洞二云片岩的软岩研究，在前期勘察中，可根据表 8.4.4-7 的软岩分类，按岩体强度与断面最大初始主应力比值（S）的大小对软岩的挤压变形程度进行初步预测评价（表 8.5.3-9）。施工期则可按实测收敛应变（ε）的大小进行评价（表 8.5.3-10）。

表 8.5.3-9 软岩变形程度初步预测评价表

S 值	S≥0.45	0.30≤S<0.45	0.20≤S<0.30	0.15≤S<0.20	S<0.15
变形程度判别	基本稳定	轻微挤压变形	中等挤压变形	严重挤压变形	极严重挤压变形
对应的围岩类别	$Ⅲ_1$	$Ⅲ_2$	$Ⅳ_1$	$Ⅳ_2$	V

表 8.5.3-10 软岩变形程度评价表

ε（%）	ε≤1	1.0<ε≤2.5	2.5<ε≤5.0	5.0<ε≤10.0	ε>10.0
变形程度判别	基本稳定	轻微挤压变形	中等挤压变形	严重挤压变形	极严重挤压变形
对应的围岩类别	$Ⅲ_1$	$Ⅲ_2$	$Ⅳ_1$	$Ⅳ_2$	V

注 表中 ε 为收敛应变，其值为开挖洞室实测变形量（d）与开挖洞室半径（r）的比值。

（五）高水头压力隧洞围岩稳定性评价

深埋洞室的高水头压力隧洞围岩稳定性评价与浅埋洞室相同，对混凝土衬砌高压管道围岩应对其抗抬稳定性、抗水力劈裂稳定性和抗渗透稳定性作出评价。对钢板衬砌的高压管道围岩提出单位弹性抗力系数评价围岩的抗径向变形能力。相关内容可参见本篇第三章。

第四节 涌水、涌泥预测与防治

一、涌水预测

地下工程涌水量的预测较为复杂，采用的主要方法有水均衡法、地下水动力学法、比拟法、模糊评分法、同位素法和数值模拟法等。

（一）水均衡法

水均衡法适用于地下水运动为非渗流型，无法用抽（压）水试验求得渗透系数，难以根据地下水动力学原理进行隧洞涌水量预测的情况。其预测的涌水量均为稳定流量，不含涌水排泄过程中的静水储量。

1. 降水入渗系数法

根据水文地质条件，一定范围内大气降水的有效入渗补给量部分或全部涌入隧洞，其平均稳定涌水量为

$$Q_{cp}=\frac{1000\eta F\alpha R}{365}$$

式中：Q_{cp} 为隧洞平均稳定涌水量，m^3/d；F 为地表补给面积，在汇流型单元为该单元汇流总面积；在散流型单元和碎屑岩区则根据地形圈定，km^2；R 为大气降水量，采用实测资料，考虑降水高山效应确定，mm；α 为大气降水入渗系数，根据地质结构、岩性条件和拥有资料的情况，在不同洞段分别采用计算值或经验值；η 为折减系数，取值 0.2～1.0，取决于洞段所处部位、埋深、岩石富水性、断裂发育特征等，富水性越好，折减系数越大。

2. 地下水径流模数法

地下水径流模数是指单位时间内单位流域面积上的地下水流量，其表达式为

$$M_i=\frac{Q_i}{F_i}$$

式中：M_i 为隧洞通过第 i 个单元或第 i 条支沟流域的地下径流模数，$m^3/(d\cdot km^2)$；Q_i 为隧洞通过第 i 个汇流型单元地下水（泉水）流量，采用实测流量；在散流型单元和碎屑岩区则为第 i 条支沟流域枯水期的地表流，以此代表该流域地下径流量，m^3/d；F_i 为隧洞通过第 i 个汇流单元（泉域）面积；在散流型单元和碎屑岩区则为第 i 条支沟流域地表水汇水面积，以此代表相应区域地下水的流域面积，km^2。

（1）隧洞稳定单位涌水量。当隧洞只通过一个富水性分区流域时，则表达式为

$$q_i=M_iB_i$$

式中：q_i 为隧洞稳定单位涌水量，$m^3/(d\cdot km)$；B_i 为不同富水性分区中隧洞两侧影响宽度之和，km，可按 $R=215.5+510.5K$（K 为岩体渗透系数）粗略估算。

（2）隧洞分段及总稳定涌水量。隧洞分段稳定涌水量的表达式为

$$Q_i=q_iL_i$$

隧洞总稳定涌水量的表达式为

$$Q=\sum Q_i$$

式中：Q_i 为隧洞在某一富水性分区中的分段稳定涌水量；L_i 为隧洞在某一富水性分区中的长度；Q 为隧洞总涌水量。

（二）地下水动力学法

1. 初期最大涌水量预测

（1）大岛洋志法。大岛洋志法计算概化模型见图 8.5.4-1，表达式为

$$q_0=\frac{2\pi mK(H-r_0)}{\ln[4(H-r_0)/d]}$$

式中：q_0 为洞身通过含水体单位长度可能最大涌水量，$m^3/(d\cdot km)$；K 为岩体渗透系数，m/d；H 为静止水位至洞底距离，m；d 为洞身横断面等价圆的直径，m；r_0 为洞身横断面等价圆的半径，m；m 为转换系数，一般取 0.86。

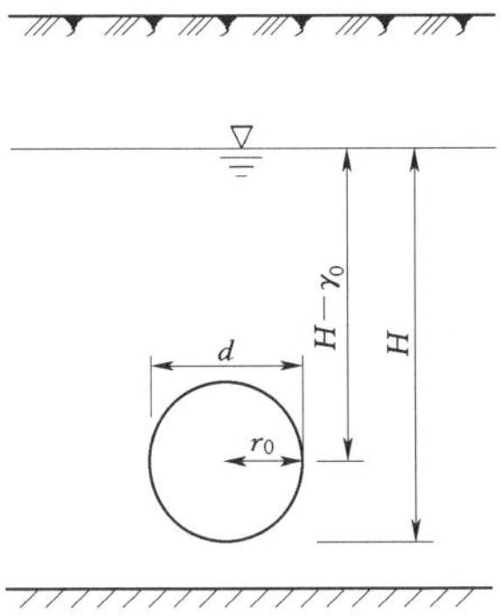

图 8.5.4-1　大岛洋志法概化模型

(2) 水力学法。该方法只适用于裂隙管道式突水的初始涌水量预测，其表达式为

$$Q=\pi\mu r^2\sqrt{2gh}$$

式中：Q 为管道状涌水的初始涌水量，m^3/s；μ 为流量系数，视管道断面几何形态规则程度和管道长短曲直及光滑程度而定，一般取值 0.2～0.6；r 为涌水管道等效于圆形管道的最小喉道半径，m；h 为涌水口至初始涌水的潜水面的高度，m。

(3) 经验公式法：

$$q_0=0.255+1.9224KH$$

式中符号意义同前述。

2. 递减涌水流量预测

隧洞涌水量变化过程见图 8.5.4-2，其计算采用佐藤帮明公式：

$$q_t=q_0-\overline{\varepsilon_0}\frac{K^2t\gamma_0}{\lambda W q_0}K\gamma_0$$

式中：q_t 为递减涌水量，m^3/d；q_0 为初期最大涌水量，m^3/d；$\overline{\varepsilon_0}$为经验系数，一般取 12.8；t 为 t_0 到 t_s 之间的任意递减时间，d；λ 为岩体裂隙率，一般可用面裂隙率表示，m^2；W 为隧洞洞深净宽度，m。

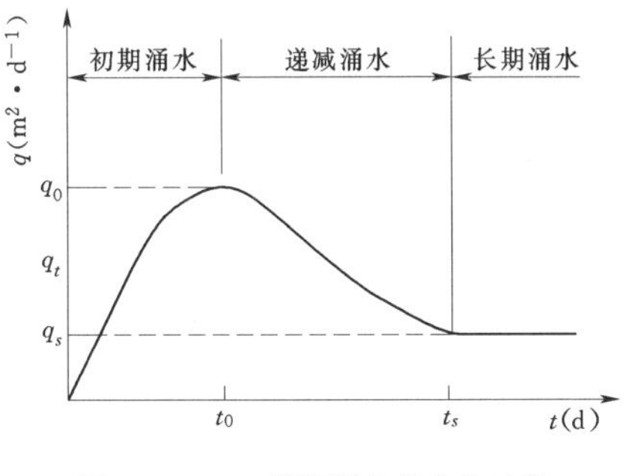

图 8.5.4-2　隧洞涌水量变化过程

3. 长期（稳定）涌水流量预测

(1) 落合敏郎法。对于基岩山地越岭隧洞，含水体为无界潜水时，可用落合敏郎法估算隧洞长期（稳定）涌水流量，其计算概化模型见图 8.5.4-3，表达式为

$$q_s=K\left[\frac{H^2-h^2}{R-r}+\frac{\pi(H-h)}{\ln(4R/W)}\right]$$

式中：q_s 为隧洞单位长度长期（稳定）涌水量，m^3/d；K 为岩体渗透系数，m/d；H 为静止水位至洞底距离（含水体厚度），m；h 为隧洞排水沟水深，m；R 为隧洞涌水影响宽度，m；W 为隧洞洞深净宽度，m；r 为 $r=W/2$(m)。

(2) 柯斯嘉科夫法。柯斯嘉科夫法预测隧洞长期（稳定）涌水量的表达式为

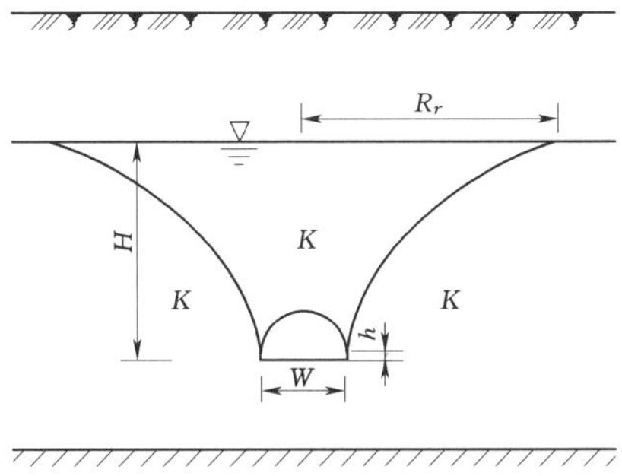

图 8.5.4-3　落合敏郎法概化模型

$$q_s=\frac{2\alpha KH}{\ln(R/r)}$$

式中：α 为修正系数，$\alpha=\frac{\pi}{2+(H/r)}$；其余符号意义同前述。

该方法适用于基岩山地越岭隧洞，含水体为无界潜水的情况。

(3) 经验公式法：

$$q_s=KH(0.676-0.06K)$$

式中符号意义同前述。

（三）水文地质比拟法

这是利用地质条件相似的已施工隧洞的实际涌水量进行比拟推算的一种估算方法。

$$Q=aqM$$

式中：Q 为预测洞段的稳定涌水量，m^3/s；M 为预测洞段的洞段表面积，m^2；q 为已施工隧洞单位面积涌水量，$m^3/(s\cdot m^2)$；a 为流量折减系数，视隧洞表面涌水构造发育程度而定，一般取值 0.2～0.6。

（四）模糊数学预测法

隧洞涌水量预测受许多非确定性因素的影响，如富水区的边界条件、含水介质特征、降雨入渗条件、岩体渗流特征等，这些因素的关系具有模糊性，可采用模糊数学的方法，将既有隧洞和待预测隧洞的各因素进行比较，确定其相对大小，并以隶属度的形式表示这种相对大小，得到各因素的评判结果，据此确定既有隧洞和待预测隧洞各主要因素之间的综合系数，采用模糊类比式确定待预测隧洞的涌水量。

（五）三维渗流场分析法

三维渗流场分析法是一种数值分析方法，其步骤是：

(1) 建立基于工程区水文地质模型的数值分析物理模型。

(2) 提出适合于工程区水文地质条件的渗流分析模型和计算参数。

(3) 在上述工作的基础上，分析工程区三维初始渗流场的分布规律，为隧洞开挖渗流场应力场耦合分析奠定基础。

(4) 分析隧洞开挖渗流场与应力场分布规律，预测隧洞开挖后的地下水渗流场分布规律以及渗流梯度、渗流速度规律。

(5) 预测隧洞开挖后的稳定涌水量和外水压力。

由于上述介绍的各种隧洞涌水量预测方法均把复杂的隧洞地质条件进行了概化，因此，其预测结果势必与实际情况有出入。鉴于此，在实际工作中应该采用多种方法进行综合预测，结合地质条件的分析提出隧洞涌水量的预测结果。

涌水预测应当注意的是，在复杂地质条件岩溶地区预测涌水量时，应首先在工程区岩溶水文地质调查的基础上，分析隧洞岩溶地段涌水的可能性、涌水性质，综合判断涌水的规模和量级，利用观测资料建立涌水量预测概化模型；其次，分析确定隧洞岩溶段所处的岩溶水动力分带，考虑垂直和水平水动力

分带位置，优选涌水预测方法；第三，查明岩溶发育特征和边界条件，获得涌水量预测所需参数；第四，岩溶地区涌水的最大特征是随机性，应分析其可能涌水的本质，如在垂直入渗带，易产生下贯式涌水、涌泥；在季节变动带则在雨季随地下水上升产生动储量涌水；在浅饱水带和压力饱水带，涌水初期来自静储量，即使在枯水季也有大量的突水、突泥，易造成灾害。

二、涌泥预测

隧洞涌泥主要来源于富水的砂砾石层、断层破碎带、风化破碎的岩脉、充填泥沙的岩溶洞穴和管（通）道及地下暗河等，隧洞揭穿后，往往来势很猛，常伴有洞顶塌陷，泥沙石随水涌入，造成淹没和冲毁洞室，严重威胁人员、设备安全，影响正常施工。

隧洞涌泥预测首先应查明隧洞穿越区内砂砾石层、断层破碎带、风化破碎的岩脉、岩溶洞穴和管（通）道及地下暗河的分布、充填以及与隧洞的连通情况，在此基础上，参照隧洞涌水量的预测方法对隧洞涌泥作出预测，并评价对工程的影响程度。

三、环境地质问题预测

地下工程的涌水、涌泥有时会带来地表塌陷、地表水源枯竭等环境地质问题，给环境和居民的生产和生活造成不利影响，因此，在地下工程的工程地质勘察前期，应该对涌水、涌泥后可能出现的环境地质问题作出预测，为处理提供依据。

地下工程的涌水、涌泥带来的环境地质问题预测，首先应调查工程区的自然水文地质环境，包括工程可能影响区气象、降水入渗条件、泉水、地表沟谷和区内地下水类型以及径流特征等，在此基础上，根据地下水位下降后的影响范围提出可能的环境地质问题预测结果和建议措施。

四、涌水、涌泥防治

地下工程的涌水、涌泥的防治措施主要有：

(1) 在施工之前进行地质超前预报，包括勘察前期的宏观地质预报和施工期的详细地质预报。

(2) 超前高压注浆。采用分段全断面超前钻孔高压注浆的治理方法进行涌水及涌泥治理。具体为在掘进掌子面按一定孔距布孔，呈放射状钻孔，注浆材料可采用普通水泥浆液、普通超细水泥浆液、普通 C—S 双液浆液和高早强度 HSC 浆液为主。

(3) 超前支护法。对于充填型溶洞和规模较大的夹泥断层破碎带，可采用挑梁法开挖支护，先在溶洞口 1.5～2.0m 范围内架设钢支撑，打锚杆，并在架好的钢支撑上向溶洞内打入工字钢，形成“挑梁”，然后将挑梁部分和钢支撑部分整体浇筑混凝土形成安全棚，再挖去挑梁下充填物，接长边墙支腿，按此步骤循环。

(4) 管棚法施工。上部管棚混凝土护顶，下部侧墙施工。

(5) 预加固法。若邻近有已开挖隧洞，可采用该方法。具体为在邻近的隧洞向上开斜洞至溶洞斜上方，再平行隧洞轴线开掘一灌浆廊道，在廊道中打孔灌浆，钻孔深入隧洞顶部上方，对溶洞充填物加固。然后挖除泥石、修复接长钢支撑、减底、挖至设计底板线，再进行永久衬护。

第五节 外 水 压 力

确定地下洞室外水压力的主要方法有公式计算法、实测法、折减系数法等，确定地下洞室外水压力的基础是查明地下建筑物区地层岩性、地质构造、岩体透水性、地下水活动状态、地下水位、地下水补径排条件等；岩溶发育地区，还应调查洞室区及沿线的岩溶发育特征，地表水与地下水的水力联系等。

一、外水压力的分析方法

（一）公式计算法

按地下水运动原理，深部地下水存在水头损失，若已知地下水位、补给及排泄条件、隔水层位置、裂隙分布、渗透系数等，就可用公式求外水压力。

若岩体与衬砌体均为均质体，通向隧洞的渗流断面不变，计算模型见图 8.5.5-1。其表达式为

$$H_B=\frac{H_0+\left(\frac{L_1K_1}{L_2K_2}\right)H_A}{1+\frac{L_1K_1}{L_2K_2}}$$

式中：H_0 为 0 点内水压力，m；H_A 为 A 点对 MN 面位能与压力之和，m；H_B 为 B 点对 MN 面位能与压力之和，m；L_1 为地下水渗径，m；L_2 为衬砌厚度，m；K_1 为岩体渗透系数，m/d；K_2 为衬砌体渗透系数，m/d。

当隧洞为圆形时：

$$H_B=\frac{K_2H_0\ln\frac{r+L_1+L_2}{r+L_1}+K_2H_1\ln\frac{r+L_2}{r}}{K_2\ln\frac{r+L_1+L_2}{r+L_1}+K_1\ln\frac{r+L_2}{r}}$$

式中：r 为隧洞半径。

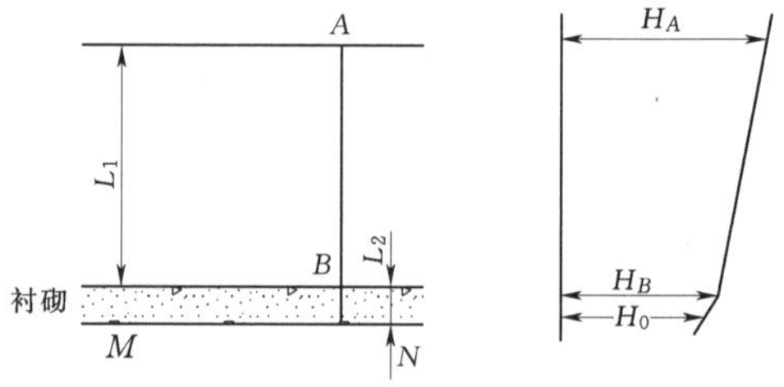

图 8.5.5-1 外水压力计算概化模型

（二）折减系数法

折减系数法是利用全水头乘以折减系数，确定外水压力的方法。具体为根据勘察资料和水文地质条件分析确定地下水位线，再将地下水位线以下的水柱高乘以折减系数，作为估算衬砌外缘的外水压力值。

1. 地下水位线的确定

(1) 地下水位的确定可利用钻孔、泉、井、支沟直接观测。

(2) 若无实测资料，可采用岩体卸荷带下限值；也可根据三维渗流场分析的初始渗流场确定。

2. 折减系数的确定

(1) 根据《水力发电工程地质勘察规范》（GB 50287—2006），外水压力折减系数的取值见表 8.5.5-1。

表 8.5.5-1 外水压力折减系数经验取值

级别	地下水活动状态	地下水对围岩稳定的影响	折减系数
1	洞壁干燥或潮湿	无影响	0～0.20
2	沿结构面有渗水或滴水	软化结构面的充填物质，降低结构面的抗剪强度，软化软弱岩体	0.1～0.40
3	严重滴水、沿软弱结构面有大量滴水，线状流水或喷水	泥化软弱结构面的充填物质，降低其抗剪强度，对中硬岩体发生软化作用	0.25～0.60

续表

级别	地下水活动状态	地下水对围岩稳定的影响	折减系数
4	严重滴水，沿软弱结构面有小量涌水	地下水冲刷结构面中的充填物质，加速岩体风化，对断层软弱带软化泥化，并使其膨胀崩解及产生机械管涌，有渗透压力，能鼓开较薄的软弱层	0.40～0.80
5	严重股状流水，断层等软弱带有大量涌水	地下水冲刷带出结构面中的充填物质，分离岩体，有渗透压力，能鼓开一定厚度的断层等软弱带，并导致围岩塌方	0.65～1.00

(2) 根据围岩裂隙发育程度确定的折减系数经验值见表8.5.5-2。

表 8.5.5-2　按围岩裂隙发育程度确定折减系数

岩体透水性	折减系数 β	
	未灌浆段	灌浆段
围岩破碎，裂隙很发育	0.8～1.0	0.6～0.9
围岩破碎，裂隙较发育	0.6～0.8	0.5～0.7
围岩完整，裂隙发育，仅少量闭合裂隙	0.4～0.6	0.3～0.5

(3) 按岩体岩溶发育程度确定的折减系数经验值见表8.5.5-3。

表 8.5.5-3　按岩体岩溶发育程度确定的折减系数经验值

岩溶发育程度	弱岩溶发育区	中等岩溶发育区	强岩溶发育区
折减系数 β	0.1～0.3	0.3～0.5	0.5～1.0

(4) 按洞室地下水活动状态确定的折减系数经验值见表8.5.5-4。

表 8.5.5-4　按洞室地下水活动状态确定的折减系数经验值

隧洞岩体水文地质条件	潮湿渗水洞段	渗水滴水洞段	滴水、脉状涌水洞段	管道涌水及大量涌水洞段
折减系数 β	0.1～0.3	0.3～0.5	0.5～0.8	0.8～1.0

(三) 实测法

在施工期利用埋设在洞室衬砌内的渗压计，直接测定外水压力。

当存在多层水文地质结构，围岩地下水与上层地下水联系微弱，且采用限裂衬砌结构时，可考虑将内水水头视为外水压力。

二、高外水压力的防治

高外水压力可能引起高压钢管在外压作用下失稳及引水隧洞围岩破坏等问题；如高压钢管的局部变形、压屈、鼓包、开裂、翘起失稳等。在岩溶地区的深埋隧洞，当高外水压力超过隧洞围岩或混凝土衬砌抗拉强度时将发生劈裂破坏，从而引起隧洞围岩或衬砌的破坏等。

高水头引水式或抽水蓄能电站中，高压管道承受很高的内水压力，最高水头有达600m以上的。设计中，大都采用很厚的钢板衬砌，同时还辅以钢筋混凝土或加劲环等措施，以保证长期运行的安全。在个别工程中，由于对地下水外水压力研究不够，施工质量不善，也曾出现高压钢管破坏事故。

有压隧洞通常都要用钢板或钢筋混凝土进行衬砌，以保证有足够的抗拉强度和不透水。衬砌的厚度必须与内水压力和围岩的质量相适应。因为当衬砌受到内水压力而膨胀时，要受到围岩的限制，从而围岩就替衬砌分担了部分内水压力。

实践表明，有的围岩能够承担很高的内水压力，如意大利修建了三个压力竖井，高达527～758m水头的内水压力几乎全部由岩体承担，而采用的柔性波纹钢板衬砌厚度仅4mm，能起很好的防渗作用。这些工程已运转了几十年，没有发生过大的事故。

有压隧洞的稳定性除决定于内水压力大小和围岩变形特征外，在一定条件下还应考虑外水压力的作用。有某些情况下外水压力比围压还大，如果对其确定不当，对工程的经济与安全都有较大的影响。

对高外水压力的治理，首先应充分了解施工前、施工期和运行期的三个不同的地下水渗流场。施工前为原始地下水渗流场；施工期因地下建筑物逐步开挖，致使原始渗流场发生了改变，成为施工期渗流场；工程竣工后，由于地下洞室末完全衬砌或有排水设施，严格上说运行期渗流场并不等同原始渗流场，采用原始地下水头替代无排水条件下的运行期的外水头是安全的。其次在地下建筑物所穿越的岩溶暗河、管道、洞穴洞段、暗河等易被堵塞，排泄不畅，短时内抬高上游暗河的水位；而地表汇水区几乎全为封闭型大洼地，洼地中有落水洞，补给条件好，暴雨期隧洞将洼地中雨水沿落水洞直接灌入的结果，暗河中水位容易壅高。故在暗河、洞穴与地表连通十分通畅的地段，采用的折减系数为0.8～1.0。

高外水压力的治理方法主要有：

(1) 设置平行排水洞和排水孔。在对地质环境影响允许的情况下，可设置平行排水洞和排水孔，可有效降低暴雨期短时地下水位升高引起的高外水压力问题，可使暴雨期地下水迅速从排水洞中排走，起到降低暴雨期地下水位的作用。

(2) 高压灌浆，引水洞洞周作环向高压灌浆，形成承压圈，减少作用在衬砌上的水压力。

第六节　地温、有害气体及放射性

一、地温

在地温梯度（每深100m或1km的温度增加值，也称地热增温率）异常区、地热异常区修建地下工程或隧洞深埋时，极可能遭遇高地温问题。在国内外已建成地下工程实例中，已有不少工程出现不同程度的热害（表8.5.6-1）。地下工程中的高地温不仅会给施工带来困难，而且危害人体的健康。因此应查明和预测地下工程建设区域的地温特点和分布，以便预先采取防护措施。

表 8.5.6-1　国内、外部分工程地温情况一览表

工程名称	所在国	隧洞长度 (m)	最大埋深 (m)	最高地温 (℃)
圣哥达隧洞	瑞士	14968	1706	30.7
列奇堡隧洞	瑞士	14605	1560	34.3
辛普伦隧洞	瑞士～意大利	19780	1648	55.4
仙尼斯隧洞	意、法边境	12849	1654	29.5
安房公路隧洞	日本	4300	570	96
锦屏二级水电站引水隧洞	中国	17500	2525	17.08
711矿	中国		200	47.5
江苏苇岗铁矿	中国		400	44～46
河南平顶山八矿	中国		350	36

地下工程岩体的地温与热传导和热散失量的多少有关，通常热传导能力较差的地层（如页岩、泥岩），其地温梯度通常较大；相反，热传导能力较强的地层（如多孔隙或破碎的砂岩），

其地温梯度通常较小。所以地温梯度也因地下水或岩性的变化而有所改变。另外，由于各地区地质构造、地壳结构、岩浆作用和构造活动性的差异，地温梯度也大不相同。在构造活跃，岩浆活动频繁地区，存在高温低压带，其地温梯度常可达40℃/km以上；而在一些稳定地区，地温梯度则多在30℃/km以下；在低温高压带，其地温梯度仅为6℃/km。全球的平均地温梯度25～30℃/km。

在地下工程的地温勘察评价中，应分析所在地区的地质环境差异，一般不宜直接采用全球的平均地温梯度进行估算。

（一）地温勘察内容

地温勘察内容主要有：

(1) 调查收集分析地区地质环境条件，包括地质构造活动性、岩浆作用和温泉、热泉的分布情况，分析该地区是否存在地温梯度和地热异常区。

(2) 收集地区地温有关资料和地区的地温增温梯度及地面多年平均气温，工程区不同高程的气象资料及附近工程的地温资料。

(3) 根据地下建筑物区的钻孔、平洞不同深度实测地温资料，确定地温梯度。

(4) 测试主要岩石的热导率，一般由室内试验获得。热导率是在稳态热传导条件下，热流密度（q）（即通过单位面积的能量流）除以一维导热体中的温度梯度（$d\theta/dz$）所得的商。其物理意义是沿热传导方向，在单位厚度岩石两侧的温度为1℃时，单位时间内通过单位面积的热量。其法定单位为W/(m·K)。热导率的大小代表岩石传热性能的好与差。

热导率的计算公式：$\lambda=q/(d\theta/dz)$。

主要矿物和部分岩石的热导率见表8.5.6-2。

表8.5.6-2　主要矿物和部分岩石的热导率

矿物或岩石名称	热导率[W/(m·K)]
长石、白云母、绢云母、沸石类	2.30
黑云母、绿泥石、绿帘石	2.51
磁铁矿、方解石、黄玉	3.56
角闪石、辉石、橄榄石	4.91
白云石、菱铁矿	5.44
石英	7.12
泥岩	1.29/2.16
粉砂岩	1.57/2.01
砂岩	1.19/2.60
含金红石榴辉岩	3.00～4.06
白云母榴辉岩	2.55～4.17
角闪石化榴辉岩	1.88～3.87
片麻岩	1.97～3.90

注　泥岩、粉砂岩、砂岩1.29/2.16分别表示取样深度在地表以下2000m以内和2000～3000m，其余岩石均为取样深度在地表以下2000m的数据。

（二）地温预测评价

(1) 勘探平洞或钻孔已达到地下建筑物区的最大埋深或地温、地热异常区的工程，可直接在平洞或钻孔内采用数字式电桥温度计实测地温作为预测值。

(2) 当隧洞区发育活动断裂带，且沿断裂带的温泉、热泉出露时，应注意可能出现高水热活动引起的地温梯度异常现象，此时应以温泉、热泉温度及其循环条件与隧洞的关系来预测隧洞的高地温。

(3) 通常情况下，地温预测前需要确定地下建筑物区的地温梯度，利用地表温度与地温梯度和地下建筑物区埋深的乘积的和，作为地温预测值。

1) 地表温度可用在地面用红外辐射温度计测量或在坑道、钻井中直接测量获得，也可用高山气象站的多年平均气温值代替地表温度。

2) 地温梯度一般采用钻孔、平洞不同深度实测地温资料获取。在无实测资料时，可根据地区地温梯度进行估算。部分地区的地温梯度值见表8.5.6-3。

表8.5.6-3　不同地区的地温梯度值

地　区	地温梯度值（℃/km）
全球平均	25～30
华北平原	10～20
大庆地区	50
北京房山	20
辽河盆地	31～33
河南平顶山	34
四川锦屏山	5～8

3) 由于地温场主要受控于岩性和地下水渗流场，在西部高山地区的深埋隧道，因雪水融化入渗，会出现低地温梯度和低地温现象。

(4) 地温预测还可利用物探测试大地热流值和岩石室内试验的热导率进行估算。

(5) 在地形地貌、地层岩性、地质构造复杂的长大深埋隧洞区，可根据岩石的导热系数、导温系数以及水文地质条件，采用有限元模拟隧洞区区域地温场，分析地温场特征，预测隧洞地温。

二、有害气体

洞室施工过程中产生的有害气体主要包括洞室围岩中含有的H_2S、瓦斯[甲烷(CH_4)]气体，应在勘探期间及工程实施阶段对上述部位开展有害气体观测。

地下洞室有害气体最大允许浓度和瓦斯隧洞类别分别见表8.5.6-4、表8.5.6-5。

表8.5.6-4　地下洞室有害气体最大允许浓度表

名　称	符　号	最大允许浓度	
		按体积比(%)	按重量比(mg/m^3)
一氧化碳	CO	0.00240	30
氮氧化合物	换算成NO_2	0.00025	5
二氧化硫	SO_2	0.00050	15
氨	NH_3	0.00400	30
硫化氢	H_2S	0.00066	10

注　地下工作面空气成分的主要指标：氧气应不低于20%（体积比）；二氧化碳含量不高于0.5%（体积比）。

表8.5.6-5　瓦斯隧洞类别

类　别	瓦斯涌出量[mg/(min·m³)]	吨煤瓦斯含量(m^3/t)	瓦斯压力P(MPa)
低瓦斯隧道	<0.5	<0.5	<0.15
高瓦斯隧道	≥0.5	≥0.5	0.15～0.74
瓦斯突出隧道			≥0.74

地下洞室有害气体勘察内容及评价如下：

(1) 收集有害气体地段的有关资料，查明其地形地貌、地层岩性、地质构造和地下水的补给、径流和排泄条件。

（2）利用平洞、钻孔进行有害气体含量和种类测试，根据地下洞室的地质条件和测试结果，预测有害气体的强度和分布特征，评价对工程的影响，提出工程措施意见。

（3）当地下建筑物通过含煤、含油、含气等地层，在研究其产出状态和瓦斯生成环境、运移及聚集条件的基础上，利用探洞、钻孔探测瓦斯含量、压力，评价和预测其危害程度，并提出相应的防护措施及建议。

三、放射性

当洞室通过酸性岩浆岩体、伟晶岩脉等具有放射性物源地层，或洞室虽未直接通过放射性物源地层，但邻近地区存在该类放射性物源和洞室深埋时，可能存在放射性物质浓度超标，对施工、运行人员产生内、外照射辐射危害，应对洞室进行环境放射性影响评价。

（一）勘察内容及评价

（1）收集放射性洞室区的有关资料，调查研究地层岩性、地质构造和地下水的补给、径流和排泄条件；监测地表水、地下水的放射性物质种类和量值，分析研究当地的核辐射环境。

（2）进行洞外大气、地表水、土壤和平洞内岩石中天然核素含量检测。检测内容主要有：

1）进行洞外环境核辐射本底调查，测定洞外大气、地表水、土壤、岩石中天然核素含量。

2）洞中 γ 辐射吸收剂量率的测定，评价 γ 射线外照射对人体的影响水平。

3）洞内空气中氡及氡子体 α 潜能浓度测定，评价 α 潜能对人体内照射的影响水平。

4）洞内地下水水体放射性水平检测，即在构造水出露部位采集水样，分析水中 ^{238}U、^{226}Ra、^{222}Rn 三种天然核素的含量，了解水体对天然辐射源的贡献。

5）洞壁岩石辐射水平检测，即对洞壁山岩石进行 γ 能谱分析，测定主要岩性组中 ^{238}U、^{226}Ra、^{232}Th 及 ^{40}K 等天然核素含量，了解岩石对天然辐射源的贡献。

（3）根据当地的核辐射环境调查和洞内、外辐射剂量的对比分析，预测地下洞室放射性物质强度，评价地下洞室施工和运行过程的环境污染影响，提出相应的对策建议。

（二）勘察评价标准

洞室岩体内的放射性主要为 γ 辐射和氡及其子体。根据《地下建筑氡及其子体控制标准》（GBZ 116），对已建地下建筑内氡及其子体的控制水平为 400Bq/m^3，待建地下建筑的设计水平为 200Bq/m^3；根据《电离辐射防护与辐射源安全基本标准》（GB 18871），γ 辐射和氡及其子体内外照射总剂量限值为：年有效剂量 1mSv（特殊情况下，如 5 个连续年平均剂量不超过 1mSv，则某一单一年份的有效剂量可提高到 5mSv），眼晶体的年有效剂量 15mSv，皮肤的年有效剂量 50mSv。在存在 γ 辐射和氡及其子体照射地区建设地下工程，其内外照射剂量均不能超过上述限值。

第六章 气垫式调压室工程地质勘察

第一节 概　　述

一、气垫式调压室的优点

气垫式调压室是一种在岩体内由岩壁和水面围成的封闭式气室，并利用气室高压空气形成“气垫”抑制室内水位高度和水位波动幅值的水锤和涌波控制设施。20 世纪 70 年代以来，在欧洲和日本进行过研究，特别是在地质条件较好的挪威，已成功建成了 10 多座引水式电站的气垫调压室，积累了设计、施工、运行管理等方面的经验。气垫式调压室与常规调压室布置的对比可见图 8.6.1-1。

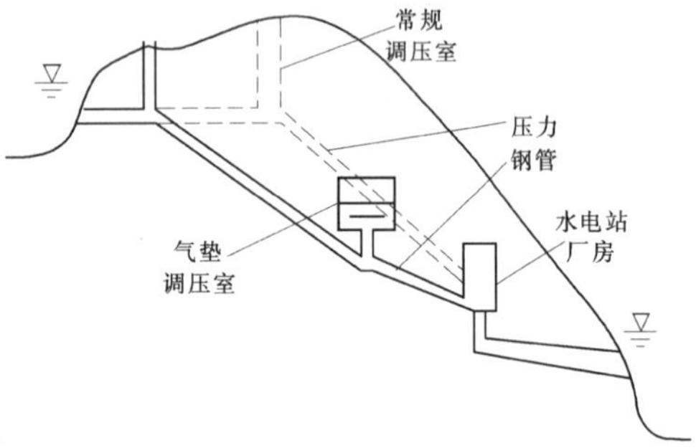

图 8.6.1-1　气垫式调压室整体布置图

采用气垫式调压室一般具有如下优点：

(1) 引水隧洞可由进水口至厂房一坡到底，增大埋深，使隧洞处于更新鲜完整的岩体内，从而可采用不衬砌的引水隧洞，减少工程量，缩短工期。

(2) 引水隧洞采用一坡到底，引水隧洞在纵剖面上的布置更接近于直线，缩短了引水隧洞长度，减少或简化常规施工支洞的布置，减少工程量和水头损失。

(3) 气垫式调压室布置上比较灵活，可以布置在离厂房较近的地方，对水击波的反射比较有利，更充分地发挥反射水锤波的作用，改善机组的调保性能。

(4) 取消或缩短至隧洞沿线特别是至调压室的施工公路，达到降低工程造价、缩短工期的效果。

(5) 施工支洞设置高程较低，施工道路短，不需修盘山公路，能减少对植被和自然景观的破坏，有利于环境和生态保护。

气垫式调压室有如上的好处，但也需要有一定的前提条件，如调压室对地质条件的要求较高，要做到不漏水，也不要漏气。因此对地质勘察工作的要求比较高，需要深入细致研究岩体抗渗（漏）、防渗（漏）问题。在地质条件差的地方甚至在地面上也可能建设气垫式调压室，但那需要进行非常可靠的衬砌或结构措施，如钢板衬砌等。

二、气垫式调压室的研究现状

气垫式调压室是引水式水电站中替代常规调压井的一种调压井布置方式。自 20 世纪 30 年代以来，气垫式调压室在抽水泵站、工业管网、长距离流体输送管道工程中得到了广泛的应用。在水利水电工程中，20 世纪 50 年代开始才得到人们的重视和应用。当时，美国在一小型引水式水电站建设中首先提出了气垫式调压室的设计方案，并付诸实施。但由于没有考虑调压室及机组运行稳定性方面的要求，导致系统不良运行，影响了水电站的正常工作，不久后被废弃。日本和德国等也曾在 20 世纪 50 年代对气垫式调压室进行过研究，但至今尚未建成。

20 世纪 70 年代以来，地质条件较好的挪威，于 1973 年成功建成了世界上第一座气垫式调压室水电站——Driva 水电站。该水电站装机容量 140MW，利用水头 570.0m，至今已有 31 年运行经验。挪威最后一个调压室 TorPa 于 1989 年投入运行，目前挪威已有 10 座水电站采用气垫式调压室，积累了一些工程勘察、设计等方面的经验。挪威已建气垫式调压室的布置情况如图 8.6.1-2～图 8.6.1-5 所示。从这些水电站气垫式调压井的布置图上，可以看出此类调压井的位置、形状都不拘一格，非常灵活，这也为寻找良好的地质体进行建设带来便利。

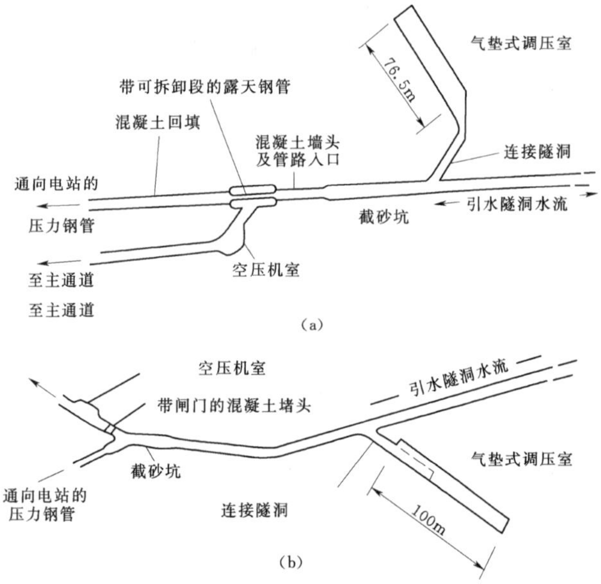

图 8.6.1-2　气垫式调压室布置图

(a) Oksla；(b) Brattset

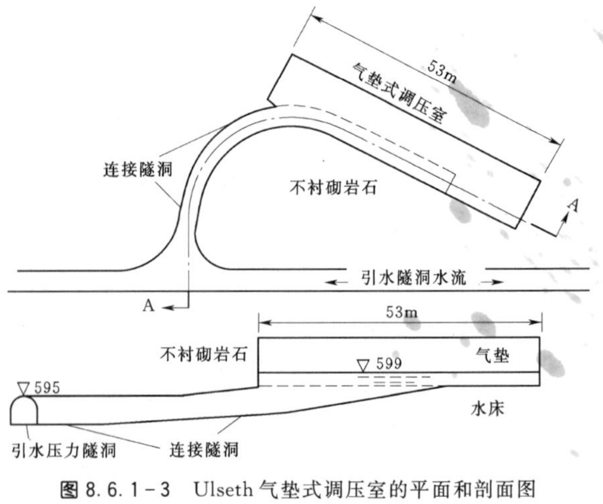

图 8.6.1-3　Ulseth 气垫式调压室的平面和剖面图

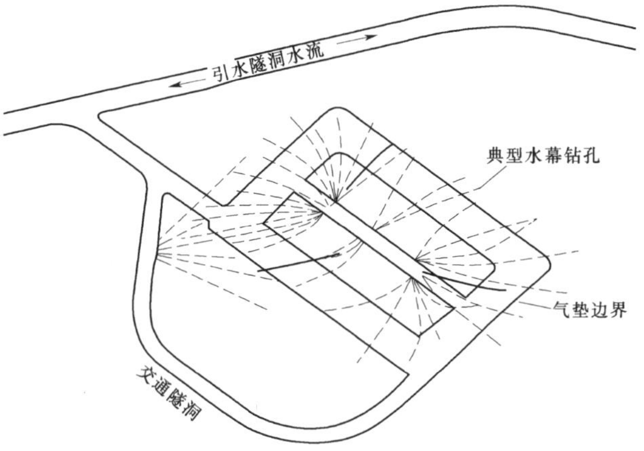

图 8.6.1-4　Kvilldal 气垫式调压室平面图

挪威不衬砌气垫式调压室的研究和设计基本上代表了国外气垫式调压室的最新发展，10 个气垫式调压室除 3 个调压室建成后出现漏气量偏大，经过处理后均运行正常。挪威的经验表明，调压室位置的岩体以坚硬完整的片麻岩为主，天然状态下岩体透水性微弱。因岩体局部透水性较大、调压室抗渗和密封性不好而出现的调压室漏气是设计和修建气垫时所遇到的主要问题，防止漏气是气垫式调压室设计和施工过程中所要考虑的主要问题，可以通过灌浆和设置水幕两种方法予以解决。

我国对气垫式调压室的研究始于 20 世纪 70 年代后期，我国有关科研院校及设计院结合部分工程进行过引水式水电站气垫式调压室的研究工作，并对挪威采用了气垫式调压室的工程进行了实地考察，收集、整理和分析了工程的相关资料。先后结合响洪甸抽水蓄能电站、广州抽水蓄能电站（一期）、锦屏二级水电站、龙滩等电站的可行性研究，对设置气垫式调压室方案进行过研究工作，最终并未付诸实施。

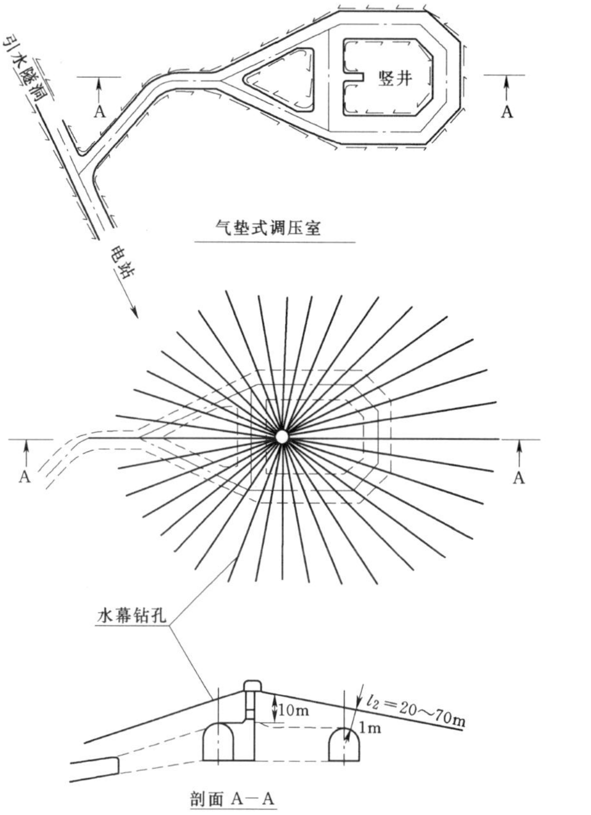

图 8.6.1-5　TorPa 水电站气垫式调压室布置示意图

表 8.6.1-1　国内外水电站气垫式调压室参数和特性表

水电站	建成年份	岩石类型	岩石渗透系数 (cm/s)	气垫压力和天然地下水压力之比	最小岩石盖层与最大气垫水头之比	漏气量 (Nm^3/h)	水电站装机容量 (MW)	额定水头 (m)	引水隧洞	
									断面 (m^2)	长度 (m)
Driva	1973	条带片麻岩	无	0.6～0.7	2.0	0	140	570	21	
Jukla	1974	花岗片麻岩	1×10^{-8}	0.2～0.7	1.4	0	35	180	22	
Oksla	1980	花岗片麻岩	3×10^{-9}	1.0～1.2	1.0	<5	206	465	45	3580
Sima	1980	花岗片麻岩	3×10^{-9}	0.8～1.2	0.9	<2	500	1158	33	7390
Osa	1981	片麻状花岗岩	5×10^{-6}	1.3	0.77	00/70*	90	205	40	13000
Kvilldal	1981	混合片麻岩	2×10^{-7}	>1.0	1.25	240/0**	1240	537	135	2800
Tafjord	1982	条带片麻岩	3×10^{-7}	1.8～2.1	0.56	150/0**	82	897	10	12000
Brattset	1982	千枚岩	2×10^{-8}	1.5～1.6	0.63	11	80	274	16	
Ulseth	1985	云母片麻岩	无	1.2	0.9	0	37	338	17	
TorPa	1989	变质粉砂岩	5×10^{-7}	1.7～2.0	0.5	400/0**	150	475	36	9300
自一里	2004	花岗岩含砂岩捕虏体	$10^{-4}\sim10^{-5}$	0.81	1.67	400	130	477	19	9010
小天都	2005	花岗闪长岩	$10^{-4}\sim10^{-5}$	0.48	1.28	1000	240	358	33	6030
金康	2007	石英闪长岩	$10^{-3}\sim10^{-4}$	0.54	1.2	90	150	458	26	16163
木座	2007	变粒岩	$10^{-4}\sim10^{-5}$	0.5～0.6	1.2	12	100	263	26	11937
阴坪	2009	似斑状二云母花岗岩	$10^{-4}\sim10^{-7}$	0.6～0.8	1.2	30	100	247	30	9680

注　1. 漏气量单位（Nm^3/h）指每小时由高压气室向外渗漏的气体换算成一个标准大气压力下的渗漏气体量。
2. 挪威水电站给出的岩石透水性指标是由 m^2 表示的，乘以 10^9 近似等于 cm/s，如 Jukla 电站的花岗片麻岩天然渗透性为 1×10^{-17} m^2，乘以 10^9 后近似等于 1×10^{-8} cm/s。

* 表示灌浆前/后数值；

* * 表示经过水幕防渗处理前/后的数值。

2000年8月，青海省大干沟水电站采用了钢包式气垫式调压室并建成运行。该电站自正式建成投产以来，地面钢包式气垫式调压室运行稳定、性能良好、维护简便，已获得较为显著的社会、经济、环境效益。但大干沟水电站地面钢包式气垫式调压室与建于岩体内的气垫式调压室相比，除在运行中其水力学原理及水力设计计算相似外，由于气垫式调压室为钢包，不存在一般气垫式调压室必须解决的围岩稳定、漏气、漏水等重大技术问题，而围岩稳定、漏气、漏水等正是气垫式调压室能否成立的关键技术。

我国西部地区中小河流上的小流量、高水头引水式水电站是我国水能资源的重要组成部分，也基本具备了采用气垫式调压室的条件。进入21世纪以来，随着四川省中小河流上的水电资源得到快速开发，由于流量适中，落差集中，多数采用引水式开发方式，给气垫式调压室的研究和使用带来了机遇，先后在自一里、小天都、木座、金康、阴坪等水电站采用了气垫式调压室，积累了部分勘察设计经验。国内外水电站气垫式调压室参数和特性见表8.6.1-1。

三、气垫式调压室的主要研究内容

（1）岩体质量及围岩稳定条件。气垫式调压室要求岩石自身必须有较高的强度，饱和单轴抗压强度应在60MPa以上；无大的断层和软弱结构面分布，岩体较完整～完整，宜以块状、厚层状结构为主；围岩以Ⅱ类为主，岩体质量较好～好；具较好的成洞条件和稳定条件，能够抵抗较高的外水压力。

（2）洞室埋深及最小主应力条件。要求洞室区山体雄厚，地形较完整，并有足够的埋深，岩体不能因隧洞的内水压力或内气压力过高致使围岩产生上抬破坏。同时要求岩体不能因隧洞的内水压力或内气压力过高致使围岩产生水力劈裂或气压劈裂破坏。

（3）岩体防渗条件。岩体渗透性是确定洞壁岩体漏水、漏气量的重要指标，应选择岩体透水性微弱、裂隙不发育或闭合、连通性差的位置布置气垫式调压室，一般要求洞身及附近一定范围内的岩体透水率$q\leqslant 1$Lu，并应进行系统的灌浆处理，以确保岩体的抗渗性。

第二节　工程地质勘察内容

如上所述，气垫式调压室的勘察还是一种水工隧洞的勘察，其勘察的内容基本与常规水工隧洞相同，主要也是地形地貌、岩性及岩体结构、物理力学参数、天然地应力场、水文地质条件等，只不过在围岩稳定、抗漏水、抗漏气方面有更高的要求。

一、地形地貌勘察

查明布置范围内地形地貌特征、沟谷分布、切割深度及山体完整程度，研究调压室上部及侧向的埋深及对调压室的影响。

二、岩性及岩体结构特征勘察

（1）岩性及岩组特征。查明不同岩性、岩石结构和岩组类型在枢纽区洞室各部位的分布。

（2）结构面调查及分组。查明调压室区各组结构面的发育规律、产状、长度、间距、性状等。洞室布置应避开规模大的Ⅰ级、Ⅱ级结构面。

（3）结构面分类。不同级别结构面按其性状分类，研究不同类型结构面的工程地质特性，尤其应注意研究控制围岩稳定性的软弱结构面。

（4）岩体结构类型。根据勘探资料和结构面调查资料，详细划分岩体结构类型。

三、岩体物理力学特性勘察研究

（1）岩石力学特性试验。如岩石的密度、饱和单轴抗压强度、点荷载强度、弹性模量、泊松比、声波值等。

（2）现场岩体力学特性试验。如岩体声波、岩体弹性（变形）模量、岩体抗剪强度等。

（3）结构面特性试验。结构面抗剪（断）强度，软弱结构面、软弱夹层的变形与渗透变形参数等。

（4）围岩岩体力学参数的选取。确定围岩的物理力学参数以及坚固性系数、单位弹性抗力系数等。

四、天然地应力场勘察研究

（1）工程地质定性分析。综合区域构造和地应力资料，并根据洞室上复岩体厚度，初步估计研究区地应力量级。

（2）岩体天然地应力测试。通过应力解除法、水压致裂法等对工程区进行地应力量测，查明岩体地应力量级、方向等。

（3）岩体应力释放现象调查。进行钻孔岩芯饼化和洞壁岩爆现象调查，对岩体地应力分级和岩爆作出判别。

（4）地应力场数值模拟研究。根据地应力实测资料，回归分析研究区的地应力场，并进行岸坡及谷底岩体地应力状态的分带（区）。

五、水文地质条件勘察研究

（1）调查岩体水文地质结构特征，地下水出逸情况，地下水水位（水压）、水量、水质、水温及其动态变化。

（2）岩体渗透性及渗透性分区。

（3）主要结构面的渗透性、渗透张量和抗渗性。

（4）研究岩体及结构面的渗透特性、参数，进行洞群区地下水渗流场数值模拟研究。

（5）洞室区地下水动态观测等。

在条件具备的地区，还应设法通过压气试验，对岩体的透气性进行勘察研究。

第三节　工程地质勘察方法

一、工程地质调查测绘

各勘察设计阶段工程地质测绘的方法、范围及比例尺应按《水力发电工程地质勘察规范》（GB 50287）和《水电水利工程地质测绘规程》（DL/T 5185）的有关规定执行。利用勘探平洞、施工洞，进行地质编录测绘。

二、工程勘探

（1）勘探的主要手段应采取洞探、钻探及物探，各种方法应分别符合《水电水利工程物探规程》（DL/T 5010）、《水电水利工程钻探规程》（DL/T 5013）、《水电水利工程坑探规程》（DL/T 5050）的要求。

（2）气垫式调压室的勘探布置。在拟建洞室部位布置探洞，其深度一般要求达到气垫式调压室的开挖范围，在洞内布置不同方向的钻孔，钻孔深度应超过调压室跨度的3倍。

三、岩体物理力学试验

（1）取样进行岩石物理力学性质试验。岩体的物理力学性质试验应符合《水电水利工程岩石试验规程》（DL/T 5368）的要求。

（2）现场岩体强度及变形特性试验。主要有岩体及结构面的抗剪（断）强度、变形模量、声波波速等。

（3）岩体应力场测试。采用应力解除法和水压致裂法，根据气垫式调压室的运行原理，宜采用水压致裂法测量地应力。一般地应力测试点应在3组以上。

（4）水力阶撑试验。在水压致裂法测试的钻孔内选择具代表性的节理裂隙进行水力阶撑试验，以确定裂隙的最小抗劈裂强度。

（5）岩体透气性试验。在条件具备时，应探索通过平洞或钻孔进行压气试验，直接获得岩体的透气性指标。

四、水文地质勘察与试验

（1）现场钻孔压水试验。在调压室区域开展系统的常规压水试验和高压压水试验，钻孔应朝洞室的不同方向布置。高压压水试验的最大压力值应超过设计最大水头值的1.2～1.5倍。

（2）地下水水位、水压、水量、水质测试。应用钻孔渗压计测定地下水渗透压力，取样进行水化学与同位素分析。

（3）地下水动态长期观测。在勘察期间，宜在调压室区上部地表布置深孔，查明岩体的透水性和地下水位。在运行期进行地下水长期观测。观测时间不得少于一个水文年。

第四节　工程地质评价

气垫式调压室的工程地质评价，首先应根据地形地质资料进行调压室位置及轴线方向的选择研究和围岩分类，并从满足气垫式调压室的岩体质量与围岩稳定性、抗抬及抗劈裂稳定性和抗渗稳定性三个方面进行评价。

一、调压室位置及轴线选择

（1）综合考虑围岩条件、埋深及地应力量值、方向、岩体渗透性等，选择气垫式调压室位置。气垫式调压室布置相对比较灵活，其位置对其他建筑物的影响也比较小，应更多地考虑工程地质条件进行选择，选择在山体雄厚、地形完整，岩体坚硬、无大的断层等结构面发育的位置。

（2）在选定调压室位置后，与设计人员一起研究最优的气垫式调压室布置型式和轴线方向。一般调压室长轴方向与最大主应力方向的交角以小于30°为宜；主要结构面的产状与气垫式调压室长轴方向的交角宜大于45°。

二、岩体质量分类及围岩稳定性评价

围岩分类基本与常规地下洞室的分类相同，先进行围岩初步分类，再进行围岩详细分类。根据分类结果，评价围岩的整体稳定性和局部稳定性，并可作为确定支护类型的基础。

（1）一般要求岩石的饱和单轴抗压强度宜在60MPa以上；岩体较完整～完整，宜以块状、厚层状结构为主；围岩以Ⅱ类为主，岩体质量较好～好；具较好的成洞条件和稳定条件，能够抵抗高的外水压力。

（2）确定结构面的不利组合，分析围岩失稳破坏的控制因素、围岩变形破坏的力学机制及破坏形式，通过块体分析，评价围岩局部稳定性。

（3）重点研究中陡倾角结构面对边墙、端墙和缓倾角结构面对顶拱围岩稳定性的不利影响。

三、岩体抗抬及抗劈裂稳定性

岩体不能因隧洞的内水压力或内气压力过高致使围岩产生上抬破坏，我国的水工设计规范要求压力隧洞上覆岩体最小厚度应满足经验法则（挪威准则）。计算公式如下：

$$C_{RM}=(h_s\gamma_w F)/\gamma_R\cos\alpha$$

式中：C_{RM}为岩体最小覆盖厚度（不包括全、强风化厚度），m；h_s为洞内静水压力水头，m；γ_w为水的重度，N/m³；γ_R为岩体的重度，N/m³；α为河谷岸边边坡倾角，(°)，$\alpha>60°$时取$\alpha=60°$；F为经验系数，可根据不同的地形地质条件选取。挪威地质条件普遍比较好，F一般取大于1就认为是可行的了。我国地质条件复杂，地形地质差异性比较大，要求比较高，早期曾认为扣除覆盖层及全强风化带后，F取1.1～1.3可以满足要求。后来通过一定的工程经验，我国的水工隧洞设计规范仍然推荐取1.3～1.5，这是比较稳妥的、偏安全的做法。

同时岩体不能因隧洞的内水压力或内气压力过高致使围岩产生水力劈裂或气压劈裂破坏，要求岩体中最小主应力σ_3应满足如下经验法则：

$$\sigma_3>(1.2\sim1.5)\gamma_w H$$

式中：σ_3为最小主应力；γ_w为水的密度；H为静水头。

四、岩体抗渗稳定性评价

岩体渗透性是确定洞壁岩体漏水、漏气量的重要指标，应选择岩体透水性微弱、裂隙不发育或闭合、连通性差的部位布置气垫式调压室。

围岩抗渗性应重点分析透水性相对集中的结构面和渗透性各向异性对围岩抗渗性的不利影响。

第五节　施工地质

（1）施工地质工作内容应满足《水电水利工程地下建筑物工程地质勘察技术规程》（DL/T 5415）的有关规定。重点收集围岩稳定和围岩抗渗防漏方面的资料。对洞壁岩体质量和渗透性进行测试评价，参加围岩固结灌浆试验工作，分析评价固结灌浆效果。

（2）施工地质编录及测绘应随开挖进行，观察施工情况，编录各种地质现象，必要时布置波速、岩体变形监测、围岩变形模量、抗剪强度和地应力复核测试等，为评价围岩稳定、优化支护设计及围岩防渗方式选择提供依据。

（3）根据围岩工程地质分类复核结果和结构面不利组合块体，提出围岩支护设计调整和局部加固处理的建议；根据围岩渗透性，提出围岩防渗方案建议。

第七章 # 地下洞室地质超前预报

第一节 概　　述

在我国的西部地区建设的大型地下工程，特别是长大隧洞的建设中，由于埋深大、洞线长、地质背景复杂，往往施工前期的工程地质勘察工作十分困难，难以全面准确查清隧洞沿线的工程地质和水文地质条件，这给隧洞施工期间地质灾害的发生留下隐患，给施工带来困难，造成人身伤亡事故。据国内隧道施工的不完全统计，施工过程中由于塌方、涌水等地质灾害事故造成的停工时间大约占总工期的30%。因此，对于地质条件较复杂的地下工程，为能够提供施工过程中准确的工程地质资料，预防前方开挖洞段出现地质灾害，应进行地质超前预报。

地质超前预报按不同的预报性质可按表8.7.1-1进行分类，便于施工计划和管理。

表8.7.1-1　　地质超前预报分类表

预报性质 \ 分类	类　别
按掌子面距离分	1. 短距离预报：0～30m，与施工同步进行；对成灾预报而言，相当临灾预报或防灾处理阶段。 2. 长距离预报：30～150m；相当于成灾预报的短期预报。 3. 宏观预报：全洞段，对隧洞施工是战略性预报
按预报作用分	1. 常规预报：主要预报短距离内的工程地质条件，判断围岩类别等。 2. 成灾预报：主要进行短、长距离的预报，采用综合手段，定性和定量预报。 3. 专门预报：预报特殊工程地质问题，如岩爆、地温、有害气体、放射性等
按预报精度分	1. 定量预报：明确可能成灾的位置、规模、影响范围，主要体现在短距离预报中。 2. 定性预报：体现在长距离的战略性预报中

第二节 地质超前预报内容和方法

一、地质超前预报的内容

地下工程中通常遇到的地质灾害有突水、突泥（砂）、岩爆、塌方、岩溶、软岩变形等，其预报内容也针对可能的地质灾害，见表8.7.2-1。

表8.7.2-1　　地质超前预报的内容和方法表

序号	不良地质现象	预报内容	预　报　方　法
1	突水、突泥	预报掌子面前方一定范围内有无突（涌）水、突泥，并查明其范围、规模、性质，预测突（涌）水量的大小及其变化规律，并评价其对施工的影响	采用宏观预报法预测全洞段的突（涌）水、突泥位置及规模，采用TSP进行突（涌）水长距离预报，重点采用地质雷达法、瞬变电磁、红外探水法进行短距离预报，采用超前钻探及经验法，准确预测突（涌）水、突泥位置和规模
2	断层及破碎带	预报断层的位置、宽度、产状、性质、充填物的状态，是否为充水断层，并判断其稳定性	采用宏观预报法预测全洞段的断层及破碎带位置及规模，主要采用TSP测试法进行长距离预报，辅助采用地质雷达法进行断层及破碎带的短距离预报，采用超前钻探及经验法准确预测断层及破碎带位置和规模
3	岩溶	预报掌子面前方一定范围内有无岩溶体，并查明其范围、规模、性状	采用宏观预报法预测全洞段的岩溶位置及规模，采用TSP法和陆地声纳法等进行长距离预报，用地质雷达法等进行岩溶短距离预报，采用超前钻探及经验法准确预测岩溶位置及规模
4	软岩大变形	预报掌子面前方的围岩类别，判断其稳定性，随时提供修改设计、调整支护类型、确定二次衬砌时间的建议等	采用宏观预报法预测全洞段的围岩的类别及桩号，采用TSP法进行长距离预报，采用超前钻探及经验法准确预测围岩类别及桩号
5	岩爆	预报掌子面前方的岩爆，初步判别其等级，提出建议措施	采用宏观预报法预测全洞段的岩爆发生情况，采用声发射、微震监测法、经验进行短期预报

二、地质超前预报的方法

目前国内外隧洞地质灾害超前预报方法主要有以下几种：直接预报法（水平钻孔法和超前导坑法）、地质分析法（断层参数预测法、地质体投射法和正洞地质编录与预报等）、物探法［TSP超前预报技术、地震负视速度法、水平声波剖面法（HSP）、TRT真地震反射成像技术、陆地声纳法、面波法、地质雷达法、瞬变电磁法和红外探水法］和地质物探综合分析法等。

（一）地质分析法

地质分析法是隧洞超前地质预报最基本的方法，可以随时进行，不干扰施工，其他预报方法的解释应用，都是在地质资料分析判断基础上进行的。通过收集分析地质资料，地表详细调查，隧洞内地质编录、素描、数码照相、超前风钻、涌水量预测等方法，了解隧洞所处地段的地质条件，运用地质学理论，对比、论证、推断和预报隧洞施工前方的工程地质和水文地质情况。总之，地质分析法是建立在地学基础上的，从地貌学、地层学和构造地质学等地学学科的角度，并结合具体工程需要分析和预测隧洞施工掌子面前方地质体的性质。

1. 工程地质调查法

工程地质调查法是隧洞超前预报中使用最早的方法。通过地表和隧洞内的工程地质调查与分析，了解隧洞所处地段的地质结构特征，推断前方的地质情况。其调查的内容包括地层的产状特征、断裂构造与节理的发育规律、岩溶带发育的部位、走向、形态等，预测隧洞掌子面前方的不良地质现象可能的类型、部位、规模，以便隧洞施工中采取合理的工艺与措施，避免事故。在隧洞埋深较浅、构造不太复杂的情况下，这种预报方法有很高的准确性。该方法与其他物探方法相结合，可以取得更好的效果。但是在构造比较复杂地区和深埋隧洞的情况下，该方法工作难度较大，准确性难以保证。该方法亦可分为地表地质体投射法和掌子面编录预测法。

地表地质体投射法是在地表准确鉴别不良地质体的位置、规模、性质和精确测量不良地质体产状的基础上，应用地面地质界面和地质体投射公式进行超前地质预报的技术。

掌子面编录预测法又称地质素描法，属于短期地质预报方法。又可分为岩层岩性和层位预测法、地质体延伸预测法和不良地质前兆预测法。岩层岩性和层位预测法基本原理是：在掌子面和隧洞两壁出露的岩层与地表某段岩层和确认标志层的前提下，用地表岩层的层序预报掌子面前方将要出现的岩层。关键技术是确认标志层。地质体延伸预测法基本原理是：在长期超前地质预报得出的不良地质体厚度的基础上，依据掌子面已揭露的不良地质体的产状和单壁始见的位置，经过一系列的三角函数运算，求得条带状不良地质体在隧洞掌子面前方延伸和消失的位置。不良地质前兆预测法基本原理是：在隧洞掘进过程中，在出现断层破碎带、溶洞、暗河、岩溶陷落柱和洞穴淤泥带之前，一般都会出现各自明显的或不明显的前兆标志，这些标志的出现，通常预示前述不良地质体已经临近了。因此，不良地质前兆预测法，一方面有助于掌子面前方不良地质体的性质的鉴别，更有助于对不良地质体临近的判断。

2. 超前导洞（坑）法

超前导洞（坑）法包括超前平行导洞（坑）法和超前正洞导洞（坑）法。超前平行导坑法是在与隧洞正洞轴线相距一定距离的位置，平行于隧洞正洞开挖一导洞（坑），以探明隧洞正洞的地质条件并兼做它用。利用该方法预测正洞地质条件非常直观，准确率也比较高。

超前正洞导洞（坑）法是先沿隧洞正洞轴线开挖小导洞（坑），探明前方的地质情况，再将导洞（坑）扩为隧洞断面。

3. 超前水平钻孔法

超前水平钻孔法与超前导洞（坑）法的原理基本相同，是用钻探设备向掌子面前方钻探，从而直接揭露隧洞掌子面前方地层岩性、构造、地下水、岩溶、软弱夹层等地质体及其性质、岩石（体）的可钻性、岩体完整性等资料，还可通过岩芯试验获得岩石强度等指标，是最直接有效的超前地质预报方法之一。目前国内这种方法已在隧洞工程中得到普遍应用。

4. 断层参数预测法

断层参数预测法是根据地质力学理论，利用断层影响带内的特殊节理和其集中带有规律分布的特点，经过对大量断层影响带系统编录得出经验相关关系，利用该相关关系预报隧洞断层破碎带的位置、规模和性质。由于隧洞中的大多数不良地质（如溶洞、暗河、岩溶陷落柱、淤泥带等）与断层破碎带有密切的关系，所以预报了断层破碎带，依据地质学原理，就可以大致推断其他不良地质体的位置、规模和性质。

5. 经验法

不良地质体在被揭露之前往往表现出一些明显或不明显前兆标志，这些标志的出现，预示着隧洞即将临近不良地质体，它们是超前地质预报的重要信息，因此，仔细观察、描述开挖石渣、洞壁结构面及岩层形态、量测结构面及岩层特征参数，是正确进行超前地质预报的关键。

经验法预测内容或经验见表 8.7.2-2。

表 8.7.2-2　　经验法预测表

序号	预测内容	预测经验
1	可能发生涌水的部位	（1）可溶岩与非可溶岩接触界面。 （2）暗河、沟谷穿过部位。 （3）隧洞通过的断层、向斜、背斜核部位置
2	可能发生涌水的前兆	（1）当隧洞由弱可溶岩进入强可溶岩的边界部位时，可能发生涌水。 （2）当隧洞由渗、滴水段进入线状渗水段时，可能出现集中涌水。 （3）风钻孔内出现浑水，前方可能有涌水；若浑水能喷射 5m 以上，则前方可能有大于 30～50L/s 的涌水存在；当超前钻孔内出水能喷射 3.5m 以上，或涌水速度大于 7m/s，或风钻孔内有涌水速度大于 14m/s 的出水，则前方可能出现大于 20L/s 的涌水存在。 （4）当地温测值出现比前一点低时，可能有涌水
3	可能出现断层破碎带的前兆	节理裂隙组数及密度剧增、岩石强度降低、出现压裂岩、碎裂岩、岩石风化相对强烈、泥质含量增加等，或超前钻孔中出现较大的涌水往往是出现断层的前兆
4	岩爆	（1）地下水出露洞段不会发生强烈岩爆。 （2）地温值相对较低洞段不易发生岩爆，或发生岩爆烈度小，否则易发生岩爆。 （3）岩相发生变化附近，易发生岩爆。 （4）岩体为整体结构、类整体结构、块状结构的洞段易发生岩爆。 （5）超前钻孔出现饼化现象的地段，岩爆的危险性很大。 （6）听到岩石劈裂的响声和看到随后岩块的掉块现象可能会发生岩爆

（二）地球物理法

利用地球物理法对隧道掌子面前方不良地质体进行预报，主要综合利用以下物探方法。

1. TSP 地震探测法

TSP 是一种用于隧洞开挖面前方地质情况超前预报的地下反射地震波技术，是利用地震波的反射原理进行地质探测。其方法为：由若干个（一般小于等于 24 个）特定爆破点上的小规模人工爆破激发产生，并由电子传感器接受；当地震入射波遇到地层界面、节理面，特别是断层破碎带、溶洞、暗河、岩溶陷落带、淤泥等不良地质界面时，将产生反射波，然后被高灵敏度的特制地震检波器接收，并被转换成电信号加以放大。经过电脑处理后，形成反应相关界面或地质体反射能量的影像点图和隧洞平面、剖面图；反射波被接收器接收，由数字记录仪放大、输出并记录。反射波的传播速度、延迟时间、波形、强度和方向等均与相关界面的性质和产状相关，并通过不同数据表现出来，以用来对掌子面前方的不良地质体进行预报。

TSP 对工作面前方遇到与隧洞轴线近垂直的不连续体（节理、裂隙、断层破碎带等）的界面，其结果将是较准确可靠的，但如果不连续体的界面形状不规则，准确预报的难度较大，需要具有丰富地质经验的技术人员分析。

2. 地质雷达法

地质雷达是一种高频电磁探测技术，它利用地下介质对广谱电磁波（10^7～10^9 Hz）的不同响应来确定地下介质的分布特征。主要是通过观测位移电流的变化来实现其探测目的。作为一种高精度、连续无损、经济快速、图像直观的高科技检测仪器。它是通过向隧道掌子面前方岩体发射高频电磁波并接收相应的反射波来判断前方岩体的异常情况。但它探查的距离较短（<30m），数据处理和资料解释难点较多，需要专业人员

作正确判断。同时地质雷达易受隧道中金属物等干扰，影响预报精度。

3. 瞬变电磁法

瞬变电磁法（TEM）是利用阶跃波形电磁脉冲激发，利用不接地回线向地下发射一次场，测量由地下介质产生的感应二次场随时间的变化。日本试验了 MT 法，根据含水层为低电阻率的特征，可探寻掌子面前方低电阻层。但 MT 为剖面型方法，定量精度差。在地面上探查地下水的方法很多，大多数方法需要与探查深度相近的场地，而 TEM 法则可利用“烟圈”效应，用较小的场地探测大于发射场地 10 倍以上的深度，适用于在狭小的掌子面上探测较远深度，可能达到掌子面前方 40～60m 或更远。该方法可作为探水的主要手段。

4. 陆地声纳法

陆地声纳法则用锤击震源，在掌子面上布置工作，不打孔、不必固定检波器，可以探查断层及破碎带、大节理、岩脉、陡倾角岩体分界线，以及岩溶、洞穴等。其要点和特点是：隧道掌子面上设一测量剖面，剖面上每 30cm 左右设一测点，用锤击方式激发弹性波，它向掌子面前方传播，遇到断层、大节理、岩层分界面、岩脉、涌水层、溶洞等产生反射，在激震点旁设检波器接收被测物体的反射波。然后通过接收仪器将各测点的时间曲线拼接成时间剖面图像，根据图像解释出这些不良地质体，并计算出它们的空间位置。该方法可探查断层等近似平面型的物体，还可探查溶洞等有限大小地质体。

5. 孔内雷达预报

由于表面雷达预报受到探测深度的限制，并对缓倾角的结构面及与测线大夹角的地质构造探测效果较差，而孔内雷达则弥补表面雷达探测的不足。孔内雷达是借助超前钻孔把雷达发射与接收天线一起放置在钻孔内，在孔内向径向发射电磁波，当遇到介电常数变化的地质界面时，则反射电磁波，被放置在钻孔内的接收天线所接收。移动孔内雷达探头，逐点记录反射电磁波信号，将各测点的反射电磁波记录处理形成雷达图像，根据雷达图像进行地质分析与解译。孔内雷达以钻孔为轴心，以探测深度为半径，扫描圆柱体范围的岩体，以发现不良地质体。孔内雷达探测有助于发现与洞轴线呈小夹角的地质构造。在岩体中，使用 100MHz 孔内天线的雷达预报半径一般为 15～20m。单一钻孔孔内雷达探测可以判断钻孔周围的地质体以及与钻孔的间距，但无法进行准确定位。

雷达检测孔一般打在掌子面上，钻孔数量一般不得少于 3 只（若仅用于判断是否存在含水异常除外），一般在掌子面上将钻孔布置成等边三角形（3 只孔），各钻孔间距宜尽可能大且不得小于 3m，钻孔深度一般为 20～30m（至少应大于探地雷达预报目标体深度 5m 以上）。各钻孔方向基本与洞轴线平行，孔径宜不小于 ϕ64mm。孔内雷达可利用超前钻孔直接在探孔内探测掌子面前方及周边的地质情况。

6. 隧洞钻孔电法（BEAM）

隧洞钻孔电法（BORE-TUNNELING ELECTRICAL AHEAD MONITORING，简称 BEAM）预报方法是德国 GEOHYDRAULIK DATA 公司研发的一种新型隧道超前预报方法。

BEAM 法的基本原理属电磁学理论范畴，即应用电流的频域诱导极化特征来探测掌子面前方存在的异常。在实际工作中是在掌子面上尽可能沿掌子面边缘布设一环型供电电极 A_1，用来发射互斥的电流，在 A_1 的内部布置六个测量电极 A_0，来接收从地层中传来的电流信号，在离掌子面 300～600m 远的距离接一根地线 B 极作为无穷远极，B 极用来与 A_1、A_0 极形成回路。通过频率效应百分比 PFE［%］与电阻率 R［Ω·m］值来描述掌子面前方的地质情况，即岩体类型和含水情况。

7. 红外线探测法

由于所有物体都发射出不可见的红外线能量，该能量大小与物体的发射率成正比。而发射率的大小取决于物体的物质和它的表面状况。当掌子面前方及周边介质单一时，所测得的红外场为正常场，当存在隐伏含水构造或有水时，他们所产生的场强要叠加到正常场上，从而使正常场产生畸变。据此判定掌子面前方一定范围内有无含水构造。

现场测试有两种方法：一是在掌子面上，分上、中、下及左、中、右六条测线的交点测取 9 个数据，根据这 9 个数据之间的最大差值来判定是否有水；二是在已挖洞段按左边墙、拱部、右边墙的顺序进行测试，每 5m 或 3m 测取一组数据，共测取 50m 或 30m，并绘制相应的红外辐射曲线，根据曲线的趋势判定前方有无含水。

掌子面上 9 个数据的最大差值大于 10μW/cm^2，就可以判定有水；红外辐射曲线上升或下降均可以判定有水，其他情况判定无水。红外探测的特点是可以实现对隧洞全空间、全方位的探测，仪器操作简单，能猜测到隧洞外围空间及掘进前方 30m 范围内是否存在隐伏水体或含水构造，而且可利用施工间歇期测试，基本不占用施工时间。但这种方法只能确定有无水，至于水量大小、赋水形态、具体位置没有定量解释。

8. 水平声波剖面法（HSP）

水平声波剖面法（HSP）利用孔间地震剖面法（ABSP）的原理及相应软件开发的一种超前预报方法。其原理是向岩体中辐射一定频率的高频地震波，当地震波碰到波阻抗分界面时，将发生折射、反射，频谱特征也将发生变化，通过探测反射信号（接收频率为声波频段的地震波），求得其传播特征后，便可了解工作面前方的岩体特征。震源和检波器的布置除离开开挖面对施工干扰较小外，还因反射波位于直达波、面波延续相位之外而不受干扰，因此记录清楚、信噪比高、反射波同相轴明显。

观测时在隧洞的两个侧壁分别布设震源和检波器，按其相对位置设计成两种观测方式即固定激发点（或接收点）和激发与接收点相错斜交方式。震源在预告目的体的远端，接收点间距采用小道间距，多道接收，构成“水平声波剖面”。利用时差和频差与地质相结合的方法确定反射面的空间方位并“投影”到该剖面上，从而确定反射面的空间位置及性质。其特点是各检测点所接收的反射波路径相等，反射波组合形态与反射界面形态相同，图像直观，同时观测时也不影响掌子面的掘进。

第三节 综合地质超前预报

根据目前国内外的地质预报研究现状和成功的经验表明，施工过程中的地质超前预报拟采用多种预报方法相结合的综合预报方法，即建立宏观超前预报、长距离超前预报、短距离超前预报三级预报预警机制和地质综合预报体系（图 8.7.3-1）。首先通过地质分析宏观上确定所要预报隧洞各段的围岩情况，并进行风险等级划分；在岩性较好的地段，一般用 TSP 预报 100～150m，在岩性较差的地段一般预报 100m，当接近不良地质体时，采用地质雷达或瞬变电磁进行短期更精确的预报，同时施工超前探孔进行进一步确认，也可在先行隧洞中从侧向钻探了解不良地质构造的情况，通过这几种手段的结合基本上确定不良地质体的性质和规模。

一、宏观超前地质预报

地下洞室地质分析与施工地质灾害的宏观预报，是以区域地质资料和深入的地面地质调查取得的第一手资料为基础，通

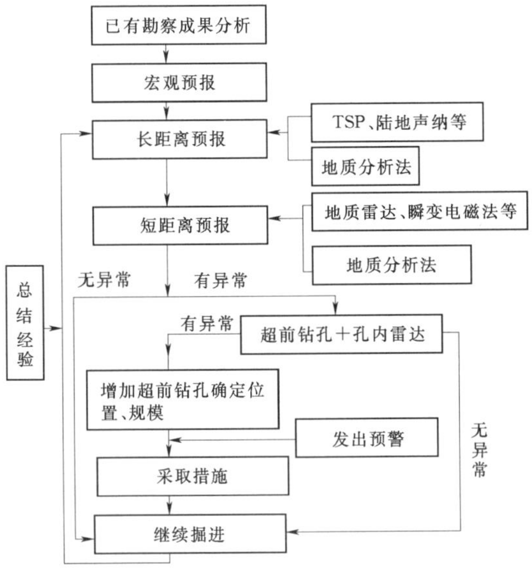

图 8.7.3-1　综合超前地质预报流程图

过不良地质分析方法，宏观预报洞体施工可能遇到的不良地质类型、规模、大约位置和走向，宏观预报地质灾害的类型和发生的可能性。实践证明：隧洞所在地区的地质分析和不良地质宏观预报是超前地质预报的基础和前提，是隧洞高水平的施工地质灾害超前预报不可或缺的第一道工序。只有在地质分析和宏观预报的指导下，才能更准确、更有效地实施下一步的洞体不良体地质超前预报、超前钻探、判断及临近警报等后续预报工作。

宏观预报的主要程序为：

（1）首先收集、整理工程区区域地质资料，结合地质调查进行资料分析，研究区域断裂及岩溶发育规律，从而判断工程区岩溶发育特征、断裂发育方向及规模，以及可能出现的地质灾害。

（2）根据前期的地质勘察资料，对岩溶隧洞的工程地质和水文地质状况做出预测。

（3）依据前述分析结果，预测地层岩性分布、主要构造、可能突水突泥段、围岩类别、有害气体等洞段的桩号范围及风险级别，提出隧洞需加强预报及预处理的洞段，及计划采取的综合超前地质预报方案，并随开挖过程进行调整。

二、长距离地质超前预报

采用多种方法的综合勘探技术手段，定性和定量地预报距掌子面前方 50～200m 范围内的不良地质体。长期超前地质预报实施程序见图 8.7.3-2。

（1）长距离地质超前预报分为两个部分：基于地面地质分析的宏观不良地质体预报和隧洞内长距离仪器探测，它是由两种或两种以上的勘探技术手段相结合进行的综合预报。一般采用工程地质法对地面不良地质体进行预报，采用 TSP 技术进行隧洞内 150m 的长距离探测，必要时采用陆地声纳法作为 TSP 预报成果的对比验证手段。

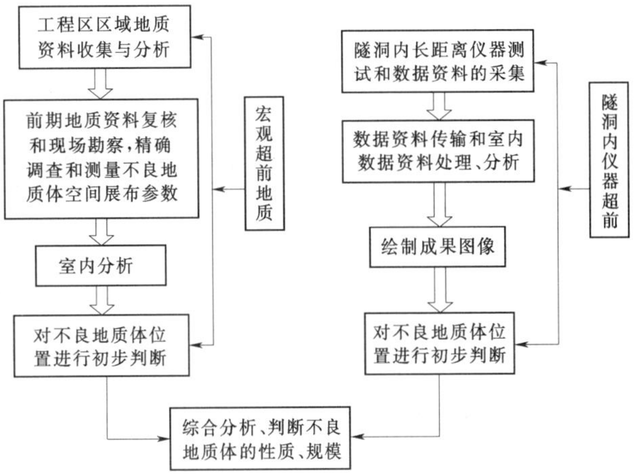

图 8.7.3-2　长距离地质超前预报实施图

（2）预测掌子面前方存在的岩层界线、断层、软岩、溶洞和富水带等不良地质体。主要是查明上述不良地质体的位置和规模，用于指导短期预报。

（3）一般一次预报洞段长 150m，每 100m 预报一次，重复段 50m。

三、短距离预报

短期超前地质预报是在长期超前地质预报的基础上进行的，预报距掌子面前方 50m 范围内的不良地质情况，判断围岩类别等。所采用的预报方法主要为物探仪器测试、超前钻探及经验法。

（1）通过地质分析法、经验法、地质雷达、红外探水、瞬变电磁、超前钻探相结合的方法进行预测，通过对不同地质体标志的确认，以及不良地质体出现前的前兆标志，对不良地质体可能出露的位置进行预测和判断，对不良地质体的类型、规模、位置进行预测。

（2）短期预报距离分两种情况：①掌子面前方岩体完整，反映信息较强时，通常预报距离为 50m；②掌子面前方裂隙发育，岩体较破碎，反映信息较弱时，一般预报距离为 20～30m。

当上述预报发现异常时，应实施超前钻探进一步进行确认，孔深一般为 5～30m，判断掌子面前方岩性、构造、地下水、岩爆等地质情况。

四、施工地质灾害临近警报

隧洞掘进过程中，在出现断层破碎带、溶洞、暗河、岩溶陷落柱和洞穴淤泥带之前，一般都会出现各自明显或不明显的前兆标志；这些标志的出现，常常预示前述不良地质体已经临近，需要进行隧洞施工地质灾害监测、判断和临近警报，从而减少甚至避免严重施工地质灾害的发生。

第八章 地下工程支护处理措施

第一节 地下工程支护设计基本理论

一、地下工程支护设计理论的发展概况

地下工程支护理论的发展至今已有百余年的历史，它与岩土力学的发展有着密切的联系。土力学的发展促使着松散地层围岩稳定和围岩压力理论的发展，而岩石力学的发展促使围岩压力和地下工程支护理论进一步飞跃。随着新型支护结构的出现，岩土力学、测试仪器及计算机技术和数值分析方法的发展，地下工程支护结构理论正在逐步形成一门完善的学科。

20世纪20年代以前，主要是古典的压力理论阶段，这类理论认为，作用在支护结构上的压力是其上覆岩层的重量 γH（γ 是岩石容重；H 是埋深）。其中具有代表的有海姆、朗肯和金尼克理论。它们三者理论的不同之处在于对地层水平侧压力系数有不同的理解。由于当时地下工程埋藏深度不大，因而这些理论在当时指导地下工程支护结构的设计中，发挥了一定的指导作用。

随着地下工程开挖深度的增加，古典理论越来越不符合实际情况，于是出现了散体压力理论。这类理论认为，当地下工程埋深较大时，作用在支护结构上的压力，不是上覆岩层重量，而只是围岩塌落拱内的松动岩体重量，其中具有代表的有太沙基和普氏理论。他们的共同观点认为塌落拱的高度与围岩性质有关，不同之处在于塌落拱的形状。散体压力理论是相应于当时的支护型式和施工水平发展起来的，当时的支护型式一般采用衬砌，支护时间较长，无法做到及时支护，致使围岩最终往往有一部分破坏、塌落。普氏理论适用于比较松软、破碎和散粒的浅埋岩体中，根据普氏理论进行分析能得到接近于实际的效果，在一定程度上反映了这类岩体的规律性，有一定的参考和实用价值，直到现在普氏理论仍在一定范围应用着。

经过长期工程实践，人们发现普氏理论仍存在很多问题，不能推广到所有类别岩体中，尤其是一定埋深下的中硬岩石中。首先，普氏理论将岩体单纯的视为外部松散体荷载并不适用于所有岩体；其次，岩石压力的大小牵涉到的因素非常复杂，难以用一个单纯的普氏坚固因素来概括。还有普氏理论没有考虑一定埋深条件下开挖地下洞室，围岩地应力释放所引起的变形压力问题等。

20世纪50年代以来，岩石力学作为一门独立的学科，围岩弹性、弹塑性及黏弹性解答逐渐出现。把以衬砌结构作为承载主体的地下工程设计思想引导到以围岩为承载主体结构。随着锚杆与喷射混凝土一类新型支护型式的出现，在20世纪60年代初期产生了新奥地利隧洞施工法（新奥法），充分利用围岩的自稳能力，尽可能利用喷锚加固；需要衬砌时，应做成封闭式衬砌；根据变形监测信息反馈修改、完善加固体系设计。目前，形成了以岩石力学为基础的，以新奥法施工方法为核心，考虑支护与围岩共同作用的地下工程现代支护理论。

二、地下工程现代支护理论的代表——新奥法理论

新奥地利隧道施工法（简称新奥法或NATM）理论开始于20世纪60年代，新奥法的定义为："新奥法遵循这样一个原理，即通过发挥围岩承载环的主动作用使洞室的围岩（岩体或土层）成为承载结构部件。"

新奥法的基本原理是通过适当的支护，控制因洞室开挖形成的应力重分布来最大限度地利用围岩的自承能力。

新奥法的主要原则如下：

（1）围岩是洞室的主要承载结构，而不是单纯的荷载，它具有一定的自承能力。支护的作用是保持围岩完整，与围岩联合作用形成稳定的承载环。

（2）尽量保持围岩原有的结构和强度，防止围岩的松动和破坏。宜采用控制爆破(预裂、光面爆破)或全断面掘进等开挖方法。

（3）尽可能做到适时支护。通过工程类比、施工前的室内试验和施工过程中对洞室围岩收敛变形、锚杆应力及喷混凝土支护应力的监测，正确了解围岩的物理力学特性与空间和时间的关系，适时调整支护方案。过早过迟的支护均为不利。

（4）支护本身应具有薄、柔、与围岩密贴和早强等特性，支护施工应快速简便有效，使围岩尽快封闭而处于三向受力状态。

（5）岩层开挖后至永久支护完成期间，要进行现场量测，由收敛等量测数据，来指导初步和二次支护的时间及参数。

（6）洞室尽可能为圆形断面，或由光滑曲线连接而成的断面，以避免应力集中。围岩较差的情况下应尽快封闭底拱，使支护与围岩共同形成闭合的环状结构，以利稳定。

（7）良好的施工组织和施工人员的良好素质对洞室结构施工的安全稳定经济快速非常重要。合理安排防渗、排水、开挖、出渣、支护、封闭底拱，导洞进度等项工序，形成稳定合理的工作循环。

新奥法的基本原则可以归纳为"少扰动、早喷锚、勤量测、紧封闭"，是一种设计、施工、监测相结合的科学的隧洞建造法。控制爆破、喷锚支护与施工监测是新奥法的三大支柱，其中施工监测对锚喷支护的设计和施工起着重要的作用，而喷锚本身仅是一种支护型式，可以把它称为"新奥法"的核心，而不是"新奥法"的全部内容。

三、现代支护理论和传统支护理论的区别

现代支护理论和传统支护理论区别主要表现在以下几个方面。

（1）对围岩和围岩压力的认识方面：传统支护理论认为围岩压力由洞室塌落的围岩"松散压力"造成，而现代支护理论则认为围岩具有自承能力，围岩作用于支护上的压力不是松散压力，而是阻止围岩变形的形变压力。

（2）在围岩和支护间的相互关系上：传统支护理论把围岩和支护分开考虑，围岩作为荷载，支护作为承载结构，而现代支护理论则将围岩和支护作为一个整体，共同参与工作。

（3）在支护功能和作用原理上：传统支护只是为了承受荷载，现代支护则是为了及时稳定和加固围岩。

（4）在设计计算方法上：传统支护主要是确定作用在支护上的荷载，现代支护的作用荷载是岩体地应力，由围岩和支护共同承担。

第二节 地下工程支护措施常用设计方法

地下工程支护措施的常用设计方法有工程类比法（直接和

表 8.8.2-1 国内部分工程喷锚支护设计工程实例

电站名称	修建年代	洞室尺寸(长×宽×高)(m)	岩性	围岩分类	覆盖厚度(m)	实测地应力(MPa)		弹性模量(GPa)	抗压强度(MPa)		抗剪强度		喷混凝土厚(cm)	钢筋网	锚杆						锚索		
															拱顶			边墙					
						最大主应力	最小主应力		干	湿	f	c (MPa)			直径	杆长(m)	间距(m)	直径	杆长(m)	间距(m)	预应力(kN)	长度(m)	间距(m)
溪洛渡	在建	430.26×28.4(26.6)×75.6	斑状玄武岩	Ⅰ、Ⅱ类	340～480	14.79～21.06		17～36 变形模量	200～300		1.35～1.64	2.5～2.8	10～20	Φ8@20×20cm	Φ32	6.8～7.8(普通) 8～9(预应力150kN)	1.5×1.5	Φ32	6/8 交错布置	1.5×1.5	1500～1750	15～20	3×4.5
龙滩	已建	388.5×28.9(30.7)×76.4	砂岩、泥板岩	Ⅱ、Ⅲ类	100～280	8.5～12		16～22 变形模量	砂岩 130，泥板岩 40～80		1.1～1.5	1.48～2.45	20	Φ6@25×25cm	Φ28/32	6(普通) 8(预应力150kN)	1.5×1.5	Φ28/32	6/9.5 交错布置	1.5×1.5/1.2×1.2	2000	20	4.5×6
小湾	已建	298.1×30.6(28.3)×79.88	黑云母、花岗片麻岩、角闪斜长片麻岩	Ⅰ、Ⅱ类	300～400	25.4		35～40	>90		1.2～1.5	0.05～0.1	20	Φ6.5@20×20cm	Φ28/36	6/9	3×3 施工期局部加密	Φ28	4.5/6	2.5×2.5 施工期局部加密	1800/3000	25	5×5
锦屏一级	在建	276.99×25.9×68.83	大理岩	Ⅲ$_1$类	180～350	35.7		铅直 13～22 水平 16～22	60～75		1.07	1.50	15～20	Φ8@20×20cm	Φ32	7/9(预应力120kN)	1.5×1.5	Φ32	6/8 交错布置	1.5×1.5	1500～1750	15～20	3×4.5
向家坝	在建	245×31(33)×87.685	砂岩	Ⅱ类	110～220	8.2～12.2		12～20 变形模量	65.6～79.4		1.30～1.50	1.5～2.0	20		Φ25/32/36	5/6/8	1.5×1.5	Φ25/32/36	5/6/8	1.5×1.5	1750	30/40	4.5×6
二滩	已建	214.9×(25～30.7)×65.58	正长岩、玄武岩、辉长岩	Ⅱ、Ⅲ类 Q=4～51	200～480	正长岩 20～30 玄武岩 30～40		5～35 变形模量	160～208	100～173	0.84～1.73	0.84～1.73	顶拱 15cm，边墙 10cm	局部钢纤维混凝土	Φ30	6/8	1.5×1.5	Φ25	5/7	1.5×1.5	1750	15～25	3×6 3×4.5 4.5×4.5
锦屏二级	在建	352.4×25.8(28.3)×72.2	大理岩	Ⅲ类为主	180～320	10.1～22.9		水平 12～17 垂直 9～15	80～90	65～80	0.9～1.20	0.7～1.0	15	挂网喷聚丙烯	Φ28/32	6/8	1.5×1.5	Φ28/32	6/9	1.5×1.5	1750	20～30	4.5×4.5
大朝山	已建	233.9×24.9×63	玄武岩	Ⅱ、Ⅲ类	69～220	13～16.9		24～57 变形模量		62～85	1.25～1.3	0.8	20	Φ8@20×20cm	Φ32	6.2/8.2	1.5×1.5	Φ32	4/6.2/8.2	1.5×1.5(预应力160/200)	200	20～25	(4.5,6.5)×5.25

续表

电站名称	修建年代	洞室尺寸(长×宽×高)(m)	岩性	围岩分类	覆盖厚度(m)	实测地应力(MPa) 最大主应力	实测地应力(MPa) 最小主应力	弹性模量(GPa)	抗压强度(MPa) 干	抗压强度(MPa) 湿	抗剪强度 f	抗剪强度 c(MPa)	喷混凝土厚(cm)	钢筋网	锚杆 拱顶 直径	锚杆 拱顶 杆长(m)	锚杆 拱顶 间距(m)	锚杆 边墙 直径	锚杆 边墙 杆长(m)	锚杆 边墙 间距(m)	锚索 预应力(kN)	锚索 长度(m)	锚索 间距(m)
泰安	已建	115.3×24.5×55.775	混合花岗岩、闪长岩脉、灰绿岩脉	Ⅱ～Ⅲ类	210～240	12	7	34.9～61.8	207～247	116～252	1.19～1.48	4.18～6.5	15	Φ6@20×20cm	Φ25	6.1	1.5×1.5	Φ28/25	6.1/8.1	1.5×3.0			
宜兴	已建	155.3×22×52.4	岩屑砂岩夹泥质粉砂岩	Ⅲ～Ⅳ类	310～370	8.26～16.01	2.38～7.93	1.0～7.0 变形模量		22～56	0.5～0.9	c′=0.2～0.8	15～20	钢筋拱肋	Φ32	6/8	1.5×1.5	Φ32	6/10 交错布置	1.5×1.5	1500	25	6×6
宝泉	已建	91×21.5×47.52	灰色花岗片麻岩	Ⅱ～Ⅰ类	430～540	23.41～27.6		10～27 变形模量	150	85～100	0.9～1.4	1.0～2.1	10(钢纤维)		Φ25	4.5	2×2	Φ28/25	8/4.5	2×2/4			
桐柏	已建	182.7×(24.5～25.9)×56	花岗岩	Ⅱ、Ⅲ类 Q=1.24～27.6	～200	10.92～12.19	3.35～6.29	7.3～25 变形模量		湿 120	0.40～0.70	0.51～0.63	12(钢纤维)		Φ25	4.5/7.1	1.5×1.5	Φ25	4.5/8.1	1.5×1.5			
广蓄	已建	146×21×44.5	黑云母花岗岩	Ⅱ、Ⅲ类 Q=8～23	300	14	8.6	1.15×10⁴ 变形模量	81(建议值)		1.0	17	15	Φ6 15×15cm	Φ28	4.5m,拱座 7m	1.5×1.5	Φ25	4.3/7	1.5×1.5			
天荒坪	已建	192.7×21×47.2	凝灰岩	Q=24.9～75	250	17～27	4～4.2	(1.0～3.0)×10⁴ 变形模量	湿>100		1.0～1.19	2～3	15	Φ6～Φ8 18×18cm	Φ25	4.6　7.1	1.5×1.5	Φ25	4～6	1.5×1.5			
鲁布革	已建	125×19×39.4	角砾状灰岩、白云岩、白云质灰岩	Q=8～18	300	13.5～18	3.5～5.2	(1.5～4.0)×10⁴	45～60	40～55	1.43～2.14	0.5～0.7	15	Φ8～Φ12 25×25cm	Φ25	4～6	1.5×1.5	Φ25	4～6	1.5×1.5			
十三陵	已建	149×20.7×44	砾岩	Ⅱ、Ⅲ类 Q=8～14	250	9.5～11.7	1.3～8.8	铅直 4.0×10⁴ 水平 4.0×10⁴	70～80	50	1.0～1.19	4.2～1.0	20	Φ12 20×20cm	Φ22　Φ28	3.5　8	1.5×1.5	Φ22　Φ28	6　8	1.5×1.5			

间接)、数值理论计算、现场监控法。一般用工程类比法先进行初步设计，再根据工程实际情况（主要是围岩力学性能和岩体结构类型等），选择合适的理论计算方法，分析洞室稳定性，验算初步设计的支护参数；施工中对“围岩—支护”力学动态进行必要而有效的现场监控量测，根据监测提供的信息和围岩详勘结果，结合理论数值反演计算分析，复核初步支护措施的安全度，调整和完善原设计支护措施，使之更适合现场实际。

一、支护设计对地质工作的要求

锚喷支护对地质参数的选择是建立在对地质情况比较清楚的基础上的，它不但要求对洞室围岩的整体稳定有明确的评价，而且对围岩局部稳定更需要有比较具体和客观的分析。

(1) 提出洞室各段的地质剖面，c'、f'值，外水压力等参数。

(2) 对断面上的结构面组合和每个块体的稳定性进行工程地质分析，提出顶拱，洞壁不同部位的地质参数，为设计布置不同的锚杆方向、深度、间距，喷混凝土厚度和钢筋网的设置范围等提供依据。

(3) 了解洞室应力分布大小，并考虑在新的应力调整后，岩体可能产生的恶化程度，提出加强软弱面（带）抗滑稳定的必要措施。

(4) 在地下水集中地段提出引导排水，消减外水压力的措施，以及封堵的必要性。

(5) 施工前后应加强洞室附近的岩体稳定和地下水的观测研究。

二、工程类比法——直接工程类比法

工程类比法属于经验设计方法，一般是以围岩的岩体强度和岩体完整性、地下水影响程度、洞室埋深、可能受到的地应力、工程的形状和尺寸、施工的方法、施工的质量以及使用要求等方面因素作为类比条件，将设计的工程与上述条件基本相同的已建工程进行对比，由此确定锚喷支护的类型与参数。在实际应用中，一般只考虑工程地质条件和洞室的大小，根据已建类似工程的支护参数进行类比。

表 8.8.2-1 为国内水电站工程中比较有代表性的工程支护实例，供参考使用。

三、围岩分类法——间接工程类比法

岩体分类是岩体稳定性评价的一种简易快速的方法，目前国内主要常用的是水电工程围岩分类法、国标 BQ 岩体质量分级法、挪威巴顿 Q 系统、比奥尼斯基 RMR 法。

(一) 水电围岩工程地质分类法

水电围岩工程地质分类法各跨度洞室相应推荐支护参数见表 8.8.2-2。

(二) 国标 BQ 岩体质量分级法

国标 BQ 岩体质量分级法（GB 50218—94）各跨度洞室相应推荐支护参数，见表 8.8.2-3。

表 8.8.2-2　水电工程围岩分类法推荐支护参数表

围岩类别	洞室开挖直径或跨度（m）					
	$D<5$	$5<D<10$	$10<D<15$	$15<D<20$	$20<D<25$	$25<D<30$
Ⅰ	不支护	不支护或 50mm 喷射混凝土	(1) 50～80mm 喷射混凝土。 (2) 50mm 喷射混凝土，布置长 2～2.5m，间距 1～1.5m 锚杆	100～120mm 喷射混凝土，布置长 2.5～3.5 间距 1.25～1.5m 锚杆，必要时设置钢筋网	120～150mm 钢筋网喷混凝土，布置长 3～4m 间距 2m 的锚杆	150mm 钢筋网喷混凝土，相间布置长 4m 锚杆和长 5m 张拉锚杆，间距 1.5～2m
Ⅱ	不支护或 50mm 喷射混凝土	(1) 80～100mm 喷射混凝土。 (2) 50mm 喷射混凝土，布置长 2～2.5m，间距 1～1.25m 锚杆	(1) 100～120mm 钢筋网喷射混凝土。 (2) 80～100mm 喷射混凝土，布置长 2～3m，间距 1～1.5m 锚杆，必要时设置钢筋网	120～150mm 钢筋网喷射混凝土，布置长 3.5～4.5 间距 1.5～2m 锚杆	150～200mm 钢筋网喷射混凝土，布置长 3.5～5.5 间距 1.5～2m 锚杆，原位监测变形较大时修改支护参数	
Ⅲ	(1) 80～100mm 喷射混凝土。 (2) 50mm 喷射混凝土，布置长 2～2.5m，间距 0.75～1.0m 锚杆	(1) 120mm 钢筋网喷射混凝土。 (2) 80～100mm 钢筋网喷射混凝土，布置长 2～3m，间距 1～1.5m 锚杆	100～150mm 钢筋网喷射混凝土，布置长 3～4m，间距 1.5～2m 锚杆，原位监测变形较大时进行二次支护	150～200mm 钢筋网喷射混凝土，布置长 3.5～5m，间距 1.5～2.5m 锚杆，原位监测变形较大时进行二次支护		
Ⅳ	80～100mm 钢筋网喷射混凝土，布置长 1.5～2m，间距 1.0～1.5m 锚杆	150mm 钢筋网喷射混凝土，布置长 2～3m 间距 1～1.5m 锚杆，原为监测变形较大部位进行二次支护	200mm 钢筋网喷射混凝土，布置长 4～5m 间距 1～1.5m 锚杆，原为监测变形较大的部位进行二次支护，必要时设置钢拱架或格栅拱架			
Ⅴ	150mm 钢筋网喷射混凝土，布置长 1.5～2m，间距 0.75～1.25m 锚杆，原位监测变形较大部位进行二次支护	200mm 钢筋网喷射混凝土，布置长 2.5～4m、间距 1～1.25m 锚杆，必要时设置钢拱架或格栅拱架。原位监测变形较大部位进行二次支护				

注　1. Ⅳ、Ⅴ类围岩为辅助工程措施，即施工安全措施。
2. 本表不适用于埋深小于 2 倍跨度（直径）的地下洞室和特殊土、岩溶洞穴发育的洞室。
3. 二次支护可以是锚喷支护或现浇钢筋混凝土支护。

表 8.8.2-3　　国标 BQ 岩体质量分级法推荐支护参数表

围岩类别	毛洞跨度 B(m)				
	$B\leqslant5$	$5<B\leqslant10$	$10<B\leqslant15$	$15<B\leqslant20$	$20<B\leqslant25$
Ⅰ	不支护	50mm 厚喷射混凝土	（1）80～100mm 厚喷射混凝土。（2）50mm 厚喷射混凝土，设置 2.0～2.5m 长的锚杆	100～150mm 厚喷射混凝土，设置 2.5～3.0m 长的锚杆，必要时配置钢筋网	120～150mm 厚钢筋网喷射混凝土，设置 3.0～4.0m 长的锚杆
Ⅱ	50mm 厚喷射混凝土	（1）80～100mm 厚喷射混凝土。（2）50mm 厚喷射混凝土，设置 1.5～2m 长的锚杆	（1）120～150mm 厚喷射混凝土，必要时配置钢筋网。（2）80～120mm 厚喷射混凝土，设置 2.5～3.0m 长的锚杆，必要时配置钢筋网	120～150mm 厚钢筋网喷射混凝土，设置 3.0～4.0m 长的锚杆	150～200mm 厚钢筋网喷射混凝土，设置 5.0～6.0m 长的锚杆，必要时设置长度大于 6.0m 长的预应力或非预应力锚杆
Ⅲ	（1）80～100mm 厚喷射混凝土。（2）50mm 厚喷射混凝土，设置 1.5～2m 长的锚杆	（1）120～150mm 厚喷射混凝土，必要时配置钢筋网。（2）80～100mm 厚喷射混凝土，设置 2.0～2.5m 长的锚杆，必要时配置钢筋网	100～150mm 厚钢筋网喷射混凝土，设置 3.0～4.0m 长的锚杆	150～200mm 厚钢筋网喷射混凝土，设置 4.0～5.0m 长的锚杆，必要时设置长度大于 5.0m 长的预应力或非预应力锚杆	
Ⅳ	80～100mm 厚喷射混凝土，设置 1.5～2m 长的锚杆	100～150mm 厚钢筋网喷射混凝土，设置 2.0～2.5m 长的锚杆，必要时采用仰拱	150～200mm 厚钢筋网喷射混凝土，设置 3.0～4.0m 长的锚杆，必要时采用仰拱并设置长度大于 4.0m 的锚杆		
Ⅴ	120～150mm 厚钢筋网喷射混凝土，设置 1.5～2.0m 长的锚杆，必要时采用仰拱	150～200mm 厚钢筋网喷射混凝土，设置 2.0～3.0m 长的锚杆，采用仰拱，必要时加设钢架			

（三）挪威巴顿 Q 系统

Q 系统广泛用于地下工程的支护设计。为了将 Q 值和地下洞室的支护要求联系起来，Barton 定义了等效开挖尺度 D_e 这一参数：

$$D_e=\frac{\text{洞室跨度、直径或高度}}{\text{开挖支护比 ESR}}$$

开挖支护比 ESR 与洞室的使用目的、维持洞室稳定性所要求安装的支护系统的安全程度有关，Barton 建议 ESR 按表 8.8.2-4 取值。

表 8.8.2-4　　开挖支护比 ESR 取值

洞室类型		ESR
A. 临时采矿巷道		3～5
B. 垂直竖井	a. 圆形断面	～2.5
	b. 矩形或方形断面	～2.0
C. 永久采矿巷道、水工隧洞（不包括高压管道）、平洞、竖井和大型开挖工程的导洞		1.6
D. 蓄水室、水处理厂、非等级公路和铁路隧洞、调压室、交通隧洞		1.3
E. 电站、大的公路和铁路隧洞、防空洞、进出口段		1.0
F. 地下核电站、火车站、体育或公共设施、工厂		0.8
G. 长期都很重要的洞室和隧洞，输汽管线隧道		0.5

等效开挖尺度 D_e 和围岩的 Q 值决定了地下工程的支护类型和支护量，Barton 根据 1000 多个工程案例总结出如下支护参数推荐图（图 8.8.2-1）。图中横坐标表示 Q 值，左侧纵坐标表示等效尺寸，右侧纵坐标表示推荐的锚杆长度。

图 8.8.2-1 所示的支护参数对洞室的顶拱是有效的，但边墙的支护要求通常可减少一些。Q 系统用于边墙的支护，实际的 Q 值作表 8.8.2-5 的转换。采用墙的高度代替跨度计算边墙的等效开挖尺度。在支护表中用边墙等效开挖尺度和转换后得到的 Q 值来决定合适的边墙支护。

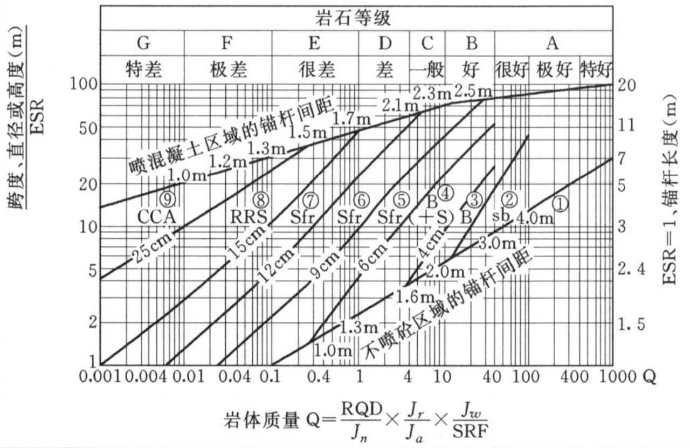

支护分类：

①不支护

②随机锚杆，sb

③系统锚杆，B

④系统锚杆，（喷素混凝土 4－10cm），B(＋S)

⑤锚杆＋喷钢纤维混凝土 5－9cm，Sfr＋B

⑥锚杆＋喷钢纤维混凝土 9－12cm，Sfr＋B

⑦锚杆＋喷钢纤维混凝土 12－15cm，Sfr＋B

⑧喷钢纤维混凝土＞15cm 喷混凝土＋锚杆，Sfr，RRS＋B

⑨混凝土衬砌，CCA

图 8.8.2-1　Q 系统支护参数推荐图

表 8.8.2-5　　边墙 Q 值调整表

质量好的岩体（Q＞10）	实际的 Q 值×5
质量中等岩体（0.1＜Q＜10）	实际的 Q 值×2.5（在高应力情况下，使用实际 Q 值）
质量差的岩体（Q＜0.1）	使用实际 Q 值

（四）比尼奥斯基 RMR 法

RMR 法分类开挖和支护建议措施见表 8.8.2-6。

表 8.8.2-6　　RMR 法对 10m 跨度的岩石隧洞开挖和支护指南

岩体等级	开挖	支护		
		20mm 直径的注浆锚杆	喷混凝土	钢支撑
Ⅰ类岩体（RMR：81～100）	全断面开挖，3m 一个进尺	除点锚杆外，一般无需锚杆	—	—
Ⅱ类岩体（RMR：61～80）	全断面开挖，1～1.5m 进尺，距掌子面 20m 处完全支护	在拱顶局部部位，使用长 3m，间距 2.5m 的锚杆，偶尔使用钢筋网	必要时在拱顶喷 5mm 厚	—
Ⅲ类岩体（RMR：41～60）	顶部导洞和分布开挖，顶部导洞 3m 一个进尺，每次爆破后立即支护，距掌子面 10m 处完全支护	在拱顶和边墙部位使用 4m 长、1.5～2.0m 间距的系统锚杆，在顶拱使用钢筋网	顶拱喷 50～100mm 厚，边墙 30mm 厚	—
Ⅳ类岩体（RMR：21～40）	顶部导洞和分布开挖，顶部导洞 1～1.5m 一个进尺，在开挖的同时距掌子面 10m 处安装支护	在顶拱合边墙部位使用长 4～5m、间距 1～1.5m 的系统锚杆和钢筋网	顶拱喷 100～150mm 厚，边墙喷 100mm 厚	在需要的地方，轻型至中型钢架，间距 1.5m
Ⅴ类岩体（RMR：<21）	顶部导洞多断面掘进 1～1.5m，在开挖的同时安装支护，每次爆破后要尽快喷混凝土	在顶拱合边墙部位使用长 5～6m、间距 1～1.5m 的系统锚杆和钢筋网，底拱锚杆	顶拱喷 150～200mm 厚，边墙喷 150mm 厚，掌子面喷 50mm 厚	中型至重型钢架，间距 0.75m，在需要的地方使用钢质挡板和超前锚杆，闭合底拱

四、数值理论计算法

随着计算机技术与岩土本构关系研究的进展，支护系统的数值计算法有了新的发展。用弹塑性力学理论分析围岩和支护结构的有限元程序迅速普及；边界元及边界元与有限元耦合法在隧道工程中的应用也有不少成果；用于裂隙岩体的块体理论和离散元理论也有相应的程序。计算技术与数学方法的应用，使地下工程的一些问题有进行定量分析与研究的可能。但是数值计算也存在其不足之处：一是研究的方向、途径、策略手段、工具及其操作程序的选择需要探讨；二是地下工程的开挖支护是一个系统工程，地质条件又复杂多变，导致数值分析模型缺少基础理论支持。主要表现在以下几方面：本构模型无法完全和现场实际情况匹配；回归统计的概率模型过于简单；位移反分析力学模型的假设缺少理论支持；模型试验尚难以实现时空模拟；围岩承载特征曲线的测量难以实现等。所以数值计算在实际的支护设计中，主要起辅助参考与验证作用。

五、现场监控法

现场监控法又称信息设计法，自 20 世纪 50 年代以来，国际上开始通过对地下工程的量测来监视围岩和支护的稳定性，并逐渐应用现场量测结果来校正和修改设计，近年来，现场量测与数值计算紧密结合，已形成了一整套监控设计的原理和方法。其原理主要是通过现场测试获得关于稳定性和支护系统工作状态的数据，然后根据量测数据，通过计算工作以确定支护系统的设计和施工对策。

监控设计内容包括现场量测、量测数据处理及量测数据反馈三个方面，量测的主要信息有：围岩表面及内部的位移、应力变化、围岩与衬砌间的接触压力、衬砌内部的应力、支护锚杆（索）的应力等，通过以上量测数据进行数据整理和数据反馈。量测数据反馈一般有定性反馈（或称经验反馈）与定量反馈（或称理论反馈）。定性反馈主要根据工程师的经验以及理论上的推理所获得的一些准则，直接通过量测数据与这些准则进行比较而反馈于设计与施工；定量反馈则是以测量数据作为计算参数，或根据测量数据反推出一般计算方法中的计算参数（即所谓反演分析法），然后再进行计算正分析，根据计算结果预测并反馈于设计和施工。

该方法具有一定的实用和可靠性，但工作量、耗资和对施工的干扰都较大。

第三节　地下工程常用支护措施类型

地下工程常用的支护措施有喷混凝土、钢筋网、锚杆、预应力锚杆、预应力锚索、钢筋拱肋、钢拱架、超前小导管或管棚、超前灌浆等类型。

一、喷混凝土

喷混凝土是利用压缩空气或其他动力，将按一定配比拌制的混凝土混合物沿管路输送至喷头处，以较高速度垂直喷射在围岩表面，依赖喷射过程中水泥与骨料的连续撞击，压密而形成的一种混凝土。

喷混凝土支护具有及时性、粘结性、柔性以及密封性的工作特性。开挖后能立即提供支护抗力；与围岩紧密粘结，粘结强度不小于 1.0MPa，能在结合面上传递剪应力、拉应力；喷射混凝土薄层，可加纤维，允许围岩有一定变形；喷射混凝土没有施工缝，具有良好的密封性，阻止充填物流失。

喷混凝土支护加固围岩的主要作用为：

(1) 喷层具有一定的拱效应，可改善洞室围岩的应力状态。

(2) 起封闭围岩的作用，避免围岩的风化坍塌。

(3) 喷射混凝土由于有较高的喷射速度和压力，浆液能充填围岩张开的节理裂隙，使被分割的岩块相互联结，保持镶嵌、咬合效应，起到一定的加固围岩的作用。

在地下工程中，喷射混凝土不仅能单独作为一种加固手段，而且能和锚杆支护紧密结合，成为岩土锚固工程的核心技术。

喷射混凝土按施工工艺分，有干喷法、湿喷法以及水泥裹砂喷射混凝土三种。干喷法骨料回弹率高，工作环境粉尘大，与岩面粘结强度低，一般用于临时支护；湿喷法克服了上述缺点，配合比精准，平均强度高，施工质量可得到可靠保证，湿喷法尤其最适宜喷纤维混凝土和喷硅粉钢纤维混凝土的施工，主要用于洞室的永久支护。水泥裹砂喷射混凝土造壳工艺、水灰比能够控制，因此各项强度指标以及抗渗、抗冻和耐久性能高于干喷法。喷射混凝土按添加的掺合料可分为喷素混凝土、喷（硅粉）钢纤维混凝土、喷聚丙烯混凝土、喷特种混凝土（纳米特种外加剂混凝土）等。

二、钢筋网

在跨度大、工程等级高或地质条件差（如：Ⅳ、Ⅴ类围岩等）的地下工程以及喷锚衬砌作为永久过流衬砌的有压水工隧洞中，锚喷联合支护中配有钢筋网是一种传统的支护类型。

设置钢筋网的作用：①混凝土应力分布均匀，加强喷射混凝土的整体工作性能；②减少或避免破碎岩体的掉块，确保施工安全；③提高喷射混凝土的抗震性能；④承受喷射混凝土的收缩压力，阻止因收缩而产生的裂缝；在喷射混凝土与围岩的组合拱中，钢筋网承受拉应力。

三、锚杆

锚杆支护可以主动地加固围岩，有效地控制其变形，防止岩体坍塌破坏的发生。

锚杆的作用主要有以下几方面：

(1) 悬吊作用。锚杆支护通过锚杆将软弱、松动、不稳定的块体悬吊于稳定的岩层中，以防止其滑落。

(2) 组合梁作用。锚杆支护将顶拱薄层状岩体紧固成组合梁，提高岩体承载力。

(3) 挤压加固作用（组合拱理论）。在洞室周边布置系统锚杆，可在围岩中形成一个均匀的压缩带，即承压拱，用以承受其上部破碎岩体施加的径向荷载。

(4) 围岩强度强化。锚杆支护作用的实质改善锚固区岩体力学参数，强化锚固区围岩强度，特别是强化围岩破裂后的强度，保持地下工程的围岩稳定。

地下工程常用的锚杆支护类型有：普通水泥砂浆锚杆、中空注浆锚杆、水胀式锚杆、缝管式锚杆、自进式锚杆、锚筋束、玻璃纤维锚杆。

（一）普通水泥砂浆锚杆

普通水泥砂浆锚杆（图 8.8.3-1）是全长粘结式锚杆，利用水泥砂浆与锚杆的粘结力和砂浆与岩层的粘结力而达到锚固岩层的目的。该锚杆具有结构简单、适应性强、锚固性能好等特点，可适用于各种地层，主要用于隧洞及竖井等永久性工程的支护；但需注意注浆时容易造成砂浆空洞，浆体不密实，不能及时提供锚固力等特点。

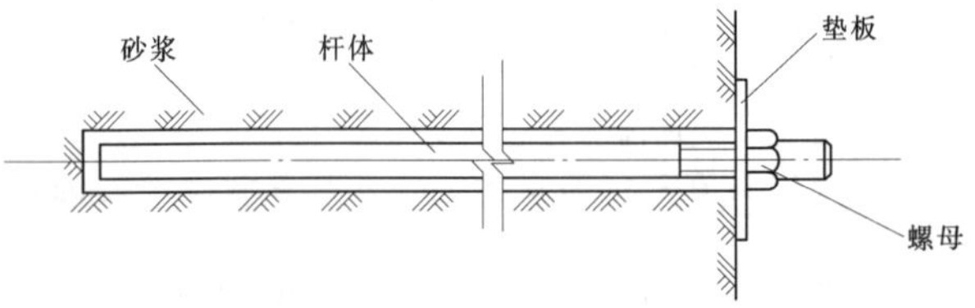

图 8.8.3-1　普通水泥砂浆锚杆

锚杆杆体材料宜采用Ⅱ、Ⅲ级钢筋，钢筋直径宜为 16～32mm，水泥砂浆强度等级不应低于 M20，设计锚固力不小于 50kN。

（二）中空注浆锚杆

中空注浆锚杆（图 8.8.3-2）也属于全长粘结式锚杆，是在锚杆安装后，通过中空的杆体向围岩注浆，确保锚杆孔注浆饱满，将松散岩体胶结成整体，以提高围岩的强度和自承力，并保证锚固支护永久可靠性。

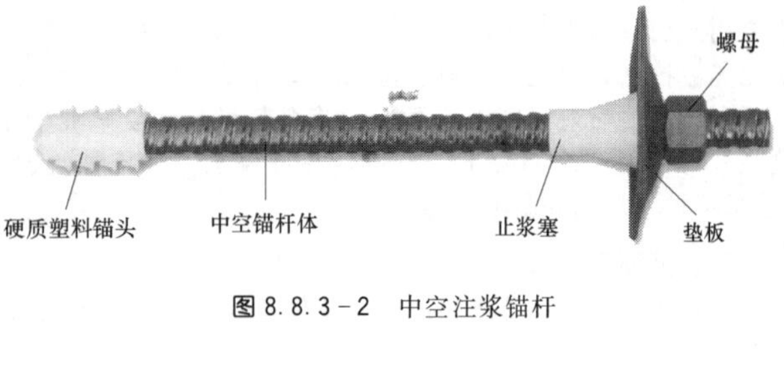

图 8.8.3-2　中空注浆锚杆

此种锚杆适用于地下洞室边顶拱仰角区域，锚杆孔注浆饱和不易保证施工质量的锚杆，该类型锚杆最大的优点是注浆施工方便、锚杆注浆质量高。

（三）水胀式锚杆

水胀式锚杆（图 8.8.3-3）是摩擦式锚杆，为一异形断面的无缝钢管，两端密封，借助 25～30MPa 的高压水将异形钢管鼓胀并贴紧孔壁，沿整个锚杆全长产生了摩擦力和机械自锁力，从而加固岩体。试验结果表明，在软弱地质条件下，水胀式锚杆比缝管式锚杆能承受更高的荷载。可适用于各种地层，主要用于岩爆岩体或软弱、蚀变岩体的快速临时支护，抗拔力不小于 100kN。

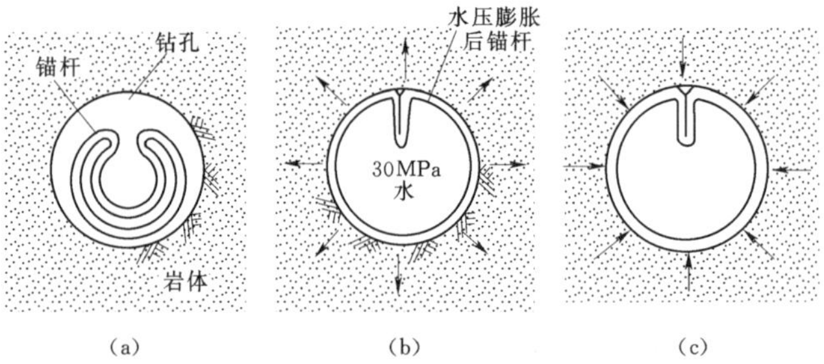

图 8.8.3-3　水胀式锚杆

水胀式锚杆具有如下优点：安装方便迅速，耗时 1～2min；及时全长受载、受力均匀；对孔径孔深无特殊要求；抗爆抗震性好；不需要进行冲击、拉伸、聚酯材料或水泥砂浆等。缺点是价格贵；安装需专用泵及其接头；搬运必须特别小心；管壁薄，易锈蚀，不宜作永久支护。

（四）缝管式锚杆

缝管式锚杆（图 8.8.3-4）也是摩擦式锚杆，是用风钻或其他专用机具将纵向开缝的薄壁钢管强行挤入比其外径较小的钻孔中（硬岩为 2mm，软岩为 3.5mm），依靠钢管对孔壁的径向压力而起到摩擦锚固作用的锚杆，锚固力可达 70～90kN。锚杆杆体材料为 45 号钢或低合金钢，钢管采用钢板卷压成型法加工而成，外径 38～45mm，壁厚 2～2.5mm，缝宽 13～18mm，锚杆长度一般为 1.2～1.5m，最长为 1.8～2.0m 或更长。

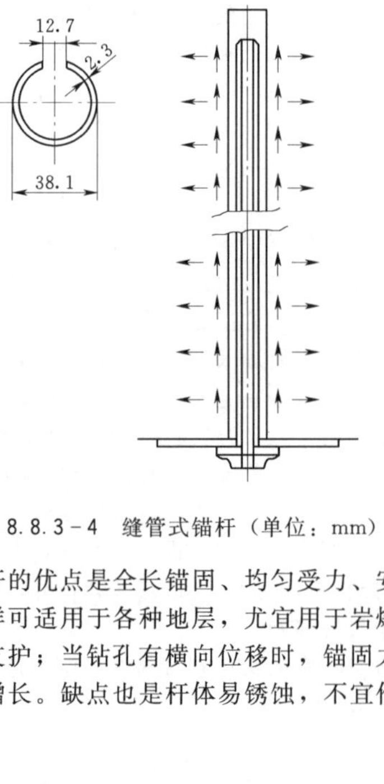

图 8.8.3-4　缝管式锚杆（单位：mm）

缝管式锚杆的优点是全长锚固、均匀受力、安全性好，与水胀式锚杆一样可适用于各种地层，尤宜用于岩爆岩体或软岩体的快速临时支护；当钻孔有横向位移时，锚固力更大，且锚固力随时间而增长。缺点也是杆体易锈蚀，不宜作永久支护。

（五）自进式锚杆

自进式锚杆（图 8.8.3－5）是一种将钻孔、锚杆安装、注浆、锚固合而为一的锚杆，钻杆即为锚杆体，并使用等截面中空管取代钢筋，具有高效、可靠、施工方便的特点，能保证在各种不同的复杂地层中的锚固效果，主要适用于破碎围岩、风化岩、碎石层、砂砾层和圆卵石层等钻孔难以形成、易于塌孔地层的锚固。

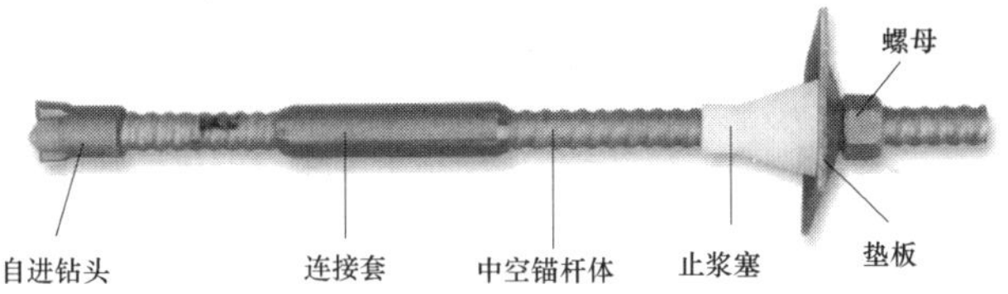

图 8.8.3－5 自进式锚杆

自进式锚杆系列较多，目前工程中常用的是自进式注浆锚杆与自进式注浆胀壳式锚杆，后者安装后可以及时施加预应力。锚杆杆体为连续的螺纹状中空钢管，可利用配套的连接套连接，注浆是通过快速注浆接头将锚杆尾端与注浆泵相连，通过中空杆体实现压力注浆，可达到固结破碎岩体、隔断地下水及锚杆防腐的目的。

（六）锚筋束

为提高单孔的锚固力，可以采用锚筋束支护岩体，锚筋束（图 8.8.3－6）就是在一个锚孔内插入由数根钢筋焊接组成的钢筋束对岩体进行锚固的支护型式。主要适用于地下洞室或边坡内体量较大、锚固布置区域有限的潜在不稳定块体锚固。

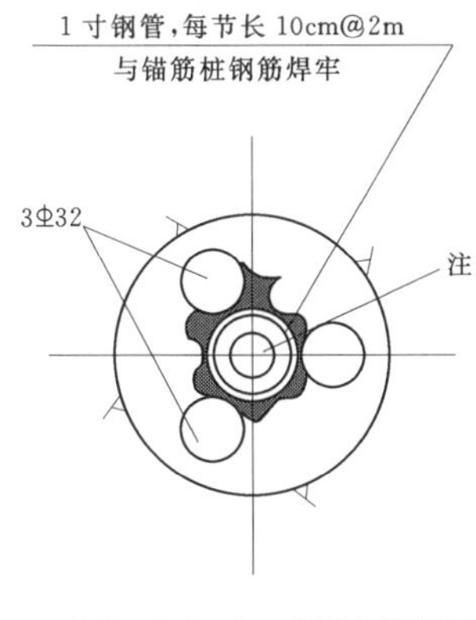

图 8.8.3－6 锚筋束横断面

锚筋束的钻孔直径应以锚筋束的外接圆直径，再考虑砂浆最小包裹厚度来确定；锚筋束应焊接牢固，并至少焊接两个对中环，对中环外径比钻孔孔径小 10mm 左右；锚筋束宜采用“先插杆后注浆”的施工工艺，注浆管和排气管应牢固地固定在锚筋束内并保持畅通，随锚筋束一起插入孔内。

（七）玻璃纤维锚杆

玻璃纤维锚杆是以合成树脂为粘结剂、玻璃纤维为增强材料、采用拉挤成型方法制成的玻璃纤维杆体，其优点是重量轻、强度高，相对密度 1.8～2.1，抗拉强度为 600～700MPa，可以部分取代钢筋锚杆。玻璃纤维杆体具有可切割性，同时具有良好的防腐性能。可适用于变形较小的硬脆性地层或块体稳定锚固，主要适用于需要二次扩挖的初期导洞或掌子面的临时安全支护，以及 TBM 掘进开挖的超前支护等。

玻璃纤维锚杆杆体本身伸长率很小，杆体破裂时玻璃纤维纵向裂开，杆体间仍有玻璃纤维相连。杆体（直径 16mm）抗剪力 26～40kN，采用全长树脂锚固效果更好。

四、预应力锚杆

预应力锚杆由锚头、杆体及垫板组成，通过锚头产生的锚固力对围岩施加一定的预压应力，主动地加固围岩。

根据锚固方式或锚固材料的不同，常用的预应力锚杆有机械胀壳预应力锚杆、树脂预应力锚杆、水泥药卷预应力锚杆。

（一）机械胀壳预应力锚杆

机械胀壳预应力（图 8.8.3－7）锚杆的基本原理是利用其锥形的端部在沿螺纹旋转时，将两片带有倒钩的外壳胀开，使其压紧在岩壁上而产生锚固力。其优点是装锚后能立即发挥支护作用，并且可以通过拧紧螺帽对锚杆施加低吨位（不超过 50～80kN）的预应力，缺点是锚固会逐渐松弛，需要经常拧紧螺帽，且杆体没有砂浆保护，容易锈蚀，故多用作临时支护。若后续对杆体进行水泥注浆，可以作为永久支护。

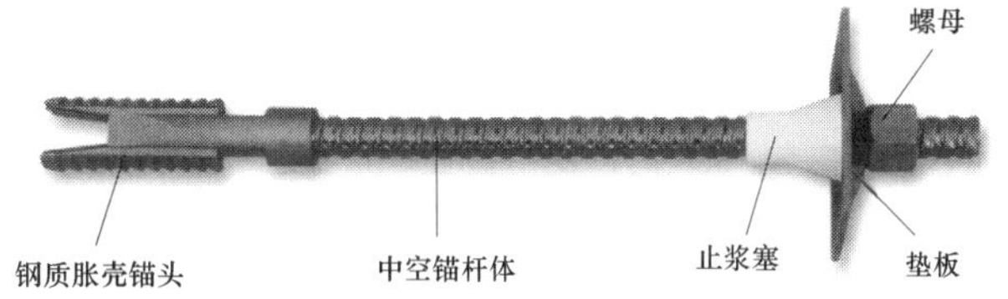

图 8.8.3－7 机械胀壳预应力锚杆

机械胀壳式锚杆适合于坚硬的岩石，由于与楔形体接触的岩石变形和破坏，它们在密集节理化岩石和软弱岩石效果中不太好，也不适用附近受到爆破振动的锚固。

（二）树脂预应力锚杆

树脂预应力锚杆的锚固端采用树脂卷作为锚固剂，由树脂药包、杆体及垫板等组成。树脂预应力锚杆具有承载快、锚固力大、安全可靠、施工操作相对简便、适用范围广等优点，且控制围岩位移和抗震性能好，适用于Ⅰ～Ⅳ类的围岩主动支护，克服了机械胀壳预应力锚杆不宜使用在密集节理化岩石和软弱岩石的弱点。但是锚固端的树脂药包需要机械高速搅拌均匀才能迅速凝固发挥端头锚固作用，限制了它在一些机械不方便到达区域的使用。

树脂预应力锚杆的杆体材料宜用Ⅱ级钢筋，直径为 16～32mm；锚头的锚固长度宜为 500～1000mm；设计锚固力不应低于 50kN。鉴于树脂锚杆的长期抗腐蚀保护能力存在某些不确定性，现行一般的做法是采用端头锚固采用树脂卷并施加预应力，自由拉伸杆体采用水泥注浆，确保锚杆的长期耐久性。

（三）水泥药卷预应力锚杆

水泥药卷预应力锚杆的锚固端采用快硬水泥药卷作为锚固剂，通过快硬水泥对岩壁和杆体的粘结而起张拉锚固作用。自由张拉段采用缓凝水泥药卷作为后续锚杆的锚固与防腐层。

水泥药卷制作简便、材料来源广泛、成本低，便于机械化操作，安装速度快，无粉尘危害，适用于Ⅰ～Ⅳ类的围岩支护。

水泥药卷预应力锚杆的杆体材料宜用Ⅱ级钢筋，直径为 16～32mm；锚头的锚固长度宜为 1000～2000mm；设计锚固力不应低于 50kN。

五、预应力锚索

预应力锚索是一种可承受拉力的结构系统。它是通过钻孔将锚索束体固定于深部稳定的地层中，并在被加固岩体表面通过张拉产生预应力，从而达到使被加固岩体稳定和限制其变形的目的。

预应力锚索一般以群组形式出现，具有很强的主动调控性，它将结构与地层紧密地联结在一起，形成共同工作的体系，属高效预应力范畴，是一种高效、经济的加固技术。

预应力锚索由外锚索束体、锚头和锚固孔三部分组成。常用的锚索类型为有粘结预应力锚索、无粘结预应力锚索和对穿式预应力锚索。

（一）有粘结预应力锚索

有粘结预应力锚索（图 8.8.3-8）就是内锚固段采用水泥浆或水泥砂浆固结、张拉段亦采用全长粘结式的拉力型锚索，即二次注浆锚索。二次注浆锚索的特点是一旦锚头失效，锚索大部分仍能保持预应力。

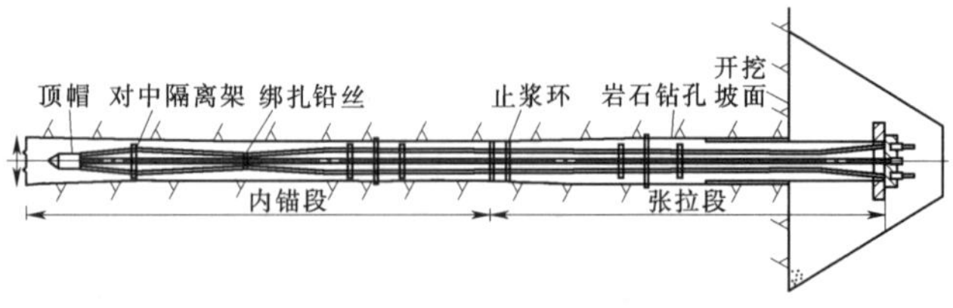

图 8.8.3-8　有粘结预应力锚索

（二）无粘结预应力锚索

1. 拉力集中型无粘结预应力锚索

此种锚索为内锚固段采用水泥浆或水泥砂浆固结、张拉段采用自由式的拉力型锚索。其特点是局部岩体变形引起的局部应力，能分布在整个张拉段上（图 8.8.3-9）。

拉力集中型无粘结预应力和有粘结预应力锚索结构简单、施工方便，造价较低，但其内锚固段受力机制不尽合理，在内锚固段底部岩体产生应力较集中的拉应力，使内锚固段上部产生较大的拉力，易把浆体拉裂，影响抗拔力和锚索的永久性。适用于预应力值较低的永久锚索类型。pH＜5 的酸性地层、岩体变形较大需要随时调整锚索拉力大小以及观测锚索不宜采用。

2. 压力分散型无粘结预应力锚索

此种锚索的锚索体也是采用无粘结钢绞线，多级承载板式的结构较简单，在不同长度的无粘结钢绞线末端套以承载板和挤压套（图 8.8.3-10）。当锚索体被浆体固结后，以一定荷载张拉对应于承载体的钢绞线时，设置在不同深度部位的数个承载体将压应力通过浆体传递给被加固体，这样对在锚固段范围内的被加固体提供分散均匀布置的锚固力。

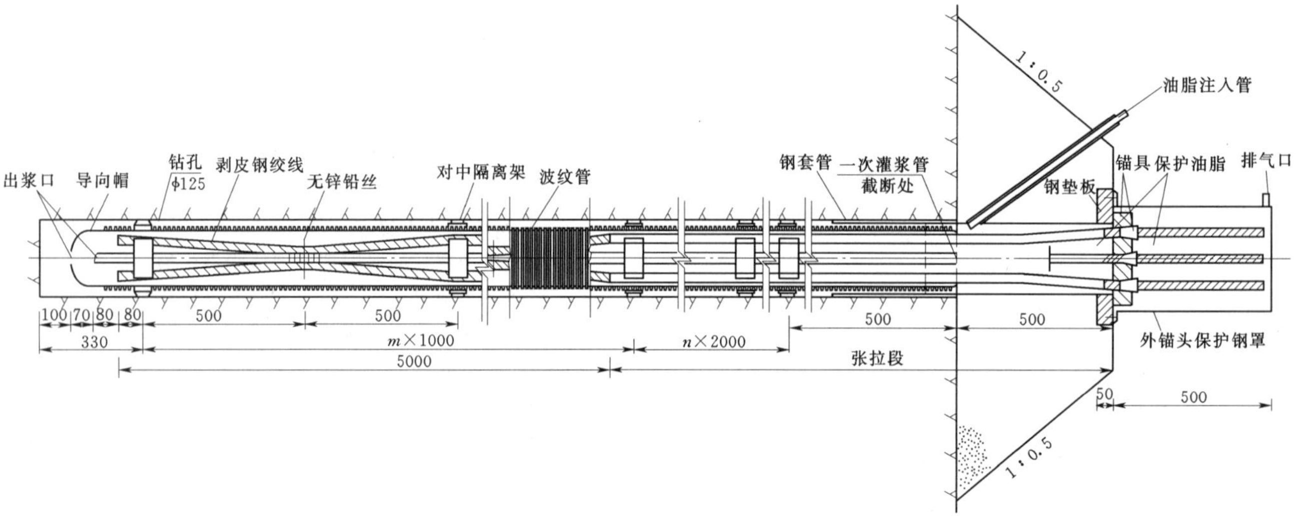

图 8.8.3-9　拉力集中型无粘结预应力锚索（单位：mm）

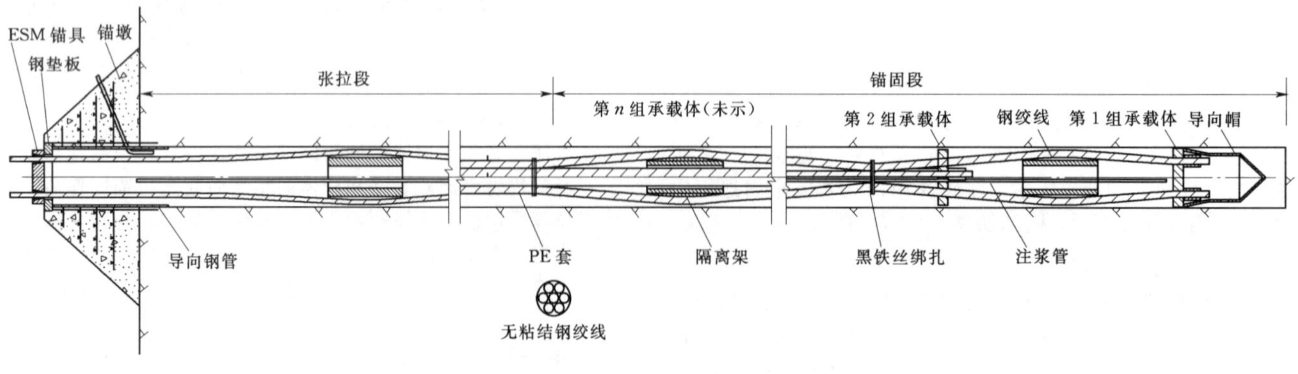

图 8.8.3-10　压力分散型无粘结预应力锚索

承载板的数量、位置和间距依据加固地层的地质情况而定，这样才能从不同位置调动锚固区内岩体的承载能力，使岩层提供较大的锚固力。其优点是锚固段注浆体受压而且分散受力、受力更合理，适用于预应力值较高的锚索类型。缺点是由于分散受力，锚索各股钢绞线长度不一样，造成长期工作状态钢绞线的拉伸应力很难一致、锚索预应力的调整不方便、施工操作繁琐。

（三）对穿式预应力锚索

对穿式预应力锚索（图 8.8.3-11）锚固孔为通透孔，在锚孔两边均可方便施工，因此该类锚索没有内锚头，两端均安设外锚头即可。

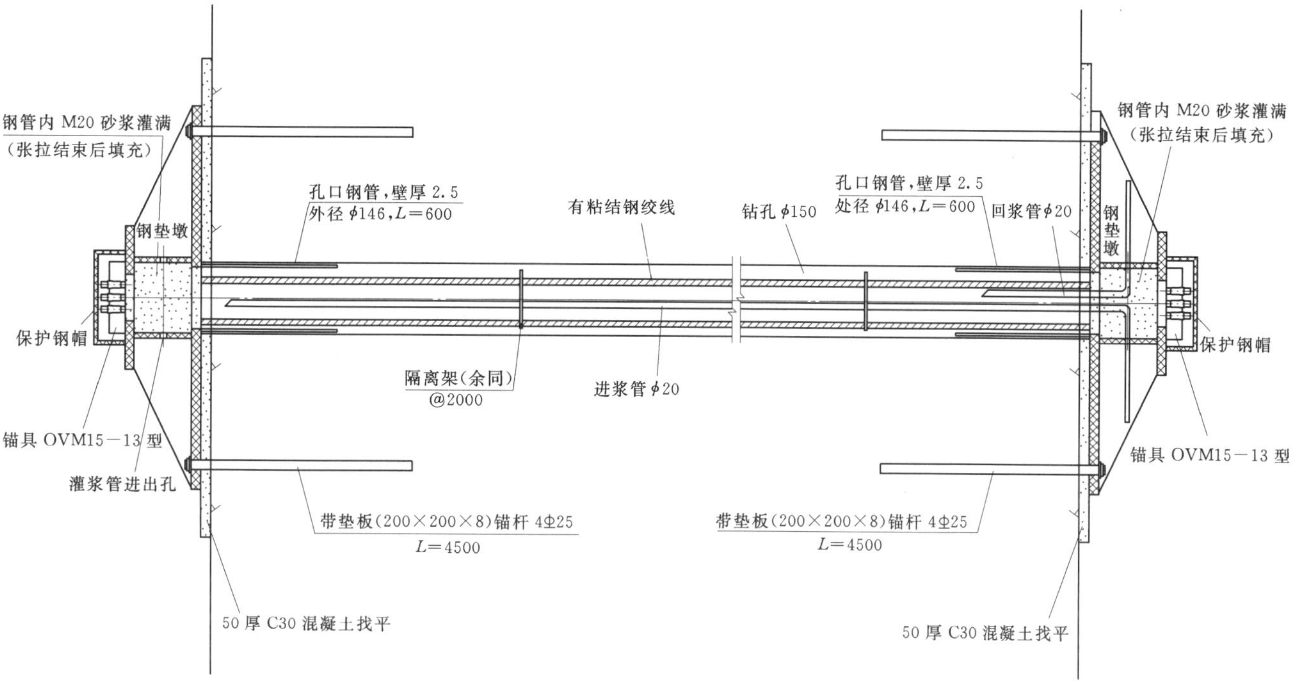

图 8.8.3－11　对穿式预应力锚索

该类锚索充分利用工程环境所提供的条件，简化了锚索结构，省掉了约占锚索长度 1/3～1/4 的内锚段，降低了工程造价。同时可双向建立预应力，加固效果比端头锚好，是一种理想的加固型式。

六、钢筋拱肋

为克服钢筋网柔性有余、刚度不足而钢架需要稳固基础的缺点，在分层开挖的大型地下洞室顶拱支护中常采用钢筋拱肋（图 8.8.3－12）取代钢架，以加强挂网喷层的刚度。

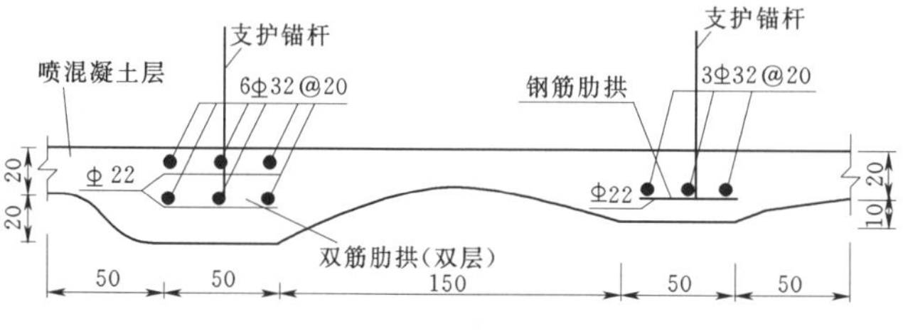

图 8.8.3－12　钢筋拱肋横剖面图（单位：mm）

钢筋拱肋就是将 3 根或 4 根拱形的粗钢筋用钢板并排焊在一起作为顶拱支护的环向筋，钢筋间距 80～150mm，拱肋间距 1.0～2.0m，采用Ⅱ级钢筋，直径一般取 22～32mm，纵向钢筋直径相应的增大。钢筋拱肋需要通过锚杆与围岩连成一体，并用喷射混凝土覆盖，混凝土保护层厚度不应小于 40mm。

七、钢架

对于围岩自稳时间很短，在喷锚支护作用发挥以前就要求工作面稳定时，或为抑制围岩大的变形，需要增强支护抗力时，宜采用钢架喷射混凝土支护。

钢架分格栅钢架和型钢钢架两类。格栅钢架是用钢筋焊接加工而成的桁架式支架，横截面有矩形和三角形两种（图 8.8.3－13），采用分段式拼装。格栅钢架特点是，刚度适中，容许围岩适度变形，又能及时提供支护抗力，限制围岩过大变形；能很好地随喷射混凝土与围岩密贴，支护效果好；重量较轻，造价低。一般在围岩变形较小时采用。

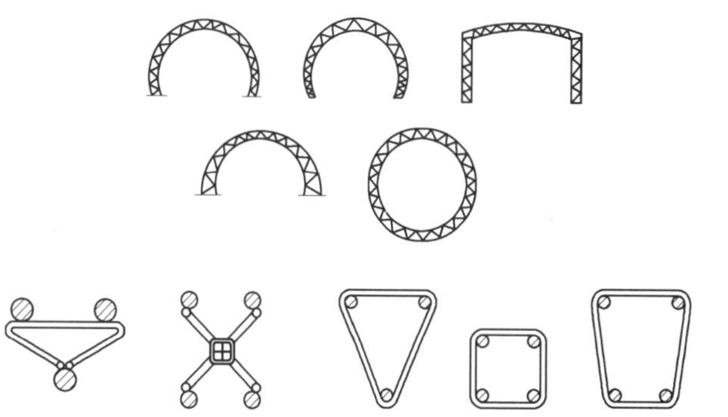

图 8.8.3－13　格栅钢架型式与断面型式

型钢钢架（图 8.8.3－14）一般采用工字钢加工而成，刚度大，一般在围岩变形较大时采用，常用的工字钢型号有工 14～工 25。

图 8.8.3－14　型钢钢架

钢架应通过锁脚锁腰锚杆与围岩连成一体，以增强联合支护效应。并用喷射混凝土覆盖，注意将钢拱架与岩面之间的缝隙喷射密实，尽可能确保钢架与围岩密贴，混凝土保护层厚度不应小于 40mm。

钢架纵向间距一般不大于 1.2m，前后榀钢架之间应设置纵向钢拉杆或斜支撑形成整体，钢架的立柱应埋入地坪下的深度不应小于 250mm，以保证拱脚的稳定。

八、超前小导管或管棚

在软弱围岩中进行隧洞开挖时，为保证掌子面前方围岩的稳定性或提高掌子面的自稳能力，确保施工安全，常采用超前小导管或管棚、超前灌浆等超前预支护技术。

（一）超前小导管

超前小导管（图 8.8.3-15）是沿初期支护外轮廓线，以一定仰角向掌子面施打 ϕ32～45 带灌浆孔的小导管并注浆，充分填充岩体空隙，形成一定厚度的加固体。其作用是稳定掌子面前方的岩体，以达到控制开挖松弛、坍塌、沉降，从而提高掌子面的自稳性。

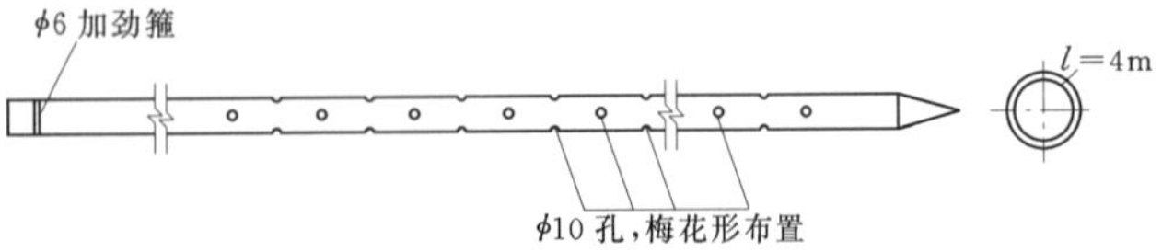

图 8.8.3-15　小导管

超前小导管支护适用于自稳时间短的软弱破碎带、浅层软弱围岩和严重偏压以及富水、涌水隧洞的超前支护。

超前小导管和钢架支护配合使用，根据现场试验和施工经验，小导管支护的设计参数一般为：小导管的长度以 3～4.5m 为宜，外插角 7°～20°为宜，小导管环向布置间距 25～35cm，导管之间的纵向搭接长度不宜小于 1.0m。

小导管灌浆浆液可采用水泥浆或水泥砂浆，富水洞段可用水泥水玻璃双液浆，灌浆压力 0.5～1.0MPa。

（二）管棚

管棚支护是沿开挖轮廓周线钻设与隧洞轴线平行的钻孔，插入不同直径的钢管，并向管内注浆，固结管周边的围岩，并在预定的范围内形成棚架的支护体系。管棚的作用主要有梁效应和加固围岩的效果。

管棚支护主要适用于第四系覆盖层、软岩、岩堆、破碎带等易于崩塌、松弛、软化的散体状岩层。

根据钢管直径的不同，可分为大直径管棚（ϕ100 以上）和中等直径管棚（ϕ=80～100mm 之间）。

管棚和钢架支护配合使用，设计参数建议如下：钢管中心间距 300～400mm，上仰角 1°～3°为宜，上抬量值根据围岩沉降变形估算，一般不小于 150mm，前后榀管棚之间的纵向搭接长度不小于 2.0m。

九、超前灌浆

当隧洞通过富水地段易发生涌水或掌子面前方的围岩软弱破碎易塌方时，可以采用超前灌浆在隧洞掌子面前方的围岩周围形成止水加固层，实现对围岩超前加固，提高围岩的整体性和承载能力，防止隧洞涌水和垮塌的发生。该方法注浆效果较好，不受隧洞埋深影响，缺点是工作面窄小，注浆与开挖须交替进行，钻孔定位较复杂。

超前小导管以及管棚的预注浆是超前灌浆的一种，也可直接对掌子面前方的围岩进行钻孔灌浆，进行加固围岩或封堵地下水。

第四节　特殊条件下的地下工程支护处理措施

一、浅埋洞室的支护措施设计

（一）浅埋洞室的力学特性

埋深小于 3 倍洞径的浅埋地下洞室和埋深小于 1 倍洞径的特浅埋地下洞室，由于浅埋洞室的覆盖岩层不可能形成完整的支承拱，浅埋洞室开挖后，由开挖面顶拱首先下沉，影响和带动着其顶部围岩以整体形式垂直向下变形，若不采取有效措施加以控制，则一般会影响到地面，甚至整体下沉。

对于上述浅埋地下洞室，尤其是软弱破碎围岩中的浅埋地下洞室，应该及时采取加强支护措施承载围岩松散荷载，而无法利用围岩的自承能力，也不能允许围岩有较大的下沉位移。

（二）浅埋洞室的设计、施工特点

浅埋洞室在一般设计中，为了安全计按松散体理论进行计算，即支护结构承受上部覆盖的全部围岩重量。由于浅埋洞室周边围岩无法形成完整的支承拱，是属于整体滑塌破坏，支护结构主要承受岩体的松散压力，它比同类中等埋深洞室支护结构所承受的荷载要更大一些，因此其支护强度应比同类中等埋深洞室要大一些。一般应采用喷锚网联合支护或带钢拱架的喷锚网联合支护，对Ⅳ、Ⅴ类围岩还应该设置仰拱，并在必要时采用固结灌浆或长锚杆、超前锚杆、长管棚、钢拱架、钢筋混凝土衬砌等方法进行加固。当采用喷锚支护作为永久支护结构的条件见表 8.8.4-1，其参数可以采用工程类比法并结合监控量测与理论计算确定。

表 8.8.4-1　宜采用喷锚支护的浅埋岩石隧洞条件

围岩级别	洞顶岩石层厚度	毛洞跨度（m）	水文地质条件
Ⅲ	0.5～1.0 倍洞径	<10	无地下水
Ⅳ	1.0～2.0 倍洞径	<10	无地下水
Ⅴ	2.0～3.0 倍洞径	<5	无地下水

浅埋洞室的一般施工支护措施具体如下：

（1）开挖循环遵循短进尺原则，进尺深度宜小于 1.0m。

（2）预先加固地层法，通常采用从地表预先注浆的方法和水平式注浆管棚是一种行之有效，也可采用地表竖向砂浆锚杆方法。

（3）视围岩地质条件，在掌子面前加设钢拱架或钢格栅配合顶拱超前锚杆或超前管棚联合支护。如在地质条件较差的松散岩体内或软土基础内的浅埋地下洞室，应及时进行紧跟掌子面的衬砌支护，如有条件应采用盾构施工。

（4）为了提高支护的强度和刚度，进一步控制围岩变形，紧跟掌子面开挖掘进，及时施工短而密的浅埋隧洞周边径向锚杆，并喷射混凝土或钢纤维混凝土封闭开挖岩面。

（5）若属于洞口的浅埋洞室，则开洞之前宜沿洞周布置超前锁口锚杆，锁口锚杆长度要大于 3m，保证在两个爆破进尺后还有足够的锚固长度，要有 10°以上的外倾角，保证锁口锚杆锚定在围岩松动区以外。

（6）及时进行施工期现场量测，监测围岩或支护后的变形情况，掌握好支护时机，及时调整支护方案与支护参数。

浅埋洞室开挖要遵循“短进尺、多循环、弱爆破、强支护、勤观测”的原则。

二、不良地质洞段的开挖支护原则

不良地质洞段包括断层破碎带、软岩带、涌水带、膨胀土洞带、溶洞、岩爆区等，其共同特性是围岩自承能力差，自稳时间短。

不良地质洞段的设计、施工要点有：

（1）根据围岩的具体情况，需要增加超前锚杆、超前管棚、超前预灌浆。在支护上需要进一步强化，如加钢筋肋或格栅钢架等手段，用以充分调动或提高围岩自承能力。

（2）支护时间应该及时或尽早，并充分利用掌子面空间效应，即掌子面对其附近的围岩变形起约束作用，紧跟支护距掌子面距离应在2倍洞径范围之内。

（3）设计时要在设计开挖轮廓线外预留一定的围岩变形量，确保设计要求的净空尺寸。

（4）破碎软弱围岩中开挖需要采用自上而下的分层开挖，循环进尺小于1.0m，目的是减少一次爆破的炸药量，从而减少对围岩的震动影响，而且减少石渣量从而缩短出渣时间，以便及时迅速支护最不安全的顶拱，然后层层开挖，层层支护。不宜在劣质围岩中采用左、中、右程序的分块开挖。

（5）在地下水丰富的破碎围岩开挖施工中，必须首先解决地下水问题，可以采用打排水孔集中排水或灌浆堵水的方法，最好的方法是超前排水和超前灌浆。

（6）为了掌握施工中围岩和支护的力学动态和稳定程度，以及确定施工程序，保证施工安全，应重视现场监控变形观测，及时修正施工。

（7）注重施工质量，必须进行控制爆破，采用浅进尺、密集孔，减少单孔装药量，即降低总药量和单位耗药量。

不良地质洞段的施工，应以“先治水、短开挖、弱爆破、强支护、早衬砌、勤监测、稳步前进”为指导原则。

三、塌方洞段的支护处理与措施

（1）不良地质洞段发生塌方应该及时迅速处理，处理时必须详细观测塌方的范围、形状、塌穴的地质构造，查明塌方发生的原因和地下水活动情况，制定处理方案。

（2）处理塌方前应先加固未坍塌地段，防止继续发展，并可按下列原则根据不同塌方程度和塌方原因进行针对处理：

1）小塌方：首先加固塌方体两端洞身，并抓紧喷射混凝土或采用锚喷联合支护封闭塌穴顶部和侧部，再进行清渣。也可以在塌渣上架设临时支架，稳定顶部，再进行清渣。临时支架需等灌注混凝土衬砌达到要求强度后才能拆除。

2）大塌方：宜先护后挖的方法。在查清塌穴规模大小和穴顶位置后，可采用管棚法和注浆固结法稳固岩体和渣体（在掌子面设置混凝土封堵墙并进行向塌方体内泵送混凝土和注浆），待其基本稳定后，按先上部后下部的顺序清除渣体，采用短进尺、弱爆破、早封闭的原则开挖渣体，并尽早完成衬砌。

3）塌方冒顶：在清渣前应支护陷穴口，地层很差时，在塌陷口附近地面设置地表锚杆，洞内可采用管棚法和钢架联合支护。

4）洞口塌方：可采用暗洞明做的方法。

（3）处理塌方的同时，应加强防、排水工作。塌方往往与地下水活动有关，治塌先治水。防止地表水渗入塌方体或地下，引截地下水，防止其渗入塌方地段，以免扩大塌方。具体措施如下：

1）地表沉陷和裂缝，用不透水土壤夯实紧密，开挖截水沟，防止地表水渗入塌滑体。

2）塌方通顶时，应在陷穴口地表四周挖沟排水，并设雨棚遮盖穴顶。陷穴口回填应高出地面并用黏土或圬工封口，做好排水。

3）塌方体内有地下水活动时，应用管槽等措施引至排水沟排出。防止塌方范围扩大。

（4）塌方地段的衬砌，应视塌穴的大小和地质情况予以加强。衬砌背后与塌穴洞孔周壁间必须紧密支撑。当塌穴较小时，可用泵送混凝土或浆砌片石将塌穴填满；塌穴较大时，可先用泵送混凝土或浆砌片石回填一定厚度，其上空间应采用钢支撑等顶住稳定围岩。水工有压隧洞的塌穴，应采用混凝土回填密实。

（5）要加强观测监控，增加测量频率，根据测量信息及时研究对策。

四、岩爆洞段的支护处理与措施

（一）岩爆控制原则

深埋高地应力地下洞室的岩爆控制原则一般从两个方面入手：一方面尽可能改善掌子面前方的围岩应力状态，减缓洞室围岩内的应力与能量集中强度，包括减少单次爆破开挖循环进尺、采用应力解除爆破技术、超前钻设应力释放孔等，从源头上实现对岩爆发生可能性和发生程度的控制，减缓加固施工安全和及时性方面的压力，并减少加固支护工作量；另一方面是提高洞室围岩抗冲击能力，即采用钢拱架与锚网喷联合支护手段，及时加固围岩结构，尽量减少开挖岩层的暴露面和暴露时间，这既可以通过支护系统提高和维持围岩一定的径向压力，使围岩的应力状态尽快从平面转向三轴应力状态，也可以通过限制未支护段长度，来提高和维持未支护段围岩的拱效应，以达到延缓或抑制岩爆发生的目的。

（二）岩爆防治措施

引水隧洞岩爆防治处理措施主要采用控制爆破和及时锚喷支护，即短进尺光面控制爆破开挖，岩爆强烈洞段宜配合应力解除爆破开挖→危石清理及高压水冲洗→及时喷射混凝土覆盖岩面→及时实施防岩爆锚固措施（包括快速锚杆、挂网等）→后续紧跟掌子面实施系统锚杆支护。实践证明，由钢纤维喷层、钢筋网和锚杆构成的支护系统可以延缓强烈的冲击型破坏，保证施工安全，后续的系统喷锚支护则可以作为永久支护，提高支护系统的安全性。一般岩爆洞段开挖支护施工程序如下：

（1）在岩爆频发洞段开挖隧洞，要求采用短进尺开挖掘进，每次开挖进尺小于1.5m，充分利用掌子面前方的屈服低应力区使得小进尺的开挖可以在一种低应力条件下完成，并严格实施光面爆破，以达到开挖轮廓线圆顺，避免凹凸不平造成的应力集中。强烈与极强岩爆洞段应将应力解除爆破作为日常性爆破作业的一部分。

（2）在岩爆洞段开挖爆破后宜待避一段时间，待岩爆自然缓解后再出渣，并及时针对开挖掌子面和周边洞壁进行高压水冲洗，清除松动危石。

（3）岩爆强烈洞段开挖前应考虑超前锚杆预支护和掌子面的喷护封闭措施。

（4）隧洞开挖后及时采用喷护钢纤维混凝土的措施封闭开挖裸露面，初喷层厚度一般不小于5.0cm，必要时可以采用挂网喷混凝土等加强支护措施，为后续工序提供安全保证。

（5）在掌子面和周边洞壁喷护完成后，进行洞周防岩爆锚杆的钻设施工，防岩爆锚杆要求设置钢垫板，并通过锚杆垫板固定挂网钢筋网片。防岩爆锚杆可采用机械胀壳式中空注浆锚杆或水胀式锚杆等。

（6）以上工作应在掌子面出渣以后4～5h以内完成，最迟也必须在下一个爆破循环开始之前完成。

（7）在初喷混凝土、钢筋网片、防岩爆锚杆等措施的保护下，及时进行全断面系统锚杆的施工和二次混凝土的喷射，隧洞的系统支护跟进工作面距离开挖掌子面不宜大于1倍洞径，在岩爆强烈洞段根据具体情况布置钢拱架。

地下工程岩爆防治措施归纳见表8.8.4-2。

表 8.8.4-2　　地下工程岩爆防治措施

防治措施 岩爆等级	预防措施	治理措施	爆破方式
轻微岩爆（Ⅰ）	一般进尺控制在 2～3m；尽可能全断面开挖，一次成形，以减少围岩应力平衡状态的破坏；及时并经常在掌子面和洞壁喷撒水；部分Ⅱ级岩爆段必要时可以用超前钻孔应力解除法来释放部分应力，岩爆连续发生段，在施工后可以进行适当的待避，等岩爆高峰期过后再作业	局部岩爆段可以通过初喷 5～10cm 厚的 CF30 硅粉钢纤维混凝土来防止洞壁表面岩体的剥离；对岩爆频繁段，随机安设预制钢筋网片和 3m 长胀壳式预应力锚杆或水胀式锚杆	光面爆破为主，必要时采用应力解除爆破
中等岩爆（Ⅱ）		采用挂网锚喷支护法，喷 5～10cm 厚的 CF30 硅粉钢纤维混凝土＋10cm 挂网喷混凝土；采用 3m 长胀壳式预应力锚杆或水胀式锚杆，间距 1.5m×1.5m。视岩爆强度随机增设钢筋拱肋。及时进行系统锚杆的施工	
强烈岩爆（Ⅲ）	一般进尺应控制在 1.5～2.0m 以内；采用打超前应力孔法来提前释放应力、降低岩体能量；及时在掌子面和洞壁经常喷撒水，必要时可均匀、反复地向掌子面高压注水，以降低岩体地强度；在一些岩爆连续发生段施工后可以适当地进行待避，等岩爆高峰期过后再作业	采用挂网锚喷支护法，喷 10cm 厚的 CF30 硅粉钢纤维混凝土＋5cm 挂网喷混凝土；采用 4m 长胀壳式预应力锚杆或水胀式锚杆，间距 1.0m×1.0m。系统布置钢拱架，间距 1.0m。后期采用全断面钢筋混凝土衬砌作为二次支护	应力解除爆破
极强岩爆（Ⅳ）		采用挂网锚喷支护法，喷 10cm 厚的 CF30 硅粉钢纤维混凝土＋10cm 挂网喷混凝土；采用 5m 长胀壳式预应力锚杆或水胀式锚杆，间距 0.6m×0.6m。系统布置钢拱架，间距 0.6m。后期采用全断面钢筋混凝土衬砌作为二次支护	

五、大变形洞段的支护处理与措施

大变形洞段一般指变形数值大和变形持续时间长的岩体洞段。岩体产生大变形的主要原因：

(1) 膨胀性围岩的膨胀作用，如黏土类矿物、蒙脱土、高岭土、伊利石等具有亲水性矿物岩体，吸水后体积会发生显著膨胀而导致大变形。

(2) 软弱围岩的挤压作用，即围岩本身在隧道开挖前后无本质改变，只是在高地应力作用下，本身强度与变形模量较低的软弱岩体，向开挖临空面发生非线性挤压大变形，并常常呈现出明显的塑性和流变性质。

(一) 膨胀性围岩洞段支护处理与措施

(1) 加强调查、量测围岩的压力和流变。在施工过程中应对围岩压力及其流变情况进行充分调查和量测，分析其变化规律。对地下水也应探明分布范围及规律，了解地下水对围岩膨胀变形的影响，以便根据围岩动态采取相应的工程措施。

(2) 合理选择施工方法。在施工中应以尽量减少对围岩产生扰动和防止水的浸湿为原则，宜采用无爆破掘进法，如风镐、液压镐等开挖。在开挖过程中遵循短进尺原则，每循环不大于 0.5～1.5m，并尽可能缩短围岩暴露时间，以尽快恢复洞壁因岩体开挖而解除的部分围岩压力，减少围岩膨胀变形。

(3) 防止围岩湿度变化。为了避免因膨胀性围岩吸水引起体积变化，产生胀缩效应，隧道开挖后应及时喷射混凝土封闭和支护围岩。在有地下水渗流隧道，应采取切断水源并加强隧道防排水措施，如注浆堵水、钻孔插管集中引排等，防止施工积水对围岩的浸湿。

(4) 应紧跟开挖掌子面及时进行围岩喷锚支护。可以采用挂网或钢纤维混凝土提高喷层的抗拉和抗剪能力，当膨胀压力很大时，可用喷锚及钢拱架联合支护，并应尽可能使隧道的二次钢筋混凝土衬砌及早闭合，使隧道四周围岩尽早受到三向受力约束，特别要注意应尽快封闭仰拱，使支护体系与围岩共同形成闭合的环状结构。

(二) 挤压性围岩洞段支护处理与措施

(1) 隧道断面形状要尽量与围岩压力分布适应，宜采用圆形、椭圆形或马蹄形等曲线形断面。椭圆形断面隧道的长轴宜与垂直于洞轴线平面内的较大主应力方向相一致。

(2) 在不使围岩发生有害松散变形的前提下，容许围岩发生较大的变形，以充分发挥围岩的自承作用，减少支护抗力，使喷锚支护达到经济合理，安全可靠。因此，设计断面尺寸必须在开挖净空轮廓的基础上，预留围岩周边相对位移变形量。

(3) 支护设计要遵循重视监控量测、分期支护、先柔后刚的指导思想。初期支护应采用既具有一定柔性又能快速实施的喷锚支护，包括可缩式钢拱架，使围岩塑性区得到一定的发展，以完成适度的岩体应力释放和卸压作用，二次支护的作用是承受长期蠕变阶段的围岩压力，以保证洞室围岩的长期稳定，可采用网喷、钢拱架喷混凝土或现浇、预制块钢筋混凝土复合结构。

1) 一般先通过工程类比确定初步喷锚支护参数，更主要是采用监控量测，根据量测数据及时调整支护参数，使“围岩～支护”的变形协调发展。初期喷锚支护（包括可缩式钢拱架）应尽快实施，一般在开挖后的 2h 内施作喷混凝土，8～16h 内完成锚喷支护，以迅速提供连续的支承抗力，使围岩由开挖后的二向应力状态转变为三向应力状态，有效地阻止围岩出现有害松动，同时又在有柔性喷锚支护制约的条件下，允许围岩的塑性变形有一定发展，使围岩应力得到一定释放，以充分发挥围岩的自承作用。为了有效控制围岩变形，系统锚杆长度应穿透整个围岩松动区的厚度。

2) 二次支护的施作时机是保证挤压性大变形围岩稳定的关键。过早的实施二次刚性支护，则由于围岩应力释放不充分，而使二次支护结构承受过大的变形压力，容易造成二次支护破坏。过晚的实施二次刚性支护，由于围岩过量变形造成岩体强度完全丧失而出现有害松动，必然会显著加大支护结构的负担。通过洞室收敛变形和围岩位移量测，可以合理确定二次支护的施作时机，一般考虑同时满足如下三项标准：①隧洞围岩的变形收敛速度明显下降；②隧洞位移相对值已达到总相对位移量的 90%以上；③隧洞周边水平收敛速率小于 0.2mm/d；拱顶或底板垂直位移速率小于 0.1mm/d。

3) 采用仰拱封底，形成全封闭结构，避免隧洞底部没有约束，围岩裸露，形成膨胀和应力释放的集中部位，产生底鼓，造成隧洞墙脚内移和支护结构的严重破坏。

在大变形特征明显、稳定性差的洞段，应考虑实施超前支护措施，包括超前锚杆与超前管棚。

第九篇 岩溶工程地质勘察与评价

第九篇

第一章 岩溶地质基本概念

第一节 岩溶定义和类型划分

一、岩溶的定义

岩溶又称“喀斯特”（Karst），后者因前南斯拉夫喀斯特地区的岩溶地貌和水文现象而得名。近年来，在我国的岩溶地区建成了一大批常规水电站和抽水蓄能电站，其中不少为高坝大库工程，如乌江东风、索风营、乌江渡、构皮滩、思林水电站，北盘江光照水电站，猫跳河各梯级水电站，红水河天生桥二级、大化、岩滩水电站，清江隔河岩、水布垭水电站，以及十三陵、琅琊山抽水蓄能电站等。

岩溶是指可溶性岩石长期被水溶蚀以及由此引起各种地质现象和形态的总称。它既包含了地表和地下水流对可溶性岩石的化学溶蚀作用，也包含有机械侵蚀、溶解运移和再沉积等作用，并形成了各种地貌形态、溶洞、溶隙、堆积物、地下水文网，以及由此引起的重力塌陷、崩塌、地裂缝等次生现象。岩溶作用与其他地质作用的显著区别，在于以化学溶蚀为特征，并在岩体中发育了时代不同、规模不等、形态各异的洞隙和管道水系统。

由于岩溶地质现象的特殊性，在水力发电工程地质勘察中，需结合工程性质、岩溶地质条件与问题进行专门勘察。

二、可溶岩的分类

（一）岩性分类

可溶岩按矿物成分分为四类：

（1）碳酸盐岩类，常见的有：石灰岩、灰质白云岩、白云岩、白云质灰岩、含泥质灰岩、泥灰岩、角砾岩状灰岩（白云岩）、大理岩等。

（2）硫酸盐岩类，主要有石膏、硬石膏、芒硝等。

（3）卤素类岩石，即岩盐、钾盐等。

（4）其他，如钙质胶结碎屑岩中的钙质砾岩、钙质砂岩等。

（二）可溶性

按可溶性进行排序，依次为：卤素岩、硫酸盐岩、碳酸盐岩、钙质胶结碎屑岩。在同类碳酸盐岩中，因矿物成分、结构、构造、产出状态等的不同，可溶性也存在显著差异，一般石灰岩较白云岩强，结晶灰岩较隐晶质灰岩强，粗晶灰岩较细晶灰岩强，厚层较薄层可溶性强。大理岩等变质碳酸盐岩，在矿物重结晶使岩石变得致密后可溶性反而会减弱。

在水力发电工程中，通常遇到的是碳酸盐岩类岩石，故本篇中的可溶岩均指碳酸盐类岩石。

三、可溶岩岩组的类型划分

碳酸盐岩岩组类型，可按《水电水利工程喀斯特地质勘察技术规定》（DL/T 5338—2006）的规定（表 9.1.1-1）或参照表 9.1.1-2 进行划分。

表 9.1.1-1　　碳酸盐岩岩组类型划分表

分类	亚类	分类指标		
		厚度百分比（%）		岩性及岩溶发育特征
		碳酸盐岩	碎屑岩	
纯碳酸盐岩类	均匀石灰岩层组	>90	<10	连续沉积的单层灰岩，无明显碎屑岩夹层，循层面或断层带发育规模较大的洞穴管道系统以及溶隙等
	均匀白云岩层组	>90	<10	连续沉积的单层白云岩，无明显碎屑岩夹层，岩溶发育特征与上述相似，但规模较小
	均匀白云岩石灰岩层组	>90	<10	石灰岩、白云岩互层或夹层沉积，无明显碎屑岩夹层，岩溶发育特征与上述两类相似，其规模介于两者之间
	碳酸盐岩夹碎屑岩层组	70～90	30～10	碳酸盐岩与碎屑岩呈夹层或互层沉积，碎屑岩夹层明显，岩溶发育较弱，且与碎屑岩在层中的比例有关
不纯碳酸盐岩类	均匀状碳酸盐岩层组	30～70	70～30	岩溶发育较弱
	碎屑岩碳酸盐岩互层组	30～70	70～30	岩溶发育极微弱或不发育

表 9.1.1-2　碳酸盐岩岩组类型划分表

分类	亚类	分类指标		
		厚度百分比（%）		岩性组合特征
		碳酸盐岩	碎屑岩	
纯碳酸盐岩类	均匀石灰岩层组	>90	<10	连续沉积的单层灰岩，无明显碎屑岩夹层（<5m），岩石化学成分中酸不溶物含量<10%
	均匀白云岩层组	>90	<10	连续型单层白云岩，无明显碎屑岩夹层（<5m），酸不溶物含量<10%
	均匀白云岩石灰岩层组	>90	<10	石灰岩、白云岩互层或夹层沉积，无明显碎屑岩夹层，碳酸盐岩酸不溶物含量<10%
次纯碳酸盐岩类	石灰岩或白云岩过渡岩类、碳酸盐岩夹碎屑岩层组	70～90	30～10	连续型单层石灰岩或白云岩过渡岩，或夹层型沉积，碳酸盐岩连续厚度大，碎屑岩夹层明显，连续厚度>10%，酸不溶物含量大于10%，小于30%
不纯碳酸盐岩类	碎屑岩、碳酸盐岩间互层岩组	30～70	70～30	碳酸盐岩、碎屑岩互层、夹层沉积或碳酸盐岩较高的泥质、硅质、酸不溶物含量大于30%，小于50%

注　包括变质碳酸盐岩类岩石。

四、岩溶的发育阶段

岩溶发育过程与地壳运动密切相关，地块运动由抬升（或下降）至稳定的过程即为岩溶发育完成了一个旋回。通常把它划分为幼年期、青年期、中年期、老年期等四个发育阶段。

(1) 幼年期。岩溶现象主要在地表发育，地面上出现许多石芽和溶沟以及少数漏斗。

(2) 青年期。岩溶主要向下发展，漏斗、落水洞、干谷、盲谷、溶蚀洼地广泛发育，地表水几乎完全被袭夺转入地下，原来的地面水系消失，而在地下发育河系，只有主河流由于侵蚀速度大于溶蚀速度，仍然存在于地面。

(3) 中年期。岩溶发育主要由地下形态向地表形态扩展转化。由于洞穴顶板坍陷，许多地下河又转为地上河，形成大量溶蚀洼地和溶蚀谷地。

(4) 老年期。最后，当可溶岩层下的不透水层广泛出露，或地面高度接近侵蚀基准面时，地表水流又发育起来，形成平原，岩溶作用衰退，发育进入老年期。

我国各主要江河流域地文期与岩溶发育分期见本篇第二章。

五、岩溶的类型

根据不同的分类因素，可将岩溶现象划分为不同的类型，常用的岩溶类型划分见表 9.1.1-3。

表 9.1.1-3　岩溶类型划分表

分类依据	岩溶类型
气候	主要类型：(1) 热带型；(2) 亚热带型；(3) 温带型。 次要类型：(1) 高寒地区型；(2) 干旱地区型
发育时代	(1) 古岩溶：中生代及中生代以前发育的岩溶现象。 (2) 近代岩溶：新生代以来发育的岩溶现象
出露条件	(1) 裸露型：岩溶化岩层裸露，仅低洼地区有零星小片覆盖。 (2) 半裸露型：岩溶化岩层以裸露为主，在谷地、大洼地及河谷附近有较大面积被第四系覆盖。 (3) 覆盖型：岩溶化岩层大面积被第四系覆盖，地面一般无岩溶化岩层出露。 (4) 埋藏型：岩溶化岩层被埋藏于非可溶岩层之下
岩溶作用及形态组合	(1) 溶蚀型，包括：石林溶沟、溶丘洼地、峰丛洼地、峰丛谷地、峰林谷地、孤峰坡地或残丘坡地等。 (2) 溶蚀侵蚀型，包括：岩溶高山深谷、岩溶中山峡谷、岩溶低山沟谷、海岸岩溶、礁岛岩溶等。 (3) 溶蚀构造型，包括：垄脊槽谷、垄脊谷地、岩溶断陷盆地、岩溶断块山地等
河谷发育部位	(1) 阶地型。 (2) 斜坡型。 (3) 分水岭型
水动力特征	(1) 近河谷排泄基准面岩溶。 (2) 远离河谷排泄基准面岩溶。 (3) 构造带岩溶
地台区类型	(1) 河谷侵蚀岩溶。 (2) 沿裂隙发育岩溶。 (3) 构造破碎带岩溶。 (4) 埋藏古岩溶

第二节　岩溶发育基本条件及发育规律

一、岩溶发育的基本条件

岩溶发育的基本条件是岩石具有可溶性和透水性，水具有溶蚀性和流动性。岩石具有可溶性才会产生岩溶现象，同时岩石还须具有透水性，使水能够渗入岩石内部产生溶蚀作用。水具有一定的溶蚀力才能对岩石产生溶蚀，当水中含有 CO_2 或其他酸性成分时，其溶蚀力较强。产生溶蚀作用的水还需要有流动性，使其保持不饱和溶液状态和溶蚀能力，岩溶作用才会持续不断。

除此以外，气候、地形、生物、土壤等自然条件对溶蚀作用也有不同程度的影响。

二、岩溶发育的主要影响因素

（一）地层岩性

地层岩性是岩溶发育的物质条件。同一地区不同地层时代和地层组合岩溶发育程度也会出现差异。

从地层时代来讲，老地层经历的构造运动多，完整性差，透水性好，易于岩溶发育。如贵州寒武系石灰岩地层普遍较三叠系石灰岩地层溶蚀强烈。

岩性对岩溶发育具有决定作用。岩性越纯越易溶蚀，石灰岩可溶性由强到弱的顺序为：灰岩>泥质灰岩>泥灰岩。相同岩性不同内部结构的岩石也会影响岩溶发育，如粒状结晶灰岩较隐晶质灰岩易溶蚀。不同类型的可溶岩之间溶蚀差异更为明显，可溶性由强到弱的顺序为：石灰岩→白云岩→角砾状白云岩→硅质灰岩或硅质白云岩。从地层层组来看，厚层较薄层岩层发育，单一厚层结构较互层或夹层状结构岩体溶蚀强烈；水平或近水平状岩层可溶岩层位居上时岩溶强烈发育，反之则发育弱。

（二）地质构造

地质构造对地下水的入渗和循环运动的途径、方向起着明显的诱导作用，从而控制岩溶发育的方向和格局。

层面构造是可溶岩的基本构造结构面，一般延伸较长，是地下水渗流的主要结构面，其倾角对岩溶发育影响较大，陡倾岩层较缓倾岩层溶蚀强烈，而水平岩层溶蚀相对较弱。

褶皱构造影响岩溶发育的方向和部位，岩溶发育方向多平行于褶皱轴向，发育部位向斜核部较两翼强烈，倾伏端较扬起端强烈，背斜核部受张开结构面影响表层溶蚀强烈，深部则两翼发育相对较强烈；向斜总体较背斜溶蚀强烈。

断层带或构造破碎带，是地下水集中渗入和循环地带，是岩溶现象密集分布的地带。总体上，张性断层比压性断层的岩溶发育，陡倾断层比缓倾断层岩溶发育。

节理、裂隙，是地下水入渗的基本结构面，与断层构造相似，倾角越陡，溶蚀越强烈。常见的溶沟、溶槽多为陡倾产状。

（三）地下水活动

地下水的运移方式和集中程度会影响到岩溶发育。在垂直渗流带，地下水以垂直运动为主，有利于垂直岩溶洞隙形态的生成；在地下水季节变动带内，地下水垂直运动与水平运动不断呈交替变化，垂直和水平向岩溶洞隙形态都有发育；在地下水饱水带内，地下水以水平运动为主，易发育水平状岩溶管道水、暗河等。

若存在地下水深部渗流循环，则会导致深岩溶的发育。

三、岩溶发育的次要影响因素

（一）气候

气候是影响岩溶发育的因素之一。在低温条件下，无论水的溶蚀力、流动交替和岩溶作用反应速度都比较慢，岩溶发育过程缓慢，相反则溶蚀作用较强。

降水多少不仅影响水的渗透条件和水运动交替，而且雨水通过空气和土壤层，带入游离 CO_2，还能使岩溶作用得到加强。

比较我国温带、亚热带和热带气候地带岩溶发育程度：热带最发育，而且地表、地下都很发育；亚热带地表、地下岩溶也发育，但发育程度和规模比热带差；温带只发育地下岩溶，地表岩溶不发育。

（二）植被和土壤

植被对岩溶发育影响主要表现为：一是植物根部富集的游离 CO_2 有利于溶蚀作用和潜蚀作用；二是植被覆盖能增加空气湿度和降水量，增加水的下渗，促使地下岩溶发育；三是植被覆盖有利于阻碍地表水冲刷破坏，使得已形成的漏斗、洼地、溶隙和洞穴得以发育扩大。

土壤能够影响地表水下渗和水中游离 CO_2 含量，进而影响岩溶发育，疏松的土壤有利于地表水下渗，并产生大量游离 CO_2。

（三）地形、地貌

地形坡度影响到地表水的下渗流量。在地形平缓的地方，地表径流流速缓慢，下渗量就大，有利于岩溶发育，反之不利于岩溶发育。

平原地区，地下水位较浅，垂直渗透带较薄，易发育埋深较浅的地下廊道和暗河。深切的山地、高原地区，垂直渗透带深厚，地下水埋藏较深，垂直型岩溶形态发育，只有在潜水面附近才发育水平向岩溶形态。

四、岩溶发育的规律

河谷地区岩溶发育规律主要有：

(1) 岩溶发育具有成层性并与阶地相对应。河谷岩溶发育受地壳升、降运动和稳定的影响，在河谷下切过程中的各相对稳定时期会因长期溶蚀作用而发育一系列岩溶系统，其排泄出口与河床两岸阶地高程相对应。如河谷中多见早期洞穴出口与阶地分布高程基本一致，现代岩溶管道水或暗河等则多位于河床附近。因此，要查明河谷岩溶发育特征，就必须研究河谷地貌。

(2) 岩溶发育的不均一性。总体上，分水岭地带岩溶发育较弱，规模较小，且以垂直形态为主，发育溶隙、树枝管道呈分散状；斜坡径流区，岩溶发育较强烈，脉枝管道和主管道发育，呈倾斜状，集中于原地下水位附近或现地下水位附近；河岸排泄区，岩溶发育强烈且规模大，以水平状管道、暗河为主。

(3) 岩溶发育程度受岩石可溶性控制，可溶性越强，发育程度越强。

(4) 岩溶发育方向常受构造线控制，与构造线基本一致。一般岩溶追踪可溶岩与非可溶岩分界面或接触带发育强烈；沿褶皱轴线和核部岩溶发育强烈；顺断层带、破碎带、节理密集带、层面发育强烈。

(5) 地表汇水面积越大，岩溶越发育且规模越大。现今地下水位控制着岩溶发育的空间关系，地下水位变动带是岩溶强烈发育且集中的地带。

(6) 岩溶发育又具有的一定特殊性。受河谷排泄基准面的突变或低邻谷、低槽谷袭夺影响，在某些河谷岩溶发育又存在一定特殊性。如河床漏斗、纵向伏流管道或侧向隐伏低邻槽谷等。

五、河谷深岩溶

随着岩溶地区河谷勘探深度加深，不断揭示河床和岸坡地下水位以下深部岩溶洞穴现象，提出了“深部岩溶”或“深岩溶”的概念，已引起关注。一般将发育于河床底以下 50～100m 后的岩溶洞穴现象称为“深岩溶”。

河谷深岩溶形成的原因目前尚无定论。一般情况下，从岩溶发育与地下水动力条件关系来讲，它是地下水适应新的河谷下切侵蚀基准面的作用结果。所以，在河谷裂点、伏流、盲谷等河段附近应重视深岩溶问题。

河谷深岩溶是地下水深部循环带的产物，初步总结其发育规律为：

(1) 河谷深岩溶受岩性、构造与地下水深部循环的控制作用。可溶岩纯度愈高，深岩溶发育愈强烈，向斜核部、大断层切割部位，以及地堑等部位，是深岩溶发育部位；地下水深部循环是重要外因，深部地下水中 CO_2 可来源于大气、土壤、硫化矿床以及微生物分解。

(2) 河谷深岩溶发育的深度和分带性。一般在河床下 50～100m 范围内，最深 470 余米，可按发育深度分上、中、下三类深岩溶。河谷深岩溶亦具有成层性和一定高程分带性。

(3) 河谷深岩溶发育规模和充填物特征。深岩溶规模一般较浅层岩溶小，洞高通常在几十厘米至数米之间，最高可达数十米。在上部深岩溶中常见充填砾石和黏土，在中下部深岩溶中多充填黏土，全充填或半充填状。

第三节　岩溶水文地质

一、岩溶化含（透）水层的划分与水文地质结构类型

库坝区岩溶水文地质条件勘察中，首先需进行岩溶含（透）水层组的划分。可根据勘察范围内岩溶地层岩性、层组结构、岩溶化程度、各层组含水层泉点流量等综合划分岩溶含（透）水层组。一般按强、中等、弱、微及非岩溶含水（隔水层）层组进行划分，见表 9.1.3－1。

表 9.1.3－1　岩溶化含（透）水层类型划分表

名称	地层岩性特征	岩溶化特征	排泄量与型式
强岩溶化含（透）水层	由强可溶岩组成，厚层—块状构造为主，地层厚度大	地表和地下岩溶现象发育且规模大，含水层内地下有地下大厅、暗河、管道发育	有管道水或暗河出露
中等岩溶化含（透）水层	由中等可溶岩组成，中厚层—块状构造为主，地层厚度大	地表和地下岩溶现象较发育且规模较大，含水层内地下有地下溶洞、管道发育	有集中泉点或管道水出露

续表

名称	地层岩性特征	岩溶化特征	排泄量与型式
弱岩溶化含（透）水层	全部由弱可溶岩组成，中厚或薄层构造为主，地层厚度大	地表和地下岩溶现象发育较弱且规模较小，含水层内溶洞、脉枝管道发育	有分散泉点或脉状管道水出露
微岩溶化含（透）水层	全部由微可溶岩组成，薄层极薄层或与非可溶岩互层构造为主，地层厚度大	地表和地下岩溶现象发育微弱，含水层内地下有溶洞、细小晶孔、溶孔状管道发育	小泉、渗水等
非岩溶化含（透）水层	全部由非可溶岩组成	无岩溶现象发育	只有一般裂隙水出露

岩溶含（透）水层还可按地下水赋存与运移条件分为：岩溶溶隙型、管道型及管道—溶隙混合型三种含（透）水层类型。

河谷岩溶水文地质结构类型，可按表 9.1.3－2 进行划分。

表 9.1.3－2　单斜构造河谷岩溶水文地质结构类型表

类　型		亚类	岩溶水文地质特征
有隔水层	横向谷	缓倾	岩层倾角小于 30°，岩溶发育受隔水层控制，上部岩溶发育，隔水层以下岩溶发育受到限制
		中倾	岩层倾角介于 30°～60°之间，岩溶发育受隔水层和排泄基准面控制
		陡倾	岩层倾角大于 60°，岩溶发育受排泄基准面控制，多顺层和向深部发育
	斜向谷		岩层与河流斜交，岩层走向与河流流向夹角介于 30°～60°之间，岩溶发育与岩层倾角有关，倾角较陡，岩溶发育一岸易受排泄基准面控制，倾角较缓，两岸均受隔水层控制
	纵向谷		层面走向与河流流向夹角小于 30°，一岸岩溶发育，受排泄基准面控制，另一岸随岩层倾角变缓而受隔水层控制
隔水层错断			沿构造缺口或断层带岩溶发育
无隔水层			可形成完整的水动力剖面，岩溶发育程度受岩石可溶性控制，一般发育较强，且深度大

二、岩溶水的类型

岩溶水类型一般可按下列方法划分：

（1）按循环系统特征分为分散流与管道流，包括：隙流、脉流、网流及管道流；裂隙水、溶洞水及地下暗河等。

（2）按水的运动带分为包气带水、季节变动带水及饱水带水。

（3）按水流性质分为潜水和承压水。

工程上常分为一般裂隙水、溶蚀裂隙水、溶洞水、管道水、暗河水，但溶洞水多指积水。

三、岩溶含水层的特性

岩溶含水层的特性是指其渗透性和富水性的不均匀和水力联系的各向异性。

（1）岩溶集中径流和分散渗流的分异性。岩溶含水层内的管道水和溶隙水，称为集中径流和分散渗流，在同一含水层中保持同一地下水位。但分散渗流为高水位区，集中径流为洼槽。有时还存在孤立的管道水流。在地下水位附近地下径流集中，岩溶容易发育，分散渗流岩溶相对微弱。

（2）地下水流态、流速变化不稳定、各段流速不一，岩溶发育也相应变化。

（3）钻孔地下水位变化有以下三种情况：

1）钻孔水位随孔深增加而降低，说明河水补给地下水，含水层下部有岩溶通道。

2）钻孔水位随孔深增加而升高，且地下水坡降大，通过河床虹吸循环排泄。

3）钻孔水位突然下降数米至几十米，说明岩溶排水管道或岩溶发育强烈。

（4）地下水位线有波折性变化，地下水位升降变化大，与岩溶、渗透性等有关。

河谷岩溶地下水位线类型，可分为：直线型、下凹型、抛物线型、阶梯型、孤立型等，见表 9.1.3－3。

表 9.1.3－3　河谷岩溶地下水位线形态类型

地下水位形态	比　降	形　成　条　件	图　示
直线型	0.1～0.3	岩溶发育均一，透水性较均一	
下凹型	0.1～0.2	岸坡岩溶较强烈，透水性大	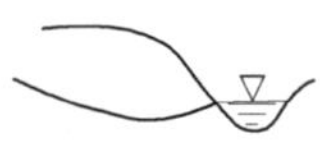
抛物线型	0.3～0.5	河谷岩溶发育微弱，透水性小，泉水出露较高	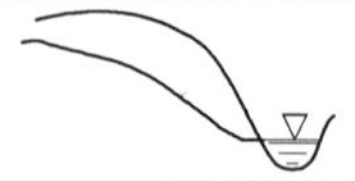
阶梯型	0.1～0.5	岩溶发育在岸边，深部弱	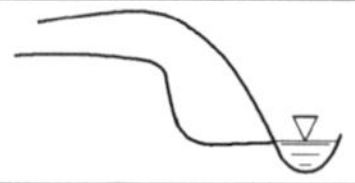
孤立型	0.1～0.5	河床外侧岩溶发育强烈，与河水有隔水层分隔，无水力联系	

四、河谷岩溶水的动力类型及分带

河谷岩溶水动力类型有：补给型、补排型、补排交替型、排泄型、悬托型等五种，它们的水动力特征和形成条件见表 9.1.3－4。

表 9.1.3－4　河谷岩溶水动力条件类型表

类　型	水动力特征	形　成　条　件
补给型	河谷两岸地下水位高于河水位，河水受两岸地下水补给	（1）河谷为当地的最低排泄基准面；（2）河谷的可溶岩层不延伸到邻谷；（3）两岸有地下水分水岭
补排型	河谷的一侧地下水补给河水，另一侧为河水补给地下水，向邻谷或下游排泄	河谷一侧有地下水分水岭，另一侧的可溶岩层延伸至邻谷，且无地下水分水岭
补排交替型	洪水期地下水补给河水，枯水期河水从一侧或两侧补给地下水	河谷两岸和河床岩溶发育，地下水位变动幅度大，洪水期为补给型河谷，枯水期为排泄型河谷
排泄型	河水向邻谷或下游排泄，河水补给地下水	（1）河谷两侧有低邻谷，并有可溶岩层延伸分布，且无地下水分水岭；（2）河谷两岸有强岩溶发育带或管道顺河通向下游，地下水位低于河水位
悬托型	河水被渗透性弱的冲积层衬托，地下水深埋于河床之下，与河水无直接水力联系	河床表层透水性弱，基岩岩溶发育，透水性强

河谷区岩溶水动力类型因岩溶水的运动形式和循环强度、深度的不同而变化。由单一岩性层组构成的河谷，在向地下深

处的垂直方向上，按地下水循环条件，可划分为四个水动力带。

（1）包气带。从地表到最高地下水位面之间的部分。本带中，地下水自上向下渗透，主要在垂直形态岩溶中活动，并促使垂直形态岩溶发展。

（2）地下水位季节变动带。位于最高、最低地下水面之间。此带地下水在高水位时期作水平运动，在低水位是作垂直运动，故水平形态和垂直形态岩溶均易发育。

（3）饱水带。范围从最低地下水面至深部地下水向河流运动区。此带地下水在两岸作大致水平的运动，河床以下自下向上运动，向河流排泄地下水运动可用流网表示。岩溶发育主要在上部，以发育水平状岩溶形态为主，下部岩溶发育微弱。大量实际资料表明，本带分水岭地区钻孔地下水位随深度的增加而下降；河床钻孔地下水位随深度的增加而升高。

（4）深循环带。本带岩溶发育和地下水运动都是十分微弱的，并且地下水不向邻近的河床排泄，而是向下游或远处缓慢运动，是深岩溶发育的基础条件。

五、岩溶地下水的分水岭

岩溶地区地下水分水岭位置与地形分水岭：多数条件下仍基本保持一致，但在下列条件下则易出现偏离：

（1）一侧岩溶发育，偏向岩溶不发育一侧。

（2）一侧存在低邻谷，偏向补给一侧。

（3）可溶岩与非可溶岩共同组成，地下水分水岭偏向非可溶岩一侧。

（4）河湾地形，地下水分水岭则受内部地质结构和岩溶发育特点控制，可能平行河谷也可能与河谷垂直。

六、河谷岩溶地下水位的动态及分区

岩溶河谷地下水位与一般性岩石河谷有所不同。总体区别是岩溶区地下水位埋深大，坡降平缓，河床岸边受强溶蚀影响而出现低平水位带，地下水位坡降更加平缓。岩溶地下水水位动态，在不同的地貌部位，各有其特征：

（1）近岸地段。为岩溶水排泄区，地下水位变化几乎与河水位的年变化曲线同步，幅度也接近，但有时在高峰过后，下降曲线的后半部分比河水位平缓。由于在此地段地下水位动态受河流水文因素变化控制，从成因上可称其为水文型。

（2）谷坡地段。属地下水径流区，地下水位动态变化复杂，可分为缓变和剧变两种类型。缓变型与分水岭地段特征相似，但变幅较大。剧变型，是在集中降雨期水位急剧上升，形成局部的暂时性水位高峰，而在雨后不长时间内，水位又迅速下降，成为水位低槽，其动态曲线呈尖峰型，变化幅度最大可达 50～60m。剧变型多属局部性的，反映所在地段对地表水有较强的吸入能力，在地下水位以下又有迅速排水的强透水带。分水岭地段和谷坡地段地下水位动态变化主要受气象因素变化控制，又可称之为气象型。

（3）分水岭地段。为地下水补给区，水位变幅一般比近岸地带大，一年中的高、低水位过程，分别出现在雨季和枯季的后期。高峰的出现，一般滞后十多天到数十天。高峰的上升较陡，下降略平缓，表明垂直岩溶比水平岩溶发育，补给速度大于排泄速度。

七、地下水的流动系统

（1）岩溶泉是岩溶水在地表的天然露头。习惯上按流量大小和出流状态分为：岩溶泉水、岩溶脉状管道水、岩溶管道水、暗河等。

（2）岩溶管道水是指同一岩溶含水系统内由众多分散溶隙水、脉枝状管道水等汇流而成的地下河水系。一般按流量大小分别称岩溶管道水、暗河。其具有主支管道和固定泉域。

（3）岩溶地下水流动系统是近年来逐渐运用的岩溶水文地质概念，对描述独特的岩溶管道流更为形象。它是指由源到汇的流面群构成、具有统一时空演变过程的地下水体。流动系统实质上是以地下水流网为工具，以势场及介质场的分析为基础，将渗流场、化学场与温度场统一于新的地下水流动系统概念框架之中，便于建立一个地下水空间与时间连续演变的有机体。

第二章 中国区域及主要江河流域岩溶发育特征

第一节 中国区域岩溶发育概况

中国碳酸盐岩分布面积约为136万km^2，占全国陆地总面积的14%。根据气候、大地构造以及岩溶发育特点，可将中国岩溶分布区域划分为三个区：大致以六盘山、雅砻江为界，以西的碳酸盐岩地区称西部岩溶区，以东分为两个区，以秦岭、淮河为界，北部的碳酸盐岩地区称华北岩溶区，南部的碳酸盐岩地区称华南岩溶区，如图9.2.1-1。

一、华南岩溶区

华南岩溶区的长江（中、下游）与珠江流域，碳酸盐岩出露面积约为60万km^2，占全国岩溶地区总面积的44%。滇东、黔、桂、川东、渝、湘西和鄂西，碳酸盐岩大面积出露，是中国岩溶最为发育的地区，此外，苏、浙、赣、粤等省亦有碳酸盐岩零星分布。

该区属中亚热带至暖亚热带湿润季风气候。大部分地区年平均气温15～23℃，年平均降雨量800～1300mm。在大地构造上属于华南地台，基底由前震旦系浅变质岩系组成。震旦纪至三叠纪，地壳升降频繁，沉积了厚达5000m以上的多层碳酸盐岩及屑碎岩，并有火成岩活动，造成了若干次沉积间断。中生代晚期的燕山运动，使本区地层普遍褶皱，构造轮廓基本定型。新构造运动主要表现为大面积的间歇性上升，西部上升幅度最大，形成云贵高原，向东、向南渐次降低成阶梯状。滇东～黔西高原面一般高程为2000～2500m（北部达2700～3000m）；黔中高原面的高程降至1000m左右；桂中准平原的高程仅100m左右。滇东南、黔南、桂西北，黔东及黔北则为云贵高原的斜坡过渡地带。川东、渝、湘西、鄂西山地为江汉、洞庭平原与四川盆地之间的隆起区，高程在1000m左右，亦属云贵高原向北递降的斜坡地带。

该区发育了多期古岩溶，自震旦纪以来，区内曾有多次沉积间断，形成了多层古溶蚀面和古岩溶。例如，滇东、黔西晚震旦世至早寒武世、晚泥盆世至早石炭世、晚石炭世至早二叠世、早二叠世末至晚二叠世初；黔中地区寒武纪末至石炭纪初、早二叠世末至晚二叠世初、三叠纪末至侏罗纪初；四川盆地早二叠世末至晚二叠世初、三叠纪晚期至侏罗纪初；广西地区早二叠世末至晚二叠世初均有古岩溶发育。

近代岩溶的发育可分三期：

(1) 白垩纪末至第三纪初为第一期，经历了燕山运动之后，处于相对稳定时期，夷平作用居主导地位，形成了云贵高原面及黔中、桂西北、川东、渝、湘西、鄂西等地现存的峰顶面，当时碳酸盐岩暴露于地表，岩溶有所发育，但因后期地壳上升，岩溶现象大多遭受破坏，仅在高原面上残留。

(2) 第三纪至第四纪初为第二期，地壳相对稳定的时间较长，气候比较炎热潮湿，岩溶充分发育，形成宽阔的剥夷面、断陷岩溶湖、盆地、大型洼地、谷地及峰林、石林等岩溶景观。

(3) 第四纪以来为第三期，地壳强烈上升，形成水系干流的深切峡谷，岩溶作用进入全盛时期，垂直、水平形态的岩溶都很发育。

二、华北岩溶区

华北岩溶区主要分布在黄河流域，碳酸盐岩出露面积约23万km^2，占全国岩溶地区总面积的17%。集中分布在晋、渭北（陕西渭河以北）、冀北、冀西、鲁中及辽中太子河、浑江、辽西大凌河流域等地区。

该区属中温带至暖温带半干旱、半湿润气候。大部分地区年平均气温5～15℃，年平均降雨量330～900mm。华北岩溶区在大地构造上处于华北地台。从震旦纪至中奥陶世沉积了厚达1000～2000余米的碳酸盐岩。加里东运动后，地壳抬升成陆，沉积间断，大陆长时间遭受剥蚀，缺失上奥陶统至下石炭统地层。印支运动后，大陆再次抬升遭受剥蚀，但这次沉积间断的时间较短。燕山运动后，整个华北地区上升成陆。新构造运动有明显的差异性，表现为太行山、吕梁山、燕山、泰山等山区强烈上升（辽东上升较缓慢），而华北平原、东北平原和汾渭地堑则相对沉降。

该区在震旦纪晚期、晚奥陶世至早石炭世及三叠纪晚期均有古岩溶发育，其中奥陶纪、石炭纪之间发育的古岩溶最典型，山西式铝土矿、黄铁矿充填于该期古岩溶洼地、溶洞中。近代岩溶的发育，可以大致分三期。白垩纪末至第三纪初为第一期（北台期或吕梁期），地壳经历了燕山运动后隆起，岩溶有所发育。但由于后期地壳的升降，该期岩溶保留不多。太行山南段及雁北山区，一些大型溶洞残留于高程1500～1900m的北台期山顶面附近。第三纪至第四纪初为第二期（唐县期），上新世，华北地区气候温湿，地壳相对稳定，近代水系开始发育，地表水、地下水循环条件较好，岩溶作用较强烈，是华北近代岩溶发育的主要时期，其岩溶形态多被保留至今。第四纪以来，岩溶发育进入第三期，当时气温较低，降水较少，不利于地表岩溶的发育，但因山地与平原间新构造运动的差异、排泄基准面的下切，岩溶有向深处发育的趋势。地表以干谷和岩溶泉为特征，大型溶洞罕见。在深切河谷岸坡，可见一些裂隙式溶洞，其规模一般较小。地下发育的岩溶，多数以溶隙和溶孔为主。

该区主要的岩溶层组有：中奥陶组马家沟组和中寒武统张夏组厚层灰岩、鲕状灰岩，下奥陶统白云质灰岩、白云岩，上寒武统灰岩及震旦系硅质灰岩、白云岩。其中马家沟组和张夏组岩溶最发育。

三、西部岩溶区

西部岩溶区主要为长江上游、澜沧江、怒江、雅鲁藏布江流域等，碳酸盐岩出露面积约53万km^2，占全国岩溶地区总面积的39%。该区的范围以青藏高原为主，平均高程在4500～5000m以上，气候严寒干燥，年平均气温低于0℃，年平均降雨量200～500mm，并以降雪为主。

青藏高原在大地构造上处于喜马拉雅地槽区。古生代至早新生代，沉积了多层碳酸盐岩和碎屑岩，碳酸盐岩层大致呈东

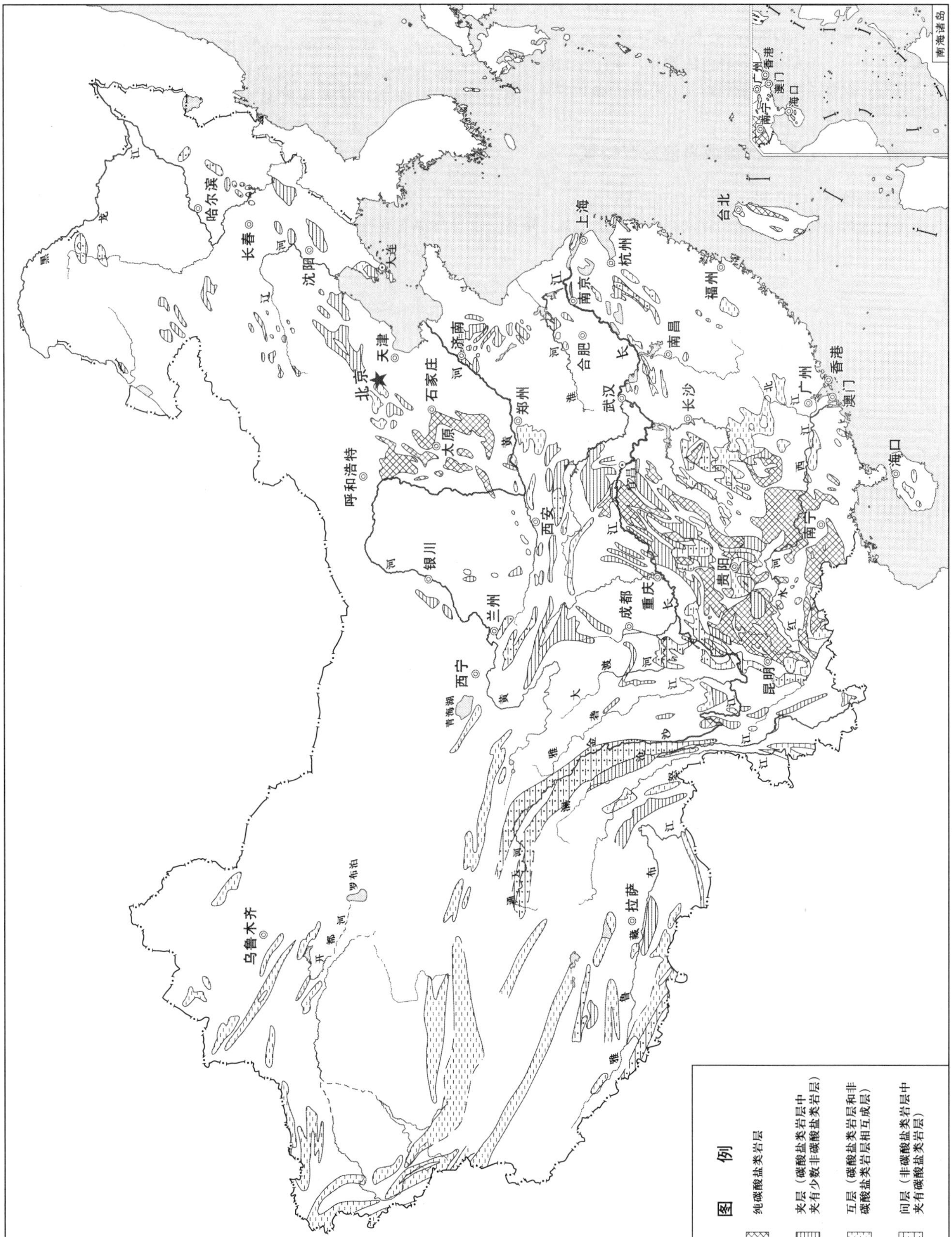

图 9.2.1－1　中国碳酸盐类岩石分布图（据任美锷等）

西走向条带状分布，尤以高原南部较广泛。中新世晚期发生的强烈构造运动，使中新统及更老的地层遭受到剧烈的褶皱与断裂。上新世，地壳相对稳定，气候温湿，是青藏高原岩溶发育的主要时期，发育了峰林等亚热带岩溶形态，并保留至今。第四纪以来，强烈而持续的整体性抬升运动，使地壳大幅度上升，气候转为干冷，不利于地表岩溶的发育，现代岩溶作用主要在地下进行，发育了少量溶蚀裂隙及岩溶泉，地下水流一般仍以裂隙性渗流为主。

第二节　主要江河流域岩溶发育特征

一、长江流域

长江是我国第一大河，发源于青藏高原唐古拉山脉主峰格拉丹东雪山西南侧，干流流经青、藏、滇、川、渝、鄂、湘、赣、皖、苏、沪等11省（自治区、直辖市）注入东海，流域面积180万 km^2。

（一）岩溶分区

流域跨越了西部岩溶区与华南岩溶区。根据气候、地貌和岩溶类型组合特征等因素进行岩溶分区，以气候为划分岩溶区的主要因素，分为高原湿润气候（Ⅰ）和亚热带湿润气候（Ⅱ）两大区域。以大的地貌单元为划分岩溶区的主要因素，与流域三大地势梯级相一致，划分为高原高山岩溶亚区（I_1）、中山山地岩溶亚区（II_1）及丘陵平原岩溶亚区（II_2）。根据岩溶类型特征，全流域共分为15个小亚区，其位置与特征见图9.2.2-1和表9.2.2-1。

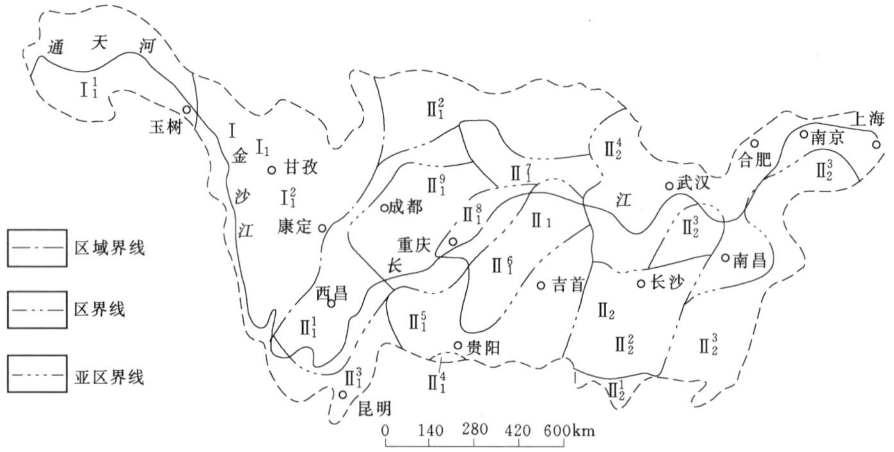

图9.2.2-1　长江流域岩溶分区略图

（据地质矿产部岩溶地质研究所、邹成杰等）

Ⅰ—高原湿润气候型岩溶；I_1—高原高山岩溶区；I_1^1—高山谷地溶原亚区；I_1^2—高山深谷亚区；Ⅱ—亚热带湿润气候型岩溶；II_1—中山山地岩溶区；II_1^1—中高山峰丛峡谷岩溶亚区；II_1^2—岩溶中高山岩溶亚区；II_1^3—高原岩溶亚区；II_1^4—丘峰溶原亚区；II_1^5—丘丛（峰丛）低山谷地亚区；II_1^6—中山峰丛高位岩溶谷盆亚区；II_1^7—峰丛洼地中低山亚区；II_1^8—岭脊岩溶亚区；II_1^9—四川盆地红层岩溶亚区；II_2—丘陵平原岩溶区；II_2^1—峰林岩溶亚区；II_2^2—丘陵盆地岩溶亚区；II_2^3—丘陵洼地岩溶亚区；II_2^4—丘岗平原岩溶亚区

表9.2.2-1　长江流域岩溶分区表

岩溶分区			范　围	地面高程（m）	岩　溶　发　育　特　征	地下水最枯径流模数[L/（s·km^2）]
区域	区	亚区				
高原湿润气候型岩溶Ⅰ	高原高山岩溶区 I_1	高山谷地溶原亚区 I_1^1	河源及通天河一带	4800～5500	主要岩溶化地层为侏罗系灰岩夹石膏层，主要的岩溶形态有溶蚀裂隙、落水洞、漏斗等，岩溶泉、温泉等常沿构造线呈带状出现，流量小	
		高山深谷亚区 I_1^2	横断山、川西北一带	4500～5500	山高谷深，岭谷间高差1000～2000m，岩溶发育微弱，主要岩溶形态为溶沟、小型洞穴、岩溶泉及少量残余峰林	
亚热带湿润气候型岩溶Ⅱ	中山山地岩溶区 II_1	中高山峰丛峡谷亚区 II_1^1	横断山脉东侧，大小凉山龙门山一带	2000～3500	主要为较纯、次纯连续层或连续层与间互层复合型碳酸盐岩，剥夷面上岩溶形态发育比较齐全，峰丛及溶丘洼地间有出现，落水洞、漏斗密度可达15～30个/km^2，岩溶泉、暗河分布普遍，流量小于50L/s，干流峡谷部位岩溶发育相对微弱	3～5
		岩溶中高山亚区 II_1^2	秦岭及白龙江一带	2000～3000	主要为较纯连续层型、连续与间互层复合型碳酸盐岩，岩溶发育较差，显示中高山山地地貌岩溶形态以小型洼地、落水洞为主，零星分布于分水岭及谷坡地带，岩溶泉分布于断层带上，暗河少见	3～5
		高原岩溶亚区 II_1^3	云南高原东部和西部地区	2000～2500	广泛分布古生代较纯至次纯连续层型、连续与间互层复合型碳酸盐岩，岩溶地貌单一，以广阔溶丘洼地点缀断陷盆地为主要特征，岩溶形态以洼地、谷地、漏斗、落水洞为主，岩溶泉分布普遍	3～15
		丘峰溶原亚区 II_1^4	贵州安顺平坝长江与珠江分水岭地带	1300～1400	区内碳酸盐岩广泛分布，产状平缓，岩溶地貌以宽坦的溶蚀平原点缀孤峰残丘，间有宽缓的洼地、谷地横亘其间，溶原基岩裸露，地表水入渗条件良好，地下水丰富，成井率高，单井出水量1000m^3/d以上	

续表

岩溶分区			范　围	地面高程（m）	岩　溶　发　育　特　征	地下水最枯径流模数[L/（s·km^2）]
区域	区	亚区				
亚热带湿润气候型岩溶Ⅱ	中山山地岩溶区Ⅱ$_1$	溶丘（峰）低山谷地亚区Ⅱ$_1^5$	黔西、黔中、向东延伸到雪峰山一带	700～1200	主要为较纯至次纯连续层型及连续层与间夹层复合型碳酸盐岩，岩溶地貌西部以宽阔平缓的丘丛洼地为主，各种岩溶形态齐全，尤以洼地、谷地、洞穴、岩溶泉发育，东部以带状丘峰低山谷地为主，岩溶发育相对微弱	3～7
		中山峰丛高位岩溶谷盆亚区Ⅱ$_1^6$	黔东北、鄂西一带	1000～1500	区内碳酸盐岩广泛分布，峰丛联立，峰顶齐一，长江、清江、乌江纵贯其间，山高谷深，各级剥夷面上各种岩溶形态异常发育，深、陡的垂直岩溶形态和洞穴尤为发育，岩溶大泉、暗河屡见不鲜，暗河流量可达139m^3/s	5～10
		峰丛洼地中低山亚区Ⅱ$_1^7$	大巴山及神农架一带	1400～2500	区内广泛分布较纯连续层型及间夹层型碳酸盐岩，岩溶较发育，层状地貌明显，各类岩溶形态大多分布在800～1700m的各级岩溶台面上	4～7
		岭脊岩溶亚区Ⅱ$_1^8$	四川盆地东部	800～1000	构造上为一系列平等雁行排列的褶皱构造，山顶背斜轴部的二、三叠系灰岩、白云岩岩溶发育，常被溶蚀成槽谷，槽谷两侧为碎屑岩形成的单薄岭脊，形成溶洼、丘峰组成的平行岭谷，槽谷中洼地、洞穴、竖井、落水洞密布，岩溶泉、岩溶湖、暗河伏流亦甚发育	3～7
		四川盆地红层岩溶亚区Ⅱ$_1^9$	四川盆地	350～500	侏罗系白垩系红层中的泥灰岩夹薄层石膏、灰质砾岩，可形成一些小型岩溶洼地、漏斗等，溶洞、溶蚀裂隙也有发育，孔隙型岩溶较发育	
	丘陵平原岩溶区Ⅱ$_2$	峰林岩溶亚区Ⅱ$_2^1$	湖南、桂北、长江与珠江分水岭地带	200～600	区内广泛出露古生界灰岩、白云岩，岩溶极为发育，岩溶地貌以峰林谷地为主，局部地区接近峰林平原或残丘坡地景观，地下水资源丰富，单井出水量一般在1000m^3/d	6～12
		丘陵盆地亚区Ⅱ$_2^2$	湘中、湖南、赣西一带	200～500	区内出露古生代的灰岩、白云岩，溶丘连绵，盆、谷相间，洼地、洞穴及岩溶泉分布普遍，湘中有红层岩溶与碳酸盐岩岩溶叠置构成双层岩溶结构形式	5～7
		丘陵洼地亚型Ⅱ$_2^3$	散布在赣西北、赣南及沿江一带	200～800	区内碳酸盐岩除赣西北分布比较集中以外，其余地段零星分布，岩溶发育程度较差，多以小型洞穴、洼地、落水洞出现，岩溶泉流大多在50L/s以下，暗河少见	
		丘陵平原亚区Ⅱ$_2^4$	洞庭湖、鄱阳湖、太湖及沿江和江汉平原一带	50～200	区内碳酸盐岩零星分布，地貌上表现为垄岗洼地、残丘平原、残丘坡地，发育有小型洼地、落水洞和少量洞穴，岩溶泉少见，覆盖型岩溶多呈浅至中深埋型	

（二）岩溶发育分期

长江流域岩溶发育简史与流域地质、地貌发育史密切相关。流域内不同大地构造单元都经历了多次构造运动，燕山运动以后，才逐渐形成了现今之宏观地貌轮廓。结合流域地质、地貌发育史，可以划分为燕山运动以前的古岩溶和第三纪以后的新岩溶两个时期，新岩溶发育期又可分为三个发育阶段，详见表9.2.2－2。

二、珠江流域

珠江是我国南方的主要河流，由西江、北江和东江组成，以西江南盘江为源，全长2219km，发源于云南省沾益县马雄山，流经云南、贵州、广西和广东四省（自治区），于广州市附近汇集北江和东江入南海，流域面积453690km^2，其中西江流域387760km^2，占85%。

（一）岩溶分区

根据气候、区域地貌、岩溶形态等综合因素，划分岩溶区域、区和亚区。以全流域的气候条件作为划分区域的依据，属于热带、亚热带湿润季风气候型岩溶区；以区域地貌为划分亚区的主要标志，分为高原峰林、丘峰岩溶区、中低山溶洼峰丛峰林区和丘陵溶盆溶原区；在分区的基础上，根据岩溶形态综合类型划分南盘江高原丘峰、北盘江高原峰丛、红水河峡谷溶洼峰林、黑水河峡谷溶洼峰丛、左江和右江溶盆宽谷峰林、桂江溶盆槽谷峰林、柳江溶原宽谷孤峰、郁江溶原宽谷残丘和北江溶盆槽谷峰林等9个亚区，各区位置及特征如图9.2.2－2和表9.2.2－3。

（二）岩溶发育分期

流域发育史与区域地质、地貌发育史密切相关，可以分为第三纪以前的古岩溶和第三纪以后的现代岩溶两个发育时期，现代岩溶发育期又可分为三个发育阶段，详见表9.2.2－4。

表 9.2.2-2　长江流域地文期与岩溶发育时期对比表

岩溶发育时期		地质时代		地壳运动	滇东	黔中		鄂西		四川		湖南		攀西	滇东北川西南
现代岩溶	第三期	中更新世中期以来			南盘江期：河谷地带岩溶发育	乌江期：高程 300～500m，深切峡谷，河谷地带岩溶发育		三峡期：高程 500～600m，大型岩溶谷地发育，岩溶管道、暗河和大泉广泛分布		盆地期	盆地二期：高程 350～400m。盆地一期高程 450～500m	澧水二期：高程 350～450m。澧水一期：高程 550～650m		山前期：高程 1400～1500m	金沙江期：河谷深切 1000～2500m
	第二期	早更新世至晚第三纪末	早更新世	喜山运动二期（新构造运动）	石林期：高程 1100～2200m，有较厚的风化壳，溶原面上有溶洞、漏斗、石林、石芽和溶丘洼地发育	山盆期	平桥亚期：高程 700～900m，以溶蚀洼地及谷地为主，漏斗、落水洞和溶洞发育	山原期	王家坪亚期：高程 800～900m，残丘谷地、峰丛槽谷、溶洞、暗河发育	歌乐山期	第二亚期：高程 600～700m，以溶丘洼地为主，漏斗和落水洞发育	洼地期	洼地二期：高程 700～850m，丘峰洼地、岩溶泉发育	磨盘山期：高程 2700～3300m	昭鲁期：高程 2000～2100m，水平岩溶发育
			晚第三纪末				札佐亚期：高程 1100～1200m，由溶丘洼地及谷地组成波状山原，漏斗、落水洞发育		周家脑亚期：高程 1000～1200m，溶丘洼地为主，峰丛谷地次之，落水洞、溶洞发育，时见暗河		第一亚期：高程 800～900m，以槽谷、洼地为主，漏斗、落水洞发育		洼地一期：高程 930～1000m，垅岗、丘峰、漏斗、洼地发育		
	第一期	晚第三纪初至早第三纪	晚第三纪初	喜山运动一期	高原期：高程 2500～3000m，分布有溶丘洼地	大类山期	第二亚期：高程 1400～1500m，溶丘洼地、峰丛洼地发育	鄂西期	台原亚期（召风台亚期）：高程 1300～1500m，溶丘洼地、峰丛谷地、漏斗、落水洞为主，少量溶洞	华莹山期	第二亚期：高程 1100～1200m，岩溶洼地、干谷、落水洞发育	湘西期	湘西二期：高程 1200m，垅岗、丘峰、洼地、漏斗发育	小相岭期：高程 4000～4500m	师山期：高程 2500～2700m，地面已达到准平原化
			早第三纪初				第一亚期：高程 1700～1800m，丘峰洼地、溶丘洼地发育		云台荒亚期：高程 1700～2000m，溶丘洼地为主，次为峰丛洼地、漏斗、落水洞发育		第一亚期：高程 1400～1500m，在华莹山地区有残留形态		湘西二期：高程 1200m，垅岗、丘峰、洼地、漏斗发育		
古岩溶	前新生带期	晚白垩纪		燕山运动	残留的峰顶面	极小的更高的残丘顶面		局部残留有高程 2000m 左右的溶丘洼地和漏斗							
		白垩纪以前		晚震旦世末、中晚寒武世末、早二叠世末、晚三叠世末沉积间断形成古岩溶剥蚀面，古溶洞被后期沉积物充填											

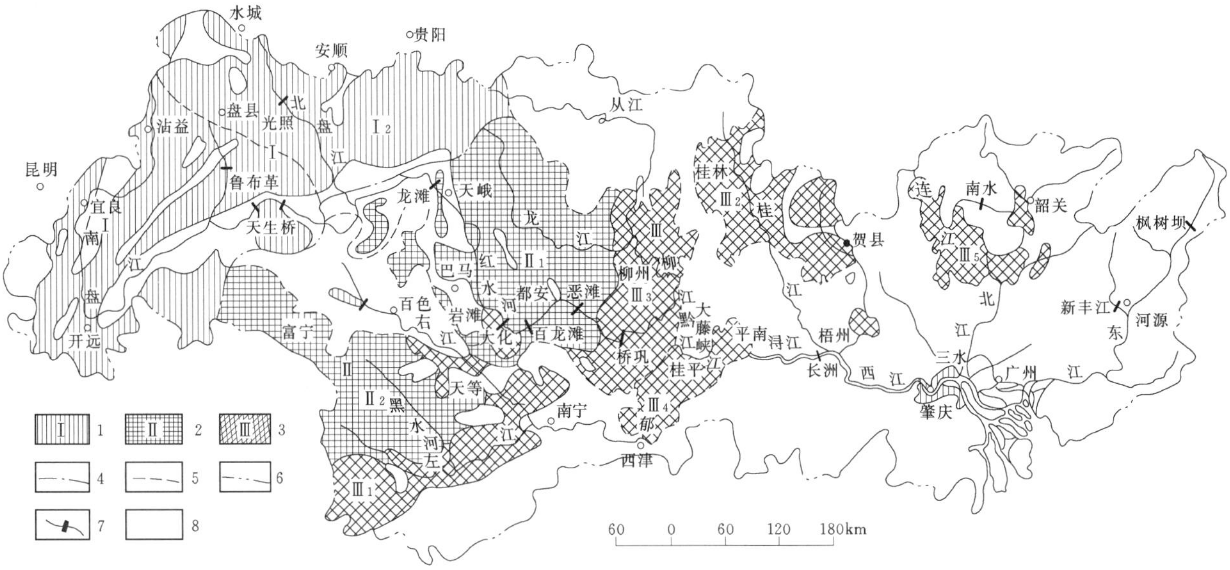

图 9.2.2－2　珠江流域岩溶分区图（据邹成杰等）

1—高原峰林丘峰岩溶区；2—中低山溶洼峰丛峰林岩溶区；3—丘峰溶原溶盆岩溶区；4—岩溶分区界线；5—岩溶亚区分界线；6—流域界线；7—水电站位置；8—非岩溶区

表 9.2.2－3　　珠江流域岩溶分区表

区	亚　区	地理位置	地面高程（m）	岩溶发育特征
高原峰林丘峰岩溶区Ⅰ	南盘江高原丘峰亚区$Ⅰ_1$	云贵高原南盘江流域	2500～1700	由西向东倾斜的高原期、石林期剥夷面上主要为丘峰溶原地貌景观，岩溶漏斗、洼地、岩溶湖发育，南盘江深切于溶原之下，见有三级阶地和四层溶洞
	北盘江高原峰丛亚区$Ⅰ_2$	云贵高原北盘江流域	2000～1600	由西北向东南倾斜的高原期、山盆期剥夷面在流域南部边缘趋于解体，呈峰丛洼地、山地地貌景观，北部与长江流域分水岭地带地势平缓，具高原岩溶地貌，有开阔的坡立谷、岩溶盆地、伏流暗河发育，北盘江深切于剥夷面之下500～600m
中低山溶洼峰丛峰林岩溶区Ⅱ	红水河峡谷溶洼峰林亚区$Ⅱ_1$	红水河干流区	1000～200	由云贵高原向桂中盆地过渡地带，广泛发育峰林洼地、峰林谷地，自西向东由峰林向孤峰转化，洼地则呈槽形、暗河呈网络状展布
	黑水河峡谷溶洼峰丛亚区$Ⅱ_2$	靖西高原	1000～400	为靖西高原向左右江溶盆峰林过渡区，呈峰丛地貌景观，伏流、暗河发育
丘陵溶盆溶原岩溶区Ⅲ	左右江溶盆宽谷峰林亚区$Ⅲ_1$	左右江下游地带	200以下	主要为岩溶谷地、岩溶盆地地貌景观，溶盆中岩溶潭多，河谷两岸峰林连绵，斜坡地带为地下水排泄区，岩溶较发育
	桂江溶盆槽谷峰林亚区$Ⅲ_2$	桂江流域	150以下	桂江、贺江谷地以峰林洼地、峰林平原岩溶地貌为主
	柳江溶原宽谷孤峰亚区$Ⅲ_3$	柳江干流区	200以下	宽阔的柳江谷地与波状的红土平原相连接，谷边散布孤峰残丘，高程100～200m，分水岭分布簇状峰林，平原中常见岩溶大泉、岩溶潭
	郁江溶原宽谷残丘亚区$Ⅲ_4$	郁江干流区	100～40	宽阔的溶原偶见残丘或“石”海，平原下埋藏有第三纪前古岩溶
	北江溶盆槽谷峰林亚区$Ⅲ_5$	北江流域	100以下	北江以溶盆溶原地貌为主，盆地中散立低矮丘峰，边缘则发育簇状峰林

表 9.2.2－4　　珠江流域各级剥夷面与岩溶发育分期

岩溶发育时期		时　代	北盘江流域		南盘江流域			红水河流域	
现代岩溶	第三期	第四纪以来	峡谷期	河谷深切100～300m，可见3～5级阶地及相应的溶洞	南盘江期		河谷深切呈V形，发育有三级阶地和相应的溶洞，目前大的岩溶泉一般与二级阶地高程相适应	红水河期	红水河中下游有4～5级阶地，并有相应的溶洞层，河谷区深部岩溶发育，深度可达河水位下550m
	第二期	晚第三纪至第四纪初	山盆期	地面高程1300～1600m	石林期	二期	高程1600～1750m，两岸发育谷地和盆地，并有大的水平溶洞	峰林期	高程400～1000m左右的峰林顶面
						一期	高程1800～2200m，孤峰溶原，峰丛洼地及水平溶洞		
	第一期	早第三纪	高原期	地面高程1800～2000m，典型的高原岩溶，开阔的坡立谷，岩溶盆地、伏流、暗河、天生桥	高原期		地面高程2200～2500m，溶原、残余峰林、石林、岩溶湖、漏斗等分布普遍	高原期（桂西期）	高程500～1500m，峰顶高程由东向西增高，西部为峰丛洼地，东部为孤峰溶原
古岩溶		第三纪以前	晚泥盆世末、中石炭世末、早二叠世末、中三叠世末发育有古溶蚀面和古岩溶洞穴，这些溶蚀面和古溶洞被后期沉积物充填						

三、黄河流域

（一）岩溶分区

黄河流域属于中温、暖温带亚湿润—亚干旱气候型岩溶区域，上游河源地区属于青藏高原干旱气候型岩溶区域。如图9.2.2-3，黄河流域岩溶区划可划分为2个区域，4个区和7个亚区，即黄河河源岩溶区（I_1）、祁连山南麓岩溶区（I_2）、华北山地高原岩溶区（II_1）、黄河河套岩溶亚区（II_1^1）、六盘山—贺兰山岩溶亚区（II_1^2）、鄂尔多斯台地岩溶亚区（II_1^3）、黄土高原—黄河峡谷岩溶亚区（II_1^4）、山西高原—晋南盆地岩溶亚区（II_1^5）、秦岭北麓—伏牛山山地岩溶亚区（II_1^6）、鲁中南山地—胶东半岛岩溶亚区（II_1^7）、黄淮海平原岩溶区（II_2）。各岩溶区的主要特征见表9.2.2-5。

（二）岩溶发育分期

黄河流域岩溶发育史与流域的地质、地貌发育史密切相关，可分为第三纪以前的古岩溶和第三纪以来的新岩溶两个发育时期。黄河流域中游地区地文期和岩溶发育特征见表9.2.2-6。

表9.2.2-5　　黄河流域岩溶分区特征表

岩溶分区			范　围	岩溶发育特征
区　域	区	亚　区		
青藏高原干旱气候型岩溶区域Ⅰ	黄河河源岩溶区I_1		黄河河源地区	地表岩溶不发育，地下以溶蚀裂隙为主，有小岩溶裂隙泉。巴颜喀拉山可见到第三纪残余峰林、石林
	祁连山南麓岩溶区I_2		祁连山南麓地区	变质碳酸盐岩岩溶不发育
中温、暖温带亚湿润亚干旱气候岩溶区域Ⅱ	华北山地高原岩溶区II_1	黄河河套岩溶亚区II_1^1	黄河河套地区	以岩溶裂隙为主，有岩溶裂隙泉
		六盘山—贺兰山岩溶亚区II_1^2	六盘山、贺兰山地区	地表岩溶以岩溶旱谷为主，有溶沟、溶槽及岩溶泉发育
		鄂尔多斯台地岩溶亚区II_1^3	鄂尔多斯台地	鄂尔多斯台地为内陆汇流区，气候干旱，岩溶不发育
		黄土高原—黄河峡谷岩溶亚区II_1^4	陕西、山西黄土高原区	黄土高原区的隐伏岩溶，主要为溶蚀裂隙，黄河峡谷区有少量溶洞和岩溶泉发育
		山西高原—晋南盆地岩溶亚区II_1^5	山西高原及汾河地堑	山西高原有北台期、太行期、唐县期剥夷面，分布小型洼地、漏斗，汾河地堑有岩溶泉发育，支流上游多为旱谷
		秦岭北麓—伏牛山山地岩溶亚区II_1^6	秦岭北麓及伏牛山地区	秦岭及伏牛山地区，以旱谷、小型溶蚀洼地、落水洞及岩溶泉为主
		鲁中南山地—胶东半岛岩溶亚区II_1^7	山东中南部及胶东半岛	鲁中南山地有小型洼地、漏斗及溶洞发育，岩溶层分布区大多为岩溶旱谷，大型岩溶泉发育
	黄淮海平原岩溶区II_2		黄、淮、海流域平原区	以隐伏岩溶为特点，溶蚀裂隙发育深度大，可达地下数百米，岩溶裂隙间水力联系好

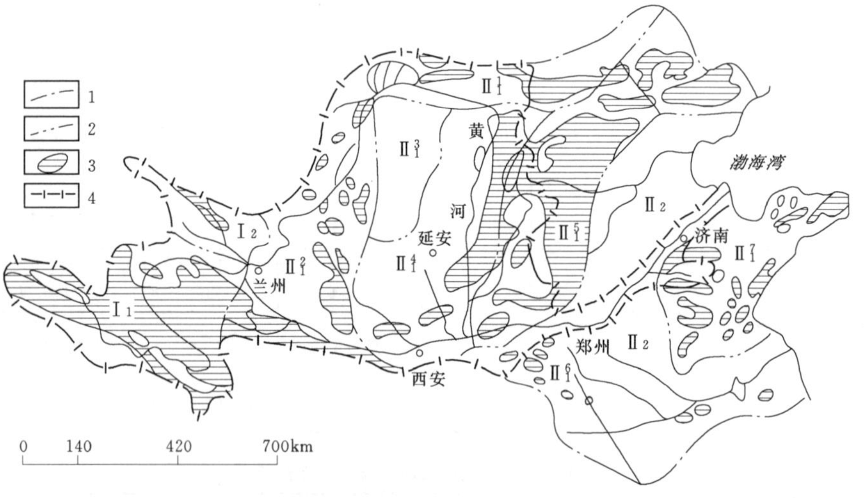

图9.2.2-3　黄河流域岩溶分区示意图

（据卢耀如）

1—岩溶区域界线；2—岩溶区、亚区界线；3—碳酸盐岩分布区；4—流域界线

表9.2.2-6　　黄河流域中游地区地文期及岩溶发育分期

岩溶发育时期		地质时代	地壳运动	地文期	岩溶发育特征
现代岩溶	第三期	第四纪	喜山运动二期	黄河期（汾河期、湟水期、清水期、板桥期）	与四级河流阶地相对应，发育一些溶洞和岩溶泉及岩溶峡谷
	第二期	新第三纪晚期		唐县期	低山宽谷
		新第三纪早期		太行期	小型岩溶洼地、漏斗
	第一期	老第三纪	喜山运动一期	北台期	平原残碟、岩溶洼地、漏斗、落水洞
古岩溶		中上元古代与寒武纪之间、中奥陶世与中石炭世之间、三叠纪末期与第三纪之间黄河流域及华北地区出现沉积间断，发育有古溶蚀面			

第三章 岩溶工程地质勘察

第一节 岩溶工程地质勘察特点

岩溶地区水力发电工程地质勘察，因岩溶现象发育的特殊性，其工程地质勘察有别于一般性岩石地区，具有明显的特点：

（1）勘察研究范围大。为了解岩溶的补排关系、发育特征及规律，合理评价库坝区有关工程地质问题，需开展大范围的岩溶现象与水文地质、工程地质调查与测绘工作；调查范围一般需扩展至整个泉域、河湾、低邻谷排泄区，甚至邻谷可溶岩延伸区域的岩溶管道水、暗河出口地带等。

（2）工程地质问题复杂。涉及水库岩溶渗漏、绕坝渗漏、地下洞室稳定与涌（突）水、高外水压力、基坑涌（突）水、水体倒灌，以及岩溶区内涝、岩溶型水库诱发地震等。

（3）洞穴与溶蚀裂隙发育不规则，不均一。由于岩溶发育的不均一性，岩溶化岩体的工程地质特征不均匀，水文地质条件差别较大，主要水文地质参数不易准确测定；对岩溶化岩体需采用专门水文地质与试验、钻探、物探等多方法、多手段综合勘察，地质调查和钻探难度大，物探手段先进，费用高，必要时，尚需开展适当的数值模拟，工作量较大。

（4）施工期勘察工作要求高。前期勘察工作中，受勘测技术条件限制，对岩溶现象不能一一查明，有些问题需要靠施工开挖揭示或水库蓄水验证后，通过补充勘察予以解决。如水库渗漏，深埋长大隧洞涌（突）水等。

第二节 水库岩溶工程地质勘察

一、勘察内容

水库岩溶工程地质勘察的主要内容包括区域地形地貌，碳酸盐岩及其层组类型、至低邻谷或至坝下游河段间地段的地质构造、岩溶现象和岩溶水文地质条件等。

水库岩溶工程地质勘察的范围应包括有碳酸盐岩分布的水库河床、库岸，以及水库至邻谷（含地下水位低于水库正常蓄水位的相邻低谷、低地），水库至坝下游河段间的地段。

抽水蓄能电站的上水库，应包括库周碳酸盐岩分布高程至下库河谷侵蚀面的范围。

（一）地形地貌

（1）调查区域地形地貌、水系、剥夷面、阶地的发育情况、水文网演变情况和河谷发育历史。

（2）调查水库、低邻谷、坝址下游河段及分水岭等重要地段的地形特征，确定地形地貌裂点高程等。

（二）碳酸盐岩及其层组类型

（1）调查区域地层，重点查明碳酸盐岩层的层位及其与上覆及下伏地层的接触关系，非岩溶岩层的分布情况。

（2）调查碳酸盐岩岩石的化学成分、造岩矿物等。

（3）调查碳酸盐类岩的岩石类型。

（4）调查碳酸盐岩类岩层的层组类型及岩溶发育特征。

（5）查明各层组类型中，岩溶岩层与非岩溶岩层的组成关系，查明在岩溶透水岩层中是否有相对隔水夹层存在，或在强岩溶化岩层中是否有弱岩溶化夹层存在，以及它们的组合关系，对岩溶发育特征、岩溶水文地质条件的影响。

（6）调查碳酸盐岩岩性、岩相的变化，以及它们对层组类型划分、岩溶发育强度的影响。

（三）地质构造

（1）调查所处区域构造部位，查明褶皱和断裂构造发育特征；确定分布在水库的岩溶岩层向低邻谷或坝下游河段的延伸情况；查明碳酸盐岩层组之间、相对隔水层的分布及之间的水力联系。初步判断是否存在岩溶渗漏问题，以及可能发生渗漏的部位。

（2）查明碳酸盐岩层是否因断层错位，导致断层两盘透水地层（或水文地质单元）形成同一岩溶层（即所谓的构造缺口）。

（3）查明断层及其影响带的位置、性状，以及在其附近的岩溶发育程度。

（4）调查断层的力学性质以及不同性质断层的岩溶发育强度差别。

（5）调查主要断层、结构面的产状及其与地下水循环方向的关系。沿走向与地下水运动总体方向一致或接近一致的断层，是地下水的通道，有利于岩溶发育；沿延伸长的结构面、褶皱轴部的纵张裂隙以及它们的交汇部位，地下水活动强烈，岩溶发育程度较高；应调查这些部位是否形成规模较大的岩溶洞空穴或管道。

（6）调查大褶皱构造中的背斜倾伏端、向斜翘起端以及褶皱转折端等部位的岩溶发育强度。

（四）岩溶现象

（1）调查个体岩溶现象和岩溶组合类型的名称、平面位置、发育高程、形态、成因、规模、所处的地貌部位和径流分带部位等，应侧重调查与地下径流循环关系密切的岩溶现象。

（2）对规模较大的地下岩溶管道，应进行追索调查，研究其发育特征与地貌、岩性、构造和地下水活动的关系。并应对其发育高程、方向、形态、底坡坡度、规模、充填物特征以及岩溶充填率等进行测量、素描、测试等。

（3）调查岩溶管道系统的发育高程和延伸情况，尤其是向分水岭方向和向坝址下游方向的延伸情况；查明与渗漏有关的岩溶洞穴网的情况。

（4）对勘探揭露的岩溶现象，除进行全面的描述记录外，尚应统计钻孔、平洞、竖井中的线岩溶率，分析确定强岩溶带的下限及弱岩溶带的埋藏深度。

（5）调查岩溶泉的位置、高程、成因及其赋存条件，分析判断岩溶泉水水位与附近泉水出露点地下水位的关系，进行泉水的动态观测，包括流量、水化学成分和水温；对大流量泉水尚应进行地下水连通试验，论证其补给来源。

（6）调查岩溶出露条件，并划分岩溶类型。

(7) 调查并区分新生代以前形成的古岩溶及新生代以来形成的现代岩溶。调查古岩溶对地区岩溶水文地质条件的影响。

(8) 调查岩溶发育史以及不同时期发育的岩溶的相互关系。

(9) 调查岩溶发育规律及其与岩性、层组类别、地质构造、地质结构、地貌部位、地表径流条件、地下径流条件以及古岩溶等的关系。

(五) 岩溶水文地质条件

(1) 调查岩溶含水岩体的渗透性和富水性，划分岩溶含水层或透水层与相对隔水层，查明相对隔水层的分布、特性，分析其隔水的可靠性和可利用程度，以及断层错位是否破坏了含水层或相对隔水层的连续性。

(2) 调查岩溶含水层的补给范围、主要补给源和补给方式。

(3) 查明岩溶含水层是否延伸到低邻谷或坝下游河段；查明相对隔水层是否阻断了水库与低邻谷或坝下游河段间的水力联系，水库是否具备被相对隔水层封闭的条件。

(4) 查明河床及河岸地段岩溶含水层的地下水位，根据河水与地下水之间的补给排泄关系，确定河谷岩溶水动力条件类型。

(5) 查明河谷岸坡及分水岭地区岩溶含水层的地下水位，地下水补给、排泄方向，是否有地下水位低槽带存在及其位置、方向，是否有地下水分水岭存在及其位置、方向。预测水库蓄水后地下水分水岭水位壅高情况。

(6) 对可能渗漏的水库，应通过物探、钻探、水文地质试验等方法，查明渗漏主要通道的位置、规模，以及谷底、谷坡及分水岭地段岩溶岩体的渗透系数、岩溶发育带的下限埋深、弱透水层顶板埋深等，作为估算渗漏量的基础资料。

(7) 对覆盖型岩溶，应查明覆盖层厚度，分别对覆盖层和岩溶岩层的渗透性进行分级，注意覆盖层上地表水是否具有悬托性质。

(8) 对埋藏型岩溶，应查明岩溶含水层与河水的补给、排泄关系，作为评价是否存在渗漏问题的主要依据。

(9) 调查库岸岩溶盆地、岩溶洼地及岩溶槽谷至河床间岩溶暗河系统的分布，平面及剖面形态特征，规模及发育历史；查明暗河系统进口消水洞及出口岩溶泉的位置及高程。

(10) 调查库岸岩溶盆地、洼地及槽谷之下岩溶暗河系统入口附近的地下水位，及其至河床的地下水面坡降。

(11) 收集岩溶盆地、洼地、槽谷地区的降雨资料，包括降雨分配、雨型特征及历史暴雨强度；调查岩溶盆地、洼地、槽谷历史上产生的内涝淹没情况，包括淹没水位、天数以及相应的河水位。

(12) 通过地下水动态观测，了解与渗漏和浸没内涝问题有关的水文地质条件随季节变化情况，特别是枯季地下水分水岭、地下水位低槽以及库岸岩溶盆地、洼地、槽谷底部地下水位等。

在实际勘察工作中，应结合区岩溶发育特点及设计阶段要求，在勘察思路及各种勘察方法的使用上应有所侧重。同时，对岩溶物理地质现象性质、规模、稳定状况等作调查了解，有利于分析岩溶洞穴发育及管道水、暗河演化过程。

二、勘察方法

(一) 工程地质测绘

《水电水利工程岩溶工程地质勘察技术规程》(DL/T 5338—2006) 规定：

(1) 测绘和调查的范围应包括拟建水库河床、河岸、水库至低邻谷（含地下水位低于水库正常蓄水位的相邻低谷、低地）、水库至坝下游河段间的地段，以及可能发生岩溶浸没、内涝的岩溶盆地、洼地、槽谷地区。

(2) 综合性勘察的测绘工作，应结合水库区的工程地质测绘进行，比例尺可选用1：50000～1：10000，通过测绘，确定可能产生渗漏地段和可能产生浸没性内涝地段。库首地段和专门性勘察的测绘比例尺可选用1：10000～1：2000。

(3) 工程地质测绘中应采用遥感技术，通过遥感影像资料或不同波段下地质体的波谱差别，从宏观上研究岩溶含水系统的补给、径流和排泄条件。

岩溶地区测绘工作中，除收集区域地质资料外，还应收集区域水文地质、地区岩溶研究成果等资料。

工程地质测绘过程中，要注重了解测区岩溶洞穴稳定性和岩溶泉水量变化、涨落与突变情况等，分析岩溶发育特点与规律、岩溶水文地质结构、岩溶地下水的补给、径流、排泄条件，是否存在地下水分水岭及其位置等，以利于布置相应的物探、钻探、水文地质测试等工作。

(二) 物探

对地下水位、溶洞、构造切口构造形态、溶蚀破碎、相对隔水层顶板等，以及孔内地下水的流速、流向等，可以采用物探方法进行勘探。地表物探工作布置前，须进行地质宏观分析，结合地下水流向、地质构造走向、岩溶洼地、槽谷方向、管道或暗河分布等布置物探测线，一般主勘线采用垂直岩溶水流向布置，利于捕捉洞穴位置，进行纵向勘探追踪，了解坡降变化。

库区岩溶物探常用的勘察方法有：

(1) 地下水位勘察。主要有电法勘探、探地雷达、可控源音频大地电磁测深（简称EH—4）等、高密度电法等。其中尤以电法勘探对地下水位的勘察精度较高；当地下水丰富且埋藏不深时，利用EH—4方法也可进行地下水位勘察。

(2) 洞穴勘察。主要采用EH—4探测和孔间电磁波或声波透视（简称CT)，对浅埋溶蚀裂隙、管道等可采用探地雷达或高密度电法。受探测方法及应用条件限制，当进行浅部（40m以上）洞穴或管道、溶沟探测时，采用高密度电法效果较好；当要求获取的探测深度较深（40～400m）时，宜采用EH—4方法。需对溶洞进行准确定位，并详细调查洞穴的规模、延伸特征时，宜采用声波CT或电磁波CT；但CT探测的孔间距不易过大，一般在20～30m之间较为适宜；孔间距大于60m后，CT成果主要用作岩溶发育规律的分析，不宜据以进行溶洞定位。

各方法特点及应用实例：

(1) EH—4方法勘探深度较大，可达上千米。在乌江索风营、大花水、格里桥、沙沱等水电站工程水库渗漏勘察中，开展了大量的EH—4测试工作，并结合钻孔验证，效果较好，精度较高。

(2) 孔间电磁波CT和声波CT对溶洞的探测精度较高。在贵州天生桥二级水电站隧洞岩溶洞穴调查、洪家渡电站库首构造切口补勘、引子渡电站厂房围堰渗水通道探测等采用过，效果较好，并在贵州光照水电站、格里桥水电站等工程的防渗帷幕超前探测中普遍采用，准确性较高。

物探方法可选用一种或多种进行对比、验证。由于物探成果的多解性，物探探测成果须有一定的钻孔勘探作验证。

(三) 钻探

钻探目前仍是岩溶地区水库勘探重要手段，主要用以了解可溶岩地层岩性、地质构造、岩溶洞隙、水文地质特征；查明岩溶洞穴发育分布高程、规模及充填性状，利用钻孔进行地下水位观测、压水试验、示踪试验等，还可用于地下水水温、流速、流向测量等工作。

钻前应做好地质宏观分析与钻孔工艺、观测维护等的设计工作，合理布置勘探剖面和孔位，保证勘探质量。

《水电水利工程岩溶工程地质勘察技术规程》（DL/T 5338—2006）对水库岩溶勘探剖面、钻孔布置及孔深作出了明确要求：

（1）勘探剖面应大致与地下水补给、排泄方向一致，并结合可能的防渗处理方案布置。为查明渗漏问题时，应根据可疑渗漏库段的宽度和复杂程度，每段布置1～3条剖面；为查明浸没性内涝问题时，可沿岩溶盆地、洼地、槽谷的泄水口至河边出水口方向布置剖面。

（2）钻孔宜布置在勘探剖面上，为查明渗漏问题的钻孔，可布置在水库河段的岸边、谷坡和分水岭地段，以查明河谷水动力条件类型、渗漏边界条件、岩体的渗透性、水库至低邻谷或坝下游河段之间是否存在地下水分水岭及其高程、河谷岸坡是否存在地下水位低槽及其水位、流向等；为查明浸没性内涝问题的钻孔，宜布置在岩溶盆地、洼地、槽谷的消水洞口附近。

（3）以查明地下水位为主要目的的钻孔应进入最低地下水位以下不小于10m，其中部分钻孔应进入岩溶弱发育带顶板以下不小于10m；以查明岩层界限或断层切割情况为主要目标的钻孔应穿过目标层（带）不小于10m。为查明岩溶垂向发育深度为主要目的的钻孔，应穿过水库区最低侵蚀基准面以下不小于10m。

除规程规定外，在实际工作中还应注意：

（1）水库岩溶渗漏勘察钻孔有单孔和剖面多孔两种型式。一般均考虑与物探剖面结合，物探开展工作在先。若为获取某地段或河湾地带等的等水位线图时，宜扩大勘探范围并采用网格状布置钻孔，孔间距取决于水力梯度大小。

钻孔应尽可能布置在可疑渗漏通道附近，如单薄低矮分水岭垭口、岩溶渗漏管道、构造切口等处，且多为深孔，以查明可疑渗漏地段部位岩体的岩溶化程度、岩溶管道高程、地下水位高程、防渗下限等，孔数可视其岩溶、水文地质条件的复杂程度而定，以能控制可溶岩含（透）层渗漏范围为原则。

当有多个岩溶含水系统时，钻孔深度应进入最深一层岩溶含水系统，并分别测试各岩溶含水系统的地下水位。

地质方面应根据水文地质结构情况，提出岩芯保存、水位测量、长观、终孔、物探测试等要求。对多层含水层必须分层测量地下水位；对长观孔应明确观测时段、时间间隔、孔口保护等；当设计孔底附近存在洞隙异常或透水率异常时，必须加大孔深；当孔内存在较大岩溶洞穴或通道时，应考虑进行孔内连通试验。岩芯观察和素描应能达到掌握孔内水文地质层组划分、岩溶发育特点、充填物情况、地下水位与洞隙发育关系。

（2）岩溶内涝钻孔均应作为长观孔，若孔内水位无变化或变化不明显时应重新布孔。

（四）洞探

水库岩溶勘察中，为了准确查明水库渗漏性质与集中通道具体位置、形态、大小等，或因库区地表钻孔实施困难需改在平洞内钻进时，方采用洞探。

对平洞内揭示的大型岩溶洞穴、管道水、暗河等，应进行追索并开展有关地质调查、编录、连通试验等工作。

（五）水文地质试验

水库岩溶勘察除应开展一般性岩体水文地质试验外，必要时还应开展示踪试验（连通试验）和堵洞（抬水）试验。

第三节　坝址岩溶工程地质勘察内容与方法

一、勘察内容

（一）地形地貌

（1）调查坝址区地形地貌特征，河谷地貌类型，研究不同地形地貌条件对岩溶发育的影响。

（2）调查坝址区及其上、下游的河流流向，古河槽及阶地的分布，河湾、单薄分水岭、盆地及大冲沟的地形特点，研究岩性分布与河流发育的关系。

（3）调查河谷阶地的地质结构，分析其成因类型，剥夷面发育情况及分布高程，根据岩溶形态或洞穴的成层性，与阶地和剥夷面对比，研究岩溶发育史及与水文网演化的关系，岩溶发育与地文期的关系。

（二）地层岩性

（1）查明坝址区分布的地层岩性。

（2）查明坝址区碳酸盐岩矿物成分和化学成分、类型、分布、厚度。

（3）查明碳酸盐类岩层中的非碳酸盐类岩层、夹层的分布、连续性，以及两类岩层的组合关系。根据岩层的可溶性和渗透性，进行分层并划分层组。

（三）地质构造

（1）查明坝址区的褶皱分布、形态、性质等，研究不同构造部位对岩溶发育和形态的影响。

（2）查明坝址区主要断层的位置、方向、规模、延伸、性质，主要结构面的特征，研究构造与岩溶发育的关系，断层对岩溶岩组的切割错位情况，各含水层之间的水动力关系，岩溶发育系统和地下水渗流途径等。

（四）岩溶现象

（1）查明坝址区地表和地下岩溶现象的位置、规模、填充情况、相互间的连通关系，以及地下岩溶发育随深度变化的规律。

（2）查明沿主要断层带、层面等主要结构面的溶蚀程度。

（3）查明是否存在贯通坝址上、下游的岩溶地下管道系统。

（五）水文地质条件

（1）查明各层组岩层中地下水赋存条件，划分岩溶含水层和相对隔水层及其层位、厚度、空间分布、向坝下游延伸情况、与大坝位置的相互关系。

（2）查明岩溶泉的出露位置、高程、泉水动态、成类类型。

（3）查明岩溶含水层和相对隔水层遭受断层切割情况，相对隔水层的封闭条件是否遭到破坏。

（4）查明坝基岩层的透水率，并进行岩体渗透性分级。

（5）查明坝址区各岩溶含水层的地下水位及其在洪、枯季变化规律。

（6）查明坝岩溶含水层与河水的补排关系，确定河谷岩溶水动力条件类型。

（7）查明岩溶含水层水质、水温及其与岩溶发育程度的关系。

在实际工作中尚需对坝址区有影响岩溶物理地质现象作必要勘察。

二、勘察方法

（一）工程地质测绘及岩溶调查

（1）测绘与调查的范围。应根据研究渗漏、渗透稳定及工程处理方案的需要确定，测绘的范围应包括可能用作防渗的相对隔水层分布地段或两岸地下水位相当于正常蓄水位的地段。调查范围应大于测绘范围，包括坝址区附近的岩溶泉出露地段以及河谷岸坡至分水岭间的岩溶发育地段。

（2）综合性测绘的比例尺可选用1∶5000～1∶2000，专门性测绘的比例尺可选用1∶2000～1∶1000。

（二）物探

（1）在坝基范围内，可布置地震折射剖面、地质雷达、地震测井及沿平洞壁的地震波速测试，调查岩溶洞穴的位置及规模。

（2）在坝基范围内的钻孔中，可进行孔内彩色录像，孔间电磁波CT、声波CT探测。

（3）可用EH—4法、探地雷达、瞬变电磁法等探测坝址区岩溶发育程度、洞穴与管道位置、规模及相互连通情况。

（4）施工期防渗帷幕探测，利用先导孔探测岩溶洞隙或进行防渗帷幕质量检测，均可采用孔间电磁波、声波CT探测。

坝址区物探方法的使用应据勘察目的选择。在前期勘察工作中，需对坝址区岩溶发育规律及拟布置的防渗线上的岩溶发育特征进行调查时，主要采用EH—4法。当需对坝基及防渗线上可能存在的洞穴进行详细调查时，主要采用孔间CT探测。在对大坝建基面进行检测时，主要采用地质雷达及钻孔声波、孔内录像、孔间CT等。

（三）勘探

（1）勘探控制范围应能满足渗漏、渗透稳定及工程处理方案的需要；选定的工程处理方案线上要有足够的勘探资料查明其水文地质、工程地质条件。

（2）勘探剖面应根据地质条件、建筑物特点和防渗要求布置。对选定的坝址，横剖面不得少于三条，并布置在选定的坝轴线及其上、下游；纵剖面布置三条，布置在河床和两岸。

（3）除应在各勘探剖面上布置钻孔外，在为查明水文地质条件所需的低地下水位地段、高地下水位地段、断层错断相对隔水层的地段上，以及重要的岩溶现象分布地段上也应布置钻孔。

（4）为查明水文地质条件而布置的钻孔应进入到最低地下水位以下不小于10m；防渗线上的钻孔应进入到微透水层内，或进入岩溶弱发育带顶板以下不小于10m。

（5）对坝址的重要建筑物和防渗地段，以及岩溶洞穴网，应布置平洞进行探查。

（四）水文地质试验和专门性试验

（1）坝基范围内和防渗帷幕线上的钻孔，均应进行钻孔压水试验；根据需要，河床钻孔应分层和分段测定套管内外稳定水位。

（2）大降深竖井或钻孔群孔抽水试验。

（3）示踪试验（连通试验）。

（4）水质分析。

（五）地下水动态观测

（1）观测项目包括河水、地下水、泉水的水位、流量、水温、水化学及与降雨的关系。

（2）坝址区内的钻孔均宜作为长期观测孔。

（3）观测时间不得少于两个水文年。

（六）施工期地质勘察

（1）随坝基开挖，加强地质编录和测绘，观测记录开挖揭露和新出现的岩溶现象和岩溶水文地质现象。

（2）根据开挖揭露的岩溶现象，必要时，应布置连通试验、地质雷达扫描或微重力仪探测、瞬变电磁法探测，了解岩溶管道连通情况，隐伏的洞穴及岩溶发育带。

（3）根据地质编录和专门性勘察成果，提出优化工程处理措施的建议。

（4）加强地下水动态观测工作，特别对能反映防渗处理效果的水文地质点要加强观测工作。

第四节　地下洞室岩溶工程地质勘察内容与方法

一、勘察内容

（1）地下洞室岩溶工程地质勘察应在调查区域岩溶发育特征和水文地质条件的基础上进行。

（2）调查洞室区的地形地貌特征，剥夷面和阶地的发育情况及分布高程，研究不同地形地貌条件对岩溶发育的影响。

（3）查明地下洞室区碳酸盐岩的类别、分布、产状、厚度及其与非碳酸盐岩层的组合情况。

（4）查明地下洞室区的褶皱形态、性质、特征等，研究不同构造部位对岩溶发育和形态的影响。

（5）查明地下洞室区主要断层的结构面的产状、性质、规模、延伸情况，及其位置与洞室的关系，研究断层对岩溶岩层切割错位情况，断层与岩溶发育关系。

（6）调查地下洞室区的重要岩溶现象，特别是溶洞、溶隙、落水洞、管道、地下暗河等的分布、位置、形态、规模、填充情况，以及它们与洞室的关系。

（7）查明洞室区各岩溶含水层的地下水位、动态规律及最高、最低水位，划分岩溶含水层和相对隔水层，查明岩溶泉的出露位置、泉水动态，查明含水层和相对隔水层遭受断层切割的情况，收集、分析历史暴雨强度资料及其与地表水、地下水之间的动态关系。

（8）根据地下水与河水的补排关系，确定洞室区水动力条件；按地下水循环条件，划分岩溶水动力带。

二、勘察方法

（一）工程地质测绘及岩溶调查

（1）地下引水线路区的测绘和调查范围应包括各比较线路及其两侧各500～1000m宽的地带；当岩溶水文地质条件对隧洞或地下厂房工程地质问题的判断较为关键，需要查明补给区或排泄区、深部岩溶发育情况时，测绘和调查的范围应适当扩大。

（2）建筑物区的测绘和调查范围应包括各比较方案及其配套建筑物布置地段。

（3）隧洞线路的测绘比例尺一般选用1∶25000～1∶10000，厂房和建筑物区的测绘比例尺可选用1∶5000～1∶2000。隧洞进出口地段、傍山浅埋段、过沟段，以及地质条件复杂、岩溶发育的地段均应进行专门性工程地质测绘，比例尺可选用1∶2000～1∶1000。

（二）物探

（1）采用综合物探方法，勘探岩溶发育特征、洞穴位置及地下水位。

（2）采用地质雷达、瞬变电磁法、EH—4法，探测洞室附近的洞穴和岩溶发育带位置和规模。

（3）采用钻孔电视、层析成像探测钻孔内及孔间的岩溶发育情况。

实际工作中，在贵州大花水水电站、毛家河水电站等项目中采用电导率连续成像系统从地表探测隧洞沿线岩溶发育情况，开挖后验证，效果较好；对过沟浅埋段或地下厂房区，当地表物探等调查发现可能存在影响工程建设的岩溶洞穴时，应结合勘探钻孔，采用钻孔层析成像方法（CT），探测钻孔及孔间的岩溶发育情况。

施工期，洞内可采用TSP、地质雷达等方法，探测洞周与前方富水带与洞穴发育情况。

（三）勘探

（1）隧洞进出口、地下厂房和建筑物应沿轴线布置勘探剖面。

（2）隧洞线路的钻孔应沿线布置，宜布置在进出口、地形低洼地、岩溶可能发育地段、水文地质条件复杂的地段，地表调查及物探测试分析可能存在大洞穴、大断层、低水位带部位应布置专门性钻孔。

（3）钻孔深度应进入洞室底板以下10～30m，或达到地下水位，或大洞穴底板以下，建筑物区的钻孔深度应进入设计建基面高程以20～30m，专门性钻孔深度应视具体要求而定。

（4）隧洞进出口、高压管道和厂区宜沿轴线布置平洞和相应的横向支洞，平洞应能控制厂房和高压管道地段的岩溶发育情况，特别是大洞穴和管道系统的情况。锦屏二级水电站及两家人水电站在前期勘察中，沿隧洞轴线布置了较长的勘探平洞，较好地了解隧洞沿线的岩溶发育特征及地下水活动情况。

（5）可在洞穴网内进行连通试验。

（6）应利用钻孔及泉水点进行地下水动态长期观测。

在实际工作中，岩溶地下洞室区孔内压水试验、物探测井以及深埋段地应力测试等也是需要的。尤其是超前地质预报工作随着物探技术的发展，已经逐渐由单一方法地质预报向物探、地质结合的综合超前预报发展。

第五节　岩溶水文地质观测与试验

一、地下水动态观测

（一）钻孔地下水位观测

为岩溶水文地质勘察服务的地下水长观孔，主要分布在坝肩岸坡、分水岭地带，以及可能渗漏的构造切口等地区。数量相对较多，渗漏地带勘察期的长观孔有的可作工程运行期观测孔用。

（二）岩溶泉水点及渗漏点流量观测

对库坝岩溶大泉应作流量观测，一般其流量较大时宜采用观测堰进行测流。对水库或绕坝岩溶渗漏点必须设堰观测。

泉水长观的方式可采用设挡水堰或集水沟的方式进行，一般两种方式综合使用，即设集水沟将泉水或井水归拢后，用三角堰或矩形堰进行流量长观。

泉水点长观工作主要在前期勘察工作中开展。对水库成库较为关键的部分泉水点，尚应在水库蓄水初期观测其流量变化情况。

（三）隧洞施工期岩溶涌水点观测

根据洞室沿线岩溶涌水情况，选择流量大、压力高的涌水点进行观测，判断地下水的动态特征、涌水量变化、外水压力的评估等。

隧洞涌水点的观测可采用压力表或流量表的方式进行观测，前者主要是获取与该涌水点相对应处的水头高度。采用流量表进行观测仅限于流量不大的涌水点，对流量较大的涌水点，仍需采用设堰方式进行观测。

二、水文地质试验

（一）示踪试验

示踪试验即连通试验。示踪试验能探明岩溶地下水渗流场的类型，计算岩溶水管道流的流速、流量、容积等渗流场特征参数，特别适合复杂岩溶水文地质环境条件的勘察。在水库岩溶渗漏勘察中，示踪试验是探查岩溶地下水补排关系、地下水分水岭位置的有效手段。

根据示踪剂的类型的不同，示踪试验有如下类型。

1. 颗粒物质连通试验

充当颗粒物质连通试验的示踪剂有乒乓球、聚乙烯小球（直径0.2～3mm）、塑料颗粒等漂浮物，石松孢子、酵母菌和噬菌体等生物微粒。它们的共同特征不溶于水，能浮在地下水表面或者悬浮于地下水体中与地下水流一起运动，其检测结果是按示踪剂的个体数目计量。

对粗颗粒示踪剂，于投放点将其投放后，在接收点用捕捞网等拦截、捕取，然后计数。如有捕获，即说明投放点与接收点地下水连通。为了满足在几个水点同时进行连通示踪的需要，还可以将颗粒染成各种不同的颜色。分别同时投放，再于接收点收集和鉴定分析。

该方法对连通性较好的暗河管道较为有效，但当岩溶管道中存在岩溶深潭或虹吸管道时，往往效果不太好。

2. 化学试剂连通试验

易溶于水的化学试剂是使用得最多的连通示踪剂。它可以在地下暗河、岩溶管道、溶隙岩体介质和均匀多孔介质等几乎所有地下水系统中使用。

常用的示踪剂有酸性大红、荧光粉等，便于肉眼辨别。复杂的远程连通试验示踪剂选择视具体条件和设备确定，试剂主要为荧光粉或食盐。试验前应了解周围有关环境地质和人畜饮水等情况，合理选择示踪剂；当试验区无关人畜饮水，且管道连通性较好时，采用酸性大红较为方便；当试验区较敏感时，宜采用荧光粉或孢粉，利用专门的仪器进行检测，并根据检测结果，分析岩溶管道的连通性、地下水库库容等。

（二）堵洞（抬水）试验

通过在岩溶管道或地下暗河出口筑堤，抬高地下水位，在其上游形成地下水库，引起该岩溶系统水文地质条件（水位、出水点、流量等）发生一系列的变化，对它们进行观测、对比和研究，查明该岩溶系统的空间分布、补给排等特征，为水库渗漏、渗透稳定处理等提供基础地质资料。一般用于地下水库勘测、渗漏条件复杂地段防渗检验等，试验前应调查了解不利影响和做好有关应对措施。

第六节　岩溶工程地质分析方法

一、岩溶洼地分析法

岩溶洼地分析法，是利用岩溶地貌与水文网对岩溶分布规律及其与岩溶地下水相关关系，推测地下水流向与管道位置的一种研究方法。此方法原理是建立在岩溶洼地展布方向和分布高程与地表、地下水系存在一定相关性基础上建立起来的。在一般情况下，洼地的高程随着地表岩溶和岩溶地下水系的发展，由分水岭向排泄方向逐次降低。可在地形地质图上勾绘出洼地底部等高线，多个由高到低、串珠状洼地的连线，指示地下水的排泄的方向和推测地下岩溶管道位置所在。

实际运用中要注意结合地质构造产出状态进行分析，因为岩溶发育和管道水是受构造控制的，对于单斜层溶蚀会由于层面、不整合面、相变带、断层带而随倾向变化而偏离，褶皱会随轴面倾斜而偏离，因而不能用洼地位置直接简单代替现代管道水位置。

二、岩溶地下水均衡分析法

岩溶水均衡是指在圈定的均衡区内，利用地表水与地下水的流入量与流出量之间随时间变化的相互关系，分析地下水的补给、径流、排泄关系，透水地层的渗透特性，以及岩溶汇水面积与泉水的配套关系的一种研究方法。通过该方法，在一定程度上可分析两个岩溶地下水系统间的地下分水岭的位置。

在岩溶地区水库渗漏分析时，往往由于岩体渗透性的不均匀性，而难以获得必要的计算参数（如渗透系数等），而借助各项均衡要素的动态观测资料，建立水均衡方程，计算未知项，其结果能反映一个较大范围内的岩体平均渗透特性，以避免局部因素的干扰。

地下水均衡分析方法很多，这里列出一个岩溶地块的总均衡式为

$$N+K+\sum Y_1+\sum Q_1=V+\sum Y_2+\sum Q_2\pm D \qquad (9.3.6-1)$$

式中：N 为大气降雨量；K 为岩溶裂隙中的凝聚水量；$\sum Y_1$ 为地表水流入量；$\sum Q_1$ 为地下水流入量；V 为总蒸发量（含岩石、水体和潜水面）；$\sum Y_2$ 为地表水流出量；$\sum Q_2$ 为地下水排泄量；D 为地下水储量变化值。

上式中各项均衡要素可通过长期观测获得数据，采用一定时间间隔内一定面积上平均水柱高（mm）来表示。最好用多年平均观测值，在 $\sum D/n\to 0$ 情况下 $D\approx 0$。

三、岩溶地下水位动态分析法

在岩溶地区，地下水位的升降起伏，主要取决于降雨、地表及地下水补给排泄关系以及岩溶发育程度和岩体透水性；反过来，若已知岩溶地下水动态的地下水位过程线的线型、洪枯地下水位变幅以及地表水与地下水错峰时间等要素，则可以反演岩溶的发育程度和岩体的透水特性。利用地下水位观测资料和观测曲线，反演岩溶水文地质条件，即为岩溶地下水位动态分析法。

根据观测时间间隔的长短、观测工作的延续时间以及观测目的的不同，将观测工作分为长期观测、短期观测、加密观测三类。

根据观测资料绘制的地下水位动态曲线类型如表 9.3.6－1。

地下水位历时曲线线型，主要取决于所处的岩溶地貌单元、地下水补排条件和岩溶发育程度及透水性。分析大量的岩溶地下水位动态曲线发现，其上升支一般较陡立，下降支一般较曲折、平缓，反映地表水（降雨）补给地下水的速度很快，而排泄的速度却较慢。

由表 9.3.6－1 可知，岩溶的发育强度由分水岭至岸坡逐渐增强，这是补给型河谷岩溶发育的一般规律。但由于岩溶发育的不均一性，从岸坡—谷坡—分水岭，都可能存在重叠和交叉的现象，必须通过具体调查了解才能获取最后的结论。

表 9.3.6－1　不同岩溶区孔、洞典型的地下水位历时曲线类型

型　号	Ⅰ	Ⅱ	Ⅲ	Ⅳ	Ⅴ
名称	补排快速型	补排中速型	补排滞缓型	补排缓慢型	补排极慢型
线型	对称尖峰型	不对称尖峰型	不对称台面型	波状起伏型	平缓跳动型
形成条件	岩溶发育强烈，洪枯水位变化大。补排条件相似	岩溶发育强烈，洪枯水位变化大。岩溶管道分布偏高，下部排泄较慢	岩溶发育弱，一般为溶隙型。对补给水反映滞缓	岩溶发育较弱，补排均较缓慢	岩溶发育较弱，仅在补给水量很大或水位很高时才反映
地貌部位	谷坡—岸坡	谷坡—岸坡	分水岭—谷坡	分水岭—谷坡	分水岭

四、岩溶地下水渗流场分析法

（一）基本原理

在岩溶地下水渗流场中，岩溶地下水由高势能向低势能方向运动，并具有一定的地下水动力学特性，反映岩溶发育程度与地下水运动特点，可利用来反演岩溶透水地层中岩溶发育程度和发育规律，研究岩溶地下水的渗流特性及有关岩溶渗漏等问题。

（二）岩溶地下水渗流场的构成

（1）岩溶化岩体是岩溶渗流场的物质基础。

（2）岩溶地下水在接受大气降雨和邻近区域地下水补给之后，具有由高势能向低势能运动、径流、排泄的能力，即须具备自流的势能。

（3）在水库蓄水后，上述天然条件受到改变，破坏了原始的天然渗流状态，构成了新条件下的人工渗流场。

（三）岩溶地下水渗流介质的基本特性

（1）具有被溶蚀或冲蚀（机械侵蚀）的性能。

（2）具有显著的不均匀性，大小不一的各类岩溶通道并存于岩溶岩体中，形成统一或孤立的岩溶地下水网络系统。

（3）岩溶地下水既有稳定流，又有非稳定流；既存在层流，又存在紊流及混合流；既有孤立水流，又有统一地下水流。

（4）岩溶地下水渗流循环的深度与强度，比非岩溶地区深得多，也强得多。

（5）在岩溶地下水人工渗流场中进行抽水、注水，对自然渗流场的影响，其广度和深度远比非岩溶地区大得多，且可能存在的降落漏斗具明显的方向性。

岩溶地下水渗流场的五大基本特性，反映了其固有的本质。

（四）岩溶地下水渗流场的基本类型

1. 岩溶地下水自然渗流场的基本类型

（1）根据地质构造与岩溶地下水的关系分类。岩溶发育不仅受控于可溶岩岩性，而且受控于地质构造。各类岩溶层组组合类型经受一系列的地质构造运动的作用。岩溶发育通常从构造破碎带或构造弱面开始，洞穴及管道的发展方向往往受构造线方向制约。

（2）河谷区岩溶地下水渗流场分类。岩溶河谷地区具有岩溶发育强烈、地下水动力条件复杂多变的特点。根据岩溶在河谷与岸坡发育的强度不同，以及受到河谷或远距河谷的排水基准面影响程度的不同，不同水动力条件类型条件下各渗流场特征见表 9.3.6－2。

表 9.3.6-2　　河谷岩溶不同水动力条件下渗流场特征表

编号	名　称	形　成　条　件	渗 流 场 特 征	钻孔水位曲线
Ⅰ	补给型	(1) 河谷为当地的最低排泄基准面； (2) 河谷的可溶岩层不延伸到邻谷； (3) 两岸有地下水分水岭	河谷两岸地下水高于河水位，河水受两岸地下水补给	上升直线或曲线型
Ⅱ	补排型	河谷一侧有地下水分水岭，另一侧的可溶岩层延伸至邻谷，且无地下水分水岭	河谷的一侧地下水补给河水，另一侧为河水补给地下水，向邻谷或下游排泄	下段呈直线上升，上段为缓慢上升或呈近水平状
Ⅲ	排泄型	(1) 河谷两侧有低邻谷，并有可溶岩层延伸分布，且无地下水分水岭； (2) 河谷两岸有强岩溶发育带或管道顺河通向下游，地下水位低于河水位	河水向邻谷或下游排泄，河水补给地下水	下降直线型或曲线型（抛物线等）
Ⅳ	悬托型	河床表层透水性弱，基岩岩溶发育，透水性强	河水被渗透性弱的冲积层衬托，地下水深埋于河床之下，与河水无直接水力联系	断续下降
Ⅴ	补排交替型	河谷两岸和河床岩溶发育，地下水位变动幅度大，洪水期为补给型河谷，枯水期为排泄型河谷	洪水期地下水补给河水，枯水期河水从一侧或两侧补给地下水	

不同渗流场，其渗流网形式差异是很大的。若按钻孔测压水位随孔深变化曲线，亦可划分为六种类型，即：Ⅰ平缓型；Ⅱ突降型；Ⅲ下降型；Ⅳ上升型；Ⅴ断续型（地下水位曲线多呈下降型）；Ⅵ组合曲线型（由上升型和平缓型曲线组合而成）。详见表 9.3.6-3。

2. 岩溶地下水人工渗流场的基本类型

(1) 岩溶区钻孔地下水渗流场。当钻孔穿过一条以上的等势线和流线，沟通了渗流场不同部位的水流，扰乱了自然存在的等势线，钻孔综合水位在水平循环带的渗流网中，往往比初见水位低；而在虹吸渗流带的渗流网中，则比初见水位高。

(2) 岩溶区钻孔抽水降落漏斗渗流场。令降落漏斗等水位线的长轴为 X，短轴为 Y，其比值为 $\alpha=X/Y$，可反映渗流场的不均匀度。依 α 的大小，渗流场可划分为五种：各向同性型、相对各向同性型、各向异性型、强各向异性型、极强各向异性型。见表 9.3.6-4。

(3) 岩溶地区水库、坝址地下水渗流场。水库蓄水后，极大地改变着天然地下水渗流场，其影响范围可达几公里甚至几十公里以上。若将其归类简化，可划分为四种类型：Ⅰ一岸向邻谷渗漏渗流场；Ⅱ两岸同时向邻谷渗漏渗流场；Ⅲ绕坝渗漏渗流场；Ⅳ坝基渗漏渗流场。其渗流特征见表 9.3.6-5。

表 9.3.6-3　　岩溶地区钻孔测压水位变化曲线主要类型表

类型	曲线名称	形成图式	曲线类型	形成条件	水 文 地 质 意 义
Ⅰ	平缓型	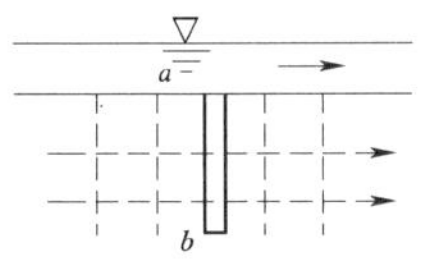	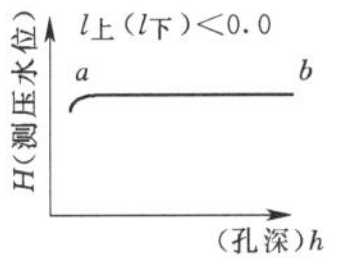	宽谷或峡谷河床，地下水比降很缓等压线近于垂直	一般出现在岩溶发育较弱，岩层透水性较均一的地区，或者岩溶化较强烈，而水力比降较平缓的地区；一般说明岩溶发育比较均一
Ⅱ	突降型	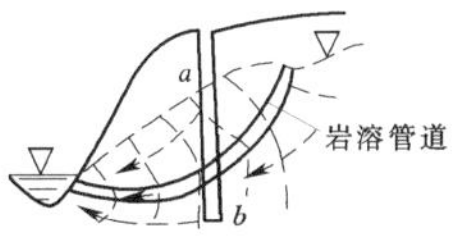	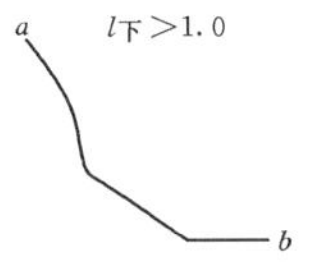	河谷岸坡或河床遇岩溶管道，等压线曲折	一般说明岩溶分层发育，水文地质条件复杂、易渗漏；在一定深度，测压水位突然下降，说明此处岩溶发育增强
Ⅲ	下降型	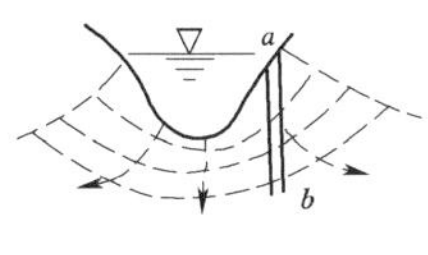	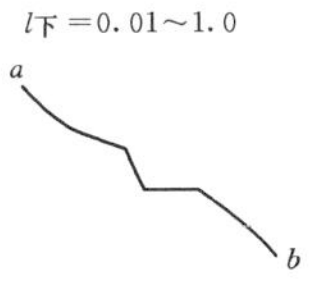	河水补给地下水，流线向下呈放射状	常出现在河流裂点上游，“天然堆石坝”上游，形成反漏斗形流网；一般说明岩溶较发育，渗漏及防渗处理均复杂
Ⅳ	上升型	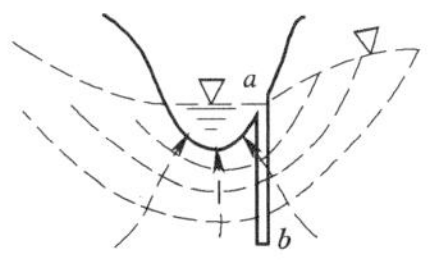	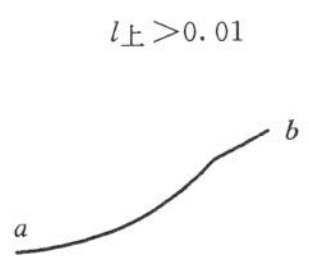	河谷两岸地下水比降陡，补给河水流线呈收敛状	常出现在峡谷地区，两岸地下水比降陡的河谷；一般岩溶发育较弱，渗漏问题简单
Ⅴ	断续型	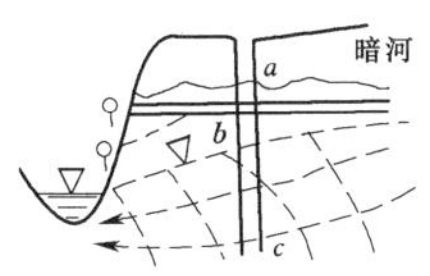	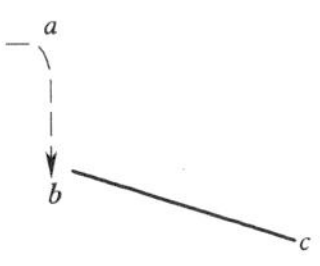	河谷岸坡上遇悬挂暗河，下部又遇地下水，水位不连续	暗河下部有隔水层或岩溶发育弱的下垫层，造成暗河悬挂在包气带内。如系河床钻孔，则表明河水选托；暗河在出口段往往有新的出口。若暗河分布较低，岸边渗漏较复杂
Ⅵ	组合型	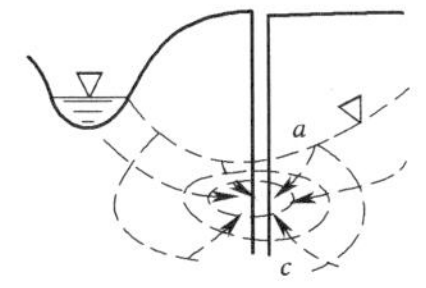	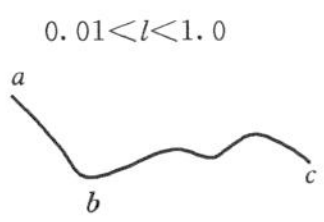	岸坡或河谷，遇纵向岩溶管道或强透水带，等压线呈封闭形或曲折形	说明常有深部岩溶存在，下游可能有较低的排水基准面；渗漏及防渗处理均较复杂

表 9.3.6－4　　岩溶区钻孔抽水降落漏斗的不同形态特性表

类型	名　称	渗流网图式	非均匀各向异性系数 $\alpha = X/Y$	渗　流　特　性
Ⅰ	各向同性型渗流场	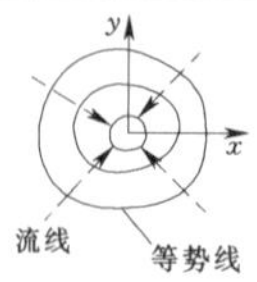	1～1.5	(1) 降落漏斗渗流场等水位线呈近似圆形，流线呈汇流型； (2) 显示岩溶发育比较均匀，溶隙型
Ⅱ	相对各向同性型渗流场	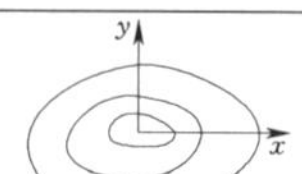	1.5～3	(1) 降落漏斗呈椭圆形，在 x 方向比降小，在 y 方向比降大； (2) 显示岩溶相对均匀，溶隙型，具有方向性
Ⅲ	各向异常型渗流场	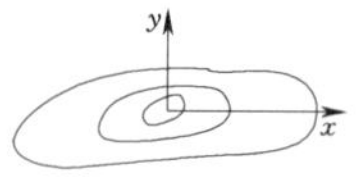	3.0～5.0	(1) 降落漏斗呈长圆形，流网不均匀； (2) 岩溶在 x 方向发育强烈，管道型。y 方向发育微弱
Ⅳ	强各向异常性单一渗流场	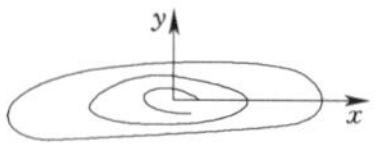	＞5.0	(1) 降落漏斗呈长条形，流网极不均匀； (2) 岩溶在 x 方向极为发育，具方向性；y 方向岩溶发育微弱
Ⅴ	极强各向异性型复杂渗流场	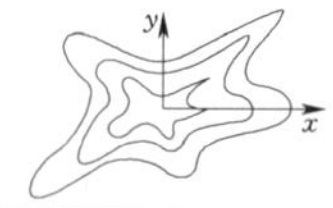	＞5.0	(1) 降落漏斗呈多角形，流网异常特殊； (2) 由于构造裂隙或断层控制，岩溶发育有多个方向，极不均匀

表 9.3.6－5　　岩溶区水库坝址地下水渗流场类型表

序号	类　型	渗流场图式	渗　流　特　性
Ⅰ	一岸至邻谷渗漏渗流场	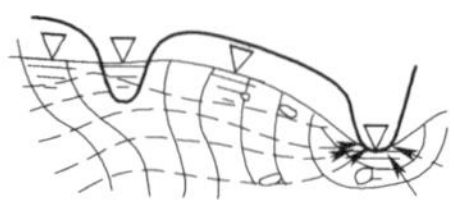	水库蓄水后，由于岩溶强烈发育，产生一岸向低邻谷或向河湾下游渗漏。 流网比较典型，当遇岩溶管道时，才出现异常。在邻谷一侧出现岩溶出水点
Ⅱ	两岸邻谷渗漏渗流场	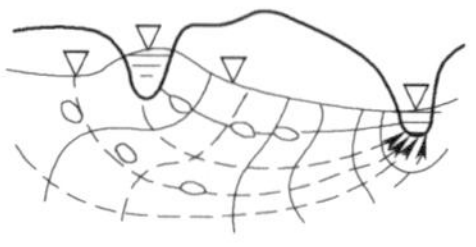	水库蓄水后，由于岩溶强烈发育，两岸均产生向低邻谷或向河流下游渗漏，也有穿越河床深部向下游渗漏的情形；有些水库，蓄水前即属此种渗流场。 流网复杂，等压线在河床下部曲折多变
Ⅲ	绕坝渗漏渗流场	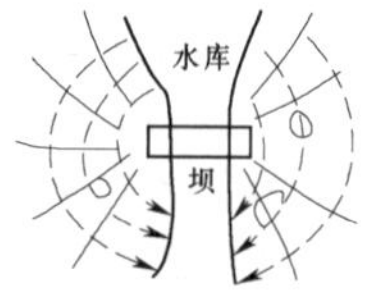	水库蓄水迫使地下水渗流场迅速改变，等水头线以坝肩为中心，在平面上呈放射形，流线呈椭圆形。 一般而论，流网越规则，表明岩溶发育越弱或越均匀，反之表明岩溶发育不均匀
Ⅳ	坝基渗漏渗流场	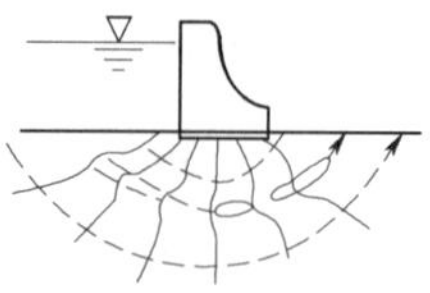	水库蓄水后，在库水水头压力作用下，产生坝基渗流，等压线在竖向上呈放射形，流线呈半椭圆形。 椭圆形流网影响越深，反映坝基渗流越深；流网越不规则，说明岩溶发育越不均匀

五、岩溶地下水化学场分析法

基本原理：利用水化学场来分析岩溶水化学变化规律，岩溶含水层的补给排泄规律以及岩溶渗漏等的方法，谓之水化学场分析方法。

岩溶水在运动过程中，其化学组分是不断变化的。岩溶水化学均衡即是根据岩溶水的化学组成，特别是用一些标志离子如 SO_4^{2-}、Ca^{2+}、Mg^{2+} 等的含量特点来探索地下水与可溶岩之间的相互关系，结合现今岩溶水中标志离子含量的变化，以及洞穴形成年代等方面的研究，分析地下水的渗流条件及运动速度、循环深度、岩溶管道的连通性等。

研究表明，岩溶水化学动态迁移变化与多项制约因素之间是有一定规律可循的。利用这一规律，可以帮助我们解决岩溶水文地质方面的一些实际问题。

六、岩溶地下水温度场分析法

岩溶水温度场又称水温场，利用这种温度场，分析研究岩溶地下水形成条件、水温分布规律，并用以寻找岩溶管道和渗漏通道的方法，谓之岩溶水温度场分析法。

地下水温度随深度变化曲线，可以分为五种类型（表 9.3.6－6），以 A 型曲线最为常见。当下部遇冷水时，出现 B 型。当有热水出现时，则表现为 C 型；而 D 型和 E 型，大部分是由于岩溶管道存在而出现地下水的温度异常。

现有仪器在测试地下水温度的同时，亦可同时测定地下水的电导率，通过电导率变化特征，结合地下水温度变化情况，可分析地下水的渗流条件，探测可能存在的渗漏通道的位置，尤其是与库水连通的、正在发生渗漏的岩溶渗漏通道，通过地下水温度场及电导率场，可有效予以查明；两种方法联用，在猫跳河四级的岩溶渗漏勘察中，效果较好。

表 9.3.6－6　　水温曲线类型及形成机理表

序　号	A	B	C	D	E
曲线名称	直线型	抛物线型	对数曲线型	正异常型	负异常型
曲线图形	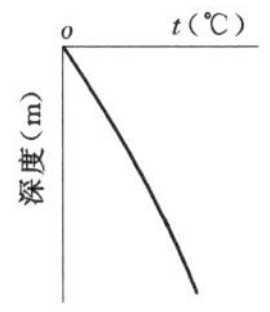	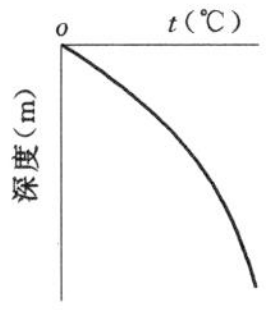	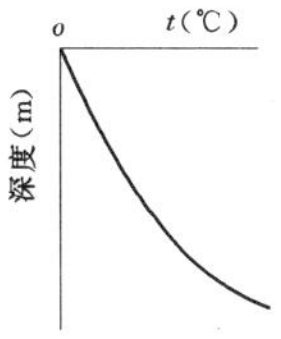	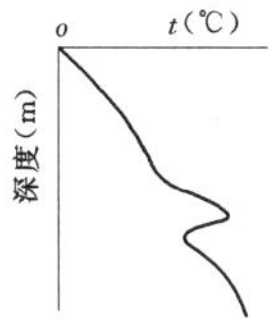	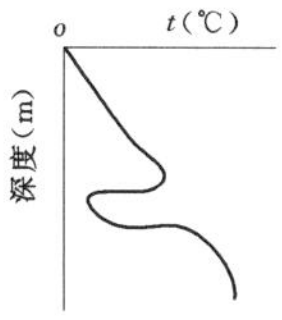
形成机理	冷水地温场多见，符合一般地温增温率曲线	上部曲线符合一般增温率曲线，下部遇冷水，温度降低且稳定	上部曲线符合一般增温率曲线，下部遇热水，增温快	在正常型曲线中出现正异常，说明有岩溶管道，地下水对流快，补给水温度高	在正常曲线中出现负异常，说明有岩溶管道，地下水对流快，补给水温度低

第四章 岩溶渗漏工程地质评价

岩溶水库按其形成条件可分为地面岩溶水库、地下岩溶水库、溶洼及盲谷岩溶水库、混合型岩溶水库。岩溶水库渗漏按渗漏部位可分为库区渗漏、库首渗漏和坝址渗漏三类，其渗漏型式按渗漏介质可分为溶隙型渗漏、管道型渗漏和溶隙与管道混合型渗漏三种。

第一节 库坝区岩溶渗漏判别

一、岩溶渗漏宏观地质分析

岩溶水库和坝址渗漏评价是可溶岩地区工程地质勘察的重要内容，是水库是否具备建库条件的关键结论。判别库坝区是否发生岩溶渗漏和渗漏型式，必须有可靠的勘察资料作为宏观地质分析的依据，并进行充分分析论证。在实际工作中水库岩溶渗漏评价主要从如下几方面入手。

(1) 岩溶地层的分布与水库正常蓄水位的关系，只有在正常蓄水位以下涉及可溶岩地层才会有发生岩溶渗漏的物质条件。因而需要对库区、库首、坝址范围地层出露情况、碳酸盐岩可溶性等进行分析和作出判定。

(2) 岩溶发育程度。它包含两方面因素：一是早期与现代地表、地下岩溶洞穴、管道的发育情况与分布；二是裂隙、层面等结构面的溶蚀扩展状况，有无溶蚀，溶蚀影响宽度，对整个岩体完整性、透水性影响程度。

(3) 岩溶泉的分布、规模及分水岭位置、高程。库水位以下发育大泉、管道水或暗河，就要分析其发育条件、泉域、单个泉域子分水岭、总分水岭水位高程，库水抬高后倒灌会不会跨过分水岭越域或越岭渗漏，关键要看地下水位条件。库坝区两岸总地下水位分水岭位置和高程分析，采用地形分水岭地貌推测地下分水岭位置，一般情况下与地形分水岭基本一致，差异溶蚀也会导致偏移向溶蚀弱的一侧；分水岭高程可用两侧泉水高程加水力坡度反演推测，管道水水力坡度正常条件下一般平均按1%～3%计，或直接用勘探水位孔枯期最低水位确定，与库水位比较。

(4) 地下水的水动力类型。水动力类型实际就是渗漏的宏观地质标志。当河谷存在裂点、伏流、河床漏斗、落水洞、季节性断流等现象时就要考虑河谷水动力类型，其具有决定性作用，必须用实际勘探资料加以分析，对渗漏地层、渗漏方向做出判断。河谷裂点，会产生纵向渗漏，其他伏流、漏斗等则可能发生横向渗漏、纵向渗漏或两者兼具。

(5) 库坝区渗漏临空出露条件。即邻谷、河湾地形条件：一是渗漏水平距离控制，是否宽大雄伟、邻谷切割高低；二是有否集中出流条件，当邻谷或下游河谷存在天然洞穴、泉水、暗河等时更要予以重视。还有对库周隐伏地下低槽谷、低槽带等情况要特别重视，它不是地形上的直接临空，而地下的岩溶水位低槽，多形成有管道水、暗河排向下游或邻谷，也是岩溶渗漏的一种形式。

(6) 库坝区岩溶渗漏入渗条件。水库入渗区域是否发育集中岩溶管道决定是否发生管道型渗漏，否则为溶隙性渗漏甚至为常规裂隙性渗漏。

二、岩溶渗漏地质判别

(一) 水库岩溶渗漏地质判别

水库岩溶渗漏的地质判别，应在综合分析地形、地貌、岩层层组、地质构造、岩溶发育特征、相对隔水层的分布、水动力条件等的基础上进行。根据渗漏条件对水库进行分区、分段，分别评价水库是否漏水、漏水途径和去向，渗漏型式（裂隙型或管道型）、渗漏量及渗漏影响等。当地质条件简单、勘察资料较少时，可根据地质地貌进行综合分析。

具有下列条件之一的水库，不存在向邻谷渗漏问题：

(1) 水库周边一定范围内无低邻谷。

(2) 水库周边有连续的相对隔水层分布，构造封闭条件好，水库与邻谷两地间岩溶岩层的联系被隔断。

(3) 水库所在河谷的水动力条件属补给型，水库与低邻谷之间存在高于水库正常蓄水位的岩溶地下水分水岭。

具有下列条件之一的水库，不存在向坝下游河段渗漏问题：

(1) 水库至坝下游河段之间有相对隔水层连续分布，隔断了两地间的岩溶岩层联系。

(2) 水库所在河谷的水动力条件属补给型，河谷岸坡的地下水位向分水岭方向持续升高，并且在水库至坝下游河道之间（在坝肩防渗帷幕控制范围外），岩溶含水层的地下水位高于正常蓄水位。

水库周边一定范围内有低邻谷存在，分布在水库区的岩溶岩层延伸到低邻谷，或者延伸到坝下游河段。具有上述地形地质特征的水库，其水动力条件满足下列条件之一者，将存在水库向低邻谷或坝下游渗漏问题：

(1) 水库所在河谷具排泄型或悬托型水动力条件。

(2) 水库所在河谷虽具补给型水动力条件，但水库与低邻谷间的地下水分水岭低于水库正常蓄水位。

(3) 水库所在河谷虽具补给型水动力条件，但库岸地下水面坡降平缓或有朝向坝下游的地下水位低槽存在，在坝端头防渗处理范围以外，库岸地下水仍低于水库正常蓄水位。

当水库至低邻谷间或水库至下游河段间分布埋藏型岩溶含水层时，应根据埋藏型岩溶含水层地下水与河水的补排关系判定是否存在渗漏问题。埋藏型岩溶含水层的地下水补给河水或者在洪枯季节二者均无明显的补给、排泄关系，水库一般不存在渗漏问题；反之，将存在渗漏问题。

渗漏途径和渗漏水的去向可按下列方法分析：

(1) 当渗漏水沿岩溶含水层运动时，该岩溶含水层在低邻谷或坝下游河段的最低出露地段是漏水的去向。

(2) 断层、破碎带、褶皱轴，以及地下水面低槽等，是岩溶强烈发育带，当它们的走向与渗漏水排泄方向一致时，此带将是主要的渗漏途径。

(3) 当水库至低邻谷或坝下游河段之间的岩溶管道系统已沟通时，则该岩溶管道系统是主要的渗漏通道。

(4) 当水库至低邻谷或坝下游河段之间，有大流量的岩溶泉或泉群出露时，应在分析该地段地质条件和地下水出露情况的基础上，采用水文网分析法、水均衡法以及地下水连通试验等方法，确定该泉水是否受水库所在河段的地下水补给，判断是否为主要的漏水去向。

根据渗透介质特征及渗漏水的流态，分析确定水库的渗漏型式：

(1) 当渗漏库段至漏水去向之间有管道式岩溶系统沟通时，为管道型渗漏。

(2) 当渗漏水排泄区岩溶泉或泉群流量大于 300L/s，将发生管道型渗漏；当其最大流量小于 20L/s 时，将发生裂隙性渗漏。

(3) 当水库所在河谷的水动力条件属悬托型时，将发生管道渗漏。

(4) 当渗漏水流的流态属紊流时，为管道型渗漏；层流时为裂隙性渗漏。

(二) 坝基岩溶渗漏地质判别

坝基岩溶渗漏问题的地质判别，应在查明坝基岩溶岩层的分布、地质构造、岩溶发育特征、各种岩溶现象的位置、形态、规模、隔水层或相对隔水层的分布、厚度、封闭条件、水动力条件等的基础上进行。应分析产生渗漏的条件、漏水的途径与去向、渗漏型式、渗漏范围、渗漏量、渗漏影响及处理范围等。

当存在下列情况之一者，可能产生绕坝渗漏：

(1) 当坝址河谷水动力条件属排泄型，河床下游或两岸存在地下径流或有纵向地下水凹槽时。

(2) 当坝址有顺河向的埋藏古河道并有与其相应的岩溶系统发育时。

坝基绕坝渗漏一般是向坝下游排泄，但其漏水途径不一，可按下列情况判别渗漏途径：

(1) 当坝址区岩溶发育时，岩溶管道系统是集中渗漏的通道。

(2) 当坝址河谷属排泄型水动力条件时，岸边纵向地下水凹槽地带多是主要的渗漏途径。

(3) 当坝基有顺河向断层，并有与其发育的岩溶系统将是渗漏的途径。

通过地质分析与判别若存在岩溶渗漏问题，则应根据渗漏性质和渗漏量大小进一步评价对工程的影响与危害程度，提出有关防渗处理的必要性、处理范围和分期、渗漏观测等地质处理建议。

三、岩溶水库允许渗漏量

水库允许渗漏量是指对建筑物的稳定与安全及水库经济效益基本没有影响的渗漏量界限值。影响水库允许渗漏量的主要因素有：渗漏危害程度、防渗处理的难易程度及社会经济效益等方面。水库允许渗漏量应在综合分析论证其对建筑物安全、地质环境、经济效益的影响和防渗处理的难易程度等因素之后确定。一般在不影响建筑物安全、恶化地质环境、引发地质灾害的前提下，常规水电，水库不具备年调节性能，且上游无年调节水库，水库允许渗漏量宜小于河流多年平均流量的 3%，或小于枯季平均流量的 3%。水库具备年调节性能或上游有年调节水库，水库允许渗漏量宜小于河流多年平均流量的 5%。抽水蓄能水库则应更少，具体由设计规定。

第二节 岩溶渗漏量估算

由于岩溶渗漏具有非均质各向异性，渗漏的边界条件难于查明，渗透水的流态变化复杂，岩溶渗透参数不易确定，选用计算公式也难以反映实际情况，所以岩溶渗漏量很难准确计算，只能进行估算。在估算水库渗漏时宜采用多种方法，相互验证，且渗漏估算必须与宏观判断密切结合，以逐步提高水库岩溶渗漏的定量评价水平。

岩溶渗漏量估算的精度取决于对边界条件的分析、计算参数的确定和计算模式的选择。根据我国在岩溶地区修建水库的实践经验，水库和坝基岩溶渗漏量估算方法有三大类：一为工程地质类比法，如逻辑信息法、模糊综合评判法等，通过分析资料较多、不同渗漏量级的岩溶水库地质条件与渗漏量之间的关系，建立地质—数学模型，以估算岩溶水库渗漏量；二为地下水动力学与水力学方法；三为水文测验法。

根据渗漏介质和水动力特征的不同，将岩溶渗漏性质分为溶隙渗漏和管道渗漏（包括脉管渗漏）两种类型。裂隙渗漏主要是沿被溶蚀扩大的裂隙或断层等构造结构面呈网络渗漏，渗漏水流具有层流、紊流等多种流态；管道渗漏是指沿岩溶管道、洞穴或暗河渗漏，渗漏水流主要是紊流或混合流。

一、岩溶溶隙渗漏量估算

库坝区分布的大厚度岩溶裂隙含水层，可视为相对均质透水岩体，隔水层顶板通常根据岩体透水率确定。在水文地质勘察的基础上，分析渗漏边界条件，确定渗漏层（带）的位置、厚度、宽度、渗透系数及有关水工建筑的尺寸、水位参数等，根据边界条件选择适合的计算公式估算坝基和水库渗漏量。渗透系数一般要用群孔抽水试验取得，当岩体透水率小于 10Lu 时，也可用压水试验成果计算岩体渗透系数。

(一) 坝基渗漏量估算

坝基渗漏示意如图 9.4.2-1 所示。常用的有 H. H. 巴甫洛夫斯基公式与 Γ. H. 卡明斯基公式，透水层无限深选用 H. H. 巴甫洛夫斯基公式，透水层厚度不大于坝体宽度选用 Γ. H. 卡明斯基公式。

(1) H. H. 巴甫洛夫斯基公式：

$$Q=KBHq_r$$

$$q_r=\frac{1}{\pi}\text{arcsh}\,\frac{Y}{b}$$

式中：Q 为渗漏量，m^3/s；K 为渗透系数，m/s；B 为坝底长度，m；H 为坝上、下游水位差，m；q_r 为引用流量；$q_r=0.736$；b 为坝底宽度（L）之半，m；Y 为计算深度，m，坝基透水层无限深，以渗漏有效带厚度 $2.5L$ 代替 Y。

(2) Γ. H. 卡明斯基公式：

$$Q=KBH\frac{T}{L+T}$$

式中：Q 为渗漏量，m^3/s；K 为渗透系数，m/s；B 为坝底长度，m；H 为坝上、下游水位差，m；T 为透水层厚度，m；L 为坝底宽度，m。

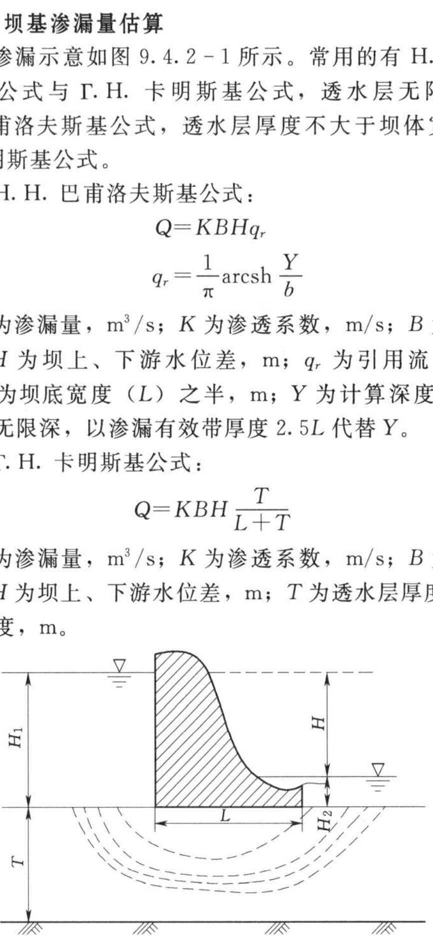

图 9.4.2-1 坝基渗漏计算示意图

（二）绕坝渗漏量估算

考虑天然水流对绕坝渗漏的影响，绕坝渗漏水流在平面上为曲线流，两岸岸坡地下水补给河水，大坝蓄水后回水至库岸某一点消失，假定岸坡流线形状与坝肩轮廓形状相似，绕渗带内岩体均质并具有水平层状结构，绕坝渗漏示意如图 9.4.2-2，可按下式估算绕坝渗漏量：

$$Q=0.366KH(H_1+H_2)\lg\frac{B}{r_0}$$

$$B=\frac{l}{\pi}$$

式中：Q 为渗漏量，m^3/s；K 为渗透系数，m/s；H 为坝前水库壅水高度，m；B 为绕渗带宽度，m；H_1 为河水位高出隔水层顶板的高度，m；H_1 为水库正常蓄水位高出隔水层顶板的高度，m；r_0 为绕渗半径，m；l 为水库壅水前地下水位相当于水库正常蓄水位的一点距河岸的距离，m。

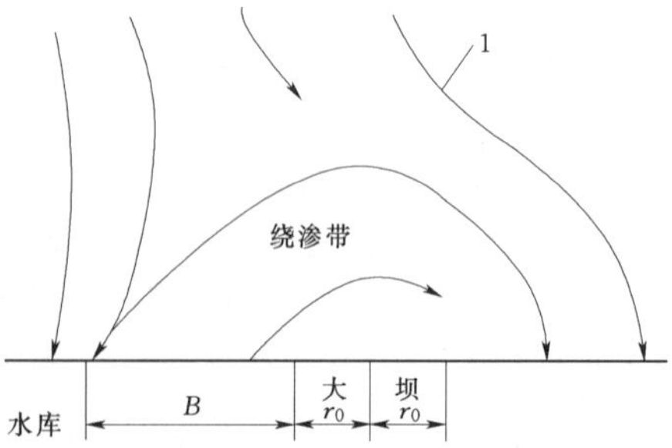

图 9.4.2-2　绕坝渗漏示意图

1—天然水流线；B—绕渗带宽度；r_0—绕渗半径

（三）邻谷渗漏量估算

水库向邻谷或通过河弯向下游渗漏，取决于分水岭或河间地块的地质结构、岩溶发育程度、地下水位以及水库水位与邻谷或下游河水位的高差，邻谷渗漏示意如图 9.4.2-3。在无明显岩溶管道或暗河贯通的情况下，从宏观上仍可作为溶隙渗漏，将渗漏岩体考虑为均质体，可用岩溶裂隙带下限作为隔水层顶板，当其水平或近似水平分布，在不考虑降雨渗入补给的情况下，可按下式估算邻谷渗漏量：

$$Q=BK\frac{h_1+h_2}{2}\frac{H_1-H_2}{L}$$

式中：Q 为水库渗漏量，m^3/s；B 为渗漏带宽度，m；K 为渗透系数，m/s；h_1、h_2 为水库正常蓄水位水边和低邻谷水边含水层厚度，m；H_1、H_2 为水库正常蓄水位标高和低邻谷水面标高，m；L 为水库岸边至低邻谷的水平距离，m。

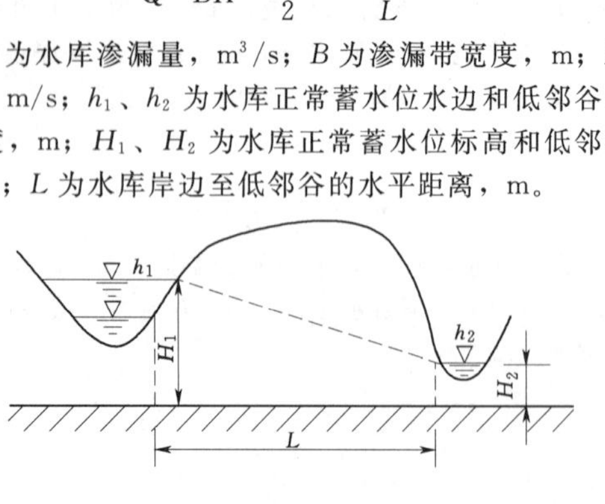

图 9.4.2-3　邻谷渗漏示意图

h_1、H_1—水库正常蓄水位标高与含水层厚度；h_2、H_2—邻谷河水位标高与含水层厚度；L—水库岸边至邻谷的水平距离

二、岩溶管道渗漏量估算

地下水在岩溶管道中流动，由于其边界条件不同于裂隙渗流，上述水文地质学计算方法不适用于岩溶管道的渗漏估算。这里所谓的地下水力学方法是把岩溶管道渗漏模拟成地下涵管或类似水工隧洞输水而采用的管渠水力学计算方法。当然，复杂多变的岩溶管道与规则、光滑的隧洞或涵管是截然不同的，管渠水力学中某些参数依赖于特定的边界条件，而这些条件都不适用于岩溶管道。例如，管壁糙率，岩溶管道与人工管道差别很大，迄今尚无试验数据；岩溶管道有串联、并联之分；流态复杂，管道断面及管道长度很难精确测量等。尽管如此，地表水或地下水通过岩溶管道流出或泄出，在宏观上与人工管道有某些相似之处，因此，仿照管道水力学方法估算岩溶管道渗漏量，虽然估算结果可能与实际情况出入较大，但仍可作为渗漏定性分析的补充。

岩溶管道渗漏量可按水力学中的管道流公式估算：

$$Q=Av$$

$$v=HU_i$$

式中：Q 为岩溶管道渗漏量，m^3/s；A 为管道断面面积，m^2；v 为实际流速，m/s；H 为水库上下游水位差，m；U_i 为单位水头流速（比流速），m/(s·m)。

当低邻谷或下游河段出露的大流量泉、泉群是由水库河段补给，且流量近似河道漏失的水量时，可根据水库河段的水位与泉水流量关系，外推估算水库渗漏量。

当拟建水库的河段存在漏水问题时，可采用水文测验法，在漏水河段的首、尾设流量测验断面，测定天然河道漏水量，按水位—漏水量关系，用外推法估计水库漏水量。

第三节　岩溶渗漏范围及防渗边界确定

岩溶渗漏范围主要依据地质结构、岩溶水文地质条件确定，防渗线路和防渗边界确定除依据地质结构型式、岩溶水文地质条件外，还应根据渗漏对建筑物安全、经济效益及地质环境的影响和危害程度等确定。

一、水库渗漏

（1）补给型河谷、河湾或河间地块存在地下水分水岭，地下水分水岭高程以下岩体岩溶弱发育，岩溶形态主要为溶蚀裂隙、溶孔等，岩体透水性弱，水库渗漏范围包括地下水分水岭以上至水库正常蓄水位间的岩溶化透水岩体。是否进行防渗处理和防渗处理边界视其岩溶发育情况和渗漏危害程度确定，一般只处理管道渗漏，若其主要为裂隙性渗漏或渗漏无危害，可不进行处理。防渗线路不宜选择在入渗区与排泄区，应充分利用地下水分水岭，沿地下水分水岭布设，若为库首近坝渗漏，还应与坝址防渗结合。

（2）排泄型或悬托型河谷，水库渗漏范围包括正常蓄水位以下至饱水带上部的岩溶化透水岩体。由于其地下水排泄基准面为邻谷或下游河谷，岩溶地下水动力条件复杂，不仅地下水位以上岩溶发育，地下水位以下深岩溶也强烈发育，岩溶地下水以管道流为主，饱水带上部底界埋藏深，水库渗漏范围大，以管道渗漏为主，且渗漏底界深，渗漏处理难度大，可根据岩溶水文地质条件，选择封堵漏水溶洞进口、库盆铺盖、帷幕或其组合进行处理。

（3）库区或库首构造切口地带，由于相对隔水层受断层破坏的情况多种多样，形成的构造切口型式也多种多样，地质结构比较复杂。应在全面分析、研究地质结构和岩溶水文地质条件的基础上，确定坝基、坝肩岩溶渗漏范围和防渗处理边界。虽然此种地质结构比较复杂，但与无相对隔水层分布的地质结构比较，因其有相对隔水层分布，渗漏范围总要受到相对隔水层的一定限制，在确定防渗处理边界时，要尽量利用相对隔水层作为防渗依托，并充分考虑沿断层带的深部岩溶发育问题。

二、坝址渗漏

（一）无相对隔水层地质结构

1. 坝基渗漏

坝基渗漏范围，一般情况下包括坝基以下至饱水带上部的岩溶化透水岩体。饱水带上部地下水活动强烈，岩溶发育，岩溶形态以溶洞、溶隙为主，岩体岩溶化程度高；饱水带下部地下水活动弱，岩溶发育微弱，岩溶形态以溶孔、溶蚀裂隙为主，岩体岩溶化程度低。饱水带上部界限主要决定于河谷水动力条件、岩溶发育程度和岩体透水性。补给型河谷饱水带上部底界埋藏较浅，平原区一般在河水面以下 50m 范围内，峡谷区一般在河水面以下 100m 范围内；排泄型与悬托型河谷饱水带上部底界埋藏较深，其受邻谷或下游河谷排泄基准面控制，可达河水面以下几百米。

补给型河谷坝基防渗处理的边界，根据坝基渗漏范围的底界结合工程规模和重要性确定。对于中小型工程只要不危及大坝安全和不因大量漏水而影响工程正常发挥效益，多数情况下防渗设施只封闭渗漏范围内的部分岩体；对大型工程，为了安全起见，在大多数情况下则要求封闭整个渗漏范围内的岩体。混凝土坝防渗边界：坝高在 100m 以上，透水率 q 为 1～3Lu；坝高在 50～100m 之间，透水率 q 为 3～5Lu；坝高在 50m 以下，透水率 q 为 5Lu；抽水蓄能电站和水源短缺水库防渗边界取上述标准的小值。土石坝防渗边界：1、2 级坝及高坝透水率宜为 3～5Lu，其他坝为 5～10Lu，水源短缺水库和抽水蓄能电站的上库取低值。排泄型或悬托型河谷一般以封堵漏水溶洞进口与库盆铺盖为主进行处理。

2. 绕坝渗漏

补给型河谷，水库蓄水后，两岸地下水位将被壅高，水库正常蓄水位与壅高后地下水位的交点至库岸的距离为实际绕坝渗漏带宽度（图 9.4.3-1）。实际工作中把蓄水前的地下水位与水库正常蓄水位的交点作为绕坝渗漏范围的边界点，库岸至这一点的距离为绕坝渗漏带宽度。两岸绕坝渗漏防渗处理线路与边界，同样根据绕坝渗漏范围的边界结合工程规模和其他的重要性确定，其标准同坝基渗漏。值得提出的是，绕坝渗漏除损失水量之外，由它引起的渗透稳定问题也很重要，因此，大型工程坝肩防渗设施均要求延伸到蓄水前的地下水水位相当于水库正常蓄水位处，全部封闭绕渗带。对于两岸地下水位比较平缓的中小型工程，需要很长的防渗设施才能与地下水位相接，而此处水头低，水头梯度小，机械潜蚀以及对坝体稳定、岸坡稳定的影响也显著减弱，在进行防渗处理时，一般将防渗帷幕延伸到蓄水前地下水位明显变陡处，使帷幕隔断谷坡地带的强透水带，这样既可以减少绕坝渗漏水量，同时也能大大减少防渗工程量，但对渗透稳定问题是否获得解决，还需加强观测。坝址防渗还应考虑地下厂房的防潮条件，使岸坡向地下厂房渗流的地下水排向库内。坝址防渗不论大型工程或是中小型工程，如果绕渗范围较大，可采用分期处理，一期处理渗透稳定问题，二期处理渗漏损失水量，在一期处理的基础上加强水库渗漏观测，根据渗漏观测情况确定是否实施二期处理、优化二期处理范围。若渗漏损失水量在水库允许渗漏量范围内，不影响水库效益，可不进行二期处理；若渗漏损失水量超过水库允许渗漏量，通过对观测资料的分析，优化二期处理范围，以较少的工程量把水库渗漏量控制在允许渗漏量范围内。

排泄型与悬托型河谷，水库蓄水后，为库水补给地下水，以管道渗漏为主，其绕渗宽度和深度大，渗漏量大，往往与水库渗漏问题联系在一起，处理难度大，相对而言，渗透稳定问题易解决，渗漏损失水量较难处理，一般以封堵漏水溶洞进口与库盆铺盖为主进行处理。

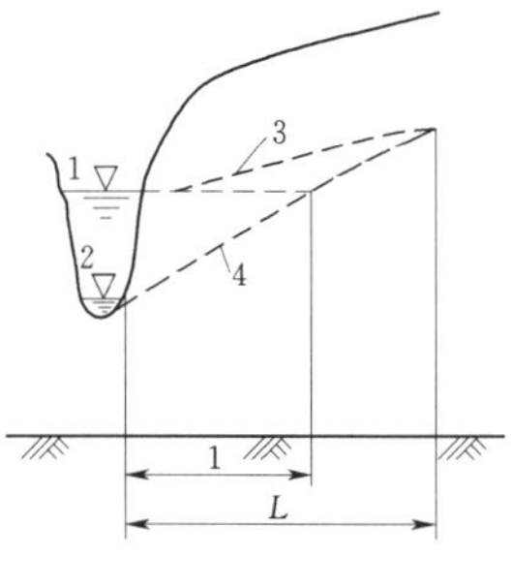

图 9.4.3-1 蓄水前后库岸地下水位示意图
1—水库正常蓄水位；2—河水位；3—蓄水后地下水位；4—天然地下水位

（二）有相对隔水层地质结构

坝址区有相对隔水层存在时，多数情况下能够缩小坝基和绕坝渗漏范围，有利于防渗，并可以减少防渗工程量。相对隔水层的作用与河谷类型及其产状密切相关，常见的有以下几种：

（1）横向河谷，相对隔水层倾角较陡或近于直立的情况，一般坝基和绕坝渗漏范围与无相对隔水层分布的河谷大体相同，但防渗帷幕的两端可与分布在上游或下游的相对隔水层相接（图 9.4.3-2）；横向河谷，相对隔水层属中等倾角的情况，一般绕坝渗漏范围与无相对隔水层相同，坝基渗漏范围可能相对缩小，两岸和坝基防渗帷幕只要大坝位置布置适当，均可连接在相对隔水层上（图 9.4.3-3）；横向河谷，相对隔水层属缓倾角的情况，绕坝渗漏范围与无隔水层相同，当相对隔水层在坝下埋藏较浅时，坝基渗漏范围显著减小，坝基防渗帷幕可直接连接相对隔水层。

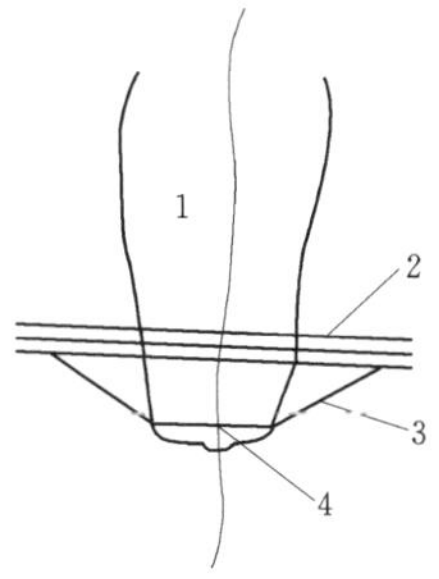

图 9.4.3-2 横向谷相对隔水层陡立坝肩防渗平面图
1—水库；2—相对隔水层；3—防渗帷幕线；4—大坝

（2）纵向河谷，相对隔水层分布在一岸或两岸，当相对隔水层分布距库岸不远时，绕渗边界范围受到限制，坝肩防渗帷幕可连接在相对隔水层上（图 9.4.3-4），坝基渗漏与无相对隔水层情况基本相同，但如果在一岸的相对隔水层以中低倾角倾向库内时，还能缩小防渗范围，坝基防渗的底界也有可能部分地利用从岸内延伸下来的相对隔水层。

（3）斜向河谷，相对隔水层倾角较陡或直立的情况，至少可以围限一岸的绕坝渗漏范围，并且能够成为防渗帷幕端头的依托（图 9.4.3-5）；相对隔水层属中等倾角的情况，如果相对隔水层出露在坝上游而倾向下游或出露在坝下游而倾向上游，则它既能围限一岸的绕渗范围又能缩小坝基渗漏范围，防渗布置；相对隔水层属缓倾角的情况，则与横向谷的情况相似。

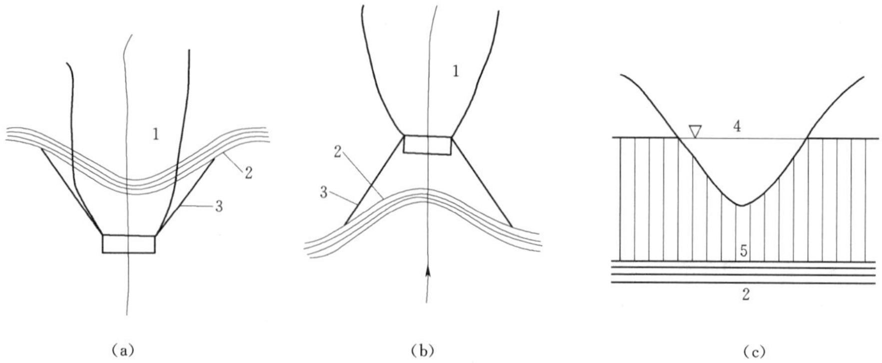

图 9.4.3-3　横向谷相对隔水层中等倾角时的坝址防渗示意图

1—水库；2—相对隔水层；3—防渗帷幕线；4—水库设计蓄水位；5—防渗帷幕

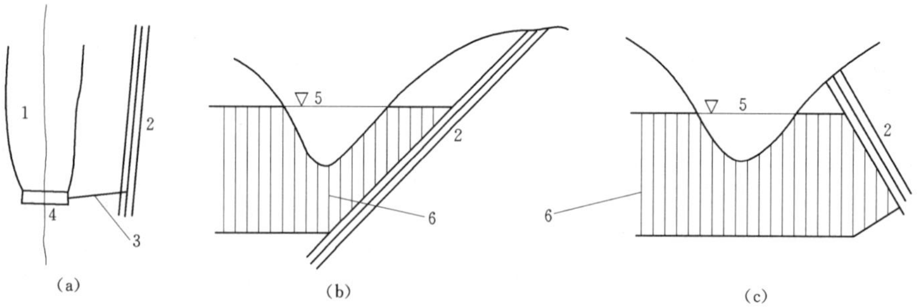

图 9.4.3-4　纵向谷水库一岸分布有相对隔水层的防渗示意图

1—水库；2—相对隔水层；3—防渗帷幕线；4—坝；5—水库设计蓄水位；6—防渗帷幕

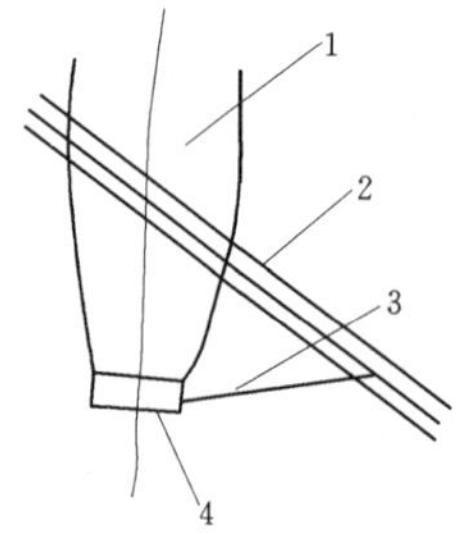

图 9.4.3-5　斜向谷相对隔水层陡立防渗平面示意图

1—水库；2—相对隔水层；3—防渗帷幕线；4—大坝

第五章 岩溶坝基工程地质评价

第一节 碳酸盐岩的物理力学性质

一、碳酸盐岩的物理力学性质

（一）物理性质

根据大量试验资料统计，碳酸盐岩类岩石的主要物理性质指标区间值见表 9.5.1-1。

表 9.5.1-1　碳酸盐岩岩石主要物理性质指标

岩性	比重		容重（kN/m³）		孔隙率（%）		吸水率（%）	
	区间值	均值	区间值	均值	区间值	均值	区间值	均值
灰岩	2.69～2.79	2.73	26.4～27.2	27.0	0.66～1.67	0.95	0.11～2.06	0.44
白云质灰岩、灰质白云岩	2.71～2.86	2.79	26.4～28.3	27.3	1.00～2.79	1.58	0.36～1.32	0.67
结晶类白云岩	2.83～2.85	2.84	27.8～28.2	27.9	0.99～1.96	1.35	0.45～0.77	0.72
角砾状白云岩	2.70～2.73	2.70	25.8～26.4	26.0		2.40		3.10
泥质白云岩	2.78～2.85	2.80	26.0～27.0	26.5	1.05～2.58	1.98	0.50～2.80	2.40
含泥质白云质灰岩	2.72～2.75	2.74	26.5～27.2	27.0	0.90～2.60	1.55	0.50～1.20	0.92
泥质灰岩	2.70～2.78	2.74	26.3～27.2	26.9	1.10～2.85	1.80	0.45～1.50	1.35
泥灰岩	2.70～2.77	2.73	26.3～27.0	26.5	1.85～3.58	2.35	0.65～1.60	1.47

注　岩石均属微风化至新鲜岩石；统计了乌江及支流、北盘江、南盘江、清江等河流 20 多个碳酸盐岩地区的大中型电站岩石试验资料。

（二）力学性质

1. *岩石的单轴抗压强度*

不同碳酸盐岩类岩石的单轴抗压强度区间值见表 9.5.1-2。

表 9.5.1-2　碳酸盐岩岩石单轴抗压强度指标

岩石名称	干抗压强度（MPa）		饱和抗压强度（MPa）		软化系数	
	区间值	均值	区间值	均值	区间值	均值
灰岩	45～160	79	40～120	64	0.62～0.93	0.79
结晶类白云岩	60～120	90	55～105	85	0.75～0.90	0.81
角砾状白云岩	30～50	40	18～32	27	0.58～0.65	0.61
白云质灰岩	65～162	115	53～149	99	0.81～0.91	0.84
含泥质（白云质）灰岩	50～110	67	40～80	55	0.58～0.74	0.69
泥质灰岩	45～100	57	35～85	48	0.61～0.80	0.70
泥质白云岩	40～65	55	25～40	35	0.57～0.73	0.65
泥灰岩	27～60	46	20～50	29	0.51～0.71	0.59

注　1. 均属微风化至新鲜。
2. 角砾状白云岩以格里桥电站为代表，泥质白云岩以光照电站厂房区为代表。

2. *岩体的抗剪（断）强度*

根据乌江及支流、南盘江、北盘江、清江等河流 20 多个工程对碳酸盐岩现场岩体抗剪（断）试验的成果统计，不同岩性岩体的抗剪（断）强度见表 9.5.1-3。

表 9.5.1-3　碳酸盐岩岩体抗剪（断）强度指标

岩石名称	峰值抗剪断强度	
	f'	c'（MPa）
中厚层至厚层灰岩、白云质灰岩，较完整	0.94～2.20（1.44）	0.50～2.40（1.39）
薄层灰岩夹泥岩	0.68～1.30（0.80）	0.33～1.04（0.39）
薄层、极薄层灰岩、泥质灰岩	1.06～1.43（1.17）	0.95～1.37（1.13）
弱风化白云岩	1.21～2.41（1.73）	0.96～1.35（1.05）
微风化白云岩	1.03～3.01（1.84）	0.88～1.78（1.24）

注　（　）内数据为均值。

3. *混凝土/碳酸盐岩岩体接触面的抗剪（断）强度*

国内部分工程混凝土/碳酸盐岩接触面的现场原位抗剪（断）强度试验成果统计见表 9.5.1-4。

表 9.5.1-4　国内混凝土与碳酸盐岩胶结面抗剪（断）强度试验成果统计表

岩体性状	峰值抗剪断强度	
	f'	c'（MPa）
中厚层至厚层灰岩	0.85～1.92（1.22）	0.73～1.82（1.21）
薄层灰岩，微方解石脉发育	1.07～1.27（1.18）	0.81～1.21（1.03）
薄至中厚层灰岩、泥质灰岩	0.87～1.85（1.28）	0.87～1.85（1.40）
薄层含泥质灰岩	1.55～1.77（1.65）	0.60～1.39（0.99）
微风化白云岩	1.13～1.92（1.35）	0.60～1.82（1.10）

注　（　）内数据为均值。

4. *溶蚀、泥化夹层抗剪（断）强度*

（1）层间原生结构面。碳酸盐岩岩体中的原生结构面，经后期构造、风化、地下水等作用，可以分为层面、岩屑面、岩屑夹泥、全泥化面等四个基本类型。根据乌江及支流、南北盘江及支流、清江等 20 多个工程现场抗剪（断）试验资料，对性状不同的原生软弱结构面的现场抗剪（断）强度试验成果统计见表 9.5.1-5。

（2）裂隙面。在碳酸盐岩岩体中，断层、裂隙主要表现为两种状态：一是方解石充填胶结；二是经后期溶蚀作用形成空间或缝隙，或为黏土等软弱松散物质充填。国内部分工程碳酸盐岩岩体中软弱构造结构面的现场抗剪（断）强度试验成果统计见表 9.5.1-6。

（3）溶蚀性结构面。各类物质充填的溶蚀性结构面，其力学性质主要取决于充填物的类型和性状。国内部分工程溶蚀性结构面现场抗剪断强度试验成果统计见表 9.5.1-7。

表 9.5.1-5　碳酸盐岩岩体中原生结构面抗剪（断）强度指标

软弱原生结构面性状	峰值抗剪断强度	
	f'	c'（MPa）
灰岩层面，夹泥化泥炭质薄膜	0.42	0.08
灰岩层面，夹炭质薄膜，干燥，咬合良好	0.81	0.82
灰岩层面，充填方解石及铁锰质（剪断面有10%～30%的岩体）	0.78	0.30
灰岩层面，充填方解石及铁锰质，见次生黄泥	0.31～0.41	0.03～0.06
中厚层灰岩、泥质灰岩层面，见泥炭质薄膜，局部充填黄色黏泥	0.53～0.67	0.05～0.06
厚层灰岩、泥质灰岩、白云质灰岩层面，局部见铁质浸染	0.70～0.78	0.11～0.12
厚层泥质灰岩层面，见铁质、泥质浸染	0.64～0.78	0.15～0.33
白云岩层面，局部夹方解石薄膜及黄色黏土	0.51	0.17

表 9.5.1-6　碳酸盐岩岩体中的构造结构面抗剪（断）强度

结构面特征	峰值抗剪断强度	
	f'	c'（MPa）
方解石脉胶结的平直光滑裂隙面或小断层	0.65～0.81	0.06～0.18
充填方解石薄膜的裂隙面	0.45～0.78	0.34～0.37
充填方解石及黄泥的裂隙面	0.55～0.78	0.14～0.21

表 9.5.1-7　碳酸盐岩岩体中的溶蚀结构面抗剪（断）强度

结构面特征	峰值抗剪断强度	
	f'	c'（MPa）
溶蚀夹泥	0.25	0.035
充填次生黏土，含水量大，裂面较平整，延伸长	0.46	0.07

二、碳酸盐岩岩石（体）的变形特性

（一）岩石的变形特性

根据国内一些工程80多组碳酸盐岩岩石的变形试验，弹性（变形）模量平均值见表9.5.1-8。

表 9.5.1-8　碳酸盐岩岩石的弹性（变形）模量

岩石名称	弹性模量（GPa）	变形模量（GPa）	泊松比
灰岩	72.39	67.38	0.29
白云岩	84.24	78.78	0.27
瘤状含泥灰岩	65.57		0.27
薄层含泥灰岩	48.59	44.44	0.24
角砾状灰岩	65.20	51.35	0.38
大理岩		73.80	0.27

注　引自《水利水电岩溶工程地质》（邹成杰主编）。

（二）岩体的变形特性

根据乌江及支流、北盘江、南盘江、清江等河流20多个工程碳酸盐岩坝址区现场静力法测定的岩体弹性（变形）模量试验成果统计，垂直于层面的弹性（变形）模量（$E_{\perp}$）都小于平行层面的弹性（变形）模量（$E_{/\!/}$），一般可相差1～2倍，少数可达4～5倍（表9.5.1-9）。

三、碳酸盐岩夹层的允许渗透比降

我国部分可溶岩区工程泥化夹层室内渗透试验成果见表9.5.1-10，部分工程推荐的允许比降和设计渗透比降见表9.5.1-11。

表 9.5.1-9　岩体不同方向的弹性（变形）模量值

岩体特性	平行层面 $E_{/\!/}$			垂直层面 $E_{\perp}$			$\frac{E_{/\!/}}{E_{\perp}}$
	$E_{弹}$（GPa）	$E_{变}$（GPa）	弹变比	$E_{弹}$（GPa）	$E_{变}$（GPa）	弹变比	
厚层块状灰岩、白云质灰岩，充填方解石脉	31～65（48.5）	14.9～42（28.5）	1.7	30.3～41.6（36.0）	16.8～25.5（21.2）	1.7	1.3～1.4
中厚层至厚层灰岩、白云质灰岩，充填方解石脉	10.6～83.8（29.9）	7～67.8（16.8）	1.5～2.6（1.8）	10.4～55.6（21.4）	7.16～26.3（11.6）	1.6～2.2（1.8）	1.4
中厚层晶洞灰岩				11.6～16.4	7.8～8.4	1.7	
薄层条带灰岩	33.3				12.6		
新鲜薄层灰岩	21.7	13.9	1.6	15.5	8.9	1.7	1.4～1.6
新鲜薄层、极薄层灰岩	16.6	8.7	1.9	12.8	7.7	1.7	1.1～1.3
微风化含泥质灰岩	19.8	12.7	1.6	14.8～24.7（16.8）	9.7～13.7（11.7）	1.4	1.1～1.2
厚层块状白云岩					17.6		
厚层块状角砾状白云岩					8.2		
中厚层白云岩，方解石脉较发育	17.9	8.2	2.2	16.2	7.1	2.3	1.1～1.2

注　（　）内数据为均值。

表 9.5.1-10　灰岩软弱夹层渗透临界比降值

工程	岩性	临界比降
彭水	南津关组灰岩	18.7～19.7
隔河岩	石龙洞组灰岩	11.7～18.1
高坝洲	上峰尖组黑石沟灰岩	7.5～18.7
水布垭	黑色炭泥质灰岩	7.0～20.0

表 9.5.1-11　部分工程推荐允许比降和设计渗透比降

工程名称	坝基地层简述	允许比降	设计比降	备注
澧水三江口坝基	浅部流塑～可塑状黏土溶洞充填物	<0.5	0.226	不考虑帷幕作用
溇水江垭坝基（空腹坝）	K_{302}、K_{203}等顺层溶隙软塑～可塑状黏泥充填物	0.5	<0.45	考虑帷幕作用愈向岸坡上部溶隙实际比降愈小

第二节 岩溶坝基特点与工程地质分类

一、岩溶坝基的主要特点

岩溶化坝基与一般性岩体坝基相比，其主要特点有：

（1）岩体的不均质性。在碳酸盐岩中，除了分布有层间软弱夹层、层间错动带和断裂破碎带等各种软弱结构面以外，还分布有影响坝基稳定的岩溶洞隙，它们为空洞、空缝或充填黏土与碎块石等，结构松散，强度软弱，是一种不均质的、各向异性的岩体。

如贵州猫跳河六级红岩水电站右岸拱座的 K_{32} 溶洞，体积达 $600m^3$，距拱端最近只 7.5m；溇水江垭水电站左坝肩的 Kd_1 溶洞体积 $200m^3$，在坝基下埋深仅 8～15m；四川武都水库右侧坝基下部分布的 K_{111} 溶蚀大厅最为典型，溶洞从坝基底部斜穿 24 号、25 号坝段，大厅长 78.2m，宽 8～20m，面积约 $1000m^2$，洞内空腔部分高度为 5～32m，空腔顶部距坝基最薄处仅 7m。

（2）岩体的各向异性。主要是指坝基岩体强度的差异性。碳酸盐岩的强度较高，但岩溶化坝基岩体中的溶洞、溶隙、软弱夹层中多充填的溶蚀松软土或其他充填物，强度较低，而且厚度可能很厚或很深，同时，这些充填物在一定水头的岩溶渗透水流作用下极易受到破坏。

（3）岩溶洞隙对坝基稳定和变形影响严重：①由于岩溶洞隙发育，影响坝基岩体的整体稳定性；②由于在洞穴、溶蚀裂隙或溶蚀夹层中充填黏土夹碎石，构成地下临空空间或软弱结构面，影响坝基的变形和抗滑稳定。

（4）岩溶渗漏问题突出。由于岩溶洞隙存在，可形成集中渗漏通道，带来大量渗漏、高扬压力和产生机械或化学管涌等。

事实上，在我国不少岩溶地区，特别是中小型水利水电工程中，因岩溶危及大坝稳定安全的现象时有所见。如湖南省在岩溶区 21 座病险土石坝抽样统计中，存在岩溶坝基稳定和因渗漏引起稳定问题的有 17 座，占 81%。因此，在勘察设计中，加强岩溶坝基稳定问题研究十分重要。

二、碳酸盐岩的岩体风化特征

碳酸盐岩的全、强风化带多不完整，而且弱风化带以下的风化界限也不清晰。碳酸盐岩坝基风化带划分可按一般岩石进行，也可参照表 9.5.2-1 进行碳酸盐岩坝基风化带划分。

表 9.5.2-1　碳酸盐岩岩体风化带划分表

风化带	主要地质特征	波速比 K_v	岩体工程特性
残积红黏土	地表母岩经风化溶蚀淋滤残留下来的棕红色、红褐色、黄褐色等红黏土或红黏土夹碎块石	<0.4	土体
强（溶蚀）风化带	岩石表面和断口颜色基本保持不变或蚀变褪色为黄褐色，岩体结构大部分遭溶蚀破坏；溶蚀普遍，溶隙、层间次生泥化夹层、大小不等早期溶洞等发育，溶蚀带、溶隙宽度一般在 20cm 以上；地表见含泥量占 15%～30%	0.4～0.6	母岩构成骨架，岩体、溶蚀裂隙和层面强度及变形模量均大大降低
弱（中等溶蚀）风化带	岩石表面和断口颜色基本保持新鲜，岩体结构部分遭溶蚀破坏；溶蚀较普遍，充填、部分充填黏土或黏土夹碎块石，溶隙、溶蚀带宽度一般在 2～20cm 间；地表见含泥量 1%～15%	0.6～0.8	母岩构成基本稳定骨架，岩体、溶隙或泥化层面强度、变形模量均大大降低
微（溶蚀）风化带	岩石表面和断口颜色均新鲜、无蚀变斑块，岩体结构完整；仅个别裂隙面或层面受铁质浸染、附着泥膜、轻微溶蚀扩展或发育溶孔、晶洞，显铁锈色或黄褐色，溶蚀扩展宽度一般不超过 5mm，泥膜宽度在 2mm 内。地表见含泥量小于 1%	0.8～0.9	岩体强度、变形模量无降低；个别裂隙或层面局部强度降低，取决于充填物性质、起伏程度、连通率等
新鲜岩体	岩石颜色和结构均无改变，一般裂隙和层面未受风化溶蚀影响，偶见轻微褪色长大钙膜面或溶蚀晶洞等	0.9～1.0	岩体、裂隙、层面的强度和变形模量无降低

三、岩溶坝基岩体的工程地质分类

对岩溶不发育坝基常采用一般岩体坝基分类进行评价，但对岩溶发育坝基则作为特殊坝基或坝段。岩溶发育坝基或坝段，往往由于存在洞穴、溶蚀构造（褶皱、断层、裂隙）带、溶蚀破碎带等，对坝基整体稳定、渗漏、抗渗、不均匀变形等产生严重影响，甚至不能建坝。关于岩溶坝基地质分类，近几十年来，出于实际工程的需要，一直在不断探索研究。目前，主要从考虑地基溶蚀程度和以岩溶发育形态组合来进行分类修正。

1. 以地基溶蚀程度为主分类

分类时突出考虑岩溶地基岩石完整性、面溶蚀率（%）、透水性三项因素，见表 9.5.2-2。

表 9.5.2-2　岩溶坝基（段）工程地质分类表

分类号	名称	地基完整性	地基溶蚀率（%）	透水性 q（Lu）	地基处理措施
Ⅰ	微弱溶蚀地基	完整性好，仅有少数裂隙溶蚀，缝宽小于 5mm	<1	<1	浅开挖，表面冲洗、固结灌浆或不灌浆
Ⅱ	弱溶蚀地基	完整性较好，10%～30%的裂隙溶蚀，缝宽 0.5～2cm	1～5	1～3	浅开挖，在溶隙部位，局部深挖，重点固结灌浆
Ⅲ	中等溶蚀地基	完整性较差，30%以上的裂隙被溶蚀扩大，充填黏土、碎石。缝宽 2～20cm。局部有小溶洞	5～15	3～10	开挖，冲洗、固结灌浆
Ⅳ	强烈溶蚀地基	完整性受到强烈溶蚀破坏，充填黏土、碎块石，缝宽大于 20cm。溶洞多处发育	15～30	10～50	深开挖、全面冲洗、回填溶洞插筋及固结灌浆
Ⅴ	极强烈溶蚀地基	完整性受到溶蚀极强破坏，地基溶洞遍布，充填大量黏土块石，下部尚有隐伏溶洞发育	>30	>50	深开挖、溶洞回填插筋、扩大基础、增加垫座

2. 以岩溶洞穴组合形态类型为主分类

根据三江口、江垭、乌江渡、东风、洪家渡、索风营、思林、沙沱等80多个工程的碳酸盐岩坝基溶蚀类型进行分类归纳整理，可概括为五种岩溶形态组合类型，详见表9.5.2-3。

表9.5.2-3 岩溶坝基（段）工程地质分类表

分类号	类 别	岩溶形态名称	裂隙溶蚀率（%）	结构面溶蚀宽度（cm）	面溶蚀率（%）	坝基岩体溶蚀特性	实例工程
Ⅰ	微弱溶蚀地基	溶孔型	<10	<0.5	<1	岩溶形态以溶蚀晶孔、溶孔、溶蚀麻面为主，局部有少量溶隙，但溶蚀轻微，层面和裂面大多闭合	乌江渡、东风等河床坝基
Ⅱ	弱溶蚀地基	溶隙型	10～30	0.5～2.0	1～5	岩溶形态以溶隙为主，部分形成串珠状洞穴或溶蚀缝隙，一般溶宽0.5～2.0cm，个别缝隙宽可达10cm	沙沱、思林等河床坝基
Ⅲ	中等溶蚀地基	溶沟溶槽型	30～50	2.0～20.0	5～15	溶沟溶槽深一般3～5m，以溶隙、溶沟、溶槽为主，也有部分裂隙溶井（洞），部分沟槽交叉成网格状，一般溶宽2.0～20.0cm，个别宽缝可达50cm，溶沟溶槽之间地面形态基本可辨，但基岩风化多泥锈面	隘口坝基溶蚀岩体区、武都、沙沱两坝肩等
Ⅳ	强烈溶蚀地基	溶蚀宽缝型	>50	>20.0	15～30	溶蚀宽缝深一般5～15m，以溶蚀宽缝为主，部分宽缝与下部岩溶洞穴相连，一般溶宽大于20.0cm，个别可达100cm以上	隘口坝基溶蚀残留岩体区、沙沱场内公路边
		管洞型	>50	>20.0	15～30	以溶管、裂隙状溶洞、溶井、管道状溶洞为主和部分溶隙、宽缝等组合成以管洞为主要汇水中心的溶蚀系统。除浅部洞穴岩体溶蚀破碎风化多泥外，稍深洞穴周围岩体一般较完好	武都两坝肩
Ⅴ	极强烈溶蚀地基	网状洞穴型	>80	>100.0	>30	由分枝很多的管洞溶蚀系统或纵横交错的沟槽、洞穴组合成网格状，地基成为大小不一的凹凸零乱的石丘、石柱或不规则割离体，岩体风化破碎多泥容易松动	白石窑电站船闸上闸首及厂房安装间一带
		溶蚀块屑型	>80	>100.0	>30	沿断层、断层交汇带和构造挤压带等形成的构造破碎和溶蚀的混合类型，宽3m以上至数十米。由大块岩石、角砾碎屑和泥质组成。实际相当于软基	隘口坝基溶蚀填泥区

第三节 岩溶坝基稳定性分析

一、岩溶对坝基稳定的影响

岩溶对坝基稳定的影响表现为以下几个方面：

（1）降低坝基岩体承载力。碳酸盐岩体多属中等至坚硬岩石，岩体强度较高。但坝基岩体中存在洞隙时，会导致岩体承载力降低。其承载力大小取决于充填物性质和密实度等。当存在隐伏溶洞时，由顶板厚度决定岩体承载力大小。

（2）产生不均匀变形。坝基岩体的岩溶洞隙发育，由于无充填或充填物软弱，变形模量低，引起建筑物基础的不均匀变形。如美国的奥斯汀坝，坝高20.7m，坝基石灰岩受构造破坏，岩溶发育十分强烈，1892年建成后，1893年坝体就产生裂缝，当时未引起重视，1920年一场洪水致使大坝被完全破坏。究其原因是因为坝基岩体强烈岩溶化，承受不了坝的压应力，导致不均匀沉降，加上运行期间地下水渗流冲刷，致使大坝滑动破坏。在我国比较典型的实例是三江口电站，左侧河床坝基有6个坝段完全建在岩溶“石夹泥”或“泥包石”之类的块屑型地基上，大坝地基不得不按土基均布荷载考虑，使地基压应力控制在不大于0.4MPa的范围内，并设置上下游齿槽，确保大坝安全稳定。

（3）产生洞穴临空滑移与压缩变形。坝基或坝肩附近存在的地下岩溶洞穴，形成临空空间，对坝基（肩）抗滑稳定带来一定影响。在岩溶地区的大多数混凝土坝和土石坝工程，都不同程度地遇到过这类问题。贵州格里桥水电站右岸帷幕线底层廊道施工中发现一大型早期空洞，距坝肩距离30m左右，经有限元计算对重力坝变形稳定仍有一定影响，要求回填处理。

（4）产生岩溶溶隙或管道型集中渗漏与高扬压力。这是岩溶地基的突出特点，也是突出的建坝工程地质问题。洞隙的发育程度、规模、充填与否直接影响渗漏量的大小。集中渗漏水头损失小，一旦在坝基帷幕后发生，其产生的扬压力亦高。

（5）产生渗透破坏。坝基的洞穴、溶隙充填物和各种溶蚀夹泥带等，多为红黏土或红黏土夹碎块石，结构松散，架空多，有时还含易溶盐等，抗渗比降小，在库水压力作用下，会产生管涌、流土和接触冲刷等机械渗透变形；易溶盐被溶解会产生化学渗透变形。

此外，岩溶还可能对坝基施工产生影响，主要表现为以下方面：

1）建基面塌陷。坝基建基面上的岩溶洞穴、强溶蚀层（带）及溶隙等充填不密实或下方隐伏空洞，开挖后受扰动和基坑水浸泡而塌陷，常见坝基面下的灌浆廊道开挖引起连通洞隙塌陷破坏。如四川武都水库右坝肩，由于灌浆廊道开挖引起建基面强溶蚀带塌陷失稳。

2）基坑集中涌水。沿层面、断层、裂隙等溶蚀发育纵向或斜向管道出现大量集中涌水、涌泥，给施工带来困难。如乌江沙沱水电站右岸坝段和船闸施工时，河水沿纵向导墙地基中岩溶管道斜穿漏向右侧基坑，流量达$2m^3/s$以上，不得不专门追踪勘察岩溶管道位置和补充封堵灌浆处理。

二、坝基岩溶洞穴和溶蚀性结构面的稳定性分析

（一）洞穴

一般按岩溶洞穴在建基面上的埋藏条件分为开挖揭顶型和隐伏型两种。揭顶型洞穴即岩溶洞穴部分被开挖、部分保留在建基面上。隐伏型洞穴指埋藏在建基面以下一定深度范围的洞穴。一般对地基持力层范围外的溶洞不考虑其影响，其应力扩散角和地基岩体厚度可由设计提供。

对揭顶型洞穴，可结合开挖揭示洞穴确定发育构造原因、形态、周边围岩完整性、充填与否及充填物性状、涌渗水状况、建基面稳定性等。地质勘察要求做到确定洞穴平面和铅直

向延伸情况、洞壁周边围岩溶蚀影响带宽度，提出有关岩土体地质参数，提出处理范围、措施、防渗处理或引排水要求。对重特大工程坝基应进行稳定分析计算。

对隐伏型洞穴稳定分析，地质方面主要是要确定洞穴顶板或与坝肩间岩体厚度和质量，提出其强度、变形等地质参数。对小型溶洞，一般不作专门稳定性分析，但对较大溶洞应由设计进行分析计算，确定影响程度和处理意见。

如东风水电站左坝肩的 K_{915}^{101} 溶洞，长 38m，宽 6～11m，高 5～15m，规模较大，且正好位于左坝肩建基面，对该溶洞进行深挖回填混凝土处理；索风营左坝肩下部发育的出水溶洞 K_{b1}、K_{b2}，宽 1～2m，深 5～8m，基础浇筑时，对该溶洞进行扩挖回填混凝土处理。

（二）溶蚀性结构面

溶蚀性结构面稳定性分析，与一般结构面主要区别在于强度值、变模值及抗渗比降值低。对面状溶蚀空缝、串珠状溶孔等强度和变模值为零，对坝体抗滑、变形影响更为突出。对抗渗稳定除其总体渗透比降值低，其内部极不均一，因此对集中通道附近防渗处理需加强。

如沙沱大坝建基面位于弱风化与微风化分界附近，受陡倾结构面控制形成的溶蚀宽缝延伸至微风化岩体内一定深度，缝宽达 1～2m，对此类溶蚀宽缝均采用高压水冲洗后用粗级配混凝土进行回填置换，最后采用加强加深固结灌浆进行处理。

（三）岩溶洞穴和溶蚀性结构面组合的坝基稳定性分析

岩溶洞穴和溶蚀性结构面往往同时存在，因而使地基稳定变得更为复杂，需综合分析。如贵州铜仁天生桥电站，封堵建库的伏流洞，沿陡倾断层发育，下部是大型伏流洞，洞顶岩桥被断层切割且溶蚀破碎，在此天生桥岩桥上又筑十余米高重力坝副坝，三者间变形稳定分析是比较复杂的。

又如猫跳河红岩电站混凝土双曲拱坝坝肩断层与溶洞。拱坝坝高 60m，最大主应力分布在高程 866m，为 2.6MPa。在右拱端以外，发育一条 F_{31} 断层，近于平行河岸分布。沿断层溶蚀严重，并发育了 K_{32} 溶洞（图 9.5.3-1）。该溶洞距拱端最近距离仅 5～10m，分布高程 836～885m，体积 800m³，洞内部分充填黏土。在拱端下游还发育有 l_1 溶蚀裂隙，宽 2～16cm，充填黏土。其走向近于垂直河流，与拱端的主应力方向夹角 50°，充填黏土 $\tan\varphi=0.2$，$c=0.02$MPa，弹模 $E=10$MPa。坝肩岩体弹模 $E=6\sim9$GPa。

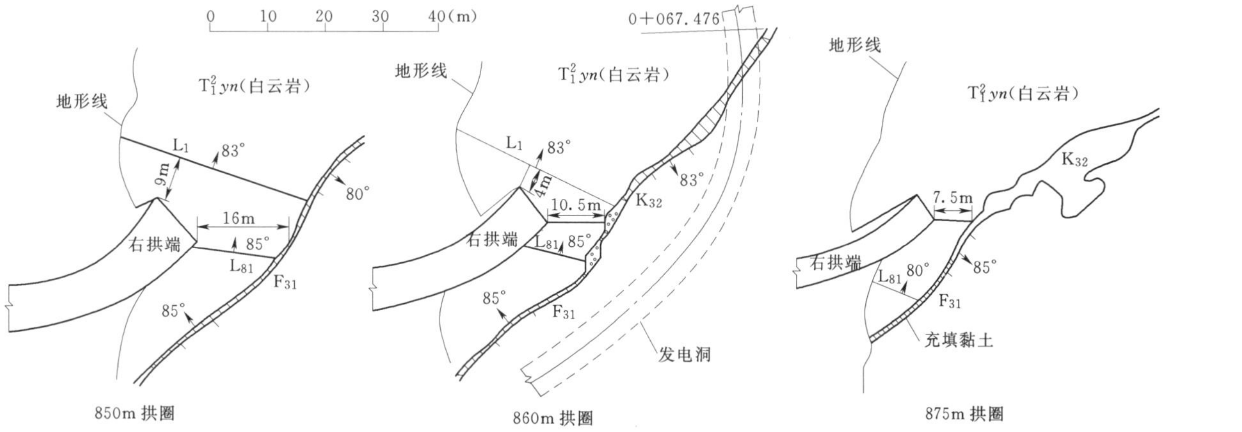

图 9.5.3-1　红岩电站右拱端各高程水平切面

为了评价 K_{32} 溶洞和 F_{31}、l_1 对右拱端稳定性的影响，利用古德曼模型进行了平面线性有限元分析。同时还进行了非线性分析，予以校核。其计算成果和工程处理措施为：

（1）在 F_{31} 及 K_{32} 溶洞边缘地区，用线性有限元计算应力很小，均小于 0.05MPa，因此认为对拱端稳定影响不大。

（2）拱端开挖后在地基面上均布插筋，孔深 4m，间距 2m，同时作固结灌浆，孔深 4m，压力为 0.4MPa，单位耗灰量 2.1kg/m。

（3）对 K_{32} 溶洞的处理。对靠近拱端溶洞中的黏土，开挖后回填混凝土，对其他部位黏土未予清除，直接回填混凝土，再结合防渗帷幕予以灌浆处理。

（4）对 l_1 溶蚀裂隙，在高程 860m 以上影响较大的部位，结合拱端开挖，尽量予以挖除。此高程以下的裂隙，距拱端仅 3～6m，黏土充填宽度 1～8cm，采用深孔冲洗固结灌浆处理。

三、岩溶坝基的渗透稳定分析

（一）机械渗透破坏

（1）渗透变形型式，以沿溶洞壁与松散充填物之间或软弱层（带）不同物质界面附近接触冲刷比较常见，流土和管涌次之。多数情况下，溶洞充填物本身透水性不是太大，渗透系数介于 $10^{-2}\sim10^{-6}$cm/s 之间，具有一定的抗渗流破坏能力。渗透试验在管壁和试样接触不十分密实的部分，最先总是从管壁处产生渗透和破坏。三江口基坑突水点的观察证明，大部分基坑突水点都是从溶洞壁与充填物之间或洞壁附近基岩裂隙中的细微渗水发展到突水涌泥、涌沙。

（2）洞穴（隙）充填物和软弱层（带）的渗透变形破坏过程基本可归纳为渐变破坏型、突变破坏型和短时阻滞破坏型等三种类型。其中，渐变破坏型渗透变形大多发生在充填性状不好，以流塑～软塑～可塑状黏泥或其他物质充填为主的洞穴及软弱层（带）中，特点是在低水头压力下即发生变形、渗透量较大，整个变形阶段有时延续比较长，渗流量（Q）随压力（P）升高多呈直线增加，直至完全破坏；突变破坏型渗透变形，主要发生在充填性状较好比较密实，以可塑状黏泥或其他物质充填为主的洞穴及软弱层（带）中，整个破坏过程大致可分两个阶段，$P\sim Q$ 关系曲线上一般有一个明显的破坏转折点；短时阻滞破坏型渗透变形多发生在充填性状中等，主要由软塑～可塑状黏泥或其他物质充填为主的洞穴及软弱层（带）中，尤以渗透途径较长，泥质及碎屑松散物质较多，不十分通畅的溶蚀带和溶沟溶槽中较为常见。

（二）化学渗透破坏

可溶盐类岩石和软弱层（带）中岩盐、石膏等易溶盐在水流作用下被溶解淋滤引起管涌和变形，称化学渗透变形。由于化学管涌加上机械作用使坝破坏的事例较多。如美国的圣·佛兰西斯重力坝，高62.6m，坝基黏土胶结的红色砾岩中夹有石膏层，由于砾岩强度低，胶结差，浸水10min后抗压强度只有1.5～5.8MPa，失事前坝基即发现渗水和沿节理滑动，砾岩中的石膏被渗流溶解后崩解成黏土砂砾松散体，1928年3月12日，在满库水压力下，软化的砾岩被挤出，导致大规模渗漏和冲刷，坝基被淘空而失事。从已建电站情况看，地下水对混凝土及帷幕的侵蚀性比较突出，属于化学渗透变形的范畴。

（三）岩溶渗漏冲刷破坏

岩溶坝基渗透变形发展到一定程度就会变成渗漏冲刷破坏。岩溶渗漏量愈大，流速愈快，渗漏冲刷对大坝稳定的威胁愈大。如湖南金江水库，库容仅1220万m^3、坝高33m的均质土坝，1960年建成蓄水后，沿纵向河谷岩溶坝基溶沟溶槽、溶洞、岩土接触面之间的土洞和白云岩粉层反复出现渗漏管涌，渗漏量0.06～0.01m^3/s，冲出泥沙数百m^3，坝体多次塌陷，最多一次见塌坑23个，最大直径5.2m，深6.2m，沉陷缝出现面积1350m^2，大的土洞体积247m^3，坝外坡湿润面积685m^2，下游出逸水点多达49处，严重威胁大坝安全，曾多次放空水库处理。

（四）岩溶管道水顶托变形

由于坝基或坝肩处于岩溶主管道上，大坝建筑物修建后地下水通道被封堵壅高，产生的水压力作用于坝基并引起抬升变形。湖南江垭水电站即是一例。

江垭水电站地处湖南澧水支流溇水上，总库容17.4亿m^3，大坝为碾压混凝土重力坝，最大坝高131m，水库正常蓄水位236m，大坝建基面高程114m，坝顶高程245m，地下厂房发电，装机容量300MW。库坝区均处在灰岩地区。江垭大坝在建成蓄水后即出现大坝及近坝山体抬升问题。

如图9.5.3-2，该电站坝址地处北东东走向的江垭向斜北西翼，河流与岩层走向近正交，属典型横向河谷，江垭向斜南北向封闭条件较好，南东翼云台观组（D_2y）地层在高程700～1000m大片出露，提供了大量岩溶水和巨大的水头，该向斜从上至下有栖霞组P_1q岩溶含水层，67m的黄家澄组（D_3h）、写经寺组（D_3x）砂页岩相对隔水层，云台观组（D_2y）石英砂岩构成承压热水含水层，再下为小溪组（D_2x）砂质页岩构成承压热水含水层下部隔水底板，江垭向斜地层与大坝在河床纵向关系见图9.5.3-3。

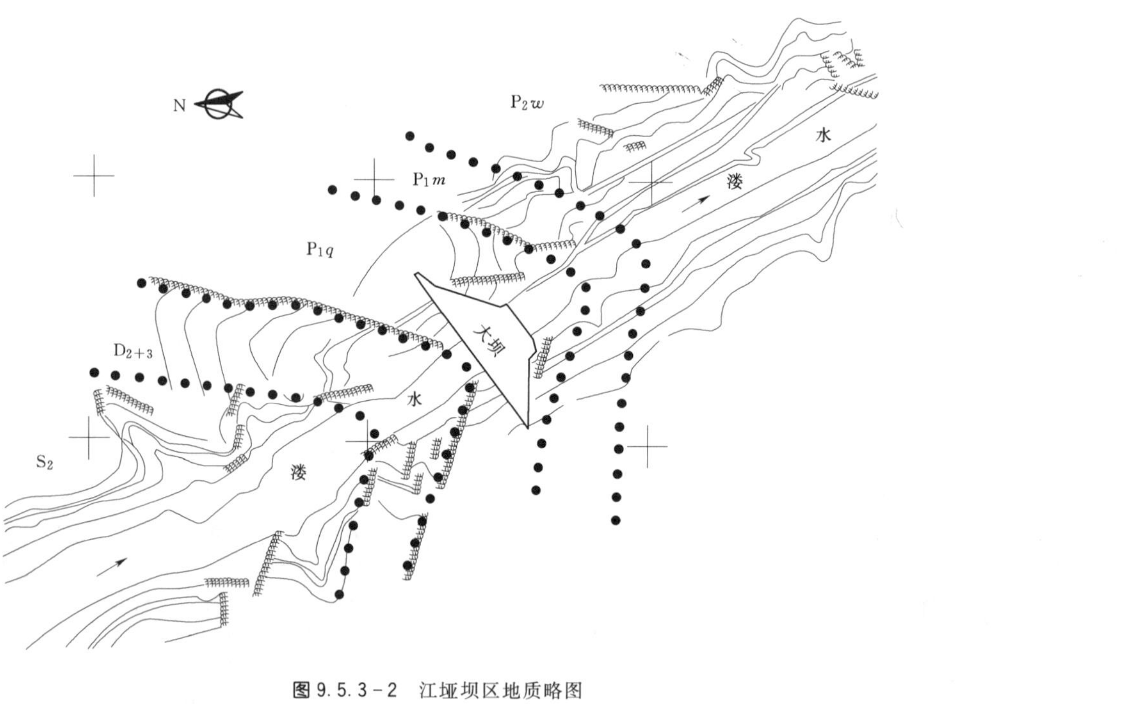

图9.5.3-2　江垭坝区地质略图

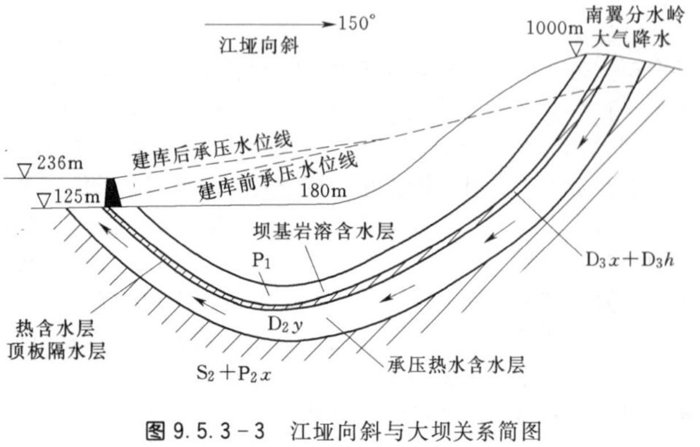

图9.5.3-3　江垭向斜与大坝关系简图

未蓄水前，P_1地层岩溶水和D_2y承压热水在江垭坝前出露，形成众多泉眼。蓄水后出露口封闭，各承压水水头增加100m水头。由于江垭向斜封闭条件好，江垭河谷为横向河谷，因而坝轴线上下游各500m和700m、宽800～1000m范围，坝基和近坝山体随库水位变化整体抬升，坝基最大抬升33.4mm，近坝山体最大抬升13.1mm。山体抬升尚未给水工建筑物造成不良影响。

江垭大坝及近坝山体整体抬升，是在特定地质条件下产生的特定问题，可见，应重视高承压含水层岩体坝基整体稳定问题。同时高矿化度的热泉，在有稳定水量补给的和较高承压水头时，一般会对建筑物带来较大危害，坝址选择时应尽量避开。

第四节　岩溶坝基处理

一、岩溶坝基处理的基本原则

（1）对岩溶地基稳定影响最大的是岩溶洞穴、溶蚀裂隙及其中充填的黏土类物质。这是岩溶坝基处理的重点，通过处理使岩溶化岩体转化为一般裂隙性岩体。

(2) 对于岩溶坝基处理，方法要妥当，要依据不同的目的，分别选择适当的方法。在进行方案设计时，必须有详细的勘探、测试资料。

(3) 对于岩溶坝基处理的设计，要在技术上具有先进性和可行性，以及经济上的合理性。因此，在处理设计工作上，应综合考虑，要尽可能地予以优化，以较少工程量，达到先进、经济、合理之目的。

(4) 由于岩溶坝基工程处理的复杂性，有时一次性处理难以奏效，进行多次加固处理也是允许的，但应力求一次处理成功。

二、岩溶坝基处理的工程措施

岩溶坝基工程处理的措施是比较复杂的，根据乌江及支流、北盘江、南盘江、清江、涪江等河流近 30 多个工程的处理经验总结，可将这些处理措施归纳为四类：①改善坝体受力条件的结构性措施；②提高坝基岩体承载力和抗变形能力的补强措施；③提高坝基岩体软弱结构面抗剪强度的工程措施；④堵、排结合，增强坝基岩体抗渗漏（透）能力，合理疏导坝基范围内的岩溶地下水。

（一）改善坝体受力条件的结构性措施

1. 扩大坝基宽度或拱坝坝肩的宽度

通过扩大坝基宽度或拱坝坝肩的宽度，以减少坝体在地基岩体上的单位作用力。这是比较有效的结构措施。如猫跳河窄巷口、修文等电站，都使用过此种方法。窄巷口水电站为双拱坝，下部拱桥跨度 44m，拱厚 5m，上部竖拱为双曲拱坝，最大坝高 54.7m，底宽 8.72m，顶宽 3m。左拱端为 P_1^2 厚层块状灰岩，岩体完整性良好，而右拱端遇到 P_2^1 风化的砂页岩及断层和溶洞，工程地质条件很差。为此，将右拱端扩大加厚 2～3m，并设有钢筋混凝土垫层（图 9.5.4-1），使地基压应力由 3.7MPa 减少到 2.2MPa；使拉应力由 1.1MPa 减少到 0.58MPa，作用明显。

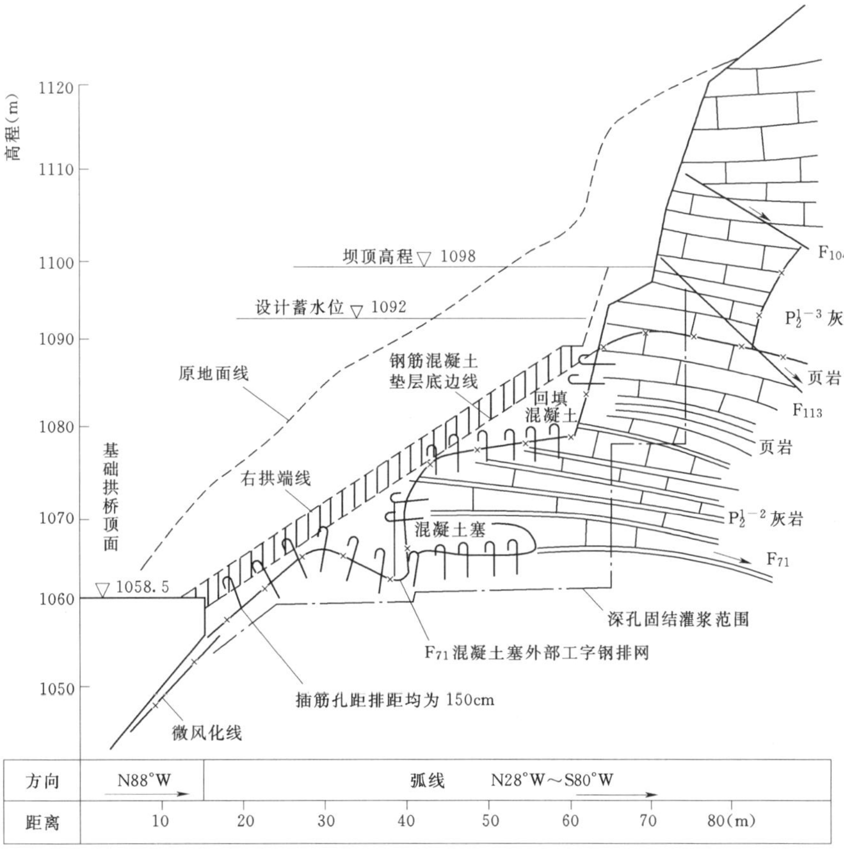

图 9.5.4-1　窄巷口大坝右拱端地基处理

2. 调整坝型、设置重力墩或传力墩

为了适应坝基岩体的受力条件，在设计方面，选择适当的坝型非常重要，或在地质薄弱地带设置重力墩或传力墩以调整坝体不同部位的受力状态和大小。

(1) 调整坝型。乌江渡大坝，为减少河床坝基的压应力，采用上重下拱的拱形重力坝（最大坝高 165m，最大底宽 119.5m），将坝体 50%左右的水平推力，传递到两岸，减少了河床坝基的负担，使坝基深层抗滑稳定安全系数提高到 4.67，从而增强了大坝的稳定性；引子渡大坝为面板堆石坝，最大坝高 130m，坝址处为不对称 V 形河谷，坝区地层为三叠系大冶组薄至中厚层灰岩夹少量泥岩，层间软弱夹层发育，岩层缓倾下游偏左岸，右岸为斜顺向坡，坝区周边无天然垭口可供布置泄洪建筑物，在预可研阶段推荐碾压混凝土拱坝方案，进入可研阶段后，由于勘探工作的深入，发现右岸风化较深、张裂隙发育，拱坝坝肩需嵌深 50m 左右，右岸顺向坡切脚后的稳定问题很难解决，为此将代表性坝型调整为面板堆石坝。

(2) 设置重力墩。贵州省都匀市茶园水库大坝为混凝土砌毛石抛物线双曲拱坝，坝高 47.5m，坝顶高程 856m。坝址处为不对称 V 形横向谷，坝基岩体主要为石炭系白云岩、白云质灰岩，但左坝肩分布有 C_3mp^2 泥质粉砂岩夹页岩，该地层在风化、溶蚀作用下，强度及弹模极低，为满足左坝肩抗滑稳定的要求，将 C_3mp^2 软弱岩体进行清除，于左拱端高程 824.5～830.0m（台阶状）以上浇筑了重力墩，重力墩顶部高程 857.0m，最大高度 24m，大坝左拱端嵌入重力墩 1.0m，基础为 C_3mp^1 层弱风化厚层白云质灰岩。

(3) 设置传力墩。乌江东风水电站为薄拱坝，最大坝高

162m，大坝左坝肩高程935m以上为 T_1yn^{1-6} 上部砂状白云岩（烂灰岩）及 T_1yn^{2-1} 底部页岩，强度及弹模均较低，为减少嵌深，改善坝肩受力条件，在高程935～978m设置混凝土传力墩。

3. *设置混凝土或钢筋混凝土垫层*

在坝基或拱坝坝肩增设混凝土或钢筋混凝土垫层，以增强地基的整体性，防止坝基应力分布不均匀，而导致坝体拉裂以致破坏。

如图9.5.4-1所示，窄巷口竖拱右岸，采取了厚度1.6m，较坝体宽度增加2～3.8m，长55m的钢筋混凝土垫层。经运行考验，安全可靠。

乌江东风水电站河床左岸存在深槽，经部分清理后，进行了混凝土回填，为降低坝基岩体的应力，在河床坝基高程816～925m之间作了厚9m的混凝土垫层，垫层宽30～40m（大坝底宽25m），同时在基础范围内增加了插筋。

4. *加大坝肩嵌深*

当拱坝两岸抗力岩体达不到稳定要求时，除锚固等工程措施外，也可采取增加拱端嵌深的办法。修文拱坝右拱端，最大嵌深达22m，较左岸嵌深增加10m左右，最后达到稳定要求。经过1963年超过设计洪水过坝的考验，大坝安全无恙。

（二）提高坝基岩体承载力和抗变形能力的补强措施

目前，对于岩溶发育坝基的处理，提高坝基岩体承载力和抗变形能力的补强措施主要有跨盖处理、置换处理、固结灌浆等方式。其中，置换处理是最彻底也是最有效的措施，跨盖处理仅适用于低坝低应力水平大坝基础，而固结灌浆主要用于提高坝基浅部岩体的完整性和抗变形能力。

1. *跨盖处理*

据文献资料，目前国内对坝基宽大岩溶深槽采用扩大基础、钢筋混凝土板跨盖和混凝土防渗墙综合措施处理的工程实例只有北江白石窑水电站。

白石窑水电站为低水头闸坝，泄水闸地基有4个深大溶槽，开口总宽近百米，最深处高程为－8m。溶槽充填物高程18m以上为砂卵砾石；高程12～18m为黏土夹砂砾石，呈可塑状；高程7.5～12m为黄色黏土夹灰岩碎块，呈流塑状，且有石芽、石柱、石墙出露。基坑内泉眼多、涌水大，形成泥包石、石包泥，开挖异常困难。

经分析计算，确定开挖高程为7.5m，采用扩大基础、钢筋混凝土板跨盖和混凝土防渗墙综合措施处理。该工程经10多年的运行考验，坝基处理是成功的。

2. *置换处理*

置换处理措施主要包括：清挖回填、混凝土塞、水平置换洞、置换斜井等。

（1）岩溶洞穴处理。对坝基揭示的大型溶洞，开挖回填是比较彻底的处理方案。开挖回填实际上就是置换，用一定强度的混凝土对缺陷部位进行替换，以满足大坝基础承载力要求。开挖回填包括明挖处理和洞挖处理两类。

对于建基面上直接揭露及埋深较浅的溶洞，应尽量考虑采用明挖。坝基范围内的尽量挖除，向上下游延伸部分则根据坝基应力情况处理一定的范围，其外延处理范围：向坝踵上游延伸1/2坝高长度，向坝趾下游延伸3/4坝高长度；处理深度方面，较浅的溶洞应全部挖除，向下延伸较深的，应挖至坝基承载力满足要求的深度，或综合其他处理措施确定合适的深度，如开挖回填到一定深度，下部再采取固结灌浆进行补强。对岩溶洞穴的处理效果可通过有限元数值模拟进行必要的计算分析。

如，索风营大坝为碾压混凝土重力坝，最大坝高115.8m。大坝左坝肩下部，揭露 S_{63} 岩溶管道系统的出口溶洞，沿层面及缓倾裂隙发育2个缝状溶洞，宽度1～2m，长3～7m，充填黏土、碎块石、淤泥等。采用对溶洞进行扩挖，并回填同标号混凝土，溶洞处理后可满足坝基应力及变形要求。

对于坝基开挖未直接揭露且埋深较大的岩溶洞穴，应首先查明其空间展布，采用有限元等分析岩溶洞穴对大坝应力应变的影响，在此基础上，采用有限元、有限差分法等数值模拟手段对坝基岩溶洞穴的处理范围及效果进行必要的数值计算分析。

在计算分析基础上，对岩溶洞穴进行地下追挖，追挖范围应根据坝基应力要求确定。溶洞内岩溶充填物清理干净后回填混凝土。洞室断面较大时，要分析后期是否具备灌浆条件，否则宜采用微膨胀混凝土进行回填。回填混凝土与洞顶之间要分区做好回填灌浆。

洞挖的基本条件是岩溶洞穴顶板岩体在坝体混凝土施工时能够达到自稳要求。一般，规模较小的岩溶洞穴可简单估算，当溶洞顶板两端岩体完整而中部有裂隙发育时，按悬臂梁计算，当顶板岩体较完整而两端裂隙发育时，按简支梁计算，必要时可采用有限元进行分析；对于规模较大的岩溶洞穴处理要求建立相应的地质力学模型进行详细的数值分析计算。

如，重庆芙蓉江江口水电站大坝为双曲拱坝，最大坝高141m，坝顶高程305m。该工程在大坝右岸6号坝段帷幕灌浆时，在孔深60m左右遇到特大溶洞，溶腔中分空腔、砂层和夹泥层三层，溶洞空腔最大掉钻4.8m，砂层最大厚度42.4m，泥层厚10.8m，溶洞底高程125m，最大高度63m，洞轴线长26m，体积约 $7500m^3$。考虑到该特大溶洞埋得较深，较难采取开挖置换法处理，最终采用灌浆法进行处理。该特大溶洞实际处理消耗水泥10387t，注入砂56500kg，水玻璃2100kg，膨润土10300kg。

（2）溶蚀破碎岩体或溶蚀深槽置换处理。对于坝基部位分布的溶蚀破碎岩体或溶蚀深槽，可采取置换的方法进行处理。

如，重庆隘口水电站河床坝基存在顺河向长228m、宽8～64m、最大深度达16.5m的溶蚀深槽，溶蚀充填物结构松散，性状差，不能作为坝基持力层，对其进行明挖回填处理。

（3）溶缝或溶蚀性软弱结构面处理。对建基面上出露的一定宽度的溶蚀宽缝可采用与岩溶洞穴一样的处理方式，当位于坝基应力范围内时，通过直接清挖回填或高压水枪冲洗后，回填与坝体同标号的混凝土进行处理，四周辅以固结灌浆进行加强；当仅对防渗有影响时，可用高压水枪冲洗后回填粗级配混凝土进行处理。如，乌江沙沱水电站两岸大坝建基面上尚分布有一定数量的溶蚀宽缝，因其位于坝基范围内，均直接清挖后，回填与坝体同标号的混凝土。

对建基面上出露的缝状溶蚀、溶蚀性软弱夹层和溶蚀破碎带等，可以适当下挖后设置混凝土塞进行部分置换，借以传递坝体应力于完整岩体上，使地基能够均匀受力，混凝土塞四周再辅以固结灌浆进行加强。如，乌江思林水电站对建基面上出露的溶蚀破碎带或小断层等，均作梯形混凝土塞处理，并加强固结灌浆，梯形槽底宽度为破碎带宽 B 再扩大0.5～1m，边坡取1∶0.5，开挖高度按式取用：$h=0.0067B\times H+1.5$。

对于不直接与坝体接触但对坝肩变形有影响的溶蚀性软弱结构面，多采用有限挖除而后设置混凝土塞、混凝土置换洞或混凝土置换斜井等方法进行处理。最典型的工程实例为构皮滩拱坝两岸拱座溶蚀性结构面的处理，构皮滩拱坝位于横向谷上，岩层陡倾上游，坝基茅口组（P_1m^1）厚层灰岩内分布有层间错动带、风化～溶滤带、溶蚀洞穴及溶蚀断裂等软弱结构面，对拱座岩体变形稳定有一定影响。针对以上拱座分布的软弱结构面，设计采用混凝土置换方式（图 9.5.4-2），沿结构面走向分高程设置水平置换洞，断面尺寸为 2.5m×3.0m，在水平置换洞沿结构面倾向（或视倾向）适当布置斜井（断面尺寸为 3.0m×2.0m），使置换洞形成“井”形格构布置，以增强整体传力效果。

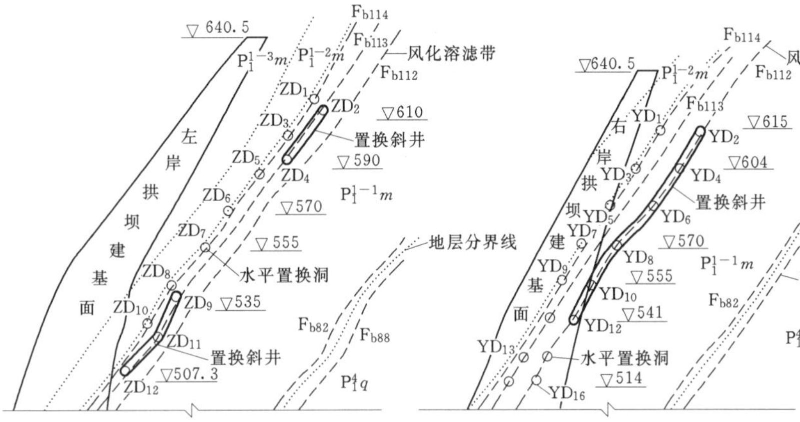

图 9.5.4-2 构皮滩大坝两岸拱座置换洞、井布置示意图

3. 固结灌浆

固结灌浆是大坝坝基应用最广泛的基础加固措施。通过坝基（肩）固结灌浆，降低坝基岩体的渗透性；改善坝基岩体的力学性能，提高变形模量，减少基岩开挖量和混凝土回填量；用压力灌浆把因裂隙导致的各向异性岩体变成均质的岩体；挤压软弱夹层，提高其变形模量和抗渗性。

与常规部位固结灌浆比较，针对岩溶地区的灌浆在裂隙冲洗方面需加强，对一些充泥的缺陷，需采用脉动冲洗、风水联合冲洗、群孔冲洗等措施，方能取得较好的效果。有些部位，在水泥灌浆效果达不到要求时，尚需要考虑化学灌浆。

（三）提高坝基软弱结构面抗剪强度的工程措施

当坝基（肩）抗滑稳定受溶蚀结构面影响达不到设计要求时，在总抗滑力相差不大的情况下，可以考虑采用锚杆、钢管桩、抗滑桩、锚索、抗剪洞等工程措施进行加固，但针对永久工程的锚固体设计要考虑到应力损失的影响。

（四）堵、排结合，增强坝基岩体抗渗透能力

（1）灌，即用帷幕灌浆的方法，封闭渗漏的溶蚀裂隙、洞穴或岩溶管道，对于大型的岩溶集中渗漏通道，辅以堵、截，灌浆材料有水泥、黏土及化学浆液等。

（2）铺，即用铺盖的方法，防止地表分散性的溶蚀裂隙渗漏，对于存在集中渗漏的洞穴，应先堵后铺，铺盖材料一般为黏土、混凝土、塑料薄膜或土工织物等。

（3）截，即用截水墙截断引起集中渗漏的暗河、岩溶管道，截水墙一般为浆砌块石或混凝土。

由于岩溶渗漏的复杂性，采用单一的防渗措施，往往难以有效。通常用多种方法或综合措施。不论何种方法，都要事先查明渗漏原因、渗漏部位，因地制宜选用合适的处理措施，并做好处理设计，保证施工质量。

第六章 岩溶地下洞室工程地质评价

第一节 岩溶地下洞室布置原则

岩溶地下洞室布置原则，除与非岩溶地区地下洞室的布置有相似之处外，还应考虑岩溶的发育分布与拟建洞室之间在空间上的关系。因此，在岩溶区地下洞室轴线布置时，要在野外地质调查或地质测绘的基础上进行。除了解工程区地形地质条件、洞室走向及施工条件外，还应研究岩溶洞穴与管道水的发育方向、分布高程，地下水的补给、径流和排泄条件等，尽可能选择在岩溶现象相对不发育的区域，进出口处还需避开大型可溶岩危岩体、强烈溶蚀松动区等的影响，当在岩溶岩体中布置引（输）水隧洞和地下厂房时，一般考虑如下原则：

(1) 地下洞室进出口段的布置应以地形、地质条件、岩溶发育、水文条件及施工布置等进行综合考虑，如地形上要求地形完整、山体雄厚、进洞相对容易、附近无大型可溶岩危岩体、早期岩溶洞穴、钙华堆积体、岩溶塌陷区及管道水、暗河出口等，同时，也应避开地表径流汇水区。

(2) 对地下洞室位置的选择，应从基本的地形地质条件入手，要求地形完整雄厚稳定，岩石坚硬完整和地质构造简单的有利条件。同时，应了解沿线岩溶地貌特征、地表及地下水的径流和补排关系、岩溶发育特点，使洞室尽量避开强岩溶含水层地层，大范围的溶蚀破碎透水带及可溶岩汇水构造地段。

(3) 布置洞室轴线时，应避开岩溶洞穴和管道水发育部位和高程，在满足水工布置要求的前提下，尽可能布置在溶蚀基准面以下，以防止大规模岩溶洞穴及高压管道水对地下洞室稳定的不利影响，当无法避开时，应使洞室轴线尽量与岩溶洞穴或管道发育方向呈大角度相交，以减小影响段长度。

(4) 河湾地段布置引（输）水洞时，应充分估计岩溶洞穴和涌水的影响，进行直线和折线方案、远岸边和近岸边方案比较。

(5) 临河床近岸布置地下洞室时，应调查沿岸岩溶洞穴与管道水分布，避开河水倒灌地带。

(6) 碳酸盐岩具有强度适中、性脆的特点，易发生岩爆破坏，布置时应避开高地应力区或尽量使长轴线平行主压应力方向。

第二节 岩溶洞穴对地下洞室稳定的影响

岩溶洞穴对地下洞室稳定的影响主要与洞穴的规模、充填物性状、富水程度、洞穴方向与地下洞室方向之间的夹角等有关。事实上，岩溶洞穴对地下洞室稳定的影响是十分复杂的。首先，洞穴本身较为复杂，有的充填型溶洞在开挖揭露出来以后，其发育边界和充填物性状也很难完全查明，而有些溶洞的规模小、无充填、边界清楚，对地下洞室的影响明确。因此很难用简单的几种类型来概括，这就要求在实际工作中，应具体问题具体分析，才能起到事半功倍的作用。

由于溶洞规模、充填物性状及含水程度的不同，因此对地下工程洞室稳定影响的类型也不相同。一般将溶洞对地下洞室围岩稳定的影响类型归纳为荷载型、围岩稳定型、地基沉降型和外水压力型以及复合型。

一、溶洞规模

目前溶洞规模还无统一的划分标准。工程上常将揭露出的最大断面直径在10m以上并大于或等于隧洞横断面的视为大型溶洞；把断面直径小于1m的视为小型溶洞；而断面直径介于1～10m之间，且其最大断面小于隧洞开挖断面的视为中等规模溶洞。对于大型溶洞，由于边界大于地下工程开挖边界，洞室开挖后，其四周围岩仍为洞穴充填物，围岩稳定问题突出（空洞属特殊类型），开挖和支护时的安全隐患较大。对小型溶洞，在地下洞室开挖中，已将其全部清除，洞室四周围岩由溶蚀影响带及较完整的基岩构成，对洞室围岩的稳定影响小。中型溶洞对地下洞室围岩稳定影响则介于大型与小型溶洞之间。

以上为孤立的溶洞，还有管道型或廊道型的，有一定延伸方向，或为水平状、斜管状、竖井状，对地下洞室围岩稳定影响要根据具体情况分析确定。

二、充填

(1) 空洞。洞穴边界范围内为溶蚀空洞，基本上无后期充填物。该类型的洞穴，其边界清楚，除边界部分的溶蚀破碎带稳定性稍差外，围岩总体上稳定，对地下洞室稳定的影响取决于空洞与隧洞的空间位置关系，当洞穴或管道有地下水时，则存在外水压力问题；当洞穴从洞室底部通过时，则可能存在隧洞底部围岩承载稳定问题。

(2) 全充填型。当洞穴内全部由黏土、碎块石、砂层等岩土体填实时，称为全充填型溶洞。其对地下工程洞室围岩稳定的影响取决于溶洞规模大小及发育方向和充填物性状。当为大型溶洞并且充填物处于饱和状态时，则溶洞内充填物处于不稳定状态，在渗水作用下，可能造成隧洞开挖和支护处理十分困难，甚至在地表水灌入下渗的情况下引起地面冒顶或沉陷开裂。在进行衬砌支护处理时，需要考虑的荷载因素也更多，不仅要考虑洞顶、洞壁垮塌及洞周的外水压力和管涌问题，还要考虑隧洞顶部荷载及底部地基沉降等工程地质问题，因此，该类型溶洞对隧洞围岩稳定的影响类型最为复杂，它包括了围岩稳定型，地基沉降型、荷载型、外水压力型四大类。当无水且较密实充填时，主要是围岩稳定型和地基沉降型。

(3) 半充填型。当洞穴为部分空洞、部分充填黏土及块碎石、砂层等时，此类属半充填型，其对隧洞稳定的影响主要表现在地基沉降稳定和外水压力两个方面，但对隧洞开挖施工影响不大。

三、地下水状态

地下水状态对可溶岩区洞穴的发育规模、发育方向及发育速度都起着控制性的作用。一般而言，当洞穴内已无地下水活动时，无论是充填型或空洞型溶洞，都表明该溶洞的发育已经停止；反之，则溶洞的发育仍处于活跃期。但对工程使用期而言，溶蚀速度毕竟是十分缓慢的。因此，对地下水状态的研究，主要是针对其对地下工程洞室的危害影响的研究和预测，也就是隧洞排水和外水压力问题，有时还需考虑地下水对洞室衬砌混凝土的侵蚀作用和管道水、暗河的冲刷作用。

四、隐伏洞穴

隐伏洞穴是指洞穴整体或主体部分分布在地下工程洞室开挖边界外的围岩内，对洞室稳定可能造成危害。其对隧洞施工开挖可能不产生影响，但对隧洞围岩长期稳定和运行安全可能带来不利影响，影响类型主要为围岩的承载稳定问题，影响程度取决于隐伏溶洞的规模、距地下洞室边界的距离以及之间围岩的完整程度等。一般情况下对3倍洞径内的隐伏溶洞，需作回填与灌浆处理，3倍洞径以外的，则不予处理。对地下厂房地基及四周边墙内隐伏洞穴多进行回填灌浆处理。

第三节　岩溶地下洞室稳定分析

岩溶区地下洞室稳定分析评价方法与非岩溶区的不同之处主要在于需要考虑洞穴、充填物及岩溶集中管道水对围岩稳定的影响。

一、岩溶区地下洞室围岩的分类

考虑到岩溶区洞穴的存在，对围岩稳定可能会产生一定的影响，因此，在岩溶地下洞室围岩分类时，根据不同情况可采用常规围岩加岩溶影响修正的办法。根据南盘江天生桥二级水电站引水隧洞的经验：

(1) 对无洞隙或小型洞隙周边完整、无充填、无水者，可不考虑岩溶对围岩稳定的影响，按常规围岩分类对待；对3倍洞径以外的岩溶洞穴影响可不予考虑。

(2) 对无充填中型洞穴，可适当降低围岩类别。

(3) 对有充填洞穴，除小型者外，一般按充填物性状、强度等确定围岩类别。

(4) 对大型溶洞、集中涌水点，均作为特殊岩溶洞段专门处理。

(5) 对溶隙、溶蚀破碎带、溶蚀断层带、溶蚀碎裂岩体等，按其性状单独分类并适当降低围岩类别。

二、洞穴充填物的稳定分析

由于洞穴充填物多是后期洞壁围岩垮塌、水流携带物沉积等所形成的近期充填物，成分复杂、块体大小不一、含水量高和无胶结的特性，围岩类别为Ⅴ类，在隧洞开挖形成临空面后，除极少数已停止发育的干燥溶洞充填物能暂时性稳定外，绝大多数情况下其充填物无自稳能力，必须采取完善的支护处理措施，并且在一期支护时，对作用在支护结构上的压力应有充分的估计。

当溶洞内充填物未遭到大的松动破坏时，如在开挖时已采取小进尺边挖边支护或在开挖前已进行了固结等强化处理措施后，溶洞内充填物在一定范围内基本未受到挠动破坏，二期支护结构上的压力可按一般塌落拱高度范围进行支护考虑。但岩溶的发育形态和充填物组成结构是十分复杂的，因此，在岩溶洞穴的处理上，应因地制宜，结合洞穴特点采取不同的工程处理措施。

三、岩溶水的作用

位于地下水位之上的地下洞室除汛期集中涌水段外，可不计岩溶水的作用。地下水位以下洞段则需考虑岩溶水的作用。一是稳定分析中需考虑围岩岩土体渗透压力的作用；二是管道水在高水头作用下可将单薄围岩劈裂、击穿，需实测其水头压力作为设计外水压力设计参数。如天生桥二级1号主洞2+256桩号涌水水平射程9m，封堵后将灰岩劈裂，实测水头压力达3MPa。

第四节　岩溶洞穴处理

岩溶洞穴引起的地下洞室工程地质问题主要有围岩稳定、不均匀变形及高外水压力问题。在对隧洞溶洞段的施工中，为保证施工开挖的顺利进行和隧洞衬砌后的正常运行，一般需进行一期临时支护和二期永久支护处理，根据南盘江天生桥二级隧洞的经验，概述如下。

一、一期施工支护处理

一期支护处理的目的主要是为保证隧洞开挖期的施工安全和交通畅通，即以“通过性”为主而采取的临时支护措施。根据岩溶洞穴的规模和充填物情况不同，主要以洞底、洞顶和侧壁作为支护处理对象。

1. 洞底回填处理

洞底回填处理主要是针对在隧洞底部无充填或少充填的“空洞型”溶洞。因溶洞底界低于隧洞底板，造成施工期道路交通中断。为此，一般多采用回填石渣，恢复洞内道路交通，有的溶洞段因呈半充填型，充填物特别稀湿软弱，对道路交通十分不便，此时，也可采用先挖出部分软弱充填物后再回填1～2m厚的石渣，适当压实后浇筑一层混凝土面板进行硬化处理，以改善洞内交通条件。

2. 洞顶支护处理

在大多数情况下，充填型溶洞对隧洞施工的危害主要是洞顶充填物的垮塌造成隧洞开挖无法进行和人员设备伤害问题。因而，在一期支护中，难点是洞顶的支护处理。根据各工程的实践，主要方法概述如下。

(1) 超前锚杆钢支撑喷混凝土法。该方法适用于有一定自稳能力的充填型溶洞的一期支护处理，采用“短开挖、强支护”的方法，将隧洞分为上、下两个台阶开挖，在上部施工时，掌子面中部预留土核，然后进行环挖，以利于进行边顶钢支撑架设和喷混凝土作业，其顺序为：①在溶洞口进行钢支撑和喷锚处理，形成安全的作业场所；②对溶洞口掌子面进行超前锚杆施工支护；③进行短进尺（每次开挖长度不大于1.2m）环挖；④第一次喷混凝土（厚不大于7cm）；⑤架钢支撑支护（榀间距50～60cm，并将钢支撑进行固定联结）；⑥环向锚杆施工；⑦挂钢丝网，并将锚杆、挂网及部分钢支撑相联结；⑧第二次喷混凝土（厚约20cm）；⑨进行第二轮超前锚杆施工。当溶洞段通过以后，再对上部预留土核进行开挖，在对下部平台进行环挖中，应特别注意采用跳槽开挖方式，及时将钢支撑向下延伸至隧洞开挖建基面，并浇筑护脚混凝土，以确保一期支护的可靠性，防止支护整体下沉。

(2) 顶管法。该方法主要用于无自稳能力的溶洞充填物的开挖支护。其方法是：先在溶洞口围岩相对稳定的洞段打锚杆，架立三榀钢支撑。形成顶管千斤顶的支撑点，然后在保证设计断面的前提下，沿设计边缘以外用50t千斤顶均匀顶入多根钢管（内径为0.99～1.2m、壁厚8～12mm，前端呈45°锐角）。每根顶管分为10～11节，每节长0.8m。每次顶入一节，然后挖去管内泥土。遇块石时，用风钻或电钻打眼爆破。顶管完成后，在每根管内穿入两根20号工字钢梁，并在钢管内加支撑。然后开挖钢管下的泥石，每次挖长1.0m，并把多余部分钢管割去，然后架钢支撑，以支承纵向工字钢，依次逐步向前推进，完成对溶洞段的开挖和一期支护。

(3) 钢支撑挑梁法。此种处理方法主要适用于自稳能力极差的溶洞充填物的开挖支护。其方法是：先在溶洞口作“桥头堡”以保安全，即在溶洞口1.5～2.0m范围内架设钢支撑、打锚杆，并在架好的钢支撑上向溶洞内顶入10号工字钢，间距为40～50cm，长度为1.0～1.5m。形成“挑梁”，然后将挑梁和钢支撑整体浇入混凝土拱中，形成安全棚。安全棚形成后，挖去挑梁下的充填物，再接长边墙和支腿，按此步骤循序渐进，完成整个溶洞的处理。为防止侧向压力引起下部基础失稳，应在底板处再浇60cm厚的混凝土，以稳定钢支撑。该方法施工较安全，但进度稍慢，混凝土衬砌时需将底部混凝土挖除。

(4) 混凝土拱帽施工法。该方法适用于竖管状溶洞群中充填物的处理，一般单个溶洞周围可见到基岩，由于软硬相间，故采用混凝土拱帽法施工。每一循环施工程序是：①在掌子面上以上为工作平台进行环挖；②架设20cm工字钢拱架（拱架上有大于50cm空档），其拱脚在隧洞腰线以上1.0～1.2m（约156°～151°）；③架设两层ϕ32mm受力钢筋，间距25cm，分布筋为ϕ20mm，间距25～35cm；④在该榀钢拱架和前榀钢拱架下翼缘上侧安装3cm厚木插板；⑤浇筑50cm以上厚度的混凝土拱圈。若掌子面前端土石不能自稳，可用ϕ50～70mm钢管打挑梁，每次1.5～2.0m。钢拱架间距视地质情况按0.5～0.8m选择。上部拱形成后，按马口方法换腿接长。

3. 侧壁支护处理

对半充填型溶洞，在洞侧腰线以下开挖后，往往在侧墙形成几米高差的临空面，使侧墙充填物发生向洞内挤压移动。为此，一期支护处理措施也可有多种不同方法，如挡土墙、钢管桩以及结合锚杆和固结灌浆等进行单项或综合措施进行处理。

二、二期支护强化处理

二期支护处理的目的是为了确保隧洞衬砌后的长期运行与安全。充填物强化处理施工，有的宜在隧洞衬砌之前，有的适宜在隧洞衬砌之后实施。一般来说，以解决地基沉降问题为主的处理多在隧洞衬砌之前进行，主要方法有深孔固结灌浆、高压旋喷置换、桩基及管桥跨越、桥梁跨越等基础处理，再在处理后的基础上或桥基、桥梁上进行隧洞混凝土衬砌。另一类则是以改善四周围洞穴充填物性状，提高围岩承载能力的强化处理措施，在隧洞混凝土衬砌完成后进行，包括普通水泥固结灌浆，化学灌浆等；此外，为了抵御内、外水压力，对大型复杂洞穴隧洞段尚可进行混凝土加厚衬砌或采用在钢筋混凝土衬砌内增加一层钢板衬砌的结构处理，加上对洞周作深孔固结灌浆补强等的综合处理，但费用较高。

天生桥二级水电站引水发电可溶岩洞段溶洞处理所用方法较多，典型的有如下两处，可供参考。

(1) 用桩基及管桥跨越。Ⅱ号发电洞2+103～2+131m桩号大溶洞处理。该溶洞在洞线上宽度28m，溶洞顶高于隧洞顶10余米，为半充填溶洞，勘探孔揭示溶洞底板低于隧洞底板40～50m，充填物为块石夹黏土，软塑至可塑状，不均一而强度低，特大暴雨时从溶洞底向上冒水。采用灌注桩处理，基础置于溶洞底板，桩上设承台，隧洞置于承台上。隧洞衬砌加厚1.5m，双层筋，底板加厚至2m，按明管设计，隧洞外围回填1.5m厚黏土层，防止溶洞掉块冲击管梁。溶洞充填物采用深孔高压灌浆固结，防止岩溶水流冲刷。

(2) 拱桥跨越。Ⅱ号发电洞7+800～7+830m桩号溶洞处理。溶洞在洞线上宽度12～15m，为半充填溶洞，深度大于13m，向隧洞左侧底斜穿。充填黏土夹块石，采用拱桥基础明管跨越。拱桥跨度25m，宽8m，厚1m。隧洞边拱作8m深高压固结灌浆。

另外，岩溶洞隙处理洞段，围岩组成和结构复杂、性状多变、地下水活动强烈，加之施工扰动和松弛影响，变形位移条件不确定因素多，也是施工期和运行期应重点变形观测部位，需重视其监测点布置和观测工作。

第五节　岩溶外水压力问题与处理

岩溶外水压力是指作用在隧洞衬砌上的岩溶水压力，区别于一般岩体，具有量值大且分布极不均一的特点。它是地下洞室工程衬砌设计中应考虑的基本荷载之一。如洞室埋深较大，地下水位较高而衬砌又不考虑排水时，外水压力往往成为控制衬砌的一项主要荷载，是关系到地下洞室稳定的重要问题之一，当设计处理不当时，可造成衬砌开裂，钢管被压扁，以致产生洞内大量涌水直至洞室破坏。因此，外水压力是岩溶区深埋地下洞室突出的工程地质问题。

一、岩溶区地下洞室外水压力的预测

（一）勘测前期阶段

(1) 位于地下水位以下的洞段存在外水压力，大小与地下水位高差、岩溶发育程度、水力联系有关。其中岩溶发育越强烈则外水压力越大，岩溶管道处则全水头作用。

(2) 地下水位以上孤立的岩溶管道水或封闭的积水洞穴也会存在外水压力。

(3) 有地表水直接补给的岩溶管道、冒顶等岩溶通道在汛期亦存在外水压力。

（二）施工阶段

(1) 在通过岩溶发育洞段后普遍渗水、涌水的洞段即标志进入地下水位以下，需考虑外水压力作用。

(2) 施工期涌水呈喷射状及大量集中涌水处，可通过封堵集中岩溶管道涌水点实测外水压力水头值，作为设计基本依据。

(3) 隐伏岩溶洞穴距离洞壁较近的或致围岩劈裂的，并存在较大水压力，应作为外水压力对待。

二、外水压力折减系数的确定

外水压力系数折减办法，一般按《水电水利工程喀斯特工程地质勘察技术规程》（DL/T 5338—2006）附录D执行，或选用实测值最大值。

三、外水压力问题的处理

水电工程岩溶外水压力问题处理与岩溶涌水的方法是一致的。一是通过对围岩尤其是对溶隙、洞穴等空腔或充填物高压灌浆，使衬砌与围岩连成一体形成固结圈共同抵御外水压力；二是设置系统的减压排水洞并在隧洞上方辅以截水洞、排水孔等，使地下洞室围岩或衬砌不承受外水压力或少承受外水压力。如天生桥二级水电站引水隧洞是通过排水洞和洞顶上方多条支洞来解决的，增强排水效果。

若要求将岩溶地下洞室揭露的地下水进行封堵、恢复原地下水运动状态，可采取对集中岩溶涌水点、洞隙全部封堵加围岩高压固结灌浆法处理，直至原地标岩溶泉水点恢复。

第七章 岩溶涌水预测与处理

岩溶涌水是指处于可溶岩区的水工建筑物基坑、地下洞室等在施工开挖过程中引起的集中涌水现象。目前，岩溶涌水预测仍是水电水利工程勘察中难以解决的技术问题，其主要原因是，在勘测过程难以确定工程开挖范围内的岩溶管道水或暗河的具体位置和流量，以及流量与降雨量、滞后时间等的关系。对于大坝基坑而言，河水位以下的岩溶管道水，被河水淹没不易发现，导致大坝基坑涌水量预测不准确。

第一节 岩溶涌水特征

一、岩溶涌水条件

大坝基坑、地下洞室等发生岩溶涌水的基本条件：①发育岩溶洞穴或管道水；②有岩溶水（或地表水流）的参与，且当建筑物地基与洞室顶板低于地下水位；③施工开挖揭露岩溶水。

（一）岩溶条件

在可溶岩地区岩溶发育程度、规模及形态等，决定岩溶涌水的类型，并直接影响涌水的强度。以下部位为岩溶涌水的重点部位，应加强分析预测。

（1）可溶岩与非可溶岩接触带，岩溶水往往沿此带活动和发育岩溶现象，易形成岩溶泉或暗河，施工开挖后易发生带状涌水。

（2）可溶岩中的不整合界面、断层带、断层交汇带、破碎带、节理密集带等形成的构造型溶蚀带，地下水往往沿之集中径流和排泄，是岩溶涌水的主要部位。

（3）岩溶地下管道网或暗河系统，在岩溶发育地区，岩溶管道往往纵横交错，不同时期呈层发育，在铅直向上又存在一定联系，接受水平和垂向补给。地下水位以下的管道或暗河常年有水，水量亦随季节和降雨量变化，施工开挖一旦揭露即会涌水，且多为一个水文地质单元内最大的涌水量，处理难度较大。

（4）相对封闭的地下大型集水洞穴或管道，其规模巨大，处于溶蚀退化阶段，使下部发生淤塞和集水，一旦击穿会发生大量的突水和涌泥涌沙，但水量消散很快，甚至最终不再涌水。易出现在大型岩溶洼地、落水洞下方。

（二）水动力条件

岩溶涌水与地下水的运动型式、地下水位密切相关。

（1）当基坑或地下洞室处于地下水位以上时，处于地下水入渗补给途径中，一般发生季节性涌水，主要发生在垂直岩溶形态的溶缝、竖井中，涌水量与降雨入渗条件相关，以地表洼地、落水洞、漏斗补给最快，且量集中。

（2）当基坑或地下洞室处于地下水位以下时，会发生常年涌水。按出流型式分溶隙型涌水和管道型涌水。溶隙型涌水地下水为裂隙渗流运动，涌水量较小；管道型涌水，地下水运动呈汇流式，涌水量大，流量相对稳定。按水头分无压涌水和有压涌水，有压涌水呈射流状，射程与出流断面和水柱压力有关，对潜水而言，一般随时间压力会减少转变为无压涌水，但承压水涌水则压力稳定，不会改变出流状态。

（3）地下洞室开挖引起周围地下水位下降，邻河侧河或沟谷水补给地下水，发生地表水沿岩溶管道倒灌。

（三）施工揭露条件

当基坑、地下洞室等施工开挖揭露岩溶洞穴或管道水时，将产生岩溶涌水。孤立型管道涌水，不会随基坑降低或掌子面涌水点位置和流量发生改变，但若存在水力联系则会使出流位置跟随工作面推进而变化，在新的相通洞穴或相通管道中流出，流量总的变化不大。

二、岩溶涌水类型

（一）按涌突型式分

（1）岩溶涌水。包括一般的岩溶泉及开挖揭露的涌泉等，涌水量相对稳定，大部分岩溶坝基、厂基在施工过程中都不同程度地遇到这类问题。出流型式有压喷涌水、无压涌水及间歇性涌水等。

（2）岩溶突水。在开挖过程中，由于溶洞、管道或溶蚀裂隙内的充填物被渗水击穿而产生的基坑突水、突泥，涌水量开始很大，后迅速减小，涌水量极不稳定，常常给施工带来大的危害，一般少有发生。

（二）按涌水量分

岩溶涌水一般按涌水量大小分为五个等级，见表 9.7.1 - 1 中。

表 9.7.1 - 1　　岩溶涌水量划分表

涌水量分类	涌水量 (m^3/s)	岩溶水流类型	危害程度
特大涌水	>2.0	暗河或管道涌水	严重影响施工，危机重大设备及人身安全，排水困难
大量涌水	0.1～2.0	管道涌水	较严重影响施工，危机设备及人身事故安全，排水较困难
中等涌水	0.01～0.1	脉状管道涌水	对施工有较大影响，较易排水
少量涌水	0.001～0.01	细脉状管道涌水	对施工有一定影响
微量涌水	<0.001	溶隙涌水	对施工无影响

（三）按涌水状态分

（1）渗水。地下水沿微弱溶蚀的微裂隙渗出或潮湿斑状，量小，多呈分散型。

（2）滴水。地下水沿溶蚀裂隙渗出，呈串珠状悬挂或滴水，量较小，多呈分散型。

（3）线流。地下水沿溶蚀裂隙等呈线状出流，量不大，出流范围较集中。

（4）脉状股流。地下水沿单一管道等出流，呈股状，量较大，出流范围集中。

（5）管道流。地下水沿暗河或管道水通道喷涌而出，有时还可涌出大量泥、砂等物质。一般补给范围较大，涌水量大，在雨季往往造成突水。

（四）按岩溶涌水动态变化特点划分

（1）水文型。涌水量大小与降雨及地表水补给关系十分密切，涌水量季节变化明显。多出现在浅部岩溶含水层中。

（2）稳定型。当岩溶含水层地下水稳定时，涌水量比较稳定。多出现在深部岩溶含水层。

（3）突发型。枯水季节无涌水，而一旦遇到暴雨季节，岩溶管道被冲开，发生突然涌水，而且涌水量大。多发生在洪枯水位变动带内。

（五）按含水层状态划分

（1）承压水涌水。岩溶承压含水层，往往存在较高的渗水压力，地下洞室遇到这类岩溶含水层时，将造成较长时期的高压涌水。

（2）有压涌水型。当地下洞室深埋时，即使单层含水层也会发生有压涌水，呈射流状，甚至对围岩产生劈裂破坏，随时间延长而压力逐渐减小，若封堵后又会使压力恢复。

（3）无压涌水型。涌水出流呈无压流状态。

三、岩溶涌水特点

岩溶涌水是水电工程建设中经常遇到的现象，与一般岩体裂隙性涌水比较，具有如下特点：

（1）岩溶涌水发生的部位具有很大的不均一性，主要是由于岩溶发育的不均一性所致。

（2）岩溶涌水集中，突发性高、涌水量大。施工中如遇暗河或岩溶管道水时，可形成突涌突泥，因排水不及，常常造成基坑、洞室淹没堵塞，增加施工难度，延误工期。

（3）不同涌水点间涌水量差异大。一个涌水点的涌水量可小到 $0.01m^3/s$ 以下，大到几个流量以上，变幅可相差数倍乃至数十倍以上。

第二节　岩溶涌水量预测

一、涌水部位预测

准确地预报岩溶涌水发生的部位，对于施工安全和采取有效的防治措施、保证工程安全等有着重要的意义。岩溶涌水部位的预测通常采用以下几种方法。

（一）宏观地质分析法

根据工程区岩溶地形地貌、地层岩性、地质构造、岩溶水文地质条件、岩溶发育规律等宏观分析确定。着重从以下几方面进行分析：①可溶岩的展布及岩溶发育程度；②断层、溶隙等结构面发育情况，沿结构面岩溶化程度，岩溶形态、规模及延伸情况等；③含水层的分布，地下水位动态、流量大小，溶洞、岩溶泉水及岩溶管道等发育规律。

根据南盘江天生桥二级水电站、猫跳河四级及乌江东风水电站、洪家渡水电站等工程施工实践，一般在下列地段易产生涌水：①可溶岩与非可溶岩接触带、相变带；②可溶岩中的区域性断层带、溶蚀破碎带；③向斜、背斜核部；④暗河及岩溶管道系统发育地带；⑤岩溶沟槽、洼地、落水洞等负地形下方。

（二）示踪试验方法

这是一种比较准确的定位方法。按工程区岩溶泉或暗河出露位置，推测岩溶管道或暗河的分布，进行示踪试验（连通试验），判断岩溶地下集中径流或暗河管道经过地段，结合建筑物平、剖面位置分析，从而较为准确地预测岩溶涌水部位。乌江洪家渡水电站厂房基坑两岸涌水部位就是根据连通试验确定的。

（三）超前钻探或超前平行探洞预报法

南盘江天生桥二级水电站在引水隧洞开挖过程中，在掌子面上使用过浅孔或深孔（孔深达100m）超前钻探，当钻孔揭穿岩溶含水体时，地下水从钻孔中喷射而出，根据地下水喷射的距离和流量，预报掌子前方可能产生的涌水位置和涌水量。还利用互相平行的主洞掘进差异进行预报，以先施工的Ⅰ、Ⅱ号主洞揭示岩溶洞穴与涌水预测Ⅲ号洞涌水，结合地下水补排径流关系，涌水量预测比较准确。

在四川雅砻江锦屏二级水电站引水隧洞区，在东端（厂房区）前期勘探平洞中，揭示地下水丰富，涌水量大，并发现与磨房沟山顶岩溶大泉存在水力联系，不得不采取回填封堵让泉水恢复。施工期，设计布设了平行主洞的交通辅助洞，通过辅助洞涌水资料分析预测主洞涌水位置和涌水量，以达到超前勘探之目的。

（四）物探超前探测预报法

目前运用较多、效果较明显。常用地表探测方法有：电法、大地电磁法。洞内超前探测方法有：TSP、地质雷达、震电效应、聚焦电流（BEAM）等，可以用于中期和近期涌水预报探测。

二、涌水量预测

岩溶涌水量的预测，除了一般的裂隙性涌水量预测之外，主要的是集中管道性涌水预测和最大涌水量预测。岩溶涌水预测，首先应查明工程区岩溶发育规律及水文地质条件，建立符合客观实际的水文地质概念模型，它包括岩溶含水系统的边界条件、补给来源的地形地貌条件、岩溶化程度、岩体透水性与地下水位变化、泉水的动态特征等水文地质参数；然后建立与水文地质概念模型相符的数学模型。在可溶岩地区目前常用的涌水量预测方法有：类比法、水均衡法、实测法和数值模拟法。

（一）基坑岩溶涌水量预测

岩溶基坑涌水量的计算，目前还没有较为成熟方法。预测基坑涌水量，多数是借助均匀渗透介质公式计算和经验的方法进行计算。在地基强烈岩溶化或渗透性比较均匀的地区，把地基视作均匀渗透介质，利用T. B. 卡明斯基公式估算基坑涌水量的方法，在一定的条件是可行的。

T. B. 卡明斯基公式未考虑岩溶基坑管道涌水问题，在不发生管道式涌水的基坑，计算涌水量和实际涌水量比较接近。根据多数工程实例，发生岩溶涌水的基坑，计算涌水量与实际涌水量相比，明显偏小，实际涌水量最大可达计算涌水量的10倍，如广西桂平枢纽一期基坑估算涌水量为 $240m^3/h$，而实际基坑涌水量达 $2200\sim2600m^3/h$。为了充分考虑突水因素的影响，多数工程在进行基坑涌水量预测时，通常将计算的涌水量（$Q_{计}$）乘以基坑突涌系数（A）来修正，即：

$$Q_{预}=AQ_{计}$$

式中：$Q_{预}$ 为预报涌水量，m^3/d。基坑突涌系数（A）为1～10，它的取值主要应考虑以下因素：

（1）贯通基坑内外的岩溶渗漏通道的数量、规模和可能发生基坑岩溶涌水的性质。

（2）基坑涌水的水源补给区大小，吸水降水和地表径流的特点。

（3）岩溶洞穴充填物的充填程度、充填状态及其渗透性，特别应注意流塑、软塑及可塑状黏性土和砂砾充填的洞隙产生涌水的危害程度。

（4）基坑内外水头差或可能产生涌水水压力的大小。

（5）基坑内岩溶洞穴开挖处理方式及延续时间等因素对涌水的影响。

（二）地下洞室岩溶涌水量的预测

1. 水均衡法

地下洞室岩溶涌水量的预测，目前主要采用水均衡法进行计算。计算公式如下：

$$Q=1000aAH_sS/d86400$$

式中：Q为地下洞室涌水量，m^3/s；A为隧洞地区可溶岩分布地段的集水面积，km^2；a为入渗系数，根据入渗条件采用0.3～0.6，岩溶发育取高值，发育弱取低值；H_s为降水量，mm；d为计算时段天数；S为涌入洞室水量占地下水径流总量的份额，一般为0.1～0.4。

在计算集水面积A时，不但要考虑地表补给面积，而且要考虑地下补给面积。由于岩溶水的袭夺，有时，地下水补给面积常常大于地表补给面积，因此在圈定集水面积A时，必须综合研究区域岩溶水文地质条件。

对于入渗系数a的选取，应力求使用实际观测资料，比如降雨量、蒸发量、地表及地下径流量的总均衡条件中求取。同时应对岩溶发育程度，岩体的渗透性和地下水动力条件作出具体分析。

2. 面积比法

运用实测岩溶泉水或暗河水流量，预测隧洞通过该管道或暗河主管道涌水量。当隧洞处于其泉域上游补给和径流地段时，按隧洞拦截泉域面积与总泉域面积比作为流量折减系数，折减后流量作为主管道或暗河管道涌水量；当隧洞处于泉域下游排泄区时，则以岩溶泉水或暗河水流量作为主管道或暗河管道涌水量。泉水或暗河流量洪枯流量差异可按8～10倍考虑。

（三）铁路隧道岩溶涌水量的计算

根据《铁路工程不良地质勘察规程》（TB 10027—2001）中8.5.4条规定：岩溶隧道涌水量计算应采用多种方法计算比较确定，并应对隧道排水可能造成的地表水枯竭、新的地面塌陷等环境地质问题作出预测与评估。对岩溶隧道涌水量计算应运用多种方法分段计算，除主要的水均衡法外，还有洼地入渗、地下水动力学法等可供参考。

（1）洼地入渗法，应符合下列规定：

1）隧道位于垂直渗流带地段，隧道有直接相连的消水洼地或落水洞时；

2）圈定集水面积，据降雨、蒸发资料及洼地消水程度，估算洼地入渗量；

3）岩溶隧道计算段涌水量，相应于洼地入渗量。

（2）地下水动力学法，应符合下列规定：

1）隧道位于深部缓流带或裂隙状岩溶含水层，具有统一地下水位地段；

2）分段涌水量，选用相应水文地质条件的地下水动力学公式计算。

第三节　岩溶涌水处理

一、基坑岩溶涌水处理

岩溶坝基、厂基等基坑涌水的处理方法较多，施工阶段主要是考虑抽、排，永久处理方法主要有导引法、封堵压盖法、驱赶推挤法、闸阀封闭法及帷幕灌浆法等，各种方法的原理及适用范围说明如下。

（1）导引法。适用于各种岩溶涌水点。采用沟、槽、渠、管道或其他构筑物将水引导出建筑物基础以外。如乌江渡、东风、洪家渡等水电站坝基基坑泉水的引排。

（2）封堵压盖法。适用于流量小、压力不大的涌水点。用反滤料、混凝土直接封堵洞穴涌水点，或用混凝土及其他构筑物在涌水口上压盖，如三江口水电站等。

（3）驱挤法。适用于出流分散，此堵彼漏的涌水点。采用较大体积的混凝土直接浇筑，将涌水出逸点驱赶推挤至基础外排出，如三江口水电站左侧河床便是采用这种方法。

（4）闸阀封闭法。适用于出水点围岩比较完整、出流比较集中，有一定压力的涌水。根据出流量的大小，在涌水点砌置有闸阀的水管，将涌水从导管引出，浇筑混凝土封闭出水口，关闭闸阀，将导管埋置于混凝土内。

（5）帷幕灌浆法。适用于岩溶强烈发育基坑，预计突水危险性大，依靠抽水无把握的工程。采用灌浆帷幕截断基坑涌水通道。这是一种使用广泛、行之有效的处理方法，被很多工程采用。如桂平枢纽二期上下围堰及纵向围堰地基；乌江洪家渡水电站坝基（含厂基）上下游围堰、坝基下游侧右岸、厂房基坑左岸均是采用灌浆帷幕截断基坑涌水；乌江索风营水电站坝基上下游围堰、洪渡河石垭子水电站坝基上下游围堰等。

二、地下洞室岩溶涌水处理

1. 治理的原则

（1）因地制宜，综合治理。在隧洞施工过程中，应有系统的排水措施，以保证施工安全。

（2）结合洞室降低外水压力措施进行处理。

（3）治理涌水应考虑多方面的影响，防止因隧洞排水而产生地面塌陷或工业及生活用水干枯等不良影响。

2. 治理方法

（1）设置排水洞。对于岩溶涌水量大而比较集中的涌水，可在隧洞外侧平行主洞设置排水洞和截水支洞，将地下水引走并降低外水压力。如天生桥二级引水发电隧洞施工后发生多条管道和暗河大量涌水，即增设了一条排水隧洞。

（2）固结灌浆方法。为了预防在隧洞施工过程中产生大量涌水，可在隧洞岩溶发育段，对溶洞、溶缝、溶蚀破碎带等采用不同材料进行灌浆；或提前在隧洞掌子面前方进行超前固结灌浆。

如南水北调工程东线，在穿越黄河底部的勘探试验洞中，采用超前灌浆措施，防止了灰岩含水层中大量的岩溶涌水，保证了施工顺利进行；天生桥二级水电站引水隧洞施工，曾采用水泥和水玻璃双液灌浆，堵截溶洞，以治理岩溶涌水。

（3）堵塞。当遇岩溶管道时，可采用混凝土堵塞，并辅以压力灌浆。堵塞时必须考虑相应的排水和导引措施相结合，以免堵体工程被破坏。

施工期地下洞室岩溶涌水处理，顺坡洞以自流引排为主，倒坡洞以抽排为主。当掌子面附近发生特大涌水、涌泥等时，宜采取先绕避、后处理的方法施工。

第十篇　边坡工程地质勘察与评价

第十篇

第一章　边坡类型与特征

第一节　边坡的一般分类

一、水电工程边坡分类的目的和原则

1. 分类的目的

(1) 为工程实践服务，指导边坡的研究和治理。

(2) 反映边坡的主要工程地质特征，指导边坡的勘察、分析和评价。

(3) 有针对性地布置边坡监测。

(4) 预测边坡的发展趋势。

2. 分类的一般原则

(1) 应与水电工程的相对区位相结合，如电站的枢纽区、水库区、施工布置区和移民安置区等。

(2) 能反映边坡的岩土性质、物质组成、成因类型、形成过程及形成特点。

(3) 应考虑边坡的存在时间及施工过程中的影响因素。

(4) 应能表示地层岩性、岩土结构及其与边坡的关系等。

(5) 应注重边坡的稳定状态、变形机制、特征、发展阶段及破坏趋势。

(6) 应包含边坡的坡度和坡高。

二、边坡的一般分类

边坡分类需考虑众多因素，分类的方法也较为复杂。国内水电工程中，1985 年出版的《水利水电工程地质手册》中提出了按成因、岩性、运行时间、浸水、高程、坡高和稳定性七项因素的边坡分类，对其后 20 多年来的水电工程边坡勘察研究起到了积极的作用。在此分类的基础上，根据水电工程勘察新的研究和发展，对水电工程边坡分类的认识渐趋一致，于 2007 年颁布的《水电水利工程边坡设计规范》(DL/T 5353—2006) 中提出了新的边坡分类，见表 10.1.1-1，相比 1985 年分类，DL/T 5353—2006 规范分类新增了坡体结构，与建筑物关系两项主要内容，同时，在按坡高的分类上，作了进一步的细化，其他方面则类同。新的分类总体能满足工程实际需要。

应当指出，任何一种边坡分类无法包括边坡特征的全部因素，工作中除了参照这些成熟的分类外，尚需从多方面，多层次把握边坡的关键要素。如岩质边坡中，有基本无明显次生变动的完整原岩边坡，也有经过一定程度后期次生改造过的岩质边坡，像卸荷岩体边坡、倾倒岩体边坡、变形体边坡等，更应区分人工开挖边坡及其以上的不开挖天然边坡。再如土质边坡和岩土混合边坡中，还可再细分出冲洪积层边坡、崩积坡积层边坡、滑坡及塌滑堆积层边坡、多成因复杂大型堆积层边坡、冰渍冰水堆积层和风积土层边坡等。这些特殊地质体边坡成因不同，物质组成和性态不同，构成边坡的稳定状态也不用，需采用的工程治理措施更为不同，需充分认识。

表 10.1.1-1　水电水利工程边坡一般分类表

分类依据	分类名称	分类特征说明
成因类型	自然边坡	天然存在由自然营力形成的边坡
	工程边坡	经人工改造形成的或受工程影响的边坡
组成物质	岩质边坡	由岩体组成的边坡
	土质边坡	由土体或松散堆积物组成的边坡
	岩土混合边坡	由岩体和土体组成的边坡
坡体结构	顺向坡	层状结构面平行河谷倾向岸外
	反向坡	层状结构面平行河谷倾向岸里
	横向坡	层状结构面与河谷正交倾向上游或下游
	斜向坡	层状结构面与河谷斜交倾向上游或下游
	水平层状坡	层状结构面为水平产状
与建筑物的关系	建筑物地基边坡	必须满足稳定和有限变形要求
	建筑物周边边坡	必须满足稳定要求的边坡
	水库或河道边坡	要求稳定或允许有一定限度破坏的边坡
存在时间	永久边坡	工程寿命期内需保持稳定的边坡
	临时边坡	施工期需保持稳定的边坡
边坡坡高	特高边坡	坡高大于 300m
	超高边坡	坡高 100～300m
	高边坡	坡高 30～100m
	中边坡	坡高 10～30m
	低边坡	坡高小于 10m

第二节　边坡的稳定性分类

一、边坡稳定性分类

在《水电水利工程边坡设计规范》（DL/T 5353—2006）中，根据边坡的稳定状态，分为稳定边坡、潜在不稳定边坡、变形边坡、不稳定边坡、失稳后边坡。见表10.1.2－1。

表10.1.2－1　　边坡的稳定状态分类

分类依据	分类名称	分类特征说明
稳定状态	稳定边坡	已经或未经处理能保持稳定和有限变形的边坡
	潜在不稳定边坡	有明确不稳定因素存在但暂时稳定的边坡
	变形边坡	有变形或蠕变迹象的边坡
	不稳定边坡	处于整体滑动状态或时有崩塌的边坡
	失稳后边坡	已经发生过滑动或大位移的边坡
发展阶段	初始稳定边坡	边坡形成后处于稳定状态的边坡
	初始变形边坡	初次进入变形状态或渐进破坏的边坡
	二次变形边坡	失稳后再次或多次进入变形状态的边坡

二、岩土体结构分类

按岩质边坡岩体结构，边坡可分为块状结构、层状结构、碎裂结构、散体结构等，层状结构还可分为层状同向结构、层状反向结构、层状横向结构、层状斜向结构、层状平叠结构等。见表10.1.2－2。

土质边坡分类，除前节所述的沉积区别外，按土体结构及土质属性边坡可再分为黏性土边坡、砂性土边坡、黄土边坡、软土边坡、膨胀土边坡、碎石土边坡、岩土混合边坡等。见表10.1.2－3。

表10.1.2－2　　水电水利工程岩质边坡结构分类表

序号	边坡结构		岩石类型	岩体特征	边坡稳定特征
1	块状结构		岩浆岩、中深变质岩、厚层沉积岩、厚层火山岩	结构面不发育，多为硬性结构面，软弱面较少	边坡破坏以崩塌和块体滑动为主，稳定性受断裂结构面控制
2	层状结构	层状同向结构	各种层厚的沉积岩、层状变质岩、多轮遛喷发火山岩	边坡与层面同向、走向夹角一般小于30°，层面裂隙或层间错动带发育	切脚坡易发生滑动破坏，插入坡在岩层较薄倾角较陡时易发生溃屈破坏。层面、软弱夹层或顺层结构面常形成滑动面
		层状反向结构		边坡与层面反向、走向夹角一般小于30°，层面裂隙或层间错动带发育	岩层较陡时易发生倾倒破坏，千枚岩或薄层状岩石表层倾倒比较普遍。抗滑稳定性好，稳定性受断裂结构面控制
		层状横向结构		边坡与层面走向夹角一般大于60°，层面裂隙或层间错动带发育	边坡稳定性好，稳定性受断裂结构面控制
		层状斜向结构		边坡与层面走向夹角一般大于30°、小于60°，层面裂隙或层间错动带发育	边坡稳定性较好，斜向同向坡一般在浅表层易发生楔形体滑动，稳定性受顺层结构面与断裂结构面组合控制
		层状平叠结构		岩层近水平状，多为沉积岩，层间错动带一般不发育	边坡稳定性好，沿软弱夹层可能发生侧向拉张或流动
3	碎裂结构		一般为断层构造岩带、劈理带、裂隙密集带	断裂结构面或原生节理、风化裂隙发育，岩体较破碎	边坡稳定性较差，易发生崩塌、剥落，抗滑稳定性受断裂结构面控制
4	散体结构		一般为断层未胶结的破碎带、全风化带、松动岩体	由岩块、岩屑和泥质物组成	边坡稳定性差，易发生弧面形滑动和沿其底面滑动

表10.1.2－3　　水电水利工程土质边坡分类表

序号	边坡类型	基本特征	边坡稳定特征
1	黏性土边坡	以黏土颗粒为主，一般干时坚硬开裂遇水膨胀崩解，干湿效应明显。某些黏土具大孔隙性（山西南部）；某些黏土甚坚固（南方网纹红土）；某些黏土呈半成岩状，但含可溶盐量高（黄河上游）；某些黏土具有水平层理（淮河下游）	影响边坡稳定的主要因素有：矿物成分，特别是亲水、膨胀、溶滤性矿物含量；节理裂隙的发育状况；水的作用；冻融作用。主要变形破坏形式有：滑动；因冻融产生剥落；坍塌
2	砂性土边坡	以砂性土为主，结构较疏松，凝聚力低为其特点，透水性较大，包括厚层全风化花岗岩残积层	影响边坡稳定的主要因素有：颗粒成分及均匀程度；含水情况；振动；外水及地下水作用；密实程度。饱和含水的均质砂性土边坡，在振动力作用下易产生液化滑动；其他变形破坏形式主要有管涌、流土；坍塌；剥落
3	黄土边坡	以粉粒为主，质地均一。一般含钙量高，无层理，但柱状节理发育，天然含水量低，干时坚硬，部分黄土遇水湿陷；有些呈固结状，有时呈多元结构	边坡稳定主要受水的作用，因遇水湿陷，或水对边坡浸泡，水下渗使下垫隔水黏土层泥化等。主要变形破坏形式有崩塌、张裂、湿陷和滑坡等
4	软土边坡	以淤泥、泥炭、淤泥质土等抗剪强度极低的土为主，塑流变形严重	易产生滑坡、塑流变形、坍塌，边坡难以成形
5	膨胀土边坡	具有特殊物理力学特性，因富含蒙脱石等易膨胀矿物，内摩擦角很小，干湿效应明显	干湿变化和水的作用对此类边坡稳定影响较大。易产生浅层滑坡和浅层崩解
6	碎石土边坡	由坚硬岩石碎块和砂土颗粒或砾质土组成的边坡，可分为堆积、残坡积混合结构、多元结构	边坡稳定受黏土颗粒的含量及分布特征、坡体含水情况及下伏基岩面产状影响较大。易产生滑坡或坍塌
7	岩土混合边坡	边坡上部为土层下部为岩层，或上部为岩层下部为土层（全风化岩石），多层叠置	下伏基岩面产状、水对土层浸泡以及水渗入土体对此类边坡稳定影响较大。易产生沿下伏基岩面的土层滑动、土层局部坍塌以及上部岩体沿土层蠕动或错落

注　据金德濂，略有修改。

三、边坡变形破坏方式分类

按边坡变形破坏的方式可分为崩塌、滑动、蠕变和流动，见表10.1.2－4。

四、边坡变形阶段

边坡的变形破坏有其发生发展阶段，不同的变形阶段具有不同的稳定状态，也对应不同的力学参数。因此，研究边坡变形破坏阶段，对于边坡稳定分析的力学参数取值、稳定性预测及其治理措施具有重要的意义。

表 10.1.2-4 边坡变形破坏分类表

变形破坏类型		变形破坏特征
崩塌		边坡岩体坠落或滚动
滑动	平面形	边坡岩体沿某一结构面滑动
	弧面形	散体结构、碎裂结构的岩质边坡或土质边坡沿弧形滑动面滑动
	楔形体	结构面组合的楔形体，沿滑动面交线方向滑动
蠕变	倾倒	反倾向层状结构边坡，表部岩层逐渐向外弯曲、倾倒
	溃屈	层状同向结构边坡，岩层倾角与坡角大致相似，边坡下部岩层逐渐向外鼓起，产生层面拉裂和脱开，继续发展可发生后缘顺层前缘切层的滑动
	侧向拉张	双层结构的边坡，下部软岩产生塑性变形或流动，使上部岩层发生扩展、移动张裂和下沉
流动		崩塌碎屑类堆积向坡脚流动形成碎屑流

在水电水利系统，类比现场大型试验的变形破坏阶段，提出了边坡的变形破坏阶段。

(1) 初始稳定边坡。边坡形成以来，除浅表层卸荷回弹外，没有经受明显变形的边坡。在控制其整体性稳定的结构面上，剪应力尚未超过其比例极限强度。

(2) 初始变形边坡。沿控制性结构面开始有变形迹象的边坡，表明整体上剪应力已经超过比例极限。该结构面上部主滑段剪应力应已超过屈服值强度。抗滑段的剪应力已经接近或达到屈服强度。

(3) 大变形边坡。沿控制性结构面发生大变形的边坡，该结构面上主滑段的剪应力已经达到或超过峰值强度，抗滑段的剪应力已经接近或达到峰值强度。

(4) 二次变形边坡。沿控制性结构面已经发生过破坏，现又发生变形的边坡，该结构面（或滑面）剪应力已经接近或达到残余值强度。

(5) 蠕滑边坡。沿控制性结构面长期蠕滑的边坡，该结构面（或滑面）的剪应力已经接近或达到长期强度。

从边坡变形随时间的发展情况看，工程实际中有初始变形—匀速变形—加速变形—临滑破坏阶段划分，见图 10.1.2-1。

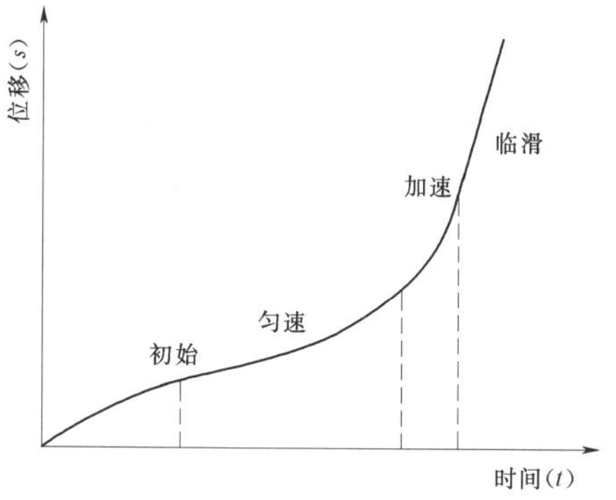

图 10.1.2-1 边坡变形随时间的发展情况示意图

当对边坡控制性结构面的强度进行反演时，应按边坡的不同临界稳定状态确定其力学参数的性质。

第三节 滑坡的类型及特征

一、滑坡的分类

考察近 10 年来国内滑坡分类，见诸文献的典型滑坡分类有：1996 年林宗元主编的《岩土工程勘察设计手册》分类（表 10.1.3-1），中科院成都山地灾害研究所分类（表 10.1.3-2），以及地质矿产行业标准《滑坡防治工程设计与施工技术规范》(DZ 0219—2006) 分类（表 10.1.3-3、表 10.1.3-4）。

表 10.1.3-1 滑坡分类表

分类依据	滑坡名称	特征
按滑坡物质组成分	堆积层滑坡	各种成因堆积层内的滑坡，或沿下伏基岩面或沿堆积间易面滑坡
	黄土滑坡	发生在各时期的黄土层中，并多群集出现，常见于高阶地边缘斜坡上
	黏土滑坡	黏土层中滑坡，多沿裂隙面和下伏基岩面滑动，多为平缓弧形滑面
	膨胀岩（土）滑坡	多呈弧形、倒椅子型浅层牵引式滑坡
	风化带滑坡	多在全风化带、强风化带中发生滑坡，滑面常呈倒椅子形
	断层带滑坡	滑面多为弧形和折线形，多群集出现
	岩层滑坡	主要沿结构面发生滑坡，滑面有椅子形、直线形和折线形
按剖面上滑面形态分	船底型滑坡	由后缘段、主滑段和前缘段三部分组成完整的滑坡滑动面
	椅子型滑坡	即船底型滑面缺失后缘段的滑坡，多在顺层地区中发生
	倒椅子型滑坡	船底型滑面缺失前缘的滑坡，多出现在风化带和顺层地段的工程滑坡中
	直线形滑坡	在滑面倾角陡于自然斜坡中发生，常出现在顺层地区的工程滑坡中
	折线形滑坡	主要分布在滑面陡于岩层倾角地区的切层滑坡中
	圆弧形滑坡	主要分布在较均质的土质滑坡中
按滑坡厚度分	浅层滑坡	滑体厚度<6m
	中层滑坡	滑体厚度在 6～20m
	深层滑坡	滑体厚度>20m
按引起滑坡性质分	推动式滑坡	中上部滑体挤压推动前缘段滑坡，滑体整体性较好，滑速快，危害大，多见于倒椅子形和直线形滑面滑坡
	牵引式滑坡	前缘段首先发生滑坡，因失去支撑面向后缘牵引，滑坡规模较小，滑速较慢
按成因分	工程滑坡	由于施工引起的滑坡，可细分为新生滑坡和老滑坡复活
	自然滑坡	自然营力作用产生的滑坡

引自《岩土工程勘察设计手册》(1996)。

表 10.1.3-2 滑坡的分类

分类依据	分类		滑坡特征
	岩性分类	亚类	
岩性	覆盖层滑坡	黏性土滑坡	黏土平时坚硬，遇水分解膨胀，与降雨关系密切，各地都有分布
		黄土滑坡	黄土垂直裂隙发育，易透水，在黄土塬边或峡谷高陡边坡滑坡规模较大，如渭河峡谷两岸滑坡
		松散土滑坡	主要由砂，砂性土或其他松散物质组成的滑坡，透水性强
		碎石土滑坡	土石混杂，结构松散，透水性强。多为坡积层，常沿与基岩的接触面滑动；西南高山峡谷区较多见
		液化滑坡	当边坡有饱和砂层分布时，在震动（如地震）条件下，因砂层液化发生滑坡
	基岩滑坡	均质软岩滑坡	指泥岩、页岩、泥灰岩等软弱岩石中的滑坡。滑体形态主要受岩石强度控制，滑面常呈弧形，与软弱结构面常不相吻合
		坚硬岩石顺层滑坡	沿坚硬岩石层面产生的滑坡，滑体形态主要受岩层层面控制
		坚硬岩石切层滑坡	滑面切过层面，滑体形态受某几组节理裂隙控制
		破碎岩石滑坡	裂隙密集，滑面产生于破碎岩体中，滑体形态受破碎岩体强度控制

据中国科学院成都山地灾害研究所。

表 10.1.3-3　　滑坡物质和结构因素分类

类型	亚　类	特　征　描　述
堆积层（土质）滑坡	滑坡堆积体滑坡	由前期滑坡形成的块碎石堆积体，沿下伏基岩或体内滑动
	崩塌堆积体滑坡	由前期崩塌等形成的块碎石堆积体，沿下伏基岩或体内滑动
	崩滑堆积体滑坡	由前期崩滑等形成的块碎石堆积体，沿下伏基岩或体内滑动
	黄土滑坡	由黄土构成，大多发生在黄土体中，或沿下伏基岩面滑动
	黏土滑坡	由具有特殊性质的黏土构成，如昔格达组、成都黏土等
	残坡积层滑坡	由基岩风化壳、残坡积土等构成，通常为浅表层滑动
	人工填土滑坡	由人工开挖堆填弃渣构成，次生滑坡
岩质滑坡	近水平层状滑坡	由基岩构成，沿缓倾岩层或裂隙滑动，滑动面倾角不大于 10°
	顺层滑坡	由基岩构成，沿顺坡岩层滑动
	切层滑坡	由基岩构成，常沿倾向山外的软弱面滑动。滑动面与岩层面相切，且滑动面倾角大于岩层倾角
	逆层滑坡	由基岩构成，沿倾向坡外的软弱面滑动，岩层倾向山内，滑动面与岩层层面相反
	楔体滑坡	在花岗岩、厚度灰岩等整体结构岩体中，沿多组弱面切割成的楔形体滑动
变形体	危岩体	由基岩构成，受多组软弱面控制，存在潜在崩滑面，已发生局部变形破坏
	堆积层变形体	由堆积体构成，以蠕滑变形为主，滑动面不明显

据《滑坡防治工程设计与施工技术规范》(DZ 0219—2006)。

表 10.1.3-4　　滑坡其他因素分类表

因素	名称类别	特　征　说　明
滑体厚度	浅层滑坡	滑坡体厚度在 10m 以内
	中层滑坡	滑坡体厚度在 10～25m 之间
	深层滑坡	滑坡体厚度在 25～50m 之间
	超深层滑坡	滑坡体厚度超过 50m
运动型式	推移式滑坡	上部岩层滑动，挤压下部产生变形，滑动速度较快，滑体表面波状起伏，多见于有堆积物分布的斜坡地段
	牵引式滑坡	下部先滑，使上部失去支撑而变形滑动。一般速度较慢，多具上小下大的塔式外貌，横向张性裂隙发育，表面多呈阶梯状或陡坎状
发生原因	工程滑坡	由于施工或加载等人类工程活动引起滑动，可分为：工程新滑坡和工程复活古滑坡
	自然滑坡	由于自然地质作用产生的滑坡。按其发生的相对时代可分为古滑坡、老滑坡、新滑坡
现今稳定程度	活动滑坡	发生后仍继续活动的滑坡。后壁及两侧有新鲜擦痕，滑体内有开裂、鼓起或前缘有挤出等变形迹象
	不活动滑坡	发生后已停止发展，一般情况下不可能重新活动，坡体上植被较盛，常有老建筑
发生时间	新滑坡	现今正在发生滑动的滑坡
	老滑坡	全新世以来发生滑动，现今整体稳定的滑坡
	古滑坡	全新世以前发生滑动的滑坡，现今整体稳定的滑坡
滑体体积	小型滑坡	小于 10 万 m^3
	中型滑坡	10 万～100 万 m^3
	大型滑坡	100 万～1000 万 m^3
	特大型滑坡	1000 万～10000 万 m^3
	巨型滑坡	大于 10000 万 m^3

据《滑坡防治工程设计与施工技术规范》(DZ 0219—2006)。

由这些分类可见，考虑的因素、分类的依据、关注的特征等大同小异，有些只是称谓的不同。从水电水利工程的角度，应当以行业规范分类（表 10.1.3-5）为主要依据，其他分类可供参考。但应强调，水电水利工程中的滑坡，当其位置不同时，滑坡所处的环境条件、承受的作用力、失稳危害等是不同的，工作中应区分滑坡所处位置是在水库区、坝前及近坝库岸区、枢纽建筑物区还是坝后泄洪雨雾区，有针对性地开展勘察与评价。

表 10.1.3-5　　滑坡分类表

分类依据	分类名称	特　征　概　述
成因类型	自然滑坡	自然因素如河流冲淘、降雨、冻融、地震等导致的滑坡
	工程滑坡	人类工程活动如开挖、用水排放、建筑物加载等导致的滑坡
滑面特征	顺层滑坡	顺岩体层面形成滑坡，常具有沿多层面滑动的可能
	切层滑坡	一般沿断裂结构面发生滑动
	复合型滑坡	不同类型的层面、结构面复合形成滑动面
	堆积体滑坡	多沿各种类型堆积体底面，或在堆积体内部发生弧面形滑动
	倾倒体滑坡	沿倾倒体底部岩层折断面滑动，常形成破碎滑动带但滑体较薄
	溃屈滑坡	后缘顺层前缘鼓胀溃屈沿折断面形成滑动破碎带
滑动机制	推移式滑坡	主滑力在上部，推挤下部而失稳，多整体式滑动，滑速较快
	牵引式滑坡	下部先滑动，牵引上部失稳，多解体式滑动，滑速较慢
稳定状态	活滑坡	正在活动或季节性活动的滑坡
	老滑坡	自然条件下存在失稳条件但暂不活动的滑坡
	古滑坡	自然状态下已丧失失稳条件的滑坡，或称死滑坡
滑坡厚度	浅层滑坡	滑体厚度小于 10m
	中层滑坡	滑体厚度 10～25m
	深层滑坡	滑体厚度大于 25m
滑体体积	小型滑坡	小于 10 万 m^3
	中型滑坡	10 万～100 万 m^3
	大型滑坡	100 万～1000 万 m^3
	特大型滑坡	1000 万～1 亿 m^3
	巨型滑坡	大于 1 亿 m^3

据《水电水利工程边坡设计规范》(DL/T 5353—2006)。

二、滑坡的特征

滑坡的特征包括滑坡的地貌特征、结构特征（滑体、滑面、滑带和滑床）及其变形破坏过程特征等。

（一）滑坡的基本要素

一个发育完全的或正在活动的滑坡具有图 10.1.3-1 所示的基本要素特征。

（1）滑坡体。滑坡发生后，与稳定坡体脱离而滑动的部分岩土体，简称滑体。

（2）滑坡周界。滑坡体与其周围不动体在平面上的分界线。

（3）滑坡壁。滑坡体后缘的陡壁，高数米至数十米，特大型滑坡也有高达数百米的。在平面上它多呈圈椅状（环谷状、

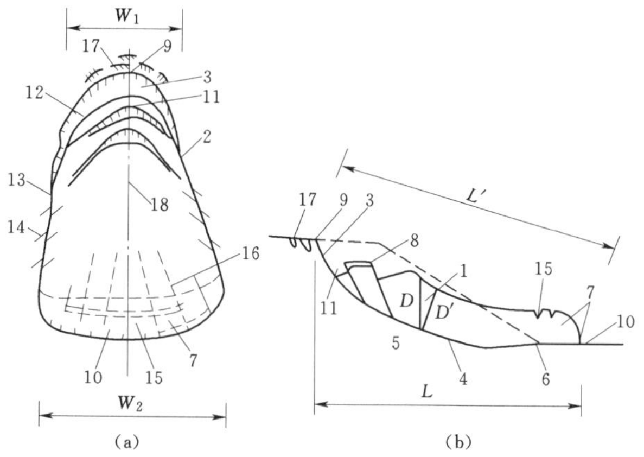

图 10.1.3-1　滑坡要素平、剖面示意图

(a) 滑坡平面示意图；(b) 滑坡剖面示意图

1—滑坡体；2—滑坡周界；3—滑坡壁；4—滑动面；5—滑坡床；6—滑坡剪出口；7—滑坡舌与滑坡鼓丘；8—滑坡台阶；9—滑坡后缘；10—滑坡前缘；11—滑坡洼地（滑坡湖）；12—拉张裂缝；13—剪切裂缝；14—羽状裂缝；15—鼓胀裂缝；16—扇形张裂缝；17—牵引性张裂缝；18—主滑线

马蹄状）。其中最上部高徒部分称为主滑壁，两侧称为侧壁。

(4) 滑动面（带）。滑坡体滑动时与不动体间形成的剪切面（带），其形状在均质土中多为弧线或曲线状，在堆积土中多呈折线或直线与曲线组合状。

(5) 滑坡床。滑动面以下的不动岩土体。

(6) 滑坡剪出口。滑动面最下端与原地面相交剪出的破裂口。在滑坡大滑动之前它表现为地面隆起、翘出，或建筑物被剪断，大滑动以后常被埋入滑坡体之下。

(7) 滑坡舌与滑坡鼓丘。滑坡体从滑坡剪出口滑出后伸入沟、堑、河道或台地上形似舌状的部分，也称为滑坡头部。由于滑动面反翘或滑坡体前部受阻，该部分常形成垂直滑动方向的一条或数条土垅，成为滑坡鼓丘。

(8) 滑坡台阶和滑坡平台。滑坡体在滑动中因上下各段的滑动次序和速度的差异，在其上部呈形成一些错台，每一错台形成一个陡壁，此称为滑坡台阶。宽大的台面叫做滑坡台面，有时该平台具向缓倾的反向坡，叫反坡平台，是滑坡的一个典型地貌特征，尤其是沿弧形面旋转滑动的滑坡。

(9) 滑坡后缘。主滑壁与山坡原地面的交线。

(10) 滑坡前缘。滑坡舌前部与原地面的交线叫做滑坡前缘，其最突出的地点叫舌尖。

(11) 滑坡洼池和滑坡湖。滑坡滑动后，滑坡体与主滑壁之间拉开成沟槽或陷落成“地堑”状，相邻土楔向山反倾形成四周高、中间低的洼地。当地下水或地表水汇集于洼地时，就称为滑坡湖。

(12) 拉张裂缝与主裂缝。位于滑体上部因滑坡体下滑而张开的长数十米至数百米、方向与滑坡壁吻合或大致平行的裂缝，其中与主滑壁重合的一条称为主裂缝。

(13) 剪切裂缝。位于滑坡中下部的两侧，因滑坡体与两侧不动体间发生剪切位移而形成的裂缝，它形成滑坡的两侧边界。

(14) 羽状裂缝。滑坡体两侧剪切裂缝尚未贯通前，因动体与不动体间相对位移剪切而形成的呈羽状（雁行状）排列的张裂缝。

(15) 鼓胀裂缝。滑坡体下部因下滑受阻挤压隆起形成的垣垅（鼓丘），在其上形成垂直滑动方向的裂缝。

(16) 放射状（扇形）张裂缝。滑坡体下部因下滑受阻而形成的顺滑动方向的压张裂缝，在滑坡主轴部位大致平行滑动方向，两侧呈放射状（扇形状）分布。

(17) 牵引性张裂缝。主滑壁以外因失去侧向支撑而形成的尚未滑动的断断续续的张裂缝。它预示着滑坡可能扩大或主滑壁可能坍塌的范围。

(18) 主滑线（滑坡主轴）。滑坡体上滑动速度相对最快的纵向线，也成为滑坡主轴。它代表滑坡整体滑动的方向，可为直线或曲线，位于滑坡后缘最高点与前缘最远点的连线、滑坡体最厚、滑坡推力最大的纵断面上。

上述要素是指一个发育完全的简单滑坡所表现出的特征。实际中遇到的滑坡很少具备完整而清晰的要素特征，或因发育不完全、或因结构复杂相互干扰而缺失某些特征，要根据具体地质条件和滑坡的力学属性分析判明尚不清楚的特征。

（二）滑坡的滑体和滑面特征

滑坡的结构特征主要指滑坡的滑体、滑面或滑带的特征。滑体结构主要指滑体的物质组成、块体结构、地下水位、几何参数（滑体的长度、宽度、厚度、体积）等。滑面特征指滑面的物质构成、几何形态、滑带厚度及其物理力学特性等。在进行滑坡稳定分析时，不同的滑体和滑面特征是选取稳定分析方法的主要依据。

1. 滑面（带）的物质构成

滑面（带）对滑坡的产生起控制作用，其物理力学性质取决于其成因、物质组成、密度和含水状态。滑带土的类型见表 10.1.3-6。

表 10.1.3-6　　滑带土的分类

按成因分	按物理性质分
堆积物	黏性土
残积物	粉质土
泥化夹层	岩粉
构造破碎带	软岩

(1) 堆积物。第四系的坡积、洪积、风积和冰碛等物质，其细粒含量较多、相对隔水，如黏土、黄土、坡积和洪积的砂黏土等，有时还含有岩屑、碎石和砾石等，含水量较其上下层高，常呈可塑至软塑状，强度低，常形成黏性土、黄土、堆积土和堆填土滑坡的滑动带。

(2) 残积物。主要指一些软岩（如泥岩、页岩、黏土岩、片岩、板岩、千枚岩、泥灰岩、凝灰岩等）顶面风化形成的一层残积土、多已黏土化，由于上覆堆积层的混入和地下水作用，相对隔水，含水量高，呈可塑至软塑状，强度低，常形成土质滑体沿基岩顶面滑动的滑坡的滑带。

(3) 泥化夹层。指相对坚硬岩层中间夹的软弱岩层（如泥岩、黏土岩、泥灰岩等）受构造、风化及地下水作用而泥化，相对隔水，强度较低。它常构成岩层顺层滑坡的滑动带。

(4) 构造破碎带。指构造活动形成的各种规模的断层破碎带、节理密集带等，或顺层，或切层，成分为岩石受挤压破碎的岩粉和泥状糜棱物，含有硬岩碎粒、碎块，相对隔水，强度低，它常构成大型破碎岩石滑坡和蠕滑拉裂变形体等的滑动带。

2. 滑带土的基本特征

(1) 滑带土体结构被破坏，挤压揉皱强烈，多数颜色混杂。

(2) 一般黏土矿物含量较高，呈泥状或碎石土状，亲水性强，含水量高，呈可塑至软塑状，强度低。

(3) 构造破碎带形成的滑带，多在卸荷环境形成，常有次生夹泥充填，密度低，结构较松，黏粒吸水膨胀，原有力学强度降低。

(4) 已滑动过的滑坡滑动面上有光滑镜面和滑动擦痕。

3. 滑面（带）形态

滑面（带）在滑坡主轴断面上的形态主要有圆弧形、平面形、折线形、连续曲面形和软土挤出形及复合形。

(1) 圆弧形。滑动面为圆弧面或螺旋曲面，它不受地质上先期形成的软弱面（层）控制，主要受控于坡体内的最大剪应力面，与滑动过程同时形成，因此也称其为同生面。滑坡发生前在坡脚附近出现应力集中，剪应力超过该部位土体的抗剪强度造成坡体蠕动，应力调整，坡顶则产生拉应力破坏出现张拉裂缝，一旦滑面中段全部出现剪应力大于土体的抗剪强度，滑坡将发生整体滑移。由于滑动面为圆弧形，故以旋转滑动为主。在有地下水活动的情况下，滑动面的一部分常位于地下水位的波动线附近，这类滑坡多出现于均质土坡和强风化的破碎岩石边坡。

(2) 平面形。滑动面为一平直面，它常常是地质上先期已经存在的软弱结构面，如岩土层面、构造面、基岩顶面的剥蚀面、不整合面、不同成因的堆积（坡积、崩积、洪积物）界面等。

(3) 折线形。滑动面为若干个平直面的组合，它可以是基岩顶面的剥蚀面、不同成因或成分的堆积面。

(4) 连续曲面形。滑动面为倾向沟谷、河流等临空面的上陡下缓渐变的软弱岩层或层间错动带，常常是单斜地层，形成大型或特大型岩石顺层滑坡。意大利的瓦伊昂水库库岸滑坡即属这一类型。由于特殊的坡体结构，上部重力对下部产生巨大的推力，一旦山坡下部支撑力被减弱，或被冲刷、开挖，或库水侵蚀，软弱带强度降低，或坡体上部堆载，就会形成大规模的岩石顺层滑坡，体积可达数百万、数千万立方米，甚至数亿立方米。

(5) 软岩挤出形。下伏软土在上覆土体压力下产生塑性流动并向临空方向挤出，导致上覆较坚硬的土层拉裂、解体和不均匀沉陷。多见于以软弱层（带）为其基座的软弱基座型边坡中。

(6) 复合形。该类滑面既包括上述各种滑面类型的组合，又包括滑体在剖面结构上的组合。即在同一滑坡中，可能包含圆弧滑面、单一滑面、折线形滑面或属软岩挤出性的变形，在滑坡剖面上也可以有多种组合型式。有多级滑坡、多层滑坡、叠置结构滑坡等。

(三) 滑坡的发育阶段

根据滑坡的受力和变形特征，将滑坡分为蠕动阶段、挤压阶段、滑动阶段、剧滑阶段和稳定压密阶段，见表 10.1.3-7。

表 10.1.3-7 **滑坡发育阶段划分表**

变段	滑面（带）	滑坡后缘	滑坡前缘	滑坡两侧	滑坡体	稳定状态 F_s
蠕动阶段	主滑带剪应力超过其抗剪强度发生蠕动，逐渐扩大并使牵引段发生拉裂	地表或建筑物上出现一或数条地裂缝，由断续分布而逐渐贯通	无明显变形	无明显变形	无明显变形	局部 $F_s<1.0$ 整体 $F_s>1.0$
挤压阶段	主滑段和牵引段滑面形成，滑体沿其下滑推挤抗滑段，抗滑段滑带逐渐形成	主拉裂缝贯通，加宽，外侧下错，并向两侧延长	地面有局部隆起，先出现平行滑动方向的放射状裂缝，再出现垂直滑动方向的鼓胀裂缝，有时有坍塌，泉水增多或减少	中、上部有羽状裂缝出现并变宽，两侧剪切裂缝向抗滑段延伸	中、上部下沉并向前移动，下部受挤压而抬升，变松	$F_s>1.0$
滑动阶段	抗滑段滑面贯通，从地面剪出，整个滑动面贯通，滑坡整体滑移	后缘裂缝增多，加宽，地面下陷，滑坡壁增高，建筑物倾斜	前缘坍塌明显，泉水增多并混浊，剪出口附近出现鼓丘	两侧裂缝与后缘张裂缝及前缘剪出口裂缝完全贯通，两侧壁出现	滑体开始整体向下滑移，重心逐渐降低	$F_s\leqslant1.0$
剧滑阶段	随滑动距离增加，滑带土抗剪强度降低，滑坡加速滑动至破坏	后部形成裂缝带或陷落带、滑坡湖，反坡平台，出现高徒的滑坡壁并有擦痕	滑体滑出剪出口后覆盖在原地面上形成明显的滑坡舌，有时泉水增多形成湿地	两侧羽状裂缝被剪切裂缝错断并形成明显的侧壁，见有滑动擦痕	重心显著降低，坡度变缓，裂缝增多，变宽，建筑物倾斜，上下出现"醉汉林"	$F_s<1.0$
稳定压密阶段	滑动后滑动带因排水而逐渐固结	滑坡壁坍塌变缓，填塞滑坡洼地，裂缝逐渐闭合	抗滑段增大，滑坡停止滑动，裂缝逐渐闭合	侧壁坍塌变缓	滑体逐渐压密而沉实	$F_s>1.0$

据郑颖人等《边坡与滑坡工程治理》(2007)。

第四节 水电水利工程边坡的分级

一、水电水利工程边坡分级的依据

在水电水利边坡的类别和安全级别划分中突出了与工程的关系，据此划分二类边坡以区分边坡的特性和事故风险类型，又根据对边坡变形与稳定的要求将边坡划分为三级，此分类、分级与设计原则和治理方法密切相关，特别是对 A 类边坡，划分三级的依据是：

Ⅰ级：必须满足稳定性和有限度变形要求的边坡，一般为影响 1 级水工建筑物的边坡，以及除大坝以外的建筑物地基边坡。例如：岸边引水或泄水建筑物地基边坡；通航建筑物边坡以及其他重要建筑物和移民住宅地基边坡等。拱坝抗力体边坡如不在受力范围之内也可列入。这些边坡既要稳定，又要满足变形限度的要求。设计时除应采用极限平衡法外，必须结合建筑物布置和荷载作用做应力—变形分析。在完工后建筑物运行期间要对边坡做相应的变形监测，作为分析判断建筑物稳定状态的依据。Ⅰ级边坡的重要性或安全等级应与其上的建筑物相同。例如，三峡工程的船闸边坡就是有代表性的建筑物地基边坡，且有深开挖和地应力卸荷问题，对岸坡的变形进行了深入研究，确定安全系数为 1.5。

此外对具特殊重要意义的 B、C 类边坡，即：坝前区边坡、有城镇建筑的水库边坡、抽水蓄能水库边坡、特殊交通干线边坡等，由于其失稳风险程度和安全等级高于一般边坡，也列入Ⅰ级。

Ⅱ级：必须满足稳定性要求、但是对变形无特定要求的边坡，一般为 2、3 级水工建筑物周边或邻近边坡。例如：厂房、引水和泄水建筑物，送、变电建筑物以及交通道路、移民居住区、施工临时建筑物和施工场地等，其周边或邻近边坡不得发生塌滑崩落等失稳事故。此种边坡的分析方法以极限平衡法为主。其重要性或安全等级视具体情况可以等于或低于其下方的建筑物重要性或安全等级。

Ⅲ级：允许有限度破坏的边坡，此类边坡一般为水库、河谷或沟壁岸坡。在水电工程施工和运行后，因环境因素的变化，如库水位抬升和地下水位壅高、挑流泄洪雨雾作用等，将导致边坡或岸坡失去原有平衡，发生水库塌岸、滑坡和泥石流等。除与建筑物有关的边坡应分别归入前述两级边坡外，此级边坡可允许有限度的破坏发生。例如：水库滑坡以不产生危害性涌浪为准，下游河道边坡以不产生电站尾水抬高、河道或航道堵塞为准。有些活动的大型和巨型滑坡无法对其进行增稳加固，只能采取以避免或减少损失为目的的非常规处理措施，在设计时应对其破坏形式和失稳风险作特殊研究分析。例如：边坡的整体或解体破坏的可能；一次性滑动的方量和滑动与堆积位置；水库、河道滑坡入水时最大滑速；水库不同位置和坝前的最大涌浪高度等。

二、水电水利工程边坡的类别和安全级别划分

在编制《水电水利工程边坡设计规范》过程中，按其所属枢纽工程等级、建筑物级别、边坡所处位置、边坡重要性和失事后的危害程度，划分边坡类别和安全级别。见表 10.1.4-1。

表 10.1.4-1　水电水利工程边坡分类和分级

级别＼类别	A类 枢纽建筑物区边坡	B类 水库区边坡
Ⅰ	影响1级水工建筑物的边坡	滑坡产生危害性涌浪或滑坡灾害可能危及1级建筑物安全的边坡
Ⅱ	影响2、3级水工建筑物的边坡	可能发生滑坡并危及2级、3级建筑物安全的边坡
Ⅲ	影响4、5级水工建筑物的边坡	要求整体稳定而允许部分失稳或缓慢滑落的边坡

注　水工建筑物级别参见《水电枢纽工程等级划分及设计安全标准》(DL 5180—2003)。

《水电水利工程边坡设计规范》(DL/T 5353—2006)规定：

(1) 枢纽工程区边坡失事仅对建筑物正常运行有影响而不危害建筑物安全和人身安全的，经论证，该边坡级别可以降低一级。

(2) 经研究，确认水库滑坡或潜在不稳定岸坡属于蠕变破坏类型，通过安全监测可以预测预报其稳定性变化，并能够采取措施对其失稳进行防范的，该边坡或滑坡体级别可以降低一级或二级。

另外，除A类、B类边坡外，还有一些其他边坡，如重要交通干线边坡，重要建筑物、交通线和居民区边坡，其他一般边坡，比照B类边坡，可依次划为Ⅰ、Ⅱ、Ⅲ级。

第五节　边坡稳定安全系数

一、稳定安全系数的定义

《岩土工程基本术语标准》(GB/T 50279—98)中安全系数的定义：安全系数为评价结构物和岩土体的稳定性所采用的力或力矩等物理量的破坏值与它们的计算值的比值。

在《水电水利工程边坡设计规范》(DL/T 5353—2006)中安全系数定义为：设计要求的抗滑力或抗滑力矩与滑动力或滑动力矩的比值。表征边坡抗滑稳定程度的指标，是抗滑力与滑动力之比，严格说是假定岩土体沿特定滑面达到极限平衡状态时，抗剪强度参数应缩减的倍数，即强度储备安全系数。

稳定系数：边坡自身已存在的抗滑力或抗滑力矩与滑动力或滑动力矩的比值。

边（滑）坡稳定安全系数的定义主要有强度储备安全系数、超载储备安全系数和下滑力超载储备安全系数三种形式。

（一）强度储备安全系数 F_{s1}

1952年毕肖普提出了著名的适用于圆弧滑动面的“简化毕肖普法”。在这一方法中，边坡稳定安全系数定义为：土坡某一滑裂面上抗剪强度指标按同一比例降低为 c/F_{s1} 和 $\tan\varphi/F_{s1}$，则土体将沿着此滑裂面处达到极限平衡状态，即有

$$\tau=c'+\sigma\tan\varphi' \tag{10.1.5-1}$$

$$c'=\frac{c}{F_{s1}},\tan\varphi'=\frac{\tan\varphi}{F_{s1}}$$

上述定义完全符合滑移面上抗滑力与下滑力相等为极限平衡法的概念，其式为

$$F_{s1}=\frac{\int_0^l(c+\sigma\tan\varphi)\mathrm{d}l}{\int_0^l\tau\mathrm{d}l} \tag{10.1.5-2}$$

将式(10.1.5-2)两边同除以 F_{s1}，则式(10.1.5-2)变为

$$1=\frac{\int_0^l\left(\frac{c}{F_{s1}}+\sigma\frac{\tan\varphi}{F_{s1}}\right)\mathrm{d}l}{\int_0^l\tau\mathrm{d}l}=\frac{\int_0^l(c'+\sigma\tan\varphi')\mathrm{d}l}{\int_0^l\tau\mathrm{d}l} \tag{10.1.5-3}$$

式(10.1.5-3)左边为1，表明当强度折减 F_{s1} 后，坡体达到极限平衡状态。

上述将强度指标的储备作为安全系数定义的方法是经过多年来的实践被国际工程界广泛承认的一种方法。这种安全系数只是降低抗滑力，而不改变下滑力。同时，用强度折减法也比较符合工程实际情况，许多边（滑）坡的发生常常是由于外界因素引起岩土体强度降低而导致岩土体滑坡。不过，岩土的强度参数有两个：c 与 $\tan\varphi$，却只有一个安全系数，这意味着 c 与 $\tan\varphi$ 按同一比例衰减。

（二）超载储备安全系数 F_{s2}

超载储备安全系数是将荷载（主要是自重）增大 F_{s2} 倍后，坡体达到极限平衡状态，按此定义有

$$1=\frac{\int_0^l(c+F_{s2}\sigma\tan\varphi)\mathrm{d}l}{F_{s2}\int_0^l\tau\mathrm{d}l}=\frac{\int_0^l\left(\frac{c}{F_{s2}}+\sigma\tan\varphi\right)\mathrm{d}l}{\int_0^l\tau\mathrm{d}l}$$

$$=\frac{\int_0^l(\tau=c'+\sigma\tan\varphi)\mathrm{d}l}{\int_0^l\tau\mathrm{d}l} \tag{10.1.5-4}$$

式中，$c'=\frac{c}{F_{s2}}$。

由式(10.1.5-3)和式(10.1.5-4)得

$$\frac{\int_0^l(c+\sigma\tan\varphi)\mathrm{d}l}{F_{s1}\int_0^l\tau\mathrm{d}l}=\frac{\int_0^l(c+F_{s2}\sigma\tan\varphi)\mathrm{d}l}{F_{s2}\int_0^l\tau\mathrm{d}l} \tag{10.1.5-5}$$

所以有

$$F_{s1}=\frac{F_{s2}\int_0^l(c+\sigma\tan\varphi)\mathrm{d}l}{\int_0^l(c+F_{s2}\sigma\tan\varphi)\mathrm{d}l} \tag{10.1.5-6}$$

可见，两种安全系数值显然是不同的，从式(10.1.5-4)

还可以看出，超载储备安全系数相当于折减黏聚力 c 值的强度储备安全系数，对无黏性土（$c=0$）采用超载储备安全系数，并不能提高边坡稳定性。由于条分法计算中存在近似，因而式（10.1.5-6）只是近似相等。

（三）下滑力超载储备安全系数 F_{s3}

增大下滑力的超载法是将滑裂面上的下滑力增大 F_{s3} 倍使边坡达到极限状态，也就是增大荷载引起的下滑力项，而不改变荷载引起的抗滑力项，按此定义有

$$F_{s3}=\frac{\int_0^l (c+\sigma\tan\varphi)\mathrm{d}l}{\int_0^l \tau\mathrm{d}l} \qquad (10.1.5-7)$$

可见，式（10.1.5-7）与式（10.1.5-2）得到的安全系数在数值上相同，但含义不同。这种定义在国内采用传递系数法显式解求安全系数时应用。

式（10.1.5-7）表明，极限平衡状态时，下滑力增大 F_{s3} 倍，一般情况下也就是土体重力增大 F_{s3} 倍。而实际上重力增大不仅使下滑力增大，也会使摩擦力增大，因此下滑力超载安全系数不符合工程实际，不宜采用。

二、水电水利工程边坡稳定安全系数的规定

根据水电水利工程边坡的类别和安全级别，《水电水利工程边坡设计规范》（DL/T 5353—2006）规定了不同类别和级别的设计安全系数（表 10.1.5-1）。

表 10.1.5-1　水电水利工程边坡设计安全系数

类别及工况 / 级别	A类 枢纽建筑物区边坡			B类 水库区边坡		
	持久状况	短暂状况	偶然状况	持久状况	短暂状况	偶然状况
Ⅰ	1.30～1.25	1.20～1.15	1.10～1.05	1.25～1.15	1.15～1.05	1.05
Ⅱ	1.25～1.15	1.15～1.05	1.05	1.15～1.05	1.10～1.05	1.05～1.00
Ⅲ	1.15～1.05	1.10～1.05	1.00	1.10～1.00	1.05～1.00	≤1.00

（1）设计安全系数，指为了使边坡达到预期安全程度所需的允许最低安全系数。稳定系数是说明边坡抗滑稳定性状态的指标，二者不应混淆。抗滑稳定安全系数不适用于边坡的其他破坏型式。

（2）水电水利工程边坡稳定分析应区分不同的荷载效应组合或运用状况，采用极限平衡方法中的下限解法进行时，其设计安全系数应不低于表 10.1.5-1 中规定的数值。

（3）针对具体边坡工程所采用的设计安全标准，应根据对边坡与建筑物关系、边坡工程规模、工程地质条件复杂程度以及边坡稳定分析的不确定性等因素的分析，从表 10.1.5-1 中所给范围内选取。对于失稳风险度大的边坡，或稳定分析中不确定因素较多的边坡，设计安全系数宜取上限值，反之可取下限值。

（4）对于特别重要或有变形极限要求的边坡，应经过边坡应力变形分析论证确定设计安全系数，通常要求高于表 10.1.5-1 中的规定。

（5）作为边坡设计的目标安全系数，其规定仅适用于一般意义的水电工程边坡，不包括作为大坝组成部分或大坝地基部分的边坡（例如土石坝边坡、拱坝坝肩的抗力体等），后者的安全系数应遵循相应水工建筑物设计规范确定。

（6）边坡稳定安全系数按极限平衡法确定。要根据边坡的地质条件和岩土特性选择平面或三维解法，上限或下限解法。这些计算方法应符合边坡的实际破坏机理，除方法本身问题外（例如采用瑞典法计算的稳定系数一般应提高 10%以上等），边坡的稳定系数不应随计算方法改变。

（7）采用材料储备安全系数，抗剪强度的 c、f（或 $\tan\varphi$）值采用同一安全系数；不采用超载安全系数。

（8）稳定分析计算以实际抗剪强度参数为基础按有关规范选择参数，不套用水工界为计算坝基或坝肩抗滑稳定时的纯摩和剪摩的概念，稳定系数与安全系数不随参数选择方法改变。

（9）在稳定分析中边坡加固的预应力作为增加的抗滑力处理，而不作为减少的下滑力处理。

（10）安全系数只作为边坡本身稳定裕度的指标，不包括抗滑结构物应该具有的安全裕度，例如极限状态分析中的结构系数和抗滑结构材料强度系数，安全系数不随加固措施改变。

（11）水电工程中专项工程边坡如铁路、公路或库区一般工民建边坡应同时符合其相应的行业规范确定安全系数，必要时可参照 B 类边坡的相应级别的安全系数标准。

第二章 边坡工程地质勘察

第一节 工程地质勘察的基本内容和要求

一、边坡工程地质勘察的目的

边坡工程地质勘察是边坡研究和治理的最基础工作。对潜在不稳定和可能对工程建设有危害的边坡，或工程建设需要开挖形成边坡时，均应开展边坡工程地质勘察。其目的主要有：

(1) 查明影响自然边坡稳定的因素，如工程地质条件、气象及水文条件、人类活动等作用因素，确定对边坡稳定起重要作用的有关因素。

(2) 查明边坡所在地段自然边坡的稳定状况，以及环境条件、人类工程活动作用后边坡稳定性可能发生的变化，从而评价边坡的稳定性。

(3) 为查明不稳定边坡或失稳边坡的范围和有关物理力学参数，进行专门性地质勘探和试验工作。

(4) 提供稳定分析、模拟实验所需要的地质资料。

(5) 提出应采取的防护、处理或改造措施（或方案）的意见及建议。

二、勘察的主要内容

边坡勘察的主要地质工作包括编制勘察大纲、边坡工程地质测绘、边坡勘探、边坡动态监测、边坡岩土试验、边坡稳定性分析、边坡勘察报告及图纸的编制等。

根据物质组成将边坡分为岩质边坡和土质边坡。土质边坡的主要控制因素为土体强度，岩质边坡的主要控制因素为岩体的结构面。

(一) 边坡勘察阶段

大型边坡勘察宜分阶段进行，一般应与现行水电工程阶段划分相一致。但实际工作中，则不一定一一对应，大多分为初步勘察和专门勘察（或详细勘察）两个阶段，必要时尚有补充勘察。主要在预可研和可研阶段进行，补充勘察多在招标和施工阶段进行。

1. 预可行性研究阶段

预可行性研究阶段主要为坝址比选服务，要求达到基本定性。应搜集地质资料，进行工程地质测绘和适量的勘探及室内试验，初步评价边坡的稳定性。如调查相关地段大型滑坡、崩塌及岩堆的分布和规模；查明顺向坡、横向坡等主控结构面及其与边坡的关系，以及边坡开挖后的失稳变形模式和规模；初步了解边坡区的地下水位、渗流特征及补排条件；调查了解控制边坡稳定的关键结构面的性状和物理力学特性；对涉及坝址选择等的主要潜在不稳定边坡进行初步定性和定量评价。

2. 可行性研究阶段

可研阶段的勘察是在预可研阶段的基础上进行的，对已确定的滑坡、变形体，各建筑物边坡及重点天然边坡等进行专门性详细勘察。工作深度和精度上应符合《水力发电工程地质勘察规范》(GB 50287)《水电水利工程边坡工程地质勘察技术规程》(DL/T 5337) 的要求。对边坡稳定的控制性结构面进行相应的室内外岩土试验研究，进行稳定性分析计算，提出工程处理措施建议。

3. 招标和施工图设计阶段

这两个阶段的勘察，主要是针对上阶段遗留的工程地质问题和关键要素进行补充性勘察。如补充确定边界位置、验证机理分析、关键部位取样试验和论证处理措施的可行性、可靠性等。

(二) 土质边坡勘察的主要内容

(1) 查明边坡地段的地形地貌。

(2) 查明土体分布范围、厚度、分层和结构特征，特别是控制稳定的不良层位。

(3) 查明工作区边坡的变形特征及其影响因素。

(4) 查明边坡土体的形成时代、成因及其工程地质特性。

(5) 查明土的物理力学性质，如含水量、容重、抗剪指标等。

(6) 查明坡体内地下水的埋藏深度、变化幅度、水压、水量、补给、排泄及其动态变化，试验研究土体的透水性和水敏感性。

(7) 调查地区的气象、水文条件（特别是雨期、暴雨强度）、汇水面积、坡面植被，水对坡面、坡脚的冲刷情况。

(8) 调查土体边坡地段的后缘坡体条件。

(三) 岩质边坡勘察的主要内容

(1) 查明边坡地段的地形地貌、地层岩性及其组合、分布特征、各层位的接触关系、软弱岩层的厚度、分布及其对边坡稳定性的控制特征。

(2) 查明岩体主要结构面的类型、产状、延伸情况、闭合程度、充填状况、充水状况、力学性质和组合关系，主要结构面与临空面关系，分析确定对边坡的控制性结构面。

(3) 查明岩体的物理力学性质和软弱结构面的抗剪强度。研究边坡不同部位物理力学指标的变化规律。

(4) 查明地下水的埋藏深度、变化幅度、补给、排泄及其动态变化，了解岩土的透水性和坡体内地下水条件对边坡的控制因素。

(5) 查明边坡地段的风化、卸荷、变形和崩塌等物理地质现象及其分布情况。

(6) 调查工作区边坡的变形类型、破坏模式及特征，调查周边对边坡稳定性的影响因素。

(7) 调查地区的水文、气象条件（特别是雨期、暴雨强度）、汇水面积、坡面植被、周边排水条件等。

(8) 调查边坡区周边自然环境及工农业设施等条件。

三、勘察的范围和要点

水电水利工程涉及边坡的范围很大，具有分区特征。一般可分为水库区、坝前及近坝库岸区、枢纽建筑物区和坝后泄洪雨雾区。各区在不同阶段均需进行相应的工程地质勘察（除常规地形地貌、岩性、风化、卸荷外），其要点有：

(1) 水库区边坡勘察：①应进行库岸分段，划分出松散层库岸和岩层库岸；②查明库岸分布的滑坡、变形体、倾倒体、大型复杂堆积体等的特征；③调查潜在不稳定库岸的周边环境条件和对库岸稳定的影响因素；④进行失稳危害分析界定。通过这几项工作，为进一步进行稳定性评价、危害预测和防治、影响区和待观区确定等提供基础。

（2）坝前及近坝库岸区重点关注的是失稳边坡对建筑物安全的直接影响、失稳滑坡涌浪危害及大体积库岸失稳造成的入库堆积对发电、泄洪等运行的影响三个方面。因此，勘察的重点仍是滑坡及变形体、倾倒体、临河岸坡高陡的大型堆积体等潜在不稳定体。要点是控制性结构面的空间特征和性状、承受的作用（自重、暴雨、库水、上部人工堆载等）、稳定现状、变形失稳破坏机制及趋势、可能的危害等。除地质测绘外，该部位一般均需进行勘探和试验研究，为详细分析提供资料。

（3）枢纽建筑物区的边坡勘察均结合建筑物进行，大多勘察深度较深，资料充分。要点：①在选址时尽可能避开滑坡及各类大型潜在不稳定体；②查明边坡岩体结构和岸坡结构，掌握对边坡整体稳定，局部大块体稳定的控制性边界结构面的特征和影响因素；③针对建筑物开挖边坡查明坡体结构、边坡的整体和局部块体组合，可能的变形机制和失稳破坏趋势、可处理性（锚固、排水、内部抗滑）等条件，为边坡开挖、稳定性计算分析、加固处理等提供依据和指导；④注重开口线以上及周边不开挖天然边坡的勘察。层次上，①边坡整体稳定条件；②局部块体的组合条件和边界结构面性状；③随机分布的危石、危岩体、浅表层松动体、局部破裂块体等。方法以测绘、调查、摄影、三维激光扫描等为主。一般应分区、分部位、分层次提出各类平面图、剖面图、立体图、照片等资料，并提出建议处理措施。建筑物区的边坡，除考虑重力、暴雨、地震、浸水渗压等荷载外，尚应考虑边坡有无工程荷载，对承受工程荷载作用的边坡部位，应加强勘察。

（4）高坝下游泄洪雨雾区边坡失稳，离建筑物近时，对建筑物可直接产生危害，远离建筑物时造成下游河道堵塞，影响厂房运行安全或发电效益。勘察方面既有与建筑物区的相同性，也有不同点。不同点：①勘察范围需延至下游数百米到1000多米，高程上自河底到岸顶均需考虑，且随雨雾的大小具明显的分带性；②更需注重强雨雾区边坡卸荷特征的勘察；③需查明岸坡岩体中的阻水层带和透水通道的空间特征和阻、透水特性；④需结合处理方法和施工条件勘察雨雾边坡的锚、排、挡等的可实施条件；⑤在勘察整体稳定条件的基础上，需分开挖与不开挖两个方面，综合查明不同的卸荷深度特征及分区分带、浅表层可系统加固和排水条件、浅层随机块体组合和深部大块体组合条件等，为不同深度的加固方案设计提供依据。

（5）无论是水电站工程的哪个区位，对既不是滑坡，也不是原岩岸坡的变形体、倾倒体类，当其范围、规模巨大，居高临下时，往往具有很大的潜在危险性。勘察中必须查明其边界条件、变形程度、变形机制、失稳破坏模式，预测可能的失稳危害，评价对工程的影响。

（6）天津大学等单位依据模型试验和原型观测资料归纳的雨雾区范围估算式为：

1）浓雾区：

纵向范围　$L_1=(2.2\sim3.4)H$（H为最大坝高、单位为m）

横向范围　$B_1=(1.5\sim2.0)H$

高　　度　$T_1=(0.8\sim1.4)H$

2）薄雾及淡雾区：

纵向范围　$L_2=(5.0\sim7.5)H$

横向范围　$B_2=(2.5\sim4.0)H$

高　　度　$T_2=(1.5\sim2.5)H$

第二节　边坡工程地质调查与测绘

一、边坡调查与测绘

（一）边坡工程地质测绘的技术要求

边坡工程地质测绘的技术要求应符合《水力发电工程地质勘察规范》(GB 50287—2006)、《水电水利工程边坡工程地质勘察技术规程》(DL/T 5337—2006)和《水电水利工程地质测绘规程》(DL/T 5185—2004)的有关规定，同时要充分考虑边坡特点，在测绘范围、测绘重点、测绘技术路线等方面提出技术要求。

1. 测绘技术路线

边坡测绘技术路线本着由整体到局部，由宏观到微观，面、线、点结合，步步深入的原则。先从整体上掌握整个坡体的结构和稳定性，再分区（段）调查边坡的不同特征，以及已有的和潜在的变形破坏类型和范围，逐一分析评价。

2. 测绘范围

边坡是一个系统工程，边坡不能脱离其所处的地质环境而孤立存在，边坡变形受其所处的地质环境的影响，边坡变形有相似之处，也有独特情况。因此，测绘范围不应局限于边坡本身，应包括边坡一定范围内周边的地质环境和条件，如冲沟、陡崖、支流溪水、周边设施等，以研究边坡变形的机制、过程及范围；一般情况下调查范围应超出边坡范围一定距离，以便于进行地质对比。垂直边坡走向（即横断面）向上应达到稳定地层或地形单元，向下应达到当地侵蚀基准面（河底或沟底），以便能预测可能发生的变形发展深度。

3. 测绘重点

边坡测绘的重点应是结构面，由于构造作用和岸坡形成过程中的次生作用，边坡中往往有许多软弱面，有原生构造面、折断面、拉裂面、滑移面等次生面及坡面、人工开挖面等。结构面由于成因、产状、充填物及其胶结程度、延伸长度等不同对边坡稳定的影响也不同，结构面、坡面、开挖面的不同组合对边坡稳定影响更为复杂。因此，应在测绘中重点查明各类结构面的规模、性状及组合特征。

边坡测绘应重视边坡的方向，如边坡的自然走向、变形方向及人工开挖坡向等。应调查顺坡向和垂直坡向的地形地貌、地质构造及地下水特征。充分利用当地河岸、沟岸和山坡上的岩石露头及人工开挖面，开展调查测绘。

（二）边坡工程地质测绘的方法

边坡工程地质测绘的方法包括遥感技术、现场查勘、地质填图（剖面填图法、分块填图法）及工程地质原理分析等。

遥感技术应用于边坡勘测的前期，根据遥感影像可迅速识别变形边坡的位置、地形地貌、地层分布、断裂构造的组合、地表水体的分布等。现今的三维激光数字扫描等技术已成功地应用于边坡工程地质测绘之中。

现场查勘是在搜集资料的基础上进行的，主要以工程地质调查为主，了解工程区地质情况和问题，以便合理地布置勘察路线，拟定外业工作方法。

地质填图是将工程区的地质界线、地貌界线、构造线、岩层产状、各种不良地质现象、边坡分区、变形界线等标绘在地形图上，形成地质平面图。常用的有路线法、布点法和追索法。路线法是沿一定的路线进行测绘，该路线上的露头较好，大致与岩层走向、构造线和地貌单元相垂直；布点法是根据预定的地质点及路线进行测绘；追索法是沿地层走向或某一构造线延伸方向布点追索。地质填图适用于边坡勘察的各个阶段。

（三）边坡工程地质调查与测绘的内容

1. 自然边坡形态特征和稳定状况的调查

（1）调查与测绘。自然边坡的坡形、坡度和坡高，如直线坡、凹形坡、凸形坡、台阶状坡，每一坡段的高度、坡度及横向展布长度。建筑物开挖边坡开挖线以上天然边坡的调查测绘应重视危石、危岩体、松动体等的分布、方量、稳定性等条件。

（2）区分稳定坡、不稳定坡和临界稳定坡。稳定坡表现为无明显的地表拉裂、塌陷等变形迹象，岩性较单一或为均匀互层，无控制稳定的结构面及其结构面组合。不稳定边坡表现为地形复杂，微地貌多样，有明显变形迹象，有贯通性不利结构面组合，表部建筑物、道路等设施变形。临界稳定坡是居于稳定坡和不稳定坡之间的过渡状态，当土体山坡的平均坡度达到或接近土体的最大休止角时即处于极限稳定状态，即临界状态。外貌上表现为坡面基本平顺，有少量或局部不平顺，有少量裂缝出现，无大的变形迹象。它表明只要受到自然或人为的作用就会发生进一步变形。

2. 地层岩性的调查测绘

地层岩性是构成斜坡的物质基础，岩土的成因和性质决定了其能保持的稳定坡度和高度。土层，包括各种成因的黏性土、黄土、崩积、洪积、冲积、残积成因的土，颗粒组成、密实程度、含水状态和强度均不同，因此有不同的稳定坡比。如膨胀土只能保持十几度的稳定坡，老黄土可保持近垂直的陡坡，新黄土坡度陡于45°就可能产生变形；崩坡积块石土可形成30°～35°的岩堆和坡积裙；洪积土则随形成时的含水量多少，有的只有几度到十几度（如洪积扇），有的可达20°～30°（如洪积锥）。岩层的差别很大，坚硬岩石可形成数百米、上千米的陡坡，主要受结构面控制。而软岩坡高数十米、上百米就会发生变形，主要受岩性、地下水等因素控制。

岩层层面和不同成因、不同时代岩层的接触面（如坡积与洪积接触面，风化界面、整合面与不整合面）是坡体结构上的软弱面，它们的产状常常控制边坡的稳定。当这些面倾向开挖面有地下水作用时，常会发生变形，有多层软弱面就可能形成多层、多级滑坡，如岩石顺层滑坡和多层堆积层滑坡。岩石的风化程度不同，具有不同的强度，所能保持的坡高和坡度也不同。

3. 结构面调查测绘

对岩质边坡稳定性起控制作用的主要是结构面。在岩体相对完整的坡段则应重视节理裂隙的作用，虽然规模小，但当其密集分布，倾向开挖面和临空面，或有不利组合，或下伏于坡脚时，常常会造成边坡失稳。特别是那些贯通性、延伸性、隔水性好的构造面更不利于边坡的稳定。所以，岩质边坡的调查测绘更应注意小级别结构面及其相互切割的组合分析，包括结构面的产状、性质、密度、延伸长度、充填物及含水状况等，及其与开挖面的关系。

岩石边坡稳定调查中，节理裂隙调查统计一般有三种方法：

（1）剖面线调查方法。一般平行坡面走向和垂直剖面走向布置调查剖面线，沿剖面线观察和记录与剖面线相交的每条裂隙，适用于地形可攀登和露头良好边坡。

（2）分块调查法。大致按20～30m的间距，布置测区。每个测区面积4～25m^2，观测和记录测区内的每条节理裂隙。

（3）地面摄影法。应用数码摄影、三维激光数字扫描，可测量高陡边坡上的裂隙产状和延伸情况等。

4. 地下水的调查

水是边坡变形失稳的重要因素。除调查边坡汇水条件外，更应重视地下水调查，包括地下水露头（泉水、湿地）位置、形态（线状、点状、是否承压）、流量、水温、水质等。地下水呈线状出露处，其下的隔水层常是岩性软弱、遇水软化、容易发生变形的部位。

5. 边坡测绘范围和精度

工程边坡平面、剖面测绘范围应满足工程的要求，图上应明确标注边坡的地形地貌、地层岩性、地质构造及岩体风化、卸荷、地下水等地质信息。代表性地质剖面应沿垂直边坡的走向绘制，当边坡有变形时，代表性剖面应沿主位移方向绘制；当有边坡分区时，每区应有代表性地质剖面。平面图、剖面图的比例尺应满足工程要求，详细勘察阶段一般不宜小于1∶1000，剖面图水平和垂直方向应为等比例尺。

（四）岩质边坡结构面调查统计方法

1. 边坡岩体结构面分级

结构面按成因分为原生、构造及次生结构面，按其力学性质可分为软弱结构面和硬性结构面，其连续性与工程地质性状均有所区别，边坡的稳定性很大程度上由控制结构面决定。因此，对边坡的结构面分级尤其重要。按结构面规模及其对岩体稳定所起的作用可分为不同的等级，见第七篇第三章第二节。

2. 结构面统计方法

（1）测线法。测线法的基本做法是在岩石露头或平洞内布置一条导线（测线），首先量测导线的走向和倾角，然后对与导线相交的节理，逐条记录其桩号、倾向、倾角、半迹长与隙宽。其中半迹长是指在导线同一侧的那段节理长度（图10.2.2-1）。

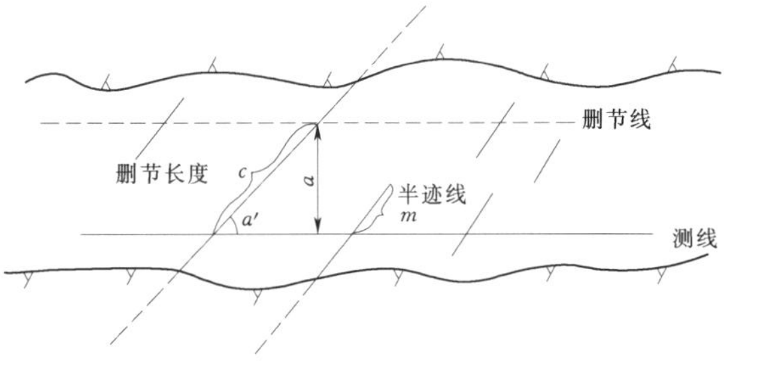

图10.2.2-1 平均迹线长统计方法示意图

根据地质条件，划分不同的统计分析区域，例如全风化、强风化和微新鲜岩体，规模较大的断层两盘，节理面的几何参数均会有大的变化区，进行分区统计分析。统计点测线宜尽量选择在三个正交方向上，以保证把岩体中发育的所有结构面组合都量测到。测量露头宜相对平坦，岩体露头未扰动，并且没有受到爆破、倾倒破坏以及风化剥蚀等不利因素的影响；沿测线方向露头面积应尽可能大，在垂线上也要有足够长的延伸距离，以测量尽可能多的结构面延伸长度的资料；量测位置应保证在同一构造区内。

测量方法及内容：在现场选定的露头上，固定15～20m的皮尺（测线）。测量和记录的内容包括：露头面情况、露头面产状、测量面尺寸、类型、条件（如风化、剥蚀、爆破松动，是否经过变形）以及露头面上的岩石类型和地质构造现象；测线的位置及方位：测线编号、位置坐标或桩号、方位和倾角；结构面的性质：节理、断层、层面等；结构面与测线交切位置；结构面产状；半迹线长度的测定，测定测线同一侧的半迹长；删节长度的确定，如节理面长度超过删节长度时，记录删节节理的总数；结构面类型，如层面（J）、断层面（F_c）和裂隙面（F_f）等几种；结构面隙宽。记录格式见表10.2.2-1。

表 10.2.2-1　　测线测量成果记录表

露头面位置			露头面条件					
测线编号			测线方位					
删节长度			测量日期					
序号	结构面类型	结构面与测线交点的位置	结构面产状			半迹长（m）	隙宽（m）	备注
			走向	倾向	倾角			
1	J	0.5	300	NE	40	1.5	0.01	(1)

注　如果结构面被删节则在表中用＊号加以标注。

(2) 统计窗法。统计窗法对一露头面上的矩形区域中的某一组节理面，采用简单计数的方法来确定该组节理面的平均迹长，比较简便。但这一方法只给出了平均迹长的分析结果，得不到迹长的概率分布，只能认为是测线法的一个补充。

按照与测线法相同的要求，选定一个岩体露头面，在该露头面上确定一个长为 a，宽为 b 的矩形区域（用粉笔或皮尺加以标志），即统计窗。

结构面迹线与统计窗的关系有三种：①包容关系，迹线两端均在统计窗内；②相交关系，迹线的一个端点落在统计窗内；③切割关系，迹线的两个端点均落在统计窗外。

统计时应分别统计出具有相容、相交、切割关系的结构面组数及其占结构面总数的比例。

平均迹长为：

$$l=\frac{ab(1+R_0-R_2)}{(1-R_0+R_2)(aB+bA)}$$

式中：l 为平均迹长；a 为统计窗长；b 为统计窗宽；R_0 为切割关系的比例；R_2 为包容关系的比例；A 为 $\cos\theta_A$ 的均值，θ_A 为代表结构面在统计窗平面上的视倾角；B 为 $\sin\theta_A$ 的均值。

3. 结构面调查统计资料整理

多用赤平投影是把结构面的空间几何信息表现在平面图上，其特点是反映物体线和面产状和角距的关系，而不涉及它们的具体位置、长短大小和距离远近。它以通过球心的水平面作为投影平面，倾向和倾角用一个大圆或一个极点唯一地表示。

通过整理的边坡结构面记录成果（电子档），可直接利用计算机程序很快完成结构面的统计，输出玫瑰图、极点图等密图等统计成果，得出结构面分组、优势结构面的产状。

二、滑坡调查与测绘

（一）滑坡的地质调查测绘的内容

滑坡地质调查测绘主要是调查滑坡的地形地貌、地层岩性、地质构造、水泉、湿地及滑坡的变形迹象，判定滑坡的类型、性质、规模、范围、分区、分级、主滑方向，分析滑坡的形成条件和原因，目前的稳定状态和发展趋势。调查测绘是基础性工作，通过这项工作可达到对滑坡基本定性认识，并提出进一步勘察、研究方案。

1. 已有资料的收集

(1) 当地一定范围内的区域地质资料、遥感图像、地形图、气象、水文、地震、工程设施和人为活动资料。

(2) 滑坡的发生、发展历史和灾害情况等文字、图像资料。

(3) 以前曾做过勘察设计的资料。

2. 滑坡调查测绘的主要内容

(1) 地形地貌调查：

1) 滑坡区及其周围的地面坡度、相对高度、坡面形态及植被的种类和分布情况；

2) 滑坡区及其周边沟谷的分布和形态特征，如“双沟同源”等；

3) 滑坡区河岸及谷坡受冲刷、淤积及河道变迁情况，如河岸突出、河流改道等；

4) 滑坡周界及形态，滑坡壁的走向、高度、坡度及擦痕指向和倾角；

5) 滑坡台阶的位置、个数、平台宽度、陡坎高度、反坡及洼地情况；

6) 滑坡前缘形态，临空面高度、坡度和形态，滑坡面（带）的剪出口个数和位置。

(2) 变形迹象调查：

1) 滑坡裂缝的分布位置、性质、形状、宽度、深度、错台、延伸长度、充填情况、发生的时间及变化情况；

2) 滑坡上建筑物和树木变形情况，如房屋和挡墙开裂、倾斜、移位，树木发生歪斜出现“马刀树”、“醉汉林”等；

3) 滑坡的发生发展历史及主要触发因素；

4) 滑坡区的地貌演变，地表水和灌溉水等向滑体的渗透、补给、冲蚀、河流冲刷，以及修建道路、房屋、开矿、弃渣等人为活动情况与滑坡的关系；

5) 斜坡、房屋、道路、水渠、古墓等变形、位移，以及井、泉、水塘渗漏或突然变干、浑浊等情况；

6) 变形监测资料；

7) 根据地形地貌、沟谷分布、裂缝情况等对滑坡进行分区、分带或分级。

(3) 滑坡区地层岩性及地质构造调查：

1) 岩土的成因类型、分布位置、颗粒组成、潮湿程度、密实程度、软弱夹层及不同土层接触面情况；

2) 滑坡区及其邻近地区的岩层层序、岩性、岩体结构、软弱结构面、软弱夹层及层间错动、不整合面的特征和性质，岩石的风化破碎程度、含水情况等；

3) 褶皱、断层、节理、劈理等的分布、性质、产状、组合关系、发育程度，及其与滑坡周界和滑动面的关系。

(4) 滑坡区的水文地质调查：

1) 滑坡区沟系分布和发育特征，地表水径流条件和降雨情况；

2) 滑坡区地下水位，周边井、泉、湿地、水塘的位置、类型、流量及其随季节的变化，必要时测定流量、流速等；

3) 地下含水层位置、层数、流向、流量及补给和排泄条件需经勘察查清，一般地表调查只作初步推断；

4) 生产、生活及灌溉水的水量及入渗情况。

3. 滑坡调查测绘范围和精度

调查测绘应把各个地质点填绘于图上。初勘阶段平面测绘比例尺宜为 1：10000～1：2000，详细勘察的平面测绘比例尺宜为 1：2000～1：500。剖面图主要为每一滑动条块主滑方向的纵剖面和与其垂直的横剖面，比例尺宜为 1：1000～1：200。平面测绘范围横向宜超过滑坡体两侧 1/3～1/2 滑体宽度，纵向应下至河（沟）底或开挖基面，向上应至滑坡可能发展范围以外或至稳定地层。图上应反映出滑坡的各个要素和滑坡特征，如滑坡周界、裂缝、陡坎、洼地、平台、鼓丘、水塘、泉水等。

（二）滑坡形成的地形地质条件

1. 地形条件

(1) 坡度。统计表明，滑坡主要发生在 20°～45°的山坡上，大于 45°的山坡多崩塌而少滑坡，缓于 20°者滑坡也较少。有些软弱层如黏性土自然坡可能只有 10°左右，滑坡多发生在人工开挖的沟、堑边坡上，边坡坡度较大。

（2）谷形。在河谷两岸，狭谷区多崩塌而少滑坡，如长江三峡的狭谷区相对高差达数百米，但滑坡很少。相反，在宽谷区则多滑坡而少崩塌。这是因为岸坡岩性软弱易被河流冲刷和切割，也易形成滑坡。所以，滑坡更多见于宽谷和狭谷的交界部位。滑坡多出现在河流的冲刷岸（凹岸），主要是由于河流冲刷削弱了斜坡下部的支撑力。

（3）坡形。平顺的直线坡一般稳定性较好，很少发生滑坡。上陡下缓的凹形坡也较稳定。但若是滑坡堆积地形则潜在不稳定。上缓下陡的凸形坡除岩性和风化原因外，一般稳定。阶梯形坡可能产生某些坡段的滑坡，陡坡崩塌而缓坡滑坡。有的阶梯状斜坡就是由古老滑坡所形成。

支沟与主沟交汇处的山坡常常因双向切割侵蚀（或有构造作用）而易发生滑坡。

2. 地质条件

（1）地层岩性。地层岩性是滑坡形成的基础条件，我国的易滑地层见表10.2.2-2，地层中存在易形成滑动面（带）的软弱面和构造带。

表10.2.2-2　　我国易滑地层汇总表

滑坡类型		岩土组合类型	滑坡特征	分布地区
土质滑坡	堆积层滑坡	崩积、坡积、冰碛、残积及部分冲积物	堆积层面、基岩顶面	河谷缓坡地带
	黄土滑坡	各种黄土，含钙质结核，古土壤和砂砾层	同生面、不同黄土界面、基岩顶面	黄河中上游地区北方诸省
	黏性土滑坡	裂隙黏土、灰色黏土、红土、下蜀土	同生面、基岩顶面	长江流域及以南地区，陕西和山西地区
	堆填土滑坡	各种人工堆弃、堆填土（石）	同生面、老地面、不同堆填界面	水电、水利、交通、工矿场地
半成岩地层滑坡	昔格达组滑坡	昔格达组粉砂岩、黏土岩	层面、切层面	四川西南部
	共和组滑坡	共和组黏土岩、粉砂岩	层面、切层面	青海省共和地区
岩质滑坡	砂、页、泥岩滑坡	砂岩、页岩、泥岩互层地层	顺层面、切层面	各地区
	碳酸盐岩滑坡	石灰岩、大理岩夹页岩、泥灰岩地区	顺层面	各地区
	煤系地层滑坡	砂页岩夹煤层、碳酸盐岩夹煤层	顺层面	各地区
	变质岩类滑坡	千枚岩、片岩、片麻岩、板岩等	片理、构造面、风化界面	各地区
	火山岩类滑坡	玄武岩、流纹岩、凝灰岩等	构造面、层面、风化界面	各地区
	混合岩类滑坡	各种混合岩	构造面	各地区
	破碎岩类滑坡	构造破碎岩	构造面	构造破碎带

（2）地质构造。地质构造是形成滑坡的重要条件之一，岩层褶曲和断裂、节理裂隙发育，为岩体滑坡的产生创造了岩体结构条件，也提供了地下水活动通道。岩体节理裂隙和断层，为滑动面和滑坡周界提供了控制面，控制着破坏机制、模式、范围和规模。

（3）坡体结构。坡体地质结构是滑坡最重要的控制条件之一，即坡体的各种岩土层和结构面（层面、节理面、片理面、接触面、断层面、不整合面等）的性状及其与临空面的关系。即控制边坡稳定的关键结构面与边坡坡面在倾向、走向上的组合关系。

3. 地下水条件

滑坡的发生与地下水和地表水的关系密切，绝大多数滑坡或多或少有地下水的作用。有的滑坡地下水较为丰富，有的滑坡虽无流动的地下水，但将滑带浸湿至可塑—软塑状。地下水在滑坡中的分布也是复杂的，有的成层分布，有的呈蜂窝状分布，有的呈脉状分布（尤其是岩石滑坡），有的滑坡只有一层水，有的有多层水，还有承压性地下水。总之，有阻水层存在才有地下水聚积，而滑动带常常是阻（隔）水层，受水长期作用而软化，强度降低，这是滑坡形成或重新活动的必要条件。

4. 新构造运动和地震

新构造运动和地震在我国中西部地区表现强烈，这也是我国中西部滑坡地质灾害比较严重的条件和原因之一。新构造运动使地壳不断隆升，河流下切强烈，山坡相对高度和坡度加大，稳定性降低，易发生滑坡。

新构造活动区也是地震多发区，高烈度区地震的频繁发生，使斜坡应力状态发生多次改变，岩体破碎，裂隙张开，地下水下渗，滑面强度降低。除长期次生作用外，大的地震又大大增加了下滑力，使坡体容易滑动。震动又使某些滑带土发生结构破坏，更易发生滑动。如2008年5月12日四川汶川8.0级地震形成了大量滑坡，唐家山堰塞湖就是典型的地震滑坡堵塞河道所致。

5. 气候条件

气候条件主要指降水条件、风化条件和植被条件。多雨而降水量大的地区滑坡较多。植被茂密的地区地下水下渗量减少，对滑坡的发生有抑制作用；反之，则滑坡较多。

6. 其他条件

滑坡形成的其他条件有自然触发因素和人类工程作用因素等，自然因素如地震、暴雨、河水位升降、河流冲刷坡脚及自然崩塌加载等；人为因素如开挖坡脚、坡上堆载、水库水位骤降、采空塌陷、爆破振动等。

（三）滑坡的调查与识别

1. 新生滑坡的调查与识别

新生滑坡是正在活动的滑坡，其变形迹象（主要是裂缝）比较明显，实际调查坡体裂缝的性质、产状和分布位置，确定变形范围和规模。滑坡后缘与各分级后缘出现放射状裂缝和鼓胀裂缝，以及建筑物（如挡土墙、侧沟等）出现的各种裂缝，当滑坡即将整体滑动时会出现剪出口的剪裂缝和其附近垂直滑动方向的鼓丘等。

2. 古老滑坡的调查与识别

（1）河岸、沟岸或阶地后缘线的突出，特别是河流凹岸（冲刷岸）的突出，正常河岸是较平顺的，如岸坡滑动后前缘堆积于河岸、沟岸，压埋卵石层而形成"凹岸突出"的特殊地貌形态。若滑坡压掩或挤压现代河床，常见岸边大孤石堆积，为河水冲走了滑坡体的细小颗粒而留下冲不走的大孤石所致。

（2）山坡上部出现较明显的圈椅状滑坡壁，低者数米至数十米，高者可达数百米。陡壁下的滑坡平台或缓坡（有时呈现向山倾的反向坡）较两侧山坡低，又与河流阶地不对应；而山坡下部则较两侧山坡突出。整个山坡呈现台坎相间地形，有时有洼地和湿地分布。

（3）层状岩石滑坡，在其前缘和两侧沟谷中发现岩层与两侧稳定山体岩层不连续，产状发生较大变化，或变陡，或变缓，或发生倒转和褶皱。

（4）“马刀树”现象，滑坡上原来垂直生长的树木由于滑坡滑动而倾倒或歪斜之后又向上生长，呈现出“马刀树”。从树木的年轮变化可推测滑坡发生的年代。

（5）“双沟同源”现象，一般稳定的山坡上冲沟常顺直且平行分布，但滑坡滑动时与侧向稳定山体发生剪切作用，岩土体破坏，易沿此带形成冲沟，该两侧冲沟向山坡上方沿原裂缝向滑坡后缘洼地集中，类似于双沟同源，这是古老滑坡的独具特征。

3. 潜在滑坡的调查和判断

古老滑坡具有较明显的滑坡特征，不难识别，已经发生活动的滑坡，特别是发育完全的、动态明显的滑坡，由于变形迹象清楚，也容易识别。对尚未发生变形、失稳的边坡，以及人类活动改变斜坡状态或天然环境条件改变后是否会产生滑坡，主要从以下几方面分析判断：

（1）斜坡形态特征、变形迹象调查和判断。在掌握边坡基本地质条件基础上，调查边坡的基本特征和变形迹象，分析形成原因、变形机制及可能的触发因素，进行失稳预测和判断。

（2）坡体结构调查和判断。调查的重点是岩土体结构和控制性结构面。组成岩质边坡的岩体结构类型，如块状结构、层状结构、碎裂结构、散体结构等。岩体中的控制性结构面，如岩体卸荷裂隙、层面、软弱夹层、不整合面、缓倾角断层面、层间错动带、片理面及不同风化岩层的分界面等。土质边坡中土层下伏的基岩面，有同成因土层的分界面，不同时代堆积的土层界面，透水和隔水性能不同的土层界面，类均质土层中最大剪应力面等。

同时了解结构面在坡体上的分布位置、空间展布范围、相互组合及其与临空面或开挖面的关系，结构面走向与临空面走向夹角小于30°较易滑动，大于45°则不易滑动。

（3）岩土体强度调查判断。并非所有倾向临空面或开挖面的软弱结构面都会发生滑坡，它取决于软弱面的倾角大小α与综合内摩擦角φ的对比，$\alpha>\varphi$时易滑动，反之则不易滑动。有些硬质岩如石灰岩和砂岩倾角达40°～50°也不滑动，但当其中夹有泥岩、泥灰岩、页岩等软质岩时就较容易发生滑坡，因其岩性软弱，受水软化后强度降低。

（4）地下水调查判断。地下水是斜坡失稳滑动的主要作用因素之一，斜坡是否滑动取决于地下水的作用和岩土体的排水性能，地下水位较高、排水性能较差的斜坡较易滑动，否则不易滑动。

（5）工程活动上调查和判断。人类工程活动对边坡的稳定性的影响主要为切脚开挖、上部堆载、坡体浸水、爆破振动等方面，分析对边坡稳定性影响。

4. 大型滑坡区滑动条块的划分或分区分带

根据实践经验，一个大型滑坡区，体积虽然很大，但它常常不是一次滑下来的，在横向上可分若干条，在纵向上可分若干级（多次滑动造成多级平台）。通过分区、分级评价其稳定性及进行预防和治理，划分的依据主要有：滑坡的地貌形态、地质条件和受力性质。

当滑坡区有若干条冲沟发育时，特别是滑坡生成之后形成的冲沟，常是各滑块滑动先后次序不同或滑速和滑距不同，在两者之间产生了剪切带而后形成了冲沟，因此根据冲沟可把滑坡分成若干条块，分别勘察其性质、规模和稳定性。

滑坡在纵断面上有多个缓坡平台常常是多次多级滑动造成的，特别是牵引式滑坡，靠河（沟）的下部滑动后，中部因失去支撑而跟着滑动，上部又随着中部再滑动，因此在治理上若稳定了下部，恢复了中、上部的支撑力，常可稳定整个滑坡。斜坡上地下水呈线状出露处常是隔水层所在位置，也常是次一级滑坡的剪出口。

（四）不同类型滑坡的主要特征和调查重点

1. 黏性土滑坡

（1）主要特征。黏性土滑坡的滑体由第四系河湖相、残积相和冰水沉积的黏性土构成，包括红土、下蜀土、红黏土和膨胀土等，其中以膨胀土中的滑坡较发育。我国的膨胀土主要分布于内陆湖盆和与之毗邻的河流两岸及缓丘垅岗地区，如陕西省的安康盆地、汉中盆地，牧马河沿岸，山西省的太谷盆地、晋城盆地，四川省的成都盆地，广西的百色盆地，湖北省的荆门鸦雀岭一带。主要的矿物成分为伊利石、高岭土和蒙脱石。以蒙脱石含量高或富集者性质最差，最易产生滑坡。

黏性土滑坡的外形多呈横展式，即顺滑动方向较短而垂直滑动方向较长，且常连片成群分布。滑体厚度多在3～5m，超过10m者少，主要发生在气候作用层内，并与开挖深度有关，开挖深度越大，滑动面越有向下发展加深的可能。滑坡后缘多呈弧形，滑动面呈圆弧形，较深的滑坡中部滑面较平直，沿下伏基岩顶面滑动者则受基岩顶面形状控制，滑动面剪出口多受挖方边坡坡脚控制，因为坡脚应力和地下水均较集中。

由于黏性土（特别是膨胀土）饱水后抗剪强度很低，所以边坡高度很小、坡度很缓（1：3～1：4）仍会滑动，只有疏排地下水方能稳定。

（2）调查的重点：

1）土层的成因，裂缝的组数、性质、产状、发育程度及充填情况。

2）地表形态、边坡开挖情况、地下水及其汇集和排泄情况。

3）土层中的软弱层、砾石层、结构层、气候作用层、夹砂层、下伏基岩顶面形态等。

4）当地的降雨、蒸发、日照、气温变化资料。

2. 黄土滑坡

（1）主要特征。黄土主要分布在我国西北和黄河中游地区，由于其特殊的性质，发生斜坡失稳和滑坡较多。一般早更新世的老黄土结构较致密，稳定性较好，而晚更新世和全新世的新黄土结构疏松，稳定性差，发生滑坡多。

黄土中粉粒含量占50%以上，结构疏松，节理发育，易受侵蚀。所以黄土地区形成了塬、梁、峁独特的地貌景观，深切数十米、上百米的沟岸和台塬边缘普遍不稳，滑坡发育。黄土地区多处于较高烈度地震区，地震是形成滑坡的重要外动力之一。

黄土滑坡的规模，小的发生在同种黄土中，以圆弧旋转滑动为主；中型的多为新黄土沿新、老黄土接触面或老黄土中的古土壤层滑动；大型或特大型者多为黄土沿下伏基岩顶面的滑动，受基岩面形态控制，主滑面较平直。黄土垂直裂隙发育，地表水容易下渗，到达接触面或基岩顶面隔水、聚积、软化形成滑带而滑坡。

黄土斜坡高陡，能积蓄较大的势能，所以当滑带突然破坏时，常形成速度较高的崩塌性滑动，滑距远，破坏性大，常造成灾害。

黄土滑坡的分布常具有群集性，在地质条件类似的河流一岸和台塬边缘常成群分布，如甘肃黄河北岸的黑方台和陕西省宝鸡—常兴的黄土塬边，常有黄土滑坡分布。

（2）调查重点：

1）黄土的成因类型、柱状节理、卸荷裂隙，新构造发育区老黄土中的构造裂隙、产状、发育程度及组合关系。

2）新、老黄土的分界面、古土壤层、粉细砂层、砂卵石层、钙质结核层的分布和倾斜度，下伏基岩的性质、顶面形态和风化及含水情况。

3）黄土层底受水软化层呈软塑层的厚度。

3. 堆积层滑坡

（1）主要特征。堆积层指沟谷及河流两岸斜坡中下部的崩积、坡积及沟口洪积物，也包括部分冰碛物，一般由大块石、块石、碎石和土构成，比较疏松，容易渗水，坡脚易受流水冲刷。

滑坡的上部常为基岩陡壁或陡坡，其崩塌和剥蚀为堆积物提供物源，汇水面积也较大。

滑动带主要为堆积土下伏基岩（多为软岩）顶面的饱水风化残积层，也有沿堆积物中相对隔水的软弱夹层滑动，滑动面多呈折线形。

（2）调查重点：

1）不同成分的堆积土的成因、分布，不同堆积土层的顶底面软弱夹层，下伏基岩顶面的形态、岩土风化及其富水情况。

2）地表水和地下水的分布及其补给和排泄条件。

4. 堆填土滑坡

（1）主要特征。堆填土主要是人工填堤或弃土形成的，如水电站工程的弃渣场，其滑坡规模一般不大，但大型弃渣场也有滑坡。

滑坡的产生原因主要为：陡坡填（弃）土，老地面处理不当；基底岩土不良未作处理；填料不良，造成地下水局部集中；横截沟谷填堤，未做好排水工程，上游侧地表和地下水排泄不畅。

滑坡类型主要为：整体沿老地面滑动、连同下伏软弱土层一起滑动和局部滑动。

（2）调查重点：

1）填土的类别、特征及堆填方式。

2）软弱土层的分布、含水情况及下伏基岩顶面形态。

3）原地面坡形和坡度，填土两侧积水和地下水出露位置、排泄条件。

4）雨水下渗及振动对填土稳定性的影响。

5. 岩质滑坡

（1）主要特征。岩质滑坡指发生于第三系以前形成的各类地层中，包括块状岩体、层状岩体和碎裂岩体等。岩石顺层滑坡多发生在构造作用相对较轻，岩体相对完整的单面山或向斜与背斜的翼部，滑动面多为软弱面隔水的泥质岩层或夹层，大中型滑坡的滑带多为层间滑动带，其倾角为10°～40°，以10°～30°者居多。滑动带厚度变化较大，从数毫米至数十厘米。当岩层倾角由下向上逐渐变陡时往往形成大规模的滑动。当岩层倾角小于10°且下伏软弱岩层或破碎带时会形成软岩挤出的错落型滑坡。坡体有多个软弱层存在时会发生多层滑动。块状岩体滑坡多由较大结构面控制，如倾向临空面的断层面、错动面、软弱夹层及较大裂隙连通面等。

（2）调查重点：

1）岩体结构特征、性质，各层的岩性，软岩与硬岩的接触面、层间错动带、软弱夹层、顺坡断层以及与次级结构面的组合情况，岩体卸荷和风化深度等。

2）裂隙的组数、产状、力学性质、延伸长度、宽度、充填物性质。

3）地下水。

6. 特殊地区滑坡的调查重点

特殊地区的滑坡调查，如水库地区的滑坡应重点了解水库最高和最低水位及变化，风向、风速、波浪侵袭高度，岸边水流流向、流速，及岸边坡脚冲蚀、淤积对滑坡的影响；滑坡岩土的性质，风化破碎情况，水理性质，冻融危害；水库蓄水、放水的速度，库水位变化幅度和速度对滑坡稳定性的影响。

地震地区滑坡，应了解地震历史，震中位置、地震动峰值加速度、地震频率、发震季节及地震的危害，建筑物的破坏痕迹、山崩、错落、地裂等情况。

采空塌陷区的滑坡，应着重了解采空区、残采区和规划开采区的平面、剖面，以及保留矿柱、回填、加固等资料；采空作业方式、顺序、速度与滑坡的关系；采空塌陷区地面移动区的变化，地表裂缝的走向、性质及变化，及其与滑坡的关系；抽排地下水、爆破等与滑坡的关系。

融冻土地区的滑坡，应着重了解地表冲沟、坡体内含冰、地表草皮分布与融冻土滑坡的关系；冻土的类型、结构、厚度；当地气温、地温、多年冻土上限深度及可能的变化，融冻季节及融冻变化规律；地下水类型，地表水、热融水对滑坡的补排关系。

第三节　边坡勘探

一、边（滑）坡勘探的方法及适用范围

勘探一般采用钻探、洞探、坑槽（井）探、触探和地球物理勘探等综合勘探方法，相互补充和验证。勘察初期首先采用速度快、花钱少的物探和坑、槽探，以了解边坡的基本情况。对特别重要、高大而复杂的边坡，重点部位可布置井探和洞探，它可以更清楚地揭露地层、构造和地下水情况，并可进行试验取样或进行原位试验。勘探工作是在地面地质工作的基础上进行，由于各种勘探手段应用条件的限制，故应结合调查目的，经济、合理、恰当地采用多种勘探方法。

各种勘探手段适于边坡调查的内容见表10.2.3-1。

表10.2.3-1　边坡勘察各种勘探手段的适用性

调查项目	钻探	洞探	物探	坑槽探	触探	钻孔电视	钻孔摄影
地层岩性及风化情况	√	√	√	√	√	√	√
覆盖层厚度、性质	√	√	√	√	√		
岩层产状		√		√		√	√
破碎带性质、产状、宽度	√	√	√	√		√	√
软弱夹层性质、厚度	√	√	√			√	√
坍滑体厚度、性质	√	√	√			√	√
滑动面位置	√	√	√	√		√	√
滑带性质、厚度	√	√	√				
滑床性质、位置、深度	√	√				√	√
地下水位	√	√	√				
岩土体的渗透性（压水、注水试验）	√	√	√				
地下水位长期观测	√	√					
联通试验	√	√					
取样	√	√		√			
岩土试验	√	√		√	√		
埋设观测仪器	√	√		√			

钻探、洞探是边坡及滑坡的主要勘探方法，用于查明滑体和滑床的地层结构；查明滑动带（面）和其他软弱层的位置、物质组成和性状；确定地下水含水层的层数、位置、埋深、水位变化等；采取必要的岩样、土样、水样等试样，也为滑坡的深部位移监测（主要是滑动面监测）提供条件。

物探是钻探的重要补充，利用滑坡和滑床的物性差异来探测滑体结构、地下水分布与趋势性滑动面。可以查明整个边坡体内的地层分布、埋藏断层及构造破碎带的位置、风化界限和过湿带的分布。虽精度不够，但造价低、速度快。可以大面积勘探，起到滑坡的立体普查作用。先物探后钻探为钻探设计提供参考资料，减少钻孔数量的投资。常用的物探方法是电法、层析成像、孔内电视、瞬变电磁法等。

坑槽（井）探主要用于确定滑坡周界、后缘及剪出口位置，或追踪裂缝的延伸情况和产状。

通过地质测绘、坑槽探、竖井等轻型勘探，滑坡的控制性边界结构面的地面位置可以基本确定，但深部的变化、确切位置必须通过钻孔、探洞等重型勘探才能查明。

一般情况下，最直观、最可靠的勘探方法首选勘探平洞，次选钻孔，对于滑坡、塌滑堆积体，掘进困难，常多从滑坡侧缘正常岩体中进洞，至穿过滑面进入松散堆积体后即行停止，效果较好。对于倾倒体、变形体，洞口需强力支护，深部尽管岩体松动变形、倾倒拉裂，但多能成洞，宜以洞探为主。用钻孔勘探时，无论滑坡还是变形体，虽然能查到控制性边界结构面，但由于受破碎岩体钻进和取芯技术限制，难以准确定位和取到滑带原状样的要求。但是，钻孔进度较快、工期短、技术成熟、工艺多样（SM植物胶等），也是选择钻孔的理由之一。在实际勘察中，勘探方法的选择往往非单一目的，而是尽可能达到综合目的。

二、边（滑）坡勘探的布置原则和技术要求

（一）边坡工程勘探的布置原则

1. 勘探线布置

（1）勘探前依据边坡、滑坡地表出露的边界、结构面产状、裂缝分布特征等，进行剖面分析，推测可能的剖面形态，按关键部位和有利的角度布置勘探，查明、验证控制性边界，做到快速、有效的勘探目的。

（2）勘探线的多少应根据勘察阶段的不同而有区别，预可行性研究阶段以地面调查为主，一般布置少量勘探；可研设计阶段必须布置多条勘探线，一般一段边坡勘探线不宜少于2条；滑坡应沿主滑方向布置主勘探线，两侧布置辅助勘探线，勘探线间距宜为30～50m，勘探点要基本能控制平面和深部关键性结构面。

（3）边坡勘探线上钻探和坑、槽探点间距宜为50～100m，主勘探线上不少于3个勘探点，其中，稳定性分析的块体内至少有3个勘探点。后缘边界以外稳定岩（土）体上至少有1个勘探点。

（4）主勘探线应满足主剖面图绘制、试验及稳定性分析评价的要求。辅助勘探线宜满足辅助剖面和横剖面绘制的要求。

（5）物探勘探线的布设仍以主勘探线为主，平行和垂直主勘探线布置若干条勘探线覆盖整个滑坡区。物探点间距宜为20～30m，大型滑坡可适当增大。

（6）结合建筑物布置方案。这时勘探不仅是边坡勘察，而要结合建筑物地基进行勘探。

2. 勘探深度

（1）边坡。勘探深度取决于地面调查后推测的需要查明的地质界限的深度及可能发生变形的深度，钻孔一般应比以上深度深10～30m。平洞勘探需要揭穿控制性边界后，至少延伸深度30～50m。对边坡稳定具有控制性作用的中缓倾角结构面要予以澄清，对高陡岸坡卸荷深度的控制性探洞一般应超高200m。

（2）滑坡。钻孔深度应穿过最深一层滑动面进入稳定地层30m以上。在滑坡的中前部应有1～2孔钻至当地最低侵蚀基准面（河沟底）或开挖面以下20～30m，以避免漏掉最深层滑动面。堆积层滑坡，钻孔深入基岩的深度不小于当地所见大孤石直径的1.5倍以上，以免把孤石误判为基岩。

（二）滑坡及边坡勘探应掌握的要点

边（滑）坡勘探的目的：一是查明边坡边界条件，如控制性边界结构面的延伸和性状；二是查明滑坡及边坡块体的规模；三是结合勘探进行取样和现场原位试验；四是查明物质组成，结构特征及介质类型。因此，勘探的主要技术要求有如下几点。

（1）对边界结构面位置的勘探应钻孔和平洞并用，地表周边可用竖井、坑槽探加密揭露。用钻孔勘探时，应特别注重近界面处的取芯和孔内测试，如SM胶取芯、电视录像等，并应区分主界面和次界面。用平洞勘探时，探洞需揭穿主界面并进入完整原岩一定深度，并重视各界面刚揭穿时滑带等物质的物理、水理特征，如硬塑、软塑、是否出水等，以便评判后续试验成果的真实性。

（2）查明滑坡的厚度、深度等规模条件时，大多以钻孔为主，具有速度快，控制点多等优势，同时可辅以物探工作。当滑坡、变形边坡厚度不大，工程中挖除后又布置其他水工建筑物时，钻孔需进入完整原岩至建筑物建基高程，需重视滑体等与原岩界面的取芯和测试（孔内波速）。

（3）当需要在控制滑面处进行原位试验和取滑带等的原状样时，洞探是最为理想的。而且，探洞揭露到滑带等部位时，还可用以观察伴生的张剪、压剪、张拉、扩容等现象，为变形机制、失稳趋势的分析论证提供依据。同时，洞探还能较准确地确定分区、分块的边界结构面，为失稳模式判定提供佐证资料。

（4）边坡勘探的另一重要目的是查明滑坡、变形体类的性状，如物质组成、结构特征、介质特性等。此时钻孔很难奏效，一般多用洞探、井探等，可以直观明了地查清水平深度和垂直深度方向的变化情况。但洞探、井探掘进慢、安全性差，不宜大量布置。工程勘探实际中，与查明边界结构面一样，多从周边完整原岩处进洞，反方向掘进至滑坡、变形体内。

（三）滑面的判定

确定滑面位置、形状及性状是进行滑坡稳定分析和制定治滑措施的必要条件，在勘察中应借助各种手段确定滑面位置。

1. 根据坑、洞、井查明滑带位置

通过坑探、槽探及洞探直接查明滑带位置。如系基岩滑坡，滑带以上岩体张裂隙发育，产状有时零乱，严重者岩体呈架空现象。裂隙中有时充填地表下渗之泥土，滑带上部岩体强烈渗水，雨水常沿滑体上部呈大股水流涌出。擦痕呈上宽下尖，有时擦痕转折。滑带以下滑床基岩完整，产状正常，无张裂隙发育。

2. 根据钻探资料判断滑带位置

（1）在基岩滑坡滑带以上钻进时，钻具跳动，易卡钻，回水漏失严重，岩芯多为碎块状；滑带以下钻进平稳，回水正常，岩芯多为柱状。

（2）由基岩滑坡滑带以上岩芯的岩层倾角变化较大，岩石风化强烈，裂隙中多有泥质充填，滑带处常有泥夹碎屑，以及

擦痕、镜面等。滑带以下岩层产状正常，风化状态正常。

(3) 土质滑坡附近钻进时，如速度突快或发现孔壁收缩、孔身错断、套管弯曲、提钻困难，此处可能为滑带位置。

(4) 土质滑坡滑带干钻岩芯剥开后，可见滑动形成的微斜层理、擦痕和镜面，滑带土中有上部土层的夹杂物，颜色和土质比较复杂，岩芯的微细结构也有错动现象。

(5) 黄土滑坡的滑带往往不清楚，应特别注意黄土结构有无扰动现象及古土壤层产状的变化，这些往往是分析滑面位置的主要依据。

3. 根据地质结构判断滑带位置

(1) 根据地质结构确定滑面是工程地质中常用的有效办法。黏土夹层常为土质边坡的滑动面，特别是含有机质或斜坡含水时，这种可能性更大。岩体边坡中软弱夹层、软弱结构面等也常是滑动面所在。因此在研究边坡时分析岩土体中软弱夹层、软弱结构面的部位、产状是一项重要工作，也是分析滑坡机理和确定滑面的关键因素。

(2) 斜坡部分的层位不正常也是确定滑面的依据。

(3) 根据周围滑坡的滑动面所依附的软弱地层往往可以判定滑坡的滑动面。如砂岩中的板岩、千枚岩、页岩、泥岩等夹层，火成岩中的软弱条带、强蚀变带等。

4. 根据位移监测资料确定滑面位置

当有较为系统的不同深度处位移监测资料时，位移相对最大和位移相对最小或基本无位移的界面位置即滑面位置。

第四节 边坡岩土试验

滑坡及边坡岩土试验主要针对滑坡的滑带土及边坡控制性结构面的物理力学性质研究。试验方法包括室内试验和原位试验，具体方法可参照有关规范和手册。

土质边坡主要包括各类土的比重、天然容重、饱和容重、泊松比、天然含水量、饱和含水量，液限、塑限、塑性指数、颗粒组成，以及天然和饱和状态下的黏聚力和内摩擦角。对具有膨胀性的土应试验其自由膨胀率和膨胀力；对具有湿陷性的黄土则应测试其湿陷性系数和等级。

岩石边坡勘察其物理力学指标测试项目与上述土体类似，仍是密度、孔隙比、饱和度等物理性质指标及控制性结构面的抗剪强度（黏聚力和内摩擦角）、变形模量等力学性质指标。

一、试验组数与试样等级

为了进行边坡稳定性计算，须进行物理力学试验。取样应包括构成边坡的所有地层，特别是对边坡稳定起控制作用的软弱地层。取样和试验组数、注意事项等可参见相关专门规范。

参照《岩土工程勘察规范》(GB 50021) 对土试样的质量等级根据试验目的，可将试样分为四个等级（见表 10.2.4-1）。

表 10.2.4-1 土试样质量等级

级别	扰动程度	试验内容
Ⅰ	原状	土类定名、含水量、密度、强度试验、固结试验
Ⅱ	轻微扰动	土类定名、含水量、密度
Ⅲ	显著扰动	土类定名、含水量
Ⅳ	完全扰动	土类定名

二、土样必须直接测定的指标

土样必须直接测定的土的基本物理性质指标见表 10.2.4-2，必须直接测定的可塑性指标见表 10.2.4-3，必须直接测定的砂土的指标见表 10.2.4-4。

表 10.2.4-2 直接测定的基本物理性质指标

指标名称	符号	单位	物理意义	试验项目及方法	取土要求
含水量	w	%	土中水的质量与土粒质量之比 $w=\frac{m_w}{m_s}\times 100\%$	含水量试验 烘干法（温度 100～105℃） 酒精燃烧法 比重瓶法 炒干法	保持天然湿度
相对密度	d_s	—	土粒质量与同体积4℃时水的质量之比（ρ_w 为水的密度）$m_s=\frac{m_s}{V_s\rho_w}$	比重试验 比重瓶法 浮称法 虹吸筒法	扰动土
质量密度	ρ	g/cm^3 (t/m^3)	土的总质量与其体积之比，即单位体积土的质量 $\rho=\frac{m}{V}$	密度试验 环刀法 蜡封法 注砂法	Ⅰ～Ⅱ级土试样

表 10.2.4-3 直接测定的可塑性指标

指标名称	符号	单位	物理意义	试验方法	取土要求
液限	w_L	%	土由可塑状态过渡到流动状态的界限含水量	圆锥仪法	扰动土
塑限	w_P	%	土由可塑状态过渡到半固体状态的界限含水量	搓条法	扰动土

表 10.2.4-4 直接测定的颗粒组成及砂土的密度指标

指标名称	符号	单位	物理意义	试验方法
颗粒组成			土颗粒按粒径大小分组所占的质量百分比	筛分法、比重计法、液移管法
最大干密度	$\rho_{d\max}$	g/cm^3	土在最紧密状态的干密度	击实法
最小干密度	$\rho_{d\min}$	g/cm^3	土在最松散状态的干密度	注入法、量筒法

三、岩石的主要物理性质

岩石的物理力学性质参见本手册第三篇，边坡工程勘察与评价所需的岩石、岩体的物理力学参数也是最基本的物理力学指标，与其他工程勘察一致，不再赘述。需强调的是，对于岩质边坡，实践证明其失稳破坏主要受结构面（软弱岩层或夹层）控制，因此其试验内容除常规项目外，主要是针对结构面和软弱岩层的强度参数。关键项目和技术要求与前述滑带土的试验类似。不同的是岩质边坡中的结构面、软弱夹层的抗剪强度主要以野外原位大剪试验为主，也可采用原状样的室内直剪试验。

四、滑体及滑带土的试验要点

在滑坡的稳定性评价中，滑带以及滑坡体的物理力学特性是一个非常重要的方面，它不仅直接影响着滑坡稳定性计算结果，而且对于滑坡的下滑破坏方式、范围等都有着密切的关系。因此，在对滑坡进行稳定性分析时，应该特别重视对滑带以及滑坡体物理力学参数的研究。在现场充分地质调查的基础上，选用合适的试验研究方法。

滑坡及边坡的应力应变分析法（数值分析法），除滑带的物理力学参数外，尚需要滑体的多项物理力学参数。因此，注重对滑体物质成分、结构特性、介质类型的研究，根据这三个方面的不同，对滑体进行进一步的详细区分，以指导可能进行的必要测试和参数取值。如滑体物质细碎，主体为块碎石土，但堆积密实，结构紧密，可用类似于对砂砾石层的测试方法，无试验成果时，也可类比砂砾石层选取主要力学参数；若为滑距不大、堆积紧密、解体程度小、原岩层序基本保持的层块型时，则可视为似连续介质，用原岩的测试成果适当折减取参数值；而为松动架空、堆积松散、内部裂缝纵横、物质成分极不均一的滑体，介质类型上为不连续介质，这一类很难进行相关测试，岩土力学参数取值难度大。参数取值上，可能仍需采用经验、类比的方法。

应力应变分析中常用的滑体主要指标有容重、泊松比、变形模量、弹性模量、抗压（拉）强度及抗剪强度的峰值、残余值等。

注重对滑坡周边原岩土体的综合物理力学特性测试，为滑体中同类型岩土体参数取值提供类比、参考的依据。如公伯峡库区Ⅶ号滑坡，涉及片麻岩及阶地黄土类土、砂砾石层、新第三系红层等，工程勘察中对这些原岩土体层均做了相应的试验研究，为滑体内对应岩土的力学参数取值提供了折减、类比的基础。

（一）滑带土颗粒组成及含水量

滑带土应该是细颗粒或者黏土颗粒最富集的地方，因为滑坡滑动时的剪切作用使得颗粒变细。滑坡形成后，地质环境发生变化，其中主要的是地应力环境和水文地质环境发生了较大的变化。滑面受上覆滑体的重力，地下水将沿着滑带渗流，不仅可以带入部分细颗粒淀积于滑面附近，而且可以改变滑带土的含水量，从而改变滑带土的物理力学性质。因此，在分析清楚滑带土中颗粒组成，特别是黏粒含量的分布规律后，从工程的安全角度出发，在进行滑坡稳定性评价时，滑面强度参数的选取应该以黏粒含量高的滑带作为依据。

根据大量的滑带物理指标试验结果可知，对于同一个滑坡，在不同的地段，滑带土的颗粒组成及物理性质与滑面的结构及滑坡的形成机制有着密切的联系。不同地段滑带土的物理指标是不相同的，即使在同一个平洞内揭露的滑带土，由于取样位置不同，其滑带土的颗粒组成以及含水量也是不相同的。对于含水量而言，位于洞壁处的滑带土由于长期暴露在空气中，发生了松弛现象，并且吸收了空气中的水分，因此其含水量较高。而距洞壁一定深度的滑带土，由于受上覆岩体自重的压密，并且受外界空气中水分的影响较小，因此其含水量相对洞壁表部滑带土的含水量要低一些。实际工作中，重点应区分真实天然含水量和饱水状态时的物理力学指标。

（二）滑带的化学成分及矿物成分

滑带的化学成分及矿物成分是滑带物理特性的一个重要方面，为了了解滑带土的物质组成及矿物组成，需要对取得的滑带土进行化学成分和矿物成分分析，根据分析结果，可以从一个侧面反映滑带土的抗剪强度参数。比如蒙脱石含量稍高的滑带土塑限含水量一般在28%或以上，而含伊利石的塑限含水量多为16%～20%。当滑带土的含水量为21%时，则含蒙脱石的滑带土呈现固态，而含伊利石的已进入塑态。在这种情况下，即使含水量一样，其抗剪强度参数也是不一样的，呈现固态的强度高，而呈现塑态的强度低。

五、滑带土的试验方法

具体试验方法详见本手册相关篇章及有关规程规范。总体上，可以将直接试验法分为直接剪切法、重塑试验法和结构再生试验法。

（一）直接剪切法

室内直接剪切法是将从现场取回的滑带土原状样或扰动样进行各种剪切试验，原位试验是在滑坡体上开展各种现场剪切试验，根据试验结果可以得到滑带土的抗剪强度参数。但是将滑带土带回室内进行剪切试验由于滑带土含水量的变化以及滑带土在天然状态下所处的应力环境条件变化，使得在实验室所做的滑带土含水量比天然条件下滑带土含水量低一些。并且滑带土在取出后会发生一定的松弛，在实验室里进行直剪试验时，滑带土在天然状态下所受到上覆滑坡体自重应力压密作用已丧失。而在现场进行剪切试验不仅成本高，耗时久，而且受条件限制，不可能开展大量现场剪切试验，并且开挖后滑带土会有一定程度的松弛，导致试验结果偏低。因此，通过这种试验方法得到的滑带土抗剪强度参数与真实状态下滑带土的抗剪强度参数会有一定的差别，因此往往会导致滑坡稳定性计算结果与实际情况的吻合性较低。

（二）重塑试验法

大量的滑坡计算分析结果表明，同一滑带土当黏土矿物成分、粒度成分基本相同时，滑带土的含水量与抗剪强度参数之间有着密切的关系。一般情况下，滑带土的含水量与抗剪强度参数呈负相关，含水量越高，则抗剪强度参数越低。因此，准确地获得滑带土在天然条件下的含水量对于滑带土抗剪强度参数的评价是重要的。但是从钻孔或者平洞中所取得的滑带土由于已经离开了其赋存环境，再加上水分的散失和外界环境的扰动，室内试验得到的强度参数已经不能代表真实环境下的抗剪强度。为了较合理、准确地评价滑带土的抗剪强度参数，采用重塑试验的方法来获得滑带土的抗剪强度参数：首先在室内将滑带土的含水量调制到接近液限状态，先进行高含水量直剪试验，然后以2%左右的间隔不断降低试样的含水量，每降低一次含水量则对应做一次直剪试验，直到含水量降到很低时为止。这样，可以得到不同含水量条件下滑带土对应的黏聚力 c 和内摩擦系数 f，可以得到含水量与 c 和 f 的关系。然后以这些关系式，选取可代表滑带土实际性状的含水量指标代入各关系式，以其平均值做试验选择值。

例如黄河积石峡水电站库区戈龙布滑坡滑带土分别进行了不同含水量条件下的直剪试验，得滑带土含水量与抗剪强度参数之间的关系曲线（图10.2.4-1）。

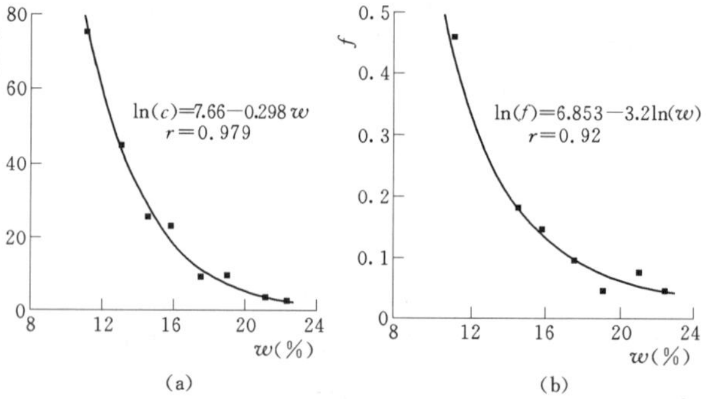

图10.2.4-1　滑坡下部滑带土含水量与抗剪强度参数关系曲线
(a) 滑带土含水量 w 与黏聚力 c 关系曲线；
(b) 滑带土含水量 w 与摩擦系数 f 关系曲线

（三）结构再生试验法

在天然状态下，受滑体形态特征决定，滑面上各处所受到的坡体自重不同，其滑面上正应力不同，因此滑带土后期压密的程度也不同，导致滑坡不同地段滑带土的物理性质各不相同。但是在实际勘察中，要想通过勘探获得不同地段滑带土的物理指标，不仅工程量很大，而且某些勘探手段，如钻孔，由于水的参与，取得的滑带土已不代表原位状态；若是通过平洞获得滑带土试样，每一个平洞仅能取得一组该地点的试样。由于滑坡不同部位滑体的厚度是不相同的，特别是一些大型滑坡，其不同部位滑体厚度差别较大，环境条件也有差异，少量平洞试样难以代表整个滑带的情况，要想获得可以代表滑坡不同部位滑带土的物理指标是相当困难的。

滑坡在下滑过程中形成了滑动面，随着滑坡下滑停止，坡体的自重应力开始传递至滑面，经过长期的压缩以及压缩流变，滑带土变得压密，其实质就是滑带土在天然条件下发生重塑或者压缩的过程。因此，滑坡滑带土的物理指标与其所受的自重应力应该是吻合的，按照这一原理，可以通过室内压缩试验来寻求应力与物理指标之间的关系，即可以通过仿真试验成果，揭示不同地段滑带土的物理性质。在获得了不同地段滑带土的物理指标后，根据试验结果可以获得物理指标与力学指标之间的相关关系，从而得到不同地段滑带土的力学指标。如此，可以更加准确、真实地反映滑坡在自然界中滑带土的真实力学指标，为滑带土的抗剪强度参数的获取提供更为科学的依据。成都理工大学和西北院（2007）利用这种方法在多个水电站工程滑坡中对滑带土的力学指标进行了试验研究，利用研究结果计算滑坡的稳定性，结果与实际情况吻合较好，并且有些计算结果已经得到了工程的实践检验，计算分析的结果与滑坡的变形破坏特征是基本一致的，效果较为明显。

例如白龙江苗家坝水电站杨家沟滑坡结构再生试验，试验过程可分为四步骤。

1. 滑带土的室内压缩试验

在室内将现场取回的滑带土配制成接近液限的试样，放入高压固结仪中，分别以 0kPa、12.5kPa、25kPa、50kPa 一直到 3200kPa 进行加压，其各级压应力下获得的孔隙比 e 见表 10.2.4-5，得到 e～P 关系曲线（图 10.2.4-2）。

表 10.2.4-5　　杨家沟滑坡滑带土压缩试验各级压力下的孔隙比

压力 P(kPa)	0	12.5	25	50	100	200	400	800	1600	3200
滑带土孔隙比 e	0.570	0.497	0.468	0.437	0.407	0.377	0.348	0.318	0.290	0.260

从试验的结果可知，孔隙比 e 和正应力 P 之间具有极好的相关性，相关性系数（r）达到 0.9999，得到孔隙比 e 和正应力 P 之间的关系式：

$$e=-0.0428\times\ln(P)+0.605(r=0.9999) \tag{10.2.4-1}$$

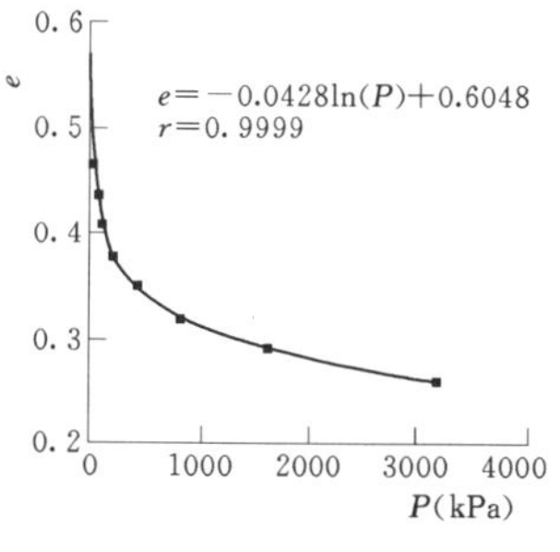

图 10.2.4-2　杨家沟滑坡滑带土 e～P 关系曲线图

2. 滑坡剖面上不同部位滑带土孔隙比 e 和含水量 w 的获得

采用有限元或者其他计算方法，计算获得滑坡剖面上不同部位的正应力，天然状态下杨家沟滑坡滑带土饱和度为 50.74%，取饱和度天然状态 50%和饱水状态 100%计算。利用式（10.2.4-1）得到滑坡剖面不同部位的孔隙比，再利用公式 $w=(S_{re})/G_s$ 得到不同位置的含水量（表 10.2.4-6）。

表 10.2.4-6　　杨家沟滑坡滑带土不同部位 e、w

点号	X 坐标	Y 坐标	正应力 (MPa)	e	天然含水量 w (%)	饱和含水量 w (%)
1	420.86	260.41	0.1313	0.40	7.17	14.35
2	403.00	242.18	0.3373	0.36	6.44	12.89
3	371.58	212.76	0.3619	0.35	6.39	12.78
4	342.67	183.53	0.5056	0.34	6.13	12.26
5	314.31	156.36	0.5527	0.33	6.06	12.12
6	295.71	133.88	0.5249	0.34	6.10	12.20
7	268.70	98.77	0.6826	0.33	5.90	11.79
8	249.35	79.70	1.1225	0.30	5.51	11.02
9	227.30	67.26	1.3182	0.30	5.39	10.77
10	215.54	63.69	1.1266	0.30	5.51	11.02
11	187.88	58.01	0.7923	0.32	5.78	11.56
12	166.92	54.64	0.5582	0.33	6.05	12.11
13	138.34	54.85	0.4262	0.35	6.26	12.52
14	100.23	56.21	0.3519	0.35	6.41	12.82

3. 利用室内剪切试验获得含水量与 c、f 值的关系

杨家沟滑坡滑带土塑限、液限较低，分别为 14.5%和 22.5%。因此做剪切试验时，滑带土的含水量从 8.1%一直做到 18%，一共做了 6 组试验，试验结果见图 10.2.4-3。从图中可以看出，正应力和剪应力有很好的相关性（相关性系数在 0.9 以上），表 10.2.4-7 是不同含水量条件下试样的密度和抗剪强度指标。

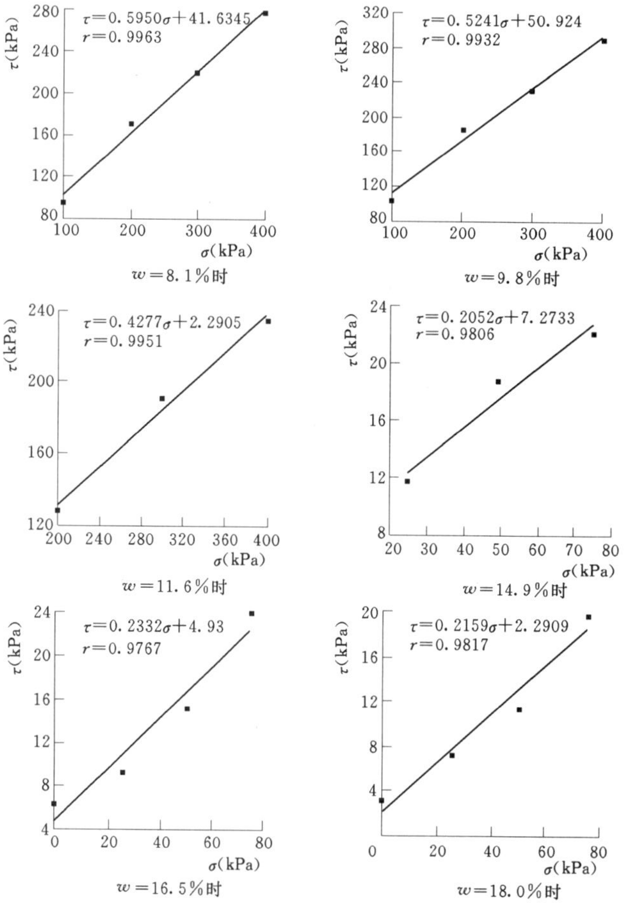

图 10.2.4-3　杨家沟滑坡滑带土各级含水量下的 τ～σ 关系曲线图

表 10.2.4-7　杨家沟滑坡滑带土不同含水量下的抗剪强度指标

含水量（%）	密度（g/cm³）	干密度（g/cm³）	c（kPa）	f
8.1	2.08	1.93	42	0.595
9.8	2.30	2.09	51	0.524
11.6	2.37	2.12	23	0.428
14.9	2.26	1.97	7	0.205
16.5	2.21	1.90	5	0.233
18.0	2.25	1.90	2	0.216

根据表 10.2.4-7 的试验结果可以得出含水量（w）与黏聚力（c）、摩擦系数（f）之间的相关曲线（图 10.2.4-4 和图 10.2.4-5）。

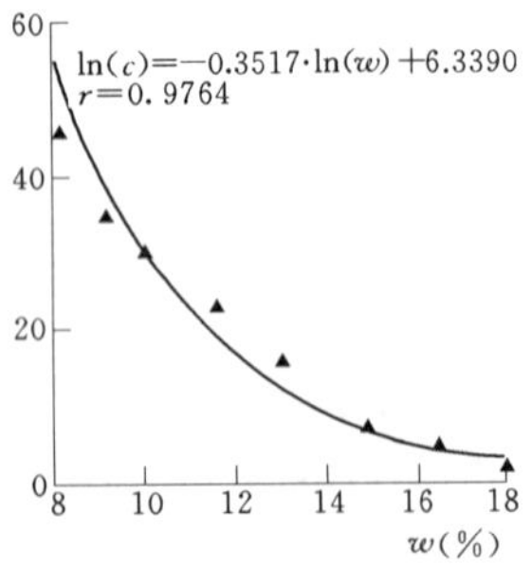

图 10.2.4-4　滑带土的 $c \sim w$ 关系曲线

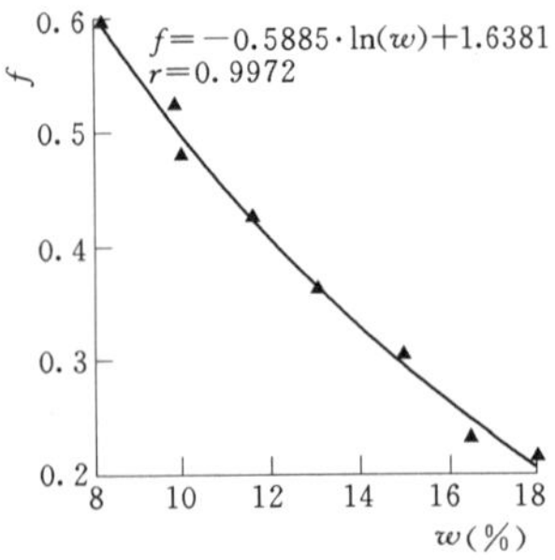

图 10.2.4-5　滑带土的 $f \sim w$ 关系曲线

由此可以得到滑带土含水量（w）与黏聚力（c）、摩擦系数（f）之间的相关方程：

$$\ln(c)=-0.3517\cdot\ln(w)+6.339(r=0.9764) \tag{10.2.4-2}$$

$$f=-0.5885\cdot\ln(w)+1.6381(r=0.9972) \tag{10.2.4-3}$$

4. 滑坡剖面不同位置强度参数的获得

将表 10.2.4-6 中所获得的含水量带入式（10.2.4-2）和式（10.2.4-3），可以得到滑带土在两种情况下不同位置的强度参数（表 10.2.4-8）。

表 10.2.4-8　杨家沟滑坡滑带土不同部位强度参数

点号	X 坐标	Y 坐标	天然状态		饱水状态	
			c（kPa）	f	c（kPa）	f
1	420.86	260.41	48.78	0.58	20.28	0.4967
2	403.00	242.18	62.64	0.63	31.54	0.5428
3	371.58	212.76	63.82	0.64	32.59	0.5464
4	342.67	183.53	69.73	0.66	38.11	0.5642
5	314.31	156.36	71.39	0.67	39.74	0.5690
6	295.71	133.88	70.42	0.66	38.79	0.5662
7	268.70	98.77	75.50	0.68	43.86	0.5808
8	249.35	79.70	86.14	0.72	55.35	0.6098
9	227.30	67.26	89.88	0.73	59.67	0.6196
10	215.54	63.69	86.22	0.72	55.45	0.6100
11	187.88	58.01	78.54	0.69	47.03	0.5892
12	166.92	54.64	71.58	0.67	39.92	0.5696
13	138.34	54.85	66.64	0.65	35.19	0.5550
14	100.23	56.21	63.34	0.64	32.17	0.5450
平均值			71.76	0.67	40.69	0.5700

在获得了滑坡滑带土不同部位的抗剪强度参数后，以计算得到的不同部位抗剪强度参数平均值为基础，考虑安全因素综合选取滑坡滑带土的抗剪强度参数。

（四）滑带土的剪切流变试验

滑坡在下滑破坏前经历了长时间的孕育过程，滑带也处于长时间的剪切流变过程。在实验室可以通过流变试验得到滑带土的长期强度，以便更加准确地计算分析滑坡的稳定性。滑带土的剪切流变试验，其主要目的是研究滑带土在上覆岩体重力作用下其物理力学特性与时间的关系，同时考察滑带土在不同含水量状态下，物理力学参数的变化规律，寻找出合适的应力比（切向应力与法向应力之比），并得到滑带土的长期强度。

最早的流变试验为 Pfaff、Adams、Nicolson 于 1901 年利用灰岩进行静水压力作用下的变形与破坏观测，其目的主要从地质学角度探讨岩石的变形与流动性质。其后，人们逐渐认识到岩石变形流动与时效强度的重要性，使岩土力学从一般强度与变形研究推进到流变学的时效研究。在我国，以陈宗基教授为首的岩体流变力学学派，从 20 世纪 50 年代开始，先后对一些工程进行了剪切流变和三轴流变试验，把岩石流变学的工程应用向前推进了一步，并使岩石流变学的基本概念与学术思想得到更为广泛的传播。由陈教授提出并由他的学生发展的一种新的试验方法——“陈氏加载法”在国内外的岩土流变学研究中得到越来越广泛的应用。该方法可以使流变试验对单一实体采用适当的加载程序，从而得到更多的试验资料。这对试验周期长，且价格昂贵的岩石流变性质研究有重大的实际意义。

其试验的过程分以下几个步骤进行。

1. 试样制备

为了尽可能使试验结果符合工程实际，制样时采用重力压密原理，即模拟试样在上覆重力作用下使试样的含水量、密度等指标尽量与滑带土天然状态下的值接近。

2. 直剪试验

为了初步确定不同正应力条件下试样的峰值强度，从而合理设计各级剪切荷载，首先进行了直剪试验，所得 $\tau \sim \sigma$ 关系曲线。

3. 剪切流变试验

（1）试验方法及条件。剪切流变试验分别在 10kPa、20kPa、30kPa、40kPa 的正应力条件下进行，采用“陈氏加载法”，每级剪切荷载的增量为 $P/8 \sim P/11$，P 为各级正应力条件下直剪峰值强度。各级剪切荷载持续时间 5 天。

（2）剪切流变试验资料整理。根据试验观测数据，可绘制出各级正应力条件下的剪切历时曲线，根据 Boltzman 叠加原理，叠加后各级剪切荷载下的总位移与时间关系见图 10.2.4-6（图中 τ 的单位为 10kPa）。

当剪应力较小时，试样的剪切位移基本上是瞬时的，随着时间的增长其蠕变量很小，在 2 天左右就趋于一稳定值；随着剪应力的增大，蠕变量有所提高，特别是破坏前的 1－2 级剪切荷载最明显，随着时间的延续，变形以一恒定的蠕变速率增加，即处于等速蠕变阶段，部分曲线逐渐由等速变形向加速变形过渡，一旦变形以极快的速率增加，曲线几乎与纵轴平行向上延伸，此时试样发生剪切破坏。

（3）滑带土流变力学参数的确定。典型的蠕变试验曲线可分为三个阶段：第一阶段为衰减阶段，应变速率为减速变化，并具有一定的弹性变形；第二阶段为稳定性蠕变阶段，应变速率为恒量，且与所施加的应力成正比，与黏滞系数成反比；第三阶段为加速蠕变阶段，应变速率加速变化，此为破坏特征阶段。真正的流变发生在稳定蠕变阶段。利用此阶段资料，根据下式可以很方便地求出滑带土的流变参数。

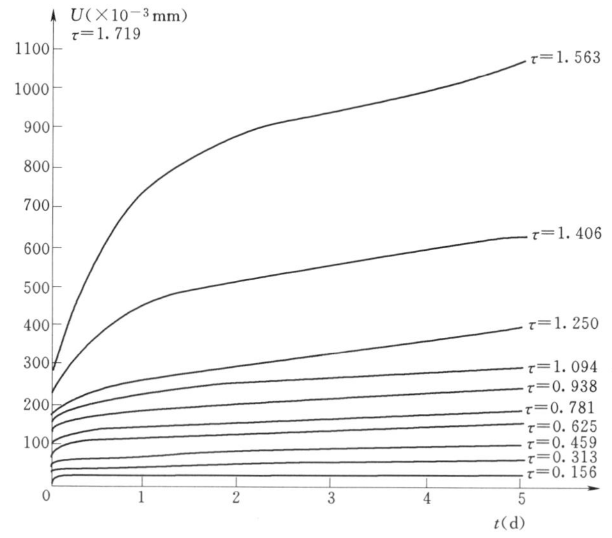

图 10.2.4-6 σ=10kPa 下叠加位移～时间曲线

$$E_1=\sigma/\varepsilon_1 \tag{10.2.4-4}$$

$$\eta=\sigma/\dot{\varepsilon} \tag{10.2.4-5}$$

式中：E_1 为初始弹模；σ 为应力值，此处为剪应力；ε_1 为瞬时弹性应变；η 为黏滞系数；$\dot{\varepsilon}$ 为应变速率。

(4) 滑带土长期强度的确定。根据前苏联学者 C. C. 维亚洛夫的研究，当剪应力 τ 小于某一临界值时，位移—时间曲线表现为衰减蠕变特性，而当剪应力超过这一临界应力值时，位移—时间曲线表现为非衰减蠕变，反映到双对数坐标中的应力—变形曲线上就会出现拐点，拐点处对应的剪应力值即为长期抗剪强度值（τ_∞）。

根据观测数据可绘制各级正应力条件下剪应力—剪位移双对数坐标曲线图，由此图可以得到各级正应力条件下的长期抗剪强度（τ_∞），根据这些长期抗剪强度值可以绘制出 $\tau_\infty \sim \sigma$ 关系曲线，得到滑带土的内摩擦角和黏聚力的长期值。例如李家峡坝前Ⅱ号滑坡（1800 万 m^3）的研究成果（图 10.2.4-7、图 10.2.4-8）。

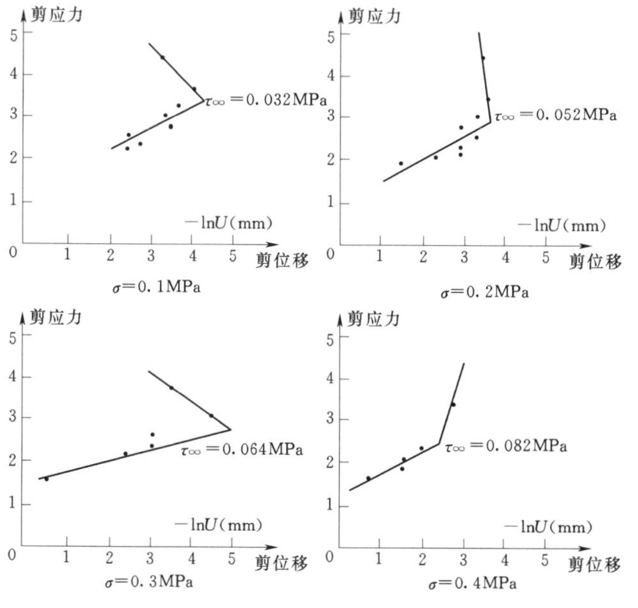

图 10.2.4-7 不同正应力下剪应力（$-\ln\tau$）与剪位移（$-\ln U$）曲线

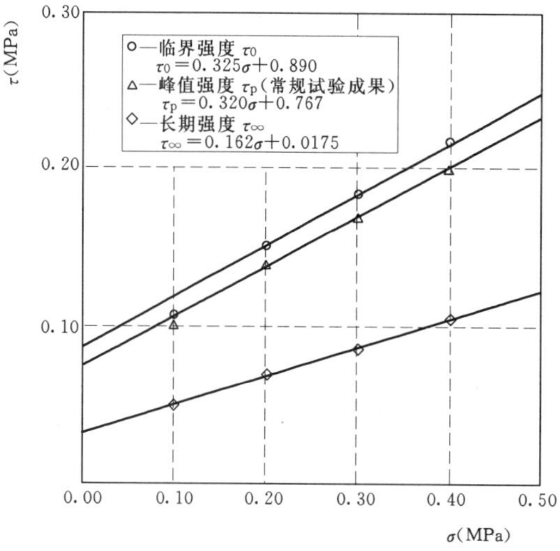

图 10.2.4-8 据Ⅱ号滑坡滑带土流变试验整理的 $\tau \sim \sigma$ 曲线

第五节 边坡勘察报告

一、边坡勘察报告的主要内容

1. 边坡工程地质勘察报告

对勘察收集的大量有关边坡与滑坡的各类资料，必须进行系统、全面的分析和整理，提交完整的边坡工程地质勘察报告。

(1) 任务来源及技术要求。主要阐述边坡的背景，勘察目的，业主的委托和技术要求，勘察采用的技术手段、勘察时间及完成的工作量，所依据的勘察规范。

(2) 边坡区段的工程或地理位置、自然环境、水文气象特征。

(3) 边坡的地质环境。包括当地一定区域的地形地貌、地层、岩性、地质构造、地震烈度，边坡体的地形形态、植被、冲沟，地层岩性及分布位置和风化程度，主要构造裂面产状，分布位置及其与临空面之间的关系，水文地质特征等。

(4) 边坡的坡体结构特征。根据边坡范围内各种岩土层和主要结构面的分布、产状、岩体结构、地下水分布及其与临空面的关系划分坡体结构类型，并分析工程活动后可能产生的变形类型和部位。

(5) 影响边坡稳定性的因素。分自然因素和人为因素（如开挖、填筑）进行分析。

(6) 边坡变形特征。对已经发生的自然斜坡和开挖边坡的变形描述类型、规模、分布范围，变形发生的条件和原因，变形历史过程和危害性。

(7) 边坡稳定性评价。采用工程地质综合分析与力学计算法评价边坡的整体和局部稳定性，划分出稳定边坡、欠稳定边坡和不稳定边坡。

(8) 防护和加固措施建议。

2. 边坡工程地质专题勘察报告附件

(1) 工程地质平面图（1：500～1：2000）。

(2) 代表性工程地质剖面图（1：200～1：1000）。

(3) 节理玫瑰图、赤平投影图。

(4) 边坡稳定性计算成果。

(5) 岩、土、水试验资料。

(6) 钻孔柱状图、试坑（探井）展示图。

(7) 变形监测资料。

(8) 有关工程照片。

二、滑坡勘察报告的主要内容

1. 滑坡工程地质专题勘察报告

滑坡工程地质勘察报告的主要内容可参照边坡勘察报告的内容编写，但重点是滑体、滑带的物理力学性质及力学参数论证选择，稳定性分析计算及评价、监测成果分析和工程治理建议意见等。

2. 滑坡工程地质勘察报告附件

(1) 工程所在地的工程地质平面图（比例尺 1：500～1：1000）。内容包括平面方位（指北针）；河（沟）位置和流向；地层界线，岩层产状，构造线及其性质和产状；地下水露头（泉）的出露位置、高程、流量；地面裂缝的分布位置、长度、宽度和性质；主要勘探线点的位置和高程；重要建筑物和拟建建筑物的位置等。

(2) 代表性工程地质纵、横断面图（比例尺 1：200～1：1000）。内容包括：与平面相对应的平面位置和高程；地形线、地层分界线、构造线、风化程度界线；勘探点的位置、深度和高程；地下水含水层位置和水位；软弱层、滑动面（带）及潜在滑面的位置和连接；地面裂缝和变形建筑物在断面上的位置；已有和拟建建筑物在断面上的位置、形状和高程等。

(3) 边坡展示图，节理玫瑰图和赤平投影图。

(4) 钻孔柱状图、探坑（井、洞）展示图。

(5) 滑坡变形监测资料。

(6) 岩、土、水试验资料。

(7) 其他有关调查访问资料。

(8) 相关工程照片。

第三章 边坡稳定性分析

第一节 边坡工程地质条件及稳定性定性分析

一、边坡工程的地质条件分析

（一）岩性条件

（1）岩石和岩体的强度。岩质边坡由于岩性区别，岩石的容重和岩体抗剪强度差异很大，土质边坡中土体的容重和抗剪指标，亦直接与物质组成有关。粗粒土组成的边坡稳定性较细粒土为好。

（2）岩体的抗风化能力。泥质或泥质胶结的岩石，抗风化能力低，边坡稳定性就差，如页岩、泥岩、泥质砂岩、泥质粉砂岩、泥灰岩、片岩、千枚岩、板岩等。钙质胶结的岩石易于溶蚀而引起溶蚀性风化，其他硅质胶结的岩石则抗风化能力较强。

（3）岩石的亲水性。指岩石浸水后性质发生变化，有些岩石产生软化、崩解、膨胀、溶解、湿陷等，影响边坡稳定。软化性是指岩石遇水后性质变软，强度降低的性质，用软化系数表示。软化系数愈小，对边坡稳定愈不利。黏性土的亲水性一般用液性指数和亲水性系数表示。液性指数大于0.75的土体，是处于软塑和流塑状态，对边坡稳定不利。亲水性系数愈大，土体愈不稳定。一般认为亲水性系数小于0.75的土体，是属于稳定性好的土体；亲水性系数大于1.25的土体，是属于稳定性差的土体。

（4）膨胀性。岩土的膨胀性取决于化学成分、矿物成分、孔隙度和胶结物的性质等。表现在岩土体吸收水分以后，使颗粒接触处水膜增厚，引起体积膨胀，颗粒间发生位移，黏结力减小，强度降低，地表发生抬拱现象。如膨润土、高岭土、黏土岩、页岩、泥岩等，硬黏土中蒙脱石含量大时，常有吸水膨胀现象。

（5）崩解性。指岩土在空气中和浸没在水中并干湿交替时，保持机械强度的能力。有的岩土体易崩解，颗粒之间完全丧失黏结力，强度趋向于零，变成松散堆积物。如黏土岩、页岩、泥灰岩、白垩岩等各种膨胀土。崩解性岩石裸露地表或经常浸水后，不断崩解剥落，导致边坡表层不断破坏。

（6）溶解性。指岩土中可溶于水的盐类和矿物的含量及其溶解速度。如石膏、岩盐等矿物溶于水中并随水带走，岩体中出现空洞，降低了岩体的完整性和边坡的稳定性。

（7）湿陷性。是黄土和黄土类土所具有的一种工程地质性质，即土体浸水后颗粒间孔隙减少，急速下沉，对边坡稳定不利。

（二）结构条件

（1）滑动面。指边坡岩体破坏时沿之下滑的结构面。岩体破坏时，滑动面上产生剪切作用。这种结构面，在边坡破坏之前，岩体中已经存在，大多倾向坡外，如层面、不整合面、断层面、节理面、裂隙面、劈理面、片理面等。滑动面通常是强度较低的软弱结构面。

（2）切割面。指使某一结构块体与周围岩体分开的结构面。在滑动过程中它不承受较大的法向应力，不产生显著的摩阻力，起边界分割作用。在边坡岩体变形过程中，主要是承受拉应力的作用。岩体中的切割面多为陡倾角，根据切割面走向与边坡走向的关系，可分为纵向切割面——切割面走向与边坡走向大致平行，或切割面走向与边坡倾向大致垂直；横向切割面——切割面走向与边坡走向大致垂直，或切割面走向与边坡倾向大致平行；斜向切割面——切割面走向与边坡走向，倾向斜交。土体中的切割面常常是边坡变形的产物，是边坡变形的直接证据，也是大规模塌滑的序幕。

（3）临空面。指滑动体下滑时的自由空间方向，受天然或开挖后地形控制，如河流切割的峡谷、深潭、冲刷坑、冲沟等。此外，在滑动岩体的前方，如有垂直方向的较大的断层破碎带、节理密集带等，能产生压缩变形的岩体，也具有临空面的性质。

（三）水作用条件

（1）软化岩石。降低边坡岩体强度。边坡岩石受水浸泡后，岩石和结构面尤其是可能滑动面的抗剪强度降低，影响边坡稳定。

（2）浮托力作用。地表水和地下水位升高，下部岩体由天然容重变为浮容重，使下部岩体抗滑力降低。

（3）水压力作用。由于地面水或地下水位的升降，产生动水压力和静水压力，尤其是地面水位急剧下降，或者地下水位急剧上升的情况下，产生的动水压力，对边坡稳定影响最大。

（4）其他作用。地面水和地下水还将引起有冲刷、潜蚀、管涌等作用，对边坡稳定不利。

水对边坡失稳的作用是明显的，作用在边坡不同部位，不同类型的水（降雨、地表汇水、库水）对边坡变形、失稳的影响程度是不同的。就库水浸泡边坡而言，国内学者研究了长江三峡水库蓄水40余天千将坪滑坡失稳事故后认为，蓄水引起的浮托力和孔隙水压力作用仅使滑坡产生蠕滑变形，并不能使滑坡立即下滑，而滑带结构被水浸泡软化，强度降低是千将坪滑坡失稳的真正原因，工程实践中对此应充分重视。

（四）其他条件

如地应力作用、地震振动、爆破振动、工程改造边坡型式，人工荷载、排水条件、施工方法等都是影响边坡稳定的因素。

（1）气候作用。岩土体风化速度，风化层厚度以及岩石风化后的物理变化和化学变化（矿物成分的改变），均与气候有关。

（2）地震作用。地震作用除了岩土体受到地震加速度的作用而增加下滑力外，在地震作用下，岩土中的孔隙水压力增加和岩土体强度降低都对边坡的稳定不利。

(3) 地貌因素。边坡的高度、坡度和形态是影响其稳定性的重要因素。

(4) 人为因素。边坡上部堆载，大量外来水的渗入及爆破等都可能造成边坡失稳。

(五) 影响边坡稳定的因素

影响边坡稳定的主要因素和主要变形破坏型式见表10.3.1-1。

表 10.3.1-1　　边坡稳定影响因素分析表

序号	边坡类型	边坡稳定影响因素
1	黏性土边坡	影响边坡稳定的主要因素有：矿物成分，特别是亲水、膨胀、溶滤性矿物含量；节理裂隙的发育状况；水的作用；冻融作用。主要变形破坏型式有滑动；因冻融产生剥落；坍塌
2	砂性土边坡	影响边坡稳定的主要因素有：颗粒成分及均匀程度；含水情况；振动；外水及地下水作用；密实程度。饱和含水的均质砂性土边坡，在振动力作用下易产生液化滑坡；其他变形破坏型式主要有管涌、流土；坍塌；剥落
3	黄土边坡	边坡稳定主要受水的作用，因水湿陷，或水对边坡浸泡，水下渗使下垫隔水黏土层泥化等。主要变形破坏型式有崩塌、张裂、湿陷和滑坡等
4	软土边坡	易产生滑坡、塑流变形、坍塌，边坡难以成型
5	膨胀土边坡	干湿变化和水的作用对此类边坡稳定影响较大。易产生浅层滑坡和浅层崩解
6	碎石土边坡	边坡稳定受黏土颗粒的含量及分布特征、坡体含水情况及下伏基岩面产状影响较大。易产生滑坡或坍塌
7	岩土混合边坡	下伏基岩面产状、水对土层浸泡以及水渗入土体对此类边坡稳定影响较大。易产生沿下伏基岩面的土层滑动、土层局部坍塌以及上部岩体沿土层蠕动或错落
8	岩质边坡	其稳定性主要取决于岩体风化卸荷特征，岩体结构和结构面的性质、发育程度及其空间的组合形态。易产生崩塌、滑动、溃屈、侧向拉裂、倾倒等

二、边坡稳定性的定性分析

边坡稳定性的定性分析主要是通过工程地质勘察，对影响边坡稳定性的主要因素、可能的变形破坏方式及失稳的力学机制等的分析，对已变形地质体的成因、与周边坡体的关系及其演化史进行分析，从而给出被评价边坡一个稳定性状况及其可能发展趋势的定性说明和解释。

(一) 边坡变形破坏类型

依据变形破坏特征、变形破坏机制和破坏面形态，在表10.1.2-4的基础上把边坡变形破坏类型进一步细化为表10.3.1-2。

表 10.3.1-2　　边坡变形破坏类型

序号	变形破坏 类型	变形破坏 亚类	变形破坏特征	变形破坏机制	破坏面形态
1	崩塌		边坡上局部岩体松动、脱落，主要运动形式为自由坠落或滚动	拉裂。岩体存在临空面，在结合力小于重力时，发生崩塌	
2	滑动	平面形	边坡岩体沿某一结构面整体向下滑移	剪切—滑移。结构面临空，坡脚岩层被切断，或坡脚岩层挤压剪切	层面或贯通性结构面形成滑动面
		圆弧形	土质及散体结构的边坡，沿圆弧形滑动面滑移，坡脚隆起	剪切—滑移。内摩擦角偏低，坡角、坡角偏大	圆弧形滑动面
		楔形体	两个或三个结构面结合而成的楔形体，沿两个滑动面交线方向滑动	剪切—滑移。结构面临空	两个以上滑动面组合
3	弯曲倾倒		层状反向结构的边坡，表部岩层逐渐向外弯曲倾倒等现象。少数层状同向边坡也可出现弯曲倾倒	弯曲—拉裂，劈楔。由于层面密度大，强度低，表部岩层在风化及重力作用下产生弯矩	沿软弱层面与原反倾向节理面追踪形成
4	溃屈		层状结构顺层边坡，岩层倾角与坡角大致相似，上部坡体沿软弱面蠕滑，由于下部受阻而发生岩层鼓起，拉裂现象	滑移—弯曲，顺坡向剪应力过大，层面间的结合力偏小，上部坡体软弱面蠕滑，由于下部受阻而发生纵向弯曲	层面拉裂，局部滑移
5	拉裂		边坡岩体沿平缓面向临空方向产生蠕变滑移，局部拉应力集中而发生拉裂，扩展移动等现象	塑流—拉裂。重力作用下，软岩变形流动使上部岩体失稳	软岩中变形带
6	流动		崩塌碎屑类堆积在重力作用下，向坡脚或峡谷内流动，形成碎屑流滑坡，多发生在具较大自然坡降的峡谷地区，及施工堆渣边坡	流动。碎屑体饱水后在重力作用下，产生流动	碎屑体内流动，无明显滑动面

注　据《水电水利工程边坡设计规范》(DL/T 5353—2006)，补充了变形破坏机制等内容。

(二) 边坡岩体结构分析及边坡稳定特征

1. 不同结构面对边坡稳定的影响

合理地对结构面进行分级是认识边坡稳定性的基本条件，这有助于在实践工作中区别主次，便于对具体的岩体稳定性问题得到正确认识。按结构面规模大小及其对岩体稳定所起的作用可分为不同的等级，见第七篇第三章第二节。各级结构面对边坡稳定的影响可归纳为：

(1) Ⅰ级结构面关系到边坡所在区域的稳定性，这种规模巨大的破碎带在边坡可构成威胁性甚大的病害地段，控制山体、边坡的稳定性。

(2) Ⅱ级结构面是岩体变形和破坏的控制条件，控制山体、边坡的稳定性。

(3) Ⅲ级结构面直接影响着边坡岩体的稳定性，制约着岩体的破坏方式，控制边坡的稳定。

(4) Ⅳ级结构面其发育情况反映了岩体的完整性，控制着岩体的强度，影响岩体的工程地质性状和受力后岩体变形、破坏方式，与Ⅲ级结构面组合控制边坡稳定性，Ⅳ级结构面组合控制局部稳定。

(5) V级结构面主要影响岩块的强度及岩块的破坏方式，仅影响个别岩块的稳定性。

2. 各类岩体结构的边坡稳定特征及失稳模式分析

岩体的变形破坏是由岩体结构控制的，不同岩体结构的边坡稳定特征和失稳模式有明显的差异，详见表10.3.1-3。

表10.3.1-3 各类岩体结构的边坡稳定特征及主要失稳模式分析

序号	边坡结构		岩石类型	岩体特征	剖面示意图	边坡稳定特征	主要失稳模式类型
1	块状结构		岩浆岩、中深变质岩、厚层沉积岩、厚层火山岩	结构面不发育，多为硬性结构面，软弱面较少	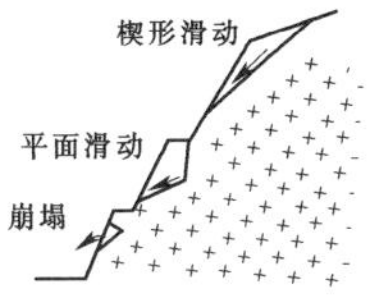	边坡稳定性受贯穿性结构面和关键块体稳定性控制，破坏类型以崩塌、平面滑动和楔体滑动为主	崩塌、平面滑动、楔体滑动
2	层状结构	层状同向结构	各种层厚的沉积岩、层状变质岩、多轮回喷发火山岩	边坡与层面同向、走向夹角一般小于30°，层面裂隙或层间错动带发育	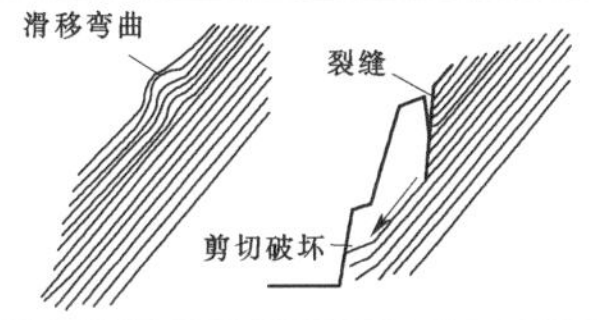	切脚坡易发生滑动破坏，插入坡在岩层较薄倾角较陡时易发生溃屈破坏。层面、软弱夹层或顺层结构面常形成滑动面	滑移破坏型、剪切破坏型、滑移—弯曲破坏型(溃曲)、劈楔弯曲破坏型
		层状反向结构		边坡与层面反向、走向夹角一般小于30°，层面裂隙或层间错动带发育	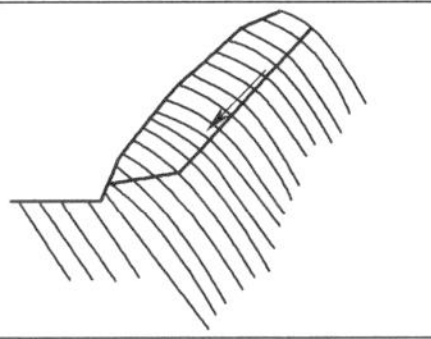	岩层较陡时易发生倾倒破坏，千枚岩或薄层状岩石表层倾倒比较普遍。抗滑稳定性好，稳定性受断裂结构面控制	倾倒
		层状横向结构		边坡与层面走向夹角一般大于60°，层面裂隙或层间错动带发育	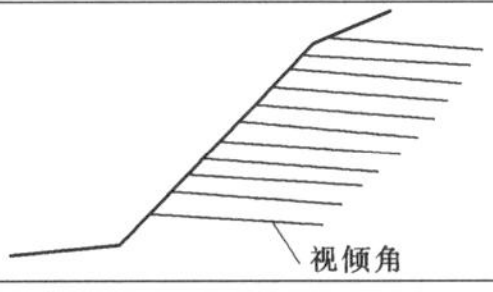	边坡稳定性好，稳定性受断裂结构面控制	局部崩塌或楔体滑动
		层状斜向结构		边坡与层面走向夹角一般大于30°、小于60°，层面裂隙或层间错动带发育	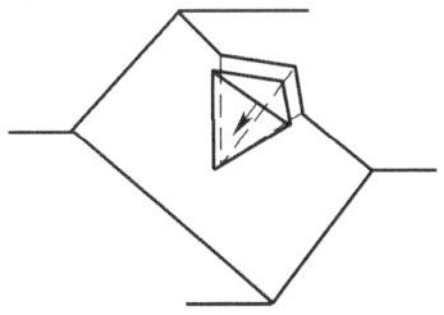	边坡稳定性较好，稳定性受顺层结构面与断裂结构面组合控制，斜向同向坡一般在浅表层易发生楔形体滑动	浅表层楔体滑动
		层状平叠结构		岩层近水平状，多为沉积岩，层间错动带一般不发育	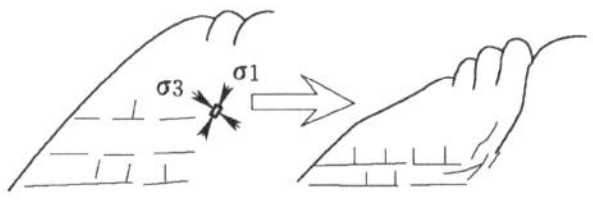	边坡稳定性好，沿软弱夹层可能发生侧向拉张或流动	流塑拉裂、压张拉裂
3	碎裂结构		一般为断层构造岩带、劈理带、裂隙密集带	断裂结构面或原生节理、风化裂隙发育，岩体较破碎	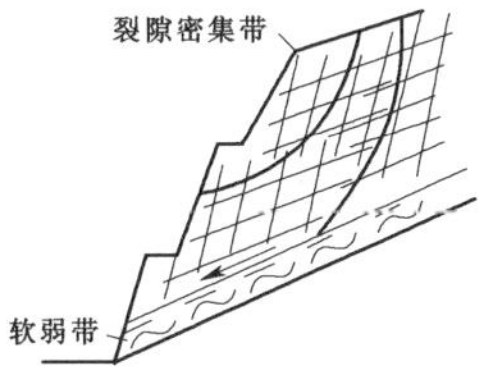	滑动抗滑稳定性受不仅受断裂结构面控制，还受破碎岩体质量控制，边坡稳定性较差，易发生崩塌、剥落和弧面形滑动	圆弧滑动和软弱结构面控制两种模式中最不利的模式
4	散体结构		一般为断层未胶结的破碎带、全风化带、松动岩体	由岩块、岩屑和泥质物组成	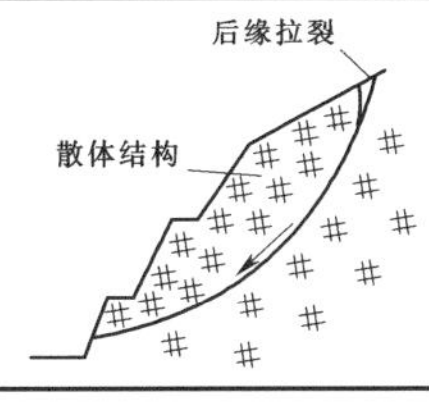	边坡稳定性差，易发生弧面形滑动和沿其底面滑动	圆弧滑动

(三) 边坡岩体质量分类

边坡岩体质量分类(CMSR系统)广泛应用于边坡浅表层稳定性的判断，确定边坡表面坡度和浅表层的加固措施等方面。

CSMR分类体系的分类因素基本上分为两部分：一部分是岩体基本质量(RMR)；另一部分是各种边坡影响因素的修正，采用积差评分模型，其表达式为

$$CSMR=\xi RMR-\lambda F_1F_2F_3+F_4 \qquad (10.3.1-1)$$

式中：F_1为边坡和结构面走向间平行度有关的系数，F_2为与结构面倾角有关的系数；F_3为边坡角和结构面倾角间有关的系数；F_4为取决于开挖方法的调整因子。

式(10.3.1-1)中岩体基本质量评分标准和各种边坡影响因素的修正。

(1) 岩体基本质量RMR，由表10.3.1-4确定。

(2) 坡高修正系数ξ按下式计算：

$$\xi=0.57+\frac{34.4}{H} \qquad (10.3.1-2)$$

式中：H为边坡高度，m。对于倾倒边坡：$\xi=1$。

(3) F_1、F_2、F_3由表10.3.1-5确定。

表 10.3.1-4　　RMR 分类参数及评分标准表

参数			评分标准				
1	岩石强度（MPa）	点荷载强度	>10	4～10	2～4	1～2	<1 不宜采用
		单轴抗压强度	250～100	100～60	60～30	30～15	15～5
	评分		15～10	8	5	3	2～0
2	岩石质量指标 RQD（%）		90～100	75～90	50～75	25～50	<25
	评分		20	17	13	8	3
3	结构面间距（cm）		200～100	100～50	50～30	30～5	<5
	评分		20～15	13	10	8	5
4	结构面条件	粗糙度	很粗糙	粗糙	较粗糙	光滑	擦痕、镜面
		评分	6	4	2	1	0
		填充物	无	<5mm（硬）	>5mm（硬）	<5mm（软）	>5mm（软）
		评分	6	4	2	2	0
		张开度	未张开	<0.1mm	0.1～1mm	1～5mm	>5mm
		评分	6	5	4	1	0
		结构面长度	<1m	1～3m	3～10m	10～20m	>20m
		评分	6	4	2	1	0
		岩石风化程度	未风化	微风化	弱风化	强风化	全风化
		评分	6	5	3	1	0
5	地下水条件	状态	干燥	湿润	潮湿	滴水	流水
		透水率（Lu）	<0.1	0.1～1	1～10	10～100	>100
		评分	15	10	7	4	0

表 10.3.1-5　　结构面方位修正

	情况	非常有利	有利	一般	不利	非常不利
P T	$\gamma_1=\lvert a_j-a_s\rvert$ $\gamma_1=\lvert a_j-a_s-180°\rvert$	>30°	30°～20°	20°～10°	10°～5°	<5°
P、T	F_1	0.15	0.40	0.70	0.85	1.00
P	$\gamma_2=\lvert\beta_j\rvert$	>20°	20°～30°	30°～35°	35°～45°	>45°
P T	F_2 F_2	0.15 1	0.40 1	0.70 1	0.85 1	1.00 1
P	$\gamma_3=\beta_j-\beta_s$	>10°	10°～0°	0°	0°～(−10°)	<−10°
T	$\gamma_3=\beta_j-\beta_s$	<110°	110°～120°	>120°	—	—
P、T	F_3	0	5	25	50	60

注　P 为平面滑动；a_s 为边坡倾向；a_j 为结构面倾向；T 为倾倒滑动；β_s 为边坡倾角；β_j 为结构面倾角。

（4）F_4 由表 10.3.1-6 确定。

表 10.3.1-6　　边坡开挖方法修正

方法	自然边坡	预裂爆破	光面爆破	常规爆破	无控制爆破
F_4	+5	+10	+8	0	−8

（5）结构面条件系数 λ 由表 10.3.1-7 确定。

表 10.3.1-7　　结构面条件系数 λ

结构面条件	λ	结构面条件	λ
断层、夹泥层	1.0	节理	0.7
层面、贯穿裂痕	0.8～0.9		

通过上述的边坡岩体质量评价和各项边坡工程因素的修正后，所求得的 CSMR 总分即可根据表 10.3.1-8 确定边坡岩体类别，半定量地评价岩体质量和稳定性，预测可能的破坏模式及处理方法。

表 10.3.1-8　　边坡岩体分类——CSMR 体系

类别	Ⅴ	Ⅳ	Ⅲ	Ⅱ	Ⅰ
CSMR	0～20	21～40	41～60	61～80	81～100
岩体质量	很差	差	中等	好	很好
稳定性	很不稳定	不稳定	局部稳定	稳定	很稳定
破坏模式	平面滑动，类似土质滑坡	大规模的平面或楔形体滑动，严重倾倒	小规模的平面或楔形体滑动，浅层倾倒	掉块	无
加固方式	开挖、抗滑桩与排水	大规模减载、加固与排水	小规模减载、加固与排水	局部加固与排水	无

（四）边坡稳定性的赤平投影分析

赤平投影是大多数工程地质人员较为熟悉的一种把存在于节理岩体中的结构面三维的空间几何信息表现在二维平面上的一种方法。其特点是：只反映物体的线和面的产状，而不涉及它们的具体位置、长短大小和距离远近。对于某一个岩体结构面的空间方位（产状），通常是用它的走向、倾向和倾角来描述，在赤平投影方法中，倾向和倾角这两个参数可用一个大圆或一个极点唯一地表示在一赤平投影平面上（图 10.3.1-1）。

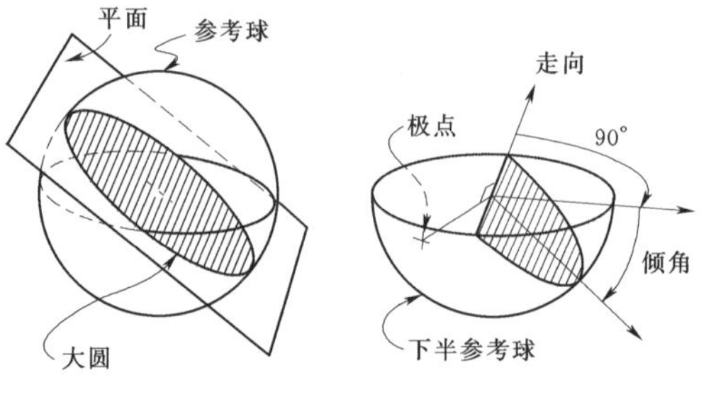

图 10.3.1-1　结构面和参考球的空间位置关系

1. *岩质边坡典型破坏模式的赤平投影图*

在岩质边坡中，岩体的失稳与破坏主要受岩体内软弱结构面的控制，它们相互之间的空间分布位置、组合关系（包括自然边坡或边坡开挖面的产状）和结构面的物理力学性质等对边坡的稳定都起着至关重要的作用。赤平投影方法正是基于这一点来进行的，应用这种方法可以帮助地质及工程技术人员对边坡的稳定性作出快速、定性的判断。

常见的岩质边坡的破坏类型主要有以下三种（见图 10.3.1-2），图中相应地给出了可能引起这些破坏形成的构造条件的赤平投影图。

（1）平面破坏。平面破坏为层状结构边坡的常见破坏型式，岩层主要由相互平行的一系列结构面组成，以沉积岩的层面最为典型，失稳破坏明显受某一结构面控制，主要表现为顺层滑动。

（2）楔体破坏。楔体破坏为块状结构岩质边坡的常见破坏型式，其破坏楔体是由两组或多组不同产状的结构面组合而成。这类岩体中边坡的失稳破坏也明显受结构面控制，表现为由几组结构面和临空面围成的结构体沿某一结构面或沿某两个结构面的交线滑动。

（3）倾倒破坏。在层状结构和块状结构的两种边坡中，当

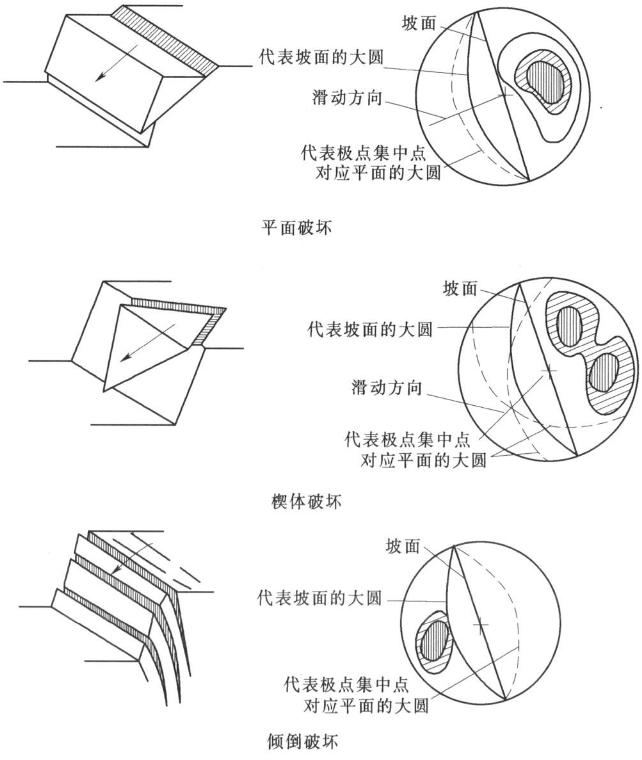

图 10.3.1－2　边坡岩体结构类型及其失稳破坏型式

控制岩体的主要结构面倾角较陡，而且该结构面的倾向与坡面的倾向相反时，在平缓结构面的共同作用下，就有可能发生倾倒破坏。

2. 平面滑动和楔体破坏的判别准则

在平面破坏和楔体破坏两种类型中，其失稳或滑动的判别原则一般可简单归纳为 $\beta_p \geqslant \beta_j \geqslant \varphi$，其中 β_p 为坡面在结构面倾向方向上（或某两组结构面交线方向上）的视倾角，β 为结构面（或某两组结构面交线）的倾角，φ 为结构面的摩擦角。特别值得指出的是，这一可能滑动的条件只考虑了结构面的摩擦角。如果有黏聚力存在的情况，可以按照等效摩擦角的概念综合考虑黏聚力的影响。如果结构面或者两组结构面交线的倾向为 α_j，坡面的倾向、倾角分别为 α 和 β，则

$$\tan\beta_j = \cos(\alpha_j - \alpha)\tan\beta \qquad (10.3.1-3)$$

在此判别中，还要考虑坡面倾向与结构面倾向的一致性（通常认为当两者夹角不大于 20°时才可能发生滑动）。当有多组结构面组合构成楔体破坏时，还要考虑每两组结构面交线的产状与滑动方向的关系等综合因素。

根据上述原则，在赤平投影失稳模式判别图（图 10.3.1－3）上可能滑动区由 $\beta \leqslant \beta_p \leqslant 90° - \varphi$ 所包围的月牙形区域组成。

3. 倾倒破坏的判别准则

在倾倒破坏类型中，其倾倒破坏区的判别是根据和参阅国内外有关文献资料及已有的工程经验进行的，即倾倒破坏一般来说要满足以下条件：

（1）边坡面的倾角不小于 30°；

（2）边坡面的倾向与结构面（或结构面交线）的倾向相反，且两者倾角的夹角不小于 12°；

（3）倾倒区的范围一般为：坡面反倾向的 ±10°方位，120°－坡面倾角～90°的倾角范围。

依据上述原则，在赤平投影失稳模式判别图（图 10.3.1－3）上给出了可能倾倒区。

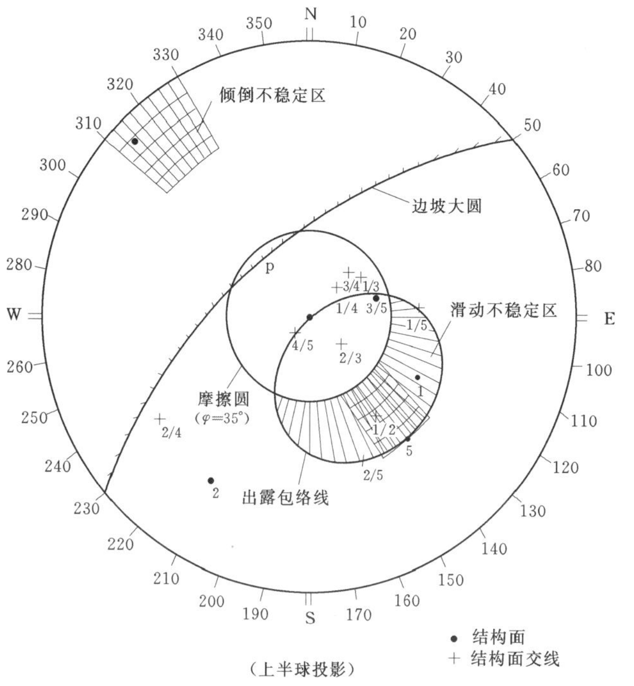

图 10.3.1－3　赤平投影失稳模式判别图

（五）开挖边坡经验坡比

（1）《水电水利工程边坡设计规范》（DL/T 5353—2006），给出了非结构面控制稳定条件下岩质边坡开挖坡度建议参考表，见表 10.3.1－9。

表 10.3.1－9　　岩质边坡建议开挖坡比

岩体特征	建议开挖坡比	备　注
散体结构岩体	不大于天然稳定坡	结合表层保护及拦石措施
全/强风化岩体	1∶1	结合系统锚固或随机锚固
中（弱）风化岩体	1∶0.5	结合随机锚固
微风化/新鲜岩体	1∶0.3～直立（临时）	
整体/完整块状岩体	1∶0.1～直立（临时）	
层状岩体逆向坡	1∶0.15～1∶0.25	逆向坡应注意防倾倒破坏
层状岩体顺向坡	不大于层面坡度	结合系统锚固或随机锚固

（2）《建筑边坡工程技术规范》（GB 50330—2002）规定，边坡高度不大于 30m 时，无外倾软弱结构面的边坡开挖坡比可按表 10.3.1－10 确定。

表 10.3.1－10　　坡高小于 30m 的岩质边坡开挖坡比

边坡岩体类型	风化程度	边坡坡比	
		坡高不大于 15m	坡高 15～30m
Ⅰ	未风化、微风化	1∶0.1～1∶0.3	1∶0.1～1∶0.3
	弱风化	1∶0.1～1∶0.3	1∶0.3～1∶0.5
Ⅱ	未风化、微风化	1∶0.1～1∶0.3	1∶0.3～1∶0.5
	弱风化	1∶0.3～1∶0.5	1∶0.5～1∶0.75
Ⅲ	未风化、微风化	1∶0.3～1∶0.5	
	弱风化	1∶0.5～1∶0.75	
Ⅳ	弱风化	1∶0.5～1∶1	
	强风化	1∶0.75～1∶1	

（3）《建筑边坡工程技术规范》（GB 50330—2002）规定，土质建筑边坡的坡比允许值应根据经验，按工程类比的原则并结合已有稳定边坡的坡比值分析确定。当无经验，且土质均匀

良好、地下水贫乏、无不良地质现象和地质环境条件简单时，可按表10.3.1-11确定。

表10.3.1-11　　土质建筑边坡坡比允许值

边坡土体类别	状态	边坡坡比允许值	
		坡高小于5m	坡高5～10m
碎石土	密实	1∶0.35～1∶0.5	1∶0.5～1∶0.75
	中密	1∶0.5～1∶0.75	1∶0.75～1∶1.00
	稍密	1∶0.75～1∶1.00	1∶1.00～1∶1.25
黏性土	坚硬	1∶0.75～1∶1.00	1∶1.00～1∶1.25
	硬塑	1∶1.00～1∶1.25	1∶1.25～1∶1.50

注　1. 表中碎石土的充填物为坚硬或硬塑状态的黏性土。
2. 对于砂石或充填物为砂土的碎石土，其边坡坡度允许值应按自然休止角确定。

第二节　边坡岩土力学参数与荷载

一、宏观岩土力学参数的分析方法

1. 经验分析法

(1) 系数折减法。根据力学参数与各种因素的关系，考虑这些因素在空间分布和时间变化的规律并从安全考虑出发，对试验成果进行折减，提出建议值。多年来，我国许多大中型水电工程均采用这一方法，积累了较丰富的经验，也是成功的方法。

(2) 工程类比法。根据地质条件相同且成功运行的工程经验，类比取值。《水力发电工程地质勘察规范》(GB 50287—2006) 附录D岩土物理力学参数，均可以在规划、预可行性研究阶段试验资料不足时，结合地质条件折减选用。本手册中也有较多的此类参考数据。

(3) 岩体综合分类法。根据岩体不同方面的特性，进行工程地质分类或分级，并按经验类比方法提出岩体包括结构面的宏观力学参数。《水力发电工程地质勘察规范》(GB 50287—2006) 附录J、附录N和附录O，分别为"围岩工程地质分类"、"岩体结构分类"和"坝基岩体工程地质分类"，均在不同程度上可以作为提出岩体宏观力学参数的基本参考依据。

国外比较知名的岩体分类方法是比尼奥斯基的RMR系统，霍克—布朗利用该系统对岩体评定的分值提出岩体破坏准则，建立了岩体f'、c'值与岩体分类分值的经验公式。近年来霍克又提出地质强度指标GSI分类体系，使霍克—布朗准则在切合自然地质条件上更进一步。

(4) 统计及可靠度分析法。对于地质条件和试验条件相同的试验数据进行统计学和可靠度分析，提出具统计特征的力学参数。在岩体试样数量不足时，不得不采用一些补救方法。如经验与统计相结合的方法。

2. 物探分析法

采用弹性波探测方法可以得出大范围岩体的综合动力学参数，然后与岩体的静力学特性做相关分析，换算为静力学特性参数。

3. 数值模拟法

采用不同的几何条件和破坏机理假设，以数值分析方法对节理岩体进行分析得出宏观力学参数。

4. 试验模拟法

以相似学原理作岩体模拟试验，藉以求出在工程荷载作用下岩体的变形响应，据此计算出岩体的宏观力学参数。

二、力学参数确定的过程

目前我国水电勘测设计单位一般按如下程序确定参数。

(1) 进行原位或取样试验，提出试验成果，列出各类特征值，如比例极限值、峰值、屈服值和残余值等。

(2) 根据试验成果和特征值，按相关规程规范要求，结合试点（样）工程地质条件、试验过程情况等，提出标准值或地质建议值。

(3) 参照标准值或地质建议值，作各种因素的敏感性分析，或者根据边坡的稳定临界状态进行参数反演，然后根据工程的重要性、破坏风险程度和工程处理的可行性，对各类参数值综合分析后，最终确定设计采用值。

这种确定计算参数的程序是多年经验积累逐渐形成的，能较好解决实际问题，但客观上仍是试验与经验的结合方法。

三、边坡抗剪（断）强度参数的取值方法

（一）岩质边坡抗剪（断）强度参数的取值方法

1. 边坡岩体抗剪断强度

(1) 具有整体块状结构、层状结构的硬质岩体，呈脆性破坏时，采用峰值强度参数概率分布的0.2分位值、或小值平均值、或优定斜率法的下限值作为标准值。

(2) 具有无充填、闭合的镶嵌碎裂结构、碎裂结构及隐微裂隙发育岩体，呈塑性破坏或弹塑性破坏时，采用屈服强度的平均值作为标准值。

(3) 无特定控制性结构面的各向同性节理岩体的抗剪强度，可以采用霍克—布朗岩体破坏准则和GSI或RMR系统，结合岩体质量分级和试验成果确定。

2. 依据规范确定岩体抗剪断强度

(1) 规划、预可行性研究阶段，当边坡岩体力学参数试验资料不足时，可结合边坡地质条件，根据《水力发电工程地质勘察规范》(GB 50287—2006) 附录D（见第三篇表3.5.1-4)，进行折减选择地质建议值或设计采用值。

(2) 规划、预可行性研究阶段，当结构面、软弱层、断层的抗剪断强度试验资料不足时，可结合边坡地质条件，根据《水力发电工程地质勘察规范》(GB 50287—2006) 附录D（见第三篇表3.5.1-5)，进行折减选择地质建议值或设计采用值。

3. 稳定边坡岩体抗剪断强度

稳定且尚无变形迹象的工程边坡，应考虑其变形或稳定标准，确定岩土体和结构面抗剪（断）强度参数的设计采用值。

(1) 地基边坡物理力学性质参数宜按下述原则确定：

1) 软弱结构面采用与允许变形量相应的强度，或屈服强度，或流变强度标准值或地质建议值作为设计采用值；

2) 硬性结构面采用比例极限强度标准值或地质建议值作为设计采用值；

3) 成组节理按其采用的优势方向考虑其连通率，计入岩桥效应，按比例极限标准值或地质建议值作为设计采用值；

4) 岩体变形模量或弹性模量根据建筑物最大作用下相应变形曲线关系的相应标准值或地质建议值作为设计采用值。

(2) 非地基边坡，且处于稳定状态的自然边坡和采用控制爆破、边挖边锚及先固后挖的人工边坡，其抗剪强度参数可按下述原则确定：

1) 软弱结构面采用峰值抗剪强度的标准值或地质建议值作为设计采用值；

2) 硬性结构面采用抗剪断峰值强度标准值或地质建议值作为设计采用值；

3) 成组节理按其采用的优势方向考虑其连通率，计入岩桥效应，按抗剪断峰值标准值或地质建议值作为设计采用值。

4. 变形边坡岩土力学参数

变形边坡稳定分析采用的岩土物理力学参数宜根据边坡岩体变形程度，可按稳定系数等于1～1.05的极限平衡条件反算综合强度参数。当变形边坡接近破坏时，可认为稳定系数等于1。

5. 滑坡或已失稳岩体边坡的力学参数

滑坡或已失稳岩体边坡稳定分析采用的力学参数宜按下述原则确定：

(1) 滑面和滑体内部已经开裂的结构面摩擦系数采用残余强度作为标准值，黏聚力忽略不计。

(2) 根据滑动速度和岩体破坏程度，可按稳定系数等于0.95～0.99反算发生滑动时滑面的强度参数，反算时黏聚力可采用较小值或忽略不计。

(二) 土质边坡抗剪强度取值

1. 边坡土体抗剪强度取值

(1) 土的抗剪强度，直剪试验宜采用峰值。强度指标的标准值应取试验值的小值平均值或概率分布的0.2分位值。

(2) 除人工堆积土边坡可采用扰动土样外，土体试样应尽量采用原状样，当原状样难于取得时应采用模拟原状的扰动样。

(3) 地下水浸润线以上土体采用天然原状土试验成果，地下水浸润线以下土体采用饱和原状土试验成果。

(4) 砂性土质边坡，宜采用有效应力法计算抗滑稳定安全系数。抗剪强度参数试验方法可采用三轴仪固结排水剪（CD）和直剪仪慢剪（S）。

(5) 黏性土质边坡，宜采用有效应力法计算抗滑稳定安全系数。抗剪强度参数试验方法可采用三轴仪固结排水剪(CD)，或测孔隙水压力的固结不排水剪（CU）；直剪仪慢剪(S)。当采用总应力法计算时，试验方法为：三轴仪固结不排水剪（CU），直剪仪固结快剪（CQ）。

(6) 具有流变特性的特殊土边坡，应采用流变强度。

(7) 滑坡和大变形土体边坡的滑带土可采用扰动土样的残余强度小值平均值，应特别注意含水量变化对土体强度的影响，采用天然或饱和含水量。

2. 根据边坡稳定状态确定抗剪强度参数

根据边坡稳定状态采用相应抗剪强度参数，稳定边坡和变形边坡以峰值强度为基础；已失稳边坡以残余强度为基础。

3. 根据边坡的临界稳定状态反算抗剪强度参数

可根据边坡的临界稳定状态反算推求滑面的综合抗剪强度参数，一般来说，变形边坡反算滑面的综合抗剪强度参数时，抗滑稳定系数取1.00～1.05；失稳边坡抗滑稳定系数取0.95～0.99。

(三) 确定各向同性节理岩体抗剪强度的 RMR 与 GSI 系统

1. 岩体的质量指标 RMR

岩体的质量指标 RMR 按表 10.3.2－1 确定。

表 10.3.2－1　RMR 系统分类及其评分值表

分类参数			数值范围						
1	完整岩石强度（MPa）	点荷载强度	>10	4～10	2～4	1～2			
		单轴抗压强度	>250	100～250	50～100	25～50	5～25	1～5	<1
	评分值		15	12	7	4	2	1	0
2	岩芯质量指标 RQD（%）		90～100	75～90	50～75	25～50	<25		
	评分值		20	17	13	8	3		
3	节理间距（cm）		>200	60～200	20～60	6～20	<6		
	评分值		20	15	10	8	5		
4	节理条件		面很粗糙，节理不连续，宽度为0节理面岩石未风化	面稍粗糙，宽度<1mm，节理面岩石轻微风化	面稍粗糙，宽度<1mm，节理面岩石严重风化	面光滑或含厚度<5mm的软弱夹层，节理开口宽度1～5mm，连续	含厚度>5mm的软弱夹层，开口宽度5mm，节理连续		
	评分值		30	25	20	10	0		
5	地下水	每10m长的隧洞涌水（L/min）	0	<10	10～25	25～125	>125		
		节理水压力/最大主应力比值	0	<0.1	0.1～0.2	0.2～0.5	>0.5		
		总条件	完全干燥	湿	滴水	流水			
		评分值	15	10	7	4	0		

注　在应用 RMR 确定强度指标时，地下水系数一律取15，有关地下水的影响在稳定分析中将通过计入孔隙水压力予以考虑，故不在此重复考虑。

2. 岩石的地质强度指标 GSI

岩石的地质强度指标 GSI 可以通过表 10.3.2－2 确定。

3. RMR 和 GSI 的关系

按上述方法确定的 RMR 和 GSI 值存在以下经验关系：

$$GSI = RMR - 5 \qquad (10.3.2-1)$$

4. GSI 或 RMR 确定抗剪强度指标

根据 GSI 或 RMR 确定抗剪强度指标的步骤如下。

(1) 按表 10.3.2－3 对不同岩性确定完整岩石常数 m_i。

(2) 在 GSI 基础上确定强度指标的 Hoek－Brown 通用经验公式为

$$\sigma_1 = \sigma_3 + \sigma_c \left(m_b \frac{\sigma_3}{\sigma_c} + s \right)^a \qquad (10.3.2-2)$$

式中的 m_b，s 和 a 可按以下两种情况求解：

当 $GSI>25$（非扰动岩体）：

$$m_b = m_i \exp\left(\frac{GSI-100}{28}\right) \qquad (10.3.2-3)$$

$$s = \exp\left(\frac{GSI-100}{9}\right) \qquad (10.3.2-4)$$

$$a = 0.5 \qquad (10.3.2-5)$$

当 $GSI<25$（非扰动岩体）：

$$s = 0 \qquad (10.3.2-6)$$

$$a = 0.65 - \frac{GSI}{200} \qquad (10.3.2-7)$$

表 10.3.2-2　　节理岩体地质强度指标（GSI 值）

节理岩体地质强度指标（Hoek and Marinos，2000）。从岩性、岩体结构和结构面表面特征确定平均 GSI 值。不必试图太精确，引用范围值 *GSI*=33～37 比取 *GSI*=35 更切实际。此表不适用于由结构面控制破坏的情形。那些与开挖面具有不利组合平直的软弱结构面将控制岩体特性。有地下水存在的岩体中抗剪强度会因含水状态的变化趋向恶化，在非常差的岩类中进行岩体开挖时，遇潮湿条件，GSI 取值应在图中往右移，水压力的作用通过有效应力分析解决或处理。	结构面表面特征	粗糙，新鲜未风化的结构面	粗糙，微风化，结构面有 Fe 质渲染	光滑，中等风化，有蚀变现象的结构面	差：表面有擦痕，强风化，泥膜覆盖或棱角碎块	很差：有擦痕，强风化，黏土覆盖或充填的结构面

岩体结构		结构面表面质量由强至弱⇨
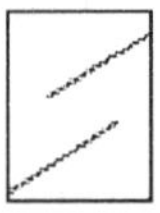	(1)完整或整体结构。完整岩体或野外大体积范围内分布有极少的间距大的结构面	岩块之间的相互咬合程度逐渐降低⇩
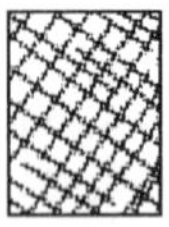	(2)块状结构。紧密结合未扰动岩体，三组节理相互切割形成立方块体	
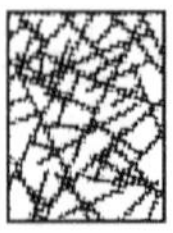	(3)镶嵌结构。结构体相互咬合，由四组或更多的节理形成多面棱角块体，部分扰动	
	(4)块状/扰动/裂缝。褶曲（挠曲）由棱角块体（结构体）组成，结构体由许多相互切割的节理切割而成，层面或片理面连续	
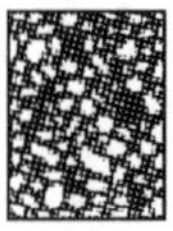	(5)碎裂岩体。块体间结合程度差，由棱角状或圆状岩块组成的严重碎裂结构岩体	
	(6)层状/剪切带。由于密集片理或剪切面作用，只有极少的块体组成的岩体	

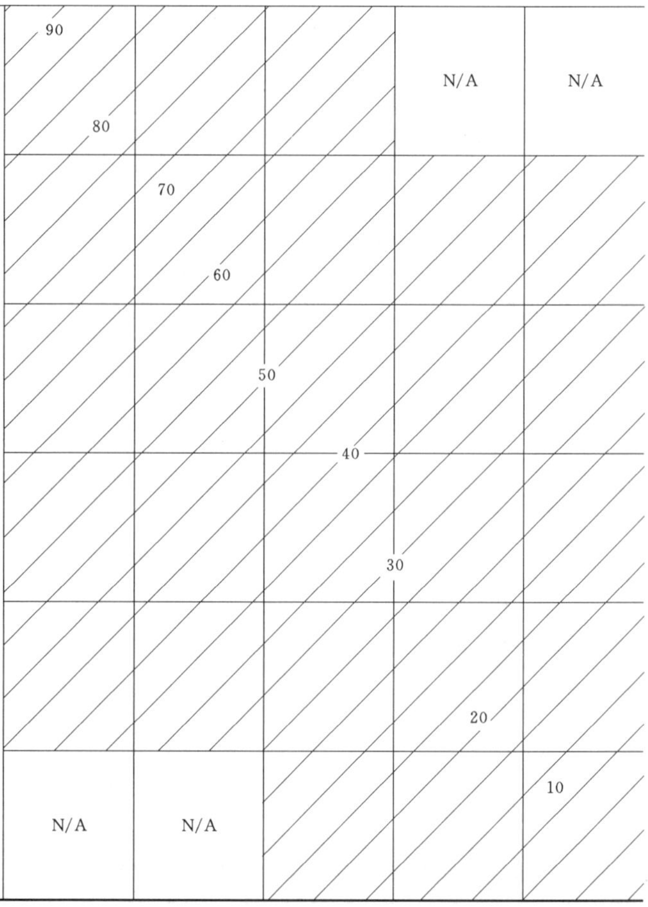

表 10.3.2-3　　按岩组确定完整岩石常数 m_i

岩石类型	等级	岩组	岩石结构 粗粒	中粒	细粒	极细粒
沉积岩	碎屑岩类		砾岩① 角砾岩①	砂岩 17±4	粉砂岩 7±2 杂砂岩 (18±3)③	黏土岩 4±2 页岩 (6±2) 泥灰岩 (7±2)
	碎屑岩	碳酸盐类	粗晶石灰岩 (12±3)	亮晶石灰岩 (10±2)	微晶石灰岩 (9+2)	白云岩 (9±3)
		蒸发岩类		石膏 8±2	硬石膏 12±2	
		有机质类				白垩 7±2
变质岩	无片状构造		大理岩 9±3	角页岩 (19±4) 变质砂岩 (19±3)	石英岩 20±3	
	微状构造		混合岩 (29±3)	角闪岩 26±6	片麻岩 28±5	
	片状构造②			片岩 12±3	千枚岩(7±3)	板岩 7±4

续表

岩石类型	等级	岩组	岩石结构 粗粒	中粒	细粒	极细粒
火成岩	深成岩	浅色	花岗岩 32±3　闪长岩 25±5 花岗闪长岩 (29±3)			
		黑色	辉长岩 27±3 粗粒玄岩 (16±5) 长岩 20±5			
	浅成岩		斑岩 (20±5)		辉绿岩 (15±5)	橄榄岩 (25±5)
	喷出岩	熔岩		流纹岩 (25±5) 安山岩 25±5	石英安长岩 (25±3) 玄武岩 (25±5)	
		火山碎屑岩	集块岩 (19±3)	角砾岩 (19±5)	凝灰岩 (13±5)	

① 砾岩、角砾岩的 m_i 取值范围很宽，取决于胶结成分的性质和胶结程度。其值变化范围可从相当于砂岩至细粒沉积物（甚至可能小于 10）。
② 该值是在完整岩石试样上垂直于层面或片理面试验得到。若沿弱面破坏，则 m_i 值将与点荷载试验值有明显不同。
③ 注意表中括号内的值为估计值，不同材料的取值范围取决于结晶构造的粒度和咬合状态——取值越高，对应的结晶颗粒咬合越紧密且摩擦越大。

(3) 确定抗剪强度指标。可按式（10.3.2-2）通过拟合确定抗剪强度指标。也可采用以下近似方法。相应某一有效法向应力 σ_n，抗剪强度 τ 可表示为

$$\tau=(\cot\varphi_i'-\cos\varphi_i')\frac{m\sigma_c}{8} \quad (10.3.2-8)$$

$$\varphi_i'=\arctan\frac{1}{\sqrt{4h\cos^2\theta-1}} \quad (10.3.2-9)$$

$$\theta=30+\frac{1}{3}\arctan\frac{1}{\sqrt{h^3-1}} \quad (10.3.2-10)$$

$$h=1+\frac{16(m\sigma_n+s\sigma_c)}{3m^2\sigma_c} \quad (10.3.2-11)$$

式中：σ_c 为完整岩石的单轴抗压强度。

通过式（10.3.2-8）确定不同法向应力水平 σ_n 的剪应力 τ，然后通过线性回归的方法确定在此应力水平邻近线性化后的 c 和 φ 值。

5. 使用 RMR 和 GSI 确定抗剪强度指标的具体规定

(1) 对于没有很好的控制爆破措施的边坡，应对所获得的 GSI 评分减去 10 分。

(2) 在使用强度指标的拟合成果时，c 值应减少 25%。

(3) 当存在地下水时，对 σ_c 宜取湿单轴抗压强度。

(4) 在进行 RMR 和 GSI 计分和按式（10.3.2-8）确定抗剪强度时输入的所有力学参数均为相应概率分布的 0.2 分位值。

四、边坡荷载

（一）坡体的自重作用

坡体的自重作用在所有边坡中均存在，自重力始终垂直向下，在抗滑力和滑动力中均有它的作用，是边坡的主要作用力。在地下水位以上，坡体的自重采用天然重度；在地下水位以下，则应根据计算方法正确选择：在边界面上以面力计算水压时采用饱和重度；以体力法计算水压力时采用浮重度，同时在滑面上扣除自坡外水位起算的静水压力；降雨情况下的非饱和岩土体采用具一定含水量的重度，根据测试或估算确定。上述各种重度应取平均值。

坡体上的建筑物，包括加固治理结构物，应作为坡体自重计。

（二）地下水作用

1. 孔隙水压力

(1) 代替法。代替法就是用滑动体周界上的水压力和滑动体范围内水重的作用来代替渗流力的作用。如图 10.3.2-1 所示的土坡，ae 线表示渗流水面线，叫浸润线。取滑动面以上，浸润面以下的滑动土体中的孔隙水体作为脱离体，在渗流情况下，其上的作用力有：

1) 滑弧面 abc 上的水压力 $\sum p_1$，方向指向圆心。

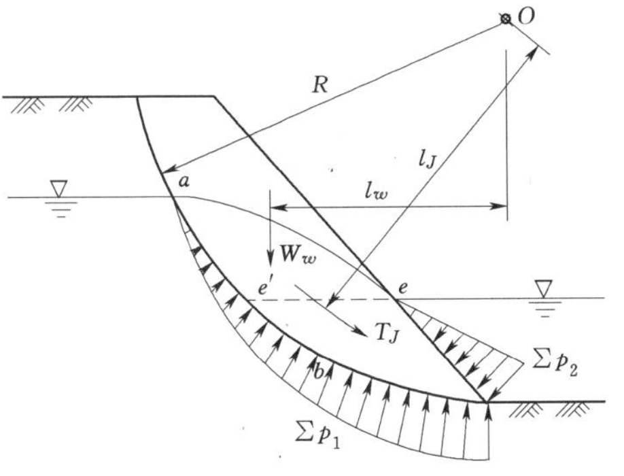

图 10.3.2-1　代替法计算渗流力的简图

2) 坡面 ce 上的水压力 $\sum p_2$，方向垂直于坡面。

3) 孔隙水的重力与浮反力的合力 W_w，方向垂直向下。

由于这三个力不能自相平衡，所以产生了渗流，即渗流力为以上三个力的合力：

$$\vec{T}_J=\vec{W}_w+\sum\vec{p}_1+\sum\vec{p}_2 \quad (10.3.2-12)$$

上式为一个力系的矢量和，它表示：滑动体范围内渗流力的合力 T_J 等于所取脱离体范围内全部充满水时的水重 W_w 与脱离体周界上水压力 $\sum p_1$，$\sum p_2$ 的矢量和。此即为代替法的基本思想。

将式（10.3.2-12）中等式两侧的各力对圆心 O 取力矩，其力矩必相等。$\sum\vec{p}_1$ 的作用力方向指向圆心，其力矩为零，$\sum\vec{p}_2$ 与 ee' 面以下的水重对圆心 O 取矩后相互抵消，因而由式（10.3.2-12）得到：

$$T_J L_J=W_{wl}l_{wl} \quad (10.3.2-13)$$

式中：T_J 为渗透力；L_J 为 T_J 对圆心 O 的力臂；W_{wl} 为下游水位 ee' 面以上，浸润线 ae 以下，滑弧 ae' 范围内全部充满水时的水重；l_{wl} 为 W_{wl} 对圆心 O 的力臂。

因此对于圆弧滑面，渗流力产生的力矩可以用下游水位以上、浸润线以下滑弧范围内全部充满水的水重对圆心 O 的力矩来代替。

(2) 静水压力法。工程中为了简化计算，通常假定土坡中任意一点处的孔隙水压力等于该点距地下水面之垂直距离乘以水的容重，这样，图 10.3.2-2 中土条周边的孔隙水压力分别为

AB 边界上：

$$P_a=\frac{1}{2}\gamma_w h_a^2 \quad (10.3.2-14)$$

CD 边界上：

$$P_b=\frac{1}{2}\gamma_w h_b^2 \quad (10.3.2-15)$$

滑弧面 CB 上：

$$U_i=\frac{1}{2}\gamma_w(h_a+h_b)\frac{\Delta x}{\cos a_i} \quad (10.3.2-16)$$

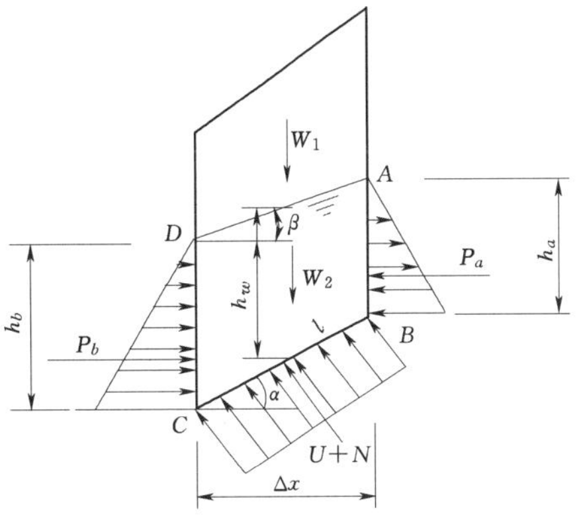

图 10.3.2-2　土条中水压力计算简图

用该法分析边坡时，将水土看作研究对象，用土条周边的水压力与土体的饱和容重相平衡。实际工程中为了简化计算，通常忽略土条两侧边界上的水压力 P_a、P_b，仅考虑土条底部的水压力 U_i。

岩土质边坡各部位孔隙水压力应根据水文地质资料和地下水位长期观测资料确定，采用地下水最高水位作为持久状态水位。对具有疏排地下水设施的边坡，应首先确定经疏排作用后的地下水位线，再确定地下水压力。

2. 渗透动水压力

对于有地下水渗流的水下岩土体，当采用体力法以浮容重计算时，应考虑渗透水压力作用，在河（库）水位以上边坡部分，其渗透水压力或动水压力值 P_{wi} 按下式计算：

$$P_{wi}=\gamma_w V_i J_i \qquad (10.3.2-17)$$

式中：γ_w 为水的重度，kN/m^3；V_i 为第 i 计算条块单位宽度岩土体的水下体积，m^3/m；J_i 为第 i 计算条块地下水渗透比降。

3. 降雨及泄洪雨雾形成的暂态水作用

持久设计状况：无雨时，按实测雨季最高地下水位作为基准值或初始值，边坡设计的水荷载参见图 10.3.2-3。

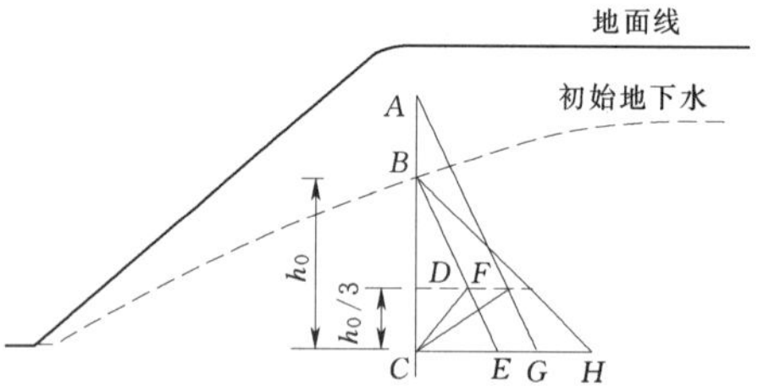

图 10.3.2-3　降雨在边坡内产生最不利暂态水压力分布示意图

（1）水荷载的初始值应按地下水位产生的静水压力乘以折减系数 β，该值根据不同情况在不大于 1 范围内选择。有条件时可在同一钻孔不同高程埋设渗压计，按实测水压或水位求得 β 值；也可进行初始渗压场分析求取 β 值。即静水压力按示意图中 ΔBCE 计算。

在有顺坡向卸荷裂隙发育而雨水不易排走时，降雨暂态水压力可按 $\beta=1$ 取值，即按示意图中 ΔBCH 计算。

（2）当坡内在地下水位以下深度为 h_0 处有排水措施时，认为该处静水压力为 0，其上部作用的静水压力按示意图中 ΔBCD 计算，即：以深度为 $(2/3)h_0$ 处为界，其上方静水压力按正的直角三角形分布，其下方静水压力按倒的直角三角形分布。

（3）短暂设计状况。降雨时，临时地下水位高出地下水位 Δh，其以下各深度静水压力均按叠加一增量 $\beta\gamma\Delta h$ 计算：

1）无排水措施时，按示意图中 ΔACG 计算。

2）当坡内在地下水位以下深度为 h_0 处有排水措施时，认为该处静水压力为 0，作用的静水压力按示意图中 ΔACF 计算，即：以深度为 $(2/3)h_0$ 处为界，其上方静水压力按正的直角三角形分布，其下方静水压力按倒的直角三角形分布。

3）对南方多雨地区，或气象记录有连续大雨 5h 以上，且地面未设防渗层时，地下水位可升至地面。对北方干旱地区，或地面加设防渗层，地下水面应适当低于地面。

4）当地下排水设施不能有效排水时，该深度静水压力应大于 0，可根据分析判断设定。

实际上，降雨引起的暂态水作用的程度是难以确定的，即一次短暂降雨，使地下水位升高 Δh，这个 Δh 的具体数难以确定。因此，工程实际中就出现了另外的简化办法。一种是折减滑带的强度参数，如 0.8～0.9 倍滑带天然抗剪强度；另一种是在滑体后缘施加某一高度的水头压力，如取整个滑坡高度的 1/3 为暴雨在后缘引起的水头压力，纳入计算。前者适合滑体松动拉开，降雨能迅速渗到滑面，后者适应于滑体后缘张拉明显，有充分空间，但是下部较密实的情况。

（三）地震作用

1. 拟静力分析法

在地震基本烈度为Ⅶ度和Ⅶ度以上的地区，应计算地震作用力的影响。目前对边坡的地震作用一般采用拟静力法进行分析，只考虑滑动方向的水平地震力作用。

拟静力法将大小和方向都随时间变化的地震惯性力看做是一个不随时间变化的静力荷载施加于边坡体上，然后用各种稳定计算方法，给出边坡在地震作用下的安全系数。在确定地震作用的等效静力时，一般是先定义地震系数，然后定义地震等效力等于地震系数与边坡重量的乘积。

其基本计算公式如下：

$$F=aG \qquad (10.3.2-18)$$

式中：F 为水平地震作用力；a 为地震系数；G 为岩土体重量。

边坡稳定分析中地震系数一般定义为地震动峰值加速度除以 g，实际应用中采用水平设计地震加速度除以 g，并不作综合修正。这种方法相对于《水工建筑物抗震规范》（DL 5073—2000）和《碾压式土石坝设计规范》（DL/T 5395—2007）中的方法，偏于保守。但考虑到岩土体结构的边坡模型不确定因素明显多于建筑物和土石坝，因此现阶段采用这种方法仍是边坡稳定分析中考虑地震效应的主要方法。

2. 动力分析法

动力分析法是对滑坡和边坡的地震反应分析，通常是用有限单元法作时域等效线性迭代计算边坡，在基岩发生地震运动下所产生的动力效应，可用以确定坡体中各质点在各瞬时域中的加速度、速度、位移以及岩土体的动应力动应变。在此基础上，计算出与地震加速度时程相对应的动稳定系数时程变化。

对滑坡和边坡动力分析，还可参考土石坝的动力分析方法——Newmark 法。Newmark 法，也称作永久变形法。该方法主要在于确定滑体的临界阻力系数与最大位移，现将确定此两者的方法及按其得到的经验关系分述如下。

（1）滑体的阻力系数。土石坝潜在滑动面上土体重量为 W，考虑一个与水平成 α 角的 NW 力，此力的等加速度是重力加速度 g 的 N 倍；若土体上等加速度小于 Ng，土体不会发生滑动；若大于 Ng，即发生滑动。现任意取一个地震加速度 $N'g$，都可得到一个相应的动力稳定安全系数 K_d；若 $N'=N$，则 $K_d=1$；若 $N'=0$，则 K_d 即相当于静力分析的稳定安全系数 K。

取一个圆弧滑动面如图 10.3.2-4 所示，在有一个任意的地震惯性力 $N'W$ 作用的情况下，滑动力与抗滑的力矩平衡条件是：

$$R\sum S_q \mathrm{d}s/K_d=Wb+N'Wh \qquad (10.3.2-19)$$

而在 NW 力作用的临界状态下，平衡条件是：

$$R\sum S_q \mathrm{d}s=Wb+NWh \qquad (10.3.2-20)$$

从这两个平衡条件，可知临界阻力系数：

$$N=N'K_d+(K_d-1)\frac{b}{h} \qquad (10.3.2-21)$$

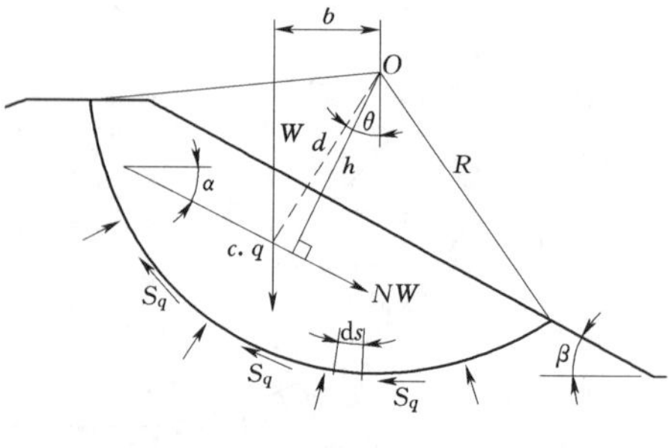

图 10.3.2-4　圆弧滑动面上滑体作用力

（2）滑体的相对位移。设滑动面上滑体为刚塑性体，受到地震的单一脉冲，此地面的加速度为 Ag；滑体与地面存在有阻力的相对运动，阻力的加速度为 Ng。单一脉冲历时 t_0，在地面运动速度达到最大值 $v=Agt_0$ 后，即维持不变。滑体阻力的速度为 Ngt，历时 t_m 后，与地面运动最大速度相等，滑体与地面即处于相对静止状态，相对速度为零。滑体相对于地面的最大相对位移 u_{max} 可由图 10.3.2-5（b）中阴影三角形面积算得

$$u_{max}=\frac{1}{2}vt_m-\frac{1}{2}vt_0 \qquad (10.3.2-22)$$

由于 $t_0=\dfrac{v}{Ag}$，$t_m=\dfrac{v}{Ng}$；将之代入，则得

$$u_{max}=\frac{v^2}{2gN}\left(1-\frac{N}{A}\right) \qquad (10.3.2-23)$$

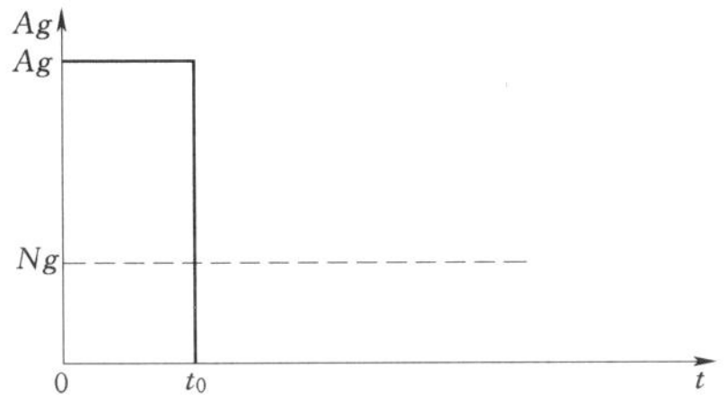

（a）

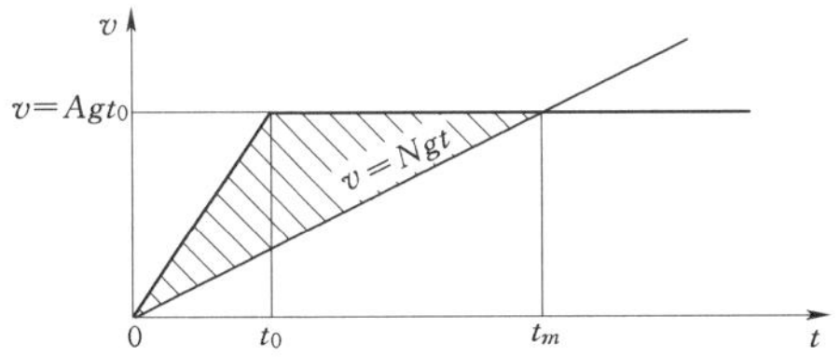

（b）

图 10.3.2-5　滑体与地面的加速度和速度

（a）加速度；（b）速度

表 10.3.2-4　国内水电工程边坡开挖爆破控制标准

工程名称	边坡部位及特征	允许质点峰值振动速度（cm/s）
龙滩	左坝肩进口坝段及其上游蠕变体岸坡	6
	坝肩边坡，爆心距为 5～10m 范围内	10～15
长江三峡	左岸混凝土护坡，二期下游围堰混凝土防渗墙拆除爆破振动	5～8
	临时船闸和升船机南北两侧山体的岩质高边坡，爆心距 10～15m 范围内	10～5
	临时船闸和升船机中隔墩直立墙，当在升船机中位进行岩石爆破	6～8
	永久船闸高边坡，强风化花岗岩	10
	永久船闸高边坡，弱风化花岗岩	10～15
	永久船闸高边坡，微风化花岗岩	15～20
	输、井水洞及竖井基础或壁面	10
	一期和二期土石围堰及通航建筑物下游航道隔流堤等土石堰体边坡	7
隔河岩	厂房进出口边坡，石灰岩	22
	坝肩及升船机边坡，石灰岩	28
	引航道边坡，石灰岩	35
小湾	坝肩高边坡（微风化、微蚀变、卸荷较轻）	15～20
	坝肩高边坡（弱风化、弱蚀变）	10～15
	坝肩高边坡（强风化、强蚀变）	10
新疆石门子水库	拱坝坝肩边坡，微风化砾岩	10
俞怀铁路	顺层岩质路堑边坡	25.3
南芬铁矿	开采边坡	22～25

（四）爆破振动作用

爆破振动对边坡稳定性的影响表现在两方面：一是因爆破振动荷载的反复作用，导致岩体结构面抗剪强度指标的降低；二是爆破振动本身引起的地震惯性力可能导致坡体整体下滑力加大，该惯性力沿滑动面的切向分量达到一定量级后可导致整个坡体动力失稳。由于爆破振动对边坡稳定性影响，理论上尚无很好的研究方法及成果，针对边坡的爆破振动影响的安全判据，更无明确的规范规程可依。目前，对这一问题的研究主要集中两个方面：①以实测的爆破振动物理量（主要是质点振动速度）作为衡量指标，并根据大量的实际数据总结出一套相应的安全标准，现一般采用质点振动速度作为岩体或建（构）筑物破坏程度的判据。②将爆破振动作用折算为等效静荷载，用极限平衡法计算边坡动态稳定安全系数。

1. 爆破振动安全标准

在工程开挖爆破振动质点参数试验或监测资料，以及在分析国内外大量工程实例的基础上，结合边坡岩土体的环境条件、变形特征以及开挖爆破对其稳定性的影响分析，提出较合理的工程爆破振动控制标准，一般为允许质点峰值振动速度。表 10.3.2-4 列出了国内一些已建工程边坡开挖爆破控制标准。

2. 拟静力法

边坡动力稳定分析常用的一种方法是将分布在坡体上的动态爆破地震惯性力拟静力化，然后作为一种致滑力参与静态稳定计算，该方法避免了爆破地震特有的复杂性。目前在地震工程的结构抗振设计中，一般引入一个综合影响系数进行折减，将动态参数拟静态化。即将爆破震动在结构上动荷载变为等效的静荷载，要求这种静荷载对结构的最大反应和爆破震动对结构产生的最大反应是基本对应的。拟静力法的计算式为（卢文波，1996；朱传云等，1997）：

$$F_i=\beta_i\frac{a_i}{g}W_i \qquad (10.3.2-24)$$

式中：F_i 为爆破震动荷载的静力等效值；β_i 为爆破动力折减系数；W_i 为第 i 条块岩体重量；a_i 为第 i 条块岩体中爆破震动的峰值质点振动加速度；a_i/g 为爆破地震系数。

拟静力法仅考虑了某一条块的峰值加速度，至于爆破地震波的频谱结构差异、相位差等因素均包含在修正系数 β_i 中。对于上述的爆破动力折减系数 β_i 的取值目前未有明确的依据。朱传云等（1997）等认为取 0.1～0.3；据舒大强（1996）的研究，在爆破动力计算中，一般采用综合影响系数 C_z 进行折减，将动态参数静态化，据经验一般将其限定为 1/5～1/7，有的甚至 1/10，即取值为 0.1～0.2。据王思敬（1978）的试验及研究成果，由于爆破振动波的衰减，在边坡范围内影响失稳的动荷载有效值仅为动态力本身的 0.4～0.6；对高大边坡稳定性系数由于爆破振动力的作用可能降低仅 10%～20%以下（图 10.3.2-6）。

3. 经验公式法

朱传云等（1997）根据大量的实践资料，提出按评价爆破对边坡稳定性的影响：

$$K=F_s(1-10\%) \qquad (10.3.2-25)$$

式中：K 为考虑爆破影响后的边坡安全系数；F_s 为除爆破动力影响外的综合安全系数。

由式（10.3.2-25）可见，爆破动力对边坡稳定性的影响

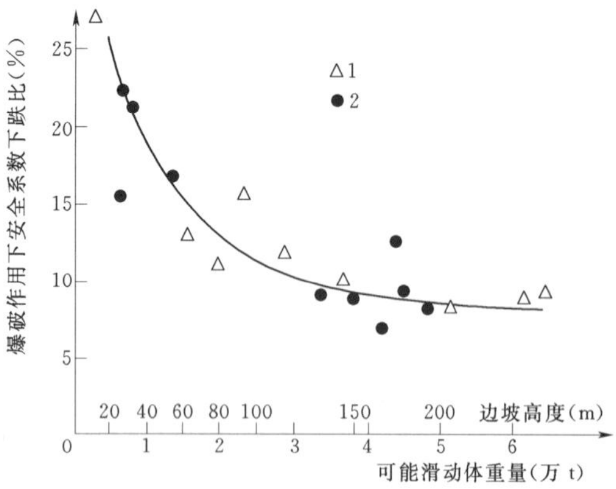

图 10.3.2-6　爆破对边坡稳定性的影响（王思敬，1978）
1—片麻岩；2—大理岩

仅降低10%，这与王思敬（1978）的研究结果接近。

综合上述分析，爆破动力对边坡稳定性的影响评价：一是对获得的坡体上爆破震动响应的加速度，并通过综合影响系数将最大惯性力折减后，将其作为一致滑因素加入到稳定性分析，这样，常用的滑（边）坡稳定性分析方法均可进行稳定性的动力分析；二是直接采用式（10.3.2-25）对不同工况条件下的稳定性系数折减，给定相应的稳定性。

第三节　边（滑）坡稳定性极限平衡分析方法

一、极限平衡法

（一）上限解和下限解

1. 潘家铮最大最小原理

潘家铮（1980）在讨论楔形体分解在两个滑面上的反力时，鉴于有无穷多解，提出了稳定分析中非常重要的最大最小原理。

原理一：滑坡体如能沿许多个滑面滑动，则失稳时它将沿抵抗力最小的一个滑面破坏。

原理二：滑坡体的滑面肯定时，则滑面上的反力（以及滑坡体内的内力）能自行调整，以发挥最大的抗滑能力。

换言之，对于不同的滑面，真正的破坏面将是其中稳定系数最小的那个面。而在同一滑面上各种不同的反力分布中，失稳时出现的反力，将是使稳定系数取最大的那一组分布。

2. 上限解和下限解定理

把岩土体视为理想刚塑性体，其屈服与破坏条件相同，服从莫尔～库仑定律，服从德鲁克塑性公式（外力做功非负，屈服面为凸面），上限定理和下限定理表述如下。

（1）下限定理。若能求得与面荷载、体荷载平衡的任何一个静定应力场，此面荷载和体荷载将小于或等于极限荷载（或者：在所有与静力许可的应力场对应的荷载中，极限荷载为最大）。

（2）上限定理。在所有的机动容许的塑性位移速率场相对应的荷载中，极限荷载为最小。

实际上，下限定理对应的是岩土体未发生破坏或临近破坏的情况；上限定理对应的是岩土体破坏瞬间，一部分外荷载用于克服岩土体抗力，其做的功等于塑性变形所耗散的能。

应用上限定理可求得极限荷载的上限解，应用下限定理可求得极限荷载的下限解，通常这样做可以求得极限荷载处在某一范围之内。上限解与下限解相等时，即是极限荷载的精确解。换句话说，用上限解法求得的稳定系数最小值和用下限解法求出的稳定系数的最大值，将最接近真实解。

3. 边坡分析中的上限解和下限解

将上述极限分析的上限解和下限解理论用于边坡，可以作如下表述：

对于整体滑动破坏模式，如果沿滑面达到极限平衡，且假定滑体内的应力状态都在屈服面内，则相应的加载系数或稳定系数一定小于真实的相应值，此即下限解。传统的垂直条分法属于此类。

对于整体或解体滑动破坏模式，相应于某一机动许可的位移场，如果确保滑面上和滑体内每一点均达到平衡状态，则相应的加载系数或稳定安全系数一定大于或等于相应的真值，此即上限解。萨尔玛（Sarma）法、潘家铮分块极限平衡法和能量法（EMU）法属于此类。

（二）极限平衡法简述

1. 极限平衡法的基本假定

摩根斯坦（Morgenstern，1995）把极限平衡法归纳为四点：

（1）滑动机制引起边坡破坏。

（2）为平衡扰动机制而需要的抗力由静力学解出。

（3）为平衡而需要的抗剪力与实有抗剪强度以安全系数的形式进行对比。

（4）与最小安全系数对应的力学机制由反复计算得出。

早期以圆弧法计算时，定义稳定系数为沿滑面全部抗滑力矩与滑动力矩之比；以后毕肖普等将稳定系数定义为沿滑面抗剪强度与实际剪应力之比，并定义为强度储备安全系数。

2. 常用极限平衡方法

为求解边坡稳定问题，必须作出某种简化假设，才能使方程得解。由于简化假设条件的不同，就有不同的方法，对同一稳定问题，不同的解法有不同的结果。总的来说这些结果相差不大。一般认为：能同时满足力和力矩平衡的为严格解，否则为非严格解。表10.3.3-1中列出了水电行业常用的边坡极限平衡分析方法的主要特征及适用范围。

（三）常用极限平衡法的使用

（1）原则上说，下限解法得出的稳定系数小于实际稳定系数；上限解法得出的稳定系数大于或等于实际稳定系数。一般来说应以下限解为基本解法。当地质条件和岩土参数不是太有把握时，宜采用下限解法。当采用多种解法分析时：下限解法的稳定系数应低于上限解法的稳定系数，否则应视为错误；下限解法中稳定系数最接近上限解的应是最接近真实解的方法。为便于计算成果的相互校正，选择最接近真实解的稳定系数，建议采取两种以上方法进行稳定分析。

（2）对于土体、堆积体和散体结构、碎裂结构的岩体，可以认为是均质体，其内部滑动破坏稳定分析宜采用圆弧法计算，用试算法求出最危险滑弧。在一般情况下，推荐采用简化毕肖普（Bishop）法；瑞典法误差较大且偏于保守，不宜采用；对于紧密堆积物内部发生滑动破坏时，可采用能量法（EMU）法求解其最危险滑面和相应稳定系数。

（3）沿堆积物底面基岩顶板发生滑动破坏时，宜采用不规则滑面计算，一般用下限解法求解稳定系数。如摩根斯坦·普莱斯（Morgenstern-Price）法、詹布（Janbu）法和传递系数法分析计算。

（4）岩质边坡中的一般天然边坡、开挖时无保护加固措施的人工边坡、已发生变形和松动迹象的边坡应采用下限解法作稳定分析，以摩根斯坦·普莱斯（Morgenstern-Price）法、詹布（Janbu）法和传递系数法分析计算较为适宜。

表 10.3.3-1　常用极限平衡法的基本特征及其适用范围

分析方法	假设条件	力学分析	计算简图	基本计算公式	适用范围
瑞典法	（1）滑动面为圆弧。（2）不考虑条间作用力	整体力矩平衡	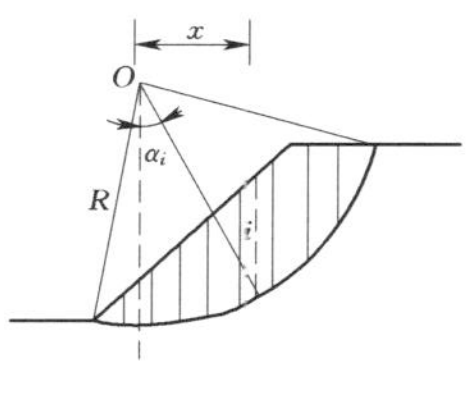	$K=\dfrac{R\sum[c_i l_i+(W_i\cos\alpha_i-Q_i\sin\alpha_i-U_i)\tan\varphi_i]}{R\sum W_i\sin\alpha_i+\sum Q_i Z_i}$	（1）用于黏性土等圆弧滑面滑坡。（2）垂直条分滑体。（3）可用手算
简化毕肖普法	（1）近似圆弧滑面。（2）不考虑条间竖向作用力	（1）整体力矩平衡。（2）条间竖向作用力为零	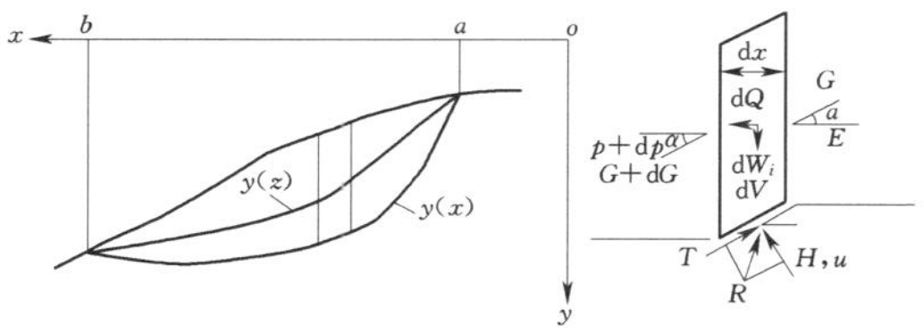	$K=\dfrac{\sum\left\{[(W_i+V_i)\sec\alpha_i-u_i b_i\sec\alpha_i]\tan\phi_i+c_i b_i\sec\alpha_i\right\}\dfrac{1}{1+\dfrac{\tan\phi_i}{K}\tan\alpha_i}}{\sum\left[(W_i+V_i)\sin\alpha_i+\dfrac{M_{Qi}}{R}\right]}$	（1）用于黏性土或松散岩体形成的圆弧滑面滑坡。（2）垂直条分
简化詹布法	条间作用力作用点位置在滑动面上方1/3处	（1）分块力矩平衡。（2）分块力平衡。（3）考虑条间作用力	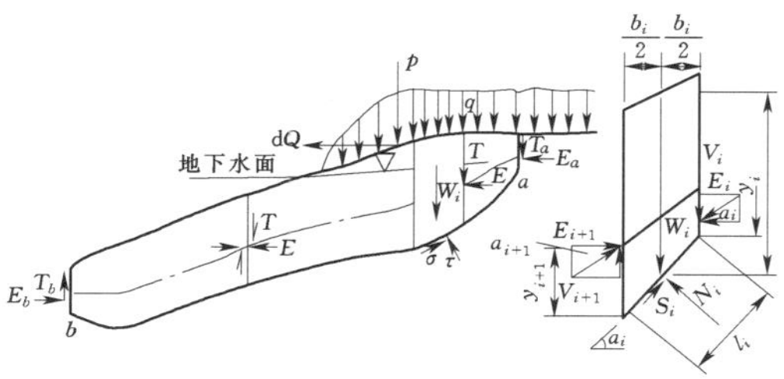	$F=\dfrac{\sum_a^b A}{E_a-E_b+\sum_a^b B}$　$A=\tau_f\,dx(1+\tan^2\alpha)$　$B=dQ+(dw-t)dx\tan\alpha$	（1）垂直条分滑体。（2）用于复合滑坡
摩根斯坦·普莱斯法	（1）条间剪切力 S 和法向力 E 存在比例关系 $S/E=\lambda f(x)$。（2）条间力作用点位置与滑面倾角存在关系	（1）分块力矩平衡。（2）分块力平衡	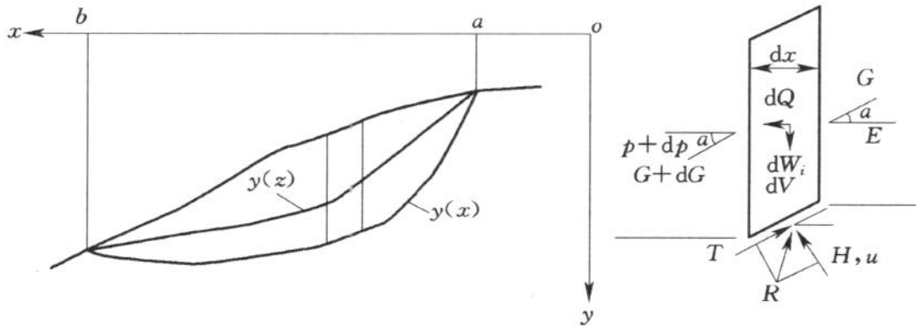	$\int_a^b p(x)s(x)dx=0$　$\int_a^b p(x)s(x)t(x)dx-M_e=0$	（1）垂直条分滑体。（2）用于任何滑面滑坡，但更适合土坡
萨尔玛法		分块力平衡	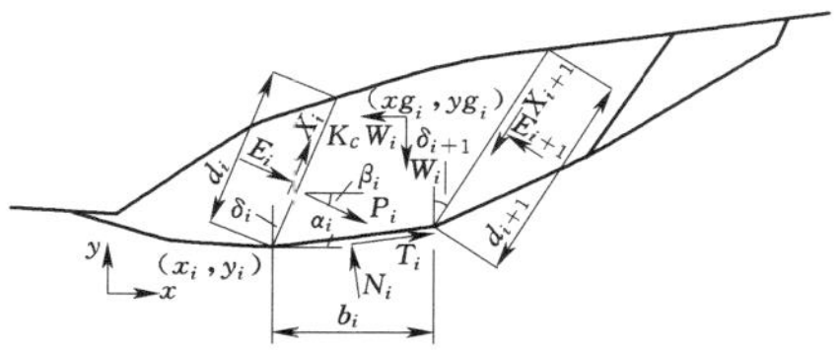	$K_c=\dfrac{a_n+a_{n-1}e_n+a_{n-2}e_n e_{n-1}+\cdots+a_1 e_n e_{n-1}\cdots e_3 e_2+E_1 e_n e_{n-1}\cdots e_1-E_{n+1}}{p_n+p_{n-1}e_n+p_{n-2}e_n e_{n-1}+\cdots+p_1 e_n e_{n-1}\cdots e_3 e_2}$	（1）不必垂直条分。（2）用于任意滑面形状岩土滑坡，但更适合岩质边坡

续表

分析方法	假设条件	力学分析	计算简图	基本计算公式	适用范围
楔形体法	滑体受结构面控制形成空间楔形体滑动	整体力平衡	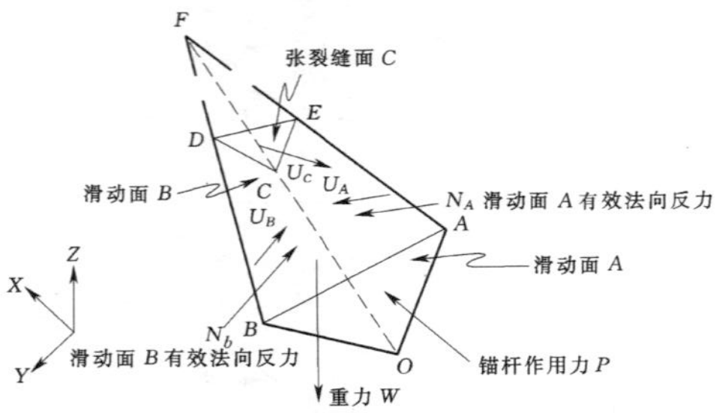	$K=\dfrac{c'_A A_A+c'_B A_B+(qW+rU_C+sP-U_A)\tan\varphi'_A+(xW+yU_C+zP-U_B)\tan\varphi'_B}{m_{WS}W+m_{CS}U_C+m_{RS}P}$	(1) 岩质边坡。 (2) 岩质楔形体破坏
平面直线法	(1) 滑坡为平面滑动。 (2) 滑体作刚体滑动	整体力平衡	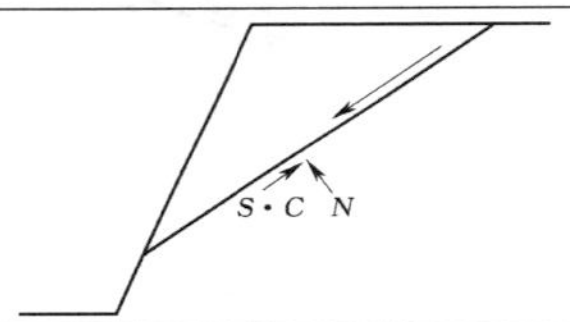	$K=(\sum Nf+SC)/\sum P$	平面滑动，如岩质顺单层滑动
传递系数法	(1) 条间作用力合力方向与滑面倾角一致。 (2) 条间作用力合力零或负值时传给下条块力为零	各分块力平衡	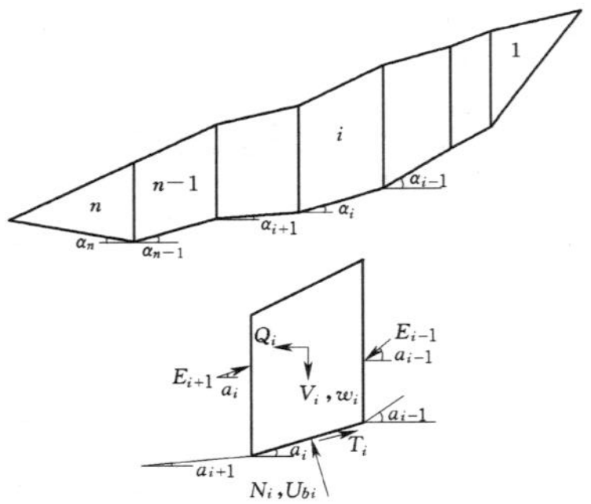	$K=\dfrac{\sum\limits_{i=1}^{n-1}(R_i\prod\limits_{j=i+1}^{n}\psi_j)+R_n}{\sum\limits_{i=1}^{n-1}(T_i\prod\limits_{j=i+1}^{n}\psi_j)+T_n}$	(1) 任意形状滑面滑坡。 (2) 垂直条分
Spencer 法	(1) 条间作用力推力线在高于滑面 1/3 处。 (2) $\tan\delta=K\tan\theta$	(1) 分块力平衡。 (2) 分块力矩平衡	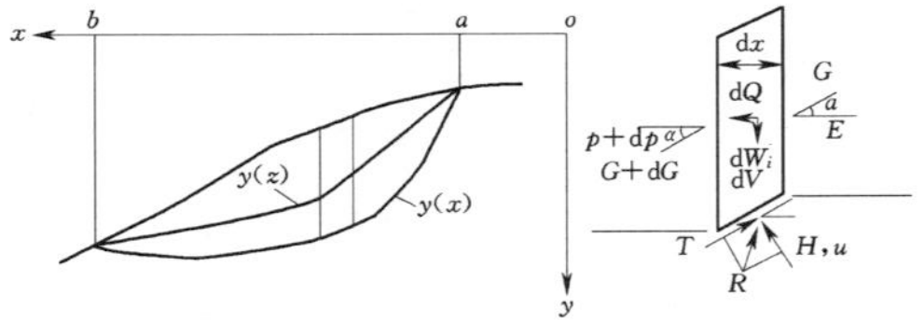	是 Morgenstern－Price 法的一个特例。该法假定土条侧向力的倾角为一常数，即取 $f(x)=1$ 和 $f_0(x)=0$	(1) 任何形状的滑面。 (2) 垂直条分滑体
能量法（EMU 法）		(1) 力平衡（水平、垂直）。 (2) 坐标原点力矩平衡	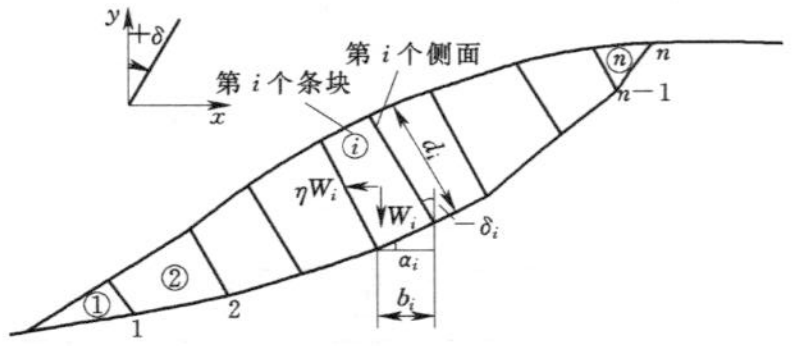	$\sum\limits_{i=1}^{n}\lambda_i[(c_{bi}\cos\tilde{\varphi}'_{bi}-u_{bi}\sin\tilde{\varphi}'_{bi})b_i\sec\alpha_i]$ $+\sum\limits_{i=1}^{n-1}\lambda_{i+1}[(c_{si}\cos\tilde{\varphi}'_{si}-u_{si}\sin\tilde{\varphi}'_{si})\sec(\alpha_i+\delta_i-\tilde{\varphi}'_{bi}-\tilde{\varphi}'_{si})\sin(\Delta\alpha_i-\Delta\tilde{\varphi}'_{bi})d_i]$ $=\sum\limits_{i=1}^{n}\lambda_i[(W_i+V_i)\sin(\alpha_i-\tilde{\varphi}'_{bi})+Q_i\cos(\alpha_i-\tilde{\varphi}'_{bi})]$	(1) 任何形状的滑面。 (2) 垂直条分滑体

（5）初次失稳的复合型滑面且结构较完整的岩质边坡、采用控制爆破、边挖边锚或先固后挖等保护措施形成的人工边坡，确认失稳瞬间需要内部较大的剪切破坏的边坡，可以采用上限解法作稳定分析。岩体内部分块界面应模拟结构面产状。岩体内最危险分块界面也应在有一定产状的结构面组中搜索，不能按均质体任意搜索。可使用萨尔玛（Sarma）法、潘家铮分块极限平衡法和能量法（EMU）法。

（6）岩质边坡平面型破坏，应以单块极限平衡法计算，可采用解析法，亦可采用赤平极射投影法或其他图解方法。

（7）简单的双面滑动岩石楔形体可以按霍克—布瑞的解析法或图解方法分析。

常用极限平衡法的基本特征及其适用范围见表10.3.3-1。

二、岩质边坡楔体稳定分析

（一）楔体稳定极限平衡法

目前楔形体稳定分析主要采用极限平衡理论。假定构成楔体的两个底滑面上的剪力均平行于该两平面的交线（以下称交棱线），Hoek 和 Bary 提出了经典的楔体稳定分析的简化方法，该方法在国内外获得广泛应用。

楔体稳定简化方法计算简图见图 10.3.3-1，当滑动方向沿 CO 时，计算公式如下：

图中 N_a、N_b、U_C、W 倾角和倾向如下：N_a 的倾角和倾向分别为 $\psi_a-90°$ 和 α_a。

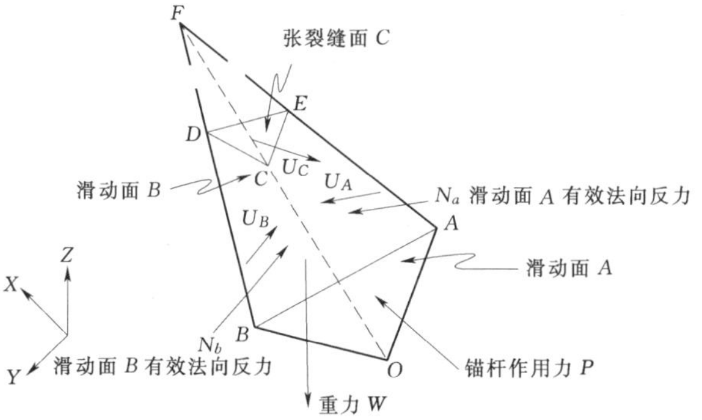

图 10.3.3-1　楔体稳定计算简图

N_b 的倾角和倾向分别为 $\psi_b-90°$ 和 α_b；U_C 的倾角和倾向分别为 $\psi_c-90°$ 和 α_c；W 的倾角为 90°。

$$K=\frac{c'_A A_A+c'_B A_B+(qW+rU_C+sP-U_A)\tan\varphi'_A+(xW+yU_C+zP-U_B)\tan\varphi'_B}{m_{WS}W+m_{CS}U_C+m_{RS}P} \quad (10.3.3-1)$$

其中

$$q=\frac{m_{ab}m_{Wb}-m_{Wa}}{1-m_{ab}^2} \quad (10.3.3-2)$$

$$r=\frac{m_{ab}m_{cb}-m_{ca}}{1-m_{ab}^2} \quad (10.3.3-3)$$

$$s=\frac{m_{ab}m_{Pb}-m_{Pa}}{1-m_{ab}^2} \quad (10.3.3-4)$$

$$x=\frac{m_{ab}m_{Wa}-m_{Wb}}{1-m_{ab}^2} \quad (10.3.3-5)$$

$$y=\frac{m_{ab}m_{ca}-m_{cb}}{1-m_{ab}^2} \quad (10.3.3-6)$$

$$z=\frac{m_{ab}m_{Pa}-m_{Pb}}{1-m_{ab}^2} \quad (10.3.3-7)$$

$$m_{ab}=\sin\psi_a\sin\psi_b\cos(\alpha_a-\alpha_b)+\cos\psi_a\cos\psi_b \quad (10.3.3-8)$$

$$m_{Wa}=-\cos\psi_a \quad (10.3.3-9)$$

$$m_{Wb}=-\cos\psi_b \quad (10.3.3-10)$$

$$m_{ca}=\sin\psi_a\sin\psi_c\cos(\alpha_a-\alpha_c)+\cos\psi_a\cos\psi_c \quad (10.3.3-11)$$

$$m_{cb}=\sin\psi_b\sin\psi_c\cos(\alpha_b-\alpha_c)+\cos\psi_b\cos\psi_c \quad (10.3.3-12)$$

$$m_{Pa}=\cos\psi_P\sin\psi_a\cos(\alpha_P-\alpha_a)-\sin\psi_P\cos\psi_a \quad (10.3.3-13)$$

$$m_{Pb}=\cos\psi_P\sin\psi_b\cos(\alpha_P-\alpha_b)-\sin\psi_P\cos\psi_b \quad (10.3.3-14)$$

$$m_{WS}=\sin\psi_S \quad (10.3.3-15)$$

$$m_{CS}=\cos\psi_S\sin\psi_c\cos(\alpha_S-\alpha_c)-\sin\psi_S\cos\psi_c \quad (10.3.3-16)$$

$$m_{PS}=\cos\psi_S\cos\psi_P\cos(\alpha_S-\alpha_P)+\sin\psi_P\cos\psi_S \quad (10.3.3-17)$$

式中：A_A、c'_A、φ'_A为滑动面 A 的面积、有效黏聚力和内摩擦角；A_B、c'_B、φ'_B为滑动面 B 的面积、有效黏聚力和内摩擦角；ψ_a、α_a 为滑动面 A 的倾角和倾向；ψ_b、α_b 为滑的面 B 的倾角和倾向；ψ_c、α_c 为张裂缝面 C 的倾角和倾向；ψ_P、α_P 为锚杆作用力 P 的倾角和倾向；ψ_S、α_S 为滑动面 A、B 交线 OC 的倾角和倾向；U_A 为滑动面 A 上的孔隙压力；U_B 为滑动面 B 上的孔隙压力；U_C 为张裂缝面 C 上的孔隙压力；W 为楔形体重量；P 为锚杆作用力。

（二）楔体稳定分析的上限解

在这个岩石力学界几乎成为经典的领域内，我国学者做出了具有理论意义的工作。潘家铮曾对这一假定提出了质疑，认为剪力平行于交棱线的假定只有在滑面上摩擦角较小时，才会趋于真实。当摩擦角较大时，传统方法得到的安全系数只能是一种下限解。并由此提出了“潘家铮最大最小原理”。

陈祖煜对上述问题作了进一步的探讨，提出了楔体稳定分析的上限解法，即为相应潘氏原理的最大解。计算简图见图10.3.3-2。

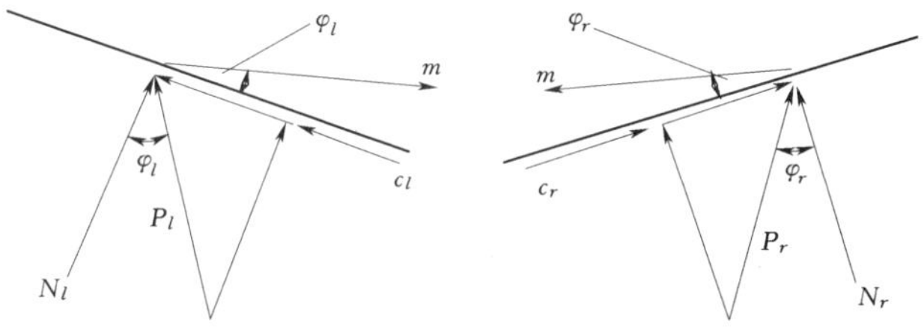

图 10.3.3-2　楔体稳定分析的上限解

求解楔体稳定上限解，可采用以稳定上限原理为基础的机动位移法，其求解安全系数的步骤如下：

（1）计算楔体的绝对速度 v。v 的矢量表达式为（v_x、v_y、v_z），其中 v_x、v_y、v_z 分别为 v 在三个坐标轴上的投影。可以得出下面的关系式：

$$v_xN_{lx}+v_yN_{ly}+v_zN_{lz}=|v|\sin\varphi_{el} \quad (10.3.3-18)$$

$$v_xN_{rx}+v_yN_{ry}+v_zN_{rz}=|v|\sin\varphi_{el} \quad (10.3.3-19)$$

式中：N_{lx}、N_{ly}、N_{lz} 分别表示左结构面的法线矢量；N_{rx}、N_{ry}、N_{rz} 分别表示右结构面的法线矢量；φ_{el}、φ_{er} 分别为位移 v 与左右两个结构面的夹角。

再令 $|v|=1$，即

$$v_x^2+v_y^2+v_z^2=1 \quad (10.3.3-20)$$

联立式（10.3.3-18）～式（10.3.3-20）组成三元线性方程组，可以求解得到 $v=(v_x, v_y, v_z)$。

（2）通过虚功原理求解安全系数：

$$W_v=c_rA_r\varphi_{er}+c_lA_l\varphi_{el} \quad (10.3.3-21)$$

此时式（10.3.3-21）仅包含隐含在 c_e 和 φ_e 中的 F 一个未知数，可以通过方程的非线性迭代技术来确定 F_s 值，因此以虚功原理为基础的楔体的机动位移法求解安全系数就变得十分简易和方便。

三、边坡倾倒稳定分析

倾倒破坏是岩质边坡的一个主要失稳模式。极限平衡分析方法仍然是常用的进行边坡倾倒稳定分析的方法。Goodman

和 Bray 最早提出了分析倾倒稳定的极限平衡方法。随后也有一些学者对这一方法作出了改进。

（一）Goodman - Bray 法

1. 倾倒边坡基本原理

Hoek 和 Bray（1977）在《岩石边坡工程》一书中详细介绍了 Goodman 和 Bray（1976）提出的边坡倾倒稳定分析方法。这一方法将滑坡体用反倾向的结构面切割成 n 块宽度为 ΔL 的矩形条块，对于任一条块，作用其上的力将使该条块处于：①稳定；②倾倒破坏；③滑动三种破坏状态。滑坡体分为稳定区、倾倒区、滑动区三部分，如图 10.3.3-3 所示。最后一个滑动块和最后一个倾倒块的编号分别为 N_s、N_t。作为一个以倾倒破坏模式为主的边坡，为使变形协调条件成立，条块的几何边界条件还要作出一步的简化（图 10.3.3-3）。

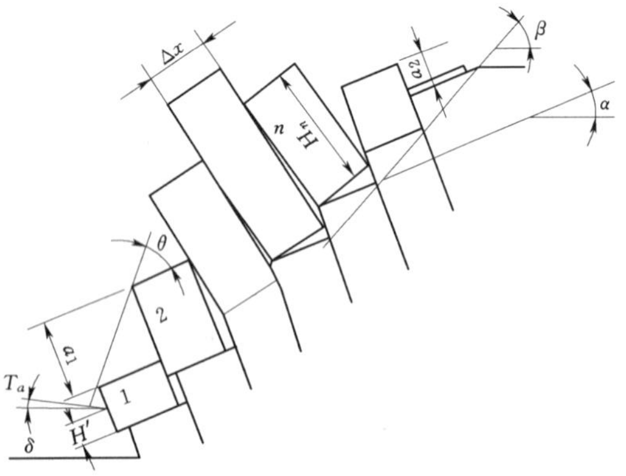

图 10.3.3-3　倾倒边坡的典型结构特征

在坡顶处，最后一个稳定块和第一个倾倒块之间存在一个拉裂缝；在倾倒区，底滑面在两个条块的交界处存在一个台阶，其高度为 b；相邻两个倾倒块的顶部为点接触，故侧面无凝聚力，其法向力与切向力满足莫尔—库仑准则。

相邻两个滑动块在侧面和各自的底面满足莫尔—库仑准则。已知条块右侧作用力的合力，可以根据力的平衡求得左侧合力。对倾倒块体，将各作用力对条块左下端点取矩：

$$P_n^l=\frac{P_n^r(H_r-\Delta L\tan\varphi)+\dfrac{\Delta W}{2}(H\sin\alpha-\Delta L\cos\alpha)}{H_l} \qquad (10.3.3-22)$$

式中：P_n^r、P_n^l 分别为条块右侧和左侧界面上作用力合力；ΔW 为岩块重；H、H_l、H_r 分别为岩块高度、岩块的左、右侧有效接触高度；ΔL 为岩块宽度；α 为节理倾角；φ 为侧面摩擦角。对滑动块体通过静力平衡可以得

$$p_n^l=p_n^r-\frac{\Delta W(\tan\varphi\cos\alpha-\sin\alpha)}{1-\tan^2\varphi} \qquad (10.3.3-23)$$

2. 确定上部稳定块的范围

稳定块满足下列原则：

$$\frac{\Delta L}{H}<\tan\alpha \quad 且 \quad \tan\alpha<\tan\varphi \qquad (10.3.3-24)$$

3. 计算倾倒条块的内力

从最上部的条块开始，确定第 1 个不满足上述原则被破坏的条块，即获得 N_t。自该块体开始，根据 $p_n^l=p_{n-1}^r$ 的原则，通过式（10.3.3-22）或式（10.3.3-23）向下计算每一个发生倾倒或滑动破坏时传递的下推力 P_{n-1}^r，分别用 P_T 和 P_S 表示。

如果 $P_T\geqslant 0$ 且 $P_T\geqslant P_S$，则岩块处于倾倒状态，此时 $P_n^l=P_{n-1}^r=P_T$。

如果 $P_T\geqslant 0$ 但 $P_T<P_S$，则岩块处于滑动状态，此时 $P_n^l=p_{n-1}^r=p_S$。

4. 确定使边坡保持稳定在坡趾处需加的外力

当计算到坡趾最后一个条块时，将出现条块左侧的不平衡力 P_n^l。即为使边坡保持稳定，在坡趾处需加的外力 T_a。

（二）对 Goodman - Bray 法的改进

Goodman - Bray 方法十分简便，适宜在实际中应用，但是还存在着一些局限性，影响了它的适用范围，也影响了它计算结果的准确性。这种方法主要存在如下的局限性：

（1）此法假定岩柱底滑面完全连通，并只有摩擦力。但是，实际岩体大多都没有完全贯通的底滑面。在岩柱底面，节理和岩桥共同作用，使得岩柱产生对倾倒和滑动的抵抗力和力矩。如果底部折断面全部贯通后，则转变为滑动，此时，稳定性最低。

（2）Goodman - Bray 模型以坡脚第一块岩柱所需外力作为衡量边坡稳定的标志，在实际应用中不方便，有待于将计算结果转换成工程中易于接受的安全系数。

（3）此法假定被离散的条块为矩形，即条块的底面和侧面正交。可是，实际情况往往包含两组并非正交的结构面，如龙滩水电站左岸进水口边坡，其反倾向的层面倾角为 60°，另一组可能成为底裂面的顺坡节理倾角也是 60°，这样，就形成了一个夹角为 120°的平行四边形条块。

（4）节理岩体存在大量的裂缝，受力时首先从裂缝处断裂，在稳定分析中应考虑节理岩体的断裂所造成的强度折减。

针对 Goodman - Bray 方法存在上述的局限性，中国水利水电科学研究院对其数学模型作了改进，主要有以下四个方面。

1. 安全系数的定义和确定方法

采用传统的强度折减安全系数的定义，但是对于考虑岩柱抗弯能力的计算模型，在引入对强度指标 c 和 $\tan\varphi$ 折减的同时，也要对抗拉强度 σ_t 作出折减。即

$$\sigma_{te}=\frac{\sigma_t}{F} \qquad (10.3.3-25)$$

在边坡稳定分析中，经常使用 Sarma 建议的方法先计算临界加速度。在每个条块上作用一个水平体积力 $\eta\Delta W$，η 称为临界加速度系数，ΔW 为土条重量。这个体积力使边坡进入极限平衡状态。安全系数 F 为使得 η 等于零时相应的 c_e，$\tan\varphi_e$ 和 σ_{te}。

2. 确定破坏模式

Goodman - Bray 方法在计算中要检验每一岩块属于稳定、倾倒或滑动的哪一类。而 η 和 F 在每次检验中都是未知数，要得到合理的估计比较困难。这种方法原则上只适用于处于极限平衡状态的边坡。在改进的 Goodman - Bray 方法中，我们对不同的 N_s 和 N_t 组合，计算 η，然后求得相应最小 η 的那组 N_s 和 N_t，即为最可能的破坏模式。在极限平衡状态时，这一方法和前面所介绍的 Goodman - Bray 法分析的结果完全一致。

3. 计入节理岩体连通率

倾倒边坡中大多数岩体至少有一组节理面不完全贯通。因此在改进的 Goodman - Bray 方法中考虑底滑面上岩桥的作用，假定岩柱的各个侧面是全部连通的。由于大多数倾倒边坡中底滑面岩体至少有一组节理面不会完全贯通。因此在改进的方法中考虑底滑面上岩桥的作用。基于材料力学平面假定，岩桥底面提供的抵抗倾倒的弯矩被计入静力平衡方程中。

对底滑面岩桥的力矩 M_b 和应力分布进行受力分析及力矩分析：

设岩柱底面承受法向荷载 P_b 及力矩 M_b，为一偏心受压构

件，如图 10.3.3-4。破坏时岩柱底面上游左侧端点达到岩桥抗拉强度 σ_t，设连通率为 k，不连通率 $\xi=1-k$，因此

$$\sigma_t=\frac{M_b}{\frac{1}{6}\xi\Delta L^2}-\frac{P_h}{\xi\Delta L} \qquad (10.3.3-26)$$

$$M_b=\frac{\xi\Delta L}{6}(\sigma_t\xi\Delta L+P_b) \qquad (10.3.3-27)$$

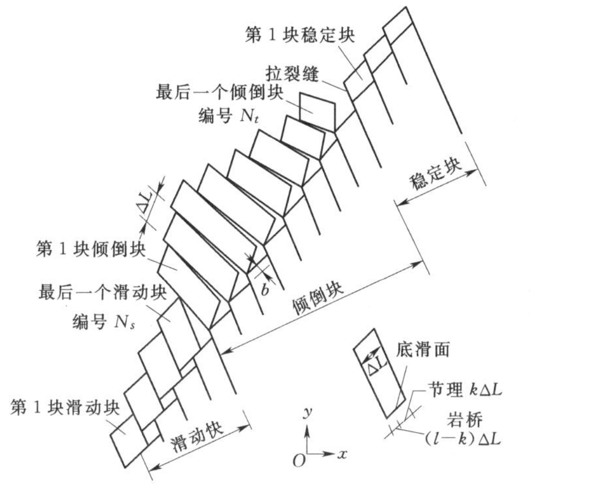

图 10.3.3-4　改进的 Goodman-Bray 法计算示意图

4. 计算公式

在改进的 Goodman-Bray 法中，首先计算边坡达到极限平衡状态时的临界加速度系数 k，通过迭代最终获得安全系数 F_s。具体步骤如下。

（1）条块力的递推公式。在进行条块力的递推时，使用了与 Goodman-Bray 相反的方向，即从坡脚向上递推计算。对于某一条块，根据力的平衡条件，计算侧面作用力的方程可以表达成下面的一般形式：

$$P_r=AP_l+B+\eta C \qquad (10.3.3-28)$$

式中：P_r、P_l 分别为右侧和左侧面作用力；A、B、C 为系数，分别通过滑动块和倾倒块的平衡方程求得。

1）对于滑动岩柱：A、B、C 系数分别为

$$A=\frac{\sec\varphi_l\cos(\varphi_l+\varphi_b-\rho)}{K} \qquad (10.3.3-29)$$

$$B=\frac{\Delta W\sin(\varphi_b-\alpha)-\eta'\Delta W\cos(\varphi_b-\alpha)+c\Delta L\cos\varphi_b+T_a\cos(\alpha-\varphi_b+\delta)}{K} \qquad (10.3.3-30)$$

$$C=\frac{\Delta W\cos(\varphi_b-\alpha)}{K} \qquad (10.3.3-31)$$

$$K=\cos(\varphi_r+\varphi_b-\rho)\sec\varphi_r \qquad (10.3.3-32)$$

式中：φ_b、φ_l、φ_r 分别为底面和柱面左右侧面底摩擦角；$\eta'\Delta W$ 为作用在条块上的水平地震力；T_a、δ 分别为岩柱上的锚杆作用力和锚固角；ρ 为底滑面法线方向和反倾向侧面的夹角。

2）对于倾倒岩柱：系数 A、B、C 分别为

$$A=\frac{H_1+\dfrac{\Delta L\xi\sin(\varphi_l-\rho)}{3\cos\varphi_l}}{K} \qquad (10.3.3-33)$$

$$B=\frac{T_a\left[H_a-\frac{1}{3}\Delta L\xi\sin(a+\delta)\right]}{K}+\frac{\frac{1}{6}\sigma_t\Delta L^2\xi^2-\Delta W\left(e_w+\frac{1}{3}\Delta L\xi\cos a\right)}{K}+\eta'C \qquad (10.3.3-34)$$

$$C=\frac{-\Delta W\left(e_H-\frac{1}{3}\Delta L\xi\sin a\right)}{K} \qquad (10.3.3-35)$$

$$K=H_r+b+\frac{\Delta L\xi\sin(\varphi_r-\rho)}{3\cos\varphi_r}-\Delta L\tan\varphi_r\cos\rho+\Delta L\sin\rho \qquad (10.3.3-36)$$

式中：b 为台阶高；e_w、e_H、H_a 分别为条块重心 x、y 方向与外力距条块趾部 O 点的距离。

（2）计算 η 的公式。对于第 i 块岩柱，有

$$P_{r,j}=A_iP_{l,i}+B_i+\eta C_i \qquad (10.3.3-37)$$

此式也可表达为

$$P_{r,i}=F_i+\eta C_i \qquad (10.3.3-38)$$

其中

$$F_i=A_iP_{l,i}+B_i \qquad (10.3.3-39)$$

$$G_i=C_i \qquad (10.3.3-40)$$

由于

$$P_{l,i}=P_{r,i-1}=F_{i-1}+\eta C_{i-1} \qquad (10.3.3-41)$$

将式（10.3.3-41）代入式（10.3.3-37）可得：

$$F_i=A_iF_{i-1}+B_i \qquad (10.3.3-42)$$

$$G_i=A_{i-1}G_{i-1}+C_{i-1} \qquad (10.3.3-43)$$

设 N_t 为最后一个倾倒块的编号，则

$$P_{r,N_t}=F_{N_t}+\eta G_{N_t}=0 \qquad (10.3.3-44)$$

故有

$$\eta=-\frac{F_{N_t}}{G_{N_t}} \qquad (10.3.3-45)$$

5. 计算步骤

改进的 Goodman-Bray 法的计算步骤如下：

假定一个 F_s 值，得 c_e、$\tan\varphi_e$ 和 σ_{te}。

（1）选定一个 N_s 和 N_t，根据式（10.3.3-45）计算 η。

（2）不断地改变 N_s 和 N_t，最终找到相应最小的 η 的 N_s 和 N_t。这样，就同时确定了破坏的模式和相等的 η 值。

（3）不断改变 F，获得相应的 η 值，最终获得相应 η 为零的 F，为本题的解答。

第四节　边坡稳定性数值分析方法

一、数值分析的主要方法

数值分析方法即应力应变方法，主要有有限元法（FEM）、有限差分法（FLAC）、边界单元法（BEM）、离散单元法（DEM）、块体理论（BT）与不连续变形分析（DDA）和无界单元法（IDEM）等。

1. 有限元法（FEM）

有限元法在边坡岩土体的稳定性分析中应用较早，也是目前最广泛使用的一种数值分析方法。目前已经开发了多个二维及三维有限元分析程序，其中二维代表性的分析软件有 PHASE、2D-σ 等，三维代表性的分析软件有 MARC、3D-σ、ANSYS 等。有限元法可以用来求解弹性、弹塑性、黏弹塑性、黏塑性等问题。有限元法的基本思路是把连续体离散化为一系列的相邻单元，单元之间通过节点连接，把单元承受的外力通过净力等效原则转移到节点，并利用虚功原理建立起单元节点力 P 和节点位移 U 之间的关系：

$$P=KU \qquad (10.3.4-1)$$

根据这个求出节点位移，再根据节点位移求出应变，然后以广义胡克定律求得节点应力。

2. 有限差分法（FLAC）

有限差分法（Fast Lagrangian Analysis of Continua,

FLAC）渊源于流体动力学，用于研究每个流体质点随时间变化的情况，即着眼于某一个流体质点在不同时刻的运动轨迹、速度及压力等。快速拉格郎日差分分析将计算域划分为若干单元，单元网格可以随着材料的变形而变形，即所谓的拉格朗日算法，该算法可以准确地模拟材料的屈服、塑性流动、软化直至有限大变形。

3. 边界单元法（BEM）

边界单元法属于连续介质力学方法。边界单元法是应用格林定理等，通过基本解将支配物理现象的域内微分方程变换成边界上的积分方程，然后在边界上离散化数值求解。边界单元法的基本解可以根据实际问题的特点来进行适当的选择。由于边界单元法只在边界上剖分单元，这就使自由度数目大大减少，而且由于基本解本身的奇异性特点，使得边界单元法在解决奇异问题时精度较高。边界单元法所特有的降维作用，可以使得问题简化许多，特别是对于三维问题，其优势更加明显。

4. 离散单元法（DEM）

离散单元法（Distinct Element Method，DEM）（Cundall，1971）属于非连续介质力学方法。以结构面切割而成的岩石块体为基本单元，建立离散单元之间的接触本构关系和力学模型，并根据牛顿第二定律确定离散单元的力、加速度、速度以及位移之间的关系。最初提出的离散单元法假定岩石块体是刚性的，后来经过改进提出了可变形的离散单元法。

离散单元法以运动学原理为基础，能够反映岩块之间接触面的滑移、分离与倾覆等大位移，同时又能计算岩块内部的变形与应力分布。因此，任何一种材料的本构模式都可引入到模型中，例如弹性、黏弹性、弹塑性或断裂等均可考虑。此外，它利用显式时间差分解法（动态松弛解法）求解动力平衡方程，在求解非线性大位移与动力稳定问题方面具有先天的本能。运用此法，线弹性问题与静力稳定问题的求解仅为两个简单特例而已。但是离散单元法在克服系统的振动、单元间接触关系的快速判断，尤其是三维离散单元法的应用等方面还有待进一步研究。

5. 刚体弹簧元法（RBSM）

刚体弹簧元法（Rigid Body - Spring Method，RBSM）（Kawai，1977；卓家寿，1993）属于非连续介质力学方法。将结构离散为刚性块体，刚性块体之间由法向和切向弹簧连接。它假定刚性块体不发生变形，而结构的变形能仅储存在刚性块体之间的连接弹簧中，以块体形心处的刚体位移为基本变量，用分片刚体位移模式来逼近实际的整体位移场。刚体弹簧元法后来经过发展，被用来解决连续介质力学问题，并称为刚体有限单元法。由于刚体弹簧元法能够方便地考虑材料的非线性特点，因此比较适合于岩体的变形与稳定分析。

6. 数值流形方法（NMM）

数值流形方法（Numerical Manifold Method，NMM）（石根华，1995）具有连续和非连续介质力学方法的特征。在研究DDA与有限元的数学基础上，提出的这两种方法的统一形式。周维垣等（1996）率先将其引入国内。NMM基于现代流形分析中的有限覆盖技术，运用数学和物理两套覆盖，在概念上将连续和非连续介质力学问题统一起来。数学覆盖定义近似解的精度，由占整个结构的许多有限重叠覆盖组成。物理覆盖是材料不连续面对数学覆盖的再剖分。NMM的积分方法采用了单纯形上的解析积分形式，这是与传统数值方法的一个很大的不同。同时，在NMM中还可以很方便地采用高阶覆盖函数，以提高数值计算的精度，为数值模拟方法的发展提供了新的思路。

7. 无网格方法（MM）

无网格方法（Meshless Method，MM）（Belytschko，1996）具有连续和非连续介质力学方法的特征。也是近些年才发展起来的一类新方法，其基本思想是在计算域上用一些离散的点覆盖函数加权拟合整体场函数。在这种方法中，网格可以彻底或部分地消除，从而摆脱了单元的限制。这使得该方法在几何非线性和材料非线性，尤其是裂缝扩展问题等方面具有非常广阔的应用前景。与NMM类似，无网格法在概念上也可以将连续和非连续介质力学问题统一起来。但是这两种方法都还不是很成熟，尤其是在三维问题上的应用，需要进一步研究。

二、边坡稳定分析的有限元法

1. 有限元法的优点

与极限平衡法比较，有限元法有如下优点：

（1）可以对复杂地质条件进行模拟，考虑了边坡的非均质性和不连续性。

（2）无需条分和假定破坏面，可算出将发生在位移突变和塑性变形严重部位，以利边坡加固。

（3）考虑了变形协调的本构关系，不必引入传力的假设条件。

（4）提供应力、变形的信息，以利于边坡破坏机理分析。

2. 有限元法边坡稳定系数的确定

（1）根据滑面应力计算确定的方法。在滑面单元上对抗滑力和滑动力做积分，其比值即稳定系数。其物理意义与极限平衡法一致。适用于事先确定的滑面。

（2）根据强度降低计算确定的方法。按某一折减系数降低强度时发生不收敛或系统状态量突变，此折减系数的倒数即稳定系数。该法稳定系数定义与极限平衡法强度储备稳定系数一致，可用于搜索最危险滑面。该法需要确定达到极限平衡的判别标准。

（3）混合法。先进行强度降低分析，再求降强后滑面的整体应力稳定系数，当此系数为1时，强度降低倍数即为边坡稳定系数。

3. 有限元法边坡达到极限平衡状态的判别标准

（1）收敛性判据。在求解迭代中系统的位移增量曲线、荷载增量曲线或位移变形曲线具有极值点，即迭代过程不收敛。

（2）能量判据。系统内能与外力对系统所做的功应该相等，若强度折减一定程度后外功远大于内能，多余能量释放，认为系统破坏失稳。

（3）突变性判据。任何反映系统状态突变的现象，如位移突然变大、高斯点大面积屈服和屈服区连通等，都可以作为失稳判据。

4. 应用有限元法分析边坡稳定性需要满足的条件

（1）要有一个成熟可靠和功能强大的有限元程序。

（2）计算范围、边界条件、网格划分等要满足有限元计算精度要求。

（3）可供实用的岩土材料本构模型和强度准则。

5. 边坡有限元分析的主要步骤

（1）模型的概化。为了减少边界对数值计算结果的影响，边坡有限元计算模型的边界应足够大，并应充分考虑其所处的地质环境。模型应采用合适的单元类型模拟概化边坡中软弱结构面、滑动面以及岩土体本身，以尽量接近边坡原型。

（2）参数的选取。参数取值应在现场试验及室内试验成果的基础上，并参考相似边坡数值计算的经验，最终调整该边坡的数值计算参数。在必要的情况下，通过反演分析等手段，多次重复试算，才能得到比较合理的边坡数值计算参数。

（3）网格的划分。边坡数值模型网格的划分应遵循“有疏有密”的划分原则。即在网格大小对数值计算成果影响不大的地方，采取网格粗分，如较厚的同一岩土层；在网格大小对数值计算成果影响较大的地方或计算者比较关注的地方，采取网格细分，如软弱夹层、滑动面等，依据此原则划分网格，既节约计算资源又不影响计算成果精度。

(4) 边界的约束。边坡数值模型的约束应在充分考虑边坡数值模型的边界范围及其与周边地质体的相互关系后最终确定。按约束方向可将边界约束分为水平方向约束、垂直方向约束、任意方向约束等。按约束性质可将边界约束分为力的约束和位移约束等。

(5) 初始应力。由于边坡处在一定的地质环境当中，尤其是高陡的岩石边坡中的地应力对边坡的影响不容忽视，因此在边坡计算模型中应考虑地应力。如果存在其他对边坡产生影响的外部荷载，也应在边坡计算模型中作为初始应力加以考虑。

(6) 求解。根据对数值计算成果的不同要求，可采用单步求解或多步求解的方式进行。也可根据模型单元和参数的不同采用线性或非线性求解器进行求解。

(7) 后处理。求解完成后，运用后处理工具，可以对边坡数值计算成果中的应力应变、位移变形等数据进行等值线或矢量处理，可以得到清晰明了的边坡数值计算成果。

6. 目前主要的数值分析软件

目前主要的数值分析软件见表10.3.4-1。

表10.3.4-1　目前主要的数值分析软件

有限元分析软件	特　点
ANSYS CivilFEM	ANSYS CivilFEM将ANSYS强大的分析能力和CivilFEM提供的针对土木工程的特殊功能与模块结合起来，以满足土木工程行业的特殊需求，为各种各样高端土木工程分析设计提供了强有力的工具。CivilFEM基于ANSYS，继承了ANSYS所有功能：友好的图形用户界面、强大的前后处理、强大的多物理场分析能力和技术
ADINA	ADINA作为近年来发展最快的有限元软件，被广泛应用于各个行业的工程仿真分析，包括机械制造，材料加工，航空航天，汽车制造，土木建筑，电子电器，国防军工，船舶，铁道，石化，能源，科学研究及大专院校等各个领域，能真正实现流场、结构、热的耦合分析，被业内人士认为是有限元发展方向的代表。ADINA公司一直重视软件技术开发，这使ADINA软件一直处于非线性求解领先地位
三维拉格朗日差分分析程序(FLAC2D、FLAC3D)	为一有限差分法软件，在大地工程分析应用上极为广泛，特别是深开挖工程、隧道开挖模拟分析。FLAC可使用多种非线性模式模拟土、岩性质。FLAC3D三维有限差分软件，补足FLAC2D在三维空间分析的不足
软脑公司 2D-Block，二维离散元结构稳定性分析系统	系统表面上不出现任何与离散元有关的术语，所有的操作都是针对图形进行的。系统能按输入的宏观条件自动生成各种离散元数据并进行分析，同时以图形方式显示各种分析结果，一目了然。可以进行矿山开采中的放矿及块体稳定、边坡块体滑落、实验室块体实验模拟等数值分析，可以监视指定块体的运动过程。可以进行大容量块体分析，对于代替一些试验具有得天独厚的优势，实际工程中，在对块体滑落的预测、预防中使用方便而又实用
软脑公司 2D-sigma 3D-sigma	σ系列是支持土木工程设计的数值分析系统，其目的在于弄清分析对象的力学状态和特性，为技术人员提供进行优化设计、施工以及研究开发的数值和理论上的依据。σ系列是处理具有普遍意义的力学问题的自动化系统，因此，它不受各国独特的施工标准以及管理方式的限制，具有广泛的普及性和应用性。 系统表面上不出现任何与有限元有关的术语，所有的操作都是针对图形进行的。系统能按输入的宏观条件自动生成各种有限元数据并进行分析，同时以图形方式显示各种分析结果，一目了然。具备一般施工所需要的分析功能：非线性、弹塑性分析、热应力、惯性力分析，挖掘、开采、填土、筑坝等施工操作

第五节　边坡稳定分析中的可靠度评价方法

一、基本认识

安全系数属于确定性分析方法。由于地质体的复杂性，边坡稳定分析中有许多不确定性因素，人们希望了解安全系数的可靠程度。然而，每一个岩土工程都有其独特性，特别是岩土体的强度复杂多变，建立在概率基础上的可靠度理论很难在岩土工程实践中得以应用。

目前比较普遍的认识是：安全系数还不能废除；可以把破坏概率看成是安全系数的补充；也有建议采用安全系数和破坏概率两个指标来说明边坡的稳定性和可靠性。为此，在继续使用安全系数的同时，建议对重要边坡采用基于安全系数的简易可靠度分析方法，计算边坡的破坏概率，在《水电水利工程边坡设计规范》(DL/T 5353—2006)中，推荐该法作为边坡可靠度分析的基本方法。

二、可靠度（可靠指标）和破坏概率的定义

$$CR=(1-PF) \qquad (10.3.5-1)$$

式中：CR为可靠度(Coefficient of Reliability)；PF为破坏概率(Probability of Failure)。

采用可靠度是基于心理因素，即：可靠度99%比破坏概率1%更易于为业主所接受。但在实际评价中多采用破坏概率。后文中以P_f代表破坏概率。

三、基于安全系数的可靠度的分析方法

基于安全系数的可靠度（或可靠系数，下同）分析法是在传统的安全系数计算的基础上，考虑计算安全系数的不确定性，计算边坡的可靠度和破坏概率，对边坡的失稳风险进行评价。在传统的确定性方法向可靠度分析方法过渡阶段，该法易于为广大工程技术人员接受。

1. 安全系数可靠度分析法的功能函数

基于安全系数的可靠度分析法是在传统安全系数基础上定义功能函数：

$$F(x_1,x_2,\cdots,x_n)-1=0 \qquad (10.3.5-2)$$

$$\ln F(x_1,x_2,\cdots,x_n)=0 \qquad (10.3.5-3)$$

式中：F为安全系数；x_1、x_2、…、x_n为影响安全系数的因数，例如岩体自重、地下水压力、岩体抗剪强度参数等。

相应的可靠指标为

$$\beta=(\mu_F-1)/\sigma_F \qquad (10.3.5-4)$$

或

$$\beta=(\mu_F-1)/\mu_F V_F \qquad (10.3.5-5)$$

式中：μ_F为安全系数的平均值；σ_F为安全系数的标准差；V_F为安全系数的变异系数。

2. 邓肯简易分析方法求安全系数的标准差

采用邓肯(J.M.Duncan)的简易分析方法求安全系数的标准差，其步骤为：

(1) 确定影响边坡稳定性各有关因数的最可能值，并以常规的边坡稳定分析方法计算安全系数的最可能值F_{MLV}。鉴于可靠度分析是基于统计概率基础上的评价方法，计算中岩土物理力学参数应取平均值。

(2) 以试验统计方法，或采用经验的平均值和变异系数，或以“3σ准则”方法，估算各不确定性参数的标准差。这些不确定性参数一般是地下水压力和岩体及滑面的抗剪强度参数f（或内摩擦角φ）、c等。所谓“3σ准则”方法即：认为不确定性参数服从正态分布，则其平均值（在正态分布情况下即最可能值，下同）加、减3倍标准差σ构成的分布范围将涵盖整个概率分布的99.73%，因此可凭专业人员的经验，估计参数变化可能的上、下限值，将其差值除以6，即可采用为该参数

的标准差。例如对摩擦系数 f 即有如下关系：

$$\sigma_f=(f_{ub}-f_{lb})/6 \quad (10.3.5-6)$$

$$\mu_f=f_{ub}-3\sigma_f \quad (10.3.5-7)$$

或

$$\mu_f=f_{lb}+3\sigma_f \quad (10.3.5-8)$$

式中：μ_f 为摩擦系数的平均值；σ_f 为摩擦系数的标准差；f_{lb} 为摩擦系数的经验下限值；f_{ub} 为摩擦系数的经验上限值。

对其他不确定性参数也可由此类推，根据经验的上、下限值求出其标准差或平均值。

（3）在保持其他参数为最可能值不变的情况下，将每一参数的最可能值加一个标准差和减一个标准差分别计算安全系数 F^+ 值和 F^- 值。若变化的参数一共有 N 个，就要进行 $2N$ 次计算。这将得出 N 个 F^+ 值和 N 个 F^- 值。根据每个参数的 F^+ 值和 F^- 值计算其 ΔF 值。按以下式计算安全系数的标准差 σ_F 和变异系数 V_F。

$$\sigma_F=[(\Delta F_1/2)^2+(\Delta F_2/2)^2+\cdots+(\Delta F_n/2)^2]^{1/2} \quad (10.3.5-9)$$

$$V_F=\sigma_F/F_{MLV} \quad (10.3.5-10)$$

$$\Delta F_1=(F_1^+-F_1^-) \quad (10.3.5-11)$$

式中：F_1^+ 为对第一个参数的最可能值增加一个标准差后计算出的安全系数；F_1^- 为对第一个参数的最可能值减少一个标准差后计算出的安全系数。

在滑坡稳定分析中，孔隙水压力 U 和滑面的摩擦系数 f、黏聚力 c 是不确定参数。安全系数的标准差可按以下步骤求出：

1）首先保持摩擦系数 f 和黏聚力 c 平均值不变，即保持 μ_f 和 μ_c 不变，将孔隙水压力 U 的平均值 μ_U 分别加、减孔隙水的标准差 σ_U，即：$\mu_U{}^+=\mu_U+\sigma_U$；$\mu_U^-=\mu_U-\sigma_U$，分别与 μ_f 和 μ_c 一起，代入稳定分析计算公式，求出相应两个安全系数 F_U^+ 和 F_U^-。将这两个安全系数相减，得出 $\Delta F_U=F_U^- - F_U^+$。

2）保持孔隙水压力和黏聚力平均值不变，即保持 μ_U 和 μ_c 不变，将摩擦系数的平均值 μ_f 分别加、减摩擦系数的标准差 μ_f，即 $\mu_f^+=\mu_f+\sigma_f$；$\mu_f^-=\mu_f-\sigma_f$，分别与 μ_U 和 μ_c 一起，代入稳定分析计算公式，求出相应两个安全系数 F_f^+ 和 F_f^-。将这两个安全系数相减，得出 $\Delta F_f=F_f^+-F_f^-$。

3）保持孔隙水压力和摩擦系数平均值不变，即保持 μ_U 和 μ_f 不变，将黏聚力的平均值 μ_c 分别加、减黏聚力的标准差 σ_c，即：$\mu_c^+=\mu_c+\sigma_c$；$\mu_c^-=\mu_c-\sigma_c$，分别与 μ_U 和 μ_f 一起，代入稳定分析计算公式，求出相应两个安全系数 F_c^+ 和 F_c^-。将这两个安全系数相减，得出 $\Delta F_c=F_c^+-F_c^-$。

4）将上述求得的 ΔF_U、ΔF_f 和 ΔF_c 代入下式，即可求出安全系数的标准差：

$$\sigma_F=[(\Delta F_U/2)^2+(\Delta F_f/2)^2+(\Delta F_c/2)^2]^{1/2} \quad (10.3.5-12)$$

5）按下式计算安全系数的变异系数：

$$V_F=\sigma_F/\mu_F$$

3. 可靠指标计算

若认为安全系数呈对数正态分布，其可靠指标写为 β_{LN}，可按下式计算：

$$\beta_{LN}=[\ln F_{MLV}/(1+V_F{}^2)^{1/2}\ln(1+V_F^2)]^{1/2} \quad (10.3.5-13)$$

式中：F_{MLV} 为安全系数最可能值；V_F 为安全系数的变异系数。

需要指出，邓肯（J. M. Duncan）认为假设安全系数值按对数正态分布是较合理的近似。安全系数按对数正态分布并不意味各独立变量（γ_{ef}，$\tan\varphi$，γ_{bf}，γ_c）也按此类型分布。用这个方法没有必要对这些变量的分布做任何假定。

如果采用正态分布，则可以直接用式（10.3.5-4）计算。

4. 破坏概率 P_f 计算

用计算得到的 F_{MLV}、V_F 或 β_{LN} 和 β 可以计算破坏概率 P_f 值：

$$P_f=1-\Phi(\beta) \quad (10.3.5-14)$$

式中的 $\Phi(\beta)$ 为标准正态分布函数，可以查正态分布表求得 P_f 与 β 的关系。其主要对应值见表 10.3.5-1。

表 10.3.5-1　破坏概率 P_f 与相应的可靠度指标 β（据李天扶）

破坏概率 P_f	可靠度指标 β	破坏概率 P_f	可靠度指标 β
0.50	0	0.01	2.33
0.25	0.67	0.001	3.10
0.10	1.28	0.0001	3.72
0.05	1.65	0.00001	4.25

在不同的变异系数 V_F 情况下安全系数 F 与相应的破坏概率可按表 10.3.5-2 内插得出，注意该安全系数是采用岩土力学强度平均值计算得出的。

表 10.3.5-2　边坡的安全系数和破坏概率（%）（据李天扶）

安全系数 F	安全系数的变异系数 V_F①									
	0.10		0.15		0.20		0.25		0.30	
	A	B	A	B	A	B	A	B	A	B
1.05	33.02	31.70	40.03	37.55	44.14	40.59	47.01	42.45	49.23	43.69
1.10	18.26	18.17	28.63	27.22	35.11	32.47	39.59	35.81	42.94	38.09
1.15	8.831	9.606	19.42	19.23	27.20	25.71	32.83	30.09	37.10	33.19
1.20	3.771	4.779	12.56	13.33	20.57	20.23	26.85	25.25	31.77	28.93
1.25	1.437	2.275	7.761	9.121	15.20	15.87	21.68	21.19	26.98	25.25
1.30	0.494	1.051	4.606	6.197	11.01	12.43	17.30	17.80	22.76	22.09
1.40	0.044	0.214	1.459	2.841	5.480	7.656	10.69	12.66	15.88	17.05
1.50	0.003	0.043	0.410	1.313	2.569	4.779	6.380	9.121	10.85	13.33
1.60	0.000	0.009	0.105	0.621	1.148	3.040	3.707	6.681	7.294	10.57
1.80		0.000	0.006	0.152	0.206	1.313	1.178	3.772	3.176	6.924
2.00			0.000	0.043	0.034	0.621	0.355	2.275	1.340	4.779
3.00			0.000	0.000	0.000	0.043	0.001	0.383	0.016	1.313

注　A 为按式（10.3.5-5）计算，认为安全系数为对数正态分布；B 为按式（10.3.5-4）计算，认为安全系数为正态分布。

①　若岩土体自重变化可忽略不计，地下水压力取最大值并视为定值，则此变异系数即是岩土体抗剪强度的变异系数。

四、边坡工程可靠度分析的参考评价标准

目前工程界在边坡工程可靠度分析的评价标准上没有统一的规定，但国内外均有一些研究成果。下面介绍几种评价标准。

（1）挪威潜在滑坡区建筑物与土木工程导则（SBE，1995）规定安全等级及允许最大年破坏概率见表 10.3.5-3。

表 10.3.5-3　挪威潜在滑坡区建筑设计导则安全等级规定

安全等级	滑动损失	最大年滑动概率
1	较小	10^{-2}
2	中等	10^{-3}
3	较大	$<10^{-4}$

表 10.3.5-3 中最高的安全等级是 3 级，最低的是 1 级，例如挪威规定大坝安全等级为 3 级，这与我国的做法相反。总体来说，挪威的边坡设计标准比较适中，其设计基准期为 50 年，设计单项最大破坏概率相应为 50%、5%和 0.5%（大致相当于安全系数为 1.0、1.3～1.4 和 1.5～1.7）。

(2) 中国香港规定每个生命个体年允许风险。对新建边坡为 10^{-5}，对已有边坡为 10^{-4}。又提出社会风险对边坡要求的两个方案，其失稳概率的规定见表 10.3.5-4。

表 10.3.5-4 中国香港土木工程署关于滑坡的规定

预期滑坡死亡人数	不可接受风险区下限年失稳概率	第一方案年失稳概率		第二方案年失稳概率
		适当可行区	可接受风险区	适当可行区
1	10^{-3}	$10^{-3}\sim10^{-5}$	$<10^{-5}$	$<10^{-3}$
10	10^{-4}	$10^{-4}\sim10^{-6}$	$<10^{-6}$	$<10^{-4}$
100	10^{-5}	$10^{-5}\sim10^{-7}$	$<10^{-7}$	$<10^{-5}$
1000	10^{-6}	$10^{-6}\sim10^{-8}$	$<10^{-8}$	$<10^{-6}$
1000～5000	$\approx10^{-6}\sim5\times10^{-7}$	高度关注区		

(3) 根据《水利水电工程结构可靠度设计统一标准》(GB 50199—94) 规定，对于第一类破坏类型的结构物，其目标可靠指标及相应破坏概率见表 10.3.5-5。

边坡属于第一破坏类型，但是它不是建筑结构物，从后面的分析可知，这一标准对于边坡来说过于严格，因此不能用于边坡设计。

刘汉东 (1998) 参照国内外工程结构统一设计标准，结合国内外边坡和坝工方面的研究，通过工程类比法给出水电工程高边坡在正常荷载情况下安全度标准建议值，见表 10.3.5-6。

表 10.3.5-5 套用《水利水电工程结构可靠度设计统一标准的规定》的相应要求

安全级别	目标可靠指标	可靠度	破坏概率	设计基准期	年破坏概率
Ⅰ	3.7	0.9998922	$\approx10^{-4}$	100	10^{-6}
Ⅱ	3.2	0.9993129	$\approx10^{-3}$	50	2×10^{-5}
Ⅲ	2.7	0.996533	$\approx10^{-2}$	50	2×10^{-4}

表 10.3.5-6 水电工程高边坡在正常荷载情况下安全度标准建议值

重要性等级	建议可靠指标	相应破坏概率	相应年破坏概率
重要边坡	$\beta=3.90$	4.81×10^{-5}	4.81×10^{-3}
普通边坡	$\beta=3.10$	9.68×10^{-4}	9.68×10^{-2}
次要边坡	$\beta=2.33$	9.90×10^{-3}	9.90×10^{-1}

该建议值认为服务期为 100 年。

第四章 高速滑坡及其涌浪分析与评价

第一节 高速滑坡滑速计算

一、关于高速滑坡的一般概念

高速滑坡的概念国内学术界目前尚无明确界定，一般认为由于滑带瞬时强度损失导致下滑力突然增大而坡体快速失稳。中国学者大多以 10～20m/s 作为高速滑坡的下限。徐峻龄（1993）进一步细化，将高速滑坡滑速用以下几个指标作为下限：滑体中部滑块最大瞬时速度 30m/s 左右；滑坡前缘宏观启动速度 20m/s；滑体前部平均速度 10m/s。滑速等级国内外有多种分类方案，可概括为四个等级，列表 10.4.1-1 供参考。国际工程地质与环境协会（IAEG）对滑坡运动速度提出的分类标准，将滑速在 5m/s 以上定为高速滑坡。

表 10.4.1-1　滑坡滑速等级分类方案对比表

滑速等级	V（按平均速度）	IAEG 滑坡委员会（最大速度）	滑坡档次（最大速度）与等级 档次	等级	备注
极快的	3m/s	>5m/s	高速	超高速>25～30m/s	可能转化为碎屑流
				极高速>10m/s	
				高速>5m/s	人奔跑速度
很快的	0.3m/min	>3m/min	快速	很快的>1m/s	
				快速>0.01m/s	
快的	1.5m/d	>43m/d		次快速>0.001m/s	人有直接感觉
中等的	1.5m/月	>13m/月	中速	中速>1mm/min	
				次中速>1mm/h	可察觉变形破裂生长情况
慢的	1.5m/a	>1.6m/a	慢速	慢速>1mm/d	
很慢的	0.06m/a	>0.016m/a		很慢速>0.016m/a	仪器判定或根据累积变形判定
极慢的		<0.016m/a		极慢的<0.016m/a	变形破裂迹象识别

据张倬元等《工程地质分析原理》(1994)。

二、高速滑坡形成机制

大型高速滑坡具有速度高、滑程远、能量大、破坏力强的特点，其运动型式多样（滑动、滑行、滑流、流动等），是一个包括多种功能转换过程的复杂体系。据大型高速滑坡活动的时间和空间，可划分为启程、近程、远程三个相互连续的活动阶段。多年来，人们一直在探索高速滑坡的发生机理，提出许多高速滑坡运动机理假说，特别是 1963 年意大利瓦依昂水库滑坡之后，引起人们对高速滑坡的研究热潮。综合国内外研究成果，高速滑坡形成机制可归纳为三类，即有效应力降低机制、摩擦转化机制及运动转化机制。

1. 有效应力降低机制

滑坡在启程活动阶段，由于锁固段突然被剪断，高度集中的剪应力突然释放，常出现孔隙水压力突然增大。同时，由于强烈的高速摩擦，产生高温，使滑带水突然气化，产生巨大的水汽压力；孔隙水压力和水汽化压力耦合，以及水汽压力与滑坡剪切力耦合，使滑面有效应力和滑带抗剪强度骤然降低，阻滑力减少，加速度变大，从而发生高速远程滑坡。如气垫层说、水汽垫说，孔隙压力说和水击机制说等。

2. 摩擦转化机制

滑坡下滑过程中，伴随强烈的振动和高速摩擦，使滑面附近的饱和砂土液化和滑带水汽化，甚至整个滑体液化，摩擦力降至很低，从而导致高速滑坡。如自我润滑说、滚动摩擦说、摩擦降低说等。

以上两种情况都具有流体动力学现象，使滑坡在启程和滑动阶段即获得很大的速度。

3. 滑体运动转化机制

这类假说主要根据是滑坡体运动机制的转化，认为滑坡体在变形过程中，岩土体和滑面上的抗剪强度由峰值突降至残余值，而获得高速滑动，峰值与残余值的差值愈大，滑速愈高，在滑坡体前沿形成碎屑流。

近年来，有些学者如卢万年（1991）、邢爱国等（2002）采用空气动力学分析高速滑坡的滑行问题。多数滑坡剪出口附近滑床水平或略向上翘 1°～2°，因此，当滑床面剪出口高出河谷最低地面，并且具有相当大的“临空”高度的情况下，许多大型高速滑坡在近程活动阶段均呈现凌空飞行运动，这与飞机起飞或降落时滑翔速度接近。滑体在高速“飞行”过程中与周围空气之间产生复杂的空气动力学现象和作用。滑体除了受到空气阻力以外，还受到空气升力的作用，即产生机翼效应。这种空气动力学效应不仅使滑坡“飞行”得更远，而且使势能更多地转变成滑坡“飞行”的动能，使滑体获得了更大的速度。

中国水电顾问集团西北勘察设计研究院在龙羊峡近坝库岸的高速滑坡研究中（1984），对高速滑坡的形成过程和形成原因做了探索性研究，主要研究成果表明，高速滑坡是在蠕变—拉裂—剪断复合机制下形成的。滑坡发生前斜坡经过长期变形过程，滑坡发生时并没有明显的触发因素，在重力和残余构造地应力的作用下，岸坡自坡脚区前缘土体的强度破坏而开始的缓慢累进性破坏过程，是斜坡失稳的主要原因。形成过程可分为三个阶段，如图 10.4.1-1 所示。

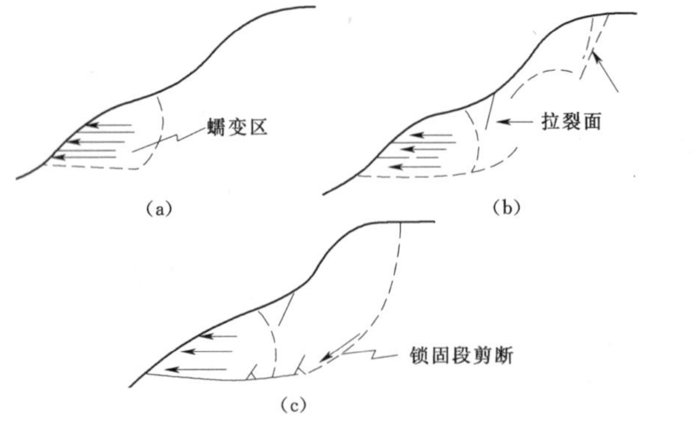

图 10.4.1-1　龙羊峡高速滑坡形成过程示意（据庆祖荫）

(a) 坡脚蠕变阶段；(b) 后缘拉裂扩张阶段；(c) 中部剪断贯通阶段

滑体失稳的瞬间，滑床或土体抗剪强度的下降幅度，控制了滑体位能转换为动能的量值，从而决定了滑速的大小。通过对龙羊峡查纳滑坡的研究，认为滑体中部“锁固段”的半成岩黏性土的峰—残强度差值大，且呈脆性迅速剪切破坏，突然释放能量，导致滑坡产生高速下滑。类似滑坡还有 1983 年甘肃东乡的洒勒山高速滑坡等。查纳滑坡和洒勒山滑坡的计算滑速、重力模型试验滑速和调查滑速见表 10.4.1-2。

表 10.4.1-2　查纳滑坡和洒勒山滑坡滑速表（据庆祖荫）

方　法	查纳滑坡（m/s）		洒勒山滑坡（m/s）	
	整体	碎屑流	整体	碎屑流
整体碎屑流法	38.2	45.3	15.5	28
质点滑速法	18.7		34.8	
重力模型试验	34.1～41.3		—	
调查平均滑速	22.5（最大滑速 45.0）		15.3～16.4	

人们认识到，高速滑坡的形成有其必然的内在条件，但外在条件也是不可忽视的因素，如 1985 年长江新滩滑坡的主要外在因素是后缘天然长期的崩塌加载和持续降雨，四川某工程斜坡覆盖层顶部人工堆渣导致坡面覆盖层高速失稳，汶川 5.12 大地震的强扰动造成唐家山岸坡高速滑入河流，形成著名的唐家山堰塞湖。这些都是在滑坡及边坡稳定研究中需要重视的方面。

三、高速滑坡滑速计算方法

为较合理预测滑坡滑速，近年来人们探索了多种高速滑坡滑速的计算方法，主要有潘家铮法、能量法、美国土木工程兵团法等，针对龙羊峡近坝库岸滑坡，西北院曾提出了整体—碎屑流法、质点滑速计算法等。

1. 潘家铮法

(1) 平面滑动。当滑面为一平面，且滑体可视作刚体处理时，失稳后滑体在自重作用下沿滑面作直线加速运动（图 10.4.1-2）。

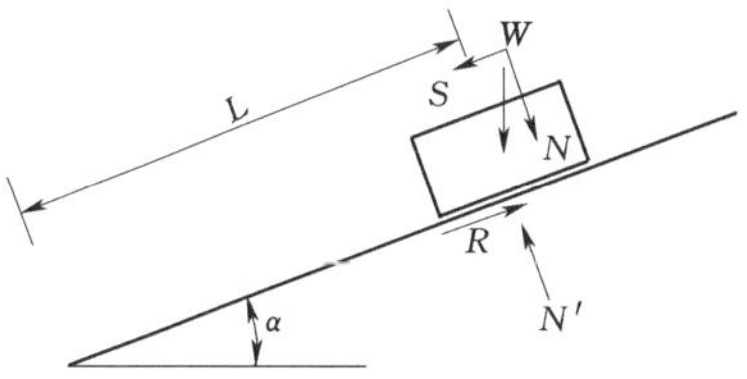

图 10.4.1-2　刚体平面滑动

根据加速度原理推导得出滑体下滑速度：

$$v_{\max}=\sqrt{2aL}=\sqrt{2L\left(\sin\alpha-f\cos\alpha-\frac{C}{W}\right)g} \tag{10.4.1-1}$$

如果采用功能原理推导，可得到一致的结果：

$$v_x=\sqrt{2L\left(\sin\alpha-f\cos\alpha-\frac{C}{W}\right)g}\cos\alpha \tag{10.4.1-2}$$

$$v_y=\sqrt{2L\left(\sin\alpha-f\cos\alpha-\frac{C}{W}\right)g}\sin\alpha \tag{10.4.1-3}$$

以上式中：$v_{\max}$、v_x、v_y 分别为最大滑速和水平、垂直方向的滑速，m/s；a 为滑体下滑加速度，m/s^2；g 为重力加速度，m/s^2；L 为滑距，m；f 为滑面摩擦系数；W 为滑体质量；C 为其他阻力；α 为滑面角度，(°)。

如果滑坡体内有孔隙水压力，仿照静力平衡分析法，在计算下滑力时，W 用饱和容重。但在计算法向反力时则用浮容重 $W'(W'<W)$，这样，在以上各式中，f 改为 $f\dfrac{W'}{W}$，其余相同。

(2) 光滑缓变曲面的滑动。滑坡体沿着光滑缓曲面下滑是较为普遍的一种现象，假定问题仍为平面性质，取代表性剖面作为计算对象。

假定滑体中的垂直狭条滑动后仍未垂直，每一分条均视为刚体。取出一条块，设第 i 块（图 10.4.1-3）。其作用力有：

体自重：W_i（地下水位以上用湿容重，以下用饱和容重）。

滑面上反力：法向力 N_i、切向力 $f_iN_i+C_i$。

垂直界面上反力：法向力 H、$H+\Delta H_i$；切向力 Q、$Q+\Delta Q_i$。

扬压力：U_i。

于是，第 i 条块的动力平衡方程：

$$\Delta H_i+(N_i+U_i)\sin\alpha_i-(f_iN_i+C_i)\cos\alpha_i=\frac{W_i}{g}a_x \tag{10.4.1-4}$$

$$\Delta Q_i+(W_i-U_i\cos\alpha_i)-N_i\cos\alpha_i-(f_iN_i+C_i)\sin\alpha_i=\frac{W_i}{g}a_{yi} \tag{10.4.1-5}$$

以上式中：a_x、a_{yi} 分别为第 i 块水平、垂直加速度。假定各条块水平加速度相同，用 a_x 表示；而各条块垂直加速度可以各不相同，用 a_{yi} 表示。

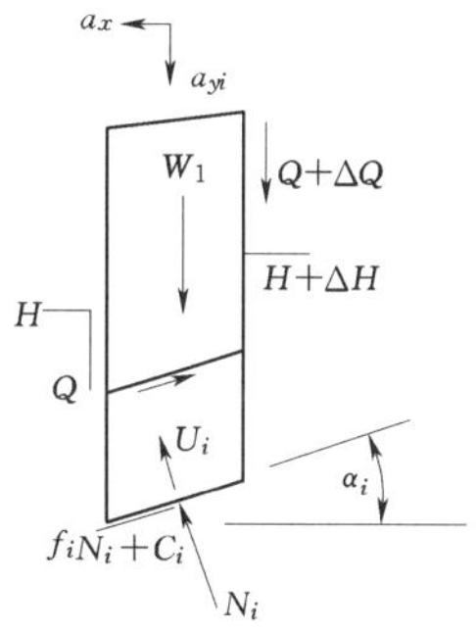

图 10.4.1-3　计算示意图一

在式 (10.4.1-4)、式 (10.4.1-5) 中，a_x 与 a_{yi} 存在一定关系。考虑一个刚体从某点 A 沿一曲线滑到 B 点的情况（图 10.4.1-4）。设刚体在 A 点的速度 V_0，到 B 点时 V_0'。如果 A、B 两点距离很近，可按均匀加速度计算，即

$$\tan\alpha_0=\frac{\Delta y}{\Delta x}$$

$$L=V_0t+\frac{1}{2}at^2 \tag{10.4.1-6}$$

t 是从 A 点到 B 点的历时。取分值：

$$\Delta x=V_{0x}t+\frac{1}{2}a_xt^2$$

$$\Delta y=V_{0y}t+\frac{1}{2}a_xt^2$$

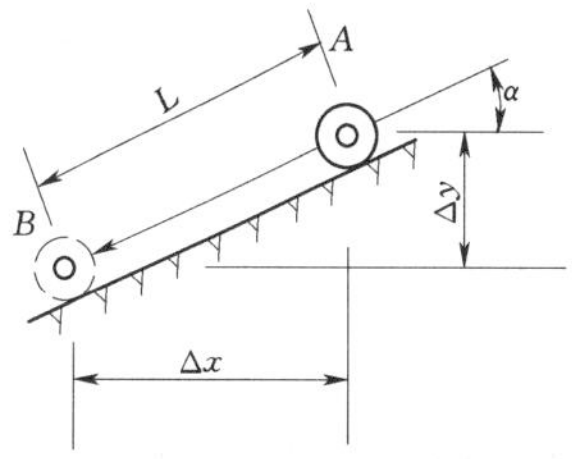

图 10.4.1-4　计算示意图二

$$\Delta y=V_{0y}t+\frac{1}{2}at^2$$

则

$$\frac{a_y}{a_x}=\frac{\Delta y-V_{0y}t}{\Delta x-V_{0x}t}=\frac{\dfrac{\Delta y}{\Delta x}-\dfrac{t}{\Delta x}V_{0x}\tan\alpha}{1-\dfrac{t}{\Delta x}V_{0x}}$$

$$=\frac{\Delta y}{\Delta x}\left[\frac{1-\dfrac{t}{\Delta x}V_{0x}\dfrac{\tan\alpha}{\tan\alpha_0}}{1-\dfrac{t}{\Delta x}V_{0t}}\right] \qquad (10.4.1-7)$$

$$\tan\alpha_0=\frac{\Delta y}{\Delta x} \qquad (10.4.1-8)$$

因为 AB 距离很近，所以，$\tan\alpha\approx\tan\alpha_0$ 于是：

$$a_y/a_x=\tan\alpha_0$$

这样式（10.4.1-4）、式（10.4.1-5）可化为

$$\Delta H_i+(N_i+U_i)\sin\alpha_i-(f_iN_i+C_i)\cos\alpha_i=\frac{W_i}{g}a_x \qquad (10.4.1-9)$$

$$\Delta Q_i+(W_i-U_i\cos\alpha_i)-N_i\cos\alpha_i-(f_iN_i+C_i)\sin\alpha_i$$
$$=\frac{W_i}{g}a_x\cdot\tan\alpha_0 \qquad (10.4.1-10)$$

由式（10.4.1-10）得

$$N_i=\frac{\Delta Q_i+(W_i-U_i\cos\alpha_i)-C_i\sin\alpha_i-\dfrac{W_i}{g}\tan\alpha_0\cdot a_x}{\cos\alpha_i+f_i\sin\alpha_i} \qquad (10.4.1-11)$$

式（10.4.1-11）中的 a_x 尚为未知。将式（10.4.1-9）的所有条块求和，并注意到 $\sum_{i=1}^{n}\Delta H_i=0$，则

$$\sum_{i=1}^{n}N_i\sin\alpha+\sum_{i=1}^{n}U_i\sin\alpha_i-\sum_{i=1}^{n}f_iN_i\cos\alpha_i-\sum_{i=1}^{n}C_i\cos\alpha_i=\frac{W}{g}a_x \qquad (10.4.1-12)$$

式中 $W=\sum W_i$，即滑体全部重量。将式（10.4.1-11）代入式（10.4.1-12），并略去 ΔQ_i，整理解出 a_x 为

$$\frac{a_x}{g}=\frac{\sum\left(\dfrac{W_i-U_i\cos\alpha_i}{W}\right)D_i-\sum\dfrac{C_i}{W}(D_i\sin\alpha_i+\cos\alpha_i)+\sum\dfrac{U_i}{W}\sin\alpha_i}{1+\sum\dfrac{W_i}{W}D_i\tan\alpha_0} \qquad (10.4.1-13)$$

其中

$$D_i=\frac{\sin\alpha_i-f_i\cos\alpha_i}{\cos\alpha_i+f_i\sin\alpha_i} \qquad (10.4.1-14)$$

实际计算步骤如下：

1）经过静力分析，在某些情况下滑坡体稳定安全系数已显然小于 1 时，就可分析这种情况下的滑速发展过程。

2）将滑坡体分为 n 个垂直分条，各条宽度宜相等（以下记为 ΔL），以便计算。对分条进行编号，出口处编为 $i=1$，依次到顶部为第 n 号（图 10.4.1-5）。

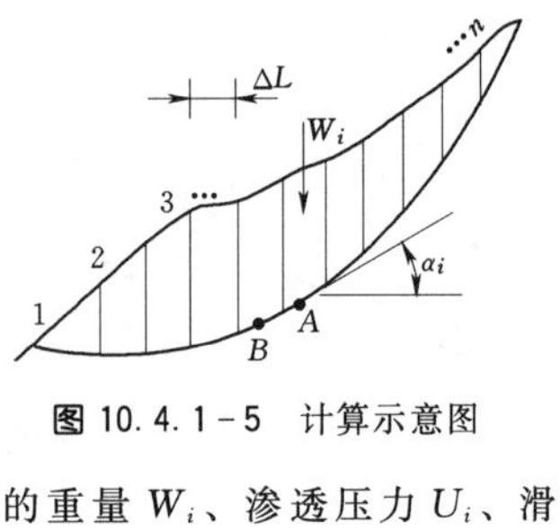

图 10.4.1-5 计算示意图

计算每一条的重量 W_i、渗透压力 U_i、滑面的平均坡角 α_i，以及 $\tan\alpha_i$、$\sin\alpha_i$、$\cos\alpha_i$ 等。另外计算每一条的 $\tan\alpha_0$，即这条滑面中点（图 10.4.1-5 中 A 点）与下面一条滑面中点（B 点）连线的坡度。从每一条的 f_i、C_i，计算 D_i、$D_i\tan\alpha_0$、$D_i\sin\alpha_i$、$\dfrac{W_i}{W}$等值。

3）取滑坡开始急剧下滑的瞬间为时间原点 $t_0=0$，当滑坡体依次水平移位 ΔL 时，记为 t_1，t_2，…。

4）计算 t_0 时的加速度，即将在 2）中求得的各值代入式（10.4.1-13），计算 a_x，记为 a_{x0}，于是在此时段之末（$t=t_1$），速度为

$$v_{x1}=\sqrt{2a_{x0}\Delta L} \qquad (10.4.1-15)$$

移过这一水平距 ΔL 所需时间为

$$\Delta T_1=\sqrt{\frac{2\Delta L}{a_{x0}}} \qquad (10.4.1-16)$$

且

$$t_1=t_0+\Delta T_1 \qquad (10.4.1-17)$$

5）在 $t=t_1$ 时，各分条已移动了一平距 ΔL，即已滑到前面一条的位置处，其中第 1 条已滑出 0 点以外。如果外面的山坡仍和滑床面能平顺衔接，则该条仍将和其后滑坡体连在一起共同滑动。如果外面坡面很陡，与滑床完全不相连接，则该条将与其后滑体断开脱离，沿坡面崩坠。但如滑速已很高，则仍有可能和其后滑体一并移动。

计算在 t_1 时的水平加速度 α_{x1}，计算步骤和公式，仍和原来一样，区别仅在于：在第 i 条上的重量要改用 W_{i+1}，第 $i-1$ 条上则用 W_1 等，余类推（第 n 条上已没有滑体）。

此外，如果 f_i、C_i 不是常数而为滑速 V 的函数，也可加以修改。

求出 α_{x1}后：

$$v_{x2}=\sqrt{v_{x1}^2+2\alpha_{x1}\Delta L} \qquad (10.4.1-18)$$

$$\Delta T_2=\frac{v_{x2}-v_{x1}}{\alpha_{x1}} \qquad (10.4.1-19)$$

$$t_2=t_1+\Delta T_2 \qquad (10.4.1-20)$$

6）如此继续计算，直到所需时段为止，并可将 α_x、v_x 等沿时间绘成曲线。v_x 一般是逐渐增加的，但也可能达最大值后又有所减小。在滑面底部倾角改缓或有反坡时，就出现这种情况。这表示滑坡体滑到某一位置后，阻力已大于下滑力，从而产生减速作用，最后可使滑动终止。

2. 条分法

条分法是潘家铮法的改进。采用条分法对整个滑体进行分块，条块垂直划分，对于每个条块，其受力见图 10.4.1-6。

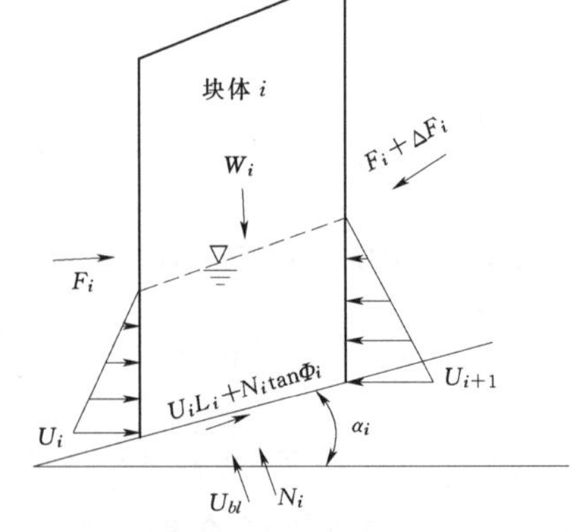

图 10.4.1-6 条块受力示意图

假定条块发生位移时按刚体运动，即条块内部不发生相对的位移，认为当前条块所受的前后块体相互作用力矢量和沿滑面方向及垂直滑面方向的加速度为 0，根据牛顿第二定律：

垂直滑面方向：

$$W_i\cos\alpha_i-(U_{i+1}-U_i)\sin\alpha_i-U_{bi}-N_i=0 \quad (10.4.1-21)$$

沿滑面方向：

$$W_i\sin\alpha_i+(U_{i+1}-U_i)\cos\alpha_i-(C_iL_i+N_i\tan\varphi_i)+\Delta F_i=M_i a_i \quad (10.4.1-22)$$

将式（10.4.1-21）和式（10.4.1-22）变形为

$$N_i=W_i\cos\alpha_i-(U_{i+1}-U_i)\sin\alpha_i-{}_iU=0 \quad (10.4.1-23)$$

$$\Delta F_i=-W_i\sin\alpha_i-(U_{i+1}-U_i)\cos\alpha_i+C_iL_i+M_i a_i +[W_i\cos\alpha_i-(U_{i+1}-U_i)\sin\alpha_i-U_{bi}]\tan\varphi_i \quad (10.4.1-24)$$

对于滑坡体整体而言，F_i 为内力，因而有

$$\sum_{i=1}^{n}F_i=0 \quad (10.4.1-25)$$

解得

$$a_i=\frac{\sum_{i=1}^{n}W_i\sin\alpha_i+\sum_{i=1}^{n}\Delta U_i\cos\alpha_i-\sum_{i=1}^{n}C_iL_i}{\sum_{i=1}^{n}M_i}-\frac{\sum_{i=1}^{n}(W_i\cos\alpha_i+\Delta U_i\sin\alpha_i-U_{bi})\tan\varphi_i}{\sum_{i=1}^{n}M_i} \quad (10.4.1-26)$$

其中 $\Delta U_i=U_{i+1}-U$

对于每一条块，设初速度为 v_{i1}，末速度为 v_{i2}，滑动距离为 L_i，滑动时间为 T_i，由物理学知识得：

$$v_{i2}=\sqrt{v_{i1}^2+2a_iL_i} \quad (10.4.1-27)$$

$$T_i=\frac{v_{i2}-v_{i1}}{a_i}$$

这样就可以求出滑块滑入水库时的速度和滑块运动的时间。

3. 能量法

一个滑坡的发展，一般要经历孕育、启动、加速、制动四个阶段。滑坡体系内主要存在以下几种功和能。

(1) 变形能 U。滑坡在滑动前，首先要经过蠕变和蠕滑两个阶段。滑坡在重力作用下，缓慢变形，因而积累了一定的变形能。

(2) 机械能。指由于滑体的所处位置和速度而具有势能 E 和功能。

(3) 阻力功 A_f。指滑坡所受阻力对滑坡所做的功。实际上由两部分组成：一部分是克服滑面阻力所做的功；另一部分是克服介质（空、水）阻力所做的功。

(4) 外力功 A。这指的是由于滑坡体系以外的力如地震、振动、爆破、掉块、塌方等传给滑体的能量。外力功的计算视情况而定。

(5) 碎屑能 U_S。因高速滑坡而消耗的能量。由于碎屑能与滑坡的运动状态有关，故其计算是非常复杂的。

根据以上的分析，对于滑块体系，存在有以下几种功和能。

滑动前：势能 E_1、变形能 U、外力功 A。

滑动后：动能 D_2、碎屑能 U_S、阻力功 A_f、势能 E_2。

根据能量转换和守恒定律，可知：

滑动前滑体系总能量＝滑动后滑坡体系总能量，即

$$E_1+U+A=D_2+U_S+A_f+E_2 \quad (10.4.1-28)$$

改写为

$$\Delta D-\Delta E-\Delta U-\Delta A=0 \quad (10.4.1-29)$$

式中：$\Delta D=D_2-D_1(D_1=0)$，表示滑坡体系功能的变化；$\Delta E=E_1-E_2$，表示滑坡体系势能的减少；$\Delta U=U-U_S$，表示滑体中变形能和碎屑能之差；$\Delta A=A-A_f$，表示滑坡体所受外力功和阻力功之差。

假设滑坡具有速度 v，则

$$\Delta D=D_2=\frac{1}{2}mv^2 \quad (10.4.1-30)$$

式中：m 为滑体的质量。将式（10.4.1-30）代入式（10.4.1-29）得

$$v=\sqrt{\frac{2}{m}(\Delta E+\Delta U+\Delta A)} \quad (10.4.1-31)$$

4. 质点滑速计算法

质点滑速法由西北勘测设计院张成琪（1984）提出，在能量转换中引入了材料抗剪断强度试验残余值与峰值比的概念，计算滑速：

$$v_{max}=\sqrt{2gh\left(1-\frac{\tau_r}{\tau_f}s_n\right)} \quad (10.4.1-32)$$

式中：v_{max}为滑体重心在整体同步加速阶段的最大滑速；h 为重心的最大垂直落差；$\frac{\tau_r}{\tau_f}$为在滑体应力范围内土体的残余值与峰值之比；s_n 为滑床系数，滑坡下滑过程中滑体与滑床产生摩擦的滑道，一般为 0.75～0.85。

5. 美国土木工程师协会推荐公式

美国土木工程师协会推荐公式假定滑体落于半无限水体中，且把滑体当作整体以重心作质点运动，按照牛顿第二定律和运动学公式推导出滑体下滑速度。滑体下滑的运动力等于下滑力与抗滑力之差（图 10.4.1-7）：

$$F=W\sin\alpha-(W\cos\alpha\tan\varphi+cL) \quad (10.4.1-33)$$

根据 $F=ma$，$W=mg$，$S=\frac{H}{\sin\alpha}$则：

$$a=g(\sin\alpha-\cos\alpha\tan\varphi)-\frac{cL}{m}$$

$$v=\sqrt{\left[\left(1-\frac{\tan\varphi}{\tan\alpha}\right)-\frac{cL}{mg\sin\alpha}\right]}\sqrt{2gH} \quad (10.4.1-34)$$

式中：a 为滑体下滑的速度，m/s；α 为滑面倾角，(°)；W 为滑体单宽重量；φ、c 为滑面抗剪强度参数；H 为滑体重心距水面的高度，m；L 为滑体与滑面接触面长度，m。

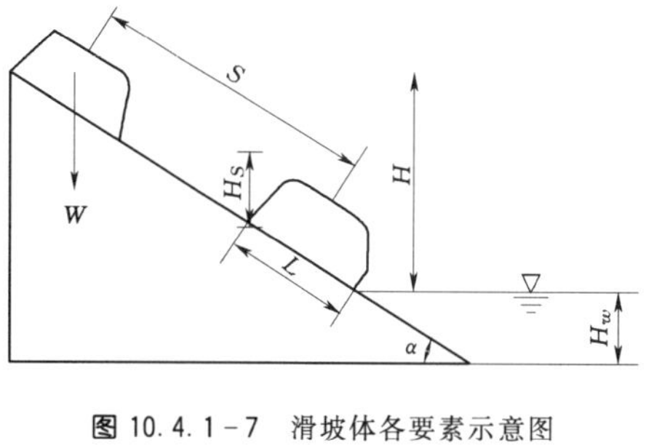

图 10.4.1-7 滑坡体各要素示意图

第二节 水库滑坡涌浪分析与评价

一、水库滑坡涌浪估算

滑坡发生后，滑体迅速滑入水库中，撞击水体可能产生巨大涌浪，从而威胁水工建筑物和人员安全。阿拉斯加的梦醒湾水库、意大利的瓦依昂水库、秘鲁的亚那胡因湖等许多水库发生滑坡引起的涌浪，造成了大量的人员伤亡和财产损失。人们

对涌浪的研究，始于20世纪初，到20世纪80年代，随着计算机技术及数值解理论的迅速发展，开始从流体力学的基本方程如经典的"圣维南方程"出发，利用计算机进行两元和三元有限差分法或有限单元法对滑坡涌浪进行计算，取得较好的成果。但是，在涌浪分析中许多因素难以准确确定，对许多边界条件进行了假设，与实际有一定的偏离。因而，模型试验从70年代就开始，并取得一定经验，提出了相对较为准确的预测方法。

对于原型及模型滑坡涌浪的观察表明，涌浪可归入三种重力波：振动波、孤波和涌潮。具有研究意义的是冲击生浪的理论，即在有限距离内单宽水面上作用有一初始冲击产生的浪。此种浪的经典解要归于考基与波松（Cauchy and Poisson）（lamb，1945，P. 387），其后的二维和三维解则为克兰采尔与凯勒（Kranzer and Keller）（1959），Unoki 和 Nakano（1953），及诺达（Noda. E，1970）提出。所有解法都以线形波浪理论为基础。

理论界对于滑坡涌浪的理论预测方法研究主要基于两个方面：一种是从流体力学出发，通过物理力学定律导出数学模型；一种是通过常数与函数的量纲分析和经验归纳得出合适的理论公式。主要方法有潘家铮算法、中国水科院算法、诺达（Noda. E）方法、凯姆夫斯和包尔荣（Kamphis，J. W and Bowering，R，J 方法，1972）、R. L. Slingerland and B. volght 方法（1972）、瑞士方法（1982）、模型试验法等。本节主要介绍潘家铮法、中国水科院算法和模型试验法等。

（一）潘家铮方法

1. 单向水流中的滑坡涌浪分析

潘家铮（1980）首先介绍了单向水流中的滑坡涌浪分析。在简单的"沿渠道单向流动"问题中，以变数 x 表示沿渠道的断面位置，以函数 v 表示断面的平均流速，A 表示其过水断面面积，$Q=vA$ 表示流量，T 和 y 表示水面宽度和水面深度等。在稳定流中，v、A、Q、T、y 等仅为 x 的函数；在非稳定流中，它们是 x 和时间 t 的函数。根据"圣维南原理"，单向水流要满足两个方程，一个是连续方程：

$$\frac{\partial Q}{\partial x}+\frac{\partial A}{\partial t}=0$$

或

$$A\frac{\partial v}{\partial x}+\frac{\partial A}{\partial t}+v\frac{\partial A}{\partial x}=0 \qquad (10.4.2-1)$$

另一个是动力平衡方程式：

$$\frac{\partial y}{\partial x}+\frac{1}{g}\frac{\partial v}{\partial t}+\frac{\partial\left(\frac{v^2}{2g}\right)}{\partial x}=s_f$$

或

$$\frac{\partial V}{\partial t}+v\frac{\partial v}{\partial x}=-g\frac{\partial y}{\partial x}-gs_f \qquad (10.4.2-2)$$

式中：s_f 是能线的坡度，一般用宁曼公式等表示。

要在单向水流问题中引入滑坡影响时，可以在连续方程中引入过流断面瞬时改编的因素。令过水断面的水深为 y，由于涌浪，水面壅高一值 η。又令 A 为过流面积，T 为水宽，则连续条件可以改写为

$$A\frac{\partial v}{\partial x}+T\frac{\partial \eta}{\partial t}+\left(vT\frac{\partial(y+\eta)}{\partial x}+\int_0^{x+\eta}\frac{\partial \tau}{\partial t}\mathrm{d}\psi\right)=0 \qquad (10.4.2-3)$$

$\tau(\psi,t)$ 是变动的断面宽。力的平衡条件为

$$\frac{\partial v}{\partial t}+v\frac{\partial v}{\partial x}=-g\frac{\partial \eta}{\partial x}-gs_f \qquad (10.4.2-4)$$

式（10.4.2-3）和式（10.4.2-4）就是描述单向水流中发生涌浪时的圣维南方程组，这些方程组在一般情况下没有简单的分析解，所以，在实际计算中通常利于近似的积分方法。例如有限差分法和有限元法等。

2. 水库涌浪高程的近似估算法

潘家铮认为，在滑坡涌浪分析中有许多因素不能明确肯定，只能是估算值，过分精确的数学分析似无实际意义。因此，潘家铮利用单向流分析成果，再根据一些近似假定，提出了涌浪高程的近似估算法，来分析较为复杂的水库涌浪问题。

近似估算法假定：

（1）涌浪首先在滑坡入水处发生，产生初始波，然后向周围传播。在传播工程中，不断变形，但忽略能量损耗，或假定损耗为已知。

（2）忽略边界条件的非线性影响，假定全部涌浪过程可以视为在一系列源点处产生的小波影响的线性叠加。所以对于水深较浅的水库，计算误差可能较大。

（3）每个小波成分都是孤立波，以涌浪形式在水面上传播。波速 c 为常数。

（4）假定涌浪到达库岸后发生全反射，或其反射系数 k 为已知值。

根据以上假定，计算滑坡涌浪的步骤如下：

（1）研究滑坡发展过程（亦即岸坡变形过程），确定一个反映这种过程的函数 $\frac{\mathrm{d}A}{\mathrm{d}t}$ 或 $v(t)$，其中 A 为滑坡体侵入水中的断面积，v 为滑速。

（2）确定由于 $\frac{\mathrm{d}A}{\mathrm{d}t}$ 或 v 所产生的初始波高 ζ_0，根据线性假定，可视需要将它分解为一系列的小波 $\sum\sum\Delta\zeta_{mn}$。这里双重和是指将初始波沿坐标轴和沿时间轴的分解。

（3）计算每一小波 $\Delta\zeta$ 的生成和传播过程，确定它到达所规定地点的时间和浪高，将所有成分叠加后，即可求得该点处的波浪过程。

假定水库库岸为平行的陡壁，宽度为 B，滑坡范围 L 内的库岸断面一致，岸坡速率为常数，发生在时段 $0<t<T$ 内（图10.4.2-1）。在这种简单条件下，数值计算可用积分完成，从而得出如下计算公式：

1）对岸 A 点最高涌浪公式：

$$\zeta_{max}=\frac{2\zeta_0}{\pi}(1+k)\sum_{n=1,3,5,\cdots}^{n}\left\{k^{2(n-1)}\ln\left[\frac{l}{(2n-1)B}+\sqrt{1+\left(\frac{l}{(2n-1)B}\right)^2}\,\right]\right\} \qquad (10.4.2-5)$$

式中：ζ_0 为初始波高，由式（10.4.2-7）～式（10.4.2-10）计算；k 为反射系数，取0.9～1.0；$\sum$ 为级数之和，该级数的项数取决于滑坡历时 T 及涌浪从本岸传播的对岸需时 $\Delta t=\frac{B}{c}$ 之比。如果 L/B 不是太大，级数中采用的项数如下所示：

$T/\Delta t$	1～3	3～5	5～7	7～9	…
项数	1	2	3	4	…

波速 c 按下式计算：

$$c=\sqrt{gh}\sqrt{1+1.5\zeta/h+0.5\zeta^2/h^2} \qquad (10.4.2-6)$$

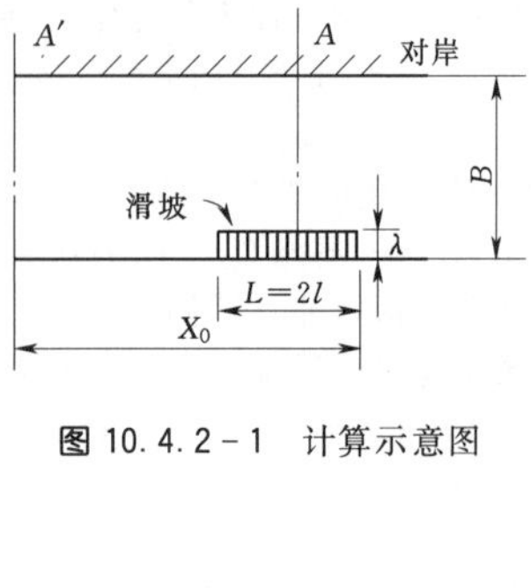

图10.4.2-1　计算示意图

其余符号见图 10.4.2-1。

2）初始浪高的确定。根据单向流的分析成果，当岸坡以速度 v 作水平变形时，激起的初始浪高可以近似地表示为

$$\frac{\zeta_0}{h}=1.17v/\sqrt{gh} \qquad (10.4.2-7)$$

当岸坡上有一块厚度为 λ 的滑坡体，以速度 v' 进入水库中时，激起的初始浪高可表示为

$$\frac{\zeta_0}{h}=f(v'/\sqrt{gh}) \qquad (10.4.2-8)$$

当 $0<v'/\sqrt{gh}<0.5$ 时，$f(v'/\sqrt{gh})\approx v'/\sqrt{gh}$，此时

$$\frac{\zeta_0}{h}=v'/\sqrt{gh} \qquad (10.4.2-9)$$

当 $0.5<v'/\sqrt{gh}<2$ 时，$f(v'/\sqrt{gh})$ 呈曲线变化，当 $v'/\sqrt{gh}>2$ 时，$f(v'/\sqrt{gh})\approx 1$，即

$$\frac{\zeta_0}{h}=1 \qquad (10.4.2-10)$$

在大而深的水库中，$\sqrt{gh}$ 值较大，所以 $v'/\sqrt{gh}$ 常在 0.5 或 0.6 以下。此时，不论为水平或垂直岸坡变形，$\zeta_0\sqrt{gh}=m\frac{\mathrm{d}A}{\mathrm{d}t}$。式中 $\frac{\mathrm{d}A}{\mathrm{d}t}$ 为岸坡变形率，$\sqrt{gh}$ 为水库中重力波波速，m 为数值系数，在水平变形时 m 为 1.17，垂直变形时 m 为 1.0。

3）对岸任意点（A'）处最高涌浪公式：

$$\zeta=\frac{\zeta_0}{\pi}\sum_{1,3,5,\cdots}^{n}(1+k\cos\theta_n)k^{n-1}\ln\left[\frac{\sqrt{1+\left(\frac{nB}{x_0-L}\right)^2}-1}{\frac{x_0}{x_0-L}\left\{\sqrt{1+\left(\frac{nB}{x_0}\right)}-1\right\}}\right] \qquad (10.4.2-11)$$

式中的 n，在级数第一项取 $n=1$，在第二项取 $n=3$，…。θ_n 为传到 A' 点的第 n 次入射线与岸坡法线的交角，可以这样计算：设河道宽为 B，滑坡区中心到 A' 点的水平距为 x，则

$$\tan\theta_1=\frac{x}{B}$$

$$\tan\theta_3=\frac{x}{3B}$$

$$\vdots$$

$$\tan\theta_n=\frac{x}{nB}$$

级数应取的项数，取决于 T、$\Delta t=\frac{B}{c}$ 及 $\frac{x_0}{B}$、$\frac{x_0-L}{B}$ 之值，可由图 10.4.2-2 确定。步骤可参见图 10.4.2-3。先计算 $\frac{x_0}{B}$、$\frac{x_0-L}{B}$ 及 $\frac{T}{\Delta t}$。在图 10.4.2-3 的横坐标轴上，定下 a、b 两点，相当于 $\frac{x_0-L}{B}$ 及 $\frac{x_0}{B}$。由此因垂线和图中的“0”波线相交，得点 a' 及 b'。再从 a' 及 b' 开始，向上量取时段 $\frac{T}{\Delta t}$，观察在这段垂直范围内所包括的负波个数，就是在级数中应取的项数。如图 10.4.2-3 所示，在 $S(t)=v_nt+k_n(n=0, 1, 3, \cdots)$ 范围内，共包括有 0、2、4、6 等四个波，故级数应取四项。

应注意，这样求出的 A' 点浪高，是指涌浪可向下游继续自由进行时的值。如果涌浪到达 A' 点后受阻，例如 A' 处为一挡水坝，则涌浪将因反射而涌高。又如涌浪到达 A' 点后释放，例如 A' 点处为一溢流坝，浪高超过堰顶下泄，则在 A' 处将出现一个负波反向向上游传播，这和水锤波的传播有某些相似，水库中水面将出现反复振荡现象。

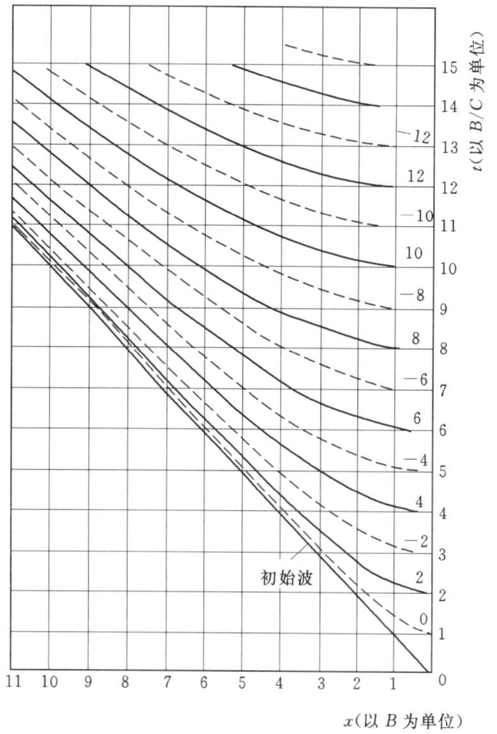

图 10.4.2-2 $x\sim t$ 的关系曲线

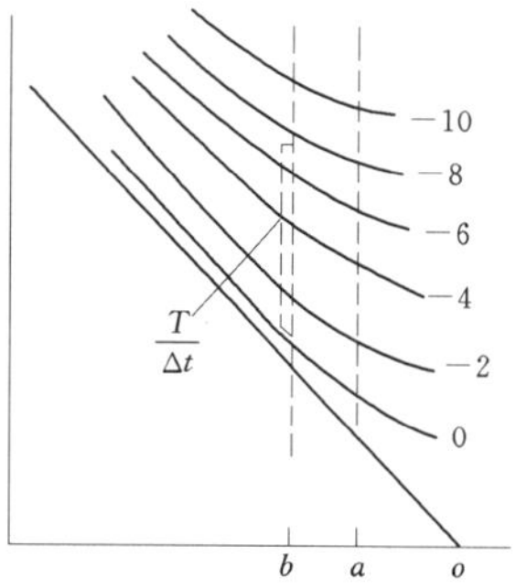

图 10.4.2-3 a、b 两点之时段（$T/\Delta t$）

（二）中国水利水电科学研究院方法

水科院黄种为、董兴林等在大量水工模型试验资料分析的基础上，又兼容柘溪、白龙江及美国利贝坝的原型和试验资料，得出以下经验公式。

对岸浪高：

$$\eta=K\frac{v^{1.85}}{2g}v_m^{0.5} \qquad (10.4.2-12)$$

式中：K 为系数，平均取 0.12；v 为滑速，m/s；v_m 为滑体体积，万 m^3。

坝上浪高：

$$\eta=K_1\frac{V^n}{2g}V_m^{0.5} \qquad (10.4.2-13)$$

式中：$n=1.3\sim1.5$；K_1 如图 10.4.2-4 确定。

（三）国外几种经验计算方法

1. *诺达（Noda. E）方法*

美国 Noda 等人（1970）针对单向流情形，考虑滑坡体垂直下落和水平推移两种极端状态，得出引起涌浪的理论解，然后结合试验作简化修正，作出相应的应用图表以估算滑坡涌浪。

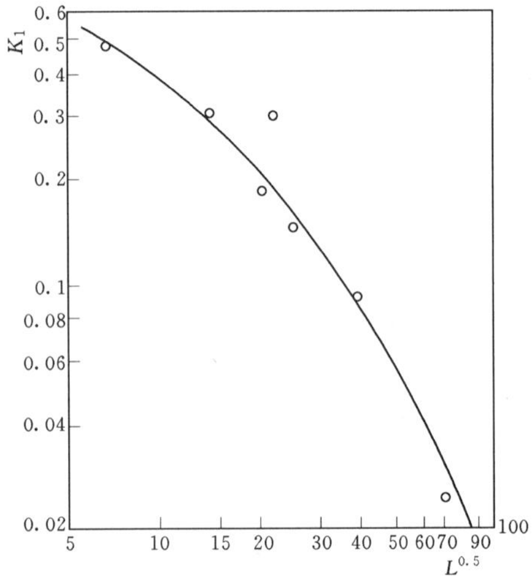

图 10.4.2-4　系数（K_1）与滑体入水宽度（L）的关系

（1）水平移动。考虑一个半无限长水体，水深为 d，一端闭端（$x=0$），突然发生刚体水平滑动，其速度如下（图 10.4.2-5）：

$$v(t)=\begin{cases} v_1 & 0\leqslant t\leqslant T_1 \\ M & \\ v_n & T_{n-1}\leqslant t\leqslant T_n \\ 0 & t>T_n \end{cases} \quad (10.4.2-14)$$

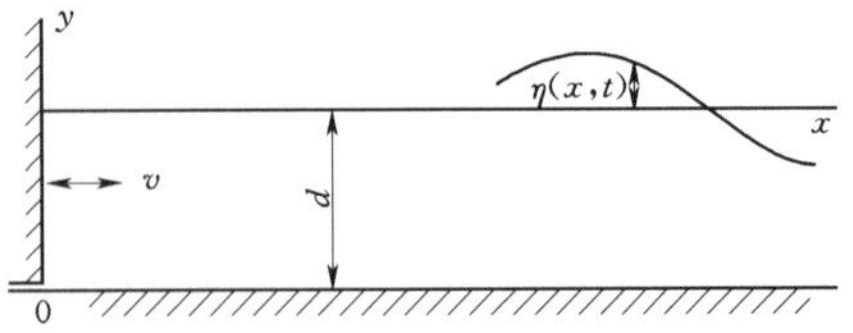

图 10.4.2-5　滑体水平移动

则相应产生的涌浪高 $\eta(x,\ t)$ 为

$$\frac{\eta(x,t)}{d}=\frac{-2}{\pi}\int_0^{\infty}\frac{\tanh u\cos ux}{u}\left[\sum_{n=1}^{n}\frac{V_n\sin\sigma(t-\tau)}{\sigma}\Bigg|_{T_{n-1}}^{T_n}\right]\mathrm{d}u \quad (10.4.2-15)$$

其中　$\sigma=\sqrt{u\tanh u}$

如果封闭端的位移简化为

$$\begin{cases} v(t)=v & 0\leqslant t\leqslant T \\ v=0 & t>T \end{cases} \quad (10.4.2-16)$$

则式（10.4.2-15）简化为

$$\frac{\eta(x,t)}{d}=\frac{-2}{\pi}\int_0^{\infty}\frac{\tanh u\cos ux}{u}\left[\frac{v\sin\sigma(t-\tau)}{\sigma}\Bigg|_0^T\right]\mathrm{d}u \quad (10.4.2-17)$$

对上式作近似计算后可知，最大涌浪发生在封闭端或附近，其值可用下式估算：

$$\frac{\eta_{\max}}{d}=1.32F_r \quad (10.4.2-18)$$

Noda 认为由上式计算的 $\eta_{\max}$ 偏大，如果合理一些，可从下式估算：

$$F_r=\left(\frac{\eta_{\max}+d}{d}\right)\left(\frac{\eta_{\max}+d}{2\eta_{\max}}\right)^{\frac{1}{2}} \quad (10.4.2-19)$$

或　$$\frac{\eta_{\max}}{d}=1.17F_r \quad (10.4.2-20)$$

可见，最大涌浪高 $\eta_{\max}$ 与相对速度 F_r 成正比，这里 F_r 是一个无因次的相对值。

在离开封闭端（即发生滑坡处）较远的地方（以相对坐标 $\overline{x}=\frac{x}{d}$ 表示），最大涌浪高度 $\eta(x,t)_{\max}$ 要比 $\eta(x,t)$ 小，$\overline{x}$ 越大，小得越多。另外，封闭端的移动速度一定时，持续的时间越长，涌浪也越高。

图 10.4.2-6 中表示 $\frac{\eta(x,t)_{\max}}{d}$ 的值，它是相对位置 $\overline{x}$ 和相对运动时间 $\overline{T}$ 的函数（$\overline{T}=T\sqrt{g/d}$）。一般讲，$\overline{x}>10$ 后，这样估算的涌浪高已不够正确。此图按相对滑速 $F_r=1$ 绘制，故求得的 $\eta_{\max}$ 尚应乘以 F_r 校正。

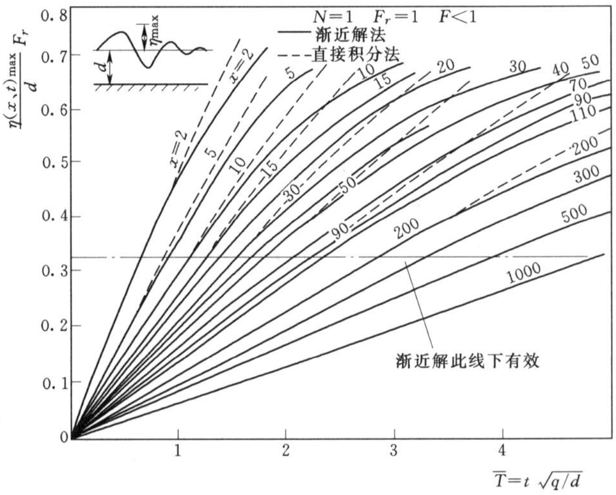

图 10.4.2-6　水平推移 $\frac{\eta_{\max}}{d}\sim\overline{T}$ 的关系

上述理论分析，除对边界条件作了充分简化外，并假定流体为理想流体，波动为微波，问题为线性。实际上情况远非如此。特别是涌浪波不是微波，因而应遵循非线性方程。根据试验，当相对滑速 F_r 和相对滑距 $\overline{s}=\frac{s}{d}$ 较小时，滑坡将产生振荡性波动，这时用以上公式图表计算尚较合适，在 $\overline{x}$ 较远处，最高振幅逐渐减低。反之，当 t 和 $\overline{s}$ 较大时，呈移动水跃形式。这时，最高涌浪沿 x 传播中，其高度消减很慢。为了弥补这一缺陷，可将波浪特性按 F_r 和 $\overline{s}$ 划分为若干区，分别处理。如图 10.4.2-7 所示，靠左下角的就是振荡区，C、D 是孤立波区，最右侧是移动水跃区，而 A、B 则为过渡区。对于不同波浪特性分区的最大浪高计算法，可见表 10.4.2-1 的说明。

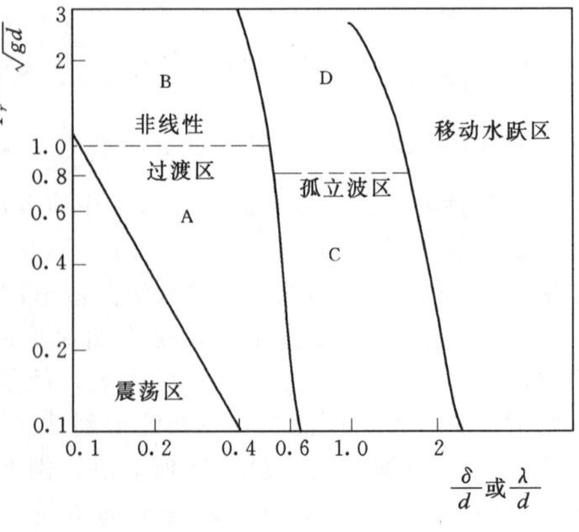

图 10.4.2-7　相对滑速 $F_r\sim\frac{\delta}{d}$ 的关系

表 10.4.2-1　相应于不同波浪特性分区的最大波高计算法

波浪分区	估算最大波高的方法	波浪分区	估算最大波高的方法
振荡区	用线性理论解	波浪分区 C	用线性解，无论 x 等于何值，均令 $x=5$
非线性过渡区 A	按 F_r 值在振荡区与非线性之内插	孤立波区 D	用线性解，无论 x 等于何值，均令 $x=0$
非线性过渡区 B	用线性解，无论 x 等于何值，均令 $x=5$	移动水跃区	用线性解，无论 x 等于何值，均令 $x=0$

（2）垂直滑动。另一种滑坡形式。即在水体的固定端有一垂直岩体，宽为 λ，垂直落入水中（图 10.4.2-8）。

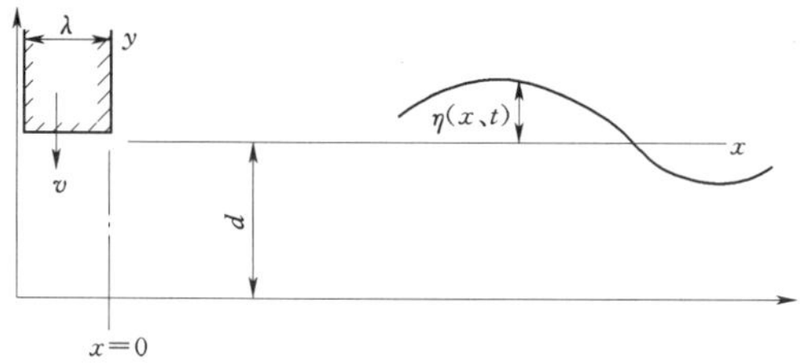

图 10.4.2-8　滑体垂直移动

设下落速度为 v，又令 $s(t)$ 表示滑坡底面在水面下的距离与水深之比。由于滑坡体进入水中，迫使水体向右流动，令在 $x=0$ 处的水平平均流速为 $F(t)$，则由连续条件得

$$\lambda v=F(t)\cdot[1-s(t)]d \qquad (10.4.2-21)$$

这样，可将问题转化为一条半无限长水体，在一端（$x=0$）给定一个流速分布条件 $F(t)$，求解相应的不稳定流问题。对于这种情况，可以求出一些理论解。作近似计算。在滑坡处（$x=0$）的最高涌浪 $\eta(0,t)_{\max}$ 的相对值 $\frac{\eta(0,t)_{\max}}{\lambda}$，是滑坡体相对下坠速度 $\frac{v}{\sqrt{gd}}$ 的函数，如图 10.4.2-9 所示。由图并知 $(0,t)_{\max}$ 不会超过 λ。

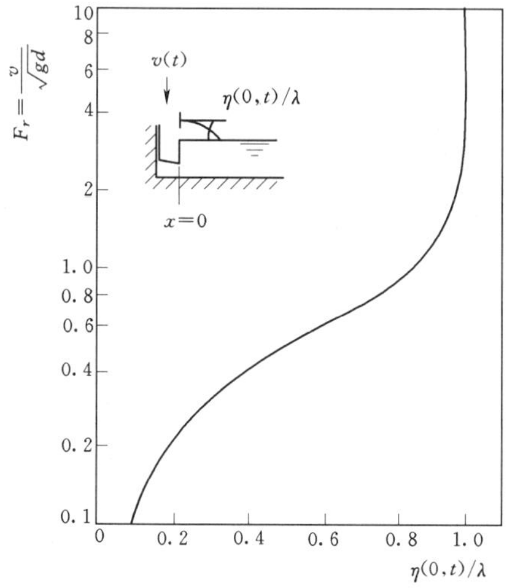

图 10.4.2-9　相对滑速 $\frac{v}{\sqrt{gd}}\sim\frac{\eta}{\lambda}$ 的关系

对于其他断面处的最大波高，一般小于 $\eta(0,t)_{\max}$，并且取决于相对距离 $\bar{x}$ 和相对滑速 $\frac{v}{\sqrt{gd}}$，可由图 10.4.2-10 查估。

考虑到非线性影响，当 $\frac{v}{\sqrt{gd}}$ 和 $\frac{\lambda}{d}$ 值较大时，仍应加以修正。此时，仍可应用图 10.4.2-7，唯横标表示 $\frac{\lambda}{d}$。查出波浪

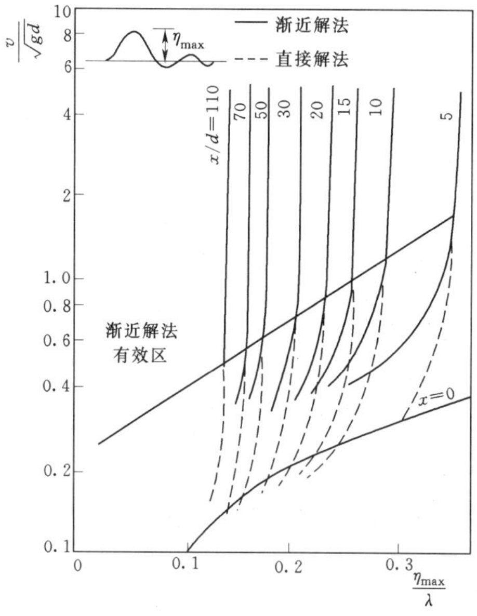

图 10.4.2-10　相对滑速 $\frac{v}{\sqrt{gd}}\sim\frac{\eta_{\max}}{\lambda}$ 的关系

特性后，按表 10.4.2-1 中的说明处理。

2. 凯姆夫斯和包尔荣（Kamphis，J. W and Bowering，R，J）方法

凯姆夫斯和包尔荣两位学者（1972）曾进行过试验研究，总结出影响浪高的无量纲组合模式，其表示形式如下：

$$\pi_A=\phi\left(\frac{L_k}{d},\frac{W_k}{d},\frac{h_k}{d},\frac{v}{\sqrt{gd}},\beta,\alpha,p,\frac{\rho_s}{\rho},\frac{\rho d\sqrt{gd}}{\mu},\frac{x}{d},t\sqrt{\frac{g}{d}}\right) \qquad (10.4.2-22)$$

式中：L_k、W_k、h_k 分别为滑体的长、宽、厚；β 为滑坡前沿倾角；α 为滑体前沿滑床倾角；p 为滑体孔隙率；ρ_s 为滑体密度；ρ 为流体密度；μ 为流体的动力黏滞系数；d 为水深；t 为滑坡滑动时间；x 为距滑坡点的距离。

通过试验，提出了相当于当 $x/d\sim37$ 处的“稳定波高”为

$$\frac{h_{st}}{d}=F_r^{0.7}(0.31+0.21\lg q) \qquad (10.4.2-23)$$

式中：q 为滑坡能，取 $q=\left(\frac{L_k}{d}\right)\left(\frac{h_k}{d}\right)$，$F_r=\frac{v}{\sqrt{gd}}$。式（10.4.3.23）的适用范围为：$0.05<q<1.0$，$\frac{h_k}{d}\geqslant\frac{1}{2}$，$\theta\geqslant30°$，$\beta\approx90°$，$p=0$。

所谓“稳定波高”是指波浪传播到一定的距离后，其高度随距离增加而不再减小的浪高。波浪从最大浪高衰减到稳定波高的表达式为

$$\frac{H}{d}=\frac{H_{st}}{d}+0.35e^{-0.08(x/d)} \qquad (10.4.2-24)$$

适用范围为：$0.1<q<1.0$，$10\leqslant x/d\leqslant48$。

3. 斯兰热兰与沃尔特（R. L. Slingerland and B. volght）方法

根据美国 WES 利比（Libby）坝和库卡纽沙（koocasusa）湖模型试验资料（Davidson and whaling，1974）给出最大浪高的公式为

$$\lg\left(\frac{\eta_{\max}}{d}\right)=a+b\lg(K_E) \qquad (10.4.2-25)$$

其中

$$K_E=\frac{1}{2}\left(\frac{L_kW_kh_k}{d^3}\right)\left(\frac{\rho_s}{\rho}\right)\left(\frac{v^2}{gd}\right)$$

综合上述试验和加拿大温斯顿水工实验室对麦卡坝（Mica）的模型试验成果得出，$a=-1.25$，$b=0.71$，(相应于$\frac{x}{d}\sim4$)，即

$$\lg\left(\frac{\eta_{max}}{d}\right)=-1.25+0.71\lg(K_E) \quad (10.4.2-26)$$

K_E 同上，表示滑坡体动能是滑坡产生涌浪高度的主要因素，即滑坡体体积、密度和速度二次方的乘积。

4. 瑞士方法

瑞士方法（1982）是在试验的基础上提出的。首先在一个长 30m、宽 0.5m 的水槽中作了 1000 组二维试验，用以确定位移量 M ($M=\frac{V}{W_k d^2}$)、滑坡弗劳德数（相当于滑坡相对速度）F_r、倾角 α、传播距离 $\frac{x}{d}$ 诸因素对波高 $\frac{\eta}{d}$、波长 $\frac{\lambda}{d}$、波速 $\frac{c^2}{gd}$、波时 $t\sqrt{\frac{g}{d}}$ 等参数的影响。然后在 6m 宽 10m 长的水池中作了 350 组三维的辅助试验，用以确定二维流向三维流的转化关系。计算分两步进行：

(1) 二维计算：

$$\frac{\eta}{d}=aM^b \quad (10.4.2-27)$$

式中：a、b 为常数，与滑床倾角 α、传播距离 $\frac{x}{d}$ 有关，用表 10.4.2-2 确定。

(2) 三维修正：

$$\left(\frac{\eta}{d}\right)_{三维}=p\left(\frac{\eta}{d}\right)_{二维} \quad (10.4.2-28)$$

式中：p 为三维修正系数，与滑床倾角 α、滑坡相对速度 F_r 有关，按表 10.4.2-3 选用。

表 10.4.2-2　常数(a、b)与滑床倾角（α）和传播距离（x/d）关系

α \ 常数 \ x/d		5	10	20	50	100
28°	a	0.324	0.243	0.188	0.144	0.125
	b	0.509	0.509	0.513	0.522	0.564
30°	a	0.365	0.355	0.242	0.197	0.174
	b	0.374	0.486	0.457	0.517	0.558
35°	a	0.433	0.368	0.311	0.262	0.230
	b	0.282	0.381	0.478	0.598	0.594
40°	a	0.562	0.466	0.395	0.362	0.290
	b	0.395	0.416	0.502	0.599	0.678
45°	a	0.570	0.464	0.387	0.318	0.290
	b	0.268	0.492	0.560	0.681	0.732
60°	a	0.676	0.575	0.482	0.394	0.347
	b	0.353	0.507	0.610	0.716	0.760

表 10.4.2-3　三维修正系数（p）与滑床倾角（α）和滑坡相对速度（F_r）关系

α \ F_r \ x/d		5	10	20
30°	1.06	0.43	0.23	0.13
	1.51	0.47	0.27	0.18
	1.84	0.53	0.38	0.29
45°	1.06	0.32	0.22	0.15
	1.51	0.67	0.48	0.32
	1.84	0.77	0.50	0.33
60°	1.06	0.22	0.23	0.20
	1.51	0.50	0.34	0.24
	1.84	0.67	0.56	0.36

二、水库滑坡涌浪模型试验

由于问题的复杂性，滑坡涌浪计算很难准确，所以国内外都曾考虑利用模型试验来研究滑坡涌浪问题。但要是用模型试验来确定滑坡体的安全度和下滑速度是很困难的，因为滑面上的各种物理、力学、几何性质很难在模型中复制或模拟。通常只限于利用模型试验来研究在已定的滑坡体体积和滑速的条件下涌浪的发展过程，因为这个问题便于进行模型研究。模型试验是可以方便地反映河道和滑坡体的断面形状，解决计算中的巨大困难，但需要花费较多的人力、物力和时间，一般只在重要的工程中进行此项试验。总之，理论分析和模型试验各有优缺点。它们是研究滑坡涌浪问题的两个互相补充的重要手段。

国内外都曾进行过有关滑坡涌浪的试验。中国水利水电科学研究院分别于 1974～1976 年和 1979～1984 年为某工程水库滑坡和龙羊峡水库滑坡进行了水库滑坡涌浪模型试验，规模较大，历时较久，工作作的细致深入，达到较先进的水平，为开展用模型试验解决滑坡涌浪问题奠定了基础。

（一）某工程水库涌浪模型设计及其试验成果

1. 模型设计

模型试验按重力律设计，比例尺采用 1∶300。模型范围包括下游的坝址及上游的库区全长约 6km 地段。滑坡体以下列方式复制；先根据现场勘测资料（主滑面红泥层的分布及产状）用水泥砂浆做成滑床（为一倾角 15°的倾斜平面）。在滑床上铺设一层直径为 2cm 的玻璃球，用穿有小孔的铁皮即塑料板固定这些玻璃球的相对位置，以模拟摩擦系数很低的滑面。在玻璃球上铺上一层钢板，作为滑坡体的底，钢板上铺滑体材料。因滑体很大，并为了便于研究分区滑动，钢板分为三块，每块顶部用一根钢丝绳分别挂在一个电磁开关启动器上，试验时，按动电钮，开关脱开，钢板就连同其上的滑坡体沿玻璃球而下滑。

滑体材料选用 3～10cm 的卵石，孔隙率为 43%。也曾用过 4cm 的混凝土小方块，孔隙率 24%。试验比较后发现后者产生的涌浪稍低，但并无大的区别，滑速记录设备包括安设在斜面左边的一排微动开关，每个开关间相距 13cm。钢板顶部接出一根滚轴，当滑坡体下滑时，滚轴陆续接触每个开关，发生讯号用示波仪记录，即可据以确定滑速。滑速的大小，本可通过调节钢板与玻璃球间的摩擦力或稍改变滑面坡度来达到，但在这次试验中用调节滑距（改变滑坡体前缘到对岸河底的距离）的方式来达到。实践结果，滑速变化范围可达 15～30m/s。

水库中的涌浪观测方式，是在河道及坝顶设置 8 支电阻式浪高仪同步量测。浪高仪的感应器用两根金属丝按对数螺距绕在一根绝缘棒上制成。其中一根为 0.16Ω/cm 的电阻丝，另一根为普通的钢丝和不锈钢丝，每次试验前均进行率定。同时在水库两岸标上断面桩号，画上水尺，施测岸边涌浪水面线。在坝体上游面和隧洞进水塔处安装了三个渗压计，量测涌浪对建筑物的动水压力。

对于库内其他规模较小的滑坡体，可将滑坡体材料堆放在滑动小车上，沿着倾斜平面向下滑动，来模拟滑体的失稳下坠。

2. 试验成果

经过反复大量试验后，可得出以下一些结论：

(1) 滑坡涌浪的流态。滑坡体以高速下滑时，位于滑体前面的水体被推向对岸壅高，并沿河道向上下游传播，沿程沿岸产生涌浪和爬高。涌浪到达大坝后，水面壅高并在坝顶溢流，同时受坝的阻拦后发生反射，使库水面反复振荡，一般可溢顶

两至三次。但以后几次的过水流量及波峰都明显减弱。然后水面继续波动数分钟，逐渐静止。

(2) 涌浪的传播速度约为 25m/s（而按 100m 水深的重力波速约为 31m/s）。滑坡发生后，约经历 1min，涌浪到达坝前。

(3) 岸坡上的爬高远远大于河道中的浪高（例如达到 8 倍），这和计算假定有很大差别。河道中的涌浪高向上下游的衰减较慢，而岸坡上的最大涌浪高的沿程消减率较大。

(4) 滑坡体对岸的最大涌浪高的量测成果和计算成果的比较，如表 10.4.2-4 所列。由于各次模型试验成果有一定分歧，表中所列值系指平均值。同时，计算条件和试验条件也完全不一致，所以成果仅供参考。

表 10.4.2-4　滑坡对岸最大涌浪高（水面的最大爬高，m）

滑速（m/s）	10	16	22.5	25	30
模型试验测定值	25	52	95.0	130	165
计算值	42	67	93.6	105	126

在坝址处的计算值和试验值的比较，如表 10.4.2-5 所列。

表 10.4.2-5　坝址处的最大涌浪高（水面的最大爬高，m）

滑速（m/s）	10	16	22.5	25	30
模型试验测定值	4.0	14～15	16～18	19～25	23～25
计算值	7.2	11.4	16.1	17.8	21.5

从试验中还得知：要使涌浪不过坝，需将水库降低 25m，或将坝顶加高 40m。

(5) 在坝面上以及隧洞进水塔上所受的动水压力图形与涌浪的波形基本一致。所以，如果已经测定或估计出涌浪的过程和高程，动水压力的值即可近似地按相应于浪高的静水压力确定，并不存在严重的冲击能力。

（二）龙羊峡水库涌浪模型设计及试验成果

1. 模型设计

模型按重力相似定律设计，采用正态模型，比例尺为 1∶500。模拟库区的范围由坝址上游 9.1km 至坝址下游 0.9km，模拟地形的最大标高为 2800m，库区地形均采用水泥砂浆抹面，其糙率约为 $n=0.124$（相当于原体 0.035）。

模型中拦河大坝及各泄水建筑物的外部轮廓均按重力相似条件模拟。库区左岸生活区的位置按比例绘在模型上，以便直接观察涌浪对生活区的影响范围。坝址下游设集水池，测量涌浪漫坝水量。

模型库区布置了 9 个水位测点，包括左、右岸坝肩及厂房顶水深，均采用 KGY—Z 型钽丝波高仪测量。

库区滑坡体按各滑坡区地质剖面及滑体方量模拟，滑体材料用混凝土，滑动时为刚体运动，滑入水库后保持原几何形状不变。

滑体置于滑车上，滑轴倾角为 20°，在立面上以半径为 0.6m 的圆弧段过渡到河床面，改变滑体的起滑高度以取得不同的滑速。用圆盘点触电式测速器测量滑速，其脉冲信号送入 SC—18 型紫外线示波仪，与涌浪波高同步记录。

2. 主要试验成果

试验根据西北勘测设计研究院对库区岸坡稳定的分析和预测，对水库南岸可能产生滑坡的峡口、农场、龙西、查东、查纳和查西等 6 个滑坡区进行了水力学模型试验，为设计和运行部门采取处理和安全预防措施提供参考。

(1) 水深对坝前涌浪的影响。当滑体厚度小于水深时，滑体全部滑入水中，坝前涌浪波高，随水深的增加而减小，如农场滑坡 1000 万 m^3 滑体，库水位 2580m 时较 2600m 时坝前涌浪波高增大 20%左右。当滑体厚度大于水深，滑体整体下滑后，保持原滑体几何形状不变，水库水位抬高，阻水断面亦相应增大，水深对涌浪的影响较小。试验资料表明，坝前涌浪波高与滑体厚度 h 成正比，坝前涌浪波高随滑体入水处水深 H 成反比关系。

(2) 滑体整体滑动和散体滑动的比较。选择距坝址较近，且滑动力量较大的农场滑坡区进行整体滑动和散体滑动的试验，采用滑体方量为 1000 万 m^3，宽度为 500m，最大阻水断面为 50000m^2 的滑坡体。当滑体整体滑动时，滑体材料用 20cm×20cm×20cm 混凝土立方体，滑体滑入水库后，保持滑体几何形状不变。当滑体成散状滑动时，滑体材料用 4cm×4cm×4cm 混凝土立方体，滑坡体滑入水库后滑体前沿松动，滑坡体坍落变形，坝前产生的涌浪波高较整体滑动略有降低，当滑体前沿为矩形或为 45°斜坡形，对坝前涌浪波高基本上无影响（图 10.4.2-11）。

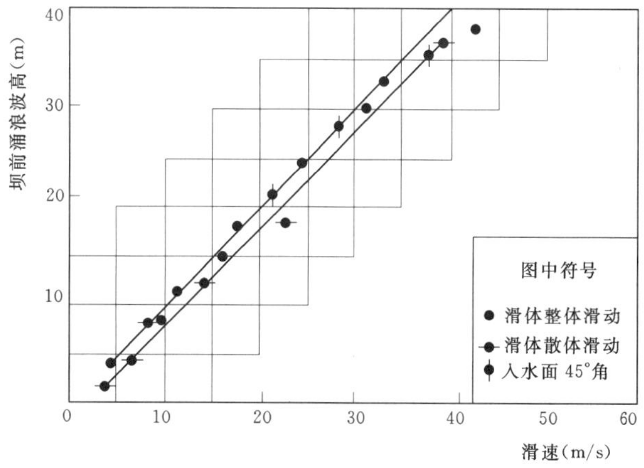

图 10.4.2-11　滑速与坝前涌浪波高的关系

(3) 滑坡体几何形状对坝前涌浪的影响。农场滑坡区，当滑体为 1500 万 m^3，滑体最大宽度为 890m，最大阻水面积为 88000m^2。当滑体为 2000 万 m^3 时，滑体最大宽度 500m，最大阻水面积为 50000m^2。因滑体外部形状不同，滑体 1500 万 m^3 较 2000 万 m^3 的坝前涌浪反而增高 17%～28%。因此，进行了滑体几何形状对坝前涌浪影响的研究。

采用滑体方量 V 为 1000 万 m^3，滑体厚度 h 为 100m，水库水深 H 为 120m，改变滑体的最大宽度为 200m、300m、500m 和 800m，坝前涌浪波高随滑体宽度 B 的增加（亦即最大阻水断面的增加）而升高。但滑体宽度增加到一定值后，宽度的增加对坝前涌浪的影响逐渐减弱。若滑速 v 产生的坝前涌浪波高为 η_m，则用相对滑速 $\frac{v}{\sqrt{gd}}$ 与相对波高 $\frac{\eta_m}{H}$ 点绘于图 10.4.2-12 中。当滑体厚度为 100m，滑体宽度为 300m，滑体最大阻水断面不变，仅延长滑体长度 L 为 100m、200m、300m 和 500m，滑体方量及重量随之增加，坝前涌浪波高随滑体方量的增加而升高。不同滑体方量 V 产生的坝前涌浪波高，用相对滑速 $\frac{v}{\sqrt{gd}}$ 与相对波高 $\frac{\eta_m}{H}$ 点绘于图 10.4.2-13 中。

上述试验表明，滑体几何形状的改变与滑体方量的增减，对坝前涌浪波高亦有较大影响。当龙羊峡水库运行时，坝前产生的涌浪波高，将随滑体形态不同及滑体方量大小有所变化。

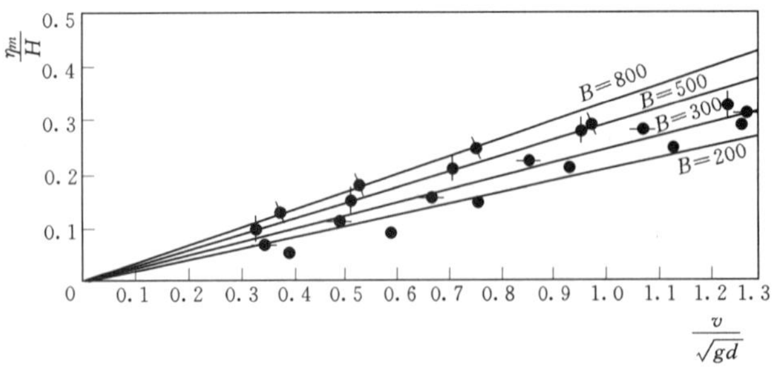

图 10.4.2-12　不同宽度 B、相对滑速 $\frac{v}{\sqrt{gd}}$ 与相对波高 $\frac{\eta_m}{H}$ 的关系

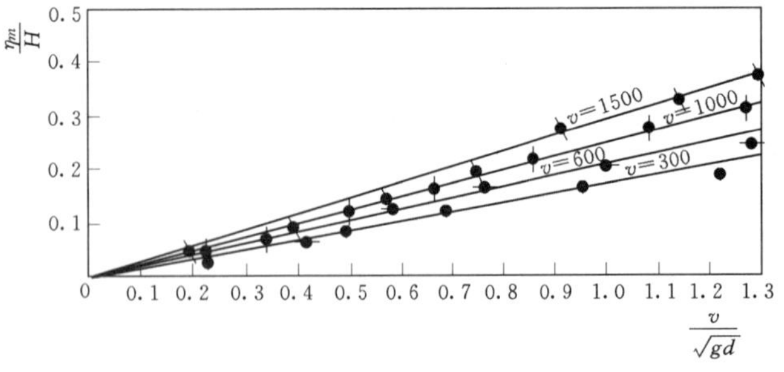

图 10.4.2-13　不同滑体方量 V、相对滑速 $\frac{v}{\sqrt{gd}}$ 与相对波高 $\frac{\eta_m}{H}$ 的关系

（4）滑坡体入水位置与坝前涌浪波高关系。龙羊峡近坝库区为宽广的不对称谷地，坝址峡口上游，北岸迅速扩宽，当库水位 2600m 时，距坝址 6km 处的水面平均宽度约 7000m。因水面宽阔，滑坡产生的坝前最高涌浪，是未经岸边反射的单驼峰形的孤立波。但由于水的黏滞性而产生的阻尼作用，使其随距波源点的距离的增加而衰减，滑坡区距坝址愈远，坝前产生的涌浪愈小。

将农场、龙西、查纳、查西 4 个滑坡区，滑体方量为 2000 万 m^3，库水位 2580m，坝前涌浪高与滑坡区距坝址距离的关系点绘于图 10.4.2-14 中。由图可知，距坝址 8km 以上，若滑体方量小于 2000 万 m^3，滑速不超过 50m/s，坝前产生的涌浪波峰将小于 10m，对大坝及厂区基本上无影响。

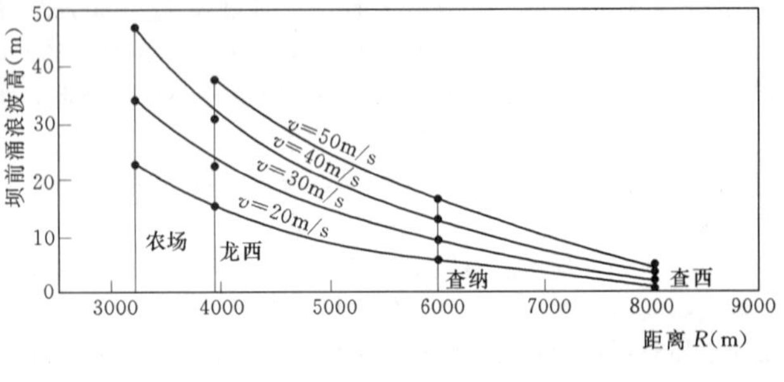

图 10.4.2-14　距大坝距离与坝前涌浪波高的关系

（5）部分试验资料与计算比较。水库岸边滑坡产生的涌浪是一个非常复杂的问题。试验资料表明，库区发生滑坡时，坝前涌浪的大小与滑坡体距大坝的距离、滑体下滑速度、滑体滑动方向、滑体入水断面几何形状、滑体入水方量及水库水深等因素有很大关系。以农场滑坡区为例，进行计算与试验的比较，见表 10.4.2-6。

表 10.4.2-6 表明，坝前涌浪高度计算值较试验值偏小，据了解大部分计算值较试验值偏小，可能有以下几种原因：

1）计算公式简化了库区边界条件，使库岸为平行直线，与实际河床地形地貌有很大差异。

表 10.4.2-6　龙羊峡水库农场区滑坡涌浪计算值与试验值比较

滑速(m/s) / 试验和计算值	4.3	11.5	17.6	24.2	33.1	备注
试验值	3.9	11.1	17.8	24.4	32.7	库水位高程 2580m，V = 1000 万 m^3，B = 500m
潘家铮法	2.5	6.6	10.1	13.9	19.0	
计算式①	2.3	6.1	9.4	12.9	17.7	
水科院法	1.1	4.8	9.2	14.8	23.6	

① $\zeta_{max}=\frac{\zeta_0}{\pi R^n}\Delta L$，式中：$R$ 为滑坡体距测点距离；ΔL 为滑坡体宽；n 因子。

2）计算公式中未能全面概括滑坡产生涌浪的各种主要因素。

3）计算中某些参数的选择任意性比较大，如水库平均水深，平均河宽等。

4）坝前涌浪高度，因受坝面阻水的影响，涌浪波较自由行进波高。

（6）根据试验资料整理的经验公式。通过龙羊峡水库农场滑坡区进行的不同滑体几何形状及滑坡方量在坝前产生涌浪波高的试验，对各滑坡区滑体方量相同、坝前涌浪波高与滑坡区距坝址距离的关系进行分析，通过试验资料证明，在龙羊峡水库特定的边界条件下（不考虑岸边反射），影响坝前涌浪最大波高 η 的主要因素有：滑坡入水最大速度 v(m/s)，滑体入水处平均水深 H(m)，滑体最大阻水断面平均宽度 B(m)，滑体最大阻水断面平均入水厚度 h(m)，滑体入水方量 $V(m^3)$，滑体入水后滑体中心距坝址距离 R(m)，则滑坡涌浪的物理关系可写成下列函数式：

$$f(r,g,\eta,v,H,B,h,V,R)=0 \quad (10.4.2-29)$$

根据 π 定理可以写成下列无量纲式：

$$\frac{h}{H}=F\left(\frac{v}{\sqrt{gH}},\frac{R}{H},\frac{h}{H},\frac{\sqrt[3]{V}}{H},\frac{B}{H}\right) \quad (10.4.2-30)$$

假定式（10.4.2-30）右端为各无量纲参数函数的乘积，即

$$\frac{h}{H}=kf_1\left(\frac{B}{H}\right)\cdot f_2\left(\frac{\sqrt[3]{V}}{H}\right)\cdot f_3\left(\frac{h}{H}\right)\cdot f_4\left(\frac{R}{H}\right)\cdot f_5\left(\frac{v}{\sqrt{gH}}\right) \quad (10.4.2-31)$$

当固定 $\frac{B}{H}$，$\frac{\sqrt[3]{V}}{H}$，$\frac{h}{H}$，$\frac{R}{H}$ 4 个无量纲数时，可根据试验资料用作图法求得函数式 $f_5\left(\frac{v}{\sqrt{gH}}\right)$，依此类推，可以逐一求出 $f_4\left(\frac{R}{H}\right)$，$f_3\left(\frac{h}{H}\right)$，$f_2\left(\frac{\sqrt[3]{V}}{H}\right)$ 及 $f_1\left(\frac{B}{H}\right)$，最后以 $\frac{\eta_m}{H}$ 及 $\left[f_1\left(\frac{B}{H}\right)\cdot f_2\left(\frac{\sqrt[3]{V}}{H}\right)\cdot f_3\left(\frac{h}{H}\right)\cdot f_4\left(\frac{R}{H}\right)\cdot f_5\left(\frac{v}{\sqrt{gH}}\right)\right]$ 为直角坐标 x 轴将全部试验点绘出，即可求出 K 值来。

根据上述步骤由图 10.4.2-15～图 10.4.2-19 求得

$$\frac{\eta_m}{H}=f_1\left(\frac{B}{H}\right)=k_1\left(\frac{B}{H}\right)^{0.35} \quad (10.4.2-32)$$

$$\frac{\eta_m}{H}=f_2\left(\frac{\sqrt[3]{V}}{H}\right)=k_2\left(\frac{\sqrt[3]{V}}{H}\right) \quad (10.4.2-33)$$

$$\frac{\eta_m}{H}=f_3\left(\frac{h}{H}\right)=k_3\left(\frac{h}{H}\right)^{1.5} \quad (10.4.2-34)$$

$$\frac{\eta_m}{H}=f_4\left(\frac{R}{H}\right)=k_4\left(\frac{R}{H}\right)^{-1.9} \quad (10.4.2-35)$$

$$\frac{\eta_m}{H}=f_5\left(\frac{v}{\sqrt{gH}}\right)=k_5\left(\frac{v}{\sqrt{gH}}\right) \quad (10.4.2-36)$$

式中：k_1，k_2，…，k_5 为常数，在作图时无需定出可将其合并常数 K 中，将式（10.4.2-32）～式（10.4.2-36）代入式

(10.4.2-31) 中得

$$\frac{\eta_m}{H}=K\left(\frac{B}{H}\right)^{0.35}\left(\frac{\sqrt[3]{V}}{H}\right)\left(\frac{h}{H}\right)^{1.5}\frac{v}{\sqrt{gH}}\left(\frac{R}{H}\right)^{-1.9} \tag{10.4.2-37}$$

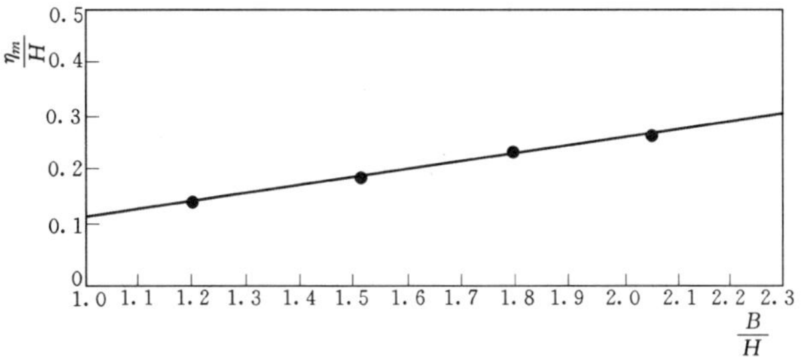

图 10.4.2-15 $\frac{\eta_m}{H}\sim\frac{B}{H}$的关系

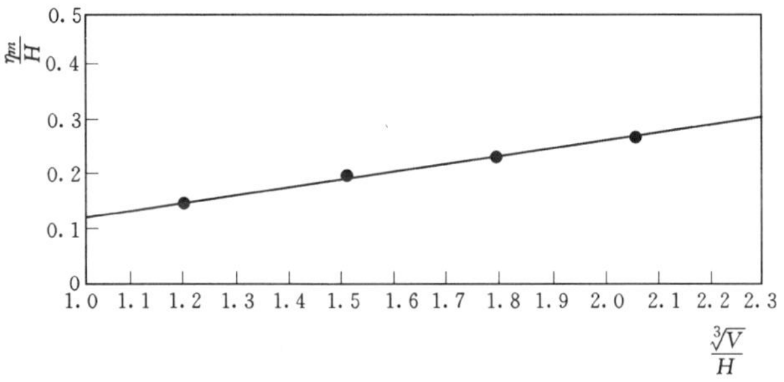

图 10.4.2-16 $\frac{\eta_m}{H}\sim\frac{\sqrt[3]{V}}{H}$的关系

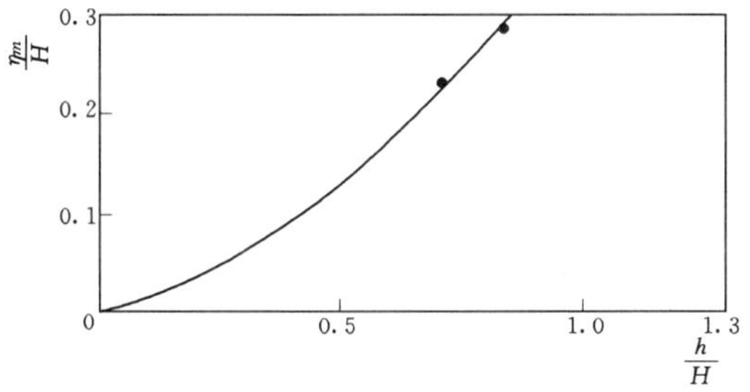

图 10.4.2-17 $\frac{\eta_m}{H}\sim\frac{h}{H}$的关系

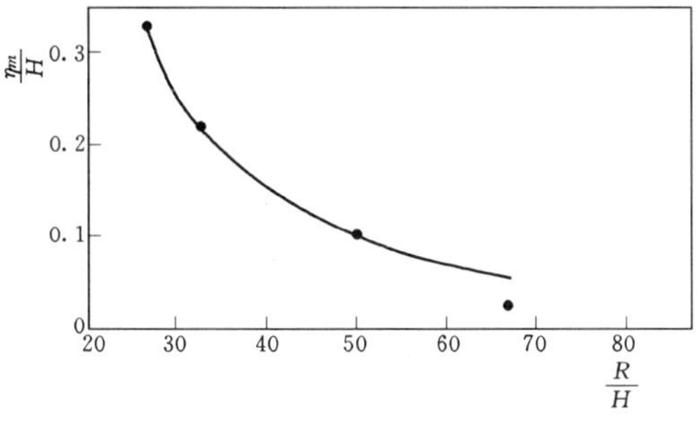

图 10.4.2-18 $\frac{\eta_m}{H}\sim\frac{R}{H}$的关系

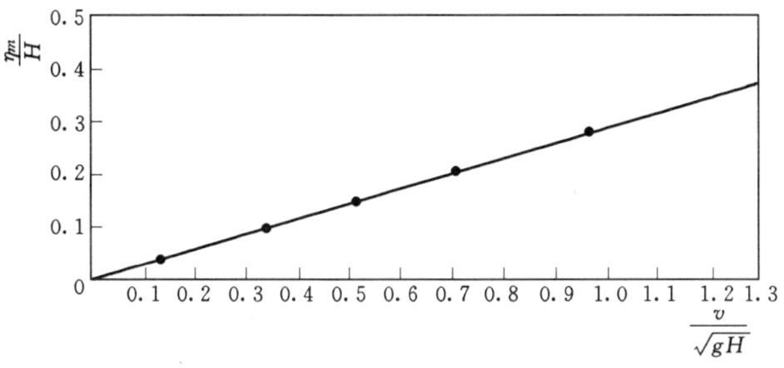

图 10.4.2-19 $\frac{\eta_m}{H}\sim\frac{v}{\sqrt{gH}}$的关系

以$\frac{\eta_m}{H}$为纵坐标，以$\sigma\left[\sigma=\left(\frac{B}{H}\right)^{0.35}\left(\frac{\sqrt[3]{V}}{H}\right)\left(\frac{h}{H}\right)^{1.5}\frac{v}{\sqrt{gH}}\left(\frac{R}{H}\right)^{-1.9}\right]$为横坐标将全部试验点绘在图 10.4.2-20 中，通过这些点的平均位置绘直线 $O\sim A$，其斜率即为 K，从图中得出 $K=57.2$，将 K 代入式 (10.4.2-37) 中，简化后即可得出龙羊峡库区滑坡产生的坝前涌浪波高关系式，即

$$\frac{\eta_c}{H}=57.2\left(\frac{B}{H}\right)^{0.35}\sqrt[3]{V}\left(\frac{h}{H}\right)^{1.5}\left(\frac{v}{\sqrt{gH}}\right)\left(\frac{R}{H}\right)^{-1.9} \tag{10.4.2-38}$$

式 (10.4.2-38) 基本上包括了龙羊峡库区不稳定体产生滑动时，在坝前涌浪波高的试验点。根据式 (10.4.2-38) 计算涌浪波高 η_c 与试验波高 η_m 绘成散点图 (图 10.4.2-21)，可见，大部分点集中在 45°线左右，其正负误差约为 20%。故式 (10.4.2-38) 可用以预估龙羊峡水库区近坝库岸各种滑坡情况下的坝前涌浪波高。

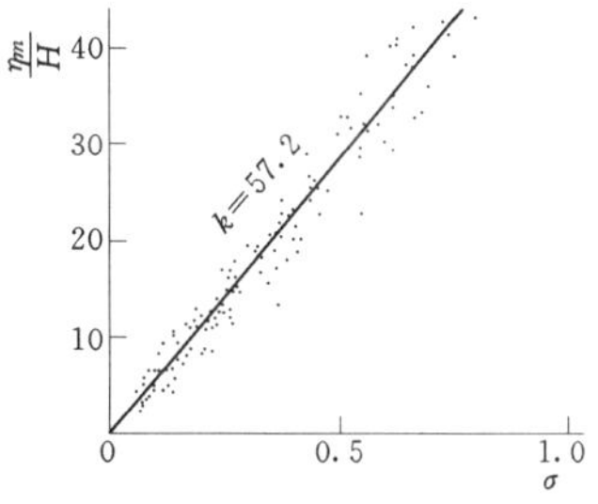

图 10.4.2-20 $\frac{\eta_m}{H}\sim\sigma$的关系

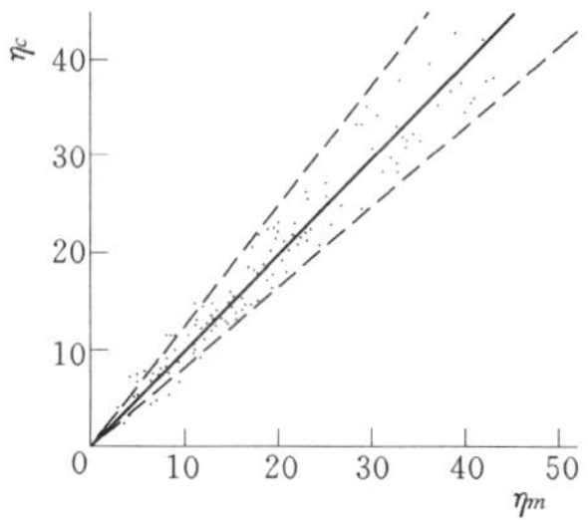

图 10.4.2-21 计算涌浪波高 η_c 与试验波高

三、水库滑坡涌浪数值分析

在龙羊峡水电站运行初期 (1986～1987 年)，水科院对近坝库岸滑坡涌浪进行了数值计算，模拟超出水工试验模型范围之外的合洛寺、托勒台、恰卜恰沟口、菊花台等区域的涌浪分布。

滑坡发生时，滑坡体原有的位能转变成动能。随后，能量以涌浪的形式在水域中传播。由滑坡体沿某一方向的推动引起的涌浪，在主传播方向上，与速度和速度梯度有关的对流运动强于两侧。所以主传播方向上，涌浪高于两侧，这是自然的。但同时由于自主传播方向向其两侧，水体中速度梯度的变化率很大，因此形成明显的扩散运动，使主传播方向上的涌浪不至于过高。尤其对于高速滑坡。因此，在动量方程组中增加了扩散项，有

$$\frac{\partial u}{\partial t}+u\frac{\partial u}{\partial x}+\frac{\partial u}{\partial y}+g\frac{\partial \eta}{\partial x}=E\left(\frac{\partial^2 u}{\partial x^2}+\frac{\partial^2 u}{\partial y^2}\right)-Fx \tag{10.4.2-39}$$

$$\frac{\partial v}{\partial t}+u\frac{\partial v}{\partial x}+v\frac{\partial v}{\partial y}+g\frac{\partial \eta}{\partial y}=E\left(\frac{\partial^2 v}{\partial x^2}+\frac{\partial^2 v}{\partial y^2}\right)-Fy \tag{10.4.2-40}$$

式 (10.4.2-39)、式 (10.4.2-40) 中右侧的速度对空间的二阶导数项。该项前的 E 为扩散系数，为简单起见，E 可取为常数。动量方程组与连续方程联立，差分求解，即可模拟涌浪在库区中的传播分布。

表 10.4.2-7 为扩散系数 E 取 100 和 150 时，计算龙羊峡水库查西滑坡下滑量 9552 万 m^3，滑速 40m/s 时涌浪分布。表中给出各相关区域的涌浪分布，故为范围值，其中大值靠近主传播方向一侧。

表 10.4.2-7　龙羊峡水库查西滑坡涌浪计算成果　单位：m

库水位	最大涌浪高分布					
	坝前	生活区前	合洛寺前	托斬台前	恰卜恰沟	后菊花
2530	5～6	7～12	5～7	9～15	22～28	36～41
2550	9～10	9～14	6～9	15～20	23～30	36～40

应该指出，在实际情况下，由于涌浪近岸后的破碎会损失部分能量，近岸区水浅，水底部糙率的影响增大也会使涌浪能量衰减较快，但又由于计算模型难以反映局部地形的复杂性，可能忽略某些地方波能聚集的现象，并考虑其他随机因素的影响。所以总体上计算数据略偏于安全。表 10.4.2-8 列出了计算值与试验资料比较，可知计算结果是合理的。

表 10.4.2-8　涌浪试验值与计算值的比较

试验组次	2-6-8	2-6-9	2-6-10	2-6-11	2-6-12
最大水平滑速(m/s)	10.08	15.39	21.53	26.89	35.88
试验值（m）	6.65	13.52	19.95	26.6	32.14
计算值（m）	6.67	12.99	20.10	25.21	31.83
相对误差（%）	0.3	−3.9	0.8	−5.2	−1.0

近年来，许多学者对滑坡涌浪开展了数值分析，在建立数学模型的基础上，模拟分析了滑坡失稳入水的动力学、运动学过程和造成的涌浪高度。张小峰（2005）采用动网格技术，建立了移动坐标下的一般曲线平面二维水库滑坡涌浪数学模型，将滑体对水体的作用采用动网格的思想实现，使滑体所在区域的计算网格随着滑体下滑。通过与概化的蓄水池滑坡实验模型的比较，得出模型计算值与实验结果吻合较好。钟登华（2007）对滑坡失稳进行了数值模拟研究，用三维动态方法模拟滑坡的启动、运动和终止的全过程，研究了滑坡的启动机制、滑动过程中的动态稳定系数、滑动方向、加速度、速度、滑动距离、堆积体体积等。同时，在前述水科院经验公式的基础上，用三维可视化动态模拟技术模拟分析了某水库滑坡失稳入库、激起涌浪的全过程，模拟计算结果见表 10.4.2-9，涌浪高度随距大坝的距离的变化曲线见图 10.4.2-22。

表 10.4.2-9　滑坡体失稳过程数值模拟结果（据钟登华）

时间(s)	安全系数	速度(m/s)	加速度(m/s^2)	位移(m)	入江体积(万 m^3)
0	0.968	0.000	0.104	0.000	0.00
10	0.968	1.038	0.104	15.570	0.00
20	0.969	2.076	0.103	42.350	2.48
30	0.968	3.110	0.104	73.624	9.21
40	0.960	4.305	0.132	116.677	33.16
50	0.946	5.850	0.182	172.392	93.26
60	0.933	7.961	0.227	248.139	230.20
70	0.891	10.755	0.386	346.256	476.79
80	0.808	16.002	0.744	485.537	873.15
90	0.852	23.647	0.550	694.281	1346.19
100	0.835	29.004	0.632	961.603	1660.49
110	0.730	36.089	1.191	1291.139	1833.89
117	0.918	44.793	0.000	1584.243	1861.05

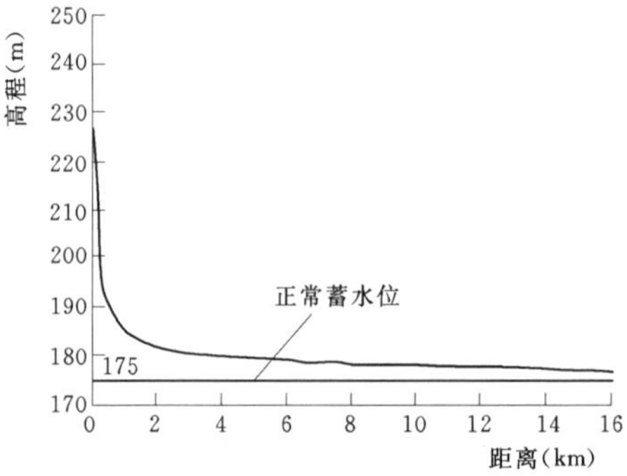

图 10.4.2-22　滑坡体滑坡至大坝间涌浪衰减曲线（据钟登华）

综上所述，滑坡涌浪的研究是一个十分复杂的工作，自然滑坡从失稳启动、滑动过程、入水起止等具有复杂的岩土力学、动力学、运动学、流体力学等因素，各种方法研究预测滑坡涌浪高度都是极其困难的，国内外尚无一例事先预测而得到了后期较为准确验证的实例，事后的验证、拟合性分析计算难免人为因素。而从工程安全运行的角度，需重视滑坡涌浪危害，事先有预测评估和防范措施，这是任何大坝水库工程都应必须做到的。

第五章 边（滑）坡监测与预测预报

滑坡及边坡安全监测在水电工程中大量实施，而且显得越来越重要。1995年前后的国家“八五”科技攻关时曾对边坡的监测方面进行了系统的研究，对监测的目的、方法、数据采集、资料分析与反馈、预测预报等方面进行了探讨和总结。近10多年来，大量水电工程边坡、滑坡监测的实施，例如长江三峡水库滑坡监测、龙羊峡水库滑坡监测、李家峡滑坡监测、小湾枢纽区边坡监测等，在监测理论、方法、仪器设备、资料整理等方面取得了长足的进步。

随着水电工程建设的迅速发展，制定了《水电水利工程边坡设计规范》（DL/T 5353—2006），对边坡监测和预警系统设计进行了明确规定。在应对滑坡、崩塌、泥石流等自然灾害方面，本着防灾减灾的需要，国土资源部门在多年实践的基础上，制定了《崩塌、滑坡、泥石流监测规程》（DZ/T 0223—2004），规范了滑坡等自然灾害的监测工作。安全监测已成为水电工程边坡、滑坡重要的研究和工作内容之一。

第一节　边坡稳定性安全监测设计

一、监测设计的一般规定和技术要求

《水电水利工程边坡设计规范》（DL/T 5353—2006）对边坡监测和预警系统设计进行了明确规定。主要包括安全监测的一般规定和安全监测设计原则。

（一）监测的一般规定

（1）边坡监测包括前期监测、施工期安全监测和运行期安全监测。安全监测设计应针对不同时期监测目的和监测内容做全面考虑，使之前后衔接，保持监测资料的连续性和完整性。

（2）水电水利枢纽工程区边坡（A类）的安全监测设计应结合大坝安全监测设计进行，并纳入大坝监测系统。水库边坡（B类）监测系统设计应结合水库库岸保护、土地利用和移民区规划进行。

（3）应根据边坡的类别、等级，边坡的地质条件，边坡变形与破坏的机理和失稳风险，明确监测目的和监测精度，确定合理的安全监测方案和监测系统。安全监测系统还必须包括地质巡视观察和判断。

（4）边坡监测项目和监测网点布置应能反映边坡变形动态和加固结构的受力特点，地面与地下监测相结合构成立体监测系统。监测项目布置宜少而精。

（5）根据边坡变形稳定分析或工程经验，确定监测仪器量程和精度，进行仪器选型。监测仪器在满足监测要求前提下，应力求简单牢固，易于维护。

（6）监测装置应有防护措施，免遭破坏。地形陡峻和稳定性差的边坡应有保障监测人员人身安全的措施，要有安全的监测和地质巡视道路。

（7）根据工程经验和初期动态监测成果，确定监测周期。及时整理和分析观测成果。施工期观测成果应及时反馈至设计和施工单位，以便对边坡开挖或治理的设计和施工方案进行调整和修改。运行期观测成果要及时报告主管部门。

（二）监测设计的技术要求

1．监测系统应结合边坡特点进行设计

一般边坡应以整体稳定性监测为主，兼顾局部稳定性监测；稳定性监测以变形监测为主；对于滑动面确定的滑坡，以地表变形监测为主。

2．观测项目

Ⅰ、Ⅱ级边坡和100m以上的高边坡应设置下列观测项目，其他边坡可适当简化。

（1）位移与变形监测。

外部监测：坡面位移和沉降监测；坡面裂缝长度与开度监测。

内部监测：地下变形监测；滑面或断层活动监测。

（2）地下水监测。地下水位或水压力监测；排水点水量监测；地下水质监测。

（3）边坡加固结构监测。抗滑桩、锚固洞与抗剪洞、锚杆锚索、挡墙的应力应变监测。

（4）其他专项监测。用于重要工程边坡的专项监测，如降雨量、地应力、地震监测等。

（5）根据边坡地质与加固工程特点，布置一条或多条代表性监测剖面，每个剖面不少于三个监测点。监测剖面应尽可能与勘探剖面和稳定性分析剖面相结合。地面位移监测点布置应与地下变形监测点位置相结合，以便建立地面与地下位移和变形的相关关系。

3．地面位移监测

较重要的边坡应建立三角网和水准网采用大地测量方法对地面观测点进行监测。一般边坡可采用视准线等简易测量方法监测。

4．边坡地表和深部裂缝监测

视其重要性采用三维或简易测缝计进行监测。对地表裂缝还应注意其分布范围、数量与长度进行地质巡视和监测。

5．深部变形监测

（1）钻孔倾斜仪。为查明滑动面位置或了解多层滑面相对位移时采用。测斜孔最大深度不宜超过90m；对100m以上的高边坡，可用多级测斜孔组合的方法进行监测。由于测斜仪在滑面处量程有限，不宜用于滑动量大的滑坡。测斜孔可与地下水监测孔结合，有利于多因素相关分析。

（2）多点位移计。为查明边坡岩体拉张变形时采用。根据稳定和变形计算成果，并参照类似工程设定孔深、位移点数和位移点位置。

（3）对重要工程边坡可在监测洞内做地面倾斜监测、岩体变形收敛仪监测、引张仪监测，特殊情况可在垂直钻孔内做垂线监测。

6．地下水监测

Ⅰ、Ⅱ级边坡和100m以上的高边坡应对边坡体内的地下水位或地下孔隙水压力、廊道或地表渗流量进行监测。在雨季

或库水位上升、骤降期应加密观测。对来自库水的廊道内的渗流水，宜专设量水堰，进行自动监测。较重要的边坡工程应对坡面天然或泄洪雨雾降雨量进行汇流监测，并与变形监测成果进行对比分析。采用锚杆（索）或混凝土抗滑结构加固的边坡应对地下水的水质进行监测。

7. 边坡加固结构的监测

（1）对边坡治理中采用了预应力锚杆（索）的应布置锚杆（索）测力计（预应力传感器）监测，其数量不得少于总根数的5%。

（2）边坡代表性地段的抗滑桩、锚固洞与抗剪洞、挡土墙应进行应力应变监测，必要时，对坡体的应力应变进行监测。

（3）对排水廊道和重点排水孔排水量和排出水的水质、析出物进行监测。

（4）对边坡的地形地貌特征变化、地下水补给与排泄情况、加固结构和建筑物的变形破坏情况，以及边坡环境的变化进行地质巡视，并对边坡稳定性变化做出分析和判断。

8. 振动监测

地震基本烈度为Ⅶ度和Ⅶ度以上的地区，或附近有爆破施工的边坡，应进行地震反应或质点振动速度监测。

9. 其他监测

对重大工程形成重大威胁的边坡，在使用上述监测手段的同时，宜辅以全球定位系统（GPS）等监测方法。

二、监测设计需要的基本资料

水电工程中滑坡及边坡分布在不同的位置，对工程有着不同的影响，如水库、坝前、建筑物区和坝后等；边坡的高度、坡形，滑坡的成因、物质及结构类型、边界条件、稳定状况；滑边坡在施工期和运行期所承受的作用差异较大，受施工开挖的扰动影响。因此，滑坡、边坡是否需要监测，需要有基本的地质资料：一是应做相应的综合勘察与稳定分析，判定其稳定性；二是分析研究与建筑物及周边环境条件的关系，判定其危害性，据此，确定滑坡和边坡的监测设计。

（一）勘察与稳定分析资料

（1）边坡、滑坡的物质和结构类型、边界条件和控制性结构面性状、强度指标的试验研究和取值，是稳定性分析的重要基础。

（2）尽可能全面考虑计算条件和各种工况，分析认定影响稳定性的最敏感因素，进行相应的敏感性分析。

（3）依据相关规范，确定边坡、滑坡的安全等级，对照计算所得的各种工况下的稳定系数，判定是否满足安全标准要求。

（4）对判定为不满足稳定安全标准的滑、边坡，进一步分析其可能的失稳破坏趋势和破坏型式，为失稳后的危害性和程度的判定提供依据。

（二）失稳危害判定

稳定性差的滑坡或边坡，在一定的边界条件和触发因素作用下，有失稳破坏的可能性，但失稳破坏后的危害性则各有不同，故分析和判定失稳危害性或危害程度，不但是滑坡研究本身所需要的，而且也是确定是否对其进行监测的关键要素。有些滑、边坡的失稳是肯定的，但失稳后的破坏性可能不大，不会对周边设施和环境造成大的影响，因此，不一定要实施监测。相反，有些滑坡、边坡不一定失稳，但有可能发生某种程度的变形，失稳和变形都会造成较大的影响，尽管影响的程度不同，但进行监测却是必要的或必须的。从工程实际需要和以往的经验看，需把握如下要点。

1. 水库边坡

位于水库区的可失稳滑坡和边坡，主要的影响因素是库水浸泡和水位降落时的滞后孔隙水压力。根据滑坡本身的具体条件和与库水的关系，分别判定：

（1）前缘剪出口位于库水位之上，滑坡虽不受库水影响，但失稳入库产生的涌浪会危及对岸及两侧村镇、设施，或对滑坡上部的村舍、设施造成破坏，则应认为滑坡失稳有较大的危害性，应实施必要的监测，以掌握其动态变化。

（2）滑坡、边坡的大部分位于水下，失稳破坏是可能的或较为肯定的，但滑坡上部和临近两侧无村镇、设施，失稳为缓慢塌滑入库，无涌浪危害，仅造成水库淤积增大，对此类滑边坡可不监测。

（3）岸坡高陡，滑坡、边坡居高临下，前缘虽少量浸水，但剪出口及底滑面大部分浸水，且会软化泥化，滑坡具有高速失稳下滑激起涌浪危害的可能，且其上和周边也有村镇和设施，就可判断为有较大危害，应实施监测。

2. 坝前和近坝库岸的滑坡和边坡

位于坝前和近坝库岸的滑坡和边坡，特别是土石坝坝型时，此部位的滑坡、边坡失稳除对周边环境造成影响外，涌浪漫坝和瞬间增大的水推力对大坝等主要建筑物的影响较大。因此，对有可能高速失稳下滑、其上和周边有村镇、设施的滑坡和边坡均应实施监测。而对距坝较远（如5～10km以远）、周边和上部无保护对象、涌浪不越过防浪高度的滑坡，可不做永久监测，蓄水初期的1～2年时段内简易监测和加强巡视也可满足需要。

3. 建筑物区和坝后消能滑坡和边坡

建筑物区和坝后消能区失稳滑坡的危害性是最大的，位于这两个部位的滑坡、边坡如果稳定程度不足，大都是要做相应的工程处理，即使是处理加固到稳定安全标准，永久监测仍然是必要的。监测的目的不再是为是否处理提供依据，而是掌握处理后的调整变形动态、变化规律和变化趋势，验证已采取的加固措施的有效性，特殊情况下为是否进行补充加固提供依据。

三、监测的内容

边（滑）坡监测主要以变形或位移及地下水位为主。但从系统性、全面性、环境条件考虑，可兼有更多的监测内容。DZ/T 0223—2004规程中，将监测的内容细分为变形监测、相关因素监测和宏观前兆监测三项。很明显，在此内容框架下，以位移、变形为主，同时考虑了赋存环境条件和影响因素，其内容分解见表10.5.1-1。

四、监测的方法

（一）常规方法

1. 变形监测

滑坡监测实践中已创立了多种多样的监测方法，对应前述不同的监测内容，也有众多的监测方法，本节就滑坡、边坡监测中变形监测作一概要论述。

变形监测是滑坡、边坡监测的首要任务。根据滑坡、边坡监测的目的、勘察工作的深度，往往采用不同程度和精度的监测。大致按监测程度和精度，可分为简易监测和仪器监测两类，前者的精度较低，适用于勘察深度较浅或工程设计的低阶段，如裂缝或滑面处的各类材质的桩、筋、玻璃贴片、水泥砂浆贴条、垂线等；后者（仪器监测）的精度高，适用于勘察深度较高或工程设计的高阶段。对于涉及工程可否成立的重大边（滑）坡问题，有时候一边勘察、一边开始进行仪器监测。仪器监测按其布置或设置位置，又为地表仪器监测和地下仪器监测两类，见表10.5.1-2。

表 10.5.1-1　　边（滑）坡监测内容表

<table>
<tr><th colspan="2">变形监测</th><th colspan="2">相关因素监测</th><th colspan="2">宏观前兆监测</th></tr>
<tr><td rowspan="2">位移监测</td><td>绝对位移、三维位移量、矢量方向、位移速率</td><td>地表水监测</td><td>水位、流量、含砂量；地表水冲蚀；地表水与滑坡的补、径排关系；地表水与滑坡稳定性的相关性</td><td>宏观地形变形监测</td><td>地裂缝、坍塌、鼓胀、剪出等；测量其发生部位、变形量及速率</td></tr>
<tr><td>相对位移、测点之间的相对位移量，包括张开、闭合、错动、抬升、下沉等</td><td>地下水监测</td><td>水位、水压、水量、水温、水质等变化；滑体含水量变化、地下水补、径、排关系及与大气降水的关系；地下水与滑坡稳定的相关性</td><td>宏观地声监测</td><td>临滑前变动、摩擦等产生的宏观地声</td></tr>
<tr><td rowspan="2">倾斜监测</td><td rowspan="2">分为地面和地下倾斜监测、测滑体的角变位、倾倒、倾摆及切层蠕滑</td><td>气象监测</td><td>降水、降雪、融雪量等；气温及蒸发量；降水与滑坡稳定性的相关性</td><td>动物异常观察</td><td>家养或野生动物在临滑前数日或数小时的异动或异叫</td></tr>
<tr><td>地震监测</td><td>附近及外围地震情况；地震发生的时间、空间及强度；与滑坡稳定的相关性</td><td rowspan="2">地表和地下水异常监测</td><td rowspan="2">地下水位、水量突变、变混浊、老泉消失、出现新泉等，也出现在滑前数日或数小时</td></tr>
<tr><td>相关物理量监测</td><td>包括地声、地应力、地温等</td><td>人类活动监测</td><td>洞挖、削坡、加载、爆破振动、浸水等</td></tr>
</table>

表 10.5.1-2　　仪器监测方法分类表

<table>
<tr><th colspan="2">地表监测</th><th colspan="2">地下监测</th></tr>
<tr><td>大地测量法
（全站仪、水准仪）</td><td>二维、三维：前方交会、双边距离交会法
单向水平：视准线、小角法、测距法
单向垂直：几何水准法、精密三角高程法</td><td rowspan="2">测斜法</td><td rowspan="2">地下倾斜仪、多点倒垂仪、测滑面变形。
可人工测、自动测或遥测。
受地下湿度影响大，易损坏</td></tr>
<tr><td>GPS 全球卫星定位</td><td>二维、三维均可；可测运动点的速率，通视条件好，可连续测，可完成全站仪的施测项目，需水准仪配合使用</td></tr>
<tr><td>遥感（RS）和摄影法</td><td>RS 法适合大面积、区域性监测，为图上量测。近景摄影法是周期拍摄图像，按前后图像的变化提取变形数据，实地需布监测点
精度较差，图上作业量大</td><td rowspan="2">测缝法</td><td rowspan="2">多点位移计、开壁位移计、地面测缝法各仪器。主要测深部裂缝及滑带。可自动、人工和遥测，易受水损坏</td></tr>
<tr><td>激光全息摄影法与激光散斑法</td><td>属激光扫描、摄影方法，精度高于近景摄影，仍需全站仪、水准仪配合使用</td></tr>
<tr><td>测斜法</td><td>监测地面倾斜（倾角）变化及方位，适用于倾倒和裂缝夹角变位</td><td rowspan="2">垂锤法、沉降法</td><td rowspan="2">垂锤、极坐标盘、水平位错计、下沉计、收敛计、监测滑带上下部相对水平和垂直变位。
遇水易损</td></tr>
<tr><td>测缝法</td><td>测缝计（二维、三维）、位移计、位错计、伸缩计、收敛计等，可人工测、自动测、遥测，受气候影响较大</td></tr>
</table>

水电工程中滑坡、边坡的监测一般都能做到地表和地下同步监测，地表监测多为大地测量方法，由早期经纬仪、水准仪已过渡到现今的全站仪配水准仪。而 GPS 在监测中也已有较多应用；地下监测多以测斜法和测缝法为主。西北院在黄河上游龙羊峡、李家峡、积石峡等工程的滑坡、边坡变形监测中均应用了上述方法。

2. 爆破影响监测

爆破影响监测一般包括质点运动参数监测和质点动力参数监测，前者常以质点振动速度监测为主，加速度监测为辅。后者一般进行动应变测量。对破碎风化岩体，介质振动频率低，可选用低频仪器，如 65 型检波器和 CD—1 型速度计。对坚硬完整岩石，振动频率高，可选取频带高的 CDJ—28 型地震检波器。动应变测量可采用超动态应变仪和英国的 DL2808 型瞬态记录仪。另外，作为测量元件的应变砖应与介质的波阻抗（PC 值）或声阻抗相匹配。

为提高抗干扰能力，可选用 YCD—1 型超动态应变仪，采用 50Hz 滤波器消除电源干扰，采用三级滤波器消除时频电干扰，以提高仪器的抗干扰能力。爆破仪器见表 10.5.1-3。

3. 渗流渗压监测

渗压观测一般用渗压计测量。渗压计量程一般为 0～3MPa 不等；应根据边坡工程的水文地质实际情况选定。

渗流监测一般采用量水堰，根据具体情况选用以下类型。

三角堰：适用于渗流量 1～70L/s；

梯形堰：适用于渗流量 10～300L/s；

矩形堰：适用于渗流量大于 50L/s。

表 10.5.1-3　　爆破监测仪器汇总表

仪器名称	型号（参考）	备　注
速度传感器	如 DZJ5—70 型、65 型、哈林型	埋设或放置表面
加速度传感器	如 YD—1 型	埋设用
应变传感器		
声波换能器	如柱状换能器、一发二收换能器	
记忆示波器	如 DSS5040	
前置放大器	如 GZ—2 型	
瞬态记录仪	如 DL2808 型	
记录仪	如 YBJ 系列爆破自记仪	长江科学院研制
超动态应变仪	如 YCD—1 型	
电火花发生仪	如 DHH—1 型	
声波仪	如 SYC—Ⅰ、SYC—Ⅱ型	

4. 雨量监测

雨量监测可采用雨量计或采用附近水文站的实测资料。

5. 河水位监测

河水位监测可采用水位计自测，或向附近水文站索取所需资料。

6. 松动范围检测

松动范围一般采用声波仪配换能器检测。目前较普遍采用的有 SYC—Ⅱ型岩石声波参数测定仪，可与相匹配的 30kHz 的增压式换能器配合使用。

除人工量测水位外，采用的仪器有自动水位计、孔隙水压计、渗压计、水位和流量自动记录仪等，部分仪器也能做到遥测。

（二）遥测遥感监测

现代遥测遥感技术的发展，包括高分辨率的光学卫星（QuickBird 和 Ikonos 等，分辨率优于 1m）和近年开发完成的合成孔径雷达（Synthetic Aperture Radar，SAR）卫星数据等，为大范围地质环境监测与灾害控制提供了经济而有效的技术手段，目前该技术的应用只有少数几个研究机构在进行。

运用合成孔径雷达干涉及其差分技术（InSAR、D－InSAR、PS－InSAR 等）进行地面微位移监测，是 20 世纪 90 年代逐渐发展起来的新方法。该技术主要用于地形测量（建立数字化高程），地面形变监测（如地震形变、地面沉降、活动构造、滑坡和冰川运动监测），以及火山活动等方面。

1. 技术特点

与传统地质灾害监测方法相比，具有如下特点：

（1）覆盖范围大。

（2）不需要建立监测网。

（3）空间分辨率高，可以获得某一地区连续的地表形变信息。

（4）可以监测或识别出潜在或未知的地面形变信息。

（5）全天候，不受云层及昼夜影响。

（6）对人员难以进入区域进行监测。

合理地利用 SAR 的观测和数据处理技术将会大大提高监测效率和监测精度，降低监测成本。通过 SAR 干涉差分分析可达到：

变形提取：崩塌、泥石流等灾害发生状况的把握（精度要求为米级）；

运动监控：滑坡等地质灾害体运动位移状况监控（精度要求为厘米级）；

位移监测：在人工和永久反射点的支持下监测断层及地质灾害体的精确位移（精度要求为毫米级）。

2. 技术可行性

采用地表监测技术、土工监测技术（倾斜仪、应变仪和测距器等）和 GPS 或常规地形测量技术都可以提供地质灾害体的位置及位移信息，但目前仅针对小范围的单个地质灾害体。若开展大范围、区域性的全面监测，常规方法是困难的。

合成孔径雷达（SAR）的变形观测技术，在评价大范围的地表位移中已经证明了其优越性能。合成孔径雷达干涉测量（SAR interferometry，InSAR）是合成孔径雷达（SAR）技术与射电天文学中干涉测量技术的集成，是近年来迅速发展起来的一种雷达遥感技术，也是当今国际上遥感界和三维摄影测量领域的学科前缘研究内容之一，它是利用合成孔径雷达的相位信息提取地表的三维信息和变化信息的一项技术。目前，InSAR 的主要应用除进行地形制图，生成大范围高精度的数字高程模型（Digital Elevation Model，DEM）外，在干涉雷达基础上发展起来的雷达差分干涉测量（Differeiential InSAR，简称 D－InSAR）及 PS－InSAR（Permanent Scatters InSAR，永久散射体干涉合成孔径雷达）技术等对动态变化的高灵敏度、高空间分辨率及宽覆盖率使得这种技术在火山监测、地表下陷、山体滑坡监测和地震形变监测等方面具有重要的应用意义。因此，国内外许多学者陆续开始了利用 InSAR 技术进行地质体位移变化监测的研究，并通过与传统方法比较，证实了其具有明显的优越性和有效性。

合成孔径干涉雷达具有全天候工作能力，发射微波对地物有一定的穿透能力，能提供光学遥感不能提供的信息，且是主动式工作方法。理论上 InSAR 方法可以探测到毫米量级的地面变化，该技术手段特别适用于解决大面积的滑坡、崩塌、泥石流以及地裂缝、地面沉降等地质灾害的监测预报，所以应用在大型水库地质灾害监测上是一项快速、经济的空间监控高新技术。

3. 方法及技术路线

如果空间基线足够小，利用多次重复的观测可以进行地表的微小形变监测，这就是雷达差分干涉技术。要通过干涉雷达获取地表的形变信息，则必须消除区域的地形信息。有三种方法：

（1）选取基线距离为 0 的干涉像对，该情况下不考虑地形因素的影响。

（2）二轨法，利用目标区地表变化前后两幅影像生成干涉纹图，再利用事先选获取的 DEM 数据模拟纹图，从干涉纹图中去除地形信息就得到地表变化信息。

（3）三轨法，利用三景影像生成两幅干涉条纹，一幅反映地形信息，一幅反映地表形变信息，进行平地效应消除后，分别进行相位解缠，最后利用差分干涉测量原理计算得到地表形变信息。

在上述三种方法中，第一是卫星数据难以得到；第二需要 DEM 数据，没有 DEM 数据的地区难以实施，而且导入 DEM 的过程中还会带来新的误差；第三则无需地面信息数据间的配准，较容易实现，也是目前主要的方法。

另外，为提高干涉效果，目前提出了 PS－InSAR（Permanent Scatters InSAR，永久散射体干涉合成孔径雷达）的概念，即一些相对稳定的地物，如人工地物、裸岩等，其散射特性在很长的时间段中基本不变。因而在干涉图中可以得到相干性较好的大量像素，通过这些离散分布的相干性较好的点实施差分干涉技术，可以高精度地监测大时间跨度的地表变形。该方法已有一些成功的实例。

4. 利用 SAR 监测滑坡等地质灾害的步骤

（1）选择合适的雷达卫星，进而选取研究时间，获得相应雷达数据。现有的主要雷达卫星系统见表 10.5.1－4。

（2）对 InSAR 数据进行精确的配准，而后计算出同一点上的相位差，生成干涉条纹图。

（3）干涉图生成之后需要进行滤波处理，因为实际的干涉图并非理想状态下的干涉图，真实的干涉图常常有噪声干扰，周期性不明显，连续性受影响，干涉条纹显得不清晰，因而图形要经过滤波处理。目前有简单滤波方法和基于坡度估计的自适应滤波两种方法。

表 10.5.1－4　国外雷达卫星监测参数

卫星	发射国家	发射年份	卫星高度（km）	分辨率（m）	扫描宽度（km）	重复周期（d）
ERS—1	欧空局	1991	782～785	30	102.5	35
ALMAZ—1	俄罗斯	1991	300	15～30	45	300
JERS—1	日本	1992	568	18	75	44
ERS—2	欧空局	1995	782～785	30	102.5	35
Radarsat—1	加拿大	1995	793～821	9～25	50～500	24
ENVISAT—1	欧空局	2002	799.5	30	50～100	35
ALOS	日本	2006	691.65	2.5～10	35～70	46
TerraSAR—X	德国	2007	514	1～16	10～100	11

（4）通过相位解缠得到绝对相位变化，即地表的变形。通常采用的相位解缠方法有两种：一种为枝剪法；另一种为最小二乘法。InSAR 和 D－InSAR 具体的数据处理流程见图 10.5.1－1。

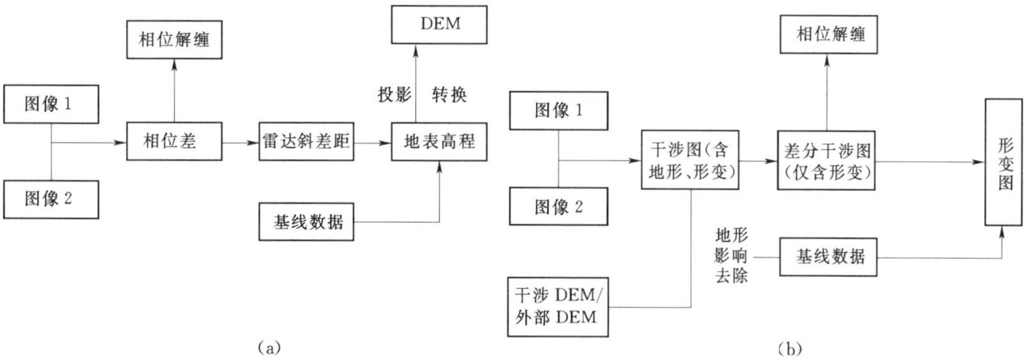

图 10.5.1－1　InSAR 和 D－InSAR 具体的数据处理流程

(a) InSAR 数据处理流程；(b) D－InSAR 数据处理流程

5. 预期成果

（1）针对泥石流、崩塌造成地表变化直接采用 PS－InSAR 方法制作不同时期的 DEM 进行差值计算，精度可以达到米级。

（2）滑坡等地质灾害体的位移变化采用 PS－InSAR 的方法进行差分计算，精度可以达到厘米级。

（3）由于大型断层及地质体的位移变化观测精度要求高，应采用 PS－InSAR 的方法提取位移变化，必要时可以人工安放角反射器以提高干涉效果，精度可以达到毫米级。

合成孔径雷达干涉（InSAR）测量及差分干涉测量（D－InSAR）技术是近年来微波遥感发展的一个重要方向，而将其应用于地质灾害监测中则是国内外的研究热点问题。法国、意大利、加拿大、日本等国家已经进行了一些应用研究并取得较好的结果，而在国内基本还没有得到应用。经过研究表明，将 InSAR 技术应用在滑坡等监测中具有良好的前景，特别是无道路可通、地形复杂、岸坡高陡地区。

6. 存在的问题

（1）此法只能监测地表位移，无法对滑坡体深部的变化进行监测。

（2）暴雨面流冲刷、局部塌陷等均可能造成误判，影响监测的准确性。

（3）目前，国内水利水电工程中，水库滑坡、边坡监测一般只针对少量有一定失稳危险性的部位和地段进行监测，而对经水库工程地质工作判定为稳定库岸不做监测，因此，全水库大范围监测国内尚无先例。

（4）此法可能仅适用于长期监测，只能达到预测级监测，用于短期和临发预报是困难的。

五、监测等级的划分

水利水电工程滑坡及边坡监测一般是根据边（滑）坡位置的重要性、本身的稳定状态、对工程和周边环境的影响大小确定监测方案和精度，但尚未制定相应的监测等级。地质矿产行业从防灾、减灾的角度，综合考虑滑坡、崩塌、泥石流等对人民生命财产和当地经济的影响因素，从较为长期的观点，在 DZ/T 0223—2004 规程中提出了对滑坡、崩塌、泥石流监测站（点）的分级分等，见表 10.5.1－5、表 10.5.1－6。

表 10.5.1－5　监测站（点）分级表

监测站（点分级）	所处位置的重要性	一旦失稳或活动的危害性	受保护（或致灾）对象	
			居民人数（人）	基本建设直接经济价值
Ⅰ	特别重要	特别大	＞1000	按当地经济状况确定
Ⅱ	重要	大	1000～500	按当地经济状况确定
Ⅲ	较重要	较大	＜500	按当地经济状况确定

表 10.5.1－6　监测站（点）分等表

监测站（点）分等	崩滑体体积（万 m^3）	泥石流一次最大冲出土石体积（万 m^3）
a 等	＞1000	＞50
b 等	1000～100	50～20
c 等	＜100	＜20

上表中强调了滑坡等所处的位置、方量、失稳危害、受保护的居民人数和当地基本建设直接经济价值等因素，这些在水利水电工程上也应是类同的，因而在水利水电工程上也应具有一定的参考价值。所不同的是，水电站工程的滑坡及边坡失稳除对社会和周边公共设施的影响外，对水电工程本身建筑物的影响也是必须考虑的。毫无疑问，对周边居民和公共设施有大的影响的水库滑坡、坝前及近坝库岸滑坡、建筑物区及消能区滑（边）坡的监测均应是高等级的，而不同等级的滑坡、边坡监测无疑对其勘察研究、监测程度和精度都是有较高要求的。

六、监测仪器的布设

（一）监测断面的选择

（1）边（滑）坡、特别是边坡，常按断面（或剖面）布置。监测断面通常选在地质条件差、变形大、可能破坏的部位，如有断层、裂隙、危岩体存在部位；或边（滑）坡坡度高、稳定性差的部位；或结构上有代表性的部位；或通过模型试验、分析计算的典型部位等处。

（2）当监测断面需布置多个时，断面宜有主要断面和次要断面之分。主次可分成 2～3 级不等。主次根据地质条件、边坡坡度、结构上的代表性等选定。

（3）主要断面布置的监测项目和仪器应比次要的多，自动化程度比次要断面高，且同一监测项目宜平行布置，如大地测量和钻孔倾斜仪、地面倾斜仪、多点位移计同时布置，以保证成果的可靠性和相互印证。

（4）按断面布置的监测，以监控边（滑）坡的整体稳定性为主，兼顾局部的稳定性。

（二）变形监测网的布设

地面变形监测仍是当今边（滑）坡监测的主要方法，而以高精度大地测量方法监测变形，重要环节是测线和测点布设并能形成覆盖全滑边坡范围的点、线、面构成的监测网，以达到全面监测变形量、变形方向、时间与空间动态及变形发展规律和趋势，为后续的处理、预报提供依据。

测点即监测点，平面图上某一直线上有若干测点时即构成测线，各测线网状布设时即构成监测网，在边（滑）坡范围以外的稳定地面点设立大地测量监测基站，或称测站、置镜桩（站），各基站能相互联测，每个基站又能对各测线上的测点实施量测，这样就构成了完整的大地测量监测控制网（或简称监测网）。

监测网有多种网型，大致有十字交叉网、正交方格网、射线网、基线交点网和任意方格网五种形式（图 10.5.1-2）。各种网的基本特征见表 10.5.1-7。

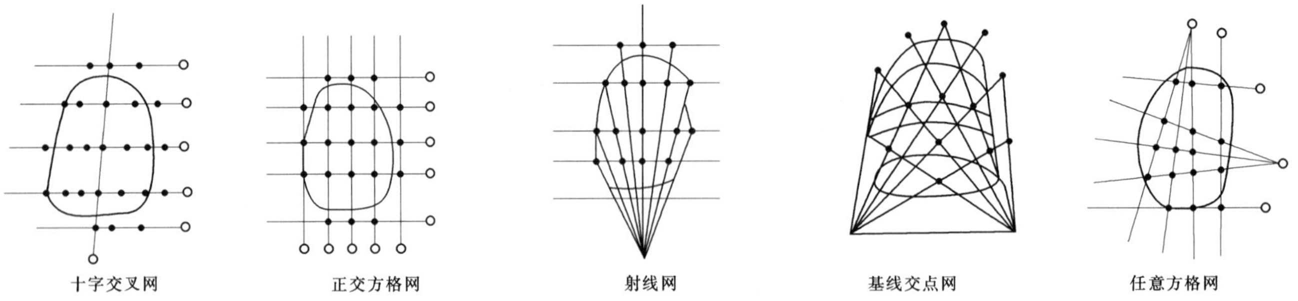

图 10.5.1-2　大地测量监测网型示意图

△　置镜柱　•　置镜柱　×　置镜柱

表 10.5.1-7　　各种网的基本特征

网型	设置要求	适用场合	优缺点	注意事项	应用
正交方格网	沿滑坡主轴及其两侧平行主轴，平均设置若干条分别若干观测桩组成的观测线；在垂直于主轴方向上设置若干条与纵排等距的观测线，构成方格观测网，任何一个观测桩应同时位于纵排线和横排线上	一般适合于滑坡地形较周围低洼，设置观测桩及各种辅助桩不受地形及观测视线限制的情况下	（1）地形条件有利，设网简单易行； （2）有利于观测资料系统，进行整理分析； （3）受地形条件限制，一般不易严格按照要求布网。观测时个别情况下，要转镜、倒镜，易造成误差； （4）对某些特殊部位无法观测	在确定置方格网可行的情况下，一般应严格按等距布置观测线，个别情况可作特殊处理	不常用
任意方格网	原则上以滑坡主轴为中心，在主轴及其两侧设置大致平行的纵排观测线，在与其垂直的方向上设置横排观测线。大部分主要桩应用时位于纵、横观测线上	当设置方格网遇到局部地形限制或视线障碍时采用	（1）可根据具体地形条件，因地制宜布置观测线、观测桩，对各种特殊部位可进行特殊观测； （2）布网时考虑了地形限制，一般情况下观测较为方便		应用最广
十字交叉网	沿滑坡主轴设一纵向观测线，并在与其垂直方向上设置若干条基本平行的横排观测线，在横线上根据需要设置观测点桩	对于滑坡平面形态呈纵长形时最为适宜	（1）对纵长形滑坡，能满足观测要求，减少布网设桩及观测工作量； （2）在横线上可据需要任意增减； （3）只有纵排上各桩获得实际位移	只有在明显的纵长形滑坡时可以采用	应用较少
射线交叉网	在制高点设1～2个置镜桩，然后通过滑体设置不同方向和角度的放射状观测线，各射线之交叉点即为观测点	在制高点通视条件好，滑坡范围小，性质简单，对观测要求不高时采用	（1）虽可观测两向位移值，但资料精度较低； （2）平面上桩的布置疏密不均； （3）置镜点少，建网和观测方便，节约时间	在纵排制高点或横排制高点上均可设置射线起点置镜桩	应用较少
基线交点网	在滑体外的稳定体上设置基线，后可根据需要通过基线在滑体内外交会出各个观测桩，构成不规则的基线交点网	在滑体及周围地形局部变化较大时可以采用	（1）由于滑体内外地形局部变化大，用其他网时，观测程序复杂，倒镜、转点太多，造成资料误差太大。此法可以减少误差； （2）减少人工对点产生的误差； （3）测量和计算较繁琐	观测司镜时必须仔细，并多次测角交会，否则容易造成误差	个别情况采用

图 10.5.1-2 所示为各种网型的基本布置型式，但作为监测网，除对测点施测外，首要的是各基站点的联测和控制，以保证网的精度和对各测点的平差要求。图 10.5.1-3、图 10.5.1-4 分别是李家峡坝前滑坡和龙羊峡近坝库岸监测控制网网型。

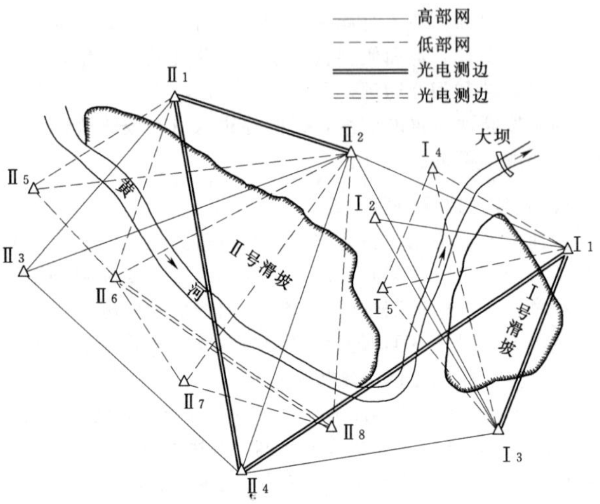

图 10.5.1-3　李家峡坝前Ⅰ、Ⅱ号滑坡监测控制网

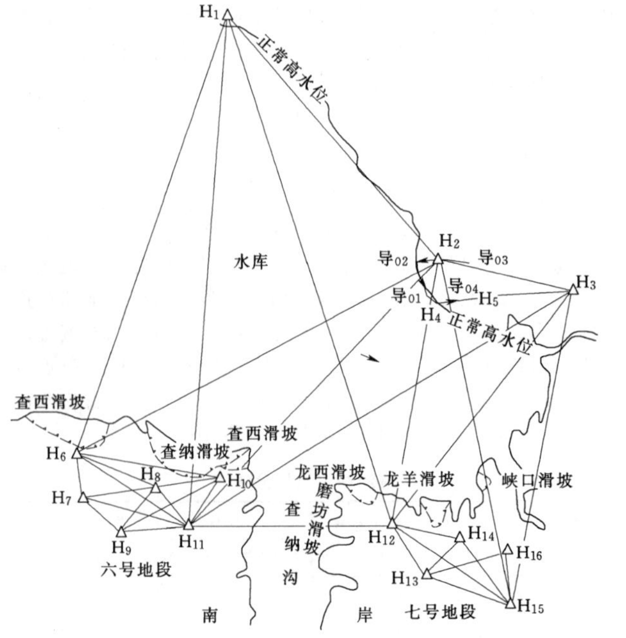

图 10.5.1-4　龙羊峡近坝库岸监测控制网

在 DZ/T 0223—2004 规程中，提出了十字网型、方格网型、三角（或放射）网型、任意网型、对标网型和多层网型等五种，各种网型的特征和适用条件可概括见表 10.5.1-8。

表 10.5.1-8 变形监测网类型及特征表

型网＼特征	布置特征	适用条件
十字网型	纵、横向测线成十字形，测线上布测点，基站在外围稳定基岩上	范围不大，平面狭窄形滑边坡
方格网型	多条纵、横测线组成方格网，测点位于交叉点上，基站、照准点布设同上。其变异网型有“丰”字形、“廿”字形、“卅”字形等	监测精度高，适用于地质结构复杂的滑、边坡及滑坡群
三角（或放射）网型	基站设在外围稳定地面，自基站起，测线布成三角或射线状，测线上布测点，照准点设在测线端点上，用大地测量方法施测，三角交会法施测时不需照准点	适合平面呈大致三角形的滑边坡
对标网型	在滑带、裂缝两侧布设对标或专门仪器，监测对标的位移、后缘的标尺可能布在稳定岩土上，此网为其他网布设困难时用	适合重点部位监测，无法兼顾全面
多层网型	地表布设上栏中任一网型，地下利用孔、洞、井等布设测点，测不同高程、层位的变形	适合厚度大、垂向有次滑面、垂向岩土体结构变化大的滑、边坡

上述的监测网型是人们对工程实际中各种变形监测网的总结和概化，实际上并非如上述的严格和规矩，而是根据地形条件、边（滑）坡体可能的失稳机制、滑动起始位置、地表呈现的变形程度的差异、分区、通视条件等综合因素，布设既能全面控制、又能主次区分、整体能反映边（滑）坡变形特征的变形网。见图 10.5.1-5，为根据上述要素实际布设的黄河李家峡电站坝前Ⅰ、Ⅱ号滑坡的变形监测点布置图，与前图 10.5.1-3 共同构成完整的变形监测网，在李家峡工程的前期、蓄水初期发挥了重要作用。

综上所述，边（滑）坡变形监测网可以有多种网型，从监测的有效性、监测目的角度考虑，在布网时，如下的要点是必须掌握的：

(1) 依据边（滑）坡区的地形条件和通视条件，确定基站、照准点的布设，且必须能通视全部监测区，同时，这两种站点也必须布设在稳定的地面岩土上。

(2) 根据被监测的滑坡、边坡的平面形状等布设测线，测线的疏密依据地面起伏情况、纵横向沟梁分布等情况而定。

(3) 通过综合地质勘察和研究，弄清边（滑）坡的失稳机制和变位趋势、不同部位可能的不同变形程度、变形起始位置等，依此为依据，布设测点。做到主次有别、重点突出、疏密合理。

(4) 依据第 (3) 条，尽可能对边（滑）坡分区分带，各区带的测线和测点能自成体系，既能反映边（滑）坡整体变形情况，又能区别各区带变形的独特特征。

（三）表面倾斜监测的布置

表面倾斜一般采用倾角计进行监测，适用于工程边坡和天然滑坡。工程边坡的测点可布置在边坡的马道、排水洞或监测支洞的地表。对于天然滑坡应在地质调查、确定滑坡主轴及边界的基础上，在剪出口、前缘、主轴和后缘等特征点上布置测点。对于加固的边坡和滑坡，可在抗滑挡墙、抗滑桩等建筑物的顶部或侧面布置测点。

（四）地表裂缝监测的布置

地表裂缝的张合和位错常用测缝计、收敛计、钢丝位移计和位错计监测，位错计可布置成单向、双向或三向。

地表裂缝监测仪器一般跨裂缝、断层、夹层、层面等布置。仪器或选择在边坡马道、斜坡或滑坡的地表，或排水洞、监测支洞等裂缝出露的地方。

（五）深部水平位移监测的布置

1. 工程边坡

(1) 在滑动面尚未出现时，应采用活动式钻孔测斜仪，当出现滑动面以后，方可在滑动面的上下安装固定式测斜仪。

(2) 钻孔测斜仪布置在边坡监测断面的各级马道上。上一个钻孔孔底应达到下一个相邻钻孔的孔口高程。

(3) 一般，钻孔是铅直布置。但当边坡较缓，钻孔也可靠边坡坡面方向呈斜孔布置，但偏离铅直线不宜太大（10°～15°以内），以防损失其量程过多。

(4) 深部水平位移监测孔宜与大地水平变形测点靠近布置，以便相互比较、印证。

2. 天然滑坡

(1) 天然滑坡的监测断面一般布置一个，主要控制滑坡的整体稳定。

(2) 钻孔倾斜仪孔首先要控制滑坡的前缘和后缘。因此，在前后缘至少各布置一个钻孔。埋设仪器的钻孔宜尽量利用地质勘探钻孔。

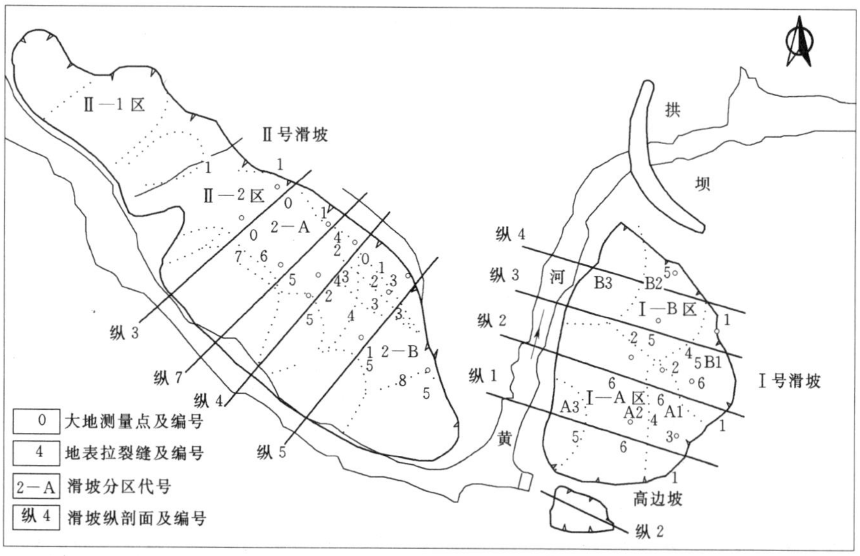

图 10.5.1-5 李家峡水电站坝前滑坡测点布置图

（3）宜在地质分析、理论计算等预测的基础上将前后缘之间的钻孔布置在变形大、可能发生破坏的部位，或者地质上有代表性的地段。见图10.5.1－6。

（4）根据滑坡发展，也可以在新出现的裂缝部位补充测孔。

（5）监测钻孔应穿过潜在滑动面，深入稳定的岩土体。

（6）深部水平位移监测孔宜与大地水平变形测点靠近布置，以相互比较。

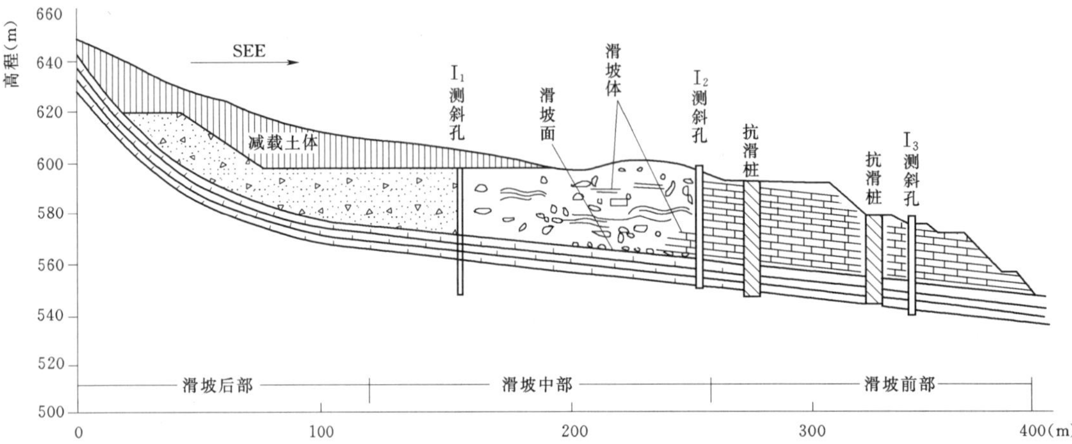

图10.5.1－6　天生桥二级水电站厂房滑坡监测布置纵剖面简图

（六）沿钻孔轴向位移监测的布置

（1）沿钻孔轴向位移监测常采用多点位移计。不论工程边坡还是天然滑坡，都可布置多点位移计，但以工程边坡布置多点位移计较常见。

（2）多点位移计测点远不及钻孔倾斜仪多，钻孔倾斜仪每0.5m一个测点，而多点位移计在同一钻孔中一般仅4～6个测点。但多点位移计可远距离测量，便于监测自动化。

（3）多点位移计一般布置在有断层、裂隙、夹层或层面出露的边坡坡面。多点位移计钻孔常成水平略向上成5°～10°的仰角（为便于灌浆，有时也采取5°～10°的俯角）。钻孔孔底应穿过要监测的软弱结构面。

（4）多点位移计与钻孔倾斜仪一般不重复布置，特别重要的工程例外。

（七）爆破影响监测的布置

（1）爆破影响监测常在工程边坡的施工开挖期进行，天然滑坡整治过程中较少。爆破往往是边坡变形、破坏的重要外因。爆破影响监测的目的在于控制爆破规模、优化爆破工艺、减小爆破动力作用对边坡的影响、避免超挖和欠挖，确保边坡的稳定。

（2）爆破影响监测以质点振动速度为主，质点振动加速度为辅。

（3）选择若干个监测断面进行监测。为相互比较印证，有的监测断面可与深部变形监测断面一致，有的可选择在边坡最高、钻爆作业最频繁的有代表性的部位。

（4）测点（传感器）可布置在靠近边坡坡面的钻孔中，或边坡的各级马道、坡脚、坡面上，或监测断面附近的排水洞、监测支洞中，视具体情况和要求确定。传感器一般埋设在新鲜岩石上，少数埋设在喷混凝土中。

（5）应对不同爆破方法，起爆药量、爆破工艺和起爆顺序进行监测。

（6）为获取爆破影响规律，可在距爆源不同距离处布置测点进行观测。

（八）松动范围监测的布置

松动范围监测一般在大型工程高边坡上进行较多，监测由于边坡开挖中应力释放和爆破动力作用两个因素引起的对岩体扰动的范围，为锚杆设计和稳定性计算提供依据。通常采用声波法和声波仪监测，也可采用地震法和地震仪进行监测。监测的布置方法有双孔测试和单孔测试。

（九）渗流监测布置

1. 地下水位监测

（1）选择边坡坡高最高处的山顶或不同高程马道上打深钻孔，进行地下水长期观测。

（2）在监测断面与各排水洞交会处，各布置一个测压管，进行重点监测。此外，利用排水洞按一定间距布置一些测压管，作一般监测。

（3）当布置有钻孔倾斜仪时，可在每个钻孔倾斜仪孔孔底布置渗压计一支。

2. 降雨量及地表径流监测

（1）采用雨量计进行降雨量监测。

（2）利用坡顶截水沟、坡面排水沟布置量水堰。

3. 排水量监测

（1）在排水洞、交通洞口处设置量水堰。

（2）选择典型排水孔，采用容积法监测排水孔的排水量。

4. 河水位监测

河水水位变化会影响边坡的稳定，河水水位的监测将为边坡稳定性计算提供科学依据。河水水位变化一般采取在边坡的坡脚靠近江边处设立水位标尺监测，也可取自附近水文站测得的水位资料。

（十）加固效果监测的布置

加固效果监测依据加固措施决定。对边坡的加固措施有锚杆、预应力锚杆、抗滑桩、锚固洞等。

1. 锚杆监测

为监测系统锚杆或加强锚杆的受力状态，要进行锚杆应力监测。监测仪器常采用锚杆应力计。

锚杆监测常选择有代表性的地段（如不同岩层）和各种形式的锚杆（如不同长度、大小）抽样进行。用作监测的每根锚杆一般宜布置3～5个测点，以便了解锚杆受力状态和加固的效果，了解应力沿锚杆的分布规律。

锚杆监测的数量根据工程需要及经费情况确定。一般为锚杆总数的3%～5%，或根据工程实际需要确定。

2. 预应力锚杆监测

用预应力锚杆加固边坡或滑坡，有扰动岩体少、施工灵活、速度快、干扰少且处于主动受力状态等优点，被工程广泛采用。

预应力锚杆监测是对各种吨位的锚杆抽样进行。一般按3%～5%抽样进行监测。每个典型地质地段或每种锚杆至少应监测1～2根。对进行长期监测的锚杆，都应在锚杆的孔口端安装一台锚杆测力器，以监测锚固力随时间的变化。

3. 抗滑桩监测的布置

(1) 为了掌握抗滑键的加固效果和受力状态，常采用钢筋计、压应力计进行监测。

(2) 监测仪器布置在受力最大、最复杂的滑动面附近。

(3) 沿桩的正面和背面受力边界面和桩的不同高程布置压应力计，分别监测正面的下滑力和背面岩体的抗力大小及其分布。

(4) 在抗滑桩正面可能滑动面附近的混凝土受力方向上埋设钢筋计以求得最大（危险）的应力值，钢筋计宜埋在主滑面附近。

4. 锚固洞与抗剪洞监测的布置

为掌握锚固洞或抗剪洞的加固效果和受力状态，常采用钢筋计、应变计、压应力计等进行监测。沿锚固洞或抗剪洞有代表性的地段选取监测断面若干个。

5. 渗压监测

为了检验边坡排水效果，常采用渗压计、地下水位观测孔、量水堰等进行长期监测。

（十一）巡视检查

仪器监测无疑是边（滑）坡监测重要手段，但仪器监测毕竟有限，不可能覆盖整个边（滑）坡。巡视检查是仪器监测的补充，对边（滑）坡监测是十分必要的，并应作出设计。巡视检查主要应包括以下方面。

(1) 巡视检查包括日常巡查、年度巡查和遇有险情的临时巡查，并根据施工期、运行期具体需要进行。

(2) 巡视检查的频度应根据上述第（1）条的不同情况制定。正常情况下巡视间隔大，施工期、雨期（汛期）、遇险情时加密。

(3) 组织有关的人员参加。参加人员应熟悉工程情况和具有一定的专业经验。

(4) 除对边（滑）坡普遍巡视外，应重点巡查主要部位、断裂出露处和监测设施。

(5) 巡视检查要建立制度，认真记录。

七、监测设计的其他要求

（一）监测的针对性

边坡的监测设计应根据工程的地质条件、设计、施工和加固的需要有针对性地进行。

（二）监测的阶段性

监测设计应区分阶段进行，不同阶段的监测应有侧重。边坡工程以安全为主的监测从开挖一开始就同时进行，甚至在施工之前还有前期监测；整治期间，还应进行安全和检验整治效果的监测。施工期的监测和运行期监测同样重要，这不仅因为施工期的安全问题较突出，而且监测的初始值应在施工前期建立。施工期监测要求短、易、快，以变形监测为主，可以收敛监测、钢丝位移计监测、测缝计监测为主进行。运行期则宜采用钻孔测斜仪、多点位移计等。施工期有爆破监测、松动范围监测，而运行期则没有。另外，观测频度上，施工期较频，运行期较疏等。

（三）监测的及时性

监测工作的各个环节必须及时有效，包括监测设计、合同的签订、仪器的埋设、按时观测、资料整理分析以及监测信息的反馈等。

（四）监测设计的指导性

监测设计要根据边（滑）坡工程的特点和监测要求进行。对各类监测仪器的技术参数、安装埋设要求、注意事项、观测频次、资料分析等应作明确说明，以便于安装和监测人员准确安装和有效监测。

（五）监测设施的保护

监测设施的保护和监测设施的建立具有同等的重要意义。作为监测设施的保护是保证监测工作得以顺利进行的重要环节。因为边（滑）坡都在露天，保护工作的困难更多，应从设置牢靠的保护装置、设施上标出醒目标记，加强设计、施工和监测单位之间的沟通，必要时依靠当地公安部门的配合做好监测设施的保护工作。

第二节　边坡监测资料分析

一、监测资料的搜集和整理

监测资料搜集和整理是分析反馈的基础，它的主要内容包括：①监测有关资料的搜集和表示；②原始观测资料的检验和误差分析；③监测物理量的计算；④填表和绘图；⑤监测数据的平差、光滑、补差等处理；⑥初步分析和异常值的判识。

在监测资料整理过程中，必须坚持的原则是：①除当日在现场遇有特殊情况重测，并履行必要手续的修正外，对原始观测数据和数据库不得进行任何修改；②监测资料整理中的数据检验和处理是在原始观测数据和数据库的复制件上操作的，整理工作完成后形成整理整编数据和数据库，它们也不得进行任何修改；③为了以后分析和反馈的需要，有时仍需对整理整编数据进行必要的处理，如统计回归和时序分析要求的光滑和等时间间隔等，也需在整编数据和数据库的复制件中进行，并另行建立文件存储。

（一）监测资料搜集内容

(1) 详细的监测数据记录，与观测同步的气象、水文等环境资料。

(2) 监测仪器设备及安装的考证资料。监测设备的考证表、监测系统设计、施工详图、设计说明书、仪器规格和数量、仪器安装埋设记录、仪器检验和电缆联结记录、竣工图、仪器说明书及出厂证明书、观测设备的损坏和改装情况、仪器率定资料等。

(3) 现场观察巡视资料。与边（滑）坡监测过程同步的观察巡视记录资料，包括裂缝的宽度和发展趋势、掉块掉土现象等。

(4) 监测边坡有关的设计资料。如设计图纸、参数、计算成果、施工资料、地质勘测报告和技术文件等。

(5) 边坡设计、计算分析、前期监测工作提出的成果报告、技术警戒值（范围）、安全判据、工程类比资料及其他技术指标和文件资料。

（二）监测资料搜集要求

(1) 监测资料的搜集必须做到及时准确，并应尽可能全面、完整。

(2) 资料的采集、记录、计算机录入、存储、备份、传输等项作业应按技术要求，做好校核检验工作，保证资料的准确可靠。

（3）监测资料的存储和表示方法要力求简洁、清晰、直观，尽可能采用图表。采取的存储形式便于保管、归档和查询。

二、监测资料的检验和数据处理

由于来自人员、仪器设备和各种外界条件（如大气折射影响）等原因，各种原始观测值不可避免地存在着误差。因此，在监测资料整理分析过程中，首先应对原始观测资料进行可靠性检验和误差分析，评判原始观测资料的可靠性，分析误差的大小、来源和类型，以采取合理的方法对其进行数据处理和修正。

（一）原始观测数据的可靠性检验

可靠性检验的主要内容是采用逻辑分析方法进行检验。

（1）作业方法是否符合规定。

（2）观测仪器性能是否稳定、正常。

（3）各项测量数据物理意义是否合理，是否超过实际物理限值和仪器限值，检验结果是否在有限差以内。

（4）是否符合一致性、相关性、连续性、对称性等原则。

连续性是指在荷载环境和其他外界条件未发生突变的情况下，各种观测资料亦应连续变化，不产生跳动。

一致性是指从时间概念出发来分析连续积累的资料在变化趋势上是否具有一致性，即分析前后观测量值的变化关系等。一致性和连续性分析的主要手段是绘制“时间～效应量”过程线，“时间～原因量”过程线，以及原因量与效应量的相关图。

（二）误差分析和处理

观测数据误差有过失误差、偶然误差和系统误差。

（1）过失误差。它是一种错误数据，一般是观测人员过失引起的，如读数和记录的错误、输入错误等。这种误差在资料整理时（在相应过程线和其他图表中）比较容易发现。遇到这种误差时，可剔除或相邻资料进行补差。

（2）偶然误差（又称随机误差）。它是由偶然因素而引起的随机性误差，可采用常规误差分析理论进行处理。

（3）系统误差。它与偶然误差相反，是由观测条件的变化、仪器结构和环境所造成的。系统误差检测的数学方法比较复杂，有剩余误差观察法、剩余误差校核法、计算数据比较法和 μ 检验等。

（三）粗差的判识和处理

所谓粗差是指粗大误差，通常来自过失误差或偶然误差。粗差的识别和剔除可以采用人工判断和统计分析两种方法。

1. 人工判断法

人工判断一是通过与历次或相邻观测数据相比较，或通过所测数据的物理意义判断数据的合理性；二是作图法，即通过绘制观测数据过程线或监控模型拟合曲线，以确定可能的粗差点。人工判别后，再引入包络线或 3σ 法判识。

2. 包络线法

将监测物理量 f 分解为各原因量（水压、温度、时效等）分效应 $f(h)$、$f(T)$、$f(t)$ 等之和，用实测或预估方法确定各原因量分效应的极大、极小值，即可得监测物理量 f 的包络线：

$$M_{ax}(f)=M_{ax}[f(h)]+M_{ax}[f(T)]+M_{ax}[f(t)]+\cdots \tag{10.5.2-1}$$

$$M_{in}(f)=M_{in}[f(h)]+M_{in}[f(T)]+M_{in}[f(t)]+\cdots \tag{10.5.2-2}$$

3. 统计分析法

（1）“3σ”法。设进行了 n 次观测，所得到的第 i 次测值为 $U_i(i=1,2,\cdots,n)$，连续三次观测的测值分别为 U_{i-1}，U_i，$U_{i+1}(i=2,3,\cdots,n-1)$，第 i 次观测的跳动特征定义为

$$d_i=|2\times U_i-(U_{i-1}+U_{i+1})| \tag{10.5.2-3}$$

跳动特征的算术平均值为

$$\overline{d}=\left(\sum_{i=2}^{n-1}d_i\right)/(n-2) \tag{10.5.2-4}$$

跳动特征的均方差为

$$\sigma=\sqrt{\left[\sum_{i=2}^{n-1}(d_i-\overline{d})^2\right]/(n-3)} \tag{10.5.2-5}$$

相对差值为

$$q_i=|d_i-\overline{d}|/\sigma \tag{10.5.2-6}$$

如果 $q_i>3$ 就可以认为它是异常值，可以舍去。可以用插值方法得到它的替代值。

（2）统计回归法。把以往的观测数据利用合理的回归方程进行统计回归计算，如果某一个测值离差为 2～3 倍标准差，就认为该测值误差过大，因而可以舍弃，并利用回归计算结果代替这个测值。

三、监测资料的整编

（一）监测物理量变化曲线

边坡的性状和变化要通过监测物理量的空间分布和随时间的变化考察，即通过整理各种物理量沿不同深度、不同方向的分布曲线和物理量随时间而变化的过程曲线反映。一般有过程线、分布线和相关线三类。它们分别表征物理量随时间的变化情况，物理量在空间（线、面和立体）的分布情况以及各物理量之间的相互关系。

1. 过程线

过程线是物理量与时间的关系，通常以时间为水平坐标，以物理量（例如位移、应变等）为纵坐标。为了了解更多的信息和便于对比，在不妨碍清晰的前提下，可将有关物理量的过程线绘制在同一图中，有时还把影响物理量变化的其他物理量也用相同的时间尺度绘在这个图的上方或下方，以便比较研究。

常用的过程线有地表观测点位移（水平、垂直）～时间曲线、观测点水平位移矢量曲线、地下水位（渗压）～时间曲线、收敛位移～时间曲线、倾角～时间曲线、锚索应力～时间曲线及位移等的变化速率曲线等。

2. 分布（线）图

分布图是物理量沿某一特定方向（线）的分布线。常见的有边坡位移、渗压沿垂直、横向和纵向的分布，钻孔深度方向位移和变形的分布，边坡水平位移沿测斜孔深度的分布等。

分布图中表示测点位置的坐标轴，可以根据需要水平或垂直放置。物理量在某一特征断面上的分布情况可以用三维立体图（曲面）表示，也可以根据情况利用等值线、投影分量或向量来表示。

分布线图中的一条曲线只能表示在一次观测中不同测点数据的分布情况，为了进行比较，经常把不同时间的测值分布线绘在同一个图中。一般应选择有代表性的时段例如大坝蓄水前后等影响因素变化的起点和终点，并在各条线上标注观测时间。这样，就可能比较清晰地看到分布线的形状随时间或其他影响因素的变化情况。

在一个特征面上常见的分布图有：钻孔测斜位移～深度曲线、声波速度～曲线等。应力、应变、位移在某个断面上的等值线以及渗流的等势线和等值线，位移向量、主应力的向量图等。

3. 相关图

相关线图分为散点相关图和相关线两种，相关图中一般以两个有关的物理量为纵横坐标。对于不同的相关关系，坐标可以是等距也可以是不等距（例如对数或其他形式）。绘相关线时应尽可能选择自变量单调变化，或变化不太频繁的区间来绘制。为表明两个物理量的关系，还可以考虑把表征两者相互关系的回归曲线同时绘在一个图上。

（二）监测成果表

通过表格可以把数据分类系统地组织在一起，便于阅读和比较。监测中经常使用的有以下三种类型的报表。

1. 监测仪器、测点情况表

包括仪器的数量、类型、布置情况、运行情况和基本参数的变更情况。如果在观测的过程中又新增加了测点和仪器，则还要提供新测点的详细竣工报告。

2. 监测作业情况表

包括观测的频度，以及人工巡视的情况报告。

3. 监测数据报表

表中应含有：工程名称和部位，仪器名称、类型、编号，观测时间，初始参数和仪器参数，计算公式或方法，观测、记录、校核、计算的人员姓名，原始数据，计算结果。

另外，根据观测仪器的不同，可能还需要在表中列出各种有关的影响因素。例如温度、水位、荷载变化、地震情况等。

目前对于各种仪器的原始观测记录表，尚无统一的规范。可根据观测的具体情况自行设计。设计时，除注意内容的逻辑性和完整性以外，在形式上也应简洁美观。对原始观测数据记录表应进行计算机管理的格式设计。

（三）监测文字报告

文字报告是在一定阶段中提交的比较详细的文字材料。其中不要求提供所有的观测数据、计算数据以及观测的详细情况，但应该有比较详细的分析、评价、建议和结论。报告可以包含如下几个方面。

（1）工程概况。包括工程的基本情况，在所提交报告覆盖的时段内工程的施工或运行情况，以及在该时段内相关影响因素的变化情况。

（2）测点情况。说明测点的布置，仪器型号、用途以及仪器的工作状态，还可以包括人工巡视的情况。

（3）数据整理。说明数据整理中采用的公式和方法，整理中出现的问题和处理方法，包括漏测值的补充、数据处理方法以及误差估计，使阅读者便于了解所用于分析的数据的精度和可靠性。

（4）测值变化规律与特征。以数据的形式给出观测数据的特征值：例如最大、最小值，变化率等。以图形和表格方式给出对变化过程和趋势的直观描述。对特征值和变化过程中的特殊点、特殊线段作出合理的解释。变化率加快以及发生突变等情况要特别给予分析说明。

（5）简单的计算分析结果。

（6）发展趋势与预测。利用统计分析、灰色系统理论等数学方法预测。

（7）比较与判别。利用规范、标准中的判据以及行之有效的经验判据，对原型观测结果所反映出的工程情况进行判断。与其他同类工程进行类比，与设计要求进行比较和计算结果进行比较。

（8）评价与建议。根据对监测数据的分析和人工巡视得到的结果，对边坡工程的运行状态给出评价和结论，对当前监测及资料管理工作中存在的问题提出改进意见和建议。

四、监测资料数据库的管理

监测资料整理工作项目繁杂，工作量十分巨大。在绝大多数岩土工程中，人工整理已不能满足工程安全监测及时、快速、全面、准确、可靠等方面的要求。由于计算机软、硬件技术的进步，在各类岩土工程安全监测工作中，已采用计算机进行监测资料数据库管理，现实监测资料自动化。

第三节　边（滑）坡监测安全预测预报

《水电水利工程边坡设计规范》（DL/T 5353—2006）对边坡预测预警的内容、等级和制定预警标准的原则作了明确规定。主要包括以下内容。

一、边（滑）坡监测预警

（一）边（滑）坡监测预报的内容和等级

1. 预测预报内容

（1）对于破坏后果严重，可能威胁工程安全、造成人员伤亡和财产损失的边坡，应根据边坡的类别与安全级别、边坡变形与破坏型式、边坡稳定分析和边坡失稳风险分析成果，确定边坡的安全警戒等级和相应预警标准。

（2）预警预报的主要内容有：边坡失稳的时间、方量、滑体可能覆盖的范围以及可能产生的次生灾害的影响范围。

（3）预测边坡滑塌的速度，特别是预测边坡是否属高速滑坡。

（4）预测（库岸）滑坡引起的河水或库水涌浪高度和影响的范围（距离）。

一般情况下最重要的是滑坡发生时间的预报。因为知道了时间，就可以在滑坡前采取撤离措施，避免损失。在没有特别说明时，安全预报一般是指滑坡时间的预报。

2. 预警等级

滑动破坏的边坡安全警戒等级一般按失稳发展程度和应采取的相应对策划分为三级：

（1）一级。已经发现并确认边坡变形异常，个别加固结构发生破坏，如个别预应力锚索崩断、挡土墙部分开裂等；向主管部门报告，加密监测次数，必要时增加监测项目，每日巡视。

（2）二级。边坡变形不收敛，局部区域加固结构破坏，确认边坡已经进入渐进破坏过程；连续监测和巡视，向本地区有关部门发出内部警报，边坡及其下部作业人员撤离。

（3）三级。确认边坡进入加速变形阶段，在3～5d内将发生滑动；仅对特征点进行连续远距离监测，对地区内发出公开警报，边坡破坏可能影响范围内人员撤离。

在DZ/T 0223—2004标准中规定了崩滑体变形破坏预报等级（见表10.5.3-1），在水利水电工程中可参考使用。

表10.5.3-1　崩滑预报等级

预报等级	时间	空间	方法	指标	手段	预防措施
预测级（中长期预报）	1年以上	区域，单体	调查评价	危险程度	危险程度区划和数据库	防治工程或搬迁
预报级（短期预报）	1年至几天	少量区域，主要单体	调查评价与监测	临界值	（1）区域自然、地貌地质、社会因素分析；（2）变形位移监测	抢险应急工程或常规紧急避难
警报级（临发预报）	几天至几十分钟	单体	监测	警界值	（1）变形位移监测和地声等物理量监测；（2）宏观变形监测；（3）气象、水文与地质等相关因素监测	紧急避难

西北院在对龙羊峡水库近坝库岸半岩性土质高边坡预警研究中，按滑坡所处的变形发展阶段和预测下滑时间，将预警等级划分为四级，见表10.5.3－2。

表10.5.3－2　龙羊峡水库近坝库岸高边坡预警等级

预警等级		变形阶段和预测下滑时间
Ⅰ	长期预报	当地面（或观测洞内）出现后缘拉裂缝时，预测下滑时间在一年以后
Ⅱ	中期预报	当滑坡进入到加速蠕变阶段初期，预测下滑时间在半年以后，一年以内
Ⅲ	中期预报	当滑坡进入到加速蠕变阶段中至后期，预测下滑时间在3～4个月
临滑	临滑预报	当滑坡进入到加速蠕变阶段后期，同时又出现了多种下滑前兆迹象时，预测下滑时间在1～7d左右

（二）制定预警标准的原则

（1）对变形有严格限制的一级边坡，应按允许地表最大变形量制定地表变形预警标准。

（2）对于地下水作用有重大影响的边坡，宜根据稳定分析和监测动态规律分析，对失稳状态的临界地下水位或渗透压力制定预警标准。

（3）水库或河岸滑坡应对库水位或河水位骤降速率提出预警标准。

（4）对崩塌破坏、塑性流动破坏、冲刷破坏和产生泥石流的边坡，可根据发生破坏时的时段降雨强度或时段累计降雨量制定预警标准。

（5）开挖岩质边坡的滑动破坏可根据位移～时间曲线以位移速率进行预报。应根据对边坡稳定性、破坏方式和动态规律的分析、结合实际监测成果制定适用于该边坡的预警标准。

（三）安全预报的依据

预报可以根据以下各种物理量：

（1）边（滑）坡位移（或变形）量。

（2）地下水位、渗透压力值。

（3）抗滑桩或预应力锚杆（索）受力值。

（4）岩土体声发射次数。

（5）地质巡视记录的地质现象，包括后缘拉裂缝的大小、发育深度等简易观测资料。

通常，采用最广泛的是依据边坡位移大小来进行预报。预报用的位移，通常是取自边坡后缘拉裂缝的位移或滑动面的位移。滑动面的位移通常取为钻孔测斜仪给出的滑动面或利用边坡中的勘探平洞、竖井揭露的滑动面上直接测定的位移。

二、边（滑）坡工程安全监测预报方法

边（滑）坡工程安全监测预报包括对工程安全稳定状态的评判和对危险状态的预测预报工作，目前采用的方法可分为：

（1）工程地质因素的定性分析方法。

（2）各类警戒界限法。

（3）数学物理模型分析方法。

（4）自动报警法。

其中，工程地质因素的定性分析方法主要应用工程地质、设计、施工过程和现场巡视资料等，是对仪器监测资料的重要补充，应该作为安全监测预报工作的重要内容，不应有丝毫的忽视。警戒界限法和数学物理模型法是安全监测和监测资料整理分析工作的自然延伸。自动报警法主要是采用地震波和声发射仪器报警方法，目前基本上处于研究阶段。

由于边（滑）坡工程自身的特性，它所具有的工程地质环境十分复杂，安全评判和预报需要考虑的因素多，技术难度较大，目前还缺少较为普遍通用的评判预报方法，一般需要结合工程的具体情况，针对边（滑）坡岩土介质的种类（散体、块体或完整性岩体等），边（滑）坡岩土工程的类别，以及监测时段合理选择相应的安全预测预报方法。另外，由于边（滑）坡岩土工程的复杂性，单一的安全预报方法往往满足不了工程要求，需要采用多种不同方法，进行综合分析评判。既要综合分析各种监测仪器和不同部位的监测数据，也要重视地质调查、专业人员巡视以及设计施工等多方面的信息，还要了解岩土介质自身、加固设施（如锚杆、锚索等）以及邻近工程建筑物的各种反应，以提高安全预测预报工作的准确性和可靠度。

（一）工程地质因素的定性分析法

1．地质因素分析法

地质因素分析法是通过勘测、巡察和简易观测手段了解与边（滑）坡工程的安全稳定有关的、经常出现的、起控制作用的岩土介质特性、结构面及其组合、水的作用和岩体应力等主要因素，进行综合分析，确定岩体的稳定性，进行安全预报。这种分析方法是比较客观的和符合实际的，且具有快速及时的特点。应用这种方法进行安全预报，工作人员的经验在预报准确度上将起重要作用。

（1）边（滑）坡岩土特性分析。在坚硬岩石地区，应分析边坡深部的风化带、构造破碎带、不整合面或不整合面的古风化带等。对软弱岩体，应特别注意风化后常出现的次生黏土矿物，如绿泥石、蒙脱石、高岭土等，改变了岩石原有的力学性质，矿物之间及岩块之间粘结力受到破坏，从而严重削弱了岩体的稳定性。对于黏土岩、泥质页岩和易溶岩等，因遇水常易泥化、崩解、膨胀或溶蚀，会使岩体产生较大的变形而破坏。

（2）岩体结构、结构面及其组合分析。根据地质调查和地质勘察，对边坡岩体结构进行类别划分，对结构面进行分组，列出各组结构面产状，利用赤平投影法、实体比例投影法和块体坐标投影法进行图解分析，初步判断岩体的不稳定组合和稳定性。

根据不稳定体的组合形态，确定临空条件、滑动面、滑移方式和塌滑范围，结合试验资料或工程类比选取力学参数，采用不同的极限平衡方法进行稳定性计算，从而进行不稳定体的安全预测预报。

（3）地下水作用分析。地下水对边坡的作用可以使岩土体物理力学特性发生变化，容重变化，塑性状态变化，强度软化，抗剪强度和变形模量降低；使岩土体力学环境变化，形成孔隙水压力，包括静水压力和渗透压力；地下渗流潜蚀和管涌引起变形和冲刷。

边坡的变形与破坏与水的因素密切相关，因此，进行边坡稳定性预测预报时，必须对地下水位及其变化进行分析。

边（滑）坡安全预报的地质因素分析法，较易掌握，是工程实践中较普遍使用的一种基本方法。

2．工程类比法

根据地质条件相同或相似且成功进行了预测预报的经验，通过对预测预报边（滑）坡的工程地质条件、岩体特性、破坏机制以及变形观测资料等进行类比和分析，判断边（滑）坡的稳定性，进行预测预报。

在进行类比过程中，首先搜集拟比边（滑）坡的地质资料、岩体结构类型、岩体应力状态、岩体力学参数、地下水位、各种环境因素和各种潜在的不稳定因素；其次，进行资料分析研究和因素分类；第三，进行边（滑）坡的主要因素和条件的比较，分析边（滑）坡各种因素的相似性与差异性，从而确定拟比边（滑）坡的稳定性和潜在的危险性，对其未来发展趋势作出预测预报。

工程类比法的优点是综合考虑各种影响边（滑）坡稳定的因素，迅速地对边（滑）坡稳定性及其发展趋势作出预测。缺点是经验性强，缺少定量界限，因地而异。

（二）警戒界线法

岩土工程安全监测预报中的警戒界线法（也称指标控制法），是目前应用比较普及的方法。这种方法是以地质因素分析法、工程类比法为基础，利用原位监测和试验资料综合分析，确定一种或几种临界值作为安全警戒界线，进行施工期或运行期的安全监测预报。

对于边（滑）坡的控制性指标有位移（变形速率）、变形阶段、地下水位（渗透压力），抗滑桩或预应力锚索的应力以及声发射等。但安全预报警戒界线值或允许临界（位移）值是很难确定的，因为边坡的稳定性受边坡的形态、边界条件、岩土性质、岩层产状、岩体结构、环境影响、荷载作用的影响。在有监测资料时，先前已经达到（发生）过，且表现为相对稳定状态的位移（或速率）值，在条件没有明显变化情况下，一般可以作为随后（未来）允许达到的一种安全界限值。“八五”攻关期间收集到的滑坡加速变形速率的有关资料如表 10.5.3-3 所示。但就表中各滑坡破坏前的变形速率看，也是差别很大，这就是不同滑坡地质体本身的复杂性、赋存环境的多变性所决定的。

表 10.5.3-3　有关滑坡加速蠕变阶段变形速率表

序号	滑坡名称	加速蠕变阶段——破坏前变形速率
1	长江 I 号滑坡	最大水平位移速率 7mm/d；破坏前最大垂直位移速率 3mm/d
2	新滩滑坡	破坏前 21～136d，7～8mm/d；破坏前 5～20d，12～15mm/d；破坏前 4d（垂直），500mm/d
3	酒埠江 2 号滑坡	破坏前 30d（水平），10mm/d
4	李家河滑坡	破坏前 22d（水平），8.2mm/d；（垂直）9.2mm/d
5	成昆线 377 号滑坡	滑前（水平）5～10mm/d；（垂直）1～5mm/d
6	白灰厂滑坡	滑前 100mm/d
7	盐池河滑坡	破坏前 50～20d 25～28mm/d；破坏前 19～2d（垂直）25～46mm/d
8	洒勒山滑坡	破坏前 365d 1.36mm/d；破坏前 30d 2.10mm/d
9	虎山坡 1 号滑坡	破坏前 13～10d 5.8mm/d；破坏前 9～3d 98.8mm/d；破坏前 2d～前夕 332mm/d
10	龙西新滑坡	破坏前 117～8d（水平）0.38mm/d
11	秭归县鸡鸣寺滑坡	破坏前 30d 27mm/d，破坏前 6d 200～250mm/d
12	瓦依昂滑坡（意）	破坏前 50d 10mm/d；破坏前 8d 20～40mm/d；破坏前夕 200mm/d
13	楚基卡码铜矿边坡（智利）	破坏前 101d 20～70mm/d
14	大井山铁道边坡（日）	破坏前 9～3d 5.7mm/d；破坏前 2d～前夕 40mm/d
15	高场山隧道滑坡（日）	破坏前 14～9d 17.1mm/d；破坏前 8～1d 70mm/d；破坏前夕 140mm/d
16	浅虫滑坡（日）	破坏前 7～4d 43.3mm/d；破坏前 3～1d 220mm/d；破坏前夕 250mm/d
17	阿云山滑坡（日）	破坏前 45～27d 10mm/d；破坏前 26～20d 27.3mm/d；破坏前 19～5d 53.3mm/d 破坏前 4d～前夕 140mm/d

许强、黄润秋等人归纳出了国内外学者近年提出的 10 多种滑坡预报的判据（表 10.5.3-4），可作为滑坡预测预报中的参考性资料。

表 10.5.3-4　滑坡的各种预报判据

判据名称		判据值或范围	适用条件	备　注
稳定性系数 K		$K \leqslant 1$	长期预报	
可靠概率 P_s		$P_s \leqslant 95\%$	长期预报	
声发射参数		$K=A_0/A \leqslant 1$	长期预报	A_0 为岩土破坏时声发射记数最大值；A 为实际观测值
塑性应变 ε_i^p		$\varepsilon_i^p \to \infty$	小变形滑坡中长期预报	滑面或滑带上所有点的塑性应变均趋于无穷大
塑性应变率 $d\varepsilon_i^p/dt$		$d\varepsilon_i^p/dt \to \infty$	小变形滑坡中长期预报	滑面或滑带上所有点的塑性应变率均趋于无穷大
变形速率 V_f		$V_f \to V_\sigma$	中长期预报	不同类型的滑坡发生前，其临界变形速率 V_σ 从 0.1mm/d 到 1000mm/d 不等，差别较大
位移加速度 a		$a \geqslant 0$	临滑预报	加速度值应取一定时间段的持续值
蠕变曲线切线角 α		$\alpha \geqslant 70^\circ$	临滑预报	黄土滑坡 α 在 89°～89.5°为滑坡发生危险段
位移矢量角		突然增大或减小	临滑预报	堆积层滑坡位移矢量角锐减
分维值 D		1	中长期预报	D 趋近于 1 意味着滑坡发生
分叉集方程判据 D		0	临滑预报	D 趋近于 0 意味着滑坡发生
双参数判据	蠕变曲线切线角和位移矢量角	$\alpha \geqslant 70^\circ$ 且位移矢量角突然增大或减小	临滑预报	新滩滑坡变形曲线的斜率为 74°，位移矢量角显著变化，锐减至 5°
	位移速率和位移矢量角	位移速率不断增大或超过临界值，位移矢量角显著变化	堆积层滑坡临滑预报	

西北院在对龙羊峡水库近坝库岸半岩性土质高边坡预警研究中，将控制性指标分为指示性判据、参考判据和形成高速滑坡的判据。

1. 指示性判据

（1）拉张裂缝。拉张裂缝是岸坡变形破坏最显著的宏观指示性判据。通过日常的地质巡视和较细致的地质测量，这种现象不难识别和确认，更不会遗漏和忽视。

拉张裂缝的宽度、深度及变化速率达到一定量值，是许多坡体失稳的一个重要判据，但因地质环境的差异和滑坡失稳规模和机理的不同，也有较大差别。

半岩性土组成的高速滑坡仅有龙羊峡库区龙西新滑坡和甘肃洒勒山滑坡两个实例，其共同点是加速蠕变阶段的历时较长（0.5～2.0 年）、加速蠕变阶段位移速率较低（0.25～2.1mm/d），这个特征反映了坡体呈渐近性、脆性破坏的特点。沿软弱结构面和第四系松散堆积层产生的滑坡，加速蠕变阶段历时均很短（8d～2 个月），位移速率也较大（>10mm/d），反映了塑性剪破坏特点。

洒勒山和湖北盐池河（1980 年 6 月下滑）两个高速滑坡

在临滑前几天后缘拉裂缝还有趋于闭合、错台增大的现象，这是下滑前坡体转动的结果，预示着坡体即将失稳。拉裂缝变化数据可通过地表和观测洞内的变位和裂缝相对位移监测取得。

（2）监测点位移测量。建立典型观测点的时间～位移曲线，采用“外延法”和“斋藤法”对潜在滑体的剧滑时间作出预报。但利用这些方法作下滑时间预报时，只有当变形进入到加速蠕变阶段后期方能取得比较好的效果，比较适用于临滑预测，在下滑前1～7d的预报精度可以达到1d以内，已经大量的预报实践所检验。

由于目前尚无成熟的适用于中期预报（对应于龙羊峡滑坡预警等级Ⅱ级和Ⅰ级，参见表10.5.3-2）的预报方法。为解决这一难题，尝试用对应理论方法。以1986年1月25日龙西新滑坡（150万m^3）为模型（12号观测桩位移～时间曲线），按相似第一定理，以重力～惯性率相似率（或重力～摩擦力相似率）建立预测滑体观测点位移值与模型观测点位移的相似的方程，便可以根据潜在滑体的大地测量观测点的位移资料，对近坝库岸滑坡进行中期预报。

其相似比尺及计算式如下：

设预测滑体体积为V_1，模型滑体体积为V_2，位于滑体坡顶监测点水平位移值分别为L（模型）、L_x（预测滑体），模型滑体观测段时间为t，变形速率为v，则相似率几何比尺a_r和体积比尺a_v，速度比尺a_v，时间比尺a_t和加速度比尺a_a有如下关系：

$$a_r = a_v^{\frac{1}{3}} = \frac{v_2^{\frac{1}{3}}}{v_1} \qquad (10.5.3-1)$$

$$a_v = a_t = a_r^{\frac{1}{2}} \qquad (10.5.3-2)$$

$$a_a = 1 \qquad (10.5.3-3)$$

预测滑体坡顶监测点水平位移值为

$$L_x = \frac{1}{a_r}L + \left(\frac{1}{a_t} - 1\right)t\frac{1}{a_v}v \qquad (10.5.3-4)$$

式中L，t，v值可由龙西陡边坡下部新滑坡12号观测桩监测成果（表10.5.3-5）中查得。

根据式（10.5.3-4），对龙羊峡近坝库岸各边坡潜在滑体，在不同预警标准时位于失稳块体顶位移监测点的水平位移量计算结果见表10.5.3-6。

表10.5.3-5 龙西新滑坡12号桩监测成果

时间间隔（年-月-日）	时间长度 t（d）	对应预警标准	变形量 L（mm）	变形速率 v(mm/d)
1981-04-01～1985-07-01	1550	Ⅱ级	65	0.042
1985-07-01～1985-10-01	90	Ⅰ级	25	0.218
1985-10-01～1986-01-17	107	临滑	30	0.280

相似理论分析的意义和问题：

（1）按此理论进行水库滑坡预报可以看出不同规模的滑坡，不可能在同一时间下滑。计算位移量和位移速率也可作为外延法和斋藤法做临滑预报的参考。

（2）在比尺分析中，认为加速度比尺$a_a=1$，是建立在摩擦系数相同的基础上的，难以考虑黏聚力对加速度比尺的影响，因此所计算的（对应龙西新滑坡12号观测点位置）位移值偏小，但是可以认为提供了一个数量级的概念。

（3）用相似律进行中期预报，仅仅是起步，尚待于实际发生的滑坡监滑资料的不断积累，反馈分析，逐步完善，以提高中期预报的准确度。

综上所述，滑体后缘拉裂缝的开裂宽度和速率，监测点总位移速率，是指示性判据中最重要的内容。

表10.5.3-6 相似理论计算成果表

边坡名称	滑弧编号	失稳方量（万m^3）	坡顶监测点水平位移值（mm） Ⅱ级警报（下滑前半年）	Ⅱ级警报（下滑前3个月）	临滑预报（下滑前7d）
龙西	①	250～300	83.4	115.4	153.9
	②	900	148.7	205.8	274.4
	③	1100	162.0	224.3	299.1
农场	①	300	90.8	125.8	167.7
	②	650	129.0	178.6	238.1
	③	1050	158.8	219.9	293.2
	④	2140	214.2	296.5	695.3
峡口	①	20	19.9	27.6	36.8
	②	170	69.2	95.8	127.7
查东	①	19	73.1	101.1	133.8
	②	300	90.8	125.8	167.7
	③	500	114.8	158.9	211.9
查纳	①	3500	261.7	362.4	483.1
	②	6900	342.9	474.8	632.9
查西	①	4000	276.2	382.4	509.7
	②	9550	389.4	531.1	718.7

2. 参考性判据

（1）地面和钻孔倾斜测量。地面倾斜测量仅能反映坡体的倾斜变化，本身并不能建立与滑坡预报相关的预测模型，所以这只能作为参考性判据。

（2）地下水位测量。这是参考性判据中比较重要的一种。它可以和岸坡稳定性计算成果一起分析坡体的稳定性。如出现升、降的异常变化，也可能反映原有的渗透途径和地层透水性因坡体位移而产生的变化。当出现测量探头受阻或观测孔因滑面附近剪切位移被错断时，还可提供滑面可能的位置。

（3）其他前兆迹象。

1）边坡掉块：查纳滑坡在下滑前2～3个月即开始出现，位置多在坡顶下的陡坡上，历时较长，方量也较大。甘肃洒勒山滑坡则在下滑前半小时左右才发现斜坡中、上部土体有小量塌方。湖北盐池河高速滑坡在剧滑前几天也发生过小规模的崩落。

2）地声和微震：洒勒山滑坡下滑前4d有少数人感到“山摇开了”，听到有“像牛叫的声音”。智利楚基卡码露天铜矿边坡塌滑前利用三道地震仪可记录0.5～12.5Hz的震波，这些震动是岩石间局部错动引起的，振幅不规则。

3. 高速滑坡的判据

产生高速滑坡一般有如下几个条件：

（1）高速滑坡中产生于完整岸坡的第一次滑动，斜坡失稳前经历了长期的变形过程，黏性土（或岩体）渐进性破坏是失稳的主要原因。

（2）高速滑坡的滑面由三段组成，滑面中部（或其他部位）存在一阻滑作用的锁固段，锁固被剪断时呈突发性的脆性破坏并释放很大的能量。

（3）滑坡的前缘有碎屑流，塌滑体后缘与破裂壁之间，存在高速滑动后的巨大凹槽。

必须指出，滑坡预警的难度很大，不可机械地使用上述判据作出决断，其可靠程度取决于对潜在滑体出现的种种变形迹象的综合分析和判断，因此在各预警等级发布前组织专家会商也是必不可少的。

（三）数学物理模型法

数学物理模型法有确定性模型、统计学模型和非线性预报模型三类（表10.5.3-7）。下面介绍几种常用的预报模型。

表 10.5.3-7　　**滑坡定量预报模型和方法总结（据李秀珍、许强等）**

滑坡预报模型及方法		适用阶段	备　注
确定性预报模型	斋藤迪孝法 HOCK 法 K·KAWAWURA 蠕变试验预报模型 福囿斜坡时间预报法	加速蠕变阶段	以蠕变理论为基础，建立了加速蠕变经验方程，其精度受到一定的限制
	蠕变样条联合模型	临滑预报	以蠕变理论为基础，考虑外动力因素
	滑体变形功率法	临滑预报	以滑体变形功率作为时间预报参数
	滑坡形变分析预报法	中短期预报	适用于黄土滑坡
	极限平衡法	长期预报	
统计预报模型	灰色 GM（1，1）模型，传统 GM（1，1）模型、非等时距序列的 GM（1，1）模型、新陈代谢 GM（1，1）模型、优化 GM（1，1）模型、逐步迭代法 GM（1，1）模型等	短临预报	模型预测精度取决于模型参数的取值，优化 GM(1，1) 模型也适用于滑坡的中长期预报，逐步迭代法 GM(1，1) 模型计算精度较高
	生物生长模型（Pearl 模型、Verhulst 模型、Verhulst 反函数模型）	短临预报	在加速变形阶段预报精度较高
	曲线回归分析模型	中短期预报	多属趋势预报和跟踪预报，当滑坡处于加速变形阶段时，可以较准确地预报剧滑时间
	多元非线性相关分析法		
	指数平滑法		
	卡尔曼滤波法		
	时间序列预报模型		
	马尔科夫链预测		
	模糊数学方法		
	泊松旋回法		
	动态跟踪法		
	斜坡蠕滑预报模型（GMDH 预报法）		
	梯度—正弦模型		
	正交多项式最佳逼近模型		
	灰色位移矢量角法	短临预报	主要适用于堆积层滑坡
	黄金分割法	中长期预报	
非线性预报模型	BP 神经网络模型	中短期预报	较适合于短期预测预报
	协同预测模型	临滑预报	
	滑坡预报的 BP—GA 混合算法	中短期预报	联合模型预报精度较单个模型高
	协同—分岔模型	临滑预报	
	突变理论预报（尖点突变模型和灰色尖点突变模型）	中短期预报	
	动态分维跟踪预报	中长期预报	可跟踪预报斜坡的最短安全期
	非线性动力学模型	长期预报	
	位移动力学分析法	长期预报	

1. *斋藤迪孝预报模型*

斋藤迪孝预报模型是根据大量的边（滑）坡位移～时间蠕变曲线总结而成一种经验方法。他把位移～时间曲线大体分为初始蠕变，均速蠕变和加速蠕变三个阶段，并基于加速蠕变阶段的资料提出滑坡的预报模型。预报由下列微分方程表示：

$$\ln(t_r-t_0)=a-b\ln d\varepsilon/dt \qquad (10.5.3-5)$$

式中：t_r、t_0 为破坏时间和初始时刻；a、b 为常数。

解方程式（10.5.3-5），可得到：

$$t_r-t_0=\frac{\frac{1}{2}(t_1-t_0)^2}{(t_1-t_0)-\frac{1}{2}(t_2-t_0)} \qquad (10.5.3-6)$$

t_0、t_1、t_2 一般根据位移—时间曲线加速蠕变段作图给出。已编制有关计算程序在计算机上自动实现。长江科学院的做法是：第一步，利用最小二乘曲线拟合方法将原始监测数据拟合成一个最佳多项式；第二步，在拟合的光滑曲线上自动选择 t_0、t_1 和 t_2；第三步，按式（10.5.3-6）计算滑坡时间，进行预报。应当强调此法只对不受环境阻挡，无外力约束的崩塌性滑坡预报较准确。

2. *灰色预报模型* GM(1，1)

GM（1，1）模型是单序列的一阶线性动态微分方程：

$$dx^{(1)}/dt+ax^{(1)}=u \qquad (10.5.3-7)$$

求解可得

$$\hat{x}^{(1)}(t+1)=[x^{(0)}(1)-u/a]e^{-at}+u/a \qquad (10.5.3-8)$$

离散化后，可得

$$\hat{x}^{(1)}(k+1)=[x^{(1)}(0)-u/a]e^{-ak}+u/a \qquad (10.5.3-9)$$

上列式中的系数 a、u 为待辨识的参数，可用最小二乘法求得

$$\hat{a}=[a,u]^T=(B^TB)^{-1}B^TY_n \qquad (10.5.3-10)$$

式中

$$B=\begin{bmatrix} -1/2[x^{(1)}(1)+x^{(1)}(2)] & 1 \\ -1/2[x^{(1)}(2)+x^{(1)}(3)] & 1 \\ \vdots & \\ -1/2[x^{(1)}(N-1)+x^{(1)}(N)] & 1 \end{bmatrix} \qquad (10.5.3-11)$$

$$Y_n=[x^{(0)}(2),x^{(0)}(3)\cdots x^{(0)}(N)^T] \qquad (10.5.3-12)$$

式中：$x^{(0)}$ 为实测的原始数据列；$x^{(1)}$ 为一次累加生成数据列；

N 为原始数据个数，对式（10.5.3－9）进行一次累减还原，即可得到预测值 $\hat{x}^{(0)}(K+1)$：

$$\hat{x}^{(0)}(K+1)=\hat{x}^{(0)}(K+1)-\hat{x}^{(0)}(K) \quad 当 K=1,2,\cdots,N \tag{10.5.3-13}$$

$$\hat{x}^{(0)}(1)=x^{(0)}(1) \quad 当 K=0$$

3. 数理统计模型

一般情况下，采用回归分析，建立边坡变形和时间之间关系的数理统计模型。根据理论分析和实际资料，不稳定边坡的蠕变速度与变形成正比，即有如下常微分方程：

$$d\varepsilon/dt=A+B\varepsilon \tag{10.5.3-14}$$

其中 A、B 为常数，ε，t 为变形和时间，式（10.5.3－14）的通解为

$$\varepsilon=c+a\exp[bt] \tag{10.5.3-15}$$

为简化计算，上式两边取对数后得

$$\log(\varepsilon-c)=\log a+b\log e^{t} \tag{10.5.3-16}$$

或

$$\varepsilon'=a'+b't \tag{10.5.3-17}$$

其中 $\varepsilon'=\log(\varepsilon-c),a'=\log a,b'=b\log e$

但不是所有的边坡位移蠕变过程线都为线性关系，通常取的另一种形式为双曲线型：

$$\log\varepsilon'=t/a'+b't \tag{10.5.3-18}$$

也可能一时段内取直线型，另一时段内为双曲线型，甚至其他形式，如指数函数型等。应根据每个滑坡的 $\log\varepsilon\sim t$ 关系曲线具体确定。

三、国内外成功预报实例

边（滑）坡失稳预报的三要素是时间、空间和规模，这是较为普遍的认识。时间要素的主要依据是滑体变形量、变形速率；空间要素则是依据地形地貌、地质条件及分区分带特征。据此进而确定滑体的可能方量或规模。这三项因素中，除了变形监测成果为主要依据外，前兆监测和地质巡视成果也是不可或缺的依据。在滑坡成功预报的事例中，国外见诸文献的有智利楚基卡玛塔露天矿大型滑坡，国内的有龙羊峡虎山坡滑坡、长江新滩滑坡和甘肃白银露天矿滑坡等。

（一）长江新滩滑坡预报

新滩滑坡位于长江西陵峡上段兵书宝剑峡出口左岸新滩镇（图 10.5.3－1），1985 年 6 月 12 日凌晨发生了总体积约 $2\times10^7m^3$（薛果夫文）或 $3\times10^7m^3$（骆培云文）巨型堆积层滑坡，新滩古镇被毁，但约 1371 人无一伤亡，得益于滑坡长达近 8 年的监测和成功的临滑预报。

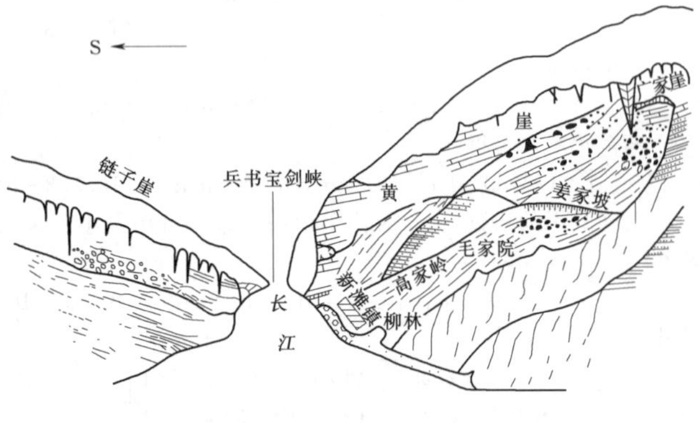

图 10.5.3－1　新滩滑坡及链子崖岸坡变形区素锚图（据骆培云）

滑坡区原岩地层为志留系砂页岩、泥盆系砂岩、石炭系灰岩及二叠系灰岩夹煤层构成，以 25°～38°的倾角倾向岸内。地壳抬升、长江下切、临空高陡岸坡形成的同时，岸坡岩体的时效变形破坏相继开始，至长江下切至现代河水位约 50m 左右高程时，此处高差已超过 2000m、且高程 1000m 以上为陡坡、以下为缓坡并堆积了面积广、厚度大（30～40m，最厚 86m）的坡面崩塌堆积物（图 10.5.3－2）。

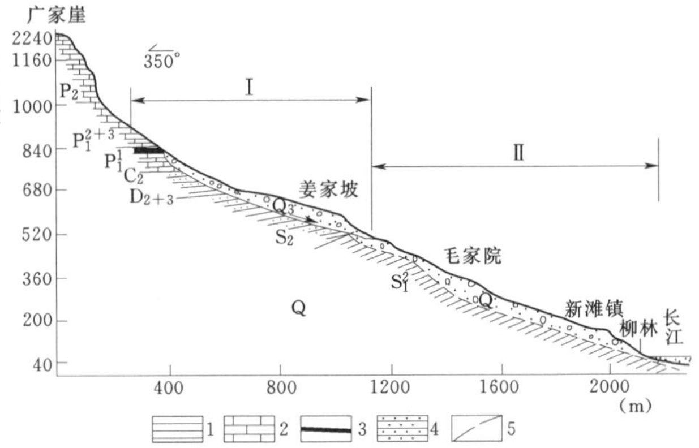

图 10.5.3－2　新滩滑坡地质剖面（据薛果夫等）

Ⅰ—姜家坡斜坡；Ⅱ—新滩斜坡

1—页岩；2—灰岩；3—煤层；4—砂岩；

5—第四系崩坡堆积物与基岩界线

当地年平均降雨量 1016mm，其中 5～9 月可集中降雨达 692mm，日最大降雨量 391mm。丰富的降雨和雨季集中降雨为堆积体软化弱化、下滑力增大提供了基础；长江水位变幅较大，枯期和雨季可相差十数米，江水的低（底）部淘蚀，为堆积层产生由低到高的牵引式的变形拉裂起了重要作用，后缘约高程 1000m 以上，岸坡高陡，多有开裂崩塌，长期对中下部加载冲击，产生了巨大的推挤作用。上述作用长期持续进行，因而导致斜坡堆积体始终处于蠕动变形状态，从 1964 年秋，人们就发现明显的地表变形拉裂迹象，1977 年开始监测，至大滑动发生的 1985 年，变形从未停止。根据堆积层变形迹象的初次发现和关注、历年变形的变化、监测资料的分析，骆培云（《中国典型滑坡》，1988）将其概括为六个阶段。

（1）潜伏孕育阶段。1964 年秋以前，尚无明显的变形拉裂迹象，可能仅有松散堆积体的蠕动，人不易察觉。

（2）明显发育阶段。1964 年秋～1980 年，标志性事件是 1964 年秋后，九盘山、广家崖十多万 m^3 崩塌，给后缘产生了加载冲击作用，出现新的长大裂缝。

（3）显著发展阶段。1981～1982 年，雨后姜家坡一带发生小规模坍塌，监测发现有明显的位移和下沉。

（4）加剧变形阶段。1983～1984 年，姜家坡一带坍塌、裂缝增多、贯通，产生阶梯式羽状裂缝、串珠状陷坑、局部表面发生泥石流。

（5）急剧变形阶段。1985 年 1 月～6 月 8 日，裂缝急剧增多、宽度加大。八个纵向分布的监测点（图 10.5.3－3）位移达 6.9～2.7m（由上到下），垂直下沉 1.4～0.4m。坡脚的两个点位移 2.7～2.9m，变形速率 23cm/月和 24cm/月，下沉 1m 和 1.2m，月下沉 8m 和 10m。

（6）滑动破坏阶段。1985 年 6 月 9～12 日凌晨，出现滑动摩擦热风、局部较大规模滑动、新增拉张缝并扩展成沉降带、剪出口段剪出、鼓胀和松动、后缘下坐。6 月 11 日出现摩擦声响，纵向测点变形速率增大，7 个点由高到低分别为 5.3mm/min、4.7mm/min、4.4mm/min、4.0mm/min、2.8mm/min、1.9mm/min、1.3mm/min。12 日凌晨 3 时 30 分启动，3 时 45 分剧滑，4 时 20 分基本结束。

在这次滑坡预报中，湖北西陵峡岩崩调查处重点考虑了已

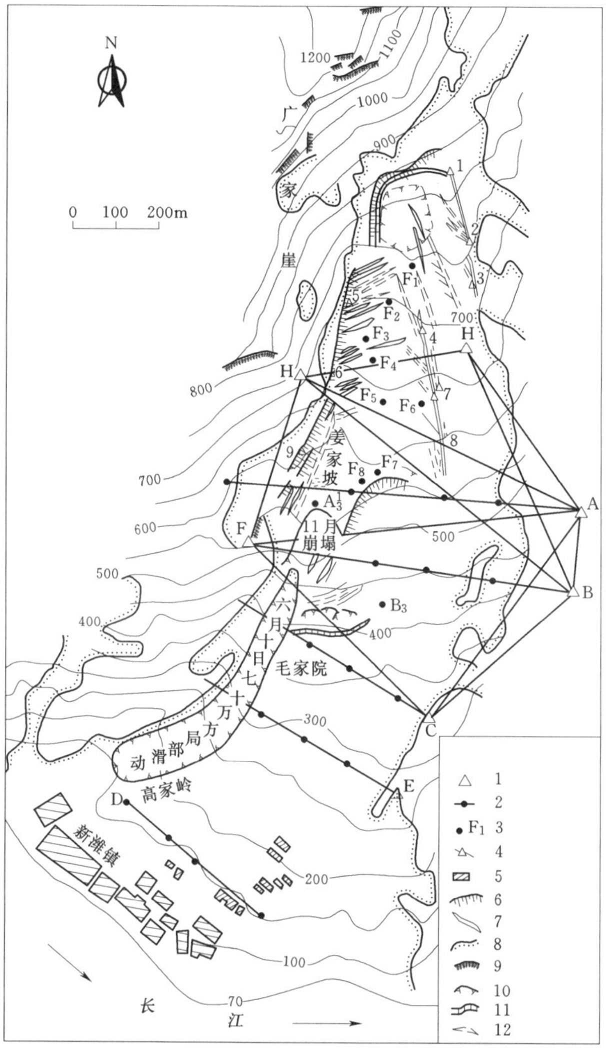

图 10.5.3-3 新滩滑坡变形观测点及滑前裂缝分布（据骆培云）

1—三角绘测点；2—视准线及其测点；3—变形监测点；4—简易观测点；5—居民点；6—变形体坍滑壁；7—拉张裂缝；8—第四系与基岩界线；9—陡壁；10—大滑前的小型滑动界限；11—鼓胀剪出带；12—新裂缝

有滑坡、岩崩实例的经验教训，充分依据长期变形监测资料，作了较为周详的工程地质类比，依据充分的前兆观察成果和判断，做到了提前 24h 临阵预报。此后的调查研究中，长江委薛果夫等人以斋藤理论，取 1985 年 2 月 4 日～5 月 14 日的资料，算得破坏日期为 6 月 10 日；取 3 月 13 日～5 月 14 日资料，破坏日期为 6 月 14 日。可见，即便有相应的变形监测资料，如何选取仍是难以确定。况且，斋藤方法本身只适用于变形加速阶段、降雨均匀、变形曲线准确等条件。

新滩滑坡发生后，国内众多研究者对其做了大量的调查研究。就临滑预报方面，除充分利用了监测资料外，更是充分肯定了滑前征兆观察、判断的重要性，同时也探讨了多方面应改进之处，可归纳为：

（1）高度重视滑体上裂缝的变化，包括增多、贯通、扩大并下沉，特别是较大范围的羽状裂缝。

（2）重视滑坡后缘有无产生加载冲击作用的条件，这往往是加速变形的启动条件。

（3）当已在加速变形时，重视局部坍塌现象。

（4）重视对整个滑体有支撑、牵制、约束特性的监测点位变形的掌握，如新滩滑坡的 A_3、B_3 点。

（5）注重深部的地下监测布设及变形过程特征。

（6）重视地下水位、水压力等动态资料。

（7）进一步进行理论和方法的探索。

（二）龙羊峡虎山坡滑坡预报

虎山坡坍滑前称为虎山坡不稳定岩体，位于龙羊峡水电站下游右岸，距厂房最近距离 250m，处于大坝底孔、中孔、深孔和溢洪道等泄水建筑物的泄流水雾影响范围之内。不稳定岩体由Ⅰ号坍滑体、Ⅱ号不稳定岩体和古坍滑体三部分组成，总体积约 300 万 m^3。

虎山坡不稳定岩体由三叠系变质砂夹板岩组成，下伏为印支期花岗岩。变质砂中发育 F_{306} 断层，其走向 N5°～20°E，倾向 NW，倾角 27°～31°，破碎带宽 50～70cm，充填碎裂岩、糜棱岩和泥。F_{306} 为缓倾向河床的软弱结构面，构成虎山坡不稳定岩体的蠕滑～拉裂破坏的底滑面，NE 组和 NW 组陡倾角裂隙及断层（F_7 断层等）分别构成后缘和侧向拉裂面（图 10.5.3-4）。

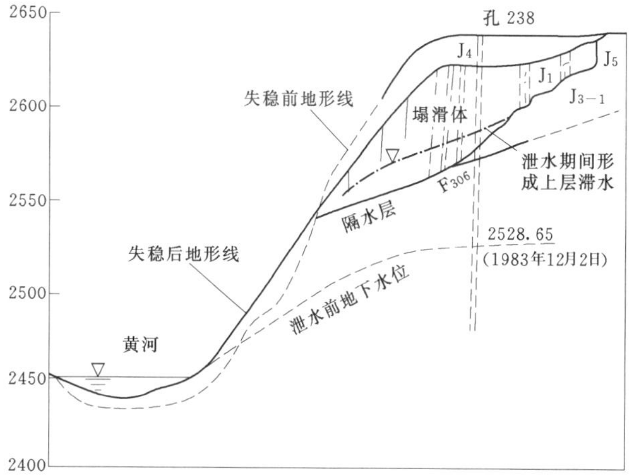

图 10.5.3-4 虎山坡失稳代表性剖面

虎山坡不稳定岩体的变形是从 1981 年导流洞过较大泄量后（约 3200m^3/s）逐渐发展的。导流洞出口冲刷使分布在虎山坡坡脚处的 F_7 断层受到淘蚀，并出现沿破碎带的塌方。1987 年 2 月 15 日底孔第一次放水，当泄量为 600～850m^3/s 时，在该区高程 2550m（高于水面约 100m）以下的雾化雨强度大于 30mm/d。于 8 月初沿崖顶岸里 75m 处出现拉裂缝，形成了虎山坡Ⅰ号不稳定岩体，边界内的各地表监测点均发生向 NW310°～335°方向（指向黄河）的位移，平均位移速率为 0.4～0.6mm/d。1987 年 9 月 21 日底孔停止泄水，在以后的时段内，变形速率略有增减，但变形仍处于均速蠕变阶段。

第二次泄水始于 1989 年 7 月 12 日，泄量为 850～1600m^3/s。此时水雾区及雾化雨强度均较第一次泄水有所增大，介于 30～100mm/d 之间，至 7 月 17 日Ⅰ号不稳定岩体内各位移监测点进入加速蠕变阶段，变形速率由 7 月 17 日前的 0.26～0.55mm/d 突增至 39.5～98.8mm/d，临滑前达到 122.6～332.2mm/d（见表 10.5.3-8 和图 10.5.3-5）。7 月 26 日下午 6 时 15 分开始坍滑，剧滑过程历时 30min。事前按最快位移的虎山坡观测点曲线，采用斋藤作图法进行了预测预报（如图 10.5.3-6），预测下滑时间为 7 月 26 日中午，比实际下滑时间 7 月 26 日下午 6 时仅早了 6h 左右。

（三）白银露天矿边坡失稳

白银公司折腰山露天矿采矿形成了一个很大的矿坑，底部高程为 1639m，顶部高程 1896m，边坡高达 257m，边坡长度近 1200m。边坡地层岩性为中寒武统石英角斑凝灰岩、石英角斑凝灰熔岩、石英角斑岩及千枚岩。采矿过程中曾多次发生较

表 10.5.3-8　虎山坡滑坡水平位移速率统计表

时间（年-月-日）	虎山坡 位移（mm）	虎山坡 速率（mm/d）	E点 位移（mm）	E点 速率（mm/d）
1987-09-10～1987-10-30	56.7	1.13	32.2	0.64
1987-10-30～1988-08-31	111.0	0.37	65.3	0.22
1988-08-31～1988-10-31	58.0	0.95	24.3	0.40
1988-10-31～1989-07-17	141.7	0.55	65.5	0.25
1989-07-17～1989-07-24	691.4	98.1	276.2	39.46
1989-07-24～1989-07-26	664.4	332.2	245.2	122.60

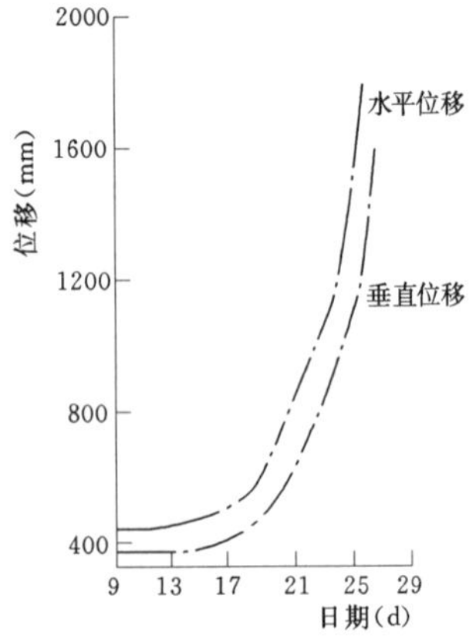

图 10.5.3-5　虎山坡临滑位移速率曲线

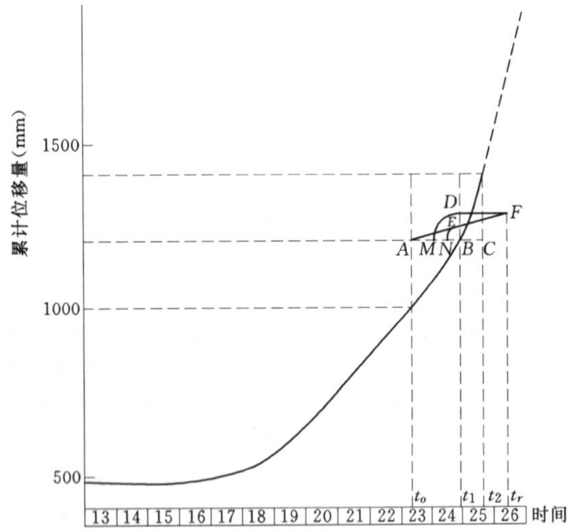

图 10.5.3-6　虎山坡滑坡破坏时间预测曲线

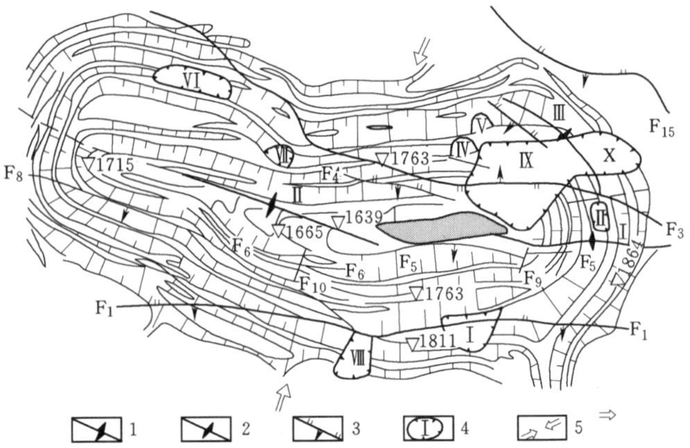

图 10.5.3-7　矿区褶皱、断层及滑坡分布图（据成岗）
1—背斜；2—向斜；3—断层；4—滑坡及其编号；5—构造应力作用方向

表 10.5.3-9　1763 平台观测点变形观测结果（mm）（据成岗）

点　号	1	2	3
1981 年	0.32	0.38	0.35
1982 年*	0.6 (1.43)	0.40 (1.86)	0.40 (1.29)
1983 年 1 月 27 日～6 月 22 日	1.30	0.50	0.35
1983 年 6 月 22 日～7 月 9 日	5.0	1.11	1.35

*　括号内数字为包含雨季的结果。

小规模的块体失稳，1983 年 7 月 9 日，发生了Ⅸ、Ⅹ号滑坡（图 10.5.3-7）（方量分别为 14.6 万 m^3、100 万 m^3）的大规模失稳破坏。由于提前三天做出了临滑预报，停产并撤出了设备和人员，基本未造成灾害，仅损失了部分供水管道和供风管道，也是一起成功预报的事例。

滑坡处边坡主要受倾向矿坑内的片理面和另一组节理面控制，构成了底滑面，其他结构面则为侧向切割面，由于边坡高陡（40°～60°），加之坡内赋存地下水，且开挖后卸荷变形达 24 年之久，在长期的重力、风化卸荷、地下水、开挖扰动等综合作用下，边坡终于失稳破坏。

从 1981 年开始，在失稳坡段附近布设了五个大地测量监测点，又在高程 1763m 设了三个永久观测点，其变形情况见表 10.5.3-9。

滑前主要特征有：①宏观监测点位移速度突然数倍增加；②高程 1763m 平台上东西向分布的长 400m 的风管整体向西位移，达 3～5cm/d，局部拱起 50～30cm，同时向北移，最大位移量 35cm，且多处出现裂缝、地面隆起；③高程 1775m、1763m 平台多处发生 30～50cm 宽裂缝、长可达 30～50m。据此情况，7 月 7 日发出停产撤离预报，7 月 9 日起开始零星坍塌，7 月 10 日大滑坡发生。

（四）智利楚基卡码铜矿边坡预报

根据实测位移时间过程线，智利楚基卡码铜矿边坡曾成功预报了滑坡破坏时间。该边坡于 1966 年 8 月首先出现张拉缝，位移缓慢，1967 年 12 月 20 日发生 5 级地震，其后位移速度增大，1968 年 11 月 6 日又在坡脚进行大爆破，导致 11 月 9 日起位移量显著增大，位移速度达 20～70mm/d。1969 年 1 月 13 日根据实测位移～时间过程曲线，用图解法（即曲线外延法）预报滑坡最早发生日期为 1969 年 2 月 18 日，结果大滑坡于 1969 年 2 月 18 日下午 6 时 58 分发生（图 10.5.3-8）。

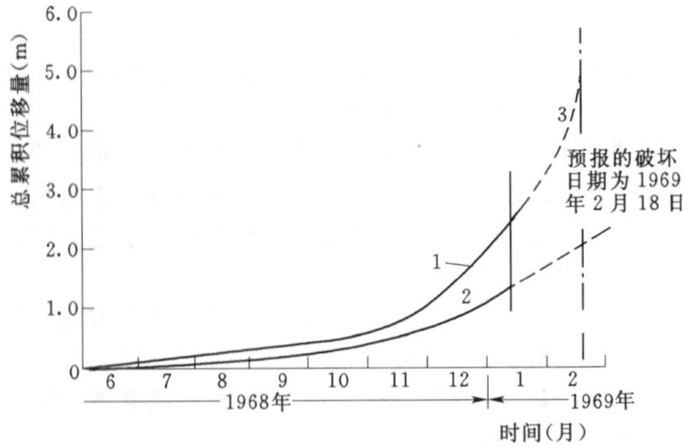

图 10.5.3-8　楚基卡码铜矿一次滑坡前测点的累积位移与时间曲线
1—滑动区移动最快测点的曲线；2—滑动区移动最慢测点的曲线；3—根据 1969 年 1 月 13 日及以前收集的资料推断的曲线

第六章 边（滑）坡治理

第一节 边（滑）坡治理原则

一、概述

边坡、滑坡及变形体、倾倒体等特殊边坡是边坡中的两种特别的类型。当这类边坡必须治理时，其难度大于常规的岩质边坡，治理的研究深度和实际治理的广泛性上也都不如岩质边坡。2006年颁布的DL/T 5353—2006规范也是立足于对岩质边坡的设计和治理。本节在参考规范的基础上，重点讨论水电站工程中的滑坡及特殊边坡的治理。

从治理的角度，无论是常规的岩质边坡还是滑坡及特殊边坡，任何治理措施都是为了增加其稳定性，达到一定的稳定安全标准。但从所采取措施或手段的性质上，有人将措施区分为增稳或加固两类，增稳措施即为提高边（滑）坡自身稳定的措施，如防排水、改变坡形（放缓）、降低坡高（削头压脚）等；加固措施则是用现代技术和材料对滑坡等地质体实施的锚、抗、挡等加固支护措施。从滑坡治理的技术发展历程看，20世纪50年代主要以局部挖除、堆渣压脚、地表挖沟排水、砌石挡护、木桩抗滑等为主；60年代后才引进和使用了钢筋混凝土抗滑桩技术，使得治理的可靠性大为提高；80年代至今，岩锚技术广泛使用，使加固的性质从以前的被动抗滑变为主动阻滑，应该是一种技术理念和方法上的革新和突破。同时，传统的、现代的各种方法的综合应用、新型材料和施工技术、施工设备的飞速进步，才真正使滑坡、边坡治理技术达到了现今的高度发展阶段。

二、治理原则

不同的行业规程规范和不同的学者从滑坡、特殊边坡与工程关系的角度，对滑坡等的治理提出过不同的原则规定和不同的原则认识，从水利水电工程滑坡及特殊边坡的位置、所受的作用力、致灾程度等出发，治理的基本原则可归纳为：发现查明、立足预防、预测预报、因地制宜、综合治理。具体原则为：

(1) 对所发现的滑坡，在查明基本条件和稳定性分析的基础上，进行失稳危害评估。

(2) 根据可失稳滑坡所处位置和相应的稳定安全标准，制定治理目标。

(3) 进行分区分段，按各区段地质条件和稳定状态，分别制定治理措施，汇总形成统一的治理规划和方案。

(4) 治理措施选择时，应先易后难，考虑工期和造价，能快速显效。

(5) 注重滑坡治理工程与主体工程的施工顺序安排，滑坡治理与运行的时序安排。

(6) 滑坡治理与环境、生态保护相结合，与建设用地、工程用料相结合。

(7) 坚持避让原则，主体及临建辅企（道、桥、站、场等）选址时，尽可能避让。

(8) 致灾范围和程度较小而降低保护标准时，需注重监测和预报，以防灾或减灾。

(9) 对建筑物周边开挖坡开口线以上天然边坡，宜实施清坡、清危石、锚固、网护等措施，避免对边坡大的人为扰动。

第二节 边（滑）坡治理方法及分类

一、治理方法

不管是岩质边坡、土质边坡还是滑坡及特殊边坡，总体的治理方法大致是相同的，主要有开挖、地表及地下截排水、加固与支挡等。开挖可分为两种情况：一是挖除浅表层一部分，使坡度放缓；二是顶部挖除减载。地表及地下截排水总体是治水措施，包括表面环型截（排）水沟、表面防渗水等。加固与支挡则是现代工程最常用的治理措施，包括锚固、抗滑、支挡等，每一种措施又可分较多的不同类型。

工程实践中人们创造了丰富的滑坡、边坡治理方法，而且能针对不同的条件选择合适的某一方法或综合方法，成功事例不胜枚举。从治理方法的分类角度看，学者们提出了多种分类，但大同小异。虽然如此，但在治理方法的适应性和选择上，滑坡及特殊边坡与常规的岩质边坡仍有较大的区别。例如，人工开挖形成的岩质边坡，尽管可能有不利的结构面控制边坡稳定，但一般情况下通过锚固就能起到很好的作用，因而可有较陡的坡比。滑坡及特殊边坡因其已非完整原岩，因而可锚性差，必须处理时，大都以挖除为主，且不管是天然坡面还是整形后的坡面，坡比一般较缓。另从治水的角度看，水对滑坡及特殊边坡影响的首要点是对控制性滑面的软化、泥化导致的强度降低，由于大多数滑坡及特殊边坡体内松动、架空、开裂、透水性强，不易形成高的孔隙及裂缝渗透水压力，故水压力对稳定的作用是第二位的。由此认为，滑坡及特殊边坡的治水，侧重点是防水入渗和排水。若控制性滑面在永久天然地下水位以下时，应防排并重。

二、治理分类

水利水电工程中，边坡、滑坡往往分布在不同的工程位置，因而其治理方法的选择上也与分布位置相关。位于水库区时，实施挖、锚等措施的治理较少，多以避让、截排水、监测预警为主；位于坝前、建筑物区、泄洪消能区时，多需采取挖、锚、排、挡等综合处理。王连新等在《水库滑坡与防治技术》（2005，长江出版社）一书中，将坝上游的滑坡统归为水库滑坡，对这些滑坡的治理，依据三峡库区、清江水布垭库区的治理实践和经验，归纳为：搬迁避让、综合治水、力学平衡、滑带置换、滑坡预警五类。搬迁避让是针对受水库影响或可能产生的滑坡对其上、周边村镇、文物古迹、道桥等公共设施有影响时，以绕开、避让、搬迁为主，三峡库区实施较多；综合治水是进行截、排、引、堵、护坡防冲刷等；力学平衡中提出了改变几何形状（开挖）、支挡和锚固、阻滑件（三峡链子崖）四种方法；滑带置换是通过注浆、注浆并加筋、群桩、疏干滑面、麻面爆破、电化学加固等改善性状、增加抗滑力；预测预警即前述的监测预报。

在国际上，国际地质科学联合会滑坡工作组（IUGS. WG/L）在总结世界各地滑坡治理方法的基础上，该工作组的整治委员会曾提出过滑坡治理措施的分类，见表10.6.2-1。表中所列的四大类、33细项中，大都在中国也是普遍采用。

如前述，滑坡治理方法的分类尽管很多，但实质内容多大同小异。从比较全面、系统和详细方面看，王连新等人汇总整理的表10.6.2-2可为代表，此处列出供参考之用。

表10.6.2-1　IUGS. WG/L滑坡治理措施简表

序号	分类	治理方法细项
1	改变滑坡几何形态	（1）削减推动滑坡产生区的物质（或以轻材料置换）。 （2）增加维持滑坡稳定区的物质（反压马道）。 （3）减缓斜坡总坡度
2	排水	（1）将地表水引出滑动区之外（集水明沟或管道）。 （2）充填有自由排水土工材料（粗粒填料或土工聚合物）的浅或深排水暗沟。 （3）粗颗粒材料构筑成的支撑护坡墙（水文效果）。 （4）垂直（小口径）钻孔抽起地下水或自由水。 （5）垂直（大口径）钻孔重力排水。 （6）近水平或近垂直的排水钻孔。 （7）真空排水。 （8）虹吸排水。 （9）电渗析排水。 （10）种植植被蒸腾排水
3	支挡构筑物	（1）重力式挡土墙。 （2）木笼块石墙。 （3）鼠笼墙（钢丝笼内充填卵石）。 （4）被动桩、墩、沉井。 （5）原地浇筑混凝土连续墙。 （6）加筋挡土墙（加聚合物、金属、板片）。 （7）粗颗粒材料构筑的支撑护坡墙。 （8）岩石坡面防护网。 （9）拦截的沟槽、堤、栅栏或钢丝网拦截系统。 （10）预防侵蚀的石块或混凝土块体
4	滑坡内部加固	（1）岩石锚固。 （2）微型桩。 （3）土锚钉。 （4）锚索（有或无预应力）。 （5）灌浆。 （6）石灰桩或块石桩。 （7）热处理。 （8）冻结。 （9）电渗锚固。 （10）种植植被

表10.6.2-2　滑坡治理方法分类及措施一览表（据王连新等）

治理原理	防治措施		采用工程	布置原则及部位	适用条件与目的	备注
绕避滑坡或清除滑体	避开，另寻建设用地		用隧道避开滑坡	在稳定的滑床下方设置隧洞	线路及道工程	避离滑坡后，滑坡可不处理或设置警示标记
			用桥跨越滑坡	在滑坡两侧地面较高部位设置桥墩跨地	适于小型滑坡	
	开挖		往往结合造地形成压坡平台	自上而下顺序开挖清除滑体	适于清除部分滑体，小规模滑坡	
减少滑动力	排水措施	地面排水	绿化坡面	全部外露坡面	适于土质坡面	利用植物蒸腾排水
			树枝状排水沟	滑坡体范围内的自然沟谷位置	所有土质滑坡	汇集和引出滑坡体范围内的地面水
		浅层地下排水	边坡渗沟、盲沟	滑坡体前缘的边坡上	排除滑坡体前缘路基边坡上的浅层地下水	
			暗沟（含连接暗沟的排水沟、为平钻孔及排水砂井）	滑坡体内外的封闭积水处或有深层地下承压水处	排除浅层积水或深层地下承压水	
		深层地下排水	长水平排水孔	排水孔应穿过滑面	土质滑坡、岩质滑坡排水滞水及潜水	
			排水隧洞（含洞孔联合）	布置在滑床内	岩质滑坡，排出深层滑床内的承压水	常与垂直排水孔组成排水幕
			竖向排水孔井（含虹吸排水）	排水孔垂直滑坡轴线布置排水井群平行滑坡轴线布置	排水量大的滑坡降低承压水压力、潜水水位	
			降压管井	需降低承压水部位		
	截水措施	表面护填	①整平夯填坡面；②喷射或现浇混凝土填塞缝隙孔洞；③绿化坡面；④地面铺盖	滑坡体范围内	①、③、④适于土质滑坡；②、④适于岩质滑坡	
		地面截水	环形截水沟（集水明沟）	滑坡可能发展的边界以外不小于5m处	拦截或旁引斜坡上流向滑坡体的面水	
		地下截水	截水渗沟、盲沟	滑坡可能发展的边界以外不小于5m的稳定土体处	拦截和旁引滑坡体范围外的地下水	
			截水隔渗帷幕	滑坡可能发展的边界以外不小于5m的稳定土体处	拦截滑坡体范围外的地下水	灌浆帷幕，地下防渗墙
	削坡减载		开挖减载，减缓坡面总坡度	滑坡体后缘	适用于推动式滑坡，减少下滑推力	削减推动滑坡产生区的物质或以轻质材料置换

续表

治理原理	防治措施	采用工程	布置原则及部位	适用条件与目的	备注
增加抗滑力	压坡加载	填筑压坡、反压马道	滑坡体的抗滑地段	需增加抗滑力的滑坡	增加维持滑坡稳定的物质
		抗滑片石垛（木笼块石垛、鼠笼块石垛、卵石铁丝笼垛）	滑坡体的抗滑地段	依靠垛重阻止滑坡下降，防止河水冲刷	水下采用抛石、铺石笼、设置丁坝
	抗滑挡墙	重力式挡墙（混凝土挡墙、浆砌块石挡墙、加筋土挡墙）	滑坡体前缘以外，滑面出露部位	依靠挡墙重及墙后填土阻止滑坡体下滑，适于厚度不大于6m滑坡	填土后宜覆盖部分前缘
	抗滑桩、键	抗滑桩、阻滑键、拉锚桩、抗滑沉井	滑坡体内或前缘适当位置	依靠桩、键的锚固抗剪作用支撑滑坡体	
	支撑渗沟	堆石或砌石渗沟	主干沟布置在地下水露头或由地下水形成的坍塌处，分支沟视汇水情况布置	支撑滑坡体，排除滑坡体内浅层地下水	粗粒材料构筑成的支撑护坡排水墙
	锚固系统	预应力锚杆、预应力锚索、格构锚固	布置在阻滑段及主滑段坡面，锚杆或锚索进入稳定滑床内	可用于软土滑坡以外的各类滑坡	有时需配合岩石坡面防护结构
	复合抗滑	不同抗滑结构组合、利用建筑物中具抗滑作用的结构			
改善滑带土或滑面力学参数	注浆及注浆加筋法	静压注浆	施工时处于稳定状态且不影响滑带排水的滑坡	阻滑段较平缓且排水条件好	宜采用基本不泌水的稳定浆液
		高压喷射注浆		粉细砂及黏性土滑坡	
		深层搅拌		软黏土滑坡及淤泥质土、淤泥滑带土	
	群桩法	碎石桩、石灰桩、水泥土桩		人工填土、黄土及粉细砂滑坡	
		微型桩		滑带土较厚的推移式滑坡，已处于蠕动阶段的牵引式滑坡	
	疏干滑面	真空排水、电渗排水	降水疏干滑面	见“深层地下排水”栏	
	焙烧法	开口式热加固	热处理滑面	滑带土为非饱和性土，黄土	
	离子交换法	阳离子溶液	钻孔应穿过滑带土	滑移阶段的小型滑坡	
	爆破法	在后缘打孔进行小药量松动爆破	顺层岩质滑坡	增加滑面粗糙度，改善排水条件	

通过上述介绍和论述，归纳几点如下。

（1）滑坡及变形体、倾倒体等特殊边坡，其自身的特性和赋存条件与岩质边坡有着本质的差别，相同的作用力或影响因素（水、地震力、重力等）对滑坡及特殊边坡的作用效应与岩质边坡也是不同的，因而治理方法的适应性也不相同。

（2）水电站工程中滑坡及特殊边坡的治理措施的选择，应充分考虑其所处位置。

（3）不同的滑坡及特殊边坡，有着不同的变形破坏机制、再失稳趋势等特征，失稳的起始位置也不相同。治理方案中加固方向是重要的因素，应避免地面或坡面形状、走向对施力方向的误导。

（4）滑坡及特殊边坡有着不同的物质成分、结构特征和介质特性，综合措施选择时，也必须考虑由这些特性决定的可锚性、排水性及抗剪件的适宜性和有效性。

（5）重视主、次滑面、分区分段等特征，考虑分部位实施不同措施的必要性。

（6）治理方案应与场地和施工条件相适应。如压脚方案时，前缘需有可压位置。削头减载方案时，要有机械通行条件，且需考虑挖后不扰动后边坡等。

（7）重视“治坡先治水”的原则，同时需区分水的作用类型，如水库浸水、天然降水、泄洪雨雾水、远程补给地下水等的软化、弱化、泥化、水压力等作用的性质和强度均有不同。除此外，寒冷地区由水而冰、由冰再水的冷胀和冻融作用也是应重视的因素。

（8）滑坡、特殊边坡治理与工程建设、运行密切相关。因此，在治理时序安排、运行调度方面均需充分考虑。如黄河李家峡坝前Ⅱ号滑坡处理与蓄水位上升关联，蓄水初期限制水位上升；龙羊峡坝前半岩性土岸坡段虽未采取工程处理，但实施了蓄水初期的严密监测和预警措施，因而在蓄水初期的一段时间内，也采取限制水位快速上升，逐渐抬升水位的措施；拉西瓦坝后Ⅱ号变形体设计实施地表和深部综合处理方案。其中地表处理（清坡、前缘挡墙、后缘锚索并固结灌浆）影响坝肩、水垫塘、两岸消能区边坡开挖和加固处理，因此，安排在最早的一期清坡工程时段完成，以不影响后续工程施工。

第十一篇　抽水蓄能电站工程地质勘察与评价

自世界上第一座抽水蓄能电站于1882年诞生在瑞士以来，世界上抽水蓄能电站的发展已有一百多年历史。至2009年底，中国已有24座抽水蓄能电站投入运行，装机规模达到14545MW，已位居世界第三，仅次于日本和美国。至2009年底，有9座抽水蓄能电站正在建设，总装机容量达10240MW。目前，全国多数地区进行了抽水蓄能电站站址规划，并有多座抽水蓄能电站开展了可行性研究勘察阶段的勘测设计工作。

抽水蓄能电站主要有两种类型，即纯抽水蓄能电站和混合式抽水蓄能电站。中国已建和在建主要为纯抽水蓄能电站，计27座，约占82%，混合式抽水蓄能电站主要为中型抽水蓄能电站（装机容量＜300MW），共有6座，约占18%。

混合式抽水蓄能电站上、下水库大多利用已建水库，只有潘家口和响洪甸两个电站新建大坝形成下水库。电站水头一般不高，多在100m以内，工程地质勘察相对简单。所以本篇主要阐述纯抽水蓄能电站的工程地质勘察与评价。

第一章　抽水蓄能电站工程地质特点及站址选择

第一节　抽水蓄能电站工程特点

一、站址在区域上的分布特点

抽水蓄能电站的分布上较常规水电站有一定的特殊性，是在电网所需要区域内选择站点，电站站点呈“面”状分布，而不像常规水电站那样沿河呈“线”状展布。抽水蓄能电站利用地形高差和循环水发电。因此，对于抽水蓄能电站的工程地质勘察与评价，除应遵循常规水电站相关规定外，还有其特定的要求。

二、抽水蓄能电站水工建筑物的设计特点

（1）抽水蓄能电站枢纽布置格局主要受上、下水库控制，上、下水库组合类型较丰富。上、下水库均为新建水库的抽水蓄能电站约占58%。工程经验表明，全库盆防渗的抽水蓄能电站上水库增加了库盆防渗的费用，土石方开挖量较大，土建工程投资高。如张河湾和宜兴抽水蓄能电站上水库，受地形条件所限，需要靠大量开挖和填筑坝体取得库容。

北方河流一般泥沙较多，河流上所建下水库多设置拦沙坝和排沙洞。而南方河流发生泥石流频率较高，则需要预防泥石流对水库淤积的影响。

（2）中国约80%的抽水蓄能电站额定水头高于250m。由于高水头水泵水轮机组要求吸出高度很大，布置地面厂房困难较大，大中型抽水蓄能电站约有83%采用地下厂房。半地下和地面式厂房各有2个，均为水头较低的中型电站，采用坝后式厂房的只有潘家口中型电站。地下厂房布置型式方面，首部、中部、尾部几乎各占1/3。

（3）由于厂房布置的特点，绝大多数抽水蓄能电站高压管道均采用地下埋管。为了降低工程造价，当地质条件较好时，高压管道采用钢筋混凝土衬砌的抽水蓄能电站数量约占2/3。但从安全考虑，对于水头在500～600m及以上的高压管道，采用压力钢管的越来越多。

无论采用钢筋混凝土管还是钢管，高压管道以1管2机的布置最多。钢筋混凝土高压管道有采用1管4机布置的，如广州、惠州、清远抽水蓄能电站。当厂房靠近上水库时，高压管道较短，有采用1管1机布置的，如响水涧、佛子岭抽水蓄能电站。采用1管3机布置的有天荒坪和溧阳抽水蓄能电站。

高压管道无论是钢筋混凝土还是钢管衬砌，采用斜井和竖井的比例都在2∶1左右，与衬砌型式关系不大，更多地取决于地形地质条件等。

（4）中国大中型抽水蓄能电站上水库主坝坝型采用土石坝型的占87%，因为上水库库盆开挖土石料可用作土石坝坝料，料场开挖还可以增加有效库容。

下水库主坝坝型，主要以混凝土坝为主，约占53%。其次为钢筋混凝土面板堆石坝，约占25%。沥青混凝土面板堆石坝只有西龙池抽水蓄能电站下水库，它位于支沟中段，库盆与坝基建于深厚覆盖层上。均质土坝也仅有一个，为响水涧抽水蓄能电站，在湖荡洼地，就地取土，围堤成库。

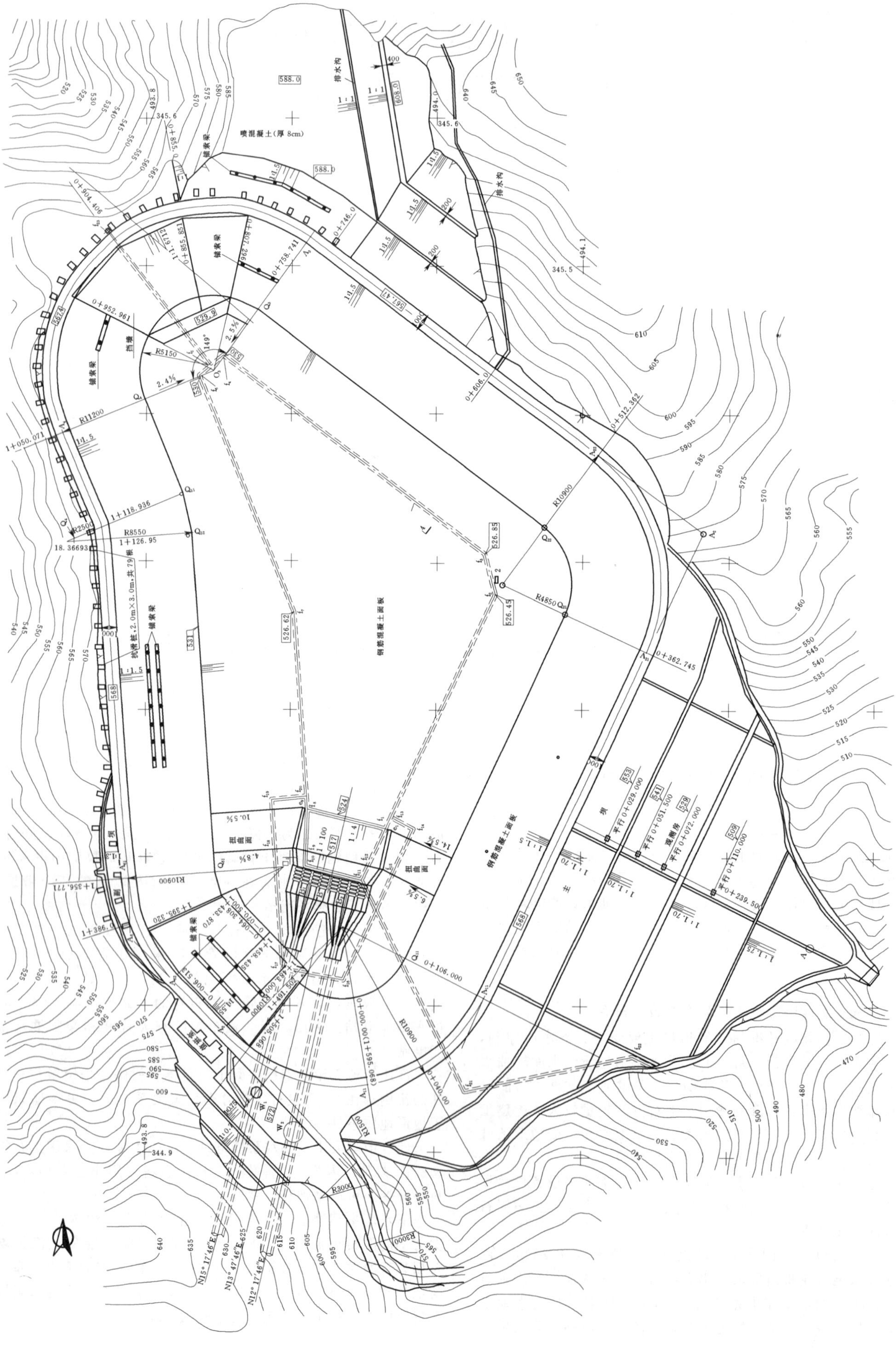

图 11.1.1-1　十三陵抽水蓄能电站上水库平面布置图

三、站址地形地质条件的特征

（一）地形条件

抽水蓄能电站站址要求具备能够修建两个相互关联的上、下水库的地形条件，而且上、下水库相距较近，距高比较小，地形完整，利于布置输水发电地下隧洞工程。

（二）地质条件

（1）抽水蓄能电站站址选择，原则上要求库坝区无大型区域性断裂通过。地震动峰值加速度不小于 $0.4g$、地震基本烈度不小于Ⅸ度的高烈度区不宜选择站址。要求站址选择在区域构造比较稳定的地块上。

（2）站址区应避开对电站工程有影响的滑坡、泥石流等不良物理地质现象发育区。

（3）上、下水库库区应具有建坝和形成水库的地形地质条件。由于上水库地势较高，多存在低邻谷，水库防渗要求高，因此，上水库渗漏问题是工程地质勘察与评价的重点内容之一。

（4）由于水库（特别是上水库）水位升降频繁、涨落速度快，且水位变幅较大，一般为数十米，水库水位变幅区的边坡稳定问题是需重点勘察评价的工程地质问题之一。对于存在单薄分水岭的水库，还需对库内外边坡稳定性进行勘察与评价。

（5）输水隧洞和发电厂房布置在上、下水库之间山体内，由于蓄能电站机组安装高程低，所以发电厂房位置也较低，通常以地下式厂房为主，少数电站为地面厂房或竖井式厂房，布置在上、下水库（进）出水口之间，需山体内选择有利位置布置大型地下洞室。地下厂房位置选择及其洞室围岩稳定性是需重点勘察的项目之一。

（三）天然建筑材料

抽水蓄能电站一般首选坝型为当地材料坝。首先在库盆开挖区或坝址区附近选择筑坝堆石料料场，其次在站址附近普查满足筑坝堆石料和混凝土骨料的天然建材料源。上水库区石料场一般风化较严重，全强风化带较厚，需研究利用风化料筑坝的可行性。

四、主要建筑物工程地质条件的特点

（一）上水库（坝）

（1）上水库具有多种类型。库水是消耗电能从下水库提取的，水库渗漏实际上就是电能的损失，水库防渗要求更高。库址处于地势较高部位，往往有深切邻谷发育，分水岭地下水位相对较低，因此上水库较常规水电站水库更容易产生渗漏问题。特别是当站址受地形条件制约时，上水库库容是通过人工开挖或沟谷垭口筑坝形成的。这种类型的上水库库盆开挖后的周边分水岭往往比较单薄，水库渗漏、库岸边坡稳定等问题更加突出，往往需要全库盆衬砌防渗（图 11.1.1－1）。因此，在站址选择时应优先选择水库渗漏条件简单的库址。在水库周边分水岭山体雄厚、多数地段地下分水岭高于水库正常蓄水位时，可只做局部防渗。否则应采用全库盆防渗处理。

在已建的抽水蓄能电站中，较为理想的上水库为有天然径流的水库，其防渗条件比较简单。但多数蓄能电站上水库无天然径流补给，又处于相对地势高的位置，往往容易发生库水直接向外渗漏，需要采取防渗措施。

（2）抽水蓄能电站水库库岸稳定性较常规水电站水库有更高的要求。上水库一般库容较小，库水位升降周期短，一般 24h 内就完成一次抽水—发电的循环过程，库水位变幅较大，使库岸边坡处于水位频繁变动的工作环境中。库水位变幅带边坡稳定问题需作重点评价。同时对于滑坡、崩塌、泥石流等固体径流量也有较严格限制。

对于靠人工开挖库盆形成的上水库，水库周边常形成单薄分水岭，类似于天然堤坝，对库内外边坡稳定性都需要进行勘察研究。如十三陵抽水蓄能电站上水库，库内边坡和水库西外坡，均发生滑动或安全系数较低，进行了工程加固处理。

（3）上水库坝基岩体一般风化较严重，地质构造发育，坝型多选择当地材料坝，当全风化带厚度较大时，需研究利用风化岩作为坝基的可行性。某些站址坝基沟谷纵坡较大，需要在斜坡上筑坝，如宜兴蓄能电站上水库坝基。这种地形坝基抗滑稳定性差，需做特别勘察。

（4）上水库天然建材筑坝石料场往往是选择在库盆开挖区，需研究库盆开挖石料作为筑坝料的可行性。当考虑库盆开挖与筑坝填筑的挖填平衡时，详查阶段库盆石料场勘察系数可取 1.2，同时应有备用料场。

（二）输水发电系统

（1）为了减少土建工程量以降低工程造价，一般选择上、下水库之间地形高差较大的站址。高压管道衬砌型式的选择与围岩工程地质条件密切相关，坚硬完整的围岩能够承受压力管道较高的内水压力，当隧洞埋深较大，围岩以Ⅰ～Ⅱ类为主、岩体透水性微弱，电站额定水头不甚高时，可以采用钢筋混凝土衬砌。同时，地下隧洞多位于山体地下水位之下，地下厂房、发电隧洞等地下建筑物的围岩与衬砌都将承受较大的外水压力，这也对洞室围岩和衬砌的安全稳定造成了较大的影响。

（2）地下厂房洞室群埋深大，沿水道线路厂房位置选择范围相对较大（图 11.1.1－2），厂房位置要避开较大断层、节理裂隙密集带，布置在地质构造简单、岩体完整的地带，并与水道系统的隧洞线路布置相协调。根据厂址地质构造和主地应力方向，结合高压管道和尾水隧洞的布置，初步确定厂房纵轴线方位。发电厂房洞室较常规水电站布置高程低，厂房及水道系统多数为地下工程，同时还需考虑上、下水库渗漏对地下洞室群的影响。要求做好水道系统及地下厂房洞室围岩外水压力的监测。

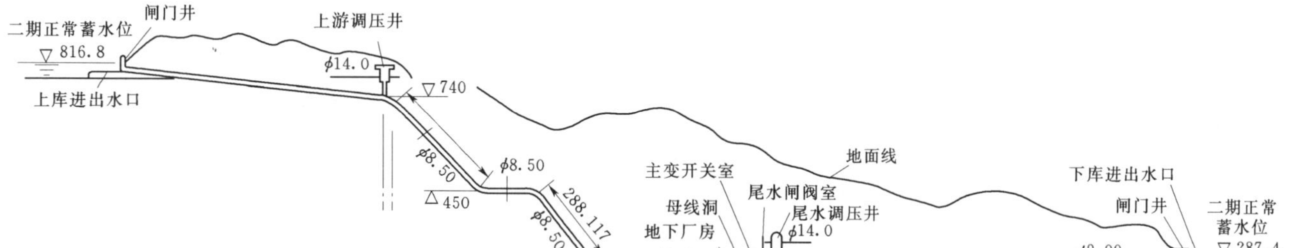

图 11.1.1－2　广州抽水蓄能电站输水发电系统纵剖面示意图

(三) 下水库 (坝)

(1) 下水库也具有多种类型，其中与常规水电站水库差别最大的是人工开挖筑坝形成的水库，如西龙池、溧阳、响水涧等蓄能电站。

(2) 修建在天然河流上的下水库对入库泥沙量的限制比较严格，一般不允许有较大体积的坍滑和泥石流进入库区占据有效库容。修建在多泥沙河流上的下水库往往还需要修建拦沙坝及输排沙隧洞，以减少过机的含沙量。为减小水库淤积量，下水库也可以修建在天然河流两岸的大型冲沟中或河岸滩地上。

国内外部分大型抽水蓄能电站的工程特性分别见表11.1.1-1和表11.1.1-2。

表 11.1.1-1　　国内部分大型抽水蓄能电站工程一览表

序号	电站名称	所在地区	装机容量(MW)	主要岩性	额定水头(m)	距高比	上水库防渗型式	下水库建设条件	压力管道及岔管的衬砌型式	建设阶段
1	十三陵	北京	800	砾岩、安山岩	470	5.0	全库防渗	已建水库、库尾防渗	钢衬	已建
2	西龙池	山西	1200	灰岩	624	3.0	全库防渗	岸边冲沟覆盖层上筑坝成库	钢衬	已建
3	张河湾	河北	1000	砂岩、变质安山岩		1.6	全库防渗	已建水库坝体加高	钢衬	已建
4	琅琊山	安徽	600	薄层灰岩	126	9.5	局部垂直防渗	已建水库	钢筋混凝土＋钢管	已建
5	呼和浩特	内蒙古	1200	花岗岩	580	3.7	全库防渗	重力坝，覆盖层开挖扩大库容	钢衬	在建
6	文登	山东	1800	花岗岩	471	5.8	局部垂直防渗	河谷建坝成库	钢衬	可研
7	丰宁	河北	3600	花岗岩、凝灰熔岩	440	7.1	局部垂直防渗	已建水库坝体加高	钢衬	可研
8	敦化	吉林	1200	花岗岩	687	6.7	局部垂直防渗	河谷建坝成库	钢衬	可研
9	红石	吉林	1200	花岗岩			局部垂直防渗	已建水库	钢筋混凝土	预可
10	广州一期	广东	1200	花岗岩	522	6.7	局部垂直防渗	山间盆地建库	钢筋混凝土	已建
11	广州二期	广东	1200	花岗岩	522	6.7	局部垂直防渗	山间盆地	钢筋混凝土	已建
12	惠州	广东	2400	花岗岩、混合岩	517.4	7.5	局部垂直防渗	峡谷连接的两个山间盆地	钢筋混凝土	已建
13	深圳	广东	1200	花岗岩	419.05	9.46	局部垂直防渗	利用已有盆地型水库扩建	钢筋混凝土	在建
14	阳江	广东	2400	花岗岩、混合岩	644.50	3.97	局部垂直防渗	河谷建坝成库	钢筋混凝土	预可
15	清远	广东	1280	石英砂岩、粉砂岩、花岗岩	470	5.07	局部垂直防渗(6副坝)	狭长形山间盆地筑坝	钢筋混凝土	在建
16	天荒坪	浙江	1800	流纹质熔凝灰岩	526	2.50	全库沥青混凝土面板防渗	河谷建坝成库	钢筋混凝土	已建
17	天荒坪二期	浙江	2100	流纹质熔凝灰岩及火山角砾岩	702	3.46	西库岸垂直帷幕防渗	河谷建坝成库	钢筋混凝土＋钢衬(中平洞后半段以下)	在建
18	桐柏	浙江	1200	凝灰岩、花岗岩	244	4.68	局部垂直防渗	河谷建坝成库	钢筋混凝土	已建
19	仙居	浙江	1500	凝灰熔岩、凝灰质砂岩	437	4.67	局部垂直防渗	已建水库	钢筋混凝土＋钢衬	在建
20	乌龙山	浙江	2400	凝灰熔岩、凝灰质砂岩	680	4.05	局部垂直防渗	已建富春江水库	钢衬＋钢筋混凝土	可研
21	宝泉	河南	1200	花岗片麻岩、砂岩及灰岩	500	3.95	库底黏土、岸坡沥青	已建水库(加高改建)	钢筋混凝土(后上斜井以上段改为钢衬)	已建
22	泰安	山东	1000	花岗片麻岩	225	8.94	半库盆防渗(库岸钢筋混凝土面板＋库底土工膜)	已建水库坝体加高	钢筋混凝土	已建
23	宜兴	江苏	1000	砂岩、泥质粉砂岩	363	7.18	钢筋混凝土面板防渗	已有水库扩建	钢衬	已建
24	洪屏	江西	1200	震旦系变质砂岩	540	3.97	库岸局部垂直防渗，库盆局部水平防渗	河谷建坝成库	钢衬	在建
25	马山	江西	700	细砂岩、花岗闪长斑岩	127	4.31	全库水平防渗	太湖	钢筋混凝土＋钢衬	可研
26	响水涧	安徽	1000	花岗岩	190	3.52	局部垂直防渗	开挖围堤成库	钢筋混凝土＋钢衬	在建
27	佛子岭	安徽	160		54.2		磨子潭水库	佛子岭水库	钢筋混凝土＋钢管	在建
28	白莲河	湖北	1200	花岗岩	195	8.0	局部垂直防渗	已建水库	钢筋混凝土	已建
29	仙游	福建	1200	晶屑凝灰熔岩	430	4.65	局部垂直防渗	河谷建坝成库	钢筋混凝土	可研
30	永太白云	福建	1200	晶屑凝灰熔岩	419	4.01	垂直防渗	河谷建坝成库	钢筋混凝土	预可
31	溧阳	江苏	1500	砂岩	259	7.2	库底土工膜、岸坡钢筋混凝土面板	开挖成库(开挖料主要作为上库主坝填筑料)	钢衬	在建
32	黑麋峰	湖南	1200	花岗岩	295	5.1	局部垂直防渗	河谷建坝	钢筋混凝土	在建
33	北山	湖北	200	砂页岩	103	2.92	局部水平防渗	已建水库	钢筋混凝土	
34	蟠龙	重庆	1200	砾岩、砂岩、泥岩	28	4.19	局部垂直防渗	河谷建坝成库	钢衬＋钢筋混凝土	可研
35	荒沟	黑龙江	1200	花岗岩	410	4.24	局部垂直防渗	已建水库	钢筋混凝土＋钢衬	在建
36	蒲石河	辽宁	1200	花岗岩	308	8.9	局部垂直防渗	河谷建坝成库	钢筋混凝土	在建
37	白山	吉林	300	花岗岩	105.8		白山水库	红石水库	钢筋混凝土	已建
38	羊卓雍湖	西藏	90		816		羊卓雍湖	雅鲁藏布江	钢衬	已建
39	明湖	台湾	1000	变质砂岩、粉砂岩	307	10	日月潭水库	河谷建坝成库(明湖水库)		

表 11.1.1-2　　　　**国外部分大型抽水蓄能电站工程特性表**

电站名称	所在国家	装机容量(MW)	主要岩性	额定水头(m)	距高比	上库坝型	下库坝型	上水库防渗型式	下水库建设条件	厂房型式	压力管道衬砌型式
落基山	美国	760	页岩、砂岩	186.7	18	黏土心墙堆石坝	黏土心墙堆石坝	山顶浅盆开挖，页岩作为防渗层	河谷建坝成库	地面式	钢筋混凝土
巴斯康蒂	美国	2100	粉砂岩 砂岩、黏土岩	354	10.6	黏土心墙堆石坝	黏土心墙堆石坝	局部防渗	河谷建坝	地面式	钢筋混凝土
腊孔山	美国	1530	砂岩、灰岩 页岩、砾岩	286	3.5	黏土斜心墙堆石坝	重力坝	局部防渗	已建水库	地下式	钢筋混凝土
迪诺威克	英国	1800	板岩、砂岩	517.9	4.7	混凝土面板堆石坝	混凝土心墙堆石坝	冰积湖扩建成库	莱恩贝利斯湖扩建	地下式	钢筋混凝土
大屋	法国	1800	片麻岩等	867	10.0	冰积土心墙堆石坝	混凝土面板堆石坝	天然盆地建坝成库	80m厚覆盖层上面板坝	地下、地面各一个厂房	钢衬
蒙特齐克	法国	900	花岗岩	399	3.0	面板堆石坝	薄拱坝	局部防渗	河谷建坝成库	地下式	混凝土＋钢衬
锡亚比舍	伊朗	1000	砂岩页岩	473	4.2	混凝土面板堆石坝	混凝土面板堆石坝	局部防渗	河谷建坝成库	地下式	钢衬
奥清津2	日本	600	安山岩 上覆火山灰	470	6.1	黏土心墙堆石坝	黏土心墙堆石坝	水库位于支流源头	已建水库	半地下式	钢衬
葛野川	日本	1600	角砾岩 安山岩	714	9.0	黏土心墙堆石坝	混凝土重力坝	水库位于日川源头	河谷建坝成库	地下式	钢衬
新高濑川	日本	1280	闪长岩 花岗岩	222	1.8	心墙土石坝	心墙土石坝	同一河流，上、下游筑坝成库，局部防渗		地下式	钢衬
奥吉野	日本	1206	页岩砂岩	475	2.1	黏土心墙堆石坝	双曲拱坝	局部防渗	河谷建坝成库	地下式	钢衬
本川	日本	600	石英片岩	530	7.1	黏土心墙土石坝	重力坝			地下式	钢衬
拉姆它昆	泰国	1000	砂岩、粉砂岩 泥岩	360	5.4	沥青混凝土面板堆石坝	土坝	全库防渗	已建水库	地下式	钢衬
金谷	德国	1060	板岩、石英岩	302	4.1	沥青混凝土面板堆石坝	沥青混凝土面板堆石坝	开挖围堤，全库防渗	河谷建坝成库	地下式	钢衬
埃多洛	意大利	1000	板岩 云母片岩	1237	9.0	浆砌石重力坝	环形填筑坝	分水岭雄厚，不需防渗	河滩开挖围堤，全库防渗	地下式	钢管
普列森扎诺	意大利	1000	火山碎屑岩	471	3.3	沥青混凝土面板堆石坝	沥青混凝土面板堆石坝	全库沥青混凝土面板防渗	全库沥青混凝土面板防渗	半地下竖井式	钢管
神流川	日本	2820	硅质砂岩	653	9.2	黏土心墙堆石坝	混凝土重力坝	水库位于相木川源头	河谷建坝成库	地下式	钢衬
小丸川	日本	1200	砂岩、页岩 花岗闪绿岩脉	646	9.8	全库沥青混凝土面板	混凝土重力坝	全库防渗	河谷建坝成库	地下式	钢衬
京极	日本	600	凝灰角砾岩 凝灰岩	369	7.3	全库沥青混凝土面板	黏土心墙堆石坝	全库防渗	河谷建坝成库	地下式	钢衬

五、抽水蓄能电站工程地质勘察的主要内容

（一）规划选点勘察

（1）工程地质勘察工作要密切配合蓄能电站的规划，在多个站点的筛选过程中，依据收集到的地质资料和现场查勘、地质测绘等获得的工程地质及水文地质资料，对各个选点规划站址进行工程地质条件比选和工程地质问题分析，重点是站址的地震安全性以及对水库渗漏、库岸稳定、坝基稳定、地下洞室围岩稳定等影响较大的工程地质问题作出初步评价，对推荐近期开发的工程提出地质建议。

（2）在充分收集初选站址已有地质资料的基础上，进行现场踏勘，不遗漏可能的上、下水库库址。与此同时，初步选择与上、下水库相联系的输水系统线路，并初步了解各线路的工程地质条件，分析可能存在的工程地质问题，对初步选择的输水发电系统线路进行初步工程地质评价。

（3）对于推荐的近期开发工程，工程地质条件复杂时，除工程地质测绘、必要的物探和勘探外，尚应增加适量的重型勘探，如钻孔和平洞，以获取比较可靠的工程地质及水文地质资料，保证推荐站址工程地质条件的勘察精度。对各比较站址需进行天然建筑材料料场普查，并分析利用库盆开挖石料的可行性。

（二）预可行性研究勘察

（1）需要进行区域构造稳定研究，对工程场地的构造稳定性和地震安全性作出评价。对工程区应进行1：5000～1：2000精度的地形图测量，并进行相应比例尺的工程地质测绘工作。

（2）对于上、下水库，应初步查明水库的渗漏条件、库岸稳定条件和筑坝条件。应在水库周边分水岭垭口地段重点布置勘探钻孔或竖井等，初步查明水库周边分水岭形态、分水岭岩体的透水性及是否存在渗漏通道。坝基和坝肩需布置钻孔和探洞，初步查明筑坝的工程地质条件。基岩钻孔均应作压水试验。本阶段对水库的防渗方案提出初步地质意见和建议。

（3）对于电站厂房和水道工程，通过地质测绘和必要的勘探，结合水工建筑物的布置要求，初步确定上、下库进/出水口位置和电站厂房位置。在初拟发电厂房或其上游岔管部位，布置一孔深至厂房洞室底板以下的勘探试验钻孔，孔内进行地应力、高压压水等测试工作。

（4）对天然建筑材料进行初查。当上、下水库库盆需要开挖扩大库容时，需初步研究库盆开挖石料作为当地材料坝筑坝堆石料的可行性。

（三）可行性研究勘察

（1）对站址地震基本烈度大于Ⅶ度、上、下水库高差大、自然边坡坡度大、上水库处于孤立山峰的站址（如张河湾），必要时进行高山动力反应测试。

（2）查明上水库的工程地质条件。评价水库垂向和侧向渗漏条件，建议库盆防渗型式，评价防渗面板地基的不均匀变形问题；评价库盆内外边坡稳定性及建议加固措施；查明坝址工程地质条件，评价坝基、坝肩岩体稳定性及渗透性。

（3）查明电站厂房及水道系统的工程地质条件。对于地下厂房，通过开挖厂房长勘探洞及其厂房轴线支洞等，对电站厂房洞室位置及其轴线方向、水道线路布置方案等进行工程地质条件比选；对地下厂房洞室群的围岩稳定性、压力隧洞围岩在高压力水头作用下的渗透稳定性等主要工程地质问题作出分析评价。

（4）查明下水库的工程地质条件。评价水库渗漏、库岸稳定、水库浸没等工程地质问题；查明拦河坝和拦沙坝坝址以及泄水建筑物的工程地质条件，选择坝轴线，评价坝基、坝肩及边坡岩体稳定性及渗透性。

（5）天然建筑材料详查。包括上、下水库库盆及地下洞室岩石开挖区作为筑坝石料的勘察和试验研究。

国内部分大型抽水蓄能电站可研阶段主要勘察工作量见表11.1.1－3。

表11.1.1－3　国内部分大型抽水蓄能电站主要勘察工作量表

项目 / 工程名称	钻探（m/孔）	平洞（m/个）	竖井（m/个）	大型野外现场试验（组）	
				变形	剪切
西龙池	8972/115	4942/44	458/30	18	3
张河湾	8380/170	2946/25	440/29	20	4
琅琊山	6274.1/90	925.6/20	505.12	9	4
呼和浩特	8093/94	2788/21	—	25	9
文登	6559.85/85	3172/9	164/13	6	9
丰宁	11102/118	3463.5/22	30/1	18	3
敦化	7881/84	2420/8	96.5/26	6	3
广州一期	14728.17/308	2565.3/20	—	27点	2
广州二期	13591.05/267	1637.8/8	—	—	—
惠州	14607.96/253	2455.44/9	—	23点	7
深圳	6134.78/153	1895.90/4	—	8	—
阳江	10916.55/275	2568.7	105.5	21	5
清远	7724.55/178	2315/7	—	—	—
天荒坪	13297/244	5570/68	90/5	4	3
桐柏	5317.54/115	899.5/3	—	4	2
仙居	6880/131	2571/13	—	16	3
乌龙山	1277.72/20	334/4	—	—	—
宝泉	5318/86	1628/11	58/3	5	3
五岳	6154.35/90	865.6/3	—	10点	—
天池	7086/87	1360/6	—	9点	—
白莲河	3827.1/60	1122.1	—	15点	—
泰安	11141/180	2146/20	78/8	49	7
宜兴	15220/353	4163/31	223/9	31	13
马山	10971/194	980/6	73/3	10	2
响水涧	12910/423	1887/21	72/1	12	—
溧阳	9698.68/131	2588.5/14	87.4/4	56点	—

续表

项目 / 工程名称	钻探（m/孔）	平洞（m/个）	竖井（m/个）	大型野外现场试验（组）	
				变形	剪切
黑麋峰	6862/116	1624/4	—	30点	12
北山	2133.72/51	132.39/3	—	—	—
蟠龙	3921.5/50	722/2	—	16点	—
荒沟	1618.2	102	105	4	—
蒲石河	2238/32	60/1	107/14	4	—

第二节　抽水蓄能电站站址选择

抽水蓄能电站选点规划需遵循站址资源普查、站址初选、重点站址规划与近期工程选择分步骤由面到点逐步深入的原则，在地区站址资源普查的基础上，进行重点站址规划和推荐近期开发工程。

抽水蓄能电站站址选择对于工程建设具有重要意义。站址选点范围多为中高山区和低山或丘陵区，并有河谷分布。站址的地形、地质条件与环境因素是影响其经济性的重要方面，应统筹兼顾、综合分析，选择最优站址。

一、站址资源的普查

（1）通常是在指定区域内的1∶50000～1∶25000（或1∶10000等）地形图上，查找具备修建上、下两个水库地形条件的站址资源点，并且下水库要有满足电站所需的补水水源条件。

（2）在区域地质图和中国地震动峰值加速度区划图上，标出普查站址，了解站址及其附近区域的地层和构造等地质条件，一般排除掉地震烈度大于Ⅸ度，或有大型区域性断裂通过的站址，同时站址应避开活动性断层及不良物理地质现象发育地段。应配合规划专业进行综合分析比较，选出基本符合蓄能电站建设条件的站址开展下一步工作。

抽水蓄能电站站址地形类型特征见表11.1.2－1。

表11.1.2－1　抽水蓄能电站站址地形地貌类型特征表

站址地形地貌类型	主要特征	代表站址
跨流域分水岭站址	上、下水库属于不同流域	敦化、神流川（日本）
同一河流上下游河曲分水岭站址	上、下水库在同一条河流上	京极（日本）、响洪甸、佛子岭（多为混合式）
干、支流之间分水岭站址	上、下水库分别属于支流、干流	文登、琅琊山、丰宁、小丸川（日本）、锡亚比舍（伊朗）
河流及其一岸山顶站址	上、下水库之间无分水岭分隔	张河湾、西龙池、落基山（美国）
其他	如利用大海、湖泊作为下水库等	冲绳（日本）、马山、羊卓雍湖

二、站址的初选

站址初选是在站址资源点普查的基础上，通过筛选后，确定基本满足抽水蓄能电站规划要求的站址作为初选站址，开展现场查勘工作。初选站址现场查勘主要内容：

（1）了解电站站址及其附近区域有无区域性断裂通过，有无大型滑坡、泥石流等不良物理地质现象，并分析其对工程的影响。当同一站址有不同库址进行比选时，需查勘各个库址及其相应的输水发电线路的工程地质条件。

（2）了解上、下水库库坝区的地形地貌、地层岩性分布、地质构造发育程度及规律，岩体风化卸荷情况、地表水及地下水出露情况等。了解坝址沟谷地貌形态，初步确定坝址位置。了解水库周边分水岭的地貌特征、分水岭厚度等，初步分析水库渗漏问题及其防渗型式。对于需要进行人工开挖的水库，需注意调查分析开挖地层性质、地下水情况等，初步分析开挖边坡的稳定性及开挖料用于筑坝的可行性。

（3）了解下水库库坝区的地质条件，多泥沙河流水库了解布置拦沙坝、排沙洞的地形地质条件。了解库区泥石流发育情况，库区耕地及居民点分布与水库蓄水位的关系，初步分析水库淤积及浸没问题。

（4）了解上、下水库之间山体的地形地质条件，地形完整情况、沟谷切割深度及其发育方向。了解输水系统上、下水库进出水口的地形边坡、基岩完整性等工程地质条件。初步确定输水发电系统线路位置。

（5）对于利用已建水库作为上、下水库的站址，了解利用已建水库进行扩建（或改建）的地形地质条件。收集水库及大坝的工程地质资料。

（6）了解天然建筑材料料场的分布和开采条件。重点是了解库区内有无可用于筑坝的石料场。

通过现场查勘，排除掉不具备修建蓄能电站的站址，选出若干建设条件较好站址，开展站址规划工作。

三、站址规划与推荐近期开发的站址

在对初选站址进行现场查勘和工程地质条件初步比选的基础上，配合规划确定若干站址作为规划站址，开展进一步工程地质测绘和地质勘探工作，并在此基础上推荐近期开发站址。编制站址规划工程地质勘察报告。

站址规划的工程地质勘察需满足水力发电工程地质勘察规范的要求。在此基础上，勘察内容与方法尚需要注意以下方面的问题。

（1）工程地质勘察以地质测绘为主，并配合必要的物探和轻型勘探，布置适量的钻孔及探洞、探坑等。工程地质测绘地形图比例尺应不小于 1：5000；坝址区工程地质测绘图为 1：2000，坝址横剖面可进行实测。

（2）收集区域地质资料，根据已掌握的区域构造断裂发育规律，了解区域性构造及其与工程关系，初步判别有无活动性断层发育，并评价其对工程的影响。初步确定地震基本烈度和地震动参数。

（3）了解站址区可供选择的库址、坝址及其相应的输水发电隧洞线路的地形地质条件，配合规划设计，选择代表性枢纽布置方案重点开展地质勘察工作。水库渗漏勘察的重点是单薄分水岭垭口、断裂或岩溶发育部位等，可适当布置钻孔，了解地下水位埋深情况，对上、下水库的渗漏可能性及渗漏条件做出初步评价，初步建议防渗措施。

了解水库边坡稳定、固体径流来源等条件，如：滑坡、泥石流、塌岸和浸没等的分布范围，对库岸内外边坡稳定性做出初步评价。

（4）在初选坝轴线上布置钻孔，了解坝址区建坝条件。当坝肩山体单薄时，也应布置钻孔，了解坝肩稳定及其渗漏条件。对坝址的工程地质问题初步评价。

（5）了解输水发电系统工程地质条件，沿线的地形地貌、地层岩性、地质构造、断层分布及规模；进出水口地段覆盖层厚度、岩体的风化卸荷情况和边坡的稳定情况等，初步评价输水发电系统工程地质条件，对地下厂房等洞室进行初步围岩分类。

（6）对站址附近天然建筑材料料场进行普查，为坝型拟定和施工规划提供依据。对料场分布、储量、质量及开采运输条件提出初步地质意见。重点关注上、下水库库区或坝址附近的堆石坝筑坝填筑石料料场及混凝土骨料料场，并初步评价工程开挖石料作为天然建筑材料的可行性。

（7）对推荐的近期开发站址提出工程地质意见。相对其他规划站址，近期开发工程应作更为详细的勘察与评价。

第二章 水库（坝）工程地质勘察与评价

上、下水库联合运行是抽水蓄能电站的重要特点之一，其中下水库主要为电站运行提供水源，而上水库则为储存能量的场所。上、下水库库水循环运用，一般一昼夜就完成一个抽水一发电周期。与常规水电站的水库相比，蓄能电站水库一般库容较小，有效库容多为几百至 1000 万 m^3；库水位变幅较大，一般为 20～40m（特别是上水库）；库址受地形、水源等条件制约，按地貌类型可划分为不同形式的水库；坝址选择范围较小，以低中坝为主，坝型多为当地材料坝。基于水库（坝）上述特点，较常规水电站水库（坝），其工程地质勘察与评价即有相同点又有其特殊性。

第一节 水库类型划分

一、上水库类型

抽水蓄能电站上水库库址地势高，风化作用强烈，地下水位埋藏较深，水库容易产生渗漏问题。上水库多选择在山顶台坪或沟谷源头部位，有的甚至需要四面围坝成库（如张河湾抽水蓄能电站），地形地质条件相对复杂，遇到不良地质现象的几率较多。各种类型的水库渗漏问题、坝基与边坡稳定等问题的差异性很大。因此上水库（坝）的工程地质勘察，应充分考虑上水库的具体地形地质条件，针对不同类型的上水库，分析其可能存在的主要工程地质问题，采取有针对性的勘察手段与勘察方法。

不同地貌类型的上水库，工程地质与水文地质条件不尽相同，成库及筑坝条件有差别。一般来讲，对于南方地区，降水量较大，河谷径流多，地下分水岭水位较高，水库渗漏问题不甚严重；而对于北方地区，降水量较少，河谷多无径流，地下分水岭水位较低，水库渗漏问题较为复杂。根据已建、在建及将建的上水库工程，可根据地形地貌、补给源、防渗型式等对上水库进行分类。上水库主要类型及主要工程地质水文地质特点见表 11.2.1－1。

表 11.2.1－1　上水库类型划分及其工程地质水文地质特征表

分类依据	上水库类型	工程地质及水文地质特点	典型工程实例
地貌形态	天然沟谷型	上水库地形封闭条件好，工程开挖量不大，自然边坡、人工开挖边坡一般不高，一般工程地质与水文地质条件相对较好	丰宁、惠州、仙居
	山顶台坪型	上水库地形封闭条件差，需筑坝围库，开挖量及填筑量均较大，且对防渗要求较高，工程地质与水文地质条件一般	张河湾
天然径流条件	有天然径流	水库工程地质与水文地质条件相对简单	羊卓雍湖、广蓄
	无天然径流	防渗条件要求较高	宜兴、张河湾

续表

分类依据	上水库类型	工程地质及水文地质特点	典型工程实例
防渗型式	全库防渗型	水库渗漏问题严重，并且存在库岸渗透稳定问题	十三陵、西龙池
	局部防渗型	水库渗漏问题较简单，库周多存在较高地下水分水岭	泰安、琅琊山
	简单防渗型	成库条件好，有一定量的天然径流入库。库岸周边地下分水岭一般高于水库正常蓄水位，而且岩体透水性微弱。简单的防渗处理。如坝基（肩）帷幕灌浆	广蓄

二、下水库类型

根据国内外大型抽水蓄能电站下水库建设条件，可划分为四种类型下水库，见表 11.2.1－2。

表 11.2.1－2　下水库类型划分及主要特征表

类型	主要特征	工程实例
利用已有水库改建的下水库	（1）可充分利用已有的水力资源，有足够的有效库容及水源保障； （2）无需再重新建坝，可节约工程投资； （3）需对原水库及建筑物（如已建大坝、溢洪道等）进行安全复核，查明与电站设计相关的工程地质问题，并对改扩建工程进行工程地质勘察； （4）进出水口多被库水淹没，需设围堰，地质勘察需要水上钻探	十三陵 张河湾 宝泉 泰安 大古力（美国） 蒙特齐克（法国） 新高濑川（日本） 拉莫拉（西班牙）
在河川溪流上修建的下水库	（1）一般有比较充足的水源条件，类似于常规水电站水库； （2）坝址选择范围较小，并受枢纽格局布置影响较大； （3）北方河流为解决泥沙问题，往往需设置拦沙坝和排沙洞	天荒坪 敦化 文登 呼和浩特 落基山（美国）
在山前洼地、河滩等开挖筑坝形成的下水库	（1）自然地形较平坦，经过开挖筑坝形成人工水库； （2）少或无天然径流，需从相邻水源地引水至下水库； （3）水库渗漏问题严重，多需采取全库盆防渗措施； （4）有时需在深厚覆盖层上筑坝	西龙池 溧阳 普列森扎诺（意大利）
利用湖泊、大海等天然水体作为下水库	（1）水源丰富，水体较大，水位变幅较小； （2）进出水口多被水淹没，需设围堰，地质勘察需要水上钻探； （3）需检测天然水域水质，评价其对工程和环境的影响	拉丁顿（美国） 德里奥湖（意大利） 迪诺威克（英国） 冲绳（日本）

第二节 水库渗漏勘察与评价

水库的渗漏量大小往往受地形、地层岩性、地质构造、岩体风化及地下分水岭等影响，对于不同渗漏类型的上水库，可根据具体的工程地质与水文地质条件，采取有针对性的工程地质勘察方法。

一、水库渗漏型式

水库渗漏型式可依据渗漏途径和渗漏性质进行划分，见表11.2.2-1。

表11.2.2-1　水库渗漏型式分类表

划分依据	渗漏型式	主要特征
按渗漏途径	库岸单薄分水岭型渗漏	渗径较短，受地质构造、风化卸荷带影响明显
	构造带型渗漏	主要沿连通库内外的透水地层和断层、裂隙密集带渗漏
	库底垂直渗漏	多发生于悬挂式水库，库底渗漏量大，多和岩性有关，如岩溶地区
按渗漏性质	孔隙型渗漏	发生于松散覆盖层或全强风化层，渗漏量大
	裂隙岩体介质型渗漏	发生于裂隙发育岩体中
	岩溶管道型渗漏	发生于岩溶发育的碳酸盐岩地层

二、水库渗漏勘察与评价

（一）库岸单薄分水岭型渗漏

（1）单薄分水岭型渗漏多发生在水库库岸分水岭垭口、近坝库岸等部位。水库正常蓄水位高程处山体厚度一般小于数十米，部分单薄分水岭地形高程低于正常蓄水位，需要修建副坝。

（2）地质勘察应满足GB 50287—2006及DL/T 520—2005中的相关要求。勘察方法以钻探为主，配合钻孔压水试验。重点查明透水岩层或地层的分布及其透水率；相对隔水岩层（岩体）的分布位置；查明稳定的地下水位及其低于正常蓄水位地下分水岭的范围。

（3）勘探剖面布置应根据水文地质结构和防渗要求确定。进行钻孔地下水位长期观测。对于长期观测孔的水位应至少需要一个水文年的资料。

（4）对于地下水分水岭高程低于水库正常蓄水位地段的渗漏段，依据水库向邻谷渗漏量计算公式，估算渗漏量。根据水库条件，一般可按透水率1Lu或3Lu岩层作为相对隔水层，或将防渗体与地下水位相衔接。多数工程上水库日渗漏量控制在总库容的万分之五以下。

（5）工程实例：仙居抽水蓄能电站上水库渗漏量估算按达西定律计算。当考虑正常蓄水位以下透水岩层渗漏时，选用公式：

$$Q=Kh\left(\frac{H}{L}\right)B$$

式中：K为据钻孔压水、注水试验资料计算段内渗透系数加权平均值，结合岩体完整性情况，适当扩大取值，m/d；h为计算段内渗透层平均厚度，m；H为上下游水位差，m；上游水位选用日运行的水位，下游水位选用库外岸坡泉水点高程；L为计算段渗径平均长度，m；B为渗漏段长度，m。

天然状态的库盆渗漏量估算（计算至$q\leqslant 1$Lu线，$q\leqslant 1$Lu线以下不计渗漏量）见表11.2.2-2。

表11.2.2-2　仙居上水库库盆渗漏量计算表（天然状态）

月份	正常渗漏量（m^3/d）			总库容（万m^3）	渗漏比例（%）
	坝体、坝基	库岸	合计		
6	594.20	81.09	675.29	1066	0.00633
12	585.99	82.20	668.19	1066	0.00627

（二）构造带型渗漏

（1）断裂构造带型渗漏发生于连通库内外的透水地层和断层及裂隙密集带，并且构造带具有较强透水性。断裂构造型渗漏中的断层型渗漏延伸长，可横穿库岸或坝基。张性断裂带渗漏量较大，且易产生渗透破坏稳定问题。受断层组成物质及其断层性质的影响，有些压性断层不透水。

（2）断裂构造带型渗漏的工程地质勘察内容及方法应根据上水库渗漏性质及其防渗标准选择，一般采取钻探、洞探、物探及钻孔压水试验、注水试验、连通试验、地下水位长期观测等方法。具体勘察方法请参考本手册第五篇相关内容。

（3）与水库内外连通的透水岩层及断裂构造带往往形成渗漏通道，需作封堵或防渗处理。

（4）工程实例：泰安上水库右岸坝前500m库岸（横岭）段，北东向裂隙密集带横穿分水岭（横岭），具有典型的裂隙型渗漏特征；贯穿上水库库盆底部和坝基的F_1断层，其渗漏主要沿断层破碎带产生，具有典型的断裂型渗漏特征（图11.2.2-1）。

上水库右岸山体（横岭）内NEE、NE向张扭性断层及裂隙密集带发育，切割深，基岩裂隙水赋存于构造带内，呈斜列带状或束状分布，地下水沿断层及裂隙密集带渗流。上水库右岸山体内存在一较低的地下水分水岭，埋深30～60m。分水岭下游侧厂房勘探平洞PD_1的开挖，打穿了具有相对隔水作用的岩脉$\delta\pi_7$，平洞疏排了山体内的地下水，右岸坝前500m范围内的6个长观孔观测结果显示：右岸山脊的地下水位一般接近或低于上水库对应的沟底高程，原有的地下水分水岭已被完全破坏。上水库蓄水后，库水将沿山体内NEE、NE向断层及裂隙密集带发生渗漏，尤以坝前500m范围单薄山体为甚。

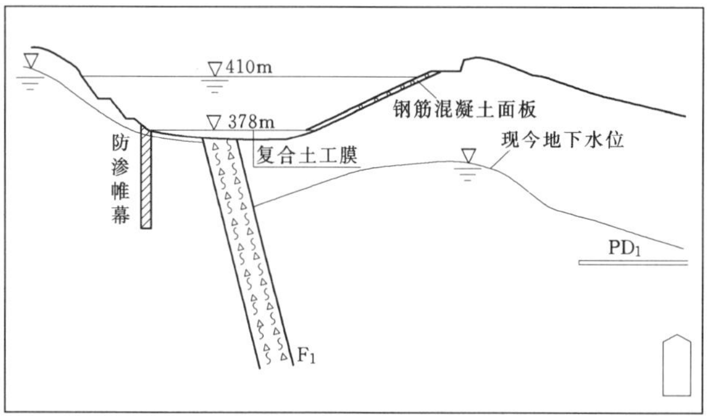

图11.2.2-1　泰安防渗方式剖面示意图

F_1沿上水库主沟发育，通过坝基。断层带宽约30～50m。对断层组成物质进行了物理力学性质、颗粒分析、黏土矿物化学成分分析，现场抗剪、变形试验及室内外渗透破坏试验。断层及影响带渗透系数达1.08m/d，透水性较强，会产生断裂型渗漏。断层夹泥的破坏比降室内外试验值为3.75～8.0，但断层泥渗透性差（K值为：10^{-5}～10^{-8}cm/s）。毛细水孔隙处于封闭状态，在高围压状态下，蓄水后断层带夹泥的物理力学指标恶化的可能性较小，据此判断断层产生渗透破坏的可能性不大。

泰安抽水蓄能电站上水库右岸分水岭存在沿 NEE 向裂隙的集中渗漏通道，库底及坝基沿 F_1 断层渗漏。在查清渗漏途径的基础上，采取右岸半库盆防渗方案，即西库岸采用钢筋混凝土面板、库底填石碾压覆盖土工膜，东库岸沿 F_1 断层用锁边帷幕封闭，向库尾延伸与西库岸相接的防渗方式。

（三）岩溶管道型渗漏

（1）修建在岩溶地层上的上水库，需要查明岩溶的发育规律，根据岩溶渗漏特性确定库盆防渗型式。

（2）岩溶工程地质勘察可参照本手册第五篇、第九篇，但勘察精度要求更高些。工程地质及水文地质勘察的主要内容包括：水库周边地形地貌及区域分水岭形态，碳酸盐岩地层的分布及其溶蚀发育程度，可能导致水库渗漏的水文地质构造，相对隔水层的分布，地下水的补给、径流、排泄条件，水库内外岩溶的连通性等。确定岩溶渗漏位置、途径、范围等。建议防渗措施。

（3）岩溶工程地质勘察方法多采用地质测绘、溶洞调查、洞探、钻探、物探、水文地质测试及试验等，主要水文地质试验及测试方法包括：地下水（钻孔及泉水）观测、示踪试验、势场或介质场（渗流场、化学场、同位素场、水温场等）研究、水均衡研究等。

（4）岩溶发育地层上修建的上水库，只要查明岩溶发育规律和分布，就可根据岩溶渗漏条件，选择水库的防渗型式。可以建议采取全库盆防渗，如西龙池抽水蓄能电站上水库，也可建议采取岩溶封堵加帷幕防渗，如琅琊山抽水蓄能电站上水库。

（5）工程实例：琅琊山抽水蓄能电站上水库是修建在岩溶发育地层上而未做全库盆防渗的成功范例。上水库库址为方圆6～8km的孤立山丘区，该地区岩溶属于丘岗平原岩溶亚区河间地块岩溶。车水桶组中段厚层质纯灰岩岩石易受溶蚀，分布有较大型地下洞穴、落水洞。上水库库区岩溶呈条带状分布，其中副坝和龙华寺区构成上水库岩溶渗漏的主要通道。鉴于地下岩溶发育复杂，对其发育规律的研究采取了多种手段和方法，除常规的工程地质测绘外，还进行了钻探、洞探、物探（包括：地质雷达、电磁波 CT、可控源大地电磁 EH4 测试等）及试验（连通性试验、示踪试验）等工作。

针对副坝区低矮分水岭岩溶渗漏问题，首先进行了 29 个溶洞的连通试验，试验表明，岩溶均具有良好的连通性，地表所发现的岩溶洞穴在地下均相互连通，经过岩溶洞穴汇集到一个或几个岩溶管道集中排泄到库外。采取的勘察手段以平洞、钻孔相结合，并辅以孔间电磁波 CT。最终确定了防渗帷幕的边界。

库尾龙华寺分水岭 ZK_{211} 孔水位约为 160m，比水库正常蓄水位低 11.8m。技施阶段围绕 ZK_{211} 孔水位较低问题，进行了平洞、槽探等勘探手段。并对 ZK_{211} 及其附近的 ZK_{27}、ZK_{238} 三孔进行了加深，并对整个分水岭开展了 5 斜 4 直共计 9 孔（ZK_{307}～ZK_{315}）的钻探工作。从钻孔水位资料看，有 ZK_{211}、ZK_{308}、ZK_{313} 等 8 个孔的水位低于上水库正常蓄水位，ZK_{211} 孔附近发现了宽约 110m 的地下水凹槽（图 11.2.2-2）。

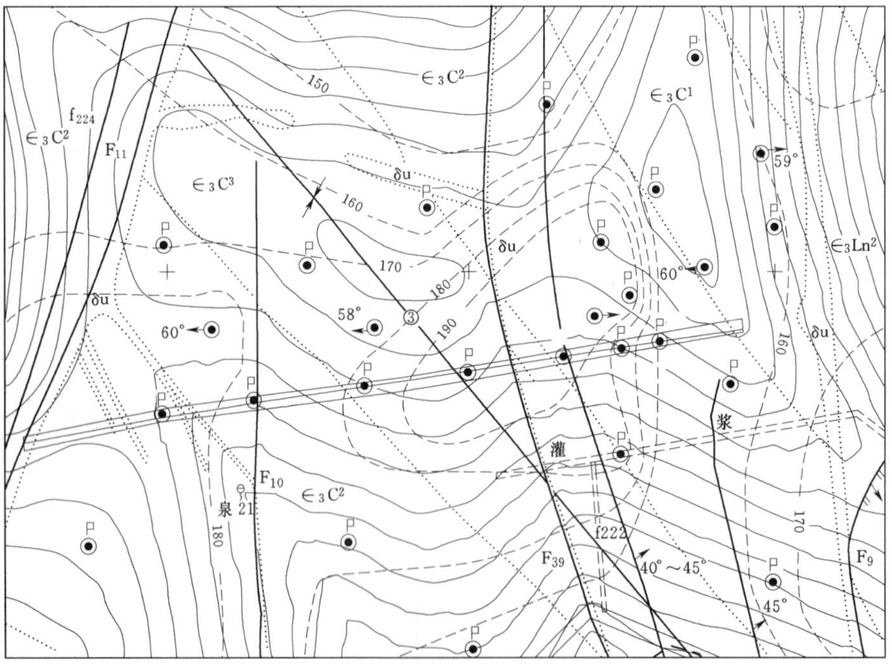

图 11.2.2-2　琅琊山龙华寺分水岭地下水位等值线图

对龙华寺分水岭还进行了多种示踪剂同步示踪以及单孔稀释法、环境同位素法、水质水化学分析法和地下温度场法等多种试验。尤其是示踪试验，从 ZK_{211}、ZK_{307} 和 ZK_{308} 投放的示踪剂，在库外泉 301 以及库外地下水地表汇集处均检测到，确定龙华寺分水岭渗漏途径和范围。进行了 F_{39} 断层以北地段岩溶发育地层的防渗处理。

（四）库底垂直渗漏

库底渗漏多发生在山顶台坪型的上水库，一般地下水位埋深大，多为悬挂式水库。分布于库底的覆盖层、裂隙透水岩体及规模较大的断裂带或岩溶管道等，均可构成库底渗漏。对于由断层或岩溶管道产生的库底渗漏，需查明库水可能渗漏途径。

三、水库防渗面板地基不均匀变形问题

（一）库盆防渗面板地基的不均匀性

抽水蓄能电站水库采取全库盆防渗时，防渗面板多为沥青混凝土面板或钢筋混凝土面板，面板地基要求库岸边坡规整，一般均为人工开挖边坡。应注意防渗面板地基的不均匀变形问题。

地基不均匀变形主要是库盆边坡上分布有软硬不同的岩性地层、断层破碎带、不同类型的风化带、厚度较大的松散堆积物及岩溶溶洞等，这些软弱岩体与相邻完整岩体变形特性相差很大，作为防渗面板地基，在水压作用下产生不均匀变形。一般需对软弱岩体进行置换或加固处理。

如西龙池抽水蓄能电站上水库，在库盆开挖过程中，第六层白云岩环库盆分布，上覆的岩体（第七层灰岩及第八层白云岩）厚度大于25m，该层岩体风化比较严重，大部分呈全强风化状态，在力学特性上表现为全强风化的白云岩与其间夹杂的弱风化心石和上覆第七层灰岩及下伏第五层灰岩的变形模量差异很大，第六层全强风化白云岩变形模量试验值最低值为2～3MPa，最高值也仅为13MPa，与上覆、下伏的灰岩变形模量相差达500～3500倍。因此存在库盆边坡面板地基不均匀变形问题，故对该部位开挖2m，并进行碎石水泥混合料的置换处理。

（二）面板地基勘察与评价

一般在工程地质测绘基础上开展地质勘察工作。通过采取必要的地质勘察手段，如钻探、竖井、坑槽探等，查明全强风化带、软弱岩层及大型断层等不良地质体的分布位置和范围，并通过岩体变形试验（包括室内及原位试验），取得各类岩体物理力学参数，指出地基不同类型岩体的差异性，并建议工程处理措施。

第三节 水库库岸边坡稳定性勘察与评价

上水库库岸边坡分内、外边坡，包括自然边坡和工程开挖边坡。根据岩土特性及成分，工程边坡分为岩质边坡和土质边坡。边坡勘察主要包括边坡工程地质测绘，钻孔、平洞、竖井等勘探及边坡动态监测、岩土试验。应根据边坡的类型及特征确定勘察方法，获得滑动面的物理力学参数，进行边坡稳定性分析，对边坡进行稳定性评价。具体勘察方法参考本手册第五篇相关内容。

一、库内边坡

水库库区内工程边坡多包括防渗面板地基开挖边坡、库内料场开挖边坡、进/出水口段较高陡开挖边坡以及自然边坡等。

对于由冲洪积、残坡积及全风化层构成的土质边坡，受上水库水位升降频繁、水位变幅较大的影响，在水位变幅带内的岸坡受动水压力作用，较其他部位边坡更易产生冲蚀破坏。库内边坡稳定性评价需要考虑岸坡的岩土的水下休止角、水下稳定坡角以及库水冲刷对松散岩体的影响。

在基岩内人工开挖的库盆，在有缓倾角软弱结构面发育时，容易造成边坡失稳。

工程实例：十三陵抽水蓄能电站上水库库盆以1：1.5的坡比开挖。库岸坡高37m。由于岩体破碎结构松软，缓倾角断层泥软化结构面抗剪强度低（$\varphi=10°\sim12°$），且分布广泛，致使整个库盆内坡约有70%的边坡岩体产生滑坡、塌滑、蠕动变形等。如北岸自然地形为近东西向山梁，在山梁南侧开挖构成库盆北岸岸坡和库盆边坡。库盆在开挖过程中，北岸山体沿断层面产生滑坡体滑动位移（图11.2.3-1）。对此滑坡的工程处理措施有：①减载：开挖滑坡顶部岩体；②抗滑桩加固；③锚索加固；④混凝土重力挡墙；⑤坡面护理及排水。

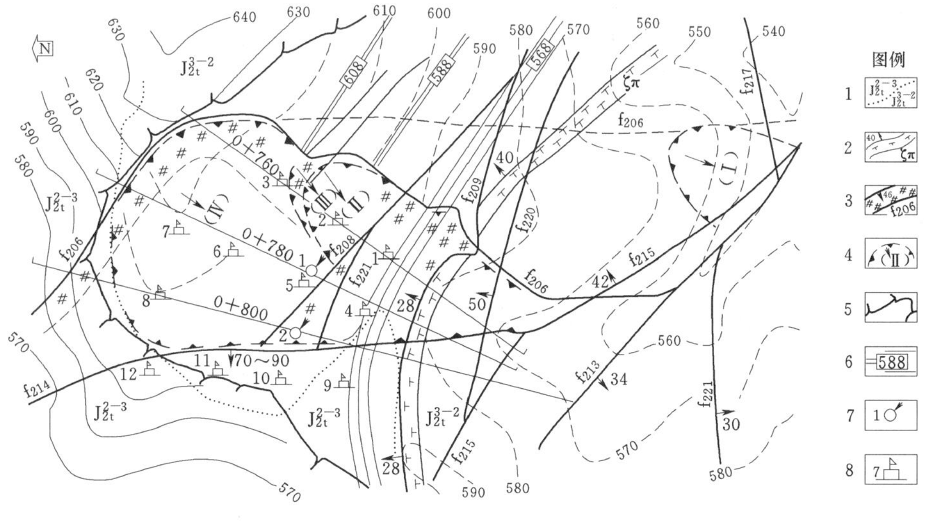

图11.2.3-1 十三陵抽水蓄能电站上水库岸坡滑坡工程地质图

1—砾岩与安山岩界线；2—正长斑岩岩脉及产状；3—断层产状及破碎带；4—滑坡及滑坡级数；5—开挖轮廓线；6—马道及高程；7—测斜仪孔；8—地表位移观测标点

上水库南岸库盆边坡安山岩体受F_3等大断层影响，岩体破碎，加之有倾向库内的f_{251}断层分布，在1994年7月12日大雨后，桩号1+430～1+510段边坡岩体沿f_{251}断层面发生蠕动变形，破坏了宽20多米的混凝土整平层，沿库岸公路产生长80多米，宽2～5cm的拉裂缝。坡面上出现多条剪裂缝。工程分析后采取了挡墙、锚索及防水和排水等措施，保证了库盆边坡的稳定性。

二、库外边坡

水库外边坡不稳定问题多发生在上水库。外边坡多数情况下为自然稳定边坡，但应考虑水库工程对其稳定性的影响和作为天然挡水坝体的安全度要求。

自然边坡以松散堆积物及风化带构成的土质边坡，易产生滑坡、坍塌。其勘察一般需要查明岸坡堆积物的物质组成、结构、地下水形态等，对潜在滑坡方量进行必要的计算，提出工

程处理措施，如挖除、拦挡、护坡等。对于岩质边坡，应查明地质构造、岩体结构、风化带、卸荷带发育宽度、地下水形态等，只要存在后缘切割面，在地下水的长期浸润作用下，会导致软弱结构面物理力学指标进一步降低，易产生边坡失稳。

工程实例一：十三陵抽水蓄能电站上水库西外坡，原始地形为一单薄分水岭，库盆开挖过程中被夷平。库盆外侧自然边坡为 25°～35°，内坡以 1∶1.5 开挖后，酷似一座天然堤坝。库盆开挖过程中发现西坡岩体内有倾向库外的缓倾角断层分布，其泥化结构面构成了坡体滑移变形的潜在滑动面，存在发生变形破坏的可能性，可能发生滑动的边坡长度约为 450m。综合分析认为，西外坡岩体存在浅层滑动（图 11.2.3-2）和深层滑动（图 11.2.3-3）的可能性。通过上述的工程地质勘察，选择了预应力锚索与抗滑桩联合加固处理方案。

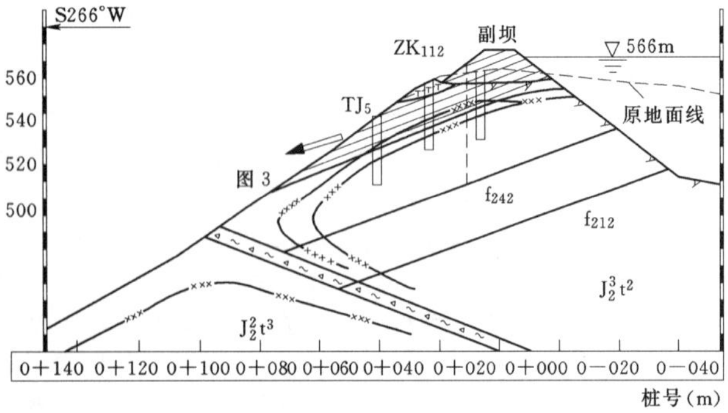

图 11.2.3-2　浅层滑动示意图

工程实例二：溧阳抽水蓄能电站上水库主坝右坝头库外边坡，此段分水岭长约 150m，分水岭走向为 60°～80°，地面高程 290～300m，库内、库外侧地形坡度为 32°～36°，地表除局部有 0.5～3.0m 厚的零星残坡积物分布外，大部分地段强风化基岩裸露，强风化带下限埋深为 25～30m。岩层产状 30°～60°/SE∠13°～20°，边坡走向与岩层走向交角较小，为 20°～40°，岩层倾向库外，倾角与库外地形坡角基本一致。库外侧

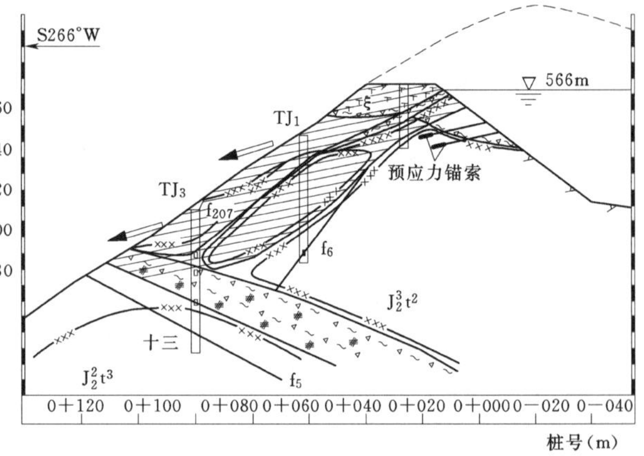

图 11.2.3-3　深层滑动示意图

PD_8 勘探平洞揭露岩性以石英砂岩为主，岩层产状为 20°～40°/SE∠15°～22°，见有 3 条层间错动，错动带充填 1～5mm 黄色泥。位于分水岭的 ZK_{40} 钻孔内岩层倾角为 20°～30°。因岩体完整性差，且有层间错动发育，水库蓄水后，将恶化层间弱面的性状，在水头作用下，受节理裂隙切割的岩体存在沿层间弱面向库外滑动的条件。该处边坡最不利地质剖面见图 11.2.3-4，抗滑稳定计算成果见表 11.2.3-1。工程处理措施为开挖掉不稳定岩体，重新填筑混凝土面板堆石坝。

表 11.2.3-1　主坝右坝头库外边坡抗滑稳定计算成果表

计算工况	规范要求的最小安全系数	不作任何工程处理时的自然边坡		
		沿 f_{n1}	沿 f_{n2}	沿 f_{n3}
正常蓄水位	1.3	1.1136	1.0942	1.1452
正常蓄水位＋地震	1.1	0.9933	0.9724	1.0061
死水位	1.3	1.1328	1.1184	1.2087
死水位＋地震	1.1	1.0092	0.9920	1.0571

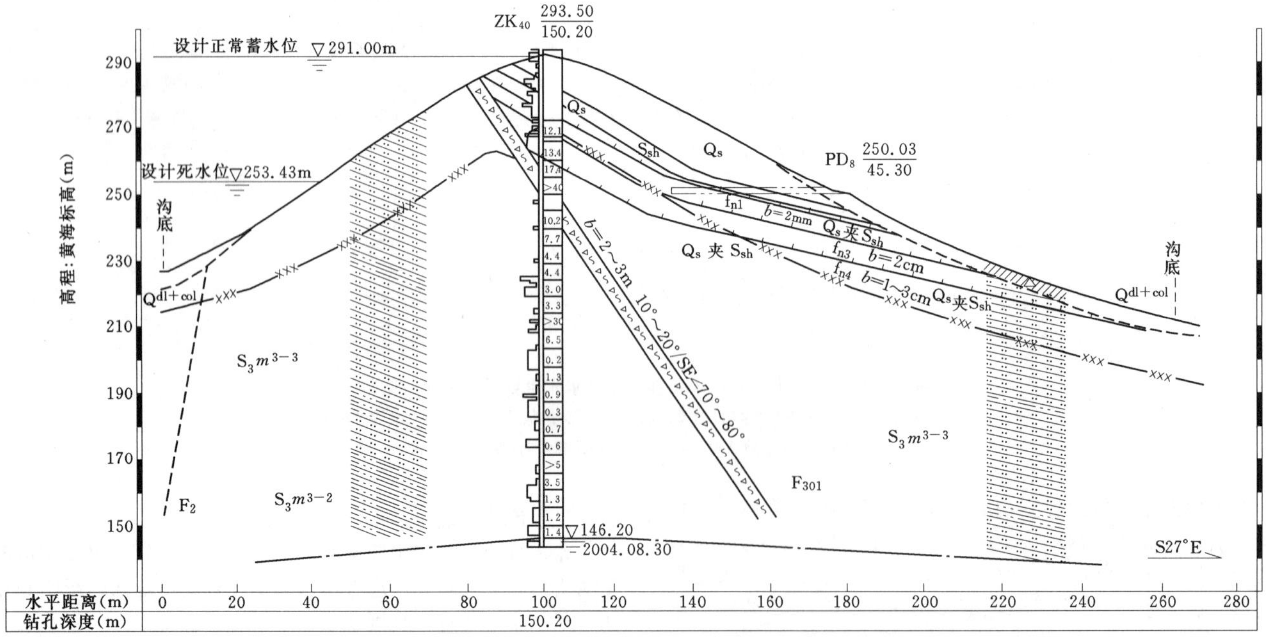

图 11.2.3-4　溧阳上水库主坝右坝头库外边坡地质剖面图

第四节　坝址勘察及工程地质评价

一、坝址选择

与常规水电站相比，抽水蓄能电站上、下水库的坝址、坝线位置选择的范围一般较小，一般具有以下特点。

（1）在冲沟内选择坝址，坝线的位置在冲沟上、下游尚有一定的选择范围。如琅琊山上水库，前期勘察比选了两条坝线，其中，上坝线位于琅琊山组难溶岩地层，下坝线位于车水桶组易溶岩地层内。两坝线距离约420m，经综合比较认为，虽然下坝线库容较大，但岩溶坝基处理难度较大，因此选择了相对容易处理的上坝线。

（2）山顶台坪地形上选择坝址，通常坝线选择范围十分有限，如张河湾上水库，库坝区为天然的台坪地形，周边为陡壁，需要开挖筑坝成库，由于库坝区地形狭窄，坝线（环库长约1900m）选择避开了陡壁边缘强风化带和重力卸荷影响带区域，未作专门性工程处理，保证了坝基稳定。

（3）山区河流上选择坝址，往往受电站枢纽布置影响，如敦化下水库，上、下坝址相距约900m，均具备建坝条件，但上坝址有利于输水发电系统布置，所以选择上坝址。

二、筑坝料勘察与土石方挖填平衡

（一）料场选择

抽水蓄能电站坝型多选择当地材料坝，特别上水库更是如此。一般在库区开挖范围内选择筑坝石料场，首先考虑开挖死水位以上石渣料，以便增加有效库容。尽量做到挖填平衡，如开挖石料不够，就需要有备用料场。

（二）风化石料的利用

水库库坝区岩石风化严重时，需研究利用全强风化石料作为坝基和筑坝填筑料的可行性。对坝基全强风化带应进行现场重力触探和载荷试验等。

筑坝石料场天然建筑材料的工程地质勘察与常规水电站类似，筑坝料的储量与质量均应满足相关规程规范的要求。

对于全强风化石料，进行力学强度试验，根据库盆开挖石料的具体情况设计坝体断面。如十三陵抽水蓄能电站上水库，混凝土面板堆石坝最大坝高75m，上游坝坡1：1.5，下游坝坡1：1.75。库盆区开挖石料中，全、强、弱、微风化料均有分布。对开挖石料场沿平行坝轴线和垂直岸主坝轴线两个方向进行勘察，并切制地质剖面图，剖面间距50m，据此进行石料场的工程地质分区，对不同工程地质分区的开挖石料按质量优劣分类堆放备用，指导工程开挖和坝体填筑。勘察过程中对不同风化类型的石料进行取样试验，坝体填筑料石料试验成果见表11.2.4-1。

表11.2.4-1　十三陵蓄能电站上水库坝体填筑料石料试验成果表

安山岩石料特征	比重	孔隙度（%）	最大干容重（g/cm³）	最小干容重（g/cm³）	黏聚力 c（MPa）	内摩擦角 φ（°）	渗透系数 k（cm/s）
全风化	2.71	27.4	1.97	1.47	0.08	30.3	1.9×10^{-4}
强风化	2.74	26.7	2.06	1.49	0.10	40.1	4.8×10^{-2}
全风化15%+弱风化85%	2.77	25.4	2.07	1.48	0.66	42.3	3.4×10^{-2}
全风化30%+弱风化70%	2.76	24.5	2.09	1.49	0.09	39.4	9.8×10^{-4}
弱风化	2.79	23.8	2.09	1.49	0.03	41	4.0×10^{-2}

作为筑坝堆石料，十三陵上水库坝体在保证有70%以上坚硬岩石作为骨架石料的条件下，允许掺杂小于30%的全强风化石料。坝体监测资料证明，采用此类筑坝料除施工期坝体沉降量较大外，其他变形稳定性等均满足要求。

三、斜坡坝基

修建于沟源部位的上水库坝址，往往沟谷纵坡坡度较大，坝修建在斜坡地基上（如宜兴抽水蓄能电站上水库）。特别是当坝基存在软弱结构面时，坝基结构面、坝体与建基面以及坝体本身等均存在易滑动变形等不稳定条件，需作专门勘察论证。

宜兴抽水蓄能电站上水库主坝坝基沿沟谷纵坡坡度在20°以上，局部超过30°。岩层为石英砂岩夹泥质粉砂岩和粉砂质泥岩，层面产状向下游缓倾，倾角10°～15°。坝轴线处最大坝高75m，原设计贴坡式堆石坝，坝脚至坝顶最大高差达285m。后改为在面板坝坝轴线下游水平距离135.5m处，建一座最大高度达45.9m的混凝土重力挡墙。挡墙墙趾至坝顶最大高差减少约一半，为138.2m。因此斜坡地基抗滑稳定问题是坝基的主要工程地质问题。坝基开挖后，建基面局部残留的软弱岩层ST_9，其工程性能尚好，不构成浅层滑动的边界条件，坝基产生浅层滑动的可能性小，据前期堆石料与基岩面间的大型直剪试验成果，堆石料与基岩面的抗剪强度均小于堆石体本身的强度，坝基浅层滑移面即为堆石料与基岩接触面。因此坝基开挖自上而下分为7～10个台阶，增加了坝基面的起伏程度，提高了堆石体在斜坡岩面的稳定性；坝基岩层缓倾下游，基岩内发育ST_9、ST_{10}、ST_{21}等软弱岩层，且其沿上、下界面发育有构造型软弱夹层和层面节理分布。经前期勘探揭示，软弱夹层沿层面充填岩片、岩屑，局部泥化，厚度1～2cm，经统计，该类缓倾结构面的连通率为32.1%～41.9%。坝基地形纵向坡度陡峻，形成天然的临空面，NW～NWW向断层及岩脉构成侧向切割面，与缓倾结构面相组合，具备产生深层滑动的边界条件。通过加强坝基排水、堆石体坡面浆砌石护坡及下游设置了重力挡墙等工程措施，提高了坝基的抗滑稳定性，见图11.2.4-1、图11.2.4-2。

四、坝址工程地质评价

根据上、下水库坝基的不同类型和所选择的不同坝型，如岩基和软基、重力坝或当地材料坝等，按各类坝型对地基的要求，针对各类地基的主要工程地质问题，进行工程地质评价。

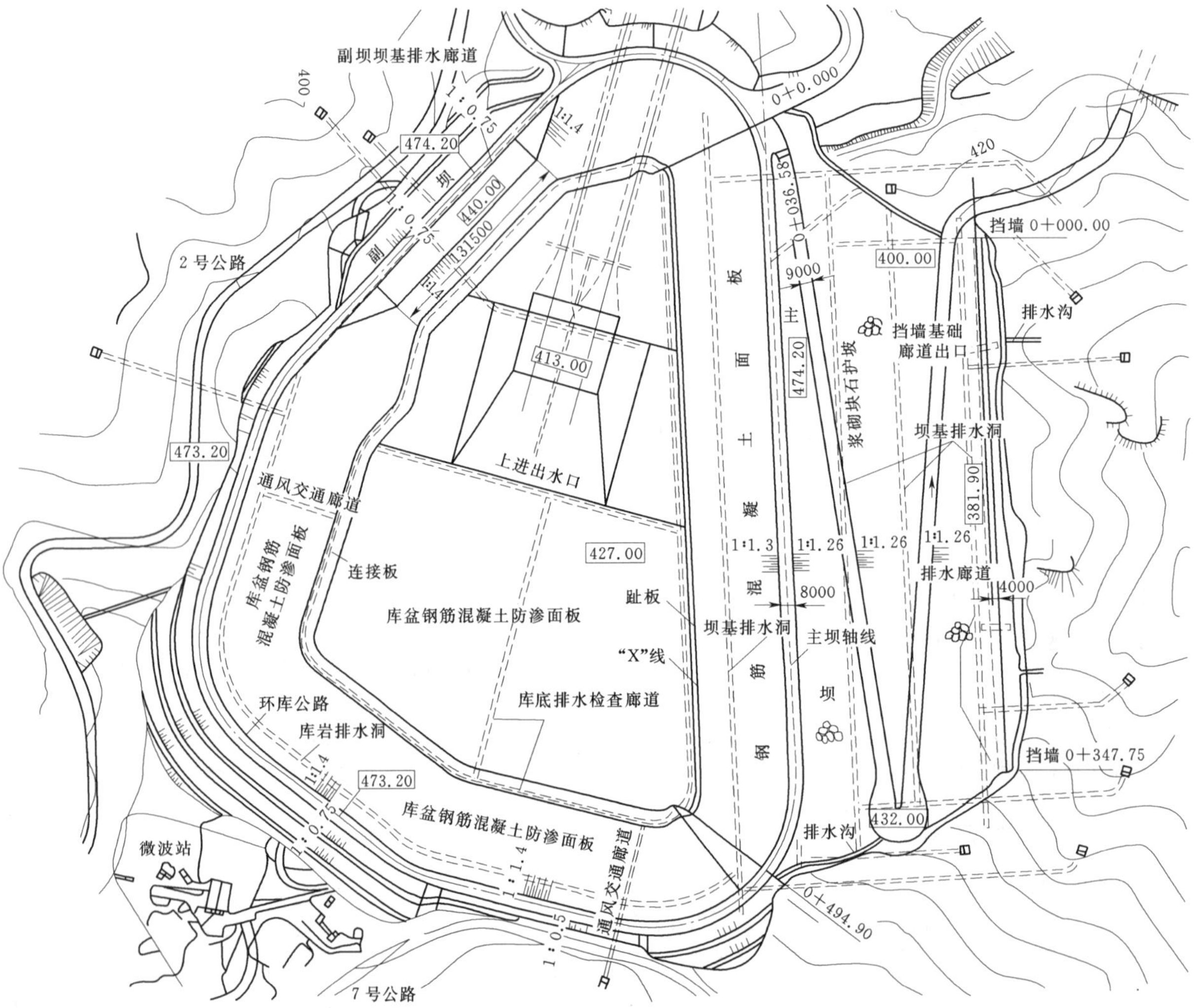

图 11.2.4-1　宜兴抽水蓄能电站上水库平面布置图

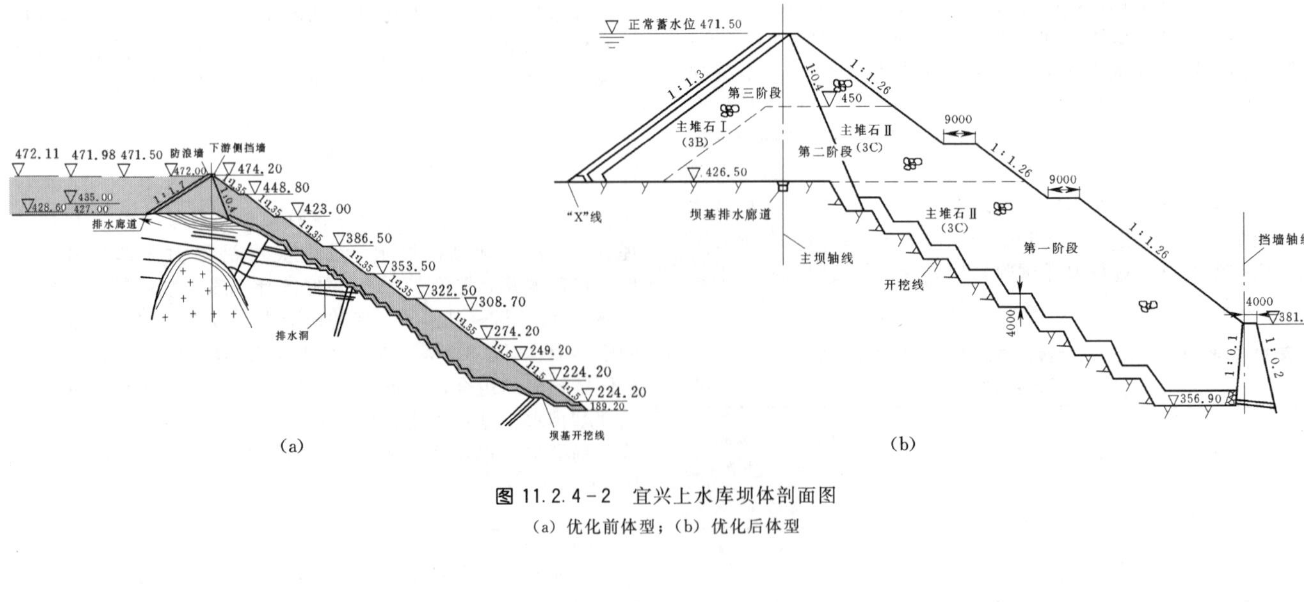

图 11.2.4-2　宜兴上水库坝体剖面图

(a) 优化前体型；(b) 优化后体型

第三章 输水发电系统工程地质勘察与评价

抽水蓄能电站输水发电系统隧洞穿越上、下两个水库之间山体。从上水库进出水口到下水库进出水口，输水隧洞高差多为数百米。压力管道多为斜井或竖井，承受较高内水压力。发电厂房可选择首部、中部、尾部布置方案，多为地下厂房，少数电站地形条件允许时，也可布置竖井式厂房或地面厂房。

第一节 输水系统线路选择

一、输水系统线路平面布置

抽水蓄能电站输水系统线路平面布置，通常是与上、下水库库（坝）址选择密切相关。不同库（坝）址有其相应的输水系统线路布置方案。当上、下水库库（坝）址确定后，输水系统线路一般选择在两水库之间地形地质条件利于布置地下洞室群的山体内。

规划阶段主要依据上、下水库之间地形条件选择输水线路，一般是沿山梁布置，隧洞线尽可能避开大型深切冲沟。

预可行性研究阶段，依据厂房区深钻孔资料和上、下库进出水口勘察资料，初步确定厂房位置后，推荐代表性输水隧洞线路方案。

可行性研究阶段，针对前期提出的代表性输水隧洞线路方案，进行厂房长勘探洞、厂房轴线探洞、沿隧洞线钻探等地勘工作，确定厂房位置和上、下水库进出水口位置后，最终确定输水系统线路布置方案。

[工程实例] 仙居抽水蓄能电站输水系统线路选择。

仙居抽水蓄能电站输水发电线路有南线和北线两个比较方案。

预可阶段对南线方案和北线方案进行了比选。南、北线输水系统分别位于 F_2 断层的两侧，分别属于两套不同的地层单元。南线为基性喷出岩及角砾凝灰岩夹层，尾水部分还有层状的凝灰质砂岩、泥岩，其岩性复杂，地质构造较发育，岩石相对软弱，围岩以Ⅲ类为主。北线沿线地层岩性为含砾熔结凝灰岩、角砾凝灰岩及凝灰质砂岩等，其间有北西向岩脉侵入。断层、节理发育，但规模均较小，以北西～北北西向为主，北东向次之，围岩以Ⅱ～Ⅲ类为主；北线上库进/出水口岩性好，覆盖风化浅，从开挖量、进洞条件、边坡支护处理等方面均优于南线。两种方案下库进/出水口均具备进洞条件，围岩类别基本相同，但南线方案后缘山梁岩体相对较破碎，岩性复杂，相对而言，北线方案优于南线方案，比选结果，推荐北线方案。

二、输水系统线路剖面布置

输水隧洞剖面上线路布置主要有两种类型，即斜井式和竖井式。地形地质条件是隧洞剖面线路选择的主要影响因素。当地形坡度陡、结构面平缓时，建议选择竖井式。否则，多选择斜井式。原则是减少隧洞长度，并使隧洞轴线尽可能与主要结构面保持大角度相交，以利于围岩稳定。

三、输水系统线路选择工程地质勘察

（一）上、下水库进出水口

有不同形式的进出水口，以侧向式较为常见。侧式进出水口要求有一定的地面坡度，以便减少开挖量。要求边坡地形较完整，洞口自然边坡稳定。若上水库库岸无合适的地形条件，也可以将进出水口选在库底，采用竖井式进出水口（如西龙池抽水蓄能电站）。依据水工建筑物要求及查明工程地质问题的需要布置勘探工作。

（二）压力管道及岔管

压力管道及岔管是输水系统的重要建筑物。需要根据隧洞线路布置及管道衬砌型式的设计方案，布置地质勘察工作，以及专门性的试验工作。

输水系统主要勘察工作布置见表 11.3.1－1。

表 11.3.1－1　输水系统线路主要勘察工作布置表

建筑物部位	主要勘察工作布置
上、下水库进/出水口	（1）应布置钻孔和勘探平洞。平洞深度宜穿过弱风化带，钻孔宜深入到建筑物底板以下。 （2）下水库利用已建水库时，对进/出水口围堰应适当布置钻孔，查明围堰的工程地质条件及工程地质问题，对改、扩建工程进行专门性工程地质勘察
水道系统沿线各建筑物（包括低压隧洞段及尾水洞段）	（1）地下厂房长探洞，长度应达到高压岔管部位，高程应在厂房顶拱以上 30m 左右。结合长探洞查明水道系统的工程地质问题。 （2）井式建筑物，如尾水闸门井、调压井、进/出水口闸门井宜布置钻孔。 （3）低压隧洞段（引水洞及尾水洞段）根据地形地质条件和上覆岩体厚度，布置控制性钻孔。当隧洞与铁路、公路及其他建筑物立体交叉时，宜适当布置勘探工作
高压隧洞及岔管	（1）钻孔勘探：布置在高压管道竖井或斜井及岔管部位。 （2）平洞勘探：地形条件允许时，可布置勘探平洞，洞长至高压管道部位。 （3）高压水渗透试验：在深孔中选择有代表性的试验段，进行专门性高压水渗透试验。试验压力要求大于内水压力的 1.2～1.5 倍。 （4）地应力测试：利用钻孔进行地应力测试，了解地应力状态

第二节 地下厂房系统工程地质勘察与评价

抽水蓄能电站地下厂房洞室群由发电厂房、主变室、尾水事故闸门室、压力岔管及其他隧洞（母线洞、出线洞、交通洞、排风兼安全洞等）组成。

根据电站的开发方式，即厂房与上水库的相对距离，可分为首部、中部、尾部厂房。发电厂房型式有地下厂房、半地下厂房（窑洞式及竖井式）和地面厂房。大中型抽水蓄能电站厂房建基高程较低，通常是采用地下厂房。

厂房位置的选择对抽水蓄能电站的建设有较大的影响，选择工程地质条件优越的厂房位置，对地下厂房洞室群的围岩稳定有利。

一、地下厂房勘察

（一）地下厂房勘察方法

在规划阶段，收集区域地质资料。工程区以地质测绘为

主，辅以物探及少量轻型勘探，初选地下厂房位置。地下厂房宜避开较大断层，置于较坚硬完整地层内，厂房轴线与工程区主要构造线尽量保持大角度相交。

预可行性研究阶段，对输水系统代表性布置方案的地下厂房或高压岔管部位，布置深孔至厂房底板以下，通过深钻孔，了解厂房洞室上覆的地层结构。并在钻孔内进行地应力测试和钻孔内高压压水试验。

可行性研究阶段，依据输水系统代表性布置方案，为确定地下厂房洞室群位置，需布置长勘探平洞及厂房轴线探洞等进行勘探。在探洞中开展现场岩体试验和测试工作，主要查明地下厂房洞室群区的工程地质条件及其围岩的工程地质特性，包括岩石（体）的物理力学性质、地下水及地层透水性、地应力、岩体的变形特征、岩石的放射性及有害气体等。进行围岩岩体详细分类并最终确定厂房位置及其轴线方向。

（二）地下厂房探洞布置原则

(1) 厂房勘探洞进口位置根据地形条件确定，洞口位于下水库内时，高程宜高于下水库正常蓄水位。探洞一般采用自流排水。探洞底板高于厂房顶拱 30m 左右较为适宜，有时受地形条件制约，长探洞高程较高时，建议探洞距厂房顶拱最大高差小于 1.5 倍厂房洞室高度。

(2) 厂房勘探长探洞的长度和轴线方向，在厂房位置尚未确定的情况下，宜依据地形条件确定探洞口位置，最好结合输水隧洞轴线布置。探洞长度达到设计推荐方案的高压岔管部位。对于特定的地形条件，也可以布置斜洞（如琅琊山厂房探洞）。

(3) 厂房轴线探洞一般与主洞正交或大角度相交，长度需超过厂房两端墙各 30～50m。必要时，还须布置岔管支洞以了解岔管部位的岩体情况。

(4) 探洞的横断面尺寸在满足地质编录的情况下，还应便于施工通行、排风设备布设，一般洞径为 2～2.5m。

(5) 厂房勘探洞的布置最好能结合水工建筑物，以便便于工程利用，如作为排水洞等。

国内部分大型抽水蓄能电站地下厂房主勘探洞特性见表 11.3.2-1。

表 11.3.2-1　国内部分大型抽水蓄能电站地下厂房主勘探洞特性表

序号	电站名称	所在地区	装机容量 (MW)	主　要　岩　性	厂房主勘探洞长 (m)	主勘探洞距厂顶距离 (m)	距高比
1	十三陵	北京	800	砾岩、安山岩	1040	150	5.0
2	西龙池	山西	1200	灰岩	825	30	3.0
3	张河湾	河北	1000	砂岩、变质安山岩	450	30	1.6
4	琅琊山	安徽	600	薄层灰岩	502	10	9.5
5	呼和浩特	内蒙古	1200	花岗岩	772	45	—
6	文登	山东	1800	花岗岩	1748	64	5.8
7	丰宁	河北	3600	花岗岩、凝灰熔岩	1661	51	7.1
8	敦化	吉林	1200	花岗岩	1650	64	6.7
9	广州一期	广东	1200	花岗岩	1538	55～62	6.7
10	广州二期	广东	1200	花岗岩	400	2～4	6.7
11	惠州	广东	2400	花岗岩、混合岩	1220	75～80	7.5
12	深圳	广东	1200	花岗岩	1300	55～60	9.46
13	阳江	广东	2400	花岗岩、混合岩	1026	85～90	3.97
14	清远	广东	1280	石英砂岩、粉砂岩、花岗岩	1179	23～28	5.07
15	天荒坪	浙江	1800	流纹质凝灰熔岩	793	15	2.50
16	天荒坪二期	浙江	2100	流纹质凝灰熔岩及火山角砾岩	1204	45	3.46
17	桐柏	浙江	1200	凝灰岩、花岗岩	794	—	4.68
18	仙居	浙江	1500	凝灰熔岩、凝灰质砂岩	1276	65	4.67
19	乌龙山	浙江	2400	凝灰熔岩、凝灰质砂岩	250	70	4.05
20	宝泉	河南	1200	花岗片麻岩、砂岩及灰岩	894	42	3.95
21	泰安	山东	1000	二长岩	830.5	70	8.94
22	宜兴	江苏	1000	砂岩、泥质粉砂岩	1710	60	7.18
23	洪屏	江西	1200	震旦系变质砂岩	1402.6	50	3.97
24	马山	江苏	700	细砂岩、花岗闪长斑岩	259（岸边地面厂房）	15	4.31
25	响水涧	安徽	1000	花岗岩	545	30	3.52
26	白莲河	湖北	1200	花岗岩	1079	40	8.0
27	仙游	福建	1200	晶屑凝灰熔岩	1301.5	30	4.65
28	永太白云	福建	1200	晶屑凝灰熔岩	1200	30	4.01
29	溧阳	江苏	1500	砂岩	1423	86	7.2
30	黑麋峰	湖南	1200	花岗岩	1365	63	5.1
31	北山	湖北	200	砂页岩	—	地面厂房	2.92
32	蟠龙	重庆	1200	砾岩、砂岩、泥岩	676	49	4.19
33	荒沟	黑龙江	1200	花岗岩	1331	0	4.24
34	蒲石河	辽宁	1200	花岗岩	440	30	8.9

(三) 钻孔的布置原则

(1) 厂房区钻孔多布置在地下厂房勘探洞内。钻孔的深度应至厂房底板以下 5～10m。钻孔结构需满足孔内试验、测试的要求。地表钻孔与探洞内钻孔在高程上应衔接。

(2) 厂房两端墙及中部应布置钻孔,孔间距小于 80m。厂房上、下游宜各布置钻孔。岔管部位需布置有钻孔。

(四) 试验项目及试验点布置

(1) 现场变形试验和现场抗剪试验:在厂房勘探洞内专门开挖的试验洞内进行,试验洞的开挖须预裂控制爆破。试验点应具有代表性,尽量在各种类别的代表性岩体中均有试验点。

(2) 地应力测试,宜在地表深钻孔和探洞内钻孔中进行。测试孔及试验点的选择应具有代表性,反映工程区地应力场特征。

(3) 高压压水试验,多应用于高水头抽水蓄能电站工程,目的是调查高水头压力下岩体的渗透特性,最大试验压力一般应是高压管道最大内静水压力的 1.2～1.5 倍。

(4) 探洞洞壁弹性波测试。沿洞壁表面或风钻孔之间进行测试。

二、厂房位置及其轴线方向选择

(一) 厂房区岩体工程地质单元划分

依据厂房长勘探洞所揭示地质条件,以主要构造带、岩性分界线等为边界条件,进行工程地质分段统计,划分工程地质单元。描述各单元工程地质特征。

地质单元划分工程实例见表 11.3.2-2。

表 11.3.2-2 某抽水蓄能电站地下厂房区探洞围岩特征分区统计表

地质单元编号		①单元	②单元	③单元	④单元	⑤单元	总计
探洞桩号		0～30	30～360	360～470	470～790	790～850	
岩石风化		弱风化	微风化	弱风化	新鲜	新鲜	
断层	总条数	1	3	10	4	1	19
	占比(%)	5	16	53	21	5	100
裂隙密集带	总条数	2	8	4	1	0	15
	占比(%)	13	53	27	7	0	100
长大裂隙	总条数	33	324	118	125	61	661
	占比(%)	5	49	18	19	9	100
	条数/10m 洞长	11	9.8	10.7	3.9	10.2	平均 7.8
水文地质	主要涌水点数	0	8	6	8	4	26
	涌水量(L/min)	0	45	545	55	495	1140
	占总涌水量比(%)	0	4	48	5	43	100
岩体完整性系数		0.45	0.65	0.2	0.95	0.7	
围岩类型		Ⅲ	Ⅱ为主	Ⅳ～Ⅴ	Ⅰ～Ⅱ	Ⅱ为主	
切割断层		f_1	f_2～f_4	f_5～f_{14}	f_{15}～f_{18}	f_{19}	
岩体质量评价		中等	较好	差	很好	好	

(二) 地下厂房位置选择

(1) 地下厂房位置选择的基本原则是:厂房、主变室等主要地下洞室应避免与较大断裂构造的交切,并尽量减少断裂构造对厂房上、下游其他水工隧洞围岩的不利影响。

(2) 通过对厂房勘探平洞的工程地质单元划分,选择地下完整岩体分布空间较大、地质条件相对优良的地质单元布置厂房洞室群。

(3) 结合设计的首部、中部、尾部厂房布置方案,通过各个地质单元工程地质条件综合比较,推荐地下厂房位置。进一步开展厂房轴线勘探洞及钻探、现场试验工作。

(4) 地下厂房位置还应充分考虑到厂房上游岔管和下游主变室、尾水闸门室等围岩的稳定条件。

(5) 工程实例:文登抽水蓄能电站地下厂房位置选择工程地质条件比较见表 11.3.2-3。

表 11.3.2-3 地下厂房位置选择工程地质条件比较表

项目		首部厂房	中部厂房	尾部厂房
1	地质单元	f_{11-23} 上游的 F 单元,对应于 PD_{11} 桩号 0+467～0+588m 及其上游的至少 121m 范围内	f_{11-17} 下游侧的 D 单元,对应于 PD_{11} 洞内桩号 0+000～0+324m 及 PD_1 洞内桩号 1+446～1+748m 约 600m 范围内	f_{12} 上游侧的 C 单元,对应于 PD_1 洞内桩号 0+845～0+987m 约 140m 范围内
2	地形地貌	位于上水库右岸分水岭与大过顶之间的垭口部位,主厂房对应地表高程为 538m。垭口处山体单薄,向西为六度寺沟,平均坡降 20%～30%;向东为苇夼沟,平均坡降 10%～15%。地表植被茂盛,覆盖层相对较厚。地下厂房位置上覆岩体厚度在 380～480m 之间	地貌上位于大、小过顶及其南坡垭口部位,地面高程 350～613m,山体雄厚,地面平均坡降 30%～35%,基岩裸露,覆盖层较薄。地下厂房位置上覆岩体厚度在 270～530m 之间	厂区在地表位于紫经泉水厂北侧附近,地表高程为 200～300m,为一小山包,山体相对单薄,地表平均坡降 10%～15%,植被较发育,覆盖层相对较厚。上覆岩体厚度在 120～220m 之间
3	地层岩性	岩性为印支期石英二长岩,局部有后期侵入的煌斑岩脉,岩质坚硬,大部分呈整体块状～块状结构,局部断层发育部位呈碎裂结构	岩性为晋宁期二长花岗岩和印支期石英二长岩,呈混熔接触,局部发育后期侵入的煌斑岩脉。岩质坚硬,呈整体块状～块状结构	岩性为晋宁期二长花岗岩和印支期石英二长岩,呈混熔接触,局部发育后期侵入的煌斑岩脉。大部分呈块状～次块状结构,断层发育部位呈碎裂结构
4	地质构造	厂区附近发育有Ⅱ级结构面 f_{11-23},产状:NE85° SE∠75°,断层及影响带宽 30m,主要由碎裂岩及后期侵入的煌斑岩脉组成,对尾水岔管和交通洞围岩稳定影响较大;Ⅲ级结构面 f_{11-26},产状:NW280° SW∠77°,宽 1.0～1.5m,由碎裂岩组成,切割主厂房和高压管道下平段。 根据勘探平洞 PD_{11} 裂隙统计,裂隙型结构面优势产状为 NW275°SW∠85°,与高压管道轴线方向交角约为 68°,与厂房轴线交角 48°	厂区附近仅发育 3 条Ⅳ级结构面,即 f_{202}、f_{203} 及 f_{1-60}。断层产状:走向 NW280°～296°,倾向 SW,倾角∠75°～81°,断层带宽 0.02～0.2m,由碎裂岩组成。断层与厂房轴线交角都在 33°以上。 裂隙以近 EW 向陡倾角为主,优势产状为 NW275°SW∠80°,其走向和厂房轴线方向交角为 30°,与高压管道轴线方向交角约为 68°	发育 2 条Ⅲ级结构面 f_{1-40}、f_{1-41},f_{1-40} 产状:NW275°SW∠73°,宽 1.0m,主要由碎裂岩组成,切割安装场、主变室和闸门井室;f_{1-41} 产状:NW285°SW∠85°,宽 0.8～1.0m,主要由碎裂岩及后期侵入的煌斑岩脉组成,切割厂房及高压管道下平段。 勘探平洞 PD_1 裂隙型结构面以近 EW 向陡倾角裂隙,优势产状为 NW278°SW∠80°,其走向和厂房轴线方向交角为 33°,与高压管道轴线方向交角约为 65°
5	工程地质问题评价	地质单元完整岩体范围较小,有较大断层带发育,围岩完整性差。 地下厂房距离上水库较近,水库渗漏对厂房有较大影响。 工程地质条件差	地质单元完整岩体范围较大,断层规模小,围岩完整性好。 地下厂房距离上水库较远,水库渗漏对厂房有无影响。 工程地质条件好	地质单元完整岩体分布范围较小,有较大断层带发育,围岩完整性中等。 地下厂房距离下水库较近,水库渗漏对厂房有一定影响。 工程地质条件中等

（三）厂房轴线方向选择

（1）地下厂房轴线方向的选择，是在初步选定厂房位置的基础上，根据可能切割洞室的主要构造结构面特征、地应力状态等综合研究确定。

（2）一般原则上讲，地下厂房洞室的长轴方向应与最大主应力方向平行或小锐角相交，洞室轴线应与切割洞室主要结构面保持大锐角相交。

（3）工程统计显示（表11.3.2-4），许多抽水蓄能电站地下厂房轴线方向选择，对于主应力与主要结构面二者不能兼顾时，需作具体分析：

1）在最大主应力大于20MPa的高地应力区，或围岩强度应力比值较小时，应保持厂房轴线与最大主应力方向较小锐角相交，使洞室围岩应力较均匀分布，减少发生岩爆的几率和围岩变形量。

2）在中低地应力区，可以重点考虑岩体结构面的影响，最大主应力可与洞室轴线以较大锐角相交。

表11.3.2-4　部分抽水蓄能电站地下厂房轴线与最大主应力及结构面关系表

工程名称	厂房轴线方向	最大主应力			主要结构面	
		量级（MPa）	方向	与轴线夹角	方向	与轴线夹角
十三陵	NW280°	17.5	NW305°	25°	NE30°～45°	55°～70°
西龙池	NW280°	12.0	NE55°	45°	NE15°～40°	60°～85°
张河湾	NE40°	5.5	NE70°	30°	NW355°	45°
丰宁	SN0°	12～18	NE79.5°	79.5°	NE40°、NW300°	40°～60°
文登	NE65°	9.3～17.7	NW285°	40°	NW270°～295°	35°～51°
板桥峪	NE50°	11.8	NW292°	72°	NW280°、NE80°	30°～50°
琅琊山	NW280°	7～10	NE88°	12°	NE50°	60°
呼和浩特	NE15°	16	NE55°	40°	NE65°、NW335°	40°～50°
仙居	NW340°	10～15	NE63°	83°	NE50°～70°	70°～90°
洪屏	NW312.5°	7.65	NW308°	2.5°	NE65°	67.5°
清远	NE5°	12～16	NW359°	6°	NE85°	80°
天荒坪	NW330°	15～20	NW359°	29°	NE15°	45°
荒沟	NW331°	5～10	NE89°	61°	NW350°	19°

（4）工程实例：图11.3.2-1为丰宁厂房轴线方向与最大主应力及结构面关系图。厂房轴线选择SN向，基本位于NW、NE两组结构面的角平分线上，保持较大锐角相交。由于地应力最大主应力属于中等量级，并且与中间主应力量值相差较小。故轴线与最大主应力之间有较大锐角相交。

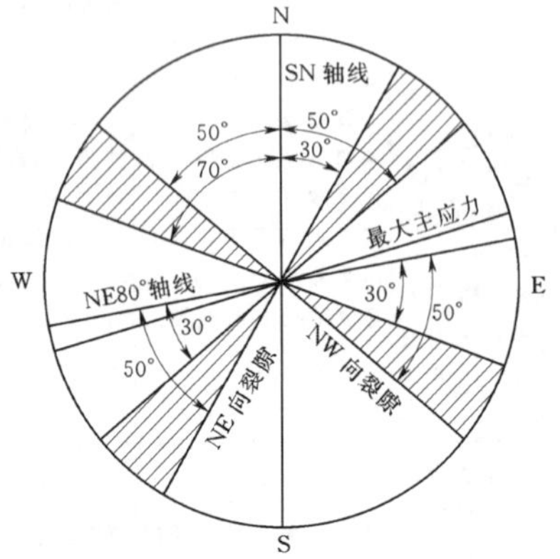

图11.3.2-1　丰宁厂房轴线方向与最大主应力及结构面关系图

三、洞室群围岩稳定性评价

地下厂房与主变室通常是两个平行布置的高边墙大跨度洞室。洞室顶拱、边墙以及两洞室之间的岩柱体，若变形量超过允许范围，围岩就会失稳。地下洞室围岩分类和围岩稳定性评价详见第八篇相关内容。

四、地下厂房洞室群区水文地质条件

（一）涌水量预测

地下厂房洞室开挖高程最低，其他隧洞开挖所排出的地下水，在没有其他工程措施的情况下，也最终排泄到地下厂房，在厂房洞室区形成地下水位降落漏斗。前期勘察需预测和评价厂房洞室的地下水涌水量。

1. 按集水廊道涌水量计算

（1）计算公式：

$$Q=2(\pi/2+H/R)KBH/(\lg R-\lg r_w)$$

式中：K为岩体渗透系数，m/d；H为洞体上方水头，m；R为影响半径，m；B为集水廊道长度，m；r_w为集水廊道半径，m。

（2）工程实例：丰宁抽水蓄能电站将地下厂房洞室作为一个地下集水廊道考虑，地下洞室涌水量计算如下：

$$Q=2(\pi/2+H/R)KBH/(\lg R-\lg r)$$

参数取值：

K为岩体渗透系数，取值0.015m/d；H为洞体上方水头，取值498m；R为影响半径，取值850m；B为集水廊道长度，取值207m；r为集水廊道半径，取值25m；

计算结果：$Q=4350m^3/d$

2. 水文地质比拟法

计算公式为

$$Q=Kqm$$

式中：K为系数，可近似取值1；q为厂房长勘探洞单位面积排出地下水量；m为预测涌水地下洞室表面积。

3. 三维渗流场分析法

将输水发电系统作为一个整体考虑，建立计算机水文地质模型，分析地下水渗流场，计算出洞室地下水涌水量。

国内部分大型抽水蓄能电站地下厂房洞室预测地下水涌水量统计结果见表11.3.2-5。

表11.3.2-5　部分大型抽水蓄能电站地下厂房洞室预测地下水涌水量表

电站名称	所在地区	装机容量（MW）	主要岩性	预测地下厂房涌水量（m^3/d）
十三陵	北京	800	砾岩、安山岩	3500
西龙池	山西	1200	灰岩	2000
琅琊山	安徽	600	薄层灰岩	1900
呼和浩特	内蒙古	1200	花岗岩	3400
文登	山东	1800	花岗岩	4500
丰宁	河北	3600	花岗岩、凝灰熔岩	2350
泰安	山东	1000	花岗片麻岩	750
宜兴	江苏	1000	砂岩、泥质粉砂岩	2073
黑麋峰	湖南	1200	花岗岩	1180
荒沟	黑龙江	1200	花岗岩	4707
蒲石河	辽宁	1200	花岗岩	6000

（二）厂房探洞排水作用

地下厂房长勘探洞高程低，对上、下水库之间分水岭地下水往往有明显排水作用，大大降低山体内地下水位，上水库库水容易向厂房等地下洞室渗漏，不利于上水库防渗。

［工程实例］

（1）溧阳抽水蓄能电站PD_5平洞的开挖改变了厂区地下水排

泄条件，平洞开挖前地下厂房区山体的北、东、西三面山脚均有较大的泉水出露，ZK_4、ZK_{29}、ZK_3 等 3 个钻孔的地下水埋深分别为 90.8m、65m、25m，相应的水位为 126.15m、161.1m、129.5m。PD_5 平洞开挖后，自 2003 年 8 月 30 日起，山体地下水位下降明显，当时距 PD_5 平洞约 120m 的 ZK_{29} 钻孔水位由平时的 150m 左右下降到 2004 年 4 月的 70m 左右。同时位于引水洞部位的 ZK_{28}、ZK_{47} 等钻孔水位也相应下降。厂区勘探平洞一带已形成最低水位为 70m 左右的地下水低槽。平洞内的钻孔均由于周围地下水位高于平洞高程而造成钻孔涌水现象。

（2）泰安抽水蓄能电站地下厂房长勘探平洞的开挖，降低了与上水库之间分水岭（横岭）的地下水位，沿探洞形成地下水深槽。致使上水库坝址钻孔地下水与厂房探洞内钻孔地下水相联系，上水库地下水沿一组陡倾角张性透水裂隙渗漏至地下厂房。因此，上水库靠近厂房一侧库岸作了面板防渗处理。

（三）地下水水质对结构衬砌的影响

工程实例：江苏宜兴抽水蓄能电站酸性水问题。

江苏宜兴抽水蓄能电站由上水库、下水库、输水系统及地下厂房和地面开关站等组成，总装机 4×250MW。主体工程自 2003 年 7 月开始，至 2007 年 8 月 1 号机组发电，2008 年 12 月 4 台机组全部投入商业运行。

该电站在前期勘察工作中发现地下厂房区地下水的 pH 值为 4.92～6.88，具有弱～强的一般酸性腐蚀。电站运行后，发现网架面板被滴穿、腐蚀，3～4 号机组段发电机层也受到影响，地下水 pH 值在 2.3～5.05。地下水呈酸性的原因是与岩屑砂岩岩体中黄铁矿（FeS_2）的氧化有关，地下厂房区探洞和厂房洞室群开挖使含水层疏干、地下水位降低，氧气进入到被疏干的岩层中，使原来的还原环境转化为氧化环境，从而强化了岩层中硫、铁、锰等的化合物的氧化作用，产生一系列复杂的化学反应，使原来中性水向酸性、强酸性水转化。

为尽可能减少参与化学反应的渗水量，确保地下厂房支护结构的长久稳定，根据酸性水的分布范围、成因以及地下厂房的运行状况，设计提出以“有针对性的局部处理、堵排措施结合、全面长期监测”为主的处理原则；利用固结灌浆堵住主要渗水通道，阻止氧气、水与黄铁矿的充分接触，采用加密周边排水幕和随机排水孔的方法，减少顶拱围岩的含水量，阻止黄铁矿氧化及水解反应的进行。工程处理后效果较好，消除了酸性水对支护结构的不利影响。运行期将对水质、酸性水区域锚索、锚杆应力、围岩变形等进行长期跟踪监测，确保地下厂房的永久安全运行。

第三节　压力管道及岔管围岩在高压水作用下渗漏及稳定性评价

抽水蓄能电站压力管道及岔管一般承受高于常规水电站的内水压力。研究围岩在高压水作用下的渗透特性方面，取得了一定经验。现场高压水试验证明，岩体在高压水作用下，有水力劈裂的临界压力值，当内水压力超过此压力值时，就会产生岩体劈裂破坏，发生较大流量渗漏。

在分析研究压力管道及岔管围岩渗漏及其稳定性时，上抬理论挪威准则和最小主应力准则是判断围岩稳定性的必要条件，但尚不够，还需要研究岩体在高压水作用下的渗透特性。依据高压压水试验成果，分析不同类型岩体在高压水作用下的抗裂隙扩张强度、抗劈裂强度、变形特性、渗透特性等，评价压力管道围岩在高内水压力作用下的渗漏及稳定性，为管道衬砌型式选择提供地质资料。

当有相邻无水隧洞，或隧洞距离地表陡壁面较近时，渗漏和渗透稳定问题较为突出。

一、岩体高压水渗透破坏机理

从以下几方面分析岩体高压水渗透破坏机理（见表 11.3.3-1）。

表 11.3.3-1　　岩体高压水渗透破坏机理

分析方法	岩体高压水渗透破坏
岩体力学	隧洞围岩在内水压力作用下，在隧洞周边的环向拉应力大于岩石抗拉强度与地应力值之和时，将产生水力劈裂。钻孔高压压水试验证实：裂隙岩体只要内水压力高于围岩初始应力，裂隙就会发生扩张
地下水动力学	高压水在有裂隙的岩体中运移时，受到岩体的阻力作用，使水头逐渐衰减。当实际高压水渗透力大于岩体的阻力时，岩体就会产生大量漏水或渗透破坏
渗透破坏现象	主要表现为完整岩体劈裂、裂隙岩体中结构面扩张以及松散软弱物质的冲刷和冲蚀等
渗透破坏梯度	地下隧洞岩体在高压水的作用下，存在一个使岩体产生大量渗漏或渗透破坏的渗透破坏梯度（i_0），当实际渗透梯度（i）大于 i_0 时，岩体将发生大量渗漏甚至遭受渗透破坏

二、高压水渗透试验成果分析

通过高压水渗透试验得出的 P～Q 曲线有六种类型，见表 11.3.3-2。

表 11.3.3-2　　P～Q 曲线类型示意图表

类型名称	A（层流）型	B（紊流）型	C（扩张）型	D（冲蚀）型	E（充填）型	F（地层抬动）型
P～Q 曲线	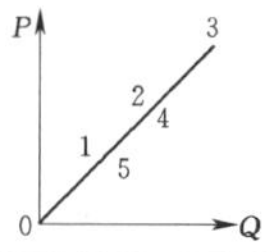	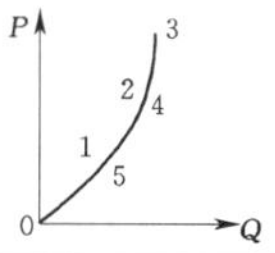	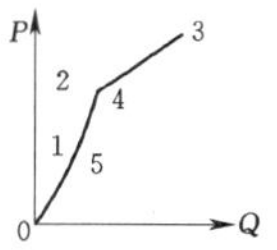	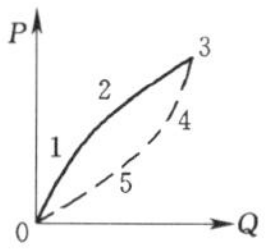	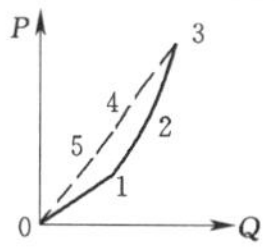	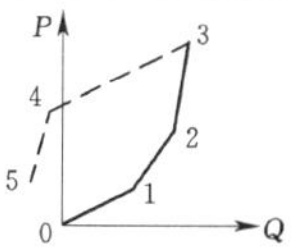
曲线特点	升压曲线为通过原点的直线，降压曲线与升压曲线基本重合	升压曲线凸向 Q 轴，降压曲线与升压曲线基本重合	升压曲线凸向 P 轴，降压曲线与升压曲线基本重合	升压曲线凸向 P 轴，降压曲线与升压曲线不重合，呈顺时针环状	升压曲线凸向 Q 轴，降压曲线与升压曲线不重合，呈逆时针环状	升压曲线凸向 Q 轴，降压曲线与升压曲线不重合，呈逆时针环状
解释	渗流状态为层流；试验过程中，裂隙状态没有发生变化	渗流状态为紊流（指所有非线性 P～Q 关系的通称）；试验过程中，裂隙状态未变化	裂隙状态发生了变化，渗透性增大；这种变化是可逆的，呈弹性扩张性质	裂隙状态发生了变化，渗透性增大；这种变化是不可逆，多由裂隙中充填物被冲蚀、移动造成的	裂隙状态发生了变化，渗透性减少；多由裂隙部分阻塞造成，也可能是半封闭裂隙被水所充填	裂隙状态发生了变化，渗透性减少；由于裂隙部分堵塞、封闭、半封闭式扩张或地层抬动形成一定空间的储水体，当减压一定程度时，水会回流出

三、典型工程高压压水试验成果

（一）仙居抽水蓄能电站高压压水试验成果（表 11.3.3-3）

表 11.3.3-3　　仙居抽水蓄能电站高压压水试验成果表

钻孔编号	序号	测段孔深 (m)	最大试验压力 P (MPa)	最大试验流量 Q (L/min)	透水率 q(Lu)	渗透系数 K (m/d)	$P\sim Q$ 曲线类型	临界渗透压力 P_{cr} (MPa)
	1	50.00～55.00		8.42	0.22		D	6.0
	2	55.00～60.00		4.24	0.11	0.0013	A	≮7.5
	3	60.00～65.00		15.50	0.41		D	6.0
	4	65.00～70.00		21.08	0.56		D	4.5
	5	70.00～75.00		28.58	0.76		D	4.5
ZK_{201}	6	75.00～80.00	7.5	29.75	0.79		E	≮7.5
	7	80.00～85.00		29.83	0.80		E	≮7.5
	8	85.00～90.00		28.67	0.76		D	3.0
	9	90.00～95.00		28.42	0.76		D	3.0
	10	95.00～100.00		25.92	0.69		D	4.5
	11	100.00～105.00		20.42	0.54		D	6.0
	1	50.00～55.00		18.25	0.49		D	6.0
	2	55.00～60.00		16.58	0.44		D	6.0
	3	60.00～65.00		0.59	0.02	0.0002	A	≮7.5
	4	65.00～70.00		0.89	0.02	0.0003	A	≮7.5
	5	70.00～75.00		27.17	0.72		D	4.5
ZK_{202}	6	75.00～80.00	7.5	23.17	0.62		D	4.5
	7	80.00～85.00		26.75	0.71		D	6.0
	8	85.00～90.00		24.92	0.66		D	3.0
	9	90.00～95.00		0.66	0.02	0.0002	A	≮7.5
	10	95.00～100.00		24.75	0.66		D	4.5
	11	100.00～105.00		19.67	0.52		D	6.0
	1	50.00～55.00		22.67	0.60		D	4.5
	2	55.00～60.00		26.67	0.71		D	4.5
	3	60.00～65.00		19.83	0.53		D	6.0
	4	65.00～70.00		0.82	0.02	0.0002	A	≮7.5
	5	70.00～75.00		25.75	0.69		D	6.0
ZK_{203}	6	75.00～80.00	7.5	23.58	0.63		D	6.0
	7	80.00～85.00		23.58	0.63		D	6.0
	8	85.00～90.00		20.50	0.55		D	6.0
	9	90.00～95.00		0.54	0.01	0.0002	A	≮7.5
	10	95.00～100.00		0.58	0.02	0.0002	A	≮7.5
	11	100.00～105.00		0.58	0.02	0.0002	A	≮7.5

（二）丰宁抽水蓄能电站高压压水试验成果（表 11.3.3-4）

表 11.3.3-4　　丰宁 ZK_{309} 钻孔测段岩石劈裂临界压力值统计表

测段深度 (m)	临界应力 (MPa)	情况说明
348.0～353.2	5.19	5.19MPa 破裂，后压力逐渐升至 7.19MPa
353.2～358.4	6.19	6.19MPa 破裂，后压力逐渐稳定于 3.69MPa
358.4～363.6	3.19	3.19MPa 破裂，后压力逐渐稳定于 2.69MPa
363.6～368.8	3.19	3.19MPa 破裂，后压力逐渐稳定在 4.49MPa
368.6～373.8	4.19	4.19MPa 破裂，后压力逐渐稳定在 3.19MPa
373.8～379.0	2.19	2.19MPa 破裂，后压力逐渐升到 3.89MPa
434.5～439.7	8.19	8.19MPa 破裂，后压力逐渐稳定在 6.19MPa
440.8～446.0	>9.19	9.19MPa 未产生水力劈裂
446.0～451.2	5.19	5.19MPa 破裂，后压力逐渐稳定在 5.79MPa

（三）板桥峪抽水蓄能电站高压压水试验成果（表 11.3.3-5）

对表 11.3.3-5 试验成果作以下分析：

（1）完整的Ⅰ～Ⅱ类围岩洞段：岩体破裂压力约为 10MPa，围岩可以承受压力隧洞的内水压力，其高压渗透变形在弹性范围内，岩体透水率很小。

（2）裂隙发育的Ⅲ类围岩洞段：围岩在内水压力的作用下，渗漏量相对较大，个别有充填物的结构面容易产生冲蚀破坏，岩体渗水量会进一步增大。特别是压力竖井约高程 320m 以下段，与 F_{142} 断层之间岩柱体厚度为 20～50m，实际水力坡降可能大于临界坡降，产生管道内水向 F_{142} 断层渗漏。因此需重点做好高压固结灌浆处理。

（3）断裂破碎带Ⅳ～Ⅴ类围岩（F_{142} 等）洞段：F_{142} 断层带结构较松散，破碎带宽度 0.5～1.5m，影响带 3～5m，从压力隧洞下平段切过。断层与竖井之间岩体中发育走向近 EW 向

表 11.3.3-5　　板桥峪抽水蓄能电站岩体高压压水试验成果表

试段岩体状况	试验方法	试段编号	试段孔深（m）	试验压力（MPa）	稳定流量（L/min）	透水率（Lu）	备　注
完整	快速	ZK_{29-2}	49.5～54.4	3.51	0	0	推断岩石破裂压力约为 10MPa，其极限渗透坡降为 18.18
				6.51	2.0	0.01	
				9.51	1.0	0.00	
	中速	ZK_{29-2}	49.5～54.4	4.51	0.6	0.02	
				8.51	1.0	0.02	
				12.51	15.0	0.22	
		ZK_{27-4}	99.6～14.5	5.0	0	0	分析岩石破裂压力大于 12MPa
				10.0	2.0	0.04	
				11.0	2.5	0.05	
				12.0	3.0	0.05	
	慢速	ZK_{27-3}	75.5～80.4	7.3	0.5	0.01	$P\sim Q$ 曲线 $P=10.3$MPa 有明显拐点，说明岩体开始发生破裂
				9.8	1.5	0.03	
				10.26	4.5	0.08	
				11.26	6.0	0.10	
				12.26	8.5	0.14	
		ZK_{28-2}	61.3～66.2	5.62	2.0	0.07	试验中最大流量 7.6L/min
微小闭合裂隙	慢速	ZK_{29-1}	38.7～44.0	1.41～4.41	2.4～14.6	0.10～0.62	试验时间延长流量增大
	快速	ZK_{27-1}	29.1～34.0	3.31	0	0	岩体透水性弱
				6.31	2.0	0.06	
				9.31	5.0	0.11	
	中速	ZK_{27-2}	66.1～71.0	2.62	0	0	试验压力 9.62MPa 连续加压 20min，流量由 5.5L/min 骤升为 15.4L/min，其极限渗透坡降为 13.55
				5.62	0.4	0.01	
				6.62	0.8	0.02	
				9.62	15.4	0.32	
张性裂隙	中速	ZK_{29-3}	69.8～75.1	1.71	11.2	1.22	有张性裂隙发育的岩体，渗流量与试验压力成正比
				2.71	15.0	1.03	
				3.71	18.0	0.91	
		ZK_{29-4}	92.1～97.5	1.42	10.8	1.42	
				1.92	12.6	1.23	
				2.42	17.0	1.31	
	慢速	ZK_{28-1}	34.5～39.4	3.86	15.0	0.79	与探洞内裂隙连通出水

注　试验时间：快速 10min，中速 30min，慢速 120～240min。

和 NE30°～40°两组结构面。F_{142} 断层及其影响洞段的围岩不能承受管道内水压力的作用，将产生较大的渗漏量以及渗透破坏和岩体变形破坏。所以对 F_{142} 断层带影响洞段的围岩应做好工程处理。

四、工程实例

（一）宝泉抽水蓄能电站压力管道渗漏问题

宝泉抽水蓄能电站引水系统上斜井自上而下穿越三种岩性不同的水平地层。上部以泥灰岩为主，岩石遇水泥化，为强透水层和良好的含水层。中部岩层为砂岩夹泥质粉砂岩、页岩，也是良好的含水层。下部为花岗岩。其中中部地层形成高约 200m 的陡壁地形，高程约 500～700m，而其上、下地形均为小于 30°的缓坡。

三种岩层之间接触部位受风化、卸荷影响，形成古风化壳，节理、裂隙发育，岩体破碎。两条古风化壳在上斜井出露宽度 15～25m，出露高程上部为 655～664m、下部为 514～519m。古风化壳本身及影响带富含地下水，且与外界大气连通，有补给源。自正、反导井开挖揭露古风化壳后，均出现持续的大量涌水，围岩在地下水作用下，不断出现坍塌现象。

1 号正导井出水量 28m³/d，反导井出水量 10～20m³/d；2 号正导井出水量 5m³/d，反导井出水量 65m³/d。1 号上斜井导井贯通后出水量 65m³/d。

宝泉压力管道钢筋混凝土衬砌厚度约 1m，古风化壳地段：1 号渗漏量 200L/s，2 号 110L/s。

（二）马山抽水蓄能电站压力管道高压压水试验成果分析

马山抽水蓄能电站 1 号试验孔分别在孔深 5～15m、15～25m、25～35m、35～45m、45～55m 分段进行了孔组的综合高压压水试验，试验的 $P\sim Q$ 曲线见图 11.3.3-1。

从图 11.3.3-1 中可以看出：在升压试验时水压从 0MPa 向 1.5MPa 升压过程中呈现出紊流（B）曲线特征趋势，而到了 1.5MPa 以上即转向张裂（C）扩张型。通过渗水量的观察可以得知当水压在 1.5MPa 时渗水量为 12L/min，当水压升至 2.0MPa 时渗水量为 18L/min，当水压升到 2.5MPa 时渗水量基本维持在 30～35L/min 之间，且压力有时下降，$P\sim Q$ 曲线

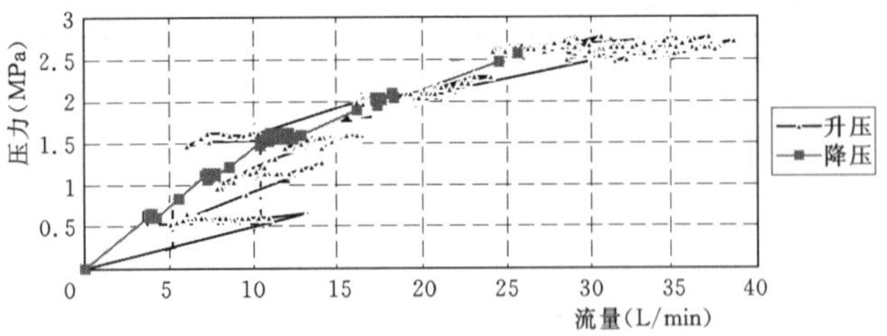

图 11.3.3-1　马山电站 1 号孔压水试验 $P\sim Q$ 曲线图

形态为典型的凸向 P 轴渗透破坏曲线。曲线基本平滑，折点虽不十分明显，但从曲线曲率形态上可以分析判断出 1.5～2.5MPa 其间是产生渗透破坏渗压区间段；从渗压与相应渗水量递增率可以看出，从 1.5MPa 升压到 2.0MPa 时渗水量增加 6L/min，当从 2.0MPa 升压到 2.5MPa 时渗水量增加 10L/min，到 2.5MPa 以后就出现了裂隙张裂破坏，渗水量大幅度增加。由此判断 1.5MPa 是产生渗透破坏的启动渗透压力，2.0MPa 是产生渗透破坏的临界压力，2.5MPa 是产生渗透破坏的压力。

降压阶段：从 2.5～0.0MPa 逐级（2.5MPa、2.0MPa、1.5MPa、1.0MPa、0.5MPa）降压试验过程中，其渗水量虽比升压时略小，但曲线形态基本相似。

通过以上分析判断第一循环的压水试验 $P\sim Q$ 曲线为 C 型，属裂隙张裂破坏类型。

渗透试验成果表明，在设定试验压力下，岩体发生了渗透破坏，岩体渗透破坏临界压力变化在 1.5～2.0MPa，与电站正常运行水头相近或略低，说明本工程岩体对采用钢筋混凝土压力管道和岔管结构型式的适应性较差。

五、高压管道采用钢筋混凝土衬砌的围岩条件

高压管道及岔管采用钢筋混凝土衬砌时，衬砌混凝土一般采用限裂设计，具有一定透水性，主要依靠围岩承担内水压力。因此，要求围岩具有较好的完整性和抵抗水力劈裂的特性。建议采用钢筋混凝土衬砌的压力管道围岩应同时满足以下条件。

（1）管道线路布置要求满足山体稳定条件，即高压管道上覆、侧向岩体覆盖应具有足够厚度，满足内水压力上抬理论要求。

（2）满足最小主应力准则，即管道及岔管围岩初始最小主应力大于该处管道最大内水压力的 1.2～1.5 倍。

（3）围岩完整，以Ⅰ、Ⅱ类为主。高压压水试验证明围岩水力劈裂压力值大于内水压力。

（4）对于局部Ⅲ类围岩应进行高压灌浆处理。对于断层带等Ⅳ～Ⅴ类围岩，需作开挖置换处理。

第十二篇　天然建筑材料工程地质勘察与评价

第一章　概述

第一节　天然建筑材料勘察的意义

修建各种类型的工程建筑物都离不开天然建筑材料，尤其是水电工程，如混凝土坝需大量骨料，土石坝需大量防渗土料和堆石料，工程规模越大需要量越多，这些材料的来源称为料源，包括天然砂砾料场、土料场、石料场和建筑物的有用开挖渣料。

对料场必须进行调查和勘探，目的是在工程场地附近找到储量充足，质量合格，开采、加工和运输条件较为适宜、对环境及自然景观影响较小的天然建筑材料产地，为工程建设提供料源。

天然建筑材料勘察是水电工程建设的重要基础工作之一。它关系到坝址、坝型的选择、施工布置和施工方案确定等。

在不影响工程安全，并考虑施工开采方便的情况下，缩短天然建筑材料运距，可大幅度降低水电工程造价，合理选择天然建筑材料料源，可对水电工程建设带来巨大的社会效益和经济效益。

第二节　天然建筑材料的分类和用途

一、天然建筑材料的类型、特性和成因

天然建筑材料的类型、特性和成因见表 12.1.2-1。

表 12.1.2-1　天然建筑材料类型、成因和特性

分类			成因和材料特性
天然砂砾料			多为冲积成因，一般呈层状分布于河床堆积阶地、河漫滩、心滩和河道部位。一般由漂石、卵砾石、砂组成，粒径大于5mm的粗颗粒多表现为复成分，岩质坚硬，强度高；粒径不大于5mm的细颗粒多为较坚硬的单矿物及硬岩岩屑。若作为填筑料经碾压后，一般具有较低的压缩性，较高的抗剪强度和良好的排水性
石料			石料场开采的石料
			工程建筑物（如溢洪道、隧洞、厂房等）在基岩中开挖的可用渣料
土料	一般土料		常规细粒土料，主要有坡积、残积、冲积等成因，主要特点是颗粒细、抗渗性好、抗剪强度一般至偏低，中～高压缩性
	碎（砾）石土料		粒径大于5mm颗粒的质量占总质量20%～60%的宽级配砾质土。天然的砾类土多为冰碛、冲洪积、部分坡积等成因。一般特征为碾压后具有良好的抗剪强度和不透水性、较低的压缩性；具有较好的压实性，方便施工
	风化土料		可用作防渗体的土状和碎块状全风化、部分强风化岩体，主要特征是外貌上仍保留有母岩的结构构造（包括产状、节理、裂隙等）特征和存在部分较坚硬的母岩碎块。开挖料多为黏土质砾和粉土质砾，具有碎（砾）石类土的一般特征。在合适的条件下，岩浆岩、沉积岩和变质岩均可形成风化土料
	特殊土料	红黏土	碳酸盐类岩石或基性喷出的玄武岩及沉积成因的砂泥岩等岩石，在亚热带气候条件下，经风化作用形成富含铁铝氧化物，呈红色、褐红色或褐色的黏土。我国南方地区广泛分布的红黏土，化学成分中 $SiO_2+Al_2O_3+Fe_2O_3$ 含量大于80%，矿物成分以高岭石和伊利石为主，具黏粒含量和天然含水率高、天然干密度低、压实性差等特征
		黄土	主要由粉粒（0.05～0.005mm颗粒含量一般占50%～70%）组成，呈棕黄或黄褐色，具有大孔隙和垂直节理特征，遇水产生自重湿陷性的土称自重湿陷性黄土；不产生自重湿陷性的黄土称非自重湿陷性黄土，经过搬运的黄土称黄土状土。主要分布在我国西北和华北地区
		膨胀土	富含亲水性矿物并具明显吸水膨胀、失水收缩特性的高塑性黏土，工程性质较差
		分散性土	黏土矿物中可交换钠离子含量较高，遇纯水后土粒周围水膜增厚，导致土体散失团粒结构，黏粒呈分散状态并可随渗透水流失。分散性土大都为中、低塑性的黏土，工程性质差。分散性土改性一般采用掺入1%～4%的消石灰 $Ca(OH)_2$ 或生石灰 CaO

二、天然建筑材料的用途和主要作用、料源选择及基本要求

（一）混凝土骨料

混凝土骨料在混凝土中起骨架支撑作用，按粒径分为粗、细骨料，细骨料尚有充填作用。

混凝土骨料粒组的划分见表 12.1.2－2，混凝土骨料分类见表 12.1.2－3。

表 12.1.2－2　　混凝土骨料粒组划分

粒组名称				粒径（mm）
蛮石（圆状、次圆状）、块石（棱角状）				＞150
混凝土骨料	粗骨料	天然砾石、人工碎石	极粗	80～150
			粗	40～80
			中	20～40
			细	5～20
	细骨料	天然砂（≤0.075mm 的颗粒称泥）、人工砂（≤0.158mm 的颗粒称石粉）	极粗	2.50～5.00
			粗	1.25～2.50
			中	0.63～1.25
			细	0.315～0.63
			微细	0.158～0.315
			极细	0.075～0.158
			粉粒　粗	0.010～0.075
			粉粒　细	0.005～0.010
			黏粒	＜0.005

混凝土骨料可采用天然砂砾料或人工骨料，或两者的结合。在选择人工骨料料源时，应优先考虑工程建筑物开挖料，特别是地下工程建筑物开挖料。在工程建筑物开挖料质量不符合要求或储量不足时，宜就近选择料场开采天然砂砾料，或人工骨料。在有条件的地方，宜优先选用石灰岩石料。

表 12.1.2－3　　混凝土骨料分类

名　称		粒径（mm）	含量（%）
粗骨料	极大石	＞80	＞50
	大石	＞40	＞50
	中石	＞20	＞50
	细石	＞5	＞50
细骨料	极粗砂	＞2.5	＞50
	粗砂	＞1.25	＞50
	中砂	＞0.63	＞50
	细砂	＞0.315	＞50
	微细砂	＞0.158	＞50
	极细砂	＞0.075	＞50

注　极粗砂中大于 5mm 颗粒应小于 5%；粗砂中大于 5mm 颗粒应小于 3%；中砂～极细砂不应有大于 5mm 颗粒。

人工骨料应采用饱和抗压强度大于 40MPa，但从加工难度出发宜小于 120MPa，抗风化能力强的岩石加工。高强度混凝土的人工骨料，应采用单轴饱和抗压强度大于混凝土强度 1.5～2 倍的耐风化岩石轧制。

一般认为耐风化岩石的弱风化岩体，可作为人工骨料料源，而强风化岩体则不能作为人工骨料料源。

混凝土骨料一般应进行碱活性鉴定，避免使用有碱活性的骨料。

轧制混凝土人工骨料的岩石，一般不宜作为混凝土活性天然掺合料。

（二）坝体填筑料

一般天然的可用的散粒体筑坝材料的特性见表 12.1.2－4。

表 12.1.2－4　　土 料 筑 坝 特 性

典型的土类名称	分类符号	土料的基本筑坝特性				
		压实后的透水性	压实并经饱和后的抗剪强度	压实并经饱和后的压缩性	压实并经饱和后的抗管涌性	易施工性
良好级配砾、砾砂混合料	GW	透水	极高	几乎不压缩	极好	极好
不良级配砾、砾砂混合料	GP	很透水	很高	几乎不压缩	中等	很好
不良级配砾、砂、粉土混合料	GM	半透水到不透水	很高	几乎不压缩	中等	很好
不良级配砾、砂、黏土混合料	GC	不透水	很高到高	很低	好	很好
良好级配砂、砾质砂	SW	透水	极高	几乎不压缩	好	极好
不良级配砂、砾质砂	SP	透水	很高	很低	中等	好
不良级配砂、粉土混合料	SM	半透水到不透水	很高	低	差	好
不良级配砂、黏土混合料	SC	不透水	很高到高	低	中等	很好
砂质粉土、粉土、粉土质细砂、黏土质细砂、黄土（微有或无塑性）、极细砂	ML	半透水到不透水	高	中等	差	好
砂质黏土、低塑性黏土、砾质黏土、黄土	CL	不透水	高	中等	中等	很好到好
低和中塑性有机粉土、有机粉质黏土	OL	半透水到不透水	低	中等	中等	好
粉土、云母细砂质土、粉质土、红黏土	MH	半透水到不透水	高到低	高	中等	差
高塑性黏土、肥黏土、膨胀黏土	CH	不透水	低	高	极好	差

坝体填筑料按填筑部位分为：坝壳堆石料、反滤料、过渡料、垫层料、砌石料、护坡料、防渗土料、接触黏土料等。

1. 坝壳堆石料

坝壳堆石料是有强度和级配要求的透水料，主要作用是支撑防渗体、维持坝体稳定并排水。土石坝坝体及围堰填筑堆石料料源应优先利用建筑物开挖料，在工程建筑物开挖料质量不符合要求或储量不足时，宜就近选择料场开采石料或天然砂砾料。当地材料不受限制时，上、下游坝壳可用相同的材料，如卵石、漂石、开采的抗水性和抗风化能力强的碎石、岩块填筑。当地材料受限制时，下游坝壳的水下部分和上游坝壳的水

位变动区，宜采用抗风化能力强的岩石填筑。不能压碎成砾石土的风化岩石和软岩，宜填筑在浸润线以上的干燥区。

坝壳堆石料的基本要求是：坝高不小于70m时，岩石的饱和抗压强度应大于40MPa，坝高小于70m时，岩石强度应大于30MPa；堆石经碾压后具有较低的压缩性、较高的抗剪强度和良好的排水性。

选择堆石料的主要原则是就地取材，合理使用。国内外26座土石坝堆石料级配范围见图12.1.2-1。国内采用风化岩或软岩作坝壳料的工程实例见表12.1.2-5。

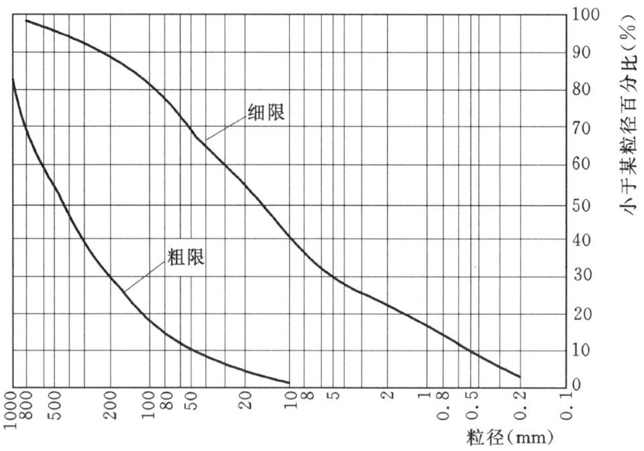

图12.1.2-1　国内外26座土石坝堆石料级配范围

2. *土石坝反滤料和过渡料*

土石坝的反滤料层和过渡料层是保护坝体安全运行的重要工程措施，作用是保护心墙土料不发生渗透变形，并能防止心墙开裂后的裂缝扩展，最终达到自愈；同时，也是堆石坝壳与防渗体之间强度和变形的过渡，主要是防止不均匀沉陷造成坝体开裂。土石坝及围堰的反滤料和过渡料料源应优先使用天然砂砾料，如工程附近缺乏天然砂砾料，或其质量不能满足设计要求，或使用天然砂砾料不经济时，可考虑人工轧制。

表12.1.2-5　国内采用风化岩或软岩作坝壳料的工程实例

坝名	所在地	坝高(m)	断面型式	石渣母岩	填筑部位	内摩擦角 φ	黏聚力 c（kPa）	石渣干密度(g/cm³)	竣工年代
汤峪	陕西	39.5	黏土斜墙石渣坝	云母石英片岩	上、下游坝壳	25°40′～31°40′	6～22	2.0	—
三岔	四川	35	黏土斜墙石渣坝	泥钙质胶结砂岩及砂质页岩	上、下游坝壳	19°	10	1.92	1976
漳河	湖北	64.5	黏土斜墙石渣坝	泥质砂岩及泥质页岩	下游坝壳	34°～42°	—	1.76～2.25	1961
张家岩	四川	52	黏土斜墙石渣坝	风化页岩	下游坝壳	28°	14	1.65～1.9	1979
石盘	四川	43	黏土心墙石渣坝	强风化砂岩	上、下游过渡层及坝壳	25°～36°	—	1.85	1978
白莲河	湖北	69	黏土心墙石渣坝	花岗岩风化料	坝壳	36°	—	1.82	1960
富水	湖北	45	黏土心墙石渣坝	风化页岩	下游坝壳	25°	—	—	1964
碧口	甘肃	101	黏土心墙坝壳为多种土质	绢云母石英千枚岩、凝灰岩	上、下游坝体靠近坝坡	30°～32°	—	2.0	1975
柘林	江西	62	黏土心墙石渣坝	风化泥质板岩及砂岩	砂岩填于上游坝壳、泥质板岩填于下游坝壳	23°～28°	5	1.8	1972
十三陵	北京	75	混凝土面板堆石坝	强～弱风化安山岩	上、下游坝体	38.5°	0	1.85	1997

反滤料及过渡料的基本要求是：应采用质地坚硬、致密，抗水性和抗风化能力强、不含有机质和可溶盐的材料；具有使用目的要求的颗粒组成；有良好的透水性，不被淤塞。国内（坝高100m以上）、国外部分堆石坝反滤料的主要性质见表12.1.2-6。

表12.1.2-6　国内外部分堆石坝反滤料的主要性质

国家	坝名	材料	比重	粒度组成（%）							渗透系数(cm/s)
				最大粒径(mm)	<0.074	<4.8	<15	<40	<80	<100	
日本	白川	河床砂砾石	2.45	150		22	35	52	77	88	10^{-3}
	广濑	河床砂砾石	2.67	100	—	42	56	68	81（<60）	91（<80）	10^{-2}～10^{-3}
	岩屋	河床砂砾石	2.57	200	1.7	24	38	54			10^{-3}
	御母衣	河床砂砾石	2.70	200	2	22	37	75			
	大白川	河床砂砾石	2.65	200 200	4 3	50 30	66 44	82 80	细粒滤料 粗粒滤料		
	大黑谷	风化页岩	2.60	200	5	20	36	60			10^{-3}～10^{-4}
	鱼梁濑	开挖石渣	2.65	200	3	27	54	80			（1～3）×10^{-3}
	九头龙	开挖石渣河床砂砾石			0～18	15～48	25～80	40～100			
	水洼	石渣和河床砂砾石		200	4	35	60	80			10^{-3}～10^{-4}

续表

国家	坝名	材料	比重	粒度组成（%） 最大粒径(mm)	<0.074	<4.8	<15	<40	<80	<100	渗透系数（cm/s）
中国	硗碛	卵砾石	2.77	≤100	<4			99.4			$>4\times10^{-3}$
	毛尔盖	砂砾石 1		40～20	4.8	68	0.15	0.87			4.9×10^{-3}
		砂砾石 2		40～20	13.4	65.6	0.1	1.3			9.3×10^{-4}
		砂砾石 3		40～20	4.5	59.0	0.2	1.4			1.11×10^{-3}
		砂砾石 4		40～20	3.0	63.1	0.25	1.1			2.0×10^{-3}

国家	坝名	材料												渗透系数（cm/s）
中国	糯扎渡	人工制料	反滤料Ⅰ	粒径（mm）	0.1	0.5	1	2	3	4	5	10	10^{-3}
				含量（%）	0～5	5～50	25～68.1	44.3～83.9	55～91.2	68.1～1005	84.1～100	100	
			反滤料Ⅱ	粒径（mm）	2	5	10	20	30	50	60	100	10^{-1}
				含量（%）	0～5	5～25	20～43.8	38.9～63.5	50～77	67.1～93.9	75.8～100	100	

3. *面板堆石坝的垫层料和过渡料*

(1) 垫层料。高坝垫层料是具有良好级配的半透水料，级配要求为：最大粒径 80～100mm，小于 5mm 颗粒含量宜为 30%～50%，小于 0.075mm 颗粒含量不超过 8%；用天然砂砾料填筑时，垫层料应级配连续，内部结构稳定，碾压后的渗透系数宜为 $1\times10^{-3}\sim1\times10^{-4}$cm/s。

垫层料区是面板的直接支承体，向堆石体均匀传递水压力，并起辅助渗流控制作用。垫层料可采用天然砂砾料、人工砂石料，或两者的掺料，人工砂石料应采用坚硬和抗风化能力强的岩石加工。

垫层料的基本要求是：压实后具有低压缩性和高抗剪强度，并具有良好的施工特性。

(2) 过渡料。过渡料区位于垫层区和主堆石区之间，保护垫层并共同起辅助渗流控制作用。过渡料应采用级配连续，最大粒径不宜超过 300mm 的材料，压实后应具有低压缩性和高抗剪强度，并具有自由排水性。

过渡料可采用专门开采加工的细堆石料、洞室开挖石（渣）料或经筛分加工的天然砂砾料。

4. *砌石料和护坡料*

(1) 砌石料。从采石场开采出来，形状比较规则的中硬、坚硬岩条石可作为砌石坝和土石坝上、下游坝面护坡，也广泛用于条石重力坝和条石拱坝。

砌石料应采用质地致密，抗水性和抗风化性能满足工程应用条件的石料，岩块尺寸应满足设计要求。不得使用翘口石（一边厚、一边薄的石料）和龙口石（石料很薄的边口，未经砸掉）。

(2) 护坡料。堆石坝可采用堆石料中的粗颗粒或超径石做护坡。上游坝坡使用天然建筑材料的护坡型式时，可采用堆石（含抛石）、干砌石或浆砌石，有条件时宜尽量采用堆石或抛石，即在堆石填筑面上，将超径大块石用推土机或抓石机置于上游坡面，或用超径石抛填于坡面，适合于机械化施工，既快又省，且能保证安全。上游护坡的作用是：防止波浪淘刷、顺坝水流冲刷，漂浮物和冰层的撞击及冻冰的挤压等对坝坡的危害。

下游护坡主要是防止雨水冲刷和人为破坏，一般采用简化的方式。均质坝常采用草皮护坡，结合坡面排水，护坡效果良好；对砂或砂砾石的下游坡，一般采用卵砾石、碎石护坡。堆石体可不专门设下游护坡，有条件时可将超径石块码砌。

5. *防渗土料*

防渗土料为有强度和级配要求的不透水料，用于填筑均质坝及分区土石坝（如直心墙坝、斜心墙坝、斜墙坝等）的防渗体，作用是使库水渗漏量控制在安全、经济限度内。对防渗土料的基本要求是：具有良好的防渗透性和渗透稳定性、有机质和可溶盐含量低，压缩性低、有较高的抗剪强度和较好的施工特性。

土的粒组划分见表 12.2.2-21。防渗土料颗粒级配范围见图 12.1.2-2。

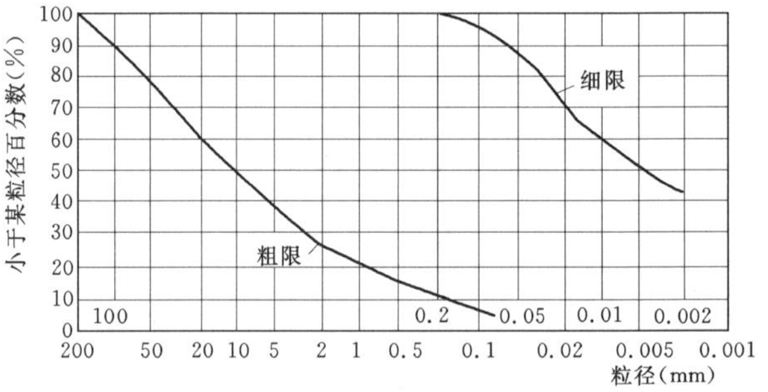

图 12.1.2-2　防渗土料级配范围

防渗土料可分为：

(1) 细粒土料。如一般土料、特殊土料（其中分散性土，由于工程性质差，一般不宜作为防渗土料），其主要特点是颗粒细，抗渗性能良好，抗剪强度较低，压缩性较高。

(2) 粗粒土料。如碎（砾）石类土料、风化土料，其主要特点是颗粒分布范围大（有相当多大于 5mm 的粗颗粒，也有一定数量小于 5mm 的细颗粒），级配良好，但可塑性较低，适应坝体变形的能力较差；具有良好的抗剪强度和不透水性、抗冲蚀能力强和较低的压缩性，压实性较好，便于施工。

当有两种以上土料的质量指标均基本满足设计要求时，应优先选用粒径范围较宽的土料。

土料颗粒级配不能满足筑坝要求时，可采取以下技术措施进行处理。

(1) 土料的细粒（小于 0.075mm）或黏粒（小于 0.005mm）含量太高，砾石（大于 5mm）含量太低，力学性能较差，可掺入适量砂砾（碎）石，既能满足防渗要求，又可改善土料的压缩性，提高抗剪强度。

(2) 天然碎（砾）石土的粗颗粒含量太高不能满足防渗要求时，可用筛去大于某一粒径以上颗粒，也可人工掺入适量细粒，调整土料级配，使之满足防渗要求。

(3) 堆料。当料场含砾量极不均匀（如 0～80%），与要求（如 20%～50%）差别太大时，可采用料场开采后在存料场堆放后二次开采混合后上坝，使含砾量在规定范围之内。

国外部分大型水电工程利用细粒土作为防渗土料筑坝实例及土料的性质见表 12.1.2-7；我国西南地区部分坝高 100m 以上土石坝碎（砾）石类防渗土料特征见表 12.1.2-8；部分利用分散性黏土筑坝汇总见表 12.2.2-9；部分风化土料的物理力学性能指标见表 12.1.2-10；部分红黏土的质量指标见表 12.1.2-11。

表 12.1.2-7　国外部分大型水电工程利用细粒土作为防渗土料筑坝实例及土料性质

国名	坝名	坝型	坝高 (m)	防渗材料	装机容量 (MW)	建成年代	比重	天然含水率 (%)	最优含水率 (%)	最大干密度 (g/cm³)	阿太堡界限			颗粒级配 (mm)					渗透系数 (cm/s)
											液限 (%)	塑限 (%)	塑指 (%)	<75	<5	<0.08	<0.005	<0.002	
希腊	克瑞马斯塔	心墙堆石坝	163.0	黏土类土	545	1966	2.69	13	16	1.8	27	19	8		95	75		25	5×10^{-8}
墨西哥	英非尔尼罗	心墙堆石坝	148.8	红黏土	600	1963	2.75	23	19	1.69	49	24	25	100	95	65	34	25	5×10^{-8}
墨西哥	涅采华柯依托	心墙堆石坝	137.5	黏壤土	900	1964		25	18	1.68	55	35	20	100	97	71	23	15	
巴西	福尔纳斯	斜心墙堆石坝	127.0	砂壤土、黏土	900	1962		23	19.2		50	25	25		100	73	47	38	3×10^{-8}

表 12.1.2-8　我国西南地区部分坝高 100m 以上土石坝碎（砾）石类防渗土料特征

名称	坝高 (m)	土料粒径 (mm) 及含量 (%)			天然含水率 (%)	液限 W_L (%)	塑性指数 I_p	击实功能 (kJ/m³)	最优含水率 W_{0p} (%)	最大干密度 ρ_{dmax} (g/cm³)	天然干密度 ρ_d (g/cm³)	SiO_2/R_2O_3	渗透系数 (cm/s)	改性措施
		>5	<0.075	<0.005										
瀑布沟	186	39~70	8~38	2.5~15	4.5~13	13~21	8~13	2740	5.5~6.3	2.19~2.23	2.16~2.17	3	1.06×10^{-5}~2.93×10^{-6}	掺细料
水牛家	108	16.5~59	22.9~68.5	2.3~17.4	10~28	17~35	8~17	604	7.5~16.5	1.75~2.19	1.6~1.9	3.75~4.07	1.55×10^{-6}~2.78×10^{-7}	
硗碛	143	18~56	12~37	4.5~17	7.5~18	17~21.5	12.7~18.6	862.5	8.9~14.2	1.85~2.1	1.63~1.87		3.82×10^{-6}~1.97×10^{-8}	
狮子坪	136	49~61	18.3~25	4.2~12	4~8.6	13.1~19.4	7.5~14.8	2740	6.2~7.5	2.1~2.24		3.22~3.61	5.3×10^{-6}~1.16×10^{-6}	
长河坝	240	20~63	19~45	4~18		28~47	9.5~24	1354	5.7~9.1	2.08~2.27			1.3×10^{-4}~3.4×10^{-7}	
双江口	312	25~45	39.2~51.5	8.4~10.4		27~38	8~14	2740	6.2~7.4	2.17~2.22			9.2×10^{-6}~7.7×10^{-6}	掺粗料
两河口	293	15~40.2	34.6~60	12.7~19.3		27~40	10~21	2740	6.7~8.7	2.1~2.27			$<\times10^{-6}$	掺粗料
毛尔盖	147	0~24	56~94	20~32		26~36	9.5~15	604	7.5~18	1.72~2.18			$<\times10^{-6}$	上、下层混合
古水	300	40~74 (61.2)	9.7~22 (15.3)	6~13.9 (9.7)	0.5~13.6 (5.9)	21~36 (26.7)	80~14.7 (10.6)	2690	6.4~9.7 (8.3)	2.09~2.28 (2.17)			$<\times10^{-5}$	
苏瓦龙	108	20~55	14.2~31	4.9~10.5	1.4	21.8	12.5	592.2	3.5~8.7	2.23~2.54	2.45		4.95×10^{-6}	
苗尾	139.8	4.2~65.8	13.1~88.8	0.8~53.3	11.3~23.9	24.4~48.6	6.8~24.1	1470	7~14.6	1.84~2.19	1.38~1.86	2.3~3.4	6.2×10^{-7}~1.7×10^{-6}	

注　括号内的数字为平均值。

表 12.1.2-9　部分利用分散性黏土筑坝汇总表

工程名称	坝型	级别	库容 (亿 m³)	坝高 (m)	坝顶长 (m)	分散性处理措施
黑龙江南部引嫩工程 17 号坝	均质坝	3		5.0	2300	上游坡和坝顶填筑石灰土
双阳河水库大坝	均质坝	2	2.98	10.5	7998	上游坡和坝顶用土工膜包裹
澳大利亚基尔莫大坝	均质坝			13.0		上游坡填筑石灰稳定土，下游坡脚填筑石灰稳定土和砾石排水
澳大利亚瓦兰坝	心墙坝			9.0		
澳大利亚班尔加坝	心墙坝			48.0		防渗体上下游填筑石灰土
美国洛斯·埃斯特罗斯坝	心墙坝	2	5.54	67.0	580	防渗体下游填筑反滤沙，底部填筑石灰土
阿根廷乌鲁姆坝	心墙坝			67.0	4000	防渗体上下游填筑反滤沙，底部设置混凝土板，其上填筑石灰土
伊朗塔里干大坝	心墙坝	1	4.20	109.0	1120	防渗体上下游填筑反滤沙，底部设置混凝土板，其上填筑石灰土
新疆三坪水库大坝	心墙坝	3	0.33	35.0	3886	防渗体上下游用土工无纺布包裹
美国威斯特坝	均质坝	2	5.55	27.5	1740	钢板桩墙，下游排水
泰国兰滑格坝	均质坝			10	3200	基础加截水墙上游坡设石灰处理层
泰国会沙韦坝	均质坝			8	300	用石灰土保护坝坡，坝顶用沥青护面

表 12.1.2-10　**部分风化土料的物理力学性能指标**

工程名称	坝高(m)	风化土料 母岩	风化土料 分类名称	天然含水率(%)	天然密度(g/cm³)	天然干密度(g/cm³)	液限(%)	塑限(%)	塑性指数	颗粒组成 含量(%) >60	60~20	20~5	5~0.5	0.5~0.1	0.1~0.005	<0.005	最优含水率(%)	最大干密度(g/cm³)	渗透系数(cm/s)	压缩系数(MPa⁻¹)	浸固块 抗剪强度(°)	浸固块 黏聚力(kPa)	水溶盐含量(%)	有机质含量(%)	分散性鉴定
鲁布革	103.8	砂页岩	GC	33.2	1.97	1.47	53.1	38.6	14.5	7	13.5	16.9	15	7	16.6	24	30.1	1.44	2.12×10^{-6}	0.010	29.2	24.0	<1	<1	非分散性土
糯扎渡	261.5	砂泥岩	SC	19.6	1.86	1.56	35.9	18.9	17.0	34			35		14	17	15.6	1.779	2.1×10^{-7}	0.160	24.4	46.2	<1	<1	
天生桥	178.0	砂泥岩	CIG	21.0	1.98	1.64	35.1	22.1	13.0	11		15	8	12	35	19	19.9	1.65	7.59×10^{-7}	0.180	27.1	60.0	<1	<1	
小湾	292.0	花岗片麻岩	SM	15.5	1.64	1.42	33.1	19.6	13.5	5.8			44.7		41.6	7.9	17.1	1.67	1.21×10^{-6}	0.110	32.9	14.9	<0.1	0.21	
大朝山	110.0	玄武岩	ML	37.0	1.71	1.25	45.2	27.9	17.3	5.8			17.4		43.5	33.3	28.8	1.45	3.92×10^{-7}	0.190	23.9	26.0	<0.1	0.34	
正觉庵	63.5	花岗岩	SC	14.7	1.74	1.52	39.7	22.5	17.2	2			68	14		16	17.4	1.70	3.8×10^{-6}	0.010	29.2	27.4	<1	<1	

注　1. 鲁布革、糯扎渡、正觉庵为土心墙堆石坝；
2. 天生桥为面板堆石坝、小湾为混凝土双曲拱坝、大朝山为碾压混凝土坝，上述工程风化土料未用。

表 12.1.2-11　**部分红黏土的质量指标**

料场名称	土料分层	天然含水率(%)	天然干密度(g/cm³)	液限(%)	塑限(%)	塑性指数	颗粒组成 砾 >2	砂 2~0.05	粉粒 0.05~0.005	细粒 <0.1	黏粒 <0.005	渗透系数(cm/s)	最优含水率(%)	最大干密度(g/cm³)	压缩系数(MPa⁻¹)	试验组数	土的统一分类 名称	土的统一分类 代号
毛家村水库小法戛土料场	$2h_1$	25	1.19~1.46	43	26	18	2	18	32		48	10.55×10^{-6}	24.2	1.60	0.15	12	低液限黏土	CL
	$2h_2$	20	1.33~1.45	35	21	14	10	30	27		33	7.29×10^{-7}	17.6	1.81	0.13	7		CL
	$2h_3$	30	1.32~1.76	45	27	19	1	17	32		50	6.12×10^{-6}	25.2	1.59	0.12	29		CL
	$2h_4$	26	1.55	46	26	19	4	15	29		52	7.31×10^{-7}	26.1	1.57	0.13	7		CL
	$2h_5$	31	1.37~1.45	48	27	21		13	31		56	5.52×10^{-7}	26.7	1.57	0.15	16		CL
	$2h_a$	21	1.50	38	23	14	10	23	29		38	5.52×10^{-7}	22.0	1.65	0.09	4		CL
鲁布革水电站鸡山土料场	①层	22.1~77.3 / 45.3(661)	0.96~1.74 / 1.21(107)	38~84 / 57.2(124)	26~67 / 40.6 (129)	8~31 / 16.5(129)	4(129)	10(129)	20(129)	92(129)	33~92 / 66(129)	5.02×10^{-7}(129)	27~49.2 / 35.8(36)	1.14~1.59 / 1.35(36)	0.12~0.32 / 0.19(27)		高液限粉土	MH
	②层	23.1~83.0 / 39.9(318)	1.01~1.54 / 1.30(47)	36~77 / 52(48)	23~53 / 35.7(48)	10~26 / 16.5(48)	4(48)	13(48)	23(48)	91(48)	22~93 / 60(48)	4.32×10^{-7}(48)	21.5~39.9 / 30.3(18)	1.27~1.63 / 1.46(18)	0.10~0.24 / 0.17(13)			MH
	①+②层	22.1~83.0 / 43.7(979)	0.96~1.74 / 1.24(154)	36~84 / 55.8(172)	36~84 / 39.2(177)	8~31 / 16.5(177)	4(177)	11(177)	21(177)	92(177)	22~93 / 64(177)	4.65×10^{-7}(177)	21.5~49.2 / 33.9(54)	1.14~1.63 / 1.39(54)	0.10~0.32 / 0.18(40)			MH

注　1. 横线以上为试验指标范围值，以下左边为平均值，右边括号内的数值为试验组数。
2. 无横线的指标为平均值，括号内的数值为试验组数。

6. 接触黏土料

土质防渗体与基础接触处，在邻近接触面 0.5～1.0m 范围内采用的防渗土料称接触黏土料，或周边黏土料。要求颗粒细，有较高的塑性，并在略高于最优含水率下填筑。作用是使防渗体施工填筑时易于与岸坡及坝基基础结合，以较好适应不均匀沉降，降低心墙的拱效应。

国内（坝高 100m 以上）、国外部分水电工程的接触黏土料特性见表 12.1.2-12。

表 12.1.2-12 国内（坝高 100m 以上）、国外部分水电工程的接触黏土料特性

国家	坝名	天然含水率 W（%）	液限 W_L（%）	塑限 W_P（%）	塑性指数 I_P	最大粒径 D_{max}（mm）	<0.074mm 的含量（%）
日本	高濑	62	65	41	24	20	78
	岩屋	35	61	27	34	55	52
	下小鸟	—	—	—	—	50	15
	濑户	40	63	40.2	22.8	40	50
	三保	70	90	75	15	15	25
	黑川	—	—	—	—	40	21.1
	喜撰山	—	37	28.5	8.5	—	40～50
	明神南原	25	41.7	27.1	14.6	4.8	32
	寺内	16～17	42	28.6	13.4	25	44
	油谷	—	34	23	11	38	30
	新冠	17.5	43.8	26.4	17.4	50.8	20
中国	双江口	15.1	33.4	19.6	13.8	60	87.53(<0.075mm)
	硗碛	26.7	40.1	20.4	20.7	>200	80.18
	狮子坪	15.45	31.41	18.01	13.40	—	84.03（<0.1mm）
	毛尔盖	13.0	31.7	14.7	17.5	40	91.4
	糯扎渡	24.5	52.3	25.2	27.1	20	71
	苗尾	19.2	44.1	23.1	21.0	<40	63.5

（三）其他

1. 固壁土料

混凝土防渗墙在水电工程中广泛使用，要求选择含砂量少的高塑限黏土（如高岭土、膨润土、红土、胶泥等）作为槽孔固壁土料，用于生产防渗墙施工所需的固壁泥浆。固壁泥浆还可作为钻探的一种冲洗液，除起保护孔壁、防止塌孔作用外，还具有携带、悬浮与排除岩粉、冷却钻头、润滑钻具、堵漏等功能，要求泥浆具有黏度小、失水量小、静切力大的特点。

膨润土泥浆性能优于黏土泥浆，制浆土料宜优先选用膨润土。

水口和漫湾水电工程的固壁土料技术指标见表12.1.2-13。国内部分水电工程的固壁泥浆技术指标见表 12.1.2-14。

2. 混凝土天然掺合料

混凝土天然掺合料为天然产出的混入胶凝材料中的材料，按性质可分为：

（1）惰性天然掺合料。如石灰岩、白云岩等磨成的微粒，与水泥不起水化作用，属充填性天然掺合料，其主要作用是增加混凝土的和易性。

（2）活性天然掺合料。主要为酸性～中性火山岩、沉积的硅质岩（主要有硅藻土、硅藻岩、海绵岩、蛋白土、板状硅藻土、层状燧石和结核状燧石等），统称为天然火山灰质混合材料，成分主要为硅酸盐结晶矿物及活性物质（以微晶～隐晶质石英、硅质火山玻璃、蛋白石和玉髓等为主），磨成的微粒掺用于混凝土中，能发生水化反应，并兼有充填料的作用，既可节约水泥、降低成本，又可改善混凝土的某些性能，如抑制碱骨料反应；放慢水化速度、降低水化热，利于水电工程大体积混凝土浇筑等。

常见的混凝土活性天然掺合料多为酸性～中性火山岩，经品质鉴定：火山灰和多孔状浮石，掺量 30%的混凝土胶砂 28d 抗压强度比多不小于 62%，表明掺合料活性较高，质量较好，仅个别水泥生产厂家曾将火山灰作为生产水泥的掺合料，目前

表 12.1.2-13 水口和漫湾水电工程的固壁土料技术指标

水电站名称	料场名称	颗粒组成（mm）含量（%） >0.0755	<0.005	<0.002	塑性指数 I_P	硅铝比 SiO_2/Al_2O_3	pH 值	活动性指数	有机质含量（%）	备注
水口	大箐	19.6	55.7	49.5	28.6	28.7	5.5	0.63	0.209	
漫湾	草皮街	11.0	62.0	31.0	20.0	—	7	0.65	—	静水淤积成因的重黏土
	凤庆	16.0	55.0	41.0	18.0	—	6.0	0.44	—	

表 12.1.2-14 国内部分水电工程的固壁泥浆技术指标

工程名称	容重（kN/m³）	黏度（s）	含砂量（%）	胶体率（%）	稳定性（g/cm³）	静切力（Pa）	失水量（mg/30min）	泥皮厚（mm）	pH 值
密云	11.5～12.5	18～22	<6	>97	<0.03	—	<20	<4	—
毛家村	12.3～12.7	20～30	<8	>93	<0.06	2～10	<45	<8	8～9
白龙江（一）	11.5～13	18～25	<8	>95	0.03	2～10	<20	<4	—
白龙江（二）	12～12.5	19～25	<5	>95	<0.03	2～5	<20	<4	—
斋堂	12～12.2	18～22	2～4	90～96	0.03～0.07	4～6	25～28	5～8	6.5
乌江渡	12.2	19～21	<3	95	0.02	2～2.5	<22	3	7
澄碧河	11.5～13	19～22	<4	>98	<0.03	—	<40	<4	—
南谷洞	11.5～12	20～25	<6	>98	<0.02	2～10	<15	<2.5	—
漫湾	11.8	20	1.7	100	0.05	5.11	17	1.3	7

尚无工程现场应用的实例；流纹岩、火山碎屑岩、酸性火山熔岩、酸性火山角砾岩、凝灰角砾岩、凝灰质粉砂岩、凝灰岩、变质凝灰岩等，掺量30%的混凝土胶砂28d抗压强度比为40%～58%，表明掺合料活性较低，质量较差。目前只有少数料种在少数工程使用过（漫湾水电站浇筑的混凝土掺合料采用凝灰质粉砂岩，为单掺，掺量20%左右；大朝山水电站碾压混凝土则采用凝灰质粉砂岩与磷矿渣作双掺料，掺量各为50%）。由于此类掺合料质量差异较大，其可掺性及掺量应经混凝土掺料试验论证后，本着技术上可行、经济上合理的原则确定。

混凝土活性掺合料料源选择宜根据酸性～中性火山岩、沉积的硅质岩岩石磨片鉴定成果，选择微晶～隐晶质石英、火山灰、硅质火山玻璃等活性成分含量高，未经脱玻化或变质的岩石；掺活性天然掺合料混凝土的质量，以抗压强度比进行检测，宜选择掺30%天然掺合料时水泥胶砂28d抗压强度比不小于62%，质量较好的半晶质结构硅酸盐岩石。

加工混凝土活性天然掺合料的岩石，用作混凝土骨料时，会产生碱—骨料反应，故不宜轧制人工骨料。

第三节　天然建筑材料料场的选择原则

天然建筑材料料场选择的原则是：技术上可行、经济上合理，尽可能减少对环境及周边景观产生不利影响的原则；先近后远、先水上后水下、大小料场相结合；不占或少占耕地、林地，确需占用时，应保留还田、还林土层；应避免因料场开挖影响建筑物布置、安全或危及边坡稳定，为避免与工程施工发生干扰，料场与建筑物的距离一般不宜小于300～500m；应避免因洪水、围堰挡水或初期蓄水被淹没；宜有较好的开采和运输条件；当工程开挖渣料质量符合要求时，宜优先和充分利用开挖渣料，可加快工程进度，节约工程投资。

第二章 料场勘探、试验取样和材料技术要求

第一节 天然建筑材料勘察级别和精度要求

天然建筑材料的勘察级别分为普查、初查和详查，一般情况下可与规划、预可行性研究和可行性研究勘察设计阶段相对应。当天然建筑材料的储量和质量影响坝址选择和坝型比较时，在预可行性研究阶段应对控制性料源及主要料场进行详查。

各个勘察级别均应开展料场地质测绘和调查工作，地质测绘比例尺见表12.2.1-1。测绘范围包括勘探范围及与料场开采等有关的影响区。测绘内容及技术要求要符合《水电水利工程地质测绘规程》(DL/T 5185—2004) 的要求。

表 12.2.1-1　天然建筑材料各勘察级别地质测绘比例尺

勘察级别	测绘比例尺	
	平面图	剖面图
普查	1∶10000～1∶5000	
初查	1∶5000～1∶2000	1∶2000～1∶1000
详查	1∶2000～1∶1000	1∶1000～1∶500

一、普查级别的勘察内容

天然建筑材料普查工作，宜在河流规划拟定的建筑物区40km范围内，寻找各种天然建筑材料料源的分布位置，调查储量、质量、开采和运输条件等，为选定河流（段）规划方案和近期开发工程提供依据。

普查阶段主要勘察工作内容为：收集该地区已有的工程地质资料和已建工程天然建筑材料勘察及使用情况，并对收集的资料进行综合分析和工程类比。勘察工作应充分利用天然露头，必要时布置少量勘探点，目的是了解场地内的地层岩性、地质构造、有用层和无用层厚度等。应根据现场地形地质条件在地形图（或地质图）上大致圈定料场范围，并估算储量。储量估算可采用尺子丈量并采用图形公式计算。

一般应取少量样品进行室内物理力学性试验，了解料场材料的种类及品质。

二、初查级别的勘察内容及精度要求

初步查明砂砾料场和土料场的地层层次，各层的厚度，物质组成及颗粒级配，夹层的分布及性质，地下水位、上覆无用层厚度等。

初步查明石料场的地层岩性、夹层分布、矿物与化学成分、风化分带、结构面发育程度及充填物、覆盖层厚度、岩溶发育特征等。

初步查明天然建筑材料的储量和质量，各料场的开采和运输条件。

各种天然建筑材料初查储量要求达到设计需要量的2.5～3.0倍。

三、详查级别的勘察内容及精度要求

详细查明砂砾料和土料的成因、结构、层次、物质组成、颗粒级配、夹层的空间分布与性质、地下水位、上覆无用层厚度等。

详细查明石料的岩性、矿物与化学成分、结构构造特征、夹层的性质及空间分布、风化分带、结构面发育程度及充填物性质、覆盖层厚度、岩溶发育程度等。

详细查明各种天然建筑材料的储量、质量，各料场的开采、运输条件，并应考虑开采对环境及周边景观的可能不利影响。

各种天然建筑材料详查储量需达到设计需要量的1.5～2.0倍，并应满足施工可采储量的要求。当工程规模大，或料源比较充足、开采条件较好时，可选用小倍比，当选用小倍比时，要求勘察储量应同时满足施工可采储量的要求。

当需要对详查级别的勘察成果进行复查时，或当需要补充论证天然建筑材料的储量和质量时，复查或补充勘察工作的内容和精度应符合详查级别的勘察要求。

第二节 料场勘探、试验取样和材料技术要求

料场勘探前，应根据地形地质条件确定场地类型，在此基础上结合料场规模和各勘察级别的精度要求布置勘探、试验工作。

料场勘探、试验取样一般要求：

(1) 料场初查和详查勘探点一般应按网格状布置，具体布置型式依场地条件可按正方形、矩形、梯形或菱形梅花状布置。

(2) 勘探剖面一般应垂直于地层走向或地貌单元方向布置。

(3) 所有材料试验都要分层取样，分层是取样的基本单位，对防渗土料和天然砂砾料必要时应分层混合取样。取样层所取样品在数量上和在平面与剖面上均应具代表性。

一、天然砂砾料料场勘探、试验取样和技术要求

(一) 天然砂砾料料场类别

料场按地形地质条件分为三类：

Ⅰ类：料场面积大，有用层厚度大且稳定，岩性、结构简单，剥离层薄或零星分布。

Ⅱ类：料场多呈带状，有用层厚度、岩性、结构变化较小，剥离层较薄；或虽料场面积大，有用层厚度也大，但岩性岩相变化十分频繁，并夹有无用层。

Ⅲ类：料场面积狭小，有用层岩性、层次、结构复杂，相变大。

(二) 料场勘探要求

1. 料场勘探布置

勘探线应尽量垂直河流方向或地貌单元方向。初查、详查阶段勘探一般采用网格状布置，勘探点间距见表12.2.2-1。

2. 勘探点的深度

需揭穿有用层底板以下0.5～1m。水下部分的有用层厚度较大时，钻孔的深度需达最大开采深度以下1m，并布置少量揭穿有用层的控制性钻孔。

表 12.2.2-1　　勘探网（点）间距

料场类型	勘察级别		
	普查	初查	详查
		间距（m）	
Ⅰ类	每一料场布置 3～5 个勘探点；可布置物探剖面 2～3 条	200～300	100～200
Ⅱ类		100～200	50～100
Ⅲ类		<100	<50

3. 勘探方法

水上部分采用坑、井探为主，槽探、钻探为辅；水下部分以钻探为主，用以查明有用层的厚度和分布范围。

4. 勘探点描述内容

勘探点描述内容包括：层位名称、颜色、颗粒组成及泥（黏、粉粒）、砂、砾、蛮石的大致含量，砂的矿物成分和砾石的岩石成分、风化程度和形状，砂砾层的密实度，夹层或透镜体特征，胶结物、胶结程度与厚度；并记录勘探时的地下水位及相应的河水位，取样地点、深度与编号等。

（三）料场试验取样要求

（1）样品应具代表性。

（2）需分区、分层取样，必要时需分层混合取样。单层取样组数：初查不少于 3 组；详查不少于 6 组。取样组数最小值见表 12.2.2-2。

表 12.2.2-2　　砂砾料取样组数最小值

料场储量（10^4m^3）	勘察级别			备　注
	普查	初查	详查	
<10	3	6	10	大于 $50\times10^4m^3$ 的Ⅱ类冲积砂料及风化砂，初查和详查取样组数宜在表中所列基础上增加 30%
10～50	6	10	15	
50～100	9	15	25	
>100		30	40	

（3）砂砾层中的砂夹层厚度大于 0.5m 时应单独取样。

（4）水上、水下为同一砂砾层时也需分别取样。

（5）水上部分的天然砂砾料取样：多在试坑中以刻槽法为主，有时也采用吊桶抽取法和全坑法取样。

（6）水下部分的天然砂砾料取样：由于钻探机械的破碎作用及细料涌入等原因，致使钻孔取芯含砂率偏高约 10%～20%，含砾率偏低约 10%～20%，岩芯级配代表性差，一般应在代表性地段，采用沉井式井探或反铲、索铲、挖掘机、采砂船等机械，在静水或低流速的环境中进行取样；当采用钻孔岩芯取样时，孔径不小于 168mm，并可采用 SM 胶取芯技术，以保证试验样品真实可靠。

（7）取样数量需满足试验要求。现场筛分样品不少于 500kg，当大于 150mm 的蛮石含量较多时，可取 800～1000kg。混凝土骨料室内试验样品，砾石（取>5mm～≤80mm颗粒）不少于 200kg；砂不少于 10kg。对超量样品应拌匀后常用四分法缩取。坝壳填筑料的大型试验样品数量，按试验任务书要求进行取样。

（四）勘探、试验取样注意事项

（1）河滩砂砾层涌水量大，水下开挖深度一般仅为 0.1～0.3m，取样不具代表性，所以勘探方法不宜采用坑探和浅井。

（2）一般河漫滩砂砾层与大冲沟交汇处及下游附近地段，黏、粉土夹层多或泥质及草根、树叶等杂质含量高，质量较差，料场圈定范围宜尽量避开。

（3）要特别重视砂砾层中的黏、粉土夹层，其易形成黏土团块，有时虽无黏土夹层，但由于层中泥质局部集中，也可形成土团。

（4）砂砾料编录时，要特别注意砂、砾石有无胶结现象及胶结物的成分；砾石表面有无泥、钙质薄膜。

（5）应在试坑中刻槽取样，不允许随意坑边堆放的渣料作为筛分和试验样品。

（6）一般不能用水上部分砂砾层的颗分成果，代替水下部分的颗分成果。

（7）砂砾料场存在基本无覆盖层的低漫滩砂砾层及具二元结构的高河漫滩下部为同一砂砾层时，为减少剥离量，一般情况下宜尽量选择低漫滩及河道中的砂砾层为主采区。

（8）天然粗骨料中常见的软弱颗粒岩矿成分有全、强风化状砾石，构造破碎岩的砾石；泥岩、页岩、泥灰岩、云母片岩、千枚岩等软岩的砾石；以及钙华、云母、方解石等。

（9）天然粗骨料进行碱活性鉴定（如砂浆长度法）时，应将料场所取粗骨料中的活性和非活性两部分分别破碎成规定用砂级配，并根据岩相鉴定的结果将活性和非活性骨料按比例组合成试验用砂。

（10）砂砾料中常见含碱活性成分的岩石，主要有流纹岩、安山岩、凝灰岩等；矿物成分主要有：燧石、碧玉、玛瑙等。

（五）天然砂砾料试验项目

（1）混凝土用砂砾料试验项目见表 12.2.2-3。

表 12.2.2-3　　混凝土用砂砾料试验项目

试验项目	勘察级别					
	普查		初查		详查	
	砂	砾石	砂	砾石	砂	砾石
颗粒分析	*	*	*	*	*	*
表观密度	—	—	+	+	+	+
天然含水率、天然密度	—	—	（砂砾层）*		（砂砾层）*	
堆积密度	—	—	+	—	+	—
砾石（混合、分级）紧密、堆积密度	—	—	—	+	—	+
吸水率	—	—	+	+	+	+
含泥量	—	—	*	*	*	*
岩石矿物成分	—	—	+	+	+	+
针片状颗粒含量	—	—	—	*	—	*
软弱颗粒含量	—	—	—	*	—	*
云母含量	—	—	*	—	*	—
碱活性试验	—	—	+	+	+	+
有机质含量	—	—	+	+	+	+
硫酸盐及硫化物含量（换算成 SO_3）	—	—	+	+	+	+
水溶盐含量	—	—	+	—	+	—
冻融损失率	—	—	—	+	—	+
黏土块（球）及黏土膜含量	—	—	*	*	*	*
轻物质含量	—	—	+	+	+	+

注　“*”表示试验组数与取样组数相等的应做项目；“+”表示试验组数按需要而定的应做项目；“—”表示免做项目。

（2）土石坝坝壳填筑用砂砾料及反滤料试验项目见表 12.2.2-4。

（六）技术要求

1. 混凝土骨料技术要求

（1）混凝土细骨料质量技术指标见表 12.2.2-5。

（2）混凝土粗骨料质量技术指标见表 12.2.2-6。

表 12.2.2-4　　　　土石坝坝壳填筑用砂砾料及反滤料试验项目

试验项目	勘察级别						试验项目	勘察级别					
	普查		初查		详查			普查		初查		详查	
	砂料	砾石料	砂料	砾石料	砂料	砾石料		砂料	砾石料	砂料	砾石料	砂料	砾石料
颗粒分析	*	*	*	*	*	*	自然休止角	—	—	+	+	+	+
天然密度	—	—	（砂砾层）*		（砂砾层）*		剪切	—	—	+	+	+	+
紧密密度	—	—	*	*	*	*	渗透系数	—	—	+	+	+	+
堆积密度	—	—	*	*	*	*	渗透比降	—	—	+	+	+	+
表观密度	—	—	+	+	+	+	固结压缩	—	—	—	—	+	+
含泥量	—	—	*	*	*	*							

注　“*”表示试验组数与取样组数相等的应做项目；“+”表示试验组数按需要而定的应做项目；“—”表示免做项目。

表 12.2.2-5　　　　混凝土细骨料质量技术指标

项　目		“DL/T 5388—2007”指标		“DL/T 5144—2001”指标		“SL 251—2000”指标
		天然砂	人工砂	天然砂	人工砂	
表观密度		≥2.50g/cm^3	>2.55g/cm^3	≥2.50g/cm^3	≥2.50g/cm^3	>2.55g/cm^3
堆积密度		≥1.50g/cm^3 为宜	>1.50g/cm^3	—	—	>1.50g/cm^3
云母含量		≤2%，①	<2%	≤2%	≤2%	<2%
含泥量（黏、粉粒）	≥C_{90}30 和有抗冻要求	≤3%	—	≤3%	—	<3%
	<C_{90}30	≤5%	—	≤5%	—	
泥块、黏土薄膜含量		一般不允许，②	不允许	不允许	不允许	不允许，②
骨料碱活性		宜采用非活性骨料		—	—	③
硫酸盐及硫化物含量（换算成 SO_3）		≤1%	≤1%	≤1%	≤1%	≤1%
水溶盐含量		≤1%	—	—	—	—
有机质含量（比色法）		浅于标准色	不允许	浅于标准色	不允许	浅于标准色。人工砂不允许存在
轻物质含量		≤1%	—	≤1%	—	<1%
石粉含量	常态混凝土	—	6%～18%为宜	—	6%～18%	6%～12%为宜
	碾压混凝土	—	10%～22%为宜	—	10%～22%为宜	—
平均粒径		0.29～0.43mm 为宜	0.36～0.50mm 为宜	—	—	0.36～0.50mm 为宜
细度模数	常态混凝土	2.0～3.0 为宜	2.4～2.8 为宜	2.2～3.0 为宜	2.4～2.8 为宜	2.5～3.5 为宜
	碾压混凝土		2.2～3.0 为宜			
饱和面干含水率		—	≤6%	—	≤8%	—
坚固性	有抗冻要求的混凝土	—	≤8%	≤8%		
	无抗冻要求的混凝土	—	≤10%	≤10%	≤10%	—
孔隙率		—	—	—	—	<40%

① 云母含量经试验论证后可放宽到5%；
② 泥块、黏土薄膜含量如有则应做专门试验论证；
③ 有碱活性骨料时，应做专门试验论证。

表 12.2.2-6　　　　混凝土粗骨料质量技术指标

项　目		“DL/T 5388—2007”指标		“DL/T 5144—2001”指标	“SL 251—2000”指标
		天然砾石	人工碎石		
表观密度		≥2.55g/cm^3	>2.55g/cm^3	≥2.55g/cm^3	>2.6g/cm^3
混合堆积密度		≥1.60g/cm^3	>1.60g/cm^3	—	>1.60g/cm^3
吸水率	有抗冻要求的混凝土	≤1.5%	<1.5%	≤2.5%	<1.5%
	无抗冻要求的混凝土	≤2.5%	≤2.5%		<2.5%
冻融损失率		≤10%	<10%	—	<10%
针片状颗粒含量		≤15%	≤15%，经试验论证后可放宽到25%		<15%
软弱颗含粒量	≥C_{90}30 和有抗冻要求的	≤5%	<5%	—	<5%
	<C_{90}30	≤10%		—	
含泥量	D_{20}、D_{40} 粒径级	≤1%	≤1%	≤1%	<1%
	D_{80}、D_{150}（D_{130}）粒径级		≤0.5%	≤0.5%	
泥块含量		不允许，如有则应作专门试验论证	不允许	不允许	不允许，如有则应作专门试验论证

续表

项　　目		"DL/T 5388—2007" 指标		"DL/T 5144—2001" 指标	"SL 251—2000" 指标
		天然砾石	人工碎石		
骨料碱活性		宜采用非活性骨料		—	见表 12.2.2-5 注③
硫酸盐及硫化物含量（换算成 SO_3）		≤0.5%	≤0.5%	≤0.5%	<0.5%
有机质含量（比色法）		浅于标准色	浅于标准色。深于标准色时，应进行混凝土强度对比试验		浅于标准色
粒度模数		—	宜采用 6.25～8.30	—	宜采用 6.25～8.30
坚固性	有抗冻要求的混凝土	—	≤5%	≤5%	—
	无抗冻要求的混凝土	—	≤12%	≤12%	—
压碎指标		—	≤20	—	—
轻物质含量		不允许存在	—	—	不允许存在
孔隙率		—	—	—	<45%

2. 坝壳填筑用砂砾料质量技术指标

坝壳填筑用砂砾料质量技术指标见表 12.2.2-7。

表 12.2.2-7　坝壳填筑用砂砾料质量技术指标

项目	"DL/T 5388—2007" 指标	"SL 251—2000" 指标
砾石含量	5mm 至相当 3/4 填筑层厚度的颗粒宜大于 60%	5mm 至相当 3/4 填筑层厚度的颗粒在 20%～80%范围内
紧密密度	—	$2g/cm^3$
相对密度	碾压后≥0.85	—
含泥量（黏、粉粒）	≤10%	≤8%
内摩擦角	碾压后≥30°	>30°
渗透系数	碾压后 $>1\times10^{-3}$cm/s	碾压后 $>1\times10^{-3}$cm/s
	渗透系数应大于防渗体的 50 倍。干燥区的渗透系数尚可小些；其含泥量亦可适当增加	渗透系数应大于防渗体的 50 倍。干燥区的渗透系数尚可小些；其含泥量亦可适当增加；强震区砾石含量下限应予提高，砂砾料中的砂料应尽可能采用粗砂

3. 反滤层用料质量技术指标

反滤层用料质量技术指标见表 12.2.2-8。

表 12.2.2-8　反滤层用料的质量技术指标

项目	"DL/T 5388—2007" 指标	"SL 251—2000" 指标
级配	—	应尽量均匀，要求这一粒组的颗粒不会钻入另一粒组的孔隙中去，为避免堵塞，所用材料中小于 0.1mm 的颗粒在数量上不应超过 5%
不均匀系数	≤8	≤8
颗粒形状	无片状、针状颗粒	应无片状、针状颗粒，坚固抗冻
含泥量（黏、粉粒）	≤5%	<3%
渗透系数	$\geqslant5.0\times10^{-3}$cm/s	$>5.8\times10^{-3}$cm/s
对于塑性指数大于 20 的黏土地基，第一层粒度 D_{50} 的要求：当不均匀系数 $C_u\leqslant2$ 时，$D_{50}\leqslant5$mm；当不均匀系数为 $2\leqslant C_u\leqslant5$ 时，$D_{50}\leqslant5\sim8$mm		

二、土料料场勘探、试验取样和技术要求

（一）一般土料及特殊土料料场勘探、试验取样和技术要求

1. 一般土料及特殊土料料场类别

料场按地形地质条件分为三类：

Ⅰ类：场地面积大；地形平缓完整；有用层厚度大且稳定，土层成因类型、岩性、结构单一；下伏层埋深大；剥离层薄。

Ⅱ类：料场面积较大；地形起伏较完整；土层成因类型较复杂；有用层层次较多，岩性、结构及厚度较稳定或呈有规律变化；开采范围内下伏层表面较平整；剥离层较薄。

Ⅲ类：料场面积小；地形不完整；有用层层次多，土层成因类型、岩性、结构复杂，厚度变化大，夹有无用层；开采范围内下伏层表面起伏大；剥离层较厚。

2. 料场勘探要求

（1）料场勘探布置。勘探线应尽量垂直地貌单元方向布置。初、详查勘探一般采用网格状布置，勘探网（点）间距见表 12.2.2-9。

表 12.2.2-9　勘探网（点）间距

料场类型	勘　察　级　别		
	普查	初查	详查
		间距（m）	
Ⅰ类	每一料场随机布置 3～5 个勘探点	200～400	100～200
Ⅱ类		100～200	50～100
Ⅲ类		<100	<50

（2）勘探点深度。应揭穿有用层底板以下 0.5～1.0m，或至地下水水面；有用层较厚时，勘探深度应超过最大开采深度。

（3）勘探方法。以坑探、井探为主，槽探为辅，必要时采用钻探、洞探。

（4）勘探点描述内容。勘探点的地层要求按成因类型及结构进行分层。需分层描述土层成因类型及土的统一分类名称、颜色、结构、颗粒组成及目估含量、砾石的岩矿成分与风化程度、土质的均一性、潮湿状态、稠度状态、厚度等；夹层的性质和厚度；植物根系等杂质含量及分布；剥离层和无用层的物质组成、厚度；记录地下水水位及其浸润线高度；取样位置、编号、高程等，并标注在展示图或柱状图的相应位置。

3. 料场试验取样要求

（1）土样应具代表性。取样位置尽量布置于进行天然含水率试验的勘探点中。

（2）一般在试坑中采用刻槽法取样。

（3）需分区、分层取样，必要时需分层混合取样。单层（分层混合）常规试验扰动样取样组数见表 12.2.2-10。

表 12.2.2-10　常规试验扰动样取样组数

料场（分区）规模（km²）	勘察级别		
	普查	初查	详查
<0.10	3～6	3～5	5～7
0.10～0.30		5～7	7～9
0.30～0.50		7～9	9～11
0.50～0.80		9～11	11～13
>0.80		>12	>14

(4) 取样数量需满足试验要求。防渗土料常规试验样品，每组取样数量不少于 50kg；接触黏土料试验样品，每组取样数量不少于 30kg；槽孔固壁土料试验样品，每组取样数量不少于 10kg。为使所取样品具代表性，超重样品要求拌匀后常用四分法缩取。

(5) 天然含水率和天然密度取样试验要求。

1) 普查进行天然含水率试验取样，必要时可在为取样专门开挖的探坑中采取少量天然含水率试验样品。

2) 初、详查均要求进行天然含水率和天然密度取样试验工作。为保证天然含水率试验样品具有代表性，要求取样坑宜占计划开挖探坑总数的 40%，在料场中宜分布均匀，也可沿勘探线布置；地质条件简单的料场，在取样坑中间隔 2m 取一组天然含水率试验样品；地质条件复杂的料场，如红黏土料场、膨胀土料场等，每 1m 取一组天然含水率试验样品；为便于资料整理分析，每个试验坑宜由地面起算，每 1m 或 2m 整数位置取一组天然含水率试验样品，直至坑底；测试天然密度的试验坑，宜占天然含水率试验坑的 1/4，每个试验坑宜由地面起算，间隔 2m 整数位置做一组天然密度与天然含水率相配套的试验，直至坑底；为了天然含水率和天然密度试验资料真实、可靠，要求与勘探工作同步进行。

4. 土样常规试验项目

土样常规试验项目见表 12.2.2-11。

表 12.2.2-11　防渗料土样常规试验项目

试验项目		勘察级别		
		普查	初查	详查
天然含水率		※	※	※
天然密度		±	※	※
颗粒分析		※	※	※
液限		※	※	※
塑限		※	※	※
击实	最优含水率	※	※	※
	最大干密度	※	※	※
击实土	膨胀	±	+	+
	收缩	±	+	+
	崩解	±	+	+
	剪切	※	※	※
	压缩	※	※	※
	渗透系数	※	※	※
	临界坡降	±	±	+
有机质含量		±	+	+
烧失量		±	+	+
水溶盐含量		±	+	+
黏土矿物成分		±	+	+
化学成分		±	+	+
分散性试验		±	+	+

注 1. “※”表示试验组数与取样组数相同的应做项目；“+”表示试验组数视需要而定的应做项目；“±”表示试验项目视需要而定。
2. 碾压式土石坝心墙和斜墙防渗土料可不作击实土的崩解性试验。
3. 接触黏土料和槽孔固壁土料可根据需要选择试验项目。

5. 土料技术要求

(1) 土石坝防渗土料质量技术指标见表 12.2.2-12 (1)、表 12.2.2-12 (2)。

表 12.2.2-12 (1)　土石坝防渗土料质量技术指标

项目	细粒土料质量技术指标		风化土料质量技术指标	碎（砾）石类土料质量技术指标
	均质坝土料	防渗体土料		
最大粒径	—		≤150mm 或不超过碾压铺土厚度的 2/3	
>5mm 碎、砾石含量	—		击实后宜为 20%～50%。填筑时不得发生粗料集中、架空现象	不宜大于 50%（对高坝应为 20%～50%），填筑时不得发生粗料集中、架空现象
<0.075mm 细粒含量	—		应大于 15%	
黏粒（<0.005mm）含量	10%～30%为宜	15%～40%为宜	>8%为宜	全级配中宜不低于 6%～8%
塑性指数	7～17	10～20	>8	>6
击实后渗透系数	$\leqslant i\times10^{-4}$ cm/s（$1\leqslant i<10$）	$\leqslant i\times10^{-5}$ cm/s（$1\leqslant i<10$），并应小于坝壳透水料的 50 倍		$\leqslant i\times10^{-5}$ cm/s（$1\leqslant i<10$），并应小于坝壳透水料的 50 倍（允许比降宜为 2～3）
天然含水率	在最优含水率的 −2%～+3%范围为宜			
有机质含量（以质量计）	<5%	<2%		
水溶盐含量	<3%			
硅铁铝比（SiO_2/R_2O_3）	2～4			
土的分散性	宜采用非分散性土			

注　本表为“DL/T 5388—2007”指标。

表 12.2.2-12（2）　　土石坝防渗土料质量技术指标

项　目	"SL 251—2000"指标				"DL/T 5395—2007"指标
	土料质量技术指标		碎（砾）石类土料质量技术指标		
	均质坝土料	防渗体土料	均质坝土料	防渗体土料	
最大粒径	—		小于 150mm 或不超过碾压铺土厚度的 2/3		防渗土料碾压后的质量指标： （1）渗透系数：均质坝不大于 1×10^{-4} cm/s；心墙和斜墙不大于 1×10^{-5} cm/s。 （2）水溶盐含量（指易溶盐和中溶盐，按质量计）不大于 3%。 （3）有机质含量（按质量计）：均质坝不大于 5%；心墙和斜墙不大于 2%。 （4）有较好的塑性和渗透稳定性。 （5）浸水和失水时体积变化小。 若有不满足时，可从满足渗流、稳定、变形要求等方面进行专门论证
>5mm 碎、砾石含量	—		宜小于 60%		
<0.075mm 细粒含量	—		占小于 5mm 的 15%～40%		
黏粒（<0.005mm）含量	10%～30%为宜	15%～40%为宜			
塑性指数	7～17	10～20			
碾压后渗透系数	$<1\times10^{-4}$ cm/s	小于 1×10^{-5} cm/s，并应小于坝壳透水料的 50 倍	$<1\times10^{-4}$ cm/s	小于 1×10^{-5} cm/s，并应小于坝壳透水料的 50 倍	
天然含水率	与最优含水率或塑限接近者为优				防渗土料的其他技术要求： （1）用于填筑防渗体的砾石土（包括人工掺合砾石土），粒径大于 5mm 的颗粒含量不宜超过 50%，最大粒径不宜大于 150mm 或铺土厚度的 2/3，小于 0.075mm 的颗粒含量应不小于 15%，且小于 0.005mm 的颗粒含量不宜小于 8%，当小于 8%时，应作专门论证。 （2）黏性土的施工含水率，控制在最优含水率的－2%～＋3%范围内
有机质含量（以质量计）	<5%	<2%	<5%	<2%	
水溶盐含量	<3%				
硅铁铝比（SiO_2/R_2O_3）	>2		—		
土的分散性	宜采用非分散性土		—		
pH 值	>7		—		
紧密密度	宜大于天然密度		—		

（2）接触黏土料质量技术指标见表 12.2.2-13。

表 12.2.2-13　　接触黏土料的质量技术指标

项　目		指　标
颗粒组成	>5mm	<10%
	<0.075mm	>60%
	<0.005mm	不应低于 20%～30%
塑性指数		>10
最大粒径		20～40mm
SiO_2/Al_2O_3		2～4
渗透系数		$<i\times10^{-6}$ cm/s（$1\leqslant i<10$）
允许坡降		宜>5
有机质含量		<2%
水溶盐含量		<3%
天然含水率		宜略大于最优含水率
分散性		宜采用非分散性土

（3）槽孔固壁土料质量技术指标见表 12.2.2-14。

表 12.2.2-14　　槽孔固壁土料质量技术指标

项　目		指标	"DL/T 5199—2004"指标	"SL 251—2000"指标
颗粒组成	>0.075mm	<10%	<5%	<5%
	<0.005mm	>30%	>45%	>50%
	<0.002mm	>15%	—	>40%
塑性指数		>17	>20	>20
SiO_2/Al_2O_3		3～4	3～4	3～4
pH 值		>7	—	>7
活动性指数		<1	—	<1
有机质含量		<1%	—	<1%

（4）膨胀土作为土石坝防渗体时，质量技术指标应按工程要求作专门试验论证。

（5）红黏土作为土石坝防渗体的质量技术指标除黏粒含量、塑性指数外，其他见表 12.2.2-12。

（6）土的分散性评价指标

土料的分散性试验一般有针孔试验、孔隙水溶液试验、土块浸水试验、双比重计试验。在上述四种试验方法中，以针孔试验鉴定土的抗冲蚀能力的直接方法为终判。

1）针孔试验评价土的分散性标准见表 12.2.2-15。

2）孔隙水溶液试验评价土的分散性标准见图 12.2.2-1。

3）土块试验评价土的分散性标准见表 12.2.2-16。

4）双比重计试验评价土的分散性标准见表 12.2.2-17。

$$分散度\ D=\frac{不加分散剂时小于\ 0.005mm\ 颗粒含量}{加分散剂时小于\ 0.005mm\ 颗粒含量}\times100\%$$

表 12.2.2-15　　针孔试验评价土的分散性标准

类别	水头（mm）	在某一水头下的试验持续时间（min）	最终流量（mL/s）	流出水的混浊情况	最终孔径（mm）
分散性土	50 50	5 10	1.0～1.4 1.0～1.4	混浊 较混浊	≥2.0 >1.5
过渡型土	50 180 380	10 5 5	0.8～1.0 1.4～2.7 1.8～3.2	稍混浊 较透明 较透明	≤1.5 ≥1.5
非分散性土	1020 1020	5 5	>3 <3	稍透明 透明	<1.5 1.0

表 12.2.2-16　　土块浸水试验评价土的分散性标准

类　别	浸水后土块特征
分散性土	土块水解后混浊，土很快扩散到整个量杯底部，水呈雾状，经久不清
过渡型土	土块水解后四周有微量混浊水，但扩散范围很小
非分散性土	无分散出胶粒的反应，土块水解后在量杯底以细颗粒状平堆，水色清，或稍混浊后很快又变清

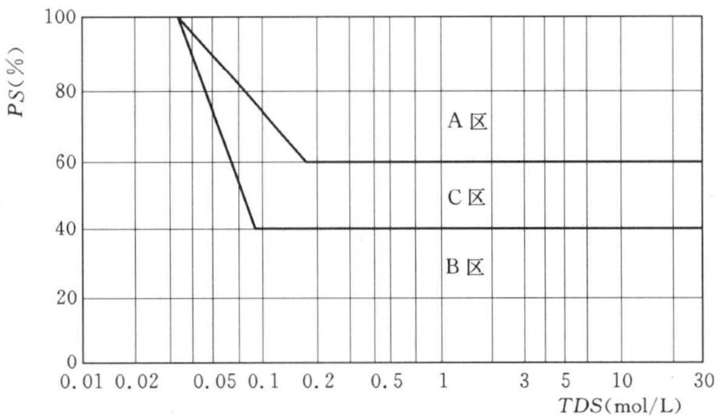

TDS=阳离子交换总量=$Na^{+}+K^{+}+Ca^{2+}+Mg^{2+}$
PS=可交换性钠离子百分数=$(Na^{+}/TDS)\times100\%$

图 12.2.2-1　孔隙水溶液试验评价土的分散性图
A区—分散性土；B区—非分散性土；C区—中间状态土

表 12.2.2-17　双比重计试验评价土的分散性标准

类　别	分散度 D
分散性土	>50%
过渡型土	30%～50%
非分散性土	<30%

(二) 碎(砾)石类土料料场勘探、试验取样和技术要求

1. 碎(砾)石类土料料场类别

料场按地形地质条件分为以下两类。

Ⅰ类：料场面积大，地形较平缓，有用层厚度大且较稳定，土层成因类型单一，岩性、结构较简单。

Ⅱ类：料场面积较小，地形起伏，土层成因类型较复杂，有用层厚度、岩性和结构变化较大。

2. 料场勘探要求

(1) 料场勘探布置。勘探线需尽量垂直地貌单元方向布置。初、详查阶段勘探应采用网格状布置，勘探网(点)间距见表 12.2.2-18。

表 12.2.2-18　勘探网(点)间距

料场类型	勘察级别		
	普查	初查	详查
		间距 (m)	
Ⅰ类	每一料场布置 3～5 个勘探点	100～200	50～100
Ⅱ类		<100	<50

(2) 勘探点深度。应揭穿有用层底板以下 0.5～1.0m；有用层较厚时，勘探深度要求超过拟最大开采深度。

(3) 勘探方法。以坑探、井探及钻探为主，槽探、洞探为辅。

(4) 勘探点描述内容：碎(砾)石类土的成因类型，粗、细料(以粒径 5mm 为界)大致含量，粗料的粒度成分、岩石成分、风化程度，细料的颜色、粒度成分、潮湿状态、可塑性及稠度状态、黏粒的大致含量；应根据粒度变化情况进行分层；并应记录取样位置及编号。

3. 料场试验取样要求

(1) 土样应具代表性。

(2) 应分区、分层取样，分层混合取样可基于施工实际需要进行。单层(分层混合)常规试验扰动样取样组数见表 12.2.2-10。

(3) 宜采用刻槽法或吊筐抽取法。

(4) 取样数量应满足试验要求。常规试验样品每组取样数量不宜少于 300kg。

(5) 天然含水率和天然密度取样试验与一般土料相同。

4. 碎(砾)石类土样常规试验项目

碎(砾)石类土样常规试验项目见表 12.2.2-11。

5. 碎(砾)石类土料技术要求

碎(砾)石类土料作防渗体的质量技术指标见表 12.2.2-12。

(三) 风化土料料场勘探、试验取样和技术要求

风化土料具有以下特点：料源一般在坝址附近就可以找到，运距近，采用方便，造价低；最优含水率接近天然含水率和塑限含水率，且适应性强，一般可直接上坝，施工较为方便；级配良好，多为黏土质砾和粉土质砾，压实性好，抗冲蚀能力强；力学强度高，稳定性好；大多数分布在山地，对居民、农田干扰小，破坏性小，环保简单。

1. 风化土料料场类别

料场按地形地质条件分为以下两类。

Ⅰ类：料场地形基本完整；母岩岩性和全风化层较均一；全风化土层岩性、结构简单；厚度大、分布稳定或呈有规律变化；无用夹层较少；水文地质条件简单。

Ⅱ类：料场面积小；地形起伏；母岩岩性、结构复杂或虽岩性单一，但风化不均一；全风化土层岩性、结构和厚度变化大；无用夹层较多；水文地质条件较复杂。

勘探资料表明：由于场地内岩性和岩石风化程度不均一、微地形及局部水文地质条件的差异，致使小范围内有用层厚度变化大，岩性、结构均一性差，是风化料的一般规律，所以风化土料多为Ⅱ类料场。

2. 料场勘探要求

(1) 料场勘探布置与碎(砾)石类土的相同。

(2) 勘探点深度。应揭穿有用层至强或弱、微风化层顶板以下 1.0m，或至地下水水面。有用层较厚时，勘探深度应超过拟最大开采深度。

(3) 勘探方法。与碎(砾)石类土的相同。

(4) 勘探点描述内容。勘探点的地层需按成因类型不同进行分层。分层描述内容除需符合一般土料的要求外，尚应重点描述风化土料母岩的地层、岩性、岩层产状、岩层单层厚度、风化程度及均一性和成层性。全风化土层的颜色、岩性、结构、颗粒组成、潮湿状态和塑性状态、厚度等；强风化岩体的岩性、结构、岩石碎块的坚硬程度及压碎性能；夹层的性质、厚度、颜色、状态、颗粒组成及目估含量、粗颗粒的硬度特征等。

3. 料场试验取样要求

料场试验取样一般要求、天然含水率和天然密度取样试验同于一般土料，但取样数量对常规试验扰动样需按土样中粒径大于 5mm 的砾石含量确定：当砾石含量小于 30%时，每组土样可取 50kg；当砾石含量为 30%～50%时，每组土样可取 100kg；当砾石含量大于 50%时，每组土样可取 150kg。超重样品需拌匀后常用四分法缩取。

4. 风化土料勘探、试验注意事项

(1) 岩浆岩、沉积岩和变质岩地区，在合适的地质条件下，均可发育成风化土料。风化土料场多分布于地形较为完整的缓坡(10°～20°)地带，在现场踏勘时，可根据路堑、冲沟壁等露头的地质情况对料层的厚度和材料的种类及性质作出初步判断。

(2) 风化土层由于厚度变化大，结构均一性差，使用前要经过详查，详查储量要为设计需要量的 2 倍，一般可在勘探、试验资料圈定的范围内进行储量计算，其外围富裕储量可作为备用储量。

(3) 风化土料料场勘探点的地层宜按成因不同进行分层，一般分为两层，即上覆第四纪松散层（多为坡积层）和风化土层，风化土层可划分为全风化土层及强风化岩体。

(4) 风化土料场由于地形及水文地质条件的差异，使岩性、结构及天然含水率变化大，天然含水率试验应有足够的数量，查明天然含水率在空间及随时间的变化规律，根据统计分析资料进行分区，以利于土料的施工开采。

(5) 风化土料场中的无用料夹层包括具有一定厚度的强、弱、微风化的硬岩夹层；沉积岩中有时有机质含量较高。

(6) 风化土料击实前、后的级配常差异较大，所以应用大样击实（或碾压）后的级配作为设计依据。

(7) 风化土料料场勘探采用坑探和钻探时，有用层厚度一般相差较大，均一性差，硬岩夹层及风化残块较多，坑探在不爆破的情况下，遇硬岩夹层或残块则难以进行，钻探则可穿透硬岩夹层或残块。基于施工开采及从储量可靠性考虑，一般以探坑揭露的深度作为储量计算依据，钻探揭露的有用层厚度作为储量计算的参考。

(8) 选择天然含水率试验坑时，应按不同地貌单元及分布均匀进行布置。

(9) 风化土料场勘探，常遇地下水问题，地下水的存在，对料场的勘探和土料的质量开采、使用影响很大，需查明地下水的类型、埋藏条件及动态变化，然后相应采取限制土料开采范围和深度等减少地下水影响的工程措施。

(10) 重大工程的主干料场或主采区，应用代表性全料（勘探深度或拟采深度范围内不同成因的土层，或同一成因类型的不同的可用层的混合样）进行大型击实功能对比试验，目的是经过各种击实功能比较，获得最大干密度和最优含水率，并用于选择施工的碾压设备和碾压参数。

(11) 注意料场的开采方法，应采用立体混合开采方式或顺等高线长距离推运混合集料方式。

5. 风化土料样品常规试验项目

风化土料样品常规试验项目见表 12.2.2-11。

6. 风化土料技术要求

风化土料作防渗体的质量技术指标见表 12.2.2-12。需要说明的是风化土料适应含水率变化的能力较强，表 12.2.2-19 为鲁布革水电站不同天然含水量与最优含水量差值情况下的压实度 D 的变化情况，根据心墙压实土现场注水试验，渗透系数 $K \leqslant i \times 10^{-5}$ cm/s，均符合设计要求。

表 12.2.2-19　鲁布革水电站风化土料不同含水率差值下 D 的变化值

$w_{op}-w_f$	组数	D (%)	$w_{op}-w_f$	组数	D (%)
−7～−6	1	96.4	−3～−2	106	97.77
−6～−5	13	96.75	−2～−1	31	97.99
−5～−4	40	97.4	−1～0	23	98.37
−4～−3	81	97.56	0～1	1	98.4
−7～−3	135 (占 45.6%)		−3～1	161 (占 54.4%)	

(四) 坝体填筑料的分类

1. 土的粒组划分

按《土的工程分类标准》(GB/T 50145)，土的粒组划分见表 12.2.2-20。土按其不同粒组的相对含量划分为巨粒土、粗粒土、细粒土三类。

表 12.2.2-20　土的粒组划分

粒组	颗粒名称		粒径 d 的范围 (mm)
巨粒	漂石（块石）		$d>200$
	卵石（碎石）		$60<d\leqslant200$
粗粒	砾粒	粗砾	$20<d\leqslant60$
		中砾	$5<d\leqslant20$
		细砾	$2<d\leqslant5$
	砂粒	粗砂	$0.5<d\leqslant2$
		中砂	$0.25<d\leqslant0.5$
		细砂	$0.075<d\leqslant0.25$
细粒	粉粒		$0.005<d\leqslant0.075$
	黏粒		$\leqslant0.005$

(1) 巨粒土的分类。土中巨粒含量大于 50% 的土称为巨粒土。巨粒土的分类见表 12.2.2-21。

表 12.2.2-21　巨粒类土的分类

土类	粒组含量		土类代号	土类名称
巨粒土	巨粒含量 >75%	漂石含量>卵石含量	B	漂石（块石）
		漂石含量≤卵石含量	Cb	卵石（碎石）
混合巨粒土	50%<巨粒含量≤75%	漂石含量>卵石含量	BSI	混合土漂石（块石）
		漂石含量≤卵石含量	CbSI	混合土卵石（碎石）
巨粒混合土	15%<巨粒含量≤50%	漂石含量>卵石含量	SIB	漂石（块石）混合土
		漂石含量≤卵石含量	SICb	卵石（碎石）混合土

注　巨粒混合土可根据所含粗粒或细粒的含量进行细分。

(2) 粗粒土的分类。土中粗粒含量大于 50% 的土称为粗粒土，其中土中砾粒组含量大于砂粒组含量的土称砾类土。砾类土的分类见表 12.2.2-22。土中砾粒组含量不大于砂粒组含量的土称砂类土。砂类土的分类见表 12.2.2-23。

表 12.2.2-22　砾类土的分类

土类	粒组含量		土类代号	土类名称
砾	细粒含量 <5%	级配：$C_u\geqslant5$，$1\leqslant C_c\leqslant3$	GW	级配良好砾
		级配：不同时满足上述要求	GP	级配不良砾
含细粒土砾	5%≤细粒含量<15%		GF	含细粒土砾
细粒土质砾	15%≤细粒含量<50%	细粒组中粉粒含量≤50%	GC	黏土质砾
		细粒组中粉粒含量>50%	GM	粉土质砾

表 12.2.2-23　砂类土的分类

土类	粒组含量		土类代号	土类名称
砂	细粒含量 <5%	级配：$C_u\geqslant5$，$1\leqslant C_c\leqslant3$	SW	级配良好砂
		级配：不同时满足上述要求	SP	级配不良砂
含细粒土砂	5%≤细粒含量<15%		SF	含细粒土砂
细粒土质砂	15%≤细粒含量<50%	细粒组中粉粒含量≤50%	SC	黏土质砂
		细粒组中粉粒含量>50%	SM	粉土质砂

(3) 细粒类土的分类。土中细粒组含量不小于 50% 的土称为细粒类土。细粒类土中粗粒组含量不大于 25% 的土称细粒土。细粒土中粗粒组含量大于 25% 且不大于 50% 的土称含

粗粒的细粒土。

采用图 12.2.2-2 的塑性图确定细粒土时，细粒土的分类见表 12.2.2-24。

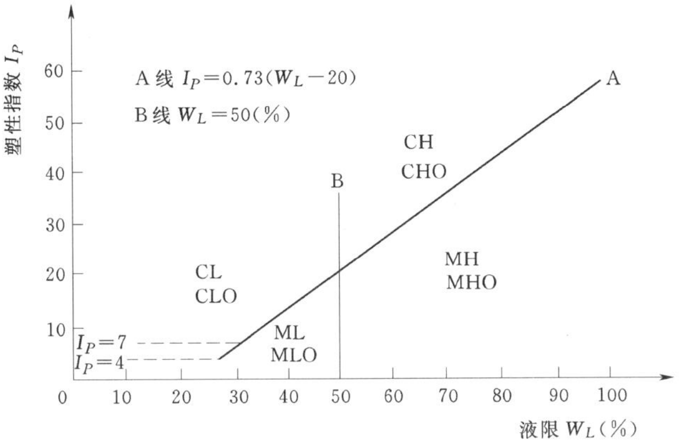

图 12.2.2-2　塑性图

说明：1. 图中的液限 W_L 为碟式仪测定的液限含水率或用质量 76g、锥角为 30°的液限仪锥尖入土深度为 17mm 时对应的含水率。

2. 图中虚线之间区域为黏土～粉土过渡区。

表 12.2.2-24　　细粒土的分类

土的塑性指标在塑性图 12.2.2-2 中的位置		土类代号	土类名称
$I_P \geq 0.73(W_L-20)$ 和 $I_P \geq 7$	$W_L \geq 50\%$	CH	高液限黏土
	$W_L < 50\%$	CL	低液限黏土
$I_P < 0.73(W_L-20)$ 或 $I_P < 4$	$W_L \geq 50\%$	MH	高液限粉土
	$W_L < 50\%$	ML	低液限粉土

含粗粒的细粒土分为含砾细粒土（粗粒中砾粒含量大于砂粒含量）和含砂细粒土（粗粒中砾粒含量不大于砂粒含量）。含砾细粒土和含砂细粒土分类也见表 12.2.2-24，并分别在细粒土代号后缀以代号 G 和代号 S。

细粒土中有机质含量小于 10%且不小于 5%的土称为有机质土，并在表 12.2.2-24 相应土类代号后缀以代号 O。

2. 细粒土的简易鉴别

细粒土的简易鉴别特征见表 12.2.2-25。

表 12.2.2-25　　细粒土的简易鉴别

半固态时干强度	硬塑～可塑态时的手捻感和光滑度	土在可塑态时		软塑～流塑态时的摇振反应	土类代号
		土条可搓成最小直径(mm)	韧性		
低～中	粉粒为主，有砂感，稍有黏性，捻面较粗糙，无光泽	3～2	低～中	快～中	ML
中～高	含砂粒，有黏性，稍为滑腻感，捻面较光滑，稍有光泽	2～1	中	慢～无	CL
中～高	粉粒较多，有黏性，稍有滑腻感，捻面较光滑，稍有光泽	2～1	中～高	慢～无	MH
高～很高	无砂感，黏性大，滑腻感强，捻面光滑，有光泽	<1	高	无	CH

3. 土的基本代号

土的基本代号见表 12.2.2-26。

表 12.2.2-26　　土的基本代号

名称	代号	名称	代号
漂石（块石）	B	黄土	Y
卵石（碎石）	Cb	膨胀土	E
砾（角砾）	G	红黏土	R
砂	S	级配良好	W
粉土	M	级配不良	P
黏土	C	高液限	H
细粒土（C 和 M 合称）	F	低液限	L
混合土（粗细粒土合称）	SI		
有机质土	O		

三、石料料场勘探、试验取样和技术要求

（一）堆石料和砌石料料场勘探、试验取样和技术要求

1. 堆石料、砌石料料场类别

料场按地形地质条件分为三类：

Ⅰ类：料场地形完整，沟谷不发育，岩性单一，岩相稳定，没有无用层，断裂、岩溶不发育，风化层及剥离层较薄。

Ⅱ类：料场地形不完整，沟谷较发育，岩性岩相较稳定，没有或少有无用夹层，断裂、岩溶较发育，风化层及剥离层较厚。

Ⅲ类：料场地形陡峻，沟谷发育，岩性岩相变化较大，夹无用层，断裂、岩溶发育，风化层及剥离层厚。

2. 料场勘探要求

（1）料场勘探布置。勘探线要求尽量垂直地层走向及岩体的延伸方向，或地貌单元方向布置；料场初查、详查阶段勘探一般采用网格状布置，勘探网（点）间距见表 12.2.2-27。此外，勘探布置尚应满足料场开挖边坡稳定性评价的要求。

表 12.2.2-27　　勘探网（点）间距

料场类型	勘察级别		
	普　查	初查	详查
		间距（m）	
Ⅰ类	利用天然露头，必要时每个料场布置 3～5 个勘探点	250～350	150～250
Ⅱ类		150～250	100～150
Ⅲ类		<150	<100

（2）勘探点深度。需揭穿有用层底板以下 5m 左右；有用层较厚时，一般勘探点应揭穿有用层一定厚度，并提供常规试验取样条件。控制性钻孔或平洞应揭穿有用层或拟开采底板线以下 5～10m。

（3）勘探方法。以平洞、钻探为主，物探、坑探、竖井为辅。

（4）勘探点描述内容。包括：岩层名称、岩性、产状、构造、岩石块度、风化程度、岩溶与充填物。岩芯获得率与岩石质量指标（RQD）等，并记录取样位置、高程及编号等。

（5）在岩溶地区进行石料场勘探时，应特别重视岩溶发育程度和影响、充填物对料物的可能污染。

3. 料场试验取样要求

（1）取样位置在料场中应较均匀分布，在平面和剖面上应具代表性。

（2）按不同地层、不同岩性、不同风化程度分别取样，有用层单层取样组数见表 12.2.2-28。

表 12.2.2-28　　有用层单层取样组数

料场（分区）规模（km^2）	勘察级别		
	普查	初查	详查
<0.3	1～3	3～5	5～7
0.3～0.5		5～7	7～9
0.5～1.0		7～9	9～11

（3）强风化层须取少量试验样品，成果可作为质量评价之用；当强风化层拟用作堆石料时，根据料场不同面积，试验样品可取 3～7 组。

（4）样品可在钻孔岩芯中选取，也可在平洞、坑槽探、竖井及天然露头中凿取。

（5）样品数量应满足试验要求。

4．石料试验项目

原岩（岩块）试验项目见表 12.2.2-29。

5．石料技术要求

原岩质量技术指标见表 12.2.2-30。

表 12.2.2-29　　原岩试验项目

项目		人工骨料原岩			堆石料原岩			砌石料原岩		
		勘察级别								
		普查	初查	详查	普查	初查	详查	普查	初查	详查
密度（干、湿）		±	+	+	±	+	+	±	+	+
饱和吸水率		±	+	+	±	+	+	±	+	+
孔隙率		±	+	+	±	—	—	—	—	—
抗压强度	干、饱和	*	*	*	*	*	*	*	*	*
	冻融	—	—	—	±	±	±	±	±	±
岩石矿物成分、化学成分		±	+	+	±	+	+	±	+	+
冻融损失率		±	+	+	±	+	+	±	+	+
硫酸盐及硫化物含量（换算成 SO_3）		±	+	+	±	+	+	±	+	+
骨料碱活性试验		±	+	+	—	—	—	—	—	—
抗拉强度		±	+	+	—	—	—	—	—	—
弹性模量		±	+	+	±	+	+	±	+	+
泊松比		±	+	+	—	—	—	±	+	+
线胀系数		—	—	—	—	—	—	±	+	+

注　"+"表示应做项目；"±"表示视需要而定；"—"表示免做项目；"*"表示试验组数与取样组数相等的应做项目。

表 12.2.2-30　　原岩质量技术指标

项目		堆石料	砌石料	混凝土人工骨料	"SL 251—2000"指标	
		原岩指标			块石料	备注
饱和抗压强度	坝高≥70m	>40MPa	>40MPa	大于 40MPa，高强度等级或有特殊要求的混凝土应按设计要求确定	饱和抗压强度及软化系数应按地域、设计要求与使用目的确定	埋石及砌石的硫酸盐及硫化物含量，同混凝土骨料要求
	坝高<70m	>30MPa	>30MPa			
冻融损失率		<1%	<1%	<1%	<1%	
硫酸盐及硫化物含量（换算成 SO_3）		<1%	<0.5%	<0.5%	—	
干密度		>2.4g/cm³	≥2.4g/cm³	—	>2.4g/cm³	
饱和吸水率		—	不应大于 10%	—	—	
线胀系数		—	宜小于 8×10^{-6}/℃	—	—	

（二）开挖渣料料场勘探、试验取样和技术要求

（1）勘探工作要结合工程建筑物勘察进行，并按材料的相应用途、勘察级别进行勘探布置，勘探网（点）间距要符合相应材料种类勘察级别的要求。

（2）取样与试验要在工程建筑物勘察取样试验的基础上，根据材料的实际用途和相应勘察级别要求进行补充，取样数量和试验项目要符合相应材料种类和勘察级别的精度要求。

（3）开挖渣料的质量技术指标，要符合材料相应用途的质量技术要求。

（4）开挖渣料的储量应在设计的开挖体型线内，根据地质剖面图标示的地层岩性和岩石风化界线，料物分选标准等，分别计算各建筑物的有用料储量和无用料体积。

（三）人工骨料料场勘探、试验取样和技术要求

1．人工骨料料场类别

料场类别按地形地质条件分为三类，划分标准与堆石料、砌石料料场相同。

2．料场勘探要求

（1）料场勘探布置。勘探线要尽量垂直岩层走向及岩体的延伸方向或地貌单元方向布置。初查、详查阶段勘探一般按网格状布置，勘探网（点）间距见表 12.2.2-31。此外，勘探布置尚应满足料场开挖边坡稳定性评价的要求。

（2）勘探深度及勘探方法与堆石料、砌石料料场相同。

表 12.2.2-31　　人工骨料料场勘探网（点）间距

料场类型	勘察级别		
	普查	初查	详查
		间距（m）	
Ⅰ类	利用天然露头，必要时每个料场布置 3～5 个勘探点	200～300	150～200
Ⅱ类		150～200	100～150
Ⅲ类		100～150	50～100

（3）勘探点描述内容。包括：岩层名称、岩性、产状、无用夹层，断层、裂隙发育及夹泥情况，风化程度、岩溶及充填物、岩芯获得率与 RQD 等，并记录地下水位、取样位置及编号等。

（4）在岩溶地区进行人工骨料料场勘探时，应特别重视岩溶发育程度、强岩溶化岩体的底界进学，并充分考虑岩溶裂隙夹泥和洞穴充填物对骨料质量的影响及料源的可能污染。

3．料场试验取样要求

人工骨料料场的一般试验取样与堆石料、砌石料料场相同，对骨料碱活性试验取样应按岩层分层取样。分层取样组数：初查不小于 3 组；详查不小于 5 组，每组取样数量不少于 50kg。

4．勘探、试验取样注意事项

（1）当缺乏天然砂砾料，或虽有一定量的天然砂砾料，但由于成分复杂、软弱颗粒多、含泥量及其他有害成分含量不能满足高坝混凝土的要求时，需进行人工骨料料场勘察。

人工骨料料场勘探工作以洞探、钻探为主，对料源质量和储量影响较大的因素一般情况下是地层岩性、岩体风化、地质构造、碱活性及云母含量。碳酸岩盐地区的岩溶发育程度，充填物情况则是最主要的影响因素。

（2）人工骨料岩性的选择。

1）目前水电工程的混凝土人工骨料，广泛采用石灰岩、白云岩、大理岩、白云质灰岩、砂岩、流纹岩、玄武岩、片麻岩、花岗岩、闪长岩、正长岩等中硬至坚硬岩石轧制。

石灰岩具有抗压强度适中（一般单轴抗压强度为60～100MPa），硬度中等（普氏硬度系数一般为8～12），对设备磨损小，破碎产品粒形好，料场一般无覆盖层或覆盖层薄，但应充分考虑溶蚀裂隙夹泥和洞穴堆积物对骨料质量的影响及污染。由于石灰岩加工成骨料的混凝土性能优于其他种类的岩石，有条件情况应优先选用石灰岩作为人工骨料料源。但硅质灰岩抗压强度高，硬度较大，且易产生碱骨料反应，一般不宜采用。

2）二氧化硅（如石英岩，石英砂岩等）含量大时，岩性强度、硬度一般较高，对砂石加工系统的各种设备、设施，尤其是破碎、制砂设备磨损严重，有条件的情况下宜避免用作人工骨料料源。

3）泥质胶结的砂砾岩，质软、耐久性差；页岩、泥岩、黏土岩、泥灰岩等质软，抗水性差；千枚岩、绢云母片岩等强度低；含黄铁矿的岩石会产生硫酸，使岩石中的其他矿物溶解，并对混凝土有侵蚀性，故上述岩层均不宜作为人工骨料料源。

4）硅质火山玻璃、隐晶～微晶石英、无定形二氧化硅等活性物质含量高的酸性～中性火山岩及沉积成因的硅质岩加工的混凝土骨料，易产生碱活性反应，一般应避免用作人工骨料料源。

5）对花岗质类岩石应注意云母含量问题。

5. 人工骨料原岩试验项目

人工骨料原岩试验项目见表12.2.2-29。

6. 人工骨料原岩技术要求

人工骨料原岩质量技术指标见表12.2.2-30。

7. 混凝土人工骨料技术要求

（1）混凝土人工砂质量技术指标见表12.2.2-5。

（2）混凝土人工碎石质量技术指标见表12.2.2-6。

8. 碱骨料活性反应

（1）碱骨料活性反应及其类型。碱骨料活性反应是指水泥或混凝土中的碱（K_2O、Na_2O）与活性骨料之间发生化学反应，使混凝土内部产生自膨胀应力而开裂破坏。其主要包括碱—硅酸反应及碱—硅酸盐反应；碱—碳酸盐反应两类。

碱—硅酸反应：是碱与骨料中活性 SiO_2 发生反应，生成碱的硅酸盐凝胶，吸水后体积膨胀，引起混凝土膨胀和开裂。化学反应如下式：

$$SiO_2 \cdot nH_2O + 2ROH \longrightarrow R_2SiO_3(n+1)H_2O \qquad (12.2.2-1)$$

碱—硅酸盐反应：是碱与某些层状硅酸盐骨料反应，使层状硅酸岩层间距离增大，骨料膨胀而造成混凝土膨胀和开裂。

碱—碳酸盐反应：是碱与泥质石灰石、泥质白云石反应，由于这类白云石含黏土较多，碱离子能通过包裹在细小白云石微晶外的黏土掺入到白云石颗粒，使其产生白云石化反应。但反应物不能通过黏土向外扩散，而是靠白云石化反应打开通道使黏土吸水，导致骨料膨胀和开裂。化学反应如下式：

$$CaMg(CO_3) + 2ROH \longrightarrow Mg(OH)_2 + CaCO_3 + RCO_3 \qquad (12.2.2-2)$$

（2）碱骨料活性反应的影响因素。碱骨料活性反应发生必须同时具备三个方面的条件：足够数量的碱（以 Na_2O 当量计）、活性骨料和水。

碱对碱骨料活性反应的影响：碱是混凝土碱骨料活性反应的内在根源之一，不含碱或碱含量过低，混凝土不会发生碱骨料活性反应破坏。引起碱骨料活性反应的碱不是通常化学意义上的碱，而是指碱金属钾、钠的化合物形式存在的碱，以氧化钠当量计。

活性骨料：活性骨料是碱骨料活性反应的必需反应物之一，活性骨料对碱骨料活性反应的影响主要体现在其种类、含量和粒径三个方面。引起碱碳酸反应的活性骨料主要是石灰石质白云石，目前，已发现的由这类活性骨料活性引起的碱骨料活性反应较少，大量碱骨料活性反应是由含活性二氧化硅的骨料引起的。这类骨料包括蛋白石、玉髓、燧石、玛瑙、鳞石英、方石英、微晶石英、具有较强波状消光的石英和火山灰玻璃体等，虽然它们均参与碱硅酸反应，但由于其内部结构差异较大，使其碱活性差别较大，一般，蛋白石、玉髓的碱活性较高。

水：水或潮湿环境的存在是碱骨料活性反应发生的必要条件之一。碱骨料活性反应膨胀的发生主要根源于反应产物的吸水膨胀。如果混凝土或砂浆中不能提供反应产物吸水的条件，即使碱与活性骨料活性发生了化学反应，反应产物也不会膨胀。

掺合料及外加剂：掺合料及外加剂的种类和数量对混凝土碱骨料活性反应有重要影响，通常，矿物掺合料对碱骨料活性反应具有抑制作用。

温度：温度对碱骨料活性反应有一定影响，研究表明，其他条件相同时，砂浆的碱骨料活性反应膨胀率随温度的变化呈现如下次序：40℃→80℃→20℃。

（3）常见含碱活性成分的岩石。常见含碱活性成分的岩石见表12.2.2-32。

表12.2.2-32　常见含碱活性成分的岩石

岩类	岩石名称	碱活性成分
岩浆岩	安山岩 英安岩 流纹岩 凝灰岩 粗面岩 松脂岩 珍珠岩 黑曜岩 玄武岩	酸性—中性火山玻璃、隐晶—微晶质石英、鳞石英、方石英
	花岗岩 花岗闪长岩	应变石英、微晶石英
	火山熔岩 火山角砾岩 凝灰岩	火山玻璃
沉积岩	硅质岩 石英砂岩 硬砂岩	微晶、隐晶质石英、玉髓、蛋白石、燧石、碧玉、玛瑙 微晶石英、应变石英 微晶石英、应变石英、喷出岩及火山碎屑岩屑
	硅藻土 碧玉 燧石	蛋白石 玉髓、微晶石英 蛋白石、玉髓、微晶石英
	碳酸盐岩	含5%～25%黏土质矿物的灰质白云岩或白云质灰岩，硅质灰岩或硅质白云岩
变质岩	板岩 千枚岩	玉髓、微晶石英
	片岩 片麻岩	微晶石英、应变石英
	石英岩	应变石英

(4) 骨料碱活性试验方法与判别标准。骨料碱活性试验方法、适用范围及判别标准见表12.2.2-33。

表 12.2.2-33　骨料碱活性试验方法、适用范围及判定标准

试验方法及适用范围	判定标准
岩相法	无碱活性矿物成分时判定为非碱活性骨料；有碱活性矿物成分时判定为具潜在碱活性危害可能，应进行其他试验进一步鉴定
化学法 不适用于含碳酸盐的骨料，也不能鉴定由于微晶石英或变形石英所导致的缓慢膨胀的骨料	当 $R_c>70$，$S_c>R_c$ 或 $R_c<70$，并 $S_c>35+R_c/2$，具潜在碱活性危害，应进行砂浆长度试验进一步鉴定。 R_c 为碱度降低值（mmol/L）；S_c 为滤液中的二氧化硅浓度（mmol/L）
砂浆棒快速法 适用于潜在有害的碱一硅酸反应，尤其适用于检验反应缓慢或只在后期才产生膨胀的骨料	14d 膨胀率<0.1%，为非活性骨料；14d 膨胀率>0.2%，为具有潜在危害性反应活性骨料；14d 膨胀率介于 0.1%至 0.2%之间，应结合现场记录、岩相分析、观测时间延至 28d 后的测试结果或开展其他辅助试验等综合评定
砂浆长度法 适用于碱—硅酸和碱—硅酸盐反应，不适用于碱—碳酸盐反应	当半年膨胀率>0.1%或 3 个月膨胀率>0.05%（无半年膨胀率资料时使用）为具潜在碱活性危害
岩石圆柱体法 适用于碳酸盐碱活性反应	当试件浸泡 84d 膨胀率>0.1%时具有潜在碱活性危害，必要时应进行混凝土试验以作出最后评定
混凝土棱柱体法 适用于碱—硅酸反应和碱—碳酸盐反应	试件一年的膨胀率≥0.04%时具有潜在碱活性危害；<0.04%时为非碱活性骨料

(5) 骨料碱活性反应的预防与抑制措施。预防和抑制碱骨料活性反应的措施包括两大类：物理措施和化学措施。前者主要为预防措施，是通过对混凝土表面进行防水处理、选择不含活性组分的骨料活性、使用低碱水泥和控制混凝土中的总碱量等；后者包括使用矿物掺合料和掺加外加剂等，属抑制措施。这些措施虽然原理有所不同，但实际应用中往往采用综合处理。

1) 使用非活性骨料：活性骨料是碱骨料活性反应的基本组分，如果骨料不具有碱活性，碱骨料活性反应自然不会发生。使用非活性骨料可以根治碱骨料活性反应，其实施需要有良好的资源和可靠的检验方法为基础。但在有些地区，使用非活性骨料需要付出昂贵的代价。

2) 使用低碱水泥：使用低碱水泥，从而将混凝土的总碱量控制在足够低的水平，可以有效防止碱骨料活性反应破坏的发生。通常所说的低碱水泥是指其碱含量低于水泥重量 0.6%（以氧化钠当量计）的水泥。目前，在碱骨料活性反应较严重的国家或地区，如南非、美国、日本、加拿大等，均将使用低碱水泥作为预防碱骨料活性反应的重要措施。

3) 限制混凝土的总碱量：一定量碱是混凝土发生碱骨料活性反应的必要条件之一，因此，限制混凝土中碱的总量可以预防碱骨料活性反应。该措施与使用低碱水泥的目标一致，但它将混凝土中各组分所带入的总碱量作出规定，控制条件更严格，技术上也更合理。根据资源、环境的具体条件，许多国家均规定了预防碱骨料活性反应时单位体积混凝土允许的最高碱含量，如英国—4kg/m³，澳大利亚约—2kg/m³，新西兰—5kg/m³，美国—3.3kg/m³，日本—3kg/m³，南非—2.1kg/m³。

4) 表面处理：在混凝土表面涂敷涂层以阻止外界介质特别是水和侵蚀介质向混凝土的渗透，可以有效预防混凝土的碱骨料活性反应。该措施虽然有效，但保护层往往易于老化，需经常修补。

5) 骨料碱活性反应抑制措施主要通过在混凝土中添加掺合料和外加剂的办法来抑制骨料的碱硅反应，原理是将有硅反应活性成分的掺合料或外加剂加入混凝土中，使活性微粒或组分散布于混凝土体系的各个部位，将产生碱化学反应集中的有限局部（即较大的活性骨料颗粒），化解成无限多的活性中心，每个中心都参与反应而消耗碱离子，能量分散而不能集中，从而抑制了碱骨料反应。

抑制混凝土碱骨料活性反应，是一项十分复杂的课题，只有综合考虑，采取综合措施才能使混凝土碱骨料活性反应降到最低，从而增加混凝土的耐久性。

(四) 混凝土天然掺合料料场勘探、试验取样和技术要求

混凝土惰性（无活性）天然掺合料料场勘探、试验取样和技术要求与人工骨料料场的要求基本一致，可参照执行。一般认为，能用作人工骨料的石灰岩和白云岩，也可作为混凝土惰性天然掺合料。

混凝土活性天然掺合料料场勘探、试验取样和技术要求。

(1) 混凝土活性天然掺合料料场类别。料场按地形地质条件分为两类。

Ⅰ类：料场面积较大；地形较完整；岩性、结构和厚度基本稳定或有规律变化；地质构造不发育；剥离层较薄。

Ⅱ类：料场面积小；地形起伏；岩性、结构和厚度不稳定或相变大；夹无用层；剥离层较厚。

(2) 料场勘探要求。

1) 料场勘探布置：勘探线要尽量垂直岩层走向或地貌单元方向布置；初查、详查阶段勘探布置一般采用网格状布置。勘探网（点）间距见表 12.2.2-34。当存在开挖边坡的稳定问题时，勘探布置还要考虑边坡稳定性评价的需要。

表 12.2.2-34　勘探网（点）间距

料场类型	勘察级别		
	普　查	初查	详查
		间距（m）	
Ⅰ类	利用天然露头，必要时布置 1～3 个勘探点	100～200	50～100
Ⅱ类		<100	<50

2) 勘探点深度：需揭穿有用层底板以下 1.0～5.0m。有用层厚度较大时，勘探深度应超过拟最大开采深度，并布置部分控制孔。

3) 勘探方法：料场为强风化及以下岩层时，以钻探和洞探为主；料场为全风化或黏、粉土层时，以坑、槽探为主。

4) 勘探点描述内容：包括岩层名称、岩性、岩层产状及变化；风化程度及均一性；夹层的性质、厚度及分布规律；无用层厚度线率统计；地质构造发育特征；物理地质现象；地下水类型、性质；泉水类型、流量、性质等；上覆和下伏无用层的岩层时代、岩性及接触关系；岩心获得率与 RQD；记录地下水水位、取样位置、高程及编号等。

(3) 料场试验取样要求。

1) 样品具代表性。

2) 需分区、分层取样。单层常规试验样品取样组数见表 12.2.2-35。

3) 样品可在坑、槽探及平洞中或其他剖面上用刻槽法采取；也可在钻孔岩芯中取样。

4) 应按岩层成因及不同风化程度分别取样。

表 12.2.2-35　单层常规试验样品取样组数

料场规模（km^2）	勘察级别		
	普查	初查	详查
<0.1	1～3	3～5	5～7
0.1～0.2		5～7	7～9
0.2～0.3		7～9	9～11

5）取样数量应满足试验要求。常规试验样品，每组取样数量不宜少于50kg。

（4）混凝土活性天然掺合料试验项目。混凝土活性天然掺合料试验项目见表12.2.2-36。

表 12.2.2-36　混凝土活性天然掺合料试验项目

试验项目	勘察阶段			备　注
	普查	初查	详查	
薄片鉴定	*	+	+	（1）表中符号含义同表12.2.2-11。 （2）化学分析项目包括：SiO_2、Al_2O_3、Fe_2O_3、CaO、MgO、SO_3、Na_2O、K_2O、烧失量、可溶性硅酸和铝酸。 （3）全风化层及黏、粉土层混凝土活性天然掺合料应做5～10组现场含水率和密度试验
密度	±	+	+	
化学分析	*	*	*	
水泥胶砂28d抗压强度比试验	*	*	*	
火山灰性试验	*	*	*	

（5）混凝土活性天然掺合料技术要求。混凝土活性天然掺合料质量技术指标见表12.2.2-37。

表 12.2.2-37　混凝土活性天然掺合料质量技术指标

项　目	指　标	"DL/T 5144—2001"指标
三氧化硫（SO_3）含量	<3%	≤3%
水泥胶砂28d抗压强度比 R	≥62%或应满足设计要求	—
火山灰性试验	合格或应满足设计要求	合格
烧失量	<10%	—
细度（0.08mm方孔筛筛余）	—	5%～7%
含水率	—	≤1%

（6）混凝土天然掺合料活性试验。

1）火山灰性试验：把掺30%天然掺合料的水泥试样放入蒸馏水中，在40℃恒温中放置7d后，测定滤液氧化钙含量与总碱度值，试验结果在火山灰活性图（见图12.2.2-3）上判断天然掺合料的火山灰性是否合格。溶解度曲线下方，火山灰性活性合格；溶解度曲线上方，火山灰性活性不合格，为混凝土弱活性天然掺合料。

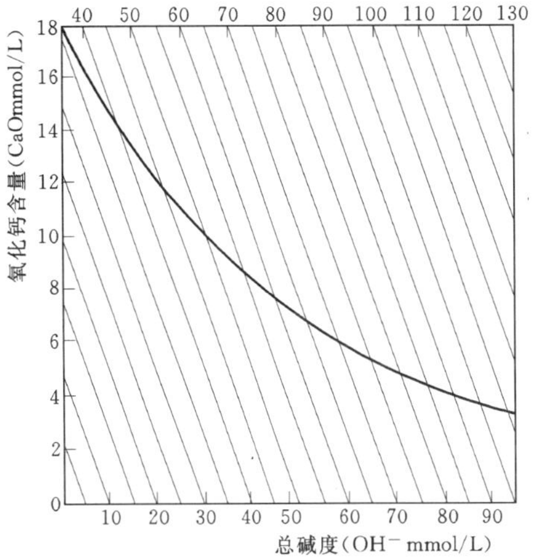

图 12.2.2-3　火山灰活性图

注　图中斜曲线称40℃时氧化钙的溶解度曲线。

2）水泥胶砂强度比试验：试验样品由162g（30%）天然掺合料，378g（70%）硅酸盐水泥和1350g标准砂组成。对比样品由540g硅酸盐水泥和1350g标准砂组成。分别测定试验样品的28d抗压强度 R_1 和对比样品的28d抗压强度 R_2。抗压强度比（R%）按下式计算水泥胶砂强度比：

$$R\% = R_1 / R_2 \times 100\% \qquad (12.2.2-3)$$

水泥胶砂强度比大于62%时为火山灰性活性合格；小于62%时为火山灰性活性不合格，为混凝土弱活性天然掺合料。

第三章 料场储量计算

每个勘察设计阶段的天然建筑材料勘察工作结束时，都要对料场所探明的天然建筑材料储量进行计算，在计算前，要系统地收集、整理、分析全部勘察成果，绘制出相应的地质平面图、剖面图及辅助表格等。

第一节 储量计算的基本要求

一、有用层和无用层

（一）有用层

有用层指料物性质符合工程设计要求，施工开采条件适宜的料层，其厚度称有用层厚度，其计算成果称勘察储量。

允许最小有用层厚度：一般应由设计或施工部门给定。通常认为天然建筑材料在机械开采条件下允许最小有用层厚度为2.5m，人工开采条件下为1.5m。料层过薄则不易开采，也不经济。

（二）无用层

无用层指料物性质不符合工程设计要求，或料物性质虽符合工程设计要求，但施工开采条件不适宜的料层，如表土层、耕殖层，表部风化层、上覆无用岩层（以上称剥离层）、小于允许最小有用层厚度、有用层中的无用料夹层等，其厚度称无用层厚度，其计算成果称剥离量或剥离体积。

二、储量计算边界确定

（一）有用层的平面界线的确定

（1）储量计算的内边界线应沿揭露有用层的边缘勘探点，结合地形地质条件综合分析合理确定。储量计算的外边界线一般采用有限外推法，即外边界线除考虑地形地质条件外，其与内边界线的距离应不大于勘探网（点）间距的1/2。天然建筑材料应以内边界线为储量计算范围，一般不推测外边界线。内、外边界线间的储量在必要时仅作为储备考虑。

（2）当内边界线范围的部分地段分布有无用层时，可采用几何比例法、中点连线法等方法圈定无用层分布范围。

（二）有用层的上、下界线的确定

（1）勘探点揭穿无用层间的有用层时，为保证开采料物的质量及储量的可靠性，砂砾层和土层应以其顶、底板各扣除0.2～0.3m后为储量计算的上、下限；石料应分别扣除0.5～1.0m后为储量计算的上、下限。

（2）勘探点未揭穿有用层时，砂砾层和土层应以实际勘探深度为储量计算的下限，也可以拟开采深度（应不大于勘探点揭露深度）为储量计算的下限；石料的储量计算下限，可根据地质和开采条件适当放宽，但应有部分勘探点揭露高程低于或等于储量计算时采用的终采平台高程。

（3）当有用层出露于地表时，天然露头即为储量计算的上限。

（4）土料的有用层中揭露地下水位时，应以地下水位为界，向上扣除0.2～0.3m后为储量计算的下限。

三、储量计算注意事项

（1）储量计算应根据地形地质条件，勘察级别，勘探点布置情况选用平均厚度法或断面法、三角形法计算，为检查储量计算方法造成的误差，应选用另一种方法进行校核，两种方法的计算误差应不大于5%。储量的采用值，可为两种方法计算结果的平均值，也可采用两种方法计算结果中相对小者；三维模型计算法计算的储量和剥离量，宜作为采用值。

（2）砂砾料和土料由于开采边坡较低，一般可在圈定的范围内进行储量计算；石料一般开采边坡较高，故应按确定的终采平台高程及经边坡稳定性评价后确定的总平均坡比进行储量计算。

（3）储量计算时，有用层中的无用料夹层厚度计算砂砾料和土料中的有害夹层的厚度应比实际厚度大0.4～0.6m（即有害夹层的顶、底板各增加0.2～0.3m）；石料应比实际厚度大1.0～2.0m（即有害夹层的顶、底板各增加0.5～1.0m）。夹层统计时，也可采用线率表示，储量计算时称剥离率或剥离系数。

（4）河漫滩和心滩砂砾层水上、水下储量计算的界限水位，宜以枯水期一般河水位为标准；严寒地区宜以平水年份一般河水位为标准；当无上述资料时，可以枯水期一般勘探水位为标准。

（5）当料场地形完整性较差时，勘察储量应根据地形完整性系数（一般为0.7～0.9）进行修正。

（6）混凝土用砂砾料按下式计算净砂储量和净砾石储量及砾石分级储量：

$$\text{净砂储量}=\frac{\text{砂砾层勘察储量}\times\text{砂砾层天然干密度}\times\text{含砂率}}{\text{砂堆积密度}} \tag{12.3.1-1}$$

$$\text{净砾石储量}=\frac{\text{砂砾层勘察储量}\times\text{砂砾层天然干密度}\times\text{含砾率}}{\text{混合砾石堆积密度}} \tag{12.3.1-2}$$

$$\text{砾石分级储量}=\frac{\text{净砾石储量}\times\text{混合砾石堆积密度}\times\text{分级含砾率}}{\text{分级砾石堆积密度}} \tag{12.3.1-3}$$

净砾石、净砂储量计算表（格式）见表12.3.1-1，净砾石分级储量计算表的格式见表12.3.1-2。

表12.3.1-1 净砾石、净砂储量计算表

料场（及区）名称： 勘察级别：

砂砾层储量（万m^3）	砂砾层天然干密度（g/cm^3）	含砾率（%）	含砂率（%）	混合砾石堆积密度（g/cm^3）	砂堆积密度（g/cm^3）	净砾石储量（万m^3）	净砂储量（万m^3）

表 12.3.1-2　　净砾石分级储量计算表

料场（及区）名称：　　　　　　　　　　　勘察级别：

净砾石总储量（万 m^3）	混合砾石堆积密度（g/cm^3）	粒径组（mm）	分级含砾率（%）	分级砾石堆积密度（g/cm^3）	砾石分级储量（万 m^3）
		80～150			
		40～80			
		20～40			
		5～20			

（7）当需要推测储量计算的外边界线时，内、外边界线之间的储量级别比内边界线以内的储量级别低一级。

（8）天然建筑材料储量计算时，均应计算料场及分区、分层的剥采比（天然建筑材料料场的无用层剥离量与有用层开采量的比值）。剥采比是评价料场开采合理性的主要经济技术指标之一，通常认为天然建筑材料的剥采比不小于 1∶5 时，料场开采的经济技术指标比较合理；剥采比小于 1∶3 时，料场开采的经济技术指标合理性差；剥采比 1∶3～1∶5 时，料场开采的经济技术指标的合理性应予以论证。

第二节　储量计算方法及适用范围

天然建筑材料常用的储量计算方法有：平均厚度法、断面法、三角形法，以及新采用的三维模型计算法。

一、平均厚度法（算术平均法）

储量（或体积）是用储量计算范围的总面积乘以计算层的平均厚度。按下式计算：

$$V=Sm \tag{12.3.2-1}$$

$$m=\frac{m_1+m_2+m_3+\cdots+m_i}{n} \tag{12.3.2-2}$$

式中：V 为计算层的储量（或体积）；S 为计算层的面积；m 为计算层的平均厚度；m_1、m_2、…、m_i 为第 1、2、…、i 个勘探点计算层的厚度测定值；n 为勘探点个数。

应绘制平均厚度法储量计算表（表 12.3.2-1），简单明了地说明储量计算的过程和成果，该表是料场勘察报告中的重要附表之一。

平均厚度法适用于地形平缓、有用层厚度比较稳定，勘探点分布均匀的料场储量计算，或勘察级别低，勘探点较少的料场。

表 12.3.2-1　　平均厚度法储量计算表

料场（及区）名称：　　　　　　　　　　　勘察级别：

勘探点		无用层厚度（m）			有用层厚度（m）					料场面积（km^2）	无用层体积（万 m^3）			有用层储量（万 m^3）					剥采比
					水上			水下	总计					水上			水下	总计	
编号	深度(m)	剥离层	夹层	合计	第　层	第　层	合计	第　层			剥离层	夹层	合计	第　层	第　层	合　计	第　层		
平均																			

二、断面法

可分为平行断面法和不平行断面法两种。

1. 平行断面法

水平断面图或垂直断面图相互平行，采用平行断面法计算。

（1）当两断面面积（$S_1>S_2$）差 $\frac{S_1-S_2}{S_2}<40\%$时，分段储量（或体积）按下式计算：

$$V_1=L\frac{S_1+S_2}{2} \tag{12.3.2-3}$$

式中：V_1 为 1 号块段计算层的储量（或体积）；S_1、S_2 为 1 号块段两侧断面计算层的面积。

（2）当两断面面积（$S_1>S_2$）差 $\frac{S_1-S_2}{S_2}>40\%$时，分段储量（或体积）应按下式（截面角锥体公式）计算：

$$V_1=\frac{L_1}{3}(S_1+S_2+\sqrt{S_1S_2}) \tag{12.3.2-4}$$

$$V=V_1+V_2+\cdots+V_i \tag{12.3.2-5}$$

式中：V 为圈定范围计算层的总储量（或体积）；V_i 为第 1、2、3、…、i 块段的储量（或体积）。

2. 不平行断面法

垂直断面图或水平断面图相互不平行（见图 12.3.2-1）须采用不平行断面法计算。

（1）两断面间的夹角不超过 10°时，分段的储量（或体积）按下式计算：

$$V_1=\frac{L_1+L_2}{2}\times\frac{S_1+S_2}{2} \tag{12.3.2-6}$$

式中：V_1 为 1 号块段计算层的储量（或体积）；L_1、L_2 为从断面的中心至相对的断面上所作的垂线长度（即两断面之间的距离）。

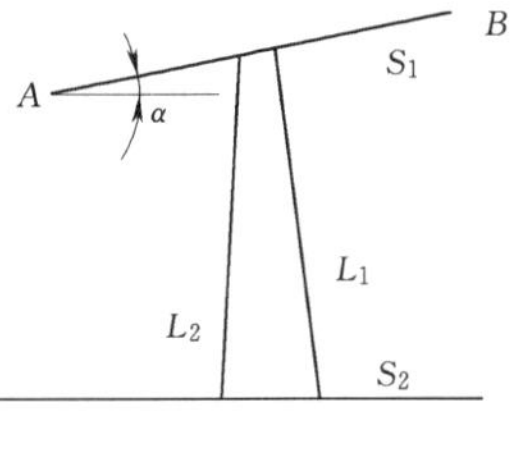

图 12.3.2-1　不平行断面示意图

（2）两断面间的夹角超过 10°时，分段的储量（或体积）按下式（左洛塔列夫公式）计算：

$$V_1=\frac{\alpha}{\sin\alpha}\times\frac{L_1+L_2}{2}\times\frac{S_1+S_2}{2} \tag{12.3.2-7}$$

式中：α 为两断面间的弧度角；L_1、L_2、S_1、S_2 意义同前。

$$V=V_1+V_2+\cdots+V_i$$

V、V_i 的意义同前。

应绘制断面法储量计算表（表 12.3.2-2），说明储量计算过程和成果，并作为料场勘察报告储量计算条款中的附表。

表 12.3.2-2　　断面法储量计算表

料场（及区）名称：　　　　勘察级别：

断面编号	勘探点编号	无用层厚度（m）			有用层厚度（m）	断面面积（m^2）				两断面平均面积（m^2）				两断面平均距离（m）	无用层体积（万 m^3）			有用层储量（万 m^3）	剥采比
						无用层			有用层	无用层			有用层						
		剥离层	夹层	合计		剥离层	夹层	合计		剥离层	夹层	合计			剥离层	夹层	合计		
总计																			

断面法适用于地形有起伏，计算厚度有变化的料场。当料场采用勘探线或勘探网布置时，储量（或体积）均可采用断面法计算。

三、三角形法

将储量计算范围内的勘探点联成三角形网，各三角形的面积乘以其三个顶点计算层厚度的平均值，分别求出各个三角形的储量（或体积），然后总和各个三角形的储量（或体积）。

（1）单个三角形计算层储量（或体积）按下式计算：

$$V_1=\frac{m_1+m_2+m_3}{3}\times\frac{底\times高}{2} \qquad (12.3.2-8)$$

式中：V_1 为第一个三角形的储量（或体积）；m_1、m_2、m_3 为三角形三个顶点（勘探点）揭露的计算层厚度：

（2）计算范围的总储量按下式计算：

$$V=V_1+V_2+\cdots+V_i \qquad (12.3.2-9)$$

式中：V 为计算范围内的总储量（或体积）；V_i 为第 1、2、…、i 个三角形的储量（或体积）。

应绘制三角形法储量计算表，说明计算过程和成果，作为料场勘察报告中的主要附表之一。

三角形法适用于勘探点距离不等或勘探点布置不规则的料场。

表 12.3.2-3　　三角形储量计算表

料场（及区）名称：　　　　勘察级别：

三角形编号	勘探点		无用层厚度（m）			有用层厚度（m）	平均厚度（m^2）				三角形面积（m^2）	无用层体积（万 m^3）			有用层储量（万 m^3）	剥采比
	编号	深度	剥离层	夹层	合计		无用层			有用层		剥离层	夹层	合计		
							剥离层	夹层	合计							
总计																

四、三维模型计算法

三维模型计算法是指利用计算机数值模拟技术对料场储量进行准确计算的方法，通过建立料场的三维模型计算其储量。其原理是先对料场进行边界处理，得到有用层和无用层的边界，然后对边界进行围合，得到封闭的围合面，再对围合面进行网格单元剖分，剖分成若干个微元，利用积分原理对所有微元的体积求和，最终得到料场的储量。见图 12.3.2-2，坐标 (x, y) 处的微元面积为 $dxdy$，对应的无用层厚度为 $\Delta z_1=f(x,y)-g(x,y)$、有用层厚度为 $\Delta z_2=g(x,y)-h(x,y)$，在料区范围 D 内进行积分，可得无用层储量 V_1 和有用层储量 V_2 分别为

$$V_1=\iint_D[f(x,y)-g(x,y)]dxdy \qquad (12.3.2-10)$$

$$V_2=\iint_D[g(x,y)-h(x,y)]dxdy \qquad (12.3.2-11)$$

式中：$f(x,y)$ 为料场无用层的上边界；$g(x,y)$ 为料场无用层的下边界（有用层的上边界）；$h(x,y)$ 为料场有用层的下边界。

目前流行的计算软件采用逐步逼近的算法对上式进行数值计算简化，得到的结果误差非常小，且运算速度相当快，该方法正广泛应用于设计生产中。

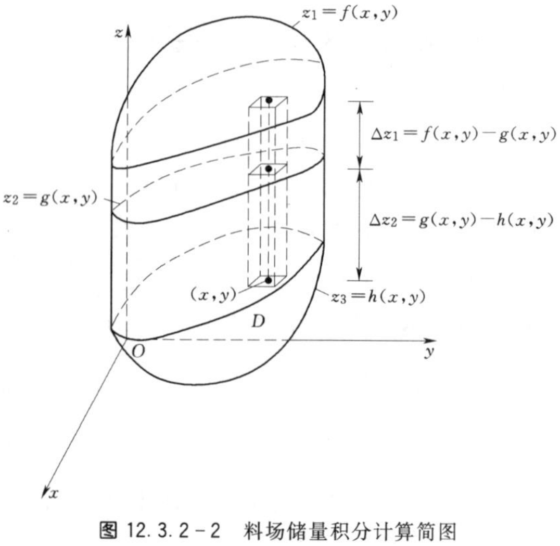

图 12.3.2-2　料场储量积分计算简图

第三节　设计需要量及计算原则

设计需要量是指工程设计所需要的各种天然建筑材料的勘察储量。

一、混凝土骨料

混凝土各级骨料的设计需要量需依据永久工程和大型临建工程设计的各种浇筑混凝土量、喷混凝土量，按有关混凝土配合比试验成果，并考虑开采、运输、加工及储存的损耗进行计算。在缺乏有关试验资料时，可参考分析类似工程经验，初步计算单位体积（以 m^3 计）混凝土的骨料用量。损耗补偿系数宜根据各工程具体条件分析确定，也可参考表 12.3.3-1 选用。

表 12.3.3-1　混凝土骨料开采、运输加工损耗补偿系数

项目		人工骨料	天然骨料	
			设级配调整设施	无级配调整设施
开采	水上	1.02～1.05	1.02～1.05	
	水下	—	1.05～1.10	
粗碎或超径处理	预洗	1.02～1.05	1.02～1.05	1.02～1.05
	储运	1.01～1.02	1.01～1.02	1.01～1.02
	小计	1.01～1.07	1.01～1.07	1.02～1.07
筛洗或中细碎	冲洗	1.02～1.03	1.03～1.05	1.05～1.15
	储运	1.01～1.02	1.01～1.02	1.01～1.02
	小计	1.03～1.05	1.04～1.07	1.06～1.07
制砂和洗砂	石粉或细砂流失	1.15～1.25	1.10～1.30	
	储运	1.01～1.02	1.01～1.02	
	小计	1.16～1.28	1.11～1.33	
级配不平衡		1.0	由级配平衡计算确定	
成品骨料储运		1.00～1.03		
混凝土运输浇筑		1.01～1.02		

二、土石坝填筑料

填筑料的设计需要量应依据坝体和围堰的设计工程量，按坝料的自然方、松方、填筑方的相应密度计算折方系数，并考虑开采、加工、运输及堆存的损耗进行计算。设计需要量宜以 m^3 计。在缺乏有关试验资料时，折方系数可参考表 12.3.3-2 选用，损耗补偿系数宜根据各工程具体条件分析确定，也可参照表 12.3.3-2 选用。

表 12.3.3-2　土石坝坝料折方系数

料种＼方别	自然方	松方	填筑方
堆石料	1	1.50～1.70	1.28～1.32
砂砾料	1	1.18～1.22	0.92～1.10
土料	1	1.25～1.33	0.85～0.90

砌石料及各种建筑回填料的设计需要量可参照土石坝坝料的设计原则进行计算。

三、混凝土天然掺合料

混凝土天然掺合料的设计需要量依据主体工程和大型临建工程设计的所需掺用掺合料的混凝土量，按有关混凝土配合比试验成果，并考虑开采、加工、运输及储存的损耗进行计算。

第四章 试验成果整理及质量评价

第一节 试验成果整理

料场勘察试验工作结束后，应将试验资料按照规定的方法进行分析、整理，得出的料源客观存在的物理力学性质相适应的一套完整的试验指标，供材料质量评价及设计计算使用。

一、试验成果整理的一般原则

(1) 试验成果应及时整理，以便发现问题，利于资料校正和补充。

(2) 试验成果应按材料类别、分料场、分区、分层、水上、水下分别整理汇总。特殊项目（如土料分散性试验、骨料碱活性试验等）的试验成果，应单独进行整理。

(3) 列入整理的试验成果，其试验方法和条件应相同。经分析，应剔除明显不合理的试验值，以保证所使用数据的真实性。

(4) 各项试验成果宜列表汇总，整理格式见表 12.4.1-1～表 12.4.1-7，并计算出各项试验指标的算术平均值或加权平均值，可列出最大值和最小值；必要时应计算出大值平均值和小值平均值。

(5) 应根据整理出来的颗粒级配平均值资料，利用半对数表绘制天然砂砾料、土料及人工骨料颗粒级配曲线（土料还需绘制包络线）图。砂级配标准范围见图 12.4.1-1。必要时可依据土料整理出来的其他试验指标平均值资料，绘制相关曲线图。

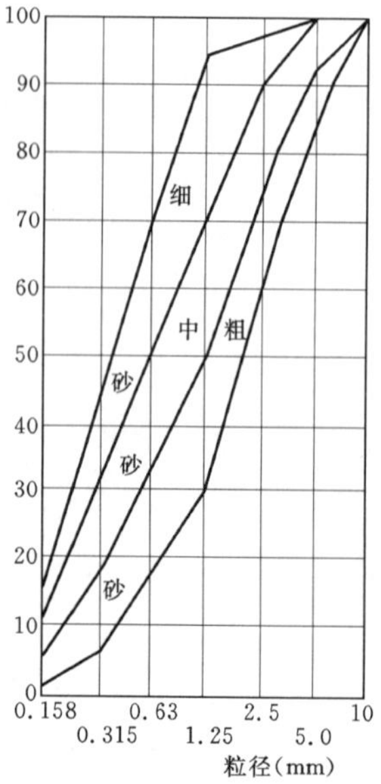

图 12.4.1-1 砂级配标准范围图

二、试验成果整理的方法

（一）算术平均值

算术平均值按下式计算：

$$\overline{x}=\frac{\sum x_i}{N} \quad (12.4.1-1)$$

式中：$\overline{x}$ 为算术平均值；x_i 为第 1、2、…、i 个试验测定值；N 为试验组数。

根据变异系数（C_v）判定算术平均值的可靠性。变异系数（C_v）按下式计算，并按表 12.4.1-8 评价变异性：

$$C_v=\frac{s}{\overline{x}} \quad (12.4.1-2)$$

$$S=\sqrt{\frac{1}{n-1}\sum(x_i-\overline{x})^2} \quad (12.4.1-3)$$

式中：S 为标准差。

（二）加权平均值

加权平均值按下式计算：

$$B=\frac{\sum w_i x_i}{\sum w_i} \quad (12.4.1-4)$$

式中：B 为加权平均值；x_i 为第 1、2、…、i 个试验测定值；w_i 为第 1、2、…、i 个试验测定值的对应权值。

（三）混凝土骨料细（粒）度计算

1. 砂的平均粒径

砂的平均粒径按下式计算：

$$\overline{D}=0.5\sqrt[3]{\frac{a_1+a_2+a_3+a_4+a_5}{11a_1+1.37a_2+0.171a_3+0.02a_4+0.0024a_5}} \quad (12.4.1-5)$$

式中：$\overline{D}$ 为砂的平均粒径，mm；a_1、a_2、a_3、a_4、a_5 分别为孔径 0.158mm、0.315mm、0.63mm、1.25mm、2.5mm 筛上累计筛余百分数。

2. 砂的细度模数

砂的细度模数按下式计算：

$$FM=\frac{A_{2.5}+A_{1.25}+A_{0.63}+A_{0.315}+A_{0.158}}{100} \quad (12.4.1-6)$$

式中：FM 为砂的细度模数；$A_{2.5}$、$A_{1.25}$、$A_{0.63}$、$A_{0.315}$、$A_{0.158}$ 分别为孔径 2.5mm、1.25mm、0.63mm、0.315mm、0.158mm 筛上累计筛余百分数。

3. 砾（碎）石的粒度模数

砾（碎）石的粒度模数按下式计算：

$$GM=\frac{A_{80}+A_{40}+A_{20}+A_5+5\times100}{100} \quad (12.4.1-7)$$

式中：GM 为砾（碎）石的粒度模数；A_{80}、A_{40}、A_{20}、A_5 分别为孔径 80mm、40mm、20mm、5mm 各筛上累计筛余百分数。

表 12.4.1-1

土样颗粒级配试验成果汇总表

设计阶段：

勘察级别：

料场及分区名称	层次	取样		土样分类		颗粒名称及粒径(mm)														最大粒径	中间粒径	限制粒径	有效粒径	不均匀系数	曲率系数
						巨粒组		粗粒组						细粒组			卵(碎)砾石(角砾)		细粒						
						漂(块)石	卵(碎)石	砾石(角砾)			砂粒			粉粒	黏粒	胶粒									
		位置	厚度(m)	名称	符号	>200	60～200	20～60	5～20	2.0～5.0	0.5～2.0	0.25～0.5	0.075～0.25	0.005～0.075	≤0.005	≤0.002	>5	>2	≤0.075	D_{max}	D_{30}	d_{60}	D_{10}	d_{60}/d_{10}	$(D_{30})^2/d_{60}d_{10}$
						含量(%)														mm				C_u	C_c
上包线																									
下包线																									
平均值																									
质量指标要求																									

表 12.4.1-2

混凝土骨料级配试验成果汇总表

设计阶段：

勘察级别：

料场及分区名称	层次	取样			颗粒名称及粒径(mm)										
					蛮石	砾石				砂粒					
						极粗	粗	中	细	极粗	粗	中	细	微细	极细以下
		编号	位置	厚度(m)	>150	80～150	40～80	20～40	5～20	2.5～5	1.25～2.5	0.63～1.25	0.315～0.63	0.158～0.315	≤0.158
					含量(%)										
加权平均值															

表 12.4.1-3

混凝土骨料常规试验成果汇总表

设计阶段：

勘察级别：

工程名称：

料场及分区名称	层次及代号	取样		砂砾层天然干密度	粗、细骨料		粗骨料		粗、细骨料									粗骨料				细骨料			
							分级																		
		位置	厚度(m)		表观密度	堆积密度	捣实密度	堆积密度	含泥量	黏土块含量	有机质含量	轻物质含量	SO_3含量	岩矿成分	碱活性鉴定	坚固性	吸水率	粒度模数	软弱颗粒含量	针片状颗粒含量	冻融损失率	细度模数	平均粒径	云母含量	人工砂石粉含量
				g/cm^3					%	%	%	%	%	%	%	%	%		%	%	%		mm	%	%
平均值																									
质量指标要求																									

表 12.4.1-4

防渗料土样常规试验成果汇总表

工程名称：

料场及分区名称：

设计阶段：

勘察级别：

层次及代号	取样 位置	取样 厚度(m)	天然状态 含水率 w	天然状态 密度 ρ	天然状态 干密度 ρ_d	相对密度 d_s 粒径(mm) >5	相对密度 d_s 粒径(mm) ≤5	相对密度 混合	砾石 >5mm吸水率	孔隙率 n	孔隙比 e	液限 W_L	塑限 ω_P	塑性指数 I_P	饱和度 S_r	击实土 击实功能	击实土 最优含水率 ω_{op}	击实土 最大干密度 ρd_{max}	抗剪强度 非浸快 内摩擦角 φ	抗剪强度 非浸快 黏结力 c	抗剪强度 浸固快 内摩擦角 φ	抗剪强度 浸固快 黏结力 c	固结试验 非饱和状态 孔隙比 e	固结试验 非饱和状态 压缩系数 a_v	固结试验 饱和状态 孔隙比 e	固结试验 饱和状态 压缩系数 a_v	临界坡降 I_F	渗透系数 K	膨缩性 体缩 δ_v	膨缩性 膨胀量 δ_a	膨缩性 膨胀力 P_e	自由膨胀率 F_s	水溶盐含量	有机质含量 O_m	烧失量 Loos	硅铁铝比	分散性试验	黏土矿物成分
			%	g/cm³						%		%	%			kJ/m³	%	g/cm³	(°)	kPa	(°)	kPa		MPa⁻¹		MPa⁻¹		cm/s	%	%	kPa	%	%	%	%			
平均值																																						
品质要求																																						

表 12.4.1-5

原岩试验成果汇总表

设计阶段：

勘察级别：

料场及分区名称	层次及风化程度	取样 位置	取样 厚度(m)	饱和密度	相对密度 d_s	吸水率 w_a	最大吸水率 w_{sa}	孔隙率 n	SO_3含量	干抗压强度 R_c	饱和抗压强度 R_b	冻融抗压强度	抗拉强度 R_t	冻融损失率	骨料碱活性鉴定	弹性模量 $E\times10^4$	泊松比 υ	线胀系数	化学成分	岩矿成分
				g/cm³		%	%	%	%	MPa				%		MPa		1×10⁻⁶/℃	%	%
平均值																				
质量技术指标要求																				

表 12.4.1-6

混凝土活性天然掺合料试验成果汇总表

设计阶段：

勘察级别：

料场及分区名称	层次及风化程度	取样 位置	取样 厚度(m)	天然含水率 w	天然密度 ρ	天然干密度 ρ_d	相对密度 d_s	干抗压强度 R_c	饱和抗压强度 R_b	化学成分 SiO_2	Al_2O_3	Fe_2O_3	CaO	MgO	SO_3	Na_2O	K_2O	含碱量	烧失量	有机质	可溶性 硅酸	可溶性 铝酸	火山灰性试验	掺30%天然掺合料水泥胶砂抗压强度比 28	掺30%天然掺合料水泥胶砂抗压强度比 90	胶砂需水量比	凝时 初凝	凝时 终凝
										含量														d			h:min	
				%	g/cm³			MPa		%														%		%	时:分	
平均值																												
质量技术指标要求																												

表 12.4.1－7　　坝壳填筑砂砾料试验成果汇总表

工程名称：　　　　设计阶段：

料场名称：　　　　勘察级别：

层次及代号	取样位置	取样厚度(m)	试验编号	密度（g/cm³）				相对密度	砾石（>5mm）含量（%）	含泥（黏、粉粒）量（%）	自然休止角（°）	内摩擦角（°）	渗透		备注
				天然	紧密	堆积	表观						渗透系数（cm/s）	临界坡降	
平均值															
质量指标要求															

注　必要时，列出大值平均值或小值平均值。

表 12.4.1－8　　算术平均值可靠性判别表

变异系数	C_v<0.1	0.1≤C_v<0.2	0.2≤C_v<0.3	0.3≤C_v<0.4	C_v≥0.4
变异性	很小	小	中等	大	很大

第二节　质量评价

质量评价一般是指根据整理出来的天然建筑材料技术参数，比照相关标准规定的质量技术指标，评定材料的适用性。

一、各种天然建筑材料的技术参数确定

材料的物理力学性参数，一般以试验成果为依据。

天然建筑材料质量的优劣，一般应由试验的定量指标确定。

试验成果整理应符合第四章第一节“试验成果整理”的要求。

材料的物理、化学特性试验指标，可采用平均值作为标准值，当试验组数较少（<10 组）时，力学性试验指标可以平均值作为标准值，当试验组数较多（>10 组）时，抗剪强度指标宜采用小值平均值作为标准值，压缩性指标和渗透系数宜采用大值平均值作为标准值。

二、质量评价

（1）可将天然建筑材料试验成果汇总表的各项技术参数平均值与质量技术指标要求列于上、下栏（见试验成果汇总表 12.4.1－1～表 12.4.1－8）以方便对照。

（2）根据材料整理后的技术参数，比照材料的质量技术指标要求，采用文字说明材料的适用性；也可在质量技术指标要求的基础上，结合其他试验资料对材料的适用性进行更全面的评价。

（3）料场或枢纽区的开挖料，除沼泽土、膨润土、地表土不宜采用外，其他均可直接作为筑坝材料，或经处理后使用于坝的不同部位。

（4）由于勘察级别低，普查可根据较少的试验资料，对材料的适用性作粗略评价。在没有试验资料时，可根据工程类比或工程经验对天然建筑材料进行必要的定性评价。

第五章 料场开采

第一节 天然砂砾料

一、开采规划

（1）陆上开采料场的可采储量应根据勘察储量，扣除开采边坡及安全、清扫、运输平台所占用的储量后确定。

水下开采料场的可采储量应根据勘察储量，扣除水下开采造成的损失后确定。

砂砾料的总需要可按高峰时段月平均需用量的50%～80%。汛期或封冻期停采时，应按停产期砂石需用量的1.2倍校核。

（2）开采期可根据料场所在地区的水文、气象和施工条件具体分析后确定。

1）受洪水影响，枯水期开采的陆上料场，可按料场所在河段典型丰水年内枯水期有效天数确定开采期。

2）修筑围堰进行开采的河滩料场，可按围堰挡水标准确定开采期。

3）水下开采的料场或陆基水下开采的料场，可取设计开采水位为标准按典型丰水年水位过程线确定开采期。

4）严寒地区的料场冬季停采，可根据当地气象资料，按多年封冻期最长年份的封冻天数确定停采期。

（3）水下开采的料场，可根据砂、石不同的开采损耗，确定开采后的砂石级配，并按开采后的砂石级配和工程需要砂石级配进行级配平衡计算。

（4）根据料场的水文和地形条件，确定开采运输方式。

1）不受洪水影响的陆上料场，或受洪水影响，但枯水期料场可采储量基本在水面以上的河滩料场，可采用陆上开采运输方式。

2）洪水影响较小，料场地面相对较高（典型丰水年间料场地面全年出露期在6个月以上），可采用修筑围堰，排干基坑全年开采运输方式；或采用枯水期陆基水下开采，陆上运输方式。

3）洪水影响较大，料场地面高程相对较低（料场地面全年出露较短），可采用枯水期水下开采、水路或陆路运输方式。

（5）根据开采方式，合理选用采、装、运设备，并应满足高峰期砂石料采运强度要求。

1）陆上开采的料场，宜选用正铲挖掘机或装载机开采、装车，自卸汽车运输。开采工作面的高度应与设备性能相适应。

2）陆基水下开采的料场，宜选用反铲挖掘机开采，装载机装车，自卸汽车运输。

3）水下开采的料场，航道条件允许时，宜选用链斗式采砂船开采、装船，砂驳运输。选择大型采砂船应考虑设备进场、撤退的可行性。

4）水下开采的料场，宜采取有效措施，提高开采获得率。

（6）用采砂船采集砂砾料时应考虑：

1）选择大型采砂船应考虑设备进场、撤退及下一工程衔接使用的可能性。

2）选择合理开采水位。研究开采顺序和作业路线尽可能创造静水和低流速开采条件，减少细砂与骨料的流失量。

3）考虑到开采过程中因细砂流失而使砂料细度模数增大问题，必要时可采取补救措施回收细砂。

（7）陆基水下开采的料场，设计开采水位可根据典型丰水年水位过程线，对不同水位下所对应的开采范围和开采期进行综合比较后确定。

水下开采的料场，设计开采水位可根据开采设备允许作业流速和有效开采深度确定。

二、用于混凝土骨料的天然砂砾料场开采规划注意事项

（1）尽可能机械化集中开采，合理选择采、挖、运设备。

（2）若料场比较分散，上游料场用于浇筑前期，近距离料场宜作为调剂高峰用。

（3）拟定分期开采计划时，力求天然级配与混凝土需用级配接近，并能连续均衡开采。

（4）采取有效措施提高料场开采率。

（5）受洪水或冰冻影响的料场应有备料、防洪或冬季开采等措施。

三、用于土石坝坝料的天然砂砾料场开采规划注意事项

（1）开采范围应根据需要量，砂砾料场有效层的储量、分布和开采条件等因素确定。有效储量应满足需要，并应有备用料场。

（2）开采、加工工艺应根据料场位置的高低、水文和水文地质条件、天然砂砾料的级配、使用粒级范围等因素确定。

（3）开采强度应根据施工时段和上坝强度、开采获得率、折方系数、工艺损耗和储存条件确定。

（4）开采分层和开采程序应根据料场天然级配在深度和平面上的分布状况、河床水位变化、料场级配平衡要求确定。

（5）场地平面布置应根据施工工艺、储量需要和防洪排水要求确定。

第二节 石料场

（1）料场的可采储量可根据勘察储量，扣除料区死角、开采边坡及安全、清扫、运输平台所占用的储量后确定。

（2）料场一般可按全年开采运输设计。受气候条件影响，冬季停采的料场，可根据当地气象资料，按多年封冻期最长年份的封冻天数确定停采期。

（3）料场最终边坡角可根据岩性、岩层产状、地质构造和水文地质条件，并考虑安全稳定要求后确定。

（4）料场的作业面要素，包括梯段高度、梯段坡面角、最小平台宽度、最低开采高程等，可根据料源的岩性及需用量、料场勘察范围，并考虑开采方法、开采运输布置、最终边坡角等影响因素后确定。应尽可能减小料场的剥采比，但最低开采高程一般不宜低于料场附近地面的最低高程。

（5）开采方案选择的要求：

1）应与地形、地质、水文、气象等条件相适应；

2）满足工程进度要求，基建时间短、投产快；生产工艺简单可靠，技术先进；基建工程量少，施工方便；投资省，成本费用低。

（6）除料场顶部覆盖层剥离或为了开拓工作面而进行的部分无用岩层的揭顶可采用洞室爆破外，一般宜采用微差挤压深孔梯段爆破的方法进行开采。

（7）用于制备人工砂石料的采石场，用微差挤压梯段爆破，开采石块的最大粒度应与挖装、破碎设备相适应。

（8）钻孔和采运设备选用时应合理配套，其性能和技术参数应与选定的开采运输方案相适应，并能满足高峰期料场采运强度要求。

第三节 土 料 场

一、开采规划

（1）土料开采范围和深度，应根据土料用量和料物分层特性、天然含水率在平面和立面上的分布及变化规律确定。采区范围内的有效储量应满足开采量的需要，并应安排备用料场。

（2）开采方式应根据土料在平面和立面上性质差异和天然含水率分布规律和坝料设计要求确定。

（3）取用耕地下部的土料时，应做好耕植土的存放、还耕规划。

（4）做好土料场的防洪、排水、道路、土料堆存和施工附属设施的布置。

（5）当天然含水率偏高或偏低，难以压实到设计规定指标时，应在坝外处理合格后方可上坝。

（6）当土料的工程特性和施工特性不能满足设计要求时，可以考虑用两种不同性质的材料掺合或剔除超径粒级。

材料的掺合应力求工艺简单、设备通用、费用低廉、掺合均匀。可优先选用水平互层铺料、立采掺拌混合的工艺。

二、设置储备和调节用的存料场要求

（1）有用料和弃料应分别堆放，不得混杂。

（2）存料场的位置应尽量靠近上坝路线，使物料流向顺畅合理。

（3）存料场的场地应相对平缓、地基稳定、不受洪水威胁，容量能满足储料和调节需要。

（4）运输道路易布置，进出料方便。

第四节 工程开挖渣料

一、开采规划

（1）采用范围内有效料物储量应满足开采量的需要，并应安排备用料场，以备施工过程中情况发生变化时使用。

（2）为便于控制开挖料的块度和级配，应优先采用梯段爆破法开采方案，宜采用微差挤压爆破技术。

（3）应根据供料强度确定开采工作面和出料作业线，为连续供料，宜设置两个以上开采工作面和出料作业线。

（4）根据钻孔和装料设备性能及设计开挖边线确定梯段高度，提高爆破效果和形成适当的堆料高度，以期安全、高效出料。

（5）做好开采顺序和场地使用规划，确定废料堆弃、出料线、动力供应和附属设施布置。

（6）开采前应清除植被、覆盖层和不可用岩层。

二、用于土石坝坝料的工程开挖料开采规划注意事项

（1）为提高料物利用率，岩性和风化程度不同的岩体应分区开采，以便分别用于相应品质要求的坝体填筑部位。

（2）开挖方法应符合建筑物开挖和用料开采的双重要求。开挖梯段布置应和马道设置匹配，开挖边界符合建筑物设计体型，设计开挖边线应采取光爆或预裂措施，避免建筑物基础和边坡破坏，并应按设计要求及时对边坡进行处理，进度满足建筑物使用需要，开挖料的级配符合用料要求，开挖强度与用料强度要求匹配。

三、用于混凝土骨料的工程开挖料开采规划注意事项

（1）开挖爆破设计宜控制岩块粒度，以适应装运、破碎设备要求。

（2）防止废料混入。

（3）力求开挖与浇筑进度平行交叉，减少渣料堆储和二次采装。

第五节 边 坡 勘 察

应结合料场勘察和开采方案，对料场开挖边坡的工程地质条件进行勘察，勘察要求可参照第十篇边坡工程地质勘察与评价的有关内容。由于料场开挖边坡多属临时边坡，边坡等级及支护治理措施可适当降低、简化，并尽可能采用生物治理措施。料场开挖完成后，应做好水土保持及生态恢复。

附录一　工程地质常用数值方法

一、有限单元法

（一）基本原理（变分原理）

变分学是微积分学求函数极值问题的发展，它不是求函数的极小值，而是求泛函的极小值。泛函和函数不同，函数的自变量是简单变量，而泛函的自变量是函数，所以说泛函是函数的函数。例如

$$I[\varphi(x,y)]=\iint F(x,y,\varphi,\varphi_x,\varphi_y)\mathrm{d}x\mathrm{d}y$$

式中：φ 是 x、y 的函数，而 I 是 φ 的函数，故 I 为泛函。在物理力学领域中，泛函具有明确的物理意义。例如：固体在外力的作用下变形的总势能和在水头差下产生的流速所做的功都是泛函；功能和势能之差的时间积分也是泛函。

（二）里兹有限元法

瑞士数学家里兹（W. Ritz）提出直接求解变分问题的方法，是有名的古典方法，可在有限元法中直接应用。该方法是基于变分原理的一种试函数法，就是把试探解的近似函数代入泛函求极值的方法。

（三）伽辽金（加权剩余法）有限元法

俄国数学家伽辽金（B. G. Galerkin）提出了一种加权剩余法。该法和变分法的里兹法都是建立有限元方程的数学基础，都是采用试函数的一种近似法。有些复杂问题不易或不能列出泛函式时利用加权剩余法最为有利。加权剩余法直接从微分方程出发求近似解，即要求近似解代入支配方程能使全域的加权平均剩余消失，而不必求泛函和变分。精确解与近似解之间的差值称为方程剩余或误差。若使这种误差在分析域内任意点处为极小，就得到用来求试探解的参变数（例如结点水头）的代数方程组。根据选取函数的不同，加权剩余法又可分为伽辽金法、配置法、最小二乘法及子域法等。最常用的为伽辽金法，即结合有限元法选取形函数为权函数。这样，不但解决了选择权函数的困难，而且还能得到较高的精度。

（四）单元与形函数

基本单元就是指边界平直的子区域，仅取其顶点作节点，并且只用待定函数值作为节点参数值。常用的几何形状有：一维直线段（二节点）；二维三边形（三节点）、四边形（四节点）；三维四面体（四节点）、六面体（六节点）。在这类单元上，插值函数是线性、双线性或三线性的多项式，即对各个坐标变量 x、y 和 z 来说都是一次的。

若以 P 表示坐标为（x，y，z）的变点，而以 P_i 表示节点。设单元有 p 个节点，其局部坐标序号为 $i=1$，2，…，p，局部坐标为（ξ_i，η_i，ζ_i）（$i=1$，2，…，p），相应的整体直角坐标取（x_i，y_i，z_i）（$i=1$，2，…，p）。这些坐标系都取右手系。

如果在基本单元内同样有 p 个多项式 $N_1(P)$，$N_2(P)$，…，$N_p(P)$ 满足条件：

（1）p 个多项式 N_i 之和恒等于 1，即

$$\sum_{i=1}^{p}N_i(P)=1$$

（2）任一 $N_i(P)$ 在节点 P_i 取值 1，在其余 $p-1$ 个节点取值 0，即

$$N_i(P_j)=\delta_{ij}(i,j=1,2,\cdots,p)$$

式中：δ_{ij} 称为 δ 函数。

称 $N_i(P)$ 为该单元的形函数（又称基函数）。$N_i(P)$ 可以写成 x，y，z 或 ξ，η，ζ 的函数，基本单元的形函数存在而且是线性的。

（五）基本单元

1. 三、四边形单元

三角形和四边形单元是二维问题中两种常用的区域离散网格，三角形单元在拟合边界和非均质分区线等方面十分灵活。四边形单元则较为复杂，单元剖分时一般先剖分为任意四边形，然后通过局部坐标变换的方法将任意四边形变换为某一平面上的典型正四边形再进行系数矩阵的计算。对于任意四边形单元的离散方法，关键步骤是确定由现坐标系中单元到局部坐标系中正方形单元之间的坐标变换关系，而后构造正四边形的插值基函数。

2. 五、六面体单元

对于三维问题，有限元网格主要采用五面体和六面体单元。

（六）求积公式

对于需要求诸如 $\int_{-1}^{1}\int_{-1}^{1}f(\xi,\eta)\mathrm{d}\xi\mathrm{d}\eta$ 的积分，一般采用精度较高的高斯积分法。二维情形可化成二次积分公式及一维高斯积分式。一维积分 $\int_{-1}^{1}f(\xi)\mathrm{d}\xi$ 的高斯求积法是对求积节点 ξ_k 及求积系数 ω_k 适当地选择，使 $\int_{-1}^{1}f(\xi)\mathrm{d}\xi=\sum_{k=1}^{n}\omega_k f(\xi_k)$ 对任何次数不超过 $2n-1$ 次的多项式函数 $f(\xi)$ 均能精确地成立。此时，求积公式具有最高的代数精确度。二维积分的求积节点为 ξ_i，η_j，相应的求积系数为 ω_i，ω_j（i，$j-1$，2，3，…，n），此时二维平面上的求积点数为 n^2。

二、有限差分法

（一）基本原理

有限差分法就是把微分近似地用差分来代替，同时对边界条件、初始条件进行相应的处理，把求解的区域划分成差分网格，求解区域内连续的场分布用网络节点上的离散的数值解来代替，将定解问题的求解化为一组代数方程组的求解问题。通常网格划分要充分细，才能够达到足够的精度。

差分的形式有三种。

（1）向前差分。即沿 x 的正向展开的泰勒级数（截去余项）

$$f'(x)\approx\frac{f(x+\Delta x)-f(x)}{\Delta x}$$

（2）向后差分。即 $f(x)$ 沿 x 的负向展开的泰勒级数（截去余项）

$$f'(x)\approx\frac{f(x)-f(x-\Delta x)}{\Delta x}$$

（3）中心差分。

$$f'(x)\approx\frac{1}{2}\left[\frac{f(x+\Delta x)-f(x)}{\Delta x}+\frac{f(x)-f(x-\Delta x)}{\Delta x}\right]$$

若为二阶导数，可写成

$$f''(x)\approx\frac{1}{\Delta x}\left[\frac{f(x+\Delta x)-f(x)}{\Delta x}-\frac{f(x)-f(x-\Delta x)}{\Delta x}\right]$$
$$=\frac{f(x+\Delta x)+f(x-\Delta x)-2f(x)}{(\Delta x)^2}$$

（二）有限差分格式

根据差分的不同形式将有限差分格式分为显示差分、隐式差分、交替方向隐式差分（ADI法）和迭代交替方向隐式差分（IADI法）以及强隐式差分法（SIP法）。

（三）边界条件问题

主要包括三类边界条件，即第一类边界条件［狄义克利（Dirichlet）条件］、第二类边界条件［纽曼（Neuman）条件］和第三边界条件（混合边界条件）。

三、边界元法

（一）基本原理

边界元法是在有限元法之后发展起来的一种较精确有效的工程数值分析方法。又称边界积分方程—边界元法。它以定义在边界上的边界积分方程为控制方程，通过对边界分元插值离散，化为代数方程组求解。它与基于偏微分方程的区域解法相比，由于降低了问题的维数，而显著降低了自由度数，边界的离散也比区域的离散方便得多，可用较简单的单元准确地模拟边界形状，最终得到阶数较低的线性代数方程组。又由于它利用微分算子解析的基本解作为边界积分方程的核函数，而具有解析与数值相结合的特点，通常具有较高的精度。特别是对于边界变量变化梯度较大的问题，如应力集中问题，或边界变量出现奇异性的裂纹问题，边界元法被公认为比有限元法更加精确高效。

（二）边界元法的特点

（1）由于只在边界上剖分，因此实际上是将问题降维处理，降维的结果必然减少代数方程组的未知数。

（2）由于仅在边界离散，其计算误差也仅限于边界和边界附近。

（3）计算准备工作少，易于求解无限域以及半无限域问题。

（4）边界元法的基本解本身就具有奇异性，因此，对于工程中的奇异问题，如裂纹尖端的应力集中问题等，可以得到良好的结果。

（三）边界元法的求解步骤

（1）将求解微分方程的问题化为求解边界积分方程的问题。

（2）将边界离散化，在每个边界单元上跟有限元法一样将待定函数用其结点值表示，于是边界积分方程化为代数方程。

（3）求解代数方程组，得到待定函数的边界节点值。

（4）进一步求出区域内指定点的待定函数值。

四、有限分析法

有限分析法的基本思想是将整个计算域剖分为许多子域矩形网格，先在第 i 个网格单元内求出满足控制方程的局部分析解，由局部分析解把网格单元内中点的参变量与网格单元边界上各节点的参变量联系起来，这种联系以代数方程式列出。由于网格单元边界上的节点为其相邻网格单元的中点，每个网格单元的中点就是求解域的一个内节点，由每个内节点列出的代数方程式组成联立代数方程组，通过边界条件求解方程组就可得问题的解。有限分析法与有限单元法和有限差分法不同在于它求出的是局部子域内定解问题的解析解，是一种更好的数值逼近，该方法具有精度高，计算量少等优点。

五、工程地质反分析法

（一）应力反分析

应力反分析通常采用多元回归法，设研究区内初始地应力是空间坐标的非线性二次函数，则任意一初始地应力分量可表示为

$$\sigma_{0j}=a_{0j}+a_{1j}x+a_{2j}y+a_{3j}z+a_{4j}xy+a_{5j}yz+a_{6j}zx$$
$$(j=x,y,z,xy,yz,zx)$$

式中：σ_{0j} 为初始地应力下标 j 的应力分量；a_{ij} 为待定系数。

于是在任意一量测点（x_i，y_i，z_i）处的应力为

$$\sigma_{0j}^{i}=a_{0j}+a_{1j}x_i+a_{2j}y_i+a_{3j}z_i+a_{4j}x_iy_i+a_{5j}y_iz_i+a_{6j}z_ix_i$$
$$(j=x,y,z,i=1,n)$$

式中：n 为量测应力点的个数。利用多于 7 个实测点的应力值，采用非线性多元回归方法可确定待定系数 a_{ij}。对初始地应力的每一个分量均作以上多元回归分析，求出每一分量所对应的待定系数 a_{ij}，回代 σ_{0j} 的表达式（$j=x$，y，z，xy，yz，zx），即可获得初始地应力场。

（二）位移反分析法

假定岩体为均匀各向同性体且初始地应力为线性分布，根据最小二乘法可推导位移反分析方程的解析表达式。在反分析计算时，通常以量测位移和计算位移残差平方和取最小值作为目标函数，如果各测点的目标函数值小于预先规定的小正数 ε，则终止迭代，此时的计算位移就是满足精度要求的最优解。

（三）渗透张量反分析

1. 渗透系数张量

当岩体中有 n 组不同裂隙同时存在时，如果用 K_{ei} 和 K_i 分别表示第 i 组裂隙岩体的渗透系数和渗透系数张量，那么根据张量运算的有关性质，得到具有 n 组裂隙同时存在情况下整个岩体的渗透系数张量为

$$K=\begin{bmatrix}K_{11} & K_{12} & K_{13}\\ K_{21} & K_{22} & K_{23}\\ K_{31} & K_{32} & K_{33}\end{bmatrix}=\sum_{i=1}^{n}K_i$$
$$=\sum_{i=1}^{n}K_{ei}\begin{bmatrix}1-\cos\alpha_{1i}\cos\alpha_{1i} & -\cos\alpha_{1i}\cos\alpha_{2i} & -\cos\alpha_{1i}\cos\alpha_{3i}\\ -\cos\alpha_{2i}\cos\alpha_{1i} & 1-\cos\alpha_{2i}\cos_{2i} & -\cos\alpha_{2i}\cos\alpha_{3i}\\ -\cos\alpha_{3i}\cos\alpha_{1i} & -\cos\alpha_{3i}os\alpha_{2i} & 1-\cos\alpha_{3i}\cos\alpha_{3i}\end{bmatrix}$$

式中 $\cos\alpha_{1i}$、$\cos\alpha_{2i}$、$\cos\alpha_{3i}$ 分别表示第 i 组裂隙面法向单位矢量 $\vec{n}_{fi}$ 与空间三个坐标轴正向夹角的余弦。由此可见，裂隙岩体的渗透张量是一个二阶对称张量，即

$$\begin{cases}K_{12}=K_{21}\\ K_{13}=K_{31}\\ K_{23}=K_{32}\end{cases}$$

因此，它仅有六个独立分量。

若选定 ox_1、ox_2、ox_3 三个坐标轴分别为正北、正东和垂直方向，则有

$$K=$$
$$\sum K_{ei}\begin{bmatrix}1-\cos^2\beta_i\sin^2\gamma_i & -\sin\beta_i\sin^2\gamma_i\cos\beta_i & -\cos\beta_i\sin\gamma_i\cos\gamma_i\\ -\sin\beta_i\sin^2\gamma_i\cos\beta_i & 1-\sin^2\beta_i\sin^2\gamma_i & -\sin\beta_i\sin\gamma_i\cos\gamma_i\\ -\cos\beta_i\sin\gamma_i\cos\gamma_i & -\sin\beta_i\sin\gamma_i\cos\gamma_i & 1-\cos^2\gamma_i\end{bmatrix}$$

式中：β_i、γ_i 分别表示岩体中第 i 组裂隙结构面的倾向和

倾角。

2. 渗透张量反演法原理

根据研究渗流区域内若干已知坐标位置的水头观测值与计算值之误差，用最小二乘法建立目标函数：

$$E(K_j^i)=\sum_{k=1}^{M}\omega_k\sqrt{(H_k^c-H_k^o)^2}$$

式中：K_j^i 为待求的系数，上标 i 表示根据岩体透水性划分的第 i 个子区，$i=\text{I}$ 、II 、…、NK（NK 为分区总数）；下标 j 表示第 i 个子区中第 j 个系数，$j=1$、2、…、MK（MK 为某子区参数的总数）；ω_k 为第 k 个水头观测点的权函数，且有 $\sum_{k=1}^{M}\omega_k=1.0$；$M$ 为区域内观测点的总数；H_k^c 为区域内第 k 个观测点的计算水位值；H_k^o 为区域内第 k 个观测点的观测水位值。

六、常用软件介绍

（一）ADINA 软件

ADINA 软件是美国 ADINA R&D 公司的产品，针对结构非线性、流/固耦合等复杂问题的求解具有强大优势，是基于有限元技术的大型通用分析仿真平台，其广泛应用涉及各个工业领域、研究机构和教育机构。主要模块包括：前后处理模块（ADINA－AUI）、结构分析模块（ADINA）、计算流体动力学求解模块（ADINA－F）、热分析模块（ADINA－T）、流体/结构耦合分析模块（ADINA－FSI）、热/结构耦合分析模块（ADINA－TMC）和建模模块（ADINA－M：Parasolid）等。

（二）岩土有限元软件 FLAC3D

FLAC3D（Fast Lagrangian Analysis of Continua）由美国 Itasca 公司开发的，目前，FLAC 有二维和三维计算程序两个版本。FLAC3D 是二维的有限差分程序 FLAC2D 的扩展，能够进行土质、岩石和其他材料的三维结构受力特性模拟和塑性流动分析。调整三维网格中的多面体单元来拟合实际的结构，单元材料可采用线性或非线性本构模型，在外力作用下，当材料发生屈服流动后，网格能够相应发生变形和移动（大变形模式）。FLAC3D 采用的显式拉格朗日算法和混合—离散分区技术能够非常准确模拟材料的塑性破坏和流动。由于无须形成刚度矩阵，因此，基于较小内存空间就能够求解大范围的三维问题。

（三）MODFLOW 软件

MODFLOW 软件是由美国地质调查局（USGS）开发的三维地下水模拟软件，该软件可以模拟饱和的和非饱和的地下水流问题。应用领域包括科研、生产、环境保护、城乡发展规划、水资源利用、水利水电工程等，是目前世界上最为普及的地下水运动数值模拟的计算机软件。MODFLOW 的一个最显著的特点：采用了模块化的结构。一方面将许多具有类似功能的子程序组合成为子程序包；另一方面是用户可以按实际工作需要选用其中某些子程序包对地下水运动进行数值模拟。此外，这种模块化结构程序易于修改，添加新的子程序包。

（四）FEFLOW 软件

FEFLOW 采用加辽金法为基础的有限单元法来控制和优化求解过程，内部配备了若干先进的数值求解法来控制和优化求解过程。FEFLOW 的应用领域包括：模拟地下水区域流场及地下水资源规划和管理方案；模拟矿区露天开采或地下开采对区域地下水的影响及其最优对策方案；模拟由于近海岸地下水开采或者矿区抽排地下水引起的海水或深部盐水入侵问题；模拟非饱和带以及饱和带地下水流及其温度分布问题；模拟污染物在地下水中迁移过程及其时间空间分布规律；结合降水—径流模型联合动态模拟“降雨—地表水—地下水”水资源系统。

附录二　水电工程地质灾害危险性评估技术要求

一、评估依据和基本规定

（一）评估工作依据

下列政策依据、法律法规和技术标准在水电工程建设项目的地质灾害危险性评估工作中必须严格执行：

（1）《地质灾害防治条例》（国务院令第 394 号）。

（2）国土资源部《关于加强地质灾害危险性评估工作的通知》（国土资发［2004］69 号）及附件 1《建设项目地质灾害危险性评估技术要求（试行）》。

（二）基本规定

（1）根据《地质灾害防治条例》（国务院令第 394 号），水电工程地质灾害危险性评估工作应在可行性研究阶段进行，且地质灾害危险性评估不替代建设工程和规划各阶段工程地质勘察或有关的评价工作。

（2）水电工程地质灾害危险性评估工作必须由有相关资质的单位进行，评估项目应有业主的委托书或评估合同，并应有国家或地方政府对项目开展前期工作的批文及相关技术评审文件。

（3）水电工程地质灾害危险性评估，必须对建设工程遭受地质灾害的可能性、危害性和该工程在建设中及建成后可能引发或加剧的地质灾害的可能性、危险性作出评价，并提出具体的预防治理措施的建议和要求，作出场地的适宜性评价。

（4）按有关法规及技术要求的规定，水电工程地质灾害危险性评估分为项目资质备案及评估报告备案。项目资质备案应在评估工作开展前，到项目所在地的国土资源局备案，若项目跨越两个及以上地区，应到其上一级国土资源主管部门备案。评估报告完成后，经评估单位内部评审或审核后，由相关部门（技术咨询、地质灾害研究会等部门）组织国土资源厅认可的专家组进行评审、备案后，方可提交立项、用地审批使用，并作为指导工程建设中地质灾害防治的重要依据。二级及以上评估由省国土资源厅认可专家组会议评审，三级评估请地（州、市）国土资源局认可专家函审。

（5）业主在进行水电工程建设中应加强施工管理，按有关法律、法规作好地质灾害的防治及地质环境的保护工作，地质灾害危险性评估报告应作为工程建设场地地质灾害防治的依据之一。

（6）一、二级水电建设项目的地质灾害危险性评估应严格按有关技术要求、规程规范和本技术要求的规定执行，三级评估项目可适当简化。

二、评估主要工作内容与程序

（1）水电工程地质灾害危险性评估的主要任务是：通过对建设项目用地地质灾害危险性的评估，为工程建设项目的征地、建设、投资决策和地质灾害防治提供科学依据。

（2）水电工程地质灾害危险性评估工作的主要内容包括以下三个方面：

1）阐明工程建设区和规划区地质环境条件基本特征；

2）分析论证工程建设区和规划区地质灾害的危险性，进行现状评估、预测评估和综合评估；

3）提出防治地质灾害措施及建议，并作出建设场地适宜性评价结论。

（3）评估工作程序：水电工程地质灾害危险性评估工作程序可按任务接受（签订委托书及合同）、任务布置及作业准备（现场踏勘及评估工作纲要的编制、评估项目备案）、外业工作、内业工作和成果提交、备案与资料归档的程序开展工作。对一、二级评估工作程序按附录 A 要求进行，三级评估项目参照执行。

水电工程地质灾害危险性评估工作程序，见本文附录 A 所示。

三、评估范围与级别

（1）水电工程一般包括水库工程区、枢纽工程区、附属或临建工程区，其中附属或临建工程区主要包括进场公路、天然建筑材料场地、堆弃渣场、砂石加工系统、业主营地与承包商营地等。

（2）水电工程地质灾害危险性评估的范围，应视建设项目的特点、地质环境条件和地质灾害种类予以确定。对枢纽工程区应考虑到建筑物可能影响到的范围，一般应包括场地后缘的第一斜坡带；对远程地质灾害可能影响或危及建筑物安全时，应扩大到地质灾害发育区；水库区范围应评估到库尾以上一定范围，两岸到第一斜坡带或分水岭或地质灾害源头；对大坝下游村镇居民点、公路桥梁、农田分布情况、专项设施等的情况，也应进行调查。

（3）崩塌、滑坡评估范围应至其后缘以上影响范围，或以后缘上部第一斜坡带为限；泥石流必须以完整的沟道流域面积为评估范围；地面塌陷的评估范围应包括初步推测的可能塌陷影响范围，并适当扩大评估范围。

（4）建设工程位于强震区，工程场地内分布有可能产生明显位错或构造性地裂的全新活动断裂或发震断裂，评估范围应尽可能把邻近地区活动断裂的一些特殊构造部位（不同方向的活动断裂的交汇部位、活动断裂的拐弯段、强烈活动部位、端点及断面上不平滑处等）包括其中。

（5）长引水的线路工程建设项目，评估范围一般应以线路两侧扩展 500～1000m 为限，斜坡地段的线路应到第一斜坡带或可能影响的地段。

（6）地质灾害危险性评估分级进行，根据地质环境条件复杂程度与建设项目重要性分为三级。水电工程由于涉及范围广，一般属地质环境条件复杂地区，因此大、中型水电工程均为一级评估，小型水电工程，基本应为二级评估。具体确定标准见表 1、表 2 及表 3。

四、评估技术要求

（一）基本技术要求

（1）水电工程的地质灾害危险性评估应严格按国家的相关政策、法律法规及地质灾害危险性评估要求或规范开展工作。地质灾害危险性评估报告要求内容完整、客观科学，对建设场

表1 地质灾害危险性评估分级表

项目重要性	地质环境复杂程度		
	复杂	中等复杂	简单
重要	一级	一级	二级
较重要	一级	二级	三级
一般	二级	三级	三级

表2 水电工程重要性分类表

项目重要性	工程规模		
	装机规模（万 kW）	水库库容（亿 m^3）	坝高（m）
重要	≥30	≥1	≥100
较重要	5～30	0.1～1	50～100
一般	≤5	≤0.1	≤50

注 三项目指标中，就高值。

表3 地质环境复杂程度分类表

分级	复杂	中等复杂	简单
1	地质灾害发育强烈	地质灾害发育中等	地质灾害一般不发育
2	地形与地貌类型复杂	地形较简单，地貌类型相对单一	地形简单，地貌类型单一
3	地质构造复杂，岩性岩相变化大，岩土体工程地质性质不良	地质构造较复杂，岩性岩相不稳定，岩土体工程地质性质较差	地质构造简单，岩性单一，岩土体工程地质性质良好
4	工程地质、水文地质条件不良	工程地质、水文地质条件较差	工程地质、水文地质条件良好
5	不良地质现象发育	不良地质现象中等发育	不良地质现象不发育
6	破坏地质环境的人类工程活动强烈	破坏地质环境的人类工程活动较强烈	破坏地质环境的人类工程活动一般

注 每类6项条件中，有一条符合复杂条件者即划为复杂类型。

地地质灾害的分析实事求是、评价合理，评估结论应可靠、明确，地质灾害的防治建议应有针对性和可操作性。

（2）水电工程地质灾害危险性评估应按评估工作程序，开展资料收集，地质环境及地质灾害的外业地质调查与分析，在外业调查成果基础上进行现状、预测及综合分区评估，并进行地质灾害防治难易程度的分析，得出场地的适宜性评价的结论。最终编制评估报告及相应评估图件，报告编写目录可参考附录B的规定。

（3）评估工作开展前，应充分收集评估项目基本情况，并对承载对象的属性进行分析。收集内容主要包括：建设项目用地范围，拟建工程项目的开发任务、规模、等级及功能，项目建设的平面布置，各类建筑物的平、剖面图及整平高程，项目投资等，并附工程特性表。

（4）水电工程地质灾害危险性评估工作，必须在充分收集利用已有的遥感影像、区域地质、水库地质、枢纽工程区水文地质、工程地质、环境地质和气象水文等资料基础上，进行现场地质调查与测绘，必要时可适当进行物探、坑槽探与取样测试。

（5）必须对评估区内的各类地质灾害体的危险性和危害程度逐一进行现状评估；对建设场地（包括枢纽区、水库区及料场、营地等临建、辅助生产、生活区）范围内，工程建设可能引发或加剧的及工程本身可能遭受的各类地质灾害的可能性和危害程度分别进行预测评估；依据现状评估和预测评估结果，综合评估区地质灾害危险程度，分区段划分出危险性等级，说明各区段主要地质灾害种类和危害程度；根据预测评估结论，结合建设工程项目特点，对地质灾害防治的难易程度进行综合分析，并提出防治建议和意见；在综合评估的基础上，结合场地地质灾害防治难易程度的分析，得出建设场地的适宜性评价结论。

（6）水电工程地质灾害涉及水库工程、边坡工程、地基工程、地下工程及其他相关工程，其中除了常规的崩塌、滑坡、泥石流、地面塌陷（岩溶区、挖空区塌陷或冒顶等）灾害外，还包括渗漏（水库或坝基大流量渗水，影响工程安全或正常运行）、库岸再造（影响库岸居民点稳定与安全）、滑坡涌浪（影响大坝安全或对下游造成危害）、岩土体大变形（对工程造成危害）、大流量涌水（影响地下工程或基坑施工安全）及水库诱发地震（形成的次生灾害对居民或环境造成危害）等成灾地质问题，同时还包括若干可能形成灾害的地质现象，如水库淤积、水库浸没、潜在不稳定岩体（危岩体）、斜坡滚石、坡面泥石流、地基变形（包括不均匀沉降变形、滑动变形、渗透变形、地基失效变形等）、围岩坍塌、岩爆、流沙、有害气体、地下泥石流及地下水侵蚀、泄洪区岸坡冲刷等等。应根据工程建设特点、评估区地质环境条件、主要工程地质问题的性质特征及承灾对象，进行预测评估，并提出有针对性的处理措施。

（二）地质环境条件

（1）地质灾害危险性评估应先开展评估区的地质环境调查与分析。调查与分析内容应包括评估区的气象水文、植被、区域地质及地震、地形地貌、地层岩性、地质构造、水文地质条件、不良地质现象、破坏地质环境的人类活动情况等内容。

（2）地质环境调查应综合利用前期资料，充分研究评估区地质环境条件、地质灾害发育特征及工程建筑物特点，合理选择地质测绘、调查手段和线路，提高工作质量和效率。

（3）地质环境调查所用图件，应是能准确反映区内地形地物的地形图或地形地质图，对枢纽、营地、料场、渣场等建筑物区段，图中应反映出建筑物布置及开挖边坡、整平高程情况。图件的比例尺应视地质环境条件复杂程度、致灾地质体的规模及工程规模等确定，以能清晰反映评估区内地质环境特征尤其是各致灾地质体的基本特征并便于阅读使用为原则。野外地质调查、测绘图件的比例尺，一般水库区应采用1∶2000～1∶50000，枢纽等建筑物区段宜采用1∶2000～1∶5000，对重要地质灾害地段应采用不小于1∶1000的比例尺。

（4）地质环境调查中，平面图上每 $0.01m^2$ 面积内的地质调查点对应一级评估应不少于3个，二级评估不少于2个，三级评估不少于1个，重点地段应适当加密。在微地貌、地层、地质构造、致灾地质体的特征部位应有地质点控制。地质点的定位可采用罗盘交汇法、微地貌及手持GPS定位；枢纽区及近坝库段对工程存在重大影响与危害的地质现象、地质灾害点，有条件时宜采用测量定位。

（5）重点地段均应测制或修测代表性纵横地质剖面，剖面线布置应考虑总体地形坡向、岩层倾向及拟建工程、保护对象，主要剖面上控制性勘探点或地质调查点的数量，一级评估应有不少于5个，二级评估应不少于3个，三级评估不少于2个。剖图，剖面图的比例尺应不小于平面图比例尺；重要建筑物、重要地质灾害点地质剖面，可收集项目的工程地质勘察成果资料，进行修测、编绘。

（6）特殊岩土、水文地质及岩溶的调查内容和方法，可参照《水力发电工程地质勘察规范》(GB 50287—2006)、《岩土工程勘察规范》[GB 50021—2001 (2009 版)] 及其他相关规范、规程的规定。

(7) 在水电工程建设项目地质灾害危险性评估的地质环境调查中，应加强对评估区区域构造稳定性及活动断裂的分析、研究；对岩、土体中的不利结构面、软弱夹层及特殊性土要进行重点调查；对岩体的风化、卸荷、冲沟及岩溶等物理地质作用也应予以重点调查；在水文地质条件的阐述中，对地下水的脆弱性应进行调查、分析。

(三) 地质灾害调查

(1) 崩塌调查的主要内容有：

1) 崩塌区的地形地貌及崩塌类型、成因、规模及范围，崩塌体的崩落方向和崩塌堆积体物质组成情况。

2) 崩塌区岩体的岩性特征、风化卸荷程度及地下水活动情况。

3) 崩塌区的地质构造，岩体结构类型，结构面性状、产状、组成物质及胶结情况、闭合程度、力学性质，结构面的切割组合关系、延展及贯穿情况等。

4) 气象 (重点是大气降水)、水文 (重点是地表径流)、冻融和地震情况。

5) 崩塌前的迹象，地震、采矿、爆破、温差变化、地表水及地下水的活动、人工活动等崩塌诱因。

6) 当地或类似地区防治崩塌的经验。

(2) 滑坡调查的主要内容有：

1) 收集当地滑坡发育史、易滑地层分布、水文气象、工程地质图和构造地质图、工程地质勘察资料成果等，并调查分析滑坡所处地形貌、地层岩性组合、地质构造、岩体风化卸荷、水文地质条件等。

2) 调查微地貌形态及其演变过程；圈定滑坡周界、滑坡壁、滑坡平台、滑坡舌、滑坡裂缝、滑坡鼓丘等要素；调查滑动带部位、滑痕，滑带的组成和岩土状态，裂缝的位置、方向、深度、宽度、产生时间、切割关系和力学属性；分析滑坡的主滑方向、滑坡的主滑段、抗滑段及其变化，分析滑动面的层数、深度和埋藏条件，判断其向上、向下及两侧发展的可能性。

3) 调查滑带水和地下水的情况，泉水出露地点及流量，地表水体、湿地分布及变迁情况。

4) 调查滑坡带内外建筑物、树木等的变形、位移及其破坏的时间和过程。

5) 对滑体的全貌及重点部位宜摄影或录取相。

6) 调查当地整治滑坡的经验。

(3) 泥石流调查的主要内容有：

1) 调查范围应包括沟谷至分水岭的全部地段和可能受泥石流影响的地段。

2) 冰雪融化和暴雨强度、前期降雨量、一次最大降雨量，平均及最大流量，地下水活动情况。

3) 地层岩性 (尤其是松散堆积物的物质组成、分布和储量)、地质构造、不良地质现象等。

4) 沟谷的地形地貌特征，包括沟谷的发育程度、切割情况，坡度、弯曲、粗糙程度，并划分泥石流的形成区、流通区和堆积区，圈绘整个沟谷的汇水面积。

5) 形成区的水源类型、水量、汇水条件、山坡坡度，岩层性质及风化程度。查明断裂、滑坡、崩塌、岩堆等不良地质现象的发育情况及可能形成泥石流固体物质的分布范围、储量。

6) 流通区的沟床纵横坡度、跌水、急湾等特征。查明沟床两侧山坡坡度、稳定程度，沟床的冲淤变化和泥石流的痕迹。

7) 堆积区的堆积扇分布范围，表面形态，纵坡，植被，沟道变化和冲淤情况；查明堆积物的性质、层次、厚度，一般粒径及最大粒径以及分布规律。判定堆积区的形成历史、堆积速度，估算一次最大堆积量。

8) 泥石流沟谷的历史，历次泥石流的发性时间、频数、规模、形成过程、暴发前的降雨情况和暴发后产生的灾害情况，并区分正常沟谷或低频率泥石流沟谷。

9) 开矿弃渣、修路切坡、砍伐森林、陡坡开荒及过度放牧等人类活动情况。

10) 当地防治泥石流的措施和经验。

(4) 地面塌陷调查的主要内容有：

1) 地面塌陷包括岩溶塌陷和采空区塌陷。水电工程建设区若存在岩溶、采矿区时，应对已有塌陷进行地质调查与测绘工作。

2) 岩溶塌陷调查与分析的内容主要有：分析、研究评估区内岩溶发育规律、规模、类型及岩溶水环境条件；岩溶塌陷的成因、形态、规模、分布密度、土层厚度与下伏基岩岩溶特征；地表、地下水活动动态及其与自然和人为因素的关系；划分出变形类型及土洞发育程度区段；调查岩溶塌陷对已有建筑物的破坏损失情况，圈定可能发生岩溶塌陷的区段。

3) 采空塌陷调查与分析的主要内容有：矿层的分布、层数、厚度、深度、埋藏特征和开采层的岩性、结构等；矿层开采的深度、厚度、时间、方法、顶板支撑及采空区的塌落、密实程度、空隙和积水等；地表变形特征和分布规律，包括地表陷坑、台阶、裂缝位置、形状、大小、深度、延伸方向及其与采空区、地质构造、开采边界、工作推进方向等的关系；地表移动盆地的特征，划分中间区、内边缘和外边缘区，确定地表移动和变形的特征值；采空区附近的抽、排水情况及对采空区稳定的影响；收集采空塌陷区已有建筑物的变形、破坏情况及处理措施的资料。

(5) 地裂缝调查的主要内容有：

1) 地质灾害中地裂缝指由于活动断裂、地下水开采等原因形成的区域性的地面开裂现象，不包含滑坡、失稳边坡形成的裂缝。

2) 地裂缝形成的地质环境条件，如地形地貌、地层岩性和地质构造等；地裂缝成因类型和诱发因素 (活动断裂、地下水开采等)；单缝发育规模和特征以及群缝分布特征和分布范围；地裂缝的发展趋势；现有地裂缝的防治措施和效果。

(6) 地面沉降调与分析的主要内容有：

1) 地面沉降指水电工程建设区 (含营地、移民安置点等) 由于常年抽取地下水引起水位或水压下降而造成的地面沉降，不包括由于其他原因所造成的地面沉降。地质灾害评估工作主要通过现场调查、访问及资料收集来分析、查明地面沉降的原因、现状和危害情况。

2) 调查、研究第四系沉积类型、地貌单元特征，特别要注意冲积、洪积和湖积相沉积的盆地及古河道、洼地、河间地块等微地貌分布。第四系地层岩性、各层土的厚度、物理力学性和埋藏条件，尤其是压缩性土层的分布。

3) 第四系含水层水文地质特征、埋藏条件及水力联系；收集历年地下水动态、开采量、开采层位和区域地下水位等值线图等资料。

4) 根据已有地面测量资料和建筑物实测资料，同时结合水文地质资料进行综合分析，初步圈定地面沉降范围和判定累计沉降量，并对地面沉降范围内已有建筑物损坏情况进行调查。

(7) 潜在不稳定斜坡或危岩体的调查内容有：

1) 潜在不稳定斜坡或危岩体主要调查水电工程建设区、水库库岸、料场及附属设施地段内可能发生滑坡、崩塌、边坡变形的天然斜坡和已有人工边坡地段。

2) 调查边坡或危岩体区地形地貌，地层岩性，残坡积等覆盖层厚度、性状，地层产状、断层、节理及裂隙等的发育特征，软弱夹层的岩性、特性及产状，岩体的风化、卸荷情况等。

3) 斜坡坡度、坡向、地层倾向与斜坡坡向的组合关系；结构面、软弱夹层与边坡的组合、切割关系。

4) 斜坡或危岩体区水文地质条件，重点调查斜坡上部暴雨、地表水渗入或地下水对斜坡的影响，人类工程活动对斜坡的破坏情况等。

5) 对可能构成崩塌、滑坡的结构面的边界条件、坡体异常情况等进行调查、分析，以此判断斜坡或危岩体发生崩塌、滑坡、泥石流等地质灾害的危险性及可能的影响范围。

6) 下列情况之一者，应视为可能失稳（潜在失稳）的斜坡：明显具有产生各种崩、滑迹象的斜坡；斜坡岩体中有倾向坡外、倾角小于坡角的结构面存在；斜坡被两组或两组以上结构面切割，形成不稳定块体，其底棱线倾向坡外，且倾角小于斜坡坡角；斜坡后缘已产生变形拉裂缝；顺坡向卸荷裂隙等结构面发育的高陡斜坡；岸边裂隙发育、表层岩体已发生蠕动或变形的斜坡；坡脚或边坡下部存在缓倾的软弱层；位于库岸或河岸水位变动带，渠道沿线或地下水溢出带附近，工程建成后可能经常处于浸湿状态的软质岩石或第四系沉积物组成的较陡的斜坡；其他根据地貌、地质特征分析或用图解法初步判定为可能失稳的斜坡。

(8) 大型混合堆积体的调查内容有：大型水电工程常位于深山峡谷区，地质环境条件复杂，工程区常分布有综合成因的大型堆积体（如崩塌、滑坡、泥石流、坡积、冲洪积、冰积等混合堆积体），并经长期后生改造，地表形态不完整，与常规的灾害地貌差异较大，应进行重点调查和相关资料收集，包括堆积体外围地形地貌、地层岩性、地质构造（地层产状、断层、节理及裂隙等的发育特征，软弱夹层的岩性、特性及产状等）、岩体的风化、卸荷情况及地下水补给、径流及排泄特征；堆积体地貌形态、规模大小、物质组成与结构特征；初步分析形成过程与演化机制，并对堆积体现状稳定性作出评价。

（四）地质灾害危险性评估

1. 一般规定

(1) 地质灾害危险性评估是在查明各种致灾地质作用的性质、规模和承灾对象社会经济属性（承灾对象的价值、可移动性等）的基础上，以致灾体稳定性和致灾体与承灾对象遭遇的概率上分析入手，对其潜在的危险性进行客观评估。

(2) 对地质灾害危险性应依次进行现状评估、预测评估和综合分区评估，并得出建设场地适宜性结论，提出地质灾害防治措施的意见和建议。

(3) 水电工程地质灾害危险性评估应分区段进行，可划分为水库区、枢纽区（坝区）、引水区、厂区、临建工程区及进场公路、营地区等分别进行评估。根据各区评估结论，经综合分析得出建设项目总体适宜性的结论。

2. 现状评估

(1) 现状评估应对评估区内已有各致灾地质体或致灾地质作用，如滑坡、崩塌、泥石流、地面塌陷、地裂缝、地面沉降、潜在不稳定边坡等的分布、类型、规模、特征、引发因素、形成机制及稳定性进行分析，并对其已经造成地质灾害损失情况和现状稳定进行评估。

(2) 在对现有地质灾害的调查、评价中，应注意对工程区周边建筑物遭受的地质灾害进行调查、分析，进行工程类比分析、预测；除崩塌、滑坡、泥石流、地面沉降、地裂缝、地面塌陷、潜在不稳定边坡等常规地质灾害进行评估外，对现状的冲沟、岩溶危害及特殊类土危害等也应进行分析、评价。

(3) 对现状地质灾害的发育规律、规模、成因、特征及现状稳定性、危害性应进行系统分析、总结，作出符合现状实际情况的评估结论。

3. 预测评估

(1) 预测评估应对评估区内工程建设诱发或加剧的各种地质灾害进行分析、预测，评价其对拟建工程和相邻建、构筑物造成地质灾害的可能性、可能的损失大小进行评估。地质灾害造成损失大小按表4分级，发生地质灾害的可能性按表5判断。

表4　　地质灾害发生的可能性判定表

致灾地质体的稳定性	工程建设诱发地质灾害的条件	地质灾害发生的可能性
不稳定	充分	可能性大
较不稳定	较充分	可能性中等
基本稳定	不充分	可能性小
稳定	不具备	不可能

表5　　地质灾害造成的损失大小分级表

损失大小	造成的直接经济损失（万元）	造成的直接经济损失占项目总投资的比例（%）	受威胁人数（人）
损失大	>5000	>30	>500
损失中等	1000～5000	10～30	100～500
损失小	<1000	<10	<100
备注	(1) 损失大小判定的三因素中，由高到低有一个因素达到标准时，损失大小级别即为该等级。 (2) 地质灾害发生后可能造成的经济损失和受威胁人数，应是地质灾害涉及范围内可能造成的经济损失和受威胁人数		

(2) 由于地质体的复杂性、天然性及不均匀性，加之水电工程的建筑物种类多、场地范围大，在进行预测评估时，需综合分析、研究地质条件与建筑物相互作用下可能诱发并遭受的各类地质灾害。除对滑坡、崩塌、泥石流等进行预测评估外，对重点地段，如坝基（肩）边坡、明渠（引渠）边坡、隧洞的进出口边坡、土石料场开挖边坡等地段易诱发滑坡、崩塌的灾害；在隧洞的浅埋段可能引发并遭受冒顶等地质灾害；在隧洞的深埋段坚硬岩可能引发岩爆、软岩可能引发岩体大变形等地质灾害；水库蓄水后可能导致水库诱发地震、滑坡涌浪、库岸再造、水库渗漏与浸没等地质灾害；弃渣处置不当可能诱发泥石流、滑坡灾害；隧洞尤其是可溶岩地区及构造发育区长引水隧洞的开挖产生突水、突泥并导致水文地质条件的改变，影响隧洞上部及周边居民生产、生活环境的变化；开挖爆破振动，可能导致周边山体的失稳或居民点地基、斜坡开裂等均应深入进行分析和评估。

(3) 水电工程建筑区内的营地、库房等多建筑斜坡地段，一般为山坡土石混合不均匀地基，产生场地整体变形、失稳的可能性较大，在评估工作中应加强分析、评价。

(4) 位于强震区的水电工程，尚应对地震地质灾害，特别是地震次生灾害的可能影响或危害进行分析、评估。

4. 综合分区评估

(1) 地质灾害危险性分区是进行综合评估的基础，必须依据现状评估、预测评估成果，结合承载对象的经济属性、地质灾害防治的难易程度，进行综合分析、评价，确定危险性分区及等级。

（2）根据地质灾害危险性现状评估与预测评估结果，充分考虑评估区地质环境的差异和潜在地质灾害隐患点的分布、危险程度，根据“区内相似，区际相异”的原则，采用定性、半定量分析法，进行地质灾害危险性综合分区（段），并根据地质灾害危险性、防治难度和防治可靠性，对水电工程建设场地适宜性作出评估，提出防治地质灾害的措施及建议。评价中应重视建设项目对地质环境的影响。特别是工程建设和运行期所加剧和诱发的地质灾害对附近村庄和其他已有重要设施（如公路和输电线路）的影响。

（3）根据评估分区内地质灾害地质发生的可能性及可能损失程度的大小，进行场地地质灾害危险期险性大小的等级评价。地质灾害危险性分级见表6。

表6　　地质灾害危险性分级表

危险性分级	地质灾害发育程度	地质灾害危害程度
危险性大	强发育	建设用地范围内地质灾害或地质灾害隐患点对拟建、在建工程构成直接危害或威胁，严重影响施工和生产运营，必须进行专项治理才能解除或减轻危害，防治难度大。地质灾害可能造成的损失大、发生地质灾害的可能性大，危害程度大
危险性中等	中等发育	建设范围内由于工程建设诱发或加剧地质灾害对施工道路和水库淤积危害，必须治理才能解除或减轻危害，防治难度中等。地质灾害可能造成的损失中等、发生地质灾害的可能性较大，危害程度中等
危险性小	弱发育	工程区范围内不存在地质灾害或是有地质灾害分布，对拟建、在建工程不构成危害或危害轻微，且防治措施简单或不需要防治，防治难度小。地质灾害可能造成的损失小、发生地质灾害的可能性小，危害程度小

5. 防治措施

（1）对场地范围内未达到稳定要求的已有致灾地质体或工程建设中和建成后可能诱发形成的致灾地质体应提出地质灾害防治措施的建议。包括加深勘察深度和对重要地质灾害点或重大成灾地质问题进行专门研究的建议。

（2）对地质灾害的防治建议应有针对性，若防治难度大、危险性大的地质灾害，应提出避让措施或调整设计方案或另选场址等。

（3）工程设计方案应充分考虑工程建筑与环境的相互作用与影响，使设计方案尽可能达到人工自然与天然自然的和谐统一。

（4）工程建设中，应加强对地质环境和生态环境的保护，达到水电开发及环境保护的双赢。

（5）建设方应建立地质灾害监测及预报预警系统，制定地质灾害应急及处置预案。

6. 适宜性评价

（1）水电工程建设场地的适宜性，应根据现状评估、预测评估及综合分区评估结论，结合防治的难易程度分析后，综合确定。

（2）建设场地或场地内各区段的适宜性需根据地质环境条件复杂程度、地质灾害危险性大小及地质灾害防治难易程度，划分为适宜、基本适宜和适宜性差三类。适宜性按表7进行分级。

表7　　建设用地适宜性分级表

级别	分级说明
适宜	地质环境复杂程度简单，工程建设遭受地质灾害危害的可能性小，引发、加剧地质灾害的可能性小，危险性小，防治难度不大，且易于处理
基本适宜	不良地质现象较发育，地质构造、地层岩性变化较大，工程建设遭受地质灾害危害的可能性中等，引发、加剧地质灾害的可能性中等，危险性中等，但可采取措施予以处理，防治难度中等
适宜性差	地质灾害发育强烈，地质构造复杂，软弱结构成发育区，工程建设遭受地质灾害的可能性大，引发、加剧地质灾害的可能性大，危险性大，防治难度大，防治投入也较大

（3）确需在适宜性差的场地进行水电工程建设时，宜要求编制地质灾害防治方案，并加强对地质灾害防治的勘察设计工作，加大对地质灾害防治的投入，确保工程安全，重视对地质环境的保护。

五、成果提交

（一）基本规定

（1）水电工程地质灾害危险性评估成果以评估报告的方式提交，报告必须附地质灾害危险性评估相关图件。

（2）评估图件平面图的比例尺应视地质环境条件复杂程度、致灾地质体的规模及工程规模等确定，一般整个工程区评估图件应采用1：5000～1：50000比例尺，枢纽等建筑物区段宜采用1：2000～1：5000比例尺，同时，评估图件的成图比例尺不能小于野外地质调查、测绘比例尺。评估地质剖面、工程地质剖面及重要地质灾害点专门工程地质剖面图的比例尺，可依据实际情况确定，但不宜小于平面地质图的比例尺。

（3）地质灾害危险性评估图应以地形地质图为背景，反映致灾地质体的分布，并反映拟建工程的布置情况。同时应附反映评估区地质环境条件的地质剖面图，如区域控制性地质地貌剖面图；致灾地质体尤其是大型、典型地质灾害点应有专门的平面图、剖面图、照片或素描图，剖面图纵横比例尺应一致，当有勘探测试资料时应附勘探测试成果图表。

（4）由于水电工程涉及范围一般较广，需分区段进行地质灾害危险性评估，并编制综合分区（段）评估图和特征说明表。

（5）评估报告的文字、术语、代号、符号、数字和计量单位应符合国家有关标准的规定。

（6）地质灾害危险性评估图件均需按有关规定进行面状普染颜色，对地层界线、地质构造、地震、水文地质、水文气象要素及拟建工程布置等应用不同颜色的点、线符号表示。

（7）对于有特殊意义的影响因素，可在平面图上附全区或局部地段的专门性镶图，如近场区区域地质简图、降水等值线图、全新活动断裂与地震震中分布图、泥石流全流域简图、地质灾害点分布索引示意图等。

（8）评估报告提交备案并送委托单位后，对评估项目应填写评估项目业务手册表。

（二）评估成果

（1）一、二级评估需提交地质灾害危险性评估报告、评估区地质灾害现状分布图、地质灾害危险性评估综合分区评估图，必要时需附相关专题调查的地质平、剖面图，并有评估委托书（或合同）、政府主管部门对建设项目的批文以及承担单位的资质证书、项目备案表、外业验收表等。

（2）三级评估提交地质灾害危险性评估说明书，附图参照一、二级评估要求，可适当简化。

（3）报告或说明书的编写目录，可参考本文附录B的规定。

附录A　水电工程地质灾害危险性评估工作程序框图

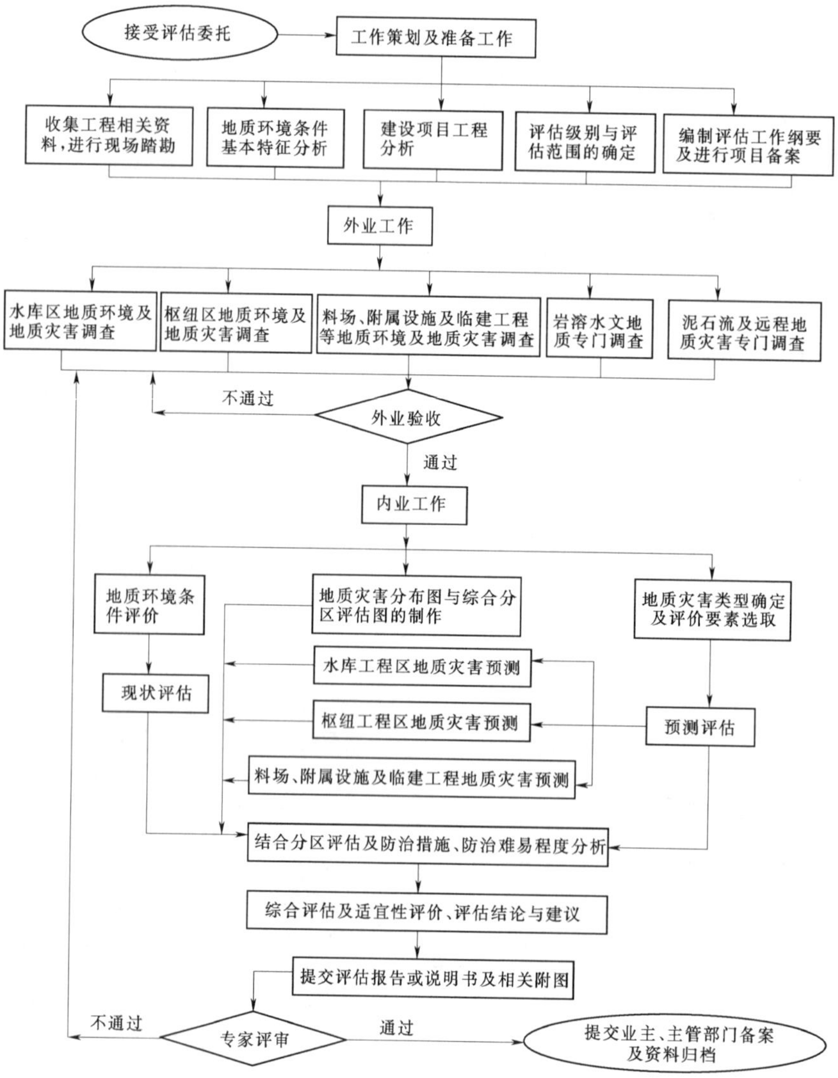

附录B　水电工程建设项目地质灾害危险性评估报告目录

参 考 文 献

[1] GB 50218—94 工程岩体分级标准 [S]．北京：中国计划出版社，1995.

[2] GB/T 50145—2007 土的工程分类标准 [S]．北京：中国计划出版社，2008.

[3] GB 50021—2009 岩土工程勘察规范 [S]．北京：中国建筑工业出版社，2009.

[4] GB 50011—2010 建筑抗震设计规范 [S]．北京：中国建筑工业出版社，2010.

[5] GB 50007—2002 建筑地基基础设计规范 [S]．北京：中国建筑工业出版社，2002.

[6] GB 17741—2005 工程场地地震安全性评价 [S]．北京：中国标准出版社，2005.

[7] GB 50487—2008 水利水电工程地质勘察规范 [S]．北京：中国计划出版社，2009.

[8] GB 50287—2006 水力发电工程地质勘察规范 [S]．北京：中国计划出版社，2008.

[9] DL/T 5335—2006 水电水利工程区域构造稳定性勘察技术规程 [S]．北京：中国电力出版社，2006.

[10] DL/T 5336—2006 水电水利工程水库区工程地质勘察技术规程 [S]．北京：中国电力出版社，2006.

[11] DL/T 5454—2009 水电水利工程坝址工程地质勘察技术规程 [S]．北京：中国电力出版社，2009.

[12] DL/T 5337—2006 水电水利工程边坡工程地质勘察技术规程 [S]．北京：中国电力出版社，2006.

[13] DL/T 5338—2006 水电水利工程喀斯特工程地质勘察技术规程 [S]．北京：中国电力出版社，2006.

[14] DL/T 5415—2009 水电水利工程地下建筑物工程地质勘察技术规程 [S]．北京：中国电力出版社，2009.

[15] DL/T 5185—2004 水电水利工程地质测绘规程 [S]．北京：中国电力出版社，2004.

[16] DL/T 5050—2000 水利水电工程坑探规程 [S]．北京：中国电力出版社，2001.

[17] DL/T 5010—2005 水电水利工程物探规程 [S]．北京：中国电力出版社，2005.

[18] DL/T 5013—2005 水电水利工程钻探规程 [S]．北京：中国电力出版社，2006.

[19] DL/T 5331—2005 水电水利工程钻孔压水试验规程 [S]．北京：中国电力出版社，2006.

[20] DL/T 5213—2005 水电水利工程钻孔抽水试验规程 [S]．北京：中国电力出版社，2005.

[21] DL/T 5368—2007 水电水利工程岩石试验规程 [S]．北京：中国电力出版社，2007.

[22] DL/T 5355—2006 水电水利工程土工试验规程 [S]．北京：中国电力出版社，2007.

[23] DL/T 5356—2006 水电水利工程粗粒土试验规程 [S]．北京：中国电力出版社，2007.

[24] DL/T 5006—2007 水电水利工程岩体观测规程 [S]．北京：中国水利水电出版社，2007.

[25] DL/T 5367—2007 水电水利工程岩体应力测试规程 [S]．北京：中国电力出版社，2007.

[26] DL/T 5388—2007 水电水利工程天然建筑材料勘察规程 [S]．北京：中国电力出版社，2007.

[27] DL/T 5346—2006 混凝土拱坝设计规范 [S]．北京：中国电力出版社，2007.

[28] DL/T 5108—1999 混凝土重力坝设计规范 [S]．北京：中国电力出版社，2000.

[29] DL/T 5395—2007 碾压式土石坝设计规范 [S]．北京：中国电力出版社，2008.

[30] DL/T 5016—1999 混凝土面板堆石坝设计规范 [S]．北京：中国电力出版社，2000.

[31] DL/T 5353—2006 水电水利工程边坡设计规范 [S]．北京：中国电力出版社，2007.

[32] DL/T 5208—2005 抽水蓄能电站设计导则 [S]．北京：中国电力出版社，2005.

[33] DL 5073—2000 水工建筑物抗震设计规范 [S]．北京：中国电力出版社，2000.

[34] DL/T 5178—2003 混凝土坝安全监测技术规范 [S]．北京：中国电力出版社，2003.

[35] DZ/T 0220—2006 泥石流灾害防治工程勘查规范 [S]．北京：中国标准出版社，2006.

[36] SL 268—1992 水利水电工程技术术语标准 [S]．北京：水利电力出版社，1993.

[37] SL 264—2001 水利水电工程岩石试验规程 [S]．北京：中国水利水电出版社，2001.

[38] SL 379—2007 水工挡土墙设计规范 [S]．北京：中国水利水电出版社，2007.

[39] SL 60—94 土石坝安全监测技术规范 [S]．北京：水利电力出版社，1994.

[40] 包承纲，王清友，等．土坡稳定分析 [M]．北京：清华大学出版社，1988.

[41] 北京大学地震地质教研室，南京大学区域地质教研室，武汉地质学院地震地质教研究室．地震地质学 [M]．北京：地震出版社，1982.

[42] 边馥苓．地理信息系统原理和方法 [M]．北京：测绘出版社，1996.

[43] 陈海军，任光明，等．河谷深厚覆盖层工程地质特性及其评价方法 [J]．地质灾害与环境保护，1996，7 (4)：53－59.

[44] 陈建生，董海洲．堤坝渗漏探测示踪新理论与技术研究 [M]．北京：科学出版社，2007.

[45] 陈晓平．土力学与基础工程 [M]．北京：中国水利水电出版社，2008.

[46] 陈祖煜，汪小刚，杨键，贾志欣，等．岩质边坡稳定分析：原理·方法·程序 [M]．北京：中国水利水电出版社，2005.

[47] 陈祖煜，汪小刚，杨键，贾志欣，等．土质边坡稳定分析：原理·方法·程序 [M]．北京：中国水利水电出版社，2005.

[48] 崔政权，李宁．边坡工程：理论与实践最新发展 [M]．北京：中国水利水电出版社，1999.

[49] 地质矿产部地质词典办公室编辑．地质词典（二）矿物岩石地球化学分册 [M]．北京：地质出版社，1981.

[50] 电力工业部西北勘测设计研究院．黄河龙羊峡水电站勘测设计重点技术问题总结 [M]．北京：中国电力出版社，1998.

[51] 董学晟．水工岩石力学 [M]．北京：中国水利水电出版社，2004.

[52] 傅良魁．应用地球物理教程 [M]．北京：地质出版社，1991.

[53] 傅淑芳，刘宝诚，李文艺．地震学教程［M］．北京：地震出版社，1980.

[54] 高金川著．岩土工程勘察与评价［M］．北京：中国地质大学出版社，2003.

[55] 工程地质手册编委会．工程地质手册（第四版）［M］．北京：中国建筑工业出版社，2007.

[56] 龚晓南．高等土力学［M］．杭州：浙江大学出版社，1996.

[57] 谷德振．岩体工程地质力学基础［M］．北京：科学出版社，1979.

[58] 关宝树主编．地下工程［M］．北京：高等教育出版社，2007.

[59] 郭友钊，等．岩石物性块体及其地质应用［M］．北京：地质出版社，2003.

[60] 侯景儒，黄竞先．地质统计学的理论与方法［M］．北京：地质出版社，1990.

[61] 胡聿贤．地震安全性评价技术教程［M］．北京：地震出版社，1999.

[62] 黄润秋，尚岳全，雷明堂，等．国外深埋长大隧道概况及主要地质勘测经验［J］．地质灾害与环境保护，1991，2（1）：58-66.

[63] 霍克．实用岩石工程［M］．郑州：黄河水利出版社，2007.

[64] 孔德坊．工程岩土学［M］．北京：地质出版社，1992.

[65] 交通部第一铁路设计院．铁路工程地质手册［M］．北京：人民交通出版社，1975.

[66] 李天扶，王志硕，彭土标，等．水电水利工程边坡设计规范［M］．北京：中国电力出版社，2007.

[67] 李智毅，等．工程地质学基础［M］．北京：中国地质大学出版社，1990.

[68] 李忠生．地震危险区黄土滑坡稳定性研究［M］．北京：科学出版社，2004.

[69] 刘尧光，陈建生．同位素示踪测井［M］．南京：江苏科学技术出版社，1999.

[70] 卢廷浩．土力学（第二版）［M］．南京：河海大学出版社，2005.

[71] 陆兆溱．工程地质学（第二版）［M］．北京：中国水利水电出版社，2001.

[72] 陆佑楣，潘家铮．抽水蓄能电站［M］．北京：水利电力出版社，1992.

[73] 南京水利科学研究院土工研究所．土工试验技术手册［M］．北京：人民交通出版社，2003.

[74] 潘家铮．工程地质计算与基础处理［M］．北京：水利电力出版社，1985.

[75] 潘家铮，何璟．中国大坝50年［M］．北京：中国水利水电出版社，2000.

[76] 潘家铮，谢树庸．中国水力发电工程地质·工程地质卷［M］．北京：中国电力出版社，2000.

[77] 潘家铮．建筑物的抗滑稳定和滑坡分析［M］．北京：水利出版社，1979.

[78] 彭程．21世纪中国水电工程［M］．北京：中国水利水电出版社，2005.

[79] 钱家欢，殷宗泽．土工原理与计算（第二版）［M］．北京：中国水利水电出版社，1996.

[80] 邱彬如，刘连希．抽水蓄能电站工程技术［M］．北京：中国电力出版社，2008.

[81] 全国勘察设计注册工程师水利水电工程专业管理委员会．注册土木工程师（水利水电工程）执业资格专业考试必备技术标准汇编［M］．北京：中国水利水电出版社，2007.

[82] 时振梁，环文林，张裕明，戴联筠，陶寿福，等．核电厂地震安全性评价中的地震构造研究［M］．北京：中国电力出版社，2004.

[83] 石金良．砂砾石地基工程地质［M］．北京：水利电力出版社，1991.

[84] 水利电力部水利水电规划设计院．水利水电工程地质手册［M］．北京：水利电力出版社，1985.

[85] 中国水利水电科学研究院，水利水电规划设计总院，水利电力情报研究所，水利水电岩石力学与工程情报网合编．岩石力学参数手册［M］．北京：水利电力出版社，1991.

[86] 宋玉才，等．砂砾石地基垂直防渗［M］．北京：中国水利水电出版社，2009.

[87] 孙广忠．岩体力学基础［M］．北京：科学出版社，1983.

[88] 铁道部第二勘测设计院．岩溶工程地质［M］．北京：中国铁道出版社，1984.

[89] 王恒纯．同位素水文地质概论［M］．北京：地质出版社，1991.

[90] 王石春，何发亮，李苍松．隧道工程岩体分级［M］．成都：西南交通大学出版社，2007.

[91] 王思敬．中国岩石力学与工程世纪成就［M］．南京：河海大学出版社，2004.

[92] 王复来，陈洪天．土石坝变形与稳定分析［M］．北京：中国水利水电出版社，2008.

[93] 王运生，孙书勤，李永昭．地貌学及第四纪地质学简明教程［M］．成都：四川大学出版社，2007.

[94] 杨建，彭仕雄．紫坪铺水利枢纽工程重大工程地质问题研究［M］．北京：中国水利水电出版社，2006.

[95] 杨进良．土力学［M］．北京：中国水利水电出版社，2006.

[96] 杨泽艳，湛正刚，文亚豪，肖万春，慕洪友，等．洪家渡水电站工程设计创新技术与应用［M］．北京：中国水利水电出版社，2008.

[97] 殷宗泽，龚晓南．地基处理工程实例［M］．北京：中国水利水电出版社，2000.

[98] 张庆贺．地下工程［M］．上海：同济大学出版社，2005.

[99] 张咸恭，等．专门工程地质学［M］．北京：地质出版社，1988.

[100] 张倬元．工程地质勘察［M］．北京：地质出版社，1981.

[101] 张倬元，王士天，王兰生．工程地质分析原理［M］．北京：地质出版社，1994.

[102] 郑颖人，陈祖煜，王恭先，凌天清．边坡与滑坡工程治理［M］．北京：人民交通出版社，2007.

[103] 中国水力发电工程编委会．中国水力发电工程工程地质卷［M］．北京：中国电力出版社，2000.

[104] 周建平，钮新强，贾金生．重力坝设计二十年［M］．北京：中国水利水电出版社，2008.

[105] 周思孟．复杂岩体若干岩石力学问题［M］．北京：中国水利水电出版社，1998.

[106] 周志芳，王锦国．裂隙介质水动力学［M］．北京：中国水利水电出版社，2004.

[107] 朱首明，刘平平．土力学（第二版）［M］．北京：中国建筑工业出版社，2005.

[108] 朱亮璞．遥感地质学［M］．北京：地质出版社，1999.

[109] 邹成杰，等．水利水电岩溶工程地质［M］．北京：水利电力出版社，1994.